Third Reference Catalogue of Bright Galaxies

Gérard de Vaucouleurs Antoinette de Vaucouleurs
Harold G. Corwin, Jr. Ronald J. Buta
Georges Paturel Pascal Fouqué

Third Reference Catalogue of Bright Galaxies

Volume II

Springer-Verlag
New York Berlin Heidelberg London
Paris Tokyo Hong Kong Barcelona

Gérard de Vaucouleurs
Department of Astronomy
University of Texas
Austin, TX 78712-1083
USA

Antoinette de Vaucouleurs (deceased)
Department of Astronomy
University of Texas
Austin, TX 78712-1083
USA

Harold G. Corwin, Jr.
Department of Astronomy
University of Texas
Austin, TX 78712-1083
USA

Ronald J. Buta
Department of Astronomy
University of Texas
Austin, TX 78712-1083
USA

Georges Paturel
Observatoire de Lyon
69230 Saint-Genis Laval
France

Pascal Fouqué
Observatoire d'Astrophysique
92195 Meudon
France

Library of Congress Cataloging-in-Publication Data
Third reference catalogue of bright galaxies / Gérard de Vaucouleurs . . . [et al.].
p. cm.
Includes bibliographical references.
Contents: v. 1. Introduction, references, notes, and appendices — v. 2. Data for galaxies between 0^h and 12^h — v. 3. Data for galaxies between 12^h and 24^h.
ISBN 0-387-97549-7 (v. 1). — ISBN 0-387-97550-0 (v. 2). — ISBN 0-387-97551-9 (v. 3)
1. Galaxies—Catalogs. I. Vaucouleurs, Gérard Henri de. 1918–.
QB857.T47 1991
523.1′12′0216—dc20 91-9186

Printed on acid-free paper.

Camera-ready copy provided by the authors.
Printed and bound by Edwards Brothers, Inc., Ann Arbor, MI.
Printed in the United States of America.

9 8 7 6 5 4 3 2 1

ISBN 0-387-97550-0 Springer-Verlag New York Berlin Heidelberg
ISBN 3-540-97550-0 Springer-Verlag Berlin Heidelberg New York
ISBN 0-387-97552-7 three volume set
ISBN 3-540-97552-7 three volume set

1. Introduction

This second volume of RC3 includes data for galaxies between 0^h and 12^h. For convenience, we repeat the explanation of the catalogue entries below. Details of the reduction procedures, and Notes, References, and Appendices are in Volume 1.

2. The Catalogue

The data for each galaxy are found on four successive lines on a single page. The entries are as follows:

Column 1: Positions

Line 1: RA and **DEC** = right ascension and declination for the equinox 2000.0, precessed from the 1950.0 position in Column 1, Line 4, given to 0.1 second of time and 1 arcsec when available, and to 0.1 minute of time and 1 arcmin otherwise (Section 3.1.a).

Line 2: l and **b** = galactic longitude and latitude in the IAU 1958 system (Blaauw *et al.* 1960); both to 0°01.

Line 3: SGL and **SGB** = supergalactic longitude and latitude in the RC2 system (Section 3.1.b), both to 0°01.

Line 4: RA and **DEC** = right ascension and declination for the equinox 1950.0 (Section 3.1.a).

Column 2: Names = commonly used designations for the galaxies (Section 3.2).

Line 1: Names (*e.g.*, LMC, SMC) or NGC and IC designations.

Line 2: UGC (Nilson 1973), ESO (Lauberts 1982), MCG (Vorontsov-Velyaminov *et al.* 1962–1974), UGCA (Nilson 1974), and CGCG (Zwicky *et al.* 1961–1968) designations, given in that order of preference. MCG designations not listed here are given in UGC and ESO.

Line 3: Other common designations (see Table 1 for a complete list).

Line 4: PGC (Paturel *et al.* 1989a,b) designation. For cross identifications of various catalogues with PGC, see Appendix 10.

Column 3: Types and Luminosity Classes

Line 1: Type = mean revised morphological type in the RC2 system, coded as in RC2 (see Section 3.3.a).

Line 2: S_T and n_L = sources of revised type estimates and number of luminosity class estimates.

Line 3: T = mean numerical index of stage along the Hubble sequence in RC2 system, coded as explained in Section 3.3.c, and its mean error.

Line 4: L = mean numerical luminosity class in RC2 system, coded as explained in Section 3.3.d, and its mean error.

Column 4: Optical Diameters and Axis Ratios

Line 1: $\log D_{25}$ = mean decimal logarithm of the apparent major *isophotal* diameter measured at or reduced to surface brightness level $\mu_B = 25.0$ B-m/ss, and its mean error, as explained in Section 3.4.a. Unit of D is 0.1 arcmin to avoid negative entries.

Line 2: $\log R_{25}$ = mean decimal logarithm of the ratio of the major isophotal diameter, D_{25}, to the minor isophotal diameter, d_{25}, measured at or reduced to the surface brightness level $\mu_B = 25.0$ B-m/ss, and its mean error, as explained in Section 3.4.b.

Line 3: $\log A_e$ = decimal logarithm of the apparent diameter (in 0.1 arcmin) of the "effective aperture," the circle centered on the nucleus within which one-half of the total B-band flux is emitted, and its mean error, both derived as explained in Section 3.4.c.

Line 4: $\log D_o$ = decimal logarithm of the isophotal major diameter corrected to "face-on" ($i = 0°$), and corrected for galactic extinction to $A_g = 0$, but not for redshift, as explained in Section 3.4.d.

Column 5: Major Axis Position Angle, Galactic and Internal Extinctions

Line 1: p. a. = position angle, measured in degrees from north through east (all < 180°), taken when available from UGC, ESO, and ESGC (and in a few cases from H I data) (Section 3.5.a).

Line 2: A_g = Galactic extinction in B-band magnitudes, calculated following Burstein and Heiles (1978a,b, 1982, 1984), as explained in Section 3.5.b.

Line 3: A_i = internal extinction in B-band magnitudes (for correction to face-on), calculated from log R and T, as explained in Section 3.5.c.

Line 4: A_{21} = H I line self-absorption in magnitudes (for correction to face-on), calculated from log R and $T \geq 1$, as explained in section 3.5.d.

Column 6: Optical and Infrared Magnitudes

Line 1: B_T = total (asymptotic) magnitude in the B system, and its mean error, derived by extrapolation from photoelectric aperture-magnitude data, B_T^A, and from surface photometry with photoelectric zero point, B_T^S, as explained in Section 3.6.a. The magnitude is followed by an "M" when it is the weighted mean of B_T^A and B_T^S, by a "V" when it is a V-band magnitude rather than a B-band magnitude, and by a "v" when the nucleus of the galaxy is variable. The magnitude is replaced by an asterisk (*) when deriving B_T^A would have required an extrapolation in excess of 0.75 mag.

Line 2: $\mathrm{m_B}$ = photographic magnitude and its mean error from Ames (1930), Shapley and Ames (1932), CGCG, Buta and Corwin (1986), and/or Lauberts and Valentijn (1989) reduced to the B_T system, as explained in Section 3.6.b.

Line 3: $\mathrm{m_{FIR}}$ = far-infrared magnitude calculated from $\mathrm{m_{FIR}} = -20.0 - 2.5 \log \mathrm{FIR}$, where FIR is the far infrared continuum flux measured at 60 and 100 microns as listed in the *IRAS Point Source Catalog* (1987). For galaxies larger than 8′ in RC2 and for the Virgo cluster area, resolved by the IRAS beam, integrated fluxes are taken from Rice *et al.* (1988) or Helou *et al.* (1988). See Section 3.6.c for details.

Line 4: $\mathrm{B}_T^{\mathrm{o}}$ = total "face-on" magnitude corrected for Galactic and internal extinction, and for redshift, as explained in Section 3.6.d.

Column 7: Total Color Indices

Line 1: $(\mathrm{B-V})_T$ = total (asymptotic) color index in the Johnson B−V system, and its mean error, derived by extrapolation from photoelectric color-aperture data, and/or from surface photometry with photoelectric zero point, as explained in Section 3.7.a.

Line 2: $(\mathrm{U-B})_T$ = total (asymptotic) color index in the Johnson U−B system, and its mean error, derived by extrapolation from photoelectric color-aperture data, and/or from surface photometry with photoelectric zero point, as explained in Section 3.7.a.

Line 3: $(\mathrm{B-V})_T^{\mathrm{o}}$ = total B−V color index corrected for Galactic and internal extinction, and for redshift, as explained in Section 3.7.b.

Line 4: $(\mathrm{U-B})_T^{\mathrm{o}}$ = total U−B color index corrected for Galactic and internal extinction, and for redshift, as explained in Section 3.7.b.

Column 8: Effective Color Indices and B-band Surface Brightness

Line 1: $(\mathrm{B-V})_e$ = mean B−V color index, and its mean error, within the effective aperture A_e, derived by interpolation from photoelectric color-aperture data, as explained in Section 3.7.a.

Line 2: $(\mathrm{U-B})_e$ = mean U−B color index, and its mean error, within the effective aperture A_e, derived by interpolation from photoelectric color-aperture data, as explained in Section 3.7.a.

Line 3: m'_e = mean B-band surface brightness in magnitudes per square arcmin (B-m/sm) within the effective aperture A_e, and its mean error, as given by the relation $\mathrm{m}'_e = \mathrm{B}_T + 0.75 + 5 \log \mathrm{A}_e - 5.26$. m'_e is statistically related to the effective mean surface brightness, μ'_e (RC2, p. 31; Olson and de Vaucouleurs 1981), with which it coincides when $\log \mathrm{R} = 0$ ($\mathrm{i} = 0°$) (Section 3.8.a).

Line 4: m'_{25} = the mean surface brightness in magnitudes per square arcmin (B-m/sm) within the $\mu_\mathrm{B} = 25.0$ B-m/ss elliptical isophote of major axis $\log \mathrm{D}_{25}$ and axis ratio $\log \mathrm{R}_{25}$, defined as in RC2 (Equation 21) by:

$$\mathrm{m}'_{25} = \mathrm{B}_T + \Delta \mathrm{m}_{25} + 5 \log \mathrm{D}_{25} - 2.5 \log \mathrm{R}_{25} - 5.26,$$

where $\Delta m_{25} = 2.5 \log L_T/L_{D_{25}} = B_{25} - B_T$ is the magnitude increment contributed by the outer regions of a galaxy fainter than $\mu_B = 25.0$ B-m/ss. For details, see Section 3.8.b.

Column 9: 21-cm Magnitude and Linewidths, Hydrogen Index

Line 1: $\mathbf{m_{21}}$ = 21-cm emission line magnitude, and its mean error, defined by $m_{21} = 21.6 - 2.5 \log S_H$, where S_H is the measured neutral hydrogen flux density in units of 10^{-24} W m^{-2}. For details, see Section 3.9.a.

Line 2: $\mathbf{W_{20}}$ = neutral hydrogen line full width (in km s^{-1}) measured at the 20% level (I_{20}/I_{max}), and its mean error, as explained in Section 3.9.b.

Line 3: $\mathbf{W_{50}}$ = neutral hydrogen line full width (in km s^{-1}) measured at the 50% level (I_{50}/I_{max}), and its mean error, as explained in Section 3.9.b.

Line 4: *HI* = corrected neutral hydrogen index, which is the difference $m^{\circ}_{21} - B^{\circ}_T$ between the corrected (face-on) 21-cm emission line magnitude and the similarly corrected magnitude in the B_T system. Details are given in Section 3.9.c.[1]

Column 10: Radial Velocities

Line 1: $\mathbf{V_{21}}$ = *cz* is the mean heliocentric radial velocity, and its mean error, in km s^{-1} derived from neutral hydrogen observations, as explained in Section 3.10.a.

Line 2: $\mathbf{V}_{opt}$ = *cz* is the mean heliocentric radial velocity, and its mean error, in km s^{-1} derived from optical observations, as explained in Section 3.10.b.

Line 3: $\mathbf{V}_{GSR}$ = the weighted mean of the neutral hydrogen and optical velocities, corrected to the "Galactic standard of rest," as explained in Section 3.10.c.

Line 4: $\mathbf{V_{3K}}$ = the weighted mean velocity corrected to the reference frame defined by the 3°K microwave background radiation, as explained in Section 3.10.d.

---

[1] Since m_{21} and B_T are listed separately in columns 6 and 9, line 1, there is no need to print the uncorrected index.

R.A. 2000 DEC. / l b / SGL SGB / R.A. 1950 DEC.	Names / PGC	Type / S_T n_L / T / L	$\log D_{25}$ / $\log R_{25}$ / $\log A_e$ / $\log D_o$	p.a. / A_g / A_i / A_{21}	B_T / m_B / m_{FIR} / B^o_T	$(B-V)_T$ / $(U-B)_T$ / $(B-V)^o_T$ / $(U-B)^o_T$	$(B-V)_e$ / $(U-B)_e$ / m'_e / m'_{25}	m_{21} / W_{20} / W_{50} / HI	V_{21} / V_{opt} / V_{GSR} / V_{3K}
000001.8+471628	A 2357+47	.SBT3..	1.33± .04	165				15.19±.1	5017± 9
113.96 -14.70	UGC 12889	U	.07± .05	.52	13.4 ±.3			455± 11	
341.85 20.74		3.0± .7		.10				464± 8	5217
235728.5+465946	PGC 2		1.38	.04	12.79			2.37	4751
000008.7-062229		.S..1P?	1.18± .05	168					
90.19 -65.93	MCG -1- 1- 16	E (1)	.74± .05	.09					6493± 60
286.61 11.35		1.0±1.8		.75					6581
235734.9-063911	PGC 12	7.0±1.3	1.19	.37					6147
000021.3-023638		.E+..*.	1.15± .06	120					
94.25 -62.60	MCG -1- 1- 20	E	.25± .05	.12					
290.34 12.41		-4.0±1.2		.00					
235747.5-025320	PGC 23		1.09						
000022.5-804730		PSXT4P.	1.19± .04						
305.44 -36.09	ESO 12- 12	S (1)	.07± .04	.36	13.94 ±.14				7900
215.32 -13.35	IRAS23577-8104	4.0± .8		.10	13.25				7747
235747.0-810412	PGC 30	2.2± .8	1.23	.04	13.42				7880
0000.4 +3930		.I..9..	.96± .09					15.51±.1	329± 6
112.33 -22.31	UGC 12894	U	.00± .06	.47				55± 4	
333.64 20.33		10.0± .9		.00				34± 5	522
2357.9 +3914	PGC 35		1.00	.00					35
0000.4 +1713		.SA.8..	1.23± .06						1108
105.91 -43.95	UGC 12893	U	.01± .06	.07	14.6 ±.3				
310.37 17.28		8.0± .8		.01					1262
2357.9 +1657	PGC 38		1.24	.00	14.48				761
0000.4 +0750		.SB.2..	.91± .07						
101.69 -52.91	UGC 12892	U	.24± .05	.19	15.40 ±.12				
300.81 15.18		2.0± .9		.30					
2357.9 +0734	PGC 39		.93	.12					
000029.0-402900		.SBR4*.	1.28± .05	153					
337.93 -73.00	ESO 293- 27	S (1)	.55± .05	.03	14.40 ±.14				3164± 34
253.93 -.18		4.0±1.0		.81					3135
235755.0-404542	PGC 43	5.2± .7	1.29	.28	13.54				2921
000038.0+200333		.S..7..	.90± .07	100					6752
106.99 -41.23	UGC 12895	U	.09± .08	.10					
313.30 17.78	KUG 2358+197	7.0± .9		.13					6912
235804.3+194651	PGC 53		.91	.05					6409
000038.3+282306		.S..2..	1.06± .06	11	14.84S±.15			17.52±.3	8705± 10
109.57 -33.17	UGC 12897	U	.48± .05	.16	14.87 ±.12				8705± 41
321.95 19.13	HICK 99A	2.0± .9		.59				607± 7	8882
235804.6+280624	PGC 54		1.07	.24	14.02		13.77± .35	3.26	8378
0000.6 +3336		.S..6*.	.96± .17	10					4778± 10
110.96 -28.08	UGC 12898	U	.39± .12	.18					
327.43 19.77	KAZ 237	6.0±1.3		.58					4963
2358.1 +3320	PGC 55		.98	.20					4465
000044.3+282405		.S?....	.89± .11		15.71S±.15				
109.60 -33.15	MCG 5- 1- 21		.24± .07	.16	15.37 ±.12				8216± 41
321.97 19.11	HICK 99C			.35					8393
235810.6+280723	PGC 58		.90	.12	14.96		14.40± .62		7889
000046.8+282410		.L?....	.98± .09		14.68S±.15				
109.61 -33.16	UGC 12899		.01± .03	.16	14.22 ±.10				8870± 31
321.97 19.11	HICK 99B			.00					9047
235813.1+280728	PGC 63		1.00		14.07		14.43± .46		8543
000052.9-472118		RLBR+*/	1.07± .05	156					
325.70 -67.48	ESO 193- 9	Sr	.55± .03	.04	15.18 ±.14				5912± 34
247.46 -2.67	FAIR 623	-.9± .6		.00					5859
235819.0-473800	PGC 65		.99		15.05				5701
000055.9-404242		.SBT5*.	1.02± .05	17					
337.20 -72.88	ESO 293- 29	Sr (1)	.26± .05	.03	14.95 ±.14				14710
253.74 -.34		5.4± .7		.39					14679
235822.0-405924	PGC 69	2.2±1.3	1.02	.13	14.45				14467
0000.9 +2020		.S..6*.	1.26± .04	111					6803
107.19 -40.98	UGC 12900	U	1.09± .05	.27	15.50 ±.12				
313.61 17.76		6.0±1.4		1.47					6964
2358.4 +2004	PGC 70		1.29	.50	13.73				6460
000057.9-333642		.S?....	1.08± .05	120					
359.07 -77.34	ESO 349- 17		.10± .05	.02	14.46 ±.14				6916± 35
260.46 2.15				.13					6910
235824.1-335324	PGC 73		1.08	.05	14.24				6643

R.A. 2000 DEC. / l b / SGL SGB / R.A. 1950 DEC.	Names / PGC	Type / S_T n_L / T / L	$\log D_{25}$ / $\log R_{25}$ / $\log A_e$ / $\log D_o$	p.a. / A_g / A_i / A_{21}	B_T / m_B / m_{FIR} / B_T^o	$(B-V)_T$ / $(U-B)_T$ / $(B-V)_T^o$ / $(U-B)_T^o$	$(B-V)_e$ / $(U-B)_e$ / m'_e / m'_{25}	m_{21} / W_{20} / W_{50} / HI	V_{21} / V_{opt} / V_{GSR} / V_{3K}
000102.9-431948		.E+2...	1.16± .05	172					
331.87 -70.86	ESO 241- 10	S	.10± .04	.03	14.09 ±.14				
251.27 -1.28		-4.0± .6		.00					
235829.0-433630	PGC 75		1.13						
000102.9+285442		.SB.3..	1.18± .05	48				15.59±.3	6899± 10
109.82 -32.67	UGC 12901	U	.42± .05	.22	14.60 ±.12				
322.51 19.12		3.0± .8		.59				405± 7	7076
235829.1+283800	PGC 76		1.20	.21	13.74			1.64	6573
0001.0 +0427	IC 5374	.S?....	.82± .13	178					
99.96 -56.15	MCG 1- 1- 10		.08± .07	.12	15.19 ±.12				8932± 57
297.44 14.18				.09					9053
2358.5 +0411	PGC 79		.83	.04	14.89				8579
0001.0 +0430	IC 5375	.S?....	.99± .10						
99.99 -56.10	MCG 1- 1- 9		.62± .07	.12	15.24 ±.13				9073± 57
297.49 14.19				.76					9194
2358.5 +0414	PGC 80		1.00	.31	14.35				8720
0001.0 +0613	NGC 7802	.L.....	1.05± .08	52					
101.02 -54.49	UGC 12902	U	.30± .03	.16	14.48 ±.10				
299.21 14.63		-2.0± .9		.00					
2358.5 +0557	PGC 81		1.02						
000113.6+130838		.S?....	.94± .11		15.87S±.15				
104.52 -47.92	MCG 2- 1- 9		.28± .07	.16					5461± 41
306.23 16.23	HICK 100C			.42					5605
235839.8+125156	PGC 89		.95	.14	15.27		14.69± .58		5110
000114.3+344033		.SB.2..	1.02± .06	40					
111.36 -27.06	UGC 12904	U	.14± .05	.34	15.08 ±.14				
328.56 19.76		2.0± .9		.17					
235840.6+342351	PGC 91		1.05	.07					
0001.2 +8039		.S..6*.	1.04± .08	55					
120.81 18.00	UGC 12905	U	.98± .06	.99					
16.72 17.67		6.0±1.4		1.44					
2358.7 +8023	PGC 94		1.13	.49					
0001.2 +0619		.S..4..	1.02± .06	155					14742
101.16 -54.41	UGC 12903	U	.70± .05	.16	15.56 ±.12				
299.33 14.61		4.0±1.0		1.03					14868
2358.7 +0603	PGC 96		1.03	.35	14.28				14388
000117.8-530030		.S..3*/	1.13± .05	37					
319.36 -62.49	ESO 149- 12	S	.80± .04	.00	16.06 ±.14				
242.12 -4.69		3.0±1.3		1.10					
235844.0-531712	PGC 99		1.13	.40					
000118.8-272506		.LX.-..	1.08± .05	114					
28.57 -78.86	ESO 409- 1	S	.21± .03	.04	14.92 ±.14				
266.38 4.23		-3.0± .8		.00					
235845.1-274148	PGC 100		1.05						
000119.8+130642	NGC 7803	.S..0..	1.00± .06	85	14.06S±.15			15.91±.1	5367± 6
104.54 -47.96	UGC 12906	U	.21± .05	.16	13.85 ±.15			321± 11	5260± 27
306.20 16.20	IRAS23587+1249	.0± .9		.15	12.28			232± 7	5505
235846.0+125000	PGC 101		1.00		13.57		13.38± .37		5011
000120.0+343133	IC 5376	.S..2..	1.30± .04	4					5029
111.34 -27.22	UGC 12909	U	.76± .05	.22	14.59 ±.12				
328.41 19.73	KAZ 239	2.0± .9		.94					5215
235846.2+341451	PGC 102		1.32	.38	13.38				4718
000126.2+130646		.S?....	.89± .11		15.26S±.15				
104.58 -47.97	MCG 2- 1- 12		.14± .07	.16	15.07 ±.12				5253± 41
306.21 16.18	HICK 100B			.21					5397
235852.4+125004	PGC 108		.90	.07	14.75		14.19± .62		4902
000126.6+312602	NGC 7805	.LX.0*P	1.07± .07		14.2 ±.3	.91± .04	1.00± .02		
110.59 -30.24	UGC 12908	R	.11± .03	.17	14.13 ±.10	.47± .06	.56± .03		4850± 31
325.16 19.36	MK 333	-2.0± .6	.51± .12	.00		.81	12.20± .39		5032
235852.7+310920	PGC 109		1.07		13.88	.45	14.09± .47		4531
0001.4 +0521		.SBR9..	1.00± .16						3949
100.68 -55.34	UGC 12910	U	.00± .12	.12					
298.37 14.31		9.0± .8		.00					4072
2358.9 +0505	PGC 110		1.01	.00					3596
000130.2+312633	NGC 7806	.SAT4$P	1.04± .06	20				16.89±.2	4768± 7
110.61 -30.23	UGC 12911	R	.16± .05	.17	14.31 ±.12			349± 14	4761± 30
325.17 19.35		4.0± .5		.23				273± 7	4949
235856.4+310951	PGC 112		1.05	.08	13.88			2.93	4448

R.A. 2000 DEC.	Names	Type	$\log D_{25}$	p.a.	B_T	$(B-V)_T$	$(B-V)_e$	m_{21}	V_{21}
l b		S_T n_L	$\log R_{25}$	A_g	m_B	$(U-B)_T$	$(U-B)_e$	W_{20}	V_{opt}
SGL SGB		T	$\log A_e$	A_i	m_{FIR}	$(B-V)^o_T$	m'_e	W_{50}	V_{GSR}
R.A. 1950 DEC.	PGC	L	$\log D_o$	A_{21}	B^o_T	$(U-B)^o_T$	m'_{25}	HI	V_{3K}
0001.5 +0900		.S?....	.96± .17						9249
102.72 -51.89	UGC 12912		.10± .12	.21	15.18 ±.14				
302.05 15.20				.15					9382
2359.0 +0844	PGC 116		.98	.05	14.77				8896
000136.1+333345			.62± .11					16.54±.3	7431± 10
111.17 -28.17	CGCG 498- 66		.11± .12	.19	15.25 ±.18				
327.40 19.57	KAZ 241							222± 10	7616
235902.3+331703	PGC 119		.64						7118
000137.9+232905	A 2359+23A	RS.R6*P	1.36± .04	160				14.66±.2	4371± 10
108.40 -37.98	UGC 12914	R	.25± .05	.16	13.07 ±.12			628± 8	4425± 25
316.88 18.16	KAZ 240			.38				487± 10	4545
235904.1+231223	PGC 120		1.37	.13	12.51			2.02	4041
000138.7+265522									7679± 10
109.42 -34.64	CGCG 477- 39			.12	15.6 ±.4				
320.46 18.70									7853
235904.9+263840	PGC 121								7349
0001.6 +0330		.S..6*.	1.11± .05	5					6340
99.61 -57.09	UGC 12913	U	.84± .05	.07					
296.53 13.78		6.0±1.4		1.24					6458
2359.1 +0314	PGC 124		1.12	.42					5987
000142.5+232941	A 2359+23B	.S?....	1.19± .05	137				14.77±.3	4336± 10
108.43 -37.97	UGC 12915		.48± .05	.16	13.95 ±.13			571± 13	4418± 30
316.90 18.15				.71				544± 10	4511
235908.6+231259	PGC 129		1.20	.24	13.06			1.48	4007
000152.7-365100		PSXT2..	1.06± .05						
347.00 -75.71	ESO 349- 19	Sr	.11± .04	.03	15.32 ±.14				15117± 81
257.46 .84		1.7± .5		.14					15100
235919.0-370742	PGC 138		1.06	.06	15.00				14858
000155.7-273736		PSAS3*.	1.13± .04		14.66 ±.16	.94± .02	.95± .02		
27.49 -79.00	ESO 409- 3	Sr (1)	.07± .04	.04	14.16 ±.14	.19± .04	.20± .03		8507± 52
266.23 4.03		2.7± .5	.43± .04	.10		.86	12.30± .10		8522
235922.0-275418	PGC 140	2.2± .6	1.14	.03	14.18	.13	15.00± .28		8213
000156.9-152701	WLM	.IBS9..	2.06± .02	4	11.03M±.08	.44± .04	.39± .01	11.24±.1	-120± 4
75.87 -73.61	MCG -3- 1- 15	PUE (2)	.46± .03	.10			-.23± .02	79± 4	-75± 21
277.91 8.09	DDO 221	10.0± .3	1.75± .02	.35	14.07	.31	15.24± .04	57± 4	-61
235923.2-154343	PGC 143	9.0± .5	2.07	.23	10.58		15.03± .14	.42	-447
0001.9 +1733		.S..7*.	1.00± .08	170					6352
106.52 -43.73	UGC 12916	U	.19± .06	.07					
310.79 16.99		7.0±1.3		.26					6506
2359.4 +1717	PGC 146		1.01	.09					6006
0001.9 +4019		.SBR3..	1.04± .08	95					
112.82 -21.57	UGC 12917	U	.13± .06	.44					
334.53 20.10		3.0± .9		.18					
2359.4 +4003	PGC 148		1.08	.06					
000203.7-332806		PSBS1..	.95± .06	8					
359.17 -77.61	ESO 349- 20	r	.23± .05	.02	14.71 ±.14				8758± 81
260.68 1.98	IRAS23594-3344	1.0± .9		.23	13.15				8752
235930.0-334448	PGC 151		.95	.11	14.34				8485
0002.0 +1635	IC 5377	.I..9*.	1.02± .06						1050
106.19 -44.67	UGC 12918	U	.25± .05	.08	15.20 ±.14				
309.80 16.77		10.0±1.2		.19					1202
2359.5 +1619	PGC 156		1.02	.12	14.93				703
000209.5+025626	NGC 7809	.I..9?.	.67± .11	95					
99.45 -57.67	MCG 0- 1- 19	E	.07± .05	.09	15.14 ±.15				
295.99 13.51	3ZW 126	10.0±2.0		.05					
235935.7+023944	PGC 158		.68	.04					
000210.5-435831		.LX.-..	1.18± .09						
330.23 -70.45	MCG -7- 1- 8	S	.09± .08	.03					
250.73 -1.70		-3.0±1.6		.00					
235937.0-441513	PGC 160		1.17						
000219.4+125819	NGC 7810	.L.....	1.09± .07	80					
104.83 -48.17	UGC 12919	U	.15± .03	.16	14.03 ±.10				5532± 50
306.12 15.94	IRAS23597+1241	-2.0± .9		.00	11.77				5675
235945.5+124137	PGC 163		1.08		13.79				5181
0002.3 +2712		.S..4..	1.09± .06	47					7613
109.69 -34.40	UGC 12920	U	.82± .05	.13	15.48 ±.12				
320.78 18.59		4.0±1.0		1.20					7787
2359.8 +2656	PGC 165		1.10	.41	14.10				7284

R.A. 2000 DEC. / l b / SGL SGB / R.A. 1950 DEC.	Names / PGC	Type / S_T n_L / T / L	$\log D_{25}$ / $\log R_{25}$ / $\log A_e$ / $\log D_o$	p.a. / A_g / A_i / A_{21}	B_T / m_B / m_{FIR} / B_T^o	$(B-V)_T$ / $(U-B)_T$ / $(B-V)_T^o$ / $(U-B)_T^o$	$(B-V)_e$ / $(U-B)_e$ / m'_e / m'_{25}	m_{21} / W_{20} / W_{50} / HI	V_{21} / V_{opt} / V_{GSR} / V_{3K}
000226.7+032108	NGC 7811	CI..9??	.61± .12	15				16.89±.3	7650± 12
99.85 -57.31	MCG 0- 1- 20	E	.04± .05	.09	15.06 ±.18			247± 21	7641±173
296.42 13.55	MK 543							226± 15	7767
235953.0+030426	PGC 168		.62						7297
0002.5 +4455		.S..8*.	1.00± .08	120					
113.91 -17.09	UGC 2	U	.73± .06	.48					
339.39 20.23		8.0±1.4		.89					
0000.0 +4439	PGC 175		1.04	.36					
000234.8-034238		.SBS4?.	1.09± .06	0					
94.32 -63.83	MCG -1- 1- 24	E (1)	.20± .05	.14					
289.42 11.56		4.0± .9		.29	12.87				
000001.0-035920	PGC 176	1.9±1.2	1.10	.10					
000240.4+084415		.S?....	.82± .13						5538
103.00 -52.24	MCG 1- 1- 13		.74± .07	.23	15.83 ±.17				
301.85 14.87	IRAS00001+0827			.91	13.56				5670
000006.5+082733	PGC 179		.84	.37	14.68				5185
000244.3-802048		.SBS9..	1.36± .03	18					
305.45 -36.54	ESO 12- 14	S (1)	.30± .05	.35	14.88 ±.14				1953
215.78 -13.32		9.0± .7		.30					1801
000013.0-803730	PGC 181	10.0± .8	1.40	.15	14.22				1930
0002.7 +1853		.SB.1..	1.20± .05	90					7882
107.24 -42.49	UGC 3	U	.25± .05	.08	14.37 ±.15				
312.20 17.07		1.0± .8		.25					8039
0000.2 +1837	PGC 186		1.21	.12	13.93				7538
000246.2-524606		.IBS9..	1.18± .05	100					
319.13 -62.80	ESO 149- 13	S (1)	.41± .04	.00	15.45 ±.14				
242.43 -4.81		9.5± .6		.31					
000013.0-530248	PGC 187	8.9± .7	1.18	.21					
000251.1+312915		.L?....	.90± .17					16.92±.3	4949± 10
110.94 -30.25	MCG 5- 1- 27		.00± .07	.18	15.24 ±.11				
325.26 19.07				.00				108± 7	5130
000017.0+311233	PGC 190		.92		14.99				4630
000254.5-341406	NGC 7812	.SXT3*.	1.04± .05	125					
355.68 -77.39	ESO 349- 21	BSr	.19± .04	.02	13.94 ±.14				6842± 81
260.02 1.55	IRAS00003-3431	2.8± .6		.26	13.08				6833
000021.0-343048	PGC 195		1.04	.09	13.60				6572
0003.0 +0412		.S..4..	1.01± .06	155					8630
100.65 -56.55	UGC 4	U	.19± .05	.08	15.11 ±.14				
297.32 13.63		4.0± .9		.28					8749
0000.5 +0356	PGC 201		1.01	.10	14.69				8277
000305.3-421042		.SAR2*.	1.02± .05	128					
333.08 -72.00	ESO 293- 31	Sr (1)	.34± .04	.03	15.34 ±.14				
252.49 -1.23		1.7± .7		.42					
000032.0-422724	PGC 204	3.3±1.3	1.02	.17					
000305.8-015447		.SX.4..	1.25± .04	45					
96.22 -62.25	UGC 5	U	.29± .04	.16	13.97 ±.13				7323± 50
291.24 11.95	IRAS00005-0211	4.0± .9		.43	13.03				7424
000032.0-021129	PGC 205		1.26	.15	13.32				6973
000308.1+310222								18.27±.3	4797± 10
110.90 -30.70	CGCG 498- 68			.20	15.0 ±.4				
324.80 18.95								404± 7	4977
000034.0+304540	PGC 206								4477
000309.5+215735	A 0001+21	.P.....	.99± .05	105	14.38 ±.17	.37± .03	.45± .02	17.11±.3	6600± 9
108.37 -39.54	UGC 6	R	.14± .04	.13	14.36 ±.12	.09± .05	.17± .04	407± 10	6608± 40
315.37 17.55	MK 334	99.0	.43± .03	.20		.27	12.02± .08		6763
000035.5+214053	PGC 207		1.00	.07	14.01	.02	13.82± .31	3.03	6261
000310.1+251042								18.54±.3	7753± 10
109.33 -36.42	CGCG 477- 44			.11	15.50 ±.12				
318.70 18.10	4ZW 2							76± 7	7923
000036.0+245400	PGC 208								7420
000310.2-544458		.LXS-..	1.22± .08						
317.35 -61.01		S	.13± .08	.00					
240.56 -5.54		-3.0± .8		.00					
000037.2-550140	PGC 211		1.20						
000311.6+155756	IC 5381	.S..2$/	1.16± .05	54					11230
106.32 -45.34	UGC 7	P	.58± .04	.10	14.71 ±.12				
309.22 16.38		2.0±1.8		.71					11380
000037.6+154114	PGC 212		1.17	.29	13.78				10882

R.A. 2000 DEC. l b SGL SGB R.A. 1950 DEC.	Names PGC	Type S_T n_L T L	logD_{25} logR_{25} logA_e logD_o	p.a. A_g A_i A_{21}	B_T m_B m_{FIR} B_T^o	$(B-V)_T$ $(U-B)_T$ $(B-V)_T^o$ $(U-B)_T^o$	$(B-V)_e$ $(U-B)_e$ m'_e m'_{25}	m_{21} W_{20} W_{50} HI	V_{21} V_{opt} V_{GSR} V_{3K}
000312.4-355612		.L?....	1.07± .07						
349.30 -76.48	ESO 349- 22		.06± .05	.03	14.66 ±.14				14897±115
258.42 .91				.00					14882
000039.0-361254	PGC 213		1.07		14.41				14634
000315.1+160845	NGC 7814	.SAS2*/	1.74± .02	135	11.56 ±.13	.99± .02	1.07± .01	14.10±.2	1054± 5
106.41 -45.17	UGC 8	R	.38± .02	.10	11.75 ±.10	.51± .03	.57± .01	460± 6	1042± 23
309.40 16.40		2.0± .3	1.17± .02	.47		.89	12.90± .06	464± 5	1204
000041.2+155203	PGC 218		1.75	.19	11.09	.41	14.14± .17	2.82	706
0003.2 -1045		.S?....	.94± .11		14.04V±.13	1.02± .04	1.04± .04		
85.93 -70.08	MCG -2- 1- 12		.57± .07	.06					8982± 62
282.57 9.28			.28± .02	.84		.85			9054
0000.7 -1102	PGC 219		.94	.28	14.11		13.17± .58		8644
000320.3+294742		.S..6*.	.90± .06	100				16.11±.2	6984± 7
110.63 -31.93	UGC 12	U	.10± .04	.16	15.42 ±.13			249± 13	
323.51 18.74		6.0±1.2		.15				239± 7	7162
000046.2+293100	PGC 223		.92	.05	15.08			.98	6661
0003.3 +0836		.S..6*.	1.18± .05						11944
103.20 -52.41	UGC 10	U	.03± .05	.25					
301.76 14.67	IRAS00007+0820	6.0±1.1		.04	13.70				12075
0000.7 +0820	PGC 226		1.20	.01					11591
000321.7+220610		.S?....	.97± .05	55				16.69±.3	4447± 7
108.47 -39.42	UGC 11		.13± .05	.13	15.35 ±.10				
315.53 17.53				.19				152± 7	4610
000047.6+214928	PGC 227		.98	.06	15.02			1.60	4108
000324.1-494730		.L..0*P	1.19± .05	148					
321.86 -65.53	ESO 193- 11	S	.32± .04	.04	14.32 ±.14				10800±190
245.29 -3.90	FAIR 361	-2.0± .8		.00					10737
000051.1-500412	PGC 233		1.15		14.12				10602
000326.0-531948		.SXR6..	1.01± .05	15					
318.44 -62.33	ESO 149- 15	S (1)	.10± .05	.00	15.35 ±.14				11119
241.93 -5.10		6.0± .8		.15					11044
000053.0-533630	PGC 235	5.6± .8	1.01	.05	15.15				10939
0003.4 +2721		PSBS0..	1.04± .06						7721
110.02 -34.30	UGC 13	U	.04± .05	.13	14.69 ±.14				
320.98 18.37		.0± .9		.03					7895
0000.9 +2705	PGC 240		1.05		14.41				7392
000332.3-104442	NGC 7808	PLA.0*.	1.10± .06		13.48V±.13	.85± .03			
86.11 -70.11	MCG -2- 1- 13	E	.00± .05	.06					8923± 62
282.60 9.22	IRAS00009-1101	-2.0±1.2		.00		.75			8995
000058.6-110124	PGC 243		1.11		14.14		14.71± .35		8585
000335.3+231201		.S?....	1.27± .04	32					
108.87 -38.36	UGC 14		.26± .05	.19	13.79 ±.13				7290± 46
316.67 17.67	IRAS00010+2255			.39	12.89				7455
000101.2+225519	PGC 250		1.28	.13	13.17				6953
0003.7 +1513	A 0001+14	.S..9*.	1.39± .04		14.8 ±.2	.61± .09	.69± .04	15.35±.1	878± 6
106.21 -46.10	UGC 17	PU (1)	.15± .05	.13		-.02± .11	-.03± .06	109± 7	
308.48 16.10	DDO 222	9.3± .6	1.14± .05	.15		.54	16.03± .12	99± 12	1026
0001.1 +1456	PGC 255	9.0±1.0	1.40	.07	14.56	-.07	16.29± .30	.72	530
0003.7 +0416		.S..2..	1.10± .05	63					11562
100.99 -56.55	UGC 15	U	.73± .05	.07					
297.44 13.48		2.0± .9		.89					11681
0001.2 +0400	PGC 258		1.11	.36					11209
000349.1+072845	NGC 7816	.S..4..	1.23± .05					14.86±.2	5239± 7
102.81 -53.52	UGC 16	U	.06± .05	.19	13.61 ±.14			184± 6	5141± 60
300.65 14.28	IRAS00012+0712	4.0± .8		.09	13.21			172± 6	5365
000115.2+071203	PGC 263		1.25	.03	13.30			1.53	4885
000359.0+204500	NGC 7817	.SA.4*/	1.55± .02	45				14.37±.1	2309± 4
108.23 -40.76	UGC 19	PU	.58± .03	.14	12.56 ±.12			423± 5	2157± 42
314.16 17.14	IRAS00014+2028	4.0± .5		.85	11.10			404± 5	2468
000124.9+202818	PGC 279		1.57	.29	11.56			2.53	1967
000401.0-111037		.S..1?.	1.04± .09	10					
85.71 -70.54	MCG -2- 1- 14	E	.09± .07	.08					
282.22 8.97		1.0±1.7		.10					
000127.4-112719	PGC 281		1.04	.05					
000401.7-111027		.SBT5*.	1.02± .08	90					
85.72 -70.54	MCG -2- 1- 15	E (1)	.10± .05	.08					
282.22 8.97		5.0±1.0		.15					
000128.1-112709	PGC 282	4.2±1.2	1.03	.05					

R.A. 2000	DEC.	Names	Type	logD25	p.a.	B_T	(B-V)_T	(B-V)_e	m21	V21
l	b		S_T n_L	logR25	A_g	m_B	(U-B)_T	(U-B)_e	W20	V_opt
SGL	SGB		T	logA_e	A_i	m_FIR	(B-V)°_T	m'_e	W50	V_GSR
R.A. 1950	DEC.	PGC	L	logD_o	A21	B°_T	(U-B)°_T	m'25	HI	V_3K
0004.1	+0721	NGC 7818	.S..6*.	1.02± .06						
102.89	-53.66	UGC 21	U	.00± .05	.19	14.67 ±.15				
300.56	14.17		6.0±1.2		.00					
0001.6	+0705	PGC 288		1.03	.00					
000414.0-525458			.LA.-*.	1.13± .09						
318.56	-62.76		S	.13± .08	.00					
242.36	-5.07		-3.0±1.2		.00					
000141.3-531140		PGC 290		1.11						
000414.7-503848			.S?....	.91± .06	27					
320.68	-64.82	ESO 193- 14		.16± .05	.04	15.13 ±.14				11896± 62
244.52	-4.31				.22					11830
000142.0-505530		PGC 292		.92	.08	14.78				11702
0004.2	+1018		.L.....	1.14± .07	25					
104.36	-50.85	UGC 22	U	.17± .03	.21					
303.53	14.86		-2.0± .8		.00					
0001.7	+1002	PGC 295		1.14						
0004.2	+1046		.SBT3..	1.13± .05	20					7976
104.57	-50.40	UGC 23	U	.19± .05	.20	14.73 ±.16				
304.01	14.97		3.0± .9		.26					8112
0001.7	+1030	PGC 296		1.15	.10	14.20				7625
0004.2	+2235		.SB.6*.	.97± .09	50					4442
108.88	-38.99	UGC 24	U	.22± .06	.22	15.18 ±.13				
316.07	17.41		6.0±1.2		.33					4606
0001.7	+2219	PGC 298		.99	.11	14.62				4104
0004.3	+0609		.S..6*.	1.02± .06	123					5074
102.33	-54.82	UGC 25	U	.65± .05	.18					
299.36	13.82		6.0±1.3		.95					5198
0001.8	+0553	PGC 301		1.03	.32					4721
000424.8+312825		NGC 7819	.SBS3..	1.19± .03		14.18 ±.14	.66± .02	.69± .02	14.95±.1	4958± 6
111.32	-30.34	UGC 26	U (1)	.12± .05	.17	14.02 ±.13	-.03± .04		251± 9	4858± 59
325.29	18.73	IRAS00018+3111	3.0± .8	.83± .02	.16	12.97	.57	13.82± .04	245± 6	5137
000150.5+311143		PGC 303	2.7± .8	1.20	.06	13.73	-.10	14.68± .24	1.16	4639
0004.4	+0550		.S..6*.	1.24± .05	135					3111
102.19	-55.12	UGC 27	U	.22± .05	.18	14.7 ±.2				
299.05	13.72		6.0±1.1		.32					3234
0001.9	+0534	PGC 305		1.26	.11	14.16				2758
000430.6+051155		NGC 7820	.S..0..	1.12± .05	165					
101.85	-55.74	UGC 28	U	.36± .05	.11	13.87 ±.13				3064± 50
298.41	13.54		.0± .9		.27					3185
000156.8+045513		PGC 307		1.11		13.44				2711
000432.8+333332			.S?....	1.08± .05	126				16.40±.3	4760± 10
111.85	-28.30	UGC 30		.84± .05	.16					
327.47	18.96	KUG 0001+332			1.26				257± 7	4943
000158.4+331650		PGC 309		1.09	.42					4447
0004.5	-0704	A 0002-07	.SBR3*.	1.38± .04	75					3812
91.78	-67.06	MCG -1- 1- 28	E (1)	.32± .05	.23					
286.27	10.10		3.0± .9		.45					3896
0002.0	-0721	PGC 312	3.6± .8	1.40	.16					3469
0004.5	+2818		.E...*.	1.11± .16						
110.56	-33.43	UGC 29	U	.03± .08	.14	14.63 ±.14				
322.00	18.27		-5.0±1.1		.00					
0002.0	+2802	PGC 313		1.12						
000439.8-453742			PSXT1..	.94± .06	120					
326.56	-69.29	ESO 241- 12	r	.16± .05	.03	15.21 ±.14				
249.32	-2.68		1.0± .9		.16					
000207.0-455424		PGC 319		.94	.08					
000439.9-080602			.LAR-?.	1.15± .10						
90.57	-67.98	MCG -1- 1- 30	E	.00± .07	.11					
285.27	9.76		-3.0± .8		.00					
000206.3-082244		PGC 320		1.17						
000442.2-302900			.E?....	1.09± .06	154	13.95 ±.13	.94± .01	.98± .01		
12.03	-79.23	ESO 409- 12		.14± .04	.02	14.08 ±.14				8004± 25
263.71	2.48			.70± .02	.00		.86	12.94± .07		8008
000209.0-304542		PGC 322		1.05		13.87		14.04± .34		7720
000444.8+264955									17.32±.3	7570± 10
110.22	-34.88	CGCG 477- 49			.15	14.6 ±.4				
320.47	18.01								190± 7	7742
000210.5+263313		PGC 323								7241

R.A. 2000 DEC.	Names	Type	$\log D_{25}$	p.a.	B_T	$(B-V)_T$	$(B-V)_e$	m_{21}	V_{21}
l b		S_T n_L	$\log R_{25}$	A_g	m_B	$(U-B)_T$	$(U-B)_e$	W_{20}	V_{opt}
SGL SGB		T	$\log A_e$	A_i	m_{FIR}	$(B-V)^o_T$	m'_e	W_{50}	V_{GSR}
R.A. 1950 DEC.	PGC	L	$\log D_o$	A_{21}	B^o_T	$(U-B)^o_T$	m'_{25}	HI	V_{3K}
000445.8-160155		.SBR5..	1.17± .05	100					
76.27 -74.50	MCG -3- 1- 18	E (1)	.06± .05	.06					
277.57 7.27		5.0± .8		.09					
000212.3-161837	PGC 325	3.1±1.2	1.17	.03					
000446.9-620342	NGC 7823	.SBS4?.	1.06± .05						
312.25 -54.21	ESO 111- 12	S (1)	.05± .04	.00	13.42 ±.14				
233.63 -8.11	IRAS00022-6220	3.8± .6		.07	11.70				
000215.0-622024	PGC 328	4.4±1.2	1.06	.02					
0004.7 -0134		.S?....	.82± .13						
97.35 -62.10	MCG 0- 1- 25		.28± .07	.13	15.10 ±.14				7240± 53
291.70 11.64	IRAS00022-0150			.43	13.28				7341
0002.2 -0150	PGC 329		.83	.14	14.50				6891
000448.8-012953		.S?....	.64± .17						
97.42 -62.04	MCG 0- 1- 24		.11± .07	.13	15.14 ±.18				7110± 51
291.77 11.66	MK 544			.14					7211
000215.0-014635	PGC 330		.65	.06	14.85				6760
000451.3-542906		PLXS+?.	1.07± .05	10					
317.09 -61.34	ESO 149- 16	S	.29± .03	.00	14.74 ±.14				
240.89 -5.68		-1.0± .9		.00					
000219.0-544548	PGC 331		1.02						
0004.8 +1711		.IA.9..	1.06± .06	55					1034
107.32 -44.26	UGC 31	U	.08± .05	.08	14.82 ±.16				
310.56 16.24		10.0± .8		.06					1186
0002.3 +1655	PGC 332		1.07	.04	14.68				688
000452.7-452912		PSXS1*.	1.01± .05	164					
326.68 -69.43	ESO 241- 13	Sr	.27± .04	.03	15.53 ±.14				11900±190
249.47 -2.67	FAIR 629	.5± .6		.28					11851
000220.0-454554	PGC 336		1.02	.14	15.07				11681
000500.2-303024		RLB.0..	.96± .06	118					
11.81 -79.29	ESO 409- 13	r	.16± .03	.02	15.00 ±.14				
263.71 2.41		-2.4± .9		.00					
000227.0-304706	PGC 348		.94						
0005.0 +0507		.SB.0..	1.00± .06						
102.04 -55.85	UGC 33	U	.12± .05	.10	14.99 ±.14				
298.38 13.39		.0± .9		.09					
0002.5 +0451	PGC 353		1.01						
000506.1+065515	NGC 7824	.S..2..	1.20± .05	145					
103.03 -54.15	UGC 34	U	.13± .05	.18	14.07 ±.14				6134± 56
300.17 13.83		2.0± .8		.16					6260
000232.2+063833	PGC 354		1.22	.06	13.68				5782
000506.7+221125								17.37±.3	14451± 10
109.01 -39.43	CGCG 478- 23			.15	15.7 ±.4				
315.69 17.15								613± 7	14614
000232.4+215443	PGC 355								14113
000507.4-504918		.L?....	.95± .07	171					
320.21 -64.72	ESO 193- 17		.10± .05	.04	14.41 ±.14				11169± 62
244.40 -4.50				.00					11102
000235.1-510600	PGC 358		.94		14.20				10976
000513.3-113012	IC 1529	PLAR0P*	1.22± .05						
85.91 -70.97	MCG -2- 1- 19	E	.02± .05	.08					6903
282.00 8.59		-2.0±1.1		.00					6972
000239.7-114654	PGC 364		1.22						6567
0005.2 +0615		.S..9..	1.19± .12						3113
102.75 -54.79	UGC 35	U	.05± .12	.16					
299.52 13.63		9.0± .8		.05					3237
0002.7 +0559	PGC 365		1.21	.02					2761
0005.2 +0646		.SAR1*.	1.12± .06	18					
103.02 -54.30	UGC 36	U	.34± .05	.18	14.45 ±.12				6250± 56
300.04 13.76		1.0± .8		.34					6375
0002.7 +0630	PGC 366		1.14	.17	13.86				5898
000516.5-162842	NGC 7821	.S..6P/	1.14± .06	111					7426
75.46 -74.91	MCG -3- 1- 19	E	.48± .05	.05					
277.18 7.01	IRAS00027-1645	6.0±1.3		.71	11.94				7478
000243.1-164524	PGC 367		1.14	.24					7100
0005.4 +0510	NGC 7825	.SBS3..	1.03± .06	27					5629
102.24 -55.84	UGC 37	U	.34± .05	.10	14.49 ±.12				
298.45 13.30		3.0± .9		.46					5749
0002.9 +0454	PGC 377		1.04	.17	13.88				5277

R.A. 2000 DEC.	Names	Type	$\log D_{25}$	p.a.	B_T	$(B-V)_T$	$(B-V)_e$	m_{21}	V_{21}
l b		S_T n_L	$\log R_{25}$	A_g	m_B	$(U-B)_T$	$(U-B)_e$	W_{20}	V_{opt}
SGL SGB		T	$\log A_e$	A_i	m_{FIR}	$(B-V)^o_T$	m'_e	W_{50}	V_{GSR}
R.A. 1950 DEC.	PGC	L	$\log D_o$	A_{21}	B^o_T	$(U-B)^o_T$	m'_{25}	HI	V_{3K}
0005.4 +0513	NGC 7827	.LB....	1.08± .10						
102.27 -55.79	UGC 38	U	.12± .05	.10	14.93 ±.14				
298.50 13.32		-2.0± .8		.00					
0002.9 +0457	PGC 378		1.07						
000529.0+323152		.S?....	.89± .11					17.20±.3	10422± 10
111.82 -29.35	MCG 5- 1- 31		.00± .07	.16	14.85 ±.12				
326.42 18.64				.00				142± 7	10603
000254.4+321510	PGC 381		.90	.00	14.63			2.56	10107
000529.3-501612		.SXT5?P	1.29± .04	78	14.33 ±.14	.78± .02	.91± .01		
320.63 -65.25	ESO 193- 19	S (1)	.24± .05	.04	14.24 ±.14				10381± 33
244.95 -4.38	FAIR 631	5.0± .8	.78± .02	.36		.66	13.72± .05		10316
000257.1-503254	PGC 382	1.1± .8	1.30	.12	13.83		15.04± .28		10185
000529.4-493712		RSAR3*.	1.14± .04	84					
321.30 -65.84	ESO 193- 18	S (1)	.38± .04	.04	14.74 ±.14				11400±190
245.57 -4.16	FAIR 362	3.0± .8		.53					11337
000257.1-495354	PGC 383	4.4± .8	1.14	.19	14.09				11201
0005.5 +5338		.S..6*.	1.07± .07	7					
116.09 -8.62	UGC 39	U	.32± .06	.94					
348.58 19.89		6.0±1.3		.48					
0003.0 +5322	PGC 393		1.16	.16					
000539.5-534859		.LAR-*.	1.25± .08						
317.39 -62.01		S	.21± .08	.00					
241.57 -5.57		-3.0± .8		.00					
000307.5-540541	PGC 399		1.22						
0005.7 +2726		.SB?...	1.06± .06	115					7531
110.65 -34.34	UGC 40		.21± .05	.13	14.92 ±.13				
321.15 17.87				.31					7704
0003.2 +2710	PGC 415		1.07	.10	14.44				7203
0005.8 -1359		.SB?...	1.04± .09						
81.68 -73.10	MCG -2- 1- 22		.49± .07	.07					5921
279.63 7.67				.73					5981
0003.3 -1416	PGC 425		1.04	.25					5590
000556.0+222928		.SB.6*.	1.01± .05	30					6597
109.33 -39.18	UGC 41	U	.49± .04	.14					
316.04 17.01	KUG 0003+222	6.0±1.3		.72					6760
000321.6+221246	PGC 431		1.03	.24					6259
000558.8-360812		.SXT2P.	.94± .05						
347.11 -76.80	ESO 349- 27	Sr	.07± .04	.02	14.66 ±.14				8411± 69
258.43 .31		1.5± .6		.08					8394
000326.0-362454	PGC 437		.94	.03	14.47				8150
000558.8-360654		.L?....	1.05± .06						
347.18 -76.81	ESO 349- 26		.64± .05	.02	14.52 ±.14				8683± 69
258.45 .32				.00					8666
000326.0-362336	PGC 438		.96		14.36				8422
000604.0-521306		.LA.-*.	1.02± .06	10					
318.60 -63.51	ESO 193- 22	S	.29± .04	.00	14.36 ±.14				
243.12 -5.10		-3.0±1.2		.00					
000332.0-522948	PGC 449		.97						
0006.0 +1307		.SB.7*.	.96± .17						5481
106.21 -48.26	UGC 42	U	.00± .12	.19					
306.49 15.08		7.0±1.2		.00					5622
0003.5 +1251	PGC 450		.98	.00					5132
0006.0 +1425		.S..8*.	1.00± .10	175					5291
106.71 -47.01	UGC 43	U	.49± .04	.22					
307.81 15.37		8.0±1.4		.61					5436
0003.5 +1409	PGC 451		1.02	.25					4943
000609.1-503848		.L?....	.81± .07	155					
320.03 -64.95	ESO 193- 23		.38± .05	.04	15.10 ±.14				10166± 62
244.62 -4.60				.00					10099
000337.0-505530	PGC 456		.76		14.91				9972
0006.1 +1944		.SX.8*.	.96± .09						5936
108.57 -41.86	UGC 44	U	.05± .06	.11					
313.23 16.45		8.0± .9		.06					6093
0003.6 +1928	PGC 458		.97	.02					5594
0006.2 +5432		.S..8..	.96± .09	150					
116.34 -7.75	UGC 45	U	.39± .06	1.05	15.38 ±.12				
349.52 19.79		8.0± .9		.48					
0003.6 +5416	PGC 461		1.06	.20					

R.A. 2000 DEC. l b SGL SGB R.A. 1950 DEC.	Names PGC	Type S_T n_L T L	$\log D_{25}$ $\log R_{25}$ $\log A_e$ $\log D_o$	p.a. A_g A_i A_{21}	B_T m_B m_{FIR} B_T^o	$(B-V)_T$ $(U-B)_T$ $(B-V)_T^o$ $(U-B)_T^o$	$(B-V)_e$ $(U-B)_e$ m'_e m'_{25}	m_{21} W_{20} W_{50} HI	V_{21} V_{opt} V_{GSR} V_{3K}
000614.2+085315		.S?....	1.04± .09						11542
104.45 -52.35	MCG 1- 1- 29		.49± .07	.29	15.40 ±.12				
302.22 14.05				.73					11672
000340.2+083633	PGC 465		1.06	.25	14.31				11190
000615.4-524639		PLA.0*.	1.24± .08						
318.06 -63.00		S	.18± .08	.00					
242.59 -5.32		-2.0± .8		.00					
000343.5-530321	PGC 468		1.21						
000619.5+201209	A 0003+19		.50± .14						
108.76 -41.42			.00± .12	.11					7688± 31
313.71 16.50	MK 335								7846
000345.1+195527	PGC 473		.51						7347
000620.5-412936	A 0003-41	.SBS6P/	1.50± .04	20	13.70S±.15			13.70±.2	1542± 11
332.83 -72.92	ESO 293- 34	PS	.51± .05	.03	12.79 ±.14			307± 16	1562± 62
253.35 -1.57		6.1± .6		.75				297± 12	1507
000348.0-414618	PGC 474		1.51	.25	12.43		14.80± .27	1.01	1305
000621.6+172543			.82± .07	78					
107.88 -44.12	UGC 46		.21± .06	.06	14.60 ±.16				5506± 46
310.87 15.94	KUG 0003+171								5658
000347.3+170901	PGC 477		.83						5161
0006.4 -4130		.S?....	.78?		14.58V±.15	.47± .04	.55± .04		
332.76 -72.92	MCG -7- 1- 10		.38?	.03					1428± 62
253.35 -1.59			.67± .03	.57		.38			1392
0003.9 -4147	PGC 482		.78	.19	14.44		12.84±1.59		1190
000627.0-132454	NGC 7828	.RING.B	.94± .11	140	14.4 ±.2	.51± .03			
83.24 -72.72	MCG -2- 1- 25	R	.28± .07	.07		-.21± .05			5660±115
280.24 7.71	IRAS00038-1341			.21	12.36	.39			5722
000353.6-134136	PGC 483		.94	.14	14.12	-.29	13.22± .60		5328
000628.5-034258	NGC 7832	.E+....	1.28± .09	25					
96.34 -64.24	MCG -1- 1- 33	E	.26± .07	.14					
289.71 10.63		-4.0± .8		.00					
000354.8-035939	PGC 485		1.23						
000629.1-132514	NGC 7829	.RING.A	.82± .19	121	14.6 ±.2	.66± .02			
83.25 -72.73	MCG -2- 1- 24	R	.00± .07	.07		.24± .05			5792±115
280.23 7.70		-1.0± .9		.00		.59			5854
000355.7-134156	PGC 488		.82		14.45	.26	13.55± .98		5460
0006.5 +1716		.S..8*.	1.11± .07	64					870± 10
107.90 -44.28	UGC 47	U	.83± .06	.06					
310.73 15.86		8.0±1.4		1.02					1021
0004.0 +1700	PGC 496		1.12	.42					525
0006.5 +4752		.S..7..	1.18± .07					14.64±.1	4322± 11
115.20 -14.32	UGC 48	U	.07± .06	.62					
342.52 19.65		7.0± .8		.09				81± 8	4520
0004.0 +4736	PGC 499		1.24	.03					4060
0006.6 +0821	NGC 7834	.S..6*.	1.06± .08						5226
104.37 -52.89	UGC 49	U	.17± .06	.28	14.95 ±.15				
301.72 13.82		6.0±1.2		.24					5355
0004.1 +0805	PGC 504		1.09	.08	14.40				4874
0006.6 +2609		.S..2..	.97± .07	10					7561
110.56 -35.64	UGC 50	U	.48± .05	.14	14.97 ±.14				
319.84 17.47	IRAS00041+2552	2.0±1.0		.59	13.54				7731
0004.1 +2552	PGC 507		.98	.24	14.16				7231
0006.7 -0638	A 0004-06B	.RING.B	.85?	45					
93.53 -66.92		R	.07?	.16					22615± 63
286.86 9.70		10.0± .3		.05					22699
0004.2 -0655	PGC 509		.87	.04					22272
0006.7 -0638	A 0004-06A	.RING.A	.85?	40					
93.53 -66.92		R	.07?	.16					
286.86 9.70		-2.0± .3		.00					
0004.2 -0655	PGC 510		.86						
0006.7 +0506		.SB.4..	.96± .07	30					5372
102.75 -56.00	UGC 51	U	.21± .05	.18	15.02 ±.12				
298.47 12.97		4.0± .9		.31					5492
0004.2 +0450	PGC 511		.98	.10	14.50				5020
0006.8 +0837		.SA.5..	1.26± .04						
104.56 -52.64	UGC 52	U	.03± .05	.29	14.3 ±.2				5204
302.00 13.84	IRAS00042+0821	5.0± .8		.05	13.14				5333
0004.2 +0821	PGC 515		1.28	.02	13.95				4853

R.A. 2000 DEC. l b SGL SGB R.A. 1950 DEC.	Names PGC	Type S_T n_L T L	$\log D_{25}$ $\log R_{25}$ $\log A_e$ $\log D_o$	p.a. A_g A_i A_{21}	B_T m_B m_{FIR} B^o_T	$(B-V)_T$ $(U-B)_T$ $(B-V)^o_T$ $(U-B)^o_T$	$(B-V)_e$ $(U-B)_e$ m'_e m'_{25}	m_{21} W_{20} W_{50} HI	V_{21} V_{opt} V_{GSR} V_{3K}
000650.4+191916		.SX.4..	.95± .06						7894
108.65 -42.31	UGC 53	U	.10± .05	.10	15.12 ±.14				
312.83 16.21	KUG 0004+190	4.0± .9		.15					8050
000416.0+190234	PGC 517		.96	.05	14.82				7552
000650.7-521206		.SBR5*.	1.04± .05	5					
318.37 -63.57	ESO 193- 25	S (1)	.29± .05	.00	15.48 ±.14				
243.17 -5.21		5.0± .9		.43					
000419.0-522848	PGC 520	2.2±1.3	1.04	.14					
000652.8-502454		.LA.-..	1.15± .05	89					
320.01 -65.21	ESO 193- 26	S	.20± .04	.04	14.27 ±.14				10037± 62
244.88 -4.63		-3.0± .8		.00					9971
000421.0-504136	PGC 526		1.13		14.08				9842
0006.8 +4144		.S..6*.	1.04± .08	28					
114.09 -20.36	UGC 54	U	1.06± .06	.40					
336.08 19.27		6.0±1.5		1.47					
0004.3 +4128	PGC 527		1.08	.50					
000659.2-065714		.SXS8*.	1.07± .05	50					
93.30 -67.23	MCG -1- 1- 34	UE (1)	.10± .05	.20					
286.57 9.56		8.3± .7		.12					
000425.6-071356	PGC 538	7.5± .8	1.09	.05					
0007.0 +4639		.SB.8..	1.04± .08	115					
115.04 -15.53	UGC 55	U	.07± .06	.44					
341.24 19.53		8.0± .9		.08					
0004.4 +4623	PGC 540		1.08	.03					
000703.7-442205		.E+1...	1.10± .10						
327.39 -70.59		S	.24± .08	.03					
250.66 -2.66		-4.0± .9		.00					
000431.6-443847	PGC 546		1.03						
0007.0 +1404		.S..6*.	.96± .09	30					5431
106.93 -47.41	UGC 56	U	.10± .06	.24	15.18 ±.14				
307.51 15.06		6.0±1.3		.14					5574
0004.5 +1348	PGC 548		.98	.05	14.77				5083
000706.3-412124		.S?....	1.00± .06	50					
332.71 -73.11	ESO 293- 37		.07± .05	.03	14.23 ±.14				13868
253.53 -1.66				.10					13833
000434.0-413806	PGC 551		1.01	.04	14.00				13630
000707.6-801830		.S..5*/	1.17± .04	120					
305.24 -36.62	ESO 12- 15	S	.97± .05	.35	16.09 ±.14				
215.87 -13.49		5.0±1.3		1.46					
000444.1-803512	PGC 553		1.20	.49					
000710.1-214712		PSBS2..	1.27± .04	161					
58.48 -78.60	ESO 538- 22	r	1.07± .05	.07	15.32 ±.14				10138
272.22 4.86		2.2± .9		1.23					10171
000437.0-220354	PGC 558		1.27	.50	13.92				9827
000714.5-523712		.SBS9..	1.29± .06	5					
317.89 -63.21	ESO 149- 18	S (1)	.11± .05	.00	15.85 ±.14				
242.79 -5.41		9.0± .8		.11					
000443.0-525354	PGC 562	11.1± .8	1.29	.06					
000716.0+274232	NGC 1	.SAS3*.	1.21± .03	120	13.65 ±.13	.76± .02	.85± .02	14.78±.1	4545± 5
111.11 -34.15	UGC 57	PU (1)	.12± .04	.18	13.33 ±.12	.12± .03	.21± .03	338± 6	4545± 59
321.47 17.59	IRAS00047+2725	3.0± .6	.74± .02	.17	12.03	.67	12.84± .06	319± 5	4718
000441.3+272550	PGC 564	3.5±1.1	1.22	.06	13.09	.05	14.22± .22	1.63	4218
000716.8+081805	NGC 3	.L...?.	1.03± .08	113	14.2 ±.3	.86± .05			
104.58 -52.99	UGC 58	U	.23± .03	.33	14.37 ±.10	.38± .07			3900± 49
301.70 13.65	ARAK 1	-2.0±1.7		.00	12.98	.73			4028
000442.7+080123	PGC 565		1.04		13.97	.31	13.66± .50		3549
000717.2+274046	NGC 2	.S..2..	1.02± .03	115	14.96 ±.13	.77± .02	.82± .02	16.50±.3	7550± 10
111.11 -34.18	UGC 59	PU	.22± .04	.18	14.67 ±.12	.08± .04	.17± .04		7366± 85
321.44 17.58		1.5± .6	.53± .01	.27		.63	13.10± .04	362± 7	7720
000442.5+272404	PGC 567		1.04	.11	14.27	.00	14.38± .23	2.11	7221
000719.4+323635	NGC 7831	.S..3*/	1.24± .04	38				15.07±.3	5072± 10
112.28 -29.35	UGC 60	PU (1)	.61± .04	.15	13.60 ±.16				5028±118
326.55 18.27	ARAK 2	3.0± .7		.84	12.81			476± 7	5252
000444.5+321953	PGC 569	4.5±1.2	1.25	.30	12.57			2.20	4757
000724.5+470228		.L.....	1.20± .14	145					
115.18 -15.17	UGC 61	U	.05± .08	.44	13.8 ±.3				
341.64 19.48		-2.0± .8		.00					
000448.8+464546	PGC 574		1.24						

R.A. 2000 DEC.	Names	Type	logD25	p.a.	BT	(B-V)T	(B-V)e	m21	V21
l b		ST nL	logR25	Ag	mB	(U-B)T	(U-B)e	W20	Vopt
SGL SGB		T	logAe	Ai	mFIR	(B-V)°T	m'e	W50	VGSR
R.A. 1950 DEC.	PGC	L	logDo	A21	B°T	(U-B)°T	m'25	HI	V3K
000731.1-204354		.SAT4P.	1.03± .05	87					
63.11 -78.11	ESO 538- 23	r	.13± .05	.00	15.48 ±.14				19603± 60
273.26 5.13		4.5± .8		.19					19640
000458.0-210036	PGC 583		1.03	.06	15.18				19289
0007.5 -1150		.S?....	1.12± .08						6749
86.85 -71.57	MCG -2- 1- 27		.28± .07	.07					
281.85 7.94				.43					6816
0005.0 -1207	PGC 585		1.12	.14					6414
000740.0+253519								18.48±.3	7054± 10
110.68 -36.24	CGCG 477- 56			.07	15.5 ±.4				
319.30 17.16								121± 7	7222
000505.4+251837	PGC 590								6723
000748.9+352145	NGC 5	.E...*.	1.08± .17	115					
112.99 -26.67	UGC 62	U	.22± .08	.28	14.33 ±.10				
329.43 18.50	4ZW 7	-5.0±1.2		.00					
000513.7+350503	PGC 595		1.06						
000750.8+355759		.I..9..	.94± .09	55					439
113.12 -26.07	UGC 63	U	.18± .06	.22	15.34 ±.13				
330.06 18.56		10.0± .9		.13					624
000515.6+354118	PGC 598		.96	.09	14.99				134
000801.5+330412	NGC 7836	.I?....	.93± .06	133	14.4 ±.2	.71± .02		16.87±.3	4904± 10
112.55 -28.92	UGC 65		.21± .05	.13	14.03 ±.17	.20± .04			5100±110
327.05 18.18	MK 336			.16	12.73	.60		313± 10	5087
000526.5+324730	PGC 608		.94	.11	13.90	.11	13.37± .37	2.87	4593
0008.1 +0943		.SX.3..	1.13± .05	85					6421
105.55 -51.68	UGC 66	U	.13± .05	.25	14.46 ±.15				
303.17 13.80	IRAS00055+0926	3.0± .8		.18	13.49				6553
0005.5 +0926	PGC 613		1.15	.07	13.99				6070
0008.1 +0746		.S..2..	1.10± .05	24					11834
104.69 -53.55	UGC 67	U	.43± .05	.25	15.06 ±.13				
301.23 13.31		2.0± .9		.53					11960
0005.6 +0730	PGC 616		1.13	.22	14.15				11483
000810.1+270013		.SB?...	.97± .09	145					
111.17 -34.88	UGC 68		.09± .06	.15	14.36 ±.12				8761± 46
320.78 17.28	IRAS00055+2643			.13	12.67				8932
000535.3+264331	PGC 617		.98	.04	14.03				8433
0008.1 +2731		.S..6*.	1.07± .06	42					4638
111.30 -34.36	UGC 69	U	.15± .05	.16	14.49 ±.13				
321.32 17.36		6.0±1.2		.23					4810
0005.6 +2715	PGC 619		1.09	.08	14.09				4311
000813.4-343442	Scl DIG	.IB.9..	1.04± .05					15.55±.3	207± 9
351.48 -78.12	ESO 349- 31	S	.07± .05	.02	15.54 ±.14			30± 12	
260.07 .40		10.0± .9		.06				20± 9	195
000541.0-345124	PGC 621		1.04	.04	15.46			.05	-59
000818.3-593054		.SXT6..	1.34± .03	160					
312.91 -56.77	ESO 111- 14	Sr (1)	.28± .04	.00	14.43 ±.14				7782
236.22 -7.73		5.8± .6		.42					7686
000548.0-594736	PGC 624	3.3± .9	1.34	.14	13.98				7637
000820.6-295454	NGC 7	.SBS5?/	1.35± .03	29	14.4 ±.2	.51± .04			
14.00 -80.14	ESO 409- 22	PS (1)	.61± .03	.02	13.88 ±.14	-.18± .07			1497± 39
264.52 1.93		4.5± .6		.92		.38			1501
000548.0-301136	PGC 627	5.6±1.2	1.35	.31	13.10	-.27	14.47± .27		1213
000834.4-335130	NGC 10	.SXT4..	1.38± .04	25	13.3 ±.4	.78± .05			
354.21 -78.59	ESO 349- 32	PBSr (1)	.30± .04	.02	13.13 ±.14				6818± 32
260.78 .58	IRAS00060-3408	3.6± .4		.44	13.08	.68			6808
000602.1-340812	PGC 634	2.2± .8	1.38	.15	12.64		14.30± .45		6548
000834.4-105658		.SBR1..	1.07± .06	10					
88.95 -70.94	MCG -2- 1- 28	E	.03± .05	.10					
282.79 7.98		1.0± .9		.03					
000601.1-111340	PGC 635		1.08	.01					
000835.8-051303		PS..1P*	1.09± .06	155					
96.06 -65.83	MCG -1- 1- 36	E	.23± .05	.10					
288.39 9.68	IRAS00059-0529	1.0±1.2		.23	13.39				
000602.3-052945	PGC 637		1.10	.11					
000836.0+440547		.S..4..	1.04± .08	100					
114.86 -18.10	UGC 71	U	.23± .06	.39	15.33 ±.15				
338.57 19.12		4.0± .9		.33					
000600.1+434906	PGC 638		1.08	.11					

R.A. 2000 DEC. l b SGL SGB R.A. 1950 DEC.	Names PGC	Type S_T n_L T L	$\log D_{25}$ $\log R_{25}$ $\log A_e$ $\log D_o$	p.a. A_g A_i A_{21}	B_T m_B m_{FIR} B_T^o	$(B-V)_T$ $(U-B)_T$ $(B-V)_T^o$ $(U-B)_T^o$	$(B-V)_e$ $(U-B)_e$ m'_e m'_{25}	m_{21} W_{20} W_{50} HI	V_{21} V_{opt} V_{GSR} V_{3K}
0008.6 -0044		.S..1..	.99± .06	18					
99.89 -61.68	UGC 72	U	.29± .05	.07	15.18 ±.13				11924
292.80 10.95	IRAS00060-0100	1.0± .9		.30	13.40				12026
0006.0 -0100	PGC 639		1.00	.15	14.66				11575
000842.4+372702	NGC 11	.S..1..	1.17± .05	111					
113.61 -24.65	UGC 73	U	.76± .05	.32	14.59 ±.14				
331.63 18.54	IRAS00061+3710	1.0± .9		.77	13.85				
000607.0+371021	PGC 642		1.20	.38					
000844.8+243234		.S?....	1.04± .06	136				16.17±.3	4581± 10
110.70 -37.31	UGC 76		.54± .05	.16					
318.27 16.74				.81				204± 7	4747
000610.0+241553	PGC 644		1.05	.27					4248
000844.9+043646	NGC 12	.SXT5*.	1.23± .04	125	13.8 ±.4	.66± .06		15.45±.1	3940± 10
103.33 -56.62	UGC 74	PU (1)	.05± .04	.11	13.99 ±.17			267± 15	
298.11 12.37		4.5± .6		.08		.60			4057
000611.0+042005	PGC 645	4.0± .8	1.24	.03	13.76		14.65± .46	1.67	3589
000846.4+154854	NGC 14	RIBS9P.	1.45± .04	25	12.71 ±.16	.58± .04	.56± .03	14.22±.1	865± 4
108.13 -45.83	UGC 75	R	.13± .06	.13	12.87 ±.15	.10± .05	.03± .04	117± 6	
309.36 15.04	ARP 235	10.0± .3	1.17± .05	.09		.52	14.05± .19	88± 8	1012
000612.0+153213	PGC 647		1.46	.06	12.57	.05	14.47± .31	1.58	519
000848.1+332602	NGC 13	RS..2*.	1.39± .04	53				15.45±.3	4808± 10
112.81 -28.60	UGC 77	PU (1)	.62± .04	.15	14.01 ±.12				4748±118
327.45 18.06		2.3± .7		.76				467± 7	4989
000612.9+330921	PGC 650	4.5±1.1	1.40	.31	13.05			2.09	4496
000849.2-495406		.L?....	.83± .06	75					
319.82 -65.81	ESO 193- 31		.42± .03	.04	15.50 ±.14				10198± 62
245.48 -4.76				.00					10133
000618.0-501048	PGC 651		.77		15.31				10001
000854.9+234905	NGC 9	.S..3*P	1.10± .05	155				16.14±.3	4528± 10
110.56 -38.03	UGC 78	P	.24± .04	.22	14.35 ±.12			184± 13	4512± 46
317.53 16.58	IRAS00063+2332	3.0±1.2		.33	13.40				4692
000620.1+233224	PGC 652		1.13	.12	13.77			2.25	4193
0008.9 +2537		.S..6*.	1.20± .05	85				15.93±.3	4345± 7
111.05 -36.26	UGC 79	U	.14± .05	.11	15.1 ±.3			196± 14	
319.39 16.87		6.0±1.1		.21					4513
0006.4 +2521	PGC 654		1.21	.07	14.73			1.13	4014
0009.0 +1053		.S..3..	1.15± .05	47					6674
106.41 -50.61	UGC 81	U (1)	.53± .05	.20	15.29 ±.14				
304.41 13.85		3.0± .9		.73					6808
0006.5 +1037	PGC 658	5.5±1.2	1.17	.27	14.31				6324
000904.3-325454		.S?....	1.17± .05	20					
358.11 -79.17	ESO 349- 33		.77± .05	.02	14.76 ±.14				6940± 81
261.71 .79	IRAS00064-3311			1.13					6933
000632.0-331136	PGC 659		1.18	.38	13.56				6667
000904.7+274349	NGC 16	.LX.-./	1.25± .05	16	13.00 ±.14	1.00± .03			
111.59 -34.21	UGC 80	R	.27± .05	.19	12.80 ±.11	.41± .04			3056± 23
321.56 17.20		-3.0± .4		.00		.92			3228
000629.7+272708	PGC 660		1.24		12.64	.37	13.46± .33		2730
0009.0 +2137	NGC 15	.S..1..	1.00± .06	30					6332
110.01 -40.18	UGC 82	U	.20± .05	.12	14.67 ±.12				
315.29 16.14		1.0± .9		.21					6492
0006.5 +2121	PGC 661		1.01	.10	14.26				5994
000907.0-372118		.S?....	.99± .07	171					
341.40 -76.43	ESO 293- 43		.21± .06	.03	14.98 ±.14				8695± 81
257.48 -.69				.31					8673
000635.0-373800	PGC 662		.99	.10	14.59				8440
0009.3 +0036		.S..3..	1.00± .08	39					
101.19 -60.47	UGC 83	U (1)	.94± .06	.09					
294.18 11.15		3.0±1.0		1.30					
0006.8 +0020	PGC 670	4.5±1.4	1.01	.47					
000925.0-364306		.S?....	.98± .06	57					
343.17 -76.92	ESO 349- 34		.71± .05	.02	15.48 ±.14				6567± 81
258.11 -.54				.73					6547
000653.0-365948	PGC 671		.98	.36	14.64				6309
000929.1+472126		.S..4..	1.09± .06	87				15.28±.1	5154± 11
115.60 -14.92	UGC 85	U	.35± .05	.49	14.3 ±.3				
341.99 19.14	IRAS00068+4704	4.0± .9		.51				316± 8	5351
000652.7+470445	PGC 676		1.14	.17	13.27			1.84	4891

R.A. 2000 DEC. l b SGL SGB R.A. 1950 DEC.	Names PGC	Type S_T n_L T L	$\log D_{25}$ $\log R_{25}$ $\log A_e$ $\log D_o$	p.a. A_g A_i A_{21}	B_T m_B m_{FIR} B_T^o	$(B-V)_T$ $(U-B)_T$ $(B-V)_T^o$ $(U-B)_T^o$	$(B-V)_e$ $(U-B)_e$ m'_e m'_{25}	m_{21} W_{20} W_{50} HI	V_{21} V_{opt} V_{GSR} V_{3K}
000932.9+331834	NGC 20	.L..-*.	1.19± .07	140					
112.95 -28.75	UGC 84	PU	.02± .05	.15	14.04 ±.13				5058±118
327.34 17.89		-3.0± .8		.00					5239
000657.5+330153	PGC 679		1.21		13.82				4746
000936.3-321636	IC 1531	.LX.-P*	1.25± .04	138					
.87 -79.57	ESO 349- 35	BS	.11± .04	.02	13.48 ±.14				7684± 39
262.36 .90		-3.0± .6		.00					7679
000704.0-323318	PGC 684		1.24		13.34				7408
0009.7 +2821		.E...?.	1.04± .11						
111.92 -33.62	UGC 87	U	.00± .05	.10	14.62 ±.12				
322.23 17.14		-5.0±1.6		.00					
0007.2 +2805	PGC 687		1.06						
000947.6+274947	NGC 22	.S..3..	1.22± .12	160				15.51±.3	8312± 10
111.80 -34.14	UGC 86	U	.11± .12	.13	14.43 ±.18				
321.69 17.06		3.0± .8		.15				390± 7	8484
000712.5+273306	PGC 690		1.23	.05	14.08			1.37	7986
000951.5+264724								16.79±.3	17225± 10
111.57 -35.16	CGCG 478- 35			.15	15.5 ±.4				
320.62 16.87								268± 7	17395
000716.4+263043	PGC 693								16897
000951.6-642218	IC 1532	.S..3./	1.21± .05	74					
310.24 -52.16	ESO 78- 17	S (1)	.56± .04	.00	14.83 ±.14				1871
231.57 -9.36		4.3± .7		.82					1760
000723.0-643900	PGC 695	5.6±1.3	1.21	.28	14.00				1753
0009.8 +0441		.S..0..	1.04± .15	25					
103.85 -56.63	UGC 88	U	.13± .12	.12					
298.26 12.12		.0± .9		.10					
0007.3 +0425	PGC 696		1.04						
000953.6+255523	NGC 23	.SBS1..	1.32± .03	8	12.85 ±.17	.82± .05	.86± .05	15.04±.1	4565± 4
111.37 -36.01	UGC 89	R	.19± .04	.16	12.64 ±.11			414± 5	4635± 44
319.73 16.72	MK 545	1.0± .4	.68± .04	.19	10.75	.71	11.74± .13	359± 6	4733
000718.6+253842	PGC 698		1.33	.09	12.30		13.82± .26	2.65	4236
000956.6-245743	NGC 24	.SAS5..	1.76± .01	46	12.19 ±.13	.58± .02	.72± .02	13.07±.1	554± 4
43.70 -80.43	ESO 472- 16	R (3)	.63± .02	.06	12.07 ±.11	-.07± .03	.01± .04	229± 5	595± 50
269.38 3.23	IRAS00073-2514	5.0± .3	1.12± .01	.95	12.64	.44	13.28± .03	210± 5	575
000724.0-251424	PGC 701	4.7± .5	1.77	.32	11.10	-.17	14.27± .16	1.65	253
0009.9 +1656		.I..9*.	1.00± .08	88					908
108.90 -44.79	UGC 90	U	.55± .06	.13					
310.57 14.99		10.0±1.3		.41					1057
0007.4 +1640	PGC 703		1.01	.27					564
000959.9-570112	NGC 25	.LB.-?P	1.14± .05	88	13.0 V±.2		1.11± .03		
313.96 -59.21	ESO 149- 19	S	.23± .04	.00	13.99 ±.14				9429± 40
238.69 -7.17	FAIR 1	-3.3± .7	.72± .07	.00					9340
000730.0-571754	PGC 706		1.11		13.85				9270
001001.7+281234		.S..3..	1.02± .08					15.66±.3	8168± 10
111.95 -33.78	UGC 92	U (1)	.05± .06	.13	14.50 ±.12				
322.09 17.06		3.0± .8		.07				97± 7	8340
000726.6+275553	PGC 707	2.5±1.1	1.03	.03	14.23			1.40	7843
001003.3+280901		.S?....	1.04± .06	115				15.52±.3	8216± 10
111.94 -33.84	UGC 91		.61± .05	.13	15.57 ±.12				
322.03 17.05				.92				378± 7	8388
000728.1+275220	PGC 709		1.05	.31	14.47			.74	7891
001006.9-061919		.SXS9..	1.17± .05	35					3851
95.80 -66.99	MCG -1- 1- 42	E (1)	.21± .05	.15					
287.42 9.00		9.0± .8		.21					3934
000733.4-063600	PGC 714	7.5± .8	1.18	.10					3508
001017.9-181554		.IBS9..	1.15± .03	85				15.07±.1	1546± 5
73.88 -77.03	ESO 538- 24	SUE (1)	.07± .03	.05	15.13 ±.14			35± 5	
275.85 5.30		10.0± .5		.05				24± 5	1589
000745.1-183236	PGC 721	10.0± .8	1.16	.03	15.03			.01	1226
001020.0-462507		PSBS3*.	1.31± .04	55					
323.07 -69.07	ESO 241- 21	Sr (1)	.63± .04	.03	14.33 ±.14				6087
248.89 -3.87		2.8± .7		.86					6033
000749.0-464148	PGC 725	2.2±1.2	1.32	.31	13.39				5873
001022.4+305057		.SA.8..	1.32± .05	60				14.72±.3	4947± 7
112.63 -31.20	UGC 93	U	.13± .06	.17	14.8 ±.3				
324.82 17.39		8.0± .7		.16				271± 10	5124
000747.0+303416	PGC 726		1.34	.07	14.50			.16	4629

R.A. 2000 DEC. l b SGL SGB R.A. 1950 DEC.	Names PGC	Type S_T n_L T L	$logD_{25}$ $logR_{25}$ $logA_e$ $logD_o$	p.a. A_g A_i A_{21}	B_T m_B m_{FIR} B_T^o	$(B-V)_T$ $(U-B)_T$ $(B-V)_T^o$ $(U-B)_T^o$	$(B-V)_e$ $(U-B)_e$ m'_e m'_{25}	m_{21} W_{20} W_{50} HI	V_{21} V_{opt} V_{GSR} V_{3K}
001025.0-462930		.SBS4..	1.10± .05	69					
322.94 -69.01	ESO 241- 22	S (1)	.38± .04	.03	14.20 ±.14				
248.83 -3.91		4.0± .9		.55					
000754.1-464612	PGC 729	3.3± .9	1.10	.19					
001026.3+285921		.S..6*.	1.28± .04	7				15.14±.3	7851± 10
112.23 -33.03	UGC 95	U	1.02± .05	.14	15.52 ±.12				
322.90 17.10		6.0±1.4		1.47				459± 7	8024
000751.0+284240	PGC 731		1.29	.50	13.88			.76	7528
001026.4+254957	NGC 26	.SAT2..	1.29± .03	100				14.69±.1	4589± 5
111.50 -36.13	UGC 94	R (1)	.15± .03	.13	13.62 ±.13			322± 6	
319.66 16.59	IRAS00078+2533	2.0± .4		.18	13.32			306± 5	4757
000751.4+253316	PGC 732	3.5±1.1	1.30	.07	13.26			1.36	4259
001031.0+105829								18.01±.2	26150± 14
106.98 -50.63				.21				563± 26	26809± 28
304.58 13.53									26419
000756.8+104148	PGC 737								25936
001033.0+285950	NGC 27	.S?....	1.09± .06	117				15.83±.3	7033± 10
112.26 -33.03	UGC 96		.37± .05	.14	14.45 ±.12				7054± 38
322.92 17.07	IRAS00079+2843			.55	13.10			453± 7	7208
000757.7+284309	PGC 742		1.11	.18	13.72			1.93	6712
0010.5 +2840		.L.....	1.03± .11	70					
112.20 -33.34	UGC 97	U	.21± .05	.10	15.21 ±.12				
322.59 17.02		-2.0± .8		.00					
0008.0 +2824	PGC 748		1.01						
001038.6-565906	NGC 28	.E.1...	1.03± .05	5					
313.82 -59.27	ESO 149- 20	S	.24± .04	.00	14.63 ±.14				
238.76 -7.24		-4.0± .7		.00					
000809.0-571548	PGC 751		.96						
001039.6-564807		PSBT1..	1.02± .06	97					
313.92 -59.45	ESO 149- 21	r	.26± .05	.00	15.07 ±.14				
238.93 -7.19		1.0± .9		.27					
000810.0-570448	PGC 753		1.02	.13					
0010.6 +1343		.S..9..	1.40± .04					15.04±.1	1741± 5
108.06 -47.96	UGC 99	U	.00± .05	.16				92± 4	
307.36 14.13		9.0± .7		.00				82± 4	1882
0008.1 +1327	PGC 757		1.42	.00					1394
001041.5+325859	NGC 21	.SBR4..	1.07± .05	42					
113.16 -29.11	UGC 98	PU	.31± .04	.16	13.99 ±.14				4859±118
327.04 17.61	IRAS00080+3242	3.5± .6		.45	13.05				5039
000805.9+324218	PGC 759		1.08	.15	13.35				4547
001043.5+283351		.SB?...	.74± .14					17.67±.3	8651± 10
112.21 -33.46	MCG 5- 1- 47		.00± .07	.10					
322.48 16.97				.00				168± 7	8823
000808.2+281710	PGC 762		.75	.00					8327
001044.8-470430		PSXR2..	1.26± .04	163	13.92 ±.15	.85± .02	.93± .01		
322.10 -68.51	ESO 241- 23	Sr	.32± .04	.04	14.17 ±.14				9353± 33
248.29 -4.15		2.1± .5	.91± .05	.39		.71	13.96± .16		9297
000814.0-472112	PGC 764		1.26	.16	13.54		14.28± .27		9142
001047.1+332105	NGC 29	.SXS4*.	1.23± .03	154					
113.25 -28.76	UGC 100	PU	.34± .03	.15	13.51 ±.13				4589±118
327.42 17.64	IRAS00082+3304	3.5± .6		.50	13.12				4769
000811.6+330424	PGC 767		1.25	.17	12.83				4278
0010.8 +2533		.SBS1..	1.08± .06	155					10231
111.55 -36.41	UGC 101	U	.33± .05	.13	15.11 ±.14				
319.40 16.44		1.0± .9		.34					10398
0008.3 +2517	PGC 772		1.10	.16	14.52				9901
001054.7-210407		RL..+..	1.06± .05	103	15.1 ±.2	.93± .03	.99± .03		
64.01 -78.95	ESO 538- 25	r	.57± .04	.03	15.26 ±.14	.01± .05	.10± .04		7768± 22
273.19 4.27		-1.3± .9	.53± .08	.00		.77	13.22± .28		7802
000822.0-212048	PGC 774		.97		15.07	-.04	13.80± .34		7456
001057.8-351237		PSX.0..	.94± .06						
347.37 -78.17	ESO 349- 37	r	.04± .05	.02	15.04 ±.14				14910± 81
259.65 -.34		-.1± .9		.03					14895
000826.1-352918	PGC 775		.94		14.77				14647
001101.5+300321		.SX.1..	1.17± .05	85				16.61±.3	6791± 10
112.62 -32.01	UGC 102	U	.07± .05	.14	14.39 ±.17				
324.02 17.13		1.0± .8		.07				377± 7	6966
000826.1+294640	PGC 779		1.18	.03	14.10			2.48	6471

R.A. 2000 DEC. / l b / SGL SGB / R.A. 1950 DEC.	Names / PGC	Type / S_T n_L / T / L	$\log D_{25}$ / $\log R_{25}$ / $\log A_e$ / $\log D_o$	p.a. / A_g / A_i / A_{21}	B_T / m_B / m_{FIR} / B_T^o	$(B-V)_T$ / $(U-B)_T$ / $(B-V)_T^o$ / $(U-B)_T^o$	$(B-V)_e$ / $(U-B)_e$ / m'_e / m'_{25}	m_{21} / W_{20} / W_{50} / HI	V_{21} / V_{opt} / V_{GSR} / V_{3K}
001106.7-120627	NGC 34	.P.....	1.34± .06	30				14.87±.1	5931± 11
88.78 -72.25	MCG -2- 1- 32	E	.43± .07	.07				502± 16	5772± 25
281.86 7.03	MK 938	99.0		.59	10.27				5970
000833.5-122308	PGC 781		1.34	.21					5573
001111.4+290507								16.89±.3	8153± 10
112.45 -32.97	CGCG 499- 70			.14	15.7 ±.4				
323.03 16.95								295± 7	8326
000836.0+284826	PGC 786								7831
001112.9-333449		PSXT3*.	1.16± .04	57					
353.84 -79.20	ESO 349- 38	Sr (1)	.38± .04	.02	13.98 ±.14				7847± 35
261.23 .15		3.3± .6		.52					7837
000841.0-335130	PGC 789	2.8± .6	1.16	.19	13.38				7577
001115.1+285414		PLXS+..	1.11± .07					16.86±.3	8046± 10
112.42 -33.15	UGC 105	Ur	.03± .03	.10	14.65 ±.14				
322.85 16.91		-.6± .6		.00				243± 7	8219
000839.7+283733	PGC 791		1.11		14.42				7723
0011.2 +0240		.S?....	.79± .08						
103.36 -58.66	MCG 0- 1- 35		.08± .06	.05	15.38 ±.12				12752± 60
296.36 11.25				.13					12862
0008.7 +0224	PGC 793		.80	.04	15.13				12402
001121.2-285119		.E+4...	1.15± .05	23	14.1 ±.2	1.20± .05	1.16± .03		
19.56 -80.99	ESO 409- 25	S	.20± .04	.04	14.30 ±.14				18475± 52
265.76 1.66		-4.0± .8	1.18± .07	.00		1.02	15.47± .21		18482
000849.0-290800	PGC 796		1.09		13.93		14.32± .34		18188
001122.5+062323	NGC 36	.SXT3..	1.34± .04	21					
105.35 -55.11	UGC 106	U	.21± .05	.18	13.95 ±.18				6106± 60
300.05 12.19	IRAS00088+0606	3.0± .8		.28	13.28				6227
000848.4+060642	PGC 798		1.36	.10	13.44				5756
001124.2-412349		.SBS8?.	1.27± .04	137					
330.32 -73.53	ESO 293- 45	S	.59± .05	.03	15.13 ±.14				1462± 60
253.76 -2.43		8.0± .8		.73					1425
000853.1-414030	PGC 800		1.27	.30	14.37				1225
001124.2-565725	NGC 37	PLXS+*.	1.04± .06	35					
313.64 -59.33	ESO 149- 22	Sr	.22± .04	.00	14.70 ±.14				
238.81 -7.34		-1.5± .5		.00					
000855.0-571406	PGC 801		1.01						
001137.5-365619		.SBS7P.	1.20± .07	163					
341.08 -77.08	ESO 349- 39	S (1)	.40± .07	.02	15.71 ±.14				
258.04 -1.03		6.8± .6		.55					
000906.0-371300	PGC 809	6.7± .6	1.20	.20					
001137.9+275654		.S?....	1.00± .08	18				17.02±.3	7446± 10
112.31 -34.10	UGC 107		.73± .06	.13					
321.88 16.67	IRAS00090+2740			1.09	14.07			376± 7	7617
000902.5+274013	PGC 810		1.01	.36					7121
001142.9+205828			.62± .11						
110.62 -40.95	CGCG 456- 37		.00± .12	.11	15.09 ±.16				13900
314.75 15.41	MK 337								14057
000907.9+204147	PGC 814		.63						13562
001145.5+283001		.SB.3*.	.95± .07	51				16.66±.3	8036± 10
112.46 -33.56	UGC 108	U	.29± .05	.10	14.80 ±.13				
322.45 16.73		3.0± .9		.40				456± 7	8208
000910.0+281320	PGC 816		.96	.15	14.24			2.28	7712
001147.1-053513	NGC 38	RSA.1*.	1.13± .06	80					
97.50 -66.48	MCG -1- 1- 47	E	.02± .05	.12					
288.26 8.82		1.0±1.2		.02					
000913.7-055154	PGC 818		1.14	.01					
0011.8 -0105		.S..8*.	.89± .10						6227
101.26 -62.28	UGC 109	U	.01± .06	.10					
292.68 10.08		8.0±1.2		.01					6326
0009.3 -0122	PGC 825		.90	.00					5880
001155.6+230128								16.41±.3	7574± 10
111.22 -38.95	CGCG 478- 38			.21	15.7 ±.4				
316.85 15.75								255± 7	7735
000920.5+224447	PGC 828								7239
0011.9 +2623		.SAS6..	1.07± .07	145					4510
112.05 -35.64	UGC 110	U	.21± .06	.13	14.98 ±.14				
320.30 16.34		6.0± .9		.30					4678
0009.4 +2607	PGC 830		1.08	.10	14.52				4182

R.A. 2000 DEC. l b SGL SGB R.A. 1950 DEC.	Names PGC	Type S_T n_L T L	$\log D_{25}$ $\log R_{25}$ $\log A_e$ $\log D_o$	p.a. A_g A_i A_{21}	B_T m_B m_{FIR} B_T^o	$(B-V)_T$ $(U-B)_T$ $(B-V)_T^o$ $(U-B)_T^o$	$(B-V)_e$ $(U-B)_e$ m'_e m'_{25}	m_{21} W_{20} W_{50} HI	V_{21} V_{opt} V_{GSR} V_{3K}
001204.4-471743		.SBS3*.	1.05± .05	178					
321.29 -68.41	ESO 193- 35	S (1)	.19± .05	.04	15.15 ±.14				13250±190
248.15 -4.44	FAIR 364	3.0±1.2		.26					13193
000934.0-473424	PGC 831	4.4± .9	1.05	.10	14.75				13041
001205.8+245914								15.97±.3	10749± 10
111.75 -37.03	CGCG 478- 40			.13	15.7 ±.4				
318.86 16.07								329± 7	10914
000930.5+244233	PGC 832								10418
001208.0+120241		.S..6*.	1.07± .05	76				15.37±.3	6342± 10
107.98 -49.68	UGC 111	U	.50± .04	.21	15.14 ±.12			265± 13	
305.75 13.39		6.0±1.3		.73					6478
000933.6+114600	PGC 833		1.09	.25	14.17			.95	5994
001209.2+275440		.S?....	.87± .08					16.36±.3	7491± 10
112.44 -34.16	CGCG 499- 74		.48± .12	.13	15.40 ±.14				
321.86 16.55	KUG 0009+276A			.70				475± 7	7662
000933.7+273759	PGC 835		.88	.24	14.54			1.58	7166
001209.8+291910		.S?....	.62± .11					17.65±.3	7389± 10
112.75 -32.77	CGCG 499- 75		.26± .12	.15	15.80 ±.16				
323.31 16.77	KUG 0009+290			.39				129± 7	7562
000934.2+290229	PGC 837		.64	.13	15.23			2.29	7068
0012.2 +4144		.S..9..	1.26± .06					16.06±.1	5029± 11
115.13 -20.53	UGC 112	U	.00± .06	.29					
336.17 18.28		9.0± .8		.00				62± 8	5220
0009.6 +4128	PGC 841		1.29	.00					4745
001215.8+221919		.S..1..	1.06± .04	105					7629
111.14 -39.65	UGC 113	U	.45± .04	.11	14.85 ±.12				
316.15 15.55	IRAS00096+2202	1.0± .9		.46	13.54				7789
000940.7+220238	PGC 847		1.07	.23	14.18				7293
001219.3+310344	NGC 39	.SAT5..	1.06± .06					16.13±.3	4857± 11
113.15 -31.07	UGC 114	U	.04± .05	.21	14.21 ±.12			198± 7	4855± 46
325.10 17.00	IRAS00096+3046	5.0± .8		.06				186± 7	5033
000943.6+304703	PGC 852		1.08	.02	13.92			2.20	4540
001236.9+053014		.S?....	.96± .05	68				15.61±.3	8474± 10
105.45 -56.04	UGC 116		.46± .04	.17	15.25 ±.12			355± 13	
299.25 11.67	IRAS00100+0513			.69					8592
001002.8+051333	PGC 859		.98	.23	14.34			1.04	8124
001248.1+220126	NGC 41	.S?....	.93± .06					16.82±.3	5949± 10
111.22 -39.97	MCG 4- 1- 39		.20± .06	.13	14.63 ±.13				
315.87 15.37	IRAS00101+2144			.30	13.26			331± 7	6108
001012.9+214445	PGC 865		.94	.10	14.17			2.55	5613
0012.8 +2206	NGC 42	.L..-*.	1.03± .08	115					
111.27 -39.89	UGC 118	U	.25± .03	.13	14.76 ±.10				
315.96 15.36		-3.0±1.2		.00					
0010.3 +2150	PGC 867		1.01						
001254.9+332134		.SXS6..	1.16± .07	110				15.03±.3	4756± 10
113.75 -28.82	UGC 117	U	.19± .06	.16	14.78 ±.17				
327.49 17.20		6.0± .8		.27				216± 7	4935
001019.0+330453	PGC 869		1.18	.09	14.32			.62	4445
001300.6+391448		.SBS5..	1.05± .05	105					
114.86 -23.02	UGC 121	U	.22± .04	.31	15.09 ±.14				4940±125
333.59 17.89		5.0± .9		.34					5128
001024.0+385807	PGC 874		1.08	.11	14.41				4647
001301.0+305457	NGC 43	.LB....	1.21± .06						4785± 10
113.29 -31.24	UGC 120	U	.04± .03	.21	13.60 ±.11				4782± 46
324.98 16.83		-2.0± .8		.00					4960
001025.1+303816	PGC 875		1.23		13.32				4468
001303.0+142439		.S?....	1.00± .06	78					
109.12 -47.43	UGC 119		.21± .05	.22	14.16 ±.13				2025
308.18 13.72				.32					2166
001028.3+140758	PGC 878		1.02	.11	13.60				1679
001303.3-241255		.SAR6..	1.05± .05	153					
49.42 -80.88	ESO 472- 20	r	.15± .04	.00	15.61 ±.14				10269
270.33 2.80	IRAS00105-2429	5.6± .9		.22	13.37				10291
001031.1-242936	PGC 879		1.05	.08	15.34				9967
001315.7-492031		.L?....	.95± .07	2					
318.72 -66.60	ESO 193- 36		.22± .05	.04	14.98 ±.14				10300±190
246.25 -5.26	FAIR 637			.00					10235
001046.0-493712	PGC 887		.92		14.79				10101

R.A. 2000 DEC. l b SGL SGB R.A. 1950 DEC.	Names PGC	Type S_T n_L T L	$\log D_{25}$ $\log R_{25}$ $\log A_e$ $\log D_o$	p.a. A_g A_i A_{21}	B_T m_B m_{FIR} B_T^o	$(B-V)_T$ $(U-B)_T$ $(B-V)_T^o$ $(U-B)_T^o$	$(B-V)_e$ $(U-B)_e$ m'_e m'_{25}	m_{21} W_{20} W_{50} HI	V_{21} V_{opt} V_{GSR} V_{3K}
0013.2 +1701		.I..9..	1.35± .04	109				14.49±.1	853± 6
110.01 -44.88	UGC 122	U	.81± .05	.12				106± 7	
310.83 14.24		10.0± .9		.61				93± 12	1000
0010.7 +1645	PGC 889		1.36	.41					509
001320.2-373049		.LX.-..	1.19± .09						
338.25 -76.88	MCG -6- 1- 35	S	.21± .08	.02					15236± 81
257.60 -1.53		-3.0± .8		.00					15212
001049.2-374730	PGC 892		1.16						14983
0013.4 +2822		.S..1..	1.00± .08	32					
112.86 -33.75	UGC 124	U	.73± .06	.09	15.54 ±.13				
322.38 16.36		1.0±1.0		.74					
0010.8 +2806	PGC 896		1.01	.36					
001327.3+172906	IC 4	.S?....	1.02± .06	10					
110.20 -44.45	UGC 123		.08± .05	.09	14.04 ±.12				4992± 50
311.30 14.30	IRAS00108+1712			.11	12.59				5140
001052.4+171226	PGC 897		1.03	.04	13.81				4649
001334.3-050537		.SAT3P?	1.08± .06	170					
98.99 -66.19	MCG -1- 1- 52	E	.24± .05	.13					
288.88 8.54	IRAS00109-0522	3.0±1.7		.34	13.27				
001100.9-052218	PGC 902		1.09	.12					
001343.5+301141		.S?....	.94± .11					15.87±.3	7148± 10
113.32 -31.97	MCG 5- 1- 55		.28± .07	.16	14.74 ±.13				
324.26 16.58				.35				458± 7	7322
001107.6+295500	PGC 908		.95	.14	14.16			1.58	6829
001345.4+480904	IC 1534	.L.....	1.02± .08	72					
116.46 -14.25	UGC 125	U	.32± .03	.63	14.8 ±.3				
342.86 18.46	5ZW 6	-2.0± .9		.00					
001107.6+475224	PGC 910		1.04						
0013.8 +2658		.SB.6*.	1.15± .07	135					4685
112.67 -35.14	UGC 127	U	.57± .06	.10					
320.96 16.04		6.0±1.2		.84					4853
0011.2 +2642	PGC 912		1.16	.29					4359
0013.8 +3559		.S..8..	1.32± .05	65					4533± 10
114.45 -26.26	UGC 128	U	.09± .06	.20					
330.24 17.36		8.0± .7		.11					4716
0011.2 +3543	PGC 913		1.34	.04					4230
0013.8 -0428		.S?....	1.08± .09						
99.70 -65.63	MCG -1- 1- 53		.53± .07	.13					10913
289.51 8.65				.65					11000
0011.3 -0445	PGC 916		1.09	.27					10570
0013.8 +0342		PSBS2..	.97± .07						
105.11 -57.85	UGC 129	U	.07± .05	.04	15.07 ±.15				
297.56 10.90		2.0± .9		.08					
0011.3 +0326	PGC 917		.97	.03					
001355.8+284546		.S?....	.92± .11					17.25±.3	6945± 10
113.08 -33.39	MCG 5- 1- 56		.03± .07	.07	15.36 ±.15				
322.80 16.31				.04				91± 7	7116
001120.0+282906	PGC 919		.92	.01	15.18			2.06	6623
001356.9+305258		.S?....	.61± .14	160					
113.52 -31.30	UGC 130		.11± .06	.19	14.7 ±.3				4792± 46
324.97 16.63				.15					4967
001120.9+303618	PGC 921		.63	.05	14.29				4475
0013.9 +1258		.SX.8..	1.20± .05	14					1680
108.98 -48.88	UGC 132	U	.45± .05	.16	14.88 ±.14				
306.79 13.17		8.0± .9		.56					1817
0011.4 +1242	PGC 924		1.21	.23	14.16				1333
001359.5-700119		.SBS6..	1.24± .04						
307.59 -46.77	ESO 50- 6	S (1)	.10± .05	.03	14.52 ±.14				4135
226.15 -11.30		6.0± .8		.15					4008
001136.0-701800	PGC 926	4.4± .8	1.24	.05	14.32				4051
001402.2+481406	NGC 48	.SX.4P*	1.15± .04	15				14.24±.1	1776± 14
116.52 -14.17	UGC 133	PU	.19± .04	.63	14.4 ±.3			428± 18	
342.95 18.42	IRAS00113+4757	4.0± .6		.28	13.38			278± 19	1972
001124.3+475726	PGC 929		1.21	.10	13.51			.63	1517
001403.2-231101	NGC 45	.SAS8..	1.93± .01	142	11.32M±.08	.71± .03	.67± .02	11.43±.1	468± 3
55.89 -80.67	ESO 473- 1	R (3)	.16± .02	.06	11.30 ±.12	-.05± .04	-.02± .03	189± 4	
271.39 2.91	DDO 223	8.0± .3	1.57± .03	.20	12.34	.66	14.60± .07	167± 5	493
001131.0-232742	PGC 930	7.3± .3	1.93	.08	11.05	-.09	15.39± .11	.30	163

R.A. 2000 DEC. / l b / SGL SGB / R.A. 1950 DEC.	Names / PGC	Type / ST nL / T / L	logD25 / logR25 / logAe / logDo	p.a. / Ag / Ai / A21	BT / mB / mFIR / BoT	(B-V)T / (U-B)T / (B-V)oT / (U-B)oT	(B-V)e / (U-B)e / m'e / m'25	m21 / W20 / W50 / HI	V21 / Vopt / VGSR / V3K
0014.1 +0725		.S..7*.	1.04± .08	27					5843
106.97 -54.28	UGC 135	U	1.06± .06	.19					
301.26 11.78		7.0±1.5		1.38					5965
0011.6 +0709	PGC 937		1.06	.50					5494
001422.5+481447	NGC 49	.L...?.	1.05± .08	165					
116.58 -14.17	UGC 136	U	.04± .03	.63	14.7 ±.3				
342.96 18.37		-2.0±1.7		.00					
001144.5+475807	PGC 952		1.11						
001428.4+484014		.S..4..	1.08± .06	77					
116.66 -13.75	UGC 137	U	.58± .05	.61	15.3 ±.3				
343.41 18.37		4.0± .9		.86					
001150.3+482334	PGC 962		1.13	.29					
001428.9-004443		.SXS5?.	1.33± .02	82					3953
102.82 -62.17	UGC 139	UE (1)	.34± .04	.13	14.26 ±.18				
293.21 9.55	KUG 0011-010	4.7± .6		.51					4052
001155.1-010123	PGC 963	3.1±1.2	1.35	.17	13.60				3606
001431.0-071006	NGC 47	.SBT4..	1.35± .04						5702
97.55 -68.20	MCG -1- 1- 55	E (1)	.03± .05	.14					
286.92 7.71	IRAS00119-0726	4.0± .7		.05	13.06				5780
001157.7-072646	PGC 967	3.1± .8	1.37	.02					5362
0014.5 +2826		.SB.0..	1.04± .08	145					
113.18 -33.72	UGC 141	U	.29± .06	.07	15.37 ±.14				6814
322.50 16.12	IRAS00119+2810	.0± .9		.22	12.11				6985
0011.9 +2810	PGC 970		1.03		14.98				6491
001434.9+481522	NGC 51	.L..0P*	1.10± .06						
116.62 -14.16	UGC 138	PU	.11± .05	.63	14.1 ±.3				
342.98 18.33		-2.0± .6		.00					
001156.8+475842	PGC 974		1.16						
0014.6 +1834	NGC 52	.S?....	1.33± .05	127					5392
110.89 -43.43	UGC 140		.70± .06	.11	14.34 ±.12				
312.47 14.25	IRAS00120+1818			1.05	12.83				5542
0012.0 +1818	PGC 978		1.34	.35	13.15				5051
001439.6-393655			.85± .06	12					
332.08 -75.36	ESO 293- 48		.12± .06	.03	15.23 ±.14				12525
255.67 -2.45									12493
001209.0-395336	PGC 979		.85						12281
001440.8-373919		.SBS3..	1.05± .05	60					
336.95 -76.94	ESO 293- 49	S (1)	.25± .04	.02	14.71 ±.14				8335± 81
257.55 -1.83		3.0± .9		.34					8310
001210.1-375600	PGC 981	3.3± .9	1.05	.12	14.28				8083
001441.9-601944	NGC 53	PSBR3..	1.30± .04	160	13.33 ±.16	.72± .04	.83± .01		
311.10 -56.21	ESO 111- 20	Sr	.16± .04	.00	13.70 ±.14				4568± 45
235.67 -8.73	FAIR 3	2.6± .6	1.06± .03	.22		.66	14.12± .09		4469
001215.1-603624	PGC 982		1.30	.08	13.29		14.28± .26		4429
001444.7-072044	NGC 50	.L..-P.	1.36± .06	155					
97.51 -68.39	MCG -1- 1- 58	E	.13± .08	.13					
286.77 7.60		-3.0± .8		.00					
001211.4-073725	PGC 983		1.36						
0014.7 +0513		.SB.3..	1.07± .07	133					12600
106.25 -56.45	UGC 142	U	.50± .06	.15	15.29 ±.13				
299.12 11.08		3.0± .9		.69					12716
0012.2 +0457	PGC 986		1.08	.25	14.36				12251
001455.0-240525		.SBT2..	.87± .05						
51.17 -81.23	ESO 473- 2	r	.00± .04	.03	15.01 ±.14				
270.59 2.43	IRAS00124-2421	2.2± .9		.00	13.42				
001223.0-242206	PGC 991		.88	.00					
001455.5-865938		.LA.-*.	1.11± .07	19					
303.48 -30.10	ESO 2- 6	S	.48± .04	.53					
209.22 -15.16		-3.7± .7		.00					
001345.1-871618	PGC 993		1.04						
001455.5+261950		.S?....	.82± .13					16.02±.3	7350± 10
112.83 -35.82	MCG 4- 1- 44		.08± .07	.15	14.84 ±.13				
320.35 15.68				.11				157± 7	7516
001219.7+260310	PGC 994		.83	.04	14.53			1.45	7023
001506.0-350838			.79± .07	0					
344.79 -78.84	ESO 350- 3		.11± .06	.02	15.41 ±.14				7946± 87
259.99 -1.11									7929
001235.0-352518	PGC 1009		.79						7684

R.A. 2000 DEC.	Names	Type	$\log D_{25}$	p.a.	B_T	$(B-V)_T$	$(B-V)_e$	m_{21}	V_{21}
l b		S_T n_L	$\log R_{25}$	A_g	m_B	$(U-B)_T$	$(U-B)_e$	W_{20}	V_{opt}
SGL SGB		T	$\log A_e$	A_i	m_{FIR}	$(B-V)^o_T$	m'_e	W_{50}	V_{GSR}
R.A. 1950 DEC.	PGC	L	$\log D_o$	A_{21}	B^o_T	$(U-B)^o_T$	m'_{25}	HI	V_{3K}
001507.7-070626	NGC 54	.SBR1?.	1.10± .06	93					
97.99 -68.20	MCG -1- 1- 60	E	.45± .05	.14					
287.03 7.58		1.0±1.3		.46					
001234.5-072307	PGC 1011		1.11	.22					
001508.5-391313	NGC 55	.SBS9*/	2.51± .01	108	8.42S±.05	.55± .03		9.17±.1	125± 4
332.67 -75.74	ESO 293- 50	R (1)	.76± .02	.03	8.29 ±.12	.12± .03		169± 5	121± 13
256.08 -2.41		9.0± .7		.77	8.32	.38		172± 4	94
001238.1-392954	PGC 1014	5.6± .6	2.51	.38	7.60	.00	13.92± .09	1.19	-120
0015.2 +0553		.SBR1..	1.04± .06						13314
106.77 -55.84	UGC 143	U	.07± .05	.08					
299.81 11.13		1.0± .8		.08					13431
0012.7 +0537	PGC 1021		1.05	.04					12965
001517.4-571438		RSAR3*.	1.10± .04	8					
312.49 -59.21	ESO 111- 22	Sr	.26± .04	.00	15.15 ±.14				9790
238.70 -7.92	FAIR 4	2.8± .5		.35					9700
001250.0-573118	PGC 1024		1.10	.13	14.72				9633
0015.3 -0810		.SBS8..	1.12± .08	40					
97.00 -69.21		E (1)	.19± .08	.14					
286.01 7.22		8.0± .9		.23					
0012.8 -0827	PGC 1027	7.5±1.2	1.14	.09					
001525.2-212638	NGC 59	.LAT-*.	1.42± .04	127	13.12 ±.14	.69± .02	.62± .01		
65.71 -80.02	ESO 539- 4	S	.30± .04	.06	13.09 ±.14	.01± .02	-.01± .02		382± 60
273.17 3.16		-2.5± .5	.86± .02	.00		.66	12.91± .07		412
001253.0-214318	PGC 1034		1.38		13.04	-.01	14.33± .28		73
001531.0+171936	NGC 57	.E.....	1.35± .07	40	12.67 ±.15	1.05± .03	1.09± .01		
110.83 -44.70	UGC 145	U	.07± .05	.15	13.14 ±.12	.56± .04	.63± .02		5440± 22
311.25 13.78		-5.0± .7	1.15± .05	.00		.96	13.91± .16		5587
001255.9+170256	PGC 1037		1.35		12.73	.55	14.21± .40		5098
001531.2-321056		DE.3.*.	1.12± .05	54					
357.84 -80.71	ESO 410- 5	S (1)	.10± .05	.02	14.90 ±.14				
262.86 -.26		-.3± .5		.07					
001300.1-322736	PGC 1038	10.0± .8	1.12						
001541.2+250650								18.25±.3	20363± 10
112.78 -37.05	CGCG 478- 46			.11	15.7 ±.4				
319.14 15.29								122± 7	20527
001305.5+245010	PGC 1042								20033
0015.7 +2726		.L.....	1.10± .07	65					
113.27 -34.76	UGC 146	U	.34± .03	.06	15.05 ±.11				
321.52 15.70		-2.0± .9		.00					
0013.1 +2710	PGC 1044		1.06						
0015.7 +2939		.S..0..	1.21± .06	156					
113.72 -32.57	UGC 147	U	.70± .06	.13	14.59 ±.12				
323.78 16.07		.0± .9		.53					
0013.1 +2923	PGC 1046		1.19						
001544.1-330150		.SXT0..	.97± .06	16					
353.37 -80.29	ESO 350- 4	r	.16± .05	.02	14.51 ±.14				7363± 81
262.06 -.57		-.1± .9		.12					7353
001313.0-331830	PGC 1047		.96		14.26				7092
001551.3+160525		.S?....	1.11± .05	98				15.24±.3	4203± 10
110.60 -45.93	UGC 148		.58± .05	.11	14.09 ±.16				4156± 50
310.02 13.43	IRAS00132+1548			.87	12.16			294± 10	4345
001316.3+154845	PGC 1051		1.12	.29	13.09			1.86	3858
001552.6+194628		.L?....	.72± .22						
111.59 -42.31	MCG 3- 1- 33		.18± .07	.07	15.04 ±.14				7554± 54
313.74 14.21	ARAK 3			.00					7706
001317.3+192948	PGC 1052		.70		14.86				7215
001556.6+140420		.S?....	1.12± .04	60				16.09±.3	5474± 10
110.03 -47.91	UGC 149		.65± .04	.16	15.32 ±.12			310± 13	
308.00 12.96				.98					5613
001321.7+134740	PGC 1056		1.14	.33	14.15			1.61	5129
001558.4-001815	NGC 60	.SAR6P.	1.11± .05	155					
103.86 -61.86	UGC 150	E (1)	.03± .04	.04	14.80 ±.20				
293.74 9.31		6.0± .8		.04					
001324.7-003455	PGC 1058	4.2± .8	1.11	.01					
001613.6+101957		.L...?.	1.08± .06						
108.91 -51.58	UGC 151	U	.06± .05	.25	14.29 ±.11				
304.28 12.01		-2.0±1.6		.00					
001339.0+100317	PGC 1074		1.10						

R.A. 2000 DEC. l b SGL SGB R.A. 1950 DEC.	Names PGC	Type S_T n_L T L	$\log D_{25}$ $\log R_{25}$ $\log A_e$ $\log D_o$	p.a. A_g A_i A_{21}	B_T m_B m_{FIR} B_T^o	$(B-V)_T$ $(U-B)_T$ $(B-V)_T^o$ $(U-B)_T^o$	$(B-V)_e$ $(U-B)_e$ m'_e m'_{25}	m_{21} W_{20} W_{50} HI	V_{21} V_{opt} V_{GSR} V_{3K}
001624.3-061906	NGC 61A	.L...P?	1.04± .09						
99.55 -67.59	MCG -1- 1- 62	E	.21± .07	.12					
287.89 7.51		-2.0±1.7		.00					
001351.0-063546	PGC 1083		1.02						
001630.4+295513		.S..6*.	1.18± .05	73				15.60±.3	4863± 10
113.97 -32.34	UGC 152	U	.58± .05	.14	15.38 ±.14				
324.08 15.94		6.0±1.3		.86				227± 7	5035
001354.1+293833	PGC 1089		1.19	.29	14.36			.95	4544
0016.6 +4756		.S..8*.	1.04± .08	178					
116.93 -14.52	UGC 153	U	.37± .06	.50					
342.67 17.97		8.0±1.3		.46					
0014.0 +4740	PGC 1099		1.09	.19					
0016.7 +0227		.S..9*.	1.04± .15						4109
105.80 -59.25	UGC 154	U	.00± .12	.10					
296.52 9.87		9.0±1.2		.00					4216
0014.2 +0211	PGC 1105		1.05	.00					3762
0016.7 +0703		.S?....	1.17± .05	3					3967
107.90 -54.80	UGC 155		.61± .05	.12	14.48 ±.12				
301.07 11.07				.91					4087
0014.2 +0647	PGC 1106		1.18	.30	13.43				3619
0016.7 +1220		.I..9..	1.40± .04	5				14.74±.1	1133± 6
109.80 -49.64	UGC 156	U	.19± .05	.23	14.5 ±.3			135± 5	
306.32 12.36		10.0± .7		.14				121± 4	1267
0014.2 +1204	PGC 1107		1.42	.10	14.08			.56	787
001651.0+293652								18.79±.3	6895± 10
114.00 -32.66	CGCG 499- 95			.13	14.8 ±.4				
323.78 15.81								136± 7	7067
001414.6+292013	PGC 1108								6576
001651.0-051607		.SBS1P*	1.14± .06	45					3943
100.75 -66.64	MCG -1- 1- 64	E	.47± .05	.13					
288.95 7.70	IRAS00142-0532	1.0±1.3		.48	12.17				4026
001417.6-053247	PGC 1109		1.15	.24					3602
0016.9 +2751		.SB.3*.	.98± .07	15					
113.68 -34.39	UGC 157	U	.05± .05	.04	14.85 ±.13				
321.99 15.51		3.0±1.2		.07					
0014.3 +2735	PGC 1113		.98	.03					
001702.6+295627								17.44±.3	9690± 10
114.11 -32.34	CGCG 499- 98			.15	14.8 ±.4				
324.12 15.83								339± 7	9862
001426.2+293947	PGC 1119								9372
001705.0+420940		.S..3..	1.20± .05	173				14.90±.1	5071± 11
116.16 -20.26	UGC 158	U (1)	.60± .05	.42	15.21 ±.14				
336.69 17.42		3.0± .9		.82				336± 8	5260
001427.1+415301	PGC 1123	4.5±1.2	1.24	.30	13.93			.67	4790
0017.0 +1731		.I..9*.	1.11± .14						1003
111.40 -44.57	UGC 159	U	.00± .12	.16					
311.53 13.46		10.0±1.2		.00					1150
0014.5 +1715	PGC 1124		1.12	.00					662
001705.5-132912	NGC 62	RSBR1*.	1.02± .07	130					
90.77 -74.17	MCG -2- 1- 43	E	.11± .05	.06					
280.98 5.22	IRAS00145-1345	1.0±1.3		.11	13.49				
001432.9-134552	PGC 1125		1.02	.05					
001705.7-062227		.SXS6..	1.07± .06						
99.92 -67.70	MCG -1- 1- 65	E (1)	.01± .05	.13					
287.89 7.33	VV 721	6.0± .8		.02					
001432.5-063906	PGC 1126	4.2± .8	1.09	.01					
001706.3-043639		.L..+*/	1.13± .06	123					
101.44 -66.04	MCG -1- 1- 66	E	.56± .05	.13					
289.61 7.83		-1.0±1.3		.00					
001432.9-045319	PGC 1127		1.06						
0017.1 +3428		.SA.8..	1.10± .07						4670
114.94 -27.86	UGC 160	U	.00± .06	.14					
328.77 16.49		8.0± .8		.01					4849
0014.5 +3412	PGC 1128		1.12	.00					4364
001709.6+234507								16.54±.3	18043± 10
112.90 -38.45	CGCG 478- 49			.09	15.7 ±.4				
317.82 14.71								625± 7	18203
001433.8+232827	PGC 1129								17711

R.A. 2000 DEC.	Names	Type	$\log D_{25}$	p.a.	B_T	$(B-V)_T$	$(B-V)_e$	m_{21}	V_{21}
l b		S_T n_L	$\log R_{25}$	A_g	m_B	$(U-B)_T$	$(U-B)_e$	W_{20}	V_{opt}
SGL SGB		T	$\log A_e$	A_i	m_{FIR}	$(B-V)_T^o$	m'_e	W_{50}	V_{GSR}
R.A. 1950 DEC.	PGC	L	$\log D_o$	A_{21}	B_T^o	$(U-B)_T^o$	m'_{25}	HI	V_{3K}
001710.2-191802		.SXT5?.	1.22± .03	38					
75.99 -78.91	ESO 539- 5	SE (1)	.18± .03	.06	13.53 ±.14				3190± 52
275.36 3.43	IRAS00146-1934	4.5± .8		.28	12.93				3227
001438.0-193442	PGC 1130	4.4±1.1	1.22	.09	13.18				2876
0017.1 +0643		.I..9*.	1.00± .16						5659
107.93 -55.14	UGC 161	U	.09± .12	.12					
300.76 10.89		10.0±1.2		.07					5778
0014.6 +0627	PGC 1131		1.01	.04					5311
001717.0+301249		.S?....	.74± .14					18.07±.3	6292± 10
114.22 -32.08	MCG 5- 1- 61		.09± .07	.15	15.32 ±.13				
324.40 15.82				.12				247± 7	6464
001440.5+295610	PGC 1138		.75	.05	15.04			2.98	5974
001719.3+064324		.SBS6*.	.98± .07	103					5659
107.99 -55.16	UGC 163	U	.20± .05	.12	15.07 ±.13				
300.77 10.85		6.0±1.3		.29					5778
001445.0+062644	PGC 1139		.99	.10	14.64				5311
0017.4 +1805		.SB.4..	1.17± .05	65					5443
111.65 -44.04	UGC 164	U	.35± .05	.08	14.77 ±.15				
312.11 13.51	IRAS00148+1748	4.0± .8		.52	13.12				5591
0014.8 +1748	PGC 1144		1.18	.18	14.14				5103
001729.6+261539								17.15±.3	7456± 10
113.52 -35.99	CGCG 478- 50			.14	15.4 ±.4				
320.38 15.10								163± 7	7621
001453.5+255900	PGC 1147								7129
001730.4-064932	NGC 64	.SBS4..	1.19± .05	30					
99.75 -68.16	MCG -1- 1- 68	E (1)	.15± .05	.13					
287.48 7.10	IRAS00149-0706	4.0± .8		.22	13.08				
001457.2-070612	PGC 1149	1.9± .8	1.20	.08					
0017.6 +2229	LGS 1							17.27±.3	3695± 9
112.75 -39.71				.13				106± 10	
316.57 14.37								72± 7	3852
0015.0 +2213	PGC 1153								3361
001736.1+301219		.S..6*.	1.27± .04	18				14.83±.3	4834± 10
114.30 -32.10	UGC 166	U	.31± .05	.17	14.9 ±.2				
324.41 15.75		6.0±1.1		.45				258± 7	5006
001459.5+295540	PGC 1154		1.29	.15	14.30			.38	4517
0017.7 +2440		.S..2..	1.00± .06	37					6047
113.25 -37.57	UGC 165	U	.68± .05	.03	15.44 ±.13				
318.77 14.76	IRAS00150+2423	2.0±1.0		.83	13.05				6209
0015.1 +2423	PGC 1158		1.00	.34	14.51				5717
001745.6+112658	NGC 63	.S...P.	1.24± .05	108				15.75±.3	1172± 10
109.87 -50.57	UGC 167	R	.18± .05	.23	12.63 ±.14				
305.49 11.91	IRAS00151+1110			.27	12.05			160± 10	1303
001510.8+111018	PGC 1160		1.26	.09	12.12			3.53	826
001748.5-682132		.S..5*/	1.07± .05	157					
307.60 -48.46	ESO 50- 7	S	.77± .04	.00	15.72 ±.14				
227.88 -11.20		5.0±1.4		1.15					
001527.0-683812	PGC 1162		1.07	.38					
001755.4-475544		.SXT4..	.95± .07	59					
318.17 -68.20	ESO 194- 1	r	.15± .06	.04	15.15 ±.14				11450±190
247.85 -5.57	FAIR 367	4.5± .9		.23					11389
001527.0-481224	PGC 1166		.95	.08	14.82				11246
001759.9+243342		.S?....	.94± .11					16.17±.3	5794± 10
113.31 -37.68	MCG 4- 1- 48		.11± .07	.03	14.71 ±.12				
318.68 14.68				.17				255± 7	5956
001523.9+241703	PGC 1170		.94	.06	14.48			1.63	5464
001801.6-590508		.S..2*/	1.22± .04	158					
310.92 -57.52	ESO 111- 24	S	.69± .04	.00	15.59 ±.14				8948
237.00 -8.79	IRAS00156-5921	2.3± .7		.85	13.56				8851
001536.0-592148	PGC 1172		1.22	.34	14.66				8802
001804.5-335227		RSBT0..	1.16± .04	90					
347.69 -80.15	ESO 350- 7	Sr	.11± .04	.02	14.17 ±.14				7569± 39
261.40 -1.30		.3± .5		.09					7555
001534.0-340906	PGC 1173		1.16		13.95				7302
0018.0 +1817		.S..1..	1.06± .06	162					5521
111.92 -43.86	UGC 168	U	.65± .05	.11					
312.36 13.39		1.0± .9		.67					5669
0015.5 +1801	PGC 1175		1.07	.33					5181

R.A. 2000 DEC. l b SGL SGB R.A. 1950 DEC.	Names PGC	Type S_T n_L T L	$\log D_{25}$ $\log R_{25}$ $\log A_e$ $\log D_o$	p.a. A_g A_i A_{21}	B_T m_B m_{FIR} B^o_T	$(B\text{-}V)_T$ $(U\text{-}B)_T$ $(B\text{-}V)^o_T$ $(U\text{-}B)^o_T$	$(B\text{-}V)_e$ $(U\text{-}B)_e$ m'_e m'_{25}	m_{21} W_{20} W_{50} HI	V_{21} V_{opt} V_{GSR} V_{3K}
001806.0-374238		.SBT3?.	1.09± .05	166					
334.39 -77.31	ESO 294- 2	S (1)	.58± .05	.02	15.31 ±.14				
257.71 -2.49	IRAS00156-3759	3.0±1.7		.80					
001536.0-375918	PGC 1176	4.4± .9	1.09	.29					
001815.0+300345	NGC 67	.E...*.	1.02± .10						
114.44 -32.26	MCG 5- 1- 64	RC	.17± .06	.17	15.21 ±.12				6844± 72
324.28 15.59	ARAK 4	-5.0± .8		.00					7016
001538.3+294706	PGC 1185		.99		14.94				6526
0018.2 +1923		.SB.6?.	1.00± .08						5422
112.25 -42.79	UGC 169	U	.09± .06	.13	14.52 ±.12				
313.47 13.58	IRAS00156+1906	6.0±1.2		.13	13.33				5572
0015.7 +1906	PGC 1186		1.01	.04	14.24				5084
001818.3+300419	NGC 68	.LA.-..	1.31± .05		*				
114.45 -32.25	UGC 170	R (1)	.05± .04	.17	13.91 ±.16				5803± 40
324.30 15.58	IRAS00157+2947	-3.0± .4		.00					5975
001541.7+294740	PGC 1187	4.5±1.1	1.32		13.66				5486
001820.6+300222	NGC 69	.LBS-..	.95± .10		15.8 ±.2	1.05± .08			
114.46 -32.29	MCG 5- 1- 66	RC	.06± .06	.17	15.27 ±.12				6754± 44
324.26 15.56	ARAK 5	-2.8± .6		.00		.94			6926
001543.9+294543	PGC 1191		.96		15.14		15.26± .57		6436
001821.1-730908		RL..+?.	1.05± .05	136					
306.24 -43.76	ESO 28- 12	r	.41± .05	.08	14.95 ±.14				
223.14 -12.40	IRAS00160-7325	-1.3±1.8		.00	12.87				
001604.0-732548	PGC 1193		1.00						
001822.5+300450	NGC 70	.SAT5..	1.15± .05	0				16.59±.3	7167± 10
114.47 -32.25	UGC 174	R (1)	.06± .05	.17	14.18 ±.14				7251± 57
324.31 15.56		5.0± .4		.09				345± 7	7341
001545.8+294811	PGC 1194	4.5±1.1	1.17	.03	13.89			2.67	6852
0018.3 +1750		.S..6*.	.96± .09	110					11209
111.91 -44.32	UGC 172	U	.90± .06	.11					
311.92 13.23		6.0±1.5		1.33					11356
0015.8 +1734	PGC 1195		.97	.45					10869
001823.7+300346	NGC 71	.LA.-P*	1.09± .09		14.2 ±.3	1.02± .03	1.04± .02		
114.48 -32.27	UGC 173	R (1)	.06± .06	.17	14.42 ±.11				6716± 44
324.29 15.56		-3.0± .4	.77± .12	.00		.92	13.50± .41		6888
001547.1+294707	PGC 1197	4.5±1.1	1.10		14.12		14.37± .56		6399
001823.8+484350		.I..9..	1.05± .06	30					
117.33 -13.78	UGC 171	U	.14± .05	.62	14.0 ±.3				
343.51 17.73	IRAS00157+4827	10.0± .9		.11	11.81				
001544.4+482711	PGC 1198		1.11	.07					
0018.4 +4959		.SX.6*.	1.15± .05	50				15.34±.1	5283± 11
117.51 -12.53	UGC 175	U	.16± .05	.66	14.6 ±.3				
344.82 17.80		6.0±1.2		.24				130± 8	5478
0015.8 +4943	PGC 1202		1.21	.08	13.69			1.57	5033
001828.5+300224	NGC 72	.SBT2..	1.04± .05	15	14.5 ±.3	1.04± .05	1.10± .04	19.21±.3	7259± 10
114.49 -32.29	UGC 176	R	.07± .04	.17	14.70 ±.14				7050± 44
324.27 15.54		2.0± .4	.76± .08	.09		.93	13.80± .24	119± 7	7421
001551.8+294545	PGC 1204		1.06	.04	14.34		14.39± .41	4.84	6932
001834.4+300209	NGC 72A	.E.3.*.	.52?		15.7 ±.2	1.03± .08			
114.52 -32.30	MCG 5- 1- 70	P	.09± .07	.17	15.33 ±.20				6807± 56
324.27 15.51	ARAK 6	-5.0±1.5		.00		.93			6979
001557.7+294530	PGC 1208		.52		15.24		13.04±1.50		6489
001839.1-151920	NGC 73	.SXT4*.	1.21± .04	145					7714
88.44 -75.95	MCG -3- 1- 26	E (1)	.15± .04	.04					
279.32 4.31		4.0± .6		.22					7764
001606.7-153600	PGC 1211	3.1± .8	1.21	.07					7391
001848.0-190027	A 0016-19	.SXS9..	1.17± .03	165	14.83 ±.16	.52± .12	.48± .05	14.80±.3	2060± 17
78.50 -78.95	ESO 539- 7	SUE (3)	.06± .03	.05	14.91 ±.14	-.37± .12	-.28± .07	208± 34	
275.77 3.16	DDO 1	8.7± .4	1.06± .03	.06		.48	15.62± .09	187± 25	2097
001616.0-191706	PGC 1218	8.5± .4	1.18	.03	14.76	-.40	15.38± .23	.01	1745
001850.1-102140		.SBS5P.	1.05± .05	65	13.6 V±.3		.46± .03		
96.77 -71.56	MCG -2- 1- 52	E	.17± .04	.12					8281± 45
284.14 5.75	IRAS00163-1039	4.5± .6	.92± .07	.26	11.17				8347
001617.3-103819	PGC 1221		1.06	.09					7948
001850.8-082735		PSBR0?.	1.07± .05	175					
98.98 -69.80	MCG -2- 1- 50	E	.09± .04	.13					
285.98 6.31		.0± .6		.07					
001617.8-084414	PGC 1223		1.08						

R.A. 2000 DEC. / l b / SGL SGB / R.A. 1950 DEC.	Names / PGC	Type / S_T n_L / T / L	$\log D_{25}$ / $\log R_{25}$ / $\log A_e$ / $\log D_o$	p.a. / A_g / A_i / A_{21}	B_T / m_B / m_{FIR} / B_T^o	$(B-V)_T$ / $(U-B)_T$ / $(B-V)_T^o$ / $(U-B)_T^o$	$(B-V)_e$ / $(U-B)_e$ / m'_e / m'_{25}	m_{21} / W_{20} / W_{50} / HI	V_{21} / V_{opt} / V_{GSR} / V_{3K}
001850.9-102238		.SBS3P?	1.04± .07	73	14.81 ±.13	.48± .02			
96.76 -71.57	MCG -2- 1- 51	E	.24± .04	.12					8123± 52
284.12 5.74		3.0±1.3		.33		.36			8188
001618.1-103917	PGC 1224		1.05	.12	14.31		14.29± .40		7789
0018.8 -5738		RSASOP*	1.35± .06		15.36 ±.15	.63± .03		13.52±.3	1745± 9
311.39 -58.95		S	.11± .08	.00		-.07± .06		261± 10	
238.45 -8.50		.4± .5		.08		.60			1652
0016.4 -5755	PGC 1225		1.34		15.25	-.07	16.65± .39		1591
0019.0 +2328		.S..6*.	1.07± .06	3					4464
113.38 -38.79	UGC 179	U	.22± .05	.13	14.98 ±.14				
317.63 14.24		6.0±1.2		.33					4623
0016.4 +2312	PGC 1231		1.08	.11	14.51				4133
001904.6-225615	NGC 66	.SBR3P.	1.07± .05	32					
60.93 -81.56	ESO 473- 10	S (1)	.22± .04	.00	14.21 ±.14				7568
272.00 1.89	IRAS00165-2312	3.0± .8		.30	12.27				7591
001633.0-231254	PGC 1236	2.2± .8	1.07	.11	13.86				7264
0019.0 +1544		.S..2..	1.04± .06	170					10991
111.60 -46.41	UGC 180	U	.43± .05	.11	15.06 ±.12				
309.85 12.60		2.0± .9		.53					11132
0016.5 +1528	PGC 1237		1.05	.22	14.31				10649
0019.1 +1923		.S..1..	1.04± .06	14					5354
112.51 -42.82	UGC 181	U	.58± .05	.13	15.23 ±.12				
313.51 13.39		1.0± .9		.59					5504
0016.5 +1907	PGC 1238		1.05	.29	14.45				5016
001909.4-243121		.SB?...	1.02± .05	149					
50.87 -82.28	ESO 473- 11		.28± .04	.09	15.09 ±.14				9831
270.48 1.38				.42					9849
001638.0-244800	PGC 1241		1.03	.14	14.52				9532
001911.8-224014		.I..9*P	1.18± .06						669
62.55 -81.44	MCG -4- 2- 3	S	.10± .05	.07					
272.26 1.94		10.0± .9		.07					694
001640.2-225653	PGC 1242		1.19	.05					365
0019.3 +0626	NGC 75	.L.....	1.16± .09						
108.75 -55.54	UGC 182	U	.00± .05	.07	14.22 ±.14				
300.62 10.29		-2.0± .7		.00					
0016.8 +0610	PGC 1255		1.17						
001935.0+471429		.S..2..	1.20± .05	50					
117.34 -15.28	UGC 183	U	.37± .05	.44	13.7 ±.3				
341.98 17.42		2.0± .9		.45					
001655.5+465750	PGC 1264		1.24	.18					
0019.5 +1311		.I..9*.	.96± .09						5253
111.08 -48.94	UGC 184	U	.00± .06	.15					
307.33 11.90		10.0±1.2		.00					5388
0017.0 +1255	PGC 1265		.97	.00					4909
001937.8+295607	NGC 76	.S?....	1.00± .08	80					
114.77 -32.43	UGC 185		.05± .06	.19	13.99 ±.12				7389± 47
324.21 15.27				.06					7560
001700.9+293928	PGC 1267		1.02	.03	13.66				7072
001940.1-511603		.LBR+P*	1.19± .05	29					
314.79 -65.12	ESO 194- 4	Sr	.47± .03	.04	14.52 ±.14				6586± 24
244.69 -6.82		-.8± .6		.00					6513
001713.0-513242	PGC 1270		1.13		14.38				6399
001948.1-342821		RSBR1..	1.13± .04	121					
343.74 -80.00	ESO 350- 9	Sr	.14± .04	.02	14.61 ±.14				7609± 39
260.94 -1.82		1.0± .6		.15					7592
001718.0-344500	PGC 1275		1.14	.07	14.35				7345
0019.8 +2346	IC 1540	.SB.3..	.98± .07	30					5834
113.67 -38.52	UGC 186	U	.39± .05	.10	14.91 ±.13				
317.97 14.12		3.0± .9		.54					5993
0017.2 +2330	PGC 1276		.99	.20	14.22				5503
001958.5-770527		.SBS7..	1.17± .04					14.26±.3	1810± 9
305.22 -39.90	ESO 28- 14	S (1)	.25± .04	.23	15.90 ±.14				
219.23 -13.36		7.0± .5		.35				124± 7	1664
001749.0-772206	PGC 1284	8.6± .5	1.19	.13	15.31			-1.18	1769
0019.9 +0908		.S?....	1.00± .08	66					5461
109.98 -52.93	UGC 187		.55± .06	.22					
303.33 10.82				.82					5585
0017.4 +0852	PGC 1285		1.02	.27					5115

R.A. 2000 DEC. / l b / SGL SGB / R.A. 1950 DEC.	Names / PGC	Type / S_T n_L / T / L	$\log D_{25}$ / $\log R_{25}$ / $\log A_e$ / $\log D_o$	p.a. / A_g / A_i / A_{21}	B_T / m_B / m_{FIR} / B^o_T	$(B-V)_T$ / $(U-B)_T$ / $(B-V)^o_T$ / $(U-B)^o_T$	$(B-V)_e$ / $(U-B)_e$ / m'_e / m'_{25}	m_{21} / W_{20} / W_{50} / HI	V_{21} / V_{opt} / V_{GSR} / V_{3K}
0020.0 +1959		.SB?...	1.10± .05	13					
112.93 -42.27	UGC 188		.54± .05	.08	15.36 ±.13				7755± 57
314.16 13.31				.80					7906
0017.4 +1943	PGC 1286		1.10	.27	14.43				7418
002000.1-062007		.SBS2P?	1.18± .04	35					
101.75 -67.90	MCG -1- 2- 1	E (1)	.32± .04	.12					
288.13 6.65		1.5±1.2		.39					
001727.0-063645	PGC 1288	3.1±1.6	1.19	.16					
0020.0 +1052	A 0017+10	.S..9..	1.21± .05	150	13.87 ±.16	.44± .04	.42± .03	14.23±.1	1144± 6
110.58 -51.24	UGC 191	U (1)	.13± .05	.22	14.89 ±.18	-.21± .06	-.11± .04	137± 8	
305.06 11.22	DDO 2	9.0± .7	1.08± .03	.13		.35	14.76± .07	125± 12	1273
0017.5 +1036	PGC 1292	9.0±1.0	1.23	.07	13.97	-.27	14.45± .31	.19	798
0020.0 +1506		.S..7*.	1.04± .15	120					7618
111.78 -47.08	UGC 189	U	.13± .12	.12					
309.28 12.22		7.0±1.2		.18					7757
0017.5 +1450	PGC 1293		1.05	.06					7275
002006.0-543127		.SXS5..	1.04± .05	15	14.79 ±.17	.64± .04	.72± .02		
312.64 -62.01	ESO 150- 1	S (1)	.17± .04	.00	15.04 ±.14				
241.54 -7.80		4.5± .6	.78± .03	.26			14.18± .07		
001740.0-544806	PGC 1295	1.7± .6	1.04	.09			14.40± .31		
0020.3 +0741	IC 13	.S..4..	1.16± .05	163					5708
109.64 -54.37	UGC 195	U	.50± .05	.16	14.73 ±.12				
301.92 10.36		4.0± .9		.73					5828
0017.8 +0725	PGC 1301		1.18	.25	13.81				5361
002022.9-140207		.SBS9..	1.11± .04	33					
92.43 -75.04	MCG -2- 2- 2	E (1)	.10± .04	.03					
280.69 4.30		9.3± .5		.10					
001750.6-141845	PGC 1303	9.4± .5	1.11	.05					
002024.6+591730	IC 10	.IB.9$.	1.80± .02		11.8 S±.2			10.53±.1	-344± 3
118.97 -3.34	UGC 192	R	.09± .05	3.5				85± 3	-342± 22
354.48 17.86	IRAS00177+5900	10.0± .3		.07	9.29			63± 2	-146
001741.5+590052	PGC 1305		2.13	.05	8.18		15.36± .26	2.30	-552
002025.5+004936	NGC 78A	.SBR0*.	1.05± .08	80	13.68V±.14	.86± .05	.88± .05		
106.74 -61.07	UGC 193	UE	.20± .06	.06					5052± 42
295.16 8.55	IRAS00178+0032	-.3± .7	.79± .03	.15	13.66	.77			5152
001751.6+003258	PGC 1306		1.04		14.26		14.15± .44		4707
002027.4+004959	NGC 78B	.L..0P?	.84± .07	43	14.4 ±.2	.90± .04	.99± .02		
106.76 -61.06	UGC 194	UE	.10± .05	.06					5443± 49
295.17 8.54	MK 547	-2.3±1.0	.64± .08	.00		.82	13.04± .28		5543
001753.5+003320	PGC 1309		.83		14.26		13.22± .44		5098
002034.3+472604		.SBS5..	1.18± .05	140				15.71±.1	5136± 9
117.53 -15.11	UGC 196	U	.15± .05	.44	13.9 ±.3			249± 11	
342.20 17.27	IRAS00179+4709	5.0± .8		.23	13.39				5329
001754.4+470926	PGC 1315		1.22	.08	13.18			2.46	4876
002041.4-231657		PSBR2..	1.20± .04	80					
60.19 -82.06	ESO 473- 16	Sr	.34± .03	.05	14.44 ±.14				7788± 60
271.78 1.43		1.6± .6		.42					7810
001810.0-233336	PGC 1325		1.20	.17	13.89				7486
002042.0-042600		.LA.0?.	1.10± .06	36					
103.68 -66.15	MCG -1- 2- 5	E	.37± .05	.12					
290.04 7.02		-2.0±1.2		.00					
001808.7-044239	PGC 1326		1.06						
002044.8+223558	IC 1542	.S?....	.85± .12					16.42±.3	7352± 10
113.71 -39.72	MCG 4- 2- 1		.10± .07	.14	14.97 ±.12				
316.82 13.68				.08				212± 7	7508
001808.6+221920	PGC 1328		.85		14.64				7020
0020.8 +2001		.SX.1..	1.00± .06						7690
113.19 -42.26	UGC 197	U	.02± .05	.08	14.70 ±.14				
314.24 13.14		1.0± .8		.02					7840
0018.2 +1945	PGC 1330		1.01	.01	14.50				7354
002055.9+215156	IC 1543	.S?....	.87± .08	30					
113.62 -40.45	UGC 198		.04± .05	.10	14.30 ±.14				5622± 37
316.09 13.49	IRAS00183+2135			.07	13.48				5776
001819.8+213518	PGC 1333		.88	.02	14.11				5288
002057.0-635127		.S..3*/	1.31± .04	172					
308.50 -52.94	ESO 78- 22	S (1)	.77± .04	.00	14.56 ±.14				1775
232.41 -10.38		4.3± .6		1.14					1663
001835.0-640806	PGC 1335	5.6± .9	1.31	.39	13.41				1656

R.A. 2000 l SGL R.A. 1950	DEC. b SGB DEC.	Names PGC	Type S_T n_L T L	$\log D_{25}$ $\log R_{25}$ $\log A_e$ $\log D_o$	p.a. A_g A_i A_{21}	B_T m_B m_{FIR} B_T^o	$(B-V)_T$ $(U-B)_T$ $(B-V)_T^o$ $(U-B)_T^o$	$(B-V)_e$ $(U-B)_e$ m'_e m'_{25}	m_{21} W_{20} W_{50} HI	V_{21} V_{opt} V_{GSR} V_{3K}
0020.9	+1251		.I..9*.	.96± .09						1803
111.50	-49.33	UGC 199	U	.00± .06	.16					
307.09	11.49		10.0±1.2		.00					1936
0018.4	+1235	PGC 1336		.98	.00					1459
0021.0	+1741		.I..9..	1.00± .16						5227± 10
112.73	-44.57	UGC 200	U	.04± .12	.16					
311.91	12.59		10.0± .9		.03					5372
0018.4	+1725	PGC 1337		1.01	.02					4888
0021.0	+0736		.S..6*.	1.04± .08	18					11831
109.90	-54.49	UGC 201	U	.76± .06	.15					
301.89	10.17		6.0±1.4		1.12					11950
0018.5	+0720	PGC 1346		1.05	.38					11485
002106.7+263051			.S?....	.77± .11					17.41±.3	11665± 10
114.55	-35.86	CGCG 479- 4	(1)	.58± .10	.14	15.73 ±.17				11586
320.79	14.35				.86				375± 7	11829
001830.0+261413		PGC 1347	1.0±1.0	.79	.29	14.66			2.46	11340
002108.7+271242			RLB.0..	1.15± .08	25					
114.69	-35.17	UGC 202	U	.24± .04	.10	14.25 ±.10				9246± 46
321.50	14.47		-2.0± .8		.00					9411
001831.9+265604		PGC 1349		1.13		14.02				8923
002108.8-502927			.S?....	.93± .07						
314.80	-65.93	ESO 194- 7		.04± .06	.04	15.19 ±.14				10107
245.51	-6.82				.05					10036
001842.0-504606		PGC 1350		.94	.02	14.98				9916
002111.3+222129		NGC 80	.LA.-*.	1.26± .09		13.1 ±.2	1.03± .02	1.07± .01		
113.79	-39.98	UGC 203	PU	.03± .07	.14	13.36 ±.11	.64± .06	.65± .03		5672± 27
316.60	13.53		-2.5± .5	.99± .04	.00		.94	13.54± .15		5827
001835.1+220451		PGC 1351		1.27		13.08	.63	14.19± .52		5339
0021.2	+3028		.L?....	.82± .19	109					
115.26	-31.94	MCG 5- 2- 1		.20± .07	.22	15.15 ±.11				4679± 57
324.82	15.02				.00					4850
0018.6	+3012	PGC 1353		.81		14.85				4364
002115.2-483746		NGC 87	.IB.9P.	.94± .03		14.67 ±.14	.35± .03	.30± .03		
316.16	-67.72	ESO 194- 8	S	.09± .04	.04	14.70 ±.14	-.39± .05	-.34± .05		3491± 44
247.33	-6.30		10.0± .6	.53± .02	.07		.30	12.81± .05		3426
001848.0-485424		PGC 1357		.94	.04	14.58	-.43	14.01± .23		3291
002116.9+303025			.SB?...	.94± .11					17.37±.3	4840± 10
115.28	-31.92	MCG 5- 2- 2		.00± .07	.22	15.01 ±.14				4713± 57
324.85	15.02				.00				252± 7	5007
001839.8+301347		PGC 1359		.96	.00	14.74			2.63	4521
002118.1+295131									17.45±.3	6791± 10
115.18	-32.56	CGCG 500- 3			.20	15.6 ±.4				
324.19	14.90								142± 7	6961
001841.0+293453		PGC 1361								6474
0021.3	+2306	IC 1544	.SXS5..	1.07± .06	150				15.69±.3	5714± 10
113.98	-39.24	UGC 204	U	.15± .05	.08	14.42 ±.12			260± 13	
317.36	13.65		5.0± .8		.23				257± 10	5871
0018.7	+2250	PGC 1362		1.08	.08	14.12				5383
002122.1-483827		NGC 88	.SBT0*P	.90± .05	145	14.98 ±.14	.57± .04			
316.11	-67.71	ESO 194- 10	S	.21± .04	.04	15.11 ±.14	.28± .07			3433± 44
247.33	-6.32		-.3± .7		.16		.49			3368
001855.1-485506		PGC 1370		.90		14.80	.27	13.84± .31		3233
002122.8+222608		NGC 83	.E.....	1.19± .09		13.58 ±.14	1.08± .02	1.12± .01		
113.87	-39.91	UGC 206	PU	.02± .06	.14	13.85 ±.12				6359± 27
316.69	13.50		-5.0± .6	.90± .03	.00		.99	13.57± .12		6515
001846.6+220930		PGC 1371		1.21		13.50		14.48± .48		6027
0021.4	+1719		.SB?...	.89± .11	10					5273
112.78	-44.95	UGC 205		.24± .07	.16	15.36 ±.12				
311.56	12.41				.36					5417
0018.8	+1703	PGC 1372		.90	.12	14.82				4933
002124.1-483957		NGC 89	.SBS0?P	1.08± .03	148	14.18 ±.13	.69± .02	.71± .03		
316.07	-67.69	ESO 194- 11	S	.28± .04	.04	14.28 ±.14	.14± .03	.17± .04		3283± 54
247.30	-6.34		.3± .7	.50± .02	.21		.60	12.17± .06		3218
001857.0-485636		PGC 1374		1.07		13.93	.11	13.73± .22		3083
002129.2+223002		IC 1546	.S?....	.94± .11					17.05±.3	5804± 10
113.91	-39.85	MCG 4- 2- 8		.57± .07	.14	15.59 ±.09				
316.76	13.49				.84				340± 7	5960
001853.0+221324		PGC 1382		.95	.28	14.58			2.18	5472

R.A. 2000 DEC. / l b / SGL SGB / R.A. 1950 DEC.	Names / PGC	Type / S_T n_L / T / L	$\log D_{25}$ / $\log R_{25}$ / $\log A_e$ / $\log D_o$	p.a. / A_g / A_i / A_{21}	B_T / m_B / m_{FIR} / B_T^o	$(B-V)_T$ / $(U-B)_T$ / $(B-V)_T^o$ / $(U-B)_T^o$	$(B-V)_e$ / $(U-B)_e$ / m'_e / m'_{25}	m_{21} / W_{20} / W_{50} / HI	V_{21} / V_{opt} / V_{GSR} / V_{3K}
002131.1+293938		.S..3..	.97± .07	17				17.07±.3	7041± 10
115.20 -32.76	UGC 207	U (1)	.51± .05	.21	15.52 ±.12				
324.00 14.82		3.0±1.0		.71				303± 7	7211
001854.0+292300	PGC 1387	4.5±1.3	.99	.26	14.55			2.27	6724
002132.1-483734	NGC 92	.SA.1*P	1.29± .03	148	13.81 ±.13	.74± .02	.82± .02		
316.05 -67.73	ESO 194- 12	S	.32± .05	.04	13.71 ±.14	.10± .03	.08± .03		3375± 27
247.35 -6.35		1.0± .7	.58± .02	.32		.64	12.20± .07		3310
001905.1-485412	PGC 1388		1.29	.16	13.36	.05	14.31± .22		3175
002151.7+222401	NGC 91	.SXS5P.	1.29± .03	132	14.54 ±.13	.84± .02	.92± .02	15.03±.2	5353± 7
114.00 -39.96	UGC 208	R (1)	.40± .05	.12	14.23 ±.13	.21± .05	.48± .04	453± 16	5173± 38
316.68 13.38		5.0± .4	.80± .02	.60		.71	14.03± .04	428± 12	5502
001915.5+220723	PGC 1405	1.1± .8	1.30	.20	13.64	.09	14.82± .22	1.19	5014
0022.0 +2224	NGC 93	.S?....	1.14± .05	48	14.34 ±.13	1.06± .02		15.00±.3	5380± 10
114.05 -39.95	UGC 209		.39± .05	.12	14.55 ±.12	.58± .03		600± 6	
316.69 13.35				.59		.93			5535
0019.4 +2208	PGC 1412		1.15	.20	13.72	.44	13.93± .31	1.08	5048
0022.0 +2344		.S..3..	1.06± .06	19					4481
114.30 -38.63	UGC 210	U (1)	.40± .05	.10	14.89 ±.12				
318.03 13.62		3.0± .9		.55					4639
0019.4 +2328	PGC 1413	4.5±1.2	1.07	.20	14.20				4151
002210.2-042050		.SAR4?.	1.11± .06	95					
104.61 -66.17	MCG -1- 2- 6	E (1)	.10± .05	.11					
290.23 6.69		4.0±1.2		.15					
001936.9-043727	PGC 1419	4.2±1.2	1.12	.05					
0022.2 +2036		.S..8*.	1.00± .08	165					5637
113.75 -41.74	UGC 211	U	.73± .06	.12					
314.89 12.94		8.0±1.4		.89					5788
0019.6 +2020	PGC 1422		1.01	.36					5302
002214.2+102938	NGC 95	.SXT5P.	1.29± .03		13.19 ±.14	.67± .04	.84± .04	14.34±.2	5401± 8
111.30 -51.72	UGC 214	R (1)	.24± .03	.20	13.21 ±.10	.04± .03	.27± .03	345± 12	4886± 50
304.81 10.62	IRAS00196+1012	5.0± .4	.86± .02	.36	12.12	.54	12.98± .05	307± 9	5513
001939.3+101300	PGC 1426	3.0± .9	1.31	.12	12.61	-.05	13.89± .21	1.60	5042
0022.3 +0626		.L...*.	1.11± .16	150					
110.05 -55.70	UGC 213	U	.20± .08	.08	15.08 ±.15				
300.82 9.57		-2.0±1.2		.00					
0019.8 +0610	PGC 1433		1.09						
002226.3+293011		.SB.2..	1.07± .06	135				16.67±.3	7091± 10
115.41 -32.94	UGC 215	U	.17± .05	.21	14.65 ±.13				
323.87 14.60		2.0± .9		.22				376± 7	7260
001949.0+291333	PGC 1439		1.09	.09	14.16			2.42	6774
002226.4-533846		.SXS8..	1.43± .04	15				14.71±.3	1438± 9
312.40 -62.95	ESO 150- 5	S (1)	.16± .04	.00	14.02 ±.14				
242.49 -7.89		8.0± .5		.19				121± 7	1357
002001.0-535524	PGC 1440	7.8± .5	1.43	.08	13.82			.81	1264
002230.0+294443	NGC 97	.E...*.	1.18± .15						
115.47 -32.71	UGC 216	U	.07± .08	.21	13.29 ±.10				4780± 21
324.12 14.63		-5.0±1.1		.00					4949
001952.8+292806	PGC 1442		1.19		13.01				4463
002233.3+280717		.S..9*.	1.04± .15	10				16.74±.3	4756± 10
115.22 -34.32	UGC 217	U	.18± .12	.10					
322.48 14.33		9.0±1.2		.18				126± 7	4922
001956.2+275040	PGC 1450		1.05	.09					4435
002234.0-082914		RL..+?/	1.20± .05	118					5692
101.47 -70.15	MCG -2- 2- 7	E	.56± .05	.10					
286.23 5.42		-1.0±1.2		.00					5762
002001.2-084552	PGC 1451		1.12						5357
002238.7-483452		.SXR6..	1.10± .05	47	13.9 ±.3	.29± .04			
315.62 -67.83	ESO 194- 13	S (1)	.09± .05	.04	14.00 ±.14	-.11± .06			3400±190
247.44 -6.51	FAIR 650	6.0± .8		.13		.24			3335
002012.1-485130	PGC 1452	5.6± .8	1.10	.04	13.80	-.14	14.01± .41		3200
002245.8+295625		.S?....	.82± .13					16.43±.3	9182± 10
115.56 -32.52	MCG 5- 2- 8		.28± .07	.21	15.49 ±.12				
324.33 14.60				.35				294± 7	9351
002008.5+293947	PGC 1460		.84	.14	14.84			1.45	8866
002248.6+240905								16.98±.3	12556± 10
114.61 -38.26	CGCG 479- 18			.06	15.4 ±.4				
318.48 13.52								247± 7	12714
002012.1+235227	PGC 1462								12227

R.A. 2000 DEC. l b SGL SGB R.A. 1950 DEC.	Names PGC	Type S_T n_L T L	$\log D_{25}$ $\log R_{25}$ $\log A_e$ $\log D_o$	p.a. A_g A_i A_{21}	B_T m_B m_{FIR} B_T^o	$(B-V)_T$ $(U-B)_T$ $(B-V)_T^o$ $(U-B)_T^o$	$(B-V)_e$ $(U-B)_e$ m'_e m'_{25}	m_{21} W_{20} W_{50} HI	V_{21} V_{opt} V_{GSR} V_{3K}
002249.4-451610	NGC 98	.SBT4..	1.22± .03	0	13.41 ±.13	.73± .01	.82± .01		
318.53 -70.98	ESO 242- 5	Sr (1)	.11± .05	.03	13.59 ±.14				6148± 26
250.67 -5.59		4.2± .6	.82± .01	.16		.66	13.00± .04		6093
002022.0-453248	PGC 1463	2.2± .8	1.22	.05	13.27		14.09± .23		5932
0022.8 +0658	IC 1549	.S?....	.92± .11						12156
110.45 -55.20	UGC 218		.00± .06	.12	14.64 ±.12				
301.38 9.58				.00					12273
0020.3 +0642	PGC 1464		.93	.00	14.46				11810
002257.1+251247								16.96±.3	12189± 10
114.84 -37.21	CGCG 479- 19			.04	15.6 ±.4				
319.56 13.70								436± 7	12349
002020.3+245610	PGC 1472								11862
0023.0 +1614		.S..8*.	.99± .06	148					5241
113.07 -46.08	UGC 219	U	.36± .05	.08	15.38 ±.13				
310.57 11.80		8.0±1.3		.45					5382
0020.4 +1558	PGC 1478		1.00	.18	14.84				4901
002301.4-565009		.LAS-..	1.24± .08						
310.68 -59.86		S	.17± .08	.00					
239.39 -8.82		-3.0± .6		.00					
002037.4-570647	PGC 1481		1.21						
0023.0 +0226		.L.....	1.15± .15	177					
108.80 -59.65	UGC 220	U	.43± .08	.07					
296.93 8.35		-2.0± .9		.00					
0020.5 +0210	PGC 1485		1.09						
002311.2+272558		.S?....	.81± .21	155					
115.27 -35.02	UGC 221		.15± .12	.14	14.66 ±.15				3874± 46
321.81 14.06				.20					4038
002034.2+270921	PGC 1491		.82	.07	14.29				3552
002316.3+245717								17.09±.3	17974± 10
114.88 -37.48	CGCG 479- 21			.03	15.5 ±.4				
319.31 13.58								135± 7	18134
002039.6+244040	PGC 1495								17647
002316.3-082933		.SBT6..	1.01± .07	100					
101.95 -70.21	MCG -2- 2- 8	E (1)	.08± .05	.11					
286.27 5.25		6.0± .9		.11					
002043.5-084611	PGC 1496	5.3± .8	1.02	.04					
0023.3 +3508		.I?....	1.04± .15	138					6109
116.47 -27.37	UGC 222		1.06± .06	.22					
329.64 15.33				.75					6287
0020.7 +3452	PGC 1498		1.06	.50					5807
0023.5 +2014		.I..9*.	1.16± .13						5721
114.08 -42.15	UGC 223	U	.00± .12	.12					
314.59 12.56		10.0±1.1		.00					5871
0020.9 +1958	PGC 1502		1.17	.00					5386
002348.0+144114	A 0021+14	.S?....	1.04± .06	4					
112.98 -47.65	UGC 226		.26± .05	.14	14.81 ±.12				5400±110
309.07 11.25	MK 338			.39					5536
002112.5+142437	PGC 1511		1.05	.13	14.25				5059
002353.8+281954		.S..3..	.95± .06	35				16.01±.2	7208± 7
115.61 -34.15	UGC 229	U (1)	.27± .05	.13	15.16 ±.12			274± 13	
322.75 14.08		3.0± .9		.37				256± 7	7374
002116.5+280317	PGC 1516	4.5±1.2	.97	.14	14.60			1.27	6888
002354.2-621616			.82± .07	102					
308.45 -54.56	ESO 78- 23		.08± .06	.00	15.05 ±.14				10232± 69
234.06 -10.31	IRAS00215-6232				12.99				10124
002133.0-623254	PGC 1517		.82						10105
002354.6-323211	NGC 101	.SXT6*.	1.34± .03		13.37 ±.17	.53± .02	.61± .02		
349.09 -81.95	ESO 350- 14	BSr (1)	.03± .04	.02	13.36 ±.14	-.08± .03	-.03± .03		3400± 34
263.07 -2.05	IRAS00214-3248	5.7± .4	.99± .03	.04	13.46	.50	13.81± .07		3388
002125.0-324848	PGC 1518	5.6± .5	1.34	.01	13.29	-.10	14.83± .26		3130
0023.9 +2418		.S..4..	1.01± .08	43					5683
114.96 -38.14	UGC 228	U	.22± .06	.06	14.68 ±.12				
318.69 13.30	IRAS00213+2401	4.0± .9		.32					5841
0021.3 +2401	PGC 1520		1.02	.11	14.27				5355
002359.7+154610	NGC 99	.S..6*.	1.15± .03		13.99 ±.13	.34± .02	.40± .02	14.86±.1	5322± 7
113.30 -46.59	UGC 230	U	.04± .05	.10	13.71 ±.12	-.21± .03	-.12± .03	182± 10	5184± 60
310.15 11.46	IRAS00214+1529	6.0±1.1	.76± .01	.06	13.22	.27	13.28± .03	132± 9	5459
002124.1+152933	PGC 1523		1.15	.02	13.66	-.26	14.46± .23	1.18	4980

R.A. 2000 DEC. l b SGL SGB R.A. 1950 DEC.	Names PGC	Type S_T n_L T L	$logD_{25}$ $logR_{25}$ $logA_e$ $logD_o$	p.a. A_g A_i A_{21}	B_T m_B m_{FIR} B^o_T	$(B-V)_T$ $(U-B)_T$ $(B-V)^o_T$ $(U-B)^o_T$	$(B-V)_e$ $(U-B)_e$ m'_e m'_{25}	m_{21} W_{20} W_{50} HI	V_{21} V_{opt} V_{GSR} V_{3K}
002402.3+253944		.S?....	.74± .14					16.64±.3	7378± 10
115.22 -36.80	MCG 4- 2- 16		.21± .07	.07					
320.06 13.54				.26				252± 7	7539
002125.3+252307	PGC 1524		.74	.10					7053
002402.6+162909	NGC 100	.S..6*/	1.74± .02	56	13.91 ±.13	.65± .03	.74± .02	13.18±.1	842± 5
113.48 -45.88	UGC 231	PU	.90± .04	.10	14.0 ±.2	.02± .04	.11± .04	224± 5	
310.87 11.61		6.0± .7	.97± .01	1.32		.46	14.25± .03	210± 7	982
002126.9+161232	PGC 1525		1.75	.45	12.50	-.13	15.22± .19	.23	502
002428.5-504105		.S?....	1.04± .07						
313.42 -65.89	ESO 194- 15		.14± .06	.04	14.87 ±.14				7300
245.48 -7.38				.20					7227
002203.0-505742	PGC 1535		1.05	.07	14.58				7111
0024.5 -1129		.S?....	1.22± .07						
99.64 -73.13	MCG -2- 2- 12		.66± .07	.11					5210
283.46 4.08				.92					5269
0022.0 -1146	PGC 1538		1.23	.33					4881
0024.6 +2916	A 0022+29A								
115.94 -33.23	CGCG 500- 15			.14	14.8 ±.4				4762± 72
323.73 14.09									4929
0022.0 +2900	PGC 1544								4445
002438.8+331510		.SBR1..	1.02± .08					15.55±.3	4842± 10
116.51 -29.28	UGC 232	U	.14± .06	.18	14.55 ±.12				
327.76 14.76	IRAS00220+3258	1.0± .8		.14	12.95			259± 7	5016
002200.6+325833	PGC 1546		1.04	.07	14.17			1.31	4535
002443.0+144920	A 0022+14	.P.....	.96± .09					15.80±.3	5279± 9
113.34 -47.55	UGC 233	R	.00± .06	.15	14.37 ±.12			139± 10	5400±110
309.25 11.07	MK 339	99.0		.00					5416
002207.4+143243	PGC 1550		.97	.00	14.18			1.62	4939
002446.6+293337		.S..6*.	1.04± .08	72				16.75±.3	4668± 10
116.02 -32.95	UGC 234	U	.37± .06	.24	15.34 ±.13				
324.02 14.11		6.0±1.3		.55				218± 7	4836
002208.9+291700	PGC 1552		1.06	.19	14.54			2.03	4352
0024.8 +4509		.L...?.	1.00± .08	135					
118.03 -17.46	UGC 235	U	.33± .06	.37					
339.93 16.32		-2.0±1.8		.00					
0022.2 +4453	PGC 1559		.99						
0024.9 +0639		.SB.1..	1.00± .06	70					
111.24 -55.61	UGC 237	U	.38± .05	.07	15.16 ±.12				
301.20 9.00		1.0± .9		.39					
0022.4 +0623	PGC 1566		1.00	.19					
002458.8+433945		.E.....	.85± .10						
117.88 -18.95	UGC 236	U	.01± .06	.33	14.80 ±.10				5104±125
338.39 16.14		-5.0± .8		.00					5292
002218.4+432309	PGC 1567		.90		14.39				4831
002503.6+312041		.S?....	1.28± .04	178					
116.35 -31.19	UGC 238		.56± .05	.19	14.27 ±.12				6848± 50
325.84 14.36	IRAS00224+3104			.85	13.25				7019
002225.6+310404	PGC 1572		1.29	.28	13.19				6536
002509.7-143218		.SBS7*/	1.23± .05	81					
95.69 -76.00	MCG -3- 2- 13	E (1)	.80± .05	.08					
280.55 3.04		7.0±1.3		1.11					
002237.7-144855	PGC 1575	4.2± .8	1.23	.40					
0025.1 +4203		.I..9..	1.00± .16						
117.73 -20.55	UGC 239	U	.14± .12	.25					
336.75 15.91		10.0± .9		.10					
0022.5 +4147	PGC 1576		1.02	.07					
0025.2 +0629		.SXT3..	1.39± .04	68					8661
111.28 -55.78	UGC 240	U	.36± .05	.07					
301.05 8.90	IRAS00226+0612	3.0± .9		.50	13.20				8775
0022.6 +0613	PGC 1577		1.39	.18					8316
002513.7+300210	A 0022+29B	.SB?...	.94± .11					16.45±.3	4855± 10
116.21 -32.49	MCG 5- 2- 11		.00± .07	.22	15.16 ±.15				4782± 72
324.52 14.10				.00				102± 7	5022
002235.9+294533	PGC 1578		.96	.00	14.90			1.55	4539
002517.0+125306	NGC 105	.SA.2*.	1.05± .06	167	13.9 ±.2	.71± .09			
113.09 -49.49	UGC 241	PU	.19± .05	.18					5290± 60
307.37 10.47	IRAS00226+1236	1.5± .6		.23	12.91	.59			5421
002241.6+123630	PGC 1583		1.06	.09	13.43		13.52± .38		4948

R.A. 2000 DEC. l b SGL SGB R.A. 1950 DEC.	Names PGC	Type S_T n_L T L	$\log D_{25}$ $\log R_{25}$ $\log A_e$ $\log D_o$	p.a. A_g A_i A_{21}	B_T m_B m_{FIR} B_T^o	$(B-V)_T$ $(U-B)_T$ $(B-V)_T^o$ $(U-B)_T^o$	$(B-V)_e$ $(U-B)_e$ m'_e m'_{25}	m_{21} W_{20} W_{50} HI	V_{21} V_{opt} V_{GSR} V_{3K}
002529.0+201415 114.70 -42.22 314.69 12.11 002252.6+195739	 UGC 242 IRAS00228+1957 PGC 1591	.SX.7.. U 7.0± .8 	1.24± .04 .10± .05 1.25	 .12 .13 .05	 13.85 ±.15 13.37 13.58				 4300± 50 4449 3966
002529.9+455518 118.23 -16.71 340.72 16.29 002248.9+453842	 UGC 243 IRAS00228+4538 PGC 1592	.S..3.. U (1) 3.0± .9 5.5±1.2	1.27± .04 .61± .05 1.30	2 .34 .84 .30	 14.68 ±.13 12.55 				
0025.5 +2449 115.50 -37.67 319.29 13.05 0022.9 +2433	 UGC 244 PGC 1594	.SB.4?. U 4.0± .9 	.99± .06 .33± .05 1.00	154 .04 .49 .17	 14.85 ±.12 14.30				4544 4702 4218
002531.2-330247 344.80 -81.85 262.68 -2.53 002302.0-331924	 ESO 350- 15 PGC 1595	.E+3... S -5.0± .7 	1.33± .04 .23± .04 1.27	23 .02 .00 	 14.27 ±.14 14.03				 14933± 30 14918 14666
002547.9-021705 107.96 -64.41 292.50 6.40 002314.4-023341	 MCG -1- 2- 11 IRAS00232-0233 PGC 1609	.S..4P/ E 4.2± .8 	1.30± .04 .90± .04 1.32	15 .14 1.32 .45	 13.03 				5338 5426 4997
002549.1-621948 308.06 -54.54 234.06 -10.54 002329.1-623624	 ESO 79- 1 PGC 1610	.SXT5*. Sr (1) 4.7± .6 2.2± .9	1.06± .05 .29± .04 1.06	126 .00 .43 .14	 14.83 ±.14 				
0025.8 +0524 111.23 -56.88 300.03 8.46 0023.3 +0508	 UGC 245 PGC 1611	.SB.2.. U 2.0± .9 	1.13± .05 .46± .05 1.14	3 .08 .57 .23	 15.27 ±.15 14.50				11754 11865 11410
002554.5+254324 115.75 -36.79 320.21 13.14 002317.3+252648	 HICK 1C PGC 1614	.S?.... 		 .07 	15.89S±.15 				 10056± 41 10216 9732
002559.0+291241 116.28 -33.33 323.72 13.79 002321.2+285605	NGC 108 UGC 246 PGC 1619	RLBR+.. U -1.0± .7 	1.31± .07 .10± .05 1.31	 .15 .00 	 13.09 ±.10 12.88				 4749± 36 4916 4432
0026.0 +1420 113.69 -48.07 308.85 10.65 0023.4 +1404	 UGC 247 PGC 1621	.S..6*. U 6.0±1.4 	1.00± .08 .73± .06 1.01	19 .11 1.07 .36					11177 11311 10836
002603.0-325044 345.26 -82.07 262.91 -2.57 002333.9-330720	 PGC 1624	.LX.-.. S -3.0± .8 	1.28± .08 .30± .08 1.24	 .02 .00 					
002606.1+254308 115.80 -36.80 320.21 13.10 002328.8+252632	 HICK 1B PGC 1625	.L?.... 		 .07 	15.54S±.15 				 10261± 38 10421 9937
002607.2+254330 115.81 -36.80 320.22 13.10 002329.9+252654	 UGC 248 VV 622 PGC 1627	.S?.... 	1.22± .07 .17± .07 1.22	 .07 .26 .09	14.88S±.15 14.47 ±.17 14.32		 15.39± .43		 10237± 41 10397 9913
002608.2+253936 115.80 -36.86 320.15 13.08 002331.0+252300	 CGCG 479- 30 PGC 1628		.50± .17 .07± .06 .51	 .07 	 15.90 ±.12 			18.26±.3 279± 7 	10086± 10 10246 9762
0026.1 +1338 113.60 -48.77 308.17 10.44 0023.6 +1322	 UGC 249 PGC 1631	.S..8*. U 8.0±1.2 	1.16± .05 .16± .05 1.18	90 .15 .20 .08					 5242± 41 5374 4901
0026.2 +1624 114.20 -46.03 310.91 11.09 0023.6 +1608	 UGC 250 PGC 1632	.SB.6*. U 6.0±1.2 	1.09± .07 .16± .06 1.10	155 .17 .24 .08	 15.06 ±.18 14.60				12732 12871 12393
0026.2 +2148 115.20 -40.68 316.30 12.28 0023.6 +2132	NGC 109 UGC 251 PGC 1633	.SBR1.. U 1.0± .8 	1.06± .06 .04± .05 1.07	77 .11 .04 .02	14.7 ±.4 14.66 ±.15 14.45	.99± .02 .54± .04 .91 .52	 14.74± .51		 5512± 57 5664 5181

R.A. 2000 DEC. l b SGL SGB R.A. 1950 DEC.	Names PGC	Type S_T n_L T L	$\log D_{25}$ $\log R_{25}$ $\log A_e$ $\log D_o$	p.a. A_g A_i A_{21}	B_T m_B m_{FIR} B_T^o	$(B-V)_T$ $(U-B)_T$ $(B-V)_T^o$ $(U-B)_T^o$	$(B-V)_e$ $(U-B)_e$ m'_e m'_{25}	m_{21} W_{20} W_{50} HI	V_{21} V_{opt} V_{GSR} V_{3K}
002617.4-042933		.SBS1P*	1.13± .06	55					
106.99 -66.58	MCG -1- 2- 14	E	.48± .05	.15					
290.38 5.67	IRAS00236-0446	1.0±1.3		.48	13.51				
002344.3-044609	PGC 1634		1.15	.24					
0026.4 +0617		.SXS3..	1.08± .06	30					11423
111.78 -56.04	UGC 253	U	.23± .05	.16	14.88 ±.14				
300.94 8.54		3.0± .9		.32					11536
0023.9 +0601	PGC 1638		1.10	.11	14.32				11079
002633.2-415112		DE.5P*	1.04± .05	6					
320.42 -74.42	ESO 294- 10	S	.19± .04	.03	15.66 ±.14				
254.19 -5.27		-5.0±1.0		.00					
002406.0-420748	PGC 1641		.98						
002646.8-334036	NGC 115	.SBS4*.	1.29± .04	127					
340.49 -81.57	ESO 350- 17	BS (1)	.33± .04	.02	13.73 ±.14				1779± 39
262.15 -2.96		4.0± .6		.49					1762
002418.0-335712	PGC 1651	4.4± .8	1.29	.17	13.21				1515
0026.7 +1133		.S?....	.94± .11	41					
113.34 -50.85	MCG 2- 2- 10		.40± .07	.17	15.47 ±.12				2074± 57
306.15 9.80				.60					2201
0024.2 +1117	PGC 1652		.95	.20	14.69				1732
002648.9+314211	NGC 112	.S?....	1.03± .06	108					
116.83 -30.88	UGC 255		.31± .05	.24	14.49 ±.12				6650± 46
326.27 14.05	IRAS00241+3125			.46	13.25				6820
002410.6+312535	PGC 1654		1.05	.15	13.76				6340
002651.3+490701			.64± .17						
118.80 -13.56	MCG 8- 2- 2		.11± .07	.69	15.0 ±.3				5774± 82
344.02 16.38	5ZW 20								5966
002409.0+485025	PGC 1655		.70						5522
002654.7-023005	NGC 113	.LA.-*.	1.15± .10	45					
108.48 -64.68	MCG -1- 2- 16	E	.13± .07	.17					
292.36 6.07		-3.0± .9		.00					
002421.3-024640	PGC 1656		1.15						
002656.4+500151		.S..4..	1.20± .05	171				17.21±.1	5170± 11
118.90 -12.65	UGC 256	U	.77± .05	.81	15.0 ±.3				
344.96 16.44	IRAS00242+4945	4.0±1.0		1.13	12.08			160± 8	5362
002413.8+494515	PGC 1658		1.28	.39	13.04			3.79	4922
002657.2-565842	NGC 119	.LA.-P.	1.02± .06						
309.57 -59.83	ESO 150- 8	S	.02± .04	.00	14.14 ±.14				7340± 51
239.39 -9.38		-2.5± .6		.00					7247
002435.0-571518	PGC 1659		1.02		14.03				7185
002658.3-014709	NGC 114	.LBT.*.	.93± .06	165					
108.88 -63.99	UGC 259	UE	.10± .04	.11	14.73 ±.10				
293.07 6.26	MK 946	-2.0± .7		.00					
002424.7-020345	PGC 1660		.92						
002702.9+113503		.S..6*.	1.48± .03	21				13.52±.1	2134± 4
113.45 -50.84	UGC 260	U	.72± .05	.16	13.71 ±.12			273± 6	2184± 38
306.19 9.74	IRAS00244+1118	6.0±1.1		1.05	12.70			261± 8	2261
002427.6+111827	PGC 1665		1.50	.36	12.50			.67	1792
0027.1 +5105		.S..2..	1.00± .08	167					
119.04 -11.59	UGC 258	U	.33± .06	.99					
346.06 16.51		2.0± .9		.41					
0024.4 +5049	PGC 1672		1.09	.17					
002709.2-405900		PSBT2*.	1.08± .05	135					
321.23 -75.27	ESO 294- 16	Sr	.27± .04	.03	15.06 ±.14				7994
255.07 -5.13		1.6± .6		.33					7952
002442.1-411536	PGC 1673		1.08	.13	14.63				7760
002710.9+012001	NGC 117	.L..+*/	.87± .08	100					
110.37 -60.95	MCG 0- 2- 29	E	.25± .05	.05	15.29 ±.10				
296.13 7.06		-1.0±1.4		.00					
002437.0+010325	PGC 1674		.84						
0027.2 +2410		.S?....	1.08± .07						7348
115.88 -38.36	UGC 261		.11± .06	.06	14.53 ±.13				
318.71 12.54				.16					7504
0024.6 +2354	PGC 1675		1.08	.05	14.27				7021
0027.2 +2004		.S?....	.96± .09	117					5593
115.22 -42.44	UGC 265		.17± .06	.12	14.93 ±.12				
314.62 11.67	IRAS00246+1947			.25					5740
0024.6 +1947	PGC 1676		.97	.08	14.52				5259

R.A. 2000 DEC. l b SGL SGB R.A. 1950 DEC.	Names PGC	Type S_T n_L T L	$\log D_{25}$ $\log R_{25}$ $\log A_e$ $\log D_o$	p.a. A_g A_i A_{21}	B_T m_B m_{FIR} B^o_T	$(B-V)_T$ $(U-B)_T$ $(B-V)^o_T$ $(U-B)^o_T$	$(B-V)_e$ $(U-B)_e$ m'_e m'_{25}	m_{21} W_{20} W_{50} HI	V_{21} V_{opt} V_{GSR} V_{3K}
002716.3-014648	NGC 118	.I.0..?	.85± .06	40					
109.05 -64.00	UGC 264	E	.15± .04	.11	14.83 ±.13				11250± 61
293.09 6.19	MK 947	90.0		.22	11.99				11339
002442.7-020324	PGC 1678		.86	.08	14.42				10910
002716.3+394732	A 0024+39	.P.....	1.04± .08	67					
117.90 -22.84	UGC 262	R	.29± .06	.28	14.92 ±.12				10748± 72
334.49 15.23	4ZW 20	99.0		.41					10930
002436.3+393057	PGC 1679		1.07	.15	14.20				10462
0027.2 +4402		.S..8..	1.19± .05	171					
118.36 -18.61	UGC 263	U	.81± .05	.31					
338.83 15.77		8.0± .9		.99					
0024.6 +4346	PGC 1681		1.22	.40					
002728.1-323848		.LA.-..	1.25± .08						
344.75 -82.42	MCG -6- 2- 7	S	.10± .08	.02					
263.19 -2.80		-3.0± .8		.00					
002459.2-325524	PGC 1691		1.24						
002730.2-013050	NGC 120	.LB.0*.	1.19± .05	73					
109.30 -63.75	UGC 267	PUE	.39± .03	.05	14.42 ±.11				
293.37 6.21		-1.8± .5		.00					
002456.6-014725	PGC 1693		1.14						
002731.6+305942								15.95±.3	9385± 10
116.92 -31.60	CGCG 500- 22			.23	15.6 ±.4				
325.58 13.78								237± 10	9554
002453.2+304307	PGC 1695								9073
002734.3+085229	IC 1551	.S?....	1.40± .03	15				18.05±.3	13040± 10
112.98 -53.54	UGC 268		.31± .05	.13	14.3 ±.2			146± 13	13170± 76
303.55 8.94	IRAS00250+0836			.46	12.87				13161
002459.3+083553	PGC 1700		1.41	.15	13.65			4.24	12699
002734.6-341148		.S..2*/	1.17± .04	60					
337.43 -81.27	ESO 350- 19	S	.88± .04	.02	15.65 ±.14				
261.69 -3.27		2.0±1.3		1.08					
002506.0-342824	PGC 1701		1.17	.44					
002749.9-011200		.SXS7*.	1.16± .03	130					3897
109.63 -63.46	UGC 272	UE (1)	.37± .04	.04	15.03 ±.16				
293.70 6.21	KUG 0025-014	6.5± .8		.52					3987
002516.3-012835	PGC 1713	5.3± .8	1.16	.19	14.46				3556
002752.6-014837	NGC 124	.SAS5..	1.15± .03	168					
109.37 -64.06	UGC 271	R (1)	.22± .03	.08	13.67 ±.12				4044± 50
293.11 6.03	IRAS00253-0205	5.0± .4		.32	13.05				4132
002519.1-020512	PGC 1715	1.9± .8	1.15	.11	13.24				3704
0027.9 +2600		.S..8*.	1.04± .15	115					5599
116.35 -36.56	UGC 273	U	.18± .12	.09					
320.58 12.75		8.0±1.2		.22					5759
0025.3 +2544	PGC 1717		1.05	.09					5276
0027.9 +3036		.SB.0..	.97± .07	25					
116.97 -31.99	UGC 274	U	.13± .05	.22	15.28 ±.14				
325.21 13.62		.0± .9		.10					
0025.3 +3020	PGC 1720		.99						
002757.7+324635		.S?....	1.04± .15					16.45±.3	4923± 10
117.24 -29.84	UGC 270		.04± .12	.24					
327.40 14.00				.05				169± 7	5095
002519.0+323000	PGC 1721		1.06	.02					4616
002758.5+023025	IC 17	.SXT3P?	1.25± .04	128					4391
111.21 -59.83	UGC 275	E (1)	.28± .04	.08	14.40 ±.16				
297.33 7.18		3.0± .8		.38					4492
002524.4+021350	PGC 1723	3.1±1.2	1.26	.14	13.91				4048
002759.8+304555		.S..2..	.98± .07	33				16.85±.3	6331± 10
117.00 -31.84	UGC 276	U	.66± .05	.22	15.60 ±.13				
325.37 13.64	IRAS00254+3030	2.0±1.0		.81	13.03			306± 10	6499
002521.4+302920	PGC 1724		1.00	.33	14.51			2.01	6019
002804.2-580613		.S.R6*.	1.12± .05	29					
308.88 -58.75	ESO 112- 4	r	.85± .05	.00	15.93 ±.14				
238.31 -9.80		5.6±1.4		1.25					
002543.0-582248	PGC 1729		1.12	.43					
002812.2+232722								17.66±.3	18612± 10
116.06 -39.11	CGCG 479- 33			.05	15.7 ±.4				
318.04 12.17								450± 7	18766
002535.0+231047	PGC 1733								18284

R.A. 2000 DEC. / l b / SGL SGB / R.A. 1950 DEC.	Names / PGC	Type / S_T n_L / T / L	$\log D_{25}$ / $\log R_{25}$ / $\log A_e$ / $\log D_o$	p.a. / A_g / A_i / A_{21}	B_T / m_B / m_{FIR} / B_T^o	$(B-V)_T$ / $(U-B)_T$ / $(B-V)_T^o$ / $(U-B)_T^o$	$(B-V)_e$ / $(U-B)_e$ / m'_e / m'_{25}	m_{21} / W_{20} / W_{50} / HI	V_{21} / V_{opt} / V_{GSR} / V_{3K}
002815.0+304808	A 0025+30A	.SB..$.	1.23± .05	118					
117.07 -31.81	UGC 279	R	.52± .05	.22	14.22 ±.12				6357± 41
325.42 13.59				.78					6526
002536.6+303133	PGC 1736		1.25	.26	13.20				6045
0028.2 +0313		.S..6*.	1.09± .07	160					4362
111.61 -59.13	UGC 277	U	.09± .06	.06	15.1 ±.2				
298.05 7.31		6.0±1.1		.13					4465
0025.7 +0257	PGC 1737		1.10	.05	14.87				4019
002816.9+311158								16.70±.3	14719± 10
117.13 -31.41	CGCG 500- 27			.22	15.1 ±.4				
325.82 13.66								292± 7	14888
002538.4+305523	PGC 1739								14408
002818.7+032427		.SXS6*.	1.06± .08	168					4035
111.69 -58.96	UGC 283	UE (1)	.14± .06	.06					
298.23 7.34		5.7± .7		.21					4138
002544.5+030752	PGC 1741	4.2±1.2	1.07	.07					3692
0028.3 +2723		.SB.4..	1.18± .05	5					9619
116.65 -35.20	UGC 278	U	.64± .05	.13	15.12 ±.12				
321.99 12.94		4.0± .9		.94					9781
0025.7 +2707	PGC 1743		1.19	.32	13.99				9299
002820.7-490437		.SB?...	.96± .07	15					
312.89 -67.60	ESO 194- 20		.22± .05	.04	15.45 ±.14				2900±190
247.22 -7.55	FAIR 654			.23					2831
002556.0-492112	PGC 1745		.97	.11	15.15				2704
002821.6+032316		.SXT7..	1.24± .04	45					4090
111.70 -58.98	UGC 282	UE (1)	.03± .05	.06					
298.21 7.33		7.0± .5		.04					4193
002547.4+030641	PGC 1746	4.2± .8	1.25	.01					3747
0028.3 -0013		.SB.3..	1.08± .06	55					
110.35 -62.53	UGC 280	U	.06± .05	.05					
294.69 6.35		3.0± .8		.09					
0025.8 -0030	PGC 1747		1.09	.03					
002822.2+023135		.S..6*.	1.04± .04	22					4298
111.41 -59.83	UGC 281	U	.36± .04	.07	15.32 ±.14				
297.37 7.09	KUG 0025+022	6.0±1.2		.53					4399
002548.2+021500	PGC 1748		1.05	.18	14.69				3956
002827.7-072330		.S..3*/	1.04± .07	115					
106.45 -69.52	MCG -1- 2- 21	E	.72± .05	.11					
287.72 4.33		3.0±1.4		.99					
002554.9-074005	PGC 1751		1.05	.36					
002831.1+331618		.SXS5..	1.13± .05	23				15.51±.3	4731± 10
117.44 -29.36	UGC 284	U	.15± .05	.24	14.71 ±.16				
327.92 13.97		5.0± .8		.22				229± 7	4903
002552.1+325943	PGC 1754		1.15	.07	14.23			1.21	4426
002834.7+310915	A 0025+30B		.95?		15.6 ±.2	.51± .04	.59± .03	15.77±.3	6070± 10
117.20 -31.46	CGCG 500- 28		.48?	.22	15.29 ±.12	-.12± .07	-.15± .05		6212± 60
325.78 13.59	MK 340		.28± .03				12.50± .07	233± 7	6242
002556.1+305240	PGC 1758		.97						5763
002838.1+025715	A 0026+02	.S..4*/	.94± .08	55				14.93±.3	4469± 17
111.69 -59.42	MCG 0- 2- 45	PE	.64± .05	.06				422± 34	4460± 56
297.81 7.14		3.5±1.0		.95				198± 25	4570
002604.0+024040	PGC 1760		.95	.32					4126
002841.9-595649		.SB?...	1.04± .06						
308.15 -56.95	ESO 112- 5		.08± .06	.00	14.54 ±.14				4545
236.51 -10.32				.12					4443
002622.0-601324	PGC 1765		1.04	.04	14.40				4406
002845.7-322419		.SBT4..	1.13± .04						
344.56 -82.79	ESO 350- 20	Sr (1)	.08± .04	.02	14.52 ±.14				13774± 39
263.50 -2.99		4.2± .6		.11					13760
002617.1-324054	PGC 1767	1.1± .8	1.13	.04	14.30				13506
002848.3+032552			.64± .17						
111.93 -58.96	MCG 0- 2- 47		.19± .07	.06	15.19 ±.19				4500± 49
298.29 7.23	ARAK 11								4603
002614.0+030917	PGC 1770		.64						4157
0028.8 +2856		.S..1..	1.00± .06	107					
116.99 -33.67	UGC 285	U	.53± .05	.12	15.05 ±.13				
323.57 13.12		1.0±1.0		.55					
0026.2 +2840	PGC 1771		1.01	.27					

R.A. 2000 DEC. / l b / SGL SGB / R.A. 1950 DEC.	Names / PGC	Type / S_T n_L / T / L	$\log D_{25}$ / $\log R_{25}$ / $\log A_e$ / $\log D_o$	p.a. / A_g / A_i / A_{21}	B_T / m_B / m_{FIR} / B_T^o	$(B-V)_T$ / $(U-B)_T$ / $(B-V)_T^o$ / $(U-B)_T^o$	$(B-V)_e$ / $(U-B)_e$ / m'_e / m'_{25}	m_{21} / W_{20} / W_{50} / HI	V_{21} / V_{opt} / V_{GSR} / V_{3K}
002850.4+025023	NGC 125	RLA.+P*	1.22± .04	85	13.11 ±.15	.97± .05	.93± .02	17.42±.3	5306± 9
111.75 -59.54	UGC 286	PUE	.05± .04	.07	13.75 ±.12			363± 10	5289± 56
297.71 7.06		-1.0± .4	.98± .04	.00		.90	13.50± .13	263± 7	5407
002616.2+023348	PGC 1772		1.22		13.35		13.98± .26		4963
0028.8 -3225		.S?....	1.04± .09		14.6 ±.3	.68± .07			
344.32 -82.79	MCG -5- 2- 6		.09± .07	.02					
263.49 -3.02				.14					
0026.4 -3242	PGC 1775		1.04	.05			14.40± .58		
0028.8 +1008		.SA.7..	1.01± .06						5560
113.83 -52.33	UGC 287	U	.07± .05	.14	15.11 ±.16				
304.88 8.95		7.0± .8		.10					5682
0026.3 +0952	PGC 1776		1.02	.04	14.84				5218
0028.9 +4325		.S?....	1.11± .07	135				15.60±.1	188± 11
118.62 -19.26	UGC 288		.20± .06	.36					
338.24 15.39				.29				45± 8	374
0026.3 +4309	PGC 1777		1.14	.10					-84
0029.1 +1553		.I..9?.	1.28± .11	136				15.07±.1	758± 10
115.10 -46.64	UGC 290	U	1.00± .12	.16				121± 6	
310.57 10.29		10.0±1.9		.75				100± 5	895
0026.5 +1537	PGC 1781		1.30	.50					420
002907.4+310015								17.65±.3	6098± 10
117.32 -31.62	CGCG 500- 32			.22	15.0 ±.4				
325.65 13.44								307± 7	6266
002628.8+304340	PGC 1782								5787
002908.2+024838	NGC 126	.LB.0?.	.93± .11	110					
111.88 -59.58	MCG 0- 2- 49	PE	.28± .05	.07	15.22 ±.10				4252± 60
297.70 6.99		-2.0± .7		.00					4353
002634.0+023203	PGC 1784		.89		15.08				3910
002912.2+025221	NGC 127	.LA.0*.	.91± .10	70					
111.94 -59.52	MCG 0- 2- 50	R	.16± .05	.06					4050± 18
297.77 6.99	IRAS00266+0235	-2.0± .5		.00	13.28				4151
002638.0+023546	PGC 1787		.89						3708
002912.8+330607		.S..9*.	.96± .09					16.59±.3	4821± 10
117.58 -29.54	UGC 291	U	.05± .06	.26					
327.77 13.80		9.0±1.2		.05				165± 7	4993
002633.7+324933	PGC 1788		.98	.02					4515
002915.0+025155	NGC 128	.L...P/	1.47± .02	1	12.77 ±.13	1.02± .01	1.04± .01		
111.96 -59.53	UGC 292	R	.52± .02	.06	12.80 ±.14	.58± .01	.63± .01		4241± 16
297.76 6.97		-2.0± .4	.76± .01	.00		.92	12.06± .03		4342
002640.9+023520	PGC 1791		1.40		12.66	.53	13.71± .18		3899
002918.4+025211	NGC 130	.LA.-*.	.87± .12	40					
111.98 -59.53	MCG 0- 2- 52	R	.31± .05	.06					4433± 18
297.77 6.96		-3.0± .5		.00					4535
002644.3+023537	PGC 1794		.83						4091
002923.1+312335		.S..6*.	1.04± .15	121				16.12±.3	6335± 10
117.43 -31.24	UGC 294	U	1.06± .06	.20					
326.06 13.46		6.0±1.5		1.47				257± 7	6504
002644.3+310700	PGC 1797		1.06	.50					6025
0029.5 -0105		.SXS3..	1.02± .06	154					
110.61 -63.45	UGC 295	U	.27± .05	.05					
293.91 5.83	IRAS00269-0122	3.0± .9		.37	13.42				
0026.9 -0122	PGC 1805		1.02	.13					
002938.4-331531	NGC 131	.SBS3*/	1.27± .03	63	13.78 ±.13	.56± .02	.64± .02	13.37±.3	1410± 17
339.13 -82.27	ESO 350- 21	R	.51± .03	.02	13.69 ±.14	.02± .05	.11± .05	151± 34	1419± 44
262.73 -3.41	IRAS00271-3332	3.0± .4	.73± .01	.70	13.34	.45	12.92± .02	100± 25	1394
002710.1-333206	PGC 1813		1.27	.25	13.01	-.06	13.70± .20	.11	1147
002942.3-513107		.LA.-..	1.17± .05	112	12.15V±.15		1.03± .02		
311.03 -65.27	ESO 194- 21	S	.06± .04	.04	13.35 ±.14				3312± 56
244.88 -8.39	FAIR 655	-3.0± .8	.72± .05	.00					3235
002719.0-514742	PGC 1816		1.16		13.26				3129
002942.8+212821	IC 1552	.S?....	.97± .05	127				16.13±.3	5600± 10
116.22 -41.12	UGC 297		.60± .04	.06	15.33 ±.13			390± 13	
316.14 11.41	IRAS00271+2111			.90	14.03				5749
002705.8+211147	PGC 1817		.97	.30	14.34			1.49	5270
002953.5+312334		.S..5..	1.10± .06	74				15.68±.3	6305± 10
117.55 -31.25	UGC 299	U	.23± .05	.20	14.96 ±.15				
326.08 13.35		5.0± .8		.35				344± 7	6474
002714.7+310700	PGC 1828		1.12	.12	14.37			1.19	5995

R.A. 2000 DEC. l b SGL SGB R.A. 1950 DEC.	Names PGC	Type S_T n_L T L	logD_{25} logR_{25} logA_e logD_o	p.a. A_g A_i A_{21}	B_T m_B m_{FIR} B_T^o	$(B-V)_T$ $(U-B)_T$ $(B-V)_T^o$ $(U-B)_T^o$	$(B-V)_e$ $(U-B)_e$ m'_e m'_{25}	m_{21} W_{20} W_{50} HI	V_{21} V_{opt} V_{GSR} V_{3K}
0029.9 +0331			1.04± .09					15.83±.1	1345± 8
112.52 -58.91	MCG 0- 2- 62		.09± .07	.04				33± 9	
298.46 6.98								22± 7	1448
0027.4 +0315	PGC 1835		1.04						1003
0030.0 +0331		.I..9*.	1.11± .14					15.82±.1	1346± 6
112.56 -58.91	UGC 300	U	.00± .12	.04				36± 5	
298.47 6.95		10.0±1.2		.00				33± 5	1449
0027.5 +0315	PGC 1838		1.11	.00					1004
0030.1 -1106	A 0027-11	RSBR1..	1.29± .05	170					3523
104.55 -73.21	MCG -2- 2- 30	E	.37± .05	.11					
284.23 2.88		1.0± .8		.38					3580
0027.6 -1123	PGC 1841		1.30	.18					3196
003008.5-365250		.SXR5*.	1.02± .05	42					
326.40 -79.26	ESO 350- 22	Sr (1)	.27± .04	.02	14.95 ±.14				
259.23 -4.54		5.3± .6		.40					
002741.0-370924	PGC 1842	4.1± .7	1.03	.13					
003010.7+020537	NGC 132	.SXS4..	1.28± .03	40				14.34±.3	5361± 10
112.15 -60.33	UGC 301	R (1)	.13± .03	.03	13.45 ±.13			426± 13	5316± 50
297.07 6.54	IRAS00276+0149	4.0± .4		.20	11.80			362± 10	5458
002736.7+014903	PGC 1844	1.9± .8	1.28	.07	13.19			1.09	5018
003012.4-410602		.S..5*/	1.29± .05	104					
318.94 -75.36	ESO 294- 17	S	1.05± .04	.03	15.87 ±.14				8983
255.12 -5.72		5.0±1.3		1.50					8939
002746.0-412236	PGC 1845		1.29	.50	14.29				8751
0030.3 +2505		.S..9..	.96± .17						5410
116.90 -37.53	UGC 302	U	.05± .12	.06					
319.78 12.04		9.0± .9		.05					5567
0027.7 +2449	PGC 1848		.97	.02					5086
003022.2-331444	NGC 134	.SXS4..	1.93± .02	50	11.23 ±.13	.84± .01	.93± .01	11.80±.1	1579± 5
338.30 -82.38	ESO 350- 23	R (2)	.62± .03	.02	11.10 ±.11	.23± .04	.32± .02	492± 5	1602± 33
262.78 -3.56	IRAS00278-3331	4.0± .3	1.24± .02	.91	9.69	.71	12.92± .04	448± 5	1562
002754.0-333118	PGC 1851	3.7± .6	1.93	.31	10.21	.11	14.16± .18	1.28	1315
003024.1-484102		.S..2*/	1.20± .04	114					
312.25 -68.06	ESO 194- 22	S	.60± .04	.04	14.76 ±.14				
247.70 -7.77		2.0±1.2		.74					
002800.1-485736	PGC 1855		1.21	.30					
0030.4 +4205		.I..9..	1.26± .04	175				15.58±.1	5623± 11
118.78 -20.61	UGC 303	U	.15± .05	.26					
336.92 14.94		10.0± .8		.11				223± 8	5807
0027.8 +4149	PGC 1861		1.28	.08					5346
003029.8-084702		.SBS3?.	1.09± .09	148					
106.85 -71.00	MCG -2- 2- 33	E (1)	.54± .08	.14					
286.51 3.45	KAZ 358	3.0±1.4		.75					
002757.4-090336	PGC 1862	4.2±1.2	1.11	.27					
003029.9+230657								18.58±.3	9101± 10
116.69 -39.50	CGCG 479- 36			.05	15.7 ±.4				
317.82 11.59								314± 7	9253
002752.5+225023	PGC 1863								8774
0030.6 +1240		.S..0..	.89± .10	125					
115.03 -49.88	UGC 304	U	.17± .06	.17	15.39 ±.13				
307.48 9.17		.0± .9		.13					
0028.0 +1224	PGC 1868		.90						
0030.6 +1321		.SA.5..	1.11± .05						
115.16 -49.20	UGC 305	U	.07± .05	.15	14.75 ±.18				9934± 60
308.15 9.33		5.0± .8		.11					10063
0028.0 +1305	PGC 1869		1.13	.04	14.44				9595
003038.5-314956		PSBS1*.	1.01± .05	16					
345.58 -83.47	ESO 410- 14	Sr	.30± .04	.02	15.72 ±.14				14980± 20
264.17 -3.21	FAIR 1067	1.5± .7		.37					14967
002810.0-320630	PGC 1874		1.01	.15	15.18				14711
003040.1-284244		.S?....	1.05± .05	95					
12.68 -85.15	ESO 410- 15		.75± .04	.09	15.19 ±.14				7304±106
267.20 -2.32				1.13					7302
002811.0-285918	PGC 1876		1.06	.38	13.93				7023
003046.0-292038		.S?....	.91± .05	168					
5.78 -84.94	ESO 410- 16		.17± .04	.02	15.17 ±.14				7216±106
266.60 -2.52				.26					7212
002817.0-293712	PGC 1879		.91	.09	14.86				6938

R.A. 2000 DEC. / l b / SGL SGB / R.A. 1950 DEC.	Names / PGC	Type / S_T n_L / T / L	$\log D_{25}$ / $\log R_{25}$ / $\log A_e$ / $\log D_o$	p.a. / A_g / A_i / A_{21}	B_T / m_B / m_{FIR} / B^o_T	$(B\text{-}V)_T$ / $(U\text{-}B)_T$ / $(B\text{-}V)^o_T$ / $(U\text{-}B)^o_T$	$(B\text{-}V)_e$ / $(U\text{-}B)_e$ / m'_e / m'_{25}	m_{21} / W_{20} / W_{50} / HI	V_{21} / V_{opt} / V_{GSR} / V_{3K}
0030.8 +1039		.L.....	1.04± .08	100					
114.74 -51.89	UGC 307	U	.26± .03	.19					
305.51 8.60		-2.0± .9		.00					
0028.3 +1023	PGC 1882		1.02						
003053.7-562614		.L...P/	1.00± .05	168					
308.69 -60.46	ESO 150- 9	S	.21± .03	.00	15.22 ±.14				
240.06 -9.77		-2.0±1.3		.00					
002833.0-564248	PGC 1883		.97						
003056.5+421133		.S..6*.	1.00± .06	105					
118.88 -20.52	UGC 306	U	.25± .05	.22	15.39 ±.14				
337.03 14.87		6.0±1.3		.36					
002815.0+415459	PGC 1885		1.02	.12					
0030.9 -0713		.S?....	1.04± .09						
108.27 -69.51	MCG -1- 2- 23		.28± .07	.13					7639
288.05 3.79				.42					7709
0028.4 -0730	PGC 1886		1.05	.14					7306
003058.1+101232	NGC 137	.L.....	1.11± .03		13.74 ±.15	.96± .03	1.06± .03		
114.67 -52.33	UGC 309	U	.00± .05	.15	13.83 ±.10	.57± .04	.58± .03		5276± 31
305.07 8.47		-2.0± .8	.78± .04	.00		.88	13.13± .13		5397
002822.8+095558	PGC 1888		1.13		13.57	.56	14.16± .25		4935
0030.9 +0510	NGC 138	.S..1*.	1.11± .05	175					12015
113.47 -57.32	UGC 308	U	.36± .05	.06	14.55 ±.12				
300.14 7.17		1.0±1.2		.37					12122
0028.4 +0454	PGC 1889		1.12	.18	13.98				11673
003102.3-365320		PLAT0*.	1.07± .05	34					
325.51 -79.33	ESO 350- 27	S	.20± .04	.02	15.03 ±.14				7290± 39
259.27 -4.71		-2.0± .6		.00					7260
002835.0-370954	PGC 1896		1.04		14.90				7041
003106.6+050444	NGC 139	.SB?...	.91± .09						13725
113.50 -57.42	CGCG 409- 22		.25± .06	.06	15.26 ±.09				
300.05 7.11				.31					13832
002832.1+044810	PGC 1900		.92	.12	14.75				13383
003109.2-223708	NGC 142	.SBS3?P	1.04± .04	101					
76.26 -83.56	ESO 473- 21	S (1)	.27± .03	.09	14.59 ±.14				
273.14 -.67	IRAS00286-2253	3.4± .6		.37	11.77				
002839.0-225342	PGC 1901	1.1± .9	1.05	.14					
003110.5+043020		.S?....	.82± .13						12615
113.37 -57.99	MCG 1- 2- 17		.36± .07	.01	15.52 ±.13				
299.50 6.95				.44					12720
002836.0+041347	PGC 1903		.82	.18	15.04				12273
003112.1-002425	IC 25	.L?....	.86± .07						
111.79 -62.84	MCG 0- 2- 64		.10± .06	.04	15.24 ±.10				5820± 61
294.70 5.62	MK 952			.00	12.59				5911
002838.4-004058	PGC 1905		.85		15.11				5480
003114.1-075029		.SAR3*.	1.11± .06	70					
108.07 -70.13	MCG -1- 2- 25	E (1)	.27± .05	.17					
287.48 3.55		3.0± .9		.37					
002841.6-080703	PGC 1908	3.6± .8	1.13	.14					
0031.2 -1028	A 0028-10	.SBR4?.	1.15± .06	170					
106.03 -72.68	MCG -2- 2- 38	E (1)	.12± .05	.11					3480± 96
284.92 2.80	KAZ 1	4.0±1.0		.18					3539
0028.7 -1045	PGC 1909	1.9± .8	1.16	.06					3153
003114.2-365114		.LBR0?.	1.07± .05	39					
325.40 -79.38	ESO 350- 28	S	.37± .03	.02	14.69 ±.14				
259.32 -4.74		-2.0± .9		.00					
002847.0-370748	PGC 1910		1.01						
003116.1-223339	NGC 143	.SBR3?/	.99± .05	20					
76.79 -83.54	ESO 473- 22	S	.64± .03	.09	15.26 ±.14				
273.21 -.68		3.0± .8		.89					
002846.0-225012	PGC 1911		1.00	.32					
003118.4+285933		.S..6*.	1.07± .06	30				15.66±.3	4663± 10
117.64 -33.67	UGC 310	U	.55± .05	.15	14.81 ±.13				
323.72 12.60		6.0±1.3		.80				218± 7	4827
002839.8+284300	PGC 1913		1.09	.27	13.84			1.55	4348
003119.0+082832	A 0028+08	.S?....	.82± .13		14.48S±.15				
114.43 -54.06	MCG 1- 2- 18		.08± .07	.15	14.89 ±.12				4357± 27
303.39 7.94	MK 552			.06	11.78				4473
002843.9+081159	PGC 1914		.83		14.45		13.23± .68		4015

R.A. 2000 DEC. l b SGL SGB R.A. 1950 DEC.	Names PGC	Type S_T n_L T L	$\log D_{25}$ $\log R_{25}$ $\log A_e$ $\log D_o$	p.a. A_g A_i A_{21}	B_T m_B m_{FIR} B_T^o	$(B-V)_T$ $(U-B)_T$ $(B-V)_T^o$ $(U-B)_T^o$	$(B-V)_e$ $(U-B)_e$ m'_e m'_{25}	m_{21} W_{20} W_{50} HI	V_{21} V_{opt} V_{GSR} V_{3K}
003120.5+304724	NGC 140	.S..6*.	1.18± .05	45				15.00±.3	6433± 10
117.85 -31.88	UGC 311	U	.08± .05	.22	13.94 ±.13				6455± 50
325.53 12.94	IRAS00287+3031	6.0±1.2		.12	13.15			126± 7	6601
002841.5+303051	PGC 1916		1.20	.04	13.57			1.39	6123
003121.1-223845	NGC 144	.S..5*P	.91± .05						
76.39 -83.61	ESO 473- 23	S (1)	.03± .03	.09	14.42 ±.14				
273.13 -.73		4.7± .7		.05					
002851.0-225518	PGC 1917	2.2±1.2	.92	.02					
003122.9-482150		.SBS3?/	1.05± .05	156					
312.01 -68.41	ESO 194- 23	S	.63± .04	.04	15.99 ±.14				
248.05 -7.85		3.0± .9		.87					
002859.1-483824	PGC 1919		1.05	.31					
003123.1-224602		.IBS9..	1.05± .04	29					541
75.66 -83.70	ESO 473- 24	S (1)	.24± .04	.09	16.11 ±.14				
273.02 -.77		10.0± .5		.18					559
002853.1-230236	PGC 1920	10.0± .6	1.06	.12	15.84				242
003124.0+082805		.SB?...	1.16± .05	7	13.88S±.15				
114.47 -54.07	UGC 312		.34± .05	.15	14.33 ±.12				4333± 28
303.39 7.92	HICK 2A			.51					4449
002848.9+081132	PGC 1921		1.18	.17	13.46		13.70± .31		3992
003125.7+061226		.S?....	1.08± .06	10					
113.94 -56.31	UGC 313		.23± .05	.17	14.13 ±.12				2055± 50
301.18 7.33				.34					2165
002851.0+055553	PGC 1924		1.10	.11	13.60				1713
003128.6-194551		.S..7?/	1.23± .04	0					
90.03 -81.33	ESO 539- 14	E	.98± .03	.07	15.66 ±.14				
275.93 .08		7.0±1.9		1.36					
002858.0-200224	PGC 1926		1.24	.49					
003129.4+082402		.S?....	1.04± .06	165	15.00S±.15				
114.49 -54.14	UGC 314		.11± .05	.13	14.94 ±.15				4274± 32
303.33 7.88	HICK 2C			.17					4389
002854.3+080729	PGC 1927		1.05	.06	14.65		14.76± .35		3932
003135.7-103022		.SBR4?/	1.15± .06	48					
106.29 -72.73	MCG -2- 2- 40	E	.55± .05	.10					
284.92 2.70	IRAS00290-1046	4.0± .9		.81	12.29				
002903.6-104656	PGC 1932		1.16	.28					
0031.6 +1436		.S..6*.	1.11± .14	40					11433
115.75 -47.99	UGC 316	U	.83± .12	.15	15.53 ±.12				
309.44 9.40		6.0±1.4		1.22					11565
0029.0 +1420	PGC 1933		1.12	.42	14.10				11095
003138.4+082326		.S..4..	.96± .09						4274
114.55 -54.16	UGC 315	U	.00± .06	.13					
303.33 7.84	HICK 2D	4.0± .9		.00					4390
002903.3+080653	PGC 1934		.97	.00					3933
003138.7-115127		.SBT8..	1.08± .06	100					
105.05 -74.04	MCG -2- 2- 39	E (1)	.17± .05	.09					
283.61 2.31		8.0± .9		.21					
002906.8-120801	PGC 1935	7.5± .8	1.09	.09					
0031.6 +0055		.S..8*.	.96± .09						5364
112.51 -61.55	UGC 317	U	.05± .06	.06					
296.03 5.87		8.0±1.2		.06					5458
0029.1 +0039	PGC 1936		.97	.02					5024
0031.7 -0230		.SBR7*.	1.09± .06	0					
111.26 -64.93	MCG -1- 2- 28	E (1)	.12± .05	.16					
292.70 4.91		7.0±1.2		.16					
0029.2 -0247	PGC 1940	8.7± .8	1.10	.06					
003145.7-050909	NGC 145	.SBS8..	1.25± .03	115	13.17 ±.13	.43± .03		14.70±.3	4140± 17
110.02 -67.53	MCG -1- 2- 27	R	.14± .04	.16		-.21± .04		140± 34	4146± 34
290.12 4.18	ARP 19	8.0± .4		.18	11.91	.34		140± 25	4217
002912.7-052542	PGC 1941		1.27	.07	12.82	-.28	13.92± .24	1.81	3806
003150.3-264315		.S..5./	1.41± .03	83					
37.15 -85.61	ESO 473- 25	S	.90± .03	.09	14.68 ±.14				7235
269.21 -2.00	VV 582	4.7± .7		1.35					7239
002921.1-265948	PGC 1942		1.42	.45	13.21				6948
003201.0-642327		.SBS7*P	1.28± .04	112	13.66V±.15	.42± .06	.44± .06		
306.39 -52.61	ESO 79- 2	S	.95± .05	.00	14.57 ±.14				2772± 62
232.16 -11.68	IRAS00297-6440	7.1± .6	.98± .03	1.31		.22			2656
002946.0-644000	PGC 1951		1.28	.47	13.02		12.98± .28		2659

R.A. 2000 DEC. l b SGL SGB R.A. 1950 DEC.	Names PGC	Type S_T n_L T L	$logD_{25}$ $logR_{25}$ $logA_e$ $logD_o$	p.a. A_g A_i A_{21}	B_T m_B m_{FIR} B_T^o	$(B-V)_T$ $(U-B)_T$ $(B-V)_T^o$ $(U-B)_T^o$	$(B-V)_e$ $(U-B)_e$ m'_e m'_{25}	m_{21} W_{20} W_{50} HI	V_{21} V_{opt} V_{GSR} V_{3K}
003202.1-641509		.SB.3?/	1.43± .04	134	12.59V±.14	.80± .03	.92± .02		
306.41 -52.74	ESO 79- 3	S	.81± .05	.00	13.78 ±.14				2592± 62
232.30 -11.65	IRAS00297-6431	3.0± .5	.96± .02	1.11	10.89	.63			2477
002947.0-643142	PGC 1952		1.43	.40	12.45		13.38± .27		2478
0032.0 -0819		.SBS7*.	1.12± .05	175					4993
108.31 -70.64	MCG -2- 2- 43	E (1)	.28± .04	.12					
287.06 3.22	VV 570	7.3± .7		.39					5058
0029.5 -0836	PGC 1953	6.4± .7	1.13	.14					4663
003209.2-401557		.SBS8..	1.23± .05	5					
318.61 -76.27	ESO 294- 20	S (1)	.13± .05	.03	14.49 ±.14				
256.04 -5.84		8.0± .8		.16					
002943.1-403230	PGC 1956	8.9± .8	1.24	.07					
003212.2+314053	A 0029+31	.S..4..	1.14± .05	135				15.16±.3	6343± 10
118.16 -31.01	UGC 319	U (1)	.19± .05	.23	14.72 ±.16				
326.46 12.92		4.0± .8		.27				279± 7	6511
002932.9+312420	PGC 1957	3.0±1.3	1.16	.09	14.18			.89	6035
003212.3+312500								18.22±.3	6136± 10
118.13 -31.28	CGCG 500- 40			.23	15.7 ±.4				
326.19 12.87								272± 7	6304
002933.0+310827	PGC 1958								5827
003214.8-412257		.SXT3..	1.20± .05	176					
317.16 -75.21	ESO 294- 21	Sr (1)	.44± .04	.03	14.29 ±.14				7825
254.95 -6.16	IRAS00298-4139	3.2± .6		.60	12.68				7780
002949.0-413930	PGC 1961	3.3±1.2	1.20	.22	13.60				7595
003223.5-421021		PSAT3..	.98± .07						
316.21 -74.46	ESO 294- 22	r	.11± .06	.03	15.02 ±.14				9825
254.18 -6.40		3.3± .8		.15					9777
002958.0-422654	PGC 1968		.98	.06	14.77				9598
0032.4 +0234		.S..6*.	1.09± .06	172					2376
113.44 -59.95	UGC 320	U	.77± .05	.05					
297.70 6.12		6.0±1.4		1.13					2475
0029.9 +0218	PGC 1970		1.10	.39					2036
0032.5 +2324		.SB.6?.	1.13± .05	149					4668
117.33 -39.26	UGC 321	U	.70± .05	.04	15.29 ±.12				
318.21 11.19		6.0±1.3		1.04					4820
0029.9 +2308	PGC 1971		1.13	.35	14.19				4342
0032.5 +0129		.S..6*.	1.06± .06	68					
113.16 -61.02	UGC 322	U	.47± .05	.03					
296.65 5.81		6.0±1.3		.69					
0030.0 +0113	PGC 1973		1.06	.23					
003242.7-111907		.S..5*/	1.23± .05	30					
106.48 -73.59	MCG -2- 2- 49	E	.80± .05	.08					
284.21 2.21	IRAS00301-1135	5.0±1.3		1.20	12.78				
003010.7-113540	PGC 1979		1.24	.40					
003243.8+260706								18.68±.3	20361± 10
117.70 -36.56	CGCG 479- 38			.10	15.7 ±.4				
320.92 11.72								61± 7	20518
003005.5+255033	PGC 1981								20040
003244.4+304500		.S?....	1.08± .09					15.73±.3	6120± 10
118.20 -31.95	MCG 5- 2- 23		.37± .07	.19	15.00 ±.12				
325.55 12.63				.46				317± 7	6286
003005.2+302827	PGC 1982		1.09	.19	14.29			1.25	5810
0032.8 +1144		.S?....	.95± .07	110					4924
115.70 -50.88	UGC 323		.49± .05	.20	15.21 ±.13				
306.69 8.40	IRAS00302+1127			.74	13.24				5048
0030.2 +1127	PGC 1986		.97	.25	14.24				4585
003303.6-080652		.SBS8*.	1.10± .05	140					
109.19 -70.49	MCG -1- 2- 30	E (1)	.37± .04	.13					
287.34 3.04		8.0± .7		.46					
003031.2-082324	PGC 1996	6.1± .7	1.12	.19					
003303.9+221155		.S?....	.91± .10	10				16.59±.3	7758± 10
117.34 -40.47	UGC 325		.02± .06	.06					
317.03 10.81				.04				130± 7	7907
003026.4+215523	PGC 1997		.92	.01					7430
003307.9-321533	IC 1554	.LBT+P*	1.15± .05	24					
339.59 -83.51	ESO 350- 33	PSr	.23± .04	.02	13.61 ±.14				1776± 87
263.91 -3.84	IRAS00306-3232	-.5± .5		.00	12.15				1761
003040.0-323206	PGC 2000		1.12		13.56				1509

R.A. 2000 DEC. / l b / SGL SGB / R.A. 1950 DEC.	Names / PGC	Type / S_T n_L / T / L	$\log D_{25}$ / $\log R_{25}$ / $\log A_e$ / $\log D_o$	p.a. / A_g / A_i / A_{21}	B_T / m_B / m_{FIR} / B_T^o	$(B-V)_T$ / $(U-B)_T$ / $(B-V)_T^o$ / $(U-B)_T^o$	$(B-V)_e$ / $(U-B)_e$ / m'_e / m'_{25}	m_{21} / W_{20} / W_{50} / HI	V_{21} / V_{opt} / V_{GSR} / V_{3K}
003310.3-130847		PSBT4..	1.09± .06	115					
105.04 -75.38	MCG -2- 2- 51	E (1)	.29± .05	.08					6314
282.47 1.58	IRAS00306-1325	4.0± .9		.43	13.86				6363
003038.7-132520	PGC 2001	1.9±1.2	1.10	.15					5992
0033.1 +0754		.S..4..	1.04± .06	121					
115.10 -54.68	UGC 327	U	.42± .05	.14	15.36 ±.13				13527± 57
302.96 7.35		4.0± .9		.62					13641
0030.6 +0738	PGC 2003		1.05	.21	14.51				13186
003311.6+483028	NGC 147	.E.5.P.	2.12± .02	25	10.47M±.05	.95± .05	.90± .01		
119.82 -14.25	UGC 326	R	.23± .04	.76	10.43 ±.15				-160± 18
343.51 15.27	DDO 3	-5.0± .3	1.71± .02	.00		.78	14.61± .05		28
003027.4+481356	PGC 2004		2.17		9.71		15.49± .14		-412
0033.3 -0106		.SBT8..	1.09± .05	125				14.35±.1	1986± 6
112.72 -63.62	UGC 328	UE (1)	.09± .04	.07				155± 8	
294.17 4.91		8.0± .6		.11				132± 12	2073
0030.8 -0123	PGC 2016	7.5± .8	1.10	.05					1648
003326.3+075249		.S?....	.94± .11	163					
115.20 -54.72	MCG 1- 2- 26		.19± .07	.15	15.26 ±.13				13497± 57
302.95 7.28				.28					13610
003051.2+073617	PGC 2017		.95	.09	14.75				13156
003330.3-564455		.LA.+*P	1.15± .09						
307.88 -60.21		S	.34± .08	.00					
239.83 -10.19		-1.3± .7		.00					
003110.9-570127	PGC 2019		1.10						
003331.7+225415		.S?....	.91± .07					17.41±.3	4599± 10
117.56 -39.78	MCG 4- 2- 29		.54± .06	.06	15.69 ±.12				
317.76 10.86				.80				221± 7	4749
003054.0+223743	PGC 2021		.91	.27	14.80			2.34	4273
0033.5 +0240		.SXS6..	1.29± .04	170					4391
114.01 -59.89	UGC 329	UE (1)	.18± .04	.01	14.9 ±.3				
297.87 5.88		5.5± .5		.26					4489
0031.0 +0224	PGC 2022	5.3± .8	1.30	.09	14.59				4051
003336.5+232405		.S?....	.94± .11					16.41±.3	5179± 10
117.64 -39.29	MCG 4- 2- 30		.40± .07	.04	15.34 ±.12				
318.26 10.95				.60				255± 7	5330
003058.7+230733	PGC 2023		.94	.20	14.68			1.53	4854
003341.9+393241		.L.....	1.15± .07	140					
119.21 -23.20	UGC 330	U	.42± .03	.19	14.74 ±.10				
334.43 13.97		-2.0± .9		.00					
003100.4+391609	PGC 2026		1.11						
0033.7 +0714		.SB.1..	.95± .07	170					
115.21 -55.36	UGC 331	U	.25± .05	.08	14.99 ±.12				
302.35 7.04		1.0± .9		.25					
0031.2 +0658	PGC 2027		.96	.12					
0033.8 +3043	NGC 149	.L...*.	1.09± .07	155					
118.48 -31.99	UGC 332	U	.22± .03	.19	14.69 ±.11				
325.57 12.39		-2.0±1.2		.00					
0031.2 +3027	PGC 2028		1.07						
003356.2+312705	A 0031+31	.S..9..	1.24± .06		15.07 ±.19	.45± .06	.53± .04	15.47±.3	4633± 10
118.56 -31.27	UGC 334	U (1)	.01± .06	.23	14.4 ±.2	-.14± .08	-.05± .06		
326.30 12.52	DDO 4	9.0± .8	1.02± .04	.01		.36	15.66± .09	131± 7	4800
003116.6+311033	PGC 2031	9.0±1.4	1.27	.01	14.56	-.20	16.10± .38	.91	4325
003358.1+485703		.SB?...	1.06± .06					15.71±.1	5214± 11
119.98 -13.82	UGC 333		.04± .05	.80	14.9 ±.3				
343.98 15.20				.06				128± 8	5403
003113.6+484031	PGC 2032		1.13	.02	14.06			1.63	4964
003401.4-031000		.L..0*.	1.07± .06	20					
112.33 -65.68	MCG -1- 2- 31	E	.50± .05	.16					
292.21 4.18		-2.0±1.3		.00					
003128.2-032632	PGC 2034		1.02						
003402.8-094220	NGC 151	.SBR4..	1.57± .02	75	12.31 ±.13	.72± .01	.83± .01	13.93±.1	3747± 5
108.86 -72.10	MCG -2- 2- 54	R (3)	.34± .03	.12	12.29 ±.20	.13± .02	.28± .02	463± 6	3654± 50
285.87 2.35	IRAS00315-0958	4.0± .3	1.07± .01	.50	12.24	.61	13.15± .03	452± 5	3806
003130.7-095852	PGC 2035	2.7± .5	1.58	.17	11.66	.04	14.16± .17	2.10	3419
003403.3-341728		.L...P.	.85?						
329.40 -81.92	ESO 350- 34A	S	.85?	.02	15.18 ±.14				
261.98 -4.58		-2.0±1.1		.00					
003136.0-343400	PGC 2036		.72						

R.A. 2000 DEC. l b SGL SGB R.A. 1950 DEC.	Names PGC	Type S_T n_L T L	$\log D_{25}$ $\log R_{25}$ $\log A_e$ $\log D_o$	p.a. A_g A_i A_{21}	B_T m_B m_{FIR} B^o_T	$(B\text{-}V)_T$ $(U\text{-}B)_T$ $(B\text{-}V)^o_T$ $(U\text{-}B)^o_T$	$(B\text{-}V)_e$ $(U\text{-}B)_e$ m'_e m'_{25}	m_{21} W_{20} W_{50} HI	V_{21} V_{opt} V_{GSR} V_{3K}
003407.6+440844		.SA.7..	1.10± .04					16.10±.1	5646± 11
119.66 -18.62	UGC 336	U	.03± .04	.40	15.1 ±.2				
339.10 14.56		7.0± .8		.04				233± 8	5831
003124.6+435212	PGC 2039		1.14	.01	14.60			1.49	5378
003408.4-212609		.S?....			16.46S±.15				
87.31 -83.08				.07					
274.49 -1.00	HICK 4E								
003138.4-214241	PGC 2040								
003409.8-073608		.E?....			15.81S±.15				
110.30 -70.05				.16					7804± 41
287.91 2.92	HICK 3D								7871
003137.4-075240	PGC 2043								7474
003411.1-304628	A 0031-31	.SXS9*.	1.27± .03					14.31±.2	1585± 7
347.90 -84.75	ESO 410- 18	SU (2)	.04± .04	.02	14.04 ±.14			72± 16	1619±106
265.42 -3.64	DDO 224	9.2± .5		.04				55± 6	1575
003143.0-310300	PGC 2044	8.8± .5	1.27	.02	13.98			.31	1313
003413.2-073354		.S?....			15.46S±.15				
110.36 -70.02				.16					7302± 41
287.95 2.91	HICK 3A								7369
003140.7-075025	PGC 2045								6972
003414.0-212816		PSBR3*P	1.05± .04	122	15.56S±.15				
87.30 -83.12	ESO 540- 2	S	.43± .03	.07	15.45 ±.14				7065± 41
274.46 -1.03	HICK 4B	3.0± .6		.60					7086
003144.0-214448	PGC 2046		1.06	.22	14.78		14.59± .28		6764
003414.0-212628		PSBR4..	1.15± .04	21	13.66S±.15				
87.44 -83.09	ESO 540- 1	r	.17± .04	.07	13.66 ±.14				8076± 34
274.49 -1.02	IRAS00317-2142	4.5± .8		.25	11.59				8097
003144.0-214300	PGC 2047		1.15	.08	13.30		13.83± .29		7775
0034.2 +2438		.SX.8..	1.04± .06	150					5283
117.97 -38.06	UGC 337	U	.02± .05	.05					
319.52 11.08		8.0± .8		.03					5437
0031.6 +2422	PGC 2048		1.04	.01					4960
003415.6-212504		.L?....			15.79S±.15				
87.59 -83.08				.07					8863± 41
274.52 -1.02	HICK 4C								8884
003145.7-214136	PGC 2051								8562
003415.8-274818	NGC 150	.SBT3*.	1.59± .02	118	12.00 ±.13	.64± .01	.69± .01	13.11±.1	1584± 5
21.87 -86.13	ESO 410- 19	R (3)	.32± .03	.09	12.04 ±.11	.02± .02	.04± .02	336± 8	1523± 29
268.31 -2.83	IRAS00317-2804	3.0± .4	1.00± .01	.45	10.67	.55	12.49± .03	308± 6	1581
003147.1-280450	PGC 2052	2.5± .4	1.59	.16	11.48	-.05	13.97± .17	1.48	1300
003415.8-314710	NGC 148	.L..0*/	1.30± .03	90	13.13 ±.13	.95± .01	.96± .01	14.83±.3	1516± 10
340.65 -84.03	ESO 410- 20	PS	.40± .03	.02	13.11 ±.10	.50± .01	.48± .01	507± 6	1644± 30
264.44 -3.93		-1.5± .6	.51± .01	.00		.89	11.17± .03		1515
003148.0-320342	PGC 2053		1.24		13.08	.46	13.47± .20		1261
003416.8-212840		.E?....			15.80S±.15				
87.35 -83.13				.07					8215± 41
274.46 -1.04	HICK 4D								8236
003146.8-214512	PGC 2057								7914
0034.3 +1011		.S?....	.94± .11						5409
116.04 -52.45	UGC 339		.28± .07	.18	15.32 ±.12				
305.27 7.65				.35					5528
0031.8 +0955	PGC 2061		.95	.14	14.78				5070
0034.4 +1216	IC 31	.S..1..	1.21± .05	89					9516
116.40 -50.38	UGC 340	U	.81± .05	.20	15.23 ±.12				
307.32 8.17		1.0± .9		.83					9641
0031.8 +1200	PGC 2062		1.23	.40	14.09				9178
003425.1-073559		.L?....			15.62S±.15				
110.48 -70.06				.16					7860± 41
287.93 2.86	HICK 3B								7926
003152.6-075231	PGC 2064								7530
0034.4 +3023	A 0031+30								
118.60 -32.34				.16					6087
325.26 12.20									6252
0031.8 +3007	PGC 2065								5777
0034.4 +0334		.SX.5..	1.02± .06	65					6434
114.69 -59.02	UGC 342	U	.09± .05	.04	15.18 ±.17				
298.81 5.91		5.0± .9		.14					6535
0031.9 +0318	PGC 2068		1.02	.05	14.97				6094

R.A. 2000 DEC. / l b / SGL SGB / R.A. 1950 DEC.	Names / PGC	Type / S_T n_L / T / L	$\log D_{25}$ / $\log R_{25}$ / $\log A_e$ / $\log D_o$	p.a. / A_g / A_i / A_{21}	B_T / m_B / m_{FIR} / B_T^o	$(B-V)_T$ / $(U-B)_T$ / $(B-V)_T^o$ / $(U-B)_T^o$	$(B-V)_e$ / $(U-B)_e$ / m'_e / m'_{25}	m_{21} / W_{20} / W_{50} / HI	V_{21} / V_{opt} / V_{GSR} / V_{3K}
003432.5-433922		RLB.0..	1.05± .06	75	14.21 ±.15	.97± .02	1.02± .01		
313.51 -73.12	ESO 242- 14	r	.13± .05	.03	14.19 ±.14	.46± .03	.49± .02		5937
252.83 -7.17		-2.4± .8	.58± .04	.00		.90	12.60± .14		5883
003208.1-435554	PGC 2070		1.03		14.08	.47	14.01± .38		5718
003433.2-300110	IC 1555	.SAS7..	1.11± .04	136					
353.99 -85.30	ESO 410- 21	S (1)	.17± .03	.02	14.39 ±.14				1575±106
266.18 -3.50		6.5± .6		.23					1567
003205.0-301742	PGC 2071	7.2± .6	1.11	.08	14.14				1301
003436.5-554722	NGC 159	RSBR0..	1.14± .05	95					
307.84 -61.18	ESO 150- 11	Sr	.50± .03	.00	14.86 ±.14				
240.82 -10.12		.0± .6		.37					
003217.1-560354	PGC 2073		1.11						
003440.1-104601	NGC 155	.L..0P.	1.24± .09	175					
108.57 -73.17	MCG -2- 2- 55	E	.13± .07	.05					
284.88 1.91		-2.0± .8		.00					
003208.2-110233	PGC 2076		1.23						
003446.5-082348	NGC 157	.SXT4..	1.62± .02	40	11.00M±.12	.59± .01	.66± .01	12.81±.2	1668± 6
110.27 -70.86	MCG -2- 2- 56	R (3)	.19± .02	.13	11.1 ±.2	-.02± .01	.05± .01	317± 9	1730± 27
287.19 2.55		4.0± .3	1.25± .01	.27		.51	12.71± .02	214± 7	1734
003214.2-084019	PGC 2081	1.8± .4	1.63	.09	10.60	-.07	13.48± .16	2.11	1342
0034.7 +5326		.S..8*.	1.11± .14	70				16.07±.1	5185± 11
120.42 -9.35	UGC 343	U	.15± .12	.85					
348.57 15.55		8.0±1.2		.18				210± 8	5377
0032.0 +5310	PGC 2083		1.19	.07					4954
003448.5+282431		.SB.6?.	1.02± .06	51				15.63±.2	4177± 7
118.50 -34.32	UGC 345	U	.67± .05	.12	15.56 ±.12			196± 13	
323.30 11.73		6.0±1.4		.99				185± 7	4338
003209.5+280800	PGC 2085		1.03	.34	14.43			.87	3862
003451.2+393242		.SXS6..	1.02± .06	110				15.50±.1	5780± 11
119.45 -23.21	UGC 344	U	.17± .05	.17	15.09 ±.14				
334.46 13.75		6.0± .9		.25				222± 8	5959
003209.4+391611	PGC 2088		1.04	.09	14.64			.78	5496
003454.9-122956		.SXR5..	1.13± .06	5					
107.30 -74.87	MCG -2- 2- 58	E (1)	.08± .05	.03					
283.22 1.36		5.0± .8		.12					
003223.4-124627	PGC 2092	5.3± .8	1.13	.04					
003456.6+315651		.S..4..	.98± .07	128				17.25±.3	5871± 10
118.86 -30.79	UGC 346	U	.31± .05	.22	14.78 ±.12				
326.84 12.40		4.0± .9		.46				287± 7	6038
003216.7+314020	PGC 2094		1.00	.16	14.06			3.03	5565
003501.9-501228		.S..9?/	1.13± .05	36					
309.58 -66.71	ESO 194- 27	S	.76± .04	.04	15.75 ±.14				
246.38 -8.88	FAIR 658	9.0±1.9		.78					
003240.0-502900	PGC 2099		1.14	.38					
003506.5+231855								16.86±.3	11334± 10
118.08 -39.40	CGCG 479- 41			.04	15.1 ±.4				
318.25 10.59								198± 7	11484
003228.5+230224	PGC 2106								11009
003513.2-373329		RSBR1..	1.05± .05						
320.06 -79.03	ESO 294- 23	Sr	.10± .05	.02	14.79 ±.14				7232
258.85 -5.69		.5± .6		.11					7198
003247.0-375000	PGC 2112		1.06	.05	14.57				6987
003513.4+294758								17.78±.3	6972± 10
118.74 -32.94	CGCG 500- 48			.19	15.0 ±.4				
324.70 11.92								270± 7	7135
003234.1+293127	PGC 2113								6661
003518.2-440453		RSXT2*.	.95± .07						
312.74 -72.74	ESO 242- 17	r	.03± .06	.03	14.71 ±.14				7502± 34
252.45 -7.41		2.2± .9		.04					7447
003254.0-442124	PGC 2115		.95	.02	14.57				7285
0035.3 +0255		.S..8*.	.98± .07						4213
114.96 -59.70	UGC 348	U	.00± .05	.03	15.17 ±.17				
298.24 5.52		8.0±1.2		.00					4311
0032.8 +0239	PGC 2118		.98	.00	15.13				3874
0035.3 +0323		.SXS4..	1.00± .09	136					6395
115.08 -59.23	UGC 349	U	.28± .06	.04	15.24 ±.13				
298.69 5.64		4.0± .9		.41					6495
0032.8 +0307	PGC 2119		1.00	.14	14.76				6056

R.A. 2000 DEC. l b SGL SGB R.A. 1950 DEC.	Names PGC	Type S_T n_L T L	$\log D_{25}$ $\log R_{25}$ $\log A_e$ $\log D_o$	p.a. A_g A_i A_{21}	B_T m_B m_{FIR} B_T^o	$(B-V)_T$ $(U-B)_T$ $(B-V)_T^o$ $(U-B)_T^o$	$(B-V)_e$ $(U-B)_e$ m'_e m'_{25}	m_{21} W_{20} W_{50} HI	V_{21} V_{opt} V_{GSR} V_{3K}
0035.3 +0452		.S..0*.	1.04± .15	115					
115.42 -57.76	UGC 350	U	.29± .12	.00	15.28 ±.14				
300.14 6.03		.0±1.3		.22					
0032.8 +0436	PGC 2120		1.03						
0035.3 +3630	And III	.E?....							
119.34 -26.25				.21					
331.42 13.14									
0032.7 +3614	PGC 2121								
003523.5-232235	NGC 167	.SBR5?.	.99± .04	171					
78.02 -84.78	ESO 473- 29	S (1)	.13± .03	.07	14.37 ±.14				
272.69 -1.83	IRAS00328-2339	5.0± .9		.19	13.27				
003254.0-233906	PGC 2122	3.3± .9	1.00	.06					
003527.2-553117		RSXT1..	.94± .07						
307.67 -61.46	ESO 150- 13	r	.05± .06	.00	14.81 ±.14				8340
241.12 -10.18		1.0± .9		.05					8249
003308.0-554748	PGC 2125		.94	.02	14.66				8179
003534.1-025056	NGC 161	.L..0*.	1.13± .11	150					
113.37 -65.43	MCG -1- 2- 36	E	.22± .07	.16					
292.63 3.90		-2.0±1.3		.00					
003300.8-030727	PGC 2131		1.12						
003536.1-044400		.S..4P?	1.05± .06	85					
112.67 -67.29	MCG -1- 2- 38	E (1)	.43± .05	.17					
290.80 3.37	IRAS00330-0500	4.0±1.8		.63	13.31				
003303.2-050031	PGC 2133	5.3±1.2	1.06	.21					
003536.2+090722	IC 34	.SBR1..	1.45± .03	156					
116.34 -53.55	UGC 351	U	.44± .05	.16	13.50 ±.14				5299± 50
304.30 7.09		1.0± .8		.44					5415
003300.8+085051	PGC 2134		1.46	.22	12.84				4960
0035.6 +2416		.I?....	1.11± .14	140					5146
118.33 -38.46	UGC 352		.20± .12	.05					
319.23 10.69				.15					5298
0033.0 +2400	PGC 2136		1.11	.10					4823
003540.1-200735		PSXR3..	1.31± .03	153					
94.83 -82.12	ESO 540- 3	SEr (1)	.40± .03	.12	13.92 ±.14				3351± 60
275.87 -.97		2.8± .4		.56					3376
003310.0-202406	PGC 2138	3.3± .6	1.33	.20	13.22				3047
0035.6 +0859		.S..6*.	1.08± .06	124					5072
116.36 -53.68	UGC 353	U	.46± .05	.16	15.25 ±.13				
304.18 7.03		6.0±1.3		.68					5187
0033.1 +0843	PGC 2139		1.10	.23	14.39				4733
003548.0-252223	IC 1558	.SXS9..	1.53± .02	150	12.61 ±.15	.41± .06	.46± .02	13.63±.2	1558± 7
58.65 -86.08	ESO 474- 2	SU (2)	.14± .04	.05	13.21 ±.14	-.16± .06	-.13± .03	138± 16	
270.78 -2.47	DDO 225	8.7± .4	1.44± .02	.14		.36	15.30± .06	130± 6	1564
003319.0-253854	PGC 2142	8.8± .5	1.53	.07	12.74	-.20	14.74± .21	.82	1269
003555.9+315216		.SB.2..	1.04± .06	123				16.79±.3	6356± 10
119.10 -30.88	UGC 355	U	.49± .05	.22	14.59 ±.14				6455± 50
326.80 12.18		2.0± .9		.60				425± 7	6526
003316.0+313546	PGC 2147		1.06	.24	13.70			2.84	6054
0035.9 +2358		.S..4..	.95± .07	119				17.35±.3	5618± 9
118.39 -38.76	UGC 354	U	.58± .05	.10				244± 10	
318.94 10.55		4.0±1.0		.86				221± 7	5769
0033.3 +2342	PGC 2148		.96	.29					5295
003559.8-100719	NGC 163	.E.0...	1.19± .08	85	13.64 ±.14	.94± .02	1.02± .02		
110.12 -72.61	MCG -2- 2- 66	R	.10± .06	.10		.49± .04	.49± .03		
285.60 1.77		-5.0± .4	.85± .03	.00			13.38± .11		
003327.9-102350	PGC 2149		1.18				14.35± .46		
0036.0 +1237		.S?....	.82± .13						
117.06 -50.07	MCG 2- 2- 22		.17± .07	.21	15.18 ±.12				10064± 60
307.76 7.88				.21					10189
0033.4 +1221	PGC 2150		.84	.09	14.66				9727
0036.0 -0953	A 0033-10	.SBS5P*	1.09± .06	20					
110.28 -72.38	MCG -2- 2- 64	E (1)	.07± .05	.10					4882± 72
285.82 1.84	VV 548	5.0±1.2		.10					4940
0033.4 -1010	PGC 2151	4.2±1.6	1.10	.03					4556
003604.3+235730	NGC 160	RLA.+P.	1.47± .03	45	13.6 ±.2	.95± .09	1.03± .06	15.66±.2	5254± 5
118.43 -38.78	UGC 356	R	.24± .03	.10	13.27 ±.13			556± 5	5295± 37
318.93 10.52		-1.0± .3	.78± .07	.00		.85	13.03± .23	521± 5	5406
003326.0+234100	PGC 2154		1.44		13.20		15.23± .27		4931

R.A. 2000 DEC.	Names	Type	$\log D_{25}$	p.a.	B_T	$(B-V)_T$	$(B-V)_e$	m_{21}	V_{21}
l b		S_T n_L	$\log R_{25}$	A_g	m_B	$(U-B)_T$	$(U-B)_e$	W_{20}	V_{opt}
SGL SGB		T	$\log A_e$	A_i	m_{FIR}	$(B-V)^o_T$	m'_e	W_{50}	V_{GSR}
R.A. 1950 DEC.	PGC	L	$\log D_o$	A_{21}	B^o_T	$(U-B)^o_T$	m'_{25}	HI	V_{3K}
003607.3-323617		.S..1..	.95± .05	58					
333.23 -83.60	ESO 350- 37	S	.20± .04	.02	14.53 ±.14				
263.75 -4.54	IRAS00336-3252	1.0± .9		.21	13.47				
003340.0-325248	PGC 2157		.95	.10					
0036.1 +2128		.S..4..	1.07± .07	177					9265
118.19 -41.26	UGC 357	U	.32± .06	.07	15.18 ±.14				
316.48 9.95		4.0± .9		.48					9411
0033.5 +2112	PGC 2159		1.08	.16	14.58				8938
003608.7-073213		.SXS8?.	1.15± .06	45					5417
111.75 -70.08	MCG -1- 2- 39	E (1)	.20± .05	.14					
288.12 2.46		8.0± .8		.25					5483
003336.3-074844	PGC 2160	7.5± .8	1.17	.10					5087
0036.1 +0142		.S?....	1.06± .06						5451
115.06 -60.93	UGC 358		.00± .05	.03	14.77 ±.17				
297.10 5.00				.00					5545
0033.6 +0126	PGC 2162		1.06	.00	14.71				5113
003612.8-121532		.SXR1*.	1.14± .06	135					
108.69 -74.71	MCG -2- 2- 68	E	.30± .05	.02					6738
283.54 1.12		1.0±1.2		.30					6788
003341.3-123202	PGC 2166		1.14	.15					6416
0036.2 +2548		.I?....	1.19± .06						
118.65 -36.94	UGC 360		.52± .06	.09					9760± 35
320.78 10.88				.39					9915
0033.6 +2532	PGC 2168		1.20	.26					9440
003619.3+325410		.SB?...	.92± .11					17.35±.3	4877± 10
119.27 -29.86	MCG 5- 2- 28		.27± .07	.28	15.13 ±.12				
327.85 12.29				.37				198± 7	5045
003339.0+323740	PGC 2169		.94	.13	14.44			2.77	4574
003620.9+453953									
120.17 -17.13	CGCG 535- 12			.32	15.46 ±.16				14524± 82
340.69 14.38									14709
003336.8+452323	PGC 2172								14262
003622.4-274712		.L?....	1.04± .06	107					
20.92 -86.59	ESO 410- 24		.35± .04	.09	14.61 ±.14				10426±106
268.46 -3.27				.00					10424
003354.0-280342	PGC 2173		1.00		14.36				10145
003629.0-100625	NGC 165	.SBT4..	1.19± .03	50	13.88 ±.14	.80± .02	.75± .02	15.67±.1	5874± 10
110.52 -72.62	MCG -2- 2- 69	R (2)	.08± .05	.10		.24± .06	.22± .06	308± 11	5944± 59
285.65 1.66	IRAS00339-1022	4.0± .4	.94± .02	.12	13.18	.72	14.07± .04	298± 11	5933
003357.0-102255	PGC 2182	1.2± .6	1.20	.04	13.62	.18	14.49± .23	2.00	5551
003634.1+324450		.S..9..	1.04± .15					16.41±.3	6066± 7
119.32 -30.02	UGC 362	U	.13± .12	.28					
327.70 12.21		9.0± .9		.13				184± 7	6234
003353.7+322820	PGC 2183		1.07	.06					5762
003637.4-274724		.L?....	.92± .06	48					
20.70 -86.65	ESO 410- 25		.15± .04	.06	15.16 ±.14				6905±106
268.47 -3.32				.00					6903
003409.1-280354	PGC 2184		.91		15.00				6624
003637.9-565424		.L..+*/	1.28± .04	106					
306.99 -60.10	ESO 150- 14	S	.99± .03	.00	14.95 ±.14				8257
239.77 -10.64		-.7±1.1		.00					8161
003420.0-571054	PGC 2190		1.13		14.83				8104
003639.5-223536	NGC 168	.L..-?/	1.07± .05	26					
85.66 -84.36	ESO 474- 4	S	.68± .03	.09	14.87 ±.14				
273.54 -1.89	IRAS00341-2251	-1.4± .8		.00	13.20				
003410.0-225206	PGC 2192		.97						
003645.6+213405		.S?....	1.00± .06	58					
118.40 -41.17	UGC 364		.36± .05	.07	14.47 ±.13				8925± 50
316.60 9.83	IRAS00341+2117			.53	12.58				9071
003407.8+211735	PGC 2194		1.01	.18	13.82				8598
003645.8+015311	NGC 170	.L..-?.	.64± .11	85					
115.41 -60.77	MCG 0- 2- 91	E	.19± .05	.00	15.43 ±.10				
297.32 4.90		-3.0±2.0		.00					
003411.7+013641	PGC 2195		.61						
003651.2-282206		.SBS5*.	1.25± .03	44					
11.07 -86.54	ESO 410- 27	S (1)	.35± .03	.07	14.52 ±.14				7141± 47
267.93 -3.53		5.3± .7		.52					7138
003423.1-283836	PGC 2199	3.3± .6	1.26	.17	13.89				6862

R.A. 2000 DEC. l b SGL SGB R.A. 1950 DEC.	Names PGC	Type S_T n_L T L	$\log D_{25}$ $\log R_{25}$ $\log A_e$ $\log D_o$	p.a. A_g A_i A_{21}	B_T m_B m_{FIR} B_T^o	$(B\text{-}V)_T$ $(U\text{-}B)_T$ $(B\text{-}V)_T^o$ $(U\text{-}B)_T^o$	$(B\text{-}V)_e$ $(U\text{-}B)_e$ m'_e m'_{25}	m_{21} W_{20} W_{50} HI	V_{21} V_{opt} V_{GSR} V_{3K}
003651.9+235904	IC 1559	.LX..P*	.89± .11	94	14.7 ±.3	.74± .05		14.99±.2	4595± 17
118.66 -38.77	MCG 4- 2- 34	R (1)	.24± .07	.06		.12± .08		623± 18	4694± 24
319.00 10.35	MK 341	-2.0± .6		.00		.66		626± 16	4779
003413.5+234234	PGC 2201	3.5±1.2	.86		14.57	.12	13.41± .67		4305
003652.1+235930	NGC 169	.SAS2*/	1.42± .03	88				14.98±.3	4627± 9
118.66 -38.76	UGC 365	R (1)	.60± .04	.06				611± 10	4507± 29
319.01 10.35	IRAS00342+2342	2.0± .4		.74	12.84			555± 7	4768
003413.7+234300	PGC 2202	3.5±1.1	1.43	.30					4294
003652.9-333324			.69± .07	95					
328.07 -82.85	ESO 350- 38		.12± .06	.02	14.31 ±.14				6154± 67
262.86 -4.95	IRAS00344-3349				11.38				6132
003426.0-334954	PGC 2204		.69						5893
003658.9-292842	NGC 174	.SBT0*.	1.15± .04	152					
355.64 -86.04	ESO 411- 1	Sr	.38± .03	.02	13.82 ±.14				3470±106
266.85 -3.86	IRAS00345-2945	.0± .6		.29	10.52				3462
003431.0-294512	PGC 2206		1.13		13.46				3195
0037.0 +2541	A 0034+25	.E?....	1.23± .14						
118.87 -37.07	UGC 367		1.17± .04	.07	14.89 ±.15				9620±101
320.70 10.68				.00					9774
0034.4 +2525	PGC 2210		.89		14.68				9301
003706.7-463836		.SBT6*.	1.27± .04	83					
310.23 -70.28	ESO 242- 18	Sr (1)	.30± .05	.03	14.00 ±.14				3555
250.00 -8.35	IRAS00347-4655	5.9± .5		.44	13.57				3491
003444.1-465506	PGC 2215	5.0± .6	1.28	.15	13.52				3351
003708.0+285007								15.91±.3	1986± 10
119.16 -33.93	CGCG 500- 52			.15	15.0 ±.4				
323.83 11.32								109± 7	2147
003428.5+283337	PGC 2216								1673
003710.7+255023								17.51±.3	9014± 10
118.92 -36.92	CGCG 479- 46			.07	15.29 ±.12				
320.85 10.68								297± 7	9169
003432.0+253353	PGC 2221								8695
0037.2 +1303		.SA.8..	1.01± .06						4515
117.57 -49.67	UGC 370	U	.02± .05	.17					
308.26 7.70		8.0± .8		.02					4640
0034.6 +1247	PGC 2222		1.02	.01					4179
003712.4+015633	NGC 173	.SAT5..	1.50± .03	90	*			13.94±.1	4366± 5
115.64 -60.73	UGC 369	UE (2)	.08± .04	.00	13.7 ±.3			310± 6	4358± 42
297.40 4.81	IRAS00346+0140	4.5± .5		.13				298± 5	4460
003438.4+014003	PGC 2223	2.5± .5	1.50	.04	13.52			.38	4028
003714.4-223506	NGC 172	.SBR4?/	1.31± .04	12	14.0 ±.2	.57± .06	.61± .03		
86.84 -84.43	ESO 474- 5	S	.79± .03	.09	14.66 ±.14	-.01± .08	.08± .04		2928
273.58 -2.01	IRAS00348-2251	3.8± .6	1.07± .06	1.16		.38	14.85± .16		2944
003445.1-225136	PGC 2228		1.32	.39	13.18	-.14	13.43± .28		2631
003715.7-531536		.SBS5*P	1.02± .05	30					
307.73 -63.74	ESO 150- 15	S (1)	.04± .05	.00	14.73 ±.14				8375
243.43 -9.93		5.0± .8		.05					8290
003456.0-533206	PGC 2229	2.2± .8	1.02	.02	14.63				8203
003721.6+290856		.S..6*.	1.22± .05	45				15.40±.3	5276± 10
119.24 -33.62	UGC 371	U	1.01± .05	.15	15.07 ±.13				
324.15 11.34		6.0±1.4		1.47				330± 7	5437
003442.0+285226	PGC 2231		1.23	.50	13.43			1.47	4964
003722.0-195612	NGC 175	.SBR2..	1.33± .02		12.90 ±.13	.73± .01	.83± .01		
98.05 -82.12	ESO 540- 6	R (3)	.06± .03	.11	12.87 ±.12	.12± .03	.23± .03		3824± 37
276.16 -1.30	VV 791A	2.0± .3	.98± .01	.07	13.26	.67	13.29± .02		3849
003452.0-201242	PGC 2232	2.4± .5	1.34	.03	12.67	.09	14.24± .18		3521
0037.5 +4254		.SA.9..	1.17± .07					16.10±.1	5418± 11
120.22 -19.89	UGC 372	U	.01± .06	.28					
337.94 13.77		9.0± .7		.01				122± 8	5600
0034.8 +4238	PGC 2240		1.19	.00					5146
003735.4-223254	NGC 177	.SAR2..	1.35± .03	9					
87.74 -84.45	ESO 474- 6	Sr	.65± .03	.09	14.14 ±.14				3892± 60
273.64 -2.08		1.8± .4		.79					3908
003506.0-224924	PGC 2241		1.36	.32	13.22				3595
003735.9+001650		.S?....	.82± .13						
115.45 -62.39	MCG 0- 2- 94		.17± .07	.04	15.25 ±.12				10435± 30
295.81 4.27	MK 955			.25	13.09				10524
003502.2+000021	PGC 2243		.82	.09	14.89				10098

R.A. 2000 DEC.	Names	Type	$\log D_{25}$	p.a.	B_T	$(B-V)_T$	$(B-V)_e$	m_{21}	V_{21}
l b		S_T n_L	$\log R_{25}$	A_g	m_B	$(U-B)_T$	$(U-B)_e$	W_{20}	V_{opt}
SGL SGB		T	$\log A_e$	A_i	m_{FIR}	$(B-V)^o_T$	m'_e	W_{50}	V_{GSR}
R.A. 1950 DEC.	PGC	L	$\log D_o$	A_{21}	B^o_T	$(U-B)^o_T$	m'_{25}	HI	V_{3K}
003739.4+102116	IC 35	.S..6*.	1.00± .06					15.95±.2	4587± 7
117.38 -52.37	UGC 374	U	.08± .05	.22	14.67 ±.13			223± 6	
305.64 6.91		6.0±1.2		.12				207± 7	4704
003503.7+100447	PGC 2246		1.02	.04	14.30			1.60	4249
003741.7-334301	A 0035-34	.RING..	1.06± .06	128				14.93±.3	8934± 14
326.29 -82.78	ESO 350- 40	S	.12± .05	.02				349± 24	9072± 26
262.75 -5.15	VV 784			.00	13.46			248± 18	8942
003515.0-335930	PGC 2248		1.05						8704
003746.4-175101	NGC 179	.LX.-..	.97± .03	113	14.19 ±.13	.94± .01			
103.46 -80.20	ESO 540- 7	SE	.08± .02	.09	14.01 ±.14				6013± 27
278.22 -.81		-3.0± .6		.00		.86			6044
003516.0-180730	PGC 2253		.97		13.93		13.69± .22		5704
0037.7 +0401		.S..8*.	1.07± .07	157					5332
116.37 -58.67	UGC 377	U	.25± .06	.04					
299.47 5.23		8.0±1.2		.31					5432
0035.2 +0345	PGC 2254		1.07	.13					4994
003749.5-263854		.LXR+..	.96± .06						
41.14 -86.93	ESO 474- 7	r	.04± .03	.04	14.81 ±.14				
269.66 -3.26		-1.3± .9		.00					
003521.0-265524	PGC 2258		.96						
0037.8 +0508		.S..6*.	1.12± .05	120					5222
116.63 -57.56	UGC 379	U	.76± .05	.06					
300.56 5.50		6.0±1.3		1.11					5325
0035.3 +0452	PGC 2260		1.12	.38					4884
003754.5+324115		.S..6*.	1.11± .07	142				15.05±.3	4817± 10
119.64 -30.10	UGC 376	U	1.13± .06	.23					
327.70 11.93		6.0±1.4		1.47				213± 7	4984
003513.9+322446	PGC 2261		1.13	.50					4514
003755.9-285524		.S?....	.98± .05	165					
1.09 -86.52	ESO 411- 2		.63± .04	.02	15.12 ±.14				3604±106
267.45 -3.91	IRAS00354-2911			.95	13.71				3598
003528.0-291154	PGC 2265		.98	.32	14.13				3327
003756.3+045442		.S?....	.94± .11						8490
116.61 -57.79	MCG 1- 2- 38		.68± .07	.05	15.42 ±.14				
300.34 5.43	IRAS00353+0438			1.02	13.02				8592
003521.6+043813	PGC 2266		.94	.34	14.30				8152
003757.5+083802	NGC 180	.SBT4..	1.38± .04	160				14.67±.2	5264± 6
117.25 -54.09	UGC 380	U	.09± .05	.19	13.7 ±.2			379± 8	5251± 60
303.98 6.40	IRAS00353+0821	4.0± .7		.13	12.74			354± 6	5376
003522.1+082133	PGC 2268		1.40	.05	13.32			1.31	4925
003757.6-091514		.SXS6..	1.16± .05	115					
112.20 -71.84	MCG -2- 2- 73	E (1)	.08± .05	.17					
286.58 1.55	IRAS00354-0931	6.0± .8		.11					
003525.6-093144	PGC 2269	3.1±1.2	1.18	.04					
003802.5-463106		.SBS8..	1.21± .05	141					
309.83 -70.43	ESO 242- 20	S (1)	.15± .05	.03	14.19 ±.14				3329
250.16 -8.48		8.0± .8		.18					3265
003540.0-464736	PGC 2274	6.7± .9	1.22	.07	13.97				3124
0038.2 -5538		.LBT+..	1.15± .09						
306.83 -61.39		S	.21± .08	.00					
241.09 -10.58		-1.0± .8		.00					
0035.9 -5555	PGC 2277		1.12						
003812.5+024344	NGC 182	PSXT1P*	1.30± .03	75	13.27 ±.18	.85± .03	.93± .03	15.66±.3	5261± 10
116.32 -59.97	UGC 382	PUE	.08± .04	.02	13.39 ±.14	.38± .04	.43± .04	452± 13	5217± 43
298.24 4.78		1.3± .4	.99± .06	.08		.79	13.71± .18	423± 10	5355
003538.2+022715	PGC 2279		1.30	.04	13.18	.37	14.42± .26	2.44	4921
003821.9+323812		.SXT7..	1.18± .05					15.41±.3	4702± 10
119.75 -30.15	UGC 384	U	.03± .05	.20	14.43 ±.19				
327.66 11.82		7.0± .8		.04				196± 7	4869
003541.2+322143	PGC 2286		1.20	.01	14.17			1.22	4399
003823.4+292822	NGC 181	.S?....	.74± .14					17.72±.3	5535± 10
119.53 -33.31	MCG 5- 2- 32		.49± .07	.17					
324.52 11.18				.74				422± 7	5696
003543.6+291153	PGC 2287		.75	.25					5224
003823.5+150222	A 0035+14	.L.....	1.16± .06	170					
118.25 -47.71	UGC 386	U	.20± .03	.21	14.64 ±.14				5463± 60
310.27 7.91	MK 343	-2.0± .8		.00					5593
003546.8+144553	PGC 2288		1.16		14.35				5129

R.A. 2000 DEC. / l b / SGL SGB / R.A. 1950 DEC.	Names / PGC	Type / S_T n_L / T / L	$\log D_{25}$ / $\log R_{25}$ / $\log A_e$ / $\log D_o$	p.a. / A_g / A_i / A_{21}	B_T / m_B / m_{FIR} / B_T^o	$(B-V)_T$ / $(U-B)_T$ / $(B-V)_T^o$ / $(U-B)_T^o$	$(B-V)_e$ / $(U-B)_e$ / m'_e / m'_{25}	m_{21} / W_{20} / W_{50} / HI	V_{21} / V_{opt} / V_{GSR} / V_{3K}
0038.4 +1328		.S?....	1.32± .10	64					
118.07 -49.27	UGC 385		.45± .12	.15	15.0 ±.2				11100±110
308.74 7.52				.66					11225
0035.8 +1312	PGC 2290		1.33	.23	14.16				10765
003825.3+030959	NGC 186	.LB.+P*	1.14± .04	23					
116.51 -59.54	UGC 390	UE	.22± .04	.01	14.40 ±.11				
298.68 4.85		-.7± .7		.00					
003551.0+025330	PGC 2291		1.11						
003827.9+293729		.S?....	.94± .11						5657
119.56 -33.16	MCG 5- 2- 31		.40± .07	.17	15.19 ±.12				
324.67 11.20				.49					5818
003548.0+292100	PGC 2294		.95	.20	14.52				5347
003829.1+293042	NGC 183	.E.....	1.32± .12	130	13.74 ±.19	1.00± .01	1.02± .01		
119.56 -33.28	UGC 387	U	.11± .08	.17	13.37 ±.11				5296± 31
324.56 11.17		-5.0± .7	.67± .07	.00		.91	12.58± .26		5457
003549.2+291413	PGC 2298		1.31		13.22		15.05± .66		4985
003832.0+301719		.S..6*.	1.07± .08	3				16.26±.3	5405± 10
119.63 -32.50	UGC 388	U	.26± .06	.21					
325.33 11.32		6.0±1.2		.38				259± 7	5568
003551.9+300050	PGC 2302		1.09	.13					5096
003832.9-242025	IC 1561	.SB?...	1.09± .05	97					
76.06 -85.98	ESO 474- 8		.36± .04	.07	14.92 ±.14				3912± 69
271.96 -2.79				.44					3921
003604.0-243654	PGC 2305		1.10	.18	14.37				3621
003834.9-241631	IC 1562	.SBS5..	1.21± .04						
76.79 -85.94	ESO 474- 9	S (1)	.03± .03	.07	13.56 ±.14				3659± 69
272.02 -2.78	IRAS00360-2432	5.0± .8		.04	12.78				3668
003606.0-243300	PGC 2308	2.2± .8	1.22	.01	13.43				3368
003835.4+292649	NGC 184		.86± .10					17.61±.3	5289± 10
119.58 -33.34	CGCG 500- 59		.59± .06	.17	15.62 ±.10				
324.50 11.14								397± 7	5450
003555.5+291020	PGC 2309		.88						4978
0038.6 +1724		.S..8*.	1.32± .05	170					5434
118.58 -45.36	UGC 393	U	.71± .06	.10					
312.61 8.43		8.0±1.2		.87					5569
0036.0 +1708	PGC 2312		1.33	.35					5102
003843.4+415948		.SX.8..	1.30± .03	5				15.58±.1	5610± 11
120.41 -20.81	UGC 394	U	.40± .04	.24	15.1 ±.2				5590± 76
337.05 13.41		8.0± .8		.50				258± 8	5790
003559.9+414320	PGC 2314		1.32	.20	14.37			1.02	5335
003847.5+254251								16.67±.3	7245± 10
119.36 -37.07	CGCG 479- 50			.12	15.6 ±.4				
320.81 10.30								240± 7	7399
003608.5+252623	PGC 2316								6926
003847.9+322502								17.50±.3	11263± 10
119.84 -30.38	CGCG 500- 60			.20	15.3 ±.4				
327.46 11.69								80± 7	11429
003607.2+320833	PGC 2317								10960
003854.6+070327		.S?....	.96± .07		14.94S±.15				
117.41 -55.68	UGC 397		.08± .05	.10					11195± 41
302.50 5.76	HICK 5A			.10					11303
003619.5+064658	PGC 2324		.97	.04	14.64		14.40± .38		10857
003854.8+070322		.L?....	.42?		15.67S±.15			17.59±.3	12100± 12
117.41 -55.68	MCG 1- 2- 42		.00± .07	.10				277± 21	12233± 35
302.50 5.76	HICK 5B			.00				266± 15	12222
003619.7+064653	PGC 2325		.43		15.39		12.62±1.73		11777
0038.9 +2538		.SAR1..	1.12± .05	25					4612
119.40 -37.14	UGC 398	U	.10± .05	.10	14.32 ±.13				
320.74 10.25		1.0± .8		.10					4765
0036.3 +2522	PGC 2327		1.13	.05	14.07				4293
003858.0+482018	NGC 185	.E.3.P.	2.07± .02	35	10.10M±.05	.92± .01	.93± .01	17.13±.3	
120.79 -14.48	UGC 396	R	.07± .04	.83	10.14 ±.16	.39± .03	.36± .02		-251± 13
343.46 14.30	IRAS00362+4803	-5.0± .3	1.58± .02	.00	13.66	.73	13.71± .04		-64
003612.0+480350	PGC 2329		2.19		9.27	.23	15.27± .15		-502
003859.7-090010	NGC 191	.SXT5*P	1.17± .04	125					
113.14 -71.64	MCG -2- 2- 77	R	.08± .04	.14					
286.89 1.38		5.0± .4		.12					
003627.7-091639	PGC 2331		1.19	.04					

R.A. 2000 DEC. l b SGL SGB R.A. 1950 DEC.	Names PGC	Type S_T n_L T L	$\log D_{25}$ $\log R_{25}$ $\log A_e$ $\log D_o$	p.a. A_g A_i A_{21}	B_T m_B m_{FIR} B_T^o	$(B-V)_T$ $(U-B)_T$ $(B-V)_T^o$ $(U-B)_T^o$	$(B-V)_e$ $(U-B)_e$ m'_e m'_{25}	m_{21} W_{20} W_{50} HI	V_{21} V_{opt} V_{GSR} V_{3K}
003900.9-090030	IC 1563	.L...P/	.83± .09	143					
113.15 -71.64	MCG -2- 2- 76	RCE	.28± .05	.14					
286.89 1.37		-2.0± .9		.00					
003628.9-091658	PGC 2332		.81						
003904.1-183637	NGC 209	.LA.-P*	1.14± .04						
103.81 -81.02	ESO 540- 8	SE	.08± .03	.04	13.91 ±.14				3931± 60
277.57 -1.32		-3.0± .6		.00					3959
003634.0-185306	PGC 2338		1.13		13.81				3625
0039.0 +0601	IC 1564	.SX.4*.	.99± .06	83					5269
117.33 -56.71	UGC 399	U	.32± .05	.08	14.68 ±.12				
301.50 5.45		4.0±1.3		.47					5374
0036.5 +0545	PGC 2342		1.00	.16	14.09				4931
003908.4-141023	NGC 178	.SBS9..	1.31± .03	175	13.1 ±.2	.47± .04		13.93±.3	1449± 17
109.84 -76.73	MCG -2- 2- 78	R (2)	.32± .04	.08	12.9 ±.2	-.35± .05		86± 34	1485± 46
281.88 -.10	8ZW 34	9.0± .4		.33	12.72	.37		75± 25	1496
003637.5-142651	PGC 2349	7.5± .8	1.32	.16	12.60	-.42	13.70± .27	1.17	1137
003910.2-082350		.S?....			16.02S±.15				
113.55 -71.05				.12					
287.49 1.50	HICK 6B								
003638.1-084018	PGC 2350								
003911.1-082401		.E?....			15.65S±.15				
113.56 -71.05				.12					
287.49 1.50	HICK 6C								
003639.0-084029	PGC 2351								
003913.5+005143	NGC 192	PSBR1*.	1.28± .03	167	13.42M±.10	.79± .02	.86± .02		
116.45 -61.86	UGC 401	UE	.33± .04	.00	13.65 ±.12	.35± .03	.36± .03		4210± 32
296.49 4.03	IRAS00366+0035	1.0± .6	.69± .02	.34	11.83	.69	12.41± .06		4300
003639.6+003515	PGC 2352		1.28	.17	13.12	.30	13.83± .19		3874
003913.8-082339		.L?....			15.73S±.15				
113.60 -71.04				.12					11669± 41
287.50 1.49	HICK 6A								11730
003641.7-084008	PGC 2353								11342
003915.4-430431		.S..5P.	1.19± .05	128					
310.96 -73.86	ESO 242- 23	S	.46± .05	.03	13.91 ±.14				3988± 69
253.62 -7.85		5.0± .9		.68					3934
003652.0-432100	PGC 2356		1.19	.23	13.18				3768
003917.8+005444	NGC 196	.LB..P*	1.13± .07	15	13.80M±.10	.94± .01	.95± .01		
116.50 -61.81	UGC 405	UE	.22± .04	.00		.40± .02	.49± .02		4238± 41
296.54 4.03	HICK 7B	-2.2± .7	.59± .02	.00		.88	12.26± .08		4328
003643.9+003816	PGC 2357		1.10		13.74	.40	13.78± .39		3902
003918.1-272055		.SAT3*.	1.14± .04	58					
27.57 -87.29	ESO 411- 3	S (1)	.43± .03	.05	14.63 ±.14				6884± 49
269.07 -3.77	IRAS00368-2737	3.0±1.0		.59	13.28				6882
003650.0-273724	PGC 2358	3.9± .6	1.15	.21	13.94				6603
003918.3+031953	NGC 193	.LXS-*.	1.16± .08	55	13.25 ±.15	1.04± .02	1.02± .01		
116.98 -59.40	UGC 408	PE	.08± .05	.07	13.87 ±.11	.52± .05	.56± .03		4327± 48
298.90 4.68		-2.5± .6	.81± .05	.00		.98	12.79± .16		4424
003643.9+030325	PGC 2359		1.16		13.53	.52	13.75± .47		3989
0039.3 +1306		.S..8*.	1.04± .08	40					10618
118.37 -49.66	UGC 404	U	.38± .06	.18					
308.44 7.22		8.0±1.3		.46					10742
0036.7 +1250	PGC 2360		1.05	.19					10283
003918.4+030210	NGC 194	.E.....	1.19± .06	30	13.15 ±.13	.98± .01	.99± .01		
116.92 -59.69	UGC 407	PE	.04± .04	.00	13.46 ±.10	.58± .06	.59± .06		5150± 37
298.61 4.60		-5.0± .5	.80± .02	.00		.93	12.64± .07		5247
003644.0+024542	PGC 2362		1.18		13.26	.61	14.02± .32		4813
003918.4-295644		.L?....	.88± .06						
345.62 -86.12	ESO 411- 4		.04± .04	.02	15.32 ±.14				7109± 52
266.53 -4.47				.00					7099
003651.1-301312	PGC 2363		.88		15.20				6837
003918.6+293928		.S?....	.88± .10					15.94±.3	5507± 10
119.79 -33.14	UGC 400		.01± .06	.16	15.02 ±.12				
324.74 11.03				.01				183± 7	5668
003638.6+292300	PGC 2364		.90	.00	14.81			1.13	5197
003918.9+005331	NGC 197	.LB.0P.	1.07± .06	5	14.80M±.11	.66± .10			
116.50 -61.83	UGC 406	E	.16± .05	.00		.05± .06			4192± 25
296.52 4.02	HICK 7D	-2.0± .9		.00		.60			4282
003644.9+003703	PGC 2365		1.04		14.74	.06	14.61± .33		3856

R.A. 2000 DEC. l b SGL SGB R.A. 1950 DEC.	Names PGC	Type S_T n_L T L	$\log D_{25}$ $\log R_{25}$ $\log A_e$ $\log D_o$	p.a. A_g A_i A_{21}	B_T m_B m_{FIR} B_T^o	$(B-V)_T$ $(U-B)_T$ $(B-V)_T^o$ $(U-B)_T^o$	$(B-V)_e$ $(U-B)_e$ m'_e m'_{25}	m_{21} W_{20} W_{50} HI	V_{21} V_{opt} V_{GSR} V_{3K}
003918.9+035729		.L.....	1.11± .10	20					
117.09 -58.78	UGC 402	U	.10± .05	.04	14.35 ±.11				
299.51 4.84	MK 554	-2.0± .8		.00	13.58				
003644.4+034101	PGC 2366		1.10						
003921.0-185508		.S?....	1.06± .05	165					
103.60 -81.33	ESO 540- 9		.26± .04	.04	14.65 ±.14				3927± 60
277.29 -1.47				.38					3954
003651.1-191136	PGC 2369		1.06	.13	14.20				3622
0039.3 +0433		.S..8*.	1.00± .06	40					5167
117.22 -58.18	UGC 409	U	.18± .05	.04	15.18 ±.14				
300.10 4.99		8.0±1.2		.22					5268
0036.8 +0417	PGC 2370		1.01	.09	14.90				4830
003923.0+024751	NGC 198	.SAR5..	1.09± .04	80					
116.92 -59.93	UGC 414	R (1)	.02± .04	.00	13.85 ±.12				5262± 50
298.38 4.52	IRAS00367+0231	5.0± .4		.04	12.69				5358
003648.7+023123	PGC 2371	3.1± .8	1.09	.01	13.45				4925
0039.3 +0643	IC 1565	.S?....	1.18± .09						
117.57 -56.02	UGC 410		.00± .05	.06	14.31 ±.19				11150± 59
302.21 5.56				.00					11257
0036.8 +0627	PGC 2372		1.19		14.09				10812
003924.8+251511								16.44±.3	4638± 10
119.50 -37.54	CGCG 479- 54			.08	15.0 ±.4				
320.38 10.06								178± 7	4790
003645.8+245843	PGC 2374								4319
003929.9+253839		.E?....	1.08± .09	100					
119.56 -37.15	UGC 411		.12± .04	.10	14.20 ±.10				4614± 50
320.77 10.13				.00					4767
003650.8+252211	PGC 2377		1.06		14.03				4296
003930.3-143923	NGC 187	.SBS6..	1.11± .06	148					3947
109.77 -77.22	MCG -3- 2- 34	E (1)	.43± .05	.04					
281.44 -.32	IRAS00369-1455	6.0± .9		.63	13.44				3988
003659.5-145551	PGC 2380	5.3±1.2	1.11	.21					3632
003930.6+294545		.S..0..	.96± .09	11				18.06±.3	5484± 10
119.84 -33.04	UGC 412	U	.69± .06	.21	15.56 ±.13				
324.86 11.01		.0±1.0		.51				391± 7	5645
003650.5+292917	PGC 2381		.95		14.76				5175
003933.2+030819	NGC 199	.LA.0P*	1.09± .06	160					
117.06 -59.60	UGC 415	UE	.23± .03	.04	14.61 ±.11				
298.73 4.57		-1.5± .6		.00					
003658.8+025151	PGC 2382		1.06						
003933.7-354820		.SBS5*/	1.11± .05	25					
318.44 -80.96	ESO 351- 1	S	.91± .04	.02	16.26 ±.14				
260.80 -6.07		5.0±1.4		1.36					
003708.0-360448	PGC 2383		1.11	.45					
0039.5 +0356		.SX.8*.	1.06± .08	10					4744
117.21 -58.80	UGC 416	U	.10± .06	.04					
299.51 4.78		8.0±1.2		.12					4843
0037.0 +0340	PGC 2384		1.06	.05					4407
003934.7-202302		.SBS6..	1.07± .04	131					
100.40 -82.73	ESO 540- 10	S (1)	.21± .03	.11	15.60 ±.14				3954
275.88 -1.92		6.0± .8		.30					3976
003705.1-203930	PGC 2386	5.6±1.2	1.08	.10	15.17				3652
003934.7+025319	NGC 200	.SBS4..	1.27± .03	161	13.48 ±.14	.85± .02	.81± .02	15.80±.2	5169± 8
117.03 -59.85	UGC 420	R (1)	.28± .03	.04	13.71 ±.12	.06± .03	.16± .02	439± 21	5140± 60
298.48 4.49	IRAS00370+0236	4.0± .4	.81± .02	.42	12.50	.76	13.02± .06	388± 8	5264
003700.4+023651	PGC 2387	.8± .8	1.27	.14	13.12	-.02	13.97± .23	2.54	4832
003935.0+005135	NGC 201	.SXR5..	1.26± .03	155	13.57M±.10	.67± .02	.68± .02		
116.64 -61.87	UGC 419	UE (1)	.10± .04	.00	14.13 ±.19	.04± .03	.13± .02		4366± 41
296.51 3.95	IRAS00370+0035	4.5± .5	.91± .01	.15	13.33	.62	13.66± .03		4456
003701.1+003507	PGC 2388	3.1± .8	1.26	.05	13.52	.01	14.47± .19		4030
0039.6 +0857		.S..3..	1.33± .04	98					
117.97 -53.80	UGC 418	U (1)	.94± .05	.19	14.94 ±.12				4545± 57
304.40 6.09		3.0± .9		1.29					4658
0037.0 +0841	PGC 2390	4.5±1.3	1.34	.47	13.43				4208
003935.9-091142	NGC 195	RSBR1*.	1.03± .05	45					
113.51 -71.85	MCG -2- 2- 79	PE	.15± .04	.13					4918
286.75 1.18	IRAS00370-0928	1.0± .7		.15	12.74				4976
003703.9-092810	PGC 2391		1.04	.07					4593

R.A. 2000 DEC. l b SGL SGB R.A. 1950 DEC.	Names PGC	Type S_T n_L T L	$\log D_{25}$ $\log R_{25}$ $\log A_e$ $\log D_o$	p.a. A_g A_i A_{21}	B_T m_B m_{FIR} B_T^o	$(B-V)_T$ $(U-B)_T$ $(B-V)_T^o$ $(U-B)_T^o$	$(B-V)_e$ $(U-B)_e$ m'_e m'_{25}	m_{21} W_{20} W_{50} HI	V_{21} V_{opt} V_{GSR} V_{3K}
003939.6+032634	NGC 203	.L..0P*	.93± .08	85					
117.17 -59.30	MCG 0- 2-114	E	.49± .05	.07	14.97 ±.12				
299.03 4.62		-2.0±1.4		.00					
003705.2+031006	PGC 2393		.86						
003939.8+033213	NGC 202	.LBS+?.	.95± .06	153					
117.19 -59.20	UGC 421	E	.49± .04	.07	15.34 ±.10				
299.12 4.65		-1.0±1.3		.00					
003705.4+031545	PGC 2394		.88						
0039.6 +0900		.SB?...	1.06± .08						
118.02 -53.76	UGC 422		.09± .06	.19	14.60 ±.14				4656± 57
304.45 6.08	IRAS00370+0843			.13	13.36				4769
0037.1 +0843	PGC 2396		1.08	.04	14.25				4319
003944.3+031758	NGC 204	.LASOP*	1.08± .06	30	13.8 ±.2	.91± .02	.99± .02		
117.18 -59.44	UGC 423	E	.02± .05	.07	14.19 ±.11	.48± .04	.58± .04		
298.89 4.57		-2.0± .8	.58± .08	.00			12.23± .24		
003709.9+030130	PGC 2397		1.08				14.05± .38		
003945.3+330928								16.60±.3	8818± 10
120.12 -29.65	CGCG 500- 65			.29	14.9 ±.4				
328.24 11.64								277± 7	8985
003704.3+325300	PGC 2398								8517
0039.8 +2112		.S?....	.69± .15						
119.32 -41.58	MCG 3- 2- 22		.05± .07	.07	15.26 ±.13				9135± 60
316.42 9.05				.07					9278
0037.2 +2056	PGC 2402		.69	.02	15.07				8809
004004.1-303550		.SBT4P.	1.15± .04	140					
337.92 -85.73	ESO 411- 6	Sr (1)	.12± .04	.02	15.21 ±.14				15102± 52
265.94 -4.81		4.2± .6		.18					15089
003737.0-305218	PGC 2411	2.2± .8	1.15	.06	14.91				14832
004011.1+224259		.SB?...	.81± .11						
119.54 -40.08	UGC 425		.15± .06	.08	14.66 ±.15				5878± 46
317.92 9.32	IRAS00375+2226			.22	13.09				6025
003732.6+222632	PGC 2416		.82	.07	14.33				5555
004012.8-560908	NGC 212	.LA.-..	1.11± .05	131					
306.15 -60.91	ESO 150- 18	S	.09± .04	.00	14.43 ±.14				
240.64 -10.97		-3.0± .8		.00					
003756.0-562536	PGC 2417		1.10						
004017.5+024522	NGC 208	.SAR1?.	.87± .08						
117.36 -59.99	MCG 0- 2-118	E	.03± .05	.04	15.17 ±.13				
298.40 4.29		1.0±1.9		.03					
003743.2+022855	PGC 2420		.87	.01					
004021.3+501957		.S..6*.	1.14± .05	64				14.81±.1	5293± 11
121.12 -12.50	UGC 427	U	.39± .05	.99	14.9 ±.3				
345.51 14.34		6.0±1.2		.57				300± 8	5481
003733.9+500330	PGC 2427		1.24	.20	13.32			1.29	5051
004022.5+414111	NGC 205	.E.5.P.	2.34± .01	170	8.92M±.05	.85± .05	.80± .01	16.22±.2	-232± 10
120.72 -21.14	UGC 426	R	.30± .02	.15	8.93 ±.10				-254± 14
336.79 13.06	IRAS00376+4124	-5.0± .3	1.75± .02	.00	12.93	.82	13.21± .06	13± 10	-60
003738.7+412444	PGC 2429		2.27		8.77		14.85± .09		-514
0040.4 +0654		.L...*.	1.15± .15	120					
118.08 -55.86	UGC 429	U	.14± .08	.10	14.92 ±.17				
302.46 5.34		-2.0±1.2		.00					
0037.9 +0638	PGC 2431		1.14						
004029.6+250134	A 0037+24								
119.79 -37.78	CGCG 479- 58			.07	15.07 ±.12				4500±110
320.21 9.77	MK 345								4651
003750.5+244507	PGC 2432								4181
004031.9-455908		PSBS0*/	1.18± .05	39					
308.76 -71.02	ESO 242- 24	Sr	.52± .03	.03	14.58 ±.14				3657
250.79 -8.77	IRAS00381-4615	-.4± .6		.39	13.77				3593
003810.0-461536	PGC 2433		1.16		14.10				3451
0040.5 +0314		.S..6*.	1.09± .07	44					
117.58 -59.52	UGC 430	U	.59± .03	.04					
298.89 4.35		6.0±1.3		.86					
0038.0 +0258	PGC 2435		1.10	.29					
004034.9-135226	NGC 210	.SXS3..	1.70± .02	160	11.60 ±.14	.71± .03	.85± .02	12.49±.2	1634± 6
111.57 -76.51	MCG -2- 2- 81	R (2)	.18± .03	.04	11.8 ±.2	.07± .04	.23± .02	302± 7	1735± 58
282.27 -.35	IRAS00380-1408	3.0± .3	1.37± .02	.25	12.25	.66	13.94± .04	280± 5	1678
003804.0-140854	PGC 2437	1.1± .6	1.70	.09	11.36	.03	14.49± .18	1.04	1319

R.A. 2000 DEC.	Names	Type	$\log D_{25}$	p.a.	B_T	$(B-V)_T$	$(B-V)_e$	m_{21}	V_{21}
l b		S_T n_L	$\log R_{25}$	A_g	m_B	$(U-B)_T$	$(U-B)_e$	W_{20}	V_{opt}
SGL SGB		T	$\log A_e$	A_i	m_{FIR}	$(B-V)^o_T$	m'_e	W_{50}	V_{GSR}
R.A. 1950 DEC.	PGC	L	$\log D_o$	A_{21}	B^o_T	$(U-B)^o_T$	m'_{25}	HI	V_{3K}
0040.6 -0018	IC 1571	.S..3..	1.06± .06	0					5841
116.98 -63.06	UGC 432	U (1)	.10± .05	.03	14.46 ±.13				
295.45 3.37		3.0± .8		.14					5927
0038.1 -0035	PGC 2440	2.5±1.1	1.06	.05	14.24				5506
004043.1-813403		.SBS4..	1.03± .05	138					
303.41 -35.55	ESO 12- 22	S (1)	.30± .04	.36	15.48 ±.14				
214.84 -15.01		4.0± .8		.45					
003929.0-815030	PGC 2444	3.3± .8	1.07	.15					
004043.7-632638		.SBT7P*	1.35± .04	0					
304.95 -53.64	ESO 79- 5	Sr (1)	.32± .05	.00	13.74 ±.14				1771± 34
233.31 -12.44	IRAS00385-6342	6.6± .5		.44	13.98				1656
003833.0-634306	PGC 2445	6.7± .9	1.35	.16	13.29				1654
004047.9-791427			.97± .07	137					
303.56 -37.87	ESO 12- 21		.61± .05	.33	14.53 ±.14				9000± 60
217.22 -14.76	IRAS00392-7930				12.69				8847
003916.0-793054	PGC 2450		1.00						8974
004048.5-561251	NGC 215	.LA.-..	1.04± .06	120					
305.97 -60.85	ESO 150- 19	S	.10± .04	.00	14.08 ±.14				8229
240.59 -11.06		-3.0± .9		.00					8134
003832.0-562918	PGC 2451		1.02		13.96				8073
004102.3+314407		.S..6*.	1.25± .04	74					4656
120.35 -31.08	UGC 433	U	.79± .05	.24	14.59 ±.12				
326.88 11.09	IRAS00383+3127	6.0±1.3		1.15	12.82				4820
003821.4+312740	PGC 2458		1.27	.39	13.17				4352
0041.1 +5044		.S..4..	1.04± .08	103				16.03±.1	5180± 11
121.26 -12.10	UGC 434	U	.29± .06	1.06					
345.94 14.28		4.0± .9		.43				241± 8	5368
0038.3 +5028	PGC 2461		1.14	.15					4940
004112.3-210757	A 0038-21	.E+..P?	.76± .06						
101.12 -83.57	ESO 540- 14	PS	.27± .03	.07	15.05 ±.14				
275.25 -2.49		-4.4± .8		.00					
003843.0-212424	PGC 2464		.69						
004112.6-133248		.IBS9..	1.16± .06	20					
112.45 -76.21	MCG -2- 2- 83	E (1)	.02± .05	.02					
282.63 -.40		10.0± .8		.02					
003841.6-134915	PGC 2465	7.5± .8	1.16	.01					
0041.2 +1628	NGC 213	.SBT1..	1.22± .05						5448
119.38 -46.33	UGC 436	U	.06± .05	.10	14.23 ±.19				
311.85 7.60		1.0± .8		.06					5579
0038.6 +1612	PGC 2469		1.23	.03	14.01				5117
004121.7-014250	A 0038-01	PSBR1P*	1.05± .05	170	13.8 ±.3	.65± .06			
117.08 -64.47	UGC 439	UE	.02± .04	.07	14.12 ±.12	-.03± .10			5246± 43
294.13 2.82		1.0± .6		.02		.59			5327
003848.3-015917	PGC 2472		1.05	.01	13.93	-.03	13.82± .40		4913
0041.3 +0329		.S..9..	.96± .09						4670
118.01 -59.28	UGC 437	U	.00± .06	.09					
299.19 4.22		9.0± .9		.00					4766
0038.8 +0313	PGC 2473		.97	.00					4334
004126.9-210245	NGC 216	.L..0?/	1.31± .04	27	13.72 ±.13	.49± .01	.50± .01	14.19±.2	1557± 12
101.86 -83.50	ESO 540- 15	RS	.47± .03	.07	13.52 ±.14	-.10± .02	-.09± .01	246± 24	1573± 50
275.35 -2.53		-2.0±1.2	.59± .01	.00		.42	12.16± .03	158± 18	1576
003857.6-211912	PGC 2478		1.25		13.54	-.13	13.98± .24		1259
004128.2+252959	NGC 214	.SXR5..	1.27± .02	35	12.97 ±.13	.72± .03	.80± .02	15.28±.1	4533± 5
120.10 -37.32	UGC 438	R (2)	.13± .03	.08	12.94 ±.11	.13± .03		372± 6	4495± 40
320.73 9.67	IRAS00387+2513	5.0± .4	.79± .01	.19	12.06	.65	12.41± .03	355± 6	4685
003848.9+251333	PGC 2479	1.1± .6	1.28	.06	12.65	.07	13.86± .20	2.56	4215
004133.9+293103								16.33±.3	5253± 10
120.36 -33.30	CGCG 500- 68			.18	15.4 ±.4				
324.71 10.52								92± 7	5413
003853.5+291437	PGC 2481								4944
004133.9-100120	NGC 217	.S..0*/	1.42± .04	110					
114.72 -72.74	MCG -2- 2- 85	E	.63± .05	.10					4001
286.08 .49	IRAS00390-1017	.0±1.1		.47					4056
003902.3-101747	PGC 2482		1.40						3678
004137.8+291209								17.15±.3	6978± 10
120.36 -33.62	CGCG 500- 69			.18	15.4 ±.4				
324.40 10.44								261± 7	7137
003857.6+285543	PGC 2483								6668

R.A. 2000 DEC.	Names	Type	$\log D_{25}$	p.a.	B_T	$(B-V)_T$	$(B-V)_e$	m_{21}	V_{21}
l b		S_T n_L	$\log R_{25}$	A_g	m_B	$(U-B)_T$	$(U-B)_e$	W_{20}	V_{opt}
SGL SGB		T	$\log A_e$	A_i	m_{FIR}	$(B-V)^o_T$	m'_e	W_{50}	V_{GSR}
R.A. 1950 DEC.	PGC	L	$\log D_o$	A_{21}	B^o_T	$(U-B)^o_T$	m'_{25}	HI	V_{3K}
0041.7 +1049		.S?....	.96± .17						11775
119.05 -51.97	UGC 441		.10± .12	.20					
306.35 6.07				.15					11892
0039.1 +1033	PGC 2488		.98	.05					11440
004144.9-165124		.SB?...	1.20± .05	172					1550
110.12 -79.49	MCG -3- 2- 40	(1)	.17± .05	.05					
279.45 -1.44				.25					1582
003914.7-170751	PGC 2492	5.3± .8	1.21	.09					1241
004145.0+362125	NGC 218	.S?....	1.05± .08						4894
120.75 -26.47	UGC 440		.01± .06	.18	15.03 ±.18				
331.51 11.85				.01					5065
003902.6+360459	PGC 2493		1.06	.00	14.82				4603
004150.5-091815		.LBROP?	1.11± .08	155	14.71 ±.19	1.00± .04	1.05± .03		
115.24 -72.03	MCG -2- 2- 86	E	.04± .05	.10					16728±113
286.80 .62		-2.0±1.2	.68± .04	.00		.81	13.60± .09		16785
003918.7-093442	PGC 2501		1.12		14.36		15.05± .47		16404
004151.5+325926		.SAT7..	1.22± .06	175				15.60±.3	4930± 7
120.62 -29.84	UGC 442	U	.30± .06	.28	14.92 ±.19				
328.16 11.17		7.0± .8		.42				216± 7	5096
003910.2+324300	PGC 2504		1.25	.15	14.21			1.24	4630
004157.1-325816		.S?....	1.02± .05	93					
321.71 -83.81	ESO 351- 2		.17± .05	.02	15.98 ±.14				9621± 39
263.72 -5.82				.26					9600
003931.0-331442	PGC 2510		1.02	.09	15.65				9361
004201.4+253406								16.59±.3	10151± 10
120.26 -37.25	CGCG 479- 60			.11	15.4 ±.4				
320.83 9.56								208± 7	10303
003922.0+251740	PGC 2514								9834
004204.7+364815		.S?....	1.06± .06	160					
120.85 -26.03	UGC 444		.16± .05	.18	13.99 ±.12				10693± 52
331.97 11.87	IRAS00393+3632			.24	13.07				10865
003922.2+363149	PGC 2517		1.07	.08	13.52				10403
004207.7+332416		.S..6*.	1.00± .08	0				15.92±.3	6245± 10
120.70 -29.43	UGC 443	U	.55± .06	.28	15.43 ±.12				
328.59 11.20		6.0±1.3		.81				191± 7	6411
003926.1+330750	PGC 2520		1.03	.27	14.32			1.33	5946
004211.3+005414	NGC 219	CE...?.	.73± .14	60					
118.02 -61.88	MCG 0- 2-128	E	.03± .05	.00	15.32 ±.10				5492
296.73 3.33		-5.0±2.0		.00					5580
003937.4+003748	PGC 2522		.72		15.24				5157
004214.9-112820		.LAT-*.	1.13± .06	75					
114.64 -74.20	MCG -2- 2- 92	E	.24± .05	.15					5911
284.72 -.08		-3.0± .9		.00					5961
003943.5-114446	PGC 2525		1.11						5591
004214.9-180940	A 0039-18	.SBS6?/	1.43± .02	76					1555
109.17 -80.79	ESO 540- 16	SE (1)	.95± .03	.06	14.32 ±.14				1641± 60
278.21 -1.92		6.0± .6		1.39					1669
003945.0-182606	PGC 2526	5.6±1.3	1.43	.47	12.87				1335
004216.0+005041	NGC 223	PSBR0*.	1.10± .05	62					
118.05 -61.94	UGC 450	E	.17± .05	.03	14.22 ±.12				5355± 50
296.68 3.30		.0± .9		.13					5443
003942.1+003415	PGC 2527		1.09		13.99				5021
004222.0+293829	IC 43	.SX.5..	1.20± .03		13.94 ±.15	.70± .03	.78± .02	15.75±.1	4858± 6
120.58 -33.19	UGC 448	U (2)	.04± .05	.18	14.04 ±.15			187± 5	4915± 46
324.87 10.37	IRAS00396+2922	5.0± .8	.80± .02	.06	13.46	.62	13.43± .07	176± 5	5018
003941.5+292203	PGC 2536	3.7± .7	1.22	.02	13.72		14.69± .24	2.01	4550
004222.6+294150	IC 45	.S?....	.97± .07	51				15.88±.3	5281± 10
120.58 -33.13	UGC 449		.60± .05	.18	15.35 ±.13				
324.92 10.38				.88				242± 7	5441
003942.1+292524	PGC 2537		.99	.30	14.25			1.33	4973
004227.5-233746	NGC 230	.S.1?P/	1.03± .04	44					
92.34 -85.96	ESO 474- 14	S	.75± .03	.03	15.62 ±.14				
272.90 -3.45	IRAS00399-2354	1.0±1.9		.77	12.90				
003959.0-235412	PGC 2539		1.04	.38					
004227.7+331106		.I..9..	1.04± .15					15.68±.3	6263± 7
120.77 -29.65	UGC 446	U	.08± .12	.28					
328.38 11.09		10.0± .9		.06				158± 7	6429
003946.2+325440	PGC 2540		1.07	.04					5964

R.A. 2000 DEC. l b SGL SGB R.A. 1950 DEC.	Names PGC	Type S_T n_L T L	$\log D_{25}$ $\log R_{25}$ $\log A_e$ $\log D_o$	p.a. A_g A_i A_{21}	B_T m_B m_{FIR} B_T^o	$(B-V)_T$ $(U-B)_T$ $(B-V)_T^o$ $(U-B)_T^o$	$(B-V)_e$ $(U-B)_e$ m'_e m'_{25}	m_{21} W_{20} W_{50} HI	V_{21} V_{opt} V_{GSR} V_{3K}
0042.5 +4034	And IV								-373± 13
121.10 -22.27				.33					
335.75 12.47									-196
0039.8 +4018	PGC 2544								-650
004236.5-013136	NGC 227	.L..-P*	1.21± .05	155	13.11 ±.14	.96± .01	.98± .01		
117.84 -64.31	UGC 456	PUE	.11± .03	.10	13.30 ±.09	.45± .06			5305± 37
294.40 2.57		-3.4± .5	.73± .03	.00		.88	12.25± .11		5386
004003.0-014802	PGC 2547		1.20		13.07	.45	13.74± .29		4972
004240.2+295226		.S..6*.	1.07± .14	173				16.37±.3	4851± 10
120.67 -32.96	UGC 453	U	.79± .12	.22					
325.11 10.36		6.0±1.4		1.17				174± 7	5011
003959.6+293600	PGC 2553		1.09	.40					4543
004241.9+405155	NGC 221	CE.2...	1.94± .02	170	9.03M±.05	.95± .01	.96± .01		
121.15 -21.98	UGC 452	R	.13± .02	.33	9.08 ±.10	.48± .01	.50± .01		-205± 8
336.04 12.49	ARAK 12	-6.0± .3	1.08± .01	.00		.88	10.05± .04		-28
003957.8+403529	PGC 2555		1.96		8.71	.40	13.40± .11		-481
004244.4+411608	NGC 224	.SAS3..	3.28± .01	35	4.36M±.02	.92± .02		6.15±.1	-300± 4
121.17 -21.57	UGC 454	R (2)	.49± .02	.33	3.95 ±.10	.50± .02		536± 7	-295± 7
336.45 12.55		3.0± .3	2.62± .02	.67	5.66	.76	12.93± .06	510± 7	-121
004000.2+405943	PGC 2557	2.2± .5	3.31	.24	3.34	.34	14.37± .08	2.56	-574
004245.5-233340	NGC 232	.SBR1?P	.98± .04						
93.66 -85.93	ESO 474- 15	S	.09± .03	.06	14.43 ±.14				6673± 69
272.98 -3.50	VV 830	1.0± .9		.10	10.61				6682
004017.0-235006	PGC 2559		.98	.05	14.19				6382
004247.3+232921		.S?....	.82± .13					16.04±.3	7327± 10
120.37 -39.34	MCG 4- 2- 47		.46± .07	.05	15.75 ±.13				
318.82 8.92				.67				243± 10	7474
004008.3+231255	PGC 2562		.82	.23	14.98			.84	7006
0042.8 +2329	NGC 228	RSBR2..	1.08± .06						7314
120.38 -39.34	UGC 458	U	.05± .05	.05	14.57 ±.14				
318.82 8.91	IRAS00401+2313	2.0± .8		.07	13.19				7461
0040.1 +2313	PGC 2563		1.08	.03	14.38				6993
004252.5-233228	NGC 235	.L?....	1.12± .06	117	14.08 ±.17	.92± .02	.94± .01		
94.12 -85.92	ESO 474- 16		.28± .05	.06	14.24 ±.14	.23± .03	.28± .02		6664± 21
273.01 -3.52			.48± .06	.00		.82	11.97± .21		6673
004024.0-234854	PGC 2569		1.08		14.02	.23	13.83± .38		6373
004253.5-233240	NGC 235A	.L...P.	.55± .17						
94.15 -85.93	ESO 474- 17	S	.00± .04	.06	13.97 ±.14				6798± 69
273.01 -3.53		-2.0±1.2		.00					6807
004025.0-234906	PGC 2570		.55		13.81				6507
004253.7+333127		.S..4..	1.04± .08	6				15.91±.3	6245± 10
120.89 -29.31	UGC 457	U	.76± .06	.28	15.51 ±.13				5898± 52
328.74 11.07	MK 958	4.0±1.0		1.12	13.45			295± 7	6399
004012.0+331501	PGC 2571		1.07	.38	14.07			1.46	5935
004254.1+323446	NGC 226	.S?....	.96± .09					15.43±.3	4825± 10
120.85 -30.26	UGC 459		.00± .06	.27	14.31 ±.12				4907± 46
327.80 10.87	IRAS00402+3218			.00	13.20			150± 7	4993
004012.7+321821	PGC 2572		.99	.00	14.01			1.42	4528
004258.0+271502	IC 46	.L?....	.77± .11					16.02±.3	5287± 10
120.62 -35.58	CGCG 479- 63		.08± .10	.18	14.75 ±.12				
322.53 9.73				.00				230± 7	5442
004018.0+265837	PGC 2575		.78		14.49				4974
0043.0 -2215	IC 1574	.IBS9..	1.33± .04	175	14.32 ±.15	.61± .04	.59± .03	15.22±.2	358± 8
101.18 -84.76	ESO 474- 18	PSU (2)	.44± .04	.07	14.51 ±.14	.00± .05	-.01± .03	67± 11	
274.28 -3.21	DDO 226	9.7± .5	1.07± .02	.33		.49	15.16± .05	48± 8	371
0040.5 -2231	PGC 2578	9.5± .5	1.33	.22	14.03	-.09	14.70± .25	.97	63
004307.1-774017		.S..5*/	1.12± .05	9					
303.51 -39.45	ESO 12- 24	S	.84± .05	.29	16.09 ±.14				
218.84 -14.70	IRAS00413-7757	4.5±1.0		1.27					
004130.1-775642	PGC 2579		1.15	.42					
0043.2 -0912					16.0 ±.2	1.03± .05			
116.37 -71.98				.11					
286.99 .32									
0040.7 -0928	PGC 2582								
0043.3 +0000					16.85 ±.13	.55± .02			
118.51 -62.79				.00		-.04± .05			24670± 72
295.95 2.81									24755
0040.8 -0015	PGC 2591								24337

R.A. 2000 DEC.	Names	Type	$\log D_{25}$	p.a.	B_T	$(B-V)_T$	$(B-V)_e$	m_{21}	V_{21}
l b		S_T n_L	$\log R_{25}$	A_g	m_B	$(U-B)_T$	$(U-B)_e$	W_{20}	V_{opt}
SGL SGB		T	$\log A_e$	A_i	m_{FIR}	$(B-V)^o_T$	m'_e	W_{50}	V_{GSR}
R.A. 1950 DEC.	PGC	L	$\log D_o$	A_{21}	B^o_T	$(U-B)^o_T$	m'_{25}	HI	V_{3K}
004322.0-551941		PSBR4*.	1.24± .05	5					
305.36 -61.76	ESO 150- 20	Sr (1)	.42± .04	.00	14.47 ±.14				7938
241.56 -11.24		3.7± .6		.61					7845
004106.0-553606	PGC 2592	2.2± .9	1.24	.21	13.81				7779
004323.7+504039		.S..6*.	1.04± .08	115				14.71±.1	5219± 11
121.63 -12.17	UGC 460	U	.18± .06	1.17	14.0 ±.3				
345.92 13.91	IRAS00405+5024	6.0±1.2		.26	13.03			241± 8	5406
004035.1+502414	PGC 2593		1.15	.09	12.58			2.04	4979
004325.9-384523		.LXS0P.	1.04± .05	39					
310.62 -78.25	ESO 295- 2	S	.13± .04	.02	15.07 ±.14				11868
258.09 -7.56		-2.0± .8		.00					11826
004102.0-390148	PGC 2594		1.02		14.87				11631
004326.0-501105	NGC 238	PSBR3P.	1.29± .04	93	13.14 ±.16	.64± .04	.79± .03		
306.20 -66.89	ESO 194- 31	Sr	.09± .05	.04	13.28 ±.14				8621± 34
246.72 -10.18	FAIR 663	3.1± .5	1.07± .03	.13		.56	13.98± .07		8543
004107.0-502730	PGC 2595		1.30	.05	12.99		14.22± .30		8436
004327.3+025725	NGC 236	.SXS5..	1.06± .04	160				15.92±.3	5643± 11
118.96 -59.85	UGC 462	UE (1)	.06± .04	.06	14.21 ±.12			135± 7	5648± 50
298.81 3.58	IRAS00409+0241	5.0± .5		.09	13.30			122± 7	5737
004052.9+024100	PGC 2596	3.1± .6	1.06	.03	14.03			1.85	5309
004328.2-000725	NGC 237	.SXT6..	1.20± .02	175	13.7 ±.2			15.02±.1	4175± 7
118.55 -62.93	UGC 461	R (3)	.24± .02	.02	13.46 ±.11			292± 10	4109± 66
295.82 2.75	IRAS00408-0023	6.0± .4		.35	12.35				4259
004054.5-002350	PGC 2597	2.4± .7	1.20	.12	13.13		13.94± .24	1.77	3841
004328.5-062058		.S..4./	1.26± .04	82					
117.37 -69.14	MCG -1- 2- 49	E	.72± .04	.20					5831
289.78 1.04		3.5± .6		1.06					5896
004056.1-063723	PGC 2598		1.28	.36					5504
004332.5+142035	NGC 234	.SXT5..	1.21± .05					15.47±.3	4452± 10
120.05 -48.48	UGC 463	U	.00± .05	.19	13.23 ±.12				4449± 50
309.90 6.53	IRAS00409+1404	5.0± .8		.00	11.65			203± 10	4577
004055.6+140410	PGC 2600		1.22	.00	13.02			2.44	4120
004334.4-081113	IC 48	.LXT0P?	.99± .04	25	13.98 ±.13	.85± .01			
116.95 -70.97	MCG -1- 3- 1	E	.09± .03	.16		.27± .02			6039
288.00 .52	IRAS00410-0827	-2.2± .7		.00	13.76	.75			6098
004102.5-082739	PGC 2603		1.00		13.73	.26	13.59± .27		5714
004336.6+303515	NGC 233	.E...?.	1.22± .08						
120.94 -32.25	UGC 464	U	.03± .05	.16	13.44 ±.10				5451± 36
325.86 10.31		-5.0±1.5		.00					5612
004055.6+301850	PGC 2604		1.24		13.19				5145
004345.2-242517		.SB?...	1.06± .05	43					
89.92 -86.79	ESO 474- 19		.23± .04	.02	15.86 ±.14				6795
272.20 -3.95				.34					6801
004117.1-244142	PGC 2611		1.07	.11	15.46				6507
004351.1+325111		.SB.1..	1.22± .05	178				16.39±.1	4772± 6
121.09 -29.99	UGC 465	U	.58± .05	.29	14.42 ±.12			426± 9	4758±118
328.11 10.73		1.0± .9		.59				412± 7	4937
004109.4+323446	PGC 2614		1.25	.29	13.48			2.62	4472
004351.9+004804		.SBS1P?	1.13± .04	165					5460
118.90 -62.01	UGC 466	E	.29± .04	.02	14.93 ±.15				
296.75 2.90		1.0± .9		.30					5547
004118.0+003139	PGC 2615		1.13	.15	14.55				5127
004354.3-041443		PS..5*.	1.18± .04	100					
118.11 -67.05	MCG -1- 3- 5	E (1)	.52± .04	.21					
291.85 1.52		4.5± .9		.78					
004121.5-043108	PGC 2616	4.2± .8	1.19	.26					
004356.1+015053	IC 49	.SXS5..	1.18± .04	95	14.2 ±.4	.50± .07		15.57±.1	4562± 10
119.07 -60.97	UGC 468	UE (2)	.07± .04	.03	14.06 ±.15			181± 11	4571± 59
297.77 3.17		5.0± .5		.11		.45		171± 11	4652
004121.9+013428	PGC 2617	3.9± .5	1.18	.04	13.92		14.77± .45	1.61	4228
004400.8-763523		PSBR3..	1.12± .06	85					
303.50 -40.53	ESO 29- 7	Sr	.15± .05	.24					7850± 63
219.96 -14.63	FAIR 213	2.8± .5		.21					7702
004220.1-765148	PGC 2619		1.14	.08					7809
0044.0 +2611		.S?....	1.17± .05	131					10081
120.87 -36.65	UGC 469		.67± .05	.12	15.14 ±.12				
321.54 9.25				1.01					10233
0041.4 +2555	PGC 2621		1.18	.34	13.96				9766

R.A. 2000 DEC. l b SGL SGB R.A. 1950 DEC.	Names PGC	Type S_T n_L T L	logD_{25} logR_{25} logA_e logD_o	p.a. A_g A_i A_{21}	B_T m_B m_{FIR} B_T^o	$(B-V)_T$ $(U-B)_T$ $(B-V)_T^o$ $(U-B)_T^o$	$(B-V)_e$ $(U-B)_e$ m'_e m'_{25}	m_{21} W_{20} W_{50} HI	V_{21} V_{opt} V_{GSR} V_{3K}
004404.8+285235		.S..8..	1.11± .14	140				16.67±.3	4828± 7
120.99 -33.97	UGC 467	U	.44± .12	.16					
324.19 9.84		8.0± .9		.54				117± 7	4985
004124.3+283610	PGC 2622		1.13	.22					4519
0044.2 +2650		.I..9*.	.99± .06	160					5190
120.94 -36.00	UGC 470	U	.40± .05	.19	14.82 ±.13				
322.20 9.37	IRAS00415+2634	10.0±1.3		.30	13.62				5343
0041.5 +2634	PGC 2627		1.01	.20	14.32				4876
0044.2 -1235		.S?....	1.04± .09						
115.95 -75.36	MCG -2- 3- 4		.66± .07	.09					6493
283.77 -.85	IRAS00417-1251			.82					6538
0041.7 -1251	PGC 2629		1.05	.33					6176
0044.3 -5950									
304.59 -57.26				.00					
237.03 -12.21	FAIR 7								
0042.1 -6007	PGC 2633								
004421.9-172106		.L..+P*	1.28± .07						
113.08 -80.09	ESO 540- 17A	SE	.53± .06	.03	14.93 ±.14				
279.14 -2.18		-1.0± .7		.00					
004152.1-173730	PGC 2634		1.20						
004421.9-172106		.LB?...	1.15± .05	128					
113.08 -80.09	ESO 540- 17		.53± .03	.03	15.00 ±.14				9290± 22
279.14 -2.18				.00					9320
004152.1-173730	PGC 2635		1.07		14.83				8984
004437.6-034535	NGC 239	PS..2..	1.00± .07	160					
118.65 -66.57	MCG -1- 3- 7	E	.33± .05	.23					
292.37 1.48	IRAS00420-0401	2.0± .9		.40	12.96				
004204.6-040159	PGC 2642		1.03	.16					
004441.9+452517		.SAS4..	1.19± .05	50					
121.69 -17.43	UGC 471	U	.07± .05	.49	15.0 ±.3				
340.67 12.90		4.0± .8		.10					
004155.4+450853	PGC 2645		1.23	.03					
0044.9 +1656		.I..9*.	1.14± .13	115					4666± 10
120.69 -45.90	UGC 472	U	.27± .12	.12					
312.52 6.86		10.0±1.2		.21					4797
0042.3 +1640	PGC 2649		1.15	.14					4337
004456.8+272657	A 0042+27								
121.16 -35.40				.17					5400±110
322.83 9.34	MK 346								5554
004216.5+271033	PGC 2650								5088
004459.6-562248		.LXT+..	1.15± .05	120					
304.76 -60.73	ESO 150- 21	S	.06± .04	.00	14.06 ±.14				8400
240.54 -11.66		-1.0± .8		.00					8303
004245.0-563912	PGC 2651		1.14		13.93				8247
004501.9-604536		.LA.0*/	1.17± .05	24					
304.34 -56.35	ESO 112- 9	S	.48± .03	.00	15.10 ±.14				10500±108
236.11 -12.46		-2.0± .8		.00					10391
004251.0-610200	PGC 2652		1.10		14.94				10370
0045.0 +0608	NGC 240	.S..0..	1.01± .09						
120.06 -56.70	UGC 473	U	.05± .06	.14	14.49 ±.13				
302.02 4.04		.0± .8		.04					
0042.5 +0552	PGC 2653		1.02						
004506.4+254654								17.45±.3	13724± 10
121.15 -37.07	CGCG 479- 68			.13	15.6 ±.4				
321.20 8.93								198± 7	13875
004226.5+253030	PGC 2655								13409
0045.3 +1031		.S..6*.	.96± .09	83					11973
120.46 -52.32	UGC 474	U	.98± .06	.23					
306.29 5.14		6.0±1.5		1.44					12087
0042.7 +1015	PGC 2659		.98	.49					11640
0045.5 +3802	And I	.E.3.P$							
121.65 -24.82		P		.22					
333.33 11.43		-5.0±1.8							
0042.8 +3746	PGC 2666								
004533.3-263354	IC 1579	.SBR4*.	.97± .05	6					
55.83 -88.57	ESO 474- 22	r	.18± .04	.03	14.99 ±.14				
270.21 -4.91		4.5±1.3		.28					
004306.0-265018	PGC 2667		.97	.09					

R.A. 2000 DEC. / l b / SGL SGB / R.A. 1950 DEC.	Names / PGC	Type / S_T n_L / T / L	$\log D_{25}$ / $\log R_{25}$ / $\log A_e$ / $\log D_o$	p.a. / A_g / A_i / A_{21}	B_T / m_B / m_{FIR} / B^o_T	$(B-V)_T$ / $(U-B)_T$ / $(B-V)^o_T$ / $(U-B)^o_T$	$(B-V)_e$ / $(U-B)_e$ / m'_e / m'_{25}	m_{21} / W_{20} / W_{50} / HI	V_{21} / V_{opt} / V_{GSR} / V_{3K}
004546.3-153549	NGC 244	.L...P?	1.09± .06	50				15.51±.1	944± 7
116.13 -78.39	MCG -3- 3- 3	PE	.08± .04	.02				104± 4	957± 25
280.94 -2.03	VV 728	-1.7±1.0		.00				65± 5	979
004316.2-155213	PGC 2675		1.08						635
004551.9-311155		.SBR4..	1.09± .04	75					
319.24 -85.75	ESO 411- 10	S (1)	.14± .03	.02	14.73 ±.14				5799± 39
265.68 -6.16		4.0± .8		.20					5781
004326.0-312818	PGC 2679	1.1± .8	1.09	.07	14.47				5534
004554.8+251546		.S?....	.92± .11					16.00±.3	13714± 10
121.36 -37.59	MCG 4- 2- 53		.27± .07	.12	15.28 ±.12				
320.73 8.63				.20				419± 7	13863
004315.0+245923	PGC 2680		.92		14.75				13398
004557.9-203631		.S?....	.96± .06	98					
111.78 -83.36	ESO 540- 19		.12± .05	.02	14.83 ±.14				4113±106
276.07 -3.42				.17					4131
004329.0-205254	PGC 2683		.96	.06	14.61				3815
004600.8+295730	NGC 243	.L?....	.97± .15					17.74±.3	4787± 10
121.53 -32.90	MCG 5- 2- 43		.34± .07	.22	14.62 ±.11				
325.35 9.67				.00				263± 7	4945
004319.6+294107	PGC 2687		.94		14.33				4481
0046.0 -1130	A 0043-11	.SXS9..	1.30± .05		14.18 ±.19	.45± .06	.40± .04	14.42±.1	1618± 6
118.04 -74.33	MCG -2- 3- 9	PE (2)	.06± .05	.12		-.20± .06	-.22± .05	100± 7	
284.94 -.98	DDO 5	9.0± .5	1.10± .04	.07		.40	15.17± .09	81± 12	1666
0043.5 -1147	PGC 2689	8.8± .6	1.32	.03	13.99	-.24	15.39± .32	.40	1301
004605.6-014320	NGC 245	.SAT3P$	1.14± .04	145				15.35±.3	4074± 17
119.82 -64.56	UGC 476	R (2)	.06± .03	.07	13.00 ±.12			186± 34	4123± 57
294.45 1.68	MK 555	3.0± .8		.08	11.53			128± 25	4156
004332.2-015943	PGC 2691	3.6± .7	1.14	.03	12.82			2.50	3747
004609.7-553407		PSXT4?.	1.13± .04	89					
304.50 -61.54	ESO 150- 22	Sr (1)	.49± .04	.00	14.74 ±.14				
241.39 -11.67		3.6± .6		.73					
004355.0-555030	PGC 2693	4.4± .7	1.13	.25					
0046.2 +1929		.S..8*.	1.51± .04	167				13.76±.1	2649± 7
121.25 -43.36	UGC 477	U	.71± .06	.10	14.7 ±.2			250± 9	2662± 46
315.09 7.19		8.0±1.1		.88				232± 12	2786
0043.6 +1913	PGC 2699		1.52	.36	13.74			-.34	2325
004619.4+511304		.S..6*.	1.20± .05	105				15.48±.1	5271± 11
122.11 -11.65	UGC 475	U	.38± .05	1.19	14.1 ±.3				
346.54 13.53	IRAS00435+5056	6.0±1.2		.56				334± 8	5457
004329.5+505641	PGC 2704		1.31	.19	12.34			2.95	5035
004624.3-132634	IC 51	.L...P?	1.13± .06	30					
117.77 -76.26	MCG -2- 3- 11	E	.04± .05	.00					
283.08 -1.59	ARP 230	-2.0±1.7		.00	12.23				
004353.7-134257	PGC 2710		1.13						
004624.5+293723		.SB?...	.94± .11					17.25±.3	4969± 10
121.62 -33.24	MCG 5- 2- 45		.05± .07	.18	15.34 ±.15				
325.04 9.51				.07				184± 7	5126
004343.3+292100	PGC 2711		.95	.02	15.07			2.16	4663
004625.4+301418		.S..1..	1.13± .05	116				17.40±.3	4995± 10
121.65 -32.62	UGC 478	U	.71± .05	.22	14.62 ±.14				5008± 46
325.65 9.64		1.0± .9		.72				424± 7	5154
004344.0+295755	PGC 2712		1.15	.35	13.61			3.43	4691
004627.5+253712								18.05±.3	13549± 10
121.52 -37.24	CGCG 479- 71			.10	15.6 ±.4				
321.11 8.60								181± 7	13698
004347.5+252050	PGC 2714								13234
004628.6+314835		RSBS2..	1.04± .06	15				16.03±.3	6253± 10
121.70 -31.05	UGC 479	U	.22± .05	.25	15.03 ±.13				
327.20 9.97		2.0± .9		.27				359± 7	6414
004346.7+313213	PGC 2717		1.06	.11	14.44			1.48	5952
004632.0+361933		.S?....	1.19± .05						
121.83 -26.54	UGC 480		.12± .05	.18	13.50 ±.12				11173± 33
331.67 10.90	IRAS00438+3603			.18	12.57				11342
004348.7+360310	PGC 2720		1.20	.06	13.08				10884
0046.6 +0828		.S..5..	.96± .17						11848
120.88 -54.38	UGC 482	U	.05± .12	.19					
304.38 4.29		5.0± .9		.07					11956
0044.0 +0812	PGC 2721		.98	.02					11515

R.A. 2000 DEC. l b SGL SGB R.A. 1950 DEC.	Names PGC	Type S_T n_L T L	$\log D_{25}$ $\log R_{25}$ $\log A_e$ $\log D_o$	p.a. A_g A_i A_{21}	B_T m_B m_{FIR} B_T^o	$(B-V)_T$ $(U-B)_T$ $(B-V)_T^o$ $(U-B)_T^o$	$(B-V)_e$ $(U-B)_e$ m'_e m'_{25}	m_{21} W_{20} W_{50} HI	V_{21} V_{opt} V_{GSR} V_{3K}
004636.7+294322			.92± .11					17.08±.3	4816± 10
121.68 -33.14	MCG 5- 2- 47		.09± .07	.18	14.87 ±.12				
325.15 9.49								173± 7	4974
004355.5+292700	PGC 2722		.93						4510
004638.7+361953		.S?....	.89± .11	11					
121.85 -26.53	MCG 6- 2- 17		.24± .07	.18	15.45 ±.12				11093± 49
331.68 10.88				.29					11262
004355.3+360331	PGC 2726		.90	.12	14.87				10804
004639.6+314259								17.08±.3	5982± 10
121.74 -31.14	CGCG 501- 6			.25	15.5 ±.4				
327.12 9.92								208± 7	6143
004357.7+312637	PGC 2727								5681
004641.4-510001			.97± .06						
304.78 -66.11	ESO 194- 37		.16± .06	.04	15.46 ±.14				9500±190
246.01 -10.86	FAIR 665								9419
004424.0-511624	PGC 2732		.98						9320
004643.2-354749		.S?....	1.00± .05	122					
309.25 -81.27	ESO 351- 5		.10± .05	.02	15.24 ±.14				6125± 52
261.18 -7.48				.13					6092
004419.0-360412	PGC 2734		1.00	.05	15.03				5878
004648.8+294805								17.62±.3	5230± 10
121.73 -33.06	CGCG 500- 89			.22	15.2 ±.2				
325.24 9.47								183± 7	5388
004407.6+293143	PGC 2738								4924
004650.8+262828		.I..9?.	1.07± .07	69				16.14±.3	4956± 10
121.66 -36.39	UGC 483	U	.50± .08	.12	15.47 ±.13			250± 13	
321.97 8.71		10.0±1.8		.38					5107
004410.5+261206	PGC 2739		1.08	.25	14.96			.92	4643
004656.4+324027	A 0044+32	PSBS3..	1.38± .04	25				13.94±.3	4859± 10
121.84 -30.19	UGC 484	U	.47± .05	.20	13.86 ±.13				5086± 53
328.07 10.06	VV 441	3.0± .8		.65				426± 7	5029
004414.3+322405	PGC 2743		1.40	.24	12.97			.73	4568
004656.5-215050		.S?....	.95± .05	102					
111.73 -84.62	ESO 540- 21		.24± .04	.07	15.05 ±.14				6564±106
274.92 -3.97				.36					6577
004428.0-220712	PGC 2744		.95	.12	14.58				6270
004656.7+244529								17.09±.3	12677± 10
121.64 -38.10	CGCG 480- 3			.07	15.5 ±.4				
320.29 8.29								135± 7	12824
004416.8+242907	PGC 2745								12361
004702.4+302019		.S..6*.	1.34± .04	179				14.99±.3	5238± 10
121.81 -32.52	UGC 485	U	1.01± .05	.22	14.77 ±.12				
325.78 9.54		6.0±1.3		1.47				359± 7	5396
004420.9+300357	PGC 2747		1.36	.50	13.05			1.44	4934
004703.6-484308		.S..6*.	1.06± .05	102					
304.89 -68.39	ESO 194- 38	S (1)	.21± .04	.04	14.80 ±.14				14807
248.32 -10.45		6.0±1.2		.31					14732
004445.0-485930	PGC 2749	5.6±1.2	1.06	.10	14.39				14616
004703.7-520302		.S?....	.93± .06						
304.53 -65.06	ESO 194- 39		.12± .06	.04	14.92 ±.14				8164± 71
244.97 -11.13	FAIR 293			.13					8079
004447.0-521924	PGC 2750		.93	.06	14.65				7990
004703.7-520302		.SA.1?P	1.09± .07						
304.53 -65.06	ESO 194- 39A	S	.44± .06	.04	15.46 ±.14				8091± 76
244.97 -11.13		1.0± .7		.44					8006
004447.0-521924	PGC 2751		1.09	.22	14.87				7916
004703.8+280359								17.35±.3	5143± 10
121.76 -34.80	CGCG 500- 92			.18	15.4 ±.4				
323.54 9.02								152± 7	5297
004423.0+274737	PGC 2752								4833
004706.6-313450		.SBS9*.	1.09± .05	37					
314.63 -85.45	ESO 411- 13	S (1)	.47± .04	.02	15.90 ±.14				
265.37 -6.52		9.0±1.0		.47					
004441.0-315112	PGC 2753	8.9±1.2	1.09	.23					
004707.3-223538		.SXS9*.	1.02± .04						2850
110.51 -85.36	ESO 474- 25	SU (1)	.05± .04	.08	15.99 ±.14				
274.20 -4.21		8.8± .5		.05					2861
004439.1-225200	PGC 2754	10.0± .6	1.03	.03	15.85				2559

R.A. 2000 DEC.	Names	Type	$\log D_{25}$	p.a.	B_T	$(B\text{-}V)_T$	$(B\text{-}V)_e$	m_{21}	V_{21}
l b		S_T n_L	$\log R_{25}$	A_g	m_B	$(U\text{-}B)_T$	$(U\text{-}B)_e$	W_{20}	V_{opt}
SGL SGB		T	$\log A_e$	A_i	m_{FIR}	$(B\text{-}V)^o_T$	m'_e	W_{50}	V_{GSR}
R.A. 1950 DEC.	PGC	L	$\log D_o$	A_{21}	B^o_T	$(U\text{-}B)^o_T$	m'_{25}	HI	V_{3K}
004708.7-204538	NGC 247	.SXS7..	2.33± .01	174	9.67M±.07	.56± .07	.59± .02	10.27±.1	159± 4
113.95 -83.56	ESO 540- 22	R (3)	.49± .02	.07	9.66 ±.12			234± 4	
275.99 -3.73	IRAS00446-2101	7.0± .3	1.83± .02	.68	10.55	.45	14.19± .05	210± 3	176
004440.0-210200	PGC 2758	6.8± .4	2.34	.25	8.92		14.95± .09	1.11	-136
004710.7+324129		.S?....	.64± .17					15.77±.3	5031± 10
121.89 -30.17	MCG 5- 3- 3		.00± .07	.20	15.24 ±.15				5023± 57
328.10 10.02				.00				199± 7	5193
004428.4+322507	PGC 2761		.66	.00	15.01			.76	4732
0047.2 +0754	NGC 250	.S..0..	1.06± .06	153					5259
121.13 -54.95	UGC 487	U	.26± .05	.13	14.63 ±.12				
303.88 3.99	IRAS00446+0738	.0± .9		.20	13.41				5365
0044.6 +0738	PGC 2765		1.06		14.22				4926
004718.8+274929	IC 1584	.SB?...	1.20± .06					16.36±.3	4764± 7
121.82 -35.04	UGC 489		.06± .06	.19	14.50 ±.19				
323.32 8.92				.09				319± 10	4918
004438.0+273307	PGC 2766		1.21	.03	14.20			2.13	4454
004719.5+144212		.S..2..	.95± .07	90				16.34±.3	11787± 9
121.44 -48.16	UGC 488	U	.17± .05	.18	14.94 ±.12			411± 12	11622± 49
310.49 5.74	MK 1146	2.0± .9		.21					11905
004442.3+142550	PGC 2768		.97	.09	14.43			1.83	11452
004727.6-312514	NGC 254	RLXR+*.	1.39± .04	137	12.62 ±.13	.88± .01	.90± .01	15.97±.3	1624± 17
314.12 -85.62	ESO 411- 15	PSr	.21± .04	.02	12.62 ±.11	.38± .01	.39± .01	279± 34	1612± 39
265.55 -6.55		-.7± .5	.77± .02	.00		.83	11.96± .06	276± 25	1603
004502.1-314136	PGC 2778		1.36		12.58	.36	13.94± .25		1359
004728.1+505301	A 0044+50	.SXS3..	1.06± .06	165	14.33 ±.15	.93± .04	.89± .03	15.39±.1	5170± 7
122.29 -11.98	UGC 486	U (1)	.10± .05	1.19	14.1 ±.3			315± 11	5206± 59
346.23 13.30		3.0± .8	.85± .03	.14		.61	14.07± .08	307± 8	5356
004438.0+503639	PGC 2781	2.7± .9	1.17	.05	12.93		14.21± .35	2.41	4933
004728.3+313915		.S?....	.94± .11					16.25±.3	5072± 10
121.94 -31.21	MCG 5- 3- 5		.19± .07	.25	15.43 ±.13				
327.09 9.73				.26				174± 7	5233
004446.3+312253	PGC 2782		.96	.09	14.88			1.28	4771
004733.1-251718	NGC 253	.SXS5..	2.44± .01	52	8.04M±.05			9.57±.1	251± 4
97.36 -87.96	ESO 474- 29	R (1)	.61± .01	.05	7.72 ±.11			418± 5	240± 15
271.58 -5.01		5.0± .3	1.84± .04	.91	5.63		12.76± .08	410± 4	251
004505.7-253340	PGC 2789	3.3± .6	2.45	.30	7.02		13.59± .07	2.24	-32
004735.8-202538	A 0045-20A	.SBS3P?	1.01± .04	21					
115.26 -83.24	ESO 540- 23	PS	.42± .03	.10	14.46 ±.14				6130± 45
276.35 -3.74		3.0± .9		.58					6148
004507.0-204200	PGC 2791		1.02	.21	13.74				5833
004737.7-203108	A 0045-20B	.SBS5P*	1.01± .05						
115.23 -83.33	ESO 540- 25	PS	.08± .04	.07	14.69 ±.14				6351±106
276.26 -3.78		4.5± .6		.13					6368
004509.0-204730	PGC 2796		1.02	.04	14.46				6054
004741.5-212926		.S?....	.80± .06						
114.12 -84.30	ESO 540- 27		.06± .04	.06	14.52 ±.14				6402±106
275.31 -4.05	IRAS00452-2145			.08	11.85				6416
004513.0-214548	PGC 2799		.80	.03	14.32				6108
004746.5-095008		PSB.3*.	1.23± .05	15					
119.90 -72.69	MCG -2- 3- 15	E (1)	.57± .05	.14					
286.69 -.93	IRAS00452-1006	3.0±1.2		.79	13.61				
004515.1-100630	PGC 2800	3.1±1.6	1.24	.29					
004747.4-112808	NGC 255	.SXT4..	1.48± .02	15	12.36 ±.15	.49± .04	.58± .04	13.54±.1	1600± 7
119.62 -74.32	MCG -2- 3- 17	R (3)	.08± .03	.10	12.4 ±.2	-.25± .08		204± 5	1888± 58
285.10 -1.38	IRAS00452-1144	4.0± .3	1.14± .03	.11	12.24	.44	13.55± .08	144± 6	1650
004516.4-114429	PGC 2802	3.5± .5	1.49	.04	12.14	-.28	14.40± .20	1.36	1287
0047.8 -0953	A 0045-10	.SB.7P/	1.48± .03	97				14.39±.1	1345± 6
119.93 -72.74	MCG -2- 3- 16	PE	.82± .05	.14				151± 8	
286.63 -.96		6.7±1.0		1.13				137± 12	1396
0045.3 -1010	PGC 2805		1.49	.41					1025
0047.8 +1934	NGC 251	.S..5..	1.38± .04	105					
121.77 -43.29	UGC 490	U	.10± .05	.06	13.9 ±.2				4597± 46
315.27 6.84		5.0± .7		.15					4732
0045.2 +1918	PGC 2806		1.38	.05	13.68				4273
004756.3+222228	IC 1586							16.68±.3	5821± 7
121.87 -40.49	CGCG 480- 6			.07	14.9 ±.4			200± 6	5825± 49
318.01 7.50	MK 347				13.15				5963
004517.0+220607	PGC 2813								5501

R.A. 2000 DEC.	Names	Type	$\log D_{25}$	p.a.	B_T	$(B-V)_T$	$(B-V)_e$	m_{21}	V_{21}
l b		S_T n_L	$\log R_{25}$	A_g	m_B	$(U-B)_T$	$(U-B)_e$	W_{20}	V_{opt}
SGL SGB		T	$\log A_e$	A_i	m_{FIR}	$(B-V)_T^o$	m'_e	W_{50}	V_{GSR}
R.A. 1950 DEC.	PGC	L	$\log D_o$	A_{21}	B_T^o	$(U-B)_T^o$	m'_{25}	HI	V_{3K}
004801.6+081748	NGC 257	.S..6*.	1.27± .04	105	13.3 ±.2	.69± .03	.77± .01	14.78±.2	5268± 7
121.48 -54.57	UGC 493	U	.15± .05	.19	13.40 ±.13	.08± .04	.17± .02	414± 10	5248± 39
304.30 3.91	IRAS00454+0801	6.0±1.1	.87± .06	.22	12.11	.58	13.09± .15	393± 8	5374
004525.9+080127	PGC 2818		1.29	.08	12.93	.00	14.12± .32	1.77	4935
004801.8+273724	NGC 252	RLAR+*.	1.18± .05	80					
122.01 -35.24	UGC 491	PU	.14± .04	.19	13.35 ±.10				5023± 46
323.16 8.72	IRAS00453+2721	-1.0± .6		.00					5176
004521.0+272103	PGC 2819		1.18		13.08				4713
004803.3-024635	NGC 259	.S..4*/	1.45± .03	41				13.58±.3	3811± 8
120.88 -65.63	MCG -1- 3- 15	PE (1)	.66± .04	.18				452± 9	
293.56 .92	IRAS00455-0302	4.0± .6		.97	12.08			426± 7	3885
004530.2-030256	PGC 2820	3.1±1.2	1.47	.33					3483
004805.0-783551		.S.1?P/	1.09± .05	141					
303.14 -38.53	ESO 13- 2	S	.58± .04	.29	15.32 ±.14				
217.92 -15.05	IRAS00466-7851	1.0±1.8		.59					
004640.0-785212	PGC 2821		1.12	.29					
004805.2-013359		.E+..*/	1.08± .08	128					
120.99 -64.43	UGC 492	UE	.24± .04	.08	14.28 ±.10				
294.74 1.24	ARAK 14	-3.7± .7		.00					
004531.8-015020	PGC 2822		1.02						
004814.4+275914								16.88±.3	7025± 10
122.07 -34.88	CGCG 501- 19			.19	15.6 ±.4				
323.52 8.75								273± 7	7178
004533.5+274253	PGC 2827								6716
004815.9+262801								17.30±.3	5259± 10
122.05 -36.40	CGCG 480- 8			.12	15.6 ±.4				
322.03 8.40								181± 7	5409
004535.4+261140	PGC 2828								4947
004821.0-381403	NGC 264	.LB..*/	1.02± .05	113					
306.08 -78.88	ESO 295- 6	BS	.53± .03	.02	14.42 ±.14				
258.84 -8.37		-2.0±1.2		.00					
004558.0-383024	PGC 2831		.95						
0048.3 +0720		.S..1..	1.06± .06	175					
121.60 -55.52	UGC 495	U	.47± .05	.12	15.36 ±.13				
303.40 3.57		1.0± .9		.48					
0045.8 +0704	PGC 2833		1.07	.23					
004823.8+040532	IC 52	.S?....	.98± .07	97					1958
121.47 -58.77	UGC 494		.37± .05	.07	15.17 ±.12				
300.25 2.70				.55					2052
004549.0+034911	PGC 2834		.99	.18	14.55				1626
004834.4+102019									
121.77 -52.53	CGCG 435- 7			.26	15.21 ±.12				10763± 97
306.32 4.31	MK 1147								10875
004558.1+100358	PGC 2843								10432
004834.9+274127	NGC 260	.S..6P*	.97± .06					15.84±.1	5208± 7
122.16 -35.18	UGC 497	PU	.00± .04	.25	14.23 ±.12			197± 6	
323.25 8.61	IRAS00458+2725	6.0± .7		.00	13.42			163± 7	5361
004554.0+272506	PGC 2844		.99	.00	13.96			1.88	4898
004835.5-124301	A 0046-12	RLB.0P?	.93± .11	15				16.15±.1	6407± 10
120.14 -75.57	MCG -2- 3- 19	PE	.14± .05	.09				220± 6	6361± 51
283.94 -1.91	MK 960	-2.0±1.2		.00	12.87				6447
004604.8-125922	PGC 2845		.92						6091
004844.8-114601		.SBT3?.	1.11± .06	60					5744
120.45 -74.63	MCG -2- 3- 20	E (1)	.27± .05	.10					
284.87 -1.69		3.0±1.7		.37					5789
004613.9-120222	PGC 2853	5.3± .8	1.11	.14					5428
004846.7+315720	NGC 262	.SAS0*.	1.03± .08		13.90 ±.19	.84± .04	.91± .02	14.38±.1	4507± 4
122.27 -30.91	UGC 499	R	.00± .06	.26	14.68 ±.14	.14± .06	.23± .04	91± 7	4719± 46
327.45 9.53	MK 348	.0± .4	.91± .06	.00	12.89	.74	13.94± .21	66± 5	4669
004604.4+314100	PGC 2855		1.05		14.07	.11	13.89± .47		4209
0048.8 +1122		.SX.4..	1.06± .06						12008
121.90 -51.49	UGC 500	U	.02± .05	.23	15.01 ±.20				
307.34 4.53		4.0± .8		.02					12122
0046.2 +1106	PGC 2857		1.08	.01	14.68				11677
004853.8-022245	A 0046-02	.I..9*.	.46± .16	85	15.06 ±.13	.70± .01			
121.42 -65.24		E	.08± .06	.19		.05± .02			4001± 35
294.00 .83	MK 557	10.0±1.8		.06	13.19	.61			4076
004620.6-023905	PGC 2861		.48	.04	14.81	-.02	12.01± .80		3673

R.A. 2000 DEC. l b SGL SGB R.A. 1950 DEC.	Names PGC	Type S_T n_L T L	$\log D_{25}$ $\log R_{25}$ $\log A_e$ $\log D_o$	p.a. A_g A_i A_{21}	B_T m_B m_{FIR} B_T^o	$(B-V)_T$ $(U-B)_T$ $(B-V)_T^o$ $(U-B)_T^o$	$(B-V)_e$ $(U-B)_e$ m'_e m'_{25}	m_{21} W_{20} W_{50} HI	V_{21} V_{opt} V_{GSR} V_{3K}
004902.2+281307		.S..6*.	1.22± .06	110				15.72±.2	5090± 7
122.29 -34.65	UGC 501	U	.94± .06	.21	15.17 ±.12			400± 13	
323.79 8.64	IRAS00463+2756	6.0±1.3		1.38	13.06			385± 6	5243
004621.0+275647	PGC 2865		1.24	.47	13.56			1.69	4782
0049.0 +0431		.I..9..	.96± .09						12199
121.81 -58.34	UGC 503	U	.05± .06	.09					
300.71 2.65		10.0± .9		.04					12294
0046.5 +0415	PGC 2867		.97	.02					11867
0049.1 +4611		.S..9*.	1.11± .14						
122.51 -16.68	UGC 502	U	.04± .12	.61					
341.57 12.27		9.0±1.2		.04					
0046.3 +4555	PGC 2869		1.17	.02					
004918.4-492840		PSAT3..	.95± .07	35					
303.84 -67.65	ESO 195- 3	r	.14± .06	.04	14.84 ±.14				9700±190
247.63 -10.97	FAIR 666	3.3± .9		.19					9622
004701.0-494500	PGC 2876		.95	.07	14.54				9514
0049.4 +1211		.S?....	1.07± .14						11299
122.15 -50.68	UGC 504		.11± .12	.19					
308.18 4.60				.16					11415
0046.8 +1155	PGC 2882		1.09	.05					10969
0049.4 -0144		.SBT4*.	1.12± .04	135					3856
121.78 -64.61	UGC 505	E (1)	.15± .04	.12	14.63 ±.15				
294.66 .87		4.0± .8		.23					3932
0046.9 -0201	PGC 2883	3.1±1.2	1.14	.08	14.26				3528
004934.3+233440		.S?....	.94± .11		15.18S±.15				
122.38 -39.29	MCG 4- 3- 8		.11± .07	.07					16014± 41
319.28 7.43	4ZW 32			.17					16157
004654.5+231820	PGC 2886		.94	.06	14.85		14.43± .58		15697
004934.8-465234		PSAT3..	.99± .06	10					
303.87 -70.25	ESO 243- 2	r	.03± .05	.03	14.84 ±.14				8855
250.26 -10.49		3.3± .9		.05					8785
004716.1-470854	PGC 2887		.99	.02	14.69				8657
004935.4+233528		.S?....	.52± .20		16.24S±.15				
122.38 -39.28	MCG 4- 3- 7		.46± .07	.07					15966± 41
319.29 7.43	HICK 8B			.68					16109
004655.6+231908	PGC 2888		.52	.23	15.40		12.54±1.01		15649
004935.5+010658		.S..6*/	1.28± .04	128					5277
121.96 -61.75	UGC 507	UE	.90± .04	.02	14.99 ±.12				
297.44 1.61	IRAS00470+0050	5.5± .9		1.33	13.02				5362
004701.5+005038	PGC 2889		1.28	.45	13.62				4947
004936.0+233502		.S?....	.34?		16.14S±.15				
122.39 -39.29	MCG 4- 3- 9		.11± .07	.07					17087± 41
319.28 7.42	HICK 8C			.17					17230
004656.2+231842	PGC 2890		.34	.06	15.80		12.39±1.31		16770
004936.9+233422		.S?....			16.24S±.15				
122.39 -39.30				.07					16341± 41
319.27 7.42	HICK 8D								16484
004657.0+231803	PGC 2892								16024
004939.2+225556		.S?....	1.15± .07						
122.40 -39.94	UGC 506		.17± .06	.09	14.25 ±.13				7461± 50
318.65 7.25				.17					7603
004659.5+223936	PGC 2894		1.16	.09	13.90				7143
004946.4+313600		.S..6*.	1.11± .07	35				16.31±.3	5136± 10
122.52 -31.27	UGC 509	U	.44± .06	.23					
327.15 9.24		6.0±1.3		.65				213± 7	5295
004704.0+311940	PGC 2899		1.13	.22					4836
004948.2+321643	NGC 266	.SBT2..	1.47± .03		12.54 ±.17	.91± .04	.99± .02	14.72±.2	4661± 6
122.53 -30.59	UGC 508	U	.01± .05	.23	12.33 ±.13	.44± .05	.53± .03	502± 13	4682± 36
327.82 9.39	IRAS00471+3200	2.0± .7	1.15± .05	.01	12.88	.82	13.78± .17	475± 6	4823
004705.6+320023	PGC 2901		1.49	.01	12.12	.38	14.71± .26	2.60	4364
004949.4-210058	A 0047-21	.IBS9*.	1.23± .04	42	15.19 ±.15	.43± .05	.38± .05	15.79±.1	301± 5
119.39 -83.88	ESO 540- 31	SU (2)	.37± .04	.07	15.40 ±.14	-.06± .07	-.08± .07	39± 7	
275.91 -4.40	DDO 6	10.0± .6	.97± .03	.28		.32	15.53± .07	23± 5	315
004721.0-211718	PGC 2902	9.6± .7	1.24	.19	14.96	-.14	15.25± .26	.65	7
004953.6+252423								18.64±.3	15158± 10
122.49 -37.46	CGCG 480- 12			.14	15.7 ±.4				
321.08 7.79								329± 7	15305
004713.2+250803	PGC 2908								14845

R.A. 2000 DEC.	Names	Type	$\log D_{25}$	p.a.	B_T	$(B-V)_T$	$(B-V)_e$	m_{21}	V_{21}
l b		S_T n_L	$\log R_{25}$	A_g	m_B	$(U-B)_T$	$(U-B)_e$	W_{20}	V_{opt}
SGL SGB		T	$\log A_e$	A_i	m_{FIR}	$(B-V)^o_T$	m'_e	W_{50}	V_{GSR}
R.A. 1950 DEC.	PGC	L	$\log D_o$	A_{21}	B^o_T	$(U-B)^o_T$	m'_{25}	HI	V_{3K}
004954.1-393816		RSBR1..	1.19± .04	9					
304.30 -77.49	ESO 295- 10	Sr	.50± .04	.02	14.18 ±.14				7253
257.52 -8.98		1.0± .6		.51					7206
004732.0-395436	PGC 2909		1.19	.25	13.56				7023
0049.9 +2142		.S..6*.	1.10± .05	20					4536
122.47 -41.16	UGC 510	U	.57± .05	.07	15.08 ±.12				
317.47 6.89		6.0±1.3		.83					4675
0047.3 +2126	PGC 2914		1.10	.28	14.15				4216
005003.5-033331		.SXT4..	1.05± .06	80					
122.07 -66.43	MCG -1- 3- 16	E (1)	.10± .05	.25					
292.94 .23		4.0± .9		.15					
004730.7-034951	PGC 2918	5.3±1.2	1.08	.05					
005003.9-663310		.LA.0P.	1.21± .06	178	15.45 ±.14	.63± .03	.71± .03		
303.15 -50.57	ESO 79- 7	S	.09± .06	.00	13.72 ±.14	.07± .04	.16± .04		1653
230.30 -13.89	IRAS00480-6649	-2.0± .8	.33± .02	.00	13.53	.61	12.59± .06		1527
004803.0-664930	PGC 2919		1.19		14.56	.07	16.13± .37		1556
0050.1 +0755		.S..8*.	1.04± .08	135					5392
122.35 -54.95	UGC 512	U	.23± .06	.20	14.78 ±.13				
304.08 3.31		8.0±1.2		.28					5496
0047.5 +0739	PGC 2922		1.06	.11	14.29				5061
005009.5-051139	NGC 268	.SBS4*.	1.20± .03	95	13.56 ±.13	.51± .02	.59± .02		
122.08 -68.06	MCG -1- 3- 17	PE (3)	.14± .04	.22	13.4 ±.2	-.18± .04	-.08± .04		5485± 66
291.36 -.24	IRAS00476-0527	4.0± .6	.80± .01	.20	12.33	.40	13.05± .03		5550
004737.0-052758	PGC 2927	2.4± .5	1.22	.07	13.05	-.26	14.06± .23		5160
005010.2+314352		.S..6*.	1.22± .06	105				15.80±.3	4591± 10
122.62 -31.14	UGC 511	U	.65± .06	.23	15.29 ±.14				
327.30 9.19		6.0±1.3		.95				282± 7	4750
004727.8+312733	PGC 2928		1.24	.32	14.09			1.39	4292
005012.2+242942		.SB?...	.78± .13					15.95±.3	10103± 10
122.57 -38.38	MCG 4- 3- 11		.09± .07	.11	15.49 ±.12				
320.21 7.51				.11				260± 10	10248
004732.0+241323	PGC 2930		.79	.04	15.18			.73	9788
005021.3-411435		.S?....	.98± .06	162					
303.77 -75.88	ESO 295- 12		.14± .05	.03	14.62 ±.14				7050± 20
255.93 -9.43	FAIR 1070			.21					6997
004800.0-413054	PGC 2932		.98	.07	14.34				6827
005024.6-195423		.IXS9P*	1.22± .05	0					
121.01 -82.77	ESO 540- 32	SE (1)	.21± .04	.12	16.63 ±.14				
277.04 -4.24		10.0± .6		.16					
004756.0-201042	PGC 2933	10.9± .8	1.23	.11					
0050.4 +1143		.S?....	1.00± .08	8					11901
122.53 -51.15	UGC 513		.25± .06	.21	15.30 ±.14				
307.79 4.24				.38					12015
0047.8 +1127	PGC 2934		1.02	.13	14.65				11571
005025.6+243114			.64± .17					16.03±.3	10135± 10
122.64 -38.35	MCG 4- 3- 12		.11± .07	.11	15.23 ±.18				10200± 49
320.24 7.46	ARAK 15							200± 10	10283
004745.4+241455	PGC 2935		.65						9823
005027.6-055132		PLAR-?.	1.17± .10						
122.26 -68.73	MCG -1- 3- 18	E	.00± .07	.22					
290.73 -.49		-3.0± .8		.00					
004755.3-060751	PGC 2936		1.20						
005032.5-083908	NGC 270	.L..+..	1.24± .05	25					
122.23 -71.52	MCG -2- 3- 27	E	.05± .05	.19					
288.02 -1.27		-1.0± .8		.00					
004800.9-085527	PGC 2938		1.25						
0050.6 -1517		.SXS8?.	1.18± .05	80					5709
121.94 -78.16	MCG -3- 3- 5	E (1)	.36± .05	.03					
281.56 -3.07		8.0±1.7		.45					5742
0048.1 -1534	PGC 2943	7.5±1.6	1.18	.18					5401
0050.6 +1206		.S..8*.	.98± .07						11799
122.61 -50.77	UGC 515	U	.10± .05	.18					
308.17 4.29		8.0±1.2		.12					11914
0048.0 +1150	PGC 2946		.99	.05					11470
005041.4-521315		RLBR+*.	1.05± .11						
303.20 -64.91		S	.06± .08	.04					
244.90 -11.70		-1.0± .7		.00					
004826.3-522934	PGC 2948		1.04						

R.A. 2000 DEC. l b SGL SGB R.A. 1950 DEC.	Names PGC	Type S_T n_L T L	$\log D_{25}$ $\log R_{25}$ $\log A_e$ $\log D_o$	p.a. A_g A_i A_{21}	B_T m_B m_{FIR} B_T^o	$(B-V)_T$ $(U-B)_T$ $(B-V)_T^o$ $(U-B)_T^o$	$(B-V)_e$ $(U-B)_e$ m'_e m'_{25}	m_{21} W_{20} W_{50} HI	V_{21} V_{opt} V_{GSR} V_{3K}
005042.0-015432 122.50 -64.78 294.58 .52 004808.8-021051	NGC 271 UGC 519 IRAS00481-0210 PGC 2949	PSBT2.. UE 1.5± .5 	1.33± .03 .10± .04 1.35	130 .17 .13 .05	 12.91 ±.12 12.58				 4098± 50 4173 3770
0050.7 +1036 122.64 -52.27 306.72 3.88 0048.1 +1020	IC 53 UGC 516 PGC 2951	.L..-*. U -3.0±1.1 	1.06± .11 .01± .05 1.08	 .22 .00 	 14.86 ±.15 				
005047.7-553629 303.12 -61.52 241.47 -12.32 004835.0-555248	 ESO 150- 24 PGC 2958	.S.2?P/ S 1.5±1.2 	1.28± .04 .96± .05 1.28	154 .00 1.19 .48	 15.43 ±.14 				
005048.5-065310 122.48 -69.76 289.76 -.85 004816.5-070929	NGC 273 MCG -1- 3- 19 PGC 2959	.L..../ R -2.0± .4 	1.34± .03 .52± .04 .66± .03 1.28	80 .23 .00 	13.87 ±.14 	.94± .02 .45± .03 	1.03± .02 .55± .03 12.66± .11 14.11± .23		
005049.6+300946 122.77 -32.71 325.79 8.70 004807.5+295327	 UGC 518 PGC 2960	.SBR5.. U 5.0± .9 	.98± .07 .04± .05 1.00	 .23 .06 .02	 14.92 ±.14 14.57			16.44±.3 139± 7 1.85	10384± 10 10540 10081
005051.1+284159 122.78 -34.17 324.36 8.36 004809.5+282540	 CGCG 501- 24 PGC 2964			 .19 	 15.6 ±.4 			16.23±.3 217± 7 	4992± 10 5145 4686
005053.8-552929 303.09 -61.64 241.59 -12.32 004841.0-554548	 ESO 150- 25 PGC 2971	PSBR1.. r 1.0± .9 	.99± .06 .34± .05 .99	3 .00 .35 .17	 15.24 ±.14 				
005101.9-070327 122.64 -69.93 289.61 -.95 004830.0-071945	NGC 274 MCG -1- 3- 21 PGC 2980	.LXR-P. R -3.0± .4 	1.18± .04 .01± .03 1.20	155 .23 .00 	 12.93 ±.19 12.67			13.58±.1 338± 11 266± 12 	1750± 11 1765± 24 1811 1431
005104.4-070356 122.67 -69.94 289.60 -.97 004832.5-072015	NGC 275 MCG -1- 3- 22 IRAS00485-0720 PGC 2984	.SBT6P. R 6.0± .4 	1.19± .03 .14± .03 1.21	40 .23 .21 .07	 13.2 ±.2 11.39 12.73			13.75±.0 298± 4 264± 5 .95	1744± 5 1784± 33 1804 1423
005104.6-322517 303.76 -84.71 264.75 -7.54 004840.0-324136	 ESO 351- 11 PGC 2985	.S.R0.. r -.1± .9 	1.07± .05 .48± .03 1.05	163 .02 .36 	 14.69 ±.14 14.17				 9643 9619 9385
0051.2 +1201 122.84 -50.85 308.13 4.13 0048.6 +1145	 UGC 521 PGC 2992	.I..9.. U 10.0± .9 	.98± .07 .15± .05 .99	50 .16 .11 .07	 15.03 ±.13 14.76				659 774 330
005117.2-083550 122.81 -71.47 288.13 -1.43 004845.7-085208	NGC 277 MCG -2- 3- 28 PGC 2995	.L..-.. E -3.0± .9 	1.14± .10 .06± .07 1.16	50 .19 .00 					 4411 4465 4092
0051.3 -0800 122.85 -70.88 288.70 -1.28 0048.8 -0817	 PGC 2999	.SXS8?/ E (1) 8.0±1.3 7.5±1.2	1.07± .09 .38± .08 1.09	80 .16 .46 .19					
005123.0-083108 122.89 -71.39 288.21 -1.43 004851.4-084726	 MCG -2- 3- 29 PGC 3004	.SBT7.. E (1) 7.0± .9 6.4± .8	1.13± .06 .28± .05 1.16	65 .26 .39 .14					4229 4283 3910
005126.9+404329 122.93 -22.15 336.22 10.84 004840.8+402711	 UGC 522 VV 554 PGC 3011	.S..3.. U (1) 3.0± .9 3.5±1.2	.99± .05 .13± .04 1.03	65 .36 .18 .07	15.3 ±.2 14.50 ±.12 13.85 14.12	.11± .10 -.04 	 14.79± .34	16.89±.1 188± 8 2.71	5855± 11 6028 5582
0051.4 -0307 122.94 -66.00 293.45 .01 0048.9 -0324	 MCG -1- 3- 23 PGC 3012	.SB?... 	1.08± .09 .42± .07 1.10	 .23 .61 .21					3980 4051 3654
005130.0-125042 122.99 -75.72 284.00 -2.62 004859.6-130700	IC 56 MCG -2- 3- 30 KAZ 3 PGC 3014	.SXR6*. E (1) 6.0± .9 5.3± .7	.92± .08 .03± .05 .92	 .06 .04 .01					 6090± 96 6130 5778

R.A. 2000 DEC.	Names	Type	$\log D_{25}$	p.a.	B_T	$(B-V)_T$	$(B-V)_e$	m_{21}	V_{21}
l b		S_T n_L	$\log R_{25}$	A_g	m_B	$(U-B)_T$	$(U-B)_e$	W_{20}	V_{opt}
SGL SGB		T	$\log A_e$	A_i	m_{FIR}	$(B-V)^o_T$	m'_e	W_{50}	V_{GSR}
R.A. 1950 DEC.	PGC	L	$\log D_o$	A_{21}	B^o_T	$(U-B)^o_T$	m'_{25}	HI	V_{3K}
005134.8+292403		PSBS3..	.95± .07					16.56±.2	10779± 7
122.97 -33.47	UGC 524	U	.00± .05	.20	14.40 ±.12			272± 7	10781± 46
325.08 8.37		3.0± .9		.00				255± 5	10934
004852.9+290745	PGC 3019		.97	.00	14.12			2.44	10475
005135.0+294251		.SB?...	1.18± .04	150	15.13S±.15	.75± .06		16.07±.2	4931± 7
122.97 -33.16	UGC 525		.31± .03	.20	15.05 ±.18	.03± .09		237± 13	
325.39 8.44				.46		.61		206± 6	5086
004853.0+292633	PGC 3020		1.20	.15	14.41	-.08	15.11± .26	1.51	4628
0051.6 +5206		.S..2..	1.04± .08	50					
122.97 -10.77	UGC 523	U	.37± .06	1.63	14.8 ±.3				
347.55 12.84		2.0± .9		.46					
0048.8 +5150	PGC 3023		1.19	.19					
0051.6 +0311		.S..8*.	.96± .09	94					5418
123.05 -59.68	UGC 526	U	.39± .06	.13					
299.59 1.67		8.0±1.3		.48					5508
0049.1 +0255	PGC 3024		.97	.20					5088
005142.5+223108			.95?					16.32±.3	7296± 10
123.01 -40.35	CGCG 480- 16		.95?	.09	15.89 ±.16				
318.36 6.69								372± 7	7436
004902.8+221450	PGC 3027		.96						6979
0051.7 +0305		.S..9*.	.97± .09	15					1951
123.10 -59.78	UGC 527	U	.17± .06	.13					
299.50 1.61		9.0±1.2		.18					2040
0049.2 +0249	PGC 3031		.99	.09					1621
005151.3-124604	IC 56A	.SB.9?.	.59± .18	145					
123.34 -75.64		E	.15± .08	.06					12570± 96
284.10 -2.69	KAZ 4	9.0±1.8		.15					12610
004920.9-130221	PGC 3035		.60	.08					12258
0051.9 -1624	A 0049-16	.SXR4*.	1.00± .07	5					
123.64 -79.28	MCG -3- 3- 6	E (1)	.00± .05	.06					
280.55 -3.69		4.0± .8		.00					
0049.5 -1641	PGC 3042	3.0±1.0	1.01	.00					
005159.8-002912			.64± .17		15.25 ±.13	.58± .01	.53± .01		
123.24 -63.36	MCG 0- 3- 18		.28± .07	.15	15.3 ±.2	-.16± .02	-.11± .02		1725± 40
296.05 .60	ARAK 18		.29± .01				12.19± .03		1804
004926.2-004529	PGC 3043		.65						1397
005202.1-425248		.SB.5?.	1.06± .05	95					
302.53 -74.25	ESO 243- 7	S (1)	.37± .04	.03	15.38 ±.14				
254.36 -10.08		5.0±1.3		.55					
004942.0-430906	PGC 3046	5.6±1.3	1.06	.18					
005204.6+473300	NGC 278	.SXT3..	1.32± .03		11.47 ±.13	.64± .01	.67± .01	13.58±.1	641± 9
123.04 -15.32	UGC 528	R (1)	.02± .05	.78	11.59 ±.18	-.02± .02		143± 5	622± 40
343.02 12.01	IRAS00492+4716	3.0± .3	.79± .01	.02	9.68	.45	10.91± .02	100± 7	821
004914.9+471643	PGC 3051	3.9± .8	1.39	.01	10.70	-.15	12.86± .22	2.87	391
005206.6-224049	NGC 276	.SXR3?P	1.01± .05	90					
124.93 -85.55	ESO 474- 34	S	.40± .03	.04	15.75 ±.14				13846± 52
274.42 -5.34	IRAS00496-2257	3.4± .6		.55					13853
004939.0-225706	PGC 3054		1.02	.20	15.05				13558
005209.2-021304	NGC 279	PLXR+P*	1.21± .05	5					
123.36 -65.09	UGC 532	UE	.12± .04	.15	13.66 ±.10				3889± 46
294.38 .09	MK 558	-1.3± .5		.00	12.69				3962
004936.1-022921	PGC 3055		1.20		13.45				3562
005212.3+294033		.S..0..	.94± .07	93					
123.13 -33.20	UGC 529	U	.61± .05	.20	14.6 ±.2				5564± 46
325.38 8.30	ARAK 17	.0±1.0		.45					5718
004930.2+292416	PGC 3057		.93		13.89				5260
005213.9+441953		.S..1..	1.02± .06	0					
123.08 -18.54	UGC 530	U	.60± .05	.49	15.44 ±.12				
339.82 11.39		1.0±1.0		.61					
004925.9+440336	PGC 3058		1.06	.30					
005217.3-035804		.S..7?.	1.17± .05	165					
123.47 -66.84	MCG -1- 3- 27	E (1)	.45± .05	.23					
292.69 -.42		7.0±1.7		.62					
004944.5-041421	PGC 3062	6.4±1.2	1.19	.22					
005225.4-651337		.L?....	1.25± .07	80					
302.76 -51.90	ESO 79- 7A		.39± .06	.00					6577
231.69 -13.96				.00					6454
005024.0-652954	PGC 3070		1.19						6473

R.A. 2000 DEC. l b SGL SGB R.A. 1950 DEC.	Names PGC	Type S_T n_L T L	$\log D_{25}$ $\log R_{25}$ $\log A_e$ $\log D_o$	p.a. A_g A_i A_{21}	B_T m_B m_{FIR} B_T^o	$(B-V)_T$ $(U-B)_T$ $(B-V)_T^o$ $(U-B)_T^o$	$(B-V)_e$ $(U-B)_e$ m'_e m'_{25}	m_{21} W_{20} W_{50} HI	V_{21} V_{opt} V_{GSR} V_{3K}
0052.4 +1431		.S..6*.	1.18± .05	120					5475
123.29 -48.35	UGC 533	U	.42± .05	.18	14.95 ±.15				
310.63 4.50		6.0±1.2		.62					5595
0049.8 +1415	PGC 3072		1.20	.21	14.13				5148
0052.4 +2608		.SBS3..	1.00± .06	145					14797
123.22 -36.73	UGC 535	U	.24± .05	.12	15.24 ±.13				
321.94 7.40		3.0± .9		.34					14944
0049.8 +2552	PGC 3075		1.01	.12	14.67				14486
0052.5 +2420	NGC 280	.SB?...	1.23± .06	95					10169
123.24 -38.52	UGC 534		.18± .06	.13	14.23 ±.15				
320.19 6.96	IRAS00498+2404			.27	13.64				10313
0049.8 +2404	PGC 3076		1.24	.09	13.78				9855
005235.0+291234		.S?....	.96± .09	50				17.30±.3	4863± 10
123.23 -33.66	UGC 536		.29± .06	.20					
324.94 8.11				.41				218± 7	5017
004953.0+285617	PGC 3081		.98	.15					4559
0052.5 +0601		.I..9..	.96± .09						5202
123.45 -56.85	UGC 537	U	.00± .06	.15					
302.40 2.21		10.0± .9		.00					5299
0050.0 +0545	PGC 3082		.97	.00					4872
005238.1-724801	SMC	.SBS9P.	3.50± .02		2.70S±.10	.45± .03		3.00±.3	175± 7
302.81 -44.33	ESO 29- 21	R (1)	.23± .04	.18		-.20± .07			190± 49
223.91 -14.81		9.0± .3		.24	3.48	.36			34
005053.1-730418	PGC 3085	7.0± .7	3.52	.12	2.28	-.27	14.48± .17	.60	114
0052.6 +0603		.S..6*.	1.00± .08						
123.50 -56.82	UGC 538	U	.33± .06	.15	15.35 ±.13				
302.44 2.19		6.0±1.3		.49					
0050.1 +0547	PGC 3087		1.01	.17					
005242.2-311222	NGC 289	.SBT4..	1.71± .02	130	11.72 ±.13	.73± .01	.81± .01	11.78±.1	1631± 5
299.13 -85.91	ESO 411- 25	R (3)	.15± .03	.02	11.39 ±.12	.11± .03	.20± .02	308± 6	1690± 41
266.04 -7.58	VV 484	4.0± .3	1.04± .02	.22	11.18	.69	12.41± .04	272± 6	1611
005017.5-312839	PGC 3089	2.2± .5	1.72	.07	11.29	.08	14.77± .17	.41	1371
005245.2-835126		.L..-/*	1.14± .05	110					
302.89 -33.27	ESO 2- 10	S	.24± .04	.56	14.24 ±.14				
212.51 -15.56		-3.3± .7		.00					
005236.1-840742	PGC 3094		1.17						
005245.6-314307		.SBS9..	1.09± .05	29					1610
299.43 -85.40	ESO 411- 26	S (1)	.46± .05	.02	15.90 ±.14				1580± 60
265.53 -7.72		9.0± .9		.47					1557
005021.0-315924	PGC 3095	8.9± .9	1.09	.23	15.41				1321
005252.1-271931		.S?....	1.06± .07	123					
244.83 -89.63	ESO 411- 27		.68± .05	.06	16.16 ±.14				1919±108
269.89 -6.68				1.01					1911
005026.1-273548	PGC 3100		1.07	.34	15.08				1645
005253.6+415814		.S..6*.	1.00± .06						
123.22 -20.90	UGC 539	U	.02± .05	.33	14.49 ±.12				
337.51 10.82		6.0±1.2		.03					
005006.5+414157	PGC 3103		1.04	.01					
005258.1+290157		.S?....	.91± .04	137	14.17S±.15	.49± .02		15.71±.2	4982± 7
123.33 -33.84	UGC 540		.24± .03	.19	14.30 ±.17	-.19± .03		266± 13	5096± 45
324.79 7.99	ARAK 19			.36	12.72	.37		251± 6	5138
005016.0+284540	PGC 3108		.92	.12	13.66	-.28	12.95± .27	1.94	4680
0053.1 +2155		.S..6*.	1.04± .08	102					7296
123.46 -40.95	UGC 541	U	.76± .06	.09					
317.87 6.22		6.0±1.4		1.12					7434
0050.5 +2139	PGC 3120		1.05	.38					6979
005313.3-130953	NGC 283	.S..5..	1.21± .05	160					
124.73 -76.03	MCG -2- 3- 31	E (1)	.23± .05	.02					
283.81 -3.11	IRAS00507-1326	5.0± .8		.34					
005043.1-132609	PGC 3124	1.9± .8	1.21	.11					
005324.2-560320		.E+1.*.	.95± .06	123					
302.36 -61.07	ESO 151- 3	S	.17± .04	.00	15.26 ±.14				
241.08 -12.76		-4.0± .9		.00					
005113.0-561936	PGC 3130		.90						
005326.2+291610		.S?....	1.31± .04	160	14.22S±.15			14.44±.2	4508± 6
123.45 -33.60	UGC 542		.70± .03	.19	14.61 ±.12			370± 13	
325.05 7.94				1.05				368± 6	4662
005044.0+285954	PGC 3133		1.33	.35	13.18		13.89± .25	.91	4205

R.A. 2000 DEC. l b SGL SGB R.A. 1950 DEC.	Names PGC	Type S_T n_L T L	$\log D_{25}$ $\log R_{25}$ $\log A_e$ $\log D_o$	p.a. A_g A_i A_{21}	B_T m_B m_{FIR} B^o_T	$(B\text{-}V)_T$ $(U\text{-}B)_T$ $(B\text{-}V)^o_T$ $(U\text{-}B)^o_T$	$(B\text{-}V)_e$ $(U\text{-}B)_e$ m'_e m'_{25}	m_{21} W_{20} W_{50} HI	V_{21} V_{opt} V_{GSR} V_{3K}
0053.4 +0546	IC 1592	.S?....	1.00± .08	165					5189
123.87 -57.10	UGC 543		.14± .06	.12	15.00 ±.14				
302.22 1.93				.21					5285
0050.9 +0530	PGC 3139		1.01	.07	14.65				4860
005329.9-084609	NGC 291	PSBR1*.	1.05± .06	45					
124.55 -71.63	MCG -2- 3- 35	E	.31± .05	.23					
288.11 -2.00	IRAS00510-0901	1.0± .9		.31	12.13				
005058.5-090225	PGC 3140		1.08	.15					
005330.5-130646	NGC 286	.LXS0P?	1.11± .06	175					
125.01 -75.98	MCG -2- 3- 34	E	.17± .05	.02					
283.88 -3.17		-2.0±1.2		.00					
005100.3-132302	PGC 3142		1.09						
005331.3-580632	IC 1597	PSBT3P*	1.22± .04	151					
302.40 -59.02	ESO 112- 10	Sr	.70± .04	.00	15.01 ±.14				5053
238.99 -13.09		3.1± .8		.96					4949
005122.0-582248	PGC 3144		1.22	.35	14.01				4911
005332.8+025536		.S..5*/	1.19± .04	42					4907
123.98 -59.94	UGC 544	UE	.84± .04	.09	15.43 ±.12				
299.47 1.15	IRAS00509+0239	5.0± .9		1.26	13.53				4995
005058.3+023919	PGC 3147		1.20	.42	14.05				4578
005333.7+213043	A 0050+21								
123.59 -41.36				.09					6932± 60
317.49 6.03	MK 349								7069
005054.0+211427	PGC 3149								6614
005335.1+124139		.S?....	.74± .12		14.36 ±.13	.39± .01		17.25±.2	18313± 7
123.75 -50.17	UGC 545		.08± .06	.20		-.74± .03		365± 11	18205± 25
308.93 3.75	1ZW 1			.11	12.47	.21		305± 19	18420
005057.9+122523	PGC 3151		.76	.04	13.99	-.87	12.71± .63	3.22	17978
0053.5 -6153					14.30V±.14	1.02± .03			
302.49 -55.23				.00		.45± .05			
235.12 -13.65	FAIR 8								
0051.5 -6210	PGC 3152								
0053.6 +1804		.S..8*.	1.06± .06	5					4508± 10
123.67 -44.80	UGC 546	U	.35± .05	.15	15.29 ±.14				
314.15 5.13		8.0±1.3		.43					4637
0051.0 +1748	PGC 3157		1.07	.17	14.70				4186
005344.0-270302		.S?....	1.10± .05	18					
204.42 -89.48	ESO 474- 39		.71± .04	.07	14.73 ±.14				5455± 76
270.21 -6.80	IRAS00512-2719			1.07	12.57				5447
005118.0-271918	PGC 3159		1.11	.36	13.57				5180
005345.1-473850	IC 1594	.SXT3?.	1.10± .05	130					
301.82 -69.48	ESO 195- 12	Sr (1)	.53± .04	.03	15.18 ±.14				
249.62 -11.33		2.6± .6		.73					
005128.0-475506	PGC 3161	3.9± .9	1.10	.27					
005346.4-451108	IC 1595	.S..3?/	1.15± .05	12					
301.60 -71.94	ESO 243- 8	S	.87± .04	.03	15.38 ±.14				7444
252.11 -10.86		3.0±1.9		1.20					7378
005128.0-452724	PGC 3162		1.16	.43	14.10				7240
005348.8-331744		.S?....	1.08± .05	5					
298.33 -83.81	ESO 351- 18		.44± .05	.02	15.27 ±.14				5403± 39
264.02 -8.30				.65					5375
005125.0-333400	PGC 3165		1.08	.22	14.57				5150
005354.6-310544		.LX.-*.	1.07± .06						
295.34 -86.00	ESO 411- 28	S	.08± .04	.02	13.94 ±.14				9604± 39
266.21 -7.81		-3.0± .7		.00					9582
005130.0-312200	PGC 3169		1.06		13.78				9343
0053.9 +2446		.L.....	1.15± .07	28					
123.65 -38.10	UGC 547	U	.56± .03	.09	15.05 ±.10				
320.68 6.75	IRAS00512+2430	-2.0± .9		.00	13.15				
0051.2 +2430	PGC 3171		1.08						
005405.7+302048		.S?....	.95± .09					17.15±.2	6774± 7
123.61 -32.52	CGCG 501- 35		.48± .10	.28	15.30 ±.13			293± 13	
326.13 8.06				.72				293± 6	6928
005123.1+300433	PGC 3184		.98	.24	14.26			2.66	6473
005414.1-622721		.SBS4..	1.12± .04	150	14.58 ±.13	.74± .02	.82± .02		
302.37 -54.67	ESO 79- 8	Sr (1)	.21± .04	.00	14.59 ±.14				10615
234.56 -13.80		4.2± .5	.79± .02	.31		.63	14.02± .03		10499
005210.0-624336	PGC 3190	1.1± .9	1.12	.11	14.20		14.51± .27		10497

R.A. 2000 DEC.	Names	Type	logD$_{25}$	p.a.	B$_T$	(B-V)$_T$	(B-V)$_e$	m$_{21}$	V$_{21}$
l b		S$_T$ n$_L$	logR$_{25}$	A$_g$	m$_B$	(U-B)$_T$	(U-B)$_e$	W$_{20}$	V$_{opt}$
SGL SGB		T	logA$_e$	A$_i$	m$_{FIR}$	(B-V)^o_T	m'$_e$	W$_{50}$	V$_{GSR}$
R.A. 1950 DEC.	PGC	L	logD$_o$	A$_{21}$	B^o_T	(U-B)^o_T	m'$_{25}$	HI	V$_{3K}$
0054.2 -0212		.S..7P/	1.12± .08	173					
124.60 -65.07		E (1)	.58± .08	.19					
294.53 -.42		7.0±1.8		.80					
0051.7 -0229	PGC 3193	7.5±1.6	1.14	.29					
005416.0-071410	NGC 293	PSBT3..	1.05± .06	145					
124.99 -70.10	MCG -1- 3- 30	E (1)	.10± .05	.25					
289.65 -1.78	IRAS00517-0730	3.0± .9		.13	13.38				
005144.3-073025	PGC 3195	3.6± .8	1.07	.05					
005416.2-233208		.L?....			15.78S±.15				
133.18 -86.35				.05					
273.70 -6.04	HICK 9B								
005149.2-234823	PGC 3196								
005420.6-233310		.S?....	.82± .13		15.27S±.15				
133.49 -86.36	MCG -4- 3- 28		.17± .07	.05					20155± 38
273.69 -6.06	IRAS00518-2349			.25	13.67				20158
005153.6-234925	PGC 3201		.82	.09	14.88		13.78± .68		19870
005423.1+313948		.S..6*.	1.10± .05					15.72±.3	6606± 10
123.66 -31.20	UGC 548	U	.06± .05	.16	14.47 ±.14				
327.43 8.30		6.0±1.2		.08				244± 7	6763
005139.9+312333	PGC 3203		1.11	.03	14.20			1.49	6309
005426.6-480127		.SAR2..	.95± .07	166					
301.52 -69.10	ESO 195- 13	r	.22± .05	.03	15.27 ±.14				
249.26 -11.52		2.2± .9		.27					
005210.0-481742	PGC 3205		.95	.11					
005428.3-043601		.S..6*/	1.17± .05	15					5616
124.90 -67.46	MCG -1- 3- 31	E (1)	.59± .05	.23					
292.23 -1.11		6.0±1.3		.87					5680
005155.8-045216	PGC 3207	5.3± .8	1.19	.29					5293
005435.9+421632		.SB?...	.82± .13						
123.56 -20.59	MCG 7- 3- 5		.00± .07	.33	15.39 ±.13				5813± 82
337.87 10.57	5ZW 40			.00					5987
005148.2+420017	PGC 3212		.85	.00	15.00				5547
005441.4+245218		.S?....	.82± .13					16.46±.3	13511± 10
123.87 -37.99	MCG 4- 3- 16		.08± .07	.09	15.36 ±.12				
320.82 6.61				.11				119± 7	13655
005200.6+243603	PGC 3215		.83	.04	15.08			1.34	13199
005441.8+054627	IC 1598	.S..1..	.99± .06	2					
124.42 -57.09	UGC 553	U	.32± .05	.13	14.83 ±.12				4452± 52
302.30 1.64	MK 962	1.0± .9		.32					4547
005206.5+053012	PGC 3217		1.00	.16	14.31				4124
005442.0+364554		.S..6*.	1.04± .05	0				16.31±.3	6035± 10
123.66 -26.10	UGC 549	U	.97± .05	.20	15.79 ±.14			277± 13	
332.45 9.39		6.0±1.5		1.43					6201
005156.8+362939	PGC 3218		1.06	.49	14.14			1.69	5751
005443.2+213115	IC 1596	.S?....	1.26± .04	120				15.37±.1	2675± 6
123.95 -41.34	UGC 550		.47± .05	.10	14.66 ±.15			235± 8	
317.57 5.77				.71					2811
005203.4+211500	PGC 3219		1.27	.24	13.84			1.30	2358
005446.7+312153		.SB?...	1.04± .04	37	15.06S±.15	.46± .04		15.67±.2	4499± 7
123.77 -31.50	UGC 557		.38± .03	.21	14.81 ±.12	-.21± .06		296± 13	
327.16 8.15				.56		.31		255± 6	4655
005203.5+310538	PGC 3222		1.06	.19	14.12	-.32	14.19± .25	1.37	4201
005447.7+103205		.L...*.	1.22± .04	37					11731
124.28 -52.33	UGC 558	U	.43± .03	.19	15.09 ±.15				
306.92 2.89		-2.0±1.2		.00					11840
005211.1+101550	PGC 3225		1.18		14.73				11403
0054.8 +2843		.S..2..	1.00± .06	125					
123.82 -34.15	UGC 554	U	.51± .05	.20	15.47 ±.12				
324.58 7.52		2.0± .9		.63					
0052.1 +2827	PGC 3226		1.02	.26					
0054.8 +2851		.S..0..	.97± .07	28					
123.82 -34.01	UGC 555	U	.66± .05	.20	15.08 ±.16				
324.71 7.55		.0±1.0		.49					
0052.1 +2835	PGC 3227		.96						
0054.8 +1150	IC 57	.L...?.	1.01± .08						
124.25 -51.03	UGC 559	U	.03± .03	.18	15.11 ±.15				
308.18 3.23		-2.0±1.7		.00					
0052.2 +1134	PGC 3229		1.02						

R.A. 2000 DEC. l b SGL SGB R.A. 1950 DEC.	Names PGC	Type S_T n_L T L	$\log D_{25}$ $\log R_{25}$ $\log A_e$ $\log D_o$	p.a. A_g A_i A_{21}	B_T m_B m_{FIR} B_T^o	$(B\text{-}V)_T$ $(U\text{-}B)_T$ $(B\text{-}V)_T^o$ $(U\text{-}B)_T^o$	$(B\text{-}V)_e$ $(U\text{-}B)_e$ m'_e m'_{25}	m_{21} W_{20} W_{50} HI	V_{21} V_{opt} V_{GSR} V_{3K}
0054.8 +4445		.I..9*.	1.11± .14	120					
123.56 -18.11	UGC 551	U	.29± .12	.45					
340.33 11.02		10.0±1.2		.22					
0052.0 +4429	PGC 3230		1.15	.15					
0054.8 +1341		.S..9*.	1.00± .16						5434
124.19 -49.18	UGC 560	U	.04± .12	.11					
309.98 3.72		9.0±1.2		.04					5551
0052.2 +1325	PGC 3232		1.01	.02					5108
005450.4+291444		.S?....	1.02± .04	100	15.12S±.15	.87± .02		15.68±.2	4629± 5
123.82 -33.62	UGC 556		.31± .03	.18	15.10 ±.12	.29± .04		406± 8	
325.09 7.64	IRAS00521+2858			.46	11.25	.74		380± 6	4782
005208.0+285829	PGC 3235		1.04	.15	14.44	.18	14.30± .26	1.09	4327
005453.8-374057	NGC 300	.SAS7..	2.34± .01	111	8.72S±.05	.59± .03		9.15±.2	142± 4
299.20 -79.42	ESO 295- 20	R (3)	.15± .02	.02	9.00 ±.12	.11± .03		150± 5	88± 63
259.69 -9.50	IRAS00523-3756	7.0± .3		.21	9.43	.56		149± 3	98
005232.1-375712	PGC 3238	6.2± .3	2.35	.08	8.53	.09	14.91± .09	.55	-93
0054.9 +5230		.S..6*.	1.14± .13	162				16.12±.1	5165± 11
123.47 -10.36	UGC 552	U	.39± .12	1.59	14.6 ±.3				
348.04 12.42		6.0±1.2		.58				287± 8	5349
0052.0 +5214	PGC 3239		1.29	.20	12.40			3.53	4937
005455.1-320151		.L.-*P/	1.13± .07	178	14.9 ±.3	1.00± .04			
294.37 -85.04	ESO 411- 29	S	.43± .05	.02	14.98 ±.14				9607± 22
265.33 -8.24		-1.0± .8		.00		.85			9582
005231.0-321806	PGC 3242		1.07		14.81		14.35± .49		9350
005457.0-320115		.SB.2?P	.84± .06	103					
294.28 -85.05	ESO 411- 30	S	.15± .04	.02	14.77 ±.14				
265.34 -8.24	IRAS00525-3217	2.0± .7		.18	11.59				
005233.0-321730	PGC 3245		.84	.07					
005458.7-353045		.S?....	.94± .07	167					
298.01 -81.58	ESO 351- 20		.27± .06	.02	15.40 ±.14				12901
261.86 -9.04				.34					12865
005236.1-354700	PGC 3246		.94	.14	14.91				12657
005459.4+304818		.S?....	1.14± .07	165				15.13±.3	4684± 7
123.83 -32.06	UGC 561		.32± .06	.22					
326.63 7.98				.48				379± 7	4840
005216.4+303203	PGC 3247		1.16	.16					4385
005459.7-351915		.LA.-..	.97± .06						
297.86 -81.77	ESO 351- 21	S	.03± .04	.02	14.66 ±.14				17254
262.06 -9.00		-3.0± .9		.00					17218
005237.0-353530	PGC 3248		.97		14.38				17009
005501.4-072135	NGC 298	.S..6*/	1.23± .05	87					1757
125.56 -70.21	MCG -1- 3- 33	E (1)	.58± .05	.25					
289.58 -1.99		6.0±1.2		.86					1813
005229.7-073749	PGC 3250	4.2± .8	1.25	.29					1438
0055.0 -0822		.SBS9..	1.06± .09	135					
125.69 -71.23		E (1)	.14± .08	.33					
288.59 -2.26		9.0± .9		.14					
0052.5 -0839	PGC 3251	8.7± .8	1.09	.07					
005503.4-190021	A 0052-19	.SBT4..	1.31± .03	178					
128.96 -81.84	ESO 541- 1	ESr (2)	.19± .03	.06	13.96 ±.14				6295± 52
278.21 -5.07	IRAS00525-1916	3.8± .4		.28	13.88				6313
005235.0-191636	PGC 3252	2.1± .4	1.32	.09	13.58				5999
005507.9+313229	NGC 295	.SB.3*.	1.34± .04	164				15.05±.2	5456± 7
123.85 -31.32	UGC 562	U	.36± .05	.21	13.39 ±.12			460± 13	5477± 36
327.35 8.12	IRAS00523+3116	3.0± .8		.49	11.77			395± 7	5613
005224.6+311615	PGC 3260		1.36	.18	12.51				5159
005512.7-435458		PSXT1..	1.02± .05	48					
300.58 -73.20	ESO 243- 11	Sr	.17± .04	.03	14.62 ±.14				7056
253.44 -10.86		1.0± .6		.18					6993
005254.1-441112	PGC 3263		1.02	.09	14.33				6847
005514.1+352603		.S?....	.96± .09	175					11042
123.80 -27.43	UGC 564		.15± .06	.15	15.38 ±.14				
331.17 8.99				.22					11205
005229.3+350948	PGC 3265		.97	.07	14.94				10755
0055.2 -0101		.L?....	1.11± .16						
125.10 -63.88	UGC 568		.15± .08	.22	15.08 ±.16				13600± 69
295.75 -.34				.00					13675
0052.7 -0118	PGC 3266		1.11		14.65				13275

R.A. 2000 DEC. l b SGL SGB R.A. 1950 DEC.	Names PGC	Type S_T n_L T L	$\log D_{25}$ $\log R_{25}$ $\log A_e$ $\log D_o$	p.a. A_g A_i A_{21}	B_T m_B m_{FIR} B_T^o	$(B-V)_T$ $(U-B)_T$ $(B-V)_T^o$ $(U-B)_T^o$	$(B-V)_e$ $(U-B)_e$ m'_e m'_{25}	m_{21} W_{20} W_{50} HI	V_{21} V_{opt} V_{GSR} V_{3K}
0055.3 +0927		.S..6*.	1.00± .08						
124.53 -53.41	UGC 569	U	.14± .06	.15					
305.91 2.48		6.0±1.2		.20					
0052.7 +0911	PGC 3268		1.01	.07					
005518.4+314347		.SA.8..	1.07± .08					14.96±.3	6301± 7
123.89 -31.13	UGC 566	U	.00± .06	.16	15.1 ±.2				
327.54 8.13		8.0± .8		.00				219± 7	6458
005235.0+312733	PGC 3269		1.09	.00	14.97			-.01	6004
0055.3 +3144		.L.....	1.05± .08	62					
123.90 -31.13	UGC 567	U	.42± .03	.16	14.79 ±.10				
327.55 8.12		-2.0± .9		.00					
0052.6 +3128	PGC 3271		1.00						
0055.3 -0114									
125.17 -64.10	CGCG 384- 28			.22	15.1 ±.3				13390± 69
295.54 -.42									13464
0052.8 -0131	PGC 3272								13065
005521.5+314038	NGC 296	.S..6*.	1.04± .06	148	15.7 ±.4	.74± .04		16.40±.2	5647± 7
123.91 -31.19	UGC 565	U	.55± .05	.24	15.30 ±.12	-.01± .06		261± 13	
327.50 8.10		6.0±1.3		.81		.55		228± 6	5804
005238.1+312424	PGC 3274		1.06	.27	14.27	-.16	14.37± .51	1.85	5350
005523.1+302921								17.67±.3	5149± 10
123.94 -32.37	CGCG 501- 43			.22	15.7 ±.4				
326.34 7.82								171± 7	5304
005240.2+301307	PGC 3275								4849
005533.0+302354								16.74±.2	6627± 7
123.98 -32.46	CGCG 501- 47			.22	15.7 ±.4			282± 13	
326.26 7.76								223± 6	6781
005250.1+300740	PGC 3285								6327
005534.7-240916	IC 1601	.S?....	.93± .05	118					
140.58 -86.88	ESO 474- 44		.34± .04	.04	14.50 ±.14				3641± 56
273.17 -6.49	IRAS00531-2425			.50					3642
005308.1-242530	PGC 3287		.94	.17	13.93				3359
005542.5-303228		.SXS9?P	.98± .05						1563
287.87 -86.46	ESO 411- 31	S (1)	.01± .05	.02	15.26 ±.14				
266.85 -8.05		9.0±1.6		.01					1543
005318.0-304842	PGC 3290	10.0±1.2	.99	.01	15.23				1302
005556.6-594004		.S..3*/	1.14± .04	127					
301.88 -57.45	ESO 112- 11	S	.59± .04	.00	15.16 ±.14				
237.44 -13.63		3.0±1.0		.81					
005350.0-595618	PGC 3309		1.14	.29					
0055.9 -0053		.E...*.	1.04± .18	10					
125.49 -63.75	UGC 570	U	.18± .08	.13					13270± 69
295.92 -.47		-5.0±1.2		.00					13345
0053.4 -0110	PGC 3312		1.01						12945
0056.0 +1206	NGC 305	.SBS3..	1.00± .06	135					12321
124.70 -50.75	UGC 571	U	.07± .05	.16	14.96 ±.15				
308.52 3.02		3.0± .9		.10					12433
0053.4 +1150	PGC 3313		1.02	.04	14.60				11995
0056.0 +1413		.S..6*.	1.03± .06	140					11928
124.62 -48.64	UGC 572	U	.11± .05	.15	15.10 ±.16				
310.57 3.58		6.0±1.2		.16					12046
0053.4 +1357	PGC 3314		1.04	.06	14.74				11603
0056.0 +0424		.I..9*.	1.07± .14						5277
125.14 -58.45	UGC 574	U	.03± .12	.08					
301.07 .94		10.0±1.2		.02					5368
0053.5 +0408	PGC 3322		1.08	.01					4950
005606.5+240729	NGC 304	.S?....	1.06± .08	175					
124.30 -38.73	UGC 573		.21± .06	.17	14.01 ±.13				4980± 46
320.18 6.11				.25					5121
005325.7+235116	PGC 3326		1.08	.10	13.54				4667
005607.5-531122		.L..0./	1.13± .05	161					
301.34 -63.92	ESO 151- 4	S	.56± .03	.04	14.85 ±.14				
244.07 -12.68		-2.0± .7		.00					
005355.0-532736	PGC 3328		1.05						
005608.8-524946		PSXS0..	.99± .06	173					
301.29 -64.28	ESO 151- 5	r	.19± .03	.04	15.01 ±.14				
244.43 -12.63		-.1± .9		.15					
005356.0-530600	PGC 3330		.99						

R.A. 2000 DEC.	Names	Type	$\log D_{25}$	p.a.	B_T	$(B-V)_T$	$(B-V)_e$	m_{21}	V_{21}
l b		S_T n_L	$\log R_{25}$	A_g	m_B	$(U-B)_T$	$(U-B)_e$	W_{20}	V_{opt}
SGL SGB		T	$\log A_e$	A_i	m_{FIR}	$(B-V)^o_T$	m'_e	W_{50}	V_{GSR}
R.A. 1950 DEC.	PGC	L	$\log D_o$	A_{21}	B^o_T	$(U-B)^o_T$	m'_{25}	HI	V_{3K}
005609.6+310430								16.54±.3	4655± 10
124.12 -31.79	CGCG 501- 48			.19	15.6 ±.4				
326.95 7.80								291± 7	4810
005326.3+304817	PGC 3332								4357
0056.2 +3105		.S..4..	.96± .09	161				16.83±.3	4666± 10
124.14 -31.77	UGC 575	U	.98± .06	.19				304± 13	
326.96 7.79		4.0±1.0		1.44				283± 10	4821
0053.5 +3049	PGC 3336		.98	.49					4368
005614.6-470353		RLAR+?.	.96± .06	57					
300.53 -70.04	ESO 243- 12	r	.16± .05	.03	14.95 ±.14				6300±190
250.29 -11.64	FAIR 669	-1.3± .9		.00					6227
005358.0-472006	PGC 3338		.94		14.82				6105
0056.2 -0105									
125.67 -63.94	MCG 0- 3- 31			.13	15.21 ±.12				12565± 69
295.75 -.60									12639
0053.7 -0122	PGC 3340								12240
005616.1-011520		.E.....	1.16± .07	40	14.39 ±.15	1.05± .01	1.09± .01		
125.70 -64.10	UGC 579	UE	.08± .04	.08	14.36 ±.14		.60± .10		13246± 45
295.60 -.64		-4.5± .6	.79± .03	.00		.91	13.83± .09		13319
005342.8-013134	PGC 3342		1.15		14.09		14.98± .39		12921
005616.7-524658	NGC 312	.E.2.*.	1.16± .04	62	13.42 ±.13	1.02± .01	1.03± .01		
301.24 -64.33	ESO 151- 6	S	.13± .03	.04	13.40 ±.14				7978± 17
244.48 -12.64		-4.0± .6	.88± .03	.00		.93	13.31± .09		7888
005404.0-530312	PGC 3343		1.13		13.25		13.90± .23		7811
0056.3 +1353		.L...?.	1.00± .10	5					
124.76 -48.96	UGC 582	U	.14± .04	.13					
310.28 3.41	IRAS00537+1337	-2.0±1.7		.00	12.40				
0053.7 +1337	PGC 3355		.99						
0056.3 +5046		.E...?.	1.11± .16						
123.73 -12.09	UGC 577	U	.00± .08	1.11					
346.35 11.89		-5.0±1.6		.00					
0053.5 +5030	PGC 3358		1.29						
0056.4 +1152		.S..3..	1.00± .08	170					11627
124.87 -50.98	UGC 581	U (1)	.14± .06	.16					
308.32 2.86		3.0± .9		.19					11738
0053.8 +1136	PGC 3361	4.5±1.2	1.01	.07					11301
005627.0+503720		.SX.6*.	1.04± .06	125				16.41±.1	5070± 11
123.75 -12.24	UGC 576	U	.22± .05	1.03	14.6 ±.3				
346.20 11.86	IRAS00534+5019	6.0± .9		.32				254± 8	5252
005333.9+502107	PGC 3363		1.14	.11	13.22			3.08	4835
0056.4 -0114		.E...*.	1.04± .18						
125.80 -64.09	UGC 583	U	.00± .08	.15	14.38 ±.11				11541± 48
295.62 -.68		-5.0±1.2		.00					11614
0053.9 -0131	PGC 3365		1.06		14.06				11216
005633.1-014616	NGC 307	.L..0*.	1.20± .06	85	13.75 ±.13	.97± .02			
125.91 -64.61	UGC 584	UE	.36± .04	.13	13.87 ±.10	.49± .03			4002± 28
295.12 -.85		-2.3± .7		.00		.87			4074
005359.8-020229	PGC 3367		1.16		13.63	.45	13.74± .36		3678
005641.4-525835	NGC 323	.E.0.*.	1.02± .04		13.59 ±.13	1.04± .01	1.06± .01		
301.12 -64.13	ESO 151- 9	S	.03± .03	.04	13.55 ±.14	.53± .03	.56± .02		7779± 31
244.30 -12.73		-5.0± .7	.68± .01	.00		.96	12.48± .05		7688
005429.0-531448	PGC 3374		1.02		13.41	.56	13.62± .24		7612
005642.7-095451	NGC 309	.SXR5..	1.48± .02	175	12.50 ±.13	.56± .01	.62± .01	14.12±.1	5662± 5
127.31 -72.74	MCG -2- 3- 50	R (3)	.08± .03	.17	12.2 ±.2	-.07± .03	.04± .03	221± 7	5649± 66
287.21 -3.07	IRAS00542-1010	5.0± .3	1.17± .01	.12	12.11	.47	13.84± .03	203± 5	5708
005411.8-101103	PGC 3377	1.3± .5	1.50	.04	12.10	-.13	14.57± .19	1.98	5348
005647.3-530553		.LAS0*.	1.16± .05	119	12.86V±.14	1.08± .03			
301.10 -64.01	ESO 151- 12	S	.28± .04	.04	13.92 ±.14				7425± 56
244.18 -12.77		-1.7± .7		.00		.97			7334
005435.0-532206	PGC 3387		1.12		13.78		13.89± .32		7259
005651.3-632853		.SAR5P.	.95± .09	147					
301.91 -53.64	ESO 79- 13	Sr	.39± .05	.00	15.05 ±.14				9230± 63
233.54 -14.22	FAIR 215	5.0± .7		.59	13.47				9110
005450.0-634506	PGC 3391		.95	.20	14.41				9118
005652.7-315747	NGC 314	RLBT+*.	.98± .06	168					
289.51 -85.02	ESO 411- 32	Sr	.10± .04	.02	14.23 ±.14				
265.50 -8.62	IRAS00544-3214	-1.4± .5		.00	13.54				
005429.0-321400	PGC 3395		.97						

R.A. 2000 DEC. l b SGL SGB R.A. 1950 DEC.	Names PGC	Type S_T n_L T L	$\log D_{25}$ $\log R_{25}$ $\log A_e$ $\log D_o$	p.a. A_g A_i A_{21}	B_T m_B m_{FIR} B_T^o	$(B-V)_T$ $(U-B)_T$ $(B-V)_T^o$ $(U-B)_T^o$	$(B-V)_e$ $(U-B)_e$ m'_e m'_{25}	m_{21} W_{20} W_{50} HI	V_{21} V_{opt} V_{GSR} V_{3K}
005657.3-435017	NGC 319	PSXS1*.	1.01± .05						
299.48 -73.25	ESO 243- 13	BSr	.09± .04	.03	14.25 ±.14				
253.58 -11.15		.6± .6		.09					
005439.0-440630	PGC 3398		1.01	.04					
005657.4-525523	NGC 328	.SBT1P*	1.43± .04	100					
301.02 -64.18	ESO 151- 13	Sr	.71± .04	.04	14.28 ±.14				4810±190
244.36 -12.76		1.4± .4		.72					4719
005445.0-531136	PGC 3399		1.43	.35	13.45				4643
005659.4-452441	IC 1603	.SAS5*.	1.10± .04	112					
299.83 -71.68	ESO 243- 14	S (1)	.21± .04	.03	14.62 ±.14				7962
251.99 -11.46		5.0± .9		.31					7894
005442.1-454054	PGC 3401	3.3± .9	1.11	.10	14.23				7760
005702.2-005232		.S?....	.93± .08						
126.09 -63.71	UGC 588		.02± .05	.08	14.79 ±.13				13535± 69
296.02 -.72	ARAK 22			.02					13609
005428.7-010845	PGC 3405		.94	.01	14.52				13211
0057.1 +1454		.S?....	1.00± .08	145					14885
124.99 -47.95	UGC 590		.19± .06	.14	15.26 ±.15				
311.30 3.50				.28					15004
0054.5 +1438	PGC 3409		1.01	.09	14.76				14562
005710.3-434336	NGC 322	.L..?P/	1.05± .06	153					
299.31 -73.36	ESO 243- 15	S	.25± .04	.03	14.29 ±.14				7093
253.70 -11.17		-2.0±1.7		.00					7030
005452.0-435948	PGC 3412		1.01		14.16				6884
005714.7-405729	NGC 324	.S?....	1.14± .05	95	13.99 ±.13	1.14± .01	1.15± .01		
298.36 -76.12	ESO 295- 25		.45± .05	.03	14.06 ±.14	.43± .02	.47± .02		3446± 39
256.50 -10.63			.43± .02	.65		1.03	11.63± .06		3391
005455.0-411342	PGC 3416		1.14	.22	13.32	.31	13.41± .31		3224
005719.8+235319	A 0054+23	.S?....	.95± .07	165					
124.66 -38.96	UGC 591		.16± .05	.17	15.02 ±.12				5100±110
320.02 5.78	MK 350			.23					5240
005439.0+233707	PGC 3420		.97	.08	14.59				4788
005724.0-305800		.LXS0..	1.13± .04	5					
284.54 -85.95	ESO 411- 33	S	.41± .03	.02	15.29 ±.14				
266.51 -8.51		-2.0± .8		.00					
005500.1-311412	PGC 3426		1.07						
005732.8+301647	NGC 311	.L.....	1.18± .15	120	14.00 ±.13	1.00± .02			
124.50 -32.57	UGC 592	U	.27± .08	.29	13.93 ±.10	.57± .03			5062± 26
326.24 7.32		-2.0± .8		.00		.86			5216
005449.6+300035	PGC 3434		1.17		13.59	.50	14.11± .77		4764
005735.2-050009	NGC 321	.SBT6P.	.99± .07	95					
126.99 -67.83	MCG -1- 3- 41	PE (2)	.21± .05	.23					5782± 72
292.05 -1.97		5.5± .6		.30					5843
005502.9-051621	PGC 3435	3.7± .6	1.01	.10					5462
005737.0-485406	IC 1605	PSBR4..	1.19± .04	138	13.71 ±.13	.78± .01	.87± .01		
300.20 -68.19	ESO 195- 19	Sr (1)	.09± .04	.04	13.82 ±.14				6800±190
248.47 -12.19	FAIR 671	3.7± .6	.85± .02	.13		.71	13.45± .05		6721
005522.0-491018	PGC 3436	2.2± .8	1.20	.04	13.55		14.30± .27		6614
005738.6-462648		.SBS6P.	.97± .05						
299.71 -70.64	ESO 243- 17	S (1)	.12± .05	.03	15.10 ±.14				8800±190
250.97 -11.76	FAIR 670	6.0± .9		.17					8728
005522.0-464300	PGC 3441	4.4± .9	.98	.06	14.86				8603
005739.2+434804	NGC 317A	.S?....	1.14± .13						
124.12 -19.06	UGC 593		.03± .12	.44					5293± 58
339.49 10.34	IRAS00548+4331			.04	10.80				5468
005449.9+433152	PGC 3442		1.18	.01					5034
0057.6 -0121		.S?....	.94± .10						
126.50 -64.19	UGC 595		.04± .06	.14	14.56 ±.12				13427± 43
295.59 -1.00				.04					13500
0055.1 -0138	PGC 3444		.95	.02	14.22				13104
005740.5+434731	NGC 317B	.SB?...	1.04± .06	105				15.60±.1	5334± 8
124.12 -19.07	UGC 594		.32± .05	.44				374± 16	5083± 50
339.48 10.33				.48				258± 8	5503
005451.2+433119	PGC 3445		1.08	.16					5069
005741.8+332104		.S?....	.64± .17					17.44±.3	5303± 10
124.43 -29.50	MCG 5- 3- 29		.11± .07	.20	15.23 ±.18				5400± 49
329.25 8.02	ARAK 23			.17				219± 7	5465
005457.4+330452	PGC 3446		.66	.06	14.83			2.55	5016

R.A. 2000 DEC. / l b / SGL SGB / R.A. 1950 DEC.	Names / PGC	Type / S_T n_L / T / L	$logD_{25}$ / $logR_{25}$ / $logA_e$ / $logD_o$	p.a. / A_g / A_i / A_{21}	B_T / m_B / m_{FIR} / B_T^o	$(B-V)_T$ / $(U-B)_T$ / $(B-V)_T^o$ / $(U-B)_T^o$	$(B-V)_e$ / $(U-B)_e$ / m'_e / m'_{25}	m_{21} / W_{20} / W_{50} / HI	V_{21} / V_{opt} / V_{GSR} / V_{3K}
005742.3+434210	A 0054+43	.S..3..	.94± .11		15.09 ±.14	.59± .03		16.43±.1	5422± 10
124.13 -19.15	MCG 7- 3- 11	R (1)	.19± .07	.44	14.83 ±.12			96± 11	5397± 59
339.40 10.31	IRAS00548+4325			.28		.42		88± 11	5596
005453.1+432558	PGC 3448	1.1± .9	.98	.09	14.19		14.15± .58	2.14	5161
005745.1+323239								17.58±.3	7400± 10
124.47 -30.31	CGCG 501- 50			.13	15.2 ±.2				
328.46 7.81								136± 10	7557
005501.0+321627	PGC 3450								7107
0057.7 -0023		.E...?.	.66± .24						
126.44 -63.23	UGC 599	U	.22± .07	.09	14.85 ±.20				
296.53 -.77		-5.0±1.7		.00					
0055.2 -0040	PGC 3451		.60						
005747.3-273006		.SXR5*.	1.23± .04						
228.13 -88.54	ESO 411- 34	S (1)	.03± .03	.07	13.49 ±.14				5647± 47
269.98 -7.78	IRAS00553-2746	4.9± .4		.04	13.10				5635
005522.0-274618	PGC 3453	2.9± .4	1.24	.01	13.35				5376
005748.1-050645		.S..6./	1.14± .06	93					
127.15 -67.93	MCG -1- 3- 45	E	.83± .05	.23					
291.96 -2.05		6.0± .9		1.22					
005515.9-052257	PGC 3454		1.16	.41					
005749.1+302110	NGC 315	.E+..*.	1.51± .06	40	12.2 ±.2	1.04± .02	1.07± .01		
124.56 -32.50	UGC 597	PU	.20± .06	.28	12.23 ±.10	.60± .03	.61± .02		4936± 24
326.33 7.28		-4.0± .5	1.09± .06	.00		.93	13.10± .21		5089
005505.9+300458	PGC 3455		1.49		11.87	.56	14.24± .39		4638
005750.0+312905		.S..0..	.97± .07	29				18.23±.3	5005± 10
124.53 -31.37	UGC 598	U	.42± .05	.21	14.56 ±.15				5027± 46
327.43 7.55		.0± .9		.32				282± 10	5161
005506.3+311253	PGC 3456		.97		13.96				4710
0057.9 -0507	NGC 327	.SBS4*.	1.20± .04	3	14.3 ±.2	.88± .06			
127.24 -67.95	MCG -1- 3- 47	PE (1)	.38± .04	.23		.16± .07			
291.95 -2.09		4.0± .6		.56					
0055.3 -0524	PGC 3462	3.1± .8	1.22	.19			14.21± .32		
005801.5+304219								17.39±.3	4723± 10
124.60 -32.15	CGCG 501- 55			.22	15.4 ±.4				
326.68 7.32								188± 7	4877
005518.0+302607	PGC 3466								4425
005801.5-050423	NGC 329	.S..3*/	1.20± .05	161	14.3 ±.2	1.04± .12			
127.29 -67.89	MCG -1- 3- 48	PE	.41± .04	.22		.27± .12			
292.01 -2.09		2.5± .8		.57					
005529.2-052034	PGC 3467		1.22	.20			14.14± .32		
0058.1 -0614		.S?....	1.08± .09						5823
127.59 -69.06	MCG -1- 3- 50		.82± .07	.25					
290.87 -2.43				1.22					5880
0055.6 -0631	PGC 3472		1.10	.41					5505
005811.0-081301		.LXS-?.	1.15± .07	50					
128.07 -71.02	MCG -1- 3- 49	E	.13± .05	.32					
288.96 -2.97		-2.5± .6		.00					
005539.7-082913	PGC 3475		1.17						
005819.4-152332		RSBR2*.	1.19± .05	63					
131.04 -78.16	MCG -3- 3- 10	E	.31± .05	.02					
281.96 -4.89		2.0±1.2		.39					
005550.2-153944	PGC 3481		1.19	.16					
0058.3 +2652	NGC 326	.E?....	1.16± .09		14.33 ±.15	1.09± .03	1.18± .02		
124.84 -35.98	UGC 601		.00± .05	.22		.63± .08	.68± .06		14138± 59
322.97 6.30	4ZW 35		.84± .03	.00		.91	14.02± .10		14284
0055.6 +2635	PGC 3482		1.20		13.89	.65	15.13± .50		13832
005823.2+364350	A 0055+36	.SXS5..	1.20± .04		14.68 ±.13	.62± .02		15.37±.1	6143± 7
124.48 -26.12	UGC 602	U (1)	.06± .04	.18	14.12 ±.16			265± 8	6127± 59
332.58 8.66		5.0± .8		.09		.53		251± 11	6307
005537.2+362739	PGC 3485	2.2± .8	1.22	.03	14.15		15.38± .25	1.19	5861
005824.0-082428		PSBR1P?	1.15± .05	75					
128.28 -71.21	MCG -2- 3- 52	E	.08± .04	.32					
288.79 -3.07		1.0±1.0		.08					
005552.7-084039	PGC 3486		1.18	.04					
005824.1+483941	A 0055+48	.SXS3..	1.14± .05	135				16.11±.1	6813± 7
124.12 -14.19	UGC 600	U	.10± .05	.95	14.0 ±.3			163± 11	6903± 59
344.32 11.18		3.0± .8		.14				137± 7	6994
005531.7+482330	PGC 3487		1.23	.05	12.88			3.18	6573

R.A. 2000 DEC.	Names	Type	$\log D_{25}$	p.a.	B_T	$(B\text{-}V)_T$	$(B\text{-}V)_e$	m_{21}	V_{21}
l b		S_T n_L	$\log R_{25}$	A_g	m_B	$(U\text{-}B)_T$	$(U\text{-}B)_e$	W_{20}	V_{opt}
SGL SGB		T	$\log A_e$	A_i	m_{FIR}	$(B\text{-}V)^o_T$	m'_e	W_{50}	V_{GSR}
R.A. 1950 DEC.	PGC	L	$\log D_o$	A_{21}	B^o_T	$(U\text{-}B)^o_T$	m'_{25}	HI	V_{3K}
0058.4 +1134		.S?....	.89± .08	157					14079
125.66 -51.26	UGC 603		.22± .05	.16					
308.16 2.31				.33					14188
0055.8 +1118	PGC 3490		.91	.11					13754
0058.4 -0123					14.73 ±.15	1.05± .02	1.07± .01		
126.97 -64.21				.14					15510± 72
295.61 -1.21			.67± .05				13.57± .17		15582
0055.9 -0139	PGC 3492								15187
005827.4+233231		.SB?...	.89± .11					16.67±.3	10432± 10
125.01 -39.30	MCG 4- 3- 26		.07± .07	.10	15.19 ±.13				
319.75 5.45				.10				291± 7	10571
005546.5+231620	PGC 3493		.90	.03	14.93			1.71	10120
005831.0-100928		.SBS9?/	1.11± .06	40					6837
128.88 -72.95	MCG -2- 3- 53	E	.60± .05	.14					
287.09 -3.57		9.0±1.8		.61					6882
005600.2-102539	PGC 3496		1.12	.30					6525
0058.6 +4501		.S..6*.	1.00± .08	137				16.54±.1	5215± 11
124.27 -17.83	UGC 604	U	1.02± .06	.66					
340.73 10.41		6.0±1.5		1.47				203± 8	5391
0055.8 +4445	PGC 3503		1.06	.50					4960
005840.0-451201		.SB.5?/	1.08± .05	121					
298.84 -71.87	ESO 243- 18	S	.78± .04	.03	15.53 ±.14				
252.26 -11.71		5.0±2.0		1.17					
005623.0-452812	PGC 3505		1.08	.39					
0058.7 +1245		.S..6?.	.98± .07						11641
125.70 -50.08	UGC 607	U	.00± .05	.18	14.95 ±.15				
309.32 2.55		6.0±1.7		.00					11753
0056.1 +1229	PGC 3508		.99	.00	14.71				11317
005846.4-205025	NGC 320	RSBT0*.	.93± .05	159					
138.23 -83.49	ESO 541- 3	S	.25± .04	.09	14.55 ±.14				
276.63 -6.38	IRAS00563-2106	.0± .9		.19	12.30				
005619.0-210636	PGC 3510		.92						
005848.8+003517	IC 1607	.S?....	.95± .07						
126.89 -62.23	UGC 611		.00± .05	.13	14.31 ±.12				5410± 50
297.56 -.75				.00					5488
005614.9+001906	PGC 3512		.96	.00	14.15				5086
0058.8 +1259		.E.....	1.26± .13		14.0 ±.2	1.05± .04	1.10± .02		
125.72 -49.85	UGC 610	U	.06± .08	.15	14.07 ±.16				
309.56 2.59		-5.0± .8	.96± .08	.00			14.25± .27		
0056.2 +1243	PGC 3513		1.27				15.11± .71		
005850.0-350655	NGC 334	PSBS3P*	1.07± .05	169					
292.19 -81.86	ESO 351- 26	BS (1)	.28± .04	.02	14.64 ±.14				9204± 20
262.44 -9.72	IRAS00564-3523	3.4± .6		.39	13.38				9167
005628.0-352306	PGC 3514	3.3±1.2	1.07	.14	14.16				8961
005854.7-254613		.L?....	.87± .06						
174.28 -87.85	ESO 475- 3		.07± .04	.07	15.41 ±.14				5583± 52
271.76 -7.61				.00					5577
005629.0-260224	PGC 3523		.87		15.26				5308
005858.1-184437	A 0056-19	.SXT4..	1.47± .03	22				14.28±.3	1987± 11
134.99 -81.44	ESO 541- 4	SE (2)	.32± .03	.01	13.34 ±.14			276± 16	2009± 60
278.70 -5.90		4.0± .5		.47				269± 12	2004
005630.1-190048	PGC 3526	3.2± .5	1.47	.16	12.84			1.28	1693
005901.2+235108		.S?....	.93± .07	90					
125.16 -38.99	UGC 612		.35± .05	.13	14.63 ±.15				5061± 46
320.08 5.40	IRAS00563+2334			.52					5200
005620.1+233458	PGC 3527		.95	.17	13.96				4751
005902.4+480105		.SX.8..	1.28± .04	133				14.49±.1	2756± 6
124.25 -14.83	UGC 608	U	.32± .05	.83	14.9 ±.3			205± 7	
343.70 10.95		8.0± .8		.40				179± 10	2935
005610.2+474455	PGC 3528		1.35	.16	13.64			.68	2512
005904.1+010005					16.58 ±.13	.48± .03			
126.97 -61.81				.05		-.09± .05			5330± 72
297.98 -.70									5409
005630.1+004355	PGC 3530								5006
005906.7-861710		.SBS7..	1.19± .05	50					
302.79 -30.84	ESO 2- 11	S (1)	.21± .05	.46					
210.01 -15.74		7.0± .8		.28					
010110.0-863318	PGC 3533	7.8± .8	1.23	.10					

R.A. 2000 DEC.	Names	Type	$\log D_{25}$	p.a.	B_T	$(B-V)_T$	$(B-V)_e$	m_{21}	V_{21}
l b		S_T n_L	$\log R_{25}$	A_g	m_B	$(U-B)_T$	$(U-B)_e$	W_{20}	V_{opt}
SGL SGB		T	$\log A_e$	A_i	m_{FIR}	$(B-V)^o_T$	m'_e	W_{50}	V_{GSR}
R.A. 1950 DEC.	PGC	L	$\log D_o$	A_{21}	B^o_T	$(U-B)^o_T$	m'_{25}	HI	V_{3K}
005918.0+065515									
126.41 -55.90	CGCG 410- 22			.16	15.49 ±.12				13185± 45
303.72 .85	MK 559				13.67				13281
005642.3+063905	PGC 3541								12860
005918.5-203444		.SBT8?.	1.08± .04	87					1958
138.70 -83.21	ESO 541- 5	S (1)	.27± .03	.13	15.84 ±.14				
276.92 -6.43		8.0±1.7		.33					1969
005651.0-205054	PGC 3543	7.8±1.2	1.09	.14	15.38				1669
005920.3-181408	NGC 335	.S..4?/	1.05± .04	137					
134.91 -80.92	ESO 541- 6	SE	.54± .03	.04	15.12 ±.14				5518
279.23 -5.85	IRAS00568-1830	4.0±1.1		.80	12.52				5536
005652.1-183018	PGC 3544		1.05	.27	14.25				5222
005923.2+235903								18.03±.3	5079± 10
125.26 -38.85	CGCG 480- 29			.13	15.7 ±.4				
320.23 5.35								168± 7	5218
005642.0+234253	PGC 3546								4769
005923.6-044815		.S..1P/	1.32± .04	170					
128.14 -67.60	MCG -1- 3- 51	E	.54± .05	.20					
292.36 -2.35		1.0± .8		.55					
005651.3-050425	PGC 3547		1.33	.27					
005924.3-341944	IC 1608	RLAR+P?	1.31± .04	170					
290.06 -82.60	ESO 351- 27	BS	.36± .03	.02	13.70 ±.14				3463± 34
263.25 -9.67		-.7± .5		.00					3428
005702.1-343554	PGC 3549		1.26		13.63				3217
005929.4-361114		.SBS5*P	1.14± .04	80					
292.74 -80.78	ESO 351- 28	S (1)	.38± .04	.02	14.61 ±.14				3572± 39
261.39 -10.08	IRAS00570-3627	4.7± .7		.58					3531
005708.0-362724	PGC 3554	4.4±1.2	1.14	.19	13.99				3333
005932.2+314800								17.08±.3	4616± 10
124.94 -31.04	CGCG 501- 56			.24	15.0 ±.4				4680± 53
327.83 7.27								154± 7	4773
005648.1+313150	PGC 3555								4324
0059.5 -1226		.S?....	1.04± .09						
130.73 -75.19	MCG -2- 3- 59		.78± .07	.09					5735
284.93 -4.42	IRAS00570-1242			1.17					5772
0057.0 -1242	PGC 3557		1.05	.39					5427
0059.6 +1850		PSBR3..	1.10± .05	85					11279
125.62 -43.99	UGC 616	U	.08± .05	.10	14.91 ±.19				
315.27 3.97	IRAS00569+1834	3.0± .8		.11					11406
0056.9 +1834	PGC 3558		1.11	.04	14.62				10961
005936.2+353335		.SBS7..	1.17± .05	70					
124.80 -27.28	UGC 614	U	.19± .05	.16	13.87 ±.12				2540± 52
331.49 8.15		7.0± .8		.27					2702
005650.5+351725	PGC 3559		1.19	.10	13.43				2256
005939.3-181810		.SBS1P*	1.18± .07	10					
135.46 -80.97		SE	.14± .05	.04					
279.18 -5.94		.7± .9		.14					
005711.1-183420	PGC 3562		1.18	.07					
005939.6+151956		.SX.2..	.97± .07	23					
125.87 -47.49	UGC 615	U	.24± .05	.16	14.20 ±.14				5517± 50
311.88 3.03		2.0± .9		.29					5635
005701.2+150346	PGC 3563		.99	.12	13.69				5196
005940.5+292017		.E?....						17.03±.3	4861± 10
125.08 -33.50	MCG 5- 3- 32			.23	15.1 ±.4				
325.44 6.64								158± 7	5011
005657.3+290407	PGC 3564								4561
0059.7 +1801		.SB.1..	.96± .07						5478
125.72 -44.81	UGC 617	U	.08± .05	.13	14.86 ±.13				
314.48 3.72		1.0± .9		.08					5603
0057.1 +1745	PGC 3565		.97	.04	14.58				5159
0059.7 +0056		.S..6*.	.98± .07						
127.35 -61.86	UGC 618	U	.00± .05	.04	14.95 ±.15				
297.96 -.89		6.0±1.2		.00					
0057.2 +0040	PGC 3566		.98	.00					
005947.4-401956	IC 1609	.LA.0*.	1.15± .05						
296.01 -76.68	ESO 295- 26	BS	.04± .04	.02	13.59 ±.14				
257.23 -10.98		-1.6± .7		.00					
005728.0-403606	PGC 3567		1.15						

R.A. 2000 DEC. l b SGL SGB R.A. 1950 DEC.	Names PGC	Type S_T n_L T L	$\log D_{25}$ $\log R_{25}$ $\log A_e$ $\log D_o$	p.a. A_g A_i A_{21}	B_T m_B m_{FIR} B_T^o	$(B-V)_T$ $(U-B)_T$ $(B-V)_T^o$ $(U-B)_T^o$	$(B-V)_e$ $(U-B)_e$ m'_e m'_{25}	m_{21} W_{20} W_{50} HI	V_{21} V_{opt} V_{GSR} V_{3K}
0059.8 +1444 125.96 -48.09 311.31 2.83 0057.1 +1428	 UGC 619 IRAS00571+1428 PGC 3569	.S..6*. U 6.0±1.4 	1.07± .07 1.01± .06 1.08	5 .15 1.47 .50					12196 12313 11874
005950.0-073441 129.13 -70.35 289.69 -3.20 005718.5-075051	NGC 337 MCG -1- 3- 53 IRAS00573-0750 PGC 3572	.SBS7.. R (3) 7.0± .3 5.1± .4	1.46± .02 .20± .04 1.02± .01 1.49	60 .34 .28 .10	12.06 ±.13 12.1 ±.2 10.78 11.45	.45± .01 -.09± .02 .32 -.18	.49± .01 -.11± .02 12.65± .02 13.71± .20	13.05±.1 261± 6 229± 7 1.50	1650± 5 1690± 50 1702 1335
005952.8+314936 125.02 -31.01 327.87 7.21 005708.6+313327	A 0057+31 CGCG 501- 58 MK 352 PGC 3575	.LA.... R -2.0± .5 		 .24 	 14.8 ±.4 			16.32±.2 242± 6 229± 6 	4456± 6 4466± 32 4611 4163
010000.1-680739 301.72 -48.98 228.79 -15.01 005809.1-682348	 ESO 51- 11 FAIR 217 PGC 3579	RSAR2P? Sr (1) 2.3± .5 2.2±1.2	1.13± .05 .05± .05 1.13	 .00 .07 .03	 14.08 ±.14 13.10 13.94				 6996± 30 6864 6910
010004.2-110459 130.56 -73.83 286.29 -4.18 005733.8-112108	 MCG -2- 3- 61 PGC 3584	PSXR4.. E (1) 4.0± .8 .8± .8	1.17± .05 .04± .05 1.18	 .09 .06 .02					5421 5462 5111
010009.4-334233 287.53 -83.16 263.91 -9.68 005747.1-335842	Sculptor ESO 351- 30 PGC 3589	.E?.... 	2.60± .02 .11± .04 2.57	110 .02 .00 	10.50S±.10 8.78 ±.11 9.70		 18.22± .17		 148± 22 115 -99
0100.3 +1816 125.88 -44.55 314.76 3.66 0057.6 +1800	 UGC 621 IRAS00576+1800 PGC 3598	.S?.... 	1.01± .06 .23± .05 1.03	2 .13 .34 .11	 15.12 ±.14 13.70 14.57				12524 12649 12206
010028.2+475943 124.49 -14.85 343.73 10.71 005735.6+474334	 UGC 622 IRAS00575+4743 PGC 3603	.S..6*. U 6.0±1.3 	1.02± .06 .17± .05 1.09	160 .83 .25 .08	14.2 S±.3 14.4 ±.3 12.30 13.14		 13.66± .42	14.71±.1 269± 21 239± 7 1.49	2714± 8 2892 2471
010032.7+304749 125.24 -32.03 326.91 6.82 005748.9+303140	IC 66 UGC 623 PGC 3606	.S..1.. U 1.0± .9 	.98± .07 .31± .05 .50± .03 .99	125 .19 .32 .16	14.94 ±.15 14.93 ±.12 14.36	.83± .02 .21± .04 .69 .13	.87± .02 .26± .04 12.93± .11 13.89± .38	16.89±.3 369± 7 2.37	4825± 10 4978 4529
010034.5-574503 300.54 -59.33 239.49 -13.97 005828.0-580112	 ESO 113- 4 PGC 3608		.76± .06 .19± .05 .76	 .00 	 15.03 ±.14 				 3130± 35 3024 2989
010036.2+304006 125.26 -32.16 326.78 6.77 005752.4+302358	NGC 338 UGC 624 IRAS00578+3024 PGC 3611	.S..2.. U 2.0± .8 	1.27± .04 .47± .05 .67± .02 1.28	109 .19 .58 .23	13.67 ±.14 13.92 ±.12 12.02 13.00	.86± .01 .24± .02 .69 .11	.94± .01 .34± .02 12.51± .07 13.68± .28	14.65±.2 536± 13 531± 6 1.42	4778± 7 4726± 36 4928 4480
010038.2-075852 129.85 -70.73 289.35 -3.50 005806.9-081501	 MCG -1- 3- 56 PGC 3613	.SXT5.. E (1) 5.0± .8 3.1± .8	1.10± .06 .02± .05 1.13	50 .32 .03 .01					
0100.6 -0141 128.28 -64.47 295.47 -1.82 0058.1 -0158	 UGC 626 PGC 3614	.SXS5.. U 5.0± .9 	.93± .07 .03± .05 .95	97 .17 .04 .01	 14.72 ±.12 				
010039.5+300736 125.30 -32.70 326.26 6.63 005755.8+295127	 MCG 5- 3- 35 PGC 3615	.L?.... 	.72± .22 .00± .07 .76	 .32 .00 	 15.30 ±.10 14.87			17.57±.3 182± 7 	6755± 10 6906 6458
010045.8-091108 130.37 -71.92 288.19 -3.84 005814.8-092717	 MCG -2- 3- 63 MK 968 PGC 3620	.SB?... (1) 3.1± .8	1.05± .06 .03± .05 1.07	55 .17 .04 .01	 13.31 				 4494± 40 4541 4182
010049.6-853124 302.72 -31.60 210.79 -15.77 010209.0-854730	 ESO 2- 12 IRAS01021-8547 PGC 3629	.S..6?/ S 5.7±1.1 	1.22± .06 .96± .05 1.26	49 .48 1.41 .48					 4490 4324 4502
010051.7-531439 299.74 -63.83 244.12 -13.39 005841.1-533048	NGC 348 ESO 151- 17 PGC 3632	.S..3.. S (1) 3.0± .9 3.3±1.3	.92± .05 .09± .04 .93	 .04 .13 .05	 14.58 ±.14 				

R.A. 2000 DEC. / l b / SGL SGB / R.A. 1950 DEC.	Names / PGC	Type / S_T n_L / T / L	$\log D_{25}$ / $\log R_{25}$ / $\log A_e$ / $\log D_o$	p.a. / A_g / A_i / A_{21}	B_T / m_B / m_{FIR} / B_T^o	$(B-V)_T$ / $(U-B)_T$ / $(B-V)_T^o$ / $(U-B)_T^o$	$(B-V)_e$ / $(U-B)_e$ / m'_e / m'_{25}	m_{21} / W_{20} / W_{50} / HI	V_{21} / V_{opt} / V_{GSR} / V_{3K}
010055.8+474051	IC 65	.SXS4..	1.59± .03	155	13.6 S±.3		.65± .05	13.43±.1	2614± 8
124.59 -15.16	UGC 625	U	.53± .05	.78	13.3 ±.3			343± 13	
343.43 10.57	IRAS00580+4724	4.0± .7		.78	11.94			328± 10	2792
005803.3+472443	PGC 3635		1.66	.27	11.90		15.07± .33	1.26	2370
0100.9 +1328		.S?....	1.03± .06	115	*				11771
126.48 -49.34	UGC 627		.14± .05	.11	14.82 ±.14				
310.16 2.23				.21					11884
0058.3 +1312	PGC 3636		1.04	.07	14.44				11449
0100.9 +1929		.S..9*.	1.18± .07		*				5446
126.02 -43.33	UGC 628	U	.16± .06	.08					
315.98 3.83		9.0±1.1		.16					5574
0058.3 +1913	PGC 3639		1.19	.08					5130
0101.0 +0943		.S..6*.	1.19± .05	137	*				6047
126.86 -53.08	UGC 631	U	.87± .05	.12					
306.54 1.20		6.0±1.3		1.27					6150
0058.4 +0927	PGC 3643		1.20	.43					5723
010101.1+295654		.SA.7*.	.96± .09	100	*			17.48±.3	4883± 7
125.40 -32.88	UGC 630	U	.08± .06	.24					
326.11 6.51		7.0±1.2		.11				146± 7	5034
005817.4+294046	PGC 3644		.98	.04					4586
010102.5+293601		.S..6*.	1.09± .06	110	*			15.50±.3	4991± 10
125.43 -33.22	UGC 629	U	.11± .05	.23	14.59 ±.14				
325.77 6.42		6.0±1.2		.16				190± 7	5141
005819.0+291953	PGC 3646		1.11	.06	14.18			1.27	4693
010111.7+300751		.SB.2..	1.04± .06	163	14.81 ±.15	1.00± .02		18.30±.3	6965± 10
125.44 -32.69	UGC 632	U	.34± .05	.24	14.72 ±.12	.40± .04			
326.29 6.52		2.0± .9		.41		.83		430± 7	7116
005827.9+295143	PGC 3651		1.06	.17	14.04	.27	14.02± .35	4.10	6668
010113.2+300913		.S?....	.64± .17					18.24±.3	7000± 10
125.44 -32.67	MCG 5- 3- 39		.00± .07	.24	15.09 ±.16				
326.32 6.52	ARAK 24			.00				394± 7	7151
005829.4+295305	PGC 3652		.66		14.75				6703
010122.0+313028		.S..3..	1.20± .05	9	14.81 ±.15	.76± .03		15.11±.2	5573± 7
125.41 -31.32	UGC 633	U (1)	.67± .05	.20	14.58 ±.12	.06± .04		404± 13	
327.64 6.82		3.0± .9		.93		.55		392± 6	5726
005837.6+311420	PGC 3664	3.5±1.2	1.22	.34	13.50	-.11	13.99± .30	1.27	5279
010122.1-065305	NGC 345	.SAS1*.	1.07± .06	45					
130.02 -69.62	MCG -1- 3- 64	E	.17± .05	.34					
290.47 -3.38		1.0±1.2		.17					
005850.5-070913	PGC 3665		1.11	.08					
010124.1+310228	IC 69	.S?....	.94± .11					18.01±.3	5017± 10
125.44 -31.78	MCG 5- 3- 41		.00± .07	.20	14.56 ±.12				
327.19 6.70				.00				202± 7	5170
005839.9+304620	PGC 3666		.96	.00	14.33			3.68	4722
0101.4 +0737	A 0058+07	.SX.9*.	1.22± .06	35	14.98 ±.17	.48± .06	.55± .05	14.51±.1	2212± 6
127.26 -55.16	UGC 634	PU (1)	.19± .06	.16	15.0 ±.3	-.18± .07	-.13± .06	148± 8	
304.55 .54	DDO 7	9.0± .7	.97± .04	.19		.39	15.32± .11	138± 12	2309
0058.8 +0721	PGC 3667	9.0±1.0	1.24	.09	14.63	-.25	15.48± .38	-.21	1888
010134.0-073521	NGC 337A	.SXS8..	1.77± .03	10	12.7 ±.3	.53± .08	.61± .04	12.45±.1	1076± 5
130.40 -70.31	MCG -1- 3- 65	PE	.12± .05	.35		-.13± .08	-.04± .04	98± 6	388± 79
289.80 -3.61	IRAS00589-0751	8.0± .4	1.42± .06	.15		.42	15.27± .14	77± 12	1124
005902.6-075129	PGC 3671		1.81	.06	12.18	-.21	16.11± .31	.21	759
010134.7-594435		.S..5*/	1.22± .05	63					
300.57 -57.34	ESO 113- 6	S	.97± .04	.00	16.25 ±.14				8443
237.46 -14.34		5.0± .9		1.45					8332
005931.0-600042	PGC 3672		1.22	.48	14.75				8313
010135.4-531158		.S..1*/	1.15± .05	170					
299.48 -63.86	ESO 151- 18	S	.71± .04	.04	14.80 ±.14				
244.19 -13.49		1.0±1.3		.73					
005925.0-532806	PGC 3675		1.16	.36					
0101.6 +2403		.E.....	1.13± .10	110					
125.93 -38.76	UGC 636	U	.08± .05	.14	14.26 ±.11				
320.43 4.86		-5.0± .8		.00					
0059.0 +2347	PGC 3680		1.13						
010142.8-153419	IC 1610	PLX.+*.	1.15± .06	110					
135.12 -78.20	MCG -3- 3- 20	E	.15± .05	.02					
281.99 -5.73		-1.0±1.2		.00					
005913.9-155027	PGC 3681		1.13						

R.A. 2000 DEC. l b SGL SGB R.A. 1950 DEC.	Names PGC	Type S_T n_L T L	$\log D_{25}$ $\log R_{25}$ $\log A_e$ $\log D_o$	p.a. A_g A_i A_{21}	B_T m_B m_{FIR} B_T^o	$(B-V)_T$ $(U-B)_T$ $(B-V)_T^o$ $(U-B)_T^o$	$(B-V)_e$ $(U-B)_e$ m'_e m'_{25}	m_{21} W_{20} W_{50} HI	V_{21} V_{opt} V_{GSR} V_{3K}
010144.4-515205		PSXT1*.	1.07± .05						
299.14 -65.18	ESO 195- 24	Sr	.11± .05	.04	14.26 ±.14				
245.55 -13.32		1.0± .5		.12					
005933.0-520812	PGC 3683		1.07	.06					
010147.7+311334								16.56±.3	4895± 10
125.53 -31.59	CGCG 501- 68			.20	15.7 ±.4				
327.39 6.66								191± 7	5048
005903.4+305727	PGC 3685								4601
010150.8-064801	NGC 349	.LA.-..	1.10± .11	140					
130.34 -69.52	MCG -1- 3- 68	E	.16± .07	.34					
290.58 -3.47		-3.0± .9		.00					
005919.1-070408	PGC 3687		1.12						
0101.8 +0303		.SB.6*.	1.04± .06	157					4379
128.10 -59.71	UGC 637	U	.37± .05	.06					
300.16 -.82		6.0±1.3		.55					4462
0059.3 +0247	PGC 3688		1.05	.19					4056
010157.1-205405		.SAR0P*	.89± .05						
144.56 -83.33	ESO 541- 10	r	.08± .04	.08	15.25 ±.14				
276.75 -7.11		-.1±1.3		.06					
005930.0-211012	PGC 3692		.90						
010157.9-015604	NGC 351	PSBR0*.	1.16± .04	142					
129.09 -64.68	UGC 639	UE	.27± .04	.16	14.06 ±.12				4194± 50
295.33 -2.19		.3± .7		.21					4262
005924.7-021211	PGC 3693		1.16		13.63				3874
010159.3+262914								17.57±.3	10075± 10
125.86 -36.32	CGCG 480- 33			.20	15.43 ±.12				
322.81 5.43								106± 7	10218
005916.8+261307	PGC 3694								9771
010203.6-192659		.LAS0P?	1.11± .04	148					
141.09 -81.94	ESO 541- 11	SE	.20± .03	.04	15.34 ±.14				16891± 60
278.19 -6.78		-2.0± .7		.00					16904
005936.0-194306	PGC 3695		1.09		15.05				16600
010209.2-041445	NGC 352	PSBT3?.	1.38± .03	10	13.54 ±.15	.95± .03	.99± .02		5282
129.78 -66.98	MCG -1- 3- 71	PE	.42± .04	.17		.38± .04	.41± .03		
293.09 -2.86	IRAS00596-0430	3.0± .6	.86± .03	.58	12.56	.80	13.33± .10		5343
005936.8-043052	PGC 3701		1.40	.21	12.75	.24	14.25± .22		4964
0102.3 +0906		.S..3..	.95± .07						11637
127.47 -53.67	UGC 640	U (1)	.00± .05	.13	15.21 ±.16				
306.04 .72		3.0± .8		.00					11737
0059.7 +0850	PGC 3709	4.5±1.1	.96	.00	14.99				11314
010220.1-541935		.SAS9*.	1.13± .05	42					
299.46 -62.73	ESO 151- 19	S (1)	.10± .05	.00	14.91 ±.14				1386
243.05 -13.76		9.0± .8		.10					1289
010011.1-543542	PGC 3710	8.9± .8	1.13	.05	14.81				1229
010221.0-043227		.I..9P.	1.02± .07						
129.98 -67.26	MCG -1- 3- 72	E (1)	.23± .05	.15					
292.82 -2.99		10.0± .9		.17					
005948.7-044834	PGC 3711	9.8± .8	1.03	.11					
010224.6+263736								16.80±.3	4988± 10
125.97 -36.18	CGCG 480- 35			.20	15.7 ±.4				
322.97 5.37								246± 7	5131
005942.0+262130	PGC 3713								4684
010224.7-015727	NGC 353	.SB.1P*	1.11± .05	26					
129.36 -64.69	UGC 641	UE	.48± .04	.15	14.55 ±.12				4178
295.33 -2.31	IRAS00598-0213	1.0± .7		.49	13.25				4246
005951.6-021334	PGC 3714		1.13	.24	13.86				3858
0102.4 +3043	A 0059+30								
125.72 -32.09				.21					10370± 67
326.93 6.40	1ZW 2								10521
0059.7 +3027	PGC 3715								10075
010232.4-390411		PSAR6?.	.90± .07						
292.66 -77.84	ESO 295- 29	r	.03± .06	.02	15.38 ±.14				185
258.61 -11.25		5.6±1.7		.05					134
010013.0-392018	PGC 3721		.90	.02	15.30				-40
010241.7-215254		.E+3.P.	1.11± .05	25	14.7 ±.2	1.14± .05	1.16± .02		
149.54 -84.16	ESO 541- 13	S	.17± .04	.07	14.54 ±.14		.48± .04		17089± 53
275.83 -7.52		-4.0± .8	.83± .10	.00		.96	14.34± .35		17094
010015.1-220900	PGC 3727		1.07		14.27		14.80± .32		16805

R.A. 2000 DEC.	Names	Type	logD$_{25}$	p.a.	B$_T$	(B-V)$_T$	(B-V)$_e$	m$_{21}$	V$_{21}$
l b		S$_T$ n$_L$	logR$_{25}$	A$_g$	m$_B$	(U-B)$_T$	(U-B)$_e$	W$_{20}$	V$_{opt}$
SGL SGB		T	logA$_e$	A$_i$	m$_{FIR}$	(B-V)^o_T	m'$_e$	W$_{50}$	V$_{GSR}$
R.A. 1950 DEC.	PGC	L	logD$_o$	A$_{21}$	B^o_T	(U-B)^o_T	m'$_{25}$	HI	V$_{3K}$
010245.0-801401		.SXS7?.	1.21± .04	121					
302.33 -36.88	ESO 13- 9	S (1)	.52± .04	.31	14.92 ±.14				1808
216.26 -15.80		7.0± .7		.72					1651
010157.0-803006	PGC 3733	6.7± .9	1.24	.26	13.89				1790
010250.8-241312		.S?....	1.02± .05						
165.03 -86.12	ESO 475- 8		.12± .04	.10	15.25 ±.14				5586
273.51 -8.11				.17					5582
010025.0-242918	PGC 3742		1.03	.06	14.95				5308
010251.2-653636	NGC 360	.S..4./	1.55± .04	144				14.20±.3	2299± 10
301.04 -51.48	ESO 79- 14	S	.87± .05	.00	13.42 ±.14			379± 12	2264± 34
231.41 -15.08		3.7± .5		1.27				362± 9	2170
010057.0-655242	PGC 3743		1.55	.43	12.13			1.63	2198
0103.1 +2459		.S..6*.	1.02± .06	10					9023± 10
126.28 -37.81	UGC 643	U	.07± .05	.17	15.25 ±.13				
321.42 4.79		6.0±1.2		.10					9162
0100.4 +2443	PGC 3752		1.04	.03	14.95				8717
010307.0-061929	NGC 355	.LB.0P*	1.00± .10	125					
131.06 -69.01	MCG -1- 3- 77	E	.41± .05	.26					
291.13 -3.65		-2.0±1.3		.00					
010035.3-063534	PGC 3753		.97						
010307.1-065919	NGC 356	.SXS4P*	1.17± .05	140					
131.30 -69.67	MCG -1- 3- 78	E	.26± .05	.33					5891± 54
290.49 -3.83	VV 486	4.0± .8		.38	12.56				5943
010035.6-071524	PGC 3754		1.20	.13					5578
010310.7-033633		.L?....	1.12± .12						
130.24 -66.31	MCG -1- 3- 79		.05± .07	.14					2490± 39
293.78 -2.94	MK 970			.00	13.59				2553
010038.1-035239	PGC 3757		1.13						2173
010314.5+084929		.S?....	.94± .11						11509
127.89 -53.93	MCG 1- 3- 13		.47± .07	.13	15.44 ±.12				
305.83 .42				.36					11608
010038.1+083323	PGC 3761		.93		14.79				11186
010316.1+222032	NGC 354	.SB..P.	.91± .10	29				16.40±.3	4665± 9
126.53 -40.45	UGC 645	R	.27± .06	.14	14.39 ±.16			181± 10	4861± 60
318.88 4.06	MK 353			.41	11.71				4802
010035.0+220426	PGC 3763		.92	.14	13.81			2.45	4358
010321.9-062023	NGC 357	.SBR0*.	1.38± .04	160	13.14 ±.15	1.14± .02	1.15± .01		
131.23 -69.02	MCG -1- 3- 81	R	.14± .04	.26	12.81 ±.18	.67± .04	.69± .01		2541± 56
291.13 -3.71		.0± .5	.86± .03	.11		1.03	12.93± .10		2595
010050.2-063628	PGC 3768		1.40		12.59	.59	14.54± .25		2226
010323.9-571043		.S?....	.90± .07						
299.70 -59.87	ESO 151- 21		.10± .06	.00	15.48 ±.14				11114
240.13 -14.28				.14					11009
010118.1-572648	PGC 3770		.90	.05	15.27				10971
010325.9+321406		.SB?...	1.07± .08	105				17.36±.3	5319± 10
125.88 -30.57	UGC 646		.34± .06	.18	14.84 ±.12				5418± 80
328.45 6.58				.52				399± 7	5474
010040.9+315800	PGC 3773		1.09	.17	14.11			3.07	5030
0103.6 +0625		.S..2..	1.04± .08	172					14527
128.38 -56.32	UGC 649	U	.29± .06	.09	15.28 ±.14				
303.53 -.32		2.0± .9		.36					14619
0101.0 +0609	PGC 3779		1.05	.15	14.68				14204
0103.6 +0833		.S..0..	1.00± .08	38					
128.08 -54.20	UGC 650	U	.33± .06	.13					
305.59 .26		.0± .9		.25					
0101.0 +0817	PGC 3780		1.00						
0103.6 -0028		.S..6*.	1.02± .06	165					
129.72 -63.19	UGC 651	U	.56± .05	.10					
296.85 -2.21		6.0±1.3		.82					
0101.1 -0045	PGC 3781		1.03	.28					
010346.3-274513			.86± .06	165					
226.51 -87.19	ESO 412- 3		.39± .05	.07	14.85 ±.14				5215± 76
270.04 -9.13	IRAS01013-2801				13.84				5200
010122.1-280118	PGC 3783		.87						4949
0103.7 +2201		.SB.6?.	1.11± .07	35					5670± 10
126.71 -40.76	UGC 652	U	.29± .06	.15					
318.60 3.86		6.0±1.8		.43					5802
0101.1 +2145	PGC 3784		1.12	.15					5359

R.A. 2000 DEC. / l b / SGL SGB / R.A. 1950 DEC.	Names / PGC	Type / S_T n_L / T / L	$\log D_{25}$ / $\log R_{25}$ / $\log A_e$ / $\log D_o$	p.a. / A_g / A_i / A_{21}	B_T / m_B / m_{FIR} / B_T^o	$(B-V)_T$ / $(U-B)_T$ / $(B-V)_T^o$ / $(U-B)_T^o$	$(B-V)_e$ / $(U-B)_e$ / m'_e / m'_{25}	m_{21} / W_{20} / W_{50} / HI	V_{21} / V_{opt} / V_{GSR} / V_{3K}
010349.6+311158		.S..6*.	.96± .09	174				16.33±.3	6262± 10
126.04 -31.60	UGC 653	U	.90± .06	.17					
327.47 6.24		6.0±1.5		1.33				273± 7	6414
010105.1+305553	PGC 3787		.98	.45					5969
0103.8 +0217		.SB?...	.93± .09	115					5518
129.24 -60.43	UGC 656		.24± .06	.02	15.31 ±.12				
299.55 -1.51				.36					5598
0101.3 +0201	PGC 3789		.93	.12	14.90				5197
0103.8 +2153	LGS 3	.I?....						16.65±.1	-281± 6
126.75 -40.89				.10				36± 6	
318.47 3.81								33± 7	-149
0101.2 +2137	PGC 3792								-592
010359.6+325753		.S..9*.	1.04± .08					16.34±.3	4978± 10
125.97 -29.83	UGC 657	U	.08± .06	.19					
329.19 6.64		9.0±1.2		.08				132± 7	5133
010114.2+324148	PGC 3798		1.06	.04					4689
010401.4+415034		.S..9..	1.40± .04					14.07±.1	829± 11
125.44 -20.97	UGC 655	U	.00± .05	.34	14.4 ±.4				
337.83 8.77		9.0± .7		.00				119± 8	998
010111.6+413429	PGC 3803		1.43	.00	14.01			.05	566
010407.2-510755	IC 1615	.SBR4..	1.10± .05	143					
298.06 -65.88	ESO 195- 27	Sr (1)	.34± .04	.04	14.29 ±.14				
246.37 -13.58	IRAS01019-5124	4.2± .6		.50	13.65				
010156.0-512400	PGC 3812	2.2± .9	1.10	.17					
010410.6-623126		.SBT6..	1.01± .07	2					
300.40 -54.54	ESO 79- 15	r	.08± .06	.00	14.78 ±.14				8697
234.62 -14.95		5.6± .9		.11					8578
010212.1-624730	PGC 3814		1.01	.04	14.63				8582
010417.0-004554	NGC 359	.L..-*.	1.18± .08	135					
130.13 -63.46	UGC 662	UE	.15± .05	.08	14.26 ±.12				
296.62 -2.44		-3.0± .8		.00					
010143.5-010159	PGC 3817		1.17						
010417.2-510156	IC 1617	PS.R0?.	1.14± .05	125					
297.97 -65.97	ESO 195- 28	Sr	.39± .04	.04	14.59 ±.14				
246.47 -13.59	IRAS01020-5117	-.4± .7		.29					
010206.0-511800	PGC 3818		1.12						
0104.3 +0637		.I..9*.	.96± .09						12302
128.67 -56.11	UGC 660	U	.00± .06	.08					
303.77 -.43		10.0±1.2		.00					12394
0101.7 +0621	PGC 3819		.97	.00					11980
010418.4-400856		PSBT2..	.99± .06	109					
292.18 -76.71	ESO 295- 31	r	.13± .05	.02	14.73 ±.14				8099
257.58 -11.79		2.2± .9		.16					8044
010200.0-402500	PGC 3820		.99	.06	14.47				7878
010418.5+184151		.S?....	1.00± .05	159				15.98±.3	5463± 10
127.18 -44.07	UGC 659		.53± .04	.09	15.32 ±.12			230± 13	
315.43 2.86				.79					5587
010138.6+182547	PGC 3821		1.01	.26	14.41			1.31	5148
010419.0-350713	NGC 365	.SBR4P*	.99± .05	5					
284.72 -81.55	ESO 352- 1	PBS (1)	.21± .04	.02	14.25 ±.14				
262.67 -10.82	IRAS01019-3523	4.2± .5		.30	12.51				
010158.0-352318	PGC 3822	3.3± .9	.99	.10					
0104.3 +8040		.S..3..	1.00± .08	46					
123.48 17.81	UGC 642	U	.43± .06	1.23					
16.60 15.12		3.0± .9		.60					
0100.0 +8024	PGC 3824		1.12	.22					
010421.6-431631	NGC 368	PLXT+?.	.86± .06						
294.56 -73.64	ESO 243- 23	BSr	.03± .03	.03	14.66 ±.14				
254.41 -12.37		-.7± .8		.00					
010205.0-433236	PGC 3826		.86						
010427.9-640720		.S?....	1.03± .06	0					
300.57 -52.95	ESO 79- 16		.40± .05	.00	14.35 ±.14				5963± 49
232.97 -15.12	IRAS01025-6423			.60	12.23				5840
010232.0-642324	PGC 3827		1.03	.20	13.72				5856
010429.8-512732		.SXS5..	1.08± .05	118					
298.02 -65.54	ESO 195- 29	S (1)	.33± .04	.04	15.05 ±.14				
246.04 -13.68		5.0± .9		.50					
010219.0-514336	PGC 3828	4.4±1.3	1.08	.17					

R.A. 2000 DEC. l b SGL SGB R.A. 1950 DEC.	Names PGC	Type S_T n_L T L	logD_{25} logR_{25} logA_e logD_o	p.a. A_g A_i A_{21}	B_T m_B m_{FIR} B_T^o	$(B-V)_T$ $(U-B)_T$ $(B-V)_T^o$ $(U-B)_T^o$	$(B-V)_e$ $(U-B)_e$ m'_e m'_{25}	m_{21} W_{20} W_{50} HI	V_{21} V_{opt} V_{GSR} V_{3K}
010430.6-333914		.S?....	1.10± .05	168					
280.38 -82.89	ESO 352- 2		.35± .05	.02	14.06 ±.14				32± 60
264.16 -10.56	IRAS01021-3355			.49	13.53				-2
010209.0-335518	PGC 3829		1.10	.18	13.55				-213
0104.5 -0009		.E.....	1.04± .13	7					
130.14 -62.85	UGC 663	U	.32± .06	.11					
297.22 -2.34		-5.0± .9		.00					
0102.0 -0026	PGC 3830		.96						
010442.6-004341	NGC 364	RLBS0*.	1.15± .07	30					
130.36 -63.41	UGC 666	UE	.05± .04	.08	14.12 ±.08				
296.68 -2.53		-2.0± .6		.00					
010209.1-005945	PGC 3833		1.15						
010442.6-373802		.SBS6?/	1.11± .05	17					
288.87 -79.13	ESO 295- 32	S (1)	.51± .04	.02	14.77 ±.14				
260.15 -11.39		6.0±1.8		.75					
010223.0-375406	PGC 3834	4.4±1.3	1.11	.26					
0104.8 +0537		.S..7*.	1.04± .15	75					6086
129.06 -57.10	UGC 667	U	.18± .12	.07					
302.84 -.82		7.0±1.2		.24					6175
0102.2 +0521	PGC 3838		1.05	.09					5764
010452.8+221854		.SB?...	.89± .11					17.10±.3	15247± 10
127.02 -40.45	MCG 4- 3- 39		.14± .07	.16	15.39 ±.13				
318.95 3.70				.21				154± 7	15379
010211.5+220250	PGC 3841		.90	.07	14.93			2.09	14937
010454.2+020800	IC 1613	.IBS9..	2.21± .01	50	9.88M±.09	.67± .04	.54± .03	10.73±.1	-230± 5
129.79 -60.56	UGC 668	PUE (2)	.05± .03	.02	9.8 ±.2			35± 4	-237± 22
299.47 -1.80	DDO 8	10.0± .3	2.11± .04	.04	12.58	.65	15.92± .09	25± 4	-152
010219.8+015156	PGC 3844	9.5± .5	2.22	.02	9.81		15.68± .13	.89	-551
010454.7-470002		.E.3.*.	1.05± .11						
296.22 -69.95		S	.20± .08	.03					
250.62 -13.08		-5.0±1.2		.00					
010240.7-471606	PGC 3845		.99						
010456.2-272544	IC 1616	.SBT4..	1.21± .04						
219.43 -86.99	ESO 412- 4	Sr (1)	.06± .04	.07	13.35 ±.14				5636± 47
270.43 -9.31	IRAS01025-2741	4.3± .4		.09	13.10				5621
010232.0-274148	PGC 3846	1.4± .5	1.22	.03	13.15				5370
010500.0-460429		.LBS-*.	1.10± .10						
295.74 -70.86		S	.24± .08	.03					
251.57 -12.95		-3.0± .9		.00					
010245.4-462033	PGC 3847		1.07						
010501.9+220513		.SB?...	.94± .11					16.36±.3	16493± 10
127.08 -40.67	MCG 4- 3- 40		.00± .07	.16	15.31 ±.16				
318.74 3.60				.00				83± 10	16625
010220.7+214910	PGC 3849		.95	.00	15.05			1.32	16183
010502.0+324839								17.25±.3	11394± 10
126.23 -29.97	CGCG 501- 74			.20	15.7 ±.4				
329.10 6.39								371± 7	11548
010216.4+323236	PGC 3850								11106
0105.0 -0612	A 0102-06	.SXT7..	1.62± .02	70	12.39S±.15	.75± .05	.79± .05	12.78±.1	1094± 6
132.36 -68.83	MCG -1- 3- 85	R (2)	.07± .03	.26	12.2 ±.2	.12± .07	.15± .07	182± 7	983± 79
291.38 -4.09		7.0± .3		.10		.67		168± 7	1147
0102.5 -0628	PGC 3853	7.1± .6	1.64	.04	11.96	.06	15.16± .21	.78	780
010507.2-800803		.SXS7*P	1.09± .05	151					
302.20 -36.97	ESO 13- 10	S (1)	.26± .05	.31	15.51 ±.14				
216.37 -15.90		7.4± .8		.36					
010422.1-802406	PGC 3854	7.0± .7	1.11	.13					
010508.6-061651		.SB.9?/	1.13± .06	105					2425
132.43 -68.90	MCG -1- 3- 88	E	.66± .05	.26					
291.31 -4.12		9.0±1.8		.67					2478
010236.9-063254	PGC 3855		1.16	.33					2112
010508.9-174527	NGC 369	.SXR3*.	.99± .04	52					
142.29 -80.11	ESO 541- 17	SrE (2)	.09± .03	.00	14.61 ±.14				6187
280.05 -7.07		3.1± .6		.12					6203
010241.0-180130	PGC 3856	1.7±1.0	.99	.04	14.45				5894
010517.6-582615		RSBR1?.	.96± .06	115					
299.45 -58.60	ESO 113- 10	r	.10± .05	.00	14.63 ±.14				
238.86 -14.67		1.0± .9		.10					
010314.0-584218	PGC 3864		.96	.05					

R.A. 2000 DEC. l b SGL SGB R.A. 1950 DEC.	Names PGC	Type S_T n_L T L	$\log D_{25}$ $\log R_{25}$ $\log A_e$ $\log D_o$	p.a. A_g A_i A_{21}	B_T m_B m_{FIR} B_T^o	$(B\text{-}V)_T$ $(U\text{-}B)_T$ $(B\text{-}V)_T^o$ $(U\text{-}B)_T^o$	$(B\text{-}V)_e$ $(U\text{-}B)_e$ m'_e m'_{25}	m_{21} W_{20} W_{50} HI	V_{21} V_{opt} V_{GSR} V_{3K}
010519.3+314056		.S..6*.	1.17± .05	125				16.56±.3	5865± 10
126.38 -31.10	UGC 669	U	.61± .05	.17	15.40 ±.14				
328.02 6.05	IRAS01025+3124	6.0±1.3		.89	13.45			255± 7	6017
010234.2+312453	PGC 3866		1.19	.30	14.31			1.95	5574
010520.1-471200		RLBT+..	1.01± .11						
296.10 -69.74		S	.07± .08	.03					5000±190
250.43 -13.18	FAIR 675	-1.0± .9		.00					4923
010306.3-472803	PGC 3868		1.00						4810
010522.4+240150								17.70±.3	9243± 10
127.01 -38.73	CGCG 480- 40			.17	15.6 ±.4				
320.63 4.05								448± 7	9379
010240.5+234547	PGC 3869								8936
010524.9-230115		PSXS3..	1.06± .05	29					
161.30 -84.82	ESO 475- 9	r	.41± .04	.06	15.45 ±.14				
274.85 -8.40		3.3± .9		.57					
010259.0-231718	PGC 3872		1.07	.20					
010534.0-530003		.S?....	.92± .06						
298.08 -63.99	ESO 151- 22		.03± .05	.04	15.08 ±.14				9532
244.48 -14.06				.04					9438
010325.0-531606	PGC 3882		.93	.02	14.92				9369
010537.8-470415		.SB.4?/	1.12± .05	52					
295.90 -69.86	ESO 243- 26	S	.80± .04	.03	15.49 ±.14				
250.57 -13.21	IRAS01033-4720	3.8± .8		1.17	13.64				
010324.1-472018	PGC 3888		1.12	.40					
0105.9 +3225	IC 1618	.L.....	1.08± .09	159					
126.48 -30.35	UGC 671	U	.36± .04	.18	15.24 ±.12				4706± 80
328.76 6.11		-2.0± .9		.00					4859
0103.2 +3209	PGC 3899		1.05		14.99				4417
010609.6+312422	A 0103+31	.SA.5?.	1.11± .04	33	15.70S±.15	.58± .07		15.81±.2	6254± 7
126.61 -31.36	UGC 673	PU (1)	.44± .03	.21	15.22 ±.13	-.08± .09		307± 13	9322± 73
327.80 5.81		5.0± .8		.65				280± 6	
010324.6+310820	PGC 3903	6.0±1.3	1.13	.22			15.01± .25		
0106.1 +0047		.I..9*.	1.03± .08						5201
130.76 -61.86	UGC 675	U	.00± .06	.03					
298.25 -2.47		10.0±1.1		.00					5275
0103.6 +0031	PGC 3904		1.03	.00					4882
0106.1 +4459		.I..9..	1.14± .13					16.68±.1	708± 6
125.67 -17.81	UGC 672	U	.03± .12	.58				40± 4	
340.98 9.11		10.0± .8		.02				28± 5	881
0103.3 +4443	PGC 3905		1.19	.01					457
0106.1 +2123		.I..9*.	1.07± .14						5635
127.51 -41.36	UGC 674	U	.00± .12	.13					
318.13 3.16		10.0±1.2		.00					5764
0103.5 +2107	PGC 3906		1.08	.00					5325
010611.9-301040	NGC 378	.SBR5*.	1.19± .04	90					
257.09 -85.55	ESO 412- 5	S (1)	.15± .04	.02	13.83 ±.14				9620± 34
267.73 -10.18	IRAS01038-3026	5.0± .6		.23	12.12				9595
010349.0-302642	PGC 3907	1.1± .6	1.19	.08	13.53				9363
010613.7+253302		.S?....	.94± .11					16.84±.3	6623± 10
127.12 -37.20	MCG 4- 3- 42		.68± .07	.26	15.59 ±.14				
322.15 4.26	IRAS01035+2517			.84				307± 7	6762
010331.0+251700	PGC 3908		.96	.34	14.48			2.02	6320
010614.1+033426		.SAT7*.	1.20± .05	65					5521
130.13 -59.09	UGC 678	UE (1)	.08± .04	.08	14.6 ±.2				
300.96 -1.73		6.5± .5		.11					5603
010339.2+031824	PGC 3910	6.4± .8	1.21	.04	14.35				5201
0106.3 +1435		.S?....	1.00± .06						12090
128.34 -48.13	UGC 677		.09± .05	.09	14.97 ±.15				
311.59 1.27				.14					12203
0103.7 +1419	PGC 3914		1.01	.05	14.68				11772
010624.1-000839									
131.13 -62.78	CGCG 384- 73			.12	15.32 ±.12				10385± 45
297.37 -2.78	MK 560								10456
010350.4-002441	PGC 3922								10067
010624.6-584710		.S?....	.95± .06	101	14.84 ±.13	.69± .02	.77± .02		
299.25 -58.23	ESO 113- 11		.06± .06	.00	14.82 ±.14				12688± 40
238.52 -14.85			.63± .02	.09		.60	13.48± .06		12578
010422.1-590312	PGC 3923		.95	.03	14.67		14.28± .37		12554

R.A. 2000 DEC.	Names	Type	$\log D_{25}$	p.a.	B_T	$(B-V)_T$	$(B-V)_e$	m_{21}	V_{21}
l b		S_T n_L	$\log R_{25}$	A_g	m_B	$(U-B)_T$	$(U-B)_e$	W_{20}	V_{opt}
SGL SGB		T	$\log A_e$	A_i	m_{FIR}	$(B-V)^o_T$	m'_e	W_{50}	V_{GSR}
R.A. 1950 DEC.	PGC	L	$\log D_o$	A_{21}	B^o_T	$(U-B)^o_T$	m'_{25}	HI	V_{3K}
010630.8-021149		.SBT6..	1.12± .04	140					
131.81 -64.81	MCG 0- 3- 73	E (1)	.09± .04	.16					
295.38 -3.36		6.3± .5		.13					
010357.8-022751	PGC 3928	5.8± .5	1.14	.05					
010632.8-463834		PLXR+*.	1.01± .06	129					
295.24 -70.26	ESO 243- 29	S	.09± .04	.03	14.56 ±.14				9189
251.03 -13.30		-1.0± .9		.00					9113
010419.0-465436	PGC 3930		1.00		14.39				8997
010639.7+241302								17.01±.3	11733± 10
127.37 -38.52	CGCG 480- 43			.16	15.7 ±.4				
320.89 3.81								324± 7	11869
010357.5+235700	PGC 3936								11428
010649.7-454932		.LAT-?.	1.03± .11						
294.65 -71.05		S	.06± .08	.03					
251.88 -13.22		-3.0± .9		.00					
010435.4-460533	PGC 3939		1.02						
0106.8 +7536		.SB.3?.	1.16± .05						
123.92 12.76	UGC 670	U	.02± .05	1.64	14.4 ±.3				
11.45 14.47	IRAS01031+7520	3.0± .8		.02	13.19				
0103.1 +7520	PGC 3941		1.32	.01					
010658.7-383129		.S..3?/	1.14± .05	134					
287.98 -78.15	ESO 295- 36	S	.80± .04	.02	15.21 ±.14				
259.33 -12.00	IRAS01047-3847	3.0±1.9		1.11	13.94				
010440.1-384730	PGC 3945		1.14	.40					
010701.0-801824		.S..0*/	1.44± .04	157	13.55 ±.13	1.00± .02	1.04± .01		
302.11 -36.80	ESO 13- 12	S	.51± .05	.31	13.49 ±.14	.40± .02	.45± .01		5045± 26
216.19 -15.98	IRAS01063-8034	-.3± .6	.87± .01	.38	12.23	.80	13.39± .04		4887
010621.0-803424	PGC 3948		1.44		12.76	.27	14.36± .26		5028
010703.7+322327		.S..8?.	1.02± .04	95	16.61S±.15			16.34±.2	5096± 7
126.75 -30.36	UGC 679	U	.59± .03	.19				253± 13	
328.80 5.87		8.0±1.8		.73				182± 6	5248
010418.1+320726	PGC 3950		1.04	.30	15.69		15.09± .25	.36	4808
010705.5+324747	NGC 374	.S..0..	1.06± .06	175					
126.73 -29.96	UGC 680	U	.39± .05	.21	14.36 ±.13				5067± 80
329.19 5.97		.0± .9		.29					5220
010419.6+323146	PGC 3952		1.06		13.78				4780
010706.1+322050	NGC 375	.E.2.*.	1.15± .14						
126.77 -30.41		R	.00± .12	.19					6011± 56
328.76 5.85		-5.0± .6		.00					6163
010420.4+320449	PGC 3953		1.18						5723
010706.7-420029		.SXT3*.	1.01± .05	87					
291.78 -74.78	ESO 295- 37	S	.21± .05	.03	15.53 ±.14				16434
255.79 -12.65		3.0±1.3		.29					16372
010450.1-421630	PGC 3954		1.01	.11	15.09				16222
010710.4-422323		.SAS5?.	1.06± .05	145					
292.07 -74.40	ESO 243- 30	S (1)	.27± .04	.03	14.72 ±.14				
255.40 -12.72		5.0± .9		.40					
010454.0-423924	PGC 3957	3.3± .9	1.06	.13					
010710.7-415459		.LXS-..	1.09± .06	41					
291.65 -74.87	ESO 295- 38	S	.22± .04	.03	14.08 ±.14				
255.89 -12.64		-3.0± .9		.00					
010454.0-421100	PGC 3958		1.06						
0107.2 +1051	IC 75	.S..3..	1.10± .06	30					12325
129.21 -51.83	UGC 684	U (1)	.12± .05	.15	14.57 ±.15				
308.06 .04		3.0± .8		.16					12427
0104.6 +1035	PGC 3959	4.5±1.1	1.11	.06	14.17				12006
010714.3+135714	IC 1620	.SX.4..	1.00± .06	90					
128.75 -48.74	UGC 681	U	.15± .05	.06					11401± 46
311.05 .89	IRAS01045+1341	4.0± .9		.22	12.99				11511
010435.8+134113	PGC 3960		1.01	.07					11084
010715.8+323117	NGC 379	.L.....	1.14± .04	0	13.92 ±.13	1.05± .01	1.08± .01		
126.79 -30.23	UGC 683	R	.26± .07	.19	13.91 ±.10	.55± .03	.59± .03		5475± 37
328.94 5.87	IRAS01045+3215	-2.0± .4	.51± .01	.00		.93	11.96± .05		5627
010430.0+321516	PGC 3966		1.12		13.64	.51	13.82± .29		5187
010717.1+243038		.L?....	.90± .17					17.57±.3	9102± 10
127.52 -38.22	MCG 4- 3- 44		.00± .07	.15	15.22 ±.11				
321.21 3.75				.00				219± 7	9238
010434.8+241437	PGC 3968		.91		14.94				8798

R.A. 2000 DEC. l b SGL SGB R.A. 1950 DEC.	Names PGC	Type S_T n_L T L	$\log D_{25}$ $\log R_{25}$ $\log A_e$ $\log D_o$	p.a. A_g A_i A_{21}	B_T m_B m_{FIR} B_T^o	$(B-V)_T$ $(U-B)_T$ $(B-V)_T^o$ $(U-B)_T^o$	$(B-V)_e$ $(U-B)_e$ m'_e m'_{25}	m_{21} W_{20} W_{50} HI	V_{21} V_{opt} V_{GSR} V_{3K}
010718.1+322902	NGC 380	.E.2...	1.14± .11		13.60 ±.13	1.06± .01	1.07± .01		
126.81 -30.27	UGC 682	R	.05± .07	.19	13.63 ±.10	.58± .03	.59± .03		4384± 35
328.90 5.85		-5.0± .4	.71± .02	.00		.98	12.64± .07		4536
010432.3+321301	PGC 3969		1.16		13.37	.56	14.17± .59		4096
010720.5-364517		PSBS2..	.90± .06	45					
284.65 -79.80	ESO 352- 6	r	.23± .05	.02	14.62 ±.14				
261.14 -11.74	IRAS01049-3701	2.2± .9		.28	12.91				
010501.0-370118	PGC 3971		.90	.12					
010722.4+164102		.SA.9..	1.08± .05	120				14.66±.3	155± 10
128.43 -46.02	UGC 685	U	.14± .05	.11	14.23 ±.12			90± 13	113± 50
313.68 1.61		9.0± .8		.15					271
010443.0+162501	PGC 3974		1.09	.07	13.97			.62	-160
010722.6+005531	NGC 391	PLA.-*.	.95± .08	45					
131.36 -61.69	UGC 693	UE	.09± .04	.03	14.37 ±.10				
298.47 -2.72		-3.2± .6		.00					
010448.6+003931	PGC 3976		.94						
010724.2-695235	NGC 406	.SAS5*.	1.52± .03	160	13.1 ±.2	.59± .02	.54± .02	13.14±.3	1509± 7
300.91 -47.19	ESO 51- 18	RS (2)	.42± .03	.05	12.93 ±.11	-.11± .03	-.10± .03	250± 8	1469± 58
227.02 -15.79	IRAS01057-7008	5.0± .5	.87± .05	.62	12.51	.49	12.91± .12		1372
010543.0-700836	PGC 3980	4.0± .6	1.53	.21	12.28	-.18	14.50± .26	.65	1434
010724.5+322413	NGC 382	.E...*.	.82± .14						
126.84 -30.35	UGC 688	RCU	.00± .04	.19	14.22 ±.13				5217± 32
328.83 5.81		-5.0± .5		.00					5369
010438.7+320813	PGC 3981		.85		13.96				4929
010725.2+322447	NGC 383	.LA.-*.	1.20± .10	30					
126.84 -30.34	UGC 689	R	.05± .07	.19	13.38 ±.10				5040± 26
328.84 5.81		-3.0± .3		.00					5192
010439.4+320846	PGC 3982		1.21		13.12				4752
010725.4+321733	NGC 384	.E.3...	1.04± .04	135	14.05 ±.15	.92± .02	1.00± .02		
126.85 -30.46	UGC 686	R	.11± .05	.19	14.08 ±.10	.48± .03	.58± .04		4398± 30
328.72 5.77	ARAK 26	-5.0± .5	.59± .04	.00		.84	12.49± .13		4550
010439.7+320133	PGC 3983		1.04		13.82	.46	13.99± .27		4110
010727.7+321916	NGC 385	.LA.-*.	1.03± .09		13.93 ±.13	.97± .01	1.05± .01		
126.86 -30.43	UGC 687	R	.04± .05	.19	14.11 ±.10	.41± .04	.45± .04		4940± 34
328.75 5.77		-3.0± .4	.74± .02	.00		.88	13.12± .08		5091
010441.9+320315	PGC 3984		1.05		13.78	.39	13.84± .49		4651
010730.6-612024		RLB.0..	.98± .07	70					
299.51 -55.68	ESO 113- 12	r	.17± .05	.00	15.21 ±.14				7983
235.88 -15.23		-2.4± .9		.00					7866
010532.0-613624	PGC 3988		.95		15.09				7863
010730.8+322144	NGC 386	.E.3.*.	.97± .14		15.33 ±.13	1.02± .02			
126.87 -30.39	MCG 5- 3- 57	R	.06± .06	.19	14.98 ±.11	.58± .07			5555± 56
328.80 5.77	ARAK 27	-5.0± .7		.00		.93			5707
010445.1+320543	PGC 3989		.98		14.86	.56	14.99± .74		5267
010732.7+392357		.S..6*.	1.35± .04	105				15.17±.1	5869± 9
126.32 -23.37	UGC 690	U	.08± .05	.22	13.42 ±.16			334± 11	
335.61 7.54		6.0±1.0		.12					6033
010443.4+390757	PGC 3990		1.37	.04	13.05			2.08	5600
0107.5 +3205		.S?....	1.11± .07	136					10644
126.90 -30.66	UGC 691		.95± .06	.19					
328.53 5.69				1.43					10795
0104.8 +3149	PGC 3992		1.13	.48					10355
010735.0-333818		PSBT1..	1.20± .04	61					
275.79 -82.62	ESO 352- 7	S	.29± .04	.02	14.81 ±.14				10127± 39
264.31 -11.18		1.0± .8		.30					10091
010514.0-335418	PGC 3993		1.20	.15	14.37				9883
010737.3+325613		.SBS6..	.98± .07					16.37±.3	5789± 10
126.84 -29.81	UGC 692	U	.02± .05	.21	14.83 ±.13				
329.36 5.90		6.0± .9		.03				141± 7	5942
010451.2+324013	PGC 3998		1.00	.01	14.56			1.80	5502
010742.3-465424	IC 1625	.LAT-P*	1.22± .03	7	12.9 ±.2	.93± .02	.98± .01		
294.80 -69.96	ESO 243- 33	S	.13± .03	.03	13.11 ±.14				6679± 23
250.79 -13.54		-3.3± .6	1.12± .04	.00		.85	14.01± .13		6601
010529.0-471024	PGC 4001		1.20		12.91		13.54± .27		6489
010746.4+321835	NGC 388	.E.3.*.	.97± .15		15.42 ±.19	1.10± .04	1.11± .04		
126.93 -30.43	MCG 5- 3- 59	R	.08± .06	.19	15.06 ±.11	.47± .08	.51± .08		5114± 56
328.76 5.71	ARAK 28	-5.0± .8	.52± .07	.00		1.01	13.51± .26		5266
010500.6+320235	PGC 4005		.98		14.88	.45	15.07± .78		4826

R.A. 2000 DEC. l b SGL SGB R.A. 1950 DEC.	Names PGC	Type S_T n_L T L	$\log D_{25}$ $\log R_{25}$ $\log A_e$ $\log D_o$	p.a. A_g A_i A_{21}	B_T m_B m_{FIR} B_T^o	$(B-V)_T$ $(U-B)_T$ $(B-V)_T^o$ $(U-B)_T^o$	$(B-V)_e$ $(U-B)_e$ m'_e m'_{25}	m_{21} W_{20} W_{50} HI	V_{21} V_{opt} V_{GSR} V_{3K}
010747.7-173024	IC 1623		.65± .07						
145.21 -79.66	ESO 541- 23		.08± .06	.04	14.34 ±.14				6056± 39
280.45 -7.62	ARP 236				9.92				6071
010520.0-174624	PGC 4008		.65						5764
010748.8-580436		.S?....	1.04± .06	21					
298.74 -58.92	ESO 113- 13		1.06± .05	.00	16.70 ±.14				5914
239.27 -14.96				1.50					5805
010546.0-582036	PGC 4010		1.04	.50	15.17				5777
0107.8 +0104		.S?....	1.04± .06						624
131.57 -61.53	UGC 695		.07± .05	.04	14.91 ±.16				
298.64 -2.80				.10					698
0105.3 +0048	PGC 4013		1.04	.03	14.77				306
010757.8+331813		.S?....	.94± .11					16.81±.3	4209± 10
126.90 -29.44	MCG 5- 3- 60		.11± .07	.16	15.16 ±.13				
329.73 5.93				.16				125± 7	4362
010511.5+330213	PGC 4016		.95	.06	14.81			1.95	3924
0107.9 +0233		.S..2..	1.09± .06	86					
131.23 -60.06	UGC 698	U	.53± .05	.04	15.21 ±.12				
300.09 -2.42		2.0± .9		.65					
0105.4 +0217	PGC 4017		1.10	.27					
010804.2+210716		.L..-*.	.96± .12	150					
128.12 -41.58	UGC 696	U	.13± .05	.14	14.68 ±.10				
318.00 2.66	MK 561	-3.0±1.2		.00					
010523.0+205116	PGC 4019		.96						
010804.9+332700		.SB?...	.96± .07	85				17.76±.3	4700± 10
126.91 -29.29	UGC 697		.22± .05	.13	14.67 ±.12				4719± 80
329.88 5.94	IRAS01053+3311			.33				319± 7	4854
010518.5+331100	PGC 4020		.98	.11	14.18			3.47	4415
010809.2-582718		.S?....	.96± .06	41					
298.74 -58.54	ESO 113- 14		.13± .06	.00	14.56 ±.14				4944± 34
238.88 -15.05				.20					4834
010607.0-584318	PGC 4023		.96	.07	14.33				4809
010810.7-460536	IC 1627	.SBS3*/	1.40± .04	139					
294.10 -70.75	ESO 243- 34	S (1)	.60± .04	.03	13.71 ±.14				6107
251.64 -13.50	IRAS01059-4621	3.0± .6		.83					6032
010557.1-462136	PGC 4027	3.3±1.2	1.41	.30	12.81				5914
010810.9-470806		RLBT0..	1.03± .05	11					
294.69 -69.72	ESO 243- 35	Sr	.08± .03	.03	14.66 ±.14				
250.57 -13.65		-2.2± .6		.00					
010558.0-472406	PGC 4028		1.02						
0108.1 +2105		.S..9*.	1.00± .10						5017
128.16 -41.62	UGC 699	U	.00± .04	.14					
317.97 2.63		9.0±1.2		.00					5145
0105.5 +2049	PGC 4029		1.01	.00					4708
010817.2-464512	IC 1630	.S..3P/	1.11± .05	65					
294.43 -70.10	ESO 243- 36	S	.39± .05	.03	15.18 ±.14				6925
250.97 -13.61		3.0± .6		.54					6848
010604.0-470112	PGC 4036		1.11	.20	14.56				6735
010819.0-470418		RLBR+..	.95± .07	117					
294.59 -69.78	ESO 243- 37	r	.20± .05	.03	14.91 ±.14				6900±190
250.64 -13.67	FAIR 682	-1.3± .9		.00					6822
010606.0-472018	PGC 4038		.92		14.77				6711
010823.4+330759	NGC 392	.L..-*.	1.08± .17	50	13.68 ±.13	.97± .01	1.05± .01		
127.01 -29.60	UGC 700	U	.12± .08	.19	13.79 ±.10	.49± .07			4762± 44
329.59 5.80		-3.0±1.2	.72± .03	.00		.88	12.77± .09		4915
010537.1+325200	PGC 4042		1.09		13.48	.46	13.64± .89		4477
0108.4 +0627		.SBR5..	1.01± .06						12125
130.51 -56.16	UGC 705	U	.11± .05	.07					
303.90 -1.45		5.0± .8		.17					12214
0105.8 +0612	PGC 4045		1.01	.06					11806
0108.4 +0819		.SBR2..	1.00± .08						10910
130.14 -54.30	UGC 706	U	.00± .06	.13	14.92 ±.16				
305.71 -.94		2.0± .8		.00					11004
0105.8 +0804	PGC 4046		1.01	.00	14.68				10591
0108.4 -0518		.S?....	1.04± .09						
134.19 -67.80	MCG -1- 4- 2		.49± .07	.20					10455
292.49 -4.65				.73					10509
0105.9 -0534	PGC 4048		1.06	.25					10143

R.A. 2000 DEC.	Names	Type	$\log D_{25}$	p.a.	B_T	$(B\text{-}V)_T$	$(B\text{-}V)_e$	m_{21}	V_{21}
l b		S_T n_L	$\log R_{25}$	A_g	m_B	$(U\text{-}B)_T$	$(U\text{-}B)_e$	W_{20}	V_{opt}
SGL SGB		T	$\log A_e$	A_i	m_{FIR}	$(B\text{-}V)^o_T$	m'_e	W_{50}	V_{GSR}
R.A. 1950 DEC.	PGC	L	$\log D_o$	A_{21}	B^o_T	$(U\text{-}B)^o_T$	m'_{25}	HI	V_{3K}
010829.9+394139	NGC 389	.L.....	1.11± .07	54					
126.50 -23.06	UGC 703	U	.48± .03	.22	14.82 ±.10				
335.94 7.43		-2.0± .9		.00					
010540.2+392540	PGC 4054		1.06						
0108.5 +1652		.SB.6*.	.95± .07	48					12241
128.81 -45.79	UGC 708	U	.20± .05	.10	14.73 ±.12				
313.95 1.39		6.0±1.3		.30					12358
0105.9 +1637	PGC 4058		.96	.10	14.27				11927
0108.5 +0120		.S..8..	1.04± .06	142					5376
131.85 -61.22	UGC 709	U	.36± .05	.02					
298.96 -2.89		8.0± .9		.44					5450
0106.0 +0105	PGC 4059		1.04	.18					5058
010836.9+393835	NGC 393	.L..-*.	1.23± .14	20	13.6 ±.3	1.07± .02	1.05± .01		
126.53 -23.11	UGC 707	U	.08± .08	.22	13.13 ±.10	.68± .04	.65± .02		
335.89 7.40	5ZW 52	-3.0±1.1	.66± .13	.00			12.43± .45		
010547.2+392236	PGC 4061		1.25				14.47± .77		
0108.6 +0138	A 0106+01	.SBS7?/	1.56± .03	118				14.23±.1	1979± 6
131.82 -60.92	UGC 711	UE	.98± .04	.02	14.39 ±.14			223± 8	2010± 43
299.26 -2.84		6.7± .7		1.36				202± 12	2055
0106.1 +0123	PGC 4063		1.56	.49	13.00			.74	1662
010844.9+332746		.S..4..	1.14± .07	56				15.99±.3	12474± 10
127.07 -29.27	UGC 710	U	.47± .06	.13	15.28 ±.14				12624± 80
329.92 5.81		4.0± .9		.69				510± 7	12630
010558.5+331147	PGC 4067		1.15	.24	14.37			1.38	12192
010845.3-462831	IC 1631	.S..2P.	.97± .05	82					
294.04 -70.35	ESO 243- 40	S	.17± .04	.03	14.22 ±.14				
251.26 -13.65	IRAS01065-4644	2.0± .7		.21	13.02				
010632.0-464430	PGC 4068		.98	.09					
0108.7 -1524		.S?....	.74± .14						
142.76 -77.60	MCG -3- 4- 8		.00± .07	.02					15424± 41
282.60 -7.33				.00					15445
0106.3 -1540	PGC 4071		.74						15128
010846.4-362037		.LX.-P.	1.07± .05	42					
282.25 -80.08	ESO 352- 8	S	.21± .04	.02	14.61 ±.14				6641± 39
261.62 -11.94		-3.0± .8		.00					6595
010627.0-363636	PGC 4073		1.05		14.49				6407
0108.7 -1520	IC 80B	.LA.-P*	.52± .20						
142.67 -77.54	MCG -3- 4- 7	PE	.00± .07	.02					16057
282.66 -7.31		-3.0± .9		.00					16079
0106.3 -1536	PGC 4074		.52						15761
010847.2-283455	IC 1628	.LAR-*P	1.11± .06		13.48 ±.13	1.01± .01	1.02± .01		
234.70 -85.90	ESO 412- 7	S	.06± .04	.06	13.50 ±.14				
269.46 -10.39		-4.0± .7	.72± .02	.00			12.57± .06		
010624.1-285054	PGC 4075		1.10				13.88± .35		
0108.7 -1237		.S?....	1.12± .08						7369
139.42 -74.93	MCG -2- 4- 3		.00± .07	.00					
285.34 -6.64				.00					7400
0106.3 -1253	PGC 4076		1.12						7068
010847.8-155042	IC 78	.SAT1P*	1.22± .05	133					
143.46 -78.02	MCG -3- 4- 10	E	.37± .05	.02					
282.16 -7.44		1.0±1.2		.38					
010619.6-160641	PGC 4079		1.22	.19					
010849.8-155656	IC 79	.LA.-..	.96± .10	155					
143.66 -78.11	MCG -3- 4- 11	PE	.11± .05	.02					12534± 58
282.06 -7.48		-2.5± .7		.00					12554
010621.6-161255	PGC 4082		.95						12240
010850.8-283558			.44± .22						
234.87 -85.88	MCG -5- 3- 28		.09± .07	.06					
269.45 -10.40									
010627.7-285157	PGC 4083		.44						
010851.7-454955		.L..0*P	1.01± .05	93					
293.59 -70.98	ESO 243- 41	S	.48± .03	.03	14.47 ±.14				
251.93 -13.57		-2.0± .9		.00					
010638.1-460554	PGC 4085		.94						
010851.9+320559		.S?....	.74± .14					16.85±.3	10423± 10
127.22 -30.63	MCG 5- 3- 66		.00± .07	.18	15.04 ±.13				
328.62 5.43				.00				97± 7	10574
010606.0+315000	PGC 4086		.75	.00	14.76			2.09	10135

R.A. 2000 DEC.	Names	Type	$\log D_{25}$	p.a.	B_T	$(B-V)_T$	$(B-V)_e$	m_{21}	V_{21}
l b		S_T n_L	$\log R_{25}$	A_g	m_B	$(U-B)_T$	$(U-B)_e$	W_{20}	V_{opt}
SGL SGB		T	$\log A_e$	A_i	m_{FIR}	$(B-V)^o_T$	m'_e	W_{50}	V_{GSR}
R.A. 1950 DEC.	PGC	L	$\log D_o$	A_{21}	B^o_T	$(U-B)^o_T$	m'_{25}	HI	V_{3K}
0108.9 +2152								16.01±.1	-324± 8
128.31 -40.81				.20				58± 7	
318.79 2.67									-195
0106.2 +2137	PGC 4095								-632
010859.2+323804	NGC 399	.SB.1*.	.97± .07	40					
127.20 -30.09	UGC 712	U	.13± .05	.20	14.45 ±.12				5215± 43
329.14 5.55		1.0±1.2		.13					5367
010613.0+322206	PGC 4096		.99	.06	14.06				4929
010900.1-053057	MCG -1- 4- 3	.IBS9*.	1.07± .06	165					
134.66 -67.99		E (1)	.25± .05	.24					
292.31 -4.84		10.0± .9		.19					
010628.3-054656	PGC 4099	8.7± .8	1.10	.12					
010902.9-371726		RSBR1P*	1.07± .05	165					
283.95 -79.18	ESO 296- 2	Sr	.08± .05	.02	14.42 ±.14				6594
260.67 -12.17	IRAS01067-3733	1.1± .5		.09	13.29				6545
010644.0-373324	PGC 4101		1.07	.04	14.23				6364
010903.3-743050		.S?....	1.04± .09						
301.34 -42.56	ESO 29- 34		.08± .07	.13					10568
222.20 -16.06				.11					10421
010741.1-744648	PGC 4102		1.05	.04					10519
010904.7-454625		.L..-..	1.14± .05						
293.44 -71.03	ESO 243- 45	S	.07± .04	.03	13.41 ±.14				7746
251.99 -13.60		-3.0± .7		.00					7671
010651.1-460224	PGC 4104		1.14		13.26				7552
0109.1 +3750		.S..8*.	1.00± .16						8341
126.78 -24.89	UGC 713	U	.04± .12	.27					
334.18 6.86		8.0±1.2		.05					8502
0106.3 +3735	PGC 4106		1.03	.02					8068
010913.9+320901		.SA.5..	1.06± .06	10				16.78±.3	4634± 10
127.31 -30.57	UGC 714	U	.13± .05	.18	14.35 ±.12				4617± 50
328.69 5.37		5.0± .9		.20				237± 7	4784
010627.9+315303	PGC 4110		1.07	.07	13.95			2.77	4346
010914.5+324503	NGC 403	.S..0*.	1.28± .04	86					
127.25 -29.97	UGC 715	PU	.47± .04	.20	13.38 ±.14				5063± 44
329.26 5.52		.3± .7		.36					5215
010628.2+322905	PGC 4111		1.28		12.75				4777
010920.1+332841		.S?....	.74± .14					16.21±.3	10593± 10
127.21 -29.24	MCG 5- 3- 70		.00± .07	.14	15.41 ±.12				
329.97 5.69				.00				305± 7	10746
010633.4+331243	PGC 4115		.75	.00	15.21			.99	10309
0109.3 +1419		.SB.3..	1.17± .05	160					
129.46 -48.31	UGC 717	U	.19± .05	.09	14.37 ±.15				11034± 97
311.55 .50	IRAS01066+1403	3.0± .8		.26					11144
0106.6 +1404	PGC 4116		1.18	.09	13.94				10718
010922.4-785416		.SAS1P.	1.08± .09						
301.84 -38.19		S	.16± .08	.29					
217.64 -16.10		1.0± .9		.16					
010830.8-791013	PGC 4120		1.11	.08					
0109.4 +1421		.SB.3..	.91± .07						11330
129.49 -48.28	UGC 719	U	.03± .05	.09	14.89 ±.13				
311.59 .49		3.0± .9		.04					11440
0106.8 +1406	PGC 4124		.92	.01	14.68				11014
010927.0+354304	NGC 404	.LAS-*.	1.54± .02		11.21 ±.13	.94± .01	.85± .01	13.37±.3	-48± 9
127.03 -27.01	UGC 718	R	.00± .03	.24	11.23 ±.09	.27± .02	.31± .02	91± 11	-19± 29
332.14 6.25	IRAS01066+3527	-3.0± .3	.97± .02	.00	12.18	.89	11.55± .05	78± 8	111
010639.3+352706	PGC 4126		1.57		10.99	.22	13.78± .18		-324
010932.0-474726		.SXT8..	.98± .05	114					
294.41 -69.04	ESO 195- 32	S (1)	.17± .05	.03	15.49 ±.14				
249.93 -13.97		8.0± .6		.21					
010720.0-480324	PGC 4131	7.8± .6	.98	.09					
010932.6-354820	NGC 409	.E...*.	1.11± .05						
280.10 -80.51	ESO 352- 12	BS	.08± .04	.02	14.03 ±.14				6550± 34
262.19 -12.00		-5.0± .7		.00					6506
010713.1-360418	PGC 4132		1.09		13.91				6315
010941.6+231738								17.23±.3	10279± 10
128.36 -39.39	CGCG 480- 45			.09	15.7 ±.4				
320.19 2.89								178± 7	10411
010659.4+230140	PGC 4138								9974

R.A. 2000 DEC.	Names	Type	$\log D_{25}$	p.a.	B_T	$(B-V)_T$	$(B-V)_e$	m_{21}	V_{21}
l b		S_T n_L	$\log R_{25}$	A_g	m_B	$(U-B)_T$	$(U-B)_e$	W_{20}	V_{opt}
SGL SGB		T	$\log A_e$	A_i	m_{FIR}	$(B-V)^o_T$	m'_e	W_{50}	V_{GSR}
R.A. 1950 DEC.	PGC	L	$\log D_o$	A_{21}	B^o_T	$(U-B)^o_T$	m'_{25}	HI	V_{3K}
010941.9+310758		.L?....	.72± .22					17.36±.3	6497± 10
127.52 -31.58	MCG 5- 3- 73		.00± .07	.22	15.30 ±.10				
327.73 5.00				.00				184± 7	6645
010656.3+305200	PGC 4139		.74		14.98				6207
0109.7 +1317		.SBS8..	1.27± .04	150					4207± 10
129.77 -49.33	UGC 722	U	.19± .05	.10					
310.59 .12		8.0± .8		.23					4314
0107.1 +1302	PGC 4142		1.28	.09					3891
0109.7 -0214		.IBS9*.	1.14± .05	10					1872
133.70 -64.72	MCG -1- 4- 5	E (1)	.27± .04	.17					
295.56 -4.15		9.5± .6		.20					1935
0107.2 -0230	PGC 4143	8.1± .6	1.15	.14					1558
0109.8 +2045		.S..6*.	1.19± .05	165					5090
128.73 -41.90	UGC 723	U	1.06± .05	.16	15.56 ±.12				
317.77 2.16		6.0±1.4		1.47					5216
0107.2 +2030	PGC 4148		1.21	.50	13.91				4782
010955.3-455551	IC 1633	.E+1...	1.46± .04	120	12.6 ±.2		1.07± .01		
293.10 -70.84	ESO 243- 46	S	.08± .04	.03	12.23 ±.14		.54± .02		7226± 29
251.85 -13.77	FAIR 683	-4.0± .5	.95± .08	.00			12.88± .28		7150
010742.0-461148	PGC 4149		1.44		12.21		14.69± .31		7032
010955.5-465932		RLBR+..	.94± .07	157					
293.77 -69.81	ESO 243- 47	r	.18± .06	.03	15.38 ±.14				
250.76 -13.93		-1.3± .9		.00					
010743.0-471530	PGC 4150		.92						
010957.6-014457		.SBS7?.	1.20± .04	144					3849
133.63 -64.24	UGC 726	UE (1)	.24± .04	.22	14.59 ±.17				
296.05 -4.07		7.3± .7		.33					3913
010724.5-020054	PGC 4151	6.4±1.2	1.22	.12	14.03				3534
010959.7+322207	A 0107+32	.S.....	1.32± .10	15				15.12±.3	5179± 10
127.47 -30.34	UGC 724	R	.08± .12	.18	13.61 ±.16			343± 13	5228± 41
328.94 5.27				.12				321± 10	5332
010713.5+320610	PGC 4153		1.34	.04	13.29			1.79	4895
011005.6-352927	NGC 415	.SBT3..	1.16± .04	55					
278.64 -80.74	ESO 352- 14	S (1)	.26± .04	.02	14.32 ±.14				6538± 39
262.54 -12.05	IRAS01077-3545	3.0± .8		.35					6494
010746.0-354524	PGC 4161	3.3± .9	1.16	.13	13.90				6302
011011.0+430635	A 0107+42	.SB.6?.	1.35± .04	43	14.4 S±.3			15.10±.1	5047± 7
126.56 -19.63	UGC 725	U	.62± .05	.38	14.29 ±.13			334± 7	4986± 57
339.33 7.96		6.0±1.2		.91				316± 7	5214
010718.8+425038	PGC 4168		1.38	.31	12.98		14.39± .35	1.80	4790
011014.3-564551		.S..2?.	1.07± .05	166					
297.75 -60.17	ESO 151- 24	S	.51± .04	.00	15.60 ±.14				
240.67 -15.16		2.0±1.9		.62					
010811.0-570148	PGC 4169		1.07	.25					
011019.4-354409		.SXS7..	1.16± .04	129					
279.05 -80.50	ESO 352- 15	S (1)	.12± .04	.02	14.38 ±.14				3603± 39
262.30 -12.14		7.0± .8		.17					3558
010800.0-360006	PGC 4173	5.6±1.2	1.16	.06	14.18				3368
011021.3+301057								16.79±.3	6826± 10
127.78 -32.51	CGCG 501-113			.26	15.5 ±.4				
326.85 4.62								219± 7	6972
010736.1+295500	PGC 4176								6535
0110.3 +0330	NGC 396	.L.....	.83± .08	140					
132.14 -59.02	UGC 729	E	.23± .05	.07	15.23 ±.10				
301.19 -2.74		-2.0± .9		.00					
0107.8 +0315	PGC 4178		.80						
011029.1+431716		.SXS5..	1.18± .05	92	14.4 S±.3			14.97±.1	4909± 7
126.61 -19.45	UGC 728	U	.03± .05	.32	13.91 ±.14			279± 7	4922± 57
339.52 7.95	IRAS01076+4301	5.0± .8		.04	13.54			245± 7	5077
010736.7+430119	PGC 4184		1.21	.01	13.61		15.05± .38	1.35	4654
011033.6-523322		.E.4.*.	1.05± .06	127					
296.22 -64.32	ESO 151- 26	S	.25± .04	.04	14.35 ±.14				
245.03 -14.75		-5.0±1.2		.00					
010826.0-524918	PGC 4187		.99						
011036.1-301315	NGC 418	.SBS5..	1.31± .04		13.12 ±.16	.57± .02	.66± .02	14.52±.3	5709± 8
250.41 -84.78	ESO 412- 9	PS (2)	.07± .04	.02	13.19 ±.14	-.04± .03	.05± .03	261± 9	5684± 59
267.90 -11.12	IRAS01082-3029	5.0± .4	1.02± .03	.11	12.46	.52	13.71± .07	230± 7	5681
010814.0-302912	PGC 4189	1.3± .4	1.31	.04	13.00	-.08	14.33± .26	1.48	5454

R.A. 2000 DEC. l b SGL SGB R.A. 1950 DEC.	Names PGC	Type S_T n_L T L	$\log D_{25}$ $\log R_{25}$ $\log A_e$ $\log D_o$	p.a. A_g A_i A_{21}	B_T m_B m_{FIR} B_T^o	$(B-V)_T$ $(U-B)_T$ $(B-V)_T^o$ $(U-B)_T^o$	$(B-V)_e$ $(U-B)_e$ m'_e m'_{25}	m_{21} W_{20} W_{50} HI	V_{21} V_{opt} V_{GSR} V_{3K}
011036.6+330729	NGC 407	.S..0*/	1.23± .04	0					
127.55 -29.58	UGC 730	PU	.61± .04	.20	14.28 ±.12				5610± 80
329.70 5.34		.2± .8		.46					5762
010750.0+325132	PGC 4190		1.22		13.54				5326
011039.5-073554		.LBS0*.	1.11± .08						
136.94 -69.95	MCG -1- 4- 7	E	.05± .05	.28					
290.39 -5.79		-2.0±1.2		.00					
010808.5-075150	PGC 4194		1.13						
0110.6 -0016		.S?....	1.02± .06	175					
133.47 -62.75	UGC 734		.60± .05	.11	15.42 ±.12				5491
297.54 -3.84				.90					5559
0108.1 -0032	PGC 4195		1.03	.30	14.38				5176
0110.6 +1635		.SBS3..	.83± .11						12307
129.57 -46.02	UGC 733	U	.10± .06	.12	15.42 ±.12				
313.82 .83		3.0± .9		.13					12422
0108.0 +1620	PGC 4196		.84	.05	15.07				11994
0110.7 +4936	A 0107+49	.I..9*.	1.34± .10		*		.58± .04	13.41±.3	639± 8
126.13 -13.15	UGC 731	U (1)	.04± .12	.77			-.19± .06	143± 9	
345.67 9.41	DDO 9	10.0±1.0	1.05± .10	.03			15.50± .23	130± 7	815
0107.7 +4920	PGC 4202	9.0±1.3	1.41	.02					407
011048.5+333441		.SAR7..	1.01± .05	80	*			16.37±.2	5436± 7
127.55 -29.12	UGC 732	U	.26± .05	.16	14.64 ±.12			288± 13	
330.15 5.42	KUG 0108+333	7.0± .8		.36				272± 6	5588
010801.5+331845	PGC 4210		1.02	.13	14.11			2.13	5153
0110.8 -0145		.S..6*.	1.10± .05	125	*				5073
134.14 -64.20	UGC 736	U	.14± .05	.23	14.96 ±.18				
296.11 -4.28		6.0±1.2		.21					5136
0108.3 -0201	PGC 4214		1.12	.07	14.50				4759
011052.0+242719								18.20±.3	13902± 10
128.56 -38.20	CGCG 480- 47			.19	15.4 ±.4				
321.38 2.95								84± 7	14036
010809.2+241123	PGC 4219								13600
011053.7-054920		.SAS5*.	1.35± .04	15	*				5757
136.06 -68.20	MCG -1- 4- 8	E (1)	.38± .05	.31					
292.14 -5.38		5.0± .8		.58					5808
010822.1-060516	PGC 4222	3.6± .8	1.38	.19					5447
011058.4+330906	NGC 410	.E+..*.	1.38± .05	30	12.52 ±.13	1.04± .01	1.06± .01		
127.63 -29.54	UGC 735	PU	.26± .05	.20	12.50 ±.11	.56± .02	.58± .02		5296± 25
329.75 5.28		-4.0± .6	1.06± .03	.00		.94	13.31± .09		5447
010811.7+325310	PGC 4224		1.34		12.23	.54	13.79± .32		5012
011101.0-302616	IC 1637	.SBT5*.	1.23± .04	90	13.46 ±.15	.64± .04			
251.74 -84.58	ESO 412- 10	PS (2)	.12± .04	.02	13.59 ±.14	.05± .05			6002± 59
267.70 -11.25	IRAS01086-3042	4.7± .5		.18	13.06	.57			5974
010839.0-304212	PGC 4227	2.0± .6	1.23	.06	13.30	.00	14.16± .26		5749
011101.0-555210		.LA.-..	1.10± .05	46					
297.26 -61.04	ESO 151- 27	S	.07± .04	.00	14.08 ±.14				5304
241.61 -15.18		-3.0± .8		.00					5200
010857.1-560806	PGC 4228		1.09		14.00				5158
011105.0+335005		.S..8..	1.08± .07						4558
127.59 -28.86	UGC 738	U	.03± .06	.18	15.01 ±.19				
330.41 5.44		8.0± .8		.03					4711
010817.9+333409	PGC 4235		1.09	.01	14.79				4276
011106.2-180858	NGC 417	.LX.-*.	.80± .05	55					
150.73 -79.94	ESO 541- 24	SE	.10± .03	.00	15.18 ±.14				
280.01 -8.54		-2.7± .7		.00					
010839.0-182454	PGC 4237		.78						
0111.1 +0845		.E...*.	1.00± .19						
131.18 -53.79	UGC 741	U	.05± .08	.15	14.91 ±.12				
306.31 -1.46		-5.0±1.2		.00					
0108.5 +0830	PGC 4238		1.01						
011112.5-073249		.SA.5*.	1.06± .06	80					
137.30 -69.87	MCG -1- 4- 9	E (1)	.18± .05	.28					
290.47 -5.91		5.0±1.2		.27					
010841.4-074845	PGC 4249	5.3±1.2	1.08	.09					
011117.5+314425		.S..8..	.99± .05					15.56±.3	5757± 10
127.85 -30.94	UGC 742	U	.02± .04	.22	15.03 ±.15				
328.41 4.84	KUG 0108+314	8.0± .8		.02				124± 7	5906
010831.3+312829	PGC 4255		1.01	.01	14.78			.78	5470

R.A. 2000 DEC. / l b / SGL SGB / R.A. 1950 DEC.	Names / PGC	Type / S_T n_L / T / L	$\log D_{25}$ / $\log R_{25}$ / $\log A_e$ / $\log D_o$	p.a. / A_g / A_i / A_{21}	B_T / m_B / m_{FIR} / B_T^o	$(B-V)_T$ / $(U-B)_T$ / $(B-V)_T^o$ / $(U-B)_T^o$	$(B-V)_e$ / $(U-B)_e$ / m'_e / m'_{25}	m_{21} / W_{20} / W_{50} / HI	V_{21} / V_{opt} / V_{GSR} / V_{3K}
011118.6+315316		.S..1..	1.14± .07	8					
127.84 -30.79	UGC 743	U	.32± .06	.22	14.59 ±.13				5229± 80
328.55 4.87		1.0± .9		.33					5378
010832.4+313720	PGC 4258		1.16	.16	13.98				4942
011118.9-455558		.SA.1?.	1.00± .05	51					
292.38 -70.79	ESO 243- 51	S	.24± .04	.03	14.19 ±.14				
251.89 -14.01	IRAS01091-4611	1.0± .6		.24	13.30				
010906.0-461154	PGC 4259		1.01	.12					
011122.5-291404	NGC 423	.S.0?P/	.99± .05	114					
239.71 -85.13	ESO 412- 11	S	.44± .03	.08	14.40 ±.14				
268.93 -11.08	IRAS01090-2929	.0±1.9		.33	12.55				
010900.0-293000	PGC 4266		.98						
011126.9-455616		.L..0*/	1.11± .05	106					
292.32 -70.78	ESO 243- 52	S	.73± .03	.03	14.72 ±.14				
251.89 -14.03		-1.5±1.0		.00					
010914.0-461212	PGC 4271		1.00						
011127.9-380458	NGC 424	RSBR0*.	1.26± .04	60					
283.19 -78.27	ESO 296- 4	BSr	.35± .05	.02	13.76 ±.14				3450± 53
259.95 -12.79		.4± .5		.26					3397
010910.0-382054	PGC 4274		1.24		13.42				3225
011130.6+011916		.S..8*.	1.00± .07	136					
133.37 -61.14	UGC 749	U	.47± .05	.04	14.31 ±.17				6809± 30
299.14 -3.61	ARAK 33	8.0±1.3		.58	12.74				6882
010856.4+010321	PGC 4275		1.00	.23	13.68				6494
0111.5 +3640		.S..6*.	.96± .09	170					9623
127.41 -26.02	UGC 745	U	.39± .06	.21					
333.18 6.10		6.0±1.3		.58					9781
0108.7 +3625	PGC 4276		.98	.20					9349
011131.9+231308			.95?					15.88±.3	10308± 10
128.91 -39.42	CGCG 480- 48		.95?	.10					
320.24 2.47								359± 7	10439
010849.5+225713	PGC 4278		.96						10004
011136.1+490715		.E.....	1.20± .14	100					
126.32 -13.62	UGC 746	U	.11± .08	.82	14.0 ±.3				
345.23 9.16		-5.0± .8		.00					
010839.2+485120	PGC 4282		1.30						
011143.6+351633		.S?....	1.33± .04	79					4857
127.60 -27.41	UGC 748		.52± .05	.19	14.85 ±.18				
331.83 5.69	IRAS01089+3500			.78	13.54				5012
010855.7+350038	PGC 4286		1.35	.26	13.86				4579
011146.2-613135	NGC 432	.L..-..	1.11± .05						
298.66 -55.43	ESO 113- 22	S	.04± .04	.00	13.96 ±.14				8080
235.73 -15.75		-3.0± .8		.00					7961
010950.0-614730	PGC 4290		1.10		13.84				7962
011146.6-003948	IC 1639	.P...?.	.75± .09	100					
134.22 -63.09	UGC 750	E	.03± .05	.12	14.35 ±.18				5395± 50
297.23 -4.21	MK 562	99.0		.04					5461
010913.1-005543	PGC 4292		.76	.02	14.18				5081
011147.8-471253		.S?....	.98± .07	106					
293.02 -69.52	ESO 243- 53		.24± .05	.03	15.33 ±.14				11800±190
250.58 -14.27	FAIR 684			.36					11720
010936.0-472848	PGC 4294		.98	.12	14.88				11613
011150.1-013920	A 0109-01	.L...*/	.79± .13	15					
134.65 -64.06		E	.66± .08	.27					4960± 45
296.27 -4.49	MK 563	-2.0±1.3		.00					5023
010916.9-015515	PGC 4295		.73						4647
011150.7-555123	IC 1649	.S..4./	1.23± .05	136					
297.02 -61.04	ESO 151- 30	S	.79± .04	.00	14.71 ±.14				5340
241.63 -15.29		4.0± .9		1.16					5236
010947.1-560718	PGC 4298		1.23	.39	13.52				5194
011208.9-321430		PSAR1*.	1.05± .04						
262.85 -83.19	ESO 352- 18	Sr	.02± .03	.02	14.55 ±.14				9836± 34
265.92 -11.84		1.0± .6		.02					9802
010948.0-323024	PGC 4316		1.06	.01	14.39				9590
011210.1+320723	NGC 420	.L...*.	1.30± .12						
128.03 -30.54	UGC 752	U	.00± .08	.18	13.09 ±.11				4974± 36
328.82 4.76		-2.0±1.0		.00					5123
010923.7+315128	PGC 4320		1.32		12.84				4689

R.A. 2000 DEC.	Names	Type	$\log D_{25}$	p.a.	B_T	$(B-V)_T$	$(B-V)_e$	m_{21}	V_{21}
l b		S_T n_L	$\log R_{25}$	A_g	m_B	$(U-B)_T$	$(U-B)_e$	W_{20}	V_{opt}
SGL SGB		T	$\log A_e$	A_i	m_{FIR}	$(B-V)^o_T$	m'_e	W_{50}	V_{GSR}
R.A. 1950 DEC.	PGC	L	$\log D_o$	A_{21}	B^o_T	$(U-B)^o_T$	m'_{25}	HI	V_{3K}
011213.6-581448	NGC 434	.SXS2..	1.33± .03	6	12.79 ±.13	.82± .01	.89± .01		
297.67 -58.67	ESO 113- 23	R (1)	.25± .03	.00	12.98 ±.11	.32± .02	.34± .01		4924± 42
239.15 -15.56		2.0± .4	.82± .01	.30		.74	12.38± .04		4814
011013.0-583042	PGC 4325	2.2± .8	1.33	.12	12.54	.27	13.66± .20		4790
011216.1-542730		.SBT3?.	1.09± .05	58					
296.39 -62.40	ESO 151- 32	S (1)	.46± .04	.00	15.54 ±.14				
243.09 -15.21		3.0± .9		.63					
011011.0-544324	PGC 4329	4.4±1.3	1.09	.23					
011220.0-320342	NGC 427	RSBR1*.	1.01± .05	0					
261.56 -83.30	ESO 412- 14	Sr	.19± .03	.02	15.06 ±.14				10012
266.11 -11.85		.7± .5		.20					9978
010959.0-321936	PGC 4333		1.01	.10	14.72				9765
011220.0-502406	IC 1650	.SBS3P.	1.12± .05	62	14.40 ±.13	.76± .02			
294.60 -66.39	ESO 195- 34	Sr (1)	.28± .05	.04	14.36 ±.14				7334± 40
247.30 -14.77	IRAS01101-5039	3.4± .5		.39	12.89	.65			7245
011011.0-504000	PGC 4334	3.3± .9	1.12	.14	13.90		14.12± .30		7162
011229.6-581230	NGC 434A	.SBS0P/	1.06± .05	51				14.60±.3	4828± 8
297.59 -58.70	ESO 113- 24	RS	.57± .04	.00	15.79 ±.14			297± 9	4740± 69
239.19 -15.59		.0± .4		.43					4716
011029.0-582824	PGC 4344		1.03		15.29				4693
011232.0-040847		.LB.-?.	1.05± .06	165					
136.21 -66.47	MCG -1- 4- 14	E	.12± .05	.23					
293.89 -5.33		-3.0±1.2		.00					
010959.7-042441	PGC 4346		1.06						
0112.5 -0247	NGC 413	.SBR5*.	1.05± .06	25					5808
135.55 -65.14	MCG -1- 4- 13	E (1)	.19± .05	.19					
295.22 -4.97		5.0± .9		.28					5867
0110.0 -0303	PGC 4347	1.9± .8	1.07	.09					5496
011233.3-172742		PSBS2..	1.00± .05	165					
150.79 -79.17	ESO 541- 25	r	.16± .04	.01	15.50 ±.14				13371± 39
280.78 -8.71		2.2± .9		.19					13384
011006.0-174336	PGC 4348		1.01	.08	15.16				13083
0112.5 +5036		RLX.+..	1.07± .07	160					
126.36 -12.12	UGC 754	U	.10± .03	.93					
346.73 9.35		-1.0± .8		.00					
0109.6 +5021	PGC 4351		1.14						
011237.8-375348		.SBS3*.	1.14± .05	22					
281.79 -78.35	ESO 296- 6	S (1)	.42± .05	.02	15.26 ±.14				6492
260.18 -12.98		3.0± .7		.58					6440
011020.0-380942	PGC 4353	4.4± .9	1.15	.21	14.61				6267
011238.4-460418		.L?....	.93± .07	80					
291.81 -70.60	ESO 244- 2		.30± .05	.03	15.36 ±.14				8100±190
251.78 -14.26	FAIR 685			.00					8023
011026.0-462012	PGC 4354		.89		15.21				7909
011238.8+383020		.SXT5..	1.13± .05						6457
127.48 -24.18	UGC 755	U	.03± .05	.26	14.27 ±.15				
334.99 6.35		5.0± .8		.05					6617
010948.9+381427	PGC 4355		1.16	.02	13.92				6188
011239.1-334006		.L..-P.	1.13± .05	178	15.3 ±.2	1.06± .03	1.01± .03		
269.27 -82.02	ESO 352- 20	S	.25± .04	.02	14.70 ±.14	.47± .05	.45± .04		10018± 39
264.49 -12.22		-3.0± .8	.49± .09	.00		.95	13.19± .30		9979
011019.0-335600	PGC 4356		1.10		14.70	.51	15.16± .34		9777
011243.4+325809		.S..6*.	.94± .05	120				16.45±.3	5346± 10
128.07 -29.69	UGC 756	U	.09± .04	.20	14.62 ±.09				
329.67 4.88	KUG 0109+327B	6.0±1.3		.13				206± 7	5496
010956.4+324215	PGC 4359		.96	.04	14.26			2.15	5063
011248.3-581655	NGC 440	.SAS4P*	1.06± .03	45	13.73 ±.13	.55± .01	.65± .01		
297.54 -58.62	ESO 113- 25	RS (1)	.23± .03	.00	13.75 ±.14	-.10± .02	.00± .02		5015± 36
239.12 -15.64		3.8± .5	.46± .01	.33		.47	11.52± .01		4904
011048.0-583248	PGC 4361	5.6±1.3	1.06	.11	13.37	-.15	13.30± .21		4881
011249.0-001728	NGC 426	.E+....	1.14± .07	140	13.8 ±.4	.95± .04			
134.64 -62.68	UGC 760	UE	.14± .04	.07	13.99 ±.10	.46± .06			5264± 31
297.66 -4.36		-4.0± .5		.00		.89			5331
011015.4-003322	PGC 4363		1.11		13.83	.47	14.15± .54		4950
011255.2+005859	NGC 428	.SXS9..	1.61± .02	120	11.91M±.10	.44± .02	.51± .02	12.63±.1	1162± 7
134.21 -61.42	UGC 763	R (3)	.12± .03	.03	11.60 ±.11	-.19± .03	-.10± .03	179± 8	1045± 58
298.91 -4.04	IRAS01103+0043	9.0± .3	1.22± .01	.12	12.37	.40	13.47± .03	155± 8	1231
011021.2+004305	PGC 4367	6.0± .5	1.61	.06	11.62	-.22	14.53± .15	.95	847

R.A. 2000 DEC. l b SGL SGB R.A. 1950 DEC.	Names PGC	Type S_T n_L T L	$\log D_{25}$ $\log R_{25}$ $\log A_e$ $\log D_o$	p.a. A_g A_i A_{21}	B_T m_B m_{FIR} B_T^o	$(B-V)_T$ $(U-B)_T$ $(B-V)_T^o$ $(U-B)_T^o$	$(B-V)_e$ $(U-B)_e$ m'_e m'_{25}	m_{21} W_{20} W_{50} HI	V_{21} V_{opt} V_{GSR} V_{3K}
011257.1-002048	NGC 429	.L..0*/	1.14± .06	19					
134.73 -62.72	UGC 762	UE	.67± .03	.07	14.37 ±.12				5644± 50
297.62 -4.41		-1.7± .8		.00					5710
011023.5-003641	PGC 4368		1.05		14.22				5331
011257.2-312700		RSBS0..	.96± .06						
256.88 -83.62	ESO 412- 16	r	.08± .04	.02	14.57 ±.14				5625
266.76 -11.86		-.1± .9		.06					5593
011036.1-314254	PGC 4369		.96		14.41				5377
011259.4-001508	NGC 430	.E...*.	1.12± .07	155	13.5 ±.4	.98± .03			
134.72 -62.63	UGC 765	UE	.08± .04	.07	13.36 ±.10	.44± .05			5283± 31
297.71 -4.39		-5.0± .6		.00		.91			5350
011025.8-003102	PGC 4376		1.10		13.22	.45	13.87± .55		4970
011259.7-190025		.LA.-*P	1.06± .15	65					
155.43 -80.49	MCG -3- 4- 30	S	.13± .05	.01	16.68 ±.14				
279.27 -9.18		-3.0± .8		.00					
011033.0-191618	PGC 4377		1.04						
011302.5+384607	NGC 425	.S?....	1.02± .06					15.64±.1	6355± 11
127.54 -23.91	UGC 758		.03± .05	.27	13.58 ±.14				6453± 52
335.27 6.35	IRAS01102+3830			.04	12.14			269± 12	6519
011012.3+383013	PGC 4379		1.04	.01	13.24			2.39	6091
0113.1 +0217		.L?....	.96± .13						
133.88 -60.12	UGC 768		.13± .05	.04	15.00 ±.11				13839
300.19 -3.74	IRAS01105+0201			.00	13.56				13913
0110.5 +0201	PGC 4386		.95		14.75				13524
0113.2 +3458		.S..6*.	1.00± .08	12					4736
127.96 -27.68	UGC 764	U	1.02± .06	.18					
331.63 5.32		6.0±1.5		1.47					4890
0110.4 +3443	PGC 4387		1.02	.50					4458
011314.0+085200			1.00?						10789
132.03 -53.62	CGCG 411- 7		.70?	.19	15.58 ±.12				
306.56 -1.94									10882
011037.0+083607	PGC 4388		1.02						10474
0113.2 +1245		.S..8?.	.99± .06						9977
131.18 -49.76	UGC 769	U	.09± .05	.11					
310.31 -.85		8.0±1.7		.11					10081
0110.6 +1230	PGC 4389		1.01	.05					9663
0113.2 +5040		.E...?.	1.03± .08						
126.47 -12.04	UGC 761	U	.01± .03	1.08					
346.82 9.26		-5.0±1.6		.00					
0110.3 +5025	PGC 4394		1.20						
0113.4 +4936		.S..8*.	1.04± .08	170					
126.59 -13.10	UGC 766	U	.29± .06	.81					
345.79 8.98		8.0±1.3		.36					
0110.5 +4921	PGC 4401		1.12	.15					
011330.8-521807		.SBS5..	1.03± .05	140					
295.08 -64.49	ESO 151- 34	S (1)	.15± .04	.04	15.25 ±.14				
245.35 -15.17		5.3± .5		.22					
011124.0-523400	PGC 4404	4.8± .5	1.04	.07					
011333.6-375407	NGC 438	PSXS3*.	1.14± .04						
280.97 -78.27	ESO 296- 7	BSr (1)	.10± .04	.02	13.63 ±.14				3457
260.21 -13.16	IRAS01112-3810	2.8± .4		.14	12.62				3404
011116.0-381000	PGC 4406	3.3± .8	1.14	.05	13.44				3232
011337.0-452010		.LX.-*.	1.06± .10						
290.73 -71.26		S	.41± .08	.03					
252.56 -14.33		-3.0±1.1		.00					
011124.3-453603	PGC 4409		1.00						
0113.6 -0005		.S..2..	1.03± .06	105					
135.01 -62.43	UGC 771	U	.27± .05	.07	14.75 ±.12				5156
297.92 -4.51		2.0± .9		.33					5223
0111.1 -0021	PGC 4415		1.03	.13	14.30				4843
0113.6 +0052		.I..9*.	1.08± .07					15.39±.1	1164± 10
134.63 -61.48	UGC 772	U	.12± .06	.04				84± 6	
298.86 -4.25		10.0±1.1		.09				65± 5	1234
0111.1 +0037	PGC 4416		1.08	.06					850
011346.2-310344		RSB.1..	1.04± .05						
253.15 -83.73	ESO 412- 17	r	.05± .04	.02	14.61 ±.14				5767
267.19 -11.95		1.0± .9		.05					5736
011125.1-311936	PGC 4421		1.04	.02	14.47				5518

R.A. 2000 DEC. l b SGL SGB R.A. 1950 DEC.	Names PGC	Type S_T n_L T L	$\log D_{25}$ $\log R_{25}$ $\log A_e$ $\log D_o$	p.a. A_g A_i A_{21}	B_T m_B m_{FIR} B_T^o	$(B-V)_T$ $(U-B)_T$ $(B-V)_T^o$ $(U-B)_T^o$	$(B-V)_e$ $(U-B)_e$ m'_e m'_{25}	m_{21} W_{20} W_{50} HI	V_{21} V_{opt} V_{GSR} V_{3K}
0113.7 +0222		.S?....	1.11± .14						
134.15 -60.00	UGC 773		.15± .12	.11					14100± 60
300.32 -3.86				.18					14174
0111.2 +0207	PGC 4422		1.12	.07					13786
011347.8-314450	NGC 439	.LXT-?.	1.39± .03	156	*		1.02± .01		
257.77 -83.29	ESO 412- 18	PS	.20± .03	.02	12.49 ±.11		.45± .01		5763± 30
266.49 -12.09		-3.3± .4	1.11± .05	.00			13.57± .18		5729
011127.0-320042	PGC 4423		1.36		12.39				5516
011348.9+074706	A 0111+07								
132.55 -54.67				.16					5560± 45
305.55 -2.38	MK 564								5650
011112.3+073114	PGC 4425								5245
011351.4+131619		.S?....	.95± .07	95				17.83±.2	14880± 10
131.30 -49.24	UGC 774		.14± .05	.10	14.76 ±.12			538± 26	14806± 44
310.84 -.85	MK 975			.21				335± 19	14981
011112.7+130027	PGC 4428		.96	.07	14.37			3.39	14563
011351.8-314714	NGC 441	PSBT0*.	1.15± .05	135	*				
257.95 -83.25	ESO 412- 19	Sr	.10± .05	.02	13.76 ±.14				5659± 39
266.45 -12.11		-.3± .4		.08					5625
011131.0-320306	PGC 4429		1.14		13.58				5412
011358.5-622402		.SBS6..	1.14± .04	94	*				
298.44 -54.53	ESO 80- 1	S (1)	.27± .04	.00	14.90 ±.14				4908
234.84 -16.07		6.0± .8		.40					4786
011205.0-623954	PGC 4432	6.7± .9	1.14	.13	14.48				4796
011359.9+020414	NGC 435	.SXS7*.	1.05± .05	20	*				
134.37 -60.30	UGC 779	UE (1)	.40± .04	.04	14.81 ±.12				
300.04 -4.00		6.7± .7		.55					
011125.4+014822	PGC 4434	5.3±1.2	1.05	.20					
011401.2-575602		PSBS5..	1.19± .05	82	14.20 ±.15	.62± .02	.58± .02		
297.12 -58.94	ESO 113- 27	Sr (1)	.99± .05	.00	14.45 ±.14				4905± 40
239.50 -15.77		4.8± .6	.94± .02	1.49		.40	14.39± .06		4795
011201.0-581154	PGC 4435	4.4± .9	1.19	.50	12.81		12.50± .32		4770
011404.7+334212	NGC 431	.LB....	1.15± .07	20					
128.31 -28.93	UGC 776	U	.21± .03	.19	13.86 ±.10				5786± 80
330.45 4.80		-2.0± .8		.00					5937
011117.1+332620	PGC 4437		1.14		13.58				5505
0114.0 -1303		.S?....	1.04± .09						
144.67 -74.96	MCG -2- 4- 14		.49± .07	.00					5295
285.24 -7.99				.74					5321
0111.6 -1319	PGC 4438		1.04	.25					4999
011407.3-323902	IC 1657	RSBS4*.	1.37± .04	170					
262.63 -82.61	ESO 352- 24	BSr (1)	.63± .04	.02	13.16 ±.14				3552± 19
265.59 -12.33	IRAS01117-3254	3.7± .4		.92	11.83				3516
011147.0-325454	PGC 4440	2.2± .5	1.37	.31	12.20				3309
011408.1-330920		.SBT5..	1.03± .05	133					
265.17 -82.23	ESO 352- 25	S (1)	.16± .04	.02	15.18 ±.14				5500
265.07 -12.43		5.0± .9		.24					5462
011148.1-332512	PGC 4441	4.4± .9	1.03	.08	14.89				5258
0114.1 -0151			.86± .10						
136.04 -64.14	CGCG 385- 36		.06± .06	.24	14.90 ±.08				5089
296.23 -5.11									5150
0111.6 -0207	PGC 4442		.89						4778
0114.1 -0144		.S..3..	1.09± .06	50					4902
135.98 -64.03	UGC 784	U (1)	.20± .05	.24	14.63 ±.13				
296.35 -5.07		3.0± .8		.27					4963
0111.6 -0200	PGC 4443	3.5±1.1	1.11	.10	14.07				4591
011410.7+421425		.S..6*.	.95± .07	70				16.49±.1	5055± 11
127.42 -20.43	UGC 777	U	.06± .05	.37	15.11 ±.14				
338.67 7.04		6.0±1.3		.08				173± 8	5220
011118.1+415833	PGC 4446		.99	.03	14.63			1.83	4799
011414.7+375724		.S..3..	1.00± .08	110					
127.88 -24.70	UGC 780	U (1)	.76± .06	.25	15.56 ±.13				
334.55 5.91	IRAS01113+3741	3.0±1.0		1.05	13.51				
011124.7+374132	PGC 4451	4.5±1.3	1.02	.38					
011415.5-321456		.SBS3P.	.99± .04	64					
260.25 -82.88	ESO 352- 26	S	.22± .03	.02	15.16 ±.14				
266.00 -12.28		3.0± .9		.30					
011155.0-323048	PGC 4453		.99	.11					

R.A. 2000 DEC. l b SGL SGB R.A. 1950 DEC.	Names PGC	Type S_T n_L T L	$\log D_{25}$ $\log R_{25}$ $\log A_e$ $\log D_o$	p.a. A_g A_i A_{21}	B_T m_B m_{FIR} B_T^o	$(B\text{-}V)_T$ $(U\text{-}B)_T$ $(B\text{-}V)_T^o$ $(U\text{-}B)_T^o$	$(B\text{-}V)_e$ $(U\text{-}B)_e$ m'_e m'_{25}	m_{21} W_{20} W_{50} HI	V_{21} V_{opt} V_{GSR} V_{3K}
0114.2 +0044	IC 87	.SB?...	.74± .14						
134.99 -61.59	MCG 0- 4- 48		.09± .07	.04	15.31 ±.13				12849
298.77 -4.43				.14					12918
0111.7 +0029	PGC 4454		.74	.05	15.05				12536
0114.2 +1554		RLX.0*.	1.07± .07	155					
130.94 -46.61	UGC 785	U	.12± .03	.11	14.71 ±.12				
313.39 -.20	IRAS01116+1538	-2.0± .8		.00	12.82				
0111.6 +1538	PGC 4456		1.06						
0114.2 +5013		.S..8*.	1.00± .08	28					
126.67 -12.47	UGC 778	U	1.02± .06	1.05					
346.42 9.00		8.0±1.5		1.23					
0111.3 +4958	PGC 4457		1.10	.50					
011421.9+055533	NGC 437	.S..0..	1.12± .07	130					
133.30 -56.48	UGC 788	U	.11± .06	.10	13.79 ±.12				5291± 50
303.80 -3.03		.0± .8		.08					5375
011146.0+053941	PGC 4464		1.12		13.53				4976
011423.2-552351	NGC 454	.P.....	1.26± .06						
296.12 -61.43	ESO 151- 36	S	.00± .06	.00	13.13 ±.14				3645± 44
242.14 -15.61		99.0							3541
011220.1-553942	PGC 4468		1.26						3497
0114.4 +5109		.S..6?.	1.11± .07	140					
126.60 -11.54	UGC 782	U	.54± .06	1.07					
347.33 9.20		6.0±1.8		.79					
0111.4 +5054	PGC 4469		1.21	.27					
011426.1+423321	A 0111+42	.SXT5..	1.15± .05	153	14.44 ±.17	.76± .04	.78± .03	15.27±.1	5914± 7
127.44 -20.11	UGC 783	U (1)	.23± .05	.37	14.36 ±.13			337± 11	5914± 59
338.99 7.07		5.0± .8	.94± .03	.34		.59	14.63± .07	323± 7	6079
011133.2+421730	PGC 4473	2.7± .8	1.19	.11	13.64		14.50± .33	1.52	5658
011430.0-311051		.S?....	1.09± .06	39					
253.14 -83.54	ESO 412- 21		.55± .04	.02	14.89 ±.14				5574± 39
267.10 -12.13	IRAS01121-3126			.82	12.60				5542
011209.0-312642	PGC 4477		1.09	.28	14.02				5326
011430.5-321545	A 0112-32	.SBS4P*	1.12± .04	88	14.1 ±.3	.57± .06			
260.03 -82.83	ESO 352- 27	PS (2)	.12± .03	.02	14.21 ±.14				5262± 59
266.00 -12.34	IRAS01121-3231	4.5± .4		.18		.51			5226
011210.1-323136	PGC 4478	2.1± .4	1.12	.06	13.96		14.26± .37		5017
011438.5-010114	NGC 442	.S..0*/	.99± .06	157					
135.93 -63.31	UGC 789	RUE	.30± .05	.16	14.45 ±.13				5620± 50
297.08 -5.00	IRAS01121-0116	-.1± .5		.22					5683
011205.2-011705	PGC 4484		.99		13.98				5308
0114.6 +0110		.S..6*.	.95± .07						4635
135.03 -61.14	UGC 790	U	.05± .05	.04	14.71 ±.12				
299.22 -4.41		6.0±1.2		.07					4705
0112.1 +0055	PGC 4485		.95	.02	14.58				4322
0114.6 +0149		.SB.2..	1.02± .06	130					
134.79 -60.50	UGC 791	U	.12± .05	.05	14.67 ±.13				
299.85 -4.23		2.0± .9		.15					
0112.1 +0134	PGC 4486		1.02	.06					
011449.9-002941			.64± .17	87					
135.80 -62.78	UGC 793		.06± .07	.07	14.7 ±.2				10167± 39
297.60 -4.90	IRAS01122-0045				12.74				10232
011216.3-004532	PGC 4490		.64						9855
011452.6+015505	NGC 445	.L...P*	.88± .08	135					
134.86 -60.41	CGCG 385- 47	E	.07± .05	.05	15.14 ±.07				
299.95 -4.26		-2.0±1.3		.00					
011218.2+013914	PGC 4493		.87						
011456.3+315654	IC 1652	.S..0..	1.03± .08	169					
128.73 -30.66	UGC 792	U	.53± .06	.16	14.48 ±.16				5216± 43
328.82 4.15		.0±1.0		.40					5363
011209.5+314103	PGC 4498		1.02		13.84				4932
0114.9 +0025		.E...*.	.95± .13						
135.48 -61.87	UGC 797	U	.02± .05	.04	14.95 ±.12				13439± 30
298.51 -4.68		-5.0±1.2		.00					13507
0112.4 +0010	PGC 4500		.95		14.71				13127
011500.4-321433		RSBT0..	1.00± .04						
259.33 -82.77	ESO 352- 28	Sr	.07± .03	.02	15.08 ±.14				5852± 34
266.04 -12.44		-.3± .4		.06					5816
011240.0-323024	PGC 4505		1.00		14.92				5608

R.A. 2000 DEC. l b SGL SGB R.A. 1950 DEC.	Names PGC	Type S_T n_L T L	$\log D_{25}$ $\log R_{25}$ $\log A_e$ $\log D_o$	p.a. A_g A_i A_{21}	B_T m_B m_{FIR} B_T^o	$(B\text{-}V)_T$ $(U\text{-}B)_T$ $(B\text{-}V)_T^o$ $(U\text{-}B)_T^o$	$(B\text{-}V)_e$ $(U\text{-}B)_e$ m'_e m'_{25}	m_{21} W_{20} W_{50} HI	V_{21} V_{opt} V_{GSR} V_{3K}
011504.3+052231 133.78 -57.00 303.31 -3.35 011228.6+050640	 MCG 1- 4- 7 PGC 4509	.S?....	.94± .11 .40± .07 .95	 .11 .59 .20	 15.02 ±.13 14.29				5316 5398 5002
0115.1 +0650 133.35 -55.54 304.74 -2.95 0112.5 +0635	 UGC 799 PGC 4511	.S..6*. U 6.0±1.3	1.11± .14 .54± .12 1.12	103 .13 .79 .27					5523 5609 5209
011507.7+332237 128.60 -29.23 330.20 4.50 011220.1+330646	NGC 443 UGC 796 4ZW 42 PGC 4512	.S...*. R	.92± .07 .05± .05 .94	 .16 .07 .02	 14.01 ±.14 13.75				 4897± 52 5047 4616
011509.9-442858 289.13 -72.00 253.49 -14.48 011257.0-444448	 ESO 244- 6 PGC 4517	.LA.-.. S -3.0± .6	1.05± .05 .12± .04 1.04	11 .03 .00	 14.65 ±.14 14.48				 9299 9226 9102
011511.9+301143 129.01 -32.40 327.15 3.61 011225.9+295552	IC 1654 UGC 798 PGC 4520	RSBR1.. U 1.0± .8	1.13± .07 .06± .06 1.15	60 .16 .06 .03	 14.06 ±.13 13.77			15.52±.3 211± 7 1.72	4897± 10 4844± 50 5039 4607
011515.9-013730 136.55 -63.86 296.53 -5.31 011242.7-015320	NGC 448 UGC 801 PGC 4524	.L..-./ UE -2.5± .6	1.21± .08 .33± .05 1.20	116 .28 .00	 13.14 ±.12 12.82				 1917± 31 1978 1606
011519.3+282924 129.27 -34.09 325.52 3.11 011234.1+281334	 UGC 800 KUG 0112+282B PGC 4531	.S..6*. U 6.0±1.2	.95± .06 .03± .05 .96	110 .11 .05 .02	 14.94 ±.13 14.76			16.20±.3 169± 7 1.42	4812± 10 4952 4520
0115.4 +0805 133.14 -54.30 305.96 -2.67 0112.8 +0750	 UGC 803 PGC 4535	.SA.8.. U 8.0± .8	1.18± .09 .03± .05 1.20	 .14 .04 .02					2348 2438 2034
0115.5 +0653 133.51 -55.48 304.81 -3.03 0112.9 +0638	 UGC 805 PGC 4539	.S..5.. U 5.0± .9	1.11± .14 .66± .12 1.12	142 .12 .98 .33					5523 5609 5209
011530.7-005137 136.33 -63.10 297.29 -5.17 011257.4-010727	NGC 450 UGC 806 IRAS01129-0107 PGC 4540	.SXS6*. R (3) 6.0± .4 5.6± .5	1.49± .02 .12± .03 1.41± .09 1.50	72 .13 .17 .06	* 12.3 ±.2 12.08 11.95		.43± .03 -.17± .04 14.51± .23	13.75±.0 194± 4 169± 8 1.74	1761± 5 1858± 33 1826 1452
011533.1-262658 207.11 -84.58 271.94 -11.40 011310.0-264248	 ESO 475- 14 PGC 4543	.SBS9P. S (1) 9.0± .8 5.6± .9	1.35± .03 .69± .03 1.36	130 .07 .71 .35	* 14.65 ±.14 13.86				 3772± 52 3754 3509
011535.6-611534 297.79 -55.63 236.04 -16.19 011341.1-613124	 ESO 113- 30 PGC 4546	PSXS6.. r 5.6± .9	1.02± .06 .12± .05 1.02	 .00 .18 .06	* 14.71 ±.14				
011536.8-063513 139.64 -68.67 291.71 -6.71 011305.6-065103	 MCG -1- 4- 19 PGC 4547	.SBS5P? E 5.0±1.7	1.14± .06 .37± .05 1.17	60 .34 .56 .19	*				6346 6392 6041
0115.6 +0917 132.90 -53.11 307.14 -2.38 0113.0 +0902	 UGC 808 PGC 4549	.SAR5.. U 5.0± .7	1.38± .04 .12± .05 1.40	60 .13 .18 .06	* 14.2 ±.3 13.83				11653 11746 11340
011537.7+330403 128.76 -29.53 329.93 4.32 011250.1+324814	NGC 447 UGC 804 PGC 4550	RSBT0*. PU .0± .5	1.35± .05 .01± .06 1.37	 .22 .01	15.1 ±.4 13.53 ±.18 13.50	1.14± .10 .44± .17 1.04 .41	 16.67± .50	15.91±.3 212± 7	5597± 10 5746 5316
011546.0-265034 211.30 -84.57 271.55 -11.53 011323.1-270624	 ESO 475- 15 PGC 4557	PSBS3?. S (1) 3.0± .8 3.9± .8	1.13± .04 .12± .03 1.13	 .03 .16 .06	 14.08 ±.14				
011549.6+310450 129.06 -31.50 328.04 3.73 011303.0+304900	NGC 444 UGC 810 KUG 0113+308 PGC 4561	.S..7.. U 7.0± .9	1.28± .03 .64± .03 .76± .04 1.30	157 .18 .89 .32	15.02M±.11 14.53 ±.12 13.72	.76± .04 -.01± .06 .57 -.17	.71± .03 .07± .04 14.30± .09 14.69± .19	15.09±.2 274± 8 262± 6 1.05	4839± 5 4889± 57 4985 4554

R.A. 2000 DEC. l b SGL SGB R.A. 1950 DEC.	Names PGC	Type S_T n_L T L	$\log D_{25}$ $\log R_{25}$ $\log A_e$ $\log D_o$	p.a. A_g A_i A_{21}	B_T m_B m_{FIR} B_T^o	$(B-V)_T$ $(U-B)_T$ $(B-V)_T^o$ $(U-B)_T^o$	$(B-V)_e$ $(U-B)_e$ m'_e m'_{25}	m_{21} W_{20} W_{50} HI	V_{21} V_{opt} V_{GSR} V_{3K}
011551.9+334837		.S..6*.	1.13± .05	23	15.4 ±.4	.71± .04		15.36±.3	4216± 10
128.72 -28.79	UGC 809	U	.81± .05	.16	14.91 ±.14	-.03± .07		341± 13	
330.65 4.47		6.0±1.4		1.18		.50		326± 10	4366
011304.0+333247	PGC 4563		1.14	.40	13.60	-.20	13.87± .49	1.36	3937
011553.1-322835	A 0113-32	.SXS6*.	1.08± .04		14.14 ±.17	.67± .04	.69± .03		
259.66 -82.47	ESO 352- 30	PS (2)	.03± .03	.02	14.21 ±.14				6041± 59
265.84 -12.66		5.7± .4	.85± .04	.04		.62	13.88± .09		6004
011333.0-324424	PGC 4566	2.6± .4	1.09	.01	14.09		14.34± .28		5798
011555.0-501123		RLXT+..	1.07± .06	125					
293.09 -66.47	ESO 195- 35	Sr	.12± .04	.04	14.43 ±.14				5200±190
247.59 -15.31	FAIR 294	-1.4± .5		.00	13.51				5110
011347.0-502712	PGC 4569		1.05		14.31				5029
011556.6-790248		.SXS5..	1.04± .05						
301.46 -38.01	ESO 13- 14	S (1)	.07± .05	.30	15.09 ±.14				
217.49 -16.41		5.0± .8		.11					
011516.0-791836	PGC 4570	2.2± .8	1.07	.04					
011557.3+051039	NGC 455	.S?....	1.29± .06	165					
134.24 -57.15	UGC 815		.20± .06	.09	13.55 ±.13				5269± 50
303.18 -3.61	ARP 164			.27					5350
011321.7+045450	PGC 4572		1.30	.10	13.15				4956
011603.8+041740	IC 89	RLX.0..	1.31± .07					17.33±.3	5446± 9
134.58 -58.02	UGC 818	U	.10± .05	.07	13.35 ±.11			312± 10	5408± 27
302.34 -3.88	MK 565	-2.0± .8		.00	12.43			281± 7	5521
011328.5+040151	PGC 4578		1.30		13.20				5129
011604.2+373856		.S..0..	.93± .09						
128.31 -24.97	UGC 811	U	.13± .06	.28	15.41 ±.14				
334.35 5.48		.0± .9		.10					
011314.0+372307	PGC 4579		.94						
011604.8-613723		.S..3..	1.16± .04	58					
297.80 -55.26	ESO 113- 32	S (1)	.53± .04	.00	14.42 ±.14				
235.66 -16.27		3.0± .9		.73					
011411.0-615312	PGC 4581	3.3±1.3	1.16	.26					
011606.1+302058	IC 1659	.E.....	1.20± .14	20					
129.22 -32.22	UGC 812	U	.15± .08	.16	14.14 ±.12				
327.35 3.47		-5.0± .8		.00					
011319.9+300509	PGC 4584		1.18						
0116.1 +0638		.S..8*.	.96± .17	76					5239
133.85 -55.70	UGC 819	U	.69± .12	.11					
304.61 -3.24		8.0±1.4		.84					5324
0113.5 +0623	PGC 4585		.97	.34					4926
0116.1 +0134		.SX.3*.	.99± .06						10191
135.61 -60.69	UGC 817	U	.22± .05	.05	14.77 ±.12				
299.70 -4.65	IRAS01135+0118	3.0±1.2		.31	13.21				10261
0113.5 +0118	PGC 4586		1.00	.11	14.34				9879
011607.2+330522	NGC 449	PS...$.	.88± .03		15.01 ±.13	.77± .02	.85± .02	16.04±.2	4824± 7
128.87 -29.50	MCG 5- 4- 9	R	.21± .06	.22	15.14 ±.12	.16± .03	.17± .03	259± 6	4795± 22
329.98 4.22	MK 1		.44± .01	.31	12.39	.65	12.70± .04		4970
011319.5+324933	PGC 4587		.90	.10	14.53	.06	13.75± .26	1.41	4541
011607.2-064324		.S..3*.	1.19± .05	117					6312
140.08 -68.77	MCG -1- 4- 22	E (1)	.55± .05	.27					
291.60 -6.87		3.0±1.3		.76					6357
011336.0-065913	PGC 4588	3.1±1.6	1.22	.28					6007
011611.3+251132		.S?....	.84± .10					16.46±.3	8885± 10
129.98 -37.34	CGCG 481- 1		.14± .10	.18	15.30 ±.12				
322.42 2.00				.21				345± 7	9017
011327.6+245543	PGC 4593		.86	.07	14.86			1.53	8588
011612.5+330350	NGC 451	.S?....	.82± .07					16.43±.3	4880± 10
128.89 -29.52	MCG 5- 4- 11		.15± .06	.22	14.89 ±.14				4925± 40
329.96 4.20	MK 976			.22				231± 7	5031
011324.9+324801	PGC 4594		.84	.08	14.42			1.93	4602
011615.1+310202	NGC 452	.SB.2..	1.40± .03	43	13.64S±.15	1.09± .02		15.18±.2	4962± 5
129.17 -31.54	UGC 820	U	.49± .03	.18	13.76 ±.13	.58± .03		486± 8	5024± 29
328.02 3.63	VV 430	2.0± .8		.61	13.44	.92		471± 6	5109
011328.5+304613	PGC 4596		1.42	.25	12.88	.42	14.28± .22	2.05	4679
011616.5+464425		.S?....	1.08± .06	110					
127.35 -15.92	UGC 813		.37± .05	.52	14.8 ±.3				4994± 97
343.11 7.82				.54					5164
011320.0+462836	PGC 4598		1.13	.18	13.69				4754

R.A. 2000 DEC. l b SGL SGB R.A. 1950 DEC.	Names PGC	Type S_T n_L T L	logD_{25} logR_{25} logA_e logD_o	p.a. A_g A_i A_{21}	B_T m_B m_{FIR} B_T^o	$(B-V)_T$ $(U-B)_T$ $(B-V)_T^o$ $(U-B)_T^o$	$(B-V)_e$ $(U-B)_e$ m'_e m'_{25}	m_{21} W_{20} W_{50} HI	V_{21} V_{opt} V_{GSR} V_{3K}
011620.8+464451		.S?....	1.28± .04					14.77±.1	5188± 11
127.36 -15.91	UGC 816		.30± .05	.52	14.2 ±.3				5334± 97
343.12 7.81	IRAS01133+4628			.44	11.87			357± 12	5360
011324.3+462902	PGC 4600		1.33	.15	13.20			1.43	4950
0116.4 +3326	And II	.E?....							
128.89 -29.14				.15					
330.34 4.27									
0113.6 +3311	PGC 4601								
011626.3+390310		.SB.1..	1.06± .06	1					
128.22 -23.56	UGC 822	U	.25± .05	.21	14.87 ±.13				
335.71 5.79	MK 977	1.0± .9		.25					
011335.2+384722	PGC 4604		1.08	.12					
011630.6-075839	IC 90	.E+....	1.10± .08	115					
141.31 -69.95	MCG -1- 4- 23	E	.13± .08	.25					
290.40 -7.29		-4.0± .9		.00					
011359.9-081428	PGC 4606		1.10						
011633.3+285832		.S?....	.87± .08					16.26±.3	8170± 10
129.53 -33.57	CGCG 502- 21		.21± .12	.19	15.39 ±.12				
326.07 2.99	KUG 0113+287			.31				217± 7	8310
011347.7+284244	PGC 4607		.88	.11	14.84			1.31	7880
0116.5 +0112		.S..9*.	.96± .17						5089
135.98 -61.02	UGC 823	U	.05± .12	.07					
299.38 -4.86		9.0±1.2		.05					5158
0114.0 +0057	PGC 4608		.97	.02					4777
011643.8+162354		.S?....	.89± .11						1983
131.69 -46.04	MCG 3- 4- 13		.24± .07	.10	14.68 ±.14				
314.04 -.63				.36					2094
011403.7+160806	PGC 4612		.90	.12	14.21				1674
0116.9 +1300		.S..1..	1.08± .06	73					6155
132.50 -49.38	UGC 824	U	.70± .05	.08	14.88 ±.14				
310.80 -1.64		1.0±1.0		.71					6257
0114.3 +1245	PGC 4619		1.08	.35	14.01				5844
011703.6-441054		.SXT2..	1.09± .05						
287.77 -72.18	ESO 244- 10	Sr	.07± .05	.03	14.24 ±.14				7000±190
253.84 -14.77	FAIR 688	1.5± .6		.08					6927
011451.0-442642	PGC 4623		1.10	.03	14.06				6803
011713.4-585436	NGC 466	.LAT+*.	1.25± .05	103					
296.67 -57.90	ESO 113- 34	Sr	.08± .04	.00	13.58 ±.14				5311± 34
238.51 -16.26		-.7± .6		.00					5197
011516.0-591024	PGC 4632		1.24		13.50				5182
011720.1-335024	NGC 461	.SXS5*.	1.07± .05	23					
264.80 -81.28	ESO 352- 33	BS (1)	.12± .04	.02	14.11 ±.14				5704± 39
264.50 -13.21	IRAS01150-3406	5.0± .9		.18	13.61				5662
011501.0-340612	PGC 4636	2.2± .9	1.08	.06	13.88				5467
0117.5 -0918		.SBR1P?	1.11± .08	95					
143.20 -71.14		E	.24± .08	.16					
289.16 -7.86		1.0±1.8		.24					
0115.0 -0934	PGC 4647		1.13	.12					
011733.3-521907		.S?....	.90± .06	73	14.14 ±.15	.67± .02	.75± .02		
293.70 -64.34	ESO 151- 39		.40± .05	.04	16.34 ±.14				7422± 40
245.40 -15.79			.83± .03	.56		.54	13.78± .07		7325
011528.0-523454	PGC 4649		.90	.20	14.66		12.48± .35		7262
0117.5 +4900		.S..8*.	1.11± .07	145					
127.34 -13.63	UGC 825	U	1.05± .06	.91					
345.37 8.18		8.0±1.4		1.23					
0114.6 +4845	PGC 4650		1.20	.50					
0117.6 +3725		.I..9*.	1.00± .19						
128.68 -25.15	UGCA 16	U	.10± .09	.28					
334.22 5.12		10.0±1.3		.08					
0114.8 +3710	PGC 4653		1.03	.05					
011739.1+433853		.S..3*.	1.09± .06	165					
127.94 -18.97	UGC 826	U	.21± .05	.33	14.58 ±.13				
340.19 6.79	5ZW 61	3.0±1.2		.29					
011444.7+432306	PGC 4654		1.12	.11					
0117.7 +2124		.S..2..	1.00± .06	150					11910
131.05 -41.04	UGC 828	U	.44± .05	.12	15.41 ±.12				
318.91 .59		2.0± .9		.54					12033
0115.0 +2109	PGC 4655		1.02	.22	14.63				11608

R.A. 2000 DEC. / l b / SGL SGB / R.A. 1950 DEC.	Names / PGC	Type / S_T n_L / T / L	$logD_{25}$ / $logR_{25}$ / $logA_e$ / $logD_o$	p.a. / A_g / A_i / A_{21}	B_T / m_B / m_{FIR} / B_T^o	$(B-V)_T$ / $(U-B)_T$ / $(B-V)_T^o$ / $(U-B)_T^o$	$(B-V)_e$ / $(U-B)_e$ / m'_e / m'_{25}	m_{21} / W_{20} / W_{50} / HI	V_{21} / V_{opt} / V_{GSR} / V_{3K}
0117.7 +1011		.S?....	1.11± .07						10259
133.52 -52.13	UGC 829		.15± .06	.10	15.10 ±.20				
308.15 -2.63	IRAS01151+0956			.15	12.58				10353
0115.1 +0956	PGC 4657		1.12	.07	14.72				9947
011751.4-015726		.SXR5?.	1.35± .03	120					5952
138.16 -64.05	UGC 830	UE (1)	.17± .04	.24	14.7 ±.2				
296.38 -6.03		5.3± .6		.25					6011
011518.4-021312	PGC 4659	5.3±1.6	1.37	.08	14.21				5644
011753.5-083719		.SBS9..	1.21± .05	110					4060
142.84 -70.46	MCG -2- 4- 20	E (1)	.15± .05	.13					
289.85 -7.78		9.0± .8		.15					4098
011523.2-085306	PGC 4663	8.7± .8	1.22	.08					3759
0118.0 +1732	NGC 459	.S..4..	.98± .07						12705
131.91 -44.86	UGC 832	U	.04± .05	.12	15.20 ±.16				
315.23 -.61		4.0± .9		.06					12818
0115.4 +1717	PGC 4665		.99	.02	14.94				12399
011808.1-442750		.S..3*P	1.04± .04	177					
287.49 -71.85	ESO 244- 12	S	.23± .05	.03	15.70 ±.14				6762± 65
253.58 -15.00	FAIR 690	3.0±1.2		.31	10.88				6687
011556.1-444336	PGC 4671		1.04	.11	15.31				6567
011808.5+112252	A 0115+11	.SBR6..	1.37± .03	50				14.81±.1	5193± 6
133.35 -50.95	UGC 833	U	.20± .04	.13	13.76 ±.18			315± 8	5062± 60
309.32 -2.39		6.0± .7		.29				314± 25	5289
011530.3+110706	PGC 4672		1.38	.10	13.31			1.40	4881
011810.2+382638		.S?....	1.06± .06						7286
128.66 -24.13	UGC 831		.19± .05	.25	14.83 ±.13				
335.22 5.30				.28					7443
011519.0+381052	PGC 4674		1.08	.09	14.27				7021
011819.0-370614		.LAS0*P	1.00± .06	110					
274.96 -78.52	ESO 352- 38	S	.24± .03	.02	14.56 ±.14				9555
261.19 -13.96		-2.0± .8		.00					9502
011602.0-372200	PGC 4682		.97		14.39				9330
0118.4 +0444		.SXS4..	.95± .07						14122
135.49 -57.47	UGC 834	U	.08± .05	.08	15.25 ±.15				
302.94 -4.32		4.0± .9		.11					14200
0115.8 +0429	PGC 4686		.96	.04	14.97				13811
011840.2+310211		.S..6*.	1.02± .06	75				16.77±.3	6834± 10
129.77 -31.47	UGC 835	U	.13± .05	.21	14.62 ±.12				
328.16 3.13		6.0±1.2		.19				254± 7	6978
011553.2+304626	PGC 4698		1.04	.06	14.19			2.51	6550
011840.6+321524		.S?....	.89± .11					16.70±.3	10456± 10
129.60 -30.26	MCG 5- 4- 14		.07± .07	.21	15.34 ±.13				
329.33 3.48				.10				178± 7	10602
011552.9+315939	PGC 4699		.91	.03	14.97			1.70	10175
011841.0-584351		.LBR+..	.99± .07	90					
296.25 -58.04	ESO 113- 35	r	.08± .06	.00	14.63 ±.14				5063
238.71 -16.43		-1.3± .9		.00					4949
011644.0-585936	PGC 4700		.98		14.55				4934
0118.7 -0726		.S?....	1.12± .08						5321
142.36 -69.27	MCG -1- 4- 25		.12± .07	.19					
291.07 -7.68	VV 478			.15					5362
0116.2 -0742	PGC 4701		1.13	.06					5019
011844.8-193739		.LAR+..	.96± .06	58					
164.22 -80.23	ESO 542- 3	r	.23± .03	.01	14.36 ±.14				
278.97 -10.64	IRAS01162-1953	-1.3± .9		.00	13.55				
011619.0-195324	PGC 4703		.93						
011845.9-235645		RSBR2P.	.98± .05	57					
187.13 -83.06	ESO 475- 16	r	.21± .04	.07	14.23 ±.14				
274.62 -11.59	IRAS01163-2412	2.2± .9		.26	12.12				
011622.1-241230	PGC 4704		.99	.11					
011846.0+145929		.S?....	.79± .08						
132.70 -47.36	UGC 838		.09± .05	.08	14.34 ±.17				6903± 50
312.83 -1.50	IRAS01161+1443			.14	13.33				7009
011606.4+144344	PGC 4705		.80	.05	14.08				6595
011848.7-164810	IC 1670B	.L..+P*	1.14± .06	94					
155.86 -77.89	MCG -3- 4- 41	SE	.52± .05	.00					
281.80 -10.01		-1.5±1.0		.00					
011621.7-170355	PGC 4707		1.06						

R.A. 2000 DEC.	Names	Type	$logD_{25}$	p.a.	B_T	$(B-V)_T$	$(B-V)_e$	m_{21}	V_{21}
l b		S_T n_L	$logR_{25}$	A_g	m_B	$(U-B)_T$	$(U-B)_e$	W_{20}	V_{opt}
SGL SGB		T	$logA_e$	A_i	m_{FIR}	$(B-V)^o_T$	m'_e	W_{50}	V_{GSR}
R.A. 1950 DEC.	PGC	L	$logD_o$	A_{21}	B^o_T	$(U-B)^o_T$	m'_{25}	HI	V_{3K}
011848.8-531733		.SXT5P.	1.23± .05	19					
293.80 -63.35	ESO 151- 40	Sr (1)	.16± .05	.00	14.14 ±.14				7407
244.40 -16.06	IRAS01167-5333	4.7± .6		.25	13.94				7307
011645.1-533318	PGC 4708	1.1± .8	1.23	.08	13.85				7252
011852.9-164811	IC 1670A	.S..4?/	1.27± .05	126					6006
155.93 -77.88	MCG -3- 4- 40	SE	.64± .05	.00					
281.80 -10.02	IRAS01163-1703	3.6±1.0		.94	13.23				6017
011625.9-170356	PGC 4711		1.27	.32					5721
0118.9 +4417		.E...*.	1.13± .10						
128.11 -18.30	UGC 836	U	.00± .05	.34					
340.88 6.74		-5.0±1.1		.00					
0116.0 +4402	PGC 4715		1.18						
0118.9 +1256		.S?....	.96± .09						5147
133.26 -49.37	UGC 839		.10± .06	.11					
310.88 -2.13				.15					5248
0116.3 +1241	PGC 4716		.97	.05					4838
0118.9 -0100		.L?....	1.12± .10	85					
138.26 -63.05	UGC 842		.09± .05	.14	14.78 ±.15				13471±120
297.39 -6.03				.00					13532
0116.4 -0116	PGC 4717		1.12		14.44				13163
0119.0 +0533		.S..8..	.98± .07						5274
135.47 -56.64	UGC 843	U	.02± .05	.09					
303.77 -4.23		8.0± .8		.03					5354
0116.4 +0518	PGC 4720		.99	.01					4963
011902.3-170336	IC 93	.S..3P*	1.11± .06	170					5964
156.72 -78.08	MCG -3- 4- 43	E	.37± .05	.01					
281.55 -10.12	IRAS01165-1719	3.0±1.3		.51	11.65				5974
011635.4-171921	PGC 4724		1.11	.18					5679
011903.8+041934	A 0116+04A								
135.95 -57.85	CGCG 411- 21			.02	15.17 ±.12				9671± 35
302.58 -4.59	MK 566								9748
011628.5+040349	PGC 4727								9360
011907.6-340615		.LXT0?.	1.28± .04	17					
264.15 -80.83	ESO 352- 41	S	.24± .03	.02	13.74 ±.14				5612± 34
264.30 -13.62		-2.0± .8		.00					5568
011649.1-342200	PGC 4731		1.25		13.64				5377
0119.1 -0009		.S..8*.	1.14± .05	67					5237
137.93 -62.22	UGC 847	U	1.07± .05	.12					
298.23 -5.85		8.0±1.4		1.23					5300
0116.6 -0025	PGC 4734		1.15	.50					4928
011909.9+330150		.S..4..	1.17± .04	54				16.37±.2	5572± 7
129.61 -29.48	UGC 841	U	.70± .05	.15	14.94 ±.12			292± 13	
330.10 3.59	KUG 0116+327	4.0± .9		1.04				289± 6	5719
011621.8+324605	PGC 4735		1.18	.35	13.72			2.29	5293
011910.4+031803	NGC 467	.LAS0P$	1.23± .04		12.9 ±.2	1.05± .08	1.06± .02		
136.40 -58.84	UGC 848	R	.00± .04	.06	13.01 ±.10	.55± .09	.57± .03		5495± 26
301.59 -4.91		-2.0± .3	1.04± .09	.00		.98	13.55± .28		5569
011635.4+030218	PGC 4736		1.23		12.85	.56	13.90± .30		5185
0119.2 +2144		.S..3..	1.04± .08	40					9422
131.44 -40.67	UGC 845	U (1)	.08± .06	.16	14.62 ±.14				
319.33 .35		3.0± .9		.11					9545
0116.5 +2129	PGC 4738	3.5±1.1	1.06	.04	14.28				9122
0119.2 -1152		.S?....	1.04± .09						
147.47 -73.40	MCG -2- 4- 22		.49± .07	.07					12916
286.73 -8.93				.68					12943
0116.8 -1208	PGC 4742		1.04	.25					12621
011918.1+043440	A 0116+04B								
135.97 -57.59	CGCG 411- 22			.09	14.46 ±.12				9932±113
302.84 -4.58	MK 567				12.00				10009
011642.6+041855	PGC 4743								9621
011922.9+122415		.E?....	.90± .17	178					
133.56 -49.89	MCG 2- 4- 22		.16± .07	.10	14.89 ±.10				14415± 32
310.39 -2.38	MK 983			.00					14514
011644.3+120830	PGC 4748		.86		14.57				14105
011924.0+122648		.S..8*.	1.13± .05	120				17.19±.2	14265± 8
133.55 -49.85	UGC 849	U	.33± .05	.10	14.74 ±.13			393± 26	14550± 19
310.43 -2.38	MK 984	8.0±1.3		.41					14410
011645.3+121103	PGC 4750		1.14	.17	14.20			2.83	14001

R.A. 2000 DEC. l b SGL SGB R.A. 1950 DEC.	Names PGC	Type S_T n_L T L	$\log D_{25}$ $\log R_{25}$ $\log A_e$ $\log D_o$	p.a. A_g A_i A_{21}	B_T m_B m_{FIR} B_T^o	$(B-V)_T$ $(U-B)_T$ $(B-V)_T^o$ $(U-B)_T^o$	$(B-V)_e$ $(U-B)_e$ m'_e m'_{25}	m_{21} W_{20} W_{50} HI	V_{21} V_{opt} V_{GSR} V_{3K}
0119.4 +2108		.SAR4..	.96± .09	70					17201
131.62 -41.25	UGC 850	U (1)	.10± .06	.12	15.18 ±.14				
318.76 .13		4.0± .9		.14					17322
0116.7 +2053	PGC 4751	2.5±1.2	.97	.05	14.80				16900
011928.2-514652		RSB.0..	.95± .07	54					
292.73 -64.79	ESO 196- 3	r	.10± .05	.04	14.92 ±.14				
245.99 -16.03		-.1± .9		.08					
011723.0-520236	PGC 4754		.95						
0119.4 +4911		.SX.7..	1.00± .08					16.15±.1	6736± 11
127.64 -13.42	UGC 846	U	.09± .06	.89					
345.62 7.93		7.0± .9		.12				126± 8	6908
0116.5 +4856	PGC 4756		1.08	.04					6506
011930.3-204634		.SB?...	1.04± .05	177					
169.68 -80.98	ESO 542- 4		.09± .04	.03	14.99 ±.14				5490
277.86 -11.07				.13					5488
011705.0-210218	PGC 4758		1.04	.05	14.81				5215
0119.5 +1733		.I?....	1.04± .15	74					8817
132.40 -44.79	UGC 852		.47± .12	.12					
315.35 -.94				.35					8929
0116.9 +1718	PGC 4763		1.05	.24					8512
011934.9-583128	NGC 484	.LA.-..	1.29± .05	94	12.05V±.13	1.01± .01	1.02± .01		
295.96 -58.22	ESO 113- 36	S	.14± .04	.00	13.07 ±.14	.46± .02	.47± .01		5200± 51
238.93 -16.54		-3.0± .8	.76± .03	.00		.95			5086
011738.1-584712	PGC 4764		1.27		12.99	.48	14.03± .29		5070
0119.6 +0810	A 0117+07	.SBT3..	1.00± .06					16.95±.3	9566± 11
134.86 -54.04	UGC 855	U	.04± .05	.11	14.56 ±.13			270± 7	9469± 60
306.34 -3.64		3.0± .8		.06				243± 7	9650
0117.0 +0755	PGC 4769		1.02	.02	14.32			2.61	9252
011938.0+313917		.SBR3..	1.00± .08	70					
129.92 -30.83	UGC 853	U	.25± .06	.23	15.32 ±.13				
328.81 3.11		3.0± .9		.35					
011650.6+312333	PGC 4770		1.02	.13					
0119.6 -0142		.SBS9..	1.07± .14	25					4787
139.01 -63.69	UGC 856	U	.11± .12	.19					
296.75 -6.39		9.0± .8		.11					4845
0117.1 -0158	PGC 4771		1.09	.05					4480
011945.6+032437	NGC 470	.SAT3..	1.45± .02	155	12.53 ±.13	.75± .03	.77± .01	14.33±.0	2374± 3
136.63 -58.71	UGC 858	R (2)	.21± .03	.06	12.27 ±.10	.10± .05	.12± .02	394± 3	2559± 38
301.74 -5.02	IRAS01171+0308	3.0± .3	1.02± .01	.30	11.10	.68	13.12± .04	362± 5	2449
011710.5+030853	PGC 4777	3.6± .6	1.45	.11	12.00	.04	14.09± .18	2.23	2065
0119.7 +1943		PSBS4..	.98± .07						12909
132.02 -42.65	UGC 851	U	.07± .05	.16					
317.43 -.36	IRAS01170+1927	4.0± .9		.10					13027
0117.0 +1927	PGC 4778		.99	.04					12606
011953.5+322801	IC 1666	.S..6*.	1.04± .04					16.29±.3	4880± 10
129.86 -30.02	UGC 857	U	.00± .04	.22	14.21 ±.12				4897± 50
329.60 3.29	IRAS01170+3212	6.0±1.2		.01	13.50			161± 7	5026
011705.5+321218	PGC 4782		1.06	.00	13.96			2.33	4601
011954.8+163242	NGC 473	.SXR0*.	1.24± .03	153	13.33 ±.13	.81± .01	.82± .01	15.35±.1	2133± 7
132.74 -45.78	UGC 859	R	.20± .06	.12	13.15 ±.10	.16± .02	.18± .02	245± 6	2222± 66
314.40 -1.31	IRAS01172+1616	.0± .5	.69± .02	.15	12.93	.73	12.27± .05	234± 4	2243
011714.4+161658	PGC 4785		1.24		12.92	.12	13.90± .26		1828
011955.4-341522		.LB?...	.78± .07	144					
264.03 -80.61	ESO 352- 45		.15± .05	.02	15.19 ±.14				5647± 52
264.17 -13.81				.00					5602
011737.0-343106	PGC 4787		.76		15.09				5413
0119.9 +1255		.S..6*.	.98± .07						
133.63 -49.35	UGC 860	U	.02± .05	.10	15.11 ±.16				
310.93 -2.37		6.0±1.2		.03					
0117.3 +1240	PGC 4791		.99	.01					
011957.0-411410		.S?....	1.01± .07		14.5 ±.2	.26± .08			
282.19 -74.72	ESO 296- 11		.08± .06	.03	14.58 ±.14	.34± .09			5572± 22
256.97 -14.90	VV 578			.10	13.37	.20			5506
011743.0-412954	PGC 4792		1.02	.04	14.42	.30	14.23± .41		5364
011959.7+144703	NGC 471	.L.....	1.02± .03	85	14.18 ±.13	.85± .01	.87± .01		
133.18 -47.52	UGC 861	U	.19± .03	.09		.30± .03	.28± .03		4138± 31
312.72 -1.84	IRAS01173+1431	-2.0± .9	.34± .02	.00	12.12	.77	11.37± .07		4243
011720.0+143120	PGC 4793		1.00		14.03	.29	13.69± .23		3831

R.A. 2000 DEC. l b SGL SGB R.A. 1950 DEC.	Names PGC	Type S_T n_L T L	$\log D_{25}$ $\log R_{25}$ $\log A_e$ $\log D_o$	p.a. A_g A_i A_{21}	B_T m_B m_{FIR} B_T^o	$(B-V)_T$ $(U-B)_T$ $(B-V)_T^o$ $(U-B)_T^o$	$(B-V)_e$ $(U-B)_e$ m'_e m'_{25}	m_{21} W_{20} W_{50} HI	V_{21} V_{opt} V_{GSR} V_{3K}
012004.6-335404	NGC 491A	.SBS8*.	1.30± .04	102	14.3 ±.3	.50± .06			
262.38 -80.85	ESO 352- 46	PS (1)	.35± .04	.02	14.32 ±.14	-.20± .11			3595± 39
264.54 -13.78		7.7± .6		.43		.41			3551
011746.0-340948	PGC 4799	6.7± .8	1.31	.18	13.85	-.27	14.79± .36		3360
012006.8+032500	NGC 474	PLASO..	1.85± .02	75	12.37 ±.13	.86± .02	.93± .01	15.45±.2	2372± 7
136.80 -58.68	UGC 864	R	.05± .03	.06	11.49 ±.15	.38± .03	.44± .02	368± 6	2315± 18
301.77 -5.10	ARP 227	-2.0± .3	1.05± .03	.00		.82	13.11± .09	364± 5	2437
011731.7+030917	PGC 4801		1.84		11.91	.38	16.34± .18		2054
012006.9+331107	IC 1669		1.00?					18.31±.3	5717± 10
129.81 -29.30	CGCG 502- 32		.52?	.15	15.56 ±.12				
330.30 3.45								189± 7	5864
011718.5+325524	PGC 4802		1.01						5439
0120.1 -0012		.S..8*.	1.10± .07	57					1743
138.48 -62.21	UGC 866	U	.43± .06	.13	15.22 ±.14				
298.25 -6.11		8.0±1.3		.53					1805
0117.6 -0028	PGC 4805		1.11	.22	14.56				1435
0120.2 -0020		.S..4..	.89± .08						
138.60 -62.33	UGC 867	U	.02± .05	.13	15.14 ±.13				
298.13 -6.17		4.0± .9		.03					
0117.7 -0036	PGC 4812		.91	.01					
012019.7-440741		RSBR1P*	1.07± .05	20					
285.92 -72.03	ESO 244- 17	Sr	.07± .05	.03	14.59 ±.14				7047± 19
253.98 -15.35		1.0± .6		.07					6973
011808.0-442324	PGC 4822		1.07	.04	14.40				6852
012020.1-405753	NGC 482	.SA.2*/	1.35± .04	84					
281.50 -74.94	ESO 296- 13	BS	.62± .04	.03	14.50 ±.14				6576
257.26 -14.93		2.4± .7		.76					6511
011806.1-411336	PGC 4823		1.35	.31	13.64				6368
0120.4 +0550		.I..9..	1.20± .05					15.64±.1	2166± 5
135.99 -56.29	UGC 871	U	.00± .05	.16				99± 4	
304.14 -4.49		10.0± .8		.00				89± 4	2246
0117.8 +0535	PGC 4827		1.21	.00					1856
012028.3+380919		.S?....	.87± .08						
129.19 -24.36	CGCG 521- 2		.21± .12	.25	14.94 ±.13				9093± 52
335.07 4.78	MK 985			.31	13.57				9249
011736.9+375336	PGC 4832		.89	.11	14.33				8828
012033.4+293703		.S?....	.89± .11	130					
130.46 -32.83	MCG 5- 4- 23		.29± .07	.25	14.81 ±.14				4404± 57
326.93 2.34				.36					4544
011746.8+292120	PGC 4840		.91	.15	14.16				4118
012034.3-340717		.IBS9..	1.14± .04	73					3809
262.87 -80.62	ESO 352- 47	S (1)	.19± .04	.02	15.42 ±.14				3825± 60
264.33 -13.92		10.0± .8		.14					3780
011816.0-342300	PGC 4841	7.8± .8	1.14	.10	15.26				3591
012035.6-172347		.S..3P/	1.13± .05	143					
159.12 -78.17	ESO 542- 8	E	.34± .05	.00	14.41 ±.14				5983± 65
281.31 -10.56		3.0±1.9		.47					5991
011809.0-173930	PGC 4842		1.13	.17	13.89				5700
012035.7-172317		.SB.3P?	1.16± .04	85					
159.09 -78.16	ESO 542- 7	E	.44± .03	.00	14.55 ±.14				
281.31 -10.56	IRAS01181-1739	3.0±1.8		.61	12.89				
011809.0-173900	PGC 4843		1.16	.22					
012035.7-172029		.LXS-*.	1.14± .04	179	14.44 ±.18	1.02± .02	1.06± .02		
158.97 -78.12	ESO 542- 6	SE	.20± .03	.00	14.46 ±.14	.42± .03	.46± .03		9358± 39
281.36 -10.55		-3.0± .6	.57± .07	.00		.92	12.78± .23		9366
011809.0-173612	PGC 4844		1.11		14.31	.46	14.50± .29		9075
012038.3+294157	IC 1672	.S?....	1.13± .07	140					
130.47 -32.74	UGC 872		.14± .06	.25	13.88 ±.12				7105± 29
327.01 2.34				.20					7244
011751.7+292614	PGC 4848		1.15	.07	13.39				6819
012040.1+302338		.S..4..	.85± .08						
130.37 -32.06	UGC 873	U	.10± .08	.16	15.34 ±.12				
327.67 2.54	KUG 0117+301	4.0± .9		.14					
011753.1+300756	PGC 4850		.86	.05					
0120.7 +0117		.L...?.	1.03± .11	34					
138.05 -60.71	UGC 874	U	.63± .05	.05	15.30 ±.10				
299.75 -5.84		-2.0±1.9		.00					
0118.2 +0102	PGC 4853		.94						

R.A. 2000	DEC.	Names	Type	$\log D_{25}$	p.a.	B_T	$(B-V)_T$	$(B-V)_e$	m_{21}	V_{21}
l	b		S_T n_L	$\log R_{25}$	A_g	m_B	$(U-B)_T$	$(U-B)_e$	W_{20}	V_{opt}
SGL	SGB		T	$\log A_e$	A_i	m_{FIR}	$(B-V)^o_T$	m'_e	W_{50}	V_{GSR}
R.A. 1950	DEC.	PGC	L	$\log D_o$	A_{21}	B^o_T	$(U-B)^o_T$	m'_{25}	HI	V_{3K}
0120.7	+0125		.SXS5..	.93± .07						5421
137.99	-60.58	UGC 875	U	.03± .05	.03	14.87 ±.13				
299.88	-5.81		5.0± .9		.04					5488
0118.2	+0110	PGC 4854		.94	.01	14.77				5113
0120.7	+0411		.S..8*.	1.00± .06	117					5079
136.79	-57.88	UGC 876	U	.87± .05	.04					
302.57	-5.04		8.0±1.4		1.06					5154
0118.2	+0356	PGC 4856		1.00	.43					4770
0120.8	-0339		.LA.0P*	1.12± .08	65					
140.86	-65.50		E	.15± .08	.16					
294.93	-7.20		-2.0±1.3		.00					
0118.3	-0355	PGC 4858		1.12						
0120.9	+0447		.E.....	1.11± .16	55					
136.60	-57.29	UGC 881	U	.07± .08	.08	14.71 ±.15				
303.16	-4.90		-5.0± .8		.00					
0118.3	+0432	PGC 4861		1.10						
0120.9	+0633		.I..9..	1.09± .06	85					2327
135.95	-55.56	UGC 882	U	.07± .05	.14	15.1 ±.2				
304.87	-4.41		10.0± .8		.05					2409
0118.3	+0618	PGC 4862		1.10	.03	14.88				2017
012058.6+291353			.S..4..	.96± .09	71				16.11±.3	9640± 10
130.63	-33.20	UGC 877	U	.80± .06	.20	15.79 ±.14				
326.58	2.14		4.0±1.0		1.18				399± 7	9779
011812.2+285811		PGC 4868		.98	.40	14.34			1.37	9354
0120.9	+1704		.S..8..	1.06± .06	50					2501
132.98	-45.22	UGC 883	U	.10± .05	.13					
314.98	-1.40		8.0± .9		.12					2611
0118.3	+1649	PGC 4872		1.07	.05					2196
0120.9	+0258		.S..6*.	1.00± .08	138					5343
137.39	-59.06	UGC 885	U	.43± .06	.07					
301.40	-5.43		6.0±1.3		.63					5414
0118.4	+0243	PGC 4873		1.01	.22					5034
0121.0	+2533		.I?....	1.14± .07	175					8985
131.28	-36.83	UGC 884		.47± .06	.25					
323.09	1.06				.35					9116
0118.3	+2518	PGC 4877		1.16	.24					8692
012103.0+335354			.L...?.	1.04± .11	95					
129.93	-28.57	UGC 878	U	.08± .05	.20	14.44 ±.10				
331.04	3.47		-2.0±1.7		.00					
011814.0+333812		PGC 4879		1.05						
012104.1-360706			.S..2*P	1.20± .04	151					
269.76	-79.03	ESO 352- 49	S	.41± .04	.02	14.26 ±.14				9648± 39
262.30	-14.35	IRAS01188-3622	2.0±1.2		.51	13.04				9597
011847.1-362248		PGC 4881		1.20	.21	13.64				9422
0121.1	+0508		.S..4..	1.08± .06						
136.56	-56.94	UGC 887	U	.12± .05	.12	15.12 ±.19				
303.51	-4.85		4.0± .9		.17					
0118.5	+0453	PGC 4884		1.09	.06					
0121.1	+0525		.I..9..	1.02± .08						2434
136.45	-56.66	UGC 888	U	.01± .06	.14					
303.79	-4.77		10.0± .8		.01					2512
0118.5	+0510	PGC 4885		1.03	.00					2125
012107.1+331300		IC 1677	.S?....	.98± .06					15.37±.3	5417± 10
130.04	-29.24	MCG 5- 4- 25		.11± .06	.15	14.96 ±.13				
330.39	3.26	VV 600			.16				88± 7	5563
011818.5+325718		PGC 4891		.99	.06	14.62			.69	5140
012107.2-264336			.LX.-?/	1.23± .05	114	13.82 ±.15	.99± .02	.96± .01		
211.15	-83.37	ESO 476- 4	S	.37± .04	.05	13.88 ±.14	.50± .03	.51± .02		5853± 52
271.92	-12.68		-2.9± .5	.61± .04	.00		.91	12.36± .14		5831
011845.0-265918		PGC 4892		1.18		13.71	.50	13.91± .29		5595
012107.6-351200			.S..4?/	1.17± .04	145					
266.60	-79.74	ESO 352- 50	S	.76± .04	.02	15.46 ±.14				
263.24	-14.21		4.0±1.8		1.11					
011850.0-352742		PGC 4894		1.17	.38					
012108.3+012222			.SBS4*.	1.29± .04	177					
138.20	-60.62	UGC 890	UE (2)	.56± .04	.03	14.08 ±.12				4947± 50
299.85	-5.91	IRAS01185+0106	3.7± .7		.82	13.67				5013
011834.0+010640		PGC 4896	3.2± .9	1.29	.28	13.20				4639

R.A. 2000 DEC. l b SGL SGB R.A. 1950 DEC.	Names PGC	Type S_T n_L T L	$\log D_{25}$ $\log R_{25}$ $\log A_e$ $\log D_o$	p.a. A_g A_i A_{21}	B_T m_B m_{FIR} B_T^o	$(B-V)_T$ $(U-B)_T$ $(B-V)_T^o$ $(U-B)_T^o$	$(B-V)_e$ $(U-B)_e$ m'_e m'_{25}	m_{21} W_{20} W_{50} HI	V_{21} V_{opt} V_{GSR} V_{3K}
012108.9+154143	A 0118+15	.SB.5*.	.89± .11						
133.36 -46.57	MCG 2- 4- 29	P (1)	.14± .07	.11	15.30 ±.13				
313.67 -1.85		5.0± .9		.21					
011828.8+152601	PGC 4897	7.0±1.3	.90	.07					
0121.1 +1751		.SB.6*.	.96± .09	178					8544
132.87 -44.44	UGC 889	U	.29± .06	.10					
315.75 -1.22		6.0±1.3		.43					8656
0118.5 +1736	PGC 4898		.97	.15					8240
012112.6-091242	NGC 481	.LAR-P?	1.24± .09	85					
145.76 -70.75	MCG -2- 4- 30	E	.13± .07	.13					
289.48 -8.73		-3.0± .9		.00					
011842.6-092824	PGC 4899		1.24						
012112.8-362824		.E?....	.96± .07	50					
270.74 -78.72	ESO 352- 51		.14± .05	.02	14.68 ±.14				5930
261.93 -14.43				.00					5878
011856.1-364406	PGC 4900		.92		14.57				5705
012115.8+035143	NGC 479	.SBT4*.	1.03± .05						5238
137.15 -58.18	UGC 893	UE (1)	.08± .04	.03	14.71 ±.14				
302.28 -5.25		3.7± .7		.12					5312
011840.5+033602	PGC 4905	5.3±1.2	1.03	.04	14.52				4929
012116.5-003242		.SBR2..	1.21± .04	125					
139.24 -62.47	UGC 892	UE (1)	.05± .04	.13	14.01 ±.16				5232± 46
298.00 -6.47	ARP 67	2.0± .5		.06					5293
011843.0-004824	PGC 4906	3.1± .8	1.23	.03	13.76				4926
0121.2 -1037		.SB?...	1.12± .08						5511
147.42 -72.06	MCG -2- 4- 31		.46± .07	.13					
288.09 -9.10				.56					5540
0118.8 -1053	PGC 4911		1.13	.23					5216
012118.1-224806		.SBR4..	1.29± .03	10					
181.97 -81.97	ESO 476- 5	Sr (1)	.52± .03	.06	13.96 ±.14				5894
275.91 -11.92	IRAS01189-2303	4.1± .4		.76	13.32				5885
011854.0-230348	PGC 4912	2.6± .5	1.30	.26	13.10				5625
0121.3 +1224	A 0118+12	.SX.9*.	1.36± .05	47	14.67 ±.15	.61± .05	.57± .04	14.32±.1	643± 6
134.27 -49.80	UGC 891	PU (1)	.34± .06	.11	14.9 ±.3	-.11± .06	-.13± .06	127± 8	
310.53 -2.83	DDO 10	9.3± .6	.98± .02	.34		.51	15.06± .05	114± 12	741
0118.6 +1209	PGC 4913	8.0±1.4	1.37	.17	14.26	-.18	15.50± .33	-.11	335
012120.2-340348	NGC 491	.SBT3*.	1.14± .03	93	13.21 ±.15	.67± .02			
261.93 -80.55	ESO 352- 53	RBCS (2)	.12± .03	.02	13.30 ±.12	.01± .03			3885± 44
264.42 -14.07	IRAS01190-3419	3.0± .6	.64± .03	.16	11.70	.62	11.90± .08		3840
011902.0-341930	PGC 4914	2.6± .7	1.14	.06	13.05	-.03	13.46± .22		3651
012120.4+402916	NGC 477	.SXS5..	1.34± .05	135					5859± 10
129.06 -22.03	UGC 886	U	.27± .06	.37	13.70 ±.14				
337.35 5.27		5.0± .8		.40					6018
011827.3+401335	PGC 4915		1.38	.13	12.89				5602
0121.3 +0005	IC 1681	.S?....	.99± .06	99					
138.95 -61.84	UGC 894		.33± .05	.07	14.68 ±.12				3882±120
298.63 -6.31				.50					3945
0118.8 -0010	PGC 4916		1.00	.17	14.09				3575
0121.4 +0910		.S..8*.	1.04± .08	101					
135.28 -52.97	UGC 896	U	.76± .06	.10					
307.43 -3.79		8.0±1.4		.94					
0118.8 +0855	PGC 4918		1.05	.38					
012127.8+070106	NGC 485	.S.....	1.24± .04	3					
136.03 -55.09	UGC 895	R	.49± .05	.13	14.02 ±.12				2251± 50
305.35 -4.41	IRAS01188+0645			.73	12.92				2334
011851.2+064525	PGC 4921		1.25	.24	13.15				1942
0121.4 +1556		.S..4..	.91± .07						8979
133.41 -46.31	UGC 897	U	.00± .05	.11					
313.93 -1.85		4.0± .9		.00					9086
0118.8 +1541	PGC 4922		.92	.00					8674
012128.4-612231		.SBS3P.	1.14± .05	6					
296.61 -55.38	ESO 113- 41	S	.28± .04	.00	14.58 ±.14				8622
235.95 -16.90		3.0± .9		.39					8501
011937.0-613812	PGC 4923		1.14	.14	14.19				8507
012129.7-363237		.S..3*/	1.16± .05	129					
270.72 -78.63	ESO 352- 54	S	.92± .05	.02	15.19 ±.14				
261.87 -14.50		3.0±1.3		1.27					
011913.0-364818	PGC 4924		1.16	.46					

R.A. 2000 DEC.	Names	Type	$\log D_{25}$	p.a.	B_T	$(B-V)_T$	$(B-V)_e$	m_{21}	V_{21}
l b		S_T n_L	$\log R_{25}$	A_g	m_B	$(U-B)_T$	$(U-B)_e$	W_{20}	V_{opt}
SGL SGB		T	$\log A_e$	A_i	m_{FIR}	$(B-V)^o_T$	m'_e	W_{50}	V_{GSR}
R.A. 1950 DEC.	PGC	L	$\log D_o$	A_{21}	B^o_T	$(U-B)^o_T$	m'_{25}	HI	V_{3K}
0121.5 +1951		.S..3..	.96± .09	140					9852
132.53 -42.45	UGC 898	U (1)	.29± .06	.15	15.38 ±.13				
317.68 -.71		3.0± .9		.41					9969
0118.8 +1936	PGC 4926	4.5±1.2	.97	.15	14.75				9551
012130.5-612113		.LX.-*.	.94± .06		14.7 ±.2	.55± .09			
296.59 -55.40	ESO 113- 42	S	.04± .04	.00	14.89 ±.14	.21± .12			
235.98 -16.91		-3.0± .9		.00					
011939.0-613654	PGC 4927		.94				14.20± .36		
0121.5 +2054		.S..4..	.96± .09	63					9218
132.31 -41.41	UGC 899	U	.29± .06	.14	15.00 ±.12				
318.68 -.41		4.0± .9		.43					9337
0118.8 +2039	PGC 4928		.97	.15	14.37				8918
012132.8-330925		.LAR-*.	1.00± .05						
257.58 -81.13	ESO 352- 55	S	.11± .03	.02	14.28 ±.14				3552
265.36 -13.96		-3.0± .9		.00					3510
011914.1-332506	PGC 4934		.99		14.21				3315
012140.4-174907		.S..4*/	1.15± .04	164					
161.33 -78.37	ESO 542- 9	E	.88± .03	.02	15.61 ±.14				
280.94 -10.91	IRAS01192-1804	4.0±1.4		1.29	13.11				
011914.1-180448	PGC 4940		1.15	.44					
012143.2-114613		.SXR5..	1.08± .06	100					
149.23 -73.08	MCG -2- 4- 32	E (1)	.04± .05	.07					
286.98 -9.48	IRAS01192-1201	5.0± .9		.06	13.10				
011914.3-120154	PGC 4943	3.1± .8	1.09	.02					
0121.7 +7837		.S..6?.	1.26± .06					15.73±.1	4174± 11
124.48 15.85	UGC 863	U	.00± .06	1.30					
14.63 14.08	IRAS01173+7822	6.0±1.5		.00	13.14			74± 8	4355
0117.3 +7822	PGC 4945		1.38	.00					4077
012147.1+051517	NGC 488	.SAR3..	1.72± .02	15	11.15 ±.13	.87± .01	.96± .01	14.24±.1	2269± 5
136.82 -56.80	UGC 907	R (2)	.13± .02	.09	11.24 ±.11	.35± .02	.50± .02	453± 5	2233± 22
303.67 -4.99	IRAS01191+0459	3.0± .3	1.24± .01	.18	12.01	.81	12.84± .04	449± 7	2345
011911.2+045936	PGC 4946	1.1± .5	1.73	.06	10.92	.30	14.28± .16	3.25	1959
0121.7 +1815		PSBS1..	1.04± .06	48					8308
132.97 -44.02	UGC 904	U	.25± .05	.12	14.95 ±.13				
316.17 -1.24		1.0± .9		.26					8421
0119.1 +1800	PGC 4947		1.05	.13	14.47				8005
0121.8 +1735		.S?....	1.26± .04	52					2518
133.13 -44.68	UGC 903		.70± .05	.19	14.50 ±.12				
315.53 -1.44	IRAS01191+1719			1.05	10.89				2629
0119.1 +1719	PGC 4948		1.28	.35	13.25				2214
012149.4-440325		.SBR4..	1.07± .05	173	14.11 ±.13	.73± .01	.78± .01		
285.03 -72.00	ESO 244- 21	Sr (1)	.17± .05	.03	14.44 ±.14				7170± 40
254.09 -15.61		4.2± .6	.78± .01	.26		.64	13.50± .03		7095
011938.0-441906	PGC 4949	2.2± .9	1.07	.09	13.93		13.88± .32		6975
0121.8 +2346		.S?....	1.07± .08	115					11465
131.83 -38.57	UGC 905		.02± .06	.24					
321.44 .36				.04					11591
0119.1 +2331	PGC 4951		1.09	.01					11169
012153.9+091221	NGC 489	.S?....	1.22± .05	120					
135.46 -52.92	UGC 908		.65± .05	.09	13.55 ±.18				2526± 36
307.49 -3.89				.98					2615
011916.4+085640	PGC 4957		1.23	.33	12.47				2218
012155.3-162217	NGC 487	.SBR1*.	1.04± .07	112					
157.77 -77.13	MCG -3- 4- 56	E	.20± .05	.00					
282.41 -10.63		1.0±1.3		.20					
011928.3-163758	PGC 4958		1.04	.10					
012155.9+500250		.E...*.	1.15± .15						
127.94 -12.53	UGC 902	U	.04± .08	.98	14.4 ±.3				
346.55 7.77		-5.0±1.1		.00					
011854.8+494709	PGC 4960		1.30						
012156.3+333116	NGC 483	.S?....	.87± .08						
130.19 -28.92	UGC 906		.00± .05	.15	14.12 ±.14				4744± 52
330.73 3.18				.00					4891
011907.4+331536	PGC 4961		.89	.00	13.94				4468
0121.9 +1546		.SAS5..	1.00± .08	0					6330
133.63 -46.46	UGC 910	U	.04± .06	.12	14.64 ±.13				
313.81 -2.01		5.0± .8		.06					6436
0119.3 +1531	PGC 4965		1.01	.02	14.43				6025

R.A. 2000 DEC. l b SGL SGB R.A. 1950 DEC.	Names PGC	Type S_T n_L T L	$\log D_{25}$ $\log R_{25}$ $\log A_e$ $\log D_o$	p.a. A_g A_i A_{21}	B_T m_B m_{FIR} B_T^o	$(B-V)_T$ $(U-B)_T$ $(B-V)_T^o$ $(U-B)_T^o$	$(B-V)_e$ $(U-B)_e$ m'_e m'_{25}	m_{21} W_{20} W_{50} HI	V_{21} V_{opt} V_{GSR} V_{3K}
012201.4+372402		.S..7..	1.20± .05	45					5084
129.63 -25.07	UGC 909	U	.15± .05	.28	14.10 ±.14				
334.43 4.28	IRAS01191+3708	7.0± .8		.20					5238
011910.1+370822	PGC 4971		1.23	.07	13.60				4818
012202.0-341149		.LBSOP.	1.15± .05	12					
261.88 -80.35	ESO 352- 57	S	.59± .03	.02	14.63 ±.14				
264.31 -14.23		-2.0± .9		.00					
011944.1-342730	PGC 4972		1.07						
0122.0 +0522	NGC 490	.S?....	.82± .13					15.68±.3	2225± 17
136.89 -56.67	MCG 1- 4- 35		.08± .07	.09	15.34 ±.12			481± 34	
303.80 -5.02				.10				333± 25	2303
0119.4 +0506	PGC 4973		.83	.04	15.13			.51	1916
012208.9+005650	NGC 493	.SXS6*/	1.53± .03	58	12.93 ±.17	.47± .04	.54± .02	13.47±.1	2339± 6
138.91 -60.97	UGC 914	PUE (2)	.51± .04	.07	12.77 ±.12	-.16± .05	-.06± .03	296± 9	2338± 73
299.51 -6.27	IRAS01195+0041	6.0± .5	1.10± .04	.76	12.37	.34	13.92± .09	261± 11	2403
011934.8+004110	PGC 4979	5.3± .8	1.54	.26	11.99	-.25	14.17± .24	1.22	2032
012210.3+321256		.SB.3..	.92± .05	5				16.59±.3	10567± 10
130.45 -30.21	UGC 911	U	.09± .04	.22	14.86 ±.12				
329.50 2.76	IRAS01194+3157	3.0± .9		.12	12.96			258± 7	10711
011922.1+315716	PGC 4981		.94	.04	14.44			2.10	10288
012215.0+344010		.S?....	.72± .09	53					
130.09 -27.77	UGC 913		.24± .05	.14	14.8 ±.2				5400± 49
331.84 3.45	ARAK 37			.35	12.93				5549
011925.3+342430	PGC 4985		.73	.12	14.24				5127
012217.5+284755		.S?....	.99± .10					16.37±.3	4207± 10
131.05 -33.59	MCG 5- 4- 31		.52± .07	.22	15.50 ±.12				
326.25 1.73				.72				185± 7	4344
011931.2+283215	PGC 4988		1.01	.26	14.53			1.58	3921
012223.3-005229	NGC 497	.SBT4*.	1.32± .03	132	13.84 ±.15	.83± .03	.95± .03		
140.01 -62.72	UGC 915	R (1)	.38± .04	.17	13.79 ±.13	.24± .04	.36± .04		8114± 53
297.75 -6.82	ARP 8	4.0± .4	.86± .02	.56		.67	13.63± .05		8173
011949.9-010809	PGC 4992	1.9± .8	1.33	.19	13.02	.10	14.31± .22		7809
012226.6+090313									
135.73 -53.05	CGCG 411- 37			.08	15.2 ±.3				5585± 51
307.38 -4.06	MK 568								5673
011949.2+084733	PGC 4995								5277
012233.3-295856		.S?....	1.17± .05	53					
237.43 -82.60	ESO 412- 27		1.04± .05	.02	15.71 ±.14				11095± 60
268.66 -13.61				1.38					11062
012013.0-301436	PGC 5000		1.17	.50	14.23				10848
0122.5 -0035		.L?....	.82± .19						
139.94 -62.43	MCG 0- 4-101		.00± .07	.14	15.23 ±.10				7615±120
298.04 -6.79				.00					7675
0120.0 -0051	PGC 5001		.83		14.97				7309
012236.2+015325	A 0120+01	.P...?.	.84± .12	120					
138.67 -60.03	CGCG 385- 87	E	.29± .08	.06	14.92 ±.14				9945±113
300.46 -6.12	MK 569	99.0			13.47				10012
012001.8+013746	PGC 5006		.85						9638
012238.9+342616	IC 1683	.S?....	1.12± .04	177					
130.22 -27.99	UGC 916		.34± .05	.16	14.17 ±.12				4800± 61
331.65 3.30	MK 987			.52	12.34				4948
011949.3+341037	PGC 5008		1.14	.17	13.46				4527
012240.3+231009								17.61±.2	15845± 14
132.20 -39.14				.19				243± 26	15913± 58
320.92 .00	MK 357							328± 19	15973
011956.6+225430	PGC 5010								15553
012240.5+265203	A 0119+26A								
131.49 -35.48				.29					9187± 72
324.44 1.09	MK 355								9320
011955.0+263623	PGC 5011								8897
0122.7 +1902		.L...*.	1.04± .09						
133.09 -43.21	UGC 917	U	.04± .04	.11					
316.98 -1.22		-2.0±1.2		.00					
0120.0 +1847	PGC 5012		1.05						
012242.7+265200	A 0119+26B								
131.50 -35.48				.29					9047± 60
324.44 1.08	MK 356				12.98				9179
011957.3+263620	PGC 5015								8757

R.A. 2000 DEC. / l b / SGL SGB / R.A. 1950 DEC.	Names / PGC	Type / S_T n_L / T / L	$logD_{25}$ / $logR_{25}$ / $logA_e$ / $logD_o$	p.a. / A_g / A_i / A_{21}	B_T / m_B / m_{FIR} / B_T^o	$(B-V)_T$ / $(U-B)_T$ / $(B-V)_T^o$ / $(U-B)_T^o$	$(B-V)_e$ / $(U-B)_e$ / m'_e / m'_{25}	m_{21} / W_{20} / W_{50} / HI	V_{21} / V_{opt} / V_{GSR} / V_{3K}
012247.0-012334		.L...P/	1.26± .04	108					
140.52 -63.19	UGC 921	E	.51± .04	.16	14.26 ±.10				5651±110
297.27 -7.06		-2.0±1.2		.00					5708
012013.9-013913	PGC 5019		1.20		14.01				5346
0122.8 +1917		.S..6*.	1.00± .06	70					9347
133.06 -42.96	UGC 918	U	.44± .05	.11	15.34 ±.12				
317.23 -1.17		6.0±1.3		.65					9462
0120.1 +1902	PGC 5020		1.02	.22	14.54				9046
0122.8 +1307		.S..4..	.96± .09	97					11235
134.64 -49.03	UGC 923	U	.51± .06	.12					
311.33 -2.99		4.0±1.0		.75					11334
0120.2 +1252	PGC 5024		.97	.25					10929
012254.0-043836	IC 100	.LX.-*.	1.05± .06	80					
142.77 -66.30	MCG -1- 4- 30	E	.16± .05	.18					
294.10 -7.95		-3.0± .9		.00					
012022.2-045415	PGC 5029		1.04						
012254.8+285009		.I?....	.84± .07					16.54±.3	8380± 10
131.20 -33.53	MCG 5- 4- 33		.43± .06	.22	15.33 ±.15				
326.33 1.62	KUG 0120+285			.32				208± 7	8517
012008.3+283430	PGC 5032		.86	.22	14.78			1.54	8094
012255.4+090254	NGC 502	.LAR0..	1.06± .11		13.74 ±.13	.95± .02			
135.93 -53.03	UGC 922	U	.04± .05	.09	13.63 ±.10	.48± .03			2501± 27
307.41 -4.18	ARAK 38	-2.0± .8		.00		.90			2589
012018.0+084715	PGC 5034		1.06		13.55	.47	13.79± .58		2193
012255.4+331026	NGC 494	.S..2..	1.30± .04	100	13.8 ±.4	.95± .03		16.81±.3	5462± 10
130.48 -29.24	UGC 919	U	.41± .05	.18	13.70 ±.12	.52± .05			5314± 60
330.46 2.88	IRAS01201+3254	2.0± .8		.50	13.58	.79		506± 7	5604
012006.5+325447	PGC 5035		1.31	.21	12.96	.39	14.11± .47	3.64	5182
0122.9 +0927	NGC 505	.L.....	.96± .12						
135.79 -52.62	UGC 924	U	.17± .05	.11	14.80 ±.10				
307.81 -4.06		-2.0± .9		.00					
0120.3 +0912	PGC 5036		.95						
012256.0+332817	NGC 495	PSBS0P*	1.11± .05	170					4114± 10
130.44 -28.94	UGC 920	PU	.19± .04	.18	13.93 ±.12				4114± 56
330.74 2.97		.0± .6		.14					4260
012007.0+331238	PGC 5037		1.12		13.55				3839
012302.8-430739		.S.1*P/	1.24± .06	150					
283.14 -72.77	ESO 244- 23	S	.84± .05	.03	15.25 ±.14				7088± 39
255.08 -15.71		1.0±1.3		.85					7015
012051.0-432318	PGC 5046		1.24	.42	14.28				6890
012305.4-345909		.S?....	.96± .06	18					
264.13 -79.63	ESO 352- 61		.12± .05	.02	14.85 ±.14				5971
263.53 -14.57				.18					5922
012048.0-351448	PGC 5049		.96	.06	14.61				5742
012306.5-344409		.S..5*/	1.21± .04	53					
263.15 -79.81	ESO 352- 62	S	1.00± .05	.02	15.29 ±.14				9615
263.79 -14.54		4.7± .7		1.50					9567
012049.0-345948	PGC 5051		1.21	.50	13.72				9385
0123.1 -0038		.L.....	1.06± .07	45					
140.28 -62.44	UGC 928	U	.28± .03	.13	14.82 ±.11				8014±120
298.03 -6.95		-2.0± .9		.00					8073
0120.6 -0054	PGC 5055		1.04		14.57				7709
0123.1 -0023		.S..6*.	1.09± .06					15.91±.3	7465± 11
140.14 -62.20	UGC 929	U	.02± .05	.13	14.44 ±.15			89± 7	7610±120
298.28 -6.88		6.0±1.1		.03				59± 7	7526
0120.6 -0039	PGC 5056		1.10	.01	14.25			1.66	7161
012311.6+332736	NGC 499	.L..-..	1.21± .11	82	13.17 ±.13	1.05± .01	1.06± .01		
130.50 -28.94	UGC 926	PU	.10± .07	.18	12.94 ±.11	.65± .04	.67± .02		4375± 56
330.75 2.91		-2.5± .6	.74± .02	.00		.96	12.36± .07		4521
012022.5+331157	PGC 5060		1.22		12.79	.62	13.86± .59		4100
012311.7+333147	NGC 496	.S..4..	1.21± .03	28				15.07±.2	6006± 8
130.49 -28.88	UGC 927	U	.27± .04	.22	14.09 ±.13			355± 34	
330.82 2.93	IRAS01203+3316	4.0± .8		.40	13.32			306± 7	6152
012022.6+331608	PGC 5061		1.23	.13	13.45				5731
012313.3+221519		.SB?...	.89± .11					18.06±.3	13604± 10
132.55 -40.02	MCG 4- 4- 9		.24± .07	.19					
320.08 -.39				.35				415± 7	13726
012030.1+215940	PGC 5063		.91	.12					13307

R.A. 2000 DEC. / l b / SGL SGB / R.A. 1950 DEC.	Names / PGC	Type / S_T n_L / T / L	$\log D_{25}$ / $\log R_{25}$ / $\log A_e$ / $\log D_o$	p.a. / A_g / A_i / A_{21}	B_T / m_B / m_{FIR} / B_T^o	$(B-V)_T$ / $(U-B)_T$ / $(B-V)_T^o$ / $(U-B)_T^o$	$(B-V)_e$ / $(U-B)_e$ / m'_e / m'_{25}	m_{21} / W_{20} / W_{50} / HI	V_{21} / V_{opt} / V_{GSR} / V_{3K}
012314.6-325027		.S..4..	1.11± .05	126					
254.54 -81.06	ESO 352- 63	S (1)	.31± .04	.02	14.39 ±.14				9348± 39
265.75 -14.25	IRAS01209-3306	3.5± .6		.46	13.06				9306
012056.0-330606	PGC 5066	2.8± .9	1.11	.16	13.85				9111
012314.7-004202		.S?....	1.07± .06	6					
140.36 -62.49	UGC 931		.70± .05	.13	15.49 ±.12				1870± 97
297.98 -6.98	MK 1153			1.05					1929
012041.2-005741	PGC 5067		1.09	.35	14.30				1565
0123.2 -0054									
140.48 -62.69	CGCG 385- 93			.17	15.4 ±.3				7707±110
297.78 -7.04									7765
0120.7 -0110	PGC 5070								7402
012319.2+331639	IC 1687								
130.56 -29.12	MCG 5- 4- 39			.18	14.58 ±.12				4881± 60
330.58 2.83									5026
012030.2+330101	PGC 5074								4605
012320.9-015836		.SB?...	.89± .11						
141.18 -63.71	MCG 0- 4-112		.43± .07	.19	14.88 ±.16				4730±110
296.74 -7.35				.64					4785
012048.0-021415	PGC 5076		.91	.21	14.01				4426
0123.3 +1512		.SB.1..	.98± .07	45					
134.25 -46.96	UGC 933	U	.05± .05	.11	15.05 ±.15				
313.36 -2.50		1.0± .9		.05					
0120.7 +1457	PGC 5078		.99	.03					
012324.1+092602	NGC 509	.L...?.	1.21± .06	82					
135.99 -52.63	UGC 932	U	.43± .05	.12	14.35 ±.10				2274
307.82 -4.18		-2.0±1.7		.00					2362
012046.5+091023	PGC 5080		1.16		14.20				1967
0123.4 +3326	NGC 501				15.50 ±.13	1.04± .02			
130.55 -28.95	CGCG 502- 62			.18	15.00 ±.12				4887± 60
330.75 2.86									5033
0120.6 +3311	PGC 5082								4612
012328.0+331216	NGC 504	.L.....	1.24± .06	47					
130.60 -29.19	UGC 935	U	.59± .03	.18	13.99 ±.11				4090± 60
330.52 2.78		-2.0± .9		.00					4235
012039.0+325638	PGC 5084		1.17		13.75				3814
012328.5+304704		.S?....	1.24± .06	150				16.55±.3	10494± 10
131.01 -31.58	UGC 934		.46± .06	.19					10332± 50
328.22 2.07	ARP 70			.69				423± 7	10629
012040.8+303125	PGC 5085		1.26	.23					10207
012328.5+331955	NGC 503	.E?....							
130.59 -29.06	MCG 5- 4- 40			.18	15.1 ±.4				5978± 60
330.64 2.82									6123
012039.4+330417	PGC 5086								5703
012329.8-564116		.SBT6*.	1.08± .04	62					
294.15 -59.89	ESO 151- 43	Sr (1)	.22± .04	.00	15.00 ±.14				5242
240.89 -16.97		5.9± .5		.32					5132
012132.0-565654	PGC 5087	5.6± .6	1.08	.11	14.66				5105
012337.8+343412	A 0120+34	.SAS5..	.99± .06	85	15.1 ±.3	.49± .05			
130.42 -27.83	UGC 940	U	.15± .05	.16	14.73 ±.12	-.12± .09			6985± 63
331.83 3.15	IRAS01206+3418	5.0±1.1		.22	12.60	.38			7133
012047.9+341834	PGC 5088		1.01	.07	14.36	-.20	14.56± .45		6713
012329.8+343408									
130.39 -27.84	CGCG 521- 15			.16	14.82 ±.16				7045± 32
331.82 3.17	MK 988								7193
012040.0+341830	PGC 5089								6773
012334.3-345610		.L..-*/	1.09± .05	63					
263.54 -79.60	ESO 352- 64	S	.60± .03	.02	14.57 ±.14				6040
263.60 -14.66		-3.0±1.2		.00					5991
012117.0-351148	PGC 5091		1.00		14.46				5811
0123.6 +0657		.I..9..	.98± .09						2726
136.96 -55.03	UGC 941	U	.12± .06	.10	15.24 ±.15				
305.45 -4.94		10.0± .9		.09					2807
0121.0 +0642	PGC 5094		.99	.06	15.04				2419
012337.3+323748		.S?....	.86± .08						4748
130.74 -29.75	UGC 937		.12± .08	.21	14.96 ±.12				
329.98 2.58	KUG 0120+323			.17					4892
012048.6+322210	PGC 5095		.88	.06	14.56				4471

R.A. 2000 DEC. l b SGL SGB R.A. 1950 DEC.	Names PGC	Type S_T n_L T L	$\log D_{25}$ $\log R_{25}$ $\log A_e$ $\log D_o$	p.a. A_g A_i A_{21}	B_T m_B m_{FIR} B_T^o	$(B-V)_T$ $(U-B)_T$ $(B-V)_T^o$ $(U-B)_T^o$	$(B-V)_e$ $(U-B)_e$ m'_e m'_{25}	m_{21} W_{20} W_{50} HI	V_{21} V_{opt} V_{GSR} V_{3K}
0123.6 -0149									
141.25 -63.54	CGCG 385- 98			.18	15.4 ±.3				5648±110
296.91 -7.38									5703
0121.1 -0205	PGC 5097								5344
012340.1+331522	NGC 507	.LAR0..	1.49± .07		12.2 ±.2	1.00± .02	1.02± .01		
130.64 -29.13	UGC 938	R	.00± .07	.18	12.55 ±.13	.52± .06	.56± .03		4924± 25
330.58 2.76		-2.0± .3	1.25± .06	.00		.91	13.91± .21		5070
012051.0+325944	PGC 5098		1.51		12.19	.50	14.53± .43		4649
012340.6+331652	NGC 508	.E.0.*.	1.11± .16						
130.64 -29.11	UGC 939	R	.00± .08	.18	14.08 ±.11				5529± 25
330.61 2.76		-5.0± .6		.00					5675
012051.5+330114	PGC 5099		1.14		13.83				5254
0123.7 +0642		.S..9..	1.07± .07						2339
137.09 -55.27	UGC 942	U	.03± .06	.10					
305.21 -5.03		9.0± .8		.03					2419
0121.1 +0627	PGC 5101		1.08	.01					2032
0123.7 +1117	NGC 511	.E...*.	1.08± .17						
135.51 -50.79	UGC 936	U	.00± .08	.11	14.70 ±.15				
309.63 -3.72	IRAS01210+1101	-5.0±1.1		.00					
0121.0 +1101	PGC 5103		1.10						
0123.7 +1130		.SXR3..	1.08± .06						14810
135.45 -50.57	UGC 943	U (1)	.02± .05	.11					
309.84 -3.66		3.0± .8		.03					14904
0121.1 +1115	PGC 5105	4.5±1.1	1.09	.01					14504
012345.6-584816			.90± .07	111	13.5 v±.2	.32± .03	.18± .03		
295.07 -57.83	ESO 113- 45		.07± .06	.00	14.08 ±.14	-.85± .03	-.93± .03		13834± 17
238.66 -17.10	FAIR 9		.08± .04				9.34± .10		13718
012151.1-590354	PGC 5106		.90						13708
012347.9+330321	IC 1689	.L?....	.97± .15	16					4567± 8
130.71 -29.33	MCG 5- 4- 46		.23± .07	.18	14.68 ±.10				
330.40 2.67				.00					4712
012058.9+324743	PGC 5108		.95		14.43				4291
012349.6+330923	IC 1690								
130.70 -29.23	CGCG 502- 71			.18	14.9 ±.4				4537± 60
330.50 2.70									4682
012100.5+325346	PGC 5110								4261
012351.3-274722		RLBR+..	.91± .05	169					
220.05 -82.78	ESO 413- 2	r	.15± .04	.09	14.96 ±.14				
270.96 -13.48		-1.3± .9		.00					
012130.0-280300	PGC 5112		.90						
012355.2-350404	NGC 526	.L?....	.95± .06	112					
263.76 -79.45	ESO 352- 66		.20± .05	.02	14.76 ±.14				5762± 52
263.48 -14.75	IRAS01216-3519			.00					5713
012138.1-351942	PGC 5120		.92		14.65				5534
012356.9-334810			.63± .07						
258.55 -80.33	ESO 352- 67		.11± .05	.02	15.19 ±.14				1474±104
264.78 -14.56									1429
012139.0-340348	PGC 5124		.63						1241
012358.1-350659	NGC 527	.SBR0?.	1.22± .04	14					
263.90 -79.41	ESO 352- 68	S	.57± .04	.02	14.07 ±.14				5759± 60
263.43 -14.77		.0± .8		.43					5710
012141.0-352236	PGC 5128		1.20		13.53				5531
012358.6+331848		.S?....	.64± .17						
130.71 -29.07	MCG 5- 4- 48		.11± .07	.18	15.23 ±.18				4995± 60
330.66 2.71	ARAK 39			.17					5140
012109.4+330310	PGC 5129		.65	.06	14.86				4720
012359.9+335429	NGC 512	.S..2..	1.20± .05	116					
130.61 -28.48	UGC 944	U	.65± .05	.21	14.11 ±.14				4783± 52
331.22 2.88		2.0± .9		.80					4929
012110.3+333851	PGC 5132		1.22	.32	13.06				4509
012404.0+125459	NGC 514	.SXT5..	1.54± .02	110	12.24 ±.15	.59± .03	.60± .03	13.72±.2	2470± 5
135.15 -49.18	UGC 947	R (2)	.10± .03	.08	12.25 ±.12			273± 9	2527± 40
311.21 -3.33	IRAS01214+1239	5.0± .3	1.34± .03	.15	12.73	.54	14.43± .07	247± 6	2568
012124.8+123922	PGC 5139	3.1± .7	1.55	.05	12.00		14.53± .19	1.67	2165
0124.1 +4313		.L...*.	1.11± .16	175					
129.23 -19.24	UGC 945	U	.10± .08	.40					
340.11 5.54		-2.0±1.2		.00					
0121.2 +4258	PGC 5146		1.14						

R.A. 2000 DEC. l b SGL SGB R.A. 1950 DEC.	Names PGC	Type S_T n_L T L	$\log D_{25}$ $\log R_{25}$ $\log A_e$ $\log D_o$	p.a. A_g A_i A_{21}	B_T m_B m_{FIR} B^o_T	$(B-V)_T$ $(U-B)_T$ $(B-V)^o_T$ $(U-B)^o_T$	$(B-V)_e$ $(U-B)_e$ m'_e m'_{25}	m_{21} W_{20} W_{50} HI	V_{21} V_{opt} V_{GSR} V_{3K}
0124.1 +0955	IC 101	.S?....	1.14± .05	127					2401
136.11 -52.11	UGC 949		.36± .05	.14	14.74 ±.13				
308.34 -4.21				.54					2490
0121.5 +0940	PGC 5147		1.16	.18	14.04				2094
012408.3+093305	NGC 516	.L.....	1.16± .05	44					
136.24 -52.47	UGC 946	U	.45± .04	.12	14.13 ±.10				2432± 50
307.98 -4.32		-2.0± .9		.00					2520
012130.6+091728	PGC 5148		1.11		13.97				2125
0124.1 +2703		.I..9*.	1.00± .08	171					4918
131.86 -35.24	UGC 948	U	.43± .06	.28					
324.72 .83		10.0±1.3		.32					5050
0121.4 +2648	PGC 5150		1.03	.22					4630
012414.3-344335		.SBS2?P	1.19± .04						
262.18 -79.65	ESO 352- 69	S	.11± .04	.02	13.96 ±.14				6034± 34
263.84 -14.76	IRAS01219-3459	2.2± .7		.13	12.63				5986
012157.0-345912	PGC 5154		1.19	.05	13.75				5805
012416.6-372005		.SBT5P.	1.00± .05	98					
270.82 -77.67	ESO 296- 19	S (1)	.20± .04	.02	14.86 ±.14				
261.14 -15.17	IRAS01220-3736	5.0± .9		.30					
012201.0-373542	PGC 5158	2.2± .9	1.00	.10					
012417.7+091955	NGC 518	.S..1*/	1.23± .04	98					
136.38 -52.68	UGC 952	PU	.45± .04	.12	14.16 ±.12				2704± 50
307.78 -4.42		1.3± .7		.45					2792
012140.1+090418	PGC 5161		1.24	.22	13.55				2397
0124.3 -0144		.S?....	.82± .13						
141.57 -63.41	MCG 0- 4-116		.36± .07	.18	15.00 ±.16				5275±110
297.04 -7.53				.54					5330
0121.8 -0200	PGC 5164		.83	.18	14.25				4972
012421.8+321326		.S..2..	.99± .06	68					
130.98 -30.13	UGC 950	U	.51± .05	.19	15.19 ±.12				
329.64 2.31		2.0± .9		.63					
012133.2+315749	PGC 5165		1.01	.25					
0124.4 +0953	IC 102	.S..0..	.96± .09						
136.24 -52.12	UGC 954	U	.51± .06	.15	15.44 ±.12				14423
308.33 -4.29		.0±1.0		.38					14512
0121.8 +0938	PGC 5172		.95		14.69				14117
012427.0+334757	NGC 513	.S?....	.83± .08	75					
130.74 -28.57	UGC 953		.31± .05	.21	13.9 ±.3				5949± 30
331.15 2.76	ARAK 41			.43	12.37				6095
012137.4+333220	PGC 5174		.85	.16	13.26				5676
0124.4 +1545		.SB.6?.	1.04± .06	168					5050
134.49 -46.37	UGC 955	U	.83± .05	.12	15.62 ±.13				
313.97 -2.59		6.0±1.4		1.22					5155
0121.8 +1530	PGC 5181		1.05	.42	14.25				4747
012428.8-013831	NGC 519	.E+..?.	.70± .15	140					
141.58 -63.31	CGCG 385-103	PE	.25± .08	.19	15.28 ±.14				5332±110
297.14 -7.53		-4.0±1.1		.00					5387
012155.7-015408	PGC 5182		.66		15.01				5029
012431.0-153217		RSBR0..	1.22± .05	85					
158.15 -76.09	MCG -3- 4- 61	E	.02± .05	.00					
283.39 -11.04		.0± .8		.01					
012203.9-154754	PGC 5186		1.22						
012431.6-043132		.SBS6*.	1.09± .06	60					
143.63 -66.06	MCG -1- 4- 37	E (1)	.10± .05	.19					
294.32 -8.31		6.0± .9		.15					
012159.7-044709	PGC 5187	4.2± .8	1.10	.05					
012434.2+014354	NGC 521	.SBR4..	1.50± .02	20	12.55 ±.17	.82± .04	.95± .03	14.60±.2	5040± 9
139.70 -60.06	UGC 962	R (2)	.04± .03	.08	12.43 ±.13	.24± .06	.49± .03	241± 34	5028± 49
300.44 -6.64	IRAS01219+0128	4.0± .3	1.14± .04	.06	13.04	.76	13.74± .08	207± 10	5105
012159.7+012817	PGC 5190	1.4± .6	1.51	.02	12.29	.19	14.81± .22	2.29	4734
012434.2-331023		.SBS4?.	1.17± .04	168					
255.12 -80.63	ESO 352- 71	S (1)	.31± .04	.02	14.30 ±.14				9250± 34
265.45 -14.58	IRAS01222-3325	4.0± .6		.46	13.62				9206
012216.0-332600	PGC 5191	3.3± .7	1.17	.16	13.76				9015
0124.5 +0201	IC 103	.L..-*.	.93± .13	130					
139.55 -59.77	UGC 963	U	.23± .05	.08	15.00 ±.10				
300.73 -6.56		-3.0±1.2		.00					
0122.0 +0146	PGC 5192		.91						

R.A. 2000 DEC. l b SGL SGB R.A. 1950 DEC.	Names PGC	Type S_T n_L T L	$\log D_{25}$ $\log R_{25}$ $\log A_e$ $\log D_o$	p.a. A_g A_i A_{21}	B_T m_B m_{FIR} B_T^o	$(B\text{-}V)_T$ $(U\text{-}B)_T$ $(B\text{-}V)_T^o$ $(U\text{-}B)_T^o$	$(B\text{-}V)_e$ $(U\text{-}B)_e$ m'_e m'_{25}	m_{21} W_{20} W_{50} HI	V_{21} V_{opt} V_{GSR} V_{3K}
012434.7+034749	NGC 520	.P.....	1.65± .02	130	12.24 ±.13	.82± .02	.77± .02	13.83±.1	2217± 3
138.70 -58.06	UGC 966	R	.39± .04	.05	12.09 ±.10	.17± .05	.22± .03	218± 4	2059± 29
302.45 -6.06	ARP 157	99.0	1.09± .02	.30	9.47	.72	13.18± .08	149± 4	2287
012159.4+033213	PGC 5193		1.63		11.77	.11	14.34± .18		1910
0124.5 +1632		.SB.6*.	1.22± .05	26					2418
134.32 -45.59	UGC 958	U	.90± .05	.14	15.20 ±.12				
314.72 -2.38		6.0±1.3		1.32					2525
0121.9 +1617	PGC 5194		1.23	.45	13.73				2116
012436.8+215256		.S?....	.82± .13					16.96±.3	10166± 10
133.05 -40.34	MCG 4- 4- 10		.08± .07	.16					
319.82 -.81				.11				157± 7	10286
012153.5+213720	PGC 5197		.83	.04					9870
0124.6 +0743		.S?....	1.10± .05	91					2734
137.09 -54.23	UGC 964		.58± .05	.12	15.23 ±.12				
306.26 -4.96				.87					2817
0122.0 +0728	PGC 5198		1.12	.29	14.22				2427
012438.6+332823	NGC 515	.L.....	1.14± .09						
130.84 -28.89	UGC 956	U	.09± .05	.19	14.02 ±.11				
330.85 2.63		-2.0± .8		.00					
012149.2+331246	PGC 5201		1.15						
012440.8+035125		.I..9*.	1.07± .14					14.56±.1	2152± 7
138.72 -57.99	UGC 957	U	.11± .12	.05				189± 6	
302.52 -6.07		10.0±1.2		.08				82± 5	2223
012205.5+033549	PGC 5208		1.07	.05					1846
012441.5-013512	NGC 530	.LB.+./	1.17± .04	134					
141.66 -63.24	UGC 965	PUE	.54± .04	.19	13.96 ±.11				5009± 46
297.21 -7.57	MK 1154	-.7± .5		.00					5064
012208.4-015049	PGC 5210		1.11		13.70				4705
0124.7 +0945		.SB.3..	.98± .09	135					
136.40 -52.24	UGC 969	U	.25± .06	.15	15.32 ±.14				14608
308.23 -4.40		3.0± .9		.35					14696
0122.1 +0930	PGC 5213		1.00	.13	14.72				14302
012443.8+332547	NGC 517	.L.....	1.30± .05	20					
130.87 -28.93	UGC 960	U	.30± .03	.19	13.42 ±.10				4260± 40
330.81 2.60	ARAK 43	-2.0± .8		.00					4405
012154.5+331010	PGC 5214		1.28		13.17				3986
012445.0-380742	NGC 534	.LXT0..	1.03± .05	142					
272.58 -76.97	ESO 296- 21	BS	.05± .04	.02	14.42 ±.14				5826
260.33 -15.37		-2.0± .6		.00					5767
012230.0-382318	PGC 5215		1.02		14.31				5609
012445.2+320957		.S..1*.	.85± .07	60					
131.09 -30.18	UGC 959	U	.17± .05	.19	14.41 ±.17				10480± 39
329.61 2.22	MK 991	1.0±1.2		.17	12.71				10623
012156.5+315420	PGC 5217		.87	.09	13.91				10203
012445.7+095939	NGC 522	.S..4*/	1.43± .02	33	13.94 ±.15	1.00± .04	1.08± .04		
136.34 -52.01	UGC 970	PU	.78± .04	.15	13.97 ±.12	.39± .05	.47± .04		2806± 50
308.45 -4.34	IRAS01221+0944	3.7± .7	1.00± .03	1.14	13.22	.81	14.43± .07		2895
012207.8+094403	PGC 5218		1.44	.39	12.65	.19	13.98± .22		2500
0124.7 +0101		.I..9?.	1.07± .07	148					4735
140.17 -60.72	UGC 971	U	.79± .06	.03					
299.77 -6.88		10.0±1.9		.60					4798
0122.2 +0046	PGC 5220		1.07	.40					4430
012447.8+093221	NGC 524	.LAT+..	1.44± .03		11.3 ±.1	1.05± .02	1.07± .01		
136.51 -52.45	UGC 968	R	.00± .03	.14	11.50 ±.09	.60± .03	.64± .01		2421± 19
308.02 -4.48	IRAS01221+0916	-1.0± .3	1.22± .02	.00	13.31	1.00	12.84± .08		2509
012210.1+091645	PGC 5222		1.45		11.23	.58	13.36± .19		2115
012449.7+321405		.S?....	.79± .07					16.97±.3	10542± 10
131.09 -30.11	MCG 5- 4- 55		.14± .06	.19	15.13 ±.13				
329.68 2.22	KUG 0122+319			.20				328± 7	10685
012201.0+315829	PGC 5226		.81	.07	14.69			2.21	10265
012450.0-314524		.SXT5..	1.20± .04	32					
247.42 -81.39	ESO 413- 4	S (1)	.07± .04	.02	14.36 ±.14				10845± 39
266.92 -14.40		5.0± .5		.10					10806
012231.0-320100	PGC 5227	1.1± .5	1.20	.03	14.18				10606
0124.8 -0129		.S..0..	.95± .07	160					
141.68 -63.14	UGC 974	U	.55± .05	.17	15.03 ±.14				4788±110
297.32 -7.58		.0±1.0		.41					4844
0122.3 -0145	PGC 5228		.94		14.37				4485

R.A. 2000 DEC. l b SGL SGB R.A. 1950 DEC.	Names PGC	Type S_T n_L T L	$\log D_{25}$ $\log R_{25}$ $\log A_e$ $\log D_o$	p.a. A_g A_i A_{21}	B_T m_B m_{FIR} B_T^o	$(B-V)_T$ $(U-B)_T$ $(B-V)_T^o$ $(U-B)_T^o$	$(B-V)_e$ $(U-B)_e$ m'_e m'_{25}	m_{21} W_{20} W_{50} HI	V_{21} V_{opt} V_{GSR} V_{3K}
012452.5-013704	IC 1696	.E+....	.94± .10	10	14.63 ±.14	1.02± .02			
141.77 -63.26	UGC 973	PUE	.04± .04	.19	14.40 ±.10				5768±110
297.19 -7.62		-4.3± .4		.00		.92			5823
012219.4-015240	PGC 5231		.95		14.20		14.21± .51		5465
012452.5+094208	NGC 525	.L.....	1.18± .06	5					
136.48 -52.29	UGC 972	U	.35± .03	.15	14.20 ±.10				2146± 50
308.18 -4.45		-2.0± .8		.00					2234
012214.7+092632	PGC 5232		1.14		14.02				1840
012454.1-683706		.SBR0..	1.00± .06						
298.37 -48.21	ESO 52- 1	r	.06± .06	.00	14.88 ±.14				10640± 60
228.35 -17.32		-.1± .8		.04					10502
012322.0-685242	PGC 5233		1.00		14.68				10563
0125.0 +0026	IC 1697	.S?....	.97± .07	110					
140.62 -61.27	UGC 976		.22± .05	.04	14.72 ±.12				8699±120
299.22 -7.10	IRAS01224+0011			.31	13.59				8760
0122.4 +0011	PGC 5238		.97	.11	14.31				8395
012507.0-380024		PSBS1..	.72± .06						
272.01 -77.03	ESO 296- 22	r	.08± .05	.02	15.49 ±.14				
260.47 -15.43		1.0±1.0		.08					
012252.0-381600	PGC 5243		.73	.04					
0125.1 +0841	IC 1695	.S?....	1.04± .09						
136.94 -53.26	UGC 977		.01± .06	.14	14.88 ±.17				14505± 38
307.23 -4.80				.02					14590
0122.5 +0826	PGC 5245		1.05	.01	14.58				14199
0125.1 +1452	IC 107	.S?....	1.04± .06	100					6366
134.97 -47.20	UGC 978		.09± .05	.13	14.92 ±.16				
313.17 -3.01				.13					6468
0122.5 +1437	PGC 5250		1.05	.04	14.63				6063
0125.1 +0203	IC 109	.LB....	1.03± .08						
139.82 -59.70	UGC 980	U	.07± .03	.07	14.50 ±.11				
300.80 -6.69		-2.0± .8		.00					
0122.6 +0148	PGC 5251		1.03						
0125.1 +0217		.S?....	.85± .11	25					6115
139.70 -59.48	UGC 981		.25± .06	.06	15.33 ±.12				
301.03 -6.63				.37					6182
0122.6 +0202	PGC 5252		.86	.12	14.87				5810
012511.9-380536	NGC 544	.LX.-*.	1.07± .05						
272.17 -76.95	ESO 296- 24	BS	.12± .04	.02	14.41 ±.14				5992
260.38 -15.46		-3.0± .7		.00					5933
012257.0-382112	PGC 5253		1.05		14.30				5775
012512.9-380406	NGC 546	.SBS3*P	1.15± .04	35					
272.10 -76.96	ESO 296- 25	S	.42± .04	.02	14.48 ±.14				6563
260.41 -15.46	IRAS01229-3819	3.0±1.2		.58	12.78				6504
012258.0-381942	PGC 5255		1.15	.21	13.83				6346
0125.2 -0130		.L.....	1.08± .07	130					
141.90 -63.13	UGC 984	U	.47± .03	.19	14.62 ±.10				5252± 67
297.33 -7.68		-2.0± .9		.00					5308
0122.7 -0146	PGC 5258		1.03		14.35				4950
0125.2 +1450	IC 1698	.L.....	1.25± .06	120					
135.02 -47.23	UGC 983	U	.39± .03	.11	14.43 ±.12				6574± 56
313.15 -3.04		-2.0± .8		.00					6676
0122.6 +1435	PGC 5261		1.21		14.21				6271
012517.2+091554	NGC 532	.S..2?/	1.39± .03	28	13.95 ±.15	1.02± .04	1.03± .04	16.01±.3	2375± 10
136.80 -52.69	UGC 982	PU	.50± .05	.14	13.32 ±.12	.74± .05	.72± .05		2332± 50
307.79 -4.68	IRAS01226+0900	2.3± .9	.90± .02	.62	12.70	.88	13.94± .05	378± 10	2460
012239.5+090018	PGC 5264		1.40	.25	12.79	.60	14.48± .24	2.97	2068
012519.7+340128	NGC 523	.P.....	1.40± .04	108	13.5 ±.4	.79± .03		14.95±.3	4750± 10
130.91 -28.32	UGC 979	R	.53± .05	.19	13.42 ±.12	.20± .05			4857± 26
331.41 2.65	4ZW 45	99.0		.77	12.25	.62			4911
012229.9+334553	PGC 5268		1.41	.26	12.43	.06	14.02± .46	2.26	4493
012521.9-180948	NGC 539	.SBT5..	1.19± .03	145	14.2 ±.4	.67± .07			
165.78 -78.11	ESO 542- 10	PSE (3)	.07± .03	.05	14.32 ±.14				9657± 59
280.80 -11.84	IRAS01229-1825	5.0± .5		.10	13.64	.58			9660
012256.1-182524	PGC 5269	1.2± .5	1.20	.03	14.10		14.85± .44		9380
0125.3 +1431		.S..3..	1.18± .05	19					11085
135.14 -47.54	UGC 985	U (1)	.56± .05	.12	14.89 ±.13				
312.85 -3.16		3.0± .9		.77					11186
0122.7 +1416	PGC 5270	4.5±1.2	1.19	.28	13.92				10782

R.A. 2000 DEC.	Names	Type	$\log D_{25}$	p.a.	B_T	$(B-V)_T$	$(B-V)_e$	m_{21}	V_{21}
l b		S_T n_L	$\log R_{25}$	A_g	m_B	$(U-B)_T$	$(U-B)_e$	W_{20}	V_{opt}
SGL SGB		T	$\log A_e$	A_i	m_{FIR}	$(B-V)^o_T$	m'_e	W_{50}	V_{GSR}
R.A. 1950 DEC.	PGC	L	$\log D_o$	A_{21}	B^o_T	$(U-B)^o_T$	m'_{25}	HI	V_{3K}
012524.8+145148	IC 1700	.E.....	1.16± .10						
135.06 -47.21	UGC 986	U	.00± .05	.11	13.78 ±.11				6356± 56
313.18 -3.07		-5.0± .7		.00					6458
012244.7+143613	PGC 5271		1.18		13.57				6053
0125.4 +0732		.SXS9..	1.13± .07	15					2793± 10
137.49 -54.37	UGC 989	U	.23± .06	.11					
306.14 -5.20		9.0± .8		.24					2875
0122.8 +0717	PGC 5273		1.14	.12					2487
012526.2-013305	NGC 538	.SBS2*.	1.00± .06	40					
142.03 -63.16	UGC 991	PUE	.30± .05	.16	14.58 ±.12				5494± 67
297.30 -7.74		1.6± .7		.37					5549
012253.2-014840	PGC 5275		1.02	.15	13.99				5191
0125.4 +1048		.S..9*.	.96± .09						2537
136.32 -51.18	UGC 990	U	.00± .06	.15					
309.29 -4.26		9.0±1.2		.00					2628
0122.8 +1033	PGC 5276		.97	.00					2232
012528.8-381601	NGC 549	.LBS+*/	1.30± .04	68					
272.42 -76.77	ESO 296- 26	BS	.63± .04	.02	14.53 ±.14				6163
260.21 -15.54	IRAS01232-3831	-.5± .9		.00	13.57				6103
012314.0-383136	PGC 5278		1.21		14.41				5947
012531.2-012433	NGC 535	.L..+./	1.01± .07	58					
141.98 -63.01	UGC 997	PUE	.51± .03	.16	14.83 ±.11				4939±110
297.44 -7.72		-.8± .6		.00					4994
012258.1-014008	PGC 5282		.95		14.59				4636
012531.5+014535	NGC 533	.E.3.*.	1.58± .04	50	12.41 ±.15	1.02± .02	1.04± .01		
140.15 -59.97	UGC 992	R	.21± .04	.06	12.36 ±.10	.56± .07	.57± .03		5538± 25
300.54 -6.86		-5.0± .4	1.18± .04	.00		.95	13.80± .14		5603
012257.0+013000	PGC 5283		1.53		12.23	.57	14.79± .26		5233
012531.5+320810		.S..1..	1.34± .02	32	14.39M±.10	.99± .02	.94± .03	15.40±.1	4658± 6
131.28 -30.18	UGC 987	U	.52± .03	.14	13.86 ±.12	.25± .04		404± 10	4654± 36
329.63 2.05	MK 993	1.0± .8	.59± .02	.53		.82	12.83± .05	386± 6	4800
012242.7+315235	PGC 5284		1.35	.26	13.45	.12	14.65± .17	1.69	4382
0125.5 -0129		.S..0..	.96± .09						
142.05 -63.09	UGC 996	U	.65± .06	.16	14.92 ±.17				6591±110
297.37 -7.75		.0±1.0		.49					6646
0123.0 -0145	PGC 5289		.94		14.17				6288
012533.7+334016	NGC 528	.L.....	1.24± .06	55					
131.02 -28.66	UGC 988	U	.20± .03	.19	13.51 ±.10				4792± 52
331.09 2.50	IRAS01226+3324	-2.0± .8		.00	13.58				4937
012244.0+332441	PGC 5290		1.23		13.25				4519
0125.5 +0007		.I..9..	1.04± .06	136					5107
141.07 -61.54	UGC 998	U	.64± .05	.03					
298.95 -7.32		10.0± .9		.48					5167
0123.0 -0008	PGC 5291		1.04	.32					4803
012535.4-412755			.72± .06	87					
279.06 -74.04	ESO 296- 27		.23± .05	.03	15.50 ±.14				6250± 20
256.88 -15.98	FAIR 1075								6181
012323.0-414330	PGC 5293		.73						6047
0125.6 +1803		.S..6*.	.96± .09	20					8290
134.26 -44.06	UGC 994	U	.10± .06	.11					
316.24 -2.17		6.0±1.3		.14					8400
0122.9 +1748	PGC 5294		.97	.05					7990
012537.6-302155		.E?....	.98± .06	165					
238.31 -81.84	ESO 413- 5		.15± .04	.02	14.17 ±.14				9320
268.39 -14.33				.00					9284
012318.0-303730	PGC 5295		.93		14.01				9077
0125.6 +1458		.S..6*.	1.00± .08	62					
135.12 -47.08	UGC 999	U	.55± .06	.11					
313.30 -3.10		6.0±1.3		.81					
0123.0 +1443	PGC 5298		1.01	.27					
012540.3+344247	NGC 529	.L..-*.	1.38± .11	160	13.14M±.10	1.00± .02			
130.87 -27.63	UGC 995	U	.06± .08	.16	12.78 ±.11	.56± .03			4799± 22
332.09 2.79	HICK 10B	-3.0±1.0		.00		.91			4946
012250.0+342712	PGC 5299		1.39		12.73	.54	14.77± .59		4529
012541.0-345028		.LX.-?.	1.19± .09						
261.49 -79.36	MCG -6- 4- 32	S	.26± .08	.02					
263.77 -15.07		-3.0±1.2		.00					
012324.0-350603	PGC 5301		1.15						

R.A. 2000 DEC. l b SGL SGB R.A. 1950 DEC.	Names PGC	Type S_T n_L T L	$\log D_{25}$ $\log R_{25}$ $\log A_e$ $\log D_o$	p.a. A_g A_i A_{21}	B_T m_B m_{FIR} B_T^o	$(B-V)_T$ $(U-B)_T$ $(B-V)_T^o$ $(U-B)_T^o$	$(B-V)_e$ $(U-B)_e$ m'_e m'_{25}	m_{21} W_{20} W_{50} HI	V_{21} V_{opt} V_{GSR} V_{3K}
012544.4-012242	NGC 541	.L..-*.	1.25± .08		13.03 ±.15	.95± .03	.99± .01		
142.08 -62.97	UGC 1004	R	.01± .05	.16	13.49 ±.12	.39± .07	.48± .04		5415± 30
297.49 -7.77	ARP 133	-3.0± .4	1.08± .04	.00		.86	13.92± .15		5470
012311.2-013817	PGC 5305		1.27		13.07	.38	14.13± .43		5113
0125.7 -0126		.L.....	1.00± .10						
142.13 -63.03	UGC 1003	U	.49± .04	.16	14.88 ±.11				5321±110
297.43 -7.79		-2.0± .9		.00					5376
0123.2 -0142	PGC 5307		.94		14.64				5019
012549.1-390619		PSXS0*.	1.06± .05	8					
274.19 -76.04	ESO 296- 28	Sr	.24± .03	.02	15.11 ±.14				
259.34 -15.72		-.5± .6		.00					
012335.1-392154	PGC 5310		1.03						
012550.1-011738	NGC 543	.L..-*/	.77± .13	90	14.1 ±.2	1.04± .04	1.05± .02		
142.07 -62.88	MCG 0- 4-138	PE	.35± .05	.18	15.05 ±.15				5238±110
297.58 -7.77		-3.0± .8	.57± .06	.00		.93	12.39± .22		5294
012317.0-013312	PGC 5311		.75		14.46		11.97± .71		4935
012550.2-342925		.SAT0*.	1.07± .05						
259.98 -79.58	ESO 352- 76	S	.05± .05	.02	14.93 ±.14				14891± 60
264.14 -15.05		.3± .6		.03					14843
012333.0-344500	PGC 5312		1.07		14.65				14662
0125.8 -0119		.S?....	.64± .17						
142.10 -62.91	MCG 0- 4-140		.00± .07	.16	14.1 ±.3				5374±110
297.55 -7.78				.00					5429
0123.3 -0135	PGC 5314		.65		13.85				5071
012551.3-372001		.L...P.	.97± .07	100					
269.66 -77.48	ESO 296- 29	S	.07± .05	.02	14.59 ±.14				9411± 87
261.19 -15.48		-2.0±1.1		.00					9354
012336.0-373536	PGC 5315		.96		14.43				9192
0125.8 +0129		.S..0..	1.04± .08						
140.46 -60.20	UGC 1006	U	.04± .06	.02	14.82 ±.16				
300.30 -7.01		.0± .8		.03					
0123.3 +0114	PGC 5316		1.04						
012556.4-385706		.LXS-P.	1.19± .09						
273.76 -76.16		S	.09± .08	.02					
259.51 -15.72		-3.0± .8		.00					
012342.3-391240	PGC 5320		1.18						
012556.4+163607	IC 1702	.S..6*.	1.08± .06	170					
134.76 -45.48	UGC 1005	U	.08± .05	.15	14.19 ±.13				4206± 50
314.88 -2.68	IRAS01232+1620	6.0±1.2		.11					4312
012315.6+162033	PGC 5321		1.10	.04	13.91				3905
012559.4-012022	NGC 545	.LA.-..	1.38± .04	55					
142.18 -62.91	UGC 1007	R	.18± .04	.16	13.21 ±.12				5318± 24
297.54 -7.82	ARAK 45	-3.0± .3		.00					5373
012326.2-013556	PGC 5323		1.37		12.97				5016
012600.8-012038	NGC 547	.E.1...	1.13± .05	85					
142.20 -62.91	UGC 1009	R	.03± .04	.16	13.16 ±.10				5466± 23
297.54 -7.82		-5.0± .4		.00					5522
012327.6-013612	PGC 5324		1.15		12.91				5164
012602.7-011336	NGC 548	.E+..*.	.95± .09	135	14.65 ±.15	.95± .02	.98± .02		
142.14 -62.80	UGC 1010	PUE	.05± .04	.15	14.69 ±.10				5332±110
297.66 -7.80		-3.7± .7	.73± .04	.00		.86	13.79± .13		5388
012329.5-012910	PGC 5326		.96		14.45		14.15± .50		5030
0126.0 +5037		.S..6*.	1.00± .08	81					
128.53 -11.87	UGC 1000	U	.43± .06	1.14					
347.28 7.29		6.0±1.3		.63					
0123.0 +5022	PGC 5327		1.11	.22					
012603.1+112639	IC 112	.S..8*.	.88± .08	128					
136.34 -50.52	UGC 1008	U	.24± .05	.15	14.32 ±.17				5768± 39
309.94 -4.22	ARAK 46	8.0±1.3		.30	13.32				5860
012324.5+111105	PGC 5328		.89	.12	13.86				5463
012603.4-035716		.SBT8..	1.28± .05	105					2003
144.07 -65.40	MCG -1- 4- 42	E (1)	.27± .05	.16					
294.98 -8.53		8.0± .8		.33					2050
012331.4-041251	PGC 5329	7.5± .8	1.29	.13					1703
0126.0 +0019		.S..8*.	1.00± .08	175					1923
141.20 -61.31	UGC 1011	U	.55± .06	.03					
299.18 -7.38		8.0±1.3		.68					1983
0123.5 +0004	PGC 5330		1.00	.27					1620

R.A. 2000 DEC. l b SGL SGB R.A. 1950 DEC.	Names PGC	Type S_T n_L T L	$\log D_{25}$ $\log R_{25}$ $\log A_e$ $\log D_o$	p.a. A_g A_i A_{21}	B_T m_B m_{FIR} B_T^o	$(B-V)_T$ $(U-B)_T$ $(B-V)_T^o$ $(U-B)_T^o$	$(B-V)_e$ $(U-B)_e$ m'_e m'_{25}	m_{21} W_{20} W_{50} HI	V_{21} V_{opt} V_{GSR} V_{3K}
012612.6+332418 131.22 -28.91 330.88 2.29 012322.9+330844	 CGCG 502- 84 MK 1155 PGC 5333			 .18	 15.0 ±.4				 4971± 97 5115 4698
012617.8-523914 290.98 -63.66 245.16 -17.14 012416.0-525448	 ESO 152- 2 PGC 5338	.S?....	.85± .06 .08± .06 .85	163 .00 .13 .04	 15.32 ±.14 15.15				 8949 8848 8794
012618.9+344516 131.01 -27.57 332.17 2.68 012328.4+342942	NGC 531 UGC 1012 HICK 10C PGC 5340	.SB.0*. U .0± .9	1.27± .04 .59± .05 1.25	34 .16 .44	14.84S±.15 14.67 ±.13 14.06		 14.54± .29	15.93±.3 560± 10	5208± 9 4660± 41 5331 4915
0126.3 -0604 146.00 -67.37 292.91 -9.15 0123.8 -0620	A 0123-06 MCG -1- 4- 44 PGC 5341	.S..6*. U (1) 6.0±1.2 3.1±1.2	1.46± .03 .81± .05 1.49	21 .22 1.19 .41				14.19±.1 272± 9 245± 12	1961± 7 2001 1663
0126.3 +0955 136.97 -51.99 308.50 -4.73 0123.7 +0940	IC 114 UGC 1015 PGC 5343	.L..... U -2.0± .8	1.24± .08 .40± .05 1.20	150 .18 .00	 15.05 ±.16				
012621.6+344214 131.03 -27.62 332.12 2.65 012331.2+342640	NGC 536 UGC 1013 HICK 10A PGC 5344	.SBR3.. U (1) 3.0± .7 3.0±1.0	1.47± .02 .44± .03 .72± .01 1.49	62 .16 .61 .22	13.20M±.08 13.04 ±.12 12.34	.85± .01 .29± .02 .70 .16	.93± .01 .38± .02 12.30± .03 14.31± .15	14.85±.2 545± 6 491± 6 2.29	5192± 5 5163± 34 5338 4921
012622.0+061634 138.40 -55.54 304.98 -5.79 012345.6+060100	 UGC 1014 PGC 5345	.S..9.. U 9.0± .8	1.07± .05 .04± .04 1.07	 .07 .04 .02	 14.71 ±.16 14.60			16.05±.3 62± 13 1.43	2132± 10 2210 1827
012624.0-383533 272.59 -76.40 259.89 -15.76 012409.7-385107	 MCG -7- 4- 6 PGC 5347	PLA.0P. S -2.0± .8	1.23± .08 .17± .08 1.21	 .02 .00					
0126.4 -0804 148.03 -69.22 290.94 -9.68 0123.9 -0820	 MCG -1- 4- 47 PGC 5348	.S?....	1.04± .09 .14± .07 1.05	 .09 .21 .07					 14896 14930 14601
012625.2-013822 142.61 -63.17 297.28 -8.00 012352.2-015356	NGC 557 UGC 1016 PGC 5351	.LBT+P* PUE -.8± .5	1.15± .07 .24± .04 1.13	45 .17 .00	 14.48 ±.11 14.22				 5688±110 5742 5386
012626.0-372726 269.59 -77.31 261.08 -15.61 012410.9-374300	 MCG -6- 4- 35 PGC 5352	.LA.-P? S -3.0± .8	1.23± .08 .10± .08 1.22	 .02 .00					
012631.0+344032 131.07 -27.64 332.11 2.61 012340.5+342458	NGC 542 MCG 6- 4- 22 HICK 10D PGC 5360	.S?....	.99± .10 .62± .07 1.00	 .16 .85 .31	15.68S±.15 15.41 ±.13 14.47		 13.92± .55	17.04±.3 346± 10 2.26	4662± 9 4620± 41 4807 4390
012633.3-231333 188.69 -81.15 275.74 -13.19 012410.0-232906	 ESO 476- 8 IRAS01241-2329 PGC 5362	.SXT5.. Sr (1) 4.7± .6 3.3± .8	1.29± .04 .04± .04 1.04± .03 1.29	 .03 .05 .02	13.37M±.11 13.33 ±.14 13.24	.69± .03 .64	.77± .01 13.92± .07 14.56± .23		 5504± 41 5490 5240
012633.7+313646 131.62 -30.67 329.20 1.69 012345.1+312113	A 0123+31 MCG 5- 4- 59 MK 358 PGC 5364	.SXT4*. R (1) 4.0± .5 1.0±1.3	.96± .06 .12± .06 .98	 .13 .18 .06	 14.83 ±.12 14.43			16.75±.2 367± 21 351± 8 2.26	13552± 8 13549± 42 13693 13275
012634.0-231556 188.93 -81.17 275.69 -13.20 012410.7-233130	 MCG -4- 4- 10 HICK 11B PGC 5365	.S?....	.64± .17 .28± .07 .64	 .00 .43 .14	15.79S±.15 15.32		 13.11± .86		 7352± 41 7338 7088
0126.5 +0033 141.32 -61.05 299.44 -7.44 0124.0 +0018	 UGC 1018 PGC 5366	.I..9*. U 10.0±1.2	1.00± .08 .04± .06 1.00	 .04 .03 .02					
012637.7+482336 128.94 -14.07 345.17 6.58 012336.8+480802	 MCG 8- 3- 22 5ZW 68 PGC 5368	.S?....	.74± .14 .00± .07 .81	 .82 .00 .00	 15.0 ±.3 14.17				 10474± 82 10642 10245

R.A. 2000 DEC.	Names	Type	$\log D_{25}$	p.a.	B_T	$(B-V)_T$	$(B-V)_e$	m_{21}	V_{21}
l b		S_T n_L	$\log R_{25}$	A_g	m_B	$(U-B)_T$	$(U-B)_e$	W_{20}	V_{opt}
SGL SGB		T	$\log A_e$	A_i	m_{FIR}	$(B-V)^o_T$	m'_e	W_{50}	V_{GSR}
R.A. 1950 DEC.	PGC	L	$\log D_o$	A_{21}	B^o_T	$(U-B)^o_T$	m'_{25}	HI	V_{3K}
0126.6 +1016		.SB.9..	.97± .09						2182± 10
136.97 -51.63	UGC 1019	U	.27± .06	.19					
308.86 -4.70		9.0± .9		.28					2271
0124.0 +1001	PGC 5370		.99	.13					1877
012642.2+020118	NGC 550	.SBS1?.	1.17± .05	120					
140.57 -59.64	UGC 1021	PE	.37± .04	.05	13.59 ±.14				5872± 41
300.87 -7.07		1.0± .8		.38					5937
012407.6+014545	PGC 5374		1.18	.19	13.09				5568
012642.2-251851		.SBS9..	1.17± .04	25					
201.99 -81.89	ESO 476- 10	S (1)	.41± .03	.08	15.20 ±.14				1581± 52
273.61 -13.63		9.0± .8		.42					1561
012420.1-253424	PGC 5375	6.7±1.2	1.18	.21	14.69				1323
0126.7 -0119			.74± .14						
142.57 -62.84	MCG 0- 4-147		.38± .07	.13	15.33 ±.17				5013±120
297.61 -8.00									5068
0124.2 -0135	PGC 5379		.75						4711
0126.7 -0059			.52± .20						
142.36 -62.52	MCG 0- 4-148		.00± .07	.13	15.37 ±.19				4800± 49
297.94 -7.91									4856
0124.2 -0115	PGC 5380		.53						4498
0126.7 +1716		.S?....	1.09± .07	52					2589
134.85 -44.78	UGC 1020		.49± .06	.18	14.81 ±.12				
315.58 -2.67	IRAS01240+1700			.73					2696
0124.0 +1700	PGC 5382		1.10	.24	13.89				2289
0126.8 +4646		.SBS8*.	1.00± .08	30					
129.21 -15.66	UGC 1017	U	.14± .06	.57					
343.63 6.10		8.0±1.2		.17					
0123.8 +4631	PGC 5386		1.05	.07					
0126.8 +1201		.L.....	1.09± .10	60					9444
136.45 -49.91	UGC 1023	U	.25± .05	.15	15.14 ±.14				
310.56 -4.24		-2.0± .8		.00					9537
0124.2 +1146	PGC 5392		1.07		14.84				9140
0126.9 +1912	IC 115	.L?....	.82± .19		15.2 ±.2	1.15± .09			
134.39 -42.87	MCG 3- 4- 39		.00± .07	.13	15.15 ±.10	.27± .15			13040±141
317.43 -2.12				.00		1.00			13152
0124.2 +1857	PGC 5395		.83		14.84	.31	14.15± .98		12742
0126.9 -1509		.SBS8..	1.12± .06	145					5716
159.32 -75.46	MCG -3- 4- 67	E (1)	.36± .05	.00					
283.91 -11.53		8.0± .9		.44					5728
0124.5 -1525	PGC 5397	7.5± .8	1.12	.18					5434
0127.1 +1835		.S..0..	.96± .07						
134.61 -43.47	UGC 1025	U	.10± .05	.13	14.73 ±.12				
316.86 -2.35		.0± .8		.08					
0124.4 +1820	PGC 5403		.97						
012706.0-355128		.S?....	1.01± .06	80					
264.13 -78.44	ESO 353- 2		.31± .05	.02	15.33 ±.14				6297
262.76 -15.51				.46					6244
012450.0-360700	PGC 5404		1.01	.15	14.81				6073
012708.8-582116		.S?....	.98± .06	61					
294.06 -58.15	ESO 113- 48		.08± .06	.00	15.09 ±.14				13659± 69
239.15 -17.52				.12					13543
012515.0-583648	PGC 5409		.98	.04	14.90				13532
012709.4+144633	IC 1704	.S...P$	1.04± .06	165					
135.70 -47.21	UGC 1027	R	.14± .05	.11	14.06 ±.12				6349± 60
313.22 -3.50	IRAS01244+1431			.21	13.24				6450
012429.2+143101	PGC 5411		1.05	.07	13.70				6047
0127.1 +1335		.S..9*.	1.26± .11						4508± 10
136.06 -48.37	UGC 1026	U	.12± .12	.11					
312.08 -3.85		9.0±1.1		.12					4605
0124.5 +1320	PGC 5415		1.27	.06					4205
012710.5-183915	NGC 563	.LAS0*.	1.03± .05	20					
168.93 -78.20	ESO 542- 13	SE	.08± .03	.02	14.33 ±.14				
280.40 -12.37	IRAS01245-1853	-2.3± .7		.00					
012445.0-185448	PGC 5417		1.02						
012711.5-224546	NGC 555	PSBR0*.	.86± .05						
186.57 -80.80	ESO 476- 12	Sr	.05± .03	.03	15.19 ±.14				
276.24 -13.24		.0± .5		.04					
012448.0-230118	PGC 5419		.86						

R.A. 2000 DEC. l b SGL SGB R.A. 1950 DEC.	Names PGC	Type S_T n_L T L	$\log D_{25}$ $\log R_{25}$ $\log A_e$ $\log D_o$	p.a. A_g A_i A_{21}	B_T m_B m_{FIR} B_T^o	$(B-V)_T$ $(U-B)_T$ $(B-V)_T^o$ $(U-B)_T^o$	$(B-V)_e$ $(U-B)_e$ m'_e m'_{25}	m_{21} W_{20} W_{50} HI	V_{21} V_{opt} V_{GSR} V_{3K}
012713.5-224152 186.24 -80.76 276.30 -13.23 012450.0-225724	NGC 556 ESO 476- 13 PGC 5420	.L..-*P S -3.0± .8 	.61± .07 .12± .03 .60	 .06 .00 	 15.41 ±.14 				
012714.0-214622 181.53 -80.26 277.25 -13.04 012450.0-220154	 ESO 542- 15 PGC 5422	.L?.... 	.91± .06 .01± .04 .91	 .00 .00 	 14.53 ±.14 14.45				 5567± 60 5558 5300
0127.2 +1159 136.61 -49.93 310.55 -4.34 0124.6 +1144	 UGC 1029 PGC 5423	.S..1.. U 1.0±1.0 	1.00± .08 .63± .06 1.01	24 .15 .64 .31	 15.53 ±.12 14.63				9445 9538 9142
0127.2 -0115 142.79 -62.74 297.71 -8.10 0124.7 -0131	 UGC 1030 PGC 5424	.E..... U -5.0± .9 	1.00± .12 .21± .05 .96	177 .13 .00 	 14.57 ±.10 14.36				 4794±110 4849 4493
012716.1-015819 143.28 -63.42 297.01 -8.29 012443.2-021351	NGC 558 CGCG 385-143 PGC 5425	.E+..?/ PE -3.5±1.0 	.57± .18 .38± .08 .49	110 .19 .00 	 15.3 ±.3 15.03				 5018±110 5071 4717
012725.6-015443 143.32 -63.35 297.08 -8.32 012452.7-021015	NGC 560 UGC 1036 PGC 5430	.L..0./ PUE -2.4± .5 	1.28± .04 .52± .03 1.22	178 .19 .00 	13.95 ±.15 13.79 ±.10 13.57	.98± .02 .45± .05 .84 .38	 13.93± .27		 5483± 50 5535 5182
012731.2+144907 135.81 -47.15 313.28 -3.57 012451.0+143335	IC 1706 CGCG 436- 57 PGC 5433			 .11 	 15.3 ±.3 				
012732.4+191039 134.60 -42.88 317.45 -2.27 012450.2+185507	A 0124+18 UGC 1032 MK 359 PGC 5435	.P..... R 99.0 	.78± .09 .08± .05 .27± .03 .80	10 .13 .10 .04	14.16 ±.13 14.0 ±.2 12.98 13.84	.70± .01 -.08± .04 .62 -.12	.68± .01 -.21± .02 11.00± .09 12.72± .46		 5043± 36 5155 4746
0127.5 -0105 142.84 -62.56 297.89 -8.13 0125.0 -0121	 UGC 1040 PGC 5436	.S..0.. U .0±1.0 	1.06± .06 .72± .05 1.04	34 .15 .54 	 14.85 ±.15 14.09				 4661±110 4716 4360
012733.5-044058 145.51 -65.96 294.37 -9.08 012501.8-045630	 MCG -1- 4- 52 HICK 12A PGC 5437	.E?.... 		 .18 	15.08S±.15 				 14407± 41 14451 14109
012734.8+313317 131.88 -30.69 329.21 1.46 012446.1+311745	A 0124+31 UGC 1033 KUG 0124+312 PGC 5440	.S..6*. U 6.0±1.1 	1.47± .02 .77± .03 .94± .04 1.48	133 .13 1.13 .38	14.10S±.15 14.15 ±.13 12.86	.62± .03 .07± .03 .42 -.07	.73± .02 .05± .03 14.14± .10 14.38± .20	14.06±.2 343± 13 342± 6 .82	4037± 7 4177 3761
0127.6 -0107 142.91 -62.58 297.87 -8.16 0125.1 -0123	 UGC 1043 PGC 5449	.E...*. U -5.0±1.2 	.94± .13 .06± .05 .95	 .15 .00 	 14.69 ±.10 14.47				 5174±110 5229 4873
012740.7+371059 130.90 -25.13 334.55 3.14 012448.4+365527	NGC 551 UGC 1034 IRAS01247+3655 PGC 5450	.SB.4.. U 4.0± .8 	1.26± .04 .36± .05 1.28	140 .23 .53 .18	 13.48 ±.12 13.48 12.69				 4901± 52 5051 4638
012744.2-190304 170.75 -78.39 280.03 -12.58 012519.0-191836	 ESO 542- 17 IRAS01252-1918 PGC 5452	.S?.... 	.98± .05 .04± .04 .98	 .04 .04 .02	 14.76 ±.14 14.58				 9840± 52 9839 9567
012746.7+430916 129.94 -19.22 340.23 4.88 012450.0+425345	 UGC 1037 PGC 5453	.S..3.. U (1) 3.0± .9 4.5±1.2	1.04± .06 .38± .05 1.08	92 .42 .52 .19	 15.20 ±.12 				
012748.3-015246 143.50 -63.29 297.14 -8.40 012515.4-020817	NGC 564 UGC 1044 PGC 5455	.E..... PUE -5.0± .5 	1.14± .06 .05± .04 .85± .03 1.15	145 .16 .00 	13.52 ±.14 13.46 ±.10 13.24	1.01± .02 .92 	1.02± .01 .63± .07 13.26± .11 14.08± .35		 5790± 50 5842 5490
012748.8+484910 129.08 -13.62 345.63 6.51 012447.1+483339	 UGC 1035 PGC 5457	.S..3.. U (1) 3.0± .8 3.5±1.1	1.12± .05 .26± .05 1.19	20 .74 .36 .13	 14.8 ±.3 13.61				6609 6777 6383

R.A. 2000 DEC. / l b / SGL SGB / R.A. 1950 DEC.	Names / PGC	Type / S_T n_L / T / L	$\log D_{25}$ / $\log R_{25}$ / $\log A_e$ / $\log D_o$	p.a. / A_g / A_i / A_{21}	B_T / m_B / m_{FIR} / B_T^o	$(B-V)_T$ / $(U-B)_T$ / $(B-V)_T^o$ / $(U-B)_T^o$	$(B-V)_e$ / $(U-B)_e$ / m'_e / m'_{25}	m_{21} / W_{20} / W_{50} / HI	V_{21} / V_{opt} / V_{GSR} / V_{3K}
0127.8 +4315		.I..9*.	1.11± .14	30					
129.94 -19.12	UGC 1038	U	.36± .12	.42					
340.33 4.90		10.0±1.2		.27					
0124.9 +4300	PGC 5460		1.15	.18					
012755.1-020229	IC 119	PSBR0*.	1.10± .05	77					
143.68 -63.43	UGC 1047	PUE	.32± .04	.18	14.70 ±.13				5977± 81
296.99 -8.47		-.2± .5		.24					6029
012522.3-021801	PGC 5465		1.10		14.19				5676
012757.0-354305	NGC 568	.LA.-P*	1.35± .04	137	13.58 ±.17	.99± .03	1.00± .01		
263.03 -78.42	ESO 353- 3	BS	.21± .04	.02	13.43 ±.14	.51± .04	.49± .02		5624± 29
262.93 -15.66		-3.0± .5	.91± .06	.00		.92	13.62± .22		5570
012541.1-355836	PGC 5468		1.32		13.38	.52	14.68± .30		5400
012759.0-290511		.S?....	.86± .06	3					
228.72 -81.71	ESO 413- 7		.16± .06	.04	15.21 ±.14				1512± 52
269.80 -14.61				.24					1479
012539.0-292042	PGC 5472		.86	.08	14.93				1266
012800.8+320158		.S?....	1.07± .03	143	14.45S±.15	.67± .04		15.25±.2	6416± 7
131.90 -30.20	UGC 1045		.53± .03	.13	15.03 ±.12	.02± .07		332± 13	
329.69 1.52	KUG 0125+317			.80		.50		318± 6	6557
012511.7+314627	PGC 5473		1.08	.27	13.85	-.11	13.33± .23	1.14	6141
012805.4+381256		.SA.9..	1.05± .08						5224
130.81 -24.09	UGC 1046	U	.00± .06	.26	14.79 ±.16				
335.56 3.37		9.0± .8		.00					5376
012512.3+375724	PGC 5475		1.08	.00	14.53				4964
012806.1+491429		.L.....	1.18± .08	95					
129.06 -13.19	UGC 1042	U	.31± .04	.91	14.3 ±.3				
346.05 6.58		-2.0± .8		.00					
012503.8+485858	PGC 5476		1.24						
0128.1 +1025		.S..8*.	1.04± .15						2393
137.49 -51.41	UGC 1050	U	.29± .12	.21					
309.11 -5.01		8.0±1.3		.36					2481
0125.5 +1010	PGC 5479		1.06	.15					2090
012810.1-011823	NGC 565	.S..1*.	1.10± .05	36					
143.30 -62.72	UGC 1052	PUE	.49± .04	.12	14.42 ±.13				4498± 46
297.73 -8.33		1.3± .6		.50					4552
012537.0-013354	PGC 5481		1.12	.25	13.74				4197
012813.0-015500	IC 120	.L..0*.	.91± .11	135					
143.75 -63.29	CGCG 385-152	PE	.64± .08	.16	15.23 ±.13				4900±110
297.13 -8.51		-2.0± .9		.00					4952
012540.2-021031	PGC 5484		.84		15.00				4600
0128.2 +1625		.S?....	.64± .17	119					
135.59 -45.54	MCG 3- 4- 43		.28± .07	.14	15.40 ±.20				11371± 46
314.88 -3.27				.35					11475
0125.6 +1610	PGC 5486		.65	.14	14.79				11071
012817.4+285917		.I..9*.	1.04± .15					16.20±.3	7439± 10
132.57 -33.19	UGC 1051	U	.13± .12	.23					
326.82 .54		10.0±1.2		.10				188± 7	7573
012530.0+284346	PGC 5488		1.06	.06					7158
012818.8+341831	NGC 561	RSBS1..	1.20± .05						4670
131.55 -27.95	UGC 1048	U	.03± .05	.20	13.80 ±.14				
331.87 2.15	IRAS01254+3403	1.0± .8		.03	11.66				4815
012528.2+340300	PGC 5489		1.22	.01	13.51				4400
012821.9+023048	IC 121	.S..4..	.96± .07	108					
141.09 -59.05	UGC 1053	U	.23± .05	.04	14.28 ±.14				9024± 50
301.47 -7.33	IRAS01257+0215	4.0± .9		.33	13.42				9089
012547.1+021517	PGC 5492		.97	.11	13.85				8721
012822.7-355923		.LAR0*.	1.19± .04	32					
263.66 -78.16	ESO 353- 5	Sr	.22± .03	.02	14.15 ±.14				5464± 39
262.66 -15.79		-1.8± .6		.00					5409
012607.0-361454	PGC 5494		1.16		14.05				5242
012825.8-023524		.S..6?/	1.15± .06	120					
144.34 -63.91	MCG -1- 4- 54	E	.83± .05	.18					5071±120
296.48 -8.74		6.0±1.9		1.22					5121
012553.2-025054	PGC 5498		1.17	.41					4772
012829.6+482313	NGC 562	.SAT5..	1.10± .05	20				15.26±.1	10254± 10
129.26 -14.03	UGC 1049	U (1)	.08± .05	.76	14.0 ±.3			189± 11	10268± 59
345.25 6.28	IRAS01254+4807	5.0± .8		.11	12.55			136± 11	10421
012528.1+480743	PGC 5502	1.1± .9	1.17	.04	13.11			2.11	10027

R.A. 2000 DEC. / l b / SGL SGB / R.A. 1950 DEC.	Names / PGC	Type / S_T n_L / T / L	$\log D_{25}$ / $\log R_{25}$ / $\log A_e$ / $\log D_o$	p.a. / A_g / A_i / A_{21}	B_T / m_B / m_{FIR} / B^o_T	$(B-V)_T$ / $(U-B)_T$ / $(B-V)^o_T$ / $(U-B)^o_T$	$(B-V)_e$ / $(U-B)_e$ / m'_e / m'_{25}	m_{21} / W_{20} / W_{50} / HI	V_{21} / V_{opt} / V_{GSR} / V_{3K}
0128.5 -0143		.SB.1..	1.10± .06	157					
143.79 -63.08	UGC 1055	U	.44± .05	.16	14.84 ±.12				6271±110
297.34 -8.54		1.0± .9		.45					6324
0126.0 -0159	PGC 5506		1.11	.22	14.16				5971
012836.3-391824	NGC 572	.LXS0*.	.91± .05						
272.84 -75.57	ESO 296- 31	BS	.04± .03	.02	15.18 ±.14				
259.21 -16.28		-1.7± .7		.00					
012623.0-393354	PGC 5508		.91						
0128.7 +1640		.I..9*.	.94± .11						595
135.69 -45.27	UGC 1056	U	.19± .07	.14	14.81 ±.12				
315.15 -3.31		10.0±1.2		.14					700
0126.1 +1625	PGC 5516		.95	.09	14.53				296
012848.3+342047		.S..6*.	1.13± .05	124					2663
131.65 -27.89	UGC 1054	U	1.01± .08	.20					
331.93 2.06	KUG 0125+340	6.0±1.4		1.47					2808
012557.7+340517	PGC 5518		1.15	.50					2394
012851.5+022649	IC 123		.64± .17						
141.36 -59.08	MCG 0- 4-161		.19± .07	.03	15.19 ±.19				9179
301.44 -7.47	ARAK 49								9244
012616.7+021119	PGC 5524		.64						8877
0128.8 +1346		.S..4..	1.17± .05	153					6333
136.61 -48.10	UGC 1057	U	.50± .05	.12	14.64 ±.12				
312.38 -4.19		4.0± .9		.74					6430
0126.2 +1331	PGC 5527		1.18	.25	13.74				6032
012857.1-513555	NGC 576	PLXT+..	.99± .06	18					
289.32 -64.53	ESO 196- 7	Sr	.10± .04	.04	14.41 ±.14				3150±190
246.29 -17.48	FAIR 295	-.6± .6		.00	12.48				3051
012655.0-515124	PGC 5535		.98		14.32				2992
012858.9-005657	NGC 570	PSBT1*.	1.19± .05	175	13.70 ±.15	.93± .03	.97± .03		
143.48 -62.31	UGC 1061	PUE	.09± .05	.12	13.84 ±.13	.41± .04	.47± .04		5493± 46
298.13 -8.43		.6± .5	.84± .04	.09		.84	13.39± .13		5548
012625.6-011227	PGC 5539		1.20	.05	13.50	.38	14.26± .32		5193
012859.3-003342		PLBS0*.	1.13± .05	60					
143.22 -61.95	UGC 1062	E	.30± .05	.07	13.85 ±.10				5450± 46
298.51 -8.33		-2.0±1.2		.00					5506
012625.8-004912	PGC 5540		1.09		13.70				5150
0129.0 -0224		.S?....	1.08± .09						5287
144.54 -63.69	MCG -1- 4- 55		.61± .07	.18					
296.70 -8.84				.89					5337
0126.5 -0240	PGC 5543		1.09	.30					4988
012902.8-353555	NGC 574	PSBT3..	1.05± .05	2					
261.83 -78.34	ESO 353- 6	BSr	.18± .04	.02	14.17 ±.14				5709± 39
263.09 -15.87	IRAS01268-3551	2.5± .6		.25	11.85				5656
012647.0-355124	PGC 5544		1.05	.09	13.85				5486
012903.0+321956	NGC 566	.L.....	1.20± .06	178					
132.09 -29.87	UGC 1058	U	.59± .03	.16	14.49 ±.10				
330.04 1.40		-2.0± .9		.00					
012613.5+320426	PGC 5545		1.13						
012907.4+110751	NGC 569	.S?....	1.02± .06	163					
137.61 -50.66	UGC 1063		.35± .05	.22	14.59 ±.12				5772± 36
309.86 -5.04	MK 997			.53	12.78				5862
012628.7+105222	PGC 5548		1.04	.18	13.81				5470
012912.4+392535		.SB?...	1.19± .05	97				15.59±.1	8263± 11
130.84 -22.86	UGC 1059		.23± .05	.26	14.39 ±.14				
336.77 3.52	IRAS01262+3909			.34	13.06			151± 8	8417
012618.2+391006	PGC 5550		1.21	.11	13.75			1.73	8007
012913.3+334006		.S?....	.80± .09					16.49±.3	6605± 10
131.88 -28.55	CGCG 502- 93		.15± .12	.17	15.28 ±.12				
331.32 1.77	KUG 0126+334			.23				250± 7	6748
012623.0+332436	PGC 5552		.82	.08	14.85			1.56	6334
0129.2 +1108		.SXS4..	1.09± .06	15					
137.65 -50.65	UGC 1065	U	.24± .05	.22	15.18 ±.17				5767± 50
309.88 -5.06		4.0± .9		.35					5856
0126.6 +1053	PGC 5555		1.11	.12	14.57				5465
012920.8+320349		.S..6*.	1.11± .07	44				16.41±.2	5072± 7
132.22 -30.12	UGC 1066	U	.66± .06	.10				171± 13	
329.81 1.26		6.0±1.3		.97				164± 6	5211
012631.5+314820	PGC 5563		1.12	.33					4797

R.A. 2000 DEC. / l b / SGL SGB / R.A. 1950 DEC.	Names / PGC	Type / S_T n_L / T / L	$\log D_{25}$ / $\log R_{25}$ / $\log A_e$ / $\log D_o$	p.a. / A_g / A_i / A_{21}	B_T / m_B / m_{FIR} / B_T^o	$(B-V)_T$ / $(U-B)_T$ / $(B-V)_T^o$ / $(U-B)_T^o$	$(B-V)_e$ / $(U-B)_e$ / m'_e / m'_{25}	m_{21} / W_{20} / W_{50} / HI	V_{21} / V_{opt} / V_{GSR} / V_{3K}
012927.2-612750		.L..-P.	1.16± .05	63	14.4 ±.2	1.03± .03	1.06± .02		
295.01 -55.08	ESO 113- 50	S	.14± .04	.00	13.90 ±.14	.42± .05	.46± .03		8657
235.88 -17.86		-3.0± .8	.63± .10	.00		.94	13.04± .33		8533
012740.0-614318	PGC 5565		1.14		13.93	.46	14.74± .34		8546
0129.5 +5023		.S..9*.	1.14± .13					15.42±.1	5843± 11
129.13 -12.02	UGC 1064	U	.00± .12	1.28					
347.21 6.69		9.0±1.1		.00				211± 8	6012
0126.5 +5008	PGC 5568		1.26	.00					5623
012944.0-011428		.L.....	1.09± .12	68					
144.06 -62.53	UGC 1072	U	.18± .05	.12	14.35 ±.10				5129±120
297.90 -8.69	ARAK 50	-2.0± .8		.00					5182
012710.8-012956	PGC 5574		1.07		14.16				4830
012944.4-182026	NGC 583	.LBT0..	.83± .05	40					
170.03 -77.55	ESO 542- 20	SE	.06± .02	.00	15.15 ±.14				
280.86 -12.89		-2.0± .5		.00					
012719.0-183554	PGC 5576		.82						
0129.7 -0158	IC 126	.S?....	1.14± .13						
144.59 -63.22	UGC 1071		.07± .12	.13	15.0 ±.2				5704±120
297.18 -8.89				.08					5755
0127.2 -0214	PGC 5577		1.15	.03	14.78				5405
012946.7+453556		.S..5..	1.24± .05	30				15.32±.1	5239± 9
129.92 -16.75	UGC 1068	U	.19± .05	.41	13.56 ±.12			373± 11	5180± 57
342.66 5.26	IRAS01268+4520	5.0± .8		.29	12.93			346± 12	5400
012647.4+452028	PGC 5579		1.28	.10	12.83			2.39	5001
0129.7 -0658	IC 127	.S..3*/	1.26± .04	65					
148.99 -67.89	MCG -1- 4- 57	PE	.59± .04	.12					
292.24 -10.21		3.0± .7		.82					
0127.2 -0714	PGC 5581		1.27	.30					
0129.8 +5156		.SB.2*.	1.04± .08	87					
128.93 -10.48	UGC 1067	U	.67± .06	1.90					
348.70 7.09		2.0±1.0		.82					
0126.7 +5141	PGC 5582		1.22	.33					
012950.4-024135		.SAS8..	1.06± .06						
145.18 -63.89	MCG -1- 4- 56	E (1)	.00± .05	.21					
296.48 -9.11		8.0± .9		.00					
012717.8-025703	PGC 5583	6.4± .8	1.08	.00					
012951.7-421926		.P.....	1.05± .05	44	14.6 ±.2	.65± .08			
278.12 -72.90	ESO 244- 30	S	.34± .04	.03	14.81 ±.14	.02± .09			7572± 63
256.08 -16.86	IRAS01276-4235	99.0		.51	12.88	.53			7498
012741.0-423454	PGC 5584		1.06	.17	14.16	-.07	13.87± .33		7375
012956.0+323005	NGC 571	.S?....	1.13± .07					15.25±.3	4658± 7
132.27 -29.67	UGC 1069		.03± .06	.16	14.57 ±.17				
330.26 1.28				.04				83± 7	4798
012706.3+321437	PGC 5587		1.14	.01	14.33			.90	4385
013000.1+405826		.S..6*.	1.27± .04	55				14.81±.1	2806± 6
130.73 -21.31	UGC 1070	U	.16± .05	.33	13.94 ±.15			157± 6	
338.28 3.84	IRAS01270+4042	6.0±1.1		.24	13.64			124± 8	2962
012704.5+404258	PGC 5589		1.31	.08	13.37			1.36	2555
013004.8+331834		.I..9..	1.04± .15					16.44±.3	5516± 10
132.15 -28.87	UGC 1074	U	.00± .12	.17					
331.03 1.49		10.0± .8		.00				123± 7	5658
012714.5+330306	PGC 5594		1.06	.00					5245
0130.0 +0251		.S..8*.	.96± .09	94					2100
141.70 -58.60	UGC 1075	U	.39± .06	.01					
301.93 -7.65		8.0±1.3		.48					2165
0127.5 +0236	PGC 5596		.96	.20					1799
013005.4-424108		.SAR5..	1.20± .04	87	13.65 ±.16	.64± .03	.72± .02		
278.61 -72.57	ESO 244- 31	S (1)	.08± .04	.03	14.04 ±.14				6768± 40
255.70 -16.94	FAIR 699	5.0± .5	1.00± .03	.12		.57	14.14± .06		6693
012755.0-425636	PGC 5597	1.1± .5	1.20	.04	13.69		14.31± .28		6573
0130.1 +2551	A 0127+25	.S..9*.	1.24± .05	163	14.44 ±.18	.68± .09	.69± .04		3675
133.73 -36.19	UGC 1073	U (1)	.20± .05	.28	14.8 ±.2	-.22± .10	-.14± .07		
323.99 -.80	DDO 11	9.0±1.1	1.05± .03	.20		.55	15.18± .08		3801
0127.3 +2536	PGC 5600	9.0±1.5	1.26	.10	14.09	-.31	14.98± .31		3389
0130.2 +1701		.S?....	1.02± .06	133					12921
136.09 -44.85	UGC 1076		.53± .05	.17	15.30 ±.12				
315.59 -3.55				.79					13026
0127.6 +1646	PGC 5611		1.03	.26	14.27				12624

R.A. 2000 DEC. l b SGL SGB R.A. 1950 DEC.	Names PGC	Type S_T n_L T L	$\log D_{25}$ $\log R_{25}$ $\log A_e$ $\log D_o$	p.a. A_g A_i A_{21}	B_T m_B m_{FIR} B_T^o	$(B-V)_T$ $(U-B)_T$ $(B-V)_T^o$ $(U-B)_T^o$	$(B-V)_e$ $(U-B)_e$ m'_e m'_{25}	m_{21} W_{20} W_{50} HI	V_{21} V_{opt} V_{GSR} V_{3K}
013025.2-330209		.S..1P.	1.03± .05	145					
250.32 -79.71	ESO 353- 7	S	.07± .04	.02	13.75 ±.14				
265.80 -15.77	IRAS01281-3317	1.0± .8		.07	12.87				
012808.0-331736	PGC 5615		1.03	.04					
013025.9-264651		.SBR4..	1.17± .04	143					
212.86 -81.31	ESO 476- 16	Sr (1)	.30± .03	.02	14.29 ±.14				6021± 52
272.27 -14.73	IRAS01281-2702	4.5± .5		.46	13.78				5994
012805.1-270218	PGC 5617	3.9± .6	1.17	.15	13.78				5770
013028.2-223957	NGC 578	.SXT5..	1.69± .01	110	11.44 ±.13	.51± .02	.54± .01	12.82±.1	1630± 4
188.30 -80.09	ESO 476- 15	R (3)	.20± .02	.02	11.60 ±.12		-.06± .03	277± 6	1597± 34
276.49 -13.96	IRAS01280-2255	5.0± .3	1.30± .01	.29	11.47	.46	13.43± .03	267± 6	1616
012805.1-225524	PGC 5619	2.4± .4	1.69	.10	11.20		14.26± .16	1.52	1368
013028.4-411745		PLBT+*.	1.03± .05	72					
275.91 -73.72	ESO 296- 34	Sr	.21± .04	.03	14.77 ±.14				6530
257.17 -16.87		-.7± .5		.00					6459
012817.0-413312	PGC 5620		1.00		14.65				6329
0130.5 +1936		.L..-*.	1.02± .11	50					
135.41 -42.32	UGC 1077	U	.07± .05	.12	14.95 ±.13				
318.07 -2.81		-3.0±1.2		.00					
0127.8 +1921	PGC 5621		1.02						
013037.1+221607		.S?....	.85± .12					16.65±.3	10280± 10
134.74 -39.70	MCG 4- 4- 12		.48± .07	.26	15.73 ±.13				
320.61 -2.02				.73				296± 7	10397
012753.0+220040	PGC 5623		.87	.24	14.69			1.72	9989
013040.8-015933	NGC 577	PSBR1P.	1.26± .04	140					
145.09 -63.16	UGC 1080	UE	.10± .04	.14	13.76 ±.15				5952± 46
297.22 -9.12	IRAS01281-0215	1.0± .4		.10					6003
012807.9-021500	PGC 5628		1.27	.05	13.44				5654
013042.0-374315		.SBS3P.	.99± .05						
267.44 -76.57	ESO 296- 35	S (1)	.09± .04	.02	14.98 ±.14				
260.92 -16.48	IRAS01285-3758	3.0± .9		.12					
012828.0-375842	PGC 5629	2.2± .9	.99	.04					
013043.0-510827		.SBR6?.	1.22± .05	12					
288.34 -64.86	ESO 196- 11	S (1)	.39± .05	.04	14.46 ±.14				3639
246.79 -17.73		6.0± .8		.58					3540
012841.1-512354	PGC 5631	4.4± .9	1.23	.20	13.83				3480
013046.5+212623	NGC 575	.SBT5..	1.23± .04					15.34±.1	3149± 6
135.00 -40.51	UGC 1081	U	.03± .04	.19	13.45 ±.13			153± 6	3161± 76
319.83 -2.31		5.0± .8		.05				141± 7	3264
012802.8+211056	PGC 5634		1.25	.02	13.20			2.13	2857
013049.4+411525	NGC 573	.S?....	.61± .14					15.97±.1	2788± 6
130.85 -21.01	UGC 1078		.05± .06	.31	14.1 ±.4			134± 6	1745± 35
338.60 3.78	IRAS01278+4100			.07	12.43			93± 8	
012753.4+405959	PGC 5638		.64	.02					
013049.5-272152		PSBR0..	.90± .06	32					
216.73 -81.24	ESO 413- 8	r	.28± .05	.04	15.11 ±.14				
271.69 -14.92	IRAS01284-2737	-.1± .9		.21	12.62				
012829.0-273718	PGC 5639		.89						
013050.6+255454		.S?....	.74± .14					17.07±.3	11203± 10
133.91 -36.12	MCG 4- 4- 13		.09± .07	.29	15.55 ±.12				
324.09 -.94				.12				296± 7	11329
012804.5+253927	PGC 5640		.76	.05	15.11			1.91	10918
0130.9 +1711	IC 1711	.S..3..	1.41± .04	43					2804
136.24 -44.66	UGC 1082	U (1)	.73± .05	.17	14.41 ±.14				
315.79 -3.64	IRAS01282+1655	3.0± .8		1.01	12.50				2909
0128.2 +1655	PGC 5643	4.5±1.2	1.43	.37	13.21				2507
0130.9 +1405		.S..3..	1.14± .05	125					4519
137.25 -47.68	UGC 1083	U (1)	.29± .05	.14	14.39 ±.13				
312.84 -4.59		3.0± .8		.40					4615
0128.3 +1350	PGC 5645	4.5±1.1	1.16	.15	13.82				4220
013112.2-012918			.58± .18						
144.99 -62.64	MCG 0- 4-167		.23± .07	.10	15.1 ±.3				5281±120
297.76 -9.11	ARAK 51								5333
012839.2-014444	PGC 5655		.59						4983
013114.2+095626			.95?						9501
138.87 -51.70	CGCG 436- 68		.65?	.21	15.38 ±.14				
308.87 -5.88									9586
012836.0+094100	PGC 5656		.97						9200

R.A. 2000 DEC.	Names	Type	$\log D_{25}$	p.a.	B_T	$(B-V)_T$	$(B-V)_e$	m_{21}	V_{21}
l b		S_T n_L	$\log R_{25}$	A_g	m_B	$(U-B)_T$	$(U-B)_e$	W_{20}	V_{opt}
SGL SGB		T	$\log A_e$	A_i	m_{FIR}	$(B-V)^o_T$	m'_e	W_{50}	V_{GSR}
R.A. 1950 DEC.	PGC	L	$\log D_o$	A_{21}	B^o_T	$(U-B)^o_T$	m'_{25}	HI	V_{3K}
0131.3 +0747		.I..9..	1.11± .14	0					652
139.80 -53.77	UGC 1085	U	.20± .12	.13					
306.80 -6.53		10.0± .8		.15					731
0128.7 +0732	PGC 5661		1.12	.10					351
013120.9-065206	NGC 584	.E.4...	1.62± .02	120	11.44 ±.13	.96± .01	.97± .01		
149.81 -67.63	MCG -1- 4- 60	R	.26± .03	.14	11.15 ±.17	.49± .01	.54± .01		1864± 16
292.46 -10.56		-5.0± .3	.92± .01	.00		.91	11.53± .04		1899
012850.2-070732	PGC 5663		1.56		11.16	.47	13.86± .20		1572
0131.3 +2357		.S..9*.	1.11± .14						3416± 10
134.53 -38.01	UGC 1084	U	.07± .12	.27					
322.26 -1.66		9.0±1.2		.07					3537
0128.6 +2342	PGC 5664		1.14	.03					3128
013124.7-594047		.S?....	.89± .06	22					
293.74 -56.73	ESO 113- 52		.07± .06	.00	15.45 ±.14				13148
237.76 -18.09				.10					13028
012935.1-595612	PGC 5669		.90	.03	15.27				13029
0131.4 +1416		.SAT5..	1.17± .05						4483
137.36 -47.47	UGC 1087	U	.03± .05	.13	14.50 ±.20				
313.05 -4.65		5.0± .8		.04					4580
0128.8 +1401	PGC 5673		1.18	.01	14.30				4184
013131.4-123918	IC 129	PLXT+?.	1.13± .05	60					
157.86 -72.75	MCG -2- 5- 1	E	.19± .04	.05					
286.69 -12.02		-1.0± .6		.00					
012903.4-125443	PGC 5675		1.11						
013134.7+344659		.S?....	1.01± .05	38					4163
132.21 -27.36	UGC 1086		.44± .04	.17	14.97 ±.12				
332.52 1.65	KUG 0128+345			.66					4307
012843.3+343134	PGC 5676		1.03	.22	14.12				3897
013136.9-065340	NGC 586	.SAS1*$	1.20± .04	10	14.1 ±.2	.94± .05			
149.99 -67.63	MCG -1- 5- 1	R	.32± .04	.13		.22± .07			1990
292.45 -10.63		1.0± .9		.32		.84			2025
012906.3-070905	PGC 5679		1.21	.16	13.62	.13	14.17± .28		1698
0131.6 +0826		.I..9*.	.96± .09						2483
139.64 -53.12	UGC 1091	U	.00± .06	.12					
307.45 -6.41		10.0±1.2		.00					2563
0129.0 +0811	PGC 5680		.97	.00					2182
013137.6+365000		.S..6*.	1.05± .08						4885
131.82 -25.34	UGC 1088	U	.01± .06	.18	15.2 ±.2				
334.46 2.28		6.0±1.1		.01					5033
012844.7+363435	PGC 5681		1.06	.00	14.97				4624
013142.5-005555	NGC 585	.S..1*/	1.33± .03	86					
144.85 -62.08	UGC 1092	UE	.62± .04	.08	13.99 ±.12				5361± 46
298.34 -9.08	IRAS01291-0111	1.0± .6		.63	13.34				5414
012909.2-011120	PGC 5688		1.33	.31	13.22				5063
013146.7+333655	NGC 579	.S..6*.	1.06± .05		13.9 ±.2	.59± .02		15.64±.1	4994± 4
132.48 -28.51	UGC 1089	U	.06± .05	.17	13.62 ±.13	.04± .03		260± 6	5011± 28
331.43 1.25	IRAS01289+3321	6.0±1.1		.09	12.71	.51		214± 5	5136
012856.0+332130	PGC 5691		1.07	.03	13.43	-.02	13.89± .34	2.18	4725
013146.8+384301		.S..3..	1.00± .06						
131.50 -23.48	UGC 1090	U (1)	.02± .05	.22	14.57 ±.13				
336.25 2.83		3.0± .8		.03					
012852.6+382736	PGC 5692	4.5±1.1	1.03	.01					
0131.8 +1734		.S..3..	1.13± .07	10					
136.41 -44.24	UGC 1093	U	.16± .06	.16					
316.23 -3.72		3.0± .8		.22					
0129.1 +1719	PGC 5693		1.14	.08					
013150.9-330711		.SBR4*.	1.17± .05						
249.83 -79.41	ESO 353- 9	S (1)	.05± .05	.02	13.69 ±.14				4958± 19
265.76 -16.08	IRAS01295-3322	4.0±1.1		.08	12.03				4911
012934.0-332236	PGC 5696	3.3±1.1	1.18	.03	13.56				4729
013158.2+332836	NGC 582	.SB?...	1.35± .04	58	14.1 ±.2	.93± .03		15.04±.1	4352± 4
132.56 -28.64	UGC 1094		.58± .05	.17	13.66 ±.12	.17± .04		470± 6	4491± 52
331.31 1.17	IRAS01291+3313			.80	12.78	.76		450± 5	4494
012907.6+331311	PGC 5702		1.36	.29	12.78	.00	14.23± .30	1.97	4084
013158.4-851039		RSBT0..	1.19± .05						
301.93 -31.87	ESO 3- 1	Sr	.03± .05	.47	13.85 ±.14				4043± 34
211.10 -16.43	IRAS01348-8526	.0± .4		.02	11.89				3876
013447.0-852600	PGC 5703		1.23		13.30				4055

R.A. 2000 DEC. l b SGL SGB R.A. 1950 DEC.	Names PGC	Type S_T n_L T L	$\log D_{25}$ $\log R_{25}$ $\log A_e$ $\log D_o$	p.a. A_g A_i A_{21}	B_T m_B m_{FIR} B_T^o	$(B-V)_T$ $(U-B)_T$ $(B-V)_T^o$ $(U-B)_T^o$	$(B-V)_e$ $(U-B)_e$ m'_e m'_{25}	m_{21} W_{20} W_{50} HI	V_{21} V_{opt} V_{GSR} V_{3K}
013202.3-414123		RSX.0P.	1.19± .09						
275.79 -73.23		S	.21± .08	.03					
256.79 -17.20		-2.0± .8		.00					
012951.6-415647	PGC 5709		1.16						
013202.5+331231								16.80±.3	10506± 10
132.63 -28.90	CGCG 502-104			.13	15.4 ±.4				
331.06 1.07								221± 7	10647
012911.9+325707	PGC 5710								10236
013204.4+331043		.S?....	.80± .09						
132.64 -28.93	CGCG 502-106		.26± .12	.13	15.20 ±.14				10305± 97
331.04 1.06	MK 1156			.39					10446
012913.9+325519	PGC 5711		.81	.13	14.63				10035
013208.6+320612		.S?....	1.04± .09						
132.88 -29.98	UGC 1095		.38± .07	.16					12435± 57
330.03 .71				.57					12573
012918.7+315047	PGC 5715		1.05	.19					12163
0132.1 +1228		.S?....	1.00± .08	150					10634
138.24 -49.18	UGC 1096		.55± .06	.16					
311.37 -5.35				.82					10725
0129.5 +1213	PGC 5716		1.01	.27					10335
013214.6-332954	NGC 597	.SBS4?.	1.15± .05						
251.31 -79.14	ESO 353- 11	BS (1)	.04± .05	.02	13.98 ±.14				5072± 39
265.38 -16.22	IRAS01299-3345	3.7± .7		.06	13.43				5023
012958.0-334518	PGC 5721	3.3± .8	1.15	.02	13.86				4844
013216.7-344700			.85± .07	0					
256.64 -78.38	ESO 353- 12		.38± .05	.02	15.32 ±.14				5178±104
264.04 -16.41									5125
013001.0-350224	PGC 5724		.85						4954
0132.2 +2124		.SB?...	.97± .07	90					9862
135.46 -40.47	UGC 1098		.26± .05	.19	14.67 ±.12				
319.91 -2.65	IRAS01295+2109			.38	12.83				9976
0129.5 +2109	PGC 5725		.99	.13	14.03				9571
013220.6-075134		.S?....	1.02± .07	70	15.55S±.15				
151.51 -68.43	MCG -1- 5- 2		.36± .05	.09					12469± 41
291.53 -11.05	HICK 13A			.53					12500
012950.5-080658	PGC 5732		1.03	.18	14.87		14.58± .39		12179
013220.7-122126	NGC 593	.LBR0?/	1.07± .06	12					
157.91 -72.39	MCG -2- 5- 3	E	.70± .05	.04					
287.04 -12.15		-2.0±1.3		.00					
012952.7-123650	PGC 5733		.97						
013222.5-075227		.S?....			15.65S±.15				
151.55 -68.44	MCG -1- 5- 3			.09					
291.52 -11.06	HICK 13B								
012952.4-080751	PGC 5735								
013228.0-384048		.SBS4?.	1.09± .05						
268.91 -75.61	ESO 296- 38	S (1)	.04± .04	.02	13.99 ±.14				3651
259.96 -16.95		4.0± .6		.05					3587
013015.1-385612	PGC 5742	2.6± .7	1.09	.02	13.89				3442
013229.2+043545		.S?....	1.12± .08					14.68±.1	1981± 6
141.84 -56.76	UGC 1102		.08± .07	.05				168± 8	1917± 46
303.79 -7.73				.11				174± 12	2049
012953.4+042021	PGC 5744		1.12	.04					1680
013233.4+352132	NGC 587	.SXS3..	1.34± .04	67					
132.31 -26.76	UGC 1100	U	.43± .05	.14	13.58 ±.12				4588± 52
333.13 1.64	IRAS01296+3506	3.0± .8		.59					4733
012941.3+350608	PGC 5746		1.35	.21	12.82				4324
013235.6+415912		.L.....	1.08± .17						
131.07 -20.23	UGC 1101	U	.00± .08	.37	14.94 ±.16				
339.39 3.69	5ZW 77	-2.0± .8		.00					
012938.6+414348	PGC 5753		1.12						
0132.6 +1150		.S..6*.	1.00± .08	156					10661
138.66 -49.77	UGC 1103	U	.84± .06	.16					
310.80 -5.65		6.0±1.4		1.24					10750
0130.0 +1135	PGC 5757		1.02	.42					10362
013239.9-120234	NGC 589	RSBR0..	1.04± .07						
157.59 -72.08	MCG -2- 5- 4	E	.08± .05	.07					5177± 52
287.37 -12.15	MK 999	.0± .9		.06					5195
013011.7-121758	PGC 5758		1.04						4894

R.A. 2000 DEC. l b SGL SGB R.A. 1950 DEC.	Names PGC	Type S_T n_L T L	$\log D_{25}$ $\log R_{25}$ $\log A_e$ $\log D_o$	p.a. A_g A_i A_{21}	B_T m_B m_{FIR} B_T^o	$(B-V)_T$ $(U-B)_T$ $(B-V)_T^o$ $(U-B)_T^o$	$(B-V)_e$ $(U-B)_e$ m'_e m'_{25}	m_{21} W_{20} W_{50} HI	V_{21} V_{opt} V_{GSR} V_{3K}
013240.0+043836		.I..9..	.93± .10						1993± 10
141.89 -56.70	UGC 1105	U	.15± .06	.05					1845± 46
303.85 -7.76		10.0± .8		.12					2055
013004.1+042312	PGC 5759		.93	.08					1686
0132.7 +8500		.S..2..	1.19± .05	95				15.99±.1	5281± 11
123.90 22.22	UGC 1039	U	.36± .05	.42	15.1 ±.2				
21.12 14.83	IRAS01254+8445	2.0± .8		.44	13.59			415± 8	5457
0125.4 +8445	PGC 5760		1.23	.18	14.16			1.65	5218
013242.9+181857		.I..9..	1.00± .06	5					
136.48 -43.47	UGC 1104	U	.20± .05	.13	14.21 ±.13				669± 50
317.00 -3.70		10.0± .9		.15					775
013000.7+180333	PGC 5761		1.02	.10	13.93				375
013248.5-792827		.SBS8..	1.35± .04	167					
300.56 -37.46	ESO 13- 16	S (1)	.21± .05	.31	13.53 ±.14				
216.99 -17.16	IRAS01326-7943	8.0± .8		.26	13.36				
013238.1-794348	PGC 5764	6.7± .8	1.38	.10					
013251.6-144855	IC 141	.SBT4*.	1.07± .06						
163.07 -74.36	MCG -3- 5- 4	E (1)	.00± .05	.00					
284.59 -12.84	IRAS01304-1504	4.0±1.2		.00					
013024.8-150418	PGC 5765	3.1±1.2	1.07	.00					
013252.1-070157	NGC 596	.E+..P*	1.51± .05	140	11.84 ±.13	.90± .01	.94± .01		
150.89 -67.63	MCG -1- 5- 5	PE	.19± .05	.11	11.77 ±.17	.42± .01	.47± .01		1890± 13
292.39 -10.97		-4.0± .5	.96± .01	.00		.86	12.13± .04		1923
013021.6-071720	PGC 5766		1.47		11.67	.40	13.94± .30		1599
013256.9-163211	NGC 594	.S..4*.	1.13± .05	32					5420
167.28 -75.70	MCG -3- 5- 5	SE (2)	.33± .04	.01					
282.86 -13.24	IRAS01305-1647	3.7± .7		.49	12.26				5424
013031.0-164734	PGC 5769	2.0± .6	1.13	.17					5145
0132.9 -0041	IC 138	.SXS5..	1.06± .06	30					
145.30 -61.75	UGC 1106	U	.14± .05	.02	14.56 ±.13				4581±120
298.66 -9.32		5.0± .8		.21					4634
0130.4 -0057	PGC 5771		1.06	.07	14.30				4284
0133.0 +0011		.S..9..	1.00± .11						4971
144.74 -60.91	UGC 1107	U	.00± .08	.04					
299.53 -9.10		9.0± .8		.00					5026
0130.5 -0004	PGC 5776		1.00	.00					4674
013305.5-071846	NGC 600	PSBT7..	1.52± .03	85	12.92 ±.15	.55± .03	.64± .02	13.90±.1	1842± 5
151.33 -67.86	MCG -1- 5- 7	PE (1)	.07± .04	.10		-.13± .04	-.03± .03	79± 6	1867± 53
292.13 -11.09	IRAS01305-0733	6.5± .5	1.20± .03	.10		.50	14.41± .06	53± 11	1874
013035.1-073409	PGC 5777	4.2± .8	1.53	.04	12.72	-.16	15.21± .23	1.14	1552
013306.7-121230	NGC 599	.LX.-P*	1.15± .06	135					
158.18 -72.17	MCG -2- 5- 5	E	.02± .04	.04					
287.23 -12.29	MK 1000	-3.0± .8		.00					
013038.6-122753	PGC 5778		1.15						
0133.3 +1320		.S..6*.	1.28± .04	174					2761
138.36 -48.27	UGC 1110	U	.61± .05	.15	14.88 ±.14				
312.29 -5.37		6.0±1.2		.89					2854
0130.7 +1305	PGC 5792		1.29	.30	13.82				2463
0133.3 +0305		.S..6*.	1.12± .05	108					
143.07 -58.13	UGC 1112	U	.36± .05	.02	14.70 ±.13				
302.39 -8.37		6.0±1.2		.53					
0130.8 +0250	PGC 5794		1.12	.18					
013328.6+445627			.81± .11						
130.70 -17.30	CGCG 537- 12		.29± .06	.52	15.44 ±.09				5112± 57
342.23 4.44									5272
013028.9+444105	PGC 5796		.85						4876
0133.5 +1725		.S..6*.	1.08± .07						7864
137.01 -44.30	UGC 1113	U	.00± .03	.14					
316.21 -4.15		6.0±1.2		.00					7968
0130.8 +1710	PGC 5797		1.09	.00					7570
0133.5 +1901		.S..6*.	1.07± .06	60					8495
136.52 -42.74	UGC 1114	U	.28± .05	.13	15.15 ±.15				
317.73 -3.66		6.0±1.2		.42					8603
0130.8 +1846	PGC 5799		1.08	.14	14.57				8202
013331.4+354007	NGC 591	PSB.0..	1.10± .05	5				16.61±.3	4554± 9
132.47 -26.42	UGC 1111	U	.08± .05	.13	13.89 ±.12			311± 12	4495± 36
333.48 1.55	MK 1157	.0± .8		.06	12.43				4695
013039.0+352445	PGC 5800		1.11		13.63				4288

R.A. 2000 DEC. / l b / SGL SGB / R.A. 1950 DEC.	Names / PGC	Type / S_T n_L / T / L	$\log D_{25}$ / $\log R_{25}$ / $\log A_e$ / $\log D_o$	p.a. / A_g / A_i / A_{21}	B_T / m_B / m_{FIR} / B_T^o	$(B-V)_T$ / $(U-B)_T$ / $(B-V)_T^o$ / $(U-B)_T^o$	$(B-V)_e$ / $(U-B)_e$ / m'_e / m'_{25}	m_{21} / W_{20} / W_{50} / HI	V_{21} / V_{opt} / V_{GSR} / V_{3K}
0133.5 -0105		.S..8*.	.91± .07	118					
145.89 -62.07	UGC 1116	U	.61± .05	.10	15.26 ±.15				4862±120
298.31 -9.57		8.0±1.4		.76					4913
0131.0 -0121	PGC 5803		.92	.31	14.39				4566
013334.5+123510	IC 1715	.I..9..	.86± .06	100				16.55±.3	4176± 10
138.71 -48.99	UGC 1115	U	.16± .04	.13	14.51 ±.14			208± 13	
311.59 -5.64	IRAS01309+1219	10.0± .9		.12	13.50				4267
013054.9+121948	PGC 5805		.87	.08	14.26			2.21	3878
013341.0+445545	NGC 590	.SB.1..	1.41± .05	150					
130.74 -17.30	UGC 1109	U	.29± .06	.52	13.78 ±.17				5058± 57
342.23 4.40		1.0± .7		.29					5218
013041.3+444024	PGC 5808		1.46	.14	12.90				4822
013342.1+033236		.SAS8*.	1.34± .03	66					3515
142.95 -57.68	UGC 1118	UE (1)	.61± .04	.05	14.43 ±.13				
302.85 -8.32		7.7± .7		.75					3580
013106.8+031715	PGC 5810	6.4± .8	1.34	.31	13.62				3217
013350.9+303937	NGC 598	.SAS6..	2.85± .01	23	6.27M±.03	.55± .02		7.18±.1	-179± 3
133.61 -31.33	UGC 1117	R (2)	.23± .02	.19	6.21 ±.12	-.10± .02		199± 7	-204± 17
328.78 -.09		6.0± .3	2.43± .02	.33	6.32	.46	13.86± .05	184± 4	-46
013101.7+302415	PGC 5818	4.3± .5	2.87	.11	5.74	-.16	14.79± .07	1.33	-454
0133.9 +1713		.S..8..	1.22± .06	125					7968± 10
137.21 -44.47	UGC 1119	U	.15± .06	.13					
316.05 -4.31		8.0± .8		.18					8071
0131.2 +1658	PGC 5822		1.23	.07					7674
013358.2-362933	NGC 612	.LA.+P/	1.16± .05	172	13.9 ±.3	1.03± .05	1.01± .02		
261.66 -77.00	ESO 353- 15	PBS	.19± .03	.02	13.90 ±.14	.42± .09	.40± .04		8925± 29
262.30 -16.97	IRAS01317-3644	-1.2± .5	.84± .10	.00	12.31	.91	13.59± .34		8867
013144.0-364454	PGC 5827		1.14		13.74	.43	14.12± .39		8709
013359.7-342315		.S..2*/	1.23± .04	164					
254.01 -78.34	ESO 353- 14	S	.65± .04	.02	14.50 ±.14				3808± 39
264.50 -16.70	IRAS01317-3438	2.0±1.2		.80	13.05				3756
013144.0-343836	PGC 5829		1.23	.32	13.64				3584
013402.5-010438		.SB.2P/	1.27± .04	139					
146.12 -62.02	UGC 1120	UE	.56± .04	.10	14.55 ±.13				4690±120
298.36 -9.68	IRAS01314-0119	2.0± .6		.69	13.38				4741
013129.2-011959	PGC 5830		1.28	.28	13.72				4394
013407.9-010156		.S..2*/	1.10± .05	71					
146.13 -61.97	UGC 1123	UE	.55± .04	.04	14.38 ±.14				4929± 46
298.41 -9.69		1.7± .7		.68					4980
013134.6-011717	PGC 5838		1.11	.28	13.62				4633
013413.1-253403		.S?....	1.14± .04	145					
206.09 -80.29	ESO 476- 25		.68± .04	.05	14.59 ±.14				5832± 52
273.68 -15.35	IRAS01318-2549			1.02	12.59				5807
013152.0-254924	PGC 5841		1.15	.34	13.49				5581
013413.6-383709		.LX.-..	.98± .06	175					
267.71 -75.44	ESO 297- 3	S	.15± .04	.02	14.86 ±.14				
260.07 -17.28		-3.0± .9		.00					
013201.0-385230	PGC 5842		.96						
013417.5-292458	NGC 613	.SBT4..	1.74± .02	120	10.73M±.08	.68± .01	.76± .01	13.29±.1	1475± 5
229.07 -80.30	ESO 413- 11	R (3)	.12± .02	.02	10.75 ±.12	.06± .04	.16± .01	390± 8	1510± 15
269.70 -16.02	VV 824	4.0± .3	1.31± .02	.17	9.75	.64	12.76± .04	364± 11	1442
013158.7-294019	PGC 5849	3.0± .4	1.74	.06	10.54	.03	13.98± .12	2.69	1239
0134.3 +2919		.S..6*.	1.00± .16						
134.03 -32.62	UGC 1122	U	.09± .12	.32					
327.55 -.61		6.0±1.2		.13					
0131.5 +2904	PGC 5853		1.03	.04					
013427.1-614828		PSBR1..	.91± .06	131					
294.18 -54.58	ESO 113- 53	r	.22± .03	.00	15.39 ±.14				
235.51 -18.45		1.0± .9		.23					
013243.0-620348	PGC 5859		.91	.11					
0134.6 -1530		.S?....	1.22± .07						5452
165.95 -74.64	MCG -3- 5- 8		.95± .07	.00					
284.00 -13.42	IRAS01322-1545			1.42					5458
0132.2 -1545	PGC 5866		1.22	.47					5177
013442.0-471104		.LAR+..	.90± .06						
282.83 -68.22	ESO 244- 34	r	.05± .03	.03	15.20 ±.14				4300±190
251.02 -18.14	FAIR 374	-1.3± .9		.00					4210
013237.0-472624	PGC 5868		.90		15.10				4126

R.A. 2000 DEC. / l b / SGL SGB / R.A. 1950 DEC.	Names / PGC	Type / S_T n_L / T / L	$\log D_{25}$ / $\log R_{25}$ / $\log A_e$ / $\log D_o$	p.a. / A_g / A_i / A_{21}	B_T / m_B / m_{FIR} / B_T^o	$(B-V)_T$ / $(U-B)_T$ / $(B-V)_T^o$ / $(U-B)_T^o$	$(B-V)_e$ / $(U-B)_e$ / m'_e / m'_{25}	m_{21} / W_{20} / W_{50} / HI	V_{21} / V_{opt} / V_{GSR} / V_{3K}
0134.7 -0659		.IB.9*/	1.20± .07	2					
151.92 -67.40	UGCA 19	UE (1)	.30± .07	.11					
292.55 -11.40		10.0± .7		.22					
0132.2 -0715	PGC 5870	9.2± .8	1.21	.15					
013450.4+212500	NGC 606	.SBR5..	1.15± .05					15.57±.3	9972± 11
136.22 -40.33	UGC 1126	U	.06± .05	.17	14.10 ±.14			346± 7	9956± 50
320.10 -3.21	IRAS01321+2109	5.0± .8		.08	13.47			320± 7	10084
013206.3+210940	PGC 5874		1.16	.03	13.78			1.75	9682
013451.3-360811		.L..+?/	1.16± .05	76					
259.94 -77.11	ESO 353- 20	S	.45± .03	.02	14.16 ±.14				4797± 87
262.69 -17.11	IRAS01326-3623	-1.0±1.7		.00	10.93				4739
013237.0-362330	PGC 5875		1.09		14.07				4580
0134.8 +1205		.L...*.	1.06± .07	95					
139.37 -49.39	UGC 1129	U	.19± .03	.13	14.84 ±.12				
311.20 -6.09		-2.0±1.2		.00					
0132.2 +1150	PGC 5876		1.05						
013452.1-362916	NGC 619	PSBR3..	1.17± .04	130					
261.10 -76.88	ESO 353- 21	BSr	.15± .04	.02	14.34 ±.14				8512± 20
262.33 -17.15		2.8± .5		.21					8452
013238.1-364436	PGC 5878		1.17	.08	14.05				8296
0134.9 +5525		.S..6*.	1.07± .07	40				15.52±.1	5752± 11
129.12 -6.93	UGC 1124	U	.62± .06	1.18					
352.24 7.37		6.0±1.3		.91				329± 8	5924
0131.7 +5510	PGC 5879		1.18	.31					5554
0134.9 +0120		.S?....	.96± .07	2					7677
144.88 -59.67	UGC 1130		.69± .05	.06	15.54 ±.13				
300.79 -9.24				1.03					7735
0132.4 +0105	PGC 5884		.97	.34	14.41				7381
013459.5+350223								17.67±.3	4585± 10
132.93 -26.99	CGCG 521- 49			.17	15.03 ±.16			73± 15	4485± 50
332.98 1.07	MK 1158				13.41				4724
013207.2+344703	PGC 5885								4318
0135.0 +3955		.SA.8..	1.04± .15						
131.94 -22.19	UGC 1127	U	.00± .12	.38					
337.58 2.61		8.0± .8		.00					
0132.1 +3940	PGC 5889		1.08	.00					
013502.4+411453	NGC 605	.L.....	1.34± .12	145					
131.68 -20.88	UGC 1128	U	.28± .08	.32	13.89 ±.12				
338.83 3.02		-2.0± .8		.00					
013205.5+405934	PGC 5891		1.33						
0135.0 +0422	A 0132+04	.I..9*.	1.49± .03		14.2 ±.2	.35± .15	.30± .07	14.50±.1	1964± 6
143.06 -56.78	UGC 1133	PU (1)	.22± .05	.08		.02± .14	.00± .08	125± 7	
303.76 -8.40	DDO 12	10.0± .6	1.41± .06	.16		.27	16.75± .16	107± 12	2031
0132.4 +0407	PGC 5892	9.0±1.3	1.50	.11	13.96	-.04	15.98± .31	.43	1667
013505.2-412611	NGC 625	.SBS9$/	1.76± .02	92	11.71 ±.13	.56± .01	.52± .01	13.54±.2	386± 5
273.67 -73.12	ESO 297- 5	R (1)	.48± .03	.03	11.64 ±.12	-.07± .04	-.19± .01	115± 7	383± 58
257.12 -17.74	IRAS01329-4141	9.0± .5	1.13± .02	.49	11.33	.45	12.85± .04	77± 12	312
013255.0-414130	PGC 5896	5.6± .7	1.76	.24	11.15	-.15	14.16± .19	2.14	189
013505.8-072027	NGC 615	.SAT3..	1.56± .02	25	12.47 ±.13	.86± .01	.93± .01	14.16±.1	1848± 5
152.55 -67.67	MCG -1- 5- 8	R (2)	.40± .03	.10	12.45 ±.18	.28± .02	.39± .01	429± 5	
292.23 -11.58	IRAS01325-0735	3.0± .3	.90± .02	.56	12.66	.75	12.46± .05	368± 5	1879
013235.5-073547	PGC 5897	3.0± .6	1.56	.20	11.79	.18	14.08± .18	2.16	1560
013506.0-362923	NGC 623	.E+..*.	1.31± .05	94	13.55 ±.17	1.04± .03	1.05± .02		
260.97 -76.84	ESO 353- 23	BS	.14± .04	.02	13.60 ±.14	.54± .04	.55± .03		8955± 34
262.33 -17.20		-3.5± .5	.90± .06	.00		.95	13.54± .21		8896
013252.0-364442	PGC 5898		1.27		13.42	.58	14.62± .30		8739
013512.0-390853	NGC 626	.SBT5*.	1.29± .04						
268.50 -74.91	ESO 297- 6	Sr (1)	.02± .05	.02	13.41 ±.14				5623± 34
259.53 -17.53		5.1± .5		.03					5556
013300.0-392412	PGC 5901	4.4± .5	1.29	.01	13.32				5417
013515.6-224217		.S?....	1.05± .05	96					
191.32 -79.13	ESO 476- 27		.31± .05	.01	15.68 ±.14				5686
276.68 -15.05				.47					5669
013253.1-225736	PGC 5903		1.05	.16	15.17				5428
013516.4+342822		.SX.8*.	1.03± .08						5086
133.11 -27.53	UGC 1131	U	.02± .06	.11	14.98 ±.17				
332.47 .83		8.0±1.2		.02					5227
013224.5+341303	PGC 5904		1.04	.01	14.84				4822

R.A. 2000 DEC. l b SGL SGB R.A. 1950 DEC.	Names PGC	Type S_T n_L T L	$\log D_{25}$ $\log R_{25}$ $\log A_e$ $\log D_o$	p.a. A_g A_i A_{21}	B_T m_B m_{FIR} B_T^o	$(B-V)_T$ $(U-B)_T$ $(B-V)_T^o$ $(U-B)_T^o$	$(B-V)_e$ $(U-B)_e$ m'_e m'_{25}	m_{21} W_{20} W_{50} HI	V_{21} V_{opt} V_{GSR} V_{3K}
0135.3 +0529		.I..9*.	1.07± .14						3081
142.57 -55.70	UGC 1137	U	.00± .12	.07					
304.86 -8.15		10.0±1.2		.00					3151
0132.7 +0514	PGC 5907		1.08	.00					2783
013521.3-324634		.LAT-*.	1.19± .09						
246.29 -78.95	MCG -6- 4- 53	S	.00± .08	.02					
266.23 -16.76		-3.0± .8		.00					
013304.8-330153	PGC 5909		1.19						
0135.3 +3619		.S..9*.	1.00± .16	17					
132.75 -25.71	UGC 1134	U	.33± .12	.16					
334.21 1.40		9.0±1.3		.34					
0132.5 +3604	PGC 5910		1.02	.17					
0135.4 +0452		.IX.9..	1.09± .06						5167
142.94 -56.28	UGC 1138	U	.11± .05	.05					
304.27 -8.35	VV 590	10.0± .8		.08					5235
0132.8 +0437	PGC 5911		1.10	.06					4870
013528.2+333924	NGC 608	.S?....	.91± .09	32					
133.33 -28.32	UGC 1135		.17± .06	.14	14.18 ±.16				5103± 39
331.71 .54				.25					5242
013236.7+332405	PGC 5913		.92	.08	13.76				4836
013530.7-392312		PSXT1P.	1.18± .05	62					
268.91 -74.69	ESO 297- 8	Sr	.07± .05	.03	13.73 ±.14				5348
259.29 -17.61	IRAS01333-3938	1.3± .5		.07					5280
013319.0-393830	PGC 5915		1.19	.04	13.57				5143
013531.5+473258		.S..8..	1.22± .06	13				15.24±.1	5327± 11
130.60 -14.67	UGC 1132	U	.41± .06	.55	14.7 ±.3				
344.80 4.91		8.0± .8		.50				315± 8	5490
013228.8+471739	PGC 5916		1.28	.20	13.61			1.42	5101
0135.5 +4132		.I..9*.	1.14± .13						
131.73 -20.58	UGC 1136	U	.03± .12	.33					
339.13 3.02		10.0±1.1		.02					
0132.6 +4117	PGC 5921		1.17	.01					
0135.5 +1156		.SB?...	.95± .07						5835
139.68 -49.49	UGC 1139		.12± .05	.15	14.76 ±.12				
311.11 -6.30				.18					5923
0132.9 +1141	PGC 5922		.96	.06	14.39				5539
013536.7-392136	NGC 630	.LAT-*.	1.21± .05		12.51V±.16		1.04± .02		
268.79 -74.70	ESO 297- 9	S	.07± .04	.03	13.57 ±.14		.45± .05		5924± 19
259.32 -17.63		-3.0± .6	.69± .05	.00					5856
013325.0-393654	PGC 5924		1.21		13.46				5720
013551.1-100010	NGC 624	PSBR3P.	1.17± .05	100					5870
156.48 -69.93	MCG -2- 5- 10	E (1)	.20± .05	.08					
289.61 -12.42	IRAS01333-1015	3.0± .8		.28					5892
013322.1-101528	PGC 5932	3.1±1.2	1.18	.10					5586
013552.3+334053	NGC 614	.L...?.	1.15± .09						
133.42 -28.28	UGC 1140	U	.01± .05	.15	13.66 ±.10				5161± 39
331.76 .46		-2.0±1.5		.00					5300
013300.8+332535	PGC 5933		1.17		13.43				4895
013559.9+003950	NGC 622	.SBT3..	1.26± .03	45				15.54±.3	5155± 10
145.82 -60.21	UGC 1143	PUE (1)	.15± .04	.02	13.71 ±.14			372± 13	5212± 63
300.20 -9.68	MK 571	3.3± .4		.20	12.67				5211
013325.9+002432	PGC 5939	1.9± .8	1.26	.07	13.45			2.01	4861
013609.0-361801		.S?....	.99± .06						
259.73 -76.81	ESO 353- 25		.08± .05	.02	14.73 ±.14				9777± 39
262.56 -17.38				.11					9718
013355.1-363318	PGC 5944		.99	.04	14.53				9561
0136.1 +1141		.S..6*.	1.19± .05	3					5837
140.00 -49.70	UGC 1144	U	.44± .05	.17					
310.91 -6.51		6.0±1.2		.64					5924
0133.5 +1126	PGC 5945		1.20	.22					5541
013618.6-134146		.SAT5P*	1.15± .06	10					
163.11 -72.96	MCG -2- 5- 13	E (1)	.25± .05	.00					
285.92 -13.40		5.0± .8		.38					
013351.5-135703	PGC 5952	3.1±1.6	1.15	.13					
0136.3 +1032		.S..8*.	.96± .09	75					3523
140.56 -50.79	UGC 1146	U	.98± .06	.21					
309.82 -6.91		8.0±1.5		1.21					3606
0133.7 +1017	PGC 5954		.98	.49					3227

R.A. 2000 DEC. l b SGL SGB R.A. 1950 DEC.	Names PGC	Type S_T n_L T L	$\log D_{25}$ $\log R_{25}$ $\log A_e$ $\log D_o$	p.a. A_g A_i A_{21}	B_T m_B m_{FIR} B_T^o	$(B-V)_T$ $(U-B)_T$ $(B-V)_T^o$ $(U-B)_T^o$	$(B-V)_e$ $(U-B)_e$ m'_e m'_{25}	m_{21} W_{20} W_{50} HI	V_{21} V_{opt} V_{GSR} V_{3K}
013624.1-371911	NGC 633	.SBR3*.	1.11± .06	177					
262.80 -76.08	ESO 297- 11	S (1)	.07± .06	.02	13.50 ±.14				5160± 51
261.49 -17.56	IRAS01341-3734	2.8± .5		.10	11.19				5098
013411.0-373428	PGC 5960	3.3± .6	1.11	.04	13.34				4948
013625.9-423537		RSXT4P*	1.05± .05	135					
275.20 -72.03	ESO 244- 36	Sr (1)	.17± .04	.03	14.64 ±.14				6352
255.92 -18.10		4.1± .4		.26					6274
013417.0-425054	PGC 5962	4.4± .6	1.05	.09	14.31				6160
013627.8-362231		.SBS3*P	1.20± .05	170					
259.80 -76.71	ESO 353- 26	S (1)	.43± .05	.02	14.29 ±.14				5461± 39
262.49 -17.46	IRAS01342-3638	3.0± .9		.60	13.43				5401
013414.1-363748	PGC 5964	3.3±1.2	1.20	.22	13.63				5246
013632.9+395517		.SB.3..	1.12± .05	157					
132.25 -22.13	UGC 1145	U	.32± .05	.27	14.91 ±.14				
337.67 2.33	IRAS01336+3940	3.0± .9		.44	13.26				
013336.7+394000	PGC 5966		1.14	.16					
013633.8-802052		.S..6./	1.25± .04	32					
300.59 -36.57	ESO 13- 18	S	1.32± .05	.35	16.12 ±.14				
216.06 -17.22		6.0± .9		1.47					
013643.0-803606	PGC 5967		1.29	.50					
0136.6 -0122		.L..-*.	1.04± .18	15					
147.65 -62.06	UGC 1151	U	.09± .08	.07	14.63 ±.11				
298.24 -10.39		-3.0±1.2		.00					
0134.1 -0138	PGC 5971		1.04						
013642.1+154711	NGC 628	.SAS5..	2.02± .01	25	9.95M±.10	.56± .03	.64± .01	10.77±.0	656± 3
138.62 -45.70	UGC 1149	R (2)	.04± .02	.13	10.01 ±.13		.01± .03	78± 3	632± 23
314.88 -5.39		5.0± .3	1.68± .02	.06	9.56	.52	13.67± .05	54± 3	753
013400.7+153155	PGC 5974	1.1± .5	2.03	.02	9.79		14.79± .12	.97	363
0136.8 +0550	NGC 631	.E.....	1.23± .14						
143.01 -55.26	UGC 1153	U	.05± .08	.13	14.25 ±.17				5634± 56
305.31 -8.40		-5.0± .8		.00					5704
0134.2 +0535	PGC 5983		1.24		14.04				5338
013649.0+353045	NGC 621	.LB....	1.28± .08						
133.23 -26.45	UGC 1147	U	.02± .05	.14	13.73 ±.14				3305± 96
333.54 .87	4ZW 54	-2.0± .8		.00					3448
013356.1+351528	PGC 5984		1.30		13.53				3044
013656.2+315907		.S..3..	1.02± .06	177				15.64±.2	6618± 6
134.06 -29.90	UGC 1152	U (1)	.25± .05	.17	14.54 ±.12			343± 9	
330.24 -.29		3.0± .9		.35				315± 7	6753
013405.7+314351	PGC 5986	3.5±1.2	1.04	.13	13.97			1.55	6349
013700.9-623224		.LA.0..	1.27± .08						
294.06 -53.80		S	.14± .08	.00					8783± 69
234.73 -18.73		-2.0± .8		.00					8654
013519.8-624740	PGC 5993		1.25						8680
013707.2+045307		.S..6*.	.85± .10	166					
143.67 -56.14	UGC 1155	U	.24± .06	.05	14.58 ±.16				3158± 50
304.41 -8.75		6.0±1.3		.35					3225
013431.2+043751	PGC 5998		.85	.12	14.17				2862
013715.4-091152		.LA.-..	1.20± .10	155					
156.19 -69.06	MCG -2- 5- 20	E	.14± .07	.10					
290.51 -12.56		-3.0± .8		.00					
013446.1-092708	PGC 6004		1.19						
0137.2 +1428		.LXT0..	1.04± .08						10594
139.30 -46.94	UGC 1156	U	.08± .06	.14					
313.67 -5.93		-2.0± .8		.00					10688
0134.6 +1413	PGC 6005		1.04						10301
013717.0+285325		.S?....	.90± .07					15.73±.3	7756± 10
134.89 -32.91	UGC 1154		.06± .05	.28	14.42 ±.13				7731± 50
327.35 -1.36	IRAS01344+2838			.08	13.29			273± 7	7884
013428.4+283810	PGC 6006		.93	.03	14.01			1.69	7480
013717.6+055239	NGC 632	.L?....	1.19± .06	170				15.89±.2	3168± 6
143.19 -55.18	UGC 1157		.10± .03	.12	13.27 ±.10			244± 10	3157± 41
305.38 -8.51	MK 1002			.00	11.53			183± 10	3238
013441.1+053723	PGC 6007		1.19		13.11				2872
013722.1-645345	NGC 646	.SXS5P*	1.11± .06						
295.13 -51.53	ESO 80- 2	RS	.13± .06	.00	14.24 ±.14				8230± 60
232.23 -18.68	VV 443	5.0± .4		.19	11.86				8096
013547.0-650900	PGC 6010		1.11	.06	14.00				8139

R.A. 2000 DEC. / l b / SGL SGB / R.A. 1950 DEC.	Names / PGC	Type / S_T n_L / T / L	$\log D_{25}$ / $\log R_{25}$ / $\log A_e$ / $\log D_o$	p.a. / A_g / A_i / A_{21}	B_T / m_B / m_{FIR} / B_T^o	$(B-V)_T$ / $(U-B)_T$ / $(B-V)_T^o$ / $(U-B)_T^o$	$(B-V)_e$ / $(U-B)_e$ / m'_e / m'_{25}	m_{21} / W_{20} / W_{50} / HI	V_{21} / V_{opt} / V_{GSR} / V_{3K}
013730.2-211427		.S?....	1.01± .07						
186.13 -77.97	ESO 543- 1		.12± .05	.01					12856
278.29 -15.28				.15					12842
013507.1-212942	PGC 6016		1.01	.06					12596
013734.5-424021		RSB.0*/	1.08± .05	15					
274.78 -71.84	ESO 244- 39	Sr	.47± .04	.03	14.87 ±.14				6570
255.85 -18.31		.4± .6		.35					6492
013526.1-425536	PGC 6018		1.06		14.39				6379
013736.4-335527	IC 1719	.LAS0*.	1.21± .05	174					
250.12 -77.97	ESO 353- 27	BS	.12± .04	.02	13.79 ±.14				5778± 34
265.10 -17.38		-2.3± .6		.00					5725
013521.0-341042	PGC 6020		1.20		13.68				5555
013740.4-605152		.SXR2..	1.11± .06						
293.05 -55.37	ESO 114- 1	r	.43± .06	.00	14.82 ±.14				5425
236.50 -18.86	IRAS01360-6106	2.2± .9		.53					5300
013556.0-610706	PGC 6030		1.11	.21	14.23				5314
013741.9+323955		.S?....	.96± .17	155				16.07±.3	13362± 10
134.08 -29.20	UGC 1158		.15± .12	.12					
330.93 -.22	6ZW 4			.22				344± 7	13499
013450.7+322440	PGC 6032		.97	.07					13095
013759.6-400410		.SBS6?/	1.19± .05	38					
269.19 -73.86	ESO 297- 16	S (1)	.52± .04	.03	14.73 ±.14				
258.62 -18.16	IRAS01358-4019	6.0±1.2		.77	13.14				
013549.0-401924	PGC 6044	3.3±1.3	1.19	.26					
013803.3+322939		.S..6*.	1.19± .06	102				16.28±.2	5446± 6
134.20 -29.36	UGC 1160	U	.91± .06	.12	15.57 ±.12			336± 9	
330.79 -.35		6.0±1.3		1.34				307± 7	5582
013512.2+321425	PGC 6045		1.20	.46	14.09			1.74	5179
013809.0-325116		RSBR0..	.93± .06	53					
245.28 -78.39	ESO 353- 28	r	.16± .05	.02	15.19 ±.14				
266.24 -17.35		-.1± .9		.12					
013553.1-330630	PGC 6051		.93						
013815.6+413914		.SBR3..	1.19± .05						
132.24 -20.37	UGC 1162	U	.04± .05	.38	14.6 ±.2				
339.40 2.58		3.0± .8		.06					
013517.6+412400	PGC 6056		1.22	.02					
0138.2 +8039		.S..3..	1.14± .13	120				16.51±.1	8261± 11
124.92 17.96	UGC 1141	U	.39± .12	.94					
16.80 13.76		3.0± .9		.54				327± 8	8439
0133.0 +8024	PGC 6057		1.23	.20					8177
013818.5+352154	NGC 634	.S..1..	1.32± .04	167					
133.60 -26.53	UGC 1164	U	.52± .05	.19	13.89 ±.12				4940± 52
333.50 .53	IRAS01354+3507	1.0± .8		.53					5082
013525.4+350641	PGC 6059		1.33	.26	13.11				4680
013819.5+073201	A 0135+07	.SAT6..	1.43± .03	120				15.11±.2	4303± 8
142.74 -53.53	UGC 1167	U	.11± .05	.11	14.0 ±.3			212± 12	4265± 47
307.07 -8.27		6.0± .8		.16				139± 25	4375
013542.2+071647	PGC 6061		1.44	.05	13.72			1.34	4007
013828.4-333629		.SB.4?P	1.05± .05	35					
248.38 -77.97	ESO 353- 29	S	.23± .04	.02	14.75 ±.14				
265.45 -17.52	IRAS01361-3351	4.0±1.2		.34	13.82				
013613.0-335142	PGC 6071		1.05	.11					
013831.5+284324		.S..6*.	1.11± .05	51				16.01±.2	10900± 7
135.25 -33.02	UGC 1165	U	.83± .05	.28	15.62 ±.12				
327.28 -1.67		6.0±1.4		1.23				425± 7	11027
013542.8+282811	PGC 6074		1.14	.42	14.06			1.54	10625
013834.8+345932		.L.....	1.14± .05	69					
133.74 -26.89	UGC 1166	U	.55± .05	.19	14.08 ±.12				4663± 52
333.17 .36		-2.0± .9		.00					4804
013541.9+344419	PGC 6077		1.08		13.82				4402
013837.5-400041		.S..1*/	1.21± .04	143					
268.72 -73.83	ESO 297- 18	S	.53± .04	.03	14.28 ±.14				
258.69 -18.27	IRAS01363-4016	1.0±1.2		.54	13.30				
013627.0-401554	PGC 6078		1.21	.27					
013839.4-423135	NGC 641	.LAS-*.	1.16± .04		13.06 ±.13	.94± .01	1.00± .01		
273.99 -71.85	ESO 244- 42	BS	.03± .03	.03	13.34 ±.14				6323± 17
256.02 -18.50		-2.8± .4	.89± .02	.00		.87	13.00± .07		6244
013631.0-424648	PGC 6081		1.16		13.07		13.64± .23		6132

R.A. 2000 DEC. l b SGL SGB R.A. 1950 DEC.	Names PGC	Type S_T n_L T L	$\log D_{25}$ $\log R_{25}$ $\log A_e$ $\log D_o$	p.a. A_g A_i A_{21}	B_T m_B m_{FIR} B_T^o	$(B-V)_T$ $(U-B)_T$ $(B-V)_T^o$ $(U-B)_T^o$	$(B-V)_e$ $(U-B)_e$ m'_e m'_{25}	m_{21} W_{20} W_{50} HI	V_{21} V_{opt} V_{GSR} V_{3K}
013839.9-174959	NGC 648	.LA.-P*	1.02± .06	114					
174.90 -75.68	ESO 543- 6	SE	.28± .03	.00					
281.84 -14.86		-2.6± .6		.00					
013615.1-180512	PGC 6083		.98						
013847.0+010419		.L..0..	1.12± .06	74					
146.83 -59.59	UGC 1169	UE	.30± .03	.07	14.01 ±.10				4992± 50
300.80 -10.23		-2.0± .6		.00					5046
013612.8+004906	PGC 6090		1.09		13.86				4699
013847.6-314917		.SAR1*.	1.02± .05	171					
240.26 -78.68	ESO 413- 12	Sr	.28± .04	.02	14.99 ±.14				8849± 60
267.34 -17.34		.6± .7		.29					8802
013631.0-320430	PGC 6092		1.02	.14	14.57				8620
013848.3-832151		.SBS6P.	1.25± .04	132					
301.30 -33.61	ESO 3- 3	S (1)	.42± .05	.47	14.74 ±.14				4948
212.94 -16.86		6.0± .6		.61					4783
014021.0-833700	PGC 6093	5.6± .7	1.30	.21	13.63				4951
013848.8-491901		.LA.-..	1.11± .10						
283.72 -66.01		S	.31± .08	.04					9100±190
248.80 -18.94	FAIR 707	-3.0± .9		.00					9003
013647.3-493413	PGC 6094		1.07						8937
013853.3-423505	NGC 644	.SBR4*.	1.11± .05	155					
273.99 -71.78	ESO 244- 43	BS (1)	.33± .04	.03	14.79 ±.14				11900±190
255.96 -18.55	FAIR 706	4.5± .5		.50	13.76				11821
013645.0-425018	PGC 6097	2.2± .5	1.11	.17	14.19				11710
013854.2-465012		PSBT1*.	1.21± .05	78					
280.69 -68.19	ESO 244- 44	Sr	.33± .05	.03	14.25 ±.14				6708
251.44 -18.83	IRAS01368-4705	1.3± .5		.33	12.29				6617
013650.0-470524	PGC 6099		1.21	.16	13.80				6535
013855.4-074602				52	16.9 S±.5			17.24±.3	5528± 14
155.28 -67.61				.10				374± 24	
292.05 -12.60								364± 18	5555
013625.5-080114	PGC 6101								5244
013858.4-463430		PLA.-?.	1.04± .04		13.61 ±.13	.95± .01	.97± .01		
280.31 -68.41	ESO 244- 45	S	.08± .03	.03	14.01 ±.14	.41± .05	.45± .05		6446± 56
251.72 -18.83		-3.0± .7	.74± .02	.00		.88	12.80± .06		6356
013654.0-464942	PGC 6104		1.03		13.66	.43	13.50± .24		6272
013858.8-295530	NGC 639	.S..1?.	.98± .05	31	14.7 ±.2	.57± .03			
230.72 -79.20	ESO 413- 13	S	.65± .03	.02	14.67 ±.14				5826± 62
269.34 -17.11	IRAS01367-3010			.66	12.01	.39			5784
013641.0-301042	PGC 6105		.98	.32	13.93		12.85± .32		5591
013902.5-432206		.L...P.	.60± .07						
275.33 -71.12	ESO 244- 46	S	.13± .05	.03	15.15 ±.14				
255.13 -18.63		-2.0± .9		.00					
013655.0-433718	PGC 6107		.59						
013906.5-432142		.L...P.	1.08± .06	27					
275.29 -71.12	ESO 244- 47	S	.51± .03	.03	14.69 ±.14				
255.14 -18.65		-2.0± .9		.00					
013659.0-433654	PGC 6109		1.00						
013906.6-073047	NGC 636	.E.3...	1.45± .04	140	12.41 ±.13	.95± .01	.96± .01		
155.06 -67.36	MCG -1- 5- 13	R	.12± .05	.13	12.14 ±.18	.48± .03	.52± .02		1847± 17
292.31 -12.58		-5.0± .3	.81± .02	.00		.90	11.95± .07		1875
013636.6-074559	PGC 6110		1.44		12.16	.46	14.36± .28		1562
013906.8-295454	NGC 642	.SBS5..	1.31± .04	31	12.88V±.14		.67± .03		
230.63 -79.17	ESO 413- 14	S (1)	.25± .04	.02	13.58 ±.14				5930± 33
269.35 -17.13	VV 419	5.0± .8	.82± .02	.38					5888
013649.0-301006	PGC 6112	3.3± .8	1.31	.13	13.15				5695
013908.8-470742		.S..3./	1.14± .05	151					
280.97 -67.91	ESO 244- 48	S	.82± .04	.03	15.61 ±.14				
251.13 -18.89	IRAS01370-4722	3.0± .6		1.13	12.68				
013705.1-472254	PGC 6114		1.14	.41					
013911.6-750043	NGC 643	.LB?...	1.19± .05	113					
298.82 -41.73	ESO 29- 53		.65± .03	.18	14.61 ±.14				3966
221.58 -18.01	IRAS01384-7515			.00	10.93				3813
013823.0-751554	PGC 6117		1.11		14.37				3926
013918.0+484551		.S?....	1.12± .05	85				15.67±.1	5281± 11
131.01 -13.36	UGC 1168	(1)	.09± .05	.75	14.9 ±.3				
346.14 4.69	IRAS01362+4830			.12	12.32			377± 8	5444
013612.9+483039	PGC 6124	4.5±1.1	1.19	.04	13.94			1.69	5061

R.A. 2000 DEC. l b SGL SGB R.A. 1950 DEC.	Names PGC	Type S_T n_L T L	$logD_{25}$ $logR_{25}$ $logA_e$ $logD_o$	p.a. A_g A_i A_{21}	B_T m_B m_{FIR} B^o_T	$(B\text{-}V)_T$ $(U\text{-}B)_T$ $(B\text{-}V)^o_T$ $(U\text{-}B)^o_T$	$(B\text{-}V)_e$ $(U\text{-}B)_e$ m'_e m'_{25}	m_{21} W_{20} W_{50} HI	V_{21} V_{opt} V_{GSR} V_{3K}
013925.2-492255		PSBS0..	.94± .07	5					
283.58 -65.90	ESO 196- 16	r	.15± .05	.04	15.18 ±.14				9100±190
248.73 -19.04	FAIR 375	-.1± .9		.11					9002
013724.0-493806	PGC 6131		.93		14.89				8938
013930.8-465913		.LBR+*/	1.21± .05	68					
280.64 -68.01	ESO 244- 49	S	.94± .03	.03	15.33 ±.14				6900±190
251.29 -18.95	FAIR 708	-.6± .6		.00					6809
013727.0-471424	PGC 6136		1.08		15.19				6728
013933.0+350933		.S?....	.96± .06						5148
133.92 -26.68	MCG 6- 4- 50		.53± .06	.19	15.39 ±.12				
333.39 .23	KUG 0136+349			.78					5289
013639.8+345422	PGC 6138		.98	.27	14.40				4888
013934.5-120436		PSXR3*.	1.09± .06	25					
162.14 -71.19	MCG -2- 5- 32	E (1)	.05± .05	.00					
287.75 -13.80		3.0±1.2		.07					
013706.7-121947	PGC 6141	3.1± .8	1.09	.02					
013937.9+071416	NGC 638	.S?....	.90± .07	20	14.5 ±.2	.68± .05		16.86±.3	3650± 9
143.41 -53.71	UGC 1170		.20± .05	.10	14.41 ±.14	-.16± .09		178± 10	3123± 36
306.88 -8.66	MK 1003			.24	13.61	.59			3694
013700.6+065905	PGC 6145		.91	.10	14.06	-.21	13.36± .43	2.70	3328
013938.4+054700		.S?....	.95± .07	27					3250
144.21 -55.08	UGC 1172		.61± .05	.11	15.06 ±.15				
305.47 -9.09				.76					3318
013701.9+053149	PGC 6147		.96	.31	14.16				2956
0139.7 +1554		.I..9*.	1.11± .14					14.88±.1	667± 5
139.57 -45.40	UGC 1171	U	.04± .12	.16				48± 4	
315.22 -6.04		10.0±1.2		.03				36± 4	762
0137.0 +1539	PGC 6150		1.12	.02					376
0139.8 -0201		.S..4..	.98± .09	103					
149.77 -62.35	UGC 1174	U	.17± .06	.09	14.82 ±.12				
297.82 -11.34		4.0± .9		.25					
0137.3 -0217	PGC 6153		.99	.08					
013956.2-091434	NGC 647	.LBR0?.	1.18± .10	45					
157.84 -68.76	MCG -2- 5- 33	E	.12± .07	.08					
290.63 -13.21		-2.0±1.2		.00					
013727.1-092945	PGC 6155		1.17						
0139.9 +1106		.S..9*.	1.04± .08						729
141.64 -50.00	UGC 1175	U	.04± .06	.18					
310.64 -7.58		9.0±1.2		.04					812
0137.3 +1051	PGC 6159		1.06	.02					436
013957.4-284149		.S..4./	1.26± .03	169					
224.08 -79.17	ESO 413- 16	S	.64± .03	.05	14.06 ±.14				5931± 52
270.66 -17.13	IRAS01376-2856	4.0± .9		.95	13.75				5893
013739.0-285700	PGC 6161		1.26	.32	13.03				5693
014000.8-280207		PSBR1P.	1.26± .04	162					
220.55 -79.20	ESO 413- 18	Sr	.76± .04	.02	14.48 ±.14				5908
271.35 -17.04	IRAS01377-2817	1.0± .6		.77	13.13				5872
013742.0-281718	PGC 6165		1.26	.38	13.61				5668
014008.8+054340	NGC 645	.SB.3*.	1.42± .04	125				14.35±.3	3308± 7
144.45 -55.10	UGC 1177	U	.35± .05	.12	13.41 ±.14				
305.45 -9.23	IRAS01375+0528	3.0± .8		.49	12.87			309± 10	3375
013732.3+052830	PGC 6172		1.43	.18	12.78			1.40	3015
0140.1 +4634		.S..8*.	1.00± .08	96					
131.59 -15.48	UGC 1173	U	.55± .06	.64					
344.12 3.85	IRAS01371+4618	8.0±1.3		.68					
0137.1 +4618	PGC 6173		1.06	.27					
0140.1 +1554	A 0137+15	.I..9..	1.66± .04		14.4 ±.2	.57± .06	.65± .05	13.61±.1	631± 4
139.72 -45.37	UGC 1176	U (1)	.10± .06	.16		-.13± .08	-.09± .06	50± 4	
315.26 -6.14	DDO 13	10.0± .6	1.27± .05	.07		.51	16.21± .10	37± 6	727
0137.4 +1539	PGC 6174	9.0± .9	1.67	.05	14.14	-.18	17.28± .31	-.58	341
014021.3-285450	IC 1720	.S..4..	1.07± .04	164					
225.17 -79.06	ESO 413- 19	S (1)	.14± .03	.06	13.71 ±.14				
270.44 -17.25	IRAS01380-2909	4.0± .9		.21	12.71				
013803.1-291000	PGC 6180	4.4± .9	1.08	.07					
014021.3-354900		.L...*P	1.25± .08						
255.80 -76.45	MCG -6- 4- 64	S	.34± .08	.02					
263.17 -18.17		-2.0±1.7		.00					
013807.8-360410	PGC 6181		1.20						

R.A. 2000 DEC. / l b / SGL SGB / R.A. 1950 DEC.	Names / PGC	Type / S_T n_L / T / L	$\log D_{25}$ / $\log R_{25}$ / $\log A_e$ / $\log D_o$	p.a. / A_g / A_i / A_{21}	B_T / m_B / m_{FIR} / B_T^o	$(B-V)_T$ / $(U-B)_T$ / $(B-V)_T^o$ / $(U-B)_T^o$	$(B-V)_e$ / $(U-B)_e$ / m'_e / m'_{25}	m_{21} / W_{20} / W_{50} / HI	V_{21} / V_{opt} / V_{GSR} / V_{3K}
014025.5-075408		.S...P*	1.12± .08	120					5554
156.30 -67.54	MCG -1- 5- 16	E	.57± .07	.10					
292.01 -13.00				.85					5580
013755.7-080918	PGC 6186		1.13	.28					5271
014027.9+343732		.S..6*.	1.26± .04	55				14.45±.3	5502± 8
134.26 -27.17	UGC 1178	U	.76± .05	.13	14.71 ±.12			400± 9	
332.95 -.13	IRAS01375+3422	6.0±1.3		1.12	12.64				5641
013734.9+342222	PGC 6189		1.28	.38	13.43			.64	5242
014028.1-053118		.SXS7*.	1.25± .05	10					2130
153.49 -65.44	MCG -1- 5- 14	E (1)	.63± .05	.07					
294.39 -12.41		7.0±1.2		.87					2163
013757.1-054628	PGC 6190	5.3±1.6	1.26	.31					1844
0140.4 +1432		.S..6*.	1.00± .08	133					8124
140.36 -46.67	UGC 1181	U	.73± .06	.15					
313.97 -6.64		6.0±1.4		1.07					8216
0137.8 +1417	PGC 6193		1.01	.36					7833
014037.2-384057		.S..4..	1.04± .05	104					
264.36 -74.54	ESO 297- 19	S (1)	.26± .04	.02	15.54 ±.14				
260.14 -18.53		4.0± .9		.39					
013826.1-385606	PGC 6200	3.3±1.2	1.04	.13					
014039.3-314915		.L..../	1.03± .05	128					
239.54 -78.32	ESO 413- 20	S	.60± .03	.02	14.05 ±.14				
267.40 -17.73		-2.0± .9		.00					
013823.0-320424	PGC 6202		.95						
0140.7 +0758	NGC 652	.S?....	.99± .06	55					5328
143.45 -52.91	UGC 1184		.23± .05	.13	14.55 ±.12				
307.68 -8.70	IRAS01380+0743			.35	12.87				5401
0138.1 +0743	PGC 6208		1.00	.12	14.05				5035
014048.0-411245		.SBS7?.	1.12± .05	76					
270.32 -72.64	ESO 297- 20	S (1)	.35± .05	.03	15.59 ±.14				
257.46 -18.79		7.0±1.7		.48					
013839.0-412754	PGC 6213	5.6± .9	1.13	.17					
0140.8 +8358		.S?....	1.00± .06					16.24±.1	4708± 11
124.31 21.23	UGC 1148		.00± .05	.49	15.1 ±.2				
20.12 14.43				.00				151± 8	4884
0134.0 +8343	PGC 6214		1.05	.00	14.63			1.62	4641
014055.6+491403		.S..6*.	1.00± .08						
131.18 -12.84	UGC 1182	U	.00± .06	.73	14.8 ±.3				
346.67 4.59		6.0±1.2		.00					
013749.4+485854	PGC 6220		1.07	.00					
014107.0-053408		.SXS9*.	1.38± .04	110					1503
153.89 -65.41	MCG -1- 5- 17	E (1)	.40± .05	.04					
294.39 -12.57		9.0± .8		.41					1536
013836.0-054917	PGC 6228	6.4±1.2	1.38	.20					1218
014115.4+344843		.SB?...	.74± .14						5091
134.39 -26.95	MCG 6- 4- 55		.00± .07	.17	14.81 ±.14				
333.18 -.22				.00					5230
013822.1+343335	PGC 6232		.75	.00	14.61				4832
014124.6+083132	IC 1721	.S?....	.98± .07	100					
143.43 -52.35	UGC 1187		.29± .05	.12	14.30 ±.14				4299± 50
308.26 -8.70				.43					4373
013846.6+081624	PGC 6235		.99	.14	13.73				4007
014131.1-461253		PSBS0*.	.99± .05	118					
278.78 -68.49	ESO 245- 1	Sr	.05± .04	.03	15.20 ±.14				
252.13 -19.25		.3± .5		.04					
013927.0-462800	PGC 6241		.99						
014132.8-831244		.S..4*/	1.27± .04	141					
301.17 -33.74	ESO 3- 4	S (1)	.74± .04	.45	15.02 ±.14				4579
213.08 -16.97		4.0± .7		1.08					4414
014306.0-832748	PGC 6242	4.4± .9	1.31	.37	13.46				4581
014136.2-160852		.IBS9..	1.17± .05	70					1637
172.13 -74.01	MCG -3- 5- 14	E (1)	.34± .05	.00					
283.72 -15.19		10.0± .9		.25					1637
013910.7-162359	PGC 6244	8.7± .8	1.17	.17					1369
014143.0-892004	NGC 2573	.SXS6*.	1.30± .04	70	14.1 ±.2	.59± .06			
302.77 -27.78	ESO 1- 1	S (1)	.42± .04	.56	14.15 ±.14	-.16± .07			
206.85 -15.84	IRAS02425-8934	6.3± .7		.62	13.35				
024256.2-893412	PGC 6249	6.1± .8	1.35	.21			14.38± .28		

R.A. 2000 DEC. l b SGL SGB R.A. 1950 DEC.	Names PGC	Type S_T n_L T L	$logD_{25}$ $logR_{25}$ $logA_e$ $logD_o$	p.a. A_g A_i A_{21}	B_T m_B m_{FIR} B_T^o	$(B-V)_T$ $(U-B)_T$ $(B-V)_T^o$ $(U-B)_T^o$	$(B-V)_e$ $(U-B)_e$ m'_e m'_{25}	m_{21} W_{20} W_{50} HI	V_{21} V_{opt} V_{GSR} V_{3K}
014146.7+273007 136.42 -34.05 326.36 -2.75 013858.2+271500	 CGCG 482- 1 PGC 6253			 .24	 15.7 ±.4			17.47±.3 195± 7	10827± 10 10950 10553
014149.0-751612 298.69 -41.44 221.29 -18.15 014105.0-753118	NGC 643C ESO 30- 1 PGC 6256	.S..6*/ RS 5.6± .7	1.12± .04 .85± .04 1.14	150 .22 1.25 .43	 15.70 ±.14				
014149.5-281453 221.58 -78.80 271.19 -17.47 013931.0-283000	 ESO 413- 23 PGC 6257	.S?....	1.05± .05 .16± .05 1.06	113 .06 .22 .08	 15.49 ±.14 15.16				 5855 5817 5617
014155.2-130455 165.47 -71.65 286.87 -14.59 013928.1-132002	NGC 655 MCG -2- 5- 37 PGC 6262	.L...P. E -2.0± .8	1.04± .09 .14± .07 1.02	45 .00 .00					
0141.9 +0707 144.38 -53.64 306.93 -9.24 0139.3 +0652	 UGC 1189 PGC 6263	.S?....	1.03± .06 .40± .05 1.04	19 .12 .60 .20	 15.21 ±.12 14.46				5470 5540 5178
014156.4+224120 137.91 -38.71 321.84 -4.37 013910.8+222613	 UGC 1188 PGC 6265	.S?....	1.00± .16 .33± .12 1.04	22 .44 .50 .17	 15.44 ±.13 14.44			16.69±.3 483± 7 2.09	13308± 10 13420 13027
014157.0+331535 134.93 -28.43 331.78 -.87 013904.7+330028	 CGCG 503- 6 PGC 6266			 .15	 15.2 ±.2			17.38±.3 333± 7	13399± 10 13535 13137
0141.9 +3923 133.46 -22.44 337.51 1.18 0139.0 +3908	 PGC 6267			 .26	16.4 ±.2	.68± .04 -.68± .08			
014159.6-310035 235.30 -78.30 268.30 -17.90 013943.0-311542	 ESO 413- 24 PGC 6268	.S?....	1.22± .04 .75± .04 1.22	177 .02 1.12 .37	 14.04 ±.14 12.86				 5979 5932 5750
014209.9+123609 141.76 -48.41 312.25 -7.63 013929.8+122102	NGC 658 UGC 1192 IRAS01394+1220 PGC 6275	.S..3.. U (1) 3.0± .7 3.5±1.0	1.48± .03 .28± .05 .89± .03 1.49	20 .13 .39 .14	13.12 ±.14 13.14 ±.15 12.32 12.59	.66± .02 -.10± .02 .56 -.17	.69± .01 .05± .02 13.06± .11 14.67± .25	13.76±.1 322± 8 304± 5 1.02	2986± 4 2985± 60 3071 2696
014215.0-331536 245.21 -77.44 265.93 -18.25 014000.1-333042	 ESO 353- 33 IRAS01399-3330 PGC 6280	.S?....	.89± .06 .31± .05 .89	153 .02 .46 .15	 14.80 ±.14 13.40 14.28				 5865± 87 5812 5643
014217.4-473148 280.29 -67.30 250.73 -19.44 014015.0-474654	 ESO 196- 19 FAIR 376 PGC 6283	PSBT1.. Sr .7± .5	1.06± .05 .22± .04 1.07	62 .04 .22 .11	 14.70 ±.14 14.36				 6750±190 6656 6582
0142.4 +0643 144.80 -53.97 306.58 -9.48 0139.8 +0628	 UGC 1196 PGC 6288	.SAS3.. U (1) 3.0± .9 3.5±1.1	1.00± .08 .04± .06 1.01	 .13 .05 .02					
014225.8+353819 134.45 -26.09 334.03 -.17 013931.8+352312	NGC 653 UGC 1193 PGC 6290	.S..2.. U 2.0± .9	1.17± .05 .79± .05 1.19	39 .16 .97 .39	 14.31 ±.17				
014227.2+135836 141.26 -47.07 313.59 -7.27 013946.4+134330	 UGC 1195 PGC 6292	.I?....	1.53± .03 .50± .05 1.55	50 .15 .37 .25	 13.44 ±.15 12.91			14.03±.1 150± 5 127± 5 .86	774± 4 862 484
014227.6+260836 136.99 -35.33 325.13 -3.34 013939.9+255330	NGC 656 UGC 1194 PGC 6293	.LB.... U -2.0± .8	1.18± .04 .05± .03 1.21	35 .31 .00	 13.35 ±.10 12.98				 3942± 42 4061 3666
0142.5 +1818 139.58 -42.91 317.72 -5.92 0139.8 +1803	 UGC 1197 PGC 6294	.I..9.. U 10.0± .8	1.26± .06 .51± .06 1.27	56 .15 .38 .25	 14.84 ±.15 14.30			14.70±.1 205± 8 181± 12 .15	2796± 6 2896 2510

R.A. 2000 DEC. / l b / SGL SGB / R.A. 1950 DEC.	Names / PGC	Type / S_T n_L / T / L	$\log D_{25}$ / $\log R_{25}$ / $\log A_e$ / $\log D_o$	p.a. / A_g / A_i / A_{21}	B_T / m_B / m_{FIR} / B^o_T	$(B\text{-}V)_T$ / $(U\text{-}B)_T$ / $(B\text{-}V)^o_T$ / $(U\text{-}B)^o_T$	$(B\text{-}V)_e$ / $(U\text{-}B)_e$ / m'_e / m'_{25}	m_{21} / W_{20} / W_{50} / HI	V_{21} / V_{opt} / V_{GSR} / V_{3K}
014242.3-181342		RSBR1*.	1.16± .04	127					
178.60 -75.22	ESO 543- 12	SEr	.30± .04	.00					4998± 60
281.65 -15.88		1.2± .5		.31					4990
014018.0-182848	PGC 6301		1.16	.15					4735
014242.5+081029		.S..2..	.98± .07	78					9332
144.11 -52.58	UGC 1199	U	.45± .05	.12	15.38 ±.12				
308.02 -9.11		2.0± .9		.55					9405
014004.7+075523	PGC 6302		.99	.22	14.61				9041
014248.5+130922	A 0140+12	.IB.9*.	1.31± .04	170				14.92±.2	807± 8
141.74 -47.83	UGC 1200	U	.17± .05	.13	13.81 ±.16			141± 9	839± 50
312.83 -7.61		10.0± .8		.13				128± 7	894
014008.1+125417	PGC 6309		1.32	.08	13.55			1.28	518
0142.8 -0608		.SB?...	1.04± .09						
155.45 -65.72	MCG -1- 5- 22		.21± .07	.04					6083
293.92 -13.13				.31					6113
0140.3 -0624	PGC 6310		1.04	.10					5800
014251.6+312842		.S?....	.74± .14					16.18±.3	10447± 10
135.60 -30.12	MCG 5- 5- 2		.00± .07	.15	15.49 ±.12				
330.17 -1.65				.00				283± 7	10578
014000.4+311337	PGC 6312		.75	.00	15.26			.92	10182
0143.0 +0412	IC 150	.S..3..	1.00± .06	143					5572
146.56 -56.29	UGC 1202	U (1)	.31± .05	.08	14.74 ±.12				
304.17 -10.35		3.0± .9		.42					5633
0140.4 +0357	PGC 6316	4.5±1.2	1.00	.15	14.20				5282
014301.4+133837	NGC 660	.SBS1P.	1.92± .02	170	12.02M±.10	.86± .07	.94± .03	11.89±.0	853± 3
141.60 -47.35	UGC 1201	R	.42± .03	.15	12.1 ±.2			318± 4	823± 46
313.31 -7.51	IRAS01403+1323	1.0± .3	1.57± .08	.43	8.64	.74	14.97± .23	306± 6	940
014020.8+132332	PGC 6318		1.93	.21	11.44		15.40± .14	.23	564
014302.2-341119	IC 1722	.SXS4P.	1.17± .04	50					
248.58 -76.87	ESO 353- 34	BS	.46± .04	.02	14.71 ±.14				4083± 49
264.97 -18.53		4.0± .6		.67					4026
014048.0-342624	PGC 6319		1.18	.23	13.99				3865
014308.0+274503		.S?....	.99± .10					17.31±.3	10156± 10
136.70 -33.73	MCG 4- 5- 3		.45± .07	.25	14.86 ±.13				
326.69 -2.95				.55				690± 7	10279
014019.2+272958	PGC 6326		1.01	.22	13.96			3.13	9884
014309.1-341431	IC 1724	.L..+*.	1.11± .05	126					
248.73 -76.82	ESO 353- 35	S	.41± .03	.02	14.09 ±.14				3816± 87
264.91 -18.56		-1.0±1.2		.00					3759
014055.0-342936	PGC 6328		1.05		14.01				3598
0143.2 +0417		.S..4..	1.11± .05	41					5602
146.59 -56.19	UGC 1204	U	.55± .05	.08	15.20 ±.13				
304.27 -10.38		4.0± .9		.81					5663
0140.6 +0402	PGC 6329		1.12	.28	14.27				5312
014314.1+085322	IC 1723	.S..3..	1.52± .03	29				14.34±.3	5532± 8
143.94 -51.86	UGC 1205	U (1)	.63± .05	.14	13.76 ±.15			439± 9	5498± 50
308.75 -9.02	IRAS01406+0838	3.0± .8		.86	13.37			419± 7	5605
014035.9+083817	PGC 6332	2.5±1.1	1.53	.31	12.71			1.31	5241
014318.1-341220		.LBT0*.	1.03± .05	19					
248.53 -76.81	ESO 353- 36	S	.52± .03	.02	15.13 ±.14				3596± 87
264.95 -18.58	IRAS01410-3427	-2.0±1.2		.00	11.92				3539
014104.0-342724	PGC 6334		.95		15.05				3378
014318.7+222511								16.96±.3	9919± 10
138.39 -38.89	CGCG 482- 6			.38	15.7 ±.4				
321.68 -4.75								278± 7	10029
014033.1+221007	PGC 6335								9639
0143.3 +1959		.I..9..	1.49± .09	153				15.00±.1	498± 6
139.23 -41.24	UGCA 20	U	.61± .18	.13				79± 7	
319.38 -5.55		10.0± .8		.46				61± 12	603
0140.6 +1944	PGC 6337		1.50	.31					215
0143.5 +0205		.S..2..	.96± .07	12					
148.26 -58.20	UGC 1208	U	.29± .05	.03	15.37 ±.13				
302.14 -11.10		2.0± .9		.36					
0141.0 +0150	PGC 6348		.96	.15					
014337.0-341620		.SBS0?/	1.04± .05	88					
248.64 -76.72	ESO 353- 39	S	.59± .04	.02	15.93 ±.14				
264.89 -18.66		.0±1.3		.44					
014123.0-343124	PGC 6350		1.01						

R.A. 2000 DEC. l b SGL SGB R.A. 1950 DEC.	Names PGC	Type S_T n_L T L	$\log D_{25}$ $\log R_{25}$ $\log A_e$ $\log D_o$	p.a. A_g A_i A_{21}	B_T m_B m_{FIR} B_T^o	$(B-V)_T$ $(U-B)_T$ $(B-V)_T^o$ $(U-B)_T^o$	$(B-V)_e$ $(U-B)_e$ m'_e m'_{25}	m_{21} W_{20} W_{50} HI	V_{21} V_{opt} V_{GSR} V_{3K}
014337.4-334220		.LB.0*P	1.12± .05	113					
246.44 -76.98	ESO 353- 38	S	.33± .04	.02	14.36 ±.14				8859± 23
265.49 -18.59	IRAS01413-3357	-2.0± .8		.00	13.17				8804
014123.0-335724	PGC 6351		1.07		14.21				8640
014342.8-040008		.LASO?.	1.21± .07	20					
153.56 -63.72	MCG -1- 5- 25	E	.28± .05	.14					
296.12 -12.79		-2.0± .9		.00					
014111.1-041512	PGC 6356		1.18						
014344.6-360521		RLB.+P*	1.30± .05	162					
255.05 -75.73	ESO 353- 40	Sr	.23± .04	.02	13.61 ±.14				5304± 34
262.96 -18.88		-1.2± .6		.00					5241
014132.0-362024	PGC 6357		1.27		13.51				5093
0143.7 +1209	A 0141+11	.S..8*.	1.10± .05	65					4900
142.52 -48.71	UGC 1209	U	.35± .05	.12	14.70 ±.12				5126±113
311.95 -8.14	MK 572	8.0±1.2		.43	12.26				5209
0141.0 +1154	PGC 6358		1.12	.17	14.14				4837
014346.0+041317	NGC 664	.S..3*.	1.18± .05	65				15.78±.3	5425± 10
146.87 -56.20	UGC 1210	U (1)	.08± .05	.07	13.61 ±.12			254± 13	5412± 60
304.25 -10.53	IRAS01411+0358	3.0±1.1		.11	12.59			243± 10	5485
014110.1+035813	PGC 6359	2.5±1.1	1.19	.04	13.39			2.35	5135
014347.0+290957								16.54±.3	4014± 10
136.46 -32.33	CGCG 503- 12			.17	15.3 ±.4				
328.07 -2.61								133± 7	4140
014057.2+285453	PGC 6360								3745
0143.8 +1348		.I..9*.	1.37± .04						2404
141.83 -47.14	UGC 1211	U	.10± .05	.15					
313.53 -7.66		10.0±1.0		.08					2492
0141.2 +1333	PGC 6364		1.38	.05					2116
014354.3-775735		.IBS9P.	1.11± .07						
299.45 -38.81	ESO 13- 20	S (1)	.10± .05	.20	16.14 ±.14				
218.48 -17.90		10.0± .8		.08					
014339.0-781236	PGC 6365	10.0± .9	1.13	.05					
014356.5+170350	A 0141+16	CI...P*	.64± .17		14.85 ±.15	.42± .02	.43± .02	16.61±.2	8034± 5
140.50 -44.01	MCG 3- 5- 13	R	.00± .07	.15	14.85 ±.18	-.23± .04	-.15± .03	224± 5	7984± 60
316.65 -6.63	MK 360	11.0± .8	.37± .03	.00		.33	12.19± .07	168± 8	8130
014113.9+164847	PGC 6366		.65	.00	14.70	-.29	12.88± .86	1.91	7748
014357.6+022057	A 0141+02	RLXT+*.	1.13± .07						
148.23 -57.92	UGC 1214	UE	.01± .04	.03	13.68 ±.10				5106± 28
302.43 -11.11	MK 573	-1.0± .5		.00					5161
014122.7+020554	PGC 6367		1.14		13.57				4817
014408.0+342313		.S..3..	1.14± .07	95					10748
135.14 -27.23	UGC 1212	U	.15± .06	.14	14.25 ±.13				
332.98 -.92		3.0± .8		.20					10885
014114.5+340810	PGC 6372		1.15	.07	13.83				10490
014409.1+311914		.L.....	.98± .12	120					
135.96 -30.21	UGC 1213	U	.02± .05	.13	14.63 ±.10				
330.12 -1.96		-2.0± .8		.00					
014117.8+310411	PGC 6373		.99						
014414.6+284220	NGC 661	.E+..*.	1.24± .03	60	13.18 ±.13	.97± .01	1.01± .01		
136.71 -32.75	UGC 1215	PU	.09± .07	.25	12.88 ±.10	.49± .02	.54± .02		3845± 24
327.67 -2.86		-4.0± .6	.68± .02	.00		.88	12.07± .07		3969
014125.1+282717	PGC 6376		1.25		12.69	.45	14.15± .27		3575
0144.2 +1215		.SB.4*.	.95± .07	140					10222
142.66 -48.59	UGC 1218	U	.34± .05	.14	15.27 ±.12				
312.07 -8.23		4.0± .9		.50					10305
0141.6 +1200	PGC 6377		.96	.17	14.56				9934
014420.8+172838		.SB?...	1.10± .05	102				15.72±.3	4611± 10
140.47 -43.59	UGC 1219		.35± .05	.15	13.66 ±.15			404± 13	4606± 50
317.08 -6.59	IRAS01416+1713			.52	13.20			397± 10	4708
014137.9+171335	PGC 6380		1.11	.17	12.97			2.58	4326
014428.7-403952		.SXR2P*	1.13± .04	4					
267.36 -72.60	ESO 297- 23	Sr	.43± .04	.03	14.46 ±.14				10121± 60
258.10 -19.44	FAIR 710	2.5± .7		.59					10045
014220.0-405454	PGC 6387		1.13	.21	13.77				9927
0144.5 +0440		.I?....	1.04± .08	85					7790± 10
146.89 -55.72	UGC 1222		.37± .06	.07					
304.74 -10.58				.28					7851
0141.9 +0425	PGC 6388		1.05	.19					7501

R.A. 2000 DEC. l b SGL SGB R.A. 1950 DEC.	Names PGC	Type S_T n_L T L	$\log D_{25}$ $\log R_{25}$ $\log A_e$ $\log D_o$	p.a. A_g A_i A_{21}	B_T m_B m_{FIR} B_T^o	$(B-V)_T$ $(U-B)_T$ $(B-V)_T^o$ $(U-B)_T^o$	$(B-V)_e$ $(U-B)_e$ m'_e m'_{25}	m_{21} W_{20} W_{50} HI	V_{21} V_{opt} V_{GSR} V_{3K}
0144.5 +1706									8225± 9
140.67 -43.93				.15					
316.73 -6.75									8321
0141.8 +1651	PGC 6390								7940
014435.4+374148	NGC 662	.S...P.	.92± .05	20				16.18±.2	5662± 6
134.41 -23.99	UGC 1220	R	.20± .04	.21	13.88 ±.19			291± 8	5706± 43
336.10 .12	5ZW 98			.29	12.24				5806
014139.3+372646	PGC 6393		.94	.10	13.35			2.73	5413
014438.1+215542								17.84±.3	10464± 10
138.94 -39.28	CGCG 482- 7			.29	15.3 ±.4				
321.32 -5.20								356± 7	10572
014152.7+214040	PGC 6395								10184
014438.2+381210		.S..4..	1.03± .06	145					
134.30 -23.49	UGC 1221	U	.14± .05	.18	14.76 ±.13				
336.58 .28		4.0± .9		.20					
014141.7+375708	PGC 6397		1.04	.07					
014439.1-073713		PLAR+*.	1.18± .05	170					
158.26 -66.77	MCG -1- 5- 28	E	.08± .05	.09					5743
292.56 -13.94		-1.0±1.1		.00					5767
014209.3-075215	PGC 6400		1.18						5464
014441.3+045326		.S?....	.97± .07						1625
146.82 -55.49	MCG 1- 5- 30		.57± .06	.07	15.38 ±.12				
304.97 -10.55				.85					1687
014205.2+043824	PGC 6402		.98	.28	14.45				1336
014445.0-040810		.LXR0*.	1.03± .07	90					
154.22 -63.72	MCG -1- 5- 29	E	.15± .05	.07					
296.06 -13.08		-2.0± .9		.00					
014213.4-042312	PGC 6406		1.01						
014446.8+170628	A 0142+16								
140.75 -43.91				.14					8124± 45
316.76 -6.81	MK 361								8220
014204.1+165126	PGC 6408								7839
014449.4+215242		.SB?...	.89± .11					17.12±.3	10508± 10
139.01 -39.32	MCG 4- 5- 4		.24± .07	.29	15.15 ±.12				
321.29 -5.26				.29				125± 7	10616
014204.0+213740	PGC 6409		.91	.12	14.46			2.54	10228
014456.1+102521	NGC 665	RL..0?.	1.38± .11	125	13.17 ±.13	1.04± .01	1.08± .01		
143.78 -50.27	UGC 1223	U	.17± .08	.17	13.08 ±.11	.63± .02	.64± .01		5419± 31
310.36 -8.95		-2.0± .7	.81± .02	.00		.93	12.71± .08		5497
014217.0+101020	PGC 6415		1.37		12.87	.60	14.51± .60		5130
014457.4-225517	NGC 667	.LA.0*.	.78± .06						
196.72 -77.18	ESO 477- 2	S	.04± .03	.00	15.23 ±.14				
276.89 -17.28		-2.0± .8		.00					
014236.0-231018	PGC 6418		.77						
0144.9 -0016		.SB?...	.64± .17	20					5397
150.72 -60.24	UGC 1225		.11± .07	.04					
299.90 -12.09				.14					5443
0142.4 -0032	PGC 6419		.64	.06					5111
0145.0 +1022		.S..9..	1.02± .06	80					5894
143.85 -50.31	UGC 1226	U	.17± .05	.17	15.08 ±.14				
310.31 -9.00		9.0± .9		.17					5971
0142.4 +1007	PGC 6425		1.03	.08	14.73				5606
014503.4-360705		PS..0*.	1.05± .05	64					
254.54 -75.50	ESO 353- 41	S	.23± .05	.02	14.93 ±.14				5378± 60
262.96 -19.15	IRAS01428-3621	.0±1.2		.17	13.80				5315
014251.0-362206	PGC 6428		1.05		14.65				5168
014503.8-433553	A 0143-43	.IBS9..	1.56± .03	122	12.7 ±.2	.45± .04		12.61±.2	395± 6
273.08 -70.29	ESO 245- 5	PS (1)	.06± .05	.03	12.75 ±.12	-.25± .09		83± 8	
254.96 -19.74		10.0± .5		.05		.43		61± 12	310
014258.0-435054	PGC 6430	10.0± .7	1.56	.03	12.66	-.27	15.18± .29	-.08	213
0145.1 +3209		.S..6*.	1.00± .08	125					
135.97 -29.36	UGC 1224	U	1.02± .06	.10					
330.96 -1.88		6.0±1.5		1.47					
0142.3 +3154	PGC 6434		1.01	.50					
014510.4-415247		.SAT3*.	1.11± .05	78					
269.69 -71.61	ESO 297- 27	Sr (1)	.24± .05	.03	14.90 ±.14				6282
256.81 -19.65		3.3± .6		.33					6202
014303.0-420748	PGC 6435	4.4± .6	1.11	.12	14.49				6093

R.A. 2000 DEC. l b SGL SGB R.A. 1950 DEC.	Names PGC	Type S_T n_L T L	$logD_{25}$ $logR_{25}$ $logA_e$ $logD_o$	p.a. A_g A_i A_{21}	B_T m_B m_{FIR} B^o_T	$(B-V)_T$ $(U-B)_T$ $(B-V)^o_T$ $(U-B)^o_T$	$(B-V)_e$ $(U-B)_e$ m'_e m'_{25}	m_{21} W_{20} W_{50} HI	V_{21} V_{opt} V_{GSR} V_{3K}
0145.2 +1039	IC 154	.S..3..	1.16± .07	66					
143.78 -50.03	UGC 1229	U (1)	.79± .06	.17	14.76 ±.13				
310.60 -8.96		3.0±1.0		1.09					
0142.6 +1024	PGC 6439	4.5±1.3	1.18	.40					
014515.3+320342		.S..6*.	.83± .11					16.53±.2	10775± 6
136.02 -29.44	UGC 1227	U	.07± .06	.10	15.42 ±.12			122± 9	
330.89 -1.93		6.0±1.2		.10				105± 7	10906
014223.4+314841	PGC 6440		.84	.04	15.17			1.33	10513
014519.8+043706	IC 1726								
147.26 -55.69	CGCG 412- 25			.08	14.70 ±.16				5500± 60
304.75 -10.79									5561
014243.7+042205	PGC 6441								5212
014521.8+284315		.S..8*.	1.17± .05	25				15.60±.3	3959± 10
136.99 -32.67	UGC 1228	U	.28± .05	.25	14.74 ±.15				3974± 97
327.77 -3.09		8.0±1.2		.34				202± 7	4083
014232.1+282815	PGC 6443		1.20	.14	14.14			1.32	3690
014525.4-034938		.SBT4P*	1.09± .06	5					
154.23 -63.37	MCG -1- 5- 31	E	.11± .05	.06					
296.41 -13.16	IRAS01428-0404	4.0±1.2		.16	13.30				
014253.7-040439	PGC 6447		1.09	.05					
0145.4 +1033	IC 156	.S?....	1.18± .05						5241
143.91 -50.11	UGC 1231		.11± .05	.17	14.45 ±.18				
310.52 -9.03				.16					5319
0142.8 +1018	PGC 6448		1.20	.05	14.10				4953
014528.5-100538		.L..-..	1.12± .07	155					
162.28 -68.73	MCG -2- 5- 41	E	.12± .05	.05					
290.11 -14.74		-3.0± .9		.00					
014300.1-102039	PGC 6450		1.11						
0145.5 +2531		.S..9*.	1.33± .05						3839± 10
138.00 -35.77	UGC 1230	U	.08± .06	.45					
324.77 -4.20		9.0±1.0		.09					3955
0142.7 +2516	PGC 6451		1.37	.04					3565
0145.5 +0322		.S..4..	.97± .07	143					5332
148.21 -56.82	UGC 1235	U	.30± .05	.07	14.77 ±.12				
303.54 -11.21		4.0± .9		.45					5389
0143.0 +0307	PGC 6454		.98	.15	14.21				5044
014537.1+232633								17.46±.3	10275± 10
138.70 -37.76	CGCG 482- 11			.35	15.7 ±.4				
322.83 -4.92								241± 10	10386
014250.7+231133	PGC 6455								9998
014538.5-343130		PSAT3..	1.01± .06	168					
248.73 -76.23	ESO 353- 42	r	.11± .05	.02	15.10 ±.14				8506± 60
264.67 -19.10		3.3± .9		.15					8447
014325.0-344630	PGC 6458		1.01	.05	14.86				8291
014541.5+284820		.S..6*.	1.00± .06	110				15.81±.3	7842± 10
137.05 -32.57	UGC 1233	U	.15± .05	.25	14.58 ±.12				
327.87 -3.13	IRAS01428+2833	6.0±1.3		.21				311± 7	7966
014251.7+283320	PGC 6459		1.02	.07	14.08			1.66	7574
0145.7 +4113		.S..6*.	1.00± .16	10					
133.81 -20.50	UGC 1232	U	.55± .12	.25					
339.46 1.11		6.0±1.3		.81					
0142.8 +4058	PGC 6466		1.02	.27					
014551.8+350639		.SXS5..	1.05± .04	170				15.78±.3	5653± 8
135.34 -26.45	UGC 1234	U	.16± .04	.14	14.60 ±.12			268± 9	
333.78 -1.01	KUG 0142+348	5.0± .9		.24					5790
014257.5+345139	PGC 6473		1.06	.08	14.19			1.52	5398
0145.9 +0949		.S..2..	1.18± .05	45					5204
144.45 -50.76	UGC 1237	U	.44± .05	.16	15.04 ±.15				
309.86 -9.37	IRAS01432+0934	2.0± .8		.55	13.00				5279
0143.2 +0934	PGC 6475		1.20	.22	14.29				4916
014559.1-785415		.SAS5P.	1.01± .05						
299.64 -37.87	ESO 13- 22	S (1)	.06± .05	.28	14.72 ±.14				
217.49 -17.85		5.0± .8		.10					
014559.1-790912	PGC 6479	2.2± .8	1.04	.03					
014606.1+342226	NGC 666	.S?....	.87± .08	80	14.3 ±.3	.89± .02			
135.59 -27.15	UGC 1236		.17± .05	.13	13.9 ±.2	.36± .04			4811± 52
333.11 -1.30	6ZW 26			.26		.80			4947
014312.3+340727	PGC 6483		.88	.09	13.64	.28	13.08± .50		4555

R.A. 2000 DEC.	Names	Type	$\log D_{25}$	p.a.	B_T	$(B-V)_T$	$(B-V)_e$	m_{21}	V_{21}
l b		S_T n_L	$\log R_{25}$	A_g	m_B	$(U-B)_T$	$(U-B)_e$	W_{20}	V_{opt}
SGL SGB		T	$\log A_e$	A_i	m_{FIR}	$(B-V)^o_T$	m'_e	W_{50}	V_{GSR}
R.A. 1950 DEC.	PGC	L	$\log D_o$	A_{21}	B^o_T	$(U-B)^o_T$	m'_{25}	HI	V_{3K}
0146.1 +0624		.S..8*.	1.06± .06	155					5377
146.45 -53.94	UGC 1239	U	.10± .05	.16	14.68 ±.14				
306.57 -10.44		8.0±1.2		.12					5442
0143.5 +0610	PGC 6485		1.07	.05	14.39				5089
014620.7+041552		.S..8*.	1.06± .06	91					1803
147.91 -55.92	UGC 1240	U	.44± .05	.07	14.75 ±.12				
304.48 -11.13		8.0±1.3		.54					1862
014344.8+040053	PGC 6500		1.06	.22	14.13				1516
014622.7+362739	NGC 668	.S..3..	1.25± .03	30	13.74 ±.13	.68± .01	.74± .01	14.90±.3	4506± 7
135.11 -25.11	UGC 1238	U (1)	.16± .05	.19	13.37 ±.12	.08± .02	.11± .02	308± 9	4577± 52
335.07 -.64	IRAS01434+3612	3.0± .8	.72± .01	.21	13.20	.58	12.83± .04		4647
014327.2+361240	PGC 6502	3.5±1.0	1.27	.08	13.11	.01	14.46± .22	1.72	4256
0146.4 -0838		.IBS9..	1.08± .07	100					
160.60 -67.40	MCG -2- 5- 43	E (1)	.22± .05	.10					
291.64 -14.61	IRAS01439-0853	10.0± .9		.16	13.45				
0143.9 -0853	PGC 6504	8.7±1.2	1.09	.11					
014625.1-083814	IC 159	.SBT3P*	1.16± .06	35					3920
160.60 -67.39	MCG -2- 5- 42	E	.31± .05	.10					
291.65 -14.62		3.0±1.2		.43					3940
014355.9-085312	PGC 6505		1.17	.15					3644
014627.5+345539			.87± .08					16.13±.3	5548± 8
135.52 -26.60	CGCG 522- 2		.21± .12	.19	14.79 ±.14			268± 9	5438± 52
333.65 -1.18	MK 1006								5682
014333.2+344040	PGC 6507		.88						5290
014628.1-832312		.LX.-*.	1.14± .09						
301.05 -33.54		S	.07± .08	.49					4652± 15
212.88 -17.08		-2.7± .7		.00					4486
014819.6-833806	PGC 6510		1.20						4656
014629.2-131454	IC 160	.LX.-*.	1.09± .06	85					
168.48 -71.07	MCG -2- 5- 44	E	.20± .05	.00					
286.96 -15.71		-3.0± .9		.00					
014402.5-132953	PGC 6511		1.06						
014630.7-584020		.SBS9..	1.26± .04	0					
289.79 -57.03	ESO 114- 7	S (1)	.08± .05	.00	14.22 ±.14				2248
238.79 -20.05		9.0± .8		.08					2125
014446.0-585518	PGC 6513	7.8± .8	1.26	.04	14.14				2131
0146.5 +1440		.S..9*.	1.03± .06						7389
142.35 -46.10	UGC 1242	U	.12± .05	.08	15.18 ±.17				
314.58 -8.00		9.0±1.2		.12					7477
0143.9 +1426	PGC 6516		1.03	.06	14.97				7104
0146.6 -0346		.SBS8P.	1.14± .06	105					5434
154.76 -63.18	MCG -1- 5- 34	E (1)	.09± .05	.08					
296.56 -13.43		8.0± .8		.11					5469
0144.1 -0401	PGC 6518	7.5± .8	1.15	.05					5152
014639.7-252214		.SAR3*.	.92± .06	58					
207.96 -77.50	ESO 477- 3	r	.24± .04	.00	15.41 ±.14				
274.39 -18.08		3.3±1.3		.33					
014420.0-253712	PGC 6520		.92	.12					
0146.7 +1833		.L...?.	1.14± .07	135					
140.79 -42.38	UGC 1243	U	.27± .03	.13	14.56 ±.11				
318.30 -6.77		-2.0±1.7		.00					
0144.0 +1819	PGC 6524		1.12						
014649.2+242758		.S?....	1.08± .05	80				15.88±.3	3128± 10
138.70 -36.70	UGC 1244		.33± .05	.37	15.20 ±.14			207± 13	
323.88 -4.83				.50					3241
014402.0+241300	PGC 6528		1.11	.17	14.30			1.41	2854
014653.4+332322		.S?....	.77± .11					16.54±.3	11179± 10
136.04 -28.07	CGCG 503- 21		.06± .10	.12	15.18 ±.12				
332.25 -1.80				.09				231± 7.	11312
014400.2+330824	PGC 6534		.78	.03	14.91			1.59	10921
014653.7-335521		.SBT2..	1.02± .06						
245.97 -76.28	ESO 353- 45	r	.12± .06	.02	14.98 ±.14				10387± 34
265.35 -19.29		2.2± .8		.14					10329
014440.0-341018	PGC 6535		1.03	.06	14.71				10171
0146.9 +4824		.S..7*.	1.07± .14	17					
132.35 -13.44	UGC 1241	U	.32± .12	.91					
346.23 3.39		7.0±1.3		.45					
0143.8 +4810	PGC 6539		1.16	.16					

R.A. 2000 DEC. / l b / SGL SGB / R.A. 1950 DEC.	Names / PGC	Type / S_T n_L / T / L	$\log D_{25}$ / $\log R_{25}$ / $\log A_e$ / $\log D_o$	p.a. / A_g / A_i / A_{21}	B_T / m_B / m_{FIR} / B^o_T	$(B-V)_T$ / $(U-B)_T$ / $(B-V)^o_T$ / $(U-B)^o_T$	$(B-V)_e$ / $(U-B)_e$ / m'_e / m'_{25}	m_{21} / W_{20} / W_{50} / HI	V_{21} / V_{opt} / V_{GSR} / V_{3K}
014656.4+320637		.S?....	.89± .11					17.56±.3	10505± 10
136.40 -29.31	MCG 5- 5- 10		.24± .07	.09	14.85 ±.13				
331.06 -2.25				.29				599± 7	10635
014404.1+315139	PGC 6540		.90	.12	14.36			3.08	10244
014658.0+284522		.L?....	1.02± .14					16.24±.3	10761± 10
137.38 -32.55	MCG 5- 5- 11		.05± .07	.28	14.80 ±.12				
327.92 -3.41				.00				332± 7	10884
014408.1+283024	PGC 6544		1.04		14.36				10494
0146.9 +1224		.IA.9..	1.17± .05						804
143.52 -48.22	UGC 1246	U	.06± .05	.15	14.52 ±.19				
312.44 -8.81	VV 93	10.0± .8		.05					886
0144.3 +1210	PGC 6545		1.19	.03	14.32				518
014659.5+130734	NGC 671	.S?....	1.19± .06	55					
143.19 -47.55	UGC 1247		.50± .06	.14	14.17 ±.12				5460± 50
313.12 -8.59	IRAS01443+1252			.75	13.26				5544
014418.9+125237	PGC 6546		1.20	.25	13.25				5174
0147.0 +8213		.I..9*.	1.22± .12					15.28±.1	1254± 11
124.91 19.56	UGC 1207	U	.08± .12	.65					
18.43 13.82		10.0±1.1		.06				125± 8	1431
0141.0 +8158	PGC 6552		1.28	.04					1179
014713.1-403927		.S?....	.94± .06	47					
266.11 -72.24	ESO 297- 29		.18± .06	.03	15.20 ±.14				10037
258.15 -19.96				.24					9960
014505.0-405424	PGC 6557		.95	.09	14.85				9845
014716.1+353348	NGC 669	.S..2..	1.50± .03	36	13.36 ±.13	1.04± .02	1.07± .01	16.20±.3	4694± 8
135.53 -25.94	UGC 1248	U	.73± .05	.14	12.97 ±.14	.49± .03	.56± .02	876± 9	4752± 44
334.30 -1.12	IRAS01443+3519	2.0± .8	.93± .02	.90		.84	13.50± .06		4833
014421.2+351851	PGC 6560		1.51	.37	12.08	.30	13.86± .24	3.75	4443
014718.8-625816		.SBS9..	1.15± .04	65					
292.43 -53.00	ESO 80- 6	S (1)	.16± .04	.00	14.41 ±.14				1499
234.20 -19.89		8.7± .5		.16					1366
014544.0-631312	PGC 6562	6.9± .5	1.15	.08	14.24				1403
014720.1-611122		RSB.0./	1.19± .04	67					
291.32 -54.66	ESO 114- 8	Sr	.56± .04	.00	14.93 ±.14				
236.10 -20.01		-.1± .6		.42					
014541.0-612618	PGC 6564		1.16						
0147.4 +1617		.SXT8..	1.08± .06	5					4893
141.92 -44.50	UGC 1252	U	.11± .05	.13					
316.19 -7.67		8.0± .9		.13					4985
0144.7 +1603	PGC 6569		1.09	.05					4610
014725.0+275308	NGC 670	.LA....	1.31± .04	172	13.59 ±.13	.87± .01		15.76±.3	3703± 10
137.76 -33.37	UGC 1250	PU	.33± .04	.21	13.06 ±.09	.22± .02			3819± 41
327.14 -3.80	IRAS01446+2738	-2.0± .6		.00	13.24	.76		436± 10	3830
014435.5+273811	PGC 6570		1.29		12.96	.17	14.19± .27		3441
014730.3+360202		.S?....	.96± .09	44				18.02±.3	4847± 8
135.46 -25.47	UGC 1251		.29± .06	.19	14.94 ±.12			309± 9	
334.75 -1.00				.44					4985
014434.9+354705	PGC 6572		.98	.15	14.29			3.58	4596
0147.5 +1206		.S?....	1.14± .05	18					6623
143.86 -48.47	UGC 1253		.39± .05	.15	15.06 ±.15				
312.18 -9.03	IRAS01448+1151			.59	13.43				6704
0144.8 +1151	PGC 6573		1.16	.20	14.28				6337
014730.7+271951	IC 1727	.SBS9..	1.84± .02	150	12.07 ±.19	.57± .05	.55± .03	12.93±.2	338± 5
137.96 -33.90	UGC 1249	R (1)	.35± .02	.27	11.78 ±.17			145± 10	393± 32
326.63 -4.01		9.0± .3	1.49± .04	.36		.43	15.01± .11	121± 12	458
014441.6+270455	PGC 6574	6.0± .9	1.86	.18	11.28		15.23± .21	1.48	70
0147.6 +1120		.S..8..	1.00± .06	85					5217
144.29 -49.18	UGC 1255	U	.18± .05	.13	15.25 ±.15				
311.46 -9.30		8.0± .9		.22					5295
0145.0 +1106	PGC 6580		1.02	.09	14.89				4931
014743.1-524540	NGC 685	.SXR5..	1.57± .03		11.5 ±.3	.46± .03	.54± .02	13.30±.3	1356± 6
284.48 -62.30	ESO 152- 24	R (2)	.05± .04	.00	12.03 ±.12	-.18± .10	-.09± .03	182± 7	1365± 44
245.13 -20.39	IRAS01458-5300	5.0± .7	1.42± .06	.08	12.33	.44	14.11± .14		1247
014549.0-530036	PGC 6581	4.0± .6	1.57	.03	11.87	-.19	14.07± .35	1.40	1214
014743.7+350121		.S?....	.94± .11					15.65±.3	5557± 8
135.78 -26.44	MCG 6- 5- 5		.00± .07	.18	14.79 ±.13			118± 9	
333.83 -1.39				.00					5693
014449.1+344625	PGC 6582		.95	.00	14.57			1.08	5303

R.A. 2000 DEC. / l b / SGL SGB / R.A. 1950 DEC.	Names / PGC	Type / S_T n_L / T / L	$\log D_{25}$ / $\log R_{25}$ / $\log A_e$ / $\log D_o$	p.a. / A_g / A_i / A_{21}	B_T / m_B / m_{FIR} / B_T^o	$(B\text{-}V)_T$ / $(U\text{-}B)_T$ / $(B\text{-}V)_T^o$ / $(U\text{-}B)_T^o$	$(B\text{-}V)_e$ / $(U\text{-}B)_e$ / m'_e / m'_{25}	m_{21} / W_{20} / W_{50} / HI	V_{21} / V_{opt} / V_{GSR} / V_{3K}
014745.8-333611	IC 1728	PSXS4..	1.11± .03	3	14.07 ±.13	.73± .02	.81± .02		
244.43 -76.25	ESO 353- 47	BSr (1)	.18± .04	.02	14.17 ±.14				8748± 45
265.71 -19.44	IRAS01455-3350	3.9± .4	.71± .01	.27	12.81	.63	13.11± .03		8691
014532.0-335107	PGC 6584	3.3±1.2	1.11	.09	13.77		14.00± .22		8532
014748.0+253429			.82± .13					16.12±.3	12257± 10
138.60 -35.58	MCG 4- 5- 10		.17± .07	.47	15.20 ±.12				
325.00 -4.67								335± 7	12372
014500.0+251933	PGC 6586		.86						11985
014748.1-164321	NGC 690	.SXS5*.	1.08± .05	145	14.8 ±.3	.57± .08		15.34±.1	5160± 10
177.24 -73.32	MCG -3- 5- 21	PSE (3)	.17± .04	.00				257± 11	5231± 59
283.46 -16.76		5.0± .5		.26		.50		242± 11	5156
014523.4-165816	PGC 6587	1.6± .5	1.08	.09	14.51		14.63± .41	.74	4901
014753.5+272601	NGC 672	.SBS6..	1.86± .01	65	11.47M±.10	.58± .03	.59± .01	11.79±.1	421± 4
138.02 -33.78	UGC 1256	R (2)	.45± .02	.26	11.27 ±.11	-.10± .06	-.05± .02	269± 4	390± 34
326.75 -4.05	IRAS01450+2710	6.0± .3	1.37± .02	.66	11.67	.43	13.74± .04	198± 5	541
014504.3+271105	PGC 6595	5.4± .6	1.88	.23	10.45	-.21	14.49± .13	1.12	152
014755.5-265329	IC 1729	.LXS-*.	1.22± .03	150	13.54 ±.13	.94± .01	.92± .01		
215.08 -77.42	ESO 477- 4	S	.27± .03	.00	13.03 ±.14	.31± .02	.41± .02		1495± 52
272.84 -18.60		-4.0± .6	.44± .03	.00		.92	11.23± .10		1458
014537.1-270824	PGC 6598		1.14		13.28	.32	13.94± .23		1259
014805.0-520253		.L..-P.	1.16± .08	77					
283.64 -62.91	ESO 197- 1	S	.16± .04	.01	15.29 ±.14				
245.90 -20.45		-3.0± .8		.00					
014610.0-521748	PGC 6605		1.13						
014807.1+362708		.S..2..	1.02± .06	107				16.63±.3	4662± 8
135.48 -25.03	UGC 1257	U	.29± .05	.17	14.87 ±.12			355± 9	
335.18 -.97		2.0± .9		.36					4801
014511.3+361213	PGC 6607		1.03	.15	14.30			2.19	4412
014822.8+113123	NGC 673	.SXS5..	1.33± .03	0	13.20 ±.13	.59± .01	.67± .01	14.33±.2	5182± 5
144.46 -48.95	UGC 1259	U	.11± .05	.16	13.00 ±.13	-.11± .02	-.02± .02	342± 7	5241± 60
311.69 -9.41	IRAS01457+1116	5.0± .7	.92± .01	.16	11.70	.50	13.29± .03	313± 5	5261
014543.0+111628	PGC 6624		1.34	.05	12.75	-.17	14.43± .22	1.53	4898
0148.4 -1222	A 0145-12	.IXT9..	1.45± .04	20	13.71 ±.18	.47± .05	.49± .03	14.18±.1	1621± 8
167.88 -70.11	MCG -2- 5- 50	R (2)	.08± .05	.00		.02± .06	-.01± .04	119± 9	
287.96 -15.98	DDO 14	10.0± .3	1.18± .04	.06		.44	15.10± .08	81± 8	1628
0145.9 -1237	PGC 6626	7.7± .6	1.45	.04	13.65	.00	15.64± .29	.48	1353
0148.4 +1324		.S..6*.	1.15± .05	92					5014
143.57 -47.16	UGC 1261	U	.65± .05	.15	15.21 ±.12				
313.52 -8.84		6.0±1.3		.95					5098
0145.8 +1310	PGC 6627		1.16	.32	14.09				4730
0148.4 +1341		.I..9..	1.11± .14						5083
143.43 -46.89	UGC 1262	U	.25± .12	.14					
313.79 -8.75		10.0± .9		.18					5167
0145.8 +1327	PGC 6628		1.12	.12					4799
014833.3+123645	A 0145+12	PSBS1..	.91± .09					15.96±.2	5488± 6
143.98 -47.91	UGC 1260	U	.10± .06	.18	14.04 ±.15			160± 8	5295± 60
312.75 -9.11	MK 575	1.0± .9		.10	11.93			153± 10	5568
014552.9+122151	PGC 6633		.93	.05	13.69			2.22	5202
0148.5 +1033		.S?....	1.02± .06	140					5267
145.02 -49.84	UGC 1263		.05± .05	.17					
310.78 -9.75				.08					5343
0145.9 +1019	PGC 6634		1.03	.03					4982
0148.5 +1345		.S..6*.	1.04± .08						4790
143.44 -46.82	UGC 1264	U	.59± .06	.14					
313.86 -8.75		6.0±1.3		.86					4875
0145.9 +1331	PGC 6636		1.05	.29					4506
014836.5-101939		.L..0*/	1.08± .06	163					
164.36 -68.47	MCG -2- 5- 51	E	.59± .05	.03					
290.07 -15.54		-2.0±1.3		.00					
014608.3-103433	PGC 6637		.99						
014838.1-484912		.SBS6?/	1.18± .04	152					
279.70 -65.65	ESO 197- 2	S	.76± .04	.04	15.15 ±.14				
249.37 -20.53	IRAS01465-4904	5.7± .8		1.11	13.75				
014639.0-490406	PGC 6638		1.18	.38					
0148.7 -2733	A 0146-27	.S..3?.			15.5 ±.2	.26± .07			
218.13 -77.28		S		.00		-.25± .12			9069
272.17 -18.86									9029
0146.4 -2748	PGC 6641								8835

R.A. 2000 DEC.	Names	Type	$\log D_{25}$	p.a.	B_T	$(B-V)_T$	$(B-V)_e$	m_{21}	V_{21}
l b		S_T n_L	$\log R_{25}$	A_g	m_B	$(U-B)_T$	$(U-B)_e$	W_{20}	V_{opt}
SGL SGB		T	$\log A_e$	A_i	m_{FIR}	$(B-V)^o_T$	m'_e	W_{50}	V_{GSR}
R.A. 1950 DEC.	PGC	L	$\log D_o$	A_{21}	B^o_T	$(U-B)^o_T$	m'_{25}	HI	V_{3K}
014842.3-483854	NGC 692	PSBR4*.	1.32± .04						
279.46 -65.79	ESO 197- 3	Sr (1)	.06± .05	.04	13.06 ±.14				6256± 34
249.56 -20.54	FAIR 712	3.8± .4		.08	12.64				6156
014643.0-485348	PGC 6642	1.4± .4	1.32	.03	12.90				6097
014843.8+103029	IC 162	.L.....	1.21± .09						
145.11 -49.88	UGC 1267	U	.00± .05	.17	13.71 ±.12				5132± 49
310.74 -9.81	MK 1007	-2.0± .8		.00					5207
014604.6+101535	PGC 6643		1.23		13.46				4847
014844.1+103029		.S?....	.89± .08	65					5200
145.11 -49.88	UGC 1266		.13± .05	.17	14.69 ±.12				
310.74 -9.81	VV 54			.20					5275
014604.8+101535	PGC 6644		.91	.07	14.29				4915
014846.7+201542		.SB?...	1.08± .09	170					
140.75 -40.62	UGC 1265		.32± .07	.24					8967± 29
320.07 -6.67	VV 535			.48	13.16				9069
014601.9+200048	PGC 6645		1.10	.16					8689
014847.0-285742		PSBS3..	.98± .05	60					
224.52 -77.22	ESO 414- 3	r	.40± .04	.00	15.45 ±.14				
270.68 -19.08		3.3± .9		.55					
014630.0-291236	PGC 6646		.98	.20					
0148.8 +1034		.S?....	.95± .07	46					5217
145.12 -49.80	UGC 1268		.51± .05	.17	15.22 ±.13				
310.82 -9.82				.76					5293
0146.2 +1020	PGC 6654		.97	.25	14.26				4932
014856.4-234755	NGC 686	.LA.-*.	1.25± .05						
201.72 -76.61	ESO 477- 6	S	.11± .04	.00	13.37 ±.14				4657± 42
276.14 -18.34		-3.0±1.1		.00					4628
014636.0-240248	PGC 6655		1.23		13.30				4413
014857.5+055428	NGC 676	.S..0*/	1.60± .03	172				14.55±.1	1510± 5
147.88 -54.15	UGC 1270	R	.52± .04	.15				397± 7	
306.28 -11.27	ARAK 57	.0± .4		.39				380± 5	1572
014620.6+053935	PGC 6656		1.59						1225
0148.9 +1311		.LB....	1.22± .06	95					
143.84 -47.32	UGC 1271	U	.18± .03	.16	14.11 ±.12				
313.35 -9.02		-2.0± .8		.00					
0146.3 +1257	PGC 6657		1.21						
014904.5-145830	NGC 682	.LA.-..	1.14± .10	95					
173.64 -71.91	MCG -3- 5- 22	E	.08± .07	.00					
285.33 -16.70		-3.0± .9		.00					
014638.9-151324	PGC 6663		1.13						
0149.1 +3458		.L..-*.	.96± .12	105					
136.10 -26.41	UGC 1269	U	.17± .05	.14	15.10 ±.10				
333.89 -1.67		-3.0±1.2		.00					
0146.2 +3444	PGC 6664		.96						
014908.4-035418	IC 164	.E+..*.	1.15± .10	20					
156.12 -63.00	MCG -1- 5- 37	E	.08± .07	.04					
296.59 -14.07		-4.0±1.2		.00					
014636.8-040911	PGC 6666		1.14						
014910.3-100345		.SBS7..	1.46± .03	120				13.90±.1	1991± 11
164.24 -68.17	MCG -2- 5- 53	E (1)	.10± .05	.07				213± 16	
290.37 -15.62	IRAS01466-1018	7.0± .7		.14	13.44			185± 12	2005
014642.0-101838	PGC 6667	5.3± .8	1.47	.05					1719
014910.5+053822	A 0146+05								
148.14 -54.38	CGCG 412- 29			.16	15.13 ±.16				5304±113
306.04 -11.40	MK 576								5365
014633.8+052329	PGC 6668								5019
0149.1 +1250		.S..1*.	1.16± .05	108					
144.07 -47.64	UGC 1274	U	.46± .05	.16	14.85 ±.13				
313.03 -9.18		1.0±1.2		.46					
0146.5 +1236	PGC 6670		1.18	.23					
014910.9-102540	NGC 681	.SXS2./	1.41± .02	68	12.82M±.10	.83± .01	.91± .01	14.12±.1	1757± 10
164.84 -68.46	MCG -2- 5- 52	R	.20± .03	.03	12.75 ±.19	.27± .02	.37± .02	378± 6	1754± 21
290.00 -15.70	IRAS01467-1040	2.0± .3	.92± .01	.25	11.83	.77	12.88± .03		1769
014642.8-104033	PGC 6671		1.42	.10	12.51	.23	14.23± .16	1.51	1485
014914.6+130318	NGC 677	.E.....	1.30± .12		13.2 ±.2	.99± .05	1.07± .02		
144.00 -47.44	UGC 1275	U	.00± .08	.16	13.60 ±.15	.49± .06	.58± .03		5100± 31
313.23 -9.13	IRAS01464+1249	-5.0± .7	1.13± .06	.00	13.58	.90	14.35± .17		5182
014633.8+124825	PGC 6673		1.33		13.22	.48	14.69± .68		4816

R.A. 2000 DEC. / l b / SGL SGB / R.A. 1950 DEC.	Names / PGC	Type / S_T n_L / T / L	$\log D_{25}$ / $\log R_{25}$ / $\log A_e$ / $\log D_o$	p.a. / A_g / A_i / A_{21}	B_T / m_B / m_{FIR} / B^o_T	$(B-V)_T$ / $(U-B)_T$ / $(B-V)^o_T$ / $(U-B)^o_T$	$(B-V)_e$ / $(U-B)_e$ / m'_e / m'_{25}	m_{21} / W_{20} / W_{50} / HI	V_{21} / V_{opt} / V_{GSR} / V_{3K}
014915.4-034103		.SAT6*.	1.15± .06	170					
155.94 -62.79	MCG -1- 5- 36	E (1)	.05± .05	.04					12722
296.82 -14.04		6.0±1.2		.08					12755
014643.7-035556	PGC 6674	4.2± .8	1.16	.03					12442
014915.5+204241	IC 163	.SB.8..	1.26± .04	95				14.54±.1	2744± 5
140.72 -40.15	UGC 1276	U	.33± .05	.31	13.60 ±.12			240± 5	
320.53 -6.62	IRAS01465+2027	8.0± .8		.41	13.10			223± 6	2846
014630.3+202748	PGC 6675		1.29	.17	12.88			1.50	2467
0149.2 +8515		.E?....	1.00± .10	70					
124.21 22.53	UGC 1198		.09± .04	.39	14.80 ±.16				1207
21.45 14.55	7ZW 3			.00	12.26				1382
0140.9 +8500	PGC 6676		1.03		14.40				1147
014915.8+350423		.L...*.	1.06± .11	23					
136.11 -26.31	UGC 1272	U	.25± .05	.14	14.22 ±.10				4864± 80
333.98 -1.67	ARAK 58	-2.0±1.2		.00					4999
014620.9+344930	PGC 6677		1.04		14.01				4612
0149.2 +1242		.S..6*.	1.00± .06	105					10020
144.17 -47.76	UGC 1278	U	.33± .05	.16	15.35 ±.13				
312.91 -9.25		6.0±1.3		.49					10101
0146.6 +1228	PGC 6678		1.01	.17	14.66				9736
014916.9-324431	IC 1734	.SBT5..	1.20± .05		13.36 ±.14	.61± .02	.69± .01		
240.57 -76.29	ESO 353- 48	BSr (1)	.07± .05	.02	13.59 ±.14				4986± 45
266.66 -19.66	IRAS01470-3259	5.0± .3	.94± .02	.11	12.97	.56	13.55± .04		4930
014702.7-325924	PGC 6679	2.6±1.1	1.20	.04	13.32		14.03± .30		4768
0149.3 +1321		.S?....	.91± .07	148					4608
143.89 -47.13	UGC 1279		.49± .05	.16	15.26 ±.13				
313.54 -9.06				.74					4691
0146.7 +1307	PGC 6687		.93	.25	14.33				4325
014924.4-264443		.L..0..	1.12± .05		14.7 ±.2	.99± .05	1.00± .03		
214.54 -77.08	ESO 477- 7	S	.21± .04	.00	14.85 ±.14				
273.04 -18.90		-2.0± .8	.93± .07	.00			14.86± .22		
014706.0-265936	PGC 6689		1.09				14.66± .34		
014925.3+215950	NGC 678	.SBS3*/	1.65± .02	78	13.33 ±.13	1.12± .02	1.20± .01	15.16±.2	2836± 5
140.29 -38.91	UGC 1280	PU (1)	.75± .03	.33	13.10 ±.12	.55± .03	.62± .02	408± 7	2811± 61
321.76 -6.23		3.0± .6	.86± .02	1.04		.89	13.12± .07	241± 25	2941
014639.3+214458	PGC 6690	4.5±1.1	1.68	.38	11.82	.29	14.53± .18	2.97	2560
014926.0+352707		.S..0..	1.23± .06	75				15.90±.3	4141± 8
136.04 -25.94	UGC 1277	U	.29± .06	.14	14.23 ±.13			502± 9	4238± 80
334.35 -1.57		.0± .8		.22					4278
014630.7+351214	PGC 6691		1.23		13.81				3891
014928.3-560308		RSBR1..	1.25± .05	29					
287.05 -59.25	ESO 152- 26	S	.15± .05	.00	14.12 ±.14				6065± 34
241.59 -20.56		1.0± .8		.16					5947
014740.0-561800	PGC 6692		1.25	.08	13.88				5938
014929.3-335020		.SXS7..	1.13± .05						3931
244.71 -75.83	ESO 353- 49	S (1)	.06± .05	.02	15.00 ±.14				
265.50 -19.82		7.0± .8		.08					3872
014716.1-340512	PGC 6693	5.6± .8	1.14	.03	14.89				3718
014930.1+123032		.S..0..	1.12± .05	55					
144.35 -47.93	UGC 1282	U	.41± .05	.15	14.12 ±.13				5179± 38
312.72 -9.36	MK 577	.0± .9		.31					5259
014649.6+121540	PGC 6694		1.11		13.59				4895
014930.5-345420	NGC 696	.LXS+P?	1.23± .05	25					
248.55 -75.35	ESO 353- 50	BS	.42± .04	.02	14.37 ±.14				8027± 32
264.36 -19.93		-.8± .6		.00					7965
014718.0-350912	PGC 6695		1.16		14.23				7817
014930.7-274202	A 0147-27	.P.....	.66± .06	53	15.10 ±.15	.52± .06			
218.82 -77.11	ESO 414- 4	S	.52± .07	.00	15.31 ±.14	-.54± .11			
272.04 -19.06	IRAS01472-2756	99.0							
014713.0-275654	PGC 6696		.66						
014931.2-270450		.S?....	1.10± .05	130					
216.04 -77.08	ESO 477- 8		.18± .04	.00	14.08 ±.14				8630
272.69 -18.98	IRAS01472-2719			.26	12.19				8591
014713.0-271942	PGC 6697		1.10	.09	13.76				8395
014932.4+323532		.S..8..	1.65± .03	38				13.41±.1	157± 4
136.87 -28.70	UGC 1281	U	.76± .05	.15	12.87 ±.12			129± 5	168± 52
331.69 -2.60		8.0± .7		.93				116± 8	287
014639.3+322040	PGC 6699		1.67	.38	11.79			1.24	-99

R.A. 2000 DEC. l b SGL SGB R.A. 1950 DEC.	Names PGC	Type S_T n_L T L	$\log D_{25}$ $\log R_{25}$ $\log A_e$ $\log D_o$	p.a. A_g A_i A_{21}	B_T m_B m_{FIR} B_T^o	$(B\text{-}V)_T$ $(U\text{-}B)_T$ $(B\text{-}V)_T^o$ $(U\text{-}B)_T^o$	$(B\text{-}V)_e$ $(U\text{-}B)_e$ m'_e m'_{25}	m_{21} W_{20} W_{50} HI	V_{21} V_{opt} V_{GSR} V_{3K}
014937.7-133418		.SBR3?.	1.17± .05	63					1441
170.89 -70.80	MCG -2- 5- 56	E (1)	.45± .05	.00					
286.81 -16.52		3.0±1.2		.63					1444
014711.4-134911	PGC 6703	4.2±1.2	1.17	.23					1175
0149.6 -1249	A 0147-13	.SBS9..	1.29± .05	15	14.91 ±.17	.54± .07	.59± .04	16.11±.1	1710± 6
169.40 -70.24	MCG -2- 5- 57	PE (2)	.10± .05	.00		-.24± .10	-.15± .08	111± 8	
287.58 -16.37	DDO 15	9.0± .6	1.05± .03	.11		.51	15.65± .07	127± 12	1715
0147.2 -1304	PGC 6706	8.8± .7	1.29	.05	14.80	-.26	15.96± .32	1.27	1443
014943.5-344950	NGC 698	PSXT2*.	.96± .05						
248.20 -75.35	ESO 353- 51	BSr	.05± .04	.02	14.78 ±.14				8368± 69
264.44 -19.97		2.4± .5		.06					8306
014731.0-350442	PGC 6710		.96	.03	14.61				8158
014943.8+354705	NGC 679	.L..-*.	1.32± .07		13.33 ±.14	1.00± .02	1.05± .01		
136.01 -25.60	UGC 1283	U	.00± .05	.20	12.82 ±.10	.57± .02	.62± .02		5040± 20
334.68 -1.51	5ZW 114	-3.0±1.0	.77± .03	.00		.91	12.67± .12		5177
014648.2+353212	PGC 6711		1.34		12.72	.55	14.80± .41		4790
0149.7 +2222		.I..9..	1.04± .15					16.70±.3	2953± 9
140.24 -38.52	UGC 1287	U	.00± .12	.33				114± 10	
322.15 -6.17		10.0± .8		.00					3059
0147.0 +2208	PGC 6716		1.07	.00					2678
0149.7 +1142	NGC 683	.S?....	1.00± .06						5264
144.86 -48.67	UGC 1288		.00± .05	.15	14.47 ±.13				
311.97 -9.68	IRAS01471+1127			.00	13.18				5342
0147.1 +1127	PGC 6718		1.01	.00	14.29				4980
014947.4+215814	NGC 680	.E+..P*	1.29± .03		12.90 ±.13	1.00± .01	1.03± .01	15.61±.2	2801± 6
140.40 -38.91	UGC 1286	PU	.08± .06	.28	12.82 ±.10	.49± .02		437± 7	2933± 24
321.76 -6.32		-4.0± .5	.68± .02	.00		.91	11.79± .08		2914
014701.4+214322	PGC 6719		1.30		12.52	.44	14.11± .25		2533
014951.9-272756	NGC 689	PSXR2P*	.99± .04	68					
217.78 -77.02	ESO 414- 5	Sr	.18± .03	.00	14.56 ±.14				
272.30 -19.11	IRAS01475-2742	1.6± .6		.22	12.75				
014734.1-274248	PGC 6724		.99	.09					
0149.9 +0339									
149.79 -56.13	CGCG 386- 39			.08	15.4 ±.3				14562
304.16 -12.15									14617
0147.3 +0325	PGC 6726								14278
0149.9 +1624		.S..6*.	1.06± .06	120					4974± 10
142.67 -44.20	UGC 1289	U	.13± .05	.13					
316.50 -8.20		6.0±1.2		.20					5065
0147.2 +1610	PGC 6728		1.07	.07					4693
0149.9 +1148		.S..4..	.90± .07	140					
144.87 -48.55	UGC 1290	U	.08± .05	.15	14.87 ±.12				
312.09 -9.69		4.0± .9		.12					
0147.3 +1134	PGC 6733		.91	.04					
0149.9 +0204		.S..2..	1.00± .08	143					
151.02 -57.56	UGC 1293	U	.19± .06	.04	14.73 ±.12				14146
302.60 -12.63		2.0± .9		.23					14196
0147.4 +0150	PGC 6734		1.00	.09	14.32				13863
0150.0 -0629		.S?....	1.12± .08						5301
159.56 -65.11	MCG -1- 5- 39		.46± .07	.03					
294.05 -14.94				.67					5325
0147.5 -0644	PGC 6735		1.12	.23					5025
0150.0 -0044		.S?....	.95± .07	105					
153.42 -60.09	UGC 1296		.66± .05	.06	15.47 ±.13				5217
299.82 -13.44				.99					5259
0147.5 -0059	PGC 6741		.96	.33	14.39				4936
0150.1 +2308		.I..9*.	1.04± .15						2856
140.08 -37.76	UGC 1294	U	.00± .12	.31					
322.90 -6.00		10.0±1.2		.00					2964
0147.4 +2254	PGC 6750		1.07	.00					2583
015010.9+021829		.IBS9..	1.02± .06						1697
150.92 -57.34	UGC 1297	U	.11± .05	.04	14.81 ±.14				
302.84 -12.61		10.0± .9		.09					1748
014735.9+020338	PGC 6751		1.02	.06	14.69				1414
015012.7+271149	IC 1731	.SXS5*.	1.19± .04	140					
138.70 -33.87	UGC 1291	PU	.20± .04	.23	14.00 ±.12				3426± 50
326.71 -4.62		5.3± .7		.30					3544
014723.4+265658	PGC 6756		1.21	.10	13.45				3159

R.A. 2000 DEC. l b SGL SGB R.A. 1950 DEC.	Names PGC	Type S_T n_L T L	$\log D_{25}$ $\log R_{25}$ $\log A_e$ $\log D_o$	p.a. A_g A_i A_{21}	B_T m_B m_{FIR} B_T^o	$(B-V)_T$ $(U-B)_T$ $(B-V)_T^o$ $(U-B)_T^o$	$(B-V)_e$ $(U-B)_e$ m'_e m'_{25}	m_{21} W_{20} W_{50} HI	V_{21} V_{opt} V_{GSR} V_{3K}
015014.3+273852	NGC 684	.S..3./	1.51± .03	90	13.34 ±.15	.99± .02	1.07± .02	14.05±.2	3534± 6
138.56 -33.43	UGC 1292	PU (1)	.75± .04	.22	13.20 ±.13	.43± .04	.52± .03	493± 9	3694± 52
327.13 -4.46	IRAS01474+2724	3.0± .5	.90± .04	1.04	13.32	.78	13.33± .13	481± 6	3655
014724.6+272401	PGC 6759	3.5±1.1	1.53	.38	11.96	.22	13.83± .22	1.71	3270
015015.5+332944		.L.....	.91± .13						
136.78 -27.79	UGC 1295	U	.05± .05	.15	15.26 ±.11				
332.59 -2.42		-2.0± .8		.00					
014721.7+331453	PGC 6760		.92						
015020.6-561740		.S..4?/	1.11± .05	142					
287.05 -58.98	ESO 152- 28	S	.83± .04	.00	15.84 ±.14				
241.32 -20.67		4.0±1.9		1.22					
014833.1-563230	PGC 6770		1.11	.42					
015028.5-470952		RSAR2?P	1.23± .06	4	15.33 ±.13	.98± .02			
276.79 -66.85	ESO 245- 6	S	.07± .05	.04	15.28 ±.14	.40± .04			6039± 69
251.16 -20.82		2.0±1.1		.08		.91			5942
014828.1-472442	PGC 6776		1.23	.03	15.13	.37	16.15± .36		5875
015030.9+060841	NGC 693	.S..0$.	1.33± .03	106	13.24 ±.14	.80± .02	.82± .02	14.79±.2	1564± 5
148.34 -53.79	UGC 1304	P	.32± .05	.16	13.28 ±.12	.15± .03	.12± .03	270± 8	1593± 50
306.63 -11.57	IRAS01479+0553	.0±1.5	.79± .02	.24	11.04	.70	12.68± .07	239± 5	1626
014754.0+055351	PGC 6778		1.33		12.84	.08	13.95± .23		1280
015033.0+352129		.I..9..	1.00± .06	85				15.93±.3	5497± 8
136.31 -25.97	UGC 1299	U	.24± .05	.15	15.39 ±.14			195± 9	
334.34 -1.82		10.0± .9		.18					5632
014737.6+350639	PGC 6780		1.01	.12	15.06			.75	5246
015033.3+362215	NGC 687	.L.....	1.15± .15		13.30 ±.13	1.04± .01	1.05± .01		
136.03 -24.99	UGC 1298	U	.00± .08	.22	13.20 ±.10	.60± .03	.61± .02		5117± 25
335.28 -1.46		-2.0± .8	.81± .02	.00		.94	12.84± .06		5254
014737.1+360725	PGC 6782		1.18		12.94	.57	13.92± .81		4869
015040.6+322946								17.30±.3	10535± 10
137.16 -28.73	CGCG 503- 31			.15	15.7 ±.4				
331.69 -2.85								461± 7	10664
014747.4+321455	PGC 6789								10278
015041.1+334426			.62± .11						
136.80 -27.53	CGCG 522- 19		.11± .12	.14	15.25 ±.18				5611± 39
332.85 -2.42	MK 1008				13.67				5743
014746.9+332936	PGC 6790		.64						5357
015041.7-035620		.LBR+P?	1.02± .07	130					
156.90 -62.83	MCG -1- 5- 40	E	.26± .05	.04					
296.66 -14.46	IRAS01481-0411	-1.0± .9		.00	12.51				
014810.1-041110	PGC 6791		.98						
015041.7+214535	NGC 691	.SAT4..	1.54± .02	95	12.24 ±.15	.80± .02	.89± .02	14.85±.1	2665± 4
140.74 -39.05	UGC 1305	PU	.12± .03	.24	12.9 ±.2	.19± .03	.30± .03	328± 5	
321.63 -6.59	IRAS01479+2130	4.0± .5	1.33± .03	.18	13.10	.71	14.38± .08	322± 5	2769
014755.8+213045	PGC 6793		1.56	.06	12.04	.11	14.49± .21	2.75	2390
015043.0+330456	IC 1733	.E...*.	1.18± .15		14.12 ±.18	1.14± .03	1.12± .02		
137.00 -28.16	UGC 1301	U	.03± .08	.17	14.69 ±.18				
332.24 -2.65	6ZW 58	-5.0±1.1	.86± .07	.00			13.91± .23		
014749.4+325006	PGC 6796		1.20				14.94± .78		
015044.0-120210	NGC 699	.SB.4?/	1.18± .05	130					5502
168.47 -69.48	MCG -2- 5- 59	E	.68± .05	.01					
288.45 -16.45	IRAS01482-1217	4.0±1.3		.99	13.49				5509
014816.9-121700	PGC 6798		1.18	.34					5235
015044.2+351703	NGC 688	PSXT3..	1.39± .03	145	13.35 ±.15	.68± .03	.76± .02	14.92±.2	4150± 5
136.37 -26.04	UGC 1302	Ur	.21± .04	.15	13.08 ±.13	.03± .04	.12± .03	368± 6	4111± 35
334.28 -1.88	MK 1009	3.2± .5	1.02± .03	.29	12.82	.58	13.94± .10	349± 10	4284
014748.8+350213	PGC 6799		1.40	.11	12.72	-.05	14.61± .23	2.10	3898
015047.0+323249		RLX.0..	1.11± .07	70				16.85±.3	11334± 10
137.17 -28.68	UGC 1306	U	.05± .03	.15	14.56 ±.13				
331.74 -2.86		-2.0± .8		.00				250± 7	11463
014753.7+321759	PGC 6802		1.12		14.24				11077
015048.1+355557	IC 1732	.S?....	1.17± .05	62					
136.21 -25.40	UGC 1307		.58± .05	.20	14.93 ±.12				4889± 30
334.89 -1.66				.88					5025
014752.2+354107	PGC 6805		1.19	.29	13.83				4640
015051.2+361631		.E.....	1.36± .11						
136.12 -25.07	UGC 1308	U	.00± .08	.22	13.77 ±.19				5075± 56
335.21 -1.55		-5.0± .7		.00					5212
014755.1+360141	PGC 6807		1.40		13.47				4827

R.A. 2000 DEC. / l b / SGL SGB / R.A. 1950 DEC.	Names / PGC	Type / S_T n_L / T / L	$\log D_{25}$ / $\log R_{25}$ / $\log A_e$ / $\log D_o$	p.a. / A_g / A_i / A_{21}	B_T / m_B / m_{FIR} / B_T^o	$(B-V)_T$ / $(U-B)_T$ / $(B-V)_T^o$ / $(U-B)_T^o$	$(B-V)_e$ / $(U-B)_e$ / m'_e / m'_{25}	m_{21} / W_{20} / W_{50} / HI	V_{21} / V_{opt} / V_{GSR} / V_{3K}
015052.3-360053		.LA.-*.	1.16± .05		14.33 ±.15	.94± .02	.99± .02		
251.74 -74.56	ESO 354- 3	S	.16± .04	.02	14.08 ±.14	.29± .04	.39± .03		5736± 34
263.19 -20.31		-3.0± .8	.60± .05	.00		.87	12.82± .16		5670
014841.0-361542	PGC 6809		1.14		14.09	.31	14.60± .32		5530
015052.6+482107		.SB.1..	1.07± .08						
133.02 -13.35	UGC 1303	U	.02± .06	.96	14.8 ±.3				
346.40 2.75		1.0± .8		.02					
014744.5+480617	PGC 6811		1.16	.01					
0150.9 +1817	IC 1736	.S..4..	1.06± .06	33					5165
142.18 -42.34	UGC 1309	U	.51± .05	.13	14.87 ±.12				
318.37 -7.80		4.0± .9		.75					5260
0148.2 +1803	PGC 6814		1.07	.26	13.95				4887
015058.1+215950	NGC 694	.L...$P	1.58± .05	160	14.28 ±.13	.56± .02		15.43±.1	2950± 4
140.73 -38.81	UGC 1310	P	.18± .03	.24	13.2 ±.2	-.15± .04		179± 6	2935± 30
321.88 -6.57	MK 363	-2.0±1.9		.00	12.24	.46		178± 10	3054
014812.0+214500	PGC 6816		1.58		13.69	-.19	16.61± .27		2675
0150.9 +1317		.S?....	1.16± .05	96					5198
144.47 -47.07	UGC 1312		.51± .05	.18	14.81 ±.12				
313.60 -9.45				.76					5280
0148.3 +1303	PGC 6817		1.18	.25	13.84				4916
015101.0+294809		.I..9*.	1.09± .07	20				15.66±.3	4349± 10
138.07 -31.31	UGC 1311	U	.06± .06	.19					
329.20 -3.87		10.0±1.2		.04				143± 7	4472
014809.7+293319	PGC 6823		1.11	.03					4087
015103.9-094214	NGC 701	.SBT5..	1.39± .02	40	12.82 ±.13	.65± .01	.72± .01	14.10±.1	1836± 8
164.66 -67.61	MCG -2- 5- 60	R (2)	.32± .03	.05	12.8 ±.2	-.01± .02	.03± .02	266± 11	1807± 23
290.85 -15.98	IRAS01485-0957	5.0± .4	.91± .01	.48	11.06	.57	12.86± .03	243± 9	1847
014835.5-095703	PGC 6826	5.5± .6	1.40	.16	12.28	-.07	13.83± .19	1.66	1563
0151.0 +1235		.SBS8..	1.12± .07	160					3303± 10
144.85 -47.72	UGC 1314	U	.26± .06	.12					
312.93 -9.70		8.0± .8		.32					3383
0148.4 +1221	PGC 6827		1.13	.13					3021
015106.4-442641	Phoenix	.IA.9..	1.69± .03	90					
272.16 -68.95	ESO 245- 7	S (1)	.08± .05	.03	13.08 ±.14				
254.10 -20.86		10.0± .6		.06					
014903.0-444130	PGC 6830	12.2± .7	1.70	.04					
015108.1-094737	IC 1738	PSXT3..	.93± .08	80				13.45±.3	1750± 17
164.84 -67.67	MCG -2- 5- 61	RE (1)	.10± .05	.03				516± 34	
290.76 -16.02		3.0± .4		.14				269± 25	1763
014839.7-100226	PGC 6832	3.1± .8	.93	.05					1480
015108.3+215450	IC 167	.SXS5..	1.46± .03	95	13.6 ±.2	.46± .06	.53± .03	13.93±.1	2935± 4
140.81 -38.88	UGC 1313	R	.18± .05	.24	13.50 ±.20	-.28± .08	-.20± .04	178± 4	2960± 53
321.81 -6.63	ARP 31	5.0± .3	1.22± .09	.27		.35	15.19± .30	147± 4	3039
014822.3+214001	PGC 6833		1.48	.09	13.02	-.36	15.30± .28	.82	2661
0151.1 -0102		.L.....	1.04± .18						
154.18 -60.23	UGC 1321	U	.00± .08	.04					
299.60 -13.79		-2.0± .8		.00					
0148.6 -0117	PGC 6835		1.04						
015111.3-032959		.SBS8..	1.13± .06	150					
156.66 -62.39	MCG -1- 5- 42	E (1)	.15± .05	.01					
297.14 -14.46		8.0± .8		.19					
014839.5-034448	PGC 6837	7.5± .8	1.13	.08					
015113.9+223459	NGC 695	.L...$P	.90± .09	40				15.58±.2	9735± 5
140.58 -38.23	UGC 1315	P	.04± .04	.32	13.84 ±.14			348± 6	9748± 37
322.45 -6.42	5ZW 123	-2.0±1.9		.00	10.90			185± 5	9841
014827.4+222010	PGC 6844		.93		13.37				9462
015117.3+222132	NGC 697	.SXR5*.	1.65± .02	105	12.84 ±.13	.82± .03	.95± .03	12.99±.2	3117± 5
140.68 -38.44	UGC 1317	PU	.48± .03	.32	12.47 ±.13	.12± .04	.18± .04	466± 7	
322.25 -6.51	IRAS01485+2206	4.7± .6	1.05± .01	.72	11.04	.64	13.58± .03	428± 7	3223
014830.9+220643	PGC 6848		1.68	.24	11.60	-.03	14.73± .18	1.15	2844
0151.3 +3450		.S?....	.93± .10	178					4703± 10
136.63 -26.43	UGC 1316		.35± .06	.13					
333.92 -2.15				.52					4837
0148.4 +3436	PGC 6851		.94	.17					4452
015119.3-040322	NGC 702	.SBS4P.	1.19± .04	110	13.9 ±.2	.78± .06			
157.32 -62.86	MCG -1- 5- 43	R	.13± .04	.03		.04± .06			10607± 63
296.59 -14.64	ARP 75	4.0± .4		.20		.68			10638
014847.8-041811	PGC 6852		1.19	.07	13.61	-.04	14.37± .29		10330

R.A. 2000 DEC.	Names	Type	$\log D_{25}$	p.a.	B_T	$(B\text{-}V)_T$	$(B\text{-}V)_e$	m_{21}	V_{21}
l b		S_T n_L	$\log R_{25}$	A_g	m_B	$(U\text{-}B)_T$	$(U\text{-}B)_e$	W_{20}	V_{opt}
SGL SGB		T	$\log A_e$	A_i	m_{FIR}	$(B\text{-}V)^o_T$	m'_e	W_{50}	V_{GSR}
R.A. 1950 DEC.	PGC	L	$\log D_o$	A_{21}	B^o_T	$(U\text{-}B)^o_T$	m'_{25}	HI	V_{3K}
0151.3 +1307		.SAS5..	1.16± .05						4821± 10
144.68 -47.19	UGC 1322	U	.07± .05	.17	14.8 ±.2				
313.47 -9.60		5.0± .8		.10					4902
0148.7 +1253	PGC 6855		1.18	.03	14.53				4540
015123.7+330152		.E...*.	.96± .13	135					
137.17 -28.18	UGC 1318	U	.05± .05	.16	14.98 ±.11				
332.24 -2.81		-5.0±1.2		.00					
014830.0+324703	PGC 6856		.97						
015127.5-083024	NGC 707	PLXS-*.	1.11± .05	95					
163.04 -66.58	MCG -2- 5- 63	E	.19± .04	.10					
292.10 -15.79		-3.4± .7		.00					
014858.4-084512	PGC 6861		1.09						
0151.4 +1152		.I..9*.	1.16± .07	147					
145.35 -48.36	UGC 1323	U	.49± .06	.14					4838
312.27 -10.02		10.0±1.2		.37					4915
0148.8 +1138	PGC 6863		1.17	.25					4556
015128.7-063059		.SA.7P/	1.21± .04	95					2134
160.33 -64.93	MCG -1- 5- 44	E (1)	.43± .05	.01					
294.12 -15.31	KUG 0148-067	7.0±1.8		.60					2157
014858.5-064548	PGC 6864	5.3±1.6	1.21	.22					1860
015129.0+360356		.S?....	.95± .05	155	14.50 ±.13	.63± .02	.69± .02	16.95±.3	5312± 8
136.32 -25.24	UGC 1319		.14± .04	.26	14.49 ±.12	.03± .04	.01± .04	276± 9	5315± 58
335.06 -1.74	IRAS01485+3549		.63± .01	.21	13.00	.51	13.14± .03		5448
014832.9+354907	PGC 6865		.97	.07	14.00	-.06	13.75± .30	2.88	5064
0151.5 +4149		.S..6*.	1.04± .08	153					
134.77 -19.66	UGC 1320	U	.98± .06	.29					
340.40 .32		6.0±1.4		1.44					
0148.5 +4135	PGC 6867		1.07	.49					
0151.5 +1906		.SB.3..	1.13± .05	90					10090
142.05 -41.53	UGC 1324	U	.17± .05	.14	14.26 ±.13				
319.19 -7.68	IRAS01488+1851	3.0± .8		.23	13.32				10187
0148.8 +1851	PGC 6872		1.14	.08	13.82				9813
015137.2+081525		.E.....	1.26± .13						
147.44 -51.73	UGC 1325	U	.00± .08	.13	13.58 ±.13				5449± 49
308.78 -11.19		-5.0± .8		.00					5516
014859.0+080037	PGC 6874		1.28		13.37				5166
0151.6 +0817		.E...*.	.93± .13	45					
147.42 -51.69	UGC 1326	U	.00± .05	.13	14.59 ±.10				5551± 56
308.82 -11.18		-5.0±1.2		.00					5618
0149.0 +0803	PGC 6876		.95		14.37				5268
015142.0-361118		PSAT3P.	1.05± .05						
251.97 -74.33	ESO 354- 4	Sr	.09± .05	.02	14.45 ±.14				10033± 20
263.02 -20.49		2.7± .6		.12					9966
014931.0-362606	PGC 6881		1.05	.04	14.23				9829
015143.4+302306		.S?....	.74± .14					16.36±.3	7569± 10
138.05 -30.71	MCG 5- 5- 22		.28± .07	.15	15.37 ±.16				
329.80 -3.81				.35				269± 7	7693
014851.5+300818	PGC 6884		.75	.14	14.85			1.37	7309
0151.7 +0015		.S..3*.	1.07± .06	1					
153.28 -59.01	UGC 1333	U	.10± .05	.08	15.12 ±.19				
300.93 -13.57		3.0±1.2		.14					
0149.2 +0001	PGC 6888		1.07	.05					
0151.7 +1811	A 0149+17	.SB.6*.	1.28± .04	128	15.61 ±.15	.55± .05	.57± .03		4931
142.49 -42.38	UGC 1329	U	.60± .05	.13	15.16 ±.18	-.08± .07	-.09± .05		
318.34 -8.03	DDO 16	6.0±1.2	.78± .03	.88		.38	15.00± .08		5025
0149.0 +1756	PGC 6889		1.29	.30	14.39	-.20	15.38± .29		4653
015148.2+303236		.L..-*.	1.15± .15	100					
138.02 -30.55	UGC 1327	U	.28± .08	.08	14.56 ±.11				
329.96 -3.77		-3.0±1.2		.00					
014856.3+301748	PGC 6892		1.12						
0151.8 +1702		.SXT5*.	1.13± .05	125					4701
142.99 -43.46	UGC 1328	U	.15± .05	.13	14.32 ±.14				
317.25 -8.42		5.0± .8		.22					4792
0149.1 +1648	PGC 6893		1.14	.07	13.95				4423
015150.3+061744	NGC 706	.S..4?.	1.27± .03		13.20 ±.13	.70± .02	.71± .01	15.59±.2	4984± 7
148.75 -53.52	UGC 1334	PU	.13± .04	.16	13.02 ±.12	.04± .02	.06± .02	313± 10	4959± 39
306.88 -11.84	IRAS01492+0602	4.0± .9	.79± .01	.19	11.65	.61	12.64± .03	260± 8	5044
014913.2+060256	PGC 6897		1.28	.07	12.71	-.03	14.06± .21	2.81	4701

R.A. 2000 DEC. l b SGL SGB R.A. 1950 DEC.	Names PGC	Type S_T n_L T L	$\log D_{25}$ $\log R_{25}$ $\log A_e$ $\log D_o$	p.a. A_g A_i A_{21}	B_T m_B m_{FIR} B^o_T	$(B-V)_T$ $(U-B)_T$ $(B-V)^o_T$ $(U-B)^o_T$	$(B-V)_e$ $(U-B)_e$ m'_e m'_{25}	m_{21} W_{20} W_{50} HI	V_{21} V_{opt} V_{GSR} V_{3K}
015150.4-052949		.SBS8..	1.20± .04	115					1644
159.24 -64.03	MCG -1- 5- 45	E (1)	.50± .05	.04					
295.17 -15.13	KUG 0149-057	8.0± .6		.62					1670
014919.7-054437	PGC 6898	5.3± .6	1.20	.25					1369
0151.9 +1732		.SB.8..	1.00± .08						5087± 10
142.81 -42.98	UGC 1335	U	.14± .06	.15					
317.74 -8.28		8.0± .9		.17					5180
0149.2 +1718	PGC 6902		1.01	.07					4809
015156.5-314413		.SBS8*.	1.09± .05	116					4069
235.84 -76.06	ESO 414- 8	S (1)	.25± .05	.02	15.81 ±.14				
267.81 -20.10		8.0±1.2		.31					4015
014942.0-315900	PGC 6904	6.7±1.2	1.09	.12	15.47				3851
0151.9 +0849		.S..7..	1.02± .06	32					5372
147.21 -51.17	UGC 1337	U	.53± .05	.14					
309.36 -11.09		7.0± .9		.73					5441
0149.3 +0835	PGC 6905		1.03	.26					5090
015201.8-053012		.SBS9..	1.15± .06	170					
159.33 -64.01	MCG -1- 5- 46	E (1)	.19± .05	.04					
295.18 -15.18		9.0± .8		.20					
014931.1-054459	PGC 6909	7.5± .8	1.15	.10					
015203.3-200955		.SXT3*.	1.33± .03	100					
189.50 -74.49	ESO 543- 20	SE (1)	.38± .04	.00					9511± 39
280.08 -18.42		2.6± .7		.52					9492
014941.1-202442	PGC 6912	5.3±1.6	1.33	.19					9261
015206.9+352451					14.57 ±.14	.56± .04	.54± .04		
136.64 -25.84	CGCG 522- 26			.20	15.1 ±.4	-.20± .06	-.12± .06		4877± 80
334.50 -2.09	5ZW 131		.75± .02				13.81± .04		5011
014911.2+351004	PGC 6916								4628
015207.3+350214		.SAS8..	1.16± .04					16.27±.3	4383± 8
136.75 -26.20	UGC 1330	U	.00± .05	.13				122± 9	
334.16 -2.23	KUG 0149+347	8.0± .8		.00					4517
014911.9+344727	PGC 6919		1.17	.00					4133
015209.0+392254									
135.54 -22.00	CGCG 522- 28			.22	14.9 ±.4				6964± 82
338.18 -.68	5ZW 132								7106
014909.9+390807	PGC 6920								6724
015211.0+425506		.S..6*.	.97± .07	20					
134.61 -18.57	UGC 1331	U	.22± .05	.35	14.66 ±.12				
341.45 .59		6.0±1.3		.33					
014908.5+424019	PGC 6921		1.00	.11					
015212.7+360552	NGC 700	.L.....	1.08± .09	10					
136.46 -25.17	UGC 1336	U	.57± .04	.26	15.37 ±.10				4364± 80
335.15 -1.87	5ZW 133	-2.0± .9		.00					4500
014916.4+355105	PGC 6924		1.02		15.05				4116
015215.7-565444		.S..5*/	1.04± .05	52					
287.11 -58.31	ESO 152- 29	S (1)	.50± .04	.00	16.12 ±.14				
240.64 -20.90		5.0±1.3		.76					
015030.1-570930	PGC 6926	5.6± .9	1.04	.25					
015216.9+360211		.L?....	.95± .10						
136.50 -25.23	CGCG 522- 30		.10± .04	.26	15.16 ±.08				4690± 31
335.09 -1.90				.00					4826
014920.6+354724	PGC 6928		.97		14.83				4442
015218.0+480515		.E.....	1.26± .13	95					
133.32 -13.55	UGC 1332	U	.06± .08	.96	14.6 ±.3				
346.24 2.43		-5.0± .8		.00					
014909.8+475028	PGC 6929		1.40						
015221.9+354748		.S..3..	.95± .07	75					
136.58 -25.45	UGC 1338	U (1)	.14± .05	.20	15.01 ±.12				4099± 30
334.88 -2.00		3.0± .9		.19					4234
014925.8+353301	PGC 6934	2.5±1.2	.97	.07	14.58				3851
015224.8+355123		.LBR+..	1.04± .11						
136.58 -25.39	UGC 1339	U	.08± .05	.20	14.68 ±.11				
334.94 -1.99		-1.0± .8		.00					
014928.7+353636	PGC 6938		1.05						
015227.9+173047	NGC 711	.L.....	1.21± .06	15					
142.99 -42.97	UGC 1342	U	.33± .03	.15	14.14 ±.10				4928± 50
317.75 -8.41		-2.0± .8		.00					5020
014944.3+171600	PGC 6940		1.18		13.92				4651

R.A. 2000 DEC. / l b / SGL SGB / R.A. 1950 DEC.	Names / PGC	Type / S_T n_L / T / L	$\log D_{25}$ / $\log R_{25}$ / $\log A_e$ / $\log D_o$	p.a. / A_g / A_i / A_{21}	B_T / m_B / m_{FIR} / B_T^o	$(B-V)_T$ / $(U-B)_T$ / $(B-V)_T^o$ / $(U-B)_T^o$	$(B-V)_e$ / $(U-B)_e$ / m'_e / m'_{25}	m_{21} / W_{20} / W_{50} / HI	V_{21} / V_{opt} / V_{GSR} / V_{3K}
015230.4+315909		.SXS7..	1.09± .06					16.52±.2	10757± 6
137.74 -29.12	UGC 1341	U	.03± .05	.12	15.1 ±.2			259± 9	
331.35 -3.40		7.0± .8		.05				251± 7	10884
014937.3+314423	PGC 6944		1.10	.02	14.86			1.64	10500
015234.7+363003		RSB.1..	1.21± .05	22	13.55 ±.14	.89± .03	.97± .01	18.57±.3	4155± 9
136.43 -24.76	UGC 1344	U	.29± .05	.26	13.88 ±.12	.25± .04	.35± .03	96± 12	4407± 25
335.54 -1.79		1.0± .8	.87± .03	.29		.74	13.39± .08		4323
014938.0+361517	PGC 6948		1.24	.14	13.13	.15	13.74± .30	5.29	3940
0152.6 +4805		.E.....	1.00± .19						
133.38 -13.53	UGC 1340	U	.05± .08	.96					
346.26 2.38		-5.0± .8		.00					
0149.5 +4751	PGC 6955		1.14						
015239.1-184650		.S?....	1.03± .07						
185.47 -73.64	ESO 543- 22		.13± .05	.00					14580± 52
281.56 -18.30				.20					14565
015016.0-190136	PGC 6956		1.03	.07					14328
015239.6+361018	NGC 703	.L..-*.	1.08± .17	50	14.27 ±.15	1.01± .03	1.10± .02		
136.54 -25.08	UGC 1346	U	.12± .08	.26	14.24 ±.10	.59± .04	.61± .03		4752± 82
335.25 -1.93		-3.0±1.2	.69± .05	.00		.90	13.21± .16		4887
014943.2+355532	PGC 6957		1.09		13.92	.55	14.23± .89		4505
015241.7+360838	NGC 705	.S..0..	1.08± .06	117					
136.55 -25.10	UGC 1345	U	.63± .05	.26	14.63 ±.15				4541± 27
335.22 -1.94	6ZW 90	.0±1.0		.47					4677
014945.3+355352	PGC 6958		1.07		13.83				4294
0152.7 -1313		.SBS9*.	1.15± .08						
171.82 -70.03		E (1)	.00± .08	.00					
287.34 -17.19		9.0±1.3		.00					
0150.3 -1328	PGC 6960	9.8±1.2	1.15	.00					
015245.8+363707	A 0149+36	.SXT5..	1.10± .04		13.49 ±.17	.63± .03	.71± .02	15.80±.2	5534± 6
136.43 -24.64	UGC 1347	U (1)	.06± .04	.22	13.80 ±.12	.01± .05	.07± .03	132± 7	5520± 42
335.67 -1.78	KUG 0149+363	5.0± .8	.89± .03	.09		.53	13.43± .07		5670
014949.0+362221	PGC 6961	2.0±1.0	1.12	.03	13.36	-.06	13.69± .28	2.41	5288
015246.4+360906	NGC 708	.E.....	1.48± .10	35	*		1.03± .02		
136.57 -25.09	UGC 1348	U	.08± .08	.26	13.7 ±.2		.63± .05		4813± 24
335.24 -1.95		-5.0± .7	1.41± .09	.00			15.10± .32		4948
014950.0+355420	PGC 6962		1.50		13.34				4566
015246.7-485327		.SBS4?.	1.07± .05	118	*				
278.43 -65.22	ESO 197- 9	S (1)	.36± .04	.04	14.71 ±.14				6346±108
249.30 -21.21	IRAS01507-4908	4.0± .9		.53					6244
015049.0-490812	PGC 6964	3.3±1.3	1.08	.18	14.10				6190
015249.0-032649		.SAS5?/	1.46± .04	20	*				5018
157.36 -62.14	MCG -1- 5- 47	E	.86± .05	.07					
297.30 -14.84	IRAS01503-0341	5.0± .8		1.28	12.32				5050
015017.2-034135	PGC 6966		1.46	.43					4742
015250.7+361321	NGC 709				15.23 ±.13	.97± .03	1.05± .03		
136.56 -25.02	CGCG 522- 40			.26	15.2 ±.4	.43± .05	.52± .05		3359± 69
335.31 -1.94			.40± .03				12.72± .09		3494
014954.2+355835	PGC 6969								3112
015253.8+360312	NGC 710	.S..6*.	1.11± .04		14.27 ±.19	.60± .04	.64± .02	16.47±.3	6105± 8
136.62 -25.18	UGC 1349	U	.02± .04	.26	14.06 ±.13	-.09± .06	-.03± .04	239± 9	6110± 30
335.15 -2.01	IRAS01499+3548	6.0±1.1	.78± .04	.03	12.52	.50	13.66± .10		6241
014957.5+354826	PGC 6972		1.14	.01	13.80	-.16	14.63± .29	2.66	5858
015257.6+363048		.SBR3..	1.24± .06	55	14.21 ±.15	.98± .04	.96± .03	18.20±.3	4975± 9
136.51 -24.73	UGC 1350	U	.16± .06	.26	14.14 ±.15	.34± .05	.43± .04	245± 12	5244± 30
335.58 -1.86		3.0± .8	.89± .02	.22		.86	14.15± .05		5135
015000.8+361602	PGC 6977		1.26	.08	13.66	.23	14.84± .37	4.46	4752
015259.6+124228	IC 1743	.SB.1*.	1.26± .04	57				15.27±.1	4558± 5
145.44 -47.46	UGC 1351	U	.38± .05	.14	13.77 ±.12			420± 7	4590± 39
313.19 -10.11	IRAS01503+1227	1.0± .8		.39	11.10			401± 5	4637
015018.8+122743	PGC 6982		1.28	.19	13.19			1.90	4278
015300.4-134421	NGC 720	.E.5...	1.67± .04	135	11.16M±.05	.98± .01	.99± .01		
173.02 -70.36	MCG -2- 5- 68	R	.29± .06	.00	11.09 ±.16	.47± .03	.53± .01		1716± 11
286.82 -17.36		-5.0± .3	1.08± .02	.00		.96	12.12± .07		1715
015034.4-135906	PGC 6983		1.59		11.13	.48	13.79± .27		1453
0153.0 -0105		.S..2..	.95± .07	67					
155.08 -60.06	UGC 1354	U	.47± .05	.04	15.50 ±.12				
299.68 -14.26		2.0± .9		.57					
0150.5 -0120	PGC 6986		.95	.23					

R.A. 2000 DEC.	Names	Type	$logD_{25}$	p.a.	B_T	$(B-V)_T$	$(B-V)_e$	m_{21}	V_{21}
l b		S_T n_L	$logR_{25}$	A_g	m_B	$(U-B)_T$	$(U-B)_e$	W_{20}	V_{opt}
SGL SGB		T	$logA_e$	A_i	m_{FIR}	$(B-V)^o_T$	m'_e	W_{50}	V_{GSR}
R.A. 1950 DEC.	PGC	L	$logD_o$	A_{21}	B^o_T	$(U-B)^o_T$	m'_{25}	HI	V_{3K}
015308.5+364908	NGC 712	.L.....	1.11± .16	85					
136.46 -24.43	UGC 1352	U	.10± .08	.22	13.77 ±.10				5258± 25
335.88 -1.78		-2.0± .8		.00					5395
015011.4+363423	PGC 6988		1.12		13.47				5013
015312.5+041148	NGC 718	.SXS1..	1.37± .03	45	12.59 ±.13	.89± .01	.90± .01	19.10±.3	1733± 10
150.74 -55.30	UGC 1356	R	.06± .04	.08	12.37 ±.10	.37± .02		124± 13	1762± 38
304.93 -12.79	IRAS01506+0357	1.0± .3		.06	13.62	.85			1789
015036.5+035703	PGC 6993		1.38	.03	12.30	.35	14.15± .21	6.77	1454
015312.7-493333		.L...P.	1.26± .05	178	13.46 ±.15	1.05± .02	1.09± .01		
279.17 -64.62	ESO 197- 10	S	.18± .04	.04	13.40 ±.14	.52± .03	.59± .02		6172± 19
248.57 -21.28		-2.0± .8	.80± .04	.00		.97	12.95± .12		6068
015116.0-494818	PGC 6994		1.24		13.30	.52	14.19± .31		6020
015314.3+224325	IC 1742	.S?....	.89± .07					16.62±.3	9768± 10
141.09 -37.96	MCG 4- 5- 23		.15± .06	.31	15.09 ±.12				
322.75 -6.81				.23				318± 7	9873
015027.5+222840	PGC 6996		.92	.08	14.49			2.04	9497
015318.9-781424		.S..2..	1.11± .05	139					
298.95 -38.41	ESO 13- 24	S	.53± .04	.29	14.94 ±.14				
218.10 -18.33	IRAS01533-7829	2.0± .9		.65	13.13				
015319.0-782906	PGC 7002		1.14	.26					
0153.3 +1956		.S..1..	1.03± .06	46					9117
142.22 -40.60	UGC 1357	U	.65± .05	.22	15.29 ±.12				
320.13 -7.79		1.0± .9		.66					9215
0150.6 +1942	PGC 7004		1.05	.32	14.30				8843
015322.1+285943								17.34±.3	10259± 10
138.90 -31.95	CGCG 503- 46			.16	15.6 ±.4				
328.63 -4.64								232± 7	10379
015031.1+284459	PGC 7005								9998
015323.0+365720		.L..-*.	1.08± .17	110					
136.47 -24.28	UGC 1353	U	.08± .08	.22	14.14 ±.10				5055± 80
336.02 -1.78	6ZW 93	-3.0±1.2		.00					5192
015025.8+364235	PGC 7006		1.10		13.85				4810
015329.7+361314	NGC 714	.S..0..	1.19± .05	112	14.10 ±.13	1.04± .02			
136.70 -24.99	UGC 1358	U	.61± .05	.26	14.03 ±.15	.56± .05			4458± 25
335.35 -2.06		.0± .9		.45		.84			4593
015033.1+355830	PGC 7009		1.18		13.29	.41	13.36± .30		4211
015336.5+435758		.SXS3..	1.14± .05						
134.60 -17.49	UGC 1355	U	.06± .05	.49	13.97 ±.13				6247
342.51 .73	IRAS01505+4343	3.0± .8		.08	11.77				6396
015032.6+434314	PGC 7017		1.19	.03	13.35				6021
0153.6 +1949	NGC 719	.L...?.	1.15± .15	150					
142.36 -40.68	UGC 1360	U	.10± .08	.22	14.23 ±.12				
320.04 -7.89		-2.0±1.6		.00					
0150.9 +1935	PGC 7019		1.16						
015341.5+312825								17.33±.3	10077± 10
138.18 -29.55	CGCG 503- 48			.15	15.3 ±.4				
330.96 -3.82								301± 7	10202
015048.6+311341	PGC 7021								9821
0153.7 +1446		.S..9*.	.96± .09						7918
144.64 -45.45	UGC 1362	U	.00± .06	.15					
315.24 -9.59		9.0±1.2		.00					8002
0151.0 +1432	PGC 7022		.97	.00					7640
015342.4+295601		.SB?...	.89± .06					16.43±.2	7658± 7
138.68 -31.03	UGC 1359		.02± .04	.16	14.26 ±.13			308± 13	7683± 50
329.53 -4.37	IRAS01508+2941			.04	13.18			278± 7	7780
015050.6+294117	PGC 7023		.90	.01	14.02			2.40	7399
015345.8-234528	NGC 723	.SAR4*.	1.17± .04						
202.91 -75.54	ESO 477- 13	Sr (1)	.05± .04	.00	13.25 ±.14				1491± 60
276.37 -19.42	IRAS01514-2400	4.0± .6		.07	12.63				1460
015126.0-240012	PGC 7024	3.3±1.1	1.17	.02	13.17				1251
015348.9-355123	NGC 727	PSXS2..	1.03± .05	76					
250.13 -74.13	ESO 354- 10	BSr (1)	.23± .04	.02	14.95 ±.14				10056± 39
263.42 -20.89		2.0± .5		.29					9988
015138.1-360606	PGC 7027	4.4±1.3	1.04	.12	14.54				9852
015350.2+362100		.E?....							
136.74 -24.84	MCG 6- 5- 40			.26	15.3 ±.4				4123± 28
335.50 -2.08									4258
015053.4+360616	PGC 7029								3877

R.A. 2000 DEC.	Names	Type	$\log D_{25}$	p.a.	B_T	$(B-V)_T$	$(B-V)_e$	m_{21}	V_{21}
l b		S_T n_L	$\log R_{25}$	A_g	m_B	$(U-B)_T$	$(U-B)_e$	W_{20}	V_{opt}
SGL SGB		T	$\log A_e$	A_i	m_{FIR}	$(B-V)^o_T$	m'_e	W_{50}	V_{GSR}
R.A. 1950 DEC.	PGC	L	$\log D_o$	A_{21}	B^o_T	$(U-B)^o_T$	m'_{25}	HI	V_{3K}
015350.7+363350		.S..6*.	1.04± .08					16.55±.3	5740± 8
136.68 -24.64	UGC 1361	U	.47± .06	.22				234± 9	
335.69 -2.01		6.0±1.3		.69					5876
015053.7+361907	PGC 7030		1.06	.24					5495
015355.1+361345	NGC 717	.S..0..	1.12± .05	117	14.86 ±.15	.96± .03	1.04± .02		
136.79 -24.96	UGC 1363	U	.73± .05	.26	14.80 ±.14	.46± .05	.47± .04		4968± 80
335.39 -2.14		.0±1.0	.58± .04	.55		.74	13.25± .13		5103
015058.4+355901	PGC 7033		1.10		13.94	.31	13.46± .33		4722
015357.0-380205		.SAS5?.	1.04± .05	84					
256.59 -72.95	ESO 297- 31	S (1)	.25± .05	.03	15.22 ±.14				5722
261.07 -21.08		5.0± .9		.37					5649
015148.0-381648	PGC 7034	3.3± .9	1.04	.12	14.79				5526
0153.9 -0045		.S?....	1.00± .06	118					
155.17 -59.65	UGC 1365		.36± .05	.04	14.54 ±.13				4840
300.08 -14.39	IRAS01514-0059			.55	13.47				4879
0151.4 -0059	PGC 7039		1.01	.18	13.93				4563
0154.0 +1455		.SB.6*.	1.14± .13	30					
144.66 -45.29	UGC 1364	U	.23± .12	.15					
315.41 -9.61		6.0±1.2		.33					
0151.3 +1441	PGC 7042		1.15	.11					
015403.3-141513		RS..0?/	1.12± .04	75					
174.65 -70.54	MCG -2- 5- 72	E	.61± .03	.00					
286.35 -17.72		.3± .8		.45					
015137.6-142956	PGC 7045		1.09						
0154.0 -0045		.I..9*.	1.00± .08						4745
155.20 -59.64	UGC 1367	U	.43± .06	.04					
300.08 -14.41		10.0±1.3		.32					4784
0151.5 -0100	PGC 7046		1.00	.22					4468
0154.1 +0751		.S..2..	1.14± .05	53					7941
148.61 -51.86	UGC 1368	U	.48± .05	.14	14.74 ±.12				
308.59 -11.90		2.0± .9		.59					8005
0151.5 +0737	PGC 7053		1.16	.24	13.93				7661
015409.3-564124	NGC 745	.L..+*P	1.12± .06		12.6 V±.2				
286.48 -58.39	ESO 152- 32	S	.24± .05	.00	14.04 ±.14				5953± 44
240.86 -21.17		-1.4± .5	.87± .05	.00					5831
015224.0-565606	PGC 7054		1.09		13.95				5831
0154.2 +1805		.S..6*.	1.12± .05	50					4927
143.28 -42.28	UGC 1369	U	.11± .05	.12	14.46 ±.15				
318.45 -8.61		6.0±1.1		.16					5020
0151.5 +1751	PGC 7059		1.13	.05	14.16				4652
015416.1-374712		PSBS1*.	1.02± .05						
255.77 -73.03	ESO 297- 32	Sr	.04± .04	.03	14.41 ±.14				
261.34 -21.12		1.0± .6		.04					
015207.0-380154	PGC 7061		1.02	.02					
0154.2 +1331		.S..2..	.95± .07	153					
145.45 -46.58	UGC 1370	U	.35± .05	.17	15.35 ±.12				
314.09 -10.14		2.0± .9		.43					
0151.6 +1317	PGC 7063		.97	.17					
015418.1-094253		.LB.-*.	1.33± .04	95					
166.32 -67.13	MCG -2- 5- 71	E	.25± .04	.05					
291.04 -16.76		-2.5± .6		.00					
015149.9-095736	PGC 7064		1.30						
015419.7+363749		.SB.6*.	1.24± .05	140					
136.76 -24.55	UGC 1366	U	.64± .05	.22	14.58 ±.12				5118
335.79 -2.07		6.0±1.3		.94					5254
015122.6+362306	PGC 7066		1.26	.32	13.40				4873
015421.2-564542	NGC 754	.E.0.P*	.73± .06						
286.50 -58.31	ESO 152- 33	S	.01± .04	.00	15.24 ±.14				
240.79 -21.19		-5.0±1.0		.00					
015236.1-570024	PGC 7068		.73						
015422.4-003741			.64± .17						
155.22 -59.50	MCG 0- 5- 46		.11± .07	.04	14.9 ±.2				4849
300.23 -14.45	ARAK 61								4888
015149.0-005224	PGC 7071		.64						4572
015424.0+052518		.S?....	1.01± .05	80					4941
150.33 -54.07	UGC 1373		.49± .04	.15	15.36 ±.09				
306.22 -12.71	KUG 0151+051			.74					4998
015147.3+051035	PGC 7072		1.03	.25	14.44				4661

R.A. 2000 DEC.	Names	Type	$\log D_{25}$	p.a.	B_T	$(B-V)_T$	$(B-V)_e$	m_{21}	V_{21}
l b		S_T n_L	$\log R_{25}$	A_g	m_B	$(U-B)_T$	$(U-B)_e$	W_{20}	V_{opt}
SGL SGB		T	$\log A_e$	A_i	m_{FIR}	$(B-V)^o_T$	m'_e	W_{50}	V_{GSR}
R.A. 1950 DEC.	PGC	L	$\log D_o$	A_{21}	B^o_T	$(U-B)^o_T$	m'_{25}	HI	V_{3K}
0154.4 +1739		.S?....	.99± .06	14					6890
143.53 -42.68	UGC 1372		.36± .05	.13	14.93 ±.12				
318.05 -8.80				.55					6981
0151.7 +1725	PGC 7073		1.00	.18	14.22				6614
015428.1+044819	IC 1746	.L.....	1.16± .05	93				15.93±.3	2540± 17
150.80 -54.62	UGC 1371	U	.49± .05	.13	14.75 ±.10				7800± 43
305.62 -12.91		-2.0± .9		.00				448± 25	
015151.7+043337	PGC 7076		1.10						
0154.5 +1651		.SB.6*.	1.00± .06	0					5115
143.92 -43.42	UGC 1374	U	.14± .05	.13	15.22 ±.16				
317.30 -9.09		6.0±1.2		.20					5204
0151.8 +1637	PGC 7082		1.02	.07	14.87				4839
0154.5 +2003		.SB.6*.	1.06± .06						9001
142.53 -40.40	UGC 1375	U	.02± .05	.20	14.56 ±.15				
320.34 -8.01		6.0±1.2		.03					9099
0151.8 +1949	PGC 7085		1.08	.01	14.28				8728
0154.6 +1702		.SB.6*.	1.07± .07	78					
143.87 -43.24	UGC 1377	U	.91± .06	.14					
317.48 -9.05		6.0±1.4		1.34					
0151.9 +1648	PGC 7088		1.08	.46					
0154.6 -0009		.E...?.	1.03± .11						
154.91 -59.04	UGC 1382	U	.00± .05	.05	14.24 ±.11				5593± 31
300.73 -14.39		-5.0±1.6		.00					5633
0152.1 -0024	PGC 7090		1.04		14.10				5316
015440.3-620619		PSAT4*.	1.19± .05	128					
290.57 -53.48	ESO 114- 14	Sr (1)	.05± .05	.02	14.22 ±.14				7138± 34
235.05 -20.81		4.1± .4		.07					7005
015307.1-622100	PGC 7091	4.0± .4	1.19	.02	14.08				7041
0154.7 +0601		.S..6*.	1.15± .05	35					5245
150.03 -53.48	UGC 1383	U	.82± .05	.15					
306.84 -12.60		6.0±1.4		1.21					5304
0152.1 +0547	PGC 7096		1.16	.41					4966
015445.5+392259	NGC 721	.SBT4..	1.23± .03	135	14.17 ±.13	.70± .03	.78± .02	15.52±.1	5597± 11
136.06 -21.87	UGC 1376	PU	.23± .04	.18	13.67 ±.12	.02± .04	.10± .04		5487± 52
338.36 -1.14	IRAS01517+3908	4.0± .6	.86± .02	.34		.58	13.96± .04	286± 8	5733
015145.9+390817	PGC 7097		1.25	.11	13.35	-.07	14.59± .22	2.06	5355
0154.7 +2041	NGC 722	.S?....	1.22± .05	138					4901
142.33 -39.78	UGC 1379		.49± .05	.21	14.35 ±.12				
320.95 -7.84				.74					5000
0152.0 +2027	PGC 7098		1.24	.25	13.37				4629
0154.8 +1806		.SB.7*.	1.19± .06	8					4926
143.45 -42.22	UGC 1384	U	.37± .06	.13					
318.51 -8.74		7.0±1.2		.51					5018
0152.1 +1752	PGC 7104		1.20	.19					4651
015451.3-350943		.L?....	.95± .06	108					
247.51 -74.26	ESO 354- 12		.23± .03	.02	15.33 ±.14				5012
264.19 -21.04	IRAS01526-3524			.00	13.16				4946
015240.1-352424	PGC 7106		.92		15.23				4807
015452.7-133914		.S..9P*	1.04± .05	40					
173.79 -69.98	MCG -2- 5- 74	E (1)	.16± .04	.00					
287.01 -17.79		9.0± .9		.16					
015226.7-135355	PGC 7109	6.4± .8	1.04	.08					
015453.2+365502	A 0151+36	RSB.0..	.85± .06	170	13.9 ±.3	.59± .04		16.57±.3	5621± 8
136.80 -24.24	UGC 1385	U	.06± .04	.20	14.33 ±.15	-.14± .07		200± 9	5476± 28
336.10 -2.07	MK 2	.0± .9		.04		.48			5745
015155.7+364020	PGC 7111		.87		13.92	-.15	12.87± .42		5366
0154.8 +1328		.S..4..	.95± .07	166					6222
145.68 -46.57	UGC 1386	U	.70± .05	.16					
314.09 -10.29		4.0±1.0		1.04					6302
0152.2 +1314	PGC 7114		.97	.35					5944
015454.2+004842	IC 172	.S?....	.64± .17						
154.14 -58.16	MCG 0- 5- 49		.19± .07	.01	14.9 ±.2				8173
301.71 -14.17	ARAK 63			.23	12.71				8216
015220.0+003400	PGC 7116		.64	.09	14.56				7896
015456.2-090039	NGC 731	.E+..*.	1.24± .06		13.0 ±.2	.93± .02	.95± .01		
165.53 -66.48	MCG -2- 5- 73	PE	.00± .05	.09		.44± .04	.49± .02		
291.80 -16.75		-3.7± .5	.72± .07	.00			12.12± .24		
015227.6-091521	PGC 7118		1.25				14.08± .38		

R.A. 2000 DEC. l b SGL SGB R.A. 1950 DEC.	Names PGC	Type S_T n_L T L	$logD_{25}$ $logR_{25}$ $logA_e$ $logD_o$	p.a. A_g A_i A_{21}	B_T m_B m_{FIR} B_T^o	$(B-V)_T$ $(U-B)_T$ $(B-V)_T^o$ $(U-B)_T^o$	$(B-V)_e$ $(U-B)_e$ m'_e m'_{25}	m_{21} W_{20} W_{50} HI	V_{21} V_{opt} V_{GSR} V_{3K}
015500.2-260107		.LA.0..	1.07± .05						
212.07 -75.75	ESO 477- 14	S	.16± .04	.00	14.52 ±.14				
274.01 -20.04		-2.0± .8		.00					
015242.0-261548	PGC 7127		1.05						
0155.1 +4901		.S..7..	1.04± .15	107					
133.56 -12.52	UGC 1381	U	.23± .12	1.28					
347.27 2.33		7.0± .9		.31					
0152.0 +4847	PGC 7138		1.16	.11					
015510.4+351650	IC 171	.E?....	1.40± .11	105					
137.35 -25.80	UGC 1388		.06± .08	.22	13.23 ±.14				5275± 44
334.61 -2.72				.00					5407
015214.2+350209	PGC 7139		1.42		12.93				5027
015510.8+361541		.S..8*.	.98± .05	175				16.02±.3	4532± 8
137.05 -24.86	UGC 1387	U	.17± .04	.27	15.15 ±.13			240± 9	
335.51 -2.37	KUG 0152+360	8.0±1.2		.21					4667
015213.8+360100	PGC 7140		1.00	.08	14.66			1.28	4287
015517.1+100041		.S..6*.	1.16± .04	177				15.86±.3	5928± 10
147.72 -49.76	UGC 1391	U	.89± .04	.18	15.35 ±.12			445± 13	
310.77 -11.50	IRAS01525+0945	6.0±1.4		1.31	13.57				5998
015237.8+094600	PGC 7150		1.18	.45	13.83			1.59	5649
015517.9-125435		.SBS8P.	1.08± .06	5					
172.49 -69.38	MCG -2- 5- 76	E (1)	.14± .05	.00					
287.81 -17.73		8.0± .6		.17					
015251.5-130915	PGC 7153	7.5± .7	1.08	.07					
0155.3 +2116		.L..-*.	.86± .17	65					
142.26 -39.18	UGC 1393	U	.12± .05	.22	15.25 ±.10				12320± 57
321.55 -7.77		-3.0±1.3		.00					12420
0152.6 +2102	PGC 7163		.87		14.85				12049
015522.2+063641	A 0152+06	.SAT3..	1.10± .04					16.30±.3	5164± 10
149.88 -52.88	UGC 1395	U (1)	.10± .04	.14	14.18 ±.13			255± 13	5184± 34
307.46 -12.58	IRAS01527+0622	3.0± .8		.14	13.61				5225
015244.8+062200	PGC 7164	4.5±1.1	1.11	.05	13.86			2.39	4887
015525.2+240840								17.81±.3	9883± 10
141.15 -36.45	CGCG 482- 30			.41	15.7 ±.4				
324.26 -6.78								219± 10	9990
015237.2+235400	PGC 7170								9616
0155.4 +3633		.L...?.	1.04± .08	43					
137.02 -24.55	UGC 1392	U	.26± .03	.20					
335.81 -2.31		-2.0±1.7		.00					
0152.5 +3619	PGC 7173		1.03						
015530.7+475717		.E.....	1.26± .13						
133.89 -13.55	UGC 1389	U	.06± .08	.99	14.5 ±.3				
346.31 1.88		-5.0± .8		.00					
015221.7+474236	PGC 7179		1.40						
0155.5 +2117		.L.....	1.05± .08	94					
142.30 -39.15	UGC 1396	U	.35± .03	.22	14.80 ±.10				4903± 57
321.58 -7.80	IRAS01527+2103	-2.0± .9		.00	13.60				5003
0152.7 +2103	PGC 7180		1.02		14.51				4632
015532.0-104800	NGC 726	.SBS8P.	1.07± .04	100					5359
168.73 -67.77	MCG -2- 6- 3	E (1)	.28± .04	.00					
290.00 -17.31	KUG 0153-110	7.5± .6		.35					5366
015304.4-110240	PGC 7182	5.9± .6	1.07	.14					5094
015541.3-295520	NGC 749	PSBS0*.	1.29± .03	111					
227.91 -75.63	ESO 414- 11	Sr	.13± .03	.02	13.43 ±.14				4394± 34
269.85 -20.69	IRAS01534-3009	.4± .6		.10	12.16				4343
015326.1-301000	PGC 7191		1.29		13.24				4173
015541.3+230420		.S?....	.77± .11					17.21±.3	13792± 10
141.64 -37.45	CGCG 482- 31		.00± .10	.31	15.52 ±.12				
323.27 -7.22				.00				175± 7	13896
015254.0+224940	PGC 7192		.80	.00	15.13			2.09	13523
015541.4+312506								17.29±.3	10716± 10
138.67 -29.48	CGCG 503- 51			.11	15.7 ±.4				
331.07 -4.23								232± 7	10840
015248.2+311026	PGC 7193								10461
015542.0+464807		.S..1..	1.37± .04	70				15.68±.1	6388± 11
134.22 -14.66	UGC 1394	U	.28± .05	.71	14.3 ±.3				
345.26 1.43		1.0± .8		.28				482± 8	6541
015234.4+463327	PGC 7197		1.43	.14	13.19			2.35	6172

R.A. 2000 DEC.	Names	Type	$logD_{25}$	p.a.	B_T	$(B-V)_T$	$(B-V)_e$	m_{21}	V_{21}
l b		S_T n_L	$logR_{25}$	A_g	m_B	$(U-B)_T$	$(U-B)_e$	W_{20}	V_{opt}
SGL SGB		T	$logA_e$	A_i	m_{FIR}	$(B-V)^o_T$	m'_e	W_{50}	V_{GSR}
R.A. 1950 DEC.	PGC	L	$logD_o$	A_{21}	B^o_T	$(U-B)^o_T$	m'_{25}	HI	V_{3K}
015549.7-220703		.S?....	1.03± .09						
197.53 -74.55	ESO 543- 25		.02± .07	.00					13403
278.19 -19.62				.02					13375
015329.1-222142	PGC 7206		1.03	.01					13161
0155.8 +1802		.L.....	1.00± .10	2					
143.78 -42.21	UGC 1399	U	.14± .04	.13	14.74 ±.10				
318.53 -8.99		-2.0± .9		.00					
0153.1 +1748	PGC 7209		.99						
015551.5-095801		.SBR5P.	1.12± .04	125					8117
167.49 -67.08	MCG -2- 6- 4	E (1)	.10± .04	.04					
290.87 -17.19	KUG 0153-102A	4.5± .6		.15					8127
015323.4-101241	PGC 7210	3.1± .6	1.13	.05					7852
015553.8+325925		.L.....	1.03± .08	36					
138.21 -27.96	UGC 1397	U	.34± .03	.16	14.83 ±.10				
332.54 -3.70		-2.0± .9		.00					
015259.4+324445	PGC 7214		1.00						
015557.2+011706	IC 173	.SBT4..	.95± .05	110	14.9 ±.2	.88± .06			
154.17 -57.62	UGC 1402	UE (2)	.12± .04	.03	14.68 ±.12				13912± 42
302.25 -14.29		3.7± .5		.18		.76			13955
015322.8+010227	PGC 7217	.9± .5	.95	.06	14.44		14.19± .33		13635
015558.7+370748		.S..6?.	1.08± .06					17.05±.3	5218± 8
136.97 -23.98	UGC 1398	U	.04± .05	.19	14.56 ±.15			157± 9	
336.37 -2.20	IRAS01530+3653	6.0±1.7		.06					5354
015300.8+365309	PGC 7220		1.10	.02	14.28			2.75	4976
015604.4+360750		.S..3..	1.40± .04	156					
137.28 -24.93	UGC 1400	U (1)	.81± .05	.27					
335.46 -2.58		3.0± .9		1.11					
015307.4+355311	PGC 7223	4.5±1.2	1.42	.40					
0156.1 +1738	IC 1748	.SX.4..	1.02± .06	130					11341
144.05 -42.56	UGC 1403	U	.17± .05	.13	14.47 ±.12				
318.17 -9.19		4.0± .9		.25					11431
0153.4 +1724	PGC 7229		1.03	.09	14.02				11067
015611.1+064442	IC 1749	.L...*.	.96± .06	155					
150.10 -52.68	UGC 1407	U	.14± .03	.15	14.56 ±.10				5108
307.66 -12.73	IRAS01535+0630	-2.0±1.2		.00	12.90				5168
015333.7+063003	PGC 7235		.95		14.34				4830
015612.1+053520			.34?						
150.91 -53.73	MCG 1- 6- 2		.00± .07	.14	15.4 ±.3				900± 64
306.53 -13.08									956
015335.2+052041	PGC 7237		.35						622
0156.2 +0438		.S..7..	1.23± .05	93					4973
151.61 -54.58	UGC 1410	U	.88± .05	.12	15.26 ±.12				
305.60 -13.38	IRAS01536+0424	7.0± .9		1.22	12.96				5027
0153.6 +0424	PGC 7243		1.24	.44	13.91				4695
015616.1-225404		.S..4*/	1.31± .03	155					
200.43 -74.73	ESO 477- 16	S	1.00± .03	.00	14.72 ±.14				1646
277.38 -19.85		3.5± .6		1.46					1616
015356.0-230842	PGC 7244		1.31	.50	13.25				1406
0156.2 +1309		.S..7..	1.00± .06	90					7669
146.31 -46.75	UGC 1408	U	.29± .05	.16	15.32 ±.14				
313.89 -10.72		7.0± .9		.40					7747
0153.6 +1255	PGC 7246		1.02	.15	14.74				7392
0156.2 +7316		RSBT1*.	1.53± .04	5				13.45±.1	2940± 11
127.63 11.00	UGC 1378	U	.16± .06	2.24	13.5 ±.3				2930± 35
9.93 10.73	IRAS01519+7302	1.0± .6		.17	12.97			496± 8	3115
0151.9 +7302	PGC 7247		1.74	.08	11.02			2.35	2825
0156.3 +0345	IC 174	.L...?.	1.13± .10	95					
152.29 -55.37	UGC 1409	U	.22± .05	.08	14.25 ±.10				
304.73 -13.65		-2.0±1.6		.00					
0153.7 +0331	PGC 7249		1.10						
015620.9+053744	NGC 741	.E.0.*.	1.47± .08		12.2 ±.2	1.05± .03	1.06± .01		
150.93 -53.68	UGC 1413	R	.01± .07	.14	12.46 ±.11				5561± 17
306.58 -13.11	3ZW 38	-5.0± .4	1.24± .04	.00		.96	13.91± .14		5618
015344.1+052306	PGC 7252		1.49		12.18		14.53± .47		5283
015621.3+372709		.S..6*.	1.04± .08	125					
136.95 -23.65	UGC 1405	U	.98± .06	.19	15.80 ±.14				
336.70 -2.15		6.0±1.4		1.44					
015323.0+371230	PGC 7254		1.06	.49					

R.A. 2000 DEC. l b SGL SGB R.A. 1950 DEC.	Names PGC	Type S_T n_L T L	$\log D_{25}$ $\log R_{25}$ $\log A_e$ $\log D_o$	p.a. A_g A_i A_{21}	B_T m_B m_{FIR} B_T^o	$(B-V)_T$ $(U-B)_T$ $(B-V)_T^o$ $(U-B)_T^o$	$(B-V)_e$ $(U-B)_e$ m'_e m'_{25}	m_{21} W_{20} W_{50} HI	V_{21} V_{opt} V_{GSR} V_{3K}
015621.9-042804	NGC 748	PSAR3?.	1.36± .03	42	13.41 ±.15	.78± .05	.92± .02		5322
160.13 -62.55	MCG -1- 6- 4	E (1)	.31± .05	.00		.18± .06	.36± .03		
296.51 -15.96	IRAS01538-0442	3.0± .7	.89± .03	.43		.69	13.35± .07		5348
015350.7-044242	PGC 7259	3.1±1.2	1.36	.15	12.94	.10	14.31± .25		5050
015622.7-090343	NGC 755	.SBT3?.	1.53± .02	50	13.09 ±.14	.51± .02	.58± .01	13.62±.1	1642± 6
166.31 -66.30	MCG -2- 6- 5	PE (1)	.49± .04	.05		-.12± .03	-.10± .02	244± 8	
291.84 -17.11	IRAS01538-0918	3.4± .6	.90± .02	.68	12.67	.39	13.08± .06	226± 6	1654
015354.1-091821	PGC 7262	4.2±1.2	1.54	.25	12.34	-.20	14.37± .20	1.03	1375
015623.9+371258		.SBS3..	1.06± .06	100				16.02±.3	4458± 8
137.03 -23.87	UGC 1404	U	.26± .05	.19	15.25 ±.15			279± 9	
336.48 -2.24		3.0± .9		.36					4594
015325.8+365820	PGC 7263		1.08	.13	14.67			1.23	4216
0156.4 +0537	NGC 742	CE.0.*.	.30?		*				
150.95 -53.67	MCG 1- 6- 4	R	.00± .04	.14	15.3 ±.2				5409± 72
306.58 -13.12		-6.0±1.0		.00					5465
0153.7 +0522	PGC 7264		.33		15.15				5131
0156.4 +0404	IC 1750	.S..0..	.96± .09	64	*				
152.09 -55.07	UGC 1412	U	.65± .06	.12	15.37 ±.13				
305.05 -13.58		.0±1.0		.49					
0153.8 +0350	PGC 7266		.94						
015627.8+364810	NGC 732	.L.....	1.15± .07	10	*				
137.16 -24.27	UGC 1406	U	.14± .03	.22	14.49 ±.12				5890± 36
336.11 -2.41	MK 1011	-2.0± .8		.00					6025
015330.1+363332	PGC 7270		1.15		14.18				5647
015636.3-391446		.LX.0.P	1.14± .05	91	*				
258.82 -71.81	ESO 297- 34	S	.18± .04	.03	14.55 ±.14				5606± 15
259.79 -21.67		-2.0± .8		.00					5528
015429.0-392924	PGC 7279		1.11		14.44				5416
0156.6 +1742		.S..8*.	1.07± .07	153	*				11425
144.18 -42.46	UGC 1417	U	1.09± .06	.13					
318.28 -9.28		8.0±1.5		1.23					11515
0153.9 +1728	PGC 7281		1.08	.50					11152
015638.0+341032	NGC 735	.S..3..	1.26± .04	138	14.07 ±.13	.81± .03	.89± .03	14.44±.2	4635± 6
138.01 -26.78	UGC 1411	U (2)	.33± .05	.23	13.77 ±.12	.16± .05	.32± .05	456± 8	4739± 42
333.69 -3.41		3.0± .8	.79± .02	.45		.67	13.51± .05	430± 10	4767
015342.5+335554	PGC 7282	1.2± .8	1.28	.16	13.19	.04	14.38± .28	1.08	4389
0156.6 +1017		.SXS8..	1.04± .15	5					6157± 10
148.03 -49.37	UGC 1419	U	.18± .12	.17					
311.15 -11.73		8.0± .9		.22					6227
0154.0 +1003	PGC 7285		1.06	.09					5880
015641.1+330238	NGC 736	.E+..*.	1.19± .07		13.16 ±.14	1.01± .01	1.03± .01		
138.38 -27.86	UGC 1414	PU	.02± .05	.16	13.35 ±.10	.55± .02	.56± .02		4374± 38
332.65 -3.83	6ZW 111	-4.0± .5	.83± .03	.00		.93	12.80± .12		4501
015346.5+324800	PGC 7289		1.20		13.06	.54	14.04± .38		4123
0156.7 +1500		.S?....	.95± .07	3					
145.49 -44.98	UGC 1420		.20± .05	.16	14.73 ±.12				4607
315.71 -10.20	IRAS01539+1446			.31	13.49				4690
0154.0 +1446	PGC 7292		.97	.10	14.24				4332
015644.0+362304		.S..0..	1.04± .06	1					
137.35 -24.65	UGC 1415	U	.59± .05	.22	14.66 ±.15				4796± 80
335.74 -2.61		.0±1.0		.44					4930
015346.6+360826	PGC 7295		1.03		13.92				4553
015644.5-435823		.S..3P.	1.38± .04	25					
269.20 -68.63	ESO 245- 10	S	.59± .05	.03	14.32 ±.14				5713
254.64 -21.86	IRAS01546-4413	3.0± .8		.81	13.34				5622
015442.1-441300	PGC 7298		1.38	.29	13.44				5541
015646.2+365313		.S?....	1.07± .06	65					
137.20 -24.17	UGC 1416		.28± .05	.22	14.72 ±.12				5484
336.21 -2.43				.43					5619
015348.4+363836	PGC 7300		1.09	.14	14.05				5242
015647.7-034415		PL..+P*	1.17± .05	80					
159.49 -61.88	MCG -1- 6- 5	E	.22± .05	.02					
297.28 -15.87		-1.0±1.2		.00					
015416.1-035852	PGC 7301		1.14						
015650.2+314214		.S?....	.94± .11						
138.85 -29.14	MCG 5- 5- 29		.11± .07	.11	14.78 ±.12				5236± 97
331.42 -4.36	MK 1167			.16					5360
015356.7+312736	PGC 7304		.95	.06	14.48				4983

R.A. 2000 DEC. / l b / SGL SGB / R.A. 1950 DEC.	Names / PGC	Type / S_T n_L / T / L	$\log D_{25}$ / $\log R_{25}$ / $\log A_e$ / $\log D_o$	p.a. / A_g / A_i / A_{21}	B_T / m_B / m_{FIR} / B_T^o	$(B-V)_T$ / $(U-B)_T$ / $(B-V)_T^o$ / $(U-B)_T^o$	$(B-V)_e$ / $(U-B)_e$ / m'_e / m'_{25}	m_{21} / W_{20} / W_{50} / HI	V_{21} / V_{opt} / V_{GSR} / V_{3K}
015653.6-020110	IC 176	.S..5*.	1.26± .04	94					4446
157.68 -60.40	UGC 1426	UE (1)	.67± .04	.03	14.70 ±.12				
299.02 -15.43		5.0± .8		1.00					4479
015421.0-021548	PGC 7306	4.2±1.2	1.27	.33	13.65				4172
015654.8+331601	NGC 739	.L?....	.72± .22						
138.36 -27.64	MCG 5- 5- 30		.00± .07	.16	14.85 ±.12				4411± 52
332.87 -3.80	ARAK 67			.00					4538
015359.9+330124	PGC 7312		.74		14.62				4161
015655.0+330054	NGC 740	.SB.3$.	1.21± .04	137				16.38±.2	4609± 6
138.44 -27.88	UGC 1421	P	.63± .04	.16	14.77 ±.12			368± 9	
332.64 -3.89		3.0± .9		.87				350± 7	4735
015400.4+324617	PGC 7316		1.22	.31	13.71			2.35	4358
015657.3+402030		.L.....	1.17± .09	50					
136.23 -20.83	UGC 1418	U	.16± .05	.21	14.18 ±.11				
339.40 -1.18	IRAS01539+4005	-2.0± .8		.00	13.58				
015356.2+400553	PGC 7320		1.17						
0156.9 -0038									
156.34 -59.19	CGCG 387- 6			.03	15.10 ±.12				5786
300.41 -15.07									5823
0154.4 -0053	PGC 7321								5512
015657.7-052411	NGC 762	PSBT1..	1.13± .06	55					
161.53 -63.25	MCG -1- 6- 6	E	.07± .05	.02					4820± 61
295.61 -16.34	MK 1012	1.0± .8		.07					4843
015427.0-053848	PGC 7322		1.13	.04					4550
015659.2-114653		.SBS8*.	1.43± .03	87				14.55±.1	1853± 8
171.18 -68.27	MCG -2- 6- 6	E (1)	.69± .05	.00				170± 11	
289.07 -17.88		8.0±1.2		.84				138± 8	1856
015432.2-120130	PGC 7324	6.4±1.2	1.43	.34					1591
0157.0 +0602		.L.....	1.01± .08	65					
150.90 -53.23	UGC 1427	U	.20± .03	.10	14.47 ±.10				
307.04 -13.14		-2.0± .9		.00					
0154.4 +0548	PGC 7325		.99						
0157.0 -0005	IC 177								
155.87 -58.70	CGCG 387- 7			.01	15.3 ±.3				13543
300.97 -14.94									13582
0154.5 -0020	PGC 7326								13268
0157.0 -0028	IC 1756	.S..6*.	1.13± .05	155					
156.23 -59.03	UGC 1429	U	.75± .05	.03	15.30 ±.12				6648
300.59 -15.06	IRAS01545-0042	6.0±1.3		1.11	13.14				6686
0154.5 -0042	PGC 7328		1.13	.38	14.13				6374
015706.8+324720		.S?....	1.07± .07	90				15.94±.2	4583± 6
138.56 -28.08	UGC 1422		.40± .06	.16	14.35 ±.13			351± 9	4799± 52
332.45 -4.01				.59				331± 7	4712
015412.3+323243	PGC 7333		1.08	.20	13.57			2.17	4335
0157.2 +1433	IC 1755	.S..1..	1.14± .05	154					7930
145.88 -45.36	UGC 1428	U	.65± .05	.15	14.70 ±.12				
315.31 -10.47		1.0± .9		.67					8011
0154.5 +1419	PGC 7341		1.16	.33	13.78				7655
015719.4+283524	IC 1753	.E?....	.75± .10						
140.02 -32.09	MCG 5- 5- 33		.05± .06	.21	14.95 ±.12				10188± 42
328.57 -5.59	5ZW 149			.00					10305
015428.1+282047	PGC 7353		.76		14.59				9929
015721.8+053636		.S?....	1.01± .05	40					5677
151.33 -53.59	UGC 1435		.25± .04	.14	14.77 ±.12				
306.64 -13.35	KUG 0154+053			.38					5733
015444.9+052200	PGC 7355		1.02	.13	14.22				5400
015725.8+171303		.S..4..	.97± .05	65				16.31±.3	8054± 10
144.65 -42.85	UGC 1432	U	.17± .04	.14	14.61 ±.12			216± 13	
317.87 -9.62	ARP 56	4.0± .9		.25					8142
015442.1+165827	PGC 7359		.98	.08	14.17			2.06	7781
0157.4 +1955		.S..6*.	.82± .12						8692
143.43 -40.30	UGC 1433	U	.00± .06	.19	15.36 ±.13				
320.45 -8.70		6.0±1.2		.00					8787
0154.7 +1941	PGC 7362		.84	.00	15.14				8421
015730.5-092745	NGC 747	.S..3*.	1.00± .07	175					
167.48 -66.44	MCG -2- 6- 7	E (1)	.35± .05	.04					
291.49 -17.47		3.0±1.3		.48					
015502.2-094221	PGC 7366	3.1± .8	1.01	.17					

R.A. 2000 DEC.	Names	Type	$\log D_{25}$	p.a.	B_T	$(B-V)_T$	$(B-V)_e$	m_{21}	V_{21}
l b		S_T n_L	$\log R_{25}$	A_g	m_B	$(U-B)_T$	$(U-B)_e$	W_{20}	V_{opt}
SGL SGB		T	$\log A_e$	A_i	m_{FIR}	$(B-V)^o_T$	m'_e	W_{50}	V_{GSR}
R.A. 1950 DEC.	PGC	L	$\log D_o$	A_{21}	B^o_T	$(U-B)^o_T$	m'_{25}	HI	V_{3K}
0157.5 -0205		.S..8..	1.05± .08						4892
158.04 -60.38	UGC 1442	U	.15± .06	.01	15.17 ±.17				
298.99 -15.61		8.0± .8		.18					4925
0155.0 -0220	PGC 7368		1.05	.08	14.96				4619
015732.8+331224	NGC 750	.E...P.	1.22± .13						
138.52 -27.66	UGC 1430	R	.10± .11	.16	12.84 ±.18				5222± 22
332.87 -3.94		-5.0± .3		.00					5348
015437.9+325748	PGC 7369		1.22		12.60				4972
015732.9+331216	NGC 751	.E...P.	1.15± .14						
138.52 -27.66	UGC 1431	R	.00± .12	.16					5163± 34
332.86 -3.94		-5.0± .4		.00					5290
015438.1+325740	PGC 7370		1.17						4913
0157.5 +1953		.S..6*.	.85± .11						8830
143.48 -40.33	UGC 1436	U	.09± .06	.19					
320.42 -8.73		6.0±1.2		.14					8925
0154.8 +1939	PGC 7371		.87	.05					8560
015736.2+164616		.S?....	.92± .07						8040
144.91 -43.26	MCG 3- 6- 8		.18± .06	.13	14.61 ±.13				
317.46 -9.81				.27					8127
015452.7+163140	PGC 7377		.93	.09	14.16				7767
015737.8-574725	NGC 782	.SBR3..	1.37± .04	15	12.48 ±.15	.63± .01	.71± .01		
286.66 -57.20	ESO 114- 15	RS (2)	.06± .04	.00	12.60 ±.12	.06± .04	.15± .02		6000± 34
239.64 -21.56	IRAS01559-5801	3.0± .4	1.08± .02	.08	12.14	.58	13.37± .05		5875
015556.0-580200	PGC 7379	2.8± .4	1.37	.03	12.43	.03	14.05± .26		5885
015738.7+361517		.S..0..	1.10± .07	164					
137.58 -24.73	UGC 1434	U	.52± .06	.28	15.21 ±.12				
335.69 -2.83	IRAS01546+3600	.0± .9		.39					
015441.2+360041	PGC 7381		1.10						
015741.4-054033		.SAS6..	1.21± .05	135					5037
162.21 -63.38	MCG -1- 6- 7	E (1)	.22± .05	.04					
295.38 -16.59		6.0± .8		.33					5059
015510.9-055508	PGC 7385	4.2±1.2	1.21	.11					4768
015742.5+355458	NGC 753	.SXT4..	1.40± .02	125	12.97 ±.13	.66± .01	.76± .01	14.14±.1	4886± 6
137.70 -25.05	UGC 1437	R (2)	.11± .02	.23	12.54 ±.10	.00± .03	.13± .02	340± 7	4879± 12
335.38 -2.97	IRAS01547+3540	4.0± .3	.93± .01	.16	11.45	.55	13.11± .04	314± 11	5017
015445.4+354022	PGC 7387	1.6± .7	1.42	.06	12.28	-.08	14.52± .17	1.80	4641
015748.4-331425	IC 1762	.SBS4..	1.26± .04	43					
240.06 -74.43	ESO 354- 17	BS (1)	.62± .04	.02	14.36 ±.14				5663± 39
266.32 -21.48	IRAS01555-3329	4.0± .7		.91					5601
015536.1-332900	PGC 7393	2.2±1.3	1.26	.31	13.39				5454
015748.9+275155	A 0154+27								
140.40 -32.74	CGCG 503- 63			.28	15.18 ±.12				8100±110
327.93 -5.95	MK 364								8215
015458.0+273720	PGC 7394								7841
015749.7+332236	NGC 761	.SB.1*.	1.18± .04	143				17.94±.3	5029± 10
138.53 -27.48	UGC 1439	PU	.48± .04	.16	14.40 ±.12				
333.05 -3.93	VV 425	1.0± .6		.48				397± 7	5156
015454.6+330800	PGC 7395		1.20	.24	13.70			4.01	4780
015750.2+372145		.S..3..	1.04± .06	134					
137.28 -23.65	UGC 1441	U (1)	.74± .05	.23	15.50 ±.13				
336.72 -2.45		3.0±1.0		1.02					
015451.7+370709	PGC 7396	4.5±1.3	1.06	.37					
015750.4+362032	NGC 759	.E.....	1.20± .08		13.84 ±.15	1.10± .02	1.05± .01		
137.60 -24.63	UGC 1440	PU	.04± .06	.22	13.40 ±.10	.55± .03	.53± .03		4879± 44
335.78 -2.83	IRAS01548+3605	-5.0± .5	.63± .04	.00	13.16	1.00	12.48± .15		5012
015452.8+360557	PGC 7397		1.22		13.24	.52	14.73± .45		4636
015751.1-611244		PSBR3..	1.23± .05	67					
289.35 -54.13	ESO 114- 16	Sr (1)	.14± .05	.03	13.89 ±.14				6999± 60
235.96 -21.27		2.6± .6		.19					6867
015617.1-612718	PGC 7398	3.3± .8	1.23	.07	13.61				6899
015751.1+445502	NGC 746	.I..9..	1.28± .04	90				14.15±.1	712± 11
135.11 -16.38	UGC 1438	U	.16± .05	.58	13.5 ±.3			120± 16	615± 52
343.66 .38	IRAS01548+4441	10.0± .8		.12	13.44			105± 12	857
015445.1+444026	PGC 7399		1.33	.08	12.85			1.22	488
015755.5-325913	IC 1759	.SAT4*.	1.19± .05						
239.13 -74.49	ESO 354- 18	Sr	.05± .05	.02	13.82 ±.14				3853± 34
266.60 -21.49		3.9± .7		.07					3792
015543.0-331348	PGC 7400		1.19	.02	13.70				3643

R.A. 2000 DEC.	Names	Type	$\log D_{25}$	p.a.	B_T	$(B-V)_T$	$(B-V)_e$	m_{21}	V_{21}
l b		S_T n_L	$\log R_{25}$	A_g	m_B	$(U-B)_T$	$(U-B)_e$	W_{20}	V_{opt}
SGL SGB		T	$\log A_e$	A_i	m_{FIR}	$(B-V)^o_T$	m'_e	W_{50}	V_{GSR}
R.A. 1950 DEC.	PGC	L	$\log D_o$	A_{21}	B^o_T	$(U-B)^o_T$	m'_{25}	HI	V_{3K}
015758.2-380113		.S..5*.	1.00± .05	82					
255.07 -72.30	ESO 297- 36	S (1)	.23± .04	.03	15.04 ±.14				
261.14 -21.87		5.0±1.3		.34					
015550.1-381548	PGC 7402	3.3±1.2	1.00	.11					
0158.0 +0423		.S?....	1.29± .04	140					4764
152.48 -54.61	UGC 1444		.65± .05	.12	15.12 ±.16				
305.49 -13.87				.98					4816
0155.4 +0409	PGC 7406		1.30	.33	14.00				4488
015803.0+032210		.I..9*.	1.12± .05	51					4837
153.29 -55.53	UGC 1446	U	.57± .06	.07	14.75 ±.12				
304.48 -14.19	KUG 0155+031	10.0±1.3		.43					4886
015527.3+030735	PGC 7411		1.13	.28	14.25				4561
015805.6+373441									
137.27 -23.43	CGCG 522- 91			.14	15.3 ±.4				4686± 62
336.94 -2.42	MK 1170								4822
015506.9+372006	PGC 7416								4447
015806.6+030510	A 0155+02	.SB.9P*	1.08± .05					15.13±.1	5555± 7
153.54 -55.77	UGC 1449	RE	.23± .05	.08	13.91 ±.13			217± 7	5416± 23
304.20 -14.28	MK 582	9.1± .4		.24	11.43			111± 10	5590
015531.1+025035	PGC 7417		1.09	.12	13.59			1.42	5267
015808.6+020342		.S..6*.	1.12± .04	110				15.88±.3	6292± 10
154.40 -56.68	UGC 1448	U	.60± .04	.04	14.91 ±.12			370± 13	
303.19 -14.59		6.0±1.3		.88					6337
015533.7+014907	PGC 7420		1.13	.30	13.97			1.62	6017
0158.1 +1906		.L.....	1.05± .08	90					
144.00 -41.02	UGC 1445	U	.18± .03	.17	14.70 ±.11				
319.73 -9.14		-2.0± .8		.00					
0155.4 +1852	PGC 7421		1.04						
015812.7-393244		.SBT4*/	1.25± .05	64					
258.99 -71.39	ESO 297- 37	Sr	.70± .04	.03	14.56 ±.14				5498
259.48 -21.99	IRAS01561-3947	4.4± .6		1.03					5418
015606.0-394718	PGC 7427		1.25	.35	13.47				5310
015818.2-541302		.L..-*/	1.20± .05	22					
283.11 -60.26	ESO 153- 3	S	.30± .04	.00	13.79 ±.14				6501
243.50 -21.91		-3.5± .8		.00					6384
015630.1-542736	PGC 7430		1.11		13.69				6371
0158.4 +2208		.S?....	1.11± .14	128					4977
142.78 -38.13	UGC 1452		.66± .12	.27					
322.62 -8.15				.97					5077
0155.7 +2154	PGC 7441		1.14	.33					4710
015830.0+252134		.SB?...	1.09± .06	85				15.86±.2	4927± 6
141.51 -35.08	UGC 1451		.32± .05	.40	14.27 ±.12			356± 10	4911± 47
325.65 -7.00	IRAS01556+2507			.44	11.04			298± 7	5036
015540.8+250700	PGC 7445		1.13	.16	13.39			2.30	4664
015830.5-561457		.L..-P.	1.13± .05						
285.07 -58.49	ESO 153- 4	S	.37± .04	.03	14.65 ±.14				5936± 44
241.30 -21.80	IRAS01568-5628	-3.0± .9		.00	13.94				5814
015646.0-562930	PGC 7447		1.08		14.53				5815
015832.5-261732	NGC 775	.SAT5*.	1.22± .04	167					
213.55 -75.00	ESO 477- 18	Sr (1)	.13± .03	.00	13.40 ±.14				4553± 52
273.84 -20.86	IRAS01562-2632	5.4± .6		.19	12.63				4511
015615.0-263206	PGC 7451	2.2± .8	1.22	.06	13.18				4324
015834.5+443432		.SX.6..	1.04± .08						
135.33 -16.67	UGC 1447	U	.16± .06	.54	14.84 ±.13				
343.40 .13		6.0± .8		.23					
015528.7+441958	PGC 7456		1.09	.08					
0158.6 +0315		.SB.9..	1.18± .06						3489
153.59 -55.56	UGC 1454	U	.07± .06	.08					
304.41 -14.35		9.0± .8		.07					3537
0156.0 +0301	PGC 7458		1.19	.03					3214
015836.0-012724			.69± .15	127					
157.84 -59.70	MCG 0- 6- 15		.33± .07	.03	15.1 ±.2				4809± 57
299.71 -15.69	ARAK 69								4843
015603.1-014158	PGC 7460		.69						4537
015840.5+003146	NGC 768	.SBR4*.	1.22± .04	30					
155.97 -57.96	UGC 1457	UE (2)	.32± .04	.01	14.01 ±.12				6973± 40
301.70 -15.16	IRAS01561+0017	4.0± .6		.47	13.52				7013
015606.5+001713	PGC 7465	1.5± .7	1.22	.16	13.49				6699

R.A. 2000 DEC. l b SGL SGB R.A. 1950 DEC.	Names PGC	Type S_T n_L T L	$\log D_{25}$ $\log R_{25}$ $\log A_e$ $\log D_o$	p.a. A_g A_i A_{21}	B_T m_B m_{FIR} B_T^o	$(B-V)_T$ $(U-B)_T$ $(B-V)_T^o$ $(U-B)_T^o$	$(B-V)_e$ $(U-B)_e$ m'_e m'_{25}	m_{21} W_{20} W_{50} HI	V_{21} V_{opt} V_{GSR} V_{3K}
015842.1+082054	NGC 766	.E.....	1.30± .12						
149.96 -50.96	UGC 1458	U	.00± .08	.20	13.68 ±.16				8104± 50
309.43 -12.82		-5.0± .7		.00					8167
015603.6+080620	PGC 7468		1.33		13.36				7828
0158.7 +2439		.I..9*.	1.19± .12						4897
141.83 -35.73	UGC 1453	U	.08± .12	.40					
325.01 -7.30		10.0±1.1		.06					5004
0155.9 +2425	PGC 7470		1.23	.04					4633
015846.7-782353		.SBS4P.	1.20± .04						
298.68 -38.17	ESO 13- 26	S	.05± .05	.30	14.39 ±.14				8349
217.88 -18.57	IRAS01589-7838	3.5± .5		.07	12.75				8188
015856.0-783824	PGC 7471		1.23	.02	13.97				8330
015847.6+245329	NGC 765	.SXT4..	1.44± .03						
141.76 -35.51	UGC 1455	U	.00± .05	.40	13.6 ±.3				5117± 50
325.23 -7.23	IRAS01559+2439	4.0± .7		.00					5224
015558.7+243856	PGC 7475		1.48	.00	13.12				4854
0158.8 +0535		.S..6*.	1.06± .06	172					
151.89 -53.45	UGC 1461	U	.79± .05	.12					
306.73 -13.70		6.0±1.4		1.16					
0156.2 +0521	PGC 7478		1.07	.39					
015850.9-093513	NGC 767	.SB.3P?	1.06± .05	165					5390
168.31 -66.32	MCG -2- 6- 10	E	.47± .05	.03					
291.45 -17.82	IRAS01563-0949	3.0±1.9		.64					5399
015622.7-094946	PGC 7483		1.06	.23					5127
0158.8 +0033	IC 1761	.L?....	.95± .10						
156.02 -57.91	CGCG 387- 19		.24± .04	.00	15.16 ±.07				6940± 67
301.75 -15.19				.00					6980
0156.3 +0019	PGC 7484		.92		15.05				6667
015852.2-080958	A 0156-08	.SBR5P.	1.08± .04	130	13.6 ±.4	.52± .04	.60± .04	15.74±.1	4754± 10
166.15 -65.21	MCG -1- 6- 12	PE (1)	.09± .05	.02				208± 11	4814± 59
292.91 -17.49	KUG 0156-084	4.6± .6	1.04± .11	.13		.47	14.32± .25	201± 11	4769
015623.3-082431	PGC 7485	2.2± .9	1.08	.04	13.42		13.61± .47	2.28	4491
015852.3-113054	NGC 773	.SXR1P.	1.13± .06	0					
171.60 -67.76	MCG -2- 6- 11	E	.26± .05	.00					5606
289.46 -18.27		1.0± .9		.26					5609
015625.3-114527	PGC 7486		1.13	.13					5346
015855.0+364032	IC 178	.S..2..	1.10± .05	170	14.06 ±.13	.78± .02	.87± .02	17.05±.3	4845± 8
137.72 -24.25	UGC 1456	U	.13± .05	.22	13.92 ±.12	.24± .03	.22± .03	288± 9	4731± 52
336.17 -2.91	IRAS01559+3625	2.0± .8	.65± .02	.16	13.10	.67	12.80± .07		4975
015557.0+362559	PGC 7488		1.12	.06	13.56	.17	14.07± .32	3.42	4601
015900.0+864031		.S..4..	1.10± .04	170				16.10±.1	4655± 11
123.99 23.94	UGC 1285	U (1)	.11± .04	.44	14.35 ±.18				4629±125
22.89 14.77	IRAS01477+8625	4.0± .8		.16	12.83			183± 8	4829
014740.0+862549	PGC 7491	2.5±1.1	1.14	.05	13.72			2.33	4602
015904.9-562616			1.01± .06	170					
285.12 -58.29	ESO 153- 5		.34± .06	.00	15.48 ±.14				7853
241.09 -21.87									7731
015721.0-564048	PGC 7501		1.01						7733
015905.1+361531		.S..1..	1.18± .05	145					
137.89 -24.64	UGC 1460	U	.24± .05	.22	14.64 ±.15				
335.80 -3.10	IRAS01561+3600	1.0± .8		.25	13.36				
015607.4+360058	PGC 7502		1.20	.12					
015906.7+360347		.S..6*.	1.17± .05	109					
137.95 -24.83	UGC 1459	U	.85± .05	.23	15.33 ±.12				
335.62 -3.18		6.0±1.3		1.25					
015609.2+354915	PGC 7504		1.19	.43					
015907.1-675211	NGC 802	.LXS+P*	.93± .06	152	13.67V±.13	.47± .02			
293.50 -48.00	ESO 52- 13	S	.18± .03	.00	14.17 ±.14	-.14± .05			1505± 24
228.85 -20.54		-.8± .6		.00		.43			1360
015755.0-680642	PGC 7505		.90		14.13	-.15	13.21± .32		1436
0159.1 +2523		.SB.6*.	1.20± .05	65					5059
141.66 -35.01	UGC 1462	U	.16± .05	.38	15.0 ±.2				
325.73 -7.12		6.0±1.1		.23					5167
0156.3 +2509	PGC 7506		1.24	.08	14.37				4797
015907.9+015316		.IXS9*.	1.14± .07	15					2951
154.95 -56.72	UGC 1464	UE (1)	.16± .07	.05					
303.09 -14.88		10.0± .6		.12					2995
015633.2+013843	PGC 7508	9.8± .8	1.15	.08					2677

R.A. 2000 DEC. l b SGL SGB R.A. 1950 DEC.	Names PGC	Type S_T n_L T L	$\log D_{25}$ $\log R_{25}$ $\log A_e$ $\log D_o$	p.a. A_g A_i A_{21}	B_T m_B m_{FIR} B_T^o	$(B-V)_T$ $(U-B)_T$ $(B-V)_T^o$ $(U-B)_T^o$	$(B-V)_e$ $(U-B)_e$ m'_e m'_{25}	m_{21} W_{20} W_{50} HI	V_{21} V_{opt} V_{GSR} V_{3K}
0159.1 +0006									
156.56 -58.27	CGCG 387- 20			.01	14.9 ±.3				5807
301.32 -15.39									5845
0156.6 -0008	PGC 7511								5534
015913.2+185718	NGC 770	.E.3.*.	1.07± .06	15	*		1.15± .05	14.67±.2	2440± 7
144.38 -41.08	UGC 1463	R	.14± .04	.17	13.91 ±.10			465± 5	2493± 34
319.67 -9.43		-5.0± .6		.00					2534
015628.3+184246	PGC 7517		1.05		13.70				2172
0159.2 +1801		.SB?...	.96± .09	8				17.73±.3	2012± 10
144.82 -41.95	UGC 1465		.98± .06	.16				176± 14	
318.79 -9.75				1.47					2101
0156.5 +1747	PGC 7519		.98	.49					1741
015915.9+242515								17.23±.3	3907± 10
142.07 -35.92	CGCG 482- 35			.40	14.8 ±.4				
324.83 -7.50								143± 7	4013
015627.3+241043	PGC 7521								3644
015917.3-504310		.L?....	.97± .06	48					
278.82 -63.11	ESO 197- 16		.47± .03	.01	14.48 ±.14				6202±108
247.29 -22.23				.00					6093
015724.0-505742	PGC 7523		.90		14.38				6058
015920.3+190022	NGC 772	.SAS3..	1.86± .01	130	11.09 ±.13	.78± .01	.86± .01	12.52±.0	2458± 3
144.39 -41.02	UGC 1466	R (3)	.23± .02	.17	10.99 ±.11	.26± .02	.29± .02	471± 3	2454± 29
319.73 -9.44	IRAS01565+1845	3.0± .3	1.41± .02	.32	10.90	.68	13.63± .06	436± 4	2550
015635.3+184550	PGC 7525	1.2± .5	1.88	.12	10.53	.18	14.66± .16	1.87	2188
015921.8+364934		.E?....							
137.77 -24.08	MCG 6- 5- 73			.21	15.0 ±.4				4817± 80
336.34 -2.94									4950
015623.5+363502	PGC 7527								4577
015926.2-674711		.SXS0?.	1.04± .05	47					
293.41 -48.07	ESO 52- 14	S	.23± .04	.00	14.80 ±.14				
228.93 -20.59	IRAS01581-6802	.0± .9		.17	13.03				
015814.0-680142	PGC 7530		1.03						
0159.5 +1356		.S..7..	1.19± .05	145					4623± 10
146.94 -45.73	UGC 1468	U	.23± .05	.13					
314.91 -11.20		7.0± .8		.32					4701
0156.8 +1342	PGC 7533		1.20	.12					4350
015933.9-562111		.SXS6*.	1.09± .05						
284.93 -58.33	ESO 153- 7	S (1)	.14± .05	.03	15.26 ±.14				5993
241.17 -21.94		6.0± .6		.20					5871
015750.0-563542	PGC 7535	5.6± .6	1.09	.07	15.01				5873
015935.0+140030	NGC 774	.L.....	1.18± .09	165					
146.93 -45.66	UGC 1469	U	.11± .05	.13	13.97 ±.11				4595± 50
314.98 -11.19		-2.0± .8		.00					4673
015653.1+134558	PGC 7536		1.18		13.77				4322
015936.2+305435	NGC 769	.S?....	.92± .07	73					
139.76 -29.72	UGC 1467		.25± .05	.18	13.8 ±.2				4472± 35
330.90 -5.20	ARAK 70			.37	12.27				4593
015642.9+304003	PGC 7537		.94	.12	13.18				4220
0159.6 -0521	IC 183	.L?....	1.12± .12						
162.67 -62.84	MCG -1- 6- 15		.47± .07	.01					4016
295.83 -16.97				.00					4037
0157.1 -0536	PGC 7538		1.05						3748
015938.3+272558		.S?....	.94± .11					15.95±.3	5268± 10
141.02 -33.03	MCG 4- 5- 27		.40± .07	.22	15.19 ±.12				
327.67 -6.49				.30				212± 7	5381
015647.5+271127	PGC 7540		.94		14.59				5009
015938.9-763552		PS..3?.	1.13± .08						
297.85 -39.85		S (1)	.10± .08	.25					
219.72 -18.99		3.0±1.7		.14					
015926.1-765021	PGC 7542	5.6±1.2	1.16	.05					
015942.6-055753	NGC 779	.SXR3..	1.60± .02	20	11.95 ±.13	.79± .01	.87± .01	14.10±.1	1391± 4
163.49 -63.33	MCG -1- 6- 16	R (2)	.53± .03	.00	11.95 ±.17	.21± .02	.31± .01	371± 4	1423± 50
295.22 -17.15	IRAS01571-0612	3.0± .3	.94± .01	.73	12.16	.68	12.14± .03	364± 5	1411
015712.4-061224	PGC 7544	3.0± .6	1.60	.27	11.20	.11	13.47± .17	2.63	1125
015942.8+320504		.S..8*.	1.19± .06	138				16.05±.2	5166± 6
139.39 -28.60	UGC 1470	U	.91± .06	.17				259± 9	
332.00 -4.78		8.0±1.3		1.12				236± 7	5289
015648.5+315033	PGC 7545		1.21	.46					4915

R.A. 2000 DEC. l b SGL SGB R.A. 1950 DEC.	Names PGC	Type S_T n_L T L	$\log D_{25}$ $\log R_{25}$ $\log A_e$ $\log D_o$	p.a. A_g A_i A_{21}	B_T m_B m_{FIR} B_T^o	$(B-V)_T$ $(U-B)_T$ $(B-V)_T^o$ $(U-B)_T^o$	$(B-V)_e$ $(U-B)_e$ m'_e m'_{25}	m_{21} W_{20} W_{50} HI	V_{21} V_{opt} V_{GSR} V_{3K}
015949.8-554930	NGC 795	.L..-*.	1.08± .05	141					
284.36 -58.77	ESO 153- 8	S	.23± .04	.03	14.22 ±.14				
241.74 -22.02		-4.0± .8		.00					
015805.1-560400	PGC 7552		1.02						
015949.9-070339		.LA.0P.	1.20± .05	30	15.53S±.15				
165.01 -64.19	MCG -1- 6- 20	E	.41± .05	.04					5929± 41
294.11 -17.45	HICK 14A	-2.0± .8		.00					5945
015720.3-071810	PGC 7553		1.14		15.40		15.38± .33		5664
015951.2-065028	IC 184	.SBR1*.	1.02± .07	7	14.66 ±.13	.82± .03			
164.72 -64.01	MCG -1- 6- 21	E	.31± .05	.08		.22± .04			
294.33 -17.40		1.0± .9		.31					
015721.5-070459	PGC 7554		1.02	.15			13.82± .38		
015951.8+072442	IC 182	.SB.3..	.90± .06						4714
151.00 -51.69	UGC 1473	U	.14± .05	.17	14.53 ±.13				
308.60 -13.39	IRAS01572+0710	3.0± .8		.19					4773
015713.8+071011	PGC 7556		.91	.07	14.13				4440
015952.2-070518		.SA.3P?	1.05± .06	6	14.86S±.15				
165.07 -64.21	MCG -1- 6- 22	E	.46± .05	.04					
294.08 -17.47	IRAS01573-0719	3.0±1.3		.63	13.26				
015722.6-071949	PGC 7557		1.06	.23			13.83± .38		
015954.7+233837	NGC 776	.SXT3..	1.24± .05					15.34±.2	4921± 6
142.56 -36.60	UGC 1471	U	.01± .05	.33	13.22 ±.12			164± 6	
324.15 -7.92	IRAS01570+2323	3.0± .8		.01	12.64			124± 6	5025
015706.6+232406	PGC 7560		1.27	.00	12.84			2.50	4657
015955.6+241841			1.00?					16.81±.3	5089± 10
142.29 -35.97	CGCG 482- 38		.70?	.37	15.60 ±.12				
324.78 -7.68								293± 7	5194
015707.0+240410	PGC 7562		1.03						4826
015959.5-110445	IC 1767	PSAR0*.	1.24± .05	75					5247
171.35 -67.26	MCG -2- 6- 12	E	.42± .05	.00					
289.97 -18.44		.0± .9		.31					5251
015732.3-111916	PGC 7568		1.22						4987
0200.0 +0657		.SX.8..	1.04± .08						6032± 10
151.37 -52.08	UGC 1477	U	.08± .06	.14	15.14 ±.18				
308.17 -13.57		8.0± .9		.10					6090
0157.4 +0643	PGC 7570		1.05	.04	14.89				5758
0200.0 +3420		.I..9*.	1.07± .14					15.90±.3	4849± 8
138.71 -26.42	UGC 1472	U	.03± .12	.21				152± 9	
334.11 -4.00		10.0±1.2		.02					4977
0157.1 +3406	PGC 7571		1.09	.01					4604
0200.0 -0016		.S..2..	1.04± .05	147					
157.29 -58.49	UGC 1481	U	.59± .04	.01	15.39 ±.08				
301.00 -15.71		2.0± .9		.72					
0157.5 -0031	PGC 7574		1.04	.29					
020009.3+123918	NGC 781	.S?....	1.18± .04	13					
147.86 -46.86	UGC 1482		.63± .04	.20	14.03 ±.15				3483± 50
313.72 -11.77				.94					3557
015728.2+122448	PGC 7577		1.20	.31	12.87				3210
020011.4+373613		.SBS8..	1.12± .05	15				15.93±.3	4044± 8
137.70 -23.29	UGC 1474	U	.07± .05	.17	14.60 ±.16			180± 9	
337.12 -2.79		8.0± .8		.08					4179
015712.2+372143	PGC 7579		1.13	.03	14.34			1.55	3806
020011.6+380115	IC 179	.E.....	1.26± .13	110	13.56 ±.18	.99± .03	1.04± .01		
137.57 -22.89	UGC 1475	U	.08± .08	.18	13.12 ±.10	.55± .05	.60± .02		4188± 25
337.50 -2.64		-5.0± .8	.74± .06	.00		.91	12.75± .23		4324
015712.1+374644	PGC 7581		1.27		12.98	.53	14.66± .71		3952
020014.9-835917		.SXT5*P	1.21± .04						
300.82 -32.86	ESO 3- 7	S (1)	.04± .04	.47	13.44 ±.14				3413± 34
212.18 -17.31	IRAS02031-8413	4.5± .5		.06	11.53				3246
020309.0-841342	PGC 7583	3.3±1.2	1.26	.02	12.89				3421
020015.0+312546	NGC 777	.E.1...	1.39± .07	155	12.49 ±.14	1.04± .02	1.05± .01		
139.73 -29.19	UGC 1476	R	.08± .06	.16	12.46 ±.09	.60± .03	.63± .02		4985± 15
331.43 -5.13		-5.0± .3	1.06± .03	.00		.96	13.28± .11		5107
015721.1+311116	PGC 7584		1.39		12.24	.59	14.20± .41		4734
0200.2 +2415		.SBT5..	.95± .07						4846
142.41 -36.00	UGC 1478	U	.05± .05	.37	14.50 ±.12				
324.76 -7.78	IRAS01574+2400	5.0± .9		.07	13.45				4951
0157.4 +2400	PGC 7588		.99	.02	14.04				4583

R.A. 2000 DEC. l b SGL SGB R.A. 1950 DEC.	Names PGC	Type S_T n_L T L	$\log D_{25}$ $\log R_{25}$ $\log A_e$ $\log D_o$	p.a. A_g A_i A_{21}	B_T m_B m_{FIR} B^o_T	$(B-V)_T$ $(U-B)_T$ $(B-V)^o_T$ $(U-B)^o_T$	$(B-V)_e$ $(U-B)_e$ m'_e m'_{25}	m_{21} W_{20} W_{50} HI	V_{21} V_{opt} V_{GSR} V_{3K}
0200.3 +2253		.I..9..	1.07± .14						5112
142.97 -37.29	UGC 1483	U	.00± .12	.36					
323.48 -8.27		10.0± .8		.00					5213
0157.5 +2239	PGC 7590		1.10	.00					4848
020018.0-341900		.L...P?	1.14± .05	103					
243.09 -73.58	ESO 354- 25	S	.28± .04	.02	13.86 ±.14				5034± 34
265.20 -22.09		-2.0±1.2		.00					4968
015807.0-343330	PGC 7591		1.10		13.76				4830
0200.3 +2428		.S?....	.99± .06	176					4927
142.33 -35.79	UGC 1479		.57± .05	.37	14.94 ±.15				
324.96 -7.71	IRAS01574+2413			.86	12.57				5032
0157.5 +2413	PGC 7594		1.02	.29	13.68				4665
0200.3 +1558		.S..8*.	.96± .09	107					5077
146.14 -43.77	UGC 1484	U	.80± .06	.14					
316.93 -10.70		8.0±1.4		.99					5160
0157.6 +1544	PGC 7596		.97	.40					4806
020019.5+311847	NGC 778	.L...*.	1.03± .08	150					
139.79 -29.29	UGC 1480	U	.31± .03	.16	14.22 ±.11				
331.33 -5.19		-2.0±1.3		.00					
015725.6+310417	PGC 7597		1.00						
0200.3 +2106		.S?....	1.04± .06	25					4851
143.75 -38.96	UGC 1485		.22± .05	.26	14.41 ±.12				
321.80 -8.92	VV 751			.27	13.34				4948
0157.6 +2051	PGC 7602		1.06	.11	13.83				4584
020023.6+243455	IC 1764	.SBR3..	1.16± .05						
142.31 -35.68	UGC 1486	U	.02± .05	.37	14.14 ±.15				5029± 50
325.07 -7.68	IRAS01575+2420	3.0± .8		.02	13.59				5134
015734.7+242025	PGC 7603		1.20	.01	13.72				4767
020027.3+250500		.L...*.	1.06± .07	60				18.40±.3	9255± 10
142.13 -35.20	UGC 1487	U	.09± .03	.37	15.17 ±.15				
325.55 -7.52		-2.0±1.2		.00				436± 7	9362
015738.1+245030	PGC 7606		1.09		14.66				8994
020029.1-341519		.E.4...	1.07± .06						
242.83 -73.57	ESO 354- 26	S	.10± .04	.02	14.01 ±.14				4872± 39
265.27 -22.12		-5.0± .9		.00					4805
015818.0-342948	PGC 7609		1.04		13.91				4668
020029.7+295355								17.51±.3	11516± 10
140.33 -30.63	CGCG 503- 70			.16	15.5 ±.4				
330.04 -5.75								247± 7	11634
015737.0+293926	PGC 7611								11262
020032.3+211714		.S?....	.66± .13	85					
143.72 -38.78	UGC 1490		.35± .06	.26	14.6 ±.3				3051± 50
321.99 -8.90	IRAS01577+2102			.53	13.68				3148
015745.6+210245	PGC 7613		.68	.18	13.78				2785
020032.9+322802		.S?....	.95± .07					16.41±.3	12921± 10
139.45 -28.18	MCG 5- 5- 40		.18± .06	.18	15.41 ±.14				
332.42 -4.80				.26				329± 7	13045
015738.1+321333	PGC 7614		.97	.09	14.88			1.43	12672
020036.2-250307		.LA.0..	1.11± .04	72					
209.20 -74.35	ESO 477- 20	S	.46± .03	.00	14.71 ±.14				
275.24 -21.15		-2.0± .8		.00					
015818.0-251736	PGC 7618		1.04						
0200.6 +2943		.S..9*.	.96± .09						12187
140.44 -30.78	UGC 1491	U	.00± .06	.16					
329.89 -5.85		9.0±1.2		.00					12304
0157.8 +2929	PGC 7620		.98	.00					11933
020040.7-761046		.LA.-..	1.15± .09						
297.59 -40.22		S	.20± .08	.24					
220.14 -19.14		-3.0± .8		.00					
020024.5-762513	PGC 7621		1.16						
0200.7 +4228		.S..6*.	1.04± .15	120					
136.34 -18.59	UGC 1489	U	.13± .12	.38					
341.62 -1.04		6.0±1.2		.19					
0157.7 +4214	PGC 7628		1.08	.06					
020048.7-090010	NGC 787	RSAT3*.	1.39± .04	90					
168.30 -65.56	MCG -2- 6- 15	E (1)	.11± .05	.01					
292.17 -18.15		3.0± .7		.16					
015820.3-091438	PGC 7632	3.1±1.2	1.39	.06					

R.A. 2000 DEC. l b SGL SGB R.A. 1950 DEC.	Names PGC	Type S_T n_L T L	$logD_{25}$ $logR_{25}$ $logA_e$ $logD_o$	p.a. A_g A_i A_{21}	B_T m_B m_{FIR} B_T^o	$(B-V)_T$ $(U-B)_T$ $(B-V)_T^o$ $(U-B)_T^o$	$(B-V)_e$ $(U-B)_e$ m'_e m'_{25}	m_{21} W_{20} W_{50} HI	V_{21} V_{opt} V_{GSR} V_{3K}
0200.8 +1743		.S..6*.	.95± .07	25					9510
145.44 -42.09	UGC 1495	U	.18± .05	.13	15.24 ±.13				
318.64 -10.21		6.0±1.3		.26					9597
0158.1 +1729	PGC 7637		.96	.09	14.81				9241
0200.9 +1510		.L.....	1.16± .10	165					
146.74 -44.46	UGC 1496	U	.25± .05	.13	14.23 ±.11				
316.21 -11.10		-2.0± .8		.00					
0158.2 +1456	PGC 7644		1.14						
020055.0+381242		.SB.2?.	1.26± .04	87				16.90±.3	4105± 8
137.66 -22.67	UGC 1493	U	.41± .05	.18	13.89 ±.12			286± 9	4154± 44
337.73 -2.70	IRAS01579+3758	2.0± .8		.51	12.59				4242
015755.2+375813	PGC 7646		1.28	.21	13.16			3.53	3871
020058.1+460831		.S..0..	1.14± .05	3					
135.31 -15.05	UGC 1492	U	.58± .05	.62	14.7 ±.3				
344.99 .34		.0± .9		.44					
015749.8+455402	PGC 7648		1.17						
020058.7+081843	A 0158+08	.S.....	1.00± .06	26				16.36±.3	4742± 12
150.80 -50.76	UGC 1498	R	.29± .05	.18	14.35 ±.13			327± 21	4756± 60
309.57 -13.37				.44				256± 15	4804
015820.1+080415	PGC 7649		1.01	.15	13.72			2.50	4469
020103.5+232515								16.41±.3	5036± 10
142.96 -36.73	CGCG 482- 46			.36	15.2 ±.4				
324.04 -8.25								191± 7	5138
015815.4+231047	PGC 7653								4773
0201.0 -0848		.IBS9*.	1.22± .05	25					1611
168.13 -65.37	MCG -2- 6- 16	E (1)	.19± .05	.01					
292.39 -18.17		10.0±1.2		.14					1621
0158.6 -0903	PGC 7654	7.5± .8	1.22	.09					1349
020106.4-064901	NGC 788	.SAS0*.	1.28± .04	75	13.00 ±.13	.91± .01	.95± .01		
165.26 -63.81	MCG -1- 6- 25	R	.12± .04	.07	13.08 ±.18	.43± .02	.48± .02		4109± 41
294.44 -17.70		.0± .6	.77± .02	.09		.83	12.34± .05		4125
015836.7-070329	PGC 7656		1.28		12.80	.42	13.94± .24		3845
020106.6+315256	NGC 783	.S..5..	1.20± .05	35				15.15±.1	5191± 5
139.78 -28.70	UGC 1497	U	.05± .05	.17	12.84 ±.13			94± 6	5110± 46
331.92 -5.13	MK 1171	5.0± .8		.07	12.10				5312
015812.3+313828	PGC 7657		1.22	.02	12.57			2.56	4940
0201.1 +0631		.L.....	1.07± .07	100					
152.08 -52.36	UGC 1505	U	.43± .03	.13	14.53 ±.10				
307.83 -13.96		-2.0± .9		.00					
0158.5 +0617	PGC 7658		1.02						
0201.1 +1940		.S..6*.	1.02± .06	168					
144.62 -40.24	UGC 1500	U	.79± .05	.25					
320.52 -9.60		6.0±1.4		1.16					
0158.4 +1926	PGC 7663		1.04	.39					
0201.2 +3157		.S..2..	1.00± .08	84					
139.77 -28.62	UGC 1499	U	.55± .06	.17					
332.00 -5.12		2.0± .9		.68					
0158.3 +3143	PGC 7666		1.02	.27					
020113.3+302136		.I..9*.	1.26± .06					16.60±.3	3811± 10
140.34 -30.14	UGC 1502	U	.29± .06	.16					
330.52 -5.73		10.0±1.1		.22				130± 7	3930
015820.1+300708	PGC 7667		1.27	.15					3559
020114.0-314344		RSBT1*.	.91± .05	146					
233.96 -74.14	ESO 414- 22	r	.17± .04	.02	14.80 ±.14				13890± 20
268.04 -22.07	FAIR 1077	1.0± .9		.18	12.48				13831
015901.0-315812	PGC 7668		.91	.09	14.43				13679
020117.0+285037	NGC 784	.SB.8*/	1.82± .02		12.23S±.08	.49± .05		12.86±.1	198± 5
140.90 -31.58	UGC 1501	PU	.64± .03	.23	11.91 ±.12			116± 6	221± 52
329.12 -6.30	IRAS01584+2836	7.5± .5		.79	13.52	.31		96± 4	313
015824.9+283609	PGC 7671		1.84	.32	11.11		14.58± .15	1.42	-56
020119.8+331947		.E.....	.83± .10					16.74±.2	5086± 6
139.33 -27.31	UGC 1503	U	.06± .06	.21	14.39 ±.12			289± 9	
333.27 -4.63	IRAS01583+3305	-5.0± .8		.00	13.63			278± 7	5211
015824.2+330519	PGC 7674		.85		14.11				4839
020121.1-011811		.S?....							
158.85 -59.21	MCG 0- 6- 22			.04	15.4 ±.3				11838
300.06 -16.31	MK 1015								11871
015848.1-013239	PGC 7675								11568

R.A. 2000 DEC. / l b / SGL SGB / R.A. 1950 DEC.	Names / PGC	Type / S_T n_L / T / L	$\log D_{25}$ / $\log R_{25}$ / $\log A_e$ / $\log D_o$	p.a. / A_g / A_i / A_{21}	B_T / m_B / m_{FIR} / B_T^o	$(B-V)_T$ / $(U-B)_T$ / $(B-V)_T^o$ / $(U-B)_T^o$	$(B-V)_e$ / $(U-B)_e$ / m'_e / m'_{25}	m_{21} / W_{20} / W_{50} / HI	V_{21} / V_{opt} / V_{GSR} / V_{3K}
020121.6-052216	NGC 790	.LAR0?.	1.12± .08						
163.47 -62.60	MCG -1- 6- 26	E	.00± .08	.02					
295.93 -17.39		-2.0± .8		.00					
015851.1-053644	PGC 7677		1.13						
020124.7+153851	NGC 786	.S?....	.84± .08						
146.65 -43.98	UGC 1506		.06± .05	.15	14.33 ±.14				4520± 34
316.70 -11.06	IRAS01587+1524			.09	12.95				4602
015841.6+152423	PGC 7680		.86	.03	14.06				4250
020130.7+262855	IC 187	.SB.1..	1.31± .04	70					
141.85 -33.80	UGC 1507	U	.45± .05	.26	13.78 ±.12				5102± 50
326.94 -7.23	IRAS01587+2614	1.0± .8		.46	12.24				5211
015840.3+261428	PGC 7683		1.33	.22	13.00				4844
020131.1-245527		.SBS3P*	1.09± .04	97					
208.89 -74.12	ESO 477- 22	S (1)	.28± .03	.00	14.52 ±.14				
275.41 -21.34	VV 467	2.5± .6		.39	13.12				
015913.0-250954	PGC 7684	2.2± .9	1.09	.14					
020132.9+450012		.S..0..	1.05± .08	155					
135.74 -16.12	UGC 1504	U	.32± .06	.42	14.7 ±.3				7163± 68
343.99 -.19		.0± .9		.24					7310
015825.8+444544	PGC 7686		1.07		13.90				6946
020137.1-682628	NGC 813	.SXR0*P	1.11± .05	99					
293.52 -47.38	ESO 52- 16	S	.17± .05	.00	13.84 ±.14				8160
228.21 -20.68		.0± .9		.13					8013
020029.1-684054	PGC 7692		1.10		13.58				8095
020140.0+314936	NGC 785	.L..-*.	1.17± .09	80					
139.92 -28.72	MCG 5- 5- 46	U	.14± .05	.18					5022± 52
331.91 -5.26		-3.0±1.2		.00					5144
015845.6+313509	PGC 7694		1.17						4773
0201.7 +0829	NGC 791	.E.....	1.20± .14						
150.95 -50.52	UGC 1511	U	.00± .08	.17	14.10 ±.15				
309.81 -13.49		-5.0± .8		.00					
0159.1 +0815	PGC 7702		1.23						
020144.9-582240		RSB.1..	1.04± .06	111					
286.30 -56.42	ESO 114- 19	r	.26± .05	.00	14.68 ±.14				
238.95 -22.05		1.0± .9		.27					
020006.1-583706	PGC 7703		1.04	.13					
020146.4+263242		.S?....	.78± .09	45				16.02±.2	5009± 6
141.89 -33.72	UGC 1510		.29± .05	.26	14.7 ±.2			237± 10	5100± 49
327.02 -7.26	ARAK 71			.36	12.65			192± 8	5120
015856.0+261815	PGC 7706		.80	.15	14.05			1.82	4752
020148.4+234127									4727± 10
143.05 -36.42	CGCG 482- 50			.30	15.5 ±.4				
324.36 -8.31									4829
015900.0+232700	PGC 7707								4465
0201.8 +1615		.S..0..	1.07± .06	53					
146.46 -43.37	UGC 1512	U	.42± .05	.14	14.49 ±.12				
317.32 -10.94		.0± .9		.31					
0159.1 +1601	PGC 7709		1.07						
0201.8 +0828		.SB.0..	.90± .07	110					
150.99 -50.52	UGC 1513	U	.10± .05	.17	15.33 ±.13				
309.80 -13.52		.0± .9		.07					
0159.2 +0814	PGC 7713		.91						
020151.3-102803		.SBT5*.	1.13± .06	45					4722
171.15 -66.50	MCG -2- 6- 17	E (1)	.05± .05	.01					
290.72 -18.75		5.0± .8		.07					4726
015923.9-104229	PGC 7714	3.1± .8	1.13	.02					4463
020152.8+233314	IC 189	.SB?...	.89± .11					17.06±.3	12347± 10
143.13 -36.54	MCG 4- 5- 39		.00± .07	.31	14.78 ±.08				
324.23 -8.37	IRAS01590+2318			.00	13.00			266± 7	12449
015904.5+231847	PGC 7716		.92	.00	14.39			2.66	12085
0201.9 +1143		.I..9*.	1.07± .14						4655
149.00 -47.55	UGC 1515	U	.07± .12	.19					
312.97 -12.50		10.0±1.2		.05					4725
0159.3 +1129	PGC 7725		1.09	.03					4383
0201.9 +2106		.S?....	1.14± .13						9084
144.21 -38.83	UGC 1514		.03± .12	.26	14.24 ±.15				
321.94 -9.27				.04					9180
0159.2 +2052	PGC 7726		1.16	.01	13.91				8819

R.A. 2000 DEC. l b SGL SGB R.A. 1950 DEC.	Names PGC	Type S_T n_L T L	$\log D_{25}$ $\log R_{25}$ $\log A_e$ $\log D_o$	p.a. A_g A_i A_{21}	B_T m_B m_{FIR} B_T^o	$(B-V)_T$ $(U-B)_T$ $(B-V)_T^o$ $(U-B)_T^o$	$(B-V)_e$ $(U-B)_e$ m'_e m'_{25}	m_{21} W_{20} W_{50} HI	V_{21} V_{opt} V_{GSR} V_{3K}
020159.4-583417		.S..5..	1.20± .04	10					
286.42 -56.24	ESO 114- 21	S (1)	.21± .04	.00	14.19 ±.14				6396
238.74 -22.06	IRAS02003-5848	5.0± .8		.31	13.69				6268
020021.0-584842	PGC 7727	2.2± .8	1.20	.10	13.84				6287
020207.3+233259	IC 190	.E?....							4769± 10
143.19 -36.53	MCG 4- 5- 40			.31	15.1 ±.4				
324.25 -8.43									4871
015919.0+231833	PGC 7731								4507
020209.1-794231		.IBS9P.	.99± .05	42					
299.04 -36.88	ESO 13- 27	S (1)	.14± .04	.32	15.26 ±.14				
216.50 -18.42		10.0± .9		.11					
020245.0-795654	PGC 7736	5.6± .9	1.02	.07					
0202.1 +0958	IC 1771		.81± .11						
150.13 -49.13	MCG 2- 6- 14		.00± .06	.17	15.16 ±.09				4866± 79
311.29 -13.12									4931
0159.5 +0944	PGC 7737		.82						4594
020210.5-310128		.L?....	.90± .06						
231.30 -74.08	ESO 414- 26		.02± .04	.02	14.50 ±.14				5602± 39
268.82 -22.20				.00					5544
015957.0-311554	PGC 7739		.90		14.39				5390
020211.9-000753	NGC 800	.SAT5*.	1.01± .05	10	13.70V±.15		.67± .04		
158.03 -58.10	UGC 1526	UE (1)	.07± .04	.01	14.05 ±.12				5950± 42
301.30 -16.19	IRAS01596-0021	5.0± .6	.71± .02	.11					5985
015938.3-002219	PGC 7740	3.1±1.2	1.01	.04	13.89				5680
020212.3-000603	NGC 799	PSBS1*.	1.30± .04	100	12.97V±.17		.96± .03		
158.00 -58.07	UGC 1527	UE	.06± .04	.01	14.1 ±.2				5831± 32
301.33 -16.18		.5± .5	.82± .06	.06					5867
015938.7-002029	PGC 7741		1.30	.03	13.91				5562
020212.3-283928		.SBS5..	1.21± .04	161					
222.64 -74.30	ESO 414- 25	S (1)	.32± .03	.00	14.16 ±.14				4992± 52
271.40 -21.96		5.0± .9		.47					4941
015957.0-285354	PGC 7742	3.3±1.0	1.21	.16	13.66				4773
020213.3-060449		.S..5P/	1.07± .06	10					
164.76 -63.05	MCG -1- 6- 31	E	.65± .05	.01					
295.27 -17.78		5.0±1.3		.97					
015943.2-061915	PGC 7743		1.07	.32					
0202.2 +1542	NGC 792	.L.....	1.22± .08	130					
146.87 -43.85	UGC 1517	U	.20± .05	.14	14.12 ±.12				4614
316.83 -11.22	IRAS01595+1528	-2.0± .8		.00					4695
0159.5 +1528	PGC 7744		1.21		13.91				4345
0202.2 -0106		.E.....	1.06± .11						
159.02 -58.93	UGC 1525	U	.15± .05	.03	15.05 ±.14				
300.32 -16.47		-5.0± .8		.00					
0159.7 -0121	PGC 7748		1.02						
0202.2 +1911		.S..8*.	1.03± .08	40					2346
145.16 -40.60	UGC 1519	U	.26± .06	.23					
320.15 -10.02		8.0±1.2		.32					2436
0159.5 +1857	PGC 7750		1.05	.13					2079
0202.2 +0958	IC 1770	.L.....	1.06± .11						
150.17 -49.12	UGC 1522	U	.01± .05	.17	14.81 ±.14				4597± 79
311.30 -13.14		-2.0± .8		.00					4662
0159.6 +0944	PGC 7751		1.07		14.57				4325
020217.3-214546		.S?....	1.04± .05	107					
198.36 -73.03	ESO 544- 7		.32± .04	.00	14.87 ±.14				13187± 69
278.83 -21.04	VV 583			.47					13156
015957.0-220012	PGC 7753		1.04	.16	14.31				12950
0202.3 +1939		.S..3..	.97± .07	150					13214
144.97 -40.16	UGC 1523	U (1)	.07± .05	.29	15.23 ±.16				
320.60 -9.87		3.0± .9		.10					13306
0159.6 +1925	PGC 7756	3.5±1.1	1.00	.04	14.74				12948
020226.1+320420	NGC 789	.S?....	.80± .08	3				16.13±.3	5267± 8
140.01 -28.43	UGC 1520		.23± .05	.18	14.4 ±.2			257± 9	5116± 35
332.20 -5.32	ARAK 72			.24	12.41				5381
015931.3+314954	PGC 7760		.81	.12	13.88			2.14	5011
020228.8+221918								18.27±.3	4823± 10
143.81 -37.65	CGCG 482- 53			.30	15.7 ±.4				
323.13 -8.95								126± 7	4921
015941.3+220453	PGC 7762								4560

R.A. 2000 DEC.	Names	Type	$\log D_{25}$	p.a.	B_T	$(B-V)_T$	$(B-V)_e$	m_{21}	V_{21}
l b		S_T n_L	$\log R_{25}$	A_g	m_B	$(U-B)_T$	$(U-B)_e$	W_{20}	V_{opt}
SGL SGB		T	$\log A_e$	A_i	m_{FIR}	$(B-V)^o_T$	m'_e	W_{50}	V_{GSR}
R.A. 1950 DEC.	PGC	L	$\log D_o$	A_{21}	B^o_T	$(U-B)^o_T$	m'_{25}	HI	V_{3K}
020229.5+182225	NGC 794	.L..-*.	1.11± .16	45	13.81 ±.15	1.08± .03	1.10± .03		
145.62 -41.35	UGC 1528	U	.07± .08	.19	13.70 ±.10	.54± .04	.59± .04		8224± 31
319.39 -10.36		-3.0±1.1	.76± .04	.00		.96	13.10± .13		8312
015944.6+180800	PGC 7763		1.12		13.42	.53	14.06± .85		7957
020230.6+110512	IC 193	.SAT5..	1.24± .04					15.80±.3	4649± 10
149.56 -48.08	UGC 1529	U	.07± .05	.19	14.14 ±.18			263± 13	
312.40 -12.83		5.0± .8		.11					4717
015950.3+105047	PGC 7765		1.25	.04	13.82			1.94	4378
020231.0-505554		.LAR-?.	1.15± .05	169					
278.19 -62.65	ESO 197- 18	S	.16± .04	.00	13.47 ±.14				6315± 33
247.03 -22.73		-4.0± .6		.00					6204
020039.0-511018	PGC 7766		1.10		13.37				6174
0202.5 +4458		.S..6*.	1.00± .16	36					
135.92 -16.10	UGC 1516	U	.84± .12	.39					
344.03 -.36		6.0±1.4		1.24					
0159.4 +4444	PGC 7767		1.04	.42					
0202.5 +1601	IC 192	.L.....	.97± .08						
146.80 -43.53	UGC 1530	U	.10± .03	.14	14.52 ±.10				
317.16 -11.18		-2.0± .9		.00					
0159.8 +1547	PGC 7768		.97						
0202.5 +1709		.S..3..	1.10± .05	114					8173
146.23 -42.48	UGC 1531	U (1)	.46± .05	.15	14.86 ±.12				
318.24 -10.79		3.0± .9		.63					8258
0159.8 +1655	PGC 7770	2.5±1.2	1.11	.23	14.02				7905
020233.3-794020		.S..4./	1.28± .04	3					
299.01 -36.91	ESO 13- 28	S	.76± .04	.32	15.28 ±.14				4576
216.53 -18.45	IRAS02030-7954	4.0± .6		1.12	12.74				4413
020309.0-795442	PGC 7773		1.31	.38	13.81				4564
020235.6+222245								17.04±.3	12525± 10
143.82 -37.59	CGCG 482- 54			.30	15.7 ±.4				
323.19 -8.95								401± 7	12624
015948.1+220820	PGC 7775								12262
020237.4-424748		PSBT2P*	1.11± .04	92					
264.84 -68.68	ESO 245- 12	Sr	.32± .04	.03	14.64 ±.14				5587
255.95 -22.91	IRAS02005-4302	2.0± .6		.39	13.50				5496
020035.0-430212	PGC 7779		1.12	.16	14.16				5415
020240.9-412454		.S?....	.97± .06	120					
261.86 -69.57	ESO 298- 3		.10± .06	.03	14.90 ±.14				5618± 39
257.46 -22.90				.14					5531
020037.1-413918	PGC 7786		.97	.05	14.69				5441
0202.7 +2634		.SX.6*.	.98± .07						14601
142.13 -33.63	UGC 1533	U	.05± .05	.19	15.07 ±.14				
327.13 -7.45		6.0±1.2		.07					14710
0159.9 +2620	PGC 7789		.99	.03	14.74				14344
020254.4-144026	NGC 815	.SBS9*.	1.02± .07	50					
179.71 -69.22	MCG -3- 6- 4	E (1)	.29± .05	.00					
286.38 -19.90		9.0±1.3		.29					
020029.5-145450	PGC 7798	6.4±1.2	1.02	.14					
0202.9 +0731		.S..4..	1.00± .06	35					7591
152.03 -51.26	UGC 1536	U	.34± .05	.17	15.12 ±.12				
308.96 -14.08		4.0± .9		.50					7649
0200.3 +0717	PGC 7800		1.02	.17	14.41				7320
020258.9+450124		.S..0?.	.96± .09	90					
135.99 -16.03	UGC 1532	U	.10± .06	.39	15.0 ±.3				
344.10 -.42		.0±1.8		.07					
015951.5+444700	PGC 7801		.99						
020302.2-093925		.S..7?/	1.45± .02	37					3866
170.35 -65.70	MCG -2- 6- 19	EU	1.10± .04	.07					
291.63 -18.84	KUG 0200-098	6.8± .8		1.38					3872
020034.2-095349	PGC 7806		1.45	.50					3607
0203.0 +4628		.SB.0..	1.00± .19						
135.57 -14.63	UGC 1534	U	.05± .08	.62					
345.43 .14		.0± .9		.04					
0159.9 +4614	PGC 7808		1.06						
020305.4+023648	IC 194	.S..3*/	1.16± .04	13					6389
155.88 -55.61	UGC 1542	UE (1)	.79± .04	.05	15.21 ±.12				
304.11 -15.61		3.3± .8		1.09					6432
020030.1+022224	PGC 7812	4.5±1.3	1.16	.39	14.02				6119

R.A. 2000 DEC.	Names	Type	$\log D_{25}$	p.a.	B_T	$(B\text{-}V)_T$	$(B\text{-}V)_e$	m_{21}	V_{21}
l b		S_T n_L	$\log R_{25}$	A_g	m_B	$(U\text{-}B)_T$	$(U\text{-}B)_e$	W_{20}	V_{opt}
SGL SGB		T	$\log A_e$	A_i	m_{FIR}	$(B\text{-}V)^o_T$	m'_e	W_{50}	V_{GSR}
R.A. 1950 DEC.	PGC	L	$\log D_o$	A_{21}	B^o_T	$(U\text{-}B)^o_T$	m'_{25}	HI	V_{3K}
0203.1 +3618		.I..9..	1.00± .16					16.19±.1	4322± 6
138.74 -24.35	UGC 1535	U	.09± .12	.24				80± 6	
336.16 -3.84		10.0± .9		.07					4452
0200.2 +3604	PGC 7817		1.02	.04					4083
0203.2 +2345		.I..9*.	1.11± .14	55					2823± 10
143.40 -36.25	UGC 1538	U	.20± .12	.31					
324.53 -8.58		10.0±1.2		.15					2925
0200.4 +2331	PGC 7819		1.14	.10					2562
0203.2 +0539		.S..0..	.98± .07	124					
153.48 -52.90	UGC 1545	U	.52± .05	.13	14.97 ±.13				
307.14 -14.73		.0± .9		.39					
0200.6 +0525	PGC 7820		.96						
0203.2 +1943		.E.....	1.00± .19	155					
145.20 -40.02	UGC 1543	U	.21± .08	.30	15.16 ±.11				
320.74 -10.05		-5.0± .9		.00					
0200.5 +1929	PGC 7821		.99						
020319.6+320441	NGC 798	.E.....	1.08± .17	137					
140.22 -28.37	UGC 1539	U	.36± .08	.24	14.50 ±.10				
332.28 -5.49		-5.0± .9		.00					
020024.7+315017	PGC 7823		1.01						
020319.8+333754		.S..9*.	.96± .17	175				16.17±.3	5488± 7
139.67 -26.89	UGC 1540	U	.22± .12	.24					
333.71 -4.90		9.0±1.3		.22				177± 7	5613
020023.7+332330	PGC 7824		.98	.11					5244
020320.1+220223	A 0200+21	.IB.9..	1.35± .04		14.40 ±.15	.48± .06	.44± .05	13.83±.1	2644± 5
144.17 -37.85	UGC 1547	U (1)	.02± .05	.29	14.3 ±.3	-.15± .08	-.17± .07	153± 6	2670± 76
322.93 -9.23	DDO 17	10.0± .7	1.09± .03	.02		.39	15.34± .06	138± 12	2741
020032.7+214800	PGC 7825	9.0±1.0	1.37	.01	14.07	-.22	15.93± .27	-.25	2381
0203.3 +1838	A 0200+18	.SXS5..	1.04± .08					14.94±.1	2374± 10
145.74 -41.02	UGC 1546	U (1)	.00± .06	.19	14.42 ±.14			99± 11	2377± 59
319.72 -10.45		5.0± .8		.00				87± 11	2462
0200.6 +1824	PGC 7826	2.7± .9	1.06	.00	14.21			.73	2108
020328.0+380703	NGC 797	.SXS1..	1.20± .06	65	13.59M±.13	.94± .03	.99± .02	15.11±.1	5654± 5
138.21 -22.61	UGC 1541	U	.08± .06	.21		.39± .04	.48± .03	446± 6	5600± 52
337.84 -3.19	5ZW 170	1.0± .8	.86± .04	.08		.83	13.42± .13	404± 8	5788
020027.7+375240	PGC 7832		1.22	.04	13.23	.34	14.25± .37	1.84	5420
0203.5 +4827		.S..6*.	1.11± .05	97					
135.07 -12.71	UGC 1537	U	.86± .05	1.12					
347.27 .84		6.0±1.3		1.26					
0200.3 +4813	PGC 7833		1.22	.43					
020330.4+023358	A 0200+02								
156.08 -55.60				.05					6310± 45
304.10 -15.72	MK 585				13.60				6353
020055.2+021935	PGC 7834								6040
020331.5-095557	NGC 806	.S..6P?	1.08± .04	60					3939
171.01 -65.82	MCG -2- 6- 21	E	.51± .05	.04					
291.38 -19.02	IRAS02010-1010	6.0±1.8		.75	12.91				3944
020103.8-101020	PGC 7835		1.09	.25					3681
020332.3-605108		PSXR2*.	1.07± .05	28					
288.02 -54.14	ESO 114- 23	Sr (1)	.26± .04	.04	14.92 ±.14				8974
236.26 -22.00		2.0± .7		.32					8841
020200.0-610530	PGC 7836	5.6±1.3	1.08	.13	14.47				8876
020333.5+261810		.S..0..	.94± .09	36				18.55±.3	5219± 10
142.44 -33.82	UGC 1549	U	.52± .06	.34	14.80 ±.17				
326.94 -7.72		.0±1.0		.39				396± 7	5327
020043.0+260347	PGC 7837		.95		14.00				4962
020335.5+044708		.S..7..	1.00± .05	145					
154.29 -53.63	UGC 1553	U	.24± .04	.12	15.14 ±.13				
306.31 -15.08	KUG 0200+045	7.0± .8		.33					
020058.9+043245	PGC 7839		1.01	.12					
020337.3+240426		.SB?...	1.44± .05	135				14.49±.1	2671± 6
143.37 -35.92	UGC 1551		.07± .06	.36	13.5 ±.2			134± 7	
324.87 -8.55	IRAS02008+2350			.11	13.67			118± 9	2773
020048.4+235003	PGC 7841		1.47	.04	13.05			1.40	2411
020337.3+154456			1.00?						7973
147.28 -43.68	CGCG 461- 37		.70?	.14	15.58 ±.12				
316.99 -11.52									8053
020054.0+153033	PGC 7842		1.01						7705

R.A. 2000 DEC.	Names	Type	logD$_{25}$	p.a.	B$_T$	(B-V)$_T$	(B-V)$_e$	m$_{21}$	V$_{21}$
l b		S$_T$ n$_L$	logR$_{25}$	A$_g$	m$_B$	(U-B)$_T$	(U-B)$_e$	W$_{20}$	V$_{opt}$
SGL SGB		T	logA$_e$	A$_i$	m$_{FIR}$	(B-V)^o_T	m'$_e$	W$_{50}$	V$_{GSR}$
R.A. 1950 DEC.	PGC	L	logD$_o$	A$_{21}$	B^o_T	(U-B)^o_T	m'$_{25}$	HI	V$_{3K}$
020340.5+261640			.78± .13					17.27±.3	5022± 10
142.48 -33.84	MCG 4- 5- 46		.13± .07	.34	15.00 ±.14				
326.93 -7.75								224± 7	5130
020050.0+260217	PGC 7843		.81						4765
0203.6 +4806		.SXT7..	1.10± .07					16.21±.1	5028± 11
135.20 -13.04	UGC 1544	U	.06± .06	1.12					
346.96 .68		7.0± .8		.09				90± 8	5179
0200.5 +4752	PGC 7844		1.20	.03					4822
020344.6+144231	IC 195	.LX.0..	1.19± .06	135					
147.88 -44.63	UGC 1555	U	.27± .03	.15	13.98 ±.10				3648± 56
316.00 -11.91		-2.0± .8		.00					3725
020102.0+142808	PGC 7846		1.16		13.79				3379
020345.0+381536	NGC 801	.S..5..	1.50± .03	150	13.96M±.12	.87± .02	.95± .02	14.44±.1	5764± 6
138.22 -22.46	UGC 1550	U	.66± .05	.21	13.38 ±.12	.35± .04	.41± .03	452± 6	5748± 11
337.99 -3.19	IRAS02007+3801	5.0± .8	.90± .02	.99	12.29	.66	13.90± .06	439± 5	5895
020044.5+380114	PGC 7847		1.52	.33	12.44	.17	14.64± .23	1.67	5527
020345.2+160153	NGC 803	.SAS5*/	1.48± .02	8	13.24 ±.15	.68± .02	.81± .02	13.64±.1	2100± 4
147.17 -43.41	UGC 1554	PU	.38± .04	.14	13.13 ±.13	-.03± .03	.09± .03	266± 4	
317.27 -11.45	IRAS02010+1547	5.0± .5	.97± .03	.58	13.13	.56	13.58± .07	255± 4	2181
020101.7+154731	PGC 7849		1.49	.19	12.45	-.12	14.52± .21	1.00	1833
020349.0+430008		.S..6*.	.96± .09	80					
136.74 -17.92	UGC 1548	U	.34± .06	.38	15.13 ±.09				
342.32 -1.35		6.0±1.3		.51					
020043.7+424545	PGC 7853		.99	.17					
020350.1+144422	IC 196	.SB.3*.	1.44± .03	5					
147.89 -44.60	UGC 1556	U	.30± .05	.15	13.65 ±.18				3534± 41
316.04 -11.92		3.0±1.1		.42					3611
020107.4+143000	PGC 7856		1.46	.15	13.06				3266
0203.8 +1157		.SX.9*.	1.09± .07						5295
149.49 -47.15	UGC 1558	U	.00± .06	.22					
313.36 -12.86		9.0± .9		.00					5365
0201.2 +1143	PGC 7859		1.11	.00					5025
0203.9 +1518	IC 1774	.SXS7..	1.27± .04	140					3626
147.61 -44.07	UGC 1559	U	.03± .05	.14	14.5 ±.3				
316.59 -11.74		7.0± .8		.04					3705
0201.2 +1504	PGC 7863		1.28	.01	14.26				3358
0203.9 +1940		PSBS3*.	1.09± .07	65					8491
145.42 -40.02	UGC 1560	U	.21± .06	.30	14.56 ±.13				
320.74 -10.21	IRAS02011+1925	3.0± .9		.29	12.57				8582
0201.1 +1925	PGC 7864		1.11	.10	13.92				8226
020356.0-231850	NGC 808	PSBR4*.	1.09± .04	7	14.14 ±.13	.65± .05			
203.83 -73.18	ESO 478- 1	PSr (1)	.31± .03	.00	14.12 ±.14	.04± .05			
277.23 -21.65	IRAS02015-2333	3.7± .5		.46	11.61				
020137.0-233312	PGC 7865	2.6± .7	1.09	.16			13.66± .25		
0204.0 +2412		.I..9..	1.02± .08	100				15.99±.1	606± 6
143.42 -35.76	UGC 1561	U	.08± .06	.33	14.51 ±.12			71± 7	
325.02 -8.59	5ZW 173	10.0± .8		.06				65± 12	708
0201.2 +2358	PGC 7871		1.05	.04	14.12			1.83	346
020402.3+304958	NGC 804	.L.....	1.14± .07	7					
140.83 -29.50	UGC 1557	U	.65± .03	.19	14.67 ±.11				
331.19 -6.11		-2.0± .9		.00					
020108.3+303536	PGC 7873		1.06						
020405.2+024712	IC 197	.SB.4*.	1.00± .05	55					
156.12 -55.33	UGC 1564	U	.30± .04	.05	14.29 ±.14				6332± 50
304.36 -15.80	KUG 0201+025	4.0± .9		.45					6375
020129.8+023250	PGC 7875		1.00	.15	13.75				6063
020410.6+475833		.LBR0..	1.09± .07						
135.32 -13.14	UGC 1552	U	.06± .03	.99	14.1 ±.3				
346.87 .55	5ZW 172	-2.0± .8		.00	13.34				
020059.2+474411	PGC 7881		1.19						
020418.4+283928	A 0201+28				15.2 ±.2	.79± .03			
141.71 -31.54	CGCG 503- 80			.19	14.7 ±.4	.04± .06			4591± 66
329.20 -6.99	MK 365								4703
020126.0+282507	PGC 7888								4338
020419.0-084408	NGC 809	RL..+*.	1.17± .06	170					
169.46 -64.80	MCG -2- 6- 23	E	.15± .05	.02					5418
292.67 -18.93		-1.0±1.2		.00					5426
020150.6-085829	PGC 7889		1.15						5159

R.A. 2000 DEC. / l b / SGL SGB / R.A. 1950 DEC.	Names / PGC	Type / S_T n_L / T / L	$\log D_{25}$ / $\log R_{25}$ / $\log A_e$ / $\log D_o$	p.a. / A_g / A_i / A_{21}	B_T / m_B / m_{FIR} / B_T^o	$(B-V)_T$ / $(U-B)_T$ / $(B-V)_T^o$ / $(U-B)_T^o$	$(B-V)_e$ / $(U-B)_e$ / m'_e / m'_{25}	m_{21} / W_{20} / W_{50} / HI	V_{21} / V_{opt} / V_{GSR} / V_{3K}
020429.6+284845	NGC 805	.LB....	1.05± .08	115					
141.69 -31.38	UGC 1566	U	.17± .03	.19	14.49 ±.10				
329.36 -6.97		-2.0± .9		.00					
020137.2+283424	PGC 7899		1.04						
020431.2-061158		.SBS9..	1.51± .02	73				13.87±.1	1363± 6
165.92 -62.80	MCG -1- 6- 39	UE (1)	.39± .04	.04				178± 8	
295.30 -18.36	KUG 0202-064	8.5± .5		.40				160± 12	1378
020201.2-062619	PGC 7900	6.4± .8	1.52	.20					1101
020431.9+275533		.SB.8..	1.13± .05	4				15.52±.3	4697± 10
142.05 -32.22	UGC 1565	U	.37± .05	.21	15.08 ±.14				
328.54 -7.31		8.0± .9		.46				206± 7	4808
020140.2+274112	PGC 7902		1.15	.19	14.40			.93	4444
020432.4-521022		.L..-*.	1.19± .05						
279.20 -61.46	ESO 197- 21	S	.03± .04	.00	13.28 ±.14				6001
245.66 -22.97		-2.6± .5		.00					5886
020243.0-522442	PGC 7903		1.19		13.18				5866
020434.9-100632	NGC 811	.SBS7*.	1.04± .05	35					
171.77 -65.78	MCG -2- 6- 24	E (1)	.18± .05	.01					
291.26 -19.32	KUG 0202-103	7.0±1.3		.24					
020207.3-102053	PGC 7905	5.3±1.2	1.04	.09					
020436.5+475618		.E...*.	1.11± .16						
135.40 -13.15	UGC 1563	U	.00± .08	.99	14.5 ±.3				
346.87 .47		-5.0±1.1		.00					
020125.0+474157	PGC 7909		1.27						
020444.1+083237		.S?....	1.13± .05	62					
151.96 -50.15	UGC 1572		.60± .05	.21	14.30 ±.14				3508± 50
310.10 -14.18	IRAS02020+0818			.90	12.98				3567
020205.2+081817	PGC 7917		1.15	.30	13.18				3239
0204.7 +3540		.S..8*.	1.00± .08						
139.29 -24.86	UGC 1568	U	.00± .06	.28					
335.70 -4.39		8.0±1.2		.00					
0201.8 +3526	PGC 7922		1.03	.00					
0204.7 +2126		.S..2..	1.00± .08	25					
144.84 -38.29	UGC 1570	U	.84± .06	.33	15.52 ±.14				
322.49 -9.77		2.0±1.0		1.04					
0202.0 +2112	PGC 7925		1.03	.42					
020451.0-551259		.SBS6P.	1.10± .05	0					
282.57 -58.91	ESO 153- 16	S	.29± .05	.02	15.09 ±.14				5912± 49
242.34 -22.78		6.0± .9		.43					5790
020307.0-552718	PGC 7927		1.10	.15	14.62				5790
0204.8 +3509		.S..3..	1.06± .06	146					
139.48 -25.34	UGC 1569	U (1)	.86± .05	.28					
335.23 -4.60		3.0±1.0		1.19					
0201.9 +3455	PGC 7929	4.5±1.4	1.08	.43					
020452.7+112520		.SB?...	.94± .11						7836
150.14 -47.53	MCG 2- 6- 22		.28± .07	.17	15.25 ±.12				
312.92 -13.27				.43					7904
020212.1+111100	PGC 7930		.95	.14	14.61				7567
020453.2+321648		.S?....	.94± .11					17.14±.3	6983± 10
140.50 -28.07	MCG 5- 5- 52		.19± .07	.24	15.28 ±.13				
332.59 -5.72				.26				190± 7	7104
020157.9+320228	PGC 7931		.96	.09	14.73			2.32	6738
020453.6-572905		PSBR3*.	.99± .06	30					
284.82 -56.99	ESO 114- 24	r	.08± .05	.00	14.92 ±.14				9176
239.87 -22.56	IRAS02032-5743	3.3± .9		.11					9049
020314.0-574324	PGC 7932		.99	.04	14.75				9064
0204.9 +4309		.S..7..	1.07± .07	119					
136.90 -17.71	UGC 1567	U	.79± .06	.41					
342.54 -1.47	IRAS02018+4255	7.0±1.0		1.10	13.60				
0201.8 +4255	PGC 7933		1.11	.40					
020455.9+285917	NGC 807	.E.....	1.25± .08	145					
141.73 -31.19	UGC 1571	U	.13± .05	.15	13.47 ±.10				4730± 36
329.55 -6.99	IRAS02020+2844	-5.0± .7		.00	13.66				4843
020203.2+284457	PGC 7934		1.23		13.25				4479
020503.4+155100			1.00?						9440
147.67 -43.46	CGCG 461- 43		.30?	.15	15.33 ±.13				
317.20 -11.81									9520
020219.9+153640	PGC 7939		1.01						9173

R.A. 2000 DEC. l b SGL SGB R.A. 1950 DEC.	Names PGC	Type S_T n_L T L	$\log D_{25}$ $\log R_{25}$ $\log A_e$ $\log D_o$	p.a. A_g A_i A_{21}	B_T m_B m_{FIR} B_T^o	$(B\text{-}V)_T$ $(U\text{-}B)_T$ $(B\text{-}V)_T^o$ $(U\text{-}B)_T^o$	$(B\text{-}V)_e$ $(U\text{-}B)_e$ m'_e m'_{25}	m_{21} W_{20} W_{50} HI	V_{21} V_{opt} V_{GSR} V_{3K}
020505.1-550641		.SXR5..	1.41± .04	110				14.48±.3	6529± 10
282.41 -58.98	ESO 153- 17	Sr (1)	.14± .05	.02	13.92 ±.14			193± 12	5900±190
242.45 -22.82	FAIR 720	4.7± .5		.21	13.84			179± 9	6406
020321.0-552100	PGC 7941	4.4± .8	1.42	.07	13.66			.75	6405
020505.3-063027		.SAR6..	1.10± .06	100					
166.58 -62.96	MCG -1- 6- 41	E (1)	.04± .05	.01					
295.02 -18.58		6.0± .8		.06					
020235.5-064446	PGC 7942	5.3± .8	1.10	.02					
0205.1 +2440		.I..9?.	1.04± .15	6					4829
143.52 -35.24	UGC 1575	U	1.06± .06	.29					
325.55 -8.65				.75					4932
0202.3 +2426	PGC 7944		1.07	.50					4571
0205.2 +0955		.S?....	1.13± .05	137					7766
151.21 -48.86	UGC 1580		.71± .05	.15	15.05 ±.12				
311.49 -13.85	IRAS02025+0941			1.06	13.02				7829
0202.5 +0941	PGC 7951		1.14	.35	13.79				7497
020515.2+060615	IC 1776	.SBS7..	1.29± .04						
153.89 -52.27	UGC 1579	U	.01± .05	.10	13.81 ±.19				3405± 50
307.75 -15.07		7.0± .7		.02					3457
020237.8+055156	PGC 7952		1.30	.01	13.69				3136
020515.3+373801		.S..6*.	1.04± .08	145					
138.73 -22.96	UGC 1574	U	.53± .06	.13	15.52 ±.12				
337.53 -3.71		6.0±1.3		.78					
020215.2+372342	PGC 7953		1.05	.26					
020519.6+300026		.S..7..	1.04± .08	153				16.99±.3	5235± 10
141.44 -30.20	UGC 1576	U	1.06± .06	.17					
330.53 -6.68		7.0±1.0		1.38				199± 7	5350
020226.1+294607	PGC 7960		1.06	.50					4986
020519.9-062706		PSBR2?.	1.12± .06	85					
166.61 -62.88	MCG -1- 6- 42	E	.57± .05	.01					
295.09 -18.62	IRAS02028-0641	2.0±1.8		.71	12.25				
020250.1-064125	PGC 7961		1.12	.29					
020520.3+250619		.S?....	.82± .13					15.97±.3	4810± 10
143.39 -34.81	MCG 4- 6- 1		.17± .07	.25	15.42 ±.12				
325.98 -8.54				.26				202± 7	4914
020230.6+245200	PGC 7962		.84	.09	14.88			1.00	4553
0205.4 +1314	NGC 810	.E...?.	1.23± .14	25					
149.23 -45.82	UGC 1583	U	.11± .08	.23					
314.72 -12.78		-5.0±1.6		.00					
0202.7 +1300	PGC 7965		1.23						
0205.4 +1322		.S..6*.	1.18± .06	82					7525
149.15 -45.70	UGC 1584	U	.36± .06	.23					
314.85 -12.74		6.0±1.2		.53					7598
0202.7 +1308	PGC 7966		1.20	.18					7257
020526.8+311033		.SB?...	1.34± .03	85				15.02±.1	5276± 4
141.03 -29.08	UGC 1577		.17± .04	.17	13.65 ±.15			287± 7	5219± 43
331.62 -6.26	IRAS02025+3056			.24	12.96			291± 7	5393
020232.3+305614	PGC 7967		1.35	.09	13.20			1.73	5028
020531.2+345507			.66± .13						4542
139.71 -25.53	CGCG 522-109		.29± .06	.27	15.70 ±.16				
335.07 -4.82									4668
020233.5+344048	PGC 7970		.68						4303
020533.6+345246		.S..8*.	1.22± .05	160				14.45±.3	4411± 8
139.73 -25.56	UGC 1581	U	.40± .05	.27	15.06 ±.17			363± 9	
335.03 -4.84	IRAS02025+3438	8.0±1.2		.49	13.08				4537
020236.0+343827	PGC 7972		1.24	.20	14.29			-.04	4172
020537.1+064601		.S?....	1.01± .05	24				15.61±.3	5658± 10
153.53 -51.64	UGC 1587		.46± .04	.13	14.60 ±.14			368± 13	
308.43 -14.95	IRAS02030+0632			.69	13.78				5712
020259.4+063143	PGC 7977		1.02	.23	13.74			1.64	5389
020539.1-560419		.SBS6?.	1.19± .05	52					
283.27 -58.13	ESO 153- 19	S (1)	.34± .05	.03	15.07 ±.14				
241.40 -22.81		6.0±1.7		.49					
020357.0-561836	PGC 7978	7.8± .9	1.20	.17					
0205.6 -0041		.S..6*.	1.10± .05	150					
159.98 -58.12	UGC 1588	U	.83± .05	.01	15.54 ±.12				
300.99 -17.18		6.0±1.4		1.21					
0203.1 -0056	PGC 7979		1.10	.41					

R.A. 2000 DEC. / l b / SGL SGB / R.A. 1950 DEC.	Names / PGC	Type / S_T n_L / T / L	$\log D_{25}$ / $\log R_{25}$ / $\log A_e$ / $\log D_o$	p.a. / A_g / A_i / A_{21}	B_T / m_B / m_{FIR} / B_T^o	$(B\text{-}V)_T$ / $(U\text{-}B)_T$ / $(B\text{-}V)_T^o$ / $(U\text{-}B)_T^o$	$(B\text{-}V)_e$ / $(U\text{-}B)_e$ / m'_e / m'_{25}	m_{21} / W_{20} / W_{50} / HI	V_{21} / V_{opt} / V_{GSR} / V_{3K}
020539.6+395017		.S..7..	1.15± .05	37				15.35±.1	4815± 11
138.09 -20.84	UGC 1582	U	.48± .05	.23	14.30 ±.13				
339.57 -2.91		7.0± .9		.66				285± 8	4951
020237.2+393559	PGC 7980		1.17	.24	13.40			1.72	4587
020542.0-524807		.E.3.*.	1.08± .05	126					
279.66 -60.84	ESO 153- 18	S	.14± .04	.01	14.30 ±.14				
244.96 -23.10		-5.0±1.2		.00					
020354.0-530224	PGC 7982		1.03						
020543.2+241358		.SB?...	.94± .11					17.16±.3	12664± 10
143.86 -35.60	MCG 4- 6- 2		.11± .07	.29	15.16 ±.13				
325.19 -8.94				.14				548± 7	12765
020254.0+235940	PGC 7984		.96	.06	14.60			2.49	12406
020544.6-710656		.SBS4P.	1.09± .05	10					
294.58 -44.79	ESO 52- 20	S (1)	.28± .05	.02	14.58 ±.14				8126
225.33 -20.54		4.0± .9		.42					7974
020453.0-712112	PGC 7986	2.2± .9	1.09	.14	14.09				8075
020545.5-324036		RLX.+..	1.07± .06						
236.45 -72.99	ESO 354- 34	r	.08± .06	.02	14.61 ±.14				5826± 29
267.09 -23.10		-1.3± .8		.00					5762
020334.0-325454	PGC 7988		1.06		14.50				5622
0205.7 +5044		.S..6*.	1.04± .08	152					
134.76 -10.42	UGC 1578	U	.98± .06	1.07					
349.48 1.41		6.0±1.4		1.44					
0202.5 +5030	PGC 7991		1.14	.49					
020549.5-094920		.SBS9P*	1.21± .04	120					1900
171.84 -65.36	MCG -2- 6- 26	E (1)	.30± .05	.01					
291.63 -19.55	KUG 0203-100	9.4± .6		.30					1904
020321.8-100338	PGC 7998	5.3± .8	1.21	.15					1644
0205.9 +1455		.S..2..	.95± .07	95					12505
148.43 -44.23	UGC 1589	U	.20± .05	.15	15.26 ±.13				
316.39 -12.33		2.0± .9		.25					12582
0203.2 +1441	PGC 8003		.96	.10	14.73				12239
020602.0+451135		.SXS2..	1.00± .06	3					
136.47 -15.71	UGC 1585	U	.09± .05	.54	14.4 ±.3				5688± 68
344.47 -.85		2.0± .9		.12					5834
020253.6+445717	PGC 8009		1.06	.05	13.68				5475
0206.0 +0917	IC 198	.S.....	1.04± .06	55	*		.75± .04	15.68±.2	9245± 9
151.91 -49.34	UGC 1592	R	.26± .05	.22	14.58 ±.12		.10± .06	363± 15	9414± 60
310.94 -14.25				.39				348± 11	9309
0203.4 +0903	PGC 8011		1.06	.13	13.92			1.62	8980
020603.6-551132		PSBT3P.	1.20± .04	14	13.80 ±.14	.81± .02	.88± .01		
282.27 -58.84	ESO 153- 20	Sr	.21± .04	.04	14.06 ±.14				5931± 40
242.35 -22.95	IRAS02043-5525	2.6± .6	.83± .02	.28	13.03	.72	13.44± .07		5809
020420.0-552548	PGC 8012		1.21	.10	13.56		14.15± .27		5810
020604.2+294736		.L..-*.	1.19± .09	130					
141.70 -30.34	UGC 1590	U	.11± .05	.17	13.71 ±.10				5002± 50
330.39 -6.91		-3.0±1.1		.00					5116
020310.7+293318	PGC 8013		1.20		13.47				4753
0206.1 +1316		.SXT5..	1.01± .06						7425
149.43 -45.72	UGC 1593	U	.11± .05	.27	15.13 ±.16				
314.81 -12.93		5.0± .8		.17					7497
0203.4 +1302	PGC 8014		1.03	.06	14.65				7158
020608.0+495432		.SX.3..	1.04± .15					17.12±.1	6046± 11
135.07 -11.19	UGC 1586	U	.08± .12	1.31	14.6 ±.3				
348.75 1.02		3.0± .9		.11				217± 12	6199
020253.3+494015	PGC 8015		1.16	.04	13.12			3.97	5847
020612.4+295800		.S?....	1.14± .05	153					
141.66 -30.17	UGC 1591		.80± .05	.17	14.66 ±.15				4835± 50
330.57 -6.87				1.20					4950
020318.8+294343	PGC 8019		1.16	.40	13.26				4587
020612.8-283555		PLAR-?.	1.06± .05	111					
222.37 -73.43	ESO 414- 28	S	.16± .04	.00	14.44 ±.14				
271.56 -22.83		-3.0± .6		.00					
020358.0-285012	PGC 8020		1.03						
020614.2-371956		.S?....	1.07± .05						
250.53 -71.23	ESO 298- 7		.08± .05	.03	14.80 ±.14				6138± 52
261.98 -23.47				.10					6060
020407.0-373412	PGC 8025		1.08	.04	14.62				5949

R.A. 2000	DEC.	Names	Type	$\log D_{25}$	p.a.	B_T	$(B-V)_T$	$(B-V)_e$	m_{21}	V_{21}
l	b		S_T n_L	$\log R_{25}$	A_g	m_B	$(U-B)_T$	$(U-B)_e$	W_{20}	V_{opt}
SGL	SGB		T	$\log A_e$	A_i	m_{FIR}	$(B-V)_T^o$	m'_e	W_{50}	V_{GSR}
R.A. 1950	DEC.	PGC	L	$\log D_o$	A_{21}	B_T^o	$(U-B)_T^o$	m'_{25}	HI	V_{3K}
0206.2	+0913	IC 199	.S..2..	1.14± .05	25					9221
152.02	-49.38	UGC 1594	U	.26± .05	.22	14.90 ±.16				
310.89	-14.31		2.0± .8		.32					9281
0203.6	+0859	PGC 8026		1.16	.13	14.27				8953
020615.9	-413120		.SXT6..	1.21± .05	129					
260.92	-68.97	ESO 298- 8	Sr (1)	.44± .05	.03	14.72 ±.14				5397± 60
257.35	-23.58		5.7± .6		.65					5308
020413.0	-414536	PGC 8028	5.6± .9	1.21	.22	14.02				5223
020616.1	-001730		.L.....	1.04± .11	0					
159.82	-57.70	UGC 1597	U	.14± .05	.01	14.30 ±.10				12702± 34
301.44	-17.21	MK 1018	-2.0± .8		.00					12734
020342.6	-003147	PGC 8029		1.02		14.10				12437
020621.1	-520144		.S..5*/	1.18± .04	56					
278.55	-61.41	ESO 197- 24	S	.69± .04	.00	15.42 ±.14				
245.80	-23.26		5.0± .9		1.03					
020432.1	-521600	PGC 8031		1.18	.34					
020627.4	+270204		.S..6*.	1.09± .04	75				15.75±.3	4962± 10
142.88	-32.92	UGC 1595	U	.35± .04	.23	15.19 ±.14			276± 13	
327.87	-8.04		6.0±1.2		.51					5070
020336.0	+264747	PGC 8035		1.11	.17	14.42			1.15	4709
0206.5	+0341	IC 1779								
156.27	-54.25	CGCG 387- 35			.09	15.1 ±.3				9570
305.45	-16.10									9614
0203.9	+0327	PGC 8039								9303
020630.5	+295937		.LX.0..	1.08± .07	125					
141.72	-30.12	UGC 1596	U	.16± .03	.17	14.52 ±.11				
330.62	-6.92		-2.0± .8		.00					
020336.8	+294521	PGC 8040		1.07						
020637.1	-314644		.SAR3..	1.09± .05	176					
233.31	-73.01	ESO 414- 31	r	.39± .04	.02	15.27 ±.14				10726± 39
268.09	-23.21		3.3± .9		.54					10663
020425.0	-320100	PGC 8049		1.09	.20	14.62				10520
020639.3	-410927	NGC 822	.E...*.	1.06± .06	77	14.11 ±.13	.96± .01			
259.99	-69.13	ESO 298- 9	BS	.26± .04	.03	14.25 ±.14				5366± 37
257.76	-23.64		-5.0± .7		.00		.90			5278
020436.1	-412342	PGC 8055		.99		14.06		13.75± .32		5191
020640.3	+013006		.S..7..	1.07± .06	111					6812
158.25	-56.12	UGC 1600	U	.88± .05	.03					
303.28	-16.79		7.0±1.0		1.21					6849
020405.7	+011550	PGC 8056		1.08	.44					6546
020644.0	-565609		PSXR0..	1.07± .06	2					
283.90	-57.32	ESO 153- 23	r	.20± .03	.00	14.75 ±.14				
240.44	-22.87		-.1± .9		.15					
020504.0	-571024	PGC 8059		1.06						
0206.7	-0051		.SA.8*.	1.09± .06						5994
160.59	-58.12	UGC 1603	U	.08± .05	.04	15.01 ±.19				
300.90	-17.49		8.0±1.1		.10					6024
0204.2	-0106	PGC 8060		1.09	.04	14.86				5730
0206.8	+3725		.S..8*.	1.00± .08	26					
139.12	-23.07	UGC 1599	U	.94± .06	.14					
337.46	-4.07		8.0±1.4		1.16					
0203.8	+3711	PGC 8063		1.01	.47					
020649.5	+310927	IC 200							16.27±.3	3846± 10
141.36	-29.00	CGCG 504- 12			.16	15.2 ±.4				
331.72	-6.54								129± 7	3963
020354.9	+305512	PGC 8064								3600
020651.1	+443428	NGC 812	.S...P.	1.97± .02	160				13.49±.1	5163± 11
136.81	-16.26	UGC 1598	R	.63± .05	.56	12.2 ±.3				5285± 41
343.97	-1.23	IRAS02037+4419			.95	11.98			435± 8	5315
020343.3	+442012	PGC 8066		2.02	.32	10.69			2.49	4956
0206.8	-0030	IC 1781								
160.28	-57.81	CGCG 387- 37			.02	15.2 ±.3				13035
301.26	-17.41									13066
0204.3	-0045	PGC 8067								12771
020653.0	-362709	NGC 824	.SBR4..	1.16± .04						
247.88	-71.50	ESO 354- 37	BSr (1)	.07± .04	.03	14.14 ±.14				5836± 52
262.95	-23.56		3.8± .5		.11					5760
020445.1	-364124	PGC 8068	1.1± .8	1.16	.04	13.97				5645

R.A. 2000 DEC. l b SGL SGB R.A. 1950 DEC.	Names PGC	Type S_T n_L T L	$\log D_{25}$ $\log R_{25}$ $\log A_e$ $\log D_o$	p.a. A_g A_i A_{21}	B_T m_B m_{FIR} B_T^o	$(B-V)_T$ $(U-B)_T$ $(B-V)_T^o$ $(U-B)_T^o$	$(B-V)_e$ $(U-B)_e$ m'_e m'_{25}	m_{21} W_{20} W_{50} HI	V_{21} V_{opt} V_{GSR} V_{3K}
020653.0-523439 279.09 -60.92 245.19 -23.30 020505.0-524854	 ESO 153- 24 PGC 8069	.SXT2*. r 2.2±1.2 	.94± .07 .09± .06 .94	0 .00 .11 .04	 14.94 ±.14 				
020708.5+425756 137.36 -17.77 342.53 -1.92 020402.5+424341	 UGC 1601 PGC 8078	.SB.4.. U 4.0±1.0 	1.06± .06 .77± .05 1.09	169 .35 1.13 .38	 15.49 ±.12 				
0207.1 +0859 152.49 -49.49 310.74 -14.60 0204.5 +0845	 UGC 1606 PGC 8079	.S..7.. U 7.0± .8 	1.04± .08 .04± .06 1.06	 .23 .05 .02					8020 8079 7753
0207.2 +4346 137.12 -17.00 343.26 -1.61 0204.1 +4332	 UGC 1602 PGC 8082	.S..8*. U 8.0±1.3 	1.14± .13 .69± .12 1.18	105 .42 .84 .34					
020715.1+325712 140.79 -27.28 333.40 -5.92 020418.9+324257	 MCG 5- 6- 7 IRAS02044+3243 PGC 8086	.SB?... 	.82± .13 .00± .07 .84	 .29 .00 .00	 14.86 ±.12 13.13 14.50				 11982± 57 12103 11740
020717.7+370548 139.33 -23.35 337.20 -4.29 020417.7+365133	 UGC 1604 6ZW 169 PGC 8087	.L...?. U -2.0±1.6 	1.04± .12 .22± .05 1.02	48 .13 .00 	 14.76 ±.10 				
020718.5+302527 141.75 -29.66 331.08 -6.92 020424.4+301112	 UGC 1608 PGC 8090	.SA.8.. U 8.0± .9 	1.00± .16 .04± .12 1.02	 .21 .05 .02				17.72±.3 181± 7 	9269± 10 9384 9022
020720.1-252634 211.56 -72.92 275.04 -22.71 020503.1-254048	NGC 823 ESO 478- 2 IRAS02050-2540 PGC 8093	.LAR-?. S -3.0± .8 	1.25± .05 .12± .04 1.23	 .00 .00 	 13.61 ±.14 13.45 13.54				 4431± 52 4386 4208
020725.4+020658 157.98 -55.50 303.95 -16.79 020450.4+015244	 MCG 0- 6- 33 ARAK 74 PGC 8096	.L?.... 	.42? .00± .07 .42	 .05 .00 	15.80S±.15 15.64		 12.75±1.73		 7197± 41 7236 6932
020725.5+325712 140.83 -27.26 333.42 -5.95 020429.2+324258	 MCG 5- 6- 8 PGC 8097	.S?.... 	.89± .11 .24± .07 .91	8 .29 .29 .12	 14.85 ±.13 14.15				 11126± 57 11247 10884
0207.4 -0205 162.18 -59.05 299.70 -17.99 0204.9 -0220	IC 205 UGC 1613 PGC 8098	.SBS1.. U 1.0± .8 	.99± .06 .02± .05 1.00	 .03 .02 .01	 14.49 ±.13 14.34				8323 8349 8060
0207.4 +0910 152.46 -49.29 310.95 -14.61 0204.7 +0856	IC 202 UGC 1610 IRAS02047+0856 PGC 8101	.S..3.. U (1) 3.0± .9 5.5±1.3	1.14± .05 .77± .05 1.16	132 .21 1.06 .38	 15.14 ±.12 13.65 13.81				9101 9160 8834
020733.9+171205 147.71 -41.98 318.71 -11.90 020449.4+165751	NGC 817 UGC 1611 IRAS02048+1657 PGC 8109	.S?.... 	.87± .08 .35± .05 .89	27 .17 .49 .18	 14.2 ±.2 13.04 13.48			15.97±.3 253± 13 216± 10 2.31	4520± 10 4495± 50 4601 4256
020734.2+020655 158.04 -55.48 303.96 -16.83 020459.2+015241	 UGC 1617 ARAK 75 PGC 8110	.L..-*. U -3.0±1.2 	.90± .15 .05± .05 .90	 .05 .00 	15.80S±.15 14.79 ±.10 14.69		 14.22± .80		 7139± 17 7178 6874
0207.6 +1521 148.72 -43.67 316.95 -12.56 0204.9 +1507	 UGC 1614 PGC 8112	.S..0.. U .0± .9 	1.16± .05 .67± .05 1.14	91 .18 .50 	 15.36 ±.13 				
020737.6+021051 158.00 -55.42 304.03 -16.82 020502.5+015637	 UGC 1618 HICK 15D PGC 8114	.L..-*. U -3.0±1.2 	.94± .14 .05± .05 .94	 .05 .00 	15.28S±.15 15.13		 14.70± .74		 6274± 17 6312 6008
020739.8+020859 158.04 -55.44 304.00 -16.84 020504.8+015445	 UGC 1620 HICK 15C PGC 8117	.L..-*. U -3.0±1.2 	.90± .15 .00± .05 .90	 .05 .00 	14.59S±.15 14.75 ±.10 14.54		 13.95± .77		 7256± 15 7295 6991

R.A. 2000 DEC. / l b / SGL SGB / R.A. 1950 DEC.	Names / PGC	Type / S_T n_L / T / L	$\log D_{25}$ / $\log R_{25}$ / $\log A_e$ / $\log D_o$	p.a. / A_g / A_i / A_{21}	B_T / m_B / m_{FIR} / B_T^o	$(B-V)_T$ / $(U-B)_T$ / $(B-V)_T^o$ / $(U-B)_T^o$	$(B-V)_e$ / $(U-B)_e$ / m'_e / m'_{25}	m_{21} / W_{20} / W_{50} / HI	V_{21} / V_{opt} / V_{GSR} / V_{3K}
020742.7+453719		.SBS2..	1.23± .05	72				16.27±.1	6261± 11
136.63 -15.21	UGC 1607	U	.33± .05	.57	13.9 ±.3				
344.98 -.94	IRAS02045+4523	2.0± .8		.41	13.66			466± 8	6407
020433.4+452305	PGC 8120		1.28	.16	12.88			3.22	6050
020749.9-351205		PS.R1..	1.04± .06	158					
243.98 -71.82	ESO 354- 41	r	.43± .05	.03	14.68 ±.14				6103
264.34 -23.69		1.0± .9		.44					6030
020541.0-352618	PGC 8126		1.04	.21	14.14				5909
020751.6+445036		.S..3..	1.09± .06	81					
136.90 -15.95	UGC 1609	U (1)	.71± .05	.56	15.2 ±.3				
344.28 -1.28		3.0±1.0		.99					
020443.2+443623	PGC 8127	4.5±1.3	1.14	.36					
020753.1+021003		.L...*.	1.03± .11	130	14.73S±.15				
158.11 -55.39	UGC 1624	U	.30± .05	.05	14.87 ±.10				7031± 15
304.04 -16.89	HICK 15A	-2.0±1.2		.00					7070
020518.1+015550	PGC 8128		1.00		14.67		14.03± .60		6766
0207.9 +1613		.S..6*.	1.04± .06	165					7686
148.34 -42.85	UGC 1622	U	.46± .05	.18	14.85 ±.12				
317.80 -12.33	IRAS02051+1558	6.0±1.3		.67					7765
0205.2 +1558	PGC 8131		1.06	.23	13.97				7423
020756.1+433519		.SA.5..	1.06± .06	55					
137.31 -17.14	UGC 1612	U	.18± .05	.42	15.13 ±.15				
343.15 -1.80		5.0± .8		.27					
020449.2+432106	PGC 8132		1.10	.09					
0207.9 +1910		.SB?...	.96± .07	5					5174
146.81 -40.13	UGC 1623		.17± .05	.30	15.30 ±.14				
320.62 -11.28				.25					5261
0205.2 +1856	PGC 8135		.99	.08	14.71				4913
0207.9 +4119		.SBS8*.	1.00± .08						
138.05 -19.29	UGC 1615	U	.09± .06	.35					
341.10 -2.72		8.0±1.2		.11					
0204.9 +4105	PGC 8139		1.03	.04					
0208.0 +2820		.S..4..	1.02± .06	169					
142.75 -31.57	UGC 1625	U	.75± .05	.21					
329.21 -7.88	IRAS02051+2805	4.0±1.0		1.10	12.75				
0205.2 +2805	PGC 8146		1.04	.37					
020805.0+015339		.S?....	.93± .07	70					
158.43 -55.60	UGC 1627		.40± .05	.04	14.88 ±.13				4786± 97
303.78 -17.01	MK 1174			.60					4824
020530.1+013926	PGC 8148		.94	.20	14.20				4521
020807.5-283818		PSXR1P?	1.21± .04	71	14.71 ±.16	.91± .02	.93± .02		
222.49 -73.01	ESO 414- 32	Sr	.48± .03	.00	14.57 ±.14	.31± .03	.36± .03		5442
271.57 -23.25		1.0± .6	.41± .04	.49		.78	12.25± .13		5388
020553.1-285230	PGC 8151		1.21	.24	14.08	.23	14.43± .26		5228
0208.2 +0111		.S?....	.82± .13						
159.16 -56.18	MCG 0- 6- 43		.08± .07	.04	15.27 ±.12				12274± 79
303.08 -17.27				.09					12309
0205.7 +0057	PGC 8157		.82	.04	15.01				12010
020821.1+105944	NGC 821	.E.6.$.	1.41± .04	25	11.67 ±.13	.99± .02	1.00± .01		
151.55 -47.56	UGC 1631	R	.20± .05	.17	12.33 ±.09				1718± 14
312.80 -14.22		-5.0± .6	1.22± .03	.00		.93	13.26± .10		1782
020540.5+104532	PGC 8160		1.38		11.92		13.20± .27		1452
020821.4+412846		.SXT5..	1.19± .05					15.36±.1	5543± 11
138.07 -19.12	UGC 1626	U	.02± .05	.35	14.11 ±.16				
341.27 -2.72	ARP 74	5.0± .8		.02				170± 8	5681
020516.8+411433	PGC 8161		1.22	.01	13.71			1.65	5321
020824.7+145813		.S?....	.99± .06	43					
149.18 -43.94	UGC 1630		.32± .05	.17	14.30 ±.14				4405± 50
316.65 -12.87	IRAS02057+1444			.48	12.57				4480
020541.6+144401	PGC 8163		1.01	.16	13.63				4141
020825.2+142057	NGC 820	.S..3..	1.13± .05	72				14.73±.3	4422± 7
149.53 -44.51	UGC 1629	U (1)	.25± .05	.19	13.64 ±.13			363± 13	
316.05 -13.09	IRAS02057+1406	3.0± .8		.35	12.26			346± 10	4495
020542.5+140645	PGC 8165	3.5±1.1	1.15	.13	13.07			1.54	4158
0208.4 +0624	IC 208	.SA.4..	1.26± .04						
154.79 -51.64	UGC 1635	U (1)	.01± .05	.14	14.2 ±.2				3449± 56
308.30 -15.72		4.0± .8		.02					3500
0205.8 +0610	PGC 8167	4.5±1.0	1.27	.01	13.98				3183

R.A. 2000 DEC. / l b / SGL SGB / R.A. 1950 DEC.	Names / / / PGC	Type / S_T n_L / T / L	$\log D_{25}$ / $\log R_{25}$ / $\log A_e$ / $\log D_o$	p.a. / A_g / A_i / A_{21}	B_T / m_B / m_{FIR} / B_T^o	$(B-V)_T$ / $(U-B)_T$ / $(B-V)_T^o$ / $(U-B)_T^o$	$(B-V)_e$ / $(U-B)_e$ / m'_e / m'_{25}	m_{21} / W_{20} / W_{50} / HI	V_{21} / V_{opt} / V_{GSR} / V_{3K}
020830.6+185952			.95?						5205
147.06 -40.24	CGCG 461- 50		.65?	.34	15.61 ±.13				
320.50 -11.47									5291
020544.8+184540	PGC 8171		.99						4944
020832.4+061927	NGC 825	.S..1..	1.35± .04	53					
154.89 -51.70	UGC 1636	U	.41± .05	.12	14.06 ±.15				3388± 43
308.23 -15.78		1.0± .8		.42					3439
020554.9+060515	PGC 8173		1.36	.21	13.48				3123
020834.5+291403	NGC 819	.S?....	.77± .11	10				16.51±.3	6576± 10
142.51 -30.69	UGC 1632		.16± .06	.22	14.4 ±.2				6566± 50
330.09 -7.63	IRAS02056+2859			.22	13.02			287± 7	6687
020541.2+285951	PGC 8174		.79	.08	13.94			2.49	6328
020842.3-074728	NGC 829	.SBS5P?	1.07± .04	105				14.04±.1	4056± 14
169.92 -63.37	MCG -1- 6- 49	PE	.25± .04	.01				183± 25	
293.92 -19.76	IRAS02062-0801	5.0±1.0		.37	12.45				4064
020613.5-080139	PGC 8182		1.07	.12					3801
020844.4+384636	NGC 818	.SX.5*.	1.47± .02	113	13.20 ±.14	.67± .02	.81± .02	14.49±.1	4244± 5
139.05 -21.66	UGC 1633	PU	.36± .04	.16	12.63 ±.12	.08± .03	.18± .03	462± 5	4457± 52
338.84 -3.88	IRAS02057+3832	4.5± .5	.91± .02	.55	12.11	.54	13.24± .05	444± 5	4379
020542.5+383224	PGC 8185		1.48	.18	12.14	-.02	14.47± .21	2.16	4018
020851.4+024309		.SB.3..	.90± .05	13					
157.98 -54.80	UGC 1643	U	.26± .04	.04	15.20 ±.12				12452
304.67 -16.96	KUG 0206+024	3.0± .9		.36					12492
020616.0+022858	PGC 8188		.91	.13	14.70				12188
020853.9-451732		.SBS7..	1.04± .05	155					
267.67 -66.17	ESO 246- 1	S (1)	.32± .05	.03	16.16 ±.14				
253.18 -24.01		7.0± .9		.44					
020656.1-453142	PGC 8193	7.8± .9	1.04	.16					
020855.5-564414	NGC 852	.SBT4*.	1.12± .05	83					
283.24 -57.33	ESO 153- 26	Sr (1)	.10± .05	.02	14.18 ±.14				6409
240.62 -23.19		4.2± .5		.14					6282
020716.0-565824	PGC 8195	5.6± .6	1.13	.05	13.98				6296
020856.4+075819	NGC 827	.S?....	1.35± .05	85				14.31±.3	3458± 10
153.81 -50.20	UGC 1640		.44± .06	.19	13.70 ±.13			380± 13	3438± 50
309.89 -15.35	IRAS02062+0744			.66	11.50			357± 10	3512
020617.7+074408	PGC 8196		1.37	.22	12.83			1.26	3192
020857.0+260158		.S..6*.	1.00± .05	15				16.99±.3	4874± 10
143.92 -33.66	UGC 1638	U	.33± .04	.18	15.22 ±.12			246± 13	
327.15 -8.94		6.0±1.3		.48					4978
020606.0+254747	PGC 8198		1.01	.16	14.54			2.29	4622
020857.3+471311		.SXR6..	1.38± .05					15.24±.1	4978± 11
136.34 -13.62	UGC 1634	U	.01± .06	.96	14.0 ±.3				
346.51 -.49	IRAS02057+4658	6.0± .7		.01	13.39			147± 8	5126
020545.6+465900	PGC 8199		1.47	.00	12.98			2.25	4773
020858.7-070335	IC 209	.SBR4*.	1.24± .05	110					
168.99 -62.77	MCG -1- 6- 51	E (1)	.13± .05	.01					
294.70 -19.65	IRAS02064-0717	4.0± .8		.19	13.56				
020629.4-071745	PGC 8200	4.2± .8	1.24	.06					
020858.8-074605	NGC 830	.LB.-?.	1.15± .10	110					
170.01 -63.31	MCG -1- 6- 50	E	.21± .07	.00					3888± 52
293.96 -19.82	MK 1020	-3.0±1.3		.00					3896
020630.0-080015	PGC 8201		1.12						3633
020901.2+273224								16.51±.3	9856± 10
143.31 -32.24	CGCG 483- 5			.16	15.4 ±.4				
328.56 -8.38								120± 7	9963
020609.2+271813	PGC 8203								9606
020901.3-755622		.SBS7*/	1.35± .04	18					
296.86 -40.26	ESO 30- 8	S (1)	.74± .04	.25	14.93 ±.14				1260
220.27 -19.69		7.0±1.2		1.02					1101
020851.0-761030	PGC 8204	5.6±1.3	1.37	.37	13.66				1232
020904.6+050648		.SB.4..	1.28± .03	173					3380
156.04 -52.70	UGC 1646	U	.54± .04	.12	14.61 ±.14				
307.07 -16.28	KUG 0206+048	4.0± .8		.79					3427
020627.7+045238	PGC 8207		1.29	.27	13.67				3115
0209.1 +3020		.I..9*.	.96± .09						9150
142.20 -29.61	UGC 1644	U	.00± .06	.24					
331.15 -7.31		10.0±1.2		.00					9264
0206.2 +3006	PGC 8211		.98	.00					8905

R.A. 2000 DEC. l b SGL SGB R.A. 1950 DEC.	Names PGC	Type S_T n_L T L	$\log D_{25}$ $\log R_{25}$ $\log A_e$ $\log D_o$	p.a. A_g A_i A_{21}	B_T m_B m_{FIR} B_T^o	$(B-V)_T$ $(U-B)_T$ $(B-V)_T^o$ $(U-B)_T^o$	$(B-V)_e$ $(U-B)_e$ m'_e m'_{25}	m_{21} W_{20} W_{50} HI	V_{21} V_{opt} V_{GSR} V_{3K}
020907.1+441740		.S..6*.	1.00± .06	105					
137.30 -16.40	UGC 1637	U	.18± .05	.50	15.3 ±.3				
343.87 -1.71		6.0±1.3		.26					
020559.1+440330	PGC 8212		1.04	.09					
0209.1 +0637		.SAS8..	1.07± .08						3302
154.88 -51.37	UGC 1649	U	.01± .06	.14					
308.57 -15.82		8.0± .8		.01					3353
0206.5 +0623	PGC 8214		1.08	.00					3037
020910.3+315941		.SAS8..	1.13± .05					14.80±.2	5007± 6
141.58 -28.05	UGC 1641	U	.02± .05	.30	14.33 ±.15			118± 9	
332.68 -6.67		8.0± .8		.02				97± 7	5125
020614.6+314530	PGC 8215		1.16	.01	14.00			.79	4765
0209.2 +3712		.S..8*.	1.11± .07	178					
139.69 -23.13	UGC 1642	U	1.13± .06	.12					
337.45 -4.60		8.0±1.4		1.23					
0206.2 +3658	PGC 8217		1.12	.50					
020913.8+253416		.L?....	.93± .07	75				15.51±.3	4872± 10
144.19 -34.07	UGC 1648		.22± .05	.22	14.51 ±.11			376± 13	
326.75 -9.17	ARAK 76			.00					4974
020623.2+252006	PGC 8220		.92		14.22				4620
020918.4-232457		.S..4..	1.26± .03	104					
205.33 -72.03	ESO 478- 6	S (1)	.27± .03	.00	13.22 ±.14				5321
277.31 -22.89	IRAS02069-2339	4.0± .8		.40	11.59				5281
020700.0-233906	PGC 8223	1.1± .8	1.26	.14	12.79				5095
020921.1-100800	NGC 833	PS..1*P	1.17± .05	85	13.69S±.15	.99± .02			
173.85 -64.98	MCG -2- 6- 30	R	.32± .05	.00		.51± .03			3934± 28
291.52 -20.46	HICK 16B	1.0± .6		.33		.90			3934
020653.7-102210	PGC 8225		1.17	.16	13.31	.45	13.58± .32		3682
020924.9-100809	NGC 835	.SXR2*P	1.10± .04	80	12.91S±.15	.81± .02			
173.88 -64.97	MCG -2- 6- 31	R	.08± .05	.00		.18± .03			4118± 22
291.52 -20.48	MK 1021	2.0± .4		.09	11.20	.77			4118
020657.5-102218	PGC 8228		1.10	.04	12.78	.16	13.05± .28		3867
020927.3+332759								16.90±.3	11577± 10
141.09 -26.64	CGCG 504- 20			.31	15.7 ±.4				
334.06 -6.14								435± 7	11698
020630.3+331349	PGC 8231								11338
020928.4-094049	IC 210	.SB.4?.	1.36± .03	65					
173.16 -64.64	MCG -2- 6- 32	E (1)	.56± .05	.00					
292.00 -20.39	IRAS02070-0954	4.0±1.2		.82	11.40				
020700.8-095458	PGC 8232	4.2± .8	1.37	.28					
020928.7-061254		.SBS5*.	1.11± .06	135					
168.03 -62.05	MCG -1- 6- 52	E (1)	.06± .05	.03					
295.61 -19.56		5.0± .8		.09					
020658.9-062704	PGC 8234	4.2± .8	1.11	.03					
0209.5 +3715		.S..6?.	1.30± .05	28				15.47±.3	4585± 8
139.73 -23.06	UGC 1650	U	1.31± .06	.12				253± 9	
337.52 -4.63		6.0±2.0		1.47					4714
0206.5 +3701	PGC 8237		1.31	.50					4354
020934.7-473403		.SBR2?/	1.06± .05	120					
271.35 -64.49	ESO 197- 26	S	.66± .04	.04	15.78 ±.14				
250.67 -24.04		2.0±1.9		.81					
020740.0-474812	PGC 8242		1.06	.33					
0209.5 +2114		.S..7..	1.15± .05	30					5136
146.26 -38.07	UGC 1652	U	.40± .05	.34	14.68 ±.13				
322.71 -10.88		7.0± .9		.56					5227
0206.8 +2100	PGC 8245		1.19	.20	13.76				4879
020938.3+354745	A 0206+35	.E...?.	1.36± .11		14.3 ±.4	1.46± .08	1.47± .08		
140.28 -24.43	UGC 1651	U	.06± .08	.24	14.1 ±.2	.52± .14	.57± .14		11173± 64
336.20 -5.24		-5.0±1.4		.00		1.30			11298
020639.1+353336	PGC 8249		1.38		13.74	.50	15.95± .75		10939
020938.5-100847	NGC 838	.LATOP*	1.06± .04	85	13.57M±.04	.62± .01	.49± .01		
173.99 -64.94	MCG -2- 6- 33	RCE	.12± .05	.00		-.08± .02	-.20± .02		3841± 22
291.52 -20.54	MK 1022	-2.0± .9	.35± .01	.00		.57	10.80± .05		3841
020711.1-102256	PGC 8250		1.04		13.51	-.07	13.44± .25		3590
020939.5-065524	IC 207	.L..+P/	1.27± .05	75					
169.07 -62.56	MCG -1- 6- 54	E	.55± .05	.00					
294.89 -19.78	IRAS02071-0709	-1.0± .9		.00	12.59				
020710.1-070932	PGC 8251		1.18						

R.A. 2000 DEC. / l b / SGL SGB / R.A. 1950 DEC.	Names / PGC	Type / S_T n_L / T / L	$\log D_{25}$ / $\log R_{25}$ / $\log A_e$ / $\log D_o$	p.a. / A_g / A_i / A_{21}	B_T / m_B / m_{FIR} / B_T^o	$(B-V)_T$ / $(U-B)_T$ / $(B-V)_T^o$ / $(U-B)_T^o$	$(B-V)_e$ / $(U-B)_e$ / m'_e / m'_{25}	m_{21} / W_{20} / W_{50} / HI	V_{21} / V_{opt} / V_{GSR} / V_{3K}
020943.0-101103	NGC 839	.L..*P/	1.16± .03	85	13.93M±.10	.80± .02	.84± .01		
174.08 -64.96	MCG -2- 6- 34	R	.33± .05	.00		.39± .03	.40± .03		3834± 28
291.49 -20.56	IRAS02072-1025	-2.0± .6	.50± .02	.00		.73	11.99± .06		3834
020715.7-102511	PGC 8254		1.11		13.87	.38	13.79± .23		3583
0209.7 +0719		.S?....	.96± .09	138					7308
154.56 -50.68	UGC 1653		.39± .06	.13	15.36 ±.12				
309.31 -15.74				.59					7361
0207.1 +0705	PGC 8255		.97	.20	14.60				7044
020949.3-074657	NGC 842	.LXR.?.	1.09± .07	35	13.61 ±.16	.95± .01	.98± .01		
170.37 -63.18	MCG -1- 6- 55	PE	.14± .05	.00		.49± .03	.52± .03		3703± 43
294.00 -20.03	MK 1023	-2.0± .6	.55± .05	.00		.90	11.85± .18		3710
020720.4-080106	PGC 8258		1.07		13.55	.50	13.58± .40		3449
020953.4-352316		.S?....	1.02± .05	101					
244.05 -71.36	ESO 354- 45		.06± .05	.03	15.41 ±.14				10861± 39
264.16 -24.12				.09					10787
020745.1-353724	PGC 8264		1.02	.03	15.24				10670
0209.9 +1602		.SB.6*.	1.20± .05	38					8238
149.04 -42.82	UGC 1659	U	.41± .05	.19	14.55 ±.13				
317.80 -12.84		6.0±1.2		.60					8315
0207.2 +1548	PGC 8266		1.22	.20	13.71				7977
0209.9 +1046		.S..2..	.95± .07	153					6837
152.23 -47.59	UGC 1662	U	.43± .05	.18	15.17 ±.12				
312.72 -14.67		2.0± .9		.53					6899
0207.3 +1032	PGC 8270		.97	.21	14.39				6573
021005.3-325624	IC 1783	.SAT3?.	1.30± .03	3	13.20 ±.13	.69± .01	.76± .01	15.80±.3	3350± 17
236.57 -72.05	ESO 354- 46	PS (2)	.40± .04	.03	13.33 ±.11	.05± .03	.13± .02		3309± 44
266.87 -24.03	IRAS02079-3310	2.8± .5	.71± .01	.55	11.92	.59	12.24± .03	360± 25	3277
020754.7-331032	PGC 8279	3.4± .5	1.30	.20	12.67	-.03	13.54± .21	2.93	3146
021008.7+073838		.S..6*.	1.19± .04	13					3431
154.46 -50.35	UGC 1663	U	.29± .04	.16	14.64 ±.15				
309.67 -15.73	KUG 0207+074	6.0±1.1		.43					3484
020730.3+072430	PGC 8281		1.21	.15	14.03				3167
021008.8+364212		.S..5..	.98± .07	48					
140.06 -23.54	UGC 1654	U	.19± .05	.22	14.93 ±.12				
337.07 -4.97		5.0± .9		.28					
020708.6+362804	PGC 8282		1.00	.09					
021009.2+391129	NGC 828	.S..1*P	1.46± .03		13.15 ±.13	.90± .01	.92± .01	15.04±.1	5374± 9
139.19 -21.18	UGC 1655	P	.11± .05	.16	12.70 ±.14	.37± .02	.39± .02	427± 11	5181± 46
339.33 -3.97	6ZW 177	1.0±1.0	.98± .02	.12	10.40	.80	13.54± .07		5499
020706.6+385721	PGC 8283		1.48	.06	12.59	.32	15.03± .24	2.39	5141
021011.1-221922	NGC 849	RL...?.	.73± .06	117					
202.19 -71.51	ESO 478- 9	S	.26± .03	.00	15.32 ±.14				
278.53 -22.94		-2.0±1.1		.00					
020752.0-223330	PGC 8286		.70						
0210.1 +4134		.S..8*.	1.11± .07	63					
138.38 -18.93	UGC 1656	U	1.13± .06	.30					
341.49 -3.00		8.0±1.4		1.23					
0207.1 +4120	PGC 8287		1.14	.50					
021014.3+254051								18.00±.3	4641± 10
144.40 -33.88	CGCG 483- 7			.24	15.3 ±.4				
326.94 -9.34								170± 7	4743
020723.5+252643	PGC 8292								4390
0210.2 +0750	NGC 840	.SBR3..	1.25± .03	73	14.27 ±.14	.88± .03	.96± .02	15.45±.2	7270± 5
154.36 -50.17	UGC 1664	U	.24± .05	.16	14.22 ±.16	.07± .09	.37± .03	467± 5	7143± 60
309.86 -15.70		3.0± .8	.79± .03	.32		.75	13.71± .09	446± 5	7322
0207.6 +0736	PGC 8293		1.27	.12	13.71	-.04	14.80± .23	1.63	7005
021014.8+413117		.E...*.	1.15± .15						
138.41 -18.97	UGC 1661	U	.07± .08	.30	14.83 ±.17				
341.45 -3.03		-5.0±1.1		.00					
020709.7+411709	PGC 8294		1.18						
021014.9-094239		.SB.5P?	1.39± .03	33					2017
173.53 -64.53	MCG -2- 6- 35	E	.41± .06	.00					
292.01 -20.58	KUG 0207-099	5.0±1.2		.62					2018
020747.3-095647	PGC 8295		1.39	.21					1766
021016.0-222547	NGC 837	.S..3?.	.97± .04	12					
202.53 -71.52	ESO 478- 10	S (1)	.34± .03	.00	14.84 ±.14				
278.41 -22.97	IRAS02079-2239	2.5±1.3		.47					
020757.0-223954	PGC 8297	3.3±1.3	.97	.17					

R.A. 2000 DEC. / l b / SGL SGB / R.A. 1950 DEC.	Names / PGC	Type / S_T n_L / T / L	$\log D_{25}$ / $\log R_{25}$ / $\log A_e$ / $\log D_o$	p.a. / A_g / A_i / A_{21}	B_T / m_B / m_{FIR} / B^o_T	$(B-V)_T$ / $(U-B)_T$ / $(B-V)^o_T$ / $(U-B)^o_T$	$(B-V)_e$ / $(U-B)_e$ / m'_e / m'_{25}	m_{21} / W_{20} / W_{50} / HI	V_{21} / V_{opt} / V_{GSR} / V_{3K}
021017.4-101912	NGC 848	PSBS2P?	1.17± .04	0	13.6 ±.3	.56± .04			
174.55 -64.95	MCG -2- 6- 36	PE	.18± .05	.00		.08± .06			3890± 40
291.38 -20.73	MK 1026	1.8± .7		.22	12.67	.50			3890
020750.2-103319	PGC 8299		1.17	.09	13.35	.05	13.86± .37		3640
021018.5+383541		.S..7..	.95± .07	25					
139.42 -21.74	UGC 1660	U	.21± .05	.18	15.20 ±.12				
338.80 -4.24		7.0± .9		.28					
020716.5+382133	PGC 8301		.97	.10					
0210.3 +0112		.I..9*.	.96± .09						3539
159.94 -55.89	UGC 1665	U	.00± .06	.05					
303.26 -17.76		10.0±1.2		.00					3573
0207.8 +0058	PGC 8302		.96	.00					3277
021025.2-220317	NGC 836	PLAS+*.	1.10± .05	110					
201.45 -71.37	ESO 544- 17	Sr	.13± .03	.00	14.34 ±.14				
278.83 -22.95		-1.2± .5		.00					
020806.0-221724	PGC 8304		1.08						
021025.4-420517		.IBS9..	1.00± .05	123					
260.89 -68.01	ESO 298- 14	S (1)	.37± .05	.03	15.50 ±.14				4165
256.73 -24.35		10.0± .9		.28					4072
020824.0-421924	PGC 8305	7.8±1.3	1.00	.18	15.19				3996
021031.6-535012		RSBR0*.	1.20± .05	150	14.29 ±.17	.83± .03	.91± .02		
279.71 -59.58	ESO 153- 27	Sr	.38± .05	.02	14.44 ±.14	.25± .04	.34± .03		5704± 34
243.76 -23.73		.4± .6	.66± .06	.28		.71	13.08± .19		5583
020847.0-540418	PGC 8311		1.19		13.99	.22	14.21± .31		5580
021037.8+055214	A 0208+05	.S.....	.91± .05	173					
155.98 -51.85	UGC 1669	R	.14± .04	.13	14.44 ±.13				4569± 46
307.95 -16.41	MK 587			.21					4616
020800.4+053807	PGC 8318		.92	.07	14.08				4306
021037.8-154627		.LB.0P*	1.13± .06	4					1587
185.26 -68.40	MCG -3- 6- 10	E	.45± .05	.01					
285.61 -21.95	IRAS02082-1600	-2.0±1.3		.00	11.78				1569
020814.2-160033	PGC 8319		1.06						1346
021038.6-405506		.SBT6P*	1.28± .04	58					
258.24 -68.66	ESO 298- 15	Sr (1)	.43± .04	.03	14.32 ±.14				
258.03 -24.40		6.4± .7		.64					
020836.0-410912	PGC 8320	6.7± .9	1.28	.22					
021040.9-750220		.SAT5..	1.40± .04	135					
296.27 -41.05	ESO 30- 9	S (1)	.61± .04	.19	14.31 ±.14				8147
221.17 -20.01		5.0± .8		.91					7989
021023.1-751624	PGC 8326	3.3±1.2	1.42	.30	13.17				8115
0210.7 +0646	A 0208+06	.S..9*.	1.34± .05		14.8 ±.2	.51± .10	.48± .05	14.94±.1	1601± 5
155.33 -51.04	UGC 1670	U (1)	.00± .06	.15		.06± .11	.03± .07	115± 6	
308.85 -16.16	DDO 18	9.0±1.0	1.18± .06	.00		.47	16.17± .15	79± 8	1651
0208.1 +0632	PGC 8332	9.0±1.0	1.36	.00	14.63	.03	16.35± .37	.31	1338
021052.8-024826		PSBR2..	1.11± .06	75					
164.34 -59.14	MCG -1- 6- 63	E	.23± .05	.04					11183
299.22 -19.01		2.0± .9		.28					11205
020820.9-030232	PGC 8339		1.12	.11					10925
021054.2-392154		.S..1*.	1.28± .04	53					
254.49 -69.44	ESO 298- 16	S	.67± .04	.03	13.83 ±.14				5201± 39
259.75 -24.44	IRAS02088-3936	1.0±1.3		.68	13.42				5115
020850.0-393600	PGC 8341		1.28	.34	13.05				5023
021056.6-313600			.89± .06						
232.18 -72.14	ESO 415- 3		.09± .06	.03	14.99 ±.14				12542± 39
268.37 -24.11									12478
020845.0-315006	PGC 8344		.89						12340
021058.1+324159		.SB?...	.99± .06	98				16.42±.3	11797± 10
141.71 -27.26	UGC 1671		.33± .05	.29	15.30 ±.12				11728± 67
333.48 -6.74				.50				584± 7	11914
020801.5+322753	PGC 8346		1.02	.17	14.44			1.81	11557
021059.6+324350		.S?....	.96± .06	106				17.30±.3	11795± 10
141.71 -27.22	MCG 5- 6- 12		.66± .06	.29					4078± 67
333.51 -6.73	KUG 0208+324			.96				594± 7	
020802.9+322943	PGC 8350		.99	.33					
021059.9+374923		.S?....	1.02± .06	73					
139.83 -22.42	UGC 1673		.60± .05	.16	15.22 ±.13				4334
338.16 -4.67	IRAS02079+3735			.90	12.12				4463
020758.5+373516	PGC 8351		1.03	.30	14.12				4106

R.A. 2000 DEC.	Names	Type	logD_{25}	p.a.	B_T	$(B\text{-}V)_T$	$(B\text{-}V)_e$	m_{21}	V_{21}
l b		S_T n_L	logR_{25}	A_g	m_B	$(U\text{-}B)_T$	$(U\text{-}B)_e$	W_{20}	V_{opt}
SGL SGB		T	logA_e	A_i	m_{FIR}	$(B\text{-}V)^o_T$	m'_e	W_{50}	V_{GSR}
R.A. 1950 DEC.	PGC	L	logD_o	A_{21}	B^o_T	$(U\text{-}B)^o_T$	m'_{25}	HI	V_{3K}
021101.3+373959	NGC 834	.S?....	1.04± .06	20	13.84 ±.13	.77± .02		15.58±.1	4594± 6
139.89 -22.57	UGC 1672		.34± .05	.16	13.5 ±.2	.07± .03		263± 7	4790± 35
338.02 -4.74	ARAK 77			.50	11.04	.64		193± 7	4729
020800.1+372553	PGC 8352		1.05	.17	13.06	-.04	13.05± .34	2.36	4371
0211.0 +0641		.S..8*.	1.04± .08	135					1583
155.49 -51.09	UGC 1677	U	1.06± .06	.16					
308.79 -16.25		8.0±1.5		1.23					1633
0208.4 +0627	PGC 8353		1.05	.50					1320
0211.0 -0038			.74± .14	73					
162.05 -57.34	MCG 0- 6- 47		.38± .07	.05	15.0 ±.2				5809± 79
301.43 -18.46									5837
0208.5 -0053	PGC 8356		.74						5549
021108.5+035109	IC 211	.SXS6..	1.36± .03	45	*		.54± .03	14.27±.1	3256± 5
157.83 -53.53	UGC 1678	UE (2)	.10± .04	.10	13.9 ±.2			233± 6	3247± 27
305.98 -17.16	IRAS02085+0337	5.5± .5	1.17± .14	.15			14.69± .42	208± 5	3297
020832.4+033703	PGC 8360	3.4± .6	1.37	.05	13.59			.63	2994
0211.1 +2549		.SB?...	1.00± .08	125	*				5128
144.57 -33.68	UGC 1675		.46± .06	.18					
327.14 -9.48				.70					5230
0208.3 +2535	PGC 8362		1.02	.23					4878
021111.0+384531		.S..7..	.99± .06	60	*				
139.54 -21.53	UGC 1674	U	.18± .05	.20	14.90 ±.12				
339.02 -4.32		7.0± .9		.24					
020808.6+383125	PGC 8365		1.01	.09					
021112.3+034654	NGC 851	.LB.+*.	1.00± .05	135	*				
157.91 -53.58	UGC 1680	UE	.20± .03	.10	14.49 ±.10				3111± 33
305.92 -17.19	MK 588	-1.0± .7		.00					3152
020836.2+033249	PGC 8368		.98		14.34				2849
021113.4-012910	NGC 850	.LXS+..	1.06± .06	85	*				
163.00 -58.01	UGC 1679	UE	.03± .07	.01	13.86 ±.10				8161± 50
300.59 -18.73		-1.0± .6		.00					8186
020840.6-014315	PGC 8369		1.06		13.72				7902
021117.2+372949	NGC 841	PSXS2..	1.25± .03	135	13.42 ±.13	.84± .01	.93± .01	15.21±.2	4540± 6
140.01 -22.71	UGC 1676	CUr	.25± .05	.16	12.90 ±.14	.28± .02	.37± .02	428± 7	4463± 52
337.88 -4.86	5ZW 194	2.1± .5	.71± .01	.31	13.04	.72	12.46± .04	403± 7	4668
020816.1+371544	PGC 8372		1.26	.12	12.67	.20	13.89± .23	2.42	4310
0211.4 +1555		.S..4..	.96± .09						7813
149.55 -42.78	UGC 1683	U	.98± .06	.18	16.41 ±.13				
317.82 -13.22		4.0±1.0		1.44					7889
0208.7 +1541	PGC 8379		.98	.49	14.73				7553
0211.4 +1558		RLX.+..	1.21± .06						8005
149.53 -42.74	UGC 1684	U	.01± .03	.18	14.19 ±.16				
317.87 -13.20		-1.0± .8		.00					8081
0208.7 +1544	PGC 8381		1.23		13.89				7745
021130.7-355014	NGC 854	.SBT5*.	1.26± .04	0					
244.98 -70.89	ESO 354- 47	BSr (1)	.48± .04	.03	13.85 ±.14				6218± 34
263.68 -24.47	IRAS02093-3604	5.0± .5		.72	13.01				6141
020923.0-360418	PGC 8388	3.3± .6	1.27	.24	13.07				6029
021133.1+135459	A 0208+13							17.57±.1	7966± 6
150.76 -44.58	CGCG 438- 40			.24	14.92 ±.16			110± 5	7800±110
315.91 -13.95	MK 366				13.07				8035
020850.5+134054	PGC 8391								7704
021133.2-730946		PSAS2?.	1.22± .06	90					
295.17 -42.74	ESO 30- 11	S	.16± .05	.07	15.37 ±.14				8076± 34
223.09 -20.52		2.0± .8		.19					7920
021100.0-732348	PGC 8392		1.23	.08	15.03				8036
021135.2+313036		.S..6*.	1.04± .04	107				15.98±.2	4983± 6
142.31 -28.33	UGC 1682	U	.36± .04	.23	14.66 ±.12			250± 9	
332.44 -7.33	KUG 0208+312	6.0±1.3		.53				225± 7	5098
020839.5+311632	PGC 8393		1.06	.18	13.87			1.92	4742
021138.5+340243		.S..2..	1.02± .06	72					6175
141.35 -25.94	UGC 1685	U	.57± .05	.26	14.97 ±.13				
334.77 -6.32	IRAS02086+3348	2.0±1.0		.70	13.08				6296
020840.6+334839	PGC 8396		1.04	.29	13.95				5939
021141.6-091817	NGC 853	.S..9P?	1.19± .04	70					
173.46 -63.99	MCG -2- 6- 38	E (1)	.07± .05	.01					1479± 33
292.53 -20.84	IRAS02092-0932	9.0±1.5		.07	12.15				1480
020913.8-093221	PGC 8397	5.3±1.6	1.19	.03					1229

R.A. 2000 DEC.	Names	Type	$logD_{25}$	p.a.	B_T	$(B-V)_T$	$(B-V)_e$	m_{21}	V_{21}
l b		S_T n_L	$logR_{25}$	A_g	m_B	$(U-B)_T$	$(U-B)_e$	W_{20}	V_{opt}
SGL SGB		T	$logA_e$	A_i	m_{FIR}	$(B-V)^o_T$	m'_e	W_{50}	V_{GSR}
R.A. 1950 DEC.	PGC	L	$logD_o$	A_{21}	B^o_T	$(U-B)^o_T$	m'_{25}	HI	V_{3K}
0211.7 +1418		.L...*.	1.00± .19	0					
150.58 -44.22	UGC 1687	U	.09± .08	.25	14.86 ±.11				
316.29 -13.86		-2.0±1.2		.00					
0209.0 +1404	PGC 8399		1.01						
021144.0-062928		.S..4*/	1.15± .04	145					
169.32 -61.90	MCG -1- 6- 67	E	.87± .05	.03					
295.47 -20.17	KUG 0209-067	4.0±1.3		1.28					
020914.4-064332	PGC 8400		1.15	.44					
021146.8-181602		.SBR4?.	1.19± .04	123					
191.55 -69.50	ESO 544- 20	Er (1)	.52± .03	.03	15.32 ±.14				5078± 60
282.99 -22.67		4.4±1.0		.76					5052
020925.0-183006	PGC 8404	5.3± .8	1.20	.26	14.50				4843
0211.8 +1400		.S..9*.	1.06± .08	175					4410
150.78 -44.48	UGC 1689	U	.10± .06	.27					
316.01 -13.98		9.0±1.2		.10					4480
0209.1 +1346	PGC 8406		1.09	.05					4149
0211.9 +1406		.S..9*.	1.18± .06						3821± 10
150.76 -44.38	UGC 1693	U	.01± .06	.27					
316.12 -13.97		9.0±1.1		.01					3891
0209.2 +1352	PGC 8412		1.21	.01					3560
021156.2-391221		.SXT4..	1.13± .05	57					
253.82 -69.35	ESO 298- 19	Sr (1)	.13± .05	.03	14.31 ±.14				5378± 39
259.93 -24.63		4.2± .6		.19					5292
020952.0-392624	PGC 8413	4.4± .9	1.13	.06	14.06				5200
021157.6+291851		.S?....	1.16± .07	106				16.56±.3	4914± 10
143.28 -30.36	UGC 1690		1.00± .06	.23	15.66 ±.12				
330.45 -8.28				1.50				396± 7	5024
020903.7+290447	PGC 8417		1.18	.50	13.90			2.16	4670
0211.9 +0933		.SXS8..	1.16± .13						4453± 10
153.71 -48.45	UGC 1694	U	.00± .12	.20					
311.69 -15.54		8.0± .8		.00					4511
0209.3 +0919	PGC 8418		1.18	.00					4191
021202.1-501709		.S?....	1.05± .05	145					
274.77 -62.21	ESO 197- 29		.45± .05	.02	15.21 ±.14				6520±108
247.64 -24.27	IRAS02102-5031			.68	13.22				6406
021012.0-503112	PGC 8422		1.05	.23	14.47				6383
0212.0 +4622		.SX.8*.	.99± .06					15.69±.1	4872± 11
137.14 -14.27	UGC 1686	U	.06± .05	1.00					
345.96 -1.33		8.0±1.2		.07				131± 8	5017
0208.9 +4608	PGC 8424		1.09	.03					4666
021206.6+313514		.S?....	.74± .14					16.00±.3	5899± 10
142.40 -28.22	MCG 5- 6- 14		.09± .07	.28	15.10 ±.14				
332.56 -7.40				.14				141± 7	6014
020910.8+312110	PGC 8426		.76	.05	14.64			1.31	5659
021212.2+443405	NGC 846	.SBT2..	1.29± .04	140				15.94±.1	5118± 11
137.75 -15.97	UGC 1688	U	.06± .05	.56	13.0 ±.3				4894± 52
344.35 -2.10	IRAS02090+4420	2.0± .7		.07	11.82			400± 8	5250
020903.1+442002	PGC 8430		1.34	.03	12.31			3.60	4898
0212.2 +4223		.S..4..	1.04± .09						
138.49 -18.03	UGC 1692	U	.06± .06	.36					
342.38 -3.01		4.0± .8		.09					
0209.1 +4209	PGC 8431		1.07	.03					
021213.3+391409		.L.....	1.13± .10						
139.58 -21.01	UGC 1691	U	.02± .05	.23	14.21 ±.12				
339.53 -4.31	6ZW 183	-2.0± .8		.00					
020910.2+390006	PGC 8433		1.16						
0212.2 -0208		.S..3..	1.08± .06	135					
164.12 -58.40	UGC 1697	U (1)	.37± .05	.03	14.74 ±.12				11217
299.99 -19.16		3.0± .9		.51					11240
0209.7 -0223	PGC 8435	4.5±1.2	1.09	.18	14.12				10960
021219.5+372836	NGC 845	.S..3..	1.22± .05	149	14.34 ±.14	.85± .04	1.00± .04		
140.23 -22.66	UGC 1695	U (1)	.60± .05	.19	14.44 ±.12	.49± .06	.47± .06		
337.95 -5.05	IRAS02093+3714	3.0± .9	.76± .03	.82	12.37		13.63± .12		
020918.2+371433	PGC 8438	2.5±1.2	1.24	.30			13.79± .29		
021219.8-004845		PSBR1*.	1.06± .05	105					
162.71 -57.30	UGC 1698	UE	.07± .04	.04	14.81 ±.16				12185
301.36 -18.81		1.0± .7		.07					12212
020946.6-010248	PGC 8439		1.06	.04	14.55				11927

R.A. 2000 DEC. / l b / SGL SGB / R.A. 1950 DEC.	Names / PGC	Type / S_T n_L / T / L	$logD_{25}$ / $logR_{25}$ / $logA_e$ / $logD_o$	p.a. / A_g / A_i / A_{21}	B_T / m_B / m_{FIR} / B^o_T	$(B-V)_T$ / $(U-B)_T$ / $(B-V)^o_T$ / $(U-B)^o_T$	$(B-V)_e$ / $(U-B)_e$ / m'_e / m'_{25}	m_{21} / W_{20} / W_{50} / HI	V_{21} / V_{opt} / V_{GSR} / V_{3K}
021228.2+295128		.S..8..	1.06± .06					16.00±.3	5899± 7
143.18 -29.81	UGC 1696	U	.04± .05	.36	15.11 ±.19				
331.00 -8.16		8.0± .8		.05				141± 7	6010
020933.8+293725	PGC 8449		1.09	.02	14.69			1.29	5656
021229.7-222816	NGC 858	.SBT5?.	1.10± .04		14.3 ±.3	.57± .05			
203.16 -71.05	ESO 478- 13	PS (2)	.06± .03	.00	14.19 ±.14				12356± 59
278.45 -23.49	IRAS02102-2242	5.0± .5		.09	12.85	.48			12317
021011.0-224218	PGC 8451	1.3± .5	1.10	.03	14.06		14.49± .37		12131
0212.5 +1651		.S..6*.	.96± .09	130					4242
149.36 -41.82	UGC 1700	U	.69± .06	.24					
318.81 -13.14		6.0±1.4		1.01					4320
0209.8 +1637	PGC 8452		.98	.34					3984
021235.1-315646	NGC 857	.LAT0*.	1.18± .05						
233.09 -71.74	ESO 415- 6	Sr	.08± .04	.03	13.45 ±.14				3493± 39
268.01 -24.49		-1.8± .4		.00					3427
021024.0-321048	PGC 8455		1.18		13.37				3293
0212.7 +1358		.SA.7?.	1.00± .06						12313
151.08 -44.42	UGC 1702	U	.03± .05	.25					
316.06 -14.20		7.0±1.7		.04					12383
0210.0 +1344	PGC 8464		1.02	.01					12053
021245.8+361807		PS..3*.	1.09± .06						
140.74 -23.74	UGC 1701	U (1)	.09± .05	.25	14.65 ±.15				
336.92 -5.62		3.0±1.2		.12					
020945.5+360405	PGC 8469	3.5±1.1	1.12	.04					
021253.5-614736		.SXR1*.	1.01± .06	59					
287.16 -52.77	ESO 114- 31	r	.44± .05	.07	15.38 ±.14				
235.07 -22.97		1.0±1.3		.45					
021128.0-620136	PGC 8477		1.02	.22					
021254.5+374855	A 0209+37								
140.22 -22.31	CGCG 522-137			.19	15.7 ±.4				5310±125
338.30 -5.02									5438
020952.7+373453	PGC 8479								5083
021255.0-191853		.S?....	1.12± .05	155					
194.57 -69.75	ESO 544- 27		.65± .04	.07	15.44 ±.14				2483± 60
281.90 -23.11	IRAS02105-1932			.98					2453
021034.0-193254	PGC 8480		1.12	.33	14.38				2251
021256.6-150823		.SBS6..	1.15± .06	102					5030
184.74 -67.58	MCG -3- 6- 15	E (1)	.24± .05	.00					
286.41 -22.37		6.0± .9		.36					5013
021032.7-152224	PGC 8483	4.2± .8	1.15	.12					4790
0212.9 +3251		.I..9*.	1.22± .12						
142.09 -26.97	UGC 1703	U	.25± .12	.35					
333.79 -7.06		10.0±1.2		.19					
0210.0 +3237	PGC 8484		1.25	.13					
021302.9-420200	NGC 862	.E...*.	.94± .04		12.78V±.13	.96± .01	.97± .01		
260.01 -67.65	ESO 298- 20	BS	.03± .03	.03	13.86 ±.14	.40± .05			5310± 26
256.78 -24.84		-5.0± .7	.54± .02	.00		.90			5216
021102.0-421600	PGC 8487		.93		13.68	.42	13.35± .24		5142
0213.0 +0930		.SXS3..	.96± .09						
154.11 -48.37	UGC 1705	U	.29± .06	.20	15.30 ±.12				
311.74 -15.81		3.0± .9		.41					
0210.4 +0916	PGC 8489		.98	.15					
021312.3-705449		.S..5./	1.19± .05	105					
293.68 -44.72	ESO 53- 2	S	1.05± .04	.02	16.29 ±.14				
225.40 -21.17		5.0± .8		1.50					
021225.0-710848	PGC 8499		1.19	.50					
021315.7-073946		PSBT1..	1.23± .04	50					
171.59 -62.53	MCG -1- 6- 70	E	.12± .05	.03					
294.35 -20.83	KUG 0210-078	1.0± .8		.12					
021046.9-075346	PGC 8502		1.23	.06					
021316.3+411431		.S..7..	1.12± .05	35					
139.08 -19.05	UGC 1704	U	.41± .05	.26	15.19 ±.14				
341.43 -3.66		7.0± .9		.56					
021010.9+410030	PGC 8503		1.14	.20					
0213.2 +5324		.S..0..	1.19± .05	76					
135.06 -7.52	UGC 1699	U	.45± .05	1.14	14.83 ±.09				
352.36 1.45	IRAS02099+5310	.0± .8		.34	12.77				
0209.9 +5310	PGC 8504		1.27						

R.A. 2000 DEC. l b SGL SGB R.A. 1950 DEC.	Names PGC	Type S_T n_L T L	$\log D_{25}$ $\log R_{25}$ $\log A_e$ $\log D_o$	p.a. A_g A_i A_{21}	B_T m_B m_{FIR} B_T^o	$(B-V)_T$ $(U-B)_T$ $(B-V)_T^o$ $(U-B)_T^o$	$(B-V)_e$ $(U-B)_e$ m'_e m'_{25}	m_{21} W_{20} W_{50} HI	V_{21} V_{opt} V_{GSR} V_{3K}
0213.4 +0445		.SBS3..	.98± .07	0					
157.87 -52.47	UGC 1707	U	.20± .05	.10	15.15 ±.13				
307.06 -17.42		3.0± .9		.28					
0210.8 +0431	PGC 8512		.99	.10					
021333.6+255107		.S..6*.	1.02± .05	154				16.20±.3	4794± 10
145.16 -33.45	UGC 1706	U	.44± .04	.17	14.73 ±.13			289± 13	
327.39 -9.97		6.0±1.3		.65					4895
021042.2+253707	PGC 8520		1.04	.22	13.89			2.09	4546
0213.6 +1343		.SBR1..	.87± .10						12327
151.51 -44.55	UGC 1710	U	.01± .06	.29					
315.89 -14.49		1.0± .9		.01					12395
0210.9 +1329	PGC 8522		.90	.01					12068
021337.3+170500									
149.54 -41.50	CGCG 461- 63			.24	15.4 ±.3				11019± 48
319.13 -13.29	MK 367								11097
021052.4+165100	PGC 8525								10762
021337.6-004303	NGC 856	PSAT0*.	1.11± .05	20					
163.10 -57.04	UGC 1713	UE	.15± .04	.05	14.13 ±.12				5995± 50
301.56 -19.09		.3± .7		.11					6021
021104.3-005702	PGC 8526		1.11		13.87				5738
021338.1+163550	IC 212		.95?						11092
149.82 -41.94	CGCG 461- 62		.18?	.24	15.23 ±.13				
318.67 -13.47									11168
021053.5+162150	PGC 8527		.98						10835
021338.3-394431		RLB.+?.	1.17± .05	170					
254.66 -68.80	ESO 298- 21	r	.67± .05	.03	14.93 ±.14				5247± 60
259.34 -24.97	IRAS02115-3958	-1.3±1.8		.00	13.36				5159
021135.1-395830	PGC 8528		1.07		14.82				5073
0213.6 +1020		.S..8*.	1.07± .07	77					3596
153.73 -47.56	UGC 1714	U	.79± .06	.21					
312.61 -15.67		8.0±1.4		.98					3655
0211.0 +1006	PGC 8530		1.09	.40					3336
021340.4+311131			.95?					17.47±.3	8886± 10
142.91 -28.47	CGCG 504- 32		.65?	.26	15.70 ±.13				
332.33 -7.87								404± 7	8999
021044.7+305731	PGC 8531		.98						8647
021344.6+245320		.I..9?.	.96± .09	127				16.67±.3	2640± 10
145.64 -34.33	UGC 1711	U	.39± .06	.25					
326.51 -10.38		10.0±1.9		.29				158± 7	2738
021054.1+243920	PGC 8535		.98	.20					2391
0213.7 +1706									
149.57 -41.48	CGCG 461- 64			.28	15.32 ±.12				4360± 53
319.16 -13.31									4438
0211.0 +1652	PGC 8536								4103
021345.0+040607	A 0211+03	.S?....	.68± .09					16.33±.2	3436± 7
158.54 -52.98	UGC 1716		.02± .05	.10	14.51 ±.20			186± 6	3464± 24
306.44 -17.70	MK 589			.02	12.20				3479
021108.7+035208	PGC 8537		.69	.01	14.35			1.98	3179
021348.4+333605		.SA.8*.	.96± .17					16.31±.2	5094± 5
141.99 -26.20	UGC 1712	U	.00± .12	.29				139± 9	
334.54 -6.92		8.0±1.2		.00				126± 7	5212
021050.5+332206	PGC 8540		.99	.00					4859
021350.2+315201									
142.68 -27.83	CGCG 504- 34			.31	15.4 ±.4				5728± 97
332.96 -7.63	MK 1175								5843
021053.8+313802	PGC 8541								5490
0213.8 +1647		.SB.6*.	.98± .07	73					10796
149.77 -41.74	UGC 1717	U	.23± .05	.24	15.31 ±.14				
318.88 -13.44		6.0±1.3		.33					10873
0211.1 +1634	PGC 8543		1.00	.11	14.69				10539
0214.0 +1627	IC 213	.SXT3..	1.28± .04	150					8221
150.01 -42.02	UGC 1719	U (1)	.11± .05	.24	14.6 ±.3				
318.58 -13.61		3.0± .8		.16					8297
0211.3 +1614	PGC 8556	5.5±1.0	1.31	.06	14.18				7964
021403.7+275238	NGC 855	.E.....	1.42± .04		13.30 ±.13	.71± .02	.72± .01		
144.39 -31.53	UGC 1718	U	.44± .12	.22	12.85 ±.10	.03± .06			567± 24
329.31 -9.27	IRAS02111+2738	-5.0± .7	.82± .03	.00	12.89	.65	12.89± .10		672
021110.8+273839	PGC 8557		1.32		12.79	-.01	14.30± .38		322

R.A. 2000 DEC. / l b / SGL SGB / R.A. 1950 DEC.	Names / PGC	Type / S_T n_L / T / L	$\log D_{25}$ / $\log R_{25}$ / $\log A_e$ / $\log D_o$	p.a. / A_g / A_i / A_{21}	B_T / m_B / m_{FIR} / B_T^o	$(B-V)_T$ / $(U-B)_T$ / $(B-V)_T^o$ / $(U-B)_T^o$	$(B-V)_e$ / $(U-B)_e$ / m'_e / m'_{25}	m_{21} / W_{20} / W_{50} / HI	V_{21} / V_{opt} / V_{GSR} / V_{3K}
021405.8+051032	IC 214	.I?....	.92± .05		14.7 ±.2	.53± .05		16.03±.3	9061± 10
157.76 -52.02	UGC 1720		.14± .04	.12	14.35 ±.13	-.27± .09		447± 14	9007± 39
307.54 -17.45	MK 1027			.10	11.37	.41			9101
021128.8+045633	PGC 8562		.93	.07	14.23	-.35	13.81± .34	1.73	8798
021412.5-310856		.SBS7..	1.16± .04	30					3707
230.42 -71.51	ESO 415- 10	S (1)	.62± .03	.03	15.14 ±.14				
268.92 -24.78		7.0± .9		.85					3642
021201.0-312254	PGC 8568	5.6± .9	1.16	.31	14.25				3507
021412.7+233731								15.92±.3	9780± 10
146.35 -35.45	CGCG 483- 10			.26	15.7 ±.4				
325.37 -10.97								184± 7	9875
021123.0+232333	PGC 8569								9530
021412.7-544108		PSXR4*.	1.02± .06	75					
279.86 -58.58	ESO 153- 29	r	.11± .05	.04	14.67 ±.14				
242.76 -24.17		4.5± .9		.17					
021231.0-545506	PGC 8570		1.02	.06					
0214.2 +0733		.SX.6..	1.09± .06	50					
155.91 -49.93	UGC 1723	U	.13± .05	.23					
309.93 -16.72		6.0± .8		.20					
0211.6 +0720	PGC 8571		1.11	.07					
021415.7-320314		.SBS3P?	1.03± .05	132					
233.23 -71.37	ESO 415- 11	S (1)	.54± .04	.03	15.99 ±.14				
267.92 -24.85		3.0±1.8		.74					
021205.0-321712	PGC 8573	5.6±1.3	1.03	.27					
0214.2 +5000		.SX.6*.	1.04± .08	148					
136.30 -10.69	UGC 1715	U	.13± .06	1.29					
349.38 -.13		6.0±1.2		.19					
0211.0 +4947	PGC 8574		1.16	.06					
0214.3 +0750		.SXS5..	1.04± .06						
155.73 -49.67	UGC 1724	U	.00± .05	.28	15.1 ±.2				
310.22 -16.65		5.0± .8		.00					
0211.7 +0737	PGC 8575		1.07	.00					
021426.8-072129	A 0212-07	.S..3P/	1.36± .03	116					4983
171.61 -62.10	MCG -1- 6- 77	E	.81± .05	.04					
294.75 -21.04	IRAS02119-0736	3.0± .8		1.12	11.80				4988
021157.8-073527	PGC 8581		1.36	.41					4733
021427.3+012831		.S..8*.	1.02± .04	84					9021
161.19 -55.11	UGC 1725	U	.80± .05	.10					
303.85 -18.66	KUG 0211+012	8.0±1.4		.99					9053
021152.6+011433	PGC 8582		1.03	.40					8764
021433.7-004600	NGC 863	.SAS1*.	1.03± .03					15.62±.1	7910± 12
163.50 -56.94	UGC 1727	UE	.03± .04	.06	13.85 ±.12			367± 15	8061± 60
301.58 -19.33	MK 590	1.3± .7		.03	13.61			286± 15	7942
021200.6-005957	PGC 8586		1.04	.02	13.66			1.95	7660
021434.2+372429		.SBT4..	1.30± .05					14.80±.2	4640± 7
140.70 -22.58	UGC 1721	U	.00± .06	.19	14.0 ±.2			127± 6	
338.07 -5.49		4.0± .7		.00				114± 7	4767
021132.5+371031	PGC 8587		1.32	.00	13.74			1.06	4414
021448.7-245058		PSBS3P.	.92± .05						
210.68 -71.15	ESO 478- 15	r	.06± .04	.00	14.65 ±.14				11420± 69
275.92 -24.32		3.3± .9		.09					11373
021232.0-250454	PGC 8598		.92	.03	14.48				11203
021450.7+312817		.S..4..	1.12± .08					14.82±.2	5276± 6
143.07 -28.12	UGC 1726	U	.57± .07	.28	14.62 ±.13			365± 9	
332.69 -7.98	IRAS02118+3114	4.0± .9		.84	13.22			342± 7	5389
021154.6+311420	PGC 8599		1.14	.28	13.46			1.08	5038
021457.2-201240		.SBS8P*	1.31± .03	103				15.31±.3	1608± 11
197.50 -69.70	ESO 544- 30	SE (1)	.20± .03	.00	13.52 ±.14			104± 16	1602± 60
281.01 -23.72	IRAS02125-2026	7.7± .6		.25				68± 12	1574
021237.1-202636	PGC 8602	5.6±1.1	1.31	.10	13.27			1.94	1380
021504.4+324330		.SXS6..	1.12± .08					15.30±.2	4443± 6
142.61 -26.93	UGC 1729	U	.17± .07	.31	15.12 ±.19			198± 9	
333.85 -7.52		6.0± .8		.25				176± 7	4559
021207.1+322934	PGC 8609		1.15	.09	14.54			.68	4207
0215.2 +1818		.E...?.	1.01± .12						
149.33 -40.22	UGC 1731	U	.03± .05	.40	14.51 ±.11				
320.45 -13.20		-5.0±1.6		.00					
0212.5 +1805	PGC 8617		1.06						

R.A. 2000 DEC. l b SGL SGB R.A. 1950 DEC.	Names PGC	Type S_T n_L T L	$\log D_{25}$ $\log R_{25}$ $\log A_e$ $\log D_o$	p.a. A_g A_i A_{21}	B_T m_B m_{FIR} B_T^o	$(B-V)_T$ $(U-B)_T$ $(B-V)_T^o$ $(U-B)_T^o$	$(B-V)_e$ $(U-B)_e$ m'_e m'_{25}	m_{21} W_{20} W_{50} HI	V_{21} V_{opt} V_{GSR} V_{3K}
0215.2 +1840		.S..6*.	1.00± .08	23					8217
149.14 -39.89	UGC 1732	U	1.02± .06	.40					
320.80 -13.07		6.0±1.5		1.47					8298
0212.5 +1827	PGC 8618		1.04	.50					7963
0215.2 +4951		.S..7..	1.22± .12	37					
136.51 -10.78	UGC 1728	U	1.16± .12	1.45					
349.32 -.34		7.0±1.0		1.38					
0212.0 +4938	PGC 8621		1.36	.50					
021520.5+220002		.S..6*.	1.26± .04	128				15.07±.3	4415± 10
147.44 -36.85	UGC 1733	U	1.04± .04	.29	15.48 ±.12			279± 13	
323.95 -11.83		6.0±1.3		1.47					4505
021231.9+214606	PGC 8624		1.29	.50	13.70			.87	4164
0215.4 -0401		.SAS9*.	1.26± .07	157					
167.54 -59.41		E (1)	.47± .08	.04					
298.29 -20.43		9.0±1.3		.48					
0212.9 -0415	PGC 8628	10.9± .8	1.27	.23					
021525.9-174653	NGC 872	.SBS5?.	1.17± .03	174					
191.55 -68.50	ESO 544- 32	SE (2)	.29± .03	.02	14.55 ±.14				4356± 60
283.68 -23.44		5.3± .7		.44					4329
021304.1-180048	PGC 8629	4.3± .8	1.17	.15	14.07				4124
021527.4+060005	NGC 864	.SXT5..	1.67± .02	20	11.4 ±.5	.55± .07	.63± .03	12.45±.1	1560± 4
157.55 -51.13	UGC 1736	R (2)	.12± .02	.14	11.63 ±.12			232± 5	1550± 58
308.48 -17.51	IRAS02128+0546	5.0± .3	1.51± .14	.18	11.60	.48	14.44± .32	220± 5	1605
021249.8+054610	PGC 8631	3.9± .6	1.68	.06	11.28		14.27± .51	1.10	1302
0215.6 +0139		.SB.4..	.93± .07	178					9004
161.44 -54.79	UGC 1741	U	.47± .05	.08	15.07 ±.09				
304.13 -18.88	IRAS02130+0125	4.0±1.0		.70	13.59				9036
0213.0 +0125	PGC 8635		.94	.24	14.23				8748
021538.3+353124		.L..-*.	1.10± .10						
141.64 -24.27	UGC 1735	U	.05± .05	.25	13.79 ±.10				8008± 52
336.45 -6.47		-3.0±1.1		.00					8130
021238.3+351729	PGC 8636		1.13		13.42				7779
0215.7 +1523		.SX.6..	.95± .07						
151.13 -42.81	UGC 1742	U	.03± .05	.28	15.22 ±.16				
317.70 -14.37		6.0± .9		.04					
0213.0 +1510	PGC 8641		.98	.01					
0215.7 +2512		.S?....	1.03± .06	37					5085
146.00 -33.85	UGC 1739		.60± .05	.19	14.98 ±.14				
326.99 -10.67				.90					5183
0212.9 +2459	PGC 8642		1.04	.30	13.86				4838
021549.7-282230			.89± .07						
221.67 -71.31	ESO 415- 14		.26± .06	.00	15.21 ±.14				10600± 69
272.04 -24.91	IRAS02136-2836				13.40				10542
021336.0-283624	PGC 8648		.89						10393
021550.3-311206	IC 1788	.SBS4?.	1.41± .03	27	12.34V±.13	.70± .02	.78± .01	13.61±.3	3526± 10
230.45 -71.16	ESO 415- 15	PS (2)	.36± .03	.03	13.12 ±.11	.09± .03	.18± .02	480± 14	3358± 66
268.89 -25.13	IRAS02136-3125	4.0± .6	.90± .02	.54	11.84	.60			3456
021339.0-312600	PGC 8649	3.4± .6	1.41	.18	12.50	.01	14.03± .21	.92	3323
021551.2+355448	NGC 861	.S..3..	1.18± .05	38				15.90±.3	8199± 8
141.53 -23.89	UGC 1737	U (1)	.46± .05	.26	14.63 ±.12			524± 9	
336.82 -6.35	IRAS02128+3540	3.0± .9		.63	13.76				8322
021250.8+354053	PGC 8652	4.5±1.2	1.20	.23	13.67			2.00	7971
021554.0+014654		.SBT7*.	1.11± .05	95					6047
161.42 -54.65	UGC 1746	UE (1)	.12± .04	.10	14.71 ±.16				
304.27 -18.91		6.5± .8		.16					6079
021319.2+013300	PGC 8653	5.3±1.6	1.12	.06	14.42				5791
021554.1+424927		.S..6*.	1.09± .06	105					
139.01 -17.40	UGC 1738	U	.70± .05	.44	15.48 ±.12				5734± 67
343.06 -3.44		6.0±1.3		1.03					5871
021246.2+423532	PGC 8654		1.13	.35	13.99				5522
021558.7-004253	NGC 868	.L..-*.	1.11± .10	95					
163.97 -56.69	UGC 1748	E	.10± .06	.08	14.93 ±.11				
301.74 -19.66		-3.0±1.3		.00					
021325.5-005647	PGC 8659		1.10						
021601.7-231819	NGC 874	.S..2?P	.97± .05	173					
206.31 -70.51	ESO 478- 18	S	.29± .03	.00	15.12 ±.14				
277.66 -24.40		2.0±1.7		.36					
021344.0-233212	PGC 8663		.97	.15					

R.A. 2000 DEC. l b SGL SGB R.A. 1950 DEC.	Names PGC	Type S_T n_L T L	$\log D_{25}$ $\log R_{25}$ $\log A_e$ $\log D_o$	p.a. A_g A_i A_{21}	B_T m_B m_{FIR} B_T^o	$(B-V)_T$ $(U-B)_T$ $(B-V)_T^o$ $(U-B)_T^o$	$(B-V)_e$ $(U-B)_e$ m'_e m'_{25}	m_{21} W_{20} W_{50} HI	V_{21} V_{opt} V_{GSR} V_{3K}
021603.1-202912		.IXS9..	1.21± .05	120					1613
198.52 -69.57		S (1)	.11± .06	.00					
280.75 -24.02		10.0± .8		.09					1578
021343.2-204306	PGC 8666	10.9± .8	1.21	.06					1388
021609.8+233844		.SB?...	.89± .11					16.90±.3	9288± 10
146.85 -35.26	MCG 4- 6- 15		.24± .07	.25	15.45 ±.12				
325.56 -11.37				.35				310± 7	9381
021319.9+232450	PGC 8671		.91	.12	14.79			1.99	9040
0216.1 +1818		.S..2..	1.04± .06	135					8067
149.59 -40.13	UGC 1749	U	.54± .05	.39	15.44 ±.12				
320.53 -13.40		2.0± .9		.67					8146
0213.4 +1805	PGC 8672		1.07	.27	14.30				7814
021610.7-115534	IC 217	.S..6?/	1.34± .04	35					1894
179.65 -64.98	MCG -2- 6- 46	E	.69± .05	.00					
290.02 -22.49	IRAS02137-1209	6.0±1.7		1.01	13.01				1884
021344.8-120927	PGC 8673		1.34	.34					1652
021611.9+424919		RSB.3*.	1.06± .06	18					
139.06 -17.38	UGC 1743	U	.18± .05	.44	15.27 ±.17				13708± 67
343.08 -3.49		3.0± .8		.25					13845
021303.9+423525	PGC 8674		1.10	.09	14.49				13496
021612.9+323858	IC 1784	.SAT4P*	1.23± .05	88	14.00S±.11	.90± .07		15.30±.2	4816± 6
142.89 -26.92	UGC 1744	PU	.23± .05	.29	14.19 ±.14			474± 9	4772± 57
333.88 -7.77	IRAS02132+3225	4.0± .6		.34	13.37	.76		451± 7	4931
021315.5+322504	PGC 8676		1.26	.12	13.41		14.42± .29	1.78	4581
021615.2+283601	NGC 865	.S?....	1.19± .07					14.68±.2	2995± 7
144.60 -30.68	UGC 1747		.58± .07	.26	14.09 ±.14			296± 13	3619± 50
330.17 -9.42	IRAS02133+2822			.87	12.46			276± 6	3112
021321.3+282208	PGC 8678		1.21	.29	12.94			1.45	2765
021620.9+245313		.SAS6..	1.19± .12					15.75±.3	17836± 10
146.30 -34.10	UGC 1752	U	.00± .12	.26					
326.74 -10.92		6.0± .8		.00				392± 7	17932
021330.0+243920	PGC 8681		1.21	.00					17590
021623.5+315959		.S..2..	1.12± .08					15.45±.2	8751± 6
143.20 -27.51	UGC 1750	U	.46± .07	.29	14.55 ±.12			426± 9	
333.30 -8.07		2.0± .9		.56				395± 7	8865
021326.7+314606	PGC 8685		1.14	.23	13.61			1.61	8516
021629.8-753150		.LXS+*.	1.11± .10						
296.09 -40.45		S	.43± .08	.24					
220.56 -20.24		-1.0±1.3		.00					
021622.4-754540	PGC 8688		1.07						
021632.3+281225		.I..9*.	1.04± .09					16.26±.3	2993± 10
144.84 -31.02	UGC 1753	U	.49± .07	.25	15.05 ±.12				
329.83 -9.64		10.0±1.3		.37				133± 7	3098
021338.7+275832	PGC 8691		1.06	.25	14.43			1.58	2751
021632.4-112057	NGC 873	.S..5P*	1.20± .05	145					4014
178.77 -64.54	MCG -2- 6- 48	E	.10± .05	.02					
290.66 -22.46	IRAS02140-1134	5.0±1.2		.15	11.15				4006
021406.2-113449	PGC 8692		1.20	.05					3772
021636.9+262050								18.87±.3	8851± 10
145.69 -32.73	CGCG 483- 14			.19	15.5 ±.4				
328.12 -10.40								102± 7	8951
021344.8+260657	PGC 8695								8607
021645.5-474915		.E+4...	1.17± .05	107					
269.81 -63.45	ESO 198- 1	S	.17± .04	.00	14.40 ±.14				18574±146
250.30 -25.23		-4.0± .5		.00					18464
021453.1-480306	PGC 8699		1.12		14.12				18431
0216.8 +1147		.S..4..	.97± .09	162					13346
153.75 -45.90	UGC 1755	U	.17± .06	.31					
314.32 -15.91		4.0± .9		.26					13407
0214.2 +1134	PGC 8706		1.00	.09					13090
021653.9+021211		.L..0*/	1.05± .06	52					3012
161.38 -54.16	UGC 1756	E	.41± .05	.10	14.92 ±.10				
304.78 -19.03		-2.0±1.3		.00					3045
021418.8+015819	PGC 8707		1.00		14.78				2757
021655.7+305602		.SB.4?.	.94± .07	42				16.62±.3	10156± 10
143.76 -28.46	UGC 1754	U	.76± .05	.31	15.71 ±.14				
332.38 -8.61	KUG 0213+307	4.0±1.0		1.12				278± 7	10267
021359.7+304210	PGC 8708		.97	.38	14.21			2.03	9919

R.A. 2000 DEC. / l b / SGL SGB / R.A. 1950 DEC.	Names / PGC	Type / S_T n_L / T / L	$\log D_{25}$ / $\log R_{25}$ / $\log A_e$ / $\log D_o$	p.a. / A_g / A_i / A_{21}	B_T / m_B / m_{FIR} / B_T^o	$(B-V)_T$ / $(U-B)_T$ / $(B-V)_T^o$ / $(U-B)_T^o$	$(B-V)_e$ / $(U-B)_e$ / m'_e / m'_{25}	m_{21} / W_{20} / W_{50} / HI	V_{21} / V_{opt} / V_{GSR} / V_{3K}
021703.0+051732									
158.68 -51.54	CGCG 413- 68			.13	15.3 ±.3				9160± 61
307.90 -18.11	MK 1029				12.58				9202
021425.8+050341	PGC 8714								8904
021705.0+011439	NGC 875	.L..+*.	1.06± .05	105					
162.37 -54.93	UGC 1760	UE	.02± .04	.12	13.93 ±.10				6429± 38
303.82 -19.36		-.7± .7		.00					6459
021430.6+010048	PGC 8718		1.07		13.72				6175
021710.5+143256	NGC 871	.SBS5*.	1.09± .04	4	14.2 ±.2	.59± .07		14.43±.1	3736± 5
152.07 -43.42	UGC 1759	R	.43± .04	.31	13.73 ±.17			271± 4	3717± 47
317.01 -15.00	IRAS02144+1419	5.0± .7		.65	11.64	.41		247± 4	3805
021427.1+141905	PGC 8722		1.12	.22	12.95		13.41± .30	1.27	3482
021711.8+014221			.50± .14						
161.96 -54.53	CGCG 387- 67		.00± .12	.10	15.39 ±.19				12459± 81
304.30 -19.25	MK 591								12490
021437.0+012830	PGC 8725		.51						12204
0217.2 -0526		.SB?...	1.12± .08						5352
170.03 -60.21	MCG -1- 6- 80		.22± .07	.00					
296.94 -21.22				.33					5361
0214.7 -0540	PGC 8726		1.12	.11					5103
021713.4+303508			.62± .11					15.70±.3	10507± 10
143.97 -28.76	CGCG 504- 47		.26± .12	.31	15.87 ±.16				
332.08 -8.81	KUG 0214+303							318± 7	10617
021417.7+302117	PGC 8729		.65						10270
021723.1+382450		.S?....	.90± .07	87					
140.89 -21.44	UGC 1757		.53± .05	.21	14.1 ±.3				5157± 42
339.21 -5.57	ARAK 79			.79					5284
021419.8+381059	PGC 8737		.92	.26	13.09				4936
0217.4 +1434		.I..9..	1.04± .06					15.76±.2	3998± 6
152.13 -43.36	UGC 1761	U	.00± .05	.32				159± 8	
317.07 -15.05		10.0± .8		.00				136± 6	4066
0214.7 +1421	PGC 8739		1.07	.00					3743
021727.9-595147	NGC 888	.E.1.*P	1.05± .06						
284.64 -54.10	ESO 115- 2	S	.08± .04	.11	14.47 ±.14				
237.05 -23.85		-5.0± .8		.00					
021559.1-600536	PGC 8743		1.04						
021730.9-225340		.S?....	1.12± .04	17					
205.42 -70.07	ESO 478- 21		.41± .04	.00	14.85 ±.14				11605
278.16 -24.69				.60					11562
021513.0-230730	PGC 8746		1.12	.20	14.17				11386
0217.5 -1141		.SBR7P*	1.03± .07	55					
179.73 -64.57	MCG -2- 6- 49	E (1)	.07± .05	.01					
290.35 -22.77		7.0±1.3		.09					
0215.1 -1155	PGC 8748	6.4± .8	1.03	.03					
021734.0+293116			.62± .11						
144.51 -29.72	CGCG 504- 48		.11± .12	.36	15.40 ±.16				5197± 47
331.14 -9.31	MK 1030				12.91				5304
021439.1+291726	PGC 8750		.66						4958
0217.6 +1230	IC 1790	.S?....	1.02± .06	65					
153.50 -45.18	UGC 1762		.60± .05	.32	15.50 ±.12				3597± 67
315.08 -15.82				.90					3659
0214.9 +1217	PGC 8752		1.05	.30	14.26				3342
0217.7 +1228	IC 1791	.L.....	1.00± .19						
153.55 -45.20	UGC 1764	U	.00± .08	.32	14.27 ±.10				3750± 67
315.06 -15.86		-2.0± .8		.00					3812
0215.0 +1215	PGC 8758		1.04		13.90				3495
021751.3+322347	IC 1789	.S..1*.	1.34± .06					15.98±.2	4794± 6
143.36 -27.02	UGC 1763	U	.78± .07	.32	14.63 ±.12			457± 9	
333.79 -8.19	IRAS02149+3210	1.0±1.2		.79	13.72			435± 7	4908
021453.9+320957	PGC 8766		1.37	.39	13.45			2.13	4561
021753.4+143116	NGC 876	.SA.5*/	1.32± .05	20				13.50±.3	3860± 17
152.30 -43.37	UGC 1766	RC	.72± .05	.32				398± 34	
317.05 -15.18		5.0± .4		1.08				320± 25	3928
021510.1+141726	PGC 8770		1.35	.36					3606
021754.5-232259	NGC 878	.S..1?.	.88± .05	112					
206.87 -70.12	ESO 478- 22	S	.21± .03	.00	14.65 ±.14				
277.63 -24.84	IRAS02156-2336	1.0±1.8		.21	13.15				
021537.1-233648	PGC 8771		.88	.10					

R.A. 2000 DEC.	Names	Type	logD$_{25}$	p.a.	B$_T$	(B-V)$_T$	(B-V)$_e$	m$_{21}$	V$_{21}$
l b		S$_T$ n$_L$	logR$_{25}$	A$_g$	m$_B$	(U-B)$_T$	(U-B)$_e$	W$_{20}$	V$_{opt}$
SGL SGB		T	logA$_e$	A$_i$	m$_{FIR}$	(B-V)^o_T	m'$_e$	W$_{50}$	V$_{GSR}$
R.A. 1950 DEC.	PGC	L	logD$_o$	A$_{21}$	B^o_T	(U-B)^o_T	m'$_{25}$	HI	V$_{3K}$
021754.6-344811		.SBS3P.	1.11± .05	128					
240.79 -69.99	ESO 355- 4	S	.16± .05	.03	14.44 ±.14				6314± 52
264.88 -25.74	IRAS02157-3501	3.0± .8		.22	13.49				6237
021547.1-350200	PGC 8772		1.11	.08	14.14				6127
021756.8-760450		.SAS5..	1.21± .04	80					
296.29 -39.91	ESO 30- 14	S (1)	.13± .04	.26	14.12 ±.14				8250
219.97 -20.17	IRAS02179-7618	5.0± .8		.19	13.74				8089
021757.1-761836	PGC 8773	2.2± .8	1.24	.06	13.62				8225
021758.7+143250	NGC 877	.SXT4..	1.38± .02	140	12.58 ±.15	.67± .03	.75± .03	13.65±.1	3913± 3
152.31 -43.33	UGC 1768	R (2)	.12± .02	.32	12.35 ±.11	.02± .08	.11± .08	422± 3	3983± 58
317.09 -15.19		4.0± .4	.97± .02	.17		.55	12.92± .05	395± 3	3981
021515.3+141901	PGC 8775	1.9± .7	1.41	.06	11.91	-.07	14.03± .19	1.69	3659
021759.7+354544		.SB.8?.	1.04± .06	46					
142.03 -23.88	UGC 1765	U	.25± .05	.27	15.12 ±.14				
336.87 -6.80		8.0±1.2		.31					
021459.1+353154	PGC 8777		1.06	.13					
021800.4+315257								15.88±.3	6062± 10
143.60 -27.49	CGCG 504- 50			.28	15.4 ±.4				
333.34 -8.43								301± 7	6174
021503.4+313908	PGC 8778								5828
021802.5-473218		.L?....	1.05± .06	3	14.4 ±.2	1.10± .03	1.13± .03		
269.02 -63.49	ESO 198- 2		.26± .03	.00	14.51 ±.14				
250.60 -25.47			.66± .07	.00			13.15± .23		
021610.0-474606	PGC 8780		1.01				13.81± .37		
021805.2+380438		.I..9..	1.02± .06					16.46±.1	5159± 9
141.16 -21.71	UGC 1767	U	.02± .05	.22	13.95 ±.12			139± 11	5154± 52
338.96 -5.84		10.0± .8		.02					5285
021502.2+375049	PGC 8782		1.04	.01	13.71			2.74	4937
021811.4+370545		.S..4..	1.00± .06	123					
141.55 -22.62	UGC 1769	U	.21± .05	.15	14.02 ±.14				8013
338.09 -6.27	IRAS02151+3652	4.0± .9		.31	13.14				8137
021509.4+365156	PGC 8786		1.01	.11	13.51				7789
0218.2 +1312		.SB?...	1.17± .05	48					3622
153.25 -44.50	UGC 1773		.75± .05	.32	15.10 ±.12				
315.81 -15.73	IRAS02155+1258			1.12	13.12				3686
0215.5 +1258	PGC 8788		1.20	.37	13.63				3368
0218.3 +3754		.S..9*.	1.20± .06					16.00±.1	4331± 6
141.27 -21.84	UGC 1771	U	.31± .06	.22				64± 6	
338.84 -5.95		9.0±1.1		.32					4457
0215.3 +3741	PGC 8798		1.22	.16					4109
021826.3+053905		.S?....	1.18± .05						
158.85 -51.05	UGC 1775		.01± .05	.14	13.80 ±.14				9093± 50
308.38 -18.32	ARP 10			.02	13.25				9135
021548.9+052517	PGC 8802		1.19	.01	13.59				8838
021827.3+380126		.I?....	1.00± .08	143					
141.25 -21.73	UGC 1772		.33± .06	.22	13.94 ±.18				5061± 52
338.95 -5.93	IRAS02154+3747			.25	12.73				5187
021524.2+374738	PGC 8804		1.02	.17	13.47				4840
021837.1-610344		.SAT4..	.98± .06						
285.55 -53.03	ESO 115- 4	r	.05± .06	.10	15.42 ±.14				14473
235.73 -23.77		4.5± .8		.08					14334
021712.1-611730	PGC 8809		.99	.03	15.16				14383
021839.0-065416	IC 219	.E...?.	1.08± .06	175					
172.58 -61.06	MCG -1- 6- 88	E	.14± .06	.02					
295.50 -21.94		-5.0±1.0		.00					
021609.9-070804	PGC 8813		1.04						
021842.9+352746		.SBS3..	1.12± .05	20					
142.30 -24.10	UGC 1776	U	.14± .05	.26	14.87 ±.17				
336.66 -7.06		3.0± .8		.19					
021542.4+351358	PGC 8820		1.14	.07					
021844.0+303009		.SXS6..	.96± .09	100				16.01±.3	4723± 10
144.35 -28.71	UGC 1777	U	.22± .06	.33	15.42 ±.13				
332.14 -9.14		6.0± .9		.32				186± 7	4832
021548.1+301621	PGC 8821		.99	.11	14.75			1.15	4487
021845.4-063824	NGC 881	.SXR5..	1.35± .03	45	13.23 ±.15	.79± .02	.87± .02		
172.25 -60.85	MCG -1- 6- 89	E (1)	.18± .04	.02		.20± .03	.29± .03		
295.78 -21.90	IRAS02160-0650	5.0± .6	.96± .03	.27	11.88		13.52± .07		
021616.1-065211	PGC 8822	.8± .6	1.35	.09			14.36± .23		

R.A. 2000 DEC. / l b / SGL SGB / R.A. 1950 DEC.	Names / PGC	Type / S_T n_L / T / L	$\log D_{25}$ / $\log R_{25}$ / $\log A_e$ / $\log D_o$	p.a. / A_g / A_i / A_{21}	B_T / m_B / m_{FIR} / B_T^o	$(B-V)_T$ / $(U-B)_T$ / $(B-V)_T^o$ / $(U-B)_T^o$	$(B-V)_e$ / $(U-B)_e$ / m'_e / m'_{25}	m_{21} / W_{20} / W_{50} / HI	V_{21} / V_{opt} / V_{GSR} / V_{3K}
021851.1+334330		.SA.8*.	1.08± .06	160				15.85±.2	5033± 6
143.03 -25.71	UGC 1778	U	.10± .05	.28	14.37 ±.13			203± 9	
335.09 -7.82		8.0±1.2		.13				175± 7	5149
021552.3+332943	PGC 8829		1.11	.05	13.95			1.85	4803
0218.8 +3841		.S..8..	1.00± .08	40					
141.07 -21.08	UGC 1779	U	.09± .06	.18					
339.59 -5.71		8.0± .9		.11					
0215.8 +3828	PGC 8832		1.02	.04					
021856.0-660227		PSBT3..	1.00± .06	40					
289.66 -48.77	ESO 81- 6	r	.30± .05	.03	15.08 ±.14				
230.39 -22.79		3.3± .9		.41					
021748.0-661612	PGC 8835		1.00	.15					
021856.6+403351		.IB.9*.	1.25± .04	158				15.72±.1	5204± 11
140.39 -19.32	UGC 1780	U	.68± .05	.16	15.27 ±.14				
341.27 -4.92		10.0± .9		.51				222± 8	5335
021550.7+402004	PGC 8836		1.27	.34	14.59			.78	4989
0219.0 +0448		.S..7..	1.11± .14	150					5795
159.76 -51.69	UGC 1785	U	.29± .12	.14					
307.59 -18.73		7.0± .9		.41					5834
0216.4 +0435	PGC 8838		1.12	.15					5541
021905.3-064731	NGC 883	.LAS-*.	1.23± .06	100					
172.58 -60.91	MCG -1- 6- 90	E	.12± .05	.02					
295.64 -22.02		-3.0± .6		.00					
021636.1-070118	PGC 8841		1.22						
021906.9-414456	NGC 889	.E...*.	1.02± .06						
257.78 -66.87	ESO 298- 27	BS	.08± .04	.03	14.36 ±.14				5258
257.07 -25.97		-4.6± .6		.00					5162
021707.0-415842	PGC 8843		1.00		14.25				5095
0219.1 +4244		.SB.8*.	1.20± .06	63					
139.62 -17.27	UGC 1782	U	.56± .06	.38					
343.24 -4.01		8.0± .8		.69					
0216.0 +4231	PGC 8844		1.23	.28					
0219.1 +4407		.I..9*.	1.14± .13						
139.12 -15.97	UGC 1783	U	.14± .12	.29					
344.48 -3.41		10.0±1.2		.10					
0216.0 +4354	PGC 8846		1.17	.07					
0219.2 +3640		.I..9*.	1.04± .15						6476
141.93 -22.93	UGC 1784	U	.23± .12	.16					
337.80 -6.64		10.0±1.2		.17					6599
0216.2 +3627	PGC 8849		1.06	.11					6252
021914.7-185556		.SBS9..	1.34± .02	53					1608
195.46 -68.24	ESO 545- 2	SE (2)	.38± .03	.07	14.79 ±.14				
282.58 -24.52		9.0± .4		.39					1576
021654.1-190942	PGC 8851	8.8± .4	1.35	.19	14.32				1383
021917.3+334818			.95?						8567
143.09 -25.60	CGCG 523- 19		.48?	.28	15.52 ±.12				
335.20 -7.87									8683
021618.3+333432	PGC 8853		.98						8338
021926.9-505109		.S?....	1.09± .05	122					
273.74 -60.99	ESO 198- 6		.34± .05	.02	14.82 ±.14				14663
246.89 -25.39				.46					14545
021740.0-510454	PGC 8860		1.09	.17	14.23				14533
021930.8+370642		.E...*.	1.00± .19	13					
141.81 -22.51	UGC 1786	U	.28± .08	.14	15.23 ±.11				
338.21 -6.51		-5.0±1.3		.00					
021628.5+365256	PGC 8866		.94						
021932.7-160413	NGC 887	.SXT5..	1.29± .04	5					4310
189.02 -66.78	MCG -3- 7- 1	E (1)	.11± .04	.16					
285.73 -24.11	IRAS02171-1617	5.0± .6		.16	12.33				4286
021710.0-161758	PGC 8868	.8± .6	1.30	.05					4079
021937.2-374909		.SAT4..	1.44± .04	23					
248.48 -68.63	ESO 298- 28	S (1)	.34± .05	.03	13.65 ±.14				5061± 34
261.49 -26.13		4.0± .5		.51					4975
021733.0-380254	PGC 8871	3.3± .6	1.44	.17	13.08				4885
021938.4+375611		.S..8*.	1.13± .05	117				15.25±.3	6421± 8
141.52 -21.73	UGC 1787	U	.48± .05	.22	14.63 ±.12			424± 9	
338.97 -6.17	IRAS02165+3742	8.0±1.3		.59	13.55				6546
021635.3+374226	PGC 8873		1.15	.24	13.80			1.21	6200

R.A. 2000 DEC. l b SGL SGB R.A. 1950 DEC.	Names PGC	Type S_T n_L T L	$\log D_{25}$ $\log R_{25}$ $\log A_e$ $\log D_o$	p.a. A_g A_i A_{21}	B_T m_B m_{FIR} B_T^o	$(B-V)_T$ $(U-B)_T$ $(B-V)_T^o$ $(U-B)_T^o$	$(B-V)_e$ $(U-B)_e$ m'_e m'_{25}	m_{21} W_{20} W_{50} HI	V_{21} V_{opt} V_{GSR} V_{3K}
0219.6 +1548	NGC 882	.L.....	1.09± .10	82					
152.03 -42.02	UGC 1789	U	.31± .05	.36	14.58 ±.10				
318.46 -15.10		-2.0± .9		.00					
0216.9 +1535	PGC 8874		1.09						
021941.1-001523	A 0217+00	PSXS3P.	1.06± .04	10					
164.83 -55.78	UGC 1794	UE	.09± .04	.07	14.30 ±.13				7451±113
302.49 -20.41	MK 592	2.5± .6		.12	12.74				7474
021707.6-002908	PGC 8876		1.06	.04	14.06				7200
0219.7 +3637		.E...*.	1.04± .18						
142.05 -22.94	UGC 1788	U	.09± .08	.16					
337.80 -6.75		-5.0±1.2		.00					
0216.7 +3624	PGC 8877		1.04						
021943.9-431504		.S..5*.	1.16± .05	13					
260.75 -65.95	ESO 246- 8	S (1)	.55± .04	.03	15.58 ±.14				11551
255.38 -26.03		5.0±1.3		.83					11451
021746.0-432848	PGC 8878	3.3±1.3	1.17	.28	14.65				11394
021952.9+290211		.SXR5..	1.24± .07	0				14.68±.3	4987± 10
145.26 -29.97	UGC 1792	U	.15± .07	.33	13.98 ±.14				
330.90 -9.97	IRAS02169+2848	5.0± .8		.23				338± 7	5092
021658.2+284827	PGC 8882		1.27	.08	13.40			1.21	4750
021953.6+281450		.I..9*.	.96± .09					15.99±.3	4761± 10
145.62 -30.70	UGC 1791	U	.00± .06	.30					
330.17 -10.30		10.0±1.2		.00				101± 7	4864
021659.5+280106	PGC 8884		.99	.00					4523
0219.9 +0156		.S..0..	1.00± .07	135					
162.71 -53.94	UGC 1797	U	.28± .05	.09	14.94 ±.12				12300± 46
304.76 -19.84		.0± .9		.21					12330
0217.4 +0143	PGC 8887		.99		14.46				12048
021959.1-412416	NGC 893	.SAS5P*	1.13± .05	115					
256.81 -66.91	ESO 298- 29	BS	.12± .05	.03	13.57 ±.14				5018± 34
257.45 -26.15	IRAS02179-4137	4.5± .6		.18	12.55				4922
021759.0-413800	PGC 8888		1.13	.06	13.33				4854
022005.3+375441		.S..6*.	1.00± .08	163					
141.62 -21.72	UGC 1793	U	.69± .06	.21	15.66 ±.12				
338.98 -6.27	IRAS02170+3741	6.0±1.4		1.01	12.78				
021702.1+374057	PGC 8894		1.02	.34					
022007.1-194504		.I..9P/	1.39± .03	56					
197.71 -68.40	ESO 545- 5	SE	.51± .03	.02	13.82 ±.14				2332± 60
281.72 -24.85	IRAS02177-1958	10.0±1.1		.38	12.67				2296
021747.0-195848	PGC 8896		1.39	.26	13.41				2109
022008.6-371917		.LA.-*.	1.03± .05	48					
247.10 -68.73	ESO 298- 30	S	.49± .03	.03	15.53 ±.14				
262.06 -26.23		-3.0±1.2		.00					
021804.0-373300	PGC 8898		.96						
0220.3 +3554		.SB.7..	.96± .17						4397
142.45 -23.57	UGC 1795	U	.05± .12	.26					
337.20 -7.17		7.0± .9		.07					4517
0217.3 +3541	PGC 8902		.98	.02					4173
0220.3 +0801		.SBS3..	1.00± .06	80					7183
157.57 -48.77	UGC 1801	U	.15± .05	.25	15.23 ±.16				
310.91 -18.00		3.0± .9		.21					7231
0217.7 +0748	PGC 8904		1.03	.07	14.72				6930
022023.1+404731		.SXS8..	1.03± .08					15.71±.1	6983± 11
140.57 -19.01	UGC 1796	U	.00± .06	.16	15.05 ±.18				
341.59 -5.07		8.0± .8		.00				100± 8	7113
021716.7+403348	PGC 8906		1.04	.00	14.87			.85	6770
022028.6+314101		.S?....	.87± .08					17.25±.3	5830± 10
144.24 -27.48	CGCG 504- 59		.48± .12	.25	15.55 ±.13				
333.38 -8.99	KUG 0217+314			.70				270± 7	5941
021731.4+312718	PGC 8908		.89	.24	14.57			2.44	5598
022029.3-333447			.79± .06	174					
236.96 -69.78	ESO 355- 6		.25± .05	.03	15.11 ±.14				9556±104
266.28 -26.23									9481
021821.0-334830	PGC 8909		.80						9368
0220.5 +0648	A 0217+06	.SBS9*/	1.38± .04	57					1624
158.59 -49.79	UGC 1803	PU	.78± .05	.24	14.70 ±.14				
309.72 -18.44		8.5± .6		.80					1668
0217.9 +0635	PGC 8913		1.40	.39	13.67				1372

R.A. 2000 DEC. l b SGL SGB R.A. 1950 DEC.	Names PGC	Type S_T n_L T L	$\log D_{25}$ $\log R_{25}$ $\log A_e$ $\log D_o$	p.a. A_g A_i A_{21}	B_T m_B m_{FIR} B_T^o	$(B-V)_T$ $(U-B)_T$ $(B-V)_T^o$ $(U-B)_T^o$	$(B-V)_e$ $(U-B)_e$ m'_e m'_{25}	m_{21} W_{20} W_{50} HI	V_{21} V_{opt} V_{GSR} V_{3K}
0220.6 +4826		.SXS4..	1.07± .07	23					
137.84 -11.83	UGC 1799	U	.21± .06	1.28					
348.43 -1.75		4.0± .9		.30					
0217.4 +4813	PGC 8918		1.19	.10					
022054.6+003325		.S..0..	.98± .07	60					
164.42 -54.94	UGC 1809	U	.21± .04	.08	14.85 ±.12				
303.42 -20.47	KUG 0218+003	.0± .9		.16					
021820.5+001943	PGC 8929		.97						
022058.1+383927		.SA.9?.	1.12± .05	95				16.22±.1	5188± 11
141.50 -20.96	UGC 1804	U	.19± .05	.16	15.05 ±.18				
339.73 -6.10		9.0±1.7		.19				185± 8	5314
021753.9+382545	PGC 8932		1.14	.09	14.69			1.44	4970
022100.7+332142		.I..9*.	1.04± .15	15				16.99±.3	4256± 10
143.64 -25.88	UGC 1806	U	.37± .12	.33					
334.95 -8.38		10.0±1.3		.28				109± 7	4370
021801.9+330800	PGC 8934		1.07	.19					4027
022101.8-315631		.SBS2*P	1.09± .06	0					
232.21 -69.97	ESO 415- 19	S	.44± .04	.03	14.81 ±.14				9471± 34
268.13 -26.27	IRAS02188-3210	2.0± .5		.54					9400
021852.0-321012	PGC 8936		1.09	.22	14.14				9279
022106.3+233545		.S..3..	1.01± .05					16.82±.3	9447± 10
148.14 -34.85	UGC 1808	U (1)	.03± .04	.22	14.49 ±.13			157± 13	
325.97 -12.43	IRAS02182+2322	3.0± .8		.05	13.54				9537
021816.0+232203	PGC 8941	2.5±1.1	1.03	.02	14.16			2.65	9204
022106.6+485738		.E.....	1.20± .14						
137.73 -11.32	UGC 1802	U	.02± .08	1.06	14.3 ±.3				
348.92 -1.59		-5.0± .8		.00					
021749.1+484356	PGC 8942		1.36						
022107.1-334317	NGC 897	.SAT1..	1.33± .04	17	12.79 ±.16	.96± .02	1.00± .01		
237.27 -69.62	ESO 355- 7	Sr	.21± .05	.03	13.07 ±.14	.44± .03	.53± .02		4802± 31
266.12 -26.37		1.0± .6	.98± .04	.22		.87	13.18± .12		4726
021859.0-335658	PGC 8944		1.33	.11	12.64	.40	13.74± .29		4615
0221.1 +4246		.I..9*.	1.19± .07					14.85±.1	629± 6
139.97 -17.11	UGC 1807	U	.00± .06	.32				66± 7	
343.43 -4.33		10.0±1.0		.00				53± 12	763
0218.0 +4233	PGC 8947		1.22	.00					421
022112.1-420007		PSBR1*.	1.12± .05	110					
257.80 -66.41	ESO 298- 31	Sr	.44± .05	.03	15.08 ±.14				4873± 52
256.77 -26.35		1.3± .5		.45					4775
021913.0-421348	PGC 8949		1.12	.22	14.54				4713
0221.2 +1343		.S..6*.	.93± .10	145					7838
153.80 -43.70	UGC 1811	U	.18± .06	.38					
316.59 -16.21		6.0±1.2		.26					7901
0218.5 +1330	PGC 8950		.96	.09					7587
022118.5-341908		.L..0.P	1.16± .04	165	14.9 ±.2	1.06± .03			
238.90 -69.45	ESO 355- 8	S	.22± .03	.03	14.78 ±.14	.43± .06			
265.45 -26.42		-2.0± .8		.00					
021911.0-343248	PGC 8953		1.13				15.00± .31		
0221.3 +2524		.S..6*.	.98± .07	20					4532
147.30 -33.17	UGC 1812	U	.34± .05	.20	14.65 ±.13				
327.69 -11.75		6.0±1.3		.50					4627
0218.5 +2511	PGC 8954		1.00	.17	13.93				4291
022124.3+163357		.SXS4..	1.40± .04	157				15.02±.1	4104± 6
152.08 -41.16	UGC 1814	U	.32± .05	.41	13.56 ±.15			219± 8	4134± 38
319.34 -15.21	IRAS02186+1620	4.0± .8		.47	12.89			211± 10	4176
021839.2+162016	PGC 8956		1.44	.16	12.66			2.20	3856
022128.8+392231	A 0218+39A	.SAS3P.	1.34± .04	50				14.67±.1	7563± 11
141.32 -20.26	UGC 1810	R	.18± .04	.20	13.42 ±.13				7465± 28
340.42 -5.88	5ZW 223	3.0± .4		.25				523± 8	7678
021823.8+390851	PGC 8961		1.36	.09	12.92			1.66	7335
022129.2-042443		.SBS7*/	1.14± .06	127					2318
170.29 -58.74	MCG -1- 7- 1	E (1)	.61± .05	.00					
298.31 -21.99		7.0±1.3		.84					2328
021858.5-043823	PGC 8962	7.5±1.2	1.14	.30					2073
022130.7+154540	IC 1794	.L?....	.97± .15						3996
152.60 -41.86	MCG 3- 7- 3		.10± .07	.40	14.66 ±.10				
318.58 -15.54	IRAS02187+1532			.00					4065
021846.2+153200	PGC 8963		1.00		14.19				3747

R.A. 2000 DEC.	Names	Type	$\log D_{25}$	p.a.	B_T	$(B\text{-}V)_T$	$(B\text{-}V)_e$	m_{21}	V_{21}
l b		S_T n_L	$\log R_{25}$	A_g	m_B	$(U\text{-}B)_T$	$(U\text{-}B)_e$	W_{20}	V_{opt}
SGL SGB		T	$\log A_e$	A_i	m_{FIR}	$(B\text{-}V)^o_T$	m'_e	W_{50}	V_{GSR}
R.A. 1950 DEC.	PGC	L	$\log D_o$	A_{21}	B^o_T	$(U\text{-}B)^o_T$	m'_{25}	HI	V_{3K}
0221.5 +1412		.S..7..	1.39± .04	163					3742
153.57 -43.24	UGC 1817	U	.94± .05	.38	14.57 ±.12				
317.08 -16.11		7.0± .9		1.30					3807
0218.8 +1359	PGC 8964		1.43	.47	12.88				3492
022132.3+310236		.S..9*.	1.05± .06					16.31±.2	4762± 7
144.75 -27.98	UGC 1815	U	.05± .06	.27	15.20 ±.20			75± 13	
332.89 -9.46		9.0±1.2		.05				61± 7	4870
021835.5+304856	PGC 8968		1.08	.03	14.87			1.41	4530
022132.4+323243	IC 1793	.S..2..	1.08± .09					15.81±.2	5312± 6
144.10 -26.60	UGC 1816	U	.32± .07	.30	14.74 ±.12			567± 9	
334.26 -8.83	IRAS02186+3219	2.0± .8		.40	13.41			541± 7	5424
021834.3+321902	PGC 8969		1.10	.16	13.99			1.66	5082
022132.6+392124	A 0218+39B	.SBS1P.	1.17± .05	93					
141.34 -20.27	UGC 1813	R	.57± .04	.20	15.08 ±.13				7335± 46
340.40 -5.89		1.0± .5		.58					7462
021827.5+390743	PGC 8970		1.18	.28	14.21				7119
0221.5 +1622		.I..9*.	.96± .09						3897± 10
152.23 -41.31	UGC 1819	U	.00± .06	.43					
319.17 -15.32		10.0±1.2		.00					3968
0218.8 +1609	PGC 8972		1.00	.00					3648
022136.6-053118	NGC 895	.SAS6..	1.56± .02	65	12.26 ±.17	.53± .03		13.22±.0	2289± 5
171.78 -59.55	MCG -1- 7- 2	R (3)	.15± .03	.03	11.9 ±.2	-.05± .03		274± 4	2344± 50
297.15 -22.30	IRAS02191-0544	6.0± .3	1.20± .03	.22	12.38	.48	13.75± .08	250± 5	2296
021906.6-054458	PGC 8974	1.9± .5	1.56	.07	11.87	-.09	14.55± .21	1.27	2046
022136.9-334832		.SB.5?.	1.10± .04	66					
237.45 -69.50	ESO 355- 10	S (1)	.44± .04	.03	15.58 ±.14				
266.03 -26.47		5.0±1.7		.67					
021929.0-340212	PGC 8975	5.6±1.2	1.10	.22					
0221.6 +0646		.S..9*.	1.00± .08						5763
158.98 -49.67	UGC 1821	U	.04± .06	.22					
309.78 -18.71		9.0±1.2		.04					5806
0219.0 +0633	PGC 8977		1.02	.02					5512
0221.6 +0015		.S..0..	.93± .07	30					
164.99 -55.07	UGC 1824	U	.22± .05	.09	15.29 ±.13				
303.17 -20.74		.0± .9		.17					
0219.1 +0002	PGC 8979		.93						
022140.9-271645		PSBR3..	1.13± .05	140					
218.57 -69.96	ESO 415- 22	r	.16± .05	.00	14.12 ±.14				4909± 69
273.39 -26.10		3.3± .8		.22					4850
021927.0-273024	PGC 8980		1.13	.08	13.86				4705
0221.7 +1652		.S..6*.	1.07± .06	78					3967
151.99 -40.84	UGC 1822	U	.83± .05	.46	15.57 ±.12				
319.67 -15.18		6.0±1.4		1.22					4039
0219.0 +1639	PGC 8982		1.12	.42	13.87				3718
022146.1+330119		.S..6*.	1.25± .04					15.23±.2	3960± 6
143.95 -26.14	UGC 1820	U	.93± .06	.22	15.06 ±.12			265± 9	
334.71 -8.67	KUG 0218+327	6.0±1.3		1.37				229± 7	4073
021847.5+324739	PGC 8984		1.27	.46	13.45			1.32	3731
022147.4-100124		.L..-?/	1.06± .06	45					
178.46 -62.69	MCG -2- 7- 2	E	.37± .05	.08					
292.38 -23.42	MK 1033	-3.0±1.8		.00					
021920.5-101504	PGC 8986		1.02						
022152.7-204928	NGC 899	.IBS9..	1.27± .03	116				12.87±.2	1563± 11
200.83 -68.44	ESO 545- 7	PSU (1)	.16± .03	.00	13.08 ±.14			136± 16	1800± 48
280.60 -25.41	IRAS02195-2103	10.0± .5		.12	12.39			117± 12	1534
021933.6-210307	PGC 8990	5.6± .8	1.27	.08	12.95			-.16	1355
022159.1-372721		.SXT4*.	1.17± .04	145					
247.07 -68.34	ESO 298- 36	Sr (1)	.52± .04	.03	14.76 ±.14				4943± 60
261.90 -26.60		3.7± .6		.77					4856
021955.0-374100	PGC 8995	3.3±1.2	1.17	.26	13.93				4768
022201.1+331557	NGC 890	.LXR-$.	1.40± .04		12.2 ±.2	.98± .02	.99± .01		
143.90 -25.89	UGC 1823	R	.16± .03	.29	12.38 ±.09	.51± .04	.55± .02		4006± 23
334.96 -8.61		-3.0± .3	1.06± .05	.00		.87	12.95± .18		4119
021902.2+330218	PGC 8997		1.41		12.00	.46	13.67± .28		3778
022201.1-204421	IC 223	.IBS9P?	1.07± .04	152					
200.65 -68.38	ESO 545- 8	PS (1)	.21± .03	.00	14.04 ±.14				1600± 48
280.70 -25.43	IRAS02197-2058	9.7±1.0		.16					1560
021942.0-205800	PGC 8998	6.7±1.2	1.07	.11	13.88				1381

R.A. 2000 DEC. / l b / SGL SGB / R.A. 1950 DEC.	Names / PGC	Type / S_T n_L / T / L	logD_{25} / logR_{25} / logA_e / logD_o	p.a. / A_g / A_i / A_{21}	B_T / m_B / m_{FIR} / B_T^o	$(B-V)_T$ / $(U-B)_T$ / $(B-V)_T^o$ / $(U-B)_T^o$	$(B-V)_e$ / $(U-B)_e$ / m'_e / m'_{25}	m_{21} / W_{20} / W_{50} / HI	V_{21} / V_{opt} / V_{GSR} / V_{3K}
022203.2-583634			.91± .07	161	15.19 ±.14	.97± .03			
282.57 -54.79	ESO 115- 7		.16± .06	.03	15.11 ±.14				
238.30 -24.65									
022033.0-585012	PGC 9000		.91						
022203.8+321406		.SAS5..	.94± .11					16.34±.3	10135± 10
144.35 -26.84	UGC 1825	U	.11± .07	.29	14.86 ±.12				
334.02 -9.06		5.0± .9		.17				298± 7	10246
021905.9+320026	PGC 9002		.96	.06	14.34			1.93	9905
022205.1+335647		.SB?...	1.04± .06	45					5008
143.63 -25.26	UGC 1826		.47± .05	.34	14.65 ±.13				
335.58 -8.33	IRAS02190+3343			.70	13.63				5123
021905.6+334307	PGC 9004		1.07	.23	13.59				4782
022206.8-210751		.I..9*.	1.01± .04	88					
201.66 -68.50	ESO 545- 9	U	.09± .04	.00	15.72 ±.14				
280.27 -25.51		10.0±1.2		.06					
021948.0-212130	PGC 9005		1.01	.04					
022207.3-483356		.E+2...	1.17± .09						
269.67 -62.29		S	.21± .08	.01					
249.39 -26.06		-4.0± .8		.00					
022017.4-484734	PGC 9006		1.10						
022212.6+284403		.S?....	1.09± .05	59				14.81±.3	4795± 10
145.94 -30.05	UGC 1828		.69± .06	.37	15.40 ±.12				4847± 67
330.84 -10.56	IRAS02192+2830			1.04				230± 7	4899
021917.8+283024	PGC 9011		1.13	.35	13.97			.50	4561
0222.2 -1003		.SBS8..	1.09± .09	105					
178.68 -62.63		E (1)	.35± .08	.08					
292.38 -23.54		8.0± .9		.43					
0219.8 -1017	PGC 9013	7.5± .8	1.10	.18					
022215.5+433249		.S..8*.	.87± .10	0					
139.88 -16.32	UGC 1827	U	.09± .06	.40	15.4 ±.3				
344.20 -4.17		8.0±1.3		.12					
021905.3+431910	PGC 9014		.91	.05					
0222.3 +1202		.SB.6*.	1.14± .07	124					3803
155.25 -45.05	UGC 1834	U	.27± .06	.31					
315.04 -17.06		6.0±1.2		.40					3861
0219.6 +1149	PGC 9016		1.17	.14					3553
022223.4+284255		.SBS7..	.93± .06	148				14.80±.3	4757± 10
145.99 -30.05	UGC 1833	U	.03± .06	.37	15.27 ±.14				4745± 67
330.83 -10.61	KUG 0219+284	7.0± .8		.04				165± 7	4859
021928.6+282916	PGC 9022		.96	.01	14.84			-.06	4522
022230.2-003707		.S..7*/	1.31± .04	45				15.40±.1	1536± 6
166.22 -55.64	UGC 1839	UE	.93± .05	.05	15.26 ±.13			158± 8	
302.33 -21.19		7.3± .7		1.28				142± 12	1556
021956.9-005045	PGC 9028		1.32	.46	13.92			1.01	1289
022231.2+430353		.S..1..	1.03± .08	163					
140.11 -16.75	UGC 1832	U	.36± .06	.43	15.20 ±.12				
343.79 -4.43		1.0± .8		.37					
021921.6+425015	PGC 9029		1.07	.18					
022231.5+475100		.SB.0..	1.39± .04	105					
138.35 -12.28	UGC 1830	U	.10± .05	1.42	13.7 ±.3				
348.04 -2.29	5ZW 227	.0± .7		.08	12.78				
021915.3+473722	PGC 9030		1.52						
022233.1+422048	NGC 891	.SAS3$/	2.13± .01	22	10.81 ±.18	.88± .03	1.03± .02	11.67±.1	528± 4
140.38 -17.42	UGC 1831	R (1)	.73± .02	.32	10.84 ±.10	.27± .04	.36± .03	471± 4	
343.16 -4.75	IRAS02193+4207	3.0± .3	1.65± .05	1.01	8.36	.67	14.55± .12	448± 4	661
021924.3+420710	PGC 9031	4.5± .9	2.16	.37	9.50	.08	14.48± .20	1.81	320
022240.5+282753		.S?....	.87± .08					16.43±.3	9530± 10
146.17 -30.26	CGCG 504- 69		.06± .12	.26	14.91 ±.12				
330.63 -10.77	KUG 0219+282			.09				96± 7	9632
021945.9+281416	PGC 9034		.89	.03	14.52			1.88	9295
022240.8+281523	IC 221	.S..5..	1.22± .07					14.87±.3	5085± 7
146.27 -30.45	UGC 1835	U	.13± .07	.26	13.70 ±.12			364± 13	
330.44 -10.85	IRAS02197+2801	5.0± .8		.20	12.79			340± 10	5186
021946.4+280145	PGC 9035		1.24	.07	13.21			1.60	4849
0222.7 +2421		.S..6*.	1.07± .07	169					
148.17 -34.00	UGC 1838	U	.62± .06	.25					
326.84 -12.47		6.0±1.3		.92					
0219.9 +2408	PGC 9039		1.10	.31					

R.A. 2000 DEC. l b SGL SGB R.A. 1950 DEC.	Names PGC	Type S_T n_L T L	$logD_{25}$ $logR_{25}$ $logA_e$ $logD_o$	p.a. A_g A_i A_{21}	B_T m_B m_{FIR} B_T^o	$(B-V)_T$ $(U-B)_T$ $(B-V)_T^o$ $(U-B)_T^o$	$(B-V)_e$ $(U-B)_e$ m'_e m'_{25}	m_{21} W_{20} W_{50} HI	V_{21} V_{opt} V_{GSR} V_{3K}
022247.5-412217	IC 1796	.LXS-?.	1.05± .05	86	13.02V±.13	1.01± .02			
256.06 -66.48	ESO 298- 38	BS	.08± .03	.03	14.16 ±.14	.41± .05			5073± 56
257.47 -26.67		-2.8± .7	.56± .02	.00		.95			4976
022048.0-413554	PGC 9041		1.04		13.98	.43	13.94± .30		4912
0222.8 +3805		.I..9?.	1.00± .16	170					
142.09 -21.35	UGC 1836	U	.25± .12	.16					
339.38 -6.68		10.0±1.8		.19					
0219.8 +3752	PGC 9043		1.02	.13					
022252.5+255637								17.28±.3	14694± 10
147.41 -32.54	CGCG 483- 19			.21	15.7 ±.4				
328.32 -11.85								166± 7	14789
022000.0+254300	PGC 9045								14456
022254.5+251837								15.77±.3	4587± 10
147.73 -33.12	CGCG 483- 18			.22	15.7 ±.4				
327.74 -12.11								182± 7	4681
022002.5+250500	PGC 9047								4348
022258.4+430042		.L.....	1.07± .10	25					
140.21 -16.77	UGC 1837	U	.14± .05	.43	14.81 ±.12				6385± 39
343.78 -4.52		-2.0± .8		.00					6519
021948.8+424705	PGC 9051		1.10		14.29				6179
022300.9-401048		.IBS9..	1.08± .08						
253.37 -67.01	ESO 298- 39	S (1)	.08± .05	.03	17.63 ±.14				
258.82 -26.76		10.0± .9		.06					
022100.0-402424	PGC 9053	11.1± .8	1.09	.04					
022302.2-204248	NGC 907	.SB.8?/	1.26± .03	81	13.21 ±.13	.57± .01	.58± .01	14.90±.2	1726± 9
200.82 -68.15	ESO 545- 10	PU (1)	.49± .03	.00	13.30 ±.14	-.06± .03	-.05± .02	204± 14	1600± 48
280.77 -25.67	IRAS02207-2056	8.0± .7	.86± .02	.61	12.06	.46	13.00± .04	197± 11	1682
022043.2-205624	PGC 9054	5.6± .9	1.26	.25	12.63	-.14	13.14± .21	2.02	1504
022304.6-211400	NGC 908	.SAS5..	1.78± .01	75	10.83 ±.13	.65± .02	.74± .01	13.34±.1	1498± 5
202.14 -68.32	ESO 545- 11	R (3)	.36± .02	.00	10.99 ±.12	.00± .08	.09± .02	419± 6	1701± 58
280.19 -25.75	IRAS02207-2127	5.0± .3	1.35± .02	.54	9.99	.57	13.07± .03	379± 6	1457
022046.0-212736	PGC 9057	1.5± .4	1.78	.18	10.36	-.06	13.68± .16	2.79	1282
0223.1 +4122	A 0220+41A	.L?....						18.11±.1	5852± 11
140.86 -18.29				.18					
342.33 -5.28								132± 8	5982
0220.0 +4108	PGC 9060								5642
022308.5+412220	A 0220+41B	.I?....	1.19± .07					16.92±.3	5425± 10
140.86 -18.28	UGC 1840		.07± .07	.18	13.84 ±.13				5254± 30
342.34 -5.28				.05				231± 8	5537
022000.8+410843	PGC 9062		1.20	.03	13.61			3.27	5197
022308.9+244443								17.84±.3	11576± 10
148.07 -33.61	CGCG 483- 21			.21	15.7 ±.4				
327.23 -12.39								311± 7	11668
022017.3+243107	PGC 9064								11336
022311.6+425930	A 0220+42	.E.....	1.48± .10						
140.25 -16.77	UGC 1841	U	.00± .08	.43					6226± 33
343.78 -4.57	5ZW 230	-5.0± .7		.00					6359
022001.9+424553	PGC 9067		1.55						6020
022319.0+321119		.S?....	.61± .10	53				17.51±.2	10083± 8
144.64 -26.78	MCG 5- 6- 35		.00± .06	.26	15.35 ±.15			273± 26	10047± 47
334.09 -9.32	ARAK 81			.00	11.05			261± 7	10192
022021.0+315743	PGC 9071		.63	.00	15.04			2.47	9853
022320.3+415704	NGC 898	.S..2./	1.29± .04	170					
140.68 -17.73	UGC 1842	PU	.63± .04	.26	13.84 ±.13				5400± 41
342.87 -5.06	IRAS02201+4143	2.0± .6		.77					5532
022011.9+414327	PGC 9073		1.32	.31	12.75				5192
022322.1+321150		.S?....	.76± .08	117				17.70±.3	10121± 7
144.65 -26.77	MCG 5- 6- 36		.12± .06	.26	15.01 ±.14			136± 10	10080± 47
334.11 -9.33	ARAK 80			.18					10230
022024.0+315814	PGC 9074		.79	.06	14.52			3.12	9891
022330.9+271929								17.51±.3	10597± 10
146.90 -31.23	CGCG 483- 24			.32	15.6 ±.4				
329.66 -11.41								307± 7	10695
022037.1+270553	PGC 9076								10361
0223.5 +2630	NGC 900	.L.....	1.03± .08	30					
147.31 -31.96	UGC 1843	U	.16± .03	.23	14.73 ±.10				
328.91 -11.76		-2.0± .9		.00					
0220.7 +2617	PGC 9079		1.03						

R.A. 2000 DEC. / l b / SGL SGB / R.A. 1950 DEC.	Names / PGC	Type / S_T n_L / T / L	$\log D_{25}$ / $\log R_{25}$ / $\log A_e$ / $\log D_o$	p.a. / A_g / A_i / A_{21}	B_T / m_B / m_{FIR} / B_T^o	$(B-V)_T$ / $(U-B)_T$ / $(B-V)_T^o$ / $(U-B)_T^o$	$(B-V)_e$ / $(U-B)_e$ / m'_e / m'_{25}	m_{21} / W_{20} / W_{50} / HI	V_{21} / V_{opt} / V_{GSR} / V_{3K}
0223.7 +2709		.SB.8..	1.08± .07						10646
147.02 -31.36	UGC 1844	U	.09± .06	.25	15.19 ±.20				
329.52 -11.51		8.0± .8		.11					10744
0220.8 +2656	PGC 9086		1.10	.05	14.80				10410
022344.1-435820		.L?....	.86± .07	160					
261.18 -64.94	ESO 246- 9		.21± .05	.04	15.24 ±.14				5152
254.52 -26.71				.00					5048
022148.0-441154	PGC 9091		.84		15.13				5000
022351.7-210132		.S?....	.97± .05						
201.79 -68.08	ESO 545- 12		.07± .04	.01	15.18 ±.14				10773
280.45 -25.90				.10					10731
022133.0-211506	PGC 9098		.97	.03	15.01				10556
022352.3+253235		.S?....	.89± .11					16.71±.3	5114± 10
147.85 -32.82	MCG 4- 6- 22		.14± .07	.24	14.94 ±.12				
328.04 -12.22				.20				277± 7	5208
022100.0+251900	PGC 9099		.91	.07	14.47			2.17	4876
0223.9 +2729		.S..3..	1.04± .06	22					10704
146.91 -31.04	UGC 1848	U (1)	.30± .05	.32	15.23 ±.13				
329.85 -11.42		3.0± .9		.42					10802
0221.0 +2716	PGC 9102	5.5±1.2	1.07	.15	14.40				10469
0223.9 -0642		.S..6*/	1.14± .08	165					
174.24 -60.00		E	.91± .08	.08					
296.06 -23.17		6.0±1.3		1.33					
0221.5 -0656	PGC 9105		1.15	.45					
0224.0 +2706		.S..9*.	1.00± .16	35					5476
147.12 -31.38	UGC 1850	U	.09± .12	.25					
329.50 -11.60		9.0±1.2		.09					5573
0221.1 +2653	PGC 9106		1.02	.04					5240
0224.1 +2720	NGC 904	.E.....	1.09± .10	130					
147.03 -31.16	UGC 1852	U	.14± .05	.30	14.56 ±.11				
329.73 -11.52		-5.0± .8		.00					
0221.2 +2707	PGC 9112		1.10						
022407.9+475810		.S..2..	1.08± .06	145					
138.56 -12.07	UGC 1845	U	.21± .05	1.39	14.8 ±.3				
348.26 -2.48	IRAS02208+4744	2.0± .8		.25	10.71				
022051.1+474436	PGC 9115		1.21	.10					
022412.2+052217		.S?....	.94± .11						8278
161.00 -50.52	MCG 1- 7- 4		.57± .07	.09	15.20 ±.14				
308.59 -19.77				.85					8315
022134.8+050843	PGC 9118		.95	.28	14.21				8030
0224.3 +3338		.S..7..	1.04± .08	160					
144.23 -25.36	UGC 1853	U	1.06± .06	.27					
335.50 -8.88		7.0±1.0		1.38					
0221.3 +3325	PGC 9122		1.07	.50					
022419.0-795531		.SBS9*P	.96± .05						
298.02 -36.30	ESO 14- 1	S (1)	.07± .04	.34	14.66 ±.14				
215.99 -19.30	IRAS02254-8008	9.0±1.2		.07	12.88				
022530.0-800900	PGC 9123	5.6± .9	1.00	.03					
022422.8-582346		.E.1.*.	.97± .06		14.18 ±.13	1.03± .01	1.11± .01		
281.93 -54.78	ESO 115- 8	S	.09± .04	.04	14.65 ±.14				9254± 37
238.47 -24.98		-5.0±1.2	.75± .02	.00		.93	13.42± .08		9118
022253.0-583718	PGC 9124		.95		14.22		13.79± .33		9157
022424.8-020941		.SXT7P*	1.22± .03	10					
168.61 -56.55	UGC 1862	UE (1)	.11± .04	.04	13.66 ±.09				1420± 50
300.88 -22.09		7.0± .8		.15					1435
022152.6-022314	PGC 9126	6.4± .8	1.23	.05	13.46				1176
0224.4 +4930		.S..8..	1.04± .15	5					
138.05 -10.61	UGC 1851	U	.08± .12	1.07					
349.64 -1.82		8.0± .9		.10					
0221.1 +4917	PGC 9127		1.14	.04					
022428.3+015016		.SXS5..	.92± .06					16.86±.3	6712± 10
164.36 -53.38	UGC 1863	U	.01± .04	.06	14.95 ±.13			155± 13	
305.02 -20.94		5.0± .8		.01					6739
022153.4+013643	PGC 9128		.92	.00	14.84			2.01	6465
022429.6+405212		.SBS1..	1.08± .06	97					
141.31 -18.66	UGC 1855	U	.27± .05	.16	14.85 ±.13				
342.00 -5.73	IRAS02213+4038	1.0± .9		.27	13.37				
022122.2+403838	PGC 9130		1.10	.13					

R.A. 2000 DEC.	Names	Type	$\log D_{25}$	p.a.	B_T	$(B-V)_T$	$(B-V)_e$	m_{21}	V_{21}
l b		S_T n_L	$\log R_{25}$	A_g	m_B	$(U-B)_T$	$(U-B)_e$	W_{20}	V_{opt}
SGL SGB		T	$\log A_e$	A_i	m_{FIR}	$(B-V)^o_T$	m'_e	W_{50}	V_{GSR}
R.A. 1950 DEC.	PGC	L	$\log D_o$	A_{21}	B^o_T	$(U-B)^o_T$	m'_{25}	HI	V_{3K}
022429.7-582604		.S..2P/	1.24± .04	124					
281.95 -54.74	ESO 115- 9	S	.73± .04	.04	15.15 ±.14				9345
238.42 -24.99		2.0± .9		.90					9209
022300.0-583936	PGC 9132		1.24	.37	14.12				9248
022431.5+313654		.S..7..	1.37± .03					14.30±.3	4804± 10
145.16 -27.21	UGC 1856	U	.97± .06	.26	14.78 ±.12				
333.68 -9.80	KUG 0221+313	7.0± .9		1.34				253± 7	4912
022133.8+312321	PGC 9134		1.39	.48	13.16			.65	4576
022434.4+331009		.S..7*.	1.08± .09					14.91±.3	4413± 10
144.49 -25.77	UGC 1857	U	.42± .07	.28	15.10 ±.12				
335.10 -9.14		7.0±1.2		.58				266± 7	4525
022135.2+325636	PGC 9136		1.10	.21	14.23			.47	4187
022436.9+283629								17.51±.3	9964± 10
146.55 -29.95	CGCG 504- 76			.33	15.7 ±.4				
330.94 -11.09								292± 7	10065
022141.9+282257	PGC 9139								9731
0224.6 -7331		DE.3...	1.37± .07						
294.25 -42.00		S	.41± .08	.10					
222.45 -21.33		-5.0± .8		.00					
0224.3 -7345	PGC 9140		1.26						
022440.1-190828		.SXS5..	1.06± .04	2					
197.41 -67.17	ESO 545- 13	E (1)	.13± .03	.10	13.97 ±.14				10133± 60
282.57 -25.82	IRAS02223-1922	5.0± .9		.19	12.59				10096
022220.0-192200	PGC 9141	1.9± .8	1.07	.06	13.62				9913
0224.6 +2533		.SBT3..	1.14± .05	30					9637
148.04 -32.73	UGC 1860	U	.21± .05	.24	14.44 ±.13				
328.13 -12.38		3.0± .8		.30					9730
0221.8 +2520	PGC 9143		1.17	.11	13.84				9400
022441.9+304902		.I..9..	1.00± .16	90				16.44±.3	4791± 10
145.56 -27.92	UGC 1861	U	.19± .12	.32					
332.97 -10.17		10.0± .9		.14				121± 7	4897
022144.9+303529	PGC 9145		1.03	.09					4562
022442.7+253153		.SB?...	.74± .14					17.04±.3	10461± 10
148.06 -32.75	MCG 4- 6- 26		.00± .07	.24	15.56 ±.12				
328.11 -12.40				.00				258± 7	10554
022150.3+251820	PGC 9147		.76	.00	15.26			1.78	10224
022443.4-344952		.SBT4?.	1.14± .05	147					
239.80 -68.64	ESO 355- 15	S (1)	.89± .05	.03	16.05 ±.14				
264.88 -27.14		4.0± .9		1.31					
022237.0-350324	PGC 9149	4.4±1.2	1.14	.45					
022444.4+423723		.E?....	1.23± .14	47					
140.67 -17.01	UGC 1859		.18± .08	.31	13.90 ±.11				6087± 68
343.58 -4.99				.00					6219
022134.8+422350	PGC 9150		1.23		13.50				5882
022453.2+431930									
140.43 -16.35	CGCG 538- 65			.36	15.4 ±.3				5065± 68
344.22 -4.70									5198
022142.7+430558	PGC 9157								4862
022458.7+372855		.S..3..	1.11± .07	88					
142.76 -21.76	UGC 1864	U (1)	.29± .06	.21	15.28 ±.17				
339.02 -7.32		3.0± .9		.41					
022155.1+371523	PGC 9164	5.5±1.2	1.13	.15					
022459.1+273122								17.43±.3	9542± 10
147.15 -30.91	CGCG 483- 32			.30	15.6 ±.4				
329.98 -11.62								362± 7	9640
022205.1+271750	PGC 9167								9308
0224.9 +3602	A 0221+35	.S..9*.	1.46± .04	80				14.59±.1	580± 5
143.35 -23.10	UGC 1865	U (1)	.12± .06	.22				85± 6	
337.73 -7.96	DDO 19	9.0±1.0		.12				76± 7	698
0221.9 +3548	PGC 9168	9.0±1.3	1.48	.06					360
0225.0 +1940		.S?....	1.14± .13	24					10593
151.25 -38.00	UGC 1870		.86± .12	.48					
322.65 -14.81				1.29					10670
0222.2 +1927	PGC 9169		1.19	.43					10350
022500.4+260302			.95?						10082
147.88 -32.25	CGCG 483- 31		.48?	.23					
328.62 -12.24									10176
022207.5+254930	PGC 9170		.98						9846

R.A. 2000 DEC. l b SGL SGB R.A. 1950 DEC.	Names PGC	Type S_T n_L T L	$\log D_{25}$ $\log R_{25}$ $\log A_e$ $\log D_o$	p.a. A_g A_i A_{21}	B_T m_B m_{FIR} B_T^o	$(B-V)_T$ $(U-B)_T$ $(B-V)_T^o$ $(U-B)_T^o$	$(B-V)_e$ $(U-B)_e$ m'_e m'_{25}	m_{21} W_{20} W_{50} HI	V_{21} V_{opt} V_{GSR} V_{3K}
022503.6-244723	NGC 922	.SBS6P.	1.29± .03		12.45 ±.13	.33± .01		14.01±.1	3092± 6
211.86 -68.86	ESO 478- 28	R (3)	.09± .03	.00	12.51 ±.12	-.40± .02		247± 7	3069± 35
276.27 -26.62	IRAS02228-2500	6.0± .4		.13	11.33	.29		212± 8	3038
022248.0-250054	PGC 9172	4.8± .5	1.29	.05	12.34	-.43	13.53± .20	1.62	2885
0225.0 +2212		.S?....	.90± .07	37					10121
149.86 -35.71	UGC 1871		.17± .05	.35	14.87 ±.12				
325.05 -13.82	IRAS02222+2159			.26	11.50				10205
0222.2 +2159	PGC 9173		.93	.09	14.20				9880
022507.4+415106		.SB.1..	.98± .07	30					
141.04 -17.70	UGC 1866	U	.27± .05	.26	14.83 ±.12				
342.93 -5.40		1.0± .9		.27					
022158.7+413735	PGC 9180		1.00	.13					
022510.1+235058		.S?....	.74± .14					16.60±.3	6508± 10
149.03 -34.23	MCG 4- 6- 28		.21± .07	.31	15.62 ±.13				
326.59 -13.18				.26				175± 7	6596
022219.1+233727	PGC 9182		.77	.10	15.04			1.46	6269
022512.7+205703			1.00?						10296
150.59 -36.83	CGCG 462- 9		.52?	.38	15.47 ±.12				
323.87 -14.36									10377
022224.0+204332	PGC 9183		1.04						10054
022515.7+452706		.S..6..	1.28± .06	57				15.91±.1	5195± 11
139.68 -14.35	UGC 1867	U	.82± .06	.77	15.1 ±.3				
346.13 -3.79		6.0± .9		1.21				281± 8	5332
022202.3+451335	PGC 9186		1.35	.41	13.06			2.43	4997
022515.9+241544		.S?....	.85± .12					17.23±.3	9711± 10
148.84 -33.85	MCG 4- 6- 29		.31± .07	.31	15.10 ±.14				
326.98 -13.03				.39				477± 7	9800
022224.5+240213	PGC 9187		.88	.16	14.31			2.76	9473
022516.3+420523	NGC 906	.SB.2..	1.25± .04		13.76 ±.16	.88± .03	.96± .02	14.68±.3	4680± 17
140.97 -17.47	UGC 1868	U (1)	.04± .05	.30	13.98 ±.17			338± 34	4586± 59
343.15 -5.32	IRAS02221+4152	2.0± .8	.94± .03	.05		.77	13.95± .09	295± 25	4803
022207.3+415152	PGC 9188	2.9± .8	1.27	.02	13.47		14.74± .30	1.19	4467
022519.2-574324		.S..6?/	1.14± .05	10					
281.03 -55.23	ESO 115- 11	S	.88± .04	.05	16.23 ±.14				
239.17 -25.23	IRAS02237-5757	6.0±1.9		1.29					
022348.1-575654	PGC 9191		1.14	.44					
022522.9+420208	NGC 909	.E.....	.95± .21						
141.01 -17.51	UGC 1872	U	.00± .08	.26	14.28 ±.10				4899± 68
343.11 -5.36		-5.0± .9		.00					5029
022213.9+414837	PGC 9197		.99		13.95				4693
0225.3 +1105		.SX.5..	1.11± .07						6176
156.85 -45.50	UGC 1879	U	.06± .06	.27	15.0 ±.2				
314.39 -18.11		5.0± .8		.10					6229
0222.7 +1052	PGC 9198		1.13	.03	14.57				5929
0225.4 +4042		.SX.7*.	1.11± .14						
141.54 -18.74	UGC 1874	U	.15± .12	.24					
341.94 -5.96		7.0±1.2		.20					
0222.3 +4029	PGC 9200		1.13	.07					
022526.8+414927	NGC 910	.E+....	1.30± .12		13.18 ±.15	1.01± .02	1.04± .02		
141.11 -17.71	UGC 1875	PU	.00± .08	.26		.50± .03	.52± .03		5126± 68
342.93 -5.46		-4.0± .5	.95± .04	.00		.90	13.42± .15		5256
022218.1+413556	PGC 9201		1.34		12.84	.47	14.67± .67		4919
022527.4+371027	A 0222+36	.E?....							
142.98 -22.01	MCG 6- 6- 29			.21	15.0 ±.4				9800±101
338.79 -7.54									9920
022224.0+365657	PGC 9202								9583
022527.8-253824		.SBS6*.	1.21± .04	16					
214.23 -68.92	ESO 479- 1	S (1)	.10± .03	.00	14.15 ±.14				4848± 52
275.32 -26.80		5.5± .5		.14					4792
022313.0-255154	PGC 9204	3.3± .6	1.21	.05	13.99				4644
022528.0+202344	IC 1797	.SB?...	.84± .11	138					
150.97 -37.30	UGC 1880		.44± .06	.40	15.32 ±.14				3900± 49
323.37 -14.63	ARAK 83			.66	13.02				3979
022239.7+201013	PGC 9205		.87	.22	14.24				3658
0225.5 +1128		.S..7*.	1.34± .04	157					3775± 10
156.61 -45.16	UGC 1883	U	.58± .05	.27	15.1 ±.2				
314.78 -18.00		7.0±1.2		.79					3829
0222.8 +1115	PGC 9206		1.36	.29	14.00				3528

R.A. 2000 DEC. l b SGL SGB R.A. 1950 DEC.	Names PGC	Type S_T n_L T L	$\log D_{25}$ $\log R_{25}$ $\log A_e$ $\log D_o$	p.a. A_g A_i A_{21}	B_T m_B m_{FIR} B_T^o	$(B-V)_T$ $(U-B)_T$ $(B-V)_T^o$ $(U-B)_T^o$	$(B-V)_e$ $(U-B)_e$ m'_e m'_{25}	m_{21} W_{20} W_{50} HI	V_{21} V_{opt} V_{GSR} V_{3K}
0225.5 +2644		.S..3..	.94± .11						10341
147.68 -31.57	UGC 1881	U (1)	.05± .07	.24					
329.31 -12.07	IRAS02226+2630	3.0± .9		.07					10437
0222.7 +2630	PGC 9212	5.5±1.1	.96	.02					10106
022538.2+230000		.S?....	.89± .11					16.47±.3	4194± 10
149.59 -34.95	MCG 4- 6- 31		.24± .07	.33	15.45 ±.12				
325.84 -13.62				.35				242± 7	4280
022247.8+224630	PGC 9214		.92	.12	14.74			1.61	3955
022538.2+365751		.E.....	1.11± .10		14.2 ±.3	1.03± .05	1.07± .02		
143.10 -22.19	UGC 1877	U	.05± .05	.25	14.49 ±.13				
338.61 -7.67		-5.0± .8	.88± .14	.00			14.12± .51		
022235.0+364421	PGC 9215		1.13				14.60± .60		
022541.0+245803								16.90±.3	10351± 10
148.58 -33.17	CGCG 483- 40			.24	15.5 ±.4				10345
327.68 -12.83								379± 10	10442
022249.0+244433	PGC 9219								10114
022542.4+415722	NGC 911	.E.....	1.23± .14	115					
141.10 -17.56	UGC 1878	U	.27± .08	.26	13.73 ±.10				5604± 41
343.07 -5.45		-5.0± .8		.00					5734
022233.5+414352	PGC 9221		1.19		13.38				5398
022545.3+371353		.S..5..	1.12± .05						
143.01 -21.94	UGC 1882	U	.08± .05	.21	14.54 ±.15				
338.86 -7.57		5.0± .8		.11					
022241.8+370023	PGC 9225		1.14	.04					
022545.9+244637								18.09±.3	10367± 10
148.70 -33.33	CGCG 483- 42			.24	15.7 ±.4				
327.51 -12.92								404± 7	10457
022254.0+243307	PGC 9227								10130
0225.8 +2724		.SBR3..	.94± .09						10526
147.40 -30.94	UGC 1885	U	.05± .06	.30	15.26 ±.15				
329.95 -11.84		3.0± .9		.07					10623
0222.9 +2711	PGC 9233		.97	.02	14.81				10292
022550.0-530519		.LAT+?.	1.13± .05	15					
275.37 -58.69	ESO 153- 34	S	.14± .04	.00	14.12 ±.14				6478
244.26 -26.08		-1.3± .7		.00					6352
022409.0-531848	PGC 9234		1.11		14.02				6361
022550.6+182949	NGC 918	.SXT5*.	1.54± .02	158	13.05 ±.17	.86± .03	.94± .02	13.99±.1	1509± 4
152.16 -38.96	UGC 1888	PU (1)	.23± .04	.47	13.6 ±.3	.18± .06	.27± .03	266± 5	1502± 59
321.61 -15.46	IRAS02230+1816	5.3± .6	1.16± .03	.35		.70	14.34± .08	256± 5	1583
022303.7+181620	PGC 9236	2.2± .7	1.59	.12	12.37	.04	15.02± .23	1.50	1266
022550.6-111128		PLBT0?.	1.05± .07	130					
181.81 -62.69	MCG -2- 7- 6	E	.23± .05	.03					
291.36 -24.65	IRAS02234-1124	-2.0± .9		.00	12.22				
022324.8-112458	PGC 9237		1.02						
022552.8+375323		.SBR1..	.97± .09						
142.77 -21.32	UGC 1884	U	.01± .06	.15	15.27 ±.17				
339.46 -7.30		1.0± .8		.01					
022248.5+373954	PGC 9238		.99	.00					
022556.4+245129		.S?....	.78± .13					17.71±.3	10786± 10
148.70 -33.24	MCG 4- 6- 36		.09± .07	.24	15.49 ±.12				
327.60 -12.93				.11				88± 7	10877
022304.5+243800	PGC 9241		.80	.04	15.12			2.54	10549
022557.5-244249		PSBR1*.	1.00± .06						
211.77 -68.64	ESO 479- 2	r	.37± .04	.00	15.23 ±.14				10427± 69
276.38 -26.82	IRAS02237-2456	1.0± .9		.38	11.99				10373
022342.0-245618	PGC 9243		1.00	.19	14.72				10221
022600.2-212513	A 0223-21	.SXS9*.	1.26± .03		14.2 ±.2	.49± .06	.47± .03	14.53±.2	1555± 11
203.23 -67.75	ESO 545- 16	SU (2)	.08± .03	.00	14.56 ±.14	.01± .08	-.02± .05	153± 16	
280.08 -26.45	DDO 21	9.0± .7	1.19± .04	.08		.46	15.61± .10	140± 12	1511
022342.0-213842	PGC 9246	9.6± .6	1.26	.04	14.35	-.01	15.12± .27	.14	1342
022600.5+392815		.SXT4..	1.57± .02	35				14.06±.1	4865± 8
142.15 -19.85	UGC 1886	U (1)	.26± .04	.17	12.73 ±.15			485± 16	4961± 43
340.89 -6.62	IRAS02229+3914	4.0± .7		.38	13.66			478± 8	4993
022254.4+391446	PGC 9247	2.5±1.0	1.59	.13	12.15			1.78	4656
022602.7+301021		.LB....	1.02± .14						
146.15 -28.40	UGC 1889	U	.11± .07	.31	14.71 ±.11				
332.51 -10.71		-2.0± .8		.00					
022306.1+295652	PGC 9251		1.03						

R.A. 2000 DEC.	Names	Type	$logD_{25}$	p.a.	B_T	$(B-V)_T$	$(B-V)_e$	m_{21}	V_{21}
l b		S_T n_L	$logR_{25}$	A_g	m_B	$(U-B)_T$	$(U-B)_e$	W_{20}	V_{opt}
SGL SGB		T	$logA_e$	A_i	m_{FIR}	$(B-V)^o_T$	m'_e	W_{50}	V_{GSR}
R.A. 1950 DEC.	PGC	L	$logD_o$	A_{21}	B^o_T	$(U-B)^o_T$	m'_{25}	HI	V_{3K}
022605.1+420838	NGC 914	.SAS5..	1.26± .04	117					5548± 10
141.10 -17.36	UGC 1887	U	.15± .05	.28	13.66 ±.13				5383± 52
343.27 -5.43	IRAS02229+4155	5.0± .8		.23	12.75				5672
022255.9+415509	PGC 9253		1.28	.08	13.12				5336
022606.3+285950			.95?					15.94±.3	9806± 10
146.71 -29.47	CGCG 504- 78		.35?	.31	15.51 ±.12				
331.44 -11.22								260± 10	9907
022310.8+284621	PGC 9254		.98						9575
022607.1-001952	NGC 926	.SBT4*.	1.26± .03	36	14.02 ±.14	.77± .03	.83± .03		
167.16 -54.86	UGC 1901	PUE (1)	.28± .04	.09	13.64 ±.12	.17± .05	.31± .05		6485± 66
302.91 -21.98	IRAS02235-0033	4.0± .4	.80± .02	.41		.66	13.51± .04		6504
022333.7-003320	PGC 9256	4.2± .8	1.27	.14	13.26	.08	14.48± .21		6242
022607.7+315440		.S..2..	1.22± .07					16.46±.3	5388± 10
145.38 -26.80	UGC 1890	U	.22± .07	.28	14.20 ±.14				
334.10 -9.98		2.0± .8		.27				593± 7	5496
022309.5+314111	PGC 9258		1.24	.11	13.60			2.75	5162
0226.1 +2603		.E.....	1.04± .18						
148.16 -32.13	UGC 1891	U	.00± .08	.26	14.92 ±.14				
328.74 -12.48		-5.0± .8		.00					
0223.3 +2550	PGC 9260		1.08						
0226.2 +2736		.SBR3..	1.05± .08						9997
147.40 -30.72	UGC 1892	U	.04± .06	.30	14.90 ±.16				
330.17 -11.83		3.0± .8		.05					10094
0223.3 +2723	PGC 9262		1.07	.02	14.47				9764
0226.2 +1227		.S..7..	.95± .07	40					8343
156.13 -44.22	UGC 1897	U	.05± .05	.33					
315.81 -17.81		7.0± .9		.07					8400
0223.5 +1214	PGC 9263		.98	.03					8097
0226.3 +2712	NGC 919	.S..2..	1.09± .06	138					10349
147.62 -31.08	UGC 1894	U	.67± .05	.31	15.39 ±.12				
329.81 -12.02		2.0±1.0		.83					10445
0223.4 +2659	PGC 9267		1.12	.34	14.15				10116
0226.3 -0132		.L.....	.96± .09						
168.57 -55.77	UGC 1905	U	.06± .03	.05	15.11 ±.12				
301.67 -22.38		-2.0± .8		.00					
0223.8 -0146	PGC 9269		.96						
022620.7+302641		.LAR0..	.93± .16					16.96±.3	10048± 10
146.09 -28.12	UGC 1896	U	.30± .07	.37	14.65 ±.12				
332.79 -10.65	IRAS02234+3013	-2.0± .8		.00	13.65			513± 7	10152
022323.8+301312	PGC 9270		.92		14.12				9820
022620.8-442645	NGC 939	.E+..*.	1.08± .05	110					
261.47 -64.29	ESO 246- 11	BS	.09± .04	.04	14.06 ±.14				5220
253.95 -27.15		-4.3± .6		.00					5114
022426.0-444012	PGC 9271		1.06		13.95				5072
0226.3 -0950	A 0223-10	.SXS8*.	1.47± .04	105	14.57 ±.15	.52± .05	.50± .04		2108
179.76 -61.73	MCG -2- 7- 7	PE (2)	.41± .05	.03		-.23± .07	-.14± .06		
292.85 -24.48	DDO 20	8.3± .6	.97± .02	.51		.42	14.91± .05		2098
0223.9 -1004	PGC 9272	7.1± .9	1.47	.21	14.03	-.30	15.72± .27		1875
022621.9-241732	A 0224-24	.SBS8..	1.43± .03	55				14.05±.2	1515± 11
210.69 -68.46	ESO 479- 4	SU (1)	.28± .04	.00	12.87 ±.14			240± 16	
276.86 -26.87	IRAS02240-2430	8.3± .4		.34	12.61			182± 12	1462
022406.0-243100	PGC 9273	5.6± .6	1.43	.14	12.53			1.38	1308
022623.1+283026		.SBS5..	1.14± .07	125				15.87±.3	10310± 10
147.01 -29.89	UGC 1895	U	.14± .06	.35	15.1 ±.2				
331.02 -11.49	IRAS02234+2817	5.0± .8		.21				274± 7	10409
022328.0+281658	PGC 9275		1.17	.07	14.53			1.27	10079
0226.4 +2259		.S..7..	1.14± .13	50					10187
149.79 -34.88	UGC 1898	U	.69± .12	.31					
325.91 -13.79	IRAS02235+2246	7.0± .9		.95					10272
0223.5 +2246	PGC 9277		1.17	.34					9949
0226.4 +2739		.S?....	.98± .09						9726
147.42 -30.66	UGC 1899		.09± .06	.27	14.79 ±.13				
330.24 -11.85				.14					9823
0223.5 +2726	PGC 9278		1.01	.05	14.32				9493
022628.4+010939	IC 225	.E.....	.83± .09						
165.71 -53.63	UGC 1907	U	.05± .07	.07	14.52 ±.11				1518± 29
304.48 -21.62	MK 1038	-5.0± .8		.00					1541
022354.0+005611	PGC 9283		.83		14.43				1274

R.A. 2000 DEC. l b SGL SGB R.A. 1950 DEC.	Names PGC	Type S_T n_L T L	$\log D_{25}$ $\log R_{25}$ $\log A_e$ $\log D_o$	p.a. A_g A_i A_{21}	B_T m_B m_{FIR} B^o_T	$(B-V)_T$ $(U-B)_T$ $(B-V)^o_T$ $(U-B)^o_T$	$(B-V)_e$ $(U-B)_e$ m'_e m'_{25}	m_{21} W_{20} W_{50} HI	V_{21} V_{opt} V_{GSR} V_{3K}
022629.9+303502		.S?....	.87± .08					16.47±.3	5497± 10
146.06 -27.98	CGCG 504- 82		.48± .12	.37	15.63 ±.13				
332.93 -10.62	KUG 0223+303			.70				256± 7	5601
022332.9+302134	PGC 9284		.90	.24	14.53			1.70	5269
022633.1+274935		.S..6*.	.82± .13					16.15±.3	9617± 10
147.38 -30.49	UGC 1902	U	.17± .07	.27					
330.41 -11.81		6.0±1.3		.25				282± 7	9715
022338.6+273607	PGC 9285		.84	.09					9385
022633.1+294947		.S..3..	1.06± .06					16.91±.3	10475± 10
146.43 -28.67	UGC 1903	U (1)	.76± .06	.38	15.63 ±.12				10769
332.24 -10.96		3.0±1.0		1.04				501± 7	10578
022336.8+293619	PGC 9286	3.5±1.3	1.10	.38	14.13			2.40	10246
022633.6-155051	NGC 921	.SBR5?.	1.13± .06	81					
190.72 -65.23	MCG -3- 7- 15	E (1)	.35± .05	.02					
286.30 -25.73		5.0± .9		.52					
022411.1-160418	PGC 9287	4.2±1.2	1.13	.17					
0226.5 +3724		.S..2..	1.12± .05	55					
143.10 -21.71	UGC 1900	U	.53± .05	.25					
339.09 -7.64		2.0± .9		.65					
0223.5 +3711	PGC 9288		1.14	.26					
022637.1+120911	NGC 927	.SBR5..	1.09± .06					15.52±.1	8261± 6
156.46 -44.43	UGC 1908	U (1)	.00± .05	.32	14.13 ±.13			231± 6	8252± 59
315.55 -18.01	MK 593	5.0± .8		.00	13.04			211± 7	8316
022354.9+115544	PGC 9292	1.1± .8	1.12	.00	13.76			1.76	8015
0226.6 +2245		.S..3..	1.11± .07	152					9984
149.97 -35.07	UGC 1906	U (1)	.83± .06	.32					
325.71 -13.93		3.0±1.0		1.15					10069
0223.8 +2232	PGC 9293	4.5±1.3	1.14	.42					9746
022638.7+500242		.SB.0..	1.00± .09	45					
138.19 -9.99	UGC 1893	U	.08± .06	1.21	15.14 ±.15				
350.28 -1.90		.0± .8		.06					
022318.0+494914	PGC 9294		1.11						
0226.6 +3709		.S..4..	1.00± .08	117					
143.22 -21.93	UGC 1904	U	.73± .06	.25					
338.88 -7.77		4.0±1.0		1.07					
0223.6 +3656	PGC 9295		1.02	.36					
022641.7-143057	NGC 944	.L..+?/	1.03± .06	15					
188.11 -64.49	MCG -3- 7- 16	E	.49± .04	.01					
287.78 -25.52	IRAS02242-1444	-.5±1.3		.00	12.19				
022418.3-144424	PGC 9300		.96						
022646.3+415004		.S?....	.99± .10						
141.34 -17.60	MCG 7- 6- 20		.33± .07	.23	14.93 ±.12				5723± 68
343.05 -5.68				.41					5852
022337.3+413637	PGC 9301		1.01	.17	14.24				5518
022646.6+202955	NGC 924	.L.....	1.36± .11	53					
151.25 -37.08	UGC 1912	U	.24± .08	.34	13.37 ±.11				4661± 50
323.60 -14.87		-2.0± .8		.00					4740
022358.1+201628	PGC 9302		1.36		12.96				4421
022654.2+320543		.S..7..	.94± .11					16.17±.3	4995± 10
145.47 -26.57	UGC 1909	U	.19± .07	.28	15.21 ±.12				
334.34 -10.05		7.0± .9		.26				205± 7	5103
022355.8+315216	PGC 9308		.96	.09	14.65			1.42	4770
022654.7+250201		.S?....	.94± .11						9641
148.85 -32.99	MCG 4- 6- 42		.28± .07	.29	15.04 ±.12				
327.86 -13.05				.35					9731
022402.5+244834	PGC 9309		.96	.14	14.31				9406
022656.0+203206		.SB?...	.92± .11						4212
151.27 -37.03	MCG 3- 7- 13		.09± .07	.34	15.31 ±.14				
323.65 -14.89				.14					4291
022407.5+201839	PGC 9313		.95	.05	14.80				3972
022657.2+351053		.S?....	1.28± .04	175					5128
144.12 -23.73	UGC 1910		.58± .05	.22	14.65 ±.13				
337.13 -8.70	IRAS02239+3457			.88	13.81				5243
022355.7+345726	PGC 9314		1.30	.29	13.52				4908
0227.0 -0242		.S..7./	1.07± .09	110					
170.16 -56.55		E	.82± .08	.04					
300.50 -22.87		7.0± .9		1.13					
0224.5 -0256	PGC 9321		1.08	.41					

R.A. 2000 DEC. l b SGL SGB R.A. 1950 DEC.	Names PGC	Type S_T n_L T L	$\log D_{25}$ $\log R_{25}$ $\log A_e$ $\log D_o$	p.a. A_g A_i A_{21}	B_T m_B m_{FIR} B_T^o	$(B\text{-}V)_T$ $(U\text{-}B)_T$ $(B\text{-}V)_T^o$ $(U\text{-}B)_T^o$	$(B\text{-}V)_e$ $(U\text{-}B)_e$ m'_e m'_{25}	m_{21} W_{20} W_{50} HI	V_{21} V_{opt} V_{GSR} V_{3K}
022716.8-314144									4530± 14
231.05 -68.68				.03					
268.47 -27.59									4456
022507.7-315509	PGC 9331								4343
022716.8+333441	NGC 925	.SXS7..	2.02± .01	102	10.69M±.11	.57± .05	.58± .03	11.13±.0	553± 3
144.89 -25.18	UGC 1913	R (2)	.25± .02	.27	10.55 ±.12			215± 3	562± 17
335.72 -9.47	IRAS02243+3321	7.0± .3	1.74± .04	.34	10.58	.46	14.67± .09	200± 3	665
022416.9+332115	PGC 9332	4.3± .5	2.04	.12	10.00		15.00± .14	1.00	331
022717.6-035401		.SBS8..	1.04± .07	70					
171.70 -57.39	MCG -1- 7- 13	E (1)	.10± .05	.03					
299.27 -23.25		8.0± .9		.13					
022446.7-040726	PGC 9333	7.5± .8	1.05	.05					
022718.2-120512	NGC 929	.S..1P?	1.01± .10	170					
183.83 -62.96	MCG -2- 7- 9	E	.26± .05	.00					
290.47 -25.19		1.0±1.9		.27					
022453.0-121838	PGC 9334		1.01	.13					
022720.6-152517		.SB.8*/	1.17± .05	121					3766
190.09 -64.85	MCG -3- 7- 19	E (1)	.47± .05	.02					
286.81 -25.84		8.0±1.2		.58					3739
022457.9-153842	PGC 9335	6.4±1.2	1.17	.24					3542
022725.6+230542	A 0224+22	.S?....	.89± .11					17.42±.3	9545± 10
149.99 -34.68	MCG 4- 6- 44		.81± .07	.31	15.88 ±.16				9777± 72
326.10 -13.96	5ZW 242			.99				250± 7	9634
022435.0+225217	PGC 9340		.92	.40	14.48			2.54	9312
022725.7+410335		.E.....	1.08± .17						
141.77 -18.27	UGC 1914	U	.00± .08	.19	14.65 ±.10				5372± 68
342.42 -6.14		-5.0± .8		.00					5499
022417.5+405009	PGC 9341		1.11		14.38				5165
0227.4 +2415		PSBS2..	.95± .07	105					9340
149.39 -33.63	UGC 1917	U	.13± .05	.26	15.23 ±.13				
327.19 -13.49		2.0± .9		.16					9428
0224.6 +2402	PGC 9345		.98	.07	14.71				9104
0227.4 +0207		.S..8*.	.93± .07						2876
165.08 -52.70	UGC 1923	U	.29± .05	.05					
305.56 -21.57		8.0±1.2		.35					2901
0224.9 +0154	PGC 9347		.94	.14					2633
022731.9-432830		.S?....	.99± .07						
259.32 -64.64	ESO 246- 12		.15± .06	.04	15.39 ±.14				8510± 20
255.03 -27.43	FAIR 1088			.22					8405
022536.1-434154	PGC 9349		.99	.07	15.08				8360
022732.5+254005		.SB.2..	1.07± .06	118				17.37±.3	5085± 10
148.68 -32.35	UGC 1918	U	.28± .05	.24	14.57 ±.12				
328.51 -12.92	IRAS02246+2526	2.0± .9		.35	12.71			400± 7	5177
022439.7+252640	PGC 9351		1.10	.14	13.93			3.30	4851
022732.6-001444	NGC 934	.LX.-..	1.13± .07	130	14.0 ±.2	.86± .03	.95± .02		
167.55 -54.57	UGC 1926	UE	.17± .04	.04	14.04 ±.10				6353± 31
303.11 -22.29		-2.5± .5	.90± .07	.00		.78	14.01± .24		6371
022459.0-002809	PGC 9352		1.11		13.90		14.09± .43		6111
022732.8-100956		.S..5?/	1.18± .04	88					
180.68 -61.71	MCG -2- 7- 10	E (1)	.45± .05	.01					1985± 27
292.58 -24.84	MK 1039	5.0±1.7		.68	12.90				1974
022506.2-102321	PGC 9354	5.3±1.6	1.19	.23					1754
022734.6+415841	NGC 923	.S..3*.	.91± .07	95					
141.43 -17.41	UGC 1915	U (1)	.17± .05	.29	14.47 ±.14				5625± 68
343.25 -5.75	IRAS02244+4145	3.0±1.3		.23	12.04				5754
022425.3+414516	PGC 9355	4.5±1.2	.94	.08	13.91				5421
022736.7+420029		.S?....	.64± .17						
141.43 -17.38	MCG 7- 6- 23		.11± .07	.29	15.23 ±.18				5436± 97
343.28 -5.74	MK 1176			.17					5565
022427.3+414704	PGC 9357		.66	.06	14.74				5232
022737.6-010917	NGC 936	.LBT+..	1.67± .02	135	11.12M±.10	.97± .01	.98± .01	15.45±.3	1340± 10
168.57 -55.26	UGC 1929	R	.06± .02	.05	11.00 ±.09	.56± .01	.57± .01	500± 6	1400± 17
302.17 -22.57		-1.0± .3	1.15± .01	.00		.94	12.36± .03		1371
022504.7-012242	PGC 9359		1.67		10.98	.55	14.21± .15		1115
022738.3+360904		.SBS3..	1.13± .05	45					10749
143.84 -22.78	UGC 1919	U	.09± .05	.22	14.60 ±.16				
338.06 -8.39	IRAS02245+3555	3.0± .8		.12					10866
022435.6+355539	PGC 9364		1.15	.05	14.17				10532

R.A. 2000 DEC. / l b / SGL SGB / R.A. 1950 DEC.	Names / PGC	Type / S_T n_L / T / L	$\log D_{25}$ / $\log R_{25}$ / $\log A_e$ / $\log D_o$	p.a. / A_g / A_i / A_{21}	B_T / m_B / m_{FIR} / B_T^o	$(B-V)_T$ / $(U-B)_T$ / $(B-V)_T^o$ / $(U-B)_T^o$	$(B-V)_e$ / $(U-B)_e$ / m'_e / m'_{25}	m_{21} / W_{20} / W_{50} / HI	V_{21} / V_{opt} / V_{GSR} / V_{3K}
022741.3+261325		.S?....	.89± .11					16.25±.3	9505± 10
148.43 -31.84	MCG 4- 6- 49		.07± .07	.28	14.82 ±.12				
329.04 -12.72				.05				323± 7	9598
022448.0+260000	PGC 9366		.91		14.35				9272
0227.7 +2635		.SBS3..	.95± .07						9786
148.25 -31.51	UGC 1921	U	.07± .05	.28	14.52 ±.12				
329.38 -12.56	5ZW 244	3.0± .8		.10					9880
0224.8 +2622	PGC 9367		.97	.04	14.07				9553
022741.6+271310	NGC 928	.S?....	.85± .12					17.22±.3	5124± 10
147.94 -30.94	MCG 4- 6- 50		.31± .07	.31	14.87 ±.16				
329.96 -12.30				.47				321± 7	5219
022447.5+265945	PGC 9368		.88	.16	14.07			2.99	4892
022745.6+281235	IC 226	.S?....	.74± .14					15.40±.3	10894± 10
147.47 -30.03	UGC 1922		.00± .07	.34					
330.87 -11.89				.00				673± 7	10992
022450.6+275910	PGC 9373		.77	.00					10664
0227.7 +5029		.E.....	1.04± .18	5					
138.19 -9.51	UGC 1916	U	.25± .08	1.21					
350.75 -1.85		-5.0± .9		.00					
0224.4 +5016	PGC 9374		1.16						
022749.8+314333		.S..6*.	1.24± .04					14.76±.3	595± 10
145.83 -26.82	UGC 1924	U	.83± .06	.32	15.23 ±.12				
334.09 -10.38	KUG 0224+315	6.0±1.3		1.22				105± 7	701
022451.5+313009	PGC 9375		1.27	.42	13.69			.66	370
022751.8+003004		.S..4*/	1.16± .04	112					
166.86 -53.94	UGC 1934	UE	.70± .04	.04	15.23 ±.12				
303.91 -22.15		4.3± .7		1.03					
022517.8+001640	PGC 9376		1.16	.35					
022752.0+455649	NGC 920	PSBS2..	1.18± .05	10				15.30±.1	6196± 11
139.93 -13.72	UGC 1920	U	.14± .05	.80	14.8 ±.3				
346.77 -3.97		2.0± .8		.17				302± 8	6333
022437.2+454324	PGC 9377		1.26	.07	13.74			1.49	6002
022752.8-504243		PSBS3..	1.05± .06	178					
271.62 -60.15	ESO 198- 11	r	.45± .05	.00	14.77 ±.14				
246.86 -26.73	IRAS02261-5056	3.3± .9		.62	13.34				
022608.0-505606	PGC 9378		1.05	.22					
022754.6+201956	NGC 930	.SA.1..	1.28± .04					16.57±.3	4078± 10
151.64 -37.10	UGC 1931	U	.07± .05	.37	13.34 ±.13			210± 13	4086± 50
323.55 -15.18	IRAS02251+2006	1.0± .8		.07				195± 10	4156
022506.1+200632	PGC 9379		1.31	.03	12.85			3.69	3839
022800.9+214804		.S?....	.82± .13					16.72±.3	9067± 10
150.85 -35.78	MCG 4- 6- 52		.28± .07	.38	15.49 ±.12				
324.94 -14.61				.43				303± 7	9148
022511.3+213440	PGC 9382		.85	.14	14.64			1.94	8829
022810.9+193558	NGC 935	.S..6*.	1.24± .05	155				14.25±.3	4142± 10
152.14 -37.72	UGC 1937	U	.21± .05	.37	13.63 ±.12			408± 13	4212± 30
322.88 -15.53		6.0±1.1		.31				393± 10	4224
022523.1+192235	PGC 9388		1.27	.11	12.92			1.22	3909
022811.3-055019		.S..3P/	1.12± .08	155					
174.51 -58.65	MCG -1- 7- 15	E	.65± .07	.02					6071
297.27 -23.97	VV 449	3.0±1.3		.89	13.50				6072
022541.7-060342	PGC 9390		1.12	.32					5835
0228.2 +4336		.S..8*.	1.00± .08	78					
140.90 -15.86	UGC 1927	U	.04± .06	.42					
344.74 -5.10		8.0±1.5		.05					
0225.0 +4323	PGC 9391		1.04	.02					
0228.2 +1934	IC 1801	.SB.3*.	1.10± .05	30					
152.16 -37.75	UGC 1936	U	.35± .05	.37	14.56 ±.12				4023± 37
322.86 -15.55		3.0±1.2		.48					4098
0225.4 +1921	PGC 9392		1.13	.17	13.68				3783
022812.7-012047		.S..8*.	1.22± .03	12					
168.99 -55.32	UGC 1945	UE (1)	.41± .04	.04	14.14 ±.12				1762± 50
302.02 -22.77	KUG 0225-015	8.0± .8		.50					1776
022539.9-013410	PGC 9394	6.4±1.2	1.23	.20	13.59				1522
022814.2+235523								16.60±.3	10402± 10
149.75 -33.86	CGCG 483- 62			.35	15.2 ±.4				
326.95 -13.79								143± 10	10489
022522.8+234200	PGC 9396								10167

R.A. 2000 DEC. / l b / SGL SGB / R.A. 1950 DEC.	Names / PGC	Type / S_T n_L / T / L	$\log D_{25}$ / $\log R_{25}$ / $\log A_e$ / $\log D_o$	p.a. / A_g / A_i / A_{21}	B_T / m_B / m_{FIR} / B_T^o	$(B\text{-}V)_T$ / $(U\text{-}B)_T$ / $(B\text{-}V)_T^o$ / $(U\text{-}B)_T^o$	$(B\text{-}V)_e$ / $(U\text{-}B)_e$ / m'_e / m'_{25}	m_{21} / W_{20} / W_{50} / HI	V_{21} / V_{opt} / V_{GSR} / V_{3K}
0228.2 +2313		.S..4..	1.13± .05	154					6395
150.13 -34.48	UGC 1938	U	.63± .05	.35	14.94 ±.12				
326.30 -14.08		4.0± .9		.93					6480
0225.4 +2300	PGC 9398		1.16	.32	13.62				6159
022815.0+311846	NGC 931	.SA.4..	1.59± .03		14.46 ±.16	1.00± .02	1.04± .02	13.67±.2	4993± 7
146.12 -27.16	UGC 1935	U (1)	.67± .06	.32	13.57 ±.14	.23± .04	.21± .03	476± 9	4914± 41
333.76 -10.64	MK 1040	4.0± .7	.53± .05	.99	12.05	.77	12.60± .19	440± 10	5096
022517.0+310523	PGC 9399	2.5±1.0	1.62	.34	12.63	.00	15.56± .26	.71	4766
0228.2 +2618		.SB.1..	.97± .09	65					5230
148.54 -31.71	UGC 1939	U	.04± .06	.27	14.70 ±.12				
329.17 -12.80		1.0± .9		.05					5323
0225.4 +2605	PGC 9402		1.00	.02	14.32				4998
022819.6+292719		.S?....	.48± .11					17.22±.3	9322± 10
147.00 -28.85	CGCG 504- 90		.03± .08	.40	15.75 ±.18				
332.07 -11.47	KUG 0225+292			.04				283± 7	9423
022523.4+291356	PGC 9405		.52	.01	15.26			1.95	9094
022819.8-003453		.IXS9*.	1.07± .06	55					
168.18 -54.71	UGC 1949	UE (1)	.10± .05	.05					
302.83 -22.58		10.0± .7		.07					
022546.5-004816	PGC 9406	9.8± .8	1.08	.05					
022820.6-424544		.E?....	.78± .07		14.00 ±.19	.95± .05	.98± .03		
257.71 -64.89	ESO 246- 13		.02± .05	.03	14.82 ±.14				
255.83 -27.63			1.06± .07	.00			14.79± .26		
022624.0-425906	PGC 9407		.78				12.84± .41		
022820.8-315256		.L..0*P	1.12± .04	26	14.70M±.13	.97± .03	1.03± .02	16.02±.3	4604± 14
231.49 -68.44	ESO 415- 26	S	.37± .03	.03	14.58 ±.14	.47± .04	.48± .03		4629± 39
268.27 -27.82		-2.0± .7	.45± .06	.00		.89	12.52± .21		4531
022612.0-320618	PGC 9408		1.07		14.55	.45	14.24± .27		4422
0228.4 +2808		.L.....	1.04± .09	101					
147.66 -30.03	UGC 1940	U	.48± .04	.34					
330.87 -12.05		-2.0± .9		.00					
0225.5 +2755	PGC 9411		1.01						
0228.4 +1538		.S..7..	1.24± .06	137					4078
154.64 -41.18	UGC 1946	U	.96± .06	.55					
319.11 -17.13		7.0± .9		1.33					4142
0225.7 +1525	PGC 9413		1.29	.48					3836
022827.7-010906	NGC 941	.SXT5..	1.42± .02	170	12.93 ±.13	.52± .02	.53± .01	14.69±.1	1608± 6
168.85 -55.13	UGC 1954	R (3)	.13± .03	.04	12.95 ±.12	-.13± .03	-.15± .02	163± 5	1580± 66
302.24 -22.77	IRAS02259-0122	5.0± .3	1.06± .01	.20	13.07	.47	13.72± .03	147± 12	1622
022554.8-012229	PGC 9414	5.6± .5	1.43	.07	12.69	-.16	14.57± .17	1.94	1368
022829.9+512644		.LBR+..	1.27± .08						
137.94 -8.57	UGC 1930	U	.07± .05	1.02	14.5 ±.2				
351.64 -1.50		-1.0± .7		.00					
022506.2+511321	PGC 9416		1.36						
022832.8+295905		.S..9*.	1.14± .13	100				15.86±.3	4599± 7
146.80 -28.35	UGC 1944	U	.18± .12	.39					
332.57 -11.28		9.0±1.2		.18				192± 7	4701
022536.1+294543	PGC 9419		1.18	.09					4372
022832.9-190226	NGC 947	.SAR5..	1.31± .03	50	13.18 ±.16	.58± .02	.68± .02		
198.15 -66.30	ESO 545- 21	SEr (2)	.28± .03	.08	13.43 ±.14	-.04± .03	.06± .03		5012± 60
282.84 -26.71	IRAS02262-1915	5.2± .5	1.00± .03	.42	12.77	.48	13.67± .07		4973
022613.0-191548	PGC 9420	1.5± .6	1.32	.14	12.80	-.11	13.89± .23		4796
022833.3+201700	NGC 938	.E.....	1.20± .14	100					
151.84 -37.08	UGC 1947	U	.11± .08	.38	13.43 ±.10				4089± 50
323.56 -15.34		-5.0± .8		.00					4166
022544.8+200337	PGC 9423		1.23		12.98				3850
022837.3-103222	NGC 945	.SBT5..	1.38± .03		12.79 ±.19	.72± .03	.81± .01		4484
181.65 -61.75	MCG -2- 7- 13	PE (1)	.08± .04	.03		.08± .04	.18± .02		
292.23 -25.18	IRAS02261-1045	4.5± .5	1.08± .04	.13	12.76	.67	13.68± .11		4470
022611.0-104544	PGC 9426	1.9± .8	1.38	.04	12.61	.04	14.34± .26		4254
022839.4+234752		.S?....	.98± .07	145				16.44±.3	6275± 10
149.92 -33.93	UGC 1950		.28± .05	.35	15.44 ±.13				
326.88 -13.93	IRAS02258+2334			.34				270± 7	6361
022548.0+233430	PGC 9430		1.01	.14	14.69			1.61	6040
022845.5-103052	NGC 948	.SBS5*.	1.17± .04	170					
181.65 -61.71	MCG -2- 7- 15	PE (1)	.09± .04	.03					4511± 63
292.27 -25.20		4.5± .6		.14					4497
022619.3-104414	PGC 9431	4.2± .8	1.17	.05					4281

R.A. 2000 DEC. / l b / SGL SGB / R.A. 1950 DEC.	Names / PGC	Type / S_T n_L / T / L	$logD_{25}$ / $logR_{25}$ / $logA_e$ / $logD_o$	p.a. / A_g / A_i / A_{21}	B_T / m_B / m_{FIR} / B^o_T	$(B-V)_T$ / $(U-B)_T$ / $(B-V)^o_T$ / $(U-B)^o_T$	$(B-V)_e$ / $(U-B)_e$ / m'_e / m'_{25}	m_{21} / W_{20} / W_{50} / HI	V_{21} / V_{opt} / V_{GSR} / V_{3K}
022846.0+455813	IC 1799	.S?....	1.06± .06	34				14.66±.1	5022± 11
140.07 -13.64	UGC 1943		.41± .05	.80	14.6 ±.3				
346.86 -4.10				.61				414± 12	5158
022531.1+454451	PGC 9432		1.13	.20	13.20			1.26	4828
022847.1-430427		RSAS2*.	1.08± .05	150					
258.24 -64.66	ESO 246- 15	Sr	.42± .04	.04	14.68 ±.14				5046
255.47 -27.69		1.6± .7		.51					4942
022651.0-431748	PGC 9433		1.08	.21	14.08				4895
022849.1+381002		.S..2..	.97± .07	114					
143.22 -20.84	UGC 1948	U	.41± .05	.19	15.15 ±.12				
339.97 -7.69		2.0± .9		.51					
022544.0+375640	PGC 9434		.99	.21					
022852.2-412409	NGC 954	.SBT5*.	1.21± .04	19	13.5 ±.2	.67± .04	.75± .02		
254.77 -65.46	ESO 299- 4	PBS (2)	.30± .04	.03	13.85 ±.14				5353± 59
257.37 -27.81	IRAS02268-4137	5.0± .5	.90± .05	.45	13.58	.57	13.53± .11		5253
022654.0-413730	PGC 9438	2.6± .5	1.22	.15	13.24		13.71± .31		5197
0228.8 +3743		.E...*.	1.08± .17						
143.42 -21.24	UGC 1951	U	.04± .08	.20					
339.58 -7.91		-5.0±1.2		.00					
0225.8 +3730	PGC 9439		1.10						
0228.8 +2520		.S?....	1.13± .05	165					5208
149.17 -32.52	UGC 1955		.35± .05	.30	15.07 ±.14				
328.33 -13.33				.53					5298
0226.0 +2507	PGC 9440		1.16	.18	14.21				4975
022857.2-222103	NGC 951	.SBR2*.	1.01± .04	48					
206.11 -67.39	ESO 479- 8	Sr	.21± .03	.02	15.54 ±.14				6150± 60
279.13 -27.24		1.6± .6		.26					6101
022640.0-223424	PGC 9442		1.01	.11	15.20				5942
0228.9 +0022		.S..6*.	1.07± .06	105					
167.36 -53.87	UGC 1962	U	.12± .05	.04	14.31 ±.12				
303.87 -22.45		6.0±1.2		.18					
0226.4 +0009	PGC 9445		1.07	.06					
022858.9+280839		.S..6*.	1.14± .07	18				15.47±.3	1016± 10
147.78 -29.98	UGC 1958	U	.69± .06	.34	15.49 ±.13				
330.93 -12.16		6.0±1.3		1.01				101± 7	1113
022603.8+275517	PGC 9447		1.17	.34	14.14			.99	787
022859.5-355609		.SBS3P.	1.01± .05	15					
242.03 -67.50	ESO 355- 18	S	.43± .04	.03	15.71 ±.14				
263.63 -28.01		3.0± .9		.60					
022655.0-360930	PGC 9448		1.01	.22					
0229.0 +4028		.S..6*.	1.04± .15	0					
142.31 -18.70	UGC 1952	U	.08± .12	.21					
342.04 -6.68		6.0±1.2		.12					
0225.9 +4015	PGC 9450		1.06	.04					
0229.1 +3432		.I..9*.	1.04± .15	45					3552
144.85 -24.14	UGC 1959	U	.18± .12	.24					
336.75 -9.38		10.0±1.2		.13					3664
0226.1 +3419	PGC 9451		1.06	.09					3333
022907.5-305952		.SXS4..	1.06± .04	16					
229.06 -68.35	ESO 415- 28	S (1)	.24± .04	.03	15.32 ±.14				4982± 39
269.29 -27.96		4.0± .8		.35					4908
022658.0-311312	PGC 9452	3.3±1.2	1.06	.12	14.90				4795
0229.1 +4504		.S..6*.	1.04± .15						
140.48 -14.44	UGC 1953	U	.08± .12	.74					
346.11 -4.57		6.0±1.2		.12					
0225.9 +4451	PGC 9453		1.11	.04					
022909.6-104943	NGC 943	.I.0.$P	1.70?	15					
182.30 -61.83	MCG -2- 7- 19	R	.32?	.04					
291.95 -25.37		90.0		.24					
022643.6-110304	PGC 9457		1.69						
022910.3-105012	NGC 942	.L..+P*	1.70?	35					
182.32 -61.83	MCG -2- 7- 18	RCE	.32?	.04					
291.94 -25.37		-1.3± .6		.00					
022644.3-110332	PGC 9458		1.66						
022911.7-110132	NGC 950	.SBT3*.	1.11± .06	40					
182.64 -61.95	MCG -2- 7- 21	E (1)	.23± .05	.02					4696
291.74 -25.42		3.0±1.2		.31					4681
022645.9-111453	PGC 9461	4.2±1.2	1.11	.11					4467

R.A. 2000 DEC. l b SGL SGB R.A. 1950 DEC.	Names PGC	Type S_T n_L T L	$\log D_{25}$ $\log R_{25}$ $\log A_e$ $\log D_o$	p.a. A_g A_i A_{21}	B_T m_B m_{FIR} B_T^o	$(B-V)_T$ $(U-B)_T$ $(B-V)_T^o$ $(U-B)_T^o$	$(B-V)_e$ $(U-B)_e$ m'_e m'_{25}	m_{21} W_{20} W_{50} HI	V_{21} V_{opt} V_{GSR} V_{3K}
0229.2 +2306	IC 1803	.L?....	1.12± .12		14.55 ±.15	1.19± .02	1.20± .02		
150.44 -34.49	MCG 4- 6- 57		.09± .07	.30	14.55 ±.13				
326.29 -14.34			.58± .05	.00			12.94± .17		
0226.4 +2253	PGC 9462		1.14				14.77± .65		
022916.1-482923		PSAR2*.	1.24± .05	135					
267.90 -61.45	ESO 198- 13	Sr	.15± .05	.00	13.66 ±.14				6200±190
249.32 -27.24	FAIR 728	2.1± .6		.19					6083
022728.0-484242	PGC 9463		1.24	.08	13.41				6069
022917.6+455440	NGC 933	.S?....	1.11± .08	35				14.49±.1	5105± 11
140.18 -13.66	UGC 1956		.17± .06	.79	14.8 ±.3				
346.85 -4.21				.21				472± 8	5241
022602.5+454119	PGC 9465		1.18	.08	13.75			.66	4912
022922.8+472927		.S..6*.	1.19± .06	175				15.65±.1	5299± 11
139.58 -12.19	UGC 1957	U	.91± .06	1.05	15.1 ±.3				
348.25 -3.48		6.0±1.3		1.34				292± 8	5438
022605.4+471606	PGC 9469		1.29	.46	12.73			2.47	5110
0229.3 +1010		PSX.2..	1.14± .05	40					8469
158.73 -45.78	UGC 1966	U (1)	.24± .05	.28	14.52 ±.14				
313.85 -19.35		2.0± .8		.30					8517
0226.7 +0957	PGC 9470	4.5±1.1	1.17	.12	13.85				8226
022923.1-425905		.L..0*/	1.02± .06	88					
257.93 -64.61	ESO 246- 16	S	.39± .03	.04	15.24 ±.14				5153
255.56 -27.80	IRAS02274-4312	-2.0±1.3		.00	13.19				5049
022727.0-431224	PGC 9472		.96		15.13				5003
0229.4 +2013		.S?....	1.19± .05	92					4162
152.10 -37.04	UGC 1965		.66± .05	.39	15.32 ±.14				
323.59 -15.55				.99					4238
0226.6 +2000	PGC 9475		1.23	.33	13.92				3924
022926.4+312814	A 0226+31	.SXT2..	1.08± .09						
146.30 -26.92	UGC 1963	U (1)	.04± .07	.36	14.26 ±.13				5098± 73
334.01 -10.80		2.0± .8		.05					5203
022628.2+311454	PGC 9476	3.0±1.0	1.11	.02	13.80				4874
022927.0-430429	IC 1810	RSXT2..	1.10± .05						
258.10 -64.55	ESO 246- 18	BSr	.09± .04	.04	14.19 ±.14				5424
255.46 -27.81		2.4± .5		.11					5319
022731.0-431748	PGC 9477		1.11	.05	13.99				5274
022927.5+313824	NGC 940	.L...*.	1.07± .13						
146.23 -26.76	UGC 1964	U	.09± .07	.36	13.44 ±.12				5087± 52
334.17 -10.73	ARAK 85	-2.0±1.1		.00	13.24				5192
022629.1+312504	PGC 9478		1.09		13.00				4864
022928.2+421500	NGC 937	.SB.6?.	1.03± .06	117					
141.66 -17.03	UGC 1961	U	.32± .05	.26	14.87 ±.12				
343.65 -5.93		6.0±1.3		.46					
022618.1+420140	PGC 9480		1.05	.16					
022928.3-393459		.S..5?/	1.13± .05	137					
250.66 -66.16	ESO 299- 5	S	1.03± .04	.03	15.99 ±.14				
259.45 -28.02		5.0±2.0		1.50					
022728.0-394818	PGC 9481		1.13	.50					
022929.3-331447		PSXR3..	1.04± .05	130					
235.04 -68.01	ESO 355- 19	Sr (1)	.25± .04	.03	15.29 ±.14				
266.71 -28.10		2.6± .6		.34					
022722.0-332806	PGC 9484	3.3± .8	1.04	.12					
022931.6-031242		.SBTOP.	1.10± .06	90					
171.61 -56.51	MCG -1- 7- 16	E	.18± .05	.03					2430± 61
300.16 -23.60	MK 1043	.0± .9		.13	12.63				2438
022700.2-032602	PGC 9485		1.10						2193
022932.3-424835	IC 1812	.E+..*.	1.30± .05		13.22 ±.15	1.01± .02	1.02± .01		
257.55 -64.67	ESO 246- 19	BS	.09± .04	.04	13.21 ±.14				5169± 34
255.76 -27.84		-3.8± .5	.89± .04	.00		.95	13.16± .15		5065
022736.0-430154	PGC 9486		1.28		13.10		14.36± .30		5018
022935.8-483753		PSBT2?.	.99± .05	51					
268.05 -61.31	ESO 198- 14	Sr	.36± .04	.00	14.98 ±.14				10500±190
249.16 -27.28	FAIR 729	1.8± .7		.44					10382
022748.0-485112	PGC 9490		.99	.18	14.44				10369
0229.7 +1603		.I..9*.	.96± .09						3896
154.73 -40.67	UGC 1969	U	.00± .06	.59					
319.64 -17.26		10.0±1.2		.00					3960
0227.0 +1550	PGC 9497		1.02	.00					3656

R.A. 2000 DEC. / l b / SGL SGB / R.A. 1950 DEC.	Names / PGC	Type / S_T n_L / T / L	$\log D_{25}$ / $\log R_{25}$ / $\log A_e$ / $\log D_o$	p.a. / A_g / A_i / A_{21}	B_T / m_B / m_{FIR} / B_T^o	$(B-V)_T$ / $(U-B)_T$ / $(B-V)_T^o$ / $(U-B)_T^o$	$(B-V)_e$ / $(U-B)_e$ / m'_e / m'_{25}	m_{21} / W_{20} / W_{50} / HI	V_{21} / V_{opt} / V_{GSR} / V_{3K}
022948.9+312713			.81± .11					16.69±.3	5214± 10
146.39 -26.90	CGCG 504- 97		.36± .06	.36	15.40 ±.10				
334.03 -10.88								245± 7	5319
022650.6+311354	PGC 9501		.84						4991
022949.6-495436		.S?....	.97± .07	26	16.01 ±.15	.73± .04			
270.00 -60.46	ESO 198- 15		.35± .05	.01	15.33 ±.14				
247.71 -27.15				.48					
022804.1-500754	PGC 9502		.97	.17			14.84± .38		
022950.0-425742		.L..0*/	1.08± .06	71					
257.79 -64.55	ESO 246- 20	S	.59± .03	.04	15.27 ±.14				
255.58 -27.89		-2.0±1.3		.00					
022754.0-431100	PGC 9504		.99						
022950.2+294429		.I..9*.	1.14± .13	80				15.29±.3	4625± 10
147.21 -28.45	UGC 1968	U	.18± .12	.40					
332.48 -11.64		10.0±1.2		.13				217± 7	4725
022653.5+293110	PGC 9505		1.18	.09					4399
0229.8 +0951		.S..1..	1.04± .06	42					8582
159.12 -45.99	UGC 1974	U	.29± .05	.29	15.28 ±.14				
313.58 -19.58		1.0± .9		.30					8629
0227.2 +0938	PGC 9509		1.07	.15	14.58				8340
0229.8 +2515		.S..6*.	1.37± .04	22					1915
149.45 -32.50	UGC 1970	U	.93± .05	.34	15.05 ±.13				
328.35 -13.57		6.0±1.3		1.36					2004
0227.0 +2502	PGC 9510		1.40	.46	13.34				1683
0229.9 +0110	IC 231	.L...*.	1.02± .08	160					
166.86 -53.08	UGC 1978	U	.13± .03	.01	14.63 ±.10				
304.78 -22.45		-2.0±1.2		.00					
0227.4 +0057	PGC 9514		1.00						
023000.1+283800		.L?....	1.00± .15					15.04±.3	4566± 10
147.78 -29.44	UGC 1971		.16± .07	.34	14.67 ±.10				
331.48 -12.15				.00				272± 7	4664
022704.4+282441	PGC 9516		1.02		14.27				4338
0230.0 +4510		.S..7*.	1.00± .10	122					
140.59 -14.29	UGC 1967	U	.66± .04	.74					
346.27 -4.67		7.0±1.4		.92					
0226.8 +4457	PGC 9517		1.07	.33					
023005.3-492543			.99± .06	90					
269.20 -60.74	ESO 198- 17		.58± .05	.01	15.17 ±.14				8400± 87
248.25 -27.26									8280
022819.0-493900	PGC 9522		.99						8273
023005.5-085953		.S?....	.83± .07					15.85±.1	4932± 11
179.69 -60.48	MCG -2- 7- 24		.06± .06	.05				246± 16	4887± 56
294.00 -25.19	MK 1044			.09					4921
022738.2-091311	PGC 9523		.83	.03					4700
023006.7+380605		.E...?.	1.20± .14						
143.50 -20.80	UGC 1972	U	.00± .08	.18	14.8 ±.2				
340.03 -7.95		-6.0±1.5		.00					
022701.4+375247	PGC 9524		1.23						
023014.8+330753		.S?....	1.01± .04	143				16.15±.2	3176± 7
145.71 -25.33	UGC 1975		.70± .05	.27	15.36 ±.13			187± 13	3198±125
335.59 -10.22	KUG 0227+329			1.06				181± 7	3284
022714.8+325435	PGC 9526		1.04	.35	14.02			1.78	2956
023016.2-581008		.SXR4..	1.04± .05						
280.64 -54.47	ESO 115- 13	r	.01± .05	.04	14.93 ±.14				9459
238.54 -25.79		4.5± .8		.02					9322
022848.0-582324	PGC 9529		1.04	.01	14.82				9364
0230.2 +0057		.IBS9*.	1.08± .06						1507
167.18 -53.21	UGC 1981	UE (1)	.04± .05	.00					
304.58 -22.59		10.0± .6		.03					1527
0227.7 +0044	PGC 9530	9.8± .8	1.09	.02					1268
023021.6+351933		.S..3..	1.21± .05	113					9117
144.75 -23.32	UGC 1976	U (1)	.33± .05	.19	14.65 ±.15				
337.57 -9.26		3.0± .8		.45					9230
022719.3+350615	PGC 9533	3.5±1.1	1.23	.16	13.94				8901
0230.4 -1044	A 0228-10	.IBS9..	1.31± .04	90	14.31 ±.19	.44± .07	.49± .04		2110
182.58 -61.53	MCG -2- 7- 26	PE (2)	.17± .05	.03		-.02± .08	-.04± .05		
292.12 -25.66	DDO 23	9.5± .6	1.09± .04	.13		.38	15.25± .11		2095
0228.0 -1058	PGC 9539	7.7± .7	1.31	.08	14.16	-.06	15.28± .32		1882

R.A. 2000 DEC.	Names	Type	logD$_{25}$	p.a.	B$_T$	(B-V)$_T$	(B-V)$_e$	m$_{21}$	V$_{21}$
l b		S$_T$ n$_L$	logR$_{25}$	A$_g$	m$_B$	(U-B)$_T$	(U-B)$_e$	W$_{20}$	V$_{opt}$
SGL SGB		T	logA$_e$	A$_i$	m$_{FIR}$	(B-V)^o_T	m'$_e$	W$_{50}$	V$_{GSR}$
R.A. 1950 DEC.	PGC	L	logD$_o$	A$_{21}$	B^o_T	(U-B)^o_T	m'$_{25}$	HI	V$_{3K}$
0230.4 +0842		.I..9..	1.00± .06						4145± 10
160.20 -46.88	UGC 1982	U	.12± .05	.34					
312.49 -20.12		10.0± .9		.09					4188
0227.8 +0829	PGC 9543		1.04	.06					3904
023028.8-430137		PSBR3..	1.34± .04	138	13.46 ±.16	.81± .03	.89± .02		
257.78 -64.41	ESO 246- 21	Sr (1)	.22± .05	.04	13.60 ±.14				5451± 34
255.50 -28.00		3.2± .6	.99± .03	.31		.73	13.90± .10		5346
022833.0-431454	PGC 9544	2.2± .8	1.35	.11	13.16		14.46± .29		5302
023033.1+305226		.I?....	.80± .09					17.09±.3	5443± 10
146.82 -27.36	CGCG 504-101		.15± .12	.35	15.06 ±.13				
333.58 -11.28	KUG 0227+306			.12				108± 7	5546
022735.3+303909	PGC 9548		.83	.08	14.59			2.42	5219
023033.6-010626	NGC 955	.S..2*/	1.44± .02	19	12.93 ±.13	.96± .01	.97± .01		
169.50 -54.76	UGC 1986	PUE	.59± .03	.04	13.04 ±.10	.36± .03	.45± .02		1504± 66
302.45 -23.26	IRAS02279-0119	1.8± .6	.71± .02	.73		.83	11.97± .06		1518
022800.7-011943	PGC 9549		1.45	.30	12.21	.23	13.52± .18		1266
023033.7+321033		.S?....	1.08± .09					16.09±.3	4778± 10
146.22 -26.18	UGC 1980		.47± .07	.25	14.54 ±.13				
334.76 -10.70	IRAS02275+3157			.71	11.83			424± 7	4884
022734.6+315716	PGC 9550		1.10	.24	13.55			2.30	4557
023035.8-313549		.SBS6?/	1.21± .04	75					
230.59 -67.99	ESO 415- 31	S (1)	.71± .03	.03	14.66 ±.14				4633± 52
268.61 -28.29		6.0± .8		1.04					4557
022827.1-314906	PGC 9551	5.6±1.3	1.21	.36	13.57				4449
023038.0+270924		.S?....	.84± .10					17.54±.3	5083± 10
148.66 -30.71	CGCG 483- 72		.64± .10	.30	15.83 ±.15				
330.18 -12.91				.95				327± 7	5177
022743.5+265607	PGC 9554		.87	.32	14.55			2.67	4854
023038.1-341550	IC 1811	PSBR2..	1.12± .04	7					
237.57 -67.58	ESO 355- 20	BSr	.17± .04	.03	14.35 ±.14				4791± 87
265.55 -28.35		1.6± .5		.20					4708
022832.1-342906	PGC 9555		1.12	.08	14.07				4615
023038.5+421358	NGC 946	.L...*.	1.16± .06	65					
141.88 -16.96	UGC 1979	U	.16± .03	.26	14.19 ±.11				5655± 68
343.73 -6.13		-2.0±1.1		.00					5783
022728.2+420041	PGC 9556		1.17		13.84				5454
0230.6 +5008		.SX.4..	1.04± .08	165					
138.76 -9.66	UGC 1977	U	.13± .06	1.27					
350.66 -2.42		4.0± .9		.19					
0227.3 +4955	PGC 9557		1.16	.06					
023041.7-034844		.SBS8*.	1.54± .03	100				14.22±.1	1627± 11
172.74 -56.76	MCG -1- 7- 20	UE (1)	.11± .05	.03				93± 16	
299.61 -24.04		8.0± .7		.14				84± 12	1632
022810.7-040201	PGC 9559	9.8± .8	1.54	.06					1392
023042.9-025621	NGC 958	.SBT5*.	1.46± .02	173	12.89 ±.13	.74± .01	.82± .01	13.78±.2	5738± 6
171.68 -56.11	MCG -1- 7- 19	PE (3)	.46± .03	.02	13.02 ±.19	.18± .06		591± 34	
300.53 -23.81	IRAS02281-0309	4.5± .6	.92± .02	.69	11.09	.61	12.98± .05	568± 25	5746
022811.3-030938	PGC 9560	2.9± .5	1.46	.23	12.19	.08	13.87± .19	1.36	5502
023048.9+370809	NGC 949	.SAT3*$	1.38± .02	145	12.40 ±.14	.61± .02		14.28±.1	612± 5
144.05 -21.63	UGC 1983	R (1)	.27± .03	.18	12.41 ±.12	-.02± .02		196± 7	596± 17
339.23 -8.52	IRAS02277+3654	3.0± .7		.37	11.62	.51		175± 12	728
022744.6+365452	PGC 9566	5.7± .8	1.40	.14	11.85	-.09	13.50± .20	2.29	399
023049.1-341314	IC 1813	.LAT+P*	1.08± .05	102					
237.44 -67.55	ESO 355- 22	BS	.14± .03	.03	14.20 ±.14				4453± 87
265.60 -28.38		-.5± .6		.00					4370
022843.0-342630	PGC 9567		1.06		14.10				4277
023050.6+261146		.S?....	.82± .13					16.71±.3	13290± 10
149.20 -31.56	MCG 4- 7- 2		.28± .07	.29	15.64 ±.12				
329.32 -13.37				.39				506± 7	13381
022757.0+255830	PGC 9570		.84	.14	14.86			1.71	13060
023053.0+252416		.S?....	.74± .14					17.45±.3	5286± 10
149.62 -32.26	MCG 4- 7- 1		.38± .07	.26	15.65 ±.15				
328.59 -13.71				.57				243± 7	5375
022800.1+251100	PGC 9573		.76	.19	14.79			2.46	5055
0231.0 +4321		.S..6*.	1.04± .08	129					
141.49 -15.90	UGC 1984	U	1.06± .06	.39					
344.75 -5.67		6.0±1.5		1.47					
0227.8 +4308	PGC 9577		1.08	.50					

R.A. 2000 DEC. / l b / SGL SGB / R.A. 1950 DEC.	Names / PGC	Type / S_T n_L / T / L	$\log D_{25}$ / $\log R_{25}$ / $\log A_e$ / $\log D_o$	p.a. / A_g / A_i / A_{21}	B_T / m_B / m_{FIR} / B_T^o	$(B-V)_T$ / $(U-B)_T$ / $(B-V)_T^o$ / $(U-B)_T^o$	$(B-V)_e$ / $(U-B)_e$ / m'_e / m'_{25}	m_{21} / W_{20} / W_{50} / HI	V_{21} / V_{opt} / V_{GSR} / V_{3K}
023100.8-442533		.SB.5..	1.04± .05	135					
260.39 -63.60	ESO 246- 22	S (1)	.24± .04	.00	14.84 ±.14				5127
253.89 -27.98		5.0± .9		.36					5018
022907.1-443848	PGC 9578	5.6± .9	1.04	.12	14.45				4983
023104.1+274156		.I?....	1.07± .14	37					4617
148.49 -30.18	UGC 1990		.91± .12	.31	15.72 ±.13				
330.72 -12.77	IRAS02281+2728			.68	13.15				4712
022809.2+272840	PGC 9579		1.10	.46	14.72				4389
023104.5-191957		.SXR4*.	1.08± .04	98					
199.40 -65.87	ESO 545- 26	Er (1)	.09± .03	.07	14.66 ±.14				9837± 60
282.61 -27.34		4.2± .6		.13					9796
022845.1-193312	PGC 9580	3.1± .8	1.08	.05	14.40				9625
023104.8-574746		.LXR+*.	1.12± .06	85					
280.08 -54.69	ESO 115- 14	S	.65± .03	.04	15.75 ±.14				
238.93 -25.97		-1.0± .9		.00					
022936.0-580100	PGC 9581		1.03						
023106.1-360203	NGC 964	.S..2..	1.31± .04	31					
241.97 -67.07	ESO 355- 24	S	.58± .04	.03	13.48 ±.14				4780± 36
263.51 -28.44	IRAS02290-3615	2.0± .8		.71	13.75				4692
022902.0-361518	PGC 9582		1.32	.29	12.69				4609
023109.5-575504		.LBR+?.	1.04± .05	53					
280.20 -54.59	ESO 115- 15	Sr	.15± .04	.04	14.41 ±.14				9590± 63
238.79 -25.95	FAIR 222	-1.0± .7		.00					9453
022941.0-580818	PGC 9585		1.02		14.23				9495
023109.9+293518	NGC 953	.E.....							
147.58 -28.47	UGC 1991	U		.41	14.5 ±.4				
332.46 -11.96		-5.0± .8							
022813.2+292202	PGC 9586								
023111.4+011557	IC 232	.E.....	1.23± .07	155					
167.16 -52.82	UGC 1994	U	.14± .04	.02	13.71 ±.11				6358± 31
304.98 -22.71		-5.0± .8		.00					6378
022836.8+010242	PGC 9588		1.19		13.59				6120
023113.5+432021		.E...?.	.88± .14						
141.53 -15.90	UGC 1987	U	.08± .05	.39	15.3 ±.3				
344.76 -5.71	IRAS02280+4308	-5.0±1.7		.00					
022801.6+430706	PGC 9589		.91						
023114.4+402326		.S..2..	.99± .06	123					
142.75 -18.61	UGC 1988	U	.47± .05	.19	14.79 ±.14				
342.16 -7.09	IRAS02281+4010	2.0± .9		.58	12.90				
022806.2+401010	PGC 9590		1.01	.23					
023121.8+432757									
141.50 -15.77	CGCG 539- 37			.39	15.0 ±.4				5859± 68
344.88 -5.68									5989
022809.7+431442	PGC 9595								5661
0231.3 +0120	A 0228+01	.SBR5P*	1.19± .04	62				15.87±.3	7302± 12
167.15 -52.73	UGC 1995	UE (1)	.30± .04	.02	14.26 ±.13			333± 21	7390± 60
305.07 -22.74		4.7± .7		.45				317± 15	7326
0228.8 +0107	PGC 9598	1.9± .8	1.19	.15	13.76			1.97	7067
0231.3 +4255		.I..9*.	1.00± .16						
141.73 -16.27	UGC 1992	U	.04± .12	.24					
344.40 -5.93		10.0±1.2		.03					
0228.2 +4242	PGC 9599		1.02	.02					
023123.8-574528		PLBT+*.	1.00± .05						
279.98 -54.69	ESO 115- 16	Sr	.03± .03	.04	15.07 ±.14				8977
238.96 -26.02		-1.1± .6		.00					8840
022955.0-575842	PGC 9600		1.00		14.89				8881
023126.8-173910		.S?....	.99± .05	44					
195.83 -65.08	ESO 545- 28		.14± .04	.05	14.68 ±.14				10015± 60
284.51 -27.18				.11					9978
022906.0-175224	PGC 9602		.99		14.37				9800
023128.6-345446		PLX.0*P	1.13± .09						
239.12 -67.27		S	.00± .08	.03					
264.80 -28.52		-2.0± .8		.00					
022923.4-350800	PGC 9604		1.14						
0231.6 +0249	IC 233								
165.74 -51.53	CGCG 388- 33			.06	14.8 ±.2				8240± 46
306.62 -22.33									8265
0229.0 +0236	PGC 9610								8002

R.A. 2000 DEC. l b SGL SGB R.A. 1950 DEC.	Names PGC	Type S_T n_L T L	$\log D_{25}$ $\log R_{25}$ $\log A_e$ $\log D_o$	p.a. A_g A_i A_{21}	B_T m_B m_{FIR} B_T^o	$(B-V)_T$ $(U-B)_T$ $(B-V)_T^o$ $(U-B)_T^o$	$(B-V)_e$ $(U-B)_e$ m'_e m'_{25}	m_{21} W_{20} W_{50} HI	V_{21} V_{opt} V_{GSR} V_{3K}
023137.9-000821	IC 234		.80± .09						
168.79 -53.84	CGCG 388- 34		.42± .12	.02	15.28 ±.16				6015± 61
303.55 -23.24	MK 1045								6031
022904.4-002135	PGC 9613		.80						5778
023138.5-443129	NGC 979	RLBR0..	1.07± .05						
260.44 -63.45	ESO 246- 23	BSr	.07± .03	.00	13.81 ±.14				
253.77 -28.08		-2.1± .5		.00					
022945.0-444442	PGC 9614		1.06						
0231.6 +2254	IC 1809	PSBS2..	.98± .07	50					5576
151.15 -34.41	UGC 1996	U	.13± .05	.36	14.82 ±.12				
326.35 -14.92	3ZW 48	2.0± .9		.16	11.97				5658
0228.8 +2241	PGC 9616		1.01	.07	14.24				5343
0231.6 +0018		.S..6*.	1.03± .06	143					6331
168.32 -53.49	UGC 1998	U	.22± .05	.03					
304.01 -23.12		6.0±1.2		.32					6348
0229.1 +0005	PGC 9617		1.03	.11					6094
023140.1+392244	A 0228+39	.S..3..	1.37± .04	140				15.32±.1	8018± 11
143.25 -19.50	UGC 1993	U (1)	.60± .05	.21	14.10 ±.12				8005± 73
341.30 -7.63		3.0± .8		.83				476± 8	8139
022833.1+390930	PGC 9618	4.5±1.1	1.39	.30	13.00			2.02	7811
023141.4-091801	NGC 960	.S..3*.	1.07± .06	125					
180.68 -60.38	MCG -2- 7- 28	E	.61± .05	.03					
293.77 -25.64		3.0±1.3		.84					
022914.4-093115	PGC 9621		1.07	.31					
023147.0-195253	NGC 966	.LA.0P*	1.00± .05	112					
200.80 -65.93	ESO 545- 30	SE	.06± .03	.06	14.37 ±.14				
282.02 -27.58		-2.4± .8		.00					
022928.0-200606	PGC 9626		1.00						
0231.8 +0537		.SX.7*.	1.11± .07						6049
163.21 -49.24	UGC 2000	U	.07± .06	.18					
309.50 -21.48		7.0±1.2		.09					6082
0229.2 +0524	PGC 9631		1.13	.03					5810
023151.3-364017	IC 1816	.SBR2P?	1.16± .04						
243.42 -66.74	ESO 355- 25	BS	.07± .04	.03	13.86 ±.14				5176± 20
262.77 -28.58	FAIR 1090	2.4± .6		.09	12.79				5086
022948.1-365330	PGC 9634		1.16	.04	13.69				5008
0231.9 +1908		.S..6*.	1.49± .03	96					971
153.39 -37.72	UGC 1999	U	.83± .05	.29	14.60 ±.16				
322.80 -16.52		6.0±1.2		1.22					1043
0229.1 +1855	PGC 9638		1.51	.41	13.09				735
023157.8+011445		.LAT-*.	1.28± .07						
167.43 -52.72	UGC 2005	UE	.00± .04	.02	14.05 ±.18				
305.02 -22.90		-3.0± .6		.00					
022923.2+010132	PGC 9642		1.28						
0231.9 +0054		.SXS5..	1.08± .06	95					6538
167.79 -52.98	UGC 2004	U	.20± .05	.00	14.49 ±.13				
304.67 -23.01	IRAS02294+0041	5.0± .8		.30	13.56				6557
0229.4 +0041	PGC 9643		1.08	.10	14.15				6301
023159.7+234513		.S?....	.89± .11					18.28±.3	9064± 10
150.77 -33.63	MCG 4- 7- 5		.07± .07	.32	15.19 ±.13				
327.16 -14.64				.10				64± 10	9148
022908.1+233200	PGC 9645		.92	.03	14.72			3.52	8832
0232.0 -1319		.SBS8..	1.15± .06	45					4602
187.51 -62.76	MCG -2- 7- 29	E (1)	.09± .05	.04					
289.36 -26.56		8.0± .8		.11					4578
0229.6 -1333	PGC 9646	7.5± .8	1.15	.05					4380
023207.3-012141		.SBT4..	1.12± .05	85					
170.30 -54.69	UGC 2010	UE (1)	.24± .05	.06	14.10 ±.12				11275± 39
302.31 -23.71		4.0± .6		.36					11287
022934.6-013454	PGC 9648	.8± .8	1.12	.12	13.61				11039
0232.1 +0943		.LB....	1.04± .18						
159.91 -45.79	UGC 2007	U	.00± .08	.23	14.75 ±.13				
313.66 -20.16		-2.0± .8		.00					
0229.5 +0930	PGC 9650		1.07						
023213.0-171300	NGC 967	.LX.-..	1.20± .04	33					
195.11 -64.72	ESO 545- 31	SE	.19± .03	.03	13.46 ±.14				
285.04 -27.29		-3.0± .6		.00					
022952.0-172612	PGC 9654		1.17						

R.A. 2000 DEC.	Names	Type	$\log D_{25}$	p.a.	B_T	$(B\text{-}V)_T$	$(B\text{-}V)_e$	m_{21}	V_{21}
l b		S_T n_L	$\log R_{25}$	A_g	m_B	$(U\text{-}B)_T$	$(U\text{-}B)_e$	W_{20}	V_{opt}
SGL SGB		T	$\log A_e$	A_i	m_{FIR}	$(B\text{-}V)^o_T$	m'_e	W_{50}	V_{GSR}
R.A. 1950 DEC.	PGC	L	$\log D_o$	A_{21}	B^o_T	$(U\text{-}B)^o_T$	m'_{25}	HI	V_{3K}
023215.5+432719		.S..3..	1.09± .06	73					
141.66 -15.72	UGC 1997	U (1)	.67± .05	.24	15.3 ±.3				6162± 68
344.95 -5.82		3.0±1.0		.93					6292
022903.3+431406	PGC 9655	4.5±1.3	1.11	.34	14.04				5965
023218.0-350148		.SBS4*.	1.20± .04	155					
239.32 -67.08	ESO 355- 26	S (1)	.27± .04	.03	13.80 ±.14				2018± 60
264.66 -28.69	IRAS02302-3515	4.0± .8		.39	13.58				1932
023013.0-351500	PGC 9658	4.4±1.2	1.20	.13	13.36				1846
023222.1-523019			.89± .06						
273.24 -58.41	ESO 154- 2		.05± .05	.07	14.84 ±.14				6443± 76
244.74 -27.15	IRAS02307-5243				13.34				6316
023042.0-524330	PGC 9662		.90						6328
023222.7+421156		.S..2..	1.15± .05	35					
142.20 -16.86	UGC 2001	U	.17± .05	.33	14.33 ±.13				6989± 68
343.85 -6.43		2.0± .8		.21					7116
022912.1+415843	PGC 9663		1.19	.09	13.71				6789
023223.8-580113		.L..0*/	1.07± .05	110					
280.10 -54.40	ESO 115- 17	S	.21± .04	.04	14.83 ±.14				9050
238.64 -26.09		-2.0±1.2		.00					8912
023056.1-581424	PGC 9664		1.04		14.65				8956
023224.0+352942	NGC 959	.S..8*.	1.37± .03	65	12.95 ±.14	.57± .02	.58± .01	14.75±.1	601± 6
145.09 -23.00	UGC 2002	U	.21± .05	.17	12.50 ±.13	-.08± .02	-.10± .02	158± 8	664± 42
337.91 -9.55	IRAS02293+3516	8.0±1.1	.98± .02	.26	12.85	.49	13.34± .04	162± 12	715
022921.2+351629	PGC 9665		1.39	.11	12.27	-.14	14.12± .23	2.37	389
023224.9-183824	NGC 965	.SBS6P?	1.01± .04	10					
198.19 -65.30	ESO 545- 32	SE (1)	.11± .03	.07	14.92 ±.14				
283.44 -27.56		6.0± .9		.16					
023005.0-185136	PGC 9666	4.2± .8	1.02	.05					
023232.0+313632		.S..7..	.82± .13					16.20±.3	5042± 10
146.91 -26.51	UGC 2008	U	.00± .07	.39					
334.43 -11.33		7.0± .9		.00				131± 7	5145
022933.2+312320	PGC 9669		.85	.00					4822
0232.6 +2101		.S..4..	1.03± .06	140					8862
152.46 -35.98	UGC 2012	U	.13± .05	.37	14.73 ±.13				
324.66 -15.91		4.0± .9		.18					8938
0229.8 +2048	PGC 9675		1.07	.06	14.12				8628
023238.2+313351		.SXR2..	1.08± .09					16.77±.3	9527± 10
146.95 -26.54	UGC 2011	U (1)	.25± .07	.39	15.22 ±.16				
334.40 -11.37		2.0± .8		.30				547± 7	9630
022939.4+312039	PGC 9676	4.5±1.1	1.11	.12	14.43			2.22	9307
023239.1+003705		.S?....	.75± .07	65					
168.31 -53.10	UGC 2019		.08± .04	.01	14.53 ±.17				6206± 50
304.42 -23.26	IRAS02300+0023			.11	13.78				6223
023004.9+002353	PGC 9680		.75	.04	14.36				5970
023239.8+280412	NGC 962	.E.....							
148.67 -29.69	UGC 2013	U		.30	13.93 ±.12				
331.22 -12.92		-5.0± .8							
022944.3+275101	PGC 9682								
023239.9+422543		.E.....	.93± .13						
142.16 -16.63	UGC 2006	U	.00± .05	.30	15.21 ±.12				
344.08 -6.37		-5.0± .8		.00					
022928.9+421231	PGC 9683		.98						
023240.0+001536		.LBT+*.	1.11± .05	75					
168.69 -53.37	UGC 2018	E	.34± .04	.02	14.14 ±.10				6162± 50
304.05 -23.37		-1.0± .9		.00					6178
023006.1+000225	PGC 9684		1.06		14.03				5926
023240.6-391750	NGC 986A	.IB.9*.	1.25± .03	72	13.97V±.15		.48± .05		
249.42 -65.70	ESO 299- 6A	PS (1)	.39± .03	.03	14.73 ±.10				1406± 62
259.74 -28.65		9.7± .7	.84± .02	.29					1309
023040.6-393101	PGC 9685	8.9± .9	1.25	.20	14.40				1247
0232.8 +0542		.L.....	1.04± .08						
163.45 -49.03	UGC 2021	U	.03± .03	.18	14.46 ±.11				
309.68 -21.69		-2.0± .8		.00					
0230.2 +0529	PGC 9697		1.06						
023250.6+203838	IC 235	.P.....	.61± .14		14.9 ±.2	.54± .04	.62± .03		
152.74 -36.29	UGC 2016	R	.11± .06	.32	14.8 ±.2	-.09± .06			8720± 43
324.33 -16.11	MK 368	99.0	.46± .04	.15	13.45	.39	12.67± .11		8795
023001.4+202527	PGC 9698		.64	.05	14.32	-.20	12.53± .76		8486

R.A. 2000 DEC. / l b / SGL SGB / R.A. 1950 DEC.	Names / PGC	Type / S_T n_L / T / L	$\log D_{25}$ / $\log R_{25}$ / $\log A_e$ / $\log D_o$	p.a. / A_g / A_i / A_{21}	B_T / m_B / m_{FIR} / B_T^o	$(B-V)_T$ / $(U-B)_T$ / $(B-V)_T^o$ / $(U-B)_T^o$	$(B-V)_e$ / $(U-B)_e$ / m'_e / m'_{25}	m_{21} / W_{20} / W_{50} / HI	V_{21} / V_{opt} / V_{GSR} / V_{3K}
023253.7+191531			.95?						3984
153.58 -37.50	CGCG 462- 23		.11?	.29	14.67 ±.12				
323.02 -16.69									4055
023005.7+190220	PGC 9699		.98						3749
0232.9 +3840	A 0229+38	.I..9*.	1.31± .05	176	15.65 ±.18	.32± .08	.28± .06	15.14±.1	565± 6
143.79 -20.05	UGC 2014	PU (1)	.53± .06	.19		-.07± .09	-.17± .08	67± 7	
340.79 -8.17	DDO 22	10.0± .6	.87± .04	.40		.15	15.49± .08	49± 12	685
0229.8 +3827	PGC 9702	9.0±1.0	1.33	.27	15.06	-.20	15.71± .36	-.19	358
023254.9+250538		.S?....	.74± .14					16.31±.3	5415± 10
150.27 -32.34	MCG 4- 7- 6		.00± .07	.26	14.96 ±.13				
328.50 -14.26				.00				144± 7	5502
023002.1+245227	PGC 9703		.76	.00	14.68			1.63	5186
0232.9 +3452		.L...?.	1.11± .16						
145.48 -23.52	UGC 2015	U	.00± .08	.21					
337.41 -9.93		-2.0±1.6		.00					
0229.9 +3439	PGC 9704		1.13						
023256.3+284911		.I..9..	1.36± .09					14.49±.1	1014± 6
148.35 -28.99	UGC 2017	U	.10± .12	.31				92± 7	
331.93 -12.65		10.0± .7		.07				84± 12	1111
023000.0+283600	PGC 9705		1.39	.05					790
0232.9 +2320		.S..6*.	1.14± .05	109					5559
151.23 -33.90	UGC 2020	U	.81± .05	.45	15.49 ±.12				
326.87 -15.02		6.0±1.3		1.20					5641
0230.1 +2307	PGC 9707		1.19	.41	13.82				5328
023301.7+002516		.S..2..	1.00± .06	153					
168.64 -53.19	UGC 2024	U	.22± .05	.02	14.38 ±.12				6714± 50
304.25 -23.41	IRAS02304+0012	2.0± .9		.27	12.27				6730
023027.7+001206	PGC 9711		1.01	.11	14.02				6478
023303.5-104536	NGC 977	PSXR1*.	1.29± .05	20					
183.43 -61.04	MCG -2- 7- 31	E	.09± .05	.01					4546± 60
292.26 -26.29		1.0± .8		.09					4529
023037.6-105847	PGC 9713		1.29	.05					4322
0233.1 +0855			1.14± .07						6210
160.84 -46.33	UGC 2027		.10± .06	.35					
312.95 -20.67									6252
0230.5 +0842	PGC 9717		1.17						5972
023315.9-114444		.SBS6..	1.23± .03	85					4476
185.13 -61.59	MCG -2- 7- 32	E (1)	.21± .05	.00					
291.18 -26.54	KUG 0230-119	6.0± .8		.30					4456
023050.8-115753	PGC 9721	5.3± .8	1.23	.10					4253
023317.2+324448		.E...*.	.61± .11						
146.53 -25.42	UGC 2022	U	.00± .06	.30	15.24 ±.13				
335.53 -10.96	IRAS02302+3231	-5.0±1.2		.00	13.10				
023017.2+323138	PGC 9724		.65						
0233.2 +2530		.S..6*.	1.13± .05	32					11084
150.14 -31.93	UGC 2025	U	.92± .05	.26	15.65 ±.12				
328.92 -14.16		6.0±1.4		1.35					11172
0230.4 +2517	PGC 9725		1.15	.46	13.99				10856
023318.1+332926	A 0230+33	.I..9*.	1.22± .07		13.90 ±.17	.62± .06	.58± .03	14.34±.1	606± 6
146.19 -24.74	UGC 2023	PU (1)	.00± .07	.37	14.4 ±.2	-.19± .07	-.21± .04	49± 6	
336.20 -10.63	DDO 25	10.0± .6	1.17± .03	.00		.53	15.24± .07	39± 12	713
023017.2+331616	PGC 9726	9.0±1.0	1.25	.00	13.72	-.25	14.83± .43	.62	389
0233.3 +2718		.I..9*.	1.14± .13						5218
149.21 -30.32	UGC 2026	U	.14± .12	.26					
330.58 -13.39		10.0±1.2		.10					5310
0230.4 +2705	PGC 9727		1.16	.07					4992
0233.3 +2223		.S..6*.	1.12± .05	110					5431
151.86 -34.70	UGC 2028	U	.34± .05	.44	14.48 ±.12				
326.02 -15.50		6.0±1.2		.50					5510
0230.5 +2210	PGC 9729		1.16	.17	13.51				5200
0233.3 +2245		.I..9*.	1.00± .08	20					5502
151.66 -34.37	UGC 2029	U	.25± .06	.42					
326.36 -15.34		10.0±1.3		.19					5582
0230.5 +2232	PGC 9730		1.04	.13					5271
023323.0+093608	NGC 975	.S..0..	1.03± .06	0					
160.36 -45.73	UGC 2030	U	.14± .05	.25	14.07 ±.12				6111± 50
313.66 -20.48		.0± .9		.10					6154
023042.3+092258	PGC 9735		1.04		13.62				5873

R.A. 2000 DEC. / l b / SGL SGB / R.A. 1950 DEC.	Names / PGC	Type / S_T n_L / T / L	$\log D_{25}$ / $\log R_{25}$ / $\log A_e$ / $\log D_o$	p.a. / A_g / A_i / A_{21}	B_T / m_B / m_{FIR} / B_T^o	$(B-V)_T$ / $(U-B)_T$ / $(B-V)_T^o$ / $(U-B)_T^o$	$(B-V)_e$ / $(U-B)_e$ / m'_e / m'_{25}	m_{21} / W_{20} / W_{50} / HI	V_{21} / V_{opt} / V_{GSR} / V_{3K}
0233.4 +2016		.L.....	1.08± .09	10					
153.11 -36.56	UGC 2031	U	.17± .04	.37	14.95 ±.13				
324.03 -16.39		-2.0± .8		.00					
0230.6 +2003	PGC 9736		1.10						
0233.4 +2035		.S..6*.	1.07± .07	54					4335
152.92 -36.28	UGC 2032	U	.70± .06	.32					
324.33 -16.26		6.0±1.3		1.02					4410
0230.6 +2022	PGC 9738		1.10	.35					4102
023325.5-433109		RSBR1*.	.89± .07						
258.14 -63.70	ESO 246- 25	r	.00± .06	.00	14.57 ±.14				5124
254.88 -28.49	IRAS02315-4344	1.0± .9		.00	12.44				5016
023131.0-434418	PGC 9740		.89	.00	14.51				4979
023327.8+220936								17.37±.3	12286± 10
152.02 -34.88	CGCG 484- 9			.44	15.7 ±.4				
325.82 -15.61								238± 7	12365
023037.3+215627	PGC 9741								12054
023334.2-390243	NGC 986	.SBT2..	1.59± .03	150	11.64 ±.13	.73± .01	.79± .01	14.77±.2	2005± 7
248.69 -65.64	ESO 299- 7	R (2)	.12± .03	.03	11.67 ±.11	.08± .01	.10± .01	177± 9	1994± 49
260.02 -28.83	IRAS02315-3915	2.0± .3	1.15± .01	.15	9.65	.68	12.88± .02	96± 12	1907
023134.0-391551	PGC 9747	2.8± .5	1.59	.06	11.45	.05	14.12± .20	3.26	1845
023337.3+323213			.95?					17.05±.3	9673± 10
146.70 -25.58	CGCG 505- 7		.35?	.33	15.51 ±.12				
335.38 -11.12								348± 7	9778
023037.4+321904	PGC 9751		.98						9455
0233.6 +0628		.S?....	1.06± .06	103					8324
163.03 -48.29	UGC 2037		.64± .05	.22	15.39 ±.12				
310.53 -21.62				.96					8358
0231.0 +0615	PGC 9753		1.08	.32	14.17				8087
023342.9+373959		.SBS3..	1.13± .05	160					
144.38 -20.91	UGC 2033	U	.27± .05	.19	14.49 ±.12				
339.97 -8.78		3.0± .8		.38					
023037.4+372650	PGC 9758		1.15	.14					
023343.0+403142	A 0230+40	.I..9..	1.40± .05	170	13.7 ±.2	.47± .07	.56± .03	13.58±.1	579± 6
143.15 -18.29	UGC 2034	U (1)	.10± .06	.20	14.3 ±.3	-.17± .09	-.08± .04	58± 7	
342.50 -7.44	DDO 24	10.0± .7	1.19± .05	.07		.40	15.09± .11	45± 12	702
023034.2+401833	PGC 9759	8.0±1.3	1.42	.05	13.56	-.22	15.25± .35	-.03	377
023344.4-385228			.80± .06	14					
248.28 -65.67	ESO 299- 8		.31± .05	.03	15.18 ±.14				5004±104
260.22 -28.87									4907
023144.0-390536	PGC 9761		.80						4844
023347.1+301122			1.00?					15.45±.3	10229± 10
147.86 -27.68	CGCG 505- 9		.00?	.42	15.23 ±.18				
333.27 -12.21								302± 7	10328
023049.4+295813	PGC 9763		1.04						10008
0233.8 +0055		.SBS6*.	.91± .07	30					
168.38 -52.67	UGC 2044	U	.16± .05	.02	15.35 ±.13				
304.84 -23.46		6.0±1.3		.23					
0231.3 +0042	PGC 9765		.92	.08					
0233.8 +0938		.S..2..	1.08± .06	170					12156
160.48 -45.64	UGC 2041	U	.23± .05	.27	14.88 ±.14				
313.74 -20.58		2.0± .9		.28					12199
0231.2 +0925	PGC 9767		1.11	.11	14.21				11919
023358.5+442042		.S..3..	1.24± .05	125				15.25±.1	5077± 11
141.59 -14.78	UGC 2035	U (1)	.18± .05	.47	13.9 ±.3				
345.87 -5.67	IRAS02307+4407	3.0± .8		.25	12.71			302± 8	5208
023044.6+440733	PGC 9773	2.5±1.1	1.28	.09	13.10			2.06	4884
0233.9 -0621		.IBS9..	1.20± .07	10					
177.15 -57.99		E (1)	.29± .08	.06					
297.11 -25.49		10.0± .9		.22					
0231.5 -0635	PGC 9774	7.5±1.2	1.21	.14					
023359.6+205836	NGC 976	.SAT5*.	1.17± .03		13.26 ±.13	.82± .01	.90± .01	14.71±.2	4298± 7
152.84 -35.87	UGC 2042	R (2)	.08± .04	.40	12.91 ±.12	.16± .02	.25± .02	334± 6	4332± 66
324.76 -16.22	IRAS02311+2045	5.0± .6	.71± .01	.11	11.69	.69	12.30± .03	318± 6	4373
023110.1+204528	PGC 9776	2.5± .7	1.21	.04	12.52	.05	13.78± .21	2.15	4066
023405.3+012107		.L.....	1.20± .14						
168.00 -52.30	UGC 2051	U	.02± .08	.02	13.88 ±.13				6574± 50
305.31 -23.38		-2.0± .8		.00					6593
023130.6+010800	PGC 9778		1.20		13.76				6339

R.A. 2000 DEC. / l b / SGL SGB / R.A. 1950 DEC.	Names / PGC	Type / S_T n_L / T / L	$\log D_{25}$ / $\log R_{25}$ / $\log A_e$ / $\log D_o$	p.a. / A_g / A_i / A_{21}	B_T / m_B / m_{FIR} / B^o_T	$(B-V)_T$ / $(U-B)_T$ / $(B-V)^o_T$ / $(U-B)^o_T$	$(B-V)_e$ / $(U-B)_e$ / m'_e / m'_{25}	m_{21} / W_{20} / W_{50} / HI	V_{21} / V_{opt} / V_{GSR} / V_{3K}
023406.3+342847	NGC 968	.E.....	1.56± .08	60					
145.90 -23.77	UGC 2040	U	.29± .08	.21	13.18 ±.15				3637± 31
337.17 -10.32		-5.0± .7		.00					3747
023104.3+341539	PGC 9779		1.51		12.91				3423
023408.0+325651	NGC 969	.L.....	1.23± .10						
146.61 -25.16	UGC 2039	U	.03± .07	.30	13.27 ±.10				4520± 61
335.79 -11.03		-2.0± .8		.00					4626
023107.6+324343	PGC 9781		1.26		12.91				4303
0234.1 +4031		.SB.8*.	1.00± .16						
143.23 -18.27	UGC 2038	U	.33± .12	.20					
342.53 -7.52		8.0±1.3		.41					
0231.0 +4018	PGC 9784		1.02	.17					
0234.2 +0237		.SX.4..	.95± .07						
166.76 -51.29	UGC 2056	U	.08± .05	.06	14.74 ±.12				
306.63 -23.01		4.0± .9		.12					
0231.6 +0224	PGC 9785		.95	.04					
023413.3+291842	NGC 972	.S..2..	1.52± .02	152	12.27M±.10	.83± .01	.88± .01	14.75±.1	1543± 6
148.39 -28.43	UGC 2045	U	.29± .02	.37	12.18 ±.10	.21± .02	.22± .02	381± 11	1550± 31
332.51 -12.68	IRAS02312+2905	2.0± .7	1.00± .01	.36	9.36	.68	12.58± .04	261± 5	1640
023116.5+290534	PGC 9788		1.55	.15	11.48	.09	13.96± .14	3.13	1321
023415.6+300017		.S..8*.	1.06± .06	65				15.35±.3	5080± 10
148.06 -27.80	UGC 2046	U	.08± .05	.46					
333.14 -12.38		8.0±1.2		.10				163± 7	5179
023118.1+294710	PGC 9790		1.10	.04					4859
023420.0+322545	IC 1815	.LB....	1.22± .06						
146.90 -25.61	UGC 2047	U	.02± .03	.33	13.88 ±.13				
335.35 -11.30		-2.0± .8		.00					
023120.1+321237	PGC 9794		1.25						
023420.2+323020	NGC 973	.S..3..	1.57± .03	48				14.22±.3	4851± 10
146.87 -25.54	UGC 2048	U (1)	.84± .05	.33	13.55 ±.12				
335.42 -11.27	IRAS02313+3217	3.0± .8		1.16	12.48			582± 7	4956
023120.2+321713	PGC 9795	4.5±1.1	1.60	.42	12.03			1.77	4634
023423.7+450010		.SBS5..	.96± .09						
141.39 -14.15	UGC 2043	U	.05± .06	.62	14.6 ±.3				
346.48 -5.42		5.0± .9		.07					
023108.8+444702	PGC 9799		1.02	.02					
023424.6-105040		.SB.4?.	1.46± .04	75					4780
183.98 -60.82	MCG -2- 7- 33	E (1)	.44± .05	.00					
292.24 -26.63	IRAS02319-1103	4.0±1.1		.64	12.25				4762
023158.9-110346	PGC 9800	4.2± .8	1.46	.22					4557
023425.9+325716	NGC 974	.SXT3*.	1.39± .05						4517
146.67 -25.13	UGC 2049	U	.11± .06	.30	13.47 ±.17				
335.83 -11.08	IRAS02314+3243	3.0± .9		.16	13.37				4623
023125.5+324409	PGC 9802		1.42	.06	12.98				4301
023426.0-323454		RL..0..	1.28± .08						
232.93 -67.07		S	.33± .08	.03					
267.50 -29.13		-2.0± .8		.00					
023218.9-324800	PGC 9803		1.24						
023426.2+251607		.I..9?.	1.14± .13	174				17.19±.3	5698± 10
150.54 -32.02	UGC 2052	U	.86± .12	.29					
328.82 -14.50		10.0±1.9		.65				157± 7	5784
023133.0+250300	PGC 9805		1.17	.43					5471
023429.4+294505	A 0231+29	.I..9..	1.31± .04	43	15.10 ±.16	.40± .04	.41± .03	14.33±.1	1029± 5
148.24 -28.01	UGC 2053	U (1)	.31± .05	.39	15.0 ±.3	-.04± .06	.05± .05	77± 5	
332.94 -12.54	DDO 26	10.0± .8	.98± .03	.23		.23	15.49± .07	59± 7	1127
023132.1+293158	PGC 9808	9.0±1.0	1.35	.15	14.46	-.16	15.74± .28	-.29	808
023433.0+335631		.S..8*.	1.16± .05	80					4443
146.24 -24.22	UGC 2054	U	.25± .05	.26	14.89 ±.17				
336.73 -10.65		8.0±1.2		.31					4551
023131.6+334324	PGC 9811		1.19	.13	14.31				4229
0234.5 +0121		.S..4..	.95± .07	98					
168.16 -52.22	UGC 2062	U	.29± .05	.03	14.86 ±.12				
305.35 -23.49		4.0± .9		.43					
0232.0 +0108	PGC 9813		.95	.15					
0234.5 +3709		.S..9*.	1.11± .14	15					3774
144.78 -21.31	UGC 2055	U	.15± .12	.18					
339.59 -9.17		9.0±1.2		.15					3889
0231.5 +3656	PGC 9814		1.13	.07					3565

R.A. 2000 DEC. / l b / SGL SGB / R.A. 1950 DEC.	Names / PGC	Type / S_T n_L / T / L	$\log D_{25}$ / $\log R_{25}$ / $\log A_e$ / $\log D_o$	p.a. / A_g / A_i / A_{21}	B_T / m_B / m_{FIR} / B^o_T	$(B-V)_T$ / $(U-B)_T$ / $(B-V)^o_T$ / $(U-B)^o_T$	$(B-V)_e$ / $(U-B)_e$ / m'_e / m'_{25}	m_{21} / W_{20} / W_{50} / HI	V_{21} / V_{opt} / V_{GSR} / V_{3K}
023437.4-084708	NGC 985	.RINGP.	.98± .05		14.01 ±.13	.63± .01	.59± .02		
180.83 -59.49	MCG -2- 7- 35	PE	.01± .05	.10		-.56± .02	-.59± .03		12929± 30
294.52 -26.23	MK 1048	10.0± .8	.64± .02	.01	12.85	.52	12.70± .06		12916
023210.1-090014	PGC 9817		.99	.01	13.89	-.64	13.74± .30		12703
023438.7+445446		.SXS5..	1.00± .08	2					
141.47 -14.21	UGC 2050	U	.19± .06	.62	14.8 ±.3				
346.42 -5.51		5.0± .9		.28					
023123.9+444139	PGC 9818		1.06	.09					
023442.8+232446	NGC 984	.LA.+..	1.48± .10	120				14.76±.3	4352± 9
151.62 -33.64	UGC 2059	U	.17± .08	.38	13.8 ±.2			614± 10	4409± 47
327.12 -15.35	5ZW 257	-1.0± .7		.00					4435
023151.2+231140	PGC 9819		1.49		14.21				4125
023447.1+325045	NGC 978A	.L..-*.	1.30± .12	80					
146.80 -25.19	UGC 2057	U	.07± .08	.34					4707± 46
335.77 -11.20		-3.0±1.1		.00					4812
023146.7+323739	PGC 9821		1.33						4491
023448.3-074100		.SBS5..	1.06± .06	60					
179.27 -58.73	MCG -1- 7- 22	E (1)	.04± .05	.06					
295.73 -26.01	IRAS02323-0754	5.0± .9		.07	12.85				
023220.3-075406	PGC 9822	1.9± .8	1.06	.02					
023453.4+410707		.SX.4..	1.07± .07						
143.11 -17.67	UGC 2058	U	.03± .06	.22	15.09 ±.20				
343.13 -7.36		4.0± .8		.04					
023143.6+405401	PGC 9825		1.09	.01					
023453.9-133933		.SXT5*.	1.29± .05	135					4768
188.95 -62.36	MCG -2- 7- 36	E (1)	.32± .05	.00					
289.15 -27.31	IRAS02325-1352	5.0± .8		.49	12.93				4741
023230.3-135238	PGC 9826	3.1± .8	1.29	.16					4550
023503.4+412126		.SB.2..	1.09± .06	177					
143.03 -17.43	UGC 2060	U	.41± .05	.26	14.63 ±.12				
343.35 -7.27	IRAS02319+4108	2.0± .9		.51	13.52				
023153.3+410821	PGC 9827		1.12	.21					
0235.1 +2051		.SXS4..	1.31± .04	165					4264
153.20 -35.85	UGC 2064	U	.18± .05	.40	14.3 ±.2				
324.75 -16.51		4.0± .8		.26					4338
0232.3 +2038	PGC 9828		1.35	.09	13.65				4033
023518.8+405535	NGC 982	.L.....	1.23± .07	110					
143.27 -17.81	UGC 2063	U	.27± .04	.22	14.02 ±.11				
342.99 -7.52		-2.0± .8		.00					
023209.2+404230	PGC 9831		1.21						
023521.8-253144		.SBT4..	.96± .05	93					
214.91 -66.70	ESO 479- 15	r	.16± .04	.03	15.35 ±.14				
275.67 -29.01		4.5± .9		.23					
023308.0-254448	PGC 9832		.97	.08					
023522.7+372910		.S..9..	.85± .07					14.78±.3	3890± 9
144.79 -20.94	UGC 2065	U	.00± .05	.16	14.59 ±.12			123± 10	
339.97 -9.16	KUG 0232+372	9.0± .8		.00				100± 7	4006
023217.2+371606	PGC 9834		.87	.00	14.43			.36	3683
023522.8+125019	IC 238	.L.....	1.22± .08	30					
158.50 -42.74	UGC 2070	U	.27± .05	.30	13.79 ±.10				6007± 31
317.05 -19.75		-2.0± .8		.00					6059
023239.6+123715	PGC 9835		1.22		13.40				5772
0235.4 +1956		.S..4..	1.07± .06	130					8669
153.82 -36.62	UGC 2071	U	.32± .05	.38	15.18 ±.14				
323.91 -16.95		4.0± .9		.48					8740
0232.6 +1943	PGC 9837		1.11	.16	14.27				8438
023524.8+405211	NGC 980	.S..1..	1.18± .05	132				15.30±.1	5737± 11
143.31 -17.85	UGC 2066	U	.42± .05	.22	13.40 ±.16				5887± 52
342.95 -7.56	IRAS02322+4039	1.0± .8		.43	12.39			568± 8	5866
023215.3+403906	PGC 9838		1.20	.21	12.67			2.41	5543
023526.9-481233		RLAR+..	.98± .07	174					
266.13 -60.81	ESO 198- 19	r	.16± .05	.00	14.70 ±.14				
249.49 -28.30		-1.3± .9		.00					
023340.0-482536	PGC 9839		.95						
023529.5+373108		.S..2..	1.29± .03	158					
144.79 -20.90	UGC 2067	U	.71± .04	.16	14.64 ±.12				3839
340.01 -9.16	IRAS02323+3717	2.0± .8		.87	12.79				3955
023223.9+371804	PGC 9841		1.31	.36	13.57				3632

R.A. 2000 DEC.	Names	Type	$\log D_{25}$	p.a.	B_T	$(B-V)_T$	$(B-V)_e$	m_{21}	V_{21}
l b		S_T n_L	$\log R_{25}$	A_g	m_B	$(U-B)_T$	$(U-B)_e$	W_{20}	V_{opt}
SGL SGB		T	$\log A_e$	A_i	m_{FIR}	$(B-V)^o_T$	m'_e	W_{50}	V_{GSR}
R.A. 1950 DEC.	PGC	L	$\log D_o$	A_{21}	B^o_T	$(U-B)^o_T$	m'_{25}	HI	V_{3K}
023529.7-092135	NGC 988	.SBS6*.	1.66± .03	112	11.38 ±.15	.41± .02	.49± .02	13.59±.1	1504± 7
181.97 -59.69	MCG -2- 7- 37	PUE (1)	.27± .05	.06		-.17± .03	-.08± .03	275± 9	1455± 63
293.94 -26.57	IRAS02330-0934	5.7± .4	.71± .03	.40	11.88	.33	10.42± .10	267± 12	1489
023302.9-093439	PGC 9843	3.1±1.2	1.67	.14	10.91	-.22	13.86± .24	2.54	1280
023532.7-070920	NGC 991	.SXT5..	1.43± .03	60				14.15±.1	1534± 6
178.75 -58.24	MCG -1- 7- 23	R (3)	.05± .03	.00	12.4 ±.2			86± 6	1485± 66
296.36 -26.06	IRAS02330-0722	5.0± .3		.07	13.12			66± 11	1526
023304.3-072224	PGC 9846	4.3± .5	1.43	.02	12.30			1.82	1308
0235.5 +4055		.S..8*.	1.04± .08						
143.31 -17.80	UGC 2068	U	.76± .06	.22					
343.01 -7.57		8.0±1.4		.94					
0232.4 +4042	PGC 9849		1.06	.38					
0235.6 -1216		.L?....	1.23± .10						
186.74 -61.44	MCG -2- 7- 38		.65± .07	.00					4879
290.72 -27.21				.00					4856
0233.2 -1230	PGC 9851		1.13						4660
023537.6+373831	A 0232+37	.SXS7..	1.37± .03	65					
144.76 -20.77	UGC 2069	U (1)	.23± .04	.16	13.03 ±.12				3715± 37
340.13 -9.13	VV 96	7.0± .8		.31					3831
023231.9+372527	PGC 9852	6.0±1.3	1.39	.11	12.54				3509
0235.6 +0616		.S..0..	1.06± .08						
163.81 -48.16	UGC 2075	U	.01± .06	.20	14.55 ±.15				
310.50 -22.16		.0± .8		.01					
0233.0 +0603	PGC 9854		1.08						
0235.7 -0525		.SBT6?.	1.10± .08	150					
176.44 -57.04		E (1)	.48± .08	.06					
298.23 -25.67		6.0± .9		.70					
0233.2 -0539	PGC 9856	5.3±1.6	1.11	.24					
0235.7 +1128		.S..4..	1.04± .15	25					7851
159.60 -43.86	UGC 2076	U	.23± .12	.33					
315.73 -20.33		4.0± .9		.33					7898
0233.0 +1115	PGC 9857		1.07	.11					7616
023544.7-133920		PSBT0..	1.21± .05	115					
189.19 -62.18	MCG -2- 7- 41	E	.17± .05	.00					
289.20 -27.51		.0± .8		.13					
023321.2-135222	PGC 9861		1.20						
023601.1+002510		.SXS6..	1.34± .03	80					2612
169.59 -52.71	UGC 2081	UE (1)	.18± .04	.04	14.4 ±.3				
304.49 -24.12		6.0± .5		.26					2626
023327.1+001208	PGC 9869	5.3±1.2	1.34	.09	14.07				2380
023604.5+422514		.L...?.	1.16± .09	105					
142.76 -16.39	UGC 2073	U	.15± .05	.33	13.8 ±.3				5165± 52
344.37 -6.93		-2.0±1.6		.00					5291
023252.8+421212	PGC 9873		1.18		13.38				4969
0236.0 +0133		.S..6*.	1.01± .06	176					
168.42 -51.83	UGC 2085	U	.38± .05	.03	15.38 ±.13				
305.68 -23.79		6.0±1.3		.57					
0233.5 +0120	PGC 9875		1.01	.19					
023609.1-501929		.S?....	.96± .06	74					
269.32 -59.42	ESO 198- 22		.49± .05	.03	15.31 ±.14				6500±190
247.07 -28.09	FAIR 297			.73	12.98				6376
023426.0-503230	PGC 9879		.96	.24	14.52				6380
0236.1 -0041		.S..6*.	1.00± .08	78					
170.85 -53.53	UGC 2088	U	.94± .06	.06					
303.32 -24.48		6.0±1.4		1.39					
0233.6 -0055	PGC 9880		1.01	.47					
0236.1 +2354	A 0233+23	.SXS5..	1.23± .05	157	14.66 ±.15	.75± .04	.71± .02	15.00±.1	5648± 8
151.70 -33.05	UGC 2079	U (1)	.34± .05	.43	14.49 ±.14		.07± .07	265± 9	5616± 59
327.72 -15.44		5.0± .8	.81± .02	.52		.55	14.20± .05	249± 9	5729
0233.3 +2341	PGC 9881	1.1± .8	1.27	.17	13.60		14.79± .30	1.23	5420
023611.4+343540		.S..6*.	.95± .07						11759
146.27 -23.49	UGC 2077	U	.05± .05	.15	15.18 ±.14				
337.47 -10.65		6.0±1.2		.07					11868
023309.0+342238	PGC 9882		.96	.03	14.91				11547
0236.2 +1405		.SB.2*.	1.00± .08	155					
157.85 -41.57	UGC 2086	U	.14± .06	.35					
318.36 -19.46		2.0± .9		.17					
0233.5 +1352	PGC 9885		1.03	.07					

R.A. 2000 DEC.	Names	Type	$\log D_{25}$	p.a.	B_T	$(B-V)_T$	$(B-V)_e$	m_{21}	V_{21}
l b		S_T n_L	$\log R_{25}$	A_g	m_B	$(U-B)_T$	$(U-B)_e$	W_{20}	V_{opt}
SGL SGB		T	$\log A_e$	A_i	m_{FIR}	$(B-V)^o_T$	m'_e	W_{50}	V_{GSR}
R.A. 1950 DEC.	PGC	L	$\log D_o$	A_{21}	B^o_T	$(U-B)^o_T$	m'_{25}	HI	V_{3K}
023616.3+252529		.S..6*.	1.73± .02	133	13.69M±.12			13.17±.0	707± 4
150.89 -31.69	UGC 2082	U	.81± .04	.40	13.56 ±.18			206± 5	716± 76
329.14 -14.80	IRAS02333+2512	6.0±1.0		1.20				197± 12	793
023322.8+251227	PGC 9888		1.77	.41	12.05		15.16± .19	.72	482
023618.4+113829	NGC 990	.E.....	1.26± .13		13.48 ±.15	1.03± .02	1.05± .02		
159.64 -43.63	UGC 2089	U	.08± .08	.33	13.40 ±.11	.53± .04	.54± .04		3508± 31
315.96 -20.40		-5.0± .8	.76± .04	.00		.92	12.77± .15		3555
023336.2+112528	PGC 9890		1.29		13.05	.47	14.58± .70		3274
023619.9-545154	NGC 1025	.S..3..	.97± .05	6	13.84V±.13	.71± .03	.77± .03		
275.62 -56.34	ESO 154- 4	S (1)	.25± .04	.10	14.62 ±.14				6347± 50
241.99 -27.29	IRAS02347-5504	3.0± .9	.42± .02	.35	12.67	.60			6213
023446.0-550454	PGC 9891	3.3±1.3	.98	.13	14.09		13.63± .32		6243
0236.3 +5939	Maffei I	.L..-P*	.78?	100	11.4 V±.5		2.39± .05		
135.83 -.57	UGCA 34	R	.08± .18	6.6					2± 72
359.28 1.46	WEIN 19	-3.0± .8		.00					157
0232.6 +5926	PGC 9892		1.62						-146
023623.7+004226		.S..5P/	1.15± .04	165	*				6584
169.40 -52.43	UGC 2091	UE	.53± .04	.04	14.84 ±.12				
304.82 -24.12	IRAS02338+0029	4.5± .9		.79	12.76				6599
023349.5+002925	PGC 9894		1.15	.26	13.97				6352
023623.9+314241			.74± .14						
147.69 -26.07	MCG 5- 7- 18		.28± .07	.33	14.9 ±.2				5100± 49
334.90 -12.02	5ZW 261				12.50				5201
023324.4+312939	PGC 9895		.77						4884
023627.9+385812	IC 239	.SXT6..	1.66± .02		11.80S±.11	.70± .07		12.36±.1	903± 5
144.33 -19.50	UGC 2080	R	.04± .03	.25	11.73 ±.15			135± 5	
341.38 -8.64	IRAS02333+3845	6.0± .3		.07	12.65	.63		120± 7	1022
023320.5+384510	PGC 9899		1.69	.02	11.46		14.85± .17	.87	700
023630.5+324257		.S..4..	1.20± .05	49				15.33±.3	4702± 10
147.22 -25.15	UGC 2083	U	.93± .05	.29	15.04 ±.13				
335.82 -11.58		4.0± .9		1.36				416± 7	4806
023330.0+322956	PGC 9901		1.23	.46	13.35			1.52	4487
023632.0+313550		.S..6*.	.99± .06	48				16.04±.3	4889± 10
147.77 -26.16	UGC 2087	U	.47± .05	.33	15.09 ±.12				
334.81 -12.10		6.0±1.3		.69				213± 7	4990
023332.6+312248	PGC 9902		1.03	.24	14.04			1.76	4673
0236.5 +0718		.S..6*.	1.50± .03	32					6120
163.17 -47.18	UGC 2092	U	1.06± .05	.27	15.11 ±.16				
311.65 -22.01	IRAS02338+0705	6.0±1.2		1.47					6155
0233.9 +0705	PGC 9904		1.52	.50	13.35				5886
023637.9+343628		.SXS3..	.93± .05						9478
146.35 -23.44	UGC 2090	U (1)	.03± .04	.15	15.11 ±.14				
337.52 -10.73	KUG 0233+343	3.0± .9		.04					9586
023335.4+342327	PGC 9906	3.5±1.1	.95	.01	14.85				9267
023638.9-545137	NGC 1031	.SBR1*.	1.29± .04	23	13.38 ±.13	.88± .01	.96± .01		
275.55 -56.32	ESO 154- 5	Sr	.26± .05	.10	13.64 ±.14		.42± .04		5613± 28
241.98 -27.33		.5± .6	.82± .02	.26		.76	12.97± .08		5479
023505.0-550436	PGC 9907		1.30	.13	13.07		14.03± .28		5510
023646.0+020259	NGC 993	.L..-P*	.97± .09	110					
168.13 -51.34	UGC 2095	UE	.09± .04	.04	14.56 ±.10				6993± 31
306.26 -23.80		-3.4± .7		.00					7012
023410.9+014958	PGC 9910		.97		14.41				6761
023649.6+331939	NGC 987	.SB.0..	1.13± .05	30					
147.00 -24.57	UGC 2093	U	.10± .05	.27	13.41 ±.13				4534± 51
336.40 -11.36	MK 1180	.0± .8		.07	12.82				4639
023348.4+330638	PGC 9911		1.15		13.00				4321
023651.5+360645		.SBT5..	1.30± .04					15.27±.3	5130± 8
145.70 -22.06	UGC 2094	U	.03± .05	.28	13.46 ±.15			272± 7	5157± 52
338.89 -10.06	IRAS02337+3553	5.0± .7		.05	13.41			260± 7	5242
023347.3+355345	PGC 9912		1.33	.02	13.10			2.15	4922
0236.9 +1104		.S..4..	1.04± .06	164					7911
160.25 -44.03	UGC 2096	U	.62± .05	.31					
315.45 -20.75		4.0± .9		.91					7956
0234.2 +1051	PGC 9915		1.07	.31					7677
0236.9 +0527		.S..6*.	1.00± .08	6					
164.93 -48.63	UGC 2097	U	1.02± .06	.19					
309.79 -22.74		6.0±1.5		1.47					
0234.3 +0514	PGC 9917		1.02	.50					

R.A. 2000 DEC. / l b / SGL SGB / R.A. 1950 DEC.	Names / PGC	Type / S_T n_L / T / L	$\log D_{25}$ / $\log R_{25}$ / $\log A_e$ / $\log D_o$	p.a. / A_g / A_i / A_{21}	B_T / m_B / m_{FIR} / B_T^o	$(B-V)_T$ / $(U-B)_T$ / $(B-V)_T^o$ / $(U-B)_T^o$	$(B-V)_e$ / $(U-B)_e$ / m'_e / m'_{25}	m_{21} / W_{20} / W_{50} / HI	V_{21} / V_{opt} / V_{GSR} / V_{3K}
023657.2-291131		.S?....	1.06± .05	16					
224.23 -66.70	ESO 416- 3		.36± .04	.00	15.22 ±.14				5013
271.45 -29.58				.55					4940
023447.0-292430	PGC 9921		1.06	.18	14.65				4829
023658.7-052058		.SAS5P*	1.10± .05	140					
176.74 -56.75	MCG -1- 7- 24	UE (1)	.13± .05	.05					
298.42 -25.96	IRAS02344-0533	5.0± .8		.20	13.09				
023428.9-053357	PGC 9923	3.1±1.6	1.10	.07					
0237.2 +1956		.S?....	1.07± .06	127					8918
154.27 -36.40	UGC 2098		.51± .05	.34					
324.11 -17.33				.77					8988
0234.4 +1944	PGC 9931		1.10	.26					8689
0237.2 +2133		.L...*.	1.09± .10	140					
153.30 -34.99	UGC 2099	U	.41± .05	.45	15.09 ±.11				
325.64 -16.66		-2.0±1.3		.00					
0234.4 +2121	PGC 9933		1.08						
023725.6+210555	NGC 992	.S?....	.94± .07	10	15.6 ±.2	.40± .04		14.38±.1	4141± 4
153.63 -35.38	UGC 2103		.12± .05	.44	13.65 ±.18	-.43± .06		365± 6	4095± 32
325.22 -16.90	ARAK 88			.18	10.66	.25		277± 6	4213
023435.7+205256	PGC 9938		.98	.06	13.86	-.54	14.84± .41	.46	3912
0237.4 +2317		.S..6*.	.95± .07	55					8242
152.35 -33.45	UGC 2104	U	.12± .05	.40	15.22 ±.13				
327.29 -15.97	IRAS02345+2304	6.0±1.3		.18					8321
0234.5 +2304	PGC 9939		.99	.06	14.61				8016
023730.5+333754		.S..8..	1.01± .05	70				15.98±.3	4370± 10
146.99 -24.24	UGC 2100	U	.15± .05	.27	15.24 ±.15				
336.74 -11.34	KUG 0234+334	8.0± .9		.18				163± 7	4475
023428.9+332455	PGC 9941		1.04	.07	14.78			1.13	4158
0237.5 +2108			.26± .24					15.32±.3	4075± 9
153.63 -35.32	CGCG 462- 36		.00± .06	.44	15.5 ±.3			151± 10	4097± 43
325.28 -16.90	MK 369								4149
0234.7 +2056	PGC 9944		.30						3848
023736.4-325533		.SBT4*.	1.30± .04	82					
233.58 -66.37	ESO 355- 30	Sr (1)	.38± .04	.03	13.59 ±.14				4547± 39
267.10 -29.80	IRAS02355-3308	4.1± .4		.56	12.87				4463
023530.1-330830	PGC 9951	3.3± .6	1.30	.19	12.97				4374
023737.5+423809		.S..3..	1.26± .04	162					
142.94 -16.07	UGC 2101	U (1)	.89± .05	.35	15.0 ±.3				
344.70 -7.08	IRAS02344+4225	3.0± .9		1.23					
023425.1+422510	PGC 9952	4.5±1.3	1.30	.45					
023740.2+342555	A 0234+34	PSBS1*.	1.07± .04		14.2 ±.4	.72± .06		16.01±.1	4915± 9
146.64 -23.50	UGC 2105	PU (1)	.19± .04	.20	13.92 ±.13			260± 11	4853± 41
337.47 -11.00	MK 1050	1.0± .6		.20	11.43	.60			5019
023437.7+341257	PGC 9958	5.0±1.3	1.08	.10	13.49		13.89± .46	2.43	4702
023740.9-154719		.SBS7*.	1.12± .06	37					4679
193.68 -62.89	MCG -3- 7- 42	E (1)	.23± .05	.04					
286.89 -28.35		7.0±1.2		.31					4644
023519.1-160017	PGC 9960	5.3±1.2	1.12	.11					4468
023741.8+015828	NGC 1004	.E+....	1.14± .07	115	13.71 ±.16	1.00± .03	1.01± .02		
168.49 -51.25	UGC 2112	UE	.04± .04	.05	13.85 ±.11	.45± .04	.49± .03		6479± 31
306.26 -24.04		-3.5± .5	.88± .05	.00		.93	13.60± .19		6497
023506.7+014530	PGC 9961		1.14		13.66	.47	14.18± .40		6248
023745.1-612028		.SB.8*/	1.87± .03	44				12.62±.3	513± 9
282.80 -51.43	ESO 115- 21	S (1)	.87± .05	.01	13.26 ±.14				
234.85 -25.96		8.0±1.0		1.06				114± 7	368
023629.1-613324	PGC 9962	7.8±1.2	1.87	.43	12.18			.00	435
0237.8 -0141		.SB.8..	1.07± .07	160					
172.50 -53.98	UGC 2113	U	.25± .06	.08					
302.42 -25.17		8.0± .9		.31					
0235.3 -0154	PGC 9965		1.08	.13					
023754.2+021938	IC 241	.S?....	1.04± .15	150					
168.20 -50.94	UGC 2115		.18± .12	.06	14.30 ±.12				6931± 50
306.65 -23.98				.26					6950
023518.8+020641	PGC 9969		1.05	.09	13.94				6700
023755.4+020445	NGC 1008	.E.....	.91± .10	85					
168.46 -51.13	UGC 2114	UE	.15± .04	.05	14.63 ±.10				6593± 31
306.39 -24.06		-5.0± .6		.00					6611
023520.2+015148	PGC 9970		.88		14.49				6362

R.A. 2000 DEC. l b SGL SGB R.A. 1950 DEC.	Names PGC	Type S_T n_L T L	$\log D_{25}$ $\log R_{25}$ $\log A_e$ $\log D_o$	p.a. A_g A_i A_{21}	B_T m_B m_{FIR} B_T^o	$(B-V)_T$ $(U-B)_T$ $(B-V)_T^o$ $(U-B)_T^o$	$(B-V)_e$ $(U-B)_e$ m'_e m'_{25}	m_{21} W_{20} W_{50} HI	V_{21} V_{opt} V_{GSR} V_{3K}
023757.2+341444		.SXS7..	1.19± .04						
146.79 -23.64	UGC 2109	U	.06± .04	.22	14.13 ±.15				
337.33 -11.14	KUG 0234+340	7.0± .8		.09					
023454.9+340147	PGC 9972		1.21	.03					
023758.8-015036	NGC 1037	.SBR3*.	1.22± .05	2	14.2 ±.3	.77± .07			
172.72 -54.08	UGC 2119	UE (1)	.29± .05	.08	14.15 ±.13	.48± .12			8663± 50
302.26 -25.25		3.3± .7		.40		.64			8669
023526.5-020333	PGC 9973	3.1±1.2	1.23	.15	13.61	.38	14.42± .40		8435
0237.9 +0140		.SXS5..	1.15± .05						6521
168.88 -51.43	UGC 2121	U	.02± .05	.04	14.44 ±.18				
305.98 -24.20		5.0± .8		.03					6538
0235.4 +0128	PGC 9974		1.16	.01	14.33				6290
023759.2-791132		.SBS8*.	1.06± .05						
296.92 -36.66	ESO 14- 3	S	.12± .05	.38	16.04 ±.14				
216.48 -20.14		8.0± .8		.14					
023911.1-792424	PGC 9975		1.09	.06					
0238.0 +4233		.SA.8..	1.11± .14						
143.04 -16.11	UGC 2108	U	.07± .12	.35					
344.67 -7.17		8.0± .8		.08					
0234.8 +4221	PGC 9977		1.14	.03					
0238.0 +3808		.SB.4..	1.00± .08						
144.99 -20.11	UGC 2110	U	.09± .06	.26					
340.80 -9.30		4.0± .9		.13					
0234.9 +3756	PGC 9978		1.02	.04					
023803.5-334222			.91± .07	104					
235.47 -66.17	ESO 355- 31		.29± .06	.03	14.79 ±.14				5029± 87
266.19 -29.89									4943
023558.0-335518	PGC 9979		.91						4858
0238.0 +0122		.SB.4*.	1.10± .06	149					
169.22 -51.64	UGC 2120	U	.54± .05	.06	14.91 ±.12				
305.67 -24.32		4.0± .9		.79					
0235.5 +0110	PGC 9981		1.10	.27					
023805.3+414723		.S..2..	1.18± .07	119					
143.39 -16.81	UGC 2111	U	.54± .06	.28	14.67 ±.12				
344.00 -7.56	IRAS02349+4134	2.0± .9		.67	13.03				
023454.0+413426	PGC 9983		1.21	.27					
023810.4-093243	NGC 1018	PSBR0..	1.01± .07	5					
183.08 -59.30	MCG -2- 7- 48	E	.24± .05	.07					
293.91 -27.25		.0± .9		.18					
023543.8-094540	PGC 9986		1.00						
023811.2-200958		.LAT0?.	1.19± .04	35	13.87 ±.15	.87± .02	.82± .01		
202.76 -64.64	ESO 545- 40	SE	.23± .03	.04	13.83 ±.14	.19± .03	.17± .02		1494± 60
281.92 -29.11	IRAS02358-2022	-1.8± .5	.59± .04	.00	14.20	.82	12.31± .13		1446
023553.1-202254	PGC 9987		1.16		13.78	.17	14.13± .26		1291
023811.6-011904	NGC 1015	.SBR1*.	1.42± .03	10				14.25±.1	2631± 11
172.19 -53.65	UGC 2124	UE	.01± .04	.08	12.98 ±.17			181± 16	
302.83 -25.15		.5± .5		.01				162± 12	2639
023538.9-013200	PGC 9988		1.42	.01	12.86			1.39	2403
023811.7+305051		.S..8..	1.15± .07					15.37±.3	8853± 10
148.50 -26.67	UGC 2116	U	.08± .06	.47					
334.30 -12.76		8.0± .8		.10				241± 7	8951
023512.8+303754	PGC 9989		1.19	.04					8637
023819.2+021834	NGC 1009	.S..3./	1.15± .04	124					5830
168.35 -50.89	UGC 2129	UE (1)	.77± .04	.06	15.21 ±.12				
306.66 -24.09		3.0± .7		1.07					5849
023543.8+020538	PGC 9995	5.5±1.3	1.16	.39	14.04				5599
0238.3 +3311		.S..8*.	1.00± .08	58					13326
147.37 -24.55	UGC 2117	U	.43± .06	.27					
336.43 -11.69		8.0±1.3		.53					13430
0235.3 +3259	PGC 9996		1.03	.22					13114
023819.7+020705	NGC 1016	.E.....	1.38± .06		12.61 ±.13	1.01± .02	1.05± .01		
168.54 -51.04	UGC 2128	UE	.00± .05	.06	12.76 ±.11	.56± .03	.59± .02		6584± 26
306.47 -24.15		-4.5± .5	1.08± .02	.00		.93	13.50± .06		6602
023544.4+015409	PGC 9997		1.38		12.54	.58	14.48± .36		6353
023822.5+075923		.S?....	1.06± .05	124				17.27±.3	6400± 10
163.14 -46.37	UGC 2130		.51± .04	.29	15.16 ±.12			403± 13	
312.51 -22.20				.76					6435
023542.9+074627	PGC 10001		1.09	.25	14.07			2.95	6168

R.A. 2000 DEC. l b SGL SGB R.A. 1950 DEC.	Names PGC	Type S_T n_L T L	$\log D_{25}$ $\log R_{25}$ $\log A_e$ $\log D_o$	p.a. A_g A_i A_{21}	B_T m_B m_{FIR} B_T^o	$(B-V)_T$ $(U-B)_T$ $(B-V)_T^o$ $(U-B)_T^o$	$(B-V)_e$ $(U-B)_e$ m'_e m'_{25}	m_{21} W_{20} W_{50} HI	V_{21} V_{opt} V_{GSR} V_{3K}
023824.0-581424		.SBS9*.	1.21± .07						
279.34 -53.71	ESO 115- 22	S (1)	.00± .05	.04	16.98 ±.14				
238.20 -26.81		9.0± .8		.00					
023659.0-582718	PGC 10004	10.0± .8	1.21	.00					
023827.5+015425	NGC 1019	.SBT4..	1.01± .05	40					
168.80 -51.18	UGC 2132	UE (1)	.06± .04	.04	14.34 ±.12				7251± 60
306.26 -24.25		3.5± .6		.08					7268
023552.4+014129	PGC 10006	.8± .8	1.01	.03	14.17				7021
023827.5+294528	A 0235+29	.SXS5..	.98± .07		14.40 ±.15	.76± .03	.74± .03	15.53±.1	5080± 6
149.10 -27.62	UGC 2122	U (1)	.00± .05	.45	14.51 ±.12			151± 6	5068± 59
333.34 -13.31		5.0± .8		.00		.62		123± 5	5176
023529.7+293232	PGC 10007	1.1± .8	1.02	.00	13.99		14.13± .38	1.54	4863
023832.0+413146	NGC 995	.L.....	1.22± .06	35					
143.58 -17.01	UGC 2118	U	.14± .03	.29	14.40 ±.14				
343.81 -7.76		-2.0± .8		.00					
023521.0+411850	PGC 10008		1.23						
023832.3-065410	IC 243	PSBT0..	1.07± .06	150					
179.33 -57.52	MCG -1- 7- 26	E	.17± .05	.05					
296.84 -26.72		.0± .9		.13					
023603.7-070706	PGC 10009		1.06						
023832.8-064041	NGC 1022	PSBS1..	1.38± .02		12.09 ±.13	.75± .01	.73± .01		
179.02 -57.37	MCG -1- 7- 25	R	.08± .03	.04	12.08 ±.19	.24± .01	.23± .01		1498± 50
297.08 -26.67	IRAS02360-0653	1.0± .3	.96± .01	.08	10.00	.71	12.38± .03		1489
023604.1-065336	PGC 10010		1.38	.04	11.95	.22	13.62± .19		1275
023837.1+320410	IC 1823	.SBR5..	1.33± .04					14.88±.3	5187± 10
147.98 -25.54	UGC 2125	U	.03± .05	.39	14.2 ±.3				
335.44 -12.27	IRAS02356+3151	5.0± .7		.05	13.55			202± 7	5288
023536.9+315114	PGC 10013		1.36	.02	13.70			1.16	4973
023838.9+040244		.S?....	1.00± .08						
166.75 -49.48	CGCG 414- 30		.17± .10	.13	14.96 ±.13				8084± 97
308.50 -23.61	MK 1181			.26					8108
023602.2+034949	PGC 10014		1.01	.09	14.53				7853
023839.6+413852	NGC 996	.E.....	1.15± .15						
143.55 -16.89	UGC 2123	U	.00± .08	.30	14.03 ±.12				
343.93 -7.72		-5.0± .8		.00					
023528.4+412556	PGC 10015		1.20						
023840.5+332643		.SBR7..	1.12± .05	93				15.42±.3	4615± 10
147.32 -24.30	UGC 2131	U	.26± .05	.27	15.17 ±.17				
336.68 -11.64		7.0± .8		.36				200± 7	4719
023538.9+331348	PGC 10017		1.15	.13	14.52			.77	4404
023844.4+021350	NGC 1020	.L..../	.88± .12	20					
168.55 -50.88	CGCG 388- 81	E	.68± .08	.06	15.14 ±.16				
306.62 -24.21		-2.0±1.1		.00					
023609.1+020055	PGC 10018		.79						
0238.7 +0654		.S..3..	1.00± .08	25					10859
164.17 -47.18	UGC 2136	U (1)	.84± .06	.22					
311.45 -22.66		3.0±1.0		1.16					10891
0236.1 +0642	PGC 10019	3.5±1.3	1.02	.42					10627
023847.3+404156		.SX.8?.	1.06± .06						
143.99 -17.74	UGC 2126	U	.00± .05	.20	14.94 ±.18				
343.11 -8.21		8.0±1.6		.00					
023537.3+402901	PGC 10025		1.08	.00					
023847.6+414014	NGC 999	PSXS1..	.97± .07						
143.57 -16.86	UGC 2127	U	.06± .05	.30	14.41 ±.12				
343.96 -7.73		1.0± .9		.06					
023536.3+412719	PGC 10026		1.00	.03					
023848.1+021300	NGC 1021	.SXR4*.	.80± .13	160					
168.59 -50.88	CGCG 388- 84	E (1)	.13± .08	.06	15.02 ±.13				
306.61 -24.23		4.0±1.4		.19					
023612.8+020005	PGC 10027	4.2±1.6	.81	.06					
023851.9+275051		.S..3..	1.22± .05	105					4565
150.19 -29.28	UGC 2134	U (1)	.36± .05	.30	14.21 ±.12				
331.64 -14.25	IRAS02359+2738	3.0± .8		.50	12.78				4655
023555.9+273756	PGC 10029	3.5±1.1	1.25	.18	13.38				4346
023853.4+101754			1.04?						8023
161.41 -44.40	CGCG 439- 21		.56?	.28	15.29 ±.12				
314.88 -21.49									8065
023612.0+100500	PGC 10030		1.07						7792

R.A. 2000 DEC.	Names	Type	$logD_{25}$	p.a.	B_T	$(B-V)_T$	$(B-V)_e$	m_{21}	V_{21}
l b		S_T n_L	$logR_{25}$	A_g	m_B	$(U-B)_T$	$(U-B)_e$	W_{20}	V_{opt}
SGL SGB		T	$logA_e$	A_i	m_{FIR}	$(B-V)^o_T$	m'_e	W_{50}	V_{GSR}
R.A. 1950 DEC.	PGC	L	$logD_o$	A_{21}	B^o_T	$(U-B)^o_T$	m'_{25}	HI	V_{3K}
023853.9+090541	IC 1825	.S..6*.	1.09± .05	15				14.82±.1	5125± 7
162.38 -45.39	UGC 2138	U	.19± .05	.30	14.55 ±.13			306± 8	
313.67 -21.93	IRAS02362+0853	6.0±1.2		.28	13.21				5163
023613.4+085247	PGC 10031		1.12	.10	13.94			.78	4894
023856.0+343720	NGC 1002	.SBR3*.	1.08± .07	140					
146.81 -23.22	UGC 2133	U	.12± .06	.16	13.94 ±.12				4782± 52
337.76 -11.14	IRAS02358+3424	3.0±1.2		.17	12.66				4889
023553.1+342425	PGC 10034		1.10	.06	13.57				4573
023856.4-352924		.SBS3*P	1.09± .05	78					
239.68 -65.66	ESO 356- 2	S	.45± .04	.03	15.11 ±.14				
264.10 -30.04		3.0±1.2		.62					
023653.0-354218	PGC 10035		1.09	.22					
0238.9 -1419		.S?....	1.19± .07						4567
191.28 -61.87	MCG -3- 7- 47		.92± .07	.01					
288.62 -28.41				1.38					4535
0236.6 -1432	PGC 10038		1.19	.46					4355
023903.6-272643	IC 1830	.LXT+*.	1.22± .04		13.2 ±.3	.41± .05		15.25±.3	1375± 9
219.94 -66.13	ESO 416- 6	PSUr	.08± .04	.00	12.86 ±.14	-.26± .07		224± 34	1421± 46
273.51 -29.96	IRAS02368-2739	-.5± .4		.00	12.22	.38		195± 25	1307
023652.0-273936	PGC 10041		1.21		12.90	-.26	13.95± .37		1190
023904.8+182338		.S?....			15.59S±.15				
155.72 -37.53				.27					4067± 41
322.82 -18.37	HICK 18D								4132
023617.0+181044	PGC 10042								3839
023906.0+182319		.S?....			16.10S±.15				
155.73 -37.53				.27					4143± 41
322.81 -18.38	HICK 18C								4208
023618.3+181025	PGC 10043								3915
023906.3+182258	A 0236+18A	.IB?...	1.23± .05	155	15.43S±.15			14.58±.3	4082± 17
155.74 -37.54	UGC 2140		.39± .05	.27	14.27 ±.13			145± 34	4056± 33
322.81 -18.38	HICK 18B			.29				136± 25	4141
023618.5+181004	PGC 10044		1.26	.20	14.20		15.46± .30	.19	3848
023907.9-223943		.SBS5?.	1.27± .03	153					
208.52 -65.22	ESO 479- 20	S (1)	.58± .03	.04	14.90 ±.14				3044± 60
279.07 -29.61		4.6± .5		.87					2988
023652.0-225236	PGC 10045	4.4± .6	1.27	.29	13.98				2848
023909.5+182202	A 0236+18B	.IBS9P.	.94± .11		15.48S±.15				
155.76 -37.54	UGC 2140A	R	.68± .07	.27					10019± 41
322.80 -18.40	HICK 18A	10.0± .4		.51					10084
023621.7+180909	PGC 10046		.96	.34	14.70		13.31± .58		9791
023911.1+411445		.S..7..	1.14± .13	5					
143.82 -17.21	UGC 2135	U	.18± .12	.32	15.2 ±.2				
343.62 -8.01		7.0± .8		.24					
023600.3+410151	PGC 10047		1.17	.09					
023912.2+105049	NGC 1024	PSAR2..	1.59± .02	155	13.08 ±.13	1.01± .02	1.09± .01	13.96±.1	3531± 6
161.07 -43.90	UGC 2142	R (1)	.43± .05	.29	13.25 ±.18	.41± .03	.55± .02	516± 7	3521± 14
315.46 -21.36	ARP 333	2.0± .3	.97± .03	.53	13.20	.84	13.42± .09	502± 10	3573
023630.4+103756	PGC 10048	4.5±1.0	1.62	.21	12.28	.25	14.81± .21	1.46	3298
023915.1+300911	NGC 1012	.S..0?.	1.40± .04	24				13.17±.1	977± 5
149.08 -27.19	UGC 2141	U	.36± .05	.47	13.00 ±.12			231± 5	970±141
333.78 -13.28	IRAS02362+2956	.0±1.5		.27	11.38			191± 6	1073
023616.8+295617	PGC 10051		1.43		12.26				761
023916.5+405222	NGC 1003	.SAS6..	1.74± .02	97	12.00S±.08	.55± .05		11.93±.1	627± 5
144.00 -17.55	UGC 2137	R (1)	.47± .02	.25	11.90 ±.12	-.12± .05		233± 5	585± 56
343.31 -8.20	IRAS02360+4039	6.0± .3		.69	12.03	.40		201± 8	747
023606.2+403928	PGC 10052	5.0±1.3	1.77	.24	11.02	-.23	14.39± .13	.68	430
023919.2+063238	NGC 1026	.L.....	1.30± .12						
164.66 -47.40	UGC 2145	U	.04± .08	.23	13.55 ±.14				4179± 31
311.13 -22.93		-2.0± .7		.00					4210
023640.6+061945	PGC 10055		1.32		13.25				3948
023923.6+010536	NGC 1032	.S..0./	1.52± .03	68	12.64 ±.14	1.00± .02	1.02± .01		
169.92 -51.65	UGC 2147	UE	.47± .04	.06	12.91 ±.12	.47± .02	.54± .01		2651± 36
305.48 -24.72		.0± .5	.89± .03	.35		.89	12.58± .09		2665
023649.1+005243	PGC 10060		1.51		12.34	.39	13.93± .22		2423
023929.3-080801	NGC 1035	.SAS5$.	1.35± .03	37	12.89S±.15			14.44±.1	1241± 5
181.37 -58.15	MCG -1- 7- 27	R (2)	.48± .03	.03	13.17 ±.19			276± 6	1250± 24
295.55 -27.25	IRAS02370-0820	5.0± .8		.72	11.57			246± 5	1227
023701.7-082054	PGC 10065	5.2± .7	1.35	.24	12.23		13.26± .22	1.96	1021

R.A. 2000 DEC. l b SGL SGB R.A. 1950 DEC.	Names PGC	Type S_T n_L T L	$\log D_{25}$ $\log R_{25}$ $\log A_e$ $\log D_o$	p.a. A_g A_i A_{21}	B_T m_B m_{FIR} B_T^o	$(B-V)_T$ $(U-B)_T$ $(B-V)_T^o$ $(U-B)_T^o$	$(B-V)_e$ $(U-B)_e$ m'_e m'_{25}	m_{21} W_{20} W_{50} HI	V_{21} V_{opt} V_{GSR} V_{3K}
023929.3-195032		.LAT0*.	1.13± .04	7					
202.32 -64.24	ESO 545- 42	S (1)	.32± .03	.07	14.86 ±.14				4692± 60
282.34 -29.37		-2.0± .7		.00					4644
023711.0-200324	PGC 10066	7.5±1.6	1.09		14.72				4490
023929.9+291530		.S..9*.	1.04± .08					16.58±.3	4779± 7
149.59 -27.96	UGC 2144	U	.04± .06	.46					
332.99 -13.73		9.0±1.2		.04				131± 7	4873
023632.4+290237	PGC 10069		1.08	.02					4562
0239.5 +1240		.SB?...	1.06± .06	17					3555± 10
159.77 -42.33	UGC 2148		.56± .05	.32					
317.31 -20.74				.84					3603
0236.8 +1228	PGC 10072		1.09	.28					3325
0239.6 +1047	NGC 1029	.S..0..	1.14± .05	70					
161.22 -43.89	UGC 2149	U	.52± .05	.33	14.09 ±.14				3611± 49
315.45 -21.47		.0± .9		.39					3654
0236.9 +1035	PGC 10078		1.15		13.32				3381
023936.7+360453		.I?....	.66± .08						
146.25 -21.84	UGC 2143		.00± .05	.19	14.4 ±.2				2721± 52
339.12 -10.57	5ZW 266			.00	13.18				2831
023632.0+355200	PGC 10080		.68	.00	14.19				2515
0239.6 +0953		.S..9*.	1.04± .15						6397± 10
161.96 -44.62	UGC 2150	U	.08± .12	.31					
314.55 -21.82		9.0±1.2		.08					6437
0237.0 +0941	PGC 10084		1.07	.04					6166
023946.7+013332	IC 1827	.S..1..	1.04± .06	154					
169.56 -51.23	UGC 2152	U	.70± .05	.06	14.63 ±.17				5904± 50
306.00 -24.67		1.0±1.0		.71					5919
023711.8+012040	PGC 10087		1.04	.35	13.78				5676
023950.6+180130	NGC 1030	.S?....	1.20± .05	8				15.55±.2	8552± 6
156.16 -37.76	UGC 2153		.38± .05	.26	14.22 ±.12			674± 5	8616± 50
322.54 -18.69	IRAS02370+1748			.56	12.49			666± 5	8616
023703.0+174838	PGC 10088		1.23	.19	13.36			2.00	8325
0239.9 +4305		.I..9*.	1.19± .12					16.04±.1	5346± 11
143.14 -15.48	UGC 2146	U	.00± .12	.37					
345.30 -7.22		10.0±1.1		.00				170± 8	5471
0236.7 +4253	PGC 10091		1.22	.00					5155
023958.0+281932		.SA.5..	1.21± .05	117				15.25±.3	10933± 10
150.18 -28.74	UGC 2151	U	.29± .05	.35	14.47 ±.14				
332.19 -14.25		5.0± .8		.44				493± 7	11024
023701.4+280640	PGC 10092		1.25	.15	13.63			1.48	10715
023959.4-342657	Fornax	.E?....	2.80± .01	60	9.04S±.14			11.87±.5	
237.10 -65.65	ESO 356- 4		.13± .03	.03	8.25 ±.11				47± 34
265.31 -30.28				.00					-41
023755.0-343948	PGC 10093		2.76		8.52		17.69± .17		-118
0240.0 +1422		.SBS3..	1.00± .08	20					13916
158.68 -40.83	UGC 2155	U	.19± .06	.43					
319.03 -20.20		3.0± .9		.26					13969
0237.3 +1410	PGC 10094		1.04	.09					13687
024005.7+013032	NGC 1038	PS..0*.	1.08± .05	61				16.04±.1	4372± 9
169.70 -51.22	UGC 2158	UE	.49± .04	.06	14.37 ±.13			142± 11	6069± 50
305.98 -24.76		.0± .6		.36					
023730.9+011741	PGC 10096		1.06						
024008.8-114404	IC 247	.SBT4P?	1.11± .06	45					8489
187.13 -60.22	MCG -2- 7- 52	E	.06± .05	.04					
291.59 -28.19		4.0±1.7		.09					8464
023744.0-115655	PGC 10100		1.11	.03					8274
0240.2 -0243		.S..5P/	1.29± .05	105					
174.45 -54.32	MCG -1- 7- 28	E	.54± .05	.06					
301.50 -26.04		5.0±1.2		.81					
0237.7 -0256	PGC 10106		1.29	.27					
024016.1-084638	NGC 1033	.SAS5*.	1.12± .06	0					
182.54 -58.41	MCG -2- 7- 53	E (1)	.06± .05	.04					7518
294.89 -27.58		5.0± .8		.09					7502
023749.0-085929	PGC 10108	5.3± .8	1.12	.03					7299
024019.4+321544		.SAR5..	1.24± .06						4488
148.24 -25.20	UGC 2156	U	.01± .06	.43	14.04 ±.18				
335.79 -12.50	IRAS02373+3202	5.0± .7		.01	13.05				4589
023718.8+320253	PGC 10112		1.28	.00	13.57				4277

R.A. 2000 DEC.	Names	Type	$\log D_{25}$	p.a.	B_T	$(B-V)_T$	$(B-V)_e$	m_{21}	V_{21}
l b		S_T n_L	$\log R_{25}$	A_g	m_B	$(U-B)_T$	$(U-B)_e$	W_{20}	V_{opt}
SGL SGB		T	$\log A_e$	A_i	m_{FIR}	$(B-V)^o_T$	m'_e	W_{50}	V_{GSR}
R.A. 1950 DEC.	PGC	L	$\log D_o$	A_{21}	B^o_T	$(U-B)^o_T$	m'_{25}	HI	V_{3K}
0240.4 +0113	A 0237+01	.IBS9..	1.19± .04	55	16.2 ±.2	.46± .13	.41± .10	15.45±.1	1185± 6
170.09 -51.38	UGC 2162	UE (2)	.09± .04	.06		-.24± .19	-.15± .17	58± 7	
305.71 -24.92	DDO 27	10.0± .6	.96± .06	.07		.42	16.47± .13	34± 12	1199
0237.8 +0100	PGC 10117	9.5± .7	1.20	.05	16.05	-.27	16.76± .33	-.64	957
024024.0-082602	NGC 1042	.SXT6..	1.67± .02	15	11.56M±.11	.54± .03	.62± .02	13.23±.1	1373± 6
182.08 -58.17	MCG -2- 7- 54	R (2)	.11± .02	.06	11.8 ±.2	-.09± .11	.00± .04	113± 5	1407± 63
295.28 -27.54	IRAS02379-0838	6.0± .3	1.50± .03	.16	12.29	.50	14.38± .06	93± 8	1359
023756.7-083852	PGC 10122	2.4± .4	1.68	.05	11.38	-.12	14.49± .15	1.79	1155
024024.1+390346	NGC 1023	.LBT-..	1.94± .01	87	10.35M±.06	1.00± .01	1.01± .01	13.68±.1	637± 4
145.02 -19.09	UGC 2154	R	.47± .02	.27	10.40 ±.08	.56± .01	.61± .01	370± 5	601± 11
341.83 -9.27	ARP 135	-3.0± .3	1.12± .02	.00		.91	11.60± .05	229± 8	749
023715.9+385055	PGC 10123		1.91		10.09	.48	13.76± .10		433
024025.2+383350		.S..8*.	1.24± .06	39					
145.26 -19.54	UGC 2157	U	.55± .06	.20	14.68 ±.13				
341.39 -9.52		8.0±1.2		.68					
023717.6+382059	PGC 10124		1.26	.28					
024025.4-052626	NGC 1041	.L..-P.	1.22± .07	105					
177.93 -56.19	MCG -1- 7- 30	E	.13± .08	.02					
298.56 -26.81		-3.0± .8		.00					
023755.7-053916	PGC 10125		1.21						
024027.9+300450		.S..7..	1.00± .08	129				16.18±.3	5182± 10
149.37 -27.13	UGC 2159	U	1.02± .06	.45					
333.84 -13.54		7.0±1.0		1.38				125± 7	5277
023729.5+295200	PGC 10126		1.04	.50					4967
024029.0+191750	NGC 1036	.P...$.	1.16± .03	5	13.75 ±.14	.58± .02	.50± .02	15.00±.1	783± 7
155.51 -36.58	UGC 2160	R	.14± .06	.26	13.37 ±.12	-.22± .03	-.24± .03	163± 6	773± 35
323.82 -18.30	MK 370	99.0	.61± .03	.17	12.81	.49	12.29± .09	128± 4	849
023740.3+190500	PGC 10127		1.19	.07	13.10	-.28	14.07± .27	1.83	556
0240.4 -0607		.SBS9*.	1.17± .05					14.74±.1	1327± 6
178.85 -56.64	MCG -1- 7- 31	UE (1)	.08± .05	.05				99± 7	
297.83 -27.00		9.3± .6		.08				90± 12	1319
0238.0 -0620	PGC 10128	8.7± .8	1.17	.04					1106
024029.2-111642	NGC 1045	.LA.-P?	1.37± .08	55					
186.49 -59.89	MCG -2- 7- 59	E	.28± .07	.05					
292.12 -28.18		-3.0± .8		.00					
023804.1-112932	PGC 10129		1.34						
024032.9-080853	NGC 1047	.L..+*/	1.10± .04	95				15.58±.3	1340± 17
181.70 -57.96	MCG -1- 7- 32	PE	.33± .04	.04				116± 34	
295.60 -27.50		-.5± .9		.00				46± 25	1326
023805.3-082142	PGC 10132		1.06						1121
024032.9+385401			.52± .05					20.45±.1	695± 10
145.13 -19.22			.30± .04	.27					
341.70 -9.37								44± 5	811
023724.8+384110	PGC 10133		.55						496
024035.8-083250	NGC 1048A	.SB.3P/	.82± .13		15.5 ±.2	.97± .06			
182.30 -58.20	MCG -2- 7- 58	PE	.28± .07	.05					
295.16 -27.61		3.4± .8		.39					
023808.5-084539	PGC 10137		.82	.14			13.72± .69		
024037.7+390328	NGC 1023A	.IB?...	1.11± .05	50	14.5 S±.4			19.58±.1	743± 10
145.07 -19.07			.30± .04	.27					742± 60
341.85 -9.31				.23				35± 5	859
023729.4+385038	PGC 10139		1.14	.15	14.00		14.17± .48	5.43	544
024038.0-083201	NGC 1048	.L..+?/	.99± .10	5	15.49 ±.11	.97± .06			
182.29 -58.19	MCG -2- 7- 62	E	.62± .07	.05					
295.18 -27.61		-1.0±1.8		.00					
023810.8-084451	PGC 10140		.90				13.75± .54		
024039.4+392247								20.14±.1	903± 10
144.93 -18.78				.27					
342.13 -9.16								25± 5	1020
023730.7+390957	PGC 10143								705
0240.6 +1542		.S?....	1.00± .06	15					13882
157.91 -39.63	UGC 2163	(1)	.21± .05	.30					
320.39 -19.81				.29					13938
0237.9 +1530	PGC 10145	4.5±1.2	1.02	.11					13654
0240.7 -1508	A 0238-15	.SXS5..	1.10± .06	144	14.1 ±.2	.78± .05	.79± .04	15.77±.1	7756± 10
193.25 -61.92	MCG -3- 7- 52	PE (2)	.08± .05	.05				198± 11	7653± 59
287.77 -28.97	IRAS02383-1521	4.5± .6	.88± .06	.12		.70	14.03± .17	182± 11	7718
0238.4 -1521	PGC 10153	2.3± .6	1.10	.04	13.93		14.27± .40	1.80	7544

R.A. 2000 DEC. l b SGL SGB R.A. 1950 DEC.	Names PGC	Type S_T n_L T L	logD$_{25}$ logR$_{25}$ logA$_e$ logD$_o$	p.a. A_g A_i A_{21}	B_T m_B m_{FIR} B_T^o	$(B\text{-}V)_T$ $(U\text{-}B)_T$ $(B\text{-}V)_T^o$ $(U\text{-}B)_T^o$	$(B\text{-}V)_e$ $(U\text{-}B)_e$ m'_e m'_{25}	m_{21} W_{20} W_{50} HI	V_{21} V_{opt} V_{GSR} V_{3K}
024047.1+434905		.LX.0*.	1.18± .09						
142.97 -14.76	UGC 2161	U	.02± .05	.50	14.6 ±.3				
346.01 -7.00		-2.0± .7		.00					
023732.5+433615	PGC 10156		1.23						
024050.7+213634		.S?....	.89± .11						7975
154.17 -34.54	MCG 3- 7- 42		.52± .07	.43	15.46 ±.13				
326.05 -17.40				.39					8048
023800.0+212345	PGC 10160		.90		14.52				7751
0240.9 +0835		.SB.6*.	1.06± .06	140					5435
163.37 -45.50	UGC 2167	U	.50± .05	.32	14.93 ±.12				
313.36 -22.58	IRAS02382+0822	6.0±1.3		.73	13.34				5470
0238.2 +0822	PGC 10166		1.09	.25	13.86				5206
0240.9 -1327		.L?....	1.02± .14						
190.28 -61.00	MCG -2- 7- 65		.27± .07	.00					8174
289.70 -28.73				.00					8144
0238.6 -1340	PGC 10168		.98						7963
024100.5+390419			.52± .05					20.98±.1	593± 10
145.13 -19.03			.00± .04	.27					
341.89 -9.37								27± 5	709
023752.1+385130	PGC 10169		.55						394
024100.5+321050		.S?....	.82± .13					15.81±.3	4434± 10
148.43 -25.21	MCG 5- 7- 30		.17± .07	.43	15.57 ±.12				
335.78 -12.67				.26				149± 7	4534
023760.0+315801	PGC 10170		.86	.09	14.86			.86	4223
024102.6-065612	NGC 1051	.SBT9P.	1.32± .04	120				14.02±.1	1300± 11
180.14 -57.08	MCG -1- 7- 33	UE (1)	.13± .05	.04				198± 16	
296.97 -27.33		8.5± .5		.13				189± 12	1289
023834.2-070900	PGC 10172	6.4± .8	1.32	.07					1080
0241.0 +0843	NGC 1044	.L..-P*	.74± .14		14.4 ±.2	1.20± .05			
163.30 -45.38	MCG 1- 7- 23	P	.00± .07	.32		.52± .10			6420±141
313.51 -22.56		-3.0±1.0		.00		1.07			6456
0238.4 +0831	PGC 10174		.78		13.98	.47	12.95± .76		6191
024104.9-081522	NGC 1052	.E.4...	1.48± .03	120	11.41 ±.13	.94± .01	1.00± .01	14.97±.1	1507± 5
182.02 -57.93	MCG -1- 7- 34	R	.16± .03	.06	11.43 ±.18	.43± .01	.53± .01	368± 8	1474± 10
295.52 -27.66	IRAS02386-0828	-5.0± .3	1.05± .02	.00	13.35	.91	12.15± .07	350± 6	1485
023837.4-082810	PGC 10175		1.44		11.33	.42	13.41± .20		1282
0241.0 +1725		.I..9*.	1.12± .07	23					784
156.87 -38.11	UGC 2168	U	.43± .06	.32					
322.10 -19.21		10.0±1.2		.32					845
0238.3 +1713	PGC 10177		1.15	.22					557
024109.4+434057		.S..4..	1.07± .07	90					
143.09 -14.85	UGC 2164	U	.50± .06	.50	15.2 ±.3				
345.92 -7.12		4.0± .9		.73					
023754.8+432808	PGC 10181		1.12	.25					
024109.5+355132		.S..7..	1.02± .05	132					3139
146.66 -21.91	UGC 2166	U	.31± .05	.27	15.40 ±.14				
339.08 -10.95	KUG 0238+356	7.0± .9		.43					3248
023804.9+353843	PGC 10182		1.05	.16	14.70				2934
0241.1 +0842	NGC 1046	.L..-*.							
163.34 -45.37	MCG 1- 7- 24	P		.32	14.8 ±.3				
313.51 -22.59		-3.0±1.3							
0238.5 +0830	PGC 10185								
024123.8-175613		.SB?...	1.00± .05	175					
198.78 -63.07	ESO 546- 5		.07± .04	.05	15.21 ±.14				7853± 60
284.60 -29.56				.11					7809
023904.0-180900	PGC 10195		1.01	.04	15.00				7650
024125.6+174841	IC 248	.S..1*.	.98± .07	145					
156.70 -37.74	UGC 2170	U	.20± .05	.26	14.32 ±.13				9022± 50
322.50 -19.12	IRAS02386+1735	1.0±1.2		.20	13.08				9084
023838.2+173553	PGC 10197		1.00	.10	13.74				8796
024126.3-130744		.L..-P.	1.08± .06	135					
189.84 -60.74	MCG -2- 7- 68	E	.18± .05	.04					10424
290.09 -28.77		-3.0± .9		.00					10394
023902.7-132031	PGC 10198		1.06						10213
024134.9+071114									
164.76 -46.55	CGCG 414- 40			.26	14.74 ±.12				8299± 52
311.99 -23.23	MK 595								8330
023855.8+065827	PGC 10201								8071

R.A. 2000 DEC. / l b / SGL SGB / R.A. 1950 DEC.	Names / PGC	Type / S_T n_L / T / L	$\log D_{25}$ / $\log R_{25}$ / $\log A_e$ / $\log D_o$	p.a. / A_g / A_i / A_{21}	B_T / m_B / m_{FIR} / B^o_T	$(B-V)_T$ / $(U-B)_T$ / $(B-V)^o_T$ / $(U-B)^o_T$	$(B-V)_e$ / $(U-B)_e$ / m'_e / m'_{25}	m_{21} / W_{20} / W_{50} / HI	V_{21} / V_{opt} / V_{GSR} / V_{3K}
024138.6-281020	IC 1833	.LX.0..	1.18± .04	61					
221.83 -65.62	ESO 416- 7	Sr	.27± .03	.00	14.10 ±.14				4937± 52
272.69 -30.57		-1.7± .6		.00					4864
023928.0-282306	PGC 10205		1.14		14.03				4756
024143.5-271820		.SBS6..	1.09± .04	138					
219.74 -65.53	ESO 416- 8	S (1)	.27± .03	.00	15.41 ±.14				
273.71 -30.55		6.0± .8		.40					
023932.0-273106	PGC 10207	5.6± .8	1.09	.14					
024144.7+002631	NGC 1055	.SB.3*/	1.88± .01	105	11.40M±.10	.81± .02	.89± .01	12.29±.1	996± 5
171.33 -51.75	UGC 2173	PUE (4)	.45± .03	.07	11.62 ±.13	.19± .03	.28± .01	406± 4	958± 46
304.99 -25.48	IRAS02391+0013	3.0± .4	1.41± .01	.63	9.61	.70	13.92± .03	389± 5	1006
023910.7+001345	PGC 10208	3.9± .4	1.89	.23	10.78	.09	14.53± .14	1.28	770
0241.8 -0755		.SBS9..	1.12± .08						
181.77 -57.56		E (1)	.00± .08	.04					
295.94 -27.77		9.0± .9		.00					
0239.4 -0808	PGC 10213	9.8± .8	1.13	.00					
0241.9 +0556		.S..3..	1.11± .07	14					6364
165.95 -47.48	UGC 2176	U (1)	.44± .06	.20	14.46 ±.12				
310.76 -23.73	IRAS02392+0544	3.0± .9		.61	13.59				6391
0239.2 +0544	PGC 10215	3.5±1.2	1.13	.22	13.60				6136
024154.6+593611	Maffei II	.SXT4*.	1.00?					11.15±.1	-1± 6
136.50 -.33	UGCA 39	R	.00?	8.1				347± 7	
359.58 .83	WEIN 21	4.0± .7		.00				305± 8	151
023808.0+592324	PGC 10217			.00					-147
024154.7+320513		.S..7..	1.07± .14	154				15.99±.3	4561± 10
148.66 -25.21	UGC 2171	U	1.09± .06	.50					
335.79 -12.88		7.0±1.0		1.38				224± 7	4660
023854.0+315227	PGC 10218		1.12	.50					4351
024155.2-205751		PSBR3..	1.05± .05						
205.19 -64.09	ESO 546- 8	r	.07± .04	.09	14.55 ±.14				7708± 60
281.12 -30.08		3.3± .9		.10					7655
023938.1-211036	PGC 10219		1.06	.04	14.30				7511
024157.1-064734		.LBR+P.	1.06± .06	75					
180.21 -56.81	MCG -1- 7- 35	E	.28± .05	.04					
297.19 -27.52		-1.0± .9		.00					
023928.5-070019	PGC 10220		1.02						
024157.9-211715		PSBS9*.	1.04± .05						
205.90 -64.19	ESO 546- 9	r	.10± .04	.09	15.01 ±.14				
280.74 -30.12		9.1±1.2		.10					
023941.0-213000	PGC 10222		1.04	.05					
024205.9+322242		.SXS5..	1.33± .04					14.75±.3	5127± 10
148.55 -24.93	UGC 2174	U	.01± .05	.50	14.5 ±.3				
336.07 -12.78		5.0± .7		.02				96± 7	5227
023904.9+320956	PGC 10227		1.37	.01	13.91			.84	4918
024210.0-053408	NGC 1063	PSAR4*.	1.14± .05	75					
178.62 -55.96	MCG -1- 7- 36	PE (1)	.40± .05	.04					
298.55 -27.26	IRAS02396-0546	4.0± .7		.58	13.45				
023940.5-054653	PGC 10232	3.1± .8	1.14	.20					
0242.2 +0225		.S?....	.93± .07						6738
169.39 -50.18	UGC 2181		.02± .05	.06	14.87 ±.13				
307.13 -24.97				.04					6754
0239.6 +0213	PGC 10236		.93	.01	14.74				6512
024215.7+181258	NGC 1054	.S?....	.94± .11						9760
156.65 -37.29	MCG 3- 7- 46		.28± .07	.26	14.57 ±.13				
322.97 -19.14	IRAS02394+1800			.35	13.45				9822
023927.8+180013	PGC 10242		.96	.14	13.86				9535
024216.5+422336		.SXS4..	1.04± .06						
143.86 -15.93	UGC 2175	U	.02± .05	.37	15.1 ±.3				
344.91 -7.94	IRAS02389+4210	4.0± .8		.03					
023903.5+421050	PGC 10243		1.08	.01					
024223.4-301916		.L...?P	1.05± .05	76					
227.03 -65.53	ESO 416- 9	S	.17± .03	.03	14.19 ±.14				6506± 19
270.16 -30.79		-2.0±1.6		.00					6427
024015.0-303200	PGC 10248		1.03		14.06				6331
024223.6-092148	NGC 1064	.SBS5*.	1.03± .05	30					
184.04 -58.36	MCG -2- 7- 71	E (1)	.05± .04	.04					
294.37 -28.23		5.0± .6		.08					
023957.1-093432	PGC 10249	3.1± .6	1.04	.03					

R.A. 2000 DEC. l b SGL SGB R.A. 1950 DEC.	Names PGC	Type S_T n_L T L	$\log D_{25}$ $\log R_{25}$ $\log A_e$ $\log D_o$	p.a. A_g A_i A_{21}	B_T m_B m_{FIR} B_T^o	$(B-V)_T$ $(U-B)_T$ $(B-V)_T^o$ $(U-B)_T^o$	$(B-V)_e$ $(U-B)_e$ m'_e m'_{25}	m_{21} W_{20} W_{50} HI	V_{21} V_{opt} V_{GSR} V_{3K}
024225.7+081238			1.04?						8022
164.12 -45.60	CGCG 414- 42		.34?	.31	15.08 ±.13				
313.12 -23.06									8055
023945.8+075953	PGC 10250		1.07						7795
024233.6+351208		.SBS6..	1.17± .05						3554
147.25 -22.37	UGC 2179	U	.00± .05	.20	14.6 ±.2				
338.63 -11.52		6.0± .8		.00					3660
023929.5+345924	PGC 10256		1.19	.00	14.35				3350
024235.6+344549	NGC 1050	PSBS1..	1.15± .03	110				16.77±.3	3901± 10
147.47 -22.76	UGC 2178	U	.12± .04	.22	13.47 ±.12			279± 13	3757± 26
338.25 -11.73	IRAS02395+3433	1.0± .8		.13	11.31				3989
023932.0+343305	PGC 10257		1.17	.06	13.08			3.63	3679
024238.3-122519		.L..-P*	1.08± .07	40	14.19S±.15				
188.97 -60.10	MCG -2- 7- 73	E	.13± .04	.03					4288± 41
290.95 -28.92	HICK 19A	-3.0± .8		.00					4259
024014.2-123802	PGC 10262		1.07		14.10		14.14± .39		4077
024239.3+393200		.S?....	.91± .07	37					
145.22 -18.48	UGC 2180		.32± .05	.23	14.72 ±.14				9332
342.45 -9.42				.48					9448
023930.0+391916	PGC 10264		.94	.16	13.95				9136
024240.2-000048	NGC 1068	RSAT3..	1.85± .01	70	9.61M±.10	.74± .01	.77± .01	13.62±.1	1137± 3
172.10 -51.94	UGC 2188	R (2)	.07± .02	.05	9.64 ±.11	.09± .01	.07± .01	300± 3	1093± 14
304.59 -25.84	ARP 37	3.0± .3	1.09± .01	.10	7.61	.71	10.65± .03	252± 3	1144
024006.5-001332	PGC 10266	2.3± .5	1.85	.04	9.46	.06	13.52± .13	4.12	911
0242.7 +0304	IC 1834	.S..3..	.96± .07						
168.90 -49.60	UGC 2189	U (1)	.06± .05	.07	14.85 ±.13				
307.85 -24.88		3.0± .8		.08					
0240.1 +0252	PGC 10267	3.5±1.1	.97	.03					
024242.2-122542		RSBR1P?	.97± .06	100	15.65S±.15				
188.99 -60.09	MCG -2- 7- 74	E	.49± .05	.05					4260± 41
290.95 -28.94	HICK 19B	1.0± .9		.50					4231
024018.0-123826	PGC 10268		.98	.24	15.05		14.16± .35		4049
024246.4-122354		.SB.9P?	1.12± .05	100	15.44S±.15				
188.96 -60.06	MCG -2- 7- 75	E (1)	.28± .04	.05					4160± 41
290.98 -28.95	IRAS02403-1238	9.0±1.0		.29					4131
024022.2-123638	PGC 10270	7.5±1.2	1.12	.14	15.10		15.18± .30		3949
024246.7-212805		.SB?...	1.08± .05						
206.43 -64.07	ESO 546- 11		.06± .04	.09	14.51 ±.14				4609
280.56 -30.33				.08					4554
024030.0-214048	PGC 10271		1.09	.03	14.31				4414
024248.6+283429	NGC 1056	.S..1*.	1.37± .05	160				13.84±.3	1545± 10
150.68 -28.23	UGC 2183	U	.32± .06	.45	13.32 ±.12				1619± 97
332.71 -14.69	MK 1183	1.0±1.1		.32	11.23			272± 7	1636
023951.4+282145	PGC 10272		1.41	.16	12.53			1.15	1332
024249.4+324111		.I..9..	1.11± .14	161				16.38±.3	5262± 7
148.55 -24.59	UGC 2182	U	.54± .12	.39					
336.42 -12.77		10.0± .9		.40				159± 7	5363
023948.0+322827	PGC 10274		1.15	.27					5054
024252.1-252711		PSBT1..	1.00± .05	84					
215.44 -65.02	ESO 479- 26	r	.21± .04	.00	14.89 ±.14				
275.90 -30.70		1.0± .9		.21					
024039.0-253954	PGC 10276		1.00	.10					
024252.5+073550		.S?....	.89± .11						
164.78 -46.03	MCG 1- 7- 25		.07± .07	.23	14.80 ±.12				11476± 52
312.54 -23.38	MK 596			.10	13.26				11507
024013.0+072307	PGC 10277		.91	.03	14.40				11249
024255.5-543436		.LA.-*.	1.09± .05	82	15.0 ±.2	1.10± .03	1.06± .03		
274.07 -55.85	ESO 154- 9	S	.36± .04	.10	14.89 ±.14				
242.07 -28.28		-1.0± .9	.48± .07	.00			12.93± .23		
024123.0-544718	PGC 10280		1.04				14.45± .34		
024259.9-081722	NGC 1069	.SXS5..	1.14± .04	145					
182.63 -57.58	MCG -1- 7- 38	E (1)	.20± .04	.05					
295.61 -28.13	IRAS02405-0829	5.0± .5		.30	13.34				
024032.6-083005	PGC 10285	1.9± .5	1.15	.10					
024303.0+322928	NGC 1057	.L.....	1.06± .07	115					
148.69 -24.74	UGC 2184	U	.18± .03	.50	15.22 ±.14				
336.27 -12.90		-2.0± .9		.00					
024001.8+321644	PGC 10287		1.09						

R.A. 2000 DEC. l b SGL SGB R.A. 1950 DEC.	Names PGC	Type S_T n_L T L	$\log D_{25}$ $\log R_{25}$ $\log A_e$ $\log D_o$	p.a. A_g A_i A_{21}	B_T m_B m_{FIR} B_T^o	$(B-V)_T$ $(U-B)_T$ $(B-V)_T^o$ $(U-B)_T^o$	$(B-V)_e$ $(U-B)_e$ m'_e m'_{25}	m_{21} W_{20} W_{50} HI	V_{21} V_{opt} V_{GSR} V_{3K}
024307.4+410350		.S..0..	1.10± .05	142					
144.60 -17.06	UGC 2186	U	.28± .05	.30	14.38 ±.12				
343.83 -8.74		.0± .8		.21					
023956.1+405107	PGC 10289		1.12						
024307.9-084629	NGC 1071	.SBT1..	1.05± .05	160					
183.38 -57.86	MCG -2- 7- 77	E	.34± .04	.05					
295.07 -28.27		1.0± .6		.34					
024040.9-085911	PGC 10290		1.06	.17					
0243.1 +1635		.S?....	.64± .17						
157.97 -38.56	MCG 3- 7- 49		.00± .07	.29	15.30 ±.14				7674± 46
321.51 -20.00				.00					7731
0240.4 +1623	PGC 10294		.66	.00	14.95				7450
024311.4+402534		.S..6*.	1.47± .03	144				14.93±.1	4359± 11
144.91 -17.63	UGC 2185	U	.50± .05	.26	13.54 ±.13				3892± 52
343.28 -9.07	IRAS02400+4012	6.0±1.1		.74	13.48			433± 8	4458
024001.0+401251	PGC 10296		1.49	.25	12.52			2.16	4146
024312.6+413003	NGC 1053	.L.....	1.22± .06	40					
144.42 -16.66	UGC 2187	U	.34± .03	.33	13.86 ±.10				4813± 52
344.22 -8.54		-2.0± .8		.00					4933
024000.7+411720	PGC 10298		1.21		13.46				4621
0243.2 +3748		.L.....	1.00± .10	172					
146.13 -19.97	UGC 2190	U	.38± .04	.24					
341.00 -10.36		-2.0± .9		.00					
0240.1 +3736	PGC 10300		.97						
024315.1+322530	NGC 1060	.L..-*.	1.36± .11	75	13.00 ±.14	1.19± .01	1.20± .01		
148.77 -24.78	UGC 2191	U	.12± .08	.50	13.07 ±.11	.71± .03	.76± .02		5190± 22
336.23 -12.97		-3.0±1.0	.92± .03	.00		1.02	13.09± .10		5290
024013.9+321247	PGC 10302		1.41		12.46	.60	14.36± .62		4982
024315.9+322800	NGC 1061	.I?....	.95± .06					17.46±.3	4026± 10
148.75 -24.74	MCG 5- 7- 36		.16± .06	.50	15.02 ±.12				
336.27 -12.95	KUG 0240+322			.12				148± 7	4125
024014.7+321518	PGC 10303		1.00	.08	14.39			2.98	3818
0243.2 +0145		.S..0..	1.07± .14	153					
170.40 -50.51	UGC 2199	U	.16± .12	.07	14.48 ±.13				
306.52 -25.44		.0± .9		.12					
0240.7 +0133	PGC 10305		1.07						
024322.4+045803	NGC 1070	.S..3..	1.36± .05	175				14.10±.3	4088± 10
167.28 -48.03	UGC 2200	U (1)	.08± .06	.14	12.72 ±.12			368± 13	4107± 50
309.88 -24.41	IRAS02407+0445	3.0± .7		.11	12.37			338± 10	4112
024044.9+044521	PGC 10309	4.5±1.0	1.37	.04	12.43			1.63	3863
024326.0+312816		.S..6*.	1.17± .07	160				15.08±.3	5098± 10
149.29 -25.61	UGC 2197	U	.16± .06	.56	15.1 ±.2				
335.39 -13.46		6.0±1.1		.24				256± 7	5195
024025.8+311534	PGC 10310		1.22	.08	14.23			.77	4889
024326.9+412425		.SB.3*.	1.16± .05	78				15.14±.1	5479± 11
144.51 -16.73	UGC 2194	U	.34± .05	.33	14.42 ±.12				
344.16 -8.62	IRAS02402+4111	3.0± .8		.47	13.24			305± 8	5599
024015.0+411142	PGC 10312		1.19	.17	13.58			1.39	5287
024329.1-144517	NGC 1076	.SB.0P?	1.29± .04	99					2102
193.23 -61.16	MCG -3- 8- 3	E	.25± .04	.03					
288.34 -29.56	IRAS02411-1457	.3± .7		.19	12.69				2066
024106.9-145759	PGC 10313		1.28						1896
024330.0+372030	NGC 1058	.SAT5..	1.48± .02		11.82 ±.15	.62± .02		12.62±.0	518± 3
146.41 -20.37	UGC 2193	R (3)	.03± .02	.25	11.83 ±.11			38± 2	492± 40
340.62 -10.64	IRAS02403+3707	5.0± .3		.05	11.76	.55		28± 3	629
024023.2+370748	PGC 10314	5.2± .6	1.51	.02	11.53		14.01± .18	1.07	318
024330.9+001829	NGC 1072	.SBT3*.	1.17± .04	11					
172.00 -51.56	UGC 2208	PUE (1)	.45± .04	.08	14.16 ±.12				8021± 50
305.00 -25.94	IRAS02409+0005	2.7± .5		.62	13.64				8030
024057.0+000548	PGC 10315	3.1± .8	1.18	.23	13.40				7798
024331.3+415616		.S..7..	1.00± .08	95					
144.28 -16.24	UGC 2195	U	.25± .06	.29	15.4 ±.3				32168± 19
344.63 -8.37		7.0± .9		.35					32289
024018.7+414334	PGC 10316		1.03	.13	14.61				31978
024332.7+314725		.S..7..	1.04± .06	25				15.19±.3	4714± 10
149.15 -25.31	UGC 2198	U	.71± .05	.56	15.63 ±.12				
335.69 -13.33	IRAS02405+3134	7.0±1.0		.98	12.60			306± 7	4812
024032.2+313444	PGC 10319		1.09	.35	14.08			.75	4505

R.A. 2000 DEC. / l b / SGL SGB / R.A. 1950 DEC.	Names / PGC	Type / S_T n_L / T / L	$\log D_{25}$ / $\log R_{25}$ / $\log A_e$ / $\log D_o$	p.a. / A_g / A_i / A_{21}	B_T / m_B / m_{FIR} / B_T^o	$(B-V)_T$ / $(U-B)_T$ / $(B-V)_T^o$ / $(U-B)_T^o$	$(B-V)_e$ / $(U-B)_e$ / m'_e / m'_{25}	m_{21} / W_{20} / W_{50} / HI	V_{21} / V_{opt} / V_{GSR} / V_{3K}
024334.7+474923		.S..0..	1.00± .08	74					
141.68 -10.92	UGC 2192	U	.73± .06	1.02	14.7 ±.3				
349.69 -5.41		.0±1.0		.54					
024013.2+473641	PGC 10322		1.06						
024336.1-161749	NGC 1074	.SXR2P*	1.28± .05	167					
196.10 -61.87	MCG -3- 8- 1	E	.19± .04	.02					
286.58 -29.84		2.3± .7		.23					
024115.1-163030	PGC 10324		1.29	.09					
024338.5-315638		.SXT5*.	1.20± .04	49					
230.90 -65.20	ESO 416- 12	S (1)	.40± .03	.03	14.49 ±.14				0± 60
268.25 -31.07		5.0± .6		.60					-83
024132.0-320918	PGC 10326	5.0± .7	1.21	.20	13.86				-169
024340.4+012236	NGC 1073	.SBT5..	1.69± .02	15	11.47M±.10	.50± .03	.58± .01	12.74±.1	1211± 5
170.91 -50.73	UGC 2210	R (3)	.04± .02	.07	11.67 ±.15	-.10± .10	-.04± .03	88± 7	1209± 37
306.15 -25.65	IRAS02411+0109	5.0± .3	1.50± .02	.06	12.36	.47	14.35± .04	75± 6	1223
024105.6+010955	PGC 10329	3.7± .4	1.69	.02	11.39	-.12	14.65± .14	1.33	988
024344.6-290014	NGC 1079	RSXT0P.	1.54± .02	87	12.38 ±.13	.92± .01	.94± .01	13.49±.2	1447± 7
223.88 -65.21	ESO 416- 13	R	.21± .03	.00	12.21 ±.11	.44± .02	.41± .01	340± 6	2252± 56
271.73 -31.06	IRAS02415-2913	.0± .3	.89± .01	.16	13.75	.87	12.32± .03	325± 5	1384
024135.1-291254	PGC 10330		1.53		12.10	.41	14.40± .18		1283
024344.7+322944	NGC 1062	.S..7..	1.16± .05	101				15.15±.3	4134± 10
148.83 -24.67	UGC 2201	U	.66± .05	.43	15.45 ±.13				
336.34 -13.03		7.0± .9		.92				332± 7	4233
024043.4+321702	PGC 10331		1.20	.33	14.09			.73	3926
024345.2-373320		.SB.3?/	1.08± .05	62					
243.86 -64.22	ESO 299- 14	S	.68± .04	.03	15.77 ±.14				
261.63 -30.91		3.0±1.3		.94					
024145.0-374600	PGC 10332		1.09	.34					
0243.7 -0640		.IBS9..	1.19± .04	125					
180.58 -56.39	MCG -1- 8- 1	E (1)	.25± .04	.04					
297.45 -27.93		10.0± .6		.19					
0241.3 -0653	PGC 10334	8.7± .6	1.20	.13					
024347.3-744323			.69± .07						
293.57 -40.30	ESO 30- 19		.02± .06	.13	14.47 ±.14				9860± 63
220.76 -22.15	FAIR 11				13.31				9696
024355.0-745600	PGC 10335		.70						9837
024349.1-595445	NGC 1096	.SBT4..	1.28± .04		13.49 ±.15	.73± .03	.77± .01		
280.38 -52.01	ESO 115- 28	Sr (1)	.02± .05	.07	13.75 ±.14				6682± 34
236.17 -27.06	IRAS02425-6007	4.2± .5	.97± .03	.03	13.36	.67	13.83± .09		6537
024231.0-600724	PGC 10336	3.3± .8	1.29	.01	13.49		14.71± .29		6602
024349.2+322321		.I..9*.	.87± .10					16.60±.3	4048± 10
148.90 -24.75	UGC 2202	U	.07± .06	.57					
336.26 -13.09	IRAS02407+3210	10.0±1.2		.05	13.03			109± 7	4147
024048.0+321040	PGC 10337		.92	.03					3840
024350.0+322830	NGC 1066	.E...*.	1.23± .14						
148.86 -24.68	UGC 2203	U	.03± .08	.43	14.25 ±.16				
336.33 -13.06	IRAS02407+3217	-5.0±1.1		.00	12.48				
024048.7+321549	PGC 10338		1.29						
024350.7+323043	NGC 1067	.SXS5..	1.02± .03		14.55 ±.15	.86± .04	.82± .03	16.29±.2	4533± 7
148.85 -24.64	UGC 2204	U (1)	.02± .05	.43	14.40 ±.12			134± 7	4535± 59
336.37 -13.04		5.0± .8	.77± .03	.03		.73	13.89± .07	129± 6	4632
024049.3+321802	PGC 10339	2.2± .8	1.06	.01	13.97		14.45± .25	2.30	4325
0243.8 +0638		.S..6*.	1.07± .07	174					6108
165.89 -46.64	UGC 2211	U	.79± .06	.25					
311.65 -23.94		6.0±1.4		1.17					6136
0241.2 +0626	PGC 10341		1.09	.40					5883
024352.5+332055		.S?....	.98± .05	105				15.50±.3	4723± 10
148.43 -23.90	UGC 2206		.18± .04	.29	14.85 ±.12				
337.12 -12.65	KUG 0240+331			.26				216± 7	4824
024050.3+330815	PGC 10343		1.00	.09	14.28			1.14	4517
024354.9+331007		.SX.5*.	1.00± .06	30				16.47±.3	5460± 10
148.53 -24.05	UGC 2205	U	.18± .05	.33	15.04 ±.13				
336.96 -12.74		5.0± .9		.27				246± 7	5561
024052.8+325726	PGC 10346		1.04	.09	14.41			1.97	5254
0244.0 +0525									
167.04 -47.57	CGCG 415- 4			.15	14.8 ±.3				7162± 79
310.42 -24.41									7186
0241.4 +0513	PGC 10351								6937

R.A. 2000 DEC. / l b / SGL SGB / R.A. 1950 DEC.	Names / PGC	Type / S_T n_L / T / L	$\log D_{25}$ / $\log R_{25}$ / $\log A_e$ / $\log D_o$	p.a. / A_g / A_i / A_{21}	B_T / m_B / m_{FIR} / B_T^o	$(B-V)_T$ / $(U-B)_T$ / $(B-V)_T^o$ / $(U-B)_T^o$	$(B-V)_e$ / $(U-B)_e$ / m'_e / m'_{25}	m_{21} / W_{20} / W_{50} / HI	V_{21} / V_{opt} / V_{GSR} / V_{3K}
0244.3 +0943		.S..8..	1.07± .07	10					7981
163.41 -44.09	UGC 2214	U	.25± .06	.39					
314.84 -22.96		8.0± .9		.31					8018
0241.7 +0931	PGC 10372		1.11	.13					7756
024425.5+334406		.S?....	1.00± .05	91					5327
148.35 -23.50	UGC 2212		.37± .04	.29	15.24 ±.12				
337.52 -12.56	KUG 0241+335			.55					5429
024122.7+333127	PGC 10375		1.03	.19	14.38				5122
0244.4 +0040		.I..9*.	1.11± .07	15					2773
171.89 -51.12	UGC 2216	U	.51± .06	.07					
305.48 -26.05		10.0±1.2		.38					2783
0241.9 +0028	PGC 10381		1.11	.25					2551
024433.8+375841		.S..3..	.98± .07						
146.30 -19.71	UGC 2213	U (1)	.07± .05	.22	15.31 ±.16				
341.28 -10.51		3.0± .9		.10					
024126.1+374602	PGC 10383	4.5±1.1	1.00	.04					
024436.3-192240		.S?....	.87± .07						
202.36 -62.95	ESO 546- 12		.01± .06	.06	15.37 ±.14				14594± 60
283.05 -30.51				.02					14544
024218.0-193518	PGC 10384		.87	.01	15.22				14397
0244.7 +1643		.S..3..	1.10± .05	152					9464
158.28 -38.25	UGC 2217	U (1)	.72± .05	.36	15.40 ±.12				
321.80 -20.28	IRAS02419+1631	3.0± .9		1.00	13.71				9521
0241.9 +1631	PGC 10388	2.5±1.3	1.13	.36	13.97				9241
0244.7 +1514	IC 1839	.S..4..	1.02± .06	97					7517
159.32 -39.49	UGC 2220	U	.35± .05	.33	15.04 ±.12				
320.36 -20.90		4.0± .9		.52					7569
0242.0 +1502	PGC 10394		1.05	.18	14.15				7294
024447.7-243053		.LBS0..	1.03± .05	150					
213.48 -64.41	ESO 479- 31	S	.16± .04	.00	14.76 ±.14				
277.04 -31.07		-2.0± .8		.00					
024234.0-244330	PGC 10398		1.01						
024450.7-691907			.63± .07		15.4 ±.2	.41± .05			
289.29 -44.69	ESO 53- 13		.13± .06	.07	15.59 ±.14	-.32± .07			7226± 63
226.20 -24.21	IRAS02442-6931								7068
024414.0-693142	PGC 10399		.63						7182
024453.8-173935	NGC 1098	.LAS-*.	1.25± .04	102	13.55 ±.15	.98± .02	1.01± .02		
198.99 -62.20	ESO 546- 14	SE	.12± .04	.06	13.62 ±.14	.34± .04	.43± .03		7387± 34
285.06 -30.35	HICK 21C	-2.7± .6	.82± .05	.00		.89	13.14± .16		7341
024234.0-175212	PGC 10403		1.24		13.42	.36	14.38± .28		7187
024458.0+302238		.S..8?.	1.19± .06	80				15.80±.3	833± 10
150.18 -26.42	UGC 2221	U	1.21± .06	.54					
334.57 -14.26		8.0±2.0		1.23				108± 7	926
024158.7+301000	PGC 10407		1.24	.50					624
0245.0 +3834		.S..6*.	1.07± .07	0					
146.11 -19.13	UGC 2219	U	.11± .06	.27					
341.85 -10.30		6.0±1.2		.16					
0241.9 +3822	PGC 10409		1.10	.05					
024505.5-153517	NGC 1081	.SBS3?.	1.19± .05	22					4000
195.13 -61.23	MCG -3- 8- 10	E (1)	.44± .05	.00					
287.46 -30.08	IRAS02427-1547	3.0± .9		.61	12.79				3961
024244.1-154754	PGC 10411	3.1±1.2	1.19	.22					3797
024509.1-554425		PSBR1*.	1.41± .04	93					
275.20 -54.83	ESO 154- 10	Sr	.39± .04	.11	13.39 ±.14				5507± 34
240.70 -28.31	IRAS02436-5556	1.5± .6		.48	11.30				5369
024340.0-555700	PGC 10415		1.42	.19	12.74				5413
0245.1 -0442	NGC 1080	.SXS5*.	1.05± .06	160	14.1 ±.3	.56± .04		16.14±.1	7848± 10
178.39 -54.83	MCG -1- 8- 3	PE (2)	.14± .05	.11				205± 15	7843± 59
299.71 -27.76	IRAS02426-0455	4.5± .6		.20	12.97	.46			7841
0242.6 -0455	PGC 10416	1.8± .7	1.06	.07	13.74		13.84± .46	2.34	7631
024509.9+325923		.E?....	1.08± .17	105					
148.87 -24.09	UGC 2222		.22± .08	.34	14.56 ±.10				4939± 79
336.93 -13.05				.00					5039
024207.9+324645	PGC 10417		1.07		14.15				4734
024513.8+325840		.SB?...	.98± .07	6					
148.89 -24.09	UGC 2225		.52± .05	.43	15.21 ±.13				4965± 79
336.93 -13.07				.78					5065
024211.7+324603	PGC 10420		1.02	.26	13.98				4760

R.A. 2000 DEC. l b SGL SGB R.A. 1950 DEC.	Names PGC	Type S_T n_L T L	$logD_{25}$ $logR_{25}$ $logA_e$ $logD_o$	p.a. A_g A_i A_{21}	B_T m_B m_{FIR} B_T^o	$(B-V)_T$ $(U-B)_T$ $(B-V)_T^o$ $(U-B)_T^o$	$(B-V)_e$ $(U-B)_e$ m'_e m'_{25}	m_{21} W_{20} W_{50} HI	V_{21} V_{opt} V_{GSR} V_{3K}
024514.4+351122		.S..6*.	1.05± .05	47					4981
147.79 -22.13	UGC 2223	U	.55± .05	.28	14.84 ±.13				
338.89 -12.00	KUG 0242+349	6.0±1.3		.81					5086
024209.9+345845	PGC 10421		1.08	.28	13.72				4779
024517.7-174230	NGC 1099	.SBT3..	1.26± .02	10	13.94 ±.14	.88± .03	.86± .03		
199.17 -62.13	ESO 546- 15	SEr (2)	.48± .03	.04	13.98 ±.14	.26± .05	.27± .05		7613± 34
285.02 -30.45	IRAS02429-1754	3.1± .5	.81± .03	.66	12.83	.73	13.48± .08		7568
024258.0-175506	PGC 10422	2.7± .9	1.27	.24	13.20	.13	13.92± .20		7414
024521.8-173154	NGC 1091	PSXT1P?	.95± .04	77	16.20S±.15	.93± .03			
198.85 -62.04	ESO 546- 16	SE	.16± .03	.06	14.88 ±.14	.36± .05			
285.23 -30.44	HICK 21E	.7± .7		.17					
024302.0-174430	PGC 10424		.96	.08			15.41± .27		
024524.9+025242	IC 1843	.SBS2?.	1.16± .05	70					
169.89 -49.31	UGC 2228	UE (1)	.31± .05	.12	14.01 ±.12				6793± 50
307.89 -25.58	IRAS02428+0240	1.7±1.0		.38	13.37				6808
024249.0+024006	PGC 10429	5.3± .8	1.17	.16	13.45				6571
024529.8-173231	NGC 1092	.E...?.	.97± .05	170	15.64S±.15	1.02± .02			
198.90 -62.02	ESO 546- 17	SE	.07± .03	.06	14.40 ±.14	.39± .04			8835± 41
285.22 -30.47	HICK 21D	-5.0±1.0		.00		.92			8790
024310.0-174506	PGC 10432		.96		14.79	.42	15.32± .29		8636
024535.7-174113	NGC 1100	.SXR1*.	1.22± .02	58	13.94 ±.14	.91± .03	.96± .03		
199.20 -62.06	ESO 546- 18	SEr	.35± .03	.04	14.03 ±.14	.36± .05	.38± .05		7554± 34
285.05 -30.52	HICK 21B	.6± .5	.80± .02	.35		.77	13.43± .08		7509
024316.0-175348	PGC 10438		1.23	.17	13.49	.30	14.05± .20		7356
024536.3+420927		.E.....	1.01± .12	50					
144.54 -15.87	UGC 2226	U	.11± .05	.34	15.1 ±.3				4854± 79
345.01 -8.59		-5.0± .8		.00					4974
024223.0+415651	PGC 10440		1.03		14.71				4666
024539.4-244855		.L..0./	1.20± .04	158	14.55 ±.13	.94± .01			
214.25 -64.28	ESO 479- 33	S	.59± .03	.01	14.49 ±.14	.47± .02			6835± 52
276.70 -31.28		-2.0± .8		.00		.82			6769
024326.0-250130	PGC 10444		1.11		14.41	.45	13.94± .26		6650
024540.7-152128	NGC 1083	.S..3P/	1.21± .05	17					
194.85 -60.99	MCG -3- 8- 15	E	.68± .05	.00					
287.75 -30.18	IRAS02433-1534	3.0±1.3		.94	10.95				
024319.1-153403	PGC 10445		1.21	.34					
024545.2-510014			.82± .07	62	16.05 ±.15	1.09± .04			
268.54 -57.80	ESO 198- 30		.15± .06	.02	15.48 ±.14				18600±190
245.98 -29.46	FAIR 730								18470
024406.0-511248	PGC 10451		.82						18490
024554.2+424844		.SBR3..	1.28± .04					15.50±.1	5916± 11
144.29 -15.26	UGC 2227	U	.00± .05	.35	14.0 ±.3				
345.60 -8.31		3.0± .7		.00				138± 8	6038
024240.0+423608	PGC 10457		1.32	.00	13.63			1.86	5730
0245.9 +4244								15.92±.1	5192± 11
144.32 -15.32				.37					
345.55 -8.35								147± 8	5314
0242.6 +4232	PGC 10460								5005
024559.8-073442	NGC 1084	.SAS5..	1.51± .02	115	11.31M±.10	.58± .02	.66± .03	12.86±.1	1406± 7
182.48 -56.55	MCG -1- 8- 7	R (3)	.25± .02	.06	11.5 ±.2	-.09± .08		357± 5	1414± 20
296.60 -28.68	IRAS02435-0747	5.0± .3	.97± .02	.38	9.54	.51	11.61± .04	293± 6	1391
024331.9-074716	PGC 10464	3.1± .6	1.51	.13	10.90	-.14	13.07± .14	1.84	1194
024601.0-320914		PLXT+?.	1.14± .04	90					
231.31 -64.68	ESO 416- 18	Sr	.25± .03	.03	14.39 ±.14				6708
268.00 -31.57		-1.4± .7		.00					6622
024355.0-322148	PGC 10466		1.11		14.26				6541
024601.3+280140		.S?....	.94± .11					15.61±.3	7953± 10
151.68 -28.37	MCG 5- 7- 50		.40± .07	.39	15.49 ±.12				
332.55 -15.57				.49				362± 7	8040
024304.2+274906	PGC 10467		.97	.20	14.53			.88	7742
024604.1+155108	A 0243+15								
159.23 -38.81	MCG 3- 8- 7			.32					7563±113
321.09 -20.94	MK 597								7616
024317.9+153834	PGC 10469								7341
0246.1 +4206		.SBS9..	1.04± .15	115					
144.65 -15.87	UGC 2231	U	.18± .12	.32					
345.02 -8.70		9.0± .9		.18					
0242.9 +4154	PGC 10476		1.07	.09					

R.A. 2000 DEC. l b SGL SGB R.A. 1950 DEC.	Names PGC	Type S_T n_L T L	$\log D_{25}$ $\log R_{25}$ $\log A_e$ $\log D_o$	p.a. A_g A_i A_{21}	B_T m_B m_{FIR} B_T^o	$(B-V)_T$ $(U-B)_T$ $(B-V)_T^o$ $(U-B)_T^o$	$(B-V)_e$ $(U-B)_e$ m'_e m'_{25}	m_{21} W_{20} W_{50} HI	V_{21} V_{opt} V_{GSR} V_{3K}
024610.0-301345	NGC 1097A	.E...P*	.91± .04	105					
226.81 -64.71	ESO 416- 19	RS	.25± .02	.03	14.61 ±.14				1337± 30
270.29 -31.61		-5.0± .5		.00					1255
024402.0-302618	PGC 10479		.84		13.63				1165
024612.9-261827		RSAR1..	.92± .06	20					
217.70 -64.41	ESO 479- 35	r	.11± .03	.00	14.79 ±.14				
274.94 -31.50		1.0± .9		.12					
024401.0-263100	PGC 10482		.92	.06					
0246.2 +2702		.S?....	1.07± .06	26					5726
152.27 -29.21	UGC 2236		.32± .05	.46	15.20 ±.14				
331.67 -16.07				.49					5810
0243.3 +2650	PGC 10484		1.12	.16	14.22				5514
024617.3+130544		.I..9?.	1.15± .07	165				15.45±.3	6436± 9
161.29 -41.07	UGC 2238	U	.05± .06	.34	14.61 ±.19			442± 10	
318.40 -22.10	IRAS02435+1253	10.0±1.6		.04	10.82				6481
024333.4+125310	PGC 10486		1.18	.03	14.22			1.20	6214
024617.4-552728		.S..3*.	1.16± .05	0					
274.65 -54.90	ESO 154- 13	S (1)	.27± .05	.08	13.61 ±.14				6419
240.96 -28.54	IRAS02448-5539	3.0±1.2		.38	12.15				6281
024448.1-554000	PGC 10487	3.3±1.2	1.17	.14	13.11				6325
024618.9-301621	NGC 1097	.SBS3..	1.97± .01	130	10.23M±.07	.75± .01	.83± .01	11.89±.1	1275± 5
226.91 -64.68	ESO 416- 20	R (3)	.17± .02	.03	9.95 ±.12	.23± .02	.26± .01	397± 5	1274± 18
270.23 -31.64	ARP 77	3.0± .3	1.29± .02	.23	8.82	.70	12.32± .05	382± 5	1193
024411.0-302854	PGC 10488	2.2± .4	1.98	.08	9.88	.19	14.52± .10	1.93	1103
024620.4+445708		.S..3..	1.19± .06	108					
143.39 -13.31	UGC 2233	U (1)	.74± .06	.66	15.0 ±.3				
347.48 -7.28	IRAS02430+4444	3.0± .9		1.01	13.04				
024302.9+444434	PGC 10489	5.5±1.3	1.25	.37					
024622.4+450835		.S..6*.	1.11± .07	126					
143.31 -13.13	UGC 2234	U	.54± .06	.95	14.9 ±.3				
347.65 -7.19		6.0±1.3		.79					
024304.6+445601	PGC 10490		1.20	.27					
024624.9-002946	NGC 1087	.SXT5..	1.57± .02	5	11.46M±.12	.52± .02	.54± .02	13.62±.1	1519± 6
173.74 -51.65	UGC 2245	R (3)	.22± .02	.12	11.32 ±.11	-.06± .03		232± 5	1508± 24
304.39 -26.87	IRAS02398-0042	5.0± .3	1.16± .01	.32	10.43	.44	12.79± .03	220± 5	1523
024351.6-004219	PGC 10496	5.5± .6	1.58	.11	10.93	-.12	13.63± .15	2.58	1300
024625.8+033623	NGC 1085	.SAS4*.	1.47± .04	15				14.32±.2	6789± 5
169.47 -48.60	UGC 2241	UE (2)	.15± .05	.13	13.07 ±.17			407± 5	6980± 60
308.74 -25.58	IRAS02438+0323	3.5± .6		.23	12.94			381± 5	6807
024349.3+032350	PGC 10498	3.1± .7	1.49	.08	12.68			1.56	6569
024629.9-261457		PSXT4P*	1.19± .04	26					
217.58 -64.34	ESO 479- 37	Sr (1)	.17± .04	.01	14.13 ±.14				7052± 52
275.02 -31.56	IRAS02443-2627	3.8± .5		.25					6981
024418.0-262730	PGC 10502	2.8± .8	1.20	.08	13.82				6872
0246.5 +4512		.S..9*.	1.00± .16	125					
143.30 -13.06	UGC 2235	U	.14± .12	.95					
347.71 -7.17		9.0±1.2		.14					
0243.2 +4500	PGC 10503		1.09	.07					
024633.2-245158		.LXS0?P	1.14± .05	11					
214.46 -64.09	ESO 479- 38	S	.15± .04	.01	14.16 ±.14				6835± 52
276.66 -31.49		-2.0± .6		.00					6768
024420.0-250430	PGC 10506		1.12		14.04				6652
024633.5-001448	NGC 1090	.SBT4..	1.60± .02	102	12.51M±.12	.68± .03	.76± .02	13.62±.1	2758± 6
173.51 -51.44	UGC 2247	R (4)	.36± .02	.11	12.44 ±.11	.11± .07	.20± .04	334± 9	2703± 46
304.67 -26.83	IRAS02440-0027	4.0± .3	1.11± .01	.53	12.80	.57	13.66± .04	319± 12	2763
024400.0-002720	PGC 10507	4.2± .5	1.61	.18	11.81	.03	14.46± .15	1.63	2538
024635.8+322700		.SB.4?.	1.11± .07	13				16.12±.3	4821± 10
149.44 -24.43	UGC 2239	U	.69± .06	.47	15.46 ±.12				
336.60 -13.58		4.0± .9		1.01				323± 7	4918
024334.1+321427	PGC 10512		1.15	.34	13.94			1.83	4616
024636.8-422158		.LAR-?.	1.14± .09						
253.48 -62.07	MCG -7- 6- 18	S	.34± .08	.00					
255.92 -31.01		-3.0± .7		.00					
024443.5-423430	PGC 10514		1.09						
0246.6 +2022		.I..9*.	1.04± .08						4052
156.35 -34.91	UGC 2242	U	.00± .06	.38					
325.50 -19.15		10.0±1.2		.00					4118
0243.8 +2010	PGC 10516		1.08	.00					3834

R.A. 2000 DEC.	Names	Type	$\log D_{25}$	p.a.	B_T	$(B-V)_T$	$(B-V)_e$	m_{21}	V_{21}
l b		S_T n_L	$\log R_{25}$	A_g	m_B	$(U-B)_T$	$(U-B)_e$	W_{20}	V_{opt}
SGL SGB		T	$\log A_e$	A_i	m_{FIR}	$(B-V)^o_T$	m'_e	W_{50}	V_{GSR}
R.A. 1950 DEC.	PGC	L	$\log D_o$	A_{21}	B^o_T	$(U-B)^o_T$	m'_{25}	HI	V_{3K}
024640.3+213517								17.84±.3	6987± 9
155.59 -33.87				.51				155± 10	
326.65 -18.63	IRAS02438+2122				11.38				7056
024349.2+212244	PGC 10519								6770
024641.8-252052		.SBS4*.	1.18± .04	51					
215.55 -64.15	ESO 479- 40	S (1)	.45± .03	.00	14.64 ±.14				10548± 52
276.09 -31.55	IRAS02445-2533	3.5± .6		.65					10480
024429.0-253324	PGC 10520	2.8± .6	1.18	.22	13.91				10366
024653.3-223847	A 0244-22	.SBT9*P	1.07± .04	21					
209.61 -63.50	ESO 479- 42	S (1)	.32± .03	.07	14.63 ±.14				
279.29 -31.39	IRAS02446-2251	9.2± .7		.33	13.52				
024438.0-225118	PGC 10526	5.6±1.2	1.07	.16					
024654.5+233559		.L...*.	1.05± .08	145				16.22±.3	6190± 10
154.42 -32.12	UGC 2248	U	.12± .03	.51	15.21 ±.14				
328.56 -17.78	IRAS02440+2323	-2.0±1.2		.00	13.20			368± 7	6264
024401.5+232327	PGC 10528		1.09		14.60				5975
024656.8+481136		.LB....	1.11± .10						
142.03 -10.35	UGC 2240	U	.10± .05	1.05	14.2 ±.3				
350.30 -5.70		-2.0± .8		.00					
024333.9+475903	PGC 10529		1.22						
024657.7+390045		.SB.4..	1.03± .08	100					
146.25 -18.57	UGC 2243	U	.37± .06	.34	14.83 ±.12				
342.42 -10.40		4.0± .9		.55					
024348.3+384813	PGC 10532		1.06	.19					
0246.9 +1611	NGC 1088	.S..0..	1.00± .06	105					
159.23 -38.40	UGC 2253	U	.25± .05	.34					
321.52 -21.00		.0± .9		.19					
0244.2 +1559	PGC 10536		1.02						
024702.5+083901		.S..0..	.91± .09	85					
165.05 -44.56	UGC 2255	U	.34± .06	.34	14.42 ±.17				7618
314.02 -23.96		.0± .9		.26					7650
024422.1+082630	PGC 10538		.92		13.71				7396
024706.8-025823		.S..3*/	1.10± .06	173					
176.81 -53.28	MCG -1- 8- 8	E	.67± .05	.08					7616
301.76 -27.76		3.0±1.3		.93					7613
024435.4-031054	PGC 10542		1.10	.34					7400
024707.6-312905		PSB.1..	.97± .05						
229.72 -64.48	ESO 416- 21	r	.07± .04	.03	14.93 ±.14				7463± 62
268.79 -31.81		1.0± .9		.07					7378
024501.0-314136	PGC 10543		.97	.03	14.73				7296
0247.3 +4532		.LX.+..	1.30± .12						
143.28 -12.70	UGC 2249	U	.11± .08	.95					
348.07 -7.13		-1.0± .8		.00					
0244.0 +4520	PGC 10548		1.38						
0247.3 +3731		.I..9..	1.00± .16						578± 10
147.04 -19.86	UGC 2254	U	.09± .12	.25					
341.16 -11.21		10.0± .9		.07					687
0244.2 +3719	PGC 10550		1.02	.04					382
0247.3 +4620		.I..9*.	1.07± .14						
142.92 -11.98	UGC 2250	U	.00± .12	1.05					
348.76 -6.71		10.0±1.2		.00					
0244.0 +4608	PGC 10553		1.17	.00					
024727.4-001707	NGC 1094	.SXS2..	1.11± .03	85				15.30±.3	6464± 17
173.81 -51.32	UGC 2262	R (1)	.12± .03	.12	13.43 ±.13			368± 34	6344± 54
304.70 -27.06	IRAS02449-0029	2.0± .4		.15	12.70			308± 25	6458
024454.0-002937	PGC 10559	1.9± .8	1.12	.06	13.10			2.14	6235
024735.9-250855		PSBR1*.	1.10± .03	128					
215.19 -63.91	ESO 479- 43	Sr	.51± .03	.01	15.05 ±.10				6543± 52
276.34 -31.74		.5± .6		.52					6475
024523.0-252124	PGC 10565		1.10	.25	14.43				6361
024737.8+043815	NGC 1095	.SB.5..	1.11± .05	45					
168.81 -47.61	UGC 2264	U	.19± .05	.15	13.99 ±.12				6364± 50
309.93 -25.52	IRAS02450+0425	5.0± .8		.28	13.23				6383
024500.5+042545	PGC 10566		1.13	.09	13.53				6144
024740.6+402942		.L.....	1.11± .08	85					
145.68 -17.19	UGC 2256	U	.25± .04	.33	14.76 ±.11				
343.77 -9.77		-2.0± .8		.00					
024429.2+401712	PGC 10568		1.11						

R.A. 2000 DEC.	Names	Type	logD25	p.a.	BT	(B-V)T	(B-V)e	m21	V21
l b		ST nL	logR25	Ag	mB	(U-B)T	(U-B)e	W20	Vopt
SGL SGB		T	logAe	Ai	mFIR	(B-V)°T	m'e	W50	VGSR
R.A. 1950 DEC.	PGC	L	logDo	A21	B°T	(U-B)°T	m'25	HI	V3K
024745.0+002449		.SBT3*.	1.12± .05	10					
173.13 -50.76	UGC 2271	UE (1)	.31± .05	.13	15.11 ±.11				
305.48 -26.92	IRAS02451+0012	3.0± .7		.43	13.26				
024511.0+001219	PGC 10574	4.2±1.2	1.13	.16					
0247.7 +1423		.SA.8*.	1.04± .15						7717
160.72 -39.80	UGC 2266	U	.00± .12	.43					
319.84 -21.91		8.0± .8		.00					7765
0245.0 +1411	PGC 10575		1.08	.00					7497
024747.6+030958	A 0245+02	.S...P*	.67± .11	130					
170.29 -48.71	MCG 0- 8- 17	E	.15± .05	.13	15.13 ±.17				8830± 45
308.41 -26.05	MK 599			.20					8845
024511.5+025729	PGC 10579		.68	.07	14.73				8611
0247.8 +2324		RSBR3..	1.07± .08						6051
154.76 -32.17	UGC 2267	U	.04± .06	.55	15.10 ±.20				
328.49 -18.07		3.0± .7		.05					6124
0245.0 +2312	PGC 10581		1.12	.02	14.45				5837
0247.9 +2605		.I..9?.	1.00± .16						7570
153.19 -29.85	UGC 2268	U	.00± .12	.63					
330.98 -16.85		10.0±1.7		.00					7650
0245.0 +2553	PGC 10585		1.06	.00					7358
024755.6+373219	A 0244+37	.SBS8..	1.41± .04	155				14.04±.1	585± 6
147.15 -19.80	UGC 2259	U (1)	.14± .05	.25	13.8 ±.2			129± 8	654± 46
341.23 -11.31		8.0± .7		.18				121± 12	695
024447.9+371950	PGC 10586	6.0±1.0	1.44	.07	13.33			.64	392
024756.3+411446	NGC 1086	.S..6*.	1.19± .05	35					4037± 10
145.37 -16.49	UGC 2258	U	.17± .05	.34	13.5 ±.3				4202± 52
344.45 -9.43	IRAS02447+4102	6.0±1.2		.26	12.34				4161
024443.8+410217	PGC 10587		1.22	.09	12.91				3856
0247.9 +0353	A 0245+03	.S..9*.	1.74± .03		13.6 ±.2	.51± .07	.49± .04	12.77±.2	1025± 6
169.63 -48.14	UGC 2275	U (1)	.00± .06	.14	14.2 ±.9	-.08± .09	-.09± .05	100± 5	
309.17 -25.85	DDO 28	9.0± .8	1.47± .05	.00		.47	16.41± .12	86± 7	1042
0245.3 +0340	PGC 10588	9.0± .8	1.75	.00	13.46	-.11	17.12± .31	-.68	806
0248.0 +2706	A 0245+26	.S..4..	1.25± .04	65					5648
152.64 -28.95	UGC 2272	U	.72± .05	.49	14.62 ±.12				
331.92 -16.40		4.0± .9		1.06					5731
0245.1 +2654	PGC 10592		1.30	.36	13.04				5438
024804.2-135938	IC 1853	.SBT3?.	1.02± .07	91	14.22V±.13	.57± .03	.53± .03		
193.03 -59.82	MCG -2- 8- 6	E (1)	.42± .05	.05					4172± 62
289.44 -30.52	IRAS02457-1410	3.0±1.9	.61± .01	.58	12.31	.45			4135
024541.6-141206	PGC 10595	5.3±1.2	1.02	.21	14.14		13.69± .39		3970
024806.1-135736	NGC 1103	.SBS3*.	1.33± .04	40	13.6 ±.2	.73± .02			
192.98 -59.79	MCG -2- 8- 5	E (1)	.59± .05	.05					4154± 62
289.48 -30.52		3.0± .8		.81		.58			4117
024543.4-141004	PGC 10597	3.6± .8	1.34	.29	12.71		13.63± .32		3952
024807.3-685516		.SXT1*.	.95± .07	66					
288.62 -44.83	ESO 53- 16	r	.30± .05	.06	15.15 ±.14				
226.49 -24.62		1.0±1.3		.31					
024730.1-690742	PGC 10599		.95	.15					
024807.5-221226		PSBS3..	1.03± .05	35					
208.85 -63.10	ESO 546- 23	r	.49± .04	.06	15.38 ±.14				
279.84 -31.64		3.3± .9		.68					
024552.0-222454	PGC 10600		1.04	.25					
024815.3-360127			.93± .07						
239.98 -63.70	ESO 356- 11		.55± .06	.15	15.31 ±.14				6753± 34
263.38 -31.90									6656
024614.1-361354	PGC 10604		.94						6599
024816.4+342509	NGC 1093	.SX.2?.	1.25± .04	100					
148.77 -22.52	UGC 2274	U	.19± .05	.30	13.99 ±.14				
338.52 -12.92	IRAS02452+3412	2.0±1.5		.24					
024512.4+341241	PGC 10606		1.28	.10					
024817.2-175915	NGC 1119	PLB.0?.	.70± .06	0					
200.34 -61.60	ESO 546- 24	SE	.07± .03	.02	14.83 ±.14				
284.81 -31.19	IRAS02459-1811	-1.7±1.1		.00					
024558.0-181142	PGC 10607		.69						
024817.5+504800		.E.....	1.23± .14	70					
141.08 -7.91	UGC 2261	U	.14± .08	1.16	14.55 ±.16				4903± 57
352.61 -4.52		-5.0± .8		.00					5039
024449.5+503531	PGC 10608		1.37		13.31				4737

R.A. 2000 DEC. l b SGL SGB R.A. 1950 DEC.	Names PGC	Type S_T n_L T L	$\log D_{25}$ $\log R_{25}$ $\log A_e$ $\log D_o$	p.a. A_g A_i A_{21}	B_T m_B m_{FIR} B_T^o	$(B-V)_T$ $(U-B)_T$ $(B-V)_T^o$ $(U-B)_T^o$	$(B-V)_e$ $(U-B)_e$ m'_e m'_{25}	m_{21} W_{20} W_{50} HI	V_{21} V_{opt} V_{GSR} V_{3K}
0248.2 +4439		.I..9*.	1.19± .12	100					
143.84 -13.42	UGC 2269	U	.05± .12	.65					
347.41 -7.73		10.0±1.1		.04					
0245.0 +4427	PGC 10609		1.25	.02					
0248.3 +1744		.S?....	.98± .09	52					7279
158.49 -36.93	UGC 2276		.59± .06	.35					
323.16 -20.64				.88					7336
0245.5 +1732	PGC 10610		1.01	.29					7061
0248.3 +0434	NGC 1101	.L.....	1.11± .04		13.96 ±.13	.94± .02	1.02± .02		
169.07 -47.55	UGC 2278	U	.09± .05	.15	14.34 ±.12	.52± .03	.55± .03		6207± 31
309.93 -25.70		-2.0± .8	.68± .02	.00		.84	12.85± .07		6226
0245.7 +0422	PGC 10613		1.11		13.93	.51	14.15± .26		5988
0248.3 -1013		.S?....	1.08± .09						4554
187.00 -57.71	MCG -2- 8- 7		.32± .07	.01					
293.77 -29.84				.40					4528
0245.9 -1026	PGC 10617		1.08	.16					4347
024826.4-293539		.S?....	1.07± .05	69					
225.35 -64.21	ESO 416- 23		.49± .04	.03	14.79 ±.14				6782
271.05 -32.09				.60					6701
024618.1-294806	PGC 10623		1.07	.25	14.08				6612
024827.5-403316		.S..6*/	1.30± .04	54					
249.59 -62.43	ESO 299- 18	S	.95± .04	.00	15.63 ±.14				
258.00 -31.56		6.0± .9		1.39					
024632.1-404542	PGC 10624		1.30	.47					
024829.1+475935		.SB.6*.	1.12± .05	120					
142.36 -10.41	UGC 2273	U	.29± .05	1.02	14.6 ±.3				
350.26 -6.02	IRAS02450+4746	6.0±1.2		.43	13.33				
024506.2+474707	PGC 10625		1.21	.15					
024831.1+504515		.S..3*.	1.29± .04	85				14.25±.1	4944± 11
141.13 -7.93	UGC 2270	U	.04± .05	1.16	14.2 ±.2				4937± 57
352.59 -4.57		3.0±1.0		.06				606± 8	5080
024503.1+503247	PGC 10627		1.40	.02	12.97			1.25	4778
0248.5 -0205		.S..8..	1.11± .14						7446
176.18 -52.42	UGC 2284	U	.07± .12	.11					
302.84 -27.85		8.0± .8		.08					7444
0246.0 -0218	PGC 10629		1.12	.03					7231
024833.4+063127		.S..8*.	1.11± .04	85				15.67±.2	5959± 10
167.33 -46.01	UGC 2285	U	.48± .04	.30	15.01 ±.12			299± 9	
311.98 -25.08		8.0±1.3		.59				290± 10	5983
024554.7+061900	PGC 10631		1.14	.24	14.10			1.33	5739
024838.6-001617	NGC 1104	PSBT0..	1.08± .04	70					
174.14 -51.10	UGC 2287	PUE	.15± .04	.12	14.46 ±.13				
304.82 -27.34	IRAS02461-0028	.3± .5		.11	13.89				
024605.1-002844	PGC 10634		1.08						
0248.6 +1418		.SBT4..	1.02± .06	150					7268
161.01 -39.74	UGC 2282	U	.07± .05	.37	14.49 ±.13				
319.85 -22.14		4.0± .9		.10					7315
0245.9 +1406	PGC 10635		1.05	.04	13.97				7049
024841.3-313210		.S..3*/	1.31± .03	31					
229.81 -64.15	ESO 416- 25	S	.82± .03	.03	14.68 ±.14				4997± 33
268.73 -32.15		3.0±1.4		1.13					4911
024635.0-314436	PGC 10637		1.31	.41	13.48				4832
0248.7 +1714		.SB.5?.	.94± .07	110					6464
158.95 -37.30	UGC 2283	U	.28± .05	.33	15.09 ±.12				
322.72 -20.95	IRAS02459+1701	5.0±1.8		.42					6519
0245.9 +1701	PGC 10641		.97	.14	14.30				6246
024845.4-322046		.S?....	1.01± .07	99					
231.66 -64.09	ESO 356- 11A		.30± .05	.03					6730± 52
267.76 -32.15				.44					6642
024640.0-323312	PGC 10642		1.01	.15					6567
024847.4-364253		.SAS6*P	1.09± .05	45					
241.45 -63.45	ESO 356- 13	S (1)	.13± .04	.03	14.52 ±.14				5098
262.55 -31.97		6.0± .6		.19					4999
024647.0-365518	PGC 10643	4.4± .6	1.09	.06	14.28				4947
024849.9-004604	IC 1856	RSBR2*.	1.05± .05	60					
174.74 -51.43	UGC 2291	PUE	.28± .04	.13	14.35 ±.12				6486± 50
304.30 -27.53	IRAS02463-0058	2.3± .5		.34	13.34				6488
024616.8-005830	PGC 10647		1.06	.14	13.82				6270

R.A. 2000 DEC. / l b / SGL SGB / R.A. 1950 DEC.	Names / PGC	Type / S_T n_L / T / L	$\log D_{25}$ / $\log R_{25}$ / $\log A_e$ / $\log D_o$	p.a. / A_g / A_i / A_{21}	B_T / m_B / m_{FIR} / B^o_T	$(B-V)_T$ / $(U-B)_T$ / $(B-V)^o_T$ / $(U-B)^o_T$	$(B-V)_e$ / $(U-B)_e$ / m'_e / m'_{25}	m_{21} / W_{20} / W_{50} / HI	V_{21} / V_{opt} / V_{GSR} / V_{3K}
0248.8 -0031	A 0246+00	CE...*.	.27?						
174.48 -51.25		E	.00± .08	.13					7340± 67
304.56 -27.46	1ZW 9	-5.0±1.3		.00					7343
0246.3 -0044	PGC 10649		.30						7124
0248.8 +0059		.SA.1..	.96± .07						
172.84 -50.15	UGC 2292	U	.02± .05	.16	14.98 ±.14				
306.19 -27.00		1.0± .9		.02					
0246.3 +0047	PGC 10651		.98	.01					
024853.6+530147								15.37±.3	4954± 9
140.18 -5.86				1.57				299± 11	
354.54 -3.42								264± 8	5094
024521.0+524920	PGC 10652								4794
024853.6+414640		.SA.4..	1.31± .04	44				15.29±.1	8375± 11
145.28 -15.94	UGC 2280	U (1)	.48± .05	.26	14.6 ±.3				
345.00 -9.31		4.0± .8		.71				459± 8	8493
024540.2+413413	PGC 10653	3.5±1.1	1.34	.24	13.54			1.51	8189
024853.7+281623								16.10±.3	5405± 10
152.17 -27.85	CGCG 505- 54			.48	15.7 ±.4				
333.08 -16.02								211± 7	5490
024556.1+280357	PGC 10654								5197
024857.4-283235		.SBR0..	1.05± .05	146					
222.96 -64.05	ESO 416- 26	r	.55± .04	.01	14.58 ±.14				
272.31 -32.19		-.1± .9		.41					
024648.0-284500	PGC 10656		1.03						
024858.5+031004		.S..3P/	1.16± .04	85				15.54±.3	4172± 10
170.62 -48.51	UGC 2295	E	.39± .04	.17	13.92 ±.13			369± 13	4168± 50
308.52 -26.33	IRAS02463+0257	3.0±1.2		.54	12.70			356± 10	4186
024622.3+025738	PGC 10659		1.17	.20	13.18			2.17	3954
0249.0 +1313	NGC 1109	.SXS5..	1.09± .06	3					8434
161.91 -40.58	UGC 2293	U	.15± .05	.40	14.53 ±.14				
318.82 -22.66	IRAS02462+1301	5.0± .8		.23	12.95				8478
0246.2 +1301	PGC 10660		1.13	.08	13.85				8215
0249.0 +1543		.S?....	.94± .07	130					6353
160.08 -38.52	UGC 2289		.53± .05	.26	15.32 ±.13				
321.28 -21.64	IRAS02462+1531			.79	13.63				6404
0246.2 +1531	PGC 10661		.97	.26	14.23				6135
024904.1-142817	NGC 1120	.L..-..	1.11± .05	40					
194.09 -59.84	MCG -3- 8- 28	E	.22± .04	.04					
288.94 -30.84		-3.0± .6		.00					
024642.0-144043	PGC 10664		1.08						
024904.6-311023	IC 1859	.S?....	1.09± .05	35					
228.97 -64.08	ESO 416- 28		.18± .04	.03	14.27 ±.14				5970± 19
269.16 -32.23	IRAS02469-3122			.22	13.14				5885
024658.0-312248	PGC 10665		1.09	.09	13.95				5804
0249.0 +2300		.S..9*.	1.19± .12						6276± 10
155.29 -32.37	UGC 2290	U	.00± .12	.56					
328.24 -18.49		9.0±1.1		.00					6347
0246.2 +2248	PGC 10666		1.24	.00					6063
024907.1-165937	NGC 1114	.SAR5..	1.24± .04	8					3467
198.63 -61.00	MCG -3- 8- 29	SE (2)	.33± .04	.04					
286.00 -31.25	IRAS02467-1712	4.5± .6		.50	12.77				3421
024647.1-171201	PGC 10669	2.1± .6	1.25	.17					3271
0249.1 +0207	A 0246+01	PSBT9*.	1.68± .02	60				12.85±.1	1104± 5
171.73 -49.26	UGC 2302	UE (2)	.11± .04	.26	14.1 ±.6			68± 4	
307.43 -26.71	DDO 29	9.0± .5		.11				55± 7	1114
0246.5 +0155	PGC 10670	8.2± .5	1.70	.05	13.69			-.90	886
024908.5-311724	IC 1858	.LA.+*.	1.25± .04	176					
229.24 -64.06	ESO 416- 29	S	.50± .03	.03	14.15 ±.14				6030± 32
269.02 -32.24		-1.0± .9		.00					5944
024702.0-312948	PGC 10671		1.18		14.03				5865
024909.5-075019	NGC 1110	.SBS9*/	1.46± .03	18				13.68±.1	1332± 6
183.73 -56.11	MCG -1- 8- 10	UE (1)	.73± .05	.09				188± 8	
296.52 -29.50		8.7± .7		.75				166± 12	1313
024642.0-080244	PGC 10673	6.4±1.6	1.47	.37					1123
024909.6+182007	A 0246+18	.S?....	.78± .12						
158.31 -36.32	UGC 2296		.00± .06	.34					10010± 40
323.82 -20.57	ARAK 91			.00					10068
024621.1+180742	PGC 10674		.81						9793

R.A. 2000 DEC. / l b / SGL SGB / R.A. 1950 DEC.	Names / PGC	Type / S_T n_L / T / L	$\log D_{25}$ / $\log R_{25}$ / $\log A_e$ / $\log D_o$	p.a. / A_g / A_i / A_{21}	B_T / m_B / m_{FIR} / B^o_T	$(B-V)_T$ / $(U-B)_T$ / $(B-V)^o_T$ / $(U-B)^o_T$	$(B-V)_e$ / $(U-B)_e$ / m'_e / m'_{25}	m_{21} / W_{20} / W_{50} / HI	V_{21} / V_{opt} / V_{GSR} / V_{3K}
0249.2 +1106		.SAS8..	.96± .09						10250
163.62 -42.27	UGC 2299	U	.05± .06	.41					
316.72 -23.53		8.0± .9		.06					10287
0246.5 +1054	PGC 10675		1.00	.02					10031
024913.2+352006		.S..0..	.98± .05	175					
148.49 -21.63	UGC 2288	U	.26± .04	.27	15.28 ±.13				
339.43 -12.64	MK 1056	.0± .9		.20					
024607.9+350740	PGC 10676		.99						
0249.3 -0238		.IBS9*.	1.21± .06	80				14.25±.1	1094± 11
177.05 -52.66	UGCA 44	UE (1)	.11± .07	.12				111± 16	
302.30 -28.20		10.0± .7		.08				96± 12	1090
0246.8 -0251	PGC 10682	10.3± .8	1.22	.05					880
024919.9+080534	NGC 1107	.L.....	1.26± .13	140	13.46 ±.16	1.26± .03	1.28± .02		
166.15 -44.66	UGC 2307	U	.08± .08	.32	13.62 ±.12	.81± .04	.82± .03		3424± 31
313.67 -24.70		-2.0± .8	.92± .05	.00		1.15	13.55± .15		3452
024639.8+075309	PGC 10683		1.29		13.19	.73	14.44± .70		3205
024920.3+191819	IC 1854								
157.70 -35.48	CGCG 463- 20			.41	14.9 ±.3				9300±110
324.77 -20.19	MK 372								9361
024630.9+190554	PGC 10684								9084
024921.6+304002		.S..0..	1.00± .08					16.54±.3	8172± 10
150.95 -25.71	UGC 2297	U	.25± .06	.64					
335.29 -14.96		.0± .9		.19				114± 10	8263
024621.4+302737	PGC 10686		1.05						7968
024922.7+173948		.SX.3..	1.07± .06						
158.82 -36.86	UGC 2303	U (1)	.00± .05	.41	14.15 ±.13				6457± 50
323.20 -20.90	IRAS02465+1727	3.0± .8		.00					6513
024634.8+172723	PGC 10688	3.5±1.1	1.11	.00	13.69				6240
024925.7-434743			.61± .07		15.91 ±.14	.64± .04			
255.76 -61.01	ESO 247- 5		.16± .05	.00	15.78 ±.14				
254.17 -31.33									
024735.1-440006	PGC 10692		.61						
0249.4 +2207		.S?....	1.11± .05	61					7258
155.92 -33.08	UGC 2304		.83± .05	.60					
327.46 -18.97				1.24					7327
0246.6 +2155	PGC 10695		1.17	.41					7044
024928.1-005221		PSBR3..	1.10± .05	120					
175.04 -51.39	UGC 2311	UE	.02± .04	.14	13.68 ±.12				7158± 50
304.24 -27.71	IRAS02469-0104	2.5± .6		.02					7159
024655.1-010445	PGC 10697		1.11	.01	13.46				6943
024930.2+304151		.S..2..	1.00± .08					15.78±.3	8316± 10
150.97 -25.67	UGC 2300	U	.19± .06	.64					
335.34 -14.97		2.0± .9		.23				398± 7	8407
024630.0+302927	PGC 10701		1.06	.09					8112
024933.7-384613		RSBR1?.	1.21± .04	37					
245.77 -62.78	ESO 299- 20	S	.32± .04	.00	14.21 ±.14				4993± 22
260.09 -31.95	IRAS02476-3858	1.3± .7		.32	11.59				4889
024736.0-385836	PGC 10705		1.21	.16	13.82				4848
024934.6-311125	IC 1860	.E.4...	1.24± .03	6	13.7 ±.2	1.03± .03	1.11± .01		
229.01 -63.97	ESO 416- 31	S	.16± .03	.03	13.00 ±.14				6958± 30
269.14 -32.34		-5.0± .8	.79± .03	.00		.96	13.11± .07		6872
024728.0-312348	PGC 10707		1.20		13.09		14.48± .28		6793
024936.2-303443		.L?....	.94± .06						
227.61 -63.97	ESO 416- 32		.01± .03	.03	13.89 ±.14				1319± 62
269.87 -32.35	IRAS02474-3046			.00	13.37				1235
024729.0-304706	PGC 10709		.94		13.84				1152
024937.7-305949		.S?....	1.06± .05	63					
228.57 -63.96	ESO 416- 33		.22± .04	.03	15.23 ±.14				6565± 62
269.37 -32.35				.32					6480
024731.0-311212	PGC 10710		1.06	.11	14.83				6399
0249.6 +2112		.L.....	1.00± .08	160					
156.55 -33.84	UGC 2309	U	.12± .03	.61	15.10 ±.12				
326.61 -19.42		-2.0± .8		.00					
0246.8 +2100	PGC 10713		1.05						
0249.6 +1437	IC 1857	.S?....	1.00± .06	150					9069
161.04 -39.35	UGC 2312		.33± .05	.31	14.90 ±.12				
320.27 -22.23				.50					9116
0246.9 +1425	PGC 10715		1.02	.17	14.05				8851

R.A. 2000 DEC. l b SGL SGB R.A. 1950 DEC.	Names PGC	Type S_T n_L T L	$\log D_{25}$ $\log R_{25}$ $\log A_e$ $\log D_o$	p.a. A_g A_i A_{21}	B_T m_B m_{FIR} B_T^o	$(B-V)_T$ $(U-B)_T$ $(B-V)_T^o$ $(U-B)_T^o$	$(B-V)_e$ $(U-B)_e$ m'_e m'_{25}	m_{21} W_{20} W_{50} HI	V_{21} V_{opt} V_{GSR} V_{3K}
024940.9+410319 145.76 -16.52 344.45 -9.81 024628.3+405055	IC 258 CGCG 539-106 PGC 10721	.LB.... U -2.0± .8 	.85± .12 .06± .04 .87	 .35 .00 	 15.3 ±.2 14.84				 5386± 79 5502 5199
0249.7 -0031 174.74 -51.09 304.64 -27.68 0247.2 -0044	A 0247+00 MCG 0- 8- 25 PGC 10726	.SBT3P? PE (1) 3.3±1.0 4.2± .8	.99± .07 .15± .05 1.01	55 .15 .21 .08	 14.80 ±.13 				
024945.5+380405 147.23 -19.16 341.87 -11.35 024636.8+375141	 UGC 2305 PGC 10727	.SX.6.. U 6.0± .8 	1.14± .07 .18± .06 1.17	 .31 .26 .09	 15.02 ±.19 14.43				5408 5517 5216
024945.9+465837 143.02 -11.23 349.51 -6.74 024624.4+464613	IC 257 UGC 2298 PGC 10729	.L..-*. U -3.0±1.1 	1.34± .12 .13± .08 .80± .11 1.44	155 .94 .00 	13.8 ±.3 13.4 ±.3 	1.18± .02 	1.20± .01 13.31± .38 15.06± .66		
024946.0+410308 145.78 -16.51 344.46 -9.83 024633.4+405044	IC 259 UGC 2306 PGC 10730	.LB?... 	1.15± .15 .07± .08 1.18	 .35 .00 	 15.0 ±.3 14.52				 6178± 79 6294 5991
024946.3-522251 269.87 -56.47 244.27 -29.77 024811.0-523513	 ESO 154- 16 IRAS02482-5235 PGC 10731	.LB?... 	.95± .07 .20± .05 .92	 .00 .00 	 15.35 ±.14 13.70 15.15				 13005± 63 12871 12903
024948.1+412747 145.59 -16.14 344.81 -9.62 024635.0+411523	 MCG 7- 6- 74 PGC 10732	.L?.... 	.82± .19 .00± .07 .86	 .32 .00 	 14.6 ±.3 14.22				 5245± 58 5362 5059
024952.0+345918 148.79 -21.87 339.19 -12.92 024647.0+344654	 CGCG 524- 26 MK 1058 PGC 10739	.S?.... 	.87± .08 .32± .12 .89	 .25 .48 .16	 15.38 ±.12 13.47 14.63				 5138± 27 5240 4941
0249.8 +2243 155.65 -32.52 328.06 -18.78 0247.0 +2231	 UGC 2315 PGC 10740	.S..4.. U 4.0±1.0 	1.00± .08 .63± .06 1.06	140 .61 .92 .31					5550 5620 5337
024952.7+142410 161.26 -39.50 320.07 -22.37 024707.6+141147	 CGCG 440- 17 PGC 10741		.95? .48? .98	 .31 	 15.50 ±.12 				8681 8727 8464
0249.9 -0059 175.32 -51.39 304.15 -27.87 0247.4 -0112	 UGC 2319 PGC 10747	.S..6*. U 6.0±1.3 	1.10± .05 .57± .05 1.11	47 .16 .84 .28	 15.30 ±.12 				
024958.7-120952 190.46 -58.46 291.65 -30.63 024734.7-122215	NGC 1118 MCG -2- 8- 11 IRAS02475-1222 PGC 10748	PLBR0?. E -2.0± .8 	1.33± .04 .48± .05 1.26	90 .02 .00 	 13.33 				
025004.5+412322 145.67 -16.18 344.78 -9.70 024651.4+411059	 UGC 2313 PGC 10754	.S..6*. U 6.0±1.3 	1.14± .07 .76± .06 1.17	141 .32 1.12 .38	 15.5 ±.3 14.04				 5729± 58 5846 5543
0250.1 +3912 146.74 -18.11 342.90 -10.84 0247.0 +3900	 UGC 2316 PGC 10758	.L..... U -2.0± .8 	1.04± .18 .13± .08 1.06	10 .35 .00 					
0250.2 +1821 158.55 -36.17 323.96 -20.79 0247.4 +1809	 UGC 2321 PGC 10759	.S..2.. U 2.0± .9 	1.03± .06 .60± .05 1.06	80 .35 .73 .30	 15.48 ±.12 14.33				6417 6475 6202
0250.2 +0006 174.18 -50.55 305.36 -27.61 0247.7 -0006	 UGC 2324 PGC 10761	.SBR3.. U 3.0± .9 	.96± .09 .11± .06 .97	5 .13 .15 .05	 14.66 ±.12 				
0250.2 +0810 166.34 -44.45 313.85 -24.88 0247.6 +0758	 UGC 2323 PGC 10762	.S.R5.. U 5.0± .9 	.95± .07 .09± .05 .98	 .40 .14 .05	 15.27 ±.15 14.69				8049 8077 7831

R.A. 2000 DEC. l b SGL SGB R.A. 1950 DEC.	Names PGC	Type S_T n_L T L	$\log D_{25}$ $\log R_{25}$ $\log A_e$ $\log D_o$	p.a. A_g A_i A_{21}	B_T m_B m_{FIR} B_T^o	$(B-V)_T$ $(U-B)_T$ $(B-V)_T^o$ $(U-B)_T^o$	$(B-V)_e$ $(U-B)_e$ m'_e m'_{25}	m_{21} W_{20} W_{50} HI	V_{21} V_{opt} V_{GSR} V_{3K}
0250.2 +4732		.I..9*.	1.16± .13						
142.84 -10.69	UGC 2314	U	.00± .12	.93					
350.03 -6.52		10.0±1.1		.00					
0246.9 +4720	PGC 10764		1.25	.00					
025017.7-083550		.S..5./	1.34± .04	87					
185.12 -56.35	MCG -2- 8- 12	E	.83± .04	.12					
295.74 -29.95		5.0± .6		1.25					
024750.8-084811	PGC 10766		1.35	.42					
025020.0+190649		.S?....	.92± .11						1238
158.07 -35.52	MCG 3- 8- 21		.38± .07	.34	14.81 ±.14				
324.70 -20.48				.57					1298
024730.7+185427	PGC 10768		.95	.19	13.89				1023
025024.2+464152		.S..1..	1.19± .05	20					
143.24 -11.43	UGC 2317	U	.37± .05	.93	14.6 ±.3				
349.33 -6.98		1.0± .8		.37					
024703.0+462930	PGC 10770		1.28	.18					
025026.1-313333		.SAR0..	1.06± .05	118					
229.83 -63.77	ESO 416- 34	r	.16± .03	.00	14.60 ±.14				7104± 30
268.69 -32.52		-.1± .9		.12					7017
024820.1-314554	PGC 10773		1.05		14.38				6941
025030.3-345152			1.41± .05	130					
237.24 -63.45	ESO 356- 14		.21± .06	.08	14.75 ±.14				10894± 60
264.73 -32.42									10798
024828.1-350412	PGC 10777		1.42						10739
025031.2+433930		.S..4..	1.02± .06						
144.67 -14.13	UGC 2318	U	.06± .05	.53	15.0 ±.3				
346.76 -8.59		4.0± .8		.09					
024714.8+432708	PGC 10778		1.07	.03					
025032.2-312346		RSAT0..	.98± .05						
229.46 -63.76	ESO 416- 35	r	.08± .04	.00	14.48 ±.14				6675± 43
268.89 -32.54		-.1± .9		.06					6588
024826.0-313606	PGC 10779		.97		14.32				6511
0250.5 +1319	NGC 1116	.S..2..	1.13± .05	27					7701
162.24 -40.29	UGC 2326	U	.71± .05	.42	15.20 ±.12				
319.07 -22.96		2.0± .9		.87					7744
0247.8 +1307	PGC 10781		1.17	.35	13.83				7484
025036.1-313110		.S?....	1.00± .05	20					
229.74 -63.74	ESO 416- 36		.18± .04	.00	14.49 ±.14				7151± 62
268.74 -32.55	IRAS02484-3143			.26	13.23				7064
024830.0-314330	PGC 10785		1.00	.09	14.18				6988
0250.6 +2040		.S..3*.	.99± .06	65					6305
157.12 -34.16	UGC 2327	U (1)	.07± .05	.48	14.67 ±.13				
326.22 -19.86	IRAS02477+2028	3.0±1.2		.10	13.28				6369
0247.7 +2028	PGC 10787	3.5±1.1	1.04	.04	14.04				6092
025039.2-014358	NGC 1121	.L...*.	.94± .06	10					
176.36 -51.79	UGC 2332	E	.39± .04	.15	13.92 ±.19				2597± 50
303.40 -28.25	ARAK 93	-2.0±1.3		.00					2595
024806.8-015619	PGC 10789		.90		13.73				2384
025039.9-025916		.SBT7P?	1.08± .06						
177.84 -52.65	MCG -1- 8- 13	E (1)	.08± .05	.11					
302.03 -28.61		7.0±1.7		.11					
024808.5-031137	PGC 10790	6.4± .8	1.09	.04					
025040.6+414018	NGC 1106	.LA.+..	1.25± .06						
145.64 -15.88	UGC 2322	U	.00± .03	.32	13.3 ±.3				4205± 39
345.08 -9.65	IRAS02474+4127	-1.0± .8		.00	12.96				4321
024727.0+412757	PGC 10792		1.28		12.96				4020
025044.3-064447		.S..3P?	1.12± .06	170					6997
182.66 -55.12	MCG -1- 8- 14	E	.37± .05	.13					
297.86 -29.62	IRAS02482-0657	3.0±1.8		.51	13.55				6980
024815.9-065708	PGC 10794		1.13	.18					6789
0250.7 +1600		.S..2..	.96± .09	177					9984
160.33 -38.05	UGC 2329	U	.09± .06	.23	14.73 ±.12				
321.74 -21.91		2.0± .9		.11					10035
0248.0 +1548	PGC 10797		.98	.04	14.28				9768
025048.5+333047								17.10±.3	11985± 10
149.74 -23.07	CGCG 505- 55			.31	15.7 ±.4				
337.99 -13.83								382± 7	12083
024745.1+331826	PGC 10804								11786

R.A. 2000 DEC. l b SGL SGB R.A. 1950 DEC.	Names PGC	Type S_T n_L T L	$\log D_{25}$ $\log R_{25}$ $\log A_e$ $\log D_o$	p.a. A_g A_i A_{21}	B_T m_B m_{FIR} B_T^o	$(B\text{-}V)_T$ $(U\text{-}B)_T$ $(B\text{-}V)_T^o$ $(U\text{-}B)_T^o$	$(B\text{-}V)_e$ $(U\text{-}B)_e$ m'_e m'_{25}	m_{21} W_{20} W_{50} HI	V_{21} V_{opt} V_{GSR} V_{3K}
025050.9+224621		.L?....	1.02± .14						6153± 10
155.84 -32.36	MCG 4- 7- 26		.55± .07	.59	15.36 ±.10				
328.22 -18.96				.00					6223
024758.3+223400	PGC 10806		1.00		14.68				5942
025054.1-545829	NGC 1136	.SBR1$.	1.16± .03	80	13.75 ±.13	.78± .01	.86± .01		
273.27 -54.72	ESO 154- 19	R (1)	.08± .04	.08	13.80 ±.14				5574± 32
241.31 -29.30	FAIR 732	1.0± .4	.81± .01	.08		.70	13.29± .03		5435
024925.0-551048	PGC 10807	3.3± .8	1.17	.04	13.54		14.20± .21		5482
025100.3+372758		.E.....	1.23± .14	70					
147.76 -19.58	UGC 2328	U	.08± .08	.27	13.46 ±.10				4962± 52
341.48 -11.87		-5.0± .8		.00					5069
024752.2+371538	PGC 10810		1.25		13.11				4770
025101.0+465716	IC 260	.E...*.	1.15± .15	175					
143.22 -11.15	UGC 2325	U	.19± .08	.93	14.1 ±.3				
349.61 -6.93		-5.0±1.2		.00					
024739.2+464455	PGC 10812		1.24						
025104.5+042709	A 0248+04		.64± .17					15.29±.2	1004± 7
169.96 -47.20	MCG 1- 8- 8		.28± .07	.19	15.40 ±.20			111± 6	975± 45
310.07 -26.39	MK 600							71± 5	1020
024827.3+041450	PGC 10813		.65						788
025109.3+023535		.SBS7*.	1.16± .04	67					4499
171.82 -48.58	UGC 2338	UE (1)	.28± .04	.25	14.30 ±.13				
308.11 -27.03		6.5± .8		.39					4510
024833.6+022316	PGC 10815	6.4± .8	1.18	.14	13.65				4284
0251.1 -1442		.S?....	1.04± .09						
195.00 -59.52	MCG -3- 8- 32		.21± .07	.09					8697
288.76 -31.38				.16					8656
0248.8 -1455	PGC 10816		1.03						8500
0251.1 +0804		.SBS6..	1.20± .06	165					6623
166.67 -44.40	UGC 2336	U	.31± .06	.40	15.1 ±.2				
313.84 -25.13		6.0± .8		.46					6650
0248.5 +0752	PGC 10818		1.24	.16	14.19				6406
0251.2 +2524		.S..4..	.93± .07	32					7184
154.33 -30.06	UGC 2333	U	.32± .05	.64	15.52 ±.12				
330.71 -17.82		4.0± .9		.47					7260
0248.3 +2512	PGC 10819		.99	.16	14.37				6975
0251.2 +4134		.E.....	1.11± .16	80					
145.78 -15.92	UGC 2330	U	.20± .08	.32					
345.05 -9.79		-5.0± .8		.00					
0248.0 +4122	PGC 10820		1.10						
025118.5-281206		.S..3*.	1.17± .04	19					
222.28 -63.50	ESO 416- 37	S	.58± .03	.01	14.11 ±.14				5206± 52
272.73 -32.70	IRAS02491-2824	3.0±1.3		.81	12.31				5127
024909.1-282424	PGC 10829		1.17	.29	13.25				5035
0251.3 +4712		.S..1..	1.00± .08	42					
143.16 -10.90	UGC 2331	U	.69± .06	.93					
349.85 -6.85		1.0±1.0		.70					
0248.0 +4700	PGC 10832		1.09	.34					
0251.4 +1601		.S..8..	1.01± .09	45					16469
160.49 -37.95	UGC 2339	U	.13± .06	.23					
321.83 -22.06	IRAS02487+1548	8.0± .8		.16	13.16				16519
0248.7 +1548	PGC 10834		1.03	.06					16254
0251.5 +1334		.SB.6*.	1.04± .06	80					10052
162.31 -39.94	UGC 2340	U	.26± .05	.41					
319.43 -23.08		6.0±1.3		.38					10095
0248.8 +1322	PGC 10836		1.08	.13					9836
025135.9-254201	NGC 1124	RLB.+*.	1.02± .05						
216.77 -63.12	ESO 480- 7	Sr	.13± .04	.00	14.88 ±.14				
275.74 -32.67		-.6± .6		.00					
024924.0-255418	PGC 10838		1.00						
0251.6 -0044		.S..1*.	1.00± .08						
175.52 -50.91	UGC 2343	U	.14± .06	.18	14.85 ±.13				
304.56 -28.20		1.0±1.2		.14					
0249.1 -0057	PGC 10843		1.02	.07					
025142.8-424501		.LX.-..	1.10± .05	20					
253.44 -61.06	ESO 247- 8	S	.14± .04	.00	14.31 ±.14				5470
255.32 -31.90		-3.0± .6		.00					5355
024951.0-425718	PGC 10849		1.08		14.23				5339

R.A. 2000 DEC. / l b / SGL SGB / R.A. 1950 DEC.	Names / PGC	Type / S_T n_L / T / L	$logD_{25}$ / $logR_{25}$ / $logA_e$ / $logD_o$	p.a. / A_g / A_i / A_{21}	B_T / m_B / m_{FIR} / B_T^o	$(B-V)_T$ / $(U-B)_T$ / $(B-V)_T^o$ / $(U-B)_T^o$	$(B-V)_e$ / $(U-B)_e$ / m'_e / m'_{25}	m_{21} / W_{20} / W_{50} / HI	V_{21} / V_{opt} / V_{GSR} / V_{3K}
025143.2+424943	IC 262	.LB....	1.20± .09	50					
145.27 -14.77	UGC 2335	U	.06± .05	.37	14.2 ±.3				
346.17 -9.21		-2.0± .7		.00					
024827.8+423724	PGC 10850		1.24						
0251.7 -1637	NGC 1125	PSBR0?.	1.26± .03		13.43 ±.14	.82± .02	.86± .02		
198.52 -60.28	MCG -3- 8- 35	SE	.30± .05	.02		.29± .04	.26± .04		
286.54 -31.82		.0± .7	.81± .03	.22			12.97± .09		
0249.4 -1650	PGC 10851		1.25				13.83± .25		
0251.9 -0110	A 0249-01	.SBT9*.	1.54± .04	160	14.2 ±.2	.58± .06	.56± .05	13.82±.1	1506± 6
176.07 -51.17	UGC 2345	UE (2)	.06± .05	.17		-.23± .08	-.24± .06	112± 7	
304.11 -28.38	DDO 30	9.0± .6	1.26± .06	.06		.52	16.01± .13	97± 12	1505
0249.3 -0122	PGC 10854	8.8± .6	1.56	.03	13.98	-.27	16.62± .33	-.20	1294
0251.9 +0040		.S..4..	1.03± .06	107					8773
174.05 -49.85	UGC 2346	U	.31± .05	.20	15.30 ±.10				
306.12 -27.84		4.0± .9		.45					8777
0249.4 +0028	PGC 10857		1.05	.15	14.59				8560
025158.8-332020	IC 1862	.SA.4*/	1.48± .04	3					
233.77 -63.33	ESO 356- 15	BS	1.01± .04	.03	14.49 ±.14				6383
266.54 -32.80	IRAS02499-3332	3.7± .7		1.47	12.93				6290
024955.0-333236	PGC 10858		1.49	.50	12.95				6226
0252.1 +0423		.I..9..	1.00± .08	25					1815
170.31 -47.08	UGC 2352	U	.73± .06	.15					
310.10 -26.66		10.0±1.0		.54					1830
0249.5 +0411	PGC 10861		1.01	.36					1601
0252.1 +1208		.S?....	1.03± .06	3					8221
163.57 -41.02	UGC 2347		.36± .05	.39					
318.06 -23.79				.53					8259
0249.4 +1156	PGC 10862		1.06	.18					8006
0252.1 +1359		.L...?.	1.11± .16						
162.15 -39.52	UGC 2348	U	.00± .08	.32	14.58 ±.15				
319.91 -23.04		-2.0±1.6		.00					
0249.4 +1347	PGC 10863		1.15						
025218.6-011747	NGC 1126	.S..3*/	.87± .08	135					
176.32 -51.19	MCG 0- 8- 38	E	.57± .05	.17	15.43 ±.15				
304.02 -28.52		3.0±1.4		.79					
024946.0-013003	PGC 10868		.89	.28					
025219.9+440355									
144.78 -13.62	CGCG 539-115			.60	14.9 ±.3				9394± 55
347.28 -8.66	MK 1060								9515
024902.5+435139	PGC 10869								9216
025220.8-575652		PSBR4..	1.15± .07	154	14.00 ±.13	.76± .01	.84± .01		
276.83 -52.61	ESO 116- 1	Sr (1)	.10± .05	.00	16.63 ±.14				8786± 40
237.96 -28.67	IRAS02509-5809	3.8± .4	.78± .01	.15	13.72	.68	13.39± .03		8641
025100.0-580906	PGC 10870	1.1± .5	1.15	.05	15.01		14.37± .39		8705
025222.5-314903		.L?....	.87± .06						
230.38 -63.35	ESO 416- 39		.10± .03	.00	14.94 ±.14				6793± 62
268.37 -32.93				.00					6704
025017.1-320118	PGC 10872		.85		14.84				6632
0252.3 +0159		.I..9*.	1.14± .13						4237
172.78 -48.82	UGC 2355	U	.23± .12	.21					
307.57 -27.52		10.0±1.2		.17					4245
0249.8 +0147	PGC 10874		1.16	.11					4024
025223.4-083040		.S..1?/	1.14± .05	99					5029
185.56 -55.89	MCG -2- 8- 14	E	.75± .04	.14					
295.98 -30.44		.5±1.3		.76					5006
024956.5-084255	PGC 10875		1.16	.37					4825
025227.6-304639		.S?....	.99± .05	58					
228.06 -63.36	ESO 416- 40		.18± .04	.00	14.67 ±.14				6815± 62
269.63 -32.96	IRAS02503-3058			.24					6729
025021.0-305854	PGC 10878		.99	.09	14.37				6652
0252.4 -1431		.SB?...	1.04± .09						4055
194.98 -59.16	MCG -3- 8- 37		.14± .07	.09					
289.04 -31.66				.21					4014
0250.1 -1444	PGC 10879		1.05	.07					3859
0252.6 +4119		.L.....	1.07± .07	48					
146.15 -16.02	UGC 2349	U	.30± .03	.58					4305± 88
344.97 -10.15		-2.0± .9		.00					4420
0249.4 +4107	PGC 10882		1.09						4122

R.A. 2000 DEC. / l b / SGL SGB / R.A. 1950 DEC.	Names / PGC	Type / S_T n_L / T / L	$\log D_{25}$ / $\log R_{25}$ / $\log A_e$ / $\log D_o$	p.a. / A_g / A_i / A_{21}	B_T / m_B / m_{FIR} / B_T^o	$(B-V)_T$ / $(U-B)_T$ / $(B-V)_T^o$ / $(U-B)_T^o$	$(B-V)_e$ / $(U-B)_e$ / m'_e / m'_{25}	m_{21} / W_{20} / W_{50} / HI	V_{21} / V_{opt} / V_{GSR} / V_{3K}
025240.7+412347		.S..3..	.99± .06						
146.12 -15.95	UGC 2350	U (1)	.02± .05	.58	14.6 ±.3				3924± 88
345.04 -10.12	IRAS02494+4111	3.0± .8		.03	13.58				4039
024927.1+411132	PGC 10884	5.5±1.1	1.05	.01	13.97				3741
025244.6+465615		.SBS3..	1.20± .06					15.82±.1	8420± 11
143.50 -11.03	UGC 2351	U	.06± .06	.93	13.8 ±.3				
349.75 -7.19	IRAS02493+4644	3.0± .7		.08				294± 8	8547
024922.4+464400	PGC 10886		1.29	.03	12.75			3.04	8249
025246.8-143147	NGC 1139	.SBR0P*	1.07± .07	36					
195.06 -59.09	MCG -3- 8- 38	E	.15± .04	.09					
289.05 -31.73		.0± .9		.11					
025024.9-144401	PGC 10888		1.07						
0252.8 +1315	NGC 1127	RSBR2*.	.90± .07						9775
162.89 -40.02	UGC 2356	U	.00± .05	.40	15.27 ±.15				
319.25 -23.50		2.0± .9		.00					9816
0250.1 +1303	PGC 10889		.94	.00	14.76				9561
025251.2+421220	NGC 1122	.SX.3..	1.24± .05	40				17.37±.1	3599± 11
145.76 -15.22	UGC 2353	U	.12± .05	.40	12.9 ±.3				3624± 39
345.75 -9.72	IRAS02496+4200	3.0± .8		.17	12.15			205± 8	3718
024936.4+420005	PGC 10890		1.28	.06	12.28			5.04	3419
025251.6-011633	NGC 1132	.E.....	1.40± .06	140	13.25 ±.16	.99± .03	1.03± .02		
176.45 -51.07	UGC 2359	UE	.27± .05	.18	13.35 ±.12	.50± .04	.55± .03		6951± 26
304.09 -28.64		-4.5± .5	1.05± .05	.00		.88	13.99± .19		6949
025018.9-012847	PGC 10891		1.35		13.03	.50	14.58± .37		6740
025253.7-244710			.79± .06	66					
214.92 -62.66	ESO 480- 8		.12± .04	.00	15.00 ±.14				3798±104
276.86 -32.92									3727
025041.0-245924	PGC 10893		.79						3622
025307.3+252914	IC 1861	.LA.0..	1.16± .05	150				15.85±.1	6703± 5
154.71 -29.77	UGC 2357	U	.15± .04	.62	14.33 ±.12			439± 6	
330.99 -18.16		-2.0± .8		.00					6779
025011.9+251700	PGC 10905		1.21		13.60				6497
0253.1 +1302		.I..9..	1.09± .07					15.10±.3	3625± 9
163.13 -40.15	UGC 2362	U	.04± .06	.41	14.90 ±.20			140± 10	
319.07 -23.65	VV 606	10.0± .8		.03				110± 7	3665
0250.4 +1250	PGC 10907		1.13	.02	14.46			.62	3411
025320.3-173606		.S?....	.86± .05						
200.62 -60.34	ESO 546- 28		.15± .04	.05	15.09 ±.14				11022± 60
285.46 -32.33				.18					10971
025101.1-174818	PGC 10912		.87	.07	14.75				10832
0253.3 +0632		.S?....	1.12± .05	103				15.70±.3	5430± 10
168.63 -45.24	UGC 2364		.56± .05	.30				354± 13	
312.47 -26.19				.83				344± 10	5451
0250.7 +0620	PGC 10913		1.15	.28					5216
025322.7+314117		.SA.7*.	1.07± .14					15.84±.3	10562± 10
151.23 -24.40	UGC 2360	U	.07± .12	.58					
336.64 -15.20		7.0±1.2		.09				336± 7	10654
025021.0+312904	PGC 10914		1.12	.03					10363
025329.4-305136		.SXT4*.	1.20± .04	94					
228.24 -63.14	ESO 416- 41	Sr (1)	.43± .03	.00	14.37 ±.14				6415± 39
269.53 -33.18	IRAS02513-3103	4.2± .5		.63					6328
025123.1-310348	PGC 10919	3.3± .7	1.20	.21	13.70				6253
025333.8-830833		.LAR0*.	1.12± .05						
298.79 -32.97	ESO 3- 13	S	.06± .03	.47	13.74 ±.14				
212.43 -19.01	IRAS02575-8320	-2.0± .8		.00	12.61				
025731.0-832036	PGC 10922		1.17						
025334.7+415309		.SXS3..	1.12± .05	60					
146.04 -15.44	UGC 2361	U	.07± .05	.43	14.1 ±.3				7156± 88
345.55 -10.00	IRAS02503+4141	3.0± .8		.09	12.51				7272
025020.2+414056	PGC 10923		1.16	.03	13.49				6975
025339.6-341149	IC 1864	.E?....	1.07± .04	63	12.55V±.14	.98± .02	.99± .02		
235.58 -62.90	ESO 356- 17		.21± .03	.03	13.66 ±.14	.35± .05	.40± .04		4488± 26
265.49 -33.11			.65± .03	.00		.93			4392
025137.0-342400	PGC 10925		1.02		13.50	.37	13.37± .26		4335
025340.2+414333									
146.13 -15.57	CGCG 540- 2			.44	15.5 ±.3				6149± 88
345.42 -10.10									6264
025025.9+413120	PGC 10926								5968

R.A. 2000 DEC. l b SGL SGB R.A. 1950 DEC.	Names PGC	Type S_T n_L T L	$\log D_{25}$ $\log R_{25}$ $\log A_e$ $\log D_o$	p.a. A_g A_i A_{21}	B_T m_B m_{FIR} B_T^o	$(B-V)_T$ $(U-B)_T$ $(B-V)_T^o$ $(U-B)_T^o$	$(B-V)_e$ $(U-B)_e$ m'_e m'_{25}	m_{21} W_{20} W_{50} HI	V_{21} V_{opt} V_{GSR} V_{3K}
0253.6 +0616		.L.....	1.27± .04	145	14.80S±.15			15.27±.3	7386± 10
168.97 -45.40	UGC 2367	U	.53± .03	.31	14.80 ±.12			594± 13	
312.22 -26.36	IRAS02510+0603	-2.0± .8		.00	13.26			581± 10	7406
0251.0 +0603	PGC 10927		1.22		14.38		14.68± .27		7173
025341.2+130055	NGC 1134	.S?....	1.40± .04	148				13.56±.2	3644± 5
163.29 -40.09	UGC 2365		.46± .05	.41	13.05 ±.12			446± 7	
319.11 -23.78	ARP 200			.69	10.71			395± 5	3684
025056.9+124843	PGC 10928		1.44	.23	11.93			1.40	3431
025350.2+125054	IC 267	PSBS3..	1.31± .04	15	13.87 ±.16	.84± .03	.94± .02	14.25±.3	3570± 9
163.46 -40.20	UGC 2368	U	.11± .05	.41	13.63 ±.16	.03± .05	.16± .04	389± 10	3577± 50
318.96 -23.88	IRAS02511+1238	3.0± .8	.96± .03	.15	11.51	.70	14.16± .07	343± 7	3610
025106.1+123843	PGC 10932		1.34	.06	13.16	-.08	14.97± .28	1.03	3357
025352.4+021724		.S..2*/	1.11± .05	17					
172.88 -48.34	UGC 2371	UE	.58± .04	.27	15.37 ±.13				
308.04 -27.77	IRAS02513+0205	2.3± .7		.72					
025116.9+020513	PGC 10933		1.14	.29					
025353.7-724535		PSXR3*.	1.09± .05						
291.31 -41.49	ESO 31- 4	Sr (1)	.08± .04	.11	14.29 ±.14				8053
222.41 -23.58		3.4± .5		.11					7889
025349.0-725742	PGC 10934	5.6± .6	1.10	.04	14.01				8026
0253.9 +0559		.SXT6*.	.95± .07					16.03±.3	7910± 10
169.30 -45.57	UGC 2372	U	.05± .05	.31	15.08 ±.14			285± 13	
311.95 -26.52		6.0± .9		.07				261± 10	7929
0251.3 +0547	PGC 10935		.98	.02	14.67			1.33	7697
025400.1+362551		.L.....	1.12± .07	63					
148.84 -20.20	UGC 2366	U	.25± .03	.44	15.20 ±.15				
340.89 -12.91		-2.0± .8		.00					
025052.7+361340	PGC 10941		1.13						
025402.4+025743	NGC 1137	PSAT3..	1.33± .03	20				13.99±.3	3042± 10
172.24 -47.82	UGC 2374	UE (1)	.21± .04	.28	13.21 ±.12			290± 13	3004± 50
308.77 -27.59	IRAS02514+0245	2.5± .5		.29	12.52			275± 10	3051
025126.4+024532	PGC 10942	4.5±1.0	1.36	.10	12.62			1.27	2829
0254.0 +0615		.S?....	1.02± .06	114	15.6 ±.4	1.17± .05		16.41±.3	7607± 10
169.08 -45.35	UGC 2375		.60± .05	.31	15.35 ±.12	.52± .08		450± 13	
312.24 -26.45				.90		.95		440± 10	7627
0251.4 +0603	PGC 10943		1.05	.30	14.12	.27	14.04± .52	1.99	7394
025411.9-525451		.LA.-..	1.05± .05	140					
269.91 -55.61	ESO 154- 22	S	.19± .04	.00	15.42 ±.14				
243.48 -30.29		-3.0± .8		.00					
025239.0-530700	PGC 10945		1.02						
025422.7+311737		.S..6*.	1.09± .08					15.64±.3	5422± 10
151.65 -24.64	UGC 2376	U	.02± .06	.60					
336.40 -15.59		6.0±1.1		.03				236± 7	5512
025121.2+310527	PGC 10950		1.15	.01					5224
0254.4 +1144		.S..6*.	1.17± .05	174					
164.48 -41.01	UGC 2378	U	.75± .05	.49					
317.90 -24.46		6.0±1.3		1.10					
0251.7 +1132	PGC 10952		1.22	.37					
025426.4+423901		.S..8?.	1.44± .05	127				15.26±.1	2162± 11
145.81 -14.69	UGC 2370	U	1.45± .06	.44	15.4 ±.3				
346.28 -9.73		8.0±1.9		1.23				194± 8	2279
025110.6+422651	PGC 10956		1.48	.50	13.77			.99	1983
025427.7+413449	NGC 1129	.E.....	1.60± .08	90	*		1.10± .01		
146.34 -15.63	UGC 2373	U	.11± .08	.44	13.5 ±.3				5202± 28
345.37 -10.30		-5.0± .6	1.37± .10	.00			14.24± .27		5317
025113.5+412239	PGC 10959		1.64		13.03				5021
025429.1-471040		.LA.-..	.99± .06	120	*				
260.96 -58.68	ESO 247- 10	S	.18± .04	.00	15.15 ±.14				
250.04 -31.63		-3.0± .9		.00					
025245.0-472248	PGC 10960		.96						
025433.2-183809	NGC 1145	.S..5*/	1.51± .02	60	13.63 ±.16	1.16± .03	1.22± .02	14.35±.1	1968± 11
202.78 -60.49	ESO 546- 29	SUE (1)	.80± .03	.07	13.55 ±.14	.14± .04	.23± .04		
284.27 -32.75	IRAS02522-1850	5.0± .7	1.01± .03	1.20	12.76	.99	14.17± .09	87± 12	1914
025215.0-185018	PGC 10965	3.3±1.2	1.51	.40	12.30	-.07	14.00± .21	1.65	1782
025433.6-100137	NGC 1140	.IB.9P*	1.22± .03	6	12.84 ±.14	.35± .01	.37± .01	13.37±.0	1509± 4
188.32 -56.34	MCG -2- 8- 19	RE	.26± .04	.11	12.9 ±.3	-.43± .03	-.46± .03	223± 4	1498± 33
294.38 -31.30	MK 1063	10.0± .4	.46± .04	.19	11.98	.25	10.63± .12	184± 5	1479
025208.0-101346	PGC 10966		1.23	.13	12.55	-.50	13.14± .22	.68	1309

R.A. 2000 DEC. l b SGL SGB R.A. 1950 DEC.	Names PGC	Type S_T n_L T L	$\log D_{25}$ $\log R_{25}$ $\log A_e$ $\log D_o$	p.a. A_g A_i A_{21}	B_T m_B m_{FIR} B_T^o	$(B-V)_T$ $(U-B)_T$ $(B-V)_T^o$ $(U-B)_T^o$	$(B-V)_e$ $(U-B)_e$ m'_e m'_{25}	m_{21} W_{20} W_{50} HI	V_{21} V_{opt} V_{GSR} V_{3K}
0254.6 +1201		.S?....	1.02± .08	135					7656
164.31 -40.75	UGC 2381		.38± .06	.44					
318.21 -24.39				.57					7692
0251.9 +1149	PGC 10968		1.06	.19					7444
0254.6 +0922		.S..6*.	1.00± .08	35					
166.50 -42.84	UGC 2382	U	.84± .06	.50					
315.53 -25.45		6.0±1.4		1.24					
0252.0 +0910	PGC 10973		1.05	.42					
025441.7-302546		.LA.0P.	1.26± .04	0					
227.29 -62.87	ESO 417- 1	S	.26± .04	.00	14.20 ±.14				6502± 39
270.04 -33.45		-2.5± .6		.00					6416
025235.0-303754	PGC 10974		1.22		14.10				6341
025442.5-520547		.S..4?/	1.06± .05	176					
268.65 -56.03	ESO 199- 5	S (1)	.55± .04	.00	15.45 ±.14				
244.38 -30.57		4.0±1.9		.80					
025308.1-521754	PGC 10977	5.6±1.3	1.06	.27					
025445.2-250634		.S?....	.80± .06	12					
215.78 -62.31	ESO 480- 12		.21± .04	.00	14.85 ±.14				4791±104
276.49 -33.36	IRAS02525-2518			.26	13.21				4718
025233.0-251842	PGC 10981		.80	.11	14.54				4617
025448.0+411854									
146.52 -15.84	CGCG 540- 11			.44	15.1 ±.4				5825± 88
345.18 -10.50									5939
025134.1+410645	PGC 10984								5644
025449.4-304046		.L?....	1.02± .05	1					
227.84 -62.85	ESO 417- 2		.37± .03	.00	15.37 ±.14				6463
269.74 -33.47				.00					6376
025243.0-305254	PGC 10985		.96		15.27				6302
025454.1-062225		PSBR1..	1.21± .05	35					
183.29 -54.08	MCG -1- 8- 15	E	.12± .05	.18					
298.58 -30.53	IRAS02524-0634	1.0± .8		.12	12.97				
025225.6-063433	PGC 10989		1.23	.06					
025456.2-215352		.SBS6*.	1.12± .04	30					
209.18 -61.50	ESO 546- 31	S (1)	.33± .03	.06	14.86 ±.14				8716
280.37 -33.18		5.5± .6		.48					8652
025241.1-220600	PGC 10991	5.0± .9	1.12	.16	14.28				8536
025457.3-170305		.SBT6*.	1.23± .04	164					3062
199.94 -59.76	MCG -3- 8- 45	ES (1)	.07± .04	.10					
286.17 -32.64		6.0± .6		.11					3012
025237.7-171512	PGC 10994	5.6± .8	1.24	.04					2873
025503.1-011120		.S..5..	.93± .05						
176.96 -50.62	UGC 2385	U	.06± .04	.18	15.12 ±.14				
304.37 -29.14	KUG 0252-013	5.0± .9		.09					
025230.3-012328	PGC 11000		.95	.03					
025509.8-001040	NGC 1143	.E+..P*	.96± .10	110	*				
175.86 -49.89	UGC 2388	UE	.06± .06	.19					8459± 30
305.48 -28.86		-4.3± .6		.00					8459
025236.2-002247	PGC 11007		.97						8251
0255.1 +5154		.S..3..	1.16± .07	9	*			15.32±.1	4629± 11
141.54 -6.43	UGC 2380	U	.34± .06	1.46					
354.11 -4.83	IRAS02516+5142	3.0± .9		.47	13.14			457± 8	4765
0251.6 +5142	PGC 11011		1.30	.17					4471
025512.1-001100	NGC 1144	.RING.B	1.04± .08	130	13.78 ±.13	.83± .02	.92± .01		
175.87 -49.89	UGC 2389	R	.21± .06	.19	13.35 ±.18	.09± .04	.18± .02		8647± 31
305.48 -28.87	IRAS02526-0023		.75± .02	.16	11.24	.68	13.02± .05		8646
025238.5-002307	PGC 11012		1.06	.10	13.28	-.03	13.32± .42		8438
025512.7+243801								17.62±.3	6987± 10
155.69 -30.25	CGCG 484- 24			.50	15.6 ±.4				
330.44 -18.98								103± 7	7059
025217.9+242553	PGC 11015								6782
0255.2 +1213		.S..6*.	1.16± .05	12					7751
164.31 -40.50	UGC 2387	U	.45± .05	.44	15.22 ±.16				
318.47 -24.45		6.0±1.2		.66					7788
0252.5 +1201	PGC 11017		1.20	.23	14.09				7540
025520.0+462010		.SB.8*.	1.04± .15	0				15.36±.3	6720± 9
144.18 -11.36	UGC 2383	U	.18± .12	.84				219± 11	
349.48 -7.89		8.0±1.2		.22				90± 8	6845
025158.3+460802	PGC 11026		1.12	.09					6550

R.A. 2000 DEC.	Names	Type	$\log D_{25}$	p.a.	B_T	$(B-V)_T$	$(B-V)_e$	m_{21}	V_{21}
l b		S_T n_L	$\log R_{25}$	A_g	m_B	$(U-B)_T$	$(U-B)_e$	W_{20}	V_{opt}
SGL SGB		T	$\log A_e$	A_i	m_{FIR}	$(B-V)^o_T$	m'_e	W_{50}	V_{GSR}
R.A. 1950 DEC.	PGC	L	$\log D_o$	A_{21}	B^o_T	$(U-B)^o_T$	m'_{25}	HI	V_{3K}
0255.3 +0607								16.73±.3	7455± 10
169.55 -45.24	CGCG 415- 25			.29	15.6 ±.3			160± 13	
312.23 -26.80								143± 10	7473
0252.7 +0555	PGC 11027								7244
0255.3 +0849	IC 1865	.S..4..	1.03± .08						8008
167.15 -43.16	UGC 2391	U	.24± .06	.54	14.73 ±.12				
315.04 -25.81		4.0± .8		.36					8034
0252.7 +0837	PGC 11035		1.08	.12	13.79				7797
025539.8-272525	A 0253-27	.SXT5*.	1.24± .04						
220.79 -62.47	ESO 417- 3	PS (2)	.07± .04	.00	13.44 ±.14				5272± 59
273.69 -33.64	IRAS02535-2737	5.0± .4		.10					5193
025330.1-273730	PGC 11052	1.8± .4	1.24	.03	13.31				5105
0255.7 +7509		.SBR3..	1.24± .05	25				14.84±.1	4300± 11
130.77 14.21	UGC 2358	U	.25± .05	1.55	15.0 ±.3				4250± 67
13.37 7.92	IRAS02502+7456	3.0± .8		.35	13.62			422± 8	4465
0250.2 +7456	PGC 11056		1.38	.13	13.04			1.68	4210
0255.7 +3641		.SB.3..	1.06± .06						
149.03 -19.81	UGC 2390	U	.14± .05	.48					
341.29 -13.08		3.0± .9		.20					
0252.6 +3629	PGC 11060		1.10	.07					
025544.1-141229	IC 270	.LA.-*.	1.12± .05	90					
195.18 -58.31	MCG -2- 8- 28	E	.03± .04	.07					
289.57 -32.38		-3.0± .6		.00					
025322.1-142435	PGC 11061		1.13						
025546.4+334559		.S..6?.	1.27± .03	12					1548
150.58 -22.34	UGC 2392	U	.60± .04	.37	14.75 ±.13				
338.74 -14.59	KUG 0252+335	6.0±1.7		.88					1643
025242.0+333353	PGC 11065		1.30	.30	13.50				1355
025548.8+010440		.S..6*.	1.11± .04	9					5038
174.68 -48.89	UGC 2404	U	1.01± .05	.27					
306.91 -28.62	KUG 0253+008	6.0±1.5		1.47					5041
025314.2+005235	PGC 11067		1.14	.50					4830
0255.8 +0612		.SXS6..	1.12± .05					16.07±.3	8006± 10
169.61 -45.10	UGC 2399	U	.00± .05	.29	14.7 ±.2			206± 13	
312.37 -26.89		6.0± .8		.00				194± 10	8024
0253.2 +0600	PGC 11068		1.15	.00	14.36			1.70	7796
025553.8+322006		.S..7..	1.00± .08	87				16.19±.3	11297± 10
151.38 -23.57	UGC 2393	U	.33± .06	.53	15.29 ±.12				
337.49 -15.34		7.0± .9		.46				440± 7	11389
025251.0+320800	PGC 11071		1.05	.17	14.27			1.75	11102
0255.9 +0629		.S..6*.	1.18± .03	167	14.70S±.15			15.92±.3	7709± 10
169.38 -44.87	UGC 2405	U	.42± .03	.31	14.73 ±.13			450± 13	
312.68 -26.81		6.0±1.2		.61				422± 10	7728
0253.3 +0617	PGC 11074		1.21	.21	13.76		14.41± .24	1.94	7499
025557.3+004131		.SBT1P*	1.13± .05	155					4143
175.13 -49.14	UGC 2403	E	.40± .05	.28	14.63 ±.12				
306.50 -28.78	IRAS02533+0029	1.0±1.3		.41	11.02				4145
025323.0+002926	PGC 11075		1.15	.20	13.90				3935
0255.9 +3808		.S..6*.	1.11± .07	31					
148.33 -18.52	UGC 2394	U	.83± .06	.35					
342.57 -12.36		6.0±1.4		1.22					
0252.8 +3756	PGC 11076		1.14	.42					
0256.0 -0142		.SBS7..	1.00± .08						4657
177.83 -50.80	UGC 2412	U	.00± .06	.19					
303.87 -29.53		7.0± .8		.00					4651
0253.5 -0155	PGC 11079		1.02	.00					4451
0256.0 +1547		PSXS1..	1.00± .06	65					10164
161.81 -37.50	UGC 2406	U	.15± .05	.28	15.23 ±.16				
322.11 -23.16		1.0± .9		.15					10210
0253.3 +1535	PGC 11083		1.03	.08	14.67				9955
025607.4+413752		.S..0..	1.00± .08	153					
146.60 -15.44	UGC 2395	U	.73± .06	.44	15.2 ±.3				5989± 62
345.58 -10.54		.0±1.0		.54					6103
025252.8+412547	PGC 11085		1.00		14.15				5809
0256.1 +3704		.S..7*.	1.08± .09						5114± 10
148.91 -19.43	UGC 2396	U	1.03± .04	.48					
341.67 -12.95		7.0±1.5		1.38					5217
0253.0 +3652	PGC 11087		1.13	.50					4926

R.A. 2000 DEC. l b SGL SGB R.A. 1950 DEC.	Names PGC	Type S_T n_L T L	$\log D_{25}$ $\log R_{25}$ $\log A_e$ $\log D_o$	p.a. A_g A_i A_{21}	B_T m_B m_{FIR} B_T^o	$(B-V)_T$ $(U-B)_T$ $(B-V)_T^o$ $(U-B)_T^o$	$(B-V)_e$ $(U-B)_e$ m'_e m'_{25}	m_{21} W_{20} W_{50} HI	V_{21} V_{opt} V_{GSR} V_{3K}
025610.8-152352		.SBS3..	1.13± .06	176					
197.29 -58.77	MCG -3- 8- 46	E (1)	.24± .05	.07					
288.19 -32.68		3.0± .9		.34					
025349.8-153556	PGC 11090	4.2± .8	1.14	.12					
025616.2-715111		PSBT1*.	1.16± .05	71					
290.37 -42.10	ESO 53- 23	Sr (1)	.55± .04	.03	15.18 ±.14				8317
223.23 -24.12	IRAS02560-7203	1.2± .5		.56	13.43				8153
025605.0-720312	PGC 11094	3.3±1.4	1.17	.28	14.48				8288
0256.3 +7505		.L?....	.85± .12						
130.84 14.17	CGCG 327- 2		.00± .04	1.56	15.2 ±.2				4075± 67
13.33 7.85				.00					4241
0250.9 +7453	PGC 11098		1.02		13.63				3986
0256.3 +0432		.S..6*.	1.08± .06	159				16.22±.3	8268± 10
171.31 -46.27	UGC 2414	U	.70± .05	.27	15.33 ±.12			478± 13	
310.66 -27.59		6.0±1.4		1.03				398± 10	8281
0253.7 +0420	PGC 11099		1.10	.35	14.00			1.86	8059
0256.3 +3701		.L...?.	1.04± .18						
148.97 -19.46	UGC 2401	U	.04± .08	.48					
341.64 -13.01		-2.0±1.7		.00					
0253.2 +3649	PGC 11100		1.09						
0256.3 +0609		.SBS4..	1.00± .08	1	15.65 ±.14	.83± .03		16.46±.3	7771± 10
169.79 -45.06	UGC 2415	U	.43± .06	.28	15.26 ±.12	.18± .06		360± 13	
312.37 -27.02		4.0± .9		.63		.64		339± 10	7789
0253.7 +0557	PGC 11102		1.03	.22	14.46	.02	14.42± .46	1.78	7561
025621.6-321109		RSA.0?.	1.05± .06	130					
231.11 -62.49	ESO 417- 6	r	.04± .04	.00	14.29 ±.14				4884± 24
267.90 -33.76		-.1±1.7		.03					4792
025417.0-322312	PGC 11104		1.05		14.18				4729
0256.4 +0052		.SX.4..	1.02± .06	97					
175.07 -48.91	UGC 2418	U	.24± .05	.28	14.89 ±.13				
306.75 -28.85	IRAS02539+0040	4.0± .9		.36					
0253.9 +0040	PGC 11112		1.05	.12					
025632.6-024618	A 0254-02	.RINGP*	.79± .07	175					
179.20 -51.43		E	.34± .07	.20					7043±113
302.74 -29.96	MK 601			.50					7034
025401.2-025821	PGC 11114		.81	.17					6838
025634.7+484125		.E.....	1.08± .17						
143.25 -9.18	UGC 2398	U	.08± .08	1.01	15.07 ±.16				
351.56 -6.78		-5.0± .8		.00					
025308.6+482921	PGC 11116		1.22						
025635.8+430252	NGC 1138	.LB....	1.03± .11						
145.98 -14.15	UGC 2408	U	.09± .05	.65	13.8 ±.3				
346.83 -9.85		-2.0± .8		.00					
025319.0+425048	PGC 11118		1.09						
0256.6 +1842		.S..3*.	.96± .17						9796
159.87 -35.04	UGC 2416	U (1)	.05± .12	.46					
325.00 -22.00		3.0±1.2		.07					9850
0253.8 +1830	PGC 11121	4.5±1.1	1.00	.02					9589
025638.6+412001		.S?....	1.04± .08	70					
146.83 -15.66	UGC 2410		.13± .06	.44	15.1 ±.3				4605± 88
345.38 -10.78				.19					4718
025324.3+410757	PGC 11123		1.08	.06	14.46				4426
0256.7 +0719		PSBS1..	1.11± .05	5					8143
168.81 -44.10	UGC 2419	U	.07± .05	.37	14.38 ±.14				
313.64 -26.68	IRAS02540+0707	1.0± .8		.07	13.19				8164
0254.0 +0707	PGC 11128		1.14	.03	13.84				7934
0256.7 +1558		.S..3..	1.04± .08	150					9874
161.85 -37.26	UGC 2420	U (1)	.76± .06	.44					
322.36 -23.23		3.0±1.0		1.05					9920
0254.0 +1546	PGC 11133	5.5±1.3	1.08	.38					9665
0256.8 +5038		.S?....	1.00± .08	67				14.29±.1	3884± 11
142.36 -7.45	UGC 2409		.55± .06	1.27					
353.20 -5.74				.82				295± 8	4016
0253.3 +5026	PGC 11134		1.12	.27					3725
0256.8 +0458		.S..6*.	1.06± .06	141					
171.03 -45.87	UGC 2423	U	.55± .05	.25	15.42 ±.12				
311.17 -27.55	IRAS02541+0446	6.0±1.3		.81					
0254.2 +0446	PGC 11136		1.08	.28					

R.A. 2000 DEC.	Names	Type	$logD_{25}$	p.a.	B_T	$(B\text{-}V)_T$	$(B\text{-}V)_e$	m_{21}	V_{21}
l b		S_T n_L	$logR_{25}$	A_g	m_B	$(U\text{-}B)_T$	$(U\text{-}B)_e$	W_{20}	V_{opt}
SGL SGB		T	$logA_e$	A_i	m_{FIR}	$(B\text{-}V)^o_T$	m'_e	W_{50}	V_{GSR}
R.A. 1950 DEC.	PGC	L	$logD_o$	A_{21}	B^o_T	$(U\text{-}B)^o_T$	m'_{25}	HI	V_{3K}
025652.3-543423	A 0255-54	.SB?...	1.93± .02	39	12.8 ±.2	.36± .05	.44± .03	11.89±.3	578± 8
271.80 -54.30	ESO 154- 23	(1)	.68± .05	.00	12.40 ±.12	-.08± .10	-.11± .07	142± 9	
241.49 -30.23	IRAS02554-5445		1.29± .05	.70	13.88	.21	14.78± .13		437
025524.0-544624	PGC 11139	10.0± .7	1.93	.34	11.80	-.19	15.60± .27	-.25	488
0256.9 +3620		.I..9..	1.04± .15						3643
149.44 -20.00	UGC 2417	U	.04± .12	.48					
341.11 -13.47		10.0± .8		.03					3744
0253.8 +3608	PGC 11140		1.08	.02					3455
025705.4-074118	NGC 1148	.SBT7P?	1.14± .06	105					
185.63 -54.46	MCG -1- 8- 18	E (1)	.27± .05	.20					
297.23 -31.38		7.0±1.7		.37					
025437.9-075319	PGC 11148	6.4± .8	1.16	.13					
0257.1 +0519		.S..3..	.95± .07	65					
170.78 -45.56	UGC 2426	U (1)	.18± .05	.29	14.86 ±.12				
311.57 -27.50		3.0± .9		.24					
0254.5 +0507	PGC 11150	4.5±1.2	.98	.09					
0257.1 +1730		.S..4..	1.35± .04	158					6985
160.83 -35.94	UGC 2424	U	.59± .05	.44	14.25 ±.13				
323.92 -22.64	IRAS02543+1718	4.0± .8		.87	13.59				7036
0254.3 +1718	PGC 11152		1.39	.30	12.89				6778
025709.4+011938		.SBS9*.	1.04± .06	60					1776
174.78 -48.47	UGC 2429	UE (1)	.35± .05	.27					
307.30 -28.86		9.3± .7		.36					1779
025434.6+010737	PGC 11153	8.7± .8	1.07	.18					1569
0257.1 -0012		.SX.8*.	.97± .09						4732
176.44 -49.56	UGC 2428	U	.07± .06	.24					
305.62 -29.35		8.0± .8		.09					4730
0254.6 -0025	PGC 11154		1.00	.04					4526
025710.8+024632	IC 273	.SB.1*/	1.17± .04	31					
173.28 -47.42	UGC 2425	UE	.47± .04	.28	14.25 ±.12				3213± 50
308.87 -28.39	IRAS02546+0234	.7± .7		.48	13.12				3220
025434.9+023431	PGC 11156		1.20	.24	13.44				3006
0257.3 +4445		.S..6*.	1.07± .14						
145.26 -12.59	UGC 2421	U	.07± .12	.97					
348.34 -9.04		6.0±1.2		.10					
0254.0 +4433	PGC 11162		1.16	.03					
0257.3 +4509		.S..7*.	1.11± .07	120					
145.07 -12.24	UGC 2422	U	.54± .06	1.01					
348.67 -8.83		7.0±1.3		.74					
0254.0 +4457	PGC 11163		1.20	.27					
025723.8-001836	NGC 1149	.L..-*.	.75± .10	130					
176.61 -49.59	MCG 0- 8- 58	E	.06± .05	.24	14.98 ±.11				
305.54 -29.43		-3.0±1.4		.00					
025450.4-003036	PGC 11170		.77						
0257.4 +1029		.S..1..	.95± .07	75					7588
166.27 -41.55	UGC 2430	U	.10± .05	.65	14.97 ±.13				
316.95 -25.63		1.0± .9		.11					7618
0254.7 +1017	PGC 11173		1.01	.05	14.11				7379
025724.4-353406		.SAR2*.	1.14± .04	40					
238.29 -61.95	ESO 356- 20	Sr	.18± .04	.13	14.56 ±.14				7426
263.77 -33.78		2.3± .7		.23					7325
025524.0-354606	PGC 11174		1.15	.09	14.13				7280
0257.4 +1026		.SB.2..	.95± .09	140					7569
166.32 -41.57	UGC 2433	U	.19± .06	.65					
316.92 -25.66	IRAS02547+1014	2.0± .9		.23					7599
0254.7 +1014	PGC 11176		1.01	.09					7360
0257.5 +1007		.S..9*.	1.04± .15					15.84±.1	757± 10
166.60 -41.82	UGC 2432	U	.08± .12	.62				90± 6	
316.59 -25.79		9.0±1.2		.08				82± 5	786
0254.8 +0955	PGC 11178		1.10	.04					548
0257.5 +0558									
170.28 -45.00	CGCG 415- 40			.34	15.0 ±.3				6870± 60
312.29 -27.37									6886
0254.9 +0546	PGC 11179								6662
025733.4+413059									
146.90 -15.41	CGCG 540- 17			.44	15.3 ±.4				4853± 58
345.63 -10.83									4966
025418.7+411858	PGC 11181								4675

R.A. 2000 DEC. l b SGL SGB R.A. 1950 DEC.	Names PGC	Type S_T n_L T L	$\log D_{25}$ $\log R_{25}$ $\log A_e$ $\log D_o$	p.a. A_g A_i A_{21}	B_T m_B m_{FIR} B_T^o	$(B-V)_T$ $(U-B)_T$ $(B-V)_T^o$ $(U-B)_T^o$	$(B-V)_e$ $(U-B)_e$ m'_e m'_{25}	m_{21} W_{20} W_{50} HI	V_{21} V_{opt} V_{GSR} V_{3K}
0257.5 +0807		.SAS6..	.95± .07						8037± 10
168.34 -43.36	UGC 2434	U	.03± .05	.42					
314.54 -26.58		6.0± .9		.04					8060
0254.9 +0755	PGC 11183		.99	.01					7828
0257.6 +0602	A 0255+05	.E.0.*.	.97± .15		13.84 ±.15	1.16± .02	1.20± .01		
170.24 -44.93	MCG 1- 8- 27	P	.34± .07	.34		.67± .04	.75± .04		6941± 20
312.37 -27.37		-5.0±1.0	.94± .04	.00		1.02	14.03± .14		6958
0255.0 +0550	PGC 11188		.92		13.40	.62	12.82± .79		6733
025743.5+273500								17.16±.3	10762± 10
154.46 -27.45	CGCG 485- 1			.65	15.7 ±.4				
333.43 -18.06								166± 7	10840
025445.5+272300	PGC 11190								10563
025749.0-364302		.SBR5..	1.32± .04	152	13.12 ±.15	.69± .02	.76± .01		6208± 10
240.66 -61.68	ESO 356- 22	Sr (1)	.20± .05	.09	13.30 ±.14				6170± 45
262.37 -33.77	IRAS02558-3654	4.5± .5	1.04± .02	.30	12.63	.59	13.81± .06		6102
025550.1-365500	PGC 11197	2.8± .6	1.33	.10	12.79		14.05± .27		6064
025749.7-101004		RSBR0?.	1.43± .04	145					
189.34 -55.75	MCG -2- 8- 33	E	.55± .05	.15					4502±106
294.42 -32.11	IRAS02554-1021	.0± .8		.41	13.06				4470
025524.4-102203	PGC 11198		1.41						4307
025753.5-022050	IC 1870	.SBS9..	1.44± .02	132				13.27±.1	1541± 6
179.06 -50.89	MCG -1- 8- 20	UE (1)	.24± .04	.21				212± 8	1467± 33
303.33 -30.16	IRAS02553-0232	9.0± .4		.25	12.92			180± 12	1529
025521.8-023249	PGC 11202	6.4± .6	1.46	.12					1335
0257.9 +1110		.S..7..	1.22± .06						3460
165.83 -40.92	UGC 2437	U	.04± .06	.67	14.7 ±.3				
317.72 -25.47		7.0± .8		.06					3492
0255.2 +1059	PGC 11204		1.28	.02	13.93				3252
025803.5+351528		.SAS6..	1.32± .05	145					4850
150.22 -20.82	UGC 2435	U	.08± .06	.44	14.1 ±.2				
340.30 -14.23		6.0± .7		.12					4948
025457.0+350329	PGC 11210		1.36	.04	13.49				4662
025804.3+252622		.S?....	.82± .13					16.62±.3	6966± 10
155.83 -29.22	MCG 4- 8- 1		.28± .07	.58	15.57 ±.12				
331.51 -19.17				.43				161± 7	7038
025508.5+251423	PGC 11212		.87	.14	14.52			1.96	6765
025806.1-742724		.SXS3*/	1.32± .04	10					
292.36 -39.96	ESO 31- 5	Sr (1)	.40± .04	.13	14.07 ±.14				4802± 34
220.60 -23.13	IRAS02583-7439	3.4± .5		.56	12.70				4636
025822.0-743918	PGC 11217	3.3± .6	1.33	.20	13.34				4783
025809.4+240158		.S?....	.82± .13					17.00±.3	10424± 10
156.72 -30.40	MCG 4- 8- 3		.17± .07	.62	15.42 ±.12				
330.22 -19.86				.13				431± 7	10492
025515.0+235000	PGC 11225		.87		14.52				10222
025810.6+480852		.SA.9..	1.04± .15						
143.75 -9.54	UGC 2431	U	.08± .12	1.02					
351.26 -7.30		9.0± .9		.08					
025445.1+475653	PGC 11228		1.14	.04					
025810.8+032141	NGC 1153	.L..+?.	1.11± .07	45					
172.96 -46.83	UGC 2439	UE	.02± .07	.33	13.35 ±.10				3126± 50
309.59 -28.43		-1.3± .9		.00					3134
025534.4+030943	PGC 11230		1.14		12.97				2920
025811.7-524343		.LX.-..	1.11± .10						
269.02 -55.23		S	.24± .08	.00					
243.50 -30.92		-2.0±1.2		.00					
025639.6-525540	PGC 11232		1.08						
0258.2 +3629		.S..8*.	1.11± .14	87					
149.59 -19.72	UGC 2436	U	.54± .12	.59					
341.40 -13.61		8.0±1.3		.66					
0255.1 +3618	PGC 11237		1.17	.27					
025817.4+252638		.SB?...	.82± .13					16.22±.3	10508± 10
155.87 -29.19	MCG 4- 8- 4		.00± .07	.58	15.46 ±.13				
331.54 -19.21				.00				219± 7	10580
025521.6+251440	PGC 11240		.87	.00	14.78			1.44	10308
025818.8+322010								16.49±.3	3610± 10
151.86 -23.31	CGCG 506- 1			.49	15.5 ±.4				
337.76 -15.78								220± 7	3700
025515.7+320812	PGC 11242								3418

R.A. 2000 DEC.	Names	Type	$logD_{25}$	p.a.	B_T	$(B-V)_T$	$(B-V)_e$	m_{21}	V_{21}
l b		S_T n_L	$logR_{25}$	A_g	m_B	$(U-B)_T$	$(U-B)_e$	W_{20}	V_{opt}
SGL SGB		T	$logA_e$	A_i	m_{FIR}	$(B-V)^o_T$	m'_e	W_{50}	V_{GSR}
R.A. 1950 DEC.	PGC	L	$logD_o$	A_{21}	B^o_T	$(U-B)^o_T$	m'_{25}	HI	V_{3K}
0258.3 -0202		.S..6*.	1.10± .05	163					
178.81 -50.60	UGC 2443	U	.28± .05	.21	14.36 ±.12				
303.72 -30.17		6.0±1.2		.41					
0255.8 -0214	PGC 11245		1.12	.14					
0258.3 +0605									
170.37 -44.77	CGCG 415- 46			.34	15.4 ±.3				6629± 60
312.51 -27.50									6645
0255.7 +0554	PGC 11246								6422
025824.1-041749		.SBT7..	1.34± .03	122					2389
181.55 -52.08	MCG -1- 8- 24	UE (1)	.28± .04	.21					
301.19 -30.83	KUG 0255-044	6.5± .6		.39					2374
025554.0-042946	PGC 11248	6.4± .8	1.36	.14					2188
0258.4 +0351		.S..7..	1.34± .04	13					3052
172.53 -46.42	UGC 2441	U	.72± .05	.34	14.64 ±.13				
310.15 -28.32	IRAS02558+0339	7.0± .9		.99					3062
0255.8 +0339	PGC 11252		1.37	.36	13.31				2846
0258.5 +0618		.SB?...	.98± .04	45	15.15S±.15	.93± .02		15.75±.3	6708± 10
170.22 -44.59	UGC 2444		.21± .03	.34	14.92 ±.12	.15± .04		363± 13	
312.75 -27.46	IRAS02558+0606			.32	12.64	.77		341± 10	6725
0255.8 +0606	PGC 11255		1.01	.11	14.32	.01	14.38± .26	1.33	6501
025836.9-184157		.SBS9P*	1.13± .03	107					1568
203.63 -59.62	ESO 546- 34	SE (2)	.50± .03	.06	15.54 ±.14				
284.34 -33.71		9.3± .6		.51					1511
025619.0-185354	PGC 11261	8.6± .6	1.13	.25	14.97				1387
0258.6 +2517		.S?....	1.03± .06	150					10451
156.03 -29.27	UGC 2442		.04± .05	.62					
331.44 -19.35				.05					10523
0255.7 +2506	PGC 11262		1.09	.02					10251
025841.1-154212	IC 276	.L..0P/	1.29± .05	64					
198.34 -58.37	MCG -3- 8- 54	E	.60± .05	.09					3017
287.94 -33.33		-2.0± .8		.00					2968
025620.5-155408	PGC 11264		1.21						2831
025841.3+032602		.S?....	.66± .13	105				15.75±.1	7089± 9
173.02 -46.69	UGC 2446		.16± .06	.33	14.7 ±.2			188± 11	3098± 50
309.72 -28.52				.16					
025604.9+031405	PGC 11265		.69	.08					
025844.2+254530		.I..9*.	1.04± .08	45				16.32±.3	7210± 10
155.78 -28.87	UGC 2445	U	.59± .06	.70					
331.88 -19.15		10.0±1.3		.44				228± 7	7283
025548.0+253333	PGC 11268		1.11	.29					7010
025845.4+252440								16.69±.3	10383± 10
155.99 -29.17	CGCG 485- 5			.58	15.7 ±.4				
331.56 -19.32	5ZW 298							340± 10	10455
025549.6+251243	PGC 11269								10183
025847.3-320552	NGC 1165	PSBR1*.	1.40± .03	115					
230.88 -61.98	ESO 417- 8	Sr	.42± .04	.00	13.66 ±.14				4893± 34
267.98 -34.28	IRAS02567-3217	.7± .5		.43	12.18				4800
025643.0-321748	PGC 11270		1.40	.21	13.17				4740
025849.0-345658		PSBR1..	.97± .07	161					
236.91 -61.75	ESO 356- 23	r	.41± .05	.05	15.49 ±.14				
264.50 -34.12		1.0± .9		.42					
025648.1-350854	PGC 11271		.98	.21					
025854.9-363641			.94± .06	32					
240.36 -61.48	ESO 356- 24		.28± .05	.11	14.83 ±.14				6089± 63
262.47 -34.00	IRAS02569-3648								5984
025656.0-364836	PGC 11273		.95						5948
025856.0-122356	NGC 1162	.E...*.	1.14± .10						
192.99 -56.73	MCG -2- 8- 36	E	.00± .07	.11					
291.87 -32.83		-5.0±1.2		.00					
025632.6-123552	PGC 11274		1.16						
0258.9 +0615									
170.37 -44.55	CGCG 415- 49			.34	15.45 ±.16				6900± 42
312.75 -27.58									6916
0256.3 +0604	PGC 11276								6694
025858.8+411718	A 0255+41	.L...*.							
147.25 -15.48	CGCG 540- 18	R		.45	15.2 ±.3				4994± 45
345.58 -11.17	5ZW 297	-2.0± .7							5106
025544.2+410522	PGC 11279								4817

R.A. 2000 DEC. l b SGL SGB R.A. 1950 DEC.	Names PGC	Type S_T n_L T L	$\log D_{25}$ $\log R_{25}$ $\log A_e$ $\log D_o$	p.a. A_g A_i A_{21}	B_T m_B m_{FIR} B_T^o	$(B-V)_T$ $(U-B)_T$ $(B-V)_T^o$ $(U-B)_T^o$	$(B-V)_e$ $(U-B)_e$ m'_e m'_{25}	m_{21} W_{20} W_{50} HI	V_{21} V_{opt} V_{GSR} V_{3K}
0258.9 +7545		.S?....	1.61± .07	12				13.47±.1	2547± 11
130.66 14.83	UGC 2411		1.15± .12	1.55				331± 16	
13.98 8.07				1.50				312± 12	2713
0253.4 +7533	PGC 11282		1.76	.50					2461
025859.5-561042		.S?....	.89± .07	62	15.60 ±.18	.34± .04	.42± .04		
273.63 -53.08	ESO 154- 24		.40± .05	.00	15.75 ±.14				
239.60 -30.06			.48± .05	.41			13.49± .16		
025736.0-562236	PGC 11283		.89	.20			13.91± .39		
025904.6+323756		.S..4..	1.04± .08	14				16.01±.3	11469± 10
151.85 -22.98	UGC 2447	U	1.06± .06	.49					
338.11 -15.77		4.0±1.0		1.47				529± 7	11560
025601.0+322600	PGC 11289		1.09	.50					11278
025905.5+335450		.S?....	1.03± .06	97					3891
151.14 -21.87	UGC 2448		.46± .05	.52					
339.24 -15.11				.69					3985
025600.4+334254	PGC 11290		1.08	.23					3702
025910.5-042820		PSBR0P?	1.06± .04	85					
181.97 -52.05	MCG -1- 8- 25	E	.31± .05	.22					4227± 52
301.05 -31.06	MK 1065	.0± .9		.23					4211
025640.5-044015	PGC 11292		1.07						4027
0259.1 +1601		.SXS3..	1.03± .08						9072
162.39 -36.87	UGC 2453	U (1)	.06± .06	.41	15.07 ±.17				
322.70 -23.72		3.0± .8		.08					9117
0256.4 +1550	PGC 11295	3.5±1.1	1.07	.03	14.51				8866
0259.3 +0717		.S..7..	1.10± .04	118	15.97S±.15			16.34±.3	7629± 10
169.54 -43.70	UGC 2454	U	.66± .03	.41				379± 13	
313.88 -27.30		7.0± .9		.91				368± 10	7648
0256.7 +0706	PGC 11306		1.14	.33	14.62		14.68± .25	1.39	7423
025923.0+470441		.S?....	1.22± .12					16.09±.1	4433± 11
144.45 -10.38	UGC 2449		.00± .12	.89	14.1 ±.3				
350.48 -8.06	IRAS02559+4652			.00	13.45			142± 8	4557
025559.1+465246	PGC 11309		1.30	.00	13.18			2.91	4268
0259.4 +3700		.S..6*.	1.07± .07	177					
149.54 -19.15	UGC 2451	U	.62± .06	.52					
341.97 -13.54		6.0±1.3		.91					
0256.3 +3649	PGC 11313		1.12	.31					
0259.6 +4431		.I..9*.	1.07± .14						
145.74 -12.59	UGC 2452	U	.07± .12	.92					
348.38 -9.50		10.0±1.2		.05					
0256.3 +4420	PGC 11321		1.16	.03					
025942.6+251415	NGC 1156	.IBS9..	1.52± .02	25	12.32 ±.13	.58± .01	.54± .01	12.72±.0	382± 3
156.31 -29.20	UGC 2455	R (2)	.13± .03	.71	12.00 ±.11	-.19± .02	-.21± .02	111± 4	372± 18
331.51 -19.59	VV 531	10.0± .3	1.04± .01	.10	11.28	.38	13.01± .02	67± 4	452
025646.8+250221	PGC 11329	7.7± .7	1.58	.06	11.33	-.33	14.43± .17	1.33	183
025950.1+024617	IC 277	.SBT4..	1.09± .04	90	13.87 ±.13	.75± .02		14.46±.1	2849± 4
173.99 -46.97	UGC 2460	UE (1)	.13± .04	.29	13.68 ±.12			263± 5	2866± 41
309.12 -29.02	MK 602	3.5± .6		.19	11.80	.64		227± 6	2855
025714.1+023424	PGC 11336	4.2±1.2	1.12	.06	13.27		13.85± .27	1.12	2646
0259.9 +0630		.S?....	.82± .13					16.29±.3	8584± 10
170.40 -44.19	MCG 1- 8- 33		.17± .07	.35	15.33 ±.12			257± 13	
313.12 -27.72				.21				227± 10	8600
0257.3 +0619	PGC 11338		.85	.09	14.68			1.52	8379
0259.9 +2413		.SA.6..	1.03± .06						10218
156.99 -30.01	UGC 2457	U	.02± .05	.71	15.06 ±.17				
330.60 -20.13	IRAS02570+2401	6.0± .8		.02					10286
0257.0 +2401	PGC 11340		1.09	.01	14.28				10018
025957.8+364911		RLBS+..	1.24± .08	90					
149.74 -19.27	UGC 2456	U	.25± .05	.55	13.64 ±.10				3605± 22
341.86 -13.73	MK 1066	-1.0± .8		.00	10.74				3705
025649.0+363718	PGC 11341		1.26		13.03				3421
030005.9+392956									
148.36 -16.94	CGCG 524- 41			.43	14.75 ±.12				5290
344.17 -12.32	5ZW 307								5397
025653.6+391803	PGC 11344								5111
030018.4-231821		PSBR2..	1.01± .06	3					
212.68 -60.68	ESO 480- 19	r	.35± .05	.00	15.67 ±.14				
278.77 -34.52		2.2± .9		.42					
025805.1-233012	PGC 11354		1.01	.17					

R.A. 2000 DEC. / l b / SGL SGB / R.A. 1950 DEC.	Names / PGC	Type / S_T n_L / T / L	$\log D_{25}$ / $\log R_{25}$ / $\log A_e$ / $\log D_o$	p.a. / A_g / A_i / A_{21}	B_T / m_B / m_{FIR} / B^o_T	$(B-V)_T$ / $(U-B)_T$ / $(B-V)^o_T$ / $(U-B)^o_T$	$(B-V)_e$ / $(U-B)_e$ / m'_e / m'_{25}	m_{21} / W_{20} / W_{50} / HI	V_{21} / V_{opt} / V_{GSR} / V_{3K}
030022.0-170910	NGC 1163	.SB.4?/	1.35± .03	55	14.72 ±.15	.92± .03	.95± .03		2286
201.17 -58.63	MCG -3- 8- 56	SE	.85± .04	.05		.28± .05	.29± .05		
286.27 -33.93	IRAS02580-1720	3.7± .7	.73± .02	1.25	13.36	.74	13.86± .05		2232
025802.9-172101	PGC 11359		1.35	.43	13.40	.10	14.19± .23		2104
030022.7+340422		.SA.7..	1.02± .06	27					6807
151.30 -21.60	UGC 2461	U	.36± .05	.51	15.43 ±.13				
339.52 -15.25		7.0± .9		.49					6901
025717.3+335230	PGC 11360		1.07	.18	14.41				6619
0300.4 +4438		.S..7..	1.04± .15						
145.81 -12.42	UGC 2458	U	.04± .12	.87					
348.55 -9.56		7.0± .8		.05					
0257.1 +4427	PGC 11363		1.12	.02					
0300.4 -1125		.SXT1P*	1.13± .06	10					
191.84 -55.89	MCG -2- 8- 39	E	.20± .05	.15					9046±106
293.12 -33.00	IRAS02580-1136	1.0±1.2		.20	13.88				9009
0258.0 -1136	PGC 11365		1.15	.10					8856
030031.8-154410		.SAS7..	1.17± .05	35					1575
198.77 -57.99	MCG -3- 8- 57	E (1)	.05± .05	.11					
287.98 -33.77	IRAS02581-1555	7.0± .8		.08	13.20				1525
025811.4-155601	PGC 11367	5.3±1.2	1.18	.03					1391
0300.5 +4902		.S..8*.	1.39± .09	62				13.45±.1	2464± 11
143.67 -8.56	UGC 2459	U	.72± .12	1.11				334± 16	
352.22 -7.14	IRAS02571+4850	8.0±1.2		.88	12.92			321± 12	2592
0257.1 +4850	PGC 11368		1.49	.36					2304
0300.6 +3538		.IA.9..	1.09± .07	172					4980
150.49 -20.22	UGC 2466	U	.28± .06	.50					
340.92 -14.47		10.0± .8		.21					5077
0257.5 +3527	PGC 11369		1.14	.14					4795
030037.5+351009		.S..1*.	1.04± .06	144					5078
150.75 -20.63	UGC 2465	U	.54± .05	.55	14.77 ±.14				
340.50 -14.72	5ZW 308	1.0±1.3		.55					5174
025730.7+345818	PGC 11370		1.09	.27	13.61				4892
030037.6+401507		.SX.9..	1.36± .04	95				14.30±.1	1899± 11
148.06 -16.23	UGC 2463	U	.19± .05	.48	14.4 ±.3			213± 16	
344.87 -12.00		9.0± .7		.19				195± 12	2008
025724.1+400315	PGC 11371		1.41	.10	13.67			.53	1721
0300.6 +1150	NGC 1166	.S..2..	1.08± .06						
165.98 -39.99	UGC 2471	U	.05± .05	.80	14.86 ±.18				7693± 57
318.69 -25.81	IRAS02579+1138	2.0± .8		.07					7725
0257.9 +1138	PGC 11372		1.15	.03	13.92				7488
030039.6+323848		.S..0..	.95± .07	30				16.46±.3	10168± 10
152.15 -22.79	UGC 2464	U	.39± .05	.56					
338.30 -16.04		.0± .9		.29				503± 7	10258
025735.8+322657	PGC 11373		.98						9979
030039.9+000106		.S..8*/	1.13± .03	25					2842
177.12 -48.77	UGC 2479	UE	.45± .04	.31					
306.19 -30.11	KUG 0258-001	8.0± .8		.55					2839
025806.2-001045	PGC 11375		1.16	.22					2641
030042.5-220828		.SB?...	1.07± .05	32					
210.44 -60.29	ESO 546- 37		.26± .04	.00	14.80 ±.14				4367
280.21 -34.54				.32					4299
025828.0-222018	PGC 11377		1.07	.13	14.44				4194
0300.7 +1146	NGC 1168	.SXT3*.	1.06± .06	18					
166.05 -40.03	UGC 2476	U (1)	.28± .05	.80	15.02 ±.14				7627± 57
318.63 -25.85		3.0± .9		.39					7659
0258.0 +1135	PGC 11378	3.5±1.2	1.13	.14	13.78				7422
030045.8+231058		.S..1..	.96± .09	67				16.86±.3	10157± 10
157.84 -30.78	UGC 2472	U	.69± .06	.73					
329.73 -20.79		1.0±1.0		.70				550± 7	10221
025752.0+225907	PGC 11382		1.03	.34					9957
0300.8 +4426		.S..0?.	1.14± .13	170					
145.97 -12.56	UGC 2468	U	.18± .12	.87					
348.43 -9.73		.0±1.7		.13					
0257.5 +4415	PGC 11384		1.21						
030059.5+430102		.S..1..	1.11± .07	169					
146.71 -13.79	UGC 2470	U	.83± .06	.67	14.6 ±.3				
347.24 -10.54		1.0±1.0		.85					
025741.9+424912	PGC 11392		1.17	.42					

R.A. 2000 DEC. l b SGL SGB R.A. 1950 DEC.	Names PGC	Type S_T n_L T L	$\log D_{25}$ $\log R_{25}$ $\log A_e$ $\log D_o$	p.a. A_g A_i A_{21}	B_T m_B m_{FIR} B_T^o	$(B-V)_T$ $(U-B)_T$ $(B-V)_T^o$ $(U-B)_T^o$	$(B-V)_e$ $(U-B)_e$ m'_e m'_{25}	m_{21} W_{20} W_{50} HI	V_{21} V_{opt} V_{GSR} V_{3K}
030103.1-004435		.S..8*.	.98± .05						2646
178.06 -49.22	UGC 2482	U	.17± .04	.28					
305.38 -30.44	KUG 0258-009	8.0±1.2		.21					2640
025830.0-005624	PGC 11397		1.00	.08					2446
030110.2+412346		.S..6?.	1.19± .12	36					
147.57 -15.19	UGC 2473	U	.62± .12	.44	15.0 ±.3				
345.90 -11.46	IRAS02578+4112	6.0±1.8		.91					
025755.0+411156	PGC 11399		1.23	.31					
030113.8+445718	NGC 1160	.S..6*.	1.29± .03	50	13.50 ±.15	.68± .03	.74± .02		
145.78 -12.08	UGC 2475	U	.32± .05	1.03	12.6 ±.3	.03± .04	.00± .04		2429± 35
348.89 -9.51	IRAS02579+4445	6.0±1.2	.99± .02	.47	11.99	.37	13.94± .05		2548
025753.1+444528	PGC 11403		1.39	.16	11.85	-.19	14.00± .25		2261
030114.5+445351	NGC 1161	.L.....	1.45± .10	23	12.05 ±.13	1.06± .01	1.09± .01		
145.81 -12.13	UGC 2474	U	.14± .08	.87	12.0 ±.3	.54± .02	.58± .01		1940± 21
348.84 -9.54	IRAS02579+4442	-2.0± .7	.96± .02	.00		.83	12.34± .08		2059
025753.9+444201	PGC 11404		1.53		11.14	.35	13.81± .55		1772
030115.1-282806		RLBR+..	1.14± .05	175	14.14 ±.16	.84± .02	.95± .02		
223.26 -61.35	ESO 417- 11	S	.20± .04	.00	14.40 ±.14	.26± .04	.36± .03		6376± 52
272.43 -34.89		-1.0± .8	.68± .05	.00		.75	13.03± .16		6290
025907.0-283954	PGC 11405		1.11		14.19	.27	14.22± .30		6217
0301.4 +1750		.SAR4..	1.00± .06						5961
161.61 -35.08	UGC 2486	U	.08± .05	.44	14.52 ±.12				
324.72 -23.40		4.0± .9		.11					6010
0258.6 +1739	PGC 11410		1.04	.04	13.93				5759
030130.4+374557	IC 278	.E...*.	1.23± .09						
149.52 -18.30	UGC 2481	U	.00± .05	.37	14.17 ±.16				
342.84 -13.48		-5.0±1.0		.00					
025820.2+373408	PGC 11414		1.29						
030136.1-145013	NGC 1172	.E+..*.	1.37± .07	25	12.70M±.06	.84± .03	.93± .01		
197.48 -57.35	MCG -3- 8- 59	PE	.11± .06	.11	12.65 ±.18	.29± .04	.37± .02		1550± 24
289.11 -33.89		-3.7± .6	1.11± .04	.00		.80	13.67± .14		1502
025914.9-150200	PGC 11420		1.35		12.56	.28	14.15± .38		1366
030136.4+314911		.S?....	1.16± .07	137				15.50±.3	6222± 10
152.80 -23.40	UGC 2483		.59± .06	.61					
337.67 -16.64				.88				296± 7	6309
025833.4+313723	PGC 11421		1.22	.29					6032
030142.3+351219	NGC 1167	.LA.-..	1.44± .06	70				15.00±.2	4954± 7
150.94 -20.49	UGC 2487	U	.07± .05	.55	13.38 ±.17			462± 9	4895± 46
340.65 -14.89		-3.0± .7		.00				450± 7	5049
025835.3+350031	PGC 11425		1.50		12.76				4768
030142.6+284408		.I..9*.	1.04± .15					15.86±.3	3136± 10
154.61 -26.00	UGC 2488	U	.00± .12	.52					
334.93 -18.24		10.0±1.2		.00				38± 7	3215
025843.0+283220	PGC 11426		1.09	.00					2943
030153.9+354400		.SBR0..	1.25± .04	0					4875
150.68 -20.01	UGC 2491	U	.07± .05	.59	14.29 ±.20				
341.13 -14.64		.0± .8		.05					4972
025846.2+353213	PGC 11437		1.30		13.58				4691
030155.6+510848								15.02±.3	4808± 9
142.84 -6.61				1.45				334± 11	
354.07 -6.13								325± 8	4939
025823.3+505700	PGC 11438								4654
030159.9+423507	NGC 1164	PSXS2..	1.13± .05	145				15.50±.1	4175± 11
147.10 -14.08	UGC 2490	U	.11± .05	.59	14.0 ±.3				4044± 81
346.98 -10.94	MK 1067	2.0± .8		.13	12.22			308± 8	4286
025842.9+422320	PGC 11441		1.19	.05	13.19			2.26	4001
030200.7-384038		.S?....	.92± .07						
244.27 -60.46	ESO 300- 4		.02± .06	.00	15.14 ±.14				6046
259.88 -34.38				.02					5935
030005.0-385224	PGC 11442		.92	.01	15.04				5913
030204.0+360557		.S?....	.99± .06	29					7894
150.52 -19.68	UGC 2494		.38± .05	.62	14.73 ±.13				
341.47 -14.47	IRAS02589+3554			.57	12.54				7992
025855.9+355410	PGC 11447		1.05	.19	13.50				7711
030206.8+413538		.L.....	1.11± .16	105					
147.63 -14.93	UGC 2495	U	.07± .08	.52	14.4 ±.3				
346.16 -11.50		-2.0± .8		.00					
025851.1+412351	PGC 11449		1.16						

R.A. 2000 DEC. l b SGL SGB R.A. 1950 DEC.	Names PGC	Type S_T n_L T L	logD_{25} logR_{25} logA_e logD_o	p.a. A_g A_i A_{21}	B_T m_B m_{FIR} B_T^o	$(B\text{-}V)_T$ $(U\text{-}B)_T$ $(B\text{-}V)_T^o$ $(U\text{-}B)_T^o$	$(B\text{-}V)_e$ $(U\text{-}B)_e$ m'_e m'_{25}	m_{21} W_{20} W_{50} HI	V_{21} V_{opt} V_{GSR} V_{3K}
030207.5+290625		.S..8..	1.45± .03	70				13.94±.3	3115± 10
154.48 -25.64	UGC 2497	U	.61± .05	.66	14.38 ±.17				
335.31 -18.13	IRAS02591+2854	8.0± .8		.75	13.49			258± 7	3195
025907.4+285439	PGC 11453		1.51	.31	12.96			.67	2923
030208.1-542445		.SXS7..	1.06± .04	7					
270.81 -53.78	ESO 154- 28	S (1)	.17± .05	.00	15.69 ±.14				
241.41 -31.01		7.0± .8		.23					
030041.0-543630	PGC 11454	6.7± .8	1.06	.08					
030209.6-354115		.SAS7*.	1.08± .04						4527
238.25 -60.98	ESO 357- 1	S (1)	.07± .04	.04	15.09 ±.14				
263.53 -34.74		7.0± .8		.09					4423
030010.1-355300	PGC 11455	5.6±1.1	1.08	.03	14.94				4387
030212.1+172039		.SX.6..	1.20± .04	65				15.57±.3	6930± 10
162.15 -35.38	UGC 2498	U	.38± .04	.41	15.13 ±.19			311± 13	
324.33 -23.79		6.0± .8		.56					6977
025923.6+170853	PGC 11456		1.24	.19	14.13			1.25	6729
030221.1+515755		.S?....	.82± .13					14.32±.3	3352± 9
142.50 -5.86	MCG 9- 6- 1		.17± .07	1.64				367± 11	
354.77 -5.72				.26				355± 8	3485
025847.0+514608	PGC 11463		.97	.09					3200
0302.4 +4626		.S..8*.	1.00± .08	113					
145.23 -10.67	UGC 2496	U	1.02± .06	1.05					
350.25 -8.86		8.0±1.5		1.23					
0259.1 +4615	PGC 11471		1.10	.50					
0302.5 +3946		.I..9?.	1.11± .14						
148.64 -16.46	UGC 2499	U	.04± .12	.44					
344.67 -12.56		10.0±1.6		.03					
0259.3 +3935	PGC 11473		1.15	.02					
030232.7-575135		RSBR0..	1.12± .04	33					
275.28 -51.65	ESO 116- 5	Sr	.17± .04	.00	14.18 ±.14				5377± 88
237.57 -29.98	IRAS03012-5803	.0± .6		.12	12.58				5229
030115.0-580318	PGC 11476		1.11		13.97				5302
030234.0+021145		.SBS9P*	1.12± .04	133				15.18±.3	5181± 10
175.30 -46.91	UGC 2501	UE (1)	.33± .04	.25	13.93 ±.13			272± 13	5201± 39
308.76 -29.85	MK 1068	9.0± .8		.34	12.86			204± 10	5184
025958.5+020000	PGC 11477	5.3±1.6	1.14	.17	13.34			1.68	4982
030237.7-225204	NGC 1187	.SBR5..	1.74± .02	130	11.34M±.11	.56± .02	.64± .01	13.03±.1	1396± 5
212.09 -60.06	ESO 480- 23	R (3)	.13± .02	.04	11.26 ±.12	-.05± .07	.04± .02	278± 6	1546± 58
279.35 -35.03	IRAS03003-2303	5.0± .3	1.36± .03	.20	10.52	.52	13.51± .06	266± 6	1325
030024.1-230348	PGC 11479	2.1± .3	1.74	.07	11.06	-.08	14.55± .15	1.90	1228
030238.4-185352	NGC 1179	.SXR6..	1.69± .02	35	12.6 ±.2	.60± .03		13.24±.2	1780± 6
204.68 -58.81	ESO 547- 1	R (3)	.11± .03	.06	12.49 ±.12	-.07± .04		188± 7	
284.23 -34.68	IRAS03003-1905	6.0± .3		.16	13.50	.56		188± 11	1719
030021.0-190536	PGC 11480	3.2± .4	1.69	.05	12.30	-.10	15.62± .23	.89	1603
030244.3+413731		.SBS1..	1.16± .13	165					
147.72 -14.84	UGC 2500	U	.20± .12	.52	14.8 ±.3				
346.25 -11.58		1.0± .8		.20					
025928.5+412546	PGC 11484		1.21	.10					
030259.5-090757	NGC 1185	.SBR3?.	1.08± .06	30					
189.10 -54.12	MCG -2- 8- 41	E (1)	.49± .05	.22					4812±106
295.96 -33.13	IRAS03005-0919	3.0±1.3		.68	13.00				4780
030033.5-091940	PGC 11488	4.2±1.6	1.10	.25					4622
0303.0 -0157		.S..6*.	1.02± .06	172					
179.97 -49.67	UGC 2508	U	.75± .05	.19					
304.20 -31.29	IRAS03005-0209	6.0±1.4		1.10					
0300.5 -0209	PGC 11492		1.04	.38					
030309.3-231154		.SBT3..	.97± .05						
212.79 -60.02	ESO 480- 24	r	.02± .04	.02	14.95 ±.14				
278.96 -35.17		3.3± .9		.03					
030056.1-232336	PGC 11494		.98	.01					
030314.8+162625	A 0300+16	.E.1.$.			16.05 ±.16	1.10± .03	1.12± .02		
163.06 -35.96		P		.43		.48± .08	.57± .08		9740± 35
323.57 -24.42		-5.0±1.8	.42± .05			.91	13.64± .19		9783
030027.0+161442	PGC 11499					.43			9539
0303.3 +0416								16.94±.3	6932± 10
173.40 -45.28	CGCG 415- 55			.39	15.4 ±.3			214± 13	
311.08 -29.31								181± 10	6939
0300.7 +0405	PGC 11501								6732

R.A. 2000 DEC. l b SGL SGB R.A. 1950 DEC.	Names PGC	Type S_T n_L T L	logD_{25} logR_{25} logA_e logD_o	p.a. A_g A_i A_{21}	B_T m_B m_{FIR} B^o_T	$(B-V)_T$ $(U-B)_T$ $(B-V)^o_T$ $(U-B)^o_T$	$(B-V)_e$ $(U-B)_e$ m'_e m'_{25}	m_{21} W_{20} W_{50} HI	V_{21} V_{opt} V_{GSR} V_{3K}
030324.3-153725	NGC 1189	.SBS8*.	1.23± .05		14.41S±.15				
199.15 -57.32	MCG -3- 8- 61	E (1)	.04± .05	.10					2728± 41
288.24 -34.44	HICK 22C	8.0± .8		.05					2676
030103.9-154907	PGC 11503	7.5± .8	1.24	.02	14.25		15.29± .32		2547
0303.4 +0429		.S?....	1.01± .04	54	15.38S±.15	.89± .04		15.58±.3	6003± 10
173.21 -45.11	UGC 2509		.48± .03	.40	15.13 ±.12	.14± .07		353± 13	
311.32 -29.26	IRAS03007+0417			.72	13.34	.67		344± 10	6011
0300.7 +0417	PGC 11504		1.05	.24	14.08	-.05	14.06± .26	1.26	5803
030324.7-502943			1.13± .06	4					
264.93 -55.76	ESO 199- 12		.52± .06	.00	15.57 ±.14				6993± 88
245.80 -32.30	IRAS03018-5041				13.05				6857
030149.1-504124	PGC 11505		1.13						6896
0303.4 +7439		.S..0..	1.11± .07	23					
131.47 14.02	UGC 2478	U	.29± .06	1.52	15.1 ±.3				
13.24 7.23		.0± .9		.22					
0258.0 +7428	PGC 11506		1.24						
030326.1-153944	NGC 1190	.L..0*/	.96± .07	95	15.18S±.15				
199.22 -57.33	MCG -3- 8- 62	E	.48± .05	.10					2625± 41
288.20 -34.45	HICK 22B	-2.0±1.3		.00					2573
030105.8-155126	PGC 11508		.90		15.04		13.66± .42		2444
030330.9-154108	NGC 1191	.LB.-*.	.75± .14	60	15.28S±.15				
199.27 -57.32	MCG -3- 8- 64	E	.08± .05	.10					9342± 41
288.17 -34.47	HICK 22D	-3.0±1.0		.00					9290
030110.7-155250	PGC 11514		.75		15.04		13.69± .72		9162
030331.1-201037		.SXT5*P	1.19± .03	35					
207.14 -59.06	ESO 547- 4	SE (1)	.35± .03	.04	15.02 ±.14				3322± 60
282.69 -35.02		4.7± .5		.52					3257
030115.0-202218	PGC 11515	5.3±1.2	1.19	.17	14.44				3149
030334.7-154045	NGC 1192	.E...?.	.82± .17	102	15.36S±.15				
199.28 -57.31	MCG -3- 8- 65	E	.29± .07	.10					9506± 41
288.18 -34.49	HICK 22E			.00					9454
030114.4-155226	PGC 11519		.75		15.12		13.74± .87		9326
030334.9-182207		.IBS9..	1.06± .04	36					1593
203.89 -58.41	ESO 547- 5	SE (1)	.17± .03	.04	15.51 ±.14				
284.91 -34.85		9.7± .5		.13					1534
030117.0-183348	PGC 11520	9.4± .8	1.07	.08	15.35				1418
030335.1+462304	NGC 1169	.SXR3..	1.62± .02	28	12.2 ±.3	.95± .04	1.02± .02	13.25±.1	2387± 5
145.43 -10.63	UGC 2503	R (2)	.17± .03	1.05	12.22 ±.17		.63± .05	460± 5	2342± 66
350.31 -9.05		3.0± .3	1.27± .11	.24		.67	14.04± .29	450± 4	2507
030011.5+461121	PGC 11521	1.6± .6	1.72	.09	10.91		14.74± .33	2.25	2224
030335.3-120435	NGC 1196	.LBT0..	1.15± .06						
193.55 -55.59	MCG -2- 8- 42B	E	.01± .05	.18					
292.51 -33.88		-2.0± .8		.00					
030111.8-121616	PGC 11522		1.17						
0303.5 +0156		.S..1*.	.96± .09	165					
175.82 -46.90	UGC 2513	U	.15± .06	.24	14.76 ±.12				
308.58 -30.18		1.0±1.3		.15					
0301.0 +0145	PGC 11523		.98	.07					
030338.5-153650	NGC 1199	.E.3.*.	1.38± .06	48	12.37M±.05	1.02± .01	1.03± .01		
199.18 -57.26	MCG -3- 8- 67	R	.10± .05	.10	12.35 ±.18	.45± .03	.53± .02		2668± 15
288.26 -34.49	HICK 22A	-5.0± .5	.97± .03	.00		.97	12.75± .11		2616
030118.2-154831	PGC 11527		1.37		12.22	.44	14.01± .31		2488
030343.1+303712		.SB.6?.	1.00± .08	10				15.95±.3	16091± 10
153.91 -24.18	UGC 2507	U	.43± .06	.64					
336.85 -17.65		6.0±1.3		.63				458± 7	16174
030041.2+302530	PGC 11532		1.06	.22					15902
030343.5-152905	NGC 1188	.LXR0*.	1.00± .07	170					
198.98 -57.19	MCG -3- 8- 68	E	.34± .05	.10					
288.42 -34.49		-2.0± .8		.00					
030123.0-154046	PGC 11533		.97						
030349.3-010614	NGC 1194	.LA.+*.	1.25± .05	140	13.83 ±.15	.96± .03	1.04± .02		
179.18 -48.96	UGC 2514	UE	.25± .05	.24	14.21 ±.13	.45± .05	.52± .04		
305.23 -31.21	IRAS03012-0117	-.5± .6	.91± .04	.00			13.87± .13		
030116.6-011755	PGC 11537		1.23				14.32± .30		
030350.1-251620	A 0301-25	.SBS9*.	1.28± .03		15.0 ±.3	.61± .08			1726
216.93 -60.33	ESO 480- 25	SU (2)	.19± .04	.00	14.97 ±.14	-.06± .11			
276.40 -35.42	DDO 227	9.0± .6		.19		.56			1648
030139.0-252800	PGC 11538	8.9± .6	1.28	.09	14.78	-.10	15.80± .36		1564

R.A. 2000 DEC. / l b / SGL SGB / R.A. 1950 DEC.	Names / PGC	Type / S_T n_L / T / L	$\log D_{25}$ / $\log R_{25}$ / $\log A_e$ / $\log D_o$	p.a. / A_g / A_i / A_{21}	B_T / m_B / m_{FIR} / B^o_T	$(B-V)_T$ / $(U-B)_T$ / $(B-V)^o_T$ / $(U-B)^o_T$	$(B-V)_e$ / $(U-B)_e$ / m'_e / m'_{25}	m_{21} / W_{20} / W_{50} / HI	V_{21} / V_{opt} / V_{GSR} / V_{3K}
030352.5+093648	IC 1873	.L?....	.72± .22						9177
168.65 -41.21	MCG 1- 8- 39		.11± .07	.67	15.20 ±.11				
316.77 -27.44	VV 383			.00					9200
030110.7+092507	PGC 11541		.79		14.39				8976
030353.0-520703	IC 1879	.S?....	1.07± .06	136					
267.30 -54.85	ESO 199- 14		.83± .05	.00	15.95 ±.14				13100±190
243.92 -31.93	FAIR 736			1.24					12961
030221.0-521842	PGC 11542		1.07	.41	14.64				13008
0303.8 +7425		.S..6*.	1.16± .13					15.51±.1	2014± 11
131.62 13.84	UGC 2485	U	.05± .12	1.72					
13.07 7.07		6.0±1.1		.07				108± 8	2178
0258.5 +7414	PGC 11543		1.32	.02					1926
030354.6-115932	NGC 1200	.LAS-..	1.47± .07	85					
193.49 -55.48	MCG -2- 8- 43	E	.30± .07	.18					
292.63 -33.94		-3.0± .8		.00					
030131.0-121112	PGC 11545		1.45						
030355.0-141750		.S..1?/	1.15± .05	105					
197.08 -56.61	MCG -3- 8- 69	E	.70± .04	.12					
289.87 -34.35		.5±1.3		.71					
030133.5-142930	PGC 11546		1.17	.35					
0303.9 +3015		.SA.5..	1.00± .08	0					
154.16 -24.46	UGC 2512	U	.14± .06	.64					
336.56 -17.88		5.0± .9		.21					
0300.9 +3004	PGC 11547		1.06	.07					
030356.3-392627	IC 1875	.LXT-*.	1.14± .05		13.37 ±.15	.87± .02	.97± .02		
245.59 -59.92	ESO 300- 6	BS	.06± .04	.00	13.89 ±.14				6092± 57
258.89 -34.65		-2.8± .7	.98± .04	.00		.81	13.76± .15		5978
030202.0-393806	PGC 11549		1.13		13.56		13.78± .32		5963
030359.0+432353	NGC 1171	.S..6*.	1.42± .04	147				14.19±.1	2742± 6
147.01 -13.19	UGC 2510	U	.36± .05	.99	13.0 ±.3			288± 8	2780± 52
347.87 -10.79	IRAS03006+4312	6.0±1.1		.54	12.60			268± 6	2857
030040.2+431212	PGC 11552		1.52	.18	11.52			2.49	2574
0304.0 -1201	IC 285	.S?....	1.04± .09						
193.58 -55.45	MCG -2- 8- 44		.66± .07	.18					4069
292.61 -33.99				.50					4027
0301.7 -1213	PGC 11557		1.02						3884
030408.3-260403	NGC 1201	.LAR0*.	1.56± .02	7	11.67 ±.14	.94± .01	.98± .01		
218.54 -60.40	ESO 480- 28	R	.23± .02	.00	11.77 ±.11	.52± .01	.55± .01		1711± 25
275.41 -35.51		-2.0± .3	.97± .03	.00		.90	12.01± .11		1630
030158.0-261542	PGC 11559		1.52		11.71	.51	13.74± .19		1551
0304.2 +0145		.S..6*.	1.00± .08	79					7010
176.19 -46.91	UGC 2518	U	.43± .06	.26	15.33 ±.12				
308.45 -30.40		6.0±1.3		.63					7009
0301.7 +0134	PGC 11566		1.03	.21	14.41				6812
0304.3 -0659		.SBS9..	1.10± .08	20					
186.51 -52.60		E (1)	.16± .08	.27					
298.56 -32.96		9.0± .9		.17					
0301.9 -0711	PGC 11573	9.8± .8	1.13	.08					
0304.3 +4816		.SB.2*.	1.10± .05	150					
144.60 -8.93	UGC 2511	U	.54± .05	1.07					
351.94 -8.09	IRAS03009+4804	2.0± .9		.66	13.04				
0300.9 +4804	PGC 11574		1.20	.27					
030431.8-272734	IC 1876	.LA.+?P	1.05± .05		14.4 ±.4	.29± .06			
221.36 -60.52	ESO 417- 13	S	.06± .04	.00	14.31 ±.14	-.28± .10			6546
273.68 -35.61		-1.5± .6		.00		.22			6461
030223.0-273912	PGC 11577		1.04		14.22	-.25	14.37± .48		6389
030432.7+422022	NGC 1175	.LAR+..	1.29± .03	153	13.89 ±.15	1.04± .02	1.12± .03		
147.65 -14.06	UGC 2515	R	.50± .03	.60	13.32 ±.13	.59± .04	.63± .04		5540± 29
347.04 -11.46		-1.0± .4	.63± .03	.00		.78	12.53± .08		5651
030115.5+420843	PGC 11578		1.27		12.89	.41	13.94± .22		5370
030437.3+422146	NGC 1177	.S?....	.64± .17						
147.65 -14.03	MCG 7- 7- 20		.00± .07	.60	15.5 ±.3				5584± 94
347.07 -11.46				.00					5695
030120.0+421007	PGC 11581		.69		14.78				5414
0304.6 +0526								17.55±.3	8409± 10
172.61 -44.21	CGCG 415- 58			.44	15.6 ±.3			319± 13	
312.47 -29.20								306± 10	8419
0302.0 +0515	PGC 11582								8210

R.A. 2000 DEC. / l b / SGL SGB / R.A. 1950 DEC.	Names / PGC	Type / S_T n_L / T / L	$\log D_{25}$ / $\log R_{25}$ / $\log A_e$ / $\log D_o$	p.a. / A_g / A_i / A_{21}	B_T / m_B / m_{FIR} / B_T^o	$(B-V)_T$ / $(U-B)_T$ / $(B-V)_T^o$ / $(U-B)_T^o$	$(B-V)_e$ / $(U-B)_e$ / m'_e / m'_{25}	m_{21} / W_{20} / W_{50} / HI	V_{21} / V_{opt} / V_{GSR} / V_{3K}
030439.9-122032	NGC 1204	.S..0*.	1.05± .06	60					
194.19 -55.49	MCG -2- 8- 45	E	.52± .05	.18					
292.26 -34.19	IRAS03022-1232	.0±1.3		.39	11.03				
030216.8-123210	PGC 11583		1.04						
0304.7 +4718		.SB.8..	1.14± .13	0				17.02±.1	5095± 11
145.14 -9.73	UGC 2516	U	.14± .12	1.20					
351.18 -8.68		8.0± .8		.17				91± 8	5217
0301.3 +4707	PGC 11584		1.25	.07					4935
030449.6+540658		.S?....	.74± .14					16.65±.3	2205± 9
141.77 -3.80	MCG 9- 6- 2		.21± .07	2.44				181± 11	
356.73 -4.78				.16				163± 8	2341
030110.0+535519	PGC 11586		.96						2060
0304.9 +2123		.SB.7*.	1.11± .14						4209
159.96 -31.71	UGC 2520	U	.15± .12	.64					
328.54 -22.50		7.0± .8		.20					4266
0302.1 +2112	PGC 11592		1.17	.07					4013
030506.9-455749		.SBS7..	1.48± .04	14					
257.36 -57.58	ESO 248- 2	S (1)	.66± .05	.00	14.10 ±.14				1318
251.00 -33.67		7.0± .7		.91					1190
030323.0-460924	PGC 11595	6.7±1.2	1.48	.33	13.19				1209
030509.0+010537		.S..7*/	1.20± .03	175					6951
177.12 -47.22	UGC 2523	UE	.71± .04	.25	15.04 ±.12				
307.80 -30.83	KUG 0302+009	7.0± .7		.98					6948
030234.4+005400	PGC 11598		1.22	.35	13.78				6755
030512.0-603456		.S?....	1.03± .06	41	14.96 ±.13	.73± .03			
278.23 -49.64	ESO 116- 9		1.03± .05	.00	16.89 ±.14				
234.48 -29.35				1.50					
030404.0-604630	PGC 11601		1.03	.50			12.39± .34		
030531.3+425009	NGC 1186	.SBR4*.	1.50± .03	122					
147.55 -13.54	UGC 2521	R	.42± .03	.68	12.2 ±.3				2658± 52
347.56 -11.33	IRAS03022+4238	4.0± .3		.62	11.52				2770
030213.1+423833	PGC 11617		1.56	.21	10.89				2490
0305.5 -0235		.SX.9*.	1.12± .08	120					
181.32 -49.62		E (1)	.28± .08	.16					
303.71 -32.06		9.0±1.3		.28					
0303.0 -0247	PGC 11618	8.7±1.2	1.14	.14					
030540.4+332336		.S?....	.91± .10	105				15.06±.3	6228± 10
152.70 -21.61	UGC 2525		.45± .06	.61	15.55 ±.12				
339.52 -16.54				.67				384± 7	6317
030235.1+331200	PGC 11622		.97	.22	14.24			.60	6045
030544.0+364717		.S..3..	1.55± .04	136					
150.81 -18.71	UGC 2526	U (1)	.68± .06	.67	13.33 ±.12				4996± 52
342.47 -14.72	IRAS03025+3635	3.0± .8		.94	12.74				5093
030234.4+363542	PGC 11625	4.5±1.1	1.61	.34	11.67				4818
0305.7 +2212		.S..8*.	1.22± .12	37					4258± 10
159.59 -30.94	UGC 2530	U	.30± .12	.65					
329.40 -22.27	IRAS03028+2200	8.0±1.2		.37	12.85				4317
0302.8 +2200	PGC 11628		1.28	.15					4064
0305.8 +1606		.L...?.	1.08± .09	28					
163.91 -35.86	UGC 2532	U	.22± .04	.47					
323.54 -25.11		-2.0±1.7		.00					
0303.0 +1555	PGC 11630		1.10						
030555.1+413533		.S..0..	1.16± .05	18					
148.26 -14.57	UGC 2528	U	.39± .05	.51	14.4 ±.3				6371± 94
346.56 -12.09		.0± .8		.29					6480
030238.8+412358	PGC 11634		1.18		13.54				6201
030558.7-192332		.IB?...	1.23± .03	60					1684
206.10 -58.25	ESO 547- 9	(2)	.46± .04	.00	16.09 ±.14				
283.72 -35.52				.35					1621
030342.0-193506	PGC 11636	9.9± .5	1.23	.23	15.74				1513
030603.1-153642	NGC 1209	.E.6.*.	1.38± .05	80	12.41M±.05	.96± .01	1.00± .01		
199.64 -56.74	MCG -3- 8- 73	R	.32± .05	.10	12.28 ±.16	.51± .02	.56± .01		2614± 20
288.37 -35.07		-5.0± .5	.79± .02	.00		.91	11.83± .05		2561
030343.0-154815	PGC 11638		1.30		12.26	.50	13.51± .27		2437
0306.0 +0136		.I..9*.	.96± .09						2968
176.81 -46.69	UGC 2535	U	.00± .06	.19					
308.45 -30.88		10.0±1.2		.00					2966
0303.5 +0125	PGC 11639		.98	.00					2773

R.A. 2000 DEC. / l b / SGL SGB / R.A. 1950 DEC.	Names / PGC	Type / S_T n_L / T / L	$\log D_{25}$ / $\log R_{25}$ / $\log A_e$ / $\log D_o$	p.a. / A_g / A_i / A_{21}	B_T / m_B / m_{FIR} / B_T^o	$(B-V)_T$ / $(U-B)_T$ / $(B-V)_T^o$ / $(U-B)_T^o$	$(B-V)_e$ / $(U-B)_e$ / m'_e / m'_{25}	m_{21} / W_{20} / W_{50} / HI	V_{21} / V_{opt} / V_{GSR} / V_{3K}
030606.5-390209	NGC 1217	RSAR1*.	1.25± .04	50					
244.61 -59.60	ESO 300- 10	Sr	.14± .05	.00	13.34 ±.14				6236± 34
259.31 -35.12	IRAS03041-3913	1.0± .6		.14	12.61				6122
030412.0-391342	PGC 11641		1.25	.07	13.12				6108
030609.8+422219	IC 284	.SA.8..	1.61± .03	13	12.47 ±.17	.93± .04	.86± .03	13.40±.1	2723± 6
147.89 -13.88	UGC 2531	U	.29± .05	.69	13.0 ±.3	.30± .05	.27± .04	343± 9	2706± 94
347.24 -11.69	IRAS03029+4211	8.0± .7	1.31± .04	.36	12.82	.70	14.51± .12	324± 11	2833
030252.2+421045	PGC 11643		1.67	.15	11.52	.10	14.64± .25	1.74	2554
030611.9-093229	NGC 1208	.SAR0?.	1.25± .04	75					
190.43 -53.69	MCG -2- 8- 47	E	.29± .04	.28					4607±106
295.69 -33.99	IRAS03037-0943	-.3± .7		.22					4571
030346.4-094402	PGC 11647		1.27						4422
030612.8+415102	NGC 1198	.L..-*.	1.28± .08	120					
148.18 -14.32	UGC 2533	U	.23± .05	.63	13.5 ±.3				1598± 52
346.81 -11.99		-3.0±1.1		.00					1707
030256.0+413928	PGC 11648		1.32		12.85				1429
030628.5-094355	IC 1880	.LA.-P*	1.20± .04	30					
190.76 -53.74	MCG -2- 8- 49	E	.17± .04	.28					10235±106
295.48 -34.10		-2.5± .8		.00					10199
030403.1-095527	PGC 11656		1.21						10050
030630.2-664631	NGC 1244	.SAR2P*	1.28± .04	2					
284.78 -45.30	ESO 82- 8	S	.71± .04	.04	13.91 ±.14				5385± 69
227.94 -27.06	IRAS03058-6657	2.3± .7		.87	13.24				5224
030550.0-665800	PGC 11659		1.28	.35	12.94				5342
030632.8+412908		.E?....	1.11± .16						
148.42 -14.60	UGC 2534		.07± .08	.51	14.9 ±.3				5172± 94
346.54 -12.25				.00					5280
030316.5+411735	PGC 11661		1.17		14.28				5002
030640.4-325153	IC 1885	.S..5?.	1.14± .04	138					
232.35 -60.29	ESO 357- 3	BS (1)	.45± .04	.00	14.87 ±.14				
266.92 -35.89		5.3±1.0		.68					
030438.0-330324	PGC 11665	4.4±1.2	1.14	.23					
030645.4-254311	NGC 1210	PLBT+P.	1.30± .04		13.46 ±.19	.81± .03	.87± .02		
218.06 -59.76	ESO 480- 31	S	.05± .04	.00	13.70 ±.14	.26± .04	.35± .03		3928± 52
275.86 -36.09		-1.5± .5	1.00± .07	.00		.77	13.95± .25		3846
030435.0-255442	PGC 11666		1.30		13.56	.28	14.73± .31		3770
030652.5-004748	NGC 1211	RSBR0..	1.32± .04	30	13.26 ±.15	.92± .02	1.00± .02		
179.61 -48.19	UGC 2545	UE	.06± .04	.19	13.13 ±.13	.44± .03	.48± .03		3199± 37
305.85 -31.84	IRAS03043-0059	.0± .4	.83± .03	.05		.84	12.90± .11		3189
030419.5-005919	PGC 11670		1.34		12.91	.41	14.58± .25		3006
030656.0-093237	NGC 1214	.LBT+?.	1.11± .05	40	14.99S±.15				
190.60 -53.54	MCG -2- 8- 51	E	.65± .04	.28					4841± 38
295.73 -34.17	HICK 23A	-.5± .9		.00					4805
030430.5-094408	PGC 11675		1.04		14.64		13.77± .30		4657
030656.7+413155		.L.....	1.11± .08	124					
148.47 -14.52	UGC 2536	U	.60± .04	.51	15.3 ±.3				4784± 94
346.62 -12.29		-2.0± .9		.00					4892
030340.3+412023	PGC 11676		1.08		14.68				4615
0306.9 -1401		.SBS9*.	1.17± .04	95				15.34±.1	1526± 6
197.27 -55.83	MCG -2- 8- 53	EU (1)	.08± .04	.18				76± 7	
290.35 -35.04		9.2± .5		.08				69± 12	1477
0304.6 -1413	PGC 11677	8.7± .6	1.18	.04					1348
030700.8+361004		.S..2..	1.23± .05	69					3929
151.38 -19.10	UGC 2540	U	.87± .05	.68	15.49 ±.13				
342.08 -15.28		2.0± .9		1.07					4024
030351.8+355833	PGC 11679		1.29	.43	13.71				3751
030701.1-665614	NGC 1246	.E.5.*.	1.12± .05	40					
284.89 -45.15	ESO 82- 9	S	.23± .04	.04	13.88 ±.14				5310± 63
227.75 -27.03	FAIR 229	-5.0± .6		.00					5149
030622.0-670742	PGC 11680		1.06		13.76				5268
030705.0+463715		.SAS6..	1.08± .06					15.81±.1	4997± 5
145.84 -10.13	UGC 2537	U	.02± .05	1.43	13.9 ±.3			126± 11	
350.84 -9.41	IRAS03036+4625	6.0± .8		.03	13.32			145± 5	5117
030340.2+462543	PGC 11682		1.22	.01	12.45			3.35	4838
0307.1 +3420		.S..8..	1.04± .15	28					11481
152.44 -20.65	UGC 2541	U	.18± .12	.59					
340.51 -16.29	IRAS03040+3408	8.0± .9		.22					11572
0304.0 +3408	PGC 11685		1.10	.09					11301

R.A. 2000 DEC. l b SGL SGB R.A. 1950 DEC.	Names PGC	Type S_T n_L T L	$logD_{25}$ $logR_{25}$ $logA_e$ $logD_o$	p.a. A_g A_i A_{21}	B_T m_B m_{FIR} B_T^o	$(B\text{-}V)_T$ $(U\text{-}B)_T$ $(B\text{-}V)_T^o$ $(U\text{-}B)_T^o$	$(B\text{-}V)_e$ $(U\text{-}B)_e$ m'_e m'_{25}	m_{21} W_{20} W_{50} HI	V_{21} V_{opt} V_{GSR} V_{3K}
030709.1+414459 148.38 -14.32 346.82 -12.19 030352.3+413328	 UGC 2538 PGC 11686	.SB.1.. U 1.0± .8 	1.00± .10 .29± .06 1.05	137 .62 .30 .15	 15.2 ±.3 14.17				 5606± 94 5715 5438
030709.6-093532 190.72 -53.52 295.69 -34.23 030444.1-094702	NGC 1215 MCG -2- 8- 55 HICK 23B PGC 11687	RSXR1P. E 1.0± .6 	1.17± .04 .14± .04 1.20	75 .28 .15 .07	15.00S±.15 14.52		 15.35± .29		 4933± 38 4897 4749
030713.1-312401 229.39 -60.20 268.74 -36.10 030509.0-313530	A 0305-31 ESO 417- 18 IRAS03051-3135 PGC 11691	.SXR6.. PSr (2) 5.9± .4 1.9± .5	1.39± .03 .23± .04 1.39	178 .00 .34 .12	13.9 ±.4 13.84 ±.14 13.48	.61± .06 .54 	 15.11± .44		 4847± 22 4751 4702
030718.6-093643 190.78 -53.50 295.68 -34.27 030453.2-094813	NGC 1216 MCG -2- 8- 56 HICK 23C PGC 11693	.L..+?/ E -1.0±1.4 	.88± .07 .54± .04 .82	65 .28 .00 	15.83S±.15 15.48		 13.72± .39		 5016± 41 4979 4832
030723.4+375008 150.53 -17.64 343.55 -14.42 030412.1+373838	 UGC 2543 PGC 11696	.SA.8.. U 8.0± .8 	1.27± .04 .48± .05 1.33	105 .55 .59 .24	 14.59 ±.14 				
0307.4 +0231 176.19 -45.82 309.59 -30.88 0304.8 +0220	 UGC 2547 PGC 11698	.SB.2.. U 2.0± .9 	1.00± .06 .29± .05 1.01	148 .18 .36 .15	 15.10 ±.12 				
030726.7-123515 195.16 -55.03 292.11 -34.90 030503.8-124644	IC 291 MCG -2- 9- 1 IRAS03050-1246 PGC 11699	RSBR0?. E .0± .9 	1.02± .07 .21± .05 1.02	85 .17 .15 	 12.97 				
030732.8+422314 148.11 -13.73 347.40 -11.89 030415.0+421144	IC 288 UGC 2544 PGC 11702	.S?.... 	1.00± .06 .58± .05 1.07	42 .71 .87 .29	 14.8 ±.3 13.21				 5094± 94 5204 4927
030738.2+391615 149.79 -16.39 344.79 -13.66 030424.9+390445	 UGC 2546 PGC 11711	RSBR3?. U 3.0± .9 	.89± .08 .00± .05 .95	 .65 .00 .00	 15.3 ±.3 				
030740.3-664010 284.55 -45.29 227.99 -27.20 030700.0-665136	 ESO 82- 10 FAIR 230 PGC 11712	.SXR5.. Sr (1) 4.8± .5 3.3± .6	1.10± .05 .07± .04 1.10	90 .04 .10 .03	 14.19 ±.14 14.02				 5748 5587 5706
030740.4-393620 245.57 -59.18 258.55 -35.33 030547.0-394748	 ESO 300- 12 PGC 11713	.SBS5*. S (1) 5.0±1.3 5.6± .9	1.08± .05 .42± .04 1.08	10 .00 .63 .21	 14.79 ±.14 				
0307.8 +0309 175.65 -45.30 310.32 -30.75 0305.2 +0258	IC 1882 UGC 2551 PGC 11718	.S?.... 	.97± .07 .31± .05 1.00	20 .28 .47 .16	 14.92 ±.12 14.14				7184 7185 6990
030800.9+233854 159.12 -29.46 331.02 -22.02 030505.9+232726	 UGC 2549 PGC 11725	.S..3.. U (1) 3.0± .9 3.5±1.2	.99± .06 .36± .05 1.05	135 .56 .50 .18				16.56±.3 425± 7 	10355± 10 10416 10165
030811.1-225740 212.92 -58.84 279.33 -36.31 030558.0-230906	NGC 1229 ESO 480- 33 IRAS03059-2309 PGC 11734	.SB.3*P R 3.0± .4 	1.16± .03 .21± .04 1.16	 .01 .28 .10	 14.87 ±.14 12.81 14.49				 10592± 57 10516 10430
030811.1-225527 212.85 -58.83 279.38 -36.31 030558.0-230654	NGC 1228 ESO 480- 32 PGC 11735	PLBT+P* SU -1.3± .4 	1.17± .04 .23± .04 1.13	77 .01 .00 	 14.21 ±.14 14.04				 10385± 44 10310 10223
030815.2+382254 150.38 -17.09 344.11 -14.26 030503.1+381126	NGC 1207 UGC 2548 IRAS03050+3811 PGC 11737	.SAT3.. U (1) 3.0± .7 2.5±1.0	1.36± .04 .14± .05 1.41	123 .61 .20 .07	 13.38 ±.14 11.96 12.54				 4787± 38 4887 4614
030815.7-041535 183.99 -50.16 302.03 -33.18 030545.6-042701	NGC 1221 MCG -1- 9- 2 PGC 11739	.LBR+?/ E -1.0±1.3 	1.07± .06 .44± .05 1.02	20 .14 .00 					

R.A. 2000 DEC.	Names	Type	logD25	p.a.	BT	(B-V)T	(B-V)e	m21	V21
l b		ST nL	logR25	Ag	mB	(U-B)T	(U-B)e	W20	Vopt
SGL SGB		T	logAe	Ai	mFIR	(B-V)°T	m'e	W50	VGSR
R.A. 1950 DEC.	PGC	L	logD0	A21	B°T	(U-B)°T	m'25	HI	V3K
030815.8+362657		.S..6*.	1.19± .05	95					4022
151.45 -18.73	UGC 2550	U	.28± .05	.68	14.72 ±.16				
342.46 -15.33		6.0±1.2		.41					4117
030506.3+361530	PGC 11740		1.25	.14	13.62				3846
030819.0-230034	NGC 1230	.LB.0?P	.80± .06						
213.02 -58.83	ESO 480- 34	S	.21± .03	.02	15.43 ±.14				
279.27 -36.34		-2.0± .8		.00					
030606.0-231200	PGC 11743		.77						
030826.5+040644	NGC 1218	.S..0..	1.11± .03	155	13.84 ±.13	1.15± .02	1.21± .01		
174.86 -44.51	UGC 2555	U	.09± .05	.46	13.79 ±.12	.69± .08			8644± 38
311.43 -30.57		.0± .8	.78± .02	.07		.95	13.23± .06		8648
030549.4+035518	PGC 11749		1.15		13.16	.60	14.01± .24		8451
030827.0-230322	IC 1892	.SBS7P.	1.29± .03	10				14.51±.3	2888± 11
213.13 -58.81	ESO 480- 36	S (1)	.27± .04	.02	13.80 ±.14			180± 16	2986± 66
279.22 -36.38		7.5± .6		.33				169± 12	2815
030614.0-231448	PGC 11750	6.7± .6	1.29	.13	13.45			.93	2729
0308.4 -0748		.SBT8..	1.12± .08	95					
188.57 -52.26		E (1)	.06± .08	.28					
297.89 -34.14		8.0± .9		.08					
0306.0 -0800	PGC 11751	7.5± .8	1.15	.03					
030828.2+020630	NGC 1219	.SAS4*.	1.08± .03		13.82 ±.13	.82± .03	.86± .03		
176.89 -45.92	UGC 2556	UE (1)	.01± .04	.18	13.39 ±.12	.26± .04	.24± .04		6101± 50
309.24 -31.27	IRAS03058+0154	4.0± .6	.82± .02	.01	12.92	.74	13.41± .03		6098
030552.7+015504	PGC 11752	3.1± .8	1.10	.00	13.37	.20	14.07± .21		5909
0308.5 +2046		.SBT3..	1.03± .06						8225
161.17 -31.73	UGC 2553	U	.12± .05	.50	14.73 ±.13				
328.38 -23.52	IRAS03056+2034	3.0± .8		.17	11.66				8278
0305.6 +2034	PGC 11755		1.07	.06	14.01				8033
030848.4-070232		.SBT6?.	1.10± .06	160					
187.64 -51.74	MCG -1- 9- 6	E (1)	.54± .05	.30					9014
298.82 -34.04	IRAS03063-0713	6.0± .9		.79	13.65				8984
030620.7-071357	PGC 11767	5.3±1.6	1.13	.27					8829
030849.2-351406		.SBT7..	1.06± .05	88					4466
237.01 -59.69	ESO 357- 5	S (1)	.09± .04	.02	15.35 ±.14				
263.92 -36.13		7.0± .8		.12					4360
030650.0-352530	PGC 11768	5.6± .8	1.06	.04	15.20				4332
0308.9 +7033		.S..3..	1.16± .07	145					
133.95 10.69	UGC 2542	U	.88± .06	3.64					4276
10.16 4.51	IRAS03040+7022	3.0±1.0		1.22	11.74				4435
0304.0 +7022	PGC 11770		1.50	.44					4178
030854.9+412802		.L...?.	1.11± .16	165					
148.83 -14.39	UGC 2554	U	.15± .08	.61	15.0 ±.3				2840± 94
346.78 -12.63		-2.0±1.7		.00					2947
030538.2+411636	PGC 11771		1.16		14.31				2673
030857.4-025706	NGC 1222	.L..-P*	1.04± .05	10	13.10 ±.13	.60± .01		14.95±.3	2462± 11
182.60 -49.20	MCG -1- 9- 5	E	.10± .05	.13		-.14± .02		192± 16	2530± 62
303.59 -32.98	MK 603	-3.0±1.2		.00	10.53	.54		167± 12	2446
030626.3-030831	PGC 11774		1.04		12.93	-.15	12.92± .30		2276
030909.1-101733		PSBR1P?	1.13± .06	175					
192.16 -53.49	MCG -2- 9- 3	E	.34± .05	.28					3246±106
294.98 -34.86	IRAS03067-1028	1.0±1.7		.35	13.77				3206
030644.3-102857	PGC 11782		1.16	.17					3065
0309.2 +3941		.I..9*.	1.00± .16						
149.84 -15.88	UGC 2558	U	.04± .12	.57					
345.32 -13.68		10.0±1.2		.03					
0306.0 +3930	PGC 11787		1.05	.02					
030917.4+383859	NGC 1213	.SAS8..	1.25± .06	60				14.27±.1	3427± 11
150.42 -16.76	UGC 2557	U	.10± .06	.59	15.0 ±.3				
344.45 -14.28		8.0± .7		.12				149± 8	3527
030604.8+382735	PGC 11789		1.30	.05	14.26			-.04	3256
030917.9+425822		.L.....	1.15± .07	50					
148.09 -13.07	UGC 2559	U	.32± .03	1.03	14.0 ±.3				5680± 94
348.07 -11.82		-2.0± .8		.00					5790
030558.9+424658	PGC 11790		1.22		12.86				5516
030919.1+800755		.S..6?.	1.08± .09					15.37±.1	2377± 9
128.82 18.87	UGC 2519	U	.22± .07	.98	14.30 ±.18			226± 11	
17.91 10.11	IRAS03021+7956	6.0±1.7		.32	11.78				2545
030209.9+795625	PGC 11793		1.17	.11	12.98			2.28	2308

R.A. 2000 DEC. l b SGL SGB R.A. 1950 DEC.	Names PGC	Type S_T n_L T L	$\log D_{25}$ $\log R_{25}$ $\log A_e$ $\log D_o$	p.a. A_g A_i A_{21}	B_T m_B m_{FIR} B_T^o	$(B-V)_T$ $(U-B)_T$ $(B-V)_T^o$ $(U-B)_T^o$	$(B-V)_e$ $(U-B)_e$ m'_e m'_{25}	m_{21} W_{20} W_{50} HI	V_{21} V_{opt} V_{GSR} V_{3K}
030930.4-172456		.SXS9..	1.10± .04	116					2204
203.26 -56.74	ESO 547- 11	SE (1)	.14± .03	.11	15.60 ±.14				
286.29 -36.13		9.0± .6		.15					2144
030712.0-173618	PGC 11798	8.9±1.1	1.11	.07	15.34				2034
030931.2-045444		.SBT7*.	1.17± .06	25					3130
185.10 -50.32	MCG -1- 9- 10	E (1)	.24± .05	.20					
301.37 -33.66		7.0± .8		.34					3106
030701.7-050607	PGC 11800	6.4±1.2	1.18	.12					2944
030932.0-493545			.85± .07	8					
262.70 -55.34	ESO 199- 21		.11± .06	.00	15.09 ±.14				11500±190
246.52 -33.49	FAIR 740								11363
030756.0-494706	PGC 11801		.85						11405
030936.6-251514	IC 1895	RSXTOP*	1.17± .05		14.22 ±.15	.89± .01	.92± .01		
217.39 -59.04	ESO 481- 1	Sr	.12± .04	.00	13.95 ±.14	.34± .02	.35± .02		3823± 52
276.46 -36.72		-.3± .5	.40± .04	.09		.83	11.71± .15		3741
030726.0-252636	PGC 11807		1.17		13.93	.34	14.66± .31		3667
0309.6 +1829		.S..6*.	1.16± .07	18					10730
163.03 -33.40	UGC 2563	U	.88± .06	.35	15.34 ±.12				
326.33 -24.83	IRAS03067+1818	6.0±1.3		1.30	12.87				10775
0306.7 +1818	PGC 11808		1.19	.44	13.65				10538
030938.0-410151		.SXS9..	1.70± .03	166	13.0 ±.3	.65± .10		13.90±.2	951± 7
248.06 -58.46	ESO 300- 14	S (1)	.29± .05	.00	13.12 ±.14	-.20± .17		146± 11	
256.73 -35.46		9.0± .6		.30		.58		131± 8	830
030747.0-411312	PGC 11812	10.0± .7	1.70	.15	12.80	-.25	15.61± .34	.95	832
030939.1-075049	NGC 1234	.SBR6P.	1.15± .06	50					
188.90 -52.03	MCG -1- 9- 11	E (1)	.16± .05	.27					
297.94 -34.44		6.0± .8		.23					
030712.1-080211	PGC 11813	5.3± .8	1.18	.08					
030942.8+405828	IC 290	.S..3..	1.04± .08	131					
149.22 -14.73	UGC 2561	U (1)	.80± .06	.55	15.4 ±.3				6026± 94
346.45 -13.03		3.0±1.0		1.11					6132
030626.8+404705	PGC 11817	4.5±1.3	1.09	.40	13.68				5859
030945.3-203452	NGC 1232	.SXT5..	1.87± .01	108	10.52 ±.14	.63± .02	.71± .01	12.12±.1	1682± 5
208.78 -57.81	ESO 547- 14	R (4)	.06± .02	.04	10.58 ±.12	.00± .08	.10± .02	250± 6	1750± 38
282.35 -36.51		5.0± .3	1.54± .02	.10		.60	13.71± .04	233± 6	1614
030730.0-204613	PGC 11819	2.0± .3	1.87	.03	10.41	-.02	14.56± .16	1.68	1519
030952.8-100300		PSBR1?.	1.12± .06	135					
191.97 -53.21	MCG -2- 9- 6	E	.32± .05	.28					4018±106
295.32 -34.99	IRAS03074-1014	1.0± .9		.32	12.88				3978
030727.8-101421	PGC 11824		1.14	.16					3838
030956.1+160149			1.00?						9476
164.94 -35.31	CGCG 464- 4		.52?	.44	15.39 ±.12				
323.96 -26.04									9514
030708.3+155027	PGC 11829		1.04						9284
0310.0 +4206		.L.....	1.00± .19	135					
148.66 -13.74	UGC 2562	U	.09± .08	.80					
347.42 -12.43		-2.0± .9		.00					
0306.7 +4155	PGC 11832		1.08						
031002.3-203557	NGC 1232A	.SBS9..	.97± .04	5					
208.85 -57.75	ESO 547- 16	R (1)	.07± .03	.02	15.28 ±.14				6496± 63
282.33 -36.58		9.0± .5		.07					6426
030747.0-204718	PGC 11834	6.7±1.2	.97	.03	15.18				6332
031002.6-532004	NGC 1249	.SBS6..	1.69± .02	86	12.19 ±.14	.43± .01	.50± .01	12.47±.3	1074± 6
268.21 -53.41	ESO 155- 6	R (2)	.32± .03	.00	12.08 ±.12	-.21± .03	-.12± .02	232± 7	1003± 58
242.20 -32.45	IRAS03085-5331	6.0± .7	1.15± .02	.47	12.07	.36	13.43± .04		929
030835.1-533124	PGC 11836	5.3± .4	1.69	.16	11.65	-.26	14.68± .18	.66	989
0310.1 +3351		.SBS8..	1.00± .08	65					12502
153.27 -20.72	UGC 2566	U	.19± .06	.62					
340.44 -17.07		8.0± .9		.23					12590
0307.0 +3340	PGC 11838		1.06	.09					12325
031009.5+315527		.S..8..	1.10± .07	20				15.71±.3	12161± 10
154.41 -22.34	UGC 2565	U	.11± .06	.72					
338.76 -18.13	VV 833	8.0± .8		.13				369± 7	12244
030705.3+314406	PGC 11840		1.16	.05					11981
0310.2 +4210		.L.....	1.00± .10						
148.66 -13.66	UGC 2564	U	.05± .04	.80					
347.50 -12.42		-2.0± .8		.00					
0306.9 +4159	PGC 11844		1.08						

R.A. 2000 DEC. l b SGL SGB R.A. 1950 DEC.	Names PGC	Type S_T n_L T L	$\log D_{25}$ $\log R_{25}$ $\log A_e$ $\log D_o$	p.a. A_g A_i A_{21}	B_T m_B m_{FIR} B_T^o	$(B-V)_T$ $(U-B)_T$ $(B-V)_T^o$ $(U-B)_T^o$	$(B-V)_e$ $(U-B)_e$ m'_e m'_{25}	m_{21} W_{20} W_{50} HI	V_{21} V_{opt} V_{GSR} V_{3K}
031013.4+404559	IC 292	.S..8*.	1.08± .03	75	14.21 ±.15	.71± .03	.75± .02		
149.42 -14.86	UGC 2567	U	.27± .05	.51	14.1 ±.3	.03± .05	.12± .04		3018± 71
346.33 -13.23	IRAS03069+4034	8.0±1.3	.62± .02	.33	12.26	.52	12.80± .05		3123
030657.5+403438	PGC 11846		1.13	.13	13.35	-.10	13.81± .25		2851
031014.4+421316		.L.....	1.18± .15						
148.64 -13.62	UGC 2568	U	.31± .08	.80	14.7 ±.3				4677± 94
347.55 -12.40		-2.0± .8		.00					4785
030656.3+420155	PGC 11847		1.22		13.88				4512
031020.5-222416	IC 1898	.SBS5*/	1.56± .02	73				14.28±.2	1328± 11
212.14 -58.22	ESO 481- 2	SU (1)	.80± .03	.00	13.58 ±.14			253± 16	
280.07 -36.78	IRAS03081-2235	5.5± .6		1.17	12.96			243± 12	1253
030807.1-223536	PGC 11851	4.4±1.2	1.56	.40	12.40			1.48	1168
0310.3 +2024		.S?....	1.16± .07	117					10390
161.84 -31.77	UGC 2570		.71± .06	.50					
328.26 -24.08				1.06					10441
0307.5 +2013	PGC 11853		1.21	.35					10200
031024.6-330917		.SBS9./	1.37± .04	132				15.85±.2	1119± 7
232.87 -59.50	ESO 357- 7	S (1)	.79± .04	.00	14.66 ±.14			126± 11	
266.48 -36.65		9.0± .8		.80				124± 8	1016
030823.0-332036	PGC 11856	7.8± .9	1.37	.39	13.85			1.60	981
031030.4+225407		.S..3..	1.00± .08	25				16.51±.3	10544± 10
160.16 -29.74	UGC 2571	U (1)	.84± .06	.54					
330.63 -22.88		3.0±1.0		1.16				399± 7	10602
030736.1+224247	PGC 11859	3.5±1.3	1.05	.42					10356
031032.8-011632		.S..4..	1.03± .05	141					
181.05 -47.82	UGC 2576	U	.68± .05	.12					
305.65 -32.86	KUG 0308-014	4.0±1.0		1.00					
030800.2-012751	PGC 11862		1.04	.34					
0310.5 +4131		.L...?.	1.00± .19						
149.07 -14.18	UGC 2569	U	.05± .08	.61					
347.00 -12.85		-2.0±1.7		.00					
0307.3 +4120	PGC 11863		1.06						
0310.8 +4411		.SB.4*.	1.00± .16						
147.69 -11.88	UGC 2572	U	.09± .12	1.10					
349.23 -11.35		4.0± .9		.13					
0307.5 +4400	PGC 11867		1.10	.04					
031052.7-104452	NGC 1238	.E+....	1.20± .10	110					
193.18 -53.37	MCG -2- 9- 10	E	.12± .07	.27					
294.54 -35.37		-4.0± .8		.00					
030828.4-105610	PGC 11868		1.21						
031053.8-023313	NGC 1239	.LA.0P*	1.05± .06	110					
182.60 -48.58	MCG -1- 9- 12	E	.29± .06	.16					
304.22 -33.33		-2.0± .8		.00					
030822.3-024431	PGC 11869		1.03						
031055.8+450103		.SB.3..	1.12± .06	82					
147.26 -11.16	UGC 2573	U	.53± .05	1.30	14.8 ±.3				
349.92 -10.88		3.0± .8		.73					
030733.0+444944	PGC 11872		1.24	.26					
0311.0 -0225		.S..1?/	1.16± .08	35					
182.49 -48.47		E	.66± .08	.16					
304.37 -33.32		1.0±1.8		.67					
0308.5 -0237	PGC 11876		1.18	.33					
031103.1+403720	IC 294	RSBT0*.	1.14± .07						
149.64 -14.90	UGC 2574	U	.12± .06	.51	14.9 ±.3				5015± 94
346.30 -13.44		.0± .8		.09					5119
030747.4+402601	PGC 11878		1.18		14.25				4848
031105.5+352314	NGC 1226	.E.....	1.32± .07	95					
152.57 -19.32	UGC 2575	U	.04± .05	.62	13.85 ±.16				
341.88 -16.40		-5.0± .7		.00					
030756.9+351156	PGC 11879		1.41						
031107.8+351928	NGC 1227	RLBS+..	1.00± .08						
152.61 -19.37	UGC 2577	U	.04± .06	.62	15.24 ±.14				
341.83 -16.44		-1.0± .8		.00					
030759.3+350810	PGC 11880		1.05						
0311.2 -0414		.SAS9..	1.18± .05	130					2244
184.68 -49.58	MCG -1- 9- 13	E (1)	.13± .05	.19					
302.29 -33.88		9.0± .8		.14					2221
0308.7 -0426	PGC 11885	8.7± .8	1.19	.07					2060

R.A. 2000 DEC.	Names	Type	logD25	p.a.	BT	(B-V)T	(B-V)e	m21	V21
l b		ST nL	logR25	Ag	mB	(U-B)T	(U-B)e	W20	Vopt
SGL SGB		T	logAe	Ai	mFIR	(B-V)°T	m'e	W50	VGSR
R.A. 1950 DEC.	PGC	L	logDo	A21	B°T	(U-B)°T	m'25	HI	V3K
031113.7+412149	NGC 1224	.L..-*.	1.15± .15						
149.26 -14.25	UGC 2578	U	.07± .08	.60	14.7 ±.3				5051± 71
346.94 -13.04		-3.0±1.1		.00					5157
030756.8+411031	PGC 11886		1.22		14.00				4886
031114.7-085519	NGC 1241	.SBT3..	1.45± .03	145	11.99V±.13	.85± .02	.94± .01		4030± 9
190.71 -52.31	MCG -2- 9- 11	R (2)	.22± .03	.23	12.75 ±.20	.08± .04	.20± .04	429± 11	3939± 31
296.76 -35.07		3.0± .3	.99± .02	.30		.73		414± 8	3986
030848.7-090636	PGC 11887	2.3± .6	1.47	.11	12.25	-.02	14.40± .20		3843
0311.2 +0119	IC 298	.RING..	.64± .17						
178.40 -45.95	MCG 0- 9- 15	R	.11± .07	.24					9656± 18
308.64 -32.20	1ZW 11								9650
0308.7 +0108	PGC 11890		.66						9468
031119.4-085408	NGC 1242	.SBT5*.	1.07± .03	130	14.32 ±.13	.61± .02	.63± .02		
190.70 -52.29	MCG -2- 9- 12	RE (1)	.23± .05	.16		-.05± .04	.04± .04		3938± 35
296.79 -35.08		5.4± .5	.69± .02	.35		.50	13.26± .08		3901
030853.4-090525	PGC 11892	5.3±1.2	1.09	.12	13.78	-.13	13.94± .24		3758
031119.6+011846	IC 298A	.RING.A	.84± .09	5					
178.42 -45.94	MCG 0- 9- 16	R	.11± .04	.24					
308.64 -32.21	IRAS03087+0107	4.0± .9		.16	13.13				
030844.8+010729	PGC 11893		.86	.06					
031127.0+352729		.E...?.	1.08± .17						
152.59 -19.23	UGC 2579	U	.17± .08	.80	15.13 ±.14				
341.98 -16.42		-5.0±1.7		.00					
030818.4+351612	PGC 11896		1.16						
0311.6 -1037		.S?....	1.04± .09						
193.17 -53.16	MCG -2- 9- 13		.66± .07	.27					4504
294.73 -35.52				.50					4461
0309.2 -1049	PGC 11902		1.03						4327
031147.5-002412		.SBR3*.	1.20± .04	165					
180.39 -47.01	UGC 2585	UE (1)	.11± .04	.16	13.99 ±.14				6847± 50
306.75 -32.88		3.3± .6		.15					6835
030914.2-003527	PGC 11912	4.2± .8	1.21	.05	13.63				6660
0311.9 -5042					16.51 ±.17	1.04± .06			
264.09 -54.48				.00					18564± 88
245.10 -33.54									18424
0310.4 -5053	PGC 11915								18474
031159.9-010944		.S..4*/	1.17± .04	28					
181.28 -47.47	UGC 2587	UE (1)	.75± .04	.17					
305.91 -33.17		4.0± .9		1.10					
030927.2-012058	PGC 11919	4.5±1.3	1.18	.38					
031203.9+280732		.S..6?.	.96± .17					16.28±.3	16992± 10
157.09 -25.26	UGC 2582	U	.05± .12	.85					
335.62 -20.51		6.0±1.7		.07				280± 7	17063
030903.9+275617	PGC 11921		1.04	.02					16810
031205.2-423311		.L?....	.89± .06	142	15.78 ±.16	.97± .04			
250.58 -57.60	ESO 248- 5		.37± .03	.00	15.72 ±.14				
254.77 -35.62				.00					
031017.0-424424	PGC 11923		.83				14.16± .35		
031208.5-250752		PLA.0*.	1.17± .04						
217.38 -58.46	ESO 481- 7	S	.04± .03	.00	14.30 ±.14				6486± 52
276.63 -37.29		-2.0±1.1		.00					6403
030958.0-251906	PGC 11924		1.17		14.20				6333
0312.1 +4015		.S..6*.	1.07± .07	90					4262
150.02 -15.10	UGC 2581	U	.79± .06	.60					
346.12 -13.82		6.0±1.4		1.17					4365
0308.9 +4004	PGC 11926		1.13	.40					4096
031214.2-102850	NGC 1247	.S..4./	1.53± .02	69	13.47 ±.14	.99± .02	1.00± .01		3948
193.09 -52.95	MCG -2- 9- 14	UE	.81± .05	.27		.33± .03	.43± .02		
294.95 -35.64	IRAS03098-1040	4.0± .6	.94± .03	1.19	12.33	.76	13.66± .08		3905
030949.6-104004	PGC 11931		1.55	.41	11.98	.09	13.93± .21		3772
031220.1-830727		.SBS8..	1.20± .04	107					
298.23 -32.67	ESO 3- 14	S (1)	.33± .04	.38	15.21 ±.14				
212.15 -19.50		7.5± .6		.40					
031648.0-831830	PGC 11936	7.2± .6	1.24	.16					
0312.5 +1224		.S..4..	1.06± .08	40					9874
168.41 -37.71	UGC 2589	U	.11± .06	.83					
320.63 -28.21		4.0± .8		.16					9900
0309.8 +1213	PGC 11954		1.14	.05					9685

R.A. 2000 DEC.	Names	Type	$\log D_{25}$	p.a.	B_T	$(B\text{-}V)_T$	$(B\text{-}V)_e$	m_{21}	V_{21}
l b		S_T n_L	$\log R_{25}$	A_g	m_B	$(U\text{-}B)_T$	$(U\text{-}B)_e$	W_{20}	V_{opt}
SGL SGB		T	$\log A_e$	A_i	m_{FIR}	$(B\text{-}V)^o_T$	m'_e	W_{50}	V_{GSR}
R.A. 1950 DEC.	PGC	L	$\log D_o$	A_{21}	B^o_T	$(U\text{-}B)^o_T$	m'_{25}	HI	V_{3K}
031233.3+391904	NGC 1233	.S..3..	1.25± .06	27	14.0 ±.3	.84± .06			
150.61 -15.85	UGC 2586	U (1)	.44± .06	.63	13.8 ±.3	.20± .11			4465± 80
345.38 -14.42	IRAS03093+3907	3.0± .8		.61	12.13	.59			4566
030919.2+390750	PGC 11955	4.5±1.1	1.31	.22	12.63	.00	14.00± .45		4298
031245.6-002002		.SB.0*.	.95± .07						
180.54 -46.78	UGC 2594	U	.08± .05	.19	14.35 ±.12				6826± 50
306.92 -33.09		.0± .9		.06					6813
031012.3-003114	PGC 11966		.97		14.00				6641
031247.6-051607		.S?....	1.02± .06						
186.31 -49.89			.62± .12	.21					2097
301.22 -34.54	MK 604			.90					2069
031018.4-052719	PGC 11968		1.04	.31					1916
031248.3-312912		.SB?...	1.18± .04	51					
229.60 -59.01	ESO 417- 20		.15± .04	.00	15.14 ±.14				3972
268.54 -37.28				.22					3872
031045.0-314024	PGC 11969		1.18	.07	14.90				3833
031248.5-051328	NGC 1248	.LAS0*.	1.06± .05	80	13.36 ±.13	.86± .01	.92± .01		
186.26 -49.86	MCG -1- 9- 16	R	.06± .05	.21		.33± .02	.40± .02		2243± 68
301.28 -34.54		-2.0± .5	.70± .01	.00		.79	12.35± .05		2215
031019.4-052440	PGC 11970		1.07		13.11	.29	13.37± .32		2062
0312.8 +1847		.S..3..	.97± .07	93					9936
163.55 -32.71	UGC 2592	U (1)	.31± .05	.34	15.37 ±.13				
327.01 -25.37		3.0± .9		.43					9980
0310.0 +1836	PGC 11971	4.5±1.2	1.00	.16	14.52				9749
031251.7+044218	IC 302	.SBT4..	1.27± .04		13.59 ±.16	.84± .03	.94± .02	14.22±.0	5904± 4
175.36 -43.31	UGC 2595	U (1)	.09± .05	.44	13.59 ±.14	.11± .04		276± 5	
312.54 -31.38	IRAS03102+0431	4.0± .8	1.04± .03	.14	12.93	.68	14.28± .06	249± 6	5907
031013.9+043106	PGC 11972	3.3± .8	1.31	.05	12.97	-.02	14.54± .29	1.20	5717
031255.7+223119		.S?....	.74± .14					16.30±.3	12842± 10
160.94 -29.72	MCG 4- 8- 12		.09± .07	.64	15.55 ±.12				
330.58 -23.56				.13				393± 7	12897
031001.5+222007	PGC 11976		.80	.05	14.68			1.57	12657
031257.7-175543		.IBS9..	1.14± .04	75					1994
204.69 -56.18	ESO 547- 20	SE (2)	.07± .03	.07	15.38 ±.14				
285.77 -37.01		9.5± .6		.05					1930
031040.0-180654	PGC 11977	9.3± .6	1.15	.04	15.26				1830
031303.2+422724		.S?....	1.00± .16						
148.97 -13.14	UGC 2590		.09± .12	.93	14.9 ±.3				4719± 94
348.04 -12.69				.09					4826
030944.3+421612	PGC 11982		1.09	.04	13.82				4558
031303.9-572127		.SBS7*.	1.54± .04	25					1140± 8
273.28 -50.83	ESO 116- 12	S (1)	.51± .05	.00	12.96 ±.14			229± 9	1150± 47
237.55 -31.48	IRAS03118-5732	6.5± .6		.71	12.84				989
031148.1-573236	PGC 11984	6.7± .6	1.54	.26	12.25				1071
0313.2 +4246		.S..4..	1.04± .08	22					
148.82 -12.86	UGC 2591	U	.37± .06	.93					
348.32 -12.53		4.0± .9		.55					
0309.9 +4235	PGC 11993		1.13	.19					
031316.0-313908		.LX.-..	.97± .04	148					
229.92 -58.91	ESO 417- 21	S	.19± .03	.00	14.13 ±.14				4125± 29
268.32 -37.37		-3.0± .9		.00					4024
031113.0-315018	PGC 11995		.94		14.07				3987
0313.3 +1759		.S..3..	1.02± .08	170					10399
164.25 -33.26	UGC 2597	U	.29± .06	.34					
326.30 -25.86	IRAS03105+1748	3.0± .9		.41					10441
0310.5 +1748	PGC 12000		1.05	.15					10212
031328.8+410430									
149.79 -14.27	CGCG 540- 59			.59	15.0 ±.4				5390± 94
346.95 -13.55									5494
031011.9+405319	PGC 12004								5227
031329.8+440752		.SA.9*.	1.32± .04	17					
148.13 -11.68	UGC 2596	U	.31± .05	1.16	13.6 ±.3				5343± 94
349.47 -11.77	IRAS03101+4356	9.0± .8		.31	13.44				5454
031008.1+435641	PGC 12005		1.43	.15	12.14				5185
031332.7-254331	NGC 1255	.SXT4..	1.62± .02	117	11.40 ±.14	.49± .01	.56± .01	13.55±.1	1697± 6
218.60 -58.26	ESO 481- 13	R (3)	.20± .02	.00	11.78 ±.12	-.14± .03	-.04± .02	257± 10	1714± 33
275.88 -37.62	IRAS03113-2554	4.0± .3	1.35± .02	.29	11.57	.44	13.64± .04	247± 11	1612
031123.0-255440	PGC 12007	3.3± .5	1.62	.10	11.33	-.17	13.86± .18	2.13	1548

R.A. 2000 DEC. l b SGL SGB R.A. 1950 DEC.	Names PGC	Type S_T n_L T L	$\log D_{25}$ $\log R_{25}$ $\log A_e$ $\log D_o$	p.a. A_g A_i A_{21}	B_T m_B m_{FIR} B_T^o	$(B-V)_T$ $(U-B)_T$ $(B-V)_T^o$ $(U-B)_T^o$	$(B-V)_e$ $(U-B)_e$ m'_e m'_{25}	m_{21} W_{20} W_{50} HI	V_{21} V_{opt} V_{GSR} V_{3K}
031340.3-251121 217.62 -58.13 276.57 -37.64 031130.1-252230	A 0311-25 ESO 481- 14 PGC 12011	.SBS9*/ SU (1) 9.3± .6 7.8± .8	1.60± .02 .56± .04 1.60	163 .00 .57 .28	 13.82 ±.14 13.24			13.55±.2 175± 16 177± 6 .02	1738± 7 1654 1587
0313.7 +0246 177.49 -44.51 310.50 -32.27 0311.1 +0235	 UGC 2599 PGC 12013	.S..3.. U (1) 3.0±1.0 4.5±1.3	1.00± .06 .68± .05 1.03	149 .25 .94 .34	 15.49 ±.12 				
031345.3-001430 180.68 -46.53 307.12 -33.29 031111.8-002539	IC 307 UGC 2600 IRAS03112-0025 PGC 12017	RSBR1P? UE 1.0± .7 	1.23± .04 .32± .04 1.24	73 .19 .33 .16	 14.24 ±.13 13.49 				
031353.9+335759 153.90 -20.20 340.99 -17.67 031046.8+334650	 CGCG 525- 7 PGC 12029		.95? .48? 1.01	 .61 	 15.59 ±.12 				12261 12347 12088
031358.6-215910 211.82 -57.29 280.66 -37.59 031145.0-221018	NGC 1256 ESO 547- 23 PGC 12032	.LX.-?. S -2.8± .8 	1.04± .03 .39± .04 .36± .01 .98	108 .01 .00 	14.57 ±.13 14.40 ±.14 14.41	.96± .01 .35± .02 .90 .35	.99± .02 .44± .03 11.86± .04 13.66± .22		 4312± 60 4236 4155
031404.8-214629 211.46 -57.21 280.93 -37.60 031151.0-215736	NGC 1258 ESO 547- 24 PGC 12034	.SXS6*. S (1) 5.5± .6 3.9± .6	1.13± .04 .16± .03 1.13	17 .01 .23 .08	 13.98 ±.14 13.73				 1469 1393 1312
031407.7-375929 242.04 -58.26 260.30 -36.83 031213.0-381036	 ESO 300- 20 PGC 12036	DIXS9?. S (1) 10.0±1.7 12.2± .8	1.09± .08 .22± .05 1.09	171 .00 .17 .11	 17.28 ±.14 				
031408.5+411731 149.78 -14.02 347.20 -13.53 031051.2+410622	 UGC 2598 MK 1072 PGC 12038	.L...*. U -2.0±1.2 	1.18± .15 .22± .08 1.21	25 .59 .00 	 14.4 ±.3 13.77				 4523± 48 4627 4360
031408.6+424456 148.98 -12.79 348.40 -12.68 031049.0+423347	 CGCG 540- 62 PGC 12039			 .93 	 14.3 ±.3 				 5426± 94 5534 5266
031409.1-013810 182.33 -47.36 305.57 -33.83 031136.9-014917	 UGC 2607 PGC 12040	PSBT3*. UE (1) 3.0± .6 4.2±1.2	1.14± .04 .05± .04 1.17	135 .23 .07 .02	 14.32 ±.16 				
031409.3-024922 183.69 -48.12 304.20 -34.18 031138.1-030029	NGC 1253 MCG -1- 9- 18 KUG 0311-030 PGC 12041	.SXT6.. R (1) 6.0± .3 5.9± .6	1.72± .02 .35± .04 1.26± .02 1.73	82 .19 .52 .18	12.27 ±.13 11.56	.55± .04 -.18± .03 .43 -.27	.66± .01 .01± .03 14.06± .04 14.83± .19	12.23±.1 326± 7 298± 8 .50	1710± 5 1749± 15 1693 1533
0314.1 +1629 165.56 -34.32 324.92 -26.73 0311.3 +1617	 UGC 2602 IRAS03113+1617 PGC 12042	.SXS5.. U 5.0± .8 	1.13± .05 .07± .05 1.17	 .42 .10 .03	 14.50 ±.16 13.37 13.92				10099 10136 9912
031415.2+353223 153.05 -18.85 342.38 -16.84 031106.0+352115	 CGCG 525- 8 PGC 12046		1.11? .81? 1.19	 .81 	 15.53 ±.12 				5264 5354 5093
031423.9+024041 177.75 -44.45 310.47 -32.46 031147.9+022934	NGC 1254 MCG 0- 9- 33 PGC 12052	.LA.-*. E -3.0±1.4 	.88± .12 .05± .08 .91	 .25 .00 	 15.10 ±.10 				
031424.0-024801 183.72 -48.06 304.24 -34.24 031152.8-025907	NGC 1253A MCG -1- 9- 19 DDO 31 PGC 12053	.SBS9.. R (1) 9.0± .4 9.0±1.5	1.23± .05 .23± .05 .85± .02 1.25	80 .22 .23 .11	14.36 ±.14 12.95 13.91	.43± .03 -.36± .05 .32 -.44	.38± .02 -.41± .04 14.10± .04 14.79± .31		 1831± 16 1810 1650
0314.4 -0153 182.69 -47.48 305.29 -33.97 0311.9 -0205	 UGC 2611 PGC 12056	.L..... U -2.0± .8 	1.04± .09 .04± .04 1.06	 .22 .00 	 14.40 ±.11 				
0314.5 +3947 150.69 -15.25 346.00 -14.47 0311.3 +3936	 UGC 2601 PGC 12063	.S..9*. U 9.0±1.2 	1.07± .14 .25± .12 1.13	102 .63 .26 .13					

R.A. 2000 DEC. / l b / SGL SGB / R.A. 1950 DEC.	Names / PGC	Type / S_T n_L / T / L	$\log D_{25}$ / $\log R_{25}$ / $\log A_e$ / $\log D_o$	p.a. / A_g / A_i / A_{21}	B_T / m_B / m_{FIR} / B_T^o	$(B-V)_T$ / $(U-B)_T$ / $(B-V)_T^o$ / $(U-B)_T^o$	$(B-V)_e$ / $(U-B)_e$ / m'_e / m'_{25}	m_{21} / W_{20} / W_{50} / HI	V_{21} / V_{opt} / V_{GSR} / V_{3K}
0314.6 -0446	A 0312-04	.IBS9..	1.33± .04	95	14.11 ±.17	.47± .08	.50± .03	14.43±.1	2215± 6
186.14 -49.23	MCG -1- 9- 21	PE (2)	.11± .05	.17		-.21± .07	-.12± .04	153± 8	
301.95 -34.86	DDO 32	9.5± .5	1.10± .04	.09		.39	15.10± .09	114± 12	2188
0312.1 -0457	PGC 12068	8.2± .6	1.34	.06	13.85	-.27	15.31± .31	.51	2036
031440.5+393703		.SXS5..	1.10± .06	140					
150.80 -15.38	UGC 2604	U	.15± .05	.63	14.4 ±.3				4522± 94
345.87 -14.58	IRAS03113+3925	5.0± .8		.22					4622
031125.6+392556	PGC 12070		1.16	.07	13.55				4358
0314.7 +4017		.I..9*.	1.14± .13	63					
150.44 -14.81	UGC 2605	U	.39± .12	.63					
346.44 -14.21		10.0±1.2		.29					
0311.5 +4006	PGC 12073		1.20	.20					
031447.8+421321	IC 301	.E.....	1.23± .14						
149.38 -13.17	UGC 2606	U	.03± .08	.83	14.2 ±.3				6850± 94
348.04 -13.08		-5.0± .8		.00					6956
031128.9+420214	PGC 12074		1.36		13.23				6690
031457.9+392055		.S..3..	1.04± .15	34					
151.00 -15.58	UGC 2610	U (1)	.37± .12	.66	15.3 ±.3				5038± 94
345.68 -14.78		3.0± .9		.51					5137
031143.3+390949	PGC 12078	2.5±1.2	1.10	.19	14.12				4873
031501.0-304232	IC 1904	PSBT2*.	1.14± .04	108					
228.13 -58.51	ESO 417- 22	Sr	.37± .03	.00	14.41 ±.14				4643± 24
269.49 -37.81	IRAS03129-3053	2.3± .6		.46	12.47				4544
031257.0-305336	PGC 12079		1.14	.19	13.90				4505
031501.3+375252	IC 304	.S..3..	1.06± .06	25					4938
151.84 -16.80	UGC 2609	U (1)	.24± .05	.83	14.64 ±.12				
344.46 -15.64	IRAS03118+3741	3.0± .9		.33	12.47				5033
031148.9+374146	PGC 12080	3.5±1.2	1.14	.12	13.44				4771
031501.5+420209		PSBS3..	.95± .07						
149.51 -13.31	UGC 2608	U	.03± .05	.71	13.7 ±.3				6991± 25
347.91 -13.23	MK 1073	3.0± .9		.04	10.95				7097
031142.9+415103	PGC 12081		1.02	.01	12.94				6831
031505.5-544903	IC 1908	.SBT3P.	1.13± .05		14.7 ±.2	.72± .07	.61± .03		
269.64 -52.00	ESO 155- 13	S	.15± .05	.00	14.53 ±.14				8201± 88
240.24 -32.65	IRAS03137-5500	3.0± .8	.76± .07	.21	11.81	.64	14.03± .22		8053
031343.0-550006	PGC 12085		1.13	.08	14.31		14.84± .36		8126
0315.1 +3056		.SB.0..	1.04± .08	40					
155.96 -22.57	UGC 2615	U	.23± .06	.74					
338.50 -19.56		.0± .9		.17					
0312.1 +3045	PGC 12087		1.10						
031514.6+415850		.S..6*.	.91± .07	110					
149.58 -13.33	UGC 2612	U	.08± .05	.71	14.9 ±.3				9605± 94
347.89 -13.29		6.0±1.3		.12					9710
031156.0+414745	PGC 12089		.98	.04	14.00				9445
0315.2 -0715		.S..7*/	1.14± .08	42					
189.40 -50.56		E	.68± .08	.19					
299.04 -35.65		7.0±1.3		.94					
0312.8 -0727	PGC 12090		1.16	.34					
031517.9+424145		.S..0..	1.12± .05	90					
149.20 -12.72	UGC 2614	U	.42± .05	.83	14.3 ±.3				5209± 94
348.49 -12.88		.0± .9		.32					5316
031158.2+423040	PGC 12092		1.18		13.07				5050
031520.7+413645									
149.80 -13.63	CGCG 540- 67			.65	15.3 ±.4				5941± 94
347.60 -13.52									6045
031202.7+412540	PGC 12097								5780
031521.2+412118	NGC 1250	.L..0*/	1.33± .05	159	13.96 ±.15	1.14± .03	1.15± .03		
149.94 -13.85	UGC 2613	PU	.40± .03	.65	13.7 ±.3	.49± .05	.54± .05		6156± 57
347.39 -13.68		-1.7± .6	.75± .05	.00		.90	13.20± .16		6260
031203.6+411013	PGC 12098		1.35		13.17	.32	14.50± .31		5995
031533.7-155248	NGC 1262	.SXS5*.	.92± .08	135	15.0 ±.2	.79± .08			
201.82 -54.79	MCG -3- 9- 14	E (1)	.10± .05	.09					
288.45 -37.37	IRAS03132-1604	5.0± .9		.15	13.49				
031314.3-160350	PGC 12107	3.1±1.2	.93	.05			14.20± .45		
031537.5-032805	A 0313-03	.S..1?.	.41± .13	15					
184.79 -48.23		E	.43± .07	.19					8410±113
303.57 -34.72	MK 605	1.0±1.8		.44					8386
031306.9-033908	PGC 12111		.43	.22					8231

R.A. 2000 DEC. / l b / SGL SGB / R.A. 1950 DEC.	Names / PGC	Type / S_T n_L / T / L	$\log D_{25}$ / $\log R_{25}$ / $\log A_e$ / $\log D_o$	p.a. / A_g / A_i / A_{21}	B_T / m_B / m_{FIR} / B^o_T	$(B-V)_T$ / $(U-B)_T$ / $(B-V)^o_T$ / $(U-B)^o_T$	$(B-V)_e$ / $(U-B)_e$ / m'_e / m'_{25}	m_{21} / W_{20} / W_{50} / HI	V_{21} / V_{opt} / V_{GSR} / V_{3K}
031542.4-333234		.SXS8?.	1.06± .04	15					
233.55 -58.38	ESO 357- 10	S (1)	.32± .04	.00	16.24 ±.14				
265.86 -37.72		8.0±1.7		.39					
031342.0-334336	PGC 12116	8.9± .9	1.06	.16					
031546.3-120127		.L..+*/	1.35± .06	26					
196.03 -52.98	MCG -2- 9- 19	E	.57± .05	.18					
293.27 -36.80	IRAS03133-1212	-1.0±1.2		.00	13.42				
031323.3-121229	PGC 12117		1.28						
0315.8 +4151		.L..-*.	1.04± .18	45					
149.74 -13.38	UGC 2616	U	.32± .08	.65					
347.85 -13.45		-3.0±1.3		.00					
0312.5 +4140	PGC 12119		1.08						
031550.2-583424		.SB.6*/	1.22± .05	56					
274.50 -49.82	ESO 116- 14	S	.65± .05	.00	15.00 ±.14				
236.06 -31.36		6.0±1.3		.95					
031439.1-584524	PGC 12121		1.22	.32					
0316.0 +0910		.SBS3..	1.08± .07	75					7858
171.98 -39.56	UGC 2622	U	.42± .06	.77					
317.68 -30.35		3.0± .8		.58					7872
0313.3 +0859	PGC 12129		1.15	.21					7673
031600.5-053001		.S..2..	1.25± .05	155					2324
187.34 -49.39	MCG -1- 9- 24	E	.58± .05	.22					
301.21 -35.38	IRAS03135-0541	2.0± .9		.71	13.24				2294
031331.6-054102	PGC 12130		1.27	.29					2147
031600.8-022538	NGC 1266	PLBTOP*	1.19± .05	115					
183.67 -47.51	MCG -1- 9- 23	E	.21± .06	.22					
304.82 -34.51	IRAS03134-0236	-2.0± .7		.00	10.60				
031329.3-023640	PGC 12131		1.18						
031600.8+405309		.SXS7..	1.40± .04	176					
150.31 -14.17	UGC 2617	U	.45± .05	.64	13.8 ±.3				4860± 94
347.08 -14.05	IRAS03127+4042	7.0± .8		.62	13.08				4962
031243.9+404206	PGC 12132		1.46	.23	12.48				4699
031600.9+420427		.S..2..	1.08± .06	167					
149.65 -13.17	UGC 2618	U	.42± .05	.73	14.5 ±.3				5385± 94
348.06 -13.35	IRAS03127+4153	2.0± .9		.51	12.92				5490
031242.1+415324	PGC 12133		1.15	.21	13.19				5226
031605.3-342135	IC 1906	PSBS4?.	1.09± .05	64					
235.09 -58.27	ESO 357- 11	BS (1)	.45± .04	.00	14.47 ±.14				
264.81 -37.71	IRAS03141-3432	4.0± .9		.66	13.49				
031406.0-343236	PGC 12138	3.3±1.2	1.09	.22					
031605.6-130207		.S..5?/	1.10± .06	23					
197.57 -53.40	MCG -2- 9- 21	E	.71± .05	.16					
292.03 -37.06		5.0±1.9		1.07					
031343.5-131308	PGC 12139		1.11	.36					
031606.2+404817	IC 309	.LAS0..	.90± .17						
150.37 -14.23	MCG 7- 7- 43	P	.00± .07	.64	14.5 ±.3				4234± 57
347.02 -14.11		-2.0± .9		.00					4336
031249.3+403715	PGC 12141		.97		13.82				4073
031608.9-104030		.SBR0?.	1.12± .06	135					
194.19 -52.23	MCG -2- 9- 20	E	.41± .05	.25					
294.96 -36.62		.0±1.3		.31					
031344.7-105131	PGC 12144		1.12						
031609.1-241159		.IBS9..	1.09± .05					15.78±.2	2077± 11
216.03 -57.37	ESO 481- 16	SU (1)	.08± .04	.00	15.42 ±.14			67± 16	
277.85 -38.18		10.0± .6		.06				40± 12	1994
031358.0-242300	PGC 12145	10.0± .8	1.09	.04	15.36			.38	1927
0316.3 +4111		.L.....	1.08± .17		15.4 ±.2	1.17± .02	1.19± .02		
150.19 -13.90	UGC 2619	U	.00± .08	.62					6292± 71
347.35 -13.92		-2.0± .8	.23± .09	.00		.97	12.02± .29		6395
0313.0 +4100	PGC 12152		1.15		14.67		15.65± .90		6132
031626.2+413149	NGC 1257	.S..1..	1.12± .05	68	*				
150.02 -13.59	UGC 2621	U	.77± .05	.64	14.6 ±.3				4747± 71
347.66 -13.74		1.0± .9	.53± .18	.78			12.64± .55		4850
031308.2+412048	PGC 12157		1.18	.38	13.07				4587
031627.4+350411		.SBS7..	1.35± .05		*			14.51±.3	4424± 11
153.72 -18.99	UGC 2623	U	.04± .06	.86	14.8 ±.4			116± 7	
342.24 -17.48		7.0± .7		.05				102± 7	4511
031318.6+345310	PGC 12159		1.43	.02	13.89			.60	4255

R.A. 2000 DEC. l b SGL SGB R.A. 1950 DEC.	Names PGC	Type S_T n_L T L	$\log D_{25}$ $\log R_{25}$ $\log A_e$ $\log D_o$	p.a. A_g A_i A_{21}	B_T m_B m_{FIR} B_T^o	$(B-V)_T$ $(U-B)_T$ $(B-V)_T^o$ $(U-B)_T^o$	$(B-V)_e$ $(U-B)_e$ m'_e m'_{25}	m_{21} W_{20} W_{50} HI	V_{21} V_{opt} V_{GSR} V_{3K}
031632.1-002808		.SBS4*.	1.18± .04	127	*				
181.59 -46.15	UGC 2628	UE (1)	.48± .04	.16	14.62 ±.12				
307.13 -34.03		4.0± .6		.70					
031358.8-003908	PGC 12163	3.1±1.2	1.19	.24					
031643.0+411927	IC 310	.LAR0*.	1.11± .08		13.89M±.10	1.15± .01	1.16± .01		
150.18 -13.73	UGC 2624	PU	.00± .04	.64	13.8 ±.3	.62± .08	.66± .08		5292± 57
347.52 -13.90	IRAS03135+4108	-2.0± .6	.75± .02	.00	13.48	.96	13.19± .07		5395
031325.3+410827	PGC 12171		1.18		13.16	.49	14.31± .44		5132
031644.3+804736	NGC 1184	.S..0..	1.45± .05						
128.71 19.60	UGC 2583	U	.67± .07	.76	13.44 ±.18				
18.63 10.25	IRAS03088+8035	.0± .8		.51					
030906.3+803629	PGC 12174		1.48						
0316.7 +0600		.S?....	1.07± .07	150					6999
175.03 -41.70	UGC 2631		.79± .06	.63					
314.40 -31.78				1.19					7003
0314.1 +0550	PGC 12175		1.13	.40					6816
031646.8+400013	IC 311	.S?....	1.04± .15	113					
150.94 -14.84	UGC 2625		.00± .12	.65	15.0 ±.3				4255± 94
346.43 -14.69				.00					4355
031331.1+394913	PGC 12177		1.10	.00	14.37				4093
031653.7-353226		.SBS7..	1.44± .04	125				13.77±.2	1574± 6
237.30 -58.02	ESO 357- 12	S (1)	.23± .05	.00	13.78 ±.14			151± 11	
263.29 -37.73		6.5± .5		.32				141± 6	1462
031456.0-354324	PGC 12181	7.8± .6	1.44	.11	13.46			.20	1449
031659.3+313402	A 0313+31	.SAS5..	1.23± .05		14.89 ±.15	1.09± .04	1.05± .04	14.49±.1	4224± 5
155.92 -21.82	UGC 2627	U (1)	.08± .05	.91	14.40 ±.20			266± 6	4214± 36
339.28 -19.54		5.0± .8	.81± .02	.13		.85	14.43± .05	221± 5	4301
031354.7+312303	PGC 12184	3.8± .8	1.32	.04	13.65		15.70± .30	.80	4051
031659.8+412123		.S..1?.	1.07± .14		15.50 ±.19				
150.21 -13.68	UGC 2626	U	.79± .12	.64	15.4 ±.3				6358± 71
347.58 -13.93		1.0±1.9	.12± .05	.81			11.59± .17		6461
031342.0+411024	PGC 12185		1.13	.40	13.94		13.72± .81		6199
031703.7+413802					*				
150.07 -13.44	CGCG 540- 79			.64	15.0 ±.4				7231± 71
347.81 -13.77									7334
031345.3+412703	PGC 12193								7072
031704.4-225156		.SBT1P*	1.36± .03		*				
213.74 -56.84	ESO 481- 17	Sr	.07± .04	.00	13.18 ±.14				3928± 22
279.58 -38.35	IRAS03148-2302	1.5± .5		.08	13.22				3848
031452.0-230254	PGC 12194		1.36	.03	13.05				3777
031704.7+152845		.S?....	.89± .11		*				4762
166.99 -34.65	MCG 2- 9- 2		.35± .07	.50	14.75 ±.15				
324.29 -27.82	IRAS03142+1518			.53	13.30				4794
031417.1+151747	PGC 12195		.93	.18	13.70				4579
031706.8+313519		.SB.6*.	.93± .07		*			15.86±.3	4128± 10
155.93 -21.79	UGC 2629	U	.06± .05	.91	15.28 ±.14				4132± 46
339.32 -19.55		6.0±1.3		.08				97± 7	4206
031402.2+312420	PGC 12196		1.02	.03	14.27			1.56	3956
0317.2 +3708		.S..4..	.81± .11	40	*				5116
152.65 -17.19	UGC 2630	U	.40± .06	.80	15.57 ±.13				
344.09 -16.42	IRAS03140+3657	4.0±1.0		.58					5208
0314.0 +3657	PGC 12200		.89	.20	14.15				4951
0317.2 +0335		.S..8*.	1.04± .15		*				
177.49 -43.31	UGC 2641	U	.37± .12	.30					
311.79 -32.79		8.0±1.3		.46					
0314.6 +0325	PGC 12201		1.07	.19					
031713.4-323433	NGC 1288	.SXT5..	1.36± .02		12.78 ±.13	.68± .02	.79± .01	15.30±.3	4541± 9
231.70 -58.08	ESO 357- 13	PBSr (3)	.08± .03	.00	12.76 ±.12	.05± .06	.14± .05		4473± 30
267.06 -38.13	IRAS03152-3245	4.6± .3	1.04± .01	.11	12.97	.64	13.47± .03	355± 25	4431
031512.0-324530	PGC 12204	1.6± .4	1.36	.04	12.63	.02	14.24± .20	2.63	4405
031717.6-410628	NGC 1291	RSBS0..	1.99± .02		9.39S±.04	.93± .01	.97± .01	12.86±.1	838± 3
247.52 -57.05	ESO 301- 2	R	.08± .02	.00	9.44 ±.11	.46± .01	.52± .01	68± 4	794± 19
256.29 -36.86	IRAS03154-4117	.0± .3	1.26± .03	.06	11.84	.91	11.63± .09	40± 3	712
031528.0-411724	PGC 12209		1.99		9.32	.45	13.99± .10		726
031720.0-334127	IC 1909	.SBR3..	1.07± .05	61					
233.80 -58.04	ESO 357- 14	BSr (1)	.29± .04	.00	14.48 ±.14				
265.63 -38.04		2.7± .5		.40					
031520.1-335224	PGC 12212	4.4± .9	1.07	.14					

R.A. 2000 DEC. / l b / SGL SGB / R.A. 1950 DEC.	Names / PGC	Type / S_T n_L / T / L	$\log D_{25}$ / $\log R_{25}$ / $\log A_e$ / $\log D_o$	p.a. / A_g / A_i / A_{21}	B_T / m_B / m_{FIR} / B_T^o	$(B-V)_T$ / $(U-B)_T$ / $(B-V)_T^o$ / $(U-B)_T^o$	$(B-V)_e$ / $(U-B)_e$ / m'_e / m'_{25}	m_{21} / W_{20} / W_{50} / HI	V_{21} / V_{opt} / V_{GSR} / V_{3K}
0317.3 -1504		.SBS7?/	1.09± .09	146					
200.87 -54.06		E	.96± .08	.16					
289.55 -37.68		7.0±1.3		1.32					
0315.0 -1515	PGC 12213		1.11	.48					
0317.4 +3634		.S..6*.	1.16± .07	81					5668
153.01 -17.64	UGC 2633	U	.88± .06	.90					
343.63 -16.78	IRAS03142+3623	6.0±1.3		1.30					5759
0314.2 +3623	PGC 12216		1.24	.44					5502
031723.8-391538		.SBS3?.	1.07± .09						
244.18 -57.41		S (1)	.37± .08	.00					
258.58 -37.24		3.0± .9		.51					
031531.4-392634	PGC 12217	3.3± .7	1.07	.18					
031727.5+412418	NGC 1260	.S..0*/	1.06± .11	86	14.32S±.18				
150.26 -13.59	UGC 2634	PU	.34± .05	.64	14.0 ±.3				5631± 57
347.67 -13.97	IRAS03141+4113	-.3± .7		.26	13.41				5734
031409.4+411320	PGC 12219		1.10		13.27		13.62± .58		5472
0317.4 -0004		.S..3*.	1.04± .06	27	*				
181.37 -45.72	UGC 2645	U (1)	.67± .05	.17	15.51 ±.12				
307.69 -34.11		3.0±1.4		.92					
0314.9 -0015	PGC 12220	3.5±1.3	1.05	.33					
0317.5 +3702		.S..6*.	1.22± .12	10	*				
152.75 -17.23	UGC 2636	U	1.23± .06	.87					
344.05 -16.52		6.0±1.4		1.47					
0314.3 +3652	PGC 12226		1.30	.50					
0317.5 +3802		.S..6*.	1.14± .07	47	*				5126
152.17 -16.39	UGC 2637	U	.86± .06	.84					
344.89 -15.94		6.0±1.4		1.27					5220
0314.3 +3752	PGC 12227		1.22	.43					4962
031732.0-542123		.L?....	1.02± .07		14.2 ±.2	1.05± .06	1.06± .03		
268.70 -51.94	ESO 155- 14		.04± .05	.00	14.37 ±.14				8393± 60
240.61 -33.15			.85± .09	.00		.97	13.91± .30		8244
031609.0-543218	PGC 12231		1.01		14.19		14.06± .41		8319
031736.7-014906		.L...*.	1.04± .09						
183.34 -46.81	UGC 2649	U	.00± .04	.21	14.15 ±.10				8264± 50
305.68 -34.71		-2.0±1.2		.00					8243
031504.7-020002	PGC 12237		1.06		13.82				8086
0317.6 -0141		.S..2..	.99± .06	64					
183.20 -46.72	UGC 2650	U	.68± .05	.21	15.50 ±.12				
305.84 -34.67		2.0±1.0		.84					
0315.1 -0152	PGC 12241		1.01	.34					
031744.2-572648			1.14± .06						
272.83 -50.26	ESO 116- 15		.41± .06	.00	14.70 ±.14				8542± 42
237.17 -32.03	IRAS03164-5737				11.85				8389
031630.0-573742	PGC 12245		1.14						8477
031745.5-101720	NGC 1284	.LA.0*.	1.23± .05	90					
193.98 -51.69	MCG -2- 9- 22	E	.04± .05	.19					
295.54 -36.93		-2.0±1.1		.00					
031521.0-102816	PGC 12247		1.24						
031750.4+415803		.S..2..	1.04± .08	92					
150.00 -13.08	UGC 2639	U	.88± .06	.81	15.3 ±.3				4033± 19
348.17 -13.69		2.0±1.0		1.08					4137
031431.5+414706	PGC 12253		1.12	.44	13.41				3876
031751.1+412704					15.0 ±.3	1.05± .03	1.13± .03		
150.30 -13.51	CGCG 540- 85			.64	14.9 ±.3	.65± .06	.69± .06		4370± 57
347.75 -14.00			.46± .13				12.81± .45		4473
031432.9+411607	PGC 12254								4212
031752.4+431815		.SB.3..	1.03± .06	70					
149.27 -11.96	UGC 2640	U	.24± .05	.93	14.2 ±.3				6081± 94
349.27 -12.90	IRAS03145+4307	3.0± .9		.33	12.27				6188
031431.2+430719	PGC 12257		1.11	.12	12.90				5926
031753.5-071755	NGC 1285	PSBR3P.	1.18± .05	145					5243
190.02 -50.04	MCG -1- 9- 26	E	.14± .05	.16					
299.20 -36.29	IRAS03154-0728	3.0± .8		.19	11.91				5206
031526.3-072850	PGC 12259		1.19	.07					5071
031757.1-001017	NGC 1280	.SAT5*.	.97± .06	55	14.09 ±.13	.68± .02			
181.59 -45.69	UGC 2652	E (1)	.09± .04	.20	13.89 ±.14	-.02± .03			6870± 50
307.61 -34.26	IRAS03154-0021	5.0±1.3		.14	12.75	.57			6854
031523.6-002112	PGC 12262	1.9± .8	.98	.05	13.62	-.10	13.53± .32		6692

R.A. 2000 DEC. / l b / SGL SGB / R.A. 1950 DEC.	Names / PGC	Type / S_T n_L / T / L	$\log D_{25}$ / $\log R_{25}$ / $\log A_e$ / $\log D_o$	p.a. / A_g / A_i / A_{21}	B_T / m_B / m_{FIR} / B_T^o	$(B-V)_T$ / $(U-B)_T$ / $(B-V)_T^o$ / $(U-B)_T^o$	$(B-V)_e$ / $(U-B)_e$ / m'_e / m'_{25}	m_{21} / W_{20} / W_{50} / HI	V_{21} / V_{opt} / V_{GSR} / V_{3K}
031757.3-441418		.L?....	1.05± .07	8	14.9 ±.2	1.00± .08	1.08± .03		
252.94 -56.08	ESO 248- 6		.34± .05	.00	14.85 ±.14				22710± 69
252.42 -36.28			.95± .10	.00		.75	15.11± .33		22579
031613.0-442512	PGC 12264		1.00		14.53		14.18± .40		22608
031808.4+414516	IC 312	.E...*.	.99± .12	125					
150.17 -13.23	UGC 2644	PU	.28± .05	.81	14.4 ±.3				4835± 57
348.03 -13.86		-5.0± .7		.00					4938
031449.7+413420	PGC 12279		1.03		13.53				4677
0318.1 +4021		.L...*.	1.04± .18	73					
150.96 -14.39	UGC 2646	U	.18± .08	.67					5388± 73
346.89 -14.69		-2.0±1.2		.00					5488
0314.9 +4011	PGC 12281		1.09						5228
031815.2-273640	NGC 1292	.SAS5..	1.47± .03	7	12.84S±.15			13.77±.1	1367± 5
222.42 -57.52	ESO 418- 1	R (2)	.35± .03	.00	12.75 ±.12			261± 6	1433± 41
273.44 -38.65	IRAS03161-2747	5.0± .4		.52	12.51			245± 5	1274
031608.0-274734	PGC 12285	4.0± .4	1.47	.17	12.25		14.16± .21	1.34	1227
031815.5-662951	NGC 1313	.SBS7..	1.96± .02		9.2 S±.2	.49± .01	.47± .01	10.54±.3	457± 5
283.36 -44.64	ESO 82- 11	R (3)	.12± .02	.04	9.57 ±.12	-.24± .03	-.22± .03	190± 6	446± 35
227.64 -28.22	VV 436	7.0± .3	1.45± .03	.16	9.08	.46	12.90± .06	156± 6	292
031739.1-664042	PGC 12286	7.0± .3	1.96	.06	9.27	-.26	13.52± .22	1.21	419
031815.8+415127	NGC 1265	.E+....	1.26± .13	165	13.22 ±.18	1.12± .06	1.13± .02		
150.13 -13.13	UGC 2651	PU	.06± .08	.81		.74± .08	.79± .03		7536± 71
348.13 -13.82		-4.0± .5	1.14± .07	.00		.87	14.41± .23		7639
031457.0+414032	PGC 12287		1.36		12.30	.59	14.37± .71		7379
0318.3 +4128					16.1 ±.4	1.14± .04	1.15± .04		
150.36 -13.45				.70					3410± 71
347.82 -14.06			.22± .22				12.71± .78		3512
0315.0 +4117	PGC 12292								3252
031822.5+412436					*				
150.40 -13.49	CGCG 540- 87			.70	15.3 ±.4				6365± 57
347.78 -14.10									6467
031504.3+411341	PGC 12295								6207
031833.1-255013	A 0316-26	.SBT6..	1.46± .03	41	*			14.74±.3	1802± 11
219.20 -57.17	ESO 481- 18	SU (1)	.46± .04	.00	13.56 ±.14			201± 16	
275.74 -38.74		5.5± .6		.68				195± 12	1713
031624.0-260106	PGC 12309	6.7± .8	1.46	.23	12.87			1.64	1658
0318.6 +3736		.S..7..	1.14± .07	155	*				6939
152.62 -16.64	UGC 2653	U	.41± .06	.85					
344.65 -16.38	IRAS03154+3725	7.0± .8		.57	13.04				7032
0315.4 +3725	PGC 12318		1.22	.21					6776
031843.2+421745		.S?....	1.12± .05	177					
149.96 -12.72	UGC 2654		.45± .05	.80	14.2 ±.3				5736± 94
348.54 -13.63	IRAS03154+4207			.67	12.41				5840
031523.6+420651	PGC 12326		1.19	.22	12.67				5580
031843.4-234656		.IBS9..	1.30± .05		*			14.54±.2	1535± 7
215.53 -56.70	ESO 481- 19	SU (1)	.08± .04	.01	15.72 ±.14			93± 16	
278.41 -38.76		10.0± .6		.06				78± 6	1451
031632.1-235748	PGC 12327	10.0± .8	1.30	.04	15.65			-1.15	1387
031844.9+412804	NGC 1267	.E+..*.	1.04± .18						
150.43 -13.41	UGC 2657	PU (1)	.09± .08	.70					5059± 67
347.86 -14.12		-4.0± .6		.00					5161
031526.5+411710	PGC 12331	3.5±1.1	1.12						4902
031844.9+412918	NGC 1268	.SXT3*.	.98± .07	120	*				
150.42 -13.39	UGC 2658	PU (1)	.17± .05	.70	14.2 ±.3				3124± 71
347.88 -14.11		3.0± .6		.24					3226
031526.5+411825	PGC 12332	3.5±1.2	1.04	.09	13.23				2967
031845.3+431426		.SXS7..	1.26± .04	175	*				
149.44 -11.92	UGC 2655	U	.37± .05	.92	13.5 ±.3				6149± 94
349.31 -13.07	IRAS03154+4303	7.0± .8		.51	13.17				6255
031524.1+430332	PGC 12333		1.34	.18	12.03				5995
0318.8 +4104		.E.....	1.00± .19	30	*				
150.66 -13.72	UGC 2656	U	.14± .08	.74					5487± 19
347.55 -14.36		-5.0± .9		.00					5588
0315.5 +4054	PGC 12338		1.08						5329
031849.8-130346	NGC 1296	.SBT2P.	1.04± .07	0	*				
198.14 -52.83	MCG -2- 9- 25	E (1)	.11± .05	.20					
292.15 -37.72	IRAS03164-1314	2.0± .9		.14	12.44				
031627.9-131438	PGC 12341	3.1±1.2	1.05	.06					

R.A. 2000 DEC. / l b / SGL SGB / R.A. 1950 DEC.	Names / PGC	Type / S_T n_L / T / L	$\log D_{25}$ / $\log R_{25}$ / $\log A_e$ / $\log D_o$	p.a. / A_g / A_i / A_{21}	B_T / m_B / m_{FIR} / B_T^o	$(B-V)_T$ / $(U-B)_T$ / $(B-V)_T^o$ / $(U-B)_T^o$	$(B-V)_e$ / $(U-B)_e$ / m'_e / m'_{25}	m_{21} / W_{20} / W_{50} / HI	V_{21} / V_{opt} / V_{GSR} / V_{3K}
031849.9-015822	NGC 1289	.LBT0*.	1.26± .07	100	13.48 ±.15	.92± .03	1.00± .03		
183.80 -46.67	UGC 2666	UE	.20± .05	.21	13.47 ±.10	.50± .04	.48± .04		2835± 31
305.61 -35.04		-1.7± .6	.83± .04	.00		.83	13.12± .14		2813
031617.9-020914	PGC 12342		1.26		13.22	.45	14.16± .42		2659
031853.3+403546		.S..4..	1.07± .07	65					
150.95 -14.12	UGC 2659	U	.40± .06	.67	14.6 ±.3				6198± 94
347.17 -14.66	IRAS03156+4025	4.0± .9		.59	13.13				6298
031536.3+402453	PGC 12343		1.13	.20	13.29				6039
0318.9 +0847		.S..6?.	1.00± .08	10					
172.98 -39.34	UGC 2663	U	.69± .06	.66					
317.63 -31.15		6.0±1.9		1.01					
0316.2 +0837	PGC 12344		1.06	.34					
0318.9 -1033		DLB.-*.	1.21± .07	85					
194.58 -51.58		E	.28± .08	.19					
295.28 -37.26		-3.0±1.3		.00					
0316.5 -1044	PGC 12345		1.20						
031858.5+412818	NGC 1270	.E...*.	1.17± .10	15	14.26M±.10	1.19± .01	1.21± .01		
150.47 -13.38	UGC 2660	PU (1)	.09± .07	.70	13.7 ±.3	.75± .03	.76± .03		4871± 43
347.89 -14.16		-5.0± .7	.44± .04	.00		.99	11.97± .14		4973
031540.1+411725	PGC 12350	3.5±1.2	1.26		13.45	.60	14.89± .55		4714
031904.5-535225					15.07 ±.19	1.11± .03	1.13± .02		
267.84 -51.99				.00					16358± 60
241.05 -33.53			.52± .07				13.16± .24		16209
031740.6-540315	PGC 12357								16283
031911.3+412111	NGC 1271	.LB..$.			15.1 ±.3		1.21± .02		
150.57 -13.46	CGCG 540- 96	P		.70	15.4 ±.4				5737± 71
347.82 -14.26		-2.0± .9	.30± .13				12.06± .45		5839
031553.0+411019	PGC 12367								5580
0319.1 -1120		.SBS8..	1.18± .05	25					3184
195.73 -51.92	MCG -2- 9- 28	E (1)	.22± .05	.22					
294.33 -37.49		8.0± .8		.27					3134
0316.8 -1131	PGC 12368	7.5± .8	1.20	.11					3018
031911.7+392636		.L.....	1.11± .08	147					
151.66 -15.05	UGC 2661	U	.67± .04	.66	14.6 ±.3				5985± 94
346.25 -15.39		-2.0± .9		.00					6082
031556.3+391544	PGC 12369		1.08		13.85				5825
031914.1-190604	NGC 1297	.LXS0P*	1.35± .04	3					
207.59 -55.22	ESO 547- 30	PSE	.07± .03	.10	12.88 ±.11				1569± 66
284.47 -38.61		-2.3± .4		.00					1497
031658.0-191654	PGC 12373		1.35		12.76				1414
0319.3 +4138					15.95 ±.14	1.12± .02			
150.42 -13.20				.75		.61± .07			6241± 94
348.07 -14.10			.08± .02				11.84± .04		6343
0315.9 +4127	PGC 12378								6084
031917.6-120611		.SAR5*.	1.12± .06	165					4606
196.84 -52.27	MCG -2- 9- 29	E (1)	.17± .05	.24					
293.37 -37.66	IRAS03169-1217	5.0± .9		.26	13.82				4554
031654.8-121701	PGC 12379	3.1±1.2	1.14	.09					4441
0319.3 +4108					15.3 ±.4				
150.70 -13.62				.74					7975± 49
347.67 -14.40			.36± .15				12.57± .49		8076
0316.0 +4058	PGC 12381								7818
031921.3+412932	NGC 1272	.E+....	1.31± .09		12.86M±.10	1.08± .04	1.12± .01		
150.51 -13.32	UGC 2662	PU	.03± .07	.70	13.6 ±.3	.61± .06	.66± .02		4021± 60
347.95 -14.20		-4.0± .5	1.28± .05	.00		.89	14.68± .17		4123
031602.8+411840	PGC 12384		1.40		12.16	.47	14.31± .49		3865
031924.8-493559	IC 1914	.SXS7..	1.58± .03	99	13.3 ±.4	.42± .06	.56± .03	13.33±.3	1037± 9
261.49 -53.90	ESO 200- 3	S (1)	.29± .05	.00	13.28 ±.14	-.01± .14			
245.94 -35.01	IRAS03179-4946	7.0± .5	1.19± .12	.40		.36	14.70± .27	205± 7	895
031751.0-494648	PGC 12390	7.2± .5	1.58	.15	12.87	-.05	15.27± .46	.31	951
0319.4 +8120		.I..9..	1.24± .11	55				14.68±.1	2519± 11
128.46 20.11	UGC 2603	U	.08± .12	.74					
19.13 10.51		10.0± .8		.06				121± 8	2687
0311.4 +8110	PGC 12391		1.31	.04					2456
031925.6+402845									
151.10 -14.16	CGCG 540- 97			.67	15.4 ±.4				8148± 94
347.13 -14.81									8247
031608.6+401754	PGC 12392								7990

R.A. 2000 DEC. l b SGL SGB R.A. 1950 DEC.	Names PGC	Type S_T n_L T L	$\log D_{25}$ $\log R_{25}$ $\log A_e$ $\log D_o$	p.a. A_g A_i A_{21}	B_T m_B m_{FIR} B_T^o	$(B-V)_T$ $(U-B)_T$ $(B-V)_T^o$ $(U-B)_T^o$	$(B-V)_e$ $(U-B)_e$ m'_e m'_{25}	m_{21} W_{20} W_{50} HI	V_{21} V_{opt} V_{GSR} V_{3K}
031927.2+413225	NGC 1273	.LAR0$.	1.04± .13		14.27 ±.13	1.11± .01	1.12± .01		
150.50 -13.27	MCG 7- 7- 59	P	.00± .12	.75	14.1 ±.3	.55± .04	.59± .04		5351± 48
348.00 -14.19		-2.0± .8	.56± .02	.00		.89	12.56± .06		5453
031608.6+412134	PGC 12396		1.12		13.42	.40	14.33± .75		5194
031927.4+413807		.S..6?.	1.02± .06	122					
150.45 -13.19	UGC 2665	U	.40± .05	.75	15.0 ±.3				7806± 57
348.08 -14.13		6.0±1.8		.59					7909
031608.6+412716	PGC 12397		1.09	.20	13.63				7650
0319.4 +0808		.SXS7*.	1.04± .15						7127
173.70 -39.71	UGC 2671	U	.00± .12	.77					
317.01 -31.55		7.0±1.2		.00					7135
0316.8 +0758	PGC 12398		1.11	.00					6947
0319.4 +4044		.I..9*.	1.11± .14						
150.96 -13.93	UGC 2664	U	.15± .12	.67					
347.36 -14.66		10.0±1.2		.11					
0316.2 +4034	PGC 12400		1.17	.07					
031934.3-322753	IC 1913	.SB.3?/	1.27± .04	149					
231.49 -57.59	ESO 357- 16	PS	.86± .03	.00	14.38 ±.14				1382± 31
267.14 -38.63		3.0± .6		1.19					1276
031733.0-323842	PGC 12404		1.27	.43	13.18				1253
031934.3+413450	IC 1907	.E?....			15.42S±.18	1.20± .02	1.18± .02		
150.50 -13.23	MCG 7- 7- 61			.75	15.2 ±.4				4420± 57
348.05 -14.18			.43± .01			.99	12.65± .03		4522
031615.6+412359	PGC 12405								4264
0319.6 +3825		.SXS5..	1.00± .16						
152.31 -15.84	UGC 2667	U	.00± .12	.88					
345.46 -16.06		5.0± .8		.00					
0316.4 +3815	PGC 12410		1.08	.00					
031940.8-192441	NGC 1300	.SBT4..	1.79± .01	106	11.11M±.10	.68± .02	.78± .01	13.49±.1	1568± 6
208.16 -55.22	ESO 547- 31	R (4)	.18± .02	.08	11.15 ±.12	.11± .03	.21± .02	289± 8	1592± 58
284.08 -38.74	IRAS03174-1935	4.0± .3	1.52± .01	.26	11.65	.62	14.14± .03	272± 11	1496
031725.0-193530	PGC 12412	1.1± .3	1.80	.09	10.77	.06	14.47± .13	2.63	1415
031941.0+413256	NGC 1274	.E.3...	.72± .22		15.12M±.12		1.16± .02		
150.54 -13.24	MCG 7- 7- 62	P	.11± .07	.75	14.8 ±.3				6447± 79
348.04 -14.22		-5.0±1.0	.26± .10	.00			11.87± .35		6549
031622.3+412205	PGC 12413		.80		14.24		13.42±1.12		6291
0319.7 +0944		.L...?.	1.00± .19						
172.33 -38.51	UGC 2674	U	.05± .08	.77	14.83 ±.12				
318.74 -30.94		-2.0±1.7		.00					
0317.0 +0934	PGC 12415		1.08						
0319.7 +4137					15.8 ±.5				
150.49 -13.17				.75					8514± 57
348.11 -14.17			.44± .22				13.53± .72		8616
0316.4 +4127	PGC 12417								8358
031943.1+003354		.S?....	.87± .07	13					
181.21 -44.88	MCG 0- 9- 57		.38± .06	.25	15.47 ±.12				7232± 45
308.64 -34.44	MK 1076			.56					7217
031709.0+002305	PGC 12418		.90	.19	14.62				7056
0319.7 +0033		.S?....	.94± .11						
181.22 -44.87	MCG 0- 9- 58		.05± .07	.25	14.65 ±.12				7230± 67
308.64 -34.45				.04					7215
0317.2 +0023	PGC 12425		.96		14.26				7054
0319.7 +4027		.I..9?.	1.07± .14						
151.17 -14.14	UGC 2668	U	.00± .12	.67					
347.16 -14.88		10.0±1.7		.00					
0316.5 +4017	PGC 12426		1.13	.00					
0319.8 +4116					15.3 ±.4				
150.71 -13.45				.74					5401± 71
347.83 -14.39			.43± .19				12.98± .65		5502
0316.5 +4106	PGC 12428								5244
031948.5+413045	NGC 1275	.P.....	1.34± .03	110	12.64v±.18	.76± .03	.72± .03		
150.58 -13.26	UGC 2669	R	.12± .04	.75	12.57 ±.16	.07± .03	-.01± .03		5260± 18
348.02 -14.26		99.0	.75± .06	.00		.53	11.88± .20		5362
031629.9+411955	PGC 12429		1.41		11.77	-.03	13.91± .25		5104
0319.8 +4135					15.5 ±.3				
150.53 -13.19				.75					7370± 57
348.09 -14.21			.34± .15				12.73± .51		7472
0316.5 +4125	PGC 12430								7214

R.A. 2000 DEC. l b SGL SGB R.A. 1950 DEC.	Names PGC	Type S_T n_L T L	$\log D_{25}$ $\log R_{25}$ $\log A_e$ $\log D_o$	p.a. A_g A_i A_{21}	B_T m_B m_{FIR} B_T^o	$(B-V)_T$ $(U-B)_T$ $(B-V)_T^o$ $(U-B)_T^o$	$(B-V)_e$ $(U-B)_e$ m'_e m'_{25}	m_{21} W_{20} W_{50} HI	V_{21} V_{opt} V_{GSR} V_{3K}
031950.8-260336	NGC 1302	RSBR0..	1.59± .02		11.60 ±.13	.89± .01	.90± .01	14.26±.1	1703± 5
219.70 -56.93	ESO 481- 20	V	.02± .02	.00	11.43 ±.11	.34± .01	.38± .01	103± 6	1730± 56
275.45 -39.03	IRAS03177-2614	.0± .3	1.06± .02	.02		.87	12.39± .06	92± 5	1613
031742.0-261424	PGC 12431		1.59		11.46	.35	14.36± .17		1562
031951.8+413425	NGC 1277	.L..+*P	.98± .11		14.66 ±.18	1.13± .05	1.21± .02		
150.55 -13.20	MCG 7- 7- 64	P	.41± .06	.75	14.6 ±.3				4982± 48
348.08 -14.23		-1.0±1.4	.35± .07	.00		.86	11.90± .24		5084
031633.1+412335	PGC 12434		.99		13.82		13.41± .59		4826
031954.4+413350	NGC 1278	.E...P*	1.19± .10		13.57M±.10	1.15± .03	1.16± .01		
150.56 -13.21	UGC 2670	PU	.08± .07	.75	13.6 ±.3				6047± 48
348.08 -14.24		-5.0± .6	.91± .04	.00		.93	13.62± .13		6148
031635.7+412300	PGC 12438		1.29		12.74		14.33± .56		5891
0319.9 -0335		.S..6*/	1.18± .08	0					
185.91 -47.46		E	.66± .08	.11					
303.81 -35.78		6.0±1.3		.96					
0317.4 -0346	PGC 12439		1.19	.33					
031957.3+033523		.S..2./	1.15± .05	122					6887
178.14 -42.81	UGC 2677	UE (1)	.59± .05	.28	14.96 ±.12				
312.08 -33.43		2.0± .6		.73					6881
031720.4+032435	PGC 12446	4.5±1.2	1.17	.30	13.88				6709
032001.7+411505		.L...*.	1.20± .14	135	*				
150.76 -13.45	UGC 2673	U	.05± .08	.74	14.6 ±.3				4266± 57
347.83 -14.45		-2.0±1.1		.00					4367
031643.4+410416	PGC 12452		1.28		13.82				4109
032003.7+012141		PSBT3*.	1.30± .03	120	*				6642
180.45 -44.29	UGC 2679	UE	.59± .04	.29	14.91 ±.16				
309.58 -34.25		3.0± .7		.81					6629
031728.8+011053	PGC 12454		1.33	.30	13.76				6466
032005.2+405423		.S..1?.	.96± .09	178	*				
150.97 -13.74	UGC 2672	U	.51± .06	.78	15.4 ±.3				4297± 94
347.56 -14.66		1.0±1.9		.52					4397
031647.5+404334	PGC 12456		1.03	.25	14.00				4140
032005.5-664209	NGC 1313A	.S..3*.	1.09± .04	30	*				
283.41 -44.37	ESO 83- 1	RS	.63± .04	.08	14.72 ±.14				
227.33 -28.29	IRAS03195-6652	2.9± .7		.87	12.80				
031931.0-665254	PGC 12457		1.10	.32					
032006.4+413748	NGC 1281	.E.5...	1.01± .12		14.5 ±.3	1.17± .08	1.18± .08		
150.56 -13.13	MCG 7- 7- 67	P	.17± .06	.75	14.4 ±.3				4201± 57
348.15 -14.23		-5.0±1.0	.63± .16	.00		.96	13.13± .56		4303
031647.5+412659	PGC 12458		1.08		13.63		14.13± .70		4045
032006.8-521114	NGC 1311	.SBS9?/	1.48± .03	40	13.44 ±.15	.46± .02	.42± .01		
265.30 -52.66	ESO 200- 7	S (1)	.59± .05	.00	13.23 ±.14	-.25± .03	-.27± .03		477± 88
242.90 -34.27	IRAS03186-5222	9.0± .7	.86± .02	.60		.33	13.23± .05		331
031839.0-522200	PGC 12460	7.2± .8	1.48	.30	12.72	-.34	14.22± .23		398
032009.7-061545	NGC 1299	.SBT3?.	1.06± .04	135					
189.20 -48.99	MCG -1- 9- 28	E (1)	.27± .05	.14					
300.63 -36.57	IRAS03176-0626	3.0±1.3		.37	12.51				
031741.6-062633	PGC 12466	3.1±1.6	1.07	.13					
032012.1+412205	NGC 1282	.E...*.	1.15± .15	25	13.87M±.10	.99± .02	1.03± .01		
150.72 -13.34	UGC 2675	PU	.10± .08	.74	13.7 ±.3	.54± .07	.56± .03		2192± 57
347.95 -14.40		-5.0± .7	.80± .03	.00		.80	13.22± .10		2294
031653.7+411116	PGC 12471		1.24		13.09	.40	14.35± .80		2036
032012.9-020644	NGC 1298	.E+..P*	1.20± .08	70	14.95 ±.14	.94± .03			
184.27 -46.49	UGC 2683	UE	.07± .05	.20	13.72 ±.11	.43± .05			6528± 31
305.58 -35.41		-3.5± .8		.00		.83			6505
031741.1-021732	PGC 12473		1.21		13.89	.42	15.65± .45		6354
032015.4-105148		.S?....	.74± .14		15.72S±.15				
195.28 -51.45	MCG -2- 9- 31		.09± .07	.19					9248± 41
294.98 -37.65	HICK 24A			.14					9199
031751.5-110235	PGC 12477		.75	.05	15.34		14.02± .75		9083
032015.5+412354	NGC 1283	.E.1.*.	.86± .17	70	14.73 ±.13	1.15± .02	1.18± .01		
150.71 -13.31	UGC 2676	P	.09± .05	.74	15.0 ±.3	.68± .06			6749± 57
347.98 -14.39		-5.0±1.2	.59± .02	.00		.92	13.17± .09		6851
031657.0+411306	PGC 12478		.95		13.92	.54	13.80± .86		6593
0320.2 +8014		.S..9*.	.89± .11					14.13±.1	2244± 11
129.16 19.23	UGC 2620	U	.00± .07	.88	15.30 ±.19			144± 16	
18.28 9.80	IRAS03128+8003	9.0±1.1		.00	13.59			135± 12	2411
0312.8 +8003	PGC 12480		.97	.00	14.41			-.28	2178

R.A. 2000 DEC. l b SGL SGB R.A. 1950 DEC.	Names PGC	Type S_T n_L T L	$\log D_{25}$ $\log R_{25}$ $\log A_e$ $\log D_o$	p.a. A_g A_i A_{21}	B_T m_B m_{FIR} B_T^o	$(B-V)_T$ $(U-B)_T$ $(B-V)_T^o$ $(U-B)_T^o$	$(B-V)_e$ $(U-B)_e$ m'_e m'_{25}	m_{21} W_{20} W_{50} HI	V_{21} V_{opt} V_{GSR} V_{3K}
032017.3-262749		.SB.7?/	1.19± .04	109					
220.46 -56.90	ESO 481- 21	S	.73± .03	.00	15.63 ±.14				
274.92 -39.13		7.0±1.8		1.00					
031809.0-263836	PGC 12484		1.19	.36					
0320.3 -0205		.SXT1..	.85± .11						
184.27 -46.45	UGC 2687	U	.18± .06	.20	15.06 ±.12				
305.63 -35.43	IRAS03177-0215	1.0± .9		.18	13.63				
0317.8 -0215	PGC 12491		.87	.09					
0320.3 -5416					14.7 ±.2	.94± .04	.95± .00		
268.25 -51.62				.00					8719± 88
240.52 -33.56			.65± .14				13.41± .50		8569
0319.0 -5427	PGC 12500								8647
032022.9-105203		.S?....	.64± .17		15.46S±.15				
195.31 -51.43	MCG -2- 9- 32		.00± .07	.18					9137± 41
294.98 -37.68	HICK 24B			.00					9088
031759.0-110250	PGC 12501		.65	.00	15.23		13.49± .86		8972
032023.3+040857	A 0317+03								
177.69 -42.35				.37					8985± 45
312.75 -33.33	MK 606				13.27				8981
031745.9+035810	PGC 12502								8808
0320.5 +3729		.SB.3*.	1.03± .08						5591
153.01 -16.52	UGC 2678	U	.01± .06	.84					
344.78 -16.75		3.0±1.1		.02					5682
0317.3 +3719	PGC 12510		1.11	.01					5430
0320.5 +1718		.I..9?.	1.26± .06					15.08±.1	350± 5
166.34 -32.71	UGC 2684	U	.29± .06	.42				90± 4	
326.55 -27.68		10.0±1.6		.22				79± 4	385
0317.7 +1708	PGC 12514		1.30	.15					172
032035.4-184256	NGC 1301	.SBT3?.	1.34± .02	140	14.10 ±.14	.73± .03	.81± .03		
207.16 -54.78	ESO 547- 32	SE (2)	.69± .03	.10	14.13 ±.14	.20± .05	.19± .04		4008± 22
285.01 -38.89	IRAS03183-1853	3.5± .6	.87± .02	1.01	13.39	.55	13.94± .04		3937
031819.0-185342	PGC 12521	3.1± .6	1.35	.34	12.98	.06	13.94± .20		3854
032038.3-541745		.S?....	1.12± .06	78	14.60 ±.17	.78± .04	.87± .03		
268.25 -51.58	ESO 155- 20		.33± .05	.00	14.50 ±.14				8302± 60
240.48 -33.59			.60± .04	.34		.65	13.09± .12		8152
031916.0-542830	PGC 12523		1.12	.17	14.10		14.23± .38		8230
032038.9-010207		.S?....			16.19S±.15				
183.16 -45.73	CGCG 390- 67			.16	15.6 ±.3				6285± 41
306.88 -35.18	HICK 25D								6265
031806.1-011254	PGC 12524								6111
032040.1-225550		.S?....	.92± .06						
214.24 -56.06	ESO 481- 22		.04± .04	.00	14.54 ±.14				10699± 60
279.53 -39.18				.04					10616
031828.1-230636	PGC 12526		.92	.02	14.36				10552
032042.9-010632		.SA.5P*	1.13± .04	143	14.56S±.15				
183.26 -45.76	UGC 2690	UE (1)	.35± .04	.16	14.52 ±.12				
306.80 -35.22	IRAS03181-0117	4.5± .6		.53					
031810.2-011718	PGC 12531	3.1±1.2	1.15	.18			14.19± .28		
032043.4-010009		.S?....			15.96S±.15				
183.14 -45.70	CGCG 390- 70			.16	15.0 ±.3				6285± 41
306.93 -35.19	HICK 25C								6265
031810.6-011055	PGC 12533								6111
032045.6-010315		.L?....			16.49S±.15				
183.21 -45.72				.16					
306.87 -35.21	HICK 25F								
031812.9-011401	PGC 12538								
032045.6-010242		.S?....	.99± .10		15.01S±.15				
183.20 -45.71	UGC 2691		.24± .07	.16	14.71 ±.12				6401± 41
306.88 -35.21	HICK 25B			.18					6381
031812.9-011327	PGC 12539		.99		14.40		14.20± .55		6227
0320.8 +3905		.S..8*.	1.00± .16	123					
152.13 -15.16	UGC 2681	U	.55± .12	.71					
346.16 -15.86		8.0±1.3		.68					
0317.6 +3855	PGC 12548		1.07	.27					
032051.9+381514		.SXS3..	1.24± .05	0					5044
152.62 -15.86	UGC 2685	U	.15± .05	.88	14.3 ±.3				
345.46 -16.36	IRAS03176+3804	3.0± .8		.21	13.05				5137
031738.1+380427	PGC 12549		1.33	.08	13.16				4884

R.A. 2000 DEC.	Names	Type	$\log D_{25}$	p.a.	B_T	$(B-V)_T$	$(B-V)_e$	m_{21}	V_{21}
l b		S_T n_L	$\log R_{25}$	A_g	m_B	$(U-B)_T$	$(U-B)_e$	W_{20}	V_{opt}
SGL SGB		T	$\log A_e$	A_i	m_{FIR}	$(B-V)^o_T$	m'_e	W_{50}	V_{GSR}
R.A. 1950 DEC.	PGC	L	$\log D_o$	A_{21}	B^o_T	$(U-B)^o_T$	m'_{25}	HI	V_{3K}
032057.9+415336	IC 313	.E+..*.	.97± .13						
150.54 -12.82	UGC 2682	PU	.07± .05	.75					4429± 71
348.47 -14.20		-4.0± .6		.00					4531
031738.5+414250	PGC 12558		1.06						4275
032058.3-253046	NGC 1306	.S..3?.	1.03± .05						
218.80 -56.58	ESO 481- 23	S	.10± .04	.00	13.62 ±.14				
276.16 -39.29	IRAS03188-2541	3.0±1.7		.14	12.09				
031849.0-254130	PGC 12559		1.03	.05					
032059.1-002204		.SAS5*.	1.12± .04	35				15.70±.3	6309± 11
182.51 -45.24	UGC 2692	UE (1)	.05± .04	.20	13.83 ±.12			206± 7	6285± 50
307.69 -35.05	IRAS03184-0032	5.3± .7		.07	12.78			187± 7	6289
031825.7-003249	PGC 12560	1.9± .8	1.14	.02	13.52			2.15	6134
0321.0 +4047		.SX.1..	1.16± .07	43					
151.18 -13.73	UGC 2686	U	.25± .06	.78					
347.57 -14.86		1.0± .8		.25					
0317.7 +4037	PGC 12561		1.23	.12					
032104.0-370604	NGC 1310	.SAS5*.	1.30± .04	95	12.55 ±.19	.47± .02	.55± .01		
240.04 -57.02	ESO 357- 19	R (1)	.11± .04	.00	12.98 ±.14	-.12± .04	-.06± .02		1739± 37
261.14 -38.33	IRAS03191-3716	5.0± .5	1.09± .04	.17	12.87	.44	13.49± .09		1621
031909.1-371648	PGC 12569	5.2± .5	1.30	.06	12.65	-.14	13.61± .28		1622
032112.8-043503	NGC 1304	.L..-P.	1.12± .08	130					
187.38 -47.80	MCG -1- 9- 30	E	.24± .08	.09					
302.74 -36.38		-3.0± .9		.00					
031843.2-044547	PGC 12575		1.10						
0321.3 +4155		.S?....	1.14± .07	64					
150.58 -12.76	UGC 2688		.27± .06	.75					2994± 94
348.54 -14.23	IRAS03179+4145			.40	12.24				3096
0318.0 +4145	PGC 12578		1.21	.14					2840
0321.3 +1751		.S..0?.	1.00± .08						
166.10 -32.17	UGC 2693	U	.04± .06	.41					
327.19 -27.58		.0±1.7		.03					
0318.5 +1741	PGC 12579		1.04						
032120.9+412736									
150.85 -13.14	CGCG 540-113			.82	15.1 ±.4				4411± 19
348.16 -14.52									4512
031802.1+411651	PGC 12580								4257
0321.3 +0725		.S..6?.	1.16± .07	22					10973
174.79 -39.89	UGC 2695	U	.88± .06	.76					
316.46 -32.28		6.0±1.9		1.30					10978
0318.7 +0715	PGC 12581		1.23	.44					10796
032123.0-021901	NGC 1305	PL..-P*	1.14± .06	130					
184.77 -46.39	UGC 2697	PUE	.17± .05	.19	14.32 ±.11				
305.45 -35.75		-2.9± .6		.00					
031851.4-022945	PGC 12582		1.14						
0321.4 +4048		.L...?.	1.18± .15	127					
151.23 -13.68	UGC 2689	U	.17± .08	.80					
347.63 -14.92		-2.0±1.6		.00					
0318.1 +4038	PGC 12585		1.24						
032128.8-433506		.S?....	1.10± .07	139					
251.49 -55.66	ESO 248- 12		.52± .05	.00	14.93 ±.14				9150± 60
253.02 -37.05	IRAS03197-4345			.53					9019
031944.0-434548	PGC 12589		1.10	.26	14.28				9050
0321.5 -4933					16.14 ±.15	.59± .05			
261.19 -53.60				.00					19411± 88
245.85 -35.36									19268
0320.0 -4944	PGC 12594								19326
032136.6+412334	NGC 1293	.E.0...	1.02± .09		14.50 ±.13	1.11± .01	1.14± .01		
150.93 -13.17	MCG 7- 7- 75	P	.00± .04	.90	14.3 ±.2				4115± 57
348.13 -14.60		-5.0± .9	.55± .03	.00		.87	12.74± .10		4216
031817.9+411250	PGC 12597		1.17		13.49		14.61± .46		3961
032140.1+412138	NGC 1294	.LA.-?.	1.11± .11		14.3 ±.4	1.08± .06	1.12± .06		
150.96 -13.19	UGC 2694	PU	.05± .07	.90	14.3 ±.3				6560± 57
348.11 -14.63	IRAS03184+4111	-2.8± .7	.62± .20	.00		.82	12.90± .68		6661
031821.4+411054	PGC 12600		1.21		13.32		14.58± .69		6406
032152.7-154051		.SBS9..	1.20± .05	55					2004
202.59 -53.32	MCG -3- 9- 27	E (1)	.22± .05	.08					
288.96 -38.85		9.0± .8		.23					1940
031933.5-155132	PGC 12608	8.7± .8	1.20	.11					1847

R.A. 2000 DEC. / l b / SGL SGB / R.A. 1950 DEC.	Names / PGC	Type / S_T n_L / T / L	$\log D_{25}$ / $\log R_{25}$ / $\log A_e$ / $\log D_o$	p.a. / A_g / A_i / A_{21}	B_T / m_B / m_{FIR} / B_T^o	$(B-V)_T$ / $(U-B)_T$ / $(B-V)_T^o$ / $(U-B)_T^o$	$(B-V)_e$ / $(U-B)_e$ / m'_e / m'_{25}	m_{21} / W_{20} / W_{50} / HI	V_{21} / V_{opt} / V_{GSR} / V_{3K}
032155.4-133903		.S?....	1.04± .09						
199.57 -52.43	MCG -2- 9- 35		.84± .07	.17					9678± 41
291.56 -38.56	VV 491			1.24	13.60				9620
031934.1-134945	PGC 12611		1.05	.42					9518
032157.2-133855		.L?....			16.42S±.15				
199.57 -52.42				.17					9332± 41
291.57 -38.56	HICK 26B								9274
031936.0-134936	PGC 12614								9173
0322.0 -0103		.S..6*.	1.00± .08	135					
183.50 -45.47	UGC 2699	U	.73± .06	.22					
307.00 -35.52		6.0±1.4		1.07					
0319.5 -0114	PGC 12620		1.02	.36					
032203.1+405151		.E.....	1.00± .19						
151.31 -13.56	UGC 2698	U	.05± .08	.80	13.9 ±.3				6412± 94
347.75 -14.98		-5.0± .8		.00					6511
031845.1+404109	PGC 12622		1.11		13.02				6257
032205.1+421017		.S?....	.96± .09	175					
150.56 -12.48	UGC 2696		.90± .06	.85	15.5 ±.3				5453± 94
348.82 -14.20				1.35					5555
031845.0+415934	PGC 12624		1.04	.45	13.22				5300
032205.8-373512		.IBS9?.	1.46± .05						1614
240.87 -56.76		S (1)	.20± .08	.00					
260.48 -38.45		10.0±1.5		.15					1495
032011.7-374553	PGC 12625	12.2± .8	1.46	.10					1500
032206.6-152402	NGC 1309	.SAS4*.	1.34± .02	45	11.97 ±.04	.44± .01	.52± .01	13.79±.0	2135± 5
202.20 -53.16	MCG -3- 9- 28	R (3)	.03± .03	.07	12.0 ± .2	-.17± .02	-.08± .02	142± 4	2257± 50
289.33 -38.87	IRAS03197-1534	4.0± .5	.93± .01	.04	11.12	.40	12.11± .03	125± 5	2073
031947.0-153443	PGC 12626	3.4± .5	1.34	.01	11.85	-.20	13.44± .15	1.93	1979
032211.6+404337		.L?....	.90± .17						
151.41 -13.66	MCG 7- 7- 78		.16± .07	.80	15.1 ±.3				4788± 94
347.66 -15.09				.00					4887
031853.8+403255	PGC 12627		.97		14.20				4633
032217.6-070527		.SAR2P*	1.06± .04						
190.70 -49.02	MCG -1- 9- 31	E	.06± .05	.16					
299.79 -37.29	IRAS03198-0716	2.0±1.2		.07	13.79				
031950.3-071607	PGC 12633		1.07	.03					
0322.4 +0926		.S..4..	.96± .09	143					7292
173.21 -38.27	UGC 2701	U	.69± .06	.76					
318.75 -31.67		4.0±1.0		1.01					7302
0319.7 +0916	PGC 12639		1.03	.34					7116
032228.6-024526	NGC 1308	.SBR0..	1.07± .06	135					
185.52 -46.45	MCG -1- 9- 32	E	.14± .05	.12					
305.03 -36.15		.0± .9		.10					
031957.4-025606	PGC 12643		1.07						
0322.5 +1454		.S..3..	1.16± .05	23					10083
168.66 -34.22	UGC 2703	U (1)	.54± .05	.70	15.28 ±.14				
324.43 -29.26		3.0± .9		.75					10109
0319.8 +1444	PGC 12645	5.5±1.2	1.23	.27	13.76				9907
032241.2-041116	NGC 1314	.SAT7..	1.18± .05	90					
187.23 -47.27	MCG -1- 9- 33	E (1)	.02± .05	.06					3801
303.34 -36.62		7.0± .8		.02					3770
032011.3-042155	PGC 12650	7.5± .8	1.18	.01					3632
032241.6-371228	NGC 1316	PLXS0P.	2.08± .02	50	9.42M±.08	.89± .01	.93± .01		
240.16 -56.69	ESO 357- 22	R	.15± .02	.00	9.17 ±.11	.39± .03	.47± .01		1793± 12
260.94 -38.63	ARP 154	-2.0± .3	1.43± .06	.00	11.76	.86	12.03± .21		1674
032047.0-372306	PGC 12651		2.05		9.31	.39	14.31± .13		1678
032244.7-370610	NGC 1317	.SXR1..	1.44± .02	78	11.91M±.06	.89± .01	.92± .01		
239.97 -56.69	ESO 357- 23	V	.06± .02	.00	11.87 ±.11	.29± .02	.33± .01		1941± 14
261.07 -38.66	IRAS03208-3716	1.0± .3	.80± .03	.07	11.55	.86	11.55± .10		1822
032050.0-371648	PGC 12653		1.44	.03	11.81	.28	13.79± .14		1826
0322.7 +0008		.SX.6..	.99± .06						6858
182.35 -44.57	UGC 2705	U	.02± .05	.22	14.64 ±.13				
308.47 -35.30	IRAS03202-0001	6.0± .8		.03					6840
0320.2 -0001	PGC 12655		1.02	.01	14.36				6686
032247.7-015518		.S?....	.96± .09						
184.64 -45.87	UGC 2704		.00± .06	.13	14.14 ±.12				8227± 50
306.05 -35.97				.00					8203
032015.7-020557	PGC 12656		.97	.00	13.97				8056

R.A. 2000 DEC. l b SGL SGB R.A. 1950 DEC.	Names PGC	Type S_T n_L T L	$\log D_{25}$ $\log R_{25}$ $\log A_e$ $\log D_o$	p.a. A_g A_i A_{21}	B_T m_B m_{FIR} B_T^o	$(B-V)_T$ $(U-B)_T$ $(B-V)_T^o$ $(U-B)_T^o$	$(B-V)_e$ $(U-B)_e$ m'_e m'_{25}	m_{21} W_{20} W_{50} HI	V_{21} V_{opt} V_{GSR} V_{3K}
032253.8+423310		.SB.3?.	1.17± .05	132					
150.47 -12.08	UGC 2700	U	.60± .05	1.05	14.8 ±.3				6685± 94
349.22 -14.09		3.0± .9		.82					6788
031933.0+422230	PGC 12660		1.26	.30	12.88				6534
032254.9-421117		.L...*/	1.28± .05	81	14.21 ±.15	.78± .02	.73± .02		
248.97 -55.77	ESO 301- 9	S	.77± .03	.00	14.27 ±.14	.12± .04	.10± .03		1159
254.66 -37.65	IRAS03211-4221	-2.0±1.0	.63± .04	.00	13.13	.70	12.85± .13		1030
032108.0-422154	PGC 12662		1.16		14.22	.06	13.55± .30		1056
032255.0-111212		.SBS7..	1.40± .04	165				14.22±.1	2807± 6
196.27 -51.06	MCG -2- 9- 36	UE (1)	.16± .05	.17				238± 8	
294.72 -38.36		7.0± .5		.21				219± 12	2755
032031.6-112251	PGC 12664	6.4± .8	1.42	.08					2645
032260.0+012155		RSXR1P?	1.12± .06	80					
181.11 -43.73	MCG 0- 9- 74	E	.20± .05	.30	14.59 ±.14				
309.89 -34.94		1.0±1.2		.20					
032025.1+011116	PGC 12669		1.15	.10					
032301.2-423611		.SBR2..	.95± .06	153	15.0 ±.2	.83± .04	.91± .03		
249.68 -55.65	ESO 248- 14	r	.16± .05	.00	15.07 ±.14				
254.14 -37.57		2.2± .9	.64± .04	.19			13.70± .10		
032115.1-424648	PGC 12670		.95	.08			14.20± .37		
032306.5-212234	NGC 1315	.LBT+$.	1.20± .04						
211.87 -55.09	ESO 548- 3	R	.04± .03	.03	13.46 ±.14				1706± 39
281.60 -39.68		-1.0± .4		.00					1626
032053.1-213312	PGC 12671		1.20		13.41				1560
032325.8-191710		.IBS9..	1.11± .06	104					1552
208.48 -54.35		SE (1)	.22± .06	.07					
284.34 -39.61		10.0± .5		.16					1478
032110.2-192746	PGC 12680	10.3± .8	1.12	.11					1403
032329.8+011927	NGC 1312	PSB.3*/	1.14± .05	167					9903
181.27 -43.67	UGC 2711	UE	.78± .05	.31	15.45 ±.12				
309.90 -35.07		2.7± .8		1.08					9888
032054.9+010850	PGC 12682		1.17	.39	14.00				9731
0323.5 -1647		.S?....	1.04± .09						
204.55 -53.42	MCG -3- 9- 32		.28± .07	.10					9436
287.60 -39.38				.42					9368
0321.2 -1658	PGC 12684		1.05	.14					9283
032337.4-354643		.LX.0*.	1.12± .05	25					
237.54 -56.64	ESO 357- 25	S	.49± .03	.00	14.98 ±.14				1823± 29
262.73 -39.05		-2.5± .6		.00					1707
032141.0-355718	PGC 12691		1.05		14.95				1706
032338.2-111149		PS..0*.	1.25± .07	55					9446
196.40 -50.90	MCG -2- 9- 38	E	.48± .05	.17					
294.77 -38.53		.0±1.2		.36					9394
032114.7-112225	PGC 12692		1.24						9286
0323.6 +0634		.SB.8*.	1.14± .07						7113± 10
176.10 -40.09	UGC 2712	U	.00± .06	.59					
315.81 -33.14		8.0±1.1		.00					7114
0321.0 +0624	PGC 12695		1.20	.00					6939
0323.7 +3702		.SBS8*.	1.11± .14	150					3405± 10
153.82 -16.53	UGC 2707	U	.29± .12	.80					
344.80 -17.53		8.0±1.2		.36					3493
0320.5 +3652	PGC 12697		1.19	.15					3247
032342.9+365512		.S..8*.	.94± .09						4735
153.90 -16.63	UGC 2706	U	.05± .06	.80	15.34 ±.15				
344.69 -17.60		8.0±1.2		.06					4823
032030.5+364435	PGC 12698		1.02	.02	14.46				4576
032347.2-194513		.SXS9..	1.22± .03	20				14.75±.2	1838± 11
209.29 -54.43	ESO 548- 5	SE (2)	.06± .03	.06	13.70 ±.14			118± 16	
283.74 -39.73		8.7± .5		.06				111± 12	1762
032132.0-195548	PGC 12701	7.7± .5	1.23	.03	13.58			1.14	1690
032348.8+403328		.L.....	1.12± .07						
151.77 -13.63	UGC 2708	U	.00± .03	.92	14.8 ±.3				5394± 94
347.71 -15.43		-2.0± .8		.00					5491
032031.0+402251	PGC 12702		1.22		13.78				5241
032353.7+384039		.SX.3..	1.37± .05	3					
152.88 -15.17	UGC 2709	U	.48± .06	.67	14.3 ±.3				5191± 94
346.17 -16.58	IRAS03206+3830	3.0± .7		.67	13.41				5284
032038.7+383003	PGC 12705		1.43	.24	12.92				5035

R.A. 2000 DEC. l b SGL SGB R.A. 1950 DEC.	Names PGC	Type S_T n_L T L	$\log D_{25}$ $\log R_{25}$ $\log A_e$ $\log D_o$	p.a. A_g A_i A_{21}	B_T m_B m_{FIR} B_T^o	$(B-V)_T$ $(U-B)_T$ $(B-V)_T^o$ $(U-B)_T^o$	$(B-V)_e$ $(U-B)_e$ m'_e m'_{25}	m_{21} W_{20} W_{50} HI	V_{21} V_{opt} V_{GSR} V_{3K}
032354.0-373032		.RING*P	1.15± .05						
240.65 -56.42	ESO 301- 11	S	.04± .05	.00	13.87 ±.14				1403
260.50 -38.81	IRAS03220-3741	10.0± .7		.03	13.59				1283
032200.0-374106	PGC 12706		1.15	.02	13.84				1290
032356.3-213137	NGC 1319	.L...P/	1.13± .04	27					
212.22 -54.95	ESO 548- 6	RS	.30± .03	.04	13.88 ±.14				4058± 39
281.41 -39.88		-1.8± .4		.00					3977
032143.0-214212	PGC 12708		1.09		13.78				3913
032356.4-362750	NGC 1326	RLBR+..	1.59± .02	77	11.41M±.10	.87± .01	.85± .01	13.78±.1	1362± 4
238.77 -56.52	ESO 357- 26	R	.13± .02	.00	11.43 ±.11	.28± .01	.26± .01	265± 6	1365± 16
261.84 -39.00	IRAS03220-3638	-1.0± .3	.92± .01	.00	10.86	.84	11.58± .04	247± 5	1244
032201.0-363824	PGC 12709		1.57		11.40	.27	13.92± .16		1247
0323.9 +3745		.L.....	1.13± .10						
153.44 -15.92	UGC 2710	U	.03± .05	.70	14.5 ±.3				5540
345.42 -17.15	IRAS03207+3734	-2.0± .8		.00	11.76				5630
0320.7 +3734	PGC 12713		1.20		13.69				5383
0324.0 -0344		.LX.-P*	1.18± .08	80					
186.99 -46.74		E	.35± .08	.06					
304.00 -36.80		-3.0±1.3		.00					
0321.5 -0355	PGC 12716		1.14						
0324.0 +1744		.S..8*.	1.20± .05	88					381
166.77 -31.85	UGC 2716	U	.25± .05	.45	14.82 ±.19				
327.43 -28.20		8.0±1.1		.30					415
0321.2 +1734	PGC 12719		1.25	.12	14.06				208
032406.6-840940		.SBS8*.	1.12± .05	80					
298.70 -31.65	ESO 3- 15	S (1)	.50± .04	.56	14.79 ±.14				
211.06 -19.19	IRAS03302-8419	8.0±1.3		.61	13.57				
033014.0-842000	PGC 12725	7.8± .9	1.17	.25					
0324.3 +0006		.S..8*.	.89± .10						6475
182.75 -44.29	UGC 2721	U	.06± .06	.27					
308.59 -35.68		8.0±1.2		.07					6456
0321.8 -0004	PGC 12733		.91	.03					6305
032425.3-213233	NGC 1325	.SAS4..	1.67± .02	56	12.22 ±.14	.69± .04	.77± .03	13.77±.2	1589± 7
212.30 -54.84	ESO 548- 7	R (1)	.47± .03	.04	12.34 ±.11	.09± .06	.18± .06	347± 8	1783± 41
281.40 -39.99	IRAS03221-2143	4.0± .3	1.25± .02	.68	12.87	.59	13.96± .05	327± 6	1512
032212.0-214306	PGC 12737	3.3± .6	1.68	.23	11.57	.01	14.27± .17	1.97	1450
032436.4+404127		.E.....	1.00± .19						
151.82 -13.44	UGC 2717	U	.05± .08	.91	14.3 ±.3				3757± 94
347.91 -15.47		-5.0± .8		.00					3854
032118.3+403053	PGC 12747		1.13		13.38				3605
0324.7 +4158		.S..6*.	1.04± .15	78					
151.10 -12.37	UGC 2718	U	.47± .12	.95					
348.96 -14.71	IRAS03213+4147	6.0±1.3		.69	12.57				
0321.4 +4147	PGC 12750		1.13	.24					
032448.4-212016	Holmberg VI	.SXT7*.	1.34± .03		13.27S±.08	.57± .05		15.52±.3	1333± 8
212.01 -54.70	ESO 548- 10	Sr (1)	.04± .03	.03	13.33 ±.14			57± 9	
281.68 -40.07		6.7± .5		.06		.55			1252
032235.0-213048	PGC 12754	6.7± .5	1.34	.02	13.20		14.70± .18	2.30	1189
032449.0-030231	NGC 1320	.S..1*/	1.28± .03	45	13.32 ±.13	.87± .01	.88± .01		
186.36 -46.16	MCG -1- 9- 36	E	.47± .05	.08		.26± .02	.28± .02		
304.91 -36.79	MK 607	1.0±1.2	.73± .02	.48	12.37		12.46± .08		
032218.0-031303	PGC 12756		1.28	.23			13.39± .22		
0324.8 +3856		.S..6*.	1.00± .08	3					
152.89 -14.85	UGC 2719	U	1.02± .06	.66					
346.51 -16.57		6.0±1.5		1.47					
0321.6 +3846	PGC 12757		1.06	.50					
0324.8 -3526					15.30S±.10				
236.89 -56.41				.00					1433± 29
263.12 -39.35									1317
0322.9 -3536	PGC 12758								1317
032453.7-604418		RLXR+*/	1.15± .04	91	15.19 ±.15	.94± .03			
276.17 -47.64	ESO 116- 18	Sr	.66± .04	.00	15.09 ±.14				5397± 88
233.18 -31.50	IRAS03238-6054	-.6± .6		.00	12.81	.80			5237
032353.1-605448	PGC 12759		1.05		15.05		14.16± .28		5347
032455.0-214705		.SBS9..	1.05± .04	145					
212.76 -54.80	ESO 548- 11	S (1)	.16± .03	.06	15.81 ±.14				
281.09 -40.12		9.0± .8		.16					
032242.0-215736	PGC 12762	10.0± .8	1.06	.08					

R.A. 2000 DEC. l b SGL SGB R.A. 1950 DEC.	Names PGC	Type S_T n_L T L	logD$_{25}$ logR$_{25}$ logA$_e$ logD$_o$	p.a. A_g A_i A_{21}	B_T m_B m_{FIR} B_T^o	(B-V)$_T$ (U-B)$_T$ (B-V)$_T^o$ (U-B)$_T^o$	(B-V)$_e$ (U-B)$_e$ m'$_e$ m'$_{25}$	m_{21} W_{20} W_{50} HI	V_{21} V_{opt} V_{GSR} V_{3K}
032455.8+390744		.S..2..	.99± .06	90					
152.79 -14.68	UGC 2720	U	.68± .05	.66	15.4 ±.3				6342± 94
346.67 -16.47		2.0±1.0		.84					6435
032140.0+385711	PGC 12763		1.06	.34	13.80				6188
0324.9 +0725		.S..3*.	1.14± .07	165					8298
175.61 -39.26	UGC 2726	U	.32± .06	.73					
316.89 -33.09		3.0±1.2		.45					8300
0322.3 +0715	PGC 12768		1.21	.16					8126
032458.5-370035	NGC 1316C	PLA.0*.	1.15± .04	85					
239.72 -56.26	ESO 357- 27	PS	.32± .03	.00	14.36 ±.14				1975± 25
261.09 -39.11		-2.2± .5		.00					1855
032304.0-371106	PGC 12769		1.10		14.33				1862
032501.8-054445	NGC 1324	.S..3*.	1.32± .04	45					5683
189.61 -47.70	MCG -1- 9- 38	E (1)	.42± .05	.13					
301.66 -37.61	IRAS03225-0555	3.0±1.2		.58	12.79				5646
032233.3-055516	PGC 12772	3.1±1.6	1.33	.21					5519
032502.3-491524		.LB?...	.91± .07	165					
260.34 -53.20	ESO 200- 16		.22± .05	.00	15.31 ±.14				11333± 79
245.98 -35.99	FAIR 300			.00					11189
032329.1-492554	PGC 12774		.88		15.14				11251
0325.0 +0512		.S..7..	1.07± .07	172					8826
177.71 -40.78	UGC 2727	U	.79± .06	.46					
314.46 -33.99		7.0±1.0		1.10					8822
0322.4 +0502	PGC 12775		1.11	.40					8655
032508.4-362154	NGC 1326A	.SBS9*.	1.27± .04					14.15±.2	1836± 11
238.56 -56.29	ESO 357- 28	PS (1)	.04± .04	.00	13.80 ±.14			88± 16	1823± 29
261.91 -39.25		8.8± .4		.04					1716
032313.0-363224	PGC 12783	7.8± .6	1.27	.02	13.75			.38	1720
032515.2-395348		.SAT7..	1.06± .05	2					
244.82 -55.81	ESO 301- 14	S (1)	.06± .05	.00	15.01 ±.14				4282
257.40 -38.60		7.0± .8		.08					4156
032325.1-400418	PGC 12786	6.7±1.2	1.06	.03	14.92				4176
0325.2 +4240		.SBR5..	1.03± .08	165					
150.77 -11.73	UGC 2723	U	.01± .06	1.09					
349.59 -14.35		5.0± .8		.02					
0321.9 +4230	PGC 12787		1.13	.01					
032518.4-362300	NGC 1326B	.SBS9*/	1.57± .03	130	13.7 ±.2	.41± .03	.42± .02	12.89±.2	1006± 6
238.58 -56.25	ESO 357- 29	PS (1)	.54± .04	.00	13.08 ±.14	-.09± .09	-.11± .06	179± 8	825± 40
261.88 -39.28		9.2± .5	.98± .05	.55		.29	14.10± .11		883
032323.0-363330	PGC 12788	6.7± .6	1.57	.27	12.71	-.18	15.06± .29	-.09	888
032523.7-254048	NGC 1327	PSBS3..	1.01± .05	176					
219.44 -55.63	ESO 481- 26	S (1)	.57± .03	.00	15.57 ±.14				
275.93 -40.29	IRAS03232-2551	3.0±1.0		.78	13.54				
032315.0-255118	PGC 12795	2.2±1.0	1.01	.28					
0325.4 +4038		.S..8*.	1.00± .16						
151.97 -13.39	UGC 2724	U	.09± .12	.91					
347.96 -15.62		8.0±1.2		.11					
0322.1 +4028	PGC 12796		1.09	.04					
032525.0-161410		.S..8*/	1.42± .03	9				14.25±.1	1878± 11
204.01 -52.78	MCG -3- 9- 41	EU	.93± .05	.13				240± 16	
288.39 -39.76		7.5± .8		1.14				237± 12	1810
032306.4-162440	PGC 12798		1.44	.46					1727
032525.7-511602	IC 1929	.S?....	.90± .06	146	14.81 ±.18	.72± .04	.80± .03		
263.34 -52.33	ESO 200- 21		.11± .05	.00	14.88 ±.14				13271± 88
243.61 -35.36			.63± .05	.11		.59	13.45± .16		13124
032357.1-512630	PGC 12799		.90	.05	14.58		13.91± .37		13194
032526.0-060828	A 0322-06		.64± .10	90					
190.18 -47.84			.16± .07	.13					10212± 62
301.21 -37.81	MK 609				12.09				10173
032257.9-061858	PGC 12801		.65						10048
032529.6+411429		.L.....	1.03± .11	162					
151.64 -12.89	UGC 2725	U	.08± .05	.94	14.8 ±.3				6192± 94
348.46 -15.27		-2.0± .8		.00					6290
032210.5+410358	PGC 12802		1.13		13.74				6041
032531.4-060750	A 0323-06	.S?....	.60± .10						
190.18 -47.82			.00± .07	.13					10301± 62
301.23 -37.83	MK 610			.00					10262
032303.3-061820	PGC 12803		.62	.00					10137

R.A. 2000 DEC.	Names	Type	$\log D_{25}$	p.a.	B_T	$(B\text{-}V)_T$	$(B\text{-}V)_e$	m_{21}	V_{21}
l b		S_T n_L	$\log R_{25}$	A_g	m_B	$(U\text{-}B)_T$	$(U\text{-}B)_e$	W_{20}	V_{opt}
SGL SGB		T	$\log A_e$	A_i	m_{FIR}	$(B\text{-}V)^o_T$	m'_e	W_{50}	V_{GSR}
R.A. 1950 DEC.	PGC	L	$\log D_o$	A_{21}	B^o_T	$(U\text{-}B)^o_T$	m'_{25}	HI	V_{3K}
032540.0-524702	IC 1933	.SXS7*.	1.35± .04	55	12.9 ±.3	.36± .03	.44± .02	14.14±.3	1068± 9
265.53 -51.63	ESO 155- 25	RS (2)	.28± .04	.00	12.97 ±.12			186± 12	1033± 66
241.85 -34.85	IRAS03242-5257	6.6± .4	.91± .09	.38	12.68	.30	12.97± .20		918
032415.1-525730	PGC 12807	5.9± .4	1.35	.14	12.58		13.85± .40	1.43	995
0325.7 +4204		.S..7..	1.04± .08	51					
151.19 -12.17	UGC 2728	U	.76± .06	.95					
349.16 -14.79		7.0±1.0		1.05					
0322.4 +4154	PGC 12812		1.13	.38					
032552.5+404455		.S..3..	1.16± .05	127					
151.99 -13.25	UGC 2730	U (1)	.70± .05	1.06	14.9 ±.3				3839± 94
348.11 -15.63	IRAS03225+4034	3.0± .9		.97	12.56				3936
032234.1+403425	PGC 12816	4.5±1.2	1.26	.35	12.81				3688
032554.4-512033	IC 1932	.L?....	.87± .03	15	15.39 ±.15	.85± .03	.96± .03		
263.40 -52.23	ESO 200- 22		.11± .05	.00	15.38 ±.14	.29± .06	.26± .05		11966± 32
243.49 -35.40	FAIR 747		.53± .03	.00		.73	13.53± .09		11819
032426.0-513100	PGC 12817		.85		15.21	.35	14.32± .26		11890
032559.3+404721	IC 320	.SBT2..	1.09± .06						
151.98 -13.21	UGC 2732	U	.06± .05	1.06	14.6 ±.3				6972± 94
348.15 -15.62		2.0± .8		.08					7069
032240.8+403652	PGC 12819		1.19	.03	13.43				6821
032600.1+034045	IC 322		.95?						9198
179.43 -41.64	CGCG 390- 89		.05?	.31	15.01 ±.14				
312.86 -34.80									9188
032323.0+033017	PGC 12820		.98						9028
032602.0-325345	IC 1919	.LAT-?.	1.21± .05	84	13.80S±.10				
232.30 -56.23	ESO 358- 1	BS	.14± .04	.00	13.78 ±.14				1220± 29
266.38 -39.94		-3.0± .4		.00					1109
032402.1-330412	PGC 12825		1.19		13.77		14.39± .29		1100
032602.2-173526	NGC 1329	.SAT1?.	1.15± .03	35	13.49 ±.13	.84± .02	.90± .02		
206.18 -53.17	ESO 548- 15	SE	.09± .03	.10	13.38 ±.14	.27± .04	.37± .04		4277± 39
286.64 -40.07		1.0± .7	.81± .02	.09		.76	13.03± .06		4205
032345.0-174554	PGC 12826		1.16	.04	13.19	.24	13.88± .20		4128
032602.3-212033		.S?....	1.37± .05	115					
212.16 -54.42	ESO 548- 16		.53± .06	.04	15.53 ±.14				2161± 60
281.69 -40.36				.79					2079
032349.0-213100	PGC 12827		1.37	.26	14.69				2018
0326.0 +4202		.S..7..	1.04± .08	142					
151.26 -12.17	UGC 2731	U	.76± .06	.99					
349.17 -14.86		7.0±1.0		1.05					
0322.7 +4152	PGC 12828		1.13	.38					
032603.3+411509		.E...?.	1.03± .11	120					
151.72 -12.82	UGC 2733	U	.18± .05	.94	14.5 ±.3				5363± 94
348.54 -15.35		-5.0±1.7		.00					5461
032244.0+410440	PGC 12830		1.13		13.52				5213
032612.8+463802		.S..7*.	1.07± .14					16.32±.3	5623± 9
148.65 -8.37	UGC 2734	U	.11± .12	1.24				223± 11	
352.84 -12.02		7.0±1.2		.15				180± 8	5734
032244.2+462733	PGC 12832		1.19	.05					5481
032613.4-500034	IC 1935	.SAS6?P	1.04± .05	104	14.65 ±.17	.38± .04	.40± .03		
261.37 -52.73	ESO 200- 23	S (1)	.17± .05	.00	14.36 ±.14				5546± 88
245.01 -35.92		6.0± .9	.63± .03	.25		.31	13.29± .08		5401
032442.1-501100	PGC 12833	3.3±1.2	1.04	.08	14.20		14.30± .33		5467
032614.4-001212	A 0323+00		.27± .16	155					
183.50 -44.12			.09± .07	.25					8894± 43
308.42 -36.23	MK 611								8872
032340.9-002239	PGC 12835		.30						8727
032617.3-212009	NGC 1332	.L.S-*/	1.67± .02	148	11.25 ±.13	.96± .01	1.01± .01	15.58±.3	1524± 10
212.18 -54.37	ESO 548- 18	R	.51± .02	.04	11.35 ±.10	.59± .02	.63± .01	234± 6	1546± 30
281.70 -40.41	IRAS03240-2130	-3.0± .3	.97± .02	.00	13.51	.91	11.59± .08	222± 25	1444
032404.0-213036	PGC 12838		1.60		11.25	.56	13.19± .17		1384
0326.2 -0443		.LA.0P?	1.12± .08	152					
188.64 -46.86		E	.44± .08	.06					
303.01 -37.63		-2.0±1.8		.00					
0323.8 -0454	PGC 12839		1.06						
032627.8+403030		.S..2..	1.19± .05	69					
152.22 -13.38	UGC 2736	U	.73± .05	.88	14.4 ±.3				5673± 94
347.98 -15.86		2.0± .9		.89					5769
032309.7+402002	PGC 12845		1.28	.36	12.58				5522

R.A. 2000 DEC. / l b / SGL SGB / R.A. 1950 DEC.	Names / PGC	Type / S_T n_L / T / L	$\log D_{25}$ / $\log R_{25}$ / $\log A_e$ / $\log D_o$	p.a. / A_g / A_i / A_{21}	B_T / m_B / m_{FIR} / B_T^o	$(B-V)_T$ / $(U-B)_T$ / $(B-V)_T^o$ / $(U-B)_T^o$	$(B-V)_e$ / $(U-B)_e$ / m'_e / m'_{25}	m_{21} / W_{20} / W_{50} / HI	V_{21} / V_{opt} / V_{GSR} / V_{3K}
032628.3-212122	NGC 1331	.E.2.*.	.97± .03		14.31 ±.13	.88± .02	.89± .02		
212.24 -54.33	ESO 548- 19	R	.04± .03	.04	14.25 ±.14	.37± .05	.39± .05		1375± 58
281.68 -40.46		-5.0± .7	.49± .02	.00		.86	12.25± .05		1293
032415.1-213148	PGC 12846		.96		14.23	.37	14.06± .22		1233
032631.1-354252	NGC 1336	.LA.-..	1.33± .05	22	13.10M±.09	.84± .02	.85± .01		
237.35 -56.06	ESO 358- 2	BS	.15± .04	.00	13.12 ±.14	.25± .03	.30± .02		1511± 22
262.69 -39.64		-3.3± .4	1.01± .06	.00		.82	13.65± .22		1393
032435.0-355318	PGC 12848		1.31		13.08	.25	14.25± .27		1397
0326.8 +0742		.S..3*.	1.13± .05	55					
175.75 -38.73	UGC 2740	U (1)	.28± .05	.63	14.78 ±.14				
317.43 -33.39	IRAS03241+0732	3.0±1.2		.39	13.01				
0324.1 +0732	PGC 12859	5.5±1.1	1.19	.14					
0326.8 +0706		.S?....	1.07± .14						11005
176.33 -39.15	UGC 2741		.00± .12	.71					
316.77 -33.65				.00					11005
0324.2 +0656	PGC 12863		1.14	.00					10835
032653.3-353112		DE.0...	1.03± .10	56	16.29S±.10				
237.00 -55.99	ESO 358- 4	S	.08± .04	.00	18.07 ±.14				
262.93 -39.74		-5.0± .7		.00					
032457.0-354136	PGC 12865		1.01				16.25± .50		
0327.0 +7250		.I..9?.	1.32± .06	158				14.22±.1	2073± 7
133.91 13.38	UGCA 69	U	.65± .09	1.51				256± 9	
12.81 4.81		10.0±1.7		.49				255± 12	2232
0321.7 +7240	PGC 12868		1.46	.32					1989
032705.3+465800		.S..0..	1.00± .08	143					
148.58 -8.01	UGC 2737	U	.55± .06	1.31	15.58 ±.12				
353.20 -11.93		.0± .9		.41					
032335.8+464734	PGC 12869		1.10						
032711.1-530038	IC 1938	.S?....	.90± .07						
265.69 -51.33	ESO 155- 32		.12± .06	.00	15.50 ±.14				9110± 82
241.49 -34.97				.16					8960
032547.1-531100	PGC 12874		.90	.06	15.27				9040
0327.2 +6833			1.54?	130				13.56±.1	1938± 7
136.42 9.87	UGC 2729		.14?	3.19				256± 9	
9.60 2.01								246± 12	2091
0322.5 +6823	PGC 12876		1.84						1843
032716.1-332913		.SXS9P*	1.16± .04						
233.36 -55.97	ESO 358- 5	S (1)	.12± .04	.00	14.69 ±.14				1642± 29
265.57 -40.12		9.0± .6		.12					1529
032517.0-333936	PGC 12877	9.4± .6	1.16	.06	14.56				1524
032717.7-343137		.LB.-?.	1.09± .03	32	13.92 ±.14	.84± .02	.86± .02		
235.22 -55.95	ESO 358- 6	S	.29± .02	.00	14.15 ±.14				1237± 57
264.20 -39.98		-3.7± .7	.75± .03	.00		.83	13.16± .12		1122
032520.0-344200	PGC 12878		1.00		14.02		13.51± .23		1121
0327.3 +0236		.S..6*.	.96± .09	37					
180.79 -42.11	UGC 2744	U	.25± .06	.32	15.20 ±.12				
311.79 -35.50		6.0±1.2		.36					
0324.7 +0226	PGC 12879		.99	.12					
0327.3 -1344		.S?....	1.12± .08						
200.66 -51.30	MCG -2- 9- 41		.57± .07	.16					12181
291.72 -39.87				.79					12119
0325.0 -1355	PGC 12880		1.13	.28					12029
032721.0+495859		.S..6?.	1.00± .08	36					
146.91 -5.49	UGC 2739	U	.55± .06	1.92					
355.57 -10.05	IRAS03237+4948	6.0±1.9		.81	12.78				
032345.2+494834	PGC 12881		1.18	.27					
032729.0-213337	IC 1928	.S..2?/	1.20± .04	30					
212.69 -54.17	ESO 548- 20	S	.60± .03	.04	14.09 ±.14				4266± 60
281.42 -40.70		2.0±1.8		.73					4183
032516.0-214400	PGC 12884		1.20	.30	13.28				4126
032729.6-364514			.84± .06	167	15.4 ±.2	.68± .09			
239.18 -55.78	ESO 358- 7		.47± .05	.00	15.20 ±.14	.38± .11			9992± 87
261.30 -39.65	IRAS03255-3655				13.11				9872
032535.0-365536	PGC 12885		.84						9882
032735.4-211344		.SBS8?.	1.30± .04	68					
212.16 -54.05	ESO 548- 21	S (1)	.77± .03	.06	14.60 ±.14				1657
281.86 -40.71		8.0±1.8		.95					1574
032522.0-212406	PGC 12889	7.8±1.3	1.30	.38	13.59				1516

R.A. 2000 DEC. / l b / SGL SGB / R.A. 1950 DEC.	Names / PGC	Type / S_T n_L / T / L	$\log D_{25}$ / $\log R_{25}$ / $\log A_e$ / $\log D_o$	p.a. / A_g / A_i / A_{21}	B_T / m_B / m_{FIR} / B_T^o	$(B-V)_T$ / $(U-B)_T$ / $(B-V)_T^o$ / $(U-B)_T^o$	$(B-V)_e$ / $(U-B)_e$ / m'_e / m'_{25}	m_{21} / W_{20} / W_{50} / HI	V_{21} / V_{opt} / V_{GSR} / V_{3K}
032739.9+405350		.SBS4..	.96± .07	110					
152.19 -12.94	UGC 2742	U	.12± .05	.99	14.9 ±.3				4349± 94
348.44 -15.80		4.0± .9		.18					4445
032421.0+404326	PGC 12893		1.05	.06	13.67				4200
032742.1-520821	IC 1940	PSBR2..	.97± .06						
264.38 -51.64	ESO 200- 26	r	.13± .06	.00	14.77 ±.14				13640± 82
242.45 -35.37		2.2± .9		.16					13491
032616.0-521842	PGC 12896		.97	.07	14.47				13568
0327.8 +4002		.S..6*.	1.04± .08	84					
152.71 -13.62	UGC 2743	U	.88± .06	.85					
347.76 -16.35		6.0±1.4		1.30					
0324.5 +3952	PGC 12900		1.12	.44					
0327.9 +0233	A 0325+02	.E...P?	1.21± .07	155	14.85 ±.15	1.08± .03	1.11± .02		
180.98 -42.03	UGC 2748	UE	.18± .04	.31	14.73 ±.17				9060± 59
311.80 -35.66		-4.7±1.0	.78± .03	.00		.92	14.24± .11		9046
0325.3 +0223	PGC 12909		1.20		14.35		15.43± .38		8894
032757.9-370903	NGC 1341	.SXS2..	1.19± .04		12.28V±.13	.51± .01	.56± .01		
239.86 -55.65	ESO 358- 8	RBCSr (2)	.08± .04	.00	12.98 ±.11	-.09± .02	-.10± .02		1859± 24
260.76 -39.67	IRAS03260-3719	2.2± .4	.77± .01	.09	11.79	.48			1738
032604.0-371924	PGC 12911	4.7± .5	1.19	.04	12.78	-.10	13.41± .26		1750
032759.3+395417		.S?....	.89± .11						
152.83 -13.71	MCG 7- 8- 11		.19± .07	.85	14.6 ±.3				4282± 94
347.68 -16.46				.28					4375
032441.9+394355	PGC 12912		.97	.09	13.48				4132
032805.9-082323	NGC 1337	.SAS6..	1.76± .02	145	12.48M±.10	.59± .02	.66± .01	12.54±.1	1240± 6
193.54 -48.52	MCG -2- 9- 42	R (3)	.59± .03	.16	12.30 ±.19	.10± .03	.08± .02	261± 4	1179± 66
298.62 -39.00		6.0± .3	1.18± .02	.87		.43	14.00± .04	243± 5	1192
032540.0-083344	PGC 12916	3.8± .4	1.78	.29	11.41	-.01	14.67± .14	.83	1082
032806.5-321710	NGC 1339	.E+..P*	1.28± .03	172	12.51 ±.13	.93± .01	.94± .01		
231.23 -55.78	ESO 418- 4	PS	.14± .03	.00	12.65 ±.11	.48± .03	.52± .02		1354± 19
267.12 -40.44		-4.4± .3	.76± .01	.00		.92	11.80± .05		1243
032606.0-322730	PGC 12917		1.24		12.57	.49	13.55± .21		1234
032814.3-172504	A 0325-17	.E+..?.	1.02± .04	23	14.9 ±.2	.52± .04		16.16±.1	1866± 7
206.24 -52.61	ESO 548- 23	SU	.35± .03	.12	14.38 ±.14	-.21± .07		157± 4	
286.94 -40.57	IRAS03259-1735	-3.7± .7		.00		.47		88± 5	1793
032557.0-173524	PGC 12922		.93		14.41	-.22	14.00± .30		1720
032819.1-310405	NGC 1344	.E.5...	1.78± .02	165	11.27M±.10	.88± .01	.92± .01		
229.07 -55.68	ESO 418- 5	R	.24± .02	.00	11.03 ±.11	.44± .01	.48± .01		1169± 15
268.72 -40.62		-5.0± .3	.95± .01	.00		.87	11.61± .04		1061
032617.1-311424	PGC 12923		1.71		11.14	.45	14.56± .16		1048
0328.4 +3647		.L..-*.	1.20± .14	175					
154.77 -16.20	UGC 2746	U	.15± .08	.93					
345.17 -18.43		-3.0±1.1		.00					
0325.2 +3637	PGC 12928		1.30						
0328.4 +3801		.E...?.	1.04± .18						
154.03 -15.19	UGC 2747	U	.00± .08	.70					
346.19 -17.69		-5.0±1.6		.00					
0325.2 +3751	PGC 12929		1.15						
0328.5 +4009									
152.76 -13.45	CGCG 541- 11			.85	15.0 ±.4				4286± 94
347.94 -16.39									4380
0325.2 +3959	PGC 12933								4137
0328.6 +4004		.S..8*.	1.07± .07	165					
152.82 -13.51	UGC 2749	U	.50± .06	.85					
347.89 -16.45		8.0±1.3		.61					
0325.3 +3954	PGC 12937		1.15	.25					
0328.7 +3632		.S..4..	1.16± .07	156					4859
154.98 -16.36	UGC 2750	U	1.00± .06	.80					
345.00 -18.63		4.0±1.0		1.47					4943
0325.5 +3622	PGC 12946		1.24	.50					4706
032848.6-351042	NGC 1351A	.SBT4*/	1.43± .04	132					1354± 10
236.36 -55.62	ESO 358- 9	PS	.70± .04	.00	14.21 ±.14			217± 15	1332± 26
263.29 -40.18		4.0± .5		1.03				164± 11	1233
032652.1-352100	PGC 12952		1.43	.35	13.18				1238
0328.9 +4002		.S..0?.	1.04± .09						
152.89 -13.50	UGC 2751	U	.00± .04	.85					
347.90 -16.52		.0±1.7		.00					
0325.6 +3952	PGC 12955		1.12						

R.A. 2000 DEC. l b SGL SGB R.A. 1950 DEC.	Names PGC	Type S_T n_L T L	$logD_{25}$ $logR_{25}$ $logA_e$ $logD_o$	p.a. A_g A_i A_{21}	B_T m_B m_{FIR} B^o_T	$(B-V)_T$ $(U-B)_T$ $(B-V)^o_T$ $(U-B)^o_T$	$(B-V)_e$ $(U-B)_e$ m'_e m'_{25}	m_{21} W_{20} W_{50} HI	V_{21} V_{opt} V_{GSR} V_{3K}
032854.5-120913	NGC 1338	PSXT3P.	1.14± .06	55					2500
198.70 -50.23	MCG -2- 9- 44	E (1)	.03± .05	.11					
293.87 -39.98	IRAS03265-1219	3.0± .8		.05	12.42				2442
032632.1-121931	PGC 12956	4.2±1.2	1.15	.02					2348
032900.3-220825		PSBS1P.	1.18± .04	79					
213.81 -53.99	ESO 548- 25	Sr	.30± .03	.05	14.89 ±.14				1792± 60
280.66 -41.08		.7± .5		.30					1706
032648.1-221842	PGC 12961		1.18	.15	14.51				1655
032902.5-262643		.L?....	.80± .06						
221.03 -54.97	ESO 481- 29		.08± .03	.00	14.72 ±.14				1923±104
274.88 -41.09	IRAS03269-2637			.00	13.81				1826
032655.0-263700	PGC 12962		.79		14.69				1793
032904.1+404926		.L...*.	1.30± .07	80					
152.45 -12.84	UGC 2752	U	.62± .05	.93	14.8 ±.3				4179± 94
348.55 -16.06		-2.0±1.1		.00					4274
032545.1+403907	PGC 12964		1.31		13.78				4031
032904.2-532828					15.84 ±.14	1.02± .05	1.03± .00		
266.16 -50.87				.00					17710± 60
240.83 -35.05			.55± .09				14.08± .33		17558
032741.8-533844	PGC 12965								17642
032922.5-523709	IC 1946	.L?....	.95± .06	62					
264.90 -51.20	ESO 155- 39		.30± .03	.00	15.30 ±.14				11464± 60
241.78 -35.43				.00					11313
032758.0-524724	PGC 12972		.90		15.13				11394
032924.0+394733	A 0326+39	.S?....	.95± .11						
153.12 -13.65	UGC 2755		.00± .06	.84					7314± 94
347.76 -16.75				.00					7406
032606.5+393715	PGC 12975		1.03	.00					7165
0329.4 +3806		.S..4..	1.00± .08	78					
154.15 -15.01	UGC 2754	U	.43± .06	.62					
346.39 -17.79		4.0± .9		.63					
0326.2 +3756	PGC 12977		1.06	.22					
032931.8-174644	NGC 1345	.SBS5P*	1.18± .03	33	14.33 ±.15	.58± .02	.54± .02	14.46±.1	1529± 9
206.98 -52.46	ESO 548- 26	RSE (1)	.13± .03	.10	13.67 ±.14	-.09± .02	-.12± .02	150± 6	1543± 43
286.50 -40.91	VV 690	4.5± .6	.95± .04	.19	13.37	.52	14.57± .11	125± 5	1455
032715.1-175700	PGC 12979	5.6±1.2	1.19	.06	13.68	-.13	14.75± .23	.72	1386
032933.0-151420		.SBS9..	1.29± .04	97				13.72±.1	1890± 11
203.19 -51.46	MCG -3- 9- 47	E (1)	.06± .04	.17				129± 16	
289.87 -40.62		9.0± .5		.06				101± 12	1822
032713.7-152435	PGC 12981	8.7± .6	1.31	.03					1743
0329.6 +4318		.S..6*.	1.04± .08	143					
151.08 -10.75	UGC 2757	U	.76± .06	1.48					
350.61 -14.60		6.0±1.4		1.12					
0326.3 +4308	PGC 12988		1.18	.38					
032942.1-221645	NGC 1347	.SBS5*P	1.19± .04						
214.11 -53.88	ESO 548- 27	S (1)	.08± .04	.05	13.74 ±.14				1775
280.48 -41.24	ARP 39	5.3± .5		.11					1688
032730.0-222700	PGC 12989	3.3± .5	1.19	.04	13.56				1639
032943.7-333327		.LAS0..	1.24± .05	59	14.60S±.10				
233.49 -55.46	ESO 358- 10	S	.38± .04	.00	14.85 ±.14				1714± 26
265.38 -40.62		-3.0± .8		.00					1599
032745.0-334342	PGC 12990		1.18		14.66		14.71± .28		1599
032950.1-870941		.SAS9..	1.07± .04	95					
300.86 -29.30	ESO 4- 3	S (1)	.38± .04	.62	16.03 ±.14				
208.48 -17.47		9.0± .5		.39					
034606.0-871924	PGC 12994	9.7± .5	1.13	.19					
032956.7-284628		.SB?...	.92± .06	148					
225.10 -55.12	ESO 418- 7		.09± .04	.00	14.94 ±.14				11052± 52
271.74 -41.17	IRAS03279-2856			.12					10949
032752.0-285642	PGC 12999		.92	.04	14.74				10928
033000.5+390336		.LB....	1.11± .16						
153.66 -14.17	UGC 2758	U	.00± .08	.71	14.8 ±.3				
347.24 -17.29		-2.0± .8		.00					
032644.1+385320	PGC 13000		1.19						
033001.5+414957	NGC 1334	.S?....	1.18± .05	115					
152.00 -11.92	UGC 2759		.32± .05	1.17	14.1 ±.3				4233± 94
349.48 -15.57	IRAS03266+4139			.48	11.42				4330
032640.7+413941	PGC 13001		1.29	.16	12.38				4088

R.A. 2000 DEC.	Names	Type	$\log D_{25}$	p.a.	B_T	$(B-V)_T$	$(B-V)_e$	m_{21}	V_{21}
l b		S_T n_L	$\log R_{25}$	A_g	m_B	$(U-B)_T$	$(U-B)_e$	W_{20}	V_{opt}
SGL SGB		T	$\log A_e$	A_i	m_{FIR}	$(B-V)^o_T$	m'_e	W_{50}	V_{GSR}
R.A. 1950 DEC.	PGC	L	$\log D_o$	A_{21}	B^o_T	$(U-B)^o_T$	m'_{25}	HI	V_{3K}
033004.2-475141		.L?....	.90± .07	103	14.15 ±.14	.64± .02			
257.68 -52.92	ESO 200- 29		.12± .05	.00	14.22 ±.14				6613± 88
247.28 -37.24	IRAS03285-4801			.00	12.02	.56			6470
032829.0-480154	PGC 13002		.88		14.09		13.20± .39		6532
033009.7-053114		.S..1P/	1.07± .06	25					
190.40 -46.52	MCG -1- 9- 41	E	.59± .05	.11					
302.37 -38.78		.5±1.3		.61					
032741.1-054128	PGC 13005		1.08	.30					
033010.0+382710		.S..0..	1.10± .05	45					
154.05 -14.64	UGC 2761	U	.78± .05	.62	15.2 ±.3				
346.76 -17.69		.0±1.0		.58					
032654.5+381655	PGC 13006		1.12						
033010.7-284547		.SBS3P.	1.08± .07						
225.09 -55.07	ESO 418- 7A	S	.01± .05	.00	14.09 ±.14				
271.75 -41.22		3.0± .8		.02					
032806.0-285600	PGC 13007		1.08	.01					
0330.1 +4257		.S..6*.	1.00± .08						
151.36 -10.99	UGC 2760	U	.00± .06	1.35					
350.39 -14.89		6.0±1.2		.00					
0326.8 +4247	PGC 13008		1.13	.00					
033013.3-053234	NGC 1346	.S..3P?	1.00± .04	100					
190.44 -46.52	MCG -1- 9- 42	E	.17± .04	.11					
302.35 -38.80	IRAS03277-0542	3.0±1.3		.23	11.92				
032744.7-054248	PGC 13009		1.01	.08					
033019.2-041435	A 0327-04	.SBS5..	1.06± .04	70	13.9 ±.2	.48± .04	.56± .03	15.17±.1	8395± 10
188.92 -45.76	MCG -1- 9- 43	PE (2)	.18± .04	.08				353± 15	8376± 59
303.97 -38.46	IRAS03278-0424	4.5± .6	.69± .04	.27	12.46	.37	12.89± .12		8358
032749.4-042448	PGC 13014	1.1± .5	1.07	.09	13.50		13.58± .30	1.58	8236
033019.4+413424	NGC 1335	.L..-*.	1.03± .11	165					
152.20 -12.09	UGC 2762	U	.24± .05	1.08	14.8 ±.3				5442± 94
349.31 -15.77		-3.0±1.2		.00					5539
032659.0+412409	PGC 13015		1.14		13.67				5297
033025.6-531613		.SB?...	.90± .06		14.79 ±.15	.72± .03	.80± .03		
265.72 -50.78	ESO 155- 41		.05± .05	.00	14.76 ±.14				13767± 60
240.96 -35.32	IRAS03290-5326		.57± .04	.05	12.59	.59	13.13± .11		13615
032903.0-532624	PGC 13020		.90	.02	14.55		14.04± .35		13701
033029.4+365652		.S..0..	1.14± .07	165					
155.03 -15.82	UGC 2763	U	.86± .06	.88	15.5 ±.3				
345.57 -18.67		.0±1.0		.65					
032716.0+364638	PGC 13022		1.18						
033032.7-502013	IC 1947		.73± .06	137	15.50 ±.15	.71± .04			
261.42 -51.96	ESO 200- 30		.10± .05	.00	15.50 ±.14				9± 88
244.33 -36.45									-138
032903.0-503024	PGC 13027		.73						-65
033034.8-345112	NGC 1351	.LA.-P*	1.45± .03	140	12.46 ±.13	.88± .01	.92± .01		
235.76 -55.27	ESO 358- 12	RBCS	.22± .04	.00	12.35 ±.11	.35± .02	.41± .01		1518± 19
263.64 -40.59		-3.0± .4	.83± .01	.00		.86	12.10± .05		1400
032838.0-350124	PGC 13028		1.42		12.37	.35	14.02± .23		1407
033035.6-175630		.LBT+P?	1.10± .03	173					
207.38 -52.29	ESO 548- 28	SE	.22± .03	.11	14.21 ±.14				1502± 60
286.32 -41.18		-1.3±1.0		.00					1426
032819.0-180642	PGC 13029		1.08		14.07				1360
033036.7-142536	IC 326	.LA.-?.	1.08± .06	95					
202.19 -50.88	MCG -3- 9- 49	E	.14± .04	.16					
290.99 -40.76		-2.5± .9		.00					
032816.6-143548	PGC 13030		1.08						
033040.7-030823	A 0328-03	PSBT0?.	.91± .05	95					
187.72 -45.04		E	.17± .05	.12					6041± 30
305.35 -38.22	MK 612	.0± .6		.13	13.05				6008
032810.0-031835	PGC 13034		.91						5882
033040.8-501831	NGC 1356	.SXR4P*	1.14± .05		13.71 ±.13	.70± .02	.77± .01		
261.37 -51.95	ESO 200- 31	Sr	.11± .05	.00	14.05 ±.14				11471± 36
244.35 -36.48	IRAS03291-5028	4.2± .6	.87± .02	.17	12.78	.60	13.55± .05		11323
032911.0-502842	PGC 13035		1.14	.06	13.62		13.98± .30		11396
0330.7 +4201		.S..0..	1.11± .07	31					
152.00 -11.68	UGC 2764	U	.54± .06	1.17					
349.71 -15.56		.0± .9		.40					
0327.4 +4151	PGC 13039		1.19						

R.A. 2000 DEC. l b SGL SGB R.A. 1950 DEC.	Names PGC	Type S_T n_L T L	$\log D_{25}$ $\log R_{25}$ $\log A_e$ $\log D_o$	p.a. A_g A_i A_{21}	B_T m_B m_{FIR} B_T^o	$(B\text{-}V)_T$ $(U\text{-}B)_T$ $(B\text{-}V)_T^o$ $(U\text{-}B)_T^o$	$(B\text{-}V)_e$ $(U\text{-}B)_e$ m'_e m'_{25}	m_{21} W_{20} W_{50} HI	V_{21} V_{opt} V_{GSR} V_{3K}
033047.3-210325		.SB?...	1.06± .05	99					
212.26 -53.28	ESO 548- 29		.18± .04	.04	14.23 ±.14				1312
282.14 -41.45				.28					1228
032834.0-211336	PGC 13042		1.07	.09	13.91				1175
033052.8-475844	IC 1949	.S?....	1.03± .06	27	13.67 ±.18	.56± .04	.64± .02		
257.79 -52.76	ESO 200- 33		.08± .05	.00	13.85 ±.14				6726± 79
247.09 -37.33	FAIR 749		.73± .04	.13	12.16	.50	12.81± .10		6582
032918.0-480854	PGC 13047		1.03	.04	13.62		13.45± .36		6645
033101.2+431450		.S?....	.89± .11						
151.32 -10.66	MCG 7- 8- 20		.14± .07	1.53	14.8 ±.3				9421± 94
350.72 -14.82	IRAS03276+4304			.21	12.35				9521
032737.8+430438	PGC 13050		1.03	.07	13.00				9279
033104.4-502557	IC 1950	.S..5*/	1.15± .05	153	15.10 ±.16	.58± .07	.80± .03		
261.52 -51.85	ESO 200- 35	S (1)	.54± .04	.00	14.93 ±.14				11422± 88
244.18 -36.49	IRAS03295-5036	5.0±1.3	.60± .03	.80	13.08	.41	13.59± .09		11274
032935.1-503606	PGC 13053	3.3± .9	1.15	.27	14.14		14.36± .31		11348
033108.2-361738		.E?....	1.02± .11		14.60S±.10				
238.27 -55.09	MCG -6- 8- 24		.21± .08	.00					1916± 29
261.72 -40.46				.00					1795
032913.5-362747	PGC 13058		.95		14.57		14.14± .60		1809
033108.4-333744	NGC 1350	PSBR2..	1.72± .02	0	11.16M±.10	.87± .01	.92± .01	13.70±.3	1890± 9
233.61 -55.17	ESO 358- 13	PBSr (1)	.27± .03	.00	11.27 ±.11	.34± .03	.44± .01	507± 34	1856± 18
265.23 -40.90	IRAS03291-3347	1.8± .3	1.20± .02	.34		.81	12.66± .07	383± 10	1768
032910.0-334754	PGC 13059	3.0± .9	1.72	.14	10.85	.29	13.91± .17	2.71	1770
0331.2 +3925		.S..4..	1.00± .08	46					
153.65 -13.73	UGC 2768	U	.84± .06	.82					
347.69 -17.26		4.0±1.0		1.24					
0328.0 +3915	PGC 13069		1.08	.42					
033118.4+352758		.SBT3..	1.21± .06	95					4479
156.08 -16.92	UGC 2770	U	.25± .06	.92	14.53 ±.15				
344.44 -19.70	IRAS03280+3517	3.0± .8		.34	12.53				4559
032807.0+351747	PGC 13073		1.30	.12	13.24				4327
033119.2-263351		.S?....	1.15± .04	46					
221.39 -54.49	ESO 482- 1		.58± .04	.00	14.83 ±.14				4374± 52
274.70 -41.59	IRAS03292-2643			.87	13.59				4275
032912.1-264400	PGC 13075		1.15	.29	13.94				4247
0331.3 +4248		.L.....	1.08± .17	137					
151.63 -10.98	UGC 2769	U	.36± .08	1.26					
350.41 -15.15		-2.0± .9		.00					
0328.0 +4238	PGC 13080		1.17						
033123.8+394431		.L.....	1.28± .08	12					
153.47 -13.46	UGC 2771	U	.33± .05	.83	14.5 ±.3				6008± 94
347.96 -17.08		-2.0± .8		.00					6099
032806.1+393420	PGC 13083		1.32		13.62				5861
033124.4-351951		.LBS0..	1.10± .10						
236.59 -55.08	MCG -6- 8- 25	S	.14± .08	.00					1403± 29
262.97 -40.68		-2.0± .9		.00					1284
032928.4-353000	PGC 13084		1.08						1294
033126.7+042243	NGC 1349	.L.....	.85± .08		14.17 ±.16	1.13± .04	1.16± .03	16.36±.2	6595± 7
179.93 -40.16	UGC 2774	U	.00± .05	.65	14.76 ±.10	.54± .06	.59± .04	388± 9	
314.29 -35.79		-2.0± .8	.96± .05	.00		.92	14.46± .16		6583
032848.9+041233	PGC 13088		.92		13.85	.42	13.28± .47		6432
033130.8-301246		.SXT8..	1.07± .05	149					
227.66 -54.93	ESO 418- 8	Sr (1)	.18± .04	.00	13.90 ±.14				1254± 25
269.77 -41.39	IRAS03294-3022	8.0± .5		.22					1146
032928.0-302254	PGC 13089	6.7± .8	1.07	.09	13.68				1134
033131.8-515416	IC 1954	.SBS3*.	1.50± .03	66	12.15 ±.15	.52± .01	.54± .01	14.03±.2	1071± 7
263.64 -51.20	ESO 200- 36	R (2)	.31± .03	.00	12.16 ±.11	-.06± .03	-.08± .01	232± 12	1031± 48
242.44 -36.01	IRAS03300-5204	3.0± .8	.98± .02	.43	11.42	.45	12.54± .05	214± 9	919
033006.1-520424	PGC 13090	3.6± .6	1.50	.16	11.72	-.11	13.73± .23	2.15	1000
033132.2-191639	NGC 1352	.LBS0*.	1.02± .04	134	14.28 ±.14	.94± .02	.96± .02		
209.56 -52.55	ESO 548- 30	SE	.18± .02	.07	14.16 ±.14	.49± .04	.53± .04		4368± 39
284.55 -41.52		-1.8± .6	.71± .04	.00		.87	13.32± .13		4288
032917.1-192648	PGC 13091		1.00		14.09	.48	13.79± .27		4229
033137.9-250028		.S?....	1.08± .05	93					
218.80 -54.11	ESO 482- 2		.20± .04	.00	14.76 ±.14				6532± 52
276.80 -41.70				.29					6437
032929.0-251036	PGC 13094		1.08	.10	14.43				6403

R.A. 2000 DEC. / l b / SGL SGB / R.A. 1950 DEC.	Names / PGC	Type / S_T n_L / T / L	$\log D_{25}$ / $\log R_{25}$ / $\log A_e$ / $\log D_o$	p.a. / A_g / A_i / A_{21}	B_T / m_B / m_{FIR} / B^o_T	$(B-V)_T$ / $(U-B)_T$ / $(B-V)^o_T$ / $(U-B)^o_T$	$(B-V)_e$ / $(U-B)_e$ / m'_e / m'_{25}	m_{21} / W_{20} / W_{50} / HI	V_{21} / V_{opt} / V_{GSR} / V_{3K}
033147.7-350312		DLXT0*.	1.23± .08		15.30S±.10				
236.10 -55.01		S	.31± .08	.00					
263.32 -40.81		-2.0± .8		.00					
032951.3-351319	PGC 13097		1.18				15.53± .47		
033155.3-312011		.IBS9..	1.12± .04	105					972
229.62 -54.93	ESO 418- 9	S	.10± .03	.00	14.07 ±.14				
268.25 -41.36		10.0± .8		.08					862
032954.0-313018	PGC 13106		1.12	.05	13.99				856
033200.7-623413		PSBT5..	1.22± .04	100					
277.67 -45.90	ESO 83- 6	Sr (1)	.36± .05	.08	14.97 ±.14				5430
230.81 -31.39		4.6± .4		.54					5266
033110.0-624418	PGC 13107	4.8± .6	1.23	.18	14.31				5389
033203.2-204904	NGC 1353	.SBT3*.	1.53± .02	138	12.4 ±.2	.95± .02	.93± .02	15.16±.3	1525± 8
212.03 -52.93	ESO 548- 31	R (3)	.38± .03	.03	12.25 ±.11	.37± .04	.34± .03	404± 9	1518± 14
282.48 -41.73	IRAS03298-2059	3.0± .5	.98± .03	.53	11.80	.86	12.75± .09	391± 7	1439
032949.7-205911	PGC 13108	3.5± .5	1.54	.19	11.71	.28	13.97± .24	3.25	1388
0332.0 +0015	IC 329	.S?....	.74± .14						
184.28 -42.70	MCG 0-10- 1		.28± .07	.25	15.20 ±.16				7150
309.57 -37.45				.35					7126
0329.5 +0005	PGC 13109		.76	.14	14.53				6991
0332.1 +4135		.SXS6*.	1.21± .05						4405
152.47 -11.88	UGC 2775	U	.11± .05	1.25					
349.54 -16.02	IRAS03287+4125	6.0±1.1		.17					4501
0328.7 +4125	PGC 13113		1.32	.06					4262
0332.1 +0021	IC 330	.S..2..	.97± .07	78					
184.19 -42.62	UGC 2779	U	.51± .05	.29	14.97 ±.13				9129± 56
309.70 -37.44		2.0±1.0		.63					9105
0329.6 +0011	PGC 13117		1.00	.26	13.96				8970
0332.2 +0015	IC 331	.S?....	.82± .13						
184.30 -42.67	MCG 0-10- 3		.00± .07	.28	14.77 ±.12				6888± 49
309.60 -37.48	IRAS03296+0005			.00	13.12				6864
0329.6 +0005	PGC 13119		.84		14.39				6729
0332.2 +6822			1.60?	165				13.37±.1	1679± 11
136.92 9.98	UGC 2765		.40?	2.84				322± 16	
9.76 1.54								317± 12	1830
0327.5 +6812	PGC 13121		1.87						1586
033218.7-174306		.SBS9..	1.24± .03	147				14.78±.1	1961± 11
207.29 -51.82	ESO 548- 32	SUE (2)	.30± .03	.13	14.84 ±.14			153± 16	
286.67 -41.57		9.0± .5		.30				135± 12	1885
033002.1-175312	PGC 13122	9.4± .6	1.26	.15	14.41			.22	1821
033228.4-185649		.LBT0P?	1.15± .05	110					
209.17 -52.23	ESO 548- 33	SE	.25± .03	.08	14.18 ±.14				1681± 39
285.02 -41.71		-2.0± .8		.00					1602
033013.0-190654	PGC 13128		1.12		14.08				1543
033229.3-151321	NGC 1354	.SXT0*.	1.35± .04	148					
203.64 -50.81	MCG -3-10- 4	E	.47± .05	.20					1804
290.02 -41.32	IRAS03301-1523	.0±1.2		.35					1735
033010.1-152327	PGC 13130		1.34						1661
033233.7-571227	IC 1960	.S..2?/	1.04± .05	110					
270.90 -48.68	ESO 155- 50	S	.60± .04	.00	15.20 ±.14				
236.43 -33.95		1.5±1.3		.74					
033123.1-572230	PGC 13135		1.04	.30					
033237.6+012256	IC 332	RSXT0*.	1.09± .05	55					
183.21 -41.88	MCG 0-10- 4	E	.28± .05	.32	14.68 ±.13				
310.97 -37.18		.0± .9		.21					
033002.6+011250	PGC 13137		1.11						
0332.7 +4020		.S..8*.	1.11± .07	34					
153.32 -12.83	UGC 2777	U	.54± .06	.91					
348.60 -16.90		8.0±1.3		.66					
0329.4 +4010	PGC 13141		1.20	.27					
033247.8-341423		.LXS-*.	1.06± .10						
234.68 -54.82		S	.31± .08	.00					2123± 29
264.35 -41.14		-3.0± .9		.00					2005
033050.4-342427	PGC 13146		1.01						2013
033257.1-210520		.SB?...	1.08± .05						
212.57 -52.81	ESO 548- 34		.07± .04	.04	14.25 ±.14				1763
282.13 -41.95				.10					1677
033044.0-211524	PGC 13150		1.09	.03	14.11				1629

R.A. 2000 DEC. / l b / SGL SGB / R.A. 1950 DEC.	Names / PGC	Type / S_T n_L / T / L	$\log D_{25}$ / $\log R_{25}$ / $\log A_e$ / $\log D_o$	p.a. / A_g / A_i / A_{21}	B_T / m_B / m_{FIR} / B_T^o	$(B-V)_T$ / $(U-B)_T$ / $(B-V)_T^o$ / $(U-B)_T^o$	$(B-V)_e$ / $(U-B)_e$ / m'_e / m'_{25}	m_{21} / W_{20} / W_{50} / HI	V_{21} / V_{opt} / V_{GSR} / V_{3K}
033301.8-240803		.SBS8*/	1.36± .03	79					1915
217.47 -53.61	ESO 482- 5	S (1)	.86± .03	.01	15.46 ±.14				
277.99 -42.03		8.0± .7		1.06					1822
033052.0-241806	PGC 13154	7.0± .7	1.36	.43	14.38				1787
033306.6-344827		.SB.9*P	1.08± .05	175					
235.66 -54.75	ESO 358- 15	S (1)	.24± .04	.00	15.34 ±.14				1552± 29
263.58 -41.11		9.0±1.2		.25					1433
033110.0-345830	PGC 13157	8.9±1.2	1.08	.12	15.09				1444
0333.1 +3610		.S?....	1.26± .06						4513
155.95 -16.14	UGC 2780		.04± .06	.79					
345.26 -19.56				.06					4594
0329.9 +3600	PGC 13158		1.33	.02					4364
0333.1 +1552		.S..7..	1.14± .07	158					9326
170.14 -31.81	UGC 2781	U	1.16± .06	.68					
326.80 -31.02		7.0±1.0		1.38					9349
0330.3 +1542	PGC 13160		1.20	.50					9164
033310.6-563311	IC 1965	.SXS6..	1.00± .05	105	15.6 ±.3	.53± .05	.61± .04		
269.97 -48.92	ESO 155- 51	S (1)	.09± .04	.01	15.56 ±.14				16780± 88
237.10 -34.31		6.0± .8	.64± .07	.14		.40	14.30± .16		16622
033158.0-564312	PGC 13162	6.7± .8	1.00	.05	15.34		15.23± .36		16724
033312.0-502446	IC 1959	.SBS9*/	1.45± .04	147	13.2 ±.4	.36± .04	.42± .02		
261.28 -51.54	ESO 200- 39	S (1)	.63± .05	.00	13.22 ±.14				616± 88
244.04 -36.82	IRAS03317-5034	9.0±1.2	.93± .11	.64	13.75	.22	13.38± .25		467
033143.0-503448	PGC 13163	5.6± .8	1.45	.31	12.58		13.73± .46		544
033317.2-133954	NGC 1357	.SAS2..	1.45± .03	85	12.38 ±.13	.87± .01	.92± .01	15.55±.3	2009± 17
201.56 -49.97	MCG -2-10- 1	R	.16± .04	.09	12.36 ±.19	.25± .02	.37± .01		1999± 14
292.13 -41.28	IRAS03309-1349	2.0± .4	1.04± .02	.20	12.55	.80	13.07± .05	320± 25	1937
033056.5-134957	PGC 13166		1.45	.08	12.06	.20	14.05± .23	3.41	1859
033323.6-045956	NGC 1355	.L...*/	1.16± .06	105	14.25 ±.14	.97± .02			
190.43 -45.56	MCG -1-10- 2	RE	.57± .04	.11		.44± .05			
303.31 -39.40		-1.9± .4		.00					
033054.6-050958	PGC 13169		1.08				13.48± .35		
033326.2-234246	IC 1952	.SBS4?.	1.41± .03	141					
216.82 -53.42	ESO 482- 8	S (1)	.64± .03	.01	13.57 ±.14				1759
278.56 -42.13	IRAS03312-2352	4.0± .6		.94	12.94				1666
033116.0-235248	PGC 13171	3.3± .7	1.41	.32	12.60				1630
033329.2-180846		.SXT5*.	1.17± .03	120					
208.09 -51.72	ESO 548- 35	SE (1)	.03± .03	.10	13.42 ±.14				4303± 60
286.13 -41.88	IRAS03312-1818	5.0± .6		.05	13.31				4225
033113.0-181848	PGC 13174	2.2± .8	1.18	.02	13.25				4165
033333.6-333419		PLAR-*.	1.08± .10		15.00S±.10				
233.52 -54.66		S	.03± .08	.00					1553± 29
265.20 -41.40		-3.0± .8		.00					1436
033135.4-334420	PGC 13177		1.08		14.98		15.20± .55		1443
0333.6 +7211		.S..6*.	1.04± .08	36					
134.71 13.13	UGC 2772	U	1.06± .06	1.62					
12.64 4.01		6.0±1.5		1.47					
0328.3 +7201	PGC 13178		1.19	.50					
033336.6-360817	NGC 1365	.SBS3..	2.05± .01	32	10.32M±.07	.69± .01	.77± .01	11.84±.1	1662± 4
237.95 -54.60	ESO 358- 17	R (4)	.26± .02	.00	10.13 ±.11	.16± .03	.13± .03	398± 6	1675± 11
261.80 -40.98	VV 825	3.0± .3	1.44± .03	.36	8.24	.63	12.93± .07	370± 6	1541
033142.0-361818	PGC 13179	1.3± .4	2.05	.13	9.90	.11	14.77± .11	1.82	1558
0333.6 +4022		.S..8*.	1.11± .07	93					
153.44 -12.71	UGC 2782	U	.83± .06	.91					
348.74 -17.02		8.0±1.4		1.02					
0330.3 +4012	PGC 13180		1.20	.42					
033339.8-050522	NGC 1358	.SXR0..	1.41± .04	165	13.04 ±.13	.92± .02	1.00± .01		
190.59 -45.56	MCG -1-10- 3	R	.10± .04	.11	12.76 ±.18	.42± .03	.50± .02		4021± 24
303.22 -39.49		.0± .3	.98± .03	.08		.84	13.43± .09		3980
033110.8-051524	PGC 13182		1.41		12.70	.40	14.68± .24		3868
033341.7-212841	IC 1953	.SBT7..	1.44± .02	121	12.24 ±.14	.55± .02	.63± .01	14.25±.2	1867± 6
213.26 -52.76	ESO 548- 38	R (3)	.11± .03	.03	12.38 ±.12			248± 11	1886± 41
281.61 -42.14	IRAS03314-2138	7.0± .3	1.21± .02	.15	10.92	.51	13.78± .04	204± 12	1781
033129.0-213842	PGC 13184	3.5± .5	1.45	.05	12.13		14.04± .19	2.06	1735
033342.5-355119		DE.4.*.	1.10± .10						
237.46 -54.59		S	.09± .08	.00					
262.17 -41.05		-5.0± .8		.00					
033147.5-360120	PGC 13186		1.08						

R.A. 2000 DEC. l b SGL SGB R.A. 1950 DEC.	Names PGC	Type S_T n_L T L	$\log D_{25}$ $\log R_{25}$ $\log A_e$ $\log D_o$	p.a. A_g A_i A_{21}	B_T m_B m_{FIR} B_T^o	$(B-V)_T$ $(U-B)_T$ $(B-V)_T^o$ $(U-B)_T^o$	$(B-V)_e$ $(U-B)_e$ m'_e m'_{25}	m_{21} W_{20} W_{50} HI	V_{21} V_{opt} V_{GSR} V_{3K}
033347.9-192929	NGC 1359	.SBS9$P	1.38± .02	139	12.59 ±.15	.37± .06	.34± .06	13.45±.1	1966± 6
210.18 -52.12	ESO 548- 39	R (4)	.14± .02	.08	12.60 ±.12	-.47± .06	-.41± .06	248± 8	1959± 58
284.31 -42.06	IRAS03315-1939	9.0± .5	1.16± .03	.15	12.30	.31	13.88± .06	202± 11	1884
033133.1-193930	PGC 13190	5.5± .5	1.39	.07	12.37	-.51	14.00± .19	1.01	1831
033350.7-212718		.S?....	1.16± .05						
213.25 -52.72	ESO 548- 40		.12± .04	.03	14.59 ±.14				4082
281.64 -42.18				.15					3995
033138.0-213718	PGC 13194		1.16	.06	14.37				3950
033352.9-201653	NGC 1362	.L..0P*	1.08± .04						
211.41 -52.35	ESO 548- 41	SE	.04± .03	.04	13.53 ±.14				1233± 60
283.24 -42.13		-2.3± .7		.00					1149
033139.0-202654	PGC 13196		1.08		13.47				1099
033353.3-311136	NGC 1366	.L..0./	1.32± .04	2	11.97V±.13	.89± .01	.93± .01		
229.42 -54.50	ESO 418- 10	PS	.35± .03	.00	13.00 ±.10	.37± .01	.42± .01		1297± 25
268.38 -41.79		-2.0± .6	.55± .01	.00		.85			1186
033152.0-312136	PGC 13197		1.27		12.92	.34	13.47± .25		1182
0333.9 -5955					13.91 ±.16	.92± .02	.95± .02		
274.27 -47.15				.07					
233.43 -32.86			.48± .04				11.80± .14		
0332.9 -6005	PGC 13201								
0334.0 -0709		.S?....	1.22± .05	63					10215
193.15 -46.61	MCG -1-10- 4		.81± .05	.10					
300.66 -40.13				1.11					10168
0331.6 -0719	PGC 13204		1.23	.40					10065
0334.1 +0306		.SBS7*.	1.11± .14						
181.77 -40.50	UGC 2786	U	.15± .12	.40					
313.14 -36.89		7.0±1.2		.20					
0331.5 +0256	PGC 13209		1.15	.07					
033415.8-610542		.IBS9..	1.12± .08						
275.68 -46.49		S (1)	.11± .08	.06					
232.18 -32.34		10.0± .6		.08					
033319.6-611539	PGC 13216	10.0± .6	1.13	.06					
033416.8-304355		PSAR3P.	1.24± .04	87					
228.64 -54.38	ESO 418- 11	Sr (1)	.11± .04	.00	14.45 ±.14				11475± 39
268.99 -41.93		3.2± .5		.15					11364
033215.0-305354	PGC 13217	3.3±1.1	1.24	.05	14.22				11359
033417.8-061553	NGC 1361	.E+..P*	1.20± .07	130					
192.12 -46.08	MCG -1-10- 5	E	.04± .05	.07					
301.80 -39.97		-4.0±1.2		.00					
033150.0-062553	PGC 13218		1.20						
033418.5+392124	A 0331+39	.E...?.	1.11± .10		13.9 ±.4	1.22± .07			
154.17 -13.44	UGC 2783	U	.02± .05	.80	13.6 ±.3	.66± .12			6081± 85
348.02 -17.76		-5.0±1.6		.00		.99			6170
033101.0+391123	PGC 13219		1.23		12.84	.49	14.37± .66		5937
033418.8-192525		.LAR+*.	1.07± .05	60					
210.14 -51.98	ESO 548- 44	r	.34± .04	.08	14.26 ±.14				1696± 60
284.42 -42.18		-1.3±1.3		.00					1614
033204.0-193524	PGC 13220		1.03		14.16				1561
033420.0+393246		.L...*.	1.11± .10	160					
154.06 -13.28	UGC 2784	U	.11± .05	.77	13.8 ±.3				
348.17 -17.64		-2.0±1.1		.00					
033102.3+392246	PGC 13224		1.18						
0334.3 +4054		.S..6*.	1.04± .08	39					
153.22 -12.18	UGC 2785	U	.76± .06	1.12					
349.27 -16.78	IRAS03310+4044	6.0±1.4		1.12	13.20				
0331.0 +4044	PGC 13225		1.15	.38					
033429.5-353251		.LXT0..	1.10± .10		14.50S±.10				
236.92 -54.45	MCG -6- 8- 27	S	.09± .08	.00					1194± 29
262.54 -41.26		-2.0± .8		.00					1072
033234.2-354249	PGC 13230		1.09		14.48		14.67± .54		1089
033431.1-341750		.LA.-*.	1.01± .05	155					
234.77 -54.47	ESO 358- 19	S	.36± .03	.00	15.71 ±.14				1254± 29
264.19 -41.49		-3.0± .9		.00					1135
033234.1-342748	PGC 13232		.95		15.69				1146
033443.2-190144		PLBR+?/	1.39± .04	72					
209.59 -51.76	ESO 548- 47	SE	.59± .03	.08	13.69 ±.14				1606± 60
284.96 -42.25		-1.3± .7		.00					1525
033228.0-191142	PGC 13241		1.31		13.59				1471

R.A. 2000 DEC. l b SGL SGB R.A. 1950 DEC.	Names PGC	Type S_T n_L T L	logD_{25} logR_{25} logA_e logD_o	p.a. A_g A_i A_{21}	B_T m_B m_{FIR} B_T^o	$(B\text{-}V)_T$ $(U\text{-}B)_T$ $(B\text{-}V)_T^o$ $(U\text{-}B)_T^o$	$(B\text{-}V)_e$ $(U\text{-}B)_e$ m'_e m'_{25}	m_{21} W_{20} W_{50} HI	V_{21} V_{opt} V_{GSR} V_{3K}
033447.5+361235		.E...?.	1.01± .13	90					
156.20 -15.90	UGC 2788	U	.21± .05	.89	15.2 ±.3				
345.51 -19.80		-5.0±1.7		.00					
033134.6+360236	PGC 13243		1.09						
033457.3-323822		.IBS9?P	1.08± .04	167					
231.93 -54.35	ESO 358- 20	S (1)	.20± .03	.00	14.58 ±.14				1853± 29
266.39 -41.83		10.0±1.6		.15					1738
033258.0-324818	PGC 13250	6.7±1.1	1.08	.10	14.43				1742
033458.8-351016	NGC 1373	.E+..*.	1.06± .06	131	14.12M±.08	.86± .02			
236.27 -54.36	ESO 358- 21	BS	.13± .04	.00	14.03 ±.14	.32± .04			1378± 25
263.01 -41.43		-4.3± .6		.00		.85			1257
033303.0-352012	PGC 13252		1.03		14.08	.33	14.11± .30		1273
033500.7-245604	NGC 1371	.SXT1..	1.75± .02	135	11.57M±.11	.90± .01	.94± .01	12.65±.2	1471± 5
218.96 -53.35	ESO 482- 10	R	.16± .03	.00	11.47 ±.11	.48± .02	.49± .01	410± 4	1454± 32
276.88 -42.47	IRAS03327-2505	1.0± .3	1.10± .03	.16		.86	12.73± .10	389± 5	1373
033252.0-250600	PGC 13255		1.75	.08	11.34	.45	14.78± .16	1.23	1345
0335.0 -5511					15.7 ±.3	.92± .06	.94± .05		
267.94 -49.32				.00					
238.46 -35.14			.60± .11				14.21± .36		
0333.8 -5521	PGC 13258								
033506.5-550535		.L?....	.94± .07	176	15.31 ±.19	1.03± .04	1.05± .03		
267.80 -49.36	ESO 155- 54		.27± .05	.00	15.05 ±.14				10057± 60
238.57 -35.19			.49± .06	.00		.91	13.25± .22		9901
033350.0-551530	PGC 13259		.90		14.99		14.23± .40		9999
033514.8-202222	NGC 1370	.E+..*.	1.19± .04	50					
211.72 -52.08	ESO 548- 48	SE	.19± .03	.04	13.44 ±.14				1073± 39
283.14 -42.46	IRAS03330-2032	-3.5± .6		.00	12.97				988
033301.1-203218	PGC 13265		1.14		13.39				941
033516.6-351559	NGC 1375	.LX.0*/	1.35± .03	91	13.18 ±.13	.78± .02	.82± .01		
236.43 -54.29	ESO 358- 24	RCS	.42± .03	.00	13.02 ±.14	.32± .04	.33± .02		751± 20
262.87 -41.47		-2.0± .5	.74± .01	.00		.73	12.37± .04		630
033321.0-352554	PGC 13266		1.28		13.09	.29	13.73± .20		647
033516.7-351335	NGC 1374	.E.....	1.39± .04		12.00M±.08	.92± .01	.94± .01		
236.36 -54.29	ESO 358- 23	RBCS	.03± .04	.00	12.00 ±.11	.46± .02	.50± .01		1351± 15
262.92 -41.48		-4.5± .4	.91± .02	.00		.91	12.04± .05		1230
033321.0-352330	PGC 13267		1.38		11.98	.47	13.85± .22		1246
033520.3-323605		PLAR0..	1.22± .04	99					
231.87 -54.27	ESO 358- 22	Sr	.08± .03	.00	13.85 ±.14				6562± 29
266.43 -41.92		-1.8± .5		.00					6447
033321.0-324600	PGC 13269		1.21		13.75				6452
0335.4 +8006		.S..9?.	1.19± .12						
129.80 19.49	UGC 2767	U	.05± .12	.65					
18.58 9.21		9.0±1.6		.05					
0327.8 +7956	PGC 13274		1.25	.02					
033527.8-211259		.S?....	1.02± .05	117					
213.05 -52.29	ESO 548- 49		.22± .04	.03	15.35 ±.14				1510± 60
281.99 -42.54				.32					1422
033315.0-212254	PGC 13275		1.02	.11	14.99				1380
033530.8-342648	IC 335	.L..../	1.41± .04	84					
235.03 -54.26	ESO 358- 26	S	.59± .03	.00	12.90 ±.14				1663± 17
263.95 -41.66		-2.0±1.1		.00					1543
033334.0-343642	PGC 13277		1.32		12.88				1557
033531.7+050335	IC 1956	.SB.4*.	1.20± .04	34				15.59±.1	6401± 7
180.14 -38.95	UGC 2795	U	.73± .06	.69	15.28 ±.13			402± 8	
315.56 -36.45	IRAS03329+0454	4.0± .9		1.07	12.81				6389
033253.2+045340	PGC 13279		1.26	.36	13.47			1.75	6244
0335.5 +4124		.S..8*.	1.14± .13						5679
153.11 -11.65	UGC 2791	U	.03± .12	1.24					
349.82 -16.63		8.0±1.1		.04					5773
0332.2 +4115	PGC 13280		1.26	.01					5539
033533.4-322754		.LA.-*.	1.29± .04	60	13.79M±.09				
231.64 -54.22	ESO 358- 25	S	.29± .03	.00	13.90 ±.14				1459± 26
266.61 -41.98		-3.0± .5	.85± .07	.00			12.81± .23		1344
033334.0-323748	PGC 13281		1.24		13.80		14.37± .24		1349
033537.7-211730	IC 1962	.SBS8..	1.43± .03	2					1803
213.19 -52.28	ESO 548- 50	S (1)	.70± .04	.03	14.67 ±.14				1788± 60
281.89 -42.59		8.0± .8		.86					1700
033325.0-212724	PGC 13283	7.8± .9	1.43	.35	13.78				1658

R.A. 2000 DEC. l b SGL SGB R.A. 1950 DEC.	Names PGC	Type S_T n_L T L	$\log D_{25}$ $\log R_{25}$ $\log A_e$ $\log D_o$	p.a. A_g A_i A_{21}	B_T m_B m_{FIR} B_T^o	$(B\text{-}V)_T$ $(U\text{-}B)_T$ $(B\text{-}V)_T^o$ $(U\text{-}B)_T^o$	$(B\text{-}V)_e$ $(U\text{-}B)_e$ m'_e m'_{25}	m_{21} W_{20} W_{50} HI	V_{21} V_{opt} V_{GSR} V_{3K}
033550.3+475805								14.98±.3	4784± 9
149.22 -6.34				1.73				181± 11	
354.94 -12.41								166± 8	4894
033217.1+474809	PGC 13289								4654
033603.3-352626	NGC 1379	.E.....	1.38± .03		11.80M±.10	.89± .01	.91± .01		
236.72 -54.13	ESO 358- 27	RBCS	.02± .03	.00	12.02 ±.11	.37± .03	.41± .01		1376± 19
262.60 -41.59		-5.0± .4	1.14± .02	.00		.88	12.87± .08		1254
033408.0-353618	PGC 13299		1.38		11.88	.38	13.67± .19		1273
0336.2 +6733		.SB?...	1.08± .08	13				14.52±.1	3135± 11
137.70 9.55	UGC 2789		.07± .06	3.18					
9.41 .72	IRAS03315+6723			.10	11.28			358± 8	3284
0331.5 +6723	PGC 13301		1.38	.03					3042
033621.4-064250		.SBS9..	1.20± .04	165				14.99±.3	3081± 11
193.06 -45.89	MCG -1-10- 9	UE (1)	.21± .05	.11				180± 16	
301.40 -40.58		9.0± .6		.21				129± 12	3033
033354.0-065243	PGC 13308	7.5± .8	1.21	.11					2933
0336.4 +4830		.S?....	1.16± .13					15.81±.1	5823± 11
148.98 -5.84	UGC 2794		.00± .12	1.88					
355.41 -12.13	IRAS03328+4820			.00	13.27			156± 8	5934
0332.8 +4820	PGC 13315		1.34	.00					5694
033626.9-345833	NGC 1380	.LA....	1.68± .03	7	10.87M±.10	.94± .01	.96± .01		
235.93 -54.06	ESO 358- 28	R	.32± .03	.00	11.04 ±.11	.45± .01	.50± .01		1841± 15
263.20 -41.76	IRAS03345-3508	-2.0± .6	1.12± .01	.00	12.87	.89	11.95± .05		1720
033431.0-350824	PGC 13318		1.63		10.92	.43	13.33± .19		1737
033631.5-351739	NGC 1381	.LA..*/	1.43± .03	139	12.44M±.10	.94± .01	.96± .01		
236.47 -54.04	ESO 358- 29	RBCS	.56± .03	.00	12.60 ±.10	.46± .01	.51± .02		1776± 20
262.77 -41.72		-1.6± .5	.58± .01	.00		.87	10.91± .04		1654
033436.1-352730	PGC 13321		1.34		12.50	.42	13.04± .17		1672
033631.6-435728	IC 1970	.SA.3*/	1.50± .03	75					
250.94 -52.94	ESO 249- 7	PBS	.63± .04	.00	12.86 ±.14				1112± 46
251.58 -39.56	IRAS03348-4407	2.6± .5		.87	11.55				972
033450.1-440718	PGC 13322		1.50	.31	11.99				1027
033639.1-205403	NGC 1377	.L..0..	1.25± .05	92					
212.70 -51.93	ESO 548- 51	S	.30± .04	.04	13.38 ±.14				1792± 60
282.44 -42.81	IRAS03344-2103	-2.0± .8		.00	11.27				1705
033426.0-210354	PGC 13324		1.21		13.32				1663
033645.0-361522	NGC 1369	.SBT0..	1.19± .06	12					
238.10 -53.96	ESO 358- 34	Sr	.05± .06	.00	13.77 ±.14				1414± 17
261.48 -41.57		.0± .5		.03					1289
033451.0-362512	PGC 13330		1.19		13.71				1313
033646.4-355958	NGC 1386	.LBS+..	1.53± .03	25	12.09M±.10	.86± .01	.90± .01		
237.66 -53.97	ESO 358- 35	PBS	.42± .03	.00	12.21 ±.10	.33± .02	.39± .01		864± 15
261.82 -41.63	IRAS03348-3609	-.6± .5	.88± .01	.00	11.25	.79	11.98± .04		741
033452.0-360948	PGC 13333		1.47		12.14	.28	13.55± .20		763
0336.7 +1324		.S..4..	1.14± .13	149					9076
172.91 -32.97	UGC 2796	U	.57± .12	.96					
324.81 -33.00		4.0± .9		.84					9089
0334.0 +1315	PGC 13334		1.23	.28					8919
033647.2-344422	NGC 1380A	.L..0*/	1.38± .04	179	13.31 ±.13	.90± .01	.88± .01		
235.52 -53.99	ESO 358- 33	CS	.54± .03	.00	13.36 ±.14	.32± .02	.33± .02		1508± 23
263.49 -41.87		-2.0± .8	.83± .02	.00		.84	12.95± .05		1387
033451.0-345412	PGC 13335		1.30		13.31	.28	13.75± .27		1404
033654.0-352228		.LA.-*.	1.04± .11		14.81M±.09		.88± .05		
236.60 -53.96	MCG -6- 9- 8	S	.00± .08	.00			.34± .10		1823± 29
262.64 -41.78		-3.0±1.2	.64± .06	.00			12.68± .21		1700
033458.7-353217	PGC 13343		1.04		14.78		14.87± .58		1720
033657.1-353023	NGC 1387	.LXS-..	1.45± .03		11.68M±.10	.99± .01	1.01± .01		
236.82 -53.95	ESO 358- 36	RBCS	.00± .03	.00	11.73 ±.11	.50± .01	.51± .01		1328± 24
262.46 -41.76	IRAS03350-3540	-3.0± .3	.85± .02	.00	12.06	.98	11.55± .06		1205
033502.0-354012	PGC 13344		1.45		11.68	.51	13.80± .21		1225
033659.0-575824	IC 1980	.S.3?/P	1.04± .05	19					
271.48 -47.79	ESO 117- 2	S	.38± .04	.00	14.95 ±.14				
235.28 -34.13		3.0±1.9		.52					
033552.0-580812	PGC 13345		1.04	.19					
033705.8-500906	IC 1978	.S..2?/	1.05± .05	7					
260.53 -51.05	ESO 200- 52	S	.79± .04	.00	15.69 ±.14				10534± 88
244.05 -37.49		2.0±2.0		.97					10384
033537.0-501854	PGC 13350		1.05	.39	14.62				10465

R.A. 2000 DEC.	Names	Type	$\log D_{25}$	p.a.	B_T	$(B-V)_T$	$(B-V)_e$	m_{21}	V_{21}
l b		S_T n_L	$\log R_{25}$	A_g	m_B	$(U-B)_T$	$(U-B)_e$	W_{20}	V_{opt}
SGL SGB		T	$\log A_e$	A_i	m_{FIR}	$(B-V)^o_T$	m'_e	W_{50}	V_{GSR}
R.A. 1950 DEC.	PGC	L	$\log D_o$	A_{21}	B^o_T	$(U-B)^o_T$	m'_{25}	HI	V_{3K}
033705.8-050236	NGC 1376	.SAS6..	1.30± .03	95				14.75±.1	4159± 9
191.22 -44.82	MCG -1-10- 11	R (3)	.06± .03	.10	12.8 ±.2			175± 6	4441± 66
303.59 -40.30	IRAS03346-0512	6.0± .4		.09	12.33			162± 11	4120
033436.9-051226	PGC 13352	2.9± .5	1.31	.03	12.59			2.13	4015
033708.5-351141	NGC 1382	.LXS-*.	1.18± .05		12.92V±.13	.95± .02	.93± .01		
236.29 -53.92	ESO 358- 37	BS	.06± .03	.00	13.79 ±.14	.27± .03	.37± .03		1802± 25
262.87 -41.86		-2.7± .6	.71± .01	.00		.93			1680
033513.0-352130	PGC 13354		1.17		13.81	.28	14.50± .27		1700
033711.8-354442	NGC 1389	.LXS-*.	1.36± .04	30	12.42 ±.13	.92± .01	.93± .01		
237.23 -53.89	ESO 358- 38	RBCS	.22± .03	.00	12.48 ±.11	.38± .01	.44± .01		995± 22
262.13 -41.76		-3.3± .4	.70± .02	.00		.90	11.41± .06		871
033517.1-355430	PGC 13360		1.33		12.44	.38	13.54± .24		893
033712.9-315959		.S?....	1.00± .06	138					
230.87 -53.84	ESO 418- 14		.45± .05	.00	15.05 ±.14				11873± 29
267.17 -42.39	IRAS03352-3209			.62	13.54				11758
033513.0-320948	PGC 13362		1.00	.22	14.34				11764
033722.9-430825		.L?....	.82± .07		16.11 ±.17	.88± .05			
249.56 -52.97	ESO 249- 9		.09± .05	.00	15.94 ±.14				16349±108
252.54 -39.95				.00		.72			16211
033540.0-431812	PGC 13365		.81		15.76		14.89± .39		16264
033728.0-243012	NGC 1385	.SBS6..	1.53± .02	165	11.45M±.10	.51± .01	.46± .01	13.61±.1	1493± 6
218.46 -52.71	ESO 482- 16	R (2)	.23± .02	.01	11.58 ±.12	-.17± .02	-.19± .02	213± 8	1979± 58
277.46 -43.04	IRAS03353-2439	6.0± .3	.99± .01	.34	10.03	.46	12.01± .03	172± 11	1402
033519.0-244000	PGC 13368	3.5± .7	1.53	.11	11.15	-.21	13.36± .15	2.35	1376
033730.1-511501		.S..0*.	1.06± .05	172					
262.12 -50.60	ESO 200- 53	S	.30± .05	.00	14.67 ±.14				
242.74 -37.12		.0±1.2		.22					
033604.0-512448	PGC 13369		1.04						
033734.2-511120		.SAS5?.	1.04± .05		14.12 ±.19	.46± .03	.64± .03		
262.02 -50.61	ESO 200- 54	S (1)	.11± .05	.00	14.23 ±.14				2304± 88
242.80 -37.15	FAIR 753	5.0± .9	.72± .04	.16	13.08	.42	13.21± .09		2152
033608.0-512106	PGC 13372	3.3± .8	1.04	.05	14.02		13.89± .33		2238
033737.9+030701	IC 338	.S?....	.94± .11						5773
182.49 -39.81	MCG 0-10- 7		.00± .07	.48	14.70 ±.13				
313.58 -37.70				.00					5754
033501.3+025713	PGC 13373		.98	.00	14.18				5620
033738.4-154245		.SXS8*.	1.11± .06	105					
205.13 -49.88	MCG -3-10- 14	E (1)	.04± .05	.15					
289.58 -42.61		8.0±1.2		.05					
033519.9-155233	PGC 13375	8.7± .8	1.12	.02					
033738.8-182019	NGC 1383	.LXS0..	1.28± .03	91	13.45 ±.14	.98± .01	1.00± .01		
208.94 -50.87	ESO 548- 53	SE	.34± .03	.16	13.45 ±.14	.36± .02	.46± .02		1978± 39
285.98 -42.89		-2.0± .6	.66± .03	.00		.89	12.24± .10		1897
033523.0-183006	PGC 13377		1.24		13.26	.30	13.84± .21		1846
033742.6-722329		.SAS5..	1.14± .04	95					
287.85 -39.50	ESO 31- 18	S (1)	.33± .04	.16	14.99 ±.14				
220.97 -26.61		5.0± .8		.50					
033801.0-723312	PGC 13379	3.3± .9	1.16	.17					
033743.8-225437		.L?....	1.12± .05	132					
215.95 -52.26	ESO 482- 17		.34± .03	.01	15.11 ±.14				1455
279.67 -43.11				.00					1362
033533.0-230424	PGC 13381		1.07		15.07				1330
033749.8+723420	NGC 1343	.SXS3*P	1.41± .04	80				14.17±.1	2215± 7
134.74 13.63	UGC 2792	P	.20± .05	1.39	13.5 ±.3			144± 6	2180± 35
13.14 4.03	7ZW 8	3.0±1.0		.27	11.54			116± 4	2369
033225.2+722428	PGC 13384		1.54	.10	11.78			2.29	2133
0337.8 +0457		.S?....	.74± .14						
180.72 -38.58	MCG 1-10- 3		.00± .07	.65	15.47 ±.12				9723± 57
315.74 -37.02				.00					9709
0335.2 +0448	PGC 13385		.80	.00	14.76				9569
033752.0-190032	NGC 1390	.SB.1P*	1.15± .03	19					
209.97 -51.05	ESO 548- 54	SE	.41± .03	.14	14.63 ±.14				1215± 60
285.07 -42.99		1.0± .6		.42					1132
033537.0-191018	PGC 13386		1.17	.20	14.34				1084
033755.6-710336			.80± .07		15.44 ±.14	.86± .07	.90± .07		
286.50 -40.33	ESO 54- 15		.26± .06	.11	15.74 ±.14	.11± .13	.16± .13		14554± 60
222.18 -27.38	IRAS03380-7113		.52± .02		12.95		13.53± .07		14382
033801.0-711318	PGC 13387		.81						14540

R.A. 2000 DEC.	Names	Type	$\log D_{25}$	p.a.	B_T	$(B-V)_T$	$(B-V)_e$	m_{21}	V_{21}
l b		S_T n_L	$\log R_{25}$	A_g	m_B	$(U-B)_T$	$(U-B)_e$	W_{20}	V_{opt}
SGL SGB		T	$\log A_e$	A_i	m_{FIR}	$(B-V)^o_T$	m'_e	W_{50}	V_{GSR}
R.A. 1950 DEC.	PGC	L	$\log D_o$	A_{21}	B^o_T	$(U-B)^o_T$	m'_{25}	HI	V_{3K}
0337.9 +0456		.S?....	1.05± .08	90					
180.76 -38.57	UGC 2802		.31± .06	.65	15.20 ±.14				9624± 57
315.74 -37.05				.47					9610
0335.3 +0447	PGC 13389		1.11	.16	14.03				9471
033758.9-061613		.SXR6..	1.13± .06	125					
192.84 -45.32	MCG -1-10- 12	E (1)	.19± .05	.12					
302.11 -40.85		6.0± .9		.29					
033531.2-062600	PGC 13394	5.3± .8	1.14	.10					
0338.0 +1213		.SB.3*.	.96± .17	90					6417
174.17 -33.59	UGC 2803	U	.15± .12	1.05					
323.75 -33.84		3.0±1.3		.20					6425
0335.3 +1204	PGC 13396		1.06	.07					6262
0338.1 +0155		.S..6*.	1.00± .08	173					
183.79 -40.48	UGC 2804	U	.84± .06	.34					
312.24 -38.25		6.0±1.4		1.24					
0335.5 +0146	PGC 13397		1.03	.42					
033806.3-352625	NGC 1396	.LX.-*.	1.00± .11		14.80S±.10				
236.70 -53.71		S	.07± .08	.00					894± 29
262.49 -42.00		-3.0±1.2		.00					771
033611.2-353610	PGC 13398		.99		14.79		14.47± .61		793
033809.4-343103		.LB.0*.	1.08± .05	135	15.40S±.10				
235.14 -53.71	ESO 358- 42	S	.37± .03	.00	15.74 ±.14				1041± 29
263.72 -42.19		-2.0± .8	.88± .13	.00			14.41± .44		920
033613.0-344048	PGC 13399		1.03		15.50		14.77± .27		938
033809.9+405858		.SX.4..	1.29± .04	70				15.82±.1	4941± 11
153.77 -11.70	UGC 2798	U	.43± .05	1.19	14.0 ±.3				
349.80 -17.29	IRAS03348+4049	4.0± .8		.63	12.55			405± 8	5032
033449.2+404911	PGC 13400		1.40	.21	12.11			3.49	4803
033810.2-194409		.SB?...	1.16± .04	43					
211.10 -51.22	ESO 548- 57		.49± .05	.10	15.25 ±.14				4150± 60
284.07 -43.11				.60					4065
033556.0-195354	PGC 13401		1.17	.25	14.51				4021
033813.3-330739		.L..-..	1.09± .05	20					
232.80 -53.68	ESO 358- 43	S	.42± .03	.00	15.26 ±.14				1371± 29
265.60 -42.43		-3.0± .9		.00					1253
033615.1-331724	PGC 13404		1.03		15.24				1265
033815.0+011027		.S..3P?	.84± .06	70					
184.60 -40.92	CGCG 391- 21	E	.30± .05	.19	15.00 ±.14				
311.36 -38.57	KUG 0335+010B	3.0±1.8		.41					
033540.2+010041	PGC 13406		.86	.15					
0338.2 -0540		.SBT6..	1.07± .09	10					
192.18 -44.93		E (1)	.18± .08	.13					
302.91 -40.76		6.0± .9		.26					
0335.8 -0550	PGC 13407	5.3± .8	1.09	.09					
033817.2-232509		.S?....	.94± .06						
216.81 -52.27	ESO 482- 18		.01± .04	.02	14.72 ±.14				1687± 60
278.96 -43.24				.01					1592
033607.0-233454	PGC 13408		.94	.00	14.68				1564
0338.2 +4117		.S..6*.	1.14± .07	107					
153.60 -11.44	UGC 2801	U	.90± .06	1.48					
350.06 -17.11	IRAS03349+4107	6.0±1.4		1.33	12.95				
0334.9 +4107	PGC 13410		1.28	.45					
0338.3 +0738		.S?....	.96± .09	102					8895
178.31 -36.71	UGC 2806		.51± .06	1.01					
318.82 -36.01	IRAS03356+0728			.76					8889
0335.6 +0728	PGC 13413		1.06	.25					8741
033828.9-042041		.SBS9*.	1.25± .05	15					4075
190.68 -44.15	MCG -1-10- 13	UE (1)	.20± .05	.10					
304.61 -40.43		9.0± .5		.21					4033
033559.4-043025	PGC 13417	8.7± .8	1.26	.10					3928
033829.0-352658	NGC 1399	.E.1.P.	1.84± .02		10.55M±.10	.96± .01	.98± .01		
236.71 -53.64	ESO 358- 45	R	.03± .02	.00	9.85 ±.11	.50± .03	.56± .01		1447± 12
262.46 -42.08		-5.0± .3	1.13± .02	.00		.95	11.72± .08		1323
033634.0-353642	PGC 13418		1.83		10.22	.51	14.66± .16		1346
033829.6-230140	NGC 1395	.E.2...	1.77± .03		10.55M±.06	.96± .01	.98± .01		
216.21 -52.12	ESO 482- 19	R	.12± .03	.02	10.63 ±.11	.58± .03	.61± .02		1699± 19
279.51 -43.28		-5.0± .3	1.21± .04	.00		.94	12.43± .14		1605
033619.1-231124	PGC 13419		1.73		10.52	.58	14.07± .16		1575

R.A. 2000 DEC. l b SGL SGB R.A. 1950 DEC.	Names PGC	Type S_T n_L T L	$\log D_{25}$ $\log R_{25}$ $\log A_e$ $\log D_o$	p.a. A_g A_i A_{21}	B_T m_B m_{FIR} B_T^o	$(B-V)_T$ $(U-B)_T$ $(B-V)_T^o$ $(U-B)_T^o$	$(B-V)_e$ $(U-B)_e$ m'_e m'_{25}	m_{21} W_{20} W_{50} HI	V_{21} V_{opt} V_{GSR} V_{3K}
033833.1-052805		.SXR6*/	1.14± .06						6148
192.00 -44.76	MCG -1-10- 14	E (1)	.04± .05	.13					
303.19 -40.77		6.0± .7		.06					6103
033604.6-053749	PGC 13421	5.3± .8	1.15	.02					6002
033838.6-182540	NGC 1393	.LAR0*.	1.29± .03	170	12.97 ±.13	.95± .02	.97± .01		
209.21 -50.68	ESO 548- 58	PSEr	.19± .03	.16	13.00 ±.14	.44± .03	.52± .02		2185± 60
285.89 -43.13		-1.9± .4	.85± .02	.00		.88	12.71± .07		2103
033623.1-183524	PGC 13425		1.28		12.80	.40	13.81± .20		2055
033839.1-052054		.S..7?.	1.14± .06	102					
191.88 -44.67	MCG -1-10- 15	E (1)	.54± .05	.12					4965
303.35 -40.76		7.0±1.8		.74					4920
033610.5-053038	PGC 13426	5.3±1.6	1.15	.27					4819
033845.0-440600	NGC 1411	.LAR-*.	1.36± .04	6	12.23 ±.13	.97± .01	1.00± .01		
251.02 -52.52	ESO 249- 11	RBCS	.14± .04	.00	12.04 ±.11	.38± .02	.40± .02		970± 31
251.24 -39.89		-3.0± .4	.66± .02	.00		.95	11.02± .05		830
033704.0-441542	PGC 13429		1.34		12.10	.38	13.55± .27		889
033851.7-353536	NGC 1404	.E.1...	1.52± .03		10.97 ±.13	.97± .01	.99± .01		
236.95 -53.56	ESO 358- 46	R	.05± .03	.00	10.87 ±.11	.56± .01	.57± .01		1929± 14
262.24 -42.12		-5.0± .3	.90± .02	.00		.95	10.96± .06		1805
033657.0-354518	PGC 13433		1.51		10.88	.57	13.44± .20		1829
033851.8-262011	NGC 1398	PSBR2..	1.85± .02	100	10.57M±.10	.90± .01	.96± .01	13.13±.1	1407± 6
221.53 -52.79	ESO 482- 22	R (2)	.12± .02	.00	10.44 ±.11	.43± .02	.53± .01	497± 5	1491± 58
274.91 -43.29	IRAS03367-2629	2.0± .3	1.24± .02	.15	12.23	.87	12.30± .07	447± 12	1305
033645.0-262954	PGC 13434	1.1± .5	1.85	.06	10.35	.41	14.36± .14	2.72	1290
033851.9+405924		.SX.5..	1.04± .06	40					
153.88 -11.61	UGC 2805	U	.19± .05	1.19	14.8 ±.3				
349.90 -17.38	IRAS03355+4049	5.0± .9		.29	13.45				
033531.1+404939	PGC 13435		1.15	.10					
033853.7-182117	NGC 1391	.LBS0..	1.06± .05	65	14.37 ±.13	1.03± .02			
209.13 -50.59	ESO 548- 59	SE	.35± .03	.16	14.25 ±.14	.42± .04			
285.99 -43.18		-1.5± .6		.00					
033638.1-183100	PGC 13436		1.03				13.67± .27		
033855.7+301533		.S..9*.	1.16± .13	140				16.04±.3	4158± 10
160.79 -20.04	UGC 2807	U	.25± .12	.80					
341.06 -24.13		9.0±1.2		.25				124± 7	4219
033550.4+300549	PGC 13438		1.23	.12					4010
033902.7-033740		.LAR+?.	1.22± .07	75					
189.97 -43.62	MCG -1-10- 16	E	.28± .08	.13					
305.57 -40.35		-1.0±1.2		.00					
033632.5-034722	PGC 13443		1.20						
033906.7-181736	NGC 1394	.L..0*/	1.13± .04	5	13.82 ±.13	1.01± .02			
209.07 -50.52	ESO 548- 60	PSE	.49± .03	.16	13.66 ±.14	.46± .03			
286.08 -43.23		-2.0± .8		.00					
033651.1-182718	PGC 13444		1.08				13.13± .24		
033911.3-222318	NGC 1403	.LXS0..	1.13± .05		13.65 ±.13	.91± .01	.92± .01		
215.28 -51.80	ESO 482- 25	S	.11± .04	.02	13.86 ±.14				4293± 14
280.40 -43.44		-2.5± .6	.66± .02	.00		.86	12.44± .08		4200
033700.0-223300	PGC 13445		1.12		13.66		13.90± .29		4169
033913.1+154920	NGC 1384	.S?....	.89± .11						9813
171.43 -30.83	MCG 3-10- 3		.24± .07	.81	15.36 ±.12				
327.63 -32.30				.33					9831
033624.1+153937	PGC 13448		.96	.12	14.14				9660
033913.6-352219		DLXS0*.	1.12± .09		15.30S±.10				
236.58 -53.49		S	.10± .08	.00					952± 29
262.52 -42.24		-2.0± .8		.00					828
033718.6-353200	PGC 13449		1.11		15.29		15.54± .52		852
033919.6-354326		DE.0.*.	1.06± .10		16.10S±.10				
237.17 -53.46		S	.03± .08	.00					
262.04 -42.19		-5.0±1.2		.00					
033725.2-355307	PGC 13452		1.05				16.32± .57		
033921.9-224325	NGC 1401	.LBS0*/	1.38± .04	130	13.07 ±.14	.82± .01	.91± .01		
215.82 -51.85	ESO 482- 26	PS	.57± .04	.01	13.32 ±.14	.37± .02	.42± .02		1547± 39
279.93 -43.48		-2.0± .5	.75± .03	.00		.75	12.31± .11		1454
033711.0-225306	PGC 13457		1.30		13.16	.33	13.41± .26		1425
033922.6-311919	NGC 1406	.SBS4*/	1.58± .02	15	12.40M±.11	.60± .06	.68± .03	13.47±.2	1068± 6
229.79 -53.34	ESO 418- 15	PSU (1)	.70± .03	.00	12.56 ±.11	.00± .06	-.02± .03	358± 7	957± 41
268.01 -42.94	IRAS03373-3129	4.0± .5	1.03± .03	1.02	10.35	.46	13.04± .08	317± 5	951
033722.0-312900	PGC 13458	3.4± .9	1.58	.35	11.46	-.10	13.43± .17	1.66	958

R.A. 2000 DEC. l b SGL SGB R.A. 1950 DEC.	Names PGC	Type S_T n_L T L	$\log D_{25}$ $\log R_{25}$ $\log A_e$ $\log D_o$	p.a. A_g A_i A_{21}	B_T m_B m_{FIR} B_T^o	$(B-V)_T$ $(U-B)_T$ $(B-V)_T^o$ $(U-B)_T^o$	$(B-V)_e$ $(U-B)_e$ m'_e m'_{25}	m_{21} W_{20} W_{50} HI	V_{21} V_{opt} V_{GSR} V_{3K}
033929.1-130657	IC 340	DL..0*.	1.17± .05	90					4159
201.82 -48.37	MCG -2-10- 5	E	.41± .05	.10					
293.19 -42.68		-2.0±1.2		.00					4091
033708.1-131638	PGC 13464		1.12						4023
0339.4 +1943		.I..9?.	1.13± .07					15.42±.1	1282± 10
168.42 -27.94	UGC 2809	U	.14± .06	.93				131± 6	
331.53 -30.30		10.0±1.6		.11				127± 5	1312
0336.6 +1934	PGC 13465		1.22	.07					1130
033930.4-183137	NGC 1402	.LB.0P*	.91± .05	88	14.35 ±.13	.79± .02			
209.47 -50.52	ESO 548- 61	SE	.15± .03	.15	13.96 ±.14	.23± .03			
285.77 -43.34	IRAS03372-1841	-2.0± .8		.00	12.09				
033715.0-184118	PGC 13467		.90				13.37± .30		
033931.3-184119	NGC 1400	.LA.-..	1.36± .02	40	11.92 ±.13	.96± .01	1.02± .01		
209.71 -50.57	ESO 548- 62	R	.06± .02	.14	12.09 ±.11	.56± .02	.59± .01		558± 14
285.55 -43.36	IRAS03372-1850	-3.0± .3	.99± .01	.00	13.11	.92	12.36± .03		475
033716.0-185100	PGC 13470		1.37		11.87	.53	13.46± .18		429
033934.9-200102		.S?....	1.12± .05	38					
211.70 -51.00	ESO 548- 63		.67± .04	.11	15.21 ±.14				1965± 60
283.70 -43.45				.98					1878
033721.0-201042	PGC 13471		1.13	.33	14.10				1838
033937.2+384124		.SA.6..	.98± .07	160					
155.43 -13.35	UGC 2808	U	.16± .05	.97	14.7 ±.3				
348.16 -18.98		6.0± .9		.23					
033620.1+383142	PGC 13474		1.07	.08					
033942.2-143411		.S..5*/	1.16± .05	150					
203.84 -48.95	MCG -3-10- 24	E	.85± .05	.07					10497
291.22 -42.96		5.0±1.3		1.28					10425
033722.7-144351	PGC 13479		1.17	.43					10363
033946.9-044017	NGC 1397	RSBR0..	1.21± .04	125					
191.31 -44.06	MCG -1-10- 17	E (1)	.10± .04	.10					
304.32 -40.84		.0± .8		.07					
033717.7-044957	PGC 13485	9.8± .8	1.22						
034002.5-192203		.SB.1?/	1.19± .04	38					
210.78 -50.69	ESO 548- 65	SE	.68± .03	.13	15.46 ±.14				1218± 60
284.62 -43.52		.7±1.0		.69					1132
033748.0-193142	PGC 13491		1.20	.34	14.63				1091
034005.3-374740		.S..3?P	.99± .07						
240.62 -53.20	ESO 301- 22A	S	.25± .06	.00	15.06 ±.14				
259.25 -41.89		3.0±1.7		.34					
033814.0-375718	PGC 13493		.99	.12					
034007.5-182640	IC 343	.LBT+*.	1.21± .03	118	14.10 ±.14	.91± .03	.98± .03		
209.43 -50.35	ESO 548- 66	PSE	.32± .03	.17	14.17 ±.14		.49± .04		1869± 60
285.90 -43.48		-1.0± .5	.87± .02	.00		.81	13.94± .05		1786
033752.0-183618	PGC 13495		1.17		13.93		14.19± .21		1741
034008.1+393630		.SAT5..	1.04± .08					16.13±.1	6500± 11
154.93 -12.56	UGC 2810	U	.04± .06	.99	14.3 ±.3				
348.97 -18.46		5.0± .8		.06				277± 8	6586
033649.4+392650	PGC 13497		1.13	.02	13.21			2.90	6363
0340.1 +7123		.I..9?.	1.36± .05	100				13.74±.1	1176± 7
135.62 12.81	UGC 2800	U	.32± .06	1.47				228± 6	
12.41 3.09		10.0±1.5		.24				208± 4	1329
0334.9 +7114	PGC 13498		1.50	.16					1094
034009.6-353716	NGC 1427A	.IBS9..	1.37± .04	76				13.86±.2	2024± 6
236.99 -53.29	ESO 358- 49	PS (1)	.20± .04	.00	13.44 ±.14			115± 7	2123± 29
262.13 -42.38		10.0± .6		.15				73± 8	1902
033815.0-354654	PGC 13500	7.8± .8	1.37	.10	13.29			.47	1929
0340.1 +6643		.I..9?.	1.08?					12.70±.1	1501± 11
138.52 9.11	UGCA 81	U	.23?	1.58				277± 16	
9.07 -.13		10.0±1.8		.18				264± 12	1647
0335.5 +6634	PGC 13501		1.23	.12					1409
034012.4-183452	NGC 1407	.E.0...	1.66± .02	35	10.7 ±.2	1.03± .01	1.04± .01		
209.64 -50.38	ESO 548- 67	R	.03± .02	.17	10.72 ±.11		.65± .02		1762± 14
285.71 -43.51		-5.0± .3	1.37± .04	.00		.97	13.08± .14		1678
033757.0-184430	PGC 13505		1.68		10.51		13.90± .23		1634
034019.0-185552		.LBS-*/	1.16± .04	133					
210.17 -50.48	ESO 548- 68	SE	.31± .03	.17	14.05 ±.14				1817± 60
285.23 -43.56		-2.5± .8		.00					1732
033804.0-190530	PGC 13511		1.13		13.85				1690

R.A. 2000 DEC.	Names	Type	$\log D_{25}$	p.a.	B_T	$(B\text{-}V)_T$	$(B\text{-}V)_e$	m_{21}	V_{21}
l b		S_T n_L	$\log R_{25}$	A_g	m_B	$(U\text{-}B)_T$	$(U\text{-}B)_e$	W_{20}	V_{opt}
SGL SGB		T	$\log A_e$	A_i	m_{FIR}	$(B\text{-}V)^o_T$	m'_e	W_{50}	V_{GSR}
R.A. 1950 DEC.	PGC	L	$\log D_o$	A_{21}	B^o_T	$(U\text{-}B)^o_T$	m'_{25}	HI	V_{3K}
034019.0-153153	NGC 1405	.L...*/	1.19± .07	150					
205.27 -49.21	MCG -3-10- 28	E	.45± .05	.14					
289.93 -43.23		-2.0±1.3		.00					
033800.5-154131	PGC 13512		1.14						
0340.3 +4336		.S..8*.	1.04± .15	60					
152.48 -9.36	UGC 2811	U	.13± .12	1.16					
352.12 -15.87		8.0±1.2		.16					
0336.9 +4327	PGC 13513		1.15	.06					
034022.8-351636		DE.0...	1.08± .10		16.20S±.10				
236.41 -53.25		S	.09± .08	.00					
262.59 -42.49		-5.0± .8		.00					
033827.9-352613	PGC 13515		1.05				16.38± .55		
034029.0-265141	NGC 1412	.LX.0*/	1.27± .04	131					
222.49 -52.53	ESO 482- 29	S	.39± .04	.00	13.54 ±.14				1790± 52
274.15 -43.62		-2.0± .7		.00					1685
033823.0-270118	PGC 13520		1.21		13.51				1675
034041.1-264712		.IBS9P*	1.18± .04	67					
222.39 -52.47	ESO 482- 32	S (1)	.38± .05	.00	15.26 ±.14				1765
274.25 -43.67		9.5± .8		.28					1660
033835.1-265648	PGC 13529	6.7±1.2	1.18	.19	14.98				1650
034041.3-221712		.SB.7?/	1.21± .04	65					
215.28 -51.43	ESO 548- 70	S (1)	.74± .03	.03	15.62 ±.14				1737
280.55 -43.78		7.0±1.3		1.03					1643
033830.1-222648	PGC 13531	6.7±1.3	1.21	.37	14.56				1615
034042.7-373042	NGC 1419	.E...P*	1.06± .03		13.48M±.08	.89± .01	.90± .01		
240.13 -53.10	ESO 301- 23	BS	.03± .03	.00	13.56 ±.14	.32± .03	.36± .03		1528± 23
259.58 -42.07		-5.4± .5	.52± .01	.00		.88	11.55± .04		1398
033851.0-374018	PGC 13534		1.05		13.48	.33	13.70± .17		1433
034043.1-062456		.SXR6..	1.27± .05	165					5251
193.53 -44.82	MCG -1-10- 19	E (1)	.10± .05	.13					
302.17 -41.54		6.0± .8		.14					5201
033815.6-063433	PGC 13535	4.2± .8	1.28	.05					5109
0340.7 +1744	IC 1977	.SB.3..	1.15± .05	177					9936
170.21 -29.19	UGC 2815	U	.26± .05	.57	14.29 ±.13				
329.77 -31.61	IRAS03378+1734	3.0± .8		.36	12.62				9959
0337.8 +1734	PGC 13536		1.20	.13	13.29				9785
034056.9-214248	NGC 1414	.SBS4?/	1.16± .04	172					
214.42 -51.21	ESO 548- 71	S (1)	.66± .03	.04	14.65 ±.14				1555
281.35 -43.83		3.8± .8		.97					1463
033845.0-215224	PGC 13543	5.2± .8	1.16	.33	13.63				1433
034057.0-223349	NGC 1415	RSXS0..	1.54± .02	148	12.77M±.10	.92± .01	.94± .01	15.11±.2	1585± 7
215.73 -51.45	ESO 482- 33	R	.29± .03	.01	12.48 ±.11	.36± .02	.33± .01	349± 4	1508± 56
280.16 -43.85	IRAS03387-2243	.0± .3	.97± .03	.22	11.21	.86	12.77± .08	322± 5	1489
033846.0-224324	PGC 13544		1.52		12.38	.32	14.58± .17		1463
034102.8-224307	NGC 1416	.E.1.*.	1.12± .05		*				
215.98 -51.47	ESO 482- 34	R	.02± .03	.01	13.95 ±.14				2167± 60
279.94 -43.87		-5.0± .6		.00					2072
033852.1-225242	PGC 13548		1.12		13.90				2046
034104.0-334643		.LA.0?.	1.22± .05	173	*				
233.91 -53.10	ESO 358- 50	S	.38± .03	.00	13.86 ±.14				1255± 23
264.57 -42.91		-2.0± .8		.00					1134
033907.0-335618	PGC 13550		1.17		13.84				1154
034110.5-011810	NGC 1409	.LX..*P	1.02± .14	130	*				
187.82 -41.84	MCG 0-10- 11	R	.11± .07	.27					7510± 42
308.68 -40.12		-2.0± .5		.00					7475
033838.1-012745	PGC 13553		1.03						7365
034110.8-011757	NGC 1410	.E...P*	1.07?	120	*				
187.81 -41.84	MCG 0-10- 12	RE	.00?	.27					7527± 41
308.69 -40.12		-5.0± .9		.00					7492
033838.4-012732	PGC 13556		1.11						7381
034111.3+240042		.S?....	1.08± .06	142	*			17.04±.3	7675± 10
165.56 -24.48	UGC 2816		.52± .05	.66	15.46 ±.13				
335.82 -28.23	IRAS03382+2350			.72				460± 10	7717
033813.2+235106	PGC 13557		1.15	.26	14.05			2.73	7526
034112.2-770808		PSBR4P.	1.13± .04	175	*				
292.20 -36.21	ESO 31- 20	S (1)	.21± .04	.38	14.88 ±.14				4834
216.62 -23.96		4.3± .4		.31					4659
034241.0-771736	PGC 13559	4.7± .6	1.17	.11	14.16				4837

R.A. 2000 DEC. / l b / SGL SGB / R.A. 1950 DEC.	Names / PGC	Type / S_T n_L / T / L	$\log D_{25}$ / $\log R_{25}$ / $\log A_e$ / $\log D_o$	p.a. / A_g / A_i / A_{21}	B_T / m_B / m_{FIR} / B^o_T	$(B-V)_T$ / $(U-B)_T$ / $(B-V)^o_T$ / $(U-B)^o_T$	$(B-V)_e$ / $(U-B)_e$ / m'_e / m'_{25}	m_{21} / W_{20} / W_{50} / HI	V_{21} / V_{opt} / V_{GSR} / V_{3K}
034114.5-235014		.SBT2..	1.28± .03	1	*				
217.74 -51.72	ESO 482- 35	Sr	.17± .03	.02	13.69 ±.14				1877
278.37 -43.91	IRAS03390-2359	2.1± .6		.21					1779
033905.0-235948	PGC 13561		1.28	.09	13.44				1758
0341.2 +0537		.SB?...	.95± .09		*				6283
180.79 -37.50	UGC 2820		.07± .06	.68					
316.94 -37.52				.10					6269
0338.6 +0528	PGC 13562		1.02	.03					6134
034123.2-174526		.SBT5..	1.16± .04	16	*				
208.59 -49.83	ESO 548- 75	SE (2)	.07± .03	.19	14.05 ±.14				7166± 60
286.89 -43.72		5.0± .6		.10					7084
033907.0-175500	PGC 13563	3.0± .6	1.18	.03	13.72				7038
034130.9-214057	NGC 1422	.SB.2P/	1.35± .03	65	*				
214.44 -51.08	ESO 548- 77	PS	.61± .03	.04	13.99 ±.14				1619
281.40 -43.97	IRAS03393-2150	2.4± .6		.75	13.84				1526
033919.1-215030	PGC 13569		1.35	.31	13.18				1497
034131.9-195421		.L?....	1.07± .06						
211.76 -50.53	ESO 548- 76		.06± .03	.11	14.69 ±.14				1471± 60
283.89 -43.90				.00					1383
033918.0-200354	PGC 13570		1.07		14.56				1347
034132.5-345315		.S..0*.	1.19± .04	0	*				
235.76 -53.02	ESO 358- 51	S	.34± .04	.00	13.95 ±.14				1708± 29
263.05 -42.80	IRAS03396-3502	.0±1.1		.26	13.71				1584
033937.0-350248	PGC 13571		1.17		13.67				1610
0341.6 +1600		.S..3*.	1.16± .07	8	*				9117
171.76 -30.30	UGC 2823	U (1)	.71± .06	.78					
328.17 -32.70		3.0±1.3		.97					9134
0338.8 +1551	PGC 13572	5.5±1.3	1.23	.35					8967
0341.6 +3712		.S?....	1.32± .10	132	*				5755
156.69 -14.26	UGC 2817		.45± .12	1.15					
347.24 -20.24				.46					5834
0338.4 +3703	PGC 13574		1.43	.23					5617
034144.6-181603	IC 346	.LBT+..	1.31± .04	78	13.62 ±.14	.99± .02	.94± .02		
209.38 -49.93	ESO 548- 78	PSEr	.21± .03	.19	13.53 ±.14	.55± .03	.53± .02		1897± 60
286.19 -43.85		-.8± .4	.97± .02	.00		.90	13.96± .07		1813
033929.0-182536	PGC 13575		1.29		13.36	.48	14.50± .24		1771
0341.9 +0809		.L.....	1.01± .08	162					
178.56 -35.71	UGC 2829	U	.51± .03	.77	14.88 ±.11				
319.88 -36.56		-2.0± .9		.00					
0339.2 +0800	PGC 13580		1.02						
034154.9-505729	IC 1989	.LA.-..	1.03± .06	132					
261.30 -50.06	ESO 200- 55	S	.17± .04	.00	14.60 ±.14				11142± 60
242.72 -37.87		-3.0± .6		.00					10988
034029.0-510700	PGC 13581		1.00		14.43				11079
034155.9-185340		.S?....	1.03± .06						
210.32 -50.11	ESO 548- 79		.05± .04	.16	14.22 ±.14				2053± 60
285.32 -43.94				.05					1968
033941.0-190312	PGC 13582		1.05	.02	13.98				1928
0341.9 -5316					16.82 ±.15	.78± .06			
264.63 -49.21				.00					
240.06 -36.88									
0340.6 -5326	PGC 13583								
034157.3-044221	NGC 1417	.SXT3..	1.43± .03	175	12.8 ±.2	.70± .04	.83± .01	14.22±.3	4120± 17
191.77 -43.63	MCG -1-10- 21	R (3)	.21± .03	.15	12.72 ±.20	.14± .07	.27± .03	418± 34	4087± 14
304.48 -41.37	IRAS03394-0451	3.0± .3	.93± .03	.29	12.21	.60	12.94± .09	395± 25	4055
033928.1-045153	PGC 13584	1.9± .5	1.44	.11	12.29	.06	14.27± .26	1.83	3959
034201.3-471317	NGC 1433	PSBR2..	1.81± .02		10.70M±.04	.79± .01	.85± .01	13.54±.2	1075± 6
255.69 -51.20	ESO 249- 14	4 (2)	.04± .02	.00	10.78 ±.12	.21± .01	.32± .01	197± 5	972± 22
247.14 -39.35	IRAS03404-4722	2.0± .3	1.40± .02	.05	11.37	.77	13.23± .04	175± 7	920
034027.1-472248	PGC 13586	2.7± .5	1.81	.02	10.65	.20	14.48± .11	2.88	997
0342.0 +1559		.L...*.	1.04± .09	85					
171.86 -30.24	UGC 2830	U	.18± .04	.78	15.16 ±.13				
328.21 -32.79		-2.0±1.2		.00					
0339.2 +1550	PGC 13587		1.10						
034203.4-182904		.S?....	1.11± .05	4					
209.74 -49.94	ESO 548- 80		.37± .04	.18	14.85 ±.14				12235± 60
285.89 -43.94	IRAS03398-1838			.55					12151
033948.0-183836	PGC 13589		1.13	.18	14.05				12109

R.A. 2000 DEC.	Names	Type	$\log D_{25}$	p.a.	B_T	$(B-V)_T$	$(B-V)_e$	m_{21}	V_{21}
l b		S_T n_L	$\log R_{25}$	A_g	m_B	$(U-B)_T$	$(U-B)_e$	W_{20}	V_{opt}
SGL SGB		T	$\log A_e$	A_i	m_{FIR}	$(B-V)^o_T$	m'_e	W_{50}	V_{GSR}
R.A. 1950 DEC.	PGC	L	$\log D_o$	A_{21}	B^o_T	$(U-B)^o_T$	m'_{25}	HI	V_{3K}
034203.4-211440		.SBT1P?	1.22± .04						
213.83 -50.83	ESO 548- 81	S	.14± .03	.04	12.84 ±.14				4341± 60
282.02 -44.08	IRAS03398-2124	1.0±1.1		.14	13.38				4249
033951.0-212412	PGC 13590		1.23	.07	12.61				4219
0342.0 +4108		.S..4..	1.00± .08	121					
154.27 -11.12	UGC 2822	U	.43± .06	1.58					
350.42 -17.74		4.0± .9		.63					
0338.7 +4059	PGC 13591		1.15	.22					
034206.3-835302		.SBS9..	1.05± .05	102					
298.07 -31.54	ESO 4- 4	S (1)	.26± .04	.57	15.68 ±.14				
210.98 -19.73		9.0± .8		.26					
034818.0-840218	PGC 13595	8.9±1.2	1.10	.13					
0342.1 +0311		.SBS8*.	1.13± .04	60					4374
183.34 -38.90	UGC 2831	UE (1)	.25± .04	.55					
314.22 -38.70		7.7± .7		.31					4352
0339.5 +0302	PGC 13598	7.5±1.2	1.18	.13					4227
034210.3-064556		PSXT0*.	1.25± .09	70					
194.22 -44.70	MCG -1-10- 23	E	.11± .07	.15					
301.84 -41.98		.0± .8		.08					
033943.1-065528	PGC 13600		1.26						
034210.7-275159		PSXS5P*	1.22± .04	138					
224.22 -52.33	ESO 419- 3	Sr (1)	.22± .03	.00	13.60 ±.14				4109± 41
272.70 -43.92	VV 610	4.5± .5		.33	12.69				4001
034006.0-280130	PGC 13601	3.3± .7	1.22	.11	13.25				3998
034211.5-295340	NGC 1425	.SAS3..	1.76± .02	129	11.29M±.11	.68± .02	.74± .01	13.26±.1	1507± 4
227.52 -52.60	ESO 419- 4	R (3)	.35± .03	.00	11.61 ±.11	.11± .04	.22± .02	367± 5	1635± 36
269.87 -43.72	IRAS03401-3002	3.0± .3	1.32± .04	.49	12.49	.60	13.33± .11	358± 5	1396
034009.5-300311	PGC 13602	3.2± .4	1.76	.18	10.95	.05	14.05± .15	2.14	1402
034216.1-044351	NGC 1418	.SBS3*.	1.11± .04	165	14.31 ±.13	.71± .02		15.72±.3	4218± 17
191.85 -43.58	MCG -1-10- 22	R (1)	.17± .04	.15		.19± .03		422± 34	3723± 63
304.48 -41.45		3.0± .6		.24		.62		308± 25	4139
033946.9-045323	PGC 13606	4.2± .8	1.13	.09	13.89	.12	14.30± .26	1.74	4043
034218.7-224517		.SXS9..	1.23± .04	5					
216.16 -51.20	ESO 482- 36	S (1)	.16± .04	.01	14.97 ±.14				21430
279.89 -44.16		9.0± .5		.16					21334
034008.1-225448	PGC 13608	10.0± .5	1.23	.08	14.77				21311
034219.6-352336	NGC 1427	.E+....	1.56± .03	76	11.77M±.10	.91± .01	.92± .01		
236.60 -52.85	ESO 358- 52	RBCS	.17± .04	.00	11.85 ±.11	.42± .02	.43± .01		1413± 21
262.32 -42.86		-4.1± .4	1.01± .03	.00		.90	12.35± .09		1287
034025.0-353306	PGC 13609		1.51		11.78	.43	14.14± .21		1316
034223.0-350912	NGC 1428	.LX.-P*	1.21± .04	118					
236.20 -52.84	ESO 358- 53	RBCS	.32± .03	.00	13.77 ±.14				1630± 21
262.64 -42.92		-3.3± .7		.00					1505
034028.0-351842	PGC 13611		1.16		13.75				1533
034224.1+391439		.SBT4..	1.10± .05						
155.52 -12.58	UGC 2828	U	.08± .05	1.07	14.5 ±.3				
348.97 -19.03	IRAS03391+3905	4.0± .8		.11	13.17				
033905.7+390507	PGC 13613		1.20	.04					
034229.5-132918	NGC 1421	.SXT4*.	1.55± .02	179	11.95 ±.14	.53± .02	.64± .01	13.37±.1	2090± 5
202.80 -47.88	MCG -2-10- 8	R (2)	.61± .03	.11	12.29 ±.17	-.05± .02	.04± .01	381± 7	2081± 24
292.84 -43.47	IRAS03401-1338	4.0± .4	1.17± .02	.90	10.71	.38	13.29± .04	338± 11	2018
034009.0-133848	PGC 13620	3.8± .9	1.56	.31	11.06	-.16	13.03± .19	2.00	1958
034232.5-041757	IC 347	.LXR0*.	1.10± .11	40					
191.41 -43.28	MCG -1-10- 24	E	.09± .07	.16					
305.06 -41.39	IRAS03399-0427	-2.0± .9		.00	13.70				
034003.0-042727	PGC 13622		1.11						
0342.7 +7118		.I..9*.	1.32± .10	35				14.88±.1	1392± 7
135.84 12.87	UGC 2813	U	.35± .12	1.47				156± 6	
12.49 2.88		10.0±1.1		.26				129± 4	1545
0337.5 +7109	PGC 13633		1.46	.18					1311
034249.3-220637	NGC 1426	.E.4...	1.42± .02	111	12.29M±.05	.90± .01	.92± .01		
215.23 -50.91	ESO 549- 1	R	.20± .02	.02	12.28 ±.11	.43± .02	.47± .02		1422± 16
280.80 -44.28		-5.0± .3	.92± .01	.00		.88	12.39± .04		1328
034038.0-221606	PGC 13638		1.36		12.24	.43	13.87± .14		1303
0342.8 +1559		.S..6?.	.96± .09	10					9233
172.02 -30.11	UGC 2833	U	.51± .06	.86					
328.33 -32.96		6.0±1.9		.75					9250
0340.0 +1550	PGC 13639		1.04	.25					9085

R.A. 2000 DEC. / l b / SGL SGB / R.A. 1950 DEC.	Names / PGC	Type / S_T n_L / T / L	$logD_{25}$ / $logR_{25}$ / $logA_e$ / $logD_o$	p.a. / A_g / A_i / A_{21}	B_T / m_B / m_{FIR} / B^o_T	$(B-V)_T$ / $(U-B)_T$ / $(B-V)^o_T$ / $(U-B)^o_T$	$(B-V)_e$ / $(U-B)_e$ / m'_e / m'_{25}	m_{21} / W_{20} / W_{50} / HI	V_{21} / V_{opt} / V_{GSR} / V_{3K}
034254.9-725600		.S?....	1.04± .06	110					
288.08 -38.85	ESO 31- 21		.72± .05	.34	15.79 ±.14				14690± 63
220.23 -26.60	FAIR 234			1.07					14516
034322.0-730524	PGC 13645		1.07	.36	14.29				14683
034256.2-125459		.S..5*/	1.49± .04	32					2166
202.11 -47.53	MCG -2-10- 9	E	.82± .05	.11					
293.65 -43.48	IRAS03405-1304	5.0±1.1		1.23	13.37				2096
034035.2-130427	PGC 13646		1.50	.41					2034
034257.7-190120		.IBS9P.	1.13± .03	25					1108
210.63 -49.92	ESO 549- 2	SE (2)	.08± .03	.14	14.78 ±.14				1134± 60
285.16 -44.19		10.0± .6		.06					1048
034043.0-191048	PGC 13648	8.5± .7	1.14	.04	14.57				1010
0343.0 -5335					16.20 ±.14	.98± .05			
264.97 -48.94				.00					17842± 38
239.62 -36.89									17685
0341.7 -5344	PGC 13654								17787
034302.2-361621		.SXS8..	1.27± .04					15.45±.2	895± 11
238.05 -52.69	ESO 358- 54	S (1)	.13± .05	.00	13.92 ±.14			100± 16	
261.09 -42.81		8.0± .8		.15				67± 12	767
034109.0-362548	PGC 13655	6.7± .8	1.27	.06	13.76			1.62	801
034308.2-171108		.SBS8*/	1.19± .04	105					
208.01 -49.23	MCG -3-10- 40	ES (1)	.67± .04	.19					
287.74 -44.09		8.0±1.1		.83					
034051.6-172036	PGC 13659	5.6±1.3	1.21	.34					
034313.8-044352	NGC 1424	.SXT3*.	1.22± .03	170	14.33 ±.13	.53± .03	.61± .03		
192.04 -43.38	MCG -1-10- 26	R (1)	.42± .05	.15		-.13± .04	-.04± .04		5640± 63
304.57 -41.68	IRAS03407-0453	3.0± .6	.70± .02	.58	13.32	.38	13.32± .03		5594
034044.7-045320	PGC 13664	3.1± .8	1.23	.21	13.55	-.24	14.22± .23		5500
0343.3 -5339					16.8 ±.2	1.08± .10			
265.04 -48.87				.00					16946± 49
239.52 -36.90									16788
0342.0 -5348	PGC 13668								16891
034322.6-335622		.L..0*/	1.07± .06	5					
234.20 -52.63	ESO 358- 56	S	.59± .03	.00	15.58 ±.14				1189± 29
264.23 -43.35		-2.0±1.3		.00					1066
034126.1-340548	PGC 13671		.98		15.56				1091
034330.4-534131					15.55 ±.14	1.11± .03			
265.08 -48.83				.00					18716± 49
239.46 -36.91			.46± .02				13.34± .04		18558
034211.9-535056	PGC 13679								18661
0343.5 +4104		.S..3..	1.10± .05	123					
154.54 -11.00	UGC 2835	U (1)	.83± .05	1.62					
350.56 -18.00		3.0±1.0		1.14					
0340.2 +4055	PGC 13683	4.5±1.3	1.25	.41					
034335.6-160054		.SBS8..	1.30± .05	168					1216
206.43 -48.68	MCG -3-10- 41	E (1)	.27± .05	.12					
289.39 -44.07		8.0± .8		.33					1137
034117.7-161020	PGC 13684	6.4±1.2	1.31	.13					1089
034337.8-355111	NGC 1437	PSXT2..	1.47± .03	150	12.41S±.15	.75± .02	.78± .01		
237.35 -52.58	ESO 358- 58	RBCSr (2)	.17± .04	.00	12.52 ±.12	.18± .03	.23± .02		1185± 41
261.62 -43.02	IRAS03417-3600	2.5± .3	1.16± .02	.23	13.18	.71	12.81± .05		1058
034144.1-360036	PGC 13687	3.8± .6	1.47	.08	12.24	.15	14.19± .24		1091
034339.3-211416		.IBS9..	1.17± .04	21					
214.00 -50.47	ESO 549- 6	S (1)	.34± .03	.10	15.29 ±.14				
282.04 -44.45		10.0± .6		.26					
034127.0-212342	PGC 13689	9.4± .6	1.18	.17					
034345.6-800620		.IBS9..	1.28± .04	105					
294.78 -34.12	ESO 15- 1	S (1)	.31± .05	.33	14.55 ±.14				1641
214.03 -22.20	IRAS03464-8015	9.5± .6		.23					1466
034633.0-801536	PGC 13695	8.9± .6	1.31	.15	13.99				1653
0343.7 +2402		.S..6*.	1.13± .05	116					5974
166.03 -24.07	UGC 2838	U	.92± .05	.74					
336.23 -28.69		6.0±1.4		1.36					6014
0340.8 +2353	PGC 13696		1.20	.46					5829
0343.8 +1419		.S..8*.	.96± .09	78					6405
173.58 -31.13	UGC 2839	U	.51± .06	1.00					
326.77 -34.02		8.0±1.4		.63					6416
0341.0 +1410	PGC 13698		1.05	.25					6258

R.A. 2000 DEC. / l b / SGL SGB / R.A. 1950 DEC.	Names / PGC	Type / S_T n_L / T / L	$\log D_{25}$ / $\log R_{25}$ / $\log A_e$ / $\log D_o$	p.a. / A_g / A_i / A_{21}	B_T / m_B / m_{FIR} / B_T^o	$(B-V)_T$ / $(U-B)_T$ / $(B-V)_T^o$ / $(U-B)_T^o$	$(B-V)_e$ / $(U-B)_e$ / m'_e / m'_{25}	m_{21} / W_{20} / W_{50} / HI	V_{21} / V_{opt} / V_{GSR} / V_{3K}
0343.8 +0036		.S..6*.	.95± .07						12169
186.32 -40.16	UGC 2842	U	.05± .05	.34	14.94 ±.13				
311.34 -40.08		6.0±1.2		.08					12138
0341.3 +0027	PGC 13702		.98	.03	14.47				12026
034354.5+400056		.SBT3..	1.18± .05	155				16.03±.1	4921± 11
155.26 -11.79	UGC 2837	U	.27± .05	1.28	14.2 ±.3				
349.78 -18.75	IRAS03405+3951	3.0± .8		.37	12.40			149± 8	5007
034034.7+395129	PGC 13704		1.30	.13	12.55			3.35	4788
0343.9 +2238		.I..9?.	1.04± .09						3650± 10
167.09 -25.09	UGC 2840	U	.08± .06	.74					
334.96 -29.53		10.0±1.6		.06					3686
0341.0 +2229	PGC 13706		1.11	.04					3505
034357.0+391742	A 0340+39	.L..-*.	.99± .12	0					
155.72 -12.35	UGC 2836	U	.03± .05	1.12	13.4 ±.3				4963± 43
349.22 -19.22	MK 1405	-3.0±1.2		.00	11.44				5046
034038.2+390816	PGC 13707		1.13		12.17				4829
0343.9 +6919		.SB?...	1.04± .15	60				15.88±.1	1523± 11
137.19 11.38	UGC 2827		.08± .12	2.63					
11.16 1.42				.12				146± 8	1672
0339.0 +6910	PGC 13712		1.29	.04					1438
034400.3-040137		.SAR7*.	1.15± .06	75					
191.38 -42.83	MCG -1-10- 27	E (1)	.08± .05	.19					
305.55 -41.65		7.0± .8		.11					
034130.5-041102	PGC 13714	6.4± .8	1.17	.04					
034401.4-142136		.SXS4*.	1.31± .04	138					1595
204.22 -47.91	MCG -3-10- 42	E (1)	.47± .04	.10					
291.72 -43.96	IRAS03417-1430	4.0± .7		.69	12.87				1521
034141.8-143100	PGC 13716	3.6± .6	1.32	.23					1466
0344.3 +3920		.L...*.	1.04± .09	12					
155.75 -12.27	UGC 2841	U	.53± .04	1.12					
349.30 -19.25		-2.0±1.3		.00					
0341.0 +3911	PGC 13723		1.09						
034432.0-443838	NGC 1448	.SA.6*/	1.88± .02	41	11.40M±.13	.72± .03	.80± .03	12.07±.1	1164± 5
251.52 -51.39	ESO 249- 16	R (3)	.65± .02	.00	11.47 ±.11	.01± .07	.10± .07	405± 5	1198± 23
250.10 -40.69		6.0± .6	1.34± .04	.95	10.31	.59	13.67± .10	385± 6	1021
034253.0-444800	PGC 13727	4.4± .5	1.88	.32	10.48	-.10	14.05± .17	1.27	1091
034440.9+025004	NGC 1431	.L...P*	1.02± .08	160					
184.21 -38.63	UGC 2845	UE	.13± .04	.58	15.00 ±.12				
314.12 -39.43		-2.0± .8		.00					
034204.4+024041	PGC 13732		1.07						
034450.4-215521	NGC 1439	.E.1...	1.39± .03		12.27M±.05	.88± .01	.92± .01		
215.15 -50.41	ESO 549- 9	R	.03± .02	.07	12.29 ±.11	.39± .04	.44± .02		1664± 17
281.08 -44.74		-5.0± .3	1.05± .02	.00		.85	13.03± .06		1568
034239.0-220442	PGC 13738		1.39		12.18	.38	14.11± .16		1547
034451.7-590817	IC 1997	.S..1?P	1.08± .05	73	13.94 ±.16	.55± .03	.58± .02		
272.26 -46.33	ESO 117- 7	S	.31± .04	.00	14.54 ±.14				
233.44 -34.46	IRAS03437-5918	1.0±1.8	.62± .04	.32	13.16		12.53± .13		
034351.0-591736	PGC 13740		1.08	.16			13.39± .32		
0344.9 +0554		.S..8*.	1.19± .06	120					6100± 10
181.27 -36.62	UGC 2852	U	.91± .06	.63					
317.76 -38.23		8.0±1.3		1.12					6084
0342.3 +0545	PGC 13744		1.25	.46					5956
034458.5+455804		.E...*.	.99± .12						
151.68 -6.99	UGC 2844	U	.03± .05	1.63	14.84 ±.11				
354.49 -14.91		-6.0±1.2		.00					
034127.7+454841	PGC 13746		1.27						
0345.0 -0412		.S..5*/	1.07± .09	130					
191.78 -42.73		E	.71± .08	.16					
305.42 -41.94		5.0±1.3		1.06					
0342.5 -0422	PGC 13747		1.09	.35					
034459.7-620459		.S..3*/	1.08± .05	110					
275.93 -44.89	ESO 117- 8	S (1)	.68± .04	.05	15.99 ±.14				
230.40 -32.94		3.0±1.4		.94					
034411.0-621418	PGC 13748	5.6±1.4	1.09	.34					
034500.1-361913		DE.4...	1.10± .10		15.70S±.10				
238.11 -52.30		S	.17± .08	.00					
260.90 -43.18		-5.0± .9		.00					
034307.1-362833	PGC 13749		1.05				15.77± .54		

R.A. 2000 DEC. / l b / SGL SGB / R.A. 1950 DEC.	Names / PGC	Type / S_T n_L / T / L	$\log D_{25}$ / $\log R_{25}$ / $\log A_e$ / $\log D_o$	p.a. / A_g / A_i / A_{21}	B_T / m_B / m_{FIR} / B^o_T	$(B-V)_T$ / $(U-B)_T$ / $(B-V)^o_T$ / $(U-B)^o_T$	$(B-V)_e$ / $(U-B)_e$ / m'_e / m'_{25}	m_{21} / W_{20} / W_{50} / HI	V_{21} / V_{opt} / V_{GSR} / V_{3K}
034503.4-181603	NGC 1440	PLBT0*.	1.33± .03	28	12.56 ±.15	1.03± .01	1.05± .01		
209.81 -49.19	ESO 549- 10	PSEr	.12± .03	.20	12.60 ±.11	.61± .02	.63± .02		1504± 66
286.27 -44.63		-1.9± .3	.90± .04	.00		.96	12.55± .13		1418
034248.0-182524	PGC 13752		1.34		12.36	.56	13.78± .22		1382
034503.4-355822		.LX.-..	.98± .04	155	13.99 ±.13	.91± .01	.86± .01		
237.54 -52.29	ESO 358- 59	S	.08± .03	.00	14.08 ±.14		.27± .06		1007± 18
261.37 -43.27		-3.0± .8	.62± .02	.00		.90	12.58± .07		879
034310.0-360742	PGC 13753		.97		14.02		13.55± .24		915
0345.1 +2043		.I..9*.	1.00± .08	120					5425
168.75 -26.31	UGC 2850	U	.41± .06	.71					
333.32 -30.85		10.0±1.3		.31					5455
0342.2 +2034	PGC 13754		1.07	.20					5281
034512.0-353410		.IBS9*/	1.24± .04	102					805
236.88 -52.27	ESO 358- 60	S (1)	.63± .04	.00	15.86 ±.14				
261.91 -43.39		10.0±1.2		.47					678
034318.0-354330	PGC 13756	10.0± .9	1.24	.31	15.39				713
0345.2 -3655		.S?....	.70?		15.00S±.10				
239.10 -52.22	MCG -6- 9- 28		.00?	.00					
260.07 -43.09				.00					
0343.4 -3705	PGC 13758		.70				13.34±1.58		
034517.1+763813	IC 334	.S?....	1.40± .03		12.45 ±.13	1.12± .02	1.20± .02	15.05±.1	2536± 7
132.51 17.12	UGC 2824		.12± .07	.87	13.00 ±.19	.69± .03	.74± .03	248± 16	
16.40 6.48			1.07± .03	.17		.89	13.29± .09	244± 12	2696
033852.9+762846	PGC 13759		1.49	.06	11.56	.45	14.01± .28	3.42	2468
034517.2-230010	NGC 1438	.SBR0*.	1.30± .03	69	13.22 ±.15	.79± .02	.87± .02		
216.83 -50.61	ESO 482- 41	S	.36± .03	.00	13.28 ±.14	.23± .03	.32± .02		1524
279.54 -44.85		.0± .6	.91± .02	.27		.72	13.26± .05		1426
034307.0-230930	PGC 13760		1.28		12.95	.18	13.67± .24		1409
034522.0-183804	NGC 1452	PSBR0..	1.35± .03	113	12.76 ±.13	.99± .01	1.01± .01	15.16±.3	1737± 10
210.37 -49.25	ESO 549- 12	PSEr	.18± .03	.14	12.96 ±.11	.59± .02	.61± .01	227± 6	1874± 66
285.76 -44.73	IRAS03430-1847	.4± .3	.91± .02	.14		.91	12.80± .06	177± 5	1653
034307.0-184724	PGC 13765		1.36		12.57	.53	13.92± .21		1619
034534.6-543137		.SBS3?P	1.16± .05	10	15.06 ±.19	.59± .07	.79± .04		
266.06 -48.23	ESO 156- 11	S	.52± .04	.00	15.08 ±.14				10398± 88
238.35 -36.79	IRAS03443-5439	3.0± .9	.68± .04	.72		.43	13.95± .10		10238
034419.0-544054	PGC 13773		1.16	.26	14.28		14.40± .33		10347
0345.5 +4452		.S..6*.	1.26± .06	73				14.88±.1	8138± 11
152.45 -7.79	UGC 2849	U	.22± .06	1.46					
353.73 -15.73		6.0±1.1		.32				578± 8	8235
0342.1 +4443	PGC 13774		1.40	.11					8013
034540.8-641802		.S?....	1.14± .06	35					
278.53 -43.67	ESO 83- 10		.26± .06	.13	15.00 ±.14				5545
228.14 -31.80				.39					5375
034503.0-642718	PGC 13778		1.15	.13	14.45				5518
034543.1-040532	NGC 1441	.SBS3..	1.20± .04	95	13.9 ±.3	.97± .06			
191.78 -42.51	MCG -1-10- 29	R	.39± .04	.25					4227± 43
305.64 -42.08		3.0± .5		.54		.81			4180
034313.4-041451	PGC 13782		1.23	.20	13.07		13.78± .38		4090
034543.8+464024		.S..3*.	1.26± .04	125				14.85±.1	5477± 11
151.35 -6.36	UGC 2851	U (1)	.44± .05	1.80	14.97 ±.17				
355.10 -14.52		3.0±1.1		.61				441± 8	5579
034211.5+463104	PGC 13783	4.5±1.1	1.43	.22	12.51			2.12	5354
0345.9 -0310		.S?....	1.04± .09						
190.79 -41.96	MCG -1-10- 31		.09± .07	.30					4122
306.84 -41.85				.07					4078
0343.4 -0320	PGC 13793		1.06						3985
034554.8-362131		.I.0.*.	1.42± .04	1					1493± 10
238.16 -52.11	ESO 358- 61	S	.49± .04	.00	13.98 ±.14			122± 15	1500± 60
260.79 -43.35	IRAS03440-3630	90.0		.60				99± 11	1364
034402.0-363048	PGC 13794		1.42	.24	13.36				1403
034603.1-040819	NGC 1449	.L.....	.86± .07	160	14.51 ±.13	1.05± .02	1.13± .02		
191.89 -42.47	MCG -1-10- 32	R	.18± .04	.25		.56± .04	.57± .04		4111± 43
305.62 -42.17		-2.0± .5	.34± .03	.00		.94	11.70± .09		4064
034333.4-041737	PGC 13798		.86		14.19	.50	13.23± .39		3974
034607.2-040411	NGC 1451	.L..-?.	.84± .10	135	14.37 ±.13	1.03± .01			
191.83 -42.41	MCG -1-10- 33	RE	.20± .06	.25		.55± .03			3927± 56
305.71 -42.17		-3.3± .9		.00		.93			3881
034337.5-041328	PGC 13801		.85		14.06	.50	12.94± .55		3791

R.A. 2000 DEC.	Names	Type	$\log D_{25}$	p.a.	B_T	$(B-V)_T$	$(B-V)_e$	m_{21}	V_{21}
l b		S_T n_L	$\log R_{25}$	A_g	m_B	$(U-B)_T$	$(U-B)_e$	W_{20}	V_{opt}
SGL SGB		T	$\log A_e$	A_i	m_{FIR}	$(B-V)^o_T$	m'_e	W_{50}	V_{GSR}
R.A. 1950 DEC.	PGC	L	$\log D_o$	A_{21}	B^o_T	$(U-B)^o_T$	m'_{25}	HI	V_{3K}
034614.2-364144	NGC 1460	.LBT0..	1.22± .05						
238.71 -52.04	ESO 358- 62	BSr	.07± .04	.00	13.52 ±.14				1343± 25
260.31 -43.34		-1.9± .4		.00					1212
034422.0-365100	PGC 13805		1.21		13.50				1253
034615.8-594834	NGC 1463	RSAT1?.	1.14± .05	45	14.3 ±.2	.79± .02	.75± .02		
273.00 -45.86	ESO 117- 9	Sr	.05± .05	.02	14.15 ±.14				
232.63 -34.26	IRAS03453-5957	1.0± .6	.48± .07	.05	13.13		12.18± .21		
034518.0-595748	PGC 13807		1.14	.02			14.70± .34		
034618.8-345633		.I.0.?.	1.67± .03	133	12.6 ±.2	.82± .04	.78± .03	13.77±.2	1932± 7
235.86 -52.04	ESO 358- 63	S	.57± .05	.00	12.57 ±.14	-.13± .05	-.09± .05	281± 11	1935± 28
262.69 -43.75	IRAS03444-3505	90.0	1.10± .05	.59	11.66	.70	13.63± .17	268± 11	1805
034424.0-350548	PGC 13809		1.67	.29	11.97	-.23	14.35± .28	1.51	1839
0346.3 +4153		.I..9*.	1.00± .16						
154.44 -10.03	UGC 2853	U	.00± .12	1.53					
351.56 -17.85		10.0±1.2		.00					
0343.0 +4144	PGC 13811		1.14	.00					
0346.4 +1526		.S..4..	.96± .09	23					8733
173.18 -29.89	UGC 2856	U	.51± .06	1.12					
328.30 -33.99		4.0±1.0		.75					8746
0343.6 +1517	PGC 13813		1.07	.25					8590
034627.3-035810	NGC 1453	.E.2+..	1.38± .05		12.58 ±.13	1.05± .01	1.07± .01		
191.78 -42.29	MCG -1-10- 34	R	.09± .05	.25	12.41 ±.18	.61± .02	.64± .02		3933± 33
305.88 -42.22		-5.0± .4	.92± .03	.00		.96	12.67± .10		3887
034357.4-040726	PGC 13814		1.39		12.21	.57	14.24± .29		3798
0346.5 +3644		.S..6*.	1.04± .08	176					
157.78 -14.02	UGC 2854	U	.47± .06	1.30					
347.53 -21.29		6.0±1.3		.69					
0343.3 +3635	PGC 13817		1.16	.24					
034634.9-403852		.LAT-*.	1.16± .05	133					
245.08 -51.68	ESO 302- 6	S	.22± .04	.01	14.34 ±.14				1402
255.04 -42.34		-3.0± .8		.00					1264
034449.0-404806	PGC 13818		1.13		14.31				1321
034636.0-042710		.S..5./	1.37± .04	153					3796
192.35 -42.53	MCG -1-10- 35	E	.85± .05	.22					
305.27 -42.40	IRAS03441-0436	5.0± .9		1.28	12.59				3748
034406.6-043625	PGC 13820		1.39	.43					3661
034638.1-163304		.IB.9P*	1.11± .06	40					
207.60 -48.21	MCG -3-10- 45	E (1)	.35± .05	.13					
288.75 -44.86	IRAS03443-1642	10.0±1.3		.26	11.45				
034420.9-164219	PGC 13821	5.3±1.2	1.12	.18					
034649.7+680545	IC 342	.SXT6..	2.33± .02		9.10S±.14			8.25±.1	34± 4
138.17 10.58	UGC 2847	R (1)	.01± .03	3.5	9.1 ±.3			175± 7	-4± 17
10.48 .37	IRAS03419+6756	6.0± .3		.01	6.95			151± 6	178
034158.6+675626	PGC 13826	2.0± .7	2.65	.01	5.58		15.55± .18	2.66	-53
034658.0-032744		.S..4*/	1.21± .05	50					3988
191.31 -41.90	MCG -1-10- 36	E	.57± .05	.36					
306.59 -42.18		4.0±1.2		.84					3943
034427.7-033658	PGC 13830		1.24	.29					3853
0346.9 -1148		.S..6./	1.17± .08	55					
201.31 -46.16		E	.73± .08	.11					
295.41 -44.26		6.0± .9		1.07					
0344.6 -1158	PGC 13831		1.18	.37					
034658.1-253123	NGC 1459	.SBS4?.	1.24± .03	167					
220.84 -50.84	ESO 482- 43	S (1)	.18± .03	.00	13.62 ±.14				4210± 52
275.92 -45.15	IRAS03448-2540	4.0± .8		.27	13.21				4104
034451.1-254036	PGC 13832	2.2± .8	1.24	.09	13.32				4101
034658.3+383804		.SB.4..	1.10± .05	35					6444
156.62 -12.50	UGC 2857	U	.14± .05	1.36	14.3 ±.3				
349.10 -20.10	IRAS03436+3828	4.0± .8		.20	13.35				6524
034340.2+382849	PGC 13833		1.23	.07	12.67				6313
034706.1-372242		.SXS5*.	1.13± .04	10					
239.80 -51.84	ESO 302- 7	S (1)	.17± .04	.00	15.03 ±.14				5757± 26
259.34 -43.34		5.0± .5		.26					5624
034515.1-373154	PGC 13837	4.1± .5	1.13	.09	14.74				5670
034709.0-361941		DE.2...	1.06± .10						
238.10 -51.86		S	.09± .08	.00					
260.75 -43.60		-5.0± .9		.00					
034516.4-362853	PGC 13839		1.03						

R.A. 2000 DEC.	Names	Type	logD25	p.a.	BT	(B-V)T	(B-V)e	m21	V21
l b		ST nL	logR25	Ag	mB	(U-B)T	(U-B)e	W20	Vopt
SGL SGB		T	logAe	Ai	mFIR	(B-V)°T	m'e	W50	VGSR
R.A. 1950 DEC.	PGC	L	logDo	A21	B°T	(U-B)°T	m'25	HI	V3K
034710.2-334231	IC 1993	PSXT3..	1.39± .04		12.35 ±.14	.75± .02	.79± .01		
233.86 -51.83	ESO 358- 65	BSr (1)	.06± .05	.00	12.50 ±.14	.22± .03	.30± .02		971± 24
264.34 -44.17	IRAS03451-3351	3.1± .4	1.18± .02	.08	13.09	.73	13.74± .04		847
034513.8-335144	PGC 13840	4.1± .6	1.39	.03	12.33	.21	14.00± .28		877
034710.4-265641		.S?....	.89± .06	57					
223.07 -51.07	ESO 482- 44		.22± .04	.00	15.47 ±.14				4138
273.88 -45.10				.33					4029
034505.0-270554	PGC 13841		.89	.11	15.11				4032
034711.1-543513		.S..3?.	.97± .05	25					
266.01 -47.99	ESO 156- 13	S (1)	.20± .04	.00	15.13 ±.14				10478± 88
238.15 -36.97	IRAS03459-5444	3.0±1.7		.27					10317
034556.1-544424	PGC 13842	3.3±1.2	.97	.10	14.78				10428
034713.5-385806		.LX.0..	1.12± .05	72	15.1 ±.2	.75± .07	.70± .03		
242.37 -51.72	ESO 302- 8	S	.30± .04	.00	15.06 ±.14	.32± .10	.41± .05		1038
257.20 -42.94		-2.0± .8	.82± .08	.00		.71	14.65± .26		903
034525.0-390718	PGC 13843		1.07		15.06	.30	14.81± .34		954
0347.3 +4051		.S..6*.	1.06± .06					15.03±.1	5493± 11
155.24 -10.72	UGC 2859	U	.00± .05	1.91					
350.89 -18.67	IRAS03439+4042	6.0±1.2		.00	13.13			199± 8	5579
0343.9 +4042	PGC 13846		1.24	.00					5365
034722.4+455811		.S..8..	1.13± .07	160				15.01±.3	5054± 9
152.01 -6.73	UGC 2858	U	.14± .06	1.71				270± 11	
354.78 -15.21	IRAS03438+4549	8.0± .8		.18	13.16			249± 8	5153
034351.2+454857	PGC 13850		1.29	.07					4932
034726.3-681315	NGC 1473	.IBS9*.	1.17± .05	36	13.4 ±.2	.52± .05			
282.84 -41.37	ESO 54- 19	S (1)	.27± .05	.22	13.76 ±.14	-.29± .07			1359
224.27 -29.70	IRAS03472-6822	10.0± .9		.20	12.82	.39			1186
034713.0-682224	PGC 13853	6.7± .9	1.19	.14	13.21	-.38	13.43± .33		1342
034733.1-383437		.SBS8?.	1.37± .04	49					993± 10
241.73 -51.68	ESO 302- 9	S (1)	.56± .04	.00	14.34 ±.14			152± 15	
257.70 -43.11		8.0± .8		.69				139± 11	858
034544.0-384348	PGC 13854	7.8±1.2	1.37	.28	13.65				909
034735.1-462038			.68± .07	130	16.0 ±.3	.87± .07	.83± .05		
253.96 -50.50	ESO 249- 19		.29± .06	.00	16.31 ±.14				
247.74 -40.56	IRAS03460-4629		.71± .11		13.23		14.99± .36		
034600.1-462948	PGC 13855		.68						
0347.6 +7240		.S..8*.	1.04± .08	140				15.46±.1	4302± 11
135.26 14.17	UGC 2848	U	.37± .06	1.23					
13.71 3.57	IRAS03421+7230	8.0±1.3		.46				185± 8	4456
0342.1 +7230	PGC 13857		1.16	.19					4226
0347.6 +1315		PSXS1*.	1.16± .05	35					
175.23 -31.21	UGC 2862	U	.14± .05	.95	15.0 ±.2				6644± 85
326.22 -35.37	IRAS03448+1305	1.0±1.2		.15					6649
0344.8 +1305	PGC 13858		1.25	.07	13.78				6502
0347.6 +3921		.SAR3..	1.17± .07	50				14.83±.1	6368± 11
156.26 -11.86	UGC 2861	U	.35± .06	1.46					
349.76 -19.73	IRAS03443+3911	3.0± .8		.48	13.39			492± 8	6450
0344.3 +3911	PGC 13859		1.30	.17					6239
034739.6-042112		.SBS8*.	1.25± .05	160					4214
192.43 -42.25	MCG -1-10- 37	E (1)	.16± .05	.22					
305.50 -42.62		8.0± .8		.20					4166
034510.1-043023	PGC 13860	7.5± .8	1.27	.08					4080
034752.4-362820		DLBS-*.	1.08± .05	42	15.10S±.10				
238.33 -51.71	ESO 358- 66	S	.31± .04	.00	15.65 ±.14				1856± 29
260.51 -43.71		-3.5± .8		.00					1725
034600.1-363730	PGC 13864		.99		15.26		14.59± .30		1768
034807.0-364203		.S?....	.91± .06		14.6 ±.2	.46± .06	.42± .03		
238.70 -51.66	ESO 358- 67		.08± .05	.00	14.68 ±.14	-.28± .07	-.21± .04		5237± 28
260.18 -43.70	IRAS03462-3651		.59± .06	.12	14.08	.41	13.02± .16		5106
034615.0-365112	PGC 13870		.91	.04	14.51	-.31	13.79± .37		5150
034814.7-212827		.SXT5..	1.41± .03	17					
214.84 -49.52	ESO 549- 18	S (1)	.22± .03	.11	13.60 ±.14				1548
281.74 -45.53		5.0± .7		.33					1452
034603.0-213736	PGC 13871	4.4± .8	1.42	.11	13.16				1435
034817.7-245315			.74± .06						
219.97 -50.40	ESO 482- 45		.19± .05	.02	15.31 ±.14				4212±104
276.81 -45.48									4107
034610.0-250224	PGC 13874		.74						4104

R.A. 2000 DEC. l b SGL SGB R.A. 1950 DEC.	Names PGC	Type S_T n_L T L	logD$_{25}$ logR$_{25}$ logA$_e$ logD$_o$	p.a. A_g A_i A_{21}	B_T m_B m_{FIR} B_T^o	(B-V)$_T$ (U-B)$_T$ (B-V)$_T^o$ (U-B)$_T^o$	(B-V)$_e$ (U-B)$_e$ m'$_e$ m'$_{25}$	m_{21} W_{20} W_{50} HI	V_{21} V_{opt} V_{GSR} V_{3K}
0348.3 +4155 154.70 -9.79 351.83 -18.09 0344.9 +4146	 UGC 2863 PGC 13875	.SB.3.. U 3.0± .8 	1.03± .06 .00± .05 1.19	 1.73 .00 .00					
034825.0-063735 195.19 -43.31 302.58 -43.44 034557.9-064644	 MCG -1-10- 38 IRAS03459-0646 PGC 13879	PSBT3P* E 3.0±1.2 	1.14± .06 .13± .05 1.16	80 .21 .18 .07	 13.13 				
0348.4 +7009 136.96 12.27 12.01 1.74 0343.3 +7000	A 0343+70 UGC 2855 PGC 13880	.SX.5.. U 5.0± .7 	1.64± .03 .34± .05 1.81	112 1.81 .51 .17	 13.5 ±.3 11.15			12.42±.1 449± 6 416± 7 1.10	1207± 5 1200± 42 1357 1126
034827.1-162330 207.63 -47.75 289.04 -45.27 034609.9-163238	NGC 1461 MCG -3-10- 47 PGC 13881	.LAR0.. R -2.0± .4 	1.48± .03 .51± .04 .67± .03 1.41	155 .09 .00 	12.81 ±.13 12.71 ±.14 12.66	1.04± .03 .57± .03 .96 .50	1.05± .03 .59± .03 11.65± .08 13.80± .21		 1413± 37 1330 1293
0348.6 +3508 159.17 -14.98 346.53 -22.65 0345.4 +3459	 UGC 2868 PGC 13884	.S..4.. U 4.0±1.0 	1.22± .06 .98± .06 1.30	140 .89 1.44 .49					5429 5499 5297
0348.7 +4152 154.80 -9.78 351.85 -18.18 0345.3 +4143	 UGC 2867 PGC 13885	.S..0.. U .0± .9 	1.11± .07 .60± .06 1.25	97 1.86 .45 					
034844.0-532712 264.31 -48.20 239.28 -37.70 034726.1-533618	 ESO 156- 15 PGC 13887	.SAR4*. S (1) 4.0± .9 3.3± .9	.98± .05 .10± .05 .98	 .00 .15 .05	 15.28 ±.14 				
0348.7 +1308 175.55 -31.08 326.28 -35.66 0346.0 +1259	 UGC 2871 IRAS03459+1259 PGC 13888	.S..3.. U (1) 3.0± .8 3.5±1.1	1.03± .06 .11± .05 1.12	47 .97 .15 .06	 15.03 ±.16 13.27 13.86				 6805± 85 6809 6665
034851.4-185841 211.30 -48.60 285.34 -45.58 034637.0-190748	 ESO 549- 22 PGC 13889	.SAT3*. SE (1) 2.7± .7 2.2± .9	1.15± .03 .35± .03 1.16	36 .12 .49 .18	 14.92 ±.14 14.28				 4295± 60 4205 4179
0348.9 +4221 154.52 -9.38 352.24 -17.88 0345.5 +4212	 UGC 2869 PGC 13891	.S..2.. U 2.0±1.0 	1.07± .14 .79± .12 1.18	 1.20 .98 .40					
034857.9-220754 215.88 -49.55 280.79 -45.70 034647.0-221700	 ESO 549- 23 IRAS03467-2216 PGC 13894	PSB.1.. r 1.0± .9 	1.02± .05 .24± .04 1.02	152 .09 .25 .12	 13.82 ±.14 11.76 				
0349.0 +4220 154.54 -9.38 352.24 -17.91 0345.6 +4211	 UGC 2870 PGC 13896	.L..... U -2.0± .9 	1.11± .08 .31± .04 1.20	 1.21 .00 					
034903.2-355236 237.37 -51.48 261.24 -44.08 034710.0-360142	 ESO 358- 69 PGC 13900	.S?.... 	.95± .06 .41± .05 .95	55 .00 .56 .20	 15.12 ±.14 14.52				 5393± 29 5263 5305
0349.0 +0111 186.75 -38.77 312.68 -41.08 0346.5 +0102	 UGC 2872 PGC 13903	.SXS8.. U 8.0± .9 	.99± .08 .07± .06 1.04	155 .57 .09 .04					4135± 10 4102 3999
034905.6-030340 191.26 -41.24 307.33 -42.56 034634.9-031246	 MCG -1-10- 39 PGC 13905	.S..3./ E 3.0± .9 	1.17± .05 .66± .05 1.20	150 .34 .91 .33					
034907.4-485131 257.65 -49.61 244.56 -39.80 034738.1-490036	IC 2000 ESO 201- 3 IRAS03476-4900 PGC 13912	.SBS6*/ S (1) 5.5± .5 4.4± .6	1.61± .03 .70± .05 .52± .05 1.61	83 .00 1.03 .35	 12.90 ±.14 13.09 11.86	1.01± .05 .88 	1.09± .05 14.16± .11 		 894± 88 741 833
034937.2-835742 297.98 -31.34 210.78 -19.82 035607.0-840630	 ESO 4- 6 PGC 13925	.SAS9*. S (1) 8.5± .6 8.9± .6	1.08± .05 .11± .05 1.13	 .57 .11 .06	 15.51 ±.14 				

R.A. 2000 DEC.	Names	Type	$\log D_{25}$	p.a.	B_T	$(B-V)_T$	$(B-V)_e$	m_{21}	V_{21}
l b		S_T n_L	$\log R_{25}$	A_g	m_B	$(U-B)_T$	$(U-B)_e$	W_{20}	V_{opt}
SGL SGB		T	$\log A_e$	A_i	m_{FIR}	$(B-V)^o_T$	m'_e	W_{50}	V_{GSR}
R.A. 1950 DEC.	PGC	L	$\log D_o$	A_{21}	B^o_T	$(U-B)^o_T$	m'_{25}	HI	V_{3K}
034942.1-265939		.S..5*/	1.53± .02	69				14.58±.2	1525± 7
223.31 -50.53	ESO 482- 46	SU	.83± .03	.00	13.98 ±.14			234± 11	
273.74 -45.66	IRAS03476-2708	5.3± .6		1.25				220± 8	1415
034737.0-270842	PGC 13926		1.53	.42	12.72			1.44	1423
034946.8-554904		.S?....	.96± .06	13	15.38 ±.18	1.01± .04	.96± .04		
267.48 -47.17	ESO 156- 17		.35± .05	.00	15.45 ±.14				13316± 88
236.57 -36.70			.52± .05	.48		.86	13.47± .13		13153
034836.0-555806	PGC 13929		.96	.17	14.84		14.15± .36		13271
0349.8 -3556					15.40S±.10				
237.48 -51.33				.00					1326± 29
261.09 -44.22									1195
0347.9 -3605	PGC 13930								1239
034950.3-713807		.SXS8..	1.66± .03	93				13.04±.3	1428± 9
286.34 -39.23	ESO 54- 21	Sr (1)	.28± .05	.25	12.98 ±.14				
221.03 -27.81		7.9± .3		.35				204± 7	1253
035007.1-714706	PGC 13931	7.6± .5	1.68	.14	12.38			.51	1421
0349.9 +1750		.S..3..	1.02± .08	40					8008
171.93 -27.60	UGC 2873	U (1)	.56± .06	.90					
331.26 -33.41		3.0± .9		.77					8026
0347.1 +1741	PGC 13933	4.5±1.2	1.10	.28					7870
0350.1 +1741		.S..0..	1.00± .08	171					10057
172.08 -27.67	UGC 2874	U	.73± .06	.90	15.60 ±.12				
331.14 -33.53		.0±1.0		.54					10074
0347.3 +1732	PGC 13938		1.05		14.01				9919
035022.8-501806		.SBT2*P	.99± .07						
259.68 -49.00	ESO 201- 4	S	.32± .06	.00	15.03 ±.14				
242.74 -39.36		2.0±1.2		.40					
034857.0-502706	PGC 13944		.99	.16					
035023.5+065809	NGC 1462	.S?....	.94± .11						8223
181.35 -34.90	MCG 1-10- 10		.28± .07	.59	15.10 ±.12				
319.73 -38.98				.43					8207
034742.9+064907	PGC 13945		.99	.14	14.04				8087
035030.5-392236		.SBS7..	1.07± .04						
242.94 -51.05	ESO 302- 12	S (1)	.05± .04	.06	15.13 ±.14				
256.41 -43.43		7.0± .8		.07					
034843.0-393136	PGC 13947	6.7±1.2	1.07	.03					
0350.5 +3632		.S?....	1.00± .08	129					5767
158.55 -13.66	UGC 2875		.55± .06	1.11					
347.93 -22.03				.82					5840
0347.3 +3623	PGC 13948		1.10	.27					5638
0350.5 +7301		.SB?...	1.11± .05	20					
135.20 14.58	UGC 2865		.35± .05	.96	14.8 ±.3				4312
14.12 3.68	IRAS03449+7252			.53	11.25				4466
0344.9 +7252	PGC 13949		1.20	.18	13.27				4238
035036.9-355436		.LB.-?.	1.13± .05	45	14.19M±.10				
237.42 -51.17	ESO 359- 2	S	.23± .04	.00	14.48 ±.14				1460± 29
261.09 -44.38		-3.7± .7	.92± .16	.00			13.40± .57		1329
034844.0-360336	PGC 13950		1.06		14.27		14.14± .30		1374
035040.1-251648		.SXT5..	1.18± .04		*				
220.75 -49.97	ESO 482- 47	S (1)	.04± .03	.00	13.83 ±.14				4083
276.20 -46.00	IRAS03485-2525	4.5± .6		.06	14.02				3976
034833.0-252548	PGC 13952	1.1± .6	1.18	.02	13.75				3979
0350.8 +7407		.S..1?.	.96± .17	92	*				
134.47 15.43	UGC 2864	U	.39± .12	1.01	15.1 ±.3				
14.89 4.46	IRAS03450+7358	1.0±1.9		.40	13.28				
0345.0 +7358	PGC 13957		1.06	.20					
0350.9 -5158					14.0 ±.5	.73± .06	.69± .03		
262.04 -48.39				.00					5475± 88
240.75 -38.69			.98± .17				14.42± .51		5316
0349.6 -5207	PGC 13960								5423
0351.0 +7819		.S..6*.	1.07± .14	88					
131.60 18.60	UGC 2860	U	.50± .12	.63					
17.80 7.45		6.0±1.3		.73					
0344.0 +7810	PGC 13965		1.13	.25					
035107.4-030721		PSBS0?.	1.13± .08	50					
191.70 -40.85	MCG -1-10- 43	E	.12± .05	.40					
307.47 -43.06		.0± .9		.09					
034836.8-031620	PGC 13967		1.16						

R.A. 2000 DEC.	Names	Type	logD25	p.a.	BT	(B-V)T	(B-V)e	m21	V21
l b		S_T n_L	logR25	A_g	m_B	(U-B)T	(U-B)e	W_{20}	V_{opt}
SGL SGB		T	logAe	A_i	m_{FIR}	$(B-V)^o_T$	m'e	W_{50}	V_{GSR}
R.A. 1950 DEC.	PGC	L	logDo	A_{21}	B^o_T	$(U-B)^o_T$	m'25	HI	V_{3K}
035109.6+034739		.S?....	.84± .10						7015
184.53 -36.76	CGCG 417- 8		.19± .10	.74	15.24 ±.12				
316.12 -40.52				.28					6989
034832.2+033840	PGC 13968		.91	.09	14.18				6881
0351.1 +3654		.SB.8*.	1.16± .13	25					3818
158.41 -13.30	UGC 2877	U	.25± .12	1.11					
348.31 -21.87		8.0±1.2		.30					3891
0347.9 +3645	PGC 13969		1.26	.12					3690
0351.4 -0740		.SB.9*/	1.24± .05	159					4065
196.94 -43.20	MCG -1-10- 44	E (1)	.78± .05	.17					
301.44 -44.44		9.0±1.3		.79					4005
0349.0 -0749	PGC 13977	5.3± .8	1.25	.39					3940
035140.8-382704		.IBS9..	1.23± .04					14.53±.3	881± 9
241.45 -50.88	ESO 302- 14	S (1)	.05± .04	.00	14.84 ±.14				
257.55 -43.92		10.0± .8		.04				74± 7	744
034952.0-383600	PGC 13985	10.0± .8	1.23	.02	14.80			-.30	801
035146.3+325830		.I..9?.	1.14± .13					16.07±.3	3938± 10
161.15 -16.20	UGC 2879	U	.10± .12	.75					
345.22 -24.55		10.0±1.6		.07				162± 7	4000
034836.0+324932	PGC 13987		1.21	.05					3808
035152.8-085018	NGC 1467	PLAT+?.	1.04± .07	115					
198.42 -43.69	MCG -2-10- 15	E	.21± .05	.13					
299.88 -44.83		-1.0±1.3		.00					
034927.9-085914	PGC 13991		1.02						
0351.9 +2454		.S..6*.	1.10± .05	146					5983
166.87 -22.18	UGC 2880	U	.83± .05	.39					
338.28 -29.66		6.0±1.4		1.21					6021
0348.9 +2446	PGC 13992		1.13	.41					5849
0351.9 +4248		.S..6*.	1.04± .08	150				16.28±.1	5390± 11
154.65 -8.67	UGC 2878	U	.59± .06	1.33					
352.99 -17.97		6.0±1.3		.86				276± 8	5479
0348.5 +4240	PGC 13994		1.17	.29					5269
035158.8-595549	IC 2010	.S..1?.	1.06± .05	71	14.35 ±.19	.67± .03	.68± .03		
272.69 -45.17	ESO 117- 11	S	.37± .05	.00	14.52 ±.14				
232.04 -34.81	IRAS03510-6004	1.0±1.8	.61± .06	.38	12.91		12.89± .17		
035103.0-600442	PGC 13995		1.06	.18			13.58± .35		
035200.5-551524		.LBS0..	1.02± .11						
266.54 -47.09		S	.10± .08	.00					13317± 88
236.99 -37.25		-2.0± .9		.00					13154
035048.6-552417	PGC 13996		1.00						13273
035200.8-390254		DLX.0..	1.00± .05	122					
242.39 -50.78	ESO 302- 15	S	.09± .04	.02	15.21 ±.14				
256.72 -43.81		-2.0± .9		.00					
035013.0-391148	PGC 13997		.99						
035201.3-332811		.S..2*/	1.26± .04	132					1596± 10
233.56 -50.81	ESO 359- 3	S	.41± .04	.00	14.25 ±.14			161± 15	1636± 29
264.39 -45.21		1.5± .8		.50				166± 11	1474
035005.0-333706	PGC 13998		1.26	.20	13.73				1512
035202.5-834957	IC 2051	.SBR4*.	1.42± .03	67				13.63±.3	1735± 10
297.81 -31.38	ESO 4- 7	Sr (1)	.21± .04	.57	12.32 ±.14			329± 12	1675± 34
210.84 -19.96	IRAS03583-8358	4.2± .4		.31	11.29			298± 9	1555
035824.0-835836	PGC 13999	3.3± .5	1.47	.11	11.43			2.10	1753
035209.0-443154	NGC 1476	.S..1?P	1.14± .04	86					
250.93 -50.09	ESO 249- 24	S	.38± .04	.00	13.98 ±.14				
249.59 -41.99	IRAS03504-4440	1.0±1.7		.38	13.64				
035031.0-444048	PGC 14001		1.14	.19					
035209.9-085959	NGC 1470	.S..2./	1.12± .06	169					
198.66 -43.70	MCG -2-10- 16	E	.67± .05	.13					6464
299.68 -44.93	IRAS03497-0908	2.0± .9		.82	13.54				6399
034945.1-090854	PGC 14002		1.13	.34					6341
035212.6-062058	NGC 1468	.L..-..	1.07± .09	45					
195.53 -42.36	MCG -1-10- 45	E	.18± .08	.25					
303.30 -44.28		-3.0± .9		.00					
034945.2-062953	PGC 14004		1.08						
035213.1-545313		.LXS0*P	1.33± .04	21	14.5 ±.2	1.19± .04	1.14± .02		
266.01 -47.20	ESO 156- 18	S	.30± .04	.00	14.17 ±.14	.51± .07	.48± .03		13315
237.37 -37.46		-2.0± .7	.88± .09	.00		1.04	14.35± .30		13152
035100.0-550206	PGC 14005		1.29		14.08	.55	15.28± .32		13270

R.A. 2000 DEC. l b SGL SGB R.A. 1950 DEC.	Names PGC	Type S_T n_L T L	$logD_{25}$ $logR_{25}$ $logA_e$ $logD_o$	p.a. A_g A_i A_{21}	B_T m_B m_{FIR} B_T^o	$(B\text{-}V)_T$ $(U\text{-}B)_T$ $(B\text{-}V)_T^o$ $(U\text{-}B)_T^o$	$(B\text{-}V)_e$ $(U\text{-}B)_e$ m'_e m'_{25}	m_{21} W_{20} W_{50} HI	V_{21} V_{opt} V_{GSR} V_{3K}
0352.3 +0222		.S..7..	1.00± .08	17					
186.15 -37.41	UGC 2884	U	1.02± .06	.66					
314.56 -41.36		7.0±1.0		1.38					
0349.7 +0214	PGC 14007		1.06	.50					
0352.3 +3614		RLX.+..	1.19± .06	148					
159.03 -13.66	UGC 2881	U	.17± .03	1.11	14.3 ±.3				
347.95 -22.48	IRAS03490+3605	-1.0± .8		.00					
0349.0 +3605	PGC 14008		1.27						
035221.5-420819		DE.6.*.	1.13± .05	94					
247.22 -50.42	ESO 302- 16	S	.46± .04	.00	15.64 ±.14				
252.62 -42.88		-5.0± .9		.00					
035039.1-421712	PGC 14010		.99						
0352.7 +3440		.S..8*.	1.22± .06	94					4355± 10
160.14 -14.78	UGC 2882	U	.40± .06	.92					
346.76 -23.58		8.0±1.2		.49					4421
0349.5 +3432	PGC 14017		1.31	.20					4228
035247.8-472839	NGC 1483	.SBS4*.	1.21± .03	125	13.11 ±.13	.43± .01	.48± .01	14.69±.3	1143± 9
255.35 -49.37	ESO 201- 7	RS (1)	.08± .04	.00	13.23 ±.14	-.19± .03	-.20± .03	136± 10	1081± 31
245.88 -40.93	IRAS03512-4737	4.2± .4	.90± .01	.12	13.13	.41	13.10± .02		986
035116.0-473730	PGC 14022	5.6± .8	1.21	.04	13.04	-.21	13.83± .22	1.61	1078
035249.1-432351			.68± .06						
249.15 -50.16	ESO 249- 25		.15± .05	.00	14.85 ±.14				1475±108
250.96 -42.52									1329
035109.0-433242	PGC 14023		.68						1406
035251.8+070316		.IB?...	.82± .13						5737
181.75 -34.38	MCG 1-10- 12		.08± .07	.56	15.34 ±.12				
320.19 -39.49				.06					5720
035011.1+065423	PGC 14024		.87	.04	14.72				5604
035255.3-534330		.LXS-*P	1.04± .11						
264.36 -47.52		S	.21± .08	.00					
238.60 -38.12		-3.0± .9		.00					
035139.0-535220	PGC 14026		1.01						
0353.0 -5623					15.36 ±.15	.67± .04			
268.00 -46.52				.02					13449± 88
235.66 -36.79									13284
0351.9 -5632	PGC 14029								13408
035302.8+353526		.SAT5..	1.59± .04	40				13.64±.1	5802± 4
159.58 -14.05	UGC 2885	U	.30± .06	1.12	13.5 ±.3			579± 4	5785± 27
347.54 -23.03	IRAS03497+3526	5.0± .7		.45	12.80			550± 4	5870
034948.7+352633	PGC 14030		1.70	.15	11.89			1.60	5675
0353.1 +3457		.S..9*.	1.19± .12						
160.01 -14.51	UGC 2886	U	.12± .12	.92					5490
347.04 -23.46		9.0±1.1		.12					5557
0349.9 +3449	PGC 14031		1.28	.06					5363
0353.2 +3456		.I..9?.	1.00± .16						5385
160.04 -14.51	UGC 2887	U	.04± .12	.92					
347.05 -23.48		10.0±1.7		.03					5452
0350.0 +3448	PGC 14032		1.09	.02					5258
035319.9+321952		.S?....	1.02± .06	20				15.06±.3	4039± 10
161.85 -16.47	UGC 2888		.20± .05	.61	15.0 ±.3				
344.92 -25.22				.30				215± 7	4098
035010.4+321100	PGC 14034		1.07	.10	14.03			.93	3911
0353.5 +3228	NGC 1465	.S..0..	1.24± .05	165					2283
161.78 -16.32	UGC 2891	U	.57± .05	.61	14.7 ±.3				
345.08 -25.16		.0± .9		.43					2342
0350.4 +3220	PGC 14039		1.27		13.60				2155
035334.5-660102	NGC 1490	.E.1...	1.11± .06	142					
279.93 -42.07	ESO 83- 11	S	.07± .04	.20	13.42 ±.14				5397± 56
225.93 -31.49		-5.0± .7		.00					5224
035309.0-660948	PGC 14040		1.12		13.14				5379
035335.3-485918	IC 2009	.IXS9..	1.21± .05	72					
257.54 -48.86	ESO 201- 8	S (1)	.17± .05	.00	14.61 ±.14				1584
243.99 -40.41		10.0± .8		.12					1428
035207.0-490806	PGC 14041	8.9± .8	1.21	.08	14.48				1528
0353.5 +1905		.SBT4..	1.13± .05					16.01±.3	7963± 11
171.61 -26.10	UGC 2892	U	.01± .05	.79				464± 7	
333.08 -33.41		4.0± .8		.02				446± 7	7982
0350.7 +1857	PGC 14042		1.20	.01					7830

R.A. 2000 DEC.	Names	Type	$\log D_{25}$	p.a.	B_T	$(B-V)_T$	$(B-V)_e$	m_{21}	V_{21}
l b		S_T n_L	$\log R_{25}$	A_g	m_B	$(U-B)_T$	$(U-B)_e$	W_{20}	V_{opt}
SGL SGB		T	$\log A_e$	A_i	m_{FIR}	$(B-V)^o_T$	m'_e	W_{50}	V_{GSR}
R.A. 1950 DEC.	PGC	L	$\log D_o$	A_{21}	B^o_T	$(U-B)^o_T$	m'_{25}	HI	V_{3K}
035336.9-092722		.LA.0*.	1.08± .07	177					
199.45 -43.61	MCG -2-10- 19	E	.41± .05	.12					
299.16 -45.38		-2.0± .9		.00					
035112.7-093611	PGC 14044		1.03						
035337.6+371550		.SX.4*.	1.19± .05	100					5580
158.55 -12.71	UGC 2889	U	.28± .05	1.45	14.8 ±.3				
348.95 -21.99		4.0±1.2		.41					5653
035020.8+370659	PGC 14045		1.32	.14	12.92				5456
0354.1 +1559		.S..6*.	1.00± .06						
174.21 -28.18	UGC 2894	U	.13± .05	1.14	15.14 ±.15				6583± 57
330.07 -35.26	IRAS03512+1550	6.0±1.2		.18					6592
0351.3 +1550	PGC 14063		1.11	.06	13.79				6450
035413.2-434520		.S?....	1.02± .06	167					
249.64 -49.85	ESO 249- 26		.40± .05	.00	15.22 ±.14				1078±108
250.38 -42.63				.56					930
035234.0-435406	PGC 14066		1.02	.20	14.65				1011
035413.6-084431		.SXS7..	1.11± .09	95					
198.69 -43.13	MCG -2-10- 21	E (1)	.06± .05	.15					
300.20 -45.37		7.0± .9		.08					
035148.6-085318	PGC 14067	6.4± .8	1.12	.03					
0354.2 +3630		.SB.7..	1.04± .08						5833
159.15 -13.19	UGC 2893	U	.08± .06	1.33					
348.45 -22.59		7.0± .9		.11					5904
0351.0 +3622	PGC 14068		1.16	.04					5709
035415.8+155542								17.05±.3	6662± 9
174.28 -28.20	CGCG 465- 12			1.14	15.2 ±.3			220± 10	6675± 57
330.03 -35.32	IRAS03514+1546								6671
035125.9+154654	PGC 14069								6530
035417.9-365814	NGC 1484	.SBS3?.	1.40± .04	80	*				
239.09 -50.42	ESO 359- 6	BS (1)	.64± .04	.00	13.67 ±.14				1022± 26
259.36 -44.83	IRAS03524-3706	3.0± .8		.89	14.24				887
035227.0-370700	PGC 14071	4.4± .8	1.40	.32	12.77				943
0354.3 +1735		.S?....	1.07± .07	97	*				10082
172.94 -27.04	UGC 2895		.25± .06	1.02					
331.71 -34.41	IRAS03514+1726			.38	13.30				10096
0351.4 +1726	PGC 14072		1.17	.13					9950
0354.4 +0635		.S..8*.	1.13± .05	103	*				3471± 10
182.49 -34.36	UGC 2899	U	.86± .05	.56					
319.89 -40.05		8.0±1.4		1.06					3451
0351.8 +0627	PGC 14076		1.18	.43					3341
035428.4-355802	IC 2006	.E.....	1.32± .03		12.21M±.10	.92± .01	.95± .01		
237.51 -50.39	ESO 359- 7	RBC	.07± .03	.00	12.44 ±.11	.39± .02	.44± .01		1356± 20
260.73 -45.12		-4.5± .3	.98± .02	.00		.91	12.57± .08		1223
035236.1-360648	PGC 14077		1.30		12.29	.40	13.62± .19		1275
035429.2-444509		.IBS9*/	1.15± .05	92					
251.15 -49.64	ESO 249- 27	S (1)	.46± .05	.00	15.47 ±.14				1272±108
249.09 -42.29		10.0±1.3		.35					1123
035252.0-445354	PGC 14078	7.8± .9	1.15	.23	15.12				1208
035429.5-202538	NGC 1481	.LA.-*.	1.01± .05	133					
214.00 -47.81	ESO 549- 32	SE	.18± .03	.07	14.44 ±.14				
283.31 -46.96		-3.3± .6		.00					
035217.0-203424	PGC 14079		.99						
035431.0+104214	IC 2002	.SB.1..	1.06± .05	0				14.93±.1	5227± 7
178.77 -31.69	UGC 2898	U	.05± .04	.66	14.66 ±.15			335± 8	
324.54 -38.10		1.0± .8		.06					5220
035146.5+103327	PGC 14080		1.12	.03	13.87			1.03	5096
035439.4-203009	NGC 1482	.LA.+P/	1.39± .03	103	13.10 ±.15	.95± .02	.99± .01		
214.12 -47.80	ESO 549- 33	PSE (1)	.25± .02	.07	13.14 ±.14	.05± .03	.15± .02		1765± 39
283.20 -47.00	IRAS03524-2038	-.8± .5	.98± .03	.00	9.48	.88	13.49± .09		1668
035227.0-203854	PGC 14084	5.0±1.5	1.36		13.03	.01	14.30± .22		1659
035447.2+061546			1.00?						7821
182.86 -34.51	CGCG 417- 10		.22?	.63	15.13 ±.13				
319.55 -40.27									7800
035207.3+060700	PGC 14088		1.06						7691
0354.8 +1822		.S?....	1.00± .16	117					7758
172.42 -26.39	UGC 2900		.55± .12	.87					
332.58 -34.07				.82					7774
0352.0 +1814	PGC 14091		1.08	.27					7626

R.A. 2000 DEC. l b SGL SGB R.A. 1950 DEC.	Names PGC	Type S_T n_L T L	$\log D_{25}$ $\log R_{25}$ $\log A_e$ $\log D_o$	p.a. A_g A_i A_{21}	B_T m_B m_{FIR} B_T^o	$(B-V)_T$ $(U-B)_T$ $(B-V)_T^o$ $(U-B)_T^o$	$(B-V)_e$ $(U-B)_e$ m'_e m'_{25}	m_{21} W_{20} W_{50} HI	V_{21} V_{opt} V_{GSR} V_{3K}
035456.5-655637		.S..3?.	1.25± .05	42					
279.75 -41.99	ESO 83- 12	S	.91± .04	.18	14.78 ±.14				
225.90 -31.64	IRAS03545-6605	3.0±1.9		1.26	13.42				
035431.0-660518	PGC 14093		1.27	.46					
0355.0 -4936		DE.1.P*	1.11± .10						
258.35 -48.47	ESO 201- 10	S	.27± .08	.00					
243.12 -40.34		-5.0±1.2		.00					
0353.6 -4945	PGC 14098		1.03						
035504.8-061320		.SXT8*.	1.14± .05	65					
195.89 -41.68	MCG -1-10- 47	E (1)	.20± .04	.24					
303.75 -44.93		8.3± .7		.24					
035237.3-062204	PGC 14100	7.5± .6	1.17	.10					
035508.8-172804		.SBT5*.	1.07± .04	3					
209.98 -46.67	ESO 549- 36	SE (2)	.16± .03	.04	14.46 ±.14				8488± 20
287.70 -46.97		5.0± .6		.23					8398
035253.0-173648	PGC 14102	4.9± .6	1.07	.08	14.14				8379
035521.5-564443	IC 2014	.SBS5*.	1.05± .05	17					
268.28 -46.09	ESO 156- 20	S (1)	.32± .04	.00	15.52 ±.14				10319± 88
235.07 -36.89		5.0± .6		.49					10153
035415.1-565324	PGC 14108	3.9± .6	1.05	.16	14.98				10281
035522.2-280936	IC 2007	.SBT4?.	1.13± .04	52					
225.44 -49.50	ESO 419- 11	Sr	.24± .04	.00	13.70 ±.14				
271.85 -46.79	IRAS03533-2818	4.1±1.0		.35	12.82				
035319.0-281818	PGC 14110		1.13	.12					
035538.8-513026		.S?....	1.01± .06	18					
261.04 -47.85	ESO 201- 11		.34± .05	.00	15.57 ±.14				13820± 88
240.85 -39.55				.52					13660
035417.0-513906	PGC 14116		1.01	.17	14.98				13771
035546.6-422202	NGC 1487	.P.....	1.52± .02	55	12.34M±.07	.44± .02	.40± .02	13.05±.3	856± 9
247.45 -49.76	ESO 249- 31	R	.19± .02	.00	11.98 ±.12	-.30± .04	-.33± .03	219± 10	733± 17
252.02 -43.40	VV 78	99.0	.91± .02	.15	11.79	.39	12.29± .04		684
035405.0-423042	PGC 14117		1.52	.10	12.11	-.34	14.33± .13	.85	762
0355.9 +7254	A 0350+72	.S..8P*	1.45± .03	33				14.61±.1	1165± 11
135.58 14.75	UGC 2890	PU	.72± .05	.90	14.3 ±.3				
14.32 3.33		7.5± .8		.89				149± 8	1318
0350.3 +7246	PGC 14123		1.54	.36	12.50			1.76	1093
035608.6-523235		.LBT+P.	1.11± .10						
262.47 -47.46		S	.17± .08	.00					11269± 88
239.62 -39.12		-1.0± .9		.00					11108
035449.6-524113	PGC 14127		1.09						11223
035613.3-554852		.LX.-*.	1.02± .11		15.08 ±.19	1.02± .03	1.03± .03		
266.97 -46.33		S	.14± .08	.00					
235.99 -37.48		-3.0± .9	.52± .08	.00			13.17± .26		
035504.0-555730	PGC 14131		1.00				14.68± .62		
035618.8-214915	NGC 1486	.S..4*P	.94± .05	2					
216.17 -47.83	ESO 549- 37	S	.22± .03	.09	15.21 ±.14				
281.24 -47.40		4.0±1.3		.32					
035408.0-215754	PGC 14132		.95	.11					
035624.0-535243		.E.2.*.	1.11± .10						
264.31 -46.99		S	.14± .08	.00					20490± 88
238.10 -38.49		-5.0±1.2		.00					20327
035508.9-540120	PGC 14135		1.07						20447
035633.3-660225	NGC 1503	.LBT+?.	.93± .06	140					
279.75 -41.80	ESO 83- 13	S	.06± .04	.18	14.40 ±.14				
225.69 -31.72	IRAS03561-6611	-1.0± .7		.00	12.47				
035609.0-661100	PGC 14137		.94						
035639.6-592342	IC 2017	.LA.0*P	1.03± .05	20					
271.64 -44.87	ESO 117- 15	S	.22± .03	.00	14.90 ±.14				
232.19 -35.60	IRAS03557-5932	-2.0± .8		.00	12.77				
035543.0-593218	PGC 14140		1.00						
0356.7 +3451		.S?....	1.02± .06						8452
160.66 -14.10	UGC 2901		.00± .05	1.03					
347.49 -24.07				.00					8517
0353.5 +3443	PGC 14142		1.11	.00					8329
035647.5-602537		.S?....	1.20± .05	2					
272.94 -44.41	ESO 117- 16		.50± .05	.00	15.15 ±.14				9328
231.13 -35.03				.76					9158
035555.0-603412	PGC 14143		1.20	.25	14.34				9299

R.A. 2000 DEC.	Names	Type	logD25	p.a.	B_T	$(B-V)_T$	$(B-V)_e$	m_{21}	V_{21}
l b		S_T n_L	logR25	A_g	m_B	$(U-B)_T$	$(U-B)_e$	W_{20}	V_{opt}
SGL SGB		T	logAe	A_i	m_{FIR}	$(B-V)^o_T$	m'_e	W_{50}	V_{GSR}
R.A. 1950 DEC.	PGC	L	logDo	A_{21}	B^o_T	$(U-B)^o_T$	m'_{25}	HI	V_{3K}
0356.8 +0805		.S..0..	1.00± .08	120					
181.54 -32.96	UGC 2903	U	.33± .06	.43	15.20 ±.12				
321.97 -39.87		.0± .9		.25					
0354.1 +0757	PGC 14145		1.02						
0357.0 +1628		.S..3*.	1.29± .06						
174.35 -27.34	UGC 2904	U (1)	.09± .06	1.06	14.8 ±.3				7925± 67
331.04 -35.57		3.0±1.1		.13					7934
0354.2 +1620	PGC 14148	4.5±1.1	1.39	.05	13.60				7796
0357.0 +1630		.I..9*.	.96± .07	153					
174.33 -27.31	UGC 2905	U	.19± .05	1.06	15.31 ±.14				7886± 67
331.07 -35.55		10.0±1.3		.14					7895
0354.2 +1622	PGC 14149		1.06	.09	14.10				7757
035709.1+340939		.L.....	1.13± .10	15					
161.21 -14.57	UGC 2902	U	.08± .05	.90	14.9 ±.3				
347.00 -24.61		-2.0± .8		.00					
035356.7+340101	PGC 14152		1.22						
035710.1-285236		.S..1*/	1.26± .03	9					
226.63 -49.23	ESO 419- 12	S	.79± .03	.00	14.18 ±.14				4114± 52
270.72 -47.09		1.0±1.2		.81					3995
035508.1-290112	PGC 14154		1.26	.40	13.32				4024
035710.3-184642		.S?....	1.15± .04	142					
212.01 -46.68	ESO 549- 40		.42± .04	.02	14.23 ±.14				7593± 22
285.80 -47.53	IRAS03549-1855			.52	12.84				7499
035456.1-185518	PGC 14155		1.15	.21	13.62				7489
035713.5-252355		.SBS5..	1.13± .04	158					
221.44 -48.55	ESO 483- 2	S (1)	.32± .03	.00	14.85 ±.14				
275.88 -47.47		5.0± .9		.48					
035507.0-253230	PGC 14157	3.3± .9	1.13	.16					
035719.9-524126		.SBS5..	1.22± .07						
262.60 -47.24		S (1)	.18± .08	.00					
239.34 -39.20		5.0± .8		.27					
035601.7-525000	PGC 14158	5.6± .8	1.22	.09					
035720.4-521533		.S..1P.	1.17± .08						
261.99 -47.37		S	.03± .08	.00					10001± 88
239.83 -39.42		1.0± .8		.03					9839
035600.9-522407	PGC 14159		1.17	.01					9955
035727.8-461238	NGC 1493	.SBR6..	1.54± .03		11.78 ±.16	.51± .02	.54± .01	13.38±.2	1054± 7
253.20 -48.86	ESO 249- 33	R (2)	.03± .04	.00	11.79 ±.12		.18± .04	136± 6	1014± 41
246.99 -42.18	IRAS03558-4621	6.0± .7	1.24± .03	.05	11.89	.50	13.47± .07	105± 6	900
035554.1-462112	PGC 14163	4.8± .4	1.54	.02	11.73		14.27± .25	1.63	995
035738.7-191302	NGC 1489	.SBR3..	1.14± .03	12	14.61 ±.14	.81± .04	.89± .04		
212.67 -46.72	ESO 549- 42	SEr (2)	.39± .03	.04	14.65 ±.14	.03± .06	.13± .06		11453± 60
285.15 -47.66		3.4± .5	.76± .02	.54		.65	13.90± .06		11357
035525.0-192136	PGC 14165	3.3± .7	1.14	.20	13.96	-.10	14.18± .21		11350
035742.8-485427	NGC 1494	.SXS7*.	1.50± .03	179				13.91±.3	1123± 9
257.16 -48.23	ESO 201- 12	RS (2)	.22± .04	.00	12.27 ±.12			203± 10	1094± 41
243.69 -41.05	IRAS03562-4902	6.5± .5		.30	12.58				964
035615.0-490300	PGC 14169	4.0± .6	1.50	.11	11.96			1.83	1069
035753.9-524652	IC 2018	RSXT4*.	.90± .05	140	15.62 ±.17	.84± .04			
262.68 -47.13	ESO 156- 21	S (1)	.16± .04	.00	15.76 ±.14				10157± 88
239.18 -39.23		4.0± .9		.23		.74			9995
035636.0-525524	PGC 14173	4.4± .9	.90	.08	15.40		14.59± .32		10113
035810.8-223404		.SB.7?.	.97± .05	92					
217.42 -47.63	ESO 483- 3	S	.23± .03	.05	15.37 ±.14				
280.11 -47.82		7.0±1.8		.32					
035601.0-224236	PGC 14180		.97	.11					
0358.1 +1834	NGC 1488							15.91±.3	7011± 9
172.87 -25.69	CGCG 466- 3			1.07	15.4 ±.3				
333.32 -34.60								250± 7	7026
0355.3 +1826	PGC 14181								6884
035813.8-352646	NGC 1492	.S..1?.	.98± .05	10					
236.72 -49.61	ESO 359- 12	S	.12± .04	.00	14.29 ±.14				4573± 29
261.18 -45.99	IRAS03563-3535	1.0±1.6		.12	13.21				4439
035621.1-353518	PGC 14186		.98	.06	14.12				4495
035814.1-521942	NGC 1500	.LAR-*.	1.04± .05		14.87 ±.18	1.05± .03			
262.03 -47.22	ESO 201- 13	S	.07± .04	.00	14.44 ±.14				9976± 88
239.66 -39.50		-4.0± .8		.00		.96			9814
035655.0-522812	PGC 14187		1.02		14.45		14.89± .34		9931

R.A. 2000 DEC. l b SGL SGB R.A. 1950 DEC.	Names PGC	Type S_T n_L T L	$\log D_{25}$ $\log R_{25}$ $\log A_e$ $\log D_o$	p.a. A_g A_i A_{21}	B_T m_B m_{FIR} B_T^o	$(B-V)_T$ $(U-B)_T$ $(B-V)_T^o$ $(U-B)_T^o$	$(B-V)_e$ $(U-B)_e$ m'_e m'_{25}	m_{21} W_{20} W_{50} HI	V_{21} V_{opt} V_{GSR} V_{3K}
035821.2-442759	NGC 1495	.S..5?/	1.48± .04	105	13.33 ±.16	.69± .02	.64± .02		
250.55 -49.01	ESO 249- 34	BS	.74± .05	.00	13.28 ±.14	-.13± .03	-.04± .03		1245± 34
249.08 -43.04	IRAS03567-4436	5.0± .8	.93± .04	1.12	12.43	.54	13.47± .11		1094
035644.1-443630	PGC 14190		1.48	.37	12.18	-.25	13.72± .27		1184
0358.3 +0643		.S..4..	.96± .09	134					5508
183.11 -33.53	UGC 2910	U	.69± .06	.47					
320.63 -40.85		4.0±1.0		1.01					5486
0355.7 +0635	PGC 14191		1.00	.34					5383
035828.0-401342		.L...P.	1.00± .07						
244.09 -49.46	ESO 302- 23A	S	.20± .06	.00	15.44 ±.14				
254.59 -44.61		-2.0±1.2		.00					
035643.1-402212	PGC 14196		.97						
035831.4-613238		.L..../	1.13± .09						
274.21 -43.74		S	.17± .08	.03					
229.86 -34.56		-2.0±1.2		.00					
035744.2-614106	PGC 14199		1.11						
035831.5-810346		PSBR3*.	1.25± .05	75					
295.17 -33.03	ESO 15- 5	Sr (1)	.08± .05	.34	13.38 ±.14				4819± 19
212.83 -22.01	IRAS04021-8112	3.4± .5		.12	12.65				4643
040209.0-811206	PGC 14200	3.3± .6	1.28	.04	12.89				4837
035844.1+274608		.S?....	.64± .17					16.38±.3	6761± 10
165.98 -19.05	MCG 5-10- 4		.28± .07	.45	15.79 ±.16				
341.90 -29.07				.43				328± 7	6804
035540.2+273737	PGC 14205		.68	.14	14.88			1.36	6637
035856.3-455132		.SB.6*/	1.17± .05	98					
252.61 -48.67	ESO 249- 35	S	.95± .04	.00	16.32 ±.14				
247.28 -42.56		6.3± .8		1.40					
035722.0-460000	PGC 14212		1.17	.48					
035854.5+102600	A 0356+10				15.93 ±.14	1.17± .02	1.18± .02		
179.84 -31.05				.57		.50± .05	.55± .05		9130± 42
324.93 -39.17			.27± .03				12.77± .11		9120
035610.2+101730	PGC 14213								9005
035858.1-590346		PLXS0..	1.03± .11						
271.04 -44.74		S	.21± .08	.00					
232.32 -36.03		-2.0± .9		.00					
035800.7-591213	PGC 14214		1.00						
0358.9 +4320		.S?....	1.21± .05	115				16.94±.1	4646± 11
155.30 -7.44	UGC 2908		.32± .05	1.63					
354.32 -18.52	IRAS03555+4311			.48				200± 12	4733
0355.5 +4311	PGC 14215		1.37	.16					4533
035859.4+793318		.S..6*.	1.10± .05					15.37±.1	2224± 11
131.02 19.76	UGC 2896	U	.66± .06	.48	15.36 ±.18				
18.93 8.09	KUG 0351+794	6.0±1.3		.97				200± 8	2386
035117.9+792439	PGC 14216		1.15	.33	13.90			1.14	2166
035902.9-604026		PLAS-*.	1.05± .11						
273.09 -44.06		S	.06± .08	.00					14457± 15
230.68 -35.12		-3.0± .9		.00					14286
035812.0-604853	PGC 14220		1.04						14430
0359.0 +0121		.SBS1*.	.95± .07					16.40±.3	3912± 11
188.44 -36.66	UGC 2913	U	.00± .05	.66				147± 7	
314.20 -43.32	IRAS03564+0113	1.0±1.2		.00				132± 7	3873
0356.4 +0113	PGC 14221		1.01	.00					3791
035906.5-411625		.LX.-*.	1.13± .09						
245.68 -49.26		S	.26± .08	.00					
253.14 -44.37		-3.0± .9		.00					
035723.4-412453	PGC 14222		1.10						
035914.3-421621		.IBS9P*	1.03± .05	78					
247.19 -49.14	ESO 302- 24	S (1)	.11± .05	.00	14.70 ±.14				4485
251.82 -44.03		9.5± .6		.08					4338
035733.1-422448	PGC 14224	6.7± .6	1.03	.06	14.61				4421
035915.2-455215		.IBS9..	1.34± .05					14.07±.3	901± 9
252.61 -48.61	ESO 249- 36	S (1)	.04± .05	.00	15.19 ±.14				
247.23 -42.61		9.5± .5		.03				104± 7	748
035741.0-460042	PGC 14225	10.0± .6	1.34	.02	15.16			-1.10	844
0359.3 +0641		.LB....	1.07± .07	15					5702
183.32 -33.36	UGC 2914	U	.15± .03	.50	14.43 ±.10				
320.74 -41.09		-2.0± .8		.00					5679
0356.7 +0633	PGC 14228		1.10		13.85				5579

R.A. 2000 DEC. l b SGL SGB R.A. 1950 DEC.	Names PGC	Type S_T n_L T L	$\log D_{25}$ $\log R_{25}$ $\log A_e$ $\log D_o$	p.a. A_g A_i A_{21}	B_T m_B m_{FIR} B_T^o	$(B-V)_T$ $(U-B)_T$ $(B-V)_T^o$ $(U-B)_T^o$	$(B-V)_e$ $(U-B)_e$ m'_e m'_{25}	m_{21} W_{20} W_{50} HI	V_{21} V_{opt} V_{GSR} V_{3K}
0359.4 +4318		.SB?...	1.00± .08	86				16.81±.1	5117± 11
155.39 -7.40	UGC 2911		.55± .06	1.65					
354.36 -18.60	IRAS03559+4310			.82	12.84			170± 8	5204
0355.9 +4310	PGC 14232		1.15	.27					5005
035930.2+214749								17.10±.2	7510± 6
170.58 -23.21	CGCG 487- 4			.63					
336.63 -32.94								104± 5	7534
035633.5+213920	PGC 14235								7385
035935.8-673807	NGC 1511	.SA.1P*	1.54± .03	125	11.88 ±.15	.57± .02	.59± .01	12.82±.3	1351± 7
281.37 -40.73	ESO 55- 4	RS	.46± .03	.21	12.07 ±.10	-.05± .03	-.04± .01	273± 8	1334± 48
224.01 -30.97	IRAS03594-6746	.7± .5	.97± .02	.47	9.75	.42	12.22± .07		1175
035923.0-674630	PGC 14236		1.56	.23	11.31	-.14	13.29± .22	1.28	1339
0359.6 +4237		.S..0..	1.04± .08						
155.87 -7.90	UGC 2912	U	.04± .06	1.54					
353.88 -19.12		.0± .8		.03					
0356.2 +4229	PGC 14237		1.18						
035941.7-364222		.S?....	1.08± .05	150					
238.67 -49.34	ESO 359- 13		.34± .05	.00	14.88 ±.14				1437± 26
259.30 -45.94				.35					1300
035751.0-365048	PGC 14239		1.08	.17	14.52				1364
035948.2-840539		.LAR-P?	1.14± .05	135	14.07 ±.15	1.01± .01	1.02± .01		
297.88 -31.06	ESO 4- 10	S	.27± .04	.57	14.12 ±.14	.51± .02	.55± .02		4936
210.49 -19.93	IRAS04068-8413	-3.7± .7	.56± .04	.00	13.65	.84	12.36± .15		4760
040645.1-841348	PGC 14240		1.14		13.45	.41	13.95± .32		4960
0359.8 +6707		.I..9?.	.90± .22					10.58±.0	67± 4
139.77 10.64	UGCA 86	U	.06± .18	3.27				180± 6	
10.71 -1.18		10.0±1.8		.05				99± 8	209
0355.0 +6659	PGC 14241		1.21	.03					-12
035954.6+323640		.S..6*.	1.04± .08	23				15.73±.3	5302± 10
162.72 -15.33	UGC 2915	U	.76± .06	.62					
346.16 -26.08		6.0±1.4		1.12				294± 7	5358
035644.1+322813	PGC 14246		1.10	.38					5182
0400.0 +0542		.S..6*.	1.00± .06	160					5388
184.38 -33.84	UGC 2919	U	.19± .05	.62					
319.68 -41.69		6.0±1.2		.29					5362
0357.4 +0534	PGC 14248		1.06	.10					5266
040003.9-532225	IC 2024	.SBS6?/	1.05± .05	29					
263.36 -46.64	ESO 156- 26	S (1)	.51± .04	.00	15.54 ±.14				
238.30 -39.22	IRAS03588-5330	6.0± .9		.76	13.13				
035848.0-533048	PGC 14249	4.4±1.3	1.05	.26					
040007.9-611702		.SBS4..	1.13± .04	115					
273.77 -43.68	ESO 117- 18	S (1)	.19± .04	.00	14.17 ±.14				5783
229.98 -34.87	IRAS03593-6125	4.0± .8		.29	13.26				5611
035920.0-612524	PGC 14251	3.3± .9	1.13	.10	13.85				5758
0400.1 +0045		.SXS8*.	1.14± .05	95					3544
189.25 -36.78	UGC 2921	UE (1)	.10± .05	.69					
313.58 -43.80		8.0± .7		.12					3503
0357.6 +0037	PGC 14252	8.7± .8	1.20	.05					3425
0400.2 +2253		.S..8..	1.10± .05					15.60±.3	5998± 8
169.88 -22.31	UGC 2918	U	.06± .05	.66	15.1 ±.2			228± 7	
337.78 -32.41		8.0± .8		.07				199± 7	6025
0357.3 +2245	PGC 14253		1.17	.03	14.39			1.18	5875
040017.1-613218		.LA.-..	1.03± .11						
274.08 -43.55		S	.27± .08	.00					
229.72 -34.74		-3.0± .9		.00					
035930.3-614040	PGC 14254		.99						
040019.4-674828	NGC 1511A	.SB.1?/	1.24± .04	110					
281.52 -40.58	ESO 55- 5	RS	.67± .04	.27	14.27 ±.14				1358± 69
223.80 -30.91	IRAS04001-6756	1.3± .6		.68					1182
040008.0-675648	PGC 14255		1.27	.33	13.30				1347
040022.0-523426	NGC 1506	.LA.-..	1.08± .06	80					
262.23 -46.84	ESO 156- 27	S	.15± .04	.00	14.55 ±.14				11367± 88
239.17 -39.66		-3.0± .7		.00					11204
035904.0-524248	PGC 14256		1.06		14.15				11324
040023.7-530356	IC 2025	.S..3*/	1.03± .05	120	16.16 ±.15	.78± .04			
262.91 -46.68	ESO 156- 28	S	.74± .04	.00	16.00 ±.14				12998± 88
238.62 -39.41		3.0±1.4		1.02		.56			12834
035907.1-531218	PGC 14257		1.03	.37	14.96		14.32± .30		12956

R.A. 2000 DEC. l b SGL SGB R.A. 1950 DEC.	Names PGC	Type S_T n_L T L	$logD_{25}$ $logR_{25}$ $logA_e$ $logD_o$	p.a. A_g A_i A_{21}	B_T m_B m_{FIR} B_T^o	$(B-V)_T$ $(U-B)_T$ $(B-V)_T^o$ $(U-B)_T^o$	$(B-V)_e$ $(U-B)_e$ m'_e m'_{25}	m_{21} W_{20} W_{50} HI	V_{21} V_{opt} V_{GSR} V_{3K}
040024.4-613959		.SBT4..	1.03± .09						
274.23 -43.48		S (1)	.14± .08	.03					
229.58 -34.67		4.0± .9		.21					
035938.2-614820	PGC 14258	5.6±1.2	1.03	.07					
040026.5-251055		PSBS3*/	1.42± .03	139					
221.37 -47.79	ESO 483- 6	Sr	.76± .03	.00	14.13 ±.14				4154± 52
276.12 -48.21	IRAS03583-2519	3.2± .6		1.05					4041
035820.0-251918	PGC 14259		1.42	.38	13.05				4063
040027.8+683440	NGC 1469	.LA.-*.	1.28± .05	153					
138.83 11.76	UGC 2909	PU	.36± .03	2.12	13.7 ±.3				
11.71 -.14		-2.7± .7		.00					
035527.9+682611	PGC 14261		1.50						
040029.0-490144		.L..0*.	1.20± .05	163					
257.18 -47.76	ESO 201- 14	S	.42± .04	.00	13.71 ±.14				
243.27 -41.40	IRAS03590-4910	-2.0±1.2		.00	13.02				
035902.0-491006	PGC 14262		1.14						
0400.5 -5456					16.32 ±.16	.31± .05			
265.47 -46.06				.00					
236.53 -38.46									
0359.4 -5504	PGC 14266								
040037.5-842201		.SAS8*.	1.12± .04	70					
298.11 -30.87	ESO 4- 11	S (1)	.29± .04	.57	15.00 ±.14				4860
210.27 -19.75		7.8± .8		.36					4684
040804.0-843006	PGC 14267	7.2± .9	1.17	.15	14.06				4885
040041.5-524403		.SAT6P*	1.09± .05	165					
262.43 -46.74	ESO 156- 29	S (1)	.16± .05	.00	15.29 ±.14				3900±190
238.96 -39.62	FAIR 762	5.7± .7		.24					3736
035924.0-525224	PGC 14270	5.6± .8	1.09	.08	15.03				3858
040042.2-304956		.L..+?P	1.13± .04	2					
229.74 -48.75	ESO 419- 13	S	.40± .03	.00	14.28 ±.14				
267.66 -47.53		-1.0±1.7		.00					
035843.0-305818	PGC 14271		1.07						
040042.9-465056		.SX.7?P	1.02± .05	108					
253.99 -48.18	ESO 250- 1	S (1)	.43± .04	.00	15.70 ±.14				
245.88 -42.42		7.0±1.3		.59					
035911.0-465918	PGC 14272	7.8±1.3	1.02	.21					
0400.7 +1734		.S..3..	1.02± .06	62					5215
174.14 -25.93	UGC 2922	U (1)	.20± .05	1.12					
332.76 -35.67	IRAS03578+1726	3.0± .9		.27	13.79				5225
0357.8 +1726	PGC 14274	3.5±1.2	1.12	.10					5092
040047.9+350044		.S..6*.	1.36± .04	63					4158
161.19 -13.43	UGC 2920	U	.82± .05	1.13	14.7 ±.3				
348.23 -24.59		6.0±1.2		1.20					4221
035733.8+345220	PGC 14276		1.46	.41	12.37				4040
040053.2-524940		RSBS3?P	1.10± .08						
262.55 -46.68		S	.17± .08	.00					
238.83 -39.60		3.0± .9		.23					
035936.0-525800	PGC 14278		1.10	.08					
040054.6-673642	NGC 1511B	.SB.7?/	1.24± .04	98					
281.26 -40.63	ESO 55- 6	RS (1)	.80± .04	.21	15.17 ±.14				
223.94 -31.08		7.1± .7		1.10					
040042.1-674500	PGC 14279	7.8±1.4	1.26	.40					
0400.9 -1014		.SB?...	.99± .10					15.62±.1	11060± 10
201.57 -42.38	MCG -2-11- 5	(1)	.09± .07	.13				275± 15	10985± 59
298.61 -47.33				.14					10984
0358.6 -1023	PGC 14282	1.8± .9	1.00	.05					10949
040100.8-525910		PS..0*.	1.02± .05	137					
262.76 -46.62	ESO 156- 31	S	.31± .05	.00	15.13 ±.14				10467± 88
238.64 -39.54		.0±1.3		.23					10303
035944.1-530730	PGC 14285		1.00		14.74				10426
040101.6+740458		.S..3*.	1.44± .03	5				13.80±.1	2494± 11
135.05 15.86	UGC 2906	U	.20± .05	.88	13.8 ±.3				
15.36 3.95	IRAS03551+7356	3.0±1.0		.28	13.10			446± 8	2647
035506.9+735630	PGC 14286		1.53	.10	12.60			1.11	2426
040102.3-611321		PSX.1*P	1.13± .08						
273.63 -43.60		S	.24± .08	.00					
229.96 -34.99		1.0±1.2		.24					
040014.3-612140	PGC 14287		1.13	.12					

R.A. 2000 DEC.	Names	Type	$\log D_{25}$	p.a.	B_T	$(B-V)_T$	$(B-V)_e$	m_{21}	V_{21}
l b		S_T n_L	$\log R_{25}$	A_g	m_B	$(U-B)_T$	$(U-B)_e$	W_{20}	V_{opt}
SGL SGB		T	$\log A_e$	A_i	m_{FIR}	$(B-V)^o_T$	m'_e	W_{50}	V_{GSR}
R.A. 1950 DEC.	PGC	L	$\log D_o$	A_{21}	B^o_T	$(U-B)^o_T$	m'_{25}	HI	V_{3K}
0401.0 -0042		.SBT8?.	1.07± .05	145					4267
190.92 -37.44	UGC 2925	UE (1)	.08± .04	.65					
311.80 -44.56		8.3±1.0		.09					4221
0358.5 -0051	PGC 14288	8.7±1.2	1.13	.04					4150
0401.1 +0533		.SB.3..	.97± .07	125					9858
184.73 -33.71	UGC 2926	U	.16± .05	.65	15.13 ±.10				
319.67 -42.01	IRAS03585+0524	3.0± .9		.22	13.33				9831
0358.5 +0524	PGC 14293		1.03	.08	14.18				9738
040118.5-524229	IC 2028	.S..6*.	.91± .05	55	15.06 ±.15	.86± .03			
262.35 -46.66	ESO 156- 32	S (1)	.14± .04	.00	14.94 ±.14				9767± 88
238.92 -39.72		6.0±1.3		.21		.77			9603
040001.1-525048	PGC 14299	5.6± .9	.91	.07	14.75		14.09± .32		9725
040120.9+264932		.S?....	.91± .07	150				16.85±.3	9405± 10
167.12 -19.33	UGC 2924		.22± .05	.40					
341.50 -30.12				.33				333± 7	9443
035818.0+264110	PGC 14301		.95	.11					9284
040126.9-544529		.LA.-*.	1.02± .11						
265.16 -46.00		S	.27± .08	.00					
236.64 -38.67		-3.0±1.3		.00					
040015.4-545347	PGC 14303		.98						
040127.0+231454		.S?....	.89± .11					15.99±.3	7243± 10
169.81 -21.87	MCG 4-10- 4		.29± .07	.69	15.34 ±.12				
338.31 -32.40				.44				220± 7	7270
035828.4+230633	PGC 14304		.95	.15	14.16			1.68	7121
040139.9-590903		.S..2*/	1.09± .09						
270.96 -44.38		S	.45± .08	.00					
231.99 -36.26		2.0±1.3		.55					
040043.6-591720	PGC 14313		1.09	.23					
0401.6 +2306		RSBS1..	1.27± .05	80					6257
169.96 -21.93	UGC 2927	U	.19± .05	.69	14.6 ±.2				
338.21 -32.53		1.0± .8		.19					6284
0358.7 +2258	PGC 14314		1.33	.09	13.68				6135
0401.6 +2312		PSXS1..	.97± .07	140					7521
169.89 -21.86	UGC 2928	U	.19± .05	.69	15.24 ±.13				
338.31 -32.47		1.0± .9		.19					7548
0358.7 +2304	PGC 14315		1.04	.09	14.26				7400
040151.5-415631		.S?....	1.12± .06	25					
246.62 -48.69	ESO 302- 27		.45± .06	.00	15.13 ±.14				4427
252.00 -44.60				.68					4279
040010.0-420448	PGC 14319		1.12	.23	14.42				4365
0402.0 -1625		.S?....	1.08± .09						
209.47 -44.74	MCG -3-11- 7		.70± .07	.01					7211
289.46 -48.53				.86					7119
0359.8 -1634	PGC 14330		1.08	.35					7110
040207.1+230759	NGC 1497	.L.....	1.26± .07	60					
170.02 -21.84	UGC 2929	U	.17± .04	.69	14.07 ±.13				6170±141
338.31 -32.59		-2.0± .8		.00					6196
035908.6+225941	PGC 14331		1.31		13.29				6049
0402.3 +2549		.SAS5..	1.00± .08	15					5747
168.04 -19.89	UGC 2931	U	.04± .06	.47	14.58 ±.13				
340.79 -30.94	IRAS03593+2540	5.0± .8		.06					5782
0359.3 +2540	PGC 14333		1.05	.02	14.02				5627
040226.5+264930								17.62±.3	5640± 10
167.30 -19.16	CGCG 487- 12			.39	15.6 ±.4				
341.68 -30.31								84± 7	5678
035923.6+264113	PGC 14335								5521
040232.6-621853		.SB.4?/	1.29± .04	78					
274.88 -42.97	ESO 117- 19	S (1)	.77± .04	.04	14.62 ±.14				5335
228.77 -34.49	IRAS04018-6227	4.3± .5		1.13	13.26				5162
040150.1-622706	PGC 14337	3.3±1.3	1.29	.38	13.41				5314
0402.6 +7142		.S..2..	1.24± .11					13.87±.1	4517± 11
136.81 14.20	UGC 2916	U	.02± .12	1.02	14.2 ±.3				
13.90 2.09	IRAS03572+7134	2.0± .8		.02	12.53			303± 8	4666
0357.2 +7134	PGC 14341		1.34	.01	13.12			.74	4446
0402.7 +7816		.S?....	1.32± .06					15.03±.1	2171± 11
132.09 18.97	UGC 2907		.23± .07	.62	14.7 ±.3				2151± 39
18.21 7.02	7ZW 10			.34				97± 8	2329
0355.5 +7808	PGC 14343		1.38	.11	13.70			1.21	2110

R.A. 2000 DEC.	Names	Type	$\log D_{25}$	p.a.	B_T	$(B\text{-}V)_T$	$(B\text{-}V)_e$	m_{21}	V_{21}
l b		S_T n_L	$\log R_{25}$	A_g	m_B	$(U\text{-}B)_T$	$(U\text{-}B)_e$	W_{20}	V_{opt}
SGL SGB		T	$\log A_e$	A_i	m_{FIR}	$(B\text{-}V)^o_T$	m'_e	W_{50}	V_{GSR}
R.A. 1950 DEC.	PGC	L	$\log D_o$	A_{21}	B^o_T	$(U\text{-}B)^o_T$	m'_{25}	HI	V_{3K}
040248.1+015748		.SBS7..	1.40± .03	30				14.77±.1	3813± 7
188.51 -35.55	UGC 2936	UE (1)	.57± .04	.69	15.0 ±.2			492± 8	3812± 76
315.48 -43.93	IRAS04002+0149	7.0± .6		.79	11.27				3774
040012.4+014933	PGC 14345	6.4± .8	1.47	.29	13.50			.98	3697
0402.9 +3352		.S..8*.	1.00± .16						4886
162.32 -13.98	UGC 2932	U	.04± .12	1.07					
347.65 -25.68		8.0±1.2		.05					4944
0359.7 +3344	PGC 14348		1.10	.02					4770
040255.7+212848		.S?....	.94± .11						5954
171.43 -22.86	MCG 4-10- 14		.57± .07	.85					
336.91 -33.76				.84					5975
035959.1+212033	PGC 14349		1.02	.28					5834
040301.1+310323		.S?....	1.14± .13	38				15.45±.3	5200± 10
164.33 -16.02	UGC 2934		.69± .12	.56					
345.37 -27.61				1.03				312± 7	5250
035952.4+305508	PGC 14353		1.19	.34					5083
040303.3+043239		.SB.2..	1.06± .06	175				15.93±.3	5512± 10
186.03 -33.96	UGC 2938	U	.31± .05	.60	15.26 ±.15				
318.73 -42.88		2.0± .9		.38				393± 7	5480
040025.0+042424	PGC 14355		1.11	.15	14.23			1.54	5395
040303.7-524428		.LA.-*.	1.02± .11						
262.29 -46.40		S	.17± .08	.00					10615± 88
238.71 -39.93		-3.0±1.3		.00					10451
040146.6-525240	PGC 14357		.99						10575
040304.2-360823		.LAR0*P	.97± .06	172					
237.82 -48.65	ESO 359- 14	S	.20± .04	.00	15.24 ±.14				
259.81 -46.75		-2.0± .9		.00					
040113.0-361636	PGC 14359		.94						
040306.5-531848		.LAS0*.	1.02± .11						
263.08 -46.22		S	.27± .08	.00					18972± 88
238.07 -39.63		-2.0± .9		.00					18807
040151.1-532700	PGC 14360		.98						18933
040320.3+270104								16.43±.3	14602± 10
167.31 -18.88	CGCG 487- 14			.39	15.7 ±.4				
342.00 -30.33								356± 7	14640
040017.0+265250	PGC 14369								14484
0403.3 +7143			.91± .09					14.35±.1	4509± 11
136.84 14.25	CGCG 327- 13		.64± .06	1.02	15.6 ±.2				
13.95 2.06								169± 12	4658
0357.9 +7135	PGC 14370		1.01						4438
040326.5-514943		.SBS5?.	1.04± .05	30					
260.99 -46.59	ESO 201- 16	S (1)	.24± .05	.00	15.08 ±.14				11100
239.70 -40.44		5.0± .9		.36					10936
040207.0-515754	PGC 14371	1.1±1.3	1.04	.12	14.65				11059
040330.5+262137		.SB?...	.92± .11					16.24±.3	7064± 10
167.83 -19.33	MCG 4-10- 15		.32± .07	.45	14.94 ±.13				
341.45 -30.79				.47				406± 7	7100
040028.1+261323	PGC 14374		.96	.16	13.97			2.11	6946
040332.6-432401	NGC 1510	.LA.0P?	1.12± .03	90	13.47M±.11	.45± .01	.32± .01		
248.76 -48.23	ESO 250- 3	BS	.26± .02	.00	13.47 ±.14	-.19± .02	-.24± .02		989± 23
249.93 -44.32	IRAS04019-4332	-2.3± .7	.48± .01	.00	13.42	.42	11.31± .04		838
040154.1-433212	PGC 14375		1.08		13.46	-.20	13.29± .18		932
040334.6-171201		.IBS9..	1.24± .05	155					1890
210.67 -44.70		SE (2)	.12± .06	.00					
288.33 -48.95		10.0± .6		.09					1796
040118.9-172013	PGC 14377	9.9± .6	1.24	.06					1793
0403.7 +1953	IC 358	.L.....	1.01± .08	64					6770
172.82 -23.84	UGC 2940	U	.45± .03	.99	15.07 ±.10				
335.53 -34.88		-2.0± .9		.00					6786
0400.8 +1945	PGC 14382		1.05		13.98				6651
040344.5+220940	IC 357	.SBS2..	1.09± .06	175				15.36±.2	6261± 6
171.05 -22.25	UGC 2941	U	.09± .05	.80	14.13 ±.12			156± 7	6240±141
337.69 -33.49	IRAS04007+2201	2.0± .8		.12	11.44			145± 5	6284
040047.1+220127	PGC 14384		1.17	.05	13.15			2.17	6142
0403.7 +4643		.S..0..	1.11± .05	175					
153.70 -4.34	UGC 2937	U	.65± .05	2.92					
357.38 -16.68		.0± .9		.49					
0400.2 +4635	PGC 14386		1.35						

R.A. 2000 DEC. l b SGL SGB R.A. 1950 DEC.	Names PGC	Type S_T n_L T L	$\log D_{25}$ $\log R_{25}$ $\log A_e$ $\log D_o$	p.a. A_g A_i A_{21}	B_T m_B m_{FIR} B_T^o	$(B-V)_T$ $(U-B)_T$ $(B-V)_T^o$ $(U-B)_T^o$	$(B-V)_e$ $(U-B)_e$ m'_e m'_{25}	m_{21} W_{20} W_{50} HI	V_{21} V_{opt} V_{GSR} V_{3K}
040351.0-540657	NGC 1515A	.SBR3$.	1.01± .04	124					
264.13 -45.87	ESO 156- 34	R (1)	.08± .04	.00	15.44 ±.14				13265± 69
237.10 -39.30	FAIR 397	3.0± .5		.11					13099
040238.1-541506	PGC 14388	3.3± .6	1.01	.04	15.23				13229
040352.6+242345		.S?....	.74± .14					16.11±.3	6032± 10
169.36 -20.66	MCG 4-10- 17		.09± .07	.53	15.55 ±.12				
339.76 -32.11				.14				555± 7	6061
040052.5+241533	PGC 14390		.79	.05	14.85			1.22	5914
040354.6-432103	NGC 1512	.SBR1..	1.95± .02	90	11.13M±.10	.81± .01	.87± .01	11.68±.1	901± 6
248.67 -48.16	ESO 250- 4	R (1)	.20± .03	.00	10.97 ±.11	.17± .02	.27± .01	244± 7	735± 22
249.95 -44.40	IRAS04022-4329	1.0± .5	1.38± .01	.20	11.56	.77	13.44± .03	234± 7	740
040216.1-432912	PGC 14391	1.1± .7	1.95	.10	10.84	.14	15.23± .15	.74	834
040359.8+461334		.S..8*.	1.11± .14	90				15.29±.1	4436± 6
154.06 -4.68	UGC 2939	U	.15± .12	2.71				279± 11	
357.06 -17.07	IRAS04004+4605	8.0±1.2		.18	12.01			199± 6	4529
040025.4+460521	PGC 14395		1.36	.07					4332
040403.0-540610	NGC 1515	.SXS4..	1.72± .02	18	12.05M±.12	.85± .01	.93± .01	14.40±.3	1169± 10
264.10 -45.85	ESO 156- 36	R (2)	.67± .02	.00	11.98 ±.11	.30± .02	.35± .02	366± 12	1216± 48
237.10 -39.34	IRAS04028-5414	4.0± .3	1.00± .01	.99	11.80	.72	12.55± .02	352± 9	1004
040250.0-541418	PGC 14397	3.4± .5	1.72	.34	11.02	.18	13.84± .16	3.04	1134
040410.1+220921		.S?....	1.12± .08					14.99±.3	6361± 10
171.13 -22.19	UGC 2942		.08± .07	.80					
337.76 -33.57				.11				353± 7	6383
040112.7+220110	PGC 14398		1.19	.04					6243
040410.6-822028		PSAR1*.	1.14± .04	73					
296.20 -32.07	ESO 15- 6	Sr	.35± .04	.40	14.95 ±.14				4893
211.70 -21.26		.7± .5		.36					4716
040858.0-822824	PGC 14399		1.18	.18	14.13				4914
040421.9-475659		PSXR1P*	1.10± .05	4					
255.41 -47.36	ESO 201- 17	Sr	.31± .04	.00	14.19 ±.14				
244.15 -42.47		1.2± .5		.32					
040253.0-480506	PGC 14404		1.10	.16					
040425.0-361052		.IB.9?/	1.18± .04	54					1408
237.89 -48.38	ESO 359- 16	S (1)	.60± .04	.00	15.00 ±.14				
259.63 -47.00		10.0±1.8		.45					1270
040234.0-361900	PGC 14407	5.6± .9	1.18	.30	14.55				1340
040427.3-021117	NGC 1507	.SBS9P$	1.56± .02	11	12.89 ±.15	.57± .02	.59± .01	13.40±.0	856± 4
193.06 -37.56	UGC 2947	R (1)	.63± .02	.40	12.87 ±.10	-.07± .03	-.03± .02	191± 6	863± 28
310.28 -45.89	MK 1080	9.0± .5	1.01± .02	.64	12.55	.34	13.43± .06	167± 12	803
040155.9-021926	PGC 14409	5.3±1.2	1.59	.31	11.84	-.24	13.95± .18	1.25	745
040429.9-175422		.S?....	1.14± .04	45					
211.71 -44.75	ESO 550- 2		.72± .04	.00	15.34 ±.14				8115± 60
287.27 -49.22				1.00					8018
040215.0-180230	PGC 14412		1.14	.36	14.28				8020
040431.8-475829		.SXS8..	1.00± .05	125					
255.44 -47.33	ESO 201- 18	S (1)	.05± .05	.00	15.42 ±.14				
244.11 -42.48		8.0± .6		.07					
040303.0-480636	PGC 14413	7.8± .6	1.00	.03					
040433.6+255815		.SB.8*.	1.00± .08	3				16.59±.3	7080± 10
168.30 -19.44	UGC 2946	U	.43± .06	.47					
341.28 -31.22		8.0±1.3		.53				192± 7	7114
040131.6+255006	PGC 14415		1.04	.22					6963
040435.1-460235		.LBS0?.	1.11± .06	85					
252.62 -47.67	ESO 250- 5	S	.18± .04	.00	14.30 ±.14				1289± 34
246.47 -43.37		-2.0± .9		.00					1133
040302.1-461042	PGC 14416		1.08		14.28				1238
040437.1+331716		.S?....	1.19± .12	105				15.38±.3	5593± 10
163.00 -14.16	UGC 2944		.15± .12	1.01					
347.45 -26.34				.22				283± 7	5649
040125.2+330907	PGC 14418		1.28	.07					5479
040439.5+334829		.S..0..	.97± .09	60					
162.64 -13.78	UGC 2945	U	.09± .06	1.10	14.7 ±.3				
347.87 -25.99	IRAS04014+3340	.0± .8		.07	12.60				
040126.8+334020	PGC 14420		1.07						
040442.4-620101		.SBS5..	.98± .05						
274.37 -42.87	ESO 117- 21	S (1)	.10± .05	.03	15.49 ±.14				
228.87 -34.87		5.0± .9		.16					
040359.0-620906	PGC 14423	5.6± .9	.98	.05					

R.A. 2000 DEC.	Names	Type	$\log D_{25}$	p.a.	B_T	$(B-V)_T$	$(B-V)_e$	m_{21}	V_{21}
l b		S_T n_L	$\log R_{25}$	A_g	m_B	$(U-B)_T$	$(U-B)_e$	W_{20}	V_{opt}
SGL SGB		T	$\log A_e$	A_i	m_{FIR}	$(B-V)^o_T$	m'_e	W_{50}	V_{GSR}
R.A. 1950 DEC.	PGC	L	$\log D_o$	A_{21}	B^o_T	$(U-B)^o_T$	m'_{25}	HI	V_{3K}
040455.4+204948		.S..2..	1.11± .07	167				16.76±.3	5204± 10
172.29 -22.98	UGC 2948	U	.54± .06	.87	15.34 ±.13				
336.64 -34.53		2.0± .9		.66				436± 7	5222
040159.5+204140	PGC 14427		1.19	.27	13.76			2.73	5087
040502.5+251550		.SB.2*.	1.00± .06	119				15.76±.3	7166± 9
168.91 -19.86	UGC 2949	U	.26± .05	.50	14.57 ±.12				
340.74 -31.76	IRAS04020+2507	2.0± .9		.32	12.67			383± 5	7197
040201.2+250743	PGC 14431		1.05	.13	13.69			1.95	7050
040504.5+705952	NGC 1485	.SA.3$/	1.33± .04	22				14.79±.1	1083± 11
137.46 13.81	UGC 2933	P	.49± .05	.99	13.4 ±.3				
13.58 1.42	IRAS03598+7051	3.0± .8		.67	13.46			297± 8	1231
035942.4+705140	PGC 14432		1.42	.24	11.71			2.84	1012
040504.7-350025		.LB.0?/	1.11± .05	13					
236.14 -48.20	ESO 359- 18	S	.59± .03	.00	15.88 ±.14				
261.25 -47.46		-2.0±1.7		.00					
040312.0-350830	PGC 14433		1.02						
040506.2+310138		.S?....	1.22± .12	167				14.34±.2	4954± 6
164.68 -15.73	UGC 2950		.76± .12	.51					
345.69 -27.96				1.15				447± 5	5003
040157.4+305330	PGC 14435		1.27	.38					4840
0405.1 +7951		.S..9*.	1.00± .16					15.60±.1	2202± 7
131.00 20.17	UGC 2917	U	.09± .12	.45				226± 6	
19.33 8.13		9.0±1.2		.09				159± 4	2363
0357.2 +7943	PGC 14436		1.04	.04					2146
040511.8-655028	NGC 1526	.S..4..	.92± .05	36					
278.94 -41.12	ESO 84- 3	S (1)	.18± .04	.13	14.59 ±.14				
225.23 -32.53	IRAS04048-6558	4.0± .8		.26	13.20				
040449.0-655830	PGC 14437	2.2±1.3	.93	.09					
040530.4+042443		.S?....	.82± .13						
186.60 -33.55	MCG 1-11- 10		.00± .07	.59	15.15 ±.12				5325± 37
318.94 -43.49	MK 1081			.00	13.11				5291
040252.2+041638	PGC 14448		.87		14.47				5212
040531.0+042649		.S..6*.	.95± .07	15				15.84±.3	5345± 10
186.57 -33.53	UGC 2954	U	.39± .05	.56	15.23 ±.12				5214± 57
318.98 -43.47		6.0±1.3		.58				275± 7	5308
040252.7+041844	PGC 14449		1.00	.20	14.06			1.58	5228
040542.6+252959								16.93±.3	6880± 10
168.84 -19.59	CGCG 487- 20			.44	15.3 ±.4				
341.06 -31.72								193± 7	6912
040241.0+252154	PGC 14451								6764
0405.7 +7839		.SXS3..	1.00± .08	64					
131.92 19.35	UGC 2923	U	.33± .06	.51					
18.57 7.21	IRAS03584+7831	3.0± .9		.46	13.77				
0358.4 +7831	PGC 14453		1.05	.17					
040559.9-174633		.SBS9./	1.36± .03	58				14.72±.1	1886± 6
211.71 -44.36	ESO 550- 5	SUE (1)	.55± .03	.00	14.73 ±.14			149± 8	
287.51 -49.57		9.1± .4		.56				144± 12	1788
040345.0-175436	PGC 14458	8.9± .6	1.36	.28	14.16			.29	1792
040602.3-223752		.SBS9..	1.01± .05	46					
218.24 -45.90	ESO 483- 8	S (1)	.40± .05	.06	16.08 ±.14				
279.93 -49.64		9.0± .9		.41					
040353.0-224554	PGC 14460	8.9± .9	1.02	.20					
040607.7-524012	NGC 1522	PL..0*P	1.08± .03	42	13.93 ±.13	.37± .01	.32± .01		
262.00 -45.97	ESO 156- 38	S	.19± .04	.00	14.08 ±.14	-.34± .03			1012± 91
238.47 -40.36	FAIR 301	-2.3± .7	.48± .02	.00	13.30	.34	11.82± .07		846
040451.0-524812	PGC 14462		1.05		13.98	-.35	13.72± .23		975
040615.5-083812		.IBS9P.	1.18± .05	80					
200.49 -40.48	MCG -1-11- 2	E (1)	.24± .05	.13					
301.39 -48.23		10.0± .6		.18					
040350.7-084613	PGC 14464	7.0± .8	1.19	.12					
040634.1+311655		.S..6*.	1.14± .07	124				16.28±.3	4548± 10
164.74 -15.33	UGC 2956	U	.49± .06	.58	15.3 ±.3				
346.13 -28.02		6.0±1.2		.72				323± 7	4597
040324.9+310853	PGC 14468		1.19	.25	13.95			2.08	4436
040636.7-575744	IC 2034	.S..5*/	1.08± .05	118					
269.08 -44.23	ESO 117- 22	S	.78± .04	.00	15.89 ±.14				
232.74 -37.47		5.0±1.1		1.17					
040537.0-580542	PGC 14469		1.08	.39					

R.A. 2000 DEC.	Names	Type	$\log D_{25}$	p.a.	B_T	$(B-V)_T$	$(B-V)_e$	m_{21}	V_{21}
l b		S_T n_L	$\log R_{25}$	A_g	m_B	$(U-B)_T$	$(U-B)_e$	W_{20}	V_{opt}
SGL SGB		T	$\log A_e$	A_i	m_{FIR}	$(B-V)^o_T$	m'_e	W_{50}	V_{GSR}
R.A. 1950 DEC.	PGC	L	$\log D_o$	A_{21}	B^o_T	$(U-B)^o_T$	m'_{25}	HI	V_{3K}
040650.0-211043	NGC 1518	.SBS8..	1.48± .03	35	12.28 ±.13	.47± .02		12.83±.2	927± 7
216.33 -45.30	ESO 550- 7	R (2)	.35± .03	.04	12.17 ±.12	-.27± .02		181± 8	983± 42
282.20 -49.85	IRAS04046-2118	8.0± .4		.43	12.05	.39		137± 25	822
040439.0-211842	PGC 14475	5.6± .6	1.48	.17	11.76	-.33	13.66± .20	.90	840
040653.1+225147		.S..3..	1.11± .05	20				15.31±.3	6221± 10
171.05 -21.24	UGC 2958	U	.65± .05	.77	14.98 ±.12				
338.88 -33.62		3.0± .9		.90				480± 7	6244
040354.7+224347	PGC 14478		1.18	.33	13.26			1.72	6107
040703.6-551933	IC 2032	.IXS9P*	1.13± .05	78					
265.56 -45.06	ESO 156- 42	S (1)	.21± .04	.00	14.78 ±.14				1070
235.46 -39.03		10.0± .6		.16					901
040555.0-552730	PGC 14481	8.1± .7	1.13	.11	14.62				1039
040703.8-623824		.SBS3*.	1.05± .09						
274.98 -42.36		S	.03± .08	.03					
228.06 -34.70		3.0± .9		.04					
040624.1-624620	PGC 14482		1.05	.01					
040707.1+342603		.S?....	1.04± .06					15.81±.3	5546± 10
162.57 -12.97	UGC 2959		.04± .05	1.45					
348.75 -25.92				.06				78± 7	5604
040353.3+341803	PGC 14483		1.17	.02					5436
040713.0-171216		.SXS8..	1.28± .03					15.00±.1	1859± 6
211.12 -43.89	MCG -3-11- 12	E (1)	.00± .04	.01				91± 7	
288.43 -49.82		8.0± .8		.01				82± 12	1763
040457.5-172014	PGC 14487	8.9± .8	1.29	.00					1767
040713.3-623258		.L..-*.	1.01± .11						
274.86 -42.38		S	.23± .08	.03					
228.14 -34.77		-3.0±1.3		.00					
040633.1-624053	PGC 14488		.98						
040714.6-534058	IC 2033	.SXT1?.	1.07± .05	129					
263.32 -45.53	ESO 156- 43	RS	.29± .04	.00	15.01 ±.14				14067± 88
237.23 -39.96		1.1± .6		.30					13900
040601.1-534854	PGC 14491		1.07	.15	14.54				14033
040718.1+243649		.I..9?.	1.00± .08	5				16.73±.3	5343± 10
169.78 -19.95	UGC 2960	U	.13± .06	.57					
340.54 -32.57		10.0±1.7		.10				234± 7	5371
040417.6+242850	PGC 14493		1.06	.07					5229
040718.5+264223		.I..9*.	1.14± .13					16.96±.3	3909± 10
168.21 -18.48	UGC 2961	U	.03± .12	.33					
342.40 -31.21		10.0±1.1		.02				105± 7	3943
040415.4+263424	PGC 14494		1.17	.01					3796
040719.4-625400	NGC 1529	.L..0*/	1.08± .05	164					
275.28 -42.23	ESO 84- 4	S	.66± .03	.04	14.39 ±.14				
227.79 -34.56		-2.0± .8		.00					
040641.0-630154	PGC 14495		.98						
040736.7-212546		.E?....	.88± .06	77	14.70 ±.14	.52± .03			
216.75 -45.21	ESO 550- 8		.15± .03	.05	14.70 ±.14				
281.80 -50.03				.00					
040526.1-213342	PGC 14500		.84				13.70± .34		
040738.9+035810		.S..7..	1.30± .05	145				14.38±.3	5298± 7
187.41 -33.39	UGC 2963	U	.51± .06	.61	14.78 ±.17				
318.72 -44.16	IRAS04050+0350	7.0± .8		.71	12.28			421± 7	5262
040501.1+035013	PGC 14502		1.36	.26	13.45			.68	5188
040742.1-224252		.LX.0P.	1.19± .04	147					
218.51 -45.56	ESO 483- 9	S	.42± .03	.06	14.82 ±.14				
279.78 -50.02		-2.0± .8		.00					
040533.0-225048	PGC 14503		1.13						
040742.6+254634		.I..9?.	1.14± .13	19				15.79±.3	5415± 10
168.97 -19.07	UGC 2962	U	1.16± .06	.41					
341.65 -31.89		10.0±2.0		.75				313± 7	5446
040440.5+253837	PGC 14504		1.18	.50					5302
040745.9-295135		.SAT5..	1.30± .03	146					
228.62 -47.10	ESO 420- 3	Sr (1)	.17± .03	.00	13.52 ±.14				4107± 52
268.68 -49.20	IRAS04057-2959	4.7± .6		.25	13.20				3979
040546.0-295930	PGC 14505	2.2± .8	1.30	.08	13.25				4032
040746.7-450224		.S?....	.99± .06	142	15.9 ±.2	.68± .05	.76± .05		
251.03 -47.27	ESO 250- 6		.71± .05	.00	16.03 ±.14				
247.38 -44.31			.58± .06	1.07			14.33± .17		
040612.0-451018	PGC 14506		.99	.36			13.96± .38		

R.A. 2000 DEC.	Names	Type	$logD_{25}$	p.a.	B_T	$(B-V)_T$	$(B-V)_e$	m_{21}	V_{21}
l b		S_T n_L	$logR_{25}$	A_g	m_B	$(U-B)_T$	$(U-B)_e$	W_{20}	V_{opt}
SGL SGB		T	$logA_e$	A_i	m_{FIR}	$(B-V)^o_T$	m'_e	W_{50}	V_{GSR}
R.A. 1950 DEC.	PGC	L	$logD_o$	A_{21}	B^o_T	$(U-B)^o_T$	m'_{25}	HI	V_{3K}
040747.1+694847	IC 356	.SAS2P.	1.72± .04	90	11.39M±.12		1.40± .02	12.39±.1	888± 6
138.46 13.11	UGC 2953	R	.13± .04	1.19	12.4 ±.3		.86± .03	492± 7	
13.00 .37	ARP 213	2.0± .3	1.67± .08	.16	10.95		15.12± .23	462± 8	1033
040234.6+694046	PGC 14508		1.83	.07	10.13		14.52± .25	2.19	817
040803.6+231746		.E?....	.90± .17					17.31±.3	6278± 10
170.92 -20.75	MCG 4-10- 24		.07± .07	.56	14.70 ±.10				
339.48 -33.55				.00				249± 7	6301
040504.6+230950	PGC 14511		.96		14.04				6165
040807.5-171136	NGC 1519	.SBR3?.	1.33± .02	107	13.57 ±.14	.63± .03	.61± .02		1842
211.21 -43.68	ESO 550- 9	RSEr (2)	.59± .03	.01	13.73 ±.14	-.03± .04	-.02± .03		
288.47 -50.03	IRAS04058-1719	3.4± .9	.91± .02	.81	13.06	.50	13.61± .06		1745
040552.0-171930	PGC 14514	4.4±1.1	1.33	.29	12.81	-.12	13.60± .20		1751
040819.0-210306	NGC 1521	.E.3.*.	1.44± .03	10	12.39M±.06	.97± .01	.98± .01		
216.31 -44.93	ESO 550- 11	R	.22± .03	.01	12.38 ±.11	.48± .02	.52± .02		4174± 21
282.39 -50.20		-5.0± .5	.93± .02	.00		.93	12.73± .06		4066
040608.0-211100	PGC 14520		1.38		12.31	.50	14.05± .18		4088
040819.4-584503	IC 2037	.S..3./	1.20± .05	92					
270.00 -43.74	ESO 118- 1	S	.75± .04	.00	14.76 ±.14				
231.77 -37.19	IRAS04073-5852	3.0± .9		1.03					
040723.1-585254	PGC 14521		1.20	.37					
040820.3-540308		.S?....	.88± .06						
263.76 -45.26	ESO 156- 44		.00± .05	.00	15.20 ±.14				12467± 88
236.71 -39.89				.00					12299
040708.0-541100	PGC 14523		.88	.00	15.04				12434
040824.4-475350	NGC 1527	.LXR-*.	1.57± .03	78	11.74 ±.13	.95± .01	.96± .01		
255.15 -46.71	ESO 201- 20	RS	.43± .03	.00	11.80 ±.10	.52± .02	.53± .01		1001± 38
243.78 -43.09		-2.7± .4	.88± .02	.00		.92	11.63± .07		841
040656.1-480142	PGC 14526		1.50		11.76	.50	13.35± .22		957
0408.4 +6940		.S?....	1.07± .14	98				14.20±.1	1007± 11
138.61 13.05	UGC 2955		.50± .12	1.36					
12.95 .23	IRAS04032+6932			.75	12.92			203± 8	1151
0403.2 +6932	PGC 14531		1.20	.25					936
040829.8-604928		.E+4...	1.06± .05	4					
272.63 -42.94	ESO 118- 6	S	.38± .03	.00	15.29 ±.14				
229.69 -35.96		-4.0± .9		.00					
040742.0-605718	PGC 14533		.94						
040834.7+030720		.I..9*.	.96± .09					15.46±.3	7319± 10
188.40 -33.70	UGC 2965	U	.00± .06	.69					
317.80 -44.74		10.0±1.2		.00				224± 7	7280
040557.8+025927	PGC 14537		1.02	.00					7211
040840.4-493457		.S..2..	1.17± .05	57	14.42 ±.19	.76± .04	.86± .03		
257.53 -46.33	ESO 201- 21	S	.39± .05	.00	14.37 ±.14				5421± 88
241.74 -42.30	IRAS04072-4942	2.0± .9	.64± .05	.48	13.59	.65	13.11± .16		5258
040716.0-494248	PGC 14543		1.17	.20	13.85		14.12± .33		5380
040845.6-624747	NGC 1534	.SAT0*/	1.22± .05	76					
275.06 -42.12	ESO 84- 6	S	.31± .05	.03	13.76 ±.14				5333
227.77 -34.76	IRAS04081-6255	.1± .5		.23	13.52				5157
040807.0-625536	PGC 14547		1.21		13.42				5317
040847.0+083056		.S..6*.	1.00± .16	8				15.14±.3	3591± 7
183.36 -30.40	UGC 2966	U	.33± .12	.56					
324.38 -42.24		6.0±1.3		.49				171± 7	3568
040604.5+082303	PGC 14551		1.05	.17					3481
040854.1-555941	IC 2038	.S..7P*	1.24± .04	151	15.50 ±.16	.74± .03			
266.34 -44.60	ESO 157- 1	RS (1)	.62± .04	.00	14.82 ±.14				712
234.56 -38.87		7.0±1.2		.86		.62			542
040748.0-560730	PGC 14553	6.7± .9	1.24	.31	14.25		15.01± .27		683
040857.2+271140		.SA.6..	1.03± .05						
168.12 -17.88	UGC 2964	U	.06± .04	.36	15.09 ±.16				8970±125
343.10 -31.16		6.0± .8		.09					9005
040553.3+270347	PGC 14554		1.06	.03	14.60				8859
040900.4-484335		.S..5*/	1.40± .03	59				14.52±.3	4069± 10
256.30 -46.45	ESO 201- 22	S	.87± .05	.00	14.73 ±.14			352± 12	4014± 34
242.71 -42.77	IRAS04075-4851	5.0±1.2		1.31				342± 9	3903
040734.0-485124	PGC 14557		1.40	.44	13.40			.68	4023
040901.5-453104	IC 2035	.L...P?	1.07± .04	86	12.50 ±.13	.73± .01			
251.69 -46.99	ESO 250- 7	RS	.10± .03	.00	12.72 ±.11	.29± .04			1443± 43
246.64 -44.30		-2.0±1.0		.00		.71			1286
040728.0-453854	PGC 14558		1.05		12.61	.29	12.46± .24		1396

R.A. 2000 DEC. l b SGL SGB R.A. 1950 DEC.	Names PGC	Type S_T n_L T L	$\log D_{25}$ $\log R_{25}$ $\log A_e$ $\log D_o$	p.a. A_g A_i A_{21}	B_T m_B m_{FIR} B_T^o	$(B-V)_T$ $(U-B)_T$ $(B-V)_T^o$ $(U-B)_T^o$	$(B-V)_e$ $(U-B)_e$ m'_e m'_{25}	m_{21} W_{20} W_{50} HI	V_{21} V_{opt} V_{GSR} V_{3K}
040901.6-010937		.SBS4*.	1.10± .05	127					
192.77 -36.04	UGC 2969	UE (1)	.47± .04	.38	14.64 ±.12				
312.26 -46.58	IRAS04064-0117	4.3± .7		.69	13.20				
040629.1-011728	PGC 14559	3.1± .8	1.13	.24					
040902.0-560047	IC 2039	.L..0*P	.98± .05	121	14.9 ±.2	.73± .04	.75± .03		
266.36 -44.58	ESO 157- 2	S	.15± .03	.00	14.97 ±.14				
234.53 -38.87		-2.5± .9	.69± .10	.00			13.82± .34		
040756.1-560836	PGC 14560		.95				14.26± .35		
0409.1 -0837		.SBS9..	1.11± .08	75					
200.91 -39.85		E (1)	.19± .08	.11					
301.68 -48.91		9.0± .9		.19					
0406.7 -0845	PGC 14562	9.8± .8	1.12	.09					
0409.1 +1705		.S..3*.	1.17± .07	22					7282± 10
176.03 -24.78	UGC 2968	U (1)	.57± .06	1.54					
333.73 -37.58		3.0±1.2		.78					7285
0406.3 +1658	PGC 14563	5.5±1.1	1.31	.28					7171
040911.7+083852	NGC 1517	.S..6*.	1.04± .08					14.67±.3	3482± 7
183.32 -30.24	UGC 2970	U	.04± .06	.56	14.07 ±.12				3644± 46
324.60 -42.27	IRAS04064+0831	6.0±1.2		.06	11.74			181± 7	3463
040629.1+083101	PGC 14564		1.09	.02	13.43			1.22	3376
040914.0-302458		.S?....	1.09± .05	90					
229.50 -46.87	ESO 420- 5		.13± .04	.00	13.93 ±.14				1097
267.74 -49.41	IRAS04072-3032			.19	13.83				967
040715.0-303248	PGC 14566		1.09	.07	13.73				1025
040932.1-214623		.SBS7..	1.22± .03	100					4438
217.40 -44.88	ESO 550- 14	S (1)	.21± .03	.04	15.10 ±.14				
281.24 -50.47		7.0± .8		.29					4329
040722.0-215412	PGC 14573	5.6± .8	1.22	.10	14.76				4355
040951.4-560714	NGC 1533	.LB.-..	1.44± .03	151	11.70M±.12	.98± .01	.99± .01	12.53±.3	790± 10
266.45 -44.43	ESO 157- 3	R	.07± .03	.00	11.83 ±.11	.49± .02	.54± .01	311± 14	668± 41
234.33 -38.90	IRAS04088-5614	-3.0± .7	1.00± .02	.00		.97	12.21± .08		612
040846.0-561500	PGC 14582		1.43		11.76	.49	13.60± .20		756
040955.6-394119	IC 2036	PSBS4..	.98± .06	92					
243.12 -47.30	ESO 303- 1	r	.10± .05	.00	14.47 ±.14				
254.20 -46.86		4.5± .9		.15					
040811.0-394906	PGC 14586		.98	.05					
0409.9 -0122		.S..2..	.98± .07	74					
193.15 -35.97	UGC 2973	U	.48± .05	.38	15.17 ±.12				
312.09 -46.87	IRAS04073-0130	2.0± .9		.59	12.87				
0407.4 -0130	PGC 14587		1.01	.24					
041001.8-311531		.IBS9..	1.19± .04	134					1383
230.75 -46.82	ESO 420- 6	SU (1)	.34± .04	.00	15.23 ±.14				
266.40 -49.40		9.5± .6		.25					1252
040804.0-312318	PGC 14590	10.0± .9	1.19	.17	14.98				1314
041022.8-233703		.S..0*/	1.28± .04	18					
219.99 -45.21	ESO 483- 12	S	.57± .04	.07	14.38 ±.14				4229
278.30 -50.58	IRAS04082-2344	.0±1.2		.42	12.22				4114
040815.0-234448	PGC 14596		1.26		13.82				4149
041033.3-071002		.S..7*/	1.29± .05	112					
199.49 -38.84	MCG -1-11- 4	E	.88± .05	.21					
303.96 -48.88		7.0±1.2		1.22					
040807.0-071747	PGC 14600		1.31	.44					
041050.1-093748		.SBS6*.	1.25± .05	115					
202.33 -39.95	MCG -2-11- 23	E (1)	.36± .05	.20					
300.31 -49.56		6.0±1.2		.53					
040826.5-094532	PGC 14606	6.4± .8	1.27	.18					
041050.6-295535		.SBS4..	1.09± .04	129					
228.87 -46.45	ESO 420- 8	S (1)	.12± .03	.00	14.39 ±.14				5618± 52
268.38 -49.85		4.0± .8		.17					5488
040851.0-300318	PGC 14607	3.3± .8	1.09	.06	14.18				5547
041100.5-425706		.S?....	.97± .06	60	15.38 ±.19	.86± .04	.92± .04		
247.89 -46.92	ESO 250- 10		.41± .05	.00	15.37 ±.14				
249.70 -45.74			.53± .05	.56			13.52± .16		
040922.0-430448	PGC 14616		.97	.20			14.06± .37		
041100.5-312429		.SBS5..	1.22± .04						
231.01 -46.63	ESO 420- 9	S (1)	.13± .03	.00	13.75 ±.14				1320± 23
266.10 -49.57		5.0± .8		.20					1187
040903.0-313212	PGC 14617	3.3± .8	1.22	.07	13.55				1251

R.A. 2000 DEC. l b SGL SGB R.A. 1950 DEC.	Names PGC	Type S_T n_L T L	$\log D_{25}$ $\log R_{25}$ $\log A_e$ $\log D_o$	p.a. A_g A_i A_{21}	B_T m_B m_{FIR} B_T^o	$(B-V)_T$ $(U-B)_T$ $(B-V)_T^o$ $(U-B)_T^o$	$(B-V)_e$ $(U-B)_e$ m'_e m'_{25}	m_{21} W_{20} W_{50} HI	V_{21} V_{opt} V_{GSR} V_{3K}
0411.0 +8328		.S..7..	1.00± .08					16.75±.1	4326± 11
128.35 22.82	UGC 2935	U	.00± .06	.34					
21.85 10.74		7.0± .8		.00				63± 8	4491
0400.0 +8320	PGC 14618		1.03	.00					4278
041100.9+263651		.I..9?.	1.11± .14					16.34±.3	19937± 10
168.89 -17.96	UGC 2975	U	.04± .12	.38					
342.95 -31.89		10.0±1.6		.03				290± 7	19969
040757.5+262906	PGC 14619		1.15	.02					19829
041101.0-562913	NGC 1536	.SBS5P*	1.30± .03	155	13.15 ±.14	.63± .02	.66± .01		
266.87 -44.17	ESO 157- 5	RS (1)	.14± .03	.00	13.24 ±.12	-.04± .03	.03± .03		1565±104
233.82 -38.82	IRAS04099-5636	5.0± .5	.97± .02	.21	13.53	.59	13.49± .04		1394
040957.0-563654	PGC 14620	6.1± .6	1.30	.07	12.98	-.07	14.17± .21		1539
041101.6+260931		.I..9?.	1.00± .16					16.55±.3	5875± 10
169.24 -18.27	UGC 2974	U	.00± .12	.37					
342.56 -32.19		10.0±1.7		.00				213± 7	5906
040758.9+260147	PGC 14621		1.04	.00					5767
041109.9-534113	IC 2043	.S..3*/	1.14± .05	15	15.51 ±.16	.94± .04			
263.10 -44.97	ESO 157- 4	S	.80± .04	.00	15.29 ±.14				11767± 88
236.80 -40.44	IRAS04098-5348	3.0± .9		1.11		.72			11598
040957.0-534854	PGC 14623		1.14	.40	14.19		14.07± .29		11736
041119.7-161348		.SBS9*/	1.15± .06	102					1880
210.37 -42.61	MCG -3-11- 18	E (1)	.59± .05	.01					
290.09 -50.72		9.0± .9		.60					1783
040903.3-162130	PGC 14626	7.5±1.2	1.16	.29					1792
0411.3 +2652		.S..6*.	1.17± .05	149					1447± 10
168.75 -17.72	UGC 2976	U	.34± .05	.38	14.40 ±.12				
343.24 -31.77		6.0±1.2		.49					1480
0408.3 +2645	PGC 14627		1.21	.17	13.52				1339
041149.0+062721		.S?....	1.11± .14	30				15.79±.3	8187± 9
185.79 -31.07	UGC 2979		.15± .12	.53					
322.45 -43.92				.22				286± 5	8156
040908.6+061940	PGC 14634		1.16	.07					8082
041159.3-325057	NGC 1531	.L..-P*	1.13± .07	122					
233.13 -46.60	ESO 359- 26	PBS	.16± .04	.00	13.15 ±.11				1190± 24
263.84 -49.42		-3.2± .5		.00					1053
041004.0-325836	PGC 14635		1.11		12.62				1125
041203.3-583323	IC 2049	.SXS7?.	1.01± .05	3					
269.51 -43.35	ESO 118- 9	S (1)	.04± .05	.00	14.56 ±.14				1086
231.60 -37.70		7.0±1.7		.05					912
041107.0-584100	PGC 14636	5.6±1.2	1.01	.02	14.50				1065
0412.0 +2756		.S..2..	1.00± .06	85					
168.07 -16.86	UGC 2977	U	.25± .05	.48					
344.28 -31.17		2.0± .9		.31					
0409.0 +2749	PGC 14637		1.05	.13					
041205.5-325228	NGC 1532	.SBS3P/	2.10± .02	33	10.65M±.10	.80± .02	.88± .01	11.41±.2	1196± 7
233.17 -46.58	ESO 359- 27	PBS (2)	.58± .03	.00	10.73 ±.11	.15± .05	.24± .01	541± 9	923± 40
263.80 -49.43	IRAS04102-3259	2.7± .3	1.51± .02	.80	11.45	.69	13.65± .07	513± 12	1052
041010.2-330006	PGC 14638	1.9± .7	2.10	.29	9.88	.05	14.55± .16	1.23	1124
041210.8-482459		.SXT5?.	1.07± .09						
255.72 -46.00		S (1)	.39± .08	.00					
242.72 -43.38		5.0±1.8		.59					
041044.2-483236	PGC 14643	5.6± .9	1.07	.20					
041211.1-501547			.86± .07	55					
258.32 -45.64	ESO 201- 25		.13± .06	.00	15.15 ±.14				13564± 88
240.55 -42.43									13399
041049.1-502324	PGC 14644		.86						13528
041222.7+053251		.SB?...	.95± .05	111				14.89±.2	5305± 5
186.74 -31.50	UGC 2982		.34± .04	.58	15.27 ±.12			406± 8	5444± 42
321.43 -44.48	IRAS04097+0525			.51	10.80			350± 7	5273
040943.2+052512	PGC 14651		1.00	.17	14.14			.57	5204
0412.4 +2742	IC 359	.L..-*.	1.03± .11						
168.31 -16.96	UGC 2980	U	.00± .05	.50	14.90 ±.14				
344.15 -31.39		-3.0±1.1		.00					
0409.4 +2735	PGC 14653		1.10						
041234.2-541136		.L..-P.	1.02± .11		14.7 ±.2	.96± .04	1.04± .03		
263.71 -44.63		S	.14± .08	.00					12964± 79
236.10 -40.33	FAIR 764	-3.0± .9	.77± .08	.00		.83	13.99± .26		12795
041123.1-541911	PGC 14655		1.00		14.46		14.25± .62		12936

R.A. 2000 DEC. l b SGL SGB R.A. 1950 DEC.	Names PGC	Type S_T n_L T L	logD_{25} logR_{25} logA_e logD_o	p.a. A_g A_i A_{21}	B_T m_B m_{FIR} B_T^o	$(B-V)_T$ $(U-B)_T$ $(B-V)_T^o$ $(U-B)_T^o$	$(B-V)_e$ $(U-B)_e$ m'_e m'_{25}	m_{21} W_{20} W_{50} HI	V_{21} V_{opt} V_{GSR} V_{3K}
041234.3-324859	IC 2041	.LXS0*.	1.03± .05	132					
233.10 -46.47	ESO 359- 28	S	.23± .03	.00	14.65 ±.14				1260± 29
263.84 -49.54		-2.0± .5		.00					1123
041039.0-325636	PGC 14656		1.00		14.63				1196
041241.2-230936		.LA.-*.	1.21± .05	136					
219.57 -44.58	ESO 483- 13	S	.30± .04	.07	14.09 ±.14				910± 60
278.97 -51.14		-3.0± .6		.00					795
041033.0-231712	PGC 14658		1.17		14.01				833
041243.2-574414	NGC 1543	RLBS0..	1.69± .02	93	11.46M±.12	.95± .01	.97± .01		
268.41 -43.54	ESO 118- 10	R	.24± .03	.00	10.99 ±.11	.55± .03	.56± .01		1094± 32
232.36 -38.26	IRAS04117-5751	-2.0± .6	1.09± .02	.00		.92	12.33± .08		921
041144.0-575148	PGC 14659		1.65		11.18	.53	14.17± .18		1072
041251.0-330006		.IBS9..	1.23± .04	20					873
233.38 -46.44	ESO 359- 29	S (1)	.17± .05	.00	14.77 ±.14				
263.54 -49.55		10.0± .6		.13					736
041056.0-330742	PGC 14664	8.9± .6	1.23	.09	14.64				810
041252.6+022210		.SBS3*.	1.30± .04	135					5001± 10
189.88 -33.26	UGC 2983	UE (2)	.47± .04	.62	14.76 ±.18				
317.50 -46.04	IRAS04102+0214	3.3± .7		.65	13.28				4956
041016.5+021433	PGC 14665	3.9± .7	1.36	.23	13.46				4900
041258.5-434850		.L?....	.88± .07	14	15.33 ±.18	1.01± .03			
249.10 -46.48	ESO 250- 13		.46± .03	.00	15.33 ±.14				13850±190
248.36 -45.69	FAIR 404			.00		.84			13693
041122.0-435624	PGC 14668		.81		15.12		13.45± .39		13804
0412.9 -5359					15.46 ±.05	.57± .03			
263.41 -44.63				.00					12669± 88
236.27 -40.49	FAIR 765								12499
0411.7 -5407	PGC 14669								12640
041259.7-323307	IC 2040	.L..0*P	1.15± .05	65					
232.73 -46.36	ESO 359- 30	S	.27± .03	.00	13.59 ±.14				1381± 29
264.20 -49.70	IRAS04110-3240	-1.5± .8		.00	13.21				1245
041104.0-324042	PGC 14670		1.11		13.57				1317
0413.1 -5329					15.98 ±.15	1.13± .04			
262.72 -44.74				.00					
236.80 -40.79									
0411.9 -5336	PGC 14672								
0413.1 +7500		.L?....	.84± .10					17.07±.1	1711± 11
134.97 17.09	CGCG 327- 16		.21± .10	.65	15.07 ±.17				
16.57 4.14				.00				99± 8	1864
0406.9 +7453	PGC 14673		.88		14.39				1650
041309.9-342538		.SBS8..	1.07± .05						1486
235.45 -46.50	ESO 359- 31	S (1)	.04± .04	.00	14.56 ±.14				
261.38 -49.22		8.0± .6		.05					1346
041117.0-343312	PGC 14674	7.2± .6	1.07	.02	14.50				1425
041312.8+132515		.SB.8*.	1.22± .12					14.05±.3	1538± 7
179.82 -26.45	UGC 2984	U	.08± .12	1.03					
330.64 -40.52	IRAS04104+1317	8.0±1.1		.10				119± 7	1528
041024.9+131740	PGC 14678		1.32	.04					1433
041330.0-615041		.L..0*.	1.07± .06	51					
273.59 -41.99	ESO 118- 12	S	.30± .04	.00	14.49 ±.14				
228.24 -35.78	IRAS04128-6158	-2.0± .9		.00	11.83				
041248.0-615812	PGC 14686		1.03						
0413.5 +2732		.S..6*.	1.06± .06	48					4004± 10
168.61 -16.91	UGC 2985	U	.55± .05	.48					
344.19 -31.68	IRAS04104+2724	6.0±1.3		.81	12.07				4037
0410.4 +2724	PGC 14687		1.10	.28					3899
0413.5 +2735		.I..9*.	.95± .07	70					4041
168.57 -16.87	UGC 2986	U	.39± .05	.51					
344.24 -31.65		10.0±1.3		.30					4075
0410.5 +2728	PGC 14688		1.00	.20					3937
041338.6+252851		.S..3*.	1.45± .03	5				13.76±.1	3825± 5
170.18 -18.32	UGC 2988	U	.67± .05	.55	14.9 ±.2			474± 7	8052± 76
342.43 -33.08		3.0±1.1		.92					
041036.6+252117	PGC 14693		1.50	.33					
041341.0-313846	NGC 1537	.LX.-P?	1.59± .04	98	11.47M±.10	.89± .01	.93± .01		
231.46 -46.10	ESO 420- 12	RS	.18± .04	.00	11.53 ±.11	.42± .01	.48± .01		1362± 21
265.53 -50.06		-2.5± .4	.93± .02	.00		.87	11.69± .06		1227
041144.0-314618	PGC 14695		1.56		11.48	.42	13.83± .24		1297

R.A. 2000 DEC. l b SGL SGB R.A. 1950 DEC.	Names PGC	Type S_T n_L T L	$\log D_{25}$ $\log R_{25}$ $\log A_e$ $\log D_o$	p.a. A_g A_i A_{21}	B_T m_B m_{FIR} B_T^o	$(B-V)_T$ $(U-B)_T$ $(B-V)_T^o$ $(U-B)_T^o$	$(B-V)_e$ $(U-B)_e$ m'_e m'_{25}	m_{21} W_{20} W_{50} HI	V_{21} V_{opt} V_{GSR} V_{3K}
041350.4-320022		.LAR+P?	1.00± .05						
231.98 -46.11	ESO 420- 13	Sr	.05± .03	.00	13.31 ±.14				
264.96 -50.01	IRAS04118-3207	-1.0± .8		.00	10.36				
041154.0-320754	PGC 14702		.99						
0413.8 +3127		.S..2..	1.07± .14	0					
165.75 -14.11	UGC 2990	U	.40± .12	.88					
347.49 -29.02		2.0± .9		.49					
0410.7 +3120	PGC 14703		1.15	.20					
041356.0-532830	IC 2050	.SAT3P.	1.03± .05	15	14.4 ±.3	.71± .05	.79± .03		
262.66 -44.63	ESO 157- 11	S	.10± .04	.00	14.78 ±.14				12368± 79
236.73 -40.90	FAIR 405	3.0± .9	.83± .12	.13		.61	14.03± .33		12199
041243.0-533600	PGC 14704		1.03	.05	14.49		14.14± .39		12340
041356.7+290913	A 0410+29	.SB..$.	1.12± .05	30				16.85±.2	5639± 7
167.47 -15.72	UGC 2989	R	.29± .05	.48				429± 12	5298± 49
345.62 -30.64	5ZW 372			.43				434± 10	5671
041049.8+290140	PGC 14705		1.17	.14					5529
041358.1-253617		.S?....	.91± .07						
223.00 -44.92	ESO 483- 14		.20± .06	.03	15.49 ±.14				12857± 52
275.00 -51.21				.20					12735
041153.1-254348	PGC 14706		.92	.10	15.10				12784
041358.9-380553		.E+1.P.	.90± .07						
240.79 -46.52	ESO 303- 5	S	.09± .04	.00	15.19 ±.14				14981
255.98 -48.17		-4.0± .8		.00					14834
041212.0-381324	PGC 14707		.88		14.97				14927
0413.9 +3650		.SBR3..	1.27± .04	113					6032
161.89 -10.27	UGC 2991	U	.12± .05	2.00					
351.70 -25.19	IRAS04106+3643	3.0± .8		.16	12.44				6093
0410.6 +3643	PGC 14709		1.46	.06					5931
0414.0 -1324		.L?....	1.12± .12						
207.25 -40.90	MCG -2-11- 26		.09± .07	.07					9337
294.69 -51.03				.00					9246
0411.7 -1332	PGC 14710		1.11						9250
041414.6+243932		.S?....	.74± .14					17.25±.3	6595± 10
170.91 -18.79	MCG 4-10- 28		.09± .07	.67	15.47 ±.12				
341.81 -33.73				.14				218± 7	6619
041113.5+243200	PGC 14714		.80	.05	14.63			2.58	6491
041423.0-624845		.SBS5..	1.02± .05	52	14.18 ±.15	.65± .03	.67± .02		
274.73 -41.53	ESO 84- 9	S (1)	.15± .04	.01	15.04 ±.14				5080± 40
227.25 -35.24		5.0± .9	.84± .02	.23		.59	13.87± .06		4903
041346.0-625612	PGC 14717	2.2±1.3	1.02	.08	14.38		13.77± .31		5068
0414.4 +0242		.SA.8*.	1.18± .04	35					3318
189.81 -32.75	UGC 2994	UE (1)	.27± .04	.58	15.1 ±.2				
318.18 -46.23		7.5± .8		.33					3274
0411.8 +0235	PGC 14718	7.5± .8	1.24	.13	14.16				3219
041431.2-504738		.LA.-*.	1.11± .10						
258.95 -45.16		S	.17± .08	.00					
239.66 -42.46		-3.0± .9		.00					
041310.9-505506	PGC 14720		1.09						
041431.6-063824		.SBT4..	1.06± .06	170					
199.52 -37.72	MCG -1-11- 8	E (1)	.11± .05	.12					
305.16 -49.68		4.0± .9		.17					
041204.9-064554	PGC 14721	4.2± .8	1.07	.06					
041436.7-560339	NGC 1546	.LA.+?.	1.48± .03	147	11.8 ±.1	.88± .03	.91± .01		
266.09 -43.82	ESO 157- 12	RS	.26± .03	.00	12.30 ±.11	.35± .04	.33± .01		1160± 66
233.89 -39.47	IRAS04134-5611	-1.3± .6	1.27± .03	.00	10.71	.83	13.65± .12		988
041332.1-561106	PGC 14723		1.44		12.02	.32	13.42± .21		1136
0414.7 +3510		.S..6?.	1.04± .15					16.43±.3	6232± 11
163.20 -11.35	UGC 2993	U	.04± .12	1.44				163± 7	
350.56 -26.50		6.0±1.7		.06				142± 7	6288
0411.5 +3503	PGC 14725		1.18	.02					6132
041458.2-542016	IC 2052	.S?....	.96± .06	165					
263.77 -44.25	ESO 157- 13		.40± .05	.00	15.38 ±.14				11353± 88
235.67 -40.53				.55					11182
041348.1-542742	PGC 14729		.96	.20	14.74				11327
041510.3-282858	NGC 1540A	.S..1?P	.88± .07						
227.07 -45.27	ESO 420- 14A	S	.19± .06	.00	14.46 ±.14				
270.35 -51.05		1.0±1.8		.19					
041309.1-283624	PGC 14734		.88	.09					

R.A. 2000 DEC. / l b / SGL SGB / R.A. 1950 DEC.	Names / PGC	Type / S_T n_L / T / L	$\log D_{25}$ / $\log R_{25}$ / $\log A_e$ / $\log D_o$	p.a. / A_g / A_i / A_{21}	B_T / m_B / m_{FIR} / B^o_T	$(B-V)_T$ / $(U-B)_T$ / $(B-V)^o_T$ / $(U-B)^o_T$	$(B-V)_e$ / $(U-B)_e$ / m'_e / m'_{25}	m_{21} / W_{20} / W_{50} / HI	V_{21} / V_{opt} / V_{GSR} / V_{3K}
041517.8-505647			.74± .07		15.13 ±.15	-.09± .07	.13± .07		
259.12 -45.01	ESO 201- 26		.12± .06	.00	15.19 ±.14	-1.05± .10	-.70± .10		3783± 63
239.40 -42.48	IRAS04139-5104		.59± .04				13.57± .15		3616
041358.0-510412	PGC 14740		.74						3751
0415.3 +0057		.SBS9..	1.10± .08	25					
191.70 -33.54		E (1)	.19± .08	.47					
316.03 -47.20		9.0± .9		.19					
0412.8 +0050	PGC 14744	9.8± .8	1.15	.09					
041532.2-352035		.SB?...	.97± .06	58					
236.82 -46.09	ESO 360- 2		.06± .06	.00	15.03 ±.14				4293
259.80 -49.40				.09					4150
041341.0-352800	PGC 14749		.97	.03	14.92				4236
0415.5 +0029		.S..6*.	1.00± .08	6					
192.19 -33.76	UGC 2995	U	.73± .06	.45					
315.43 -47.44		6.0±1.4		1.07					
0413.0 +0022	PGC 14751		1.04	.36					
0415.5 +0109		.S..0..	.97± .07	124					
191.53 -33.39	UGC 2996	U	.56± .05	.47	15.23 ±.13				
316.33 -47.17		.0±1.0		.42					
0413.0 +0102	PGC 14752		.99						
041537.2-523613			.74± .07						
261.39 -44.59	ESO 157- 14		.21± .06	.00	15.35 ±.14				13228± 88
237.49 -41.60									13059
041422.0-524336	PGC 14753		.74						13199
041545.1-553531	NGC 1549	.E.0+..	1.69± .02	135	10.72M±.08	.93± .01	.94± .01		
265.41 -43.80	ESO 157- 16	R	.08± .02	.00	10.49 ±.11	.50± .02	.51± .01		1214± 21
234.25 -39.88		-5.0± .6	1.18± .01	.00		.92	12.00± .05		1042
041439.1-554254	PGC 14757		1.67		10.62	.51	13.97± .14		1191
041555.9-573850		PSBR3*.	1.03± .04	133					
268.10 -43.17	ESO 118- 15	S (1)	.08± .04	.00	14.91 ±.14				13705
232.11 -38.66	IRAS04149-5746	3.0±1.2		.11	14.00				13531
041457.0-574612	PGC 14761	3.3±1.2	1.03	.04	14.69				13685
0416.0 +0810		.S..0..	1.00± .06	178				16.53±.3	1592± 9
184.95 -29.18	UGC 2997	U	.29± .05	.81	14.79 ±.12				1555± 42
325.25 -43.97	IRAS04133+0803	.0± .9		.22	11.64			120± 7	1562
0413.3 +0803	PGC 14762		1.07		13.74				1491
0416.1 -5101					15.9 ±.2	.90± .06	.98± .05		
259.19 -44.87				.00					20066± 62
239.22 -42.55			.63± .06				14.50± .18		19898
0414.8 -5108	PGC 14764								20034
041610.4-554651	NGC 1553	.LAR0..	1.65± .02	150	10.28M±.08	.88± .01	.93± .01	13.61±.7	1080± 11
265.63 -43.69	ESO 157- 17	R	.20± .02	.00	10.18 ±.11	.48± .05	.52± .01	123± 15	1239± 18
234.01 -39.82	IRAS04150-5554	-2.0± .3	1.34± .02	.00	13.92	.85	12.13± .07		946
041505.0-555412	PGC 14765		1.62		10.23	.47	12.91± .15		1096
041612.7-164502		.SBS8P*	1.21± .04	168					1960
211.62 -41.72	MCG -3-11- 19	SE (1)	.48± .04	.05					
289.40 -51.93		7.7± .7		.59					1859
041357.0-165225	PGC 14768	6.7± .9	1.22	.24					1880
0416.3 -1507		.SBS9..	1.04± .09						
209.64 -41.06		E (1)	.00± .08	.07					
292.05 -51.82		9.0± .9		.00					
0414.1 -1515	PGC 14772	9.8± .8	1.05	.00					
041623.6-601222	IC 2056	RSXR4*.	1.27± .03	8	12.48 ±.13	.56± .01	.57± .01		
271.36 -42.27	ESO 118- 16	Sr (1)	.08± .04	.00	12.50 ±.12				1099± 66
229.53 -37.10	IRAS04155-6019	4.4± .6	.61± .02	.11	11.09	.54	11.02± .05		923
041535.0-601942	PGC 14773	3.4± .8	1.27	.04	12.37		13.50± .21		1084
041627.5-354403		.S?....	.96± .06	128					
237.40 -45.93	ESO 360- 4		.23± .05	.00	15.03 ±.14				4428± 87
259.13 -49.45				.34					4284
041437.0-355124	PGC 14774		.96	.11	14.67				4373
041630.3-475058		.LXR0*P	1.08± .05	65					
254.75 -45.38	ESO 202- 1	S	.20± .04	.00	14.76 ±.14				9987± 34
242.89 -44.29		-2.0± .6		.00					9823
041503.0-475818	PGC 14775		1.05		14.61				9951
041634.4+024534		.SBT3..	1.18± .04					16.48±.2	3349± 6
190.13 -32.28	UGC 2998	UE (1)	.05± .04	.50	14.35 ±.18			114± 7	
318.59 -46.70	IRAS04139+0238	3.0± .6		.07	13.21			85± 4	3303
041357.8+023811	PGC 14779	4.2± .8	1.23	.03	13.75			2.70	3253

R.A. 2000 DEC. l b SGL SGB R.A. 1950 DEC.	Names PGC	Type S_T n_L T L	$\log D_{25}$ $\log R_{25}$ $\log A_e$ $\log D_o$	p.a. A_g A_i A_{21}	B_T m_B m_{FIR} B_T^o	$(B-V)_T$ $(U-B)_T$ $(B-V)_T^o$ $(U-B)_T^o$	$(B-V)_e$ $(U-B)_e$ m'_e m'_{25}	m_{21} W_{20} W_{50} HI	V_{21} V_{opt} V_{GSR} V_{3K}
041638.4-122356		.SBT3..	1.23± .05	130					
206.39 -39.90	MCG -2-11- 30	E (1)	.38± .05	.12					
296.46 -51.50		3.0± .8		.52					
041417.9-123118	PGC 14780	4.2± .8	1.24	.19					
041642.6-121202	IC 362	.E+..?.	1.24± .09	10					
206.17 -39.80	MCG -2-11- 31	E	.19± .07	.12					
296.78 -51.48		-4.0± .8		.00					
041421.9-121923	PGC 14782		1.20						
041654.5+030549		.SB.6*.	1.05± .04	25					3563
189.85 -32.02	UGC 3002	U	.16± .04	.52					
319.09 -46.62	KUG 0414+029	6.0±1.2		.23					3518
041417.6+025828	PGC 14790		1.10	.08					3468
0416.9 -0727		.S..5?/	1.22± .07	77					
200.79 -37.60		E	.78± .08	.16					
304.19 -50.48		5.0±1.8		1.17					
0414.5 -0735	PGC 14791		1.24	.39					
041700.3+005005	NGC 1541	.L..+*.	1.10± .05	77	14.56 ±.13	1.04± .03			
192.09 -33.27	UGC 3001	UE	.41± .04	.40	14.66 ±.10	.59± .04			
316.11 -47.63		-.7± .7		.00					
041425.7+004244	PGC 14792		1.07				13.89± .28		
041712.4-175123	NGC 1547	.SBT4P*	1.10± .04	133					
213.11 -41.90	ESO 550- 18	SE (2)	.35± .03	.04	14.41 ±.14				9601± 60
287.61 -52.23	IRAS04149-1758	3.8± .5		.51	12.32				9496
041458.0-175842	PGC 14799	3.9± .7	1.11	.17	13.80				9524
041712.8+044700	NGC 1542	.S..2..	1.10± .04	128				17.35±.3	3714± 10
188.29 -30.98	UGC 3003	U	.43± .04	.58	14.83 ±.12			416± 13	3537±113
321.29 -45.90	IRAS04145+0439	2.0± .9		.53	13.64				3673
041434.1+043940	PGC 14800		1.16	.22	13.68			3.45	3617
0417.2 +1027								16.20±.3	7500± 9
183.10 -27.56				1.13					7566± 33
328.09 -42.99	IRAS04144+1020				11.95			141± 7	7482
0414.4 +1020	PGC 14801								7406
041715.5-700128		PSXR0*.	.95± .06	150					
283.06 -38.17	ESO 55- 18	r	.31± .05	.39	15.09 ±.14				
220.70 -30.56		-.1± .9		.23					
041728.0-700842	PGC 14802		.97						
041719.1+022600		.SB?...	1.07± .06	155				15.67±.3	3218± 9
190.57 -32.31	UGC 3004	(1)	.18± .05	.48					
318.29 -47.01				.27				184± 7	3171
041442.8+021841	PGC 14803	4.2± .8	1.12	.09					3123
0417.3 +0226		.SBS7*.	1.03± .08	3					3245
190.57 -32.31	UGC 3005	UE	.79± .06	.48					
318.29 -47.01	IRAS04147+0218	7.0±1.0		1.10	12.58				3198
0414.7 +0218	PGC 14804		1.07	.40					3150
041725.3+022215		.LA.0*.	1.25± .05	157					
190.65 -32.33	UGC 3006	UE	.39± .03	.48	14.51 ±.12				
318.22 -47.06		-2.0± .7		.00					
041449.2+021456	PGC 14807		1.24						
041735.5-255631		.L?....	.79± .07	165					
223.73 -44.21	ESO 484- 3		.17± .05	.03	15.45 ±.14				9908± 52
274.29 -51.98				.00					9784
041531.0-260348	PGC 14810		.76		15.27				9841
0417.6 +3617		.S..0..	1.04± .06	17					
162.82 -10.16	UGC 3000	U	.50± .05	2.14					
351.86 -26.09	IRAS04143+3609	.0± .9		.38	12.89				
0414.3 +3609	PGC 14812		1.22						
041737.4-624704	NGC 1559	.SBS6..	1.54± .03	64	11.0 S±.3	.35± .03		12.98±.2	1292± 6
274.51 -41.20	ESO 84- 10	R (2)	.24± .03	.00	11.21 ±.12	-.08± .05		296± 5	1333± 38
226.98 -35.54		6.0± .7	1.20± .08	.36		.30	12.06± .17	226± 7	1115
041701.0-625418	PGC 14814	4.8± .5	1.54	.12	10.83	-.12	12.95± .34	2.03	1283
041745.5-500951	NGC 1556	.S..2P?	1.24± .03	167	13.47 ±.13	.41± .01	.42± .01		
257.93 -44.78	ESO 202- 4	S	.51± .04	.00	13.53 ±.14	-.27± .02	-.17± .02		990± 87
240.00 -43.24	IRAS04163-5017	2.0±1.3	.67± .01	.62	12.95	.31	12.31± .04		823
041624.0-501706	PGC 14818		1.24	.25	12.86	-.34	13.25± .22		959
0417.7 +0132			.74± .14					16.05±.3	4927± 9
191.52 -32.72	MCG 0-11- 47		.09± .07	.34	14.93 ±.14				
317.18 -47.50	2ZW 7							73± 7	4877
0415.2 +0125	PGC 14819		.77						4834

R.A. 2000 DEC.	Names	Type	logD25	p.a.	B_T	$(B-V)_T$	$(B-V)_e$	m_{21}	V_{21}
l b		S_T n_L	logR25	A_g	m_B	$(U-B)_T$	$(U-B)_e$	W_{20}	V_{opt}
SGL SGB		T	$\log A_e$	A_i	m_{FIR}	$(B-V)^o_T$	m'_e	W_{50}	V_{GSR}
R.A. 1950 DEC.	PGC	L	$\log D_o$	A_{21}	B^o_T	$(U-B)^o_T$	m'_{25}	HI	V_{3K}
041752.8-634027		.LA.0*.	1.10± .10						
275.58 -40.83		S	.14± .08	.03					
226.14 -34.97		-2.0± .9		.00					
041721.1-634740	PGC 14822		1.08						
041754.2-563704	IC 2060	.L..-*P	1.02± .05	157	14.9 ±.4	.94± .08	1.02± .04		
266.64 -43.22	ESO 157- 19	S	.21± .03	.00	14.32 ±.14				6686± 88
232.95 -39.50		-3.0±1.2	.91± .22	.00		.87	14.89± .78		6512
041652.0-564418	PGC 14823		.99		14.28		14.35± .49		6666
041754.5-555604	IC 2058	.S..7?/	1.47± .03	18				14.27±.3	1359± 9
265.74 -43.41	ESO 157- 18	RS	.88± .03	.00	13.90 ±.14			255± 12	1268± 88
233.66 -39.92	IRAS04168-5603	6.6± .7		1.21	13.55				1185
041650.1-560318	PGC 14824		1.47	.44	12.68			1.14	1337
0418.4 -5040					14.8 ±.6				
258.62 -44.58				.00					14553± 88
239.32 -43.04			.99± .19				15.23± .52		14385
0417.1 -5048	PGC 14832								14524
041828.7-604016		.E+1...	1.31± .07						
271.83 -41.86		S	.17± .08	.00					
228.88 -37.00		-5.0± .8		.00					
041742.6-604727	PGC 14833		1.26						
041830.2+334636		.SXS7..	1.07± .07					15.51±.3	5631± 7
164.77 -11.79	UGC 3007	U	.07± .06	1.35					
350.10 -28.05		7.0± .8		.09				82± 7	5681
041516.4+333920	PGC 14834		1.20	.03					5535
0418.5 +7948		.SB.8*.	1.16± .07	113				16.28±.1	5424± 11
131.47 20.57	UGC 2987	U	.41± .06	.40					
19.76 7.72		8.0±1.2		.51				214± 8	5584
0410.5 +7941	PGC 14836		1.20	.21					5372
041840.2+023338		RLBT+*.	1.13± .04	75					
190.67 -31.96	UGC 3008	UE	.28± .04	.48	14.45 ±.11				
318.68 -47.25		-1.0± .6		.00					
041603.8+022624	PGC 14839		1.14						
041857.5+052640		.SB.6*.	1.02± .06	132				15.19±.1	3870± 7
187.96 -30.24	UGC 3010	U	.20± .05	.59	15.02 ±.14			223± 8	
322.43 -45.96		6.0±1.3		.29					3831
041618.0+051927	PGC 14849		1.07	.10	14.12			.97	3776
041905.8+261039		.S..6*.	1.19± .05	107				15.19±.3	3754± 10
170.53 -16.95	UGC 3009	U	.70± .05	.58					
344.02 -33.51		6.0±1.3		1.03				260± 7	3780
041602.6+260326	PGC 14853		1.25	.35					3657
041910.5+555253								14.82±.3	5213± 9
149.21 4.00				4.01				406± 11	
5.31 -11.29								382± 8	5324
041508.1+554538	PGC 14858								5132
041914.2+032053	IC 365	PLBT+*.	1.00± .06	30					
190.00 -31.40	MCG 1-11- 17	E	.22± .04	.61					
319.80 -47.02	IRAS04166+0313	-1.0± .7		.00					
041637.0+031341	PGC 14860		1.03						
041918.7-114207		.S?....			16.44S±.15				
205.94 -39.01				.09					
297.76 -52.02	HICK 27B								
041657.5-114918	PGC 14863								
041921.0+023550		.LAT0?.	1.06± .04	124					
190.75 -31.80	UGC 3011	E	.29± .04	.51	15.05 ±.08				
318.84 -47.39		-2.0± .9		.00					
041644.5+022838	PGC 14865		1.08						
041922.2-264744		.S..5./	1.20± .04	20					
225.01 -44.01	ESO 484- 5	S	.99± .03	.09	16.02 ±.14				
272.80 -52.25		5.0± .7		1.49					
041719.0-265454	PGC 14867		1.21	.50					
041922.6-173656		.I?....	.98± .05						
213.06 -41.33	ESO 550- 20		.08± .04	.05	14.63 ±.14				8861± 60
288.06 -52.74	IRAS04171-1744			.06	13.66				8756
041708.1-174406	PGC 14868		.99	.04	14.51				8786
041925.3-505352		.L?....	1.04± .07	65	14.29 ±.19	1.02± .04	1.04± .02		
258.87 -44.38	ESO 202- 7		.12± .05	.00	14.43 ±.14				11160± 88
238.96 -43.05			.84± .06	.00		.90	13.98± .22		10991
041806.0-510100	PGC 14871		1.02		14.21		14.04± .40		11132

R.A. 2000 DEC.	Names	Type	$\log D_{25}$	p.a.	B_T	$(B-V)_T$	$(B-V)_e$	m_{21}	V_{21}
l b		S_T n_L	$\log R_{25}$	A_g	m_B	$(U-B)_T$	$(U-B)_e$	W_{20}	V_{opt}
SGL SGB		T	$\log A_e$	A_i	m_{FIR}	$(B-V)^o_T$	m'_e	W_{50}	V_{GSR}
R.A. 1950 DEC.	PGC	L	$\log D_o$	A_{21}	B^o_T	$(U-B)^o_T$	m'_{25}	HI	V_{3K}
041927.3-264356		.L..-*.	.98± .05	70					
224.93 -43.98	ESO 484- 6	S	.32± .04	.10	15.30 ±.14				
272.90 -52.28		-3.0±1.3		.00					
041724.0-265106	PGC 14874		.94						
041938.3+022435	NGC 1550	.LAS-*.	1.35± .04	30	13.07 ±.15	1.08± .02	1.10± .02		
190.98 -31.85	UGC 3012	UE	.06± .04	.56	13.40 ±.14	.57± .04	.61± .03		3689± 50
318.64 -47.54		-3.2± .5	.93± .04	.00		.92	13.21± .15		3640
041702.0+021725	PGC 14880		1.41		12.64	.45	14.53± .28		3598
041953.7+020543		.SB?...	1.07± .06	45				15.23±.2	4214± 6
191.33 -31.97	UGC 3014		.21± .05	.47	14.44 ±.12				
318.26 -47.73	ARP 20			.31	13.17			184± 5	4164
041717.8+015834	PGC 14892		1.11	.10	13.63			1.49	4123
042000.4-545618	NGC 1566	.SXS4..	1.92± .02	60	10.33M±.03	.60± .01	.68± .01	11.68±.2	1496± 5
264.31 -43.39	ESO 157- 20	R (2)	.10± .02	.00	10.10 ±.12	-.04± .04	.05± .02	233± 5	1449± 19
234.46 -40.76	IRAS04189-5503	4.0± .6	1.34± .03	.15	10.06	.57	12.44± .07	206± 7	1320
041853.0-550324	PGC 14897	1.7± .5	1.92	.05	10.15	-.06	14.52± .11	1.47	1472
042008.7-364111		.SBS9..	1.27± .06	113					1172
238.82 -45.24	ESO 360- 7	S (1)	.32± .05	.00	16.62 ±.14				
257.33 -49.82		9.0± .8		.33					1024
041820.0-364818	PGC 14903	10.0± .8	1.27	.16	16.29				1123
042016.1-450154	NGC 1558	PSXR4*.	1.39± .04	72					
250.67 -45.08	ESO 250- 17	RSr (1)	.38± .05	.00	13.28 ±.14				4541± 34
245.91 -46.27	IRAS04187-4508	3.7± .6		.55	13.52				4379
041843.0-450900	PGC 14906	3.3± .8	1.39	.19	12.70				4504
042017.6-004135	NGC 1552	.LXR+?.	1.26± .07	110					
194.16 -33.42	UGC 3015	UE	.17± .05	.24	13.93 ±.12				4924± 50
314.52 -49.00		-1.0± .6		.00					4865
041744.6-004842	PGC 14907		1.25		13.62				4836
042019.5-223805		.L?....	.84± .07	32	16.64 ±.13	1.22± .03			
219.55 -42.74	ESO 484- 7		.61± .03	.02	16.32 ±.14	.35± .06			
279.65 -52.93				.00					
041811.1-224512	PGC 14909		.75				14.17± .36		
042026.3-314330	IC 2059	.LXR0*.	1.11± .04	172					
231.85 -44.69	ESO 420- 17	Sr	.46± .03	.04	13.87 ±.14				2810± 39
264.82 -51.43		-1.6± .6		.00					2671
041830.0-315036	PGC 14910		1.04		13.79				2754
042028.3-625215		.IX.9..	1.07± .05	32					
274.46 -40.86	ESO 84- 13	S (1)	.46± .06	.00	16.46 ±.14				
226.63 -35.72		10.0± .8		.34					
041953.0-625918	PGC 14913	10.0± .8	1.07	.23					
0420.5 -0202		.S?....	.82± .13						
195.58 -34.09	MCG 0-12- 10		.23± .07	.31	14.91 ±.14				4736±113
312.64 -49.58				.34					4673
0418.0 -0210	PGC 14914		.85	.11	14.23				4649
042040.9-144658	IC 367	PLA.-*.	1.17± .07	140					
209.76 -39.98	MCG -2-12- 1	E	.32± .05	.07					
292.81 -52.81		-3.0± .7		.00					
041823.2-145404	PGC 14917		1.13						
042054.9+054022		.S..8*.	.95± .07	42					3877
188.08 -29.71	UGC 3017	U	.65± .08	.63					
323.06 -46.27	KUG 0418+055	8.0±1.4		.80					3837
041815.2+053317	PGC 14920		1.01	.32					3786
042055.9+023759		PLBT+?.	1.12± .06						
190.97 -31.45	MCG 0-12- 11	E	.06± .05	.56	14.64 ±.15				
319.15 -47.72		-1.0± .8		.00					
041819.4+023054	PGC 14923		1.16						
0420.9 -0443		.S?....	1.08± .09						8945
198.45 -35.38	MCG -1-12- 1		.61± .07	.05					
308.78 -50.63				.89					8874
0418.5 -0451	PGC 14926		1.08	.30					8861
042060.0-450421		.S..3?/	1.11± .05	25					
250.71 -44.94	ESO 250- 18	S	.69± .04	.00	15.11 ±.14				
245.77 -46.36		3.0±1.9		.95					
041927.1-451124	PGC 14927		1.11	.34					
0421.0 -0217		.S..7*.	1.00± .06	158					
195.91 -34.12	UGC 3020	U	.34± .05	.15					
312.35 -49.79		7.0±1.3		.47					
0418.5 -0225	PGC 14929		1.02	.17					

R.A. 2000 DEC. / l b / SGL SGB / R.A. 1950 DEC.	Names / PGC	Type / S_T n_L / T / L	$\log D_{25}$ / $\log R_{25}$ / $\log A_e$ / $\log D_o$	p.a. / A_g / A_i / A_{21}	B_T / m_B / m_{FIR} / B_T^o	$(B-V)_T$ / $(U-B)_T$ / $(B-V)_T^o$ / $(U-B)_T^o$	$(B-V)_e$ / $(U-B)_e$ / m'_e / m'_{25}	m_{21} / W_{20} / W_{50} / HI	V_{21} / V_{opt} / V_{GSR} / V_{3K}
042103.6-481822		.SBS5P.	1.10± .05	15					
255.23 -44.56	ESO 202- 9	S	.48± .06	.00	15.32 ±.14				
241.78 -44.70		5.0±1.0		.71					
041938.0-482524	PGC 14931		1.10	.24					
042108.7-481516	NGC 1567	.E.0.P*	1.13± .06		12.17V±.15		.94± .02		
255.16 -44.55	ESO 202- 10	S	.02± .04	.00	13.36 ±.14		.41± .04		4546± 22
241.83 -44.74		-5.0±1.2	.83± .04	.00					4380
041943.0-482218	PGC 14934		1.12		13.29				4515
042113.4-215039		.SBS7*.	1.75± .02	132	12.67 ±.18	.61± .04		13.08±.2	906± 11
218.61 -42.31	ESO 550- 24	SU (1)	.42± .04	.03	12.75 ±.14	-.16± .10		184± 16	
280.96 -53.18		6.7± .4		.58		.52		175± 12	789
041904.0-215742	PGC 14936	6.7± .5	1.76	.21	12.11	-.23	15.24± .22	.76	839
0421.3 +3646		.S..6*.	1.16± .13	91					
163.00 -9.29	UGC 3016	U	.71± .12	1.43					
352.82 -26.24		6.0±1.3		1.04					
0418.0 +3639	PGC 14937		1.29	.35					
042127.9-555600	IC 2065	.S..1?.	1.07± .05	38					
265.55 -42.94	ESO 157- 21	S	.45± .04	.00	14.60 ±.14				
233.26 -40.31	IRAS04204-5602	1.0±1.8		.46					
042024.0-560300	PGC 14943		1.07	.23					
042144.7-641326		.SXR4..	1.04± .07	90					
276.04 -40.23	ESO 84- 14	r	.08± .06	.03	14.20 ±.14				5300±190
225.30 -34.91	FAIR 767	4.5± .9		.13	13.72				5120
042117.0-642024	PGC 14953		1.04	.04	14.02				5296
042147.1-532355		.E+3...	1.10± .10						
262.17 -43.51		S	.27± .08	.00					
235.90 -41.89		-4.0± .9		.00					
042035.2-533054	PGC 14955		1.02						
042151.3-614650		RLBR+*.	1.06± .05	96					
273.03 -41.10	ESO 118- 22	S	.30± .04	.00	14.92 ±.14				5339
227.50 -36.57		-1.0± .9		.00					5160
042111.0-615348	PGC 14958		1.01		14.84				5331
0421.9 +3607		.E.....	1.04± .13	35					
163.56 -9.66	UGC 3021	U	.06± .05	2.02					
352.44 -26.80		-5.0± .8		.00					
0418.6 +3600	PGC 14959		1.35						
0421.9 +0403	IC 2057	.S?....	.84± .10						
189.78 -30.44	CGCG 419- 2		.09± .10	.68	15.02 ±.12				7434±113
321.17 -47.29				.13					7389
0419.3 +0356	PGC 14962		.90	.04	14.17				7346
042157.8+015021		.LBS.*.	1.21± .08	20					
191.92 -31.69	UGC 3023	UE	.17± .05	.48	14.48 ±.11				13200± 64
318.26 -48.31	ARAK 106	-2.0± .7		.00					13148
041922.1+014320	PGC 14964		1.24		13.80				13113
042159.1-565826	NGC 1574	.LAS-*.	1.53± .03	35	11.36 ±.14	.93± .01	.96± .01		
266.89 -42.58	ESO 157- 22	RS	.04± .04	.00	11.33 ±.11	.51± .02	.55± .01		925± 66
232.14 -39.72		-2.7± .4	.85± .03	.00		.92	11.10± .12		749
042059.0-570524	PGC 14965		1.52		11.33	.51	13.77± .23		909
042201.2-101020		.S..4*.	1.18± .05	65					
204.56 -37.74	MCG -2-12- 5	E (1)	.61± .05	.14					
300.44 -52.37		4.0±1.3		.90					
041938.4-101721	PGC 14969	4.2± .8	1.19	.31					
042208.8-433744	NGC 1571	.E+..P.	1.30± .05	172	13.23 ±.13	.94± .01	.97± .01		
248.65 -44.85	ESO 250- 19	BS	.12± .04	.00	13.22 ±.14	.47± .02	.51± .01		4397± 29
247.47 -47.24		-4.0± .6	.64± .02	.00		.90	11.92± .07		4236
042033.0-434442	PGC 14971		1.27		13.16	.49	14.43± .29		4360
042212.0-633640		.SBS9*.	1.24± .05	85					
275.27 -40.41	ESO 84- 15	S (1)	.52± .04	.03	15.33 ±.14				1279
225.80 -35.36		9.0±1.2		.53					1099
042141.0-634336	PGC 14974	8.9± .8	1.25	.26	14.77				1274
042223.7-561334		PSBS4..	1.01± .06	138					
265.89 -42.73	ESO 157- 23	r	.22± .05	.00	15.02 ±.14				13050±190
232.85 -40.23	FAIR 302	4.5± .9		.33					12875
042121.0-562030	PGC 14980		1.01	.11	14.62				13033
042228.3-562010		.L...P.	.97± .07						
266.03 -42.69	ESO 157- 24A	S	.19± .06	.00	15.09 ±.14				13007± 88
232.73 -40.17		-2.0±1.2		.00					12832
042126.0-562706	PGC 14984		.94		14.89				12990

R.A. 2000 DEC. l b SGL SGB R.A. 1950 DEC.	Names PGC	Type S_T n_L T L	$\log D_{25}$ $\log R_{25}$ $\log A_e$ $\log D_o$	p.a. A_g A_i A_{21}	B_T m_B m_{FIR} B_T^o	$(B-V)_T$ $(U-B)_T$ $(B-V)_T^o$ $(U-B)_T^o$	$(B-V)_e$ $(U-B)_e$ m'_e m'_{25}	m_{21} W_{20} W_{50} HI	V_{21} V_{opt} V_{GSR} V_{3K}
0422.4 +2718		.L..-?.	1.08± .17	150					
170.21 -15.63	UGC 3024	U	.12± .08	.96					
345.60 -33.28		-3.0±1.7		.00					
0419.4 +2711	PGC 14986		1.18						
0422.6 +0312									
190.69 -30.78	CGCG 419- 4			.62	15.3 ±.3				3878
320.21 -47.83									3830
0420.0 +0306	PGC 14992								3791
042242.6-403558	NGC 1572	PSBS1*.	1.39± .03	0	13.26 ±.16	.82± .02	.90± .02		
244.38 -44.84	ESO 303- 14	BS	.30± .04	.00	13.63 ±.14	.24± .03	.26± .03		6012± 34
251.46 -48.73	IRAS04210-4042	.7± .6	.93± .04	.30	10.85	.71	13.40± .12		5856
042101.1-404254	PGC 14993		1.39	.15	13.09	.20	14.31± .26		5972
042312.3+053429		.S..8*.	1.05± .05	73					4986± 7
188.55 -29.31	UGC 3025	U	.51± .05	.59					
323.35 -46.82	KUG 0420+054	8.0±1.3		.62					4945
042032.7+052733	PGC 15009		1.11	.25					4899
042328.5+751750	NGC 1530	.SBT3..	1.66± .02		12.25 ±.16	.80± .03	.88± .02	13.50±.0	2461± 4
135.22 17.77	UGC 3013	R	.28± .04	.58	12.9 ±.3	.12± .05	.20± .04	334± 5	2506± 63
17.26 3.96	7ZW 12	3.0± .3	1.23± .03	.38	10.59	.60	13.89± .09	316± 5	2613
041704.9+751048	PGC 15018		1.72	.14	11.41	-.04	14.72± .23	1.96	2404
042332.5-544402	IC 2066	.SB?...	.89± .06	129					
263.87 -42.95	ESO 157- 25		.12± .05	.00	15.26 ±.14				11200±190
234.26 -41.29	FAIR 770			.18					11026
042225.0-545054	PGC 15019		.89	.06	15.01				11182
042346.8-513557	NGC 1578	.SAS1P*	1.09± .05	177	13.92 ±.16	.79± .03	.80± .02		
259.65 -43.58	ESO 202- 14	S	.06± .05	.00	13.83 ±.14				6108± 88
237.63 -43.20	FAIR 771	1.0± .8	.61± .03	.06	13.01	.73	12.46± .07		5937
042230.0-514248	PGC 15025		1.09	.03	13.73		14.08± .32		6085
0423.9 -0050		.S..3..	1.03± .06	160					
194.89 -32.73	UGC 3029	U (1)	.17± .05	.27	15.07 ±.15				
314.88 -49.89		3.0± .9		.24					
0421.4 -0057	PGC 15027	4.5±1.1	1.05	.09					
042401.9-092345	IC 370	.SBT5..	1.13± .06	140					9776
203.97 -36.95	MCG -2-12- 11	E (1)	.08± .05	.28					
301.88 -52.67		5.0± .8		.12					9690
042138.2-093037	PGC 15029	1.9± .8	1.15	.04					9700
0424.2 +3054		.S..6*.	1.04± .15	60					
167.74 -12.89	UGC 3027	U	1.06± .06	.92					
348.87 -30.96	IRAS04210+3048	6.0±1.5		1.47					
0421.0 +3048	PGC 15031		1.13	.50					
042418.4-275639		.S..3*/	1.19± .04	128					
226.89 -43.19	ESO 420- 18	S	.92± .04	.01	15.89 ±.14				
270.59 -53.12		3.0±1.3		1.27					
042217.0-280330	PGC 15033		1.19	.46					
042421.0-473129		PLAT+P*	1.29± .05						
254.05 -44.11	ESO 202- 15	S	.07± .04	.00	13.62 ±.14				4320± 14
242.29 -45.58		-.7± .4		.00					4153
042254.0-473818	PGC 15035		1.28		13.56				4291
042426.2-233004			.71± .06						
221.04 -42.08	ESO 484- 14		.12± .05	.09	15.47 ±.14				8376±104
278.06 -53.80	IRAS04223-2336								8253
042219.0-233654	PGC 15040		.72						8315
042425.4-004447		.S?....	1.03± .06	135					
194.87 -32.58	UGC 3032		.12± .05	.27	14.58 ±.13				4734± 97
315.08 -49.97				.09					4673
042152.5-005138	PGC 15042		1.05		14.15				4652
042430.7+105318		.SB?...	1.00± .16					16.37±.3	10605± 10
183.95 -25.88	UGC 3033		.04± .12	1.16					
329.96 -44.23	IRAS04217+1046			.06	13.65			524± 7	10579
042145.3+104627	PGC 15044		1.11	.02					10517
042434.5+335232		.S?....	1.17± .05	143				14.52±.3	5479± 7
165.59 -10.81	UGC 3028		.35± .05	1.68					
351.22 -28.83	IRAS04213+3345			.53	12.02			435± 7	5526
042119.9+334540	PGC 15047		1.33	.18					5390
042435.0-575849	IC 2070	.SXS5*.	1.15± .05	85					
268.07 -41.97	ESO 118- 23	Sr (1)	.20± .05	.00	14.49 ±.14				7046
230.84 -39.34	IRAS04236-5805	4.8± .5		.30					6869
042339.1-580536	PGC 15048	1.1± .6	1.15	.10	14.15				7034

R.A. 2000 DEC.	Names	Type	$\log D_{25}$	p.a.	B_T	$(B-V)_T$	$(B-V)_e$	m_{21}	V_{21}
l b		S_T n_L	$\log R_{25}$	A_g	m_B	$(U-B)_T$	$(U-B)_e$	W_{20}	V_{opt}
SGL SGB		T	$\log A_e$	A_i	m_{FIR}	$(B-V)^o_T$	m'_e	W_{50}	V_{GSR}
R.A. 1950 DEC.	PGC	L	$\log D_o$	A_{21}	B^o_T	$(U-B)^o_T$	m'_{25}	HI	V_{3K}
042436.3+094134		.I..9?.	1.00± .16					16.25±.3	7619± 7
185.03 -26.59	UGC 3034	U	.14± .12	.90					
328.60 -44.93		10.0±1.7		.10				404± 7	7590
042152.2+093443	PGC 15049		1.08	.07					7532
042438.7-004534	A 0422+00	CI..9??	.10?	110					
194.92 -32.54		E	.06± .08	.27					4630± 45
315.10 -50.02	MK 615	10.0±1.8		.05	13.61				4569
042205.8-005224	PGC 15051		.13	.03					4549
0424.6 -2110		.I..9..	1.30± .06						
218.08 -41.34	UGCA 91	U	.31± .09	.03					
282.05 -54.01		10.0± .8		.23					
0422.5 -2117	PGC 15053		1.30	.16					
0424.6 +0712		.LB....	1.23± .14	20					
187.28 -28.05	UGC 3035	U	.18± .08	.53	14.25 ±.13				
325.66 -46.29		-2.0± .8		.00					
0422.0 +0706	PGC 15054		1.26						
042445.6-545631	NGC 1581	.L..-..	1.26± .05	80	13.61 ±.15	.76± .02	.71± .02		
264.09 -42.73	ESO 157- 26	S	.40± .04	.00	13.36 ±.14				1527± 88
233.90 -41.30	IRAS04236-5503	-3.0± .9	.55± .05	.00	13.11	.73	11.85± .16		1352
042339.1-550318	PGC 15055		1.20		13.45		13.76± .31		1510
0424.8 -0102		.S..4..	1.11± .07	99					
195.23 -32.64	UGC 3037	U	.54± .06	.35	15.34 ±.13				
314.74 -50.18		4.0± .9		.79					
0422.3 -0109	PGC 15057		1.14	.27					
042500.6-291406		.SBR1*P	.95± .05						
228.67 -43.30	ESO 420- 20	S	.11± .04	.00	15.13 ±.14				
268.41 -53.00		1.0±1.2		.12					
042301.0-292054	PGC 15058		.95	.06					
042501.8+071023		.S..3*.	1.09± .06	35				16.63±.3	8089± 10
187.38 -28.01	UGC 3038	U (1)	.63± .05	.53	15.27 ±.12				
325.67 -46.38		3.0±1.3		.87				485± 7	8052
042220.4+070334	PGC 15059	4.5±1.3	1.14	.31	13.81			2.50	8004
0425.1 +0301		.L.....	1.04± .09	33					
191.28 -30.38	UGC 3039	U	.74± .04	.68	15.51 ±.10				
320.38 -48.47	IRAS04224+0254	-2.0±1.0		.00					
0422.4 +0254	PGC 15062		1.01						
042507.0-264201		.SBS7*P	1.06± .06	138					5308
225.29 -42.74	ESO 484- 15	S (1)	.35± .03	.02	17.28 ±.14				
272.61 -53.53		7.0±1.2		.49					5178
042304.0-264848	PGC 15064	6.7±1.2	1.07	.18	16.75				5252
042548.2-674849		.SAS3*/	1.18± .04	152					
280.10 -38.44	ESO 55- 23	S (1)	.64± .04	.14	14.38 ±.14				5514
221.88 -32.67		3.0± .6		.88					5332
042545.0-675530	PGC 15078	3.3± .9	1.19	.32	13.32				5518
042555.8-083409		.LB.0P*	1.10± .08	25					
203.32 -36.15	MCG -1-12- 5	E	.16± .08	.29					
303.40 -52.92	IRAS04235-0840	-2.0±1.2		.00					
042331.3-084053	PGC 15081		1.11						
042618.8-033715	NGC 1576	.L..-*.	1.04± .07	55					
198.10 -33.67	MCG -1-12- 7	E	.24± .05	.08					
311.17 -51.50		-3.0±1.3		.00					
042349.0-034358	PGC 15089		1.02						
042619.6-491355		.S?....	.96± .06	159	15.35 ±.17	.94± .04	.89± .03		
256.33 -43.57	ESO 202- 18		.20± .05	.00	15.21 ±.14				
240.00 -44.91	IRAS04249-4920		.54± .03	.28	14.05		13.54± .08		
042457.0-492036	PGC 15091		.96	.10			14.49± .35		
042625.1-403913		.S?....	1.00± .05	160					
244.45 -44.14	ESO 303- 16		.18± .05	.00	15.34 ±.14				6133
250.91 -49.33				.18					5975
042444.0-404554	PGC 15095		1.00	.09	15.08				6097
042630.7-422625		RSXS4*.	1.01± .05	90					
246.94 -44.10	ESO 250- 21	S (1)	.07± .04	.00	14.97 ±.14				
248.47 -48.51		4.0± .9		.10					
042453.0-423306	PGC 15098	4.4± .8	1.01	.03					
042633.8-531114	IC 2073	.SBS6?P	1.07± .03	49	14.55 ±.15	.77± .03	.72± .03		
261.67 -42.86	ESO 157- 29	S	.38± .04	.00	14.39 ±.14				3956± 88
235.54 -42.59	IRAS04253-5317	6.0±1.3	.49± .02	.56	13.30	.67	12.49± .06		3782
042522.1-531754	PGC 15102		1.07	.19	13.89		13.82± .23		3938

R.A. 2000 DEC. l b SGL SGB R.A. 1950 DEC.	Names PGC	Type S_T n_L T L	$\log D_{25}$ $\log R_{25}$ $\log A_e$ $\log D_o$	p.a. A_g A_i A_{21}	B_T m_B m_{FIR} B_T^o	$(B-V)_T$ $(U-B)_T$ $(B-V)_T^o$ $(U-B)_T^o$	$(B-V)_e$ $(U-B)_e$ m'_e m'_{25}	m_{21} W_{20} W_{50} HI	V_{21} V_{opt} V_{GSR} V_{3K}
0426.5 +6619		.I..9?.	.96± .17	50				15.79±.1	3757± 11
142.26 11.92	UGC 3030	U	.29± .12	1.94					
12.26 -3.45		10.0±1.8		.22				190± 8	3890
0421.7 +6613	PGC 15103		1.14	.15					3692
042637.4-420531	IC 2068	PSAT0*.	1.09± .05	153					
246.46 -44.09	ESO 303- 17	BSr	.19± .04	.00	14.29 ±.14				4750±190
248.92 -48.70	FAIR 408	.3± .5		.14					4590
042459.1-421212	PGC 15106		1.08		14.07				4716
042637.5-343349		.LAT-?.	.96± .05	13					
236.01 -43.76	ESO 360- 9	S	.17± .03	.00	15.45 ±.14				
259.77 -51.80		-3.0± .8		.00					
042446.1-344030	PGC 15107		.94						
0426.7 +2024		.S?....	1.11± .07	47					1387± 10
176.29 -19.48	UGC 3045		.66± .06	1.76					
340.27 -38.71	IRAS04237+2017			.91					1390
0423.7 +2017	PGC 15109		1.27	.33					1300
042650.5+402825								16.11±.3	6787± 9
161.07 -5.93				2.45				269± 11	
356.35 -24.13								265± 8	6853
042324.6+402142	PGC 15111								6703
0426.8 +2957		.I..9?.	1.04± .15						5228± 10
168.85 -13.13	UGC 3044	U	.18± .12	1.15					
348.59 -32.04		10.0±1.7		.13					5261
0423.7 +2951	PGC 15112		1.15	.09					5142
0426.9 +0141		.S..4..	1.00± .08	50					
192.85 -30.74	UGC 3049	U	.33± .06	.44	15.13 ±.12				
318.90 -49.48		4.0± .9		.49					
0424.3 +0135	PGC 15113		1.04	.17					
042704.9-060955		.SBT5P*	1.12± .06	135					
200.89 -34.76	MCG -1-12- 8	E (1)	.11± .05	.05					
307.36 -52.52		5.0± .8		.16					
042437.8-061635	PGC 15123	4.2± .8	1.13	.05					
042715.8+323728		.SB.6*.	1.16± .13	30				15.63±.3	6445± 7
166.91 -11.26	UGC 3047	U	.05± .12	1.49					
350.74 -30.14		6.0±1.1		.07				204± 7	6487
042403.0+323047	PGC 15134		1.30	.02					6360
042718.3-101905		.E?....			16.50S±.15				
205.45 -36.64				.17					
300.68 -53.67	HICK 28C								
042455.7-102544	PGC 15135								
042718.6-101822		.S?....			16.17S±.15				
205.44 -36.63				.17					11294± 41
300.70 -53.67	HICK 28A								11203
042456.1-102502	PGC 15136								11224
042718.7+022236		.S..6*.	.98± .07					16.07±.2	6933± 7
192.26 -30.28	UGC 3051	U	.02± .05	.60				201± 7	
319.91 -49.26		6.0±1.2		.03				194± 5	6880
042442.5+021557	PGC 15137		1.03	.01					6854
042720.1-101935		.S?....			15.92S±.15				
205.46 -36.63				.17					11402± 41
300.67 -53.68	HICK 28B								11311
042457.5-102614	PGC 15141								11332
042730.0+305650		.S?....	.96± .17					14.85±.3	2147± 7
168.20 -12.36	UGC 3050		.10± .12	1.30					
349.49 -31.41	IRAS04243+3049			.15				133± 7	2183
042419.6+305010	PGC 15147		1.08	.05					2061
042730.2-833304		.SBS5*P	1.08± .05	108					
296.86 -30.79	ESO 4- 13	S (1)	.33± .04	.63	14.78 ±.14				
210.28 -20.83	IRAS04340-8339	5.0±1.2		.49	13.25				
043408.1-833924	PGC 15148	4.4±1.2	1.14	.16					
042732.5-541148		.E.4.*.	1.12± .05	42	14.66 ±.14	.70± .02			
262.98 -42.51	ESO 157- 30	S	.38± .04	.00	14.30 ±.14				1341± 51
234.34 -42.08		-5.0±1.2		.00		.69			1166
042624.0-541824	PGC 15149		1.01		14.46		14.32± .31		1326
042733.1-420953	NGC 1585	.SA.5*.	1.06± .05	175					
246.55 -43.91	ESO 303- 18	S (1)	.22± .04	.00	14.23 ±.14				4642
248.69 -48.82	IRAS04259-4216	5.0± .6		.33	12.73				4481
042555.0-421630	PGC 15150	3.3± .5	1.06	.11	13.87				4609

R.A. 2000 DEC. l b SGL SGB R.A. 1950 DEC.	Names PGC	Type S_T n_L T L	$logD_{25}$ $logR_{25}$ $logA_e$ $logD_o$	p.a. A_g A_i A_{21}	B_T m_B m_{FIR} B_T^o	$(B-V)_T$ $(U-B)_T$ $(B-V)_T^o$ $(U-B)_T^o$	$(B-V)_e$ $(U-B)_e$ m'_e m'_{25}	m_{21} W_{20} W_{50} HI	V_{21} V_{opt} V_{GSR} V_{3K}
042737.8-550137	NGC 1596	.LA..*/	1.57± .02	20	12.10 ±.13	.94± .01	.98± .01	14.40±.3	1510± 8
264.07 -42.31	ESO 157- 31	R	.59± .02	.00	12.13 ±.10	.46± .02	.51± .02	247± 9	1465± 24
233.46 -41.56		-2.0± .5	.73± .01	.00		.87	11.24± .05		1329
042632.0-550812	PGC 15153		1.48		12.09	.41	13.32± .18		1491
0427.7 +7053		.S?....	1.08± .07	102				15.82±.1	7453± 11
138.86 15.07	UGC 3036		.81± .06	.64					
14.96 .21				1.22				424± 8	7596
0422.2 +7047	PGC 15157		1.14	.41					7393
042743.9-333718		.S?....	.91± .06	30					
234.75 -43.42	ESO 360- 11		.19± .06	.01	15.31 ±.14				13838± 39
261.11 -52.34				.14					13691
042551.0-334354	PGC 15160		.90		14.95				13794
042746.0-623532		.SAT1*.	1.18± .05						
273.73 -40.18	ESO 84- 18	S	.10± .05	.00	14.04 ±.14				5677
226.17 -36.52		.5± .6		.10					5496
042711.0-624206	PGC 15163		1.18	.05	13.87				5674
042753.7-550326	NGC 1602	.IBS9P*	1.29± .04	83	13.33 ±.15	.35± .04	.27± .01	14.77±.3	1568± 8
264.10 -42.27	ESO 157- 32	RS (1)	.26± .05	.00	13.79 ±.14	-.23± .05	-.35± .03	87± 9	1731± 31
233.40 -41.57	IRAS04267-5510	9.5± .6	1.06± .03	.19	13.02	.28	14.12± .08		1402
042648.1-551000	PGC 15168	7.8± .8	1.29	.13	13.38	-.28	13.98± .29	1.26	1564
042754.9-293244		.SXS9..	1.04± .09						
229.25 -42.74		S (1)	.06± .08	.00					
267.65 -53.54		9.0± .9		.06					
042556.0-293920	PGC 15169	10.0± .9	1.04	.03					
042759.7-475437		.P.....	1.33± .04						
254.48 -43.46	ESO 202- 23	S	.07± .04	.00	13.50 ±.14				4950± 60
241.34 -45.88	IRAS04265-4801	99.0		.09	12.43				4781
042634.0-480112	PGC 15172		1.33	.03	13.39				4926
042759.7-425019		.LBS0*P	1.12± .05	9					
247.49 -43.82	ESO 251- 2	S	.22± .04	.00	14.05 ±.14				
247.73 -48.56		-2.4± .5		.00					
042623.0-425654	PGC 15173		1.09						
042804.8-144549		.SXS9*.	1.10± .05	20					3396
210.64 -38.32	MCG -2-12- 22	E (1)	.21± .04	.06					
293.19 -54.59		8.7± .7		.21					3293
042547.2-145225	PGC 15175	9.0± .7	1.11	.10					3331
0428.1 +2139		.S..6*.	.93± .07	170					2407± 10
175.52 -18.41	UGC 3053	U	.06± .05	1.64	14.75 ±.12				
341.73 -38.12	IRAS04251+2132	6.0±1.3		.08	12.27				2413
0425.2 +2132	PGC 15179		1.09	.03	13.02				2322
042810.3-173124	NGC 1584	.LAS-P*	.91± .06						
213.93 -39.34	ESO 551- 6	SE	.06± .04	.04	14.88 ±.14				
288.39 -54.83		-2.7± .7		.00					
042556.0-173800	PGC 15180		.91						
0428.1 +0102		.S..8*.	1.16± .07	30					3924
193.69 -30.82	UGC 3054	U	1.00± .06	.31					
318.23 -50.06		8.0±1.4		1.23					3866
0425.6 +0056	PGC 15181		1.19	.50					3847
042818.3-402814		.S?....	1.06± .05						
244.20 -43.78	ESO 303- 20		.05± .05	.00	14.96 ±.14				8993
250.91 -49.73				.07					8835
042637.0-403448	PGC 15188		1.06	.02	14.84				8959
042821.8-474857	NGC 1595	.E.3...	1.13± .03	17	13.69 ±.13	.96± .01	.97± .01		
254.34 -43.41	ESO 202- 25	S	.17± .03	.00	13.75 ±.14	.44± .02	.45± .02		4702± 22
241.40 -45.99		-5.0± .5	.65± .01	.00		.92	12.43± .04		4533
042656.0-475530	PGC 15195		1.08		13.65	.47	13.93± .20		4678
042826.0+393728		.SB?...	1.16± .07	10				14.98±.1	4224± 6
161.90 -6.30	UGC 3052		.16± .06	2.32				301± 11	
356.02 -24.98	IRAS04250+3930			.22				280± 6	4286
042501.5+393052	PGC 15197		1.38	.08					4141
042830.8-534410	IC 2079	.SBT2..	1.09± .05	125					
262.33 -42.46	ESO 157- 33	S	.48± .04	.00	14.81 ±.14				10834± 41
234.71 -42.48		2.0± .9		.60					10659
042721.0-535042	PGC 15200		1.09	.24	14.11				10819
0428.5 +1103		.L...?.	1.15± .08	60					
184.47 -24.99	UGC 3055	U	.28± .04	1.08					
330.96 -44.94		-2.0±1.7		.00					
0425.8 +1057	PGC 15203		1.23						

R.A. 2000 DEC. / l b / SGL SGB / R.A. 1950 DEC.	Names / PGC	Type / S_T n_L / T / L	$logD_{25}$ / $logR_{25}$ / $logA_e$ / $logD_o$	p.a. / A_g / A_i / A_{21}	B_T / m_B / m_{FIR} / B_T^o	$(B-V)_T$ / $(U-B)_T$ / $(B-V)_T^o$ / $(U-B)_T^o$	$(B-V)_e$ / $(U-B)_e$ / m'_e / m'_{25}	m_{21} / W_{20} / W_{50} / HI	V_{21} / V_{opt} / V_{GSR} / V_{3K}
042833.9-474652	NGC 1598	PSBS5P*	1.16± .03	123	13.81 ±.13	.52± .01	.58± .01		
254.29 -43.38	ESO 202- 26	Sr (1)	.24± .04	.00	13.91 ±.14				5108± 23
241.42 -46.03	IRAS04271-4753	4.9± .4	.67± .01	.36	12.49	.44	12.65± .04		4939
042708.0-475324	PGC 15204	2.2± .5	1.16	.12	13.47		13.84± .22		5084
042837.4-532435					15.77 ±.07	.77± .04			
261.89 -42.51				.00					13176± 51
235.04 -42.69									13001
042726.6-533107	PGC 15205								13161
0428.7 +6935	A 0423+69		.56± .15						
139.92 14.26	CGCG 328- 3		.12± .06	.91	15.7 ±.2				10280± 60
14.29 -.90	7ZW 14								10420
0423.4 +6929	PGC 15211		.65						10219
0428.7 +7020	A 0423+70	.SXS4..	1.33± .04	70	14.00 ±.18	.78± .03	.80± .03	14.40±.1	3059± 6
139.34 14.77	UGC 3042	U (1)	.45± .05	.69	14.4 ±.3			299± 11	2947± 59
14.72 -.29	IRAS04233+7014	4.0± .8	.88± .04	.66	12.05	.52	13.89± .08	278± 7	3199
0423.3 +7014	PGC 15212	1.6± .8	1.39	.23	12.72		14.36± .29	1.46	2998
042845.3-123032		.SBS9..	1.17± .05	30					1803
208.12 -37.26	MCG -2-12- 24	E (1)	.05± .05	.05					
297.11 -54.44		9.0± .8		.06					1705
042625.2-123705	PGC 15214	7.5± .8	1.18	.03					1737
042849.5-445147		.E.5...	1.11± .06	24					
250.27 -43.58	ESO 251- 4	S	.30± .04	.00	14.17 ±.14				
244.99 -47.66		-5.0± .9		.00					
042717.0-445818	PGC 15219		1.02						
042849.7-465753		.S?....	.83± .06						
253.16 -43.42	ESO 251- 5		.06± .05	.00	14.60 ±.14				4398± 63
242.37 -46.53	FAIR 410			.09	13.47				4230
042722.0-470424	PGC 15220		.83	.03	14.48				4373
0428.9 +7055		.S..6*.	1.07± .14	75				15.43±.1	7405± 7
138.90 15.16	UGC 3043	U	1.09± .06	.73					
15.06 .18		6.0±1.5		1.47				381± 8	7547
0423.4 +7049	PGC 15225		1.14	.50					7345
042901.1-533648	IC 2081	.LB.-?.	1.08± .05	90					
262.14 -42.41	ESO 157- 34	S	.15± .04	.00	14.46 ±.14				12738± 41
234.77 -42.61		-3.0± .9		.00					12563
042751.1-534318	PGC 15231		1.06		14.27				12723
042906.5-372847		.S?....	.90± .06	170					
240.08 -43.50	ESO 303- 21		.18± .05	.02	14.65 ±.14				8706
255.08 -51.17	IRAS04273-3735			.27	12.20				8552
042720.0-373518	PGC 15237		.90	.09	14.31				8669
042907.4-534936	IC 2082	.L...P.	1.13± .05		13.84 ±.13	1.11± .02	1.04± .01		
262.42 -42.35	ESO 157- 35	RS	.23± .04	.00	14.95 ±.14	.58± .05	.56± .04		11785± 28
234.53 -42.49		-2.4± .3	.77± .03	.00		.98	13.18± .10		11609
042758.0-535606	PGC 15239		1.10		14.18	.62	13.80± .29		11770
042918.5-532930					15.60 ±.16	1.03± .04			
261.97 -42.39				.00					12881± 37
234.86 -42.72									12706
042808.1-533559	PGC 15250								12866
0429.3 +6931		.S..3..	1.17± .05					15.25±.1	4699± 11
140.01 14.26	UGC 3046	U	.10± .05	.91	14.7 ±.3				
14.30 -.99	IRAS04240+6925	3.0±1.0		.13	12.61			240± 8	4839
0424.0 +6925	PGC 15254		1.26	.05	13.58			1.62	4638
0429.3 -0445		.S..6*/	1.18± .08	85					
199.74 -33.58		E	.73± .08	.06					
309.86 -52.61		6.0±1.3		1.07					
0426.9 -0452	PGC 15259		1.19	.37					
042923.1-625321		.S..3*/	1.06± .05	171					
274.02 -39.90	ESO 84- 20	S (1)	.49± .04	.00	14.88 ±.14				
225.75 -36.45	IRAS04288-6259	3.0±1.3		.68	12.91				
042850.1-625948	PGC 15261	5.6±1.3	1.06	.25					
0429.4 +7025		.SXT4*.	1.03± .06	125				15.14±.1	3049± 11
139.32 14.86	UGC 3048	U	.20± .05	.69	14.9 ±.3				
14.81 -.26	IRAS04239+7018	4.0±1.2		.29	12.15			247± 8	3190
0423.9 +7018	PGC 15263		1.10	.10	13.95			1.10	2989
0429.4 -5336					14.2 ±.4	.95± .06	1.03± .03		
262.12 -42.35				.00					
234.72 -42.66			.89± .16				14.13± .55		
0428.3 -5343	PGC 15272								

R.A. 2000 DEC.	Names	Type	$logD_{25}$	p.a.	B_T	$(B-V)_T$	$(B-V)_e$	m_{21}	V_{21}
l b		S_T n_L	$logR_{25}$	A_g	m_B	$(U-B)_T$	$(U-B)_e$	W_{20}	V_{opt}
SGL SGB		T	$logA_e$	A_i	m_{FIR}	$(B-V)^o_T$	m'_e	W_{50}	V_{GSR}
R.A. 1950 DEC.	PGC	L	$logD_o$	A_{21}	B^o_T	$(U-B)^o_T$	m'_{25}	HI	V_{3K}
042928.8-364225		.S.5?P/	1.12± .05	35					
239.03 -43.38	ESO 360- 13	S	.75± .04	.00	15.32 ±.14				
256.18 -51.55	IRAS04276-3648	5.0±1.8		1.13	13.11				
042741.0-364854	PGC 15273		1.12	.38					
042930.7-264248	NGC 1591	.SBR2P.	1.08± .04	30					
225.61 -41.79	ESO 484- 25	S	.19± .03	.05	13.77 ±.14				4127± 52
272.29 -54.49	IRAS04274-2649	2.0± .9		.23	12.24				3994
042728.0-264918	PGC 15276		1.08	.09	13.45				4077
042932.7-414631		.SBS6..	1.08± .05	40					
246.01 -43.55	ESO 303- 22	S (1)	.33± .04	.00	15.47 ±.14				4485
248.95 -49.33		6.0± .9		.48					4324
042754.0-415300	PGC 15278	5.6± .9	1.08	.16	14.97				4454
0429.5 -5344					14.87 ±.18	.87± .04	.89± .03		
262.28 -42.31				.00					
234.57 -42.60			.61± .05				13.41± .13		
0428.4 -5350	PGC 15279								
042935.0+004609		.SBS9..	1.10± .05	82					
194.18 -30.68	UGC 3058	E (1)	.28± .04	.25	15.11 ±.16				
318.08 -50.49		9.0± .9		.29					
042700.4+003938	PGC 15283	7.5± .8	1.13	.14					
042940.8-272431	NGC 1592	.P.....	1.15± .04	96					
226.53 -41.92	ESO 421- 2	S	.33± .03	.10	14.49 ±.14				927± 37
271.08 -54.40	VV 647	99.0		.25					792
042739.0-273100	PGC 15292		1.14		14.13				878
042942.3+034050		.SA.8..	1.42± .03	40				14.85±.1	4811± 9
191.39 -29.05	UGC 3059	U	.50± .05	.64	14.7 ±.2			384± 8	
322.09 -49.16		8.0± .8		.61					4760
042704.6+033420	PGC 15294		1.48	.25	13.44			1.16	4735
042949.4-534851		.S?....	.99± .06	117					
262.38 -42.26	ESO 157- 36		.69± .05	.00	15.07 ±.14				13029± 33
234.46 -42.58				1.04					12854
042840.1-535518	PGC 15301		.99	.35	13.96				13015
042959.5-265008		.E?....	.90± .04	27	14.38 ±.13	.91± .01			
225.80 -41.72	ESO 484- 28		.17± .03	.05	14.54 ±.14				4038± 37
272.04 -54.58				.00		.86			3904
042757.0-265636	PGC 15311		.86		14.35		13.46± .24		3989
0430.0 -5140					14.59 ±.17	.68± .03	.76± .03		
259.52 -42.61				.00					
236.73 -43.94			.52± .06				12.68± .20		
0428.8 -5147	PGC 15315								
043009.8-424052		.S.3?P/	1.16± .05	0					
247.26 -43.42	ESO 251- 6	S	.94± .04	.00	16.35 ±.14				
247.64 -48.98		3.0±1.9		1.29					
042833.0-424718	PGC 15318		1.16	.47					
043010.7+065620		.S?....	1.33± .05						
188.43 -27.10	UGC 3061		.02± .05	.51	14.6 ±.4				4333± 32
326.38 -47.59	VV 555			.03	13.70				4291
042729.5+064952	PGC 15319		1.38	.01	14.04				4255
043021.2-363834		PLA.0?.	1.23± .08						
238.96 -43.20		S	.06± .08	.00					
256.16 -51.74		-2.0± .8		.00					
042833.4-364500	PGC 15321		1.22						
043037.0-582743		PSBS3..	.93± .06	80					
268.40 -41.07	ESO 118- 28	r	.05± .03	.00	15.06 ±.14				
229.69 -39.61		3.3± .9		.06					
042944.1-583406	PGC 15330		.93	.02					
043038.1-001816	NGC 1586	.SBS4..	1.24± .04	155					
195.40 -31.03	UGC 3062	UE (2)	.28± .04	.14	13.97 ±.13				3535± 50
316.73 -51.20		4.0± .6		.41					3471
042804.7-002442	PGC 15331	3.5± .7	1.25	.14	13.40				3462
043039.6+003943	NGC 1587	.E...P.	1.23± .06	144	12.70 ±.13	1.02± .01	1.05± .01	15.90±.1	3690± 9
194.45 -30.51	UGC 3063	PUE	.06± .05	.21	12.98 ±.10	.47± .02	.57± .01	498± 11	3871± 34
318.12 -50.78		-5.0± .5	.89± .03	.00		.94	12.64± .09		3641
042805.2+003317	PGC 15332		1.25		12.61	.44	13.70± .36		3628
043042.8-045218	IC 373	RLBT+..	1.13± .06	10					
200.05 -33.34	MCG -1-12- 13	E	.20± .05	.07					
309.87 -52.96		-1.0± .8		.00					
042814.4-045844	PGC 15335		1.10						

R.A. 2000 DEC.	Names	Type	$\log D_{25}$	p.a.	B_T	$(B-V)_T$	$(B-V)_e$	m_{21}	V_{21}
l b		S_T n_L	$\log R_{25}$	A_g	m_B	$(U-B)_T$	$(U-B)_e$	W_{20}	V_{opt}
SGL SGB		T	$\log A_e$	A_i	m_{FIR}	$(B-V)^o_T$	m'_e	W_{50}	V_{GSR}
R.A. 1950 DEC.	PGC	L	$\log D_o$	A_{21}	B^o_T	$(U-B)^o_T$	m'_{25}	HI	V_{3K}
043043.7-535849	IC 2083	.SBS0P.	1.03± .05	93					
262.56 -42.09	ESO 157- 37	S	.26± .04	.00	14.92 ±.14				12963± 41
234.17 -42.57	FAIR 774	.0± .9		.19					12786
042935.0-540512	PGC 15339		1.02		14.53				12950
043043.8+003955	NGC 1588	.E...P?	1.14± .06	175	13.89 ±.13	.98± .01	.99± .01		
194.46 -30.49	UGC 3064	PE	.26± .03	.21	13.81 ±.10	.46± .02	.51± .02		3458± 25
318.14 -50.80	MK 616	-4.6± .7	.63± .03	.00		.90	12.53± .09		3397
042809.4+003329	PGC 15340		1.10		13.58	.43	13.95± .32		3385
043045.9+005150	NGC 1589	.S..2./	1.50± .02	160	12.80 ±.14	1.04± .05	1.12± .05		
194.27 -30.38	UGC 3065	PUE (1)	.49± .04	.25	13.40 ±.14	.51± .03	.59± .03		3795± 50
318.42 -50.71		2.2± .5	1.01± .02	.61		.87	13.34± .07		3735
042811.2+004525	PGC 15342	4.5±1.1	1.53	.25	12.21	.35	13.93± .21		3722
043046.8-433930		.S..3?/	1.08± .05	172					
248.60 -43.28	ESO 251- 7	S	.62± .04	.00	14.84 ±.14				
246.27 -48.58		3.0±1.9		.85					
042912.1-434554	PGC 15343		1.08	.31					
043050.3+645047	NGC 1569	.IB.9..	1.56± .02	120	11.86M±.09	.83± .01	.79± .01	12.43±.1	-89± 5
143.68 11.24	UGC 3056	R (2)	.31± .02	2.18	11.9 ±.2	-.14± .02	-.17± .01	84± 5	-74± 17
11.77 -4.92	7ZW 16	10.0± .4	.94± .01	.23	9.16		11.96± .04	74± 8	40
042605.8+644418	PGC 15345	7.5± .7	1.76	.16	9.45		13.71± .14	2.83	-152
043051.7-054755	NGC 1594	.SBT4..	1.25± .05	100				15.33±.1	4328± 10
201.05 -33.76	MCG -1-12- 14	PE (1)	.14± .05	.09				297± 11	4315± 59
308.43 -53.30	IRAS04284-0554	4.0± .6		.20	13.43			291± 11	4247
042824.3-055420	PGC 15348	2.2± .8	1.25	.07					4259
043052.2-161824		.SXR1P*	1.07± .06	155					
212.78 -38.29	MCG -3-12- 11	E	.11± .05	.01					
290.60 -55.40		1.0±1.2		.11					
042836.5-162448	PGC 15349		1.07	.05					
043057.9+053225		.SXR7*.	1.17± .07	110				14.67±.3	4640± 7
189.85 -27.75	UGC 3066	U	.09± .06	.68	14.46 ±.18				
324.76 -48.49	IRAS04282+0526	7.0±1.1		.12	12.81			327± 7	4594
042818.2+052600	PGC 15355		1.23	.04	13.64			.98	4565
043059.7-020012		.SXS3P*	1.14± .04	160					
197.15 -31.84	UGC 3070	E (1)	.23± .04	.16	14.51 ±.14				
314.30 -51.97		3.0± .9		.32					
042828.2-020637	PGC 15356	4.2±1.6	1.15	.12					
0431.0 +0805		.E...?.	1.04± .09						
187.51 -26.27	UGC 3067	U	.00± .04	.58	14.68 ±.13				
327.96 -47.13		-5.0±1.6		.00					
0428.3 +0759	PGC 15358		1.13						
0431.1 -0324		.LBR+?.	1.05± .09	92					
198.60 -32.53		E	.42± .08	.13					
312.19 -52.54		-1.0±1.3		.00					
0428.6 -0331	PGC 15364		1.00						
043108.5-631922		.SBR3..	1.08± .05	124					
274.46 -39.57	ESO 84- 21	S (1)	.35± .04	.02	14.49 ±.14				5100±190
225.19 -36.28	FAIR 775	3.0± .9		.48	13.33				4918
043038.1-632542	PGC 15367	3.3± .9	1.08	.17	13.95				5101
043110.6+073757	NGC 1590	.P.....	.93± .05		14.49 ±.14	.80± .05		15.67±.2	3897± 7
187.96 -26.50	UGC 3071	R	.07± .04	.56	14.45 ±.12	.08± .04			3806± 61
327.43 -47.42	2ZW 13	99.0		.11	12.04	.63		293± 5	3856
042828.6+073133	PGC 15368		.99	.04	13.77	-.05	13.82± .31	1.86	3820
0431.1 +0050		.I..9*.	1.11± .14						3606
194.36 -30.30	UGC 3072	U	.25± .12	.25					
318.46 -50.82		10.0±1.2		.18					3545
0428.6 +0044	PGC 15369		1.13	.12					3534
043112.9-612710		.E+4...	.96± .07		14.2 ±.3	.96± .06	1.04± .02		
272.15 -40.15	ESO 118- 30	S	.26± .04	.00	15.30 ±.14				17962± 26
226.84 -37.61		-5.0± .8	.97± .11	.00		.79	14.57± .39		17781
043033.1-613330	PGC 15373		.88		14.83		13.35± .46		17960
0431.2 -6130					15.4 ±.2	.95± .04			
272.21 -40.13				.00					15846± 47
226.79 -37.58									15664
0430.6 -6136	PGC 15379								15844
043122.4+063823		.S..7*.	.96± .06					16.53±.3	4431± 7
188.90 -27.03	UGC 3074	U	.05± .05	.51	15.15 ±.15				
326.24 -48.00	KUG 0428+065	7.0±1.2		.08				115± 7	4388
042841.5+063200	PGC 15386		1.01	.03	14.56			1.95	4355

R.A. 2000 DEC. l b SGL SGB R.A. 1950 DEC.	Names PGC	Type S_T n_L T L	$\log D_{25}$ $\log R_{25}$ $\log A_e$ $\log D_o$	p.a. A_g A_i A_{21}	B_T m_B m_{FIR} B_T^o	$(B-V)_T$ $(U-B)_T$ $(B-V)_T^o$ $(U-B)_T^o$	$(B-V)_e$ $(U-B)_e$ m'_e m'_{25}	m_{21} W_{20} W_{50} HI	V_{21} V_{opt} V_{GSR} V_{3K}
043123.8-035532		.SBR5*.	1.14± .06	95					4752
199.17 -32.73	MCG -1-12- 15	E (1)	.07± .05	.10					
311.44 -52.79	IRAS04289-0401	5.0± .8		.11	13.95				4677
042854.4-040154	PGC 15387	4.2± .8	1.15	.04					4683
043124.2-542504	IC 2085	.L..0P/	1.38± .04	101	13.89 ±.17	.77± .03	.85± .02		
263.11 -41.91	ESO 157- 38	S	.67± .03	.00	14.26 ±.14	.26± .05	.31± .04		1010± 30
233.62 -42.37	IRAS04303-5430	-2.0± .8	1.00± .05	.00		.70	14.38± .18		833
043017.0-543124	PGC 15388		1.28		14.10	.21	13.98± .27		998
0431.4 +0809		.S?....	1.00± .08	108					4021
187.52 -26.14	UGC 3075		.55± .06	.58					
328.13 -47.18	IRAS04287+0803			.82	12.66				3983
0428.7 +0803	PGC 15389		1.05	.27					3945
043130.4-520204		.L..../	1.01± .05	44					
259.95 -42.33	ESO 202- 31	S	.40± .03	.00	15.00 ±.14				11840± 88
236.15 -43.89		-2.0± .9		.00					11665
043016.0-520824	PGC 15390		.95		14.82				11825
043138.8-043521	NGC 1599	.SBS5P*	.93± .08		14.06 ±.14	.37± .05			
199.90 -33.00	MCG -1-12- 16	PE (1)	.04± .05	.12		-.25± .04			
310.45 -53.08	IRAS04292-0441	5.0± .9		.06	13.07				
042910.1-044143	PGC 15403	4.2±1.6	.94	.02			13.46± .43		
043139.6-543605	NGC 1617	.SBS1..	1.63± .03	107	11.38M±.12	.94± .01	.98± .01		
263.34 -41.83	ESO 157- 41	R	.31± .03	.00	11.44 ±.11	.50± .01	.53± .01		1063± 21
233.40 -42.28	IRAS04305-5442	1.0± .7	1.03± .02	.31	12.87	.88	12.02± .06		886
043033.1-544224	PGC 15405		1.63	.15	11.09	.44	13.61± .20		1052
043139.9-050516	NGC 1600	.E.3...	1.39± .07	170	11.93M±.08	1.01± .01	1.03± .01		
200.42 -33.24	MCG -1-12- 17	R	.17± .07	.08	12.37 ±.18	.54± .03	.59± .01		4718± 23
309.66 -53.26		-5.0± .3	1.18± .02	.00		.95	13.34± .08		4639
042911.8-051138	PGC 15406		1.36		11.85	.55	13.47± .41		4650
043141.9-050343	NGC 1601	.L...*/	.78± .13	95	14.80 ±.15	.99± .02	1.00± .02		
200.40 -33.22	MCG -1-12- 18	R	.27± .05	.07		.47± .09			4997± 56
309.71 -53.26		-2.0± .7	.46± .04	.00		.90	12.59± .13		4918
042913.7-051005	PGC 15413		.75		14.65	.45	12.92± .69		4929
0431.7 +0826		.S..3..	1.00± .08	109					
187.31 -25.92	UGC 3076	U (1)	.73± .06	.62					
328.52 -47.08		3.0±1.0		1.00					
0429.0 +0820	PGC 15414	3.5±1.3	1.06	.36					
0431.7 -1239		.S?....	1.04± .09						
208.67 -36.66	MCG -2-12- 35		.78± .07	.03					9985± 70
297.05 -55.18				1.17					9885
0429.4 -1246	PGC 15417		1.04	.39					9924
043150.1-050545	NGC 1603	.E?....	.89± .15	115	14.7 ±.2	.92± .05	.94± .02		
200.45 -33.21	MCG -1-12- 19		.16± .07	.08			.22± .08		5117± 60
309.68 -53.30			.61± .08	.00		.85	13.23± .28		5038
042921.9-051206	PGC 15424		.86		14.53		13.76± .80		5050
043156.8+011147	A 0429+01	.SXT5..	1.27± .04	140	14.1 ±.4	.75± .06		14.56±.1	3541± 5
194.13 -29.95	UGC 3080	UE (2)	.06± .04	.30	14.2 ±.2			170± 5	3482± 59
319.10 -50.83		5.0± .5		.09		.65		145± 4	3481
042921.8+010527	PGC 15429	3.6± .7	1.29	.03	13.81		15.12± .45	.72	3469
0432.0 +0222		.SBR1..	.99± .09	10					
193.00 -29.30	UGC 3081	U	.15± .06	.48	15.25 ±.15				
320.75 -50.30		1.0± .8		.16					
0429.4 +0216	PGC 15436		1.03	.08					
0432.0 +6336		.I..9?.	1.30?					13.00±.1	-99± 5
144.71 10.51	UGCA 92	U	.30?	2.43				61± 7	
11.18 -6.01		10.0±1.8		.23				77± 12	26
0427.4 +6330	PGC 15439		1.53	.15					-163
043203.3-050158	NGC 1606	.LXR+*.	.63± .22						
200.42 -33.13	MCG -1-12- 22	RE	.00± .07	.08					
309.81 -53.33		-1.1± .5		.00					
042935.1-050818	PGC 15443		.64						
043206.3+003401	NGC 1608	.L..0*.	1.21± .05	130					
194.77 -30.25	UGC 3082	UE	.43± .03	.19	14.43 ±.11				
318.24 -51.15		-2.0± .7		.00					
042932.0+002740	PGC 15447		1.17						
043211.6-285141		.S?....	1.03± .06	94					
228.59 -41.69	ESO 421- 8		.40± .06	.02	15.97 ±.14				10482± 52
268.40 -54.62				.60					10343
043012.0-285800	PGC 15451		1.03	.20	15.29				10438

R.A. 2000 DEC. l b SGL SGB R.A. 1950 DEC.	Names PGC	Type S_T n_L T L	$\log D_{25}$ $\log R_{25}$ $\log A_e$ $\log D_o$	p.a. A_g A_i A_{21}	B_T m_B m_{FIR} B_T^o	$(B-V)_T$ $(U-B)_T$ $(B-V)_T^o$ $(U-B)_T^o$	$(B-V)_e$ $(U-B)_e$ m'_e m'_{25}	m_{21} W_{20} W_{50} HI	V_{21} V_{opt} V_{GSR} V_{3K}
043215.7-494031		.S..3*/	1.42± .04	133					
256.76 -42.55	ESO 202- 35	S	.86± .04	.00	13.38 ±.14				1871± 32
238.68 -45.43	IRAS04309-4946	3.0±1.3		1.18	12.54				1698
043055.1-494648	PGC 15455		1.42	.43	12.18				1853
0432.3 +0143		.S..6*.	1.11± .07	168					
193.68 -29.59	UGC 3083	U	.83± .06	.40					
319.90 -50.66		6.0±1.4		1.22					
0429.7 +0137	PGC 15458		1.15	.42					
043222.3+331306		.S..4..	1.16± .07	9				14.93±.3	5420± 7
167.20 -10.07	UGC 3078	U	.59± .06	2.08					
352.11 -30.40	IRAS04291+3306	4.0± .9		.86	12.51			423± 7	5461
042908.1+330646	PGC 15461		1.36	.29					5341
043234.2-625146		RLA.0*P	1.13± .09						
273.83 -39.57		S	.28± .08	.00					
225.45 -36.72		-2.0±1.2		.00					
043201.7-625800	PGC 15475		1.09						
043238.9-332449		.SXR4P*	1.00± .05						
234.66 -42.38	ESO 360- 14	Sr (1)	.08± .04	.00	14.93 ±.14				9780± 20
260.86 -53.37	FAIR 1126	4.3± .7		.12					9632
043046.0-333106	PGC 15477	3.3± .8	1.00	.04	14.75				9742
043241.5-434256	NGC 1616	.SXT4P*	1.26± .03	36	13.30 ±.13	.69± .01	.70± .01		
248.66 -42.94	ESO 251- 10	BS	.29± .04	.00	13.65 ±.14				4472± 40
245.92 -48.85	IRAS04311-4349	3.5± .6	.74± .02	.42	12.35	.61	12.49± .06		4307
043107.0-434912	PGC 15479		1.26	.14	13.01		13.73± .22		4447
043245.1-042226	NGC 1609	PL..+P*	1.04± .07	170					
199.84 -32.66	MCG -1-12- 25	E	.19± .05	.12					
310.94 -53.27		-1.0±1.3		.00					
043016.2-042843	PGC 15480		1.02						
043248.5+102324		.S..6*.	1.24± .06	158				15.07±.3	4065± 7
185.75 -24.56	UGC 3084	U	.67± .06	.87					
331.06 -46.18	IRAS04300+1017	6.0±1.2		.98				338± 7	4032
043003.4+101706	PGC 15481		1.32	.33					3990
0432.8 -1245		.SB?...	1.04± .09						
208.92 -36.46	MCG -2-12- 37		.28± .07	.04					10660± 70
296.95 -55.46				.35					10559
0430.5 -1252	PGC 15484		1.04	.14					10600
043249.8-504621			.70± .07		13.96 ±.13	.84± .02			
258.22 -42.32	ESO 202- 37		.03± .05	.00	13.94 ±.14				
237.36 -44.83									
043132.1-505236	PGC 15485		.70						
043250.0-753227	IC 2089	.SXR9..	1.03± .07						
288.48 -34.60	ESO 32- 15	r	.09± .06	.44	15.12 ±.14				
215.52 -27.24		9.1± .8		.09					
043418.1-753836	PGC 15487		1.07	.05					
043250.0+715252	NGC 1560	.SAS7./	1.99± .01	23	12.16 ±.14	.72± .02	.73± .02	11.26±.1	-36± 5
138.37 16.02	UGC 3060	R	.76± .03	.67	11.8 ±.3	.00± .03	.03± .02	157± 5	-194± 73
15.85 .79		7.0± .3	1.41± .02	1.04	12.16	.43	14.70± .05	125± 6	106
042708.2+714629	PGC 15488		2.06	.38	10.39	-.21	15.09± .17	.48	-93
0432.8 +0032		.S..9*.	.96± .09					16.02±.3	5478± 11
194.92 -30.11	UGC 3086	U	.00± .06	.19				176± 7	
318.33 -51.33		9.0±1.2		.00				136± 7	5415
0430.3 +0026	PGC 15491		.98	.00					5408
043254.0-041203		.S..7*/	1.20± .05	74					4905
199.68 -32.54	MCG -1-12- 28	E	.88± .05	.11					
311.24 -53.24		7.0±1.3		1.21					4828
043024.9-041819	PGC 15495		1.21	.44					4839
043306.1-041753	NGC 1611	PLBT+P?	1.27± .07	77					
199.81 -32.54	MCG -1-12- 29	E	.52± .08	.12					
311.11 -53.32	IRAS04306-0424	-1.0±1.2		.00	12.95				
043037.1-042409	PGC 15501		1.21						
043310.8+052119	A 0430+05	.L...*.	.90± .09	130					
190.37 -27.40	UGC 3087	U	.13± .03	.61					9910± 19
324.96 -49.06	2ZW 14	-2.0±1.3		.00					9862
043031.3+051503	PGC 15504		.95						9838
043313.2-041023	NGC 1612	.SBR0..	1.09± .06	40					
199.70 -32.46	MCG -1-12- 30	E	.11± .05	.13					
311.33 -53.30	IRAS04307-0416	.0± .9		.08	13.45				
043044.0-041639	PGC 15507		1.09						

R.A. 2000 DEC.	Names	Type	$\log D_{25}$	p.a.	B_T	$(B-V)_T$	$(B-V)_e$	m_{21}	V_{21}
l b		S_T n_L	$\log R_{25}$	A_g	m_B	$(U-B)_T$	$(U-B)_e$	W_{20}	V_{opt}
SGL SGB		T	$\log A_e$	A_i	m_{FIR}	$(B-V)^o_T$	m'_e	W_{50}	V_{GSR}
R.A. 1950 DEC.	PGC	L	$\log D_o$	A_{21}	B^o_T	$(U-B)^o_T$	m'_{25}	HI	V_{3K}
0433.2 +7633		.SXS3..	1.02± .10					14.98±.1	7886± 11
134.61 19.04	UGC 3057	U	.27± .07	.63	15.00 ±.18				
18.47 4.65	IRAS04263+7627	3.0± .8		.37	12.29			325± 8	8038
0426.3 +7627	PGC 15509		1.08	.13	13.94			.90	7834
0433.2 +0740		.I..9?.	1.07± .14	160					8106
188.25 -26.05	UGC 3088	U	.16± .12	.65					
327.92 -47.83	IRAS04305+0734	10.0±1.7		.12					8065
0430.5 +0734	PGC 15512		1.13	.08					8033
043322.8-184040		.SB?...	1.11± .04	16					
215.88 -38.59	ESO 551- 13		.27± .04	.04	14.50 ±.14				6372± 60
286.39 -56.10	IRAS04311-1846			.41					6256
043110.0-184654	PGC 15517		1.12	.14	14.01				6319
043325.4-041558	NGC 1613	.LXT+?.	1.02± .09	135					
199.82 -32.46	MCG -1-12- 31	E	.10± .05	.12					
311.21 -53.39		-1.0± .9		.00					
043056.3-042213	PGC 15518		1.02						
043337.9-131547		.E+..?.	1.32± .04	5					
209.59 -36.49	MCG -2-12- 39	E	.10± .05	.09					9796± 33
296.13 -55.73		-4.0± .8		.00					9694
043118.8-132200	PGC 15524		1.30						9739
043347.1+010558		.SXS7*.	1.11± .05	125					5559
194.51 -29.61	UGC 3091	UE (1)	.03± .04	.27	14.80 ±.20				
319.30 -51.28		6.7± .7		.04					5497
043112.2+005945	PGC 15531	6.4± .8	1.14	.02	14.46				5490
0433.8 +1654		.S..4..	1.04± .06						
180.31 -20.39	UGC 3089	U	.08± .05	1.23	15.07 ±.17				
338.34 -42.30	IRAS04309+1648	4.0± .9		.12					
0430.9 +1648	PGC 15533		1.15	.04					
043352.2-114217		PSBT2*.	1.50± .05	45					5143
207.86 -35.79	MCG -2-12- 41	E	.50± .05	.06					
298.88 -55.52		2.0± .8		.61					5044
043131.3-114830	PGC 15534		1.50	.25					5084
043353.5-654212		.IBS9..	1.08± .09						
277.22 -38.49		S (1)	.11± .08	.06					
222.92 -34.76		10.0± .9		.08					
043337.7-654820	PGC 15535	10.0± .8	1.09	.06					
043359.9-083430	NGC 1614	.SBS5P.	1.12± .03	85	13.63 ±.13	.69± .01	.67± .01	16.00±.3	4778± 10
204.45 -34.38	MCG -1-12- 32	R	.06± .04	.23		-.01± .03	-.06± .02		4723± 28
304.27 -54.85	MK 617	5.0± .4	.56± .01	.09	9.56	.59	11.92± .03		4681
043135.5-084042	PGC 15538		1.14	.03	13.28	-.08	13.92± .23	2.69	4710
0434.3 +7311		.L..-*.	1.11± .16	55					
137.40 16.95	UGC 3069	U	.25± .08	.46	14.80 ±.17				
16.66 1.81		-3.0±1.2		.00					
0428.4 +7305	PGC 15548		1.13						
0434.6 +0809		.S?....		157					
188.03 -25.51	MCG 1-12- 10			.65	15.00 ±.12				7581± 46
328.77 -47.84									7540
0431.9 +0803	PGC 15556								7509
043443.6-303242		.S?....			15.10S±.15				
230.95 -41.48				.04					13328± 41
265.31 -54.70	HICK 29A								13184
043246.6-303850	PGC 15559								13289
043502.3+731548	NGC 1573	.E.....	1.28± .07	35	12.81 ±.15	1.08± .02	1.11± .01		
137.37 17.04	UGC 3077	U	.16± .04	.48	13.14 ±.15				4221± 14
16.75 1.84	7ZW 18	-5.0± .8	1.04± .04	.00		.93	13.50± .13		4367
042903.2+730933	PGC 15570		1.31		12.43		13.80± .38		4166
0435.0 -1413		.SBS9..	1.12± .06	95					
210.86 -36.56	MCG -2-12- 42	E (1)	.19± .05	.12					
294.49 -56.20	IRAS04327-1419	9.0± .9		.19					
0432.7 -1419	PGC 15573	8.7±1.6	1.13	.09					
043505.1+075919		.S..6*.	1.00± .05	118					
188.26 -25.51	UGC 3093	U	.68± .04	.68	15.50 ±.12				
328.67 -48.02	IRAS04324+0753	6.0±1.4		1.01					
043222.6+075311	PGC 15574		1.06	.34					
0435.1 -1313		.L?....	1.02± .14						
209.74 -36.15	MCG -2-12- 43		.27± .07	.10					10519± 55
296.28 -56.08				.00					10416
0432.8 -1320	PGC 15576		.99						10463

R.A. 2000 DEC. l b SGL SGB R.A. 1950 DEC.	Names PGC	Type S_T n_L T L	$\log D_{25}$ $\log R_{25}$ $\log A_e$ $\log D_o$	p.a. A_g A_i A_{21}	B_T m_B m_{FIR} B_T^o	$(B\text{-}V)_T$ $(U\text{-}B)_T$ $(B\text{-}V)_T^o$ $(U\text{-}B)_T^o$	$(B\text{-}V)_e$ $(U\text{-}B)_e$ m'_e m'_{25}	m_{21} W_{20} W_{50} HI	V_{21} V_{opt} V_{GSR} V_{3K}
043512.3-541219		PSXR2..	1.12± .04	12					
262.69 -41.40	ESO 157- 42	Sr	.31± .04	.00	14.86 ±.14				13000±190
233.35 -42.93	FAIR 776	1.5± .6		.38					12822
043405.1-541824	PGC 15578		1.12	.15	14.35				12991
0435.2 -0143	A 0432-01	CE...P?	.54± .19	65					
197.52 -30.79		E	.05± .08	.16					9730± 72
315.41 -52.83	2ZW 17	-5.0±1.8		.00					9659
0432.7 -0150	PGC 15579		.55						9665
0435.5 +1910		.S?....	1.04± .08	0					
178.70 -18.66	UGC 3094		.47± .06	1.58					7407
340.92 -41.08	IRAS04326+1904			.71	11.07				7401
0432.6 +1904	PGC 15592		1.19	.24					7333
043540.6-215919		.SB4?P/	1.21± .04	4					
220.13 -39.16	ESO 551- 16	S	.56± .03	.04	14.81 ±.14				1774
280.32 -56.52		4.0±1.0		.82					1648
043332.0-220524	PGC 15597		1.21	.28	13.93				1727
0435.7 +8844		.S..6*.	1.04± .08	112					
124.10 26.42	UGC 2886A	U	.76± .06	.47					
25.44 14.68		6.0±1.4		1.12					
0350.0 +8837	PGC 15599		1.08	.38					
0435.8 +0215		.L.....	1.08± .09	115					
193.70 -28.56	UGC 3097	U	.29± .04	.53	15.10 ±.12				
321.31 -51.19	IRAS04332+0209	-2.0± .9		.00	11.93				
0433.2 +0209	PGC 15600		1.10						
0435.9 +7256		.S..6*.	1.11± .07	62					
137.68 16.88	UGC 3085	U	.66± .06	.56					
16.62 1.54		6.0±1.3		.97					
0430.0 +7250	PGC 15604		1.16	.33					
043601.8+195703	NGC 1615	.LA.-*.	1.09± .10	115	*		.69± .04		
178.14 -18.08	UGC 3096	PU	.22± .05	1.86	14.57 ±.11				
341.76 -40.63		-3.0± .7	1.08± .17	.00			13.25± .39		
043305.5+195058	PGC 15608		1.30						
043606.7-030857	NGC 1618	.SBR3*.	1.37± .04	150	13.5 ±.2	.79± .03			
199.08 -31.32	MCG -1-12- 34	R (1)	.46± .05	.17		-.05± .06			
313.37 -53.60	IRAS04336-0314	3.0± .5		.63	12.44				
043336.4-031501	PGC 15611	3.1±1.2	1.38	.23			14.03± .32		
043618.7-024955		PLBT+*.	1.07± .05	40	13.65S±.15				
198.78 -31.12	MCG 0-12- 51	E	.17± .04	.16	14.46 ±.10				4697± 41
313.90 -53.52	HICK 30A	-.5± .6		.00					4622
043348.1-025558	PGC 15620		1.06		13.97		13.44± .32		4635
043620.8-650832		.LXR+*/	1.18± .05	101	14.26 ±.13	1.03± .01	1.04± .01		
276.44 -38.44	ESO 84- 26	Sr	.52± .04	.06	14.21 ±.14	.62± .02	.66± .02		5476
223.15 -35.34		-1.1± .9	.41± .02	.00		.89	11.80± .07		5292
043602.1-651430	PGC 15622		1.10		14.09	.55	13.70± .31		5483
043622.0-102238	A 0434-10	.SBS3P.	.94± .08	85					
206.72 -34.66	MCG -2-12- 45	E	.12± .05	.13					10825± 45
301.43 -55.85	MK 618	3.0± .9		.17	12.13				10729
043359.7-102840	PGC 15623		.95	.06					10769
043623.3-024759		.S?....			15.73S±.15				
198.76 -31.08				.16					4508± 41
313.96 -53.53	HICK 30C								4433
043352.7-025402	PGC 15624								4446
043624.6-093051		.IBS9*/	1.17± .05	170					2415
205.79 -34.27	MCG -2-12- 46	E (1)	.44± .05	.24					
302.93 -55.67		10.0± .9		.33					2321
043401.4-093653	PGC 15625	7.5±1.2	1.19	.22					2358
043625.0-045916	NGC 1621	.E+....	1.12± .08	95					
201.00 -32.16	MCG -1-12- 35	E	.24± .08	.21					
310.51 -54.34		-4.0± .9		.00					
043356.8-050518	PGC 15626		1.08						
0436.4 +1420		.S?....	1.11± .14	170					4425± 10
182.89 -21.48	UGC 3102		.29± .12	1.05					
336.21 -44.45	IRAS04336+1414			.44	12.79				4403
0433.6 +1414	PGC 15627		1.21	.15					4354
043630.4-025200		PLXT+*.	1.05± .09	160	14.19S±.15				
198.85 -31.09	MCG 0-12- 54	E	.10± .08	.16	14.44 ±.11				4625± 41
313.88 -53.58	HICK 30B	-1.0±1.3		.00					4550
043359.8-025803	PGC 15631		1.05		14.13		14.08± .52		4563

R.A. 2000 DEC. l b SGL SGB R.A. 1950 DEC.	Names PGC	Type S_T n_L T L	logD$_{25}$ logR$_{25}$ logA$_e$ logD$_o$	p.a. A_g A_i A_{21}	B_T m_B m_{FIR} B_T^o	$(B\text{-}V)_T$ $(U\text{-}B)_T$ $(B\text{-}V)_T^o$ $(U\text{-}B)_T^o$	$(B\text{-}V)_e$ $(U\text{-}B)_e$ m'_e m'_{25}	m_{21} W_{20} W_{50} HI	V_{21} V_{opt} V_{GSR} V_{3K}
043636.7-031122	NGC 1622	.SXR2*.	1.56± .03	145	13.4 ±.2	.89± .03			
199.19 -31.23	MCG -1-12- 36	R	.70± .05	.16		.36± .06			
313.39 -53.73		2.0± .5		.87					
043406.5-031723	PGC 15635		1.57	.35			14.27± .29		
0436.6 -0217		.S..1..	.98± .07	157					
198.29 -30.78	UGC 3104	U	.30± .05	.14	15.13 ±.12				
314.77 -53.38	ARP 61	1.0± .9		.31					
0434.1 -0224	PGC 15637		1.00	.15					
043637.5-000840	NGC 1620	.SXT4..	1.46± .03	25	13.08 ±.13	.79± .01	.87± .01	13.88±.1	3511± 5
196.16 -29.67	UGC 3103	PUE (1)	.46± .04	.22	13.28 ±.13	.26± .02	.31± .02	438± 8	3497± 10
318.02 -52.48	IRAS04340-0014	4.3± .4	1.00± .01	.67	12.42	.63	13.57± .03	428± 11	3441
043403.9-001442	PGC 15638	3.1±1.2	1.48	.23	12.27	.13	14.08± .22	1.38	3445
0436.6 +7133		.I..9*.	1.16± .13	30				14.93±.1	2916± 11
138.83 16.04	UGC 3090	U	.12± .12	.67				148± 16	
15.92 .35		10.0±1.1		.09				138± 12	3058
0431.0 +7127	PGC 15639		1.22	.06					2861
043652.0-483250		.S?....	.89± .07		15.57 ±.15	.54± .03			
255.14 -41.93	ESO 202- 40		.02± .06	.00	14.95 ±.14				6190
239.33 -46.71				.03		.50			6017
043529.1-483848	PGC 15647		.89	.01	15.16		14.82± .39		6176
043657.3-521032		.SBS9..	1.09± .05	162					
259.96 -41.48	ESO 202- 41	S (1)	.13± .05	.00	14.99 ±.14				1642
235.25 -44.45		9.0± .6		.13					1465
043544.0-521630	PGC 15650	8.9± .8	1.09	.07	14.85				1632
0437.0 +4355		.S..4..	.96± .09	2				14.76±.1	3909± 7
159.83 -2.19	UGC 3098	U	.39± .06					283± 9	4226±113
.24 -22.56	IRAS04335+4349	4.0± .9		.58	10.88			232± 5	3982
0433.5 +4349	PGC 15652			.20					3840
043706.4-031816	NGC 1625	.SBT3*.	1.32± .04	50	12.97 ±.15	.69± .03	.77± .02		
199.38 -31.18	MCG -1-12- 38	R (1)	.62± .05	.11	13.53 ±.16	-.09± .05	.00± .03		3033± 50
313.29 -53.89	IRAS04346-0324	3.0± .6	1.12± .03	.85	12.72	.53	14.06± .08		2956
043436.3-032415	PGC 15654	4.2± .8	1.33	.31	12.24	-.21	12.88± .30		2972
043707.8-021813		.L..-..	1.39± .06	75					
198.37 -30.67	UGC 3105	UE	.27± .05	.12	13.86 ±.15				8862± 50
314.85 -53.50		-3.0± .6		.00					8788
043436.6-022413	PGC 15655		1.36		13.61				8801
043711.3-015111		.S..1*/	1.14± .05	55					
197.93 -30.43	UGC 3106	UE	.57± .05	.11	15.25 ±.13				
315.55 -53.33		1.4± .8		.59					
043439.6-015710	PGC 15656		1.15	.29					
043715.4-185408	NGC 1630	.LB.+P?	.85± .05	140					
216.55 -37.81	ESO 551- 19	SE	.15± .03	.00	15.14 ±.14				
285.99 -57.01		-.5±1.3		.00					
043503.0-190006	PGC 15659		.83						
043718.1-623459		.L..-./	1.21± .05	122					
273.27 -39.14	ESO 84- 28	S	.50± .04	.00	14.14 ±.14				6417
225.20 -37.30		-3.0± .5		.00					6233
043645.1-624054	PGC 15660		1.13		14.04				6421
043718.3-555522		.IBS9..	1.08± .05	73					
264.85 -40.78	ESO 157- 44	S (1)	.32± .04	.00	14.92 ±.14				
231.34 -42.00		10.0± .9		.24					
043617.0-560118	PGC 15661	6.7± .9	1.08	.16					
043720.7-691213		.SXS7*.	1.15± .04	78					
281.20 -36.93	ESO 55- 29	S (1)	.24± .04	.41	13.92 ±.14				5529
219.85 -32.35	IRAS04375-6918	7.0± .9		.33	12.83				5344
043732.0-691806	PGC 15665	5.6± .9	1.19	.12	13.15				5541
043720.7-481409		.S?....	1.11± .06		15.0 ±.2	.60± .04	.56± .03		
254.71 -41.87	ESO 202- 42		.03± .06	.00	14.65 ±.14				
239.62 -46.96			.59± .05	.05			13.43± .13		
043557.0-482006	PGC 15666		1.11	.02			15.30± .40		
043722.2+093246		.S..4..	1.00± .08	72				15.66±.3	8368± 10
187.22 -24.14	UGC 3107	U	.55± .06	.63					
331.03 -47.59	IRAS04346+0926	4.0± .9		.81	13.35			469± 7	8330
043438.0+092647	PGC 15668		1.06	.27					8300
0437.5 -0018		.S..8*.	1.01± .09	10					3720± 10
196.45 -29.55	UGC 3109	U	.10± .06	.16					
317.95 -52.75		8.0±1.2		.12					3652
0435.0 -0024	PGC 15673		1.02	.05					3658

R.A. 2000 DEC.	Names	Type	$\log D_{25}$	p.a.	B_T	$(B-V)_T$	$(B-V)_e$	m_{21}	V_{21}
l b		S_T n_L	$\log R_{25}$	A_g	m_B	$(U-B)_T$	$(U-B)_e$	W_{20}	V_{opt}
SGL SGB		T	$\log A_e$	A_i	m_{FIR}	$(B-V)^o_T$	m'_e	W_{50}	V_{GSR}
R.A. 1950 DEC.	PGC	L	$\log D_o$	A_{21}	B^o_T	$(U-B)^o_T$	m'_{25}	HI	V_{3K}
043736.3-044302	NGC 1628	.S..3P/	1.25± .05	171					3695
200.89 -31.77	MCG -1-12- 39	E	.62± .05	.17					
311.12 -54.52	IRAS04351-0448	3.0±1.7		.86	13.54				3614
043507.8-044859	PGC 15674		1.27	.31					3636
043738.0-045321	NGC 1627	.SAR5P.	1.20± .05						3866
201.07 -31.85	MCG -1-12- 40	E (1)	.01± .05	.18					
310.85 -54.59	IRAS04351-0459	5.0± .8		.02	13.01				3784
043509.6-045918	PGC 15675	3.1± .8	1.21	.01					3807
043746.1-471511		.S?....	.94± .07	152					
253.39 -41.88	ESO 251- 14		.22± .06	.00	15.16 ±.14				10000± 69
240.73 -47.61				.23					9828
043620.1-472106	PGC 15684		.94	.11	14.81				9985
043747.3-512524		.E+4...	1.19± .05	135	14.5 ±.2	1.04± .04	1.06± .03		
258.94 -41.46	ESO 202- 43	S	.24± .04	.00	14.19 ±.14				11108
235.95 -45.03		-4.0± .8	.76± .09	.00		.93	13.75± .32		10931
043632.0-513118	PGC 15686		1.12		14.09		14.80± .37		11098
043755.7-093109	IC 382	.SXT5*.	1.36± .04	0					4998
205.99 -33.94	MCG -2-12- 49	E (1)	.22± .05	.18					
303.08 -56.03	IRAS04355-0937	5.0± .8		.32	12.44				4903
043532.4-093705	PGC 15691	.8± .8	1.37	.11					4943
0438.0 +7219		.S..7..	1.16± .07	162					
138.28 16.61	UGC 3092	U	1.18± .06	.59					
16.42 .93		7.0±1.0		1.38					
0432.2 +7213	PGC 15693		1.22	.50					
0438.0 +0852		.S..1..	1.07± .07	148					
187.92 -24.40	UGC 3111	U	.50± .06	.57					
330.38 -48.11		1.0± .9		.51					
0435.3 +0847	PGC 15695		1.12	.25					
0438.0 -0057		.S..6*.	1.00± .16	41					
197.16 -29.79	UGC 3113	U	.43± .12	.12					
317.07 -53.15		6.0±1.3		.63					
0435.5 -0103	PGC 15697		1.01	.22					
0438.2 +4841			.30?						
156.42 1.15			.30?						5935±113
3.34 -18.80	WEIN 28				10.64				6020
0434.5 +4835	PGC 15704								5867
043824.2-203854	NGC 1631	PSXR0*.	1.16± .04	44					
218.76 -38.14	ESO 551- 21	SEr	.19± .03	.04	14.30 ±.14				9404± 60
282.72 -57.24	IRAS04362-2045	.4± .5		.14					9280
043614.0-204448	PGC 15705		1.15		13.98				9360
0438.4 +6519		.S..6*.	1.01± .06					15.83±.1	3882± 11
143.86 12.16	UGC 3100	U	.06± .05	1.71					
12.69 -4.97	IRAS04336+6513	6.0±1.2		.09	13.49			125± 8	4010
0433.6 +6513	PGC 15707		1.17	.03					3823
0438.4 +4402		.S?....	1.26± .06					14.47±.1	3959± 7
159.92 -1.94	UGC 3108		.00± .06						
.53 -22.62	WEIN 35			.00	12.51			285± 8	4030
0434.8 +4356	PGC 15708			.00					3890
043838.1-615110		.LXS-..	1.12± .09						
272.31 -39.19		S	.26± .08	.00					
225.69 -37.94		-3.0± .9		.00					
043801.7-615700	PGC 15713		1.08						
0438.6 +0010									
196.14 -29.06	CGCG 393- 54			.17	14.85 ±.12				8106± 47
318.87 -52.79	MK 1083								8038
0436.1 +0005	PGC 15714								8045
0438.6 +1114	A 0435+11								
185.92 -22.89				.89					4431± 72
333.30 -46.81	2ZW 18								4398
0435.9 +1109	PGC 15715								4365
043850.2+025041		.SXS5*.	1.23± .06	145				14.22±.3	4625± 10
193.61 -27.61	UGC 3117	E (1)	.06± .05	.62	14.4 ±.2				
322.71 -51.56	IRAS04362+0244	5.0±1.2		.09	13.33			275± 7	4566
043613.4+024448	PGC 15719	5.3±1.2	1.29	.03	13.70			.49	4563
043850.5-524104		.SBS8*/	1.05± .05	120					
260.57 -41.12	ESO 157- 45	S (1)	.56± .04	.00	15.78 ±.14				
234.45 -44.34		7.7±1.1		.69					
043739.0-524654	PGC 15720	7.0± .7	1.05	.28					

R.A. 2000 DEC. l b SGL SGB R.A. 1950 DEC.	Names PGC	Type S_T n_L T L	$\log D_{25}$ $\log R_{25}$ $\log A_e$ $\log D_o$	p.a. A_g A_i A_{21}	B_T m_B m_{FIR} B_T^o	$(B-V)_T$ $(U-B)_T$ $(B-V)_T^o$ $(U-B)_T^o$	$(B-V)_e$ $(U-B)_e$ m'_e m'_{25}	m_{21} W_{20} W_{50} HI	V_{21} V_{opt} V_{GSR} V_{3K}
043853.9-641230		.S..3*.	1.22± .04	11					
275.19 -38.48	ESO 84- 33	S (1)	.50± .05	.03	14.20 ±.14				8700
223.67 -36.22	IRAS04385-6418	3.0±1.2		.69	12.68				8515
043830.1-641818	PGC 15722	3.3±1.3	1.22	.25	13.41				8707
0438.9 +1850		.L.....	1.18± .06	15					
179.50 -18.25	UGC 3115	U	.27± .03	1.43	15.05 ±.16				3290
341.32 -41.89	IRAS04359+1844	-2.0± .8		.00	12.20				3281
0436.0 +1844	PGC 15723		1.30		13.57				3221
043855.0-525146		PSBS1*P	.99± .05	42					
260.81 -41.08	ESO 157- 46	S	.23± .04	.00	15.41 ±.14				
234.25 -44.23		1.0± .6		.23					
043744.0-525736	PGC 15724		.99	.11					
0438.9 +0536		.I..9*.	1.07± .14						8310
191.04 -26.06	UGC 3118	U	.00± .12	.47					
326.47 -50.14		10.0±1.2		.00					8259
0436.3 +0531	PGC 15726		1.11	.00					8247
043900.4-630224		.SXS5..	1.06± .05						
273.76 -38.82	ESO 84- 32	S (1)	.01± .05	.00	14.71 ±.14				
224.63 -37.09		5.0± .8		.01					
043830.1-630812	PGC 15727	4.4± .8	1.06	.00					
0439.1 +1131		.S..4..	1.04± .08	101					
185.75 -22.63	UGC 3119	U	.47± .06	.89					
333.72 -46.73	IRAS04363+1125	4.0± .9		.69	13.22				
0436.3 +1125	PGC 15731		1.12	.24					
043918.7-541236		.S.0?P/	1.07± .05	75					
262.56 -40.81	ESO 157- 47	S	.61± .05	.00	15.52 ±.14				
232.80 -43.37		.0±1.7		.46					
043812.1-541824	PGC 15736		1.04						
043922.1-520754		.S..5*/	1.14± .04	18					
259.83 -41.12	ESO 202- 47	S	.64± .04	.00	15.41 ±.14				
234.96 -44.76	IRAS04381-5213	4.7±1.1		.96					
043809.0-521342	PGC 15739		1.14	.32					
043931.5-070553	IC 385	.LATOP?	1.07± .09	80					
203.63 -32.48		E	.38± .08	.27					
307.45 -55.75		-2.0± .9		.00					
043705.6-071142	PGC 15746		1.05						
043937.4-530043		.S?....	1.29± .05	28					
260.98 -40.96	ESO 157- 49		.65± .05	.00	14.37 ±.14				1729
233.99 -44.21	IRAS04384-5306			.90	12.17				1550
043827.0-530630	PGC 15749		1.29	.32	13.46				1723
043940.3-131501		.SAS6*.	1.20± .05	100					
210.31 -35.14	MCG -2-12- 53	E (1)	.12± .05	.22					
296.54 -57.18		6.0±1.2		.18					
043721.4-132050	PGC 15754	6.4±1.2	1.22	.06					
0439.7 +0300		.S?....	1.11± .07	104					
193.58 -27.33	UGC 3121		.54± .06	.62	15.27 ±.13				4517± 38
323.13 -51.66				.81					4458
0437.1 +0255	PGC 15755		1.17	.27	13.81				4456
043945.9-411613		.LA.0*.	1.24± .08						
245.36 -41.63	MCG -7-10- 15	S	.17± .08	.00					
248.13 -51.24		-2.0±1.1		.00					
043807.2-412200	PGC 15757		1.21						
043948.0-765014	IC 2103	.S..5*/	1.26± .04	89					
289.66 -33.65	ESO 32- 18	S (1)	.74± .04	.39	14.66 ±.14				4263
214.26 -26.47		5.0± .7		1.11					4080
044144.0-765554	PGC 15758	5.6±1.3	1.30	.37	13.14				4286
043951.2+070315		.SXT5..	1.34± .04	25				15.07±.3	4693± 7
189.85 -25.07	UGC 3122	U	.23± .05	.49	14.2 ±.2				
328.51 -49.53		5.0± .8		.34				341± 7	4646
043709.7+065726	PGC 15760		1.38	.11	13.33			1.62	4630
043958.5-085502		.SAT4P*	1.03± .07	0					
205.62 -33.22	MCG -2-12- 54	E (1)	.15± .05	.19					
304.36 -56.37	IRAS04375-0900	4.0± .9		.22	13.48				
043734.7-090050	PGC 15767	3.1±1.2	1.05	.08					
044008.2-003252	NGC 1635	RSBR0..	1.15± .04	5					
197.08 -29.13	UGC 3126	PUE	.03± .04	.11	13.33 ±.12				
318.06 -53.44	IRAS04375-0038	.3± .5		.03	13.64				
043735.1-003840	PGC 15773		1.16						

R.A. 2000 DEC. l b SGL SGB R.A. 1950 DEC.	Names PGC	Type S_T n_L T L	$\log D_{25}$ $\log R_{25}$ $\log A_e$ $\log D_o$	p.a. A_g A_i A_{21}	B_T m_B m_{FIR} B_T^o	$(B-V)_T$ $(U-B)_T$ $(B-V)_T^o$ $(U-B)_T^o$	$(B-V)_e$ $(U-B)_e$ m'_e m'_{25}	m_{21} W_{20} W_{50} HI	V_{21} V_{opt} V_{GSR} V_{3K}
044009.6+072108	NGC 1633	.SXS2..	1.00± .06					16.32±.3	4989± 10
189.63 -24.84	UGC 3125	U	.07± .05	.49	14.36 ±.12				4870± 46
328.95 -49.42		2.0± .8		.09				167± 7	4938
043727.8+071520	PGC 15774		1.05	.04	13.73			2.55	4922
044009.9+072018	NGC 1634		.64± .17	109					
189.64 -24.84	MCG 1-12- 15		.11± .07	.49	15.14 ±.18				7500± 64
328.94 -49.43	ARAK 109								7454
043728.1+071431	PGC 15775		.68						7438
044014.4-241908		.SB?...	1.07± .05						
223.39 -38.84	ESO 485- 6		.03± .04	.04	14.52 ±.14				4422
275.81 -57.28	IRAS04381-2424			.05					4288
043809.0-242454	PGC 15780		1.07	.02	14.41				4384
044017.2-584447		.L..0P*	.99± .05		13.52 ±.13	.46± .02	.28± .01		
268.35 -39.78	ESO 118- 34	S	.03± .03	.00	13.50 ±.14	-.36± .02	-.49± .02		1171± 28
228.28 -40.32	IRAS04394-5850	-2.0±1.2	.32± .01	.00	12.41	.45	10.61± .02		989
043927.0-585030	PGC 15782		.98		13.49	-.36	13.26± .30		1173
044023.0+401523		.SXS5..	1.00± .08	115				15.92±.3	5625± 9
162.98 -4.18	UGC 3120	U	.19± .06	3.97				248± 11	
358.43 -25.88		5.0± .9		.28				240± 8	5684
043656.3+400935	PGC 15788		1.37	.09					5557
044025.5-020130		.SBS8*/	1.30± .03	24					
198.58 -29.82	UGC 3127	UE (1)	.69± .04	.14	14.75 ±.13				
315.85 -54.14		8.0± .7		.85					
043754.0-020716	PGC 15789	7.5± .8	1.31	.34					
044026.7-630624		.S..3./	1.27± .05	6					
273.78 -38.64	ESO 84- 34	S (1)	.97± .04	.00	15.48 ±.14				
224.43 -37.15	IRAS04399-6312	3.0± .9		1.34	13.57				
043957.0-631206	PGC 15790	2.2±1.3	1.27	.49					
044026.7-443758		.LX.-P.	1.22± .05	24					
249.85 -41.53	ESO 251- 21	S	.25± .04	.00	13.93 ±.14				9932
243.56 -49.51		-3.0± .8		.00					9762
043855.0-444342	PGC 15791		1.18		13.78				9917
0440.5 +6638		.S..6*.	1.26± .06	72				14.13±.1	3725± 11
142.97 13.16	UGC 3114	U	.30± .06	1.44	14.7 ±.3				
13.57 -3.98	IRAS04355+6632	6.0±1.1		.44	13.09			363± 8	3856
0435.5 +6632	PGC 15793		1.40	.15	12.80			1.17	3668
044033.5+041144	A 0437+04	.LX.+..	1.01± .12		14.8 ±.4	.88± .07			
192.60 -26.51	UGC 3128	CU	.05± .05	.56	14.84 ±.12				4600± 56
324.92 -51.24		-1.0± .8		.00		.70			4544
043755.3+040558	PGC 15795		1.05		14.21		14.59± .72		4540
044038.8+170827		.I..9*.	1.36± .09	45				15.24±.3	4671± 10
181.18 -18.97	UGC 3129	U	.28± .12	1.34					
340.03 -43.35		10.0±1.1		.21				259± 7	4656
043745.8+170241	PGC 15799		1.49	.14					4605
044040.3-083628	NGC 1636	PSBT2*.	1.08± .05	0					
205.38 -32.92	MCG -1-12- 42	E	.16± .04	.27					
304.99 -56.45	IRAS04382-0842	1.5± .6		.20	12.84				
043816.1-084213	PGC 15800		1.10	.08					
044042.2-344540		.S..3*/	1.07± .05	176					
236.74 -40.91	ESO 361- 5	S	.82± .04	.00	16.23 ±.14				
257.64 -54.41		3.0±1.3		1.13					
043852.1-345124	PGC 15801		1.07	.41					
044044.1-524524		.S.4*P/	1.22± .05	64					
260.61 -40.83	ESO 157- 50	S	.72± .04	.00	14.83 ±.14				
234.10 -44.50		3.8± .8		1.06					
043933.1-525106	PGC 15802		1.22	.36					
044058.2-084235		.S..7*/	1.15± .05	145					4143
205.53 -32.90	MCG -2-12- 57	E (1)	.77± .04	.24					
304.85 -56.55		7.0± .9		1.06					4048
043834.1-084819	PGC 15808	6.4±1.2	1.17	.38					4092
0441.1 +7340		.SB.6*.	1.33± .04	115				15.25±.1	4486± 11
137.33 17.63	UGC 3110	U	.39± .05	.54	14.6 ±.3				
17.33 1.95	IRAS04350+7334	6.0±1.1		.58	12.46			406± 8	4632
0435.0 +7334	PGC 15810		1.38	.20	13.48			1.58	4435
044128.2-025130	NGC 1637	.SXT5..	1.60± .02	15	11.47 ±.13	.64± .02	.73± .01	12.71±.1	717± 4
199.56 -30.02	MCG 0-12- 68	R (2)	.09± .02	.13	11.47 ±.11	.05± .04	.09± .02	192± 5	710± 31
314.72 -54.72	IRAS04389-0257	5.0± .3	1.30± .01	.13	11.12	.59	13.46± .02	181± 5	639
043857.7-025712	PGC 15821	3.0± .5	1.61	.04	11.21	.01	14.12± .16	1.45	663

R.A. 2000 DEC. l b SGL SGB R.A. 1950 DEC.	Names PGC	Type S_T n_L T L	$logD_{25}$ $logR_{25}$ $logA_e$ $logD_o$	p.a. A_g A_i A_{21}	B_T m_B m_{FIR} B^o_T	$(B-V)_T$ $(U-B)_T$ $(B-V)^o_T$ $(U-B)^o_T$	$(B-V)_e$ $(U-B)_e$ m'_e m'_{25}	m_{21} W_{20} W_{50} HI	V_{21} V_{opt} V_{GSR} V_{3K}
044136.2-014832	NGC 1638	.LXT0?.	1.30± .05	70	12.91 ±.13	.87± .01	.93± .01	15.72±.3	3320± 17
198.53 -29.46	UGC 3133	PUE	.13± .05	.10	13.15 ±.09	.31± .03	.34± .02	312± 34	3276± 66
316.40 -54.32		-2.3± .5	.93± .03	.00		.80	13.05± .09	312± 25	3242
043904.4-015413	PGC 15824		1.30		12.93	.30	13.98± .30		3263
044142.2-084217		.SBT7?.	1.14± .06	10					
205.62 -32.74	MCG -1-12- 43	E (1)	.16± .05	.24					
304.94 -56.72		7.0±1.2		.22					
043918.1-084758	PGC 15828	5.3±1.2	1.17	.08					
044144.3-490140		.S..3*/	1.10± .05	177					
255.68 -41.09	ESO 202- 52	S	.70± .04	.00	15.50 ±.14				
238.05 -47.04		3.0±1.4		.97					
044023.0-490718	PGC 15830		1.10	.35					
044144.2-070513	IC 387	.SXT5..	1.20± .05	105	13.7 ±.3	.86± .04	.94± .03	15.09±.1	4530± 10
203.92 -31.99	MCG -1-12- 44	PE (2)	.13± .05	.25				412± 11	4663± 59
307.77 -56.27	IRAS04393-0710	4.5± .6	.96± .07	.20	13.35	.75	14.02± .18	408± 11	4444
043918.4-071054	PGC 15831	2.3± .6	1.22	.07	13.26		14.26± .39	1.76	4483
044147.9-011801		.SXS5..	1.13± .04	65					
198.06 -29.16	UGC 3134	UE (1)	.10± .04	.10	14.08 ±.13				
317.22 -54.14	IRAS04392-0123	4.5± .6		.16	13.22				
043915.6-012342	PGC 15833	3.1±1.2	1.13	.05					
0441.8 +0103		.S..3..	1.00± .16	30					
195.77 -27.92	UGC 3136	U (1)	.25± .12	.40	15.00 ±.12				10221± 79
320.78 -53.09		3.0± .9		.35					10154
0439.3 +0058	PGC 15836	3.5±1.2	1.04	.13	14.18				10165
0441.9 +7958		.SA.8*.	1.04± .09					15.77±.1	4276± 11
132.02 21.48	UGC 3101	U	.14± .07	.40					
20.70 7.27		8.0± .8		.18				188± 8	4433
0433.5 +7953	PGC 15838		1.07	.07					4230
044159.7-071843	IC 389	.LA.-*.	1.15± .10	145					
204.19 -32.04	MCG -1-12- 45	E	.13± .07	.26					
307.41 -56.40		-3.0± .9		.00					
043934.0-072422	PGC 15840		1.17						
044202.7-443446		.S?....	1.06± .07	77					
249.78 -41.24	ESO 251- 23		.19± .06	.00	14.22 ±.14				10561
243.37 -49.77				.28					10390
044031.0-444024	PGC 15842		1.06	.09	13.88				10548
044203.9-071225	IC 390	.LBS+?/	1.03± .07	140					
204.09 -31.98	MCG -1-12- 46	E	.41± .05	.26					
307.60 -56.38		-1.0±1.3		.00					
043938.2-071804	PGC 15844		.99						
0442.1 +2002		.SB.6*.	1.16± .13	65					7400± 10
179.00 -16.90	UGC 3135	U	.12± .12	1.74					
343.17 -41.59		6.0±1.1		.17					7393
0439.2 +1957	PGC 15846		1.32	.06					7336
044211.4-625449		.SA.3*.	1.11± .05	1					
273.48 -38.51	ESO 84- 35	S (1)	.42± .04	.00	14.94 ±.14				
224.40 -37.43		3.0± .9		.58					
044141.0-630024	PGC 15849	3.3±1.3	1.11	.21					
044214.4-202607	NGC 1640	.SBR3..	1.42± .02	45	12.42 ±.13	.75± .01	.85± .01	14.72±.2	1602± 9
218.87 -37.22	ESO 551- 27	R (3)	.11± .02	.00	12.48 ±.12	.13± .02	.29± .02	158± 14	1643± 58
283.04 -58.15	IRAS04400-2031	3.0± .3	.98± .02	.16	12.74	.72	12.81± .05	155± 11	1478
044004.1-203145	PGC 15850	2.9± .5	1.42	.06	12.29	.10	14.07± .17	2.38	1565
044227.0-172717		.SBS7..	1.13± .03	135					3230
215.41 -36.14	ESO 551- 30	SE (2)	.09± .03	.08	14.94 ±.14				3190± 60
288.75 -58.23		6.6± .5		.12					3071
044013.0-173254	PGC 15857	5.6± .5	1.13	.04	14.72				3149
044228.7-214129		.SBS7*/	1.17± .04	173					
220.39 -37.57	ESO 551- 31	S (1)	.46± .03	.01	15.10 ±.14				1805
280.63 -58.11		7.0±1.2		.64					1676
044020.0-214706	PGC 15858	5.6±1.2	1.17	.23	14.45				1768
0442.5 +6912		.SB.2..	.96± .07	20					
141.04 14.95	UGC 3124	U	.24± .05	.93	15.1 ±.3				
15.09 -1.89	IRAS04372+6907	2.0± .9		.29	12.45				
0437.2 +6907	PGC 15862		1.05	.12					
044254.5+003711	NGC 1642	.SAT5*.	1.26± .02	175	13.30 ±.13	.71± .02	.79± .01	14.69±.2	4633± 6
196.35 -27.93	UGC 3140	PUE (1)	.06± .03	.29	13.28 ±.13	.05± .02	.14± .02	145± 9	
320.33 -53.53	IRAS04403+0031	5.0± .4	.84± .01	.09	12.30	.60	12.99± .04	125± 7	4564
044020.1+003135	PGC 15867	1.9± .6	1.29	.03	12.88	-.03	14.30± .19	1.78	4578

R.A. 2000 DEC. / l b / SGL SGB / R.A. 1950 DEC.	Names / PGC	Type / S_T n_L / T / L	$\log D_{25}$ / $\log R_{25}$ / $\log A_e$ / $\log D_o$	p.a. / A_g / A_i / A_{21}	B_T / m_B / m_{FIR} / B_T^o	$(B-V)_T$ / $(U-B)_T$ / $(B-V)_T^o$ / $(U-B)_T^o$	$(B-V)_e$ / $(U-B)_e$ / m'_e / m'_{25}	m_{21} / W_{20} / W_{50} / HI	V_{21} / V_{opt} / V_{GSR} / V_{3K}
044257.3-080528		.SXS8..	1.27± .03	145				14.43±.1	2522± 11
205.14 -32.19	MCG -1-12- 47	UE (1)	.14± .04	.25				202± 16	
306.18 -56.85		8.3± .5		.17				181± 12	2428
044032.5-081103	PGC 15869	8.1± .6	1.30	.07					2474
044258.9-124616		.SBR3..	1.18± .04	35					
210.18 -34.21	MCG -2-12- 58	E (1)	.41± .04	.36					
297.67 -57.90		2.5± .6		.56					
044039.5-125151	PGC 15870	3.1± .6	1.21	.20					
044301.0-654853	NGC 1669	.S..1?.	.87± .06	97					
276.97 -37.57	ESO 84- 38	S	.31± .04	.07	14.88 ±.14				
221.97 -35.29	IRAS04428-6553	.5±1.4		.32					
044248.0-655424	PGC 15871		.88	.16					
044303.8-675536		.S..9?.	1.09± .05	40					
279.48 -36.89	ESO 55- 35	S	.13± .05	.17	13.75 ±.14				
220.34 -33.67	IRAS04430-6801	8.5±1.2		.13	13.35				
044306.0-680106	PGC 15872		1.10	.07					
044333.2-541041		.E+3...	1.09± .05	96	*		1.07± .03		
262.38 -40.21	ESO 158- 2	S	.17± .04	.00	15.04 ±.14				
232.24 -43.85		-4.0± .8	.87± .18	.00			14.59± .64		
044227.0-541612	PGC 15882		1.04						
044336.7-445829		.S?....	1.09± .05	57					
250.30 -40.96	ESO 251- 28		.55± .05	.00	14.74 ±.14				13600±190
242.62 -49.77	FAIR 421			.76					13428
044206.0-450400	PGC 15887		1.09	.28	13.87				13589
044344.0-051910	NGC 1643	.SBR4P?	1.04± .09	30	*				
202.37 -30.72	MCG -1-13- 1	E	.00± .07	.19					
311.07 -56.16	IRAS04412-0524	3.5± .8		.00	12.11				
044116.2-052442	PGC 15891		1.05	.00					
0443.7 +4007		.S?....	1.14± .13	75				16.45±.1	6337± 7
163.51 -3.79	UGC 3139		.14± .12	4.55					
358.91 -26.37	IRAS04402+4001			.21				256± 8	6393
0440.3 +4001	PGC 15892		1.57	.07					6273
0443.9 +2859		RS..0..	1.00± .08	165	*				
172.10 -10.96	UGC 3142	U	.09± .06	1.69					
351.14 -35.23		.0± .9		.07					
0440.8 +2854	PGC 15897		1.15						
044401.0-412748	NGC 1658	.S..4*.	1.16± .04	124	*				
245.65 -40.84	ESO 304- 16	S (1)	.48± .04	.00	14.38 ±.14				5190
247.18 -51.81		4.0±1.3		.71					5023
044223.0-413318	PGC 15899	2.2±1.3	1.16	.24	13.64				5175
044406.2-052759	NGC 1645	PLBT+P.	1.36± .03	95	*				4802
202.57 -30.71	MCG -1-13- 2	E	.35± .04	.20					
310.88 -56.30		-1.0± .6		.00					4715
044138.6-053330	PGC 15903		1.33						4754
044410.9-412949	NGC 1660	.S..1?P	1.02± .05	32	*				
245.70 -40.81	ESO 304- 18	S	.30± .04	.00	14.86 ±.14				
247.10 -51.82		1.0±1.8		.31					
044233.0-413518	PGC 15908		1.02	.15					
044412.7+002103		PSBT5*.	1.17± .04	80	*				
196.80 -27.79	UGC 3145	UE (1)	.10± .04	.28	14.8 ±.2				
320.19 -53.94		4.6± .7		.16					
044138.6+001532	PGC 15910	5.3±1.2	1.20	.05					
044429.0+753826	IC 381	.SXT4..	1.38± .06		13.08 ±.14	.77± .02	.85± .02	13.90±.1	2480± 5
135.82 19.00	UGC 3130	PU	.25± .07	.62	14.1 ±.3	.23± .04	.21± .03	288± 6	
18.54 3.51	IRAS04378+7532	3.5± .5	1.00± .02	.36	11.95	.57	13.57± .05	270± 6	2629
043750.4+753248	PGC 15917		1.44	.12	12.29	.08	14.20± .37	1.49	2432
0444.5 +7248		.S?....	1.07± .06	77				14.87±.1	4754± 11
138.20 17.30	UGC 3131		.28± .05	.49					
17.09 1.09	IRAS04386+7243			.42				309± 8	4897
0438.6 +7243	PGC 15919		1.11	.14					4704
0444.7 -0250		.IBS9..	1.12± .08	150					
200.01 -29.31		E (1)	.15± .08	.08					
315.32 -55.45		10.0± .9		.11					
0442.2 -0256	PGC 15921	7.5± .8	1.13	.08					
0444.9 -0808		.SBS7..	1.14± .08	50					
205.45 -31.78		E (1)	.19± .08	.21					
306.34 -57.33		7.0± .9		.26					
0442.5 -0814	PGC 15923	6.4± .8	1.16	.09					

R.A. 2000 DEC. l b SGL SGB R.A. 1950 DEC.	Names PGC	Type S_T n_L T L	$\log D_{25}$ $\log R_{25}$ $\log A_e$ $\log D_o$	p.a. A_g A_i A_{21}	B_T m_B m_{FIR} B_T^o	$(B-V)_T$ $(U-B)_T$ $(B-V)_T^o$ $(U-B)_T^o$	$(B-V)_e$ $(U-B)_e$ m'_e m'_{25}	m_{21} W_{20} W_{50} HI	V_{21} V_{opt} V_{GSR} V_{3K}
044507.6-413441		.LXS0*.	.99± .06	148					
245.81 -40.63	ESO 304- 19	S	.47± .03	.00	14.71 ±.14				
246.84 -51.92		-2.0±1.2		.00					
044330.0-414006	PGC 15929		.92						
044511.7-155220	NGC 1650	.E+....	1.36± .08	170					
213.90 -34.94	MCG -3-13- 1	E	.24± .07	.11					
291.87 -58.80		-4.0± .8		.00					
044256.0-155746	PGC 15931		1.31						
0445.2 -0249		.SXT7*.	1.18± .08	135					
200.06 -29.19		E (1)	.14± .08	.08					
315.44 -55.56		6.5± .9		.19					
0442.7 -0255	PGC 15932	8.7±1.2	1.19	.07					
044517.4+404928								16.11±.3	5419± 9
163.17 -3.10				5.77				197± 11	
359.62 -25.97								176± 8	5477
044149.2+404400	PGC 15935								5357
044542.2-591457	NGC 1672	.SBS3..	1.82± .02	170	10.28M±.08	.60± .01	.67± .01	11.69±.3	1350± 7
268.79 -38.99	ESO 118- 43	R (3)	.08± .02	.00	10.57 ±.12	.01± .04	.03± .02	276± 6	1282± 16
227.16 -40.44	VV 826	3.0± .6	1.39± .02	.11	9.25	.58	12.75± .06	199± 7	1155
044455.0-592018	PGC 15941	3.1± .4	1.82	.04	10.25	-.01	14.04± .14	1.40	1346
044547.6-022329	NGC 1653	.E+..*.	1.17± .08		12.93 ±.13	.94± .01	1.00± .01		
199.71 -28.85	UGC 3153	UE	.00± .05	.13	12.74 ±.11	.48± .02	.51± .02		4339± 14
316.24 -55.51		-4.0± .5	.83± .02	.00		.87	12.57± .09		4260
044316.5-022853	PGC 15942		1.19		12.62	.47	13.77± .46		4291
044549.0-020458	NGC 1654	PSBR1..	.87± .08						
199.41 -28.69	UGC 3154	RE	.00± .05	.14	14.33 ±.13				4577± 63
316.74 -55.39	IRAS04433-0210	1.0± .9		.00	13.13				4499
044317.6-021022	PGC 15943		.89	.00	14.13				4529
044553.4-050813	NGC 1656	.L..+P*	1.17± .10	55					
202.48 -30.16	MCG -1-13- 5	E	.17± .07	.13					
311.72 -56.60		-1.0±1.2		.00					
044325.4-051337	PGC 15949		1.16						
044553.8-171646		.SBT4P*	1.26± .04	95					3483
215.57 -35.31	MCG -3-13- 4	SE (1)	.15± .04	.06					
289.14 -59.04	IRAS04436-1722	4.0± .5		.22	13.00				3363
044339.7-172209	PGC 15950	3.0± .6	1.27	.08					3447
044604.7-222156		.SAT0..	1.12± .04	90					
221.52 -36.98	ESO 552- 3	S	.10± .03	.04	14.78 ±.14				8527± 60
279.17 -58.88		-.2± .5		.08					8395
044357.0-222718	PGC 15956		1.12		14.54				8496
044606.0-444357	NGC 1668	.LX.-*.	1.20± .05	107					
249.97 -40.52	ESO 251- 30	BS	.25± .04	.00	13.76 ±.14				10073
242.52 -50.27		-3.0± .7		.00					9900
044435.0-444918	PGC 15957		1.16		13.61				10064
044607.4-020436	NGC 1657	.SXT4..	1.09± .05	150					
199.45 -28.62	UGC 3156	UE (1)	.19± .04	.14	14.63 ±.13				
316.81 -55.45		4.0± .6		.28					
044336.0-020959	PGC 15958	4.2± .8	1.10	.09					
0446.2 +0022		.S?....	.99± .10						
197.08 -27.34	MCG 0-13- 5		.16± .07	.34	14.88 ±.13				6918± 54
320.63 -54.38				.12					6847
0443.7 +0017	PGC 15965		1.01		14.32				6869
044616.8-572035		.SBS9P.	1.20± .05						
266.36 -39.30	ESO 158- 3	S (1)	.02± .05	.00	13.87 ±.14				1206
228.81 -41.88		9.3± .4		.02					1022
044522.0-572554	PGC 15966	6.4± .5	1.20	.01	13.85				1211
0446.3 +7625		.S?....	1.55± .05					13.29±.1	993± 6
135.22 19.56	UGC 3137	(1)	.98± .07	.58	15.1 ±.3			240± 8	
19.03 4.13				1.35				222± 12	1144
0439.4 +7620	PGC 15967	5.5±1.1	1.60	.49	13.14			-.34	946
044621.6-132100		.S..2./	1.13± .06	100					
211.22 -33.69	MCG -2-13- 2	E	.68± .05	.31					
296.81 -58.80		2.0± .9		.84					
044403.0-132621	PGC 15970		1.16	.34					
0446.3 -0351		.SBS8..	1.30± .06	100					
201.26 -29.44		E (1)	.15± .08	.07					
313.95 -56.24		8.0± .9		.19					
0443.9 -0357	PGC 15971	8.7± .8	1.31	.08					

R.A. 2000 DEC.	Names	Type	$logD_{25}$	p.a.	B_T	$(B-V)_T$	$(B-V)_e$	m_{21}	V_{21}
l b		S_T n_L	$logR_{25}$	A_g	m_B	$(U-B)_T$	$(U-B)_e$	W_{20}	V_{opt}
SGL SGB		T	$logA_e$	A_i	m_{FIR}	$(B-V)^0_T$	m'_e	W_{50}	V_{GSR}
R.A. 1950 DEC.	PGC	L	$logD_o$	A_{21}	B^0_T	$(U-B)^0_T$	m'_{25}	HI	V_{3K}
0446.4 +0330	IC 392	.L.....	1.21± .06	170	13.3 ±.3		.61± .03		
194.13 -25.66	UGC 3158	U	.13± .03	.37	14.24 ±.14		-.21± .06		4265± 96
325.22 -52.84	VV 665	-2.0± .8	.94± .10	.00	13.26		13.49± .25		4203
0443.8 +0324	PGC 15973		1.23		13.65		13.90± .43		4214
0446.4 +1827		.SB?...	1.15± .05						4615± 10
180.97 -17.06	UGC 3157		.08± .05	1.45	15.0 ±.2				
342.64 -43.43	IRAS04435+1822			.12	11.62				4601
0443.5 +1822	PGC 15975		1.28	.04	13.41				4557
044629.5-563636		.LB?...	.74± .07						
265.42 -39.40	ESO 158- 4		.16± .06	.00	15.32 ±.14				12418
229.47 -42.43	IRAS04455-5641			.00	13.79				12234
044532.0-564154	PGC 15976		.72		15.13				12422
044630.0-044721	NGC 1659	.SAR4P.	1.21± .04	40	13.14 ±.14	.66± .03		15.63±.3	4584± 17
202.21 -29.86	MCG -1-13- 6	R (3)	.15± .04	.13	13.1 ±.2	-.03± .05		301± 34	4537± 50
312.41 -56.61	IRAS04440-0452	4.0± .4		.22	12.06	.57		153± 25	4492
044401.6-045242	PGC 15977	4.5± .6	1.23	.08	12.76	-.09	13.68± .27	2.80	4534
044632.5-071408		.S..6*.	1.17± .06	65					5163
204.72 -31.01	MCG -1-13- 7	E (1)	.56± .05	.28					
308.18 -57.45		6.0±1.3		.83					5069
044406.9-071929	PGC 15978	5.3±1.2	1.19	.28					5120
044637.3+003721		.S..6*.	1.07± .07	68				15.52±.3	8779± 10
196.89 -27.14	UGC 3161	U	.91± .06	.34					
321.08 -54.34		6.0±1.4		1.34				516± 7	8708
044402.9+003200	PGC 15982		1.10	.46					8730
044643.0-622756		.SXS6..	1.09± .04	152					
272.75 -38.12	ESO 85- 1	S (1)	.11± .04	.00	14.71 ±.14				7962
224.28 -38.11		6.0± .5		.16					7776
044611.1-623312	PGC 15984	4.8± .5	1.09	.05	14.51				7972
044646.0-630150		.SBS7P*	1.17± .04	87					
273.44 -37.97	ESO 85- 2	S (1)	.61± .04	.00	14.96 ±.14				
223.81 -37.68	IRAS04462-6307	7.0± .7		.84	13.19				
044617.1-630706	PGC 15985	6.3± .7	1.17	.30					
0446.7 +7007		.S..6*.	1.24± .11	135				15.34±.1	4560± 11
140.53 15.80	UGC 3143	U	.96± .12	.59					
15.87 -1.30		6.0±1.3		1.41				326± 8	4697
0441.3 +7002	PGC 15986		1.30	.48					4509
0446.8 -0614		.S..7?/	1.12± .08	110					
203.74 -30.48		E	.58± .08	.24					
309.97 -57.20		7.0±1.8		.80					
0444.4 -0620	PGC 15989		1.15	.29					
0446.9 +0818		.S..6?.	1.08± .06	140					4644± 10
189.80 -22.92	UGC 3162	U	.22± .05	.52					
331.65 -50.22		6.0±1.7		.33					4597
0444.2 +0813	PGC 15992		1.12	.11					4591
044658.8-355500		.IBS9..	1.22± .04	40					1344
238.47 -39.79	ESO 361- 9	S (1)	.18± .05	.00	15.29 ±.14				
254.85 -55.08		10.0± .8		.14					1184
044511.1-360018	PGC 15996	10.0± .8	1.22	.09	15.15				1328
0447.0 +0004		.SXS9..	1.16± .05						
197.49 -27.33	UGC 3164	UE (1)	.03± .05	.26	14.9 ±.3				4477± 38
320.34 -54.70		9.0± .6		.03					4404
0444.5 -0001	PGC 15998	8.7± .8	1.19	.02	14.58				4429
044706.0-500302		.SBR4..	1.05± .06	5					
256.94 -40.14	ESO 203- 2	r	.18± .06	.00	14.80 ±.14				5419
236.06 -47.04		4.5± .9		.27					5240
044548.1-500818	PGC 15999		1.05	.09	14.50				5417
044708.0-020313	NGC 1661	.SAS4P*	1.14± .05	35					
199.57 -28.39	UGC 3166	UE (1)	.21± .05	.13	14.04 ±.12				
317.03 -55.67		3.5± .6		.31					
044436.5-020832	PGC 16000	4.2± .8	1.16	.11					
0447.1 +6603		.S?....	1.22± .06	110				15.04±.1	4698± 11
143.86 13.31	UGC 3149		.25± .06	1.26	14.4 ±.3				
13.83 -4.82	IRAS04422+6557			.38	13.19			409± 8	4826
0442.2 +6557	PGC 16001		1.34	.13	12.78			2.13	4645
044720.8-101419		.E+..P.	1.05± .07	100					
207.98 -32.17	MCG -2-13- 6	E	.13± .05	.24					
302.81 -58.45		-4.0± .9		.00					
044458.5-101936	PGC 16006		1.04						

R.A. 2000 DEC. l b SGL SGB R.A. 1950 DEC.	Names PGC	Type S_T n_L T L	$logD_{25}$ $logR_{25}$ $logA_e$ $logD_o$	p.a. A_g A_i A_{21}	B_T m_B m_{FIR} B^o_T	$(B-V)_T$ $(U-B)_T$ $(B-V)^o_T$ $(U-B)^o_T$	$(B-V)_e$ $(U-B)_e$ m'_e m'_{25}	m_{21} W_{20} W_{50} HI	V_{21} V_{opt} V_{GSR} V_{3K}
0447.4 +2358		.IA.9..	1.36± .09	135					3780± 7
176.59 -13.50	UGC 3165	U	.22± .12	2.24					
347.84 -39.55	IRAS04444+2353	10.0± .8		.16	12.15				3783
0444.4 +2353	PGC 16009		1.57	.11					3722
044730.6-173550		.LAR0..	1.07± .05	11					
216.11 -35.07	ESO 552- 4	r	.08± .03	.07	14.62 ±.14				9007± 20
288.53 -59.44		-2.4± .9		.00					8886
044517.0-174106	PGC 16011		1.07		14.41				8974
0447.5 -0218		.S..7..	.99± .06						
199.88 -28.43	UGC 3168	U	.06± .05	.12	14.89 ±.14				
316.69 -55.87		7.0± .9		.09					
0445.0 -0224	PGC 16012		1.01	.03					
044732.3-622241		.SA3?P/	1.10± .05	13					
272.61 -38.05	ESO 119- 2	S	.43± .04	.00	15.37 ±.14				
224.26 -38.24	IRAS04470-6227	3.0± .9		.59	13.63				
044700.0-622754	PGC 16013		1.10	.21					
044735.1-504513		.LA.0*.	1.03± .11						
257.84 -40.00		S	.40± .08	.00					
235.22 -46.63		-2.0± .9		.00					
044619.1-505027	PGC 16015		.97						
0447.6 -0109		.S..1..	.97± .07	117					
198.77 -27.83	UGC 3170	U	.51± .05	.18	15.35 ±.12				
318.55 -55.39		1.0±1.0		.53					
0445.1 -0115	PGC 16017		.99	.26					
044744.9+014903		.SB.6*.	1.03± .05					15.62±.3	4553± 10
195.91 -26.27	UGC 3171	U	.09± .04	.38	14.78 ±.14			226± 13	4588±125
323.09 -54.00		6.0±1.2		.13					4485
044509.2+014347	PGC 16021		1.07	.05	14.24			1.33	4506
044744.9+093550		.S..6*.	1.04± .08	73				15.91±.3	8788± 10
188.77 -22.02	UGC 3169	U	.76± .06	.70					
333.42 -49.59		6.0±1.4		1.12				359± 7	8744
044500.5+093033	PGC 16022		1.11	.38					8736
044750.0-623642		.SBT3P*	1.19± .04	26					
272.89 -37.96	ESO 85- 4	S (1)	.68± .04	.00	14.90 ±.14				
224.04 -38.08		3.0± .6		.93					
044719.0-624154	PGC 16026	4.4±1.3	1.19	.34					
0447.8 +7251		.S?....	1.10± .05	42					
138.31 17.52	UGC 3147		.29± .05	.51	14.69 ±.18				2948
17.32 1.01	IRAS04418+7246			.44	11.81				3091
0441.8 +7246	PGC 16027		1.14	.15	13.73				2899
0447.9 +7455	A 0441+74	.IB.9..	1.29± .04	117	15.0 ±.2	.64± .06	.65± .04	13.89±.1	1636± 6
136.57 18.75	UGC 3144	PU (1)	.37± .05	.60	15.2 ±.3	-.09± .10	-.12± .07	156± 8	
18.36 2.78	DDO 33	10.0± .6	.88± .05	.28		.41	14.91± .12	142± 12	1783
0441.4 +7450	PGC 16030	8.0±1.5	1.34	.18	14.17	-.26	15.37± .31	-.47	1588
0448.0 +0846		.S..7..	1.19± .06	138					
189.55 -22.43	UGC 3172	U	.91± .06	.60					
332.49 -50.15		7.0± .9		1.26					
0445.3 +0841	PGC 16033		1.25	.46					
044802.8-251346		.S..5*/	1.24± .03	102					
225.13 -37.39	ESO 485- 12	S	.74± .03	.00	14.97 ±.14				4537± 52
273.49 -58.87	IRAS04460-2519	5.0±1.2		1.11	13.88				4397
044559.0-251900	PGC 16036		1.24	.37	13.83				4511
044812.7-134003		.E+..?.	1.17± .05	135					
211.79 -33.41	MCG -2-13- 9	E	.04± .05	.28					
296.32 -59.29		-4.0±1.1		.00					
044554.5-134517	PGC 16040		1.20						
044817.2-052540	NGC 1665	.LAS+P?	1.24± .05	130					
203.10 -29.78	MCG -1-13- 9	E	.19± .05	.16					2736
311.61 -57.26		-1.0±1.2		.00					2646
044549.5-053054	PGC 16044		1.22						2694
044819.1-814101		.S?....	1.04± .07						
294.58 -31.14	ESO 15- 15		.08± .06	.47	14.63 ±.14				4704
210.87 -22.73				.12					4523
045304.0-814600	PGC 16046		1.08	.04	14.01				4734
0448.3 +0013		.E?....	.78± .13						
197.53 -26.97	CGCG 394- 14		.08± .04	.33	15.35 ±.07				8533± 38
320.83 -54.92				.00					8460
0445.8 +0008	PGC 16049		.81		14.89				8487

R.A. 2000 DEC. l b SGL SGB R.A. 1950 DEC.	Names PGC	Type S_T n_L T L	$logD_{25}$ $logR_{25}$ $logA_e$ $logD_o$	p.a. A_g A_i A_{21}	B_T m_B m_{FIR} B_T^o	$(B-V)_T$ $(U-B)_T$ $(B-V)_T^o$ $(U-B)_T^o$	$(B-V)_e$ $(U-B)_e$ m'_e m'_{25}	m_{21} W_{20} W_{50} HI	V_{21} V_{opt} V_{GSR} V_{3K}
044823.4-594802	NGC 1688	.SBT7..	1.38± .03	177				14.20±.3	1230± 9
269.39 -38.54	ESO 119- 6	RSr (2)	.11± .03	.00	12.56 ±.12			170± 10	1223± 34
226.34 -40.25	IRAS04476-5953	6.7± .4		.15	11.93				1044
044739.0-595312	PGC 16050	5.3± .5	1.38	.06	12.02				1239
0448.4 -5452		.LAR-?.	1.06± .10						
263.15 -39.41		S	.20± .08	.00					
230.86 -43.86		-3.0± .9		.00					
0447.3 -5457	PGC 16051		1.03						
0448.4 +7328		.SX.4..	1.21± .05	165				16.16±.1	4501± 11
137.82 17.92	UGC 3150	U	.10± .05	.54	14.3 ±.2				
17.66 1.51	IRAS04423+7322	4.0± .8		.15	13.10			191± 8	4645
0442.3 +7322	PGC 16052		1.26	.05	13.56			2.54	4453
044829.7-013218		.SB?...	.94± .11						
199.26 -27.84	MCG 0-13- 13		.05± .07	.18	14.73 ±.12				8995± 61
318.12 -55.75	MK 1086			.06	13.35				8917
044557.7-013731	PGC 16054		.95	.02	14.40				8951
0448.5 +0803		.S..7*.	.96± .17						4648
190.27 -22.73	UGC 3173	U	.10± .12	.44					
331.71 -50.68		7.0±1.3		.14					4599
0445.8 +0758	PGC 16055		1.00	.05					4598
044832.9-063414	NGC 1666	.LBR+..	1.14± .03	35	13.61 ±.13	.97± .02	.98± .02		
204.30 -30.26	MCG -1-13- 10	R	.08± .05	.23		.50± .04	.48± .04		
309.65 -57.71		-1.0± .4	.68± .02	.00			12.50± .05		
044606.5-063926	PGC 16057		1.15				14.00± .24		
044833.6-474902	NGC 1680	RSBS3?.	1.08± .05	102					
254.00 -40.03	ESO 203- 4	Sr (1)	.42± .04	.00	14.45 ±.14				
238.36 -48.69	IRAS04471-4754	3.3± .5		.58	13.98				
044710.0-475412	PGC 16058	3.3±1.3	1.08	.21					
0448.5 +0014	A 0446+00	.IXS9*.	1.22± .05	85	14.4 ±.2	.47± .10	.49± .05	14.27±.1	670± 6
197.54 -26.92	UGC 3174	UE (2)	.18± .05	.33		-.15± .12	-.17± .07	118± 8	
320.91 -54.95	DDO 34	10.0± .7	1.18± .06	.14		.34	15.80± .13	108± 12	596
0446.0 +0009	PGC 16059	8.8± .7	1.25	.09	13.94	-.24	14.90± .35	.24	624
044834.4-035202		.L..+P/	1.10± .06	24					2768
201.57 -28.97	MCG -1-13- 11	E	.54± .05	.07					
314.32 -56.74	IRAS04460-0357	-1.0±1.8		.00					2683
044605.0-035714	PGC 16060		1.03						2725
044837.0-061913	NGC 1667	.SXR5..	1.25± .03	20	12.77 ±.13	.70± .02	.78± .02	15.38±.3	4547± 17
204.06 -30.12	MCG -1-13- 13	R (3)	.11± .04	.24	13.0 ±.2	.03± .02	.10± .02	324± 34	4587± 46
310.11 -57.64	IRAS04461-0624	5.0± .4	.79± .01	.16	11.06	.60	12.21± .04	296± 25	4459
044610.4-062426	PGC 16062	2.7± .6	1.27	.05	12.41	-.05	13.59± .23	2.92	4511
044842.7-045839		.SBS7..	1.13± .06	160					4823
202.70 -29.47	MCG -1-13- 12	E (1)	.37± .05	.11					
312.46 -57.20		7.0± .9		.51					4734
044614.6-050351	PGC 16065	6.4± .8	1.14	.18					4781
044845.9-050732	IC 2095	.S..6P/	1.14± .06	125					
202.86 -29.53	MCG -1-13- 14	E	.92± .05	.16					
312.22 -57.26		6.0±1.4		1.36					
044617.9-051244	PGC 16067		1.15	.46					
044852.6-544242		.LA.-*.	1.11± .10						
262.93 -39.36		S	.00± .08	.03					
230.96 -44.03		-3.0±1.2		.00					
044748.8-544750	PGC 16068		1.12						
044855.8-234344		.SXT2*.	1.12± .04	70					
223.40 -36.77	ESO 485- 16	S	.39± .03	.02	15.31 ±.14				8129± 22
276.33 -59.34		2.0±1.2		.48					7992
044650.1-234854	PGC 16071		1.12	.19	14.73				8103
044857.2-573934		RSBR1*.	1.03± .05						
266.68 -38.89	ESO 119- 8	Sr	.01± .05	.00	14.82 ±.14				7040± 63
228.17 -41.89	FAIR 239	1.3± .5		.01					6855
044804.0-574442	PGC 16072		1.03	.01	14.72				7047
044857.8-320732		.SBR6*.	1.01± .06	153					
233.71 -38.78	ESO 421- 18	r	.41± .06	.00	15.87 ±.14				12614
260.78 -57.03		5.6±1.2		.61					12460
044704.0-321242	PGC 16073		1.01	.21	15.20				12596
044912.2-291227	A 0447-29	.SXS9*.	1.43± .03	55	13.1 ±.2	.58± .04	.54± .03	14.28±.2	1471± 11
230.08 -38.13	ESO 421- 19	SU (2)	.05± .04	.00	13.43 ±.14	-.35± .05	-.28± .04	148± 16	
265.91 -58.09	DDO 228	9.0± .5	1.24± .05	.05		.56	14.75± .10	143± 12	1322
044714.0-291736	PGC 16084	8.9± .5	1.43	.03	13.27	-.36	14.96± .27	.99	1450

R.A. 2000 DEC. / l b / SGL SGB / R.A. 1950 DEC.	Names / PGC	Type / S_T n_L / T / L	$logD_{25}$ / $logR_{25}$ / $logA_e$ / $logD_o$	p.a. / A_g / A_i / A_{21}	B_T / m_B / m_{FIR} / B_T^o	$(B-V)_T$ / $(U-B)_T$ / $(B-V)_T^o$ / $(U-B)_T^o$	$(B-V)_e$ / $(U-B)_e$ / m'_e / m'_{25}	m_{21} / W_{20} / W_{50} / HI	V_{21} / V_{opt} / V_{GSR} / V_{3K}
044918.7+564203								15.19±.3	5257± 9
151.43 7.64				1.64				259± 11	
9.26 -12.98								248± 8	5360
044508.5+563650	PGC 16089								5202
0449.3 -1244		.SBS9*.	1.20± .05	25					2201
210.92 -32.79	MCG -2-13- 11	E (1)	.16± .05	.38					
298.20 -59.42		9.0±1.2		.16					2091
0447.0 -1250	PGC 16090	8.7±1.2	1.24	.08					2166
0449.4 +6355		.S..4..	1.16± .13	167				15.19±.1	4735± 7
145.73 12.18	UGC 3167	U	.78± .12	1.69					
12.97 -6.78	IRAS04447+6350	4.0± .9		1.15	12.17			441± 8	4857
0444.7 +6350	PGC 16092		1.32	.39					4683
044933.8+001514	IC 395	.L...*.	1.04± .09	130	13.9 ±.3	1.03± .08			
197.67 -26.70	UGC 3178	U	.09± .04	.33	13.75 ±.10	.79± .05			
321.13 -55.16		-2.0±1.2		.00					
044659.8+001006	PGC 16095		1.06				13.76± .56		
0449.5 +6929		.S..1..	1.17± .05	86					
141.21 15.60	UGC 3163	U	.64± .05	.81	15.1 ±.3				
15.75 -1.98		1.0± .9		.65					
0444.2 +6924	PGC 16096		1.25	.32					
044936.7-075139		PSAT0*.	1.03± .07	165					
205.77 -30.61	MCG -1-13- 15	E	.18± .05	.13					
307.49 -58.36		.0± .9		.14					
044711.7-075647	PGC 16097		1.03						
044937.3-535443		.SXR3*.	1.15± .04	50					
261.88 -39.36	ESO 158- 7	S (1)	.14± .04	.09	14.64 ±.14				15100±190
231.64 -44.67	FAIR 783	3.0± .8		.19					14917
044831.0-535948	PGC 16098	3.3±1.2	1.16	.07	14.25				15104
044939.7-172916		.SB?...	.95± .05	92					
216.21 -34.55	ESO 552- 9		.11± .04	.08	15.48 ±.14				9273± 60
288.78 -59.95				.13					9150
044726.0-173424	PGC 16101		.95	.05	15.17				9243
044940.3-420342		.SXT4..	1.03± .06	32					
246.50 -39.81	ESO 304- 21	r	.22± .05	.00	14.93 ±.14				5810
245.40 -52.36	IRAS04480-4209	4.5± .9		.32					5639
044804.0-420848	PGC 16102		1.03	.11	14.58				5802
0449.6 +8239		.S..0..	1.16± .07	162					
129.82 23.24	UGC 3132	U	.41± .06	.37	15.1 ±.2				
22.34 9.41		.0± .9		.31					
0439.0 +8234	PGC 16105		1.17						
044942.6-024539	NGC 1670	.LA.0*.	1.32± .06	112					
200.63 -28.18	MCG 0-13- 16	E	.33± .05	.15	13.70 ±.11				
316.37 -56.55		-2.3± .7		.00					
044712.0-025046	PGC 16107		1.29						
044942.7-104226		.SBS1P?	1.03± .07	100					
208.77 -31.85	MCG -2-13- 12	E	.08± .05	.19					
302.18 -59.13		1.0±1.8		.08					
044721.0-104733	PGC 16108		1.05	.04					
044944.6+032003	A 0447+03	.L...P*	1.02± .06	10				15.51±.2	8337± 5
194.78 -25.05	UGC 3179	R	.11± .05	.33	14.46 ±.10			273± 5	8306± 21
325.71 -53.63	MK 1087	-2.0± .7		.00	11.88			241± 7	8271
044707.2+031455	PGC 16109		1.05		14.00				8290
0449.8 +7258		.S..4..	.96± .09	5					
138.31 17.70	UGC 3159	U	.29± .06	.51	15.46 ±.18				
17.50 1.03		4.0± .9		.43					
0443.8 +7253	PGC 16110		1.01	.15					
044949.4+214101		.I..9*.	1.11± .14					15.05±.1	3917± 7
178.80 -14.48	UGC 3177	U	.00± .12	2.06				187± 6	
346.38 -41.63		10.0±1.2		.00				155± 4	3911
044650.5+213553	PGC 16111		1.30	.00					3863
044951.2-525937		.S?....	1.00± .06	173	15.40 ±.18	.55± .04	.63± .04		
260.70 -39.43	ESO 158- 8		.57± .05	.00	16.08 ±.14				
232.52 -45.35			.55± .04	.86			13.64± .11		
044842.0-530442	PGC 16115		1.00	.29			13.80± .36		
044951.3-360612		.S..4?/	1.18± .05	138					
238.81 -39.24	ESO 361- 12	S	.89± .04	.00	15.19 ±.14				
254.08 -55.51		4.0±1.9		1.31					
044804.0-361118	PGC 16116		1.18	.45					

R.A. 2000 DEC. l b SGL SGB R.A. 1950 DEC.	Names PGC	Type S_T n_L T L	$\log D_{25}$ $\log R_{25}$ $\log A_e$ $\log D_o$	p.a. A_g A_i A_{21}	B_T m_B m_{FIR} B_T^o	$(B-V)_T$ $(U-B)_T$ $(B-V)_T^o$ $(U-B)_T^o$	$(B-V)_e$ $(U-B)_e$ m'_e m'_{25}	m_{21} W_{20} W_{50} HI	V_{21} V_{opt} V_{GSR} V_{3K}
044953.5-415637		PS.R1..	.91± .06	0					
246.35 -39.76	ESO 304- 24	r	.23± .05	.00	15.40 ±.14				
245.52 -52.46		1.0± .9		.23					
044817.0-420142	PGC 16117		.91	.11					
044953.9-104518		.SBS4..	1.06± .06	40					
208.85 -31.83	MCG -2-13- 13	E (1)	.26± .05	.16					
302.11 -59.18		4.0± .9		.38					
044732.3-105025	PGC 16118	4.2± .8	1.07	.13					
044955.0-315800	NGC 1679	.SBS9..	1.43± .03	150				13.35±.2	1059± 11
233.56 -38.55	ESO 422- 1	SU (1)	.13± .04	.00	12.00 ±.14			151± 16	
260.91 -57.28	IRAS04480-3203	9.5± .4		.09	11.91			137± 12	904
044801.0-320306	PGC 16120	6.7± .4	1.43	.06	11.91			1.38	1042
044957.9-180506		.L?....	1.08± .05	162					
216.92 -34.70	ESO 552- 11		.58± .03	.07	15.08 ±.14				10144± 60
287.57 -60.03				.00					10020
044745.0-181012	PGC 16121		1.00		14.86				10115
045010.1-394743		.IXS9..	1.08± .09						
243.57 -39.57		S (1)	.28± .08	.00					
248.47 -53.69		10.0± .9		.21					
044829.4-395247	PGC 16126	10.0± .9	1.08	.14					
045013.7-171600		.SBR4?/	1.30± .04	93					
216.02 -34.34	MCG -3-13- 16	SE (1)	.59± .04	.08					
289.23 -60.08		4.0± .8		.86					
044759.8-172105	PGC 16128	2.2±1.2	1.31	.29					
045018.4-611453		.S..5*P	1.02± .05	164					
271.12 -38.00	ESO 119- 12	S (1)	.12± .04	.00	14.65 ±.14				5941
224.88 -39.31	IRAS04496-6119	5.0±1.2		.19	13.36				5754
044941.0-611954	PGC 16130	5.6± .9	1.02	.06	14.43				5953
045023.5-050449	IC 2097	.IB.9*/	1.05± .09	65					
203.04 -29.15		E (1)	.49± .08	.11					
312.57 -57.62		10.0±1.3		.37					
044755.4-050954	PGC 16134	6.4±1.2	1.06	.25					
045027.0-612041		.SBS5..	1.13± .04	70	13.64 ±.15	.77± .03	.72± .01		
271.24 -37.96	ESO 119- 13	Sr (1)	.07± .04	.00	14.14 ±.14				5903± 40
224.78 -39.25	IRAS04499-6125	4.5± .5	.99± .03	.11		.72	14.08± .08		5716
044950.1-612542	PGC 16136	5.6± .9	1.13	.04	13.76		13.96± .28		5915
045029.1-033115		.LBT0*.	1.11± .06	20					
201.49 -28.38	MCG -1-13- 16	E	.39± .05	.13					
315.25 -57.04		-2.0± .9		.00					
044759.3-033619	PGC 16138		1.07						
045037.6+060034		.SB.3..	1.34± .04	97				13.96±.3	4613± 7
192.43 -23.42	UGC 3181	U	.34± .05	.31	14.03 ±.16				
329.58 -52.32	IRAS04479+0555	3.0± .8		.46	13.08			300± 7	4556
044757.2+055530	PGC 16141		1.37	.17	13.22			.58	4567
045038.7-030830		.SAS1P?	1.01± .07	140					
201.14 -28.16	MCG -1-13- 17	E	.38± .05	.10					
315.92 -56.92		1.0± .9		.39					
044808.5-031334	PGC 16142		1.02	.19					
045039.9-612118		.S..7*P	1.07± .05	155					
271.24 -37.93	ESO 119- 14	S (1)	.29± .04	.00	15.15 ±.14				
224.74 -39.26		7.0±1.2		.40					
045003.0-612618	PGC 16143	1.1± .8	1.07	.15					
045044.6-052508	IC 2098	.S..6*/	1.32± .04	85					2826
203.43 -29.24	MCG -1-13- 18	E	.88± .05	.11					
312.04 -57.83	IRAS04482-0530	6.0±1.2		1.30	12.95				2735
044816.9-053012	PGC 16144		1.33	.44					2788
045052.0-045333	NGC 1677	.L..0P/	1.02± .07	40					
202.91 -28.96	MCG -1-13- 19	E	.47± .05	.11					
312.98 -57.66	IRAS04484-0458	-2.0±1.3		.00	13.05				
044823.8-045836	PGC 16146		.96						
045053.0-445823		.S?....	.80± .07						
250.29 -39.67	ESO 251- 36		.08± .06	.00	15.26 ±.14				10250
241.40 -50.80	IRAS04493-4502			.09					10075
044923.1-450324	PGC 16147		.80	.04	15.05				10247
045057.1-553154		.LA.-..	1.08± .10						
263.92 -38.95		S	.16± .08	.00					
229.87 -43.64		-3.0± .9		.00					
044956.4-553654	PGC 16151		1.06						

R.A. 2000 DEC. l b SGL SGB R.A. 1950 DEC.	Names PGC	Type S_T n_L T L	$\log D_{25}$ $\log R_{25}$ $\log A_e$ $\log D_o$	p.a. A_g A_i A_{21}	B_T m_B m_{FIR} B_T^o	$(B-V)_T$ $(U-B)_T$ $(B-V)_T^o$ $(U-B)_T^o$	$(B-V)_e$ $(U-B)_e$ m'_e m'_{25}	m_{21} W_{20} W_{50} HI	V_{21} V_{opt} V_{GSR} V_{3K}
0451.1 +0222		.S?....	.94± .11						
195.88 -25.27	MCG 0-13- 17		.00± .07	.29	15.22 ±.16				8936± 38
324.63 -54.44				.00					8868
0448.5 +0217	PGC 16154		.96	.00	14.88				8893
045106.5-395136		PSBR2?.	1.02± .05	157					
243.67 -39.40	ESO 304- 26	Sr	.21± .04	.00	15.21 ±.14				6222
248.21 -53.81		1.6± .6		.26					6054
044926.0-395636	PGC 16155		1.02	.11	14.89				6214
0451.2 -1350		.S?....	1.12± .08						5460
212.34 -32.82	MCG -2-13- 15		.65± .07	.21					
296.15 -60.04				.97					5346
0448.9 -1356	PGC 16159		1.14	.32					5429
045118.3-055743		.S..6*/	1.15± .06	155					
204.05 -29.37	MCG -1-13- 21	E	.68± .05	.11					
311.17 -58.15		6.0±1.3		1.00					
044851.3-060244	PGC 16163		1.16	.34					
045119.5+231229		.S..3*.	.96± .09	120				16.05±.3	4409± 10
177.77 -13.28	UGC 3183	U	.10± .06	2.29					
348.05 -40.72		3.0±1.3		.14				405± 7	4407
044818.5+230727	PGC 16164		1.18	.05					4357
045120.6-173012	A 0449-17	.LAS-P*	1.06± .04	5	14.4 ±.3	.97± .05			
216.40 -34.18	ESO 552- 14	SE	.20± .03	.11	14.58 ±.14	.50± .09			9530± 61
288.76 -60.35		-2.7± .7		.00		.84			9406
044907.0-173512	PGC 16165		1.05		14.29	.52	14.10± .38		9502
045121.8-335619	NGC 1687	.SXR2*.	1.10± .05	40					
236.11 -38.61	ESO 361- 13	BSr	.38± .04	.00	14.73 ±.14				
257.34 -56.76		2.1± .5		.47					
044931.0-340118	PGC 16166		1.10	.19					
045123.4-591403		.L..0*.	1.05± .05	55					
268.58 -38.28	ESO 119- 15	S	.19± .04	.00	15.01 ±.14				16165± 63
226.45 -40.93		-2.0±1.1		.00					15978
045037.0-591900	PGC 16167		1.02		14.77				16176
045126.6-030720		.S..3*/	1.22± .05	80					4582
201.23 -27.98	MCG -1-13- 22	E (1)	.59± .05	.10					
316.10 -57.10		3.0±1.2		.82					4497
044856.4-031221	PGC 16168	4.2±1.6	1.23	.30					4543
045129.3-613903		.IBS9..	1.36± .04	25					
271.58 -37.77	ESO 119- 16	S (1)	.36± .05	.02	14.88 ±.14				980
224.40 -39.09		9.5± .6		.27					793
045054.0-614400	PGC 16172	9.4± .6	1.36	.18	14.59				993
0451.5 +0543									
192.84 -23.39	CGCG 420- 7			.32	15.3 ±.3				9207± 38
329.41 -52.68									9149
0448.9 +0538	PGC 16176								9163
0451.5 +6712		.L..-*.	1.15± .15						
143.21 14.37	UGC 3176	U	.07± .08	1.11	14.2 ±.3				
14.78 -4.05		-3.0±1.1		.00					
0446.5 +6707	PGC 16178		1.28						
045135.5-023724	NGC 1678	.LA.0P?	1.03± .07	110					
200.75 -27.70	MCG 0-13- 19	E	.15± .06	.13	14.18 ±.10				
316.96 -56.92		-2.0± .9		.00					
044904.7-024224	PGC 16179		1.02						
045136.4-023337		.S?....	.74± .14						
200.69 -27.67	MCG 0-13- 18		.38± .07	.16	15.26 ±.18				2100± 49
317.07 -56.90	ARAK 113			.47					2017
044905.5-023837	PGC 16180		.75	.19	14.63				2061
045141.5-034835		.LXS+P*	1.14± .08	145					
201.94 -28.26	MCG -1-13- 25	E	.26± .08	.10					
314.99 -57.43		-1.0± .9		.00					
044912.0-035334	PGC 16185		1.11						
045141.9+053011		.S?....	1.14± .13	13				14.73±.3	4561± 7
193.06 -23.47	UGC 3184		.47± .12	.31					
329.16 -52.83				.71				392± 7	4502
044902.0+052511	PGC 16186		1.17	.24					4517
045142.1-061349	IC 2101	.SBS5P?	1.21± .05	37					4525
204.38 -29.40	MCG -1-13- 24	E (1)	.64± .05	.12					
310.76 -58.33	IRAS04492-0618	5.0±1.3		.96	12.07				4431
044915.4-061848	PGC 16187	3.1±1.6	1.22	.32					4489

R.A. 2000 DEC. l b SGL SGB R.A. 1950 DEC.	Names PGC	Type S_T n_L T L	$\log D_{25}$ $\log R_{25}$ $\log A_e$ $\log D_o$	p.a. A_g A_i A_{21}	B_T m_B m_{FIR} B_T^o	$(B-V)_T$ $(U-B)_T$ $(B-V)_T^o$ $(U-B)_T^o$	$(B-V)_e$ $(U-B)_e$ m'_e m'_{25}	m_{21} W_{20} W_{50} HI	V_{21} V_{opt} V_{GSR} V_{3K}
045145.1+065127		.S..7..	1.14± .07	0				17.02±.3	4730± 7
191.83 -22.73	UGC 3187	U	.23± .06	.39	15.11 ±.19				
330.96 -52.05		7.0± .8		.31				242± 7	4675
044903.7+064627	PGC 16189		1.18	.11	14.39			2.52	4685
045146.7+034012		.S..6*.	1.19± .06	48				14.31±.3	4578± 7
194.76 -24.44	UGC 3186	U	.81± .06	.28					
326.65 -53.88		6.0±1.3		1.20				250± 7	4513
044908.9+033513	PGC 16191		1.22	.41					4535
045147.8-570846		.IBS9*/	1.06± .05	172					
265.94 -38.59	ESO 158- 9	S (1)	.71± .04	.00	16.49 ±.14				
228.25 -42.53		9.7± .8		.53					
045053.0-571342	PGC 16192	8.3± .7	1.06	.36					
045148.8+085156		.S?....	1.00± .05	85				16.87±.3	3522± 9
190.03 -21.60	UGC 3188		.25± .04	.65	14.78 ±.12				
333.51 -50.83	IRAS04492+0846			.38	13.53			235± 5	3474
044905.1+084657	PGC 16193		1.06	.13	13.72			3.02	3477
045150.1-481703		.SX.9*.	.92± .05	38					
254.58 -39.46	ESO 203- 9	S (1)	.26± .05	.00	14.74 ±.14				
237.28 -48.80		9.0±1.3		.26					
045028.0-482200	PGC 16194	10.0±1.3	.92	.13					
045150.2-054813	NGC 1681	.S..3P*	1.11± .06	40					
203.96 -29.18	MCG -1-13- 26	E	.06± .05	.11					
311.54 -58.22	IRAS04493-0553	3.0±1.2		.08	12.12				
044922.9-055312	PGC 16195		1.12	.03					
045154.9-045710	IC 2102	.SBT6..	1.17± .06						3645
203.11 -28.76	MCG -1-13- 27	E (1)	.00± .05	.10					
313.05 -57.93		6.0± .8		.00					3555
044926.7-050209	PGC 16197	4.2± .8	1.17	.00					3608
045158.0-331039		.SBS7?/	1.47± .03	94					
235.18 -38.35	ESO 361- 15	S (1)	.83± .04	.00	13.71 ±.14				1186± 52
258.51 -57.19	IRAS04500-3315	7.0±1.1		1.15	13.52				1028
045006.0-331536	PGC 16199	5.6±1.2	1.47	.42	12.56				1173
045206.0-283533		.I..9*.	1.09± .05	2				14.55±.3	1460± 11
229.51 -37.37	ESO 422- 5	U	.17± .04	.00	14.88 ±.14			138± 16	
266.67 -58.89		10.0±1.2		.13				132± 12	1311
045007.1-284030	PGC 16201		1.09	.08	14.75			-.29	1443
045218.9+493239								16.37±.3	6108± 9
157.28 3.45				3.80				228± 11	
5.84 -19.34								154± 8	6190
044830.5+492740	PGC 16210								6054
045225.1-033357		.LASOP?	1.21± .09	100					
201.80 -27.98	MCG -1-13- 30	E	.04± .07	.09					
315.54 -57.50		-2.0±1.7		.00					
044955.4-033853	PGC 16215		1.22						
0452.4 +7429		.S..4..	1.16± .07	173					
137.12 18.74	UGC 3175	U	.78± .06	.57	15.22 ±.18				
18.40 2.26	IRAS04460+7424	4.0± .9		1.15	13.40				
0446.0 +7424	PGC 16216		1.21	.39					
045231.1-030623	NGC 1684	.E+..P*	1.39± .07	95					
201.36 -27.74	MCG -1-13- 31	E	.17± .07	.14					
316.33 -57.33	IRAS04500-0311	-4.0± .8		.00	13.10				
045000.9-031119	PGC 16219		1.36						
045231.2-625908	NGC 1706	.SAT2..	1.14± .04	124	13.53 ±.15	.93± .02	.89± .01		
273.18 -37.35	ESO 85- 7	S (1)	.15± .04	.01	13.97 ±.14				4889± 26
223.21 -38.13	FAIR 240	2.3± .5	.94± .03	.19		.86	13.72± .09		4701
045203.0-630400	PGC 16220	1.1± .7	1.14	.08	13.52		13.71± .29		4904
045234.2-025658	NGC 1685	.SBR0..	1.10± .06	45					
201.21 -27.65	MCG -1-13- 32	E	.16± .05	.14					4527
316.61 -57.28	IRAS04500-0301	.0± .9		.12	13.11				4442
045003.8-030154	PGC 16222		1.10						4490
045237.5-595208		PSBT2?.	1.01± .05	60					
269.33 -38.01	ESO 119- 18	Sr	.29± .04	.00	15.63 ±.14				
225.75 -40.55		1.5± .9		.35					
045154.0-595700	PGC 16224		1.01	.14					
0452.7 +0423		.S..3*.	1.10± .05	75					
194.23 -23.85	UGC 3191	U (1)	.22± .05	.29	14.85 ±.15				
327.90 -53.67		3.0±1.2		.30					
0450.1 +0419	PGC 16227	5.5±1.1	1.13	.11					

R.A. 2000 DEC.	Names	Type	$\log D_{25}$	p.a.	B_T	$(B-V)_T$	$(B-V)_e$	m_{21}	V_{21}
l b		S_T n_L	$\log R_{25}$	A_g	m_B	$(U-B)_T$	$(U-B)_e$	W_{20}	V_{opt}
SGL SGB		T	$\log A_e$	A_i	m_{FIR}	$(B-V)^o_T$	m'_e	W_{50}	V_{GSR}
R.A. 1950 DEC.	PGC	L	$\log D_o$	A_{21}	B^o_T	$(U-B)^o_T$	m'_{25}	HI	V_{3K}
045249.4+011533		.L..-*.	.86± .15	55	14.28 ±.15	1.08± .02	1.09± .02		
197.18 -25.48	UGC 3192	U	.08± .05	.32	14.48 ±.11				17700± 49
323.37 -55.37	ARAK 114	-3.0±1.2	.76± .05	.00		.84	13.57± .17		17627
045014.2+011038	PGC 16232		.89		13.82		13.24± .80		17661
045252.0-594433	NGC 1703	.SBR3..	1.47± .04		11.9 ±.2	.56± .01	.64± .01	14.25±.3	1526± 8
269.17 -38.00	ESO 119- 19	R (1)	.05± .04	.00	12.31 ±.14	-.12± .03	-.03± .02	72± 9	1526± 40
225.83 -40.67	IRAS04521-5949	3.0± .7	1.19± .03	.07	11.94	.54	13.32± .07		1339
045208.0-594924	PGC 16234	2.2± .7	1.47	.03	12.09	-.13	13.95± .29	2.14	1538
045252.6-251448	A 0450-25	.SBS9..	1.59± .03	110	*			13.47±.2	1374± 11
225.53 -36.34	ESO 485- 21	SU (2)	.08± .04	.00	13.27 ±.14			91± 16	
273.00 -59.93	DDO 229	8.5± .5		.08				71± 12	1231
045049.0-251942	PGC 16236	7.9± .5	1.59	.04	13.19			.24	1355
045252.7+030324		.SBT2*.	1.18± .04	170	*			15.85±.3	4454± 10
195.49 -24.53	UGC 3193	UE	.42± .04	.23	14.43 ±.12				
326.03 -54.44	IRAS04502+0258	2.3± .7		.52	12.03			399± 7	4387
045015.6+025830	PGC 16237		1.20	.21	13.64			2.00	4414
045254.4-152052	NGC 1686	.S..4./	1.22± .05	27	*				
214.17 -33.03	MCG -3-13- 19	E	.70± .05	.11					
293.21 -60.61		4.0± .9		1.03					
045038.3-152546	PGC 16239		1.23	.35					
0452.9 -0532		.SBS8*.	1.22± .07	10	*				
203.84 -28.80		E (1)	.18± .08	.13					
312.21 -58.38		8.0±1.3		.22					
0450.5 -0537	PGC 16241	8.7±1.2	1.24	.09					
045258.9+011951		.SBS3P*	1.20± .04	5	*				
197.13 -25.41	UGC 3194	UE	.37± .04	.32	14.91 ±.16				
323.51 -55.37	IRAS04503+0114	3.0± .8		.52	13.39				
045023.7+011457	PGC 16242		1.23	.19					
0453.1 +0422		.S..6*.	1.07± .08	110	*				
194.30 -23.77	UGC 3195	U	.20± .06	.29	15.10 ±.16				
327.97 -53.77		6.0±1.2		.29					
0450.5 +0418	PGC 16248		1.10	.10					
045310.2-564328			.91± .06		16.79 ±.14	.72± .06			
265.37 -38.47	ESO 158- 11		.19± .06	.00	15.73 ±.14				
228.45 -42.97									
045214.1-564818	PGC 16250		.91						
045317.5-030035		.SBS6..	1.13± .06	65					4601
201.37 -27.52	MCG -1-13- 33	E (1)	.19± .05	.13					
316.65 -57.47		6.0± .9		.28					4515
045047.2-030528	PGC 16256	4.2± .8	1.14	.09					4565
045318.6-703555			1.33± .06	50					
282.23 -35.16	ESO 56- 19		.32± .06	.48	14.08 ±.14				273
217.56 -32.08	IRAS04538-7040				12.53				85
045347.1-704042	PGC 16258		1.37						295
045334.0-175521		.S?....	1.02± .05	71					
217.11 -33.84	ESO 552- 19		.15± .04	.06	15.28 ±.14				11963± 60
287.91 -60.88				.18					11837
045121.0-180012	PGC 16265		1.03	.07	14.92				11939
0453.7 +6428		.S..6*.	1.07± .14	120				15.17±.1	4680± 11
145.57 12.90	UGC 3185	U	.11± .12	1.35					
13.65 -6.53		6.0±1.2		.16				276± 8	4802
0449.0 +6424	PGC 16271		1.20	.05					4631
045349.1-322623		PSBR2*.	1.05± .04						
234.35 -37.83	ESO 361- 16	Sr	.09± .03	.00	14.65 ±.14				5490± 34
259.48 -57.85		1.6± .6		.11					5333
045156.1-323112	PGC 16273		1.05	.05	14.48				5479
045407.1+721928		.L.....	1.15± .15						
139.05 17.58	UGC 3182	U	.00± .08	.52	14.17 ±.18				
17.46 .31		-2.0± .8		.00					
044813.6+721432	PGC 16280		1.21						
045413.6-532144	NGC 1705	.LA.-P*	1.28± .03	50	12.77 ±.13	.38± .01	.22± .01		
261.08 -38.74	ESO 158- 13	RS	.13± .04	.19	12.80 ±.11	-.45± .01	-.58± .01		673± 56
231.49 -45.54	IRAS04531-5326	-3.0± .6	.59± .01	.00	13.16	.32	11.21± .03		489
045306.0-532630	PGC 16282		1.28		12.58	-.48	13.70± .22		681
045414.1-435225		.LA.+?/	1.16± .05	105					
248.89 -39.05	ESO 251- 41	S	.84± .03	.00	14.76 ±.14				
242.19 -51.95		-1.0±2.0		.00					
045242.0-435712	PGC 16283		1.04						

R.A. 2000 DEC. / l b / SGL SGB / R.A. 1950 DEC.	Names / PGC	Type / S_T n_L / T / L	$\log D_{25}$ / $\log R_{25}$ / $\log A_e$ / $\log D_o$	p.a. / A_g / A_i / A_{21}	B_T / m_B / m_{FIR} / B_T^o	$(B-V)_T$ / $(U-B)_T$ / $(B-V)_T^o$ / $(U-B)_T^o$	$(B-V)_e$ / $(U-B)_e$ / m'_e / m'_{25}	m_{21} / W_{20} / W_{50} / HI	V_{21} / V_{opt} / V_{GSR} / V_{3K}
0454.2 -0537		.SBS7*.	1.30± .06	10					
204.10 -28.56		E (1)	.23± .08	.13					
312.28 -58.71		7.0±1.3		.31					
0451.8 -0542	PGC 16284	8.7± .8	1.32	.11					
045415.6-114624		.S..7?.	1.12± .06	90					4750
210.46 -31.29	MCG -2-13- 18	E (1)	.40± .05	.35					
300.55 -60.44		7.0±1.8		.55					4639
045155.3-115113	PGC 16285	6.4±1.6	1.15	.20					4722
0454.3 +0207		.SBT3..	1.04± .08	110					
196.57 -24.71	UGC 3200	U	.14± .06	.29	14.81 ±.14				9409± 38
325.01 -55.24		3.0± .9		.19					9338
0451.7 +0203	PGC 16286		1.07	.07	14.25				9371
045419.4+013824	NGC 1690	.E...*.	.99± .05	116					
197.03 -24.96	UGC 3199	UE	.53± .05	.31	14.84 ±.11				2100± 49
324.28 -55.50		-5.0± .7		.00					2028
045143.8+013335	PGC 16289		.89		14.50				2063
045419.6+013825		.E?....	.99± .09						
197.03 -24.96	UGC 3198		.00± .03	.31	14.89 ±.13				2100
324.28 -55.50	ARAK 115			.00					2028
045144.0+013336	PGC 16290		1.04		14.54				2063
0454.5 -0122		.S?....	.64± .17						
199.94 -26.44	MCG 0-13- 29		.00± .07	.20	15.45 ±.13				8610± 38
319.62 -57.02				.00					8528
0452.0 -0127	PGC 16296		.66	.00	15.20				8575
045438.4+031606	NGC 1691	RSBS0*.	1.22± .04	85				16.24±.3	4581± 10
195.55 -24.05	UGC 3201	UE	.03± .04	.23	13.01 ±.12			357± 14	4590± 61
326.75 -54.70	MK 1088	.0± .6		.02	11.17				4514
045201.0+031119	PGC 16300		1.24		12.69				4543
0454.6 +6943		.S..7..	1.28± .04	40				14.70±.1	4560± 11
141.28 16.10	UGC 3189	U	.54± .05	.61	15.0 ±.3				
16.25 -1.98		7.0± .8		.74				334± 8	4695
0449.2 +6939	PGC 16301		1.33	.27	13.66			.76	4513
045439.4-121213		.SXS5*.	1.29± .05	120					4927
210.97 -31.38	MCG -2-13- 19	E (1)	.44± .05	.37					
299.73 -60.61	IRAS04523-1217	5.0±1.2		.67					4815
045219.5-121700	PGC 16302	3.1±1.2	1.33	.22					4900
045440.7-283926		PSBS9*.	1.02± .05						
229.76 -36.84	ESO 422- 9	r	.03± .04	.00	15.36 ±.14				
266.20 -59.40		9.1±1.2		.03					
045242.0-284412	PGC 16305		1.02	.02					
045440.9-562956		.LA.-*P	1.27± .08						
265.05 -38.30		S	.28± .08	.00					
228.44 -43.28		-3.0± .8		.00					
045344.1-563440	PGC 16306		1.23						
045442.9-624759		.SBS9..	1.45± .04	75					
272.89 -37.15	ESO 85- 14	S (1)	.41± .05	.00	13.42 ±.14				1356
223.11 -38.43	IRAS04542-6252	9.4± .5		.41	13.30				1167
045414.1-625242	PGC 16309	7.2± .6	1.46	.20	13.00				1372
045451.8-180650		.E+....	1.37± .03	147	*				
217.45 -33.62	ESO 552- 20	SE	.25± .03	.11	13.34 ±.14				9415± 60
287.51 -61.19		-4.0± .5		.00					9288
045239.0-181136	PGC 16315		1.31		13.09				9393
045452.9-371915		.SB.1?P	1.25± .04	105	*				
240.52 -38.40	ESO 361- 19	S	.43± .04	.00	14.21 ±.14				2366± 39
251.30 -55.78	IRAS04531-3723	1.0±1.1		.44	13.63				2200
045308.1-372400	PGC 16317		1.25	.21	13.74				2360
045455.7-613352		.IBS9*.	1.23± .07		*				
271.36 -37.39		S (1)	.20± .08	.02					
224.06 -39.42		10.0±1.2		.15					
045420.5-613834	PGC 16318	11.1± .8	1.23	.10					
045459.6-371536		PLA.+?P	1.06± .10		*				
240.45 -38.37		S	.40± .08	.00					
251.37 -55.83		-1.0±1.8		.00					
045314.6-372020	PGC 16320		1.00						
045503.3-040605		.S..3./	1.18± .05	166	*				
202.69 -27.66	MCG -1-13- 35	E	.77± .05	.13					
315.12 -58.32	IRAS04525-0410	3.0± .9		1.06	12.57				
045234.2-041051	PGC 16322		1.20	.38					

R.A. 2000 DEC.	Names	Type	$\log D_{25}$	p.a.	B_T	$(B-V)_T$	$(B-V)_e$	m_{21}	V_{21}
l b		S_T n_L	$\log R_{25}$	A_g	m_B	$(U-B)_T$	$(U-B)_e$	W_{20}	V_{opt}
SGL SGB		T	$\log A_e$	A_i	m_{FIR}	$(B-V)^o_T$	m'_e	W_{50}	V_{GSR}
R.A. 1950 DEC.	PGC	L	$\log D_o$	A_{21}	B^o_T	$(U-B)^o_T$	m'_{25}	HI	V_{3K}
045505.7-104127		.SAS3*.	1.46± .04	55	*				4530
209.42 -30.65	MCG -2-13- 21	E (1)	.64± .05	.17					
302.80 -60.41	IRAS04527-1046	3.0± .8		.88	13.16				4422
045244.0-104612	PGC 16324	3.1± .8	1.47	.32					4502
045506.8-120537		.LAR0*.	1.24± .09	80	*				
210.90 -31.23	MCG -2-13- 22	E	.11± .07	.34					
299.99 -60.70	IRAS04527-1210	-2.0± .8		.00	13.36				
045246.8-121022	PGC 16327		1.26						
0455.1 -1209		.SXT5*.	1.18± .05	160	*				4867
210.97 -31.25	MCG -2-13- 23	E (1)	.04± .05	.34					
299.87 -60.72		5.0± .8		.06					4755
0452.8 -1214	PGC 16329	4.2±1.6	1.22	.02					4841
0455.2 -0111		.SB.2..	1.04± .06		*				
199.86 -26.20	UGC 3202	U	.04± .05	.20	14.67 ±.15				8484± 38
320.06 -57.10		2.0± .8		.05					8403
0452.7 -0116	PGC 16333		1.06	.02	14.34				8450
045516.9-224340		.S?....	1.03± .05	165	*				
222.76 -35.07	ESO 485- 24		.11± .04	.06	15.09 ±.14				6803
277.88 -60.93				.13					6665
045310.0-224824	PGC 16334		1.04	.05	14.83				6785
045523.7-203417	NGC 1692	.LAS0*.	1.12± .03	5	13.99 ±.15	1.01± .03	1.02± .02		
220.29 -34.36	ESO 552- 21	SE	.03± .03	.04	14.21 ±.14				10381± 55
282.35 -61.21		-2.3± .7	.96± .03	.00		.90	14.28± .08		10248
045314.0-203900	PGC 16336		1.12		13.92		14.38± .22		10362
045530.0-314842		.SXT3*.	1.15± .04	110					
233.66 -37.36	ESO 422- 10	Sr	.35± .03	.00	14.44 ±.14				5683± 34
260.30 -58.43		2.7± .6		.49					5526
045336.0-315324	PGC 16338		1.15	.18	13.91				5673
045540.7-561408		.P.....	1.13± .05	70					
264.69 -38.20	ESO 158- 15	S	.25± .05	.00	15.34 ±.14				1638
228.54 -43.57		99.0		.18					1451
045443.0-561848	PGC 16344		1.13	.12	15.15				1650
045543.2-145951		.SXT7..	1.03± .07	25					
214.10 -32.27	MCG -3-13- 31	E (1)	.03± .05	.14					
294.06 -61.25		7.0± .9		.04					
045326.7-150434	PGC 16347	6.4±1.2	1.05	.01					
045545.5-601227		RLBS0..	1.14± .05	63					
269.66 -37.56	ESO 119- 21	S	.30± .03	.00	14.62 ±.14				5930
225.07 -40.54		-2.0± .8		.00					5742
045504.0-601706	PGC 16348		1.09		14.53				5945
0455.7 +6744		.S..6*.	.99± .06	163				15.59±.1	3693± 11
143.00 15.01	UGC 3196	U	.52± .05	.80					
15.39 -3.77		6.0±1.3		.76				194± 8	3823
0450.6 +6740	PGC 16349		1.07	.26					3646
045550.9-295301	NGC 1701	RSAR3*.	1.09± .04	137					
231.32 -36.88	ESO 422- 11	Sr (1)	.14± .03	.00	13.63 ±.14				5808± 52
263.74 -59.23	IRAS04539-2957	3.2± .7		.20	13.14				5654
045354.0-295742	PGC 16352	4.4±1.2	1.09	.07	13.39				5797
045558.1+025615		.SXS4..	1.09± .05	120				15.74±.2	4450± 7
196.05 -23.94	UGC 3206	UE (2)	.29± .04	.25	14.90 ±.14			263± 14	
326.58 -55.15		3.5± .6		.42				259± 10	4381
045321.1+025133	PGC 16355	3.6± .7	1.12	.14	14.20			1.39	4415
045558.3+021405		.S..1?.	.96± .08	60					
196.71 -24.30	MCG 0-13- 35	E	.21± .05	.25	14.57 ±.12				4500± 49
325.55 -55.54	ARAK 116	1.0±1.9		.21					4428
045322.1+020923	PGC 16356		.98	.10	14.05				4465
045610.3+020921		.SXT3P*	1.37± .03	124					
196.81 -24.30	UGC 3207	UE (1)	.51± .04	.27	13.94 ±.13				4550± 38
325.48 -55.62	IRAS04535+0204	2.5± .6		.70	13.12				4478
045334.1+020440	PGC 16359	4.5±1.1	1.40	.25	12.94				4515
045615.1+300306		.S..2..	1.23± .06	53				14.34±.3	3589± 10
172.96 -8.21	UGC 3205	U	.42± .06	1.98					
354.50 -36.03		2.0± .8		.52				427± 7	3607
045304.3+295824	PGC 16360		1.42	.21					3542
0456.2 +0135		.S..5..	1.04± .06					16.75±.3	8500± 11
197.35 -24.56	UGC 3208	U	.02± .05	.30	15.03 ±.19			100± 7	8681± 38
324.67 -55.94		5.0± .8		.03				87± 7	8441
0453.7 +0131	PGC 16364		1.07	.01	14.66			2.08	8480

R.A. 2000 DEC.	Names	Type	$\log D_{25}$	p.a.	B_T	$(B\text{-}V)_T$	$(B\text{-}V)_e$	m_{21}	V_{21}
l b		S_T n_L	$\log R_{25}$	A_g	m_B	$(U\text{-}B)_T$	$(U\text{-}B)_e$	W_{20}	V_{opt}
SGL SGB		T	$\log A_e$	A_i	m_{FIR}	$(B\text{-}V)^o_T$	m'_e	W_{50}	V_{GSR}
R.A. 1950 DEC.	PGC	L	$\log D_o$	A_{21}	B^o_T	$(U\text{-}B)^o_T$	m'_{25}	HI	V_{3K}
045619.2-154755	IC 2104	PSBS4..	1.27± .05	103					5496
215.04 -32.44	MCG -3-13- 34	E (1)	.20± .05	.14					
292.41 -61.46	IRAS04540-1552	4.0± .8		.30	12.21				5374
045403.6-155235	PGC 16367	1.9±1.2	1.28	.10					5474
0456.3 +0042			.74± .14						
198.20 -25.00	MCG 0-13- 40		.00± .07	.40	15.17 ±.12				4546± 38
323.33 -56.42									4470
0453.8 +0038	PGC 16368		.77						4513
045626.5+030155		.SBS4P.	1.14± .04	32					
196.03 -23.79	UGC 3209	UE (1)	.31± .04	.25	14.86 ±.15				8372± 38
326.84 -55.20	IRAS04538+0257	3.5± .6		.45					8303
045349.4+025715	PGC 16369	3.6± .8	1.17	.15	14.10				8337
045629.3-174003		.L?....	.97± .06						
217.12 -33.10	ESO 552- 27		.05± .04	.12	14.94 ±.14				9143± 60
288.46 -61.58				.00					9016
045416.0-174442	PGC 16371		.98		14.68				9123
045633.9-283010	IC 2106	PSBT3..	1.22± .04	157					
229.70 -36.40	ESO 422- 12	Sr (1)	.26± .03	.00	13.78 ±.14				4955± 52
266.23 -59.85	IRAS04545-2834	3.1± .6		.36	13.42				4804
045435.0-283448	PGC 16373	5.6±1.2	1.22	.13	13.39				4944
045635.8-185157		.S?....	1.00± .05	172					
218.47 -33.51	ESO 552- 28		.21± .04	.04	15.44 ±.14				11288± 60
285.91 -61.59				.29					11158
045424.1-185636	PGC 16374		1.00	.10	15.03				11269
045637.5-101312		.LXS0..	1.10± .06	10					
209.11 -30.10	MCG -2-13- 24	E	.32± .05	.16					
303.91 -60.67		-2.0± .9		.00					
045415.3-101751	PGC 16375		1.07						
045646.0-103537		.SBT4..	1.34± .04	20					4112
209.52 -30.23	MCG -2-13- 25	E (1)	.32± .05	.17					
303.18 -60.79	IRAS04544-1040	4.0± .8		.47	13.59				4003
045424.3-104015	PGC 16379	3.1± .8	1.35	.16					4087
0456.8 +0248		.S?....	.74± .14						
196.29 -23.82	MCG 0-13- 42		.00± .07	.24	15.32 ±.12				9044± 38
326.60 -55.40				.00					8974
0454.2 +0244	PGC 16381		.76	.00	15.03				9010
0456.8 -0035			.89± .11						
199.51 -25.55	MCG 0-13- 43		.35± .07	.28	15.20 ±.12				4493± 38
321.38 -57.17									4412
0454.3 -0040	PGC 16382		.91						4461
045656.2-045203	NGC 1700	.E.4...	1.52± .03	65	12.20M±.05	.97± .01	.98± .01		
203.70 -27.62	MCG -1-13- 38	R	.20± .03	.12	11.90 ±.17	.50± .02	.55± .01		3915± 23
314.12 -59.05		-5.0± .3	.79± .02	.00		.91	11.68± .07		3822
045428.0-045641	PGC 16386		1.48		12.00	.49	14.29± .20		3886
045659.2-424801			1.12± .07	92	14.4 ±.2	.30± .08			
247.54 -38.50	ESO 252- 1		.51± .06	.00	15.28 ±.14	-.36± .09			3501± 63
243.08 -53.00									3326
045525.0-425236	PGC 16389		1.12						3502
045659.6-044528	NGC 1699	.SAT3..	.93± .05	20					
203.60 -27.55	MCG -1-13- 39	R (1)	.22± .04	.15					
314.32 -59.02	IRAS04545-0449	3.0± .5		.31					
045431.2-045006	PGC 16390	4.2± .8	.94	.11					
0457.1 -0050									
199.79 -25.61	CGCG 394- 46			.28	15.1 ±.3				6129± 38
321.04 -57.35									6048
0454.6 -0055	PGC 16392								6098
045716.1-590715		.IB.9?.	1.16± .07						
268.27 -37.56	ESO 119- 23	S (1)	.22± .05	.00	18.26 ±.14				
225.78 -41.50		10.0±1.7		.16					
045630.1-591148	PGC 16395	12.2± .8	1.16	.11					
045716.9-151726	NGC 1710	.LA.-*.	1.11± .06	15					
214.59 -32.03	MCG -3-13- 37	E	.12± .05	.16					5246
293.52 -61.66		-3.0±1.2		.00					5124
045500.7-152201	PGC 16396		1.11						5225
045717.5-752520		.SBT4..	1.16± .04	12					
287.60 -33.25	ESO 33- 4	Sr (1)	.17± .04	.47	14.18 ±.14				5192± 34
214.19 -28.23		3.8± .4		.25					5006
045852.0-752948	PGC 16397	2.6± .5	1.21	.09	13.43				5220

R.A. 2000 DEC.	Names	Type	$\log D_{25}$	p.a.	B_T	$(B-V)_T$	$(B-V)_e$	m_{21}	V_{21}
l b		S_T n_L	$\log R_{25}$	A_g	m_B	$(U-B)_T$	$(U-B)_e$	W_{20}	V_{opt}
SGL SGB		T	$\log A_e$	A_i	m_{FIR}	$(B-V)^o_T$	m'_e	W_{50}	V_{GSR}
R.A. 1950 DEC.	PGC	L	$\log D_o$	A_{21}	B^o_T	$(U-B)^o_T$	m'_{25}	HI	V_{3K}
045722.7+015335		.SB.6*/	1.13± .04	170					
197.23 -24.18	UGC 3211	UE (1)	.62± .04	.30	15.07 ±.12				4183± 38
325.37 -56.02		5.5± .9		.91					4110
045446.8+014859	PGC 16400	5.3±1.2	1.16	.31	13.84				4150
045723.1+781121	IC 391	.SAS5..	1.06± .04		13.0 ±.2	.31± .07		14.65±.1	1556± 8
134.04 21.06	UGC 3190	RC	.02± .04	.45	13.1 ±.2			164± 9	1574± 58
20.43 5.36	IRAS04497+7806	5.0± .4		.03	11.29	.19		117± 12	1709
044944.3+780635	PGC 16402		1.11	.01	12.54		13.12± .30	2.10	1514
045726.2-512245		.L?....	1.00± .06	161					
258.50 -38.41	ESO 203- 12		.69± .03	.00	15.42 ±.14				10500±190
232.98 -47.31	FAIR 785			.00					10316
045613.0-512718	PGC 16403		.90		15.26				10509
045748.5-731357		.E.4.?.	1.06± .06	20					
285.12 -33.97	ESO 33- 3	S	.25± .04	.43	13.72 ±.14				
215.51 -30.09		-5.0±1.8		.00					
045849.0-731824	PGC 16415		1.06						
0457.9 +0255		.S..1*.	.95± .07	48					
196.34 -23.53	UGC 3213	U	.44± .05	.24	15.49 ±.12				
327.04 -55.57		1.0±1.3		.45					
0455.3 +0251	PGC 16419		.97	.22					
045756.7-000736		.S..3./	1.51± .03	57					
199.22 -25.08	UGC 3214	UE (1)	.69± .04	.30	13.96 ±.15				
322.37 -57.18	IRAS04553-0012	3.0± .6		.95	13.26				
045523.1-001209	PGC 16420	4.5±1.1	1.54	.34					
0457.9 +6459		.S..6*.	1.09± .06	99					
145.43 13.56	UGC 3204	U	.59± .05	1.18	15.3 ±.3				
14.28 -6.29		6.0±1.3		.87					
0453.1 +6455	PGC 16421		1.20	.30					
045758.7+681917	IC 396	.S?....	1.32± .05	85				15.62±.1	880± 11
142.65 15.52	UGC 3203		.16± .06	.67	13.0 ±.3				825± 57
15.85 -3.36	IRAS04527+6814			.24	12.11			220± 8	1009
045243.9+681438	PGC 16423		1.39	.08	12.13			3.41	833
045809.2-213704		.S?....	1.04± .05						
221.74 -34.09	ESO 552- 32		.08± .04	.02	14.39 ±.14				6691
280.00 -61.74				.10					6554
045601.0-214136	PGC 16431		1.04	.04	14.20				6676
045812.6-074653	IC 398	.SBS5$.	1.11± .05	158					
206.80 -28.68	MCG -1-13- 40	R	.47± .04	.17					
308.91 -60.37	IRAS04558-0751	5.0±1.0		.70	11.32				
045547.7-075125	PGC 16433		1.12	.23					
045812.9-202152	NGC 1716	.SXS4P.	1.14± .03	20					
220.32 -33.66	ESO 552- 34	SEr (1)	.08± .03	.04	13.93 ±.14				6818± 60
282.67 -61.89	IRAS04560-2026	4.2± .5		.12	12.10				6683
045603.1-202624	PGC 16434	2.2± .8	1.15	.04	13.73				6803
045815.6-094734		.S..6./	1.15± .06	156					
208.87 -29.56	MCG -2-13- 26	E	.61± .05	.19					
304.97 -60.95	IRAS04558-0952	6.0± .9		.89	12.87				
045553.0-095206	PGC 16436		1.17	.30					
045817.6-334835		.SBS6..	1.08± .04						
236.27 -37.17	ESO 361- 23	S (1)	.10± .04	.00	15.94 ±.14				
256.35 -58.10		6.0± .8		.15					
045627.0-335306	PGC 16438	5.6± .8	1.08	.05					
045819.4+004431		.L..0P*	1.11± .06	90					
198.44 -24.56	UGC 3215	UE	.05± .03	.31	14.32 ±.12				
323.83 -56.82		-2.3± .7		.00					
045544.9+003959	PGC 16439		1.14						
045824.3-620139	NGC 1765	.LBT-*.	1.09± .05	150					
271.83 -36.90	ESO 119- 24	S	.08± .04	.01	13.94 ±.14				
223.28 -39.31		-3.5± .8		.00					
045752.0-620606	PGC 16444		1.07						
0458.4 -0033									
199.70 -25.19	MCG 0-13- 53			.31	15.28 ±.12				4807± 38
321.79 -57.50									4726
0455.9 -0038	PGC 16448								4778
0458.5 -0127		.I..9*.	1.04± .15	15					
200.58 -25.62	UGC 3216	U	.37± .12	.30					
320.34 -57.95		10.0±1.3		.28					
0456.0 -0132	PGC 16452		1.07	.19					

R.A. 2000 DEC. l b SGL SGB R.A. 1950 DEC.	Names PGC	Type S_T n_L T L	$\log D_{25}$ $\log R_{25}$ $\log A_e$ $\log D_o$	p.a. A_g A_i A_{21}	B_T m_B m_{FIR} B_T^o	$(B-V)_T$ $(U-B)_T$ $(B-V)_T^o$ $(U-B)_T^o$	$(B-V)_e$ $(U-B)_e$ m'_e m'_{25}	m_{21} W_{20} W_{50} HI	V_{21} V_{opt} V_{GSR} V_{3K}
045842.6-555333 264.20 -37.82 228.41 -44.10 045744.0-555800	 ESO 158- 16 PGC 16461	.SAS8*. S (1) 8.0± .8 7.8± .8	1.02± .05 .11± .05 1.02	55 .00 .14 .06	 15.47 ±.14 				
045844.1-002842 199.66 -25.09 321.99 -57.52 045610.9-003313	NGC 1709 MCG 0-13- 54 PGC 16462	.LB.0*. E -2.0±1.3 	.94± .08 .11± .03 .96	10 .31 .00 	 15.17 ±.08 14.78				 4731± 38 4650 4702
0458.7 -0053 200.06 -25.29 321.32 -57.73 0456.2 -0058	 UGC 3221 PGC 16464	.S..6*. U 6.0±1.4 	.96± .07 .54± .05 .99	162 .33 .80 .27	 15.38 ±.12 14.23				 4367± 38 4284 4338
045847.3-213407 221.74 -33.94 280.07 -61.90 045639.0-213836	 ESO 552- 40 PGC 16465	.SBS2*P S 2.0± .8 	1.09± .05 .22± .04 1.09	50 .02 .27 .11	 14.30 ±.14 13.94				 6818± 60 6680 6804
045848.9+070703 192.62 -21.11 333.05 -53.27 045607.2+070233	 UGC 3220 PGC 16468	.S..7.. U 7.0± .9 	1.02± .06 .27± .05 1.05	110 .34 .37 .13	 15.29 ±.14 14.55			15.85±.2 274± 13 244± 6 1.17	8512± 7 8454 8478
045850.8+065900 192.75 -21.18 332.88 -53.36 045609.2+065430	 UGC 3219 PGC 16469	.S..7.. U 7.0± .9 	1.08± .06 .42± .05 1.12	100 .34 .58 .21	 15.30 ±.14 14.35			16.16±.2 308± 13 297± 6 1.60	8481± 7 8422 8447
045854.5-002928 199.70 -25.06 322.01 -57.57 045621.3-003357	NGC 1713 UGC 3222 PGC 16471	.E+..*. UE -4.3± .5 	1.14± .03 .07± .05 .65± .03 1.17	45 .31 .00 	13.91 ±.14 13.57 ±.10 13.30	1.17± .02 1.06 	1.13± .02 12.65± .08 14.44± .26		 4514± 38 4433 4485
045855.5-631753 273.36 -36.58 222.24 -38.33 045830.0-632218	NGC 1771 ESO 85- 27 IRAS04585-6322 PGC 16472	.SXR5*/ RSr (1) 5.2± .5 2.2± .9	1.27± .04 .55± .04 .83± .03 1.27	136 .00 .82 .27	14.16 ±.16 14.32 ±.14 13.23 13.40	.74± .03 .06± .06 .61 -.05	.82± .02 .16± .04 13.80± .10 13.99± .27		 5026 4836 5046
0458.9 -0129 200.66 -25.55 320.37 -58.05 0456.4 -0134	 MCG 0-13- 57 PGC 16473		.74± .14 .21± .07 .77	 .30 	 15.45 ±.13 				 4323± 38 4239 4295
045901.7-564007 265.16 -37.69 227.66 -43.54 045806.0-564433	 PGC 16478	.SBS9.. S (1) 9.0± .9 10.0± .9	1.08± .09 .18± .08 1.08	 .00 .19 .09					
045908.8-583917 267.64 -37.39 225.92 -42.02 045821.1-584342	 ESO 119- 25 PGC 16480	RSBR1.. Sr 1.0± .6 	1.09± .05 .33± .04 1.09	115 .00 .34 .17	 14.28 ±.14 13.87				 5916± 34 5727 5933
045909.4+045831 194.62 -22.19 330.26 -54.64 045630.1+045403	A 0456+04 UGC 3223 PGC 16482	.SB.1.. U 1.0± .8 	1.15± .05 .25± .05 1.19	80 .43 .26 .13	 13.83 ±.12 13.09				 4723± 32 4659 4692
045917.4-110708 210.37 -29.90 302.40 -61.51 045656.4-111135	NGC 1721 MCG -2-13- 27 IRAS04569-1111 PGC 16484	PLXS0P. E -2.0± .8 	1.32± .05 .31± .05 1.31	120 .29 .00 					 4569± 39 4457 4548
045920.8-075135 207.02 -28.46 308.94 -60.66 045655.9-075602	NGC 1720 MCG -1-13- 41 IRAS04569-0756 PGC 16485	.SBS2.. R 2.0± .4 	1.21± .04 .19± .04 1.23	95 .21 .23 .09	 11.02 				 4180± 46 4077 4157
045921.3+053703 194.06 -21.81 331.20 -54.30 045641.2+053235	A 0456+05 UGC 3224 PGC 16486	.S..3.. U (2) 3.0± .8 3.8± .6	1.19± .05 .10± .05 .92± .02 1.22	15 .38 .13 .05	13.66 ±.15 13.99 ±.14 13.28	.63± .02 .49 	.71± .02 13.75± .05 14.21± .31	14.84±.1 261± 11 254± 6 1.51	4691± 7 4734± 59 4628 4660
045923.9-010929 200.41 -25.28 321.03 -58.00 045651.5-011356	 MCG 0-13- 59 PGC 16490	.SBS4?/ E 4.0±1.3 	1.06± .06 .63± .05 1.09	45 .34 .93 .32	 15.39 ±.12 14.09				 4400± 38 4316 4372
045926.0-105852 210.25 -29.81 302.70 -61.51 045704.8-110318	NGC 1723 MCG -2-13- 29 IRAS04571-1103 PGC 16493	.SBR1P. E 1.0± .7 	1.51± .03 .21± .05 1.53	40 .28 .21 .10	 13.18 				

R.A. 2000 DEC. l b SGL SGB R.A. 1950 DEC.	Names PGC	Type S_T n_L T L	$logD_{25}$ $logR_{25}$ $logA_e$ $logD_o$	p.a. A_g A_i A_{21}	B_T m_B m_{FIR} B_T^o	$(B-V)_T$ $(U-B)_T$ $(B-V)_T^o$ $(U-B)_T^o$	$(B-V)_e$ $(U-B)_e$ m'_e m'_{25}	m_{21} W_{20} W_{50} HI	V_{21} V_{opt} V_{GSR} V_{3K}
045927.2-163338		.SBS5..	1.11± .06	75					3443
216.21 -32.03	MCG -3-13- 42	E (1)	.08± .05	.16					
290.87 -62.26	IRAS04572-1638	5.0± .8		.11	13.22				3317
045712.6-163805	PGC 16494	4.2±1.2	1.12	.04					3426
045927.8-110722	NGC 1728	.S..1P/	1.30± .05	177					
210.40 -29.86	MCG -2-13- 30	E	.46± .05	.29					4507± 39
302.42 -61.55		1.0±1.6		.47					4395
045706.8-111149	PGC 16495		1.32	.23					4486
045931.7-154924	NGC 1730	.SBR1..	1.35± .04	94					3964
215.42 -31.74	MCG -3-13- 43	E	.34± .05	.15					
292.46 -62.24	IRAS04573-1553	1.0± .8		.35					3840
045716.3-155350	PGC 16499		1.36	.17					3947
045934.2-001540	NGC 1719	.S..1*/	1.05± .05	102					
199.57 -24.80	UGC 3226	UE	.57± .04	.31	14.53 ±.14				4165± 38
322.53 -57.60		1.0± .8		.58					4084
045700.8-002007	PGC 16501		1.08	.28	13.59				4137
045934.8-224158		.SXS9..	1.22± .04	38					1764
223.10 -34.12	ESO 486- 3	S (1)	.34± .05	.03	15.65 ±.14				
277.61 -61.92		9.0± .5		.34					1624
045728.0-224624	PGC 16502	9.7± .5	1.22	.17	15.28				1753
045935.3-191158		.SXT6*.	1.20± .03	140					
219.14 -32.96	ESO 552- 43	SE (2)	.36± .03	.09	14.83 ±.14				6747± 60
285.14 -62.28		5.5± .6		.52					6614
045724.1-191624	PGC 16504	3.6± .7	1.21	.18	14.18				6733
045940.0-455830		.LA.0*.	1.08± .05	59					
251.61 -38.15	ESO 252- 4	S	.28± .04	.00	14.70 ±.14				13488
238.58 -51.33		-2.0±1.2		.00					13308
045813.1-460254	PGC 16506		1.04		14.50				13495
045941.4-111617		.SBS5?/	1.24± .05	160					
210.58 -29.87	MCG -2-13- 31	E	.68± .05	.29					
302.13 -61.64	IRAS04573-1120	5.0±1.8		1.02	13.51				
045720.6-112043	PGC 16507		1.26	.34					
045942.0-074520	NGC 1726	.LAS0*.	1.17± .04	0	12.66 ±.13	.98± .01	1.02± .01		
206.96 -28.34	MCG -1-13- 42	R	.12± .04	.17	13.18 ±.18	.52± .03	.56± .02		3992± 37
309.20 -60.71		-2.0± .6	.90± .02	.00		.89	12.65± .05		3889
045717.0-074946	PGC 16508		1.17		12.61	.49	13.06± .27		3970
0459.7 +8009		.E...?.	1.12± .12						
132.32 22.21	UGC 3197	U	.09± .07	.30	15.0 ±.2				16040± 59
21.45 7.05		-5.0±1.6		.00					16196
0451.0 +8005	PGC 16509		1.14		14.41				15999
045950.2-235535		.SXT1..	1.07± .04	12					
224.54 -34.44	ESO 486- 4	S	.35± .03	.04	15.39 ±.14				11357± 60
275.00 -61.75		1.0± .6		.35					11214
045745.0-240000	PGC 16511		1.07	.17	14.86				11347
045953.1-120213		.LX.-?.	1.10± .06	85					
211.41 -30.15	MCG -2-13- 32	E	.03± .05	.30					
300.56 -61.84		-3.0± .8		.00					
045733.1-120638	PGC 16513		1.13						
045958.3-260136	NGC 1744	.SBS7..	1.91± .02	168	11.6 ±.3	.48± .03	.53± .02	12.02±.1	748± 6
227.00 -35.02	ESO 486- 5	R (3)	.27± .02	.00	11.86 ±.12	-.13± .07	-.12± .04	212± 7	643± 58
270.65 -61.30	IRAS04579-2605	7.0± .3	1.45± .07	.37	13.11	.42	14.31± .16	198± 10	599
045756.1-260600	PGC 16517	5.6± .4	1.91	.14	11.43	-.17	15.32± .28	.46	738
045959.5-172736		RSBR1..	1.15± .04	82					
217.25 -32.25	ESO 552- 45	r	.31± .04	.19	14.34 ±.14				6560± 22
288.92 -62.41	IRAS04577-1731	1.0± .9		.31					6432
045746.1-173200	PGC 16518		1.17	.15	13.75				6545
0500.0 +5349		.S?....	1.11± .14	160				14.91±.1	4074± 7
154.66 7.04	UGC 3217		.36± .12	1.72					
9.14 -16.24				.50				504± 8	4165
0456.0 +5345	PGC 16521		1.27	.18					4028
050010.7-745414			.85± .06	37	15.1 ±.2	.49± .10			
286.94 -33.26	ESO 33- 9		.29± .05	.45	15.11 ±.14	.39± .11			5955± 87
214.33 -28.77	IRAS05015-7458				13.49				5768
050137.0-745830	PGC 16526		.89						5984
050015.7-032110	NGC 1729	.SAS5..	1.21± .05	150					3644± 10
202.65 -26.16	MCG -1-13- 43	E (1)	.08± .05	.18					
317.47 -59.19	IRAS04577-0325	5.0± .8		.11	12.38				3553
045745.8-032533	PGC 16529	1.9± .8	1.23	.04					3619

R.A. 2000 DEC. / l b / SGL SGB / R.A. 1950 DEC.	Names / PGC	Type / S_T n_L / T / L	$\log D_{25}$ / $\log R_{25}$ / $\log A_e$ / $\log D_o$	p.a. / A_g / A_i / A_{21}	B_T / m_B / m_{FIR} / B_T^o	$(B\text{-}V)_T$ / $(U\text{-}B)_T$ / $(B\text{-}V)_T^o$ / $(U\text{-}B)_T^o$	$(B\text{-}V)_e$ / $(U\text{-}B)_e$ / m'_e / m'_{25}	m_{21} / W_{20} / W_{50} / HI	V_{21} / V_{opt} / V_{GSR} / V_{3K}
050018.7-124129		.SA.7*/	1.29± .06	50					3759
212.15 -30.32	MCG -2-13- 34	E	.52± .05	.25					
299.22 -62.06		7.0±1.2		.72					3642
045759.5-124552	PGC 16530		1.32	.26					3741
0500.5 +0423	IC 2112								
195.35 -22.20	CGCG 420- 27			.34	15.2 ±.3				10710
329.80 -55.27									10642
0457.9 +0419	PGC 16534								10681
0500.6 +6214		.SA.3..	1.22± .05	145				14.06±.1	5226± 7
147.88 12.17	UGC 3218	U	.43± .05	1.73	14.3 ±.2				
13.25 -8.86		3.0± .8		.59				490± 8	5341
0456.0 +6210	PGC 16537		1.38	.21	11.97			1.87	5181
050040.5-494447		.SXT4..	1.08± .05	135					
256.40 -37.97	ESO 203- 15	Sr (1)	.35± .04	.00	14.87 ±.14				10800±190
234.14 -48.84	FAIR 786	3.7± .6		.51					10616
045923.0-494906	PGC 16539	3.3±1.2	1.08	.17	14.29				10811
050041.5-250433		.SAR3*.	1.24± .05	168					
225.94 -34.60	ESO 486- 7	r	.35± .04	.03	15.00 ±.14				11330± 52
272.51 -61.69		3.3±1.2		.48					11184
045838.0-250854	PGC 16541		1.25	.18	14.40				11322
0500.7 +7112		.S..9*.	1.04± .08	13				16.80±.1	1225± 11
140.32 17.37	UGC 3212	U	.47± .06	.53					
17.39 -.92		9.0±1.3		.48				49± 8	1362
0455.0 +7108	PGC 16542		1.09	.24					1182
050049.1-384029	NGC 1759	.E+..*.	1.16± .05						
242.41 -37.40	ESO 305- 1	BS	.04± .04	.00	14.11 ±.14				
248.11 -56.03		-3.9± .5		.00					
045907.1-384448	PGC 16547		1.14						
050101.8-085727		.SBT8*.	1.11± .06	95					
208.35 -28.58	MCG -2-13- 36	E (1)	.13± .05	.25					
307.03 -61.38	IRAS04586-0901	8.0±1.2		.16	12.25				
045838.2-090147	PGC 16553	5.3± .8	1.14	.07					
0501.4 +0346									
196.05 -22.34	CGCG 420- 29			.35	15.4 ±.3				8695
329.14 -55.81									8625
0458.8 +0342	PGC 16564								8667
050130.1-631734		.L..+?P	1.20± .04	147					
273.28 -36.29	ESO 85- 30	S	.33± .03	.00	13.78 ±.14				1308
221.94 -38.50	IRAS05010-6321	-1.0±1.7		.00	13.10				1118
050105.0-632148	PGC 16567		1.15		13.76				1330
050132.6-161000		PSBS3*.	1.19± .05	85					
216.01 -31.42	MCG -3-13- 51	E	.55± .05	.16					
291.78 -62.74	IRAS04592-1614	3.0±1.3		.76	12.87				
045917.6-161417	PGC 16568		1.20	.28					
050135.5-041551		.S?....			15.21S±.15				
203.72 -26.31				.25					4117± 32
316.12 -59.87	HICK 31B								4023
045906.6-042009	PGC 16570								4095
050135.5-041524		.S?....							
203.71 -26.30				.25					
316.13 -59.87	HICK 31D								
045906.6-041942	PGC 16571								
0501.6 +0334	A 0459+03	.RING..			15.5 ±.2	.44± .04			
196.26 -22.40		R		.31		-.41± .07			8583± 18
328.91 -55.97	2ZW 28								8512
0459.0 +0330	PGC 16572								8556
050137.9-041528		.S?....							
203.72 -26.30				.25					4068± 41
316.14 -59.88	HICK 31C								3974
045909.0-041945	PGC 16573								4046
050138.4-041525	NGC 1741	.P.....	1.15± .06	130	13.30S±.15			14.03±.1	4058± 9
203.72 -26.29	MCG -1-13- 45	R	.30± .05	.25				218± 10	4004± 21
316.14 -59.88	MK 1089	99.0		.31	11.73			115± 11	3956
045909.4-041943	PGC 16574		1.18	.15	14.91		15.34± .34	-1.04	4028
0501.6 -0030		.S?....	.74± .14						
200.10 -24.47	MCG 0-13- 62		.21± .07	.29	15.30 ±.14				4751± 38
322.61 -58.17				.31					4668
0459.1 -0035	PGC 16575		.76	.10	14.67				4727

R.A. 2000 DEC.	Names	Type	logD25	p.a.	B_T	$(B-V)_T$	$(B-V)_e$	m_{21}	V_{21}
l b		S_T n_L	logR25	A_g	m_B	$(U-B)_T$	$(U-B)_e$	W_{20}	V_{opt}
SGL SGB		T	$\log A_e$	A_i	m_{FIR}	$(B-V)^o_T$	m'_e	W_{50}	V_{GSR}
R.A. 1950 DEC.	PGC	L	$\log D_o$	A_{21}	B^o_T	$(U-B)^o_T$	m'_{25}	HI	V_{3K}
050139.2+433838			.90?					15.45±.1	7181± 11
162.90 1.02			.90?						
4.08 -25.23	WEIN 91							576± 12	7241
045804.1+433418	PGC 16576								7138
050140.2-152354		.S?....			15.90S±.15				
215.19 -31.10				.16					12125± 41
293.47 -62.72	HICK 32B								12001
045924.3-152812	PGC 16578								12111
050142.1-340156		.S...P.	1.14± .06	164					
236.70 -36.51	ESO 361- 25	S	.39± .06	.00	14.26 ±.14				5276± 39
255.33 -58.62	IRAS04598-3406			.58	12.24				5112
045952.0-340612	PGC 16579		1.14	.19	13.65				5276
050144.0-041720	IC 399	.IXS9P*	.76± .10	80					
203.76 -26.29		RE	.28± .06	.25					3991± 38
316.10 -59.92	MK 1090	10.0± .5		.21					3897
045915.2-042137	PGC 16582		.79	.14					3969
050145.2-152656		.L?....			14.40S±.15				
215.25 -31.10	MCG -3-13- 53			.16					12547± 41
293.36 -62.74	HICK 32A								12422
045929.4-153113	PGC 16583								12533
050146.6-180931	NGC 1738	.SBS4P*	1.11± .04	38					
218.21 -32.11	ESO 552- 49	SE (1)	.26± .04	.10	13.70 ±.14				3978± 60
287.38 -62.83	IRAS04595-1813	3.8± .7		.38	11.53				3847
045934.1-181348	PGC 16585	2.2± .8	1.12	.13	13.19				3966
050147.6-181001	NGC 1739	.SBS4P*	1.14± .04	105					
218.22 -32.11	ESO 552- 50	SE (1)	.29± .04	.10	14.24 ±.14				3892± 60
287.36 -62.84		4.3± .7		.42					3761
045935.0-181418	PGC 16586	3.3± .8	1.15	.14	13.69				3880
050154.8-031746	NGC 1740	.L..-*.	1.19± .10	125					
202.81 -25.78	MCG -1-13- 46	E	.12± .07	.25					
317.92 -59.54		-3.0±1.2		.00					
045924.8-032202	PGC 16589		1.21						
050200.3-483846		RLBR0..	1.05± .05						
255.00 -37.77	ESO 203- 16	Sr	.08± .04	.00	14.31 ±.14				4000±190
235.09 -49.77	FAIR 787	-1.7± .6		.00					3817
050040.0-484300	PGC 16594		1.04		14.25				4012
050200.8-210814		.E?....	.99± .04		13.92 ±.13	.90± .01	.92± .01		
221.55 -33.09	ESO 552- 52		.15± .03	.03	14.06 ±.14				4584± 32
280.81 -62.69			.70± .02	.00		.85	12.91± .07		4446
045952.0-211230	PGC 16595		.95		13.89		13.50± .25		4575
050205.8-693408	NGC 1809	.S..5*.	1.50± .04	143	13.0 ±.2	.86± .03	.81± .02		
280.76 -34.75	ESO 56- 48	S	.59± .07	.40	15.38 ±.14	.17± .05	.14± .03		1301± 49
217.51 -33.35	IRAS05023-6937	5.0±1.1	1.15± .06	.88	12.15	.65	14.20± .16		1111
050226.0-693818	PGC 16599		1.54	.29	13.31	-.01	13.88± .34		1327
050209.6-081429	NGC 1752	.SBR5*.	1.42± .03	110	13.27 ±.19	.88± .06	.97± .05		3583
207.76 -28.01	MCG -1-13- 47	PE (1)	.51± .05	.29		.26± .04	.29± .03		
308.64 -61.44	IRAS04597-0818	4.5± .6	1.00± .06	.76	12.50	.70	13.76± .20		3477
045945.3-081844	PGC 16600	3.1± .8	1.45	.25	12.20	.10	13.96± .28		3565
0502.2 +0738		.SX.5..	1.07± .07						11359
192.64 -20.12	UGC 3229	U	.00± .06	.45	15.1 ±.2				
334.62 -53.60	IRAS04595+0734	5.0± .8		.00	13.63				11301
0459.5 +0734	PGC 16602		1.11	.00	14.54				11330
050217.7-302716		.SBT3P.	1.15± .04	19					
232.41 -35.65	ESO 422- 23	r	.25± .04	.00	14.18 ±.14				6340± 34
261.62 -60.31		3.3± .8		.34					6182
050022.0-303130	PGC 16603		1.15	.12	13.79				6338
050218.2-200004		.SBR3..	1.12± .05						
220.30 -32.64	ESO 552- 53	r	.10± .04	.04	14.25 ±.14				7239± 60
283.29 -62.87		3.3± .8		.13					7103
050008.0-200418	PGC 16604		1.12	.05	14.02				7229
050219.4-102123		PSAT1*.	1.31± .05	105					3986
209.95 -28.90	MCG -2-13- 38	E	.36± .05	.28					
304.35 -62.06	IRAS04599-1025	1.0± .8		.36	13.12				3874
045957.5-102538	PGC 16605		1.34	.18					3969
0502.4 -0822		.SBT7..	1.09± .06						
207.92 -28.00	MCG -1-13- 49	E (1)	.00± .05	.23					
308.43 -61.54	IRAS05000-0826	7.0± .8		.00	13.00				
0500.0 -0826	PGC 16607	6.4±1.2	1.11	.00					

R.A. 2000 DEC. l b SGL SGB R.A. 1950 DEC.	Names PGC	Type S_T n_L T L	$logD_{25}$ $logR_{25}$ $logA_e$ $logD_o$	p.a. A_g A_i A_{21}	B_T m_B m_{FIR} B_T^o	$(B-V)_T$ $(U-B)_T$ $(B-V)_T^o$ $(U-B)_T^o$	$(B-V)_e$ $(U-B)_e$ m'_e m'_{25}	m_{21} W_{20} W_{50} HI	V_{21} V_{opt} V_{GSR} V_{3K}
050227.5+861312	NGC 1544	.S?....	1.10± .04	130					
126.65 25.35	UGC 3160		.17± .04	.40	14.16 ±.18				4517±125
24.36 12.37				.25					4683
044355.5+860824	PGC 16608		1.14	.08	13.49				4479
050232.3-032039	NGC 1753	PSB.1P?	1.14± .06	15					
202.94 -25.66	MCG -1-13- 48	E	.38± .05	.25					
317.97 -59.70	IRAS05000-0324	1.0±1.2		.39					
050002.4-032453	PGC 16610		1.16	.19					
0502.5 -1531			1.19± .07						4303
215.43 -30.95	MCG -3-13- 58		.35± .07	.21					
293.22 -62.94									4178
0500.3 -1536	PGC 16611		1.21						4290
050234.7+001443		.SBS7*.	1.18± .04	138				14.77±.3	4838± 7
199.50 -23.90	UGC 3231	UE (1)	.34± .04	.33	14.53 ±.13				
324.06 -57.99		7.3± .7		.46				259± 7	4756
050000.7+001029	PGC 16613	6.4± .8	1.21	.17	13.72			.88	4814
050241.3-221336		.S?....	1.06± .05	105					
222.84 -33.29	ESO 552- 55		.37± .05	.02	15.47 ±.14				14406
278.38 -62.70				.37					14265
050034.0-221748	PGC 16616		1.06	.18	14.90				14398
050243.2-610821	NGC 1796	.SBT5P*	1.27± .04	102	12.86 ±.13	.54± .01	.57± .01		
270.62 -36.55	ESO 119- 30	RSr (2)	.27± .04	.00	13.07 ±.12	-.10± .02	-.06± .01		966± 56
223.44 -40.32	IRAS05021-6112	5.1± .7	.85± .01	.41	12.06	.48	12.60± .02		776
050207.0-611230	PGC 16617	5.2± .7	1.27	.14	12.57	-.14	13.37± .24		988
050244.9-253212		.S?....	1.01± .06						
226.64 -34.28	ESO 486- 14		.11± .04	.00	14.80 ±.14				6958± 52
271.31 -62.03				.11					6810
050042.1-253624	PGC 16618		1.01	.05	14.61				6953
050300.7-431750		.SB?...	1.07± .05	47					
248.26 -37.43	ESO 252- 7		.25± .05	.00	14.64 ±.14				2956
241.26 -53.54				.37					2778
050128.0-432200	PGC 16628		1.07	.12	14.25				2965
0503.0 +0015		.S..6*.	1.03± .06	25					
199.56 -23.79	UGC 3233	U	.09± .05	.33	14.86 ±.15				4663± 38
324.19 -58.09		6.0±1.2		.13					4581
0500.5 +0011	PGC 16631		1.06	.04	14.39				4640
050311.5-224849		.L..0*/	1.05± .05	139	13.80V±.13	.99± .03			
223.55 -33.37	ESO 486- 17	S	.61± .03	.01	14.73 ±.14				4760± 62
277.06 -62.72		-2.5± .9		.00		.91			4617
050105.0-225300	PGC 16635		.96		14.68		13.39± .28		4754
050316.5-224956		.L..-*/	1.16± .04	158	12.45V±.13	.88± .02			
223.58 -33.36	ESO 486- 19	S	.47± .03	.01	13.62 ±.14				4630± 62
277.01 -62.74		-3.5± .6		.00		.83			4487
050110.0-225406	PGC 16638		1.02		13.38		12.82± .26		4624
050317.2-025612		.S..3P/	1.35± .03	95					4322
202.65 -25.30	MCG -1-13- 50	E	.76± .04	.24					
318.86 -59.68	IRAS05007-0300	3.0± .7		1.05	11.90				4231
050046.8-030022	PGC 16639		1.37	.38					4302
050318.2-634506		.S..1?.	1.12± .05	86					
273.79 -36.01	ESO 85- 34	S	.26± .05	.01	13.76 ±.14				
221.40 -38.24	IRAS05029-6349	1.0±1.7		.27	13.73				
050256.0-634912	PGC 16640		1.12	.13					
050318.6-254150		.S?....	1.02± .05	110					
226.87 -34.21	ESO 486- 20		.01± .05	.00	14.66 ±.14				6846
270.90 -62.11				.01					6697
050116.0-254600	PGC 16641		1.02	.00	14.61				6842
050318.6+182718		.S?....	1.00± .16	175				14.42±.3	5009± 7
183.42 -13.85	UGC 3232		.33± .12	1.88					
346.72 -46.15	IRAS05003+1822			.50				391± 7	4985
050023.3+182306	PGC 16642		1.18	.17					4976
050320.0-252526		.S?....	1.08± .05	107					
226.55 -34.13	ESO 486- 21		.16± .04	.00	14.41 ±.14				865
271.47 -62.18				.20					717
050117.1-252936	PGC 16643		1.08	.08	14.21				861
050324.7+162417	A 0500+16	.I..9*.	1.26± .06		15.01 ±.15	.67± .05	.75± .04	13.92±.1	1402± 5
185.17 -15.01	UGC 3234	U (1)	.00± .06	1.64		.01± .06	-.02± .06	142± 8	
344.79 -47.70	DDO 35	10.0±1.1	.96± .02	.00		.29	15.30± .05	124± 5	1372
050031.9+162006	PGC 16644	9.0±1.4	1.41	.00	13.37	-.26	16.16± .36	.55	1371

R.A. 2000 DEC. l b SGL SGB R.A. 1950 DEC.	Names PGC	Type S_T n_L T L	$\log D_{25}$ $\log R_{25}$ $\log A_e$ $\log D_o$	p.a. A_g A_i A_{21}	B_T m_B m_{FIR} B_T^o	$(B-V)_T$ $(U-B)_T$ $(B-V)_T^o$ $(U-B)_T^o$	$(B-V)_e$ $(U-B)_e$ m'_e m'_{25}	m_{21} W_{20} W_{50} HI	V_{21} V_{opt} V_{GSR} V_{3K}
050327.8+003933		.S..6*/	1.15± .04	112				14.51±.3	4196± 7
199.23 -23.50	UGC 3237	UE	.70± .04	.35	15.02 ±.12				
324.94 -57.96	IRAS05008+0035	6.0± .7		1.03	13.18			294± 7	4116
050053.3+003523	PGC 16646		1.18	.35	13.62			.54	4174
0503.5 +0440									
195.52 -21.42	CGCG 420- 32			.31	14.9 ±.3				8908
330.98 -55.71									8840
0500.9 +0436	PGC 16649								8883
050333.1+063933		.S..4..	1.02± .06	18				15.59±.2	8511± 7
193.71 -20.37	UGC 3236	U	.46± .05	.44	15.33 ±.12			420± 13	
333.69 -54.48		4.0± .9		.67				406± 6	8448
050051.8+063523	PGC 16650		1.06	.23	14.16			1.20	8485
0503.5 +6548	A 0458+65								
145.10 14.51				.73					9960± 43
15.17 -5.84	7ZW 23								10083
0458.6 +6544	PGC 16651								9917
050336.6+013425	NGC 1762	.SAT5*.	1.23± .03	175	13.35 ±.13	.75± .01	.77± .01		4633± 10
198.39 -23.00	UGC 3238	UE (1)	.19± .04	.36	13.32 ±.12				
326.41 -57.50	IRAS05010+0130	4.7± .7	.77± .02	.28	12.55	.60	12.69± .05		4555
050101.1+013015	PGC 16654	3.1± .8	1.27	.09	12.67		13.89± .22		4610
050343.4-271440		.S?....	1.05± .06						
228.70 -34.55	ESO 486- 22		.10± .05	.00	14.67 ±.14				11426± 52
267.66 -61.75				.15					11274
050143.0-271848	PGC 16655		1.05	.05	14.46				11424
050400.9-235947		.LAR-*.	1.12± .05						
224.97 -33.56	ESO 486- 23	S	.02± .04	.05	14.16 ±.14				12440± 60
274.42 -62.67		-3.0± .8		.00					12294
050156.0-240354	PGC 16659		1.12		13.93				12436
0504.1 -0108		.SB?...	.94± .11						
201.04 -24.25	MCG 0-13- 68		.28± .07	.29	15.25 ±.12				7045± 38
322.14 -59.03				.35					6959
0501.6 -0113	PGC 16662		.96	.14	14.59				7025
0504.2 -0024		.S..2..	1.04± .08	154					
200.36 -23.86	UGC 3239	U	.47± .06	.29	15.39 ±.13				7031± 38
323.39 -58.69		2.0± .9		.58					6947
0501.7 -0029	PGC 16666		1.07	.24	14.45				7011
0504.2 +0439		.S..4..	1.00± .08	0				17.65±.3	10695± 10
195.64 -21.27	UGC 3240	U	.43± .06	.38	15.41 ±.12			162± 13	
331.15 -55.86	IRAS05016+0434	4.0± .9		.63	12.71			116± 10	10626
0501.6 +0434	PGC 16668		1.04	.22	14.33			3.10	10671
050419.1-633452		PSBT3*.	1.17± .04	90	13.49 ±.14	.76± .03	.69± .01		
273.56 -35.93	ESO 85- 38	Sr (1)	.17± .04	.01	13.87 ±.14				4844± 40
221.40 -38.45	IRAS05039-6338	2.5± .6	.93± .02	.24	13.06	.69	13.63± .05		4653
050356.1-633854	PGC 16670	2.2± .9	1.17	.09	13.39		13.76± .28		4868
050419.8-100434	IC 401	.SBT3?.	1.21± .05	55					
209.90 -28.33	MCG -2-13- 40	E (1)	.45± .05	.29					3286± 81
305.20 -62.47	MK 1092	3.0± .9		.63	13.46				3174
050157.6-100840	PGC 16672	3.6± .8	1.24	.23					3272
050429.8-870145		.IBS9*.	1.08± .05	59					
299.91 -28.43	ESO 4- 17	S (1)	.18± .05	.68	15.97 ±.14				
207.61 -18.34		10.0± .4		.14					
052310.0-870506	PGC 16673	10.0± .4	1.14	.09					
0504.5 -1635		.SB?...	1.12± .08						3340
216.77 -30.92	MCG -3-13- 63		.00± .07	.20					
290.92 -63.47	IRAS05022-1639			.00	13.93				3211
0502.2 -1639	PGC 16675		1.14	.00					3331
0504.5 +7652		.S..4..	1.04± .09					16.16±.1	7774± 11
135.46 20.68	UGC 3227	U	.57± .07	.50					
20.17 4.01		4.0± .9		.84				334± 8	7923
0457.4 +7648	PGC 16677		1.08	.28					7734
050434.2-170533		.S..5*/	1.15± .06	60					
217.33 -31.10	MCG -3-13- 64	E	.82± .05	.16					
289.77 -63.50		5.0±1.3		1.22					
050220.4-170938	PGC 16678		1.17	.41					
050435.2-553128		.S..2..	1.05± .05	70					
263.63 -37.04	ESO 158- 17	S	.14± .04	.00	14.43 ±.14				
227.84 -44.92		2.0± .8		.17					
050336.0-553530	PGC 16680		1.05	.07					

R.A. 2000 DEC. l b SGL SGB R.A. 1950 DEC.	Names PGC	Type S_T n_L T L	$\log D_{25}$ $\log R_{25}$ $\log A_e$ $\log D_o$	p.a. A_g A_i A_{21}	B_T m_B m_{FIR} B_T^o	$(B-V)_T$ $(U-B)_T$ $(B-V)_T^o$ $(U-B)_T^o$	$(B-V)_e$ $(U-B)_e$ m'_e m'_{25}	m_{21} W_{20} W_{50} HI	V_{21} V_{opt} V_{GSR} V_{3K}
050437.3-873420		.IBS9*.	1.12± .07						
300.47 -28.20	ESO 1- 2	S	.20± .05	.65	17.89 ±.14				
207.35 -17.86		10.0± .8		.15					
052809.1-873730	PGC 16681		1.18	.10					
0504.8 +0429		.S..3..	1.11± .07	123					
195.87 -21.24	UGC 3242	U (1)	.66± .06	.38	15.42 ±.12				
331.06 -56.07		3.0± .9		.91					
0502.2 +0425	PGC 16687	5.5±1.3	1.15	.33					
050500.4-811841		.LA.-*.	1.15± .05	2	14.26 ±.18	1.03± .02	1.05± .02		
293.89 -30.73	ESO 15- 18	S	.33± .04	.35	14.31 ±.14	.41± .03	.45± .03		4903
210.50 -23.37		-4.0± .8	.48± .07	.00		.90	12.15± .23		4720
050934.0-812230	PGC 16696		1.10		13.86	.35	14.18± .33		4936
050503.2-612901	NGC 1796A	PSAT2*.	1.23± .05	150					
270.98 -36.22	ESO 119- 35	RS	.55± .05	.00	14.87 ±.14				8700
222.87 -40.21		2.0± .9		.67					8509
050429.0-613300	PGC 16698		1.23	.27	14.11				8723
050506.9-733910		RSBT1..	1.00± .05	67					
285.40 -33.34	ESO 33- 11	Sr	.06± .04	.47	14.09 ±.14				
214.75 -30.01		1.0± .5		.06					
050615.1-734306	PGC 16700		1.04	.03					
050507.5-314704		.SXR5..	1.15± .04	9					
234.16 -35.36	ESO 422- 27	S (1)	.19± .03	.00	14.25 ±.14				3957± 52
258.64 -60.30		5.0± .8		.28					3795
050314.0-315106	PGC 16702	4.4± .8	1.15	.09	13.95				3960
050508.5-185916		.S?....	1.04± .05	54					
219.45 -31.66	ESO 552- 65		.37± .04	.08	15.47 ±.14				7801
285.47 -63.60				.55					7666
050257.1-190318	PGC 16703		1.05	.19	14.79				7795
0505.1 +2100		.SXS6*.	.96± .09						5315± 10
181.55 -12.01	UGC 3243	U	.05± .06	2.09					
349.48 -44.46		6.0±1.2		.07					5299
0502.2 +2056	PGC 16706		1.16	.02					5284
050514.2-182328		.IBS9..	1.07± .04	130					1704
218.81 -31.42	ESO 552- 66	SE (1)	.23± .04	.10	16.25 ±.14				
286.82 -63.65		10.0± .5		.17					1571
050302.1-182730	PGC 16708	9.8± .6	1.08	.11	15.98				1698
050515.1-375847	NGC 1792	.SAT4..	1.72± .02	137	10.87M±.10	.68± .01	.67± .01	13.36±.2	1225± 7
241.69 -36.45	ESO 305- 6	R (2)	.30± .03	.04	10.69 ±.11	.08± .02	.02± .02	316± 9	1218± 18
248.24 -57.14	IRAS05035-3802	4.0± .3		.45	9.38	.61		277± 12	1052
050332.0-380248	PGC 16709	4.0± .5	1.72	.15	10.30	.02	13.55± .17	2.90	1232
050517.9-581319		.SB.9*/	1.06± .05	60					
266.97 -36.66	ESO 119- 34	S (1)	.63± .05	.00	16.85 ±.14				
225.43 -42.85		9.0±1.3		.64					
050429.0-581718	PGC 16712	10.0±1.3	1.06	.31					
050518.1-090851	NGC 1779	PSXR0?.	1.37± .04	105	13.02 ±.16	.93± .06	1.00± .06		
209.07 -27.71	MCG -2-13- 41	PE	.27± .05	.25		.40± .04	.49± .04		3561
307.28 -62.45	IRAS05029-0912	.0± .5	.82± .05	.20	13.04	.80	12.61± .16		3451
050254.8-091253	PGC 16713		1.39		12.51	.32	14.07± .28		3548
050526.6-493401	NGC 1803	.SBS4*.	1.11± .03	62	13.38 ±.13	.53± .01	.56± .01		
256.15 -37.20	ESO 203- 18	S (1)	.21± .04	.00	13.51 ±.14				4127± 33
233.47 -49.50	IRAS05041-4938	4.0± .9	.62± .01	.31	11.83	.46	11.97± .01		3942
050409.0-493800	PGC 16715	2.2± .9	1.11	.11	13.10		13.25± .23		4143
050527.2-115218	NGC 1784	.SBR5..	1.60± .02	105	12.44 ±.14	.76± .03	.91± .01	12.87±.1	2316± 4
211.89 -28.84	MCG -2-13- 42	R (3)	.20± .03	.43	12.2 ±.2	.22± .04	.34± .02	342± 5	2255± 30
301.49 -63.14	IRAS05030-1156	5.0± .3	1.12± .02	.31	11.77	.61	13.53± .05	324± 5	2197
050307.1-115619	PGC 16716	2.7± .5	1.64	.10	11.64	.10	14.80± .18	1.13	2304
050534.5-493549		.LXR+..	.87± .06						
256.19 -37.18	ESO 203- 19	r	.06± .05	.00	14.07 ±.14				4389± 59
233.41 -49.49	FAIR 305	-1.3± .9		.00					4204
050417.0-493948	PGC 16720		.86		14.00				4405
0505.5 +3401		.S?....	1.11± .14						6692± 10
171.01 -4.22	UGC 3244		.07± .12	4.82					
359.16 -33.86				.10					6719
0502.3 +3357	PGC 16721		1.56	.03					6656
0505.6 +6701		.SXS6*.	1.36± .09	150				15.64±.1	3958± 11
144.19 15.37	UGC 3235	U	.39± .12	.59					
15.89 -4.85		6.0±1.1		.58				218± 8	4084
0500.5 +6657	PGC 16722		1.42	.20					3917

R.A. 2000 DEC. l b SGL SGB R.A. 1950 DEC.	Names PGC	Type S_T n_L T L	$\log D_{25}$ $\log R_{25}$ $\log A_e$ $\log D_o$	p.a. A_g A_i A_{21}	B_T m_B m_{FIR} B_T^o	$(B-V)_T$ $(U-B)_T$ $(B-V)_T^o$ $(U-B)_T^o$	$(B-V)_e$ $(U-B)_e$ m'_e m'_{25}	m_{21} W_{20} W_{50} HI	V_{21} V_{opt} V_{GSR} V_{3K}
0505.6 +7601		.S..4..	1.02± .10						
136.27 20.29	UGC 3228	U	.65± .07	.55					
19.85 3.22	IRAS04587+7556	4.0±1.0		.95	12.71				
0458.7 +7556	PGC 16723		1.07	.32					
050549.4-283519		.L?....	.99± .06						
230.42 -34.45	ESO 422- 28		.07± .04	.00	14.62 ±.14				11422± 52
264.62 -61.73				.00					11266
050351.1-283918	PGC 16728		.98		14.45				11424
050550.2+413640								16.25±.3	5312± 9
164.98 .40								294± 11	
3.69 -27.37								226± 8	5363
050218.9+413238	PGC 16729								5274
0505.9 +0032		.S?....	.95± .07						
199.68 -23.01	UGC 3246		.05± .05	.34	14.71 ±.12				8168± 38
325.40 -58.55				.07					8086
0503.4 +0029	PGC 16734		.98	.02	14.25				8150
0506.0 -1644		.S?....	1.12± .08						3389
217.09 -30.64	MCG -3-13- 69		.28± .07	.11					
290.61 -63.84				.35					3259
0503.8 -1648	PGC 16735		1.13	.14					3382
050608.8-553652		.SXS7*.	1.03± .05		14.35 ±.13	.44± .02	.50± .02		
263.71 -36.81	ESO 158- 18	S (1)	.04± .04	.00	14.52 ±.14				3791± 40
227.52 -44.98		7.0± .9	.81± .02	.06		.41	13.89± .04		3601
050510.0-554048	PGC 16737	5.6± .9	1.03	.02	14.36		14.25± .29		3811
050609.7-450251		.SXR2..	1.20± .06	173					
250.49 -36.98	ESO 252- 10	r	.10± .06	.00	14.20 ±.14				9821± 34
238.44 -52.79		2.2± .7		.12					9640
050441.0-450648	PGC 16738		1.20	.05	13.98				9835
050614.8-090628	IC 402	.SXT6..	1.36± .03	140				14.33±.1	3339± 11
209.15 -27.48	MCG -2-13- 43	UE (1)	.18± .04	.28				244± 16	
307.51 -62.66	IRAS05038-0910	6.3± .4		.27	13.92			222± 12	3229
050351.5-091026	PGC 16742	5.3± .6	1.39	.09					3327
050620.8-192803	NGC 1780	PLBR0*.	.96± .04	84					
220.10 -31.56	ESO 553- 1	SE	.22± .02	.05	14.73 ±.14				
284.34 -63.86		-1.7± .5		.00					
050410.0-193200	PGC 16743		.93						
0506.4 -3157		.LB?...	1.02± .14						
234.44 -35.12	MCG -5-13- 5		.18± .07	.00					686± 63
258.08 -60.47				.00					523
0504.5 -3201	PGC 16744		.99						691
050626.2-315716	NGC 1800	.IBS9..	1.30± .03	113	13.13 ±.13	.54± .03	.42± .01	14.82±.2	803± 8
234.44 -35.12	ESO 422- 30	S (1)	.26± .03	.00	13.02 ±.12	-.17± .02	-.19± .01	84± 34	744± 34
258.07 -60.47	IRAS05045-3201	10.0± .6	.69± .01	.20	13.30	.47	12.07± .03	60± 8	637
050433.0-320112	PGC 16745	7.8± .6	1.30	.13	12.87	-.22	13.85± .21	1.82	804
050633.2-173516		.LAR0*.	1.18± .04	37	13.38 ±.13	1.03± .01	1.04± .01		
218.07 -30.84	ESO 553- 2	SE	.11± .03	.13	13.45 ±.14				4782± 37
288.65 -63.97		-2.3± .5	.88± .02	.00		.94	13.27± .08		4650
050420.0-173912	PGC 16748		1.18		13.21		13.88± .25		4777
050636.1+753542		.S..0..	1.00?						
136.68 20.11	UGC 3230	U		.58	14.11 ±.18				
19.71 2.81		.0± .8							
045950.9+753136	PGC 16750								
050637.2-173322	A 0504-17	.SXT5..	1.17± .03	136	14.1 ±.3	.71± .06	.79± .04	15.59±.1	4514± 10
218.04 -30.81	ESO 553- 3	PSE (3)	.22± .03	.13	14.14 ±.14			357± 15	4491± 59
288.72 -63.99	IRAS05044-1737	5.0± .4	.85± .08	.33	13.35	.61	13.81± .20		4381
050424.0-173718	PGC 16751	1.1± .4	1.18	.11	13.64		14.19± .35	1.84	4508
050638.2+084024		.S?....	.96± .09					15.44±.2	3371± 7
192.34 -18.64	UGC 3247		.00± .06	.60	14.89 ±.14			198± 7	
337.12 -53.74				.00				152± 5	3313
050354.5+083627	PGC 16752		1.02	.00	14.27			1.17	3348
050644.1-481136		.SB?...	.95± .06	175					
254.43 -36.98	ESO 203- 20		.16± .05	.00	15.17 ±.14				3700±190
234.70 -50.65	FAIR 789			.16					3515
050523.0-481530	PGC 16755		.95	.08	14.96				3716
050649.7-273929		.IBS9P*	1.13± .04	133					1270
229.41 -33.99	ESO 422- 33	S (1)	.33± .03	.00	14.45 ±.14				
266.33 -62.26		10.0± .6		.25					1116
050450.1-274324	PGC 16758	7.4± .7	1.13	.16	14.20				1273

R.A. 2000 DEC. l b SGL SGB R.A. 1950 DEC.	Names PGC	Type S_T n_L T L	$\log D_{25}$ $\log R_{25}$ $\log A_e$ $\log D_o$	p.a. A_g A_i A_{21}	B_T m_B m_{FIR} B_T^o	$(B-V)_T$ $(U-B)_T$ $(B-V)_T^o$ $(U-B)_T^o$	$(B-V)_e$ $(U-B)_e$ m'_e m'_{25}	m_{21} W_{20} W_{50} HI	V_{21} V_{opt} V_{GSR} V_{3K}
050650.7-202047		RSBR3..	1.05± .05	50					
221.12 -31.76	ESO 553- 5	r	.20± .04	.04	14.68 ±.14				
282.30 -63.90		3.3± .9		.28					
050441.0-202442	PGC 16759		1.06	.10					
050656.3-594326	NGC 1824	.SBS9..	1.51± .04	160	13.0 ±.2	.44± .03	.45± .02		
268.78 -36.25	ESO 119- 36	S (1)	.58± .05	.01	13.17 ±.14	-.10± .05	-.12± .03		1263± 34
223.99 -41.77	IRAS05061-5947	9.0± .8	1.13± .05	.59	13.83	.30	14.15± .12		1072
050614.0-594718	PGC 16761	6.7± .8	1.51	.29	12.50	-.20	13.95± .29		1286
050706.5+035849		.S..3..	1.23± .05	135				15.27±.2	8929± 7
196.65 -21.02	UGC 3248	U (1)	.34± .05	.44	14.55 ±.15			449± 13	
330.95 -56.83		3.0± .8		.47				432± 6	8856
050428.2+035454	PGC 16764	3.5±1.1	1.27	.17	13.57			1.54	8910
0507.1 +3049		.I..9?.	1.40± .11						
173.76 -5.87	UGCA 100	U	.00± .18	3.20					
357.41 -36.72		10.0±1.4		.00					
0503.9 +3046	PGC 16765		1.70	.00					
0507.5 -1138		.S..7/.	1.27± .05	0					
211.88 -28.28		E	.85± .06	.41					
302.24 -63.60		7.0± .6		1.17					
0505.2 -1142	PGC 16772		1.31	.43					
050742.8-373051	NGC 1808	RSXS1..	1.81± .02	133	10.76M±.10	.82± .01	.90± .01	12.92±.2	1005± 9
241.21 -35.90	ESO 305- 8	R	.22± .03	.07	10.77 ±.11	.29± .02	.27± .01	286± 13	1014± 17
248.43 -57.81	IRAS05059-3734	1.0± .3	1.29± .01	.22	8.28	.76	12.73± .03	203± 25	835
050559.0-373442	PGC 16779		1.81	.11	10.47	.24	14.10± .16	2.34	1017
050744.0-625924		.SBS9..	1.22± .04						
272.75 -35.66	ESO 85- 47	S (1)	.07± .05	.00	14.57 ±.14				1469
221.43 -39.15		9.0± .5		.07					1277
050718.1-630312	PGC 16780	10.0± .6	1.22	.04	14.49				1495
050744.1-080107	NGC 1797	PSBT1P.	1.05± .05	90					
208.23 -26.67	MCG -1-14- 2	E	.14± .04	.22					4441± 49
310.02 -62.68	MK 1093	1.0± .6		.15	10.84				4332
050519.5-080459	PGC 16781		1.07	.07					4431
050744.6-075810	NGC 1799	.LB.0P?	1.04± .05	65					
208.18 -26.65	MCG -1-14- 1	E	.25± .04	.20					
310.12 -62.67		-2.0± .9		.00					
050520.0-080202	PGC 16783		1.02						
0507.7 -1617	A 0505-16	.SBS9..	1.37± .04	60	13.57 ±.17	.50± .06	.58± .03	14.19±.1	2039± 6
216.81 -30.09	MCG -3-14- 1	PE (2)	.23± .05	.18		-.19± .06	-.10± .04	50± 6	
291.65 -64.24	DDO 36	8.5± .5	1.20± .04	.23		.40	15.06± .09	36± 12	1909
0505.5 -1621	PGC 16784	8.4± .7	1.38	.11	13.15	-.26	14.68± .30	.93	2035
050754.3-611125	NGC 1796B	.SXT4*.	1.04± .05						
270.56 -35.93	ESO 119- 37	Sr (1)	.56± .05	.00	15.76 ±.14				5758
222.73 -40.65	IRAS05073-6115	4.0± .8		.83	13.37				5566
050719.0-611512	PGC 16787	3.3±1.3	1.04	.28	14.89				5783
050755.4-181127	NGC 1794	RLBS0P*	1.10± .04	45					
218.86 -30.76	ESO 553- 7	SE	.06± .03	.07	13.71 ±.14				4990
287.24 -64.29	IRAS05057-1815	-1.7± .5		.00	12.83				4855
050543.0-181518	PGC 16788		1.10		13.56				4987
050756.4-611135			.93± .07						
270.56 -35.92	ESO 119- 37A		.27± .06	.00	15.83 ±.14				
222.72 -40.65									
050721.1-611522	PGC 16789		.93						
050808.3-381841		.SBS8..	1.55± .03	63				12.92±.2	1025± 7
242.20 -35.94	ESO 305- 9	S (1)	.11± .05	.06	13.08 ±.14			127± 16	
247.12 -57.41		8.0± .7		.14				114± 6	851
050626.0-382230	PGC 16790	8.9± .7	1.55	.06	12.88			-.01	1036
050813.8-762055		.S.3*P/	1.02± .05	71					
288.37 -32.31	ESO 33- 16	S	.78± .04	.46	16.07 ±.14				
213.01 -27.78		3.0±1.4		1.07					
051009.0-762436	PGC 16793		1.06	.39					
050818.3-195005		.L?....	1.00± .06	115					
220.69 -31.26	ESO 553- 10		.33± .03	.05	14.97 ±.14				8964
283.41 -64.29				.00					8825
050608.0-195354	PGC 16796		.95		14.78				8963
050821.5-462049		PSBS4..	1.08± .06	172					
252.14 -36.66	ESO 252- 12	r	.39± .05	.00	15.06 ±.14				
236.46 -52.16	IRAS05069-4624	4.5± .9		.58	13.17				
050656.1-462436	PGC 16797		1.08	.19					

R.A. 2000 DEC. l b SGL SGB R.A. 1950 DEC.	Names PGC	Type S_T n_L T L	$logD_{25}$ $logR_{25}$ $logA_e$ $logD_o$	p.a. A_g A_i A_{21}	B_T m_B m_{FIR} B_T^o	$(B-V)_T$ $(U-B)_T$ $(B-V)_T^o$ $(U-B)_T^o$	$(B-V)_e$ $(U-B)_e$ m'_e m'_{25}	m_{21} W_{20} W_{50} HI	V_{21} V_{opt} V_{GSR} V_{3K}
050827.4-612203		.SXS5P.	1.13± .05	103					
270.76 -35.84	ESO 119- 38	S (1)	.21± .04	.00	14.71 ±.14				8895± 34
222.53 -40.54	IRAS05078-6125	5.0± .8		.31					8703
050753.1-612548	PGC 16803	3.3± .8	1.13	.10	14.35				8921
0508.6 -1656		.S?....	1.12± .08						2028
217.58 -30.14	MCG -3-14- 4		.08± .07	.12					
290.17 -64.47				.11					1896
0506.4 -1700	PGC 16809		1.13	.04					2025
050843.3-291637	NGC 1811	.S.1*P/	1.23± .04	60					
231.42 -34.01	ESO 422- 37	S	.60± .03	.00	14.46 ±.14				3949± 52
262.73 -62.05		1.0±1.2		.61					3790
050646.0-292024	PGC 16811		1.23	.30	13.80				3955
0508.7 +7028	A 0503+70	.SXS5..	1.17± .05					15.31±.1	4845± 7
141.34 17.51	UGC 3245	U	.00± .05	.47	14.6 ±.3				
17.65 -1.86	IRAS05031+7024	5.0± .8		.00				386± 8	4979
0503.1 +7024	PGC 16813		1.22	.00	14.07			1.24	4806
050847.7+131538		.S?....	1.00± .16	100				15.37±.3	5330± 10
188.62 -15.70	UGC 3251		.25± .12	2.05					
343.02 -50.90				.35				340± 7	5286
050558.6+131150	PGC 16814		1.19	.13					5308
0508.8 +7525		.L.....	1.00?						
136.91 20.15	UGC 3241	U		.61	14.43 ±.15				
19.77 2.61		-2.0± .8							
0502.1 +7522	PGC 16816								
050853.3-291508	NGC 1812	.S..1P.	1.09± .04	8					
231.40 -33.97	ESO 422- 39	S	.14± .03	.00	13.64 ±.14				3915± 52
262.75 -62.10	IRAS05068-2918	1.0± .8		.15	13.54				3756
050656.1-291854	PGC 16819		1.09	.07	13.44				3921
050901.7-201520		.S?....	1.06± .06	95					
221.22 -31.24	ESO 553- 12		.18± .04	.07	14.13 ±.14				4535
282.39 -64.42				.22					4395
050652.0-201906	PGC 16822		1.06	.09	13.79				4535
050909.3-091539		.IBS9..	1.19± .05	145				14.94±.1	2706± 6
209.65 -26.91	MCG -2-14- 1	EU (1)	.31± .05	.27				189± 8	
307.64 -63.39		9.5± .6		.23				196± 12	2594
050646.2-091925	PGC 16826	8.7± .8	1.22	.15					2699
0509.6 -0016		.S?....	.82± .13						
200.95 -22.61	MCG 0-14- 3		.17± .07	.35	15.40 ±.12				6961± 38
325.00 -59.77				.13					6874
0507.1 -0020	PGC 16837		.84		14.82				6949
050940.7-521137		.S..5./	1.15± .05	163					
259.42 -36.49	ESO 203- 22	S	1.22± .05	.00	16.39 ±.14				
230.07 -47.97		5.0±1.0		1.50					
050831.0-521518	PGC 16839		1.15	.50					
050948.5-253612		.SBT4..	1.20± .04	124					
227.27 -32.78	ESO 486- 32	S (1)	.13± .04	.00	14.56 ±.14				10774± 52
270.20 -63.54	IRAS05077-2539	4.0± .8		.18	14.12				10622
050746.0-253954	PGC 16842	2.2± .8	1.20	.06	14.31				10779
0509.8 +0728		.SB.3?.	1.09± .06	17					
193.85 -18.61	UGC 3255	U	.63± .05	.53	15.35 ±.12				5689± 59
336.51 -55.13	IRAS05071+0725	3.0±1.3		.87	12.89				5626
0507.1 +0725	PGC 16843		1.14	.31	13.90				5672
050957.0-221800		.S?....	1.08± .05	61					
223.56 -31.73	ESO 553- 15		.11± .04	.03	14.88 ±.14				9682
277.58 -64.35				.13					9537
050750.1-222142	PGC 16847		1.08	.05	14.62				9685
051003.7-365732	NGC 1827	.SXS6*/	1.48± .04	120				14.02±.2	1049± 11
240.63 -35.35	ESO 362- 6	BS (1)	.66± .05	.04	13.26 ±.14			193± 16	1088± 52
248.78 -58.51	IRAS05083-3701	6.0± .6		.98	13.14			180± 12	878
050819.0-370112	PGC 16849	6.7±1.2	1.48	.33	12.24			1.45	1063
051004.4-145648		.SBS8*.	1.14± .05	155					1979
215.62 -29.05	MCG -2-14- 2	E (1)	.42± .04	.29					
294.89 -64.70		8.0± .9		.51					1851
050748.1-150029	PGC 16850	6.4± .7	1.17	.21					1977
0510.1 -0043	A 0507+00	.E...*.	.80± .11	100					
201.44 -22.73	MCG 0-14- 8	E	.04± .05	.50	15.31 ±.10				8170± 67
324.36 -60.11	2ZW 32	-5.0±1.3		.00					8081
0507.6 -0047	PGC 16852		.87		14.69				8159

R.A. 2000 DEC. / l b / SGL SGB / R.A. 1950 DEC.	Names / PGC	Type / S_T n_L / T / L	$\log D_{25}$ / $\log R_{25}$ / $\log A_e$ / $\log D_o$	p.a. / A_g / A_i / A_{21}	B_T / m_B / m_{FIR} / B_T^o	$(B-V)_T$ / $(U-B)_T$ / $(B-V)_T^o$ / $(U-B)_T^o$	$(B-V)_e$ / $(U-B)_e$ / m'_e / m'_{25}	m_{21} / W_{20} / W_{50} / HI	V_{21} / V_{opt} / V_{GSR} / V_{3K}
0510.2 +0054		.SX.3..	1.00± .06					15.51±.3	8697± 11
199.91 -21.91	UGC 3256	U	.02± .05	.34	14.33 ±.12			251± 7	
327.09 -59.24	IRAS05076+0050	3.0± .8		.03	13.42			217± 7	8613
0507.6 +0050	PGC 16853		1.04	.01	13.88			1.61	8685
051031.6+630958		.SB.3..	1.28± .04	100				14.96±.1	4530± 7
147.78 13.63	UGC 3250	U	.13± .05	1.36	13.9 ±.3				
14.68 -8.54	IRAS05058+6306	3.0± .8		.18	12.83			430± 8	4645
050549.4+630613	PGC 16858		1.40	.06	12.31			2.59	4492
051037.3-613119		.L..0./	1.14± .05	13					
270.91 -35.56	ESO 119- 43	S	.44± .03	.00	14.81 ±.14				
222.13 -40.56		-2.0± .8		.00					
051004.0-613454	PGC 16859		1.07						
051042.9+002429		.SBR2P.	.88± .06					17.10±.3	2821± 10
200.45 -22.05	UGC 3258	E	.06± .04	.41	13.98 ±.16			365± 13	
326.41 -59.62	IRAS05081+0020	2.0± .9		.07	13.13				2735
050808.7+002050	PGC 16861		.91	.03	13.48			3.60	2810
051043.8-572100		.SBS3?.	1.04± .05						
265.79 -36.03	ESO 158- 20	S (1)	.50± .05	.00	15.43 ±.14				
225.34 -43.99		3.0±1.1		.69					
050952.0-572436	PGC 16862	4.4± .9	1.04	.25					
051046.7-313552	A 0508-31	.SXT8*.	1.47± .03		13.13 ±.15	.43± .04	.39± .03	13.61±.2	981± 7
234.27 -34.14	ESO 422- 41	PSUr (2)	.08± .04	.00	13.04 ±.14	-.20± .06	-.23± .04	138± 16	953± 52
257.85 -61.45	DDO 230	8.5± .4	1.15± .03	.09	13.84	.41	14.37± .06	130± 6	817
050853.1-313930	PGC 16864	7.8± .5	1.47	.04	12.99	-.22	15.12± .23	.57	991
051048.1-024054	A 0508-02	.I.0.P?	.84± .09					15.48±.1	2831± 6
203.39 -23.53	MCG 0-14- 10	E	.07± .06	.40	14.10 ±.16			163± 4	2848± 23
321.07 -61.23	MK 1094	90.0		.08				132± 5	2737
050817.4-024433	PGC 16868		.88	.03	13.59			1.85	2823
051106.0-182541		.SBS9..	1.25± .03	118					3566
219.43 -30.14	ESO 553- 16	SE (2)	.52± .03	.06	15.33 ±.14				
286.63 -65.04		8.5± .6		.53					3429
050854.0-182918	PGC 16874	8.2± .8	1.25	.26	14.74				3569
051107.9-092324		.SBS5*/	1.41± .04	91					2670
210.02 -26.52	MCG -2-14- 3	E (1)	.68± .05	.33					
307.67 -63.90	IRAS05087-0926	5.0±1.2		1.02	12.08				2556
050845.0-092701	PGC 16875	3.1±1.6	1.44	.34					2666
051109.1-342336		.L?....	1.09± .06	167					
237.60 -34.67	ESO 362- 8		.34± .03	.02	13.62 ±.14				4785± 24
252.75 -60.12	IRAS05093-3427			.00	13.77				4616
050920.0-342712	PGC 16877		1.04		13.53				4798
051123.1-221449		.S?....	.97± .05	160					
223.63 -31.40	ESO 553- 18		.14± .04	.03	14.64 ±.14				9912± 22
277.57 -64.68	IRAS05092-2218			.17	13.75				9766
050916.0-221824	PGC 16885		.97	.07	14.34				9917
051132.6+170324		.S..8*.	1.07± .07	55				15.98±.3	5176± 7
185.75 -13.03	UGC 3261	U	.21± .06	1.57	14.7 ±.3				
347.61 -48.48	IRAS05086+1659	8.0±1.2		.25	13.22			264± 7	5143
050838.8+165947	PGC 16887		1.22	.10	12.87			3.01	5157
0511.5 -0034		.S..0..	1.00± .06	110					
201.48 -22.35	UGC 3264	U	.29± .05	.50	14.57 ±.12				
324.99 -60.33		.0± .9		.22					
0509.0 -0038	PGC 16889		1.04						
051138.5-202538		PSBT2P*	1.28± .03	110					
221.66 -30.73	ESO 553- 20	SE (1)	.35± .03	.04	13.57 ±.14				3997
281.83 -65.01	IRAS05094-2029	2.3± .7		.43	11.70				3855
050929.1-202912	PGC 16892	4.2±1.2	1.29	.18	13.05				4001
051141.6-030530		.S..3?/	1.09± .06	0					
203.90 -23.53	MCG -1-14- 3	E	.63± .05	.42					
320.54 -61.62	IRAS05091-0309	3.0±1.9		.87	12.66				
050911.4-030905	PGC 16893		1.13	.31					
0511.7 -1447	A 0509-14	.SXT6..	1.43± .03	100	13.01 ±.14	.56± .04	.64± .02	14.10±.1	1979± 9
215.63 -28.63	MCG -2-14- 4	PUE (1)	.12± .04	.33	12.7 ±.2	.05± .04	.06± .03	229± 14	2110± 66
295.34 -65.08		5.8± .4	1.15± .02	.18		.45	14.25± .04	210± 11	1853
0509.4 -1451	PGC 16894	4.7± .6	1.46	.06	12.42	-.03	14.70± .22	1.62	1982
051146.0+672918		.SXS5..	1.38± .04	30				14.24±.1	6115± 11
144.12 16.12	UGC 3252	U	.08± .05	.57	13.6 ±.3				
16.63 -4.68	IRAS05065+6725	5.0± .8		.13	12.33			310± 8	6241
050635.2+672538	PGC 16897		1.44	.04	12.91			1.29	6078

R.A. 2000 DEC.	Names	Type	$\log D_{25}$	p.a.	B_T	$(B-V)_T$	$(B-V)_e$	m_{21}	V_{21}
l b		S_T n_L	$\log R_{25}$	A_g	m_B	$(U-B)_T$	$(U-B)_e$	W_{20}	V_{opt}
SGL SGB		T	$\log A_e$	A_i	m_{FIR}	$(B-V)^o_T$	m'_e	W_{50}	V_{GSR}
R.A. 1950 DEC.	PGC	L	$\log D_o$	A_{21}	B^o_T	$(U-B)^o_T$	m'_{25}	HI	V_{3K}
051146.1-150803	NGC 1821	.IBS9..	1.05± .06	50					
216.00 -28.75	MCG -3-14- 7	E (1)	.16± .05	.22					
294.53 -65.13	IRAS05095-1511	10.0± .9		.12	12.13				
050930.0-151138	PGC 16898	5.3± .8	1.07	.08					
051146.3+051201	NGC 1819	.LB....	1.22± .06	120				16.05±.2	4470± 5
196.17 -19.40	UGC 3265	U	.15± .03	.66	13.41 ±.10			323± 6	4826± 97
334.00 -56.98	MK 1194	-2.0± .8		.00	11.05				4400
050906.6+050826	PGC 16899		1.27		12.68				4459
051159.4-325822	A 0510-33	.SXS9..	1.55± .03					12.63±.2	933± 7
235.96 -34.20	ESO 362- 9	SU (2)	.07± .04	.00	12.88 ±.14			91± 16	
255.06 -61.01	DDO 231	9.3± .3		.07				81± 6	765
051008.1-330154	PGC 16904	9.2± .4	1.55	.03	12.81			-.21	945
051202.8+135231		.S?....	1.00± .08	20				16.94±.3	6072± 9
188.54 -14.70	UGC 3266		.19± .06	1.68					
344.59 -50.98				.28				412± 5	6028
050912.9+134857	PGC 16905		1.16	.09					6055
051203.4-154116	NGC 1832	.SBR4..	1.41± .03	10	11.96 ±.13	.63± .01	.71± .01	13.85±.1	1937± 7
216.61 -28.90	MCG -3-14- 10	R (3)	.18± .03	.19	12.5 ±.2	-.01± .01	.08± .01	289± 11	1994± 40
293.21 -65.24	IRAS05098-1544	4.0± .3	1.03± .01	.27	10.91	.54	12.60± .03	265± 11	1808
050948.0-154449	PGC 16906	1.9± .5	1.43	.09	11.65	-.08	13.39± .21	2.11	1940
0512.0 +6645		.SB?...	1.14± .07	45				15.92±.1	6149± 11
144.77 15.75	UGC 3254		.32± .06	.48					
16.35 -5.36				.49				160± 8	6273
0507.0 +6642	PGC 16907		1.18	.16					6112
0512.1 +0527		.SB?...	.82± .13						
195.99 -19.18	MCG 1-14- 3		.04± .07	.62	15.17 ±.12				4415
334.47 -56.88	IRAS05094+0524			.06	13.11				4344
0509.4 +0524	PGC 16909		.88	.02	14.46				4403
051216.5-572355	NGC 1853	.SBS7?.	1.30± .04	43					
265.83 -35.82	ESO 158- 22	S (1)	.46± .05	.00	13.58 ±.14				1402
225.07 -44.07	IRAS05114-5727	6.7± .7		.63	13.04				1210
051125.0-572724	PGC 16911	5.6± .7	1.30	.23	12.94				1429
0512.2 +7554		.S..8..	1.11± .07	75				16.72±.1	4605± 11
136.58 20.58	UGC 3249	U	.15± .06	.59	15.2 ±.3				
20.16 2.95	IRAS05053+7551	8.0± .8		.18				150± 8	4751
0505.4 +7551	PGC 16912		1.17	.07	14.40			2.25	4567
051223.1-142137		.IB.9P/	1.11± .06	90					
215.26 -28.31	MCG -2-14- 5	E (1)	.52± .05	.34					
296.41 -65.20		10.0±1.8		.39					
051006.1-142509	PGC 16917	6.4± .8	1.14	.26					
0512.4 +5118		.L...?.	1.11± .16	116					
157.82 7.06	UGC 3260	U	.60± .08	1.62	15.08 ±.15				
9.67 -19.34		-2.0±1.8		.00					
0508.5 +5115	PGC 16918		1.20						
051234.2-395136		.SBS5..	1.12± .05	108					
244.24 -35.30	ESO 305- 14	S (1)	.27± .05	.11	14.13 ±.14				4876
243.86 -57.13		5.0± .9		.40					4698
051055.0-395506	PGC 16920	2.2± .9	1.13	.13	13.59				4894
0512.8 +0243		.S?....	.77± .11						
198.58 -20.44	CGCG 395- 16		.02± .10	.44	14.61 ±.14				8347
330.67 -58.72				.03					8267
0510.2 +0240	PGC 16922		.81	.01	14.10				8338
051250.6-413802		.S..5..	1.18± .05	157					
246.40 -35.48	ESO 305- 15	S (1)	.55± .04	.01	14.55 ±.14				9950± 52
241.35 -56.00	IRAS05112-4141	5.0± .9		.82	13.44				9770
051115.0-414130	PGC 16924	2.2±1.3	1.18	.27	13.66				9969
0512.9 -0911		.S?....	1.12± .08						2590
210.04 -26.02	MCG -2-14- 6		.74± .07	.35					
308.41 -64.28				1.11					2476
0510.6 -0915	PGC 16926		1.15	.37					2589
051318.1-221333		.S?....	1.19± .05	64					
223.78 -30.97	ESO 553- 26		.49± .05	.04	15.15 ±.14				9103
277.42 -65.12				.68					8956
051111.1-221700	PGC 16934		1.19	.25	14.36				9111
051328.9-613313		.SAS5*.	1.08± .05	150					
270.89 -35.22	ESO 119- 44	S (1)	.07± .05	.04	14.98 ±.14				
221.73 -40.72		5.0± .8		.10					
051256.1-613636	PGC 16937	4.4± .8	1.08	.03					

R.A. 2000 DEC. l b SGL SGB R.A. 1950 DEC.	Names PGC	Type S_T n_L T L	$\log D_{25}$ $\log R_{25}$ $\log A_e$ $\log D_o$	p.a. A_g A_i A_{21}	B_T m_B m_{FIR} B_T^o	$(B\text{-}V)_T$ $(U\text{-}B)_T$ $(B\text{-}V)_T^o$ $(U\text{-}B)_T^o$	$(B\text{-}V)_e$ $(U\text{-}B)_e$ m'_e m'_{25}	m_{21} W_{20} W_{50} HI	V_{21} V_{opt} V_{GSR} V_{3K}
051343.3-124538		.SBT7..	1.17± .06	100					
213.75 -27.37	MCG -2-14- 7	E (1)	.16± .05	.41					
300.33 -65.29		7.0± .8		.22					
051124.4-124904	PGC 16943	6.4± .8	1.21	.08					
051406.2-103738	NGC 1843	.SXS6*.	1.31± .04	110				13.75±.1	2611± 11
211.62 -26.39	MCG -2-14- 8	UE (1)	.10± .05	.48				208± 16	
305.36 -64.93	IRAS05117-1041	6.2± .7		.14	11.98			187± 12	2492
051144.7-104102	PGC 16949	4.2± .8	1.36	.05					2613
051407.6+063112		.S..4..	.91± .04	175	14.91S±.15			17.11±.2	8980± 6
195.30 -18.21	UGC 3269	U	.15± .03	.51	14.74 ±.12			314± 13	
336.50 -56.56		4.0± .9		.22				133± 5	8912
051126.4+062747	PGC 16951		.96	.07	14.02		13.96± .28	3.02	8971
0514.1 -0608		.S..5?/	1.10± .08	45					
207.17 -24.41		E	.63± .08	.60					
315.15 -63.49		5.0±1.8		.95					
0511.7 -0612	PGC 16954		1.16	.32					
0514.1 +7219		.SX.7..	1.25± .04	120				15.62±.1	4939± 11
139.93 18.86	UGC 3259	U	.12± .05	.50	15.0 ±.4				
18.81 -.37		7.0± .8		.17				222± 8	5076
0508.2 +7216	PGC 16955		1.29	.06	14.31			1.25	4902
0514.2 +6234		.I..9?.	1.74± .07					11.67±.1	111± 5
148.53 13.66	UGCA 105	U	.20± .18	1.48	13.9 ±.3			131± 7	
14.82 -9.26		10.0±1.3		.15				118± 6	223
0509.6 +6231	PGC 16957		1.88	.10	12.32			-.76	76
051421.6-604728		.SBS4..	1.01± .05	18					
269.94 -35.21	ESO 119- 45	S (1)	.06± .04	.02	14.91 ±.14				
222.17 -41.41	IRAS05137-6050	4.0± .8		.09					
051345.1-605048	PGC 16960	3.3± .8	1.02	.03					
051429.6-621011		.S.3?P/	1.06± .05	57					
271.61 -35.02	ESO 119- 46	S	.50± .04	.01	15.04 ±.14				
221.16 -40.26	IRAS05140-6213	3.0±1.9		.69	11.84				
051400.0-621330	PGC 16964		1.06	.25					
051429.7-235356		.LA.-..	1.08± .05						
225.73 -31.25	ESO 486- 37	S	.15± .04	.02	14.68 ±.14				
273.36 -65.03		-3.0± .8		.00					
051225.0-235718	PGC 16966		1.06						
051431.3-621341		.SB?...	1.10± .06	52					
271.68 -35.00	ESO 119- 47		.27± .06	.01	14.07 ±.14				5100± 63
221.12 -40.22	FAIR 243			.37	12.43				4906
051402.0-621700	PGC 16968		1.10	.14	13.65				5130
051436.1-612854		PLAS+.P	1.29± .05	55					
270.78 -35.09	ESO 119- 48	S	.22± .04	.04	13.60 ±.14				
221.64 -40.85		-1.0± .8		.00					
051403.0-613212	PGC 16971		1.26						
051443.6-611124		.LA.0*/	1.12± .05	88					
270.42 -35.11	ESO 119- 49	S	.37± .04	.03	14.79 ±.14				
221.83 -41.10		-2.0± .8		.00					
051409.0-611442	PGC 16973		1.07						
051445.4-545653		.L...?/	1.08± .05	135					
262.79 -35.63	ESO 159- 1	S	.74± .03	.36	15.58 ±.14				
226.71 -46.26		-2.0±1.3		.00					
051345.1-550012	PGC 16974		1.01						
051501.0-412329		.IBS9..	1.26± .05	64					
246.17 -35.04	ESO 305- 17	S (1)	.41± .05	.01	14.61 ±.14				1084± 60
241.18 -56.46		10.0± .8		.31					903
051325.0-412648	PGC 16976	7.8± .8	1.26	.20	14.29				1105
051507.4-534418		.SBS4*.	1.30± .04	60					
261.30 -35.62	ESO 159- 2	S (1)	.15± .05	.36	13.77 ±.14				4289± 34
227.69 -47.26	IRAS05140-5347	4.0± .6		.22	13.13				4097
051403.0-534736	PGC 16979	2.8± .8	1.34	.07	13.16				4316
051516.1-303141		.SBS7*/	1.45± .03	19				14.02±.2	1481± 11
233.30 -32.95	ESO 423- 2	SU (1)	.55± .04	.00	13.10 ±.14			238± 16	1509± 52
258.94 -62.80	IRAS05133-3035	7.0± .6		.76	13.01			235± 12	1318
051321.1-303500	PGC 16983	5.6± .8	1.45	.27	12.34			1.41	1498
051519.4+062830		.S?....	.95± .07	177				16.20±.2	8636± 7
195.51 -17.98	UGC 3270		.39± .05	.53	15.30 ±.12			368± 13	
336.80 -56.81				.59				355± 6	8567
051238.2+062510	PGC 16984		1.00	.20	14.14			1.86	8628

R.A. 2000 DEC. l b SGL SGB R.A. 1950 DEC.	Names PGC	Type S_T n_L T L	$\log D_{25}$ $\log R_{25}$ $\log A_e$ $\log D_o$	p.a. A_g A_i A_{21}	B_T m_B m_{FIR} B_T^o	$(B\text{-}V)_T$ $(U\text{-}B)_T$ $(B\text{-}V)_T^o$ $(U\text{-}B)_T^o$	$(B\text{-}V)_e$ $(U\text{-}B)_e$ m'_e m'_{25}	m_{21} W_{20} W_{50} HI	V_{21} V_{opt} V_{GSR} V_{3K}
0515.5 +0711		.S?....	.96± .05		15.43S±.15	.72± .04			
194.89 -17.57	MCG 1-14- 9		.36± .03	.53	15.20 ±.12	.10± .07			
337.80 -56.36				.53					
0512.8 +0708	PGC 16989		1.01	.18			14.17± .29		
051539.3-224231		.SB?...	1.07± .05	23					
224.52 -30.61	ESO 486- 40		.36± .04	.03	14.76 ±.14				5779
276.01 -65.56	IRAS05135-2245			.54	13.96				5630
051333.0-224548	PGC 16990		1.07	.18	14.16				5791
0515.8 +0710		.S?....	.82± .13					16.32±.3	8923± 10
194.95 -17.52	MCG 1-14- 10		.08± .07	.53	15.27 ±.12			335± 13	
337.87 -56.43				.11				300± 10	8856
0513.1 +0707	PGC 16995		.87	.04	14.58			1.70	8916
051548.3-232831		.SAR3P.	1.18± .04	78					
225.38 -30.83	ESO 486- 41	S (1)	.36± .03	.06	14.86 ±.14				
274.17 -65.42	IRAS05137-2331	3.0± .8		.49	13.18				
051343.0-233148	PGC 16996	3.3±1.2	1.19	.18					
0515.8 +7128		.S..6*.	1.19± .05	15				14.89±.1	7036± 11
140.77 18.53	UGC 3267	U	.15± .05	.46	14.8 ±.3				
18.58 -1.20		6.0±1.2		.22				348± 8	7171
0510.0 +7125	PGC 16997		1.23	.08	14.08			.73	7000
0515.9 -0656		.SBS8*.	1.07± .09	140					
208.17 -24.38		E (1)	.06± .08	.60					
313.86 -64.21		8.0±1.3		.08					
0513.5 -0700	PGC 17003	7.5±1.6	1.13	.03					
0516.1 +6815		.S?....	.98± .09	160				15.00±.1	3934± 11
143.67 16.88	UGC 3268		.17± .06	.50					
17.31 -4.15				.26				231± 8	4061
0510.8 +6812	PGC 17011		1.03	.09					3899
051609.1-540617		.LB.0*P	1.32± .04	72	14.01 ±.15	.79± .02	.85± .01		
261.75 -35.46	ESO 159- 3	S	.20± .04	.36	13.97 ±.14	.23± .03	.32± .02		3902± 34
227.19 -47.06		-2.0± .8	.59± .04	.00		.65	12.45± .13		3710
051506.1-540930	PGC 17012		1.33		13.57	.17	15.00± .28		3931
051611.4-000858		.S?....	1.04± .06	175	14.1 v±.2	.47± .03	.43± .03		
201.69 -21.13	UGC 3271		.13± .05	.43	14.35 ±.12	-.75± .03	-.78± .03		9929± 28
326.99 -61.07	MK 1095			.18	13.56	.28	9.20± .15		9839
051337.9-001214	PGC 17013		1.08	.07	13.64	-.89	13.81± .40		9927
0516.2 +0606		.S?....	1.00± .08	121					
195.96 -17.98	UGC 3272		.55± .06	.55					9285
336.58 -57.23	IRAS05135+0603			.82	13.22				9214
0513.5 +0603	PGC 17014		1.05	.27					9279
0516.3 -1328		.S?....	1.08± .09						3475
214.77 -27.07	MCG -2-14- 10		.61± .07	.32					
298.86 -66.04	IRAS05140-1331			.91	12.61				3347
0514.0 -1331	PGC 17015		1.11	.30					3482
051628.7-451230		.S?....	.94± .06	0	15.04 ±.15	.61± .02	.56± .02		
250.84 -35.17	ESO 252- 15		.10± .05	.02	15.28 ±.14				10391± 40
236.07 -53.96			.72± .02	.15		.52	14.13± .05		10205
051501.1-451542	PGC 17021		.94	.05	14.94		14.36± .35		10416
051635.8+062605	A 0513+06	.S?....	1.08± .09						
195.71 -17.73	UGC 3274		.32± .07	.55					8100± 59
337.13 -57.08	VV 161			.24					8030
051354.7+062251	PGC 17025		1.11						8094
051638.9-234717		.SB?...	.95± .06	19					
225.79 -30.75	ESO 486- 44		.27± .05	.02	15.29 ±.14				9264± 52
273.32 -65.53	IRAS05145-2350			.28	12.46				9112
051434.1-235030	PGC 17026		.95	.14	14.88				9278
051639.2-370600		.S..4*/	1.65± .03	76				12.77±.2	1348± 11
241.08 -34.08	ESO 362- 11	S	.78± .05	.10	13.05 ±.14			287± 16	1367± 52
247.02 -59.48	IRAS05149-3709	4.0± .8		1.14	11.74			281± 12	1173
051455.0-370912	PGC 17027		1.66	.39	11.80			.58	1370
051646.5+063720		.S?....	1.24± .05	37				15.51±.2	7972± 7
195.57 -17.59	UGC 3275		.75± .05	.53				563± 13	
337.44 -56.98				1.12				516± 6	7902
051405.1+063406	PGC 17031		1.29	.37					7966
051708.1-645741	NGC 1892	.S..6*.	1.46± .03	74	12.83 ±.15	.59± .02	.61± .01		1362± 8
274.92 -34.32	ESO 85- 61	S	.55± .04	.13	12.72 ±.14	-.14± .03	-.09± .02	230± 9	
218.97 -38.03	IRAS05169-6500	6.0±1.2	.95± .03	.81	12.20	.45	13.07± .07		1168
051655.0-650048	PGC 17042		1.47	.27	11.83	-.24	13.60± .25		1395

R.A. 2000 DEC. / l b / SGL SGB / R.A. 1950 DEC.	Names / PGC	Type / S_T n_L / T / L	$\log D_{25}$ / $\log R_{25}$ / $\log A_e$ / $\log D_o$	p.a. / A_g / A_i / A_{21}	B_T / m_B / m_{FIR} / B^o_T	$(B\text{-}V)_T$ / $(U\text{-}B)_T$ / $(B\text{-}V)^o_T$ / $(U\text{-}B)^o_T$	$(B\text{-}V)_e$ / $(U\text{-}B)_e$ / m'_e / m'_{25}	m_{21} / W_{20} / W_{50} / HI	V_{21} / V_{opt} / V_{GSR} / V_{3K}
051708.1-540403		RLBR+*.	1.01± .05	60					
261.70 -35.32	ESO 159- 4	Sr	.13± .03	.36	14.51 ±.14				10300±190
227.05 -47.17	FAIR 791	-1.1± .5		.00					10108
051605.0-540712	PGC 17043		1.03		13.99				10329
051709.9+065545		.S..3..	1.11± .05	56				16.63±.3	8386± 9
195.35 -17.35	UGC 3279	U (1)	.74± .05	.67	15.16 ±.12				
337.97 -56.84	IRAS05144+0652	3.0± .9		1.02				627± 5	8317
051428.3+065233	PGC 17044	.5±1.3	1.18	.37	13.41			2.84	8381
051726.9-234444		.S?....	1.17± .05	100					
225.81 -30.56	ESO 486- 49		.55± .05	.01	14.67 ±.14				9366
273.30 -65.72	IRAS05153-2347			.67	13.13				9214
051522.0-234754	PGC 17049		1.17	.27	13.90				9381
051737.5+064800		.SB.6?.	.98± .04	25	14.51S±.15			15.72±.2	8257± 7
195.53 -17.32	UGC 3282	U	.12± .03	.67	15.24 ±.15			322± 13	
337.94 -57.01		6.0±1.7		.17				286± 6	8187
051455.9+064450	PGC 17053		1.05	.06	13.99		13.99± .26	1.67	8253
051742.6-153123	IC 407	.S..5*.	1.16± .05	165					2828
217.04 -27.58	MCG -3-14- 13	E (1)	.68± .05	.25					
293.83 -66.58	IRAS05154-1534	5.0±1.3		1.01	13.28				2695
051527.1-153432	PGC 17056	4.2±1.2	1.18	.34					2838
0517.7 +5333		.S..9..	1.29± .06	45				13.07±.1	616± 6
156.43 9.01	UGC 3273	U	.36± .06	1.22	14.8 ±.3			196± 8	
11.44 -17.66		9.0± .8		.37				185± 12	701
0513.7 +5330	PGC 17057		1.40	.18	13.17			-.27	587
0517.7 -0111		.S..6*.	1.16± .07	105					
202.87 -21.29	UGC 3283	U	.88± .06	.74					
325.62 -61.97	IRAS05152-0114	6.0±1.3		1.30					
0515.2 -0114	PGC 17058		1.23	.44					
0517.7 +0013		.L...?.	.59?	40					
201.56 -20.61		E	.06?	.52					9015± 67
328.07 -61.19		-2.0±1.8		.00					8925
0515.2 +0009	PGC 17059		.64						9015
0517.7 +0013		.L...?.	.59?	40					
201.55 -20.61		E	.06?	.52					
328.08 -61.19		-2.0±1.8		.00					
0515.2 +0010	PGC 17060		.64						
051748.0+302747		.L?....	1.00± .10	160				16.52±.3	6268± 7
175.41 -4.22	UGC 3280		.66± .04	5.29					
359.60 -38.24				.00				199± 7	6277
051435.7+302437	PGC 17062		1.41						6250
051800.1-642809		.S..5*/	1.18± .05	176					
274.31 -34.30	ESO 85- 65	S	.72± .04	.06	15.78 ±.14				
219.18 -38.51		5.0±1.3		1.08					
051744.1-643112	PGC 17065		1.18	.36					
051800.6-335447		.LA.-*.	1.18± .04	108	15.0 ±.2	1.03± .03	1.01± .02		
237.39 -33.18	ESO 362- 13	S	.65± .03	.00	14.96 ±.14	.33± .04	.31± .04		11060
251.98 -61.58		-3.0± .8	.58± .08	.00		.90	13.39± .28		10889
051611.0-335754	PGC 17066		1.09		14.81	.36	14.16± .32		11081
051850.0-862309		.SAT6..	1.11± .04	175					
299.15 -28.50	ESO 4- 19	S (1)	.12± .04	.72	15.16 ±.14				
207.72 -19.00	IRAS05331-8625	6.3± .5		.18					
053349.0-862536	PGC 17077	7.2± .6	1.18	.06					
051854.7+191031		.E?....	1.08± .17					15.38±.3	5967± 7
184.95 -10.40	UGC 3285		.12± .08	2.24					
351.58 -47.86				.00				417± 7	5937
051558.2+190726	PGC 17079		1.37						5957
051901.1-370516	IC 2122	.LXS-*.	1.18± .05						
241.16 -33.61	ESO 362- 14	BS	.06± .03	.10	13.83 ±.14				4663± 39
246.45 -59.86		-2.7± .4		.00					4487
051717.1-370818	PGC 17081		1.18		13.66				4687
051901.8-213239	A 0516-21	.IBS9..	1.16± .04	15	15.6 ±.2	.86± .33		14.70±.2	1841± 11
223.55 -29.49	ESO 553- 33	SU (2)	.16± .04	.11	15.10 ±.14	-.88± .31		136± 16	
278.48 -66.55	DDO 37	10.0± .6		.12		.79		132± 12	1693
051654.1-213542	PGC 17082	9.8± .7	1.17	.08	15.03	-.95	15.87± .30	-.41	1857
0519.1 +6528		.S..6*.	1.28± .04	156				15.91±.1	5116± 7
146.31 15.67	UGC 3277	U	.46± .05	.73	14.9 ±.3				
16.48 -6.83		6.0±1.1		.67				347± 8	5235
0514.2 +6525	PGC 17084		1.35	.23	13.52			2.16	5084

R.A. 2000 DEC. / l b / SGL SGB / R.A. 1950 DEC.	Names / PGC	Type / S_T n_L / T / L	logD25 / logR25 / logAe / logDo	p.a. / Ag / Ai / A21	BT / mB / mFIR / B°T	(B-V)T / (U-B)T / (B-V)°T / (U-B)°T	(B-V)e / (U-B)e / m'e / m'25	m21 / W20 / W50 / HI	V21 / Vopt / VGSR / V3K
051918.7-613944		.SBS4*.	1.13± .04	84					
270.92 -34.51	ESO 119- 52	S (1)	.24± .04	.08	14.58 ±.14				
220.88 -40.99	IRAS05188-6142	4.0± .6		.35					
051847.0-614242	PGC 17092	4.1± .7	1.14	.12					
051919.1+012006		.SBS6P*	.94± .07	145				15.46±.3	8186± 10
200.72 -19.72	UGC 3287	UE	.09± .05	.63					8131± 46
330.40 -60.86	IRAS05167+0116	6.0± .9		.14	12.82			146± 10	8096
051643.8+011703	PGC 17094		1.00	.05					8186
051921.4+165230		.SB.4..	1.04± .08	57				15.37±.3	6959± 10
186.96 -11.58	UGC 3286	U	.47± .06	1.82					
349.65 -49.78	IRAS05164+1649	4.0± .9		.69	13.17			375± 7	6921
051627.7+164927	PGC 17095		1.21	.24					6951
051930.9+040728		.S..8*.	1.00± .08					15.97±.3	3061± 7
198.19 -18.29	UGC 3288	U	.19± .06	.52					
334.79 -59.15		8.0±1.3		.23				154± 7	2982
051652.4+040426	PGC 17100		1.05	.09					3061
051934.4-774351	NGC 1956	.SAS1..	1.28± .04	68					
289.70 -31.29	ESO 16- 2	S	.36± .05	.58	14.05 ±.14				4844± 34
211.67 -26.85		.6± .4		.36					4656
052204.1-774642	PGC 17102		1.34	.18	13.04				4881
051935.6-323930		.SBS0*P	1.08± .05	160					
236.02 -32.57	ESO 362- 18	S	.19± .04	.00	13.81 ±.14				3773± 20
253.86 -62.54	IRAS05177-3242	-.3± .7		.14	12.83				3603
051744.1-324230	PGC 17103		1.07		13.61				3796
051936.4+840312		.SBR3..	1.22± .05	93				15.13±.1	4130± 7
128.96 24.68	UGC 3253	U	.20± .05	.31	13.21 ±.19				
23.75 10.26	IRAS05066+8359	3.0± .8		.28	13.38			335± 8	4292
050637.8+835948	PGC 17104		1.25	.10	12.59			2.44	4094
051938.3-245336		.SAR1..	.95± .06						
227.26 -30.45	ESO 486- 52	r	.08± .05	.00	14.99 ±.14				
270.24 -65.87		1.0± .9		.08					
051735.1-245636	PGC 17106		.95	.04					
051939.3-614421		PSBT1*.	1.14± .04	5					
271.00 -34.47	ESO 119- 53	Sr	.12± .04	.08	14.37 ±.14				4680± 63
220.78 -40.95	FAIR 244	.7± .4		.12					4485
051908.1-614718	PGC 17108		1.14	.06	14.11				4714
051945.0-250354	IC 2121	.LXS0*P	1.27± .05	160					
227.46 -30.48	ESO 486- 53	S	.22± .04	.00	13.81 ±.14				10344± 52
269.81 -65.84		-2.3± .6		.00					10188
051742.0-250654	PGC 17110		1.24		13.65				10363
051948.4-320831	NGC 1879	.SBS9..	1.39± .02	60	13.16 ±.13	.40± .03	.48± .02	14.50±.2	1247± 11
235.44 -32.41	ESO 423- 6	SU (2)	.16± .04	.00	13.14 ±.14	-.14± .04	-.15± .03	138± 16	
254.77 -62.85	DDO 232	8.7± .4	1.05± .01	.16	13.87	.36	13.90± .03	126± 12	1078
051756.0-321130	PGC 17113	7.6± .5	1.39	.08	12.99	-.17	14.59± .20	1.43	1270
051950.2-454650	A 0518-45	.L?....	.91± .09		16.2 ±.4	.85± .08			
251.60 -34.63	ESO 252- 18A		.11± .04	.10		-.39± .18			10495± 42
234.67 -53.93				.00		.72			10308
051824.1-454948	PGC 17116		.91		15.95	-.36	15.35± .61		10524
052000.4-535616		PSBR1..	1.00± .05	116					
261.53 -34.90	ESO 159- 6	Sr	.12± .05	.37	15.19 ±.14				11200±190
226.66 -47.52	FAIR 792	1.0± .6		.13					11007
051857.0-535912	PGC 17122		1.03	.06	14.56				11232
052006.7+063456		.SB.3..	.99± .06	50				16.19±.3	8893± 10
196.05 -16.91	UGC 3289	U	.50± .05	.65	15.39 ±.12				
338.43 -57.61	IRAS05174+0631	3.0± .9		.69				308± 7	8821
051725.4+063157	PGC 17125		1.06	.25	13.98			1.96	8893
0520.1 +0549			.92± .05		15.27S±.15	.78± .03		15.64±.3	8570± 10
196.74 -17.28	CGCG 421- 30		.35± .04	.73	15.46 ±.12	.16± .04		464± 13	
337.43 -58.14								414± 10	8496
0517.5 +0547	PGC 17126		.99						8570
0520.1 +0554									
196.66 -17.23	CGCG 421- 31			.73	15.1 ±.3				8644
337.54 -58.08									8570
0517.5 +0552	PGC 17127								8644
052017.6-251927	IC 411	.L?....	1.07± .06	141					
227.79 -30.44	ESO 486- 56		.14± .04	.00	14.12 ±.14				9549± 52
269.11 -65.88				.00					9392
051815.0-252224	PGC 17130		1.05		13.98				9569

R.A. 2000 DEC. l b SGL SGB R.A. 1950 DEC.	Names PGC	Type S_T n_L T L	$\log D_{25}$ $\log R_{25}$ $\log A_e$ $\log D_o$	p.a. A_g A_i A_{21}	B_T m_B m_{FIR} B^o_T	$(B-V)_T$ $(U-B)_T$ $(B-V)^o_T$ $(U-B)^o_T$	$(B-V)_e$ $(U-B)_e$ m'_e m'_{25}	m_{21} W_{20} W_{50} HI	V_{21} V_{opt} V_{GSR} V_{3K}
052019.6-611536		PSBROP.	1.13± .05	173					
270.42 -34.44	ESO 119- 54	Sr	.21± .05	.07	14.33 ±.14				5157
221.02 -41.40	IRAS05197-6118	-.4± .5		.16					4962
051946.0-611830	PGC 17131		1.13		14.03				5191
052019.9+174322		.S..6*.	1.04± .08	23				15.70±.3	6287± 7
186.37 -10.92	UGC 3290	U	.37± .06	1.93					
350.71 -49.24		6.0±1.3		.55				282± 7	6252
051725.2+174023	PGC 17132		1.22	.19					6280
052021.5-611748		.SAS1*P	1.26± .04	175					
270.46 -34.43	ESO 119- 55	S	.25± .05	.07	13.72 ±.14				4784
220.99 -41.37		1.0± .6		.25					4589
051948.0-612042	PGC 17134		1.27	.12	13.34				4818
052026.2+063417		.SB.6*.	.99± .04	94	15.79S±.15	.63± .05		17.29±.2	8878± 7
196.11 -16.84	UGC 3291	U	.39± .03	.77	15.18 ±.12	-.06± .08		141± 13	
338.51 -57.68		6.0±1.3		.58		.32		71± 6	8806
051744.9+063119	PGC 17136		1.06	.20	14.03	-.28	14.59± .26	3.07	8878
0520.6 +7232		.L.....	1.20± .07	150					
140.00 19.38	UGC 3281	U	.19± .04	.45	14.53 ±.20				
19.33 -.37		-2.0± .8		.00					
0514.6 +7229	PGC 17140		1.22						
0520.6 +0848		.S..6*.	1.22± .06	140					4689± 10
194.15 -15.63	UGC 3293	U	.30± .06	1.63					
341.46 -56.14	IRAS05179+0845	6.0±1.2		.45					4624
0517.9 +0845	PGC 17143		1.37	.15					4688
0520.8 +6614									
145.71 16.21	CGCG 307- 10			.54	14.8 ±.3				13294± 82
16.94 -6.18	7ZW 35				12.97				13414
0515.7 +6611	PGC 17146								13262
0520.8 +0314		.L?....	.72± .22						
199.16 -18.44	MCG 1-14- 27		.00± .07	.53	15.05 ±.11				8270± 79
333.89 -59.97				.00					8187
0518.2 +0312	PGC 17147		.78		14.41				8273
0520.9 +0314		.S?....	.74± .14	95					
199.18 -18.43	MCG 1-14- 28		.21± .07	.53	15.30 ±.14				8205± 79
333.91 -59.99	IRAS05183+0311			.26					8122
0518.3 +0311	PGC 17152		.79	.10	14.50				8208
052103.7+040023		.SAT3..	1.47± .03	133				14.03±.1	4145± 4
198.50 -18.01	UGC 3294	U (1)	.27± .05	.56	13.8 ±.2			399± 4	
335.10 -59.52	IRAS05184+0357	3.0± .7		.38	13.19			374± 4	4065
051825.3+035728	PGC 17156	3.5±1.0	1.53	.14	12.85			1.04	4148
052104.2-365725		.SBS9..	1.35± .04	3				14.80±.2	1303± 11
241.10 -33.19	ESO 362- 19	S (1)	.52± .04	.10	14.13 ±.14			141± 16	
246.13 -60.26	IRAS05193-3659	8.5± .6		.53				135± 12	1126
051920.0-370018	PGC 17157	8.3± .6	1.36	.26	13.49			1.04	1330
0521.1 +7621		.S..3..	1.15± .08					14.47±.1	2503± 11
136.45 21.25	UGC 3276	U (1)	.77± .07	.52	15.60 ±.18				
20.82 3.14		3.0± .9		1.06				288± 8	2648
0514.1 +7618	PGC 17159	3.5±1.2	1.20	.38	14.00			.09	2469
052115.6-610334		.SBROP*	1.18± .04	116					
270.16 -34.34	ESO 119- 58	S	.42± .04	.06	14.50 ±.14				5177
221.03 -41.63		.0± .7		.32					4982
052041.0-610624	PGC 17161		1.17		14.05				5212
0521.2 +7243		.SXS5..	1.19± .06	125				15.54±.1	4700± 7
139.86 19.51	UGC 3284	U	.19± .06	.45					
19.44 -.22		5.0± .8		.28				199± 8	4837
0515.2 +7240	PGC 17162		1.23	.09					4666
052122.1+045312		.S..2..	1.18± .05	140				14.82±.2	4266± 6
197.75 -17.50	UGC 3296	U	.13± .05	.58	13.95 ±.13			343± 7	4287± 38
336.48 -58.99	IRAS05187+0450	2.0± .8		.16	12.48			318± 5	4189
051842.7+045018	PGC 17164		1.24	.07	13.17			1.59	4270
052124.5+151431		.S..6?.	1.00± .08	107				14.92±.3	5603± 7
188.64 -12.05	UGC 3295	U	.33± .06	2.20					
348.72 -51.37		6.0±1.8		.49				389± 7	5559
051832.8+151137	PGC 17165		1.21	.17					5599
052124.8-165233		.IBS9*.	1.22± .05	160					3282
218.83 -27.28		S (1)	.46± .06	.25					
290.42 -67.52		10.0± .9		.35					3144
051911.0-165526	PGC 17166	6.4± .8	1.24	.23					3299

R.A. 2000 DEC. / l b / SGL SGB / R.A. 1950 DEC.	Names / PGC	Type / S_T n_L / T / L	$logD_{25}$ / $logR_{25}$ / $logA_e$ / $logD_o$	p.a. / A_g / A_i / A_{21}	B_T / m_B / m_{FIR} / B_T^o	$(B-V)_T$ / $(U-B)_T$ / $(B-V)_T^o$ / $(U-B)_T^o$	$(B-V)_e$ / $(U-B)_e$ / m'_e / m'_{25}	m_{21} / W_{20} / W_{50} / HI	V_{21} / V_{opt} / V_{GSR} / V_{3K}
0521.6 +8428	A 0508+84	.SB.1..	1.15± .05	157					
128.56 24.91	UGC 3257	U	.32± .05	.25	14.72 ±.19				
23.97 10.63	IRAS05078+8425	1.0± .8		.33	13.44				
0507.8 +8425	PGC 17170		1.18	.16					
052146.0+064120	NGC 1875	.L?....	1.20± .11		14.57S±.15				
196.18 -16.50	MCG 1-14- 31		.55± .07	.77					8997± 41
339.10 -57.83	HICK 34A			.00					8925
051904.5+063828	PGC 17171		1.21		13.66		14.06± .59		8999
052148.7-234845	NGC 1886	.S..4./	1.49± .03	60					
226.26 -29.63	ESO 487- 2	S	.85± .03	.04	13.62 ±.14				
272.47 -66.66	IRAS05197-2351	3.5± .6		1.25	12.13				
051944.0-235136	PGC 17174		1.49	.42					
052150.0+064036		.LA.-*.							
196.20 -16.49	MCG 1-14- 32	R		.84					9514± 35
339.10 -57.85	HICK 34B	-3.0± .7							9441
051908.6+063744	PGC 17176								9516
052151.2+524953		.S?....	1.00± .08	130				15.88±.1	10092± 11
157.39 9.12	UGC 3292		.73± .06	1.18					
11.71 -18.57				1.09				459± 8	10173
051750.8+524658	PGC 17178		1.11	.36					10067
052156.4+032909	IC 412	.S?....	1.00± .08						
199.09 -18.09	UGC 3298		.16± .06	.51	14.56 ±.12				4311± 46
334.61 -60.03	VV 225			.12					4229
051918.6+032618	PGC 17180		1.04		13.87				4316
052158.7+032856	IC 413	.S?....	.96± .09						
199.10 -18.08	UGC 3299		.09± .06	.51	14.66 ±.12				4333± 46
334.61 -60.04				.10					4250
051920.9+032605	PGC 17181		1.00	.05	13.99				4337
052234.2-795107	NGC 2012	.LA.-*.	1.05± .04	117	13.98 ±.14	1.05± .02	1.13± .02		
292.02 -30.54	ESO 16- 5	S	.24± .03	.48	14.49 ±.14				4862± 14
210.52 -24.99		-3.0± .7	.86± .03	.00		.89	13.77± .11		4676
052610.0-795342	PGC 17194		1.08		13.68		13.52± .24		4900
052234.7-112958	NGC 1888	.SBS5P.	1.48± .02	145	12.83 ±.13	.92± .02	1.00± .01	14.69±.1	2432± 5
213.47 -24.87	MCG -2-14- 13	R	.57± .04	.48		.30± .03	.44± .03	470± 9	2547± 51
304.49 -67.16	IRAS05202-1132	5.0± .4	.95± .01	.85	11.43	.69	13.07± .04	456± 7	2308
052014.4-113246	PGC 17195		1.53	.28	11.49	.09	13.67± .19	2.92	2449
052235.4-112949	NGC 1889	.E+..P*	.85± .08	165					
213.47 -24.87	MCG -2-14- 14	RE	.14± .06	.48					2482± 26
304.50 -67.16		-4.0± .5		.00					2356
052015.0-113237	PGC 17196		.88						2497
0522.7 +0341									
199.01 -17.81	CGCG 421- 43			.51	15.2 ±.3				11025
335.18 -60.04									10943
0520.1 +0339	PGC 17203								11031
0522.9 -0008		.SB.0..	.95± .09	20					
202.57 -19.64	UGC 3301	U	.31± .06	.81	15.24 ±.12				
329.03 -62.46	IRAS05204-0011	.0± .8		.23	13.84				
0520.4 -0011	PGC 17208		1.01						
052314.9-112528		.L..0*/	1.20± .05	51					2496
213.47 -24.69	MCG -2-14- 15	E	.82± .05	.48					
304.78 -67.30		-2.0±1.3		.00					2370
052054.5-112813	PGC 17217		1.13						2512
0523.4 +4333		.S..6?.	1.00± .16					14.93±.1	6318± 7
165.29 4.17	UGC 3300	U	.09± .12	2.59					
7.89 -27.14	IRAS05198+4330	6.0±1.7		.13	12.68			291± 8	6368
0519.8 +4330	PGC 17221		1.24	.04					6299
052334.7-694522	LMC	.SBS9..	3.81± .05	170	.91S±.05	.51± .03		2.75±.2	324± 10
280.47 -32.89	ESO 56-115	R (2)	.07± .04	.27		.00± .05			277± 19
215.46 -34.12		9.0± .3		.07	.74	.43			119
052400.0-694800	PGC 17223	5.8± .5	3.84	.04	.57	-.06	14.64± .27	2.15	351
052353.4-495420		.S?....	.92± .06	160					
256.64 -34.23	ESO 204- 4		.16± .05	.00	15.34 ±.14				10050±190
229.53 -51.15	FAIR 306			.16	13.29				9858
052238.0-495700	PGC 17227		.92	.08	15.05				10085
052356.5-171539	IC 416	.SBS5P*	1.15± .05	70					
219.49 -26.87	MCG -3-14- 14	SE (2)	.29± .04	.16					
289.39 -68.12	IRAS05217-1718	5.0± .6		.43	13.06				
052143.2-171821	PGC 17229	3.6± .7	1.16	.14					

R.A. 2000 DEC. / l b / SGL SGB / R.A. 1950 DEC.	Names / PGC	Type / S_T n_L / T / L	$\log D_{25}$ / $\log R_{25}$ / $\log A_e$ / $\log D_o$	p.a. / A_g / A_i / A_{21}	B_T / m_B / m_{FIR} / B_T^o	$(B-V)_T$ / $(U-B)_T$ / $(B-V)_T^o$ / $(U-B)_T^o$	$(B-V)_e$ / $(U-B)_e$ / m'_e / m'_{25}	m_{21} / W_{20} / W_{50} / HI	V_{21} / V_{opt} / V_{GSR} / V_{3K}
0524.0 -0519		.SBT7*.	1.07± .09	20					
207.59 -21.84		E (1)	.03± .08	.87					
319.29 -65.38		7.0±1.3		.03					
0521.6 -0522	PGC 17232	5.3±1.6	1.16	.01					
052420.6-464446		.SBT6..	1.12± .05	38					
252.84 -33.94	ESO 253- 1	Sr (1)	.11± .05	.10	14.65 ±.14				
232.60 -53.70		6.3± .6		.16					
052257.0-464724	PGC 17237	6.7± .8	1.13	.06					
052431.8-612154		.SBR6?.	.95± .07	12					
270.49 -33.92	ESO 120- 1	r	.18± .05	.09	15.46 ±.14				
220.37 -41.57		5.6±1.8		.26					
052359.0-612430	PGC 17239		.95	.09					
052436.3-460241		.SBS9..	1.07± .05						
252.01 -33.83	ESO 253- 2	S (1)	.17± .05	.10	15.53 ±.14				
233.30 -54.27		9.0± .8		.17					
052311.0-460518	PGC 17241	10.0± .8	1.08	.08					
052450.2-482718		PSBR1*.	1.03± .05	65					
254.91 -33.99	ESO 204- 6	Sr	.35± .04	.07	15.41 ±.14				13600±190
230.74 -52.40	FAIR 794	1.0± .6		.35					13408
052331.0-482954	PGC 17246		1.03	.17	14.81				13635
052454.7-124122		.S..2./	1.23± .05	68					
214.92 -24.85	MCG -2-14- 16	E	.75± .05	.44					
301.74 -67.97		2.0± .9		.92					
052235.8-124400	PGC 17248		1.27	.38					
0524.9 +0429		.I..9?.	1.56± .04					13.59±.1	522± 5
198.57 -16.93	UGC 3303	U	.12± .06	.62				171± 5	
337.09 -59.92		10.0±1.3		.09				163± 4	441
0522.3 +0427	PGC 17250		1.62	.06					530
052505.9-483513		.SBS3?/	1.13± .05	94					
255.07 -33.96	ESO 204- 7	S	.84± .04	.07	15.91 ±.14				7400±190
230.55 -52.32	FAIR 795	3.0±1.3		1.16					7208
052347.1-483748	PGC 17254		1.14	.42	14.62				7435
0525.2 +0024		.L..-*.	1.08± .17	52					
202.35 -18.88	UGC 3306	U	.29± .08	.85	14.63 ±.10				
330.72 -62.60		-3.0±1.2		.00					
0522.7 +0022	PGC 17259		1.15						
052526.3-513839		.SBS3..	1.03± .05	55					
258.76 -34.05	ESO 204- 8	S	.38± .04	.00	15.94 ±.14				
227.62 -49.87		3.0± .9		.53					
052416.1-514112	PGC 17264		1.03	.19					
052529.0+215117		.S?....	1.07± .14					14.95±.3	5623± 7
183.55 -7.63	UGC 3304		.00± .12	2.40					
355.61 -46.50				.00				293± 7	5599
052228.9+214840	PGC 17266		1.30	.00					5621
052547.5-395427		.SAS4*.	1.07± .05	87					
244.76 -32.80	ESO 305- 25	Sr (1)	.20± .04	.00	14.27 ±.14				4553
240.54 -58.97	IRAS05241-3956	3.7± .6		.30	11.77				4370
052409.0-395700	PGC 17274	4.4± .6	1.07	.10	13.94				4587
052556.6-464347	NGC 1930	.LXS+*.	1.27± .05	32	13.37 ±.13	1.00± .01	1.01± .01		
252.85 -33.67	ESO 253- 4	S	.18± .04	.11	13.39 ±.14	.44± .04	.48± .02		4260± 23
232.26 -53.88		-1.5± .6	.73± .01	.00		.92	12.51± .04		4069
052433.1-464618	PGC 17276		1.26		13.21	.42	14.15± .29		4296
0526.0 +0857		.S..6*.	.96± .09						8517± 10
194.73 -14.42	UGC 3308	U	.00± .06	1.60					
343.39 -56.93		6.0±1.2		.00					8450
0523.3 +0855	PGC 17281		1.11	.00					8524
052627.0-211711		.L...+P	1.03± .05						
223.95 -27.78	ESO 553- 43	S	.08± .03	.14	14.84 ±.14				
278.30 -68.30		-1.0± .8		.00					
052419.1-211942	PGC 17287		1.03						
052634.7-315036		RSBS0..	.97± .07						
235.52 -30.94	ESO 423- 16	r	.06± .06	.00	14.87 ±.14				11753± 52
253.58 -64.22		-.1± .9		.04					11581
052442.0-315306	PGC 17290		.97		14.65				11784
052644.7-191242		.S..5*/	1.19± .03	61					
221.80 -26.97	ESO 553- 44	SE (1)	.75± .03	.16	14.81 ±.14				8336
283.93 -68.68	IRAS05245-1915	5.0± .9		1.13	13.89				8189
052434.0-191512	PGC 17294	2.2±1.3	1.20	.38	13.47				8362

R.A. 2000 DEC. l b SGL SGB R.A. 1950 DEC.	Names PGC	Type S_T n_L T L	$\log D_{25}$ $\log R_{25}$ $\log A_e$ $\log D_o$	p.a. A_g A_i A_{21}	B_T m_B m_{FIR} B_T^o	$(B-V)_T$ $(U-B)_T$ $(B-V)_T^o$ $(U-B)_T^o$	$(B-V)_e$ $(U-B)_e$ m'_e m'_{25}	m_{21} W_{20} W_{50} HI	V_{21} V_{opt} V_{GSR} V_{3K}
052647.5-634541	NGC 1947	.L..-P.	1.48± .03	119	11.65M±.07	1.01± .02	1.04± .01		
273.32 -33.44	ESO 85- 87	R	.07± .02	.16	11.76 ±.11	.50± .03	.51± .01		1157± 25
218.55 -39.59	IRAS05264-6347	-3.0± .3	1.03± .01	.00	12.59	.96	12.47± .04		961
052628.0-634806	PGC 17296		1.49		11.50	.46	13.75± .16		1197
052705.8+454036		.I?....	.64± .17					15.50±.3	6087± 9
163.88 5.88	MCG 8-10- 3		.00± .07	1.83				124± 11	
9.50 -25.47				.00				91± 8	6143
052324.5+453805	PGC 17303		.81	.00					6071
052709.5-631430		.IBS9..	1.20± .07	130					
272.70 -33.45	ESO 85- 88	S (1)	.29± .05	.16	16.90 ±.14				
218.82 -40.07		10.0± .6		.22					
052647.0-631654	PGC 17305	10.0± .6	1.21	.14					
0527.9 +6352		.E.....	.96± .12	85					
148.22 15.65	UGC 3307	U	.12± .05	.85	14.6 ±.3				
16.74 -8.66		-5.0± .9		.00					
0523.1 +6350	PGC 17317		1.06						
052802.2-051839	NGC 1924	.SBR4..	1.20± .03	50	13.25 ±.13	.73± .01	.81± .01		2538
208.07 -20.95	MCG -1-14- 11	E (1)	.12± .05	.74					
320.41 -66.26	IRAS05255-0521	4.0± .8	.80± .01	.18	11.81	.52	12.74± .03		2426
052534.6-052103	PGC 17319	3.6± .8	1.27	.06	12.31		13.79± .25		2558
0528.2 +7639	A 0521+76	.SXR4*.	1.02± .10		13.59 ±.17	.73± .04	.81± .02	15.71±.1	4174± 7
136.36 21.76	UGC 3302	U (1)	.00± .07	.49	14.68 ±.20			227± 11	4173± 59
21.31 3.27		4.0± .8	1.00± .03	.00		.59	14.08± .08	219± 7	4319
0521.0 +7637	PGC 17322	2.7± .8	1.06	.00	13.54		13.52± .53	2.18	4142
0528.2 -1607	A 0526-16	.SBS6..	1.27± .05		13.5 ±.4	.49± .05		14.31±.1	2174± 10
218.76 -25.49	MCG -3-14- 17	E (2)	.00± .05	.24				95± 15	2181± 59
292.56 -69.14	IRAS05259-1609	6.0± .9		.00	12.87	.42			2034
0525.9 -1609	PGC 17323	3.5± .6	1.29	.00	13.25		14.71± .48	1.06	2200
052836.2-412928		.S..3*/	1.13± .04	38					
246.72 -32.54	ESO 306- 2	S	.74± .04	.01	15.81 ±.14				
237.68 -58.19		3.0± .9		1.02					
052701.0-413148	PGC 17329		1.13	.37					
052842.1-565605		RLXR0*.	.99± .05	175					
265.13 -33.62	ESO 159- 12	Sr	.14± .03	.16	14.71 ±.14				
222.79 -45.67		-1.5± .7		.00					
052750.0-565824	PGC 17331		.99						
052907.8-195605		.SBS6..	1.17± .03	165					
222.78 -26.71	ESO 554- 2	SE (1)	.12± .03	.10	14.12 ±.14				
281.72 -69.14		6.3± .4		.17					
052658.0-195824	PGC 17340	6.1± .6	1.18	.06					
052908.4-392518		RSBS4?.	1.09± .05	15					
244.33 -32.08	ESO 306- 3	S (1)	.31± .04	.00	14.44 ±.14				
240.31 -59.77	IRAS05274-3927	4.0± .6		.46	13.74				
052729.1-392736	PGC 17341	3.3±1.2	1.09	.16					
052913.7-421236		.E+4.P.	1.12± .05	18					
247.58 -32.53	ESO 306- 4	S	.31± .04	.00	14.76 ±.14				23075
236.61 -57.73	VV 599	-4.0± .6		.00					22888
052740.0-421454	PGC 17343		1.02		14.41				23113
0529.2 +6722		.S?....	1.12± .05	10				15.90±.1	6051± 11
145.12 17.50	UGC 3309		.29± .05	.48	15.0 ±.2				
18.12 -5.44	IRAS05240+6719			.43	13.29			355± 8	6173
0524.0 +6719	PGC 17344		1.16	.15	14.10			1.65	6024
052944.4-534516		.S..1?P	1.03± .05	40					
261.31 -33.46	ESO 159- 13	S	.43± .05	.37	15.25 ±.14				
225.02 -48.47		1.0±1.8		.44					
052841.0-534730	PGC 17353		1.06	.21					
0530.0 +5555		.S?....	1.22± .12	120				15.16±.1	2183± 7
155.39 11.79	UGC 3314		.94± .12	1.80					
14.09 -16.17				1.38				193± 8	2271
0525.9 +5553	PGC 17359		1.39	.47					2164
053018.2-565213		.SB.5?P	1.09± .08						
265.05 -33.40	ESO 159- 16	S	.23± .07	.16	18.52 ±.14				
222.56 -45.83		5.0±1.7		.35					
052926.1-565424	PGC 17365		1.10	.12					
053029.1-245235		.IBS9..	1.30± .06	40					1845
228.13 -28.11	ESO 487- 17	S (1)	.12± .05	.07	16.24 ±.14				
268.17 -68.20		10.0± .8		.09					1684
052826.1-245448	PGC 17373	11.1± .8	1.31	.06	16.08				1879

R.A. 2000 DEC. l b SGL SGB R.A. 1950 DEC.	Names PGC	Type S_T n_L T L	$\log D_{25}$ $\log R_{25}$ $\log A_e$ $\log D_o$	p.a. A_g A_i A_{21}	B_T m_B m_{FIR} B_T^o	$(B-V)_T$ $(U-B)_T$ $(B-V)_T^o$ $(U-B)_T^o$	$(B-V)_e$ $(U-B)_e$ m'_e m'_{25}	m_{21} W_{20} W_{50} HI	V_{21} V_{opt} V_{GSR} V_{3K}
053034.3-450706		.L?....	1.05± .06	178					
251.04 -32.69	ESO 253- 8		.38± .03	.09	15.22 ±.14				10604± 24
232.88 -55.64	IRAS05291-4509			.00	13.64				10413
052907.1-450918	PGC 17374		1.00		14.97				10644
053040.1-332318		.SXT3P.	.90± .06						
237.51 -30.49	ESO 363- 3	r	.09± .05	.00	14.88 ±.14				
249.52 -64.02	IRAS05288-3325	3.3± .9		.12	13.36				
052850.1-332530	PGC 17375		.90	.05					
0530.9 +5551		.I..9?.	1.14± .13	100				14.60±.1	2201± 7
155.52 11.86	UGC 3316	U	.18± .12	1.74				204± 6	
14.18 -16.28		10.0±1.7		.13				185± 4	2289
0526.8 +5549	PGC 17378		1.30	.09					2182
053059.9-535251		.L...?/	1.13± .06	135					
261.47 -33.28	ESO 159- 17	S	.80± .03	.37	15.55 ±.14				
224.68 -48.46		-2.0±1.9		.00					
052957.0-535500	PGC 17381		1.05						
053140.2-102336		.SBR2?/	1.22± .04	155					
213.40 -22.39	MCG -2-15- 1	E	.51± .04	.61					
308.93 -69.03	IRAS05293-1025	2.0±1.2		.62	11.68				
052918.6-102545	PGC 17395		1.27	.25					
053140.7-420947		PSAR2P*	1.13± .04						
247.61 -32.08	ESO 306- 9	Sr	.06± .04	.02	14.06 ±.14				14508± 17
236.02 -58.06	FAIR 1135	1.5± .6		.08	13.46				14319
053007.0-421154	PGC 17396		1.13	.03	13.82				14549
053142.0-734459		.S..7./	1.31± .04	170					
284.96 -31.51	ESO 33- 22	S	1.19± .04	.46	15.56 ±.14				
212.78 -30.78		7.0±1.0		1.38					
053256.0-734700	PGC 17397		1.35	.50					
053150.4-230841	IC 2130	.SBS8..	1.26± .03	103					1829
226.40 -27.24	ESO 487- 19	S (1)	.31± .03	.09	13.84 ±.14				
272.44 -69.06		8.0± .8		.39					1671
052945.0-231048	PGC 17402	6.7± .8	1.27	.16	13.36				1864
053214.9-075501	IC 421	.SXT4..	1.51± .03	80				13.30±.1	3557± 11
211.06 -21.18	MCG -1-15- 1	UE (1)	.07± .05	.68				316± 16	
315.47 -68.32	IRAS05297-0757	4.0± .5		.10				282± 12	3436
052950.3-075707	PGC 17407	1.9± .8	1.58	.03					3585
053216.1-503420		.L..0P/	1.12± .05	5					
257.54 -32.93	ESO 204- 13	S	.43± .04	.02	15.55 ±.14				
227.16 -51.36		-2.0± .8		.00					
053103.0-503624	PGC 17408		1.05						
053221.3-455556		.S?....	1.18± .06	76					
252.05 -32.48	ESO 253- 12		.54± .05	.10	15.20 ±.14				3996
231.57 -55.18				.75					3804
053056.0-455800	PGC 17410		1.19	.27	14.32				4039
053228.6-135538	IC 2132	.S..1P*	1.17± .05	175					
216.98 -23.67	MCG -2-15- 2	E	.30± .05	.43					
299.13 -69.98	IRAS05301-1357	1.0±1.2		.31	11.85				
053011.4-135743	PGC 17415		1.21	.15					
053232.0-495409		.S..3?.	1.05± .05	75					
256.74 -32.84	ESO 204- 14	S (1)	.36± .04	.02	14.92 ±.14				
227.69 -51.94	IRAS05313-4956	3.0±1.8		.49					
053117.1-495612	PGC 17416	5.6± .9	1.05	.18					
053240.8-325739		.LBR+..	.94± .06	26					
237.15 -29.98	ESO 363- 6	r	.20± .05	.00	15.18 ±.14				
249.70 -64.61		-1.3± .9		.00					
053050.1-325942	PGC 17420		.90						
053248.2-140350	NGC 1954	.SAT4P*	1.62± .03	155	12.44 ±.15	.63± .03	.78± .02	13.35±.1	3130± 5
217.16 -23.66	MCG -2-15- 3	PE (2)	.28± .04	.43		.05± .04	.08± .03	477± 6	3033± 63
298.76 -70.08	IRAS05305-1405	4.3± .6	1.29± .03	.41	12.44	.46	14.38± .06	426± 5	2992
053031.1-140554	PGC 17422	3.7± .7	1.66	.14	11.58	-.07	14.70± .23	1.63	3162
053252.9-074636		.L..+P*	1.05± .07	145					
211.00 -20.98	MCG -1-15- 2	E	.26± .05	.67					
315.99 -68.41	VV 848	-1.0±1.3		.00					
053028.2-074840	PGC 17425		1.07						
0532.9 +7923		.S..8*.	1.07± .14	64				16.63±.1	4543± 11
133.81 23.15	UGC 3311	U	.62± .12	.34					
22.48 5.74		8.0±1.3		.76				130± 8	4694
0524.5 +7921	PGC 17426		1.10	.31					4511

R.A. 2000 DEC.	Names	Type	$\log D_{25}$	p.a.	B_T	$(B-V)_T$	$(B-V)_e$	m_{21}	V_{21}
l b		S_T n_L	$\log R_{25}$	A_g	m_B	$(U-B)_T$	$(U-B)_e$	W_{20}	V_{opt}
SGL SGB		T	$\log A_e$	A_i	m_{FIR}	$(B-V)^o_T$	m'_e	W_{50}	V_{GSR}
R.A. 1950 DEC.	PGC	L	$\log D_o$	A_{21}	B^o_T	$(U-B)^o_T$	m'_{25}	HI	V_{3K}
053308.6+492200								15.80±.3	7245± 9
161.31 8.74				1.19				160± 11	
12.04 -22.45								122± 8	7311
052917.6+491954	PGC 17429								7233
053311.8-523831		.S..0P/	1.18± .05	9	14.2 ±.2	.94± .05	.97± .02		
260.01 -32.90	ESO 159- 19	S	.29± .04	.07	14.71 ±.14				
225.23 -49.69	IRAS05320-5240	-.5± .6	.87± .07	.00	12.47		14.06± .22		
053205.0-524030	PGC 17432		1.14				14.24± .34		
053312.8-362359	NGC 1963	.S..6*/	1.44± .04	109				13.72±.2	1324± 11
241.05 -30.69	ESO 363- 7	BS	.69± .05	.00	13.27 ±.14			243± 16	
243.63 -62.46	IRAS05314-3626	5.5± .8		1.02	11.86			241± 12	1142
053128.0-362600	PGC 17433		1.44	.35	12.24			1.13	1366
053321.1-215651	NGC 1964	.SXS3..	1.75± .01	32	11.58 ±.13	.77± .01	.87± .01	12.90±.1	1663± 5
225.28 -26.51	ESO 554- 10	R (3)	.42± .02	.03	11.51 ±.11	.21± .03	.36± .02	429± 6	1699± 43
275.48 -69.72	IRAS05312-2158	3.0± .3	.97± .01	.58	10.68	.67	11.92± .04	407± 6	1507
053114.1-215852	PGC 17436	2.4± .4	1.76	.21	10.92	.13	14.14± .16	1.77	1700
053335.1+061634		.S..2..	1.01± .06	147				16.57±.3	8067± 10
198.09 -14.18	UGC 3321	U	.42± .05	1.51					
342.61 -60.17		2.0± .9		.51				509± 7	7987
053054.0+061433	PGC 17444		1.15	.21					8088
0533.6 +7343	A 0527+73	.I..9..	1.17± .07		15.2 ±.2	.75± .12	.73± .05	14.40±.1	1239± 6
139.35 20.77	UGC 3317	U (1)	.21± .06	.49		-.14± .14	-.13± .07	121± 8	
20.62 .40	DDO 38	10.0± .7	1.18± .06	.16		.58	16.58± .13	107± 12	1377
0527.2 +7341	PGC 17445	9.0±1.0	1.21	.11	14.54	-.27	15.34± .44	-.24	1211
0533.9 +7913		.S..9*.	1.04± .15	160				15.86±.1	4688± 11
133.99 23.12	UGC 3313	U	.18± .12	.34					
22.47 5.57		9.0±1.2		.18				76± 8	4838
0525.6 +7911	PGC 17450		1.07	.09					4657
053401.2-231832	NGC 1979	.LA.*..	1.34± .05						
226.77 -26.83	ESO 487- 24	S	.09± .04	.02	12.85 ±.14				
271.56 -69.48		-3.0±1.0		.00					
053156.0-232030	PGC 17452		1.33						
053406.8-282757		.SXS5*.	1.25± .05						
232.29 -28.45	ESO 423- 20	S (1)	.09± .04	.04	13.53 ±.14				3804± 52
258.55 -67.39	IRAS05321-2830	5.0± .7		.14	13.69				3634
053209.0-282954	PGC 17455	3.3± .6	1.26	.05	13.32				3844
0534.2 +7011		.S..6*.	1.22± .06	127				15.53±.1	4216± 11
142.73 19.23	UGC 3319	U	.76± .06	.42					
19.50 -2.95	IRAS05285+7009	6.0±1.3		1.12	12.74			330± 8	4344
0528.5 +7009	PGC 17456		1.26	.38					4190
053417.7-555254		.SXT7..	1.14± .05						
263.87 -32.85	ESO 159- 20	Sr (1)	.06± .05	.19	14.85 ±.14				
222.57 -46.97		7.4± .6		.08					
053322.0-555448	PGC 17458	7.8± .8	1.16	.03					
053420.2+064721		.S..6?.	1.00± .08	25				15.07±.3	7874± 7
197.73 -13.76	UGC 3322	U	.25± .06	1.59					
343.56 -59.91		6.0±1.8		.37				446± 7	7796
053138.5+064523	PGC 17462		1.15	.13					7896
053421.9-233158	IC 2138	.SXR2..	1.08± .05	88					
227.03 -26.83	ESO 487- 27	r	.19± .04	.03	13.91 ±.14				
270.87 -69.49		2.2± .9		.23					
053217.1-233354	PGC 17463		1.08	.10					
053423.2-304804	NGC 1989	.LAS-*.	1.16± .05	106					
234.87 -29.06	ESO 423- 21	S	.12± .04	.00	14.13 ±.14				10782± 52
253.41 -66.19		-3.0± .6		.00					10608
053229.0-305000	PGC 17464		1.14		13.97				10823
053432.1-305347	NGC 1992	.SAT0?.	1.02± .05	45					
234.98 -29.05	ESO 423- 23	S	.18± .04	.00	14.69 ±.14				10576± 52
253.17 -66.16		.0± .6		.14					10402
053238.1-305542	PGC 17466		1.01		14.39				10618
053439.7-341048		.IXS9..	1.10± .06	173					868
238.63 -29.88	ESO 363- 8	S (1)	.18± .04	.00	16.63 ±.14				
246.89 -64.16		10.0± .9		.13					689
053251.0-341242	PGC 17467	10.0± .9	1.10	.09	16.49				911
053441.6-291359		.LA.0?P	1.25± .05						
233.17 -28.55	ESO 423- 24	S	.02± .04	.00	13.13 ±.14				3968± 52
256.65 -67.10		-2.0± .7		.00					3797
053245.0-291554	PGC 17469		1.24		13.07				4009

R.A. 2000 DEC. l b SGL SGB R.A. 1950 DEC.	Names PGC	Type S_T n_L T L	$\log D_{25}$ $\log R_{25}$ $\log A_e$ $\log D_o$	p.a. A_g A_i A_{21}	B_T m_B m_{FIR} B_T^o	$(B-V)_T$ $(U-B)_T$ $(B-V)_T^o$ $(U-B)_T^o$	$(B-V)_e$ $(U-B)_e$ m'_e m'_{25}	m_{21} W_{20} W_{50} HI	V_{21} V_{opt} V_{GSR} V_{3K}
053450.3-100137		.S..5./	1.08± .06	50					
213.40 -21.52	MCG -2-15- 6	E	.87± .05	.77					
310.59 -69.66		5.0±1.0		1.30					
053228.4-100332	PGC 17475		1.15	.43					
053459.0-505520	NGC 2007	.SBT5*.	1.24± .04	83	13.91V±.14		.51± .05		
257.99 -32.53	ESO 204- 19	Sr (1)	.47± .04	.02	14.84 ±.14				4523± 62
226.28 -51.30		5.0± .7	.82± .02	.71					4326
053347.0-505712	PGC 17478	3.3±1.2	1.24	.24	14.08				4569
053503.8-505802	NGC 2008	.S..5..	1.17± .05	93	13.80V±.13	.65± .03	.72± .03		
258.04 -32.52	ESO 204- 20	S (1)	.30± .05	.06	14.64 ±.14				10341± 62
226.22 -51.26	IRAS05338-5059	5.0± .8	.64± .01	.45	13.57	.51			10144
053352.0-505954	PGC 17480	1.1± .8	1.17	.15	13.98		14.40± .29		10387
0535.0 +7648		.S..9*.	1.19± .12	45				15.53±.1	4468± 11
136.41 22.18	UGC 3318	U	.08± .12	.49					
21.73 3.27		9.0±1.1		.08				216± 8	4613
0527.8 +7646	PGC 17481		1.24	.04					4438
053507.2-484635		.L..-*.	1.32± .07						
255.46 -32.32		S	.50± .08	.16					
228.13 -53.12		-3.0±1.2		.00					
053349.2-484827	PGC 17482		1.27						
0535.3 +4054		.S..4..	1.15± .06	30				15.25±.1	6689± 7
168.71 4.55	UGC 3325	U	.16± .05	2.24					
8.96 -30.44		4.0± .8		.24				329± 8	6726
0531.8 +4053	PGC 17483		1.36	.08					6685
053525.4-174856	NGC 1993	.LAT-*.	1.17± .05	80	*				
221.21 -24.55	ESO 554- 14	SE	.02± .04	.13	13.41 ±.14				
287.51 -70.84		-2.5± .5		.00					
053313.0-175048	PGC 17487		1.19						
053534.4+494603		.S..7*.	1.00± .16	172	*			15.71±.1	6243± 7
161.17 9.28	UGC 3323	U	.19± .12	1.10				176± 11	
12.59 -22.22		7.0±1.3		.26				166± 6	6309
053142.2+494408	PGC 17489		1.10	.09					6233
053534.8-290909		.E+4.P*	1.03± .05	153	*				
233.15 -28.34	ESO 424- 1	S	.24± .04	.00	15.26 ±.14				17831± 52
256.57 -67.31		-4.0± .6		.00					17660
053338.1-291100	PGC 17490		.96		14.99				17874
0535.6 -1526		.S..7?/	1.13± .08	175	*				
218.83 -23.57		E	.87± .08	.22					
294.84 -70.89		7.0±1.8		1.20					
0533.4 -1528	PGC 17491		1.15	.43					
053552.0-532912		.S..4*.	1.01± .05	58	*				
261.03 -32.54	ESO 159- 21	S (1)	.20± .04	.41	15.36 ±.14				
224.04 -49.16		4.0±1.2		.29					
053448.0-533100	PGC 17495	3.3±1.2	1.04	.10					
053613.8-164016		.S..6*/	1.14± .06	80	*				7755
220.13 -23.93	MCG -3-15- 5	E (1)	.70± .05	.18					
291.03 -71.07		6.0±1.3		1.03					7609
053400.0-164205	PGC 17502	5.3±1.6	1.15	.35					7794
053617.4+071929		.S..3..	1.02± .06	169	*			16.22±.3	3857± 10
197.50 -13.07	UGC 3328	U	.49± .05	1.89	15.0 ±.3				
344.98 -59.83		3.0± .9		.68				380± 7	3779
053335.2+071740	PGC 17504		1.19	.25	12.43			3.54	3881
053626.1-521102		.SBS9*P	1.11± .05	17	*				
259.50 -32.39	ESO 204- 22	S (1)	.09± .05	.10	15.50 ±.14				1279
224.94 -50.33		9.0± .6		.09					1081
053518.0-521248	PGC 17507	10.0± .7	1.12	.04	15.30				1326
0536.4 +6335		.S..6*.	1.04± .08	40	*				
148.96 16.34	UGC 3324	U	1.06± .06	.66					
17.54 -9.25		6.0±1.5		1.47					
0531.7 +6334	PGC 17508		1.10	.50					
053633.0+163830		.S..4..	1.11± .07	10	*			16.18±.3	5253± 10
189.40 -8.23	UGC 3329	U	.36± .06	2.15					
354.78 -52.30		4.0± .9		.53				475± 7	5206
053339.4+163641	PGC 17509		1.31	.18					5271
053646.4-222420		.SAS3..	1.15± .04	7	*				
226.06 -25.92	ESO 554- 19	S (1)	.33± .03	.06	14.37 ±.14				
273.55 -70.36	IRAS05346-2225	3.0± .8		.45	13.72				
053440.1-222606	PGC 17511	3.3± .8	1.16	.16					

R.A. 2000 DEC.	Names	Type	$\log D_{25}$	p.a.	B_T	$(B-V)_T$	$(B-V)_e$	m_{21}	V_{21}
l b		S_T n_L	$\log R_{25}$	A_g	m_B	$(U-B)_T$	$(U-B)_e$	W_{20}	V_{opt}
SGL SGB		T	$\log A_e$	A_i	m_{FIR}	$(B-V)^o_T$	m'_e	W_{50}	V_{GSR}
R.A. 1950 DEC.	PGC	L	$\log D_o$	A_{21}	B^o_T	$(U-B)^o_T$	m'_{25}	HI	V_{3K}
053647.3+142518		.S?....	1.04± .15					15.56±.2	5214± 6
191.35 -9.34	UGC 3330		.04± .12	1.77				198± 7	
352.88 -54.20	IRAS05338+1423			.06				173± 5	5159
053356.5+142330	PGC 17512		1.21	.02					5234
053653.2-151215		RSBR0*.	1.07± .06	45	*				
218.73 -23.21	MCG -3-15- 6	E	.11± .05	.26					
295.62 -71.17		.0± .9		.09					
053437.5-151401	PGC 17515		1.09						
053715.9-491525		.LX.-..	1.11± .10		*				
256.06 -32.02		S	.14± .08	.05					
227.21 -52.90		-3.0± .8		.00					
053559.3-491707	PGC 17524		1.10						
053718.7-262553		.S..7?/	1.23± .05	155	*				1499
230.35 -27.15	ESO 487- 30	S (1)	.79± .05	.00	15.85 ±.14				
262.50 -68.98		7.0±1.7		1.10					1332
053518.0-262736	PGC 17525	6.7±1.2	1.23	.40	14.74				1543
053719.0-422435		.S?....	1.10± .05	155	*				
248.10 -31.09	ESO 306- 12		.28± .05	.04	14.98 ±.14				10946
234.18 -58.53	IRAS05356-4226			.39					10755
053546.0-422618	PGC 17526		1.10	.14	14.47				10994
0537.8 +0006		.S..3..	1.02± .06		*				
204.21 -16.26	UGC 3331	U	.02± .05	1.57					
334.65 -65.24		3.0± .8		.03					
0535.3 +0005	PGC 17535		1.17	.01					
053813.0-675112		PSA.3?.	1.09± .09		*				
278.01 -31.85		S	.42± .08	.28					
214.98 -36.40		3.0±1.0		.58					
053822.7-675247	PGC 17536		1.12	.21					
0538.3 +7935		.SBS3..	.99± .10		*			15.57±.1	4739± 11
133.72 23.46	UGC 3320	U	.45± .07	.43	15.30 ±.18				
22.78 5.85	IRAS05298+7933	3.0± .9		.62	11.90			234± 8	4890
0529.8 +7933	PGC 17540		1.03	.22	14.22			1.12	4709
053836.2-342328		.SBR3P.	.96± .06		*				
239.10 -29.15	ESO 363- 12	r	.04± .03	.00	15.41 ±.14				10709± 52
245.26 -64.63		3.3± .9		.06					10528
053648.0-342506	PGC 17544		.96	.02	15.27				10757
053849.2+410738								16.45±.3	6117± 9
168.88 5.22				1.94				55± 11	
9.76 -30.49								45± 8	6153
053517.5+410558	PGC 17547								6118
053858.4-414413		.SB?...	1.02± .07	137	*				
247.39 -30.67	ESO 306- 13		.08± .06	.05	14.03 ±.14				1021
234.51 -59.25	IRAS05374-4145			.12	13.45				830
053724.0-414548	PGC 17552		1.03	.04	13.86				1070
053903.1+153438		.S?....	1.04± .15	30				14.48±.3	5817± 7
190.64 -8.27	UGC 3332		.59± .12	2.13					
354.69 -53.52	IRAS05361+1532			.88	12.67			450± 7	5765
053610.8+153300	PGC 17554		1.24	.29					5840
0539.3 -1701		.SB?...	1.12± .08		*				4302
220.80 -23.38	MCG -3-15- 7		.46± .07	.22					
289.88 -71.80				.56					4154
0537.1 -1703	PGC 17556		1.14	.23					4345
0539.6 +7718		.S..6*.	1.55± .03		*			14.64±.1	4085± 11
136.02 22.62	UGC 3326	U	1.26± .06	.44	15.3 ±.2				4087± 76
22.13 3.67	IRAS05321+7716	6.0±1.2		1.47	12.83			528± 8	4230
0532.1 +7716	PGC 17561		1.59	.50	13.40			.74	4057
053952.9-403041		.S?....	.99± .07	147	*				
246.03 -30.27	ESO 306- 16		.21± .06	.05	14.97 ±.14				11192
235.75 -60.32				.22					11002
053816.0-403212	PGC 17566		.99	.11	14.56				11242
053958.8-583507		PSBT7..	1.29± .04	96	*				
267.08 -32.10	ESO 120- 12	Sr (1)	.15± .05	.20	14.09 ±.14				1273
219.80 -44.92	IRAS05392-5836	6.8± .5		.21					1073
053914.1-583636	PGC 17567	7.8± .8	1.31	.08	13.68				1323
054003.1-815856		.SXS8*P	1.01± .05	28	*				
294.17 -29.31	ESO 16- 9	S (1)	.29± .04	.84	15.63 ±.14				
208.95 -23.28	IRAS05455-8200	8.0± .9		.35					
054523.1-820012	PGC 17568	7.8±1.3	1.09	.14					

R.A. 2000 DEC. l b SGL SGB R.A. 1950 DEC.	Names PGC	Type S_T n_L T L	$\log D_{25}$ $\log R_{25}$ $\log A_e$ $\log D_o$	p.a. A_g A_i A_{21}	B_T m_B m_{FIR} B_T^o	$(B-V)_T$ $(U-B)_T$ $(B-V)_T^o$ $(U-B)_T^o$	$(B-V)_e$ $(U-B)_e$ m'_e m'_{25}	m_{21} W_{20} W_{50} HI	V_{21} V_{opt} V_{GSR} V_{3K}
054006.3-405012		.E+3...	1.39± .04	177	*				
246.41 -30.29	ESO 306- 17	S	.21± .04	.03	13.35 ±.14				10734± 34
235.28 -60.09		-4.0± .8		.00					10544
053830.1-405142	PGC 17570		1.33		13.16				10785
054009.8-553219		.S..3..	1.23± .05	118	*				
263.49 -32.01	ESO 159- 23	S (1)	.32± .05	.25	14.42 ±.14				7183
221.74 -47.66	IRAS05392-5533	3.0± .8		.44	13.48				6983
053913.0-553348	PGC 17571	3.3± .8	1.26	.16	13.68				7233
054011.9-220011		.S?....	1.03± .05	130					
225.95 -25.04	ESO 554- 23		.14± .04	.10	14.68 ±.14				8963± 69
274.04 -71.23	IRAS05380-2201			.21	12.49				8803
053805.0-220142	PGC 17572		1.04	.07	14.31				9010
054039.5+162738		.S?....	1.00± .16					15.30±.3	4864± 7
190.08 -7.48	UGC 3338		.09± .12	2.47					
355.99 -52.97	IRAS05377+1626			.13				306± 10	4814
053746.1+162607	PGC 17587		1.23	.04					4888
054051.0-134856		.SBS6..	1.06± .06	130	*				
217.77 -21.77	MCG -2-15- 9	E (1)	.05± .05	.59					
300.35 -71.98		6.0± .9		.08					
053833.7-135025	PGC 17589	4.2± .8	1.12	.03					
054057.6-820713	NGC 2144	PSAT1*.	1.16± .05		*				
294.32 -29.25	ESO 16- 10	S	.10± .05	.84	13.93 ±.14				
208.87 -23.16	IRAS05464-8208	.8± .4		.10	12.74				
054626.0-820824	PGC 17592		1.24	.05					
054100.9-354227		.SAS7..	1.39± .04	2	*			14.50±.2	1276± 7
240.70 -28.99	ESO 363- 15	S (1)	.17± .05	.00	13.92 ±.14			133± 16	
242.26 -64.07	IRAS05393-3543	7.0± .8		.23	14.12			126± 12	1092
053915.0-354354	PGC 17595	5.6± .8	1.39	.08	13.68			.74	1327
054119.8-181640		.SBT6P*	1.18± .04	56	*				
222.26 -23.42	ESO 554- 24	SE (2)	.23± .03	.24	14.29 ±.14				
285.69 -72.20		5.5± .6		.33					
053908.0-181806	PGC 17597	4.2± .7	1.20	.11					
054151.3-641804	NGC 2082	.SBR3..	1.26± .03		12.62 ±.13	.56± .02	.64± .01		
273.81 -31.75	ESO 86- 21	R (1)	.03± .03	.15	12.79 ±.12	-.10± .03	-.05± .02		1241± 49
216.32 -39.82	IRAS05415-6419	3.0± .4	.96± .01	.04	11.83	.51	12.91± .02		1041
054136.0-641924	PGC 17609	4.6± .9	1.28	.02	12.52	-.13	13.71± .20		1291
054156.0+182928		.SB.2..	1.26± .06					13.99±.2	4569± 7
188.49 -6.17	UGC 3341	U	.00± .06	3.31				152± 7	
358.04 -51.36	IRAS05389+1828	2.0± .8		.00	12.01			143± 5	4525
053900.0+182803	PGC 17616		1.57	.00					4593
054200.6-225643		.SBS8*/	1.44± .03	104				14.02±.2	1731± 11
227.09 -24.98	ESO 487- 35	SU (1)	.65± .04	.07	13.41 ±.14			165± 16	
270.81 -71.34	IRAS05399-2258	7.8± .6		.80	13.15			159± 12	1568
053955.1-225806	PGC 17619	4.8± .7	1.45	.32	12.54			1.15	1781
0542.0 -1233		.I..9..	1.21± .07	85					
216.66 -21.00		E (1)	.28± .08	.59					
304.53 -72.03		10.0± .9		.21					
0539.7 -1235	PGC 17621	7.5± .8	1.27	.14					
054204.4+692246	NGC 1961	.SXT5..	1.66± .02	85	11.73 ±.14	.74± .04	.82± .02	12.69±.1	3930± 4
143.82 19.47	UGC 3334	R (2)	.19± .02	.42	11.67 ±.15		.30± .07	690± 5	3983± 22
19.88 -3.93	ARP 184	5.0± .3	1.30± .02	.29	10.77	.58	13.72± .05	621± 5	4057
053634.0+692116	PGC 17625	2.8± .6	1.70	.10	10.98		14.39± .17	1.62	3911
054218.6-475633		.LXR0P*	1.20± .09						
254.64 -31.04		S	.17± .08	.27					14726± 15
227.17 -54.46		-2.5± .6		.00					14529
054058.7-475753	PGC 17629		1.21						14779
054220.7-550548		.SBT3*.	1.05± .09						
262.99 -31.68		S (1)	.25± .08	.39					
221.63 -48.19		3.0± .7		.35					
054122.5-550707	PGC 17632	3.9± .9	1.09	.13					
054220.9-253232		.LAS0P*	1.14± .05	32					
229.82 -25.79	ESO 487- 36	S	.17± .04	.00	14.46 ±.14				9030± 52
263.33 -70.39		-2.0± .6		.00					8862
054019.0-253354	PGC 17633		1.11		14.32				9081
054233.4-493705			.72± .07						
256.59 -31.20	ESO 204- 30		.05± .06	.10	15.44 ±.14				12239±104
225.67 -53.04	IRAS05412-4938				13.27				12041
054118.0-493824	PGC 17639		.73						12292

R.A. 2000 DEC. l b SGL SGB R.A. 1950 DEC.	Names PGC	Type S_T n_L T L	$\log D_{25}$ $\log R_{25}$ $\log A_e$ $\log D_o$	p.a. A_g A_i A_{21}	B_T m_B m_{FIR} B^o_T	$(B-V)_T$ $(U-B)_T$ $(B-V)^o_T$ $(U-B)^o_T$	$(B-V)_e$ $(U-B)_e$ m'_e m'_{25}	m_{21} W_{20} W_{50} HI	V_{21} V_{opt} V_{GSR} V_{3K}
0542.7 +6953		.S?....	.77± .11						
143.36 19.75	CGCG 329- 10		.18± .10	.43	15.25 ±.20				4016±125
20.10 -3.46				.27					4142
0537.2 +6952	PGC 17645		.81	.09	14.54				3995
054305.9-203117			.92± .06	106					
224.70 -23.87	ESO 554- 27		.29± .05	.04	14.13 ±.14				3237±104
278.13 -72.26	IRAS05409-2032				12.99				3079
054057.0-203236	PGC 17651		.92						3287
054306.3-524202		.IBS9..	1.11± .05	55				14.59±.3	1100± 9
260.19 -31.41	ESO 159- 25	S (1)	.15± .05	.17	15.54 ±.14				
223.16 -50.38		10.0± .5		.11				109± 7	900
054200.0-524318	PGC 17652	10.0± .5	1.13	.07	15.26			-.75	1153
054311.8-343655		.S..5..	1.03± .05						
239.62 -28.29	ESO 363- 17	S (1)	.03± .04	.00	14.62 ±.14				
243.32 -65.16		5.0± .8		.05					
054124.0-343812	PGC 17654	3.3± .8	1.03	.02					
054314.3+163010		.S?....	1.11± .07	9				15.00±.3	5171± 7
190.36 -6.93	UGC 3348		.44± .06	2.77					
356.91 -53.24				.66				312± 7	5120
054020.8+162850	PGC 17656		1.37	.22					5199
054315.2-300443	NGC 2049	.SAS1?.	1.31± .04	168					
234.70 -27.02	ESO 424- 11	S	.33± .04	.00	13.67 ±.14				
252.01 -68.16		1.0± .8		.34					
054120.0-300600	PGC 17657		1.31	.16					
054315.8-550652		.LA.-P.	1.36± .07						
263.02 -31.55		S	.21± .08	.39					
221.44 -48.24		-3.0± .5		.00					
054217.6-550807	PGC 17658		1.37						
054328.5-302944		.SBT8..	1.26± .04	96					1302
235.16 -27.10	ESO 424- 13	Sr (1)	.10± .05	.00	13.61 ±.14				
251.04 -67.94	IRAS05415-3030	8.0± .6		.12					1125
054134.0-303100	PGC 17662	5.6± .8	1.26	.05	13.48				1356
054352.5-191739		.SBS6P*	1.31± .03	10				13.93±.2	2749± 11
223.53 -23.25	ESO 554- 29	SUE (1)	.43± .03	.16	14.02 ±.14			273± 16	
282.06 -72.67		6.1± .6		.63				247± 12	2593
054142.0-191854	PGC 17668	6.7± .9	1.32	.22	13.22			.50	2800
0544.9 +6910		.SX.4..	1.39± .09	25					
144.14 19.62	UGC 3344	U (1)	.20± .12	.47	14.2 ±.3				
20.07 -4.21		4.0± .7		.29					
0539.5 +6909	PGC 17675	3.5±1.0	1.43	.10					
0544.0 +5112		.S..8*.	1.12± .07	135				15.23±.1	5949± 7
160.61 11.17	UGC 3346	U	.66± .06	1.41	14.8 ±.3				
14.45 -21.31		8.0±1.3		.82				378± 8	6018
0540.1 +5111	PGC 17678		1.25	.33	12.56			2.34	5946
054404.6-495324		.S?....	.89± .06						
256.94 -30.99	ESO 204- 32		.06± .06	.10	14.99 ±.14				9958
225.10 -52.92	IRAS05428-4954			.06	13.41				9759
054250.0-495436	PGC 17680		.90	.03	14.71				10013
054415.6-553201	NGC 2087	.SBR1*P	.92± .05	136					
263.52 -31.43	ESO 159- 26	S	.12± .04	.32	14.69 ±.14				
220.97 -47.92	IRAS05433-5533	1.0±1.0		.12	12.51				
054319.0-553312	PGC 17684		.95	.06					
0544.2 +7537		.L?....	.60± .15						
137.81 22.20	CGCG 347- 21		.04± .10	.50	15.49 ±.20				7639±125
21.88 1.98				.00					7780
0537.4 +7536	PGC 17685		.65		14.87				7614
0544.5 +6918		.S..6*.	1.24± .04	42				14.97±.4	3974± 9
143.99 19.63	UGC 3342	U	.67± .05	.42	15.20 ±.19			224± 35	
20.06 -4.07		6.0±1.3		.99					4098
0539.0 +6917	PGC 17692		1.28	.34	13.77			.86	3954
054430.2-553944		PSBT1*.	.97± .05	59					
263.67 -31.40	ESO 159- 27	Sr (1)	.26± .04	.32	15.49 ±.14				
220.84 -47.82		1.3± .6		.27					
054334.0-554054	PGC 17693	3.3±1.3	1.00	.13					
054441.5-515750		.IBS9..	1.10± .05	33					
259.36 -31.10	ESO 204- 34	S (1)	.10± .05	.18	14.99 ±.14				
223.36 -51.14		10.0± .4		.07					
054333.0-515900	PGC 17704	10.0± .4	1.12	.05					

R.A. 2000 DEC. / l b / SGL SGB / R.A. 1950 DEC.	Names / PGC	Type / S_T n_L / T / L	$logD_{25}$ / $logR_{25}$ / $logA_e$ / $logD_o$	p.a. / A_g / A_i / A_{21}	B_T / m_B / m_{FIR} / B_T^o	$(B-V)_T$ / $(U-B)_T$ / $(B-V)_T^o$ / $(U-B)_T^o$	$(B-V)_e$ / $(U-B)_e$ / m'_e / m'_{25}	m_{21} / W_{20} / W_{50} / HI	V_{21} / V_{opt} / V_{GSR} / V_{3K}
054448.6+164557		.SB?...	1.07± .07	177				16.70±.3	5403± 7
190.33 -6.47	UGC 3352		.45± .06	3.07					
357.66 -53.20	IRAS05419+1645			.68	13.40			127± 7	5352
054154.8+164444	PGC 17707		1.36	.23					5433
054451.5-250549		.S?....	.98± .06	138					
229.57 -25.10	ESO 488- 4		.25± .04	.01	14.62 ±.14				12126± 62
263.78 -71.10				.31					11958
054249.0-250700	PGC 17708		.98	.12	14.18				12180
054500.3-522146		.SBS9..	1.17± .07	117					
259.82 -31.09	ESO 204- 36	S	.16± .05	.20	17.12 ±.14				
223.00 -50.81		9.0± .6		.16					
054353.1-522254	PGC 17714		1.19	.08					
054500.5-480516		.LXT-*.	.97± .05	17					
254.88 -30.61	ESO 204- 35	S	.12± .04	.30	15.45 ±.14				
226.37 -54.56		-2.7± .7		.00					
054341.0-480624	PGC 17715		.99						
054501.7+050341								12.68±.3	365± 8
200.62 -12.30				2.20				177± 8	
345.42 -62.95									275
054222.0+050230	PGC 17716								404
054502.0-261138		.S?....	.97± .06	161					
230.72 -25.43	ESO 488- 5		.45± .05	.00	15.43 ±.14				12472± 62
260.73 -70.62				.46					12302
054301.0-261248	PGC 17717		.97	.22	14.82				12527
0545.1 +7914		.L.....	1.08± .09	122					
134.19 23.61	UGC 3335	U	.36± .04	.32	15.16 ±.16				
22.97 5.43		-2.0± .9		.00					
0536.7 +7913	PGC 17725		1.06						
054522.6-254728		.LAT+..	.95± .06						
230.33 -25.23	ESO 488- 6	r	.07± .04	.00	14.71 ±.14				11681± 62
261.70 -70.88		-1.3± .9		.00					11511
054321.1-254836	PGC 17735		.94		14.53				11736
054525.0+722120		.S?....	1.32± .03	80				14.61±.1	1090± 8
141.07 20.97	UGC 3343		.61± .04	.42	13.93 ±.18			197± 16	1142± 76
21.01 -1.17	IRAS05393+7220			.92	12.93			174± 8	1222
053922.0+722003	PGC 17736		1.36	.31	12.59			1.72	1068
054529.3-255558		.E?....	1.22± .07						
230.49 -25.25	ESO 488- 9		.14± .05	.04	14.11 ±.14				13341± 62
261.28 -70.84				.00					13171
054328.0-255706	PGC 17746		1.18		13.87				13396
0545.5 +7654		.S..7..	1.00± .08	177					
136.56 22.76	UGC 3339	U	.63± .06	.42					
22.32 3.18		7.0±1.0		.87					
0538.2 +7653	PGC 17750		1.04	.31					
0545.6 +6903		.S?....	.89± .07					15.36±.1	4286± 11
144.28 19.62	MCG 12- 6- 13		.03± .05	.47	15.01 ±.13				4344± 82
20.09 -4.34	7ZW 45			.04				148± 12	4410
0540.2 +6902	PGC 17757		.93	.01	14.47			.87	4268
054540.9-253211		PSXR2..	.95± .05						
230.09 -25.08	ESO 488- 10	r	.11± .04	.00	14.81 ±.14				12974± 62
262.29 -71.06	IRAS05436-2533	2.2± .9		.13	13.49				12805
054339.0-253318	PGC 17758		.95	.05	14.55				13029
054551.9-392942		RSAR0..	1.01± .05	13					
245.16 -28.94	ESO 306- 25	S	.17± .04	.07	14.95 ±.14				
235.18 -61.82		.0± .9		.13					
054413.1-393048	PGC 17768		1.00						
054553.8-220000	NGC 2073	.LAT-*.	1.19± .05						
226.47 -23.80	ESO 554- 31	S	.05± .04	.00	13.44 ±.14				
272.78 -72.50		-3.4± .5		.00					
054347.0-220106	PGC 17772		1.19						
0546.0 +5841		.S..2..	1.20± .05	163					
154.02 15.04	UGC 3351	U	.71± .05	1.23					4736±113
17.11 -14.27		2.0± .9		.87					4828
0541.7 +5840	PGC 17776		1.32	.35					4728
054620.8-232826		.L.0*P/	1.21± .05	34					
228.02 -24.23	ESO 488- 12	S	.61± .03	.02	14.87 ±.14				
268.06 -72.08	IRAS05442-2329	-2.0±1.2		.00	13.43				
054416.0-232930	PGC 17791		1.12						

R.A. 2000 DEC.	Names	Type	$\log D_{25}$	p.a.	B_T	$(B-V)_T$	$(B-V)_e$	m_{21}	V_{21}
l b		S_T n_L	$\log R_{25}$	A_g	m_B	$(U-B)_T$	$(U-B)_e$	W_{20}	V_{opt}
SGL SGB		T	$\log A_e$	A_i	m_{FIR}	$(B-V)^o_T$	m'_e	W_{50}	V_{GSR}
R.A. 1950 DEC.	PGC	L	$\log D_o$	A_{21}	B^o_T	$(U-B)^o_T$	m'_{25}	HI	V_{3K}
054623.2-520522	NGC 2101	.IBS9P.	1.29± .05	85	13.69V±.14	.42± .05	.22± .02	13.77±.3	1192± 9
259.53 -30.86	ESO 205- 1	S (1)	.19± .05	.21	13.68 ±.14	-.26± .07	-.61± .05		1204± 62
222.90 -51.15	IRAS05451-5206	10.0± .5	.73± .02	.14	13.59	.32		99± 7	991
054515.1-520624	PGC 17793	5.6±1.1	1.31	.10	13.54	-.33	14.93± .29	.13	1249
054632.2+690302		.S..2..	1.01± .06	85				16.72±.1	4314± 9
144.32 19.69	UGC 3349	U	.18± .05	.48	14.42 ±.18			208± 35	
20.16 -4.36		2.0± .9		.22				158± 8	4437
054104.5+690151	PGC 17794		1.06	.09	13.68			2.94	4296
054647.2-164656	NGC 2076	.L..+*/	1.34± .06	45	14.0 ±.2	1.01± .02			2156
221.31 -21.64	MCG -3-15- 12	SE	.21± .05	.21		.43± .04			
290.55 -73.59	IRAS05445-1648	-.6± .7		.00	10.85	.91			2005
054433.6-164759	PGC 17804		1.33		13.76	.36	15.06± .38		2210
054649.2-323440		.LB.0?/	1.03± .05	150					
237.63 -27.01	ESO 363- 22	S	.37± .03	.00	15.46 ±.14				
245.64 -67.12		-2.0± .9		.00					
054458.0-323542	PGC 17805		.98						
054653.2-184340	IC 2143	.SBT3?.	1.29± .03	98					
223.26 -22.38	ESO 554- 34	SE (2)	.38± .03	.28	13.41 ±.14				3134
283.64 -73.46	IRAS05447-1844	3.2± .5		.52	12.19				2978
054442.0-184442	PGC 17810	3.3± .5	1.32	.19	12.58				3189
054655.8-253810		.LAR+..	1.03± .07	64	15.1 ±.4	1.05± .03			
230.30 -24.84	ESO 488- 13	r	.19± .05	.00	14.80 ±.14	.54± .09			13739± 62
261.60 -71.26		-1.3± .9		.00		.89			13569
054454.0-253912	PGC 17813		1.00		14.63	.58	14.62± .51		13796
054702.4-341505	NGC 2090	.SAT5..	1.69± .02	13	11.99 ±.13	.79± .01	.85± .01	12.29±.1	931± 6
239.46 -27.43	ESO 363- 23	R (2)	.31± .03	.00	11.77 ±.12	.18± .02	.27± .01	298± 8	
242.56 -65.97	IRAS05452-3416	5.0± .3	.92± .01	.47	11.69	.73	12.08± .03	289± 11	746
054514.0-341606	PGC 17819	4.1± .4	1.69	.16	11.39	.12	14.50± .17	.74	989
054704.8-513307	NGC 2104	.SBS9P.	1.30± .04	160	13.18 ±.13	.48± .02	.54± .01		
258.92 -30.70	ESO 205- 2	S (1)	.33± .05	.17	13.52 ±.14				1181± 33
223.13 -51.68	IRAS05459-5133	8.5± .6	.98± .01	.34	13.64	.36	13.57± .03		981
054555.1-513406	PGC 17822	5.6± .8	1.32	.16	12.83		13.72± .28		1239
0547.1 +1733		.S..4..	.96± .09						5582± 10
189.93 -5.58	UGC 3356	U	.15± .06	3.84					
359.10 -52.77	IRAS05442+1732	4.0± .9		.22	10.80				5533
0544.2 +1732	PGC 17823		1.32	.07					5615
054714.9+505215		.L...*.	1.09± .10						
161.16 11.45	UGC 3355	U	.00± .05	1.38	14.5 ±.3				
14.85 -21.78		-2.0±1.2		.00					
054319.2+505111	PGC 17825		1.25						
0547.3 +5606		.S..2*.	1.32± .04	164				14.52±.1	3086± 7
156.45 13.97	UGC 3354	U	.55± .05	1.21	14.7 ±.2				
16.50 -16.78	IRAS05430+5605	2.0±1.2		.68	11.66			393± 8	3170
0543.0 +5605	PGC 17831		1.43	.28	12.76			1.48	3081
054724.9-253425		.S?....	.97± .07	40	15.1 ±.4	1.04± .03			
230.27 -24.72	ESO 488- 16		.07± .04	.00	14.76 ±.14	.50± .09			13273± 62
261.61 -71.39				.08		.93			13103
054523.1-253524	PGC 17834		.97	.03	14.59	.47	14.65± .51		13331
054725.3-251524		.E?....	.87± .07	39					
229.95 -24.61	ESO 488- 15		.11± .05	.00	14.77 ±.14				12652± 62
262.49 -71.54				.00					12482
054523.1-251624	PGC 17835		.84		14.58				12710
054726.3-251448		.E?....	.97± .07	39					
229.94 -24.61	ESO 488- 19		.13± .05	.00	14.83 ±.14				12760± 62
262.51 -71.55				.00					12590
054524.0-251548	PGC 17837		.93		14.64				12818
0547.4 +7938		.S..2..	1.15± .08						
133.83 23.85	UGC 3340	U	.44± .07	.36	14.64 ±.18				4476
23.18 5.77	IRAS05388+7936	2.0± .9		.54	11.73				4626
0538.8 +7936	PGC 17839		1.18	.22	13.70				4448
054751.6-173608	NGC 2089	.LX.-*.	1.27± .04	39					
222.23 -21.73	ESO 554- 36	SE	.21± .04	.32	12.93 ±.14				
287.56 -73.81	IRAS05456-1738	-3.0± .5		.00					
054539.0-173706	PGC 17860		1.28						
054752.5-250903		.S?....	.91± .05	135					
229.88 -24.48	ESO 488- 22		.13± .04	.00	15.12 ±.14				11108± 62
262.64 -71.68				.18					10938
054550.1-251000	PGC 17861		.91	.07	14.86				11166

R.A. 2000 DEC. l b SGL SGB R.A. 1950 DEC.	Names PGC	Type S_T n_L T L	$\log D_{25}$ $\log R_{25}$ $\log A_e$ $\log D_o$	p.a. A_g A_i A_{21}	B_T m_B m_{FIR} B_T^o	$(B-V)_T$ $(U-B)_T$ $(B-V)_T^o$ $(U-B)_T^o$	$(B-V)_e$ $(U-B)_e$ m'_e m'_{25}	m_{21} W_{20} W_{50} HI	V_{21} V_{opt} V_{GSR} V_{3K}
054807.8+461512 165.32 9.30 13.48 -26.23 054424.4+461412	 PGC 17866			 1.05				16.14±.3 195± 11 166± 8	6048± 9 6099 6054
054809.2-472417 254.18 -29.99 226.16 -55.42 054648.0-472512	 ESO 253- 27 PGC 17867	.E+3... S -4.0± .9	1.01± .05 .23± .04 .98	161 .26 .00	 14.93 ±.14				
054816.1-193422 224.24 -22.39 280.47 -73.64 054606.0-193518	 ESO 554- 37 IRAS05460-1935 PGC 17872	.S?....	1.11± .04 .55± .03 1.13	32 .18 .81 .28	 14.55 ±.14 13.48				 13045 12887 13102
054819.3-251658 230.05 -24.43 262.11 -71.71 054617.1-251754	 ESO 488- 24 PGC 17874	.S?....	1.02± .06 .45± .05 1.02	148 .00 .62 .22	 15.26 ±.14 14.56				 11079± 62 10909 11138
054827.5-325841 238.17 -26.79 244.28 -67.09 054637.0-325936	 ESO 363- 27 PGC 17881	.E+1.*. S -4.0±1.2	1.03± .05 .08± .04 1.01	 .00 .00	 14.20 ±.14				
054828.3-474537 254.60 -29.99 225.77 -55.13 054708.1-474630	 ESO 205- 3 IRAS05471-4746 PGC 17883	.S?....	1.12± .07 .20± .05 1.15	145 .34 .20 .10	15.5 ±.2 15.60 ±.14 11.94 14.83	.86± .04 -.64± .06 .62 -.71	 15.46± .43		 15095± 63 14896 15155
054836.2-184017 223.37 -21.98 283.63 -73.87 054625.0-184112	 ESO 554- 38 PGC 17891	PSBR0?. SE -.3± .7	1.29± .04 .44± .03 1.30	135 .34 .33	 13.63 ±.14				
054838.0-252842 230.28 -24.43 261.45 -71.68 054636.1-252936	 ESO 488- 27 PGC 17893	.E+1... S -4.0± .8	1.12± .07 .07± .05 1.09	 .00 .00	 14.02 ±.14 13.84				 11959± 36 11789 12019
054840.6-254530 230.57 -24.52 260.65 -71.55 054639.0-254624	 ESO 488- 28 PGC 17896	.L?....	.92± .07 .43± .05 .86	63 .00 .00	 15.46 ±.14 15.28				 12186± 62 12015 12246
054844.6-390319 244.82 -28.29 234.79 -62.51 054705.0-390412	 ESO 306- 28 PGC 17901	.SBR5*. S (1) 5.0±1.3 3.3± .9	1.02± .05 .33± .05 1.03	79 .14 .49 .16	 15.34 ±.14				
0548.7 +7933 133.94 23.88 23.22 5.68 0540.2 +7932	 UGC 3347 PGC 17904	.SB.3*. U 3.0±1.2	1.00± .08 .04± .06 1.03	 .36 .05 .02					
054852.8-253755 230.46 -24.43 260.93 -71.65 054651.0-253848	 ESO 488- 31 PGC 17912	.S?....	.99± .06 .14± .04 .99	 .00 .21 .07	 14.71 ±.14 14.44				 11151± 62 10980 11211
054903.8-471003 253.94 -29.80 226.13 -55.70 054742.0-471054	 ESO 253- 29 IRAS05477-4710 PGC 17920	PSBR2.. r 2.2± .8	.97± .07 .08± .06 .99	 .22 .10 .04	 14.91 ±.14 12.94				
054904.0-252620 230.27 -24.32 261.41 -71.78 054702.0-252712	 ESO 488- 32 PGC 17921	.S?....	.91± .07 .05± .06 .91	 .00 .08 .03	 15.34 ±.14 15.19				 12773± 62 12602 12833
054921.2+175027 189.96 -4.99 .06 -52.75 054626.0+174934	 UGC 3360 IRAS05464+1749 PGC 17928	.S?....	1.07± .07 .40± .06 1.50	147 4.56 .60 .20	 12.16			15.88±.2 230± 14 219± 10	4559± 7 4510 4595
054922.2-252051 230.20 -24.23 261.56 -71.89 054720.0-252142	 ESO 488- 33 PGC 17929	.E?....	1.01± .07 .10± .05 .98	 .00 .00	 14.55 ±.14 14.37				 12054± 62 11883 12115
054929.3-330346 238.33 -26.61 243.72 -67.18 054739.0-330436	 ESO 363- 31 PGC 17937	RSA.0.. r -.1± .9	.78± .06 .12± .03 .77	178 .00 .09	 15.37 ±.14				

R.A. 2000 DEC. / l b / SGL SGB / R.A. 1950 DEC.	Names / PGC	Type / S_T n_L / T / L	$\log D_{25}$ / $\log R_{25}$ / $\log A_e$ / $\log D_o$	p.a. / A_g / A_i / A_{21}	B_T / m_B / m_{FIR} / B_T^o	$(B-V)_T$ / $(U-B)_T$ / $(B-V)_T^o$ / $(U-B)_T^o$	$(B-V)_e$ / $(U-B)_e$ / m'_e / m'_{25}	m_{21} / W_{20} / W_{50} / HI	V_{21} / V_{opt} / V_{GSR} / V_{3K}
054931.9-193305		PSXR2*.	1.08± .05	25					
224.34 -22.11	ESO 555- 1	S	.23± .04	.25	14.54 ±.14				
280.33 -73.94		2.0± .7		.29					
054721.8-193355	PGC 17941		1.10	.12					
054952.6-432400		.L?....	1.06± .07	148					
249.71 -29.01	ESO 253- 30		.12± .05	.16	14.44 ±.14				4479± 52
229.43 -59.03				.00					4283
054822.0-432448	PGC 17949		1.06		14.21				4541
054954.5-242323		RLA.+..	.94± .07						
229.27 -23.78	ESO 488- 37	r	.06± .05	.00	15.44 ±.14				
264.17 -72.44		-1.3± .9		.00					
054751.0-242412	PGC 17951		.93						
054957.6+510531		.SB.6*.	1.14± .07	162					
161.17 11.93	UGC 3359	U	.86± .06	1.20	15.2 ±.3				
15.36 -21.70	IRAS05460+5104	6.0±1.4		1.27					
054601.2+510439	PGC 17954		1.25	.43					
055004.2-243818		.SBR0..	1.00± .06	174					
229.53 -23.84	ESO 488- 38	r	.14± .04	.00	15.00 ±.14				
263.37 -72.36		-.1± .9		.11					
054801.0-243906	PGC 17960		.99						
0550.2 -1018		.SBR3?.	1.36± .06	45					
215.40 -18.21		E	.13± .08	1.47					
313.76 -73.33		3.0±1.8		.17					
0547.9 -1019	PGC 17965		1.50	.06					
055024.6+494246		.SB.8*.	.96± .09	110				16.30±.1	3304± 11
162.44 11.33	UGC 3361	U	.08± .06	1.30					
15.00 -23.04		8.0±1.2		.09				157± 8	3366
054632.2+494156	PGC 17968		1.08	.04					3309
055026.8-194337		.S..4*/	1.33± .03	105					
224.60 -21.98	ESO 555- 2	SE	.80± .03	.22	14.47 ±.14				
279.54 -74.12	IRAS05482-1944	4.4± .7		1.18	12.65				
054817.0-194424	PGC 17969		1.35	.40					
055028.2-334432		PSXR2..	.97± .06	58					
239.13 -26.61	ESO 364- 2	r	.18± .05	.00	15.06 ±.14				
242.13 -66.83	IRAS05486-3344	2.2± .9		.22					
054839.0-334518	PGC 17970		.97	.09					
055046.4-213403	NGC 2106	.LBS0..	1.43± .04	100					
226.48 -22.59	ESO 555- 3	S	.30± .04	.10	13.12 ±.14				
272.98 -73.71		-2.0± .5		.00					
054839.0-213448	PGC 17975		1.40						
055046.8-181016		.L..0P*	1.25± .06	125					
223.08 -21.31	MCG -3-15- 21	SE	.08± .04	.16					2941± 15
285.23 -74.45		-2.0± .6		.00					2785
054834.9-181101	PGC 17976		1.25						3002
055049.5-314422	A 0548-31	.LA.-*P	.97± .05	178					
237.01 -25.96	ESO 424- 27	S	.26± .03	.00	14.99 ±.14				12000± 61
245.70 -68.31		-3.0±1.3		.00					11818
054857.0-314506	PGC 17977		.93		14.81				12063
055054.3-144646		.SBS7..	1.47± .03	160				13.83±.1	904± 6
219.77 -19.94	MCG -2-15- 11	UE (1)	.12± .04	.55				131± 8	
298.04 -74.51		7.2± .4		.16				105± 12	755
054838.2-144730	PGC 17978	5.3± .6	1.52	.06					963
055056.9-385529		.L?....	1.05± .06	111					
244.79 -27.85	ESO 306- 30		.12± .03	.11	14.85 ±.14				13625± 52
234.20 -62.87				.00					13433
054917.0-385612	PGC 17979		1.05		14.54				13689
0551.0 -1451		.SBR3..	1.04± .07	85					
219.86 -19.93	MCG -2-15- 12	E (1)	.05± .05	.55					
297.77 -74.56		3.0± .9		.08					
0548.8 -1452	PGC 17985	4.2± .8	1.09	.03					
055115.3-533431		.S..3?/	1.24± .05	85					
261.33 -30.27	ESO 160- 2	S	.62± .04	.44	13.88 ±.14				4549
220.84 -50.13	IRAS05501-5335	2.5±1.3		.86	11.89				4346
055012.1-533512	PGC 17993		1.28	.31	12.54				4610
055119.0-381912	IC 2150	.SBR5*.	1.42± .03	84					
244.14 -27.63	ESO 306- 32	BSr (1)	.51± .04	.10	13.60 ±.14				
234.86 -63.40	IRAS05496-3819	4.7± .5		.76	13.12				
054938.0-381954	PGC 18000	1.1± .6	1.43	.25					

R.A. 2000 DEC. / l b / SGL SGB / R.A. 1950 DEC.	Names / PGC	Type / S_T n_L / T / L	$\log D_{25}$ / $\log R_{25}$ / $\log A_e$ / $\log D_o$	p.a. / A_g / A_i / A_{21}	B_T / m_B / m_{FIR} / B_T^o	$(B-V)_T$ / $(U-B)_T$ / $(B-V)_T^o$ / $(U-B)_T^o$	$(B-V)_e$ / $(U-B)_e$ / m'_e / m'_{25}	m_{21} / W_{20} / W_{50} / HI	V_{21} / V_{opt} / V_{GSR} / V_{3K}
0551.3 +7941		.LB....	1.00?						
133.84 24.04	UGC 3353	U		.36	14.58 ±.16				
23.37 5.79	IRAS05427+7940	-2.0± .8							
0542.7 +7940	PGC 18004								
0551.4 +7415		.S..0..	1.15± .05	58					
139.36 22.11	UGC 3357	U	.48± .05	.61	14.90 ±.18				
21.95 .55		.0± .9		.36					
0544.9 +7415	PGC 18005		1.18						
0551.4 +4850		.S..6*.	1.07± .14	50				15.28±.3	5856± 9
163.30 11.05	UGC 3366	U	.11± .12	1.44				285± 11	
14.90 -23.92		6.0±1.2		.16				261± 8	5914
0547.6 +4850	PGC 18007		1.21	.05					5863
0551.5 -1119		.SXT4?.	1.16± .08	170					
216.51 -18.36		E	.11± .08	1.30					
310.70 -73.97		4.0±1.8		.17					
0549.2 -1120	PGC 18010		1.29	.06					
055135.4-590246		.S..3./	1.35± .04	1					
267.67 -30.61	ESO 120- 16	S	.75± .04	.25	14.57 ±.14				
217.60 -45.11	IRAS05508-5903	3.0± .8		1.03	12.11				
055053.0-590324	PGC 18011		1.38	.37					
055136.1+394949		.S..6*.	1.11± .05	141				14.79±.3	5172± 7
171.26 6.64	UGC 3368	U	.58± .05	1.46				319± 11	
11.90 -32.53		6.0±1.3		.85				303± 8	5199
054806.7+394905	PGC 18013		1.25	.29					5189
055140.0-180125		.SBS8..	1.10± .04	91					3046
223.03 -21.06	ESO 555- 5	SE (2)	.11± .04	.24	15.49 ±.14				
285.69 -74.67		8.0± .6		.14					2890
054928.0-180206	PGC 18015	7.5± .6	1.13	.06	15.10				3108
055200.0-831752		.SB.5*P	1.02± .05	20					
295.55 -28.65	ESO 4- 23	S	.41± .04	.82	15.51 ±.14				
208.12 -22.15		5.0±1.3		.62					
055855.1-831812	PGC 18024		1.10	.21					
0552.1 -1107		.SXS5?.	1.09± .09	100					
216.38 -18.14		E	.09± .08	1.30					
311.56 -74.04		5.0±1.8		.13					
0549.8 -1108	PGC 18027		1.22	.04					
055211.5-072724	NGC 2110	.LX.-..	1.23± .09	20					
212.93 -16.55	MCG -1-15- 4	E	.13± .07	1.56					2284± 32
323.23 -72.56		-3.0± .8		.00					2153
054946.5-072803	PGC 18030		1.41						2342
0552.2 -1406		.SXR5..	1.13± .06	80					
219.26 -19.38	MCG -2-15- 13	E (1)	.09± .05	.73					
300.70 -74.75	IRAS05499-1407	5.0± .8		.13	13.10				
0549.9 -1407	PGC 18031	1.9± .8	1.19	.04					
055212.6+414707		.S..8*.	1.19± .12	165					
169.61 7.71	UGC 3369	U	.37± .12	1.25					
12.73 -30.70		8.0±1.2		.46					
054839.2+414625	PGC 18033		1.31	.19					
055219.1-342052		.SBR5*P	1.13± .06						
239.89 -26.41	ESO 364- 7	S (1)	.07± .06	.05	14.14 ±.14				3183± 87
240.38 -66.63	IRAS05505-3421	5.0±1.2		.10					2996
055031.0-342130	PGC 18034	2.2± .9	1.14	.03	13.98				3248
0552.5 +6647		.S..1*.	1.34± .05	154				15.82±.1	5151± 11
146.74 19.27	UGC 3365	U	.88± .06	.50	14.91 ±.18				
20.09 -6.69		1.0±1.3		.90				537± 8	5266
0547.4 +6647	PGC 18039		1.39	.44	13.45			1.94	5139
055236.3-174717	IC 2151	.SBS4*.	1.17± .03	99					
222.89 -20.76	ESO 555- 8	SE (2)	.22± .03	.25	14.16 ±.14				13155
286.51 -74.92	IRAS05504-1747	3.7± .7		.32	13.15				12999
055024.0-174754	PGC 18040	4.3± .6	1.19	.11	13.51				13218
055300.3-175237	IC 438	.SAT5..	1.45± .02	55				13.64±.1	3120± 6
223.01 -20.71	ESO 555- 9	SUE (2)	.12± .03	.24	12.75 ±.14			323± 9	
286.12 -75.01	IRAS05508-1753	5.3± .4		.18	12.13			311± 12	2963
055048.1-175312	PGC 18047	1.6± .4	1.47	.06	12.32			1.26	3184
055314.3-590359		.IB.9P.	1.08± .05	112					
267.70 -30.40	ESO 120- 21	S	.29± .05	.25	16.10 ±.14				
217.31 -45.17		10.0± .8		.21					
055232.0-590430	PGC 18051		1.11	.14					

R.A. 2000 DEC. l b SGL SGB R.A. 1950 DEC.	Names PGC	Type S_T n_L T L	$\log D_{25}$ $\log R_{25}$ $\log A_e$ $\log D_o$	p.a. A_g A_i A_{21}	B_T m_B m_{FIR} B_T^o	$(B-V)_T$ $(U-B)_T$ $(B-V)_T^o$ $(U-B)_T^o$	$(B-V)_e$ $(U-B)_e$ m'_e m'_{25}	m_{21} W_{20} W_{50} HI	V_{21} V_{opt} V_{GSR} V_{3K}
055349.8-324623		.LA.+..	1.01± .06	112					
238.31 -25.66	ESO 364- 11	r	.25± .03	.13	14.83 ±.14				
242.51 -68.02		-1.3± .9		.00					
055159.0-324654	PGC 18058		.98						
0554.0 +7641		.SA.7..	1.02± .10					15.95±.1	4430± 11
136.96 23.14	UGC 3364	U	.00± .07	.40					
22.73 2.85		7.0± .8		.00				138± 8	4572
0546.8 +7641	PGC 18063		1.05	.00					4407
055414.4-515832		.SBR3..	.94± .05						
259.55 -29.64	ESO 205- 7	S (1)	.05± .04	.24	15.26 ±.14				2000±190
221.23 -51.77	FAIR 799	3.0± .9		.06					1797
055306.0-515900	PGC 18066	4.4± .9	.96	.02	14.94				2064
055442.2+151137		.SB?...	1.00± .16	170				15.39±.3	3945± 7
192.90 -5.22	UGC 3376		.14± .12	4.20					
360.00 -55.70	IRAS05518+1509			.21	12.27			105± 7	3884
055150.3+151107	PGC 18070		1.39	.07					3992
055445.2-150804		.SBR0?.	1.07± .07	160					
220.52 -19.23	MCG -3-15- 27	E	.47± .05	.87					
296.97 -75.47	IRAS05524-1508	.0± .9		.35	13.39				
055229.5-150832	PGC 18073		1.13						
055453.9+462625		.SB?...	1.32± .05	90	15.0 v±.2	.88± .01	.68± .02	15.15±.1	6141± 7
165.73 10.41	UGC 3374		.15± .06	1.66		-.29± .03	-.69± .04	417± 16	6189± 46
14.77 -26.39	IRAS05511+4625			.22	12.08	.44	10.13± .25		6191
055109.9+462555	PGC 18078		1.48	.07	13.09	-.60	16.08± .37	1.99	6155
0555.1 +8555		.SBS3..	1.20± .05	45				15.19±.1	5511± 11
127.34 26.07	UGC 3336	U	.19± .05	.30	15.1 ±.3				
25.10 11.76		3.0± .8		.26				229± 8	5675
0537.0 +8554	PGC 18084		1.23	.09	14.49			.60	5478
0555.4 +5154		.SAT5..	1.29± .04	45				14.38±.1	5783± 7
160.84 13.06	UGC 3375	U	.29± .05	1.07	13.9 ±.3				
16.46 -21.15	IRAS05514+5154	5.0± .8		.43	12.70			505± 8	5850
0551.4 +5154	PGC 18089		1.39	.14	12.40			1.84	5790
055530.1-765515	IC 2160	PSBS5P*	1.31± .03	107	13.86 ±.13	.74± .01	.77± .01		
288.31 -29.53	ESO 33- 32	Sr (1)	.40± .04	.50	13.76 ±.14				4730± 40
209.93 -28.31	IRAS05576-7655	4.7± .4	.75± .01	.60	13.13	.52	13.10± .03		4537
055744.0-765530	PGC 18092	1.7±1.2	1.36	.20	12.70		14.28± .21		4779
0555.6 -1540		.SXS9*.	1.07± .09	85					
221.13 -19.25		E (1)	.13± .08	.65					
294.83 -75.71		9.0± .9		.13					
0553.4 -1541	PGC 18095	8.7± .8	1.13	.06					
0555.7 +0323	A 0553+03	CI...P.			15.48 ±.13	.82± .03	.80± .01	14.34±.1	789± 4
203.43 -10.77	UGCA 116	R		2.44		.07± .06	.04± .02	168± 4	808± 63
347.84 -65.92	2ZW 40	11.0± .5	.32± .03				12.57± .10	143± 5	689
0553.0 +0323	PGC 18096								847
055546.5-693336	NGC 2150	RSXR2*.	1.05± .06	143	13.6 ±.4	.60± .04			
279.86 -30.13	ESO 57- 55	Sr	.09± .05	.32	14.01 ±.14	-.01± .07			4440± 51
212.42 -35.36	IRAS05562-6933	2.1± .7		.11	11.52	.48			4240
055612.0-693354	PGC 18097		1.08	.04	13.49	-.08	13.48± .50		4495
055553.2-612411		.LA.-..	1.06± .05	7					
270.42 -30.17	ESO 120- 23	S	.19± .04	.15	15.33 ±.14				
215.75 -43.10		-3.0± .8		.00					
055522.1-612430	PGC 18100		1.05						
0555.9 +8551		.S?....	.85± .12					16.68±.1	5756± 11
127.40 26.07	MCG 14- 3- 13		.48± .07	.30					
25.11 11.71				.73				151± 8	5920
0538.0 +8551	PGC 18101		.88	.24					5724
055608.3-380915		.SBR1P*	1.09± .05	102					
244.23 -26.68	ESO 307- 5	Sr	.33± .05	.10	15.05 ±.14				
233.32 -64.08	IRAS05544-3809	1.0± .7		.34	12.77				
055427.0-380936	PGC 18105		1.10	.17					
055616.6+483237		.S?....	.99± .10					15.03±.3	5757± 9
163.96 11.61	MCG 8-11- 12		.00± .07	1.38	14.8 ±.3			313± 11	5780± 39
15.65 -24.43	VV 601			.00				277± 8	5814
055227.2+483212	PGC 18109		1.12	.00	13.35			1.68	5770
055626.5-340605		.SXR6..	1.04± .06	160					
239.90 -25.52	ESO 364- 17	r	.08± .05	.00	14.12 ±.14				
239.11 -67.37	IRAS05546-3406	5.6± .9		.12	12.68				
055438.0-340624	PGC 18117		1.04	.04					

R.A. 2000 DEC. l b SGL SGB R.A. 1950 DEC.	Names PGC	Type S_T n_L T L	$\log D_{25}$ $\log R_{25}$ $\log A_e$ $\log D_o$	p.a. A_g A_i A_{21}	B_T m_B m_{FIR} B_T^o	$(B-V)_T$ $(U-B)_T$ $(B-V)_T^o$ $(U-B)_T^o$	$(B-V)_e$ $(U-B)_e$ m'_e m'_{25}	m_{21} W_{20} W_{50} HI	V_{21} V_{opt} V_{GSR} V_{3K}
0556.6 +7518	A 0549+75	.I..9*.	1.66± .04		14.7 ±.2	.46± .07	.41± .06	13.62±.1	816± 6
138.43 22.81	UGC 3371	PU (1)	.10± .06	.51		.01± .09	.10± .07	140± 5	
22.54 1.47	DDO 39	10.0± .5	1.14± .05	.07		.31	15.92± .14	129± 12	954
0549.8 +7518	PGC 18121	9.0± .9	1.71	.05	14.15	-.10	17.64± .31	-.57	796
0556.8 +7831		.S..4..	1.11± .14	134					
135.14 23.90	UGC 3370	U	.83± .12	.37					
23.32 4.59		4.0±1.0		1.22					
0548.8 +7831	PGC 18123		1.14	.42					
0557.1 +7631		.S..3..	1.04± .09						
137.20 23.25	UGC 3372	U (1)	.66± .07	.44					
22.86 2.64		3.0± .9		.92					
0549.9 +7631	PGC 18128	4.5±1.2	1.08	.33					
055712.6-372838		.E+2...	1.01± .05	136					
243.56 -26.30	ESO 364- 18	S	.23± .03	.14	15.09 ±.14				
233.79 -64.76		-4.0± .9		.00					
055530.1-372854	PGC 18130		.96						
055717.1-522209		.S..4./	1.27± .05	106					
260.07 -29.23	ESO 205- 9	S	.86± .04	.20	15.51 ±.14				
220.29 -51.59		3.7± .7		1.26					
055610.0-522224	PGC 18133		1.29	.43					
0557.4 +1158	NGC 2119	.E.....	1.08± .17	145					
196.04 -6.25	UGC 3380	U	.08± .08	3.12					
358.39 -58.86		-5.0± .8		.00					
0554.6 +1158	PGC 18136		1.56						
055734.1-520311		.S..3?/	1.06± .05	168					
259.72 -29.15	ESO 205- 10	S	.77± .04	.22	16.03 ±.14				
220.42 -51.90	IRAS05564-5203	3.0±2.0		1.07	13.71				
055626.1-520324	PGC 18139		1.08	.39					
055738.3-183533		.S..3P*	.97± .06	143					
224.17 -19.97	ESO 555- 14	SE	.23± .04	.17	15.28 ±.14				
282.65 -76.00	IRAS05554-1835	3.0± .6		.32	13.59				
055527.1-183548	PGC 18140		.99	.12					
055741.4-515805		RSBR3*.	1.04± .05	21					
259.62 -29.12	ESO 205- 11	S (1)	.08± .05	.22	15.03 ±.14				8600±190
220.44 -51.99	FAIR 800	2.5± .6		.12					8396
055633.0-515818	PGC 18142	3.3± .9	1.06	.04	14.63				8667
0557.8 +6444		.S..6*.	1.04± .06	110					
148.96 18.93	UGC 3377	U	.16± .05	.53					
20.10 -8.81		6.0±1.3		.24					
0552.9 +6444	PGC 18144		1.09	.08					
055751.0-455130		RLBR+..	.92± .07	15					
252.76 -28.09	ESO 254- 6	r	.04± .06	.19	14.60 ±.14				
224.80 -57.56		-1.3± .9		.00					
055626.1-455142	PGC 18146		.93						
055752.4-200504	NGC 2124	.SAS3?.	1.43± .03	2					
225.66 -20.50	ESO 555- 16	SE (2)	.49± .03	.12	13.44 ±.14				
276.57 -75.73	IRAS05557-2005	3.0± .6		.68	13.61				
055543.0-200518	PGC 18147	3.7± .7	1.44	.25					
055753.2-231052	IC 2152	RSBR1*.	1.23± .05						
228.75 -21.65	ESO 488- 47	Sr	.16± .04	.04	13.44 ±.14				
265.12 -74.61	IRAS05559-2311	1.2± .5		.16	13.83				
055548.0-231106	PGC 18148		1.24	.08					
055804.0-595130		.S..7*.	1.11± .08						
268.65 -29.83		S (1)	.17± .08	.17					
216.11 -44.64		7.0±1.2		.23					
055725.4-595140	PGC 18154	6.7±1.2	1.13	.08					
055826.0+682739	A 0553+68	PSX.3..	1.25± .04	115				14.19±.1	4114± 11
145.35 20.44	UGC 3379	U	.18± .05	.42	13.68 ±.18				
21.05 -5.21		3.0± .8		.25				372± 8	4233
055303.1+682720	PGC 18161		1.29	.09	12.97			1.13	4103
055840.1-252456		.SBS8..	1.22± .04	136					1798
231.06 -22.28	ESO 488- 49	S (1)	.40± .04	.09	15.01 ±.14				
257.63 -73.64		8.0± .8		.49					1624
055638.1-252506	PGC 18169	6.7± .9	1.23	.20	14.43				1872
055846.0-590735	NGC 2148	.SAT3P*	1.04± .05	150					
267.82 -29.70	ESO 120- 24	S (1)	.13± .05	.20	14.59 ±.14				
216.34 -45.36	IRAS05581-5907	2.5± .9		.18	13.63				
055804.1-590742	PGC 18171	5.6±1.2	1.06	.07					

R.A. 2000 DEC. l b SGL SGB R.A. 1950 DEC.	Names PGC	Type S_T n_L T L	$logD_{25}$ $logR_{25}$ $logA_e$ $logD_o$	p.a. A_g A_i A_{21}	B_T m_B m_{FIR} B_T^o	$(B-V)_T$ $(U-B)_T$ $(B-V)_T^o$ $(U-B)_T^o$	$(B-V)_e$ $(U-B)_e$ m'_e m'_{25}	m_{21} W_{20} W_{50} HI	V_{21} V_{opt} V_{GSR} V_{3K}
055847.3-263908	NGC 2131	.IBS9*.	1.06± .05	118					1672
232.33 -22.69	ESO 488- 50	S (1)	.39± .04	.00	14.59 ±.14				
254.03 -72.95		10.0±1.3		.29					1495
055647.0-263918	PGC 18172	5.6± .9	1.06	.19	14.30				1746
055853.0-232021		.SXR1..	1.26± .04	130					
228.99 -21.49	ESO 488- 51	Sr	.35± .04	.04	14.24 ±.14				
264.18 -74.75		1.0± .6		.36					
055648.1-232030	PGC 18175		1.26	.18					
055858.7-481923		.LXT0P.	1.00± .05	8					
255.55 -28.35	ESO 205- 12	S	.21± .04	.24	15.01 ±.14				
222.58 -55.41		-2.0± .8		.00					
055740.0-481930	PGC 18178		1.00						
055901.9-522833		.S..2*.	1.02± .10						
260.23 -28.98		S	.17± .08	.20					8900±190
219.82 -51.60	FAIR 801	2.0±1.3		.21					8695
055755.2-522840	PGC 18180		1.04	.08					8968
0559.0 +7830	A 0551+78	.SX.5..	1.15± .08		13.81 ±.17	.63± .04	.72± .03	14.96±.1	4758± 10
135.20 23.99	UGC 3373	U (1)	.22± .07	.37	14.7 ±.2			287± 11	4821± 59
23.42 4.54		5.0± .8	1.00± .03	.33		.47	14.30± .07	266± 11	4906
0551.0 +7830	PGC 18181	3.3± .8	1.18	.11	13.45		13.85± .46	1.41	4737
055902.4-522706		.L..0/.	1.02± .11		14.6 ±.2	1.01± .03			
260.20 -28.98		S	.10± .08	.20		.38± .07			
219.84 -51.62		-2.0± .9		.00					
055755.6-522713	PGC 18182		1.02				14.31± .62		
055908.9-512806		.S..1*.	1.25± .04	64					
259.10 -28.82	ESO 205- 13	S	.30± .04	.18	14.22 ±.14				5300±190
220.42 -52.54	FAIR 802	1.0±1.1		.30	13.31				5096
055759.1-512812	PGC 18187		1.27	.15	13.67				5369
055936.3-551953		.LAS0*.	1.13± .09						
263.49 -29.25		S	.23± .08	.25					11000± 15
218.08 -48.97		-2.0± .9		.00					10795
055839.2-551957	PGC 18196		1.13						11067
055937.7-600421		.SXT5P.	1.17± .04	4					
268.91 -29.65	ESO 120- 26	S (1)	.11± .04	.17	14.63 ±.14				
215.76 -44.50		5.0± .6		.16					
055900.0-600424	PGC 18197	2.6± .7	1.19	.05					
0559.7 +6208		.SBT1..	1.06± .06					15.69±.1	4496± 7
151.56 18.07	UGC 3382	U	.02± .05	.62	14.6 ±.2				
19.69 -11.39		1.0± .8		.02				188± 8	4596
0555.1 +6208	PGC 18200		1.11	.01	13.88			1.81	4494
055950.0-522427		.SBT2?.	1.20± .05	115					
260.17 -28.85	ESO 205- 14	S	.61± .04	.20	14.89 ±.14				
219.68 -51.71		2.0± .7		.75					
055843.0-522430	PGC 18202		1.21	.31					
055950.9-390759		.LXT0*P	1.23± .08						
245.49 -26.22	MCG -7-13- 1	S	.14± .08	.11					
230.73 -63.64		-2.0± .8		.00					
055811.6-390803	PGC 18204		1.22						
060004.8-335508	IC 2153	.P.....	1.02± .07	69					
239.95 -24.74	ESO 364- 22	S	.11± .06	.07	14.16 ±.14				2836± 87
237.84 -67.98	IRAS05582-3355	99.0			12.47				2647
055816.0-335512	PGC 18212		1.02						2911
060021.3-213957		.I?....	1.00± .05	48					1825
227.46 -20.56	ESO 555- 19	(1)	.21± .05	.14	15.68 ±.14				
269.65 -75.76				.16					1657
055814.1-214000	PGC 18221	5.6± .8	1.01	.11	15.38				1901
060023.9-194233		.SX.3?.	1.05± .04	175					
225.54 -19.81	ESO 555- 18	E (1)	.29± .03	.19	14.32 ±.14				
277.44 -76.40	IRAS05582-1942	3.0±1.3		.40	12.58				
055814.0-194236	PGC 18223	4.2±1.2	1.07	.14					
060027.3-600919		.SBR3..	1.14± .05	46					
269.02 -29.55	ESO 120- 27	S (1)	.60± .04	.17	15.68 ±.14				
215.58 -44.46		3.0± .6		.83					
055950.0-600918	PGC 18227	4.1± .7	1.15	.30					
060034.8-285934	A 0558-28	.SBS7*.	1.41± .03	153	14.1 ±.2	.40± .06	.42± .04	14.04±.2	1393± 7
234.87 -23.10	ESO 425- 2	SU (2)	.25± .04	.02	13.84 ±.14	.21± .08	.31± .05	182± 16	
247.24 -71.73	DDO 233	7.0± .4	1.21± .07	.35		.34	15.62± .21	177± 6	1211
055838.0-285936	PGC 18232	7.1± .5	1.41	.13	13.55	.17	15.36± .26	.36	1469

R.A. 2000 DEC.	Names	Type	logD25	p.a.	BT	(B-V)T	(B-V)e	m21	V21
l b		ST nL	logR25	Ag	mB	(U-B)T	(U-B)e	W20	Vopt
SGL SGB		T	logAe	Ai	mFIR	(B-V)°T	m'e	W50	VGSR
R.A. 1950 DEC.	PGC	L	logDo	A21	B°T	(U-B)°T	m'25	HI	V3K
060041.6-400241		.E+3...	1.06± .05	62					
246.52 -26.30	ESO 307- 13	S	.21± .04	.14	14.66 ±.14				13814± 62
229.38 -62.94		-4.0± .8		.00					13617
055904.0-400242	PGC 18236		1.01		14.31				13889
060050.4-583536		.LBSOP.	1.22± .08						
267.23 -29.39		S	.11± .08	.16					
216.23 -45.95		-2.0± .8		.00					
060006.1-583534	PGC 18246		1.22						
060055.0-504419	NGC 2152	PSBR1*P	1.04± .05	69					
258.32 -28.44	ESO 205- 15	S	.16± .04	.12	14.75 ±.14				
220.45 -53.32		1.0±1.2		.16					
055943.0-504418	PGC 18249		1.06	.08					
060108.1-234033	NGC 2139	.SXT6..	1.42± .02	140	11.99 ±.13	.36± .01	.44± .01	13.00±.1	1843± 5
229.53 -21.14	ESO 488- 54	R (2)	.13± .03	.04	12.17 ±.12	-.32± .02	-.23± .02	249± 8	1828± 31
262.07 -75.04	IRAS05590-2340	6.0± .3	1.00± .01	.19	11.02	.32	12.48± .03	201± 11	1670
055903.6-234033	PGC 18258	3.8± .7	1.43	.06	11.85	-.35	13.63± .18	1.08	1919
060108.2-214412	A 0559-21	.SBS4?.	1.37± .03	59					
227.60 -20.42	ESO 555- 22	S (1)	.53± .03	.15	13.49 ±.14				
269.09 -75.90	IRAS05590-2144	4.0±1.1		.78	12.39				
055901.0-214412	PGC 18259	3.3±1.2	1.39	.27					
0601.7 +7307		.S..9*.	1.24± .11					14.18±.1	1086± 6
140.79 22.38	UGC 3384	U	.00± .12	.57				86± 5	
22.37 -.74		9.0±1.1		.00				78± 5	1218
0555.5 +7307	PGC 18277		1.29	.00					1071
060206.3-583637		PSBR3..	1.04± .05	89					
267.27 -29.23	ESO 121- 2	Sr (1)	.10± .05	.16	15.21 ±.14				
216.00 -45.99		3.1± .5		.13					
060122.1-583630	PGC 18293	3.3± .7	1.06	.05					
0602.1 +3606		.SX.8..	1.28± .06	35				14.08±.1	1517± 4
175.54 6.63	UGC 3390	U	.12± .06	1.41				218± 5	
12.99 -36.69		8.0± .8		.15				202± 5	1527
0558.8 +3607	PGC 18299		1.42	.06					1551
060226.2-445349		RSXR1..	1.08± .06	175					
251.89 -27.10	ESO 254- 9	r	.52± .05	.27	15.25 ±.14				
224.21 -58.78		1.0± .9		.53					
060059.0-445342	PGC 18305		1.11	.26					
060237.9+652217		.S..1*.	1.09± .06	43					
148.56 19.64	UGC 3386	U	.23± .05	.49	14.36 ±.18				
20.74 -8.31	IRAS05576+6522	1.0±1.2		.24	12.87				
055738.5+652218	PGC 18312		1.14	.12					
060242.8-123001	IC 441	.SBT5..	1.15± .06	40					2218
218.84 -16.38	MCG -2-16- 1	E (1)	.09± .05	1.29					
309.33 -76.92		5.0± .8		.13					2070
060023.8-122954	PGC 18315	4.2±1.2	1.27	.04					2294
060248.2-634554	NGC 2178	.E.1...	1.05± .06						
273.17 -29.46	ESO 86- 53	S	.05± .04	.17	13.64 ±.14				
213.74 -41.10		-5.0± .9		.00					
060230.1-634542	PGC 18322		1.07						
0602.9 +6449		.S..6*.	1.14± .05	155					
149.10 19.46	UGC 3387	U	.52± .05	.52					
20.65 -8.85		6.0±1.3		.77					
0558.0 +6450	PGC 18327		1.19	.26					
060311.7+074938	A 0600+07	.E?....	.54± .19					18.13±.3	5263± 10
200.39 -7.02	UGC 3393		.00± .04	2.50					5386± 33
356.98 -63.19	2ZW 42			.00					5185
060028.7+074946	PGC 18336		.94						5339
060336.6-203917		.SBS7P.	1.36± .03	50				13.83±.2	1982± 11
226.77 -19.47	ESO 555- 27	SUE (2)	.09± .03	.21	13.55 ±.14			168± 16	
272.50 -76.83	IRAS06014-2039	7.0± .4		.13	13.34			147± 12	1814
060128.0-203906	PGC 18349	5.4± .6	1.38	.05	13.21			.57	2062
060339.2-263954		.LA.-*.	1.13± .05	103					
232.75 -21.67	ESO 488- 59	S	.22± .04	.00	14.42 ±.14				
251.61 -73.79		-3.5± .8		.00					
060139.0-263942	PGC 18350		1.06						
060339.8-320848		.SBR1..	1.10± .06	10					
238.35 -23.49	ESO 425- 4	r	.18± .04	.00	14.20 ±.14				
239.23 -69.84		1.0± .9		.18					
060148.0-320836	PGC 18351		1.10	.09					

R.A. 2000 DEC.	Names	Type	$\log D_{25}$	p.a.	B_T	$(B-V)_T$	$(B-V)_e$	m_{21}	V_{21}
l b		S_T n_L	$\log R_{25}$	A_g	m_B	$(U-B)_T$	$(U-B)_e$	W_{20}	V_{opt}
SGL SGB		T	$\log A_e$	A_i	m_{FIR}	$(B-V)^o_T$	m'_e	W_{50}	V_{GSR}
R.A. 1950 DEC.	PGC	L	$\log D_o$	A_{21}	B^o_T	$(U-B)^o_T$	m'_{25}	HI	V_{3K}
0603.7 +5730		.SA.6*.	1.06± .06						
156.19 16.61	UGC 3391	U	.12± .05	.89					
19.11 -16.01		6.0±1.2		.18					
0559.4 +5731	PGC 18352		1.14	.06					
060348.3-693459	NGC 2187A	.SAS1?.	1.39± .06						
279.86 -29.43	ESO 57- 68A	S	.34± .05	.37	13.06 ±.14				
211.59 -35.54		1.0±1.0		.35					
060414.0-693442	PGC 18355		1.43	.17					
060359.6-634159		.SXR1..	1.13± .05	164					
273.11 -29.33	ESO 86- 56	r	.33± .05	.17	14.47 ±.14				
213.60 -41.20	IRAS06036-6341	1.0± .9		.34					
060341.1-634142	PGC 18359		1.14	.17					
0604.0 +0839		.SXS3..	1.04± .15					15.27±.3	5388± 8
199.75 -6.43	UGC 3395	U	.00± .12	2.86				224± 7	
358.23 -62.55		3.0± .8		.00				212± 7	5301
0601.3 +0840	PGC 18360		1.31	.00					5454
060427.0-202115		.S..7?/	1.22± .04	14					
226.56 -19.18	ESO 555- 29	E	.85± .03	.36	15.35 ±.14				
273.48 -77.12		7.0±1.8		1.18					
060218.0-202100	PGC 18369		1.25	.43					
060428.0-193721		.IBS9..	.97± .05	155					882
225.85 -18.89	ESO 555- 28	SE (2)	.36± .04	.41	17.15 ±.14				
276.67 -77.34		9.5± .6		.27					717
060218.0-193706	PGC 18370	9.9± .6	1.01	.18	16.47				963
060430.8-530547		PSAT1P*	1.11± .04	72					
261.06 -28.25	ESO 160- 11	S	.25± .04	.15	14.88 ±.14				
218.23 -51.31		.7±1.0		.26					
060326.0-530530	PGC 18371		1.12	.13					
060434.7-123730		.S..3?/	1.40± .04	105					2231
219.15 -16.02	MCG -2-16- 2	E	.73± .05	1.44					
309.34 -77.39	IRAS06022-1237	3.0±1.7		1.00	12.65				2082
060215.9-123715	PGC 18373		1.54	.36					2310
060434.7+573740	NGC 2128	.L..-*.	1.18± .15	60					
156.13 16.76	UGC 3392	U	.13± .08	.89	13.60 ±.15				3142±155
19.25 -15.92	IRAS06002+5737	-3.0±1.1		.00	13.24				3226
060015.6+573751	PGC 18374		1.27		12.66				3150
060443.0-260722		.SBT6..	1.45± .03	154				13.90±.2	1814± 11
232.29 -21.26	ESO 488- 60	SU (1)	.37± .04	.00	13.63 ±.14			253± 16	
252.58 -74.32		6.3± .4		.54				229± 12	1635
060242.0-260706	PGC 18377	5.0± .6	1.45	.18	13.08			.64	1896
060444.7-732405	NGC 2199	PSAR1*.	1.29± .05	37					
284.23 -29.24	ESO 34- 3	Sr	.41± .05	.39	13.76 ±.14				4470± 63
210.34 -31.86	FAIR 247	.8± .4		.42					4272
060555.0-732342	PGC 18379		1.33	.21	12.89				4526
0604.8 +5608		.SB?...	1.26± .06					15.20±.1	1821± 7
157.55 16.17	UGC 3394		.00± .06	.91	14.7 ±.3				
18.95 -17.37				.00				135± 8	1900
0600.6 +5609	PGC 18380		1.35	.00	13.76			1.44	1831
0604.9 +8007		.L.....	1.15± .08	168					
133.58 24.74	UGC 3385	U	.43± .04	.34	14.89 ±.16				
24.05 6.07		-2.0± .9		.00					
0556.0 +8008	PGC 18384		1.12						
060517.5-275125	IC 2158	.SBR2*.	1.23± .04						
234.09 -21.74	ESO 425- 7	Sr (1)	.11± .04	.00	12.90 ±.14				
247.58 -73.27	IRAS06033-2751	1.9± .5		.13	12.98				
060319.1-275106	PGC 18388	4.4± .8	1.23	.05					
060522.0-454932		.SXR6..	.95± .06	50					
253.03 -26.80	ESO 254- 12	r	.13± .06	.20	15.18 ±.14				
222.59 -58.14		5.6± .8		.20					
060357.0-454912	PGC 18391		.97	.07					
060539.9-863754		.S..3*/	1.58± .03	93					
299.20 -27.75	ESO 5- 4	S	.66± .05	.68	13.55 ±.14				
206.93 -19.00	IRAS06220-8636	3.3± .6		.91	10.74				
062157.0-863654	PGC 18394		1.64	.33					
060545.3-330451		.IBS9..	1.42± .04	52					
239.47 -23.36	ESO 364- 29	S (1)	.15± .05	.04	13.60 ±.14				790± 63
236.60 -69.36		10.0± .4		.11					600
060355.0-330430	PGC 18396	10.0± .5	1.42	.08	13.45				873

R.A. 2000 DEC. / l b / SGL SGB / R.A. 1950 DEC.	Names / PGC	Type / S_T n_L / T / L	$\log D_{25}$ / $\log R_{25}$ / $\log A_e$ / $\log D_o$	p.a. / A_g / A_i / A_{21}	B_T / m_B / m_{FIR} / B_T^o	$(B-V)_T$ / $(U-B)_T$ / $(B-V)_T^o$ / $(U-B)_T^o$	$(B-V)_e$ / $(U-B)_e$ / m'_e / m'_{25}	m_{21} / W_{20} / W_{50} / HI	V_{21} / V_{opt} / V_{GSR} / V_{3K}
060552.9-490205		.S?....	.94± .06						
256.58 -27.36	ESO 205- 19		.11± .05	.13	15.37 ±.14				12300±190
220.25 -55.20	FAIR 803			.11					12095
060436.0-490142	PGC 18400		.95	.05	14.98				12377
060557.4-355746		PSBS2..	1.06± .06	77					
242.48 -24.19	ESO 364- 30	r	.52± .05	.20	15.32 ±.14				
232.20 -66.98		2.2± .9		.64					
060412.1-355724	PGC 18403		1.08	.26					
060627.0-395149		.S.1?P/	1.23± .05	107					
246.64 -25.18	ESO 307- 17	S	.65± .04	.19	15.34 ±.14				
227.41 -63.63	IRAS06048-3951	1.0±1.7		.66	13.02				
060449.0-395124	PGC 18407		1.25	.32					
0606.5 +6034		.S..6*.	1.14± .05	112				15.68±.1	7045± 11
153.41 18.18	UGC 3398	U	.35± .05	.59					
20.14 -13.09		6.0±1.2		.52				283± 8	7138
0602.0 +6035	PGC 18409		1.20	.18					7050
060635.9-472956		.E.2.?P	1.05± .05	125					
254.91 -26.94	ESO 254- 17	S	.14± .04	.19	14.63 ±.14				
221.05 -56.67		-5.0±1.7		.00					
060515.0-472930	PGC 18413		1.03						
060636.4-275243		.SB.9*.	1.01± .05	80					1478
234.22 -21.48	ESO 425- 8	S (1)	.70± .06	.00	16.57 ±.14				
246.81 -73.46		9.0±1.2		.72					1296
060438.0-275218	PGC 18414	11.1± .9	1.01	.35	15.85				1563
060642.9-434350		PSBS3..	.97± .06	152					
250.81 -26.10	ESO 254- 16	r	.31± .05	.35	15.46 ±.14				
223.79 -60.16		3.3± .9		.42					
060513.0-434324	PGC 18417		1.01	.15					
060651.1-752158	IC 2164	PSAT2*.	1.03± .05	108					
286.47 -28.99	ESO 34- 5	Sr (1)	.07± .04	.49	14.56 ±.14				10790± 63
209.64 -29.99	FAIR 248	2.1± .5		.09	14.14				10594
060833.0-752124	PGC 18424	3.3± .9	1.08	.04	13.87				10845
060730.2-614826		.S.5P*/	1.58± .03	41	10.5 ±.2	.81± .02			
270.97 -28.82	ESO 121- 6	S (1)	.74± .05	.15	13.45 ±.14	.38± .07			
213.78 -43.13	IRAS06070-6147	5.2± .5		1.11	11.08				
060701.0-614754	PGC 18437	5.0± .9	1.60	.37			11.41± .29		
060741.6-195453		.SBS5?/	1.30± .05	146					
226.44 -18.30	ESO 555- 36	S	1.01± .04	.47	15.60 ±.14				
274.28 -77.98	IRAS06055-1954	5.0±1.3		1.50	13.49				
060532.0-195424	PGC 18444		1.34	.50					
060744.7-232917		.SBS7*.	1.27± .04	57					2220
229.94 -19.66	ESO 489- 6	S (1)	.21± .04	.19	13.43 ±.14				
259.51 -76.43	IRAS06056-2328	7.3± .7		.29	13.16				2045
060540.0-232848	PGC 18445	5.6± .6	1.29	.11	12.94				2307
060745.1-472501		.SAT5..	1.11± .05	135					
254.87 -26.73	ESO 254- 22	S (1)	.29± .04	.19	14.61 ±.14				12400±190
220.77 -56.82	FAIR 805	5.0± .6		.43					12195
060624.0-472430	PGC 18446	2.8± .6	1.13	.14	13.92				12480
060802.2-214448	NGC 2179	.SAS0..	1.23± .03	170	13.22 ±.17	.90± .02	.98± .01	16.55±.2	2798± 9
228.26 -18.94	ESO 555- 38	R	.16± .03	.28	13.27 ±.11	.35± .04	.42± .02	416± 34	2731± 66
266.11 -77.35	IRAS06059-2144	.0± .3	.83± .05	.12		.78	12.86± .16	363± 25	2625
060555.0-214418	PGC 18453		1.25		12.81	.28	13.83± .25		2883
060823.8-523040	NGC 2191	.LBR0*.	1.24± .05	118	12.33V±.13	.92± .02			
260.51 -27.58	ESO 160- 14	S	.31± .04	.16	13.26 ±.14	.48± .04			4514± 38
217.65 -52.06		-2.0± .6		.00		.81			4307
060717.0-523006	PGC 18464		1.22		13.03	.44	13.58± .30		4591
060835.5-484953		.S..1?/	1.17± .05	18					
256.45 -26.88	ESO 205- 23	S	.61± .04	.17	15.56 ±.14				
219.64 -55.54		1.0±1.8		.62					
060718.1-484918	PGC 18472		1.18	.30					
060845.9-335504		.S?....	.93± .06						
240.54 -23.03	ESO 364- 33		.06± .05	.04	14.51 ±.14				11433± 62
233.80 -69.02	IRAS06069-3354			.06	11.75				11240
060657.0-335430	PGC 18477		.93	.03	14.27				11519
060852.7-654351		.E+4.*.	1.28± .05	173					
275.45 -28.90	ESO 86- 62	S	.19± .04	.16	13.57 ±.14				
212.24 -39.38		-4.0±1.2		.00					
060847.1-654312	PGC 18482		1.25						

R.A. 2000 DEC. / l b / SGL SGB / R.A. 1950 DEC.	Names / PGC	Type / S_T n_L / T / L	$\log D_{25}$ / $\log R_{25}$ / $\log A_e$ / $\log D_o$	p.a. / A_g / A_i / A_{21}	B_T / m_B / m_{FIR} / B_T^o	$(B-V)_T$ / $(U-B)_T$ / $(B-V)_T^o$ / $(U-B)_T^o$	$(B-V)_e$ / $(U-B)_e$ / m'_e / m'_{25}	m_{21} / W_{20} / W_{50} / HI	V_{21} / V_{opt} / V_{GSR} / V_{3K}
060853.5-250840		.SBS7..	1.06± .04	142					5904
231.68 -20.03	ESO 489- 8	S (1)	.33± .03	.00	14.66 ±.14				
253.24 -75.67	IRAS06068-2508	7.0± .9		.46	12.78				5726
060651.0-250806	PGC 18484	5.6±1.2	1.06	.17	14.18				5992
060857.6-274817		.SBS8..	1.13± .05	176					3030
234.34 -20.96	ESO 425- 10	S (1)	.23± .04	.00	13.72 ±.14				
245.67 -73.88	IRAS06069-2747	8.0± .9		.28	13.52				2847
060659.0-274742	PGC 18488	5.6± .9	1.13	.12	13.43				3118
060901.2-214323		.IBS9..	1.17± .04	30					1738
228.33 -18.72	ESO 555- 39	S (1)	.21± .04	.30	15.88 ±.14				
265.73 -77.57		9.5± .6		.15					1566
060654.0-214248	PGC 18490	10.0± .6	1.20	.10	15.43				1826
060908.1+420507		.S..1..	1.09± .06	18				15.86±.1	3604± 11
170.86 10.63	UGC 3407	U	.15± .05	1.53	13.7 ±.3				
16.32 -31.24	IRAS06055+4205	1.0± .9		.15	12.86			102± 12	3633
060534.1+420539	PGC 18494		1.23	.08	12.02			3.77	3639
060910.5-542426		.LB?...	.93± .07						
262.65 -27.76	ESO 160- 16		.16± .06	.25	14.90 ±.14				7300±190
216.54 -50.29	FAIR 806			.00					7092
060810.0-542348	PGC 18496		.93		14.54				7377
060935.7-620641		.SXR4?/	1.14± .05	82					
271.34 -28.59	ESO 121- 9	S (1)	.67± .05	.16	15.28 ±.14				
213.35 -42.90		4.3± .8		.98					
060908.0-620600	PGC 18510	2.6± .8	1.15	.33					
060936.4-200619		.S.6?P/	1.15± .04	39					
226.81 -17.97	ESO 555- 40	S	.74± .04	.45	16.20 ±.14				
272.66 -78.34		5.5± .9		1.09					
060727.0-200542	PGC 18511		1.19	.37					
060939.6-473721		.LA.-P.	.75?	15					
255.17 -26.46	ESO 205- 27	S	.08± .08	.15	14.73 ±.14				
220.09 -56.74		-3.0± .6		.00					
060819.0-473642	PGC 18514		.75						
060947.8-194344		PLX.-*.	1.16± .05	161					
226.47 -17.78	ESO 556- 1	S	.25± .04	.40	14.48 ±.14				
274.37 -78.51		-2.7± .6		.00					
060738.0-194306	PGC 18518		1.17						
0609.8 +6758		.S..7..	1.01± .06	135					
146.25 21.25	UGC 3402	U	.05± .05	.40					
21.97 -5.91		7.0± .9		.07					
0604.5 +6759	PGC 18520		1.04	.03					
060955.4-333903		.S?....	1.16± .06	102					
240.35 -22.71	ESO 364- 35		.26± .05	.01	14.59 ±.14				8894± 50
233.63 -69.38				.38					8701
060806.0-333824	PGC 18527		1.16	.13	14.13				8982
061000.4-333822		.S?....	1.05± .06						
240.35 -22.69	ESO 364- 36		.19± .05	.01	14.39 ±.14				8663± 50
233.61 -69.39	IRAS06081-3338			.28	13.44				8471
060811.0-333742	PGC 18532		1.06	.09	14.05				8751
061002.0-223733		.SXS8..	1.15± .05	128					
229.30 -18.85	ESO 489- 11	S (1)	.14± .05	.34	14.94 ±.14				
261.52 -77.33		8.0± .5		.17					
060756.0-223654	PGC 18533	8.1± .5	1.18	.07					
0610.1 +7955		.E.....							
133.87 24.90	UGC 3396	U		.35	15.1 ±.3				
24.23 5.82		-5.0± .8							
0601.3 +7956	PGC 18535								
061009.6-340622	NGC 2188	.SBS9./	1.64± .02	175	12.14 ±.13	.47± .01	.43± .01	13.38±.1	749± 6
240.84 -22.81	ESO 364- 37	R (2)	.59± .03	.02	12.20 ±.12	-.27± .02	-.25± .01	132± 8	727± 17
232.83 -69.01		9.0± .3	1.13± .01	.60		.34	13.28± .03	126± 11	553
060821.0-340542	PGC 18536	5.7± .7	1.65	.29	11.56	-.37	13.75± .19	1.53	835
061033.4-623221	NGC 2205	PLXT-*.	1.13± .06	80					
271.83 -28.52	ESO 86- 63	S	.18± .04	.16	13.71 ±.14				8385± 15
213.06 -42.52		-3.4± .6		.00					8178
061008.1-623136	PGC 18551		1.12		13.43				8456
061033.5-473943		.SBT6P*	1.07± .05	50					
255.24 -26.32	ESO 205- 29	Sr (1)	.24± .05	.15	15.30 ±.14				
219.81 -56.75		5.9± .5		.35					
060913.0-473900	PGC 18552	4.4± .6	1.08	.12					

R.A. 2000 DEC. l b SGL SGB R.A. 1950 DEC.	Names PGC	Type S_T n_L T L	$\log D_{25}$ $\log R_{25}$ $\log A_e$ $\log D_o$	p.a. A_g A_i A_{21}	B_T m_B m_{FIR} B_T^o	$(B-V)_T$ $(U-B)_T$ $(B-V)_T^o$ $(U-B)_T^o$	$(B-V)_e$ $(U-B)_e$ m'_e m'_{25}	m_{21} W_{20} W_{50} HI	V_{21} V_{opt} V_{GSR} V_{3K}
0610.5 +7952		.S..2..	.99± .10						
133.93 24.90	UGC 3397	U	.24± .07	.35	15.39 ±.20				
24.24 5.76	IRAS06017+7952	2.0± .9		.29	13.76				
0601.7 +7952	PGC 18553		1.02	.12					
0610.6 +7123		.SB.6?.	1.36± .04	27				14.62±.1	1264± 7
142.80 22.45	UGC 3403	U	.52± .05	.52	14.3 ±.2				
22.67 -2.58	IRAS06047+7123	6.0±1.1		.76	12.72			230± 8	1390
0604.7 +7123	PGC 18557		1.41	.26	13.07			1.29	1255
0610.7 +6435		.S..9*.	1.17± .05	10				15.45±.1	1362± 11
149.67 20.14	UGC 3409	U	.56± .05	.40					
21.42 -9.25		9.0±1.3		.57				123± 8	1467
0605.8 +6436	PGC 18558		1.21	.28					1364
061044.4-333807		.S?....	1.05± .07	85					
240.39 -22.55	ESO 364- 38		.83± .05	.01	16.46 ±.14				14872± 62
233.25 -69.48				1.24					14679
060855.0-333724	PGC 18559		1.05	.41	15.12				14961
061051.0-335302		.SAT2*P	1.23± .05	7					
240.66 -22.61	ESO 364- 39	S	.10± .05	.02	13.81 ±.14				8890± 62
232.82 -69.28		2.0± .6		.12					8697
060902.1-335218	PGC 18566		1.24	.05	13.58				8979
0610.8 +6200		.S..6?.	1.23± .06	35				15.27±.1	6798± 11
152.23 19.21	UGC 3411	U	.19± .06	.60	15.1 ±.4				
20.95 -11.79		6.0±1.6		.28				242± 8	6895
0606.2 +6201	PGC 18568		1.28	.09	14.23			.94	6804
061116.4-213557		.IAS9..	1.30± .04					13.40±.2	854± 11
228.42 -18.19	ESO 556- 2	SU (1)	.07± .04	.42	14.28 ±.14			108± 16	
265.10 -78.09		9.7± .4		.05				91± 12	681
060909.0-213512	PGC 18583	10.0± .5	1.34	.03	13.81			-.44	945
0611.8 +8037		.S..8*.	1.04± .08	48					
133.14 25.15	UGC 3400	U	.76± .06	.39					
24.43 6.49		8.0±1.4		.94					
0602.5 +8038	PGC 18594		1.08	.38					
061208.7-233218			.86± .07	38					
230.39 -18.74	ESO 489- 15		.15± .06	.29	14.63 ±.14				1760± 35
256.79 -77.23									1583
061004.0-233130	PGC 18601		.89						1852
061210.1-214824	NGC 2196	PSAS1..	1.45± .02	35	11.82 ±.13	.81± .01	.92± .01	13.90±.1	2321± 6
228.71 -18.08	ESO 556- 4	R (3)	.11± .03	.45	12.11 ±.11	.20± .04	.33± .01	392± 5	2301± 40
263.72 -78.17	IRAS06100-2147	1.0± .3	1.16± .01	.11	12.57	.67	13.11± .04	391± 11	2147
061003.1-214736	PGC 18602	1.8± .5	1.49	.06	11.39	.10	13.63± .19	2.45	2412
061216.6+641608		.S?....	.83± .08						
150.05 20.19	UGC 3414		.00± .05	.48	14.2 ±.2				4495± 61
21.53 -9.60	7ZW 61			.00	12.47				4599
060724.3+641651	PGC 18607		.87	.00	13.66				4499
0612.4 +5131		.S..3..	1.07± .14	165					
162.40 15.25	UGC 3417	U (1)	.79± .12	1.04	15.6 ±.3				
19.10 -22.13	IRAS06084+5132	3.0±1.0		1.10	12.85				
0608.4 +5132	PGC 18608	5.5±1.3	1.17	.40					
061226.1+442620		.SBT3..	1.02± .06					16.42±.1	6743± 7
168.99 12.22	UGC 3418	U	.02± .05	1.22	14.3 ±.3				
17.57 -29.07	IRAS06087+4427	3.0± .9		.03	12.75			57± 8	6779
060846.9+442706	PGC 18611		1.13	.01	13.00			3.41	6777
061226.9-561610		.L..+*/	1.06± .05	117					
264.81 -27.57	ESO 160- 18	S	.69± .03	.14	15.39 ±.14				
215.05 -48.64	IRAS06114-5615	-1.0±1.4		.00	13.45				
061133.0-561518	PGC 18612		.97						
061232.9-215417		.IB.9*.	1.10± .08						
228.84 -18.03		S (1)	.31± .08	.45					
263.08 -78.20		10.0± .9		.23					
061025.9-215327	PGC 18617	10.0±1.2	1.14	.16					
061232.9-450428			.96± .07	117					
252.53 -25.40	ESO 254- 37		.10± .06	.25	15.02 ±.14				4437± 87
220.87 -59.30									4232
061106.0-450336	PGC 18618		.99						4523
061253.7-332610		.S?....	1.02± .06	75					
240.34 -22.06	ESO 364- 43		.41± .05	.15	15.09 ±.14				8866± 62
232.43 -69.88				.61					8672
061104.0-332518	PGC 18636		1.03	.20	14.28				8958

R.A. 2000 DEC.	Names	Type	$\log D_{25}$	p.a.	B_T	$(B-V)_T$	$(B-V)_e$	m_{21}	V_{21}
l b		S_T n_L	$\log R_{25}$	A_g	m_B	$(U-B)_T$	$(U-B)_e$	W_{20}	V_{opt}
SGL SGB		T	$\log A_e$	A_i	m_{FIR}	$(B-V)^o_T$	m'_e	W_{50}	V_{GSR}
R.A. 1950 DEC.	PGC	L	$\log D_o$	A_{21}	B^o_T	$(U-B)^o_T$	m'_{25}	HI	V_{3K}
061302.7-274353		.LA.-*.	1.25± .05	108	13.83 ±.13	.95± .01	1.09± .01		
234.61 -20.09	ESO 425- 14	S	.47± .04	.00	13.62 ±.14	.44± .02	.52± .01		
243.38 -74.54		-2.7± .5	.42± .01	.00			11.42± .03		
061104.0-274300	PGC 18641		1.18				13.77± .28		
0613.1 +7014		.I..9?.	1.19± .06	154				15.40±.1	3907± 11
144.05 22.28	UGC 3415	U	.81± .06	.52					
22.67 -3.74		10.0±1.9		.61				172± 8	4029
0607.5 +7015	PGC 18646		1.24	.41					3901
061317.1-433949	NGC 2200	.SBR5..	1.00± .05	171					
251.05 -24.93	ESO 254- 39	BSr (1)	.05± .05	.24	14.89 ±.14				
221.61 -60.67		5.0± .5		.08					
061147.0-433854	PGC 18652	4.4± .8	1.03	.03					
061318.5-511902		.SXS9..	1.12± .05						
259.34 -26.62	ESO 205- 34	S (1)	.06± .04	.15	13.89 ±.14				
217.06 -53.43	IRAS06121-5117	9.0± .6		.06	13.40				
061208.0-511806	PGC 18653	7.2± .6	1.13	.03					
061332.1-434220	NGC 2201	.SXR3*.	1.16± .05	113					
251.11 -24.90	ESO 254- 40	Sr	.17± .05	.26	14.25 ±.14				
221.50 -60.65		2.9± .7		.23					
061202.1-434124	PGC 18658		1.18	.08					
0613.5 +5304		.I..9?.	1.14± .13	145					
161.01 16.05	UGC 3424	U	.18± .12	1.02					
19.59 -20.64		10.0±1.7		.13					
0609.5 +5305	PGC 18660		1.24	.09					
0613.5 +6944	A 0608+69	.S..6*.	1.33± .03	90				15.07±.1	4002± 11
144.58 22.15	UGC 3416	U	.29± .04	.47	14.7 ±.3				4062± 76
22.62 -4.24		6.0±1.1		.43				286± 8	4124
0608.0 +6945	PGC 18662		1.38	.15	13.78			1.15	3999
061335.5-531403		.SXS4..	1.11± .05	15					
261.46 -26.93	ESO 160- 19	S (1)	.17± .05	.20	15.04 ±.14				
216.09 -51.60		4.0± .8		.25					
061231.0-531306	PGC 18663	5.6±1.1	1.13	.08					
0613.6 +8104		.S..3..	1.25± .04	20					
132.68 25.33	UGC 3401	U (1)	.90± .05	.40	15.56 ±.18				
24.58 6.92		3.0± .9		1.25					
0604.0 +8105	PGC 18664	3.5±1.3	1.29	.45					
0613.8 +8000		.L.....							
133.83 25.08	UGC 3404	U		.35	15.3 ±.3				
24.40 5.87		-2.0± .8							
0605.0 +8001	PGC 18672								
061403.9-425122		PSAR3..	1.05± .05	57					
250.23 -24.59	ESO 254- 43	r	.25± .05	.20	15.10 ±.14				
221.94 -61.47		3.3± .9		.34					
061232.1-425024	PGC 18675		1.06	.12					
0614.2 +8028		.S..4..	1.19± .07	49				14.39±.1	3791± 11
133.33 25.20	UGC 3405	U	.64± .07	.34	15.32 ±.19				3872± 57
24.49 6.33		4.0± .9		.93				348± 8	3944
0605.0 +8029	PGC 18682		1.22	.32	14.02			.05	3772
061430.2-535631		RSBR0..	1.04± .06	6					
262.27 -26.92	ESO 160- 20	r	.23± .05	.28	14.94 ±.14				
215.58 -50.96		-.1± .9		.18					
061328.0-535530	PGC 18689		1.05						
061434.6-254747		.S..1?P	.96± .07						
232.82 -19.07	ESO 489- 20	S	.03± .04	.16	14.17 ±.14				
247.66 -76.19	IRAS06125-2546	1.0±1.6		.03	13.09				
061233.0-254648	PGC 18692		.98	.02					
0614.7 +6634		.S..3..	1.40± .04	90				15.28±.1	4057± 11
147.84 21.22	UGC 3425	U (1)	.86± .05	.40	15.0 ±.2				
22.19 -7.38	IRAS06096+6634	3.0± .9		1.19	12.86			419± 8	4168
0609.6 +6634	PGC 18699	4.5±1.2	1.44	.43	13.42			1.43	4058
061505.3+001123		.SXS4*.	1.31± .03	92					2339± 6
208.59 -7.99	UGC 3433	E (1)	.51± .04	1.83					
353.81 -71.29		4.0±1.2		.75					2220
061231.4+001223	PGC 18705	3.1±1.6	1.48	.26					2428
061507.3-192501		.SBS4?.	1.15± .03	9					
226.69 -16.50	ESO 556- 5	SE (1)	.28± .03	.44	14.57 ±.14				
273.73 -79.80		4.0± .7		.42					
061257.0-192400	PGC 18708	3.3±1.2	1.19	.14					

R.A. 2000 DEC. l b SGL SGB R.A. 1950 DEC.	Names PGC	Type S_T n_L T L	$\log D_{25}$ $\log R_{25}$ $\log A_e$ $\log D_o$	p.a. A_g A_i A_{21}	B_T m_B m_{FIR} B_T^o	$(B-V)_T$ $(U-B)_T$ $(B-V)_T^o$ $(U-B)_T^o$	$(B-V)_e$ $(U-B)_e$ m'_e m'_{25}	m_{21} W_{20} W_{50} HI	V_{21} V_{opt} V_{GSR} V_{3K}
061507.9+710812	A 0609+71A	.SXT3..	1.31± .04	43				14.34±.1	4059± 5
143.18 22.71	UGC 3422	U (1)	.10± .05	.49	14.1 ±.3			424± 5	
22.98 -2.88		3.0± .8		.14				404± 7	4183
060918.8+710905	PGC 18709	2.2± .8	1.36	.05	13.42			.87	4053
0615.1 +8027		.S..3..	1.24± .07	60				14.30±.1	3887± 11
133.36 25.24	UGC 3410	U	.68± .07	.34	14.99 ±.18				4026± 57
24.53 6.30		3.0± .8		.94				310± 12	4042
0606.0 +8028	PGC 18711		1.27	.34	13.67			.28	3870
061519.4-263432	A 0613-26	.IXS9..	1.24± .04		15.01 ±.18	.36± .10	.32± .05	15.27±.2	1799± 11
233.66 -19.20	ESO 489- 22	PSU (2)	.16± .04	.21	14.62 ±.14	-.24± .12	-.15± .07	97± 16	
244.92 -75.74	DDO 234	10.0± .5	1.08± .04	.12		.26	15.90± .08	69± 12	1615
061319.0-263330	PGC 18715	9.6± .7	1.26	.08	14.44	-.31	15.66± .30	.75	1895
0615.3 +6744		.S..8*.	1.15± .05	77				16.01±.1	3878± 11
146.68 21.66	UGC 3428	U	.54± .05	.43					
22.44 -6.24		8.0±1.3		.67				198± 8	3992
0610.1 +6745	PGC 18716		1.20	.27					3878
061529.0-223603		.SBT7..	1.09± .04	153					2053
229.79 -17.67	ESO 489- 23	S (1)	.15± .04	.29	14.88 ±.14				
258.33 -78.40		7.0± .6		.21					1877
061323.0-223500	PGC 18718	6.7± .6	1.12	.08	14.37				2150
0615.5 +7943		.S..6*.	1.02± .10					15.03±.1	4003± 11
134.15 25.08	UGC 3412	U	.36± .07	.43					
24.42 5.58		6.0±1.2		.53				259± 8	4151
0606.8 +7944	PGC 18719		1.06	.18					3983
061536.0+710204	A 0609+71B	.L...*.	1.26± .13		14.03M±.08	1.06± .01	1.14± .01	15.37±.1	3998± 6
143.30 22.72	UGC 3426	U	.06± .08	.49	13.55 ±.17	.18± .03	.16± .02	424± 16	4030± 24
23.01 -2.99	MK 3	-2.0±1.1	.23± .03	.00	11.92	.91	10.60± .12	258± 15	4124
060948.1+710300	PGC 18722		1.31		13.39	.08	15.06± .69		3994
0615.7 -7053		.SBS8..	1.30± .06					14.72±.3	1294± 9
281.36 -28.43		S (1)	.42± .08	.41					
210.03 -34.49		8.0± .8		.52				76± 7	1092
0616.4 -7052	PGC 18727	10.0± .9	1.34	.21					1358
0615.8 +6650		.S?....	1.04± .09						
147.60 21.41	MCG 11- 8- 25		.38± .07	.40	15.20 ±.18				3926±113
22.33 -7.13	IRAS06106+6651			.28	11.76				4037
0610.6 +6651	PGC 18729		1.06		14.45				3928
061551.3-695002		.E+3...	1.11± .10						
280.15 -28.39		S	.17± .08	.44					
210.28 -35.53		-4.0± .9		.00					
061618.9-694852	PGC 18730		1.12						
061559.2-264554	NGC 2206	.SXT4*.	1.38± .02	138	12.91 ±.13	.69± .01	.80± .01		6279± 10
233.90 -19.13	ESO 489- 26	SU (1)	.28± .04	.10	12.91 ±.14	.03± .07			6258± 45
243.95 -75.70	IRAS06140-2644	4.3± .6	.92± .02	.41	12.65	.57	13.00± .04		6094
061359.1-264448	PGC 18736	3.3±1.1	1.39	.14	12.36	-.06	13.96± .20		6375
061601.2+755613		.S..3..	1.41± .04					14.35±.1	5100± 7
138.19 24.14	UGC 3420	U (1)	.49± .06	.39	14.1 ±.2			509± 9	5110± 76
23.83 1.84		3.0± .8		.68				475± 12	5238
060901.1+755708	PGC 18739	3.5±1.1	1.45	.24	13.02			1.09	5087
061613.0-515026		.E+5...	1.10± .05	2					
260.02 -26.28	ESO 206- 1	S	.34± .04	.16	15.27 ±.14				
216.09 -53.05		-4.0± .6		.00					
061504.0-514918	PGC 18745		1.02						
0616.2 +5702		.S..6*.	1.22± .06	136				15.46±.1	4998± 11
157.34 17.98	UGC 3432	U	.65± .06	.63	15.28 ±.20				
20.73 -16.79		6.0±1.3		.95				292± 8	5077
0612.0 +5704	PGC 18747		1.28	.32	13.68			1.45	5016
061622.1-212221	NGC 2207	.SXT4P.	1.63± .02	141	12.2 ±.2	.68± .01	.76± .01	13.04±.2	2746± 7
228.68 -17.01	ESO 556- 8	R (3)	.19± .02	.53	11.59 ±.12		.23± .07	274± 8	2728± 26
263.17 -79.24	IRAS06142-2121	4.0± .3	.97± .05	.28	10.47	.50	12.54± .10	286± 25	2571
061414.4-212114	PGC 18749	2.3± .5	1.68	.10	10.90		14.72± .24	2.04	2843
061627.7-212231	IC 2163	.SBT5P.	1.48± .03	98	11.6 ±.3	.63± .03	.69± .01	13.43±.3	2688± 17
228.70 -16.99	ESO 556- 9	R	.39± .03	.53	12.55 ±.14			308± 34	2798± 63
263.10 -79.25		5.0± .5		.58		.42			2521
061420.0-212124	PGC 18751		1.53	.19	11.26		12.88± .34	1.98	2794
061632.0+321348		.SB?...	.96± .09					14.93±.3	7625± 7
180.41 7.41	UGC 3434		.00± .06	1.20					
15.44 -41.18	IRAS06132+3214			.00				121± 7	7615
061316.2+321453	PGC 18753		1.07	.00					7682

R.A. 2000 DEC. / l b / SGL SGB / R.A. 1950 DEC.	Names / PGC	Type / S_T n_L / T / L	$\log D_{25}$ / $\log R_{25}$ / $\log A_e$ / $\log D_o$	p.a. / A_g / A_i / A_{21}	B_T / m_B / m_{FIR} / B_T^o	$(B-V)_T$ / $(U-B)_T$ / $(B-V)_T^o$ / $(U-B)_T^o$	$(B-V)_e$ / $(U-B)_e$ / m'_e / m'_{25}	m_{21} / W_{20} / W_{50} / HI	V_{21} / V_{opt} / V_{GSR} / V_{3K}
0616.7 -1453		.SX.5*.	1.09± .09	150					
222.57 -14.29		E	.16± .08	1.45					
300.58 -80.74		5.0±1.3		.25					
0614.5 -1452	PGC 18759		1.23	.08					
061701.8+810821		.SBR4..	1.33± .04	85				14.36±.1	4211± 7
132.64 25.47	UGC 3413	U	.12± .05	.40	13.5 ±.2				
24.72 6.97	IRAS06072+8109	4.0± .7		.17	12.80			268± 8	4363
060719.9+810914	PGC 18764		1.37	.06	12.94			1.36	4189
061705.3-272310		.S..4./	1.47± .03	2				14.90±.2	1696± 11
234.61 -19.13	ESO 489- 29	SU (1)	.81± .03	.13	13.35 ±.14			307± 16	
241.58 -75.38	IRAS06150-2722	3.7± .5		1.18	12.56			306± 12	1510
061506.1-272200	PGC 18765	4.4± .8	1.48	.40	12.02			2.48	1795
061716.7-553301		PSBR3*.	1.12± .05	33					
264.13 -26.79	ESO 160- 22	Sr (1)	.21± .05	.22	14.10 ±.14				7400±190
214.33 -49.50	FAIR 811	3.2± .6		.30	13.93				7190
061620.0-553148	PGC 18773	2.2± .9	1.14	.11	13.53				7483
061731.4-230424		.SBS9..	1.11± .05	42					
230.43 -17.42	ESO 489- 31	S (1)	.34± .05	.37	16.12 ±.14				
255.01 -78.50		8.5± .6		.34					
061526.0-230312	PGC 18775	9.4± .6	1.14	.17					
0617.6 +7851		.S..8*.	1.04± .09					15.40±.1	4273± 11
135.11 24.97	UGC 3423	U	.84± .07	.40					
24.38 4.70		8.0±1.3		1.04				222± 8	4419
0609.4 +7852	PGC 18778		1.07	.42					4255
061742.8-563639		.LB?...	.98± .07	0					
265.31 -26.91	ESO 160- 23		.14± .05	.20	14.87 ±.14				10100±190
213.86 -48.49	FAIR 812			.00					9890
061650.1-563524	PGC 18780		.98		14.52				10182
061749.1-210337		.SBS9..	1.21± .03	126					
228.52 -16.57	ESO 556- 12	SE (2)	.25± .04	.58	14.96 ±.14				
263.74 -79.68	IRAS06157-2101	8.7± .5		.25					
061541.0-210224	PGC 18781	8.3± .5	1.26	.12					
061820.1-660102		PSBS4*.	1.21± .05	112					
275.85 -27.95	ESO 87- 3	Sr (1)	.57± .04	.20	14.65 ±.14				
210.94 -39.32	IRAS06182-6559	3.7± .5		.83					
061816.0-655942	PGC 18791	3.3±1.0	1.23	.28					
061825.8-245106		.E.0.*.	1.02± .11						
232.24 -17.91	MCG -4-15- 22	S	.03± .08	.19					
247.89 -77.47		-5.0±1.2		.00					
061622.8-244950	PGC 18792		1.04						
061830.5-183216	NGC 2211	.LBR0*.	1.14± .04	22					
226.19 -15.41	ESO 556- 13	SE	.29± .03	.61	13.70 ±.14				
277.26 -80.83		-2.3± .6		.00					
061619.0-183100	PGC 18794		1.16						
061835.5-183110	NGC 2212	.LBT+P*	1.17± .04	136					
226.18 -15.39	ESO 556- 14	SE	.26± .02	.61	14.49 ±.14				
277.33 -80.86		-1.0± .6		.00					
061624.0-182954	PGC 18796		1.19						
061840.1+782119	NGC 2146	.SBS2P.	1.78± .01	56	11.38 ±.13	.79± .02	.87± .01	12.75±.0	893± 4
135.66 24.90	UGC 3429	R (1)	.25± .03	.33	11.06 ±.13	.29± .04	.35± .03	499± 6	873± 12
24.36 4.20	IRAS06106+7822	2.0± .3	1.31± .01	.30	7.89	.66	13.42± .03	194± 11	1035
061042.7+782223	PGC 18797	3.4± .7	1.81	.12	10.58	.19	14.51± .16	2.05	874
0618.7 +6326		.SXS5..	1.15± .07					15.05±.1	4297± 7
151.14 20.57	UGC 3436	U	.10± .06	.41					
22.10 -10.53		5.0± .8		.15				202± 8	4397
0614.0 +6328	PGC 18800		1.19	.05					4306
061859.3-243748		.LX.-..	1.15± .05	138					
232.08 -17.71	ESO 489- 35	S	.40± .04	.21	13.55 ±.14				
248.20 -77.72		-3.0± .9		.00					
061656.0-243630	PGC 18804		1.12						
061904.2-165651		.SB.4?.	1.17± .04	5					
224.74 -14.64	MCG -3-16- 23	SE (1)	.63± .04	1.08					
287.23 -81.29	IRAS06168-1655	4.0±1.0		.92	13.33				
061650.8-165533	PGC 18805	4.4±1.2	1.27	.31					
061911.9+800411	IC 440	.SAR2..	1.22± .07					16.44±.1	4344± 11
133.82 25.32	UGC 3427	U (1)	.28± .07	.44	14.16 ±.18				4305± 46
24.64 5.90	IRAS06102+8005	2.0± .8		.35	13.59			339± 8	4491
061017.1+800515	PGC 18807	3.5±1.1	1.26	.14	13.33			2.96	4322

R.A. 2000 DEC. / l b / SGL SGB / R.A. 1950 DEC.	Names / PGC	Type / S_T n_L / T / L	$logD_{25}$ / $logR_{25}$ / $logA_e$ / $logD_o$	p.a. / A_g / A_i / A_{21}	B_T / m_B / m_{FIR} / B_T^o	$(B-V)_T$ / $(U-B)_T$ / $(B-V)_T^o$ / $(U-B)_T^o$	$(B-V)_e$ / $(U-B)_e$ / m'_e / m'_{25}	m_{21} / W_{20} / W_{50} / HI	V_{21} / V_{opt} / V_{GSR} / V_{3K}
061917.5-242756		.LBR0..	1.22± .05	55					
231.94 -17.58	ESO 489- 37	S	.44± .04	.21	13.56 ±.14				
248.53 -77.88		-2.0± .8		.00					
061714.0-242636	PGC 18808		1.18						
061919.2+423711									
171.22 12.55	CGCG 203- 6			1.14	14.8 ±.3				7597± 57
18.58 -31.10									7624
061544.2+423828	PGC 18809								7642
061922.2+764846		.E.....	1.26± .13	173					
137.31 24.56	UGC 3431	U	.14± .08	.39	13.38 ±.15				
24.16 2.67		-5.0± .8		.00					
061203.9+764955	PGC 18812		1.28						
0619.5 +6419		.S..6*.	1.14± .05	35					
150.28 20.95	UGC 3437	U	.20± .05	.37					
22.32 -9.67		6.0±1.2		.29					
0614.7 +6421	PGC 18815		1.18	.10					
0619.9 +5122		.I..9?.	1.00± .16	166					
163.03 16.27	UGC 3443	U	.73± .12	.87					
20.31 -22.48		10.0±2.0		.54					
0616.0 +5124	PGC 18825		1.08	.36					
062000.3-371142	A 0618-37	.E?....	1.10± .09	92					
244.68 -21.88	ESO 365- 6		.24± .06	.24	15.38 ±.14				9664± 55
224.30 -67.16				.00					9463
061817.0-371018	PGC 18828		1.07		15.00				9763
062015.0-573438	NGC 2221	.S.1?P/	1.29± .05	0					
266.44 -26.72	ESO 121- 24	S	.64± .05	.17	13.86 ±.14				2445± 54
213.03 -47.63	IRAS06194-5733	1.0±1.3		.66	11.42				2234
061926.0-573312	PGC 18833		1.31	.32	13.00				2527
062016.2-573151	NGC 2222	.SB1?P/	1.08± .05	150					
266.39 -26.71	ESO 121- 25	S	.57± .04	.19	14.21 ±.14				2602± 76
213.05 -47.67		1.0±1.3		.58					2392
061927.1-573024	PGC 18835		1.10	.29	13.40				2685
0620.3 +6635		.SXS3..	.97± .07	101					
148.01 21.75	UGC 3438	U	.24± .05	.42	14.89 ±.18				
22.74 -7.45	IRAS06151+6636	3.0± .9		.34					
0615.2 +6636	PGC 18837		1.01	.12					
062029.4-572946		.SBS8P*	1.07± .05	150					
266.36 -26.68	ESO 161- 1	S (1)	.28± .05	.19	14.81 ±.14				
213.01 -47.71		8.3± .5		.34					
061940.1-572818	PGC 18839	6.7± .6	1.09	.14					
0620.5 +2758		.E...*.	1.08± .17	90					
184.61 6.22	UGC 3447	U	.29± .08	1.41	14.92 ±.18				
15.39 -45.52		-5.0±1.2		.00					
0617.4 +2800	PGC 18841		1.22						
0620.7 -1603	A 0618-16	.SAT6*.	1.19± .05	130				14.96±.1	2852± 10
224.08 -13.91	MCG -3-17- 1	PE (2)	.17± .05	1.51				216± 11	2827± 59
293.11 -81.75		6.0± .6		.25				197± 11	2687
0618.5 -1602	PGC 18848	3.3± .7	1.33	.08					2955
062047.5-275502		.SXS7..	1.12± .05						
235.44 -18.56	ESO 425- 18	S (1)	.09± .05	.16	14.36 ±.14				
237.68 -75.45		7.0± .8		.12					
061849.0-275336	PGC 18851	6.7± .8	1.14	.04					
0620.9 -0827		.S..6?.	1.59± .04	70				11.59±.1	734± 7
217.07 -10.60	UGCA 127	U (1)	.54± .06	2.45				315± 9	
336.74 -78.95		6.0±1.5		.80				294± 12	588
0618.5 -0826	PGC 18855	3.1±1.6	1.82	.27					836
0621.0 -0551		.S..7?/	1.12± .08	46					
214.72 -9.41		E	.66± .08	2.13					
345.48 -77.10		7.0±1.8		.90					
0618.6 -0550	PGC 18857		1.32	.33					
062105.5-200251	A 0618-20	.SBS1P.	1.42± .02	141				13.05±.2	1981± 11
227.88 -15.47	ESO 556- 15	RSE	.14± .03	.77	12.63 ±.14			352± 16	
266.90 -80.84	IRAS06189-2001	1.0± .6		.14	11.24			317± 12	1807
061856.1-200124	PGC 18858		1.50	.07	11.69			1.29	2086
062112.8+275131		.SB.3..	.96± .09	162				16.19±.3	6296± 10
184.78 6.29	UGC 3450	U	.29± .06	1.40	15.30 ±.18				
15.55 -45.67		3.0± .9		.41				437± 7	6269
061803.9+275257	PGC 18860		1.09	.15	13.45			2.59	6366

R.A. 2000 DEC. l b SGL SGB R.A. 1950 DEC.	Names PGC	Type S_T n_L T L	$\log D_{25}$ $\log R_{25}$ $\log A_e$ $\log D_o$	p.a. A_g A_i A_{21}	B_T m_B m_{FIR} B^o_T	$(B-V)_T$ $(U-B)_T$ $(B-V)^o_T$ $(U-B)^o_T$	$(B-V)_e$ $(U-B)_e$ m'_e m'_{25}	m_{21} W_{20} W_{50} HI	V_{21} V_{opt} V_{GSR} V_{3K}
062115.6-642732	NGC 2228	.LA.0*.	.88± .06						
274.12 -27.50	ESO 87- 7	S	.04± .04	.18	14.60 ±.14				7260± 63
210.94 -40.91	FAIR 249	-2.3± .8		.00					7052
062101.1-642600	PGC 18862		.90		14.31				7336
062123.5-645721	NGC 2229	.LXS-?/	1.16± .05	133					
274.68 -27.54	ESO 87- 8	S	.59± .03	.17	14.40 ±.14				
210.80 -40.42		-.7± .8		.00					
062112.0-645548	PGC 18867		1.09						
062126.2-280653		.LA.-*.	1.20± .05	106					
235.69 -18.50	ESO 425- 19	S	.13± .04	.13	13.38 ±.14				
236.77 -75.36		-3.0± .5		.00					
061928.0-280524	PGC 18871		1.20						
0621.4 +5106		.S..6*.	1.11± .05	146					
163.38 16.38	UGC 3449	U	.82± .05	.74	15.6 ±.3				
20.51 -22.78		6.0±1.4		1.21					
0617.5 +5108	PGC 18872		1.18	.41					
062127.2-645933	NGC 2230	PLA.-?.	1.06± .06						
274.72 -27.54	ESO 87- 9	S	.09± .04	.17	14.08 ±.14				
210.79 -40.39		-4.0± .6		.00					
062116.0-645800	PGC 18873		1.05						
062130.5-652451		.S?....	.96± .07						
275.20 -27.57	ESO 87- 10		.05± .06	.21	14.46 ±.14				4900
210.68 -39.97	IRAS06213-6523			.06	13.48				4693
062122.0-652318	PGC 18876		.98	.03	14.14				4975
062130.8-220511	NGC 2216	.SXR2*.	1.14± .04	20					
229.86 -16.19	ESO 556- 17	S	.10± .03	.48	13.70 ±.14				
256.17 -79.83	IRAS06194-2203	1.7± .7		.12	12.58				
061924.0-220342	PGC 18877		1.18	.05					
062133.2+590741	A 0617+59A	.S..0..	1.15± .07	101					
155.57 19.39	UGC 3445	U	.52± .06	.49	14.25 ±.20				3119± 58
21.78 -14.85		.0± .9		.39					3204
061708.1+590905	PGC 18878		1.17		13.32				3138
062135.0-444231		.SAR2..	1.04± .06	98					
252.58 -23.76	ESO 255- 5	r	.22± .05	.24	14.55 ±.14				
218.09 -60.15		2.2± .9		.26					
062007.1-444100	PGC 18879		1.06	.11					
062138.8-594421		.SBT4..	1.51± .04	115					
268.86 -26.87	ESO 121- 26	Sr (1)	.20± .05	.14	12.58 ±.14				
212.13 -45.55	IRAS06210-5942	4.2± .5		.30	12.52				
062059.0-594248	PGC 18880	3.3± .8	1.53	.10					
062138.7+590733	A 0617+59B	.L...*.	1.12± .10	150					
155.58 19.40	UGC 3446	U	.15± .05	.49	13.86 ±.15				3116± 58
21.79 -14.86		-2.0±1.2		.00					3201
061713.6+590858	PGC 18881		1.15		13.32				3135
062139.0-650158	NGC 2233	.L..-*/	.95± .06	45					
274.77 -27.52	ESO 87- 11	S	.59± .03	.17	14.86 ±.14				
210.75 -40.35		-3.5±1.0		.00					
062128.0-650024	PGC 18882		.80						
062139.6-271400	NGC 2217	RLBT+..	1.65± .02		11.71 ±.15	1.00± .01	1.04± .01	13.69±.1	1619± 5
234.85 -18.13	ESO 489- 42	R	.03± .02	.15	11.27 ±.11	.54± .02	.63± .01	299± 4	1609± 18
238.65 -76.12	IRAS06196-2712	-1.0± .3	1.00± .04	.00	12.55	.95	12.20± .14	242± 5	1431
061940.1-271230	PGC 18883		1.66		11.26	.51	14.78± .19		1723
062143.1-273336		.SXS9*.	1.25± .04	43					1807
235.17 -18.24	ESO 426- 1	S (1)	.43± .05	.23	15.05 ±.14				
237.83 -75.86		9.4± .5		.44					1620
061944.0-273206	PGC 18886	8.9± .5	1.27	.22	14.38				1912
0621.7 +7113		.S..6..	1.02± .06	130					
143.26 23.25	UGC 3440	U	.17± .05	.45	15.4 ±.2				
23.52 -2.88		6.0± .9		.25					
0615.9 +7115	PGC 18888		1.06	.08					
0621.8 +0021		.S..0..	1.03± .06	65					2728± 10
209.22 -6.41	UGC 3457	U	.11± .05	2.47					
358.70 -71.96	IRAS06192+0023	.0± .9		.08	11.47				2607
0619.2 +0023	PGC 18893		1.25						2827
062150.3-201331		.SXS9..	1.16± .04	100					1868
228.12 -15.38	ESO 556- 19	SE (2)	.05± .03	.72	14.88 ±.14				
265.38 -80.91		8.5± .5		.05					1694
061941.0-201200	PGC 18894	8.7± .6	1.23	.02	14.10				1974

R.A. 2000 DEC. l b SGL SGB R.A. 1950 DEC.	Names PGC	Type S_T n_L T L	$\log D_{25}$ $\log R_{25}$ $\log A_e$ $\log D_o$	p.a. A_g A_i A_{21}	B_T m_B m_{FIR} B_T^o	$(B-V)_T$ $(U-B)_T$ $(B-V)_T^o$ $(U-B)_T^o$	$(B-V)_e$ $(U-B)_e$ m'_e m'_{25}	m_{21} W_{20} W_{50} HI	V_{21} V_{opt} V_{GSR} V_{3K}
062157.5-363320		.SAS3*P	1.29± .04	107					
244.16 -21.30	ESO 365- 10	S	.53± .05	.22	14.74 ±.14				
223.97 -67.90	IRAS06201-3632	3.0±1.2		.73					
062013.0-363148	PGC 18895		1.32	.26					
062214.0-644343		.L?....	.96± .06						
274.44 -27.43	ESO 87- 12		.08± .05	.18	15.20 ±.14				7430± 63
210.74 -40.66	FAIR 250			.00					7222
062201.0-644206	PGC 18903		.97		14.91				7506
062221.7-645601	NGC 2235	.E.2.*.	1.12± .06	68					
274.67 -27.44	ESO 87- 13	S	.14± .04	.17	14.00 ±.14				
210.68 -40.46		-4.7± .7		.00					
062210.0-645424	PGC 18906		1.11						
062228.2+663443		.S..0..	1.11± .05	45					
148.09 21.95	UGC 3448	U	.64± .05	.42	14.7 ±.2				
22.95 -7.49		.0± .9		.48					
061720.7+663610	PGC 18909		1.11						
062234.7+515434	NGC 2208	.L...*.	1.22± .08	110					
162.69 16.85	UGC 3452	U	.20± .05	.73	13.79 ±.15				5625±155
20.83 -22.01		-2.0±1.2		.00					5685
061836.0+515604	PGC 18911		1.27		12.98				5658
062239.3-243652		.LA.-..	1.06± .10						
232.40 -16.93		S	.09± .08	.30					
245.32 -78.30		-3.0± .9		.00					
062036.0-243517	PGC 18912		1.09						
0622.8 +7342		.I..9*.	1.14± .13	60				15.84±.1	3348± 11
140.67 23.99	UGC 3444	U	.27± .12	.37					
23.94 -.43		10.0±1.2		.21				163± 8	3479
0616.5 +7344	PGC 18915		1.17	.14					3341
062259.6-625803			.86± .06	10					
272.48 -27.14	ESO 87- 14		.35± .05	.16	15.37 ±.14				5090± 87
211.06 -42.41									4881
062236.1-625624	PGC 18920		.88						5169
062309.1-684400		.S..3?/	1.21± .04	117					
278.95 -27.69	ESO 57- 80	S	.75± .04	.27	15.03 ±.14				
209.74 -36.73	IRAS06234-6842	3.0±1.8		1.04	13.47				
062326.0-684218	PGC 18923		1.23	.38					
062325.5-160942		.SXS8..	1.15± .06	10					2893
224.45 -13.36	MCG -3-17- 4	E (1)	.20± .05	1.59					
292.20 -82.39	IRAS06211-1608	8.0± .8		.25					2727
062111.0-160805	PGC 18930	6.4± .8	1.30	.10					3001
0623.5 -1012		.IBS9..	1.11± .08	160					
218.97 -10.78		E (1)	.24± .08	2.85					
331.47 -80.57		10.0± .9		.18					
0621.2 -1011	PGC 18942	6.4±1.6	1.38	.12					
062345.9-321258		PSBR0..	1.19± .05						
239.93 -19.50	ESO 426- 2	Sr	.03± .05	.11	14.32 ±.14				
227.99 -72.03	IRAS06219-3211	-.1± .5		.02					
062154.0-321118	PGC 18948		1.20						
062346.1-605836			.94± .07	11					
270.28 -26.79	ESO 121- 28		.10± .06	.15	15.21 ±.14				12271± 54
211.43 -44.38									12061
062312.1-605654	PGC 18950		.96						12353
062351.3-231140		.SAR4*.	1.10± .04	86					
231.14 -16.13	ESO 489- 47	S (1)	.13± .04	.40	14.40 ±.14				
249.44 -79.52	IRAS06217-2309	4.0± .9		.18	13.24				
062146.0-231000	PGC 18953	3.3± .9	1.14	.06					
062356.3+783151	NGC 2146A	.SXS5*.	1.48± .03	30	13.5 ±.2	.63± .03	.71± .02	13.62±.0	1494± 4
135.53 25.19	UGC 3439	PU	.42± .05	.41	13.8 ±.2	.02± .05	.11± .04	235± 5	1534± 49
24.64 4.34	IRAS06155+7833	5.3± .6	1.03± .03	.62	13.50	.45	14.14± .09	224± 5	1639
061554.3+783318	PGC 18960		1.52	.21	12.59	-.11	14.71± .28	.83	1479
062400.2+044238		.S..6?.	1.04± .15	135				15.78±.3	2874± 7
205.60 -3.93	UGC 3459	U	.13± .12	5.49					
5.18 -68.19		6.0±1.7		.19				299± 5	2765
062121.0+044417	PGC 18964		1.56	.06					2973
062419.8-373042		PSBS2..	1.04± .06	10					
245.30 -21.16	ESO 365- 15	r	.61± .05	.33	15.38 ±.14				
221.94 -67.17		2.2±1.0		.76					
062237.0-372900	PGC 18971		1.07	.31					

R.A. 2000 DEC. l b SGL SGB R.A. 1950 DEC.	Names PGC	Type S_T n_L T L	$\log D_{25}$ $\log R_{25}$ $\log A_e$ $\log D_o$	p.a. A_g A_i A_{21}	B_T m_B m_{FIR} B_T^o	$(B-V)_T$ $(U-B)_T$ $(B-V)_T^o$ $(U-B)_T^o$	$(B-V)_e$ $(U-B)_e$ m'_e m'_{25}	m_{21} W_{20} W_{50} HI	V_{21} V_{opt} V_{GSR} V_{3K}
0624.5 -5540		.SXS6..	1.19± .07						
264.47 -25.81		S	.45± .08	.34					
212.76 -49.60		6.0± .9		.66					
0623.6 -5539	PGC 18976		1.22	.23					
062435.8-225019	NGC 2223	.SXR3..	1.51± .02	175	*			13.87±.1	2722± 6
230.87 -15.83	ESO 489- 49	R (3)	.07± .03	.37	12.39 ±.12			338± 8	2660± 27
250.23 -79.89	IRAS06224-2248	3.0± .3		.10	12.94			300± 6	2539
062230.0-224836	PGC 18978	2.8± .4	1.54	.04	11.90			1.94	2829
062438.4-234356		.LBROP.	1.19± .09		*				
231.73 -16.17		S	.26± .08	.40					
246.68 -79.26		-2.0± .8		.00					
062233.9-234213	PGC 18981		1.19						
062439.2-223549		.L...*/	1.15± .06	87	*				
230.65 -15.73	ESO 489- 50	S	.89± .03	.42	15.85 ±.14				
251.20 -80.06		-2.0±2.0		.00					
062233.1-223406	PGC 18983		1.07						
0624.8 +7205		.I..9*.	1.01± .06		*			15.77±.1	4156± 11
142.42 23.71	UGC 3454	U	.05± .05	.39					
23.87 -2.05		10.0±1.2		.03				77± 8	4282
0618.8 +7207	PGC 18986		1.05	.02					4153
0624.8 +7306		.SB?...	1.01± .05	50				15.46±.1	1044± 11
141.35 23.97	UGC 3453		.22± .04	.33	14.60 ±.18				1010±125
24.00 -1.05				.33				154± 8	1173
0618.6 +7308	PGC 18987		1.04	.11	13.94			1.41	1039
0624.9 +8219		.S?....	1.03± .06	122	*				
131.43 25.99	UGC 3435		.43± .05	.26	14.72 ±.19				4310
25.17 8.09	IRAS06140+8220			.60	11.59				4464
0614.1 +8220	PGC 18991		1.05	.22	13.83				4287
062455.3+493034		.S?....	.89± .11						
165.14 16.26	MCG 8-12- 24		.14± .07	.65	14.9 ±.3				5935±113
20.86 -24.44	IRAS06210+4932			.18	11.70				5986
062103.6+493214	PGC 18992		.95	.07	13.98				5974
062502.7+401740									
173.84 12.53	CGCG 203- 9			1.36	15.0 ±.3				6524± 38
19.38 -33.56									6541
062132.6+401922	PGC 18996								6579
062509.5+283310		.S..6*.	1.04± .08	0	*			15.97±.3	9299± 9
184.56 7.38	UGC 3462	U	.13± .06	1.18					
16.94 -45.15		6.0±1.2		.19				252± 5	9273
062159.6+283453	PGC 18998		1.15	.06					9373
062510.1-372022		RSBR2..	1.13± .05	148	*				
245.18 -20.95	ESO 365- 16	r	.39± .05	.35	15.10 ±.14				
221.68 -67.38		2.2± .9		.48					
062327.0-371836	PGC 19000		1.17	.20					
062517.3-374805		.LBT+..	1.00± .07	9	*				
245.66 -21.07	ESO 308- 5	r	.30± .05	.38	15.13 ±.14				
221.24 -66.95		-1.3±1.0		.00					
062335.0-374618	PGC 19003		1.00						
062535.7-225629		.S..4..	1.05± .04		*				
231.06 -15.66	ESO 489- 53	S (1)	.17± .03	.33	14.47 ±.14				
248.88 -79.98	IRAS06234-2254	4.0± .9		.25					
062330.1-225442	PGC 19014	4.4± .9	1.08	.08					
062552.5-275913		.S..4*/	1.19± .05	86	*				
235.95 -17.55	ESO 426- 8	S	.91± .04	.17	15.94 ±.14				
233.68 -75.99		4.3± .8		1.35					
062354.0-275724	PGC 19024		1.21	.46					
0625.9 +6444		.S..3..	1.38± .04	122	*				
150.10 21.72	UGC 3458	U (1)	.60± .05	.38	14.7 ±.2				4292
23.06 -9.36	IRAS06209+6445	3.0± .8		.83	13.01				4395
0620.9 +6445	PGC 19026	4.5±1.1	1.42	.30	13.51				4304
062558.0-220019	NGC 2227	.SBT5..	1.33± .04	19	13.20 ±.15	.71± .02	.76± .01		2261± 10
230.21 -15.21	ESO 556- 23	PS (2)	.27± .04	.37	13.40 ±.14	.18± .08			2221± 59
252.64 -80.68	IRAS06238-2158	5.0± .4	1.02± .02	.40	12.96	.56	13.79± .05		2080
062351.0-215830	PGC 19030	3.5± .4	1.36	.13	12.52	.07	14.03± .25		2371
062601.0-265955		.SXT4..	1.04± .05						
235.00 -17.14	ESO 489- 54	r	.08± .05	.29	14.83 ±.14				
235.76 -76.85		4.5± .8		.12					
062401.1-265806	PGC 19031		1.07	.04					

R.A. 2000 DEC. l b SGL SGB R.A. 1950 DEC.	Names PGC	Type S_T n_L T L	$\log D_{25}$ $\log R_{25}$ $\log A_e$ $\log D_o$	p.a. A_g A_i A_{21}	B_T m_B m_{FIR} B_T^o	$(B-V)_T$ $(U-B)_T$ $(B-V)_T^o$ $(U-B)_T^o$	$(B-V)_e$ $(U-B)_e$ m'_e m'_{25}	m_{21} W_{20} W_{50} HI	V_{21} V_{opt} V_{GSR} V_{3K}
062612.2-634512 273.41 -26.89 210.40 -41.70 062553.0-634318	 ESO 87- 20 PGC 19039	.L?.... 	.96± .06 .11± .05 .96	 .18 .00 	 14.88 ±.14 14.62				 5414 5205 5494
062622.7-314733 239.72 -18.83 226.91 -72.65 062430.0-314542	 ESO 426- 9 PGC 19047	.SBR4.. r 4.5± .9 	1.05± .06 .12± .04 1.06	48 .10 .18 .06	 14.70 ±.14 				
0626.5 +7724 136.78 25.08 24.63 3.21 0619.0 +7726	 UGC 3456 PGC 19050	.S..0.. U .0± .8 	1.00± .08 .23± .06 1.03	160 .43 .17 	 15.22 ±.19 				
0626.9 +5226 162.43 17.67 21.61 -21.57 0622.9 +5228	 UGC 3465 IRAS06228+5228 PGC 19062	PSBS2.. U 2.0± .9 	.96± .09 .15± .06 1.01	5 .56 .18 .07	 15.18 ±.19 				
062655.2+590441 155.87 20.02 22.47 -14.99 062230.5+590629	IC 2166 UGC 3463 PGC 19064	.SXS4.. U 4.0± .7 	1.48± .03 .15± .05 1.52	115 .43 .21 .07	 13.2 ±.2 12.49			13.89±.1 334± 8 304± 11 1.33	2693± 5 2671± 76 2776 2716
0627.2 +1848 193.48 3.35 14.83 -54.81 0624.3 +1850	 UGC 3468 IRAS06243+1850 PGC 19072	.S..8*. U 8.0±1.3 	1.11± .07 .54± .06 1.34	96 2.41 .66 .27				15.21±.3 208± 7 172± 7 	2473± 7 2411 2563
062718.1+493649 165.20 16.66 21.29 -24.39 062326.2+493840	 UGC 3467 PGC 19073	.S..2.. U 2.0± .8 	1.22± .06 .18± .06 1.30	20 .80 .22 .09	 14.3 ±.2 				
062723.2-471045 255.47 -23.44 215.00 -58.01 062601.0-470848	 ESO 255- 7 IRAS06259-4708 PGC 19078		1.07± .07 .37± .06 .55± .03 1.09	155 .14 	14.66 ±.14 14.48 ±.14 10.85 	.66± .05 -.15± .07 	.50± .04 -.20± .06 12.90± .09 		 11630± 19 11419 11730
062736.0-542658 263.23 -25.13 212.45 -50.89 062635.1-542500	 ESO 161- 8 PGC 19085	.E+5... S -4.0± .9 	1.15± .05 .38± .04 1.08	124 .28 .00 	16.87 ±.14 15.02 ±.14 15.45	1.16± .06 .96 	 16.65± .31		 14520± 60 14307 14613
062757.9+741805 140.13 24.48 24.36 .11 062127.7+741953	A 0621+74 UGC 3460 MK 4 PGC 19094	.SBS8*. U 8.0±1.2 	1.25± .03 .31± .04 1.28	12 .36 .38 .15	 14.7 ±.2 13.90			16.27±.3 336± 34 155± 8 2.21	5292± 17 4800± 63 5391 5253
0628.0 +8318 130.36 26.25 25.38 9.06 0616.0 +8320	 UGC 3441 PGC 19095	RSX.1?. U 1.0± .9 	.88± .10 .30± .06 .90	55 .25 .31 .15	 15.34 ±.18 				
062813.9-485148 257.29 -23.74 214.09 -56.40 062656.0-484948	 ESO 206- 12 PGC 19098		.74± .07 .03± .05 .49± .04 .76	 .17 	15.40 ±.15 15.56 ±.14 	1.07± .05 .30± .08 	1.09± .05 .34± .08 13.34± .12 		
0628.4 -1706 225.86 -12.68 283.23 -83.47 0626.2 -1705	 PGC 19105	.SBS1?. E 1.0±1.8 	1.09± .09 .13± .08 1.22	125 1.36 .13 .06					
062828.2-484543 257.19 -23.68 214.06 -56.50 062710.1-484342	 ESO 206- 14 FAIR 815 PGC 19106	.SXS5.. S (1) 5.0± .9 5.6±1.2	1.10± .05 .08± .05 1.12	 .17 .12 .04	 14.92 ±.14 14.54				 15000±190 14788 15100
0628.7 +5602 159.00 19.20 22.34 -18.04 0624.5 +5604	 UGC 3469 PGC 19112	.S..6*. U 6.0±1.5 	1.07± .07 1.09± .06 1.12	10 .58 1.47 .50					
062851.3-443957 252.92 -22.51 215.59 -60.52 062723.0-443754	 ESO 255- 11 IRAS06273-4438 PGC 19117	.SBR1.. r 1.0± .9 	1.07± .06 .42± .05 1.10	89 .25 .43 .21	 14.65 ±.14 				
062913.8-262945 234.80 -16.29 234.16 -77.66 062713.0-262742	 ESO 490- 6 PGC 19126	.SAR0.. r -.1± .8 	1.10± .05 .05± .03 1.15	 .56 .04 	 13.88 ±.14 				

R.A. 2000 DEC. l b SGL SGB R.A. 1950 DEC.	Names PGC	Type S_T n_L T L	$\log D_{25}$ $\log R_{25}$ $\log A_e$ $\log D_o$	p.a. A_g A_i A_{21}	B_T m_B m_{FIR} B_T^o	$(B-V)_T$ $(U-B)_T$ $(B-V)_T^o$ $(U-B)_T^o$	$(B-V)_e$ $(U-B)_e$ m'_e m'_{25}	m_{21} W_{20} W_{50} HI	V_{21} V_{opt} V_{GSR} V_{3K}
062917.6-172133 226.17 -12.59 280.69 -83.62 062704.6-171930	 MCG -3-17- 5 PGC 19127	.LX.-*/ ES -3.3± .6 	1.27± .06 .36± .05 1.38	85 1.27 .00 					
0629.3 +7429 139.95 24.62 24.48 .30 0622.8 +7431	 UGC 3464 IRAS06228+7431 PGC 19128	.S..1?. U 1.0±1.8 	1.15± .05 .56± .05 1.18	46 .37 .57 .28	 15.32 ±.19 13.66 				
062934.3-263758 234.97 -16.27 233.53 -77.58 062733.7-263553	 MCG -4-16- 6 PGC 19133	.LX.0*. S -2.0± .7 	1.07± .09 .02± .05 1.14	 .61 .00 					
062950.3-575256 267.02 -25.51 211.10 -47.56 062902.0-575048	 ESO 121- 34 PGC 19143		.89± .06 .16± .06 .92	45 .38 	 15.34 ±.14 				 9975± 63 9762 10065
063020.9-321644 240.52 -18.22 223.69 -72.51 062829.0-321436	 ESO 426- 18 IRAS06284-3214 PGC 19155	PSBS3.. r 3.3± .9 	.92± .06 .00± .05 .94	 .24 .00 .00	 14.94 ±.14 13.04 				
063029.0+393014 175.03 13.14 20.48 -34.49 062700.6+393219	 UGC 3475 PGC 19161	.S..9*. U 9.0±1.1 	1.36± .05 .28± .06 1.48	85 1.25 .29 .14	 14.5 ±.3 12.99			13.96±.1 177± 5 167± 4 .83	486± 6 498 549
063029.3+331807 180.77 10.51 19.47 -40.64 062711.9+332013	 UGC 3476 PGC 19162	.I..9*. U 10.0±1.3 	1.00± .08 .55± .06 1.19	63 2.05 .41 .27	 14.9 ±.3 12.45				469 458 542
0630.9 +5936 155.52 20.67 23.05 -14.53 0626.4 +5938	 UGC 3473 IRAS06264+5938 PGC 19170	.S..5.. U 5.0±1.0 	1.09± .06 .91± .05 1.12	43 .32 1.37 .46					
063057.7-234346 232.32 -14.84 240.40 -80.19 062853.1-234136	 ESO 490- 7 PGC 19173	.SBS9.. S (1) 9.0± .8 8.9± .8	1.20± .04 .21± .04 1.24	 .48 .22 .11	 14.54 ±.14 13.84				2840 2656 2959
063102.1-713005 282.11 -27.23 208.45 -34.09 063146.0-712748	 ESO 58- 3 PGC 19175	.S..6*/ S 6.0±1.4 	1.16± .05 .98± .04 1.20	6 .45 1.43 .49	 16.03 ±.14 				
0631.0 +8455 128.59 26.56 25.64 10.66 0616.0 +8457	 UGC 3442 PGC 19177	.S..0.. U .0± .9 	1.04± .08 .50± .06 1.04	110 .26 .38 	 14.90 ±.19 				
063109.8-522507 261.19 -24.16 212.18 -52.99 063002.0-522254	 ESO 206- 16 PGC 19180	.IXS9.. S (1) 10.0± .8 10.0± .8	1.13± .07 .08± .05 1.15	 .19 .06 .04	 17.14 ±.14 16.89			15.05±.3 69± 7 -1.87	1190± 9 977 1288
063122.1+500537 164.99 17.45 22.06 -23.99 062729.1+500745	 UGC 3477 PGC 19186	.S..7.. U 7.0± .9 	1.28± .06 .71± .06 1.35	0 .73 .97 .35	 15.4 ±.2 13.63			14.67±.1 397± 8 .69	6492± 7 6543 6536
063135.8+742553 140.05 24.75 24.62 .22 062503.9+742757	A 0625+74 UGC 3471 IRAS06248+7428 PGC 19191	.SAS5.. U (1) 5.0± .8 1.8± .8	1.22± .03 .01± .04 .99± .04 1.26	 .39 .01 .00	13.58 ±.18 14.4 ±.3 12.83 13.37	.77± .04 .64 	.78± .02 14.02± .11 14.52± .27	15.03±.1 248± 11 232± 11 1.66	5578± 10 5568± 59 5710 5573
063153.5-201002 229.06 -13.20 256.40 -82.92 062944.1-200748	 ESO 557- 3 IRAS06297-2007 PGC 19198	.L..0P/ SE -1.8± .7 	1.29± .04 .39± .03 1.40	85 1.52 .00 	 14.61 ±.14 13.17 				
063157.4-264609 235.31 -15.83 231.03 -77.71 062957.0-264354	 ESO 490- 10 PGC 19201	.SBT7?P S (1) 7.0±1.5 6.7± .8	1.33± .03 .24± .03 1.38	33 .56 .33 .12	 13.69 ±.14 12.80				1824 1634 1943
063220.1-673851 277.82 -26.74 208.88 -37.93 063227.0-673630	 ESO 58- 4 PGC 19211	.SBT4P. r 4.5± .9 	.97± .06 .09± .05 1.00	 .26 .14 .05	 14.97 ±.14 				

R.A. 2000 DEC. l b SGL SGB R.A. 1950 DEC.	Names PGC	Type S_T n_L T L	$logD_{25}$ $logR_{25}$ $logA_e$ $logD_o$	p.a. A_g A_i A_{21}	B_T m_B m_{FIR} B_T^o	$(B-V)_T$ $(U-B)_T$ $(B-V)_T^o$ $(U-B)_T^o$	$(B-V)_e$ $(U-B)_e$ m'_e m'_{25}	m_{21} W_{20} W_{50} HI	V_{21} V_{opt} V_{GSR} V_{3K}
063221.1-675345		RLX.0..	1.02± .07	130					
278.10 -26.76	ESO 58- 5	r	.13± .05	.26	14.39 ±.14				4020± 63
208.85 -37.68	FAIR 253	-2.4± .9		.00					3813
063230.1-675124	PGC 19212		1.03		14.07				4097
063223.5+351124		.S..2..	1.04± .08	179				15.43±.3	7238± 10
179.20 11.68	UGC 3479	U	.59± .06	1.39	14.9 ±.3				
20.29 -38.82		2.0± .9		.72				432± 7	7234
062903.0+351338	PGC 19215		1.17	.29	12.66			2.48	7311
063234.8+401230		.I?....	1.19± .12	96					
174.54 13.80	UGC 3481		.74± .12	1.07	15.2 ±.3				6378± 38
21.06 -33.84	IRAS06290+4014			.55					6392
062905.0+401444	PGC 19221		1.29	.37	13.62				6442
0632.6 +7133		.S..6*.	1.35± .03	158				14.38±.1	3634± 11
143.15 24.17	UGC 3474	U	.98± .04	.33	15.40 ±.19				3502± 76
24.41 -2.65	IRAS06267+7135	6.0±1.3		1.44	13.35			360± 8	3755
0626.7 +7135	PGC 19222		1.39	.49	13.61			.28	3633
063247.3+634026		.S..3..	1.21± .05	42				14.89±.1	3830± 9
151.43 22.12	UGC 3478	U (1)	.49± .05	.37	13.6 ±.2			389± 34	
23.69 -10.50	IRAS06280+6342	3.0± .9		.68	12.64			361± 8	3928
062759.7+634238	PGC 19228	2.5±1.2	1.24	.25	12.48			2.17	3848
063249.0-340743		.SBR5..	1.18± .04	126					
242.53 -18.40	ESO 365- 27	Sr (1)	.18± .04	.44	14.62 ±.14				
220.28 -70.91		4.8± .5		.27					
063100.1-340524	PGC 19229	2.2± .6	1.22	.09					
0632.8 +7552		.L.....	1.18± .05	60					
138.52 25.13	UGC 3472	U	.34± .03	.45	15.1 ±.2				5203±125
24.83 1.64	IRAS06259+7554	-2.0± .8		.00					5339
0625.9 +7554	PGC 19233		1.18		14.57				5195
063252.9-254319		.LBR+*.	1.09± .05	118					
234.39 -15.23	ESO 490- 12	Sr	.22± .03	.44	14.23 ±.14				
232.51 -78.73	IRAS06308-2541	-1.2± .7		.00	13.78				
063051.0-254100	PGC 19234		1.10						
0633.0 +5332		.SXT5..	1.04± .06						
161.70 18.93	UGC 3480	U	.00± .05	.60	14.9 ±.2				
22.72 -20.58		5.0± .8		.00					
0629.0 +5335	PGC 19237		1.10	.00					
063313.6-280133		PSBR2..	1.02± .05						
236.63 -16.06	ESO 426- 22	r	.09± .03	.39	14.84 ±.14				
227.45 -76.69		2.2± .9		.11					
063115.0-275912	PGC 19238		1.05	.05					
0633.2 +5120		.S..4..	1.04± .08	97					
163.88 18.18	UGC 3483	U	.76± .06	.56					
22.52 -22.78		4.0±1.0		1.12					
0629.3 +5123	PGC 19239		1.09	.38					
063319.2-625936		.L..0P.	1.06± .05	123	14.5 ±.2	.98± .04	1.06± .03		
272.69 -25.99	ESO 87- 28	S	.20± .04	.20	14.52 ±.14				8444± 15
209.49 -42.56		-2.0± .9	.87± .05	.00		.84	14.37± .17		8233
063255.0-625712	PGC 19242		1.05		14.18		14.17± .35		8530
0633.4 +8252		.S..9*.	1.04± .15						
130.85 26.35	UGC 3461	U	.04± .12	.26					
25.50 8.62		9.0±1.2		.04					
0622.0 +8255	PGC 19245		1.06	.02					
0633.5 +2102		.S..4..	1.30± .10	123				14.55±.3	5456± 7
192.18 5.68	UGC 3489	U	.84± .12	1.50				497± 7	
17.93 -52.88	IRAS06305+2104	4.0± .9		1.24	12.26			475± 7	5399
0630.5 +2104	PGC 19249		1.44	.42					5551
063335.8-341541		.SXS5*P	1.21± .04	50					
242.72 -18.30	ESO 365- 28	S	.27± .04	.38	14.48 ±.14				
219.69 -70.83		5.0±1.1		.40					
063147.0-341318	PGC 19250		1.24	.13					
063339.9+404117		.S..7..	1.09± .08	110				15.29±.1	5211± 7
174.17 14.18	UGC 3487	U	.18± .06	1.01	14.8 ±.3				
21.37 -33.39	IRAS06301+4042	7.0± .8		.24				316± 12	5227
063009.3+404336	PGC 19252		1.18	.09	13.49			1.71	5276
063343.0-245904		.SBS4*.	1.22± .04	16					
233.77 -14.77	ESO 490- 14	S (1)	.15± .04	.56	13.68 ±.14				
233.52 -79.47	IRAS06316-2456	4.0±1.1		.22	13.17				
063140.0-245642	PGC 19255	4.4± .8	1.27	.07					

R.A. 2000 DEC. l b SGL SGB R.A. 1950 DEC.	Names PGC	Type S_T n_L T L	$\log D_{25}$ $\log R_{25}$ $\log A_e$ $\log D_o$	p.a. A_g A_i A_{21}	B_T m_B m_{FIR} B_T^o	$(B-V)_T$ $(U-B)_T$ $(B-V)_T^o$ $(U-B)_T^o$	$(B-V)_e$ $(U-B)_e$ m'_e m'_{25}	m_{21} W_{20} W_{50} HI	V_{21} V_{opt} V_{GSR} V_{3K}
063358.9-344848	NGC 2255	.SXR5*.	1.18± .04	152					
243.30 -18.42	ESO 365- 31	Sr (1)	.32± .04	.28	14.16 ±.14				
219.02 -70.32	IRAS06321-3446	4.5± .7		.47	12.84				
063211.1-344624	PGC 19260	3.3± .9	1.20	.16					
0634.0 +5851		.S..4..	1.23± .05	72					
156.41 20.82	UGC 3484	U	.88± .05	.31	15.50 ±.18				
23.39 -15.31		4.0± .9		1.30					
0629.7 +5854	PGC 19261		1.26	.44					
0634.1 +5208		.S..0..	1.01± .06	50					
163.15 18.60	UGC 3488	U	.18± .05	.51	14.91 ±.18				
22.76 -22.00		.0± .9		.13					
0630.2 +5211	PGC 19267		1.05						
063449.6-745329		.SXR5..	1.07± .05	90					
285.94 -27.20	ESO 34- 9	Sr (1)	.08± .05	.49	14.76 ±.14				
207.69 -30.75		4.7± .6		.13					
063620.1-745054	PGC 19276	4.4± .9	1.11	.04					
063500.4-214610		.SBS9..	1.20± .04						1944
230.86 -13.20	ESO 557- 6	S (1)	.05± .04	.99	14.41 ±.14				
243.41 -82.31		9.0± .8		.05					1762
063253.0-214342	PGC 19279	7.8± .8	1.29	.02	13.37				2068
0635.2 +8521		.S..5..	1.00± .08	23					
128.12 26.70	UGC 3455	U	1.02± .06	.28					
25.77 11.08		5.0±1.0		1.50					
0619.0 +8523	PGC 19285		1.03	.50					
063514.7-352918		PSBS1*.	.88± .07	135					
244.06 -18.41	ESO 365- 33	r	.14± .06	.37	15.07 ±.14				
217.80 -69.73	IRAS06334-3526	1.0± .9		.14	12.77				
063328.0-352648	PGC 19287		.92	.07					
0635.3 +8331		.S..4..	1.00± .06	133					
130.15 26.49	UGC 3466	U	.42± .05	.25					
25.62 9.26		4.0± .9		.61					
0623.0 +8334	PGC 19290		1.03	.21					
0635.3 +1458		.S?....	1.04± .08	114					3790± 7
197.78 3.30	UGC 3498		.59± .06	2.41					
17.02 -58.93	IRAS06324+1501			.88	12.46				3711
0632.4 +1501	PGC 19292		1.27	.29					3896
063527.1+485038		.S?....	1.21± .06	100				15.56±.1	5899± 11
166.47 17.61	UGC 3493		.26± .06	.62	14.5 ±.2				
22.64 -25.30				.40				600± 8	5945
063137.7+485304	PGC 19294		1.27	.13	13.44			1.98	5950
063527.4-542720		.S?....	1.01± .06	54					
263.52 -24.02	ESO 161- 17		.27± .05	.29	15.27 ±.14				12800±190
210.67 -51.07	FAIR 818			.28					12586
063426.0-542448	PGC 19295		1.04	.14	14.55				12899
063538.9-391532		.SXS5..	1.15± .05						
247.83 -19.63	ESO 308- 16	S (1)	.09± .05	.31	14.18 ±.14				
215.39 -66.07	IRAS06339-3912	5.0± .8		.13	13.09				
063359.0-391300	PGC 19300	1.1±1.1	1.18	.04					
063608.2+392452		.SB?...	.74± .14						
175.57 14.10	MCG 7-14- 6		.00± .07	.98	15.0 ±.3				6967± 38
21.77 -34.70				.00					6977
063240.1+392722	PGC 19304		.83	.00	13.95				7037
063613.7+825803	IC 442	.S?....	1.03± .06					15.82±.1	4264± 11
130.77 26.44	UGC 3470		.00± .05	.25	13.77 ±.18				4474± 46
25.60 8.70				.00				512± 8	4430
062441.9+830016	PGC 19306		1.05	.00	13.47			2.35	4253
0636.2 +7420		.S..2..	1.13± .07	130					
140.22 25.03	UGC 3486	U	.74± .06	.37	15.46 ±.18				
24.92 .10	IRAS06297+7423	2.0± .9		.91	12.06				
0629.7 +7423	PGC 19307		1.17	.37					
063641.0-663146		PSBS4..	1.17± .04	16					
276.65 -26.17	ESO 87- 32	Sr (1)	.24± .04	.23	14.28 ±.14				7811
208.51 -39.09	IRAS06366-6629	3.7± .6		.35	11.66				7602
063639.0-662906	PGC 19315	2.2±1.3	1.19	.12	13.65				7893
063645.5-350418		PSB.0..	1.03± .06	140					
243.76 -17.98	ESO 365- 35	r	.11± .03	.32	14.82 ±.14				
217.20 -70.21		-.1± .9		.08					
063458.0-350142	PGC 19317		1.06						

R.A. 2000 DEC. / l b / SGL SGB / R.A. 1950 DEC.	Names / PGC	Type / S_T n_L / T / L	$\log D_{25}$ / $\log R_{25}$ / $\log A_e$ / $\log D_o$	p.a. / A_g / A_i / A_{21}	B_T / m_B / m_{FIR} / B_T^o	$(B-V)_T$ / $(U-B)_T$ / $(B-V)_T^o$ / $(U-B)_T^o$	$(B-V)_e$ / $(U-B)_e$ / m'_e / m'_{25}	m_{21} / W_{20} / W_{50} / HI	V_{21} / V_{opt} / V_{GSR} / V_{3K}
063717.4-552140		PSBR3..	1.04± .05	170					
264.55 -23.98	ESO 161- 19	r	.03± .05	.43	14.81 ±.14				15400±190
210.08 -50.20	FAIR 819	3.3± .8		.04					15185
063619.0-551900	PGC 19326		1.08	.01	14.23				15500
063721.0+675134	IC 445	.L...?.	1.08± .17	25					
147.19 23.69	UGC 3497	U	.12± .08	.25	14.19 ±.15				5210± 57
24.51 -6.37		-2.0±1.7		.00					5321
063204.8+675405	PGC 19328		1.09		13.86				5222
063729.2-593900		.IBS9..	1.06± .04	8					
269.15 -24.89	ESO 121- 41	S (1)	.41± .04	.30	16.14 ±.14				
209.33 -45.94		10.0± .9		.30					
063648.0-593618	PGC 19332	10.0± .9	1.08	.20					
063756.7-255959		.IXS9?.	1.22± .04	155					498
235.12 -14.30	ESO 490- 17	S (1)	.09± .04	.67	13.71 ±.14				
226.56 -78.97		10.0±1.5		.06					307
063555.0-255718	PGC 19337	10.0±1.1	1.29	.04	12.98				625
063800.2-241159		.SBR1..	.97± .06	56					
233.43 -13.56	ESO 490- 18	r	.18± .05	.96	14.96 ±.14				
230.62 -80.62		1.0± .9		.18					
063556.1-240918	PGC 19340		1.06	.09					
0638.0 +2238		.S..8*.	1.22± .12	115					1392± 7
191.20 7.32	UGC 3503	U	.65± .12	1.16	15.1 ±.2				
19.93 -51.43		8.0±1.3		.80					1339
0635.0 +2241	PGC 19341		1.33	.32	13.14				1491
0638.0 -1501		.SXS8?.	1.35± .04	160					
224.94 -9.69		E (1)	.31± .06	2.48					
305.68 -85.86		8.0± .9		.38					
0635.8 -1459	PGC 19343	8.7± .8	1.58	.15					
063819.6-515702		.S..6*/	1.22± .05	0					
260.99 -22.98	ESO 206- 17	S	.80± .04	.13	15.55 ±.14				
210.48 -53.61		6.3± .8		1.17					
063710.0-515418	PGC 19349		1.23	.40					
0638.4 +4914		.I..9*.	1.04± .06	101				16.00±.1	449± 6
166.26 18.21	UGC 3501	U	.55± .05	.56				78± 5	
23.21 -24.95		10.0±1.3		.41				55± 5	495
0634.6 +4917	PGC 19352		1.09	.28					502
063828.3-245049	NGC 2263	PSBR2..	1.42± .03	143					
234.09 -13.73	ESO 490- 19	Sr	.23± .04	.89	12.86 ±.14				
228.42 -80.07	IRAS06364-2448	2.1± .5		.29	12.29				
063625.1-244806	PGC 19355		1.51	.12					
063840.1-801450		.SB.7*P	.93± .06	150					
291.97 -27.24	ESO 16- 16	S	.18± .05	.74	15.44 ±.14				
206.93 -25.44	IRAS06423-8011	7.0±1.2		.25					
064228.0-801154	PGC 19358		1.00	.09					
063842.5-201708		.SBS5..	1.28± .03	98					
229.85 -11.80	ESO 557- 9	E (1)	.35± .03	2.05	14.35 ±.14				
245.85 -84.00	IRAS06365-2014	5.0± .8		.53	13.50				
063633.0-201424	PGC 19360	4.4±1.2	1.47	.18					
063845.2-351533		.SBR7./	1.21± .05	79					
244.10 -17.66	ESO 366- 4	r	.69± .05	.31	15.29 ±.14				
215.92 -70.11		6.8± .9		.95					
063658.0-351248	PGC 19363		1.24	.35					
063851.9-250945		.IBS9..	1.18± .05						2792
234.42 -13.77	ESO 490- 20	S (1)	.06± .05	.83	14.82 ±.14				
227.24 -79.82		10.0± .8		.05					2602
063649.0-250700	PGC 19366	10.0± .8	1.26	.03	13.94				2921
0639.0 +7649		.S..2..	1.00± .08	127					
137.56 25.66	UGC 3495	U	.69± .06	.41					
25.27 2.56		2.0±1.0		.84					
0631.8 +7652	PGC 19370		1.04	.34					
063936.2+204440		.S..6*.	1.14± .07	55				15.52±.3	5374± 10
193.08 6.81	UGC 3505	U	.69± .06	1.24					
20.18 -53.35		6.0±1.3		1.01				341± 7	5314
063637.4+204726	PGC 19385		1.26	.34					5478
0639.7 +6527		.SB.3*.	1.13± .05	119					
149.79 23.33	UGC 3502	U	.44± .05	.24	14.75 ±.18				
24.58 -8.78		3.0± .9		.61					
0634.8 +6530	PGC 19390		1.15	.22					

R.A. 2000 DEC.	Names	Type	$\log D_{25}$	p.a.	B_T	$(B-V)_T$	$(B-V)_e$	m_{21}	V_{21}
l b		S_T n_L	$\log R_{25}$	A_g	m_B	$(U-B)_T$	$(U-B)_e$	W_{20}	V_{opt}
SGL SGB		T	$\log A_e$	A_i	m_{FIR}	$(B-V)^o_T$	m'_e	W_{50}	V_{GSR}
R.A. 1950 DEC.	PGC	L	$\log D_o$	A_{21}	B^o_T	$(U-B)^o_T$	m'_{25}	HI	V_{3K}
063949.9-381443		.SBR3*.	1.21± .04	95					
247.12 -18.52	ESO 308- 23	S (1)	.42± .04	.44	14.52 ±.14				
213.84 -67.22	IRAS06381-3811	3.0±1.2		.58	14.08				
063808.1-381154	PGC 19391	4.4±1.2	1.25	.21					
064006.9+600458		.SXS6..	1.43± .04	135				14.24±.1	2104± 6
155.41 21.92	UGC 3504	U	.09± .05	.35	13.0 ±.2			222± 8	
24.27 -14.15	IRAS06356+6007	6.0± .7		.13	12.59			215± 12	2188
063538.6+600743	PGC 19397		1.47	.04	12.53			1.67	2135
064015.0-722721		.SAS7*.	1.12± .05	97					
283.25 -26.61	ESO 58- 9	S	.35± .06	.48	15.08 ±.14				
207.49 -33.21		7.0± .9		.49					
064109.0-722424	PGC 19400		1.17	.18					
064032.2+500618		.L..-*.	.90± .11						
165.53 18.83	UGC 3506	U	.05± .04	.54	14.37 ±.16				5668±155
23.65 -24.11	IRAS06366+5008	-3.0±1.3		.00	13.64				5717
063639.6+500906	PGC 19409		.96		13.75				5721
064043.4-583132		.SBS3P.	1.43± .04	3	13.10 ±.15	.79± .04	.87± .02		2598± 8
268.04 -24.24	ESO 122- 1	S (1)	.31± .05	.38	13.14 ±.14	-.09± .05	.01± .03	307± 9	2649± 57
208.89 -47.10	IRAS06399-5828	3.0± .5	.89± .03	.43	11.34	.63	13.04± .09		2384
063957.0-582836	PGC 19413	2.2± .8	1.47	.16	12.29	-.22	14.33± .27		2697
0640.7 +5314	A 0636+53								
162.41 19.90	CGCG 260- 24			.37	15.9 ±.2				10275± 40
23.90 -20.99									10335
0636.7 +5317	PGC 19414								10322
064046.7-582814			.87± .07	0					
267.99 -24.22	ESO 122- 2		.08± .06	.38	14.88 ±.14				2729± 57
208.89 -47.16									2515
064000.1-582518	PGC 19415		.91						2827
064051.9-322854	NGC 2267	.LBR0..	1.22± .05	36					
241.57 -16.23	ESO 426- 29	Sr	.11± .04	.52	13.24 ±.14				
216.33 -72.92		-1.5± .4		.00					
063900.0-322600	PGC 19417		1.26						
0641.1 +5316	A 0637+53	.S?....	.69± .15						
162.40 19.97	MCG 9-11- 23		.33± .07	.37					11130± 40
23.97 -20.96				.50					11190
0637.1 +5319	PGC 19427		.72	.17					11177
0641.3 +5344		RSA.3?.	1.00± .08	120					
161.94 20.15	UGC 3507	U (1)	.09± .06	.37	15.1 ±.2				
24.03 -20.49		3.0± .9		.12					
0637.3 +5347	PGC 19430	4.5±1.1	1.03	.04					
064132.3+401011		.S?....	1.14± .07	100					
175.27 15.35	UGC 3510		.13± .06	.90					6392± 38
23.09 -34.03	IRAS06380+4013			.19	12.87				6404
063802.9+401304	PGC 19439		1.22	.06					6466
064136.8-505758	Carina	.E?....	2.37± .02	70					
260.11 -22.22	ESO 206- 20A		.18± .06	.11					229± 60
209.80 -54.64				.00					13
064024.0-505500	PGC 19441		2.33						339
064213.1-610414		.SBR2..	1.03± .05						
270.82 -24.61	ESO 122- 4	Sr (1)	.06± .05	.42	15.22 ±.14				
208.33 -44.58		2.0± .6		.07					
064138.1-610112	PGC 19456	5.6±1.2	1.07	.03					
064215.5+753725	A 0635+75	.I?....	.84± .07		15.6 ±.2	.55± .05		16.39±.1	792± 5
138.91 25.65	UGCA 130		.17± .07	.36		-.31± .07		80± 4	870± 63
25.39 1.35	MK 5			.13		.42		63± 4	927
063524.4+754014	PGC 19459		.88	.08	15.12	-.40	14.24± .44	1.19	789
064222.5-265336		.SBT5*.	1.18± .04	55					
236.38 -13.75	ESO 490- 31	S (1)	.40± .04	.97	15.22 ±.14				
220.30 -78.44		5.3± .6		.61					
064022.1-265036	PGC 19461	6.2± .5	1.27	.20					
064241.7-272731	NGC 2272	.LXS-..	1.39± .04	123					
236.94 -13.91	ESO 490- 33	PS	.18± .04	.71	12.74 ±.14				
219.27 -77.91		-3.0± .4		.00					
064042.0-272430	PGC 19466		1.45						
0642.7 +4225		.I..9..	1.16± .13	120					
173.21 16.42	UGC 3512	U	.34± .12	.74					
23.53 -31.81		10.0± .9		.26					
0639.2 +4228	PGC 19469		1.23	.17					

R.A. 2000 DEC.	Names	Type	$\log D_{25}$	p.a.	B_T	$(B-V)_T$	$(B-V)_e$	m_{21}	V_{21}
l b		S_T n_L	$\log R_{25}$	A_g	m_B	$(U-B)_T$	$(U-B)_e$	W_{20}	V_{opt}
SGL SGB		T	$\log A_e$	A_i	m_{FIR}	$(B-V)^o_T$	m'_e	W_{50}	V_{GSR}
R.A. 1950 DEC.	PGC	L	$\log D_o$	A_{21}	B^o_T	$(U-B)^o_T$	m'_{25}	HI	V_{3K}
064249.9-353414		PSXS5*.	1.20± .05	39					
244.72 -17.00	ESO 366- 9	Sr (1)	.23± .05	.40	14.20 ±.14				
213.37 -69.95	IRAS06411-3531	5.1± .7		.35	13.68				
064103.1-353112	PGC 19472	4.4± .8	1.24	.12					
064251.9+412515		.S..6*.	1.00± .08	82					
174.17 16.06	UGC 3513	U	.43± .06	.90	15.4 ±.3				7316± 38
23.48 -32.80		6.0±1.3		.63					7332
063920.1+412814	PGC 19475		1.08	.22	13.86				7389
064252.3-232832	NGC 2271	.LX.-..	1.32± .05	71	*		1.02± .01		
233.22 -12.25	ESO 490- 34	S	.16± .04	1.02	13.17 ±.14				2596± 37
225.83 -81.72		-3.0± .8	1.03± .08	.00			13.31± .21		2408
064047.0-232530	PGC 19476		1.43		12.11				2730
064302.1-330151		.SAR2..	.95± .06	174	*				
242.28 -16.02	ESO 366- 10	r	.24± .05	.43	15.48 ±.14				
214.49 -72.47		2.2± .9		.29					
064111.1-325848	PGC 19479		.99	.12					
064306.8-741416		.I?....	1.20± .07		15.3 ±.2	1.13± .08	1.09± .00		
285.26 -26.59	ESO 34- 11A		.27± .08	.62	16.37 ±.14	.30± .11	.39± .00		6416± 19
207.11 -31.45			.58± .14	.20		.89	13.68± .48		6215
064425.0-741106	PGC 19480		1.25	.13	15.20	.05	15.46± .47		6487
064306.8-741416	A 0644-74	.E?....	1.18± .06	5	13.82 ±.17	.88± .04	1.06± .02		
285.26 -26.59	ESO 34- 11		.24± .04	.62	13.60 ±.14	.19± .06	.44± .04		6505± 19
207.11 -31.45	IRAS06443-7411		.72± .03	.00	12.51	.68	12.91± .08		6304
064425.0-741106	PGC 19481		1.21		12.98	.11	14.13± .36		6576
064308.3+225225		.S..8*.	1.11± .07	6				15.99±.3	1298± 7
191.52 8.48	UGC 3516	U	.44± .06	.98					
21.83 -51.31		8.0±1.3		.54				124± 7	1244
064006.8+225526	PGC 19483		1.20	.22					1404
064312.2+392734		.E?....							
176.08 15.37	MCG 7-14- 11			.80	15.2 ±.3				12997± 38
23.42 -34.76									13005
063944.3+393034	PGC 19487								13075
064316.0-492923		.LBR+..	.94± .06	120					
258.67 -21.55	ESO 206- 21	r	.31± .05	.16	15.31 ±.14				
209.57 -56.13		-1.3± .9		.00					
064159.0-492618	PGC 19490		.91						
064319.6-350929		.SBR0*.	.98± .07	160					
244.36 -16.76	ESO 366- 11	r	.36± .05	.28	14.89 ±.14				
213.26 -70.38		-.1±1.3		.27					
064132.0-350624	PGC 19492		.99						
064331.9-723541		.SBR5..	1.25± .04	137	13.88 ±.15	.71± .02	.79± .01		
283.44 -26.38	ESO 34- 12	Sr (1)	.28± .04	.52	14.02 ±.14				5547± 40
207.19 -33.09	FAIR 257	5.1± .4	.82± .02	.42	12.56	.50	13.47± .05		5344
064427.0-723230	PGC 19498	3.7± .5	1.30	.14	12.98		14.27± .27		5621
0643.6 +2826		.S..0..	1.00± .08	164					
186.46 10.99	UGC 3518	U	.55± .06	.85	14.9 ±.3				
22.62 -45.76		.0± .9		.41					
0640.5 +2830	PGC 19499		1.05						
0643.7 +5737		.S..2..	1.08± .06	12					
158.08 21.66	UGC 3514	U	.65± .05	.33	15.39 ±.18				
24.60 -16.62		2.0± .9		.80					
0639.4 +5741	PGC 19500		1.11	.33					
064342.0+651223	A 0638+65	.S..6*.	1.17± .05	135				14.65±.1	3563± 5
150.16 23.66	UGC 3511	U	.13± .05	.24	13.15 ±.20			327± 16	
24.98 -9.06		6.0±1.1		.19				324± 8	3665
063845.8+651522	PGC 19501		1.19	.06	12.70			1.88	3585
064348.3-734031		.SAT4P.	1.13± .05	45					
284.64 -26.48	ESO 34- 13	r	.45± .05	.59	14.69 ±.14				4073
207.09 -32.01	IRAS06449-7337	4.5± .9		.67	13.00				3871
064458.0-733718	PGC 19504		1.18	.22	13.40				4145
064348.8-405901		.SBR1..	1.02± .07	129					
250.11 -18.75	ESO 308- 26	r	.40± .06	.40	15.38 ±.14				
211.08 -64.61	IRAS06421-4055	1.0±1.0		.41	13.85				
064212.0-405554	PGC 19506		1.06	.20					
0644.0 +1224		.S?....	1.10± .05	10					3997± 10
201.04 4.00	UGC 3524		.35± .05	2.04					
20.53 -61.76	IRAS06412+1227			.52					3906
0641.2 +1227	PGC 19512		1.30	.17					4118

R.A. 2000 DEC. l b SGL SGB R.A. 1950 DEC.	Names PGC	Type S_T n_L T L	$\log D_{25}$ $\log R_{25}$ $\log A_e$ $\log D_o$	p.a. A_g A_i A_{21}	B_T m_B m_{FIR} B_T^o	$(B-V)_T$ $(U-B)_T$ $(B-V)_T^o$ $(U-B)_T^o$	$(B-V)_e$ $(U-B)_e$ m'_e m'_{25}	m_{21} W_{20} W_{50} HI	V_{21} V_{opt} V_{GSR} V_{3K}
064408.1-564122			1.00± .07						
266.21 -23.37	ESO 161- 24		.22± .06	.28	14.56 ±.14				10196± 87
208.43 -48.97	IRAS06431-5637				12.49				9980
064314.0-563812	PGC 19517		1.02						10299
064408.1-271026		.S..6*/	1.24± .04	28					
236.80 -13.50	ESO 490- 36	S	.72± .03	.81	14.97 ±.14				
218.09 -78.26	IRAS06421-2707	5.7± .7		1.05	13.18				
064208.0-270718	PGC 19518		1.31	.36					
064422.7-260633		PSAR0*.	1.32± .04	168					
235.83 -13.02	ESO 490- 37	Sr	.20± .04	.89	12.96 ±.14				
219.09 -79.31	IRAS06423-2603	.3± .6		.15					
064221.0-260324	PGC 19522		1.40						
064425.2-634300	NGC 2297	.SXT4..	1.15± .05		13.37 ±.14	.69± .02	.77± .01		
273.73 -24.89	ESO 87- 40	Sr	.05± .05	.26	13.75 ±.14				3395± 33
207.74 -41.96	FAIR 256	3.7± .6	.94± .02	.07	12.17	.60	13.56± .07		3183
064404.0-633948	PGC 19524		1.17	.02	13.21		13.85± .30		3487
064426.6-175556	IC 2171	.IBS9*.	1.22± .03	93					772
228.27 -9.57	ESO 557- 12	SE (2)	.55± .03	2.53	15.18 ±.14				
254.59 -86.63	IRAS06422-1752	10.0± .7		.42					595
064214.0-175248	PGC 19526	8.3± .8	1.46	.28	12.23				910
064440.7-712727		.S..3*/	1.35± .04	6					
282.19 -26.15	ESO 58- 13	S	.81± .05	.53	14.70 ±.14				
207.16 -34.23	IRAS06453-7124	3.0± .9		1.12	12.32				
064522.0-712412	PGC 19528		1.40	.40					
064448.5-273820	NGC 2280	.SAS6..	1.80± .02	163	10.9 ±.2	.60± .03	.68± .01	11.94±.1	1906± 6
237.30 -13.55	ESO 427- 2	R (3)	.31± .03	.82	11.37 ±.12	.15± .03	.13± .02	403± 7	1963± 46
216.91 -77.84	IRAS06428-2735	6.0± .3	1.57± .06	.46	11.08	.34	14.19± .17	379± 11	1710
064249.0-273510	PGC 19531	2.2± .3	1.88	.16	9.97	-.04	13.91± .25	1.81	2041
064503.5+402452		.E?....	1.18± .15	70					
175.31 16.07	UGC 3525		.17± .08	1.08	14.4 ±.3				7272± 38
23.91 -33.83				.00					7284
064133.8+402800	PGC 19536		1.30		13.21				7350
064503.9-462655		.RING..	1.07± .06	20					
255.67 -20.34	ESO 255- 18	S	.12± .05	.26	14.52 ±.14				
209.50 -59.19		10.0± .6		.09					
064339.0-462342	PGC 19537		1.10	.06					
064525.9-263937		.SXT0*.	1.20± .04	7					
236.44 -13.03	ESO 490- 38	S	.23± .04	1.05	14.26 ±.14				
217.23 -78.82		.0± .8		.17					
064325.0-263624	PGC 19542		1.29						
064526.1+342910		.S?....	.95± .07	165				15.01±.3	5427± 10
180.99 13.83	UGC 3529		.39± .05	.97	14.7 ±.3				
23.62 -39.75	IRAS06421+3432			.59	13.76			396± 7	5416
064207.3+343220	PGC 19544		1.04	.20	13.14			1.68	5517
0645.4 +6232		.SB.8*.	1.08± .06	58					
153.02 23.20	UGC 3520	U	.26± .05	.38					
25.06 -11.72		8.0±1.2		.32					
0640.8 +6236	PGC 19545		1.12	.13					
064530.4+254942		.SX.4..	1.11± .07	150				15.62±.3	11989± 9
189.05 10.25	UGC 3531	U	.20± .06	1.08	14.0 ±.3				
22.97 -48.40	IRAS06424+2552	4.0± .8		.29	13.66			403± 5	11946
064224.8+255253	PGC 19547		1.21	.10	12.51			3.01	12094
0645.6 +2224		.S?....	1.16± .13						4468± 10
192.19 8.80	UGC 3534		.41± .12	.94					
22.69 -51.81				.62					4412
0642.6 +2228	PGC 19549		1.25	.21					4578
0645.6 +5327		.S..3..	1.11± .05	54					
162.43 20.67	UGC 3526	U (1)	.69± .05	.31	15.55 ±.18				
24.69 -20.80		3.0± .9		.95					
0641.6 +5331	PGC 19550	5.5±1.3	1.14	.35					
064542.4+712037	IC 449	.E...*.	1.23± .14						
143.62 25.14	UGC 3515	PU	.11± .08	.38	13.48 ±.15				
25.43 -2.93		-5.0± .6		.00					
063954.0+712343	PGC 19554		1.26						
064548.3-473152		.SAS9..	1.24± .04					13.80±.3	1063± 9
256.80 -20.56	ESO 255- 19	S (1)	.11± .05	.25	14.20 ±.14				
209.10 -58.12		9.0± .4		.11				139± 7	847
064426.1-472836	PGC 19559	9.4± .4	1.26	.06	13.83			-.08	1181

R.A. 2000 DEC. l b SGL SGB R.A. 1950 DEC.	Names PGC	Type S_T n_L T L	$\log D_{25}$ $\log R_{25}$ $\log A_e$ $\log D_o$	p.a. A_g A_i A_{21}	B_T m_B m_{FIR} B_T^o	$(B-V)_T$ $(U-B)_T$ $(B-V)_T^o$ $(U-B)_T^o$	$(B-V)_e$ $(U-B)_e$ m'_e m'_{25}	m_{21} W_{20} W_{50} HI	V_{21} V_{opt} V_{GSR} V_{3K}
064553.3-181239	NGC 2283	.SBS6..	1.56± .02	2				12.30±.3	822± 11
228.67 -9.38	ESO 557- 13	SE (2)	.12± .03	1.06	12.94 ±.14			187± 16	
246.98 -86.68		5.5± .5		.18				174± 12	643
064341.0-180924	PGC 19562	2.7± .5	1.66	.06	11.70			.54	961
064603.7+292053		.L.....	1.04± .11	142					
185.85 11.85	UGC 3536	U	.28± .05	.87	14.0 ±.3				4689±155
23.44 -44.89		-2.0± .9		.00					4659
064253.0+292406	PGC 19568		1.10		13.02				4789
064612.5+434732		.SBS3..	1.15± .07	100				15.58±.1	6287± 7
172.11 17.51	UGC 3532	U	.37± .06	.63	15.0 ±.2				6209± 46
24.34 -30.46	IRAS06425+4350	3.0± .8		.51	12.79			366± 8	6309
064235.8+435045	PGC 19571		1.21	.19	13.81			1.58	6358
064621.7-260629		PSXSOP*	1.46± .04	165					
236.01 -12.61	ESO 490- 41	Sr	.44± .04	1.02	13.47 ±.14				
216.74 -79.41	IRAS06443-2602	-.4± .4		.33	12.86				
064420.0-260312	PGC 19574		1.53						
064624.1+434929		.S?....	1.10± .07	100					
172.09 17.56	UGC 3535		.13± .06	.63	14.47 ±.19				6329± 34
24.38 -30.43				.16					6353
064247.4+435243	PGC 19576		1.16	.06	13.62				6402
064631.5+602032	NGC 2273B	.SBT6*.	1.43± .04	55	13.10 ±.19	.57± .05	.58± .03	14.22±.1	2101± 4
155.38 22.76	UGC 3530	PU	.26± .05	.34	13.7 ±.3	-.25± .06	-.16± .04	240± 4	
25.10 -13.93	IRAS06421+6023	6.0± .5	1.16± .04	.39	13.33	.43	14.39± .09	196± 5	2185
064202.5+602345	PGC 19579		1.46	.13	12.59	-.35	14.44± .28	1.50	2136
064636.2-703653		.L?....	1.04± .07	100					
281.29 -25.87	ESO 58- 14		.28± .05	.52	14.70 ±.14				6902± 87
207.02 -35.08				.00					6696
064708.1-703330	PGC 19581		1.05		14.08				6982
064645.5+333709		.SB.6*.	.97± .07					16.82±.2	5184± 7
181.92 13.73	UGC 3537	U	.03± .05	.93	14.7 ±.3			241± 7	
23.92 -40.63		6.0±1.2		.04				197± 5	5170
064328.1+334025	PGC 19586		1.06	.01	13.70			3.11	5277
064647.2-262831		.SBS7..	1.40± .03	90					1708
236.40 -12.68	ESO 490- 45	S (1)	.45± .04	1.12	14.04 ±.14				
215.87 -79.06	IRAS06447-2625	7.0± .6		.61					1514
064446.0-262512	PGC 19589	6.7± .6	1.50	.22	12.30				1847
064713.3+422038									
173.59 17.16	CGCG 204- 17			.65	15.3 ±.3				5984± 38
24.49 -31.92									6002
064339.8+422355	PGC 19601								6060
064713.9+741411	NGC 2256	.LX.-?.	1.36± .11						
140.48 25.75	UGC 3519	PU	.06± .08	.38	13.5 ±.2				
25.65 -.05		-3.4± .6		.00					
064047.5+741722	PGC 19602		1.40						
064717.3+333401	NGC 2274	.E.....	1.22± .08	169					
182.01 13.81	UGC 3541	U	.00± .05	.93	13.1 ±.3				5067± 34
24.07 -40.69		-5.0± .8		.00					5052
064400.0+333719	PGC 19603		1.37		12.05				5160
064717.9+333555	NGC 2275	.S?....	1.10± .05	20					
181.98 13.82	UGC 3542		.12± .05	.93	14.1 ±.3				4858± 32
24.07 -40.66				.18					4843
064400.6+333913	PGC 19605		1.18	.06	12.94				4952
064723.9-264409	NGC 2295	.S..2*/	1.32± .03	46					
236.70 -12.66	ESO 490- 47	S	.54± .03	1.21	13.58 ±.14				
214.94 -78.83		2.0±1.1		.67					
064523.1-264048	PGC 19607		1.44	.27					
064732.8+473917		.SBS1..	1.12± .04	0					
168.38 19.08	UGC 3538	U	.27± .04	.43	14.68 ±.19				
24.78 -26.61		1.0± .9		.28					
064347.1+474235	PGC 19612		1.16	.14					
064735.2-654156		.S?....	.97± .06	85					
275.94 -24.94	ESO 87- 42		.04± .05	.25	14.98 ±.14				11005
207.16 -39.99	IRAS06474-6538			.06					10794
064726.0-653830	PGC 19614		.99	.02	14.60				11095
064739.9-264447	NGC 2292	.LX.0P.	1.61± .06	1	*				
236.73 -12.61	ESO 490- 48	S	.05± .05	1.21	11.82 ±.14				2321± 37
214.63 -78.83		-2.0± .7		.00					2125
064539.0-264124	PGC 19617		1.74		10.57				2460

R.A. 2000 DEC. / l b / SGL SGB / R.A. 1950 DEC.	Names / PGC	Type / S_T n_L / T / L	$logD_{25}$ / $logR_{25}$ / $logA_e$ / $logD_o$	p.a. / A_g / A_i / A_{21}	B_T / m_B / m_{FIR} / B_T^o	$(B-V)_T$ / $(U-B)_T$ / $(B-V)_T^o$ / $(U-B)_T^o$	$(B-V)_e$ / $(U-B)_e$ / m'_e / m'_{25}	m_{21} / W_{20} / W_{50} / HI	V_{21} / V_{opt} / V_{GSR} / V_{3K}
064742.9-264511	NGC 2293	.LXS+P.	1.62± .06	125	12.28 ±.15	1.07± .01	1.09± .01		
236.74 -12.60	ESO 490- 49	S	.10± .05	1.21	11.70 ±.14				1978± 32
214.56 -78.83		-1.0± .7	.98± .04	.00		.77	12.67± .12		1782
064542.1-264148	PGC 19619		1.72		10.73		15.00± .34		2117
064746.4+742855	NGC 2258	.LAR0..	1.36± .11	150	13.0 ±.2	1.14± .02	1.16± .01		
140.22 25.82	UGC 3523	PU	.17± .08	.39	13.04 ±.15				
25.69 .20		-2.0± .5	.88± .10	.00			12.93± .33		
064116.2+743209	PGC 19622		1.38				14.24± .63		
0647.9 +8409		.S?....	1.23± .05	3				14.71±.1	4388± 11
129.48 26.89	UGC 3500		.70± .05	.24	14.70 ±.18				
25.99 9.87	IRAS06346+8412			1.05	13.33			210± 8	4546
0634.6 +8412	PGC 19627		1.25	.35	13.39			.97	4365
064808.1+333431		.S..6*.	1.04± .08	155				15.31±.3	7353± 10
182.08 13.97	UGC 3544	U	.76± .06	.84					
24.30 -40.69		6.0±1.4		1.12				362± 7	7338
064450.9+333753	PGC 19632		1.12	.38					7448
064837.4-641624	NGC 2305	.E.2.*P	1.31± .05	142	12.74 ±.13	1.02± .01	1.03± .01		
274.43 -24.55	ESO 87- 44	S	.13± .04	.31	12.82 ±.14		.51± .03		3499± 20
207.09 -41.42		-5.0±1.1	.82± .02	.00		.92	12.33± .09		3287
064819.1-641254	PGC 19641		1.32		12.42		13.96± .30		3593
064837.5+433035									
172.55 17.82	CGCG 204- 18			.59	15.4 ±.3				6771± 38
24.83 -30.76									6793
064501.6+433358	PGC 19642								6846
064851.1-642001	NGC 2307	.SBT3..	1.24± .05		12.92 ±.15	.88± .02	.96± .01		
274.50 -24.54	ESO 87- 45	Sr (1)	.03± .05	.29	13.38 ±.14				4558± 40
207.06 -41.36	IRAS06485-6416	2.6± .6	1.06± .03	.05		.78	13.71± .09		4345
064833.1-641630	PGC 19648	4.4± .8	1.26	.02	12.79		13.87± .30		4651
0648.9 +6614	A 0643+66	.SB.4?.	1.39± .04	116				15.07±.1	3305± 11
149.19 24.42	UGC 3539	U	1.04± .05	.20	15.24 ±.19				
25.56 -8.04		4.0± .9		1.47				312± 8	3409
0643.9 +6618	PGC 19652		1.41	.50	13.54			1.03	3327
064904.0-472024		PSBS2*.	1.01± .06	177					
256.80 -19.97	ESO 256- 2	r	.49± .05	.22	16.06 ±.14				
208.08 -58.34		2.2±1.3		.60					
064741.0-471654	PGC 19656		1.03	.24					
064933.8+442552		.S?....	.58± .18						
171.71 18.30	MCG 7-14- 16		.23± .07	.57	15.3 ±.4				6339± 38
25.06 -29.85	IRAS06459+4429			.28	13.45				6365
064556.0+442919	PGC 19665		.63	.11	14.34				6413
064939.4-571516		.SXT1*.	1.08± .05	87					
267.01 -22.78	ESO 161- 26	S	.37± .05	.31	15.17 ±.14				11200±190
207.26 -48.44	FAIR 821	1.0± .9		.38					10983
064847.0-571142	PGC 19668		1.11	.19	14.34				11307
0649.7 +8550		.I..9*.	1.32± .10					15.74±.1	1586± 6
127.61 27.02	UGC 3496	U	.13± .12	.30				70± 7	
26.07 11.54		10.0±1.1		.10				60± 12	1748
0632.0 +8553	PGC 19670		1.35	.06					1559
064944.0+200454		.S..6*.	1.00± .08	158				16.27±.3	5229± 10
194.73 8.65	UGC 3553	U	.33± .06	.95	15.25 ±.19				
24.07 -54.19		6.0±1.3		.49				255± 7	5163
064646.4+200823	PGC 19671		1.09	.17	13.78			2.32	5348
064945.9+293131		.S..7*.	1.06± .06	38				15.88±.3	4821± 10
186.03 12.65	UGC 3551	U	1.02± .05	.81	15.6 ±.3				
24.58 -44.75		7.0±1.5		1.38				374± 7	4790
064635.2+293500	PGC 19674		1.13	.50	13.43			1.95	4925
064947.4-640723		.SB9*P/	1.14± .05	48					
274.30 -24.40	ESO 87- 46	S	.50± .05	.31	15.86 ±.14				
206.93 -41.58		9.0±1.3		.51					
064928.0-640348	PGC 19677		1.17	.25					
064951.2+282217		.SB.6*.	1.02± .06	75				15.86±.3	4865± 10
187.11 12.20	UGC 3552	U	.27± .05	.76	14.5 ±.3				
24.55 -45.90		6.0±1.3		.39				261± 7	4830
064642.1+282547	PGC 19679		1.09	.13	13.37			2.36	4971
0649.8 +6136		.SB?...	1.05± .08						
154.15 23.47	UGC 3545		.00± .06	.35					3527
25.55 -12.68				.00					3615
0645.3 +6140	PGC 19680		1.08	.00					3561

R.A. 2000 DEC. l b SGL SGB R.A. 1950 DEC.	Names PGC	Type S_T n_L T L	$\log D_{25}$ $\log R_{25}$ $\log A_e$ $\log D_o$	p.a. A_g A_i A_{21}	B_T m_B m_{FIR} B_T^o	$(B-V)_T$ $(U-B)_T$ $(B-V)_T^o$ $(U-B)_T^o$	$(B-V)_e$ $(U-B)_e$ m'_e m'_{25}	m_{21} W_{20} W_{50} HI	V_{21} V_{opt} V_{GSR} V_{3K}
064959.5+253758		.SXT4..	1.08± .06					15.25±.2	4645± 7
189.67 11.08	UGC 3555	U	.05± .05	.73				199± 7	5077± 79
24.47 -48.64	IRAS06468+2541	4.0± .8		.08	12.97			176± 5	4603
064654.4+254128	PGC 19683		1.14	.03					4759
065008.6+605045	NGC 2273	.SBR1*.	1.51± .03	50	12.55 ±.14	.89± .01	.94± .01	14.81±.1	1840± 4
154.97 23.31	UGC 3546	PU	.12± .05	.31	12.34 ±.19	.38± .02	.41± .01	363± 5	1903± 36
25.57 -13.44	MK 620	.5± .5	.94± .03	.12	11.19	.78	12.74± .08	354± 7	1926
064537.6+605413	PGC 19688		1.54	.06	12.02	.30	14.65± .24	2.73	1877
0650.2 +2008		.E.....	1.00± .19	130					
194.73 8.78	UGC 3558	U	.05± .08	.94	14.72 ±.18				
24.28 -54.13		-5.0± .8		.00					
0647.3 +2012	PGC 19692		1.14						
065025.8+430312		.SB.3?.	1.06± .06	148					
173.12 17.96	UGC 3554	U	.27± .05	.55	14.61 ±.18				5640± 38
25.20 -31.23	IRAS06468+4306	3.0± .9		.37	13.15				5660
064650.9+430643	PGC 19697		1.11	.13	13.65				5718
065029.7+093957		.S..6*.	.96± .09	164				15.28±.3	7424± 10
204.21 4.18	UGC 3565	U	.69± .06	1.96					
23.59 -64.60		6.0±1.4		1.01				328± 7	7321
064744.8+094330	PGC 19700		1.14	.34					7557
065035.7+162107		.S..8*.	1.00± .08					15.26±.3	2547± 7
198.21 7.19	UGC 3564	U	.00± .06	1.16					
24.19 -57.92		8.0±1.2		.00				80± 7	2468
064742.7+162440	PGC 19701		1.11	.00					2672
065040.0-520825		.SBS9..	1.35± .04	6				14.08±.3	1085± 9
261.76 -21.21	ESO 207- 7	S (1)	.18± .05	.16	14.09 ±.14				
207.29 -53.56		9.0± .4		.18				165± 7	867
064930.0-520448	PGC 19705	8.7± .4	1.37	.09	13.74			.24	1201
065041.4+340227		.S..6*.	1.00± .08	65				15.99±.3	5416± 10
181.85 14.65	UGC 3559	U	.55± .06	.78					
25.01 -40.24		6.0±1.3		.81				250± 7	5402
064723.5+340600	PGC 19707		1.07	.27					5513
065052.1+332745	NGC 2288		.22?		15.3 ±.2	.95± .05			
182.42 14.45	MCG 6-15- 11		.00± .07	.77	15.9 ±.2	.51± .08			
25.04 -40.82									
064735.1+333119	PGC 19714		.29						
065053.6+332844	NGC 2289	.L.....	1.03± .11	125	14.23 ±.15	1.06± .03	1.08± .02		
182.40 14.46	UGC 3560	U	.21± .05	.77	14.3 ±.3	.56± .05	.54± .03		
25.05 -40.80		-2.0± .8	.66± .04	.00			13.02± .13		
064736.7+333218	PGC 19716		1.08				13.69± .59		
065056.9+332615	NGC 2290	RSA.1*.	1.12± .04	50	14.16 ±.15	.98± .02	1.00± .02	17.06±.3	5043± 9
182.45 14.46	UGC 3562	PU	.25± .04	.77	14.3 ±.3	.42± .04	.47± .04		
25.06 -40.84		.5± .6	.73± .03	.26		.72	13.30± .10	438± 5	5026
064740.1+332949	PGC 19718		1.19	.13	13.09	.23	13.97± .28	3.85	5141
065058.6+333131	NGC 2291	.LA.0*.	1.02± .07		14.2 ±.2	1.03± .04	1.05± .03		
182.37 14.50	MCG 6-15- 13	P	.00± .06	.77	14.7 ±.3	.49± .06	.54± .05		
25.07 -40.76		-2.0± .8	1.04± .08	.00			14.85± .26		
064741.5+333505	PGC 19719		1.11				14.17± .43		
0651.0 +5301		.S..4..	1.11± .05	75					
163.14 21.30	UGC 3556	U	.57± .05	.32					
25.53 -21.26		4.0± .9		.84					
0647.0 +5305	PGC 19720		1.14	.29					
065105.1-563434		.SXS6*.	1.02± .05	118					
266.36 -22.42	ESO 161- 29	S (1)	.25± .05	.28	15.50 ±.14				
206.99 -49.13		6.0±1.3		.37					
065010.0-563054	PGC 19722	5.6±1.3	1.04	.13					
065105.7+394033									
176.47 16.86	CGCG 204- 22			.71	15.3 ±.3				9152± 38
25.26 -34.61									9159
064737.7+394407	PGC 19723								9238
065106.6+125519	IC 454	.SB.2..	1.24± .05	140				14.02±.2	3945± 6
201.36 5.78	UGC 3570	U	.28± .05	1.44				438± 7	
24.20 -61.35		2.0± .8		.34				412± 5	3853
064817.8+125855	PGC 19725		1.37	.14					4075
065110.5-302456		.SAT3..	1.00± .06	33					
240.49 -13.40	ESO 427- 13	r	.24± .05	.63	15.00 ±.14				
209.41 -75.27	IRAS06492-3021	3.3± .9		.33	13.46				
064915.0-302118	PGC 19728		1.06	.12					

R.A. 2000 DEC. l b SGL SGB R.A. 1950 DEC.	Names PGC	Type S_T n_L T L	$\log D_{25}$ $\log R_{25}$ $\log A_e$ $\log D_o$	p.a. A_g A_i A_{21}	B_T m_B m_{FIR} B_T^o	$(B-V)_T$ $(U-B)_T$ $(B-V)_T^o$ $(U-B)_T^o$	$(B-V)_e$ $(U-B)_e$ m'_e m'_{25}	m_{21} W_{20} W_{50} HI	V_{21} V_{opt} V_{GSR} V_{3K}
065111.3+333138	NGC 2294	.E.6.$.	1.22± .06		14.9 ±.2	1.06± .04			
182.38 14.54	MCG 6-15- 14	P	.44± .05	.77	14.5 ±.3	.45± .06			
25.13 -40.76	IRAS06478+3335	-5.0±1.9		.00	12.20				
064754.3+333513	PGC 19729		1.21				14.90± .40		
0651.3 +2645	A 0648+26	.L?....	.72± .22						
188.75 11.82	MCG 4-16- 7		.00± .07	.63	14.8 ±.3				4740± 40
24.96 -47.52				.00					4698
0648.2 +2649	PGC 19731		.80		14.12				4851
065120.3+495311		.S?....	.87± .08	68					
166.36 20.39	UGC 3561		.27± .05	.45	14.7 ±.2				5501±155
25.53 -24.40	IRAS06474+4956			.40	13.27				5547
064729.0+495645	PGC 19732		.91	.13	13.81				5565
065120.8-293533		PSBS2?.	1.08± .05	98					
239.74 -13.03	ESO 427- 14	r	.46± .04	.81	15.54 ±.14				
209.47 -76.09		2.2±1.8		.56					
064924.0-293154	PGC 19733		1.15	.23					
065140.1+290420		.S..6*.	1.11± .05	105				15.47±.3	10780± 9
186.63 12.85	UGC 3571	U	.19± .05	.71	14.2 ±.3				
25.14 -45.21		6.0±1.2		.28				555± 5	10747
064830.0+290757	PGC 19740		1.18	.10	13.15			2.22	10887
065148.0+272906		.S..3..	1.29± .04	140				15.40±.3	4828± 9
188.12 12.22	UGC 3573	U	.86± .05	.69	14.6 ±.3				
25.14 -46.80		3.0± .9		1.18				466± 5	4789
064840.3+273244	PGC 19743		1.35	.43	12.65			2.32	4938
065148.0+482944		.L.....	1.00± .10	100					
167.79 20.02	UGC 3567	U	.09± .04	.39	14.15 ±.15				6045±155
25.59 -25.79		-2.0± .9		.00					6085
064800.4+483321	PGC 19744		1.03		13.67				6112
065154.5+405226									
175.36 17.44	CGCG 204- 23			.61	15.1 ±.3				4898± 38
25.47 -33.41									4909
064824.2+405603	PGC 19745								4982
0651.9 +2728	A 0648+27	.L?....	.72± .22						
188.15 12.24	MCG 5-16- 10		.11± .07	.69	14.9 ±.3				12260±101
25.18 -46.81				.00					12221
0648.8 +2732	PGC 19747		.79		13.98				12370
065158.8+502354		.S..4..	1.16± .05	16					
165.87 20.65	UGC 3568	U	.84± .05	.39	15.59 ±.18				
25.65 -23.89		4.0±1.0		1.23					
064806.1+502731	PGC 19749		1.20	.42					
065211.9+742535	IC 450	.LX.+*.	.88± .06	130	15.0 ±.2	1.06± .02	1.10± .02	19.45±.1	5850± 10
140.33 26.11	UGC 3547	PU	.20± .05	.36	14.88 ±.16	.12± .04	.10± .04		5501± 32
25.99 .14	MK 6	-.5± .6	.25± .07	.00	13.33	.90	11.73± .20		5947
064543.5+742907	PGC 19756		.89		14.47	.03	13.76± .40		5820
065215.1+391201									
177.02 16.90	CGCG 204- 25			.56	15.4 ±.3				9169± 38
25.52 -35.09									9174
064848.1+391540	PGC 19759								9257
0652.2 +1514		.L?....	.95± .10						
199.39 7.06	CGCG 85- 11		.33± .04	1.18	15.12 ±.11				4675± 46
24.89 -59.04				.00					4591
0649.4 +1518	PGC 19760		1.06		13.88				4804
065220.8+151509		.SBS2..	1.20± .05	20				14.83±.2	4531± 6
199.39 7.09	UGC 3578	U	.28± .05	1.17	13.93 ±.18			435± 7	4578± 46
24.93 -59.03	IRAS06494+1518	2.0± .8		.34	13.46			407± 5	4447
064929.3+151850	PGC 19763		1.31	.14	12.37			2.33	4661
0652.3 +4943		.S..6*.	1.00± .08	150					
166.58 20.50	UGC 3572	U	.19± .06	.38					
25.70 -24.57		6.0±1.3		.27					
0648.5 +4947	PGC 19764		1.04	.09					
0652.4 +5710		.S..8..	1.11± .05						
158.91 22.66	UGC 3569	U	.05± .05	.22	15.2 ±.3				5110± 57
25.81 -17.12		8.0± .8		.06					5182
0648.2 +5714	PGC 19767		1.13	.03	14.90				5157
065252.0+742853	IC 451	.SXR3*.	1.13± .05	155					
140.27 26.16	UGC 3550	PU (1)	.07± .05	.36	14.6 ±.2				
26.03 .19		2.5± .6		.10					
064622.8+743228	PGC 19775	4.5±1.1	1.16	.04					

R.A. 2000 DEC. / l b / SGL SGB / R.A. 1950 DEC.	Names / PGC	Type / S_T n_L / T / L	$\log D_{25}$ / $\log R_{25}$ / $\log A_e$ / $\log D_o$	p.a. / A_g / A_i / A_{21}	B_T / m_B / m_{FIR} / B_T^o	$(B-V)_T$ / $(U-B)_T$ / $(B-V)_T^o$ / $(U-B)_T^o$	$(B-V)_e$ / $(U-B)_e$ / m'_e / m'_{25}	m_{21} / W_{20} / W_{50} / HI	V_{21} / V_{opt} / V_{GSR} / V_{3K}
0652.9 +7130		.S..7*.	1.13± .07	5					
143.55 25.74	UGC 3557	U	.21± .03	.35					
26.01 -2.78		7.0±1.2		.29					
0647.1 +7134	PGC 19776		1.16	.11					
065256.8-714545		.LX.-.	1.22± .05	104					
282.64 -25.55	ESO 58- 19	S	.16± .04	.62	13.59 ±.14				
206.37 -33.95		-1.0± .8		.00					
065340.0-714154	PGC 19778		1.25						
065300.1+121113		.SBS3..	1.00± .08					16.08±.3	8390± 10
202.22 5.87	UGC 3582	U	.04± .06	1.42					
25.13 -62.10		3.0± .9		.05				155± 7	8295
065012.2+121457	PGC 19781		1.13	.02					8524
065302.6-391610		.SBT3?.	1.16± .05	155					
249.09 -16.49	ESO 309- 5	Sr	.27± .05	.53	14.39 ±.14				
207.12 -66.44	IRAS06513-3912	3.1± .7		.37					
065122.0-391224	PGC 19785		1.21	.13					
065304.0-645501		.S?....	.90± .06						
275.23 -24.22	ESO 87- 49		.09± .05	.26	14.82 ±.14				10204± 51
206.44 -40.79	FAIR 261			.13	13.15				9992
065249.0-645112	PGC 19787		.93	.05	14.36				10299
065307.0+500202		.SBS3..	1.20± .05	128				15.68±.1	5948± 7
166.30 20.71	UGC 3576	U	.26± .05	.39	14.35 ±.20				
25.84 -24.26		3.0± .8		.36				372± 8	5994
064915.4+500544	PGC 19788		1.24	.13	13.56			1.99	6013
065310.6+571045		.SAS6..	1.62± .04					13.27±.1	1442± 5
158.93 22.76	UGC 3574	U	.06± .06	.22	13.2 ±.5			159± 6	1418± 57
25.91 -17.11	IRAS06488+5714	6.0± .6		.08	13.23			146± 6	1514
064855.7+571426	PGC 19789		1.64	.03	12.91			.33	1489
065312.1+270453		.S..4..	1.19± .06	14				15.35±.3	4438± 10
188.63 12.34	UGC 3584	U	.81± .06	.66	14.9 ±.3				
25.58 -47.21		4.0± .9		1.20				297± 7	4397
065005.0+270837	PGC 19792		1.25	.41	12.98			1.96	4550
065313.8+471005		.S..2..	1.09± .06	60					
169.21 19.82	UGC 3579	U	.77± .05	.47	15.63 ±.18				
25.83 -27.12	IRAS06495+4713	2.0±1.0		.94	13.49				
064929.8+471348	PGC 19794		1.14	.38					
065327.3+772436		.S..1..	1.04± .04					16.18±.1	5047± 11
137.03 26.53	UGC 3548	U	.10± .04	.34	14.64 ±.19				4963± 61
26.09 3.12	MK 701	1.0± .9		.10	12.87			192± 8	5183
064600.8+772812	PGC 19803		1.07	.05	14.14			1.99	5040
065329.7+144347		.S..7*.	1.04± .15	40				16.01±.3	2405± 7
199.98 7.10	UGC 3586	U	.37± .12	1.17					
25.45 -59.56		7.0±1.3		.51				193± 7	2319
065038.8+144733	PGC 19804		1.15	.19					2536
0653.6 +5458		.E?....	.60± .15						
161.25 22.22	CGCG 261- 8		.03± .10	.29	15.45 ±.19				10868±125
25.96 -19.32				.00					10932
0649.5 +5502	PGC 19808		.64		14.99				10921
0653.6 +2719		.S..6*.	.98± .07	0					
188.45 12.52	UGC 3585	U	.17± .05	.66	14.7 ±.3				
25.72 -46.97		6.0±1.2		.25					
0650.5 +2723	PGC 19809		1.04	.09					
065353.6-405144	NGC 2310	.L..../	1.64± .03	47	12.74 ±.13	.98± .01	.96± .01		
250.70 -16.92	ESO 309- 7	R	.72± .04	.46	12.56 ±.09	.46± .01	.44± .01		1187± 66
206.67 -64.85		-2.0± .8	.85± .02	.00		.80	12.48± .06		973
065216.0-404754	PGC 19811		1.58		12.15	.30	14.02± .21		1322
065354.4-322837		.SBT6..	.93± .07						
242.68 -13.70	ESO 427- 17	r	.10± .06	.82	15.46 ±.14				
206.98 -73.23		5.6± .9		.14					
065202.0-322448	PGC 19812		1.01	.05					
065355.1+191759		.S?....	1.45± .04	107				13.29±.1	1264± 4
195.88 9.20	UGC 3587		.61± .06	.89	13.84 ±.20			229± 5	
25.72 -54.99	IRAS06509+1921			.92	13.68			214± 4	1194
065058.5+192146	PGC 19813		1.53	.31	12.03			.95	1390
065359.2-631305		.S..5?/	1.17± .05	121					
273.44 -23.74	ESO 87- 50	S	.81± .04	.37	15.84 ±.14				
206.33 -42.49		5.0±1.9		1.21					
065334.0-630912	PGC 19816		1.20	.40					

R.A. 2000 DEC. / l b / SGL SGB / R.A. 1950 DEC.	Names / PGC	Type / S_T n_L / T / L	$\log D_{25}$ / $\log R_{25}$ / $\log A_e$ / $\log D_o$	p.a. / A_g / A_i / A_{21}	B_T / m_B / m_{FIR} / B^o_T	$(B-V)_T$ / $(U-B)_T$ / $(B-V)^o_T$ / $(U-B)^o_T$	$(B-V)_e$ / $(U-B)_e$ / m'_e / m'_{25}	m_{21} / W_{20} / W_{50} / HI	V_{21} / V_{opt} / V_{GSR} / V_{3K}
0654.0 +8402		.S?....	1.05± .08	75				15.03±.1	4424± 11
129.62 27.04	UGC 3521		.25± .06	.24	15.2 ±.2				
26.15 9.75				.37				308± 8	4581
0641.0 +8406	PGC 19817		1.07	.12	14.62			.29	4403
0654.2 +6512		.SBR3..	1.08± .07	90				15.90±.1	4591± 11
150.43 24.74	UGC 3577	U	.19± .06	.23	15.0 ±.2				
26.09 -9.09		3.0± .8		.26				281± 8	4691
0649.3 +6516	PGC 19820		1.10	.09	14.50			1.31	4619
065431.4+300421		.SB.2..	.96± .09	45				16.39±.3	5223± 9
185.94 13.82	UGC 3590	U	.39± .06	.68	15.0 ±.3				
26.02 -44.22		2.0± .9		.48				256± 5	5193
065119.9+300810	PGC 19827		1.02	.20	13.82			2.38	5332
065432.8+454215		.L.....	1.25± .06	30					
170.75 19.56	UGC 3588	U	.49± .03	.44	14.60 ±.16				
26.08 -28.59		-2.0± .9		.00					
065052.3+454603	PGC 19829		1.23						
065435.1+502112	A 0650+50								
166.05 21.03	CGCG 234- 26			.37	15.2 ±.3				5872± 40
26.10 -23.94	MK 373								5918
065042.7+502500	PGC 19831								5937
0654.7 +7045		.S..6*.	1.24± .04	166				15.97±.1	3902± 11
144.40 25.77	UGC 3575	U	1.10± .05	.31					
26.15 -3.54		6.0±1.4		1.47				269± 8	4020
0649.1 +7049	PGC 19838		1.27	.50					3916
065449.1+233006		.SXS3..	1.03± .06	137				15.16±.3	4547± 10
192.11 11.18	UGC 3594	U	.27± .05	.79	14.3 ±.3				
26.10 -50.79		3.0± .9		.37				262± 7	4492
065147.1+233357	PGC 19840		1.10	.13	13.13			1.90	4668
0654.8 +8229		.S..6*.	1.19± .05	128				16.00±.1	1941± 11
131.36 26.99	UGC 3540	U	.70± .05	.29	15.50 ±.19				
26.17 8.20		6.0±1.3		1.03				130± 8	2094
0644.0 +8233	PGC 19841		1.22	.35	14.18			1.48	1924
065500.3+805800		.E.....	.78± .13						
133.07 26.90	UGC 3549	U	.00± .04	.30	14.49 ±.20				
26.17 6.68		-5.0± .9		.00					
064535.1+810138	PGC 19847		.83						
065501.3-530814		.IBS9..	1.04± .08	100					
262.99 -20.88	ESO 162- 1	S (1)	.29± .07	.19					
206.17 -52.57		10.0± .9		.22					
065354.0-530418	PGC 19848	7.8± .9	1.05	.15					
065511.3+241351		.S?....	.96± .09					17.45±.3	4670± 9
191.47 11.56	UGC 3599		.02± .06	.69	13.9 ±.3				7271±155
26.23 -50.06	IRAS06521+2417			.03	13.01			165± 5	
065208.2+241743	PGC 19854		1.02	.01					
065513.8+402017		RSBS1..	.93± .07						
176.12 17.84	UGC 3592	U	.12± .05	.47	14.97 ±.18				13160± 38
26.22 -33.95	IRAS06517+4024	1.0± .9		.13	12.83				13169
065144.8+402409	PGC 19855		.98	.06	14.21				13249
065514.4+405736		.SX.5*.	1.22± .05	40				15.90±.1	6694± 11
175.51 18.06	UGC 3593	U	.30± .05	.48	14.4 ±.2				
26.22 -33.33		5.0± .8		.44				380± 8	6705
065144.1+410128	PGC 19856		1.26	.15	13.47			2.29	6782
065521.0-470645		PSBR3..	1.04± .05						
256.94 -18.89	ESO 256- 7	Sr (1)	.10± .04	.19	14.76 ±.14				
206.06 -58.60	IRAS06539-4702	2.6± .6		.14	13.76				
065357.1-470248	PGC 19858	3.3±1.2	1.06	.05					
065525.3-263626		.SXS8..	1.24± .04	98					2056
237.34 -10.98	ESO 491- 9	S (1)	.49± .04	1.94	14.84 ±.14				
205.70 -79.10	IRAS06534-2632	8.0± .9		.60	13.03				1859
065324.0-263230	PGC 19861	7.8± .9	1.42	.24	12.29				2206
065526.1-264532		.IBS9..	1.12± .05	49					
237.48 -11.04	ESO 491- 10	S (1)	.25± .05	1.94	15.62 ±.14				
205.69 -78.95		10.0± .8		.19					
065325.1-264136	PGC 19862	10.0± .8	1.30	.13					
065527.0+155606		.SA.8*.	1.21± .09					14.68±.3	2074± 7
199.10 8.06	UGC 3602	U	.00± .05	1.02	13.9 ±.3				
26.37 -58.36		8.0±1.1		.00				119± 7	1991
065234.7+160000	PGC 19863		1.31	.00	12.89			1.79	2206

R.A. 2000 DEC. l b SGL SGB R.A. 1950 DEC.	Names PGC	Type S_T n_L T L	$\log D_{25}$ $\log R_{25}$ $\log A_e$ $\log D_o$	p.a. A_g A_i A_{21}	B_T m_B m_{FIR} B_T^o	$(B-V)_T$ $(U-B)_T$ $(B-V)_T^o$ $(U-B)_T^o$	$(B-V)_e$ $(U-B)_e$ m'_e m'_{25}	m_{21} W_{20} W_{50} HI	V_{21} V_{opt} V_{GSR} V_{3K}
065528.7-652948		PSAT3..	1.07± .05	134					
275.91 -24.11	ESO 87- 54	Sr (1)	.20± .05	.28	14.58 ±.14				
206.11 -40.21		3.0± .5		.27					
065517.0-652548	PGC 19865	3.3± .9	1.09	.10					
065530.6+693352	A 0650+69	.SAS1P*	1.53± .03	3				13.30±.1	1201± 6
145.72 25.65	UGC 3580	PU	.27± .04	.21	12.71 ±.19			237± 7	1283± 76
26.22 -4.73	IRAS06500+6937	1.0± .5		.28	12.50			218± 12	1316
065002.1+693741	PGC 19867		1.55	.14	12.21			.95	1219
065536.1+394557		.L...?.	1.03± .08		13.7 ±.2	.90± .02		14.77±.1	1340± 9
176.71 17.70	UGC 3596	U	.06± .03	.47	13.56 ±.17	.36± .03		533± 11	5274± 24
26.31 -34.53	IRAS06521+3949	-2.0±1.7		.00	13.31				
065208.2+394950	PGC 19869		1.08				13.60± .44		
0655.6 +3904		.I..9*.	1.04± .15	35				15.79±.1	398± 7
177.40 17.46	UGC 3600	U	.37± .12	.62				98± 6	
26.32 -35.22		10.0±1.3		.28				84± 4	402
0652.2 +3908	PGC 19871		1.10	.19					491
065549.7+400001		.S?....	.74± .12	5					
176.50 17.83	UGC 3601		.13± .06	.46	14.8 ±.3				5163± 37
26.36 -34.29				.18					5170
065221.4+400355	PGC 19875		.78	.06	14.12				5253
065550.8+404138		.S?....	.82± .13						
175.82 18.08	MCG 7-15- 2		.00± .07	.44	15.04 ±.18				6250± 38
26.36 -33.60				.00					6260
065221.1+404532	PGC 19876		.86	.00	14.59				6339
065551.3+135420		.S..6*.	1.04± .08	142				16.16±.3	7971± 10
200.98 7.25	UGC 3605	U	1.06± .06	1.14					
26.58 -60.38		6.0±1.5		1.47				470± 7	7881
065301.4+135816	PGC 19877		1.15	.50					8107
0655.8 +8454		.S?....	1.30± .05	132				14.75±.1	2137± 11
128.65 27.11	UGC 3522		.50± .06	.24	15.2 ±.3			201± 16	
26.19 10.62	7ZW 92			.69				202± 12	2296
0641.0 +8458	PGC 19878		1.33	.25	14.29			.21	2114
0656.0 +5524		RSBR3*.	1.10± .06						
160.90 22.67	UGC 3595	U	.09± .05	.20	14.8 ±.2				
26.32 -18.89		3.0± .8		.12					
0651.9 +5528	PGC 19884		1.12	.04					
065604.4+840450		.SB.2..	1.14± .05	40					
129.58 27.09	UGC 3528	U	.24± .05	.24	14.38 ±.18				
26.20 9.79	IRAS06421+8407	2.0± .8		.30					
064258.3+840825	PGC 19886		1.17	.12					
065605.0-671839		.S?....	1.02± .06	159					
277.87 -24.44	ESO 87- 57		.27± .06	.48	15.17 ±.14				7418± 69
206.04 -38.40				.41					7207
065606.0-671436	PGC 19887		1.07	.14	14.24				7510
065618.0+452937	NGC 2303	.E.....	1.18± .15						
171.07 19.78	UGC 3603	U	.00± .08	.44	13.57 ±.16				6256±155
26.43 -28.80		-5.0± .8		.00					6284
065238.1+453333	PGC 19891		1.25		13.05				6335
065619.1+061605		.SXS5..	1.00± .08					14.95±.2	6766± 6
207.90 3.93	UGC 3607	U	.04± .06	2.07				264± 7	
27.03 -68.02	IRAS06536+0620	5.0± .9		.06				222± 5	6650
065338.2+062003	PGC 19892		1.19	.02					6910
065621.6-625039		.L?....	1.06± .07	168					
273.12 -23.39	ESO 87- 56		.37± .05	.43	15.44 ±.14				9020± 63
205.97 -42.86	FAIR 263			.00					8805
065554.1-624636	PGC 19895		1.06		14.88				9121
0656.5 +6039		.IB.9..	1.31± .04	25				14.93±.1	1995± 6
155.37 24.03	UGC 3598	U	.22± .05	.34	14.9 ±.4			102± 7	
26.36 -13.64	IRAS06520+6043	10.0± .8		.16				72± 12	2078
0652.0 +6043	PGC 19899		1.34	.11	14.41			.41	2036
065707.8-453252		PSXS1..	.92± .06	110					
255.51 -18.06	ESO 256- 10	r	.16± .05	.25	15.43 ±.14				
205.43 -60.16		1.0± .9		.16					
065540.0-452848	PGC 19912		.95	.08					
0657.2 +2026		.S..0..	.96± .09	65					
195.17 10.38	UGC 3611	U	.29± .06	.62	14.3 ±.3				5020
27.03 -53.85	IRAS06542+2030	.0± .9		.22	12.17				4953
0654.2 +2030	PGC 19913		1.00		13.42				5148

R.A. 2000 DEC.	Names	Type	$\log D_{25}$	p.a.	B_T	$(B-V)_T$	$(B-V)_e$	m_{21}	V_{21}
l b		S_T n_L	$\log R_{25}$	A_g	m_B	$(U-B)_T$	$(U-B)_e$	W_{20}	V_{opt}
SGL SGB		T	$\log A_e$	A_i	m_{FIR}	$(B-V)^o_T$	m'_e	W_{50}	V_{GSR}
R.A. 1950 DEC.	PGC	L	$\log D_o$	A_{21}	B^o_T	$(U-B)^o_T$	m'_{25}	HI	V_{3K}
065715.3+133222		.SB.8..	1.16± .13	85				15.37±.3	3997± 7
201.47 7.39	UGC 3613	U	.49± .12	1.11					
27.28 -60.75		8.0± .9		.60				217± 7	3905
065425.9+133624	PGC 19914		1.26	.25					4135
065717.0-265403		.IBS9..	1.19± .07						2125
237.79 -10.72		S (1)	.11± .08	1.76					
203.59 -78.80		10.0± .8		.08					1927
065516.0-265000	PGC 19917	11.1± .8	1.35	.06					2277
065725.0-244334		.S..5?/	1.28± .05	166					
235.81 -9.77	ESO 491- 12	S	.66± .05	1.88	14.80 ±.14				
202.73 -80.97	IRAS06553-2439	5.0±1.8		.99	13.28				
065521.0-243930	PGC 19920		1.46	.33					
065734.5+462413		.S?....	1.27± .06	20					
170.23 20.28	UGC 3608		.29± .06	.33	13.61 ±.18				6435± 37
26.67 -27.88	IRAS06538+4628			.44	10.95				6466
065352.6+462814	PGC 19924		1.30	.15	12.81				6513
065735.3-454836		.LAS0*.	1.29± .05	142	14.0 ±.2	1.04± .04	1.12± .02		
255.80 -18.08	ESO 256- 11	S	.35± .04	.18	13.56 ±.14	.60± .05	.57± .03		
205.29 -59.89		-2.0± .8	.83± .07	.00			13.65± .25		
065608.1-454430	PGC 19925		1.25				14.42± .33		
065740.3+390514		.SBS3..	.92± .07	25					
177.53 17.84	UGC 3612	U	.14± .05	.49	14.3 ±.2				5197± 38
26.80 -35.20	IRAS06541+3909	3.0± .9		.19	12.48				5200
065413.8+390916	PGC 19927		.97	.07	13.60				5291
065745.3+133429		.SB?...	.96± .09					15.40±.3	3988± 10
201.49 7.52	UGC 3617		.00± .06	1.09					
27.52 -60.71				.00				151± 7	3896
065455.8+133833	PGC 19928		1.06	.00					4127
0657.8 +6341		.S..8..	1.19± .05	12					
152.16 24.82	UGC 3606	U	.26± .05	.22	14.7 ±.2				3993
26.49 -10.61		8.0± .8		.32					4087
0653.1 +6345	PGC 19931		1.21	.13	14.16				4027
065752.2+225153		.S..7*.	1.14± .07	170				15.84±.3	5578± 10
193.00 11.55	UGC 3616	U	.19± .06	.53					
27.22 -51.42		7.0±1.2		.26				161± 7	5520
065451.1+225557	PGC 19932		1.19	.09					5704
065759.2+354403		.S..2..	1.16± .05	31					
180.82 16.68	UGC 3615	U	.70± .05	.60	15.27 ±.18				
26.94 -38.55	IRAS06546+3548	2.0± .9		.86	12.45				
065438.7+354807	PGC 19933		1.22	.35					
065816.8+450322		.SB.2..	1.11± .05	60					
171.63 19.97	UGC 3614	U	.06± .05	.48	14.4 ±.2				
26.83 -29.23		2.0± .8		.08					
065438.1+450726	PGC 19941		1.16	.03					
0658.3 +5758		.SBS3*.	1.00± .16	90					
158.27 23.62	UGC 3610	U	.25± .12	.22					
26.62 -16.31		3.0±1.3		.35					
0654.0 +5803	PGC 19942		1.02	.13					
065827.8+341242		.SB.5..	.93± .07						
182.33 16.20	UGC 3619	U	.03± .05	.61	15.0 ±.3				
27.10 -40.07		5.0± .9		.04					
065509.9+341648	PGC 19944		.99	.01					
065837.9+451240	NGC 2308	.S..2..	1.26± .04	170					
171.50 20.08	UGC 3618	U	.18± .05	.42	14.1 ±.2				5853± 38
26.90 -29.07		2.0± .8		.22					5879
065458.8+451646	PGC 19949		1.30	.09	13.38				5935
065904.8+141738		.I..9*.	1.18± .06					14.65±.1	2336± 6
200.98 8.12	UGC 3621	U	.05± .06	1.01				171± 5	
28.13 -59.98		10.0±1.1		.04				156± 3	2247
065614.5+142147	PGC 19963		1.27	.03					2476
065904.8+800013	A 0650+80	.SXT5*.	1.13± .04	100	13.74 ±.15	.85± .03	.77± .02	15.86±.1	4955± 7
134.16 27.01	UGC 3581	U (1)	.09± .04	.34	14.23 ±.19			283± 11	4986± 59
26.35 5.71		5.0± .8	.94± .02	.14		.72	13.93± .06	256± 11	5101
065021.6+800410	PGC 19964	2.2± .9	1.16	.05	13.43		14.01± .28	2.39	4946
0659.3 +6916		.S..3..	1.00± .08	130					
146.08 25.93	UGC 3609	U (1)	.19± .06	.16	15.3 ±.2				
26.55 -5.01		3.0± .9		.26					
0653.9 +6921	PGC 19969	4.5±1.2	1.01	.09					

R.A. 2000 DEC. / l b / SGL SGB / R.A. 1950 DEC.	Names / PGC	Type / S_T n_L / T / L	$\log D_{25}$ / $\log R_{25}$ / $\log A_e$ / $\log D_o$	p.a. / A_g / A_i / A_{21}	B_T / m_B / m_{FIR} / B_T^o	$(B-V)_T$ / $(U-B)_T$ / $(B-V)_T^o$ / $(U-B)_T^o$	$(B-V)_e$ / $(U-B)_e$ / m'_e / m'_{25}	m_{21} / W_{20} / W_{50} / HI	V_{21} / V_{opt} / V_{GSR} / V_{3K}
065921.4-255400		RSXR0*.	1.25± .04	10					
237.07 -9.88	ESO 491- 13	Sr	.35± .05	1.83	14.42 ±.14				
200.72 -79.76		-.1± .6		.26					
065719.0-254948	PGC 19970		1.40						
065931.5-531115		.SBS9..	1.07± .08	11					
263.27 -20.26	ESO 162- 5	S (1)	.32± .07	.21					
205.07 -52.51		9.0± .9		.32					
065824.0-530700	PGC 19973	8.9± .9	1.09	.16					
065934.2+330127	UGC 3622	.S?....	1.12± .05	67				15.42±.3	4991± 10
183.57 15.96	UGC 3622		.65± .05	.71	15.5 ±.3				
27.43 -41.25	IRAS06562+3305			.98	13.48			301± 7	4970
065618.4+330538	PGC 19974		1.18	.33	13.76			1.34	5100
0659.8 +2733		.S..3..	1.04± .08	146					
188.79 13.88	UGC 3624	U (1)	.76± .06	.52					
27.72 -46.71		3.0±1.0		1.05					
0656.7 +2738	PGC 19979	5.5±1.3	1.09	.38					
065950.2+352730	IC 2175	.SB.5*.	1.24± .04	66					
181.23 16.92	UGC 3623	U	.33± .05	.44	14.6 ±.2				
27.42 -38.82		5.0± .8		.50					
065630.3+353141	PGC 19981		1.28	.17					
070004.5-323716		.IBS9?P	1.11± .05	50					2754
243.35 -12.57	ESO 366- 30	S (1)	.54± .05	.83	16.06 ±.14				
202.55 -73.05		9.8± .8		.41					2547
065812.0-323300	PGC 19985	8.6± .7	1.18	.27	14.82				2905
070018.3-300947	IC 456	.LBT0..	1.33± .04	110					
241.09 -11.50	ESO 427- 24	Sr	.21± .04	.73	12.96 ±.14				
201.64 -75.50		-1.6± .6		.00					
065822.0-300530	PGC 19993		1.38						
070042.4-272206		.SX.5*/	1.31± .04	64					
238.55 -10.23	ESO 491- 15	S (1)	.69± .03	1.45	14.34 ±.14				
200.00 -78.27	IRAS06586-2717	4.5± .9		1.03	12.54				
065842.0-271748	PGC 19996	4.4± .9	1.45	.34					
070042.7-211448		.SAR2?.	1.15± .06	84					
232.97 -7.57	ESO 558- 5	S	.25± .05	1.37					
192.81 -84.30	IRAS06585-2110	2.0±1.7		.31					
065834.0-211030	PGC 19997		1.28	.13					
0701.0 +5116		.S..7..	1.07± .06	80					
165.43 22.28	UGC 3627	U	.18± .05	.34	14.54 ±.18				
27.19 -23.01	IRAS06571+5120	7.0± .9		.25					
0657.1 +5120	PGC 20007		1.10	.09					
070103.4+015437		.SXR3?.	1.23± .04	5					1774± 7
212.33 3.01	UGC 3630	E	.28± .04	2.63					
31.12 -72.32	IRAS06584+0158	3.0±1.7		.39	10.48				1643
065827.5+015855	PGC 20008		1.48	.14					1929
0701.6 +1407		.SBR1..	1.02± .06	135					
201.41 8.61	UGC 3634	U	.08± .05	.94					
29.37 -60.12		1.0± .9		.08					
0658.8 +1412	PGC 20020		1.10	.04					
070140.9+171056		.S..8*.	.96± .09	115				16.64±.3	4941± 10
198.62 9.94	UGC 3635	U	.22± .06	.73	15.10 ±.18				
29.08 -57.07		8.0±1.3		.27				139± 7	4861
065847.1+171516	PGC 20021		1.03	.11	14.10			2.43	5080
0701.8 +0455		.S..8*.	1.04± .15	125					3550± 7
209.73 4.55	UGC 3637	U	.47± .12	1.81					
30.96 -69.30	IRAS06591+0459	8.0±1.3		.58	13.24				3428
0659.1 +0459	PGC 20027		1.21	.24					3703
0701.8 +8634		.S?....	.89± .11					15.83±.1	4544± 11
126.78 27.23	UGC 3528A		.14± .07	.34	15.46 ±.18				4786± 46
26.28 12.28				.18				297± 8	4720
0641.0 +8638	PGC 20028		.92	.07	14.89			.86	4529
070206.9-282730		.L..+./	1.16± .04	64					
239.69 -10.42	ESO 427- 26	S	.52± .03	1.31	14.70 ±.14				
199.20 -77.15	IRAS07001-2823	-1.0± .9		.00	12.91				
070008.0-282306	PGC 20037		1.21						
070221.5+111413		.S..3..	1.06± .06					17.00±.3	10314± 10
204.11 7.49	UGC 3641	U	.00± .05	1.09					
30.11 -62.99		3.0± .8		.00				271± 7	10213
065934.9+111836	PGC 20039		1.16	.00					10462

R.A. 2000 DEC. l b SGL SGB R.A. 1950 DEC.	Names PGC	Type S_T n_L T L	$\log D_{25}$ $\log R_{25}$ $\log A_e$ $\log D_o$	p.a. A_g A_i A_{21}	B_T m_B m_{FIR} B_T^o	$(B-V)_T$ $(U-B)_T$ $(B-V)_T^o$ $(U-B)_T^o$	$(B-V)_e$ $(U-B)_e$ m'_e m'_{25}	m_{21} W_{20} W_{50} HI	V_{21} V_{opt} V_{GSR} V_{3K}
070226.3+195807		.S?....	.96± .09	93				16.49±.3	7658± 10
196.14 11.29	UGC 3639		.59± .06	.57	15.0 ±.3				
29.14 -54.28				.88				402± 7	7588
065929.1+200230	PGC 20043		1.01	.29	13.52			2.68	7794
070232.6+503529	NGC 2315	.S..0..	1.13± .05	116					
166.20 22.31	UGC 3633	U	.58± .05	.32	14.57 ±.19				6159±155
27.47 -23.68		.0± .9		.44					6205
065840.3+503951	PGC 20045		1.13		13.72				6231
070236.7-420409	NGC 2328	PLX.-?.	1.21± .05	115	12.75V±.13	.61± .02			
252.51 -15.86	ESO 309- 16	BS	.11± .04	.47	13.04 ±.14	.17± .04			1159± 57
203.03 -63.59	IRAS07010-4159	-2.9± .5		.00	12.26	.49			942
070101.0-415942	PGC 20046		1.25		12.73	.09	13.99± .30		1301
070240.5-284150	NGC 2325	.E.4...	1.52± .03	6	*		1.04± .01		
239.96 -10.41	ESO 427- 28	R	.24± .04	1.20	12.20 ±.11		.65± .07		2159± 30
198.81 -76.89		-5.0± .3	1.36± .05	.00			14.09± .19		1956
070042.0-283724	PGC 20047		1.64		10.96				2316
0702.6 +7057		.SB.4?.	1.21± .05	155	*			14.82±.1	3277± 11
144.27 26.44	UGC 3626	U	.56± .05	.25	15.09 ±.20				
26.79 -3.32		4.0± .9		.83				305± 8	3395
0657.0 +7102	PGC 20048		1.24	.28	13.99			.55	3294
070245.5-292545		.L..0*P	1.29± .04	151	*				
240.64 -10.71	ESO 427- 29	S	.22± .04	.62	13.40 ±.14				
199.17 -76.16		-2.0±1.1		.00					
070048.0-292118	PGC 20049		1.33						
070248.2+370716		.S..0..	1.00± .08	102	*				
179.84 18.08	UGC 3640	U	.55± .06	.55	15.16 ±.19				
28.11 -37.14		.0± .9		.41					
065925.6+371140	PGC 20050		1.02						
0702.8 +7635		.S..2..	1.00± .08	40	*				
137.99 26.99	UGC 3620	U	.94± .06	.38					
26.63 2.31		2.0±1.0		1.16					
0655.8 +7640	PGC 20055		1.04	.47					
0702.9 +6245		.SB?...	.92± .11						
153.28 25.21	MCG 10-10- 21		.17± .07	.24	14.92 ±.18				4548± 54
27.09 -11.52				.24					4638
0658.3 +6250	PGC 20058		.94	.09	14.41				4588
070303.0+492532		.SB.2*.	1.06± .06	48	*				
167.43 22.07	UGC 3638	U	.18± .05	.34	14.33 ±.18				5567± 38
27.60 -24.84	IRAS06592+4929	2.0± .9		.22	13.37				5608
065914.0+492956	PGC 20062		1.09	.09	13.71				5643
070303.8+391426									
177.76 18.87	CGCG 205- 12			.45	15.1 ±.3				6591± 60
28.06 -35.02	MK 1196				13.02				6594
065937.3+391851	PGC 20063								6691
070320.8+863329		.E?....	.97± .15						
126.80 27.25	UGC 3536A		.00± .07	.34	14.56 ±.15				4742± 46
26.30 12.27	ARAK 124			.00					4906
064235.8+863719	PGC 20066		1.02		14.14				4715
070351.4+222211		.S..6*.	1.31± .04	115	*			15.01±.3	4544± 7
194.05 12.60	UGC 3652	U	.51± .05	.44	13.9 ±.3				
29.46 -51.86	IRAS07008+2226	6.0±1.2		.74	13.39			369± 7	4482
070051.1+222640	PGC 20083		1.35	.25	12.67			2.09	4679
0704.0 +2914		.S..1..	.93± .07	63	*				
187.57 15.38	UGC 3649	U	.27± .05	.55	14.7 ±.3				5121± 79
28.92 -44.99	IRAS07008+2919	1.0± .9		.28	13.58				5085
0700.8 +2919	PGC 20087		.99	.13	13.85				5243
070405.2-415251		.S..3?/	1.24± .04	18	*				
252.43 -15.54	ESO 309- 17	S	.82± .04	.45	14.64 ±.14				
202.38 -63.76	IRAS07024-4148	3.0±1.9		1.13	13.38				
070229.0-414818	PGC 20094		1.28	.41					
0704.2 +5413		.E.....	1.08± .17	55	*				
162.47 23.52	UGC 3646	U	.08± .08	.22	14.57 ±.17				
27.60 -20.04		-5.0± .8		.00					
0700.2 +5418	PGC 20097		1.09						
0704.3 +1832		.S..0..	1.02± .06	174	*				
197.65 11.09	UGC 3656	U	.53± .05	.47	14.9 ±.3				
30.06 -55.67		.0± .9		.40					
0701.4 +1837	PGC 20099		1.03						

R.A. 2000 DEC. / l b / SGL SGB / R.A. 1950 DEC.	Names / PGC	Type / S_T n_L / T / L	$\log D_{25}$ / $\log R_{25}$ / $\log A_e$ / $\log D_o$	p.a. / A_g / A_i / A_{21}	B_T / m_B / m_{FIR} / B_T^o	$(B-V)_T$ / $(U-B)_T$ / $(B-V)_T^o$ / $(U-B)_T^o$	$(B-V)_e$ / $(U-B)_e$ / m'_e / m'_{25}	m_{21} / W_{20} / W_{50} / HI	V_{21} / V_{opt} / V_{GSR} / V_{3K}
070420.9+640115		.LA.0..	1.18± .06	30	13.3 ±.2	.93± .03	1.01± .01	14.01±.1	4498± 6
151.94 25.59	UGC 3642	U	.12± .03	.20	13.46 ±.15	.38± .05	.47± .02	462± 6	4501± 27
27.20 -10.25		-2.0± .8	.94± .06	.00		.83	13.53± .22	435± 8	4592
065934.8+640543	PGC 20103		1.18		13.14	.35	13.75± .38		4535
0704.7 +1736		.I..9*.	1.26± .11	65				15.22±.1	1183± 6
198.55 10.78	UGC 3658	U	.39± .12	.53				147± 5	
30.34 -56.60		10.0±1.2		.29				133± 4	1104
0701.8 +1741	PGC 20112		1.31	.20					1326
0704.8 +5631	A 0700+56	.IB.9..	1.14± .07	40	14.54 ±.15	.42± .04	.50± .04	14.64±.1	1384± 6
160.05 24.14	UGC 3647	U (1)	.13± .06	.16		-.22± .06	-.25± .05	72± 6	
27.58 -17.74	DDO 40	10.0± .8	1.04± .03	.10		.34	15.23± .06	50± 7	1451
0700.6 +5635	PGC 20116	9.0±1.1	1.15	.07	14.29	-.27	14.75± .40	.29	1442
070458.3+460828		.S?....	.80± .08	9					
170.92 21.42	UGC 3655		.14± .05	.39	14.7 ±.2				6170±155
28.11 -28.11	IRAS07012+4612			.21	12.91				6198
070117.5+461300	PGC 20121		.84	.07	14.06				6256
070517.5-583114		.SBS9..	1.54± .05						
268.95 -21.15		S (1)	.32± .08	.37					
204.22 -47.15		9.0± .7		.33					
070428.4-582634	PGC 20125	10.0± .8	1.57	.16					
0705.4 +6406		.S..4..	1.13± .05	104					
151.87 25.72	UGC 3648	U	.71± .05	.20	15.37 ±.18				
27.32 -10.16		4.0± .9		1.04					
0700.7 +6411	PGC 20127		1.14	.35					
070533.7+334940		.S..6*.	1.02± .06	80					
183.27 17.42	UGC 3664	U	.19± .05	.40	15.1 ±.2				
29.03 -40.40		6.0±1.3		.28					
070216.9+335416	PGC 20131		1.06	.09					
0705.5 +7103		.SXS7..	1.34± .04	140				14.58±.1	3242± 11
144.19 26.69	UGC 3644	U	.25± .05	.27	14.4 ±.3			238± 16	
27.03 -3.21		7.0± .8		.35				234± 12	3360
0659.9 +7108	PGC 20133		1.36	.13	13.82			.64	3260
070541.5+503449	NGC 2320	.E.....	1.15± .15	140	12.9 ±.2	.99± .02	1.07± .01		
166.36 22.79	UGC 3659	U	.24± .08	.32	13.76 ±.15				5725± 60
28.01 -23.67		-5.0± .8	1.09± .06	.00		.86	13.83± .19		5770
070149.5+503924	PGC 20136		1.13		13.03		13.05± .82		5800
070559.1+504521	NGC 2321	.SB.1..	1.15± .07	135					
166.19 22.88	UGC 3663	U	.11± .06	.31	14.5 ±.2				
28.05 -23.49		1.0± .8		.11					
070206.7+504957	PGC 20141		1.17	.06					
070600.3+503036	NGC 2322	.SB.1*.	1.06± .06	136					
166.45 22.82	UGC 3662	U	.45± .05	.32	14.65 ±.19				
28.07 -23.74		1.0±1.3		.46					
070208.5+503513	PGC 20142		1.09	.22					
0706.0 +7526		.S..2..	1.01± .06	0					
139.30 27.10	UGC 3636	U	.52± .05	.22	15.01 ±.19				
26.86 1.17	IRAS06593+7531	2.0± .9		.64	12.68				
0659.3 +7531	PGC 20143		1.03	.26					
070601.5+281751		.S?....	.82± .13						
188.65 15.43	MCG 5-17- 10		.23± .07	.51	15.1 ±.3				4881± 97
29.63 -45.91	MK 1197			.33	12.94				4841
070253.1+282229	PGC 20144		.86	.11	14.26				5007
0706.1 +7753		.S..6*.	1.00± .16	170					
136.55 27.25	UGC 3632	U	.14± .12	.22					
26.75 3.61		6.0±1.2		.20					
0658.6 +7758	PGC 20149		1.02	.07					
070627.8+301926		.I..9..	1.07± .14	150				14.58±.3	990± 7
186.75 16.29	UGC 3672	U	.21± .12	.53					
29.58 -43.88		10.0± .9		.15				99± 7	957
070316.4+302406	PGC 20154		1.12	.10					1112
070634.5+635059		.SX.1*.	1.22± .05	110				17.01±.1	4262± 11
152.17 25.80	UGC 3660	U	.27± .05	.19	13.62 ±.18				4281± 52
27.46 -10.41	IRAS07018+6355	1.0±1.2		.27				118± 8	4356
070149.8+635536	PGC 20158		1.24	.13	13.11			3.77	4302
070640.2+235335		.S..3..	1.02± .06	120				15.66±.3	6777± 10
192.89 13.81	UGC 3676	U (1)	.17± .05	.37	14.7 ±.3				
30.32 -50.30		3.0± .9		.23				347± 7	6720
070338.0+235816	PGC 20161	4.5±1.2	1.05	.08	14.01			1.56	6912

R.A. 2000 DEC. / l b / SGL SGB / R.A. 1950 DEC.	Names / PGC	Type / S_T n_L / T / L	$\log D_{25}$ / $\log R_{25}$ / $\log A_e$ / $\log D_o$	p.a. / A_g / A_i / A_{21}	B_T / m_B / m_{FIR} / B_T^o	$(B-V)_T$ / $(U-B)_T$ / $(B-V)_T^o$ / $(U-B)_T^o$	$(B-V)_e$ / $(U-B)_e$ / m'_e / m'_{25}	m_{21} / W_{20} / W_{50} / HI	V_{21} / V_{opt} / V_{GSR} / V_{3K}
070645.8+252706		.S..6*.	1.00± .08	110				16.15±.3	8831± 9
191.43 14.46	UGC 3674	U	.33± .06	.43	15.0 ±.3				
30.17 -48.74		6.0±1.3		.49				351± 5	8780
070341.4+253147	PGC 20165		1.04	.17	14.07			1.92	8964
070650.8-375914		.S..4*.	1.15± .04	129					
248.96 -13.50	ESO 309- 19	S (1)	.86± .05	.85	15.81 ±.14				
200.11 -67.57	IRAS07051-3754	4.0±1.3		1.27					
070507.1-375430	PGC 20167	5.6±1.3	1.23	.43					
070656.6-610917		.LXS-..	1.09± .10						
271.72 -21.74		S	.18± .08	.49					
204.17 -44.50		-3.0± .9		.00					
070618.9-610430	PGC 20170		1.13						
0706.9 -2201		.IBS9..	1.26± .07						737
234.33 -6.62	ESO 558- 11	S (1)	.24± .08	1.62					
182.82 -83.08		9.5± .6		.18					544
0704.8 -2157	PGC 20171	8.6± .7	1.41	.12					904
070700.8+445100		.SX.6..	.98± .07	35					
172.36 21.37	UGC 3673	U	.10± .05	.44	15.4 ±.2				
28.60 -29.38		6.0± .9		.15					
070323.1+445541	PGC 20172		1.02	.05					
070712.6+141036		.S..7*.	.96± .09	71				16.58±.3	8111± 10
201.96 9.85	UGC 3682	U	.98± .06	.66					
32.05 -59.96		7.0±1.5		1.35				362± 7	8019
070422.6+141520	PGC 20176		1.02	.49					8262
0707.4 +7111		.S..6*.	1.06± .06	148					
144.06 26.85	UGC 3657	U	.98± .05	.27					
27.17 -3.08		6.0±1.4		1.44					
0701.7 +7116	PGC 20184		1.08	.49					
070725.5-281334		.SBS8..	1.28± .04	20					2387
239.99 -9.27	ESO 427- 34	S (1)	.21± .05	1.02	14.46 ±.14				
193.90 -77.16	IRAS07054-2808	8.0± .5		.26					2184
070526.1-280848	PGC 20187	7.2± .6	1.37	.11	13.17				2550
070728.3+444724		.S?....	1.01± .09	145				15.88±.1	5831± 7
172.44 21.43	UGC 3679		.15± .06	.44	15.2 ±.2				
28.69 -29.43	IRAS07038+4452			.22	12.12			398± 8	5854
070350.8+445207	PGC 20190		1.05	.07	14.50			1.31	5922
070732.6+674055	A 0702+67		.32± .18						
147.96 26.46			.00± .12	.20					3600±110
27.36 -6.58	MK 375								3706
070222.3+674535	PGC 20194		.34						3629
070755.4+130523		.S..3..	1.00± .08	43				14.97±.3	8225± 10
203.03 9.53	UGC 3688	U (1)	.43± .06	.56	15.25 ±.18				
32.63 -61.03		3.0± .9		.60				456± 7	8128
070506.7+131010	PGC 20204	4.5±1.2	1.05	.22	14.04			.72	8378
0707.9 +7133		.S..1..	1.04± .06	105					
143.66 26.93	UGC 3665	U	.54± .05	.30	15.30 ±.18				
27.19 -2.71		1.0± .9		.55					
0702.2 +7138	PGC 20207		1.06	.27					
0707.9 +5255		.I..9*.	1.11± .14					16.64±.1	602± 10
164.00 23.73	UGC 3680	U	.66± .12	.31				66± 6	
28.25 -21.31		10.0±1.3		.49				64± 5	655
0704.0 +5300	PGC 20208		1.14	.33					673
070759.6+483958		.S?....	1.04± .09		14.47 ±.15	.99± .02	1.02± .01		
168.47 22.63	MCG 8-13- 61		.09± .07	.36	14.45 ±.18	.45± .06	.54± .05		5350± 31
28.53 -25.56			.55± .04	.07		.84	12.71± .16		5387
070412.9+484443	PGC 20209		1.07		13.95	.38	14.27± .52		5432
070801.7+151046		.SA.6..	1.34± .04	65				14.22±.1	2203± 5
201.13 10.46	UGC 3691	U	.31± .05	.67	12.6 ±.3			250± 5	2182± 27
32.23 -58.94		6.0± .8		.46				221± 6	2113
070510.5+151533	PGC 20214		1.40	.16	11.43			2.63	2353
070810.8+504054	NGC 2326	.SBT3..	1.27± .04						5985± 10
166.37 23.20	UGC 3681	U	.02± .05	.33	13.9 ±.3				
28.43 -23.55	IRAS07043+5045	3.0± .8		.03					6030
070418.7+504540	PGC 20218		1.30	.01	13.49				6062
070814.2+460659		.L.....	1.30± .12	50					
171.12 21.95	UGC 3683	U	.18± .08	.40	13.76 ±.18				5623±155
28.75 -28.10		-2.0± .8		.00					5651
070433.8+461145	PGC 20220		1.32		13.27				5712

R.A. 2000 DEC. l b SGL SGB R.A. 1950 DEC.	Names PGC	Type S_T n_L T L	$logD_{25}$ $logR_{25}$ $logA_e$ $logD_o$	p.a. A_g A_i A_{21}	B_T m_B m_{FIR} B_T^o	$(B\text{-}V)_T$ $(U\text{-}B)_T$ $(B\text{-}V)_T^o$ $(U\text{-}B)_T^o$	$(B\text{-}V)_e$ $(U\text{-}B)_e$ m'_e m'_{25}	m_{21} W_{20} W_{50} HI	V_{21} V_{opt} V_{GSR} V_{3K}
0708.3 +3459					16.66 ±.15	1.24± .03	1.25± .02		
182.35 18.37	MCG 6-16- 21			.64					23089± 56
29.66 -39.21			.33± .04				13.80± .15		23074
0705.0 +3504	PGC 20221								23204
070820.7+184654	NGC 2339	.SXT4..	1.43± .02	175	12.51 ±.13	.72± .02	.87± .01	13.69±.1	2206± 5
197.83 12.06	UGC 3693	R (2)	.12± .03	.61	12.29 ±.18	.10± .02	.19± .02	340± 10	2361± 56
31.69 -55.35	IRAS07054+1851	4.0± .3	1.02± .01	.18	9.98	.54	13.10± .03	332± 4	2131
070525.2+185142	PGC 20222	3.7± .6	1.49	.06	11.63	-.03	14.23± .19	2.00	2353
070821.4+351007	NGC 2333	.S..1..	.98± .09	35				15.76±.3	4731± 10
182.18 18.44	UGC 3689	U	.14± .06	.64	14.17 ±.19				4274±155
29.66 -39.02	IRAS07050+3515	1.0± .9		.14	13.49			374± 7	4715
070502.5+351455	PGC 20223		1.04	.07	13.33			2.36	4844
0708.3 +5114		PSBS3..	1.02± .08	170					
165.79 23.37	UGC 3684	U	.44± .06	.28	14.83 ±.18				
28.43 -22.99	IRAS07044+5118	3.0± .9		.61	13.49				
0704.4 +5118	PGC 20225		1.05	.22					
0708.4 +2953		.L...?.	1.18± .15	13					
187.34 16.53	UGC 3692	U	.38± .08	.49	14.9 ±.3				
30.22 -44.29		-2.0±1.7		.00					
0705.3 +2958	PGC 20232		1.18						
070830.4-491246		.E+0.*.	1.11± .10						
259.83 -17.58		S	.09± .08	.21					
202.22 -56.38		-4.0±1.2		.00					
070710.6-490754	PGC 20233		1.12						
070834.4+503755	NGC 2326A	.SAS9*.	1.00± .06	15					
166.44 23.25	UGC 3687	P	.21± .05	.33	15.25 ±.20				
28.50 -23.59		9.0± .9		.21					
070442.5+504242	PGC 20237		1.03	.10					
070837.5+324051		.S..7..	1.17± .05	95				15.12±.3	4772± 10
184.64 17.60	UGC 3694	U	.29± .05	.34	14.6 ±.2				
29.97 -41.50		7.0± .8		.40				277± 7	4748
070522.6+324540	PGC 20239		1.20	.15	13.87			1.11	4893
070902.5+065548		.S..2..	.96± .09	45				15.31±.3	5967± 10
208.73 7.05	UGC 3707	U	.10± .06	1.16	14.9 ±.2				
35.10 -67.10	IRAS07063+0700	2.0± .9		.12	12.59			244± 7	5849
070620.9+070040	PGC 20244		1.07	.05	13.60			1.66	6129
070905.4+613541	A 0704+61	.SBT3..	1.52± .03					13.13±.1	1797± 4
154.69 25.70	UGC 3685	U	.08± .05	.33	12.8 ±.2			103± 5	
27.88 -12.65		3.0± .7		.12				79± 5	1882
070433.1+614029	PGC 20250		1.55	.04	12.30			.79	1844
070905.7+752111	IC 2174	PSBR1*.	1.01± .06		14.3 ±.3	.84± .07			
139.41 27.29	UGC 3666	PU	.06± .04	.22	14.81 ±.19	.36± .08			
27.06 1.09		.5± .6		.07					
070226.1+752555	PGC 20252		1.03	.03			14.02± .44		
0709.1 +5326	A 0705+53	.I..9..	1.15± .07		15.65 ±.15	.52± .06	.61± .05	15.88±.1	3144± 6
163.48 24.02	UGC 3690	U (1)	.11± .06	.34		-.29± .10	-.20± .07	68± 7	
28.40 -20.78	DDO 41	10.0± .8	.91± .03	.08		.40	15.69± .06	45± 12	3200
0705.1 +5331	PGC 20253	9.0±1.5	1.19	.05	15.23	-.38	16.00± .40	.59	3215
070908.2+483658	NGC 2329	.L..-*.	1.11± .08	175	13.48 ±.14	1.03± .02	1.05± .01		
168.57 22.80	UGC 3695	U	.07± .04	.36	13.60 ±.15	.52± .07	.55± .07		5729± 18
28.74 -25.60		-3.0±1.1	.83± .03	.00		.89	13.12± .10		5766
070521.7+484148	PGC 20254		1.15		13.09	.46	13.73± .45		5812
0709.1 +2842		.S..7..	1.00± .08						
188.54 16.22	UGC 3702	U	.00± .06	.57	14.9 ±.3				
30.56 -45.46		7.0± .8		.00					
0706.0 +2847	PGC 20256		1.05	.00					
070910.7-512801		.IAS9..	1.08± .05						
262.08 -18.29	ESO 207- 22	S (1)	.06± .05	.27	15.37 ±.14				
202.44 -54.13		10.0± .8		.04					
070757.0-512306	PGC 20257	10.0± .8	1.11	.03					
070912.1+203606	NGC 2341	.P.....	.92± .07	136	13.84 ±.14	.62± .04		15.39±.2	5227± 6
196.22 13.00	UGC 3708	R	.02± .05	.48	13.8 ±.3	.06± .03		324± 6	5226± 32
31.73 -53.52	IRAS07063+2043	99.0		.03	11.17	.47		208± 4	5157
070614.2+204058	PGC 20259		.97	.01	13.29	-.05	13.25± .39	2.09	5371
0709.3 +4423		.I..9*.	1.00± .16	0				14.87±.1	426± 10
172.96 21.62	UGC 3698	U	.19± .12	.44				105± 6	
29.09 -29.82		10.0±1.3		.14				50± 5	447
0705.7 +4428	PGC 20264		1.04	.09					520

R.A. 2000 DEC. / l b / SGL SGB / R.A. 1950 DEC.	Names / PGC	Type / S_T n_L / T / L	$\log D_{25}$ / $\log R_{25}$ / $\log A_e$ / $\log D_o$	p.a. / A_g / A_i / A_{21}	B_T / m_B / m_{FIR} / B_T^o	$(B-V)_T$ / $(U-B)_T$ / $(B-V)_T^o$ / $(U-B)_T^o$	$(B-V)_e$ / $(U-B)_e$ / m'_e / m'_{25}	m_{21} / W_{20} / W_{50} / HI	V_{21} / V_{opt} / V_{GSR} / V_{3K}
070918.6+203811	NGC 2342	.S...P.	1.14± .07	126	13.1 ±.2	.54± .04		14.71±.2	5276± 7
196.20 13.04	UGC 3709	R	.03± .06	.48	12.7 ±.3	-.05± .03		398± 7	5209± 28
31.76 -53.49				.05		.39		359± 6	5202
070620.7+204303	PGC 20265		1.18	.02	12.44	-.16	13.56± .42	2.25	5416
070921.6+361702		.SAS5..	1.08± .06						7264
181.15 19.02	UGC 3703	U	.00± .05	.33	14.9 ±.3				
29.81 -37.90		5.0± .8		.00					7253
070600.8+362154	PGC 20267		1.11	.00	14.57				7378
070923.4+483807		.E?....	1.00± .19	77					
168.57 22.85	UGC 3696		.14± .08	.36	13.81 ±.19				6164± 28
28.79 -25.58				.00					6201
070536.9+484258	PGC 20268		1.02		13.36				6248
0709.5 -0525		.IXS9*.	1.32± .06	170					
219.83 1.54		E (1)	.14± .08	4.56					
45.65 -79.12		10.0±1.3		.10					
0707.1 -0521	PGC 20274	7.5±1.6	1.75	.07					
070933.8+501056	NGC 2332	.L...*.	1.18± .15	60					
166.95 23.28	UGC 3699	U	.17± .08	.30	13.82 ±.15				5806± 19
28.70 -24.03		-2.0±1.1		.00					5849
070543.3+501548	PGC 20276		1.19		13.44				5885
070945.0+484125		.L?....	.90± .17						
168.53 22.92	MCG 8-13- 82		.00± .07	.29	14.95 ±.15				5750± 31
28.85 -25.52				.00					5787
070558.5+484617	PGC 20283		.93		14.57				5834
070947.5-273414		.SBT3*P	1.10± .04	65					
239.62 -8.51	ESO 491- 20	S	.14± .04	1.15	13.82 ±.14				
190.83 -77.65	IRAS07077-2729	2.5± .6		.19	10.24				
070747.0-272918	PGC 20285		1.21	.07					
070949.5-273432		.SBR2?P	1.17± .04	20					
239.63 -8.50	ESO 491- 21	S	.49± .03	1.15	13.64 ±.14				
190.80 -77.65		1.7± .7		.60					
070749.0-272936	PGC 20287		1.28	.24					
0710.0 +7453		.S..6*.	1.19± .05	18					
139.93 27.33	UGC 3675	U	.91± .05	.22	15.49 ±.18				
27.15 .63	IRAS07035+7458	6.0±1.3		1.34					
0703.5 +7458	PGC 20293		1.21	.46					
071006.5-631543			.88± .07	99					
274.01 -22.00	ESO 88- 4		.12± .06	.52	13.94 ±.14				2357±104
203.89 -42.37	IRAS07096-6310				12.53				2140
070939.0-631042	PGC 20294		.93						2466
071013.6+442725	NGC 2337	.IB.9..	1.35± .05	120				13.42±.1	434± 5
172.94 21.80	UGC 3711	U	.13± .06	.40	12.95 ±.18			164± 7	
29.28 -29.73	IRAS07066+4432	10.0± .7		.10	12.53			144± 12	455
070637.2+443220	PGC 20298		1.39	.06	12.45			.91	529
0710.4 +3944		.S..6*.	1.03± .06	55					
177.77 20.38	UGC 3716	U	.24± .05	.28					
29.75 -34.44		6.0±1.3		.36					
0707.0 +3949	PGC 20302		1.05	.12					
071030.7+614709		.S..1..	1.10± .05	50					
154.51 25.90	UGC 3704	U	.64± .05	.22	14.7 ±.2				
28.03 -12.44		1.0± .9		.65					
070557.7+615203	PGC 20304		1.12	.32					
071032.4+751938	NGC 2314	.E.3...	1.24± .03	25	13.18 ±.13	.99± .01	1.05± .01		
139.45 27.38	UGC 3677	R	.09± .05	.22	12.91 ±.12	.54± .03	.63± .03		3848± 25
27.15 1.07		-5.0± .4	.66± .01	.00		.90	11.97± .04		3980
070353.7+752428	PGC 20305		1.25		12.75	.51	14.17± .25		3856
071033.7+500709	IC 458	.L..-*.	.95± .21	170					
167.07 23.42	UGC 3713	U	.33± .08	.30	14.49 ±.19				6620± 31
28.88 -24.08		-3.0±1.3		.00					6662
070643.5+501205	PGC 20306		.94		14.09				6700
071039.2+394327		.L.....	1.05± .08	118					
177.79 20.41	UGC 3718	U	.40± .03	.28	15.04 ±.15				
29.79 -34.45		-2.0± .9		.00					
070712.4+394824	PGC 20313		1.02						
071040.6-381425		.SBR7*.	1.04± .05	119					
249.52 -12.92	ESO 310- 1	S (1)	.50± .04	.96	15.83 ±.14				
198.28 -67.21		6.7±1.0		.69					
070857.1-380924	PGC 20315	5.6± .7	1.13	.25					

R.A. 2000 DEC. / l b / SGL SGB / R.A. 1950 DEC.	Names / PGC	Type / S_T n_L / T / L	$\log D_{25}$ / $\log R_{25}$ / $\log A_e$ / $\log D_o$	p.a. / A_g / A_i / A_{21}	B_T / m_B / m_{FIR} / B^o_T	$(B-V)_T$ / $(U-B)_T$ / $(B-V)^o_T$ / $(U-B)^o_T$	$(B-V)_e$ / $(U-B)_e$ / m'_e / m'_{25}	m_{21} / W_{20} / W_{50} / HI	V_{21} / V_{opt} / V_{GSR} / V_{3K}
071042.6+342521		.LB....	1.24± .06	3					
183.09 18.63	UGC 3723	U	.28± .03	.61	14.12 ±.16				4918±155
30.35 -39.73	IRAS07073+3430	-2.0± .8		.00	12.69				4900
070725.0+343018	PGC 20316		1.26		13.44				5037
071043.5-733036			.88± .06						
284.81 -24.58	ESO 35- 1		.11± .05	.96	14.32 ±.14				3080± 87
204.87 -32.16	IRAS07117-7325				12.28				2875
071144.0-732530	PGC 20317		.97						3164
071044.4+501207									
166.99 23.47	MCG 8-13- 89			.30	15.33 ±.18				6310± 31
28.91 -24.00									6353
070653.9+501703	PGC 20318								6390
071052.9-514821		RLBS+*.	1.12± .05	170					
262.51 -18.16	ESO 207- 25	Sr	.26± .03	.36	14.69 ±.14				
202.06 -53.76		-1.2± .7		.00					
070940.0-514318	PGC 20326		1.12						
071100.8+484112									
168.59 23.12	CGCG 234- 89			.29	15.4 ±.3				5600± 31
29.08 -25.51									5637
070714.4+484609	PGC 20330								5685
071101.3+483047		.S..2..	1.00± .06	160					
168.77 23.07	UGC 3719	U	.61± .05	.31					5820± 31
29.09 -25.68		2.0±1.0		.75					5856
070715.3+483545	PGC 20331		1.03	.30					5905
071104.9+500811	IC 464	.E?....	.90± .11						
167.07 23.51	CGCG 234- 87		.29± .04	.30	14.77 ±.12				4910± 31
28.97 -24.06				.00					4952
070714.6+501309	PGC 20334		.87		14.40				4991
071107.0+255458		.S?....	1.02± .06	110					
191.39 15.54	UGC 3726		.41± .05	.37	14.8 ±.3				7565± 97
31.57 -48.19	MK 1198			.60	12.96				7514
070802.2+255957	PGC 20335		1.05	.20	13.81				7702
071110.7+501027	NGC 2340	.E.....	1.26± .13	8	12.7 ±.2	1.01± .03	1.06± .01		
167.03 23.53	UGC 3720	U	.17± .08	.30	13.58 ±.15				5949± 24
28.99 -24.02		-5.0± .8	1.32± .06	.00		.89	14.78± .20		5992
070720.4+501525	PGC 20338		1.26		12.86		13.56± .71		6030
0711.2 +2623	IC 2180	.S..2..	1.04± .08	0					
190.96 15.76	UGC 3727	U	.13± .06	.45	14.5 ±.3				
31.56 -47.72		2.0± .9		.16					
0708.2 +2628	PGC 20344		1.08	.06					
071121.3+715006	A 0705+71	.S..7*P	1.52± .03	76				14.15±.1	3137± 5
143.37 27.22	UGC 3697	V	1.23± .05	.16	13.5 ±.3			304± 5	3143± 17
27.44 -2.41	IRAS07055+7155	7.0±1.2		1.38	12.20			262± 5	3257
070532.5+715501	PGC 20348		1.54	.50	11.92			1.73	3156
0711.4 +3010		.SB.3*.	1.00± .08	140					
187.31 17.23	UGC 3728	U	.25± .06	.48	15.00 ±.18				
31.07 -43.94	IRAS07082+3015	3.0±1.3		.35	13.47				
0708.2 +3015	PGC 20351		1.05	.13					
071127.8+481423		.SB.3..	1.14± .07	55				14.94±.1	5921± 7
169.08 23.07	UGC 3724	U	.13± .06	.34	14.27 ±.19				
29.20 -25.95		3.0± .8		.17				391± 8	5956
070742.5+481922	PGC 20353		1.17	.06	13.71			1.17	6007
071133.6+501453	IC 465	.S?....	.94± .11						
166.97 23.61	MCG 8-13- 98		.11± .07	.30	14.59 ±.18				6270± 31
29.05 -23.94				.09					6313
070743.1+501953	PGC 20357		.96		14.11				6351
071138.4+290958		.S..8*.	1.10± .05	158				15.76±.3	4902± 10
188.31 16.90	UGC 3731	U	.43± .05	.39	14.73 ±.18				
31.27 -44.95	IRAS07084+2915	8.0±1.3		.53	12.74			407± 7	4863
070829.0+291500	PGC 20361		1.13	.22	13.80			1.74	5033
0711.6 +7210		.SAT6*.	1.26± .06					15.02±.1	2915± 11
143.00 27.27	UGC 3701	U	.00± .06	.17	14.6 ±.4				
27.44 -2.08		6.0± .8		.00				132± 8	3036
0705.8 +7215	PGC 20362		1.28	.00	14.42			.60	2932
071140.8-264216		.SXT3P.	1.33± .04	143					
239.03 -7.75	ESO 492- 2	Sr	.16± .05	1.30	12.98 ±.14				
187.63 -78.34	IRAS07096-2637	3.1± .4		.23	10.89				
070939.0-263712	PGC 20363		1.46	.08					

R.A. 2000 DEC. l b SGL SGB R.A. 1950 DEC.	Names PGC	Type S_T n_L T L	$logD_{25}$ $logR_{25}$ $logA_e$ $logD_o$	p.a. A_g A_i A_{21}	B_T m_B m_{FIR} B_T^o	$(B-V)_T$ $(U-B)_T$ $(B-V)_T^o$ $(U-B)_T^o$	$(B-V)_e$ $(U-B)_e$ m'_e m'_{25}	m_{21} W_{20} W_{50} HI	V_{21} V_{opt} V_{GSR} V_{3K}
071141.7+495145		.L..-*.	1.15± .15	140					
167.39 23.53	UGC 3725	U	.24± .08	.27	14.03 ±.15				5985±155
29.10 -24.33		-3.0±1.2		.00					6026
070752.3+495645	PGC 20364		1.15		13.67				6067
071144.1+393411		.S..6*.	1.00± .06	78					
178.02 20.56	UGC 3729	U	.58± .05	.26	15.48 ±.18				
30.06 -34.58		6.0±1.4		.85					
070817.6+393912	PGC 20366		1.02	.29					
071157.0+330517		.S..7..	1.00± .06	55				15.72±.3	7366± 9
184.50 18.40	UGC 3735	U	.15± .05	.61					
30.85 -41.04		7.0± .9		.20				231± 5	7342
070841.7+331020	PGC 20372		1.05	.07					7490
071203.6-603032		.LB.0?P	1.03± .05	155					
271.26 -20.95	ESO 122- 16	S	.11± .04	.56	14.62 ±.14				
203.23 -45.09	FAIR 26	-2.0±1.7		.00					
071122.0-602524	PGC 20376		1.08						
071209.0+414657		.S..2..	1.07± .07	175					
175.80 21.33	UGC 3732	U	.79± .06	.30	15.30 ±.20				
29.93 -32.37		2.0±1.0		.98					
070838.3+415200	PGC 20380		1.10	.40					
071211.3+732810		.S?....	1.14± .07					14.76±.1	2685± 11
141.54 27.39	UGC 3705		.03± .06	.21	14.2 ±.2				
27.38 -.78				.04				126± 8	2810
070602.1+733308	PGC 20383		1.16	.01	13.90			.84	2699
0712.3 +8059		.S..6*.	1.07± .06	160					
133.07 27.58	UGC 3668	U	.18± .05	.20					
26.85 6.72		6.0±1.2		.27					
0703.0 +8104	PGC 20387		1.09	.09					
0712.3 +2834									
188.93 16.82	CGCG 146- 38			.44	15.4 ±.3				4851± 46
31.57 -45.51									4810
0709.2 +2840	PGC 20390								4984
0712.4 +2343			1.00± .08						4450± 10
193.59 14.95	UGC 3737		.14± .06	.34					4494± 97
32.38 -50.33									4391
0709.4 +2349	PGC 20393		1.03						4593
0712.4 +2835									
188.93 16.84	CGCG 146- 39			.44	15.1 ±.3				4896± 46
31.60 -45.49									4855
0709.3 +2841	PGC 20394								5029
071228.3+471001	NGC 2344	.SAT5*.	1.23± .04		12.81 ±.15	.81± .03	.88± .02	14.12±.1	974± 6
170.25 22.94	UGC 3734	PU (1)	.01± .05	.42	13.10 ±.18	.18± .04	.27± .02	170± 14	914± 50
29.48 -27.00		4.5± .5	1.05± .03	.02		.70	13.55± .07	147± 8	1004
070845.8+471505	PGC 20395	2.5±1.0	1.27	.01	12.49	.09	13.80± .29	1.63	1063
0712.5 +5149		.S..6*.	1.00± .08	157					
165.33 24.14	UGC 3733	U	.73± .06	.31					
29.07 -22.35		6.0±1.4		1.07					
0708.6 +5155	PGC 20397		1.03	.36					
071233.8+714456	A 0706+71	.S...$P	1.26± .11	35				16.06±.1	3064± 11
143.48 27.30	UGC 3714	R	.07± .12	.15	12.77 ±.18				2889± 38
27.54 -2.49				.10				150± 8	3170
070646.3+714956	PGC 20398		1.27	.03	12.51			3.52	3070
071312.9+121601	NGC 2350	.S..0..	1.13± .05	110					
204.35 10.33	UGC 3747	U	.28± .05	.74	13.3 ±.3				1877± 38
35.52 -61.66	IRAS07104+1221	.0± .8		.21	11.31				1776
071025.2+122110	PGC 20416		1.19		12.28				2038
0713.2 +1859	IC 2181	.S..2..	.97± .07	140					
198.13 13.20	UGC 3744	U	.27± .05	.50	14.5 ±.3				
33.65 -55.01		2.0± .9		.33					
0710.3 +1905	PGC 20417		1.02	.13					
071314.3+735036		.S..4..	1.32± .04	103					
141.13 27.48	UGC 3717	U	.44± .05	.21	13.83 ±.18				
27.43 -.40	IRAS07069+7355	4.0± .8		.64	12.80				
070700.1+735538	PGC 20418		1.34	.22					
071323.4+273051		.SB.3*.	1.13± .05					15.76±.3	7825± 10
190.06 16.63	UGC 3745	U	.13± .05	.33	14.3 ±.2				
32.06 -46.55		3.0±1.2		.17				340± 7	7780
071016.5+273600	PGC 20426		1.16	.06	13.76			1.93	7962

R.A. 2000 DEC.	Names	Type	logD$_{25}$	p.a.	B_T	$(B-V)_T$	$(B-V)_e$	m_{21}	V_{21}
l b		S_T n_L	logR$_{25}$	A_g	m_B	$(U-B)_T$	$(U-B)_e$	W_{20}	V_{opt}
SGL SGB		T	logA$_e$	A_i	m_{FIR}	$(B-V)^o_T$	m'_e	W_{50}	V_{GSR}
R.A. 1950 DEC.	PGC	L	logD$_o$	A_{21}	B^o_T	$(U-B)^o_T$	m'_{25}	HI	V_{3K}
071325.3-682134		.SBT5?.	1.16± .04	111					
279.41 -23.10	ESO 58- 25	S	.37± .05	.65	14.89 ±.14				
204.06 -37.27	IRAS07135-6816	5.0± .9		.55	13.67				
071331.1-681618	PGC 20427		1.22	.18					
071328.4+350552		.S..8..	1.23± .03	73				15.40±.2	3801± 7
182.63 19.40	UGC 3742	U	.30± .04	.25	14.11 ±.18			246± 14	
31.00 -39.00	IRAS07101+3511	8.0± .9		.37				157± 10	3785
071009.9+351101	PGC 20429		1.25	.15	13.48			1.77	3922
071331.3-361418		.SXR1?/	1.09± .05	6					
247.90 -11.57	ESO 367- 5	S	.40± .04	1.14	15.32 ±.14				
195.78 -69.06		1.0±1.2		.40					
071144.0-360906	PGC 20431		1.20	.20					
0713.5 +3538		.SXS6..	1.13± .05					15.72±.3	5087± 10
182.09 19.59	UGC 3743	U	.06± .05	.24				133± 14	
30.94 -38.46		6.0± .8		.09					5073
0710.2 +3544	PGC 20432		1.15	.03					5207
071335.0+733503	A 0708+73B	.I?....	.86± .07						
141.42 27.49	MCG 12- 7- 34		.27± .06	.21					
27.47 -.66	KUG 0707+736			.21					
070724.6+734006	PGC 20434		.88	.14					
071347.4+501525		.S..6*.	1.02± .06	60				16.09±.1	5301± 11
167.06 23.96	UGC 3741	U	.35± .05	.30	15.31 ±.18				
29.43 -23.90		6.0±1.3		.52				323± 8	5343
070957.1+502034	PGC 20441		1.04	.18	14.47			1.44	5384
071348.2+122002		.SX.6*.	1.00± .08	135				15.77±.3	8262± 10
204.35 10.49	UGC 3754	U	.14± .06	.74					
35.79 -61.57		6.0±1.2		.20				219± 7	8161
071100.5+122513	PGC 20443		1.07	.07					8424
071351.9+103106		.I..9..	1.22± .05	160				14.87±.3	323± 7
206.02 9.71	UGC 3755	U	.24± .05	.71	14.1 ±.2				
36.49 -63.36		10.0± .8		.18				57± 7	216
071106.3+103618	PGC 20445		1.29	.12	13.23			1.53	488
071353.8+230449		.S?....	1.11± .05	30				14.45±.3	2295± 10
194.35 15.00	UGC 3751		.55± .05	.35	14.7 ±.3				
33.03 -50.94	IRAS07108+2309			.83	13.25			262± 7	2233
071052.9+231000	PGC 20446		1.15	.28	13.52			.65	2441
071355.6+231422		.S..1*.	1.09± .06	35				15.91±.3	5433± 10
194.20 15.07	UGC 3753	U	.35± .05	.35	14.7 ±.3				
33.01 -50.78		1.0±1.2		.36				412± 7	5371
071054.6+231933	PGC 20449		1.12	.18	13.90			1.83	5578
071404.1+351649		.S?....	.67± .10					17.00±.3	4705± 9
182.49 19.57	UGC 3752		.07± .05	.25	14.8 ±.3				4657±155
31.13 -38.81	IRAS07107+3521			.09	12.37			128± 5	4689
071045.3+352200	PGC 20450		.70	.03	14.43			2.53	4826
071414.7+454156					14.91 ±.15	.58± .03			
171.88 22.84				.40		-.60± .05			16759± 36
29.96 -28.44	MK 376								16784
071035.8+454707	PGC 20457								16854
071415.7+842250	NGC 2268	.SXR4..	1.51± .02	63	12.24 ±.13	.72± .02	.78± .02	13.84±.1	2222± 7
129.24 27.55	UGC 3653	R (1)	.21± .03	.22	12.09 ±.13	.05± .04	.14± .03	401± 5	2304± 58
26.65 10.11	IRAS07006+8427	4.0± .3	1.03± .02	.31	11.18	.62	12.88± .04	366± 6	2380
070047.6+842741	PGC 20458	3.4± .8	1.53	.11	11.62	-.03	14.12± .18	2.11	2203
071420.8+732851	A 0708+73A	.RING..	1.45± .06	165	13.2 ±.2	.68± .06	.76± .02	14.84±.1	2709± 11
141.54 27.54	UGC 3730	R	.28± .05	.21	13.4 ±.2	.14± .07	.21± .03	192± 11	2736± 31
27.54 -.75	ARP 141	10.0± .5	1.13± .11	.21		.55	14.38± .37	135± 12	2837
070812.1+733358	PGC 20460		1.47	.14	12.88	.04	14.60± .39	1.82	2726
071421.9+352355		.S..3*.	1.04± .08	149					
182.40 19.67	UGC 3756	U (1)	.76± .06	.25	15.54 ±.18				
31.19 -38.69	IRAS07110+3529	3.0±1.4		1.05	13.91				
071103.0+352907	PGC 20462	4.5±1.3	1.06	.38					
0714.3 +5508		.S..3..	.98± .07	165					
161.85 25.15	UGC 3746	U (1)	.21± .05		15.26 ±.19				
29.08 -19.03		3.0± .9		.28					
0710.3 +5514	PGC 20464	3.5±1.1		.10					
071443.4-364817		PSBR1..	1.04± .05						
248.53 -11.59	ESO 367- 6	S	.15± .05	1.02	15.02 ±.14				
195.48 -68.46		1.0± .9		.16					
071257.0-364300	PGC 20474		1.14	.08					

R.A. 2000 DEC. / l b / SGL SGB / R.A. 1950 DEC.	Names / PGC	Type / S_T n_L / T / L	$\log D_{25}$ / $\log R_{25}$ / $\log A_e$ / $\log D_o$	p.a. / A_g / A_i / A_{21}	B_T / m_B / m_{FIR} / B_T^o	$(B-V)_T$ / $(U-B)_T$ / $(B-V)_T^o$ / $(U-B)_T^o$	$(B-V)_e$ / $(U-B)_e$ / m'_e / m'_{25}	m_{21} / W_{20} / W_{50} / HI	V_{21} / V_{opt} / V_{GSR} / V_{3K}
071447.9+064647		.S..8..	1.11± .14	140				15.54±.3	5812± 7
209.51 8.27	UGC 3767	U	.20± .12	.97					
38.76 -66.98		8.0± .8		.24				249± 7	5692
071206.6+065203	PGC 20478		1.20	.10					5982
071450.4+165845		.S..6*.	1.04± .08	145				15.13±.3	4910± 10
200.17 12.70	UGC 3766	U	.37± .06	.50	14.8 ±.3				
34.84 -56.95	IRAS07119+1704	6.0±1.3		.55	12.87			331± 7	4825
071157.2+170400	PGC 20479		1.09	.19	13.71			1.23	5067
071456.5+004533		.S?....	.96± .17	115				15.58±.3	8248± 10
214.94 5.57	UGC 3769		.39± .12	1.48	15.35 ±.18				
43.19 -72.81				.59				442± 7	8109
071221.9+005050	PGC 20484		1.10	.20	13.24			2.14	8423
0714.9 +4843		.S..6*.	1.11± .07	166					
168.73 23.76	UGC 3757	U	1.13± .06	.36					
29.79 -25.41		6.0±1.4		1.47					
0711.2 +4849	PGC 20486		1.14	.50					
071458.9+344845		.S..6*.	.96± .09	38				16.15±.3	7158± 9
183.03 19.59	UGC 3763	U	.69± .06	.22					
31.43 -39.26		6.0±1.4		1.01				307± 5	7140
071141.0+345400	PGC 20487		.98	.34					7281
0715.1 +3807		.S..6*.	1.07± .07	161					
179.70 20.71	UGC 3761	U	.79± .06	.26					
31.02 -35.96		6.0±1.4		1.17					
0711.7 +3813	PGC 20492		1.09	.40					
071512.9-503414		PSBR1..	.92± .07	145					
261.57 -17.08	ESO 207- 31	r	.04± .06	.32	15.35 ±.14				
200.64 -54.90		1.0± .9		.04					
071356.0-502854	PGC 20500		.95	.02					
0715.3 +6525		.I..9*.	1.06± .06	83					
150.57 26.95	UGC 3748	U	.51± .05	.16					
28.30 -8.77		10.0±1.3		.38					
0710.5 +6531	PGC 20509		1.08	.26					
071523.3-550434		.SBS5..	1.17± .07	120					
265.98 -18.71	ESO 162- 15	S (1)	.16± .07	.42					
201.63 -50.44		5.0± .8		.24					
071420.0-545912	PGC 20510	5.6±1.2	1.21	.08					
071529.4+232542		.I..9..	.98± .09	27				15.25±.3	6379± 7
194.17 15.48	UGC 3770	U	.17± .06	.34	14.9 ±.3				
33.53 -50.54	IRAS07123+2330	10.0± .9		.12				327± 5	6317
071228.2+233100	PGC 20513		1.02	.08	14.42			.74	6526
071531.2-292132		.LA.-*.	1.16± .05		12.9 ±.1	1.05± .02	1.10± .01		
241.81 -8.18	ESO 428- 11	S	.08± .04	1.22	13.31 ±.14				
188.16 -75.56		-3.0±1.1	.91± .07	.00			12.93± .25		
071333.0-291612	PGC 20514		1.30				13.35± .31		
071532.7+645532	IC 2179	.E.1+..	1.05± .07		13.45 ±.14	1.01± .02	1.07± .01		
151.14 26.91	UGC 3750	R	.02± .04	.16	13.42 ±.17	.54± .04	.64± .03		4336± 49
28.36 -9.27		-5.0± .5	.77± .04	.00		.93	12.79± .13		4432
071043.2+650046	PGC 20516		1.07		13.21	.52	13.64± .41		4377
071535.6+150841		.S?....	1.11± .14	40				16.67±.3	4735± 10
201.95 12.09	UGC 3772		.20± .12	.49	14.2 ±.3				
35.72 -58.73				.27				246± 7	4643
071244.6+151400	PGC 20518		1.16	.10	13.36			3.21	4896
0715.7 +6758		.S..6*.	1.25± .04	21					
147.73 27.26	UGC 3749	U	.92± .05	.17	15.19 ±.18				
28.11 -6.23		6.0±1.3		1.35					
0710.6 +6804	PGC 20526		1.27	.46					
071552.3+120653		.S..9*.	1.19± .12					15.91±.1	2134± 6
204.78 10.85	UGC 3775	U	.05± .12	.79				93± 5	
36.92 -61.70		9.0±1.1		.05				75± 4	2031
071305.0+121213	PGC 20530		1.26	.02					2299
071554.3-572036		.S.3?P/	1.31± .06	62					
268.25 -19.43	ESO 162- 17	S	.43± .07	.50					1130± 19
201.98 -48.18	IRAS07149-5715	2.5±1.2		.60	12.20				909
071459.0-571512	PGC 20531		1.35	.22					1256
071603.0+564905		.L.....	.90± .11						
160.08 25.71	UGC 3765	U	.00± .04	.23	14.29 ±.16				3220± 46
29.16 -17.34		-2.0± .9		.00					3286
071152.2+565423	PGC 20536		.93		14.02				3286

R.A. 2000 DEC. l b SGL SGB R.A. 1950 DEC.	Names PGC	Type S_T n_L T L	$\log D_{25}$ $\log R_{25}$ $\log A_e$ $\log D_o$	p.a. A_g A_i A_{21}	B_T m_B m_{FIR} B_T^o	$(B-V)_T$ $(U-B)_T$ $(B-V)_T^o$ $(U-B)_T^o$	$(B-V)_e$ $(U-B)_e$ m'_e m'_{25}	m_{21} W_{20} W_{50} HI	V_{21} V_{opt} V_{GSR} V_{3K}
071604.3+644237	NGC 2347	PSAR3*.	1.25± .03	175	13.21 ±.15	.76± .02	.87± .01	14.80±.1	4422± 6
151.38 26.94	UGC 3759	R (2)	.15± .03	.16	13.08 ±.13	.17± .05	.18± .04	442± 8	4483± 48
28.43 -9.48	IRAS07112+6447	3.0± .5	.85± .05	.21	12.14	.67	12.95± .16	425± 8	4518
071116.2+644753	PGC 20539	2.4± .7	1.27	.08	12.74	.10	13.95± .21	1.99	4465
071614.0+325614		.S..2..	1.18± .05	60				16.76±.3	7242± 9
184.99 19.18	UGC 3774	U	.68± .05	.31	15.17 ±.18				
32.04 -41.09	IRAS07129+3301	2.0± .9		.83	13.08			442± 5	7217
071259.2+330134	PGC 20542		1.20	.34	13.95			2.46	7371
0716.3 +3945		.I..9*.	1.07± .07	58					
178.13 21.46	UGC 3773	U	.50± .06	.28					
31.10 -34.31		10.0±1.3		.37					
0712.9 +3951	PGC 20545		1.10	.25					
071621.7-353006		.LBR+..	1.26± .04						
247.48 -10.73	ESO 367- 7	Sr	.23± .05	.75	14.38 ±.14				
193.72 -69.64		-.6± .6		.00					
071433.0-352442	PGC 20546		1.30						
071625.9-293718		.S?....	1.14± .07	125					
242.14 -8.12	ESO 428- 13		.57± .06	1.24	15.04 ±.14				7993
187.79 -75.24				.58					7785
071428.0-293154	PGC 20548		1.26	.28	13.12				8166
071629.8-520514		.S?....	.84± .06	48					
263.12 -17.46	ESO 208- 1		.25± .05	.64	15.29 ±.14				2505± 19
200.69 -53.37				.37					2282
071517.0-515948	PGC 20550		.90	.12	14.26				2643
071631.3-291924		.LXROP.	1.27± .04	135					
241.88 -7.96	ESO 428- 14	Sr	.22± .04	1.27	13.28 ±.14				1630
187.30 -75.51		-1.6± .6		.00					1422
071433.0-291400	PGC 20551		1.38		11.99				1803
0716.5 +7545		.I..9*.	.99± .08					14.92±.1	1121± 10
138.97 27.77	UGC 3739	U	.11± .06	.13				97± 6	
27.49 1.53		10.0±1.2		.08				87± 5	1253
0709.8 +7551	PGC 20552		1.00	.05					1129
071635.6-382919		.SXR2..	1.06± .05	130					
250.25 -11.97	ESO 310- 6	S	.10± .05	1.07	14.88 ±.14				
195.53 -66.73		2.0± .8		.12					
071452.0-382354	PGC 20555		1.16	.05					
071638.5-622040	NGC 2369	.SBS1..	1.55± .03	177	13.21 ±.13	.92± .01	1.00± .01		
273.31 -21.01	ESO 122- 18	R (2)	.52± .03	.55	13.07 ±.10	.42± .03	.43± .02		3275± 36
202.76 -43.21	IRAS07160-6215	1.0± .4	.89± .02	.53	9.86	.67	13.15± .04		3056
071605.0-621512	PGC 20556	1.5± .6	1.60	.26	12.01	.23	14.53± .21		3390
071638.9+335914		.S?....	1.23± .03	66				15.39±.3	3883± 10
183.98 19.63	UGC 3776		.61± .04	.21	14.30 ±.18				3913±155
31.99 -40.04	IRAS07133+3404			.92	13.21			302± 7	3862
071322.5+340436	PGC 20559		1.25	.31	13.15			1.93	4010
071639.0-352225		.LBR0..	1.38± .04	65	13.4 ±.2	1.26± .03	1.27± .01		
247.38 -10.62	ESO 367- 8	Sr	.24± .04	.75	13.66 ±.14	.79± .04	.82± .02		2919± 57
193.46 -69.75		-1.7± .5	1.00± .06	.00		1.04	13.92± .21		2704
071450.0-351700	PGC 20560		1.43		12.78	.58	14.57± .32		3085
071643.1+295113		.S..6*.	1.24± .04	152				14.26±.2	3213± 8
188.07 18.18	UGC 3777	U	.71± .05	.69	14.57 ±.18			292± 34	
32.69 -44.14	IRAS07135+2956	6.0±1.3		1.04	12.84			273± 7	3176
071332.9+295636	PGC 20562		1.31	.36	12.82			1.09	3349
071653.3+670644		.SB?...	1.07± .04	120				15.88±.1	4130± 11
148.71 27.29	UGC 3764		.19± .04	.18	14.14 ±.18				4103±125
28.30 -7.08	IRAS07118+6711			.29	13.25			230± 8	4233
071149.2+671203	PGC 20567		1.09	.10	13.65			2.14	4165
071654.9+283146		.S..9*.	1.00± .16					15.83±.3	4746± 7
189.38 17.73	UGC 3778	U	.00± .12	.31					
32.99 -45.45		9.0±1.2		.00				136± 7	4704
071346.7+283710	PGC 20568		1.03	.00					4885
071656.9-575958		.S..3./	1.00± .05	33					
268.96 -19.53	ESO 122- 17	S	.42± .04	.56	15.13 ±.14				
201.91 -47.51		3.0± .9		.58					
071604.0-575430	PGC 20569		1.05	.21					
071701.3-354727		.SXT4..	.97± .05						
247.80 -10.73	ESO 367- 9	S (1)	.02± .04	1.33	15.29 ±.14				
193.57 -69.33	IRAS07152-3541	4.0± .9		.02					
071513.0-354200	PGC 20571	3.3±1.2	1.09	.01					

R.A. 2000 DEC. / l b / SGL SGB / R.A. 1950 DEC.	Names / PGC	Type / S_T n_L / T / L	$\log D_{25}$ / $\log R_{25}$ / $\log A_e$ / $\log D_o$	p.a. / A_g / A_i / A_{21}	B_T / m_B / m_{FIR} / B_T^o	$(B-V)_T$ / $(U-B)_T$ / $(B-V)_T^o$ / $(U-B)_T^o$	$(B-V)_e$ / $(U-B)_e$ / m'_e / m'_{25}	m_{21} / W_{20} / W_{50} / HI	V_{21} / V_{opt} / V_{GSR} / V_{3K}
071708.6-362201		.LA.-..	1.25± .08						
248.34 -10.96		S	.14± .08	1.18					
193.91 -68.76		-3.0± .8		.00					
071521.2-361634	PGC 20574		1.38						
071728.7+340443		.S?....	1.06± .04	59				15.50±.3	3960± 10
183.95 19.82	UGC 3780		.48± .04	.21	14.89 ±.18				
32.20 -39.93	IRAS07141+3410			.72	11.74			309± 7	3939
071412.1+341008	PGC 20585		1.08	.24	13.93			1.33	4088
071731.9+335830		.S?....	1.15± .04	88				15.20±.3	3849± 10
184.05 19.80	UGC 3779		.82± .04	.21	15.44 ±.18				
32.23 -40.03	KUG 0714+340			1.23				276± 7	3827
071415.5+340356	PGC 20586		1.17	.41	13.98			.81	3977
0717.6 +2321	NGC 2357	.S..6*.	1.55± .03	122				13.75±.1	2269± 5
194.44 15.91	UGC 3782	U	.87± .05	.45	14.0 ±.3			361± 6	
34.32 -50.54	IRAS07146+2326	6.0±1.2		1.28	12.46			336± 6	2207
0714.6 +2326	PGC 20592		1.59	.43	12.25			1.06	2419
071741.6-555831		.S..4*.	1.12± .06	135					
266.99 -18.72	ESO 162- 18	S (1)	.60± .05	.47					
201.33 -49.50		4.0±1.3		.88					
071641.1-555300	PGC 20593	4.4±1.3	1.16	.30					
0717.8 +0757		.S..1*.	1.08± .06	12					
208.79 9.45	UGC 3785	U	.37± .05	.97					5490± 56
39.91 -65.68	IRAS07150+0802	1.0±1.2		.38	12.88				5373
0715.1 +0802	PGC 20595		1.17	.18					5663
071751.7+632912	A 0713+63	.S?....			14.79 ±.16	1.01± .03	.92± .02		
152.77 26.98	MCG 11- 9- 41			.20	14.9 ±.3	.41± .07	.32± .07		4756
28.75 -10.68	MK 379		.28± .05				11.68± .18		4847
071311.0+633436	PGC 20599								4803
0717.9 +0940		.L..-?.	1.08± .17	0					
207.23 10.25	UGC 3787	U	.29± .08	.86					
39.08 -63.99		-3.0±1.7		.00					
0715.2 +0946	PGC 20602		1.15						
0717.9 +2444		.S..6*.	1.11± .07	24					6183
193.14 16.51	UGC 3783	U	1.05± .06	.33	15.9 ±.3				
34.10 -49.16		6.0±1.4		1.47					6126
0714.9 +2450	PGC 20603		1.14	.50	14.04				6331
0717.9 +7031		.SBS3..	1.03± .06	35					
144.88 27.66	UGC 3771	U	.09± .05	.15	14.80 ±.19				
28.07 -3.67		3.0± .9		.13					
0712.4 +7037	PGC 20604		1.04	.05					
0717.9 +2638		.S..6*.	1.00± .08	158					
191.31 17.24	UGC 3784	U	.94± .06	.40	16.71 ±.18				
33.70 -47.28		6.0±1.4		1.38					
0714.9 +2644	PGC 20608		1.04	.47					
071816.2+304231		.S..8*.	1.07± .07	27				15.59±.3	3401± 10
187.35 18.80	UGC 3786	U	.70± .06	.35	15.53 ±.18				
33.00 -43.25		8.0±1.3		.86				183± 7	3367
071504.9+304800	PGC 20620		1.10	.35	14.31			.93	3537
0718.5 +3122		.SB?...	.89± .11						3438± 10
186.72 19.08	MCG 5-18- 3		.35± .07	.34					
32.94 -42.58				.43					3406
0715.3 +3128	PGC 20629		.92	.18					3573
071832.2+270923		.S..8*.	1.09± .04	15				15.43±.1	5090± 7
190.86 17.55	UGC 3791	U	.73± .04	.28	15.38 ±.18			355± 8	
33.77 -46.76	IRAS07154+2714	8.0±1.4		.90					5042
071526.0+271453	PGC 20631		1.11	.37	14.19			.87	5234
071835.6-572442		.IBS9..	1.17± .08						
268.46 -19.12		S (1)	.16± .08	.47					
201.46 -48.06		10.0± .6		.12					
071740.1-571907	PGC 20635	11.1± .6	1.21	.08					
071843.9-625607	NGC 2369A	.SXT4..	1.27± .04	33					
274.00 -20.97	ESO 88- 8	RSr (1)	.18± .04	.58	13.68 ±.14				3213± 40
202.54 -42.59	IRAS07182-6250	3.6± .4		.26	13.73				2995
071813.0-625030	PGC 20640	4.4± .5	1.33	.09	12.82				3328
071918.3+511732		.SA.0..	1.26± .13	65					
166.18 25.05	UGC 3792	U	.14± .08	.28	13.75 ±.20				5973±155
30.26 -22.79		.0± .8		.11					6018
071525.7+512304	PGC 20668		1.28		13.27				6058

R.A. 2000 DEC. l b SGL SGB R.A. 1950 DEC.	Names PGC	Type S_T n_L T L	$\log D_{25}$ $\log R_{25}$ $\log A_e$ $\log D_o$	p.a. A_g A_i A_{21}	B_T m_B m_{FIR} B_T^o	$(B-V)_T$ $(U-B)_T$ $(B-V)_T^o$ $(U-B)_T^o$	$(B-V)_e$ $(U-B)_e$ m'_e m'_{25}	m_{21} W_{20} W_{50} HI	V_{21} V_{opt} V_{GSR} V_{3K}
071926.7-353925		PSBT2*.	1.38± .03	72					
247.90 -10.23	ESO 367- 17	Sr	.39± .04	1.24	13.88 ±.14				
192.14 -69.32	IRAS07176-3533	1.5± .5		.48	11.73				
071738.1-353348	PGC 20676		1.50	.20					
071931.6+592121		RSAR2..	1.20± .05	170					
157.39 26.60	UGC 3789	U	.06± .05	.18	13.30 ±.18				3243±155
29.38 -14.77	7ZW 140	2.0± .8		.08	12.53				3318
071511.2+592653	PGC 20679		1.21	.03	13.01				3304
071947.1+305459		.S..1*.	1.08± .06	168				16.09±.3	4748± 9
187.27 19.18	UGC 3802	U	.75± .05	.35	15.34 ±.19				
33.40 -43.00		1.0±1.4		.77				414± 5	4714
071635.5+310034	PGC 20685		1.11	.38	14.16			1.55	4885
0719.8 -7243		.IBS9..	1.30± .06					14.80±.3	1501± 9
284.15 -23.75		S (1)	.23± .08	.80					
204.00 -32.87		10.0± .8		.17				175± 7	1294
0720.6 -7238	PGC 20690	10.0± .8	1.38	.11					1590
071957.4-630400	NGC 2381	PSBT1*.	1.20± .05						
274.18 -20.88	ESO 88- 10	Sr	.05± .05	.58	13.44 ±.14				3060± 63
202.38 -42.44	FAIR 266	1.2± .4		.05					2842
071927.1-625818	PGC 20694		1.25	.02	12.78				3175
071958.9+220534		.S..1*.	.91± .07					16.79±.3	10149± 9
195.87 15.90	UGC 3803	U	.03± .05	.33	14.8 ±.3				
35.47 -51.71		1.0±1.2		.03				291± 5	10082
071659.5+221110	PGC 20695		.95	.01	14.29			2.48	10304
072000.7+175649		.S?....	1.09± .06	147				15.81±.3	8290± 10
199.80 14.23	UGC 3805		.48± .05	.39	14.7 ±.3				
36.73 -55.79	IRAS07171+1802			.72	13.55			450± 7	8207
071706.5+180226	PGC 20699		1.13	.24	13.50			2.07	8452
0720.0 +5300		.SXS7..	1.02± .06					15.71±.1	5931± 7
164.35 25.52	UGC 3799	U	.05± .05	.30	14.67 ±.19				
30.18 -21.07		7.0± .9		.07				205± 8	5983
0716.1 +5306	PGC 20700		1.04	.03	14.29			1.40	6011
0720.2 +6015		.S..4..	1.01± .06	50					
156.40 26.82	UGC 3796	U	.77± .05	.21					
29.36 -13.86		4.0±1.0		1.13					
0715.8 +6021	PGC 20703		1.03	.38					
072022.5+225402		.SB.6*.	.95± .07					16.54±.3	5484± 9
195.13 16.30	UGC 3806	U	.03± .05	.36	14.8 ±.3				
35.40 -50.90		6.0±1.2		.04				203± 5	5420
071722.1+225940	PGC 20713		.98	.01	14.39			2.14	5638
072029.7-620313	NGC 2369B	PSBR4*.	1.18± .04						
273.18 -20.49	ESO 123- 5	RSr (1)	.02± .04	.66	14.18 ±.14				
202.10 -43.44	IRAS07199-6157	3.9± .4		.03	13.66				
071954.1-615730	PGC 20717	4.8± .4	1.24	.01					
072031.2-580349		.S..1?/	1.13± .05	21	14.9 ±.2	.39± .10			
269.20 -19.11	ESO 123- 4	S	.62± .04	.53	14.77 ±.14	-.08± .13			1088± 63
201.24 -47.38		1.0±1.1		.63		.14			866
071938.0-575806	PGC 20718		1.18	.31	13.64	-.25	13.85± .34		1216
072034.1-674239		.SBS7..	1.11± .05	46					
278.94 -22.28	ESO 58- 28	S (1)	.63± .04	.67	15.69 ±.14				
203.13 -37.83		7.0± .9		.87					
072033.0-673654	PGC 20720	7.8±1.0	1.18	.31					
072048.3-340712	A 0718-34	.E?....	1.37± .07						
246.63 -9.30			.26± .08	1.06					8900±128
190.00 -70.70				.00					8685
071857.0-340130	PGC 20731		1.46						9073
072100.5-752308		.SXR5*.	1.12± .04						
286.99 -24.35	ESO 35- 5	S (1)	.15± .04	1.01	15.04 ±.14				
204.29 -30.22	IRAS07224-7517	5.0± .8		.23	13.21				
072226.1-751718	PGC 20742	5.6± .9	1.21	.08					
072101.6+251039		.SBS7*.	1.23± .06	50				14.58±.1	2385± 5
193.00 17.32	UGC 3808	U	.27± .06	.33	14.6 ±.3			207± 8	
35.04 -48.63		7.0±1.1		.38				194± 6	2329
071758.2+251620	PGC 20744		1.26	.14	13.83			.61	2536
0721.0 +6338		.S..6*.	1.11± .05	79					
152.65 27.36	UGC 3801	U	.78± .05	.18					
29.09 -10.49		6.0±1.4		1.15					
0716.4 +6344	PGC 20749		1.12	.39					

R.A. 2000 DEC. / l b / SGL SGB / R.A. 1950 DEC.	Names / PGC	Type / S_T n_L / T / L	$\log D_{25}$ / $\log R_{25}$ / $\log A_e$ / $\log D_o$	p.a. / A_g / A_i / A_{21}	B_T / m_B / m_{FIR} / B_T^o	$(B-V)_T$ / $(U-B)_T$ / $(B-V)_T^o$ / $(U-B)_T^o$	$(B-V)_e$ / $(U-B)_e$ / m'_e / m'_{25}	m_{21} / W_{20} / W_{50} / HI	V_{21} / V_{opt} / V_{GSR} / V_{3K}
072108.0-690700	NGC 2397A	.SAT6*.	1.06± .04						
280.41 -22.65	ESO 58- 29	RS	.07± .04	.82	14.84 ±.14				
203.31 -36.43	IRAS07212-6901	6.2± .5		.10					
072118.1-690112	PGC 20754		1.13	.03					
072108.9-342338		.SXS4?.	1.09± .04	36					
246.91 -9.36	ESO 367- 18	S (1)	.24± .04	1.06	15.23 ±.14				
190.07 -70.41	IRAS07193-3418	4.0± .8		.35	13.32				
071918.1-341754	PGC 20755	3.3±1.2	1.19	.12					
072121.0-690007	NGC 2397	.SBS3*.	1.39± .03	123	12.68 ±.13	.85± .01	.89± .01		
280.30 -22.59	ESO 58- 30	RSr (3)	.32± .04	.82	12.86 ±.11	.10± .02	.17± .01		1311± 31
203.26 -36.54	IRAS07214-6854	2.8± .4	.89± .01	.45	10.73	.60	12.62± .02		1099
072130.0-685418	PGC 20766	4.0± .4	1.47	.16	11.51	-.10	13.69± .23		1411
072126.9+131543		.I..9*.	1.11± .14	90				15.56±.3	4095± 10
204.32 12.57	UGC 3813	U	.15± .12	.57	14.3 ±.3				
39.17 -60.30		10.0±1.2		.11				230± 7	3995
071838.3+132126	PGC 20774		1.16	.07	13.61			1.88	4266
072127.2-504528		.SAT7*P	1.19± .05						
262.15 -16.24	ESO 208- 3	S (1)	.08± .05	.47	14.79 ±.14				
199.02 -54.55		7.0±1.2		.11					
072010.0-503942	PGC 20775	10.0±1.2	1.23	.04					
072142.9+354415		.S..7..	1.14± .07	50				15.70±.3	8044± 9
182.59 21.19	UGC 3811	U	.12± .06	.27	14.9 ±.3				
33.02 -38.17		7.0± .8		.16				371± 5	8028
071823.9+354958	PGC 20799		1.16	.06	14.48			1.17	8172
0721.7 +4650		.S..6*.	1.00± .06						
171.05 24.39	UGC 3810	U	.09± .05	.34	15.0 ±.2				
31.28 -27.16		6.0±1.2		.13					
0718.1 +4656	PGC 20805		1.03	.04					
072156.5-685045	NGC 2397B	.IBS9P.	1.00± .06	103					
280.15 -22.50	ESO 58- 31	S (1)	.23± .05	.80	14.98 ±.14				
203.17 -36.69		10.0± .8		.17					
072204.1-684454	PGC 20813	7.8± .8	1.07	.11					
072200.8+050848		.I..9*.	1.00± .08	130				15.95±.3	10022± 9
211.80 9.14	UGC 3819	U	.55± .06	.86	15.45 ±.18				
44.39 -68.10		10.0±1.3		.41				393± 5	9895
071921.3+051433	PGC 20817		1.08	.27	14.18			1.50	10203
0722.1 +5552									
161.29 26.36	CGCG 261- 59			.16	15.22 ±.18				12008± 40
30.14 -18.19									12071
0718.0 +5558	PGC 20823								12082
072209.8-291405		PSBT2*.	1.30± .04	25					
242.36 -6.83	ESO 428- 23	Sr (1)	.25± .04	1.57	13.43 ±.14				
182.77 -75.10	IRAS07202-2908	2.4± .6		.31	10.66				
072011.0-290818	PGC 20825	5.6± .8	1.44	.12					
072210.9-055546		.S..3*/	1.16± .06	80					1610
221.73 4.09	MCG -1-19- 1	E	.77± .05	2.03					
61.16 -78.17	IRAS07196-0549	3.0±1.3		1.07	12.83				1450
071943.6-055000	PGC 20827		1.35	.39					1798
072219.1+491737		.E.....	.85± .24						
168.45 25.06	UGC 3812	U	.00± .08	.35	14.36 ±.17				6380±155
31.04 -24.72	IRAS07185+4922	-5.0± .9		.00					6417
071832.3+492322	PGC 20833		.91		13.92				6473
072220.5+171714		.S..6*.	1.19± .05	100				14.83±.3	2527± 10
200.65 14.46	UGC 3820	U	.76± .05	.33	14.9 ±.3				
37.93 -56.32	IRAS07194+1723	6.0±1.3		1.12	12.79			303± 7	2441
071927.2+172300	PGC 20835		1.22	.38	13.44			1.01	2693
072222.4+220501	NGC 2365	.SX.1..	1.38± .04	170				15.70±.2	2278± 7
196.10 16.40	UGC 3821	U	.28± .05	.29	13.3 ±.3			435± 14	2451±155
36.35 -51.62		1.0± .7		.28				367± 7	2210
071923.1+221047	PGC 20838		1.41	.14	12.72			2.84	2436
072235.3+713554		.S..6*.	1.25± .04	13				14.55±.3	2887± 9
143.69 28.08	UGC 3804	U	.22± .05	.08	13.10 ±.19			333± 34	
28.33 -2.57	IRAS07168+7141	6.0±1.1		.32	12.96			322± 25	3005
071652.3+714135	PGC 20844		1.26	.11	12.69			1.75	2911
0722.7 +4506		.I..9*.	1.26± .06					14.85±.1	438± 5
172.94 24.11	UGC 3817	U	.29± .06	.36				53± 4	
31.71 -28.86		10.0±1.1		.22				43± 4	459
0719.1 +4512	PGC 20852		1.29	.15					543

R.A. 2000 DEC.	Names	Type	$\log D_{25}$	p.a.	B_T	$(B-V)_T$	$(B-V)_e$	m_{21}	V_{21}
l b		S_T n_L	$\log R_{25}$	A_g	m_B	$(U-B)_T$	$(U-B)_e$	W_{20}	V_{opt}
SGL SGB		T	$\log A_e$	A_i	m_{FIR}	$(B-V)^o_T$	m'_e	W_{50}	V_{GSR}
R.A. 1950 DEC.	PGC	L	$\log D_o$	A_{21}	B^o_T	$(U-B)^o_T$	m'_{25}	HI	V_{3K}
072247.4+185539		.S..3..	1.02± .06	103				15.61±.3	8513± 10
199.15 15.23	UGC 3823	U (1)	.20± .05	.25	14.7 ±.3				
37.52 -54.70		3.0± .9		.27				416± 7	8433
071952.1+190127	PGC 20860	3.5±1.2	1.04	.10	14.08			1.43	8677
0722.8 +7749		.S..9*.	1.17± .07	120				15.07±.1	2648± 10
136.64 28.12	UGC 3794	U	.04± .06	.13				172± 6	
27.63 3.62		9.0±1.1		.05				152± 5	2786
0715.4 +7755	PGC 20863		1.18	.02					2651
072251.1+223520		.L.....	.95± .21						
195.66 16.70	UGC 3824	U	.05± .08	.30	14.39 ±.15				5267±155
36.38 -51.10		-2.0± .9		.00					5201
071951.2+224108	PGC 20864		.98		14.01				5425
072251.3-620141		.SAT5..	1.32± .04	144					
273.25 -20.22	ESO 123- 9	Sr (1)	.34± .04	.66	14.42 ±.14				
201.72 -43.42	IRAS07222-6155	5.1± .4		.50	13.46				
072215.0-615548	PGC 20865	5.2± .5	1.38	.17					
072307.5+221231		.SB?...	.99± .06					15.34±.2	5367± 6
196.05 16.61	UGC 3827		.03± .05	.29	14.48 ±.18			229± 6	
36.59 -51.46	IRAS07201+2218			.04	13.33			184± 4	5300
072008.1+221820	PGC 20881		1.02	.01	14.12			1.21	5526
072312.4+580357		.L.....	1.04± .08	112	13.81 ±.13	.98± .02			
158.90 26.87	UGC 3816	U	.15± .03	.17	13.58 ±.20	.52± .03			3342± 24
30.02 -16.00		-2.0± .9		.00		.90			3412
071857.9+580944	PGC 20884		1.03		13.52	.48	13.50± .42		3409
072312.9+372734		.SBT4..	1.12± .05	15					
180.93 22.02	UGC 3822	U	.21± .05	.32	14.7 ±.2				
33.08 -36.42		4.0± .8		.32					
071951.1+373323	PGC 20886		1.15	.11					
072316.1+322945	IC 2185	.S?....	.78± .08						
185.97 20.42	MCG 5-18- 8		.22± .06	.27	15.3 ±.2				4529± 82
34.06 -41.32	ARAK 129			.33	13.27				4500
072002.4+323534	PGC 20889		.81	.11	14.69				4667
072330.9+023653		.SB.7?.	1.07± .05	116					
214.26 8.33	UGC 3830	E (1)	.45± .04	.95	14.86 ±.12				
47.74 -70.37	IRAS07208+0242	7.0±1.3		.62	12.27				
072054.2+024245	PGC 20894	6.4±1.2	1.16	.23					
072333.3+412607		.SXS4..	1.08± .05					15.95±.1	8281± 11
176.84 23.26	UGC 3825	U	.04± .04	.26	14.9 ±.3				
32.47 -32.48		4.0± .8		.06				169± 8	8287
072004.3+413157	PGC 20900		1.10	.02	14.51			1.42	8397
072338.7-300300		.S..5*/	1.37± .04	57					
243.24 -6.92	ESO 428- 28	S	.70± .04	1.55	14.55 ±.14				
183.04 -74.23	IRAS07216-2957	5.0±1.2		1.05	11.07				
072141.0-295706	PGC 20903		1.51	.35					
072339.3-364012		PSBS3P.	1.11± .05	55					
249.20 -9.92	ESO 367- 22	S	.11± .05	1.24	15.01 ±.14				
190.78 -68.09		3.0± .8		.16					
072152.0-363418	PGC 20904		1.23	.06					
072342.3-293906		.SXT3*.	1.21± .04						
242.89 -6.72	ESO 428- 29	Sr (1)	.10± .04	1.60	13.44 ±.14				
182.34 -74.58	IRAS07217-2933	3.1± .6		.14	11.69				
072144.0-293312	PGC 20908	5.6±1.1	1.37	.05					
072345.4+332659		.S?....	1.01± .05						
185.05 20.84	UGC 3829		.12± .06	.19	13.8 ±.2				4028± 32
34.00 -40.37	MK 1199			.15	11.16				4003
072030.2+333250	PGC 20911		1.03	.06	13.44				4164
072354.7-355319		PSXT3*.	1.12± .04	125					
248.52 -9.53	ESO 367- 23	S (1)	.39± .04	1.32	15.23 ±.14				
189.96 -68.82		3.0±1.3		.54					
072206.0-354724	PGC 20915	5.6±1.3	1.25	.20					
072355.3-273143	NGC 2380	.LX.0*.	1.31± .05		12.27 ±.13	1.05± .01	1.13± .01		
241.02 -5.70	ESO 492- 12	S	.03± .04	1.98	12.52 ±.14				1782± 37
178.12 -76.41		-1.7± .6	1.02± .02	.00		.60	12.86± .07		1575
072154.0-272548	PGC 20916		1.53		10.38		13.61± .30		1965
0724.4 +6142		.SXS7..	1.54± .02	85				13.81±.1	1733± 6
154.87 27.52	UGC 3826	U	.06± .04	.21	14.1 ±.7			65± 6	1727± 76
29.71 -12.37	IRAS07199+6147	7.0± .7		.08				53± 7	1816
0719.9 +6147	PGC 20927		1.56	.03	13.85			-.06	1790

R.A. 2000 DEC. l b SGL SGB R.A. 1950 DEC.	Names PGC	Type S_T n_L T L	$\log D_{25}$ $\log R_{25}$ $\log A_e$ $\log D_o$	p.a. A_g A_i A_{21}	B_T m_B m_{FIR} B_T^o	$(B-V)_T$ $(U-B)_T$ $(B-V)_T^o$ $(U-B)_T^o$	$(B-V)_e$ $(U-B)_e$ m'_e m'_{25}	m_{21} W_{20} W_{50} HI	V_{21} V_{opt} V_{GSR} V_{3K}
072435.4+575808	A 0720+58	.SXT3..	1.23± .05	0				16.11±.1	3510± 10
159.04 27.04	UGC 3828	U	.26± .05	.17	12.9 ±.2				
30.22 -16.07		3.0± .8		.36				249± 8	3580
072021.5+580401	PGC 20933		1.24	.13	12.38			3.60	3579
072447.4+324815		.S?....	.98± .09					15.85±.3	4695± 10
185.78 20.83	UGC 3833		.07± .05	.20	15.0 ±.2				
34.42 -40.97	KUG 0721+329			.10				170± 7	4667
072133.4+325411	PGC 20938		1.00	.03	14.70			1.11	4834
072457.0-093936	NGC 2377	.SAS5*.	1.23± .03	170	13.54 ±.13	.85± .02	.93± .01	13.18±.1	2457± 5
225.35 2.94	UGCA 132	PE (1)	.12± .07	2.79		.08± .03	.17± .02	193± 6	2332± 39
77.54 -80.52	IRAS07225-0933	4.5± .6	.90± .01	.19	10.72		13.53± .03	175± 6	2284
072233.8-093338	PGC 20948	3.1±1.6	1.49	.06	10.55		14.23± .27	2.56	2648
072500.4+492933		.SBS4..	1.08± .06	85					5949± 10
168.34 25.54	UGC 3831	U	.08± .05	.37	13.64 ±.18				
31.48 -24.46	IRAS07212+4935	4.0± .9		.11	12.20				5986
072113.4+493528	PGC 20953		1.11	.04	13.12				6044
072501.0+234659	NGC 2370	.SB?...	.93± .07	43				14.87±.3	5500± 9
194.71 17.62	UGC 3835		.23± .05	.24	14.6 ±.2				5564±155
36.79 -49.83	IRAS07220+2352			.34	12.44			437± 5	5438
072159.7+235256	PGC 20955		.95	.11	14.04			.72	5658
072501.1-322948		.S..6*/	1.28± .04	78					
245.57 -7.78	ESO 428- 31	S (1)	.71± .04	1.35	14.50 ±.14				
185.64 -71.89	IRAS07231-3223	6.0± .7		1.05	12.35				
072307.0-322348	PGC 20956	4.4±1.3	1.41	.36					
072502.0+271930		.S?....	.94± .11						
191.25 18.95	MCG 5-18- 11		.00± .07	.36	14.59 ±.18				7713± 97
35.80 -46.35	MK 1200			.00	12.71				7664
072156.0+272527	PGC 20957		.97	.00	14.15				7864
072506.9-633203		.S?....	.90± .06	150					
274.86 -20.49	ESO 88- 13		.10± .05	.75	15.48 ±.14				10190± 63
201.71 -41.89	FAIR 267			.15					9972
072438.0-632600	PGC 20961		.97	.05	14.52				10307
072509.9+093102		.SB.3..	1.02± .06					16.20±.2	5267± 7
208.17 11.78	UGC 3839	U	.06± .05	.44	14.1 ±.3			205± 7	
43.07 -63.69		3.0± .9		.09				199± 5	5153
072225.6+093700	PGC 20964		1.06	.03	13.50			2.67	5447
072512.1-265900		.SBS5?.	1.13± .05	74					
240.67 -5.19	ESO 492- 14	S	.44± .05	2.24	15.48 ±.14				
175.86 -76.72		5.0±1.8		.66					
072310.0-265300	PGC 20965		1.35	.22					
0725.2 +5326		.SB.2..	1.07± .06	107					
164.06 26.37	UGC 3832	U	.30± .05	.22	14.99 ±.19				
30.94 -20.55		2.0± .9		.37					
0721.3 +5332	PGC 20971		1.09	.15					
072520.7+191036		.E.....	1.04± .18						
199.17 15.88	UGC 3840	U	.00± .08	.31	14.0 ±.3				8468± 38
38.45 -54.33		-5.0± .8		.00					8388
072225.2+191635	PGC 20973		1.09		13.56				8635
072535.8-751050			.89± .06	50					
286.86 -24.02	ESO 35- 7		.21± .05	1.00	15.05 ±.14				4441± 19
203.93 -30.38	IRAS07269-7504				12.75				4238
072656.0-750442	PGC 20979		.99						4525
0725.6 +1907		.L.....	1.07± .07	120					
199.25 15.92	UGC 3842	U	.15± .03	.25	14.4 ±.3				8351± 38
38.58 -54.37		-2.0± .8		.00					8271
0722.7 +1913	PGC 20980		1.07		14.05				8518
072541.3-302420		.SBS5P.	1.27± .04						
243.76 -6.69	ESO 428- 32	S (1)	.09± .04	1.63	13.30 ±.14				
182.20 -73.71	IRAS07237-3018	5.0± .8		.13	11.90				
072344.1-301818	PGC 20983	4.4± .8	1.42	.04					
072544.4+295704	A 0722+30	.S...*.	.60?						
188.71 20.04	UGC 3841	R	.00± .07	.28					5528± 60
35.34 -43.74	MK 1201			.00					5489
072234.7+300304	PGC 20988		.63						5674
072544.4+200607		.S..6*.	.96± .09	147				16.58±.3	5273± 9
198.32 16.34	UGC 3843	U	.69± .06	.22	15.7 ±.3				
38.26 -53.40		6.0±1.4		1.01				202± 5	5197
072247.8+201207	PGC 20989		.98	.34	14.47			1.77	5439

R.A. 2000 DEC.	Names	Type	$\log D_{25}$	p.a.	B_T	$(B-V)_T$	$(B-V)_e$	m_{21}	V_{21}
l b		S_T n_L	$\log R_{25}$	A_g	m_B	$(U-B)_T$	$(U-B)_e$	W_{20}	V_{opt}
SGL SGB		T	$\log A_e$	A_i	m_{FIR}	$(B-V)^o_T$	m'_e	W_{50}	V_{GSR}
R.A. 1950 DEC.	PGC	L	$\log D_o$	A_{21}	B^o_T	$(U-B)^o_T$	m'_{25}	HI	V_{3K}
0726.1 +0158		.LA.0*.	1.08± .09	95					
215.13 8.61	CGCG 1- 6	E	.30± .08	.92	14.75 ±.17				
50.26 -70.71		-2.0±1.3		.00					
0723.5 +0205	PGC 21005		1.14						
072618.8-843113		.S..3P?	1.02± .05	58					
296.89 -26.17	ESO 5- 6	S	.28± .04	.57	14.48 ±.14				
205.38 -21.14	IRAS07344-8424	3.0±1.7		.38	12.28				
073422.0-842448	PGC 21010		1.08	.14					
072635.1+431740		.E...?.	1.14± .06	5					
175.05 24.31	UGC 3844	U	.17± .05	.26	14.02 ±.15				3128± 37
32.80 -30.55		-5.0±1.6		.00					3141
072302.6+432342	PGC 21014		1.14		13.72				3241
072637.3+334927	NGC 2373	.S?....	.79± .06	0				16.46±.3	7786± 9
184.88 21.52	UGC 3848		.11± .04	.24	14.7 ±.2				7523± 82
34.68 -39.90	ARAK 131			.16	13.11			169± 5	7759
072321.7+335530	PGC 21016		.82	.05	14.24			2.16	7921
072643.6+470540		.SBS4..	1.19± .05	176					3032± 10
171.00 25.27	UGC 3845	U	.16± .05	.36	13.56 ±.18				
32.17 -26.79	IRAS07230+4711	4.0± .8		.24	13.45				3060
072302.7+471143	PGC 21020		1.22	.08	12.94				3135
072645.1+644832		.SBT6..	1.09± .05						
151.40 28.08	UGC 3836	U	.04± .05	.18	15.1 ±.3				
29.56 -9.25	KUG 0721+649	6.0± .8		.06					
072158.5+645432	PGC 21021		1.11	.02					
072657.4+202208		.S..6*.	.99± .06	90				15.92±.3	8505± 10
198.19 16.71	UGC 3856	U	.07± .05	.27					
38.63 -53.08		6.0±1.2		.10				185± 7	8429
072400.5+202813	PGC 21029		1.02	.04					8672
072704.5+801041	NGC 2336	.SXR4..	1.85± .01	178	11.05M±.13	.62± .02	.72± .02	12.72±.0	2200± 4
133.96 28.22	UGC 3809	R (2)	.26± .02	.13	11.28 ±.14	.06± .04	.15± .03	464± 4	2205± 23
27.53 5.98	IRAS07184+8016	4.0± .3	1.60± .03	.39	12.10	.53	14.44± .08	440± 5	2345
071828.0+801635	PGC 21033	1.1± .5	1.87	.13	10.62	-.01	14.51± .16	1.97	2196
072709.5+334956	NGC 2375	.SBS3..	1.13± .05	170				15.54±.2	7860± 7
184.91 21.63	UGC 3854	U	.14± .05	.24	14.44 ±.20				
34.82 -39.87	IRAS07238+3356	3.0± .8		.19	13.64			263± 7	7835
072353.9+335601	PGC 21035		1.15	.07	13.95			1.52	7998
072709.5+334953	NGC 2379	.LA..*.	.89± .11		14.5 ±.2	.98± .03			
184.91 21.63	UGC 3857	PU	.00± .05	.24	14.75 ±.15	.56± .07			4030± 56
34.82 -39.87	ARAK 132	-2.0± .7		.00		.89			4006
072354.0+335558	PGC 21036		.92		14.36	.52	13.84± .61		4169
072712.2-512215		.SBR1*.	1.04± .05	19					
263.11 -15.66	ESO 208- 15	Sr	.09± .04	.53	14.62 ±.14				
197.75 -53.76		1.4± .7		.09					
072556.0-511606	PGC 21038		1.09	.04					
072712.6+854520	NGC 2276	.SXT5..	1.45± .02	20	11.93 ±.13	.52± .03	.60± .02	13.99±.0	2417± 4
127.67 27.71	UGC 3740	R (2)	.02± .03	.23	12.17 ±.14	-.09± .06	.00± .03	187± 4	2372± 34
26.77 11.51	7ZW 134	5.0± .3	1.21± .02	.04	10.31	.45	13.47± .03	108± 4	2578
071022.1+855058	PGC 21039	3.6± .7	1.47	.01	11.76	-.14	13.96± .18	2.22	2394
0727.3 +1938		.S?....	.82± .13						
198.93 16.51	MCG 3-19- 13		.00± .07	.22	14.8 ±.3				9907± 58
39.07 -53.77	IRAS07244+1944			.00	12.68				9828
0724.4 +1944	PGC 21044		.84	.00	14.52				10075
0727.4 +1936		.S?....	.82± .13						
198.95 16.51	MCG 3-19- 14		.08± .07	.22	15.0 ±.3				9813± 58
39.10 -53.79				.10					9735
0724.5 +1943	PGC 21045		.84	.04	14.64				9982
072733.3-454105		.SBS9..	1.10± .04						
257.80 -13.22	ESO 257- 17	S (1)	.08± .05	.82	16.89 ±.14				1007± 79
195.12 -59.26		9.0± .8		.08					783
072603.1-453454	PGC 21050	10.0± .8	1.18	.04	15.98				1168
072748.0+202345		.S?....	1.20± .06	13				15.22±.3	8151± 10
198.24 16.90	UGC 3862		.60± .06	.23	15.1 ±.2				
38.94 -53.01				.90				432± 7	8075
072451.1+202954	PGC 21056		1.22	.30	13.90			1.02	8319
072754.0-673427	IC 2202	.SAS4*.	1.31± .04	165					
279.04 -21.57	ESO 88- 16	S (1)	.47± .04	.71	13.63 ±.14				
202.24 -37.86	IRAS07278-6728	4.3± .4		.69	12.49				
072750.0-672812	PGC 21057	3.0± .5	1.37	.24					

R.A. 2000 DEC.	Names	Type	$\log D_{25}$	p.a.	B_T	$(B-V)_T$	$(B-V)_e$	m_{21}	V_{21}
l b		S_T n_L	$\log R_{25}$	A_g	m_B	$(U-B)_T$	$(U-B)_e$	W_{20}	V_{opt}
SGL SGB		T	$\log A_e$	A_i	m_{FIR}	$(B-V)^o_T$	m'_e	W_{50}	V_{GSR}
R.A. 1950 DEC.	PGC	L	$\log D_o$	A_{21}	B^o_T	$(U-B)^o_T$	m'_{25}	HI	V_{3K}
072806.7-622145	IC 2200A	.LBS-P?	1.12± .05	35					
273.81 -19.77	ESO 123- 11	RS	.18± .04	.71	13.74 ±.14				3248± 27
200.98 -42.98		-2.7± .7		.00					3028
072731.0-621530	PGC 21062		1.19		12.99				3370
072811.3+723420	A 0722+72	.P.....	.92± .06	17				15.06±.1	3060± 9
142.60 28.53	UGC 3838	R	.37± .05	.08	14.3 ±.3			232± 6	3085± 19
28.63 -1.55	MK 7	99.0		.28				243± 25	3186
072218.7+724024	PGC 21065		.93	.19	13.93			.94	3087
072813.3+583024		.S..2..	1.30± .04	52					
158.51 27.59	UGC 3855	U	.65± .05	.16	14.22 ±.18				3089± 38
30.63 -15.47		2.0± .9		.80					3160
072358.0+583632	PGC 21067		1.31	.32	13.23				3159
072815.0+631521		PSXS1..	1.21± .05					15.79±.1	4709± 11
153.17 28.12	UGC 3850	U	.00± .05	.19	13.69 ±.20				
29.94 -10.77		1.0± .8		.00				292± 8	4798
072337.7+632128	PGC 21071		1.23	.00	13.45			2.35	4763
072817.3+404614	A 0724+40	.I..9..	1.12± .05		15.07 ±.14	.46± .05	.42± .03	14.72±.1	354± 4
177.81 23.93	UGC 3860	U (1)	.17± .05	.23	15.1 ±.3	-.23± .07	-.14± .05	51± 4	
33.63 -33.00	DDO 43	10.0± .8	.90± .02	.13		.36	15.06± .05	38± 6	356
072449.9+405223	PGC 21073	9.0±1.5	1.14	.08	14.71	-.30	15.08± .31	-.08	476
072817.8-622104	IC 2200	RSX.3P.	1.11± .05	58	14.05 ±.14	.84± .02	.94± .02		
273.81 -19.74	ESO 123- 12	RSr (1)	.26± .04	.71	13.82 ±.14	.22± .03	.34± .03		3123± 43
200.95 -42.99	IRAS07276-6214	2.7± .5	.57± .02	.36	12.32	.61	12.39± .06		2903
072742.1-621448	PGC 21075	3.3±1.3	1.18	.13	12.84	.04	13.79± .29		3246
072819.1-625340		.S..6*/	1.21± .05	71					
274.35 -19.93	ESO 88- 15	S (1)	1.00± .04	.70	15.82 ±.14				
201.08 -42.45		5.7±1.2		1.47					
072746.1-624724	PGC 21076	5.6±1.4	1.28	.50					
072837.6+305548		.S?....	1.00± .08	178				15.77±.3	6972± 10
187.96 20.96	UGC 3866		.63± .06	.28	15.52 ±.18				
35.93 -42.67				.94				330± 7	6936
072526.6+310200	PGC 21086		1.03	.31	14.26			1.20	7119
072841.1-750315		.IBS9..	1.19± .05	17					
286.78 -23.79	ESO 35- 9	S (1)	.56± .05	.98	16.03 ±.14				
203.68 -30.48		10.0± .9		.42					
072958.0-745654	PGC 21088	10.0± .9	1.29	.28					
072849.7+353255		.S?....	.82± .07						
183.27 22.50	MCG 6-17- 9		.17± .06	.25	14.99 ±.20				3915± 82
34.87 -38.12	ARAK 134			.26	13.55				3897
072531.6+353907	PGC 21094		.85	.09	14.47				4052
072853.5+334907	NGC 2388	.S?....	1.00± .06	65				15.07±.2	4134± 5
185.05 21.97	UGC 3870		.24± .05	.24	14.67 ±.18			455± 13	
35.29 -39.82	IRAS07256+3355			.34	10.22			285± 7	4109
072538.2+335519	PGC 21099		1.02	.12	14.06			.89	4274
072854.0+203528		.S..6*.	1.28± .04	144				14.37±.3	4464± 10
198.16 17.21	UGC 3873	U	.66± .05	.23	14.47 ±.18				
39.28 -52.76	IRAS07259+2041	6.0±1.2		.97	12.41			341± 7	4389
072556.9+204141	PGC 21100		1.30	.33	13.25			.79	4633
072854.0+490819		PSB.1..	1.09± .04	76					
168.88 26.08	UGC 3863	U	.34± .04	.30	14.01 ±.20				5887± 76
32.22 -24.72	IRAS07250+4914	1.0± .9		.35	13.81				5922
072508.4+491430	PGC 21101		1.12	.17	13.28				5986
072854.4+691252	NGC 2366	.IBS9..	1.91± .02	25	11.43M±.10	.58± .07	.35± .02	11.25±.0	100± 3
146.42 28.54	UGC 3851	R (2)	.39± .02	.18	11.67 ±.16		-.33± .02	113± 2	87± 11
29.16 -4.86	DDO 42	10.0± .3	1.63± .02	.29	11.95	.45	14.94± .05	96± 2	209
072336.5+691900	PGC 21102	8.7± .5	1.92	.19	11.03		14.84± .14	.03	134
0728.9 +4011		.I..9..	1.07± .08	155					
178.45 23.89	UGC 3868	U	.03± .06	.22					
33.89 -33.54		10.0± .8		.03					
0725.5 +4018	PGC 21104		1.09	.02					
072900.1-665349		.SXR4P*	1.26± .05	63					
278.39 -21.25	ESO 88- 17	Sr	.48± .05	.74	13.69 ±.14				5181± 69
201.96 -38.51	IRAS07288-6647	4.0± .7		.71	11.91				4966
072851.0-664730	PGC 21107		1.33	.24	12.20				5291
072904.9+335137	NGC 2389	.SXT5..	1.30± .02	83	13.40 ±.13	.47± .02	.61± .01	14.06±.1	3957± 4
185.02 22.02	UGC 3872	R	.15± .03	.24	13.34 ±.18	-.15± .03	-.08± .02	393± 5	3783± 58
35.33 -39.77	KUG 0725+339	5.0± .4	.80± .01	.22		.36	12.89± .04	343± 4	3931
072549.4+335750	PGC 21109		1.32	.07	12.90	-.23	14.36± .18	1.09	4097

R.A. 2000 DEC.	Names	Type	$logD_{25}$	p.a.	B_T	$(B-V)_T$	$(B-V)_e$	m_{21}	V_{21}
l b		S_T n_L	$logR_{25}$	A_g	m_B	$(U-B)_T$	$(U-B)_e$	W_{20}	V_{opt}
SGL SGB		T	$logA_e$	A_i	m_{FIR}	$(B-V)^o_T$	m'_e	W_{50}	V_{GSR}
R.A. 1950 DEC.	PGC	L	$logD_o$	A_{21}	B^o_T	$(U-B)^o_T$	m'_{25}	HI	V_{3K}
072905.1+265510		.S?....	1.14± .05					16.71±.3	7949± 10
192.00 19.65	UGC 3874		.17± .05	.30	14.5 ±.2				
37.19 -46.58				.26				368± 7	7898
072559.9+270123	PGC 21110		1.16	.09	13.91			2.72	8106
072906.1-665444		.E.5.P.	.84± .06	114					
278.41 -21.25	ESO 88- 18	S	.52± .03	.76	14.91 ±.14				5146± 69
201.95 -38.49		-5.0±1.0		.00					4931
072857.0-664824	PGC 21111		.80		14.07				5256
0729.1 +5101		.S..4..	1.05± .08	40					
166.82 26.50	UGC 3865	U	.44± .06	.26					
31.95 -22.84		4.0±1.0		.65					
0725.3 +5108	PGC 21114		1.08	.22					
0729.2 +1424		.L.....	1.00± .10	48					
204.07 14.77	UGC 3877	U	.14± .04	.31	14.5 ±.3				
42.21 -58.71		-2.0± .9		.00					
0726.4 +1431	PGC 21116		1.01						
072916.7+421646		.SXS5..	1.02± .06	45					
176.27 24.52	UGC 3871	U	.14± .05	.22	14.73 ±.18				
33.55 -31.48		5.0± .9		.21					
072546.4+422259	PGC 21119		1.04	.07					
072917.2+275404		.SAS7..	1.35± .04	2				14.37±.1	860± 6
191.04 20.04	UGC 3876	U	.24± .05	.21	13.7 ±.2			208± 8	637±125
36.96 -45.61		7.0± .8		.33					812
072610.5+280018	PGC 21120		1.37	.12	13.12			1.12	1014
072924.4+071034		.I..9*.	1.11± .14	5				15.96±.3	3953± 10
210.79 11.69	UGC 3883	U	.44± .12	.45					
47.13 -65.58		10.0±1.3		.33				176± 7	3831
072642.8+071649	PGC 21122		1.15	.22					4142
072925.4+720741	IC 2184	.I?....	.92± .07					15.10±.1	3605± 9
143.10 28.62	UGC 3852		.11± .12	.05	14.0 ±.2			245± 6	3557± 16
28.79 -1.97	MK 8			.08	12.24			226± 25	3712
072338.5+721350	PGC 21123		.93	.05	13.91			1.13	3618
072943.9+334124		.S..8*.	1.36± .03	103				14.83±.2	4797± 5
185.24 22.09	UGC 3879	U	.84± .04	.26	15.04 ±.20			271± 7	
35.54 -39.91	KUG 0726+337	8.0±1.3		1.03				250± 5	4772
072628.7+334740	PGC 21136		1.38	.42	13.73			.68	4939
072944.9+752954		.SA.8*.	1.13± .05	57				16.07±.1	2464± 11
139.26 28.59	UGC 3846	U	.41± .08	.12					
28.32 1.37	KUG 0723+756	8.0± .9		.50				140± 8	2594
072310.2+753603	PGC 21138		1.14	.20					2477
0729.8 +5247		.SXT7..	1.06± .05	50				16.28±.1	5225± 11
164.90 26.93	UGC 3875	U	.06± .05	.24	14.9 ±.2				
31.76 -21.08		7.0± .8		.08				193± 8	5274
0725.9 +5254	PGC 21142		1.09	.03	14.58			1.67	5314
072954.5+372708	IC 2190	.SB.4*.	.95± .07	21					
181.37 23.29	UGC 3880	U	.25± .05	.22	14.81 ±.18				
34.70 -36.21		4.0± .9		.37					
072633.2+373324	PGC 21144		.97	.12					
072955.6-840226		.SBR8..	1.02± .05						
296.39 -25.98	ESO 5- 9	S (1)	.10± .04	.57	15.52 ±.14				
205.21 -21.60		8.0± .8		.12					
073704.1-835548	PGC 21145	7.8± .9	1.07	.05					
073005.0+340141	NGC 2393	.S..5..	1.09± .04	103				15.68±.2	4886± 5
184.92 22.27	UGC 3884	U	.20± .04	.24	14.68 ±.19			296± 7	
35.55 -39.57	IRAS07267+3407	5.0± .9		.30	13.53			281± 5	4862
072649.3+340758	PGC 21154		1.11	.10	14.11			1.46	5028
073011.7-621505	NGC 2417	.SAT4..	1.44± .04	81	12.84 ±.14	.81± .02	.89± .01	13.61±.2	3184± 6
273.80 -19.50	ESO 123- 15	RSr (2)	.16± .04	.71	13.09 ±.14	.16± .04	.25± .03	304± 8	3182± 33
200.63 -43.04	IRAS07295-6208	4.4± .4	1.14± .02	.24	11.95	.60	14.03± .05	274± 9	2964
072935.0-620842	PGC 21155	2.2± .4	1.51	.08	12.00	.00	14.49± .25	1.52	3308
073017.8-313557		.SAS3*.	1.20± .04	75					
245.29 -6.37	ESO 428- 37	S (1)	.36± .04	1.76	14.20 ±.14				
181.15 -72.19	IRAS07283-3129	3.0± .6		.49	12.37				
072822.0-312936	PGC 21161	3.3± .9	1.37	.18					
073018.2+493110		.SA.8..	1.07± .08	115					
168.51 26.38	UGC 3881	U	.29± .06	.28	15.3 ±.2				
32.41 -24.31		8.0± .9		.36					
072631.8+493727	PGC 21162		1.10	.15					

R.A. 2000 DEC. l b SGL SGB R.A. 1950 DEC.	Names PGC	Type S_T n_L T L	logD_{25} logR_{25} logA_e logD_o	p.a. A_g A_i A_{21}	B_T m_B m_{FIR} B_T^o	$(B-V)_T$ $(U-B)_T$ $(B-V)_T^o$ $(U-B)_T^o$	$(B-V)_e$ $(U-B)_e$ m'_e m'_{25}	m_{21} W_{20} W_{50} HI	V_{21} V_{opt} V_{GSR} V_{3K}
073019.7+795222	IC 467	.SXS5*.	1.51± .02	80	13.21M±.15	.62± .04	.57± .03	14.07±.1	2042± 5
134.29 28.38	UGC 3834	R	.40± .03	.15	12.66 ±.18	.01± .06	.10± .04	300± 6	2057± 24
27.72 5.70	IRAS07218+7958	5.0± .5	1.10± .04	.60	12.82	.50	14.10± .09	281± 6	2187
072156.3+795830	PGC 21164		1.53	.20	12.22	-.08	14.62± .20	1.65	2041
073024.0-614724		.SBS8..	1.26± .04	109					
273.35 -19.31	ESO 123- 16	S (1)	.50± .04	.71	14.68 ±.14				
200.47 -43.49	IRAS07297-6141	8.0± .9		.61	13.15				
072945.0-614100	PGC 21167	6.7± .9	1.33	.25					
073024.8+360647		.SBS6..	1.06± .05	140					
182.80 22.98	UGC 3887	U	.07± .05	.23	14.9 ±.2				
35.13 -37.51	KUG 0727+362	6.0± .8		.10					
072705.8+361305	PGC 21168		1.08	.03					
0730.6 +5533		.SAR6*.	1.16± .05	170					
161.85 27.50	UGC 3882	U	.37± .05	.16					
31.43 -18.33		6.0± .8		.54					
0726.6 +5540	PGC 21174		1.18	.18					
073040.9-620131		.LX.0*.	1.10± .05	58					
273.60 -19.36	ESO 123- 17	S	.38± .04	.71	14.63 ±.14				
200.49 -43.25		-2.0± .9		.00					
073003.0-615506	PGC 21175		1.12						
073044.4-722252		.SX.3..	1.02± .07	110					
284.05 -22.87	ESO 59- 2	r	.49± .05	.73	15.89 ±.14				
202.98 -33.09		3.3± .9		.67					
073124.0-721624	PGC 21177		1.09	.24					
073048.6+734223		.S..1..	1.01± .06	120				15.85±.1	5379± 11
141.30 28.71	UGC 3859	U	.11± .05	.10	13.6 ±.2				
28.66 -.40	ARAK 133	1.0± .8		.11				390± 8	5503
072442.2+734837	PGC 21181		1.02	.05	13.28			2.52	5399
073054.7+390111		.SB.3..	1.11± .05	115					
179.80 23.93	UGC 3888	U	.29± .05	.27	15.2 ±.2				
34.59 -34.63		3.0± .9		.40					
072730.7+390731	PGC 21187		1.14	.15					
073056.6+723103		.S?....	1.09± .04						
142.66 28.74	UGC 3864		.21± .04	.08	14.80 ±.19				2569± 27
28.84 -1.57	VV 141			.31					2689
072505.6+723719	PGC 21189		1.10	.11	14.40				2593
073059.4-515101			.87± .07	115					
263.81 -15.32	ESO 208- 18		.24± .06	.80	15.49 ±.14				12037± 87
196.99 -53.15	IRAS07296-5144								11812
072944.1-514436	PGC 21191		.94						12188
073107.4+592857		.S?....	1.02± .06					16.35±.1	3809± 7
157.47 28.08	UGC 3885		.07± .05	.19	13.98 ±.18				
30.86 -14.45	IRAS07268+5935			.11	13.00			162± 8	3884
072648.5+593516	PGC 21195		1.04	.04	13.66			2.66	3878
073110.3+130338		.S..6?.	1.15± .05	80				16.64±.3	8103± 10
205.54 14.63	UGC 3892	U	.53± .05	.21	14.6 ±.3				
43.85 -59.87		6.0±1.8		.78				439± 7	8000
072822.2+131000	PGC 21197		1.17	.27	13.58			2.80	8287
073118.3-681117		.IBS9..	1.33± .04						
279.77 -21.48	ESO 59- 1	S (1)	.10± .05	.67	13.74 ±.14				
201.99 -37.20		10.0± .4		.07					
073118.0-680448	PGC 21199	10.0± .5	1.39	.05					
073120.7+314359		.S?....	.99± .10						
187.36 21.78	MCG 5-18- 16		.45± .07	.25	15.33 ±.18				4827± 63
36.49 -41.76	MK 1407			.33					4794
072808.7+315022	PGC 21200		.99		14.66				4976
073123.1+000316		.I..9*.	.96± .09					16.35±.1	1456± 5
217.47 8.90	UGC 3895	U	.00± .06	.88				38± 4	
56.63 -71.86		10.0±1.2		.00				33± 4	1311
072849.2+000940	PGC 21201		1.04	.00					1653
0731.4 +6228		.SAS5..	1.08± .06					15.42±.1	4883± 11
154.09 28.41	UGC 3886	U	.02± .05	.19					
30.42 -11.49		5.0± .8		.03				114± 8	4968
0726.9 +6235	PGC 21207		1.09	.01					4942
073143.4-691905		.S..9/.	1.15± .08						
280.93 -21.82		S	.31± .08	.82					
202.21 -36.08		9.0± .9		.32					
073152.2-691234	PGC 21212		1.23	.16					

R.A. 2000 DEC.	Names	Type	$\log D_{25}$	p.a.	B_T	$(B\text{-}V)_T$	$(B\text{-}V)_e$	m_{21}	V_{21}
l b		S_T n_L	$\log R_{25}$	A_g	m_B	$(U\text{-}B)_T$	$(U\text{-}B)_e$	W_{20}	V_{opt}
SGL SGB		T	$\log A_e$	A_i	m_{FIR}	$(B\text{-}V)^o_T$	m'_e	W_{50}	V_{GSR}
R.A. 1950 DEC.	PGC	L	$\log D_o$	A_{21}	B^o_T	$(U\text{-}B)^o_T$	m'_{25}	HI	V_{3K}
073143.6+631432	A 0727+63	.S?....	.98± .07		15.2 ±.2	.72± .04	.74± .02		
153.23 28.50	MCG 11- 9- 53		.42± .12	.18	15.00 ±.19	-.13± .08			4447± 60
30.34 -10.73	MK 73		.19± .04	.62		.57	11.66± .13		4535
072707.0+632053	PGC 21213		.99	.21	14.27	-.25	13.88± .50		4503
073147.7-532922		.LXR+*P	1.04± .08	51					
265.41 -15.89	ESO 163- 6	S	.31± .04	.61					
197.46 -51.54		-1.0± .9		.00					
073037.0-532254	PGC 21217		1.05						
0731.9 +1820	NGC 2407	.L..-*.	1.04± .11	75					
200.61 16.97	UGC 3896	U	.04± .05	.13	14.38 ±.17				
41.39 -54.76		-3.0±1.2		.00					
0729.0 +1827	PGC 21220		1.06						
0732.3 +7255		.S..8..	1.11± .07	102				16.08±.1	3037± 11
142.19 28.83	UGC 3878	U	.25± .06	.09					
28.88 -1.15		8.0± .9		.30				155± 8	3159
0726.4 +7302	PGC 21230		1.12	.12					3060
073219.6+854232	NGC 2300	.LA.0..	1.45± .03		12.07 ±.13	1.08± .01	1.09± .01		
127.71 27.81	UGC 3798	R	.14± .03	.23	12.10 ±.12	.70± .02	.71± .02		1963± 19
26.88 11.47		-2.0± .3	1.02± .02	.00		1.00	12.66± .06		2124
071545.1+854831	PGC 21231		1.46		11.82	.64	13.86± .21		1941
073227.2+105412		.SB.3..	1.00± .06	150				16.90±.3	8535± 10
207.69 13.99	UGC 3900	U	.10± .05	.17	14.3 ±.3				
45.87 -61.82		3.0± .9		.13				328± 7	8424
072941.5+110040	PGC 21237		1.01	.05	13.95			2.90	8723
073232.0+551148	A 0728+55								
162.31 27.71				.17					8904± 38
31.77 -18.65	MK 75								8962
072829.3+551813	PGC 21240								8988
073236.5-840424		.E.4...	1.19± .05	35	13.79 ±.19	1.10± .02	1.13± .01		
296.45 -25.92	ESO 5- 10	S	.21± .04	.55	13.87 ±.14	.50± .03	.55± .02		
205.14 -21.55		-5.0± .7	.68± .07	.00			12.68± .25		
073945.0-835736	PGC 21243		1.21				14.18± .33		
073237.9+353653		.S..2..	1.06± .04	46				15.34±.2	3884± 7
183.46 23.26	UGC 3899	U	.57± .04	.25	15.33 ±.18			225± 9	
35.81 -37.91	KUG 0729+357	2.0± .9		.70					3866
072919.9+354320	PGC 21244		1.08	.29	14.34			.72	4024
0733.0 +6052	A 0728+60								
155.92 28.46				.19					9031± 43
30.87 -13.04	7ZW 162								9110
0728.6 +6059	PGC 21254								9096
0733.0 +6500		.SAR3*.	.97± .07						
151.23 28.77	UGC 3893	U (1)	.02± .05	.18	14.61 ±.18				
30.20 -8.96		3.0±1.2		.03					
0728.3 +6507	PGC 21257	4.5±1.1	.99	.01					
073304.6+650440		.E.....	1.06± .11						
151.15 28.77	UGC 3894	U	.04± .05	.14	14.24 ±.15				6755± 38
30.19 -8.89		-5.0± .8		.00					6850
072817.9+651106	PGC 21258		1.07		14.00				6806
073309.4+191157		PSXT3..	1.20± .05	174				16.76±.3	8040± 10
199.91 17.58	UGC 3903	U	.45± .05	.18	14.44 ±.18				
41.48 -53.85		3.0± .9		.62				462± 7	7959
073014.2+191827	PGC 21261		1.22	.22	13.58			2.96	8217
073320.7+593730		.LBR+..	1.11± .07	45					
157.34 28.37	UGC 3897	U	.10± .03	.17	14.09 ±.15				
31.12 -14.26		-1.0± .8		.00					
072901.6+594358	PGC 21273		1.11						
073323.5+312956	IC 2193	.S..3..	1.17± .05	90				16.08±.3	5021± 10
187.75 22.11	UGC 3902	U (1)	.20± .05	.20	14.2 ±.2				
37.12 -41.90	IRAS07301+3135	3.0± .8		.28	13.37			430± 7	4986
073012.0+313627	PGC 21276	2.5±1.1	1.19	.10	13.69			2.29	5172
0733.4 +3033		RSBR0..	1.13± .05					16.90±.3	4734± 10
188.71 21.81	UGC 3904	U	.00± .05	.24	14.0 ±.2			171± 14	
37.42 -42.82		.0± .8		.00					4696
0730.3 +3040	PGC 21280		1.15		13.71				4888
0733.8 +6527		.SXT3..	.92± .07	18					
150.72 28.87	UGC 3898	U (1)	.24± .05	.16	15.25 ±.18				6662±125
30.20 -8.50		3.0± .9		.33					6758
0729.0 +6534	PGC 21288	2.5±1.2	.94	.12	14.72				6712

R.A. 2000 DEC. / l b / SGL SGB / R.A. 1950 DEC.	Names / / / PGC	Type / S_T n_L / T / L	$\log D_{25}$ / $\log R_{25}$ / $\log A_e$ / $\log D_o$	p.a. / A_g / A_i / A_{21}	B_T / m_B / m_{FIR} / B^o_T	$(B-V)_T$ / $(U-B)_T$ / $(B-V)^o_T$ / $(U-B)^o_T$	$(B-V)_e$ / $(U-B)_e$ / m'_e / m'_{25}	m_{21} / W_{20} / W_{50} / HI	V_{21} / V_{opt} / V_{GSR} / V_{3K}
0733.8 +7338	A 0727+73	.S..2..	1.07± .07	112					
141.37 28.93	UGC 3889	U	.79± .06	.11	15.3 ±.2				
28.88 -.43		2.0±1.0		.98					
0727.8 +7345	PGC 21289		1.08	.40					
073353.4+370134		.S..6*.	1.11± .05	80					
182.07 23.92	UGC 3907	U	.29± .05	.21	15.3 ±.2				
35.77 -36.48		6.0±1.2		.43					
073033.2+370806	PGC 21291		1.13	.15					
073356.6-502631		.LX.-..	1.47± .04	110	12.19 ±.13	.99± .01	1.06± .01		
262.69 -14.30	ESO 208- 21	S	.15± .04	.65	12.01 ±.14	.51± .03	.59± .01		1037± 31
195.61 -54.39		-3.0± .7	.93± .02	.00		.83	12.33± .08		812
073237.0-501954	PGC 21293		1.54		11.45	.37	14.06± .27		1194
0734.1 +2306		.L.....	1.04± .09	160					
196.20 19.30	UGC 3911	U	.13± .04	.19	14.67 ±.17				
40.17 -50.02		-2.0± .8		.00					
0731.1 +2313	PGC 21296		1.04						
073410.4+312424	IC 2196	.E.....	1.15± .15	150					
187.90 22.24	UGC 3910	U	.10± .08	.26	13.72 ±.15				4742±155
37.37 -41.96		-5.0± .8		.00					4707
073059.0+313058	PGC 21300		1.16		13.38				4894
0734.2 +6653	A 0729+66	.I..9*.	1.48± .10						
149.09 28.96	UGCA 133	PU (1)	.18± .18	.18					
30.01 -7.09	DDO 44	10.0± .6		.14					
0729.2 +6659	PGC 21302	9.0±1.0	1.49	.09					
073412.6+043247		.IB.9*.	1.25± .06	120				14.37±.1	1231± 5
213.74 11.58	UGC 3912	U	.20± .06	.47	13.3 ±.3			191± 8	
52.48 -67.54	IRAS07315+0439	10.0± .8		.15	13.46			162± 6	1098
073133.9+043922	PGC 21303		1.29	.10	12.66			1.62	1428
073413.7-673446		.SA.6?.	1.03± .05						
279.26 -21.01	ESO 88- 22	S (1)	.08± .04	.75	14.45 ±.14				
201.50 -37.74	IRAS07341-6728	6.0± .9		.11	13.18				
073408.1-672806	PGC 21305	5.6±1.2	1.10	.04					
073448.5+223436		.S..7..	1.06± .06	85				15.32±.3	4452± 10
196.79 19.25	UGC 3916	U	.64± .05	.35	15.54 ±.18				
40.63 -50.49		7.0± .9		.88				245± 7	4383
073149.2+224113	PGC 21321		1.09	.32	14.29			.71	4624
073450.4+623244		.S..2..	.92± .05	80					
154.05 28.81	UGC 3905	U	.12± .04	.19	14.51 ±.19				
30.81 -11.35	IRAS07302+6239	2.0± .9		.14	13.36				
073018.1+623918	PGC 21322		.94	.06					
073451.2-694649		.IXS9?.	1.13± .04	113					
281.50 -21.71	ESO 59- 6	S (1)	.30± .04	.79	15.18 ±.14				
201.99 -35.57		9.7± .7		.22					
073503.0-694006	PGC 21323	9.4± .7	1.21	.15					
073451.2+333220		.S?....	1.22± .06	160				14.73±.3	4010± 10
185.76 23.06	UGC 3913		.76± .06	.19	15.46 ±.19				
36.94 -39.84				1.14				256± 7	3983
073136.7+333856	PGC 21324		1.24	.38	14.11			.24	4158
073451.5-691701	NGC 2434	.E.0+..	1.39± .04		12.33 ±.13	1.07± .01	1.09± .01		
281.00 -21.54	ESO 59- 5	R	.03± .04	.76	12.44 ±.11	.49± .04	.57± .02		1390± 27
201.87 -36.06		-5.0± .7	1.02± .02	.00		.89	12.92± .06		1178
073459.1-691018	PGC 21325		1.50		11.61	.32	14.19± .26		1496
073455.6+311633	IC 2199	.SB?...	1.04± .06	25				15.04±.3	4680± 10
188.09 22.35	UGC 3915		.26± .05	.17	14.1 ±.2				4577± 63
37.61 -42.05	IRAS07317+3123			.39	12.06			323± 7	4642
073144.5+312310	PGC 21328		1.05	.13	13.48			1.44	4831
073459.6+853210	IC 455	.L.....	1.04± .09	82					
127.89 27.88	UGC 3815	U	.18± .04	.23	14.27 ±.15				1887± 61
26.96 11.31		-2.0± .9		.00					2047
071901.9+853821	PGC 21334		1.04		14.01				1866
073502.2+324926	NGC 2410	.SB.3?.	1.39± .05	31				14.81±.3	4678± 10
186.51 22.87	UGC 3917	U	.54± .06	.16	13.76 ±.18				4460±155
37.19 -40.53	IRAS07318+3255	3.0± .8		.74	12.52			490± 7	4647
073148.8+325603	PGC 21336		1.40	.27	12.83			1.72	4827
073507.3+650033		.S?....	.82± .13						
151.24 28.98	MCG 11-10- 5		.28± .07	.20	15.3 ±.2				6316
30.41 -8.92	MK 76			.21					6410
073021.5+650707	PGC 21337		.82		14.75				6368

R.A. 2000 DEC. / l b / SGL SGB / R.A. 1950 DEC.	Names / PGC	Type / S_T n_L / T / L	$\log D_{25}$ / $\log R_{25}$ / $\log A_e$ / $\log D_o$	p.a. / A_g / A_i / A_{21}	B_T / m_B / m_{FIR} / B_T^o	$(B-V)_T$ / $(U-B)_T$ / $(B-V)_T^o$ / $(U-B)_T^o$	$(B-V)_e$ / $(U-B)_e$ / m'_e / m'_{25}	m_{21} / W_{20} / W_{50} / HI	V_{21} / V_{opt} / V_{GSR} / V_{3K}
073507.4-465529		.SBS6?/	1.39± .04	130					
259.53 -12.59	ESO 257- 19	S	.62± .05	.74	14.48 ±.14				
193.44 -57.69	IRAS07336-4648	6.2± .6		.92	12.20				
073339.0-464848	PGC 21338		1.46	.31					
073508.6-551712		.IBS9..	1.08± .06						
267.32 -16.19	ESO 163- 7	S (1)	.21± .08	.50					
197.43 -49.67		10.0± .9		.16					
073403.0-551030	PGC 21339	8.9± .9	1.13	.11					
073517.4-765500		.SBR2P*	1.07± .05						
288.86 -23.94	ESO 35- 11	S (1)	.10± .04	.96	14.63 ±.14				
203.61 -28.57		2.0± .6		.12					
073705.0-764812	PGC 21340	4.4± .9	1.16	.05					
073519.3+190249		.SX.3..	1.12± .07					16.65±.3	8520± 11
200.27 17.99	UGC 3920	U (1)	.01± .06	.15	14.0 ±.2			165± 7	8553± 38
42.39 -53.86	IRAS07323+1909	3.0± .8		.01	13.59			142± 7	8440
073224.3+190928	PGC 21341	3.5±1.1	1.13	.00	13.79			2.86	8702
073520.9-500230		RLB.+..	1.07± .07	106					
262.42 -13.93	ESO 208- 26	r	.33± .05	.65	14.84 ±.14				3003± 19
195.05 -54.71	IRAS07339-4955	-1.3± .9		.00	12.68				2777
073400.1-495548	PGC 21343		1.08		14.14				3161
073524.6-662115		.SBR5..	1.03± .05						
278.08 -20.46	ESO 88- 23	S (1)	.02± .05	.60	14.97 ±.14				7790± 63
201.03 -38.91	FAIR 269	4.5± .6		.03	14.15				7574
073510.0-661430	PGC 21345	3.9± .6	1.09	.01	14.29				7905
073533.3-542907		.SBS9..	1.13± .07	16					
266.59 -15.80	ESO 163- 8	S (1)	.21± .07	.58					
197.02 -50.43		9.0± .8		.21					
073425.0-542224	PGC 21351	10.0± .8	1.18	.10					
073538.5+113113		.S..9*.	1.00± .16					16.43±.2	5162± 6
207.46 14.96	UGC 3924	U	.04± .12	.12	14.7 ±.3			113± 7	
46.96 -60.97		9.0±1.2		.04				103± 5	5053
073252.2+113753	PGC 21356		1.01	.02	14.51			1.89	5354
0735.6 +6624		.S..3..	1.08± .06	50					
149.63 29.09	UGC 3908	U (1)	.74± .05	.19					
30.23 -7.53	IRAS07307+6631	3.0±1.0		1.03	13.58				
0730.7 +6631	PGC 21357	4.5±1.3	1.09	.37					
073542.0+113649	NGC 2416	.S..6*.	1.02± .06	110				15.58±.3	5101± 10
207.38 15.02	UGC 3925	U	.20± .05	.12	14.1 ±.3				
46.92 -60.88	IRAS07329+1143	6.0±1.3		.29				206± 7	4992
073255.7+114330	PGC 21358		1.03	.10	13.71			1.77	5292
073612.5-694743		PSBT0*.	1.09± .05	104					
281.56 -21.61	ESO 59- 7	Sr	.32± .03	.71	15.07 ±.14				
201.86 -35.54		-.3± .8		.24					
073624.0-694054	PGC 21369		1.14						
073613.1-704237		PSAS8?.	1.18± .05						
282.49 -21.92	ESO 59- 9	Sr (1)	.02± .05	.73	14.28 ±.14				
202.09 -34.64		7.7± .5		.03					
073633.0-703548	PGC 21370	7.8± .6	1.25	.01					
073616.8+330722	IC 2201	.S..1..	1.13± .05	67					
186.29 23.21	UGC 3926	U	.63± .05	.19	14.89 ±.18				
37.43 -40.18		1.0± .9		.64					
073303.0+331404	PGC 21372		1.15	.31					
073623.9-693150	NGC 2442	.SXS4P.	1.74± .02		11.24M±.12	.82± .02	.90± .01	12.81±.3	1449± 7
281.30 -21.50	ESO 59- 8	RS (3)	.05± .03	.75	11.13 ±.12	.23± .07	.32± .03	499± 10	1399± 66
201.77 -35.79	IRAS07367-6924	3.7± .3	1.45± .03	.07		.63	13.99± .06		1236
073633.0-692500	PGC 21373	2.5± .3	1.81	.02	10.36	.09	14.70± .18	2.44	1554
073628.0-473805	NGC 2427	.SXS8..	1.72± .02	122	12.33S±.10	.84± .04		12.76±.2	972± 6
260.29 -12.70	ESO 208- 27	R (2)	.38± .02	.79	12.00 ±.12	-.15± .07		269± 6	
193.45 -56.95		8.0± .3		.47		.59		226± 7	746
073501.0-473118	PGC 21375	7.0± .4	1.79	.19	10.93	-.35	14.82± .16	1.64	1137
0736.6 +5503		.S..6*.	1.20± .05	164				15.90±.1	8785± 7
162.56 28.27	UGC 3922	U	.88± .05	.17					
32.40 -18.69		6.0±1.3		1.29				473± 8	8842
0732.6 +5510	PGC 21380		1.22	.44					8871
073637.5+742647			.96± .06						
140.44 29.08	UGC 3906		.08± .06	.10	14.73 ±.18				3704± 26
28.93 .40	VV 539								3830
073022.6+743325	PGC 21381		.97						3723

R.A. 2000 DEC. l b SGL SGB R.A. 1950 DEC.	Names PGC	Type S_T n_L T L	$\log D_{25}$ $\log R_{25}$ $\log A_e$ $\log D_o$	p.a. A_g A_i A_{21}	B_T m_B m_{FIR} B_T^o	$(B\text{-}V)_T$ $(U\text{-}B)_T$ $(B\text{-}V)_T^o$ $(U\text{-}B)_T^o$	$(B\text{-}V)_e$ $(U\text{-}B)_e$ m'_e m'_{25}	m_{21} W_{20} W_{50} HI	V_{21} V_{opt} V_{GSR} V_{3K}
073637.9+175306	NGC 2418	.E.....	1.26± .13						
201.52 17.82	UGC 3931	U	.00± .08	.12	13.16 ±.16				5057± 33
43.48 -54.88	ARP 165	-5.0± .8		.00					4970
073344.4+175950	PGC 21382		1.28		12.97				5240
0736.7 +5518		.S..3..	1.00± .06	153					
162.28 28.32	UGC 3923	U (1)	.21± .05	.18	14.80 ±.18				
32.37 -18.44		3.0± .9		.29					
0732.7 +5525	PGC 21388	3.5±1.2	1.01	.11					
073654.5+653558	NGC 2403	.SXS6..	2.34± .01	127	8.93M±.07	.47± .03	.55± .01	9.58±.1	131± 3
150.57 29.19	UGC 3918	R (2)	.25± .02	.17	9.00 ±.16		-.14± .03	244± 5	107± 34
30.50 -8.31	IRAS07321+6543	6.0± .3	1.68± .02	.36	8.63	.38	12.84± .04	231± 5	226
073205.5+654240	PGC 21396	5.4± .5	2.36	.12	8.41		14.88± .10	1.05	181
0736.9 +6433		.S..6*.	1.19± .05	81					
151.77 29.15	UGC 3919	U	1.06± .05	.19					
30.68 -9.34		6.0±1.4		1.47					
0732.2 +6440	PGC 21397		1.20	.50					
073656.5+734248	A 0730+73	.SB.6*.	1.42± .03	82				14.29±.1	945± 11
141.28 29.14	UGC 3909	U	.74± .04	.10	14.81 ±.17				
29.08 -.32	KUG 0730+738	6.0±1.2		1.08				172± 8	1069
073052.3+734927	PGC 21398		1.43	.37	13.62			.30	967
073656.7+351433	NGC 2415	.I..9$.	.96± .06		12.78 ±.13	.42± .01		14.98±.1	3784± 5
184.14 23.99	UGC 3930	P	.00± .04	.17	12.9 ±.3	-.20± .03		239± 5	3810± 28
37.00 -38.09	ARAK 136	10.0±1.7		.00	10.87	.35		109± 8	3764
073339.7+352118	PGC 21399		.97	.00	12.62	-.25	12.41± .35	2.36	3930
073656.9+584617	A 0732+58	.L...P$	.72± .10						
158.36 28.75	CGCG 286- 36	P	.09± .12	.14	15.29 ±.17				11954± 48
31.74 -15.02	MK 9	-2.0±1.8		.00	13.34				12025
073242.0+585300	PGC 21400		.72		14.97				12029
073703.3+133600		.SB.4..	1.08± .06	100				16.83±.3	4725± 10
205.66 16.16	UGC 3936	U	.08± .05	.33	13.8 ±.3				
46.18 -58.90	IRAS07342+1342	4.0± .9		.11	13.36			346± 7	4623
073414.7+134246	PGC 21401		1.11	.04	13.36			3.43	4915
073703.4+222101		.S..2..	1.14± .05	150				15.13±.3	4578± 10
197.22 19.64	UGC 3932	U	.72± .05	.16	15.03 ±.18				
41.51 -50.57		2.0± .9		.89				382± 7	4508
073404.4+222747	PGC 21402		1.16	.36	13.93			.84	4753
073708.0+095443		.S..5..	1.02± .06					16.10±.3	8863± 10
209.13 14.60	UGC 3938	U	.09± .05	.19	14.4 ±.3				
48.92 -62.34		5.0± .9		.14				196± 7	8748
073423.5+100130	PGC 21404		1.03	.05	14.00			2.05	9058
073712.1-692005		.IB.9*.	1.21± .07						
281.13 -21.37		S (1)	.04± .08	.75					
201.63 -35.97		10.0±1.1		.03					
073719.4-691312	PGC 21406	11.1± .8	1.28	.02					
0737.3 +1958		.L.....	.93± .13	25					
199.57 18.79	UGC 3939	U	.04± .05	.15	14.67 ±.15				
42.70 -52.84		-2.0± .8		.00					
0734.4 +2005	PGC 21414		.94						
073723.4+140452		.SB.6*.	1.16± .07	74				15.23±.3	4767± 10
205.24 16.43	UGC 3941	U	.59± .06	.24	14.9 ±.3				
46.01 -58.42		6.0±1.3		.86				232± 7	4666
073434.3+141140	PGC 21416		1.18	.29	13.81			1.12	4957
0737.4 +5942		.L.....	1.14± .09	15					
157.31 28.89	UGC 3927	U	.38± .05	.17	15.17 ±.18				
31.63 -14.10		-2.0± .8		.00					
0733.1 +5949	PGC 21417		1.10						
073727.8+353926		.S..9?.	1.00± .16					15.75±.3	4087± 7
183.74 24.21	UGC 3934	U	.09± .12	.22					
37.01 -37.66		9.0±1.7		.09				102± 5	4068
073410.1+354613	PGC 21419		1.02	.04					4232
073736.3+353623		.SB?...	1.30± .03	151				14.74±.1	3994± 7
183.80 24.22	UGC 3937		.57± .04	.22	14.12 ±.18			321± 7	
37.06 -37.70	IRAS07343+3543			.86	12.33				3975
073418.7+354310	PGC 21425		1.32	.29	13.02			1.43	4140
073736.4-694512		.SAT6..	1.01± .05	136					
281.56 -21.48	ESO 59- 10	S (1)	.27± .04	.71	15.26 ±.14				
201.70 -35.55		6.0± .9		.40					
073747.0-693818	PGC 21426	6.7± .9	1.07	.13					

R.A. 2000 DEC. l b SGL SGB R.A. 1950 DEC.	Names PGC	Type S_T n_L T L	$logD_{25}$ $logR_{25}$ $logA_e$ $logD_o$	p.a. A_g A_i A_{21}	B_T m_B m_{FIR} B_T^o	$(B-V)_T$ $(U-B)_T$ $(B-V)_T^o$ $(U-B)_T^o$	$(B-V)_e$ $(U-B)_e$ m'_e m'_{25}	m_{21} W_{20} W_{50} HI	V_{21} V_{opt} V_{GSR} V_{3K}
073737.1-521816		.S..5./	1.21± .04	167					
264.68 -14.59	ESO 208- 31	S (1)	.93± .04	.91	15.48 ±.14				
195.58 -52.44		5.0± .8		1.40					
073622.0-521124	PGC 21429	2.2±1.3	1.29	.47					
073737.4+415651	A 0734+42	.SXS4..	1.09± .06	0	14.19 ±.14	.71± .03	.77± .03	15.27±.1	5897± 6
177.06 25.93	UGC 3933	U (1)	.14± .05	.19	14.34 ±.18			360± 11	5856± 59
35.40 -31.51		4.0± .8	.84± .02	.21		.60	13.88± .04	353± 7	5903
073408.7+420338	PGC 21431	2.7± .9	1.11	.07	13.80		14.14± .33	1.39	6025
0737.6 +2702		.S..3..	1.04± .08	151					
192.61 21.48	UGC 3942	U (1)	.76± .06	.19	15.54 ±.19				
39.84 -46.02		3.0±1.0		1.05					
0734.6 +2709	PGC 21437	4.5±1.3	1.06	.38					
073749.4+462351		.SX.5..	.99± .06	15					
172.22 26.97	UGC 3935	U	.09± .05	.34	15.3 ±.2				
34.40 -27.15		5.0± .9		.13					
073411.4+463039	PGC 21443		1.02	.04					
073753.4+633116	A 0733+63A	RSXS0..							
152.96 29.21	CGCG 310- 5	P		.18	15.8 ±.3				
30.98 -10.33	ARAK 135	.0± .9							
073316.8+633802	PGC 21444								
073753.5-551059		.SBT3P.	1.10± .08						
267.40 -15.79	ESO 163- 10	S (1)	.05± .07	.50					
196.81 -49.67		3.0± .8		.07					
073647.1-550406	PGC 21445	2.2±1.2	1.14	.02					
073759.1+031838		.I..9..	1.11± .05	15				14.51±.1	1197± 5
215.30 11.86	UGC 3946	U	.23± .05	.44	13.6 ±.3			117± 7	
56.22 -68.21		10.0± .8		.18				85± 6	1060
073521.7+032528	PGC 21450		1.15	.12	13.03			1.37	1401
0738.0 +7052		.S..6*.	1.04± .08	53					
144.53 29.32	UGC 3921	U	.98± .06	.06					
29.66 -3.10		6.0±1.4		1.44					
0732.5 +7059	PGC 21451		1.05	.49					
073805.4-551124		.SBS3?/	1.42± .05	3					
267.42 -15.76	ESO 163- 11	S	.61± .07	.50					
196.77 -49.65	IRAS07369-5504	3.0± .8		.85	11.21				
073659.0-550430	PGC 21453		1.47	.31					
073812.0-692827		.SBS0P*	1.28± .05	163					
281.30 -21.33	ESO 59- 11	S	.26± .04	.75	13.52 ±.14				
201.57 -35.81		-.5± .6		.00					
073820.1-692130	PGC 21457		1.31						
073822.5-504525		.SBS9..	1.33± .04	153					
263.30 -13.81	ESO 208- 33	S (1)	.20± .05	.70	14.59 ±.14				
194.63 -53.88		9.0± .8		.21					
073703.0-503830	PGC 21466	10.0± .8	1.39	.10					
0738.5 +6337	A 0733+63B	.E.0.P$	.52± .20						
152.85 29.28	MCG 11-10- 11	P	.17± .07	.18	15.9 ±.2				
31.03 -10.22		-5.0±1.1		.00					
0733.8 +6344	PGC 21471		.49						
073831.9-684616		PSXS1*.	1.29± .04	17					
280.61 -21.06	ESO 59- 12	Sr (1)	.28± .05	.66	14.16 ±.14				
201.34 -36.49	IRAS07385-6839	1.4± .5		.29					
073834.0-683918	PGC 21472	7.8±1.2	1.35	.14					
073836.9+373809		.S..6*.	1.25± .04	130				15.31±.1	3895± 7
181.72 24.99	UGC 3944	U	.35± .04	.27	14.6 ±.2			303± 8	
36.74 -35.68	IRAS07352+3744	6.0±1.2		.51					3884
073516.1+374500	PGC 21475		1.28	.17	13.84			1.29	4036
0738.7 +0213		.S..0..	.98± .07	176					
216.38 11.52	UGC 3950	U	.56± .05	.45	14.5 ±.3				
58.14 -69.07		.0±1.0		.42					
0736.1 +0220	PGC 21479		.99						
073902.3+335501		.S..9*.	.96± .17	10				16.62±.3	3913± 10
185.66 24.00	UGC 3947	U	.15± .12	.14					
37.92 -39.28		9.0±1.3		.15				124± 7	3887
073547.5+340154	PGC 21491		.97	.07					4064
0739.1 -0045		.SB.9*/	1.05± .09	55					
219.12 10.24		E (1)	.38± .08	.66					
63.29 -71.51		9.0±1.3		.39					
0736.6 -0039	PGC 21494	7.5± .8	1.12	.19					

R.A. 2000 DEC. / l b / SGL SGB / R.A. 1950 DEC.	Names / PGC	Type / S_T n_L / T / L	$\log D_{25}$ / $\log R_{25}$ / $\log A_e$ / $\log D_o$	p.a. / A_g / A_i / A_{21}	B_T / m_B / m_{FIR} / B^o_T	$(B-V)_T$ / $(U-B)_T$ / $(B-V)^o_T$ / $(U-B)^o_T$	$(B-V)_e$ / $(U-B)_e$ / m'_e / m'_{25}	m_{21} / W_{20} / W_{50} / HI	V_{21} / V_{opt} / V_{GSR} / V_{3K}
073909.8+192956		.S..4..	1.00± .08	58				16.06±.3	5104± 9
200.21 19.00	UGC 3952	U	.73± .06	.16	15.64 ±.19				
43.62 -53.16		4.0±1.0		1.07				266± 5	5023
073614.4+193650	PGC 21495		1.02	.36	14.38			1.32	5287
073911.1+590941		.SBS5..	1.23± .03	108				14.76±.1	3527± 11
157.95 29.07	UGC 3943	U	.39± .04	.26	14.7 ±.2				
31.96 -14.59	IRAS07349+5916	5.0± .9		.59	13.59			267± 8	3599
073455.1+591633	PGC 21496		1.25	.20	13.79			.77	3602
073925.2+085358		.S..7*.	1.16± .07	71				15.67±.3	5106± 10
210.32 14.67	UGC 3955	U	.88± .06	.20	15.1 ±.3				
50.92 -63.05		7.0±1.3		1.22				337± 7	4987
073641.8+090054	PGC 21503		1.18	.44	13.67			1.56	5306
073934.9+492121			.64± .17						
169.02 27.83	MCG 8-14- 30		.00± .07	.25	15.1 ±.2				6250± 82
34.06 -24.19	ARAK 138				13.45				6285
073550.1+492815	PGC 21506		.66						6358
073945.3+484432	A 0736+48	.SBS7..	1.04± .06		14.53 ±.15	.72± .04	.67± .03	15.94±.1	6382± 10
169.71 27.75	UGC 3949	U (1)	.00± .05	.26	14.6 ±.2			369± 15	6358± 59
34.22 -24.79		7.0± .8	.80± .02	.00		.62	14.02± .05	350± 11	6413
073602.1+485127	PGC 21513	3.8± .9	1.06	.00	14.28		14.57± .35	1.66	6491
0739.7 +5419		.SBR6..	.99± .08	155					
163.46 28.62	UGC 3948	U	.11± .06	.16	15.3 ±.2				
33.02 -19.32		6.0± .9		.16					
0735.8 +5426	PGC 21514		1.01	.05					
073948.0+242816		.S..7*.	1.00± .08	22				16.56±.3	7356± 9
195.37 21.01	UGC 3956	U	.55± .06	.15					
41.53 -48.36		7.0±1.3		.76				233± 5	7293
073646.6+243513	PGC 21515		1.01	.27					7530
0739.8 +3901		.I..9..	1.00± .16						
180.32 25.60	UGC 3954	U	.14± .12	.28					
36.65 -34.28		10.0± .9		.10					
0736.5 +3908	PGC 21517		1.03	.07					
0739.9 +7110		.I..9..	1.14± .13					15.89±.1	2462± 10
144.18 29.47	UGC 3940	U	.00± .12	.10				128± 6	
29.76 -2.78		10.0± .8		.00				116± 5	2577
0734.4 +7117	PGC 21520		1.15	.00					2494
074015.1-703829		.SBS7?.	1.06± .05	172					
282.54 -21.58	ESO 59- 15	S (1)	.24± .05	.70	15.15 ±.14				
201.68 -34.63		7.0±1.7		.33					
074033.0-703124	PGC 21533	7.8±1.2	1.13	.12					
074017.4-013426		.SXS8*.	1.22± .05	125				14.72±.1	1461± 11
219.98 10.12	UGC 3964	UE (1)	.19± .05	.75	13.6 ±.3			171± 16	
65.58 -71.99		8.0± .5		.23				169± 12	1309
073745.3-012726	PGC 21535	6.4± .8	1.29	.10	12.60			2.03	1671
0740.3 +5754		.SXS3..	1.02± .06	2					
159.40 29.11	UGC 3953	U	.18± .05	.17	15.3 ±.2				
32.37 -15.79		3.0± .9		.25					
0736.2 +5801	PGC 21540		1.03	.09					
0740.4 +2316		.E.....	1.11± .16	50					
196.62 20.70	UGC 3960	U	.07± .08	.12	14.27 ±.19				
42.25 -49.48		-5.0± .8		.00					
0737.4 +2323	PGC 21542		1.11						
0740.4 +6904		.S..3..	1.07± .07	2					
146.60 29.56	UGC 3945	U (1)	.33± .06	.15	15.4 ±.2				
30.19 -4.84		3.0± .9		.45					
0735.2 +6911	PGC 21545	3.5±1.2	1.09	.16					
0740.4 +8347		.S?....	1.03± .05	135					
129.83 28.28	UGC 3890		.62± .04	.17	15.05 ±.20				2034±125
27.40 9.62	IRAS07284+8354			.93	13.08				2189
0728.4 +8354	PGC 21547		1.05	.31	13.94				2020
074029.4+135227		.SX.3..	1.33± .04	133				15.05±.3	8715± 10
205.76 17.03	UGC 3962	U	.45± .05	.25	14.0 ±.2				
47.49 -58.35	IRAS07377+1358	3.0± .8		.62				549± 7	8613
073740.6+135927	PGC 21552		1.35	.22	13.08			1.75	8909
074033.9+341349	IC 2203	.SB.6..	1.09± .06	160				15.44±.3	4525± 10
185.44 24.40	UGC 3958	U	.09± .05	.18	14.30 ±.19				4569±155
38.22 -38.90	IRAS07373+3420	6.0± .9		.13				191± 7	4500
073718.8+342048	PGC 21555		1.11	.04	13.97			1.42	4677

R.A. 2000 DEC. l b SGL SGB R.A. 1950 DEC.	Names PGC	Type S_T n_L T L	$\log D_{25}$ $\log R_{25}$ $\log A_e$ $\log D_o$	p.a. A_g A_i A_{21}	B_T m_B m_{FIR} B_T^o	$(B-V)_T$ $(U-B)_T$ $(B-V)_T^o$ $(U-B)_T^o$	$(B-V)_e$ $(U-B)_e$ m'_e m'_{25}	m_{21} W_{20} W_{50} HI	V_{21} V_{opt} V_{GSR} V_{3K}
074039.8+391359	NGC 2424	.SBR3*/	1.58± .03	81	13.59 ±.15	.98± .03	1.01± .02	14.10±.3	3109± 8
180.14 25.81	UGC 3959	R (1)	.81± .04	.30	13.69 ±.19	.41± .06	.45± .05	435± 9	3252± 30
36.77 -34.03	IRAS07372+3920	3.0± .5	.88± .05	1.12	13.14	.74	13.48± .16	425± 7	3114
073716.4+392058	PGC 21558	3.5±1.1	1.61	.41	12.19	.17	14.32± .22	1.51	3258
074058.4+552539		.E.....	1.08± .17		14.0 ±.2	1.09± .03	1.10± .02		
162.22 28.93	UGC 3957	U	.00± .08	.16					10212± 37
32.96 -18.20		-5.0± .8	.79± .10	.00		.96	13.40± .37		10270
073656.4+553238	PGC 21568		1.11		13.69		14.39± .90		10301
0741.0 +6653		.S..3..	1.00± .08	20					
149.11 29.63	UGC 3951	U (1)	.94± .06	.15					
30.67 -6.97		3.0±1.0		1.30					
0736.1 +6700	PGC 21573	4.5±1.4	1.01	.47					
074112.9+474019		.SB.7..	1.00± .08	140					
170.94 27.79	UGC 3961	U	.09± .06	.27	15.2 ±.2				
34.73 -25.78		7.0± .9		.12					
073732.5+474720	PGC 21578		1.03	.04					
074114.4+273658		.S..6*.	.99± .06	135				16.02±.3	8130± 10
192.32 22.42	UGC 3969	U	.75± .05	.20	15.68 ±.20				
40.71 -45.25	IRAS07381+2743	6.0±1.4		1.10	13.49			464± 7	8079
073808.8+274400	PGC 21580		1.01	.37	14.35			1.30	8299
074118.2+341356	IC 2204	RSBR2..	1.02± .06					15.33±.2	4664± 7
185.49 24.54	UGC 3965	U	.00± .05	.18	15.9 ±.4			92± 7	
38.41 -38.86	IRAS07380+3420	2.0± .8		.00				79± 5	4639
073803.1+342058	PGC 21581		1.03	.00	15.69			-.36	4818
074120.1-551049		.SBS9..	1.06± .08	173					
267.61 -15.34	ESO 163- 13	S (1)	.35± .07	.58					
196.09 -49.53		9.0± .9		.36					
074013.0-550342	PGC 21582	10.0±1.3	1.11	.17					
0741.4 +4006	A 0738+40	.I..9..	1.24± .06		13.9 ±.3	.41± .08	.38± .05	14.16±.1	361± 5
179.23 26.17	UGC 3966	U (1)	.01± .06	.22		-.19± .09	-.15± .06	86± 6	
36.70 -33.14	DDO 46	10.0± .8	1.34± .06	.01		.35	16.10± .14	71± 8	359
0738.0 +4013	PGC 21585	9.0±1.0	1.26	.00	13.68	-.23	14.96± .42	.48	498
0741.5 +5141		.S..8*.	1.13± .07	54					
166.45 28.52	UGC 3963	U	.73± .06	.21					
33.86 -21.83		8.0±1.3		.90					
0737.7 +5149	PGC 21589		1.15	.37					
0741.9 +1648	A 0739+16	.IBS9..	1.49± .04		13.6 ±.3	.48± .19	.43± .05	12.89±.1	270± 4
203.10 18.54	UGC 3974	PU (1)	.02± .06	.10	13.5 ±.7	-.10± .16	-.12± .07	79± 4	
46.19 -55.49	DDO 47	10.0± .4	1.46± .06	.02		.45	16.41± .14	56± 6	179
0739.0 +1655	PGC 21600	9.0±1.2	1.50	.01	13.50	-.12	15.88± .36	-.62	462
074206.4-852519		.L..-./	1.03± .05	115					
297.96 -26.04	ESO 5- 11	S	.39± .04	.62	14.84 ±.14				
205.19 -20.19		-2.7± .7		.00					
075148.0-851748	PGC 21606		1.05						
074229.7+625648		.SB.7?.	1.04± .05					15.59±.1	5876± 11
153.64 29.70	UGC 3967	U	.08± .05	.16					
31.60 -10.80	KUG 0737+630	7.0± .8		.11				140± 8	5962
073757.1+630352	PGC 21616		1.06	.04					5939
074232.4+494841	A 0738+49	.SB.3..	1.08± .06		13.9 v±.2	.59± .01	.50± .01	15.92±.1	6652± 8
168.60 28.38	UGC 3973	U	.00± .05	.24	13.36 ±.19	-.52± .02	-.73± .02	218± 21	6570± 30
34.46 -23.64	MK 79	3.0± .8	.33± .07	.00	12.79	.49	11.04± .26	172± 7	6682
073846.9+495547	PGC 21618		1.11	.00	13.32	-.59	14.17± .36	2.59	6754
0742.6 +1115									
208.46 16.41	CGCG 58- 28			.08	15.4 ±.6				8801± 57
50.43 -60.56									8689
0739.9 +1123	PGC 21623								9002
074240.8+651038	A 0737+65		.62± .11						
151.07 29.78			.26± .12	.13					11194± 29
31.17 -8.61	MK 78				13.21				11288
073755.9+651743	PGC 21624		.63						11250
074244.3+181931		.S?....	1.11± .07	18				15.56±.3	8402± 10
201.70 19.32	UGC 3980		.74± .06	.12	15.28 ±.18				
45.60 -53.99	IRAS07398+1826			1.10	13.64			495± 7	8315
073950.4+182640	PGC 21628		1.12	.37	14.01			1.18	8592
0742.8 +6614		.SBR5..	1.15± .05					15.54±.1	6780± 11
149.84 29.81	UGC 3968	U	.07± .05	.14	14.8 ±.3				6906±125
30.97 -7.56		5.0± .8		.10				191± 8	6879
0738.0 +6622	PGC 21636		1.17	.03	14.50			1.00	6833

R.A. 2000 DEC.	Names	Type	$\log D_{25}$	p.a.	B_T	$(B-V)_T$	$(B-V)_e$	m_{21}	V_{21}
l b		S_T n_L	$\log R_{25}$	A_g	m_B	$(U-B)_T$	$(U-B)_e$	W_{20}	V_{opt}
SGL SGB		T	$\log A_e$	A_i	m_{FIR}	$(B-V)^o_T$	m'_e	W_{50}	V_{GSR}
R.A. 1950 DEC.	PGC	L	$\log D_o$	A_{21}	B^o_T	$(U-B)^o_T$	m'_{25}	HI	V_{3K}
0742.9 +6009		.S..0..	.98± .07	103					
156.84 29.62	UGC 3971	U	.25± .05	.19	15.41 ±.19				
32.23 -13.51		.0± .9		.19					
0738.6 +6017	PGC 21638		.99						
074318.7+521905	NGC 2426	.E.....	1.04± .09						
165.80 28.88	UGC 3977	U	.00± .04	.18	14.13 ±.15				5858± 57
34.01 -21.17		-5.0± .8		.00					5904
073926.6+522614	PGC 21648		1.07		13.86				5959
074330.4+225552		.S?....	.95± .07	49				15.94±.3	7261± 9
197.24 21.24	UGC 3987		.71± .05	.12	15.7 ±.2				
43.46 -49.58	IRAS07405+2303			1.06	13.12			361± 5	7191
074031.0+230303	PGC 21654		.96	.35	14.47			1.11	7443
074331.8-514057		.SBT2P*	1.02± .05	174					
264.53 -13.50	ESO 208- 34	Sr	.42± .04	.93	15.41 ±.14				2578± 87
193.86 -52.75	IRAS07422-5133	2.1± .7		.52	12.30				2351
074214.0-513342	PGC 21656		1.11	.21	13.93				2739
074332.6+313205		.S..6*.	1.00± .08					16.26±.3	3736± 9
188.46 24.17	UGC 3986	U	1.02± .06	.17	16.2 ±.2				
39.91 -41.34		6.0±1.5		1.47				164± 5	3700
074021.7+313916	PGC 21657		1.02	.50	14.50			1.26	3898
074336.6+494000	IC 471	.E.....	.78± .13						
168.79 28.53	UGC 3982	U	.00± .04	.24	14.3 ±.2				5519± 37
34.68 -23.75		-5.0± .9		.00					5554
073951.6+494710	PGC 21659		.82		13.98				5629
074343.2-564558		.SAS2*P	1.20± .07	73					
269.25 -15.73	ESO 163- 14	S	.50± .05	.76					
196.33 -47.92	IRAS07427-5638	2.0±1.2		.62	12.22				
074241.0-563842	PGC 21660		1.27	.25					
0743.7 +5221	NGC 2429A	.S?....	1.17± .05	145					
165.76 28.95	UGC 3983		.58± .05	.22					5451± 57
34.07 -21.11				.87					5497
0739.9 +5229	PGC 21664		1.19	.29					5552
074350.0+493649	IC 472	.SXT3..	1.21± .05	167				16.06±.1	5682± 11
168.86 28.56	UGC 3985	U	.20± .05	.24	14.2 ±.2				5667± 38
34.73 -23.79		3.0± .8		.28				449± 8	5716
074005.2+494400	PGC 21665		1.23	.10	13.67			2.29	5791
074352.9+565915		.L.....	1.19± .06	73					
160.49 29.50	UGC 3981	U	.23± .03	.18	14.12 ±.15				3288
33.04 -16.59	MK 81	-2.0± .8		.00					3351
073946.2+570626	PGC 21666		1.17		13.89				3373
074408.4+291452	A 0741+29	.S...P.	1.40± .04	85				15.16±.1	4750± 5
190.88 23.56	UGC 3995	R	.35± .05	.09	13.28 ±.18			453± 7	4769± 25
40.93 -43.51				.52				440± 6	4705
074100.9+292205	PGC 21673		1.40	.17	12.64			2.35	4919
074413.5+313906	NGC 2435	.S..1..	1.33± .04	36					
188.39 24.35	UGC 3996	U	.63± .05	.15	13.74 ±.20				4189±155
40.05 -41.19		1.0± .8		.65					4153
074102.5+314620	PGC 21676		1.35	.32	12.89				4352
0744.3 +4744		.S..6*.	1.00± .08	36					
170.97 28.33	UGC 3988	U	1.02± .06	.25					
35.29 -25.59		6.0±1.5		1.47					
0740.7 +4752	PGC 21680		1.02	.50					
0744.5 +6716		.S..4..	1.27± .03	153				15.02±.1	4061± 11
148.66 29.97	UGC 3979	U	.77± .04	.18	14.78 ±.18				4032± 76
30.92 -6.52	IRAS07395+6723	4.0± .9		1.14	12.91			374± 8	4162
0739.5 +6723	PGC 21684		1.29	.39	13.43			1.20	4109
0744.6 -1307		.SAS5*.	1.19± .07	20					
230.73 5.50		E	.19± .08	1.53					
106.08 -77.71		5.0±1.3		.28					
0742.3 -1300	PGC 21687		1.34	.09					
074437.8+402158		.I..9?.	1.07± .05						
179.13 26.83	UGC 3997	U	.00± .05	.24					
37.33 -32.75	KUG 0741+404	10.0±1.6		.00					
074112.8+402913	PGC 21688		1.09	.00					
074438.4-580914		.SBS6?/	1.34± .04	107					
270.60 -16.22	ESO 123- 23	S (1)	.83± .04	.96	14.97 ±.14				
196.77 -46.56	IRAS07436-5801	5.7±1.0		1.22					
074341.0-580154	PGC 21690	4.4± .9	1.43	.41					

R.A. 2000 DEC.	Names	Type	$\log D_{25}$	p.a.	B_T	$(B\text{-}V)_T$	$(B\text{-}V)_e$	m_{21}	V_{21}
l b		S_T n_L	$\log R_{25}$	A_g	m_B	$(U\text{-}B)_T$	$(U\text{-}B)_e$	W_{20}	V_{opt}
SGL SGB		T	$\log A_e$	A_i	m_{FIR}	$(B\text{-}V)^o_T$	m'_e	W_{50}	V_{GSR}
R.A. 1950 DEC.	PGC	L	$\log D_o$	A_{21}	B^o_T	$(U\text{-}B)^o_T$	m'_{25}	HI	V_{3K}
0744.6 +5350		.S..9*.	1.00± .16						
164.09 29.27	UGC 3989	U	.00± .12	.19					
33.86 -19.64		9.0±1.2		.00					
0740.7 +5358	PGC 21691		1.02	.00					
074441.6+734916		.SB?...	1.04± .04	160					
141.12 29.67	UGC 3972		.24± .04	.10	14.65 ±.18				5100± 60
29.59 -.11	IRAS07387+7356			.35					5224
073839.2+735626	PGC 21693		1.05	.12	14.17				5124
0744.8 +7247		.SB.8..	1.15± .07	160				14.88±.1	2480± 6
142.29 29.76	UGC 3975	U	.07± .06	.10	14.7 ±.3			82± 7	
29.80 -1.11		8.0± .8		.09				59± 12	2600
0739.0 +7255	PGC 21698		1.16	.04	14.51			.33	2508
074456.2-414650		.SAS7..	1.16± .05						
255.72 -8.64	ESO 311- 7	S	.04± .05	1.35	14.22 ±.14				
186.43 -61.80		7.0± .8		.06					
074316.0-413930	PGC 21703		1.28	.02					
074511.3+075558		.S?....	1.28± .04	15				14.38±.3	5044± 10
211.87 15.53	UGC 4005		.72± .05	.13	14.6 ±.3				4970± 35
54.71 -63.29	IRAS07424+0803			1.09	13.15			469± 7	4915
074229.1+080317	PGC 21710		1.29	.36	13.36			.66	5247
074513.9+530429	NGC 2431	PSBS1*.	.97± .07	35					
164.98 29.27	UGC 3999	U	.03± .05	.22	14.26 ±.18				5679±155
34.13 -20.37		1.0± .9		.03					5727
074119.9+531145	PGC 21711		.99	.01	13.94				5779
074513.8+700159	A 0739+70	.SBS3..	1.30± .03	55	*		.73± .03	14.51±.1	3882± 10
145.47 29.95	UGC 3984	U (1)	.37± .04	.11	14.04 ±.19			339± 11	3906± 47
30.41 -3.81	IRAS07398+7009	3.0± .8	1.28± .14	.52	13.45		14.59± .36	325± 11	3994
073953.8+700913	PGC 21712	1.6± .9	1.31	.19	13.39			.94	3922
074514.2+110344		.S?....	.95± .07	165				16.06±.3	4897± 10
208.94 16.90	UGC 4006		.13± .05	.10	14.60 ±.18				
51.77 -60.48	IRAS07424+1110			.20	13.75			220± 7	4784
074228.6+111103	PGC 21713		.96	.07	14.28			1.71	5101
074515.4-712431	NGC 2466	.SAS5*.	1.19± .03		13.54 ±.13	.58± .01	.70± .01	14.49±.3	5364± 9
283.47 -21.48	ESO 59- 18	RS (1)	.05± .04	.74	13.42 ±.14	-.27± .10		172± 12	5284± 35
201.43 -33.79	IRAS07456-7117	5.3± .5	.82± .01	.08		.36	13.13± .03		5148
074539.0-711706	PGC 21714	1.7± .6	1.26	.03	12.64	-.42	14.23± .22	1.83	5462
0745.2 +5610		.SB.9..	1.05± .08	75				15.50±.1	988± 7
161.44 29.61	UGC 3998	U	.28± .06	.16					
33.41 -17.34		9.0± .9		.28				74± 8	1048
0741.2 +5618	PGC 21715		1.06	.14					1077
074528.5-674801		.SAR5..	1.05± .05						
279.90 -20.10	ESO 59- 17	S (1)	.03± .05	.64	14.72 ±.14				5100± 63
200.27 -37.27	FAIR 270	5.0± .8		.05					4884
074521.0-674036	PGC 21717	4.4± .8	1.11	.02	14.00				5216
0745.4 +0755		.S?....	.89± .11	134					
211.90 15.60	MCG 1-20- 5		.24± .07	.13	14.8 ±.3				4819± 35
54.86 -63.26	IRAS07427+0803			.36	13.35				4695
0742.7 +0803	PGC 21718		.90	.12	14.31				5027
074545.1+045852		.S..1?.	1.14± .13	90				14.76±.3	2768± 10
214.67 14.34	UGC 4010	U	.57± .12	.16	14.6 ±.3				
58.39 -65.80	IRAS07430+0506	1.0±1.8		.58	13.52			230± 7	2635
074306.0+050613	PGC 21730		1.15	.28	13.87			.61	2980
0745.9 +5059		.S..9..	1.09± .06	50					
167.36 29.09	UGC 4002	U	.47± .05	.21					
34.74 -22.37		9.0± .9		.48					
0742.1 +5107	PGC 21733		1.11	.24					
074621.9+481749		.SB.1..	1.06± .06	129					
170.42 28.75	UGC 4007	U	.49± .05	.24	14.67 ±.13				
35.50 -24.98	IRAS07427+4827	1.0± .9		.50	12.97				
074240.8+482510	PGC 21755		1.08	.24					
0746.3 +6227		.E.....	1.02± .11	135					
154.22 30.13	UGC 4001	U	.24± .05	.16	14.50 ±.15				
32.15 -11.18		-5.0± .9		.00					
0741.9 +6235	PGC 21756		.97						
0746.4 +5857		.S..1*.	1.15± .05	87					
158.26 29.98	UGC 4003	U	.31± .05	.17	14.64 ±.19				
32.94 -14.59		1.0±1.2		.31					
0742.2 +5905	PGC 21758		1.16	.15					

R.A. 2000 DEC. l b SGL SGB R.A. 1950 DEC.	Names PGC	Type S_T n_L T L	$\log D_{25}$ $\log R_{25}$ $\log A_e$ $\log D_o$	p.a. A_g A_i A_{21}	B_T m_B m_{FIR} B_T^o	$(B-V)_T$ $(U-B)_T$ $(B-V)_T^o$ $(U-B)_T^o$	$(B-V)_e$ $(U-B)_e$ m'_e m'_{25}	m_{21} W_{20} W_{50} HI	V_{21} V_{opt} V_{GSR} V_{3K}
074625.8-183254		.SBS6?/	1.25± .05	145					3304
235.67 3.18	ESO 560- 12	SE (1)	.56± .05	2.67					
131.66 -77.40	IRAS07442-1825	5.7±1.0		.83	12.26				3108
074412.1-182530	PGC 21759	6.7±1.3	1.51	.28					3522
074637.9+444728		.S..0..	1.12± .08						
174.35 28.16	UGC 4008	U	.22± .07	.18					9219± 34
36.49 -28.37	IRAS07430+4454	.0± .9		.16	13.35				9235
074304.5+445450	PGC 21767		1.12						9347
0746.7 -0547		.SBS7?.	1.22± .07	145					
224.53 9.54		E (1)	.08± .08	.66					
79.73 -73.89		7.0±1.8		.10					
0744.3 -0540	PGC 21768	6.4±1.6	1.29	.04					
074653.0+390200	NGC 2444	.RING.A	1.07± .04		14.20 ±.14	1.01± .01	1.04± .01	14.80±.3	4048± 17
180.69 26.92	UGC 4016	R	.16± .07	.23		.53± .01	.54± .01	433± 34	3974± 32
38.24 -33.93		-2.0± .4	.46± .03	.00		.91	11.99± .12	341± 25	4025
074330.6+390924	PGC 21774		1.07		13.91	.48	14.01± .29		4177
074654.7+390101	NGC 2445	.RING.B	1.15± .03		13.9 ±.2	.61± .05		14.54±.1	4002± 8
180.71 26.92	UGC 4017	R	.11± .07	.23		-.02± .08		488± 9	3903± 36
38.25 -33.94	IRAS07435+3908	10.0± .4	.60± .02	.09	11.80	.50	12.41± .05	330± 12	3990
074332.3+390825	PGC 21776		1.17	.06	13.58	-.10	14.21± .31	.90	4143
074656.0+071744		.SB.3*.	1.04± .06	37				16.18±.3	5068± 10
212.66 15.64	UGC 4025	U	.43± .05	.13	14.6 ±.3				
56.25 -63.65	IRAS07442+0725	3.0± .9		.60	13.21			335± 7	4942
074414.5+072510	PGC 21779		1.05	.22	13.87			2.09	5279
0746.9 +5215		.S..6*.	1.04± .06	143					
165.95 29.42	UGC 4011	U	.88± .05	.21					
34.60 -21.10		6.0±1.5		1.30					
0743.1 +5223	PGC 21782		1.06	.44					
074702.1+413212		.E...*.	1.00± .19	154					
177.96 27.54	UGC 4018	U	.09± .08	.21					8489± 56
37.51 -31.50		-5.0±1.2		.00					8491
074335.2+413936	PGC 21786		1.01						8627
0747.1 +2756	A 0744+28	.S..4..	.99± .10		14.1 ±.4	.84± .04	.92± .04	15.53±.1	8254± 8
192.46 23.75	MCG 5-19- 4	P (1)	.09± .07	.09	14.54 ±.18			379± 21	8209± 59
42.32 -44.56		4.0± .8		.14		.75		347± 15	8202
0744.0 +2804	PGC 21789	1.8± .9	1.00	.05	14.19		13.65± .69	1.29	8428
074706.9+622256	A 0742+62		.50± .14						
154.31 30.22			.00± .12	.16					5664± 60
32.25 -11.24	MK 82								5748
074238.3+623019	PGC 21790		.51						5733
074710.1+302921	IC 475	.S?....	.74± .14						
189.82 24.58	MCG 5-19- 5		.21± .07	.14	15.4 ±.2				4246± 82
41.30 -42.13	ARAK 140			.16					4205
074401.0+303646	PGC 21795		.74		15.04				4415
074720.2+265554	NGC 2449	.S..2..	1.13± .05	137				16.67±.3	4778± 10
193.52 23.46	UGC 4026	U	.32± .05	.13	14.26 ±.18				4809± 38
42.83 -45.51		2.0± .9		.39				230± 7	4725
074416.0+270320	PGC 21802		1.14	.16	13.69			2.82	4957
074725.9-780901		.SBR3..	1.09± .09						
290.36 -23.71	ESO 17- 6	r	.07± .07	.68					
203.20 -27.23		3.3± .8		.10					
074934.0-780124	PGC 21804		1.16	.04					
074729.1-694233		.SBS3?.	1.09± .05	64					
281.86 -20.67	ESO 59- 19	S (1)	.50± .04	.65	14.66 ±.14				
200.68 -35.39	IRAS07476-6934	3.0±1.3		.69	13.24				
074736.0-693500	PGC 21809	3.3±1.3	1.15	.25					
074729.1+605559	A 0743+61	.S..3..	1.25± .03	130	13.34 ±.19	.68± .04	.66± .02	14.70±.1	8753± 12
155.99 30.21	UGC 4013	U (1)	.38± .04	.19	13.95 ±.18	-.42± .09	-.44± .04		8720± 29
32.62 -12.64	MK 10	3.0± .8	.99± .07	.53	13.14	.51	13.78± .25	508± 15	8826
074307.4+610323	PGC 21810	3.5±1.1	1.27	.19	12.89	-.55	13.49± .27	1.62	8822
074734.2-412706		.S..0?/	1.54± .04	14					
255.68 -8.05	ESO 311- 12	S	.91± .05	1.49	12.83 ±.14				
185.21 -61.87		.0±1.7		.68					
074553.0-411936	PGC 21815		1.63						
074744.4+481322		.S..6*.	1.02± .06	133					
170.55 28.96	UGC 4022	U	.41± .05	.31	15.35 ±.18				
35.77 -25.00		6.0±1.3		.60					
074403.5+482049	PGC 21819		1.05	.20					

R.A. 2000 DEC.	Names	Type	$\log D_{25}$	p.a.	B_T	$(B-V)_T$	$(B-V)_e$	m_{21}	V_{21}
l b		S_T n_L	$\log R_{25}$	A_g	m_B	$(U-B)_T$	$(U-B)_e$	W_{20}	V_{opt}
SGL SGB		T	$\log A_e$	A_i	m_{FIR}	$(B-V)^o_T$	m'_e	W_{50}	V_{GSR}
R.A. 1950 DEC.	PGC	L	$\log D_o$	A_{21}	B^o_T	$(U-B)^o_T$	m'_{25}	HI	V_{3K}
074748.8+621932		.SBS6..	1.06± .04					15.77±.1	5709± 11
154.38 30.30	UGC 4015	U	.11± .04	.16	15.1 ±.2				
32.34 -11.27	KUG 0743+624	6.0± .8		.15				197± 8	5792
074320.6+622657	PGC 21821		1.07	.05	14.73			.99	5778
074751.6-184454		.SBS4?.	1.43± .03	141					
236.01 3.37	ESO 560- 13	SE (1)	.79± .04	2.53					
132.25 -77.03	IRAS07456-1837	4.0±1.2		1.16	12.31				
074538.1-183724	PGC 21822	4.4±1.2	1.67	.39					
0748.0 +5900	A 0743+59	.SX.3..	1.31± .04	18	14.15 ±.15	.77± .03	.81± .03	14.66±.1	6494± 10
158.22 30.19	UGC 4020	U (1)	.31± .05	.13	14.4 ±.2			377± 11	6508± 59
33.13 -14.50	SBS 0743+591C	3.0± .8	.83± .02	.43		.64	13.79± .05	368± 11	6565
0743.8 +5908	PGC 21832	2.2± .8	1.32	.16	13.60		14.76± .28	.91	6575
074813.8-183819		.IB.9..	1.19± .07	5					921
235.96 3.50	ESO 560- 14	S (1)	.44± .07	2.44					
131.69 -76.96		10.0± .9		.33					725
074600.1-183048	PGC 21844	10.0±1.3	1.42	.22					1141
074819.3+341956		.SB.4*.	1.36± .04	63				14.34±.3	4415± 10
185.84 25.96	UGC 4029	U	.68± .05	.17	14.42 ±.18				
40.16 -38.38	IRAS07450+3427	4.0± .8		1.00	12.80			350± 7	4389
074504.7+342726	PGC 21847		1.37	.34	13.22			.78	4575
074820.1+231417		.S..6*.	.97± .05	165				15.83±.3	6852± 10
197.36 22.39	UGC 4031	U	.13± .04	.22	14.93 ±.19			261± 13	
44.91 -48.93		6.0±1.3		.20					6783
074520.6+232147	PGC 21849		.99	.07	14.48			1.28	7039
0748.5 +6520		.SB.2..	1.03± .06	50					
150.88 30.40	UGC 4021	U	.11± .05	.10	14.89 ±.20				
31.74 -8.32		2.0± .9		.14					
0743.8 +6528	PGC 21853		1.04	.06					
0748.5 +6211		.S..6*.	1.19± .05	115				15.62±.1	1716± 11
154.54 30.38	UGC 4024	U	.63± .05	.17	14.78 ±.18				
32.46 -11.39		6.0±1.3		.92				208± 8	1799
0744.1 +6219	PGC 21854		1.20	.31	13.69			1.62	1786
074833.4-662942		.SBR4*.	1.03± .08						
278.76 -19.31	ESO 89- 3	S (1)	.00± .07	.71					
199.46 -38.45		4.0±1.2		.00					
074816.0-662206	PGC 21855	4.4± .9	1.10	.00					
074835.1+300909		.S..6*.	1.00± .08	122				15.80±.3	8122± 9
190.28 24.77	UGC 4032	U	.84± .06	.15	15.9 ±.2				
41.83 -42.36		6.0±1.4		1.24				358± 5	8079
074526.7+301640	PGC 21857		1.01	.42	14.46			.92	8293
0748.6 +5549		.E?....							
161.90 30.05	MCG 9-13- 57			.17	15.3 ±.3				10670± 60
33.98 -17.58									10729
0744.6 +5557	PGC 21859								10763
074839.9+543638	NGC 2446	.S..3..	1.29± .04	130				14.60±.1	5672± 7
163.29 29.94	UGC 4027	U (1)	.29± .05	.15	13.73 ±.18				5575±155
34.28 -18.76	IRAS07446+5444	3.0± .8		.39	12.53			468± 8	5726
074441.9+544408	PGC 21860	1.5±1.1	1.30	.14	13.15			1.31	5769
074844.7+661154		.L.....	1.16± .06	136					
149.89 30.40	UGC 4023	U	.28± .03	.11	14.11 ±.15				
31.56 -7.48		-2.0± .8		.00					
074355.1+661922	PGC 21864		1.13						
074918.7-542814		.IBS9P.	1.39± .05	162				14.02±.3	1047± 9
267.49 -14.00	ESO 163- 19	S (1)	.22± .07	.70					
194.08 -49.83		10.0± .8		.16				51± 7	820
074808.0-542036	PGC 21889	7.8± .8	1.46	.11					1205
074919.2+305406		.S..7..	1.04± .08	34				15.94±.3	3971± 10
189.55 25.15	UGC 4034	U	.59± .06	.14	15.52 ±.18				
41.73 -41.60		7.0± .9		.81				199± 7	3931
074609.7+310140	PGC 21891		1.05	.29	14.56			1.09	4141
074924.6+742001	A 0743+74	.L..-*.	.92± .06	122	14.4 ±.2	.80± .03	.81± .02		3907± 31
140.49 29.95	UGC 4014	U	.28± .04	.10	14.54 ±.19	.27± .05	.36± .03		
29.79 .46	MK 11	-3.0±1.3	.36± .07	.00		.73	11.71± .24		4032
074317.0+742730	PGC 21896		.89		14.31	.26	13.18± .38		3931
074936.1+265428		.S?....	.98± .07	83				16.00±.3	7065± 10
193.73 23.93	UGC 4038		.42± .05	.09	15.17 ±.18				
43.53 -45.37				.63				423± 7	7010
074632.1+270203	PGC 21900		.98	.21	14.41			1.38	7245

R.A. 2000 DEC. l b SGL SGB R.A. 1950 DEC.	Names PGC	Type S_T n_L T L	$\log D_{25}$ $\log R_{25}$ $\log A_e$ $\log D_o$	p.a. A_g A_i A_{21}	B_T m_B m_{FIR} B_T^o	$(B-V)_T$ $(U-B)_T$ $(B-V)_T^o$ $(U-B)_T^o$	$(B-V)_e$ $(U-B)_e$ m'_e m'_{25}	m_{21} W_{20} W_{50} HI	V_{21} V_{opt} V_{GSR} V_{3K}
074941.3+295632		.S..3*.	1.11± .05	140				15.43±.3	3706± 10
190.58 24.93	UGC 4039	U (1)	.79± .05	.18	15.33 ±.18				
42.22 -42.49		3.0±1.3		1.08				297± 7	3662
074633.1+300407	PGC 21909	3.5±1.3	1.13	.39	14.05			.99	3879
0749.7 +6120		.SXR2..	.95± .07					16.28±.1	5935± 11
155.53 30.51	UGC 4033	U (1)	.09± .05	.19	14.82 ±.18				
32.80 -12.18		2.0± .9		.11				251± 8	6014
0745.4 +6128	PGC 21914	4.5±1.1	.97	.04	14.46			1.77	6009
074950.8+335743	IC 2207	.S..6*.	1.31± .04	124				14.84±.3	4794± 7
186.34 26.16	UGC 4040	U	.83± .05	.16	15.17 ±.19				
40.68 -38.64	IRAS07466+3405	6.0±1.3		1.22	13.27			446± 7	4766
074636.9+340519	PGC 21918		1.32	.42	13.77			.65	4956
074951.3+184947		.S..6*.	1.14± .05	147				15.39±.3	4634± 10
201.91 21.07	UGC 4044	U	.31± .05	.16	14.6 ±.2				
47.94 -52.92		6.0±1.2		.45				199± 7	4548
074657.2+185723	PGC 21919		1.16	.15	13.98			1.26	4831
074958.7+555527	A 0745+56A	.S?....	.64± .17		15.7 ±.2	.85± .06			
161.80 30.24	MCG 9-13- 66		.28± .07	.16		.13± .11			10563± 41
34.14 -17.44	ARAK 141			.43	13.40	.69			10622
074556.7+560302	PGC 21924		.65	.14	15.06	.00	13.02± .87		10657
074959.3+300130		RSBR3*.	.95± .07	25				16.45±.3	8292± 10
190.52 25.02	UGC 4042	U	.08± .05	.18	14.75 ±.18				
42.27 -42.39		3.0± .9		.11				394± 7	8249
074651.1+300906	PGC 21927		.97	.04	14.41			2.00	8465
075008.8+552303		.E.....	.90± .22						
162.42 30.22	UGC 4035	U	.00± .08	.15	14.07 ±.17				5778± 38
34.30 -17.96		-5.0± .9		.00					5835
074608.6+553038	PGC 21939		.92		13.84				5873
075009.4+304358	A 0747+30	.SB.3..	1.22± .05	120	13.86 ±.13	.57± .02	.65± .02	15.38±.1	4282± 6
189.78 25.27	UGC 4047	U (1)	.20± .05	.13	14.0 ±.2	-.01± .04	-.02± .04	324± 9	4363± 59
42.02 -41.70	IRAS07469+3051	3.0± .8	.70± .02	.28	12.98	.47	12.85± .05	265± 5	4242
074700.2+305135	PGC 21940	1.1± .8	1.23	.10	13.45	-.08	14.30± .29	1.83	4454
075010.1+304103		.SB?...	.96± .09					16.17±.3	4434± 7
189.84 25.26	UGC 4046		.22± .06	.13					
42.05 -41.75				.32				82± 7	4393
074701.0+304840	PGC 21942		.97	.11					4605
075011.4+342454	A 0746+34	.S?....	.96± .17						
185.87 26.35	UGC 4045		.00± .12	.17	15.2 ±.2				8520± 40
40.60 -38.19				.00					8494
074656.8+343231	PGC 21944		.98	.00	14.93				8682
0750.3 +5524		.S?....	.94± .11						
162.40 30.25	MCG 9-13- 69		.47± .07	.15	15.0 ±.2				5975± 38
34.32 -17.93				.71					6032
0746.3 +5532	PGC 21950		.95	.24	14.14				6070
075018.5-725221		.SBS4..	1.07± .05	132					
285.08 -21.66	ESO 35- 17	S (1)	.25± .05	.82	15.53 ±.14				
201.44 -32.28	IRAS07509-7244	4.0± .8		.37	13.21				
075056.1-724436	PGC 21951	3.3± .9	1.15	.13					
0750.5 +5554	A 0745+56B	.S?....	.94± .11		15.3 ±.2	.63± .09			
161.83 30.32	MCG 9-13- 71		.00± .07	.16	14.89 ±.19	-.09± .13			
34.23 -17.44				.00					
0746.5 +5602	PGC 21961		.95	.00			14.83± .60		
0750.7 +5421		.S..7..	1.32± .04	5				15.19±.1	3402± 7
163.61 30.22	UGC 4043	U	.95± .05	.13	14.79 ±.18				
34.65 -18.93	IRAS07468+5429	7.0± .9		1.31	12.79			419± 8	3454
0746.8 +5429	PGC 21970		1.33	.47	13.33			1.38	3501
075048.3+742132	A 0744+74	.SXS5$.	1.05± .04	10	13.1 ±.3	.43± .04		14.46±.1	3952± 6
140.45 30.04	UGC 4028	R	.10± .04	.10	13.1 ±.3	-.39± .06		259± 7	4030± 20
29.87 .51	MK 12	5.0± .6		.15		.36		213± 6	4083
074441.0+742906	PGC 21971		1.06	.05	12.81	-.44	12.95± .38	1.60	3982
075056.0+235333		.S..3..	1.46± .03	175				15.04±.1	2121± 7
196.93 23.18	UGC 4054	U (1)	.67± .04	.29	14.3 ±.3			252± 8	2156± 76
45.42 -48.11		3.0± .9		.92					2054
074755.9+240113	PGC 21976	3.5±1.2	1.49	.33	13.05			1.65	2310
0750.9 +1758		.S..8..	1.00± .16					15.99±.3	8491± 11
202.87 20.99	UGC 4058	U	.00± .12	.19				226± 7	
48.91 -53.61		8.0± .8		.00				183± 7	8402
0748.1 +1806	PGC 21978		1.02	.00					8691

R.A. 2000 DEC. / l b / SGL SGB / R.A. 1950 DEC.	Names / PGC	Type / S_T n_L / T / L	$\log D_{25}$ / $\log R_{25}$ / $\log A_e$ / $\log D_o$	p.a. / A_g / A_i / A_{21}	B_T / m_B / m_{FIR} / B_T^o	$(B-V)_T$ / $(U-B)_T$ / $(B-V)_T^o$ / $(U-B)_T^o$	$(B-V)_e$ / $(U-B)_e$ / m'_e / m'_{25}	m_{21} / W_{20} / W_{50} / HI	V_{21} / V_{opt} / V_{GSR} / V_{3K}
075108.1+340323		.S..7..	1.06± .06	135				15.97±.3	4748± 7
186.32 26.44	UGC 4055	U	.09± .05	.16	15.2 ±.3				
40.97 -38.47		7.0± .9		.12				188± 7	4720
074754.1+341104	PGC 21983		1.07	.04	14.87			1.05	4912
075117.8+501047		.E?....	.72± .12						
168.42 29.83	UGC 4051		.14± .03	.21	14.6 ±.3				6109±155
35.85 -22.96	ARAK 142			.00					6145
074732.7+501827	PGC 21990		.71		14.34				6223
075126.2+140111		.S?....	1.08± .06	104				15.24±.3	4678± 10
206.77 19.51	UGC 4060		.52± .05	.09	14.68 ±.19				
51.96 -57.16	IRAS07486+1409			.78	13.22			410± 7	4574
074837.6+140854	PGC 22002		1.08	.26	13.78			1.20	4885
075135.6+425249		.SXS5..	1.04± .04	30					
176.68 28.65	UGC 4056	U	.20± .04	.20	14.81 ±.18				
38.04 -29.99	KUG 0748+430	5.0± .9		.30					
074806.7+430031	PGC 22008		1.06	.10					
0751.7 +7102			.84± .10						
144.27 30.43	CGCG 331- 18		.06± .10	.10	15.47 ±.18				6519±125
30.71 -2.70									6633
0746.3 +7110	PGC 22020		.85						6557
075154.7+730058	NGC 2441	.SXR3*.	1.30± .03		13.0 ±.2	.81± .07		15.08±.3	3470± 17
141.99 30.26	UGC 4036	R (2)	.06± .03	.09	12.70 ±.14			156± 34	3590± 58
30.26 -.78	IRAS07460+7308	3.0± .5		.08	12.85	.76		128± 25	3600
074605.7+730837	PGC 22031	2.5± .7	1.31	.03	12.60		14.22± .27	2.45	3510
075155.2+271803		.S..3..	1.07± .14	161				15.54±.3	7903± 10
193.51 24.55	UGC 4061	U (1)	1.01± .12	.12	15.97 ±.20				
44.03 -44.83		3.0±1.0		1.38				503± 7	7849
074850.8+272547	PGC 22032	5.5±1.4	1.08	.50	14.41			.63	8085
075213.2+302138		.I..9*.	1.14± .13	154				16.14±.3	4306± 10
190.33 25.58	UGC 4064	U	.39± .12	.13					
42.75 -41.92		10.0±1.2		.29				152± 7	4264
074904.7+302923	PGC 22042		1.15	.20					4480
0752.3 +7335		.S..6*.	1.04± .08	157					
141.32 30.23	UGC 4037	U	.76± .06	.10					
30.16 -.22		6.0±1.4		1.12					
0746.4 +7343	PGC 22044		1.05	.38					
075238.9+733009		.E?....	.95± .10	132					
141.42 30.26	UGC 4041		.39± .04	.10	13.9 ±.3				3449
30.20 -.30	IRAS07467+7337			.00	12.04				3571
074644.2+733751	PGC 22050		.85		13.77				3477
0752.6 +5024		.S..4..	1.07± .07	135					
168.20 30.07	UGC 4062	U	.79± .06	.22					
36.02 -22.68		4.0±1.0		1.17					
0748.9 +5032	PGC 22052		1.09	.40					
0752.6 +6232		.S..6*.	1.06± .08	50				15.32±.1	6572± 11
154.14 30.86	UGC 4059	U	.26± .06	.15	15.2 ±.2				
32.84 -10.94		6.0±1.2		.38				248± 8	6655
0748.2 +6240	PGC 22053		1.07	.13	14.61			.58	6643
0752.9 +4009		.S..6*.	1.16± .07	14					
179.77 28.31	UGC 4068	U	.88± .06	.24					
39.20 -32.54		6.0±1.3		1.30					
0749.5 +4017	PGC 22063		1.18	.44					
0753.0 +6805		.S?....	.80± .08						
147.68 30.75	MCG 11-10- 35		.17± .06	.16	15.13 ±.19				4011±125
31.53 -5.54				.26					4115
0748.0 +6813	PGC 22068		.82	.09	14.69				4061
0753.1 +5514		.S..7..	1.20± .05	159				14.96±.1	7482± 11
162.63 30.63	UGC 4065	U	.87± .05	.14	15.41 ±.18				
34.77 -17.99	IRAS07491+5522	7.0±1.0		1.20	12.56			510± 8	7538
0749.1 +5522	PGC 22072		1.21	.44	14.05			.48	7580
075326.3+501343		.SXR1*.	1.00± .06	135					
168.42 30.17	UGC 4070	U	.10± .05	.18	14.73 ±.18				
36.20 -22.82		1.0± .9		.10					
074941.5+502132	PGC 22093		1.01	.05					
075329.1+143643		.SBT7*.	.97± .09					16.03±.3	4665± 10
206.41 20.20	UGC 4077	U	.02± .06	.12	14.56 ±.19				
52.31 -56.41		7.0± .9		.03				165± 7	4563
075040.0+144434	PGC 22096		.98	.01	14.40			1.62	4874

R.A. 2000 DEC. l b SGL SGB R.A. 1950 DEC.	Names PGC	Type S_T n_L T L	$\log D_{25}$ $\log R_{25}$ $\log A_e$ $\log D_o$	p.a. A_g A_i A_{21}	B_T m_B m_{FIR} B_T^o	$(B-V)_T$ $(U-B)_T$ $(B-V)_T^o$ $(U-B)_T^o$	$(B-V)_e$ $(U-B)_e$ m'_e m'_{25}	m_{21} W_{20} W_{50} HI	V_{21} V_{opt} V_{GSR} V_{3K}
0753.6 +5252		.SBS3..	1.07± .06	17					
165.37 30.51	UGC 4072	U	.35± .05	.13	14.57 ±.18				
35.49 -20.25	IRAS07498+5300	3.0± .9		.49	13.06				
0749.8 +5300	PGC 22110		1.08	.18					
075351.5-721253		.S..4..	1.10± .05	103					
284.54 -21.17	ESO 59- 22	S (1)	.66± .04	.83	15.42 ±.14				
200.92 -32.83		4.0± .9		.97					
075420.0-720454	PGC 22119	3.3±1.0	1.17	.33					
075405.5+742312	A 0748+74	.S..1..	1.40± .04	55					
140.39 30.25	UGC 4057	U	.52± .05	.10	13.40 ±.18				
30.08 .59		1.0± .8		.53					
074759.4+743059	PGC 22127		1.41	.26					
075410.7+552939	NGC 2456	.E.....	1.04± .18	30					
162.35 30.80	UGC 4073	U	.13± .08	.12	14.13 ±.15				7572± 38
34.85 -17.71		-5.0± .8		.00					7629
075011.0+553730	PGC 22129		1.02		13.90				7670
075418.5+541519		.SAT6..	.99± .06						
163.79 30.73	UGC 4074	U	.00± .05	.10	13.84 ±.19				7186± 38
35.21 -18.90	IRAS07504+5423	6.0± .8		.00					7238
075022.7+542311	PGC 22134		1.00	.00	13.71				7288
075420.5+042734	NGC 2470	.S..2..	1.29± .03	128	13.64 ±.14	.94± .05	.98± .05		
216.15 16.02	UGC 4091	U	.52± .05	.05	13.9 ±.3	.44± .03	.45± .03		4114± 38
63.41 -65.05	IRAS07517+0435	2.0± .8	.68± .03	.64	13.44	.80	12.53± .08		3977
075142.1+043528	PGC 22137		1.30	.26	12.94	.32	13.66± .23		4337
0754.4 +1344		.S..1..	1.04± .08	35					
207.36 20.05	UGC 4089	U	.67± .06	.10	15.30 ±.18				
53.39 -57.10		1.0±1.0		.68					
0751.6 +1352	PGC 22140		1.05	.33					
075425.0+392217		.S?....	.79± .08						
180.71 28.42	MCG 7-16- 23		.06± .06	.21	14.88 ±.19				5864±125
39.80 -33.20				.08					5857
075102.8+393010	PGC 22141		.81	.03	14.55				6016
075427.0+161249		.I..9*.	.96± .09					17.06±.3	4754± 7
204.95 21.06	UGC 4086	U	.00± .06	.10					
51.45 -54.87		10.0±1.2		.00				84± 7	4658
075136.0+162043	PGC 22143		.97	.00					4962
0754.4 +3839		.I..9..	1.00± .08	58					
181.51 28.26	UGC 4081	U	.43± .06	.20					
40.07 -33.89		10.0± .9		.32					
0751.1 +3847	PGC 22144		1.02	.22					
075427.7+581615		.S?....	.89± .11						
159.12 30.99	MCG 10-12- 11		.35± .07	.14	15.37 ±.18				6086± 63
34.15 -15.01	MK 1411			.43					6153
075018.4+582407	PGC 22145		.90	.18	14.73				6174
075433.3+294236		.I..9*.	1.04± .08	150				15.66±.3	4995± 10
191.19 25.86	UGC 4084	U	.59± .06	.11	15.47 ±.18				
43.68 -42.37		10.0±1.3		.44				226± 7	4950
075125.9+295030	PGC 22151		1.05	.29	14.92			.45	5174
0754.5 +6011		.S..6*.	1.04± .06	160					
156.89 31.06	UGC 4075	U	.96± .05	.16					
33.67 -13.16		6.0±1.5		1.41					
0750.3 +6019	PGC 22153		1.05	.48					
075450.2+500214		.E...*.	1.04± .18						
168.67 30.37	UGC 4082	U	.04± .08	.16	14.22 ±.15				6743± 38
36.48 -22.94		-5.0±1.2		.00					6778
075106.0+501008	PGC 22162		1.06		13.96				6861
0754.9 +7237		.SB.6*.	1.12± .05	165				15.24±.1	3462± 11
142.42 30.52	UGC 4067	U	.25± .05	.09	15.1 ±.2				
30.57 -1.11		6.0±1.2		.37				211± 8	3581
0749.2 +7245	PGC 22167		1.12	.13	14.62			.50	3495
0754.9 +5407		.S?....	.74± .14						
163.96 30.80	MCG 9-13- 88		.21± .07	.10	15.3 ±.2				7585± 38
35.34 -19.01				.31					7636
0751.0 +5415	PGC 22169		.75	.10	14.82				7688
075504.1-762441		.SAS5*/	1.51± .04	135					
288.75 -22.70	ESO 35- 18	S (1)	.66± .05	.92	14.08 ±.14				
202.22 -28.79	IRAS07564-7616	5.3± .7		.99	13.06				
075631.0-761636	PGC 22174	5.0± .6	1.59	.33					

R.A. 2000 DEC.	Names	Type	$\log D_{25}$	p.a.	B_T	$(B-V)_T$	$(B-V)_e$	m_{21}	V_{21}
l b		S_T n_L	$\log R_{25}$	A_g	m_B	$(U-B)_T$	$(U-B)_e$	W_{20}	V_{opt}
SGL SGB		T	$\log A_e$	A_i	m_{FIR}	$(B-V)^o_T$	m'_e	W_{50}	V_{GSR}
R.A. 1950 DEC.	PGC	L	$\log D_o$	A_{21}	B^o_T	$(U-B)^o_T$	m'_{25}	HI	V_{3K}
075505.9+554213	A 0751+55	.S...P.	1.00± .06	3	14.2 ±.2	.47± .06			
162.12 30.95	UGC 4079	R	.29± .05	.12	13.9 ±.3	-.18± .08			6138± 60
34.93 -17.47	MK 84			.44	12.77	.35			6195
075105.7+555007	PGC 22175		1.01	.15	13.49	-.27	13.31± .39		6235
075506.0+432914		.S..7..	1.02± .08	100					
176.14 29.40	UGC 4087	U	.19± .06	.24	15.2 ±.2				
38.55 -29.22		7.0± .9		.27					
075136.3+433710	PGC 22176		1.04	.10					
075512.4-280959		.SBR3?.	1.27± .06						
244.97 .02	ESO 430- 1	S	.01± .07						
161.04 -71.33	IRAS07531-2802	3.3± .9		.02	12.06				
075310.0-280200	PGC 22177			.01					
0755.3 +5613		.S..6*.	1.00± .16						
161.52 31.01	UGC 4083	U	1.02± .06	.13					
34.82 -16.97		6.0±1.5		1.47					
0751.3 +5621	PGC 22185		1.01	.50					
075520.3+531949		.S?....	1.02± .06	65					
164.88 30.80	UGC 4085		.19± .05	.10	14.38 ±.18				7327± 37
35.62 -19.75	IRAS07514+5327			.28	12.58				7376
075127.4+532745	PGC 22186		1.03	.09	13.96				7434
075522.9+264435	IC 480	.S..4..	1.22± .06	168				15.41±.2	4626± 7
194.37 25.09	UGC 4096	U	.76± .06	.16	15.04 ±.18			353± 15	
45.33 -45.09	IRAS07523+2652	4.0± .9		1.12	12.12			334± 7	4569
075219.5+265233	PGC 22188		1.23	.38	13.73			1.30	4813
075525.0+391110	A 0752+39	.S?....	.88± .05						
180.97 28.57	MCG 7-17- 1		.06± .05	.21	15.30 ±.18				10137± 32
40.09 -33.32	MK 382			.09					10129
075203.3+391907	PGC 22190		.90	.03	14.96				10290
075525.9-212029		.SBS5*.	1.34± .04	140				13.25±.3	922± 11
239.15 3.58	ESO 561- 2	SE (1)	.18± .04	2.40				175± 16	
140.56 -74.62	IRAS07532-2112	5.0± .5		.28	13.43			148± 12	719
075315.0-211230	PGC 22192	9.8±1.6	1.57	.09					1147
0755.5 +5612		.S..6*.	1.00± .08						
161.54 31.04	UGC 4088	U	1.02± .06	.13					
34.85 -16.97		6.0±1.5		1.47					
0751.5 +5620	PGC 22198		1.01	.50					
075541.2+845538		.L...?.	1.20± .14	35				15.49±.1	4365± 9
128.48 28.42	UGC 3993	U	.11± .08	.23	13.81 ±.16			194± 11	
27.51 10.81		-2.0±1.6		.00				186± 8	4523
074149.6+850316	PGC 22202		1.21		13.51				4348
075548.8+244221		.SBR3..	1.21± .05	100				15.03±.2	4673± 7
196.52 24.50	UGC 4099	U	.05± .05	.18	13.9 ±.3			319± 15	
46.52 -46.95		3.0± .8		.06				307± 7	4608
075248.0+245020	PGC 22205		1.22	.02	13.65			1.36	4865
075552.2-521827	NGC 2502	.LXS0..	1.31± .05	126	13.19 ±.13	1.23± .01	1.26± .01		
266.00 -12.11	ESO 209- 8	S	.20± .04	1.02	13.09 ±.14	.73± .02	.77± .01		1095± 15
191.39 -51.46		-2.0± .5	.78± .02	.00		.98	12.58± .08		867
075434.0-521024	PGC 22210		1.40		12.10	.46	14.12± .29		1264
075556.4+850933	IC 469	.SXT2*.	1.34± .04	90					
128.22 28.37	UGC 3994	PU	.34± .05	.22	13.52 ±.18				2080± 39
27.46 11.03	IRAS07419+8516	1.5± .6		.41					2239
074131.7+851711	PGC 22213		1.36	.17	12.87				2063
075601.3+582552		.S..2..	1.04± .06	56					
158.94 31.20	UGC 4092	U	.38± .05	.14	14.45 ±.20				5662±155
34.31 -14.81	IRAS07517+5833	2.0± .9		.47					5730
075151.7+583350	PGC 22219		1.05	.19	13.78				5750
075606.6-681642		.SBT5..	1.16± .04	2					
280.80 -19.38	ESO 59- 23	S (1)	.31± .04	.65	14.84 ±.14				
199.26 -36.53	IRAS07560-6808	5.0± .8		.47	13.79				
075559.1-680836	PGC 22224	2.2± .9	1.23	.16					
075613.8+601819	IC 2209	.SBT3*.	1.03± .03	145	14.28 ±.15	.57± .05	.52± .05	13.67±.1	1427± 10
156.75 31.27	UGC 4093	R	.07± .04	.16	14.41 ±.18	-.04± .07		420± 6	1413± 25
33.84 -12.99	MK 13	3.0± .5	.72± .03	.09		.51	13.37± .09	337± 5	1500
075156.9+602617	PGC 22232		1.05	.03	14.07	-.08	14.12± .24	-.43	1506
0756.2 +1139		.SBR3..	1.04± .15						
209.57 19.60	UGC 4109	U	.04± .12	.05	14.5 ±.2				
55.99 -58.71		3.0± .8		.05					
0753.5 +1148	PGC 22235		1.04	.02					

R.A. 2000 DEC. l b SGL SGB R.A. 1950 DEC.	Names PGC	Type S_T n_L T L	$\log D_{25}$ $\log R_{25}$ $\log A_e$ $\log D_o$	p.a. A_g A_i A_{21}	B_T m_B m_{FIR} B_T^o	$(B-V)_T$ $(U-B)_T$ $(B-V)_T^o$ $(U-B)_T^o$	$(B-V)_e$ $(U-B)_e$ m'_e m'_{25}	m_{21} W_{20} W_{50} HI	V_{21} V_{opt} V_{GSR} V_{3K}
075618.3+780052		.S..6*.	1.24± .05					14.91±.1	2298± 6
136.22 29.85	UGC 4066	U	.01± .05	.14	13.9 ±.2			115± 6	
29.31 4.13		6.0±1.1		.02				93± 8	2435
074905.6+780845	PGC 22238		1.25	.01	13.73			1.18	2310
075624.2-784200		.SA.2?.	1.09± .06	42					
291.10 -23.48	ESO 17- 9	S	.54± .05	.44					
202.87 -26.58	IRAS07586-7833	2.0± .9		.66	12.83				
075840.1-783348	PGC 22244		1.13	.27					
075625.7+270048		.S?....	1.06± .06	85				16.11±.3	6565± 10
194.17 25.40	UGC 4105		.23± .05	.11	14.67 ±.18				
45.50 -44.75				.34				394± 7	6509
075322.0+270850	PGC 22246		1.07	.11	14.19			1.81	6752
0756.6 +6336		.SX.2..	1.01± .06	110					
152.90 31.30	UGC 4094	U	.05± .05	.11	14.73 ±.19				6959±125
33.01 -9.80		2.0± .8		.06					7046
0752.1 +6344	PGC 22252		1.02	.03	14.49				7028
075645.6+395544	NGC 2476	.E...?.	1.15± .08	135	13.58 ±.13	.94± .01	.99± .01		
180.21 28.98	UGC 4106	U	.24± .04	.24	13.39 ±.18	.47± .03	.54± .03		3729± 24
40.12 -32.53		-5.0±1.7	.59± .03	.00		.85	12.02± .10		3724
075322.7+400346	PGC 22260		1.12		13.21	.44	13.73± .43		3882
075648.7+072839	NGC 2485	.S..1..	1.20± .05					17.06±.2	4610± 7
213.62 17.92	UGC 4112	U	.00± .05	.03	13.07 ±.18			275± 7	
60.67 -62.22	IRAS07541+0736	1.0± .8		.00	12.01			255± 6	4483
075407.2+073643	PGC 22266		1.20	.00	12.99			4.07	4832
075650.2+734716		.S..1..	1.02± .06	60					
141.05 30.52	UGC 4080	U	.18± .05	.10	14.05 ±.20				
30.41 .05		1.0± .9		.19					
075053.6+735513	PGC 22268		1.03	.09					
075652.8+602100	NGC 2460	.SAS1..	1.39± .03	40	12.72 ±.13	.91± .01	.99± .01	13.27±.1	1451± 6
156.70 31.35	UGC 4097	R (1)	.12± .04	.14	12.52 ±.13	.33± .02	.42± .02	372± 4	1442± 56
33.91 -12.93	IRAS07525+6028	1.0± .3	.79± .02	.12	12.38	.84	12.16± .06	331± 5	1525
075235.8+602901	PGC 22270	5.0±1.3	1.41	.06	12.34	.28	14.24± .22	.87	1532
075653.6+663638		.S?....	.91± .07	51				15.00±.1	4080± 9
149.38 31.20	UGC 4095		.34± .05	.15	14.7 ±.2			329± 11	
32.26 -6.88	IRAS07520+6644			.47	12.38			311± 8	4178
075203.8+664438	PGC 22271		.93	.17	14.00			.82	4137
075654.7-245429		.S..4*/	1.44± .04	51					
242.38 2.03	ESO 494- 7	S	.66± .05	3.96	14.09 ±.14				
151.64 -72.84	IRAS07547-2446	4.0±1.2		.98	13.46				
075448.0-244624	PGC 22272		1.81	.33					
075701.8+493404		.SAT5..	1.15± .04					15.88±.1	3504± 8
169.26 30.67	UGC 4107	U	.01± .04	.17	13.73 ±.18				3539± 76
36.99 -23.30	IRAS07531+4942	5.0± .8		.02	13.21			145± 8	3537
075319.1+494206	PGC 22279		1.17	.01	13.52			2.36	3625
075702.5+142313		.IA.9..	1.26± .11	145				14.06±.1	338± 5
207.01 20.90	UGC 4115	U	.25± .12	.11				112± 6	
53.88 -56.23		10.0± .8		.19				83± 5	235
075413.6+143117	PGC 22280		1.27	.13					552
075710.7+234656	NGC 2480	.SB?...	1.13± .07	160				16.85±.3	2326± 7
197.59 24.48	UGC 4116		.31± .06	.19	14.7 ±.2				2339± 79
47.46 -47.69	IRAS07541+2354			.46	13.50			96± 7	2257
075411.1+235500	PGC 22289		1.15	.15	14.03			2.67	2521
075712.2+564036	NGC 2463		.64± .17						
161.00 31.29	MCG 10-12- 31		.00± .07	.14	15.1 ±.2				8283± 60
34.95 -16.46	ARAK 145								8344
075309.2+564838	PGC 22291		.65						8379
075713.3+234601	NGC 2481	.S?....	1.14± .05	18				17.00±.3	2332± 10
197.61 24.48	UGC 4118		.44± .05	.19	13.9 ±.2				2182± 34
47.48 -47.70				.65				149± 7	2252
075413.7+235406	PGC 22292		1.16	.22	13.06			3.72	2516
0757.2 +5831		.S..1..	1.13± .05	25					
158.83 31.37	UGC 4104	U	.81± .05	.10	15.50 ±.18				
34.45 -14.66		1.0±1.0		.82					
0753.1 +5840	PGC 22295		1.14	.40					
075717.3+312808		.S..6*.	.96± .09	66				16.15±.3	5274± 9
189.51 26.95	UGC 4113	U	.98± .06	.13					
43.62 -40.51		6.0±1.5		1.44				214± 5	5235
075407.6+313613	PGC 22297		.97	.49					5451

R.A. 2000 DEC. l b SGL SGB R.A. 1950 DEC.	Names PGC	Type S_T n_L T L	$\log D_{25}$ $\log R_{25}$ $\log A_e$ $\log D_o$	p.a. A_g A_i A_{21}	B_T m_B m_{FIR} B_T^o	$(B-V)_T$ $(U-B)_T$ $(B-V)_T^o$ $(U-B)_T^o$	$(B-V)_e$ $(U-B)_e$ m'_e m'_{25}	m_{21} W_{20} W_{50} HI	V_{21} V_{opt} V_{GSR} V_{3K}
075721.0+662616		.S?....	.96± .07	105				14.97±.1	4913± 9
149.57 31.26	UGC 4098		.23± .05	.14	14.60 ±.19			337± 11	
32.35 -7.04	IRAS07525+6634			.35	13.25			320± 8	5010
075232.5+663418	PGC 22301		.98	.12	14.08			.77	4971
075726.0+355621		.IB.9..	1.08± .06	136				15.58±.3	774± 9
184.66 28.18	UGC 4117	U	.31± .05	.21	15.2 ±.2				
41.78 -36.28		10.0± .9		.23				60± 5	753
075409.8+360426	PGC 22305		1.10	.15	14.76			.67	939
075727.5-191437		.SBS6P/	1.23± .04	105					
237.59 5.07	ESO 561- 3	SE	.75± .04	1.69					
132.43 -74.70	IRAS07551-1906	6.0±1.0		1.10	12.42				
075514.1-190630	PGC 22306		1.39	.37					
075746.3+323332	IC 2211	.S..1..	.90± .07	140				15.72±.3	5360± 10
188.36 27.35	UGC 4119	U	.25± .05	.21	14.6 ±.2				5340± 36
43.27 -39.45	IRAS07546+3241	1.0±1.0		.25	13.49			358± 7	5324
075435.2+324138	PGC 22314		.92	.12	14.12			1.48	5533
075756.3+250941	NGC 2486	.S..1..	1.22± .03	100	14.16 ±.15	.85± .04	.93± .03	16.08±.2	4648± 7
196.22 25.11	UGC 4123	U	.26± .05	.14	13.95 ±.19	.29± .08	.39± .05	430± 10	4603± 58
46.93 -46.35		1.0± .8	.80± .03	.26		.73	13.65± .10	413± 10	4584
075455.1+251748	PGC 22317		1.24	.13	13.62	.23	14.49± .24	2.33	4841
075759.0-141705		.SBS4..	1.12± .06	15					2287
233.37 7.72	MCG -2-21- 1	E (1)	.30± .05	1.05					
113.44 -74.73		4.0± .9		.44					2098
075540.0-140856	PGC 22319	3.1± .8	1.21	.15					2520
075759.4+525125	NGC 2474	.E.0...	.79?						
165.47 31.15	MCG 9-13- 96	P	.00?	.12					5629± 34
36.16 -20.10		-5.0±1.0		.00					5675
075408.4+525931	PGC 22321		.81						5739
075800.5+525144	NGC 2475	.E.1...	.90?		14.0 ±.2	.95± .03	1.03± .02		
165.46 31.16	MCG 9-13- 97	P	.00?	.12		.54± .06	.58± .03		5583± 46
36.17 -20.09		-5.0± .9	.68± .07	.00		.87	12.86± .24		5629
075409.4+525950	PGC 22322		.92		13.80	.54	13.49±1.59		5692
075802.5+562134	NGC 2468	.LA..*.	1.11± .11						
161.38 31.39	UGC 4110	P	.35± .07	.11					
35.16 -16.73		-2.0± .9		.00					
075400.7+562940	PGC 22325		1.07						
075804.4+564052	NGC 2469	.S..4P*	1.05± .06	160					
161.00 31.41	UGC 4111	P	.17± .04	.11	13.5 ±.2				3217± 82
35.07 -16.42	ARAK 147	4.0± .9		.25	11.81				3278
075401.6+564858	PGC 22327		1.06	.08	13.10				3313
075814.9-495106		.SBS6*/	1.79± .03	152					1119± 8
264.01 -10.58	ESO 209- 9	S	.86± .05	.73	12.68 ±.14			331± 9	
189.15 -53.53	IRAS07568-4942	6.0± .7		1.26	10.55				890
075650.0-494254	PGC 22338		1.86	.43	10.68				1296
075816.8+395002		.S..6*.	1.01± .05	12					
180.38 29.25	UGC 4120	U	.85± .04	.26	15.71 ±.20				
40.48 -32.53	KUG 0754+399	6.0±1.5		1.25					
075454.3+395810	PGC 22340		1.04	.43					
075820.2+250859	NGC 2487	.SB.3..	1.42± .04	115	13.23 ±.13	.73± .02	.82± .01	15.17±.2	4833± 4
196.27 25.19	UGC 4126	U	.09± .05	.14	13.1 ±.3	.13± .02	.24± .02	305± 8	4986± 54
47.05 -46.33	IRAS07553+2517	3.0± .7	1.01± .02	.13	13.46	.65	13.77± .04	273± 4	4771
075519.0+251708	PGC 22343		1.44	.05	12.90	.07	14.96± .25	2.22	5028
075828.1+374713	NGC 2484	.L...*.	.97± .13	145	14.1 ±.2	1.05± .05	1.07± .02		
182.68 28.83	UGC 4125	U	.09± .05	.19	14.71 ±.15	.61± .07	.70± .03		12990± 43
41.29 -34.47	ARAK 148	-2.0±1.2	.82± .06	.00		.88	13.70± .20		12976
075509.0+375522	PGC 22350		.98		14.11	.63	13.60± .70		13150
075830.0-142117	NGC 2501	.LXR0?.	1.12± .06	120					
233.50 7.80	MCG -2-21- 2	E	.15± .05	1.04					
113.76 -74.62	IRAS07561-1413	-2.0± .9		.00	13.21				
075611.1-141306	PGC 22354		1.21						
0758.6 +0801	NGC 2496	.E.....	1.15± .09	2	*				
213.30 18.56	UGC 4127	U	.08± .05	.00	13.95 ±.19				
60.81 -61.51		-5.0± .8		.00					
0755.9 +0810	PGC 22359		1.13						
0758.9 +5802	A 0754+58	.S..9*.	1.37± .05	10	15.20 ±.15	.51± .05	.59± .04	14.53±.1	1092± 6
159.41 31.57	UGC 4121	U (1)	.50± .06	.11		-.01± .07	-.04± .06	165± 7	
34.80 -15.08	DDO 48	9.0±1.2	1.00± .03	.51		.37	15.69± .06	145± 11	1158
0754.8 +5810	PGC 22369	8.0±1.5	1.38	.25	14.58	-.11	15.66± .33	-.30	1184

R.A. 2000 DEC. / l b / SGL SGB / R.A. 1950 DEC.	Names / PGC	Type / S_T n_L / T / L	$\log D_{25}$ / $\log R_{25}$ / $\log A_e$ / $\log D_o$	p.a. / A_g / A_i / A_{21}	B_T / m_B / m_{FIR} / B_T^o	$(B-V)_T$ / $(U-B)_T$ / $(B-V)_T^o$ / $(U-B)_T^o$	$(B-V)_e$ / $(U-B)_e$ / m'_e / m'_{25}	m_{21} / W_{20} / W_{50} / HI	V_{21} / V_{opt} / V_{GSR} / V_{3K}
0758.9 +5906		.E.....	1.20± .07	3					
158.15 31.60	UGC 4122	U	.15± .04	.12	14.29 ±.18				6009± 79
34.51 -14.04		-5.0± .8		.00					6079
0754.8 +5915	PGC 22373		1.17		14.08				6096
0759.1 +5908		.L.....	.98± .12	150					
158.11 31.62	UGC 4124	U	.21± .05	.12	15.19 ±.16				5958± 79
34.51 -14.01	SBS 0754+592	-2.0± .8		.00					6028
0754.9 +5917	PGC 22376		.96		14.98				6045
075907.2-003817	NGC 2494	PSBT0..	.95± .06	95					
221.41 14.71	UGC 4141	UE	.10± .04	.12	14.1 ±.3				
74.16 -68.16	IRAS07565-0030	.0± .6		.07	11.95				
075634.0-003004	PGC 22377		.96						
0759.1 +3147		.SX.5..	1.07± .06	140					
189.28 27.42	UGC 4131	U	.13± .05	.17	14.9 ±.3				
43.97 -40.07		5.0± .8		.20					
0756.0 +3156	PGC 22378		1.09	.07					
075913.3+325454	A 0756+33	.S..4..	1.22± .06	28				14.91±.3	5219± 10
188.07 27.75	UGC 4132	U	.58± .06	.25	13.7 ±.2				5210±141
43.48 -39.01	IRAS07560+3302	4.0± .9		.85	11.58			505± 7	5185
075601.8+330306	PGC 22381		1.25	.29	12.56			2.06	5394
075917.3+242707		.S?....	1.00± .06	105				15.32±.3	5837± 10
197.08 25.16	UGC 4135		.62± .05	.15	15.57 ±.18				
47.74 -46.89				.93				314± 7	5771
075617.0+243520	PGC 22383		1.01	.31	14.46			.55	6033
075922.2+180647		.S..4..	1.18± .05	144				15.54±.3	4709± 10
203.56 22.88	UGC 4140	U	.79± .05	.07	15.04 ±.18				
51.84 -52.65		4.0± .9		1.17				256± 7	4619
075629.3+181500	PGC 22389		1.18	.40	13.77			1.37	4918
075924.3+162514	A 0756+16	.SAS5..	1.13± .05		13.8 ±.2	.63± .04	.61± .03	15.42±.1	4889± 6
205.25 22.23	UGC 4139	U (1)	.05± .05	.07	14.3 ±.2			204± 6	4848± 59
53.13 -54.16		5.0± .8	1.04± .05	.08		.57	14.45± .12	180± 5	4792
075633.3+163327	PGC 22391	2.9± .8	1.13	.03	13.79		14.11± .35	1.60	5101
075925.6+551746		.S?....	.89± .11						
162.63 31.53	MCG 9-13- 99		.43± .07	.09	15.1 ±.2				6266± 63
35.66 -17.70	MK 1412			.64					6321
075527.6+552557	PGC 22393		.90	.21	14.30				6368
075929.7+270143	NGC 2492	.L..-*.	1.01± .11	95	13.70 ±.14	1.00± .02	1.05± .01		
194.40 26.05	UGC 4138	U	.02± .05	.08	14.19 ±.15				6663± 37
46.39 -44.49		-3.0±1.2	.78± .04	.00		.92	13.09± .13		6606
075626.2+270956	PGC 22397		1.02		13.75		13.57± .60		6853
075932.9-013906		.SBS9*.	1.11± .05	105					
222.38 14.32	UGC 4149	UE (1)	.27± .05	.14					
76.39 -68.77		9.0± .7		.28					
075700.8-013051	PGC 22400	8.7± .8	1.12	.14					
075938.7+245858	NGC 2498	.SB.1*.	1.04± .06	113				16.94±.3	4720± 10
196.55 25.41	UGC 4142	U	.14± .05	.14	14.32 ±.18				4738±155
47.54 -46.37	IRAS07566+2507	1.0±1.2		.14	11.44			273± 7	4656
075637.8+250712	PGC 22403		1.05	.07	13.97			2.90	4915
075940.2+152316		.S..1..	1.15± .05	140				16.66±.3	4623± 10
206.30 21.88	UGC 4145	U	.33± .05	.10	14.06 ±.18				
54.05 -55.05	IRAS07568+1531	1.0± .9		.34	11.79			365± 7	4523
075650.4+153130	PGC 22404		1.16	.17	13.57			2.93	4838
0759.7 +1824		.S..2..	1.08± .06	66					
203.30 23.09	UGC 4147	U	.75± .05	.05	15.28 ±.20				
51.77 -52.34		2.0±1.0		.92					
0756.9 +1833	PGC 22408		1.08	.37					
075952.6+053630	NGC 2504	.S?....	.67± .10					15.60±.3	2618± 10
215.73 17.77	UGC 4152		.10± .05	.04	14.9 ±.4				2588± 38
64.41 -63.31	IRAS07572+0544			.14	13.12			111± 7	2482
075713.0+054446	PGC 22414		.68	.05	14.70			.85	2844
075953.8+331723	IC 2214	.SB.2..	.84± .08						
187.71 27.98	UGC 4143	U	.03± .05	.25	14.50 ±.20				5888± 38
43.49 -38.61	IRAS07566+3325	2.0± .9		.03	12.39				5856
075641.8+332538	PGC 22417		.87	.01	14.16				6063
075954.5+472446		.S..1..	1.14± .05	142					
171.82 30.86	UGC 4136	U	.65± .05	.16	14.96 ±.18				
38.17 -25.22		1.0± .9		.66					
075617.3+473300	PGC 22418		1.16	.32					

R.A. 2000 DEC. l b SGL SGB R.A. 1950 DEC.	Names PGC	Type S_T n_L T L	$\log D_{25}$ $\log R_{25}$ $\log A_e$ $\log D_o$	p.a. A_g A_i A_{21}	B_T m_B m_{FIR} B_T^o	$(B-V)_T$ $(U-B)_T$ $(B-V)_T^o$ $(U-B)_T^o$	$(B-V)_e$ $(U-B)_e$ m'_e m'_{25}	m_{21} W_{20} W_{50} HI	V_{21} V_{opt} V_{GSR} V_{3K}
0800.0 +5622		.S..6*.	1.28± .04	164					
161.37 31.67	UGC 4133	U	1.16± .05	.11					8898± 79
35.43 -16.63		6.0±1.4		1.47					8958
0756.0 +5631	PGC 22428		1.29	.50					8996
080006.3+130904		.S..7..	1.15± .05	147				15.78±.3	4622± 10
208.54 21.07	UGC 4154	U	.36± .05	.06	14.55 ±.20				
56.15 -56.96		7.0± .9		.49				261± 7	4514
075718.9+131720	PGC 22433		1.15	.18	13.98			1.63	4841
080012.2+601719		.S..6*.	1.19± .05	45				15.49±.1	5985± 7
156.77 31.76	UGC 4128	U	.18± .05	.14	13.82 ±.18				
34.33 -12.87	IRAS07559+6025	6.0±1.1		.26	12.95			313± 8	6060
075556.4+602533	PGC 22438		1.21	.09	13.40			2.00	6069
0800.2 +5621		.SB?...	1.02± .08	25					
161.39 31.69	UGC 4134		.38± .06	.11	15.37 ±.18				8968± 79
35.46 -16.64				.57					9027
0756.2 +5630	PGC 22440		1.03	.19	14.63				9067
080019.9+264210	IC 485	.S..1*.	1.07± .14	153				16.34±.3	8338± 10
194.81 26.12	UGC 4156	U	.62± .12	.05	15.38 ±.18				
46.80 -44.72	IRAS07572+2650	1.0±1.3		.63				505± 7	8280
075716.8+265026	PGC 22443		1.07	.31	14.60			1.44	8530
080020.4+263657	IC 486	.SB.1..	.97± .07	145				15.81±.3	8057± 10
194.90 26.10	UGC 4155	U	.11± .05	.05	14.60 ±.18				
46.85 -44.80	IRAS07572+2645	1.0± .9		.12				376± 7	7999
075717.5+264513	PGC 22445		.98	.06	14.33			1.42	8249
080023.7+421137		.S..7*.	1.40± .03	10				14.68±.1	737± 11
177.81 30.11	UGC 4148	U	.87± .04	.14	15.2 ±.2			141± 16	
40.06 -30.17	KUG 0756+423	7.0±1.2		1.19				135± 12	740
075657.2+421953	PGC 22446		1.41	.43	13.82			.43	885
080023.8+394949	NGC 2493	.LB....	1.29± .03		13.00 ±.15	1.03± .05	1.05± .05		
180.49 29.64	UGC 4150	U	.00± .05	.19	12.91 ±.15	.48± .03	.52± .03		3934± 38
40.94 -32.41		-2.0± .7	.87± .04	.00		.95	12.84± .13		3928
075701.5+395805	PGC 22447		1.31		12.70	.45	14.31± .26		4090
080029.9+222356	NGC 2503	.SXT4..	1.02± .05					16.41±.2	5506± 7
199.31 24.71	UGC 4158	U	.02± .04	.25	14.5 ±.2			232± 6	5442±125
49.34 -48.66		4.0± .8		.02				221± 7	5431
075732.2+223213	PGC 22453		1.05	.01	14.19			2.20	5708
080033.0+395016	NGC 2495	.I?....	.60± .10		15.7 ±.2	.53± .09			
180.49 29.68	MCG 7-17- 8		.24± .06	.19	15.8 ±.2	.57± .09			8395± 48
40.97 -32.39	MK 383			.18		.37			8389
075710.7+395833	PGC 22457		.61	.12	15.38	.46	12.92± .55		8551
0800.6 +1540		.S?....	.89± .11						
206.11 22.21	MCG 3-21- 7		.35± .07	.10	15.26 ±.20				4722± 38
54.17 -54.68				.53					4623
0757.8 +1549	PGC 22460		.90	.18	14.60				4937
080038.6-611558		.SAR3..	1.00± .06	149					
274.44 -15.82	ESO 124- 7	r	.18± .05	.81	15.26 ±.14				
195.58 -42.95		3.3± .9		.24					
075950.0-610736	PGC 22461		1.08	.09					
080044.4+371223		.I..9*.	.96± .09	120					3955
183.44 29.13	UGC 4157	U	.10± .06	.25	15.2 ±.2				
42.04 -34.87		10.0±1.3		.07					3938
075726.5+372041	PGC 22468		.98	.05	14.89				4119
080045.6+163239		.S?....	.94± .07	28				16.54±.3	4369± 10
205.26 22.58	UGC 4162		.63± .05	.06	15.4 ±.2				
53.53 -53.90				.94				367± 7	4273
075754.5+164057	PGC 22469		.95	.31	14.38			1.84	4583
0800.7 +7921		.S..7..	1.07± .06	105				15.64±.1	2133± 11
134.65 29.81	UGC 4103	U	.51± .05	.11					
29.16 5.49		7.0± .9		.70				155± 8	2274
0753.0 +7930	PGC 22471		1.08	.25					2140
080049.8+273000	IC 2217	.S?....	.78± .09	80				16.64±.3	5206± 10
194.00 26.48	UGC 4160		.15± .05	.07	14.9 ±.3				5090±155
46.52 -43.94	ARAK 149			.23	12.13			179± 7	5151
075745.8+273818	PGC 22476		.78	.08	14.55			2.01	5396
0800.9 +5907		.S..6*.	1.03± .06	56					
158.14 31.86	UGC 4146	U	1.00± .05	.12					
34.76 -13.96		6.0±1.5		1.47					
0756.8 +5916	PGC 22482		1.05	.50					

R.A. 2000 DEC. l b SGL SGB R.A. 1950 DEC.	Names PGC	Type S_T n_L T L	$\log D_{25}$ $\log R_{25}$ $\log A_e$ $\log D_o$	p.a. A_g A_i A_{21}	B_T m_B m_{FIR} B_T^o	$(B-V)_T$ $(U-B)_T$ $(B-V)_T^o$ $(U-B)_T^o$	$(B-V)_e$ $(U-B)_e$ m'_e m'_{25}	m_{21} W_{20} W_{50} HI	V_{21} V_{opt} V_{GSR} V_{3K}
080118.9+251723		.S..7..	.98± .07	0				15.48±.3	4553± 10
196.37 25.87	UGC 4167	U	.16± .05	.12					
47.87 -45.94		7.0± .9		.21				145± 10	4489
075817.7+252543	PGC 22495		.99	.08					4749
080123.1+152219		.E...*.	1.04± .18	140					
206.49 22.26	UGC 4170	U	.09± .08	.07	14.22 ±.15				4637± 38
54.70 -54.86		-5.0±1.2		.00					4536
075833.4+153040	PGC 22501		1.03		14.07				4854
080131.8+094228		.S..3..	1.36± .04	113				15.84±.3	4879± 10
212.03 19.94	UGC 4171	U (1)	.86± .05	.07	14.40 ±.18				
60.16 -59.72		3.0± .9		1.18				503± 7	4759
075848.1+095050	PGC 22506	4.5±1.2	1.36	.43	13.11			2.30	5104
080137.5+154236	NGC 2507	.S..0P.	1.39± .04						
206.18 22.44	UGC 4172	P	.13± .05	.05	13.2 ±.3				4562± 38
54.51 -54.54	IRAS07587+1550	.0± .7		.10					4463
075847.4+155058	PGC 22510		1.39		13.00				4778
080146.6+563316	NGC 2488	.L..-*.	1.15± .15	100	13.40 ±.17	1.00± .03	1.04± .02		
161.17 31.92	UGC 4161	U	.24± .08	.11	14.07 ±.15				8598±155
35.62 -16.40		-3.0±1.2	1.01± .06	.00		.88	13.94± .20		8658
075745.0+564136	PGC 22520		1.13		13.54		13.43± .81		8697
080151.9+612448		.S?....	.98± .05	90					
155.45 31.95	UGC 4159		.25± .05	.18	14.1 ±.2				1591
34.20 -11.74	IRAS07573+6133			.37					1670
075731.6+613308	PGC 22524		1.00	.12	13.57				1671
080153.6+504418	NGC 2500	.SBT7..	1.46± .02		12.20 ±.13	.58± .02		13.57±.0	516± 5
168.00 31.57	UGC 4165	R (2)	.04± .03	.14	12.20 ±.14	-.22± .07		114± 4	437± 58
37.43 -21.95	IRAS07581+5052	7.0± .3		.06	12.14	.54		98± 5	553
075808.9+505239	PGC 22525	6.0± .6	1.47	.02	12.00	-.25	14.23± .18	1.55	636
080157.6+083310	NGC 2508	.E...?.	1.16± .10	130					
213.19 19.53	UGC 4174	U	.13± .05	.00	13.71 ±.15				4378± 38
61.64 -60.62		-5.0±1.5		.00					4254
075915.1+084133	PGC 22528		1.12		13.64				4605
0802.0 +1502		.LB..?.	1.00± .19						
206.88 22.27	UGC 4175	U	.05± .08	.08	14.9 ±.2				
55.22 -55.08		-2.0± .8		.00					
0759.2 +1511	PGC 22531		1.00						
0802.0 +5638		.S..0..	1.13± .05	140					
161.07 31.95	UGC 4164	U	.53± .05	.10	15.11 ±.18				
35.62 -16.30		.0± .9		.40					
0758.0 +5647	PGC 22533		1.11						
0802.0 +7301		.S..8..	1.14± .07	145					
141.87 30.99	UGC 4137	U	.20± .06	.09	15.3 ±.3				
30.97 -.58		8.0± .8		.24					
0756.3 +7310	PGC 22534		1.15	.10					
080206.0+004830		.SB.3..	1.07± .06					15.37±.3	5563± 7
220.45 16.05	UGC 4179	U	.08± .05	.24					
72.86 -66.61		3.0± .8		.10				161± 7	5413
075931.3+005654	PGC 22539		1.10	.04					5798
0802.1 +0928	NGC 2510	.L...*.	1.00± .19	120					
212.32 19.97	UGC 4178	U	.14± .08	.06	14.41 ±.15				
60.66 -59.83		-2.0±1.2		.00					
0759.4 +0937	PGC 22541		.99						
080208.1+074026		.S..2..	1.04± .08	90				16.30±.3	9999± 10
214.05 19.19	UGC 4177	U	.47± .06	.09	15.05 ±.18				
62.75 -61.31		2.0± .9		.58				454± 7	9872
075926.5+074850	PGC 22542		1.05	.24	14.29			1.78	10228
080211.6+565633	NGC 2497	.E?....	1.15± .15						
160.72 31.98	UGC 4168		.07± .08	.10	14.15 ±.17				8173±155
35.56 -16.01				.00					8234
075808.8+570455	PGC 22547		1.15		13.92				8271
080215.3+092342	NGC 2511	.S?....	.94± .11						
212.42 19.97	MCG 2-21- 8		.40± .07	.11	15.07 ±.19				4467± 63
60.80 -59.88	MK 1207			.55					4345
075931.9+093206	PGC 22549		.95	.20	14.38				4694
080222.3+065242		.SBR2..	1.23± .05	73				15.76±.3	9280± 10
214.83 18.89	UGC 4183	U	.18± .05	.13	14.0 ±.2				
63.84 -61.92		2.0± .8		.23				468± 7	9150
075941.5+070107	PGC 22554		1.24	.09	13.52			2.15	9510

R.A. 2000 DEC. / l b / SGL SGB / R.A. 1950 DEC.	Names / PGC	Type / S_T n_L / T / L	$\log D_{25}$ / $\log R_{25}$ / $\log A_e$ / $\log D_o$	p.a. / A_g / A_i / A_{21}	B_T / m_B / m_{FIR} / B_T^o	$(B-V)_T$ / $(U-B)_T$ / $(B-V)_T^o$ / $(U-B)_T^o$	$(B-V)_e$ / $(U-B)_e$ / m'_e / m'_{25}	m_{21} / W_{20} / W_{50} / HI	V_{21} / V_{opt} / V_{GSR} / V_{3K}
080225.0+092446	NGC 2513	.E.....	1.40± .11	170	12.59 ±.13	.99± .01	1.00± .01		
212.42 20.01	UGC 4184	U	.09± .08	.11	12.81 ±.19				4662± 60
60.85 -59.84		-5.0± .7	1.04± .03	.00		.92	13.28± .10		4540
075941.6+093311	PGC 22555		1.39		12.48		14.34± .58		4889
080228.1-722525		.SBS5*/	1.14± .05	143					
285.03 -20.65	ESO 59- 24	S (1)	.69± .04	.81	15.48 ±.14				
200.27 -32.43		5.0± .7		1.04					
080255.0-721654	PGC 22558	2.6± .8	1.22	.35					
080232.3+612328	A 0758+61	.S..6..	1.17± .04	140				13.85±.1	1589± 7
155.47 32.03	UGC 4169	U	.30± .04	.18	13.63 ±.19				
34.29 -11.74	IRAS07581+6131	6.0± .8		.44	13.20			217± 8	1667
075812.3+613150	PGC 22561		1.18	.15	13.00			.70	1669
080236.2+272615	IC 2219	.S..5..	1.12± .05	175				15.40±.2	5228± 7
194.21 26.84	UGC 4180	U	.32± .05	.08	14.39 ±.18			352± 6	5163±155
47.06 -43.85	IRAS07595+2734	5.0± .9		.48	12.88			332± 7	5172
075932.4+273440	PGC 22565		1.12	.16	13.81			1.44	5420
080243.3+404044		.SB.7..	1.25± .03	112				15.44±.1	3086± 7
179.63 30.25	UGC 4176	U	.53± .04	.15	14.9 ±.2				
41.11 -31.46	KUG 0759+408	7.0± .9		.74				202± 8	3084
075919.8+404909	PGC 22575		1.26	.27	14.01			1.16	3242
080247.2-121907	NGC 2517	.LXT0*.	1.17± .08	70	12.7 ±.2	.93± .01	.95± .01		
232.27 9.73	MCG -2-21- 3	PE	.14± .05	.61		.47± .04	.51± .02		
107.14 -73.22		-1.7± .8	.95± .06	.00			12.96± .21		
080025.9-121040	PGC 22578		1.21				13.05± .46		
080249.8+154829	NGC 2514	.SBS4..	1.11± .03		13.99 ±.13	.56± .02	.64± .01	15.54±.1	4856± 5
206.21 22.75	UGC 4189	PU (1)	.02± .05	.05	13.97 ±.19	-.08± .03	.01± .03	136± 5	4893± 43
54.87 -54.31	IRAS08000+1556	4.0± .6	.78± .01	.02	13.40	.51	13.38± .02	119± 4	4757
075959.7+155655	PGC 22581	1.1± .8	1.12	.01	13.88	-.11	14.36± .23	1.65	5074
0802.9 +1618		.L...*.	1.13± .10	32					
205.72 22.97	UGC 4190	U	.40± .05	.07	14.52 ±.15				
54.50 -53.86		-2.0±1.3		.00					
0800.1 +1627	PGC 22585		1.08						
080307.2+232333	NGC 2512	.SB.3..	1.14± .03	113	13.85 ±.13	.75± .01	.78± .01	16.64±.2	4702± 6
198.51 25.62	UGC 4191	U	.18± .05	.17	14.01 ±.18	.18± .02	.13± .02	349± 8	4649± 30
49.55 -47.50	MK 384	3.0± .8	.63± .01	.24	11.67	.65	12.49± .02	324± 11	4630
080008.4+233200	PGC 22596		1.15	.09	13.45	.10	13.95± .23	3.10	4903
0803.2 +3047		.S?....	.89± .11						
190.65 27.97	MCG 5-19- 36		.14± .07	.16	14.95 ±.18				12160± 38
45.51 -40.69				.21					12118
0800.1 +3056	PGC 22603		.90	.07	14.50				12345
080324.0+415455		.L.....	1.12± .10	115					
178.25 30.61	UGC 4188	U	.32± .05	.15	14.52 ±.15				
40.77 -30.25		-2.0± .8		.00					
075958.4+420322	PGC 22609		1.09						
080325.9+100259		.S..3*.	1.27± .04	133					
211.92 20.51	UGC 4197	U (1)	.72± .05	.03	14.40 ±.18				
60.56 -59.17		3.0±1.3		.99					
080041.8+101128	PGC 22611	4.5±1.2	1.27	.36					
080327.6-702158		.SBS5*/	1.19± .04	55					
283.09 -19.70	ESO 59- 25	S (1)	.65± .04	.73	15.18 ±.14				
199.35 -34.34	IRAS08035-7013	5.0± .6		.98	13.26				
080334.0-701324	PGC 22614	3.3± .9	1.26	.33					
080328.1+250606	A 0800+25							18.50±.3	8300± 10
196.75 26.27	CGCG 118- 56			.06	15.16 ±.18			165± 6	8100±110
48.62 -45.91	MK 385				13.16				8234
080027.3+251434	PGC 22615								8497
080329.0+332744		.L?....	.72± .22						
187.75 28.75	MCG 6-18- 9		.00± .07	.24	14.80 ±.19				11735± 82
44.30 -38.19	ARAK 151			.00					11703
080017.1+333612	PGC 22616		.75		14.38				11913
080338.1+432036		.S..7..	1.08± .05	174					
176.62 30.90	UGC 4192	U	.84± .05	.16					
40.29 -28.89	KUG 0800+434	7.0±1.0		1.16					
080009.9+432904	PGC 22618		1.09	.42					
0803.7 +0957		.L...?.	1.18± .15	155					
212.04 20.54	UGC 4198	U	.13± .08	.03	14.2 ±.2				
60.78 -59.21		-2.0±1.6		.00					
0801.0 +1006	PGC 22621		1.16						

R.A. 2000 DEC.	Names	Type	$\log D_{25}$	p.a.	B_T	$(B-V)_T$	$(B-V)_e$	m_{21}	V_{21}
l b		S_T n_L	$\log R_{25}$	A_g	m_B	$(U-B)_T$	$(U-B)_e$	W_{20}	V_{opt}
SGL SGB		T	$\log A_e$	A_i	m_{FIR}	$(B-V)^o_T$	m'_e	W_{50}	V_{GSR}
R.A. 1950 DEC.	PGC	L	$\log D_o$	A_{21}	B^o_T	$(U-B)^o_T$	m'_{25}	HI	V_{3K}
080356.3+084159									
213.27 20.04	CGCG 59- 32			.07	14.84 ±.18				4932± 97
62.28 -60.22	MK 1208				13.02				4808
080113.7+085030	PGC 22634								5161
080400.1+100035			.74± .12						
212.02 20.62	CGCG 59- 34		.08± .06	.03	15.27 ±.13				10106± 97
60.83 -59.13	MK 1209								9986
080116.1+100906	PGC 22638		.74						10334
0804.0 +8438		.S..4..	1.32± .04	82				16.40±.1	1860± 11
128.74 28.68	UGC 4078	U	.69± .05	.21	15.1 ±.2				
27.78 10.59	IRAS07510+8446	4.0± .9		1.02	13.52			213± 8	2017
0751.0 +8446	PGC 22640		1.34	.35	13.88			2.17	1846
080406.0+050651		.S?....	.91± .18					16.69±.3	4046± 10
216.70 18.48	UGC 4203		.00± .12	.07	14.34 ±.18				4035± 60
66.94 -63.06	MK 1210			.00	12.76			62± 7	3910
080127.1+051522	PGC 22641		.92	.00	14.24			2.45	4279
080407.3+533257	NGC 2505	.SB.1..	1.09± .06	0					
164.73 32.12	UGC 4193	U	.34± .05	.09	14.09 ±.19				
36.88 -19.17	IRAS08001+5341	1.0± .9		.35					
080015.4+534126	PGC 22644		1.10	.17					
0804.1 +3010									
191.38 27.98	CGCG 148-107			.14	15.3 ±.3				4148
46.05 -41.19									4103
0801.0 +3019	PGC 22645								4335
080409.4+740256	NGC 2523A	.SBS5*.	1.02± .04	95				15.63±.1	3804± 11
140.66 30.98	UGC 4166	PU	.17± .04	.10	14.49 ±.18				
30.83 .44	KUG 0758+741	5.0± .6		.25				217± 8	3928
075813.0+741121	PGC 22649		1.03	.08	14.12			1.43	3834
0804.2 +5523		.SB?...	.94± .11						
162.56 32.22	MCG 9-13-116		.19± .07	.13	14.93 ±.18				9714± 54
36.32 -17.41				.26					9769
0800.3 +5532	PGC 22657		.95	.09	14.47				9819
080420.0+774902		.S..8*.	1.14± .05					15.88±.1	2286± 6
136.36 30.30	UGC 4151	U	.02± .05	.16	13.19 ±.19			151± 7	
29.76 4.06	IRAS07572+7757	8.0±1.1		.02	13.10			124± 8	2422
075717.4+775726	PGC 22660		1.15	.01	13.01			2.86	2300
080421.2+613252		.S..7..	1.01± .06	165					
155.28 32.25	UGC 4196	U	.12± .04	.19	14.92 ±.19				
34.45 -11.52	IRAS08002+6141	7.0± .9		.17					
080001.0+614121	PGC 22661		1.02	.06					
080431.1+401222		PSBS4..	.96± .05	5					
180.25 30.49	UGC 4200	U (1)	.09± .04	.14	14.54 ±.18				12202± 59
41.67 -31.79	KUG 0801+403	4.0± .9		.13					12197
080108.7+402054	PGC 22670	1.1± .8	.97	.04	14.19				12360
0804.6 +6646		.S..6*.	1.04± .06	75					
149.12 31.95	UGC 4187	U	.67± .05	.18					
32.95 -6.51		6.0±1.3		.98					
0759.8 +6655	PGC 22674		1.06	.33					
080442.3+245217		.S..7..	.96± .17	160				16.56±.3	4971± 10
197.10 26.46	UGC 4208	U	.22± .12	.07					
49.13 -46.01		7.0± .9		.30				172± 7	4905
080141.9+250050	PGC 22677		.97	.11					5172
080442.8+352354		.S..6*.	1.04± .15	164				16.31±.3	8725± 9
185.67 29.48	UGC 4201	U	.88± .12	.25					
43.73 -36.29		6.0±1.4		1.30				373± 5	8701
080128.1+353226	PGC 22678		1.06	.44					8898
0804.7 +1046		.S..8*.	1.08± .06	33					
211.37 21.12	UGC 4211	U	.30± .05	.00	14.53 ±.18				10283± 60
60.32 -58.39	IRAS08020+1055	8.0±1.2		.37	13.77				10166
0802.0 +1055	PGC 22680		1.08	.15	14.13				10511
080448.3+204126		.S..4?.	1.21± .04	125				15.35±.2	9360± 7
201.46 25.03	UGC 4207	U	.27± .04	.15	14.2 ±.2			522± 13	
51.85 -49.77		4.0±1.6		.39				521± 7	9279
080152.8+205000	PGC 22681		1.22	.13	13.64			1.57	9571
0805.0 +2942									
191.95 28.03	CGCG 148-109			.17	15.4 ±.3				6500
46.53 -41.55									6453
0801.9 +2951	PGC 22688								6689

R.A. 2000 DEC. l b SGL SGB R.A. 1950 DEC.	Names PGC	Type S_T n_L T L	$\log D_{25}$ $\log R_{25}$ $\log A_e$ $\log D_o$	p.a. A_g A_i A_{21}	B_T m_B m_{FIR} B_T^o	$(B-V)_T$ $(U-B)_T$ $(B-V)_T^o$ $(U-B)_T^o$	$(B-V)_e$ $(U-B)_e$ m'_e m'_{25}	m_{21} W_{20} W_{50} HI	V_{21} V_{opt} V_{GSR} V_{3K}
0805.0 +8548		.SB.9..	1.04± .15						
127.45 28.38	UGC 4063	U	.08± .12	.24					
27.45 11.71		9.0± .9		.08					
0749.0 +8557	PGC 22691		1.06	.04					
080505.4+250346		.S..6*.	.99± .06	35				15.62±.3	5017± 10
196.93 26.60	UGC 4210	U	.80± .05	.07	15.7 ±.2				
49.13 -45.80		6.0±1.4		1.18				312± 7	4952
080204.7+251220	PGC 22693		1.00	.40	14.43			.79	5218
0805.1 +6646		.SBR3..	1.25± .06	20				15.38±.1	4888± 11
149.10 32.00	UGC 4195	U	.30± .06	.18	14.4 ±.2				
32.99 -6.49	IRAS08002+6655	3.0± .8		.41				372± 8	4986
0800.2 +6655	PGC 22695		1.27	.15	13.73			1.50	4948
080509.8-673510		.LXS0..	1.19± .08	119					
280.53 -18.32	ESO 89- 9	S	.15± .06	.71					
197.98 -36.89		-2.0± .8		.00					
080454.1-672630	PGC 22697		1.24						
080510.2+470305		.S..3..	1.14± .04	122					
172.37 31.70	UGC 4205	U (1)	.67± .04	.15	15.20 ±.18				
39.23 -25.29	KUG 0801+471	3.0± .9		.92					
080134.7+471139	PGC 22698	4.5±1.3	1.15	.33					
080526.6+464227		.L..-*.	1.08± .17	80					
172.78 31.71	UGC 4209	U	.17± .08	.12					
39.40 -25.60		-3.0±1.2		.00					
080151.9+465102	PGC 22707		1.07						
0805.4 +5558		.I..9*.	1.04± .15	130					
161.87 32.41	UGC 4204	U	.13± .12	.13					
36.31 -16.80		10.0±1.2		.10					
0801.5 +5607	PGC 22710		1.05	.06					
080529.6-485051		RSBS0..	.99± .06						
263.74 -9.05	ESO 209- 16	r	.08± .03	1.48	15.17 ±.14				
186.63 -53.87	IRAS08040-4842	-.1± .9		.06					
080401.1-484212	PGC 22711		1.12						
080532.4-244850		.S..1./	1.35± .04	47					
243.34 3.74	ESO 494- 22	S	.46± .05	2.32	14.02 ±.14				
148.46 -71.15		1.0± .8		.47					
080325.0-244012	PGC 22716		1.57	.23					
080534.0+102310		.S?....	1.04± .06	30				16.94±.3	10198± 10
211.83 21.13	UGC 4215		.05± .05	.04	14.4 ±.2				
61.05 -58.60				.07				327± 7	10079
080249.6+103147	PGC 22717		1.04	.02	14.27			2.65	10427
080538.1-112541	NGC 2525	.SBS5..	1.46± .02	75	12.26 ±.13	.62± .03		14.40±.1	1581± 5
231.85 10.79	MCG -2-21- 4	R (3)	.18± .03	.40	12.1 ±.2	.05± .07		223± 6	1802± 42
104.81 -72.32	IRAS08032-1117	5.0± .3	.99± .02	.27	10.97	.48	12.70± .04	211± 5	1401
080315.8-111703	PGC 22721	3.2± .5	1.50	.09	11.55	-.05	13.98± .17	2.76	1827
080538.9+261003	IC 492	.SBS4*.	1.04± .06					16.07±.2	5156± 6
195.80 27.08	UGC 4212	PU	.02± .05	.05	14.27 ±.18			253± 6	
48.64 -44.74		3.5± .6		.03				247± 4	5095
080236.9+261840	PGC 22724		1.04	.01	14.15			1.90	5355
0805.7 +3013									
191.44 28.32	CGCG 148-111			.16	15.4 ±.3				2356
46.45 -41.01									2311
0802.6 +3022	PGC 22726								2545
0805.8 +1228		.S..2..	.96± .09	150					
209.83 22.07	UGC 4216	U	.22± .06	.04	14.93 ±.18				
59.01 -56.81		2.0± .9		.27					
0803.1 +1237	PGC 22733		.96	.11					
0805.9 +7231		.S..8*.	1.01± .06	15					
142.40 31.35	UGC 4194	U	.39± .05	.08					
31.39 -.98	IRAS08002+7239	8.0±1.3		.48					
0800.3 +7239	PGC 22734		1.01	.20					
080559.3-272346		.SAT0?.	1.29± .04	150					
245.57 2.45	ESO 494- 25	Sr	.23± .05	3.40	13.45 ±.14				
155.06 -69.82	IRAS08039-2715	-.2± .6		.17	12.99				
080355.0-271506	PGC 22736		1.60						
080611.1-273140		.SXS3P*	1.68± .03	155					
245.71 2.41	ESO 494- 26	S (1)	.17± .05	3.43	12.47 ±.14				
155.32 -69.71	IRAS08041-2723	3.0± .5		.24	11.01				
080407.0-272300	PGC 22746	3.3±1.0	2.01	.09					

R.A. 2000 DEC. / l b / SGL SGB / R.A. 1950 DEC.	Names / PGC	Type / S_T n_L / T / L	$logD_{25}$ / $logR_{25}$ / $logA_e$ / $logD_o$	p.a. / A_g / A_i / A_{21}	B_T / m_B / m_{FIR} / B^o_T	$(B-V)_T$ / $(U-B)_T$ / $(B-V)^o_T$ / $(U-B)^o_T$	$(B-V)_e$ / $(U-B)_e$ / m'_e / m'_{25}	m_{21} / W_{20} / W_{50} / HI	V_{21} / V_{opt} / V_{GSR} / V_{3K}
080611.3+123241	IC 2226	.SX.2..	1.10± .03		14.20 ±.15	.84± .03	.92± .03	17.20±.2	10845± 8
209.79 22.17	UGC 4220	U (2)	.05± .05	.04	14.2 ±.2			297± 21	10906± 59
59.06 -56.71		2.0± .8	.88± .02	.06		.74	14.09± .06	275± 6	10734
080324.7+124120	PGC 22747	2.8± .7	1.10	.02	13.99		14.43± .25	3.20	11072
080613.6+174226	NGC 2522	.S..0..	.99± .06	32					
204.64 24.23	UGC 4218	U	.47± .05	.12	14.8 ±.2				
54.53 -52.26		.0± .9		.35					
080321.5+175105	PGC 22749		.98						
0806.2 +8446		.IB.9..	1.17± .07	135				15.27±.1	1008± 11
128.57 28.69	UGC 4100	U	.18± .06	.23					
27.79 10.73		10.0± .8		.14				88± 8	1166
0753.0 +8455	PGC 22751		1.19	.09					993
0806.3 +5058		.SAS5..	.99± .06	118					
167.80 32.29	UGC 4213	U	.29± .05	.16	15.30 ±.19				
38.07 -21.51		5.0± .9		.44					
0802.6 +5107	PGC 22752		1.01	.15					
0806.3 +0537		.SB.3*.	.96± .09	40					
216.49 19.21	UGC 4222	U	.39± .06	.15	15.20 ±.18				
67.19 -62.31		3.0±1.3		.54					
0803.7 +0546	PGC 22753		.97	.20					
080624.4+010210	IC 494	.LA.0*.	1.12± .07	50					
220.77 17.11	UGC 4224	UE	.31± .03	.13	14.12 ±.15				
74.36 -65.68		-2.0± .6		.00					
080349.5+011050	PGC 22755		1.09						
0806.4 +2653									
195.09 27.48	CGCG 148-113			.08	15.4 ±.3				7647
48.45 -44.01									7589
0803.4 +2702	PGC 22756								7845
0806.5 +6703		.S..4..	1.21± .05	132					
148.76 32.11	UGC 4206	U	.96± .05	.16					
33.04 -6.19		4.0±1.0		1.41					
0801.7 +6712	PGC 22758		1.23	.48					
0806.6 +5508		.S..3..	1.08± .06	157					
162.87 32.55	UGC 4214	U (1)	.62± .05	.12	15.32 ±.18				
36.73 -17.54		3.0± .9		.86					
0802.7 +5517	PGC 22762	4.5±1.3	1.09	.31					
0806.6 +7320		.S?....	1.04± .06	99					
141.44 31.27	UGC 4199		.48± .05	.10	14.73 ±.19				3590± 57
31.20 -.18	IRAS08008+7329			.72	13.62				3711
0800.8 +7329	PGC 22763		1.05	.24	13.90				3624
080642.8+390525		.SAT3..	1.33± .05	150				15.57±.1	12433± 11
181.61 30.69	UGC 4219	U (1)	.19± .06	.16	14.8 ±.4				
42.59 -32.70		3.0± .7		.26				380± 8	12423
080322.5+391405	PGC 22766	2.5±1.0	1.34	.09	14.30			1.17	12597
080647.9+051829		.L.....	1.21± .09	145					
216.83 19.17	UGC 4228	U	.09± .05	.08	13.43 ±.16				
67.81 -62.48		-2.0± .8		.00					
080408.8+052710	PGC 22767		1.20						
080653.8+225035		.S..2..	1.05± .06	172				16.17±.3	6754± 10
199.42 26.24	UGC 4225	U	.44± .05	.10	15.12 ±.18				
51.06 -47.63		2.0± .9		.54				368± 7	6680
080355.9+225916	PGC 22772		1.06	.22	14.40			1.55	6962
080658.5+080021	NGC 2526	.S?....	.95± .07	140				15.47±.3	4603± 9
214.29 20.41	UGC 4231		.29± .05	.09	14.70 ±.19				4669± 35
64.35 -60.34	IRAS08042+0808			.30	13.39			335± 5	4480
080416.7+080903	PGC 22778		.96	.15	14.26			1.07	4840
0807.0 +8006		.I..9*.	1.29± .06	136				13.70±.1	862± 6
133.74 29.92	UGC 4173	U	.50± .06	.10	15.3 ±.3			80± 7	
29.22 6.28		10.0±1.1		.37					1005
0759.0 +8015	PGC 22783		1.30	.25	14.78			-1.33	867
0807.1 +0802	IC 2228		.64± .17						
214.27 20.45	MCG 1-21- 13		.00± .07	.09	15.5 ±.2				4635± 35
64.35 -60.29									4509
0804.4 +0811	PGC 22786		.65						4869
080708.5-280308		.SXS7?.	1.36± .05	110					1023
246.27 2.31	ESO 430- 20	S (1)	.48± .07	3.56					
156.25 -69.25	IRAS08050-2754	7.0±1.6		.67	12.23				808
080505.0-275424	PGC 22788	5.6±1.2	1.69	.24					1254

R.A. 2000 DEC.	Names	Type	$\log D_{25}$	p.a.	B_T	$(B-V)_T$	$(B-V)_e$	m_{21}	V_{21}
l b		S_T n_L	$\log R_{25}$	A_g	m_B	$(U-B)_T$	$(U-B)_e$	W_{20}	V_{opt}
SGL SGB		T	$\log A_e$	A_i	m_{FIR}	$(B-V)^o_T$	m'_e	W_{50}	V_{GSR}
R.A. 1950 DEC.	PGC	L	$\log D_o$	A_{21}	B^o_T	$(U-B)^o_T$	m'_{25}	HI	V_{3K}
080720.5-614311		.L..../	1.13± .05	114	14.92 ±.15	.96± .03	1.03± .02		
275.25 -15.33	ESO 124- 11	S	.65± .03	.75	15.05 ±.14	.29± .04	.39± .03		
194.82 -42.22	IRAS08065-6134	-2.0±1.3	.59± .04	.00	13.58		13.36± .13		
080632.0-613424	PGC 22799		1.11				13.80± .32		
080720.5+510755	NGC 2518	.L..-*.	1.08± .17	35					
167.62 32.45	UGC 4221	U	.08± .08	.16	14.02 ±.15				5266±155
38.18 -21.31		-3.0±1.2		.00					5304
080335.8+511636	PGC 22800		1.09		13.78				5389
080721.4+402354		.SAR6..	1.22± .06	35				15.61±.1	7911± 7
180.15 31.06	UGC 4226	U	.08± .06	.19	14.7 ±.3				
42.19 -31.43		6.0± .8		.12				364± 8	7906
080359.0+403236	PGC 22802		1.24	.04	14.32			1.25	8071
0807.3 +1745		.S..4..	1.00± .06	57					
204.71 24.50	UGC 4232	U	.53± .05	.12	15.26 ±.19				
54.89 -52.09		4.0±1.0		.79					
0804.5 +1754	PGC 22803		1.01	.27					
080725.5+391143	NGC 2528	.SXT3..	1.19± .04					16.07±.1	3928± 11
181.53 30.84	UGC 4227	U (1)	.01± .04	.20	13.38 ±.18				3945±155
42.70 -32.55	IRAS08040+3920	3.0± .8		.01	12.64			112± 8	3919
080405.1+392025	PGC 22805	.5±1.1	1.21	.00	13.14			2.93	4092
080730.3-273032		.IB.9*.	1.26± .07						
245.85 2.67		S (1)	.34± .08	3.16					
154.83 -69.47		10.0±1.2		.25					
080526.1-272147	PGC 22808	10.0±1.2	1.56	.17					
0807.5 +0430	A 0804+04	.L?....	.72± .22						
217.68 18.97	MCG 1-21- 14		.00± .07	.08	15.03 ±.18				9125± 40
69.27 -62.97				.00					8986
0804.9 +0439	PGC 22810		.73		14.82				9363
080741.3+390018	A 0804+39	.S?....	.78± .07					16.32±.1	6964± 11
181.75 30.85	UGC 4229		.03± .05	.20	14.6 ±.2			368± 16	6954± 25
42.84 -32.71	MK 622			.04	12.99				6952
080421.3+390901	PGC 22816		.80	.02	14.31			1.99	7127
080750.4-614601			.82± .07		15.8 ±.2	.03± .09			
275.32 -15.31	ESO 124- 12		.24± .06	.75	15.80 ±.14	-.34± .12			8108± 87
194.78 -42.15									7884
080702.0-613712	PGC 22822		.89						8255
080755.9+174902	NGC 2529	.SBS7..	1.15± .05	170				15.23±.3	5029± 10
204.70 24.65	UGC 4237	U	.17± .05	.12	14.24 ±.20				
55.03 -51.97	IRAS08050+1757	7.0± .8		.24	13.13			159± 7	4936
080503.8+175747	PGC 22827		1.16	.09	13.86			1.28	5248
080757.4+260145		.SA.8..	.96± .09	145				16.75±.3	4204± 10
196.13 27.53	UGC 4236	U	.26± .06	.09	15.32 ±.19				
49.39 -44.65		8.0± .9		.32				148± 7	4142
080455.7+261030	PGC 22830		.96	.13	14.90			1.72	4406
0808.0 +6246		.S..6*.	1.04± .08	129					
153.80 32.62	UGC 4223	U	.98± .06	.14					
34.50 -10.22	IRAS08036+6255	6.0±1.4		1.44					
0803.6 +6255	PGC 22834		1.05	.49					
080806.0+145014		.S?....	1.18± .05	177				15.76±.3	8563± 10
207.73 23.53	UGC 4240		.71± .05	.04	15.18 ±.18			535± 15	
57.61 -54.52	IRAS08052+1458			1.06					8460
080517.1+145900	PGC 22835		1.18	.35	14.03			1.38	8788
080809.9+390930	NGC 2524	.S..0..	1.14± .13	125	13.64 ±.14	.94± .02	.95± .01		
181.60 30.98	UGC 4234	U	.14± .12	.20	13.67 ±.18				4030±155
42.88 -32.53		.0± .8	.69± .04	.10		.83	12.58± .12		4020
080449.7+391815	PGC 22838		1.15		13.29		13.85± .73		4195
0808.4 +1110		.S..2..	.96± .09	55					
211.39 22.10	UGC 4244	U	.15± .06	.04	14.75 ±.18				
61.32 -57.55		2.0± .9		.18					
0805.7 +1119	PGC 22846		.96	.07					
0808.6 +2804									
193.99 28.31	CGCG 148-116			.13	15.3 ±.3				5608
48.40 -42.73									5554
0805.6 +2813	PGC 22855								5805
080846.3+181138		.SB.3..	1.19± .05	110				14.78±.3	5217± 10
204.40 24.98	UGC 4245	U	.57± .05	.13	14.74 ±.18				
55.01 -51.54	IRAS08058+1820	3.0± .9		.79	13.53			357± 7	5126
080553.9+182027	PGC 22860		1.20	.29	13.78			.71	5437

R.A. 2000 DEC.	Names	Type	$logD_{25}$	p.a.	B_T	$(B-V)_T$	$(B-V)_e$	m_{21}	V_{21}
l b		S_T n_L	$logR_{25}$	A_g	m_B	$(U-B)_T$	$(U-B)_e$	W_{20}	V_{opt}
SGL SGB		T	$logA_e$	A_i	m_{FIR}	$(B-V)^o_T$	m'_e	W_{50}	V_{GSR}
R.A. 1950 DEC.	PGC	L	$logD_o$	A_{21}	B^o_T	$(U-B)^o_T$	m'_{25}	HI	V_{3K}
080850.0+574612	NGC 2521	.LA.-P?	1.08± .17	45	13.8 ±.3	.96± .06	1.04± .06		
159.75 32.89	UGC 4235	PU	.22± .08	.10		.52± .12	.56± .12		5283±155
36.18 -14.95	7ZW 212	-2.6± .8	.88± .15	.00		.88	13.66± .53		5347
080445.8+575458	PGC 22866		1.06		13.62	.51	13.52± .93		5382
080851.3+001829		RSXT1..	1.08± .05	85					
221.75 17.30	UGC 4248	UE	.09± .04	.12	14.3 ±.2				
76.69 -65.73		1.0± .6		.09					
080617.2+002718	PGC 22867		1.09	.04					
080903.1+164034		.SB.7?.	1.04± .08	18				15.26±.3	2838± 10
205.97 24.46	UGC 4247	U	1.06± .06	.12	16.0 ±.2				
56.34 -52.82		7.0±1.0		1.38				191± 7	2741
080612.3+164923	PGC 22873		1.05	.50	14.50			.26	3061
0809.1 +2800									
194.10 28.39	CGCG 148-117			.10	14.2 ±.3				11176
48.58 -42.74									11122
0806.1 +2809	PGC 22877								11374
080912.3-613936		.L..-..	1.18± .05	133					
275.31 -15.11	ESO 124- 14	S	.34± .04	.75	14.09 ±.14				
194.52 -42.19		-3.0± .8		.00					
080823.0-613042	PGC 22879		1.23						
080913.3+165907		.S?....	.97± .07	52				16.00±.3	4839± 10
205.68 24.62	UGC 4249		.66± .05	.11	15.4 ±.2				
56.14 -52.54				.99				312± 7	4743
080622.1+170757	PGC 22880		.98	.33	14.26			1.41	5061
0809.2 +0017		.L..-*.	1.05± .08	145					
221.82 17.37	UGC 4251	U	.17± .03	.12	14.32 ±.15				
76.89 -65.68	IRAS08066+0025	-3.0±1.2		.00	13.43				
0806.6 +0025	PGC 22881		1.04						
080915.6-002205		.S..4*.	1.17± .04	98					
222.42 17.07	UGC 4253	UE (1)	.59± .04	.12	14.48 ±.18				
78.11 -66.11	IRAS08067-0013	4.3± .8		.86	13.63				
080642.1-001314	PGC 22883	4.2±1.2	1.18	.29					
0809.3 +5745		.S..2..	1.01± .06	146					
159.77 32.96	UGC 4241	U	.45± .05	.10	14.90 ±.19				
36.26 -14.94		2.0± .9		.55					
0805.3 +5754	PGC 22890		1.02	.22					
080924.0+003633		.SBT9P?	1.13± .04	92				15.09±.3	1807± 10
221.54 17.56	UGC 4254	UE (1)	.27± .04	.14	14.12 ±.18				
76.37 -65.43	IRAS08068+0045	8.5± .8		.28				161± 7	1656
080649.6+004525	PGC 22894	6.4± .8	1.15	.14	13.70			1.26	2051
080927.1+435605		.S..2..	1.12± .04	75					
176.13 32.03	UGC 4246	U	.61± .04	.21	15.35 ±.18				
41.19 -27.98		2.0± .9		.75					
080558.6+440455	PGC 22896		1.13	.31					
080936.0+413542		.I?....	.83± .07						
178.85 31.69	MCG 7-17- 19		.25± .06	.21	15.48 ±.18				750± 33
42.16 -30.16	KUG 0806+417			.19					750
080611.8+414433	PGC 22900		.85	.12	15.08				908
080955.6-743042		.IBS9..	1.17± .07	131					
287.29 -21.08	ESO 35- 21	S (1)	.47± .05	.74	17.16 ±.14				
200.52 -30.29		9.5± .6		.35					
081044.0-742142	PGC 22908	10.0± .7	1.24	.23					
081000.0+400611		.S..6*.	1.23± .03	17					
180.59 31.50	UGC 4252	U	.48± .04	.21	15.0 ±.2				
42.86 -31.52	KUG 0806+402	6.0±1.2		.71					
080638.5+401503	PGC 22909		1.25	.24					
081000.6-645610		.SBR4?/	1.36± .05	100					
278.32 -16.64	ESO 89- 12	S (1)	.79± .05	.67					
196.15 -39.16	IRAS08094-6446	4.0±1.2		1.16	13.60				
080927.0-644712	PGC 22910	3.3±1.3	1.43	.39					
0810.0 +2251									
199.69 26.93	CGCG 119- 3			.11	15.4 ±.3				12134± 22
52.02 -47.29									12060
0807.1 +2300	PGC 22913								12345
0810.0 +5751		.S?....	.85± .12						
159.65 33.05	MCG 10-12- 82		.10± .07	.10	15.11 ±.18				7795± 60
36.31 -14.82	SBS 0806+579A			.13					7859
0806.0 +5800	PGC 22914		.86	.05	14.80				7894

R.A. 2000 DEC. l b SGL SGB R.A. 1950 DEC.	Names PGC	Type S_T n_L T L	$\log D_{25}$ $\log R_{25}$ $\log A_e$ $\log D_o$	p.a. A_g A_i A_{21}	B_T m_B m_{FIR} B_T^o	$(B\text{-}V)_T$ $(U\text{-}B)_T$ $(B\text{-}V)_T^o$ $(U\text{-}B)_T^o$	$(B\text{-}V)_e$ $(U\text{-}B)_e$ m'_e m'_{25}	m_{21} W_{20} W_{50} HI	V_{21} V_{opt} V_{GSR} V_{3K}
081005.4+461134		.S..6*.	1.08± .06						
173.50 32.44	UGC 4250	U	.00± .05	.16	14.9 ±.3				
40.43 -25.82		6.0±1.2		.00					
080632.5+462026	PGC 22915		1.09	.00					
0810.1 +2455	IC 497	.S?....	.89± .11						
197.50 27.63	MCG 4-20- 1		.35± .07	.13	15.36 ±.19				4208± 22
50.69 -45.44	IRAS08070+2503			.48	13.38				4142
0807.1 +2503	PGC 22918		.90	.18	14.71				4415
081010.1+245333		.S..6*.	1.33± .04	33				14.39±.3	4164± 10
197.53 27.64	UGC 4257	U	1.05± .05	.13	15.23 ±.18			261± 15	
50.72 -45.46		6.0±1.3		1.47					4098
080710.0+250227	PGC 22921		1.34	.50	13.61			.28	4371
081015.1+335727	NGC 2532	.SXT5..	1.34± .03	10	13.01 ±.14	.60± .04		14.70±.1	5260± 4
187.60 30.24	UGC 4256	R	.08± .03	.16	12.79 ±.18	-.06± .04		207± 6	5153± 56
45.72 -37.20	IRAS08070+3406	5.0± .4		.11	11.52	.52		188± 6	5228
080703.2+340620	PGC 22922		1.35	.04	12.63	-.12	14.35± .20	2.04	5442
081025.4+671436		.S..2..	1.10± .05	158				15.99±.1	4949± 11
148.50 32.47	UGC 4243	U	.23± .05	.18	14.42 ±.18				4998±128
33.35 -5.90	IRAS08056+6723	2.0± .8		.29	13.53			341± 8	5049
080536.1+672327	PGC 22930		1.12	.12	13.90			1.97	5010
081047.6+465444		.S..7..	1.20± .05	122					
172.67 32.64	UGC 4258	U	.58± .05	.16	15.4 ±.2				
40.28 -25.10		7.0± .9		.80					
080713.3+470339	PGC 22941		1.22	.29					
081056.4+364942		.S?....	.96± .09					16.34±.3	6421± 9
184.39 31.03	UGC 4261		.34± .06	.18	14.78 ±.19				5466± 35
44.52 -34.50	IRAS08076+3658			.47	13.06			175± 5	6347
080740.2+365838	PGC 22945		.98	.17	14.07			2.10	6541
081059.2+724741	A 0805+72	.S?....	.73± .09	165	14.9 ±.2	.41± .03			
142.01 31.68	UGC 4242		.05± .08	.11	14.7 ±.3	-.38± .05			3150± 63
31.66 -.61	MK 14			.07	13.15	.35			3269
080521.7+725633	PGC 22947		.74	.02	14.63	-.42	13.26± .56		3188
0811.0 +0505	IC 2231	.E...*.	1.15± .09						
217.56 20.01	UGC 4265	U	.00± .05	.11					
69.86 -61.96		-5.0±1.1		.00					
0808.4 +0514	PGC 22950		1.17						
0811.1 +5701		.S?....	.82± .13						
160.64 33.20	MCG 10-12- 85		.36± .07	.10	15.4 ±.2				8514± 60
36.73 -15.56	SBS 0807+571			.53					8575
0807.1 +5710	PGC 22954		.83	.18	14.70				8617
081109.7+462754	A 0807+46	.I..9*.	1.21± .03		14.13 ±.18	.40± .07	.36± .04	14.72±.1	2254± 11
173.20 32.65	UGC 4260	U (1)	.04± .04	.15	14.0 ±.2	-.25± .06	-.27± .03	147± 16	
40.52 -25.50	DDO 49	10.0±1.1	.96± .04	.03		.34	14.42± .10	142± 12	2273
080736.4+463650	PGC 22955	8.0±1.4	1.22	.02	13.88	-.29	14.92± .27	.82	2397
081113.2+251222	NGC 2535	.SAR5P.	1.39± .02		13.31 ±.13	.54± .02	.62± .01	14.13±.1	4099± 3
197.28 27.96	UGC 4264	R (1)	.31± .03	.15	13.19 ±.18	-.13± .02	-.06± .02	164± 5	4079± 18
50.83 -45.07	IRAS08082+2521	5.0± .3	.85± .01	.46	12.10	.42	13.05± .03	130± 4	4033
080812.8+252119	PGC 22957	1.0±1.4	1.41	.15	12.64	-.22	14.35± .17	1.34	4306
081116.1+251048	NGC 2536	.SBT5P.	.95± .05	112	14.7 ±.2	.55± .05			
197.31 27.96	MCG 4-20- 5	R	.15± .05	.15	14.75 ±.18	.05± .12			4142± 26
50.86 -45.09	KUG 0808+253B	5.0± .5		.23		.46			4076
080815.8+251946	PGC 22958		.97	.08	14.32	-.01	13.93± .35		4349
081122.8+033803	NGC 2538	PSB.1..	1.16± .05	25					
218.96 19.42	UGC 4266	U	.07± .05	.07	13.49 ±.18				3944
72.14 -62.96	IRAS08087+0347	1.0± .8		.07	11.77				3802
080845.4+034702	PGC 22962		1.17	.03	13.30				4187
081138.7+762517	A 0805+76	.SB.7..	1.38± .03	83				13.75±.1	1544± 7
137.84 30.99	UGC 4238	U	.24± .04	.13	13.33 ±.19			180± 16	
30.57 2.85	IRAS08054+7633	7.0± .8		.33	13.91			167± 12	1675
080509.4+763409	PGC 22969		1.39	.12	12.87			.76	1566
081140.1-693911		.SXS4..	1.09± .05	125					
282.76 -18.75	ESO 59- 27	S (1)	.27± .04	.70	14.84 ±.14				
198.26 -34.75		4.0± .8		.40					
081137.0-693006	PGC 22973	5.6± .9	1.16	.14					
081151.3-181801		.S..4*/	1.31± .04	91					
238.59 8.47	ESO 561- 23	SE	.81± .04	.96					
127.58 -71.46	IRAS08096-1809	3.7± .7		1.20	13.66				
080936.1-180900	PGC 22980		1.40	.41					

R.A. 2000 DEC. l b SGL SGB R.A. 1950 DEC.	Names PGC	Type S_T n_L T L	$logD_{25}$ $logR_{25}$ $logA_e$ $logD_o$	p.a. A_g A_i A_{21}	B_T m_B m_{FIR} B_T^o	$(B-V)_T$ $(U-B)_T$ $(B-V)_T^o$ $(U-B)_T^o$	$(B-V)_e$ $(U-B)_e$ m'_e m'_{25}	m_{21} W_{20} W_{50} HI	V_{21} V_{opt} V_{GSR} V_{3K}
081201.0+192152		.S?....	1.06± .05	90				16.44±.3	8533± 10
203.51 26.13	UGC 4269		.31± .04	.07	14.57 ±.18			640± 13	
55.16 -50.14	IRAS08091+1930			.47	12.85				8446
080907.4+193053	PGC 22990		1.07	.16	13.99			2.30	8754
081233.0-571440		.E+2...	1.09± .10						
271.61 -12.51		S	.09± .08	1.45					
191.34 -45.97		-4.0± .8		.00					
081126.1-570534	PGC 23009		1.28						
081243.8-795307		.SBS3..	1.02± .07						
292.61 -23.24	ESO 18- 1	S (1)	.07± .05	.47					
202.50 -25.21	IRAS08153-7943	3.0± .8		.09	13.30				
081520.0-794354	PGC 23013	4.4± .9	1.07	.03					
081245.7+262142	NGC 2540	.SBT6*.	1.12± .04	125				15.98±.3	6301± 10
196.16 28.65	UGC 4275	U	.17± .04	.15	14.21 ±.18			342± 15	
50.54 -43.88	IRAS08097+2630	6.0±1.2		.25	12.94				6240
080944.0+263045	PGC 23017		1.13	.09	13.78			2.11	6507
081246.8+092309		PSB.1*.	.96± .05	147					
213.63 22.30	UGC 4276	U	.28± .04	.02	14.90 ±.18				
64.95 -58.37		1.0± .9		.28					
081003.7+093213	PGC 23018		.97	.14					
081250.6-273317		.L..0*/	1.20± .05	23					
246.53 3.64	ESO 494- 35	S	.30± .04	2.40	13.32 ±.14				
153.29 -68.43		-2.0±1.1		.00					
081046.0-272412	PGC 23020		1.43						
0812.8 +5755		.L?....	.93± .16						
159.56 33.42	MCG 10-12- 91		.30± .07	.10	15.29 ±.15				8034± 60
36.66 -14.63	IRAS08088+5804			.00					8098
0808.8 +5804	PGC 23022		.89		15.07				8135
081253.1+554024	NGC 2534	.E.1.$P	1.14± .07		13.7 ±.4	.77± .05	.85± .02		
162.25 33.45	UGC 4268	P	.05± .03	.16	13.58 ±.15	.26± .07	.30± .04		3676± 31
37.43 -16.75	MK 85	-5.0±1.6	.83± .19	.00		.70	13.33± .66		3732
080856.8+554926	PGC 23024		1.15		13.38	.25	14.26± .53		3785
081256.4+733349	NGC 2523B	.SAS3*/	1.33± .04	92				15.42±.1	3833± 11
141.09 31.67	UGC 4259	R (1)	.83± .04	.10	14.74 ±.18				
31.55 .17	IRAS08072+7342	3.0± .5		1.14	13.74			397± 8	3955
080710.8+734247	PGC 23025	4.5±1.2	1.33	.41	13.47			1.54	3868
081257.0+545811		.S?....	.96± .09	35					
163.09 33.45	UGC 4267		.29± .06	.10	14.4 ±.2				2617±155
37.69 -17.41	IRAS08089+5507			.36					2670
080902.8+550713	PGC 23026		.97	.15	13.90				2729
081258.4+361515	NGC 2543	.SBS3..	1.37± .03	45				13.72±.3	2471± 10
185.15 31.31	UGC 4273	R	.24± .03	.21	12.70 ±.18				2467± 44
45.24 -34.87	IRAS08096+3624	3.0± .4		.33	11.94			294± 10	2449
080943.4+362418	PGC 23028		1.39	.12	12.14			1.46	2649
081315.1+455929	NGC 2537	.SBS9P.	1.24± .02		12.32 ±.13	.63± .01	.59± .01	14.15±.0	447± 4
173.81 32.96	UGC 4274	V (1)	.07± .03	.16	12.11 ±.19	-.14± .02	-.13± .02	110± 4	444± 17
41.08 -25.82	MK 86	9.0± .4	.90± .01	.07		.57	12.31± .02	96± 4	464
080943.1+460833	PGC 23040	5.7± .9	1.26	.04	12.02	-.18	13.19± .19	2.09	593
0813.3 +5750		.SXT4..	1.21± .05	130				15.09±.1	2479± 11
159.64 33.49	UGC 4270	U	.16± .05	.09	14.5 ±.2				
36.74 -14.68		4.0± .8		.23				334± 8	2543
0809.3 +5800	PGC 23047		1.22	.08	14.20			.81	2580
081341.0+455941	NGC 2537A	.SBT5..	.83± .09		16.02 ±.15	.67± .05	.69± .05		
173.82 33.03	MCG 8-15- 51	R	.04± .06	.16		-.06± .10	.03± .10		
41.15 -25.79		5.0± .5	.50± .02	.05			14.01± .05		
081009.0+460846	PGC 23057		.84	.02			14.91± .51		
0813.7 +0038		.S..6*.	1.12± .05	175					
222.05 18.54	UGC 4285	U	.19± .05	.08	14.5 ±.2				
78.04 -64.59		6.0±1.2		.27					
0811.2 +0048	PGC 23064		1.12	.09					
0813.8 +5238		.S..6*.	1.59± .02	110				14.22±.1	5459± 11
165.88 33.54	UGC 4277	U	.98± .05	.11	14.9 ±.3				5654± 76
38.65 -19.55		6.0±1.2		1.44				575± 8	5507
0810.1 +5248	PGC 23069		1.60	.49	13.33			.40	5585
081359.0+454443	IC 2233	.SBS7*/	1.67± .02	172	13.07 ±.15	.44± .04	.46± .03	13.13±.1	563± 9
174.12 33.06	UGC 4278	R	1.00± .03	.16	13.48 ±.18	-.20± .06	-.17± .04	196± 14	554± 18
41.31 -26.00		7.0± .4	1.24± .03	1.38		.21	14.76± .09	180± 11	577
081027.6+455350	PGC 23071		1.68	.50	11.70	-.37	13.76± .19	.92	709

R.A. 2000 DEC. / l b / SGL SGB / R.A. 1950 DEC.	Names / PGC	Type / S_T n_L / T / L	$\log D_{25}$ / $\log R_{25}$ / $\log A_e$ / $\log D_o$	p.a. / A_g / A_i / A_{21}	B_T / m_B / m_{FIR} / B_T^o	$(B-V)_T$ / $(U-B)_T$ / $(B-V)_T^o$ / $(U-B)_T^o$	$(B-V)_e$ / $(U-B)_e$ / m'_e / m'_{25}	m_{21} / W_{20} / W_{50} / HI	V_{21} / V_{opt} / V_{GSR} / V_{3K}
0814.0 +2352	IC 2239	.L?....	1.12± .12						
198.96 28.14	MCG 4-20- 6		.09± .07	.20	14.5 ±.2				6048± 19
52.53 -45.96	IRAS08111+2401			.00	11.97				5978
0811.1 +2401	PGC 23078		1.13		14.17				6261
081414.4+212125	NGC 2545	RSBR2..	1.30± .02	170	13.16 ±.13	.76± .02	.86± .01	15.86±.2	3373± 5
201.64 27.33	UGC 4287	R (1)	.24± .03	.12	13.14 ±.13	.19± .02	.29± .02	446± 12	3358± 49
54.35 -48.15	IRAS08113+2130	2.0± .4	.86± .02	.29	12.98	.66	12.95± .06	420± 6	3293
081118.7+213033	PGC 23086	2.3± .9	1.31	.12	12.70	.13	13.93± .20	3.03	3592
081416.0+182638		.S?....	1.19± .06	45				15.07±.3	5143± 10
204.68 26.28	UGC 4286		.36± .06	.13	14.32 ±.18				5116± 46
56.61 -50.67				.54				355± 7	5051
081123.5+183547	PGC 23089		1.20	.18	13.61			1.28	5367
081418.4-181722		.IBS9..	1.26± .05	98					1624
238.90 8.97	ESO 561- 30	SE (1)	.40± .05	.90					
127.39 -70.88		10.0± .5		.30					1425
081203.0-180812	PGC 23090	9.8±1.2	1.35	.20					1873
081422.1+391505		.SBS3..	1.12± .04	130					
181.76 32.17	UGC 4283	U	.17± .04	.16	14.8 ±.2				
44.15 -32.00		3.0± .9		.23					
081102.5+392413	PGC 23093		1.14	.08					
081433.6+544804		.S..1..	1.16± .05	3					
163.30 33.68	UGC 4280	U	.66± .05	.11	14.50 ±.20				3127±155
37.97 -17.49	IRAS08106+5457	1.0± .9		.68	13.49				3179
081040.3+545712	PGC 23103		1.17	.33	13.68				3241
081440.3+490344	NGC 2541	.SAS6..	1.80± .02	165	12.26 ±.14	.46± .02	.52± .02	12.07±.0	556± 4
170.18 33.48	UGC 4284	R (2)	.30± .03	.18	12.06 ±.18	-.23± .04	-.13± .03	207± 3	628± 41
40.12 -22.86		6.0± .3	1.30± .02	.44		.36	14.25± .04	186± 4	586
081101.9+491253	PGC 23110	6.2± .6	1.82	.15	11.56	-.30	15.38± .17	.36	692
0814.6 +5813		.S..2..	1.06± .06	81					
159.18 33.65	UGC 4281	U	.60± .05	.10					
36.78 -14.26		2.0±1.0		.74					
0810.6 +5823	PGC 23111		1.07	.30					
081443.3-663021		.SBS7?.	1.14± .07	105					
280.00 -16.98	ESO 89- 13	S (1)	.29± .07	.87					
196.40 -37.52		7.0±1.8		.40					
081417.1-662106	PGC 23113	7.8±1.3	1.22	.14					
0814.7 +0132		.S..4..	1.00± .08	115					
221.34 19.19	UGC 4291	U	.84± .06	.09	15.8 ±.2				
76.86 -63.80		4.0±1.0		1.24					
0812.2 +0142	PGC 23117		1.01	.42					
0814.8 +5800		.SB?...	.99± .10						
159.44 33.68	MCG 10-12-100		.24± .07	.10	15.17 ±.18				7885± 60
36.88 -14.46	SBS 0810+581			.35					7950
0810.8 +5810	PGC 23119		1.00	.12	14.67				7986
081459.2+733449	NGC 2523	.SBR4..	1.47± .03	57	12.63 ±.16	.74± .06	.88± .03		
141.04 31.81	UGC 4271	R (2)	.21± .03	.10	12.43 ±.13	.20± .09			3415± 58
31.68 .23	ARP 9	4.0± .3	1.13± .03	.31	13.08	.65	13.77± .08		3537
080914.5+734355	PGC 23128	1.1± .6	1.48	.11	12.07	.13	14.30± .22		3450
0815.3 +2844									
193.75 29.92	CGCG 149- 6			.13	15.2 ±.3				5924
49.81 -41.49									5872
0812.3 +2854	PGC 23142								6126
0815.4 +2133								17.30±.3	4277± 10
201.53 27.66	CGCG 119- 19			.13	15.6 ±.3			242± 13	
54.56 -47.84									4197
0812.5 +2143	PGC 23146								4497
0815.5 +0820		.S..6*.	1.00± .08	112					9006
214.95 22.46	UGC 4296	U	1.02± .06	.01	15.9 ±.3				
67.22 -58.76		6.0±1.5		1.47					8879
0812.8 +0830	PGC 23147		1.00	.50	14.36				9249
081532.6-205239		.SXT5*.	1.19± .05	84					
241.25 7.81	ESO 561- 33	SE (1)	.26± .05	1.07					
134.97 -70.22		5.2± .6		.39					
081320.0-204324	PGC 23149	5.3±1.6	1.29	.13					
0815.6 +0515		.S..9*.	.96± .09					16.14±.3	4181± 8
217.94 21.11	UGC 4298	U	.00± .06	.04				113± 7	
71.39 -61.05		9.0±1.2		.00				96± 7	4044
0813.0 +0525	PGC 23152		.96	.00					4428

R.A. 2000 DEC. l b SGL SGB R.A. 1950 DEC.	Names PGC	Type S_T n_L T L	$\log D_{25}$ $\log R_{25}$ $\log A_e$ $\log D_o$	p.a. A_g A_i A_{21}	B_T m_B m_{FIR} B_T^o	$(B-V)_T$ $(U-B)_T$ $(B-V)_T^o$ $(U-B)_T^o$	$(B-V)_e$ $(U-B)_e$ m'_e m'_{25}	m_{21} W_{20} W_{50} HI	V_{21} V_{opt} V_{GSR} V_{3K}
081543.3-285116		.SBS9..	1.15± .08						1700
247.97 3.45		S (1)	.10± .08	2.52					
155.41 -67.23		9.0± .8		.10					1483
081340.1-284200	PGC 23156	10.0± .8	1.39	.05					1938
0815.7 +5819	A 0811+58	.E.....	1.00± .19	105	13.09V±.11				
159.05 33.79	UGC 4289	U	.09± .08	.14	14.43 ±.15				7880± 59
36.88 -14.12		-5.0± .9	.78± .07	.00					7946
0811.7 +5829	PGC 23160		.99		14.17				7981
081559.7+231145		.S..4..	1.27± .03	150	13.99S±.15			15.92±.2	4286± 7
199.84 28.33	UGC 4299	U	.79± .03	.16	14.96 ±.18			405± 10	
53.55 -46.35	IRAS08130+2321	4.0± .9		1.17	12.67			286± 10	4213
081302.0+232100	PGC 23169		1.28	.40	13.03		13.20± .24	2.49	4503
081601.3+270438		.S..6*.	1.13± .07					15.71±.3	7665± 7
195.63 29.57	UGC 4300	U	.02± .06	.10	14.1 ±.2			318± 15	
51.00 -42.91		6.0±1.1		.03					7607
081259.1+271353	PGC 23170		1.14	.01	13.92			1.78	7872
081602.5+283725		.S..4..	1.07± .06	146				15.80±.3	5968± 10
193.93 30.02	UGC 4301	U	.35± .05	.12	14.58 ±.18				
50.06 -41.53		4.0± .9		.51				362± 7	5916
081258.3+284640	PGC 23173		1.08	.17	13.92			1.71	6171
0816.1 +7340		.SB.8..	1.00± .08	100					
140.90 31.87	UGC 4279	U	.14± .06	.11					
31.73 .35		8.0± .9		.17					
0810.4 +7350	PGC 23181		1.01	.07					
081617.1+255828		.S?....	.84± .08	120					
196.86 29.29	UGC 4303		.12± .05	.15	15.44 ±.18				12635± 45
51.77 -43.87	MK 623			.18	13.16				12572
081316.1+260744	PGC 23184		.85	.06	15.04				12845
0816.4 +2348		.L.....	1.23± .06	168					
199.22 28.64	UGC 4304	U	.68± .03	.18	15.09 ±.17				4143± 22
53.26 -45.75		-2.0± .9		.00					4072
0813.5 +2358	PGC 23193		1.14		14.84				4359
081633.8-715135			.78± .06						
285.01 -19.44	ESO 60- 3		.04± .05	.69	15.25 ±.14				1419± 51
198.84 -32.56									1207
081648.0-714212	PGC 23200		.84						1532
0816.6 +2123	IC 2253	.E?....							
201.81 27.86	MCG 4-20- 11			.14	14.9 ±.3				4741± 22
55.05 -47.84									4661
0813.7 +2133	PGC 23204								4962
0816.6 +2446	IC 2254								
198.19 29.00	CGCG 119- 25			.16	15.3 ±.3				7472± 22
52.67 -44.88									7405
0813.7 +2456	PGC 23206								7686
081654.5+241038	IC 2256	.I?....	.85± .07						
198.86 28.85	MCG 4-20- 12		.39± .06	.17	15.5 ±.2				2071± 22
53.14 -45.39	KUG 0813+243			.29					2001
081355.7+241956	PGC 23214		.87	.20	15.03				2286
0816.9 +2030									
202.78 27.61	CGCG 119- 27			.13	15.4 ±.3				4318± 22
55.80 -48.57									4234
0814.0 +2040	PGC 23215								4542
081706.1-272727	NGC 2559	.SBS4P*	1.57± .02	6	*		.86± .01	13.37±.2	1561± 7
246.97 4.48	ESO 494- 41	SU (1)	.34± .04	1.97	11.71 ±.14			391± 8	1542± 37
151.87 -67.64	VV 475	3.9± .4	1.19± .10	.50			12.88± .23	371± 6	1344
081501.1-271806	PGC 23222	3.3± .6	1.75	.17	9.23			3.98	1801
0817.1 +6430		.SB.7*.	1.01± .06	53	*				
151.63 33.47	UGC 4295	U	.36± .05	.12					
34.89 -8.25		7.0± .9		.50					
0812.6 +6440	PGC 23223		1.02	.18					
081715.7+011227		.SAS9..	1.09± .05	35	*			15.42±.3	4359± 7
221.97 19.58	UGC 4310	UE (1)	.03± .04	.10	14.4 ±.3				
78.37 -63.56		8.5± .6		.03				157± 7	4209
081440.8+012147	PGC 23225	8.7± .8	1.10	.02	14.25			1.16	4611
0817.4 +2109									
202.14 27.95	CGCG 119- 28			.14	15.4 ±.3				2156± 22
55.46 -47.95									2075
0814.5 +2119	PGC 23231								2379

R.A. 2000 DEC. l b SGL SGB R.A. 1950 DEC.	Names PGC	Type S_T n_L T L	$\log D_{25}$ $\log R_{25}$ $\log A_e$ $\log D_o$	p.a. A_g A_i A_{21}	B_T m_B m_{FIR} B_T^o	$(B-V)_T$ $(U-B)_T$ $(B-V)_T^o$ $(U-B)_T^o$	$(B-V)_e$ $(U-B)_e$ m'_e m'_{25}	m_{21} W_{20} W_{50} HI	V_{21} V_{opt} V_{GSR} V_{3K}
081725.8+214100	A 0814+21	.SBT5..	1.34± .04	110	*			14.51±.1	3565± 4
201.58 28.13	UGC 4308	U (1)	.08± .05	.14	13.5 ±.3			263± 4	3518± 48
55.07 -47.50		5.0± .7		.12				244± 4	3486
081429.9+215020	PGC 23232	1.0±1.0	1.35	.04	13.27			1.20	3787
081727.5-244104		.L..0*.	1.23± .05	55	14.0 ±.2	.86± .04	.94± .02		
244.70 6.09	ESO 494- 42	S	.36± .04	1.43	14.19 ±.14	.27± .05	.28± .03		
145.02 -68.71		-2.0± .8	.82± .07	.00			13.58± .24		
081519.0-243142	PGC 23234		1.34				14.14± .32		
0817.5 +6433		.SB.3*.	1.04± .08	40				16.42±.1	11412± 11
151.57 33.50	UGC 4302	U	.06± .06	.12	15.1 ±.2				10965±106
34.91 -8.19		3.0± .8		.08				223± 8	11497
0813.0 +6443	PGC 23235		1.05	.03	14.86			1.54	11483
081736.7+352644		.S?....	.96± .09	135				15.66±.3	2400± 10
186.32 32.05	UGC 4306		.31± .06	.21	15.06 ±.18				
46.69 -35.23	IRAS08143+3536			.47	11.73			183± 7	2375
081423.4+353604	PGC 23239		.98	.16	14.37			1.13	2585
0817.6 +2052	NGC 2553	.S?....	.94± .11						
202.45 27.90	MCG 4-20- 14		.11± .07	.16	14.83 ±.18				4721± 22
55.74 -48.17				.09					4639
0814.7 +2102	PGC 23240		.95		14.52				4945
081738.3-294353		.SAT5*.	1.25± .06						
248.93 3.31	ESO 431- 1	Sr (1)	.12± .07	2.62					
156.75 -66.41	IRAS08155-2934	5.0± .6		.18	12.57				
081536.0-293430	PGC 23242	5.6±1.1	1.50	.06					
0817.6 +7730		.S..4..	1.01± .06	147					
136.52 31.06	UGC 4282	U	.25± .05	.13	15.00 ±.18				
30.54 3.98	IRAS08109+7739	4.0± .9		.37	13.26				
0810.9 +7739	PGC 23244		1.02	.13					
081741.4+043628		.SX.8..	1.14± .05					15.55±.1	4222± 4
218.82 21.26	UGC 4316	U	.01± .05	.05	14.3 ±.3			56± 5	
73.10 -61.17		8.0± .8		.01				46± 5	4083
081503.1+044550	PGC 23245		1.15	.01	14.20			1.35	4472
081742.8-300753		.SBT5*.	1.50± .04	5				12.74±.2	1651± 7
249.27 3.10	ESO 431- 2	SUr (1)	.13± .06	2.77				231± 8	
157.56 -66.19	IRAS08156-2958	5.4± .4		.20	11.37			192± 6	1432
081541.0-295830	PGC 23246	3.9± .5	1.76	.07					1889
081743.1+731909	NGC 2523C	.E...?.	1.18± .08	95					
141.29 32.05	UGC 4290	PU	.27± .04	.08	13.93 ±.15				
31.95 .05		-5.0±1.0		.00					
081203.0+732825	PGC 23247		1.11						
081753.0+125351		.SBS3..	.96± .09	23				16.43±.3	9703± 10
210.72 24.92	UGC 4317	U	.39± .06	.10	15.05 ±.18				
62.92 -54.81		3.0± .9		.54				366± 7	9591
081506.5+130313	PGC 23255		.97	.20	14.35			1.89	9942
081753.6+232816	NGC 2554	.S..0..	1.50± .08		12.9 ±.2	.93± .01		16.39±.3	4158± 10
199.71 28.84	UGC 4312	U	.13± .12	.17	12.7 ±.3	.54± .02		433± 14	4126± 21
53.91 -45.89	IRAS08149+2337	.0± .7		.10	13.39	.83			4079
081455.8+233738	PGC 23256		1.51		12.49	.50	14.93± .53		4370
0817.9 +0322		.SB?...	.96± .09						
220.02 20.74	UGC 4318		.39± .06	.06	15.15 ±.18				8849± 49
75.06 -61.99	IRAS08153+0331			.59	13.57				8706
0815.3 +0331	PGC 23257		.97	.20	14.46				9100
081756.2+004440	NGC 2555	.SBT2..	1.28± .04	115					4401
222.49 19.50	UGC 4319	UE	.14± .05	.09	13.14 ±.18				
79.43 -63.73	IRAS08153+0054	1.5± .5		.17					4249
081521.6+005403	PGC 23259		1.29	.07	12.83				4654
081801.6+244416	IC 2267	.SB.6?.	1.32± .03	153				13.90±.3	2062± 10
198.35 29.27	UGC 4315	U	.81± .05	.17	14.81 ±.18			222± 15	2048± 22
53.07 -44.77	KUG 0815+248	6.0±1.2		1.19					1992
081502.2+245338	PGC 23266		1.33	.41	13.44			.06	2274
0818.0 +3723		.S..3*.	1.00± .08	135					
184.08 32.54	UGC 4311	U (1)	.73± .06	.16					
45.82 -33.42		3.0±1.4		1.00					
0814.8 +3733	PGC 23271	3.5±1.3	1.01	.36					
081808.8-673440		.SXS6*.	1.05± .08	167					
281.15 -17.22	ESO 89- 15	S (1)	.19± .07	.61					
196.58 -36.41		6.0± .9		.28					
081748.0-672512	PGC 23277	6.7± .9	1.10	.09					

R.A. 2000 DEC.	Names	Type	$\log D_{25}$	p.a.	B_T	$(B-V)_T$	$(B-V)_e$	m_{21}	V_{21}
l b		S_T n_L	$\log R_{25}$	A_g	m_B	$(U-B)_T$	$(U-B)_e$	W_{20}	V_{opt}
SGL SGB		T	$\log A_e$	A_i	m_{FIR}	$(B-V)^o_T$	m'_e	W_{50}	V_{GSR}
R.A. 1950 DEC.	PGC	L	$\log D_o$	A_{21}	B^o_T	$(U-B)^o_T$	m'_{25}	HI	V_{3K}
0818.2 +0218		.I..9..	1.28± .07	50					
221.06 20.31		E (1)	.23± .08	.12					
76.87 -62.66		10.0± .9		.17					
0815.6 +0228	PGC 23279	9.8± .8	1.30	.11					
0818.3 +1137		.S..2..	1.00± .08	171					
212.05 24.50	UGC 4321	U	.73± .06	.13	15.67 ±.18				
64.43 -55.76		2.0±1.0		.89					
0815.6 +1147	PGC 23285		1.01	.36					
081829.6+204536	A 0815+20	.S..2*/	.99± .09	27	14.9 ±.4	.82± .04		17.18±.2	4797± 6
202.66 28.05	UGC 4324	P	.46± .06	.15	15.29 ±.18	.17± .07		322± 13	4823± 65
56.09 -48.17	IRAS08155+2055	2.0±1.2		.57	13.49	.66		306± 5	4715
081534.8+205500	PGC 23289		1.00	.23	14.46	.06	13.53± .62	2.48	5022
081829.8-214901	NGC 2564	.L..-..	1.09± .09	60					
242.43 7.87	ESO 562- 1	S	.17± .06	1.06					
137.18 -69.34		-3.0± .9		.00					
081618.0-213936	PGC 23290		1.20						
081845.6-252951	NGC 2566	PSBT2P*	1.53± .02	110				13.87±.2	1649± 11
245.55 5.88	ESO 495- 3	SUr (1)	.17± .04	1.48	11.81 ±.14			216± 16	
146.76 -68.14	IRAS08166-2520	2.5± .4		.24	9.78			177± 12	1436
081638.0-252024	PGC 23303	3.3±1.1	1.67	.09	10.07			3.71	1895
081845.7-252214	IC 2311	.E.0.*.	1.32± .05		12.50 ±.13	1.01± .01	1.04± .01		
245.44 5.95	ESO 495- 2	S	.04± .04	1.47	12.49 ±.14	.48± .03	.52± .01		1844± 37
146.45 -68.19		-5.0± .8	.88± .02	.00		.67	12.39± .08		1631
081638.0-251248	PGC 23304		1.54		11.00	.23	13.97± .29		2090
0818.7 +2431	IC 501								
198.64 29.37	CGCG 119- 42			.19	15.4 ±.3				7530± 22
53.43 -44.87									7461
0815.8 +2441	PGC 23305								7746
0818.9 +2206								16.79±.3	3500± 10
201.26 28.61	CGCG 119- 44			.15	15.6 ±.3			148± 13	
55.20 -46.96								135± 10	3422
0816.0 +2216	PGC 23309								3722
081858.4+574811	NGC 2549	.LAR0./	1.59± .02	177	12.19 ±.13	.97± .01	.99± .01		
159.66 34.24	UGC 4313	R	.48± .03	.13	12.18 ±.11	.49± .02	.56± .01		1070± 23
37.48 -14.46		-2.0± .3	.76± .02	.00		.89	11.48± .06		1133
081456.7+575735	PGC 23313		1.54		12.04	.42	13.82± .18		1174
081858.7-673006		.LXS-*.	1.14± .08	64					
281.12 -17.12	ESO 89- 17	S	.27± .06	.61					
196.45 -36.45		-3.5± .6		.00					
081837.0-672036	PGC 23314		1.15						
081902.2+211114		.SAR6..	1.30± .03	125	14.15M±.10	.58± .02	.66± .02	15.05±.1	4096± 4
202.26 28.31	UGC 4329	U	.12± .03	.16	13.9 ±.3	-.08± .04	.01± .03	245± 5	
55.93 -47.74	IRAS08161+2120	6.0± .8	.87± .02	.18	13.59	.49	13.96± .06	224± 4	4015
081607.0+212040	PGC 23319		1.32	.06	13.77	-.14	15.21± .19	1.22	4320
081903.7+831559		.S..3..	1.33± .04	155				14.59±.1	5696± 11
130.11 29.46	UGC 4262	U (1)	.18± .05	.17	13.9 ±.2				
28.60 9.41	IRAS08078+8325	3.0± .7		.24				397± 8	5849
080832.5+832511	PGC 23321	4.5±1.0	1.35	.09	13.42			1.08	5689
081906.0+704251	Holmberg II	.I..9..	1.90± .02	15	11.10 ±.15	.44± .07	.40± .02	11.21±.0	158± 3
144.28 32.69	UGC 4305	R (1)	.10± .03	.10	10.9 ±.2		-.30± .04	72± 2	157± 18
32.94 -2.36	DDO 50	10.0± .3	1.69± .03	.08	12.84	.39	15.04± .06	66± 2	269
081353.5+705213	PGC 23324	8.0± .8	1.91	.05	10.89		15.19± .18	.27	207
0819.1 +2055	NGC 2556								
202.54 28.24	CGCG 119- 45			.15	15.4 ±.3				4635± 22
56.15 -47.95									4553
0816.2 +2105	PGC 23325								4860
0819.1 +2147		.S?....	1.04± .09					15.58±.3	4510± 10
201.62 28.54	MCG 4-20- 19		.09± .07	.13	14.7 ±.2			274± 13	
55.50 -47.21				.07				251± 10	4431
0816.2 +2157	PGC 23326		1.04		14.40				4733
0819.2 +2126	NGC 2557	.LB....	1.07± .07	55					
202.00 28.44	UGC 4330	U	.05± .03	.13	14.20 ±.16				4865± 21
55.79 -47.50		-2.0± .8		.00					4785
0816.3 +2136	PGC 23329		1.07		14.00				5089
081914.1-784148		.SAT4..	1.35± .04	150					
291.59 -22.45	ESO 18- 2	S (1)	.31± .05	.37					
201.71 -26.21	IRAS08212-7832	3.5± .6		.45					
082112.0-783212	PGC 23330	2.8± .8	1.39	.15					

R.A. 2000 DEC. / l b / SGL SGB / R.A. 1950 DEC.	Names / PGC	Type / S_T n_L / T / L	$\log D_{25}$ / $\log R_{25}$ / $\log A_e$ / $\log D_o$	p.a. / A_g / A_i / A_{21}	B_T / m_B / m_{FIR} / B^o_T	$(B-V)_T$ / $(U-B)_T$ / $(B-V)^o_T$ / $(U-B)^o_T$	$(B-V)_e$ / $(U-B)_e$ / m'_e / m'_{25}	m_{21} / W_{20} / W_{50} / HI	V_{21} / V_{opt} / V_{GSR} / V_{3K}
081915.0-251122		.SXR1*.	1.12± .04						
245.35 6.14	ESO 495- 5	S	.03± .04	1.42	13.47 ±.14				
145.89 -68.15	IRAS08171-2501	1.0±1.1		.03	12.11				
081707.0-250154	PGC 23332		1.25	.01					
081915.5+244733	IC 2283	.S?....	1.00± .06					15.52±.3	4657± 10
198.39 29.56	MCG 4-20- 20		.10± .06	.12	14.8 ±.2			139± 13	
53.38 -44.59	KUG 0816+249A			.14				135± 10	4589
081616.2+245700	PGC 23333		1.01	.05	14.34				4873
0819.2 +1918	IC 2290	.L?....	.60± .15					17.10±.3	5681± 10
204.27 27.70	CGCG 88- 59		.11± .10	.16	15.8 ±.2			208± 13	
57.49 -49.31				.00				197± 10	5593
0816.4 +1928	PGC 23334		.60		15.51				5910
0819.3 +2030	NGC 2558	.SXT2..	1.24± .05	160	13.81 ±.15	.86± .02	.94± .01	14.91±.2	4990± 7
203.00 28.14	UGC 4331	U	.11± .05	.16	13.9 ±.2	.30± .03	.49± .02	400± 11	
56.53 -48.29		2.0± .8	.80± .03	.14		.77	13.30± .08	395± 10	4906
0816.4 +2040	PGC 23337		1.26	.06	13.48	.24	14.60± .30	1.37	5216
0819.3 +2045								17.11±.3	5031± 10
202.74 28.23	CGCG 119- 51			.15	14.1 ±.4			237± 13	
56.34 -48.07								216± 10	4948
0816.4 +2055	PGC 23338								5257
081920.3+500027	NGC 2552	.SAS9$.	1.54± .02	45	12.56 ±.15	.44± .09	.52± .03	13.67±.0	519± 4
169.10 34.29	UGC 4325	R (2)	.18± .03	.18	12.59 ±.19	-.16± .06	-.17± .03	141± 3	431± 46
40.51 -21.71	IRAS08156+5009	9.0± .3	1.36± .02	.18		.36	14.85± .05	134± 6	551
081540.6+500953	PGC 23340	8.0± .6	1.56	.09	12.21	-.22	14.67± .21	1.37	654
081922.1+350249		.S?....	.74± .14						
186.87 32.32	MCG 6-19- 1		.21± .07	.19	14.9 ±.3				5100
47.30 -35.44	ARAK 157			.31					5073
081609.6+351216	PGC 23341		.76	.10	14.36				5288
081922.4+234450	IC 2288	.S?....	.76± .07					16.17±.3	4603± 10
199.54 29.25	MCG 4-20- 23		.33± .05	.20	15.8 ±.2			263± 13	
54.14 -45.49	ARAK 158			.49				218± 10	4531
081624.4+235417	PGC 23342		.78	.17	15.09			.91	4822
081923.5-850841		.SBS9P*	1.06± .05						
297.96 -25.22	ESO 6- 1	S (1)	.07± .04	.65	15.16 ±.14				
204.33 -20.23		9.0± .7		.07					
082717.0-845854	PGC 23344	9.2± .7	1.12	.03					
081924.5-244711		.LB.0?P	1.13± .05	98					
245.04 6.40	ESO 495- 6	S	.31± .04	1.35	14.28 ±.14				
144.85 -68.26	IRAS08172-2437	-2.0± .8		.00	12.84				
081716.1-243742	PGC 23345		1.23						
0819.4 +2103					15.47 ±.14	.59± .02		16.82±.3	4852± 11
202.43 28.35	CGCG 119- 53			.16	15.4 ±.3	-.14± .04		212± 17	4719± 94
56.14 -47.80									4768
0816.5 +2113	PGC 23347								5075
081933.9-070223		.SBS7?.	1.03± .07	75					
229.79 15.99	MCG -1-22- 1	E (1)	.15± .05	.38					
96.19 -67.56		7.0±1.3		.21					
081706.8-065254	PGC 23350	5.3±1.6	1.06	.08					
081937.0+043924	NGC 2561	.SB?...	1.04± .06	138					
219.01 21.71	UGC 4336		.26± .05	.03	14.14 ±.20				4073
73.74 -60.79	IRAS08169+0448			.39	12.09				3933
081658.7+044853	PGC 23351		1.04	.13	13.70				4325
0819.6 +2122	IC 2293	.S?....	.94± .11						
202.11 28.51	MCG 4-20- 24		.11± .07	.13	14.93 ±.18				4039± 22
55.96 -47.51				.16					3958
0816.7 +2132	PGC 23352		.95	.06	14.62				4264
081938.5+210655	A 0816+21	.S?....	1.12± .04	53	14.82M±.10	.96± .02	1.00± .02	16.64±.2	5488± 7
202.39 28.42	UGC 4332		.30± .03	.16	14.9 ±.2	.34± .03	.39± .03		5505± 94
56.16 -47.73	IRAS08166+2116		.71± .02	.41	13.15	.83	13.87± .04	458± 7	5407
081643.4+211623	PGC 23355		1.14	.15	14.21	.22	14.54± .22	2.28	5714
0819.7 +1954		.S?....	.83± .08						
203.68 28.01	MCG 3-21- 28		.01± .06	.16	15.22 ±.18				4487± 22
57.13 -48.75				.02					4401
0816.8 +2004	PGC 23358		.84	.01	15.02				4715
081943.6+791409		.S..0..	.98± .07	90					
134.54 30.69	UGC 4292	U	.48± .05	.10	14.8 ±.2				
30.03 5.64	ARAK 155	.0± .9		.36					
081216.5+792329	PGC 23360		.97						

R.A. 2000 DEC. l b SGL SGB R.A. 1950 DEC.	Names PGC	Type S_T n_L T L	$\log D_{25}$ $\log R_{25}$ $\log A_e$ $\log D_o$	p.a. A_g A_i A_{21}	B_T m_B m_{FIR} B_T^o	$(B-V)_T$ $(U-B)_T$ $(B-V)_T^o$ $(U-B)_T^o$	$(B-V)_e$ $(U-B)_e$ m'_e m'_{25}	m_{21} W_{20} W_{50} HI	V_{21} V_{opt} V_{GSR} V_{3K}
081948.2+220138	NGC 2565	PSB.4*.	1.28± .02	167	13.40 ±.13	.81± .01	.89± .01	14.57±.2	3591± 7
201.43 28.77	UGC 4334	PU (1)	.35± .02	.12	13.67 ±.18	.27± .01	.36± .01	437± 10	3675± 46
55.52 -46.93	MK 386	3.5± .6	.71± .01	.51	13.24	.69	12.44± .04	412± 8	3514
081652.2+221107	PGC 23362	3.0±1.5	1.29	.17	12.84	.17	13.77± .18	1.56	3816
0819.9 +2058	NGC 2560	.S..0..	1.16± .05	93	14.3 ±.4	1.02± .02			
202.56 28.43	UGC 4337	U	.63± .05	.15	14.87 ±.18	.60± .04			4925± 65
56.35 -47.81		.0± .9		.47		.84			4843
0817.0 +2108	PGC 23367		1.14		14.08	.48	13.38± .49		5151
0819.9 +6249		.E.....	1.04± .11	45					
153.60 33.97	UGC 4322	U	.14± .05	.13	14.70 ±.16				
35.78 -9.73		-5.0± .8		.00					
0815.6 +6259	PGC 23371		1.02						
081958.8-070434		.LA.-..	1.16± .06	130					
229.88 16.06	MCG -1-22- 2	E	.15± .05	.34					
96.39 -67.48		-3.0± .9		.00					
081731.8-065504	PGC 23373		1.18						
0820.0 +2735									
195.37 30.57	CGCG 149- 16			.09	15.02 ±.18				6075
51.75 -42.05									6018
0817.0 +2745	PGC 23377								6285
082006.2-102917		.SBT7*.	1.05± .07						
232.92 14.31	MCG -2-22- 1	E (1)	.11± .05	.28					
105.08 -68.65		7.0±1.2		.15					
081742.6-101947	PGC 23378	6.4± .8	1.07	.05					
0820.1 +2102		.S?....	.82± .13						
202.51 28.50	MCG 4-20- 29		.08± .07	.15	15.34 ±.18				5180± 94
56.36 -47.73				.11					5098
0817.2 +2112	PGC 23379		.83	.04	15.04				5406
082007.1+172123		.I..9..	1.00± .16	145				15.65±.3	4648± 10
206.40 27.17	UGC 4343	U	.14± .12	.12					
59.41 -50.84		10.0± .9		.10				184± 7	4552
081716.1+173053	PGC 23380		1.01	.07					4881
082010.2+270530		.S..0..	1.03± .05	43					
195.93 30.45	UGC 4341	U	.24± .04	.09	14.76 ±.18				6004
52.10 -42.47		.0± .9		.18					5945
081708.3+271500	PGC 23383		1.03		14.40				6215
082012.5+260121		.SX.7*.	1.08± .05	120				16.24±.3	4674± 10
197.12 30.14	UGC 4340	U	.19± .05	.06	14.8 ±.2			202± 15	
52.81 -43.41	KUG 0817+261	7.0± .8		.26					4611
081711.8+261051	PGC 23385		1.09	.09	14.47			1.68	4888
0820.3 +2052	A 0817+21	.SA.8..	1.19± .06		14.8 ±.4	.64± .05		15.41±.2	5037± 8
202.71 28.49	UGC 4344	U	.05± .06	.15	14.4 ±.4	.03± .07		123± 6	
56.55 -47.85		8.0± .8		.06		.56		104± 7	4954
0817.4 +2102	PGC 23391		1.20	.02	14.34	-.02	15.47± .53	1.04	5263
082020.5+665854		.E...?.	1.20± .09	50					
148.64 33.46	UGC 4323	U	.18± .05	.12	14.08 ±.16				3943±106
34.34 -5.82		-5.0±1.6		.00					4041
081536.7+670822	PGC 23393		1.17		13.90				4009
082023.7+210756	NGC 2562	.S..0*.	1.00± .04	3	13.88 ±.14	1.02± .02			
202.44 28.59	UGC 4345	PU	.18± .03	.16	14.26 ±.20	.60± .05			4999± 48
56.37 -47.62	ARAK 159	-.3± .7		.13		.91			4917
081728.7+211727	PGC 23395		1.01		13.63	.56	13.30± .27		5225
082035.2-845838		.SXR3*.	1.17± .04	114					
297.80 -25.13	ESO 6- 2	S (1)	.40± .04	.65	14.39 ±.14				
204.24 -20.38	IRAS08279-8449	3.0± .6		.55	13.60				
082806.0-844848	PGC 23402	3.3± .7	1.23	.20					
082035.7+210409	NGC 2563	.L..0*.	1.32± .08	80	13.24 ±.13	1.03± .01	1.05± .01		
202.53 28.61	UGC 4347	PU	.14± .06	.15	13.22 ±.17		.59± .03		4674± 48
56.48 -47.65		-2.0± .6	.81± .03	.00		.94	12.78± .09		4592
081740.7+211340	PGC 23404		1.32		13.01		14.38± .46		4900
082035.9+683603		.S..4..	1.17± .04	152					
146.73 33.21	UGC 4326	U	.44± .04	.13	13.95 ±.20				4727± 76
33.80 -4.30	IRAS08157+6845	4.0± .9		.65	12.62				4831
081541.2+684531	PGC 23405		1.18	.22	13.15				4786
082037.5+401643		.S..0..	1.07± .07	43					
180.80 33.53	UGC 4342	U	.50± .06	.16	15.19 ±.18				
44.97 -30.58		.0± .9		.37					
081717.1+402614	PGC 23407		1.06						

R.A. 2000 DEC.	Names	Type	$\log D_{25}$	p.a.	B_T	$(B-V)_T$	$(B-V)_e$	m_{21}	V_{21}
l b		S_T n_L	$\log R_{25}$	A_g	m_B	$(U-B)_T$	$(U-B)_e$	W_{20}	V_{opt}
SGL SGB		T	$\log A_e$	A_i	m_{FIR}	$(B-V)^o_T$	m'_e	W_{50}	V_{GSR}
R.A. 1950 DEC.	PGC	L	$\log D_o$	A_{21}	B^o_T	$(U-B)^o_T$	m'_{25}	HI	V_{3K}
082040.8+255419		.SBS2..	.93± .05					17.25±.2	5871± 7
197.28 30.21	UGC 4346	U	.08± .04	.06	14.82 ±.18			157± 7	
53.02 -43.46	KUG 0817+260	2.0± .9		.10				123± 5	5807
081740.4+260351	PGC 23409		.94	.04	14.59			2.61	6085
082041.8-012134		.SBS5*.	1.10± .05	97					
224.79 19.09	UGC 4349	UE (1)	.65± .04	.28	15.03 ±.18				
84.27 -64.47		4.5± .7		.98					
081809.3-011202	PGC 23410	3.1±1.6	1.13	.33					
0820.7 +5406		RSBR1*.	.98± .09	125					
164.13 34.58	UGC 4335	U	.12± .06	.13	14.69 ±.18				
39.11 -17.82		1.0± .8		.13					
0816.9 +5416	PGC 23412		.99	.06					
082045.3+192146	IC 2308	.S?....	.52± .20					16.44±.3	5732± 10
204.35 28.05	MCG 3-22- 1		.28± .07	.16				341± 13	5708± 88
57.90 -49.08	ARAK 160			.43	12.92			305± 10	5643
081752.2+193118	PGC 23415		.53	.14					5962
082048.2-085507	NGC 2574	.SBT2*.	1.35± .04	30					2869
231.63 15.28	MCG -1-22- 3	E	.28± .05	.25					
101.15 -67.99	IRAS08183-0845	2.0±1.1		.34					2690
081823.0-084534	PGC 23418		1.37	.14					3128
082049.4+223928		.S?....	.97± .04		14.52S±.15	.54± .03	.62± .03	15.89±.3	4138± 10
200.84 29.20	MCG 4-20- 34		.19± .03	.19	14.80 ±.18	-.19± .06	-.10± .06	220± 13	
55.34 -46.26	KUG 0817+228			.28		.43		214± 10	4062
081752.6+224900	PGC 23420		.99	.10	14.15	-.27	13.75± .26	1.65	4361
0820.8 +1638	A 0818+16	PSBS3..	1.00± .06	115					
207.21 27.05	UGC 4350	U	.32± .05	.08					
60.28 -51.34		3.0± .9		.44					
0818.0 +1648	PGC 23421		1.00	.16					
0820.8 +5515		.SB.1..	.96± .09	120					
162.74 34.59	UGC 4338	U	.10± .06	.15	15.3 ±.2				
38.69 -16.74		1.0± .9		.10					
0817.0 +5525	PGC 23422		.97	.05					
082117.5-254623		.S..3*/	1.27± .05	34					
246.10 6.20	ESO 495- 9	S	.68± .04	1.41	15.05 ±.14				
146.86 -67.50	IRAS08192-2536	3.0±1.2		.94	13.55				
081910.0-253648	PGC 23437		1.41	.34					
082124.5-131907	NGC 2578	.SBR0P.	1.31± .04	80	13.5 ±.2	.92± .03	1.00± .02		
235.56 13.08	MCG -2-22- 2	R	.22± .05	.27		.41± .04	.50± .03		
112.99 -68.96	IRAS08191-1310	.0± .4	.82± .03	.16	13.62		13.07± .10		
081903.6-130932	PGC 23440		1.33				14.37± .32		
082124.6+190852	NGC 2572	.S..1?.	1.12± .06	133					
204.64 28.11	UGC 4355	U	.44± .05	.18	14.69 ±.18				
58.27 -49.18	ARAK 161	1.0±1.8		.44					
081831.7+191827	PGC 23441		1.13	.22					
0821.4 +2051	NGC 2569	.E?....	.78± .13						
202.83 28.72	MCG 4-20- 35		.08± .04	.16	15.26 ±.11				5104± 22
56.89 -47.73				.00					5021
0818.5 +2101	PGC 23442		.78		15.02				5331
0821.4 +2055	NGC 2570	.S..2..	1.04± .06	75	15.1 ±.3	.58± .05		16.55±.3	6541± 14
202.76 28.74	UGC 4354	U	.25± .05	.15	14.94 ±.20	-.06± .07		277± 25	
56.84 -47.68		2.0± .9		.30		.45			6458
0818.5 +2105	PGC 23443		1.05	.12	14.47	-.13	14.53± .44	1.96	6768
082128.1+031010	IC 2327	.S..1?.	1.13± .05	168				14.79±.1	2684± 7
220.65 21.43	UGC 4356	U	.49± .05	.07	14.2 ±.2			315± 11	2463± 49
76.67 -61.48	IRAS08188+0319	1.0±1.8		.50	13.39			295± 8	2535
081851.2+031945	PGC 23447		1.14	.25	13.54			1.00	2935
0821.5 +2107									
202.55 28.84	CGCG 119- 69			.15	15.34 ±.18				4952± 22
56.71 -47.49									4870
0818.6 +2117	PGC 23448								5179
082141.3+735923	NGC 2544	.SBS1*.	1.04± .04	70	13.8 ±.2	.95± .05	.91± .03		
140.44 32.17	UGC 4327	PU	.15± .04	.04	13.6 ±.2	.23± .08	.21± .04		2828± 25
31.98 .77	MK 87	.5± .6	.81± .08	.15	12.65	.89	13.37± .24		2951
081555.2+740853	PGC 23453		1.05	.07	13.49	.20	13.53± .33		2863
0821.7 +5617		.SB?...	.89± .11						
161.48 34.68	MCG 9-14- 34		.00± .07	.18	15.3 ±.2				9102± 54
38.41 -15.74				.00					9160
0817.8 +5627	PGC 23454		.90		15.02				9214

R.A. 2000 DEC.	Names	Type	$\log D_{25}$	p.a.	B_T	$(B-V)_T$	$(B-V)_e$	m_{21}	V_{21}
l b		S_T n_L	$\log R_{25}$	A_g	m_B	$(U-B)_T$	$(U-B)_e$	W_{20}	V_{opt}
SGL SGB		T	$\log A_e$	A_i	m_{FIR}	$(B-V)^o_T$	m'_e	W_{50}	V_{GSR}
R.A. 1950 DEC.	PGC	L	$\log D_o$	A_{21}	B^o_T	$(U-B)^o_T$	m'_{25}	HI	V_{3K}
082154.1+223828		.S..6*.	1.08± .04	60	15.7 ±.4	.52± .06		15.83±.2	3741± 6
200.95 29.43	UGC 4361	U	.43± .04	.19	15.18 ±.19	-.24± .11		195± 13	
55.67 -46.15	KUG 0818+228	6.0±1.3		.64		.37		189± 5	3665
081857.4+224804	PGC 23465		1.10	.22	14.44	-.35	14.86± .46	1.17	3965
0822.1 +2119		.SB?...	.74± .14					16.92±.3	6469± 10
202.39 29.04	MCG 4-20- 38		.09± .07	.14	15.66 ±.18			208± 13	
56.73 -47.25				.14				184± 10	6388
0819.2 +2129	PGC 23470		.75	.05	15.34			1.54	6696
082207.2-080947		.SBS6..	1.15± .06	85					
231.13 15.95	MCG -1-22- 4	E (1)	.16± .05	.25					
99.57 -67.42		6.0± .8		.23					
081941.2-080009	PGC 23471	4.2±1.6	1.18	.08					
082210.4+031605	IC 503	.SB.1..	1.06± .06					14.64±.1	4131± 9
220.65 21.63	UGC 4366	U	.07± .05	.07	13.86 ±.18			311± 11	
76.76 -61.28	IRAS08195+0325	1.0± .9		.08	12.66			264± 8	3987
081933.4+032543	PGC 23474		1.07	.04	13.66			.94	4387
0822.3 +2105									
202.66 29.00	CGCG 119- 72			.15	15.4 ±.3				6731± 22
56.97 -47.42									6649
0819.4 +2115	PGC 23477								6959
082224.4+253035		.SX.2*.	1.04± .08					16.26±.2	8339± 8
197.86 30.46	UGC 4364	U	.04± .06	.10	14.7 ±.2			239± 6	
53.76 -43.61		2.0±1.1		.04				223± 7	8274
081924.5+254013	PGC 23480		1.05	.02	14.45			1.80	8556
082226.0+192502	IC 2329	.S..8*.	1.32± .04	117				14.84±.3	2082± 10
204.46 28.44	UGC 4365	U	.70± .05	.15	14.62 ±.19				
58.36 -48.82		8.0±1.2		.86				206± 7	1994
081933.0+193440	PGC 23483		1.33	.35	13.60			.89	2314
082228.6-010245		.SBT7?.	1.07± .05	135					
224.73 19.63	UGC 4370	UE (1)	.25± .04	.14	14.49 ±.18				
84.27 -63.92		6.5±1.2		.34					
081955.8-005306	PGC 23485	5.3± .8	1.09	.12					
082229.5-112506		.S..4*/	1.31± .04	100					4614
234.05 14.32	MCG -2-22- 5	E	.67± .05	.31					
107.98 -68.33	IRAS08200-1115	4.0±1.2		.99	12.41				4429
082006.6-111526	PGC 23486		1.34	.34					4875
082240.8+041548	IC 504	.L.....	1.09± .10	140					
219.76 22.21	UGC 4372	U	.17± .05	.10	14.02 ±.15				
75.41 -60.51		-2.0± .8		.00					
082002.9+042528	PGC 23495		1.08						
082241.1-694626		.SBT3P.	1.10± .04	85					
283.36 -17.97	ESO 60- 4	S (1)	.11± .04	.56	14.60 ±.14				
197.27 -34.25	IRAS08225-6936	3.0± .9		.16	11.56				
082234.0-693642	PGC 23496	4.4± .9	1.15	.06					
082243.1+223311	NGC 2577	.L..-*.	1.26± .13	105	13.4 ±.2	1.01± .03			
201.12 29.58	UGC 4367	U	.21± .08	.16	13.50 ±.15	.60± .05			2145± 65
55.97 -46.13		-3.0±1.1		.00		.94			2068
081946.6+224250	PGC 23498		1.25		13.28	.56	14.05± .71		2370
0822.7 +5618		RLAR0*.	1.08± .17						
161.45 34.81	UGC 4357	U	.08± .08	.18	14.61 ±.17				
38.54 -15.67		-2.0± .8		.00					
0818.8 +5628	PGC 23499		1.09						
082244.7+241753	NGC 2575	.SAT6*.	1.36± .03	145				14.49±.2	3870± 7
199.22 30.15	UGC 4368	U	.07± .04	.08	13.4 ±.3			248± 13	
54.70 -44.63	IRAS08198+2427	6.0± .7		.11	13.61			243± 6	3800
081946.2+242732	PGC 23501		1.37	.04	13.17			1.28	4091
082253.8+033420		.SBS6..	1.19± .05	55				15.14±.3	3983± 10
220.45 21.93	UGC 4374	U	.13± .05	.09	14.0 ±.2				
76.54 -60.94	IRAS08202+0343	6.0± .8		.19	13.48			199± 7	3840
082016.6+034400	PGC 23504		1.20	.06	13.66			1.42	4239
0822.9 +6656		.S..6*.	1.08± .06	28					
148.65 33.71	UGC 4353	U	.39± .05	.12	15.15 ±.18				4304±106
34.59 -5.77		6.0±1.3		.57					4402
0818.2 +6706	PGC 23506		1.09	.19	14.44				4372
0822.9 +2105									
202.72 29.13	CGCG 119- 77			.15	15.3 ±.3				4473± 22
57.15 -47.35									4391
0820.0 +2115	PGC 23507								4701

R.A. 2000 DEC. l b SGL SGB R.A. 1950 DEC.	Names PGC	Type S_T n_L T L	$\log D_{25}$ $\log R_{25}$ $\log A_e$ $\log D_o$	p.a. A_g A_i A_{21}	B_T m_B m_{FIR} B_T^o	$(B-V)_T$ $(U-B)_T$ $(B-V)_T^o$ $(U-B)_T^o$	$(B-V)_e$ $(U-B)_e$ m'_e m'_{25}	m_{21} W_{20} W_{50} HI	V_{21} V_{opt} V_{GSR} V_{3K}
082257.7+254427	NGC 2576	.S..3..	1.23± .05	41				15.28±.3	8353± 10
197.65 30.65	UGC 4371	U (1)	.73± .05	.09	15.07 ±.18				
53.75 -43.35		3.0± .9		1.01				545± 7	8289
081957.5+255407	PGC 23512	4.5±1.2	1.24	.37	13.91			1.00	8570
082258.5+274226		.SB.6*.	1.04± .06	55				15.89±.3	5945± 7
195.45 31.23	UGC 4373	U	.25± .05	.07	15.0 ±.2				
52.44 -41.63		6.0±1.2		.36				232± 7	5888
081956.0+275206	PGC 23513		1.05	.12	14.53			1.23	6157
082307.9-050008	NGC 2583	.E...*.	.89± .08		14.4 ±.2	.96± .03			
228.44 17.79	MCG -1-22- 8	PE	.00± .05	.16		.48± .05			5910± 60
92.51 -65.86		-5.0± .8		.00		.87			5741
082038.9-045026	PGC 23516		.91		14.16	.48	13.82± .48		6172
082308.3-775107		.SBT4P*	1.12± .06	37					
290.88 -21.89	ESO 18- 7	Sr (1)	.30± .05	.41					5291± 87
201.14 -26.90		4.0± .5		.44					5090
082444.0-774118	PGC 23517	3.9± .6	1.16	.15					5382
082313.1-005156		.S..5*/	1.13± .04	33					
224.66 19.88	UGC 4381	UE (1)	.63± .04	.16	14.77 ±.18				
84.18 -63.67	IRAS08206-0042	4.7± .7		.95	12.92				
082040.1-004214	PGC 23519	4.2±1.2	1.15	.32					
0823.2 +7102		.I?....						15.83±.1	114± 6
143.82 32.96				.09				33± 6	
33.14 -1.94								26± 12	227
0818.0 +7112	PGC 23521								163
0823.2 +2239	A 0820+22	.SX.5*.	1.39± .03	0	12.79S±.15			15.47±.3	2059± 10
201.05 29.73	UGC 4375	U	.19± .03	.16	13.6 ±.3			298± 13	
56.03 -45.98	IRAS08202+2249	5.0± .7		.28				282± 10	1983
0820.2 +2249	PGC 23522		1.40	.09	12.49		14.11± .22	2.89	2284
082315.3-045811	NGC 2584	.SBS4?.	1.06± .06	2					
228.42 17.84	MCG -1-22- 9	E (1)	.28± .05	.16					
92.48 -65.82		4.0±1.3		.41					
082046.2-044829	PGC 23523	3.1± .8	1.07	.14					
082318.2-261149		.SBS9..	1.13± .04						1705
246.71 6.33	ESO 495- 11	S (1)	.04± .03	1.38	13.79 ±.14				
147.42 -66.93	IRAS08211-2602	9.0± .8		.04	12.14				1491
082111.0-260206	PGC 23527	5.6± .8	1.26	.02	12.37				1955
0823.3 +7910		.SB.8*.	1.16± .07	10				15.93±.1	4000± 11
134.55 30.87	UGC 4328	U	.37± .06	.08	15.2 ±.2				
30.22 5.65		8.0±1.2		.46				186± 8	4140
0816.0 +7920	PGC 23530		1.17	.19	14.64			1.10	4013
082326.2-045453	NGC 2585	.SBS3P.	1.25± .05	95					
228.40 17.90	MCG -1-22- 10	E	.33± .05	.16					
92.41 -65.76	IRAS08209-0445	3.0± .8		.46	12.57				
082057.0-044510	PGC 23537		1.26	.17					
082329.8+270809		.S?....	.94± .06						
196.13 31.17	MCG 5-20- 11		.17± .06	.07	15.10 ±.18				7133
52.95 -42.08	KUG 0820+272			.25					7074
082028.0+271751	PGC 23539		.95	.09	14.74				7347
0823.5 +2120	IC 2339	.SBS5P.	1.04± .09						
202.50 29.36	MCG 4-20- 45	R	.28± .07	.15					5323± 38
57.14 -47.05	IRAS08206+2130	5.0± .5		.43	12.61				5241
0820.6 +2130	PGC 23542		1.05	.14					5551
082336.5-150211		.LA.+*.	1.11± .06	90					
237.34 12.60	MCG -2-22- 8	E	.03± .05	.28					
117.93 -68.64		-1.0±1.2		.00					
082117.3-145228	PGC 23545		1.13						
0823.6 +2120	IC 2338	.SXS6P.	.74± .14					15.10±.1	5400± 11
202.51 29.37	MCG 4-20- 44	R	.09± .07	.15				324± 11	5358± 38
57.16 -47.05		6.0± .6		.14				164± 12	5316
0820.7 +2130	PGC 23546		.75	.05					5626
082340.9-605234		.SBS4..	1.24± .05	42					
275.55 -13.22	ESO 124- 15	S (1)	.31± .05	.90	14.34 ±.14				
191.98 -42.10	IRAS08227-6042	4.0± .8		.46	13.32				
082244.0-604248	PGC 23550	4.4± .9	1.33	.16					
0823.7 +2126	IC 2341	.L..-*.	1.11± .16	1					
202.42 29.43	UGC 4384	U	.31± .08	.14	14.56 ±.15				4846± 71
57.11 -46.95		-3.0±1.2		.00					4765
0820.8 +2136	PGC 23552		1.08		14.34				5075

R.A. 2000 DEC. / l b / SGL SGB / R.A. 1950 DEC.	Names / PGC	Type / S_T n_L / T / L	$\log D_{25}$ / $\log R_{25}$ / $\log A_e$ / $\log D_o$	p.a. / A_g / A_i / A_{21}	B_T / m_B / m_{FIR} / B_T^o	$(B-V)_T$ / $(U-B)_T$ / $(B-V)_T^o$ / $(U-B)_T^o$	$(B-V)_e$ / $(U-B)_e$ / m'_e / m'_{25}	m_{21} / W_{20} / W_{50} / HI	V_{21} / V_{opt} / V_{GSR} / V_{3K}
082351.6-255015		.SBS3?.	1.27± .04	87					
246.48 6.64	ESO 495- 12	S (1)	.61± .04	1.31	14.88 ±.14				
146.46 -66.94		3.0±1.7		.85					
082144.0-254030	PGC 23558	4.4±1.3	1.39	.31					
082352.1+144511		.I?....	.94± .06					15.25±.3	1969± 10
209.48 26.99	UGC 4385		.09± .04	.11	14.51 ±.18			169± 13	
63.03 -52.46	MK 1214			.07					1863
082103.9+145454	PGC 23559		.95	.04	14.33			.87	2211
082358.8-065342		.S..3P*	1.13± .06	120					
230.25 17.00	MCG -1-22- 11	E (1)	.50± .05	.19					
97.01 -66.50		3.0±1.3		.69					
082131.5-064357	PGC 23564	3.1±1.6	1.14	.25					
082401.7+210133		.S..3..	1.27± .03	21	14.17M±.10	.97± .02		15.91±.2	4640± 8
202.89 29.35	UGC 4386	U (1)	.56± .03	.16	14.47 ±.18	.32± .03		448± 25	
57.53 -47.26	IRAS08211+2111	3.0± .9		.77	13.15	.80		469± 10	4557
082107.0+211117	PGC 23567	4.5±1.2	1.28	.28	13.28	.15	13.96± .21	2.35	4869
0824.0 +1130									
212.82 25.71	CGCG 60- 8			.09	15.1 ±.6				9423± 57
66.50 -54.99									9306
0821.3 +1140	PGC 23570								9671
0824.1 -1429		.S?....	1.12± .08						4780
236.94 13.00	MCG -2-22- 9		1.02± .07	.31					
116.48 -68.47				1.50					4587
0821.8 -1420	PGC 23574		1.15	.50					5041
082410.2-184639	IC 2367	.SBR3..	1.38± .03	55					
240.61 10.66	ESO 562- 5	SE (2)	.15± .04	.25					
128.23 -68.51	IRAS08219-1836	3.0± .5		.21	12.58				
082154.8-183653	PGC 23579	3.9± .7	1.41	.07					
0824.2 -0744		PLXR0?.	1.14± .08						
231.05 16.62		E	.00± .08	.19					
99.08 -66.78		-2.0±1.3		.00					
0821.8 -0735	PGC 23586		1.16						
0824.3 +2031	IC 2348	.S?....	.85± .05		15.73S±.15	.78± .05		16.84±.3	5973± 10
203.46 29.24	MCG 4-20- 49		.28± .03	.15	15.57 ±.18	.07± .07		348± 13	
58.01 -47.65				.35		.65		314± 10	5889
0821.4 +2041	PGC 23589		.86	.14	15.11	-.01	14.10± .29	1.59	6204
082420.7+254039	A 0821+25		.32± .18						
197.83 30.92			.00± .12	.07					8440± 45
54.16 -43.25	MK 624								8375
082120.7+255024	PGC 23591		.33						8659
0824.4 +5450		.S..6*.	1.06± .06					16.19±.1	7485± 7
163.23 35.11	UGC 4380	U	.00± .05	.12	14.7 ±.2				
39.35 -16.94		6.0±1.2		.00				121± 8	7537
0820.6 +5500	PGC 23598		1.07	.00	14.59			1.60	7605
082430.3+183550	NGC 2581	.SB?...	1.04± .06	10				15.34±.3	5912± 10
205.53 28.60	UGC 4388		.12± .05	.13	14.29 ±.18				
59.68 -49.23	IRAS08216+1845			.17				254± 7	5820
082138.2+184536	PGC 23599		1.05	.06	13.95			1.33	6147
082432.5-045316	NGC 2586	PS..3?.	1.06± .06	3					
228.52 18.15	MCG -1-22- 12	E	.24± .05	.10					
92.67 -65.50		3.0±1.3		.33					
082203.3-044329	PGC 23603		1.07	.12					
082434.4+740044	NGC 2550	.S..3*.	1.00± .08	103					
140.36 32.36	UGC 4359	P	.43± .06	.10	13.6 ±.4				
32.16 .87	IRAS08188+7410	3.0±1.3		.60	12.65				
081849.7+741025	PGC 23604		1.01	.22					
082449.3+732446	NGC 2551	.SAS0..	1.22± .04	55	13.1 ±.2	.99± .04			
141.04 32.53	UGC 4362	RC	.17± .04	.07	13.11 ±.13				2263± 58
32.39 .32	ARAK 162	.2± .4		.12		.93			2384
081912.0+733428	PGC 23608		1.22		12.87		13.65± .29		2302
0824.8 +4654		.S..6*.	1.13± .05	97					
172.93 35.03	UGC 4387	U	.93± .05	.13					
42.73 -24.21		6.0±1.4		1.37					
0821.3 +4704	PGC 23609		1.14	.47					
0824.8 +6652		.S?....	1.00± .16	150					
148.69 33.91	UGC 4376		.14± .12	.12	14.94 ±.19				4127± 82
34.80 -5.77	IRAS08201+6701			.21	13.05				4225
0820.1 +6701	PGC 23611		1.01	.07	14.59				4196

R.A. 2000 DEC. / l b / SGL SGB / R.A. 1950 DEC.	Names / PGC	Type / S_T n_L / T / L	$\log D_{25}$ / $\log R_{25}$ / $\log A_e$ / $\log D_o$	p.a. / A_g / A_i / A_{21}	B_T / m_B / m_{FIR} / B_T^o	$(B\text{-}V)_T$ / $(U\text{-}B)_T$ / $(B\text{-}V)_T^o$ / $(U\text{-}B)_T^o$	$(B\text{-}V)_e$ / $(U\text{-}B)_e$ / m'_e / m'_{25}	m_{21} / W_{20} / W_{50} / HI	V_{21} / V_{opt} / V_{GSR} / V_{3K}
082501.8-003530	NGC 2590	.SAS4*.	1.35± .03	77	13.94 ±.13	.89± .02	.97± .02		4998± 10
224.64 20.41	UGC 4392	UE (2)	.49± .04	.10	13.66 ±.18				4990± 19
84.27 -63.14	IRAS08224-0025	3.5± .6	.79± .02	.72	12.13	.74	13.38± .05		4840
082228.5-002542	PGC 23616	2.2± .8	1.36	.24	12.99		14.30± .21		5258
082502.0+671900		.S..6*.	1.04± .05	5					
148.16 33.85	UGC 4377	U	.36± .05	.12					
34.65 -5.35	KUG 0820+674	6.0±1.2		.53					
082017.9+672844	PGC 23617		1.05	.18					
082502.4+742600	A 0819+74	PSBS7*.	1.16± .04		14.8 ±.4	.28± .10		14.90±.1	3522± 11
139.87 32.28	UGC 4363	U (1)	.01± .04	.07	14.5 ±.3	-.06± .09		108± 16	
32.03 1.27	DDO 51	7.0±1.1		.02		.24		60± 12	3646
081912.5+743542	PGC 23618	8.0±1.4	1.16	.01	14.50	-.09	15.40± .45	.39	3557
082512.1+202007	NGC 2582	PSXS2..	1.09± .03		13.90 ±.13	.87± .02	.90± .01	17.39±.2	4439± 5
203.74 29.37	UGC 4391	U (1)	.00± .05	.16	13.97 ±.18	.24± .04	.32± .04	245± 6	4461± 45
58.43 -47.70		2.0± .8	.79± .01	.00		.80	13.34± .03	244± 4	4354
082218.2+202955	PGC 23630	1.1± .8	1.10	.00	13.71	.20	14.19± .24	3.67	4671
082530.3-680706	NGC 2601	.SXR1P?	1.20± .05	120					
282.01 -16.90	ESO 60- 5	RS	.17± .04	.53	13.42 ±.14				3244± 74
196.11 -35.62	IRAS08251-6757	.7± .5		.18	11.70				3027
082510.0-675712	PGC 23637		1.25	.09	12.67				3376
082541.1+280710		.S..6*.	1.24± .04	154				15.78±.3	2193± 10
195.19 31.92	UGC 4395	U	.92± .05	.07	15.33 ±.18				
52.87 -40.98		6.0±1.3		1.35				213± 7	2138
082238.4+281700	PGC 23643		1.25	.46	13.90			1.42	2407
082544.4+275227	IC 2361	.S?....	1.06± .06	78				17.32±.3	2087± 9
195.47 31.86	UGC 4394		.39± .05	.09	14.83 ±.18				
53.05 -41.19	IRAS08227+2802			.59				212± 5	2031
082242.0+280217	PGC 23646		1.07	.20	14.14			2.99	2301
082545.5+192659	IC 2363	.SBS4*.	.94± .11						
204.74 29.18	MCG 3-22- 11	P (1)	.05± .07	.18	14.75 ±.18				7616± 73
59.33 -48.36	IRAS08228+1936	4.0± .9		.07					7527
082252.6+193649	PGC 23650	2.0±1.0	.95	.02	14.46				7851
0825.8 +7814		.S..8*.	1.00± .08	80					
135.56 31.27	UGC 4360	U	.55± .06	.11					
30.67 4.82		8.0±1.3		.68					
0818.9 +7824	PGC 23652		1.01	.27					
082552.7-133042		.L..+P*	1.01± .07	0					
236.33 13.89	MCG -2-22- 11	E	.10± .05	.25					
113.98 -67.92		-1.0±1.3		.00					
082331.8-132051	PGC 23654		1.02						
082558.4-114645		.S..7?/	1.19± .05	75					2786
234.84 14.84	MCG -2-22- 12	E	.82± .05	.21					
109.45 -67.58		7.0±1.8		1.13					2599
082335.8-113653	PGC 23658		1.21	.41					3050
082604.7+455806		.SB?...	1.35± .03	45				14.08±.1	2125± 6
174.09 35.18	UGC 4393		.15± .04	.15	13.35 ±.20			136± 7	2152± 43
43.36 -24.98	IRAS08225+4607			.23	13.25			113± 12	2142
082234.9+460756	PGC 23660		1.36	.08	12.96			1.04	2282
0826.1 +2140		.S..6*.	1.13± .04	5	16.19S±.15	.54± .06	.60± .06	15.39±.2	4392± 7
202.38 30.03	UGC 4400	U	.96± .03	.14	15.75 ±.18	-.12± .10	-.07± .10	234± 10	
57.62 -46.46		6.0±1.4		1.41		.30		222± 10	4312
0823.2 +2150	PGC 23661		1.15	.48	14.44	-.29	14.32± .26	.47	4622
082607.8+212725	A 0823+21	.S..8*.	.98± .07	30	15.2 ±.2	.53± .03	.62± .03	16.39±.2	4487± 6
202.62 29.96	UGC 4399	U	.45± .05	.13	15.41 ±.18	-.02± .03	-.04± .03	239± 10	
57.79 -46.64		8.0±1.3	.59± .03	.56		.39	13.63± .08	235± 6	4406
082312.7+213716	PGC 23662		.99	.23	14.62	-.12	13.80± .40	1.54	4718
082612.9-540200		.SX.9*.	1.19± .08						
269.93 -9.15	ESO 164- 10	S (1)		1.65					1054± 76
186.58 -47.76		9.0±1.0							824
082453.0-535206	PGC 23666	10.0± .8							1238
082617.8+113001		.S?....	.98± .06	79				16.03±.3	9530± 10
213.08 26.21	UGC 4403		.47± .05	.11	15.26 ±.18			361± 13	9527±125
67.25 -54.64				.71					9413
082333.0+113953	PGC 23668		.99	.24	14.39			1.40	9780
082619.8-131811	IC 2375	.SBS3P*	1.27± .05	83					5892
236.21 14.09	MCG -2-22- 14	E	.65± .05	.21					
113.47 -67.78		3.0±1.2		.90					5702
082358.7-130818	PGC 23672		1.29	.32					6156

R.A. 2000 DEC. l b SGL SGB R.A. 1950 DEC.	Names PGC	Type S_T n_L T L	$\log D_{25}$ $\log R_{25}$ $\log A_e$ $\log D_o$	p.a. A_g A_i A_{21}	B_T m_B m_{FIR} B_T^o	$(B\text{-}V)_T$ $(U\text{-}B)_T$ $(B\text{-}V)_T^o$ $(U\text{-}B)_T^o$	$(B\text{-}V)_e$ $(U\text{-}B)_e$ m'_e m'_{25}	m_{21} W_{20} W_{50} HI	V_{21} V_{opt} V_{GSR} V_{3K}
0826.3 +2750 195.56 31.98 53.23 -41.16 0823.3 +2800	IC 2365 UGC 4402 PGC 23673	.L..... U -2.0± .8 	1.06± .11 .12± .05 1.05	45 .11 .00 	 14.37 ±.15 14.17				 6078 6022 6293
082621.0+225359 201.06 30.49 56.73 -45.39 082324.4+230351	 CGCG 119- 95 KUG 0823+230B PGC 23676	.S?.... 	.95± .06 .78± .05 .97	 .18 1.14 .39	 15.92 ±.15 14.58			15.85±.3 420± 13 344± 10 .88	5379± 10 5303 5607
0826.4 +2016 203.93 29.61 58.83 -47.60 0823.5 +2026	IC 2369 CGCG 89- 27 PGC 23678			 .13 	 15.1 ±.3 				 7598± 22 7513 7832
082626.0-131824 236.23 14.11 113.49 -67.76 082404.9-130830	IC 2379 MCG -2-22- 16 PGC 23681	.SBR1P? E 1.0± .9 	1.01± .07 .21± .05 1.02	150 .21 .21 .11					
082629.0+221543 201.77 30.31 57.26 -45.92 082333.1+222535	 UGC 4404 IRAS08235+2225 PGC 23684	.S..8*. U 8.0±1.4 	1.04± .05 .80± .05 1.06	151 .17 .99 .40	 15.69 ±.19 13.75 14.51			16.42±.2 429± 14 359± 7 1.50	8496± 7 8498± 22 8418 8725
0826.5 +2311 200.76 30.62 56.57 -45.13 0823.6 +2321	 UGC 4405 PGC 23685	.S..0.. U .0± .9 	1.12± .05 .55± .05 1.10	28 .10 .41 	14.7 ±.4 15.03 ±.18 14.38	1.00± .03 .42± .05 .84 .33	 13.75± .49	15.91±.3 517± 13 460± 10 	5652± 10 5578 5879
0826.6 +2225 201.61 30.39 57.18 -45.76 0823.7 +2235	 CGCG 119- 98 PGC 23687			 .17 	 15.34 ±.18 				 5374± 22 5297 5603
0826.6 +2257 201.03 30.57 56.77 -45.31 0823.7 +2307	 UGC 4406 PGC 23688	RLB.0.. U -2.0± .8 	1.13± .07 .10± .03 1.13	125 .18 .00 	 14.6 ±.2 14.30			16.68±.3 251± 13 240± 10 	5898± 10 5823 6126
0826.7 +4848 170.63 35.45 42.22 -22.34 0823.2 +4858	 UGC 4401 PGC 23691	.I..9*. U 10.0±1.2 	1.12± .07 .02± .06 1.13	 .15 .01 .01					
0826.8 +1722 207.07 28.66 61.48 -49.92 0824.0 +1732	NGC 2593 UGC 4408 PGC 23692	.S..0.. U .0± .9 	.96± .07 .29± .05 .96	172 .10 .22 	 14.95 ±.18 				
0826.9 +2022 203.86 29.75 58.89 -47.45 0824.0 +2032	IC 2373 UGC 4409 PGC 23695	.S..6?. U 6.0±1.6 	1.03± .08 .00± .06 .72± .05 1.04	 .13 .00 .00	15.1 ±.2 14.7 ±.3 14.79	.44± .05 -.26± .08 .36 -.32	.52± .03 -.23± .04 14.22± .12 15.10± .47	15.50±.3 119± 25 .71	7507± 14 7422 7741
0827.0 -1550 238.50 12.84 120.28 -67.88 0824.7 -1541	 PGC 23697	.SBS3P. E 3.0± .9 	1.24± .07 .76± .08 1.26	10 .18 1.04 .38					
0827.1 +2139 202.49 30.24 57.92 -46.35 0824.2 +2149	 UGC 4414 PGC 23700	PSBS0.. U .0± .9 	1.04± .06 .04± .05 .89± .06 1.05	 .13 .03 	14.1 ±.2 14.5 ±.2 14.02	.93± .04 .38± .05 .82 .39	1.01± .02 .50± .03 14.04± .22 14.03± .38	16.70±.3 134± 14 	7561± 10 7584± 22 7485 7796
082708.0+255815 197.72 31.61 54.70 -42.68 082407.9+260810	NGC 2592 UGC 4411 PGC 23701	.E..... U -5.0± .8 	1.23± .14 .08± .08 1.23	45 .13 .00 	 13.28 ±.15 13.12				 1989± 22 1925 2210
082716.7+225240 201.16 30.68 57.01 -45.30 082420.2+230235	 UGC 4416 IRAS08243+2302 PGC 23705	.SBS3.. U 3.0± .8 	1.35± .03 .37± .03 1.37	165 .18 .51 .18	13.75S±.15 13.9 ±.2 12.55 13.06		 14.45± .23	14.61±.2 399± 13 385± 6 1.37	5530± 7 5454 5758
0827.3 +2312 200.81 30.80 56.78 -45.02 0824.4 +2322	 MCG 4-20- 61 PGC 23709	.S?.... 	.82± .13 .57± .07 .83	 .12 .85 .28	 16.0 ±.2 15.00			16.84±.3 358± 13 320± 10 1.55	5285± 10 5211 5513
082724.9+015037 222.67 22.11 80.82 -61.20 082449.3+020033	 UGC 4421 PGC 23711	.SXS3.. U 3.0± .9 	1.02± .06 .14± .05 1.03	0 .12 .19 .07	 14.7 ±.2 14.31			15.80±.3 260± 13 1.42	9412± 10 9263 9675

R.A. 2000 DEC. l b SGL SGB R.A. 1950 DEC.	Names PGC	Type S_T n_L T L	$logD_{25}$ $logR_{25}$ $logA_e$ $logD_o$	p.a. A_g A_i A_{21}	B_T m_B m_{FIR} B^o_T	$(B-V)_T$ $(U-B)_T$ $(B-V)^o_T$ $(U-B)^o_T$	$(B-V)_e$ $(U-B)_e$ m'_e m'_{25}	m_{21} W_{20} W_{50} HI	V_{21} V_{opt} V_{GSR} V_{3K}
082726.7+171702	NGC 2596	.S..3..	1.17± .04	65	14.2 ±.2	.73± .02	.81± .02	15.03±.2	5934± 7
207.22 28.76	UGC 4419	U (1)	.41± .05	.10	14.23 ±.18	.07± .04	.15± .03	436± 13	
61.74 -49.91	IRAS08245+1726	3.0± .9	.75± .03	.56	13.14	.59	13.41± .07	432± 6	5837
082436.2+172658	PGC 23714	.5±1.2	1.18	.20	13.51	-.04	13.86± .29	1.32	6175
082727.8+254325		.S..7..	.96± .05					15.98±.3	2245± 10
198.02 31.61	UGC 4418	U	.37± .05	.13	15.46 ±.18				
54.96 -42.85	KUG 0824+258	7.0± .9		.51				150± 7	2180
082428.1+255321	PGC 23717		.97	.19	14.80			.99	2467
0827.5 +6413		.SAT4..	1.05± .05	170				16.03±.1	11059± 11
151.80 34.62	UGC 4398	U	.14± .05	.11	14.9 ±.2				11199± 81
36.05 -8.12		4.0± .8		.20				339± 8	11149
0823.1 +6423	PGC 23719		1.07	.07	14.49			1.48	11143
082734.0-124525		.SAT6..	1.36± .04	25					2804
235.91 14.64	MCG -2-22- 17	E (1)	.18± .05	.21					
112.18 -67.39	IRAS08252-1235	6.0± .8		.27	13.46				2615
082512.3-123528	PGC 23723	3.1± .8	1.38	.09					3070
082741.7+212843	NGC 2595	.SXT5..	1.50± .03	45	12.93 ±.14	.66± .03	.77± .01	14.56±.1	4330± 4
202.73 30.31	UGC 4422	PU	.12± .04	.12	12.9 ±.3	.08± .04	.20± .02	376± 4	4469± 42
58.22 -46.42	3ZW 59	4.5± .5	1.11± .02	.19	12.85	.58	13.97± .04	338± 4	4250
082446.7+213840	PGC 23725		1.51	.06	12.59	.02	14.95± .22	1.90	4564
0827.7 -1446		.SBR3?.	1.21± .07	60					
237.68 13.57		E (1)	.31± .08	.21					
117.48 -67.63		3.0±1.8		.43					
0825.4 -1437	PGC 23727	5.3± .8	1.23	.16					
0827.8 +7331		.SB.7..	1.28± .06					14.46±.1	2169± 6
140.86 32.71	UGC 4390	U	.07± .06	.07	14.9 ±.5			188± 8	
32.55 .49		7.0± .7		.09				162± 12	2290
0822.2 +7341	PGC 23731		1.28	.03	14.76			-.33	2209
0827.8 +6316		.L?....	.93± .16						
152.93 34.80	MCG 11-11- 5		.19± .07	.12	15.07 ±.15				6825±106
36.45 -8.98				.00					6909
0823.5 +6326	PGC 23737		.91		14.85				6911
0828.0 +5426		.SBS7..	1.05± .08	155				15.04±.1	3610± 7
163.70 35.64	UGC 4415	U	.17± .06	.12	15.0 ±.2				
40.01 -17.11		7.0± .8		.24				149± 8	3660
0824.2 +5436	PGC 23741		1.06	.09	14.64			.32	3734
082806.2+550556		.S?....	.52± .20						
162.89 35.62	MCG 9-14- 41		.00± .07	.15	15.2 ±.3				11329± 82
39.74 -16.49	ARAK 163			.00	13.12				11382
082415.3+551553	PGC 23746		.53	.00	14.93				11450
082808.1+201532		.S?....	1.15± .04	0				15.36±.2	4442± 7
204.10 29.99	UGC 4424		.19± .03	.13				232± 13	
59.34 -47.38				.28				214± 6	4356
082514.5+202530	PGC 23748		1.16	.09					4678
0828.1 -0131		.S..0..	1.00± .08	142					
225.93 20.62	UGC 4430	U	.25± .06	.09	14.88 ±.18				
86.99 -63.02		.0± .9		.19					
0825.6 -0122	PGC 23749		1.00						
082810.7+554237	A 0824+55	.S?....	.26± .24		15.2 ±.2	.60± .04			
162.14 35.60	UGC 4417		.00± .06	.15	15.1 ±.8	-.08± .08			9180± 30
39.50 -15.93	MK 88			.00		.51			9235
082418.0+555234	PGC 23750		.27	.00	14.98	-.15	11.35±1.23		9298
082813.0+000131		.S..4..	1.06± .06	145				15.81±.3	9061± 10
224.49 21.40	UGC 4431	U	.08± .05	.16	14.4 ±.2				
84.18 -62.13		4.0± .9		.12				231± 7	8906
082539.1+001130	PGC 23752		1.07	.04	14.09			1.68	9326
082814.4+280325		.SB?...	1.14± .05	130				16.05±.3	5897± 10
195.44 32.44	UGC 4425		.43± .05	.11	14.82 ±.19				
53.56 -40.76				.65				269± 7	5841
082512.0+281323	PGC 23753		1.15	.22	14.03			1.81	6113
082815.3+010014		.SA.4*.	1.18± .03	135					
223.57 21.89	UGC 4432	UE (1)	.18± .04	.12	14.3 ±.3				
82.50 -61.55		4.3± .7		.26					
082540.5+011013	PGC 23755	5.3± .8	1.19	.09					
082822.1-120829		.SBS9..	1.11± .06	85					
235.48 15.14	MCG -2-22- 18	E (1)	.07± .05	.25					
110.70 -67.08		9.0± .8		.07					
082559.8-115829	PGC 23761	7.5± .8	1.14	.04					

R.A. 2000 DEC. l b SGL SGB R.A. 1950 DEC.	Names PGC	Type S_T n_L T L	$\log D_{25}$ $\log R_{25}$ $\log A_e$ $\log D_o$	p.a. A_g A_i A_{21}	B_T m_B m_{FIR} B_T^o	$(B\text{-}V)_T$ $(U\text{-}B)_T$ $(B\text{-}V)_T^o$ $(U\text{-}B)_T^o$	$(B\text{-}V)_e$ $(U\text{-}B)_e$ m'_e m'_{25}	m_{21} W_{20} W_{50} HI	V_{21} V_{opt} V_{GSR} V_{3K}
082822.5+250729	IC 508	.S?....	.85± .07						
198.76 31.62	MCG 4-20- 63		.09± .06	.13	14.93 ±.18				2093± 33
55.63 -43.26	KUG 0825+252			.13					2026
082523.5+251728	PGC 23762		.86	.04	14.67				2317
0828.4 +4151	A 0825+42	.I..9*.	1.30± .04		15.0 ±.2	.43± .10	.39± .05	14.87±.1	393± 5
179.15 35.21	UGC 4426	PU (1)	.29± .05	.13		.33± .12	.30± .07	101± 6	
45.75 -28.53	DDO 52	10.0± .7	1.15± .05	.22		.33	16.21± .12	83± 8	393
0825.1 +4201	PGC 23769	9.0±1.0	1.31	.15	14.63	.26	15.58± .32	.10	566
082828.9+853632		.S..1..	1.17± .05	83					
127.50 28.86	UGC 4297	U	.46± .05	.23	14.47 ±.18				
27.94 11.67		1.0± .8		.47					
081351.9+854611	PGC 23770		1.20	.23					
0828.4 +3026	IC 2378	.S?....	.89± .11						
192.73 33.11	MCG 5-20- 18		.00± .07	.13					14830± 28
52.09 -38.67				.00					14784
0825.4 +3036	PGC 23771		.90						15040
082831.4+172758	A 0825+17	.S...P.	1.02± .06	15					
207.13 29.07	UGC 4433	R	.12± .05	.16	14.29 ±.18				
61.90 -49.61				.18					
082540.7+173758	PGC 23774		1.03	.06					
082838.0+734458	NGC 2550A	.S..5..	1.21± .03	0					3641± 10
140.58 32.70	UGC 4397	CU	.07± .04	.06	13.44 ±.18				
32.52 .73	IRAS08230+7354	5.0± .7		.11	12.96				3763
082259.0+735453	PGC 23781		1.21	.04	13.26				3680
082841.6-214414		PSBT2?.	1.38± .04	104					
243.70 9.88	ESO 562- 7	S	.48± .04	.40					
135.61 -67.04		2.0±1.2		.60					
082629.0-213412	PGC 23784		1.42	.24					
082846.8+403957		.S..6*.	1.02± .06	18					
180.60 35.12	UGC 4429	U	.33± .05	.16	15.30 ±.19				
46.40 -29.57		6.0±1.3		.49					
082526.9+404957	PGC 23788		1.03	.17					
082854.5+343905		.S?....	1.00± .05	105				16.45±.3	6286± 9
187.82 34.15	UGC 4434		.44± .05	.15	14.71 ±.20				
49.66 -34.92	IRAS08256+3449			.64				266± 5	6256
082543.6+344905	PGC 23798		1.01	.22	13.89			2.34	6483
082902.2-605805		.S..2*/	1.03± .05	133					
275.99 -12.72	ESO 124- 16	S	.65± .04	.89	16.04 ±.14				
191.29 -41.69	IRAS08280-6048	2.0±1.4		.80					
082804.1-604800	PGC 23804		1.11	.33					
0829.0 +6320		.L.....	1.20± .14	120					
152.83 34.92	UGC 4420	U	.28± .08	.10	14.36 ±.16				6918±106
36.55 -8.87		-2.0± .8		.00					7002
0824.7 +6330	PGC 23805		1.17		14.16				7004
0829.1 +5530		.S..4..	1.04± .06	7				15.28±.1	7758± 11
162.38 35.75	UGC 4427	U	.34± .05	.14	14.82 ±.18				7740± 46
39.72 -16.07		4.0± .9		.49				446± 8	7811
0825.3 +5540	PGC 23812		1.05	.17	14.14			.97	7877
082919.3+023729		.SBS7*.	1.13± .05	7					
222.17 22.90	UGC 4439	UE (1)	.35± .05	.10	14.9 ±.2				
80.18 -60.34		6.5± .8		.49					
082643.0+024732	PGC 23816	5.3± .8	1.14	.18					
0829.3 +5530		.S?....	.74± .12	129					
162.36 35.78	MCG 9-14- 44		.29± .06	.14	15.2 ±.3				7777± 46
39.74 -16.04	IRAS08255+5540			.22	13.44				7831
0825.5 +5540	PGC 23820		.74		14.69				7897
0829.4 +3139		.S?....	.82± .13						
191.35 33.60	MCG 5-20- 20		.28± .07	.13	15.3 ±.2				5468
51.54 -37.49				.21					5426
0826.3 +3150	PGC 23823		.81		14.87				5675
082938.9+520431	A 0825+52	.L..0P$	.70± .15	115	15.1 ±.2	.54± .06	.56± .03	15.95±.1	1732± 9
166.60 35.94	UGCA 140	P	.31± .09	.14		-.35± .10	-.37± .05	171± 6	1500± 77
41.24 -19.17	MK 89	-2.0±1.5	.26± .07	.00		.46	11.88± .24	134± 5	1769
082556.4+521433	PGC 23834		.67		14.93	-.39	12.68± .81		1863
0829.7 +6257		.S..6*.	1.11± .07	152					
153.26 35.05	UGC 4428	U	.83± .06	.10					
36.77 -9.18		6.0±1.4		1.22					
0825.4 +6308	PGC 23838		1.12	.42					

R.A. 2000 DEC. l b SGL SGB R.A. 1950 DEC.	Names PGC	Type S_T n_L T L	$\log D_{25}$ $\log R_{25}$ $\log A_e$ $\log D_o$	p.a. A_g A_i A_{21}	B_T m_B m_{FIR} B_T^o	$(B-V)_T$ $(U-B)_T$ $(B-V)_T^o$ $(U-B)_T^o$	$(B-V)_e$ $(U-B)_e$ m'_e m'_{25}	m_{21} W_{20} W_{50} HI	V_{21} V_{opt} V_{GSR} V_{3K}
0829.7 +7351		.S..6*.	1.19± .06	105					
140.43 32.75	UGC 4413	U	.68± .06	.06	15.42 ±.19				
32.55 .85		6.0±1.3		.99					
0824.1 +7401	PGC 23840		1.20	.34					
082950.1+484651		.S..4..	1.11± .05	42					
170.67 35.95	UGC 4436	U	.64± .05	.15	15.38 ±.18				
42.72 -22.16	IRAS08262+4856	4.0± .9		.94	13.11				
082615.3+485654	PGC 23843		1.12	.32					
0829.9 +5157		.S..6*.	1.06± .06	33					
166.74 35.98	UGC 4437	U	.60± .05	.14					
41.33 -19.25		6.0±1.3		.88					
0826.2 +5208	PGC 23845		1.07	.30					
0829.9 -0732		.S?....	1.08± .09						1534
231.63 17.93	MCG -1-22- 14		.70± .07	.15					
99.90 -65.39				1.05					1358
0827.5 -0722	PGC 23847		1.09	.35					1803
082959.7+524150	A 0826+52	.S.R.P*	.87± .08	15					
165.83 35.98	UGC 4438	R	.06± .05	.15	14.1 ±.2				4279± 38
41.02 -18.58	MK 90			.08	13.11				4322
082615.7+525153	PGC 23850		.89	.03	13.85				4411
083002.2+171528		.SBS6?.	1.17± .05	125				16.12±.2	2080± 7
207.51 29.32	UGC 4444	U	.24± .05	.16	14.11 ±.18			189± 13	
62.54 -49.56		6.0±1.7		.36				179± 6	1983
082711.8+172533	PGC 23852		1.19	.12	13.58			2.42	2324
083002.7+212921	NGC 2598	.SB.1$.	1.06± .05	3	14.6 ±.3	1.01± .04		18.29±.3	4609± 10
202.94 30.83	UGC 4443	P	.43± .04	.10	14.98 ±.18	.03± .07		307± 14	4584± 22
58.87 -46.11		1.0± .9		.44		.87			4524
082707.9+213926	PGC 23855		1.07	.22	14.28	-.07	13.66± .40	3.79	4839
0830.0 +6700									
148.40 34.39	CGCG 311- 7			.16	15.39 ±.18				4127±106
35.21 -5.44									4225
0825.4 +6711	PGC 23856								4197
0830.2 -0254									
227.47 20.38	CGCG 4- 40			.08	15.3 ±.6				12292± 60
90.21 -63.30									12128
0827.7 -0244	PGC 23859								12560
083014.0+395318		.S..3..	1.03± .06	38					
181.59 35.29	UGC 4441	U (1)	.76± .05	.11	15.63 ±.18				
47.09 -30.14		3.0±1.0		1.04					
082655.6+400323	PGC 23860	4.5±1.3	1.04	.38					
0830.6 +2036		.S..6*.	1.04± .08	135				16.27±.3	6002± 10
203.96 30.66	UGC 4446	U	1.06± .06	.13	16.1 ±.2			339± 13	
59.78 -46.76	IRAS08277+2046	6.0±1.5		1.47	13.54			336± 10	5917
0827.7 +2046	PGC 23878		1.05	.50	14.49			1.28	6239
083041.4+521757	A 0827+52	.SXS4..	1.04± .06	110	14.5 ±.2	.53± .05		15.92±.1	5086± 10
166.32 36.10	UGC 4442	U (1)	.07± .05	.14	14.36 ±.18			178± 11	5090± 59
41.30 -18.90		4.0± .8		.10		.45		171± 11	5128
082658.6+522803	PGC 23880	2.7± .8	1.05	.03	14.15		14.36± .38	1.74	5220
0830.7 +2436		.S?....	.95± .09						
199.53 31.99	CGCG 119-119		.09± .10	.09	15.1 ±.2				12959± 22
56.64 -43.40				.13					12890
0827.8 +2447	PGC 23881		.96	.04	14.83				13187
083051.8+195035		.S..8*.	1.00± .16	30				16.70±.3	4654± 7
204.81 30.44	UGC 4447	U	.43± .12	.08					
60.48 -47.35		8.0±1.3		.53				163± 7	4566
082758.8+200043	PGC 23885		1.01	.22					4893
083052.7+744116		.S..7..	1.02± .05	100					
139.45 32.59	UGC 4423	U	.19± .05	.06	15.2 ±.2				
32.29 1.65	KUG 0825+748	7.0± .9		.26					
082503.1+745119	PGC 23886		1.03	.09					
083103.2-041146		.LA.-*.	1.13± .11	35					
228.77 19.90	MCG -1-22- 16	E	.08± .07	.13					
93.01 -63.74		-3.0± .9		.00					
082833.3-040137	PGC 23894		1.14						
0831.2 +0936		.L...?.	1.08± .17						
215.56 26.50	UGC 4452	U	.04± .08	.15	14.3 ±.2				
71.04 -55.24		-2.0±1.6		.00					
0828.5 +0947	PGC 23900		1.09						

R.A. 2000 DEC. l b SGL SGB R.A. 1950 DEC.	Names PGC	Type S_T n_L T L	$logD_{25}$ $logR_{25}$ $logA_e$ $logD_o$	p.a. A_g A_i A_{21}	B_T m_B m_{FIR} B_T^o	$(B-V)_T$ $(U-B)_T$ $(B-V)_T^o$ $(U-B)_T^o$	$(B-V)_e$ $(U-B)_e$ m'_e m'_{25}	m_{21} W_{20} W_{50} HI	V_{21} V_{opt} V_{GSR} V_{3K}
083124.4-040212		PLX.0P?	1.11± .06	55					
228.67 20.06	MCG -1-22- 17	E	.30± .05	.13					
92.79 -63.59		-2.0±1.3		.00					
082854.3-035202	PGC 23908		1.08						
083124.8+273453		.S..6*.	1.04± .08	132				15.39±.3	5885± 10
196.21 32.99	UGC 4450	U	.88± .06	.10	15.7 ±.2				
54.69 -40.81		6.0±1.4		1.30				236± 7	5827
082823.3+274503	PGC 23910		1.05	.44	14.26			.69	6106
0831.4 +6059		.SAS5..	1.16± .05					15.34±.1	6330± 7
155.61 35.54	UGC 4445	U	.00± .05	.13	14.8 ±.3				
37.75 -10.91		5.0± .8		.00				47± 8	6405
0827.3 +6110	PGC 23913		1.18	.00	14.63			.70	6428
0831.5 +2201		.L.....	1.04± .18	156					
202.47 31.33	UGC 4453	U	.53± .08	.10	15.27 ±.15				4692± 22
58.84 -45.47		-2.0± .9		.00					4613
0828.6 +2212	PGC 23917		.97		15.10				4927
0831.5 -0112		.SBR1..	.97± .05	20					
226.08 21.52	UGC 4455	U	.08± .04	.09	14.60 ±.18				1347± 54
87.39 -62.13		1.0± .9		.09					1188
0829.0 -0102	PGC 23918		.98	.04	14.41				1616
083139.4-594708		.SBR4*P	1.21± .05	20					
275.18 -11.79	ESO 124- 18	S (1)	.18± .05	.95	14.45 ±.14				6366± 51
190.10 -42.53	FAIR 275	4.3± .7		.27					6139
083036.0-593654	PGC 23924	2.2± .8	1.30	.09	13.19				6533
083146.5-040712		.E+....	1.22± .07	45	13.7 ±.3	.96± .04	1.04± .02		
228.80 20.09	MCG -1-22- 18	E	.13± .08	.13					
93.05 -63.55		-4.0± .8	1.18± .11	.00			15.06± .39		
082916.5-035700	PGC 23929		1.21				14.49± .51		
083153.5-594657		.S?....	.88± .06						
275.19 -11.77	ESO 124- 19		.06± .05	.95	14.88 ±.14				6381± 87
190.06 -42.52	IRAS08308-5936			.10					6154
083050.1-593642	PGC 23930		.97	.03	13.80				6548
083158.1+191248	A 0829+19A	.SXT5P.	1.25± .06	125				15.43±.3	11159± 10
205.60 30.46	UGC 4457	R	.27± .06	.08	14.2 ±.2				11140± 48
61.34 -47.71	ARP 58	5.0± .4		.40				283± 7	11068
082905.8+192300	PGC 23935		1.26	.13	13.65			1.64	11400
083203.6+240028	IC 509	.SAT5..	1.26± .04		13.57 ±.15	.60± .04	.63± .02	15.39±.1	5488± 4
200.32 32.08	UGC 4456	U (1)	.05± .04	.09	13.8 ±.3		.00± .07	110± 5	5534± 47
57.44 -43.75	IRAS08290+2411	5.0± .8	1.01± .02	.08		.53	14.11± .05	82± 5	5416
082906.2+241040	PGC 23936	2.2± .8	1.27	.03	13.42		14.57± .25	1.94	5718
0832.0 +1911	A 0829+19B	CE.0.P$							
205.63 30.48		R		.08					
61.38 -47.71		-6.0±1.0							
0829.2 +1922	PGC 23937								
083210.9-020946	IC 510	.SBT4P.	1.03± .05	150					
227.05 21.18	UGC 4460	E	.16± .04	.09					
89.35 -62.50		4.0± .9		.24					
082939.1-015933	PGC 23940		1.04	.08					
083211.2+223347	NGC 2599	.SA.1..	1.27± .03		13.08M±.10	.84± .01	.86± .01	14.98±.2	4750± 5
201.94 31.65	UGC 4458	U	.05± .03	.10	13.12 ±.18	.35± .01	.36± .01	288± 6	4690± 71
58.60 -44.94	MK 389	1.0± .7	.75± .02	.05	13.18	.77	12.34± .06	257± 5	4672
082915.4+224400	PGC 23941		1.28	.02	12.88	.33	14.16± .19	2.08	4983
0832.2 +5550		.S?....	1.04± .09		14.56 ±.19	1.09± .04	1.24± .02		
161.92 36.17	MCG 9-14- 50		.38± .07	.16		.49± .06	.73± .03		
39.99 -15.57	1ZW 15		.54± .07	.57			12.75± .26		
0828.4 +5601	PGC 23943		1.05	.19			13.65± .53		
0832.2 +3031									
192.86 33.93	CGCG 149- 43			.12	15.3 ±.3				9233
52.94 -38.18									9187
0829.2 +3042	PGC 23945								9446
083228.1+523622	A 0828+52	.S?....	.94± .11						
165.93 36.36	MCG 9-14- 53		.00± .07	.15	14.59 ±.18				5101± 38
41.42 -18.51	MK 91			.00	11.50				5144
082844.9+524634	PGC 23955		.95	.00	14.41				5235
083246.9+001339		.S..7P?	1.13± .05	170					
224.90 22.50	UGC 4467	E (1)	.36± .05	.12	14.8 ±.2				
85.22 -61.08	IRAS08302+0023	7.0±1.7		.50					
083012.9+002354	PGC 23973	6.4±1.6	1.14	.18					

R.A. 2000 DEC. l b SGL SGB R.A. 1950 DEC.	Names PGC	Type S_T n_L T L	$\log D_{25}$ $\log R_{25}$ $\log A_e$ $\log D_o$	p.a. A_g A_i A_{21}	B_T m_B m_{FIR} B_T^o	$(B-V)_T$ $(U-B)_T$ $(B-V)_T^o$ $(U-B)_T^o$	$(B-V)_e$ $(U-B)_e$ m'_e m'_{25}	m_{21} W_{20} W_{50} HI	V_{21} V_{opt} V_{GSR} V_{3K}
0832.9 -0102 226.11 21.91 87.50 -61.75 0830.4 -0052	 CGCG 4- 50 PGC 23976			 .11	 15.3 ±.6				 11661 11503 11931
083300.2+260049 198.12 32.88 56.20 -41.95 083000.6+261104	 UGC 4464 KUG 0830+261 PGC 23978	.SB.6?. U 6.0±1.3	1.14± .04 .72± .04 1.15	110 .11 1.06 .36	 15.33 ±.18 14.13			15.73±.3 295± 7 1.24	5260± 10 5196 5486
083305.3-122119 236.32 15.99 111.80 -65.99 083043.0-121103	IC 513 MCG -2-22- 19 PGC 23983	.LBT0?. E -2.0± .9	1.03± .07 .20± .05 1.04	40 .30 .00					
083310.8-205353 243.61 11.21 133.08 -66.16 083057.0-204336	 ESO 562- 13 PGC 23986	.SXS5.. SE (1) 5.0± .6 3.3± .8	1.19± .04 .18± .04 1.21	52 .16 .27 .09					
083317.8-175723 241.15 12.91 125.77 -66.39 083101.0-174706	 ESO 562- 14 IRAS08310-1747 PGC 23992	.SB.3P/ E 3.0±1.8	1.15± .05 .70± .04 1.17	162 .22 .96 .35	 12.44				
083317.9+411535 180.00 36.04 46.97 -28.66 082957.7+412551	 UGC 4465 IRAS08300+4125 PGC 23993	.S..1.. U 1.0± .9	1.08± .06 .17± .05 1.09	160 .14 .18 .09	 14.75 ±.20 13.64				
083322.3+523150 166.02 36.50 41.59 -18.52 082939.6+524205	 UGC 4461 IRAS08296+5242 PGC 23996	.S..4.. U 4.0± .9	1.23± .05 .52± .05 1.24	43 .15 .77 .26	 14.32 ±.18 13.10				
083322.6-225824 245.36 10.05 138.06 -65.73 083111.0-224806	NGC 2613 ESO 495- 18 IRAS08311-2248 PGC 23997	.SAS3.. R (3) 3.0± .3 3.0± .4	1.86± .01 .61± .02 1.35± .02 1.90	113 .37 .85 .31	11.16 ±.13 11.21 ±.11 10.80 9.96	.91± .01 .38± .02 .70 .19	.99± .01 .47± .02 13.40± .05 13.79± .16	12.61±.1 614± 6 599± 6 2.34	1678± 5 1619± 40 1467 1940
083322.9+293217 194.09 33.92 53.85 -38.91 083019.2+294233	NGC 2604 UGC 4469 IRAS08303+2942 PGC 23998	.SBT6.. U 6.0± .8	1.32± .05 .00± .06 1.33	 .11 .01 .00	 13.0 ±.2 12.76 12.85			14.33±.2 151± 14 143± 7 1.48	2094± 7 2012±155 2043 2310
0833.4 +8557 127.10 28.81 27.88 12.02 0818.0 +8607	 UGC 4348 PGC 24001	.SB?...	1.19± .05 .07± .05 1.22	 .24 .10 .03	 15.1 ±.4 14.76			16.37±.1 190± 8 1.58	1913± 11 2074 1895
083330.8+413131 179.68 36.11 46.87 -28.40 083010.3+414147	 UGC 4468 PGC 24002	.L..... U -2.0± .8	1.18± .15 .22± .08 1.16	165 .12 .00	 14.38 ±.17				
083341.4+742420 139.71 32.85 32.58 1.47 082757.2+743433	 UGC 4448 PGC 24015	.E..... U -5.0± .9	.90± .22 .19± .08 .85	120 .06 .00	 14.39 ±.19				
083350.1-131029 237.13 15.69 113.88 -65.96 083128.6-130010	NGC 2612 MCG -2-22- 20 PGC 24028	.L..-./ E -3.0± .8	1.43± .04 .68± .05 1.36	115 .27 .00					
083356.6+265821 197.10 33.36 55.75 -41.03 083056.0+270839	NGC 2607 UGC 4473 KUG 0830+271 PGC 24038	.S?....	.96± .06 .04± .05 .97	 .04 .06 .02	 14.63 ±.18 14.51			15.17±.3 67± 7 .64	3528± 7 3468 3753
083356.8-215308 244.53 10.79 135.40 -65.82 083144.1-214248	 ESO 562- 19 PGC 24039	.SBS8*/ SU (1) 7.5± .6 7.2± .9	1.29± .04 .67± .04 1.32	68 .31 .82 .33				14.53±.2 217± 16 210± 12	1777± 11 1569 2042
083402.5+573354 159.77 36.26 39.49 -13.91 083005.7+574411	 MCG 10-12-146 7ZW 239 PGC 24047	.S?....	.71± .10 .09± .06 .73	129 .22 .14 .05	 15.3 ±.2 14.89				 5387± 57 5449 5501
0834.1 +6610 149.30 34.95 35.92 -6.05 0829.5 +6621	A 0829+66 UGC 4459 DDO 53 PGC 24050	.I..9.. U (1) 10.0± .8 9.0±1.0	1.19± .05 .06± .05 1.05± .03 1.20	120 .10 .04 .03	14.48 ±.17 14.9 ±.3 14.41	.35± .06 -.40± .08 .31 -.43	.31± .04 -.42± .05 15.22± .07 15.15± .32		19± 10 6±106 114 95

R.A. 2000 DEC. / l b / SGL SGB / R.A. 1950 DEC.	Names / PGC	Type / S_T n_L / T / L	$\log D_{25}$ / $\log R_{25}$ / $\log A_e$ / $\log D_o$	p.a. / A_g / A_i / A_{21}	B_T / m_B / m_{FIR} / B^o_T	$(B-V)_T$ / $(U-B)_T$ / $(B-V)^o_T$ / $(U-B)^o_T$	$(B-V)_e$ / $(U-B)_e$ / m'_e / m'_{25}	m_{21} / W_{20} / W_{50} / HI	V_{21} / V_{opt} / V_{GSR} / V_{3K}
083424.4-314922		.SAT2..	1.08± .09	68					
252.73 5.05	ESO 431- 17	r	.42± .07	1.77					
156.64 -62.25	FAIR 1145	2.2± .9		.52	12.15				
083223.0-313900	PGC 24063		1.24	.21					
083433.2-023253	NGC 2615	.SBT3..	1.28± .04	40					
227.73 21.49	UGC 4481	UE	.26± .05	.10	13.30 ±.18				
90.73 -62.18	IRAS08320-0222	2.5± .5		.35	13.78				
083201.7-022232	PGC 24071		1.28	.13					
083442.0+750820	A 0828+75	.L?....	.64± .10						
138.85 32.69	MCG 13- 6- 25		.27± .06	.06					6511± 38
32.34 2.17	MK 15			.00					6638
082848.5+751836	PGC 24079		.61						6545
0834.7 +5243	NGC 2600	.S..3..	1.09± .06	78					
165.77 36.70	UGC 4475	U (1)	.48± .05	.15	15.00 ±.18				
41.69 -18.25		3.0± .9		.66					
0831.0 +5254	PGC 24082	3.5±1.2	1.11	.24					
083447.6-573848		PSBR2*/	1.22± .06	106					
273.63 -10.23	ESO 165- 1	Sr	.62± .05	.99					
188.04 -44.09		2.5± .6		.85					
083336.0-572824	PGC 24085		1.31	.31					
0835.0 +2941		.S?....	.94± .11						
194.01 34.31	MCG 5-20- 26		.00± .07	.10	14.9 ±.2				14456
54.15 -38.59				.00					14406
0832.0 +2952	PGC 24098		.95	.00	14.77				14674
083506.1-030546			.64± .17						
228.31 21.33	MCG 0-22- 20		.00± .07	.08	15.3 ±.2				6659± 63
91.92 -62.33	ARAK 170								6495
083235.1-025523	PGC 24100		.64						6932
083513.4+284511		.S..8*.	1.00± .08	125				16.85±.3	2045± 10
195.13 34.11	UGC 4482	U	.73± .06	.11	15.74 ±.18				
54.82 -39.37		8.0±1.4		.89				160± 7	1992
083210.8+285534	PGC 24104		1.01	.36	14.73			1.76	2266
0835.2 -0822		.L...P.	1.18± .08	125					
233.11 18.60		E	.16± .08	.09					
102.86 -64.45		-2.0± .9		.00					
0832.8 -0812	PGC 24106		1.17						
0835.2 +5548		RSBS1..	.93± .10	50					
161.93 36.59	UGC 4478	U	.32± .06	.16	15.18 ±.18				
40.40 -15.43		1.0± .9		.33					
0831.4 +5559	PGC 24108		.94	.16					
083517.0+282827	NGC 2608	.SBS3*.	1.36± .02	60	13.01 ±.13	.71± .01	.77± .01	15.71±.2	2135± 8
195.45 34.05	UGC 4484	R (2)	.22± .03	.12	12.94 ±.13	.09± .02	.13± .02	264± 11	2120± 20
55.03 -39.60	ARP 12	3.0± .5	.93± .01	.30	12.06	.63	13.15± .02	210± 8	2078
083214.8+283850	PGC 24111	3.3± .7	1.37	.11	12.55	.03	14.14± .19	3.05	2354
0835.3 +2333		.S?....	.97± .10						
201.10 32.66	MCG 4-20- 69		.05± .07	.09	14.53 ±.18				5135± 22
58.66 -43.71				.07					5061
0832.4 +2344	PGC 24114		.98	.02	14.34				5370
083532.9+303156	A 0832+30	.S?....	.74± .14					16.32±.3	7640± 10
193.06 34.61	MCG 5-20- 28		.21± .07	.11	15.5 ±.2			292± 6	7200±110
53.70 -37.82	MK 390			.16					7590
083228.2+304220	PGC 24127		.74		15.07				7852
083534.1-015058	NGC 2616	.LXT0?.	1.20± .08	145	13.5 ±.2	.99± .04			
227.22 22.07	UGC 4489	E	.09± .05	.11	14.1 ±.3	.44± .07			9000±190
89.71 -61.61		-2.0± .8		.00		.87			8839
083301.9-014033	PGC 24129		1.20		13.49	.45	14.14± .47		9273
083536.1-320850		.SBS9*.	1.46± .04	169				14.15±.2	1552± 11
253.14 5.06	ESO 431- 18	SU (1)	.61± .05	1.77				241± 16	
156.96 -61.87	IRAS08335-3158	9.0± .5		.63	12.70			234± 12	1329
083335.0-315824	PGC 24131	7.1± .5	1.62	.31					1802
083538.9-040521	NGC 2617	.S..0P*	1.04± .07						
229.30 20.94	MCG -1-22- 27	E	.13± .05	.13					
93.98 -62.68		.0±1.2		.10					
083308.8-035456	PGC 24136		1.05						
083539.9+462930	A 0832+46	.S...$.	.80± .09		14.6 ±.2	.47± .05	.53± .02		
173.56 36.86		R	.26± .12	.13		-.28± .09	-.30± .04		4413± 46
44.76 -23.80	MK 92		.28± .05				11.52± .11		4431
083210.9+463953	PGC 24140		.81						4574

R.A. 2000 DEC.	Names	Type	$logD_{25}$	p.a.	B_T	$(B-V)_T$	$(B-V)_e$	m_{21}	V_{21}
l b		S_T n_L	$logR_{25}$	A_g	m_B	$(U-B)_T$	$(U-B)_e$	W_{20}	V_{opt}
SGL SGB		T	$logA_e$	A_i	m_{FIR}	$(B-V)^o_T$	m'_e	W_{50}	V_{GSR}
R.A. 1950 DEC.	PGC	L	$logD_o$	A_{21}	B^o_T	$(U-B)^o_T$	m'_{25}	HI	V_{3K}
083548.5+014315		PSBT1*.	1.38± .03	60				15.42±.3	4102± 9
223.89 23.89	UGC 4491	UE	.45± .04	.10	13.48 ±.18				
83.62 -59.60	IRAS08332+0153	1.0± .6		.46	13.73			412± 5	3952
083313.2+015341	PGC 24152		1.39	.22	12.88			2.32	4373
083553.3+004226	NGC 2618	PSAT2..	1.38± .04	140					
224.86 23.41	UGC 4492	UE	.10± .05	.13	13.0 ±.3				
85.31 -60.17		1.5± .5		.12					
083318.8+005252	PGC 24156		1.40	.05					
083605.5+015338		PSXS1*.	1.11± .05	70					3800
223.76 24.03	UGC 4494	UE	.32± .05	.10	14.65 ±.19				
83.42 -59.44		1.3± .7		.33					3650
083329.9+020404	PGC 24166		1.12	.16	14.17				4071
083615.0-262434		.I.0.?P	1.24± .04						
248.57 8.58	ESO 495- 21	S	.11± .04	.98	12.45 ±.14				896± 22
145.40 -64.14		90.0							680
083407.0-261406	PGC 24175		1.33						1157
083629.9-114952		.S..7*/	1.28± .05	70					5914
236.34 16.98	MCG -2-22- 22	E	.96± .05	.25					
110.95 -65.07		7.0±1.3		1.32					5727
083407.0-113923	PGC 24189		1.30	.48					6189
083635.5-202817		.LBR+?/	1.34± .04	170					
243.72 12.11	ESO 562- 23	SE	.64± .03	.34					
131.78 -65.42		-.5± .6		.00					
083421.0-201748	PGC 24195		1.28						
0836.6 +7749		.S..9*.	1.14± .13	30				16.72±.1	1416± 11
135.80 31.93	UGC 4466	U	.10± .12	.04					
31.35 4.66		9.0±1.2		.10				93± 8	1551
0830.0 +7800	PGC 24200		1.14	.05					1438
083639.4-832753		.SXS6?.	1.21± .04	8					
296.52 -24.09	ESO 6- 3	S (1)	.82± .05	.48	15.41 ±.14				
203.19 -21.59	IRAS08415-8317	6.0± .9		1.21	13.45				
084128.0-831712	PGC 24203	5.6± .9	1.25	.41					
083642.9+661355	A 0832+66	.S..1*.	1.00± .08	77	15.9 ±.2	.68± .05			
149.17 35.19	UGC 4490	P	.55± .06	.10	15.65 ±.18	-.27± .09			5271± 32
36.13 -5.89	MK 93	1.0±1.3		.56	12.95	.51			5366
083210.1+662420	PGC 24206		1.01	.27	15.03	-.36	14.38± .48		5348
083703.1+694650		.I..9*.	1.05± .04	162				14.59±.1	156± 5
144.96 34.38	UGC 4483	U	.17± .04	.15	15.0 ±.2			56± 4	
34.69 -2.65	KUG 0832+699	10.0±1.2		.13				49± 4	264
083207.0+695716	PGC 24213		1.06	.08	14.77			-.27	216
083710.6-221507		.SBS5?/	1.25± .05	95					
245.28 11.19	ESO 563- 2	S (1)	.66± .05	.13					
135.93 -65.02		5.3± .7		1.00					
083458.0-220436	PGC 24219	7.8± .7	1.26	.33					
083719.0-205625		.SBR0P/	1.20± .04	88					
244.21 11.98	ESO 563- 3	SE	.66± .04	.34					
132.84 -65.20	IRAS08350-2045	-.4± .8		.49	12.53				
083505.0-204554	PGC 24225		1.20						
083724.7-550727	NGC 2640	.LX.-..	1.35± .06	104					
271.78 -8.46	ESO 165- 2	S	.06± .06	1.93					1051± 57
185.58 -45.93	IRAS08360-5456	-3.0± .6		.00	11.40				821
083605.0-545654	PGC 24229		1.59						1238
083726.7+400208		.SB.1..	.98± .07	10	*				
181.63 36.68	UGC 4498	U	.16± .05	.12	14.71 ±.18				
48.42 -29.37		1.0± .9		.16					
083409.1+401238	PGC 24230		.99	.08					
083726.9+780134	NGC 2591	.S..6*/	1.48± .03	32	*			14.40±.1	1323± 5
135.56 31.90	UGC 4472	PU	.69± .04	.04	12.95 ±.20			277± 6	
31.30 4.86	IRAS08307+7811	5.5± .8		1.01	12.30			257± 6	1459
083044.9+781158	PGC 24231		1.49	.34	11.90			2.15	1344
083728.0+245630	NGC 2620	.S?....	1.31± .04	93				15.48±.3	7838± 10
199.70 33.54	UGC 4501		.59± .05	.08	14.40 ±.19				
58.14 -42.29				.88				654± 7	7770
083430.0+250700	PGC 24233		1.32	.29	13.39			1.79	8071
083732.6+284222	NGC 2619	.S..4..	1.36± .03	35	*			14.06±.3	3474± 7
195.34 34.59	UGC 4503	U	.21± .03	.07	13.19 ±.19				
55.41 -39.14	IRAS08345+2852	4.0± .7		.31	13.03			394± 7	3420
083430.3+285253	PGC 24235		1.37	.11	12.78			1.17	3697

R.A. 2000 DEC. l b SGL SGB R.A. 1950 DEC.	Names PGC	Type S_T n_L T L	$\log D_{25}$ $\log R_{25}$ $\log A_e$ $\log D_o$	p.a. A_g A_i A_{21}	B_T m_B m_{FIR} B_T^o	$(B-V)_T$ $(U-B)_T$ $(B-V)_T^o$ $(U-B)_T^o$	$(B-V)_e$ $(U-B)_e$ m'_e m'_{25}	m_{21} W_{20} W_{50} HI	V_{21} V_{opt} V_{GSR} V_{3K}
083734.1-165556		.SB.1P?	1.09± .06	75	*				
240.88 14.33	MCG -3-22- 10	E	.35± .05	.20					
123.23 -65.38	IRAS08352-1645	1.0±1.8		.36	13.47				
083516.0-164524	PGC 24236		1.11	.18					
083741.6+513908	A 0834+51A	.SX.8..	1.42± .04	140	*			13.71±.1	692± 5
167.09 37.20	UGC 4499	U	.13± .05	.13	13.5 ±.3			145± 5	660± 48
42.62 -19.02		8.0± .7		.16				126± 4	730
083402.0+514938	PGC 24242		1.44	.06	13.25			.40	833
083743.0+203019		.S..7..	1.14± .04	30	*			15.79±.3	4703± 7
204.73 32.18	UGC 4504	U	.27± .04	.10	14.7 ±.2			239± 13	
61.81 -45.87		7.0± .8		.37					4617
083449.7+204050	PGC 24244		1.15	.13	14.17			1.48	4947
083756.1-022747	A 0835-02	CE...?.	.63± .09		*				
228.12 22.26	UGC 4508	E	.00± .04	.08	15.0 ±.3				1917± 34
91.46 -61.41	ARAK 173	-5.0±1.9		.00					1754
083524.5-021714	PGC 24253		.65		14.90				2193
083801.4-094912		.SXR4..	1.05± .06	110	*				
234.79 18.39	MCG -2-22- 23	E (1)	.32± .05	.13					
106.56 -64.23	IRAS08356-0938	4.0± .9		.47					
083536.6-093839	PGC 24259	3.1±1.2	1.06	.16					
083811.0+245344	NGC 2622	.S?....	.89± .11						
199.81 33.68	MCG 4-21- 8		.24± .07	.06	15.01 ±.19				8554± 20
58.35 -42.24	MK 1218			.29					8485
083513.1+250417	PGC 24269		.89	.12	14.58				8787
0838.2 -0738		.SBR2P?	1.12± .08	5	*				
232.89 19.62		E	.58± .08	.07					
101.85 -63.50		2.0± .9		.71					
0835.8 -0728	PGC 24273		1.13	.29					
083819.5-733233		.LAS0*.	1.16± .05	125	*				
287.42 -18.90	ESO 36- 5	S	.09± .03	.71	13.71 ±.14				5279± 15
198.02 -30.34		-2.0± .8		.00					5070
083839.0-732154	PGC 24280		1.23		12.92				5392
0838.3 +6902		.S..6*.	.98± .05	70	*				
145.79 34.68	UGC 4495	U	.18± .04	.14	15.07 ±.18				6666±125
35.10 -3.27		6.0±1.3		.26					6771
0833.5 +6913	PGC 24281		.99	.09	14.64				6730
083823.1+194259	NGC 2625		.50± .17						
205.67 32.06	CGCG 89- 57		.07± .06	.05	15.9 ±.2				4510± 45
62.69 -46.41	MK 625								4422
083530.7+195333	PGC 24285		.51						4757
083823.9+173753		.L?....	.72± .22						
207.96 31.32	MCG 3-22- 20		.00± .07	.06	15.15 ±.18				7988± 57
64.60 -48.04	ARAK 174			.00					7892
083533.6+174827	PGC 24286		.72		14.97				8239
083824.2+254501	NGC 2623	.P.....	1.38± .06		13.99 ±.15	.63± .03	.64± .02	17.05±.3	5535± 8
198.84 33.97	UGC 4509	R	.53± .07	.09		.11± .06	.20± .05		5472± 27
57.76 -41.51	ARP 243	99.0		.65	9.85	.47		126± 16	5464
083525.3+255535	PGC 24288		1.39	.27	13.19	.02	14.40± .37	3.59	5761
083833.7+304756	IC 2387	.S..6*.	1.06± .06	18				15.26±.3	7679± 10
192.92 35.31	UGC 4511	U	.35± .05	.12	14.73 ±.18				
54.23 -37.25	IRAS08354+3058	6.0±1.3		.52	13.28			370± 7	7634
083529.1+305830	PGC 24299		1.07	.18	14.06			1.02	7897
083837.0-642032		.IBS9..	1.20± .07	92					
279.49 -13.73	ESO 90- 4	S (1)	.11± .07	.71					
192.37 -38.24		10.0± .8		.08					
083750.1-640954	PGC 24303	8.9± .9	1.26	.06					
083844.6+433252		.S..3..	1.17± .04	43					
177.28 37.25	UGC 4507	U	.60± .04	.10	14.91 ±.18				
46.78 -26.16	KUG 0835+437	3.0± .9		.83					
083521.5+434326	PGC 24309		1.18	.30					
083847.2-750923		.IXT9..	1.50± .04	165				13.61±.3	1135± 9
288.88 -19.75	ESO 36- 6	Sr (1)	.36± .05	.63	14.19 ±.14				
198.88 -28.91		9.6± .5		.27				144± 7	929
083926.0-745842	PGC 24312	8.9± .8	1.56	.18	13.29			.14	1241
083904.7-144425		.SAS5*.	1.09± .06	115					
239.22 15.87	MCG -2-22- 25	E (1)	.28± .05	.30					
118.04 -64.89	IRAS08367-1433	5.0±1.2		.42					
083644.4-143348	PGC 24328	4.2±1.2	1.11	.14					

R.A. 2000 DEC. / l b / SGL SGB / R.A. 1950 DEC.	Names / PGC	Type / S_T n_L / T / L	$\log D_{25}$ / $\log R_{25}$ / $\log A_e$ / $\log D_o$	p.a. / A_g / A_i / A_{21}	B_T / m_B / m_{FIR} / B^o_T	$(B-V)_T$ / $(U-B)_T$ / $(B-V)^o_T$ / $(U-B)^o_T$	$(B-V)_e$ / $(U-B)_e$ / m'_e / m'_{25}	m_{21} / W_{20} / W_{50} / HI	V_{21} / V_{opt} / V_{GSR} / V_{3K}
083907.9-085144		.S..0*.	1.09± .06	60					
234.10 19.14	MCG -1-22- 31	E	.53± .05	.15					
104.63 -63.69		.0±1.3		.40					
083642.1-084107	PGC 24331		1.07						
0839.2 +7142		.SXS6..	1.17± .04	45					
142.66 34.03	UGC 4500	U	.14± .04	.07	15.0 ±.3				
34.05 -.82		6.0± .8		.20					
0834.1 +7153	PGC 24341		1.18	.07					
0839.6 +6057		.S..6*.	1.07± .05	110				15.96±.1	7912± 11
155.48 36.52	UGC 4512	U	.30± .04	.13	15.10 ±.19				
38.68 -10.53		6.0±1.2		.44				382± 8	7987
0835.5 +6108	PGC 24348		1.08	.15	14.50			1.32	8014
0839.6 +5327	A 0835+53	.SB.6?.	1.33± .05	70				14.15±.1	694± 6
164.81 37.40	UGC 4514	U	.36± .06	.10	13.87 ±.19			167± 8	
42.06 -17.28		6.0±1.6		.53				147± 12	739
0835.9 +5338	PGC 24351		1.34	.18	13.23			.74	829
083954.3+734515		.SB.6*.	1.21± .03	75				15.22±.1	3285± 11
140.30 33.45	UGC 4502	U	.75± .04	.03	15.44 ±.19				
33.23 1.05	KUG 0834+739	6.0±1.3		1.10				205± 8	3407
083422.1+735550	PGC 24360		1.21	.37	14.30			.55	3327
084004.8-342429		.SBS9*.	1.17± .05	165					1929
255.52 4.45	ESO 371- 3	S (1)	.18± .05	2.01	14.75 ±.14				
159.94 -59.91		9.0±1.2		.18					1704
083806.1-341348	PGC 24370	7.8±1.2	1.36	.09	12.56				2179
084009.5+522725		.SBR3*.	1.17± .05	175				15.74±.1	4974± 7
166.06 37.54	UGC 4515	U	.38± .05	.10	14.38 ±.18				
42.60 -18.14		3.0± .8		.52				376± 8	5015
083628.6+523803	PGC 24372		1.18	.19	13.72			1.83	5113
084014.4+053802		.S..7..	1.14± .05	49				15.03±.3	1940± 10
220.66 26.72	UGC 4524	U	.81± .05	.10	15.17 ±.18				
79.01 -56.33		7.0±1.0		1.11				159± 7	1802
083735.5+054843	PGC 24374		1.15	.40	13.95			.68	2212
084022.6+233226	NGC 2628	.SXR5?.	1.06± .06					15.20±.2	3622± 7
201.55 33.75	UGC 4519	U	.02± .05	.07	13.97 ±.18			268± 7	
59.98 -43.06	IRAS08374+2342	5.0±1.7		.03	13.48			259± 5	3548
083726.4+234306	PGC 24381		1.06	.01	13.84			1.35	3861
084044.5-040719	NGC 2642	.SBR4..	1.31± .02	140	13.35 ±.15	.77± .05	.94± .04	15.20±.3	4342± 17
230.04 22.01	MCG -1-22- 33	R (3)	.03± .03	.07	12.6 ±.2	.05± .05		150± 34	4406± 58
95.27 -61.55	IRAS08382-0356	4.0± .3	.94± .03	.04	12.94	.72	13.54± .09	116± 25	4179
083814.4-035636	PGC 24395	1.8± .5	1.32	.01	12.99	.01	14.68± .21	2.20	4627
084048.7+732913	IC 511	.S..0*.	1.20± .06	143					
140.58 33.60	UGC 4510	RU	.44± .03	.04	14.44 ±.18				
33.40 .84		-.4± .6		.33					
083520.2+733950	PGC 24397		1.18						
084050.8-320244		.SBS5?/	1.33± .05	129					
253.73 6.01	ESO 432- 2	S (1)	1.01± .05	1.49					
155.67 -60.95	IRAS08387-3151	5.0± .7		1.50	13.17				
083849.0-315200	PGC 24398	3.3±1.3	1.47	.50					
084052.7+425015		.S..4..	1.07± .04	112					
178.20 37.59	UGC 4521	U	.56± .04	.15	15.37 ±.18				
47.54 -26.60	KUG 0837+430	4.0± .9		.82					
083731.2+430056	PGC 24399		1.09	.28					
084054.3+192118		.S..2..	1.15± .05	59				15.61±.3	4379± 10
206.32 32.49	UGC 4526	U	.61± .05	.07	14.84 ±.18				
63.69 -46.33		2.0± .9		.76				340± 7	4289
083802.4+193200	PGC 24400		1.15	.31	13.97			1.33	4629
084058.8+161101		.S..8..	1.04± .06					16.25±.3	4290± 7
209.80 31.35	UGC 4528	U	.03± .05	.07					
66.73 -48.76		8.0± .9		.03				92± 7	4189
083810.1+162144	PGC 24403		1.05	.01					4547
0841.1 +6651		.S..8*.	1.21± .05	123					
148.30 35.48	UGC 4516	U	.75± .05	.10	15.13 ±.18				3864±106
36.27 -5.14		8.0±1.3		.92					3961
0836.6 +6702	PGC 24410		1.22	.37	14.11				3939
084118.4-044251		PSBR1..	1.18± .05	140					4407
230.66 21.82	MCG -1-22- 34	E	.16± .05	.06					
96.53 -61.68		1.0± .8		.16					4238
083848.8-043207	PGC 24414		1.18	.08					4687

R.A. 2000 DEC.	Names	Type	logD25	p.a.	B_T	$(B-V)_T$	$(B-V)_e$	m_{21}	V_{21}
l b		S_T n_L	logR25	A_g	m_B	$(U-B)_T$	$(U-B)_e$	W_{20}	V_{opt}
SGL SGB		T	$\log A_e$	A_i	m_{FIR}	$(B-V)^o_T$	m'_e	W_{50}	V_{GSR}
R.A. 1950 DEC.	PGC	L	$\log D_o$	A_{21}	B^o_T	$(U-B)^o_T$	m'_{25}	HI	V_{3K}
0841.5 +5115		.SBS3..	1.03± .06	88					
167.56 37.81	UGC 4525	U	.17± .05	.12	14.88 ±.19				
43.37 -19.11		3.0± .9		.23					
0837.9 +5126	PGC 24423		1.04	.08					
0841.5 +6626									
148.79 35.62	CGCG 311- 12			.12	15.50 ±.18				11603±106
36.49 -5.50									11699
0837.0 +6637	PGC 24424								11680
084132.8+045858	NGC 2644	.S?....	1.33± .03	14				15.21±.2	1939± 7
221.47 26.70	UGC 4533		.41± .04	.06	13.31 ±.18			257± 13	1990± 76
80.31 -56.49	IRAS08389+0509			.61	12.55			201± 7	1800
083854.5+050943	PGC 24425		1.33	.20	12.62			2.39	2214
084135.0-201858		.SBT4*.	1.21± .03	82					
244.29 13.15	ESO 563- 11	SE (2)	.31± .03	.47					
131.11 -64.28	IRAS08393-2008	4.2± .7		.46					
083920.1-200812	PGC 24427	4.7± .7	1.26	.16					
084137.8+464735		.S..4..	1.03± .05	123					
173.21 37.89	UGC 4529	U	.68± .05	.10					
45.60 -23.06	KUG 0838+469	4.0±1.0		1.00					
083809.3+465819	PGC 24428		1.04	.34					
084138.5-204434		.SBS7P*	1.23± .03	69					1890
244.65 12.91	ESO 563- 12	SE (2)	.33± .03	.46					
132.08 -64.22		7.3± .6		.46					1684
083924.1-203348	PGC 24429	6.0± .6	1.28	.17					2164
084141.2+185225		.S..4..	1.19± .05	34				15.22±.3	4619± 10
206.93 32.49	UGC 4532	U	.96± .05	.07	15.47 ±.18				
64.34 -46.59		4.0±1.0		1.41				222± 7	4527
083849.9+190310	PGC 24431		1.19	.48	13.96			.78	4871
084152.9+325208		.SB.3..	1.05± .05	40				16.38±.3	7728± 10
190.61 36.44	UGC 4531	U	.41± .04	.16	14.56 ±.19			466± 13	
53.61 -35.12		3.0± .9		.57					7691
083846.0+330253	PGC 24438		1.06	.21	13.77			2.40	7942
0842.0 +3049									
193.11 36.04	CGCG 150- 17			.12	15.4 ±.3				8045
55.01 -36.83									7999
0839.0 +3100	PGC 24440								8266
0842.1 +5735		.SX.4*.	1.02± .06	37					
159.59 37.33	UGC 4530	U	.18± .05	.20					
40.48 -13.42		4.0± .9		.27					
0838.2 +5746	PGC 24442		1.03	.09					
084225.9+371313	NGC 2638	.S..0..	1.23± .05	72					
185.28 37.29	UGC 4534	U	.44± .05	.12	13.75 ±.19				3730±155
51.02 -31.34		.0± .8		.33					3710
083913.3+372400	PGC 24453		1.22		13.25				3930
084232.5-195225		.SBT5*.	1.18± .03	131					1623
244.05 13.59	ESO 563- 13	SE (1)	.62± .03	.42					
130.05 -64.10	IRAS08402-1941	4.7± .8		.93					1418
084017.0-194136	PGC 24454	6.7± .9	1.22	.31					1899
0842.5 +7058		.S..6*.	1.00± .06						
143.42 34.49	UGC 4522	U	.03± .05	.11	14.80 ±.19				
34.60 -1.37		6.0±1.2		.04					
0837.5 +7109	PGC 24455		1.01	.01					
084235.6+103512		.SB.8..	1.19± .05					14.92±.3	2047± 10
215.92 29.45	UGC 4540	U	.02± .05	.21	13.8 ±.2				
73.29 -52.58		8.0± .8		.02				137± 7	1926
083952.2+104600	PGC 24457		1.21	.01	13.53			1.38	2315
084240.1+141710	NGC 2648	.S..1..	1.51± .03	148				15.68±.2	2060± 10
212.03 30.99	UGC 4541	U	.47± .05	.12	12.74 ±.18				1918± 57
69.15 -49.91	ARP 89	1.0± .8		.48				416± 10	1947
083953.3+142758	PGC 24464		1.52	.24	12.11			3.33	2318
0842.7 +2717									
197.37 35.32	CGCG 150- 18			.09	15.3 ±.3				7673
57.67 -39.69									7614
0839.7 +2728	PGC 24467								7904
0842.7 +1416		.S?....	.94± .11	79					
212.05 31.00	MCG 2-22- 6		.68± .07	.12	15.4 ±.2				2126± 57
69.19 -49.91	IRAS08399+1427			1.02	13.64				2018
0839.9 +1427	PGC 24469		.95	.34	14.27				2388

R.A. 2000 DEC.	Names	Type	$\log D_{25}$	p.a.	B_T	$(B-V)_T$	$(B-V)_e$	m_{21}	V_{21}
l b		S_T n_L	$\log R_{25}$	A_g	m_B	$(U-B)_T$	$(U-B)_e$	W_{20}	V_{opt}
SGL SGB		T	$\log A_e$	A_i	m_{FIR}	$(B-V)^o_T$	m'_e	W_{50}	V_{GSR}
R.A. 1950 DEC.	PGC	L	$\log D_o$	A_{21}	B^o_T	$(U-B)^o_T$	m'_{25}	HI	V_{3K}
084245.5+354535		.S..6*.	.96± .09	149				15.81±.3	2914± 9
187.10 37.13	UGC 4537	U	.98± .06	.10					
51.97 -32.56		6.0±1.5		1.44				176± 5	2888
083934.9+355623	PGC 24470		.97	.49					3119
084248.4+725843	NGC 2614	.SAR5*.	1.39± .03	150				15.23±.1	3457± 6
141.10 33.90	UGC 4523	R	.08± .04	.07	13.6 ±.3			259± 8	
33.75 .44	IRAS08373+7309	5.0± .3		.12	13.76			252± 6	3576
083726.7+730927	PGC 24473		1.40	.04	13.39			1.80	3504
084252.7+250404		.SA.9..	1.05± .05					15.96±.1	5185± 6
199.99 34.74	UGC 4542	U	.02± .05	.05	14.7 ±.3			165± 5	
59.40 -41.49		9.0± .8		.02				153± 7	5116
083955.1+251453	PGC 24475		1.06	.01	14.60			1.36	5422
084255.8+133829		.SB?...	1.06± .06					15.38±.2	5029± 7
212.75 30.79	UGC 4545		.08± .05	.10	14.12 ±.18			159± 14	
69.91 -50.34				.12				117± 7	4918
084009.6+134918	PGC 24476		1.07	.04	13.88			1.46	5292
084257.3-200308		.SB.7?/	1.36± .03	83					
244.26 13.57	ESO 563- 14	SE	.68± .03	.45					
130.43 -63.98	IRAS08407-1952	6.7± .7		.93	11.89				
084042.0-195218	PGC 24479		1.40	.34					
084304.0-112822		.SXR5*.	1.11± .06	135					11524
236.96 18.51	MCG -2-22- 27	E (1)	.11± .05	.23					
110.92 -63.42		5.0± .6		.16					11337
084040.5-111732	PGC 24482	1.9± .6	1.13	.05					11806
084307.7+181320		.S?....	1.04± .06	50				15.80±.3	6273± 10
207.79 32.58	UGC 4548		.75± .05	.06	15.4 ±.2				
65.34 -46.87	IRAS08403+1824			1.13	13.48			367± 7	6179
084017.1+182410	PGC 24485		1.04	.38	14.21			1.22	6527
0843.2 +2649									
197.96 35.30	CGCG 150- 20			.09	15.2 ±.3				5157
58.13 -40.02									5096
0840.2 +2700	PGC 24486								5390
084315.7-203945	A 0841-20	.SXS9..	1.36± .03	92					1732
244.81 13.27	ESO 563- 16	SE (2)	.38± .03	.43					
131.80 -63.85	IRAS08410-2028	9.0± .5		.38	13.33				1526
084101.0-202854	PGC 24489	6.5± .5	1.40	.19					2007
084316.2+130510		.S..3..	1.43± .04	4				13.85±.3	2068± 10
213.38 30.64	UGC 4550	U (1)	.81± .05	.24	14.26 ±.19				
70.62 -50.69	IRAS08405+1315	3.0± .9		1.11	13.16			264± 7	1955
084030.5+131600	PGC 24490	5.5±1.2	1.45	.40	12.89			.56	2332
0843.3 +1044		.S..3..	1.02± .06	40					
215.86 29.67	UGC 4552	U (1)	.20± .05	.18	14.62 ±.18				
73.32 -52.34		3.0± .9		.28					
0840.6 +1055	PGC 24492	4.5±1.2	1.03	.10					
084321.6+454410		.SA.8..	1.52± .08	160				13.80±.1	1960± 6
174.56 38.17	UGC 4543	U	.25± .12	.11	14.3 ±.5			130± 8	
46.43 -23.85		8.0± .7		.31				108± 12	1974
083955.6+455459	PGC 24493		1.53	.13	13.89			-.22	2129
084322.7-172319		.IBS9..	1.31± .04	10					2019
242.09 15.20		E (1)	.36± .05	.31					
124.33 -64.00		10.0± .9		.27					1819
084104.7-171227	PGC 24494	9.8± .8	1.34	.18					2298
0843.4 +8438		.S..3..	1.12± .05	70					
128.38 29.54	UGC 4474	U (1)	.77± .05	.20	15.64 ±.18				
28.64 10.92	IRAS08315+8448	3.0±1.0		1.07	13.62				
0831.5 +8448	PGC 24497	4.5±1.3	1.14	.39					
084326.0+033653		.SB?...	1.09± .06	30				15.19±.3	8136± 10
223.07 26.47	UGC 4553		.34± .05	.07	14.51 ±.18				
82.84 -56.95	IRAS08408+0347			.51	13.27			388± 7	7991
084048.9+034744	PGC 24499		1.10	.17	13.89			1.13	8413
0843.5 +6415		.S..3..	1.07± .06	130					
151.35 36.32	UGC 4535	U (1)	.40± .05	.18	15.5 ±.2				11601±106
37.63 -7.37		3.0± .9		.55					11688
0839.2 +6426	PGC 24501	2.5±1.2	1.09	.20	14.65				11690
084338.0+501224	NGC 2639	RSAR1*$	1.26± .05	140	12.56 ±.13	.91± .03			3336± 11
168.87 38.19	UGC 4544	R	.22± .05	.11	12.72 ±.14	.34± .06			3198± 13
44.20 -19.89	IRAS08400+5023	1.0± .6		.23	12.03	.82			3315
084003.1+502314	PGC 24506		1.27	.11	12.26	.28	13.16± .29		3434

R.A. 2000 DEC. l b SGL SGB R.A. 1950 DEC.	Names PGC	Type S_T n_L T L	$logD_{25}$ $logR_{25}$ $logA_e$ $logD_o$	p.a. A_g A_i A_{21}	B_T m_B m_{FIR} B_T^o	$(B-V)_T$ $(U-B)_T$ $(B-V)_T^o$ $(U-B)_T^o$	$(B-V)_e$ $(U-B)_e$ m'_e m'_{25}	m_{21} W_{20} W_{50} HI	V_{21} V_{opt} V_{GSR} V_{3K}
084340.6+220532		.S..6*.	1.11± .05	9				15.82±.3	3710± 10
203.49 34.01	UGC 4554	U	.55± .05	.10	15.14 ±.18			256± 15	
62.02 -43.77		6.0±1.3		.81					3630
084046.1+221623	PGC 24509		1.12	.28	14.22			1.32	3956
0843.7 +6511		.SBR5..	1.21± .06						
150.22 36.13	UGC 4536	U	.00± .06	.20	14.9 ±.4				7383±106
37.24 -6.53		5.0± .7		.01					7474
0839.3 +6522	PGC 24510		1.23	.00	14.65				7467
084348.4-785654		.SBS5..	1.28± .05	121					
292.46 -21.54	ESO 18- 13	S (1)	.45± .05	.45					
200.65 -25.46	IRAS08455-7845	5.0± .8		.68	13.42				
084530.0-784554	PGC 24516	3.3±1.2	1.33	.23					
0843.8 +5200		.S..1..	1.13± .05	25					
166.59 38.13	UGC 4546	U	.81± .05	.09	15.01 ±.20				5181
43.35 -18.28		1.0±1.0		.82					5221
0840.2 +5211	PGC 24517		1.13	.40	14.03				5325
0843.8 +6503		.SXS5..	1.06± .08	140				16.22±.1	6982± 11
150.38 36.18	UGC 4538	U	.02± .06	.19					
37.31 -6.64		5.0± .8		.03				190± 8	7072
0839.5 +6514	PGC 24520		1.08	.01					7067
084402.1-125137		.SBR3*.	1.21± .04	85					5713
238.31 17.93	MCG -2-23- 1	E (1)	.28± .04	.25					
114.09 -63.45		3.0± .6		.38					5523
084139.8-124043	PGC 24525	3.1± .7	1.23	.14					5995
0844.0 +6457		.E?....	.78± .13						
150.49 36.22	MCG 11-11- 26		.00± .04	.19	15.24 ±.11				6948±106
37.38 -6.72				.00					7038
0839.7 +6508	PGC 24526		.81		14.95				7034
084406.7+494738		.L...?.	1.31± .05	113	13.4 ±.2	.94± .01			
169.39 38.28	UGC 4551	U	.48± .03	.10	13.18 ±.18	.47± .02			1745± 31
44.48 -20.22		-2.0±1.7		.00		.86			1776
084032.7+495830	PGC 24528		1.25		13.15	.41	13.63± .34		1898
084407.3+665745		.S..6*.	.96± .07	18				15.65±.1	3660± 11
148.08 35.74	UGC 4539	U	.13± .05	.11	14.53 ±.18				3528±128
36.49 -4.91	IRAS08395+6708	6.0±1.3		.20	13.44			130± 8	3757
083933.6+670835	PGC 24529		.97	.07	14.21			1.37	3735
084408.0+300707		.S..2..	1.51± .03	50				14.42±.1	2085± 6
194.08 36.32	UGC 4559	U	.82± .05	.18	14.1 ±.2			360± 9	
55.96 -37.17	IRAS08410+3018	2.0± .8		1.01				348± 6	2037
084104.7+301800	PGC 24530		1.53	.41	12.93			1.08	2310
084408.1+344304	NGC 2649	.SXT4*.	1.20± .03					15.75±.2	4244± 6
188.45 37.24	UGC 4555	PU	.02± .04	.10	13.07 ±.18			251± 6	4075± 76
52.91 -33.30	IRAS08409+3453	3.5± .5		.03	13.28			247± 7	4213
084059.1+345356	PGC 24531		1.21	.01	12.92			2.82	4453
084409.0+333101		.S..4..	1.22± .05	17				15.31±.3	7673± 9
189.93 37.03	UGC 4558	U	.72± .05	.11	15.07 ±.18				
53.68 -34.32		4.0± .9		1.06				471± 5	7638
084101.5+334153	PGC 24532		1.23	.36	13.84			1.11	7887
0844.2 +7655		.I..9*.	1.14± .13	40				15.92±.1	721± 10
136.63 32.64	UGC 4527	U	.18± .12	.06				85± 6	
32.11 4.02		10.0±1.2		.13				79± 5	853
0838.0 +7706	PGC 24539		1.15	.09					749
084414.9+414301		.I?....	.93± .05	21					
179.68 38.13	UGC 4556		.42± .04	.11	14.4 ±.3				1794± 33
48.77 -27.28	IRAS08409+4153			.31					1792
084055.8+415353	PGC 24540		.94	.21	13.98				1979
084422.4+585025		.S..8?.	1.20± .05	10				14.92±.1	1288± 11
157.98 37.45	UGC 4549	U	.09± .05	.15	13.98 ±.20				
40.17 -12.17	IRAS08403+5901	8.0±1.6		.11	13.21			134± 8	1355
084024.5+590117	PGC 24545		1.22	.04	13.72			1.15	1402
0844.4 +0932		.S..6*.	.96± .09	114					4067
217.23 29.40	UGC 4565	U	.98± .06	.25					
75.08 -52.98		6.0±1.5		1.44					3942
0841.7 +0943	PGC 24548		.98	.49					4338
084430.1-202101		.SAT1?.	1.29± .03	29					
244.73 13.69	ESO 563- 17	SE	.27± .04	.46					
131.03 -63.60	IRAS08422-2010	1.3± .6		.28	12.75				
084215.1-201006	PGC 24558		1.33	.13					

R.A. 2000 DEC. / l b / SGL SGB / R.A. 1950 DEC.	Names / PGC	Type / S_T n_L / T / L	$logD_{25}$ / $logR_{25}$ / $logA_e$ / $logD_o$	p.a. / A_g / A_i / A_{21}	B_T / m_B / m_{FIR} / B^o_T	$(B-V)_T$ / $(U-B)_T$ / $(B-V)^o_T$ / $(U-B)^o_T$	$(B-V)_e$ / $(U-B)_e$ / m'_e / m'_{25}	m_{21} / W_{20} / W_{50} / HI	V_{21} / V_{opt} / V_{GSR} / V_{3K}
084442.6+094759		.S?....	.96± .09	167				15.55±.3	4083± 10
217.00 29.58	UGC 4567		.69± .06	.21	15.5 ±.2				
74.84 -52.74				1.03				242± 7	3959
084200.0+095854	PGC 24566		.98	.34	14.26			.95	4354
084443.2+102811		.I..9?.	1.20± .04	80				15.21±.3	4095± 10
216.30 29.87	UGC 4568	U	.64± .04	.20	14.65 ±.18			222± 13	
74.03 -52.28	IRAS08419+1039	10.0±1.8		.48	13.65				3973
084200.0+103906	PGC 24567		1.22	.32	13.97			.92	4365
0844.8 +5229		.S..2..	1.08± .06	122					
165.96 38.25	UGC 4560	U	.61± .05	.10	15.55 ±.18				
43.25 -17.78		2.0± .9		.75					
0841.2 +5240	PGC 24572		1.09	.31					
084452.0+010914		.S..6*.	.96± .09	160				15.66±.3	4007± 10
225.65 25.58	UGC 4571	U	.39± .06	.11	15.35 ±.18				
87.04 -58.05		6.0±1.3		.58				182± 7	3855
084217.1+012010	PGC 24573		.97	.20	14.65			.81	4288
0844.9 +4744		.SBS5..	1.07± .07	127				16.13±.1	8667± 11
172.02 38.45	UGC 4562	U	.16± .06	.10					
45.64 -21.97		5.0± .9		.24				306± 8	8690
0841.4 +4755	PGC 24575		1.08	.08					8829
084506.2-312016		.LBR+..	1.12± .09	141					
253.72 7.16	ESO 432- 8	r	.14± .04	1.23					
153.56 -60.46		-1.3± .9		.00					
084303.0-310918	PGC 24588		1.22						
084508.2-334740	NGC 2663	.E.....	1.54± .04	110	*		1.24± .01		
255.67 5.65	ESO 371- 14	PBS	.16± .04	1.59	11.85 ±.14		.80± .01		2102± 26
157.87 -59.32		-4.6± .4	1.26± .06	.00			13.66± .21		1876
084308.0-333642	PGC 24590		1.74		10.23				2356
084516.3+274924		.SX.8..	1.00± .16		*			16.22±.3	6440± 7
196.91 36.01	UGC 4570	U	.09± .12	.12					
57.88 -38.93		8.0± .9		.11				202± 7	6382
084215.8+280020	PGC 24594		1.01	.04					6672
084516.4+093846	NGC 2657	.SAT7*.	1.13± .07		*				4141± 10
217.23 29.64	UGC 4573	U	.01± .06	.21	13.61 ±.18				
75.18 -52.75	IRAS08425+0949	7.0± .8		.02					4016
084233.9+094943	PGC 24595		1.15	.01	13.37				4413
084518.5+443140		.L?....			16.04S±.15				
176.11 38.48				.11					16357± 41
47.41 -24.74	HICK 35C								16367
084154.9+444236	PGC 24596								16532
084520.6+443033		.L?....			15.48S±.15				
176.14 38.48				.11					16338± 41
47.42 -24.75	HICK 35B								16348
084157.1+444129	PGC 24597								16513
084521.3+443114		.S?....	.52± .20		16.07S±.15				
176.12 38.48	MCG 8-16- 28		.46± .07	.11					15919± 41
47.42 -24.74	HICK 35A			.67					15929
084157.7+444210	PGC 24601		.53	.23	15.18		12.37±1.01		16094
084521.7+854427	IC 499	.S..1..	1.32± .04	80	*				
127.22 29.09	UGC 4463	U	.19± .05	.25	13.37 ±.18				1883± 61
28.17 11.93		1.0± .8		.19					2043
083101.8+855505	PGC 24602		1.34	.09	12.90				1867
084538.1+365603	A 0842+37	.S?....	.81± .06						
185.75 37.88	UGC 4572		.00± .04	.11	14.1 ±.3				3920± 40
51.83 -31.26	MK 626			.00	13.07				3899
084226.3+370701	PGC 24620		.82	.00	13.94				4123
084540.2+235208		.S..3..	1.09± .06	118	*			15.98±.3	12913± 9
201.61 35.00	UGC 4575	U (1)	.42± .05	.09	15.13 ±.20				
61.05 -42.08		3.0± .9		.58				585± 5	12840
084244.0+240306	PGC 24621	5.5±1.2	1.10	.21	14.37			1.40	13156
084555.7+124655		.S?....	1.03± .06	150				15.43±.3	8987± 10
214.01 31.11	UGC 4582		.53± .05	.17	15.01 ±.18				8976± 57
71.69 -50.45				.79				270± 7	8873
084310.5+125754	PGC 24629		1.04	.26	13.99			1.17	9254
0845.9 +1246		.S?....	.94± .11	5					
214.01 31.12	MCG 2-23- 5		.40± .07	.17	15.07 ±.19				8931± 57
71.70 -50.44	IRAS08432+1257			.60	13.43				8817
0843.2 +1257	PGC 24631		.95	.20	14.25				9198

R.A. 2000 DEC. l b SGL SGB R.A. 1950 DEC.	Names PGC	Type S_T n_L T L	$\log D_{25}$ $\log R_{25}$ $\log A_e$ $\log D_o$	p.a. A_g A_i A_{21}	B_T m_B m_{FIR} B_T^o	$(B-V)_T$ $(U-B)_T$ $(B-V)_T^o$ $(U-B)_T^o$	$(B-V)_e$ $(U-B)_e$ m'_e m'_{25}	m_{21} W_{20} W_{50} HI	V_{21} V_{opt} V_{GSR} V_{3K}
084559.8+123705	NGC 2661	.S..6*.	1.14± .05		*			15.22±.2	4111± 6
214.19 31.06	UGC 4584	U	.01± .05	.17	13.52 ±.18			113± 6	
71.89 -50.56	IRAS08432+1248	6.0±1.1		.02	12.54			82± 6	3997
084314.7+124804	PGC 24632		1.16	.01	13.31			1.90	4379
084601.3-191812	NGC 2665	RSBT1..	1.31± .03	144	*				
244.08 14.59	ESO 563- 19	SUE	.13± .03	.40					
128.63 -63.32	IRAS08437-1907	1.3± .4		.13	11.21				
084345.1-190712	PGC 24634		1.34	.06					
084612.2+354148		.S..6*.	.96± .09	81	*			16.36±.3	4047± 9
187.32 37.81	UGC 4579	U	.98± .06	.09					
52.72 -32.25		6.0±1.5		1.44				169± 5	4021
084302.2+355247	PGC 24640		.97	.49					4255
084614.1+413447		.S..3..	1.06± .06	65	*				
179.89 38.49	UGC 4578	U (1)	.20± .05	.09	14.86 ±.19				
49.21 -27.21		3.0± .9		.27					
084255.6+414546	PGC 24641	3.5±1.2	1.07	.10					
0846.2 +2721		.S?....	.94± .11		*				
197.55 36.10	MCG 5-21- 5		.57± .07	.13	15.5 ±.2				5602
58.46 -39.19	IRAS08432+2732			.85					5543
0843.2 +2732	PGC 24643		.95	.28	14.44				5836
084633.5+482550		.S..4..	.91± .09	7	*				
171.12 38.72	UGC 4580	U	.29± .06	.10	14.7 ±.2				7012±155
45.55 -21.22		4.0± .9		.43					7037
084302.9+483650	PGC 24654		.92	.15	14.08				7172
084634.6+362623	A 0843+36		.62± .11		*				
186.40 38.00	CGCG 180- 2		.26± .12	.07	15.8 ±.2				3215
52.33 -31.58	MK 627								3192
084323.6+363724	PGC 24655		.63						3421
084635.6+190109		.S..6*.	1.23± .05	159	*			15.95±.3	4265± 9
207.25 33.63	UGC 4588	U	.80± .05	.09	14.97 ±.18				
65.51 -45.74		6.0±1.3		1.17				274± 5	4174
084344.4+191210	PGC 24656		1.23	.40	13.69			1.86	4521
0846.7 +0657		.S..2..	.95± .07	70	*				
220.16 28.77	UGC 4594	U	.29± .05	.22	14.80 ±.18				
79.03 -54.23		2.0± .9		.36					
0844.1 +0709	PGC 24665		.97	.15					
0846.8 +2810	IC 2393	.E.....	1.11± .16	20	*				
196.59 36.43	UGC 4589	U	.15± .08	.17	14.18 ±.15				6319
57.97 -38.44		-5.0± .8		.00					6263
0843.8 +2822	PGC 24669		1.09		13.91				6551
084658.7+214251		.SB?...	1.19± .05	143				15.35±.3	3691± 10
204.22 34.62	UGC 4592		.44± .05	.09	14.9 ±.2				
63.19 -43.60				.66				132± 7	3610
084404.9+215353	PGC 24673		1.19	.22	14.10			1.03	3941
084658.9+281414		.S..6*.	1.15± .05	18	*			16.95±.3	6437± 9
196.53 36.48	UGC 4591	U	.89± .05	.17	15.58 ±.18				
57.97 -38.37	IRAS08439+2825	6.0±1.4		1.31	13.39			313± 7	6381
084358.2+282516	PGC 24674		1.16	.44	14.07			2.43	6669
084705.5-334546		PSBT0*.	1.52± .04		*				
255.90 5.99	ESO 371- 16	S	.08± .05	1.50	12.78 ±.14				
157.43 -58.98	IRAS08450-3334	.0±1.0		.06	12.11				
084505.0-333442	PGC 24676		1.66						
084706.8+281409	IC 2394	.SBS3..	1.17± .05	90	*			16.50±.3	6385± 10
196.54 36.50	UGC 4595	U	.32± .05	.17	14.6 ±.2			329± 15	
58.00 -38.36		3.0± .8		.44					6329
084406.0+282512	PGC 24678		1.19	.16	13.94			2.40	6618
0847.1 +1937		RLAR+..	1.11± .07	155	*				
206.61 33.97	UGC 4596	U	.06± .03	.06	14.32 ±.20				
65.09 -45.18		-1.0± .8		.00					
0844.3 +1949	PGC 24680		1.10						
084714.6+725907	NGC 2629	.LAR0*.	1.25± .09	105	13.33 ±.14	1.05± .01			
140.97 34.20	UGC 4569	P	.07± .07	.03	12.82 ±.16	.62± .03			3650± 31
34.04 .59		-2.0± .7		.00		1.00			3769
084155.6+731006	PGC 24682		1.24		13.02	.62	14.25± .49		3698
084716.7-200204		.SA.4*/	1.48± .02	64					
244.87 14.40	ESO 563- 21	SUE	.84± .03	.53					
130.20 -62.97	IRAS08450-1951	4.0± .6		1.24	12.56				
084501.1-195100	PGC 24685		1.53	.42					

R.A. 2000 DEC. l b SGL SGB R.A. 1950 DEC.	Names PGC	Type S_T n_L T L	$\log D_{25}$ $\log R_{25}$ $\log A_e$ $\log D_o$	p.a. A_g A_i A_{21}	B_T m_B m_{FIR} B^o_T	$(B\text{-}V)_T$ $(U\text{-}B)_T$ $(B\text{-}V)^o_T$ $(U\text{-}B)^o_T$	$(B\text{-}V)_e$ $(U\text{-}B)_e$ m'_e m'_{25}	m_{21} W_{20} W_{50} HI	V_{21} V_{opt} V_{GSR} V_{3K}
084723.0+493325	A 0843+49	.L...?.	1.14± .09	8					
169.67 38.81	UGC 4587	U	.28± .05	.07	13.78 ±.16				3060± 60
45.09 -20.17		-2.0±1.7		.00					3090
084350.2+494428	PGC 24688		1.11		13.67				3216
084739.6+255330		.S?....	1.02± .06	70				15.76±.3	6541± 10
199.39 36.01	UGC 4597		.31± .05	.11	14.84 ±.18				
59.91 -40.19	IRAS08446+2604			.47	13.43			324± 7	6476
084441.5+260434	PGC 24698		1.03	.16	14.22			1.39	6781
0847.6 +1324		RLA.0..	1.30± .05						
213.53 31.75	UGC 4599	U	.00± .03	.10	13.6 ±.3				
71.46 -49.70		-2.0± .7		.00					
0844.9 +1336	PGC 24699		1.32						
0847.8 +5351	NGC 2656	.LA.-P*	1.12± .12		14.9 ±.2	1.14± .04			
164.16 38.57	MCG 9-15- 25	P	.00± .07	.07		.40± .06			13557± 55
42.98 -16.36	VV 703	-3.0± .8		.00		1.00			13604
0844.1 +5403	PGC 24707		1.12		14.63	.46	15.35± .67		13695
084756.1+254948		.S..2..	1.09± .06	130				16.65±.3	5653± 10
199.48 36.05	UGC 4602	U	.42± .05	.11	14.89 ±.18				
60.03 -40.20		2.0± .9		.52				393± 7	5588
084458.0+260053	PGC 24710		1.10	.21	14.20			2.24	5893
084756.3+733217	IC 2389	.SBS3$.	1.20± .06	126	14.0 ±.3	.64± .06		14.53±.1	2382± 9
140.32 34.06	UGC 4576	R	.66± .05	.04				173± 34	2599± 58
33.83 1.11	IRAS08425+7343	3.0± .5		.91	13.18	.49		180± 8	2508
084231.8+734318	PGC 24711		1.20	.33	13.03		13.18± .43	1.17	2432
084805.1+174210	IC 2406	.S..0..	1.14± .05	173					
208.88 33.49	UGC 4606	U	.24± .05	.05	14.18 ±.18				
67.15 -46.50	IRAS08452+1753	.0± .8		.18	12.35				
084515.3+175316	PGC 24721		1.14						
0848.1 +7253	NGC 2641	.L...*.	1.13± .07	5					
141.04 34.29	UGC 4577	U	.08± .03	.07	14.63 ±.20				
34.13 .54		-2.0±1.2		.00					
0842.8 +7305	PGC 24722		1.12						
084806.6+740558	NGC 2633	.SBS3..	1.39± .03	175	12.9 ±.2	.66± .04	.74± .04	14.17±.1	2160± 7
139.68 33.87	UGC 4574	R (1)	.20± .03	.05	12.53 ±.13			292± 14	2169± 23
33.59 1.61	ARP 80	3.0± .3	.74± .07	.28	10.16	.60	12.11± .21	254± 8	2284
084235.8+741700	PGC 24723	1.8± .8	1.39	.10	12.31		14.21± .27	1.77	2203
0848.1 +2929	IC 2404								
195.08 37.02	CGCG 150- 34			.12	15.4 ±.3				8017
57.31 -37.20									7966
0845.1 +2941	PGC 24725								8247
084810.0+173651	IC 2407	.S..4..	1.07± .06	86				16.57±.3	6175± 9
208.99 33.48	UGC 4607	U	.70± .05	.05	15.28 ±.19				
67.26 -46.55		4.0±1.0		1.03				416± 5	6079
084520.3+174757	PGC 24726		1.08	.35	14.16			2.06	6435
084810.4+374519	IC 2401	.L...*.	.94± .13	110					
184.80 38.48	UGC 4600	U	.09± .05	.06	14.82 ±.15				
51.83 -30.29		-2.0±1.2		.00					
084457.8+375625	PGC 24728		.94						
0848.2 +7834		.I..9*.	1.00± .08	130					
134.73 32.21	UGC 4563	U	.14± .06	.00					
31.56 5.59		10.0±1.2		.10					
0841.5 +7845	PGC 24731		1.00	.07					
084818.3-025831									
230.05 24.21	CGCG 5- 9			.02	15.4 ±.6				3941± 57
94.86 -59.35									3776
084547.1-024724	PGC 24736								4227
084818.9-030115		.SAS5*.	1.17± .05	127					
230.10 24.19	MCG 0-23- 2	E (1)	.25± .05	.02	14.16 ±.19				3899± 57
94.94 -59.37		5.0± .8		.38					3734
084547.7-025007	PGC 24737	3.1±1.6	1.17	.13	13.73				4185
0848.3 +0103		.S..4..	1.00± .08	145					
226.22 26.30	UGC 4610	U	.55± .06	.11	15.45 ±.18				
88.07 -57.36		4.0± .9		.81					
0845.8 +0115	PGC 24743		1.01	.27					
084824.4+471721		.S?....	.64± .17						
172.58 39.05	MCG 8-16- 30		.11± .07	.08	15.1 ±.3				8840± 60
46.44 -22.07	ARAK 179			.14	13.27				8861
084456.4+472827	PGC 24745		.64	.06	14.81				9007

R.A. 2000 DEC. l b SGL SGB R.A. 1950 DEC.	Names PGC	Type S_T n_L T L	$\log D_{25}$ $\log R_{25}$ $\log A_e$ $\log D_o$	p.a. A_g A_i A_{21}	B_T m_B m_{FIR} B_T^o	$(B-V)_T$ $(U-B)_T$ $(B-V)_T^o$ $(U-B)_T^o$	$(B-V)_e$ $(U-B)_e$ m'_e m'_{25}	m_{21} W_{20} W_{50} HI	V_{21} V_{opt} V_{GSR} V_{3K}
084824.6+734012	NGC 2636	.E.0.*.	.80± .12		14.66 ±.13	.88± .01			
140.15 34.04	UGC 4583	R	.00± .04	.04	14.47 ±.19				1896± 60
33.80 1.24		-5.0± .8		.00		.85			2017
084258.9+735115	PGC 24747		.80		14.53		13.64± .63		1941
084825.1+181949	IC 2409	.SXS1..	1.00± .06	165				15.64±.3	6329± 10
208.21 33.79	UGC 4608	U	.12± .05	.05	14.40 ±.18				
66.64 -45.98	IRAS08455+1830	1.0± .9		.13	13.60			140± 7	6235
084534.8+183056	PGC 24748		1.00	.06	14.14			1.44	6588
084825.1+735803	NGC 2634	.E.1.*.	1.23± .07		12.91 ±.15	.93± .01	.95± .01		
139.82 33.94	UGC 4581	R	.02± .06	.03	12.59 ±.17	.47± .04	.52± .04		2268± 31
33.67 1.50		-5.0± .5	.92± .04	.00		.90	13.00± .13		2390
084256.1+740906	PGC 24749		1.23		12.71	.48	14.02± .42		2311
0848.5 +7832		.I..9*.	1.00± .16					15.35±.1	3752± 11
134.74 32.23	UGC 4566	U	.09± .12	.00					
31.58 5.58		10.0±1.2		.07				213± 8	3890
0841.8 +7844	PGC 24758		1.00	.04					3772
0848.5 +1248									
214.28 31.71	CGCG 61- 13			.08	15.4 ±.6				6506
72.37 -49.98									6392
0845.8 +1300	PGC 24759								6776
084837.3+735618	NGC 2634A	.SBS4$/	1.25± .05	73				14.22±.1	2086± 9
139.85 33.96	UGC 4585	P	.68± .05	.03	14.36 ±.18			228± 34	
33.69 1.48	IRAS08433+7406	4.0± .9		1.00	14.09			180± 25	2209
084308.7+740721	PGC 24760		1.26	.34	13.32			.56	2130
084840.2+010218		RSBS1*.	1.29± .04	70				15.50±.2	8643± 7
226.29 26.35	UGC 4613	UE	.11± .04	.11	13.8 ±.3			210± 7	8738± 57
88.19 -57.31		1.3± .6		.12				195± 5	8492
084605.5+011326	PGC 24762		1.30	.06	13.45			2.00	8929
084850.5+295212		.S..7..	1.26± .04	107				15.49±.3	5957± 10
194.67 37.26	UGC 4611	U	.98± .05	.13	15.42 ±.18				
57.20 -36.80		7.0± .9		1.35				403± 7	5908
084548.0+300320	PGC 24771		1.27	.49	13.91			1.09	6186
084859.4+700634	A 0844+70	.S?....	.81± .11					15.72±.1	3626± 9
144.22 35.27	UGC 4593		.20± .06	.04	13.9 ±.4			210± 11	3569± 28
35.47 -1.91	IRAS08441+7017			.27	12.63				3729
084407.0+701740	PGC 24775		.81	.10	13.62			2.00	3683
084859.9+461458	A 0845+46				15.3 ±.2	.46± .04	.54± .03		
173.92 39.15				.09		-.42± .07	-.44± .05		6600± 77
47.09 -22.92	MK 96		.19± .03		13.63		11.69± .07		6617
084534.0+462606	PGC 24777								6771
084900.5-074954		.SBS4..	1.17± .05	20					2912
234.60 21.75	MCG -1-23- 2	E (1)	.19± .05	.09					
104.14 -61.05		4.0± .8		.28					2734
084633.5-073844	PGC 24778	3.1± .8	1.18	.09					3200
084912.5+601313	NGC 2654	.SB.2*/	1.63± .02	63	12.74 ±.15	.98± .02	1.06± .02	13.64±.1	1341± 4
156.13 37.81	UGC 4605	PU (1)	.73± .04	.17	12.77 ±.11	.50± .05	.58± .05	427± 3	1360± 56
40.08 -10.66	IRAS08451+6024	2.0± .5	1.02± .03	.89	13.65	.80	13.33± .08	397± 4	1413
084511.4+602421	PGC 24784	4.0±1.0	1.65	.36	11.68	.32	13.92± .20	1.59	1451
0849.2 +7517		.S..6*.	1.00± .08	166					
138.30 33.51	UGC 4586	U	.84± .06	.02					
33.11 2.71		6.0±1.4		1.24					
0843.5 +7529	PGC 24787		1.00	.42					
084916.9+360713		.S?....	.94± .06					15.44±.3	7556± 9
186.90 38.49	UGC 4614		.14± .05	.08	14.38 ±.19				7731±155
53.07 -31.56	IRAS08461+3618			.21	13.11			148± 5	7532
084606.8+361822	PGC 24788		.94	.07	14.06			1.31	7766
084922.3+190430	NGC 2672	.E.1+..	1.47± .04		12.7 ±.5	1.01± .01	1.02± .01		
207.46 34.26	UGC 4619	R	.02± .04	.05	11.99 ±.19	.62± .03	.60± .02		4255± 46
66.18 -45.27		-5.0± .3	.85± .28	.00		.96	12.48± .97		4164
084631.3+191540	PGC 24790		1.47		11.96	.63	15.00± .55		4513
084922.6+364237	NGC 2668	.S..2..	1.08± .07	155				15.46±.3	7529± 9
186.16 38.59	UGC 4616	U	.27± .06	.07	14.73 ±.18				
52.72 -31.05	IRAS08460+3654	2.0± .8		.34				412± 5	7507
084611.6+365347	PGC 24791		1.09	.14	14.25			1.08	7736
084924.8+190426	NGC 2673	.E.0.P.	1.09± .09		*		.95± .01		
207.47 34.27	UGC 4620	R	.00± .06	.05			.71± .05		3849± 46
66.19 -45.26		-5.0± .4		.00					3758
084633.8+191536	PGC 24792		1.10						4107

R.A. 2000 DEC.	Names	Type	$logD_{25}$	p.a.	B_T	$(B-V)_T$	$(B-V)_e$	m_{21}	V_{21}
l b		S_T n_L	$logR_{25}$	A_g	m_B	$(U-B)_T$	$(U-B)_e$	W_{20}	V_{opt}
SGL SGB		T	$logA_e$	A_i	m_{FIR}	$(B-V)^o_T$	m'_e	W_{50}	V_{GSR}
R.A. 1950 DEC.	PGC	L	$logD_o$	A_{21}	B^o_T	$(U-B)^o_T$	m'_{25}	HI	V_{3K}
084926.0+700946		.S..3$.	.62± .11		15.6 ±.3	.45± .07	.46± .04		
144.14 35.28	CGCG 332- 17	P	.26± .12	.04		-.18± .12	-.20± .07		3794± 48
35.47 -1.84	MK 95	3.0±1.8	.37± .09	.37		.37	12.89± .24		3903
084433.4+702053	PGC 24795		.63	.13	15.17	-.24	12.90± .71		3856
084927.5+293117		.SA.7..	1.15± .07	57				15.41±.3	8176± 7
195.13 37.31	UGC 4617	U	.47± .06	.09	15.0 ±.2				
57.59 -37.01		7.0± .9		.64				379± 7	8125
084625.5+294227	PGC 24796		1.16	.23	14.23			.95	8407
084957.5+701759	NGC 2650	.SBT3*.	1.20± .05	82				15.92±.1	3826± 9
143.97 35.28	UGC 4603	PU	.13± .05	.06	14.08 ±.20			334± 11	
35.45 -1.70		2.5± .6		.17					3936
084504.1+702908	PGC 24817		1.21	.06	13.82			2.03	3888
085012.0+350435		.S?....	1.00± .05	140				15.81±.3	2306± 10
188.26 38.52	UGC 4621		.26± .04	.07	13.9 ±.3				2340±155
53.93 -32.33	ARAK 182			.38	12.78			253± 7	2277
084703.3+351547	PGC 24829		1.00	.13	13.39			2.29	2520
0850.2 +0328		.S..6*.	1.19± .06	124					8471
224.12 27.89	UGC 4625	U	1.03± .06	.13	15.43 ±.19				
84.84 -55.65		6.0±1.4		1.47					8326
0847.6 +0340	PGC 24830		1.20	.50	13.78				8755
085020.3+411722		.SA.7..	1.14± .07						
180.33 39.23	UGC 4622	U	.03± .06	.09	14.8 ±.3				
50.12 -27.07		7.0± .8		.04					
084702.9+412835	PGC 24833		1.15	.01					
085020.7-163450		.SBT4*.	1.11± .06	140					5503
242.42 17.03	MCG -3-23- 9	E (1)	.11± .05	.23					
122.62 -62.31		4.0± .9		.16					5304
084801.6-162335	PGC 24836	1.9± .8	1.13	.05					5788
085021.2-324045			.83± .07						
255.48 7.20	ESO 371- 19		.09± .06	1.23	15.42 ±.14				14660± 20
154.98 -58.87	IRAS08482-3229								14436
084819.1-322930	PGC 24837		.95						14921
085022.2+732742	NGC 2646	.LBR0*.	1.13± .05						
140.33 34.25	UGC 4604	R	.03± .03	.04	13.09 ±.17				3680± 27
34.02 1.12	ARAK 180	-2.0± .4		.00					3800
084500.1+733851	PGC 24838		1.13		13.00				3726
085023.0+255707		.S..2..	.99± .05	30				16.81±.3	8297± 10
199.52 36.62	UGC 4624	U	.36± .04	.12	15.21 ±.18			381± 13	
60.51 -39.77		2.0± .9		.44					8232
084725.1+260820	PGC 24839		1.00	.18	14.56			2.07	8539
085031.7-030557									
230.49 24.62	CGCG 5- 15			.02	14.8 ±.6				4287± 63
95.56 -58.91	MK 1414				12.18				4122
084800.5-025443	PGC 24844								4575
085042.2-050034		.E+....	1.07± .07						
232.28 23.64	MCG -1-23- 4	E	.01± .05	.03					
99.05 -59.66		-4.0± .9		.00					
084812.7-044919	PGC 24851		1.07						
085046.0-215740		.SB.1*P	1.28± .04	15					
246.96 13.89	ESO 563- 28	S	.51± .04	.65					
134.16 -61.96	IRAS08485-2146	1.0±1.1		.52	10.80				
084832.0-214624	PGC 24854		1.34	.25					
085056.0-343211		.SAS5*.	1.50± .04	60				13.60±.3	2366± 10
257.01 6.12	ESO 371- 20	S (1)	.47± .05	1.47	13.48 ±.14			397± 12	
158.00 -57.91	IRAS08489-3420	5.0±1.1		.71	12.47			391± 9	2140
084856.1-342054	PGC 24860	4.4± .8	1.64	.24	11.29			2.08	2624
085057.4+291209	A 0847+29								
195.62 37.55				.10					7900
58.16 -37.08	MK 628								7848
084755.9+292324	PGC 24862								8133
085057.8+653816	A 0846+65								
149.44 36.75	CGCG 311- 19			.15	15.4 ±.3				6979± 38
37.70 -5.78	MK 97				12.53				7072
084634.3+654929	PGC 24863								7064
0851.0 +2910		.SB?...	.89± .11						
195.65 37.56	MCG 5-21- 13		.00± .07	.10	15.07 ±.19				8065± 30
58.19 -37.09	VV 473			.00					8013
0848.0 +2922	PGC 24864		.90	.00	14.88				8298

R.A. 2000 DEC. / l b / SGL SGB / R.A. 1950 DEC.	Names / PGC	Type / S_T n_L / T / L	$\log D_{25}$ / $\log R_{25}$ / $\log A_e$ / $\log D_o$	p.a. / A_g / A_i / A_{21}	B_T / m_B / m_{FIR} / B_T^o	$(B-V)_T$ / $(U-B)_T$ / $(B-V)_T^o$ / $(U-B)_T^o$	$(B-V)_e$ / $(U-B)_e$ / m'_e / m'_{25}	m_{21} / W_{20} / W_{50} / HI	V_{21} / V_{opt} / V_{GSR} / V_{3K}
085101.6+241908		.I..9*.	.96± .09					15.54±.1	2735± 6
201.52 36.30	UGC 4626	U	.00± .06	.11				123± 5	
61.98 -40.97		10.0±1.2		.00				107± 3	2664
084805.4+243023	PGC 24865		.97	.00					2981
085107.1-173350		.SAT7*.	1.55± .02	75					2001
243.36 16.60	MCG -3-23- 10	ESU (1)	.53± .04	.37					
124.75 -62.15	IRAS08488-1722	6.9± .5		.74					1800
084848.9-172233	PGC 24870	4.4± .8	1.58	.27					2286
0851.3 +1920		.L.....	1.12± .10						
207.35 34.80	UGC 4631	U	.02± .05	.04	14.4 ±.2				
66.43 -44.76		-2.0± .8		.00					
0848.5 +1932	PGC 24877		1.12						
0851.4 +4732	NGC 2676	.L...*.	1.08± .09						
172.24 39.56	UGC 4627	U	.04± .04	.10	14.09 ±.15				6010± 60
46.78 -21.59		-2.0±1.2		.00					6032
0848.0 +4744	PGC 24881		1.09		13.90				6177
085128.3+610118	A 0847+61	.S?....	.69± .15						
155.06 37.92	MCG 10-13- 25		.33± .07	.17					3750± 77
39.95 -9.82	MK 99			.25					3825
084725.1+611233	PGC 24882		.69						3857
085133.1+305156	NGC 2679	.LB..*.	1.26± .13						
193.60 38.04	UGC 4632	U	.00± .08	.07					1995± 46
57.08 -35.65		-2.0± .8		.00					1949
084829.9+310313	PGC 24884		1.27						2223
0851.5 +5107		.S..6*.	1.22± .06	74					
167.60 39.39	UGC 4628	U	.69± .06	.08	15.27 ±.19				
44.90 -18.47		6.0±1.3		1.01					
0848.0 +5119	PGC 24887		1.23	.34					
085135.9-071541		.SAR0?.	1.20± .05	35					
234.47 22.60	MCG -1-23- 5	E	.15± .05	.11					
103.45 -60.26		.0±1.2		.11					
084908.3-070422	PGC 24888		1.20						
085138.1-022115		.S?....	1.16± .06	56					
229.95 25.25	UGC 4638	(1)	.27± .05	.07					3333± 46
94.50 -58.33				.41					3170
084906.2-020957	PGC 24889	5.3±1.6	1.17	.14					3622
085139.3+570625	A 0847+57								
159.95 38.68				.21					6830± 63
41.88 -13.25	MK 17								6890
084749.0+571741	PGC 24891								6955
085144.0-020804		.SXT5*.	1.51± .03	3				13.95±.1	3316± 11
229.76 25.38	UGC 4640	UE (1)	.46± .04	.05				322± 16	
94.14 -58.21	IRAS08491-0156	5.3± .6		.69				321± 12	3154
084912.0-015646	PGC 24893	4.2± .8	1.51	.23					3605
085148.7+291632		.S?....	.96± .09	173				16.41±.3	8088± 10
195.58 37.75	UGC 4636		.80± .06	.09	15.9 ±.2				
58.29 -36.91				1.21				339± 7	8036
084847.2+292750	PGC 24895		.97	.40	14.60			1.41	8321
085156.9+165641		.L...?.	1.18± .09						
210.13 34.07	UGC 4639	U	.02± .05	.05	13.82 ±.19				
68.90 -46.44		-2.0±1.6		.00					
084908.1+170800	PGC 24902		1.18						
085157.3+714848	A 0846+72	.E?....	.80± .09						
142.16 34.93	MCG 12- 9- 23		.26± .12	.05					3389± 53
34.89 -.28	MK 98			.00					3504
084652.5+720003	PGC 24903		.73						3444
0852.0 +8417		.I..9..	1.00± .08	15					
128.62 29.88	UGC 4557	U	.33± .06	.19					
28.99 10.72		10.0± .9		.25					
0841.0 +8429	PGC 24907		1.02	.17					
0852.0 +5255		.SB.3..	1.04± .06	87					
165.27 39.30	UGC 4633	U	.33± .05	.07					
44.03 -16.87		3.0± .9		.45					
0848.4 +5307	PGC 24908		1.04	.16					
085205.1+533703	NGC 2675	.E.....	1.18± .15	80	14.3 ±.2	1.04± .03			
164.39 39.22	UGC 4629	U	.13± .08	.05	14.03 ±.16	.54± .04			9231± 31
43.68 -16.27		-5.0± .8		.00		.94			9277
084824.3+534820	PGC 24909		1.15		13.95	.58	14.86± .79		9372

R.A. 2000 DEC. / l b / SGL SGB / R.A. 1950 DEC.	Names / PGC	Type / S_T n_L / T / L	$\log D_{25}$ / $\log R_{25}$ / $\log A_e$ / $\log D_o$	p.a. / A_g / A_i / A_{21}	B_T / m_B / m_{FIR} / B^o_T	$(B-V)_T$ / $(U-B)_T$ / $(B-V)^o_T$ / $(U-B)^o_T$	$(B-V)_e$ / $(U-B)_e$ / m'_e / m'_{25}	m_{21} / W_{20} / W_{50} / HI	V_{21} / V_{opt} / V_{GSR} / V_{3K}
085218.2-174439		PLBS0*.	1.21± .05	133					
243.69 16.72	ESO 563- 31	SE	.08± .03	.48					
125.14 -61.87		-2.0± .5		.00					
085000.0-173318	PGC 24913		1.26						
085238.4-023609	NGC 2690	.S..2*/	1.27± .04	19					
230.33 25.33	UGC 4647	UE	.59± .04	.04	14.02 ±.18				
95.14 -58.22		2.0± .7		.73					
085006.8-022447	PGC 24926		1.28	.30					
085239.6-332752		.SXS9..	1.28± .04	5					2261
256.40 7.08	ESO 371- 24	S (1)	.25± .05	1.26	15.07 ±.14				
155.91 -58.09		9.0± .8		.26					2036
085038.0-331630	PGC 24928	10.0±1.1	1.39	.13	13.55				2523
085240.6+212526		.SAS4..	1.21± .06	90				15.02±.3	7699± 10
205.08 35.78	UGC 4643	U	.08± .06	.08	13.9 ±.2				
64.86 -42.98		4.0± .8		.12				317± 7	7617
084947.5+213647	PGC 24929		1.22	.04	13.66			1.32	7955
085241.0+332503	NGC 2683	.SAT3..	1.97± .01	44	10.64M±.07	.89± .01	.92± .01	12.78±.1	410± 5
190.46 38.76	UGC 4641	R (1)	.63± .02	.08	10.36 ±.13	.27± .02	.36± .01	434± 7	358± 17
55.54 -33.42		3.0± .3	1.27± .01	.87	10.39	.75	12.39± .04	425± 6	370
084934.8+333623	PGC 24930	4.0± .9	1.98	.31	9.63	.14	13.76± .10	2.84	626
085247.1-733714		.LA.*P.	1.06± .05	100					
288.10 -18.10	ESO 36- 10	S	.19± .04	.63	14.65 ±.14				
197.07 -29.75		-2.0±1.2		.00					
085258.1-732548	PGC 24935		1.10						
085256.1+422455		.S?....	.84± .06						
178.90 39.78	UGC 4642		.04± .04	.07	14.3 ±.2				7487±155
49.92 -25.85	ARAK 184			.05	12.83				7488
084937.4+423616	PGC 24940		.85	.02	14.12				7676
085256.8-251811		.SXT5..	1.12± .04						
249.98 12.24	ESO 496- 13	S (1)	.07± .04	.59	14.38 ±.14				
140.82 -60.85		5.0± .8		.10					
085046.0-250648	PGC 24941	3.3± .8	1.18	.03					
0853.0 -0102		.S..8*.	.96± .09						4511
228.91 26.24	UGC 4651	U	.00± .06	.05					
92.59 -57.41		8.0±1.2		.00					4352
0850.5 -0051	PGC 24944		.96	.00					4801
085311.0+762909	A 0847+76	.S..6*.	1.55± .03	60				14.48±.1	2885± 11
136.88 33.28	UGC 4623	U	.61± .05	.04	13.35 ±.18				
32.76 3.87		6.0±1.1		.89				367± 8	3016
084711.1+764026	PGC 24947		1.55	.30	12.41			1.76	2917
085311.3+090850	IC 523	.S..2..	1.21± .06					15.33±.3	8774± 9
218.74 31.17	UGC 4652	U	.11± .06	.14	14.0 ±.3				
77.93 -51.61		2.0± .8		.14				334± 5	8647
085029.5+092013	PGC 24948		1.22	.06	13.66			1.61	9054
085314.9+731121	A 0847+73		.85± .12		15.2 ±.2	.56± .03		16.07±.1	2316± 10
140.55 34.54	UGCA 146		.07± .09	.07	14.72 ±.19	-.03± .06		136± 6	2441± 38
34.33 .97	MK 16							50± 5	2444
084757.6+732240	PGC 24949		.85						2373
085328.0-734552			.82± .06	42					
288.25 -18.15	ESO 36- 13		.31± .05	.63	15.41 ±.14				7590± 87
197.11 -29.60	IRAS08536-7334				13.07				7381
085340.0-733424	PGC 24958		.88						7706
0853.5 +0446		.S..6*.	1.04± .08	156					6193
223.28 29.24	UGC 4655	U	1.06± .06	.17	15.9 ±.2				
83.81 -54.23		6.0±1.5		1.47					6052
0850.9 +0458	PGC 24960		1.06	.50	14.27				6479
085333.1+511853	NGC 2681	PSXT0..	1.56± .02		11.09M±.10	.80± .01	.81± .01		692± 11
167.32 39.68	UGC 4645	R	.04± .03	.10	10.93 ±.15	.31± .05	.35± .01		683± 12
45.08 -18.16	ARAK 185	.0± .3	1.10± .02	.03	11.07	.76	12.07± .07		725
084958.0+513016	PGC 24961		1.57		10.90	.29	13.66± .16		840
0853.5 +4519		.I..9*.	1.30± .06	135				15.13±.1	1881± 10
175.11 39.96	UGC 4648	U	.15± .06	.11				86± 6	
48.35 -23.31		10.0±1.2		.12				72± 5	1894
0850.2 +4531	PGC 24963		1.31	.08					2059
085337.5+390808		.S..2..	1.27± .04	90					
183.17 39.69	UGC 4650	U	.32± .05	.08	14.3 ±.2				
52.02 -28.56	IRAS08503+3919	2.0± .8		.39	13.66				
085023.9+391931	PGC 24964		1.27	.16					

R.A. 2000 DEC.	Names	Type	$logD_{25}$	p.a.	B_T	$(B-V)_T$	$(B-V)_e$	m_{21}	V_{21}
l b		S_T n_L	$logR_{25}$	A_g	m_B	$(U-B)_T$	$(U-B)_e$	W_{20}	V_{opt}
SGL SGB		T	$logA_e$	A_i	m_{FIR}	$(B-V)^o_T$	m'_e	W_{50}	V_{GSR}
R.A. 1950 DEC.	PGC	L	$logD_o$	A_{21}	B^o_T	$(U-B)^o_T$	m'_{25}	HI	V_{3K}
085341.2+732926	IC 520	.SXT2$.	1.29± .05	0	12.55 ±.15	.84± .02	.92± .01		
140.20 34.46	UGC 4630	R	.10± .05	.07	12.54 ±.15	.28± .03	.39± .02		3528
34.21 1.25	ARAK 183	2.0± .7	1.00± .03	.13	12.74	.78	13.04± .09		3649
084821.0+734046	PGC 24970		1.30	.05	12.32	.24	13.61± .32		3575
0853.8 +5223		.E?....							
165.92 39.62	MCG 9-15- 42			.08	15.11 ±.18				9097
44.55 -17.20									9138
0850.2 +5235	PGC 24974								9245
0853.8 +7332		.I..9*.	1.07± .14						
140.13 34.45	UGC 4634	U	.00± .12	.07					
34.20 1.31		10.0±1.2		.00					
0848.5 +7344	PGC 24978		1.08	.00					
085353.9+181045		.S..3..	1.14± .13	162				15.43±.3	8442± 10
208.94 34.95	UGC 4656	U (1)	.69± .12	.04	15.19 ±.18				
68.18 -45.22		3.0± .9		.95				369± 7	8348
085104.0+182210	PGC 24980	3.5±1.3	1.14	.34	14.15			.94	8706
085354.5+350854		.SBS3..	1.27± .07						
188.31 39.28	UGC 4653	U	.22± .07	.06	14.5 ±.3				16560± 51
54.63 -31.85	ARP 195	3.0± .8		.30	12.24				16531
085046.3+352018	PGC 24981		1.27	.11	14.06				16776
0853.9 +1840		.S..6?.	1.14± .07	18					4360
208.38 35.14	UGC 4657	U	.98± .06	.04	15.71 ±.18				
67.71 -44.85		6.0±2.0		1.44					4267
0851.1 +1852	PGC 24982		1.14	.49	14.21				4623
085404.8-071059		.LA.0*.	1.06± .07	135					
234.77 23.16	MCG -1-23- 8	E	.13± .05	.10					
103.71 -59.65		-2.0±1.2		.00					
085137.1-065933	PGC 24988		1.05						
085421.6+324050	IC 2421	.SAT5..	1.34± .03		13.88 ±.18	.61± .04	.63± .03	14.45±.1	4383± 4
191.47 38.98	UGC 4658	PU (1)	.03± .04	.07	14.3 ±.4			133± 4	4389± 41
56.40 -33.83	IRAS08512+3252	5.0± .5	1.02± .04	.05		.56	14.47± .09	110± 4	4345
085116.5+325216	PGC 24996	1.1± .8	1.35	.02	13.81		15.36± .25	.63	4607
085421.6+324046		.S?....	.80± .07	144					
191.47 38.98	MCG 6-20- 13A		.45± .06	.07	15.5 ±.2				4322± 57
56.40 -33.83	KUG 0851+328B			.66					4284
085116.5+325212	PGC 24997		.81	.22	14.74				4547
0854.3 +2022		.I..9*.	1.22± .12	0					
206.46 35.81	UGC 4663	U	.65± .12	.07					
66.22 -43.51		10.0±1.3		.49					
0851.5 +2034	PGC 24999		1.23	.32					
085424.3+343324		.S..9*.	1.07± .08					15.25±.1	2203± 4
189.09 39.29	UGC 4660	U	.03± .06	.06				69± 4	
55.12 -32.28		9.0±1.1		.03				61± 3	2173
085116.9+344450	PGC 25001		1.07	.01					2422
085427.1-030403	NGC 2695	.LXS0?.	1.23± .09	175	12.83 ±.14	.95± .01	.97± .01		
231.03 25.47	MCG 0-23- 10	E	.16± .07	.04	13.15 ±.15				1825± 60
96.32 -58.01		-2.0± .8	.72± .03	.00		.91	11.92± .12		1660
085155.9-025236	PGC 25003		1.21		12.91		13.48± .51		2117
085432.4-325610		.LXT0*/	1.44± .04	67					
256.24 7.72	ESO 371- 26	S	.69± .04	1.15	13.68 ±.14				
154.70 -57.97		-1.7± .5		.00					
085230.0-324442	PGC 25006		1.47						
085435.8+571007	IC 522	.L.....	1.00± .10	165					
159.79 39.06	UGC 4654	U	.09± .04	.22	13.97 ±.17				
42.20 -13.00		-2.0± .9		.00					
085046.2+572132	PGC 25009		1.01						
085440.6+470619		.SA.8*.	1.27± .04	115				15.40±.1	1749± 7
172.79 40.12	UGC 4659	U	.33± .05	.10	15.0 ±.3				1732± 76
47.53 -21.69		8.0± .8		.41				180± 8	1768
085114.3+471745	PGC 25012		1.28	.17	14.46			.77	1919
085446.4+393213	NGC 2691	.S..1?.	1.09± .03	165	13.93 ±.13	.79± .02	.75± .01	16.08±.1	3981± 7
182.67 39.95	UGC 4664	U	.19± .04	.09	13.92 ±.18	.16± .03	.14± .02	353± 13	3931± 40
51.98 -28.10	MK 391	1.0±1.6	.59± .02	.19	12.65	.70	12.37± .09	218± 25	3969
085132.3+394340	PGC 25020		1.10	.09	13.60	.12	13.76± .22	2.39	4180
085446.8+201316	IC 2423	.SXS3..	1.02± .06	100				16.55±.3	9100± 10
206.68 35.85	UGC 4667	U	.09± .05	.07	14.46 ±.18				
66.46 -43.57		3.0± .9		.13				401± 7	9013
085155.0+202444	PGC 25021		1.02	.05	14.19			2.31	9360

R.A. 2000 DEC. / l b / SGL SGB / R.A. 1950 DEC.	Names / PGC	Type / S_T n_L / T / L	$logD_{25}$ / $logR_{25}$ / $logA_e$ / $logD_o$	p.a. / A_g / A_i / A_{21}	B_T / m_B / m_{FIR} / B_T^o	$(B-V)_T$ / $(U-B)_T$ / $(B-V)_T^o$ / $(U-B)_T^o$	$(B-V)_e$ / $(U-B)_e$ / m'_e / m'_{25}	m_{21} / W_{20} / W_{50} / HI	V_{21} / V_{opt} / V_{GSR} / V_{3K}
085453.5+490938	NGC 2684	.S?....	.97± .07		13.6 ±.3	.69± .05	.77± .03	16.89±.3	2860± 10
170.10 40.06	UGC 4662		.09± .05	.06	13.6 ±.2	-.20± .08	-.22± .05	171± 13	2878± 48
46.43 -19.91	IRAS08514+4921		.77± .07	.13	12.79	.64	12.94± .18		2889
085123.3+492105	PGC 25024		.98	.04	13.41	-.24	13.10± .43	3.44	3023
0854.9 +2641									
198.97 37.80	CGCG 150- 45			.12	15.4 ±.3				8156
60.98 -38.56									8094
0852.0 +2653	PGC 25028								8399
085459.4-025918	NGC 2697	.LAS+*.	1.26± .09	120					
231.03 25.63	MCG 0-23- 11	E	.22± .07	.04	13.32 ±.15				
96.29 -57.86	IRAS08524-0247	-1.0± .8		.00	13.18				
085228.1-024749	PGC 25029		1.23						
085506.8+185601		.S..8*.	1.13± .07					16.04±.3	4105± 7
208.20 35.49	UGC 4669	U	.01± .06	.04	14.5 ±.3				
67.75 -44.47		8.0±1.1		.02				161± 7	4013
085216.3+190730	PGC 25035		1.13	.01	14.41			1.63	4368
085516.6-320242		.LAS0?.	1.28± .05	98					
255.65 8.40	ESO 432- 12	S	.57± .04	1.04					
153.05 -58.19	IRAS08532-3150	-2.0±1.7		.00					
085313.0-315112	PGC 25045		1.31						
085521.2-250531		.SBS6..	1.15± .05	176					
250.16 12.80	ESO 496- 19	S (1)	.25± .04	.59	15.40 ±.14				
140.15 -60.36		6.0± .8		.37					
085310.0-245400	PGC 25053	3.3± .9	1.21	.13					
085535.2+584402	NGC 2685	RLB.+P.	1.65± .02	38	12.12M±.10	.86± .01	.93± .01	13.90±.1	883± 4
157.78 38.90	UGC 4666	V	.28± .03	.16	11.93 ±.11	.36± .02	.42± .01	352± 4	869± 25
41.53 -11.57	ARP 336	-1.0± .3	1.03± .02	.00		.78	12.73± .06	278± 6	949
085141.3+585530	PGC 25065		1.63		11.86	.29	14.55± .17		1003
085536.2-672704		.SXS5*.	1.25± .05	29					
283.12 -14.19	ESO 90- 9	S (1)	.54± .05	.59					
192.75 -34.70	IRAS08549-6715	4.5± .6		.81	12.93				
085458.0-671530	PGC 25066	4.8± .8	1.31	.27					
085536.4-031105	NGC 2698	.LA.+?.	1.16± .07	96					
231.31 25.65	MCG 0-23- 12	PE	.40± .07	.03	13.6 ±.2				
96.76 -57.80		-1.0± .7		.00					
085305.3-025934	PGC 25067		1.11						
085538.7+781328	NGC 2655	.SXS0..	1.69± .02		10.96 ±.13	.86± .01	.91± .01	13.42±.1	1404± 5
134.92 32.69	UGC 4637	R	.08± .03	.03	10.95 ±.13	.43± .02	.46± .01	356± 5	1407± 40
32.05 5.46	ARP 225	.0± .3	1.11± .02	.06	12.36	.83	12.00± .05	182± 5	1540
084909.1+782453	PGC 25069		1.69		10.85	.42	14.07± .18		1427
0855.7 +5733			1.02± .10						
159.26 39.14	MCG 10-13- 38		.65± .07	.16					11875± 27
42.14 -12.59	VV 761								11936
0851.9 +5745	PGC 25071		1.03						12000
085548.8-030740	NGC 2699	.E...*.	1.02± .07	45					
231.29 25.73	MCG 0-23- 14	E	.03± .05	.04	13.63 ±.17				1825± 60
96.70 -57.73	ARAK 187	-5.0±1.3		.00					1660
085317.6-025608	PGC 25075		1.01		13.57				2118
085553.1+023125		.SBS7*.	1.19± .05	20				15.16±.3	3818± 7
225.85 28.65	UGC 4673	UE (1)	.07± .05	.13	14.0 ±.3				
87.65 -55.00		7.0± .6		.10				134± 7	3670
085317.1+024257	PGC 25081	7.5± .8	1.20	.04	13.75			1.37	4108
085555.8+131343		.L...*.	1.20± .09						
214.70 33.51	UGC 4670	U	.14± .05	.10	13.67 ±.16				
73.83 -48.39		-2.0±1.1		.00					
085310.6+132515	PGC 25085		1.19						
0855.9 +5740		.S..4..	1.04± .06	84					
159.11 39.15	UGC 4668	U	.86± .05	.16	15.72 ±.19				
42.11 -12.47		4.0±1.0		1.26					
0852.1 +5752	PGC 25086		1.05	.43					
085608.0-032139	NGC 2708	.SXS3P?	1.42± .04	20	12.80 ±.15	.79± .02	.91± .01	14.25±.1	2008± 6
231.55 25.67	MCG 0-23- 15	PE	.30± .05	.03	13.04 ±.20	.20± .03	.33± .02	481± 7	2060± 63
97.16 -57.75	IRAS08535-0309	2.5± .5	.96± .03	.42	12.05	.71	13.09± .08	434± 8	1843
085337.0-031007	PGC 25097		1.42	.15	12.43	.13	13.99± .27	1.67	2302
085612.8-023350	NGC 2706	.S..4?/	1.26± .04	167					
230.82 26.11	UGC 4680	UE (1)	.50± .04	.04	13.80 ±.18				
95.82 -57.40	IRAS08536-0222	3.7±1.0		.74	11.08				
085341.1-022217	PGC 25102	5.3±1.6	1.26	.25					

R.A. 2000 DEC. / l b / SGL SGB / R.A. 1950 DEC.	Names / PGC	Type / S_T n_L / T / L	$\log D_{25}$ / $\log R_{25}$ / $\log A_e$ / $\log D_o$	p.a. / A_g / A_i / A_{21}	B_T / m_B / m_{FIR} / B^o_T	$(B-V)_T$ / $(U-B)_T$ / $(B-V)^o_T$ / $(U-B)^o_T$	$(B-V)_e$ / $(U-B)_e$ / m'_e / m'_{25}	m_{21} / W_{20} / W_{50} / HI	V_{21} / V_{opt} / V_{GSR} / V_{3K}
085612.9-031439	NGC 2709	.LA.0P*	.92± .11	0					
231.46 25.75	MCG 0-23- 16	E	.14± .05	.03	14.65 ±.15				
96.98 -57.69		-2.0±1.3		.00					
085341.8-030306	PGC 25103		.91						
085624.2+131100		.S..6*.	1.13± .05	120				16.34±.3	4140± 7
214.81 33.60	UGC 4677	U	.15± .05	.13	14.3 ±.2				
74.00 -48.34		6.0±1.2		.22				211± 7	4027
085339.1+132233	PGC 25113		1.14	.08	13.96			2.30	4416
085627.8-315904		.SBS9*.	1.20± .07	129					2102
255.76 8.64	ESO 432- 13	S (1)	.34± .07	1.01					
152.76 -57.99		9.0±1.2		.35					1879
085424.1-314730	PGC 25116	7.8±1.2	1.29	.17					2370
085640.3-675214		PSBS3..	1.31± .04	120					
283.53 -14.37	ESO 60- 18	Sr (1)	.17± .05	.45	14.16 ±.14				6330± 63
192.95 -34.30	FAIR 278	3.5± .4		.26					6112
085604.0-674036	PGC 25127	5.6± .7	1.35	.09	13.41				6474
085640.6+002227		.SAT8*.	1.15± .04	175				14.91±.2	2522± 7
228.07 27.74	UGC 4684	UE (1)	.09± .04	.14	14.0 ±.2			183± 13	
91.12 -55.93		8.0± .6		.11				157± 7	2367
085406.4+003401	PGC 25128	6.4± .8	1.17	.05	13.73			1.14	2814
085642.4+520619		.S?....	1.11± .05	69					
166.24 40.09	UGC 4671		.07± .05	.07	13.60 ±.18				4098± 46
45.11 -17.23	IRAS08531+5217			.10	12.31				4138
085306.4+521751	PGC 25130		1.11	.03	13.41				4249
085648.2+392259	NGC 2704	.SBR2..	1.02± .06					16.23±.1	7116± 11
182.92 40.32	UGC 4678	U	.00± .05	.02	14.27 ±.18				7132± 50
52.45 -28.01		2.0± .8		.00				320± 8	7105
085334.7+393433	PGC 25134		1.02	.00	14.17			2.06	7320
0856.8 +7941		.SXS3..	1.06± .06						
133.32 32.11	UGC 4644	U	.02± .05	.03	15.0 ±.3				
31.38 6.77		3.0± .8		.03					
0849.8 +7953	PGC 25138		1.06	.01					
085658.1+520400	NGC 2692	.SB.2*.	1.10± .05	165				15.93±.1	4032± 11
166.28 40.13	UGC 4675	PU	.38± .04	.07	14.18 ±.19				3778± 49
45.16 -17.24		1.7± .7		.47				169± 8	4060
085322.3+521533	PGC 25142		1.10	.19	13.60			2.14	4171
085658.6+511949	NGC 2694	.E.1...	1.08± .11		15.4 ±.3	1.03± .05			
167.24 40.21	MCG 9-15- 56	P	.01± .10	.07	14.7 ±.2	.65± .10			5123± 56
45.56 -17.87		-5.0±1.1		.00		.96			5160
085324.4+513122	PGC 25143		1.09		14.75	.66	15.77± .68		5277
085659.4+512051	NGC 2693	.E.3.*.	1.42± .04	160	12.84 ±.15	.96± .01	1.04± .01		
167.22 40.21	UGC 4674	R	.16± .03	.07	12.62 ±.12	.61± .03	.58± .03		4886± 27
45.55 -17.86		-5.0± .5	.83± .04	.00		.90	12.48± .15		4923
085325.2+513224	PGC 25144		1.39		12.56	.62	14.54± .24		5041
085701.8+131153		.S?....	1.11± .05	150				15.41±.2	3978± 6
214.87 33.75	UGC 4685		.40± .05	.10	14.24 ±.19			329± 7	
74.14 -48.22	IRAS08542+1323			.60	12.77			304± 5	3865
085416.6+132328	PGC 25145		1.12	.20	13.51			1.70	4254
085701.8-244024	NGC 2717	.LXS-..	1.32± .05		13.43 ±.17	1.11± .02	1.12± .01		
250.07 13.36	ESO 496- 21	S	.13± .04	.83	13.21 ±.14	.60± .02	.64± .02		
139.17 -60.08		-3.0± .8	.63± .06	.00			12.07± .19		
085450.0-242848	PGC 25146		1.41				14.57± .30		
0857.0 +5148		.S..7..	1.06± .06	55					
166.61 40.18	UGC 4676	U	.44± .05	.08					
45.32 -17.46		7.0± .9		.61					
0853.5 +5200	PGC 25147		1.06	.22					
085706.1-084333		.S..4*.	1.22± .05	145					9407
236.61 22.91	MCG -1-23- 11	E (1)	.69± .05	.08					
107.09 -59.40		4.0±1.3		1.02					9227
085439.7-083157	PGC 25148	4.2±1.2	1.23	.35					9702
085706.8-244500		.SBT7..	1.22± .04						2377
250.14 13.32	ESO 496- 22	S (1)	.07± .04	.83	13.90 ±.14				
139.31 -60.05	IRAS08549-2433	7.0± .8		.10	13.00				2164
085455.1-243324	PGC 25152	4.4± .8	1.29	.04	12.96				2659
0857.1 +5128		.S..6*.	1.13± .05	91					
167.05 40.23	UGC 4679	U	.93± .05	.08					
45.51 -17.73		6.0±1.4		1.36					
0853.6 +5140	PGC 25154		1.13	.46					

R.A. 2000 DEC. l b SGL SGB R.A. 1950 DEC.	Names PGC	Type S_T n_L T L	$\log D_{25}$ $\log R_{25}$ $\log A_e$ $\log D_o$	p.a. A_g A_i A_{21}	B_T m_B m_{FIR} B_T^o	$(B-V)_T$ $(U-B)_T$ $(B-V)_T^o$ $(U-B)_T^o$	$(B-V)_e$ $(U-B)_e$ m'_e m'_{25}	m_{21} W_{20} W_{50} HI	V_{21} V_{opt} V_{GSR} V_{3K}
085720.6+025521	NGC 2713	.SBT2..	1.56± .02	107	12.72 ±.13	.97± .01	1.05± .01	14.65±.2	3922± 6
225.66 29.17	UGC 4691	R (2)	.38± .03	.15	12.46 ±.13	.47± .01	.57± .01	619± 12	3972± 30
87.40 -54.48	IRAS08547+0306	2.0± .3	.86± .01	.47	12.81	.84	12.51± .03	604± 6	3777
085444.3+030657	PGC 25161	1.9± .6	1.58	.19	11.93	.36	14.42± .17	2.53	4215
085723.3+171714	NGC 2711	.SB?...	.95± .07	170				15.52±.3	6147± 10
210.33 35.41	UGC 4688		.15± .05	.04	14.64 ±.18				
69.92 -45.30	IRAS08545+1728			.22	13.82			134± 7	6049
085434.5+172850	PGC 25164		.95	.07	14.34			1.10	6416
085727.4-690340		.SBS7..	1.50± .04	157				13.01±.3	1445± 9
284.54 -15.05	ESO 60- 19	S (1)	.41± .05	.39	12.79 ±.14				
193.71 -33.30	IRAS08569-6851	7.0± .5		.57	12.03			217± 7	1228
085658.0-685200	PGC 25169	5.6± .6	1.53	.21	11.82			.98	1584
085736.2+030526	NGC 2716	RLBR+..	1.11± .04	30	12.7 ±.2	.87± .04	.88± .03		
225.53 29.31	UGC 4692	R	.10± .03	.13	13.60 ±.15	.37± .09			3537± 56
87.21 -54.33		-1.0± .4	1.17± .09	.00		.79	14.02± .31		3391
085459.7+031703	PGC 25172		1.11		13.11	.35	12.85± .32		3828
085741.7+430739		.S?....	.87± .08	90					
178.01 40.67	UGC 4686		.22± .05	.09	14.7 ±.2				9197± 50
50.32 -24.78	IRAS08543+4319			.33	13.31				9201
085422.8+431915	PGC 25175		.88	.11	14.19				9386
0857.8 +1229		.SB.6*.	.95± .07	55					
215.74 33.64	UGC 4694	U	.17± .05	.12	14.80 ±.18				
75.14 -48.55		6.0±1.3		.25					
0855.1 +1241	PGC 25181		.96	.09					
0857.9 +5904		.I..9..	1.12± .07	110				16.50±.1	920± 6
157.27 39.12	UGC 4683	U	.21± .06	.17				70± 7	
41.62 -11.13		10.0± .8		.15					988
0854.0 +5916	PGC 25185		1.14	.10					1040
0858.1 +5211		.S..2..	1.08± .06	120					
166.09 40.29	UGC 4690	U	.29± .05	.05	14.75 ±.18				9415
45.25 -17.05		2.0± .9		.36					9455
0854.5 +5223	PGC 25194		1.08	.15	14.25				9566
085812.1-061154		.SBR4*.	1.30± .05	175					4864
234.49 24.56	MCG -1-23- 13	E (1)	.41± .05	.04					
102.56 -58.35		4.0±1.2		.60					4690
085543.5-060015	PGC 25197	4.2±1.2	1.30	.20					5160
085819.3-652200		.SAS5..	1.15± .07	2					
281.62 -12.68	ESO 90- 11	S (1)	.16± .07	.62					
190.97 -36.20		5.0± .8		.24					
085729.1-651018	PGC 25200	3.3± .9	1.21	.08					
085822.5-664342		.L..../	1.31± .05	50					
282.71 -13.53	ESO 90- 12	S	.60± .04	.46					
191.97 -35.12	IRAS08576-6631	-2.0±1.2		.00	12.28				
085739.0-663200	PGC 25202		1.27						
0858.4 +0619	A 0855+06		.66?					16.34±.2	3700± 10
222.37 31.05	UGC 4703		.11?	.13				164± 34	3556± 67
82.90 -52.33								152± 25	3561
0855.8 +0631	PGC 25205		.67						3985
085832.7+281601		.SB.2..	1.20± .05	55				15.47±.3	7997± 9
197.27 38.96	UGC 4698	U	.30± .05	.09	14.20 ±.19				
60.54 -36.83		2.0± .8		.37				604± 5	7941
085533.1+282740	PGC 25210		1.21	.15	13.67			1.65	8239
085840.1-731933		.LB?...	1.00± .06						
288.11 -17.59	ESO 36- 15		.05± .03	.46	15.00 ±.14				11510± 63
196.48 -29.76	FAIR 279			.00					11300
085844.0-730748	PGC 25216		1.05		14.37				11630
085845.6+393036		.E?....	1.11± .08						
182.79 40.71	UGC 4699		.03± .04	.02	14.28 ±.17				8350± 56
52.73 -27.70				.00					8339
085532.2+394215	PGC 25220		1.11		14.13				8553
085846.2-034237	NGC 2722	.SAT4P*	1.30± .04	110					
232.27 26.04	MCG -1-23- 14	PE (1)	.19± .04	.03					
98.27 -57.30	IRAS08562-0330	3.8± .6		.27	12.41				
085615.4-033056	PGC 25221	4.5± .7	1.30	.09					
085850.2+413450		.S..3..	1.06± .06					16.37±.1	8481± 11
180.06 40.84	UGC 4700	U (1)	.02± .05	.07	14.38 ±.19				
51.45 -25.97		3.0± .8		.03				192± 12	8479
085533.9+414630	PGC 25224	3.5±1.1	1.06	.01	14.22			2.14	8677

R.A. 2000 DEC. / l b / SGL SGB / R.A. 1950 DEC.	Names / PGC	Type / S_T n_L / T / L	$\log D_{25}$ / $\log R_{25}$ / $\log A_e$ / $\log D_o$	p.a. / A_g / A_i / A_{21}	B_T / m_B / m_{FIR} / B^o_T	$(B-V)_T$ / $(U-B)_T$ / $(B-V)^o_T$ / $(U-B)^o_T$	$(B-V)_e$ / $(U-B)_e$ / m'_e / m'_{25}	m_{21} / W_{20} / W_{50} / HI	V_{21} / V_{opt} / V_{GSR} / V_{3K}
085850.6+061736	NGC 2718	PSXS2..	1.33± .05					14.36±.1	3843± 5
222.45 31.12	UGC 4707	U	.00± .06	.13	12.73 ±.20			132± 6	3785± 44
83.03 -52.27	MK 703	2.0± .7		.00	11.65			115± 6	3706
085611.6+062917	PGC 25225		1.35	.00	12.56			1.80	4131
085851.4+384836		.L...?.	1.18± .15						
183.71 40.68	UGC 4702	U	.03± .08	.05	14.5 ±.2				
53.19 -28.27		-2.0±1.6		.00					
085539.0+390016	PGC 25226		1.18						
085854.1+662809	A 0854+66	.P.....	.81± .11	45					
148.15 37.28	UGC 4687	R	.07± .06	.14	14.5 ±.2				3598± 72
38.01 -4.66	MK 100	99.0		.09					3694
085429.8+663947	PGC 25227		.82	.03	14.20				3682
0858.9 +2854									
196.49 39.18	CGCG 150- 54			.07	15.3 ±.3				12727
60.12 -36.28									12674
0855.9 +2906	PGC 25228								12967
085856.6-045407	NGC 2721	.SBT4P.	1.37± .04	30					3723
233.41 25.42	MCG -1-23- 15	E (1)	.17± .05	.07					
100.37 -57.72		4.0± .8		.25					3553
085626.8-044225	PGC 25231	3.1±1.6	1.38	.09					4020
085900.5+391234		.S..8*.	1.61± .02	115				14.02±.1	596± 6
183.19 40.74	UGC 4704	U	1.01± .04	.06	15.0 ±.3			129± 8	
52.96 -27.92	KUG 0855+394	8.0±1.2		1.23				129± 12	584
085547.7+392414	PGC 25232		1.61	.50	13.70			-.18	801
0859.0 +5337		.S..6*.	1.06± .06	136					
164.21 40.25	UGC 4696	U	.95± .05	.04	15.78 ±.19				
44.61 -15.75		6.0±1.5		1.40					
0855.4 +5349	PGC 25235		1.06	.47					
085906.3+534610	NGC 2701	.SXT5*.	1.34± .02	23	12.73 ±.15	.42± .02	.55± .01	13.96±.1	2326± 5
164.02 40.23	UGC 4695	R (2)	.13± .03	.06	12.46 ±.14	-.14± .03	-.05± .02	263± 6	2299± 66
44.54 -15.62	IRAS08554+5357	5.0± .5	.98± .02	.20	12.15	.37	13.12± .05	244± 6	2373
085527.1+535750	PGC 25237	3.9± .7	1.34	.07	12.32	-.18	13.94± .20	1.58	2471
085908.6+110859	NGC 2720	.L..-*.	1.08± .17						
217.36 33.36	UGC 4710	U	.04± .08	.11	13.82 ±.15				
77.01 -49.20		-3.0±1.2		.00					
085625.3+112041	PGC 25238		1.09						
0859.2 +8532		.S..9*.	1.14± .13	175				15.37±.1	1604± 11
127.27 29.42	UGC 4612	U	.18± .12	.25					
28.50 11.88		9.0±1.2		.18				142± 8	1763
0846.0 +8544	PGC 25240		1.16	.09					1590
0859.3 +6613		.S..8..	1.01± .06	110					
148.43 37.40	UGC 4693	U	.28± .05	.22					
38.17 -4.85		8.0± .9		.34					
0855.0 +6625	PGC 25243		1.03	.14					
085931.2+445456	NGC 2712	.SBR3*.	1.46± .02	178	12.75 ±.13	.67± .01	.76± .01	14.03±.1	1818± 6
175.64 41.00	UGC 4708	R (3)	.26± .02	.04	12.43 ±.13	.06± .02	.15± .02	332± 10	1833± 14
49.56 -23.10	IRAS08561+4506	3.0± .5	.97± .01	.35	12.16	.60	13.09± .03	312± 10	1832
085609.7+450638	PGC 25248	1.2± .5	1.46	.13	12.19	.01	14.24± .17	1.72	2004
085935.2+455534		.S?....	.72± .09	10					
174.31 40.99	UGC 4709		.09± .05	.07	14.8 ±.3				8393± 50
48.98 -22.25	ARAK 188			.14	13.41				8408
085612.0+460716	PGC 25251		.72	.05	14.53				8572
085948.7+554223	NGC 2710	.SBT3..	1.30± .04	125					2538± 10
161.49 40.03	UGC 4705	U	.31± .05	.07	13.66 ±.18				
43.60 -13.90	IRAS08560+5554	3.0± .8		.43	13.52				2592
085604.9+555405	PGC 25258		1.30	.16	13.14				2674
085949.1+050340		.L?....	.72± .22						
223.85 30.75	MCG 1-23- 16		.00± .07	.12	14.98 ±.19				3778± 82
84.94 -52.78	ARAK 189			.00					3638
085711.0+051524	PGC 25259		.73		14.80				4069
0859.9 -0724		.IB?...	1.19± .07						5806
235.87 24.24	MCG -1-23- 16		.14± .07	.05					
105.04 -58.34				.11					5629
0857.5 -0713	PGC 25264		1.19	.07					6104
090006.8+165531		.SB.6*.	1.00± .08					15.80±.3	6256± 7
211.03 35.88	UGC 4721	U	.04± .06	.05	14.8 ±.2				
70.95 -45.10		6.0±1.2		.06				156± 7	6157
085718.5+170716	PGC 25269		1.00	.02	14.70			1.08	6528

R.A. 2000 DEC. / l b / SGL SGB / R.A. 1950 DEC.	Names / PGC	Type / S_T n_L / T / L	$\log D_{25}$ / $\log R_{25}$ / $\log A_e$ / $\log D_o$	p.a. / A_g / A_i / A_{21}	B_T / m_B / m_{FIR} / B_T^o	$(B-V)_T$ / $(U-B)_T$ / $(B-V)_T^o$ / $(U-B)_T^o$	$(B-V)_e$ / $(U-B)_e$ / m'_e / m'_{25}	m_{21} / W_{20} / W_{50} / HI	V_{21} / V_{opt} / V_{GSR} / V_{3K}
0900.1 +3200									
192.61 40.06	CGCG 150- 56			.01	14.81 ±.18				1881± 35
58.08 -33.65									1840
0857.1 +3212	PGC 25273								2112
0900.1 +7001		.SB.6*.	1.19± .05	57				15.75±.1	3731± 11
143.93 36.19	UGC 4697	U	.77± .05	.09					
36.34 -1.53		6.0±1.3		1.13				188± 8	3840
0855.4 +7013	PGC 25275		1.20	.38					3797
090014.5+031042	NGC 2723	.L..0*.	.96± .12						
225.82 29.92	UGC 4723	PU	.00± .05	.13	14.23 ±.15				3725± 56
87.70 -53.73		-2.0± .7		.00					3579
085738.1+032227	PGC 25280		.98		14.04				4018
090015.5+354343	NGC 2719	.I..9P$	1.13± .05	133				14.28±.3	3157± 10
187.79 40.64	UGC 4718	R	.59± .04	.08					3197± 31
55.48 -30.63		10.0± .5		.44				231± 7	3135
085707.4+355528	PGC 25281		1.13	.29					3379
090015.6+401748		.SBS3..	1.10± .05						
181.77 41.05	UGC 4716	U	.17± .05	.00	15.1 ±.2				
52.50 -26.88	IRAS08570+4029	3.0± .8		.23	13.45				
085701.5+402932	PGC 25282		1.10	.08					
0900.2 +6454		.SBS3..	1.13± .05	165				16.16±.1	10802± 11
149.98 37.89	UGC 4706	U	.06± .05	.13	15.0 ±.3				
38.91 -5.95		3.0± .8		.09				150± 8	10892
0856.0 +6506	PGC 25283		1.14	.03	14.74			1.39	10894
090016.1+354316	NGC 2719A	.I..9P*	.93± .10						
187.80 40.64	MCG 6-20- 18	RC	.14± .06	.08					3081± 31
55.49 -30.64	IRAS08571+3555	9.9± .6		.11	12.58				3055
085708.1+355500	PGC 25284		.94	.07					3300
090018.2+344013		.S?....	.98± .07	178				15.45±.3	3198± 10
189.17 40.51	UGC 4720		.37± .05	.04	15.37 ±.18				
56.22 -31.49				.55				238± 7	3168
085711.5+345158	PGC 25287		.98	.18	14.76			.50	3420
0900.3 -3404		.IXS9..	1.22± .04	150					1338
257.90 7.90	ESO 371- 30	S (1)	.11± .05	1.12	15.05 ±.14				
155.65 -56.39		10.0± .5		.09					1113
0858.2 -3353	PGC 25288	10.0± .8	1.33	.06	13.84				1604
0900.3 +2948									
195.44 39.67	CGCG 150- 57			.06	15.4 ±.3				14474
59.74 -35.38									14424
0857.3 +3000	PGC 25289								14712
090020.7+522934		.S..3..	1.20± .05	177				15.76±.1	9033± 11
165.64 40.59	UGC 4713	U (1)	.10± .05	.01	13.57 ±.18				9036± 50
45.39 -16.61	IRAS08567+5241	3.0± .8		.13	13.02			525± 8	9075
085644.8+524118	PGC 25290	3.5±1.1	1.20	.05	13.36			2.34	9184
090021.9-255210		.IBS9..	1.30± .06	123					1907
251.51 13.19	ESO 497- 1	S (1)	.49± .05	.65	16.55 ±.14				
141.16 -59.09		9.5± .6		.37					1692
085811.0-254024	PGC 25291	8.9± .6	1.36	.25	15.53				2190
090023.4+253639		.S..8*.	1.18± .05	32				14.58±.2	1794± 7
200.70 38.70	UGC 4722	U	.78± .05	.10	15.16 ±.18			157± 13	
63.07 -38.63		8.0±1.3		.96				139± 7	1728
085726.8+254824	PGC 25292		1.19	.39	14.10			.10	2045
090031.9+172237		.I..9*.	1.04± .06	52				16.13±.3	3875± 10
210.56 36.14	UGC 4724	U	.72± .05	.09	15.49 ±.19				
70.60 -44.71		10.0±1.4		.54				156± 7	3778
085743.2+173423	PGC 25301		1.04	.36	14.86			.91	4146
0900.5 +5113		.S..2..	1.02± .06	40					
167.30 40.78	UGC 4717	U	.35± .05	.04	15.01 ±.18				4873
46.12 -17.68		2.0± .9		.43					4910
0857.0 +5125	PGC 25305		1.02	.18	14.49				5030
0900.6 +5040		.S..5..	1.36± .04	95				15.37±.1	5116± 11
168.01 40.85	UGC 4719	U	.92± .05	.05	14.87 ±.18				
46.43 -18.13	IRAS08570+5052	5.0± .9		1.38	12.94			542± 8	5150
0857.1 +5052	PGC 25308		1.36	.46	13.41			1.50	5275
090041.5+173714		.SBS6*.	1.00± .06					15.82±.3	3900± 10
210.29 36.26	UGC 4729	U	.07± .05	.09	14.48 ±.18				
70.39 -44.51		6.0±1.2		.10				111± 7	3804
085752.6+174900	PGC 25309		1.00	.03	14.27			1.51	4171

R.A. 2000 DEC. / l b / SGL SGB / R.A. 1950 DEC.	Names / PGC	Type / S_T n_L / T / L	$\log D_{25}$ / $\log R_{25}$ / $\log A_e$ / $\log D_o$	p.a. / A_g / A_i / A_{21}	B_T / m_B / m_{FIR} / B_T^o	$(B-V)_T$ / $(U-B)_T$ / $(B-V)_T^o$ / $(U-B)_T^o$	$(B-V)_e$ / $(U-B)_e$ / m'_e / m'_{25}	m_{21} / W_{20} / W_{50} / HI	V_{21} / V_{opt} / V_{GSR} / V_{3K}
0900.7 +1711		.S..2..	1.00± .08	55					
210.80 36.11	UGC 4728	U	.55± .06	.07					
70.83 -44.81		2.0± .9		.68					
0857.9 +1723	PGC 25311		1.01	.27					
0900.8 +3200		.S..6*.	1.14± .07	67					1994
192.65 40.21	UGC 4725	U	.98± .06	.01	15.76 ±.18				
58.22 -33.56		6.0±1.4		1.44					1953
0857.8 +3212	PGC 25318		1.14	.49	14.30				2226
0901.0 +1037		.S..0..	1.11± .05						
218.17 33.55	UGC 4731	U	.03± .05	.14	14.0 ±.2				
78.10 -49.19		.0± .8		.02					
0858.3 +1049	PGC 25328		1.12						
090101.8+354543	NGC 2724	.SXS5..	1.26± .06	2				14.34±.3	3220± 10
187.77 40.80	UGC 4726	U	.05± .06	.08	14.3 ±.3				
55.61 -30.52	IRAS08579+3557	5.0± .8		.08				225± 7	3194
085753.8+355730	PGC 25331		1.26	.03	14.12			.19	3439
090103.4+110549	NGC 2725	.S?....	.85± .08					15.71±.3	2074± 10
217.66 33.76	UGC 4732		.07± .05	.08	14.4 ±.2				
77.54 -48.87				.07				185± 7	1954
085820.3+111737	PGC 25332		.85	.03	14.26			1.41	2358
0901.2 +5312		.S?....	.94± .11						
164.68 40.62	MCG 9-15- 77		.00± .07	.07	15.2 ±.2				8983± 79
45.12 -15.93	IRAS08575+5324			.00	13.27				9027
0857.5 +5324	PGC 25339		.94	.00	15.04				9131
090114.4+040712		.S..6*.	1.07± .05	178				16.12±.3	8430± 10
225.01 30.60	UGC 4733	U	1.01± .05	.16	15.85 ±.20			347± 13	
86.58 -53.01		6.0±1.5		1.47					8287
085837.1+041900	PGC 25341		1.09	.50	14.18			1.44	8723
090127.6-261802		.SBT8..	1.28± .04	178				15.85±.2	1960± 11
252.01 13.10	ESO 497- 2	Sr (1)	.20± .04	.65	14.68 ±.14			178± 16	
141.86 -58.75		8.0± .4		.25				180± 12	1744
085917.1-260612	PGC 25350	6.7± .6	1.34	.10	13.77			1.98	2242
090128.9+034312	NGC 2729	.L...?.	.90± .09						
225.45 30.46	UGC 4737	U	.18± .03	.11	14.4 ±.2				
87.20 -53.18	ARAK 191	-2.0±1.8		.00					
085852.0+035501	PGC 25352		.88						
090136.6-641616		.S?....	1.12± .16						
280.99 -11.71	ESO 90- 14		.59± .14	.67					6606± 87
189.80 -36.85	IRAS09006-6404			.81	11.71				6383
090040.0-640424	PGC 25356		1.18	.29					6768
090138.1-244726		RSBS1..	.94± .06	128					
250.84 14.09	ESO 497- 3	r	.31± .03	.93	15.49 ±.14				
138.99 -59.03	IRAS08594-2435	1.0± .9		.31	12.89				
085926.1-243536	PGC 25359		1.03	.15					
090141.3+110447	NGC 2728	.S..3..	1.04± .06	60				15.59±.3	5748± 10
217.76 33.90	UGC 4738	U (1)	.13± .05	.08	14.44 ±.19				
77.72 -48.77		3.0± .9		.18				290± 7	5628
085858.2+111636	PGC 25360	5.5±1.1	1.05	.07	14.13			1.39	6032
090158.0+600905		.S..6*.	1.05± .06	81					
155.77 39.37	UGC 4727	U	.93± .05	.21					
41.52 -9.94		6.0±1.4		1.37					
085801.6+602053	PGC 25369		1.07	.47					
090158.7+600912	A 0858+60	.S?....	.94± .07	93					
155.76 39.37	UGC 4730		.45± .05	.21	14.6 ±.3				3235± 45
41.52 -9.94	MK 18			.66	12.42				3307
085802.3+602100	PGC 25370		.96	.22	13.73				3351
0902.0 +7817		.S..7*.	1.31± .04	110				15.37±.1	1408± 11
134.69 32.95	UGC 4701	U	.33± .05	.03	15.1 ±.4				
32.30 5.68		7.0±1.1		.46				164± 8	1545
0855.6 +7829	PGC 25371		1.31	.17	14.64			.57	1432
090206.1-645418		.SXR3*.	1.25± .06	144					
281.52 -12.08	ESO 90- 15	Sr (1)	.66± .05	.68					1639± 87
190.24 -36.32	IRAS09011-6442	3.2± .7		.91	12.19				1417
090112.0-644224	PGC 25373	5.6± .9	1.32	.33					1798
090206.4+232313		.S?....	1.06± .06	166				15.98±.3	31± 10
203.57 38.46	UGC 4740		.35± .05	.11	14.78 ±.18				
65.35 -40.07				.53				210± 7	-43
085912.2+233503	PGC 25374		1.07	.18	14.14			1.66	289

R.A. 2000 DEC. l b SGL SGB R.A. 1950 DEC.	Names PGC	Type S_T n_L T L	$\log D_{25}$ $\log R_{25}$ $\log A_e$ $\log D_o$	p.a. A_g A_i A_{21}	B_T m_B m_{FIR} B_T^o	$(B-V)_T$ $(U-B)_T$ $(B-V)_T^o$ $(U-B)_T^o$	$(B-V)_e$ $(U-B)_e$ m'_e m'_{25}	m_{21} W_{20} W_{50} HI	V_{21} V_{opt} V_{GSR} V_{3K}
090208.2+081800	NGC 2731	.S?....	.90± .07	70				16.46±.3	2583± 10
220.80 32.77	UGC 4741		.16± .05	.19	14.5 ±.2				
81.21 -50.41	IRAS08594+0829			.24	11.95			184± 7	2454
085927.5+082951	PGC 25376		.91	.08	14.03			2.35	2872
0902.2 +1432		.S..2..	1.07± .07	128					
214.00 35.45	UGC 4742	U	.62± .06	.11	15.38 ±.18				
73.97 -46.38		2.0± .9		.76					
0859.5 +1444	PGC 25383		1.08	.31					
090216.1+165020	NGC 2730	.SB.8*.	1.23± .05	80				15.30±.2	3830± 7
211.37 36.33	UGC 4743	U	.13± .05	.08	13.48 ±.18			196± 13	
71.55 -44.79	IRAS08594+1702	8.0±1.1		.16	13.21			187± 6	3731
085928.0+170211	PGC 25384		1.23	.06	13.23			2.00	4104
090223.7-681755			1.02± .07	153					
284.22 -14.22	ESO 60- 23		.65± .05	.43	15.53 ±.14				4070± 87
192.75 -33.64									3852
090147.0-680600	PGC 25389		1.06						4214
090225.0-735914			.83± .06	165					
288.83 -17.79	ESO 36- 16		.32± .05	.52	15.30 ±.14				5694± 19
196.67 -29.07	IRAS09025-7347				13.50				5486
090233.1-734718	PGC 25392		.88						5812
0902.6 +3116									
193.69 40.45	CGCG 151- 3			.05	15.37 ±.18				4118± 35
59.13 -33.92									4074
0859.6 +3128	PGC 25398								4353
090238.6+255606	NGC 2735	.SXT3$P	1.09± .03	94	14.13 ±.14	.86± .02	.94± .02	14.56±.2	2450± 5
200.47 39.27	UGC 4744	R	.45± .05	.11		.34± .03	.35± .03	416± 6	
63.30 -38.06	IRAS08597+2608	3.0± .5	.49± .02	.62	12.79	.74	12.07± .08	393± 5	2385
085941.9+260758	PGC 25399		1.10	.22	13.38	.23	13.32± .25	.96	2702
090240.3-681338		.S?....	1.45± .04	55					
284.18 -14.16	ESO 60- 24		.84± .04	.43	13.98 ±.14				4094± 87
192.67 -33.68	IRAS09020-6801			1.16	13.32				3876
090203.1-680142	PGC 25400		1.49	.42	12.36				4239
0902.6 +2556	NGC 2735A	.I..9*P	.34?						
200.46 39.28	MCG 4-22- 3	R	.00± .07	.11					
63.31 -38.05		10.0± .9		.00					
0859.7 +2608	PGC 25402		.35	.00					
090243.7+250528		.S..6*.	.96± .09	170				15.49±.3	6006± 10
201.52 39.07	UGC 4745	U	.80± .06	.10	16.0 ±.2				
64.03 -38.69		6.0±1.4		1.18				334± 7	5938
085947.8+251720	PGC 25405		.97	.40	14.68			.41	6260
090244.2+252521		.S..4..	1.15± .05	145				15.34±.3	6036± 10
201.11 39.16	UGC 4746	U	.35± .05	.12	14.8 ±.2				
63.75 -38.44		4.0± .9		.52				313± 7	5969
085948.1+253713	PGC 25406		1.16	.18	14.09			1.08	6289
090245.1-204254		.IB.9P*	.91± .06	155					
247.72 16.86	ESO 564- 10	SE	.08± .04	.73	14.77 ±.14				
131.04 -59.31		10.0±1.8		.06					
090029.0-203100	PGC 25407		.98	.04					
090314.4+303533	IC 2428	.S..6*.	1.27± .03	75				15.44±.2	4310± 7
194.59 40.45	UGC 4747	U	.62± .04	.04	14.49 ±.18			334± 13	4277± 76
59.75 -34.37	IRAS09002+3047	6.0±1.2		.91	13.52			330± 7	4264
090012.9+304727	PGC 25423		1.27	.31	13.51			1.62	4548
0903.3 +1001		.S..6*.	1.07± .07	10					
219.12 33.79	UGC 4748	U	.50± .06	.12					
79.37 -49.13		6.0±1.3		.73					
0900.6 +1013	PGC 25426		1.08	.25					
090318.2+783350		.SX.3..	1.10± .05	105				16.75±.1	1257± 11
134.36 32.89	UGC 4714	U (1)	.11± .05	.02	13.75 ±.18				
32.21 5.95		3.0± .8		.15				113± 8	1395
085649.0+784538	PGC 25427	3.5±1.1	1.10	.05	13.57			3.13	1280
0903.4 +0322		.S?....	.94± .11	60					
226.08 30.70	MCG 1-23- 19		.57± .07	.12	15.4 ±.2				7935± 57
88.14 -52.96				.85					7790
0900.8 +0334	PGC 25436		.95	.28	14.37				8231
090325.2+204003									
206.98 37.91	CGCG 121- 7			.10	15.3 ±.3				9530± 60
68.10 -41.87	MK 1222								9445
090033.7+205158	PGC 25437								9796

R.A. 2000 DEC. / l b / SGL SGB / R.A. 1950 DEC.	Names / PGC	Type / S_T n_L / T / L	$\log D_{25}$ / $\log R_{25}$ / $\log A_e$ / $\log D_o$	p.a. / A_g / A_i / A_{21}	B_T / m_B / m_{FIR} / B_T^o	$(B-V)_T$ / $(U-B)_T$ / $(B-V)_T^o$ / $(U-B)_T^o$	$(B-V)_e$ / $(U-B)_e$ / m'_e / m'_{25}	m_{21} / W_{20} / W_{50} / HI	V_{21} / V_{opt} / V_{GSR} / V_{3K}
090333.6+032228		.LB?...	.90± .17						
226.10 30.74	MCG 1-23- 20		.00± .07	.12	14.68 ±.15				3694± 57
88.16 -52.92				.00					3549
090057.0+033424	PGC 25441		.91		14.51				3990
090337.3-675759	NGC 2788B	.S..3P?	1.17± .04	165					
284.03 -13.92	ESO 60- 25	S	.53± .04	.44	14.51 ±.14				
192.40 -33.83		3.0±1.9		.72					
090258.0-674600	PGC 25443		1.21	.26					
0903.7 +2918	IC 2429	.S?....							
196.28 40.29	MCG 5-22- 3			.07	15.1 ±.3				3011
60.84 -35.32									2959
0900.7 +2930	PGC 25446								3254
0903.8 -0029		.S..4..	1.00± .08	135					
229.98 28.82	UGC 4754	U	.73± .06	.12					
94.01 -54.77		4.0±1.0		1.07					
0901.3 -0018	PGC 25450		1.01	.36					
090351.3+853005	IC 512	.SXS6..	1.46± .03	175				14.43±.1	1614± 11
127.26 29.52	UGC 4646	U	.10± .05	.25	12.9 ±.2			142± 16	
28.60 11.89	IRAS08508+8541	6.0± .7		.15	12.85				1773
085057.0+854146	PGC 25451		1.49	.05	12.51			1.87	1601
0903.9 +2154	NGC 2737	.S..2..	.96± .07	61					
205.55 38.42	UGC 4751	U	.40± .05	.10	15.03 ±.19				
67.09 -40.88		2.0± .9		.49					
0901.1 +2206	PGC 25453		.97	.20					
090400.2+215805	NGC 2738	.S?....	1.16± .05	55				15.09±.1	3108± 4
205.47 38.45	UGC 4752		.37± .05	.09	13.99 ±.19			288± 5	3065± 47
67.04 -40.83	VV 481			.55	11.96			236± 5	3027
090107.6+221001	PGC 25454		1.17	.18	13.34			1.57	3371
090402.3-720325		.RINGP.	1.01± .06						
287.33 -16.49	ESO 60- 26	S	.11± .03	.49	14.48 ±.14				
195.26 -30.56	IRAS09038-7151	-2.0±1.1		.00	12.92				
090351.1-715124	PGC 25455		1.05						
090403.8+033457		.SB?...	.82± .13						
225.96 30.95	MCG 1-23- 21		.17± .07	.12	15.04 ±.20				7964± 54
87.98 -52.70				.24					7819
090127.1+034654	PGC 25457		.83	.09	14.62				8260
090408.4-720301		.RINGP.	1.03± .07	128					
287.33 -16.48	ESO 60- 27	S	.18± .06	.49	14.75 ±.14				
195.25 -30.56		10.0± .6		.13					
090357.0-715100	PGC 25460		1.07	.09					
0904.2 +7455		.SA.8..	1.16± .07	160				16.14±.1	6350± 11
138.26 34.55	UGC 4736	U	.09± .06	.02					
34.13 2.85		8.0± .8		.11				193± 8	6476
0858.8 +7507	PGC 25464		1.16	.04					6392
090422.9+275711	IC 2430	.S..0..	1.04± .06	43					
198.04 40.14	UGC 4755	U	.28± .05	.11	14.50 ±.18				2980± 50
62.04 -36.27	IRAS09013+2809	.0± .9		.21	13.70				2923
090124.3+280908	PGC 25467		1.03		14.13				3227
0904.5 +1333		.S?....	.82± .13	124					
215.38 35.56	MCG 2-23- 26		.28± .07	.10	15.2 ±.2				8313± 57
75.58 -46.62				.43					8202
0901.8 +1345	PGC 25471		.83	.14	14.61				8596
090433.4+451726		.S..7..	1.16± .05	33					
175.12 41.88	UGC 4753	U	.84± .05	.04	15.59 ±.18				
50.14 -22.30		7.0±1.0		1.16					
090112.3+452923	PGC 25472		1.16	.42					
090433.6+513649	A 0901+51	.S.....	.87± .08		14.0 ±.2	.55± .04	.63± .02	15.72±.3	4750± 17
166.68 41.35	UGC 4749	R	.02± .05	.00	13.86 ±.18	.02± .07	.05± .04	112± 34	4780± 38
46.46 -17.01	MK 101		.30± .05	.03	13.02	.52	10.96± .12	115± 25	4793
090100.7+514846	PGC 25473		.87	.01	13.86	.00	13.17± .44	1.85	4912
090434.9+143542	IC 2431		.74± .14		14.6 ±.2	.57± .03			
214.20 35.99	UGC 4756		.09± .07	.11		-.11± .05			14951± 36
74.45 -45.92	MK 1224				11.54				14843
090148.9+144740	PGC 25476		.75						15231
090438.8+182726	NGC 2744	.SBS2*P	1.22± .05		13.9 ±.2	.44± .09		14.99±.1	3428± 6
209.73 37.44	UGC 4757	R	.19± .05	.08				250± 7	3397± 32
70.50 -43.25	VV 612	2.0± .4		.24	12.79	.36		240± 6	3333
090149.4+183925	PGC 25480		1.23	.10	13.54		14.36± .33	1.35	3699

R.A. 2000 DEC. l b SGL SGB R.A. 1950 DEC.	Names PGC	Type S_T n_L T L	$\log D_{25}$ $\log R_{25}$ $\log A_e$ $\log D_o$	p.a. A_g A_i A_{21}	B_T m_B m_{FIR} B_T^o	$(B-V)_T$ $(U-B)_T$ $(B-V)_T^o$ $(U-B)_T^o$	$(B-V)_e$ $(U-B)_e$ m'_e m'_{25}	m_{21} W_{20} W_{50} HI	V_{21} V_{opt} V_{GSR} V_{3K}
0904.7 +2201		.SB.3..	1.08± .07	15					
205.48 38.63	UGC 4758	U	.24± .06	.11	14.8 ±.2				
67.17 -40.67		3.0± .9		.34					
0901.9 +2213	PGC 25489		1.09	.12					
0904.8 +1334		.S?....	.94± .11	174					
215.40 35.64	MCG 2-23- 27		.11± .07	.10	14.61 ±.18				8545± 28
75.64 -46.56				.16					8434
0902.1 +1346	PGC 25493		.95	.06	14.29				8828
090454.4+250017	NGC 2743	.S..8*.	1.06± .06	105				16.58±.3	3001± 10
201.80 39.52	UGC 4760	U	.16± .05	.11	14.24 ±.18				
64.58 -38.43	IRAS09019+2512	8.0±1.2		.19	13.60			181± 7	2933
090158.8+251216	PGC 25496		1.07	.08	13.93			2.57	3257
0904.9 +1727		.E.....	1.08± .10		14.25 ±.16	1.04± .03	1.05± .02		
210.95 37.14	UGC 4761	U	.02± .05	.08	14.18 ±.17				
71.56 -43.91		-5.0± .8	.81± .05	.00			13.79± .18		
0902.1 +1739	PGC 25497		1.09				14.60± .55		
090457.4+595558	NGC 2726	.S..1?.	1.20± .04	87				16.87±.1	1518± 11
155.92 39.79	UGC 4750	PU	.46± .04	.17	13.4 ±.2				1413± 72
41.96 -9.93	IRAS09010+6007	1.0±1.0		.46	13.39			370± 8	1587
090102.8+600756	PGC 25498		1.21	.23	12.74			3.90	1634
090510.8-190507	NGC 2754	.L..0P.	.91± .05	130					
246.76 18.32	ESO 564- 16	SE	.18± .03	.53	15.23 ±.14				
127.82 -58.81		-2.0±1.2		.00					
090253.0-185306	PGC 25504		.94						
090521.6+181852	NGC 2749	.E.3...	1.24± .05		12.71 ±.13	.93± .01	.99± .01		
209.98 37.54	UGC 4763	R	.08± .05	.08	13.03 ±.12		.51± .04		4201± 24
70.80 -43.23		-5.0± .4	1.05± .02	.00		.87	13.45± .08		4107
090232.4+183053	PGC 25508		1.23		12.74		13.72± .33		4475
0905.3 +2815									
197.73 40.42	CGCG 151- 10			.07	15.4 ±.3				7995
62.02 -35.90									7939
0902.4 +2827	PGC 25510								8242
090526.7+253259		.S?....	1.02± .06	25				15.43±.2	2938± 7
201.16 39.78	UGC 4764		.14± .05	.13	14.9 ±.2			152± 14	
64.24 -37.94				.21				142± 7	2872
090230.7+254500	PGC 25512		1.03	.07	14.51			.86	3193
090530.9-190238	NGC 2758	PSB.4P?	1.27± .03	19					1957
246.77 18.41	ESO 564- 20	SE (1)	.61± .03	.53	13.99 ±.14				
127.73 -58.73	IRAS09032-1850	4.0± .7		.89	13.30				1754
090313.0-185036	PGC 25515	5.6±1.2	1.32	.30	12.56				2253
090532.8-191220	IC 2437	.LXT-*.	1.26± .04	123	13.92 ±.15	1.02± .02	1.08± .01		
246.91 18.31	ESO 564- 21	SE	.20± .03	.55	13.68 ±.14	.55± .03	.56± .02		
128.05 -58.72		-2.8± .5	.71± .05	.00			12.96± .17		
090315.0-190018	PGC 25518		1.30				14.58± .25		
0905.6 +4519		.I..9..	1.00± .16	50				16.43±.1	2017± 10
175.07 42.07	UGC 4762	U	.33± .12	.04				97± 6	
50.30 -22.17		10.0± .9		.25				94± 5	2030
0902.3 +4531	PGC 25521		1.00	.17					2202
090542.7+182020	NGC 2752	.SB.3*/	1.29± .04	58				15.01±.3	8875± 10
209.99 37.63	UGC 4772	PU (1)	.64± .04	.08	14.51 ±.18				4022± 71
70.86 -43.16	IRAS09028+1832	3.0± .6		.89	13.00			649± 7	
090253.5+183222	PGC 25523	3.5±1.2	1.30	.32					
090545.7+362116		.L.....	1.11± .16	25	14.2 ±.2	1.08± .03	1.17± .03		
187.13 41.82	UGC 4767	U	.07± .08	.05	13.85 ±.15	.23± .05	.28± .05		7233± 50
56.10 -29.47		-2.0± .8	.55± .09	.00		.99	12.40± .32		7210
090237.7+363317	PGC 25524		1.11		13.78	.25	14.41± .87		7453
090548.1+252609	NGC 2750	.SX.5..	1.34± .04					14.06±.1	2674± 4
201.33 39.83	UGC 4769	U	.05± .05	.14	12.60 ±.18			191± 5	2644± 18
64.41 -37.97	VV 541	5.0± .7		.07	11.62			136± 5	2605
090252.2+253811	PGC 25525		1.35	.02	12.38			1.66	2928
0905.9 +5143	NGC 2740	.S?....	.89± .11						
166.49 41.55	MCG 9-15- 86		.00± .07	.02	14.95 ±.18				8903± 79
46.58 -16.80				.00					8942
0902.4 +5156	PGC 25531		.89	.00	14.87				9060
090559.8+352240	NGC 2746	.SBT1..	1.21± .04					15.99±.2	7065± 7
188.43 41.76	UGC 4770	U	.03± .04	.04	14.0 ±.2			264± 6	7025± 50
56.82 -30.23	IRAS09028+3535	1.0± .8		.03				255± 7	7037
090253.0+353442	PGC 25533		1.22	.02	13.88			2.09	7288

R.A. 2000 DEC. / l b / SGL SGB / R.A. 1950 DEC.	Names / PGC	Type / S_T n_L / T / L	$logD_{25}$ / $logR_{25}$ / $logA_e$ / $logD_o$	p.a. / A_g / A_i / A_{21}	B_T / m_B / m_{FIR} / B_T^o	$(B-V)_T$ / $(U-B)_T$ / $(B-V)_T^o$ / $(U-B)_T^o$	$(B-V)_e$ / $(U-B)_e$ / m'_e / m'_{25}	m_{21} / W_{20} / W_{50} / HI	V_{21} / V_{opt} / V_{GSR} / V_{3K}
090600.3+184554		.S?....	1.18± .05	67				16.01±.3	3437± 10
209.51 37.84	UGC 4773		.50± .05	.09	14.63 ±.18				
70.51 -42.81	IRAS09031+1858			.76				334± 7	3345
090310.7+185757	PGC 25535		1.18	.25	13.76			2.00	3710
090606.0-042123		.SAS5?.	1.21± .05	135					6474
234.00 27.21	MCG -1-23- 17	E (1)	.32± .05	.07					
100.66 -55.86		5.0±1.2		.48					6306
090335.6-040920	PGC 25539	4.2±1.2	1.21	.16					6777
090606.5-151836		.SBS7?.	1.08± .05	110					
243.75 20.82	MCG -2-23- 9	E (1)	.16± .04	.15					
120.55 -58.45		7.3± .7		.22					
090345.3-150632	PGC 25540	7.2± .7	1.09	.08					
0906.2 +2534		.SB.8..	.98± .09					15.80±.3	2979± 7
201.18 39.96	UGC 4774	U	.08± .06	.13	15.0 ±.2			144± 14	
64.38 -37.80		8.0± .9		.10					2913
0903.3 +2547	PGC 25545		.99	.04	14.80			.96	3235
090617.2+500522		PSBT3..	1.10± .05	30					
168.66 41.81	UGC 4771	U	.25± .05	.05	15.2 ±.2				
47.57 -18.14		3.0± .9		.34					
090247.9+501724	PGC 25547		1.10	.12					
090627.4-280129		.SBS8..	1.28± .06						2024
254.10 12.84	ESO 433- 2	S (1)	.05± .07	.77					
144.49 -57.25	IRAS09042-2748	8.0± .5		.07					1806
090418.1-274924	PGC 25551	8.9± .6	1.35	.03					2308
090634.1-071429		.LAR-?.	1.18± .07	80					
236.73 25.69	MCG -1-23- 19	E	.21± .05	.14					
105.68 -56.73		-3.0± .7		.00					
090406.1-070224	PGC 25555		1.17						
090634.2+061812		.S..6*.	1.28± .03	127				14.38±.2	1443± 5
223.51 32.82	UGC 4781	U	.52± .04	.14	14.32 ±.20			158± 6	
84.82 -50.69		6.0±1.2		.77				143± 5	1307
090355.3+063017	PGC 25556		1.30	.26	13.39			.72	1738
090634.9-754827		PSB.4P*	1.30± .04	157					
290.51 -18.71	ESO 36- 19	Sr (1)	.42± .05	.56	13.76 ±.14				4558± 54
197.62 -27.43	IRAS09070-7537	3.9± .5		.61	11.53				4353
090701.1-753618	PGC 25558	3.9± .6	1.35	.21	12.56				4668
090639.3+192008		.SX.8..	1.24± .05	60				14.77±.3	3284± 7
208.90 38.18	UGC 4780	U	.10± .05	.11	14.1 ±.3				
70.10 -42.29		8.0± .8		.12				129± 7	3194
090349.2+193213	PGC 25561		1.25	.05	13.81			.91	3557
090640.1+343709		.I..9*.	1.34± .04	140				15.14±.1	2054± 6
189.47 41.80	UGC 4777	U	.70± .05	.03	14.9 ±.2			202± 7	2156± 76
57.49 -30.75		10.0±1.2		.53				180± 12	2024
090334.4+344913	PGC 25562		1.34	.35	14.35			.44	2281
0906.6 -0633		.S..7*/	1.24± .04	137					3763
236.12 26.10	MCG -1-23- 20	E	1.00± .04	.10					
104.49 -56.48		7.0±1.3		1.37					3589
0904.2 -0621	PGC 25563		1.24	.50					4067
090649.1-152959	NGC 2763	.SBR6P.	1.36± .02	120	12.64 ±.14	.62± .03	.66± .03	14.27±.1	1893± 7
244.02 20.84	MCG -2-23- 10	R (3)	.06± .03	.17	12.5 ±.2	-.07± .08	-.02± .08	215± 5	1860± 27
120.94 -58.30	IRAS09044-1517	6.0± .3	1.01± .02	.09	12.12	.56	13.18± .04	189± 8	1695
090428.0-151754	PGC 25570	3.4± .4	1.38	.03	12.35	-.11	14.14± .18	1.89	2191
090650.0+261630	IC 2435	.E.....	.88± .14	120					
200.35 40.27	UGC 4782	U	.32± .05	.09	15.27 ±.16				
63.93 -37.19	ARAK 194	-5.0± .9		.00					
090353.4+262835	PGC 25571		.80						
090708.3+281901		.S..6*.	.96± .09	81				17.75±.3	6546± 9
197.76 40.81	UGC 4786	U	.98± .06	.07					
62.33 -35.60		6.0±1.5		1.44				224± 5	6491
090409.6+283107	PGC 25596		.97	.49					6794
090711.5+504245		.S..3..	.91± .09						
167.81 41.88	UGC 4778	U (1)	.00± .06	.04	14.25 ±.19				11293± 50
47.33 -17.54	IRAS09036+5054	3.0± .9		.00					11328
090341.2+505450	PGC 25600	2.5±1.1	.91	.00	14.13				11456
0907.2 +2519	NGC 2753		.74± .14						
201.57 40.11	MCG 4-22- 15		.21± .07	.14	15.4 ±.2				2832± 40
64.81 -37.84									2765
0904.3 +2532	PGC 25603		.75						3089

R.A. 2000 DEC. / l b / SGL SGB / R.A. 1950 DEC.	Names / PGC	Type / S_T n_L / T / L	$logD_{25}$ / $logR_{25}$ / $logA_e$ / $logD_o$	p.a. / A_g / A_i / A_{21}	B_T / m_B / m_{FIR} / B^o_T	$(B-V)_T$ / $(U-B)_T$ / $(B-V)^o_T$ / $(U-B)^o_T$	$(B-V)_e$ / $(U-B)_e$ / m'_e / m'_{25}	m_{21} / W_{20} / W_{50} / HI	V_{21} / V_{opt} / V_{GSR} / V_{3K}
090716.2+371254	IC 2434	.SB?...	1.19± .05	13					
186.01 42.20	UGC 4785		.36± .05	.02	14.35 ±.18				7158± 50
55.79 -28.60	IRAS09041+3725			.54	12.51				7138
090407.4+372500	PGC 25609		1.19	.18	13.75				7376
090734.1+602846	NGC 2742	.SAS5*.	1.48± .03	87	12.03 ±.17	.59± .02	.67± .01	13.93±.1	1288± 7
155.12 39.96	UGC 4779	R (2)	.29± .03	.20	12.26 ±.14	.08± .03	.06± .02	327± 5	1273± 22
41.94 -9.30	IRAS09036+6040	5.0± .5	1.18± .03	.44	11.59	.48	13.42± .08	296± 5	1360
090338.6+604052	PGC 25640	3.3± .6	1.50	.15	11.52	.00	13.56± .23	2.26	1404
090735.1+331630		.S..8..	1.33± .04	6				15.15±.1	552± 7
191.29 41.81	UGC 4787	U	.65± .05	.03	14.21 ±.18			141± 16	
58.63 -31.69		8.0± .9		.80				125± 6	516
090431.0+332837	PGC 25644		1.33	.33	13.38			1.45	784
090736.5+032339	NGC 2765	.L.....	1.32± .04	107					
226.66 31.62	UGC 4791	U	.28± .05	.10	13.08 ±.15				3827± 76
89.01 -52.05		-2.0± .8		.00					3682
090460.0+033547	PGC 25646		1.29		12.91				4126
090739.3+663430		.L..-*.	1.15± .15	0					
147.66 38.06	UGC 4775	U	.19± .08	.17	14.12 ±.15				
38.70 -4.13		-3.0±1.2		.00					
090318.6+664635	PGC 25649		1.14						
090741.8-233715	NGC 2772	.S.3*P/	1.19± .04	71					
250.82 15.90	ESO 497- 14	S	.23± .05	1.07	14.19 ±.14				
136.36 -57.86	IRAS09054-2325	3.0±1.1		.32	12.30				
090528.0-232506	PGC 25654		1.29	.12					
090758.4+414237	NGC 2755	.S?....	1.08± .06	130					
179.94 42.55	UGC 4789		.17± .05	.00	14.15 ±.18				7547± 50
52.93 -24.89	IRAS09047+4154			.26	12.95				7545
090443.5+415445	PGC 25670		1.08	.09	13.85				7748
0908.0 +2029		.S..4..	1.00± .08	44					
207.64 38.88	UGC 4792	U	1.02± .06	.10	16.1 ±.2				
69.31 -41.24		4.0±1.0		1.47					
0905.2 +2042	PGC 25673		1.01	.50					
090807.1+780511	NGC 2715	.SXT5..	1.69± .02	22	11.79 ±.14	.56± .02	.64± .01	12.56±.2	1323± 7
134.73 33.32	UGC 4759	R (2)	.47± .02	.02	11.88 ±.13	-.09± .03	.01± .02	431± 5	1275± 25
32.67 5.67	IRAS09018+7817	5.0± .3	1.32± .03	.70	11.87	.46	13.88± .10	299± 4	1456
090152.5+781715	PGC 25676	3.3± .6	1.70	.23	11.12	-.16	13.95± .17	1.21	1346
0908.1 +0555	A 0905+06	.S..9*.	1.28± .06		14.49 ±.18	.55± .06	.63± .03	15.33±.1	1308± 5
224.13 32.99	UGC 4797	U (1)	.04± .06	.12	14.1 ±.5	-.02± .08	.01± .05	87± 5	
85.66 -50.57	DDO 54	9.0±1.1	1.15± .04	.04		.51	15.73± .10	74± 6	1171
0905.5 +0607	PGC 25679	9.0±1.0	1.29	.02	14.29	-.05	15.65± .37	1.02	1605
0908.2 +5138		.SB.2*.	1.06± .06						
166.53 41.91	UGC 4790	U	.27± .05	.03	15.06 ±.19				
46.94 -16.67		2.0± .9		.33					
0904.7 +5151	PGC 25683		1.06	.13					
090817.5+212637	NGC 2764	.L...*.	1.19± .03	15	13.63 ±.13	.76± .01	.71± .01	15.56±.2	2718± 5
206.50 39.23	UGC 4794	P	.25± .06	.14	13.65 ±.11	.23± .03	.16± .03	339± 8	2597± 66
68.48 -40.52	IRAS09054+2138	-2.0±1.2	.57± .01	.00	11.67	.68	11.97± .05	306± 5	2636
090525.6+213846	PGC 25690		1.17		13.46	.20	13.83± .26		2986
090823.6-013646		.SXS5..	.98± .07						
231.74 29.19	UGC 4802	U	.10± .05	.06	14.75 ±.14				
96.62 -54.24		5.0± .9		.15					
090551.1-012436	PGC 25698		.98	.05					
0908.4 +8608		.S..7..	1.02± .06	67					
126.59 29.26	UGC 4682	U	.30± .05	.37					
28.33 12.47		7.0± .9		.41					
0854.0 +8620	PGC 25708		1.05	.15					
0908.5 -0937					14.3 ±.4	1.08± .07	1.09± .03		
239.19 24.70				.18					16441± 20
110.16 -56.91			.98± .23				14.68± .79		16259
0906.1 -0925	PGC 25714								16746
090837.5-014511		.SB.4..	1.00± .06						
231.91 29.16	UGC 4804	U	.07± .05	.08	14.61 ±.20				
96.88 -54.25		4.0± .9		.10					
090605.0-013300	PGC 25717		1.00	.03					
090837.5+373717	NGC 2759	.L..-*.	1.00± .19	50	14.0 ±.2	.96± .02			
185.49 42.50	UGC 4795	U	.14± .08	.01	14.16 ±.16	.49± .04			6944± 22
55.75 -28.12		-3.0±1.2		.00		.89			6926
090528.3+374927	PGC 25718		.98		13.98	.52	13.51±1.00		7161

R.A. 2000 DEC.	Names	Type	$\log D_{25}$	p.a.	B_T	$(B-V)_T$	$(B-V)_e$	m_{21}	V_{21}
l b		S_T n_L	$\log R_{25}$	A_g	m_B	$(U-B)_T$	$(U-B)_e$	W_{20}	V_{opt}
SGL SGB		T	$\log A_e$	A_i	m_{FIR}	$(B-V)^o_T$	m'_e	W_{50}	V_{GSR}
R.A. 1950 DEC.	PGC	L	$\log D_o$	A_{21}	B^o_T	$(U-B)^o_T$	m'_{25}	HI	V_{3K}
090838.5+323536		.L?....							
192.24 41.93	MCG 6-20- 32			.02	14.8 ±.3				4299± 13
59.34 -32.09									4260
090535.3+324746	PGC 25719								4534
090842.5+444837		.SA.6..	1.04± .06					15.60±.1	8023± 11
175.73 42.64	UGC 4798	U	.06± .05	.02	14.9 ±.2				
51.09 -22.28		6.0± .8		.08				272± 8	8034
090523.1+450047	PGC 25726		1.04	.03	14.74			.83	8212
090848.2+295149	NGC 2766	.S..2..	1.13± .05	132				15.91±.3	4187± 10
195.85 41.49	UGC 4801	U	.39± .05	.05	14.50 ±.18				4178± 19
61.45 -34.18		2.0± .9		.48				401± 7	4136
090548.1+300400	PGC 25735		1.14	.20	13.93			1.79	4430
090901.6+535056	NGC 2756	.S..3..	1.24± .05	0					
163.59 41.67	UGC 4796	U (1)	.18± .05	.02	13.20 ±.18				4019± 52
45.78 -14.77	IRAS09054+5402	3.0± .8		.25	13.02				4066
090525.0+540306	PGC 25757	2.5±1.1	1.24	.09	12.90				4168
090903.3-675557	NGC 2788	.S..2?/	1.25± .04	114					
284.34 -13.51	ESO 61- 2	RS	.67± .04	.52	13.26 ±.14				1576± 63
191.90 -33.54	IRAS09083-6743	2.0± .9		.82	11.87				1358
090821.0-674342	PGC 25761		1.30	.33	11.90				1724
090920.4+204154		.SB.6?.	1.20± .06	103				15.21±.3	3022± 10
207.52 39.23	UGC 4809	U	.44± .06	.11	14.64 ±.20				
69.41 -40.88		6.0±1.7		.65				199± 7	2937
090629.3+205407	PGC 25780		1.21	.22	13.87			1.12	3293
0909.3 +5453		.SBS6?.	1.21± .05	120				15.08±.1	2433± 11
162.21 41.51	UGC 4800	U	.50± .05	.02	14.64 ±.18				
45.23 -13.87		6.0±1.8		.74				238± 8	2484
0905.7 +5506	PGC 25781		1.21	.25	13.87			.96	2577
090922.6+154746	IC 528	.S..2..	1.17± .05	163	15.00S±.15			15.51±.3	3781± 10
213.38 37.52	UGC 4811	U (1)	.27± .05	.07	14.24 ±.19				3801± 31
74.28 -44.26	MK 1225	2.0± .8		.33				351± 7	3680
090635.8+155959	PGC 25783	4.5±1.1	1.18	.14	14.26		15.04± .31	1.12	4065
090930.0-332044			.95± .21	173					1136± 11
258.62 9.82	ESO 372- 7		.21± .14	1.24				39± 16	
153.12 -54.93									911
090726.1-330830	PGC 25797		1.07						1410
090933.3+330725	NGC 2770	.SAS5*.	1.58± .02	148	12.77 ±.13	.55± .03	.63± .03	13.59±.1	1951± 7
191.57 42.20	UGC 4806	R	.52± .03	.02	12.16 ±.19	-.01± .05	.05± .05	348± 8	1955± 63
59.13 -31.55	IRAS09065+3319	5.0± .5	1.12± .02	.78	12.28	.44	13.86± .03	332± 6	1915
090629.8+331938	PGC 25806		1.59	.26	11.76	-.09	14.24± .18	1.56	2185
090941.9+373605	IC 527	.S?....	1.22± .06					15.44±.3	6889± 11
185.54 42.71	UGC 4810		.05± .06	.01	14.2 ±.3			379± 7	
55.96 -28.00				.08				364± 7	6871
090632.9+374818	PGC 25821		1.22	.03	14.06			1.35	7107
090944.4+071026	NGC 2773	.S?....	.86± .10	83					
223.04 33.92	UGC 4815		.35± .06	.12	15.0 ±.3				5497± 61
84.39 -49.55	IRAS09070+0722			.53	12.00				5364
090704.8+072240	PGC 25825		.87	.18	14.28				5794
090946.6-230033	A 0907-22	.IXS9..	1.11± .04	65	15.32 ±.19	.86± .08	.94± .07	15.90±.2	724± 11
250.65 16.66	ESO 497- 17	PSU (2)	.13± .04	.84	15.64 ±.14	.55± .11	.53± .10	77± 16	
135.11 -57.47	DDO 56	10.0± .4	1.00± .04	.09		.64	15.81± .09	76± 12	513
090732.0-224818	PGC 25827	9.8± .5	1.19	.06	14.59	.37	15.39± .29	1.25	1018
090957.6+621445	NGC 2742A	.SBS3P$	1.19± .05	90					
152.81 39.72	UGC 4803	P	.39± .05	.17	14.03 ±.18				7602± 61
41.23 -7.65	IRAS09059+6227	3.0± .8		.54	12.31				7682
090556.9+622658	PGC 25836		1.21	.19	13.27				7711
0909.9 +7921		.S..9*.	1.11± .14					16.46±.1	2070± 6
133.34 32.79	UGC 4776	U	.15± .12	.02				66± 5	
32.06 6.80		9.0±1.2		.15				36± 5	2211
0903.3 +7934	PGC 25837		1.11	.07					2090
091004.3-330916		.SBS9*.	1.36± .04	156				14.72±.2	1541± 11
258.56 10.04	ESO 372- 8	SU (1)	.26± .05	1.17				147± 16	
152.73 -54.89	IRAS09079-3256	9.2± .5		.26	13.24			138± 12	1317
090800.0-325700	PGC 25842	8.3± .6	1.47	.13					1816
091005.9+543449		.SAT6*.	1.02± .06					15.74±.1	3960± 7
162.59 41.68	UGC 4807	U	.02± .05	.02	14.36 ±.18				3923± 50
45.50 -14.07		6.0± .9		.03				164± 8	4009
090627.9+544702	PGC 25845		1.02	.01	14.29			1.44	4105

R.A. 2000 DEC. / l b / SGL SGB / R.A. 1950 DEC.	Names / PGC	Type / S_T n_L / T / L	$\log D_{25}$ / $\log R_{25}$ / $\log A_e$ / $\log D_o$	p.a. / A_g / A_i / A_{21}	B_T / m_B / m_{FIR} / B^o_T	$(B-V)_T$ / $(U-B)_T$ / $(B-V)^o_T$ / $(U-B)^o_T$	$(B-V)_e$ / $(U-B)_e$ / m'_e / m'_{25}	m_{21} / W_{20} / W_{50} / HI	V_{21} / V_{opt} / V_{GSR} / V_{3K}
0910.1 +4436		.S..3..	1.00± .08						
175.98 42.89	UGC 4814	U (1)	.94± .06	.05					
51.43 -22.30		3.0±1.0		1.30					
0906.8 +4449	PGC 25847	4.5±1.4	1.00	.47					
0910.1 +5024	NGC 2767	.S?....	.64± .17						
168.12 42.39	UGC 4813		.11± .07	.00	14.8 ±.3				4944± 50
47.92 -17.53				.14					4977
0906.7 +5037	PGC 25852		.64	.06	14.65				5109
091011.6-791403		.SBR6*.	1.16± .07	80					
293.48 -20.69	ESO 18- 15	S (1)	.26± .07	.47					
199.67 -24.55		6.0± .9		.39					
091132.0-790142	PGC 25855	6.7± .9	1.20	.13					
0910.2 +5957		.S..6*.	1.08± .06	165					
155.65 40.42	UGC 4808	U	.28± .05	.17	15.4 ±.2				
42.51 -9.55		6.0±1.2		.41					
0906.4 +6010	PGC 25858		1.09	.14					
091020.5+070219	NGC 2775	.SAR2..	1.63± .02	155	11.03M±.10	.90± .01	.96± .01	15.36±.1	1354± 5
223.27 33.99	UGC 4820	R	.11± .03	.11	11.19 ±.13	.38± .01	.47± .01	435± 4	1340± 12
84.69 -49.50		2.0± .3	1.07± .01	.13		.85	12.05± .03	405± 4	1219
090741.1+071435	PGC 25861		1.64	.05	10.84	.33	13.76± .15	4.47	1650
091025.2-232929		.S..0*/	1.21± .04	88					
251.14 16.47	ESO 497- 18	S	.85± .03	.77	15.31 ±.14				
135.96 -57.26		.0±1.3		.64					
090811.0-231712	PGC 25867		1.24						
091032.3+502559	NGC 2769	.S..1..	1.24± .04	146					
168.09 42.44	UGC 4816	U	.62± .05	.00	13.9 ±.2				4820± 13
47.96 -17.48		1.0± .9		.63					4854
090703.4+503814	PGC 25870		1.24	.31	13.22				4986
0910.6 +1928		.SB.8..	1.00± .16	165					3129± 10
209.13 39.12	UGC 4822	U	.33± .12	.10					
70.86 -41.53		8.0± .9		.41					3040
0907.8 +1941	PGC 25874		1.01	.17					3404
091039.8+502244	NGC 2771	PSBR2..	1.35± .04						
168.15 42.47	UGC 4817	U	.08± .05	.00	13.6 ±.3				5053± 38
48.01 -17.51		2.0± .8		.10					5087
090711.0+503459	PGC 25875		1.36	.04	13.44				5219
091042.1+071224	NGC 2777	.S..2$.	.93± .06					15.35±.2	1488± 7
223.14 34.15	UGC 4823	P	.15± .04	.12	14.2 ±.2			173± 8	
84.56 -49.34	IRAS09080+0724	2.0±1.8		.19	13.48				1355
090802.6+072441	PGC 25876		.94	.08	13.91			1.37	1786
0910.8 -0854	A 0908-08	.SXT3*/	1.63± .03	33	11.91 ±.13	.65± .02	.61± .01	13.73±.3	1834± 8
238.92 25.59	MCG -1-24- 1	PUE	.62± .05	.15		.37± .03	.47± .03	551± 9	
109.15 -56.18		2.8± .4	1.14± .01	.85		.49	13.10± .02	510± 7	1654
0908.4 -0842	PGC 25886		1.64	.31	10.90	.25	13.35± .21	2.53	2141
091101.7+132442		.S?....	1.09± .04	80				15.44±.3	8629± 10
216.33 36.95	UGC 4827		.57± .04	.12	14.90 ±.18			454± 13	
77.23 -45.52	IRAS09083+1337			.85	13.50				8518
090817.1+133700	PGC 25892		1.10	.28	13.88			1.27	8917
0911.0 +3205									
193.01 42.35	CGCG 151- 18			.04	15.4 ±.3				12701
60.18 -32.15									12661
0908.0 +3218	PGC 25893								12940
0911.1 +1939		.S..6*.	1.16± .07	5					8982
208.96 39.29	UGC 4828	U	1.00± .06	.10	15.73 ±.18				
70.79 -41.31		6.0±1.4		1.47					8893
0908.3 +1952	PGC 25895		1.17	.50	14.13				9257
0911.3 +1917		.S..2..	1.05± .06	104					
209.43 39.21	UGC 4830	U	.55± .05	.10	15.26 ±.18				
71.19 -41.54		2.0± .9		.68					
0908.5 +1930	PGC 25902		1.06	.28					
0911.3 -1503	A 0908-14	.IBS9*.	1.31± .05	70	14.2 ±.3	.39± .08	.43± .05	14.57±.1	2049± 4
244.36 21.98	MCG -2-24- 1	PE (2)	.08± .05	.15		-.19± .09	-.21± .06	119± 6	
120.29 -57.17	DDO 57	9.5± .6	1.21± .07	.06		.32	15.78± .15	87± 12	1854
0908.9 -1450	PGC 25903	8.8± .6	1.33	.04	14.03	-.24	15.44± .38	.50	2353
091119.9-305220		.IBS9..	1.21± .05	64					
257.01 11.76	ESO 433- 7	S (1)	.32± .05	1.04					
148.84 -55.42	IRAS09092-3039	10.0± .8		.24	13.55				
090913.0-304000	PGC 25905	6.7± .8	1.31	.16					

R.A. 2000 DEC. l b SGL SGB R.A. 1950 DEC.	Names PGC	Type S_T n_L T L	$\log D_{25}$ $\log R_{25}$ $\log A_e$ $\log D_o$	p.a. A_g A_i A_{21}	B_T m_B m_{FIR} B_T^o	$(B-V)_T$ $(U-B)_T$ $(B-V)_T^o$ $(U-B)_T^o$	$(B-V)_e$ $(U-B)_e$ m'_e m'_{25}	m_{21} W_{20} W_{50} HI	V_{21} V_{opt} V_{GSR} V_{3K}
091127.6-144901 244.18 22.15 119.86 -57.12 090905.6-143641	NGC 2781 MCG -2-24- 2 IRAS09091-1436 PGC 25907	.LXR+.. R -1.0± .3 	1.48± .02 .30± .03 .68± .05 1.45	75 .14 .00 	12.53 ±.15 12.46 ±.16 13.42 12.33	.91± .01 .38± .01 .82 .32	.92± .01 .43± .01 11.42± .16 14.06± .21	14.37±.1 431± 6 365± 5 	2025± 7 2007± 49 1830 2329
0911.4 +2848 197.38 41.85 62.82 -34.60 0908.5 +2901	IC 2443 MCG 5-22- 11 PGC 25908	.S?.... 	.82± .13 .00± .07 .82	 .04 .00 .00	 15.04 ±.18 14.93				 10252 10199 10502
091134.3+511518 166.95 42.48 47.62 -16.71 090804.1+512736	 UGC 4824 PGC 25910	.SA.7.. U 7.0± .8 	1.39± .04 .59± .05 1.39	98 .00 .82 .30	 14.25 ±.20 13.42			15.31±.1 246± 8 1.59	2185± 7 2198± 50 2223 2348
091135.5+325056 192.02 42.58 59.72 -31.50 090832.5+330315	 UGC 4831 PGC 25911	.SX.7.. U 7.0± .8 	1.02± .06 .00± .05 1.02	 .00 .00 .00	 15.0 ±.2 15.00				4311± 10 4274 4548
091137.7+600222 155.49 40.56 42.61 -9.40 090745.2+601440	NGC 2768 UGC 4821 PGC 25915	.E.6.*. R -5.0± .3 	1.91± .02 .28± .02 1.33± .03 1.85	95 .17 .00 	10.84M±.10 10.76 ±.12 10.61	.97± .01 .46± .02 .92 .43	.99± .01 .53± .01 13.10± .10 14.68± .17		 1335± 23 1406 1455
091139.8+463814 173.20 43.04 50.41 -20.49 090818.1+465033	A 0908+46 UGC 4829 MK 102 PGC 25917	.S?.... 	.79± .09 .03± .05 .79	 .03 .03 .01	 14.5 ±.2 14.43				 4269± 28 4287 4452
0911.7 +3457 189.18 42.89 58.21 -29.83 0908.7 +3510	 UGC 4834 PGC 25919	.SB.8.. U 8.0± .9 	.98± .09 .26± .06 .99	90 .02 .33 .13					2073± 10 2044 2302
091153.0+161643 213.10 38.26 74.34 -43.49 090906.1+162903	 UGC 4839 PGC 25923	.S..4.. U 4.0±1.0 	1.10± .05 .78± .05 1.10	60 .08 1.14 .39	 15.26 ±.20 13.98			15.98±.3 406± 7 1.61	9272± 10 9171 9555
091154.4-200703 248.66 18.90 129.69 -57.20 090937.0-195442	 ESO 564- 27 IRAS09096-1954 PGC 25926	.S..6*/ SUE 6.3± .7 	1.61± .02 1.09± .03 1.67	168 .56 1.47 .50	 14.39 ±.14 12.95 12.35			13.47±.2 349± 16 332± 12 .62	2178± 11 1973 2478
0912.0 +7145 141.47 36.40 36.27 .47 0907.2 +7158	 UGC 4819 PGC 25937	.S..6*. U 6.0±1.4 	1.11± .07 .83± .06 1.12	175 .09 1.22 .42					
091206.7-152553 244.81 21.89 121.02 -57.02 090945.2-151331	 MCG -2-24- 3 PGC 25938	.S..7*. E (1) 7.0±1.2 6.4± .8	1.12± .06 .38± .05 1.13	91 .14 .52 .19					2057 1861 2362
091209.6+353157 188.41 43.02 57.86 -29.34 090903.6+354417	A 0909+35 UGC 4837 DDO 55 PGC 25940	.S..9?. U (1) 9.0±1.6 9.0±1.4	1.32± .05 .20± .06 .95± .03 1.32	160 .00 .21 .10	14.91 ±.16 14.8 ±.4 14.69	.39± .05 -.06± .07 .33 -.10	.45± .04 -.09± .06 15.15± .07 15.86± .34	14.99±.1 128± 5 108± 6 .20	1879± 5 1853 2107
091213.0-305440 257.17 11.88 148.80 -55.22 091006.0-304218	 ESO 433- 8 PGC 25943	.L..0*/ S -2.0±1.2 	1.30± .05 .79± .03 1.30	166 1.04 .00 					
091215.0+445720 175.49 43.25 51.55 -21.80 090856.1+450940	NGC 2776 UGC 4838 IRAS09089+4509 PGC 25946	.SXT5.. R (2) 5.0± .3 1.9± .6	1.48± .02 .05± .02 1.05± .01 1.48	 .04 .07 .02	12.14 ±.13 11.98 ±.14 11.62 11.94	.52± .01 -.07± .04 .48 -.09	.59± .01 -.06± .04 12.88± .03 14.26± .17	13.56±.1 214± 6 188± 5 1.59	2626± 5 2618± 42 2638 2816
091218.7-241022 251.97 16.35 137.09 -56.74 091005.0-235800	NGC 2784 ESO 497- 23 PGC 25950	.LAS0*. R -2.0± .3 	1.74± .02 .39± .02 .95± .01 1.77	73 .79 .00 	11.30 ±.13 11.15 ±.10 10.41	1.14± .01 .72± .01 .92 .50	1.16± .01 .73± .01 11.54± .04 13.90± .17		 691± 35 478 985
091223.0+122955 217.54 36.87 78.56 -45.84 090939.2+124217	 UGC 4842 PGC 25954	.S..2.. U 2.0± .9 	1.04± .08 .59± .06 1.05	144 .08 .72 .29	 15.15 ±.18 14.26			16.56±.3 526± 7 2.01	8915± 10 8800 9206
091224.6+350139 189.10 43.02 58.27 -29.70 090919.2+351400	NGC 2778 UGC 4840 PGC 25955	.E..... U -5.0± .8 	1.15± .08 .14± .04 .72± .02 1.11	40 .02 .00 	13.35 ±.13 13.10 ±.18 13.21	.93± .01 .50± .03 .91 .51	.96± .01 .52± .03 12.44± .08 13.73± .43		 2019± 26 1991 2249

R.A. 2000 DEC. l b SGL SGB R.A. 1950 DEC.	Names PGC	Type S_T n_L T L	$\log D_{25}$ $\log R_{25}$ $\log A_e$ $\log D_o$	p.a. A_g A_i A_{21}	B_T m_B m_{FIR} B_T^o	$(B-V)_T$ $(U-B)_T$ $(B-V)_T^o$ $(U-B)_T^o$	$(B-V)_e$ $(U-B)_e$ m'_e m'_{25}	m_{21} W_{20} W_{50} HI	V_{21} V_{opt} V_{GSR} V_{3K}
091225.6+095721		.SB.7*.	1.20± .04	98				14.30±.3	2117± 10
220.39 35.78	UGC 4845	U	.42± .05	.21	14.5 ±.2			232± 13	
81.53 -47.39		7.0± .9		.58					1994
090943.9+100943	PGC 25956		1.22	.21	13.70			.39	2412
091237.1-585031			.98± .07						
277.74 -7.13	ESO 126- 1		.12± .06	2.87	14.41 ±.14				2844± 87
183.97 -39.99	IRAS09112-5838				12.06				2616
091117.0-583806	PGC 25964		1.25						3034
091244.6+345535	NGC 2780	.SB?...	.95± .07	150				16.97±.3	1979± 9
189.25 43.08	UGC 4843		.13± .05	.02	14.28 ±.19				2019± 49
58.41 -29.73				.20				283± 5	1951
090939.4+350757	PGC 25967		.95	.07	14.05			2.86	2210
0912.8 +3013	IC 2444	.S?....	.99± .10						
195.59 42.40	MCG 5-22- 12		.05± .07	.03	14.68 ±.19				6534
61.97 -33.34				.04					6486
0909.8 +3026	PGC 25969		.99		14.51				6780
0912.9 +3324		.S..9..	.96± .17	100					3423
191.32 42.94	UGC 4850	U	.15± .12	.03					
59.56 -30.88		9.0± .9		.15					3388
0909.9 +3337	PGC 25972		.96	.07					3659
091300.8+202204		.SB.6*.	1.06± .06	25				15.19±.3	2623± 7
208.28 39.94	UGC 4853	U	.08± .05	.12	14.6 ±.2				
70.53 -40.51		6.0±1.2		.12				78± 7	2537
091010.4+203427	PGC 25973		1.07	.04	14.39			.76	2898
091302.6+493817		.SX.4*.	1.15± .05	170				14.85±.1	3999± 11
169.08 42.95	UGC 4844	U	.10± .05	.01	13.94 ±.18				4017± 50
48.78 -17.90	IRAS09096+4950	4.0± .8		.15	13.52			220± 8	4030
090935.9+495040	PGC 25976		1.15	.05	13.75			1.05	4170
0913.0 +4301		.S..8*.	1.14± .13	40					
178.13 43.48	UGC 4849	U	.39± .12	.00					
52.91 -23.27		8.0±1.2		.48					
0909.8 +4314	PGC 25977		1.14	.20					
091312.2-192431		.IBS9..	1.30± .03	140				14.30±.2	765± 7
248.28 19.59	ESO 564- 30	SUE (2)	.20± .04	.32	14.91 ±.14			123± 16	
128.37 -56.91		9.7± .4		.15				118± 6	561
091054.1-191206	PGC 25983	9.9± .6	1.33	.10	14.44			-.24	1066
0913.2 +3120		.S?....	1.04± .09						
194.11 42.69	MCG 5-22- 14		.00± .07	.02	14.7 ±.3				12458
61.18 -32.43				.00					12415
0910.2 +3133	PGC 25984		1.04		14.48				12701
0913.2 +3147	IC 2445	.SB?...	.91± .07	10					
193.51 42.76	UGC 4854		.18± .05	.02	15.07 ±.18				1900
60.83 -32.09				.27					1859
0910.2 +3200	PGC 25985		.92	.09	14.77				2141
091313.8+031353		.SB.6*.	1.18± .05	63				15.65±.3	3793± 10
227.66 32.75	UGC 4857	U	.29± .05	.10	14.19 ±.19				
90.40 -50.92		6.0±1.2		.43				232± 7	3647
091037.5+032617	PGC 25986		1.19	.15	13.64			1.86	4097
091320.9+173828	A 0910+17		.44± .22						
211.64 39.08	MCG 3-24- 11		.00± .07	.09	16.0 ±.3				7710± 40
73.27 -42.32	ARAK 196								7614
091032.9+175052	PGC 25993		.45						7991
091322.3+192208	A 0910+19	.I..9..	1.19± .05		15.19 ±.15	.30± .07	.35± .06	15.38±.3	3045± 10
209.55 39.69	UGC 4858	U (1)	.04± .05	.10	14.4 ±.4	-.25± .08	-.16± .07		
71.57 -41.14	DDO 58	10.0± .8	.93± .03	.03		.25	15.33± .06	115± 7	2955
091032.7+193433	PGC 25996	9.0±1.0	1.20	.02	14.94	-.29	15.87± .31	.42	3322
091325.0+791114	NGC 2732	.L..../	1.32± .04	67	12.9 ±.3	.96± .03	.98± .02		
133.43 33.01	UGC 4818	R	.42± .03	.02	13.01 ±.12	.52± .06	.56± .06		1973± 23
32.29 6.74		-2.0± .4	.67± .12	.00		.90	11.69± .42		2113
090652.9+792333	PGC 25999		1.26		12.93	.48	13.28± .36		1995
091326.3+525857		.L..-*.	1.04± .08	145					
164.58 42.47	UGC 4851	U	.15± .03	.00	14.11 ±.15				7618± 31
46.85 -15.12		-3.0±1.3		.00					7662
090952.9+531120	PGC 26000		1.02		14.00				7773
091330.5-604722		PSBR3*.	1.06± .06						
279.26 -8.38	ESO 126- 2	r	.03± .05	2.25	13.60 ±.14				2940± 63
185.62 -38.53	FAIR 280	3.3± .9		.04	10.57				2714
091216.0-603454	PGC 26001		1.28	.01	11.29				3122

R.A. 2000 DEC. / l b / SGL SGB / R.A. 1950 DEC.	Names / PGC	Type / S_T n_L / T / L	$\log D_{25}$ / $\log R_{25}$ / $\log A_e$ / $\log D_o$	p.a. / A_g / A_i / A_{21}	B_T / m_B / m_{FIR} / B_T^o	$(B-V)_T$ / $(U-B)_T$ / $(B-V)_T^o$ / $(U-B)_T^o$	$(B-V)_e$ / $(U-B)_e$ / m'_e / m'_{25}	m_{21} / W_{20} / W_{50} / HI	V_{21} / V_{opt} / V_{GSR} / V_{3K}
091330.6+285656	IC 2446	.S..1..	1.15± .05	148				15.53±.3	7934± 10
197.32 42.31	UGC 4855	U	.40± .05	.01	14.65 ±.19				
63.12 -34.20	IRAS09105+2909	1.0± .9		.41				617± 7	7881
091032.1+290920	PGC 26002		1.16	.20	14.13			1.20	8185
091332.5-633740		.SAT2..	1.34± .04	74					
281.37 -10.30	ESO 91- 3	Sr (1)	.17± .05	.76	13.02 ±.14				
188.06 -36.47	FAIR 281	2.2± .5		.21	13.25				
091228.0-632512	PGC 26003	5.0± .6	1.41	.08					
091332.7+295959		.S?....	.52± .20		15.37S±.15				
195.93 42.52	MCG 5-22- 20		.17± .07	.04					6741± 41
62.29 -33.41	IRAS09105+3012			.25	13.40				6692
091033.0+301224	PGC 26004		.52	.09	15.05		12.38±1.01		6988
091333.9+300052		.S?....			16.27S±.15				
195.91 42.53	MCG 5-22- 18			.04					6731± 41
62.28 -33.39	HICK 37D								6682
091034.2+301317	PGC 26005								6978
0913.6 +7035		.SBS2..	1.11± .05	57					
142.72 37.01	UGC 4836	U	.29± .05	.15					
37.00 -.45	7ZW 266	2.0± .9		.36					
0908.9 +7048	PGC 26007		1.13	.15					
091335.9+122626		.S..1?.	.95± .07	77					4905
217.76 37.11	UGC 4861	U	.21± .05	.08	14.2 ±.2				
78.89 -45.65	ARAK 197	1.0±1.8		.21	13.27				4790
091052.2+123851	PGC 26008		.96	.10	13.84				5197
091337.3+295959		.L?....			16.37S±.15				
195.93 42.54	MCG 5-22- 16			.04					7357± 41
62.31 -33.40	HICK 37C								7308
091037.6+301223	PGC 26009								7604
0913.6 +2032		.L?....	.90± .17						
208.13 40.13	MCG 4-22- 28		.00± .07	.10	14.95 ±.16				8410± 58
70.50 -40.28				.00					8325
0910.8 +2045	PGC 26011		.91		14.72				8685
091339.5+295933		.S..3..	1.27± .04	77					
195.94 42.54	UGC 4856	U (1)	.90± .05	.04	15.10 ±.18				6721± 32
62.32 -33.40	HICK 37A	3.0± .9		1.25					6673
091039.9+301158	PGC 26012	4.5±1.3	1.27	.45	13.77				6969
091339.9+295937	NGC 2783	.E.....	1.32± .12	168	13.60S±.15		.95± .01		
195.94 42.55	UGC 4859	U	.13± .08	.04	13.28 ±.17		.46± .02		6696± 21
62.32 -33.40		-5.0± .8	1.13± .10	.00			13.99± .36		6648
091040.2+301202	PGC 26013		1.29		13.32		14.86± .65		6944
0913.6 +6219		.SB.1..	.99± .06	77	*				
152.53 40.11	UGC 4846	U	.30± .05	.15	15.06 ±.18				
41.55 -7.35		1.0± .9		.31					
0909.7 +6232	PGC 26015		1.00	.15					
091344.7-692005	NGC 2836	.SAT4*.	1.42± .04	118	*				
285.72 -14.12	ESO 61- 3	RS	.14± .04	.38	12.64 ±.14				
192.57 -32.19	IRAS09131-6907	4.0± .5		.21	13.28				
091308.0-690736	PGC 26017		1.46	.07					
091344.7+762832	NGC 2748	.SA.4..	1.48± .03	38	12.4 ±.3	.73± .06			
136.25 34.36	UGC 4825	R (1)	.42± .03	.01	12.31 ±.15				1456± 58
33.80 4.48	IRAS09080+7640	4.0± .4		.62	10.82	.64			1587
090802.7+764053	PGC 26018	4.6± .8	1.48	.21	11.69		13.59± .33		1492
091345.4+345014	A 0910+35	.S?....	.64± .17						
189.40 43.27	MCG 6-20- 48		.19± .07	.00	15.6 ±.2				7200± 26
58.66 -29.67				.28					7171
091040.4+350239	PGC 26019		.64	.09	15.29				7431
091349.8-693841	NGC 2822	.E...$.	1.52± .06	90					
285.96 -14.32	ESO 61- 4	R	.17± .05	.41	11.64 ±.14				
192.80 -31.95	IRAS09132-6926			.00	12.92				
091315.0-692612	PGC 26026		1.53						
091353.7-350409		.SBT7*.	1.18± .05	130					2398
260.53 9.33	ESO 372- 9	S (1)	.34± .05	.94					
155.23 -53.43		7.0±1.2		.46					2172
091151.0-345142	PGC 26028	6.7± .9	1.26	.17					2671
091405.5+400652	NGC 2782	.SXT1P.	1.54± .02		12.30 ±.13	.67± .01	.65± .01	14.45±.1	2562± 5
182.15 43.68	UGC 4862	R	.13± .04	.00	12.07 ±.13	-.01± .03	-.03± .01	190± 4	2532± 14
55.01 -25.49	ARP 215	1.0± .3	.89± .02	.13	10.87	.62	12.24± .08	145± 4	2551
091054.1+401918	PGC 26034		1.54	.07	12.02	-.02	14.54± .19	2.36	2770

R.A. 2000 DEC. / l b / SGL SGB / R.A. 1950 DEC.	Names / PGC	Type / S_T n_L / T / L	$\log D_{25}$ / $\log R_{25}$ / $\log A_e$ / $\log D_o$	p.a. / A_g / A_i / A_{21}	B_T / m_B / m_{FIR} / B_T^o	$(B-V)_T$ / $(U-B)_T$ / $(B-V)_T^o$ / $(U-B)_T^o$	$(B-V)_e$ / $(U-B)_e$ / m'_e / m'_{25}	m_{21} / W_{20} / W_{50} / HI	V_{21} / V_{opt} / V_{GSR} / V_{3K}
091412.8+164439	A 0911+16	.SAR2..	1.28± .04					16.09±.1	8368± 6
212.81 38.95	UGC 4864	U (1)	.00± .05	.08	13.7 ±.3			259± 6	8293± 41
74.38 -42.76		2.0± .7		.00				253± 5	8267
091125.6+165706	PGC 26037	4.0± .8	1.28	.00	13.53			2.56	8650
091419.7-024704		.S?....	1.12± .08						7989
233.80 29.79	MCG 0-24- 3		.08± .07	.09	14.6 ±.3				
99.49 -53.36				.09					7825
091148.1-023436	PGC 26043		1.13	.04	14.30				8298
0914.4 +4047		.S..4..	1.02± .06	68					
181.21 43.75	UGC 4863	U	.70± .05	.00					
54.61 -24.91		4.0±1.0		1.03					
0911.2 +4100	PGC 26048		1.02	.35					
091426.3+360645		.SB?...	.94± .11						
187.68 43.54	MCG 6-20- 50		.00± .07	.00	14.82 ±.18				6505± 46
57.86 -28.59				.00					6480
091119.9+361912	PGC 26049		.94		14.72				6731
091434.8+300825		.L...?.	1.38± .07	35					
195.80 42.77	UGC 4869	U	.55± .05	.03	13.98 ±.17				6909± 31
62.38 -33.15	IRAS09115+3020	-2.0±1.6		.00	13.26				6861
091135.1+302053	PGC 26055		1.30		13.85				7157
091437.0-215823		.SBS4?.	1.31± .04	15					
250.58 18.19	ESO 564- 32	S (1)	.75± .04	.52	15.21 ±.14				
133.01 -56.46		4.0±1.2		1.10					
091221.0-214554	PGC 26056	4.4±1.3	1.36	.37					
091437.1-193305		.SXS5..	1.29± .03	118					
248.63 19.75	ESO 564- 31	SE (1)	.50± .03	.36	14.39 ±.14				
128.62 -56.57	IRAS09123-1920	4.5± .6		.75	13.25				
091219.0-192036	PGC 26057	3.3± .9	1.33	.25					
091437.3+360613		.S..3*.	1.04± .06	51					
187.69 43.57	UGC 4866	U (1)	.67± .05	.00	15.48 ±.18				7474± 57
57.90 -28.58	IRAS09114+3618	3.0±1.4		.92	12.75				7450
091131.0+361841	PGC 26058	3.5±1.3	1.04	.33	14.51				7701
091439.1-602601		.SBS4..	1.26± .05	135					
279.09 -8.03	ESO 126- 3	S (1)	.21± .05	2.40	13.38 ±.14				
185.18 -38.68	IRAS09133-6013	4.0± .6		.31	11.40				
091323.1-601330	PGC 26062	4.4± .6	1.49	.11					
091442.1-604443		.SBS7..	1.16± .05						
279.33 -8.24	ESO 126- 4	S (1)	.01± .05	2.31	14.67 ±.14				
185.45 -38.46		6.5± .6		.02					
091327.0-603212	PGC 26066	7.8± .7	1.38	.01					
091443.1+405248		.SXS7..	1.23± .05	85				14.81±.1	2496± 7
181.09 43.81	UGC 4867	U	.10± .05	.00	14.7 ±.3				
54.60 -24.81		7.0± .8		.14				199± 8	2491
091130.7+410516	PGC 26068		1.23	.05	14.51			.25	2705
091447.5+741355	Holmberg III	.SXS7..	1.45± .02	150	13.02S±.07			13.72±.1	1127± 7
138.63 35.48	UGC 4841	R	.09± .03	.02	13.8 ±.4			173± 6	
35.09 2.64	IRAS09093+7426	7.0± .3		.12				165± 12	1251
090934.5+742620	PGC 26071		1.45	.04	12.90		14.89± .15	.78	1176
0914.8 +5322									
164.00 42.61	CGCG 264- 86			.00	14.9 ±.3				8686
46.80 -14.68									8731
0911.3 +5335	PGC 26076								8840
091455.8+465415	A 0911+47	.S.....	1.02± .06	142					
172.76 43.57	UGC 4870	R (1)	.35± .05	.01	14.2 ±.2				4222± 72
50.73 -19.95				.53					4242
091134.4+470643	PGC 26082	3.0±1.3	1.02	.18	13.63				4406
0914.9 +3915	A 0911+39	.SBS9..	1.23± .05	20	15.40 ±.15	.23± .05	.31± .05		
183.34 43.82	UGC 4871	U (1)	.44± .05	.00		-.23± .07	-.26± .07		
55.74 -26.06	DDO 59	9.0± .9	.79± .02	.45			14.84± .05		
0911.7 +3928	PGC 26083	9.0±1.1	1.23	.22			15.29± .30		
0914.9 +4003		.SB.3..	1.29± .04	12					
182.23 43.85	UGC 4872	U	1.00± .05	.00					
55.20 -25.43		3.0± .9		1.38					
0911.8 +4016	PGC 26086		1.29	.50					
091460.0+294349	NGC 2789	.S..0..	1.29± .06						
196.37 42.78	UGC 4875	U	.00± .06	.01	13.2 ±.2				6303± 36
62.79 -33.40	IRAS09120+2956	.0± .8		.00	12.16				6254
091200.8+295618	PGC 26089		1.29		13.11				6553

R.A. 2000 DEC. l b SGL SGB R.A. 1950 DEC.	Names PGC	Type S_T n_L T L	$\log D_{25}$ $\log R_{25}$ $\log A_e$ $\log D_o$	p.a. A_g A_i A_{21}	B_T m_B m_{FIR} B_T^o	$(B-V)_T$ $(U-B)_T$ $(B-V)_T^o$ $(U-B)_T^o$	$(B-V)_e$ $(U-B)_e$ m'_e m'_{25}	m_{21} W_{20} W_{50} HI	V_{21} V_{opt} V_{GSR} V_{3K}
091502.9+194150	NGC 2790		.64± .17						
209.31 40.17	MCG 3-24- 16		.11± .07	.10	15.4 ±.3				7846± 43
71.61 -40.62	MK 1228				13.52				7757
091213.2+195419	PGC 26092		.65						8123
091505.1-281542		.SXT5..	1.27± .04	98					
255.58 14.12	ESO 433- 10	Sr (1)	.12± .05	.86					
144.05 -55.35	IRAS09129-2803	4.8± .4		.18	13.21				
091255.0-280312	PGC 26093	5.0± .6	1.35	.06					
091515.7+405504	NGC 2785	.I..9?.	1.18± .05	120					
181.04 43.91	UGC 4876	U	.46± .05	.00	14.73 ±.18				2737
54.67 -24.71	IRAS09120+4107	10.0±1.7		.34	10.76				2732
091203.4+410733	PGC 26100		1.18	.23	14.38				2946
091517.2+115308	IC 530	.S..2..	1.26± .04	90				15.24±.2	4969± 7
218.61 37.25	UGC 4880	U	.46± .06	.09	13.98 ±.18			497± 13	4899± 76
79.89 -45.66	IRAS09125+1205	2.0± .8		.56				490± 7	4852
091234.1+120538	PGC 26101		1.27	.23	13.28			1.73	5263
0915.3 +4840		.SB.9..	1.04± .06						
170.33 43.44	UGC 4874	U	.09± .05	.01					
49.69 -18.48	VV 131	9.0± .9		.09					
0911.9 +4853	PGC 26104		1.04	.04					
091526.5+312356		.SB.9..	1.24± .06	25				15.27±.3	1877± 7
194.15 43.16	UGC 4878	U	.42± .06	.03					
61.56 -32.08		9.0± .8		.43				145± 7	1834
091225.6+313626	PGC 26108		1.24	.21					2121
091535.2-353850		PSXR0*.	1.24± .07	40					
261.20 9.19	ESO 372- 12	Sr	.24± .06	.96					
155.88 -52.89	IRAS09135-3526	.0± .6		.18	11.48				
091333.0-352618	PGC 26112		1.31						
091536.5-630416	NGC 2842	PSBT0*.	1.19± .05	120	13.41 ±.15	.89± .02	.93± .01		
281.12 -9.75	ESO 91- 4	Sr	.09± .05	.78	13.28 ±.14	.24± .02	.32± .02		2857± 40
187.38 -36.72	FAIR 282	.0± .4	.64± .03	.06	11.71	.67	12.10± .10		2633
091429.0-625142	PGC 26114		1.26		12.45	.10	14.01± .31		3029
091538.7-062711		.L..0P*	1.18± .05	20					6398
237.47 27.98	MCG -1-24- 3	E	.57± .05	.10					
105.58 -54.34	IRAS09131-0614	-2.0±1.3		.00	12.59				6224
091309.8-061439	PGC 26116		1.10						6709
091542.7-864601		.E.2.*.	.99± .05	178					
300.04 -25.20	ESO 6- 6	S	.12± .03	.67	14.53 ±.14				
204.23 -18.34		-5.0± .9		.00					
092523.0-863312	PGC 26121		1.06						
0915.8 +1008		.S..2..	1.00± .06	35					
220.65 36.61	UGC 4884	U	.21± .05	.23	14.54 ±.18				
82.05 -46.61	IRAS09131+1020	2.0± .9		.26					
0913.1 +1020	PGC 26127		1.02	.11					
091554.5+205543	IC 2453								
207.87 40.76	CGCG 121- 46			.13	15.4 ±.3				8959± 50
70.61 -39.63	MK 1229				12.73				8876
091303.7+210815	PGC 26131								9235
091557.0-651347		.SXT7?.	1.14± .05	178					
282.75 -11.20	ESO 91- 6	S (1)	.54± .04	.70	15.53 ±.14				
189.15 -35.12		7.0±1.1		.74					
091458.0-650112	PGC 26133	7.8± .9	1.21	.27					
091601.7+174919	IC 2454	.S..1?.	1.06± .06					17.59±.3	8622± 10
211.72 39.74	UGC 4886	U	.02± .05	.06	14.12 ±.18				
73.67 -41.72	IRAS09132+1801	1.0±1.7		.02	13.53			266± 7	8527
091313.7+180151	PGC 26139		1.06	.01	13.93			3.65	8905
091601.8+173528	NGC 2794	.SB?...	1.08± .04		13.99 ±.14	.84± .02	.93± .02		
212.00 39.66	UGC 4885		.01± .06	.07	13.86 ±.18				8760±141
73.91 -41.88			.76± .02	.01		.77	13.28± .07		8664
091313.9+174800	PGC 26140		1.08	.00	13.81		14.20± .28		9043
091603.6+525025		.IA.9..	1.22± .06	85					
164.66 42.89	UGC 4879	U	.11± .06	.01	13.78 ±.19				600± 50
47.27 -15.01	VV 124	10.0± .8		.08					643
091231.3+530256	PGC 26142		1.22	.06	13.69				757
091604.2+173746	NGC 2795	.E.....	1.15± .15	170					
211.95 39.68	UGC 4887	U	.14± .08	.07	13.81 ±.15				8561± 32
73.88 -41.88		-5.0± .8		.00					8465
091316.4+175018	PGC 26143		1.12		13.62				8844

R.A. 2000 DEC. l b SGL SGB R.A. 1950 DEC.	Names PGC	Type S_T n_L T L	$\log D_{25}$ $\log R_{25}$ $\log A_e$ $\log D_o$	p.a. A_g A_i A_{21}	B_T m_B m_{FIR} B_T^o	$(B-V)_T$ $(U-B)_T$ $(B-V)_T^o$ $(U-B)_T^o$	$(B-V)_e$ $(U-B)_e$ m'_e m'_{25}	m_{21} W_{20} W_{50} HI	V_{21} V_{opt} V_{GSR} V_{3K}
091604.4-090907		PSBT2P*	1.21± .05	160					1680
239.99 26.48	MCG -1-24- 4	E	.19± .05	.07					
110.16 -54.99		2.0±1.2		.24					1499
091337.7-085634	PGC 26144		1.22	.10					1991
091604.5+674529	A 0911+67	.S?....	.62± .11						
145.88 38.38	CGCG 311- 34		.11± .12	.16	15.8 ±.2				9414± 38
38.75 -2.69	MK 103			.16					9515
091141.9+675759	PGC 26145		.64	.05	15.41				9497
091611.1+061957		.SB.6*.	1.00± .06	55				15.21±.3	3678± 10
224.86 34.93	UGC 4890	U	.21± .05	.04	14.62 ±.18				
86.84 -48.68		6.0±1.2		.31				200± 7	3543
091332.3+063230	PGC 26150		1.01	.11	14.25			.86	3981
091611.3-161847	NGC 2811	.SBT1..	1.40± .03	20	12.23 ±.13	.96± .01	1.02± .01		
246.21 22.10	MCG -3-24- 3	R	.46± .03	.13	12.79 ±.16	.59± .02	.60± .01		2514± 56
122.77 -56.11	IRAS09138-1606	1.0± .4	.83± .02	.47	13.56	.83	11.87± .07		2317
091350.3-160614	PGC 26151		1.41	.23	11.83	.48	12.92± .20		2821
0916.2 +7916	A 0909+79	.S..6*.	1.00± .08	106					
133.26 33.08	UGC 4847	U	.94± .06	.02					
32.35 6.88		6.0±1.4		1.38					
0909.7 +7929	PGC 26154		1.00	.47					
091619.6-233804	NGC 2815	.SBR3*.	1.54± .02	10	12.81 ±.14	.93± .01	1.01± .01	14.25±.2	2540± 8
252.17 17.40	ESO 497- 32	R (2)	.49± .03	.64	12.73 ±.11	.47± .02	.56± .02	586± 9	2560± 66
135.91 -55.90	IRAS09140-2325	3.0± .5	.88± .02	.68	12.57	.68	12.70± .06	556± 7	2329
091405.0-232530	PGC 26157	3.0± .7	1.60	.25	11.42	.25	14.16± .19	2.58	2838
091631.3-173549		.SB.7?.	1.21± .05	110					5030
247.33 21.35	MCG -3-24- 4	E (1)	.70± .05	.15					
125.09 -56.10		7.0±1.8		.96					4830
091411.4-172315	PGC 26168	5.3±1.6	1.22	.35					5336
0916.6 +0716		.S..4..	1.08± .06	122					
223.91 35.48	UGC 4900	U	.22± .05	.09	14.40 ±.18				
85.74 -48.07		4.0± .9		.33					
0914.0 +0729	PGC 26173		1.08	.11					
091641.1+185746	NGC 2802	.S?....	1.04± .09						
210.39 40.29	UGC 4897		.28± .07	.09					8753± 34
72.68 -40.84				.21					8662
091352.1+191020	PGC 26177		1.03						9033
0916.7 +3054	NGC 2796	.S..1?.	1.06± .08	80					
194.87 43.35	UGC 4893	U	.21± .06	.04					6951± 19
62.19 -32.28		1.0±1.7		.21					6906
0913.7 +3107	PGC 26178		1.06	.10					7198
091643.3+594620	A 0912+59	.S?....	.89± .11						
155.58 41.25	MCG 10-13- 71		.52± .07	.15					4230± 63
43.30 -9.26	MK 19			.78					4301
091253.5+595853	PGC 26180		.90	.26					4354
091643.5+185716	NGC 2803	.S?....	1.08± .09						
210.40 40.29	UGC 4898		.00± .07	.09					8858± 34
72.69 -40.84				.00					8767
091354.6+190950	PGC 26181		1.09						9139
0916.7 +1950									
209.31 40.59	CGCG 91- 45			.09	15.24 ±.18				8622± 58
71.83 -40.24									8534
0913.9 +2003	PGC 26182								8901
091644.3+195606	NGC 2801	.SAS5..	1.06± .06	35				16.36±.3	7720± 10
209.19 40.62	UGC 4899	U	.06± .05	.09	14.7 ±.2				7576± 47
71.74 -40.17		5.0± .9		.09				203± 7	7627
091354.5+200840	PGC 26183		1.06	.03	14.45			1.88	7992
091646.1+532634	A 0913+53	.P.....	.60± .17		14.6 ±.2	.44± .03	.45± .02	16.52±.1	2203± 10
163.83 42.87	UGCA 154	R	.21± .09	.04	15.1 ±.4	-.30± .06	-.32± .05	184± 6	2208± 35
47.00 -14.46	MK 104	99.0	.36± .03				11.94± .07	163± 5	2249
091312.8+533907	PGC 26188		.61						2358
091646.7+342554	NGC 2793	.SBS9P.	1.10± .03					15.09±.1	1681± 5
190.05 43.85	UGC 4894	R	.07± .03	.00	13.55 ±.15			129± 6	1677± 40
59.51 -29.59	IRAS09137+3438	9.0± .4		.07	13.27			112± 5	1650
091342.6+343828	PGC 26189		1.10	.04	13.48			1.57	1915
091647.7-264900	NGC 2821	.S..4*/	1.31± .03	100					
254.73 15.36	ESO 497- 34	S	.66± .03	.67	13.87 ±.14				
141.44 -55.29	IRAS09145-2636	4.0±1.2		.97	11.90				
091436.0-263624	PGC 26192		1.37	.33					

R.A. 2000 DEC.	Names	Type	$\log D_{25}$	p.a.	B_T	$(B-V)_T$	$(B-V)_e$	m_{21}	V_{21}
l b		S_T n_L	$\log R_{25}$	A_g	m_B	$(U-B)_T$	$(U-B)_e$	W_{20}	V_{opt}
SGL SGB		T	$\log A_e$	A_i	m_{FIR}	$(B-V)^o_T$	m'_e	W_{50}	V_{GSR}
R.A. 1950 DEC.	PGC	L	$\log D_o$	A_{21}	B^o_T	$(U-B)^o_T$	m'_{25}	HI	V_{3K}
0916.8 +8002		.I..9..	1.10± .07	95					
132.46 32.71	UGC 4852	U	.33± .06	.03	15.09 ±.20				
31.94 7.53		10.0± .8		.25					
0910.0 +8015	PGC 26195		1.10	.17					
091649.8+201155	NGC 2804	.L.....	1.35± .07	60	13.9 ±.3	1.05± .05	1.06± .02		
208.87 40.73	UGC 4901	U	.04± .05	.08	13.2 ±.2	.45± .08	.49± .04		8117± 31
71.51 -39.98		-2.0± .8	.79± .11	.00		.95	13.29± .38		8030
091359.8+202430	PGC 26196		1.35		13.24	.47	15.35± .47		8394
091649.8+272926		.S..3..	1.07± .06	163				15.90±.3	7073± 9
199.47 42.72	UGC 4895	U (1)	.46± .05	.03	14.88 ±.18				
64.98 -34.80		3.0± .9		.64				444± 5	7015
091353.1+274200	PGC 26197	3.5±1.2	1.08	.23	14.16			1.51	7331
0916.8 +0034									
230.92 32.15	CGCG 6- 25			.06	15.3 ±.6				8503± 58
94.87 -51.38									8349
0914.3 +0047	PGC 26202								8812
091658.5+161812		.S..6*.	1.03± .08					16.22±.3	11913± 10
213.66 39.40	UGC 4907	U	.11± .06	.07	14.8 ±.2				
75.43 -42.55		6.0±1.2		.16				185± 7	11812
091411.8+163047	PGC 26209		1.03	.05	14.57			1.60	12200
0917.0 +2645		.S?....							
200.45 42.60	MCG 5-22- 32			.05	15.4 ±.3				7333
65.64 -35.30									7272
0914.1 +2658	PGC 26215								7593
091705.3+252546		.L...?.	1.20± .09	157					
202.20 42.29	UGC 4902	U	.27± .05	.09	13.84 ±.15				1531± 97
66.79 -36.25	MK 1230	-2.0±1.7		.00	13.10				1465
091410.5+253821	PGC 26218		1.17		13.73				1795
091706.6+200415	NGC 2809	.L.....	1.10± .04		13.97 ±.14	.96± .02	1.02± .01		
209.06 40.75	UGC 4910	U	.02± .05	.08	13.72 ±.15				7983
71.69 -40.01		-2.0± .8	.71± .03	.00		.86	13.01± .11		7896
091416.7+201650	PGC 26220		1.11		13.65		14.31± .26		8261
091710.6-044512	NGC 2817	.SXT5..	1.30± .05	140					
236.13 29.27	MCG -1-24- 6	E (1)	.07± .05	.11					
103.04 -53.42	IRAS09146-0432	5.0± .8		.11	13.50				
091440.5-043236	PGC 26223	3.1± .8	1.31	.04					
0917.2 +3657		.S..9..	1.17± .09	38					4098
186.57 44.16	UGC 4903	U	.57± .05	.00					
57.75 -27.59		9.0± .9		.58					4077
0914.1 +3710	PGC 26224		1.17	.28					4323
0917.2 +3200		.S..3..	.87± .10	25					
193.40 43.63	UGC 4908	U (1)	.11± .06	.01	15.35 ±.19				
61.43 -31.38		3.0± .9		.15					
0914.2 +3213	PGC 26225	3.5±1.2	.87	.06					
0917.2 +2008									
208.99 40.80	CGCG 91- 55			.08	14.9 ±.3				9095± 58
71.65 -39.95									9009
0914.4 +2021	PGC 26226								9373
091722.9+420002	NGC 2798	.SBS1P.	1.41± .02	160	13.04 ±.16	.72± .05	.68± .03	14.92±.1	1739± 7
179.53 44.30	UGC 4905	R	.42± .03	.00	12.94 ±.12	-.01± .11	-.03± .11	316± 6	1734± 24
54.29 -23.61	IRAS09141+4212	1.0± .4	.60± .04	.43	9.89	.63	11.53± .13	251± 4	1739
091409.5+421237	PGC 26232		1.41	.21	12.53	-.07	13.91± .21	2.19	1945
091729.4-003719		.S..4..	1.02± .06	119					
232.20 31.64	UGC 4915	U	.64± .05	.11	15.2 ±.2				
96.73 -51.76	IRAS09149-0024	4.0± .9		.95	13.23				
091456.0-002442	PGC 26234		1.03	.32					
091729.8+255757		.L?....	.83± .10					15.60±.3	6538± 9
201.53 42.51	UGC 4912		.17± .03	.05	14.8 ±.2				6538± 50
66.41 -35.80	IRAS09145+2610			.00	13.32			385± 5	6474
091434.6+261033	PGC 26235		.81		14.69				6801
091731.0-625303		.SBS6..	1.27± .05	177					
281.13 -9.47	ESO 91- 7	S (1)	.26± .05	.78	13.85 ±.14				
187.03 -36.70	IRAS09163-6240	6.0± .5		.38	13.30				
091622.1-624024	PGC 26236	5.9± .5	1.34	.13					
091731.5+415939	NGC 2799	.SBS9$.	1.27± .03	125				14.80±.3	1755± 17
179.54 44.32	UGC 4909	R	.58± .03	.00	14.32 ±.18			330± 34	1863± 23
54.31 -23.60	KUG 0914+422B	9.0± .9		.60				340± 25	1792
091418.1+421215	PGC 26238		1.27	.29	13.72			.79	1999

R.A. 2000 DEC. l b SGL SGB R.A. 1950 DEC.	Names PGC	Type S_T n_L T L	$logD_{25}$ $logR_{25}$ $logA_e$ $logD_o$	p.a. A_g A_i A_{21}	B_T m_B m_{FIR} B_T^o	$(B-V)_T$ $(U-B)_T$ $(B-V)_T^o$ $(U-B)_T^o$	$(B-V)_e$ $(U-B)_e$ m'_e m'_{25}	m_{21} W_{20} W_{50} HI	V_{21} V_{opt} V_{GSR} V_{3K}
0917.6 -0755		.S?....	1.15± .08						7545
239.15 27.52	MCG -1-24- 7		.88± .07	.12					
108.27 -54.29				1.30					7368
0915.2 -0743	PGC 26245		1.16	.44					7857
091740.3+525940	A 0914+53	.S..1..	1.30± .04	48					
164.39 43.09	UGC 4906	U	.59± .05	.01	13.5 ±.2				2322± 50
47.38 -14.75		1.0± .8		.60					2366
091408.1+531216	PGC 26246		1.30	.29	12.89				2479
0917.7 +1953	NGC 2813	.L.....	1.11± .10	145					
209.35 40.83	UGC 4916	U	.06± .05	.09	14.5 ±.2				
71.99 -40.03		-2.0± .9		.00					
0914.9 +2006	PGC 26252		1.12						
091751.2-001645	IC 531	PSBT2?.	1.24± .04	60					
231.92 31.90	UGC 4923	UE	.53± .04	.08	14.44 ±.19				
96.29 -51.53	IRAS09152-0004	1.7± .7		.65	13.34				
091517.5-000407	PGC 26258		1.24	.26					
091753.0-222120	NGC 2835	.SBT5..	1.82± .01	8	11.01 ±.17	.49± .02	.61± .01	11.98±.1	888± 5
251.41 18.51	ESO 564- 35	R (2)	.18± .02	.44	11.08 ±.12	-.12± .06	-.03± .03	207± 6	876± 58
133.58 -55.67	IRAS09156-2208	5.0± .3	1.44± .03	.27	11.44	.35	13.70± .07	192± 6	679
091537.1-220842	PGC 26259	1.8± .3	1.86	.09	10.34	-.22	14.51± .19	1.55	1189
0918.0 -1205	Hydra A	PLA.-*.	.87± .12		13.9 ±.2	1.03± .06	1.04± .02		
242.93 25.09	MCG -2-24- 7	PE	.00± .05	.19			.41± .10		16141± 34
115.41 -55.13		-2.5± .7	1.17± .07	.00		.83	15.24± .21		15953
0915.6 -1153	PGC 26269		.89		13.46		13.11± .63		16452
091809.5+161157	NGC 2819	.E.....	1.15± .15						
213.92 39.62	UGC 4924	U	.04± .08	.07	13.78 ±.16				
75.79 -42.41		-5.0± .8		.00					
091522.9+162435	PGC 26274		1.15						
091812.3-182633		.SBR5..	1.23± .03	68					
248.30 21.11	ESO 564- 36	SE (1)	.13± .03	.22	14.17 ±.14				
126.62 -55.73		4.6± .5		.19					
091553.0-181354	PGC 26276	3.9± .6	1.25	.06					
091813.2-322858		.S.4*P/	1.36± .05	148					
259.23 11.76	ESO 433- 12	S	.69± .05	1.05					
150.66 -53.52	IRAS09161-3216	3.7±1.0		1.02	13.18				
091607.0-321618	PGC 26278		1.46	.35					
091814.4+453912	A 0915+45	.SXT5..	1.13± .05	5	14.47 ±.15	.78± .04			
174.42 44.26	UGC 4919	U (1)	.13± .05	.00	14.20 ±.18				8096± 59
52.02 -20.62		5.0± .8		.19		.70			8111
091455.8+455150	PGC 26282	2.7± .8	1.13	.06	14.13		14.65± .32		8287
091816.1+475655		.S..6*.	.89± .08						
171.24 44.02	UGC 4917	U	.06± .05	.01	15.28 ±.19				
50.56 -18.77		6.0±1.3		.08					
091453.8+480933	PGC 26283		.89	.03					
0918.2 +7420	A 0913+74	.S.....	1.10± .05	27					
138.37 35.64	UGC 4883	R	.30± .05	.04	13.2 ±.3				
35.22 2.87				.45					
0913.1 +7433	PGC 26284		1.10	.15					
091820.1+174514		.S..7..	1.23± .05	78				14.90±.3	3011± 10
212.05 40.23	UGC 4925	U	.90± .05	.05	15.29 ±.18				
74.23 -41.36		7.0± .9		1.24				206± 7	2916
091532.3+175753	PGC 26287		1.23	.45	13.99			.46	3296
0918.3 +6948		.S..2..	1.25± .04	145					
143.40 37.71	UGC 4896	U	.62± .05	.12	14.71 ±.18				
37.77 -.88		2.0± .9		.76					
0913.8 +7001	PGC 26289		1.26	.31					
091826.1+161820		.S?....	.82± .13						
213.82 39.72	MCG 3-24- 43		.23± .07	.05	15.38 ±.19				8968± 45
75.74 -42.29	MK 704			.31					8867
091539.5+163059	PGC 26292		.82	.11	14.95				9256
0918.5 +4933		.S..6*.	1.06± .06	26					
169.02 43.84	UGC 4921	U	.78± .05	.01					
49.59 -17.45		6.0±1.4		1.15					
0915.1 +4946	PGC 26294		1.06	.39					
091832.2+734531	IC 529	.SAS5*.	1.56± .02	145	12.62S±.11			13.70±.1	2260± 5
138.99 35.93	UGC 4888	PU	.34± .04	.03	12.04 ±.18			325± 6	2091± 63
35.56 2.40	IRAS09134+7358	5.3± .6		.51	12.57			303± 5	2380
091327.0+735807	PGC 26295		1.57	.17	11.91		14.44± .19	1.62	2310

R.A. 2000 DEC. l b SGL SGB R.A. 1950 DEC.	Names PGC	Type S_T n_L T L	$\log D_{25}$ $\log R_{25}$ $\log A_e$ $\log D_o$	p.a. A_g A_i A_{21}	B_T m_B m_{FIR} B_T^o	$(B\text{-}V)_T$ $(U\text{-}B)_T$ $(B\text{-}V)_T^o$ $(U\text{-}B)_T^o$	$(B\text{-}V)_e$ $(U\text{-}B)_e$ m'_e m'_{25}	m_{21} W_{20} W_{50} HI	V_{21} V_{opt} V_{GSR} V_{3K}
091835.6+343310		.S?....	1.15± .05	154				15.14±.2	6375± 7
189.94 44.23	UGC 4926	(1)	.68± .05	.00	15.27 ±.18			496± 13	6571± 68
59.75 -29.26	IRAS09156+3445			.94				491± 7	6346
091531.7+344549	PGC 26300	4.5±1.3	1.15	.34	14.29			.51	6612
091835.9+523046	NGC 2800	.E.....	1.15± .15	15					
165.00 43.33	UGC 4920	U	.19± .08	.01	13.81 ±.15				7622± 31
47.79 -15.06		-5.0± .8		.00					7664
091505.0+524325	PGC 26302		1.09		13.68				7782
091836.5+475219		.SA.9..	1.50± .03	55	13.87S±.10			14.45±.1	1991± 6
171.34 44.09	UGC 4922	U	.33± .03	.00	14.4 ±.5			248± 5	
50.66 -18.80		9.0± .7		.34				237± 12	2015
091514.3+480458	PGC 26304		1.50	.16	13.55		15.40± .18	.74	2173
091836.9-380041	NGC 2845	.SAR0*.	1.30± .04	67	12.92 ±.15	1.23± .03	1.24± .02		
263.35 8.00	ESO 314- 10	BSr	.30± .05	1.12	13.67 ±.14	.78± .06	.82± .04		
158.96 -51.36	IRAS09166-3747	.3± .4	1.13± .04	.22			14.06± .14		
091637.0-374800	PGC 26306		1.39				13.53± .29		
0918.7 +1349		.S..0..	.96± .09	165					
216.82 38.82	UGC 4931	U	.12± .06	.10	14.67 ±.18				
78.46 -43.81		.0± .9		.09					
0916.0 +1402	PGC 26310		.96						
091852.1-384518		.SAT0..	1.06± .06	25					
263.93 7.52	ESO 314- 11	r	.26± .06	1.20	15.11 ±.14				
159.99 -51.00		-.1± .8		.19					
091653.0-383236	PGC 26318		1.16						
091854.6+500115		.L..-?.	.94± .13	135					
168.37 43.83	UGC 4927	U	.04± .05	.00	14.54 ±.15				
49.36 -17.04		-3.0±1.7		.00					
091528.7+501355	PGC 26323		.94						
0918.9 +5119		.SBS4..	1.04± .06						
166.59 43.61	UGC 4928	U	.06± .05	.00	14.9 ±.2				
48.56 -15.99		4.0± .9		.09					
0915.5 +5132	PGC 26329		1.04	.03					
091902.3+261610	NGC 2824	.L.....	.97± .04	160	14.23 ±.13	.90± .01	.94± .01		
201.24 42.92	UGC 4933	U	.17± .05	.07	14.44 ±.16	.41± .03	.45± .03		2759± 31
66.46 -35.34	MK 394	-2.0± .9	.34± .03	.00	13.06	.84	11.42± .08		2696
091607.0+262850	PGC 26330		.95		14.20	.39	13.53± .27		3022
091910.3+201442		.S..3..	1.09± .06	147				17.52±.3	9020± 9
209.05 41.26	UGC 4938	U (1)	.63± .05	.08	15.29 ±.18				9000± 58
71.95 -39.54		3.0± .9		.87				544± 5	8934
091620.4+202723	PGC 26335	4.5±1.3	1.10	.31	14.28			2.93	9299
091912.0+485805		.S..6*.	.91± .07	115					
169.81 44.04	UGC 4930	U	.18± .05	.01	15.26 ±.18				
50.05 -17.86		6.0±1.3		.26					
091548.1+491046	PGC 26338		.92	.09					
091917.4+340029	NGC 2823	.SB.1..	.96± .07	30					
190.72 44.32	UGC 4935	U	.25± .05	.00	15.46 ±.19				7092± 56
60.29 -29.58		1.0± .9		.25					7060
091614.3+341310	PGC 26340		.96	.12	15.12				7329
091918.9+691211	NGC 2787	.LBR+..	1.50± .04	117	11.82 ±.14	1.06± .02	1.10± .01	14.32±.2	696± 8
144.05 38.05	UGC 4914	R	.19± .04	.17	11.84 ±.12	.67± .02	.69± .02	371± 6	649± 25
38.18 -1.33	IRAS09148+6924	-1.0± .3	.91± .03	.00		.99	11.86± .08	358± 5	797
091449.7+692450	PGC 26341		1.48		11.65	.60	13.70± .27		768
091923.1+334427	NGC 2825	.S..1*/	.98± .06						
191.09 44.31	MCG 6-21- 10	P	.45± .05	.00	15.27 ±.18				7847± 68
60.51 -29.77		1.0±1.3		.46					7814
091620.2+335708	PGC 26345		.98	.22	14.72				8086
091925.1+333719	NGC 2826	.L..+*/	1.18± .05	143					
191.26 44.30	UGC 4939	PU	.73± .03	.00	14.65 ±.17				6263± 68
60.60 -29.85		-.7± .7		.00					6229
091622.3+335001	PGC 26346		1.07		14.56				6502
0919.4 +2655									
200.40 43.16	CGCG 151- 58			.05	15.3 ±.3				8102
65.98 -34.81									8042
0916.5 +2708	PGC 26347								8363
0919.4 +5106		.S..8*.	1.19± .05	140				15.46±.1	546± 11
166.87 43.73	UGC 4932	U	.60± .05	.00	15.17 ±.19				
48.76 -16.12		8.0±1.2		.73				117± 8	583
0916.0 +5119	PGC 26351		1.19	.30	14.43			.73	713

R.A. 2000 DEC. / l b / SGL SGB / R.A. 1950 DEC.	Names / PGC	Type / S_T n_L / T / L	$\log D_{25}$ / $\log R_{25}$ / $\log A_e$ / $\log D_o$	p.a. / A_g / A_i / A_{21}	B_T / m_B / m_{FIR} / B_T^o	$(B-V)_T$ / $(U-B)_T$ / $(B-V)_T^o$ / $(U-B)_T^o$	$(B-V)_e$ / $(U-B)_e$ / m'_e / m'_{25}	m_{21} / W_{20} / W_{50} / HI	V_{21} / V_{opt} / V_{GSR} / V_{3K}
0919.5 +0553		.SBR3..	1.12± .07	30					
225.83 35.44	UGC 4946	U	.18± .06	.09	14.7 ±.3				
88.09 -48.21		3.0± .8		.25					
0916.9 +0606	PGC 26357		1.13	.09					
0919.5 +5052		.S..3..	1.02± .06	4					
167.18 43.78	UGC 4934	U (1)	.88± .05	.00	15.79 ±.19				
48.92 -16.30		3.0±1.0		1.22					
0916.1 +5105	PGC 26363	3.5±1.4	1.02	.44					
091936.0+332541		.S?....	.82± .13						
191.53 44.32	MCG 6-21- 12		.00± .07	.00	15.42 ±.18				7089± 68
60.78 -29.97				.00					7054
091633.5+333823	PGC 26366		.82		15.31				7329
091937.2+272721		.SX.2..	1.06± .06	58				16.98±.3	7767± 9
199.70 43.32	UGC 4940	U	.24± .05	.05	14.59 ±.18				
65.56 -34.40		2.0± .9		.29				447± 5	7709
091640.8+274003	PGC 26368		1.06	.12	14.17			2.69	8027
091941.9+334412	NGC 2830	.SB.0*/	1.13± .05	112				17.14±.3	6105± 10
191.11 44.37	UGC 4941	R	.64± .03	.00	15.27 ±.18			482± 13	6237± 68
60.57 -29.73		.0± .5		.48				470± 10	6074
091639.1+335654	PGC 26371		1.10		14.71				6347
0919.7 +7506		.S?....	.97± .10						
137.50 35.35	MCG 13- 7- 22		.37± .07	.01					
34.87 3.55				.28					
0914.4 +7519	PGC 26373		.95						
091946.1+334438	NGC 2831	.E.0...	1.14± .10						
191.10 44.39	MCG 6-21- 13	R	.00± .10	.00					5116± 28
60.57 -29.71		-5.0± .5		.00					5083
091643.3+335720	PGC 26376		1.14						5355
091946.5+334502	NGC 2832	.E+2.*.	1.37± .07	160	12.87 ±.13	1.00± .01	1.02± .01		
191.09 44.39	MCG 6-21- 15	R	.10± .06	.00	12.49 ±.18	.51± .02	.59± .01		6869± 20
60.57 -29.71		-4.0± .3	.93± .03	.00		.93	13.01± .10		6836
091643.7+335745	PGC 26377		1.35		12.64	.55	14.49± .38		7108
0919.8 -1214	A 0917-12	.IBS9P.	1.23± .05	50				14.44±.1	1946± 6
243.34 25.33	MCG -2-24- 11	PE (2)	.09± .05	.16				67± 7	
115.80 -54.75	DDO 60	10.0± .6		.07				49± 12	1758
0917.4 -1202	PGC 26378	8.8± .7	1.24	.04					2259
0919.8 +6709		.S..4..	1.07± .07	138					
146.39 38.95	UGC 4929	U	1.09± .06	.15					
39.39 -2.98		4.0±1.0		1.47					
0915.6 +6722	PGC 26381		1.08	.50					
091954.2+325600		.SB?...	1.04± .06	5					
192.23 44.32	UGC 4947		.33± .05	.00	15.12 ±.18				14922± 60
61.22 -30.31	IRAS09168+3308			.49	12.21				14885
091652.3+330843	PGC 26382		1.04	.16	14.55				15164
091954.8-685435		.SAT5*.	1.26± .04	108					
285.77 -13.43	ESO 61- 8	S (1)	.50± .04	.40	13.47 ±.14				
191.76 -32.14	IRAS09192-6841	5.0± .9		.75	13.46				
091912.0-684148	PGC 26383	4.4±1.0	1.30	.25					
091955.4+005642			.81± .11						
231.02 32.99	CGCG 6- 29		.24± .06	.07	15.40 ±.13				5331± 34
94.88 -50.53	MK 1232								5179
091720.8+010926	PGC 26385		.81						5642
091958.1+371127	IC 2461	.S..3..	1.37± .04	143					
186.28 44.72	UGC 4943	U (1)	.75± .05	.00	14.8 ±.2				2265± 19
58.06 -27.06	IRAS09168+3724	3.0± .9		1.04	12.72				2246
091651.4+372410	PGC 26390	3.5±1.2	1.37	.38	13.77				2491
0919.9 +0055									
231.06 32.99	CGCG 6- 30			.07	15.3 ±.6				5169± 34
94.93 -50.53									5017
0917.4 +0108	PGC 26392								5481
0920.0 +3305		.S..4..	1.04± .06	144					
192.02 44.37	UGC 4949	U	.78± .05	.00					
61.12 -30.17		4.0±1.0		1.15					
0917.0 +3318	PGC 26397		1.04	.39					
092002.1+010217		.E...*.	1.28± .07	15	13.5 ±.2	.92± .03	.98± .01		
230.95 33.07	UGC 4956	UE	.17± .05	.07	13.41 ±.17				5125± 34
94.77 -50.47		-4.7± .6	.97± .06	.00		.86	13.84± .22		4974
091727.5+011501	PGC 26398		1.24		13.30		14.45± .43		5437

R.A. 2000 DEC. l b SGL SGB R.A. 1950 DEC.	Names PGC	Type S_T n_L T L	$\log D_{25}$ $\log R_{25}$ $\log A_e$ $\log D_o$	p.a. A_g A_i A_{21}	B_T m_B m_{FIR} B_T^o	$(B-V)_T$ $(U-B)_T$ $(B-V)_T^o$ $(U-B)_T^o$	$(B-V)_e$ $(U-B)_e$ m'_e m'_{25}	m_{21} W_{20} W_{50} HI	V_{21} V_{opt} V_{GSR} V_{3K}
092008.7+390948		.S..1..	.95± .07	62					
183.51 44.83	UGC 4950	U	.27± .05	.00	15.04 ±.18				
56.69 -25.51		1.0± .9		.28					
091659.6+392231	PGC 26403		.95	.13					
092009.7-163134	NGC 2848	.SXS5*.	1.43± .03	30	12.35 ±.15	.53± .03	.61± .01	13.62±.1	2044± 11
247.04 22.70	MCG -3-24- 7	R (3)	.21± .03	.14	12.7 ±.2	-.11± .05	-.01± .03	201± 16	2157± 46
123.27 -55.18	IRAS09178-1618	5.0± .5	1.17± .03	.32	12.48	.44	13.69± .08	192± 12	1852
091748.6-161849	PGC 26404	4.3± .5	1.45	.11	11.98	-.17	13.84± .22	1.53	2360
092013.1-601354		.SBS9..	1.03± .09						
279.43 -7.39		S (1)	.17± .08	2.78					
184.39 -38.33		9.0± .9		.17					
091854.3-600107	PGC 26406	10.0± .9	1.29	.08					
092013.3+084731		.S..7*.	1.24± .11	152				15.44±.3	8475± 10
222.76 36.97	UGC 4957	U	.96± .12	.13	15.32 ±.18				
84.58 -46.50		7.0±1.3		1.33				387± 7	8348
091732.7+090016	PGC 26407		1.25	.48	13.83			1.13	8778
0920.3 +2517		.S..8..	.96± .17	100					6461± 10
202.64 42.96	UGC 4955	U	.29± .12	.11					
67.56 -35.85		8.0± .9		.36					6394
0917.4 +2530	PGC 26409		.97	.15					6728
092020.4+640612	NGC 2805	.SXT7..	1.80± .02	125	11.52 ±.15	.49± .06	.54± .02	12.39±.0	1734± 4
150.01 40.19	UGC 4936	R	.12± .03	.17	11.5 ±.3		-.14± .03	118± 4	1699± 32
41.17 -5.46		7.0± .3	1.63± .03	.17		.42	15.16± .07	97± 5	1821
091617.1+641855	PGC 26410		1.82	.06	11.18		15.06± .19	1.16	1837
092022.0-075254		.S..3?.	1.21± .05	155					3448
239.55 28.09	MCG -1-24- 10	E (1)	.31± .05	.10					
108.51 -53.63	IRAS09178-0740	3.0±1.7		.43	12.85				3271
091754.2-074008	PGC 26411	5.3±1.6	1.22	.16					3762
0920.4 +3614		.S..7*.	1.19± .05	122					2184
187.63 44.74	UGC 4953	U	.65± .05	.00					
58.83 -27.73		7.0±1.3		.90					2161
0917.3 +3627	PGC 26412		1.19	.33					2414
092026.5+712418	A 0915+71	.S...$.	.32± .18						
141.50 37.15		R	.26± .12	.09					3530± 38
37.01 .54	MK 105								3644
091543.1+713700	PGC 26416		.33						3595
0920.4 +0704		.S..4..	.91± .07					17.35±.3	5539± 11
224.69 36.21	UGC 4959	U	.03± .05	.13	14.66 ±.18			185± 7	
86.76 -47.39		4.0± .9		.04				162± 7	5406
0917.8 +0717	PGC 26418		.93	.01	14.46			2.88	5844
092030.4-162945	NGC 2851	.LA.0*.	1.09± .06	5					
247.07 22.78	MCG -3-24- 8	E	.40± .05	.14					
123.22 -55.09		-2.0±1.3		.00					
091809.3-161659	PGC 26422		1.05						
092036.3+333902	NGC 2839	.E?....							
191.26 44.55	MCG 6-21- 23			.00	15.22 ±.18				7942± 68
60.80 -29.67									7908
091733.8+335147	PGC 26425								8182
0920.6 -1234	A 0918-12	.IXS9..	1.34± .05	170	14.8 ±.2	.45± .05	.53± .04	14.76±.1	1904± 6
243.77 25.28	MCG -2-24- 12	PE (2)	.14± .05	.14		-.34± .07	-.26± .06	92± 7	
116.43 -54.60	DDO 61	9.5± .6	.95± .05	.10		.37	15.05± .12	79± 12	1715
0918.2 -1221	PGC 26429	9.5± .7	1.36	.07	14.56	-.40	16.03± .33	.13	2217
092040.9+150602		.SB.1..	1.11± .05					16.78±.2	8652± 7
215.54 39.76	UGC 4962	U	.02± .05	.08	14.4 ±.3			198± 7	
77.48 -42.64		1.0± .8		.02				187± 5	8547
091755.4+151847	PGC 26431		1.12	.01	14.17			2.60	8944
0920.7 +1816		.L.....	1.04± .18						
211.68 40.94	UGC 4963	U	.32± .08	.03					
74.21 -40.59		-2.0± .9		.00					
0917.9 +1829	PGC 26433		.99						
092046.4-080325		.SXT5*.	1.13± .06	155					5892
239.78 28.07	MCG -1-24- 12	E (1)	.25± .05	.10					
108.85 -53.59		5.0± .9		.37					5714
091818.6-075038	PGC 26440	3.1±1.2	1.14	.12					6207
0920.8 +2808		.SB?...	.82± .13						
198.86 43.72	MCG 5-22- 41		.12± .07	.03	15.35 ±.18				7605
65.23 -33.72				.18					7549
0917.9 +2821	PGC 26442		.82	.06	15.09				7863

R.A. 2000 DEC. / l b / SGL SGB / R.A. 1950 DEC.	Names / PGC	Type / S_T n_L / T / L	$\log D_{25}$ / $\log R_{25}$ / $\log A_e$ / $\log D_o$	p.a. / A_g / A_i / A_{21}	B_T / m_B / m_{FIR} / B^o_T	$(B-V)_T$ / $(U-B)_T$ / $(B-V)^o_T$ / $(U-B)^o_T$	$(B-V)_e$ / $(U-B)_e$ / m'_e / m'_{25}	m_{21} / W_{20} / W_{50} / HI	V_{21} / V_{opt} / V_{GSR} / V_{3K}
0920.8 +2852		.S..8*.	1.00± .16	173					
197.86 43.87	UGC 4964	U	.73± .12	.04	15.79 ±.18				6541± 57
64.63 -33.18		8.0±1.4		.89					6488
0917.9 +2905	PGC 26443		1.00	.36	14.84				6797
092052.6+352206	NGC 2840	.SBT4..	1.02± .06						
188.86 44.78	UGC 4960	U	.06± .05	.01	14.61 ±.18				7477± 19
59.55 -28.33	IRAS09178+3534	4.0± .9		.09	13.34				7450
091748.1+353452	PGC 26445		1.02	.03	14.45				7711
092100.8-331136		.SA.3?/	1.38± .04	72					
260.17 11.69	ESO 372- 16	S	.74± .05	1.08					
151.46 -52.73	IRAS09189-3258	3.2± .5		1.02	12.69				
091855.0-325848	PGC 26455		1.48	.37					
092105.7+241820		.S?....	1.00± .06	60				16.53±.3	8015± 10
203.99 42.88	UGC 4965		.60± .05	.10	15.39 ±.19			435± 13	8024±125
68.59 -36.41				.90					7945
091812.4+243107	PGC 26461		1.01	.30	14.35			1.88	8285
092108.2-315330		.SBS5*.	1.20± .05	9					
259.23 12.61	ESO 433- 15	S (1)	.12± .05	.83					
149.41 -53.11	IRAS09190-3140	5.0±1.1		.19	13.74				
091901.1-314042	PGC 26463	5.6± .8	1.28	.06					
092110.8+455319		.S?....	.67± .10						
174.03 44.74	MCG 8-17- 84		.00± .06	.00	15.0 ±.2				1860±125
52.30 -20.12				.00					1876
091752.4+460605	PGC 26465		.67	.00	14.99				2051
092112.8+641505	NGC 2814	.S..3*.	1.08± .04	179	14.3 ±.2	.56± .04		17.30±.4	1634± 10
149.79 40.22	UGC 4952	RC	.59± .03	.16	14.3 ±.3	-.17± .05			1673± 42
41.16 -5.28	IRAS09170+6428	3.0±1.8		.81	13.00	.40			1724
091709.2+642750	PGC 26469		1.09	.29	13.32	-.28	13.08± .29	3.68	1739
092115.6+030909	IC 534	.S..3..	1.24± .06	148				14.78±.2	3517± 6
228.98 34.44	UGC 4968	U (1)	.86± .06	.10	14.94 ±.18			271± 7	
92.05 -49.21		3.0± .9		1.19				253± 5	3372
091839.4+032157	PGC 26471	4.5±1.3	1.25	.43	13.63			.72	3827
0921.2 +6924		.S..6*.	1.15± .05	93					
143.72 38.12	UGC 4944	U	.87± .05	.17	15.67 ±.18				
38.21 -1.06		6.0±1.4		1.28					
0916.8 +6937	PGC 26472		1.16	.44					
0921.3 +1813		.SB?...	1.04± .09	122					
211.81 41.06	MCG 3-24- 51		.28± .07	.05	14.75 ±.18				8833± 79
74.38 -40.52				.35					8740
0918.5 +1826	PGC 26474		1.04	.14	14.33				9119
092124.3+193359		.S..3..	1.11± .07	93				16.98±.3	8600± 9
210.13 41.54	UGC 4969	U (1)	.95± .06	.09	15.80 ±.18				
73.07 -39.61		3.0±1.0		1.31				525± 5	8512
091835.2+194647	PGC 26482	4.5±1.3	1.12	.48	14.34			2.17	8883
092127.5-115435	NGC 2855	RSAT0..	1.39± .02	130	12.63 ±.13	.98± .01	1.01± .01		
243.33 25.85	MCG -2-24- 15	R	.05± .04	.16	12.29 ±.19	.47± .02	.52± .02		1910± 40
115.35 -54.29	IRAS09190-1141	.0± .3	.74± .01	.04	13.32	.92	11.82± .03		1723
091902.7-114146	PGC 26483		1.40		12.29	.43	14.28± .20		2224
092128.1-223006	A 0919-22	.IBS9./	1.40± .03	27				13.62±.2	849± 11
252.10 19.03	ESO 565- 1	PSU (2)	.63± .04	.28	14.87 ±.14			134± 16	
133.72 -54.83	DDO 62	9.8± .4		.47				120± 12	640
091912.0-221718	PGC 26484	9.3±1.0	1.43	.31	14.12			-.82	1152
092129.5+641411	IC 2458	.I.0.P*	.67± .11		15.4 ±.2	.40± .04		12.75±.1	1534± 8
149.79 40.26	MCG 11-12- 5	P	.36± .06	.16	15.5 ±.3	-.64± .06		379± 6	1448± 41
41.20 -5.28	7ZW 276	90.0		.27		.29		324± 5	1619
091726.1+642657	PGC 26485		.67		14.98	-.70	12.70± .61		1634
0921.6 +7508		.S..7*.	1.11± .05	165					
137.39 35.44	UGC 4937	U	.25± .05	.00	14.9 ±.2				
34.95 3.65		7.0±1.2		.34					
0916.3 +7521	PGC 26489		1.11	.12					
092143.2+713236	A 0917+71	.S?....	.98± .05	145	14.6 ±.3	.37± .05	.44± .02		
141.29 37.18	UGC 4951		.12± .05	.07	14.66 ±.18	-.35± .08	-.26± .04		3525± 29
37.01 .71	MK 20		.51± .07	.18		.31	12.59± .16		3639
091659.6+714522	PGC 26492		.99	.06	14.38	-.39	14.04± .42		3589
0921.7 +3932		.S..6*.	1.20± .05	105				15.95±.1	2408± 11
182.99 45.14	UGC 4970	U	.97± .05	.00					
56.69 -25.03		6.0±1.3		1.43				230± 8	2398
0918.6 +3945	PGC 26495		1.20	.49					2626

R.A. 2000 DEC. / l b / SGL SGB / R.A. 1950 DEC.	Names / PGC	Type / S_T n_L / T / L	$\log D_{25}$ / $\log R_{25}$ / $\log A_e$ / $\log D_o$	p.a. / A_g / A_i / A_{21}	B_T / m_B / m_{FIR} / B^o_T	$(B-V)_T$ / $(U-B)_T$ / $(B-V)^o_T$ / $(U-B)^o_T$	$(B-V)_e$ / $(U-B)_e$ / m'_e / m'_{25}	m_{21} / W_{20} / W_{50} / HI	V_{21} / V_{opt} / V_{GSR} / V_{3K}
092147.1+641529	NGC 2820	.SBS5P/	1.61± .02	59	13.28S±.06	.49± .05		13.05±.1	1579± 5
149.75 40.28	UGC 4961	R	.92± .03	.16	13.16 ±.18			370± 7	1581± 42
41.21 -5.24	IRAS09177+6428	5.0± .5		1.37	11.58	.27		324± 6	1666
091743.7+642816	PGC 26498		1.63	.46	11.73		13.90± .14	.87	1682
092148.1+400907	NGC 2844	.SAR1*.	1.19± .03	13	13.75 ±.13	.80± .01		15.49±.1	1486± 10
182.12 45.15	UGC 4971	R	.31± .03	.00	13.55 ±.13			319± 6	1495± 13
56.27 -24.54	IRAS09186+4021	1.0± .6		.32	13.61	.73		310± 5	1482
091838.0+402155	PGC 26501		1.19	.16	13.31		13.74± .23	2.03	1705
092151.6+332407		.L...*.	1.08± .11	0	14.20 ±.16	.99± .03	1.02± .01		
191.65 44.78	UGC 4972	U	.11± .05	.00	14.37 ±.16				7160± 68
61.22 -29.68		-2.0±1.1	.66± .05	.00		.91	12.99± .15		7125
091849.4+333655	PGC 26504		1.06		14.18		14.18± .57		7401
0922.0 -1138		.I..9..	1.07± .06	135					
243.19 26.12	MCG -2-24- 16	E (1)	.13± .05	.17					
114.94 -54.11		10.0± .9		.10					
0919.6 -1126	PGC 26511	9.8± .8	1.08	.06					
092201.8+505831	NGC 2841	.SAR3*.	1.91± .01	147	10.09M±.10	.87± .01	.93± .01	12.05±.0	638± 3
166.94 44.15	UGC 4966	R (1)	.36± .02	.00	10.12 ±.14	.34± .02	.44± .01	604± 4	635± 20
49.18 -15.98		3.0± .3	1.40± .02	.50	10.87	.80	12.54± .06	596± 4	674
091834.9+511119	PGC 26512	.5± .9	1.91	.18	9.60	.27	13.57± .12	2.27	807
092204.5+715042	NGC 2810	.E.....	1.23± .14		13.24 ±.15	1.01± .02	1.06± .01		
140.94 37.06	UGC 4954	U	.00± .08	.12	13.18 ±.15				3562± 31
36.86 .97		-5.0± .8	.81± .05	.00		.95	12.78± .16		3677
091718.9+720328	PGC 26514		1.25		13.04		14.38± .73		3625
0922.1 +0353		.SA.7..	1.20± .06						4135± 10
228.34 35.00	UGC 4978	U	.13± .06	.13	14.4 ±.4				
91.22 -48.67		7.0± .8		.18					3992
0919.5 +0406	PGC 26517		1.22	.06	14.05				4445
092207.6-094506		.SAT7*.	1.11± .06	125					
241.54 27.31	MCG -2-24- 17	E (1)	.13± .05	.16					
111.78 -53.68		7.0±1.2		.18					
091941.1-093216	PGC 26518	6.4± .8	1.13	.07					
092210.5+335058		.L...*.	1.18± .15	0	14.26 ±.15	.99± .01	1.00± .01		
191.03 44.90	UGC 4974	U	.09± .08	.00	14.15 ±.18				7017± 28
60.93 -29.30		-2.0±1.1	.54± .04	.00		.91	12.45± .12		6984
091907.9+340347	PGC 26520		1.17		14.11		14.79± .78		7257
0922.2 +7547		.I..9..	1.10± .07					16.02±.1	659± 6
136.68 35.14	UGC 4945	U	.04± .07	.00				42± 5	
34.60 4.20		10.0± .8		.03				34± 5	788
0916.8 +7600	PGC 26522		1.10	.02					700
0922.2 -0747		.SBS8*.	1.14± .08	140					
239.80 28.52		E (1)	.19± .08	.10					
108.59 -53.16		8.0±1.3		.23					
0919.8 -0735	PGC 26525	7.5± .8	1.15	.09					
0922.3 +0442		.SB.3*.	1.00± .06	172					
227.51 35.45	UGC 4980	U	.39± .05	.12	14.81 ±.18				
90.18 -48.22		3.0± .9		.53					
0919.7 +0455	PGC 26528		1.01	.19					
092224.9+471437	A 0919+47	.L?....	.56± .12						
172.10 44.80	MCG 8-17- 86		.04± .06	.00	15.77 ±.18				9100± 26
51.60 -18.91	MK 109			.00					9121
091904.7+472727	PGC 26531		.55		15.63				9286
092225.2-610259		.SBR3*.	1.24± .05	145					
280.21 -7.78	ESO 126- 10	S (1)	.42± .05	2.59	13.87 ±.14				
184.90 -37.57	IRAS09211-6050	3.0±1.2		.59	12.00				
092108.0-605006	PGC 26532	3.3±1.3	1.48	.21					
092234.3+463927		.SX.7*.	.97± .07	120					
172.91 44.90	UGC 4976	U	.22± .05	.00	15.29 ±.19				
52.01 -19.36		7.0±1.3		.31					
091915.1+465217	PGC 26538		.97	.11					
0922.6 +3640		.I..9*.	1.00± .16	135					
187.06 45.21	UGC 4979	U	.14± .12	.00					
58.89 -27.12		10.0±1.2		.10					
0919.5 +3653	PGC 26540		1.00	.07					
0922.6 +5014		.S..6*.	1.08± .06	31					
167.94 44.38	UGC 4975	U	.87± .05	.00					
49.72 -16.51		6.0±1.4		1.28					
0919.2 +5027	PGC 26541		1.08	.44					

R.A. 2000 DEC. l b SGL SGB R.A. 1950 DEC.	Names PGC	Type S_T n_L T L	$\log D_{25}$ $\log R_{25}$ $\log A_e$ $\log D_o$	p.a. A_g A_i A_{21}	B_T m_B m_{FIR} B_T^o	$(B-V)_T$ $(U-B)_T$ $(B-V)_T^o$ $(U-B)_T^o$	$(B-V)_e$ $(U-B)_e$ m'_e m'_{25}	m_{21} W_{20} W_{50} HI	V_{21} V_{opt} V_{GSR} V_{3K}
0922.6 +2157		.SXS3..	1.21± .05	177				15.33±.3	10180± 10
207.20 42.56	UGC 4985	U	.42± .05	.13	14.54 ±.20				
71.04 -37.79	IRAS09197+2210	3.0± .9		.58	13.12			549± 7	10101
0919.7 +2210	PGC 26542		1.22	.21	13.75			1.37	10457
0922.6 +6052		.S..4..	.95± .05						
153.88 41.60	UGC 4973	U	.03± .04	.12	14.79 ±.18				
43.27 -7.94		4.0± .9		.04					
0918.8 +6105	PGC 26543		.96	.01					
0922.8 +2919		.SXS5..	.93± .07						
197.36 44.39	UGC 4983	U	.11± .05	.00	15.2 ±.2				
64.64 -32.55		5.0± .9		.17					
0919.9 +2932	PGC 26553		.93	.06					
092254.9+030925	NGC 2858	.S..0..	1.23± .05	117					
229.23 34.79	UGC 4989	U	.30± .05	.09	13.62 ±.18				
92.35 -48.85		.0± .8		.22					
092018.8+032217	PGC 26556		1.22						
0922.9 +0125									
231.03 33.89	CGCG 6- 35			.09	15.2 ±.6				5192± 58
94.75 -49.64									5041
0920.4 +0138	PGC 26560								5505
092300.9-322659	IC 2469	.SBT2..	1.67± .02	36					
259.92 12.51	ESO 433- 17	SUr (1)	.66± .04	.83					
150.09 -52.57	IRAS09208-3214	2.0± .3		.81	13.03				
092054.0-321406	PGC 26561	4.4±1.1	1.75	.33					
092303.0+443314		.S..8*.	1.06± .06	4					
175.86 45.20	UGC 4982	U	.53± .05	.04	14.2 ±.2				2691± 50
53.46 -20.97	IRAS09198+4446	8.0±1.3		.65	13.40				2701
091947.1+444606	PGC 26563		1.06	.27	13.55				2889
092314.3+400953	NGC 2852	.SXR1$.	.93± .08						
182.10 45.43	UGC 4986	R	.02± .06	.00	14.09 ±.19				1835± 49
56.49 -24.36		1.0± .4		.02					1828
092004.4+402245	PGC 26571		.93	.01	14.05				2052
092315.3+344404		.SX.9..	1.04± .06	70				16.46±.3	1571± 10
189.81 45.21	UGC 4988	U	.11± .05	.00	15.3 ±.3			142± 14	1607± 60
60.45 -28.49		9.0± .9		.11					1543
092011.9+345656	PGC 26575		1.04	.05	15.17			1.23	1809
092316.1-004338		.SXS4*.	1.16± .04	130					
233.24 32.79	UGC 4996	UE (1)	.48± .04	.09	14.21 ±.18				
97.86 -50.49		4.0± .7		.71					
092042.8-003045	PGC 26576	4.2± .8	1.17	.24					
0923.2 +7203		.S..1..	1.01± .06						
140.65 37.05	UGC 4967	U	.07± .05	.08	14.73 ±.19				
36.82 1.20		1.0± .9		.07					
0918.5 +7216	PGC 26579		1.02	.03					
092317.1+401200	NGC 2853	.LB..*.	1.23± .05	25					
182.05 45.44	UGC 4987	R	.28± .03	.00	14.29 ±.17				1776± 49
56.48 -24.33		-2.0± .4		.00					1769
092007.2+402452	PGC 26580		1.19		14.26				1993
0923.3 +0134									
230.94 34.06	CGCG 6- 37			.09	15.4 ±.6				7742± 58
94.62 -49.48									7592
0920.8 +0147	PGC 26589								8055
092324.1-634844	NGC 2887	.LAS-?.	1.32± .05	78	12.77 ±.13	1.10± .01	1.14± .01		
282.27 -9.64	ESO 91- 9	S	.14± .04	.87	12.51 ±.14		.63± .04		2907± 27
187.26 -35.58		-3.0±1.1	.87± .02	.00		.87	12.61± .07		2684
092216.0-633548	PGC 26592		1.42		11.73		13.92± .30		3079
0923.4 +5430		.S..9?.	1.02± .06	140					
162.10 43.59	UGC 4984	U	.17± .05	.03					
47.18 -13.02		9.0±1.7		.17					
0919.9 +5443	PGC 26599		1.02	.08					
092330.8-230948	NGC 2865	.E.3+..	1.39± .02		12.57 ±.14	.91± .01	.90± .01		
252.96 18.94	ESO 498- 1	R	.13± .03	.29	12.35 ±.11	.41± .03	.42± .02		2611± 13
134.79 -54.31		-5.0± .3	.62± .03	.00		.82	11.16± .11		2401
092115.1-225654	PGC 26601		1.40		12.10	.36	14.19± .20		2915
092334.9+244550		.S..2..	1.02± .06	33				15.63±.3	7597± 10
203.59 43.55	UGC 4994	U	.39± .05	.08	14.93 ±.18				
68.67 -35.69		2.0± .9		.48				474± 7	7529
092041.4+245843	PGC 26606		1.02	.19	14.29			1.14	7867

R.A. 2000 DEC. l b SGL SGB R.A. 1950 DEC.	Names PGC	Type S_T n_L T L	$logD_{25}$ $logR_{25}$ $logA_e$ $logD_o$	p.a. A_g A_i A_{21}	B_T m_B m_{FIR} B^o_T	$(B-V)_T$ $(U-B)_T$ $(B-V)^o_T$ $(U-B)^o_T$	$(B-V)_e$ $(U-B)_e$ m'_e m'_{25}	m_{21} W_{20} W_{50} HI	V_{21} V_{opt} V_{GSR} V_{3K}
092336.2+020813	NGC 2861	.SBR4..	1.18± .04						5134± 10
230.40 34.41	UGC 4999	UE (1)	.04± .04	.08	13.52 ±.19				
93.87 -49.17	IRAS09210+0220	3.5± .6		.06	13.15				4986
092100.8+022107	PGC 26607	1.9± .8	1.19	.02	13.35				5447
092336.4-265249		.S..3?/	1.17± .04	33					
255.84 16.44	ESO 498- 3	S	.59± .03	.47	14.17 ±.14				
141.05 -53.79	IRAS09213-2639	3.0±1.7		.81	12.19				
092124.0-263954	PGC 26608		1.22	.29					
092347.6-253813		.LAT0..	1.36± .05	144					
254.92 17.32	ESO 498- 4	S	.22± .04	.64	13.31 ±.14				
138.97 -53.95		-2.5± .5		.00					
092134.1-252518	PGC 26624		1.41						
092347.7+421104		.S..6*.	1.06± .06	0					
179.21 45.48	UGC 4992	U	1.01± .05	.02	15.7 ±.2				
55.18 -22.73		6.0±1.5		1.47					
092035.3+422357	PGC 26625		1.06	.50					
092348.2-383002		.L..+?/	1.02± .05	78					
264.43 8.39	ESO 315- 5	S	.56± .03	1.07	16.24 ±.14				
158.98 -50.23		-1.0±1.8		.00					
092148.0-381706	PGC 26626		1.04						
092402.9+491214	NGC 2854	.SBS3..	1.22± .04	50				14.84±.1	2741± 11
169.31 44.78	UGC 4995	U	.41± .05	.02	13.82 ±.18				2732± 50
50.57 -17.20	IRAS09206+4925	3.0± .9		.56				284± 8	2770
092039.8+492508	PGC 26631		1.22	.20	13.22			1.41	2919
0924.1 +6833		.S..3..	1.06± .06	146					
144.55 38.72	UGC 4981	U (1)	.47± .05	.21	14.70 ±.19				
38.90 -1.61	IRAS09197+6846	3.0± .9		.65	13.73				
0919.7 +6846	PGC 26639	2.5±1.2	1.08	.24					
0924.2 +6201		.SB.6*.	.99± .05	175					
152.36 41.37	UGC 4990	U	.31± .04	.13	15.14 ±.18				
42.74 -6.90		6.0±1.3		.46					
0920.3 +6214	PGC 26642		1.00	.16					
0924.2 +1107		.S..6*.	1.00± .08	30					
220.69 38.89	UGC 5003	U	.33± .06	.10	14.88 ±.18				
82.63 -44.36		6.0±1.3		.49					
0921.5 +1120	PGC 26643		1.01	.17					
092416.7+491453	NGC 2856	.S?....	1.05± .04	134					
169.24 44.81	UGC 4997		.36± .04	.02	14.1 ±.2				2638± 50
50.57 -17.14	IRAS09208+4927			.54	11.31				2667
092053.6+492748	PGC 26648		1.05	.18	13.50				2816
092418.9+343046	NGC 2859	RLBR+..	1.63± .02	85	11.83 ±.13	.93± .01	.96± .01	17.22±.3	1687± 8
190.16 45.40	UGC 5001	R	.05± .02	.00	11.54 ±.12	.47± .02	.53± .02		1659± 18
60.81 -28.51		-1.0± .3	1.02± .02	.00		.91	12.42± .07	167± 6	1652
092116.0+344341	PGC 26649		1.62		11.65	.47	14.72± .17		1921
092422.0+281734		.SB?...	.87± .06	170				16.56±.3	6518± 10
198.86 44.52	UGC 5002		.20± .04	.03	14.99 ±.19			281± 13	6486±125
65.78 -33.07	IRAS09214+2830			.29	13.53				6463
092125.4+283030	PGC 26650		.88	.10	14.64			1.82	6778
092425.7-412339		.L..+*/	1.01± .06	102					
266.57 6.42	ESO 315- 7	S	.34± .04	1.42	15.47 ±.14				
162.88 -48.86		-1.0±1.3		.00					
092229.0-411042	PGC 26653		1.10						
0924.4 +7632		.E?....							
135.81 34.87	MCG 13- 7- 27			.07	15.2 ±.3				1544± 82
34.28 4.88	7ZW 277								1675
0918.9 +7645	PGC 26654								1582
092430.1+221624		.I..9..	1.16± .13					15.37±.3	3839± 7
206.96 43.07	UGC 5005	U	.09± .12	.10					
71.12 -37.25		10.0± .8		.07				111± 7	3761
092139.0+222920	PGC 26659		1.17	.04					4117
092430.3-374510		.SAT0*.	1.08± .05						
263.99 9.01	ESO 315- 6	Sr	.03± .04	.99	14.54 ±.14				
157.84 -50.41		-.5± .5		.00					
092229.0-373212	PGC 26660		1.17						
092431.7-631441		.SXS4..	1.00± .05	35					
281.96 -9.15	ESO 91- 12	S (1)	.03± .04	2.02	15.19 ±.14				
186.66 -35.88		4.0± .9		.04					
092321.0-630142	PGC 26662	5.6±1.2	1.19	.02					

R.A. 2000 DEC. l b SGL SGB R.A. 1950 DEC.	Names PGC	Type S_T n_L T L	$\log D_{25}$ $\log R_{25}$ $\log A_e$ $\log D_o$	p.a. A_g A_i A_{21}	B_T m_B m_{FIR} B_T^o	$(B\text{-}V)_T$ $(U\text{-}B)_T$ $(B\text{-}V)_T^o$ $(U\text{-}B)_T^o$	$(B\text{-}V)_e$ $(U\text{-}B)_e$ m'_e m'_{25}	m_{21} W_{20} W_{50} HI	V_{21} V_{opt} V_{GSR} V_{3K}
092433.9+343937		.I..9*.	1.12± .07	130				16.84±.2	1843± 7
189.95 45.47	UGC 5004	U	.15± .06	.00				151± 14	1890± 60
60.74 -28.37		10.0±1.2		.12				106± 7	1815
092130.9+345233	PGC 26663		1.12	.08					2083
092438.0+492120	NGC 2857	.SAS5..	1.35± .04		12.9 ±.2	.63± .05	.72± .02	14.83±.1	4887± 7
169.07 44.85	UGC 5000	R (1)	.05± .05	.01	13.8 ±.3			158± 7	4864± 59
50.55 -17.02	ARP 1	5.0± .3	1.19± .05	.07		.59	14.31± .12	142± 6	4917
092114.8+493416	PGC 26666	1.8± .8	1.35	.02	13.08		14.37± .30	1.73	5065
092439.5+173940	A 0921+17		.64± .17		15.4 ±.2	.57± .06		16.81±.3	4021± 13
212.88 41.61	MCG 3-24- 55		.28± .07	.10	15.7 ±.3	-.18± .09		249± 21	4200±110
75.64 -40.27	MK 398							238± 11	3928
092152.2+175236	PGC 26668		.65						4313
092440.1+250648	IC 536	.S..1?.	1.08± .06	23				17.13±.3	8186± 9
203.21 43.87	UGC 5006	U	.71± .05	.08	15.39 ±.18				
68.58 -35.27		1.0±2.0		.73				576± 5	8119
092146.5+251944	PGC 26669		1.08	.36	14.48			2.29	8456
092441.2-250534	A 0922-24	.SXS4P.	1.13± .04	155	13.96 ±.14	.87± .02	.82± .01		
254.65 17.84	ESO 498- 5	PS (2)	.09± .03	.42	14.23 ±.14				2413± 59
138.00 -53.83	IRAS09224-2452	4.3± .5	.91± .02	.14	13.48	.74	14.00± .05		2200
092227.0-245236	PGC 26671	2.0± .5	1.17	.05	13.52		14.22± .26		2714
0924.7 +2001		.S..6*.	1.04± .06	150					4277± 10
209.90 42.42	UGC 5009	U	.11± .05	.12	14.8 ±.2				
73.31 -38.73		6.0±1.2		.16					4191
0921.9 +2014	PGC 26673		1.05	.05	14.54				4561
092453.3+410336	NGC 2860	.SB.1..	1.16± .05	108					
180.81 45.73	UGC 5007	U	.40± .05	.01	14.64 ±.18				4247
56.13 -23.47	IRAS09216+4116	1.0± .9		.41	12.40				4243
092142.6+411633	PGC 26685		1.16	.20	14.16				4461
092455.3+264638	NGC 2862	.S?....	1.40± .03	114				14.54±.2	4096± 5
200.97 44.32	UGC 5010		.66± .04	.04	13.77 ±.18			601± 6	4156± 76
67.17 -34.06	IRAS09219+2659			.99				593± 5	4036
092200.2+265935	PGC 26690		1.40	.33	12.72			1.49	4362
092502.0-371011		.S..5*/	1.30± .05	51					
263.65 9.50	ESO 372- 23	S	.95± .05	.99					
156.94 -50.54		4.5± .9		1.43					
092300.0-365712	PGC 26699		1.39	.48					
0925.0 +6432			.69± .15	116					
149.23 40.50	MCG 11-12- 9		.16± .07	.15	15.5 ±.2				5369± 57
41.34 -4.81									5458
0921.0 +6445	PGC 26700		.70						5472
0925.0 +6434			.82± .13						
149.19 40.48	MCG 11-12- 10		.36± .07	.15	15.0 ±.3				5021± 57
41.32 -4.79									5110
0921.0 +6447	PGC 26701		.83						5123
0925.1 +6824		.I..9*.	1.21± .06	80					
144.67 38.87	UGC 4998	U	.29± .06	.17	15.0 ±.3				
39.07 -1.68		10.0±1.1		.22					
0920.8 +6837	PGC 26705		1.23	.14					
092512.3-064950	IC 2471	.L..0P*	1.04± .07	45					
239.41 29.68	MCG -1-24- 15	E	.24± .05	.10					
107.39 -52.19		-2.0±1.3		.00					
092243.5-063651	PGC 26707		1.02						
092513.9-064302	NGC 2876	PL..0P?	1.23± .07	95					
239.31 29.75	MCG -1-24- 16	E	.17± .05	.10					
107.21 -52.15		-2.0±1.2		.00					
092245.0-063003	PGC 26710		1.21						
0925.2 +1735		.S..2..	.98± .07	145					
213.03 41.72	UGC 5012	U	.56± .05	.10	15.1 ±.2				
75.83 -40.21	IRAS09224+1748	2.0±1.0		.69					
0922.4 +1748	PGC 26711		.99	.28					
092518.5-340612	NGC 2883	.IBS9P*	1.44± .04	176					1182
261.47 11.70	ESO 372- 24	BS	.49± .07	.95					
152.38 -51.59	IRAS09232-3353	10.0± .7		.37	12.74				958
092313.0-335312	PGC 26713		1.52	.24					1465
092518.7+340649		.SB.6*.	1.02± .06	165				16.03±.2	6753± 7
190.75 45.57	UGC 5011	U	.07± .05	.00				156± 14	
61.29 -28.67		6.0±1.2		.11				155± 7	6722
092216.3+341947	PGC 26714		1.02	.04					6994

R.A. 2000 DEC. l b SGL SGB R.A. 1950 DEC.	Names PGC	Type S_T n_L T L	$\log D_{25}$ $\log R_{25}$ $\log A_e$ $\log D_o$	p.a. A_g A_i A_{21}	B_T m_B m_{FIR} B_T^o	$(B-V)_T$ $(U-B)_T$ $(B-V)_T^o$ $(U-B)_T^o$	$(B-V)_e$ $(U-B)_e$ m'_e m'_{25}	m_{21} W_{20} W_{50} HI	V_{21} V_{opt} V_{GSR} V_{3K}
092522.7-122332	IC 537	RS..0?.	1.07± .06	175					
244.41 26.30	MCG -2-24- 20	E	.04± .05	.17					
116.44 -53.43	IRAS09229-1210	.0±1.7		.03	12.84				
092258.1-121033	PGC 26717		1.08						
0925.5 +1104		.S..6*.	1.00± .08	140					
220.93 39.16	UGC 5017	U	.84± .06	.08	15.82 ±.19				
82.95 -44.13		6.0±1.4		1.24					
0922.8 +1117	PGC 26721		1.01	.42					
0925.6 +3451		.S..8*.	1.00± .08	38					4868
189.71 45.71	UGC 5014	U	1.02± .06	.00					
60.78 -28.08		8.0±1.5		1.23					4839
0922.6 +3504	PGC 26727		1.00	.50					5106
092543.0+112556	NGC 2872	.E.2...	1.32± .07	22	12.86 ±.13	.99± .01	1.01± .01		
220.53 39.36	UGC 5018	R	.06± .06	.09	12.61 ±.15	.52± .02	.60± .01		3014± 36
82.57 -43.88		-5.0± .4	.77± .02	.00		.94	12.20± .09		2896
092300.6+113856	PGC 26733		1.32		12.62	.52	14.32± .42		3317
092547.2+021344	NGC 2877	.P.....	.67± .11						
230.65 34.92	MCG 0-24- 15	E	.00± .05	.12	15.1 ±.2				6959± 63
94.12 -48.65	ARAK 201	99.0			12.83				6811
092311.7+022644	PGC 26738		.69						7274
092547.5+020522	NGC 2878	.S..1*.	.91± .06	174					
230.80 34.84	UGC 5022	UE	.44± .04	.07	15.1 ±.2				
94.32 -48.71		1.0± .8		.45					
092312.1+021822	PGC 26739		.92	.22					
092547.8+112531	NGC 2874	.SBR4..	1.38± .03	43	13.36 ±.15	.85± .02	.93± .01	16.00±.1	3775± 4
220.55 39.38	UGC 5021	R	.51± .04	.09	13.36 ±.18	.29± .03	.34± .02	404± 5	3659± 41
82.60 -43.87	IRAS09230+1138	4.0± .4	.76± .03	.75	11.98	.71	12.65± .09	397± 6	3656
092305.5+113831	PGC 26740		1.39	.25	12.50	.17	13.82± .25	3.24	4077
092548.0+341638		.SX.8..	1.27± .06	20				15.52±.2	1648± 7
190.53 45.69	UGC 5015	U	.01± .06	.00	14.9 ±.5			126± 14	1758± 60
61.25 -28.49		8.0± .8		.01				122± 7	1619
092245.6+342937	PGC 26741		1.27	.00	14.92			.60	1890
0925.9 -1159	NGC 2881	.S?....	1.04± .09						
244.16 26.65	MCG -2-24- 21		.09± .07	.18					4221± 60
115.82 -53.23	ARP 275			.13	12.77				4034
0923.4 -1146	PGC 26747		1.05	.05					4538
092600.8+192303	A 0923+19	.S?....	.86± .06					16.34±.2	2522± 5
210.85 42.50	UGC 5023		.06± .04	.07	14.65 ±.20			202± 5	2473± 51
74.19 -38.91	MK 400			.08	12.87			171± 3	2433
092312.2+193603	PGC 26750		.87	.03	14.48			1.83	2808
092601.5+343913		.S..6*.	1.33± .04	79				15.43±.2	1621± 7
190.00 45.77	UGC 5020	U	.68± .05	.00	15.0 ±.2			192± 14	1682± 60
61.00 -28.17		6.0±1.2		1.00				195± 7	1592
092258.6+345213	PGC 26752		1.33	.34	13.97			1.12	1861
092603.4+124402		.L...?.	.83± .10	70	14.88 ±.15	.54± .02			
219.05 40.00	UGC 5025	U	.08± .03	.08	14.4 ±.2	-.55± .04			8658± 86
81.17 -43.05	MK 705	-2.0±1.9		.00		.43			8545
092320.1+125703	PGC 26753		.82		14.52	-.52	13.69± .55		8958
092608.0+345347	A 0923+35								
189.66 45.81				.00					4800±110
60.83 -27.98	MK 399				13.19				4772
092304.9+350647	PGC 26757								5039
092609.3+491837		.SB.1*.	1.02± .06	30					
169.08 45.10	UGC 5016	U	.35± .05	.01	15.24 ±.18				
50.78 -16.90		1.0±1.3		.36					
092246.6+493137	PGC 26759		1.02	.18					
092611.6-763735	NGC 2915	.I.0...	1.28± .03	129	13.25M±.12	.57± .01	.53± .01	12.54±.3	460± 5
291.97 -18.36	ESO 37- 3	V	.29± .04	.56	12.93 ±.14	-.12± .02	-.14± .02	153± 7	462± 33
197.17 -26.06	IRAS09265-7624	90.0	.72± .01	.22	13.25	.39	12.32± .03		257
092631.0-762430	PGC 26761		1.31		12.33	-.24	13.75± .21		569
0926.2 +0306		.S..4..	1.00± .08	173					
229.79 35.47	UGC 5027	U	.73± .06	.13	15.52 ±.19				
93.00 -48.15		4.0±1.0		1.07					
0923.6 +0320	PGC 26762		1.01	.36					
0926.2 +6122		.S..3..	1.20± .04	120					
153.06 41.83	UGC 5013	U (1)	.24± .04	.10	15.1 ±.3				
43.33 -7.29		3.0± .8		.33					
0922.4 +6135	PGC 26766	3.5±1.1	1.20	.12					

R.A. 2000 DEC. / l b / SGL SGB / R.A. 1950 DEC.	Names / PGC	Type / S_T n_L / T / L	$logD_{25}$ / $logR_{25}$ / $logA_e$ / $logD_o$	p.a. / A_g / A_i / A_{21}	B_T / m_B / m_{FIR} / B_T^o	$(B-V)_T$ / $(U-B)_T$ / $(B-V)_T^o$ / $(U-B)_T^o$	$(B-V)_e$ / $(U-B)_e$ / m'_e / m'_{25}	m_{21} / W_{20} / W_{50} / HI	V_{21} / V_{opt} / V_{GSR} / V_{3K}
092619.7-280208	NGC 2888	.E+..*.	1.14± .03	158	13.58 ±.13	.96± .01	.98± .01		
257.15 16.09	ESO 434- 2	RS	.13± .04	.49	13.24 ±.11	.38± .05	.42± .05		2203± 66
142.76 -52.98		-4.0± .3	.55± .01	.00		.83	11.82± .04		1986
092408.0-274906	PGC 26768		1.18		12.86	.29	13.97± .22		2500
092623.1-603657		.SBS9..	1.15± .05	63					
280.24 -7.13	ESO 126- 11	S (1)	.12± .05	3.01	14.35 ±.14				
184.10 -37.51		9.0± .8		.12					
092503.1-602354	PGC 26772	8.9± .8	1.43	.06					
092624.6-113321	NGC 2884	.S..0$.	1.31± .04	175					5394
243.86 27.02	MCG -2-24- 22	R	.28± .04	.17					
115.13 -53.03	IRAS09239-1120	.0± .7		.21					5208
092359.3-112019	PGC 26773		1.31						5712
092628.3-154223		.SBS9P*	1.17± .04	30					1977
247.42 24.39	MCG -2-24- 23	E (1)	.31± .04	.21					
122.07 -53.60		8.7± .7		.32					1782
092406.2-152920	PGC 26776	7.0± .6	1.19	.16					2292
092635.5+075713	NGC 2882	.S?....	1.19± .05	80				15.90±.2	2149± 6
224.62 37.97	UGC 5030		.31± .05	.12	13.58 ±.19			303± 7	
86.87 -45.64	IRAS09239+0810			.46	12.85			285± 5	2020
092355.8+081015	PGC 26781		1.20	.15	12.99			2.76	2458
092639.7+455050		.L.....	1.04± .06	15					
173.94 45.70	UGC 5026	U	.15± .04	.05	14.14 ±.15				4316± 31
53.13 -19.56		-2.0± .8		.00					4332
092322.7+460351	PGC 26785		1.02		14.02				4510
092644.3+010900		.S..2..	1.05± .05	122					
231.92 34.54	UGC 5032	U	.67± .05	.09	15.47 ±.18				
95.77 -48.91		2.0±1.0		.82					
092409.7+012203	PGC 26787		1.06	.33					
092656.7-244658	NGC 2891	.LA.-*.	1.18± .05		13.51 ±.13	.87± .01	.88± .01		
254.77 18.42	ESO 498- 8	S	.03± .04	.28	13.30 ±.14	.35± .01	.36± .01		
137.38 -53.36		-3.0±1.1	.40± .02	.00			11.00± .08		
092442.0-243354	PGC 26794		1.21				14.19± .31		
092659.3-120633	IC 2482	.E+....	1.36± .04	145					
244.44 26.78	MCG -2-24- 25	E	.16± .05	.17					
116.09 -52.99		-4.0± .8		.00					
092434.4-115329	PGC 26796		1.33						
0927.1 +2135		RSBS1..	1.04± .06						
208.09 43.45	UGC 5035	U	.03± .05	.10	14.8 ±.3				
72.28 -37.25		1.0± .9		.03					
0924.3 +2149	PGC 26803		1.05	.02					
092712.6-113837	NGC 2889	.SXT5..	1.34± .03	65	12.44 ±.13	.71± .01	.80± .01	15.09±.1	3337± 5
244.08 27.12	MCG -2-24- 26	R (3)	.06± .04	.16	12.4 ±.2	.10± .02	.19± .02	364± 6	3387± 66
115.34 -52.86	IRAS09247-1125	5.0± .4	.96± .01	.09	11.65	.64	12.73± .03	267± 25	3152
092447.3-112533	PGC 26806	2.5± .6	1.35	.03	12.17	.05	13.84± .20	2.89	3656
092722.9+302629	IC 2473	.SBR4..	1.24± .04					16.29±.2	8070± 7
196.03 45.54	UGC 5038	U	.05± .04	.05	13.8 ±.3			334± 13	8075± 13
64.56 -31.07	IRAS09244+3039	4.0± .8		.07	13.15			316± 7	8025
092424.5+303933	PGC 26817		1.25	.02	13.61			2.66	8326
092726.0-320035		.IBS9..	1.16± .04					15.02±.2	1082± 11
260.27 13.49	ESO 434- 5	SU (1)	.08± .04	.66	15.07 ±.14			91± 16	
148.97 -51.80		10.0± .5		.06				84± 12	860
092518.0-314730	PGC 26819	10.0± .6	1.22	.04	14.35			.63	1371
0927.4 +4049		.S..8*.	1.06± .06	5					
181.12 46.22	UGC 5036	U	.56± .05	.01					
56.70 -23.33		8.0±1.3		.69					
0924.3 +4103	PGC 26822		1.06	.28					
092728.5+035549	IC 2481	.S?....	.98± .07	160				16.15±.3	5329± 9
229.14 36.17	UGC 5040A		.23± .05	.13	14.52 ±.18			275± 7	
92.14 -47.48	IRAS09248+0408			.29	13.56			246± 7	5187
092451.8+040853	PGC 26826		.99	.12	14.04			1.99	5643
092734.7+121610		.S?....	.89± .11		15.99S±.15				
219.80 40.14	MCG 2-24- 12		.64± .07	.09	15.8 ±.2				8760± 41
81.99 -43.02	HICK 38A			.93					8646
092451.8+122914	PGC 26831		.90	.32	14.86		13.69± .62		9063
092736.1+284756		.I..9?.	1.36± .05					15.04±.3	4149± 10
198.35 45.31	UGC 5040	U	.02± .06	.02	14.0 ±.6				
65.96 -32.21		10.0±1.5		.01				63± 7	4097
092439.4+290100	PGC 26833		1.36	.01	13.97			1.06	4410

R.A. 2000 DEC. l b SGL SGB R.A. 1950 DEC.	Names PGC	Type S_T n_L T L	$\log D_{25}$ $\log R_{25}$ $\log A_e$ $\log D_o$	p.a. A_g A_i A_{21}	B_T m_B m_{FIR} B_T^o	$(B-V)_T$ $(U-B)_T$ $(B-V)_T^o$ $(U-B)_T^o$	$(B-V)_e$ $(U-B)_e$ m'_e m'_{25}	m_{21} W_{20} W_{50} HI	V_{21} V_{opt} V_{GSR} V_{3K}
0927.7 +7013		.S..6*.	1.00± .08	55					
142.46 38.23	UGC 5024	U	.19± .06	.15					
38.18 -.07		6.0±1.3		.27					
0923.2 +7027	PGC 26841		1.01	.09					
092743.6+121714		.S?....			15.29S±.15				
219.80 40.18	MCG 2-24- 13			.09					8692± 31
82.00 -42.98	HICK 38B								8577
092500.8+123019	PGC 26842								8994
092744.6+121717		.S?....	.60?		15.95S±.15				
219.81 40.18	MCG 2-24- 14		.30?	.09					8735± 31
82.00 -42.98	HICK 38C			.44					8621
092501.7+123022	PGC 26844		.61	.15	15.38		13.06±1.59		9038
092749.8+682440	A 0923+68	.SBS8P.	.87± .06	145					
144.52 39.09	UGC 5028	R	.24± .05	.21	14.3 ±.3				3698± 14
39.27 -1.52	MK 111	8.0± .6		.30	11.95				3801
092330.2+683743	PGC 26849		.89	.12	13.75				3780
092753.1+295916	IC 2476	.L..-*.	1.17± .09						
196.70 45.58	UGC 5043	U	.03± .05	.06	13.85 ±.18				8025± 30
65.03 -31.32		-3.0±1.1		.00					7977
092455.3+301221	PGC 26854		1.17		13.68				8282
092754.4+572239	NGC 2870	.S..4..	1.39± .03	123				14.52±.1	3214± 5
158.06 43.37	UGC 5034	U	.58± .04	.07	13.83 ±.18			359± 8	3221± 42
45.92 -10.35	IRAS09241+5735	4.0± .8		.85	13.39			331± 5	3276
092415.5+573543	PGC 26856		1.40	.29	12.88			1.35	3355
0928.0 -0550		PSBR3P?	1.22± .07	80					
238.96 30.83		E	.13± .08	.08					
106.18 -51.23		3.0±1.8		.17					
0925.5 -0537	PGC 26861		1.23	.06					
092802.5+682517		.SXS5..	1.21± .05	13					
144.49 39.10	UGC 5029	U	.21± .05	.18	14.13 ±.19				3874± 52
39.28 -1.50		5.0± .8		.32					3977
092342.9+683821	PGC 26864		1.22	.11	13.61				3957
092806.8+171150		.S?....	.94± .07	16					
213.86 42.21	UGC 5046		.43± .05	.13	15.0 ±.2				4215± 50
76.80 -39.93	IRAS09253+1724			.65	11.97				4118
092520.1+172456	PGC 26869		.96	.22	14.17				4508
0928.1 +6455		.S..6*.	1.19± .05	167				16.30±.1	5207± 11
148.58 40.64	UGC 5033	U	1.15± .05	.16					
41.37 -4.30		6.0±1.4		1.47				264± 8	5298
0924.1 +6509	PGC 26871		1.20	.50					5308
092810.0+443958		.SXR5..	1.08± .06						
175.58 46.09	UGC 5045	U	.10± .05	.04	14.18 ±.18				7706± 50
54.15 -20.31	IRAS09248+4453	5.0± .9		.15	13.60				7717
092455.2+445303	PGC 26873		1.08	.05	13.95				7906
0928.3 +2942	IC 2480								
197.11 45.63	CGCG 151- 94			.01	15.13 ±.18				8120
65.34 -31.44									8071
0925.4 +2956	PGC 26883								8378
092821.8-360956		.LXS-*.	1.05± .08						
263.41 10.68	ESO 373- 3	S	.06± .04	.96					
155.10 -50.30		-3.0± .8		.00					
092618.1-355648	PGC 26884		1.16						
092825.8-360744		.LBS0P.	1.10± .09	11					
263.39 10.72	ESO 373- 4	S	.23± .06	.99					
155.04 -50.30	IRAS09263-3554	-2.0± .9		.00	12.73				
092622.0-355436	PGC 26887		1.18						
092826.4-604803		.LA.0*.	1.25± .05	63	13.6 ±.2	1.16± .01	1.22± .01		
280.56 -7.08	ESO 126- 14	S	.23± .04	3.06	13.41 ±.14	.68± .02	.71± .02		
184.06 -37.20		-2.0± .8	.56± .06	.00			11.89± .21		
092706.0-603454	PGC 26888		1.56				14.11± .34		
092829.2-242202		PSXS2..	.98± .05	67					
254.71 18.96	ESO 498- 10	r	.39± .04	.16	15.24 ±.14				
136.62 -53.06		2.2± .9		.48					
092614.0-240854	PGC 26890		.99	.20					
092837.7+383220		.I..9*.	1.10± .04	11					
184.44 46.47	UGC 5048	U	.67± .04	.00	15.19 ±.18				
58.54 -24.92	KUG 0925+387A	10.0±1.3		.50					
092530.9+384527	PGC 26895		1.10	.34					

R.A. 2000 DEC. / l b / SGL SGB / R.A. 1950 DEC.	Names / PGC	Type / S_T n_L / T / L	$logD_{25}$ / $logR_{25}$ / $logA_e$ / $logD_o$	p.a. / A_g / A_i / A_{21}	B_T / m_B / m_{FIR} / B_T^o	$(B-V)_T$ / $(U-B)_T$ / $(B-V)_T^o$ / $(U-B)_T^o$	$(B-V)_e$ / $(U-B)_e$ / m'_e / m'_{25}	m_{21} / W_{20} / W_{50} / HI	V_{21} / V_{opt} / V_{GSR} / V_{3K}
0928.7 +5133		.S..8*.	1.14± .05	160					
165.83 45.05	UGC 5047	U	.87± .05	.00					
49.67 -14.87		8.0±1.3		1.07					
0925.3 +5147	PGC 26899		1.14	.44					
092844.4-605122		.S..4./	1.15± .05	142					
280.62 -7.10	ESO 126- 15	S	.64± .04	3.05	15.21 ±.14				
184.08 -37.14		4.0± .9		.94					
092724.1-603812	PGC 26900		1.44	.32					
092855.5+491419		.S..6*.	1.06± .06	158					
169.06 45.56	UGC 5049	U	.79± .05	.01	15.68 ±.18				
51.20 -16.68		6.0±1.4		1.16					
092533.7+492726	PGC 26903		1.06	.39					
0928.9 +6628		.SB.8..	1.06± .06						
146.69 40.05	UGC 5042	U	.00± .05	.17					
40.50 -3.01		8.0± .8		.00					
0924.8 +6642	PGC 26904		1.07	.00					
092858.8-144827		.SBS7..	1.15± .06						2025
247.10 25.43	MCG -2-24- 27	E (1)	.11± .05	.25					
120.67 -52.91	IRAS09265-1435	7.0± .8		.15	13.73				1832
092635.9-143518	PGC 26905	6.4± .8	1.18	.05					2343
092902.0-375028		.S..5./	1.29± .05	158					
264.70 9.58	ESO 315- 12	S	1.10± .04	.97	15.79 ±.14				
157.42 -49.55		5.2± .6		1.50					
092700.0-373718	PGC 26907		1.38	.50					
092908.5-023254	IC 539	.S..6*.	1.00± .06						
236.01 32.98	UGC 5054	U	.07± .05	.09	14.14 ±.18				
101.41 -49.85	IRAS09266-0219	6.0±1.2		.10	13.33				
092636.5-021945	PGC 26909		1.01	.04					
0929.2 +2626									
201.72 45.18	CGCG 152- 15			.04	15.4 ±.3				13245
68.27 -33.61									13184
0926.3 +2640	PGC 26912								13514
092916.6-202246		RSBR0P.	1.20± .03	144					
251.72 21.80	ESO 565- 11	SE	.12± .03	.08	13.67 ±.14				
129.97 -53.12	IRAS09269-2009	.3± .4		.09	12.73				
092658.0-200936	PGC 26918		1.20						
092930.0+074304	NGC 2894	.S..1..	1.29± .04	27				14.57±.2	2146± 6
225.33 38.49	UGC 5056	U	.30± .05	.12	13.27 ±.18			409± 7	
87.70 -45.15	IRAS09268+0756	1.0± .8		.31				400± 5	2016
092650.6+075614	PGC 26932		1.30	.15	12.82			1.60	2457
092935.1+622925	NGC 2880	.LB.-..	1.31± .05	140	12.46 ±.17	.92± .04	.94± .01		
151.46 41.77	UGC 5051	R	.23± .04	.09	12.75 ±.12	.45± .06	.49± .03		1551± 27
42.97 -6.15		-3.0± .4	.86± .05	.00		.87	12.25± .19		1633
092541.9+624233	PGC 26939		1.28		12.53	.43	13.29± .30		1666
092946.4+020349	NGC 2898	.L..+P*	1.01± .13	125					
231.47 35.67	MCG 0-24- 18	E	.11± .07	.15	14.41 ±.15				
95.03 -47.83	IRAS09271+0217	-1.0±1.3		.00					
092711.1+021700	PGC 26950		1.01						
092957.8-621055		.L..P*/	1.29± .05	120					
281.65 -7.95	ESO 126- 17	S	.21± .04	2.54	13.45 ±.14				
185.19 -36.15	IRAS09286-6157	-2.0± .9		.00					
092841.0-615742	PGC 26956		1.55						
0930.0 +6008		.S..8*.	1.04± .08	67					
154.36 42.70	UGC 5053	U	.37± .06	.12					
44.44 -7.98		8.0±1.3		.46					
0926.3 +6022	PGC 26959		1.05	.19					
093009.1+200522	IC 2487	.S..3*/	1.26± .03	164				14.85±.2	4339± 6
210.37 43.65	UGC 5059	PU (1)	.61± .04	.13	14.25 ±.18			391± 6	4294± 50
74.31 -37.72	IRAS09273+2018	3.3± .7		.84	13.49			373± 7	4253
092720.2+201834	PGC 26966	4.5±1.2	1.27	.31	13.24			1.31	4626
093011.3+555109	A 0926+56	PSBS3..	1.19± .03	155				15.18±.1	7541± 11
159.94 44.14	UGC 5055	U	.08± .04	.04	14.2 ±.2				7455± 31
47.12 -11.37	MK 114	3.0± .8		.11	12.62			222± 8	7587
092636.8+560420	PGC 26970		1.19	.04	13.96			1.17	7680
093014.3+040828	NGC 2900	.SB.6*.	1.23± .04					15.25±.1	5346± 7
229.36 36.87	UGC 5065	U	.07± .04	.10	13.7 ±.2			122± 8	5354± 76
92.35 -46.77	IRAS09276+0421	6.0±1.1		.11	13.69				5205
092737.5+042140	PGC 26974		1.24	.04	13.51			1.70	5662

R.A. 2000 DEC. / l b / SGL SGB / R.A. 1950 DEC.	Names / PGC	Type / S_T n_L / T / L	$\log D_{25}$ / $\log R_{25}$ / $\log A_e$ / $\log D_o$	p.a. / A_g / A_i / A_{21}	B_T / m_B / m_{FIR} / B_T^o	$(B-V)_T$ / $(U-B)_T$ / $(B-V)_T^o$ / $(U-B)_T^o$	$(B-V)_e$ / $(U-B)_e$ / m'_e / m'_{25}	m_{21} / W_{20} / W_{50} / HI	V_{21} / V_{opt} / V_{GSR} / V_{3K}
093016.6+293221	NGC 2893	RSB.0..	1.05± .04		13.91 ±.17	.67± .02		15.69±.1	1699± 5
197.46 46.01	UGC 5060	U	.04± .04	.02	13.77 ±.19	-.06± .04		172± 5	1672± 25
65.84 -31.27	MK 401	.0± .8		.03	12.21	.64		81± 3	1649
092719.6+294533	PGC 26979		1.05		13.76	-.06	13.90± .29		1958
093016.7-303637		.LB..*P	1.16± .04	79					
259.69 14.90	ESO 434- 7	S	.45± .03	.71	14.87 ±.14				
146.54 -51.57		-2.0±1.2		.00					
092807.0-302324	PGC 26980		1.17						
093016.9-302301	NGC 2904	.LXS-?.	1.17± .05	90	13.43 ±.13	1.06± .02	1.08± .01		
259.52 15.06	ESO 434- 6	S	.18± .04	.71	13.69 ±.14	.55± .04	.59± .02		2395± 37
146.19 -51.63		-3.0± .7	.78± .02	.00		.87	12.82± .07		2175
092807.0-300948	PGC 26981		1.23		12.80	.39	13.69± .31		2689
0930.3 +2638	IC 2486	.SXT4..	.93± .07						
201.52 45.46	UGC 5062	U	.03± .05	.03	14.79 ±.18				13728
68.30 -33.29		4.0± .9		.04					13667
0927.4 +2652	PGC 26982		.94	.01	14.63				13997
0930.4 +1621		.L?....	.97± .15	179					
215.19 42.42	MCG 3-24- 63		.23± .07	.10	15.21 ±.16				8653± 46
78.13 -40.01	IRAS09277+1634			.00	12.83				8554
0927.7 +1634	PGC 26990		.94		14.98				8949
0930.6 +0606		.L.....	1.04± .09	15					
227.28 37.95	UGC 5069	U	.09± .04	.13					
89.90 -45.73		-2.0± .8		.00					
0928.0 +0620	PGC 26998		1.04						
093047.1+491532	A 0927+49	.P.....	.94± .07	50				16.69±.1	7695± 11
168.95 45.85	UGC 5063	R	.20± .05	.01	15.24 ±.18				7778± 60
51.44 -16.47	MK 115	99.0		.27				359± 12	7727
092725.7+492844	PGC 27000		.94	.10	14.89			1.69	7878
093053.0-144410	NGC 2902	.LAS0*.	1.15± .05	35	12.21V±.15		1.02± .02	14.68±.1	1990± 9
247.37 25.83	MCG -2-24- 30	R	.08± .04	.27	13.24 ±.18		.53± .04	171± 12	2035± 66
120.64 -52.44		-2.0± .4	.71± .03	.00					1798
092829.9-143056	PGC 27004		1.17		12.94				2310
093053.7-354115		.SAT5..	1.46± .05						
263.44 11.38	ESO 373- 5	S (1)	.03± .07	.99					
154.13 -49.98		5.0± .7		.05					
092849.0-352800	PGC 27006	3.3± .7	1.55	.02					
093106.2-131054	IC 542	PSBT0*.	1.07± .06	105					
246.09 26.88	MCG -2-24- 31	E	.49± .05	.21					
118.12 -52.18	IRAS09286-1257	.0± .9		.37	13.54				
092841.9-125740	PGC 27012		1.06						
093107.8+462302		.SB.4..	1.02± .05	70					
173.02 46.40	UGC 5066	U	.26± .04	.09	15.25 ±.20				
53.40 -18.65		4.0± .9		.39					
092751.1+463616	PGC 27016		1.03	.13					
0931.1 +5237									
164.24 45.16	CGCG 265- 23			.00	15.0 ±.3				7252
49.29 -13.81									7295
0927.7 +5251	PGC 27020								7417
093113.1+300122		.S?....	1.11± .04	43				15.59±.3	4189± 9
196.81 46.29	UGC 5070		.37± .04	.00	14.47 ±.18				4138± 50
65.60 -30.78	IRAS09282+3014			.56	13.51			261± 5	4140
092815.8+301436	PGC 27023		1.11	.19	13.89			1.51	4446
0931.2 +7627		.S?....	1.06± .06	51					
135.62 35.25	UGC 5050		.68± .05	.00	15.44 ±.18				2288± 26
34.64 5.06	ARP 207			1.02	13.33				2420
0925.8 +7640	PGC 27026		1.06	.34	14.40				2327
093114.8+734838		.SBS1..	1.19± .05	120					
138.39 36.67	UGC 5052	U	.18± .05	.04	14.05 ±.18				3300± 60
36.25 2.96	IRAS09262+7401	1.0± .8		.18	12.89				3422
092619.0+740150	PGC 27027		1.19	.09	13.79				3354
0931.3 +6746		.S..5..	1.08± .06	124					
145.05 39.67	UGC 5058	U	.49± .05	.19	15.29 ±.18				
39.91 -1.83		5.0± .9		.73					
0927.1 +6800	PGC 27029		1.09	.24					
0931.3 -1635		.SB?...	1.12± .08						1924
249.00 24.70	MCG -3-25- 1		.22± .07	.27					
123.70 -52.50				.30					1727
0929.0 -1622	PGC 27031		1.14	.11					2242

R.A. 2000 DEC. l b SGL SGB R.A. 1950 DEC.	Names PGC	Type S_T n_L T L	$\log D_{25}$ $\log R_{25}$ $\log A_e$ $\log D_o$	p.a. A_g A_i A_{21}	B_T m_B m_{FIR} B_T^o	$(B-V)_T$ $(U-B)_T$ $(B-V)_T^o$ $(U-B)_T^o$	$(B-V)_e$ $(U-B)_e$ m'_e m'_{25}	m_{21} W_{20} W_{50} HI	V_{21} V_{opt} V_{GSR} V_{3K}
0931.5 +6736		.SB.1..	.99± .06	110					
145.23 39.76	UGC 5061	U	.25± .05	.17	15.17 ±.18				
40.02 -1.95		1.0± .9		.25					
0927.3 +6750	PGC 27041		1.01	.12					
093136.6+411901		.SB.3*.	.97± .05	45					
180.36 46.98	UGC 5072	U	.26± .04	.02	15.46 ±.19				
57.00 -22.45	KUG 0928+415	3.0±1.3		.35					
092826.9+413216	PGC 27047		.98	.13					
093136.6-164409	NGC 2907	.SAS1$/	1.26± .03	115	12.7 ±.2	1.05± .02	1.13± .01	15.42±.1	2090± 9
249.16 24.65	MCG -3-25- 2	R	.22± .04	.24	13.10 ±.18	.48± .04	.57± .04	504± 12	2035± 66
123.95 -52.46	IRAS09292-1630	1.0± .4	.87± .02	.22	13.89	.94	12.57± .07		1892
092915.0-163053	PGC 27048		1.29	.11	12.44	.38	13.33± .27	2.88	2406
0931.6 +0429		.S..0?.	1.03± .08						
229.20 37.34	UGC 5075	U	.00± .06	.09	14.15 ±.19				
92.13 -46.30		.0±1.7		.00					
0929.0 +0443	PGC 27049		1.04						
093141.2-160237		.S..6?/	1.23± .05	140				15.78±.1	5979± 9
248.61 25.12	MCG -3-25- 3	E	.82± .05	.28				276± 12	
122.82 -52.38	IRAS09292-1549	6.0±1.3		1.21					5783
092919.1-154921	PGC 27054		1.26	.41					6297
093145.8+034341		.S..6*.	.96± .09	170				15.36±.3	3219± 10
230.05 36.98	UGC 5078	U	.69± .06	.09					
93.15 -46.63		6.0±1.4		1.01				192± 7	3077
092909.3+035657	PGC 27059		.97	.34					3537
0931.8 +2947		.S..1?.	1.02± .06	45					
197.17 46.39	UGC 5074	U	.11± .05	.01	14.63 ±.19				12777
65.91 -30.85		1.0±1.8		.12					12729
0928.9 +3001	PGC 27064		1.02	.06	14.34				13037
0931.9 -1640		.S..7?/	1.12± .06	93					
249.17 24.75		E	.89± .06	.27					
123.85 -52.37		7.0±1.8		1.23					
0929.6 -1627	PGC 27066		1.15	.44					
093159.8-084359		.S..5?/	1.16± .06	26					
242.33 29.86	MCG -1-25- 1	E	.85± .05	.15					
111.10 -51.08		5.0±1.9		1.27					
092932.2-083042	PGC 27069		1.17	.42					
093206.5+082634	NGC 2906	.S..6*.	1.16± .05	75				15.74±.2	2140± 6
224.90 39.40	UGC 5081	U	.23± .05	.08	13.4 ±.2			361± 7	
87.31 -44.22	IRAS09294+0839	6.0±1.2		.34	12.38			344± 5	2013
092926.6+083951	PGC 27074		1.17	.12	12.92			2.71	2452
093209.7+213002	NGC 2903	.SXT4..	2.10± .01	17	9.68M±.10	.67± .01	.71± .01	11.45±.0	556± 3
208.71 44.54	UGC 5079	R (3)	.32± .02	.07	9.60 ±.13	.06± .02	.11± .01	382± 4	565± 16
73.34 -36.44		4.0± .3	1.47± .01	.47	8.62	.59	12.42± .04	371± 5	476
092919.9+214319	PGC 27077	2.3± .4	2.10	.16	9.10	.00	14.21± .12	2.19	841
0932.1 +6826		.S..9*.	1.00± .08						
144.24 39.43	UGC 5067	U	.02± .06	.17					
39.56 -1.25		9.0±1.2		.02					
0927.9 +6840	PGC 27079		1.02	.01					
0932.5 +5152		.I..9*.	1.00± .09						
165.20 45.55	UGC 5076	U	.11± .06	.00	15.2 ±.2				
49.94 -14.26		10.0±1.1		.09					
0929.1 +5206	PGC 27091		1.00	.06					
093245.5-331443		.IBS9..	1.11± .06	172					862
261.98 13.40	ESO 373- 7	S	.25± .05	.72					
150.34 -50.38		10.0± .9		.19					639
093038.1-330124	PGC 27104		1.17	.12					1151
0932.8 +5944		.SB.3..	1.23± .05	77					
154.70 43.17	UGC 5077	U	.42± .05	.11	14.9 ±.2				
44.97 -8.08	VV 464	3.0± .8		.58	13.26				
0929.0 +5958	PGC 27108		1.24	.21					
093253.4+673659	NGC 2892	.E+..P*	1.15± .15						
145.15 39.88	UGC 5073	PU	.00± .08	.17	14.05 ±.17				
40.12 -1.87		-3.5± .6		.00					
092840.8+675016	PGC 27111		1.17						
0932.9 +2730		.S?....	1.02± .06	15					
200.48 46.21	UGC 5084		.17± .05	.01	14.70 ±.18				10061
68.04 -32.27				.25					10004
0930.0 +2744	PGC 27114		1.02	.08	14.38				10329

R.A. 2000 DEC. / l b / SGL SGB / R.A. 1950 DEC.	Names / PGC	Type / S_T n_L / T / L	$\log D_{25}$ / $\log R_{25}$ / $\log A_e$ / $\log D_o$	p.a. / A_g / A_i / A_{21}	B_T / m_B / m_{FIR} / B_T^o	$(B-V)_T$ / $(U-B)_T$ / $(B-V)_T^o$ / $(U-B)_T^o$	$(B-V)_e$ / $(U-B)_e$ / m'_e / m'_{25}	m_{21} / W_{20} / W_{50} / HI	V_{21} / V_{opt} / V_{GSR} / V_{3K}
0932.9 +2129		.I..9*.	.96± .09					14.64±.1	448± 10
208.79 44.71	UGC 5086	U	.00± .06	.07				198± 16	
73.49 -36.31		10.0±1.2		.00				171± 5	368
0930.1 +2143	PGC 27115		.97	.00					734
093303.4+295541	IC 2490	.S..4..	1.18± .05	175				15.47±.3	7348± 10
197.04 46.67	UGC 5087	U (1)	.19± .05	.00	14.2 ±.2				7357± 19
66.01 -30.57		4.0± .8		.27				373± 7	7302
093006.3+300900	PGC 27121	4.5±1.1	1.18	.09	13.86			1.52	7610
0933.2 +2736		.S?....	.94± .11						
200.36 46.30	MCG 5-23- 11		.11± .07	.00	15.08 ±.19				9916
68.00 -32.16				.14					9859
0930.3 +2750	PGC 27127		.94	.06	14.85				10184
093315.4-164606		.SBR3*.	1.29± .04	35				13.93±.1	2120± 7
249.48 24.92	MCG -3-25- 4	UE (1)	.13± .05	.26				245± 10	
124.05 -52.07	IRAS09309-1632	2.7± .6		.18				238± 12	1923
093053.7-163246	PGC 27130	3.1±1.2	1.32	.07					2438
0933.2 +2308		.I?....	.89± .11						
206.60 45.25	MCG 4-23- 10		.00± .07	.07	14.97 ±.18				7800± 67
72.01 -35.17	VV 553			.00	13.75				7726
0930.4 +2321	PGC 27131		.89	.00	14.90				8081
093320.8-330157		.S..6./	1.76± .02	89	12.8 ±.2	.76± .05		12.72±.2	929± 11
261.92 13.64	ESO 373- 8	S	.82± .04	.72		.26± .10		236± 16	
149.97 -50.32	IRAS09312-3248	6.0± .5		1.21	11.67	.44		222± 12	706
093113.0-324836	PGC 27135		1.82	.41	10.87	.03	14.38± .25	1.44	1219
093333.5-254722		PSBR2..	1.00± .06	16					
256.63 18.81	ESO 498- 13	r	.35± .05	.20	15.05 ±.14				
138.71 -51.75		2.2± .9		.43					
093119.0-253400	PGC 27149		1.02	.17					
093341.9+395904		.SB.4..	1.01± .05	150					
182.30 47.43	UGC 5089	U	.18± .04	.01	15.2 ±.2				
58.29 -23.19	KUG 0930+402	4.0± .9		.26					
093034.3+401225	PGC 27154		1.01	.09					
093343.5-111919		.SA.4?.	1.28± .05	142				14.86±.1	2660± 9
244.94 28.56	MCG -2-25- 2	E (1)	.56± .05	.13				327± 12	
115.32 -51.23	IRAS09312-1106	4.0±1.2		.83	13.22				2475
093117.7-110557	PGC 27158	4.2±1.2	1.29	.28					2983
093346.5+100909	NGC 2911	.LAS.*P	1.29± .05	140	12.50 ±.15	.96± .02	1.03± .01	15.72±.2	3183± 5
223.18 40.56	UGC 5092	R	.11± .05	.08	13.05 ±.12	.46± .03	.55± .02	519± 8	3167± 32
85.60 -42.96	ARP 232	-2.0± .3	1.23± .03	.00		.90	14.14± .11	327± 6	3062
093105.5+102230	PGC 27159		1.28		12.71	.45	13.52± .31		3493
093351.0+441525		.S..8*.	1.22± .07						
176.01 47.14	UGC 5091	U	.55± .07	.07	14.89 ±.19				
55.26 -19.97		8.0±1.3		.68					
093037.9+442846	PGC 27166		1.22	.28					
0933.8 +1009	NGC 2912							18.25±.3	3440± 9
223.18 40.58				.08				176± 10	
85.60 -42.94								121± 7	3319
0931.1 +1022	PGC 27167								3751
093352.1+465149		.SX.5..	.87± .10						
172.23 46.79	UGC 5090	U	.00± .06	.04	15.35 ±.20				
53.46 -17.98		5.0± .9		.00					
093035.4+470510	PGC 27169		.87	.00					
093402.2+551425	A 0930+55A		.47± .12		15.98V±.16	.10± .03		16.34±.1	756± 5
160.53 44.84			.15± .07	.02		-.65± .05		82± 4	770± 42
47.95 -11.51	KUG 0930+554							41± 4	810
093030.4+552746	PGC 27182		.47						909
0934.0 +5513	A 0930+55B								
160.54 44.85				.02					914± 54
47.96 -11.52									968
0930.5 +5526	PGC 27183								1068
093403.0+092853	NGC 2913	.S?....	1.06± .06	140				16.25±.3	3058± 9
224.00 40.32	UGC 5095		.21± .05	.08	14.08 ±.18			232± 7	3071± 50
86.43 -43.26				.31				225± 7	2935
093122.4+094215	PGC 27184		1.06	.10	13.67			2.48	3370
093403.3+100636	NGC 2914	.SBS2..	1.02± .06	15	14.1 ±.2	.95± .06		17.18±.3	3151± 17
223.27 40.61	UGC 5096	R	.19± .04	.07	14.0 ±.2			238± 34	3301± 45
85.70 -42.92	ARP 137	2.0± .5		.24		.87		225± 25	3049
093122.3+101958	PGC 27185		1.02	.10	13.69		13.55± .36	3.39	3480

R.A. 2000 DEC. l b SGL SGB R.A. 1950 DEC.	Names PGC	Type S_T n_L T L	$\log D_{25}$ $\log R_{25}$ $\log A_e$ $\log D_o$	p.a. A_g A_i A_{21}	B_T m_B m_{FIR} B_T^o	$(B-V)_T$ $(U-B)_T$ $(B-V)_T^o$ $(U-B)_T^o$	$(B-V)_e$ $(U-B)_e$ m'_e m'_{25}	m_{21} W_{20} W_{50} HI	V_{21} V_{opt} V_{GSR} V_{3K}
093407.0-151823		.SXS9*.	1.01± .07	100					
248.42 26.04	MCG -2-25- 3	E (1)	.21± .05	.28					
121.71 -51.73		9.0±1.3		.21					
093144.1-150500	PGC 27188	8.7±1.2	1.03	.10					
093408.8+110140	A 0931+11								
222.20 41.04	CGCG 63- 11			.04	15.3 ±.2				2488± 33
84.66 -42.40	MK 706								2370
093127.1+111502	PGC 27189								2798
0934.1 +2412		.L.....	1.00± .10	150					
205.20 45.73	UGC 5094	U	.21± .04	.05	15.02 ±.17				
71.20 -34.31		-2.0± .9		.00					
0931.3 +2426	PGC 27190		.97						
093410.6+001433		.S?....	.76± .09	55				15.67±.3	4885± 9
234.09 35.60	UGC 5097		.16± .05	.08					4779± 30
98.21 -47.61	MK 1233			.22	12.04			245± 5	4724
093136.6+002755	PGC 27192		.76	.08					5199
093412.7-205135	NGC 2920	.S..1P*	.94± .05	129					
252.94 22.33	ESO 565- 15	SE	.16± .04	.10	13.93 ±.14				
130.73 -51.96	IRAS09318-2038	1.0±1.7		.16	13.27				
093154.1-203812	PGC 27197		.95	.08					
093414.4-611649		.IBS9P.	1.28± .04						
281.40 -6.95	ESO 126- 19	S (1)	.07± .05	3.21	14.02 ±.14				
183.95 -36.36	IRAS09328-6103	10.0± .8		.06	12.74				
093253.0-610324	PGC 27201	10.0± .8	1.58	.04					
093427.1-023012	NGC 2917	.L..+..	1.10± .05	169				14.95±.1	3675± 9
236.89 34.09	UGC 5098	UE	.53± .04	.10	14.55 ±.16			333± 12	
102.09 -48.60		-1.0± .6		.00					3514
093155.0-021649	PGC 27207		1.03		14.40				3999
093431.6-205518	NGC 2921	PSXT1P.	1.45± .03	83					
253.05 22.34	ESO 565- 17	SE	.44± .03	.10	12.95 ±.14				
130.83 -51.88	IRAS09321-2041	1.0± .5		.45	13.24				
093213.0-204154	PGC 27214		1.46	.22					
093434.0+000523		.SBS2P*	1.08± .05	90				14.71±.3	4915± 10
234.31 35.59	UGC 5099	E	.24± .04	.08	14.37 ±.18				
98.48 -47.58		2.0±1.2		.29				264± 7	4762
093200.1+001847	PGC 27216		1.08	.12	13.95			.65	5238
093438.8+055026		.SBS3..	1.08± .07	30				15.68±.3	5514± 10
228.22 38.68	UGC 5100	U	.22± .06	.12	14.44 ±.19				
90.95 -44.99	IRAS09319+0604	3.0± .8		.30	13.08			333± 7	5379
093200.9+060350	PGC 27219		1.09	.11	13.98			1.59	5831
093441.3+320406		.S?....	.91± .06						
194.00 47.31	MCG 5-23- 17		.24± .06	.00	15.06 ±.18				6669
64.54 -28.81	KUG 0931+322B			.36					6630
093142.4+321729	PGC 27223		.91	.12	14.67				6923
093443.9-215542		.E?....	1.05± .05	171	13.66 ±.13	.85± .01			
253.87 21.68	ESO 565- 19		.24± .03	.14	13.65 ±.14				
132.46 -51.80	IRAS09324-2142			.00	12.06				
093226.0-214218	PGC 27227		1.00				13.32± .31		
093447.9+101703	NGC 2919	.SXR3*.	1.24± .04	159				15.41±.2	2432± 8
223.17 40.85	UGC 5102	R	.44± .04	.08	13.65 ±.19			337± 7	2490± 50
85.63 -42.67	IRAS09321+1030	3.0± .6		.60	12.91			319± 7	2313
093206.8+103027	PGC 27232		1.25	.22	12.95			2.24	2744
093450.3-162306	IC 546	.LBT+..	1.03± .07	100					
249.44 25.46	MCG -3-25- 7	E	.21± .05	.25					
123.48 -51.66		-1.0± .9		.00					
093228.2-160941	PGC 27234		1.02						
093457.3+214221	NGC 2916	.SAT3$.	1.39± .03	20	12.74 ±.14	.69± .02	.80± .01	14.61±.3	3730± 7
208.71 45.22	UGC 5103	P	.17± .04	.07	12.42 ±.18	.07± .03	.21± .02	398± 14	3665± 40
73.67 -35.81	IRAS09321+2155	3.0±1.5	.94± .02	.23	12.55	.62	12.93± .04	381± 7	3649
093207.6+215545	PGC 27244		1.40	.08	12.29	.01	14.12± .21	2.23	4015
093507.5+050708		.SB.7..	1.25± .04	47				14.75±.3	2008± 7
229.09 38.41	UGC 5107	U	.52± .05	.08	14.5 ±.2				
91.94 -45.24		7.0± .8		.72				175± 7	1871
093230.1+052033	PGC 27248		1.26	.26	13.73			.76	2327
093510.9-162356	NGC 2924	.E+..*.	1.14± .07	150	*				
249.51 25.51	MCG -3-25- 8	PE	.04± .05	.25	13.16 ±.19				4585± 66
123.51 -51.58		-4.0± .6		.00					4389
093248.7-161030	PGC 27253		1.17		12.84				4905

R.A. 2000 DEC. l b SGL SGB R.A. 1950 DEC.	Names PGC	Type S_T n_L T L	$\log D_{25}$ $\log R_{25}$ $\log A_e$ $\log D_o$	p.a. A_g A_i A_{21}	B_T m_B m_{FIR} B_T^o	$(B-V)_T$ $(U-B)_T$ $(B-V)_T^o$ $(U-B)_T^o$	$(B-V)_e$ $(U-B)_e$ m'_e m'_{25}	m_{21} W_{20} W_{50} HI	V_{21} V_{opt} V_{GSR} V_{3K}
093514.3+344356	IC 2491	.L...?.	1.04± .09	75	*				
190.09 47.66	UGC 5104	U	.13± .04	.00	14.73 ±.16				
62.51 -26.83		-2.0±1.7		.00					
093212.8+345720	PGC 27254		1.02						
093518.8+302421	A 0932+30		.50± .14					17.13±.3	7416± 10
196.46 47.23			.00± .12	.00				206± 6	7363± 27
66.01 -29.89	MK 402								7364
093221.6+303746	PGC 27258		.50						7669
093520.7-084834		.S...P.	1.09± .06	25	*				1926
242.99 30.46	MCG -1-25- 3	E	.11± .05	.10					
111.54 -50.29				.16					1748
093253.0-083508	PGC 27260		1.10	.05					2251
0935.3 +3554		.I..9*.	.99± .06	140	*				1588
188.34 47.74	UGC 5105	U	.10± .05	.02					
61.61 -25.96		10.0±1.2		.08					1565
0932.3 +3608	PGC 27261		.99	.05					1828
093525.5+294934		.SB.2..	1.11± .05	143	*				
197.31 47.16	UGC 5108	U	.19± .04	.02	14.5 ±.2				8075
66.52 -30.27	IRAS09324+3002	2.0± .9		.24	12.93				8027
093228.9+300259	PGC 27266		1.11	.10	14.16				8337
0935.7 -0443		.E?....						16.54±.1	3691± 9
239.26 33.03	MCG -1-25- 4			.10				188± 12	
105.46 -49.06									3524
0933.2 -0430	PGC 27281								4016
093544.5+314217	NGC 2918	.E.....	1.15± .15	65	*				
194.57 47.49	UGC 5112	U	.14± .08	.00	13.56 ±.16				6789
65.02 -28.91		-5.0± .8		.00					6749
093246.2+315543	PGC 27282		1.11		13.46				7045
093549.9-620029		.SAS8..	1.01± .05	164	*				
282.04 -7.36	ESO 126- 20	S	.16± .05	2.93	15.30 ±.14				
184.48 -35.74		8.0± .9		.20					
093430.0-614700	PGC 27288		1.28	.08					
0935.8 +6121		.S?....	1.06± .06	87					
152.48 42.90	UGC 5101		.23± .04	.10	15.2 ±.2				11945± 35
44.25 -6.59	IRAS09320+6134			.31	10.47				12022
0932.0 +6134	PGC 27292		1.07	.11	14.72				12068
093556.7-074336		.L..+*/	1.32± .04	105	*				
242.11 31.25	MCG -1-25- 5	E	.49± .05	.10					
109.95 -49.88		-1.0±1.2		.00					
093328.2-073009	PGC 27298		1.26						
093605.6+245655	IC 545		.64± .17						
204.33 46.34	MCG 4-23- 13		.00± .07	.00	15.3 ±.2				6141± 42
70.88 -33.49	ARAK 205								6074
093313.3+251022	PGC 27307		.64						6418
093605.9-122614	NGC 2947	.SXR4..	1.17± .05	25	*				2815
246.33 28.29	MCG -2-25- 4	E (1)	.04± .05	.14					
117.24 -50.86	IRAS09336-1212	4.0± .8		.06	12.73				2628
093340.8-121246	PGC 27309	4.2± .8	1.18	.02					3139
093612.5-082605		.E+..?.	1.25± .09	150	*				
242.81 30.86	MCG -1-25- 6	E	.28± .07	.11					
111.05 -49.99		-4.0± .8		.00					
093344.5-081237	PGC 27316		1.19						
093613.7-105829		.SXT6*.	1.17± .05	95	*				
245.08 29.25	MCG -2-25- 5	E (1)	.37± .05	.13					
114.96 -50.56		6.0± .9		.54					
093347.5-104501	PGC 27317	6.4±1.2	1.18	.18					
093626.2-003417		.IXS9*.	.96± .06	75	*				
235.31 35.61	MCG 0-25- 4	E (1)	.11± .05	.08	15.0 ±.2				
99.67 -47.41		10.0±1.3		.08					
093352.8-002049	PGC 27331	8.7±1.2	.97	.05					
093627.9-372029		.LX.-*.	1.08± .07	172	*		1.04± .02		
265.43 10.95	ESO 373- 10	S	.31± .04	.94					
155.91 -48.37		-3.0± .7	1.24± .11	.00			15.14± .39		
093424.0-370700	PGC 27332		1.16						
093632.8-635643		.SXS9?.	1.10± .05	85	*				
283.42 -8.73	ESO 91- 15	S (1)	.25± .05	2.22	14.76 ±.14				
186.19 -34.42		9.0± .9		.26					
093519.0-634312	PGC 27341	8.9±1.3	1.31	.13					

R.A. 2000 DEC.	Names	Type	$\log D_{25}$	p.a.	B_T	$(B-V)_T$	$(B-V)_e$	m_{21}	V_{21}
l b		S_T n_L	$\log R_{25}$	A_g	m_B	$(U-B)_T$	$(U-B)_e$	W_{20}	V_{opt}
SGL SGB		T	$\log A_e$	A_i	m_{FIR}	$(B-V)^o_T$	m'_e	W_{50}	V_{GSR}
R.A. 1950 DEC.	PGC	L	$\log D_o$	A_{21}	B^o_T	$(U-B)^o_T$	m'_{25}	HI	V_{3K}
093644.7-210742	NGC 2935	PSXS3..	1.56± .02	0	12.35 ±.15	.80± .01	.86± .01	13.16±.1	2277± 5
253.59 22.57	ESO 565- 23	R (3)	.11± .03	.12	11.88 ±.12	.34± .04	.38± .01	312± 6	2214± 66
131.15 -51.36	IRAS09344-2054	3.0± .3	.86± .03	.16	11.41	.74	12.14± .09	283± 6	2072
093426.0-205412	PGC 27351	2.1± .5	1.57	.06	11.76	.29	14.71± .19	1.35	2592
0936.7 +3104									
195.54 47.63	CGCG 152- 38			.01	15.3 ±.3				8022
65.71 -29.20									7979
0933.8 +3118	PGC 27352								8281
0936.8 +6647		.S..4..	1.20± .05	120					
145.86 40.60	UGC 5111	U	.81± .05	.13	15.42 ±.18				
40.93 -2.28	IRAS09327+6700	4.0± .9		1.20	13.21				
0932.7 +6700	PGC 27358		1.21	.41					
093652.7+374141	NGC 2922	.I..9?.	1.06± .04	103				15.26±.3	4369± 10
185.69 48.09	UGC 5118	U	.38± .04	.00	14.59 ±.18			288± 13	4356± 19
60.49 -24.45	IRAS09337+3755	10.0±1.8		.28	12.81				4350
093348.4+375510	PGC 27361		1.06	.19	14.31			.76	4600
0936.8 +6633		.S..2..	1.06± .06	43					
146.13 40.72	UGC 5113	U	.68± .05	.13	15.51 ±.18				
41.08 -2.46		2.0±1.0		.84					
0932.8 +6647	PGC 27362		1.07	.34					
093658.2+311952		.S?....	.90± .06						
195.17 47.70	MCG 5-23- 21		.16± .06	.00	15.24 ±.18				8043
65.54 -28.99	KUG 0934+315A			.23					8001
093400.3+313321	PGC 27367		.90	.08	14.97				8301
093700.6-605550		.SBS9..	1.13± .05	135					
281.41 -6.47	ESO 126- 22	S (1)	.35± .05	3.66	15.39 ±.14				
183.35 -36.32		9.0± .9		.35					
093537.0-604218	PGC 27369	7.8± .9	1.47	.17					
0937.0 +1353		.S..7..	1.14± .07	131					8583
219.13 42.91	UGC 5121	U	.98± .06	.05	15.64 ±.18				
82.00 -40.21		7.0±1.0		1.35					8475
0934.3 +1407	PGC 27371		1.14	.49	14.21				8889
093709.2+195010		.S?....	.81± .08	155				16.89±.3	8483± 10
211.46 45.13	UGC 5123		.16± .05	.09	14.8 ±.2				8461± 50
75.89 -36.61	IRAS09343+2003			.19	13.23			419± 7	8396
093421.2+200340	PGC 27379		.82	.08	14.48			2.33	8775
093712.7+380532		.L?....	.82± .11						
185.10 48.15	UGC 5119		.00± .03	.00	14.57 ±.12				5982± 38
60.25 -24.12	ARAK 206			.00					5968
093407.9+381902	PGC 27383		.82		14.48				6215
093715.3+233533	NGC 2927	.SXT3..	1.28± .04	155				15.44±.3	7547± 10
206.32 46.26	UGC 5122	U	.24± .05	.05	13.70 ±.19				7556± 50
72.33 -34.18		3.0± .8		.34				516± 7	7476
093424.3+234903	PGC 27385		1.28	.12	13.25			2.07	7830
0937.2 +7322		.IX.9..	1.13± .07	135				15.57±.1	2135± 11
138.56 37.27	UGC 5110	U	.03± .06	.04	15.1 ±.3				
36.85 2.88		10.0± .8		.02				122± 8	2256
0932.5 +7336	PGC 27386		1.13	.01	15.02			.53	2193
093729.5+230940	NGC 2929	.S?....	1.09± .06	144				15.14±.3	7509± 9
206.95 46.19	UGC 5126		.56± .05	.05	14.7 ±.2				7549± 50
72.78 -34.42	IRAS09346+2323			.84	12.70			451± 5	7437
093438.9+232311	PGC 27398		1.10	.28	13.78			1.08	7794
093731.3+325030	NGC 2926	.S?....	.92± .07	120				16.40±.3	4362± 10
192.95 47.98	UGC 5125		.03± .05	.03	14.40 ±.18				4417± 50
64.40 -27.84	IRAS09345+3304			.04	13.34			243± 7	4329
093432.1+330401	PGC 27400		.92	.01	14.31			2.08	4617
0937.5 +2311	NGC 2930	.S?....	.82± .13						
206.91 46.21	MCG 4-23- 18		.17± .07	.05	15.1 ±.2				6599± 60
72.76 -34.40				.26					6526
0934.7 +2325	PGC 27404		.82	.09	14.72				6883
0937.6 +4837	A 0934+48								
169.52 47.08				.04					10145± 72
52.76 -16.24	1ZW 19								10173
0934.3 +4851	PGC 27408								10332
093738.6-335508		.SAR1..	1.11± .16						
263.22 13.62	ESO 373- 11	r	.02± .14	.79					
150.90 -49.21		1.0± .8		.02					
093531.1-334136	PGC 27413		1.18	.01					

R.A. 2000 DEC.	Names	Type	$\log D_{25}$	p.a.	B_T	$(B-V)_T$	$(B-V)_e$	m_{21}	V_{21}
l b		S_T n_L	$\log R_{25}$	A_g	m_B	$(U-B)_T$	$(U-B)_e$	W_{20}	V_{opt}
SGL SGB		T	$\log A_e$	A_i	m_{FIR}	$(B-V)^o_T$	m'_e	W_{50}	V_{GSR}
R.A. 1950 DEC.	PGC	L	$\log D_o$	A_{21}	B^o_T	$(U-B)^o_T$	m'_{25}	HI	V_{3K}
0937.6 +3704		.SX.7*.	1.14± .05	147					
186.62 48.24	UGC 5127	U	.48± .05	.00					
61.09 -24.80		7.0± .9		.66					
0934.6 +3718	PGC 27416		1.14	.24					
093741.0-220214	NGC 2945	.LA.-*.	1.21± .04	168					
254.46 22.10	ESO 565- 28	S	.13± .03	.13	13.23 ±.14				4630± 15
132.59 -51.12	IRAS09354-2148	-3.0± .5		.00					4423
093523.0-214842	PGC 27418		1.21		13.03				4945
093743.3+024508	NGC 2936	.I?....	1.12± .08		13.9 ±.2	.84± .04	.80± .02		
232.08 37.72	UGC 5130		.08± .07	.09		.02± .07	.11± .03		6989± 38
95.41 -45.74			.77± .03	.06		.76	13.29± .07		6845
093507.5+025840	PGC 27422		1.13	.04	13.75	-.05	14.15± .49		7312
093745.0+024451	NGC 2937	.E.....	1.32± .09		14.6 ±.2	.94± .04	1.02± .02		
232.09 37.72	UGC 5131	U	.46± .07	.09		.51± .08	.50± .04		6839± 39
95.42 -45.74		-5.0± .9	.52± .10	.00		.85	12.65± .35		6694
093509.3+025823	PGC 27423		1.19		14.41	.53	15.03± .53		7161
093746.8-105827		.S..4*.	1.16± .06	175					5369
245.36 29.54	MCG -2-25- 8	E (1)	.55± .05	.13					
115.08 -50.18		4.0±1.3		.81					5186
093520.5-104455	PGC 27425	4.2±1.2	1.17	.28					5695
093749.7-222420		.SBS7*.	1.30± .03	54				14.60±.2	2412± 11
254.78 21.87	ESO 565- 29	SU (1)	.16± .04	.17	14.28 ±.14			186± 16	
133.17 -51.07		7.3± .4		.22				187± 12	2205
093532.0-221048	PGC 27430	7.0± .5	1.32	.08	13.89			.63	2726
093751.3-620904		.SAS5*/	1.20± .05	11					
282.31 -7.30	ESO 126- 23	S (1)	.42± .05	2.98	14.38 ±.14				
184.43 -35.47	IRAS09365-6155	4.7±1.0		.64	12.07				
093631.0-615530	PGC 27431	4.8± .7	1.48	.21					
093758.1+252943		.S..1..	1.21± .05	103				15.35±.3	4063± 9
203.70 46.88	UGC 5129	U	.35± .05	.00	14.11 ±.18				4035± 50
70.73 -32.81		1.0± .8		.36				320± 5	3998
093505.5+254315	PGC 27437		1.21	.18	13.70			1.48	4340
093801.4-202039		.LAT-*.	1.22± .05	13					
253.20 23.33	ESO 565- 30	S	.22± .04	.13	13.49 ±.14				
129.89 -51.07		-3.0± .6		.00					
093542.0-200706	PGC 27441		1.20						
0938.0 -1139		.S?....	1.04± .09					15.91±.1	1853± 9
246.01 29.15	MCG -2-25- 9		.09± .07	.16				168± 12	
116.16 -50.26				.12					1668
0935.6 -1126	PGC 27442		1.05	.05					2179
0938.0 +0936	NGC 2940	.L?....	.95± .10						
224.46 41.25	MCG 2-25- 12		.10± .04	.07	14.51 ±.11				8622± 56
87.01 -42.35				.00					8500
0935.4 +0950	PGC 27448		.95		14.31				8936
093807.7-335540		.SXS8..	1.20± .07	151					2640
263.30 13.68	ESO 373- 12	S (1)	.16± .07	.79					
150.87 -49.11		8.0± .8		.19					2417
093600.0-334206	PGC 27450	7.8± .8	1.27	.08					2931
093808.1+093121	NGC 2939	.S..4..	1.39± .04	154				14.17±.3	3338± 9
224.57 41.23	UGC 5134	U	.45± .05	.07	13.25 ±.18			364± 7	3355± 49
87.12 -42.38	IRAS09354+0945	4.0± .8		.67	12.22			346± 7	3216
093527.8+094453	PGC 27451		1.40	.23	12.49			1.45	3653
0938.2 +2803	IC 2495	.S?....	.89± .11						
200.03 47.47	MCG 5-23- 23		.07± .07	.00	14.80 ±.18				10110
68.51 -31.05				.10					10056
0935.3 +2817	PGC 27455		.89	.03	14.64				10379
093813.9-763530		.I..9?.	1.59± .04						
292.45 -17.83		S (1)	.62± .08	.61					
196.58 -25.62		10.0±1.1		.47					
093821.2-762153	PGC 27456	11.1± .6	1.65	.31					
093814.2-632905		.S..3?/	1.19± .05	122					
283.25 -8.26	ESO 91- 16	S	.56± .04	2.44	14.15 ±.14				
185.63 -34.58	IRAS09369-6315	3.0±1.8		.78	11.12				
093658.1-631530	PGC 27458		1.42	.28					
093819.4-390028		.SAR6..	1.22± .05					14.95±.3	2470± 9
266.85 9.98	ESO 315- 17	S (1)	.05± .05	1.02	14.32 ±.14				
158.02 -47.43		6.0± .8		.07				99± 7	2243
093617.0-384654	PGC 27466	4.4± .8	1.31	.02	13.22			1.70	2746

R.A. 2000 DEC.	Names	Type	$logD_{25}$	p.a.	B_T	$(B-V)_T$	$(B-V)_e$	m_{21}	V_{21}
l b		S_T n_L	$logR_{25}$	A_g	m_B	$(U-B)_T$	$(U-B)_e$	W_{20}	V_{opt}
SGL SGB		T	$logA_e$	A_i	m_{FIR}	$(B-V)^o_T$	m'_e	W_{50}	V_{GSR}
R.A. 1950 DEC.	PGC	L	$logD_o$	A_{21}	B^o_T	$(U-B)^o_T$	m'_{25}	HI	V_{3K}
093820.7-335140		.S..0?/	1.15± .06	24					
263.29 13.76	ESO 373- 13	S	.91± .05	.79					
150.75 -49.09		.0±1.9		.68					
093613.0-333806	PGC 27468		1.18						
093823.3+433033		.L.....	1.07± .07	149					
176.98 48.04	UGC 5133	U	.56± .03	.02	14.73 ±.17				
56.44 -19.98		-2.0± .9		.00					
093512.3+434406	PGC 27472		.99						
093824.0+761910	NGC 2938	.SBT6..	1.24± .06	105				14.10±.1	2285± 11
135.48 35.67	UGC 5115	U	.22± .06	.01	14.2 ±.2				
35.06 5.21		6.0± .8		.33				204± 8	2416
093307.4+763240	PGC 27473		1.24	.11	13.81			.17	2326
093829.6-614947		.SXS4..	1.17± .05	150					
282.15 -7.01	ESO 126- 24	S (1)	.25± .05	3.20	14.02 ±.14				
184.07 -35.62	IRAS09371-6136	4.0± .9		.36	12.19				
093708.1-613612	PGC 27476	3.3± .9	1.47	.12					
093830.6+023420		.S..3..	1.04± .08	170					
232.41 37.78	UGC 5138	U	.76± .06	.07	15.47 ±.19				
95.77 -45.65		3.0±1.0		1.05					
093555.0+024754	PGC 27477		1.05	.38					
093831.8-635600		.SXT4..	1.14± .05	145					
283.58 -8.57	ESO 91- 17	S (1)	.14± .05	2.30	14.34 ±.14				
186.01 -34.27		4.0± .8		.21					
093717.0-634224	PGC 27481	4.4± .9	1.35	.07					
093833.1+170200	NGC 2943	.E.....	1.34± .12	130					
215.32 44.47	UGC 5136	U	.25± .08	.03	13.42 ±.17				8377± 27
78.96 -38.07		-5.0± .8		.00					8281
093547.3+171533	PGC 27482		1.27		13.26				8677
093848.8+074600		.SA.7*.	.96± .17					16.41±.3	6767± 10
226.72 40.53	UGC 5142	U	.00± .12	.06					
89.31 -43.14		7.0±1.2		.00				141± 7	6638
093609.6+075934	PGC 27504		.97	.00					7084
093853.3-045134	A 0936-04C	.SBT3P/	1.04± .07	61	15.68S±.15				
239.96 33.58	MCG -1-25- 8	RCE	.55± .05	.13					6853± 26
106.04 -48.35	IRAS09364-0437	3.1± .6		.75					6686
093622.7-043759	PGC 27508		1.06	.27	14.75		14.38± .39		7180
093853.6-045056	A 0936-04A	.E.....	1.13± .11	175	13.77S±.15				
239.95 33.59	MCG -1-25- 9	RC	.11± .07	.13					6622± 21
106.03 -48.34	HICK 40A	-5.0± .5		.00					6455
093623.1-043721	PGC 27509		1.12		13.55		14.15± .58		6950
093855.1-045158	A 0936-04B	.LAR-*P	1.04± .09	125	15.02S±.15				
239.97 33.59	MCG -1-25- 10	R	.20± .05	.13					6821± 26
106.06 -48.34	HICK 40B	-3.0± .5		.00					6654
093624.6-043823	PGC 27513		1.03		14.79		14.60± .50		7149
093855.5-045128	A 0936-04E	.SXS1P*	.82± .09	125					
239.97 33.59	MCG -1-25- 11	RCE	.39± .05	.13					6625± 41
106.05 -48.34	HICK 40E	.8± .6		.40					6458
093625.0-043753	PGC 27515		.83	.19					6952
093855.8-045014	A 0936-04D	.SBS0P*	.93± .08	80	15.06S±.15				
239.95 33.61	MCG -1-25- 12	RCE	.30± .05	.13					6466± 26
106.02 -48.33	HICK 40D	.3± .5		.23					6299
093625.3-043639	PGC 27516		.93		14.61		13.80± .46		6794
093859.2+065725	NGC 2948	.SB.4..	1.14± .05	7				15.48±.3	4983± 9
227.67 40.17	UGC 5141	U	.20± .05	.14	13.71 ±.18			390± 7	4959± 50
90.32 -43.51	IRAS09363+0710	4.0± .8		.29	12.67			380± 7	4851
093620.7+071100	PGC 27518		1.15	.10	13.25			2.14	5301
093901.0+170138	NGC 2946	.SB?...	1.08± .06	13				16.54±.3	8953± 10
215.39 44.57	UGC 5143		.52± .05	.06	14.90 ±.18				
79.06 -37.98	IRAS09362+1715			.78	12.46			391± 7	8857
093615.2+171513	PGC 27521		1.08	.26	14.00			2.27	9253
093907.8+340016	NGC 2942	.SAS5*.	1.35± .03	165	13.15 ±.14	.57± .03	.65± .02	14.58±.1	4423± 5
191.25 48.41	UGC 5140	R (3)	.10± .04	.00	13.15 ±.17		.08± .03	270± 6	4585± 44
63.73 -26.78	IRAS09361+3413	5.0± .4	1.15± .02	.14	13.43	.52	14.39± .06	232± 5	4395
093607.8+341351	PGC 27527	1.7± .5	1.35	.05	12.98		14.53± .21	1.55	4675
093912.9-210354		.SBS9..	1.23± .03	104					
253.98 23.03	ESO 565- 33	SE (2)	.45± .04	.12	15.61 ±.14				
131.03 -50.78		9.0± .5		.46					
093654.0-205018	PGC 27529	9.2± .5	1.24	.23					

R.A. 2000 DEC. l b SGL SGB R.A. 1950 DEC.	Names PGC	Type S_T n_L T L	$\log D_{25}$ $\log R_{25}$ $\log A_e$ $\log D_o$	p.a. A_g A_i A_{21}	B_T m_B m_{FIR} B_T^o	$(B-V)_T$ $(U-B)_T$ $(B-V)_T^o$ $(U-B)_T^o$	$(B-V)_e$ $(U-B)_e$ m'_e m'_{25}	m_{21} W_{20} W_{50} HI	V_{21} V_{opt} V_{GSR} V_{3K}
093917.4+363343		.S?....	.74± .14						
187.40 48.56	MCG 6-21- 68		.09± .07	.00	15.35 ±.19				6021± 46
61.75 -24.94				.07					6001
093614.7+364718	PGC 27530		.73		15.19				6261
093917.4-190606	NGC 2956	.SBS3?.	.96± .05	55					
252.44 24.40	ESO 565- 34	SE (2)	.45± .04	.13	15.29 ±.14				
127.92 -50.75	IRAS09369-1852	3.0± .8		.62	12.56				
093657.0-185230	PGC 27531	3.3± .7	.97	.22					
093918.0+321842	NGC 2944	.SBS5P$	1.04± .05					15.29±.2	6798± 8
193.80 48.31	UGC 5144	R	.43± .05	.00	14.73 ±.18			372± 14	6601± 29
65.13 -27.95	IRAS09363+3232	5.0± .5		.65	12.79				6747
093619.6+323217	PGC 27533		1.04	.22	14.05			1.03	7040
0939.3 +0624		.S?....	.94± .11						
228.35 39.97	MCG 1-25- 8		.19± .07	.10	14.81 ±.18				6583± 60
91.05 -43.70				.28					6450
0936.7 +0638	PGC 27535		.95	.09	14.38				6903
093922.3+363428		.S?....	.74± .14						
187.38 48.57	MCG 6-21- 69		.21± .07	.00	15.50 ±.20				6007± 46
61.75 -24.92				.16					5986
093619.6+364803	PGC 27539		.73		15.25				6246
093926.6+322200	A 0936+32A	.SB?...	.89± .11					15.68±.3	6862± 9
193.72 48.34	MCG 6-21- 72		.24± .07	.00					6836± 26
65.11 -27.89				.36				282± 5	6822
093628.2+323535	PGC 27546		.89	.12					7115
093926.6+322200	A 0936+32B	.LB?...	.72± .22		16.1 ±.3	.93± .08			
193.72 48.34	MCG 6-21- 71		.00± .07	.00		.57± .13			6394± 51
65.11 -27.89				.00		.87			6357
093628.2+323535	PGC 27547		.72		16.00	.61	14.55±1.15		6649
093927.2+382547		.S..6*.	1.05± .05	147					
184.58 48.59	UGC 5147	U	.98± .05	.00					
60.34 -23.57	KUG 0936+386	6.0±1.5		1.44					
093622.5+383922	PGC 27549		1.05	.49					
0939.5 +1130		.S..6*.	1.06± .06	54					
222.41 42.44	UGC 5148	U	.78± .05	.07	15.2 ±.2				
85.09 -41.03	IRAS09368+1144	6.0±1.4		1.15	13.58				
0936.8 +1144	PGC 27558		1.07	.39					
0939.7 -0349		.IBS9P.	1.12± .08	160					
239.12 34.37		E (1)	.19± .08	.12					
104.67 -47.82		10.0± .9		.14					
0937.2 -0336	PGC 27566	7.5±1.2	1.14	.09					
0939.8 +2100		.S..6*.	.96± .09	141					4734
210.15 46.09	UGC 5149	U	.98± .06	.07					
75.24 -35.39		6.0±1.5		1.44					4653
0937.0 +2114	PGC 27570		.97	.49					5025
094006.8-250332		.SXR3P.	.99± .05						
257.19 20.37	ESO 498- 20	r	.00± .04	.16	14.96 ±.14				
137.30 -50.36		3.3± .8		.01					
093751.0-244954	PGC 27584		1.00	.00					
0940.3 +8207		.IB.9*.	1.24± .11	140				16.17±.1	1609± 11
129.82 32.25	UGC 5114	U	.42± .12	.03					
31.41 9.74		10.0± .8		.32				89± 8	1759
0933.0 +8221	PGC 27597		1.24	.21					1617
094024.7+145520	NGC 2954	.E.....	1.23± .06	160	13.30 ±.15	.91± .01	.97± .01		
218.29 44.07	UGC 5155	U	.18± .06	.09	13.37 ±.15	.42± .02	.49± .02		3821± 29
81.51 -38.95		-5.0± .8	.73± .04	.00		.85	12.44± .13		3718
093740.6+150858	PGC 27600		1.19		13.19	.42	13.98± .35		4127
094027.2+482015		.I?....	.81± .06					14.86±.3	773± 11
169.79 47.60	UGC 5151		.07± .04	.03	13.9 ±.3			130± 16	802± 28
53.33 -16.14	MK 1418			.05	13.72			103± 12	804
093709.9+483353	PGC 27602		.81	.03	13.81			1.01	966
0940.4 +7111	Holmberg I	.IXS9..	1.56± .03		13.0 ±.2		.37± .04	13.28±.0	136± 3
140.73 38.66	UGC 5139	PU (1)	.09± .05	.06	14.5 ±.8		-.35± .06	44± 3	
38.42 1.33	DDO 63	10.0± .5	1.56± .05	.07			16.33± .10	26± 3	250
0936.0 +7124	PGC 27605	9.0± .9	1.57	.05	13.01		15.46± .28	.23	207
094029.1-325033		.S.1*P/	1.15± .06	114					
262.90 14.81	ESO 373- 19	S	.54± .05	.73					
149.08 -48.92		1.0±1.2		.55					
093820.1-323654	PGC 27606		1.21	.27					

R.A. 2000 DEC. l b SGL SGB R.A. 1950 DEC.	Names PGC	Type S_T n_L T L	$\log D_{25}$ $\log R_{25}$ $\log A_e$ $\log D_o$	p.a. A_g A_i A_{21}	B_T m_B m_{FIR} B_T^o	$(B-V)_T$ $(U-B)_T$ $(B-V)_T^o$ $(U-B)_T^o$	$(B-V)_e$ $(U-B)_e$ m'_e m'_{25}	m_{21} W_{20} W_{50} HI	V_{21} V_{opt} V_{GSR} V_{3K}
0940.5 -0353		.SBS9..	1.12± .08	50					
239.33 34.49		E (1)	.13± .08	.12					
104.86 -47.65		9.0± .9		.13					
0938.0 -0340	PGC 27612	9.8± .8	1.14	.06					
094033.6+252922		.SB?...	1.04± .08	130				16.45±.3	9953± 10
203.91 47.45	UGC 5156		.53± .06	.00	15.30 ±.18				
71.20 -32.37				.79				432± 7	9889
093741.4+254300	PGC 27615		1.04	.26	14.45			1.74	10232
0940.5 -0856	A 0938-08	.SBS6..	1.32± .04	55				14.25±.1	2069± 9
244.06 31.37	MCG -1-25- 15	E (1)	.10± .05	.13				211± 12	
112.23 -49.07		6.0± .8		.14					1891
0938.1 -0843	PGC 27616	4.2± .8	1.33	.05					2397
094036.6+033438	NGC 2960	.S..1?.	1.25± .04	40				16.70±.3	4932± 10
231.69 38.77	UGC 5159	U	.16± .05	.07	13.29 ±.18			435± 13	4722± 49
94.80 -44.73	MK 1419	1.0±1.6		.16	13.32				4782
093800.4+034817	PGC 27619		1.26	.08	13.00			3.62	5248
094041.8+115317	NGC 2958	.S.R4..	1.02± .06	10				15.77±.3	6663± 9
222.12 42.86	UGC 5160	U	.12± .05	.05	13.97 ±.19			410± 7	6639± 50
84.87 -40.59	IRAS09379+1206	4.0± .9		.18	12.69			380± 7	6548
093759.8+120656	PGC 27620		1.02	.06	13.70			2.01	6974
0940.7 +1319									
220.35 43.48	CGCG 63- 34			.09	14.9 ±.6				3739± 79
83.29 -39.79									3630
0938.0 +1333	PGC 27621								4048
094043.7-321346		.IX.9..	1.13± .05	126					1035
262.51 15.29	ESO 434- 19	S (1)	.34± .05	.57	15.18 ±.14				
148.16 -49.02		10.0± .8		.26					814
093834.0-320006	PGC 27623	7.8± .9	1.18	.17	14.35				1331
094045.3-052608	IC 553	PSBT1P*	1.06± .06	60					
240.85 33.60	MCG -1-25- 16	E	.12± .05	.11					
107.09 -48.08		1.0±1.2		.13					
093815.1-051229	PGC 27625		1.07	.06					
0940.8 +1133		.S..8*.	1.06± .06	22					6711
222.55 42.74	UGC 5164	U	.80± .05	.06					
85.27 -40.74	8ZW 53	8.0±1.4		.98	13.62				6596
0938.1 +1146	PGC 27630		1.06	.40					7024
094054.0+051000	NGC 2962	RLXT+..	1.42± .02	3	12.96 ±.13	1.03± .01	1.04± .01	15.90±.2	1966± 6
230.00 39.67	UGC 5167	R	.13± .03	.10	12.56 ±.12	.54± .04	.56± .02	407± 21	1991± 49
92.84 -43.95		-1.0± .3	.89± .02	.00		.97	12.90± .06	416± 4	1830
093816.7+052340	PGC 27635		1.41		12.62	.51	14.60± .19		2289
0940.9 +2746		.S?....	1.00± .16	160					
200.61 48.00	UGC 5162		.34± .06	.00					9904
69.23 -30.80				.50					9849
0938.0 +2800	PGC 27636		1.00	.17					10176
0940.9 +2746		.S?....	1.02± .08	150					
200.61 48.00	UGC 5161		.29± .06	.00					10079
69.23 -30.80				.43					10024
0938.0 +2800	PGC 27637		1.02	.14					10351
094058.3+473711	A 0937+47	.S.....	1.22± .05	18				15.22±.1	4836± 7
170.81 47.83	UGC 5157	R	.65± .05	.01	14.50 ±.18				4826± 50
53.89 -16.62				.98				305± 8	4860
093742.2+475050	PGC 27641		1.22	.33	13.48			1.41	5029
0940.9 +2111		.S?....	1.06± .06	107					
210.01 46.40	UGC 5165		.56± .05	.05	15.44 ±.18				
75.27 -35.06	IRAS09381+2125			.84	12.82				
0938.1 +2125	PGC 27643		1.06	.28					
094100.1+065610	IC 551	.S?....	.88± .08					16.56±.3	8574± 10
228.02 40.59	UGC 5168		.03± .05	.10	14.51 ±.18				8581± 50
90.69 -43.08				.02				337± 7	8443
093821.6+070950	PGC 27645		.89		14.26				8894
094106.5-290617		PSBS1..	1.07± .06	3					
260.34 17.62	ESO 434- 20	r	.83± .05	.47	16.23 ±.14				
143.47 -49.59		1.0±1.0		.85					
093854.0-285236	PGC 27652		1.12	.42					
0941.2 +6103		.S..4..	.97± .07						
152.48 43.61	UGC 5153	U	.02± .05	.06	15.3 ±.2				
44.95 -6.41		4.0± .9		.03					
0937.5 +6117	PGC 27662		.98	.01					

R.A. 2000 DEC.	Names	Type	$\log D_{25}$	p.a.	B_T	$(B\text{-}V)_T$	$(B\text{-}V)_e$	m_{21}	V_{21}
l b		S_T n_L	$\log R_{25}$	A_g	m_B	$(U\text{-}B)_T$	$(U\text{-}B)_e$	W_{20}	V_{opt}
SGL SGB		T	$\log A_e$	A_i	m_{FIR}	$(B\text{-}V)^o_T$	m'_e	W_{50}	V_{GSR}
R.A. 1950 DEC.	PGC	L	$\log D_o$	A_{21}	B^o_T	$(U\text{-}B)^o_T$	m'_{25}	HI	V_{3K}
0941.2 +3209									
194.10 48.70	CGCG 152- 48			.00	15.4 ±.3				6580
65.59 -27.76									6542
0938.3 +3223	PGC 27663								6837
094116.8+103843	IC 552	.L.....	1.01± .08	175					
223.72 42.43	UGC 5171	U	.25± .03	.04	14.44 ±.16				5809± 31
86.38 -41.14		-2.0± .9		.00					5691
093835.7+105223	PGC 27665		.97		14.31				6124
094117.1+355300	NGC 2955	PSAR3..	1.24± .03	162	13.61 ±.13	.69± .01		14.90±.3	7013± 10
188.44 48.94	UGC 5166	R (1)	.29± .03	.00	13.61 ±.13	.15± .05		488± 13	7026± 66
62.60 -25.14	IRAS09382+3606	3.0± .4		.40	12.41	.59			6990
093815.4+360640	PGC 27666	2.5±1.2	1.24	.14	13.16	.07	13.93± .22	1.60	7257
0941.3 +2806	IC 2498								
200.14 48.15	CGCG 152- 49			.01	15.2 ±.3				9873
69.01 -30.51									9819
0938.4 +2820	PGC 27668								10144
094120.7-285741		PSXS0*.	.96± .06	155					
260.27 17.76	ESO 434- 21	r	.25± .03	.47	15.06 ±.14				
143.24 -49.56		-.1±1.3		.19					
093908.0-284400	PGC 27670		.99						
094133.3+112452		.S..3..	1.36± .04	131				14.77±.2	6238± 6
222.83 42.84	UGC 5173	U (1)	.92± .05	.04	14.72 ±.18			503± 7	
85.55 -40.67	IRAS09388+1138	3.0± .9		1.27	13.05			491± 5	6122
093851.7+113833	PGC 27681	4.5±1.2	1.36	.46	13.37			.95	6551
094143.4-281130		.SXS7..	1.25± .04	10					
259.78 18.38	ESO 434- 23	S (1)	.25± .04	.46	14.54 ±.14				
142.05 -49.61		7.0± .6		.34					
093930.0-275748	PGC 27690	6.1± .8	1.29	.12					
0941.7 -0719		.SXS8*.	1.11± .06	125					
242.81 32.63	MCG -1-25- 20	E (1)	.14± .05	.10					
109.95 -48.38		8.0± .9		.17					
0939.3 -0706	PGC 27696	7.5± .8	1.12	.07					
0941.8 +2738		.S?....	1.04± .09						
200.86 48.17	MCG 5-23- 26		.49± .07	.02	15.21 ±.18				8543
69.51 -30.74				.37					8488
0938.9 +2752	PGC 27702		1.01		14.69				8816
094152.3+484014		.SAS9..	1.19± .05					15.58±.1	2594± 6
169.23 47.76	UGC 5172	U	.00± .05	.02	14.9 ±.4			74± 7	
53.28 -15.74		9.0± .8		.00				57± 12	2623
093834.8+485355	PGC 27709		1.19	.00	14.93			.65	2783
094154.6-083610	NGC 2969	.SAS5P*	1.13± .06	40				15.75±.1	4960± 9
244.00 31.85	MCG -1-25- 21	E (1)	.04± .05	.13				192± 12	
111.84 -48.67	MK 1235	5.0±1.2		.07	12.92				4783
093926.5-082228	PGC 27714	3.1±1.2	1.14	.02					5289
094157.1+121743	IC 555	.L.....	1.11± .10	18					
221.80 43.32	UGC 5178	U	.40± .05	.04	14.31 ±.15				6731± 31
84.64 -40.11		-2.0± .9		.00					6618
093914.9+123125	PGC 27716		1.06		14.16				7043
094203.8+002008	NGC 2967	.SAS5..	1.48± .02	65	12.30 ±.14	.67± .02	.74± .02	13.20±.2	1892± 5
235.37 37.28	UGC 5180	R (3)	.04± .03	.17	11.93 ±.14	.07± .04	.11± .04	145± 6	2212± 58
99.25 -45.76	IRAS09394+0033	5.0± .3	1.07± .02	.06	11.11	.61	13.14± .04	121± 4	1743
093929.7+003351	PGC 27723	3.0± .5	1.50	.02	11.87	.03	14.47± .19	1.31	2222
094211.4+044024	NGC 2966	.SB?...	1.35± .04	72				15.17±.3	2044± 7
230.76 39.68	UGC 5181		.41± .05	.10	13.56 ±.18			252± 7	1897± 40
93.67 -43.89	MK 708			.61	11.37			242± 7	1902
093934.5+045407	PGC 27734		1.36	.20	12.84			2.13	2364
094212.1-044249		.S..4*.	1.24± .05	57					4471
240.43 34.33	MCG -1-25- 22	E (1)	.64± .05	.13					
106.22 -47.52		4.0±1.2		.94					4305
093941.4-042906	PGC 27735	4.2±1.2	1.25	.32					4800
094223.3-061509		.SB.7?.	1.25± .05	26				15.48±.1	1863± 9
241.92 33.42	MCG -1-25- 24	E	.48± .05	.09				288± 12	
108.45 -47.93		7.0±1.7		.66					1692
093953.6-060126	PGC 27747		1.25	.24					2193
094225.0+041704		.L.....	1.09± .07	135					
231.23 39.53	UGC 5182	U	.12± .03	.09	13.85 ±.15				
94.19 -44.01		-2.0± .8		.00					
093948.4+043048	PGC 27753		1.08						

R.A. 2000 DEC. l b SGL SGB R.A. 1950 DEC.	Names PGC	Type S_T n_L T L	$\log D_{25}$ $\log R_{25}$ $\log A_e$ $\log D_o$	p.a. A_g A_i A_{21}	B_T m_B m_{FIR} B_T^o	$(B-V)_T$ $(U-B)_T$ $(B-V)_T^o$ $(U-B)_T^o$	$(B-V)_e$ $(U-B)_e$ m'_e m'_{25}	m_{21} W_{20} W_{50} HI	V_{21} V_{opt} V_{GSR} V_{3K}
0942.4 -1658		.SB?...	1.19± .07						4177
251.30 26.41	MCG -3-25- 15		.07± .07	.24					
124.65 -49.88				.10					3981
0940.1 -1645	PGC 27757		1.21	.03					4501
094233.3-034159	NGC 2974	.E.4...	1.54± .02	42	11.87 ±.13	1.00± .01	1.02± .01	16.52±.3	2072± 17
239.51 35.01	MCG 0-25- 8	R	.23± .03	.12	11.98 ±.11	.57± .02	.59± .01	232± 34	2006± 31
104.83 -47.11	IRAS09400-0328	-5.0± .3	.91± .02	.00	13.62	.95	11.91± .06	235± 25	1893
094001.9-032815	PGC 27762		1.49		11.79	.55	13.98± .20		2386
094236.4+585108	NGC 2950	RLBR0..	1.43± .03	145	11.84 ±.13	.90± .02	.92± .01		
155.19 44.67	UGC 5176	R	.18± .03	.03	11.98 ±.12	.50± .03	.51± .02		1337± 17
46.52 -7.98		-2.0± .3	.69± .03	.00		.86	10.78± .09		1406
093859.2+590451	PGC 27765		1.41		11.86	.48	13.41± .20		1475
094249.1-064426		.S..3*/	1.34± .04	6					5939
242.46 33.20	MCG -1-25- 26	E	.75± .05	.08					
109.20 -47.97	IRAS09403-0630	3.0±1.2		1.03	13.64				5767
094019.7-063041	PGC 27773		1.35	.37					6269
094249.6-160656		.SXS8..	1.17± .08	110					3620
250.66 27.06	MCG -3-25- 16	E (1)	.40± .05	.23					
123.32 -49.72		8.0± .9		.49					3426
094026.8-155311	PGC 27774	7.5± .8	1.19	.20					3945
094253.9+315051	NGC 2964	.SXR4*.	1.46± .02	97	11.99 ±.13	.68± .01	.75± .01	14.07±.1	1321± 4
194.62 49.02	UGC 5183	R (2)	.26± .02	.02	12.12 ±.14	-.03± .04	.02± .03	311± 3	1311± 19
66.11 -27.72	IRAS09399+3204	4.0± .3	.93± .01	.38	10.41	.62	12.13± .02	263± 3	1282
093956.5+320435	PGC 27777	3.7± .7	1.47	.13	11.64	-.08	13.52± .16	2.30	1580
094254.8+285852		.S..5..	1.22± .03	168				15.44±.3	8511± 10
198.93 48.64	UGC 5185	U	.45± .04	.00	14.28 ±.18				8540± 50
68.53 -29.66	IRAS09400+2912	5.0± .9		.67	13.29			549± 7	8462
093959.9+291236	PGC 27780		1.23	.22	13.56			1.66	8781
094258.4+092811		.I..9?.	1.24± .07						
225.39 42.25	UGC 5189	U	.28± .07	.05					3180± 40
88.02 -41.39	IRAS09401+0943	10.0±1.5		.21	13.39				3058
094018.2+094156	PGC 27784		1.24	.14					3498
0942.9 +3314		.I..9..	1.11± .14	43					548
192.50 49.16	UGC 5186	U	.66± .12	.01					
64.98 -26.75		10.0± .9		.49					515
0940.0 +3328	PGC 27785		1.11	.33					802
094301.8+585824		.S?....	.97± .09	150					
155.00 44.67	UGC 5179		.26± .06	.03	15.05 ±.18				1229± 63
46.48 -7.86	MK 1423			.39					1298
093924.5+591208	PGC 27788		.98	.13	14.63				1367
094302.1+374925		.SB.3..	.97± .05	70					
185.48 49.30	UGC 5184	U	.22± .04	.00	14.84 ±.18				6584±125
61.36 -23.52	IRAS09399+3803	3.0± .9		.31	13.40				6569
093958.8+380309	PGC 27789		.97	.11	14.48				6821
094302.7-021509			.64± .17					16.12±.1	4778± 9
238.18 35.98	MCG 0-25- 9		.00± .07	.09	15.2 ±.3			228± 12	4559± 63
102.89 -46.50	ARAK 210				13.44				4614
094030.3-020124	PGC 27791		.65						5103
094306.1+410534		.SB?...	1.00± .05	135				14.62±.1	1465± 11
180.48 49.15	UGC 5187		.11± .04	.02	14.13 ±.18				1481± 50
58.89 -21.16	KUG 0939+413B			.17				130± 8	1464
093959.2+411918	PGC 27792		1.00	.06	13.94			.63	1689
094308.7-102300	NGC 2979	PSAR1?.	1.17± .05	15					
245.83 30.93	MCG -2-25- 12	E	.20± .05	.13					
114.60 -48.77	IRAS09407-1009	1.0± .8		.20	12.51				
094041.8-100915	PGC 27795		1.18	.10					
094308.8+211108		.SB.3*.	1.24± .06	90				14.97±.3	4940± 10
210.24 46.88	UGC 5192	U	.29± .06	.05	14.2 ±.2				
75.67 -34.67	IRAS09402+2124	3.0± .8		.40	13.42			431± 7	4860
094020.2+212453	PGC 27796		1.24	.15	13.72			1.10	5233
094312.0-093646	NGC 2980	.SXS5?.	1.21± .04	160	13.6 ±.2	.61± .05		14.50±.1	5720± 9
245.15 31.44	MCG -1-25- 28	PE (1)	.28± .04	.14		-.01± .05		505± 12	
113.46 -48.59	IRAS09407-0923	4.5± .6		.42	11.91	.49			5541
094044.6-092301	PGC 27799	2.5± .6	1.22	.14	13.01	-.10	13.81± .30	1.35	6050
094312.0+315541	NGC 2968	.I.0...	1.36± .02	45	12.78 ±.13	1.05± .02	1.13± .02	16.01±.3	1435± 9
194.50 49.09	UGC 5190	R	.16± .02	.02	12.81 ±.12	.64± .03	.73± .03	123± 10	1580± 27
66.10 -27.62		90.0		.12		1.01		70± 7	1410
094014.5+320926	PGC 27800		1.36		12.63	.61	14.04± .19		1707

R.A. 2000 DEC. l b SGL SGB R.A. 1950 DEC.	Names PGC	Type S_T n_L T L	$\log D_{25}$ $\log R_{25}$ $\log A_e$ $\log D_o$	p.a. A_g A_i A_{21}	B_T m_B m_{FIR} B_T^o	$(B-V)_T$ $(U-B)_T$ $(B-V)_T^o$ $(U-B)_T^o$	$(B-V)_e$ $(U-B)_e$ m'_e m'_{25}	m_{21} W_{20} W_{50} HI	V_{21} V_{opt} V_{GSR} V_{3K}
094312.1+002450		.S..4..	1.00± .08	68					
235.50 37.56	UGC 5195	U	.69± .06	.14	15.47 ±.19				
99.31 -45.47	IRAS09406+0038	4.0±1.0		1.01	13.36				
094038.0+003836	PGC 27803		1.01	.34					
094316.8-094445	NGC 2978	PSXT4?.	1.02± .05	85				15.08±.3	1802± 11
245.29 31.37	MCG -1-25- 29	PE (1)	.07± .04	.14				349± 15	
113.66 -48.60	IRAS09408-0931	3.7± .5		.10	12.26			250± 12	1622
094049.5-093059	PGC 27808	3.1± .7	1.04	.04					2132
094317.2-195216		.SB.0?/	1.20± .04	82					
253.77 24.55	ESO 566- 2	SE	.65± .03	.13	15.52 ±.14				
129.16 -49.83	IRAS09409-1938	-.2± .8		.49					
094057.0-193830	PGC 27809		1.18						
094318.1-095649		.SXS7..	1.42± .04	150				14.58±.1	2697± 9
245.47 31.24	MCG -2-25- 13	E (1)	.30± .05	.16				329± 12	
113.96 -48.64	IRAS09408-0942	7.0± .8		.42					2517
094050.9-094303	PGC 27810	6.4± .8	1.43	.15					3027
094319.2+361453	NGC 2965	.L.....	1.08± .17	85					
187.90 49.36	UGC 5191	U	.12± .08	.00	14.44 ±.16				6733± 13
62.63 -24.59		-2.0± .8		.00					6712
094017.6+362838	PGC 27813		1.06		14.34				6976
0943.4 -0517	A 0940-05	.SBS8$/	1.12± .05	90				14.63±.1	1867± 9
241.21 34.21	MCG -1-25- 31	R	.75± .05	.13				182± 12	1864± 39
107.19 -47.41		8.0± .6		.92					1699
0940.9 -0504	PGC 27817		1.13	.37					2197
094328.5-052155		.SBS7P*	1.13± .06	35					1893
241.29 34.18	MCG -1-25- 33	E (1)	.26± .05	.13					
107.30 -47.42		7.0±1.2		.36					1725
094058.2-050808	PGC 27825	5.3±1.2	1.14	.13					2223
0943.4 +3402		.S..6*.	1.00± .08	49					
191.29 49.32	UGC 5194	U	.84± .06	.00					
64.42 -26.11		6.0±1.4		1.24					
0940.5 +3416	PGC 27826		1.00	.42					
094330.3+315834	NGC 2970	.E.1.*.	.81± .07		14.38 ±.14	.76± .03	.77± .02		
194.44 49.16	MCG 5-23- 30	P	.11± .05	.02	14.93 ±.18	.15± .07	.19± .06		1664± 44
66.11 -27.54	MK 405	-5.0± .9	.61± .04	.00		.74	12.92± .12		1626
094032.9+321220	PGC 27827		.78		14.53	.15	13.14± .38		1923
0943.5 -0516	A 0941-05	.SBS9$/	1.09± .05	75					
241.21 34.24	MCG -1-25- 32	R	.51± .05	.13					
107.18 -47.38		9.0± .5		.52					
0941.0 -0503	PGC 27828		1.10	.26					
094333.1+392455		.E...*.	1.17± .09						
183.04 49.35	UGC 5193	U	.00± .05	.00	14.8 ±.3				
60.22 -22.31		-5.0±1.2		.00					
094028.1+393841	PGC 27830		1.17						
0943.5 +8348		.S..6*.	1.01± .05						
128.23 31.26	UGC 5128	U	.09± .04	.16	15.1 ±.2				
30.38 11.08		6.0±1.2		.13					
0935.0 +8402	PGC 27832		1.02	.04					
094336.4-055445		.SBS8..	1.34± .04	10				14.96±.1	2021± 7
241.83 33.87	MCG -1-25- 34	UE (1)	.00± .05	.12				107± 10	
108.09 -47.55	IRAS09411-0541	7.5± .5		.01				85± 12	1852
094106.5-054059	PGC 27833	6.4± .8	1.35	.00					2352
094337.6-324423		.IXS9*P	1.21± .06	142					911
263.34 15.33	ESO 373- 20	S (1)	.13± .07	.70					
148.69 -48.31		10.0± .7		.10					690
094128.0-323036	PGC 27836	9.2± .7	1.28	.07					1208
094340.4+110344	NGC 2984	.L?....	.87± .10						
223.58 43.14	UGC 5200		.00± .03	.03	14.39 ±.17				6200± 50
86.32 -40.42				.00					6083
094059.1+111730	PGC 27838		.87		14.27				6515
094340.8-202841	NGC 2983	.LBT+..	1.40± .02	95	12.76 ±.14	.99± .02	1.01± .01		
254.31 24.19	ESO 566- 3	R	.23± .03	.14	12.74 ±.11	.54± .03	.58± .02		2015± 56
130.11 -49.74		-1.0± .3	.81± .03	.00		.91	12.30± .10		1812
094121.1-201454	PGC 27840		1.38		12.58	.48	14.04± .19		2336
094346.2+361046	NGC 2971	.SBR3..	1.06± .06	135					
188.01 49.45	UGC 5197	U	.18± .05	.00	14.78 ±.19				
62.76 -24.58		3.0± .9		.25					
094044.7+362432	PGC 27843		1.06	.09					

R.A. 2000 DEC. l b SGL SGB R.A. 1950 DEC.	Names PGC	Type S_T n_L T L	$\log D_{25}$ $\log R_{25}$ $\log A_e$ $\log D_o$	p.a. A_g A_i A_{21}	B_T m_B m_{FIR} B_T^o	$(B-V)_T$ $(U-B)_T$ $(B-V)_T^o$ $(U-B)_T^o$	$(B-V)_e$ $(U-B)_e$ m'_e m'_{25}	m_{21} W_{20} W_{50} HI	V_{21} V_{opt} V_{GSR} V_{3K}
094346.9+745143	NGC 2977	.S..3*.	1.26± .03	145	13.3 ±.2				
136.71 36.79	UGC 5175	P	.36± .04	.04	13.0 ±.2				3072± 76
36.25 4.31	IRAS09388+7505	3.0±1.2	.80± .03	.49	12.04		12.80± .09		3198
093851.6+750527	PGC 27845		1.26	.18	12.60		13.55± .25		3122
094354.0-343330		.SBS8*.	1.20± .05	27					2651
264.64 14.02	ESO 373- 21	S (1)	.65± .05	.84					
151.29 -47.79		8.0±1.3		.80					2428
094146.0-341942	PGC 27856	6.7± .9	1.28	.33					2943
094357.0+424021		.S..2..	1.10± .06	65					
178.05 49.15	UGC 5199	U	.40± .05	.03					
57.85 -19.91		2.0± .9		.49					
094048.3+425408	PGC 27859		1.10	.20					
094357.5+414114		.SB.1..	1.04± .06	150					
179.55 49.26	UGC 5198	U	.17± .05	.04	14.80 ±.19				
58.58 -20.62		1.0± .9		.18					
094050.0+415500	PGC 27860		1.04	.09					
094403.3+293619	A 0941+29		.62± .11					17.54±.3	5093± 13
198.05 48.98			.11± .12	.04					5028± 22
68.19 -29.06	MK 406							206± 16	5029
094108.1+295006	PGC 27867		.63						5345
094405.2-320954		.IXS9*.	1.03± .04	10				14.95±.2	1209± 11
263.01 15.82	ESO 434- 27	SU (1)	.07± .04	.59	15.22 ±.14			63± 16	
147.82 -48.35		10.0± .5		.05				54± 12	988
094155.0-315606	PGC 27869	10.0± .6	1.09	.03	14.57			.34	1507
094407.3-003935		.SB.9P?	1.02± .05	152				14.65±.1	1492± 9
236.77 37.13	UGC 5205	UE	.20± .04	.13	14.82 ±.20			162± 12	
100.87 -45.67		9.3±1.0		.20					1338
094133.9-002547	PGC 27875		1.03	.10	14.49			.07	1821
094409.1+655841	A 0940+66	.P.....	.62± .11					16.64±.1	3322± 11
146.34 41.64	UGC 5188	R	.09± .05	.16	14.6 ±.4				3273± 46
42.01 -2.44	MK 119	99.0		.12	12.27			151± 8	3415
094010.1+661227	PGC 27879		.64	.04	14.33			2.27	3420
094414.2-285055		.LA.-*.	1.19± .05	102	13.12 ±.16	.95± .02	1.02± .01		
260.68 18.28	ESO 434- 28	S	.11± .04	.55	13.65 ±.14				
142.91 -48.96		-3.0±1.1	1.01± .05	.00			13.66± .17		
094201.0-283706	PGC 27882		1.24				13.66± .30		
094416.3-211642	NGC 2986	.E.2...	1.50± .03	105	11.72 ±.13	.97± .01	1.00± .01		
255.04 23.72	ESO 566- 5	R	.06± .03	.10	11.64 ±.11	.57± .03	.61± .01		2310± 31
131.34 -49.60		-5.0± .3	1.08± .02	.00		.93	12.61± .07		2106
094157.1-210254	PGC 27885		1.50		11.54	.56	14.07± .21		2630
094417.0+762105	A 0939+76	.P.....	.99± .08	40					
135.20 35.94	MCG 13- 7- 36	R	.38± .06	.03	15.14 ±.15				2354± 38
35.30 5.46	MK 118	99.0		.00					2486
093905.8+763450	PGC 27887		.93		15.07				2396
0944.4 +5546		.SXS5..	1.17± .04	45				15.90±.1	7627± 11
159.12 46.06	UGC 5201	U	.19± .04	.02	14.9 ±.3				
48.75 -10.15	SBS 0941+559	5.0± .8		.29				241± 8	7684
0941.0 +5600	PGC 27893		1.17	.10	14.53			1.28	7782
094434.7-314726	IC 2507	.IBS9P*	1.22± .04	43					1250
262.82 16.17	ESO 434- 31	S (1)	.31± .03	.59	13.33 ±.14				
147.24 -48.33		9.5± .6		.24					1030
094224.1-313336	PGC 27903	5.6±1.2	1.27	.16	12.50				1550
094437.9-291926		.S..9*.	1.17± .04	170					
261.08 17.99	ESO 434- 32	U	.15± .04	.53	14.74 ±.14				
143.60 -48.79		9.0±1.2		.15					
094225.1-290536	PGC 27904		1.22	.07					
094447.7-314932	A 0942-31	.SBS9P*	1.33± .03					13.18±.2	1256± 11
262.88 16.17	ESO 434- 33	SU (2)	.10± .04	.59	13.19 ±.14			157± 16	
147.28 -48.27	DDO 235	9.0± .4		.10				122± 12	1036
094237.1-313542	PGC 27918	7.9± .6	1.39	.05	12.49			.64	1555
094456.2+310558	NGC 2981	.SXT4*.	1.08± .06	95				15.37±.3	10406± 9
195.83 49.37	UGC 5208	U	.06± .05	.02	14.4 ±.2				
67.07 -27.91		4.0± .9		.09				367± 5	10364
094159.8+311947	PGC 27925		1.08	.03	14.24			1.10	10669
094457.1+164228		.SBT1..	1.08± .06					17.13±.3	5958± 11
216.56 45.77	UGC 5213	U	.04± .05	.07	14.04 ±.18			373± 7	5980± 50
80.45 -37.02		1.0± .8		.04				310± 7	5863
094212.0+165618	PGC 27926		1.08	.02	13.86			3.26	6264

R.A. 2000 DEC.	Names	Type	$\log D_{25}$	p.a.	B_T	$(B-V)_T$	$(B-V)_e$	m_{21}	V_{21}
l b		S_T n_L	$\log R_{25}$	A_g	m_B	$(U-B)_T$	$(U-B)_e$	W_{20}	V_{opt}
SGL SGB		T	$\log A_e$	A_i	m_{FIR}	$(B-V)_T^o$	m'_e	W_{50}	V_{GSR}
R.A. 1950 DEC.	PGC	L	$\log D_o$	A_{21}	B_T^o	$(U-B)_T^o$	m'_{25}	HI	V_{3K}
094458.5-194332		.SB.3P?	.91± .05	90					
253.96 24.93	ESO 566- 7	SE	.19± .04	.15	15.36 ±.14				9734± 97
128.95 -49.43		3.0±1.8		.26					9533
094238.1-192942	PGC 27928		.92	.09	14.88				10056
0945.0 +2927	IC 558	.S?....	.99± .10						
198.33 49.17	MCG 5-23- 33		.00± .07	.04	14.52 ±.19				9334
68.48 -29.00				.00					9286
0942.1 +2941	PGC 27931		.99		14.34				9603
094504.4+321411		.I..9..	.96± .09					16.73±.3	547± 7
194.09 49.51	UGC 5209	U	.00± .06	.00					
66.15 -27.12		10.0± .9		.00				49± 7	510
094207.0+322800	PGC 27935		.96	.00					806
0945.0 +2716	IC 2505	.L?....	1.02± .14	143					
201.61 48.81	MCG 5-23- 34		.05± .07	.01	14.9 ±.2				9919± 46
70.40 -30.44				.00					9862
0942.2 +2730	PGC 27936		1.01		14.70				10195
094510.0+683549	NGC 2959	PSXT2P*	1.13± .05					16.86±.1	4429± 11
143.29 40.38	UGC 5202	PU	.01± .04	.19	13.65 ±.18				4524± 57
40.39 -.39	IRAS09409+6849	1.5± .6		.01	13.35			263± 8	4537
094059.9+684937	PGC 27939		1.15	.00	13.40			3.45	4518
0945.2 +5341		.SB.2..	1.00± .08	55					
161.91 46.87	UGC 5207	U	.25± .06	.01	14.90 ±.18				
50.24 -11.64		2.0± .9		.31					
0941.8 +5355	PGC 27944		1.00	.13					
094514.6+090643	A 0942+09	.S..4..	1.21± .05	23				14.89±.3	5484± 9
226.18 42.58	UGC 5215	U (1)	.28± .05	.06	13.64 ±.18			419± 7	5533± 41
88.82 -41.09		4.0± .8		.41				403± 7	5363
094234.7+092033	PGC 27946	5.0±1.3	1.22	.14	13.13			1.62	5806
094517.5-272421		.SBT0..	1.09± .05	86					
259.81 19.49	ESO 499- 1	r	.55± .04	.31	14.90 ±.14				
140.69 -48.94		-.1± .9		.42					
094303.0-271030	PGC 27951		1.09						
0945.3 +2305		.I..9*.	1.00± .16	65				17.00±.1	2132± 10
207.76 47.91	UGC 5214	U	.25± .12	.05				53± 6	
74.25 -33.09		10.0±1.3		.19				29± 5	2059
0942.5 +2319	PGC 27954		1.00	.13					2421
094521.8-270527		.SXS7..	1.12± .04						4379
259.60 19.73	ESO 499- 2	S (1)	.05± .03	.47	14.58 ±.14				
140.21 -48.96		7.0± .6		.07					4165
094307.0-265136	PGC 27957	5.6± .6	1.16	.03	14.02				4690
094522.0+683631	NGC 2961	.S..3*.	1.06± .08	44					
143.26 40.39	MCG 12- 9- 63	P	.60± .06	.19	15.52 ±.18				
40.40 -.37		3.0±1.4		.82					
094111.9+685020	PGC 27958		1.08	.30					
094522.5+094552		.SX.7*.	1.15± .07	165				15.25±.3	3279± 10
225.41 42.91	UGC 5216	U	.30± .06	.04	14.31 ±.19				
88.09 -40.73		7.0±1.2		.42				218± 7	3158
094242.2+095943	PGC 27959		1.15	.15	13.85			1.25	3598
094525.8-182236	NGC 2989	.SXS4*.	1.23± .03	38	13.58 ±.13	.54± .01	.62± .01	14.70±.1	4172± 6
252.97 25.95	ESO 566- 9	PSE (4)	.26± .03	.16	13.46 ±.12	-.08± .03	.00± .03	312± 34	4136± 66
126.88 -49.27	IRAS09430-1808	4.3± .5	.70± .01	.38	12.32	.43	12.57± .02	377± 25	3973
094304.3-180844	PGC 27962	2.0± .5	1.25	.13	12.95	-.16	13.95± .20	1.62	4496
094530.1-302034		.IB.9*/	1.43± .03	61				14.08±.2	1004± 11
261.96 17.37	ESO 434- 34	SU (1)	.73± .04	.51	14.64 ±.14			141± 16	
145.06 -48.43		10.0± .7		.55				133± 12	786
094318.1-300642	PGC 27966	7.8± .8	1.48	.36	13.58			.13	1307
094530.2+062249		.SX.7..	1.24± .04	125				14.73±.2	3087± 6
229.41 41.28	UGC 5218	U	.28± .05	.05	14.2 ±.2			191± 7	
92.10 -42.37		7.0± .8		.39				182± 5	2955
094252.2+063640	PGC 27968		1.25	.14	13.71			.87	3411
094539.4-311128	NGC 2997	.SXT5..	1.95± .01	110	10.06S±.10			11.50±.1	1087± 4
262.58 16.76	ESO 434- 35	R (3)	.12± .02	.54	10.03 ±.12			281± 4	1090± 17
146.29 -48.23		5.0± .3		.18	9.18			256± 5	868
094328.1-305736	PGC 27978	1.6± .3	2.00	.06	9.31		14.33± .13	2.13	1388
094541.8+045633	NGC 2987	.S..2..	1.18± .05	160				15.49±.3	3742± 9
231.06 40.57	UGC 5220	U	.34± .05	.10	13.85 ±.18			353± 7	3738± 50
93.88 -42.99	IRAS09430+0510	2.0± .9		.42	12.83			344± 7	3605
094304.7+051025	PGC 27981		1.19	.17	13.29			2.03	4067

R.A. 2000 DEC.	Names	Type	$logD_{25}$	p.a.	B_T	$(B-V)_T$	$(B-V)_e$	m_{21}	V_{21}
l b		S_T n_L	$logR_{25}$	A_g	m_B	$(U-B)_T$	$(U-B)_e$	W_{20}	V_{opt}
SGL SGB		T	$logA_e$	A_i	m_{FIR}	$(B-V)^o_T$	m'_e	W_{50}	V_{GSR}
R.A. 1950 DEC.	PGC	L	$logD_o$	A_{21}	B^o_T	$(U-B)^o_T$	m'_{25}	HI	V_{3K}
094542.1-141939	NGC 2992	.S..1P.	1.55± .02	15	13.14 ±.13	.96± .02	1.01± .01	14.11±.1	2314± 6
249.71 28.78	MCG -2-25- 14	R	.51± .04	.27	12.82 ±.15	.40± .03	.38± .02	433± 6	2334± 24
120.71 -48.83	IRAS09432-1405	1.0± .3	.76± .01	.52	10.98	.79	12.43± .04	355± 5	2125
094317.8-140547	PGC 27982		1.57	.25	12.19	.25	14.44± .20	1.67	2644
094545.5+335213		.SBS6..	1.00± .06	5					
191.59 49.78	UGC 5217	U	.26± .05	.00	15.28 ±.19				
64.92 -25.89		6.0± .9		.38					
094246.6+340604	PGC 27987		1.00	.13					
094548.4-142208	NGC 2993	.S..1P.	1.13± .03	95	13.11 ±.13	.47± .04	.26± .01		2420± 9
249.76 28.77	MCG -2-25- 15	R	.16± .04	.27	13.42 ±.18	-.39± .06	-.60± .01		2227± 51
120.77 -48.81	IRAS09434-1408	1.0± .4	.44± .02	.17	10.70	.36	10.80± .06		2224
094324.1-140815	PGC 27991		1.15	.08	12.75	-.45	13.18± .23		2742
094550.0+282821		.SXS7..	1.02± .05	170					7432± 10
199.85 49.19	UGC 5219	U	.10± .05	.03					
69.47 -29.52	KUG 0942+287	7.0± .9		.14					7380
094255.9+284213	PGC 27993		1.02	.05					7704
094550.7-173524		.SBS8*.	1.14± .06	155					4012
252.42 26.57	MCG -3-25- 21	E (1)	.31± .05	.20					
125.68 -49.12		8.0±1.2		.39					3815
094328.6-172132	PGC 27994	6.4± .8	1.16	.16					4338
094552.3+344108		.S?....	.89± .11						
190.33 49.84	MCG 6-22- 9		.35± .07	.00	14.9 ±.2				6176± 13
64.28 -25.31	IRAS09428+3454			.53	12.86				6148
094252.6+345459	PGC 27996		.89	.18	14.31				6426
094552.8+025832		.SB.8..	1.23± .06	70				14.79±.1	1933± 6
233.26 39.55	UGC 5224	U	.38± .06	.12				178± 8	
96.37 -43.81		8.0± .8		.47				172± 12	1790
094317.0+031224	PGC 27997		1.24	.19					2261
094553.5-001608	IC 560	.L..+*.	1.12± .05	15					
236.69 37.72	UGC 5223	UE	.33± .05	.14	14.32 ±.15				
100.59 -45.11		-.7± .7		.00					
094319.8-000216	PGC 27998		1.08						
094603.7+042416		.L...*.	1.00± .19						
231.73 40.36	UGC 5226	U	.05± .08	.13	13.94 ±.16				5020± 50
94.61 -43.15		-2.0±1.2		.00					4881
094327.0+043808	PGC 28009		1.01		13.74				5346
094603.9+014007	A 0943+01	.SBS5*.	1.39± .03	127				14.01±.2	1872± 6
234.70 38.86	UGC 5228	UE (1)	.53± .04	.21	13.66 ±.18			280± 7	
98.07 -44.31		5.0±1.0		.80				262± 5	1725
094329.0+015400	PGC 28010	4.2± .8	1.41	.27	12.64			1.11	2201
094604.1-035822	IC 562	.S..4?/	1.15± .05	26				14.78±.1	4801± 9
240.43 35.54	MCG -1-25- 36	PE	.59± .05	.10				509± 12	
105.64 -46.37	IRAS09435-0344	4.0±1.3		.87	12.32				4637
094332.9-034429	PGC 28011		1.16	.30					5133
094607.5-210853		.L..0*P	1.18± .05	75					
255.27 24.12	ESO 566- 10	S	.52± .03	.12	14.99 ±.14				
131.14 -49.17		-2.0±1.2		.00					
094348.1-205500	PGC 28013		1.12						
094608.7-631630		.S..5./	1.25± .04	65					
283.78 -7.52	ESO 91- 18	S	.80± .04	2.89	15.82 ±.14				
184.77 -34.03	IRAS09447-6302	5.0± .6		1.21	13.45				
094448.1-630236	PGC 28015		1.52	.40					
0946.1 +6858		.S..6*.	1.35± .04	153				14.84±.1	4441± 11
142.81 40.26	UGC 5210	U	1.06± .05	.20					
40.22 -.05		6.0±1.3		1.47				304± 8	4547
0942.0 +6912	PGC 28018		1.37	.50					4525
094616.3-120606		.SAT8*.	1.04± .07	135					
247.92 30.38	MCG -2-25- 16	E (1)	.08± .05	.06					
117.39 -48.35		8.0± .9		.09					
094350.4-115212	PGC 28023	7.5± .8	1.05	.04					
094617.6-685455		.SAS5..	1.34± .04	16					
287.53 -11.78	ESO 61- 15	S (1)	.23± .05	.68	13.50 ±.14				
189.86 -30.44	IRAS09453-6840	5.0± .8		.35	13.17				
094519.0-684100	PGC 28025	3.3± .9	1.41	.12					
094617.6+054230	NGC 2990	.S..5*.	1.11± .04	85	13.1 ±.2	.39± .04		14.68±.1	3088± 5
230.31 41.10	UGC 5229	R (1)	.27± .04	.05	13.49 ±.18	-.24± .05		309± 5	3150± 34
93.04 -42.51	ARAK 214	5.0± .7		.40	11.35	.31		274± 5	2955
094340.1+055623	PGC 28026	3.4± .9	1.11	.13	12.85	-.30	12.83± .31	1.70	3414

R.A. 2000 DEC. l b SGL SGB R.A. 1950 DEC.	Names PGC	Type S_T n_L T L	$\log D_{25}$ $\log R_{25}$ $\log A_e$ $\log D_o$	p.a. A_g A_i A_{21}	B_T m_B m_{FIR} B_T^o	$(B-V)_T$ $(U-B)_T$ $(B-V)_T^o$ $(U-B)_T^o$	$(B-V)_e$ $(U-B)_e$ m'_e m'_{25}	m_{21} W_{20} W_{50} HI	V_{21} V_{opt} V_{GSR} V_{3K}
094619.1-302618	NGC 3001	.SXT4..	1.46± .02	6	12.72 ±.14	.78± .04	.86± .01	13.58±.1	2486± 6
262.16 17.42	ESO 434- 38	PSUr (3)	.17± .04	.51	12.34 ±.12	.07± .04	.15± .02	412± 8	2220± 66
145.15 -48.24		3.9± .3	.87± .02	.25		.62	12.56± .04	385± 11	2265
094407.1-301224	PGC 28027	1.8± .4	1.51	.08	11.73	-.06	14.48± .20	1.77	2787
094619.2-290800		.SBR1..	1.07± .05	0					
261.23 18.38	ESO 434- 37	r	.31± .04	.55	14.86 ±.14				
143.22 -48.46		1.0± .9		.32					
094406.0-285406	PGC 28028		1.12	.16					
094620.4+030241	IC 563	.SBR2*P	.94± .11						
233.27 39.68	MCG 1-25- 22	R	.28± .07	.12	14.78 ±.19				6093± 58
96.35 -43.68		2.0± .5		.35					5950
094344.6+031634	PGC 28032		.95	.14	14.25				6421
094621.4+030415	IC 564	.SAS6$P	1.24± .05	68					
233.24 39.70	UGC 5230	R	.59± .05	.13	14.10 ±.18				6026± 58
96.32 -43.66		6.0± .5		.87					5883
094345.6+031808	PGC 28033		1.25	.30	13.07				6354
094622.7-463906		.S..6?/	1.27± .06	3					
273.06 5.21	ESO 262- 4	S	.78± .07	1.73					
166.98 -42.95		6.0±1.9		1.14					
094428.0-462512	PGC 28036		1.43	.39					
094628.2-743544		.SXS3P.	1.47± .04	95					
291.42 -16.03	ESO 37- 5	S	.57± .05	.86	13.92 ±.14				
194.62 -26.64		3.0± .8		.79					
094607.0-742148	PGC 28044		1.55	.29					
094628.6+454510	A 0943+46	.S?....	.95± .07		14.69 ±.15	.93± .01	1.00± .01		
173.29 49.12	UGC 5225		.00± .05	.02	14.73 ±.18	.51± .02	.55± .02		4906± 49
55.95 -17.36	1ZW 21		.43± .04	.00		.88	12.33± .14		4923
094316.5+455903	PGC 28045		.95		14.61	.53	14.27± .39		5110
094630.2-213418	NGC 2996	.L..+P*	1.19± .04	115					
255.67 23.88	ESO 566- 12	SE	.07± .03	.11	13.56 ±.14				8775± 15
131.79 -49.08		-1.0± .6		.00					8570
094411.0-212024	PGC 28049		1.19		13.32				9096
094634.5-235506		.SBT6..	1.15± .04	82					
257.46 22.21	ESO 499- 4	S (1)	.46± .03	.15	14.96 ±.14				
135.37 -48.98		5.5± .6		.68					
094417.1-234112	PGC 28053	4.4± .6	1.17	.23					
094635.4+421132		.S..6*.	1.05± .04	68					
178.70 49.69	UGC 5227	U	.56± .04	.00					
58.58 -19.92	KUG 0943+424	6.0±1.3		.82					
094327.8+422525	PGC 28054		1.05	.28					
094641.9-145145		RSBR1?.	1.10± .06	65					
250.34 28.59	MCG -2-25- 17	E	.10± .05	.25					
121.56 -48.66		1.0± .9		.10					
094417.9-143751	PGC 28066		1.13	.05					
0946.7 +5426	A 0943+54A	.L?....	.90± .17		15.2 ±.2	1.05± .07			
160.77 46.83	MCG 9-16- 43		.00± .07	.00	14.95 ±.15	.66± .11			
49.90 -10.94				.00					
0943.3 +5440	PGC 28068		.90				14.55± .88		
094645.6+134621		.S?....	.89± .08						
220.64 45.01	UGC 5232		.22± .05	.07	14.7 ±.2				7222± 50
83.86 -38.32	ARAK 216			.33					7115
094402.7+140015	PGC 28069		.90	.11	14.27				7534
094648.4-333619		.SBS7..	1.22± .05						2465
264.45 15.13	ESO 373- 26	S (1)	.12± .04	.75					
149.70 -47.45		7.0± .8		.17					2244
094439.1-332224	PGC 28074	6.7± .8	1.29	.06					2761
094649.8+220056	NGC 2991	.L.....	1.15± .15		13.53 ±.15	.91± .03	.96± .01		
209.44 47.95	UGC 5233	U	.10± .08	.05		.41± .04	.51± .03		7455± 29
75.52 -33.48		-2.0± .8	.89± .04	.00		.82	13.47± .12		7378
094401.0+221450	PGC 28079		1.14		13.37	.43	13.89± .81		7747
0946.8 +5428	A 0943+54B	.E?....							
160.71 46.83	MCG 9-16- 44			.00	15.2 ±.3				
49.89 -10.90									
0943.4 +5442	PGC 28080								
094650.0+160236		.S.R5..	1.21± .05	115				14.99±.3	6017± 10
217.68 45.93	UGC 5234	U	.16± .05	.10	14.2 ±.2				
81.47 -37.03	IRAS09440+1616	5.0± .8		.23	13.51			349± 7	5918
094405.5+161630	PGC 28081		1.22	.08	13.79			1.13	6324

R.A. 2000 DEC.	Names	Type	$\log D_{25}$	p.a.	B_T	$(B\text{-}V)_T$	$(B\text{-}V)_e$	m_{21}	V_{21}
l b		S_T n_L	$\log R_{25}$	A_g	m_B	$(U\text{-}B)_T$	$(U\text{-}B)_e$	W_{20}	V_{opt}
SGL SGB		T	$\log A_e$	A_i	m_{FIR}	$(B\text{-}V)^0_T$	m'_e	W_{50}	V_{GSR}
R.A. 1950 DEC.	PGC	L	$\log D_o$	A_{21}	B^0_T	$(U\text{-}B)^0_T$	m'_{25}	HI	V_{3K}
094653.8+003023		.SBS8*.	1.34± .04	55				14.09±.1	1777± 5
236.07 38.37	UGC 5238	UE (1)	.44± .05	.25	14.3 ±.3			230± 6	
99.70 -44.58		7.5± .6		.55				219± 12	1627
094419.6+004418	PGC 28087	7.5± .8	1.36	.22	13.48			.39	2107
094654.6+230126		.S..6*.	1.11± .07	151				15.54±.3	7296± 10
208.00 48.24	UGC 5235	U	.95± .06	.06					
74.58 -32.84		6.0±1.4		1.40				380± 7	7223
094405.0+231520	PGC 28088		1.12	.48					7586
0947.0 +2144		.S..9*.	1.11± .07					16.75±.1	3793± 10
209.86 47.90	UGC 5236	U	.01± .06	.06				76± 5	
75.82 -33.62		9.0±1.2		.01				54± 4	3716
0944.2 +2158	PGC 28095		1.11	.00					4086
0947.0 +7948		.S..7..	1.36± .04	80				14.47±.1	1551± 11
131.77 33.92	UGC 5203	U	1.10± .05	.04					
33.14 8.16		7.0± .9		1.38				190± 8	1694
0941.0 +8002	PGC 28098		1.36	.50					1573
094704.3+423117		.SB.2*.	1.00± .06	40					
178.18 49.74	UGC 5231	U	.26± .05	.00	15.20 ±.18				5394± 82
58.40 -19.62	ARAK 215	2.0± .9		.32					5398
094356.5+424511	PGC 28099		1.00	.13	14.83				5613
094705.8+005745		.SBS9*.	1.13± .04	10				15.56±.1	1856± 7
235.63 38.67	UGC 5242	UE (1)	.19± .04	.19				103± 6	
99.13 -44.36		9.3± .7		.20				101± 4	1707
094431.3+011140	PGC 28101	8.7± .8	1.15	.10					2186
094711.2+560615	A 0943+56		.62± .11						
158.47 46.29	CGCG 265- 38		.26± .12	.00	15.5 ±.3				7673± 38
48.82 -9.65	MK 123								7731
094342.1+562009	PGC 28111		.62						7826
094721.5+725913	NGC 2957A	.E.1.*.	.90± .17						
138.45 38.09	MCG 12-10- 1	P	.35± .07	.04					6701± 25
37.66 3.05		-5.0±1.4		.00					6821
094245.7+731306	PGC 28113		.80						6763
094712.8-245020		.SXS5*.	1.40± .03	145					
258.26 21.65	ESO 499- 5	S (1)	.56± .03	.14	13.79 ±.14				
136.75 -48.78		4.5± .6		.85					
094456.1-243624	PGC 28117	3.3± .6	1.41	.28					
094719.1+725919	NGC 2957	.S?....	1.01± .09						
138.45 38.08	MCG 12-10- 2		.45± .06	.04					6852± 22
37.65 3.05	MK 121			.34					6973
094243.2+731312	PGC 28119		.99						6914
094715.6+675450	NGC 2976	.SA.5P.	1.77± .01	143	10.82 ±.13	.66± .01	.70± .01	13.08±.1	3± 5
143.92 40.90	UGC 5221	R (1)	.34± .02	.11	10.96 ±.14	.00± .02	.01± .02		11± 34
40.98 -.78	KUG 0943+681	5.0± .3	1.34± .01	.51		.57	13.01± .02	97± 5	106
094310.0+680843	PGC 28120	6.8± .8	1.78	.17	10.27	-.07	13.69± .16	2.64	93
094716.3+220523	NGC 2994	.L.....	1.12± .04	125	13.98 ±.14	.91± .02	.98± .02		
209.38 48.06	UGC 5239	U	.12± .08	.06	14.07 ±.15	.40± .03	.41± .03		7386± 31
75.53 -33.36	IRAS09444+2219	-2.0± .8	.66± .03	.00	13.84	.81	12.77± .09		7310
094427.5+221918	PGC 28122		1.11		13.85	.42	14.13± .31		7679
094720.1+463637		.S..6*.	1.17± .05	155				16.09±.1	4687± 7
171.96 49.10	UGC 5237	U	.35± .05	.00	14.74 ±.20				
55.45 -16.63		6.0±1.2		.52				246± 8	4708
094407.2+465032	PGC 28126		1.17	.18	14.20			1.72	4887
094721.5+254442		.S..6*.	1.04± .08	109				15.22±.3	6929± 10
204.04 49.00	UGC 5240	U	.76± .06	.04	15.69 ±.18				
72.15 -31.04		6.0±1.4		1.12				334± 7	6867
094429.8+255837	PGC 28128		1.04	.38	14.49			.35	7211
094734.4-020153		.SB.8?/	1.41± .03	160				14.78±.1	1425± 11
238.79 37.02	UGC 5245	UE (1)	.84± .04	.08	14.7 ±.2			163± 16	
103.16 -45.36		8.0± .8		1.04				154± 12	1267
094501.9-014757	PGC 28136	7.5±1.6	1.42	.42	13.57			.79	1757
094739.9-305657		.L?....	1.05± .05	50	*		.97± .02		
262.74 17.23	ESO 434- 40		.34± .03	.49	14.10 ±.14		.47± .04		2482± 42
145.81 -47.85			.50± .21	.00			11.84± .71		2263
094528.1-304300	PGC 28144		1.05		13.57				2785
094743.2-325015	IC 2510	.SBT2*.	1.10± .05	148	*				
264.07 15.83	ESO 373- 29	Sr (1)	.27± .04	.73					
148.54 -47.45		2.3± .5		.33					
094533.1-323618	PGC 28147	5.6± .7	1.17	.13					

R.A. 2000 DEC. l b SGL SGB R.A. 1950 DEC.	Names PGC	Type S_T n_L T L	$\log D_{25}$ $\log R_{25}$ $\log A_e$ $\log D_o$	p.a. A_g A_i A_{21}	B_T m_B m_{FIR} B_T^o	$(B-V)_T$ $(U-B)_T$ $(B-V)_T^o$ $(U-B)_T^o$	$(B-V)_e$ $(U-B)_e$ m'_e m'_{25}	m_{21} W_{20} W_{50} HI	V_{21} V_{opt} V_{GSR} V_{3K}
094745.3+023738		.SB.7*.	1.38± .04	15	*			14.02±.1	1882± 11
233.97 39.74	UGC 5249	U	.51± .05	.13	13.81 ±.20			240± 16	
97.09 -43.53		7.0± .8		.71				207± 12	1738
094509.8+025135	PGC 28148		1.39	.26	12.97			.79	2211
094745.4-313027		.IBS9..	1.25± .04	99	*				991
263.15 16.83	ESO 434- 41	S (1)	.37± .04	.54	14.69 ±.14				
146.62 -47.73		10.0± .6		.28					772
094534.1-311630	PGC 28149	10.0± .8	1.30	.18	13.87				1293
094745.6-062618	NGC 3007	.S..0./	1.10± .06	90	*				
243.10 34.34	MCG -1-25- 38	E	.41± .05	.12					
109.28 -46.71	IRAS09452-0612	.0± .9		.31	12.70				
094515.9-061221	PGC 28150		1.09						
094747.2+390504	A 0944+39		.50± .14					14.72±.1	1589± 10
183.48 50.19	CGCG 210- 34		.15± .12	.02	15.5 ±.4			224± 6	1625± 37
61.11 -21.97	MK 407							172± 5	1582
094443.5+391900	PGC 28153		.50						1825
094749.8+725756	NGC 2963	.SB.2..	1.09± .06	165	*				
138.44 38.13	UGC 5222	CU	.32± .05	.04	14.34 ±.18				6538± 45
37.70 3.06	MK 122	2.3± .7		.39	12.87				6658
094314.5+731150	PGC 28155		1.10	.16	13.84				6600
094750.8+155110	IC 565	.S..6?.	1.21± .05	50	*			14.30±.3	5852± 10
218.07 46.09	UGC 5248	U	.89± .05	.09					
81.84 -36.94		6.0±1.9		1.30				520± 7	5753
094506.5+160507	PGC 28159		1.22	.44					6160
094758.2+540054		.S?....	.96± .07						
161.25 47.15	UGC 5241		.02± .05	.00	14.06 ±.19				7402± 39
50.33 -11.13	MK 1425			.03	13.03				7452
094433.5+541450	PGC 28166		.96	.01	13.98				7567
094805.2+325257	A 0945+33							16.30±.3	1551± 10
193.17 50.20	CGCG 182- 20			.01	14.86 ±.18			173± 6	1462± 42
66.10 -26.21	MK 408							69± 5	1512
094507.6+330654	PGC 28169								1804
094830.2+575816	A 0944+58	.SB....	.93± .09		*				
155.89 45.73	UGC 5243	R	.27± .06	.01	15.12 ±.18				8433± 38
47.69 -8.14	MK 21			.41					8499
094457.6+581213	PGC 28182		.93	.14	14.65				8578
094836.0+332518	NGC 3003	.S..4$.	1.76± .01	79	12.33 ±.13	.43± .02	.51± .02	12.49±.0	1480± 4
192.34 50.34	UGC 5251	R (2)	.63± .02	.00	12.15 ±.12	-.16± .04	-.08± .03	289± 4	1476± 56
65.74 -25.77	IRAS09456+3339	4.0± .6	1.18± .02	.93	11.72	.30	13.72± .06	264± 4	1448
094537.9+333916	PGC 28186	5.8± .7	1.76	.32	11.30	-.25	14.42± .16	.88	1736
094843.7+440452	NGC 2998	.SXT5..	1.46± .02	53	13.11M±.10	.57± .02	.65± .02	13.65±.3	4777± 7
175.72 49.81	UGC 5250	R (2)	.33± .03	.00	12.93 ±.14			388± 9	4767± 12
57.47 -18.29	IRAS09455+4418	5.0± .3	.89± .02	.50	12.39	.48	13.05± .05	373± 7	4786
094534.3+441850	PGC 28196	1.9± .6	1.46	.17	12.53		14.44± .17	.96	4987
0948.7 +6411	A 0944+64	.S..6*.	1.21± .05	31				15.45±.1	3025± 11
148.12 42.94	UGC 5244	U	.83± .05	.16	15.19 ±.18				
43.55 -3.48		6.0±1.3		1.22				234± 8	3114
0944.9 +6425	PGC 28197		1.23	.42	13.79			1.25	3136
094853.7-080306	NGC 3029	.SXR5..	1.16± .06	130	14.5 ±.3	.51± .07		15.34±.1	6580± 10
244.82 33.52	MCG -1-25- 47	E (1)	.18± .05	.09				286± 11	6526± 59
111.68 -46.86		5.0± .8		.27		.41		272± 11	6404
094625.0-074907	PGC 28206	1.8± .8	1.16	.09	14.10		14.68± .43	1.15	6912
094901.9-070818		.LBT+P.	1.21± .07	95					
244.00 34.14	MCG -1-25- 41	E	.23± .05	.15					
110.39 -46.59		-1.0± .8		.00					
094632.6-065418	PGC 28217		1.19						
094903.0-070922		.E...*.	1.18± .08	95					
244.02 34.13	MCG -1-25- 42	E	.11± .05	.15					
110.42 -46.59		-5.0±1.2		.00					
094633.8-065522	PGC 28219		1.17						
094903.0-024920	NGC 3017	.E...*.	1.01± .13	90					
239.86 36.84	MCG 0-25- 19	E	.03± .07	.08	14.05 ±.15				
104.41 -45.29		-5.0±1.3		.00					
094631.0-023520	PGC 28220		1.02						
0949.2 +6925		.SA.8..	2.12± .02	155				15.42±.3	143± 11
142.13 40.24	UGC 5247	U	.34± .05	.17	14.0 ±**			98± 16	3500± 60
40.12 .47		8.0± .8		.42				69± 12	
0945.0 +6939	PGC 28225		2.13	.17					

R.A. 2000 DEC.	Names	Type	logD25	p.a.	BT	(B-V)T	(B-V)e	m21	V21
l b		ST nL	logR25	Ag	mB	(U-B)T	(U-B)e	W20	Vopt
SGL SGB		T	logAe	Ai	mFIR	(B-V)°T	m'e	W50	VGSR
R.A. 1950 DEC.	PGC	L	logDo	A21	B°T	(U-B)°T	m'25	HI	V3K
094916.7-475519		.LAR+P.	1.15± .08	10					
274.26 4.55	ESO 213- 2	S	.07± .06	1.93					
168.21 -41.94	IRAS09473-4741	-1.5± .6		.00	12.74				
094723.0-474118	PGC 28234		1.36						
094922.5+010841	NGC 3015	.LX.0P?	.72± .08	95					
235.86 39.24	UGC 5261	E	.14± .04	.13	14.9 ±.3				7559± 63
99.22 -43.76	ARAK 218	-2.0±1.9		.00	12.26				7411
094647.9+012242	PGC 28240		.71		14.64				7890
094925.4-325031	IC 2511	PSXS1*/	1.46± .03	38					
264.35 16.07	ESO 374- 49	Sr	.70± .03	.74	13.01 ±.14				
148.43 -47.10		1.4± .4		.72					
094715.0-323630	PGC 28246		1.53	.35					
094926.1+143926		.S?....	1.16± .05	129				15.29±.3	5921± 10
219.87 45.96	UGC 5258		.98± .05	.08	15.55 ±.19				
83.37 -37.29				1.47				312± 7	5818
094642.8+145327	PGC 28248		1.17	.49	13.97			.83	6233
094928.4-214431	NGC 3025	.LA.0P*	1.18± .05	110					
256.34 24.24	ESO 566- 15	SE	.11± .03	.12	13.88 ±.14				
132.03 -48.39		-2.0± .6		.00					
094709.0-213030	PGC 28249		1.18						
094930.3+553446	A 0946+55		.59± .10		16.3 ±.2	.63± .03		17.18±.1	1592± 10
159.00 46.79	UGCA 184		.30± .07	.00	16.0 ±.3	-.41± .05		104± 6	1500± 63
49.42 -9.82	MK 22							69± 5	1646
094603.2+554846	PGC 28251		.59						1747
094939.2-051001	NGC 3022	PLX.0*.	1.21± .09						
242.26 35.51	MCG -1-25- 46	E	.00± .07	.13					
107.69 -45.89		-2.0±1.2		.00					
094708.7-045600	PGC 28257		1.23						
094941.4+003721	NGC 3018	.SBS3P?	1.07± .05	27				14.44±.2	1863± 6
236.47 39.01	UGC 5265	E	.24± .04	.18	14.13 ±.18			171± 6	1833± 32
99.93 -43.90		3.0±1.7		.33				116± 5	1713
094707.2+005122	PGC 28258		1.09	.12	13.61			.71	2194
094941.4+321252	NGC 3011	.L.....	.95± .06					17.89±.3	1527± 7
194.26 50.48	UGC 5259	U	.05± .03	.01	14.30 ±.16			198± 6	1441± 36
66.91 -26.41	MK 409	-2.0± .9		.00				166± 5	1487
094644.7+322653	PGC 28259		.94		14.26				1785
094951.1+124141	NGC 3016	.S..3..	1.08± .06	70				15.37±.2	8970± 5
222.48 45.22	UGC 5266	U (1)	.14± .05	.02	13.75 ±.19			499± 6	8869± 48
85.56 -38.27	IRAS09471+1255	3.0± .9		.19	12.84			458± 5	8858
094709.1+125543	PGC 28269	4.5±1.1	1.08	.07	13.47			1.83	9285
094952.1+344250	NGC 3012	.E...*.	1.03± .11						
190.33 50.66	UGC 5262	U	.02± .05	.00	14.53 ±.16				
64.88 -24.69		-5.0±1.2		.00					
094653.1+345651	PGC 28270		1.02						
094952.6+003713	NGC 3023	.SXS5P*	1.46± .03	70				13.78±.1	1879± 7
236.50 39.04	UGC 5269	PE (1)	.30± .04	.18				149± 8	1866± 20
99.96 -43.85	IRAS09472+0051	5.0± .5		.46	12.14			127± 6	1728
094718.4+005115	PGC 28272	3.1± .8	1.48	.15					2210
0949.8 +0905		.S..3..	1.20± .05	44					
226.95 43.57	UGC 5267	U (1)	.81± .05	.03	14.89 ±.18				
89.60 -40.11	IRAS09472+0919	3.0± .9		1.12	13.52				
0947.2 +0919	PGC 28274	4.5±1.3	1.20	.41					
094954.3-191108	NGC 3028	.S..3P*	1.12± .04	48					
254.44 26.14	ESO 566- 16	SE (1)	.14± .04	.14	13.55 ±.14				
128.18 -48.25	IRAS09475-1856	2.6± .7		.19	12.35				
094733.1-185706	PGC 28276	3.1±1.6	1.13	.07					
0949.9 -1207		.I?....	.89± .11						2632
248.63 31.03	MCG -2-25- 19		.81± .07	.10					
117.65 -47.47				.60					2448
0947.5 -1153	PGC 28278		.90	.40					2965
0949.9 -3254	IC 2514	.SAS2*/	1.19± .07						
264.48 16.10	MCG -5-23- 19	S	.71± .07	.74					
148.47 -46.97		2.4± .5		.88					
0947.8 -3240	PGC 28283		1.26	.36					
094959.0-250032		.SBT6*.	1.30± .03	87					
258.88 21.96	ESO 499- 8	S (1)	.22± .03	.15	14.34 ±.14				
136.93 -48.14		6.0±1.1		.32					
094742.0-244630	PGC 28285	5.6± .8	1.32	.11					

R.A. 2000 DEC. l b SGL SGB R.A. 1950 DEC.	Names PGC	Type S_T n_L T L	$\log D_{25}$ $\log R_{25}$ $\log A_e$ $\log D_o$	p.a. A_g A_i A_{21}	B_T m_B m_{FIR} B_T^o	$(B-V)_T$ $(U-B)_T$ $(B-V)_T^o$ $(U-B)_T^o$	$(B-V)_e$ $(U-B)_e$ m'_e m'_{25}	m_{21} W_{20} W_{50} HI	V_{21} V_{opt} V_{GSR} V_{3K}
0950.0 +3143									
195.02 50.51	CGCG 152- 70			.03	14.92 ±.18				4959
67.37 -26.68									4921
0947.1 +3158	PGC 28289								5222
095006.6+124854	NGC 3020	.SBR6*.	1.50± .03	105				13.31±.1	1440± 4
222.36 45.33	UGC 5271	PU	.30± .04	.02	12.63 ±.20			233± 6	1450± 48
85.47 -38.15	IRAS09474+1302	6.0± .5		.44	12.55			214± 5	1330
094724.5+130256	PGC 28296		1.51	.15	12.17			1.00	1756
095008.1-735517	NGC 3059	.SBT4..	1.56± .03		11.7 ±.2	.68± .04	.73± .02	12.94±.3	1260± 6
291.15 -15.36	ESO 37- 7	R (2)	.05± .03	.82	11.62 ±.12	-.06± .03	-.08± .02	145± 7	1292± 17
193.88 -26.91	IRAS09496-7341	4.0± .3	1.26± .04	.07	10.41	.47	13.50± .10		1056
094938.0-734112	PGC 28298	4.4± .4	1.64	.02	10.74	-.21	14.23± .25	2.18	1391
095010.6+441740	NGC 3009	.S?....	.89± .07					16.00±.1	4666± 11
175.32 50.03	UGC 5264		.03± .05	.01	14.52 ±.18				4604± 50
57.51 -17.96				.04				100± 12	4675
094701.3+443141	PGC 28303		.89	.01	14.44			1.54	4876
0950.1 +3424	A 0947+34								
190.80 50.72				.00					6582± 72
65.17 -24.85									6554
0947.2 +3439	PGC 28304								6835
095011.0+280046	A 0947+28	.E.1.$.	.62± .10					16.03±.1	1447± 7
200.80 50.06	MCG 5-23- 40	P	.08± .06	.04				109± 5	1503± 61
70.60 -29.10	KUG 0947+282	-5.0±1.9		.00					1394
094717.9+281448	PGC 28305		.60						1723
095014.0-120331		.S..7*/	1.18± .05	125					2720
248.64 31.13	MCG -2-25- 20	E	.92± .05	.10					
117.58 -47.39	IRAS09477-1149	7.0±1.3		1.27	12.87				2536
094747.9-114929	PGC 28308		1.19	.46					3053
095014.2+455731	A 0947+46								
172.79 49.73				.00					7404± 42
56.30 -16.76	MK 125								7423
094702.8+461133	PGC 28309								7609
0950.2 +1617		.S..6*.	1.08± .06						5908
217.80 46.79	UGC 5274	U	.00± .05	.09	14.3 ±.2				
81.79 -36.22		6.0±1.2		.00					5811
0947.5 +1632	PGC 28310		1.08	.00	14.18				6217
095018.5-230127		.SBR3*.	1.34± .04	11					
257.46 23.45	ESO 499- 9	Sr (1)	.31± .04	.11	13.55 ±.14				
133.96 -48.17		3.4± .4		.43					
094800.1-224724	PGC 28313	4.1± .7	1.35	.16					
095020.9+721645	NGC 2985	PSAT2..	1.66± .02	0	11.18S±.08	.74± .05	.83± .03	12.58±.1	1322± 11
139.01 38.68	UGC 5253	R (1)	.10± .03	.07	11.20 ±.13			320± 16	1299± 23
38.29 2.67	IRAS09459+7230	2.0± .3		.13	10.93	.70			1436
094552.6+723045	PGC 28316	1.0± .9	1.66	.05	10.98		14.06± .15	1.55	1384
095021.3+312915	A 0947+31	.I..9..	1.32± .03	115	14.46 ±.14	.40± .04	.35± .01	14.31±.1	520± 5
195.42 50.56	UGC 5272	U (1)	.42± .04	.04	14.1 ±.2	-.54± .05	-.45± .02	108± 5	
67.63 -26.79	DDO 64	10.0± .8	.86± .02	.31		.29	14.25± .04	82± 6	480
094725.3+314317	PGC 28317	8.0±1.5	1.33	.21	14.01	-.62	14.89± .23	.09	784
0950.4 +4345		.S?....	.89± .11						
176.12 50.17	MCG 7-20- 68		.19± .07	.01	14.92 ±.18				4809± 19
57.94 -18.30				.26					4819
0947.3 +4400	PGC 28322		.89	.09	14.62				5024
095027.5-214809		.SBS4..	1.12± .04	170					
256.57 24.36	ESO 566- 18	E (1)	.13± .03	.12	14.08 ±.14				
132.12 -48.16	IRAS09481-2134	4.0± .8		.19	12.90				
094808.0-213406	PGC 28323	1.9± .8	1.13	.06					
095027.5+124557	NGC 3024	.S..5*/	1.32± .03	125				13.96±.2	1415± 5
222.48 45.39	UGC 5275	P	.66± .04	.02	13.79 ±.19			257± 7	1532± 48
85.58 -38.11	IRAS09477+1259	5.0±1.2		.99	12.87			231± 5	1307
094745.5+130000	PGC 28324		1.32	.33	12.77			.86	1732
0950.5 +6429		.S..4..	1.06± .06	65					
147.61 42.96	UGC 5260	U	.39± .05	.17					
43.49 -3.12		4.0±1.0		.57					
0946.7 +6444	PGC 28328		1.07	.19					
095042.1+302941		.S?....	1.14± .07	125				15.33±.3	8759± 9
196.98 50.53	UGC 5276		.17± .06	.03	14.5 ±.2				
68.53 -27.39				.13				413± 5	8716
094747.0+304344	PGC 28341		1.13		14.16				9027

R.A. 2000 DEC. l b SGL SGB R.A. 1950 DEC.	Names PGC	Type S_T n_L T L	$\log D_{25}$ $\log R_{25}$ $\log A_e$ $\log D_o$	p.a. A_g A_i A_{21}	B_T m_B m_{FIR} B_T^o	$(B-V)_T$ $(U-B)_T$ $(B-V)_T^o$ $(U-B)_T^o$	$(B-V)_e$ $(U-B)_e$ m'_e m'_{25}	m_{21} W_{20} W_{50} HI	V_{21} V_{opt} V_{GSR} V_{3K}
095045.4+224513		.SBS3..	.96± .07	58				16.64±.3	8586± 9
208.75 49.02	UGC 5278	U	.31± .05	.08	15.02 ±.18				
75.49 -32.31		3.0± .9		.43				409± 5	8513
094756.5+225916	PGC 28343		.97	.16	14.44			2.04	8879
095054.3+283257	NGC 3026	.I..9..	1.43± .02	82				14.79±.0	1490± 4
200.02 50.30	UGC 5279	U	.53± .05	.02	13.52 ±.18			220± 5	1468± 76
70.24 -28.63	IRAS09480+2847	10.0± .8		.40	13.53			189± 7	1439
094800.8+284701	PGC 28351		1.44	.27	13.09			1.43	1765
0950.9 +0416		.S..8*.	1.00± .16						5071
232.72 41.31	UGC 5284	U	.09± .12	.05					
95.49 -42.12		8.0±1.2		.11					4933
0948.3 +0431	PGC 28352		1.00	.04					5400
0950.9 +6210		.S..2..	1.12± .04	134					
150.37 44.13	UGC 5268	U	.51± .04	.07	15.09 ±.18				
45.08 -4.81		2.0± .9		.62					
0947.2 +6225	PGC 28353		1.13	.25					
095055.2-091935		RSBT0P*	1.18± .05						5716
246.36 33.07	MCG -1-25- 48	E	.05± .05	.13					
113.68 -46.67	IRAS09484-0904	.0± .8		.04	14.09				5539
094827.3-090530	PGC 28354		1.19						6050
095056.5-045954		RSBR1..	1.29± .05	155					
242.35 35.86	MCG -1-25- 49	E	.40± .05	.13					
107.60 -45.53	VV 110	1.0± .8		.41	12.96				
094825.8-044550	PGC 28356		1.30	.20					
095057.3+333316	NGC 3021	.SAT4*.	1.20± .04	110				14.52±.1	1541± 4
192.18 50.84	UGC 5280	R (1)	.25± .03	.00	13.04 ±.16			302± 5	1506± 40
66.00 -25.31	IRAS09479+3347	4.0± .4		.37	11.48			249± 5	1509
094759.5+334720	PGC 28357	3.4± .9	1.20	.13	12.66			1.73	1797
095106.2+090031		.SA.7..	1.31± .04	35					
227.26 43.79	UGC 5286	U	.17± .05	.05	13.6 ±.2				5200± 50
89.89 -39.89	IRAS09484+0914	7.0± .8		.23					5077
094826.6+091435	PGC 28366		1.31	.08	13.26				5523
095108.5+154348	IC 568	.SBT3..	1.14± .07					16.46±.3	8720± 10
218.69 46.77	UGC 5285	U	.18± .06	.08	14.3 ±.2				
82.53 -36.35	IRAS09484+1557	3.0± .9		.24	12.79			289± 7	8621
094824.6+155753	PGC 28368		1.15	.09	13.92			2.45	9031
0951.1 +3307		.S..9*.	1.09± .06	40					1557
192.85 50.86	UGC 5282	U	.39± .05	.00					
66.38 -25.57		9.0±1.3		.40					1524
0948.2 +3322	PGC 28370		1.09	.20					1816
095112.9-182829		.SBS6..	1.23± .03					15.04±.1	3701± 7
254.12 26.86	ESO 566- 19	E (1)	.00± .03	.16	13.98 ±.14			182± 9	
127.14 -47.90		6.0± .8		.00				157± 12	3503
094851.1-181424	PGC 28373	4.4± .8	1.24	.00	13.79			1.25	4029
095115.9-324518	NGC 3038	.SAT3..	1.40± .03	130	12.42 ±.15	.85± .02	.93± .01		
264.59 16.39	ESO 374- 2	PSr (2)	.27± .03	.56	12.62 ±.11	.23± .05	.31± .02		2686± 41
148.18 -46.74		2.9± .3	.94± .03	.38		.66	12.61± .11		2466
094905.1-323112	PGC 28376	3.4± .5	1.45	.14	11.60	.07	13.59± .23		2986
095117.3+074938		.S..8*.	1.10± .05	155				14.03±.1	557± 5
228.71 43.25	UGC 5288	U	.19± .05	.02	14.09 ±.18			108± 4	491± 36
91.29 -40.42		8.0±1.2		.23				93± 4	429
094838.5+080343	PGC 28378		1.11	.10	13.83			.10	880
095122.2-123728		.SBS6..	1.14± .06	50					
249.34 30.95	MCG -2-25- 23	E (1)	.18± .05	.15					
118.48 -47.21		6.0± .9		.27					
094856.4-122322	PGC 28380	5.3± .8	1.15	.09					
095123.6-270036	NGC 3037	.IBS9..	1.09± .04						889
260.59 20.70	ESO 499- 10	S (1)	.06± .03	.16	13.66 ±.14				
139.86 -47.64		10.0± .8		.05					676
094908.1-264630	PGC 28381	5.6± .8	1.11	.03	13.45				1203
095125.1+445526		.SA.7..	1.13± .05	145					4658± 10
174.30 50.13	UGC 5283	U	.18± .05	.00	15.1 ±.3				
57.21 -17.35		7.0± .8		.25					4672
094815.3+450931	PGC 28383		1.13	.09	14.79				4868
095127.4-050615		.SBR2..	1.19± .05	170					
242.55 35.90	MCG -1-25- 50	E	.29± .05	.13					
107.80 -45.44	IRAS09489-0452	2.0± .8		.35	13.67				
094856.7-045209	PGC 28388		1.20	.14					

R.A. 2000 DEC. l b SGL SGB R.A. 1950 DEC.	Names PGC	Type S_T n_L T L	logD_{25} logR_{25} logA_e logD_o	p.a. A_g A_i A_{21}	B_T m_B m_{FIR} B_T^o	$(B-V)_T$ $(U-B)_T$ $(B-V)_T^o$ $(U-B)_T^o$	$(B-V)_e$ $(U-B)_e$ m'_e m'_{25}	m_{21} W_{20} W_{50} HI	V_{21} V_{opt} V_{GSR} V_{3K}
095128.0+325631		.SBS6..	1.16± .04	15				15.62±.2	1469± 6
193.16 50.91	UGC 5287	U	.22± .04	.00	14.44 ±.20			163± 10	1474± 19
66.59 -25.65	KUG 0948+331	6.0± .8		.32				139± 5	1436
094830.9+331036	PGC 28390		1.16	.11	14.12			1.39	1729
0951.6 +6529		.SBT4..	1.17± .04						
146.37 42.54	UGC 5277	U	.07± .04	.16	14.8 ±.3				
42.91 -2.30	IRAS09477+6543	4.0± .8		.10	13.20				
0947.7 +6543	PGC 28401		1.18	.03					
095139.6-134244		.S..3P?	1.17± .05	130					4002
250.32 30.26	MCG -2-25- 25	E (1)	.25± .05	.13					
120.09 -47.32		3.0±1.7		.34					3814
094914.5-132838	PGC 28403	5.3± .8	1.18	.12					4334
0951.7 +0126	A 0949+01	.IBS9*.	1.03± .06	55				15.43±.1	1853± 11
235.97 39.90	MCG 0-25- 24	PUE (2)	.12± .05	.10				90± 16	
99.15 -43.10	DDO 65	10.0± .6		.09				84± 12	1706
0949.1 +0141	PGC 28408	9.5± .7	1.04	.06					2185
0951.9 +1256		.L..-*.	1.00± .19	0					
222.46 45.78	UGC 5291	U	.09± .08	.04	14.39 ±.15				
85.62 -37.71		-3.0±1.2		.00					
0949.2 +1311	PGC 28414		.99						
095155.0-064923	NGC 3035	.SBT4..	1.21± .05	25					
244.27 34.89	MCG -1-25- 52	E (1)	.06± .05	.19					
110.23 -45.82	IRAS09494-0635	4.0± .8		.09	13.37				
094925.4-063517	PGC 28415	3.1± .8	1.23	.03					
095157.7-330431		.SXT6*.	1.34± .03	154					
264.93 16.24	ESO 374- 3	Sr (1)	.46± .03	.63	14.13 ±.14				
148.59 -46.53		5.5± .4		.67					
094947.1-325024	PGC 28416	4.1± .7	1.40	.23					
095200.0-251843		.SBT7..	1.08± .04						2636
259.46 22.05	ESO 499- 11	S (1)	.05± .04	.19	14.94 ±.14				
137.33 -47.66		7.0± .8		.06					2426
094943.0-250436	PGC 28418	7.8± .8	1.09	.02	14.67				2954
095204.1+405131		.S..0?.	.98± .05	0					
180.59 50.86	UGC 5290	U	.19± .04	.00	14.81 ±.18				
60.36 -20.14	KUG 0948+410	.0±1.8		.15					
094859.3+410537	PGC 28420		.97						
095208.0+291413	NGC 3032	.LXR0..	1.30± .04	95	13.18 ±.14	.67± .01	.63± .01	17.10±.2	1533± 5
199.01 50.67	UGC 5292	R	.05± .04	.02	12.75 ±.12	.10± .02	.02± .01	241± 10	1568± 56
69.84 -27.98	IRAS09492+2928	-2.0± .3	.49± .03	.00	12.39	.65	11.12± .10	157± 6	1485
094914.1+292820	PGC 28424		1.29		12.88	.10	14.42± .26		1806
095219.8-292614		.LAS+P*	1.18± .05	103					
262.47 19.03	ESO 435- 3	S	.30± .05	.22	15.03 ±.14				11475± 15
143.36 -47.12		-1.0± .9		.00					11259
095006.0-291206	PGC 28439		1.15		14.64				11784
095229.2+020917	NGC 3039	.SXS3P*	1.11± .04	12					
235.35 40.46	UGC 5297	PUE	.32± .04	.09	14.24 ±.18				5036± 50
98.36 -42.65		2.8± .6		.44					4891
094954.1+022325	PGC 28452		1.12	.16	13.67				5368
0952.6 -0012		.S..8*.	.96± .17	148					2919
237.89 39.13	UGC 5299	U	.69± .12	.09					
101.39 -43.52		8.0±1.4		.84					2767
0950.1 +0002	PGC 28463		.97	.34					3253
095254.1+425055	A 0949+43	.SXS3..	1.33± .04	150				14.21±.1	4785± 9
177.44 50.75	UGC 5295	U	.25± .05	.00	14.1 ±.2			277± 34	4805± 39
58.96 -18.63	IRAS09498+4304	3.0± .8		.35	13.46			278± 11	4792
094947.3+430503	PGC 28470		1.33	.13	13.73			.36	5005
095307.0+164044	NGC 3041	.SXT5..	1.57± .02	95	12.3 ±.2	.77± .03		14.05±.1	1414± 4
217.67 47.57	UGC 5303	R (2)	.19± .03	.08	12.32 ±.16			294± 6	1309± 46
81.88 -35.43	IRAS09503+1654	5.0± .3		.29	12.20	.71		279± 5	1317
095022.5+165453	PGC 28485	3.6± .7	1.57	.10	11.94		14.50± .24	2.01	1722
095309.9+374528	A 0950+37		.50± .14						
185.49 51.31			.15± .12	.04					6946± 42
62.94 -22.13	MK 410								6932
095008.5+375937	PGC 28486		.50						7188
0953.1 +0752		.S?....	1.04± .09						
228.98 43.67	UGC 5304		.09± .07	.04	14.34 ±.19				12308± 48
91.53 -39.99	ARP 255			.14	13.42				12182
0950.5 +0806	PGC 28487		1.04	.05	14.09				12634

R.A. 2000 DEC. / l b / SGL SGB / R.A. 1950 DEC.	Names / PGC	Type / S_T n_L / T / L	$logD_{25}$ / $logR_{25}$ / $logA_e$ / $logD_o$	p.a. / A_g / A_i / A_{21}	B_T / m_B / m_{FIR} / B_T^o	$(B-V)_T$ / $(U-B)_T$ / $(B-V)_T^o$ / $(U-B)_T^o$	$(B-V)_e$ / $(U-B)_e$ / m'_e / m'_{25}	m_{21} / W_{20} / W_{50} / HI	V_{21} / V_{opt} / V_{GSR} / V_{3K}
0953.2 +5828		.S..9*.	1.01± .06					16.22±.1	1520± 7
154.85 46.08	UGC 5296	U	.06± .05	.03					
47.81 -7.34		9.0±1.2		.06				93± 8	1587
0949.7 +5843	PGC 28489		1.01	.03					1663
095316.7-255540		.LBS0..	1.16± .05						
260.14 21.78	ESO 499- 13	S	.07± .03	.28	13.94 ±.14				
138.21 -47.32		-2.0± .8		.00					
095100.0-254130	PGC 28490		1.18						
095317.8-183844	NGC 3045	.SAR3?.	1.14± .05	110					
254.65 27.09	MCG -3-25- 28	SE (2)	.34± .04	.12					
127.43 -47.42		3.0± .8		.47					
095055.9-182434	PGC 28492	3.6± .7	1.15	.17					
095318.3+360507	A 0950+36	.S?....	.90± .06						
188.16 51.38	MCG 6-22- 24		.01± .06	.00	14.80 ±.18				5482± 73
64.30 -23.25	KUG 0950+363			.02					5461
095018.6+361916	PGC 28494		.90	.01	14.75				5730
0953.3 +4250		.S..6*.	1.11± .05	159					
177.42 50.83	UGC 5301	U	.91± .05	.00					
59.02 -18.58		6.0±1.4		1.34					
0950.2 +4305	PGC 28495		1.11	.45					
095320.0+004158	NGC 3042	.L..0*/	1.08± .06	111					
237.07 39.79	UGC 5307	UE	.20± .03	.06	13.85 ±.17				
100.32 -43.03		-2.0± .7		.00					
095045.8+005608	PGC 28498		1.05						
0953.4 +0752		.S?....	1.00± .06					16.07±.3	5358± 8
229.01 43.74	UGC 5308		.00± .05	.04	14.4 ±.2			77± 7	5327± 56
91.57 -39.92				.00				57± 7	5232
0950.8 +0807	PGC 28502		1.01	.00	14.34			1.74	5684
095333.3-193459		.SBR4..	1.20± .03	67					
255.44 26.46	ESO 566- 24	SE (1)	.09± .03	.13	13.60 ±.14				
128.83 -47.40	IRAS09512-1920	3.7± .4		.13	12.91				
095112.0-192048	PGC 28510	2.2± .8	1.21	.05					
095336.1-122858	NGC 3058	.S?....	1.12± .08	35					7525
249.65 31.44	MCG -2-25- 26		.28± .07	.12					
118.41 -46.65	VV 741			.43	11.52				7340
095110.1-121447	PGC 28513		1.13	.14					7859
095339.8+013446	NGC 3044	.SBS5$/	1.69± .02	13	12.46 ±.13	.53± .02	.55± .02	13.13±.2	1292± 6
236.19 40.37	UGC 5311	R (1)	.84± .02	.05	12.53 ±.12	-.19± .03	-.11± .03	351± 9	1344± 34
99.25 -42.61	IRAS09511+0148	5.0± .5	1.14± .01	1.26	10.64	.35	13.65± .04	324± 6	1147
095105.0+014857	PGC 28517	4.2±1.6	1.70	.42	11.18	-.32	13.68± .17	1.53	1627
0953.6 +0222		.S..6*.	1.02± .08	85					
235.33 40.83	UGC 5312	U	.78± .06	.09	15.60 ±.19				
98.24 -42.28		6.0±1.4		1.15					
0951.1 +0237	PGC 28520		1.03	.39					
0953.8 +0852		.S..6*.	1.00± .08	168					6406
227.88 44.32	UGC 5314	U	1.02± .06	.06	16.0 ±.2				
90.48 -39.36		6.0±1.5		1.47					6283
0951.2 +0907	PGC 28531		1.01	.50	14.48				6731
095356.5+232259		.S?....	.84± .08	130				16.34±.3	3962± 9
208.12 49.90	UGC 5313		.14± .05	.06	14.9 ±.2				3957± 50
75.43 -31.35	IRAS09511+2337			.17	12.93			229± 5	3892
095107.4+233710	PGC 28533		.85	.07	14.58			1.69	4254
095358.5-311806		.SBT5./	1.27± .04	85					
264.05 17.86	ESO 435- 5	S (1)	.82± .04	.31	15.12 ±.14				
145.95 -46.46		5.0± .9		1.23					
095146.0-310354	PGC 28534	2.2±1.5	1.30	.41					
095358.7-271706	NGC 3051	PLBS-P*	1.32± .05						
261.24 20.88	ESO 499- 16	S	.03± .04	.08	12.79 ±.14				2552± 15
140.17 -47.04		-2.7± .6		.00					2339
095143.0-270254	PGC 28536		1.32		12.67				2866
0954.1 +5820		.SBS3..	.96± .09	30					
154.95 46.24	UGC 5306	U	.18± .06	.03	15.32 ±.19				
47.98 -7.36		3.0± .9		.25					
0950.6 +5835	PGC 28542		.96	.09					
095414.2+371756		.S..6*.	1.06± .04	59					
186.21 51.54	UGC 5315	U	.79± .04	.03					
63.46 -22.29	KUG 0951+375	6.0±1.4		1.16					
095113.5+373207	PGC 28551		1.06	.39					

R.A. 2000 DEC. / l b / SGL SGB / R.A. 1950 DEC.	Names / PGC	Type / S_T n_L / T / L	$\log D_{25}$ / $\log R_{25}$ / $\log A_e$ / $\log D_o$	p.a. / A_g / A_i / A_{21}	B_T / m_B / m_{FIR} / B^o_T	$(B-V)_T$ / $(U-B)_T$ / $(B-V)^o_T$ / $(U-B)^o_T$	$(B-V)_e$ / $(U-B)_e$ / m'_e / m'_{25}	m_{21} / W_{20} / W_{50} / HI	V_{21} / V_{opt} / V_{GSR} / V_{3K}
095418.3+231721		.SBR6..	1.25± .04	102				15.40±.3	4140± 9
208.29 49.95	UGC 5320	U	.37± .05	.06	14.17 ±.20				
75.58 -31.34	IRAS09515+2331	6.0± .8		.54	13.50			304± 5	4070
095129.3+233133	PGC 28557		1.26	.18	13.55			1.67	4433
0954.3 +6820		.SAS8..	1.29± .04					15.16±.1	4376± 11
142.97 41.23	UGC 5302	U	.06± .05	.14	14.5 ±.4				
41.19 -.02	IRAS09503+6834	8.0± .8		.08				244± 8	4480
0950.3 +6834	PGC 28563		1.30	.03	14.31			.82	4465
095423.0-330701		.S.3?P/	1.15± .04	130					
265.36 16.54	ESO 374- 8	S	.65± .04	.57	15.59 ±.14				
148.49 -46.02		3.0±1.8		.90					
095212.0-325248	PGC 28565		1.20	.32					
095427.0-065713	IC 574	.LA.-*.	1.14± .07	5					
244.88 35.28	MCG -1-25- 56	E	.08± .05	.16					
110.65 -45.25		-3.0± .6		.00					
095157.5-064300	PGC 28569		1.15						
095428.0-183822	NGC 3052	.SXR5*.	1.31± .02	102	12.78 ±.15	.58± .02	.66± .01	14.78±.2	3768± 8
254.87 27.28	ESO 566- 26	R (4)	.19± .03	.11	12.92 ±.12			314± 34	3586± 66
127.45 -47.14	IRAS09521-1824	5.0± .4	.97± .02	.28	12.02	.49	13.12± .05	276± 7	3568
095206.0-182409	PGC 28570	2.0± .4	1.32	.09	12.46		13.70± .20	2.24	4095
095429.0-254210	NGC 3054	.SXR3..	1.58± .02	118	*			14.78±.2	2433± 8
260.19 22.13	ESO 499- 18	R (3)	.21± .02	.28	12.23 ±.11			403± 9	2194± 50
137.84 -47.07		3.0± .3		.28				393± 25	2217
095212.0-252757	PGC 28571	1.5± .5	1.61	.10	11.66			3.02	2745
095433.0-065128	IC 575	.S..1P/	1.22± .04	50	*				
244.81 35.37	MCG -1-25- 58	E	.15± .04	.16					
110.53 -45.20	ARP 292	1.0± .8		.15					
095203.4-063715	PGC 28575		1.24	.07					
095433.0-281749	NGC 3056	RLAS+*.	1.26± .04	16	12.57 ±.14	.90± .01	.92± .01		
262.06 20.21	ESO 435- 7	R	.20± .03	.18	12.73 ±.11	.31± .02	.36± .02		1017± 66
141.62 -46.80		-1.0± .4	.75± .03	.00		.82	11.81± .08		803
095218.1-280336	PGC 28576		1.25		12.48	.25	13.25± .25		1329
095439.5+372432	IC 2515	.S..3..	1.04± .06	173					
186.03 51.62	UGC 5321	U	.72± .05	.03	15.2 ±.2				5858
63.44 -22.15	IRAS09516+3738	3.0±1.0		.99	13.39				5843
095138.7+373844	PGC 28581		1.04	.36	14.15				6102
095449.8+091619	NGC 3049	.SBT2..	1.34± .03	25				14.55±.1	1494± 4
227.57 44.72	UGC 5325	U	.18± .04	.04	13.04 ±.19			213± 5	1439± 27
90.18 -38.96	MK 710	2.0± .8		.22	12.12			199± 7	1372
095210.2+093032	PGC 28590		1.34	.09	12.77			1.70	1818
0955.1 +1417									
221.17 47.06	CGCG 92- 72			.04	15.0 ±.3				7194± 57
84.70 -36.33									7090
0952.4 +1432	PGC 28602								7510
095509.1-330815	IC 2522	.SBS5P.	1.44± .03	0				13.26±.1	3012± 5
265.50 16.63	ESO 374- 10	PSU (3)	.14± .03	.58	12.60 ±.12			318± 7	
148.47 -45.86	IRAS09529-3254	5.3± .4		.21	11.38			281± 6	2792
095258.1-325400	PGC 28606	2.8± .5	1.50	.07	11.80			1.39	3313
095510.0-331239	IC 2523	.SBS4P?	1.12± .04	25					
265.55 16.57	ESO 374- 11	PS (1)	.23± .03	.58	13.62 ±.14				
148.57 -45.84	IRAS09529-3258	3.7± .5		.34	12.34				
095259.0-325824	PGC 28607	4.4± .9	1.18	.12					
0955.2 +1418									
221.17 47.09	CGCG 92- 73			.04	15.3 ±.3				7182± 57
84.70 -36.30									7079
0952.5 +1433	PGC 28611								7498
095517.4+041617	NGC 3055	.SXS5..	1.32± .03	63	12.7 ±.2	.59± .06		14.75±.3	1832± 17
233.54 42.22	UGC 5328	R (2)	.21± .03	.10	12.61 ±.15			280± 34	1880± 58
96.14 -41.13	IRAS09526+0430	5.0± .4		.31	11.56	.52		257± 25	1698
095241.0+043031	PGC 28617	3.3± .7	1.33	.10	12.23		13.63± .25	2.42	2167
095524.7+331547		.I..9..	1.02± .06					15.88±.2	1412± 6
192.72 51.75	UGC 5326	U	.07± .05	.01	14.39 ±.18			120± 6	1415± 50
66.93 -24.81		10.0± .9		.05				100± 5	1380
095228.0+333001	PGC 28623		1.02	.04	14.32			1.52	1672
095529.5+082328	A 0952+08	.S..2$P	.95± .07	90					
228.75 44.43	MCG 2-25- 56	P	.35± .06	.08	15.14 ±.18				1283± 56
91.29 -39.23	VV 373	2.0±1.8		.43					1159
095250.5+083743	PGC 28627		.95	.17	14.62				1609

R.A. 2000 DEC. l b SGL SGB R.A. 1950 DEC.	Names PGC	Type S_T n_L T L	$\log D_{25}$ $\log R_{25}$ $\log A_e$ $\log D_o$	p.a. A_g A_i A_{21}	B_T m_B m_{FIR} B_T^o	$(B-V)_T$ $(U-B)_T$ $(B-V)_T^o$ $(U-B)_T^o$	$(B-V)_e$ $(U-B)_e$ m'_e m'_{25}	m_{21} W_{20} W_{50} HI	V_{21} V_{opt} V_{GSR} V_{3K}
095533.5+690400	NGC 3031	.SAS2..	2.43± .01	157	7.89M±.03	.95± .01	.99± .01	9.99±.1	-34± 4
142.09 40.90	UGC 5318	R (2)	.28± .02	.16	7.92 ±.13			434± 5	-49± 10
40.77 .59	IRAS09514+6918	2.0± .3	1.82± .04	.34	8.59	.86	12.40± .12	422± 5	69
095127.7+691813	PGC 28630	2.2± .5	2.44	.14	7.40		14.19± .08	2.46	48
095533.8+162558	NGC 3053	.SB.1?.	1.26± .04	140				15.69±.3	3731± 10
218.34 48.02	UGC 5329	U	.31± .05	.09	13.63 ±.18			421± 13	
82.54 -35.08	IRAS09528+1640	1.0± .8		.31	12.98			405± 10	3635
095249.7+164013	PGC 28631		1.26	.15	13.18			2.36	4042
095539.5+721213	NGC 3027	.SBT7*.	1.63± .02	130	12.18 ±.15	.42± .05	.46± .02	12.46±.1	1061± 5
138.78 39.05	UGC 5316	R (1)	.33± .03	.04	12.17 ±.18	-.15± .06	-.12± .03	223± 6	1046± 58
38.64 2.89	VV 358	7.0± .4	1.43± .03	.45	12.94	.34	14.82± .10	205± 7	1179
095115.9+722626	PGC 28636	5.0± .9	1.64	.16	11.67	-.21	14.37± .19	.62	1128
095541.6-062149	NGC 3064	.S..4?/	1.05± .05	145					
244.58 35.90	MCG -1-26- 1	E	.54± .04	.15					
109.96 -44.79		4.0±1.3		.80					
095311.7-060734	PGC 28638		1.07	.27					
0955.7 +1624		.I..9*.	1.04± .15					16.80±.1	1105± 10
218.39 48.05	UGC 5332	U	.59± .12	.09				63± 6	
82.59 -35.06		10.0±1.3		.44				62± 5	1009
0953.0 +1639	PGC 28641		1.05	.29					1416
095546.6+322544		.S..6*.	1.00± .06	167					
194.07 51.78	UGC 5331	U	.43± .05	.03	15.46 ±.18				
67.69 -25.31		6.0±1.3		.64					
095250.6+323959	PGC 28645		1.00	.22					
095553.1-230322		.S.1?P/	.99± .06	54					
258.51 24.31	ESO 499- 21	S	.58± .05	.11	15.36 ±.14				
133.95 -46.88		1.0±1.6		.59					
095334.0-224906	PGC 28654		1.00	.29					
095554.0+694057	NGC 3034	.I.0../	2.05± .01	65	9.30M±.09	.89± .01	.90± .01	11.54±.2	203± 4
141.40 40.57	UGC 5322	R	.42± .02	.13	9.24 ±.12	.31± .03	.38± .02	214± 12	300± 10
40.38 1.06	ARP 337	90.0	1.45± .01	.31	5.58	.79	11.98± .04	146± 6	323
095145.3+695511	PGC 28655		2.05		8.83	.22	13.38± .12		296
095603.8+102954	IC 577	.S?....	.72± .09						
226.25 45.58	UGC 5334		.02± .05	.06	14.9 ±.3				9009± 40
88.99 -38.09				.03					8892
095323.5+104410	PGC 28662		.72	.01	14.71				9332
095605.0-374611		.SXT4..	1.11± .06	5					
268.71 13.19	ESO 316- 4	r	.14± .06	.77	14.74 ±.14				
154.74 -44.54		4.5± .8		.20					
095358.0-373154	PGC 28663		1.18	.07					
095607.9-215923		.SXT4P.	1.23± .05	16					
257.76 25.13	ESO 566- 30	S (1)	.24± .05	.09	14.67 ±.14				
132.39 -46.84		4.0± .8		.35					
095348.0-214506	PGC 28667	5.6± .8	1.24	.12					
095611.9+755154	NGC 3061	PSBT5..	1.22± .03		13.47S±.11			14.68±.1	2457± 8
135.12 36.80	UGC 5319	PU	.04± .04	.07	13.71 ±.19			225± 16	
36.16 5.58	IRAS09513+7606	5.0± .5		.06	13.78			208± 8	2587
095118.1+760608	PGC 28670		1.23	.02	13.38		14.32± .21	1.28	2503
095614.0+591825	NGC 3043	.S..3*/	1.24± .03	84				15.81±.1	2995± 6
153.54 46.05	UGC 5327	P	.48± .04	.02	13.60 ±.14			277± 16	2934± 50
47.52 -6.48	IRAS09527+5932	3.0±1.2		.67	12.65			233± 8	3065
095241.4+593240	PGC 28672		1.24	.24	12.89			2.68	3134
0956.2 +1029	IC 578	.SB.1*.	.98± .07	72					
226.29 45.61	UGC 5337	U	.34± .05	.06	14.75 ±.19				8944± 40
89.03 -38.06	IRAS09535+1043	1.0± .9		.35	12.49				8828
0953.5 +1043	PGC 28674		.98	.17	14.23				9268
095617.9-125817		.LB.-P?	1.02± .12	55					
250.60 31.59	MCG -2-26- 3	E	.11± .07	.16					
119.27 -46.09		-3.0±1.3		.00					
095352.1-124400	PGC 28678		1.03						
095619.7+164954	NGC 3060	.S..3..	1.35± .04	78				15.20±.3	3690± 10
217.89 48.34	UGC 5338	U (1)	.60± .05	.04	13.82 ±.18			503± 13	3745± 50
82.25 -34.71	IRAS09535+1704	3.0± .9		.83	12.92			481± 10	3598
095335.4+170411	PGC 28680	4.5±1.2	1.35	.30	12.93			1.97	4003
095620.3+271344	IC 2520	.S?....	.81± .08					15.42±.3	1238± 9
202.39 51.27	UGC 5335		.07± .05	.04	14.7 ±.2				1224± 36
72.29 -28.55	IRAS09534+2727			.10	11.77			169± 5	1182
095328.7+272800	PGC 28682		.82	.04	14.60			.78	1519

R.A. 2000 DEC. l b SGL SGB R.A. 1950 DEC.	Names PGC	Type S_T n_L T L	$\log D_{25}$ $\log R_{25}$ $\log A_e$ $\log D_o$	p.a. A_g A_i A_{21}	B_T m_B m_{FIR} B_T^o	$(B-V)_T$ $(U-B)_T$ $(B-V)_T^o$ $(U-B)_T^o$	$(B-V)_e$ $(U-B)_e$ m'_e m'_{25}	m_{21} W_{20} W_{50} HI	V_{21} V_{opt} V_{GSR} V_{3K}
095621.8-311759		.SBS6..	1.25± .03	4					
264.46 18.20	ESO 435- 10	S (1)	.46± .03	.26	14.69 ±.14				
145.82 -45.96		6.0± .9		.68					
095409.0-310342	PGC 28685	6.7±1.0	1.27	.23					
095625.9-260542		.LAT-..	1.32± .05	109					
260.83 22.13	ESO 499- 23	S	.23± .04	.13	12.75 ±.14				
138.37 -46.60		-3.0± .8		.00					
095409.0-255124	PGC 28690		1.30						
095634.8+110947		.L?....	.90± .17						
225.49 46.00	MCG 2-26- 4		.00± .07	.06	14.63 ±.15				12408± 81
88.33 -37.65	MK 1241			.00					12294
095354.1+112404	PGC 28698		.90		14.39				12731
095635.8+012542	NGC 3062	.S..3..	.75± .14	65					
236.92 40.88	CGCG 8- 2	E	.33± .08	.04	15.5 ±.2				
99.83 -41.99		3.0±1.1		.45					
095401.1+013959	PGC 28699		.76	.16					
095636.6+203853		.S..6*.	1.47± .03	57				14.07±.3	7568± 10
212.45 49.71	UGC 5341	U	1.13± .05	.07	15.03 ±.20				
78.49 -32.48	IRAS09537+2053	6.0±1.3		1.47	13.59			607± 7	7488
095349.7+205310	PGC 28700		1.47	.50	13.45			.12	7869
095639.5-134630	IC 579	.SBT2*.	1.09± .06	127					
251.35 31.09	MCG -2-26- 5	E	.47± .05	.15					
120.44 -46.12	IRAS09542-1332	2.0± .9		.58	12.47				
095414.1-133212	PGC 28702		1.10	.24					
0956.6 +7917		.SBS3..	1.04± .08						
131.90 34.58	UGC 5310	U	.13± .06	.07	15.3 ±.3				
33.80 8.08		3.0± .9		.18					
0951.0 +7932	PGC 28703		1.05	.06					
095642.6+153817		.S?....	1.04± .06	22					
219.59 47.96	UGC 5342		.30± .05	.07	14.47 ±.19				4560± 27
83.55 -35.29	MK 712			.44	13.28				4461
095359.1+155234	PGC 28707		1.04	.15	13.93				4873
095643.1+462730	A 0953+46	.S?....	.82± .13						
171.63 50.71	MCG 8-18- 44		.17± .07	.01	15.15 ±.19				4660± 38
56.76 -15.61	MK 129			.13					4681
095332.7+464147	PGC 28708		.81		14.94				4865
0956.7 +2849	A 0953+29	.I..9P*	1.43± .05	0	14.76 ±.14	.28± .05	.32± .04	13.73±.1	503± 5
199.89 51.61	UGC 5340	PU	.45± .06	.03	14.1 ±.3	-.30± .06	-.27± .06	97± 5	
70.94 -27.47	DDO 68	10.0± .7	.89± .02	.34		.16	14.70± .04	78± 6	454
0953.8 +2903	PGC 28714		1.43	.23	14.30	-.39	15.62± .31	-.80	779
095645.9+164832		.S..8..	1.16± .07	115				15.74±.3	3748± 10
217.98 48.43	UGC 5343	U	.36± .06	.04	14.8 ±.2				
82.35 -34.63		8.0± .9		.44				214± 7	3654
095401.6+170250	PGC 28716		1.16	.18	14.35			1.21	4059
095648.0-071047		PSBS2?.	1.27± .05	0					
245.56 35.58	MCG -1-26- 2	E	.61± .05	.16					
111.18 -44.74	IRAS09542-0656	2.0±1.2		.75	12.72				
095418.5-065629	PGC 28718		1.29	.30					
095650.4+600516	A 0953+60A	.S?....	.63± .09						
152.49 45.76	MCG 10-14- 53		.35± .06	.02					9300±110
47.03 -5.86	MK 128			.53					9374
095316.1+601933	PGC 28719		.63	.18					9436
095700.6+595803	A 0953+60B	.L?....	.52± .12						
152.63 45.83	MCG 10-14- 54		.04± .06	.02	15.8 ±.2				9140± 43
47.13 -5.93	MK 23			.00					9214
095326.7+601220	PGC 28729		.52		15.63				9276
095703.2-321519	IC 2526	.LXS0*.	1.32± .04	55					
265.22 17.56	ESO 435- 12	S	.48± .03	.47	13.65 ±.14				
147.12 -45.64		-2.0± .6		.00					
095451.0-320100	PGC 28732		1.30						
0957.1 +1533		.SX.7..	1.04± .06					16.75±.2	4106± 7
219.76 48.02	UGC 5344	U	.02± .05	.07	14.5 ±.2			51± 6	
83.69 -35.24		7.0± .9		.03				35± 5	4007
0954.4 +1548	PGC 28736		1.04	.01	14.40			2.34	4420
0957.3 +0431		.S..7..	1.14± .05	18					2155
233.62 42.78	UGC 5347	U	.89± .05	.07	15.2 ±.2				
96.11 -40.57		7.0±1.0		1.23					2019
0954.7 +0446	PGC 28741		1.15	.45	13.86				2487

R.A. 2000 DEC. / l b / SGL SGB / R.A. 1950 DEC.	Names / PGC	Type / S_T n_L / T / L	$logD_{25}$ / $logR_{25}$ / $logA_e$ / $logD_o$	p.a. / A_g / A_i / A_{21}	B_T / m_B / m_{FIR} / B_T^o	$(B-V)_T$ / $(U-B)_T$ / $(B-V)_T^o$ / $(U-B)_T^o$	$(B-V)_e$ / $(U-B)_e$ / m'_e / m'_{25}	m_{21} / W_{20} / W_{50} / HI	V_{21} / V_{opt} / V_{GSR} / V_{3K}
095719.4-022501									
241.06 38.72	CGCG 8- 4			.08	14.4 ±.3				14290± 58
104.85 -43.21									14133
095447.1-021042	PGC 28743								14628
095721.1+071120		.S?....	.52± .20					16.58±.1	6480± 7
230.53 44.21	MCG 1-26- 4		.00± .07	.00	15.6 ±.3			229± 21	6659± 63
92.96 -39.39	ARAK 223			.00					6355
095442.9+072539	PGC 28745		.52		15.52				6812
095723.8-192120	NGC 3072	.S..0?/	1.27± .03	71					
255.99 27.25	ESO 566- 33	SE	.49± .03	.13	13.73 ±.14				
128.55 -46.49		-.3± .9		.37					
095502.0-190700	PGC 28749		1.26						
095727.9+451418		.S?....	.64± .17		16.49S±.15				
173.47 51.11	MCG 8-18- 46		.57± .07	.00					9717± 41
57.77 -16.38	HICK 41C			.84					9733
095419.3+452837	PGC 28753		.64	.28	15.58		13.10± .86		9928
0957.5 +6902	Holmberg IX	.I..9..	1.40± .05		14.3 ±.3	.20± .06	.26± .04	12.33±.2	46± 6
141.98 41.06	UGC 5336	U (1)	.09± .06	.16		-.40± .08	-.31± .05		119± 60
40.92 .69	DDO 66	10.0± .7	1.26± .06	.07		.14	16.05± .14	69± 5	154
0953.4 +6916	PGC 28757	9.0±1.0	1.41	.05	14.08	-.44	15.91± .41	-1.79	133
095732.7+333704	IC 2524	.S?....	.80± .07					15.91±.3	1487± 10
192.17 52.21	MCG 6-22- 39		.17± .06	.01	14.9 ±.2			202± 6	1486± 42
66.96 -24.25	MK 411			.25				124± 5	1457
095435.9+335123	PGC 28758		.81	.08	14.67			1.15	1747
095735.8+451345		.S?....	1.18± .05	65	14.56S±.15				
173.47 51.14	UGC 5345		.75± .05	.00	14.5 ±.2				3751± 32
57.79 -16.37	IRAS09544+4528			1.13					3767
095427.2+452804	PGC 28764		1.18	.38	13.40		13.41± .31		3962
095737.6-181044	NGC 3076	.S..2P*	.99± .04						
255.12 28.14	ESO 566- 34	SE	.04± .04	.11	14.03 ±.14				
126.84 -46.37		1.8± .7		.04					
095515.0-175624	PGC 28766		1.00	.02					
095740.8+451531		.S?....	.97± .07	28	15.30S±.15				
173.42 51.15	UGC 5346		.51± .05	.00	15.24 ±.19				7241± 41
57.78 -16.33	HICK 41B			.77					7258
095432.2+452950	PGC 28770		.97	.26	14.46		13.72± .38		7452
095748.3-283021		.S..5*/	1.41± .03	53					
262.78 20.52	ESO 435- 14	S	.92± .03	.18	14.44 ±.14				
141.79 -46.06		5.0±1.3		1.38					
095533.0-281600	PGC 28778		1.42	.46					
0957.9 +1026	NGC 3069	.L?....	.90± .17						
226.64 45.97	MCG 2-26- 5		.35± .07	.06	15.08 ±.17				5296
89.35 -37.71				.00					5180
0955.3 +1041	PGC 28788		.85		14.94				5620
0957.9 +4720		.S..8*.	1.06± .08	120					
170.19 50.69	UGC 5348	U	.75± .06	.01					
56.26 -14.84		8.0±1.3		.92					
0954.8 +4735	PGC 28789		1.06	.37					
095806.6+371735		.S..8*.	1.42± .03	38				14.43±.1	1381± 11
186.17 52.31	UGC 5349	U	.51± .04	.05	14.2 ±.2			213± 16	
64.03 -21.72	KUG 0955+375	8.0±1.1		.63				198± 12	1366
095506.7+373155	PGC 28795		1.43	.26	13.47			.70	1627
095807.1+102140	NGC 3070	.E.....	1.16± .04		13.25 ±.13	.96± .01	.97± .01		
226.77 45.96	UGC 5350	U	.00± .08	.06	13.03 ±.16	.41± .03			5392± 31
89.46 -37.72		-5.0± .8	.71± .02	.00		.90	12.29± .06		5275
095527.1+103601	PGC 28796		1.17		13.02	.43	14.05± .31		5717
0958.2 +1555	IC 581	.SB.2*.	1.02± .08	130					
219.41 48.41	UGC 5352	U	.38± .06	.09					
83.49 -34.82		2.0± .9		.47					
0955.5 +1610	PGC 28800		1.03	.19					
095820.9-251022		.SBS8*.	1.42± .03	22				15.09±.3	2384± 11
260.52 23.11	ESO 499- 26	SU (1)	.69± .03	.15	14.18 ±.14			177± 15	
136.99 -46.24		7.5± .8		.85				153± 12	2175
095603.1-245600	PGC 28803	6.7± .8	1.44	.34	13.18			1.57	2705
095822.0+322212	NGC 3067	.SXS2$.	1.39± .02	105	12.78 ±.13	.69± .01	.64± .01	15.33±.1	1476± 4
194.22 52.32	UGC 5351	R (2)	.42± .03	.07	12.89 ±.13	.08± .02	.18± .02	256± 5	1487± 28
68.13 -24.93	IRAS09554+3236	2.0± .8	.89± .01	.51	10.68	.59	12.72± .02	245± 6	1442
095526.5+323633	PGC 28805	5.4± .7	1.39	.21	12.25	.01	13.53± .19	2.88	1741

R.A. 2000 DEC. l b SGL SGB R.A. 1950 DEC.	Names PGC	Type S_T n_L T L	$\log D_{25}$ $\log R_{25}$ $\log A_e$ $\log D_o$	p.a. A_g A_i A_{21}	B_T m_B m_{FIR} B_T^o	$(B-V)_T$ $(U-B)_T$ $(B-V)_T^o$ $(U-B)_T^o$	$(B-V)_e$ $(U-B)_e$ m'_e m'_{25}	m_{21} W_{20} W_{50} HI	V_{21} V_{opt} V_{GSR} V_{3K}
095824.5-265534	NGC 3078	.E.2+..	1.40± .04	177	12.14 ±.13	1.01± .01	1.04± .01		
261.78 21.80	ESO 499- 27	R	.08± .04	.18	12.03 ±.11	.59± .02	.63± .01		2495± 25
139.51 -46.09		-5.0± .3	.88± .02	.00		.95	12.03± .05		2283
095608.0-264112	PGC 28806		1.40		11.86	.56	13.93± .24		2812
0958.4 +0103		.S..6?.	1.04± .08	108					
237.67 41.05	UGC 5355	U	.59± .06	.02					
100.53 -41.70		6.0±1.9		.86					
0955.9 +0118	PGC 28809		1.04	.29					
0958.5 +2852	NGC 3068	.L..-*.	.96± .12						
199.90 52.02	UGC 5353	U	.08± .05	.05					6322± 27
71.18 -27.13	ARP 174	-3.0±1.2		.00					6274
0955.7 +2907	PGC 28815		.96						6600
095836.5+131517			.64± .17						
223.09 47.39	MCG 2-26- 8		.11± .07	.03	15.3 ±.3				2759± 63
86.37 -36.16	MK 1242								2652
095554.6+132939	PGC 28817		.64						3079
0958.6 +0515		.S..6*.	1.00± .08	50					
233.02 43.46	UGC 5357	U	.55± .06	.05					
95.42 -39.96		6.0±1.3		.81					
0956.0 +0530	PGC 28818		1.00	.27					
0958.7 +1123		.SBS3..	1.19± .05	77				15.60±.3	2914± 9
225.56 46.59	UGC 5358	U	.21± .05	.08	14.2 ±.2			213± 7	
88.42 -37.07		3.0± .8		.29				200± 7	2801
0956.1 +1138	PGC 28821		1.20	.10	13.77			1.73	3237
095847.3-283717		.I.0.?P	1.22± .04						
263.04 20.57	ESO 435- 16	S	.17± .04	.20	13.43 ±.14				919± 76
141.92 -45.83	VV 592	90.0		.25					705
095632.0-282254	PGC 28822		1.24	.08	12.97				1233
0958.8 +3136	NGC 3071								
195.47 52.36	CGCG 153- 8			.07	15.3 ±.3				6418
68.85 -25.35									6380
0955.9 +3151	PGC 28825								6686
0958.8 +1912		.S..4..	1.09± .06	97					
214.82 49.75	UGC 5359	U	.45± .05	.03	14.87 ±.18				
80.26 -32.88		4.0± .9		.67					
0956.1 +1927	PGC 28828		1.09	.23					
095853.0-302123	NGC 3082	.LAS-*.	1.26± .04	26					
264.25 19.27	ESO 435- 18	S	.44± .03	.13	13.49 ±.14				
144.37 -45.58		-3.0± .9		.00					
095639.0-300700	PGC 28829		1.21						
095853.3+474411		.SB?...	1.33± .04	75				14.19±.1	1171± 7
169.53 50.74	UGC 5354		.30± .05	.00	14.1 ±.2				1156± 50
56.08 -14.46	VV 618			.45				170± 8	1197
095541.9+475832	PGC 28830		1.33	.15	13.61			.43	1370
095856.2+142516	NGC 3075	.S..5..	1.08± .06	135				14.47±.3	3582± 9
221.58 47.96	UGC 5360	U	.18± .05	.05	14.32 ±.18			298± 7	3566± 50
85.18 -35.48	IRAS09562+1439	5.0± .9		.27	13.27			269± 7	3479
095613.6+143938	PGC 28833		1.08	.09	13.98			.39	3899
095905.2+102138	IC 584		.52± .20						
226.93 46.17	MCG 2-26- 10		.00± .07	.07	15.5 ±.3				5459± 63
89.61 -37.51	ARAK 226								5342
095625.1+103601	PGC 28839		.52						5784
095906.1-301459		.SBS5?/	1.50± .03	153					
264.21 19.38	ESO 435- 19	S	.96± .03	.20	13.78 ±.14				
144.21 -45.55		5.0± .9		1.43					
095652.0-300036	PGC 28840		1.52	.48					
095906.5-270741	NGC 3084	PSBS2P.	1.23± .04	2					
262.05 21.75	ESO 499- 29	Sr	.14± .03	.18	13.17 ±.14				2464± 69
139.78 -45.92		1.7± .4		.18					2252
095650.0-265318	PGC 28841		1.25	.07	12.79				2781
095908.8-341330	NGC 3087	.E+..*.	1.39± .04		11.58V±.13	1.05± .01	1.06± .01		
266.89 16.32	ESO 374- 15	PBS	.08± .04	.62	12.62 ±.11	.56± .01	.60± .01		2673± 24
149.73 -44.82		-4.2± .5	.79± .03	.00		.89			2452
095658.0-335906	PGC 28845		1.46		11.96	.43	14.39± .26		2973
0959.1 +5100		.SBT4..	1.08± .06	58					
164.64 49.77	UGC 5356	U	.29± .05	.00	14.97 ±.19				
53.71 -12.12		4.0± .9		.43					
0955.9 +5115	PGC 28846		1.08	.15					

R.A. 2000 DEC.	Names	Type	$\log D_{25}$	p.a.	B_T	$(B-V)_T$	$(B-V)_e$	m_{21}	V_{21}
l b		S_T n_L	$\log R_{25}$	A_g	m_B	$(U-B)_T$	$(U-B)_e$	W_{20}	V_{opt}
SGL SGB		T	$\log A_e$	A_i	m_{FIR}	$(B-V)^o_T$	m'_e	W_{50}	V_{GSR}
R.A. 1950 DEC.	PGC	L	$\log D_o$	A_{21}	B^o_T	$(U-B)^o_T$	m'_{25}	HI	V_{3K}
0959.2 +0317		.I..9*.	.96± .17						3884
235.37 42.48	UGC 5365	U	.05± .12	.02					
97.87 -40.66		10.0±1.2		.04					3744
0956.6 +0332	PGC 28852		.96	.02					4219
095916.0+314157									
195.34 52.47	CGCG 153- 9			.07	15.48 ±.18				11394± 48
68.84 -25.22	MK 413				12.96				11356
095621.2+315620	PGC 28856								11661
0959.2 +5215		.S?....	.82± .13						
162.82 49.35	MCG 9-17- 2		.17± .07	.00	15.00 ±.20				12226± 58
52.82 -11.23	1ZW 23			.13	13.29				12270
0955.9 +5229	PGC 28858		.81		14.69				12403
095920.8-280754			.92± .07	100					
262.80 21.03	ESO 435- 20		.15± .06	.18	14.42 ±.14				1246± 72
141.20 -45.77	TOL 2								1033
095705.1-275330	PGC 28863		.94						1561
0959.3 +3044	Leo A	.IB.9..	1.71± .02		12.92 ±.18	.33± .08	.31± .04	12.88±.1	20± 4
196.90 52.41	UGC 5364	PU (1)	.22± .05	.07	12.8 ±.7	-.19± .08	-.22± .05	46± 5	
69.68 -25.81	DDO 69	10.0± .5	1.52± .04	.16		.26	16.01± .09	33± 5	-19
0956.4 +3059	PGC 28868	9.0± .9	1.72	.11	12.68	-.24	15.78± .25	.09	292
095928.7-265148		.SBR1..	1.31± .03	148					
261.93 22.01	ESO 499- 32	Sr	.17± .03	.18	13.41 ±.14				
139.39 -45.86		1.0± .5		.18					
095712.0-263724	PGC 28874		1.33	.09					
095928.9-192936	NGC 3085	.L..0*/	1.08± .04	119					
256.50 27.49	ESO 566- 38	SE	.52± .03	.15	13.99 ±.14				
128.78 -46.01		-2.3± .7		.00					
095707.0-191512	PGC 28875		1.01						
095929.7-224930	NGC 3081	RSXR0..	1.32± .02	158	12.85M±.05	.88± .01	.93± .01	14.43±.2	2367± 9
259.02 25.04	ESO 499- 31	4	.11± .03	.14	12.95 ±.11	.33± .02	.34± .02	266± 6	2391± 34
133.59 -46.06		.0± .3	.94± .02	.08		.81	13.01± .06	254± 5	2164
095710.1-223506	PGC 28876		1.33		12.61	.30	14.04± .15		2694
095929.7-671813		.SB.8*/	1.16± .04	96					
287.45 -9.76	ESO 92- 3	S (1)	.48± .04	.96	15.03 ±.14				
187.53 -30.48		8.0± .8		.59					
095816.0-670348	PGC 28877	7.8± .9	1.25	.24					
095936.7-281949	NGC 3089	.SXT3..	1.25± .03	139					
262.98 20.91	ESO 435- 24	R (1)	.23± .03	.20	13.29 ±.11				2623± 66
141.47 -45.69		3.0± .4		.32					2409
095721.0-280524	PGC 28882	3.4± .9	1.27	.12	12.76				2938
095941.2+352332	NGC 3074	.SXT5..	1.37± .04	145	13.30 ±.15	.64± .03	.72± .02	14.54±.1	5144± 5
189.27 52.68	UGC 5366	U (2)	.05± .05	.02	14.2 ±.4	-.01± .07	.08± .04	152± 7	5102± 46
65.81 -22.75	IRAS09567+3537	5.0± .7	1.09± .02	.07	13.57	.59	14.24± .05	128± 5	5121
095643.3+353756	PGC 28888	2.8± .6	1.37	.02	13.29	-.04	14.86± .27	1.23	5397
095942.6-020900									
241.27 39.35	CGCG 8- 10			.11	15.3 ±.6				11267± 58
104.77 -42.56									11111
095710.1-015436	PGC 28891								11606
095945.5-673832		.SXS9*.	1.21± .04	62					
287.68 -10.01	ESO 92- 4	S (1)	.47± .04	.96	14.83 ±.14				
187.83 -30.26		8.5± .4		.48					
095833.0-672406	PGC 28895	8.6± .7	1.30	.24					
0959.8 +1258	IC 585	.L..-*.	.94± .13						
223.65 47.53	UGC 5371	U	.00± .05	.06	14.42 ±.15				
86.86 -36.05		-3.0±1.2		.00					
0957.1 +1313	PGC 28897		.95						
095949.7-025241	NGC 3083	.S..1?.	1.01± .07	50					
242.02 38.92	MCG 0-26- 2	E	.46± .05	.08	14.6 ±.2				6342± 34
105.73 -42.77		1.0±1.9		.47					6184
095717.5-023816	PGC 28900		1.02	.23	13.93				6681
095953.3+451623		.S?....	1.04± .09						
173.26 51.52	MCG 8-18- 52		.49± .07	.01					6924± 97
58.05 -16.04				.61					6941
095645.3+453047	PGC 28904		1.04	.25					7136
095955.7-293655	IC 2531	.S..5*/	1.84± .02	75	12.9 ±.2	.89± .08		13.08±.2	2477± 11
263.92 19.98	ESO 435- 25	SU	1.09± .03	.25	13.19 ±.14	-.57± .15		483± 16	
143.28 -45.46		5.3± .7		1.50		.62		477± 12	2262
095741.0-292230	PGC 28909		1.86	.50	11.33	-.83	14.20± .23	1.25	2789

R.A. 2000 DEC. / l b / SGL SGB / R.A. 1950 DEC.	Names / PGC	Type / S_T n_L / T / L	$logD_{25}$ / $logR_{25}$ / $logA_e$ / $logD_o$	p.a. / A_g / A_i / A_{21}	B_T / m_B / m_{FIR} / B^o_T	$(B\text{-}V)_T$ / $(U\text{-}B)_T$ / $(B\text{-}V)^o_T$ / $(U\text{-}B)^o_T$	$(B\text{-}V)_e$ / $(U\text{-}B)_e$ / m'_e / m'_{25}	m_{21} / W_{20} / W_{50} / HI	V_{21} / V_{opt} / V_{GSR} / V_{3K}
095956.1+130237	NGC 3080	.S..1..	.95± .07					16.56±.2	10632± 6
223.58 47.59	UGC 5372	U	.03± .05	.06	14.32 ±.18			182± 12	10580± 38
86.81 -35.99	MK 1243	1.0± .9		.03				162± 5	10523
095714.5+131702	PGC 28910		.96	.01	14.10			2.44	10951
095959.9+051957	Sextans B	.IBS9..	1.71± .02	110	11.85 ±.14	.52± .03	.48± .02	12.51±.1	301± 4
233.20 43.78	UGC 5373	PU (1)	.16± .04	.05	11.4 ±.2	-.13± .05	-.15± .03	58± 4	
95.53 -39.62	DDO 70	10.0± .5	1.48± .02	.12		.47	14.74± .04	41± 7	168
095722.9+053422	PGC 28913	8.0± .9	1.71	.08	11.56	-.17	14.84± .19	.86	634
100005.0-341356	IC 2532	PSBT1..	1.20± .05	38					
267.05 16.44	ESO 374- 16	BSr	.09± .05	.62	13.91 ±.14				2900± 51
149.68 -44.63	IRAS09579-3359	.6± .5		.09	12.70				2679
095754.0-335930	PGC 28915		1.26	.05	13.16				3200
100006.2-313308	NGC 3095	.SXT5..	1.54± .02	126	*			13.70±.2	2723± 6
265.27 18.52	ESO 435- 26	R (2)	.24± .03	.34	12.43 ±.12			352± 8	2849± 47
145.98 -45.13	IRAS09578-3118	5.0± .3		.36	10.80			340± 7	2507
095753.0-311842	PGC 28919	3.4± .5	1.57	.12	11.71			1.87	3032
100010.3-193720		.E?....	.60?		14.24S±.15				
256.73 27.50	MCG -3-26- 6		.00± .07	.15					4005± 41
128.98 -45.85	HICK 42C			.00					3806
095748.5-192254	PGC 28922		.62		14.03		12.21±1.33		4336
100011.0-025835	NGC 3086	.S..3..	1.05± .06	145	*				
242.19 38.93	MCG 0-26- 3	E (1)	.50± .05	.08	14.7 ±.2				9766± 42
105.90 -42.71		3.0± .9		.69					9607
095738.9-024409	PGC 28924	3.1±1.6	1.06	.25	13.82				10105
100013.0-194022		.L?....			16.21S±.15				
256.78 27.47				.15					4076± 41
129.05 -45.84	HICK 42D								3877
095751.2-192556	PGC 28926								4407
100013.9-193814	NGC 3091	.E.3.*.	1.47± .03	149	12.13M±.10	1.00± .01	1.03± .01		
256.76 27.50	ESO 566- 41	R	.20± .03	.15	12.11 ±.11		.55± .06		3878± 32
129.00 -45.84	HICK 42A	-5.0± .5	1.04± .02	.00		.93	12.90± .08		3679
095752.0-192348	PGC 28927		1.43		11.91		13.96± .21		4209
1000.2 +5432	A 0956+54	.S.....	1.20± .05	157					
159.52 48.61	UGC 5369	R	.77± .05	.00	14.89 ±.18				
51.28 -9.51				1.16					
0956.9 +5447	PGC 28928		1.20	.39					
100019.4-244808		.SBS9P.	1.05± .04						2282
260.62 23.68	ESO 499- 34	S (1)	.05± .04	.09	14.83 ±.14				
136.42 -45.81		9.0± .8		.05					2074
095801.1-243342	PGC 28932	8.9± .8	1.06	.02	14.69				2605
100027.0+032230		.S..8*.	1.29± .04	151				14.51±.3	2050± 9
235.52 42.79	UGC 5376	U	.46± .05	.00	14.02 ±.19			389± 7	2080± 50
97.94 -40.34	IRAS09578+0336	8.0±1.2		.56	11.30			371± 7	1912
095751.2+033656	PGC 28939		1.29	.23	13.45			.83	2386
100030.2-025819	NGC 3090	.E+....	1.23± .09	90	13.6 ±.2	1.03± .03	1.04± .01		
242.25 38.99	MCG 0-26- 5	E	.07± .07	.08	13.46 ±.18				6191± 34
105.93 -42.64	IRAS09579-0243	-4.0± .8	.82± .09	.00		.95	13.14± .31		6033
095758.1-024353	PGC 28945		1.22		13.35		14.59± .53		6531
100030.5-020940		.SBR2..	.99± .06	155				17.60±.1	6233± 9
241.44 39.50	UGC 5380	U	.12± .05	.11	14.23 ±.18			112± 12	5994± 40
104.88 -42.37		2.0± .9		.15					6064
095757.9-015514	PGC 28946		1.00	.06	13.91			3.64	6560
100031.0+031214		.SX.8*.	1.14± .05	75				15.52±.3	2139± 7
235.72 42.70	UGC 5377	U	.10± .05	.00	14.1 ±.2				
98.16 -40.39		8.0± .8		.12				158± 5	1999
095755.3+032640	PGC 28947		1.14	.05	13.95			1.52	2474
100031.6-311438	IC 2533	.LA.-*.	1.26± .05	1	12.95 ±.14	.97± .01	.98± .01		
265.14 18.81	ESO 435- 27	S	.14± .04	.25	12.89 ±.14	.42± .02	.48± .01		
145.53 -45.09		-3.0±1.2	.64± .03	.00			11.64± .12		
095818.1-310012	PGC 28948		1.27				13.76± .30		
100031.5+042425		.S..3..	1.15± .05	103				15.53±.3	4161± 10
234.37 43.38	UGC 5378	U (1)	.32± .05	.00	14.04 ±.18				4185± 50
96.71 -39.89	IRAS09579+0438	3.0± .8		.45	13.67			262± 7	4026
095755.1+043851	PGC 28949	3.5±1.1	1.15	.16	13.56			1.81	4496
100032.9-193945	NGC 3096	.LBT0..	1.02± .05	170	14.35S±.15				
256.84 27.53	ESO 566- 42	SE	.13± .03	.14	14.08 ±.14				4198± 41
129.04 -45.76	HICK 42B	-2.0± .5		.00					3999
095811.0-192518	PGC 28950		1.02		14.00		14.00± .30		4529

R.A. 2000 DEC. / l b / SGL SGB / R.A. 1950 DEC.	Names / PGC	Type / S_T n_L / T / L	$logD_{25}$ / $logR_{25}$ / $logA_e$ / $logD_o$	p.a. / A_g / A_i / A_{21}	B_T / m_B / m_{FIR} / B^o_T	$(B-V)_T$ / $(U-B)_T$ / $(B-V)^o_T$ / $(U-B)^o_T$	$(B-V)_e$ / $(U-B)_e$ / m'_e / m'_{25}	m_{21} / W_{20} / W_{50} / HI	V_{21} / V_{opt} / V_{GSR} / V_{3K}
1000.6 -1458	A 0958-14	.SXT5..	1.24± .05	95				15.43±.1	9093± 7
253.13 30.93	MCG -2-26- 12	PE (1)	.24± .05	.18				328± 8	9011± 59
122.35 -45.34		5.0± .6		.37				303± 11	8903
0958.2 -1444	PGC 28954	2.7± .8	1.26	.12					9428
100038.7-322157		.SBT6..	1.01± .06						
265.91 17.96	ESO 435- 29	r	.10± .05	.48	15.04 ±.14				
147.08 -44.88		5.6± .9		.15					
095826.1-320730	PGC 28956		1.05	.05					
100041.2-313945	NGC 3100	.LXS0P.	1.50± .04	154	12.0 ±.2	.89± .06	.97± .06		
265.45 18.51	ESO 435- 30	R	.29± .04	.34	12.15 ±.14	.41± .05	.50± .05		
146.11 -44.99		-2.0± .4	1.10± .06	.00			12.96± .18		
095828.1-312518	PGC 28960		1.49				13.62± .28		
100045.3+044402		.L.....	1.09± .07	155					
234.03 43.61	UGC 5383	U	.16± .03	.01	14.16 ±.15				6808± 81
96.35 -39.71	MK 713	-2.0± .8		.00					6673
095808.7+045829	PGC 28964		1.07		14.04				7142
100047.5-030046	NGC 3092	.LBS+?.	1.09± .06	30					
242.35 39.02	MCG 0-26- 8	E	.30± .05	.08	14.30 ±.15				5853± 58
106.01 -42.58		-1.0±1.3		.00					5694
095815.4-024620	PGC 28967		1.05		14.14				6193
100051.9+553713	NGC 3073	.LX.-..	1.11± .06		14.07 ±.14	.67± .02	.62± .02	15.96±.1	1217± 10
157.99 48.25	UGC 5374	PU	.03± .04	.00	13.66 ±.15	.05± .03	.10± .03	218± 6	1176± 60
50.57 -8.68	MK 131	-2.5± .6	.53± .04	.00		.66	12.21± .12	200± 5	1273
095728.8+555139	PGC 28974		1.10		13.86	.06	14.40± .34		1376
100053.6-025821	NGC 3093	.E.....	.84± .12	50					
242.33 39.07	MCG 0-26- 7	E	.32± .05	.08	15.18 ±.18				6099± 58
105.97 -42.55		-5.0±1.0		.00					5941
095821.5-024354	PGC 28977		.76		15.01				6439
100103.1+363707		.S..2..	.97± .07	65					
187.23 52.92	UGC 5382	U	.19± .05	.00	14.67 ±.18				6627± 19
65.00 -21.73		2.0± .9		.24					6610
095804.3+365134	PGC 28984		.97	.10	14.36				6877
1001.0 -0930		.SBS9*.	1.18± .05	85					
248.54 34.81		E (1)	.30± .06	.24					
114.73 -44.27		9.0± .9		.30					
0958.6 -0916	PGC 28987	9.8± .8	1.20	.15					
100104.8+165620		.S..6*.	1.12± .07					16.23±.3	7850± 10
218.39 49.43	UGC 5385	U	.09± .06	.06	14.5 ±.3				
82.91 -33.70		6.0±1.2		.14				273± 7	7757
095820.8+171047	PGC 28989		1.12	.05	14.28			1.90	8163
1001.0 +5544			.89± .11						
157.80 48.22	MCG 9-17- 9		.35± .07	.00	14.8 ±.2				3952± 61
50.51 -8.58									4010
0957.7 +5559	PGC 28990		.89						4112
100126.0+154617	NGC 3094	.SBS1..	1.30± .05	75				14.99±.2	2406± 6
220.09 49.06	UGC 5390	U	.16± .06	.08	13.23 ±.18			261± 8	2220±141
84.16 -34.26	IRAS09586+1600	1.0± .8		.17	10.67			242± 10	2309
095842.8+160045	PGC 29009		1.31	.08	12.96			1.96	2722
100130.3-340641	IC 2534	PLAT+P*	1.34± .04						
267.21 16.72	ESO 374- 19	BSr	.08± .04	.62	13.38 ±.14				
149.43 -44.37		-.6± .5		.00					
095919.0-335212	PGC 29016		1.39						
100131.1+371214	IC 2530	.S?....	.64± .17						
186.25 52.99	MCG 6-22- 53		.00± .07	.00	15.2 ±.2				6614± 56
64.59 -21.28				.00					6599
095831.8+372642	PGC 29019		.64	.00	15.13				6861
100132.0-193229		.S..3?/	1.15± .04	71					
256.94 27.78	ESO 567- 5	SE	.67± .03	.14	15.37 ±.14				
128.88 -45.52		3.0±1.2		.93					
095910.0-191800	PGC 29021		1.16	.34					
100132.5-202305		.S..7*/	1.18± .05	7					
257.58 27.16	ESO 567- 6	E	.86± .04	.17	15.93 ±.14				
130.09 -45.56		7.0±1.3		1.19					
095911.0-200836	PGC 29022		1.19	.43					
100135.1+124554		.L..-*.	.88± .14	40					
224.22 47.82	UGC 5395	U	.04± .05	.04	14.53 ±.16				
87.36 -35.79	ARAK 228	-3.0±1.2		.00					
095853.7+130022	PGC 29024		.88						

R.A. 2000 DEC. l b SGL SGB R.A. 1950 DEC.	Names PGC	Type S_T n_L T L	$\log D_{25}$ $\log R_{25}$ $\log A_e$ $\log D_o$	p.a. A_g A_i A_{21}	B_T m_B m_{FIR} B_T^o	$(B-V)_T$ $(U-B)_T$ $(B-V)_T^o$ $(U-B)_T^o$	$(B-V)_e$ $(U-B)_e$ m'_e m'_{25}	m_{21} W_{20} W_{50} HI	V_{21} V_{opt} V_{GSR} V_{3K}
100135.6-025943	NGC 3101	.S..1?/	1.07± .09	150					
242.50 39.19	MCG 0-26- 11	E	.58± .05	.09	15.28 ±.18				
106.08 -42.39		1.0±1.9		.60					
095903.5-024514	PGC 29025		1.07	.29					
1001.6 +2136		.S..6*.	1.04± .08	11					6211
211.57 51.11	UGC 5392	U	.98± .06	.07					
78.36 -30.98	IRAS09588+2150	6.0±1.4		1.44	13.46				6135
0958.8 +2150	PGC 29028		1.05	.49					6512
100137.7+393737		.S..6*.	1.28± .04	122				15.63±.1	6980± 7
182.25 52.81	UGC 5389	U	1.09± .05	.01	15.60 ±.18				
62.66 -19.65		6.0±1.4		1.47				352± 8	6975
095836.2+395205	PGC 29030		1.28	.50	14.09			1.04	7217
100140.2+104519		.S..6*.	1.19± .05	162				15.33±.2	5400± 6
226.87 46.91	UGC 5396	U	.55± .05	.06	14.43 ±.18			346± 7	
89.57 -36.76		6.0±1.3		.81				337± 5	5286
095900.0+105947	PGC 29032		1.19	.27	13.54			1.52	5726
1001.6 -0815		DLBS0*.	1.05± .06	90					
247.54 35.77	MCG -1-26- 11	E	.37± .05	.19					
113.08 -43.84		-2.0±1.3		.00					
0959.2 -0801	PGC 29033		1.02						
100141.1+371452		.S..9..	1.35± .04	170				14.38±.1	1569± 11
186.18 53.02	UGC 5391	U	.43± .05	.00	14.5 ±.2			216± 16	1539± 56
64.58 -21.22		9.0± .8		.44				187± 12	1553
095841.9+372920	PGC 29034		1.35	.21	14.06			.11	1815
100142.0+330814		.SBR8*.	1.29± .04					14.65±.1	1448± 11
193.02 53.06	UGC 5393	U	.25± .05	.01	14.5 ±.3			166± 16	
67.99 -23.90	KUG 0958+333	8.0±1.1		.31				144± 12	1417
095846.3+332242	PGC 29036		1.29	.13	14.13			.39	1711
100148.4+362959		.S..6*.	1.15± .04	56					
187.42 53.08	UGC 5394	U	.85± .05	.00					
65.21 -21.70	KUG 0958+367	6.0±1.3		1.25					
095849.8+364427	PGC 29043		1.15	.42					
100153.2+721013	NGC 3065	.LAR0..	1.23± .04		13.5 ±.2	.97± .01	.98± .01	15.15±.1	2000± 11
138.44 39.45	UGC 5375	R	.01± .04	.10	12.86 ±.12	.48± .02	.52± .02		2001± 25
39.01 3.19	7ZW 303	-2.0± .4	.49± .08	.00		.93	11.39± .27	318± 8	2118
095734.6+722440	PGC 29046		1.24		12.87	.47	14.43± .31		2069
100158.2+554043	NGC 3079	.SBS5./	1.90± .01	165	11.54 ±.14	.68± .02	.80± .01	12.16±.1	1125± 6
157.81 48.36	UGC 5387	R (1)	.74± .02	.00	11.43 ±.13	.03± .03	.18± .02	473± 7	1101± 29
50.64 -8.53	IRAS09585+5555	7.0± .4	1.21± .02	1.03	9.00	.53	13.08± .04	435± 5	1182
095835.4+555511	PGC 29050	3.0±1.3	1.90	.37	10.45	-.09	14.04± .17	1.34	1285
100206.6+030324	IC 588	RSBR1..	.93± .07						
236.20 42.95	UGC 5399	U	.06± .05	.00	14.61 ±.18				7032± 54
98.55 -40.09		1.0± .9		.06					6892
095931.0+031754	PGC 29057		.93	.03	14.45				7368
100210.0+720725	NGC 3066	PSXS4P.	1.04± .03		13.55 ±.15	.62± .02	.70± .02	15.29±.1	2049± 8
138.47 39.49	UGC 5379	R	.05± .04	.10	13.1 ±.3	-.07± .03	.02± .03	157± 16	2010± 38
39.06 3.17	MK 133	4.0± .4	.58± .02	.08	11.92	.57	11.94± .07	95± 12	2165
095752.0+722153	PGC 29059		1.05	.03	13.25	-.10	13.47± .22	2.01	2116
100213.8+134148		.L.....	1.00± .19	160					
223.07 48.37	UGC 5400	U	.09± .08	.07	14.15 ±.15				6989± 31
86.46 -35.18		-2.0± .9		.00					6885
095931.9+135618	PGC 29061		.99		13.98				7310
100217.4+244237	NGC 3098	.L..../	1.36± .03	90	12.89 ±.17	.90± .01	.92± .01	15.59±.3	1311± 17
206.81 52.07	UGC 5397	R	.57± .03	.11	13.22 ±.11			274± 33	1401± 28
75.53 -29.03		-2.0± .4	.69± .05	.00		.81	11.83± .17		1272
095928.3+245706	PGC 29067		1.28		13.00		13.12± .23		1628
100229.5-314037	NGC 3108	.LAS+..	1.40± .04	110	12.78 ±.15	1.03± .02	1.08± .01		
265.77 18.74	ESO 435- 32	S	.14± .04	.33	12.48 ±.14				2673± 17
146.04 -44.61		-1.0± .8	.81± .03	.00		.91	12.32± .11		2455
100016.0-312606	PGC 29076		1.41		12.25		14.29± .28		2981
1002.5 +1900		.I..9*.	1.09± .07	65				15.84±.1	2010± 10
215.58 50.50	UGC 5401	U	.62± .06	.06				142± 6	
81.05 -32.27		10.0±1.2		.46				140± 5	1925
0959.8 +1915	PGC 29082		1.09	.31					2319
1002.5 +1910		.S..0..	1.11± .05	80					
215.33 50.57	UGC 5403	U	.34± .05	.06	14.49 ±.18				2077
80.89 -32.17	IRAS09598+1925	.0± .9		.25	12.12				1993
0959.8 +1925	PGC 29085		1.10		14.15				2385

R.A. 2000 DEC. / l b / SGL SGB / R.A. 1950 DEC.	Names / PGC	Type / S_T n_L / T / L	$logD_{25}$ / $logR_{25}$ / $logA_e$ / $logD_o$	p.a. / A_g / A_i / A_{21}	B_T / m_B / m_{FIR} / B_T^o	$(B-V)_T$ / $(U-B)_T$ / $(B-V)_T^o$ / $(U-B)_T^o$	$(B-V)_e$ / $(U-B)_e$ / m'_e / m'_{25}	m_{21} / W_{20} / W_{50} / HI	V_{21} / V_{opt} / V_{GSR} / V_{3K}
100236.3-060043		.S..7*/	1.45± .03	16				14.14±.1	662± 5
245.64 37.43	MCG -1-26- 12	EU (1)	1.02± .05	.06				137± 6	
110.14 -43.04		7.0± .8		1.38				130± 8	495
100006.0-054612	PGC 29086	7.5±1.2	1.46	.50					1003
100238.4-452956		PSBS2..	1.13± .16	22					
274.55 7.87	ESO 262- 15	r	.13± .14	1.16					
164.05 -40.85	IRAS10006-4515	2.2± .8		.15	12.43				
100038.1-451524	PGC 29089		1.24	.06					
1002.6 +7044		.S..3..	.98± .07	178					
139.84 40.39	UGC 5386	U (1)	.10± .05	.20	15.01 ±.19				
40.06 2.22	IRAS09585+7058	3.0± .9		.14	13.64				
0958.5 +7058	PGC 29092	2.5±1.2	1.00	.05					
100244.1-420526		.S..5./	1.38± .04	117					
272.48 10.59	ESO 316- 18	S	.87± .04	.93	14.85 ±.14				
159.82 -42.02	IRAS10006-4150	4.7± .5		1.30	12.66				
100040.0-415054	PGC 29096		1.46	.43					
100248.8+431110	A 0959+43								
176.39 52.48				.00					5391± 42
60.03 -17.09	MK 134								5400
095943.8+432540	PGC 29106								5614
100300.6-152142		.S..3?/	1.18± .05	102					
253.93 31.06	MCG -2-26- 24	E	.76± .05	.18					
123.00 -44.81		3.0±1.8		1.04					
100035.8-150710	PGC 29122		1.19	.38					
100304.7+104602		.S?....	1.09± .06	165				15.77±.3	3001± 10
227.09 47.22	UGC 5409		.55± .05	.06	14.87 ±.18				
89.76 -36.46				.82				81± 10	2887
100024.6+110034	PGC 29126		1.10	.27	13.97			1.52	3328
100304.8-022359	IC 587	.SXR4P?	1.12± .05	107					
242.20 39.85	UGC 5411	E	.36± .04	.10	14.22 ±.18				
105.47 -41.84	IRAS10005-0209	4.0±1.8		.53	13.91				
100032.3-020927	PGC 29127		1.13	.18					
100306.7-260932	NGC 3109	.SBS9./	2.28± .01	93	10.39S±.07		.52± .03	9.67±.1	404± 3
262.10 23.07	ESO 499- 36	R (3)	.71± .02	.16	10.39 ±.12		-.11± .08	120± 3	408± 58
138.30 -45.10	DDO 236	9.0± .3		.72	11.69			116± 3	194
100049.0-255500	PGC 29128	8.2± .5	2.30	.35	9.51		14.89± .11	-.19	725
100311.5-424909		PSXT3*.	1.13± .08	89	*				
272.99 10.06	ESO 262- 16	r	.21± .07	.94					
160.70 -41.70	IRAS10011-4234	3.3±1.2		.29	13.61				
100108.0-423436	PGC 29134		1.22	.10					
100316.9-145643		.SBR6..	1.23± .05	85	*				4860
253.64 31.40	MCG -2-26- 27	E (1)	.38± .05	.19					
122.42 -44.70		6.0± .8		.56					4671
100051.8-144211	PGC 29136	5.3± .8	1.24	.19					5197
100317.5-385003		.S?....	.93± .07						
270.53 13.24	ESO 316- 20		.04± .06	.54	14.83 ±.14				12597± 19
155.60 -42.89	IRAS10011-3835			.04	13.39				12373
100110.0-383530	PGC 29139		.99	.02	14.09				12885
100319.0-212550		.SBS6..	1.12± .04		*			16.20±.2	3069± 11
258.71 26.66	ESO 567- 10	E (1)	.04± .03	.23	14.43 ±.14			60± 16	
131.60 -45.17		6.0± .8		.06				40± 12	2867
100058.0-211118	PGC 29140	6.4± .8	1.14	.02	14.13			2.05	3398
100319.0-645804		.SBR3..	1.27± .05	40	*				
286.32 -7.67	ESO 92- 6	Sr (1)	.25± .05	2.89	13.45 ±.14				
185.08 -31.52	IRAS10019-6443	3.4± .5		.34	12.51				
100155.0-644330	PGC 29141	4.4± .6	1.54	.12					
1003.3 +5355		.S..0..	1.04± .06	60	*				
160.11 49.27	UGC 5405	U	.38± .05	.00	15.37 ±.19				
52.05 -9.63		.0± .9		.28					
1000.0 +5410	PGC 29142		1.02						
100321.1+684402	NGC 3077	.I.0.P.	1.73± .02	45	10.61 ±.13	.76± .01	.70± .01	11.06±.1	14± 4
141.90 41.66	UGC 5398	R	.08± .02	.23	10.79 ±.13	.14± .02	.09± .01	91± 6	-16± 32
41.51 .83	IRAS09592+6858	90.0	1.30± .01	.06	10.24	.69	12.60± .04	65± 4	120
095921.9+685833	PGC 29146		1.75		10.41	.09	13.89± .17		102
100323.5+482157		.S?....	.83± .08						
168.23 51.27	MCG 8-18- 60		.18± .06	.00	14.99 ±.19				7684±125
56.16 -13.48				.28					7714
100012.5+483628	PGC 29147		.83	.09	14.67				7882

R.A. 2000 DEC. / l b / SGL SGB / R.A. 1950 DEC.	Names / PGC	Type / S_T n_L / T / L	$\log D_{25}$ / $\log R_{25}$ / $\log A_e$ / $\log D_o$	p.a. / A_g / A_i / A_{21}	B_T / m_B / m_{FIR} / B^o_T	$(B\text{-}V)_T$ / $(U\text{-}B)_T$ / $(B\text{-}V)^o_T$ / $(U\text{-}B)^o_T$	$(B\text{-}V)_e$ / $(U\text{-}B)_e$ / m'_e / m'_{25}	m_{21} / W_{20} / W_{50} / HI	V_{21} / V_{opt} / V_{GSR} / V_{3K}
100323.8-372339		.S?....	.96± .06	164					
269.64 14.39	ESO 374- 25		.08± .05	.59	15.07 ±.14				7006± 69
153.71 -43.24				.11					6783
100115.0-370906	PGC 29148		1.02	.04	14.31				7298
1003.4 +1305		.S..6*.	1.00± .08	15					
224.09 48.38	UGC 5413	U	1.02± .06	.06					
87.30 -35.22		6.0±1.5		1.47					
1000.8 +1320	PGC 29156		1.01	.50					
100329.8-335703	IC 2536	.SB.5P/	1.28± .04	45					
267.44 17.10	ESO 374- 26	BS	.64± .04	.54	14.57 ±.14				5384± 19
149.09 -43.99	IRAS10012-3342	5.3± .7		.96	13.33				5164
100118.0-334230	PGC 29157		1.33	.32	13.04				5686
100333.6-672652	NGC 3136A	.IBS9?/	1.31± .04	83					
287.85 -9.63	ESO 92- 7	RS (1)	.78± .04	.98	15.60 ±.14				
187.40 -30.08		9.5± .6		.59					
100218.0-671218	PGC 29160	9.4± .7	1.40	.39					
100337.1-150654		PLXR0?.	1.09± .06	92					
253.85 31.34	MCG -2-26- 28	E	.27± .05	.17					
122.68 -44.64		-2.0± .9		.00					
100112.1-145221	PGC 29163		1.07						
100342.2-270139		.SXS7*.	1.51± .03	53				13.27±.2	961± 11
262.82 22.49	ESO 499- 37	SU (1)	.38± .04	.17	13.32 ±.14			196± 16	
139.51 -44.91		7.0± .6		.52				141± 12	750
100125.0-264706	PGC 29166	5.6± .8	1.53	.19	12.63			.45	1280
100345.3-802519	NGC 3149	RSAT3*.	1.30± .06						
296.14 -19.84	ESO 19- 1	Sr (1)	.02± .07	.44					
198.67 -22.08	IRAS10043-8010	3.4± .4		.03	12.06				
100421.0-801042	PGC 29171	5.0± .5	1.34	.01					
1003.7 +6335		.S..6*.	1.02± .06	62					
147.63 44.66	UGC 5406	U	.38± .05	.05					
45.17 -2.78		6.0±1.3		.56					
1000.1 +6350	PGC 29172		1.03	.19					
1003.8 +5021		.S..6*.	1.06± .05	25					
165.20 50.69	UGC 5412	U	.37± .04	.00					
54.72 -12.05		6.0±1.3		.54					
1000.6 +5036	PGC 29174		1.06	.18					
100351.9+592611	A 1000+59	.E?....	.74± .07		14.84 ±.13	.57± .02		15.75±.3	2602± 10
152.70 46.85	UGC 5408		.07± .04	.00	14.4 ±.3	-.27± .04			2997± 35
48.13 -5.70	MK 25			.00	13.03	.54			2707
100022.2+594043	PGC 29177		.72		14.71	-.26	13.38± .37		2776
100352.8-273416	IC 2537	.SXT5..	1.41± .02	26	12.78 ±.19	.69± .05	.77± .05	13.98±.2	2786± 7
263.23 22.10	ESO 499- 39	R (3)	.17± .03	.22	12.81 ±.12	.08± .09	.15± .09	347± 10	
140.27 -44.82		5.0± .4	1.08± .04	.26		.59	13.67± .10	331± 12	2574
100136.1-271942	PGC 29179	3.3± .4	1.43	.09	12.31	.00	14.26± .23	1.59	3104
100356.2-344828	IC 2538	.SAR5P.	1.18± .04	1					
268.07 16.49	ESO 374- 27	BSr (1)	.29± .04	.53	14.62 ±.14				8412± 19
150.23 -43.73	IRAS10017-3434	5.3± .5		.44	13.25				8191
100145.0-343354	PGC 29181	2.2± .9	1.23	.15	13.61				8712
100357.2-062950		.L..+P.	1.09± .07	95					
246.38 37.36	MCG -1-26- 13	E	.41± .05	.07					
110.91 -42.85		-1.0± .9		.00					
100127.1-061516	PGC 29184		1.03						
100357.9+404528	NGC 3104	.IXS9..	1.52± .03	35				13.94±.1	612± 6
180.29 53.10	UGC 5414	R	.17± .05	.05	13.6 ±.4			114± 6	
62.08 -18.56	ARP 264	10.0± .3		.13				100± 11	612
100055.7+410001	PGC 29186		1.52	.08	13.42			.44	845
100359.0+221635		.L...*.	1.03± .08	75					
210.79 51.83	UGC 5420	U	.13± .03	.08					6139± 31
78.09 -30.14		-2.0±1.2		.00					6066
100111.8+223108	PGC 29188		1.02						6439
1004.0 +1412	A 1001+14	.SXS5..							
222.65 48.98	CGCG 64- 47	P		.07					8991± 60
86.20 -34.54		5.0± .9							8889
1001.3 +1427	PGC 29190								9311
100402.2-062832	NGC 3110	.SBT3P.	1.19± .05	5					5080
246.38 37.39	MCG -1-26- 14	E	.32± .05	.07					
110.89 -42.82	IRAS10015-0614	3.0± .9		.45	10.50				4913
100132.1-061358	PGC 29192		1.19	.16					5422

R.A. 2000 DEC.	Names	Type	$\log D_{25}$	p.a.	B_T	$(B-V)_T$	$(B-V)_e$	m_{21}	V_{21}
l b		S_T n_L	$\log R_{25}$	A_g	m_B	$(U-B)_T$	$(U-B)_e$	W_{20}	V_{opt}
SGL SGB		T	$\log A_e$	A_i	m_{FIR}	$(B-V)^o_T$	m'_e	W_{50}	V_{GSR}
R.A. 1950 DEC.	PGC	L	$\log D_o$	A_{21}	B^o_T	$(U-B)^o_T$	m'_{25}	HI	V_{3K}
100404.0-272001		.IX.9..	1.30± .06						361
263.10 22.31		S (1)	.11± .08	.22					
139.93 -44.80		10.0± .5		.08					150
100147.0-270527	PGC 29194	11.1± .8	1.32	.06					680
100405.6+311110	NGC 3106	.L.....	1.25± .06		13.27 ±.15	.89± .02	.94± .01		
196.32 53.45	UGC 5419	U	.00± .03	.05	13.38 ±.18	.31± .03	.41± .02		6203± 31
70.01 -24.75		-2.0± .8	.96± .04	.00		.82	13.56± .13		6165
100111.9+312543	PGC 29196		1.26		13.17	.33	14.39± .33		6475
100408.8+063038									
232.59 45.29	CGCG 36- 27			.03	14.60 ±.18				1128± 61
94.73 -38.18	MK 714								999
100131.2+064512	PGC 29198								1462
100416.8-752843		.SXS5..	1.40± .04						
292.92 -15.96	ESO 37- 10	Sr (1)	.05± .05	.90	13.15 ±.14				
194.53 -25.20	IRAS10037-7514	4.8± .4		.08	12.04				
100347.0-751406	PGC 29202	4.4± .6	1.49	.03					
100417.0-312141	IC 2539	.SAS4*.	1.28± .03	25					
265.87 19.23	ESO 435- 34	S (1)	.60± .03	.46	14.04 ±.14				2850± 60
145.52 -44.28	IRAS10020-3107	4.0±1.3		.89	12.94				2633
100203.1-310706	PGC 29203	5.6± .9	1.32	.30	12.68				3159
100417.9+034114		.S..6*.	1.00± .08	79					
235.92 43.75	UGC 5424	U	.33± .06	.00	14.98 ±.18				
98.08 -39.33		6.0±1.3		.49					
100142.0+035548	PGC 29205		1.00	.17					
1004.3 +5323		.SBS3..	1.10± .05	135					
160.77 49.62	UGC 5417	U	.32± .05	.00	15.3 ±.2				
52.54 -9.89	SBS 1001+536A	3.0± .8		.44					
1001.0 +5338	PGC 29206		1.10	.16					
100418.5-745549		.LXS0..	1.11± .05	48					
292.57 -15.53	ESO 37- 9	S	.28± .04	.89	14.61 ±.14				
194.05 -25.54		-2.0± .8		.00					
100344.0-744112	PGC 29207		1.17						
100421.9+133717	NGC 3107	.S..4*.	.87± .06	140				16.05±.2	2791± 8
223.51 48.81	UGC 5425	P	.10± .04	.08	14.2 ±.3			295± 21	2743± 60
86.87 -34.77	ARAK 229	4.0±1.3		.15				199± 11	2686
100140.2+135151	PGC 29209		.87	.05	13.93			2.07	3112
1004.4 +1445		.S..6*.	1.14± .07	177					
221.95 49.30	UGC 5426	U	1.16± .06	.06	15.8 ±.2				
85.68 -34.18		6.0±1.4		1.47					
1001.7 +1500	PGC 29212		1.15	.50					
100424.5-022541		.S?....	.99± .10						
242.50 40.09	MCG 0-26- 14		.33± .07	.09	14.66 ±.19				5913± 58
105.66 -41.54				.46					5757
100152.0-021106	PGC 29213		1.00	.17	14.07				6254
100426.2-412459		.S..3?/	1.41± .04	19					
272.32 11.32	ESO 316- 21	S	.96± .05	.81	15.04 ±.14				
158.83 -41.93	IRAS10023-4110	3.0±1.9		1.32	12.25				
100221.0-411024	PGC 29214		1.49	.48					
100426.2-282635	NGC 3113	.SXS7*.	1.52± .02	87				13.49±.2	1091± 7
263.93 21.51	ESO 435- 35	PSU	.44± .03	.24	13.35 ±.14			240± 9	
141.47 -44.62	IRAS10021-2812	7.3± .4		.61				193± 12	878
100210.0-281200	PGC 29216		1.55	.22	12.50			.77	1408
100430.7+600626	NGC 3102	.L..-*.	.89± .07						
151.79 46.58	UGC 5418	U	.00± .03	.00	14.32 ±.16				3065± 31
47.71 -5.17		-3.0±1.2		.00					3140
100059.8+602100	PGC 29220		.89		14.27				3203
100431.9+380022	IC 2535	.S?....	.95± .06						
184.85 53.53	MCG 6-22- 65		.01± .06	.00	14.51 ±.18				6966± 13
64.36 -20.30	KUG 1001+382			.02					6955
100132.5+381456	PGC 29222		.95	.01	14.46				7211
100434.1-371959		.S?....	1.07± .06	116					
269.79 14.58	ESO 374- 28		.34± .05	.44	14.69 ±.14				5061± 19
153.55 -43.03	IRAS10024-3705			.25	12.77				4838
100225.1-370524	PGC 29224		1.09		13.93				5354
1004.6 +5519		.S..8*.	1.24± .04	172					1108
158.05 48.86	UGC 5421	U	.82± .05	.00					
51.17 -8.51	SBS 1001+555	8.0±1.3		1.00					1165
1001.3 +5534	PGC 29229		1.24	.41					1271

R.A. 2000 DEC.	Names	Type	$\log D_{25}$	p.a.	B_T	$(B-V)_T$	$(B-V)_e$	m_{21}	V_{21}
l b		S_T n_L	$\log R_{25}$	A_g	m_B	$(U-B)_T$	$(U-B)_e$	W_{20}	V_{opt}
SGL SGB		T	$\log A_e$	A_i	m_{FIR}	$(B-V)^o_T$	m'_e	W_{50}	V_{GSR}
R.A. 1950 DEC.	PGC	L	$\log D_o$	A_{21}	B^o_T	$(U-B)^o_T$	m'_{25}	HI	V_{3K}
100440.3+292159		.S..8*.	1.07± .06	120				16.27±.3	495± 7
199.38 53.40	UGC 5427	U	.15± .05	.04	14.6 ±.2				
71.69 -25.78		8.0±1.2		.18				78± 5	450
100148.1+293634	PGC 29230		1.08	.07	14.42			1.78	773
1004.8 +5735		.SBS3..	1.01± .06	170					
154.99 47.85	UGC 5422	U	.10± .05	.00	15.3 ±.2				
49.54 -6.91		3.0± .9		.14					
1001.4 +5750	PGC 29237		1.01	.05					
1004.9 +4442		.S..8*.	1.00± .08	0					
173.82 52.52	UGC 5429	U	.09± .06	.00					
59.12 -15.78		8.0±1.2		.11					
1001.8 +4457	PGC 29247		1.00	.04					
1004.9 +0503		.E...*.	1.04± .18						
234.46 44.65	UGC 5432	U	.00± .08	.00	14.09 ±.16				
96.53 -38.63		-5.0±1.2		.00					
1002.3 +0518	PGC 29249		1.04						
1004.9 +2130		.S..6*.	1.13± .05	48					
212.09 51.83	UGC 5431	U	.85± .05	.07					
78.99 -30.39		6.0±1.4		1.25					
1002.2 +2145	PGC 29253		1.14	.42					
1005.1 +6633	A 1001+66	.I..9*.	.96± .09		*		.80± .07		
144.13 43.10	UGC 5428	PU (1)	.00± .06	.13			.50± .10		
43.17 -.59	DDO 71	10.0± .7	1.36± .11	.00			16.96± .25		
1001.3 +6647	PGC 29257	9.0±1.1	.97	.00					
100508.5+220717		.I..9*.	1.11± .14	37	*			16.32±.3	3998± 7
211.15 52.05	UGC 5433	U	.54± .12	.08					
78.42 -30.01		10.0±1.3		.40				174± 7	3925
100221.4+222153	PGC 29258		1.12	.27					4300
1005.2 +4430		.S..7..	1.05± .06	40	*				
174.12 52.61	UGC 5430	U	1.00± .05	.00					
59.31 -15.88		7.0±1.0		1.38					
1002.1 +4445	PGC 29261		1.05	.50					
100514.1-074307	NGC 3115	.L..-./	1.86± .01	43	9.87M±.04	.97± .01	.99± .01	14.00±.3	658± 8
247.78 36.78	MCG -1-26- 18	R	.47± .02	.10	9.71 ±.15	.54± .01	.59± .01	254± 9	670± 12
112.65 -42.86		-3.0± .3	1.03± .01	.00		.92	10.77± .02		492
100244.7-072831	PGC 29265		1.80		9.75	.50	12.87± .09		1005
100514.2+212724		.SXS3..	1.11± .05	25				15.35±.3	5580± 10
212.19 51.88	UGC 5434	U	.12± .05	.07	14.3 ±.2				
79.07 -30.37	IRAS10024+2142	3.0± .8		.16				260± 7	5504
100227.6+214200	PGC 29266		1.12	.06	14.03			1.27	5883
1005.2 +7915		.S?....	1.07± .05	175					
131.60 34.90	UGC 5402		.17± .04	.01	14.65 ±.18				8980±125
34.12 8.33				.23					9121
0959.8 +7930	PGC 29271		1.07	.08	14.34				9007
100521.9+191709		.S?....	1.14± .13	130				14.98±.3	3767± 9
215.52 51.22	UGC 5436		.39± .12	.08	14.32 ±.18			307± 7	3751± 34
81.22 -31.56	IRAS10026+1931			.59	12.94			289± 7	3682
100236.8+193145	PGC 29277		1.15	.20	13.64			1.15	4075
100522.9-341313	NGC 3120	.SXS4*.	1.25± .03	1	13.52 ±.14	.74± .02	.82± .02		
267.94 17.13	ESO 374- 29	BS (1)	.15± .05	.52	13.53 ±.14	.13± .06	.19± .05		2670± 60
149.35 -43.56	IRAS10031-3358	3.7± .6	.79± .02	.23	12.65	.57	12.96± .04		2450
100311.0-335836	PGC 29278	4.4± .8	1.30	.08	12.76	.01	14.23± .23		2972
100525.5-174755		.S..3..	1.03± .04	120					
256.36 29.69	ESO 567- 12	E (1)	.38± .03	.13	14.74 ±.14				
126.50 -44.49		3.0± .9		.52					
100302.0-173318	PGC 29281	4.2±1.2	1.04	.19					
1005.5 +7022		.I..9..	.94± .09	140				15.95±.1	340± 5
140.03 40.80	UGC 5423	U	.18± .06	.20	15.19 ±.18			67± 7	514± 60
40.48 2.12		10.0± .8		.13				39± 7	454
1001.4 +7037	PGC 29284		.96	.09	14.86			1.00	421
100534.2+273106		.S..8*.	1.07± .07	112				15.93±.3	6348± 7
202.50 53.33	UGC 5437	U	.50± .06	.06					
73.47 -26.75		8.0±1.3		.61				198± 7	6295
100243.5+274543	PGC 29291		1.08	.25					6633
1005.6 +0416		.S..7..	1.07± .07	97					
235.51 44.36	UGC 5440	U	.40± .06	.00					
97.55 -38.80		7.0± .9		.55					
1003.0 +0431	PGC 29295		1.07	.20					

R.A. 2000 DEC. / l b / SGL SGB / R.A. 1950 DEC.	Names / PGC	Type / S_T n_L / T / L	$\log D_{25}$ / $\log R_{25}$ / $\log A_e$ / $\log D_o$	p.a. / A_g / A_i / A_{21}	B_T / m_B / m_{FIR} / B_T^o	$(B-V)_T$ / $(U-B)_T$ / $(B-V)_T^o$ / $(U-B)_T^o$	$(B-V)_e$ / $(U-B)_e$ / m'_e / m'_{25}	m_{21} / W_{20} / W_{50} / HI	V_{21} / V_{opt} / V_{GSR} / V_{3K}
1005.6 +8017	NGC 3057	.SBS8..	1.35± .03	5	13.49 ±.14	.50± .02	.51± .02	14.85±.1	1529± 11
130.69 34.20	UGC 5404	U (1)	.23± .06	.03	13.9 ±.2	-.16± .04	-.13± .03	142± 16	
33.38 9.06	DDO 67	8.0± .8	1.01± .02	.29	13.71	.44	14.03± .04	132± 12	1674
0959.8 +8031	PGC 29296	7.0±1.0	1.35	.12	13.28	-.20	14.50± .26	1.45	1550
100539.5-370514		.S?....	1.04± .06	75					
269.81 14.90	ESO 374- 30		.34± .05	.44	15.17 ±.14				4865± 19
153.15 -42.88	IRAS10034-3650			.50	13.86				4643
100330.0-365036	PGC 29298		1.08	.17	14.20				5159
1005.6 -0744		.I..9*.	1.04± .18						
247.90 36.85	UGCA 200	U	.20± .18	.11					
112.72 -42.75		10.0±1.3		.15					
1003.2 -0730	PGC 29299		1.05	.10					
100541.7-075853		DLASOP*	1.24± .07	0	13.2 ±.3	.73± .05	.81± .02		
248.12 36.69	MCG -1-26- 21	E	.08± .05	.18					715± 62
113.04 -42.81		-2.0±1.2	1.23± .15	.00		.67	14.87± .51		544
100312.4-074416	PGC 29300		1.25		13.01		14.08± .47		1057
100548.1-172606	IC 2541	.SBR4?.	1.10± .06	5					4987
256.15 30.01	MCG -3-26- 17	E (1)	.38± .05	.13					
126.00 -44.37		4.0± .9		.56					4794
100324.4-171128	PGC 29309	3.1±1.2	1.11	.19					5323
100548.2-672239	NGC 3136	.E...*.	1.49± .03	30	11.7 ±.1	1.01± .01	1.03± .01		
287.99 -9.45	ESO 92- 8	RS	.16± .03	.98	11.74 ±.11	.51± .03	.56± .01		1713± 30
187.20 -29.94		-5.0± .4	1.09± .03	.00		.78	12.68± .11		1497
100431.0-670800	PGC 29311		1.60		10.71	.32	13.73± .22		1878
100548.2-181450		.S..8*.	1.06± .04	88				15.29±.1	4941± 9
256.78 29.42	ESO 567- 13	E (1)	.18± .03	.13	15.24 ±.14			263± 12	
127.14 -44.44		8.0±1.2		.22					4746
100325.0-180012	PGC 29312	7.5±1.6	1.07	.09	14.87			.33	5276
100552.6-441338			1.27± .06		14.18 ±.15	.61± .08	.51± .03		
274.25 9.23	ESO 263- 3		.26± .06	.98	14.07 ±.14	-.15± .07	-.24± .05		3350± 19
162.23 -40.77	IRAS10037-4358		.75± .04		12.86		13.42± .12		3123
100350.0-435900	PGC 29320		1.36						3620
100556.2-230326		RLBR+*.	1.02± .06	93					
260.42 25.84	ESO 499- 41	r	.28± .03	.13	14.56 ±.14				
133.90 -44.57		-1.3±1.0		.00					
100336.0-224848	PGC 29323		.99						
100601.4-160724	NGC 3128	.SBS3?.	1.20± .05	175					4635
255.15 31.01	MCG -3-26- 20	E (1)	.38± .05	.13					
124.18 -44.18		3.0± .9		.53					4444
100336.9-155245	PGC 29330	1.9± .8	1.21	.19					4973
100602.5-670352		.S..9*/	1.09± .05	107					
287.81 -9.18	ESO 92- 9	S (1)	.53± .04	2.14	15.83 ±.14				
186.89 -30.10		9.0±1.3		.54					
100444.0-664912	PGC 29331	8.9±1.3	1.29	.27					
100605.3-335309	IC 2545		.81± .07						
267.84 17.49	ESO 374- 32		.20± .06	.49	15.27 ±.14				10267± 19
148.86 -43.48	IRAS10039-3338				10.97				10048
100353.0-333830	PGC 29334		.86						10570
100608.2+471547	NGC 3111	.L..-*.	.95± .21						
169.70 52.04	UGC 5441	U	.05± .08	.00	14.01 ±.17				
57.31 -13.89		-3.0±1.2		.00					
100259.4+473025	PGC 29338		.94						
100610.5+025440	NGC 3117	.E...?.	.94± .13						
237.17 43.69	UGC 5445	U	.00± .05	.00	14.29 ±.15				
99.25 -39.21		-5.0±1.7		.00					
100335.0+030918	PGC 29340		.94						
1006.2 -1220		.SBS9..	1.26± .07	100					
252.08 33.76		E (1)	.34± .08	.22					
118.97 -43.59		9.0± .9		.35					
1003.8 -1206	PGC 29345	9.8± .8	1.28	.17					
100615.2-160129		.SB.5?/	1.22± .05	50					5007
255.12 31.12	MCG -3-26- 21	E	.89± .05	.13					
124.05 -44.12		5.0±1.3		1.33					4817
100350.6-154651	PGC 29346		1.23	.44					5345
1006.2 +2856	A 1003+29	.S?....	.72± .10		14.5 ±.2	.43± .04		17.39±.2	1363± 7
200.17 53.69	MCG 5-24- 11		.02± .06	.06	15.1 ±.2	-.13± .06		115± 5	1323± 30
72.31 -25.77				.01		.40		120± 5	1314
1003.4 +2911	PGC 29347		.72		14.65	-.13	12.90± .57		1641

R.A. 2000 DEC. / l b / SGL SGB / R.A. 1950 DEC.	Names / PGC	Type / S_T n_L / T / L	$\log D_{25}$ / $\log R_{25}$ / $\log A_e$ / $\log D_o$	p.a. / A_g / A_i / A_{21}	B_T / m_B / m_{FIR} / B^o_T	$(B-V)_T$ / $(U-B)_T$ / $(B-V)^o_T$ / $(U-B)^o_T$	$(B-V)_e$ / $(U-B)_e$ / m'_e / m'_{25}	m_{21} / W_{20} / W_{50} / HI	V_{21} / V_{opt} / V_{GSR} / V_{3K}
100624.8-160736	NGC 3127	.S..3*/	1.09± .06	55					
255.24 31.07	MCG -3-26- 22	E	.75± .05	.13					
124.20 -44.09		3.0±1.3		1.03					
100400.2-155257	PGC 29357		1.10	.37					
100631.0+325648		.S..6*.	1.17± .04	51					
193.40 54.06	UGC 5446	U	.66± .04	.03	15.17 ±.18				
68.86 -23.24	KUG 1003+331	6.0±1.3		.98					
100336.4+331127	PGC 29365		1.17	.33					
100634.5-295610	NGC 3125	.E...?.	1.05± .05	114	13.50 ±.13	.50± .01	.45± .01		
265.33 20.65	ESO 435- 41	PS	.19± .03	.27	13.41 ±.11	-.47± .01	-.52± .01		1080± 47
143.47 -43.99	IRAS10042-2941	-5.0±1.7	.42± .01	.00	11.54	.43	11.09± .01		866
100419.1-294130	PGC 29366		1.04		13.16	-.51	13.29± .28		1394
1006.6 +1426		.S..3*.	1.02± .06	175					
222.74 49.65	UGC 5448	U (1)	.13± .05	.10					
86.35 -33.89		3.0±1.2		.18					
1003.9 +1441	PGC 29372	4.5±1.2	1.03	.06					
1006.6 +2810									
201.47 53.67	CGCG 153- 16			.07	15.3 ±.3				4669
73.05 -26.17									4619
1003.8 +2825	PGC 29376								4952
100639.7-191317	NGC 3124	.SXT4..	1.47± .02	165	12.86 ±.15	.71± .02	.80± .01	13.91±.2	3562± 6
257.71 28.83	ESO 567- 17	R (4)	.07± .03	.18	12.71 ±.12	.10± .07	.19± .07	295± 10	3351± 66
128.53 -44.30		4.0± .3	1.11± .02	.11		.63	13.90± .05	246± 25	3364
100417.0-185838	PGC 29377	1.0± .5	1.49	.04	12.46	.04	14.89± .19	1.42	3895
100645.9-474152		.SBR1..	1.09± .06	106					
276.45 6.53	ESO 263- 4	r	.20± .06	1.40	14.48 ±.14				
166.35 -39.37		1.0± .8		.21					
100447.1-472712	PGC 29384		1.22	.10					
100652.2+142221	NGC 3121	.E.....	1.24± .08	20					
222.87 49.68	UGC 5450	U	.09± .05	.10	13.57 ±.17				9053± 22
86.46 -33.86		-5.0± .8		.00					8952
100410.1+143701	PGC 29387		1.23		13.34				9374
1006.8 +6750		.I..9*.	1.26± .06						
142.59 42.46	UGC 5442	U	.29± .06	.12					
42.37 .44		10.0±1.1		.22					
1003.0 +6805	PGC 29388		1.27	.15					
1006.8 +3128	IC 2540	.E?....	1.02± .14						
195.91 54.07	MCG 5-24- 14		.11± .07	.07	14.66 ±.16				6534
70.18 -24.10				.00					6497
1004.0 +3143	PGC 29389		.99		14.49				6806
100656.0-450252		.SBS3P?	1.29± .05	64					
274.89 8.68	ESO 263- 5	Sr (1)	.49± .05	1.05	13.84 ±.14				4040± 60
163.15 -40.31	IRAS10049-4448	3.5± .8		.72	12.33				3813
100454.1-444812	PGC 29393	4.4± .7	1.39	.24	12.05				4307
100701.1-430441		.S..3*/	1.15± .05	105					
273.72 10.28	ESO 263- 7	S	.60± .04	.74	14.91 ±.14				
160.72 -40.95	IRAS10049-4249	3.0±1.3		.83	12.66				
100457.0-425000	PGC 29402		1.22	.30					
100701.1-430335		.L?....	.99± .07	120					
273.71 10.29	ESO 263- 6		.42± .05	.74	15.08 ±.14				7700±190
160.70 -40.96	FAIR 426			.00					7474
100457.0-424854	PGC 29403		1.01		14.22				7975
100705.4-055302		.S..3./	1.13± .06	170					
246.46 38.35	MCG -1-26- 24	E	.70± .05	.11					
110.39 -41.93		3.0± .9		.97					
100434.9-053822	PGC 29405		1.14	.35					
1007.1 +1559		.I..9..	1.03± .08	80					840
220.62 50.40	UGC 5453	U	.09± .06	.09	14.63 ±.20				
84.81 -32.98		10.0± .9		.07					745
1004.4 +1614	PGC 29408		1.04	.05	14.48				1158
100710.5+123946		.SX.8*.	1.04± .08	40				15.81±.3	2791± 10
225.28 48.99	UGC 5454	U	.18± .06	.09	14.7 ±.2				
88.31 -34.66		8.0±1.2		.22				131± 7	2684
100429.5+125426	PGC 29413		1.05	.09	14.37			1.35	3116
100711.9+330147	NGC 3118	.S..4..	1.40± .03	41				14.05±.3	1342± 9
193.26 54.21	UGC 5452	U	.83± .04	.04	14.30 ±.18			227± 7	
68.88 -23.08	IRAS10042+3316	4.0± .9		1.22	13.75			200± 7	1311
100417.3+331627	PGC 29415		1.41	.41	13.04			.60	1608

R.A. 2000 DEC. l b SGL SGB R.A. 1950 DEC.	Names PGC	Type S_T n_L T L	$\log D_{25}$ $\log R_{25}$ $\log A_e$ $\log D_o$	p.a. A_g A_i A_{21}	B_T m_B m_{FIR} B_T^o	$(B-V)_T$ $(U-B)_T$ $(B-V)_T^o$ $(U-B)_T^o$	$(B-V)_e$ $(U-B)_e$ m'_e m'_{25}	m_{21} W_{20} W_{50} HI	V_{21} V_{opt} V_{GSR} V_{3K}
100717.0-262823		.L?....	.83± .07	153	15.46 ±.14	1.07± .02	.98± .02		
263.10 23.43	ESO 500- 2		.11± .05	.20	15.24 ±.14	.16± .03	.26± .03		
138.66 -44.15			.43± .03	.00			13.10± .10		
100459.1-261342	PGC 29423		.84				14.21± .37		
100719.4+470023		.I..9..	1.13± .05	103					
170.00 52.31	UGC 5451	U	.35± .05	.00	14.12 ±.18				571± 50
57.65 -13.92		10.0± .8		.26					596
100411.2+471503	PGC 29427		1.13	.17	13.86				777
100719.7+102144	A 1004+10	.I.0.$.	1.21± .05	148	13.72 ±.13	.39± .01	.41± .01		535
228.37 47.94	UGC 5456	R	.31± .05	.04	13.52 ±.18	-.23± .02	-.25± .03		
90.83 -35.73		90.0	.76± .01	.46		.32	13.01± .02		420
100440.1+103625	PGC 29428		1.22	.15	13.15	-.28	13.86± .29		864
100727.6+121634	IC 591	.S?....	1.01± .06	170				16.79±.2	2841± 6
225.85 48.88	UGC 5458		.19± .05	.10	14.14 ±.20			174± 13	2759± 63
88.77 -34.78	ARAK 231			.29	13.09			178± 5	2731
100446.9+123115	PGC 29435		1.02	.10	13.73			2.96	3166
100746.0-412000		PSBT2?.	1.24± .04	76					
272.78 11.76	ESO 316- 29	Sr	.51± .04	.80	14.65 ±.14				
158.48 -41.36	IRAS10056-4105	2.0± .6		.63	12.08				
100540.0-410518	PGC 29450		1.32	.26					
1007.8 -1129		.IBS9..	1.05± .09	85					
251.69 34.64		E (1)	.29± .08	.23					
117.92 -43.05		10.0± .9		.22					
1005.4 -1115	PGC 29455	9.8± .8	1.08	.14					
100754.4+292735		.S..4..	.99± .06	1				15.74±.3	4799± 9
199.36 54.11	UGC 5461	U	.73± .05	.08	15.66 ±.20				
72.09 -25.17		4.0±1.0		1.07				271± 5	4755
100502.6+294217	PGC 29459		1.00	.36	14.47			.90	5078
1007.9 +6821		.SB.6?.	.96± .09	70					
141.96 42.22	UGC 5449	U	.15± .06	.10	15.15 ±.18				
42.07 .87		6.0±1.3		.22					
1004.0 +6836	PGC 29460		.97	.07					
100755.5-351349	IC 2548	PSBR3..	1.29± .04	65					
269.01 16.66	ESO 374- 37	BSr (1)	.05± .04	.44	13.90 ±.14				4691± 18
150.56 -42.85		2.8± .4		.07					4471
100544.0-345906	PGC 29461	2.2± .8	1.33	.03	13.36				4991
100759.0-022951	IC 592	.S..4..	.92± .07					16.31±.1	6050± 9
243.32 40.73	UGC 5465	U	.06± .05	.06	14.2 ±.2			142± 12	5976± 58
106.13 -40.72		4.0± .9		.08					5893
100526.5-021509	PGC 29465		.93	.03	14.00			2.28	6391
100807.5+293231	A 1005+29	.S..9..	1.14± .05	135	15.62 ±.17	.62± .08	.58± .06	16.01±.3	1011± 7
199.23 54.17	UGC 5464	U (1)	.21± .05	.08		.05± .11	.03± .08		
72.05 -25.08	DDO 72	9.0± .8	.81± .03	.22		.55	15.16± .08	106± 7	967
100515.7+294713	PGC 29468	9.0±1.5	1.15	.11	15.32	.00	15.65± .33	.59	1290
100809.2+515042	A 1004+52	.SBT7..	1.36± .04					14.56±.1	1093± 5
162.62 50.77	UGC 5460	U	.02± .05	.00	13.5 ±.3			105± 7	
54.09 -10.54		7.0± .7		.02				90± 12	1137
100454.8+520524	PGC 29469		1.36	.01	13.45			1.10	1276
100810.2+530455	A 1004+53	.SBS5?/	1.68± .03	132	13.19 ±.14	.62± .03	.70± .03	13.20±.1	1111± 5
160.84 50.28	UGC 5459	PU	.81± .05	.00	13.5 ±.2	-.10± .04	-.01± .04	278± 6	
53.17 -9.69	IRAS10049+5319	5.3± .6	1.05± .03	1.22	12.16	.46	13.93± .09	264± 6	1159
100454.1+531936	PGC 29472		1.68	.41	12.06	-.22	14.39± .22	.73	1287
100811.5+422507		.S..1..	.96± .07	107					
177.32 53.60	UGC 5462	U	.55± .05	.00	15.1 ±.2				6895± 13
61.32 -16.87		1.0±1.0		.56					6901
100508.6+423949	PGC 29474		.96	.28	14.40				7122
100812.5+095835	NGC 3130	.S..0..	1.00± .08	30					
229.03 47.94	UGC 5468	U	.25± .06	.07	14.38 ±.19				8206± 50
91.39 -35.72		.0± .9		.19					8090
100533.1+101317	PGC 29475		.99		14.00				8536
100813.2+184233		.L...?.	1.00± .08						
216.76 51.66	UGC 5467	U	.00± .03	.09	14.16 ±.15				2894± 50
82.23 -31.31	IRAS10054+1857	-2.0±1.7		.00	13.35				2809
100528.6+185715	PGC 29478		1.01		14.03				3206
1008.3 +1431		.SB?...	.82± .13						
222.89 50.06	MCG 3-26- 32		.08± .07	.10	15.29 ±.18				8651± 54
86.51 -33.49				.10					8551
1005.6 +1446	PGC 29480		.83	.04	15.02				8973

R.A. 2000 DEC.	Names	Type	$\log D_{25}$	p.a.	B_T	$(B-V)_T$	$(B-V)_e$	m_{21}	V_{21}
l b		S_T n_L	$\log R_{25}$	A_g	m_B	$(U-B)_T$	$(U-B)_e$	W_{20}	V_{opt}
SGL SGB		T	$\log A_e$	A_i	m_{FIR}	$(B-V)^o_T$	m'_e	W_{50}	V_{GSR}
R.A. 1950 DEC.	PGC	L	$\log D_o$	A_{21}	B^o_T	$(U-B)^o_T$	m'_{25}	HI	V_{3K}
100818.5-023133	IC 593	.S?....	.87± .08					16.13±.1	6078± 9
243.42 40.78	UGC 5469		.13± .05	.06	14.5 ±.2			256± 12	5970± 58
106.20 -40.65				.19					5920
100546.0-021650	PGC 29482		.88	.06	14.21			1.85	6418
100820.9+315150	NGC 3126	.S..3..	1.45± .03	123				14.73±.1	5179± 7
195.28 54.40	UGC 5466	U (1)	.71± .04	.07	13.55 ±.18			606± 8	5144± 42
70.05 -23.62	IRAS10054+3206	3.0± .8		.98					5143
100527.4+320632	PGC 29484	4.5±1.2	1.46	.36	12.46			1.91	5449
100827.5+121827	Leo I	.E.....	1.99± .02	80	11.18 ±.15		.63± .03		
225.98 49.11	UGC 5470	PU	.12± .04	.10	10.1 ±.2		.15± .05		168± 60
88.88 -34.56	DDO 74	-5.0± .3	1.70± .03	.00			15.17± .06		60
100546.8+123310	PGC 29488		1.98		10.80		15.85± .21		494
100833.9+765423	A 1003+77								
133.55 36.65				.03					10073
35.94 6.83	MK 136								10207
100341.9+770904	PGC 29494								10115
100834.8-003923	IC 594	.SBR4..	1.02± .05	127				16.29±.1	6436± 7
241.54 42.01	UGC 5472	U	.29± .04	.09	14.57 ±.18			417± 9	6409± 58
103.89 -39.96		4.0± .9		.43					6286
100601.3-002440	PGC 29496		1.03	.15	14.01			2.14	6778
100836.3+181350	NGC 3131	.SB.3*.	1.38± .04	54				15.54±.3	5098± 9
217.54 51.58	UGC 5471	U	.54± .05	.12	13.76 ±.18			542± 7	5251± 50
82.76 -31.49	IRAS10058+1828	3.0± .8		.74	13.02			521± 7	5016
100552.0+182833	PGC 29499		1.39	.27	12.86			2.41	5416
100840.5-400538		RLA.+..	.99± .06	170					
272.16 12.86	ESO 316- 30	r	.27± .05	.80	15.07 ±.14				
156.84 -41.54		-1.3± .9		.00					
100633.1-395054	PGC 29505		1.03						
1008.6 +7038		.I..9..	1.26± .06					15.16±.1	1290± 6
139.53 40.84	UGC 5455	U	.00± .06	.19				71± 7	
40.48 2.50		10.0± .8		.00				57± 12	1404
1004.6 +7053	PGC 29506		1.28	.00					1369
100851.4-670139	IC 2554	.SBS4P*	1.49± .03	175	12.51 ±.19	.72± .03	.73± .01	13.73±.3	1378± 9
288.02 -8.99	ESO 92- 12	RS	.38± .04	2.22	12.43 ±.14	-.01± .07	-.03± .03	393± 12	1251± 18
186.68 -29.90	IRAS10075-6647	4.0± .8	1.02± .04	.56	10.10		13.10± .11		1136
100731.1-664654	PGC 29512		1.69	.19	9.67		13.84± .28	3.87	1519
100901.5+322929		.SXT6..	1.13± .04					15.54±.3	5893± 10
194.21 54.58	UGC 5474	U	.02± .04	.04	14.6 ±.3				
69.61 -23.11	KUG 1006+327	6.0± .8		.03				152± 7	5861
100607.6+324413	PGC 29526		1.14	.01	14.48			1.05	6162
100903.4-111358		.L..0..	1.13± .06	15					
251.72 35.03	MCG -2-26- 31	E	.35± .05	.17					
117.64 -42.71		-2.0± .9		.00					
100635.8-105914	PGC 29527		1.09						
100906.0-382433		RSXR0P.	1.24± .05	170					
271.20 14.26	ESO 316- 32	Sr	.25± .05	.45	13.47 ±.14				4845± 60
154.65 -41.90	IRAS10069-3809	-.1± .6		.19	12.74				4622
100657.0-380948	PGC 29529		1.27		12.76				5136
100907.4-290351	NGC 3137	.SAS6..	1.80± .02	1	12.1 ±.4	.60± .05		12.18±.2	1109± 11
265.21 21.67	ESO 435- 47	SU (1)	.45± .04	.23	12.21 ±.14	-.10± .11		262± 16	
142.18 -43.53	IRAS10068-2849	6.3± .4		.65	12.54	.46		255± 12	896
100651.0-284906	PGC 29530	5.6± .5	1.82	.22	11.31	-.20	14.82± .42	.65	1426
100908.1-382339		.E.4*P.	1.18± .06	140					
271.19 14.28	ESO 316- 33	S	.22± .04	.45	13.52 ±.14				4512± 60
154.63 -41.90		-5.0±1.3		.00					4289
100659.0-380854	PGC 29531		1.18		13.00				4803
1009.1 -1158	NGC 3138	.S..4..	1.08± .06	80					
252.38 34.52	MCG -2-26- 32	E	.51± .05	.22					
118.65 -42.82		4.0± .9		.75					
1006.7 -1144	PGC 29532		1.10	.25					
100912.7+150019		.E.....	1.21± .09						
222.35 50.46	UGC 5477	U	.00± .05	.10	13.69 ±.20				9212± 31
86.14 -33.05		-5.0± .9		.00					9114
100630.4+151503	PGC 29536		1.22		13.45				9533
1009.2 +4021		.SX.3..	1.13± .05						7031
180.72 54.16	UGC 5476	U	.03± .05	.05	14.3 ±.2				
63.11 -18.08	IRAS10062+4035	3.0± .8		.05	13.53				7030
1006.2 +4035	PGC 29539		1.13	.02	14.15				7268

R.A. 2000 DEC.	Names	Type	$logD_{25}$	p.a.	B_T	$(B\text{-}V)_T$	$(B\text{-}V)_e$	m_{21}	V_{21}
l b		S_T n_L	$logR_{25}$	A_g	m_B	$(U\text{-}B)_T$	$(U\text{-}B)_e$	W_{20}	V_{opt}
SGL SGB		T	$logA_e$	A_i	m_{FIR}	$(B\text{-}V)^o_T$	m'_e	W_{50}	V_{GSR}
R.A. 1950 DEC.	PGC	L	$logD_o$	A_{21}	B^o_T	$(U\text{-}B)^o_T$	m'_{25}	HI	V_{3K}
100927.9-163742	NGC 3140	.S..5..	.95± .09	20	14.8 ±.3	.81± .05			
256.26 31.20	MCG -3-26- 28	PE (1)	.22± .05	.15					8458± 59
125.01 -43.42		5.0± .8		.33		.68			8267
100703.4-162257	PGC 29548	1.8± .9	.96	.11	14.27		13.83± .54		8797
1009.5 +3009	A 1006+30	.I..9..	1.22± .06		14.69 ±.15	.48± .05	.50± .04	15.26±.1	1378± 5
198.25 54.53	UGC 5478	U (1)	.01± .06	.06	14.3 ±.4	-.17± .07	-.19± .06	67± 5	
71.72 -24.47	DDO 73	10.0± .8	.95± .02	.01		.45	14.93± .05	55± 6	1336
1006.6 +3023	PGC 29549	9.0±1.0	1.22	.01	14.57	-.19	15.59± .37	.69	1655
1009.5 +5827		.SBS5..	1.25± .04	30					
153.41 47.97	UGC 5475	U	.38± .05	.00	15.1 ±.3				
49.35 -5.86		5.0± .8		.56					
1006.1 +5842	PGC 29550		1.25	.19					
100938.8-395616		.LA.-P.	1.19± .05	66					
272.22 13.10	ESO 316- 34	S	.26± .04	.80	13.86 ±.14				
156.58 -41.40		-3.0± .9		.00					
100731.1-394130	PGC 29554		1.26						
100949.1-424847		.SXT3..	1.09± .05	14					
273.98 10.79	ESO 263- 13	S	.11± .05	.70	14.94 ±.14				9980±190
160.18 -40.55	FAIR 427	3.0± .8		.15					9755
100744.0-423400	PGC 29565		1.16	.06	14.01				10256
100951.8+301921		.S..1*.	1.19± .05	91				15.86±.3	6305± 10
197.96 54.62	UGC 5481	U	.52± .05	.05	14.76 ±.19				
71.61 -24.31	IRAS10069+3034	1.0±1.2		.53	13.34			544± 7	6264
100659.7+303407	PGC 29567		1.19	.26	14.11			1.49	6582
101000.5-022746		.S?....	.95± .07					16.37±.1	6227± 9
243.71 41.14	UGC 5483		.00± .05	.07	14.8 ±.2			99± 12	
106.30 -40.23				.00					6072
100728.0-021300	PGC 29576		.96	.00	14.68			1.69	6571
101002.8-241947		.SXR3..	1.04± .05	99					
262.13 25.48	ESO 500- 5	r	.16± .04	.15	14.74 ±.14				
135.65 -43.62		3.3± .9		.22					
100743.0-240500	PGC 29577		1.05	.08					
1010.0 -1238		.S..8..	1.20± .07	100					
253.14 34.19		E (1)	.43± .08	.24					
119.60 -42.73		8.0± .9		.53					
1007.6 -1224	PGC 29578	8.7± .8	1.23	.21					
101004.0-123453	NGC 3143	.SBS3..	.92± .07	105	14.9 ±.2	.62± .02			
253.09 34.24	MCG -2-26- 33	R (1)	.13± .05	.24					3536± 62
119.52 -42.71		3.0± .5		.17		.52			3354
100737.1-122007	PGC 29579	4.2± .8	.94	.06	14.46		14.03± .41		3878
101005.2-114644	NGC 3139	.L..0P*	1.16± .06	75					
252.41 34.82	MCG -2-26- 34	E	.08± .05	.22					
118.44 -42.56		-2.0±1.3		.00					
100737.8-113157	PGC 29583		1.18						
1010.1 +5429		.S?....	1.14± .05	100					
158.67 49.93	UGC 5479		.17± .05	.00					1105± 36
52.33 -8.52				.26					1160
1006.8 +5444	PGC 29584		1.14	.09					1274
1010.1 +1741									
218.56 51.72	CGCG 93- 63			.09	15.4 ±.3				10369± 57
83.54 -31.47									10281
1007.4 +1756	PGC 29589								10684
101008.5-380753		RLBT+P*	1.13± .05						
271.20 14.61	ESO 316- 38	S	.11± .04	.44	14.11 ±.14				4969± 19
154.23 -41.77		-1.3± .7		.00					4746
100759.0-375306	PGC 29590		1.15		13.60				5261
101010.0-122602	NGC 3145	.SBT4..	1.49± .03	20	12.54 ±.13	.80± .01	.88± .01	14.48±.1	3652± 6
252.98 34.37	MCG -2-26- 36	R (3)	.29± .03	.22	12.43 ±.20	.28± .03	.37± .03	457± 11	3656± 10
119.33 -42.66		4.0± .3	1.03± .02	.43		.67	13.18± .05	459± 25	3472
100743.0-121115	PGC 29591	1.0± .5	1.51	.15	11.83	.17	14.09± .20	2.51	3996
1010.2 +5829		.S..8*.	.97± .07	170					
153.30 48.03	UGC 5480	U	.19± .05	.00	15.38 ±.20				
49.39 -5.77		8.0±1.3		.23					
1006.8 +5844	PGC 29595		.97	.09					
101013.3-670018	NGC 3136B	.E+....	1.18± .05	30	12.7 ±.2	.98± .02	1.05± .01		
288.11 -8.89	ESO 92- 13	RS	.23± .03	2.27	13.32 ±.14				1780± 31
186.57 -29.80		-4.0± .6	1.18± .04	.00			14.05± .14		1564
100852.1-664530	PGC 29597		1.44		10.82		13.01± .31		1948

R.A. 2000 DEC. / l b / SGL SGB / R.A. 1950 DEC.	Names / PGC	Type / S_T n_L / T / L	$\log D_{25}$ / $\log R_{25}$ / $\log A_e$ / $\log D_o$	p.a. / A_g / A_i / A_{21}	B_T / m_B / m_{FIR} / B_T^o	$(B-V)_T$ / $(U-B)_T$ / $(B-V)_T^o$ / $(U-B)_T^o$	$(B-V)_e$ / $(U-B)_e$ / m'_e / m'_{25}	m_{21} / W_{20} / W_{50} / HI	V_{21} / V_{opt} / V_{GSR} / V_{3K}
101017.0+321638		.S..6*.	1.07± .07					15.08±.3	1466± 7
194.60 54.83	UGC 5482	U	.21± .06	.07					
69.97 -23.04		6.0±1.2		.30				106± 7	1433
100723.5+323124	PGC 29603		1.08	.10					1736
101021.6-380147		PS..1..	.99± .07	123					
271.17 14.71	ESO 316- 40	r	.26± .05	.44	14.64 ±.14				4137± 19
154.08 -41.75	IRAS10082-3747	1.0± .9		.27	13.12				3915
100812.1-374700	PGC 29608		1.03	.13	13.89				4430
101028.1+021343		.SB.4..	1.04± .06	70					
238.81 44.15	UGC 5487	U	.37± .05	.04	14.89 ±.18				
100.60 -38.48	VV 722	4.0± .9		.54					
100753.1+022830	PGC 29614		1.04	.18					
101028.2+275726	IC 2550	.SXT3*.	1.02± .06	135				16.26±.3	4788± 9
202.04 54.47	UGC 5484	U (1)	.09± .05	.10	14.41 ±.18				
73.81 -25.62	IRAS10076+2811	3.0±1.2		.13	14.13			258± 5	4738
100737.8+281213	PGC 29615	4.5±1.1	1.03	.05	14.15			2.07	5074
101029.7-390836		RSBR0..	1.03± .06	161	14.72 ±.17	1.10± .03	1.11± .02		
271.87 13.83	ESO 316- 42	r	.12± .05	.49	14.50 ±.14	.52± .05	.53± .03		5685± 19
155.51 -41.45		-.1± .8	.62± .05	.09		.92	13.31± .18		5462
100821.0-385348	PGC 29616		1.07		13.92	.41	14.46± .38		5974
101034.9-254924	A 1008-25	.SBS8*.	1.30± .03	140				15.03±.2	2518± 8
263.28 24.40	ESO 500- 6	SU (2)	.10± .04	.11	14.28 ±.14			72± 11	
137.71 -43.45	DDO 237	8.2± .7		.12				58± 8	2310
100816.0-253436	PGC 29623	7.6± .6	1.31	.05	14.04			.94	2842
101036.3-382918		.S?....	.95± .06						
271.49 14.37	ESO 316- 43		.06± .06	.44	15.40 ±.14				4802± 19
154.66 -41.60				.10					4579
100827.0-381430	PGC 29625		.99	.03	14.83				5093
101039.9+200415		.S..1..	1.32± .04	0				15.30±.2	3824± 6
214.99 52.66	UGC 5489	U	.29± .05	.07	13.61 ±.19			427± 13	3824± 50
81.25 -30.09		1.0± .8		.30				426± 5	3745
100754.7+201902	PGC 29631		1.32	.15	13.20			1.96	4134
101040.3+242453	IC 2551	.S?....	1.01± .06					16.27±.2	6351± 6
208.00 53.86	UGC 5488		.11± .05	.11	14.46 ±.18			315± 10	6335± 25
77.09 -27.66	MK 717			.16	11.87			221± 10	6286
100752.4+243940	PGC 29632		1.02	.06	14.14			2.07	6647
101046.4-345042	IC 2552	.LXS-*.	1.21± .05						
269.26 17.32	ESO 374- 40	BS	.04± .04	.44	13.42 ±.14				3104± 18
149.90 -42.35		-3.0± .6		.00					2884
100834.0-343554	PGC 29637		1.26		12.66				3406
101047.8-285406		.E?....	.98± .07	116	14.43 ±.13	.92± .02	.93± .01		
265.41 22.03	ESO 435- 49		.13± .05	.21	14.83 ±.14				4219± 37
141.91 -43.19			.91± .02	.00		.83	14.47± .08		4007
100831.0-283918	PGC 29639		.97		14.34		13.99± .38		4537
101052.9-663849		.LBT0?.	1.17± .05	116					
287.96 -8.57	ESO 92- 14	Sr	.36± .03	2.42	13.38 ±.14				
186.19 -29.94		-1.9± .8		.00					
100930.0-662400	PGC 29644		1.39						
101055.0+455658	NGC 3135	.S?....	.95± .07	90					
171.38 53.21	UGC 5486		.20± .05	.00	14.40 ±.20				7270± 50
58.89 -14.17				.31					7291
100749.0+461145	PGC 29646		.95	.10	14.05				7482
101059.9-450907		.SBS3?.	1.13± .05	106					
275.54 9.02	ESO 263- 14	S (1)	.23± .05	1.00	13.83 ±.14				5200±190
162.96 -39.60	FAIR 428	3.0± .9		.31	11.33				4974
100857.1-445418	PGC 29651	4.4±1.2	1.22	.11	12.48				5468
101101.3-044248	Sextans A	.IBS9..	1.77± .02	135	11.86M±.07	.39± .08	.35± .04	11.79±.1	324± 4
246.17 39.86	MCG -1-26- 30	E (2)	.08± .02	.07			-.32± .12	62± 4	374± 19
109.25 -40.67	DDO 75	10.0± .9	1.69± .04	.06		.35	15.43± .09	63± 4	164
100830.1-042800	PGC 29653	9.5± .6	1.77	.04	11.73		15.34± .12	.02	671
101102.3-394137		RS..0*P	1.11± .05	64					
272.29 13.45	ESO 316- 44	S	.27± .04	.51	14.03 ±.14				
156.17 -41.21		.0±1.3		.20					
100854.0-392648	PGC 29655		1.15						
101107.7-000233		.S?....			16.11S±.15				
241.43 42.89	CGCG 8- 59			.01	15.3 ±.6				10074± 33
103.43 -39.15	HICK 43B								9926
100833.9+001215	PGC 29657								10417

R.A. 2000 DEC. / l b / SGL SGB / R.A. 1950 DEC.	Names / PGC	Type / S_T n_L / T / L	$\log D_{25}$ / $\log R_{25}$ / $\log A_e$ / $\log D_o$	p.a. / A_g / A_i / A_{21}	B_T / m_B / m_{FIR} / B_T^o	$(B-V)_T$ / $(U-B)_T$ / $(B-V)_T^o$ / $(U-B)_T^o$	$(B-V)_e$ / $(U-B)_e$ / m'_e / m'_{25}	m_{21} / W_{20} / W_{50} / HI	V_{21} / V_{opt} / V_{GSR} / V_{3K}
1011.1 -1346	A 1008-13	.SBS9..	1.30± .05	30	15.2 ±.2	.70± .08	.78± .08	15.17±.1	3628± 9
254.31 33.56	MCG -2-26- 39	PE (2)	.37± .05	.25		-.01± .10	-.04± .10	343± 12	
121.19 -42.65	DDO 76	8.5± .6		.37		.54			3444
1008.7 -1332	PGC 29661	7.9± .8	1.32	.18	14.57	-.13	15.63± .33	.42	3970
101110.1-205207	NGC 3146	.SBR3?.	1.00± .04	100					
259.85 28.29	ESO 567- 23	SE (1)	.07± .03	.25	13.97 ±.14				
130.88 -43.32		3.3± .7		.10					
100848.0-203718	PGC 29663	3.3±1.2	1.02	.04					
1011.1 +0113		.SBS4P.	1.35?	45					
240.08 43.68	CGCG 8- 60	E	.32?	.00	14.0 ±.3				
101.90 -38.69		4.0± .9		.47					
1008.6 +0128	PGC 29664		1.35	.16					
101112.7-000404		.L?....			16.10S±.15				
241.48 42.90	CGCG 8- 61			.01	15.4 ±.6				9916± 41
103.47 -39.14	HICK 43C								9768
100838.9+001045	PGC 29665								10259
101115.6-354138		.LA.-P*	1.25± .08						
269.87 16.70	MCG -6-23- 9	S	.14± .08	.55					
150.99 -42.09		-3.0± .8		.00					
100903.9-352649	PGC 29669		1.30						
101117.7+002638		.SXT5..	1.20± .04	15	14.08 ±.15	.74± .04	.69± .02	15.41±.3	3644± 7
240.95 43.23	UGC 5493	UE (1)	.10± .04	.00	13.55 ±.18			257± 7	
102.85 -38.94		4.5± .6	.94± .03	.15		.70	14.27± .06	231± 7	3498
100843.6+004127	PGC 29671	3.1± .8	1.20	.05	13.69		14.66± .27	1.66	3987
101119.0-171217		.LX.-P*	1.25± .05	100					
257.10 31.07	MCG -3-26- 30	ES	.15± .04	.18					
125.86 -43.04		-2.7± .7		.00					
100854.7-165728	PGC 29675		1.25						
101119.9-000123		.S?....			15.80S±.15				
241.45 42.95	CGCG 8- 62			.01	15.2 ±.6				10150± 33
103.43 -39.10	HICK 43A								10002
100846.1+001326	PGC 29677								10493
101130.4+304731		.S..6*.	1.11± .05	10				15.85±.3	5115± 7
197.20 55.01	UGC 5490	U	.13± .05	.10	14.4 ±.2				
71.44 -23.74		6.0±1.2		.20				212± 7	5076
100838.2+310220	PGC 29683		1.12	.07	14.10			1.69	5391
1011.5 +8449		.S..4..	1.01± .06	100					
126.81 31.04	UGC 5438	U	.57± .05	.34					
30.15 12.29		4.0± .9		.84					
1003.0 +8504	PGC 29684		1.04	.28					
101136.9-211514		.S?....	.76± .06						
260.22 28.07	ESO 567- 25		.01± .05	.23	14.38 ±.14				9230±104
131.42 -43.23				.02					9030
100915.0-210024	PGC 29686		.78	.01	14.08				9563
101141.0-375532		RLXT0*.	1.10± .05	114					
271.32 14.95	ESO 316- 46	Sr	.19± .03	.44	14.11 ±.14				4700± 19
153.87 -41.52		-2.1± .4		.00					4478
100931.0-374042	PGC 29690		1.12		13.60				4994
101143.0-313832	NGC 3157	.SBS4*/	1.39± .03	38					
267.38 19.99	ESO 435- 51	S (1)	.67± .03	.40	13.94 ±.14				2850± 60
145.59 -42.67	IRAS10094-3123	4.5± .6		1.01	12.63				2634
100928.0-312342	PGC 29691	4.4±1.1	1.43	.34	12.51				3162
101151.5+585323		.S..3..	.99± .06	72	15.9 ±.2	.40± .06			
152.62 48.01	UGC 5491	U	.28± .04	.00	15.35 ±.18	-.36± .10			9100± 53
49.24 -5.34	KUG 1008+591	3.0±1.1		.38		.29			9171
100826.5+590812	PGC 29696		.99	.14	15.15	-.44	14.98± .39		9246
101151.5+585331	A 1008+59		.52± .20						
152.62 48.00	MCG 10-15- 26	(1)	.17± .07	.00	16.0 ±.3				9122± 35
49.24 -5.34	MK 26								9194
100826.5+590820	PGC 29697	4.5±1.4	.52						9268
1011.8 +1626		.S..6*.	1.48± .03	101					
220.67 51.62	UGC 5495	U	.88± .05	.12	14.30 ±.19				
85.06 -31.77	IRAS10091+1641	6.0±1.2		1.30	13.75				
1009.1 +1641	PGC 29698		1.49	.44					
101156.3+584404	A 1008+58	.P.....	.49± .11					16.95±.1	2096± 10
152.81 48.09	UGCA 206	R	.26± .07	.00				146± 6	2171± 38
49.36 -5.44	MK 27	99.0						62± 5	2172
100831.6+585853	PGC 29702		.49						2248

R.A. 2000 DEC. / l b / SGL SGB / R.A. 1950 DEC.	Names / PGC	Type / S_T n_L / T / L	$\log D_{25}$ / $\log R_{25}$ / $\log A_e$ / $\log D_o$	p.a. / A_g / A_i / A_{21}	B_T / m_B / m_{FIR} / B_T^o	$(B-V)_T$ / $(U-B)_T$ / $(B-V)_T^o$ / $(U-B)_T^o$	$(B-V)_e$ / $(U-B)_e$ / m'_e / m'_{25}	m_{21} / W_{20} / W_{50} / HI	V_{21} / V_{opt} / V_{GSR} / V_{3K}
1012.0 +5943		.S..2..	1.08± .06	25					
151.55 47.59	UGC 5492	U	.41± .05	.00					
48.65 -4.76		2.0± .9		.51					
1008.6 +5958	PGC 29706		1.08	.21					
1012.0 +2305		.S..1*.	1.17± .05	63					
210.32 53.85	UGC 5498	U	.79± .05	.07	15.25 ±.18				
78.55 -28.15	IRAS10093+2319	1.0±1.3		.81	13.69				
1009.3 +2319	PGC 29708		1.18	.40					
101208.3+461738		.S..8*.	1.10± .05	152					
170.72 53.31	UGC 5496	U	.68± .05	.00	15.41 ±.18				
58.77 -13.78		8.0±1.3		.83					
100902.3+463228	PGC 29711		1.10	.34					
101209.3-385303		.SXR3..	1.07± .06						
271.98 14.23	ESO 316- 47	r	.04± .06	.48	14.25 ±.14				5295± 19
155.07 -41.21	IRAS10099-3838	3.3± .8		.06	13.14				5072
101000.1-383812	PGC 29712		1.12	.02	13.67				5586
101211.9+045525		.S?....	.74± .09						
236.07 46.08	UGC 5501		.00± .05	.01	14.8 ±.2				8441± 39
97.65 -37.03	MK 718			.00	12.70				8309
100935.4+051016	PGC 29714		.74	.00	14.76				8780
101218.1+275143		.SB.3*.	1.44± .03	42				14.45±.3	4752± 9
202.31 54.86	UGC 5499	U	.68± .05	.14	13.92 ±.19				4757± 50
74.16 -25.35	IRAS10094+2806	3.0±1.1		.93	13.37			429± 5	4702
100928.0+280633	PGC 29715		1.46	.34	12.81			1.30	5039
101219.9-471740		.S..6*/	1.46± .04	109				14.16±.3	2525± 10
276.98 7.40	ESO 263- 15	S	.94± .05	1.24	14.42 ±.14			348± 12	
165.43 -38.64	IRAS10103-4703	6.0± .9		1.38	12.19			344± 9	2299
101019.0-470248	PGC 29716		1.58	.47	11.79			1.90	2785
101222.1-254609		.SBT3P*	1.04± .06	178					
263.58 24.70	ESO 500- 10	r	.62± .05	.10	15.51 ±.14				
137.61 -43.05		3.3±1.4		.85					
101003.1-253118	PGC 29719		1.05	.31					
101223.9+582353	A 1009+58		.50± .14						
153.20 48.32			.00± .12	.00					9101± 38
49.65 -5.63	MK 28								9171
100900.0+583843	PGC 29720		.50						9250
101232.2-451416		.SAS5P.	1.23± .05						
275.82 9.10	ESO 263- 16	S	.13± .05	.99	13.85 ±.14				
162.95 -39.31	IRAS10105-4459	5.0± .8		.19					
101029.0-445924	PGC 29723		1.32	.06					
101237.8-344346	IC 2556	PSBS7..	1.31± .04	108					
269.50 17.64	ESO 374- 42	BSr (1)	.31± .04	.41	14.29 ±.14				2351± 19
149.65 -42.00	IRAS10104-3428	7.0± .4		.43	13.62				2132
101025.0-342854	PGC 29727	5.6± .6	1.34	.16	13.43				2655
101241.1+030750	NGC 3156	.L...*.	1.29± .03	47	13.07 ±.13	.77± .01	.75± .01	17.08±.3	
238.26 45.13	UGC 5503	R	.24± .03	.04	12.97 ±.12	.26± .02	.29± .01		1118± 41
99.80 -37.63		-2.0± .6	.68± .01	.00		.73	11.96± .04	687± 13	980
101005.6+032242	PGC 29730		1.26		12.96	.24	13.80± .21		1459
1012.7 +3035									
197.60 55.26	CGCG 153- 31			.11	15.2 ±.3				5208
71.80 -23.65									5169
1009.9 +3050	PGC 29738								5485
101247.8-275022		.S..4*/	1.46± .03	137				14.25±.3	2603± 11
265.07 23.14	ESO 436- 1	S	.92± .03	.17	14.08 ±.14			357± 15	
140.42 -42.84	IRAS10104-2735	4.3± .7		1.36	12.11			339± 12	2392
101030.1-273530	PGC 29743		1.47	.46	12.53			1.25	2924
101248.5+430847	IC 598	.S..0..	1.15± .05	8					
175.81 54.27	UGC 5502	U	.48± .05	.01	13.9 ±.2				2268± 50
61.33 -15.75		.0± .9		.36					2278
100946.1+432338	PGC 29745		1.13		13.54				2494
101248.7+070608		.S..7*.	1.14± .13	81				15.68±.3	1545± 10
233.55 47.42	UGC 5504	U	.86± .12	.02	15.44 ±.18				
95.23 -35.98		7.0±1.4		1.19				149± 7	1420
101011.0+072100	PGC 29746		1.14	.43	14.23			1.02	1882
101250.2+124008	NGC 3153	.S..6*.	1.33± .04	170				14.56±.1	2808± 5
226.25 50.23	UGC 5505	U	.36± .05	.08	13.35 ±.18			263± 6	2827± 63
89.13 -33.45	IRAS10101+1254	6.0±1.1		.54	13.29			246± 8	2703
101009.6+125500	PGC 29747		1.34	.18	12.72			1.66	3136

R.A. 2000 DEC.	Names	Type	$\log D_{25}$	p.a.	B_T	$(B\text{-}V)_T$	$(B\text{-}V)_e$	m_{21}	V_{21}
l b		S_T n_L	$\log R_{25}$	A_g	m_B	$(U\text{-}B)_T$	$(U\text{-}B)_e$	W_{20}	V_{opt}
SGL SGB		T	$\log A_e$	A_i	m_{FIR}	$(B\text{-}V)^o_T$	m'_e	W_{50}	V_{GSR}
R.A. 1950 DEC.	PGC	L	$\log D_o$	A_{21}	B^o_T	$(U\text{-}B)^o_T$	m'_{25}	HI	V_{3K}
101251.3+044728		.S?....	1.06± .06	17				16.28±.3	9576± 10
236.36 46.14	UGC 5506		.17± .05	.01					
97.88 -36.93				.25				496± 7	9444
101014.9+050220	PGC 29749		1.06	.08					9916
101305.5+672436	A 1009+67	.P...$.	1.00± .16	172					
142.55 43.19	UGC 5494	R	.73± .12	.13					4500±110
43.09 .57	MK 138	99.0		.54					4602
100917.9+673927	PGC 29764		1.01	.36					4598
101319.9-355859		PSBT1*.	1.06± .05	112					
270.40 16.71	ESO 374- 44	Sr	.14± .04	.40	15.05 ±.14				8530± 14
151.26 -41.62	FAIR 1149	1.1± .6		.15					8310
101108.0-354406	PGC 29778		1.10	.07	14.40				8830
101327.1-381154		.E.1...	1.15± .05						
271.78 14.94	ESO 317- 3	S	.10± .04	.41	13.65 ±.14				4819± 19
154.11 -41.12		-5.0± .7		.00					4597
101117.1-375700	PGC 29790		1.18		13.17				5112
101330.0-434306		.S..4./	1.31± .05	128					
275.07 10.45	ESO 263- 18	S	.77± .04	.62	14.82 ±.14				
161.03 -39.63	IRAS10113-4327	4.0± .9		1.12	12.84				
101125.0-432812	PGC 29795		1.37	.38					
101330.0+383701	NGC 3151	.LA..*.	1.09± .12						
183.49 55.21	MCG 7-21- 18	P	.24± .07	.00	14.80 ±.17				7140± 79
65.08 -18.56		-2.0± .9		.00					7133
101031.9+385154	PGC 29796		1.06		14.69				7386
101330.9-434906		.SXR4..	1.20± .05	38					
275.13 10.37	ESO 263- 19	Sr (1)	.15± .05	.67	13.86 ±.14				4210± 60
161.15 -39.60		4.2± .6		.23					3985
101126.1-433412	PGC 29797	5.6±1.2	1.26	.08	12.94				4484
101331.4+032232	NGC 3165	.SAS8*.	1.20± .04	177	14.5 ±.2	.63± .09		15.87±.2	1332± 5
238.15 45.45	UGC 5512	PU	.29± .04	.01	14.01 ±.19	.04± .11		146± 4	1317± 50
99.62 -37.34		8.3± .7		.35		.57		138± 7	1195
101055.8+033725	PGC 29798		1.20	.14	13.88	-.01	14.66± .30	1.85	1673
101332.0+224423	NGC 3162	.SXT4..	1.48± .02		12.21 ±.13	.57± .01	.58± .01	13.70±.1	1298± 7
211.04 54.08	UGC 5510	R (2)	.08± .03	.07	12.04 ±.14			187± 5	1456± 56
79.09 -28.06	IRAS10107+2259	4.0± .3	1.06± .01	.12	12.01	.53	13.00± .03	171± 6	1231
101045.5+225916	PGC 29800	3.0± .7	1.48	.04	11.94		14.25± .17	1.72	1604
101332.3+201023		.S..3..	1.17± .05	66				15.14±.3	8351± 10
215.18 53.33	UGC 5509	U (1)	.84± .05	.06	15.11 ±.19				
81.57 -29.47		3.0± .9		1.16				562± 7	8272
101047.4+202516	PGC 29802	4.5±1.3	1.18	.42	13.83			.89	8661
101334.8+385026	NGC 3152	PLB.0*.	1.01± .14						
183.09 55.20	MCG 7-21- 18A	P	.24± .07	.04	15.20 ±.16				6471± 79
64.90 -18.41		-2.0± .9		.00					6464
101036.5+390519	PGC 29805		.98		15.07				6716
101338.4-005534		.E+..P*	1.18± .07	90	*		1.09± .05		
242.91 42.83	UGC 5515	UE	.07± .04	.04	13.68 ±.17				13438± 88
104.79 -38.87		-4.3± .6	1.33± .23	.00			15.48± .82		13288
101105.0-004040	PGC 29807		1.17		13.44				13783
101342.9-345130		.LB?...	1.00± .07	157					
269.77 17.67	ESO 374- 45		.41± .05	.39	15.06 ±.14				4390± 13
149.77 -41.75	IRAS10115-3436			.00					4171
101130.1-343636	PGC 29811		.98		14.60				4693
1013.7 +1807		.S..6*.	1.12± .05	139	*				
218.42 52.67	UGC 5514	U	.93± .05	.08	15.65 ±.19				3646± 46
83.64 -30.52		6.0±1.4		1.36					3559
1011.0 +1822	PGC 29813		1.12	.46	14.19				3961
101345.0+032531	NGC 3166	.SXT0..	1.68± .02	87	11.32M±.10	.93± .01	.95± .01	15.58±.2	1345± 5
238.14 45.52	UGC 5516	R	.31± .03	.01	11.30 ±.12	.40± .01	.44± .01	139± 6	1326± 30
99.59 -37.27	IRAS10111+0340	.0± .3	.92± .01	.23	11.14	.87	11.49± .04	177± 5	1208
101109.3+034025	PGC 29814		1.67		11.05	.35	13.81± .16		1686
101347.4-005448									
242.93 42.86	CGCG 8- 77			.04	15.3 ±.6				13947± 88
104.79 -38.83									13797
101114.0-003954	PGC 29820								14292
101350.8+384555	NGC 3158	.E.3.*.	1.30± .05		12.94 ±.13	1.01± .01	1.02± .01		
183.21 55.26	UGC 5511	R	.05± .05	.04	12.84 ±.12	.56± .03	.61± .03		6865± 27
65.00 -18.41		-5.0± .5	.90± .02	.00		.94	12.93± .09		6858
101052.7+390048	PGC 29822		1.29		12.74	.59	14.29± .32		7110

R.A. 2000 DEC. l b SGL SGB R.A. 1950 DEC.	Names PGC	Type S_T n_L T L	$\log D_{25}$ $\log R_{25}$ $\log A_e$ $\log D_o$	p.a. A_g A_i A_{21}	B_T m_B m_{FIR} B_T^o	$(B-V)_T$ $(U-B)_T$ $(B-V)_T^o$ $(U-B)_T^o$	$(B-V)_e$ $(U-B)_e$ m'_e m'_{25}	m_{21} W_{20} W_{50} HI	V_{21} V_{opt} V_{GSR} V_{3K}
101352.3+003259		.SXS5..	.95± .05					16.09±.3	6232± 10
241.38 43.80	UGC 5521	U	.06± .04	.01	14.61 ±.18			176± 13	
103.02 -38.30		5.0± .9		.08					6087
101118.1+004753	PGC 29824		.95	.03	14.48			1.58	6576
101353.2+383912	NGC 3159	.E.2.P*	1.32± .08		14.61 ±.13	.98± .02			
183.41 55.28	MCG 7-21- 21	P	.00± .06	.00	14.1 ±.3				6917± 58
65.10 -18.48		-5.0± .8		.00		.91			6910
101055.1+385405	PGC 29825		1.32		14.44		16.22± .45		7163
101354.7-350655		.E?....	.60?		13.52 ±.17	1.12± .02	1.13± .02		
269.97 17.48	ESO 374- 46A		.00?	.47	15.35 ±.14				
150.09 -41.67			1.03± .05	.00			14.16± .15		
101142.0-345200	PGC 29829		.68				11.52±1.59		
1013.9 +1807		.S?....	.82± .13						
218.45 52.72	MCG 3-26- 43		.00± .07	.08	15.14 ±.18				3562± 46
83.66 -30.48				.00					3476
1011.2 +1822	PGC 29832		.82		15.01				3878
101359.1+070124		.S..7..	1.48± .03	145				13.39±.1	1221± 5
233.89 47.62	UGC 5522	U	.24± .05	.00	13.2 ±.3			221± 8	
95.48 -35.76		7.0± .7		.34				203± 6	1096
101121.5+071618	PGC 29835		1.48	.12	12.89			.37	1558
101359.5+383921	NGC 3161	.E.2...	1.32± .09						
183.40 55.30	MCG 7-21- 22	P	.11± .06	.00	14.5 ±.3				6171± 58
65.11 -18.46	ARAK 234	-5.0± .9		.00					6164
101101.5+385415	PGC 29837		1.28		14.43				6417
101401.7-350825		.E?....	.91± .07	12					
270.00 17.48	ESO 374- 46		.12± .05	.44	14.39 ±.14				9090± 13
150.12 -41.64				.00					8870
101149.0-345330	PGC 29840		.95		13.81				9392
101403.7-215837		.S..4./	1.30± .04	168					
261.24 27.88	ESO 567- 26	S (1)	.72± .03	.24	14.27 ±.14				
132.43 -42.69		4.0± .9		1.05					
101142.0-214342	PGC 29841	3.3±1.3	1.32	.36					
101407.1+383910	NGC 3163	.LA.-*.	1.17± .07		14.33 ±.15	1.02± .02			
183.40 55.33	UGC 5517	PU	.00± .04	.00	14.01 ±.18				6199± 27
65.13 -18.44		-3.0± .7		.00		.96			6192
101109.1+385404	PGC 29846		1.17		14.11		15.04± .38		6445
1014.1 +3928		.I..9..	1.16± .07	60				16.08±.1	2085± 7
181.98 55.23	UGC 5518	U	.14± .06	.02				79± 6	
64.47 -17.92		10.0± .8		.10				81± 4	2081
1011.2 +3943	PGC 29851		1.16	.07					2327
1014.2 +6907		.S..6*.	1.07± .06						10507
140.67 42.18	UGC 5508	U	.06± .05	.13	15.0 ±.3				
41.91 1.80		6.0±1.2		.08					10615
1010.3 +6922	PGC 29852		1.09	.03	14.76				10595
101414.4+032808	NGC 3169	.SAS1P.	1.64± .02	45	11.08M±.10	.85± .02	.93± .01	12.69±.2	1233± 5
238.20 45.65	UGC 5525	R	.20± .03	.01	11.53 ±.13	.26± .09	.35± .01	508± 5	1261± 24
99.59 -37.14		1.0± .3	1.22± .02	.20		.80	12.77± .07	158± 25	1098
101138.7+034303	PGC 29855		1.64	.10	11.02	.23	13.64± .17	1.57	1575
101422.1+220738		.S..6*.	1.24± .05	43				16.00±.3	1644± 10
212.13 54.10	UGC 5524	U	.81± .05	.07	15.29 ±.19				
79.80 -28.24		6.0±1.3		1.19				181± 7	1573
101136.0+222233	PGC 29865		1.25	.40	14.02			1.58	1949
101428.1+774915	NGC 3197	.S..4..	1.11± .05	155					8087
132.46 36.24	UGC 5500	U (1)	.12± .05	.01	14.34 ±.19				
35.49 7.69		4.0± .8		.18					8224
100932.3+780408	PGC 29870	3.5±1.1	1.11	.06	14.09				8124
101435.1-274132	NGC 3173	.SAS5..	1.32± .04	7				14.43±.3	2501± 11
265.31 23.50	ESO 500- 16	S (1)	.08± .03	.24	13.56 ±.14			212± 15	2520± 60
140.18 -42.45	IRAS10122-2726	5.0± .4		.12	13.29			200± 12	2292
101217.0-272636	PGC 29883	3.7± .5	1.35	.04	13.18			1.21	2824
101439.4-272438		PSBS3..	1.05± .06	30					
265.14 23.73	ESO 500- 17	r	.46± .05	.20	14.98 ±.14				
139.80 -42.45		3.3± .9		.63					
101221.0-270942	PGC 29888		1.07	.23					
101439.7-004955		.SXR1P*	1.03± .05	150					
243.03 43.08	UGC 5528	E	.12± .04	.05	14.37 ±.18				14630± 88
104.78 -38.59		1.0±1.2		.12					14481
101206.3-003500	PGC 29889		1.04	.06	14.03				14975

R.A. 2000 DEC. / l b / SGL SGB / R.A. 1950 DEC.	Names / PGC	Type / S_T n_L / T / L	$\log D_{25}$ / $\log R_{25}$ / $\log A_e$ / $\log D_o$	p.a. / A_g / A_i / A_{21}	B_T / m_B / m_{FIR} / B^o_T	$(B-V)_T$ / $(U-B)_T$ / $(B-V)^o_T$ / $(U-B)^o_T$	$(B-V)_e$ / $(U-B)_e$ / m'_e / m'_{25}	m_{21} / W_{20} / W_{50} / HI	V_{21} / V_{opt} / V_{GSR} / V_{3K}
101442.2-445102		.IBS9..	1.20± .05	19					
275.91 9.64	ESO 263- 21	S (1)	.08± .05	.60	13.51 ±.14				
162.33 -39.08	IRAS10126-4436	10.0± .8		.06	12.62				
101238.1-443606	PGC 29891	6.7± .8	1.26	.04					
101442.4-285220	NGC 3175	.SXS1$.	1.70± .02	56	12.13M±.10	.90± .03	.93± .02		
266.12 22.58	ESO 436- 3	R (2)	.57± .03	.26	12.04 ±.10	.29± .06	.28± .03		1095± 66
141.77 -42.34	VV 796	1.0± .7	1.14± .02	.58	10.25	.73	13.28± .05		883
101225.1-283724	PGC 29892	5.3± .7	1.72	.28	11.23	.14	14.04± .15		1415
101444.5-342020	IC 2558	.P...*.	1.07± .05	13	14.3 ±.3	.58± .05			
269.63 18.21	ESO 375- 1	S	.24± .04	.40	14.48 ±.14	-.19± .07			2573± 19
149.04 -41.64	IRAS10125-3405	99.0		.36	13.16	.42			2355
101231.1-340524	PGC 29895		1.11	.12	13.67	-.30	13.89± .39		2878
101445.7-340338	IC 2559	.SBS3?.	1.23± .04	18					
269.46 18.44	ESO 375- 2	BS (1)	.38± .04	.40	14.39 ±.14				2899± 19
148.67 -41.68	IRAS10125-3348	3.3± .6		.52	12.83				2681
101232.1-334842	PGC 29898	5.6±1.2	1.26	.19	13.44				3205
101445.7-002026									
242.53 43.41	CGCG 8- 81			.02	15.4 ±.6				9953± 88
104.20 -38.40									9805
101212.0-000530	PGC 29899								10298
101447.0-394826		.LXR+..	1.01± .06						
272.96 13.78	ESO 317- 5	r	.00± .05	.71	13.80 ±.14				
156.08 -40.49		-1.3± .9		.00					
101238.1-393330	PGC 29901		1.08						
101449.4-381120		.SBT3P?	1.18± .04	120					
272.00 15.10	ESO 317- 6	S	.44± .04	.39	14.43 ±.14				4529± 19
154.02 -40.86	IRAS10126-3756	2.7±1.0		.61	12.32				4307
101239.0-375624	PGC 29905		1.22	.22	13.40				4823
101452.0-200044			.80± .07						
259.97 29.51	ESO 567- 29		.07± .06	.23	15.04 ±.14				3560
129.77 -42.42									3363
101229.1-194548	PGC 29907		.82						3897
101454.2-230302		.LXT0?.	1.20± .04	0					
262.18 27.17	ESO 500- 18	S	.36± .03	.24	14.22 ±.14				
133.89 -42.51	IRAS10125-2248	-2.0± .8		.00	13.17				
101233.0-224806	PGC 29911		1.17						
101457.5-433709		.SA.0?P	1.34± .04	79					
275.23 10.68	ESO 263- 23	S	.58± .05	.67	13.84 ±.14				3060± 60
160.81 -39.41	IRAS10128-4322	.0± .8		.44	11.52				2835
101252.0-432212	PGC 29915		1.37		12.69				3335
101500.5+650821		.S..6*.	1.31± .04	100				14.38±.1	3315± 9
144.86 44.75	UGC 5520	U	.23± .05	.11	14.1 ±.2			267± 8	
44.89 -.83		6.0±1.1		.34				258± 8	3410
101121.6+652316	PGC 29919		1.32	.11	13.63			.64	3427
101503.9+211024		.S..8*.	1.10± .05	21				15.52±.3	6197± 10
213.77 53.98	UGC 5529	U	.68± .05	.07	15.34 ±.18				
80.82 -28.62		8.0±1.3		.83				304± 7	6122
101218.5+212520	PGC 29924		1.10	.34	14.42			.77	6505
101512.1+564024	NGC 3164	.S?....	.94± .07	0					
155.16 49.52	UGC 5527		.12± .05	.00	14.56 ±.18				7783± 50
51.19 -6.51				.18					7846
101152.6+565520	PGC 29928		.94	.06	14.34				7942
1015.2 -1506		.SXT8?.	1.17± .05					14.77±.1	3475± 9
256.27 33.25	MCG -2-26- 41	E (1)	.04± .05	.22				148± 12	
123.18 -41.86		8.0±1.1		.05					3289
1012.8 -1452	PGC 29929	7.5±1.2	1.19	.02					3818
1015.2 +2106	A 1012+21								
213.91 54.00	CGCG 123- 30			.07	15.4 ±.3				6154± 49
80.92 -28.63	2ZW 44								6079
1012.5 +2121	PGC 29934								6463
1015.4 +1402		.S..3..	1.04± .08	98					
224.78 51.42	UGC 5533	U (1)	.67± .06	.14	15.35 ±.18				
88.07 -32.22		3.0±1.0		.92					
1012.8 +1417	PGC 29943	3.5±1.3	1.05	.33					
101533.1-450758		.LBR0..	1.18± .08	0					
276.20 9.49	ESO 263- 24	Sr	.18± .06	.63	14.56 ±.14				1050±190
162.61 -38.84	FAIR 429	-1.6± .6		.00	12.70				825
101329.0-445300	PGC 29947		1.22		13.91				1320

R.A. 2000 DEC.	Names	Type	$logD_{25}$	p.a.	B_T	$(B-V)_T$	$(B-V)_e$	m_{21}	V_{21}
l b		S_T n_L	$logR_{25}$	A_g	m_B	$(U-B)_T$	$(U-B)_e$	W_{20}	V_{opt}
SGL SGB		T	$logA_e$	A_i	m_{FIR}	$(B-V)^o_T$	m'_e	W_{50}	V_{GSR}
R.A. 1950 DEC.	PGC	L	$logD_o$	A_{21}	B^o_T	$(U-B)^o_T$	m'_{25}	HI	V_{3K}
101533.2+741318	NGC 3144	.SBS2P*	1.08± .05	0					6446
135.61 38.83	UGC 5519	PU	.22± .04	.04	14.29 ±.18				
38.21 5.32		1.5± .6		.27					6572
101112.5+742813	PGC 29949		1.09	.11	13.92				6504
101536.7-203846	NGC 3171	.L..-P.	1.22± .05	176					
260.59 29.13	ESO 567- 31	SE	.18± .03	.25	13.85 ±.14				3470± 60
130.64 -42.28		-2.5± .5		.00					3272
101314.0-202348	PGC 29950		1.22		13.55				3806
1015.7 +5540	A 1012+55	.SBR3*.							
156.46 50.08	CGCG 266- 31	P		.00	14.7 ±.3				7254± 60
51.99 -7.13		3.0± .9							7314
1012.4 +5555	PGC 29953								7418
101542.5-342451		.LX.-*.	1.04± .11						
269.84 18.27	MCG -6-23- 21	S	.00± .08	.37					8745± 15
149.09 -41.43		-3.0± .9		.00					8527
101328.9-340953	PGC 29954		1.09						9051
1015.7 +0719		.S..7..	1.40± .04	147				14.71±.3	3756± 9
233.87 48.14	UGC 5537	U	1.15± .05	.03	14.91 ±.18			304± 7	
95.37 -35.24		7.0± .9		1.38				288± 7	3633
1013.1 +0734	PGC 29956		1.40	.50	13.49			.72	4094
1015.7 +1856		.S..0..	1.04± .06	127					
217.43 53.40	UGC 5535	U	.77± .05	.05	15.5 ±.2				
83.11 -29.69		.0±1.0		.58					
1013.0 +1911	PGC 29957		1.01						
101544.9-201740		.SBR1P*	1.15± .04	133					
260.36 29.42	ESO 567- 32	SE	.31± .03	.23	14.27 ±.14				
130.17 -42.23		1.0± .7		.32					
101322.0-200242	PGC 29959		1.17	.16					
101548.5+434713	A 1012+44	.S?....	.80± .07						
174.51 54.64	MCG 7-21- 34		.10± .06	.00	14.8 ±.2				5168± 45
61.18 -14.92	MK 139			.14					5181
101246.1+440210	PGC 29962		.80	.05	14.65				5392
101553.9-340652		.SBS9..	1.15± .05	73					3091
269.69 18.53	ESO 375- 3	S (1)	.46± .04	.40	16.24 ±.14				
148.69 -41.44		9.0± .8		.47					2874
101340.1-335154	PGC 29966	10.0± .8	1.19	.23	15.36				3398
101555.2+024108		.IB.9*.	1.11± .08					14.48±.1	1274± 7
239.45 45.51	UGC 5539	U	.07± .06	.10				166± 6	
100.72 -37.05		10.0± .8		.06				151± 4	1136
101320.0+025606	PGC 29969		1.12	.04					1618
101609.2-154730	NGC 3178	.SAT6P*	1.12± .05	70					3480
257.01 32.90	MCG -3-26- 34	E (1)	.27± .04	.18					
124.13 -41.73		5.5± .6		.39					3292
101343.7-153232	PGC 29980	5.3± .8	1.14	.13					3822
1016.1 +5825		.S..3..	1.15± .05	98					7650± 10
152.78 48.73	UGC 5534	U	.33± .05	.01	14.72 ±.19				
49.97 -5.25		3.0± .9		.46					7720
1012.8 +5840	PGC 29983		1.16	.17	14.19				7799
101619.3-333353	IC 2560	PSBR3*.	1.50± .03	45					
269.42 19.03	ESO 375- 4	BSr (1)	.20± .04	.31	12.53 ±.14				2873± 13
147.95 -41.44	IRAS10140-3318	3.3± .4		.28	11.82				2656
101405.0-331854	PGC 29993	2.8± .5	1.53	.10	11.92				3182
1016.3 +0449		.S..5..	1.08± .06	167					
237.05 46.86	UGC 5543	U	.26± .05	.01	14.33 ±.18				13786± 60
98.29 -36.13	IRAS10137+0504	5.0± .9		.39	13.57				13655
1013.7 +0504	PGC 29995		1.08	.13	13.86				14127
101621.6+374649		.S..6?.	1.23± .03	111					
184.83 55.87	UGC 5540	U	.72± .04	.00	14.60 ±.18				1216± 19
66.14 -18.65	KUG 1013+380	6.0±1.8		1.05					1206
101324.8+380147	PGC 29997		1.23	.36	13.54				1467
1016.4 +6014	NGC 3168	.E.....	1.00± .10						
150.47 47.77	UGC 5536	U	.05± .04	.00	14.40 ±.15				9395± 49
48.64 -4.01		-5.0± .8		.00					9472
1013.0 +6029	PGC 30001		.99		14.26				9534
101626.2-421448		PSXT3..	1.05± .05	87					
274.66 11.96	ESO 317- 8	Sr (1)	.16± .05	.58	14.73 ±.14				
159.02 -39.55	IRAS10143-4159	3.2± .6		.22	13.61				
101419.0-415948	PGC 30003	4.4±1.2	1.10	.08					

R.A. 2000 DEC. l b SGL SGB R.A. 1950 DEC.	Names PGC	Type S_T n_L T L	logD_{25} logR_{25} logA_e logD_o	p.a. A_g A_i A_{21}	B_T m_B m_{FIR} B^o_T	$(B-V)_T$ $(U-B)_T$ $(B-V)^o_T$ $(U-B)^o_T$	$(B-V)_e$ $(U-B)_e$ m'_e m'_{25}	m_{21} W_{20} W_{50} HI	V_{21} V_{opt} V_{GSR} V_{3K}
101628.4+451918	A 1013+45		.54± .11					15.70±.1	1661± 10
171.91 54.32	UGCA 208		.19± .07	.00	15.4 ±.4			188± 6	1607± 52
60.05 -13.84	MK 140							147± 5	1678
101324.7+453416	PGC 30005		.54						1876
101634.5+210729	NGC 3177	.SAT3..	1.16± .03	135	13.04 ±.13	.64± .01		15.61±.2	1302± 5
214.02 54.30	UGC 5544	R (2)	.09± .03	.07	13.14 ±.15	.07± .04		293± 18	1220± 56
81.09 -28.35	IRAS10138+2122	3.0± .4		.13	10.70	.60		186± 7	1227
101349.2+212228	PGC 30010	3.7± .7	1.17	.05	12.87	.04	13.45± .23	2.69	1610
1016.6 +1234		.S?....	1.00± .08	67					
227.05 51.00	UGC 5548		.55± .06	.09	15.15 ±.19				9403± 57
89.75 -32.68	IRAS10139+1249			.82	13.37				9298
1013.9 +1249	PGC 30013		1.01	.27	14.19				9732
1016.6 +1658		.L...*.	1.06± .11	125					
220.61 52.88	UGC 5547	U	.21± .05	.10	14.57 ±.15				
85.21 -30.52		-2.0±1.2		.00					
1013.9 +1713	PGC 30014		1.04						
1016.8 +5824		.I..9..	1.14± .05	20					
152.73 48.82	UGC 5541	U	.37± .05	.01	15.3 ±.2				
50.05 -5.19		10.0± .9		.28					
1013.5 +5839	PGC 30018		1.14	.19					
101653.2+732404	NGC 3147	.SAT4..	1.59± .02	155	11.43 ±.16	.82± .04	.90± .04	14.38±.3	2820± 17
136.29 39.46	UGC 5532	R (2)	.05± .03	.05	11.38 ±.14			345± 34	2721± 56
38.88 4.84	IRAS10126+7339	4.0± .3	1.07± .03	.08	10.69	.78	12.27± .09	345± 25	2935
101239.4+733902	PGC 30019	2.7± .6	1.59	.03	11.25		14.08± .20	3.10	2875
101654.3-485255		.SAS5..	1.54± .04	7				13.00±.3	2742± 9
278.52 6.53	ESO 213- 11	S (1)	.19± .07	1.40					
166.95 -37.36	IRAS10149-4837	5.0± .5		.28	11.52			369± 7	2516
101454.0-483754	PGC 30022	2.2± .5	1.67	.09					2997
1016.9 +6017		.E...*.	1.00± .10						
150.36 47.79	UGC 5542	U	.00± .04	.00	14.59 ±.16				9230± 56
48.64 -3.93		-5.0±1.2		.00					9307
1013.5 +6032	PGC 30027		1.00		14.45				9369
101658.6+493742		.S?....	.97± .07	130					
165.04 52.92	UGC 5545		.10± .05	.00	14.38 ±.18				12601± 50
56.73 -10.98	IRAS10138+4952			.15	13.21				12637
101350.1+495241	PGC 30031		.97	.05	14.17				12797
1017.0 +5449		.SB.3..	1.04± .06	150					
157.48 50.67	UGC 5546	U	.19± .05	.00	14.96 ±.19				
52.77 -7.55		3.0± .9		.26					
1013.8 +5504	PGC 30036		1.04	.10					
101707.9-332517		.IBS9..	1.12± .08						2776
269.48 19.24		S (1)	.07± .08	.31					
147.73 -41.29		10.0± .8		.05					2560
101453.3-331016	PGC 30038	10.0±1.2	1.15	.04					3085
101711.0-032955	IC 600	.SBS8..	1.37± .03	25				14.19±.1	1309± 7
246.33 41.82	MCG 0-26- 34	UE (1)	.30± .04	.06	13.00 ±.18			182± 10	
108.32 -38.84	VV 97	7.7± .5		.36				172± 12	1153
101438.9-031455	PGC 30041	6.4± .6	1.38	.15	12.58			1.47	1656
101711.9+042010		.I..9*.	.96± .17					15.77±.1	1341± 5
237.81 46.75	UGC 5551	U	.10± .12	.02				78± 5	
98.95 -36.12		10.0±1.3		.07				57± 3	1208
101435.8+043510	PGC 30042		.96	.05					1683
1017.2 +5328		.S..4..	1.04± .06	55					
159.35 51.33	UGC 5549	U (1)	.07± .05	.00	15.0 ±.2				13622± 60
53.81 -8.43		4.0± .9		.11					13673
1014.0 +5343	PGC 30044	3.5±1.1	1.04	.04	14.76				13798
101718.0-183949		.SB?...	.89± .06					16.09±.1	4015± 9
259.47 30.91	ESO 567- 40		.00± .06	.26	15.85 ±.14			116± 12	
128.01 -41.75				.00					3821
101454.0-182448	PGC 30047		.92	.00	15.56			.52	4354
101720.1+152925	A 1014+15								
222.95 52.44				.08					9710± 45
86.82 -31.12	MK 629				13.23				9615
101438.1+154425	PGC 30049								10033
1017.4 +1704		.S..4..	1.19± .05	32					
220.55 53.10	UGC 5552	U	.65± .05	.09	14.89 ±.18				
85.21 -30.30		4.0± .9		.96					
1014.7 +1720	PGC 30052		1.19	.33					

R.A. 2000 DEC.	Names	Type	$\log D_{25}$	p.a.	B_T	$(B-V)_T$	$(B-V)_e$	m_{21}	V_{21}
l b		S_T n_L	$\log R_{25}$	A_g	m_B	$(U-B)_T$	$(U-B)_e$	W_{20}	V_{opt}
SGL SGB		T	$\log A_e$	A_i	m_{FIR}	$(B-V)^o_T$	m'_e	W_{50}	V_{GSR}
R.A. 1950 DEC.	PGC	L	$\log D_o$	A_{21}	B^o_T	$(U-B)^o_T$	m'_{25}	HI	V_{3K}
101738.7+214119	NGC 3185	RSBR1..	1.37± .02	130	12.99S±.07	.82± .05		15.41±.1	1230± 4
213.22 54.70	UGC 5554	R	.17± .02	.10	12.73 ±.13			283± 4	1239± 29
80.70 -27.84	IRAS10148+2156	1.0± .4		.17	12.53	.76		261± 4	1159
101453.2+215620	PGC 30059		1.38	.08	12.65		14.26± .14	2.69	1539
101741.8+742055	NGC 3155	.S?....	1.16± .07	35					2944
135.37 38.84	UGC 5538		.16± .06	.05	13.85 ±.18				
38.21 5.52	IRAS10133+7436			.24	13.65				3070
101322.2+743555	PGC 30064		1.16	.08	13.55				3002
101747.6+215225	NGC 3187	.SBS5P.	1.47± .02		13.91M±.11	.47± .04	.48± .03	14.84±.1	1578± 3
212.93 54.79	UGC 5556	R	.37± .03	.09	13.2 ±.2	-.20± .06	-.13± .06	257± 3	1583± 32
80.54 -27.71	IRAS10150+2207	5.0± .3	.99± .03	.56	13.00	.37	14.11± .07	218± 6	1507
101502.0+220726	PGC 30068		1.48	.19	13.11	-.27	15.18± .16	1.55	1886
101753.0+600332	A 1014+60	.S?....	.62± .11						
150.53 48.01			.26± .12	.00					12792± 72
48.89 -3.99	MK 29			.39					12868
101428.3+601833	PGC 30075		.62	.13					12933
101757.1+410652	NGC 3179	.L.....	1.27± .06	48					
178.90 55.64	UGC 5555	U	.53± .03	.00	14.09 ±.15				7258± 31
63.60 -16.32		-2.0± .8		.00					7261
101457.7+412153	PGC 30078		1.19		13.98				7495
101805.7+214959	NGC 3190	.SAS1P/	1.64± .02	125	12.12M±.10	.97± .01	.98± .01	15.62±.2	1338± 6
213.03 54.85	UGC 5559	R	.45± .02	.10	11.96 ±.12	.48± .02	.50± .01	601± 6	1289± 18
80.62 -27.68	IRAS10153+2204	1.0± .3	.85± .02	.46	11.53	.85	11.74± .06	438± 11	1262
101520.2+220501	PGC 30083		1.65	.22	11.48	.37	14.04± .15	3.92	1641
1018.1 +6020		.S..2..	1.02± .06	78					
150.15 47.87	UGC 5553	U	.70± .05	.00					
48.69 -3.78		2.0±1.0		.86					
1014.7 +6036	PGC 30084		1.02	.35					
1018.2 +0701	IC 601	.S?....	.82± .13	141					
234.74 48.50	MCG 1-26- 33		.46± .07	.02	15.4 ±.3				3672± 41
96.01 -34.80				.68					3548
1015.6 +0717	PGC 30086		.82	.23	14.72				4011
101817.3+412526	NGC 3184	.SXT6..	1.87± .01	135	10.36M±.10	.58± .02	.66± .01	12.18±.0	593± 4
178.34 55.64	UGC 5557	R (2)	.03± .02	.00	10.45 ±.15	-.03± .03	.06± .02	147± 3	404± 40
63.39 -16.08	KUG 1015+416	6.0± .3	1.59± .02	.04		.57	13.74± .03	126± 4	596
101517.8+414028	PGC 30087	3.5± .5	1.87	.01	10.35	-.04	14.49± .12	1.83	826
101819.7+070259	IC 602	.S...*.	.92± .07	177				14.77±.2	3744± 6
234.74 48.53	UGC 5561	R	.20± .05	.02	14.1 ±.3			315± 7	3724± 35
96.01 -34.77	ARAK 237			.30	11.96			198± 6	3620
101542.3+071801	PGC 30090		.92	.10	13.72			.95	4083
1018.3 -1300					14.16 ±.16	1.14± .03	1.09± .02		
255.23 35.33				.37					
120.54 -40.79			.87± .05				14.00± .19		
1015.9 -1245	PGC 30092								
101822.8+455718		.S..1..	1.04± .06	12					
170.70 54.45	UGC 5558	U	.67± .05	.00	15.33 ±.18				
59.77 -13.18		1.0±1.0		.68					
101518.8+461220	PGC 30094		1.04	.33					
101823.7-130616		PLXS-*.	1.16± .05	85					
255.32 35.26	MCG -2-26- 42	E	.10± .06	.35					
120.68 -40.80		-3.0± .6		.00					
101556.6-125113	PGC 30095		1.19						
101825.0+215342	NGC 3193	.E.2...	1.48± .02		11.83M±.03	.95± .01	.96± .01		
212.97 54.93	UGC 5562	R	.05± .03	.09	12.01 ±.12	.46± .02	.50± .01		1379± 14
80.61 -27.58	HICK 44B	-5.0± .3	.95± .02	.00		.92	12.07± .07		1308
101539.5+220845	PGC 30099		1.48		11.73	.45	14.12± .14		1687
101826.0-334316		.IBS9..	1.08± .09						
269.90 19.16		S (1)	.06± .08	.36					
148.07 -40.98		10.0± .8		.04					
101611.4-332813	PGC 30100	10.0± .8	1.11	.03					
101836.5-175857	NGC 3200	.SXT5*.	1.62± .02	169	12.83M±.10	.79± .02	.87± .02	13.12±.1	3516± 6
259.23 31.63	ESO 567- 45	VSUE (4)	.51± .03	.30	12.80 ±.11	.25± .03	.34± .03	551± 9	3537± 66
127.13 -41.38		4.5± .4	1.07± .02	.76		.60	13.69± .05	541± 11	3325
101612.0-174354	PGC 30108	2.1± .4	1.64	.25	11.73	.10	14.49± .14	1.14	3857
101848.7+382813		.S?....	1.08± .04	3					
183.50 56.26	UGC 5563		.40± .04	.00	14.59 ±.18				6750± 13
65.89 -17.84	KUG 1015+387			.60					6742
101551.8+384316	PGC 30120		1.08	.20	13.95				6998

R.A. 2000 DEC.	Names	Type	$logD_{25}$	p.a.	B_T	$(B-V)_T$	$(B-V)_e$	m_{21}	V_{21}
l b		S_T n_L	$logR_{25}$	A_g	m_B	$(U-B)_T$	$(U-B)_e$	W_{20}	V_{opt}
SGL SGB		T	$logA_e$	A_i	m_{FIR}	$(B-V)^o_T$	m'_e	W_{50}	V_{GSR}
R.A. 1950 DEC.	PGC	L	$logD_o$	A_{21}	B^o_T	$(U-B)^o_T$	m'_{25}	HI	V_{3K}
101851.5-323552	IC 2563	RSB.7?P	1.04± .05	106					1348
269.28 20.12	ESO 436- 9	S	.37± .04	.26	15.57 ±.14				
146.58 -41.05		7.0±1.7		.51					1133
101636.1-322048	PGC 30125		1.06	.18	14.80				1660
101901.7-374016		.L?....	.98± .06	54					
272.39 16.00	ESO 375- 7		.50± .03	.27	14.65 ±.14				4833± 19
153.13 -40.16	IRAS10168-3725			.00					4612
101650.1-372512	PGC 30131		.94		14.31				5130
1019.0 +2116								16.83±.3	1079± 9
214.06 54.90	CGCG 124- 1			.07	15.2 ±.3			63± 10	1085±115
81.29 -27.78									1006
1016.3 +2132	PGC 30133								1389
101905.0+462716	NGC 3191	.SBS4P.	.92± .05	5					
169.82 54.40	UGC 5565	P	.16± .04	.00	14.1 ±.2				9145± 60
59.45 -12.77	IRAS10160+4642	4.0±1.0		.23	12.46				9169
101600.7+464219	PGC 30136		.92	.08	13.82				9357
101908.8+344029	IC 2561	.S?....	.96± .07	17					
190.33 56.68	UGC 5567		.25± .05	.00	14.86 ±.18				4523
69.14 -20.11				.37					4501
101615.0+345533	PGC 30147		.96	.12	14.47				4787
101912.0+635811	A 1015+64	.E.3.$.			15.42 ±.15	.67± .03			
145.78 45.83	MCG 11-13- 18	P		.00		-.36± .06			12265± 38
46.06 -1.28	MK 141	-5.0±1.8			13.32	.55			12355
101538.7+641314	PGC 30151					-.29			12384
101913.8+590751		.S..3..	1.11± .05	75	15.73S±.15				
151.55 48.67	UGC 5564	U (1)	.50± .05	.00					21811± 41
49.70 -4.48	HICK 45A	3.0± .9		.68					21884
101551.5+592254	PGC 30153	4.5±1.2	1.11	.25	14.88		14.91± .33		21957
101925.1-053924	IC 603	RSBR1*.	1.09± .06	25					
248.94 40.76	MCG -1-26- 41	E	.13± .06	.13					
111.20 -38.92		.5± .6		.13					
101654.1-052419	PGC 30166		1.10	.07					
101933.3+581220	NGC 3182	.SAR1$.	1.26± .09	155					
152.69 49.22	UGC 5568	R	.07± .10	.02	13.00 ±.18				2130± 50
50.43 -5.06		1.0± .7		.07					2200
101612.9+582724	PGC 30176		1.26	.03	12.88				2281
101934.5-264153	NGC 3203	.LAR+$/	1.46± .03	58	13.1 ±.2	.97± .02	1.00± .02		
265.62 24.96	ESO 500- 24	R	.69± .02	.34	13.18 ±.09	.48± .04	.52± .04		2394± 66
138.77 -41.39		-1.0± .4	.72± .03	.00		.78	12.19± .09		2187
101715.0-262648	PGC 30177		1.39		12.79	.32	13.56± .25		2720
1019.6 +0619		.S..6*.	1.18± .05	128				15.58±.3	8567± 12
235.91 48.40	UGC 5573	U	.27± .05	.01	14.11 ±.19			415± 14	
96.98 -34.77		6.0±1.2		.40				379± 15	8441
1017.0 +0635	PGC 30178		1.18	.14	13.66			1.78	8908
101938.2+572509	NGC 3188A	.S?....	.58± .10						
153.70 49.65	MCG 10-15- 64		.21± .06	.00					7954± 38
51.03 -5.57	MK 30			.31					8021
101619.3+574013	PGC 30179		.58	.10					8110
101941.0-254848	NGC 3208	.SXT4..	1.26± .03	20	13.42 ±.13	.68± .02	.74± .01	14.47±.1	2896± 7
265.04 25.68	ESO 500- 25	PSr (2)	.06± .03	.28	13.73 ±.14	.14± .04	.13± .03	189± 9	3007± 59
137.60 -41.40	IRAS10173-2533	4.5± .4	.99± .01	.10	13.22	.59	13.86± .03	167± 7	2692
101721.0-253342	PGC 30180	3.3± .6	1.28	.03	13.18	.07	14.40± .20	1.26	3226
101941.7-174459		.S..9*/	1.24± .03	51				15.35±.1	901± 9
259.28 31.97	ESO 567- 48	SE (1)	.75± .04	.27	16.06 ±.14			117± 12	
126.86 -41.10		9.0± .7		.76					710
101717.1-172954	PGC 30181	7.8±1.3	1.26	.37	15.03			-.05	1242
101943.0+222705		.S..6?.	1.11± .05	93				16.28±.3	1467± 10
212.18 55.38	UGC 5574	U	.69± .05	.05					
80.26 -27.03		6.0±1.9		1.02				129± 7	1398
101657.3+224210	PGC 30182		1.12	.35					1773
101943.0+572516	NGC 3188	RSBR2..	.96± .05						
153.69 49.66	UGC 5569	U	.03± .04	.00	14.62 ±.18				7769± 38
51.04 -5.56	MK 31	2.0± .9		.04					7836
101624.0+574020	PGC 30183		.96	.02	14.51				7925
1019.7 +5204		.S..9*.	1.07± .14	172				15.15±.1	662± 6
161.06 52.30	UGC 5571	U	.50± .12	.00				59± 5	
55.13 -9.04		9.0±1.3		.51				48± 5	708
1016.6 +5220	PGC 30187		1.07	.25					846

R.A. 2000 DEC.	Names	Type	$\log D_{25}$	p.a.	B_T	$(B-V)_T$	$(B-V)_e$	m_{21}	V_{21}
l b		S_T n_L	$\log R_{25}$	A_g	m_B	$(U-B)_T$	$(U-B)_e$	W_{20}	V_{opt}
SGL SGB		T	$\log A_e$	A_i	m_{FIR}	$(B-V)^o_T$	m'_e	W_{50}	V_{GSR}
R.A. 1950 DEC.	PGC	L	$\log D_o$	A_{21}	B^o_T	$(U-B)^o_T$	m'_{25}	HI	V_{3K}
101947.0+223535		.I..9*.	1.04± .08	55				17.39±.3	1466± 9
211.94 55.43	UGC 5575	U	.37± .06	.05					
80.14 -26.94		10.0±1.3		.28				129± 5	1398
101701.2+225040	PGC 30188		1.04	.19					1772
101954.9+453309	NGC 3198	.SBT5..	1.93± .01	35	10.87M±.10	.54± .02	.62± .01	11.50±.1	663± 4
171.21 54.83	UGC 5572	R (2)	.41± .02	.00	10.78 ±.13	-.04± .03	.02± .02	319± 4	667± 14
60.26 -13.23		5.0± .3	1.49± .02	.61	10.91	.46	13.81± .04	303± 4	684
101651.8+454814	PGC 30197	2.6± .5	1.93	.20	10.22	-.10	14.37± .13	1.08	880
102002.6-213106		.E?....	.94± .06		14.13 ±.13	.96± .01			
262.14 29.11	ESO 567- 51		.01± .04	.26	14.31 ±.14				3705± 37
131.87 -41.28				.00		.87			3507
101740.0-211600	PGC 30204		.98		13.90		13.79± .36		4041
102003.6+383701		.S?....	.96± .05	100					
183.17 56.48	UGC 5577		.06± .04	.00	14.30 ±.18				2008± 50
65.93 -17.56	IRAS10171+3852			.09	13.77				2002
101706.9+385206	PGC 30206		.96	.03	14.19				2256
102010.9+274904	NGC 3204	.SXR3..	1.12± .05	110				15.83±.3	4968± 10
202.82 56.58	UGC 5580	U	.16± .05	.07	14.34 ±.20				
75.33 -23.96		3.0± .8		.22				315± 7	4920
101722.0+280410	PGC 30214		1.12	.08	14.01			1.74	5258
102018.2+424916		.S..6*.	1.13± .05	136					
175.77 55.68	UGC 5578	U	.81± .05	.00	15.53 ±.18				
62.50 -14.91		6.0±1.4		1.18					
101717.8+430422	PGC 30217		1.13	.40					
102032.1+430114	NGC 3202	.SBR1..	1.07± .06	20					
175.41 55.66	UGC 5581	U	.15± .05	.00	14.14 ±.18				6715± 39
62.37 -14.75		1.0± .8		.15					6726
101731.6+431620	PGC 30236		1.07	.07	13.90				6944
1020.5 +7316		.S..4..	1.04± .06	160					
136.16 39.73	UGC 5570	U	1.01± .05	.09					
39.15 4.96		4.0±1.0		1.47					
1016.4 +7332	PGC 30239		1.04	.50					
1020.6 +5712		.S..2..	.94± .07	122					
153.86 49.87	UGC 5579	U	.36± .05	.00	15.45 ±.18				
51.27 -5.60		2.0± .9		.45					
1017.3 +5728	PGC 30240		.94	.18					
102038.5+253015	NGC 3209	.E.....	1.11± .16	80					
206.98 56.29	UGC 5584	U	.07± .08	.07	13.72 ±.15				6197± 50
77.52 -25.18		-5.0± .8		.00					6140
101751.2+254522	PGC 30242		1.10		13.56				6494
102043.9+651020		.S?....	1.13± .05	0				15.79±.1	3296± 9
144.29 45.20	UGC 5576		.25± .05	.04	14.10 ±.18			298± 11	
45.27 -.36	IRAS10171+6525			.38	13.52				3391
101708.1+652526	PGC 30247		1.13	.13	13.67			2.00	3408
102043.9-374644	A 1018-37	.SXS5P*	1.08± .05	0					
272.75 16.11	ESO 317- 16	PS (2)	.06± .04	.25	14.71 ±.14				7633± 59
153.18 -39.81		4.5± .6		.09					7413
101832.0-373136	PGC 30248	3.1± .6	1.10	.03	14.33				7930
102049.8+425818	NGC 3205	.S?....	1.14± .05						
175.47 55.73	UGC 5585		.09± .05	.00	14.17 ±.19				7035± 50
62.44 -14.74				.09					7046
101749.4+431325	PGC 30254		1.14	.05	13.98				7264
102057.4+252156		.S?....	.72± .09					16.04±.3	1291± 10
207.25 56.34	UGC 5588		.18± .05	.05	15.0 ±.4				1359± 63
77.69 -25.19	ARAK 238			.24	13.01			200± 7	1235
101810.1+253703	PGC 30263		.72	.09	14.66			1.29	1591
102100.6+425908	NGC 3207	.S?....	1.13± .10	73					
175.43 55.76	UGC 5587		.22± .05	.00	14.19 ±.18				6992± 50
62.45 -14.70				.16					7003
101800.3+431415	PGC 30267		1.12		13.92				7221
102105.5-662927		.LAS-*.	1.10± .06	48					
288.71 -7.86	ESO 92- 21	S	.16± .04	2.83	13.89 ±.14				
185.43 -29.16		-3.0±1.2		.00					
101936.0-661418	PGC 30273		1.44						
102109.7-460038		RLBT+*.	1.34± .05	1					
277.52 9.32	ESO 263- 29	Sr	.61± .04	.97	14.19 ±.14				2960± 60
163.27 -37.64		-.6± .6		.00					2735
101905.1-454530	PGC 30277		1.34		13.18				3228

R.A. 2000 DEC.	Names	Type	$\log D_{25}$	p.a.	B_T	$(B-V)_T$	$(B-V)_e$	m_{21}	V_{21}
l b		S_T n_L	$\log R_{25}$	A_g	m_B	$(U-B)_T$	$(U-B)_e$	W_{20}	V_{opt}
SGL SGB		T	$\log A_e$	A_i	m_{FIR}	$(B-V)^o_T$	m'_e	W_{50}	V_{GSR}
R.A. 1950 DEC.	PGC	L	$\log D_o$	A_{21}	B^o_T	$(U-B)^o_T$	m'_{25}	HI	V_{3K}
102117.7+193907	NGC 3213	.S..4*.	1.05± .05	133				16.79±.3	1347± 9
217.04 54.88	UGC 5590	PU	.10± .04	.06	14.18 ±.18				1412± 50
83.20 -28.19		4.3± .7		.15				147± 5	1270
101833.8+195415	PGC 30283		1.06	.05	13.96			2.78	1664
102118.4-394803		RSXR1..	1.14± .06	173					
274.02 14.50	ESO 317- 17	r	.18± .06	.55	14.34 ±.14				2841± 19
155.69 -39.27		1.0± .8		.18					2619
101908.1-393254	PGC 30285		1.19	.09	13.57				3131
1021.3 +2755	IC 2565								
202.67 56.84	CGCG 154- 4			.08					15019± 72
75.38 -23.69	1ZW 24								14971
1018.5 +2811	PGC 30288								15309
1021.5 +2232		.S..7..	1.02± .06	70					
212.22 55.81	UGC 5592	U	.17± .05	.05	15.1 ±.2				
80.43 -26.61		7.0± .9		.23					
1018.8 +2248	PGC 30305		1.02	.08					
102134.5-341517	NGC 3223	.SAS3..	1.61± .02	135	11.79 ±.14	.82± .02	.90± .01	13.84±.1	2895± 7
270.79 19.10	ESO 375- 12	R (2)	.22± .03	.50	11.81 ±.11	.26± .04	.36± .03	419± 9	2886± 14
148.63 -40.26	IRAS10193-3400	3.0± .3	1.15± .02	.31	11.25	.65	13.03± .04	402± 7	2676
101919.8-340008	PGC 30308	2.3± .5	1.66	.11	10.98	.12	14.15± .19	2.75	3201
102138.5+123431		.S..4..	1.08± .06					15.86±.3	2905± 7
227.98 52.08	UGC 5595	U	.05± .05	.12	14.4 ±.2				
90.45 -31.60		4.0± .9		.07				136± 5	2801
101858.4+124940	PGC 30310		1.09	.03	14.23			1.60	3236
1021.6 +2354	NGC 3216	.E...*.	1.13± .10	0					
209.86 56.18	UGC 5593	U	.14± .05	.03	14.36 ±.19				
79.15 -25.85		-5.0±1.1		.00					
1018.9 +2410	PGC 30312		1.09						
102141.5-344145	NGC 3224	.E+....	1.28± .05	133	12.00V±.15	.99± .02	1.00± .02		
271.07 18.75	ESO 375- 13	BS	.09± .04	.55	13.15 ±.14	.50± .04	.54± .04		3088± 18
149.20 -40.17		-4.0± .5	.77± .04	.00		.84			2870
101927.1-342636	PGC 30314		1.33		12.48	.39	14.17± .30		3394
102148.4+565550	NGC 3206	.SBS6..	1.47± .02	0				13.54±.1	1159± 5
154.09 50.16	UGC 5589	R	.18± .03	.00	12.57 ±.18			191± 5	1192± 50
51.60 -5.66	IRAS10184+5710	6.0± .3		.26	13.17			166± 8	1224
101831.1+571058	PGC 30322		1.47	.09	12.31			1.15	1318
102150.4+741041	NGC 3183	.SBS4*.	1.37± .03	170	12.68S±.11			14.08±.1	3088± 7
135.26 39.16	UGC 5582	PU	.23± .03	.12	12.58 ±.18			330± 8	
38.53 5.61	IRAS10176+7425	3.5± .5		.33	11.62			308± 6	3214
101735.9+742548	PGC 30323		1.38	.11	12.18		13.82± .19	1.79	3148
102152.5+235141		.S..2..	1.07± .06	168				15.92±.3	6283± 10
209.97 56.21	UGC 5597	U	.76± .05	.03	15.55 ±.18				
79.23 -25.84		2.0±1.0		.93				404± 7	6220
101906.2+240650	PGC 30328		1.08	.38	14.52			1.02	6586
102155.6+480152		.S..3..	1.04± .06	122					
167.00 54.29	UGC 5594	U (1)	.58± .05	.00	15.35 ±.18				
58.52 -11.39		3.0± .9		.80					
101850.5+481701	PGC 30334	4.5±1.3	1.04	.29					
102157.4-221604	NGC 3233	PSBR0..	1.24± .04	140					
263.07 28.80	ESO 568- 1	Sr	.31± .04	.25	13.53 ±.14				3700± 60
132.89 -40.87	IRAS10195-2200	.0± .4		.24	12.39				3501
101935.1-220054	PGC 30336		1.25		12.98				4036
102207.3+175017		.L?....	.72± .22						
220.09 54.42	MCG 3-27- 5		.11± .07	.10	15.45 ±.17				8201± 41
85.11 -28.95	HICK 46A			.00					8116
101924.4+180527	PGC 30347		.71		15.23				8521
102212.8+175135		.L?....			16.49S±.15				
220.07 54.45	MCG 3-27- 7			.10					7906± 41
85.10 -28.92	HICK 46C								7821
101929.9+180645	PGC 30349								8226
102219.6+363459	IC 2566	.S?....	.89± .11						
186.76 57.18	MCG 6-23- 8		.19± .07	.00	14.92 ±.18				7802± 46
67.93 -18.44				.26					7788
101924.9+365009	PGC 30357		.89	.09	14.60				8059
102220.4+213409	NGC 3221	.SBS6*/	1.51± .03	167				13.71±.2	4105± 5
213.98 55.71	UGC 5601	PU (1)	.68± .04	.03	13.8 ±.2			563± 5	4117± 36
81.48 -26.98	IRAS10195+2149	6.0± .6		1.00	10.83			516± 5	4034
101935.5+214919	PGC 30358	6.0±1.1	1.51	.34	12.72			.66	4415

R.A. 2000 DEC. l b SGL SGB R.A. 1950 DEC.	Names PGC	Type S_T n_L T L	$logD_{25}$ $logR_{25}$ $logA_e$ $logD_o$	p.a. A_g A_i A_{21}	B_T m_B m_{FIR} B_T^o	$(B-V)_T$ $(U-B)_T$ $(B-V)_T^o$ $(U-B)_T^o$	$(B-V)_e$ $(U-B)_e$ m'_e m'_{25}	m_{21} W_{20} W_{50} HI	V_{21} V_{opt} V_{GSR} V_{3K}
102224.3+011158	IC 605	.S?....	.80± .07					16.16±.3	6492± 10
242.56 45.87	UGC 5606		.07± .04	.08	14.8 ±.2			256± 13	6483± 50
103.20 -36.08	IRAS10197+0127			.11	13.54				6350
101949.9+012708	PGC 30363		.81	.04	14.54			1.59	6839
102224.4+035951		.S..3..	1.22± .05	62				15.52±.2	6834± 8
239.35 47.60	UGC 5607	U (1)	.46± .05	.03	14.04 ±.18			459± 14	6824± 50
99.96 -35.05		3.0± .9		.64				397± 6	6702
101948.7+041501	PGC 30364	3.5±1.2	1.22	.23	13.32			1.96	7179
102227.0-330804		.IX.9*.	1.61± .04						
270.26 20.12		S (1)	.14± .08	.22					
147.15 -40.23		10.0± .9		.11					
102011.3-325253	PGC 30367	12.2± .7	1.63	.07					
102230.2+363558	IC 2568	.SB.1..	1.09± .06	98					
186.72 57.22	UGC 5603	U	.33± .05	.00					8052± 46
67.93 -18.41		1.0± .9		.34					8038
101935.6+365108	PGC 30371		1.09	.17					8309
1022.5 +4351		.S..7..	1.07± .08	175					5263
173.80 55.78	UGC 5599	U	.24± .06	.00					
61.92 -13.94		7.0± .9		.33					5278
1019.5 +4407	PGC 30372		1.07	.12					5488
102234.7+195314	NGC 3222	.LB..*.	1.12± .05		13.7 ±.3	.94± .06			
216.83 55.25	UGC 5610	PU	.08± .03	.07	14.06 ±.16				5585± 27
83.15 -27.81		-2.3± .7		.00		.86			5507
101950.7+200824	PGC 30377		1.11		13.82		13.96± .40		5899
1022.6 +2721		.S..3..	1.02± .06	70					
203.78 57.05	UGC 5608	U (1)	.35± .05	.06					
76.08 -23.77		3.0± .9		.49					
1019.8 +2737	PGC 30382	4.5±1.2	1.02	.18					
102240.8+461419	A 1019+46	.S..5..	1.36± .04	47	13.7 ±.2	.66± .07	.74± .03	15.09±.1	5059± 7
169.81 55.06	UGC 5604	U (1)	.29± .05	.00	14.3 ±.3			381± 7	4983± 59
60.03 -12.42		5.0± .8	1.16± .07	.44		.57	15.03± .22	364± 6	5082
101937.7+462929	PGC 30386	2.2± .8	1.36	.15	13.44		14.61± .30	1.51	5272
1022.7 +2051									
215.22 55.59	CGCG 124- 18			.03	15.1 ±.3				7442±115
82.22 -27.27									7368
1020.0 +2107	PGC 30390								7754
102251.3-242017		.SXS8*.	1.18± .04					15.88±.3	2365± 11
264.68 27.29	ESO 500- 32	S (1)	.08± .04	.30	14.76 ±.14			130± 15	
135.63 -40.70		8.0± .8		.10				115± 12	2162
102030.0-240506	PGC 30399	7.8± .8	1.21	.04	14.35			1.48	2697
102301.8-421412		.SAT5*.	1.24± .04						
275.69 12.65	ESO 317- 20	S (1)	.04± .05	.51	13.17 ±.14				2500± 60
158.60 -38.37	IRAS10209-4159	5.3± .6		.05	12.59				2277
102053.1-415900	PGC 30407	4.4± .6	1.29	.02	12.59				2782
102302.3-391000		PSXR1..	1.06± .06	63					
273.94 15.21	ESO 317- 19	r	.10± .06	.37	14.50 ±.14				2833± 19
154.80 -39.08	IRAS10208-3854	1.0± .8		.10	13.42				2612
102051.1-385448	PGC 30409		1.09	.05	13.99				3126
102307.3+415029		.SB.6*.	.98± .07	45					
177.24 56.42	UGC 5611	U	.23± .05	.00	15.43 ±.20				
63.64 -15.11		6.0±1.3		.33					
102008.5+420540	PGC 30413		.98	.11					
102308.0-393724		.LA.-..	1.12± .05	115					
274.22 14.84	ESO 317- 21	Sr	.17± .04	.58	13.85 ±.14				2635± 19
155.37 -38.97		-2.7± .6		.00					2414
102057.0-392212	PGC 30416		1.17		13.23				2927
102308.5+570216	NGC 3214	.SA.0*.	1.19± .06						
153.80 50.26	MCG 10-15- 71	P	.31± .05	.00	14.9 ±.2				
51.63 -5.46		.0± .9		.23					
101951.6+571727	PGC 30419		1.17						
102311.4+175807	A 1020+18								
220.05 54.71	MCG 3-27- 14			.10	14.52 ±.18				3545± 45
85.13 -28.67	MK 630				13.28				3460
102028.5+181318	PGC 30420								3865
102311.6-492812		PSBR1*.	1.15± .07	146					
279.71 6.60	ESO 214- 2	Sr	.21± .07	1.38					
167.19 -36.20	IRAS10211-4913	.7± .7		.22	12.38				
102110.1-491300	PGC 30421		1.28	.11					

R.A. 2000 DEC. l b SGL SGB R.A. 1950 DEC.	Names PGC	Type S_T n_L T L	$\log D_{25}$ $\log R_{25}$ $\log A_e$ $\log D_o$	p.a. A_g A_i A_{21}	B_T m_B m_{FIR} B_T^o	$(B-V)_T$ $(U-B)_T$ $(B-V)_T^o$ $(U-B)_T^o$	$(B-V)_e$ $(U-B)_e$ m'_e m'_{25}	m_{21} W_{20} W_{50} HI	V_{21} V_{opt} V_{GSR} V_{3K}
102312.9-472018		.SBT5*.	1.22± .05	161					
278.55 8.40	ESO 263- 31	Sr (1)	.38± .05	1.09	14.95 ±.14				
164.71 -36.89		5.3± .6		.58					
102109.0-470506	PGC 30422	6.3± .7	1.33	.19					
1023.3 +0956		.S..6*.	1.13± .05	140					9725
231.99 51.14	UGC 5616	U	1.09± .05	.09	15.81 ±.19				
93.47 -32.41		6.0±1.5		1.47					9612
1020.7 +1012	PGC 30430		1.14	.50	14.20				10062
102327.4+195355	NGC 3226	.E.2.*P	1.50± .04	15	12.3 ±.2	.90± .05	.95± .01		
216.93 55.44	UGC 5617	R	.05± .04	.02	12.25 ±.14		.47± .03		1322± 19
83.26 -27.63		-5.0± .4	1.06± .06	.00		.88	13.07± .20		1244
102043.6+200907	PGC 30440		1.48		12.22		14.64± .29		1636
102330.2-352719	IC 2573	.SBS7*/	1.18± .05	2					4160
271.85 18.34	ESO 375- 17	BS (1)	.64± .05	.36	15.37 ±.14				
150.09 -39.68		6.5± .9		.88					3943
102116.0-351206	PGC 30442	5.6±1.3	1.21	.32	14.12				4465
1023.5 +1806		.S..0..	1.00± .06	85					
219.86 54.83	UGC 5619	U	.32± .05	.10	14.99 ±.18				
85.03 -28.53		.0± .9		.24					
1020.8 +1822	PGC 30444		.99						
102331.5+195148	NGC 3227	.SXS1P.	1.73± .02	155	11.1 ±.2	.82± .03	.83± .01	14.02±.1	1157± 3
217.00 55.45	UGC 5620	R (1)	.17± .03	.02	11.51 ±.15	.27± .04	.25± .02	419± 4	1145± 18
83.30 -27.63	IRAS10207+2007	1.0± .3	1.42± .06	.17	10.79	.77	13.71± .20	391± 5	1079
102047.6+200700	PGC 30445	3.5± .9	1.74	.08	11.16	.24	14.19± .24	2.78	1472
102332.7+105735	IC 606	.S?....	.64± .17						
230.63 51.70	MCG 2-27- 6		.00± .07	.07	15.4 ±.2				9465± 39
92.41 -31.92	MK 721			.00	13.53				9356
102053.5+111247	PGC 30448		.64	.00	15.30				9800
1023.5 +5220		.S..8*.	1.04± .06	4					
160.25 52.69	UGC 5613	U	.64± .05	.00	15.08 ±.19				9647
55.31 -8.43	IRAS10203+5235	8.0±1.4		.78	11.55				9695
1020.4 +5235	PGC 30449		1.04	.32	14.28				9831
102334.8-383919		.S?....	1.11± .16	155					
273.74 15.69	ESO 317- 22		.06± .14	.37	14.93 ±.14				2830± 60
154.13 -39.09				.09					2610
102123.1-382406	PGC 30451		1.15	.03	14.45				3125
102336.3+281845		.SXS4..	1.04± .06	90				16.79±.3	6558± 10
202.10 57.39	UGC 5621	U	.09± .05	.04	14.9 ±.3				
75.35 -23.06		4.0± .9		.13				198± 7	6512
102047.5+283357	PGC 30453		1.04	.04	14.69			2.06	6847
102341.8+334627		.SXS4..	1.07± .06					15.41±.3	9999± 10
191.93 57.65	UGC 5622	U	.17± .05	.01	15.1 ±.2				
70.51 -19.89		4.0± .9		.25				217± 7	9975
102049.5+340139	PGC 30459		1.07	.08	14.73			.60	10268
102345.2+570138	NGC 3220	.S..3*/	1.23± .04	97				15.32±.3	1192± 10
153.74 50.33	UGC 5614	P	.46± .04	.00	13.80 ±.19			145± 13	
51.70 -5.40		3.0±1.2		.63					1258
102028.6+571650	PGC 30462		1.23	.23	13.16			1.93	1351
1023.7 +1233	NGC 3230	.L.....	1.36± .06	115					
228.40 52.53	UGC 5624	U	.30± .04	.10	13.8 ±.2				
90.74 -31.14		-2.0± .8		.00					
1021.1 +1249	PGC 30463		1.33						
102349.1+334828		.S..6*.	1.00± .06	125				15.96±.3	10161± 10
191.86 57.68	UGC 5623	U	.21± .05	.01					
70.50 -19.85		6.0±1.3		.30				219± 7	10137
102056.7+340340	PGC 30468		1.00	.10					10430
102356.5-031100		.SBR3..	1.26± .05	150				15.18±.1	5670± 9
247.55 43.28	MCG 0-27- 5	E (1)	.22± .05	.11	13.23 ±.18			429± 12	
108.58 -37.14		3.0± .8		.30					5516
102124.2-025547	PGC 30473	1.9± .8	1.27	.11	12.78			2.30	6020
1023.9 +7851		.E...?.	1.11± .16						
131.15 35.80	UGC 5596	U	.00± .08	.01	14.31 ±.18				
35.01 8.73		-5.0±1.6		.00					
1019.0 +7907	PGC 30475		1.11						
1024.0 +7052	A 1020+71	.SBS8..	1.53± .03	165	12.6 ±.3	.48± .05	.55± .05	14.00±.1	1011± 11
138.16 41.62	UGC 5612	U (1)	.18± .05	.20	14.1 ±.5	-.01± .06	-.04± .06	165± 16	
41.15 3.60	DDO 77	8.0± .7	1.32± .07	.22		.39	14.73± .15	146± 12	1126
1020.1 +7107	PGC 30484	8.0± .9	1.55	.09	12.56	-.07	14.66± .36	1.35	1090

R.A. 2000 DEC.	Names	Type	$\log D_{25}$	p.a.	B_T	$(B-V)_T$	$(B-V)_e$	m_{21}	V_{21}
l b		S_T n_L	$\log R_{25}$	A_g	m_B	$(U-B)_T$	$(U-B)_e$	W_{20}	V_{opt}
SGL SGB		T	$\log A_e$	A_i	m_{FIR}	$(B-V)^o_T$	m'_e	W_{50}	V_{GSR}
R.A. 1950 DEC.	PGC	L	$\log D_o$	A_{21}	B^o_T	$(U-B)^o_T$	m'_{25}	HI	V_{3K}
102407.3-053800		.S..5?/	1.22± .05	106					5237
250.00 41.62	MCG -1-27- 7	E	.81± .05	.10					
111.58 -37.79		5.0±1.8		1.21					5076
102136.2-052247	PGC 30487		1.23	.40					5587
102410.8+783737		.L...?.	1.15± .07	170					
131.33 35.98	UGC 5600	U	.15± .03	.01	14.19 ±.16				2823± 46
35.20 8.59		-2.0±1.6		.00					2964
101917.4+785248	PGC 30491		1.13		14.13				2856
102413.0+210300		.S..9*.	1.11± .14					15.22±.3	1246± 7
215.09 55.98	UGC 5629	U	.11± .12	.03					
82.24 -26.88		9.0±1.2		.11				115± 7	1173
102128.6+211813	PGC 30493		1.11	.05					1558
102415.4+164437	IC 607	.SBT4..	1.25± .05	105				15.66±.3	5575± 10
222.17 54.47	UGC 5628	U	.09± .05	.10	14.0 ±.3				
86.50 -29.05	ARP 43	4.0± .8		.13				336± 10	5486
102133.4+165950	PGC 30496		1.26	.04	13.70			1.91	5898
102417.5-322856	NGC 3241	.SAR2*.	1.35± .03	123	*				
270.20 20.88	ESO 436- 16	R (2)	.16± .03	.26	12.92 ±.11				2844± 66
146.25 -39.93	IRAS10220-3213	2.0± .5		.20	12.69				2630
102201.1-321342	PGC 30498	4.0± .6	1.38	.08	12.43				3158
1024.4 +2800	NGC 3232	.S?....	.82± .13		*				
202.69 57.53	MCG 5-25- 4		.00± .07	.10	15.19 ±.18				6242
75.73 -23.08				.00					6195
1021.6 +2816	PGC 30508		.83	.00	15.03				6532
102424.8+783636		.S?....	1.10± .06	15					
131.33 36.00	UGC 5609		.20± .05	.01	14.40 ±.18				2729± 42
35.22 8.59				.20					2869
101932.0+785148	PGC 30510		1.10	.10	14.16				2761
1024.4 +5723		.I..9..	1.21± .05	53	*				
153.17 50.21	UGC 5626	U	.42± .05	.00	14.9 ±.2				
51.48 -5.09		10.0± .8		.31					
1021.2 +5739	PGC 30513		1.21	.21					
102430.9-214726	NGC 3240	.SAT6*.	1.04± .04	85	*				
263.27 29.54	ESO 568- 3	SE (2)	.07± .03	.32	13.90 ±.14				3970± 60
132.29 -40.26	IRAS10221-2132	5.8± .6		.10	13.10				3772
102208.0-213212	PGC 30515	4.4± .6	1.07	.03	13.46				4307
102431.9-361620		.S?....	.91± .06						
272.51 17.78	ESO 375- 20		.02± .05	.28	14.86 ±.14				10497± 19
151.09 -39.34	IRAS10223-3601			.03	13.60				10279
102218.1-360106	PGC 30518		.94	.01	14.48				10800
102431.9-233314		RSBS0..	1.04± .05	152	*				
264.49 28.14	ESO 500- 34	r	.28± .04	.28	14.45 ±.14				3950± 60
134.60 -40.31	IRAS10221-2317	-.1± .9		.21	10.64				3749
102210.0-231800	PGC 30519		1.05		13.90				4284
102433.4-365556		PLA.0*P	1.00± .05	17	*				
272.91 17.23	ESO 375- 22	S	.08± .03	.22	14.97 ±.14				2749± 19
151.92 -39.22		-2.0±1.2		.00					2530
102220.0-364042	PGC 30522		1.02		14.71				3050
1024.6 +2006		PSXS3..	1.02± .06	163	*				
216.73 55.78	UGC 5632	U	.23± .05	.04	15.0 ±.2				
83.21 -27.28		3.0± .9		.31					
1021.9 +2022	PGC 30526		1.02	.11					
1024.6 +1445	A 1021+15	.SB.8..	1.49± .04	175	14.35 ±.16	.67± .05	.65± .03	14.44±.1	1383± 5
225.32 53.73	UGC 5633	U (1)	.10± .06	.13	13.6 ±.7	-.11± .07	-.09± .05	177± 4	
88.58 -29.92	DDO 79	8.0± .7	1.06± .03	.12		.61	15.14± .06	166± 6	1287
1021.9 +1500	PGC 30531	8.0±1.0	1.50	.05	14.06	-.15	16.38± .31	.33	1711
102442.6-391821		PSBT1..	1.28± .04	14					
274.30 15.27	ESO 317- 23	Sr	.36± .05	.44	13.96 ±.14				2892± 19
154.89 -38.74	IRAS10225-3903	1.0± .6		.37	10.32				2671
102231.0-390306	PGC 30534		1.32	.18	13.12				3185
1024.7 +0624									
236.91 49.48	CGCG 37- 27			.05	15.3 ±.6				13094± 79
97.51 -33.58									12970
1022.1 +0640	PGC 30535								13436
1024.7 +0625									
236.89 49.49	CGCG 37- 28			.05	14.49 ±.18				13074± 79
97.50 -33.57									12950
1022.1 +0641	PGC 30536								13416

R.A. 2000 DEC. l b SGL SGB R.A. 1950 DEC.	Names PGC	Type S_T n_L T L	$\log D_{25}$ $\log R_{25}$ $\log A_e$ $\log D_o$	p.a. A_g A_i A_{21}	B_T m_B m_{FIR} B_T^o	$(B-V)_T$ $(U-B)_T$ $(B-V)_T^o$ $(U-B)_T^o$	$(B-V)_e$ $(U-B)_e$ m'_e m'_{25}	m_{21} W_{20} W_{50} HI	V_{21} V_{opt} V_{GSR} V_{3K}
102447.6-435751		PLAS-*.	1.10± .05						
276.93 11.38	ESO 263- 33	S	.05± .05	.62	14.03 ±.14				
160.59 -37.61		-3.0± .8		.00					
102240.0-434236	PGC 30544		1.17						
102448.2-264127		RLB.+..	1.06± .05	160					
266.65 25.66	ESO 500- 37	r	.47± .03	.24	15.44 ±.14				
138.71 -40.23		-1.3± .9		.00					
102228.1-262612	PGC 30545		1.01						
1024.9 +2801	NGC 3235	.L..-*.	1.08± .17	85					
202.68 57.64	UGC 5635	U	.12± .08	.10	14.29 ±.16				6409± 61
75.78 -22.98		-3.0±1.2		.00					6363
1022.1 +2817	PGC 30553		1.07		14.10				6699
102457.0-172602		.SXT1P*	1.07± .06	165					
260.19 33.02	MCG -3-27- 10	E	.11± .05	.27					
126.61 -39.82		1.0± .9		.11					
102231.8-171047	PGC 30554		1.09	.05					
102505.6+170935	NGC 3239	.IBS9P.	1.70± .02		11.73 ±.13	.42± .01	.37± .01	12.64±.0	753± 3
221.64 54.82	UGC 5637	R	.18± .03	.11	12.3 ±.4	-.34± .02	-.30± .02	189± 3	830± 47
86.20 -28.67	ARP 263	10.0± .3	1.09± .01	.13	11.78	.35	12.67± .02	152± 4	666
102223.3+172450	PGC 30560		1.71	.09	11.53	-.39	14.65± .18	1.02	1075
1025.1 +2805	IC 2572	.S..1..	.97± .07	27					
202.57 57.69	UGC 5636	U	.27± .05	.10	15.24 ±.19				
75.75 -22.91	IRAS10222+2820	1.0± .9		.28					
1022.3 +2820	PGC 30562		.98	.13					
102510.4+580902	NGC 3225	.S..6*.	1.31± .04	155				14.26±.1	2134± 7
152.12 49.87	UGC 5631	U	.29± .05	.00	13.30 ±.18			259± 9	
50.95 -4.53	IRAS10218+5824	6.0±1.1		.43	13.35			249± 12	2204
102152.5+582416	PGC 30569		1.31	.15	12.86			1.25	2287
1025.3 +5530	A 1022+55	.SXS5*.	.99± .10						
155.58 51.33	MCG 9-17- 64	P	.05± .07	.00					7621± 60
53.01 -6.20		5.0± .8		.07					7681
1022.1 +5546	PGC 30579		.99	.02					7788
1025.3 +2627		.L.....	1.11± .08	117					
205.60 57.52	UGC 5638	U	.25± .04	.05	14.79 ±.20				14430
77.28 -23.76		-2.0± .8		.00					14378
1022.6 +2643	PGC 30584		1.08		14.52				14726
1025.4 +1708		.SB?...	.99± .10						
221.72 54.88	MCG 3-27- 27		.16± .07	.12	14.87 ±.18				815± 79
86.25 -28.62				.24					728
1022.7 +1724	PGC 30585		1.00	.08	14.51				1138
102526.5-152056		.S..7*/	1.17± .05	168					
258.69 34.70	MCG -2-27- 1	E	.90± .05	.28					
123.93 -39.45		7.0±1.3		1.24					
102300.1-150540	PGC 30591		1.19	.45					
102529.3-394940	NGC 3244	.SAT6..	1.31± .04	170	12.89 ±.15	.61± .03	.69± .02		
274.73 14.92	ESO 317- 24	RBS (1)	.13± .04	.59	13.09 ±.14	.00± .08	.05± .04		
155.50 -38.48	IRAS10232-3934	6.0± .5	1.01± .03	.20	12.22		13.43± .06		
102318.0-393424	PGC 30594	3.3± .8	1.37	.07			13.97± .27		
1025.5 +1714		.SX.5..	1.14± .05	125					
221.57 54.94	UGC 5639	U	.21± .05	.11	14.6 ±.2				
86.17 -28.55		5.0± .9		.32					
1022.8 +1730	PGC 30595		1.15	.11					
102531.4+514025					16.06 ±.15	.45± .04			
161.00 53.27				.00		-.68± .08			13474± 46
56.03 -8.63	MK 142								13520
102223.1+515540	PGC 30597								13662
102535.5-021253	IC 609	.SXT4P.	1.18± .04	10				16.07±.1	5538± 9
246.95 44.24	UGC 5641	UE (1)	.32± .04	.08	14.07 ±.18			393± 12	12608± 65
107.57 -36.45	ARP 44	3.5± .6		.47					
102302.7-015737	PGC 30600	3.1±1.2	1.19	.16					
102541.3+114414		.S..4..	1.27± .04	98				15.22±.2	2350± 6
229.96 52.54	UGC 5642	U	.84± .05	.03	14.68 ±.18			256± 6	2342± 76
91.86 -31.10		4.0± .9		1.24				243± 7	2244
102301.8+115930	PGC 30604		1.28	.42	13.40			1.40	2684
102543.9+393848	NGC 3237	RLX.0..	1.11± .07						
180.96 57.39	UGC 5640	U	.00± .03	.00	13.96 ±.16				7079± 31
65.77 -16.06		-2.0± .8		.00					7078
102247.6+395404	PGC 30610		1.11		13.85				7324

R.A. 2000 DEC. / l b / SGL SGB / R.A. 1950 DEC.	Names / PGC	Type / S_T n_L / T / L	$\log D_{25}$ / $\log R_{25}$ / $\log A_e$ / $\log D_o$	p.a. / A_g / A_i / A_{21}	B_T / m_B / m_{FIR} / B_T^o	$(B-V)_T$ / $(U-B)_T$ / $(B-V)_T^o$ / $(U-B)_T^o$	$(B-V)_e$ / $(U-B)_e$ / m'_e / m'_{25}	m_{21} / W_{20} / W_{50} / HI	V_{21} / V_{opt} / V_{GSR} / V_{3K}
102546.4+134301	A 1023+13	.SAR.*.	1.00± .06	15	15.15S±.15				
227.09 53.50	UGC 5644	R	.21± .05	.12					9581± 41
89.80 -30.18	HICK 47A			.32					9482
102306.0+135817	PGC 30616		1.01	.11	14.66		14.45± .37		9911
1025.7 +2633		.S?....	.94± .11						
205.45 57.62	MCG 5-25- 9		.19± .07	.04	14.73 ±.18				5094
77.25 -23.63				.23					5042
1023.0 +2649	PGC 30617		.94	.09	14.40				5390
102548.7+134341		.L?....	.90± .17		15.96S±.15				
227.08 53.52	MCG 2-27- 13		.00± .07	.12					9487± 41
89.80 -30.16	HICK 47B			.00					9388
102308.3+135857	PGC 30619		.91		15.70		15.31± .87		9817
102551.1-434453	NGC 3256A	.SBS9P*	1.13± .04	85					
276.98 11.67	ESO 263- 34	PS (1)	.32± .04	.57	15.05 ±.14				
160.27 -37.48		9.0± .8		.33					
102343.0-432936	PGC 30626	8.9± .9	1.19	.16					
102553.4+142145	A 1023+14	.S.....	1.44± .03	165				14.67±.3	1370± 9
226.14 53.82	UGC 5646	R	.56± .05	.12	13.74 ±.20			232± 7	1350± 50
89.15 -29.85				.85				221± 7	1273
102312.6+143701	PGC 30630		1.45	.28	12.76			1.63	1698
1025.9 +7111		.SX.3..	1.04± .06	152					
137.72 41.50	UGC 5634	U	.20± .05	.16	15.3 ±.2				
41.00 3.92		3.0± .9		.28					
1022.0 +7127	PGC 30631		1.06	.10					
102559.4-325405	IC 2576	.S?....	.90± .05						
270.77 20.74	ESO 375- 23		.08± .04	.28	14.81 ±.14				9345± 19
146.74 -39.52	IRAS10236-3238			.11	13.50				9131
102343.0-323848	PGC 30634		.93	.04	14.35				9658
102614.4-454412		.SAT3*.	1.25± .05	111	13.75 ±.15	.73± .01	.81± .01		
278.12 10.02	ESO 263- 35	Sr (1)	.25± .05	.77	13.66 ±.14				4600± 40
162.62 -36.87	IRAS10241-4528	3.1± .6	.83± .02	.35	12.25	.48	13.39± .05		4376
102408.0-452854	PGC 30646	2.2± .8	1.32	.13	12.55		14.20± .30		4870
102621.7-023719	NGC 3243	.L..0P*	1.15± .09	125					
247.55 44.10	UGC 5652	UE	.10± .05	.04	13.65 ±.15				5540± 66
108.13 -36.39		-2.3± .6		.00					5388
102349.1-022202	PGC 30655		1.14		13.52				5891
102622.1-345748	NGC 3249	.SXT6*.	1.20± .04	139					
272.07 19.07	ESO 375- 24	BS (1)	.09± .04	.35	13.86 ±.14				3486± 18
149.35 -39.18	IRAS10240-3442	6.0± .7		.13	13.16				3270
102407.0-344230	PGC 30657	3.3± .8	1.23	.04	13.37				3794
102625.6+173036		.SX.6*.	1.17± .05	20				14.98±.3	5568± 9
221.29 55.25	UGC 5651	U	.13± .05	.11	13.96 ±.20			225± 7	5528± 50
86.03 -28.22		6.0±1.2		.19				212± 7	5481
102343.3+174553	PGC 30659		1.18	.06	13.63			1.28	5889
1026.4 +6739	A 1022+67	.I..9..							
141.14 44.00		P (1)		.06					
43.75 1.69	DDO 78	10.0± .9							
1022.8 +6754	PGC 30664	9.0±1.0							
102629.1-200230		.S?....	1.06± .05					14.31±.3	3108± 11
262.44 31.20	ESO 568- 9		.10± .04	.34	14.28 ±.14			221± 15	
130.04 -39.70				.15				202± 12	2914
102405.0-194712	PGC 30666		1.10	.05	13.77			.49	3449
102631.6+152026		.S..4..	1.06± .06	128				16.15±.3	9831± 10
224.75 54.39	UGC 5654	U	.23± .05	.13	14.9 ±.2				
88.23 -29.25		4.0± .9		.33				287± 7	9738
102350.4+153543	PGC 30669		1.07	.11	14.40			1.64	10158
1026.5 +2013	IC 610	.S..4./	1.27± .04	29					
216.79 56.23	UGC 5653	PU (1)	.76± .05	.01	14.72 ±.18				
83.35 -26.84		4.0± .6		1.12					
1023.8 +2029	PGC 30670	2.5±1.2	1.27	.38					
102632.4-395636	NGC 3250	.E.4...	1.45± .04	148	12.18 ±.13	1.05± .01	1.07± .01		
274.97 14.93	ESO 317- 26	R	.14± .04	.57	12.17 ±.11	.65± .03	.67± .02		2824± 32
155.59 -38.26		-5.0± .7	.91± .03	.00		.90	12.22± .09		2603
102421.0-394118	PGC 30671		1.50		11.56	.53	14.05± .26		3115
102634.7-024949		.S..7P?	1.12± .06	13				16.22±.1	5891± 9
247.81 44.00	MCG 0-27- 13	E	.48± .05	.05	14.67 ±.18			378± 12	
108.40 -36.40		7.0±1.8		.66					5739
102402.2-023431	PGC 30676		1.12	.24	13.94			2.04	6242

R.A. 2000 DEC. / l b / SGL SGB / R.A. 1950 DEC.	Names / PGC	Type / S_T n_L / T / L	$\log D_{25}$ / $\log R_{25}$ / $\log A_e$ / $\log D_o$	p.a. / A_g / A_i / A_{21}	B_T / m_B / m_{FIR} / B_T^o	$(B-V)_T$ / $(U-B)_T$ / $(B-V)_T^o$ / $(U-B)_T^o$	$(B-V)_e$ / $(U-B)_e$ / m'_e / m'_{25}	m_{21} / W_{20} / W_{50} / HI	V_{21} / V_{opt} / V_{GSR} / V_{3K}
1026.6 +4514		.S..3..	1.02± .06	52					
171.05 56.04	UGC 5650	U (1)	.81± .05	.00					
61.27 -12.51		3.0±1.0		1.12					
1023.6 +4530	PGC 30680	4.5±1.4	1.02	.40					
102640.6-190300		.SXS4*P	1.20± .04	126					
261.77 32.01	ESO 568- 11	S (1)	.17± .04	.23	14.60 ±.14				
128.76 -39.57	IRAS10242-1847	4.0±1.1		.25	13.39				
102416.0-184742	PGC 30683	3.3±1.2	1.22	.08					
102641.6+035138	NGC 3246	.SX.8..	1.38± .04	100				14.09±.1	2150± 6
240.48 48.36	UGC 5661	U	.25± .05	.05	13.2 ±.2			259± 13	
100.61 -34.12	IRAS10240+0407	8.0± .8		.31	13.55			241± 6	2018
102406.0+040656	PGC 30684		1.39	.13	12.80			1.16	2496
102643.3+571339	NGC 3238	.LAR0*.	1.14± .08						
153.13 50.56	UGC 5649	PU	.01± .04	.00	13.90 ±.16				7369± 31
51.80 -4.96		-2.3± .7		.00					7436
102327.6+572856	PGC 30686		1.14		13.78				7527
102649.7+345512		.SXS4..	1.12± .05	135				15.66±.3	6662± 10
189.71 58.24	UGC 5656	U	.26± .05	.00	14.8 ±.2				
69.93 -18.70		4.0± .8		.39				325± 7	6643
102357.1+351030	PGC 30694		1.12	.13	14.40			1.13	6927
102653.2+622009	A 1023+62	.S?....	.61± .09						
146.85 47.52	CGCG 313- 18		.14± .08	.00	15.8 ±.2				9586± 42
47.87 -1.68	MK 143			.21					9671
102327.9+623526	PGC 30701		.61	.07	15.55				9715
102653.8+440022	A 1023+44	.S?....	.73± .09						
173.13 56.49	MCG 7-22- 6		.04± .06	.00	15.10 ±.14				8237± 38
62.31 -13.23	MK 144			.06	13.55				8253
102354.0+441540	PGC 30702		.73	.02	15.01				8462
102656.9-240525		RSAR2..	1.03± .05	173					
265.36 28.04	ESO 500- 41	r	.17± .03	.31	14.22 ±.14				
135.32 -39.76	IRAS10245-2350	2.2± .9		.20	12.80				
102435.0-235006	PGC 30708		1.06	.08					
102701.2+283829	NGC 3245A	.SBS3./	1.52± .03	150				14.97±.2	1325± 7
201.64 58.17	UGC 5662	R	.99± .04	.05	14.7 ±.2			198± 8	1486± 63
75.51 -22.25		3.0± .4		1.37				173± 6	1283
102412.7+285347	PGC 30714		1.53	.50	13.24			1.24	1615
102702.1+561609	A 1023+56	.P.....	.54± .19		16.14 ±.15	.31± .04		16.19±.1	833± 5
154.35 51.13	UGCA 211	R	.25± .09	.00		-.13± .06		82± 5	867± 38
52.57 -5.54	MK 32	99.0						57± 5	897
102348.0+563127	PGC 30715		.54						997
102702.3-361337		.S..4*/	1.28± .04	30					
272.93 18.10	ESO 375- 26	S	.73± .04	.28	14.56 ±.14				3373± 19
150.93 -38.85	IRAS10248-3558	4.0±1.2		1.07	12.17				3155
102448.0-355818	PGC 30716		1.30	.36	13.19				3677
102705.7-454001			.90± .07	175					
278.21 10.16	ESO 263- 36		.22± .06	.77	15.44 ±.14				1550±190
162.49 -36.75	FAIR 430								1326
102459.0-452442	PGC 30721		.97						1821
102710.3-031913									
248.45 43.77	CGCG 9- 42			.07	14.60 ±.18				11510± 55
109.04 -36.41									11357
102438.0-030354	PGC 30732								11861
1027.2 +2026	A 1024+20								
216.52 56.46				.02					5772± 72
83.24 -26.59									5698
1024.5 +2042	PGC 30735								6087
1027.2 +7124		.SBS3..	1.09± .06	142					
137.42 41.42	UGC 5645	U	.53± .05	.13					
40.90 4.14	IRAS10233+7140	3.0± .9		.74	12.24				
1023.3 +7140	PGC 30737		1.10	.27					
102718.3+283029	NGC 3245	.LAR0*$	1.51± .03	177	11.70 ±.15	.91± .02	.94± .01		
201.90 58.22	UGC 5663	R	.26± .04	.05	11.86 ±.12	.47± .03	.51± .02		1348± 22
75.67 -22.27	IRAS10245+2845	-2.0± .5	.95± .04	.00	12.41	.86	11.94± .14		1304
102430.0+284548	PGC 30744		1.48		11.73	.44	13.50± .22		1638
102721.1-351625		.LX.0*.	1.09± .05	61					
272.43 18.93	ESO 375- 28	S	.50± .03	.27	15.15 ±.14				
149.71 -38.93		-2.0±1.3		.00					
102506.0-350106	PGC 30750		1.04						

R.A. 2000 DEC.	Names	Type	$\log D_{25}$	p.a.	B_T	$(B-V)_T$	$(B-V)_e$	m_{21}	V_{21}
l b		S_T n_L	$\log R_{25}$	A_g	m_B	$(U-B)_T$	$(U-B)_e$	W_{20}	V_{opt}
SGL SGB		T	$\log A_e$	A_i	m_{FIR}	$(B-V)^o_T$	m'_e	W_{50}	V_{GSR}
R.A. 1950 DEC.	PGC	L	$\log D_o$	A_{21}	B^o_T	$(U-B)^o_T$	m'_{25}	HI	V_{3K}
102723.0-335238	IC 2578	.S..5*/	1.17± .04	141					
271.61 20.09	ESO 375- 29	S	.72± .04	.31	14.99 ±.14				
147.94 -39.12	IRAS10250-3337	5.0±1.3		1.08	12.52				
102507.0-333718	PGC 30753		1.20	.36					
102724.0-430814		.SAT3..	1.02± .06						
276.88 12.33	ESO 263- 37	r	.09± .05	.55	14.47 ±.14				
159.44 -37.37	IRAS10252-4252	3.3± .9		.12	12.89				
102515.0-425254	PGC 30754		1.07	.04					
1027.5 +1656									
222.38 55.26	CGCG 94- 65			.10	15.2 ±.3				10379
86.74 -28.28									10292
1024.8 +1712	PGC 30763								10703
102742.7-400008	NGC 3250C	PSAT2*.	1.25± .04	56					
275.20 15.01	ESO 317- 28	PSr	.51± .04	.50	14.28 ±.14				
155.60 -38.03	IRAS10255-3944	1.6± .6		.63	12.76				
102531.0-394448	PGC 30774		1.30	.25					
102744.3-402608	NGC 3250B	.SB.1P?	1.36± .04	6	13.74 ±.19	1.06± .03	1.12± .01		
275.44 14.64	ESO 317- 29	PS	.59± .04	.48	13.83 ±.14	.46± .06	.55± .03		2520± 19
156.13 -37.93	IRAS10255-4010	1.0±1.2	.86± .05	.60	12.35	.82	13.53± .16		2299
102533.0-401048	PGC 30775		1.41	.29	12.69	.24	13.92± .29		2810
102745.6+225056	NGC 3248	.L.....	1.40± .11	135					
212.37 57.27	UGC 5669	U	.34± .08	.00	13.38 ±.17				
80.99 -25.24		-2.0± .8		.00					
102500.6+230615	PGC 30776		1.35						
1027.7 +2707		.S..4..	1.11± .07	115					
204.53 58.15	UGC 5670	U	.95± .06	.03					
76.99 -22.94		4.0±1.0		1.40					
1025.0 +2723	PGC 30780		1.11	.48					
102751.5-435420	NGC 3256	.P.....	1.58± .02	100	12.15M±.08	.64± .01	.62± .01		
277.37 11.73	ESO 263- 38	R	.25± .03	.59	11.85 ±.11	-.08± .02	-.19± .01		2781± 24
160.34 -37.09	VV 65	99.0	.80± .02	.35	8.34	.44	11.64± .08		2558
102543.0-433900	PGC 30785		1.63	.13	11.09	-.22	14.26± .16		3059
102753.6-400450	NGC 3250A	.S..3*/	1.09± .04	89					
275.27 14.96	ESO 317- 30	PS	.75± .04	.50	15.67 ±.14				
155.69 -37.98	IRAS10257-3949	2.6± .9		1.04	12.90				
102542.0-394930	PGC 30790		1.14	.38					
102755.5+192927	A 1025+19	.S?....	.52± .20						
218.24 56.30	MCG 3-27- 42		.08± .07	.03					12384± 72
84.26 -26.93	2ZW 47			.10					12306
102512.3+194447	PGC 30791		.52	.04					12701
102757.9-394857	NGC 3250D	.L...*/	1.24± .04	29					
275.13 15.19	ESO 317- 31	PS	.80± .03	.40	14.32 ±.14				
155.36 -38.02		-1.7± .8		.00					
102546.0-393336	PGC 30792		1.16						
1027.9 +4959		.S..6*.	1.07± .07	5					
163.23 54.39	UGC 5668	U	.21± .06	.00					
57.60 -9.38		6.0±1.2		.30					
1024.9 +5015	PGC 30795		1.07	.10					
102802.0-420639		PSBR3?.	1.18± .04	74					
276.42 13.26	ESO 317- 32	Sr (1)	.47± .04	.52	14.56 ±.14				
158.16 -37.50		3.4± .5		.65					
102552.0-415118	PGC 30798	3.3± .7	1.22	.23					
102817.6+794929	NGC 3212	.SB?...	1.19± .06	107					
130.19 35.19	UGC 5643		.15± .06	.01	14.11 ±.19				9769± 42
34.38 9.49	IRAS10232+8004			.22	12.75				9913
102313.2+800447	PGC 30813		1.19	.07	13.82				9795
102818.7-313109	IC 2580	.SBT5..	1.27± .03		13.2 ±.2	.66± .06	.67± .02		3132± 10
270.37 22.15	ESO 436- 25	RSr (2)	.03± .04	.23	13.27 ±.14	.01± .05			3137± 59
144.90 -39.18	IRAS10260-3115	4.8± .5	1.09± .06	.05	13.34	.58	14.07± .15		2920
102601.0-311548	PGC 30814	2.6± .5	1.29	.02	12.96	-.05	14.31± .26		3450
102819.1-352715	NGC 3258A	.LX.+*.	1.06± .05	169	14.1 ±.3	.92± .03	.98± .02		
272.71 18.88	ESO 375- 32	PS	.39± .03	.28	14.56 ±.14	.42± .06	.51± .03		2930± 60
149.90 -38.71		-1.3± .7	.59± .10	.00		.78	12.58± .34		2713
102604.0-351154	PGC 30815		1.03		14.16	.32	13.29± .40		3236
102820.8+223420		.S?....	1.26± .04	158				15.83±.3	531± 10
212.93 57.33	UGC 5672		.52± .05	.00	14.48 ±.19				
81.34 -25.27				.78				86± 7	465
102536.0+224940	PGC 30818		1.26	.26	13.70			1.87	840

R.A. 2000 DEC. l b SGL SGB R.A. 1950 DEC.	Names PGC	Type S_T n_L T L	$\log D_{25}$ $\log R_{25}$ $\log A_e$ $\log D_o$	p.a. A_g A_i A_{21}	B_T m_B m_{FIR} B_T^o	$(B-V)_T$ $(U-B)_T$ $(B-V)_T^o$ $(U-B)_T^o$	$(B-V)_e$ $(U-B)_e$ m'_e m'_{25}	m_{21} W_{20} W_{50} HI	V_{21} V_{opt} V_{GSR} V_{3K}
102822.5+682459	IC 2574	.SXS9..	2.12± .02	50	10.80 ±.19	.44± .08	.47± .03	10.87±.1	47± 3
140.20 43.60	UGC 5666	R (1)	.39± .03	.07	10.8 ±.3			123± 6	-4± 58
43.28 2.31	DDO 81	9.0± .3	1.84± .04	.40	11.68	.34	15.49± .09	115± 3	154
102441.3+684018	PGC 30819	8.0± .8	2.13	.19	10.33		15.28± .22	.35	141
102824.8-342821		.SAT4..	1.02± .05	143					
272.15 19.71	ESO 375- 33	S (1)	.10± .04	.36	15.13 ±.14				
148.66 -38.83		4.0± .8		.15					
102609.0-341300	PGC 30823	4.4± .8	1.05	.05					
1028.4 -0314									
248.67 44.06	CGCG 9- 52			.06	15.3 ±.6				10519± 66
109.06 -36.08									10366
1025.9 -0259	PGC 30828								10870
102827.5+124222	NGC 3253	.SXT4..	1.08± .03		14.30 ±.14	.72± .03	.81± .03	15.58±.1	9689± 8
229.11 53.60	UGC 5674	U (2)	.02± .05	.08	13.96 ±.18			260± 6	9711± 59
91.20 -30.06	IRAS10257+1257	4.0± .8	.76± .02	.03	13.57	.63	13.59± .04	231± 7	9587
102547.8+125743	PGC 30829	3.1± .6	1.08	.01	14.00		14.47± .24	1.58	10022
1028.5 +1934		.S..9*.	1.27± .06					15.89±.1	1109± 5
218.18 56.46	UGC 5675	U	.19± .06	.03				77± 5	
84.26 -26.77		9.0±1.1		.20				63± 5	1032
1025.8 +1950	PGC 30831		1.27	.10					1426
102835.5+033339		.S..8*.	1.16± .07	6				15.36±.3	1153± 10
241.27 48.55	UGC 5677	U	1.00± .06	.06					
101.17 -33.79		8.0±1.4		1.23				109± 7	1021
102600.0+034900	PGC 30832		1.17	.50					1500
1028.7 +0340		.S..4..	1.04± .06	50					
241.16 48.64	UGC 5678	U	.18± .05	.06	14.55 ±.18				
101.05 -33.72		4.0± .9		.27					
1026.1 +0356	PGC 30839		1.04	.09					
102841.8+794848	NGC 3215	.S?....	1.04± .06	130					
130.19 35.21	UGC 5659		.02± .05	.01	14.00 ±.18				9468± 46
34.40 9.50				.03					9612
102338.2+800407	PGC 30840		1.04	.01	13.90				9493
102842.7+395016	A 1025+40		.62± .11						
180.40 57.91	CGCG 212- 11		.11± .12	.00	15.7 ±.2				8769± 35
65.97 -15.49	MK 415								8769
102546.9+400537	PGC 30842		.62						9014
102847.1-353928	NGC 3257	.LXS-*.	1.00± .03	0	14.11 ±.13	.98± .02	1.00± .02		
272.91 18.77	ESO 375- 36	RBS	.06± .03	.28	14.05 ±.14	.48± .05	.52± .05		3172± 32
150.14 -38.59		-2.7± .4	.49± .02	.00		.88	12.05± .08		2955
102632.0-352406	PGC 30849		1.03		13.76	.43	13.84± .21		3478
1028.8 +0412									
240.55 48.99	CGCG 37- 47			.07	15.2 ±.6				2234± 82
100.46 -33.50	8ZW 81								2104
1026.2 +0428	PGC 30852								2580
1028.8 +6649		.I..9..	1.14± .13	155				15.46±.1	1120± 10
141.77 44.73	UGC 5671	U	.39± .12	.03				116± 6	
44.53 1.33		10.0± .9		.29				108± 5	1222
1025.2 +6705	PGC 30853		1.14	.20					1224
102853.6+194535		.SB.3..	1.09± .06	165				18.73±.3	8134± 9
217.92 56.60	UGC 5681	U	.65± .05	.02	15.42 ±.18				
84.13 -26.60	IRAS10261+2000	3.0±1.0		.90				77± 5	8057
102610.3+200057	PGC 30855		1.09	.33	14.44			3.97	8451
1028.9 +2620		.S?....	1.21± .05	122					6488± 10
206.08 58.27	UGC 5679		.46± .05	.00	14.8 ±.2				
77.87 -23.17	IRAS10261+2635			.68	13.76				6436
1026.1 +2635	PGC 30856		1.21	.23	14.06				6785
102853.8-313634		PLASOP.	1.37± .06	0	12.6 ±.2	.88± .07			
270.54 22.15	ESO 436- 27	S	.30± .03	.23	12.73 ±.14	.15± .13			
145.00 -39.04	IRAS10266-3121	-2.0± .7		.00					
102636.0-312112	PGC 30857		1.35				13.55± .36		
102854.2-353622	NGC 3258	.E.1...	1.46± .03	75	12.49 ±.13	1.01± .01	1.05± .01		
272.90 18.82	ESO 375- 37	R	.07± .03	.28	12.44 ±.11	.54± .04	.58± .02		2792± 28
150.07 -38.57		-5.0± .3	1.00± .03	.00		.92	12.98± .09		2576
102639.0-352100	PGC 30859		1.48		12.14	.49	14.61± .23		3098
102857.5-354815		.IXS9..	1.15± .08						
273.03 18.66		S (1)	.14± .08	.27					
150.32 -38.53		10.0± .8		.11					
102642.5-353253	PGC 30860	10.0± .8	1.18	.07					

R.A. 2000 DEC. / l b / SGL SGB / R.A. 1950 DEC.	Names / PGC	Type / S_T n_L / T / L	$\log D_{25}$ / $\log R_{25}$ / $\log A_e$ / $\log D_o$	p.a. / A_g / A_i / A_{21}	B_T / m_B / m_{FIR} / B_T^o	$(B-V)_T$ / $(U-B)_T$ / $(B-V)_T^o$ / $(U-B)_T^o$	$(B-V)_e$ / $(U-B)_e$ / m'_e / m'_{25}	m_{21} / W_{20} / W_{50} / HI	V_{21} / V_{opt} / V_{GSR} / V_{3K}
102900.9-400459	NGC 3250E	.SXS6*.	1.32± .04	142				13.92±.3	2818± 9
275.46 15.07	ESO 317- 34	PS (1)	.17± .04	.48	13.19 ±.14			188± 10	2570± 19
155.63 -37.77	IRAS10268-3949	6.0± .6		.25	12.11				2554
102649.0-394936	PGC 30865	4.4± .8	1.36	.08	12.45			1.39	3066
102901.3-442411	NGC 3256B	.SBS4*.	1.26± .04	135					
277.82 11.42	ESO 263- 39	PS (1)	.53± .04	.68	13.78 ±.14				
160.87 -36.76	IRAS10268-4408	4.2± .6		.78	11.57				
102653.1-440848	PGC 30867	5.6± .9	1.33	.26					
102902.1-443923	NGC 3261	.SBT3..	1.57± .03	85				13.13±.2	2553± 6
277.96 11.20	ESO 263- 40	R (2)	.12± .03	.68	12.00 ±.12			367± 10	2582± 66
161.17 -36.70	IRAS10268-4423	3.0± .3		.16	11.71			369± 12	2330
102654.0-442400	PGC 30868	1.5± .4	1.63	.06	11.15			1.93	2828
1029.0 +5442		.SB.8*.	1.13± .07	15					1412
156.21 52.21	UGC 5676	U	.18± .06	.00	14.54 ±.20				
53.98 -6.30		8.0±1.2		.22					1470
1025.9 +5458	PGC 30871		1.13	.09	14.31				1584
102905.9-435111	NGC 3256C	.SBT7..	1.19± .04	159					
277.54 11.89	ESO 263- 41	R (1)	.13± .04	.59	13.31 ±.14				2550±190
160.21 -36.89	FAIR 431	7.0± .4		.18	12.03				2328
102657.1-433548	PGC 30873	5.6± .6	1.25	.07	12.53				2828
102906.2-353540	NGC 3260	.E...P*	1.09± .03	2	13.71 ±.13	1.06± .01	1.14± .01		
272.93 18.85	ESO 375- 40	RBS	.11± .04	.28	13.72 ±.14				2416± 32
150.05 -38.53		-4.7± .5	.42± .03	.00		.97	11.30± .10		2200
102651.0-352018	PGC 30875		1.10		13.40		13.88± .22		2722
102906.5-440941	NGC 3262	.LXT+P.	1.05± .04	108					
277.71 11.63	ESO 263- 42	RBSr	.09± .04	.59	14.24 ±.14				2834± 87
160.57 -36.81		-1.5± .3		.00					2611
102658.0-435418	PGC 30876		1.11		13.57				3111
102910.6-302040	IC 2582	.SXR5..	1.15± .04						
269.82 23.23	ESO 436- 28	Sr (1)	.10± .03	.14	13.68 ±.14				4210± 60
143.38 -39.09	IRAS10268-3005	4.8± .6		.15	12.56				4000
102652.0-300518	PGC 30880	2.2± .8	1.16	.05	13.37				4531
102912.6+060738		.S..6*.	1.31± .04	111				14.71±.2	3563± 6
238.28 50.23	UGC 5687	U	.96± .05	.02	14.79 ±.18			275± 7	
98.37 -32.67		6.0±1.3		1.40				258± 5	3439
102636.0+062300	PGC 30885		1.31	.48	13.36			.88	3907
102913.7-440617	NGC 3263	.SBT6*/	1.71± .04	97	12.5 ±.2	.61± .05		12.70±.3	3015± 13
277.69 11.69	ESO 263- 43	R	.56± .05	.59	11.46 ±.14	.31± .12		586± 21	
160.50 -36.81	IRAS10270-4351	6.0± .3		.82	10.78	.35			2792
102705.1-435054	PGC 30887		1.76	.28	10.38	.12	14.50± .30	2.04	3292
102916.9+260558	NGC 3251	.SB?...	1.30± .04	55				15.35±.3	5087± 9
206.56 58.32	UGC 5684		.70± .05	.04	14.27 ±.18				5131± 50
78.14 -23.22	IRAS10264+2621			1.05	13.26			471± 5	5035
102630.2+262120	PGC 30892		1.30	.35	13.16			1.85	5387
102920.0+292928	NGC 3254	.SAS4..	1.70± .02	46	12.41 ±.13	.68± .03	.76± .02	13.29±.1	1365± 9
200.11 58.75	UGC 5685	R (2)	.50± .03	.04	12.17 ±.13	.09± .04	.19± .03	431± 5	1223± 14
75.05 -21.36	IRAS10265+2944	4.0± .3	1.14± .02	.74		.57	13.60± .05	399± 7	1286
102631.4+294450	PGC 30895	3.3± .6	1.71	.25	11.49	.00	14.52± .17	1.54	1613
1029.4 +6017		.S?....	.95± .05	165					
148.97 49.03	UGC 5680		.54± .04	.00	15.1 ±.2				7024±125
49.64 -2.75				.82					7103
1026.1 +6033	PGC 30898		.95	.27	14.24				7166
1029.4 -0344									
249.41 43.89	CGCG 9- 57			.05	15.3 ±.6				8549± 66
109.75 -35.99									8395
1026.9 -0329	PGC 30899								8901
102929.7+193715		.SB?...	.97± .07					16.12±.3	8072± 9
218.25 56.69	UGC 5690		.08± .05	.03	14.46 ±.18				8071± 50
84.35 -26.55	IRAS10267+1952			.11	13.44			209± 5	7995
102646.5+195238	PGC 30903		.97	.04	14.27			1.80	8390
102930.1-034541		.E?....							
249.45 43.89	MCG 0-27- 22			.05	14.8 ±.6				9241± 66
109.78 -35.98									9087
102658.0-033018	PGC 30904								9593
102931.5-351535	A 1027-35A	.L..-./	1.11± .05	148					
272.81 19.18	ESO 375- 41	RS	.61± .03	.28	14.61 ±.14				1862± 66
149.61 -38.50		-2.8± .6		.00					1646
102716.0-350012	PGC 30905		1.06		14.31				2169

R.A. 2000 DEC. / l b / SGL SGB / R.A. 1950 DEC.	Names / PGC	Type / S_T n_L / T / L	$\log D_{25}$ / $\log R_{25}$ / $\log A_e$ / $\log D_o$	p.a. / A_g / A_i / A_{21}	B_T / m_B / m_{FIR} / B_T^o	$(B\text{-}V)_T$ / $(U\text{-}B)_T$ / $(B\text{-}V)_T^o$ / $(U\text{-}B)_T^o$	$(B\text{-}V)_e$ / $(U\text{-}B)_e$ / m'_e / m'_{25}	m_{21} / W_{20} / W_{50} / HI	V_{21} / V_{opt} / V_{GSR} / V_{3K}
102932.2-395029		.SBS1P.	1.15± .04	86					
275.41 15.33	ESO 317- 36	S	.21± .04	.37	13.40 ±.14				
155.31 -37.72	IRAS10273-3935	1.0± .8		.22	11.70				
102720.1-393506	PGC 30907		1.19	.11					
102937.2-240647		.SXS7..	1.29± .03	159				14.17±.3	3776± 11
265.93 28.39	ESO 501- 1	S (1)	.23± .03	.31	13.85 ±.14			252± 15	3940± 60
135.36 -39.15		7.0± .6		.32				235± 12	3580
102715.1-235124	PGC 30915	5.6± .6	1.32	.12	13.21			.85	4116
102938.6-035046		.SAR5*.	1.06± .06	90					
249.57 43.85	MCG -1-27- 9	E (1)	.14± .05	.05					
109.89 -35.97		5.0± .9		.20					
102706.6-033523	PGC 30917	5.3± .8	1.06	.07					
102946.4-382054		RSB.1P?	1.11± .05	73					
274.62 16.61	ESO 317- 38	Sr	.49± .04	.27	14.55 ±.14				
153.46 -37.96	IRAS10275-3805	1.0±1.0		.50	13.14				
102733.0-380530	PGC 30927		1.13	.25					
102946.8+130104		.S?....	1.10± .05	96				15.74±.3	2940± 10
228.90 54.04	UGC 5695		.43± .05	.08	14.66 ±.18				
91.05 -29.63				.65				231± 7	2840
102707.0+131627	PGC 30928		1.10	.22	13.92			1.61	3273
102949.6+161059	A 1027+16								
224.01 55.46	CGCG 94- 75			.06	15.1 ±.3				3200± 45
87.81 -28.15	MK 631								3111
102708.2+162622	PGC 30932								3526
102949.7-351924	NGC 3267	.LXR0..	1.26± .04	148					
272.91 19.16	ESO 375- 42	R	.22± .03	.28	13.50 ±.14				3745± 41
149.68 -38.43		-2.0± .4		.00					3528
102734.3-350400	PGC 30934		1.26		13.17				4052
1029.8 +1950		.S..3..	1.13± .05	37					
217.92 56.84	UGC 5696	U (1)	.23± .05	.02	14.40 ±.19				
84.18 -26.37	IRAS10271+2005	3.0± .9		.31					
1027.1 +2005	PGC 30935	2.5±1.2	1.13	.11					
102951.8-345442	IC 2584	.L...*/	1.30± .04	133	13.6 ±.2	.93± .02	.97± .02		
272.67 19.51	ESO 375- 43	PBS	.65± .03	.30	13.62 ±.14	.47± .04	.46± .04		2549± 19
149.16 -38.47		-2.0± .6	.33± .05	.00		.78	10.74± .15		2333
102736.0-343918	PGC 30938		1.23		13.28	.36	13.33± .30		2857
1029.8 -3522	A 1027-35B	.E...*.							
272.95 19.12	MCG 6-23- 0	RS		.28					1781± 66
149.75 -38.41		-4.6± .4							1565
1027.6 -3507	PGC 30939								2088
102957.6-351330	NGC 3269	.LAR+..	1.40± .03	8					
272.87 19.26	ESO 375- 44	R	.34± .03	.28	13.24 ±.14				3799± 41
149.55 -38.41		-1.0± .4		.00					3583
102742.1-345806	PGC 30945		1.38		12.91				4106
103000.6-351930	NGC 3268	.E.2...	1.54± .03	71	12.5 ±.2	1.05± .02	1.07± .01		
272.94 19.18	ESO 375- 45	R	.14± .03	.28	12.43 ±.11	.55± .08	.59± .03		2805± 22
149.68 -38.39		-5.0± .3	1.08± .06	.00		.96	13.41± .22		2589
102745.1-350406	PGC 30949		1.54		12.13	.50	14.85± .27		3112
103010.7-030951		.LXT+*.	1.31± .08	40	13.75 ±.19	1.02± .03	1.07± .02		
249.01 44.42	MCG 0-27- 23	E	.09± .07	.06	13.4 ±.2				11438± 36
109.13 -35.64		-1.0± .8	.93± .07	.00		.89	13.89± .25		11286
102738.3-025427	PGC 30960		1.31		13.39		14.96± .49		11790
103014.7-441836		.SBS7*.	1.14± .05	13					
277.96 11.61	ESO 263- 46	S (1)	.54± .04	.58	15.32 ±.14				
160.69 -36.58		7.3±1.1		.74					
102806.0-440312	PGC 30966	6.7± .9	1.19	.27					
1030.2 +4407		.S..4..	1.28± .04	127					8707± 10
172.57 57.03	UGC 5698	U	.95± .05	.00					
62.60 -12.68		4.0± .9		1.39					8724
1027.3 +4423	PGC 30971		1.28	.47					8933
103020.2-342413		.L.+*/P	1.11± .05	10					
272.47 19.99	ESO 375- 47	S	.46± .03	.31	14.56 ±.14				3040± 19
148.51 -38.44	IRAS10280-3408	-1.0±1.3		.00	13.38				2825
102804.1-340848	PGC 30976		1.07		14.21				3350
1030.3 +2244		.S..6*.	1.14± .07	71					
212.85 57.82	UGC 5704	U	1.16± .06	.00					
81.44 -24.79		6.0±1.4		1.47					
1027.6 +2300	PGC 30978		1.14	.50					

R.A. 2000 DEC. l b SGL SGB R.A. 1950 DEC.	Names PGC	Type S_T n_L T L	$\log D_{25}$ $\log R_{25}$ $\log A_e$ $\log D_o$	p.a. A_g A_i A_{21}	B_T m_B m_{FIR} B_T^o	$(B-V)_T$ $(U-B)_T$ $(B-V)_T^o$ $(U-B)_T^o$	$(B-V)_e$ $(U-B)_e$ m'_e m'_{25}	m_{21} W_{20} W_{50} HI	V_{21} V_{opt} V_{GSR} V_{3K}
1030.3 +7003	A 1026+70A	.SB.9*.	1.60± .04	145	13.8 ±.2	.59± .07	.54± .03	14.45±.1	1921± 6
138.45 42.58	UGC 5688	U (1)	.31± .06	.10		-.25± .09	-.16± .04	84± 7	2055± 60
42.12 3.48	DDO 80	9.0±1.0	1.16± .05	.32		.49	15.12± .11	54± 12	2035
1026.6 +7018	PGC 30983	9.0± .9	1.61	.16	13.38	-.32	15.87± .31	.91	2007
103023.8-302342		.SXT5*.	1.19± .04					15.35±.3	4079± 10
270.09 23.34	ESO 436- 29	S (1)	.10± .04	.15	13.46 ±.14			93± 6	4107± 41
143.42 -38.82	IRAS10280-3008	5.0± .8		.15	12.64			68± 5	3870
102805.1-300818	PGC 30984	2.2± .9	1.21	.05	13.14			2.16	4402
103023.9-351512		.LXT0..	1.06± .10						
272.97 19.28		S	.27± .08	.28					
149.57 -38.32		-2.0± .9		.00					
102808.2-345947	PGC 30985		1.05						
103026.6-352131	NGC 3271	.LBR0..	1.49± .03	106	12.86 ±.13	1.09± .01	1.10± .01		
273.04 19.20	ESO 375- 48	R	.23± .03	.25	12.63 ±.11	.59± .02	.64± .02		3794± 66
149.70 -38.30		-2.0± .3	.73± .02	.00		.98	12.00± .08		3578
102811.0-350606	PGC 30988		1.48		12.42	.52	14.59± .22		4101
103029.2-353649	NGC 3273	.LAR0..	1.23± .03	97	13.55 ±.13	1.06± .02	1.07± .01		
273.19 18.99	ESO 375- 49	R	.35± .03	.25	13.50 ±.14	.54± .03	.60± .03		2429± 66
150.02 -38.25		-2.0± .4	.50± .02	.00		.95	11.54± .06		2213
102813.8-352124	PGC 30992		1.20		13.24	.45	13.67± .19		2735
103032.0-461613		.SXS9*.	1.08± .05	110					
279.05 9.97	ESO 263- 47	S (1)	.14± .05	.86	14.91 ±.14				
162.99 -36.01		9.0± .6		.15					
102825.0-460048	PGC 30994	10.0± .6	1.16	.07					
1030.5 -0312									
249.15 44.46	CGCG 9- 66			.06	15.13 ±.18				11319± 66
109.21 -35.57									11167
1028.0 -0257	PGC 30995								11671
1030.6 +7037	A 1026+70B	.S..9*.	1.51± .04	0	13.47 ±.19	.80± .06	.70± .03		
137.89 42.18	UGC 5692	U (1)	.26± .06	.07	14.4 ±.5	.07± .07	.01± .04		180± 60
41.69 3.85	DDO 82	9.0±1.0	1.14± .04	.27		.73	14.66± .09		295
1026.8 +7052	PGC 30997	9.0±1.3	1.52	.13	13.24	.00	15.22± .32		262
1030.6 +7413		.I..9..	1.08± .08	140					2805
134.66 39.53	UGC 5686	U	.04± .06	.16					
38.87 6.11		10.0± .8		.03					2932
1026.5 +7429	PGC 30998		1.09	.02					2865
1030.6 +5330		.S..3..	1.06± .06						
157.69 53.04	UGC 5703	U (1)	.12± .05	.00	15.2 ±.3				
55.07 -6.87		3.0± .9		.17					
1027.5 +5346	PGC 31003	4.5±1.1	1.06	.06					
1030.8 +7353		.S..7..	1.23± .05	154					
134.94 39.79	UGC 5689	U	1.02± .05	.13	15.43 ±.18				
39.15 5.90	IRAS10267+7408	7.0± .9		1.38	13.51				
1026.7 +7408	PGC 31011		1.24	.50					
103051.8-364425	NGC 3275	.SBR2..	1.45± .03		11.8 V±.2				
273.90 18.08	ESO 375- 50	R (1)	.12± .04	.23	12.52 ±.11				3211± 66
151.42 -38.01	IRAS10286-3628	2.0± .7	.85± .06	.15	12.63				2994
102837.1-362900	PGC 31014	1.1± .8	1.47	.06	12.11				3514
1030.9 -0347		.S..5P/	1.02± .09	15					
249.83 44.12		E	.76± .08	.06					
109.94 -35.65		5.0±1.8		1.13					
1028.4 -0332	PGC 31017		1.03	.38					
103100.2-343350	IC 2587	PLBS-..	1.31± .05	10	13.3 ±.2	.98± .03	1.00± .02		
272.68 19.93	ESO 375- 51	PBSr	.13± .04	.31	13.38 ±.14	.51± .05	.49± .05		2111± 18
148.69 -38.29	IRAS10287-3418	-2.9± .4	.84± .07	.00	13.66	.88	12.97± .25		1896
102844.0-341824	PGC 31020		1.33		13.02	.44	14.40± .32		2421
103100.6-365832		.SB.0*P	1.12± .05	0					
274.06 17.90	ESO 375- 52	S	.31± .04	.23	14.39 ±.14				9126± 19
151.70 -37.95		.0±1.2		.23					8909
102846.0-364306	PGC 31022		1.13		13.79				9428
103101.5-490244		.SBT7?.	1.18± .07	125					
280.58 7.64	ESO 214- 13	Sr (1)	.43± .07	1.20					
166.20 -35.12	IRAS10289-4847	6.8±1.0		.59	12.37				
102857.0-484718	PGC 31023	5.6±1.3	1.29	.21					
103102.8-284308	IC 2586	.E.4...	1.17± .03	79	13.54 ±.13	1.00± .01	1.01± .01		
269.19 24.80	ESO 436- 30	S	.13± .04	.16	13.68 ±.14				3663± 25
141.27 -38.77	IRAS10288-2824	-5.0± .8	.67± .03	.00		.93	12.38± .10		3455
102843.0-282742	PGC 31025		1.16		13.39		14.06± .23		3988

R.A. 2000 DEC.	Names	Type	$\log D_{25}$	p.a.	B_T	$(B\text{-}V)_T$	$(B\text{-}V)_e$	m_{21}	V_{21}
l b		S_T n_L	$\log R_{25}$	A_g	m_B	$(U\text{-}B)_T$	$(U\text{-}B)_e$	W_{20}	V_{opt}
SGL SGB		T	$\log A_e$	A_i	m_{FIR}	$(B\text{-}V)^o_T$	m'_e	W_{50}	V_{GSR}
R.A. 1950 DEC.	PGC	L	$\log D_o$	A_{21}	B^o_T	$(U\text{-}B)^o_T$	m'_{25}	HI	V_{3K}
1031.0 +7851		.SXT5..	1.04± .06						
130.82 36.02	UGC 5682	U	.03± .05	.01	15.1 ±.3				
35.23 9.00		5.0± .8		.04					
1026.3 +7907	PGC 31027		1.04	.01					
103107.1+284748	NGC 3265	.E...*.	1.11± .06	73				16.72±.3	1447± 8
201.52 59.08	UGC 5705	PU	.11± .03	.06	13.87 ±.15				1421± 25
75.91 -21.42	IRAS10282+2903	-5.0± .7		.00	12.35			185± 11	1403
102819.1+290313	PGC 31029		1.09		13.79				1735
103109.5-395644	NGC 3276	.L...*.	1.02± .06	74					
275.74 15.41	ESO 317- 40	S	.27± .04	.40	14.44 ±.14				
155.36 -37.39		-2.0±1.9		.00					
102857.0-394118	PGC 31031		1.02						
1031.1 +3430		.I..9..	1.14± .13					15.88±.1	1494± 5
190.37 59.16	UGC 5706	U	.10± .12	.02				44± 4	
70.83 -18.21		10.0± .8		.07				36± 4	1474
1028.3 +3446	PGC 31032		1.14	.05					1762
103111.3-461502		.LAS0?.	1.42± .04	168	12.5 ±.2	1.04± .03	1.12± .01		
279.14 10.04	ESO 263- 48	S	.25± .04	.86	12.70 ±.14	.56± .03	.63± .01		2889± 57
162.93 -35.91	IRAS10290-4559	-2.0± .6	1.04± .04	.00	12.54	.80	13.17± .13		2666
102904.1-455936	PGC 31035		1.48		11.73	.37	13.87± .31		3158
1031.2 +7206		.SB?...	1.13± .04						
136.48 41.13	UGC 5700		.07± .04	.19	14.8 ±.3				6689±125
40.56 4.82				.09					6809
1027.3 +7222	PGC 31036		1.15	.03	14.48				6762
103112.8+042815		.SB.7*.	1.54± .02	168				13.46±.1	1175± 5
240.80 49.63	UGC 5708	U	.75± .04	.05	13.8 ±.2			195± 7	1307± 76
100.44 -32.84		7.0±1.1		1.04				174± 12	1047
102837.0+044340	PGC 31037		1.54	.38	12.71			.38	1523
103114.4+430815		.SXS6..	1.37± .03	155				14.68±.1	2800± 11
174.20 57.51	UGC 5707	U	.14± .05	.00	14.1 ±.3			123± 16	
63.52 -13.13	KUG 1028+433	6.0± .7		.21				111± 12	2814
102816.5+432340	PGC 31040		1.37	.07	13.91			.70	3031
103116.1+192308		.S..7*.	1.13± .05	115				15.89±.3	6222± 7
218.91 57.00	UGC 5709	U	.20± .05	.04	14.8 ±.3				
84.81 -26.30		7.0±1.2		.27				247± 5	6145
102833.2+193833	PGC 31042		1.13	.10	14.48			1.31	6541
103119.1-083528		PSBT1P?	1.12± .06	65					
254.43 40.73	MCG -1-27- 11	E	.12± .05	.10					
115.77 -36.79		1.0±1.2		.12					
102849.2-082002	PGC 31047		1.13	.06					
103122.9-420338		.SBR4*P	1.17± .05	106					
276.93 13.63	ESO 317- 41	S (1)	.54± .04	.56	14.42 ±.14				
157.93 -36.91	IRAS10292-4148	4.0± .8		.80	11.68				
102912.1-414812	PGC 31051	3.3± .9	1.23	.27					
103124.9-351314	NGC 3258C	.SBR1..	1.07± .04	48					
273.13 19.42	ESO 375- 53	S	.13± .04	.31	14.61 ±.14				2597± 19
149.50 -38.12		1.0± .8		.14					2381
102909.0-345748	PGC 31053		1.10	.07	14.13				2905
103125.2-295720		.SBS7..	1.11± .05					15.39±.3	4061± 10
270.02 23.82	ESO 436- 31	S (1)	.10± .05	.15	15.03 ±.14			144± 6	
142.84 -38.63		7.0± .8		.14				107± 5	3852
102906.0-294154	PGC 31055	6.7± .9	1.12	.05	14.72			.61	4383
103129.5-324251		.S..1*.	1.01± .05	165					
271.69 21.53	ESO 436- 32	S	.33± .05	.26	15.09 ±.14				
146.34 -38.39	IRAS10291-3227	1.0±1.2		.34	13.38				
102912.1-322724	PGC 31058		1.03	.17					
103130.2+245209	NGC 3270	.SXR3*.	1.50± .03	10	13.9 ±.3	.85± .05		14.44±.1	6264± 4
209.05 58.58	UGC 5711	U (1)	.58± .04	.00	13.6 ±.2	.41± .07		544± 4	6284± 42
79.58 -23.45	IRAS10287+2507	3.0± .8		.80	13.29	.70		514± 5	6208
102844.6+250735	PGC 31059	2.5±1.1	1.50	.29	12.82	.28	14.80± .34	1.33	6567
1031.5 +3222		.S..6*.	1.00± .08	43					
194.54 59.32	UGC 5712	U	.94± .06	.03					
72.75 -19.35		6.0±1.4		1.38					
1028.7 +3238	PGC 31063		1.00	.47					
103132.9-393333		.L..-..	1.11± .05	62					
275.60 15.77	ESO 317- 42	S	.23± .05	.26	14.04 ±.14				
154.87 -37.39		-3.0± .9		.00					
102920.0-391806	PGC 31064		1.10						

R.A. 2000 DEC.	Names	Type	$\log D_{25}$	p.a.	B_T	$(B-V)_T$	$(B-V)_e$	m_{21}	V_{21}
l b		S_T n_L	$\log R_{25}$	A_g	m_B	$(U-B)_T$	$(U-B)_e$	W_{20}	V_{opt}
SGL SGB		T	$\log A_e$	A_i	m_{FIR}	$(B-V)^o_T$	m'_e	W_{50}	V_{GSR}
R.A. 1950 DEC.	PGC	L	$\log D_o$	A_{21}	B^o_T	$(U-B)^o_T$	m'_{25}	HI	V_{3K}
103134.8+002839		.S..4..	1.04± .06	155					
245.52 47.15	UGC 5715	U	.18± .05	.14	14.20 ±.18				8582± 50
105.01 -34.17		4.0± .9		.27					8441
102900.7+004405	PGC 31067		1.05	.09	13.74				8933
103135.6-395721	NGC 3278	.SAS5?.	1.12± .05	62					
275.82 15.44	ESO 317- 43	S	.15± .05	.40	13.02 ±.14				
155.35 -37.31	IRAS10293-3941	5.0±1.2		.22	10.96				
102923.1-394154	PGC 31068		1.16	.07					
1031.6 +2559		.S..4..	1.22± .05	5					
206.95 58.82	UGC 5713	U	.48± .05	.03	14.58 ±.19				
78.56 -22.84	IRAS10288+2614	4.0± .9		.70	13.40				
1028.8 +2614	PGC 31075		1.22	.24					
103140.1-452903		.SBT6P.	1.19± .05	164					
278.81 10.74	ESO 263- 51	S (1)	.38± .04	.77	14.21 ±.14				
162.00 -36.03	IRAS10295-4513	5.7± .7		.56	12.61				
102932.0-451336	PGC 31076	5.6± .9	1.26	.19					
103143.4+251827		.S..9*.	1.11± .07					14.95±.1	1277± 7
208.24 58.71	UGC 5716	U	.20± .06	.00				120± 6	
79.20 -23.18		9.0±1.2		.20				118± 3	1222
102857.6+253353	PGC 31081		1.11	.10					1579
103145.1+464024		.SBS5..	.98± .07	85					
168.07 56.35	UGC 5714	U	.10± .05	.00	14.60 ±.18				
60.67 -10.93	IRAS10287+4655	5.0± .9		.15					
102844.2+465550	PGC 31083		.98	.05					
103148.2-263357		.LX.-..	1.18± .05						
267.99 26.67	ESO 501- 3	S	.07± .03	.24	13.77 ±.14				
138.51 -38.67		-3.0± .8		.00					
102927.0-261830	PGC 31085		1.20						
103148.4-360151		.SB.1?.	1.13± .05	119					
273.67 18.78	ESO 375- 54	S	.86± .05	.24	15.22 ±.14				
150.50 -37.93		1.0±1.8		.88					
102933.0-354624	PGC 31086		1.16	.43					
103150.0-302309	IC 2588	PSBR1*.	1.15± .04	150				15.02±.3	3520± 11
270.37 23.52	ESO 436- 33	Sr	.08± .04	.10	13.65 ±.14			368± 15	3541± 15
143.38 -38.51	IRAS10295-3007	1.0± .6		.08				325± 12	3317
102931.1-300742	PGC 31088		1.16	.04	13.42			1.56	3848
103152.2-345127	NGC 3281	.SAS2P*	1.52± .03	140	12.7 ±.2	.98± .03	1.05± .02		
273.01 19.78	ESO 375- 55	RBCSr	.30± .03	.31	12.62 ±.11		.47± .07		3439± 41
149.03 -38.07	IRAS10295-3435	2.1± .3	1.05± .05	.37	11.25	.83	13.44± .15		3224
102936.0-343600	PGC 31090		1.55	.15	11.93		14.40± .26		3748
103155.8-352433	NGC 3258D	.SBS3*.	1.21± .04	5					
273.34 19.32	ESO 375- 58	PS	.26± .04	.31	13.99 ±.14				2722± 19
149.71 -37.99		3.0± .7		.35					2506
102940.0-350906	PGC 31094		1.24	.13	13.31				3029
1031.9 +7748		.I..9*.	1.12± .07	0					1621
131.61 36.86	UGC 5701	U	.35± .06	.02					
36.09 8.39		10.0±1.2		.26					1759
1027.4 +7804	PGC 31098		1.12	.17					1659
103159.0-351151		.L?....	1.09± .05	123					
273.23 19.51	ESO 375- 59		.10± .03	.31	14.43 ±.14				2289± 19
149.45 -38.01				.00					2073
102943.0-345624	PGC 31103		1.11		14.09				2597
103212.4-091422		RLA.-*.	1.13± .11	165					
255.22 40.39	MCG -1-27- 13	E	.11± .07	.10					
116.63 -36.72		-3.0± .9		.00					
102942.7-085855	PGC 31116		1.13						
103212.8-012936		PSXR1P*	.96± .17	40				15.47±.1	1171± 9
247.79 45.94	UGC 5723	E	.15± .12	.12				365± 12	
107.35 -34.65		1.0±1.3		.15					1024
102939.6-011409	PGC 31117		.97	.07					1523
103216.7+274013	NGC 3274	.SX.7?.	1.33± .03	100	13.21 ±.13	.39± .02		12.88±.1	537± 5
203.75 59.21	UGC 5721	PU (1)	.32± .03	.06	13.17 ±.14	-.14± .04		174± 5	519± 46
77.09 -21.81	IRAS10294+2755	6.8± .7		.44	13.14	.31		157± 8	491
102929.6+275540	PGC 31122	8.0± .9	1.34	.16	12.69	-.20	13.92± .22	.03	831
103217.0+120324		.S?....	.82± .13						
230.84 54.10	MCG 2-27- 24		.17± .07	.09	15.09 ±.19				9418± 61
92.37 -29.51	MK 722			.26					9315
102937.8+121851	PGC 31123		.83	.09	14.69				9754

R.A. 2000 DEC.	Names	Type	$\log D_{25}$	p.a.	B_T	$(B-V)_T$	$(B-V)_e$	m_{21}	V_{21}
l b		S_T n_L	$\log R_{25}$	A_g	m_B	$(U-B)_T$	$(U-B)_e$	W_{20}	V_{opt}
SGL SGB		T	$\log A_e$	A_i	m_{FIR}	$(B-V)^o_T$	m'_e	W_{50}	V_{GSR}
R.A. 1950 DEC.	PGC	L	$\log D_o$	A_{21}	B^o_T	$(U-B)^o_T$	m'_{25}	HI	V_{3K}
103220.3+560500	NGC 3264	.SB.8*.	1.46± .04	177	12.5 ±.4	.52± .04		14.15±.1	942± 11
153.94 51.84	UGC 5719	U	.37± .06	.00	13.9 ±.3	-.07± .05		175± 16	
53.19 -5.08	IRAS10291+5620	8.0±1.0		.46		.44		137± 12	1005
102908.6+562027	PGC 31125		1.46	.19	13.00	-.12	13.70± .48	.96	1107
103220.6-240216	IC 2589	.S?....	.95± .06	10					
266.46 28.81	ESO 501- 4		.20± .05	.25	14.27 ±.14				3700± 60
135.28 -38.53	IRAS10299-2346			.28	12.72				3500
102958.0-234648	PGC 31126		.97	.10	13.71				4036
103222.5-221804	NGC 3282	RLBR0?.	1.29± .04	82					
265.30 30.22	ESO 568- 16	S	.52± .03	.19	13.99 ±.14				3880± 60
133.06 -38.46		-2.0± .9		.00					3683
102959.0-220236	PGC 31129		1.24		13.74				4219
1032.3 +0233		.I..9?.	1.00± .08	157					6593
243.35 48.66	UGC 5726	U	.43± .06	.07					
102.71 -33.27		10.0±1.9		.32					6459
1029.8 +0249	PGC 31130		1.01	.22					6942
103225.2-345958	NGC 3258E	.S..3?/	1.20± .04	27					
273.19 19.72	ESO 375- 60	S	.67± .04	.31	15.42 ±.14				
149.19 -37.94		3.0±1.7		.92					
103009.0-344430	PGC 31131		1.23	.33					
103228.2-363158		.SXS7*.	1.05± .05	145					
274.07 18.43	ESO 375- 61	S (1)	.16± .05	.25	15.73 ±.14				
151.10 -37.72		7.0±1.2		.22					
103013.0-361630	PGC 31134	8.9± .8	1.07	.08					
103228.7-273152			.66± .07						
268.74 25.96	ESO 501- 5		.04± .05	.22	15.23 ±.14				4027± 76
139.74 -38.50									3821
103008.0-271624	PGC 31135		.68						4355
1032.4 +2709		.S?....	.89± .11						
204.76 59.19	MCG 5-25- 21		.00± .07	.01	15.07 ±.19				12043
77.58 -22.05				.00					11995
1029.7 +2725	PGC 31136		.89	.00	14.93				12339
103231.5+542356	A 1029+54	.I..9P*	1.00± .06					15.70±.1	1461± 7
156.20 52.80	UGC 5720	R	.03± .05	.00	13.4 ±.2			181± 5	1390± 42
54.54 -6.10	MK 33	10.0± .5		.02				113± 5	1516
102922.2+543923	PGC 31141		1.00	.01	13.39			2.29	1633
103235.3+650229	NGC 3259	.SXT4*.	1.34± .03	20				13.65±.3	1686± 17
143.26 46.23	UGC 5717	R (3)	.26± .03	.00	12.97 ±.13			295± 34	1760± 38
46.17 .51	IRAS10291+6517	4.0± .5		.38	12.91			259± 25	1794
102906.8+651756	PGC 31145	5.2± .6	1.34	.13	12.57			.95	1813
103239.4-172526		.IB.9..	1.18± .05	10					2645
261.91 34.17		S (1)	.17± .06	.25					
126.86 -38.00		10.0± .8		.12					2458
103013.4-170958	PGC 31148	9.8± .8	1.21	.08					2992
1032.7 +1955		.SB.2..	1.02± .06	5					
218.19 57.51	UGC 5729	U	.28± .05	.03	14.94 ±.18				
84.47 -25.74		2.0± .9		.35					
1030.0 +2011	PGC 31151		1.02	.14					
103244.2-283646		.S..3./	1.32± .04	60					
269.46 25.10	ESO 436- 34	S	.74± .03	.17	14.42 ±.14				3614± 76
141.11 -38.41	IRAS10303-2821	3.0± .9		1.02	13.05				3407
103024.0-282118	PGC 31154		1.34	.37	13.20				3940
1032.7 +1551	IC 616	.S..6*.	1.06± .06						5779
225.07 55.97	UGC 5730	U	.03± .05	.08	14.22 ±.19				
88.53 -27.68	IRAS10301+1606	6.0±1.2		.04					5689
1030.1 +1606	PGC 31159		1.07	.01	14.07				6107
103248.7-342359		.L...*/	1.18± .05	173					
272.92 20.27	ESO 375- 62	S	.84± .03	.30	14.79 ±.14				3160± 60
148.42 -37.94		-2.0±1.8		.00					2946
103032.0-340830	PGC 31160		1.09		14.44				3471
103248.8-273123	NGC 3285A	.SBT6*.	1.07± .04	171				15.40±.3	4300± 10
268.80 26.01	ESO 501- 8	PS (1)	.14± .03	.21	14.52 ±.14			214± 6	
139.73 -38.42		6.3± .5		.21				152± 5	4094
103028.1-271554	PGC 31161	3.9± .6	1.09	.07	14.09			1.24	4629
103250.2-301611		.SXR8..	1.08± .04					15.84±.3	3451± 10
270.49 23.73	ESO 436- 35	Sr (1)	.10± .03	.10	14.60 ±.14			167± 6	3451± 19
143.22 -38.30		8.0± .6		.12				141± 5	3242
103031.0-300042	PGC 31164	6.7± .9	1.09	.05	14.37			1.42	3773

R.A. 2000 DEC. l b SGL SGB R.A. 1950 DEC.	Names PGC	Type S_T n_L T L	$\log D_{25}$ $\log R_{25}$ $\log A_e$ $\log D_o$	p.a. A_g A_i A_{21}	B_T m_B m_{FIR} B_T^o	$(B-V)_T$ $(U-B)_T$ $(B-V)_T^o$ $(U-B)_T^o$	$(B-V)_e$ $(U-B)_e$ m'_e m'_{25}	m_{21} W_{20} W_{50} HI	V_{21} V_{opt} V_{GSR} V_{3K}
1032.9 -0629		.S?....	1.04± .09		14.60 ±.13	.95± .02			
252.91 42.54	MCG -1-27- 15		.28± .07	.10					4998± 62
113.34 -35.90				.39		.84			4837
1030.4 -0614	PGC 31165		1.05	.14	14.07		13.92± .51		5351
103255.4+283043	NGC 3277	.SAR2..	1.29± .03		12.50 ±.13	.82± .01	.83± .01	16.17±.1	1408± 7
202.15 59.45	UGC 5731	R (2)	.05± .03	.03	12.58 ±.14	.24± .03	.32± .04	381± 34	1460± 56
76.40 -21.24	IRAS10301+2846	2.0± .4	.88± .01	.06	13.26	.79	12.39± .04	253± 4	1366
103008.0+284611	PGC 31166	2.5± .7	1.29	.02	12.44	.22	13.67± .20	3.71	1700
103259.4-345311	NGC 3281C	.L..../	1.15± .05	160					
273.23 19.88	ESO 375- 63	RCS	.67± .03	.31	14.30 ±.14				2779± 19
149.03 -37.84		-2.0± .7		.00					2564
103043.0-343742	PGC 31173		1.09		13.95				3088
103302.6-385859		.SBS7*/	1.36± .04	11					
275.54 16.42	ESO 317- 46	S	.85± .04	.27	14.85 ±.14				
154.10 -37.21		7.0±1.3		1.17					
103049.0-384330	PGC 31178		1.38	.42					
103308.1-270547		.S?....	1.15± .05	172					
268.60 26.40	ESO 501- 10		.89± .04	.22	14.72 ±.14				4238± 76
139.18 -38.36				1.34					4033
103047.1-265018	PGC 31182		1.17	.45	13.14				4568
103313.6-072754		.LBT0..	1.15± .06	35					
253.88 41.88	MCG -1-27- 18	E	.08± .05	.13					
114.54 -36.07		-2.0± .8		.00					
103043.1-071225	PGC 31191		1.15						
1033.2 +6430		.S..4..	1.14± .05	29					
143.76 46.64	UGC 5727	U	.55± .05	.00	14.95 ±.18				
46.63 .24		4.0± .9		.81					
1029.8 +6446	PGC 31192		1.14	.28					
103317.7+644458	NGC 3266	.LX.0$.	1.19± .05	105					
143.49 46.48	UGC 5725	R	.07± .03	.01	13.42 ±.15				
46.44 .39		-2.0± .4		.00					
102950.3+650026	PGC 31198		1.18						
103330.2-265354		.L..0*.	1.14± .04	59					
268.55 26.61	ESO 501- 13	S	.39± .03	.26	13.94 ±.14				3594± 47
138.93 -38.28		-2.0±1.1		.00					3390
103109.1-263824	PGC 31212		1.11		13.63				3924
103335.9-272718	NGC 3285	.SBS1P.	1.41± .03	108	13.05 ±.13	1.02± .01	1.06± .01	14.88±.3	3378± 10
268.92 26.16	ESO 501- 15	R	.23± .03	.21	12.97 ±.11	.43± .02	.53± .02	594± 6	3502± 26
139.63 -38.25	IRAS10312-2711	1.0± .3	.87± .01	.23	13.51	.90	12.89± .04	556± 5	3190
103115.0-271148	PGC 31217		1.43	.11	12.52	.34	14.39± .21	2.25	3725
1033.8 +1252		.S..4..	.94± .09	0					
229.94 54.84	UGC 5735	U	.24± .06	.07	14.75 ±.18				
91.71 -28.80		4.0± .9		.35					
1031.2 +1308	PGC 31235		.95	.12					
103351.6-003342		.S..4..	1.04± .06	80					
247.21 46.88	UGC 5736	U	.09± .05	.13	14.7 ±.2				
106.43 -33.97		4.0± .9		.13					
103118.0-001812	PGC 31236		1.05	.04					
103353.8-274954		.S?....	.97± .06	74				16.45±.2	2694± 7
269.21 25.89	ESO 436- 38		.18± .04	.18	15.70 ±.14			198± 6	
140.11 -38.18				.27				68± 5	2488
103133.0-273424	PGC 31238		.99	.09	15.24			1.12	3022
1033.9 +1112	A 1031+11	.S..6*.	.96± .09	110	15.2 ±.2	.73± .09			
232.44 54.02	UGC 5737	U	.05± .06	.09	14.68 ±.19	-.25± .12			
93.46 -29.51		6.0±1.2		.07					
1031.3 +1128	PGC 31241		.97	.02			14.73± .50		
103359.5-301013		.S..4*/	1.22± .04	84					
270.66 23.95	ESO 436- 39	S	.76± .03	.15	14.92 ±.14				3365± 27
143.07 -38.06	IRAS10316-2954	4.0±1.3		1.12	12.88				3156
103140.0-295442	PGC 31242		1.24	.38	13.63				3688
103400.0-272012		.SBT2..	.92± .05						
268.92 26.31	ESO 501- 16	r	.12± .04	.21	14.78 ±.14				9683± 76
139.48 -38.16	IRAS10316-2704	2.2± .9		.14					9478
103139.0-270442	PGC 31243		.94	.06	14.33				10012
103401.3-351701		.SXT1P.	1.15± .05						
273.65 19.66	ESO 375- 64	S	.14± .05	.31	14.66 ±.14				2573± 19
149.49 -37.58	IRAS10317-3501	1.0± .8		.14	13.54				2358
103145.0-350130	PGC 31248		1.18	.07	14.17				2881

R.A. 2000 DEC. l b SGL SGB R.A. 1950 DEC.	Names PGC	Type S_T n_L T L	$\log D_{25}$ $\log R_{25}$ $\log A_e$ $\log D_o$	p.a. A_g A_i A_{21}	B_T m_B m_{FIR} B_T^o	$(B-V)_T$ $(U-B)_T$ $(B-V)_T^o$ $(U-B)_T^o$	$(B-V)_e$ $(U-B)_e$ m'_e m'_{25}	m_{21} W_{20} W_{50} HI	V_{21} V_{opt} V_{GSR} V_{3K}
103407.3-351925	NGC 3289	.LBT+*/	1.35± .04	153	13.44 ±.15	.93± .02	.94± .01		
273.69 19.63	ESO 375- 65	S	.60± .03	.31	13.68 ±.14	.46± .03	.47± .03		2702± 19
149.54 -37.56		-1.0±1.1	.78± .04	.00		.75	12.83± .12		2487
103151.0-350354	PGC 31253		1.29		13.22	.33	13.54± .25		3010
103413.8-731426	IC 2596	.SBT2..	1.08± .06	177					
293.33 -12.98	ESO 38- 2	Sr	.17± .05	.56					3390± 63
191.27 -24.79	FAIR 283	2.0± .5		.21	11.87				3184
103301.0-725854	PGC 31265		1.13	.09					3527
103415.0+525217		.S..0..	1.19± .05	156					
158.13 53.84	UGC 5734	U	.71± .05	.00	14.2 ±.2				7109
55.92 -6.83		.0± .9		.54					7161
103108.3+530747	PGC 31269		1.15		13.56				7292
103419.0-342413	NGC 3281D	.SBS7*/	1.31± .04	160					
273.20 20.43	ESO 375- 68	PS (1)	.70± .04	.35	14.67 ±.14				5366± 19
148.38 -37.63		6.7± .7		.97					5152
103202.0-340842	PGC 31273	5.6±1.3	1.35	.35	13.33				5677
103420.1+134512		.I..9?.	1.02± .06	152				16.73±.3	2976± 9
228.69 55.36	UGC 5739	U	.53± .05	.07	14.5 ±.3				3001± 50
90.87 -28.31	IRAS10316+1400	10.0±1.9		.39	12.09			217± 5	2880
103140.2+140043	PGC 31275		1.02	.26	14.02			2.45	3310
103421.3-321113		PSBT2*P	1.10± .04	48					
271.93 22.31	ESO 436- 40	S	.40± .03	.27	14.73 ±.14				
145.61 -37.84	IRAS10320-3155	2.0± .9		.49	12.99				
103203.1-315542	PGC 31276		1.12	.20					
103423.0+734549	NGC 3252	.SB.7?/	1.30± .04	35				14.83±.1	1136± 11
134.80 40.05	UGC 5732	PU	.50± .04	.13	14.12 ±.18			268± 16	
39.40 6.02	IRAS10303+7401	6.7± .7		.69	13.07			249± 12	1262
103022.9+740118	PGC 31278		1.31	.25	13.29			1.29	1199
103424.6-262931		.S?....	.93± .05	15					
268.48 27.06	ESO 501- 17		.50± .04	.25	15.02 ±.14				4429± 27
138.41 -38.08	IRAS10320-2613			.37	13.17				4225
103203.1-261400	PGC 31280		.93		14.33				4760
103430.3+351527		.S?....	.96± .05	30				15.60±.1	1516± 9
188.79 59.77	UGC 5738		.20± .04	.02	14.2 ±.2			155± 11	
70.59 -17.22	IRAS10316+3530			.30	13.74			145± 8	1500
103138.9+353058	PGC 31285		.96	.10	13.91			1.59	1782
1034.5 +7909		.S..9*.	1.14± .13	0					2742
130.43 35.89	UGC 5728	U	.18± .12	.01					
35.09 9.31		9.0±1.2		.18					2884
1029.8 +7925	PGC 31287		1.14	.09					2772
103437.0-273914	NGC 3285B	.SXR3*.	1.18± .03	43				15.69±.3	2952± 10
269.25 26.12	ESO 501- 18	RSr (1)	.12± .03	.19	13.89 ±.14			165± 6	3149± 76
139.88 -38.02	IRAS10322-2723	3.3± .3		.16	13.60			121± 5	2750
103216.1-272342	PGC 31293	5.0± .6	1.20	.06	13.52			2.12	3284
103437.6-432644		.SBS9..	1.05± .05						
278.20 12.76	ESO 264- 5	S (1)	.05± .05	.55	15.13 ±.14				
159.42 -36.02		9.0± .6		.05					
103227.0-431112	PGC 31295	9.4± .6	1.10	.02					
103438.4-283513		.E?....	.82± .07	49					
269.83 25.35	ESO 436- 42		.24± .05	.18	14.44 ±.14				3451± 22
141.06 -37.99	IRAS10323-2819			.00	12.14				3244
103218.0-281942	PGC 31296		.78		14.21				3778
103442.7+111157	NGC 3279	.S..7..	1.46± .03	152				15.60±.3	1392± 9
232.62 54.17	UGC 5741	U	.92± .05	.12	13.95 ±.18			356± 7	1422± 50
93.56 -29.35	IRAS10320+1127	7.0± .9		1.26	12.17			325± 7	1287
103204.0+112728	PGC 31302		1.47	.46	12.56			2.58	1731
103445.1-015809		.LBT+..	1.03± .06	135					
248.92 46.07	UGC 5745	UE	.11± .05	.11	13.86 ±.16				957
108.15 -34.20		-.5± .6		.00					810
103212.1-014237	PGC 31304		1.02		13.74				1310
1034.7 +2531		.S..6*.	1.00± .08	147					
208.08 59.43	UGC 5743	U	.49± .06	.00					
79.40 -22.48		6.0±1.3		.72					
1032.0 +2547	PGC 31306		1.00	.25					
1034.7 +5045		.SX.9..	1.24± .05	140				14.58±.1	651± 11
161.19 54.98	UGC 5740	U	.16± .05	.00	15.1 ±.4			163± 16	
57.67 -8.06		9.0± .8		.17				117± 12	695
1031.7 +5101	PGC 31307		1.24	.08	14.89			-.39	845

R.A. 2000 DEC. l b SGL SGB R.A. 1950 DEC.	Names PGC	Type S_T n_L T L	$logD_{25}$ $logR_{25}$ $logA_e$ $logD_o$	p.a. A_g A_i A_{21}	B_T m_B m_{FIR} B_T^o	$(B-V)_T$ $(U-B)_T$ $(B-V)_T^o$ $(U-B)_T^o$	$(B-V)_e$ $(U-B)_e$ m'_e m'_{25}	m_{21} W_{20} W_{50} HI	V_{21} V_{opt} V_{GSR} V_{3K}
103447.5-282956		.L?....	1.06± .06	105					
269.81 25.44	ESO 436- 44		.16± .04	.18	13.90 ±.14				3177± 47
140.95 -37.96				.00					2971
103227.0-281424	PGC 31310		1.06		13.68				3504
103447.7+213902	NGC 3287	.SBS7..	1.32± .03	20				15.21±.1	1306± 6
215.38 58.51	UGC 5742	R (2)	.33± .03	.01	13.03 ±.15			198± 11	1151± 49
83.07 -24.46	IRAS10320+2154	7.0± .4		.46	12.35			166± 6	1236
103204.1+215433	PGC 31311	6.0± .8	1.32	.17	12.56			2.49	1617
103448.2-271250		.L?....	.96± .06	37	14.5 ±.2	1.02± .04	1.04± .02		
269.01 26.51	ESO 501- 20		.11± .03	.27	14.70 ±.14	.51± .08	.55± .05		4306± 76
139.32 -37.99			.75± .08	.00		.91	13.70± .26		4101
103227.0-265718	PGC 31312		.97		14.30	.46	13.89± .35		4636
103450.5-283502		.SBT4..	1.34± .03	127				14.95±.2	3438± 7
269.87 25.38	ESO 436- 46	Sr (1)	.12± .04	.18	13.44 ±.14			301± 6	3790± 60
141.06 -37.95		3.7± .5		.17				230± 5	3237
103230.1-281930	PGC 31316	1.1± .8	1.36	.06	13.07			1.82	3770
103450.5-283056			.77± .07						
269.83 25.44	ESO 436- 45		.02± .06	.18	15.10 ±.14				3235± 76
140.97 -37.95									3028
103230.1-281524	PGC 31317		.79						3562
103455.6-062816		.SBT5?.	1.07± .06	75					
253.39 42.89	MCG -1-27- 20	E (1)	.27± .05	.10					
113.48 -35.41		5.0± .9		.41					
103224.6-061245	PGC 31326	3.1±1.2	1.08	.14					
103459.8-280450		.S?....	1.01± .05	154					
269.59 25.82	ESO 437- 2		.40± .04	.18	14.67 ±.14				2311± 76
140.42 -37.93	IRAS10326-2748			.60	13.37				2105
103239.0-274918	PGC 31330		1.02	.20	13.88				2639
103504.6+463336	A 1032+46	.L?....	.77± .08	110					
167.85 56.92	UGC 5744		.05± .04	.00	14.3 ±.2				3330± 41
61.12 -10.54	MK 146			.00	13.36				3358
103204.7+464907	PGC 31331		.76		14.29				3545
103508.5-434132	NGC 3366	PSBR3*.	1.34± .04	37	12.03 ±.14	.75± .01	.83± .01		
278.41 12.59	ESO 264- 7	BS (1)	.31± .05	.60	12.77 ±.14	.25± .03	.30± .03		3000± 60
159.69 -35.87	IRAS10329-4325	3.3± .5	1.06± .02	.43	11.58	.54	12.82± .05		2779
103258.0-432600	PGC 31335	2.6± .6	1.40	.16	11.34	.09	12.80± .29		3280
103508.9+450512		.SB.2..	1.16± .05	40					
170.34 57.50	UGC 5746	U	.20± .05	.00	14.06 ±.18				7588± 50
62.34 -11.41		2.0± .8		.25					7610
103210.4+452043	PGC 31336		1.16	.10	13.74				7810
103516.9-071448		.SBS1P?	1.08± .06	85					
254.19 42.38	MCG -1-27- 21	E	.27± .05	.12					
114.43 -35.52		1.0±1.3		.27					
103246.2-065916	PGC 31345		1.09	.13					
103517.6-171636	NGC 3290	.SXT4*P	.99± .07	60				16.20±.1	10576± 9
262.40 34.67		R (1)	.28± .06	.22				430± 12	10616± 71
126.77 -37.35	ARP 53	4.0± .5		.42					10391
103251.4-170104	PGC 31346	3.3±1.2	1.01	.14					10924
103518.5-365245		.S?....	.87± .06	153					
274.77 18.44	ESO 375- 69		.13± .05	.18	14.38 ±.14				3145± 19
151.42 -37.11	IRAS10330-3637			.19	13.20				2929
103303.0-363712	PGC 31348		.89	.06	13.99				3449
103520.2-272145		.L?....	1.16± .05	162					
269.22 26.46	ESO 501- 21		.69± .03	.19	14.59 ±.14				4554± 76
139.51 -37.87				.00					4349
103259.0-270612	PGC 31353		1.07		14.33				4884
103523.6-244521	A 1033-24	.SBS8..	1.54± .03	14	13.2 ±.3	.63± .06	.59± .06	13.55±.2	1048± 11
267.58 28.62	ESO 501- 23	SU (2)	.10± .04	.18	13.15 ±.14	-.21± .08	-.20± .08	79± 16	
136.21 -37.85	DDO 238	8.0± .5	1.33± .08	.12		.56	15.34± .20	62± 12	848
103301.0-242948	PGC 31359	8.7± .6	1.55	.05	12.86	-.26	15.49± .34	.65	1383
103523.7-281857		.SXR4P*	1.27± .03	153				15.20±.2	3288± 7
269.82 25.67	ESO 437- 4	Sr (1)	.21± .03	.18	13.96 ±.14			324± 6	3265± 47
140.71 -37.83	IRAS10330-2803	3.7± .5		.31	13.37			300± 5	3082
103303.0-280324	PGC 31360	2.6± .7	1.28	.11	13.45			1.64	3615
103525.6-263927		.LX.0..	1.23± .04	155					
268.79 27.05	ESO 501- 25	S	.29± .03	.26	14.15 ±.14				3834± 76
138.62 -37.86		-2.0± .8		.00					3630
103304.0-262354	PGC 31366		1.21		13.84				4165

R.A. 2000 DEC. l b SGL SGB R.A. 1950 DEC.	Names PGC	Type S_T n_L T L	$\log D_{25}$ $\log R_{25}$ $\log A_e$ $\log D_o$	p.a. A_g A_i A_{21}	B_T m_B m_{FIR} B_T^o	$(B-V)_T$ $(U-B)_T$ $(B-V)_T^o$ $(U-B)_T^o$	$(B-V)_e$ $(U-B)_e$ m'_e m'_{25}	m_{21} W_{20} W_{50} HI	V_{21} V_{opt} V_{GSR} V_{3K}
103526.8-242303		RLXR+*.	1.06± .06	102					
267.35 28.93	ESO 501- 24	r	.29± .03	.27	14.37 ±.14				
135.74 -37.83	IRAS10330-2407	-1.3± .9		.00	13.23				
103304.0-240730	PGC 31368		1.05						
103527.4-140749		.LBT+P?	1.28± .05	85					
260.05 37.17	MCG -2-27- 9	E	.60± .05	.19					
122.85 -36.88	IRAS10329-1352	-1.0±1.2		.00	13.63				
103259.8-135216	PGC 31369		1.21						
103531.1-061106	NGC 3292	.L..0P?	1.05± .12	175					
253.27 43.20	MCG -1-27- 23	E	.10± .07	.10					
113.18 -35.20		-2.0±1.8		.00					
103259.9-055533	PGC 31370		1.05						
103532.2-414427	NGC 3318A	.SXT5*.	1.16± .04	3					
277.44 14.31	ESO 317- 50	S	.53± .04	.47	15.83 ±.14				
157.34 -36.22		5.0± .7		.80					
103320.0-412854	PGC 31373		1.21	.27					
103535.0+441852	A 1032+44	.P...$.	.94± .06	133					
171.64 57.86	UGC 5747	R	.63± .05	.00	15.51 ±.20				7200±110
63.03 -11.80	MK 148	99.0		.86					7219
103237.3+443424	PGC 31376		.94	.31	14.59				7426
103538.1-484833		.S?....	1.01± .10	63					
281.12 8.22	ESO 214- 14		.80± .07	1.11					5914± 34
165.65 -34.47				1.21					5691
103332.0-483300	PGC 31378		1.11	.40					6174
103539.5+283355		.S?....	.65± .11					16.73±.3	4413± 10
202.16 60.05	UGC 5749		.05± .05	.04	15.1 ±.3				4413± 50
76.70 -20.70	ARAK 248			.07	13.25			157± 7	4371
103252.4+284928	PGC 31379		.65	.02	14.95			1.76	4705
103545.4+205927		.SB.8*.	1.04± .08					16.78±.3	7148± 10
216.72 58.52	UGC 5750	U	.29± .06	.02					
83.83 -24.59		8.0±1.3		.36				108± 7	7078
103302.2+211500	PGC 31386		1.04	.15					7464
103546.2+210259		.S?....	1.31± .04	172				15.13±.3	7041± 10
216.61 58.54	UGC 5751		.65± .05	.02	14.53 ±.19				
83.78 -24.56	IRAS10330+2118			.97	13.24			388± 7	6971
103303.0+211832	PGC 31388		1.31	.32	13.50			1.30	7356
103547.5-322133	NGC 3302	.LA.0..	1.22± .04	118					
272.30 22.32	ESO 437- 7	S	.13± .03	.29	13.51 ±.14				4075± 18
145.79 -37.52		-2.0± .5		.00					3863
103329.0-320600	PGC 31391		1.23		13.16				4392
103549.7+633210	A 1032+63								
144.52 47.51	CGCG 313- 27			.00					7020± 38
47.57 -.14	MK 147								7111
103226.5+634742	PGC 31395								7144
103551.3-341610		.S?....	.97± .06	30					
273.41 20.72	ESO 375- 70		.13± .05	.33	15.02 ±.14				3845± 19
148.17 -37.33				.18					3631
103334.0-340036	PGC 31397		1.00	.06	14.48				4157
103603.9-241922	IC 2594	.LA.-..	1.24± .04						
267.44 29.06	ESO 501- 28	S	.07± .03	.27	13.39 ±.14				3580± 60
135.67 -37.69		-3.0± .8		.00					3380
103341.1-240348	PGC 31405		1.27		13.06				3916
1036.0 -2730	A 1033-27	.E+..P*							
269.46 26.42		RS		.18					2381± 47
139.69 -37.70		-4.5± .6							2176
1033.7 -2715	PGC 31407								2710
103609.5-371416		.IBS9..	1.47± .04	93				15.85±.2	957± 7
275.12 18.22	ESO 375- 71	S (1)	.08± .05	.16	13.10 ±.14			60± 16	
151.83 -36.89		10.0± .4		.06				39± 6	741
103354.0-365842	PGC 31414	10.0± .5	1.49	.04	12.87			2.94	1260
103612.5-270946	NGC 3305	.E.0...	1.05± .03		13.77 ±.13	1.02± .01	1.05± .01		
269.27 26.73	ESO 501- 30	S	.01± .03	.27	13.88 ±.14	.58± .02	.60± .02		3987± 19
139.25 -37.68		-5.0± .8	.56± .01	.00		.92	12.06± .04		3783
103351.1-265412	PGC 31421		1.09		13.49	.54	13.96± .22		4317
103615.3-082005	IC 624	.SX.1*.	1.43± .04	138				14.68±.1	5042± 9
255.41 41.74	MCG -1-27- 26	E	.55± .05	.07				605± 12	
115.81 -35.55		1.0± .8		.56					4877
103345.1-080431	PGC 31426		1.43	.27					5396

R.A. 2000 DEC. l b SGL SGB R.A. 1950 DEC.	Names PGC	Type S_T n_L T L	$logD_{25}$ $logR_{25}$ $logA_e$ $logD_o$	p.a. A_g A_i A_{21}	B_T m_B m_{FIR} B_T^o	$(B-V)_T$ $(U-B)_T$ $(B-V)_T^o$ $(U-B)_T^o$	$(B-V)_e$ $(U-B)_e$ m'_e m'_{25}	m_{21} W_{20} W_{50} HI	V_{21} V_{opt} V_{GSR} V_{3K}
1036.2 +1326		.I..9..	.96± .17						2956
229.57 55.62	UGC 5758	U	.39± .12	.05					
91.43 -28.03		10.0± .9		.29					2859
1033.6 +1342	PGC 31427		.96	.20					3290
103616.1+371928	NGC 3294	.SAS5..	1.55± .02	122	12.2 ±.3	.41± .07		14.35±.1	1586± 6
184.62 59.84	UGC 5753	R (2)	.29± .02	.00	11.66 ±.14			399± 7	1436± 58
69.01 -15.75	IRAS10333+3734	5.0± .3		.44	10.95	.34		378± 6	1576
103323.7+373501	PGC 31428	1.5± .6	1.55	.15	11.31		14.04± .32	2.89	1842
1036.2 +2658	IC 2590	.L.....	1.04± .18						
205.35 60.00	UGC 5756	U	.00± .08	.04	14.25 ±.16				6363
78.24 -21.43		-2.0± .8		.00					6315
1033.5 +2714	PGC 31429		1.04		14.12				6660
103617.3-273146	NGC 3307	.SBR0P?	.96± .04	28	14.49V±.13	.98± .03			
269.52 26.43	ESO 501- 31	PS	.43± .03	.18	15.28 ±.14	.35± .05			3897± 76
139.71 -37.65		.1± .6		.32		.83			3692
103356.1-271612	PGC 31430		.96		14.82	.26	14.06± .26		4226
1036.3 +5836	NGC 3286	.E?....	.90± .11						
150.18 50.77	MCG 10-15-112		.19± .04	.00	14.61 ±.12				8128± 56
51.52 -3.10				.00					8201
1033.1 +5852	PGC 31433		.84		14.49				8280
103621.5+134243		.S?....	1.15± .05	1				16.04±.3	3000± 9
229.17 55.77	UGC 5760		.60± .05	.07	14.4 ±.2				2997± 50
91.16 -27.89	IRAS10337+1358			.90	12.94			294± 5	2904
103341.8+135817	PGC 31435		1.15	.30	13.41			2.32	3333
103622.3-272616	NGC 3308	.LXS-*.	1.23± .04	32	12.94 ±.13	1.03± .01	1.04± .01		
269.48 26.52	ESO 501- 34	R	.12± .03	.27	13.29 ±.14	.59± .02	.61± .01		3610± 16
139.60 -37.64		-3.0± .4	1.00± .02	.00		.93	13.43± .06		3406
103401.1-271042	PGC 31438		1.25		12.78	.54	13.68± .25		3940
103622.4-252240		.SB?...	.97± .05						
268.18 28.23	ESO 501- 32		.12± .04	.23	14.24 ±.14				4080± 60
137.00 -37.64	IRAS10339-2506			.14	13.62				3879
103400.1-250706	PGC 31440		.99	.06	13.82				4414
103623.8+124224	NGC 3299	.SXS8..	1.34± .04	3				15.73±.1	641± 6
230.73 55.29	UGC 5761	R	.12± .04	.03	13.3 ±.2			131± 11	
92.20 -28.32		8.0± .4		.14				120± 8	541
103344.5+125758	PGC 31442		1.35	.06	13.07			2.59	977
103624.5-265958		.LBR0*.	1.18± .04	120					
269.21 26.89	ESO 501- 35	S	.46± .03	.27	14.21 ±.14				4158± 30
139.05 -37.63		-2.0± .8		.00					3954
103403.0-264424	PGC 31443		1.14		13.88				4489
103626.6+583327	NGC 3288	.SX.4*.	1.05± .07	175					
150.23 50.81	UGC 5752	PU	.12± .05	.00	14.79 ±.20				8164± 56
51.57 -3.12		3.7± .7		.17					8237
103312.9+584901	PGC 31446		1.05	.06	14.57				8316
103633.0-280353		.L?....	1.08± .05	154					
269.90 26.02	ESO 437- 8		.64± .03	.18	14.69 ±.14				4333± 76
140.39 -37.59				.00					4128
103412.0-274818	PGC 31456		1.00		14.45				4661
103633.1+382619		.L..-*.	1.08± .10	25					
182.42 59.69	UGC 5759	U	.04± .05	.00	14.22 ±.16				7712± 31
68.09 -15.07		-3.0±1.2		.00					7709
103340.0+384153	PGC 31457		1.08		14.10				7965
1036.5 -0115									
248.63 46.89	CGCG 9- 85			.13	15.1 ±.6				10984±108
107.49 -33.55									10839
1034.0 -0100	PGC 31458								11337
103634.2-443159		.SBS8P.	1.06± .05						
279.07 12.00	ESO 264- 11	S (1)	.10± .04	.62	15.00 ±.14				
160.62 -35.43		8.0± .9		.12					
103424.0-441624	PGC 31460	8.9± .8	1.12	.05					
103634.9-281259		.E?....	1.02± .06	15				16.95±.3	3460± 11
270.00 25.90	ESO 437- 9		.44± .03	.17	14.85 ±.14			154± 15	3811± 26
140.58 -37.57				.00				120± 12	3306
103414.0-275724	PGC 31462		.92		14.62				3839
103636.3-273105	NGC 3309	.E.3...	1.27± .05		12.60 ±.13	1.01± .01	1.04± .01		
269.57 26.48	ESO 501- 36	R	.06± .03	.18	12.20 ±.11	.62± .03	.63± .01		4100± 16
139.70 -37.58		-5.0± .4	.98± .02	.00		.93	12.99± .06		3895
103415.1-271530	PGC 31466		1.28		12.12	.60	13.78± .28		4429

R.A. 2000 DEC. l b SGL SGB R.A. 1950 DEC.	Names PGC	Type S_T n_L T L	$\log D_{25}$ $\log R_{25}$ $\log A_e$ $\log D_o$	p.a. A_g A_i A_{21}	B_T m_B m_{FIR} B_T^o	$(B-V)_T$ $(U-B)_T$ $(B-V)_T^o$ $(U-B)_T^o$	$(B-V)_e$ $(U-B)_e$ m'_e m'_{25}	m_{21} W_{20} W_{50} HI	V_{21} V_{opt} V_{GSR} V_{3K}
103636.6-425111		RLXR+..	.87± .07	164					
278.20 13.45	ESO 264- 12	r	.03± .05	.56	15.14 ±.14				4508± 87
158.62 -35.80		-1.3± .9		.00					4288
103425.0-423536	PGC 31468		.92		14.51				4791
103638.5+141019	NGC 3300	.LXR0*$	1.28± .05	173					
228.50 56.05	UGC 5766	R	.28± .04	.08	13.20 ±.11				3045± 40
90.72 -27.62		-2.0± .4		.00					2950
103358.6+142553	PGC 31472		1.25		13.08				3377
103639.1-344529		.SBS9*/	1.17± .04	121					
273.84 20.39	ESO 375- 72	S (1)	.62± .04	.32	15.72 ±.14				
148.76 -37.11		9.0±1.2		.63					
103422.0-342954	PGC 31473	7.8± .9	1.20	.31					
103639.2+350309	IC 2591	.S?....	1.09± .04	13				15.13±.3	6797± 10
189.10 60.23	UGC 5763		.24± .04	.04	14.41 ±.18				6755± 50
71.03 -16.97	IRAS10337+3518			.37	13.52			351± 7	6779
103348.4+351843	PGC 31474		1.09	.12	13.96			1.05	7063
103641.3-273342	A 1034-27A	.L..-/.							
269.62 26.46		RS		.18					4714± 50
139.75 -37.56		-3.4± .6							4509
103420.0-271807	PGC 31476								5044
1036.7 +3132	A 1033+31	.IBS9*.	1.30± .04	60	15.21 ±.19	.53± .07	.48± .05	14.59±.1	586± 5
196.18 60.42	UGC 5764	R (1)	.24± .05	.04	14.4 ±.4	-.40± .08	-.31± .07	120± 5	
74.14 -18.90	DDO 83	10.0± .4	.95± .06	.18		.46	15.45± .20	101± 6	556
1033.9 +3148	PGC 31477	9.0±1.0	1.30	.12	14.83	-.45	15.93± .30	-.37	867
103643.3-273141	NGC 3311	.E+2...	1.54± .04		12.65 ±.13	1.00± .01	1.04± .01		
269.60 26.49	ESO 501- 38	V	.08± .04	.18	11.93 ±.14	.57± .03	.61± .01		3785± 20
139.71 -37.56		-4.0± .3	1.05± .02	.00		.92	13.39± .04		3581
103422.0-271606	PGC 31478		1.54		12.08	.55	15.14± .24		4115
103649.0-180623	A 1034-17	PSBR2P.	1.16± .03	141					
263.36 34.22	ESO 568- 19	SE	.23± .03	.21	14.28 ±.14				
127.86 -37.09	IRAS10343-1750	1.5± .6		.28	13.31				
103423.1-175048	PGC 31485		1.18	.11					
103650.1-275511		.L?....	1.05± .05	141	14.31 ±.13	1.03± .01	1.05± .01		
269.87 26.17	ESO 437- 11		.27± .03	.18	14.33 ±.14	.56± .03	.60± .03		4745± 76
140.20 -37.53			.44± .02	.00		.92	12.00± .09		4540
103429.0-273936	PGC 31488		1.02		14.07	.51	13.73± .31		5074
103652.7-322053		.SAS2*/	1.41± .03	86					
272.51 22.46	ESO 437- 14	S	.53± .03	.31	13.48 ±.14				2840± 19
145.75 -37.29	IRAS10345-3205	2.4± .5		.66	12.23				2629
103434.0-320518	PGC 31493		1.44	.27	12.49				3157
103653.6-270311		.SB?...	.89± .06	34				16.41±.3	3533± 11
269.35 26.91	ESO 501- 41		.18± .04	.27	15.36 ±.14			203± 15	
139.11 -37.53				.25				195± 12	3329
103432.1-264736	PGC 31494		.91	.09	14.82			1.50	3864
103654.1-275505		.L?....	1.00± .06	12	14.59 ±.13	1.02± .01			
269.88 26.18	ESO 437- 13		.42± .03	.18	14.54 ±.14	.62± .04			3610± 76
140.20 -37.51				.00		.91			3405
103433.0-273930	PGC 31495		.96		14.34	.55	13.40± .32		3939
103655.6+215258	NGC 3301	PSBT0..	1.55± .02	52	12.31 ±.13	.88± .01	.90± .01	18.05±.3	1321± 10
215.23 59.05	UGC 5767	R	.54± .03	.01	12.43 ±.11	.37± .04	.41± .04		1333± 56
83.12 -23.91	IRAS10341+2208	.0± .3	.83± .01	.40		.78	11.95± .05	298± 10	1255
103412.1+220833	PGC 31497		1.52		11.94	.29	13.56± .18		1635
103657.1-261141		.S?....	1.04± .05	126					
268.82 27.63	ESO 501- 42		.39± .04	.28	14.53 ±.14				3280± 27
138.03 -37.52	IRAS10345-2555			.48	12.94				3078
103435.1-255606	PGC 31500		1.07	.20	13.74				3613
103657.2-070128	IC 626	.L..-P.	1.15± .10	60					
254.40 42.83	MCG -1-27- 28	E	.00± .07	.12					
114.29 -35.06		-3.0± .8		.00					
103426.4-064553	PGC 31501		1.17						
103657.9+001349		.S?....	1.00± .06	88					
247.12 47.98	UGC 5772		.24± .05	.16	14.58 ±.18				8846±108
105.83 -32.98				.37					8706
103424.0+002924	PGC 31503		1.01	.12	14.01				9198
103658.0-281041		.LBS0*/	1.33± .04	29					
270.05 25.97	ESO 437- 15	S	.65± .03	.17	13.55 ±.14				2746± 25
140.53 -37.49		-1.7± .7		.00					2540
103437.1-275506	PGC 31504		1.25		13.34				3074

R.A. 2000 DEC.	Names	Type	$\log D_{25}$	p.a.	B_T	$(B-V)_T$	$(B-V)_e$	m_{21}	V_{21}
l b		S_T n_L	$\log R_{25}$	A_g	m_B	$(U-B)_T$	$(U-B)_e$	W_{20}	V_{opt}
SGL SGB		T	$\log A_e$	A_i	m_{FIR}	$(B-V)^o_T$	m'_e	W_{50}	V_{GSR}
R.A. 1950 DEC.	PGC	L	$\log D_o$	A_{21}	B^o_T	$(U-B)^o_T$	m'_{25}	HI	V_{3K}
103659.6+180813	NGC 3303	.P.....	1.48± .04						
221.99 57.81	UGC 5773	R	.15± .06	.03					6165± 17
86.78 -25.72	ARP 192	99.0		.23					6085
103417.9+182348	PGC 31508		1.49	.08					6489
103702.4-273353	NGC 3312	.SAS3P$	1.52± .02	175				14.96±.3	2869± 11
269.69 26.50	ESO 501- 43	R	.42± .03	.27	12.72 ±.11			628± 15	2853± 18
139.76 -37.49	IRAS10346-2718	3.0± .4		.58	12.96			576± 12	2661
103441.0-271818	PGC 31513		1.55	.21	11.85			2.90	3195
103710.4+123913	NGC 3306	.SBS9$.	1.13± .04	141				15.01±.1	2887± 5
230.98 55.43	UGC 5774	R	.42± .04	.03	14.0 ±.2			292± 8	
92.35 -28.18	IRAS10345+1254	9.0±1.0		.43	11.99			270± 4	2787
103431.2+125448	PGC 31528		1.14	.21	13.49			1.31	3223
103712.8-264012		.L?....	.87± .06	95					
269.17 27.26	ESO 501- 45		.18± .03	.28	15.16 ±.14				4578± 76
138.63 -37.46	IRAS10348-2624			.00					4375
103451.0-262436	PGC 31530		.88		14.81				4910
103713.3-274106	NGC 3314A	.S..2*/	1.19± .07	143				15.60±.2	2872± 10
269.80 26.42		S	.35± .07	.18				210± 6	2916± 61
139.91 -37.44		1.5± .8		.43				184± 5	2669
103452.0-272530	PGC 31531		1.20	.18					3203
103713.3-274106	NGC 3314B	.SAS5*.	1.56?					15.26±.3	4426± 10
269.80 26.42	ESO 501- 46A	S	.08?	.18				182± 6	
139.91 -37.44		5.0± .8		.12				173± 5	4221
103452.0-272530	PGC 31532		1.58	.04					4755
103715.7-413742	NGC 3318	.SXT3..	1.38± .03	78	12.19 ±.14	.60± .01	.68± .01		
277.67 14.57	ESO 317- 52	R (2)	.28± .03	.35	12.71 ±.11	-.02± .07	.04± .03		2768± 79
157.12 -35.93	IRAS10350-4122	3.0± .4	1.08± .02	.38	11.23	.45	13.08± .05		2548
103503.0-412206	PGC 31533	4.2± .6	1.41	.14	11.75	-.13	13.23± .23		3056
103717.4-272806	A 1034-27B	.LB.0*.	1.00± .05	72	14.8 ±.4	.97± .04	.99± .04		
269.68 26.61	ESO 501- 47	RS	.36± .03	.27	14.64 ±.14	.47± .08	.52± .08		4849± 28
139.63 -37.43		-2.3± .5		.00		.83			4645
103456.0-271230	PGC 31537		.98		14.32	.40	13.77± .46		5179
103719.4+433516		.S..0..	1.19± .06	60					
172.72 58.40	UGC 5771	U	.15± .06	.00	14.3 ±.2				
63.82 -11.98		.0± .8		.11					
103422.7+435051	PGC 31539		1.18						
103719.6-271130	NGC 3315	.L..-?.	1.04± .03		14.42 ±.13	1.05± .02	1.06± .03		
269.52 26.84	ESO 501- 48	S	.05± .03	.27	13.86 ±.14	.56± .04	.61± .04		3840± 30
139.29 -37.43		-3.0±1.6	.62± .02	.00		.95	13.01± .08		3636
103458.0-265554	PGC 31540		1.07		13.83	.51	14.36± .21		4170
103720.4-273330		.L?....	.96± .06	170					
269.75 26.54	ESO 501- 49		.51± .03	.27	15.20 ±.14				4112± 27
139.75 -37.42				.00					3908
103459.1-271754	PGC 31542		.91		14.86				4442
1037.3 +3704		.S..6*.	1.12± .05	112					
185.03 60.10	UGC 5775	U	.84± .05	.00					
69.36 -15.71	IRAS10345+3720	6.0±1.4		1.24	12.85				
1034.5 +3720	PGC 31545		1.12	.42					
103725.6-251906	NGC 3313	PSBT2..	1.59± .03	55					
268.37 28.41	ESO 501- 50	SUr (1)	.09± .04	.24	12.38 ±.14				3740± 60
136.93 -37.40	IRAS10350-2503	2.4± .4		.11	12.44				3539
103503.0-250330	PGC 31551	3.3± .7	1.61	.04	12.00				4075
103729.1-261900		PSAT1*.	1.43± .03	117					
269.01 27.59	ESO 501- 51	Sr	.24± .03	.28	13.02 ±.14				3395± 26
138.19 -37.40		.5± .5		.24					3193
103507.1-260324	PGC 31557		1.46	.12	12.46				3728
1037.5 +0537		.S?....	1.02± .08	123				15.76±.3	8574± 12
240.88 51.57	UGC 5779		.75± .06	.07	15.4 ±.2			385± 14	8325± 57
99.86 -30.96				1.13				338± 15	8440
1034.9 +0553	PGC 31559		1.03	.38	14.11			1.27	8911
1037.5 +6849		.S..4..	1.24± .04	129					
138.99 43.89	UGC 5765	U	.86± .05	.05	15.09 ±.18				
43.48 3.22		4.0± .9		1.26					
1033.9 +6905	PGC 31560		1.25	.43					
103734.9-412754	NGC 3318B	.SBS5..	1.17± .04	110					
277.64 14.74	ESO 317- 53	R (1)	.13± .04	.35	13.92 ±.14				2770± 60
156.91 -35.90	IRAS10353-4112	5.0± .4		.20					2551
103522.0-411218	PGC 31565	5.6± .8	1.21	.07	13.35				3059

R.A. 2000 DEC. / l b / SGL SGB / R.A. 1950 DEC.	Names / PGC	Type / S_T n_L / T / L	$\log D_{25}$ / $\log R_{25}$ / $\log A_e$ / $\log D_o$	p.a. / A_g / A_i / A_{21}	B_T / m_B / m_{FIR} / B_T^o	$(B-V)_T$ / $(U-B)_T$ / $(B-V)_T^o$ / $(U-B)_T^o$	$(B-V)_e$ / $(U-B)_e$ / m'_e / m'_{25}	m_{21} / W_{20} / W_{50} / HI	V_{21} / V_{opt} / V_{GSR} / V_{3K}
1037.6 +0535	IC 628	.SXS2..	.95± .07	115				15.88±.3	7170± 12
240.94 51.57	UGC 5780	U	.10± .05	.08	14.57 ±.18			320± 14	8718± 57
99.91 -30.95		2.0± .9		.13				274± 15	
1035.0 +0551	PGC 31567		.96	.05					
103737.4-273536	NGC 3316	.LBT0*.	1.10± .05					15.91±.3	4213± 10
269.83 26.54	ESO 501- 54	RS	.07± .03	.27	13.66 ±.14			235± 6	3916± 25
139.79 -37.36		-1.8± .3		.00				214± 5	3966
103516.1-272000	PGC 31571		1.12		13.32				4500
103737.6+372722	NGC 3304	.SBS1$.	1.22± .04	158					
184.27 60.08	UGC 5777	R	.46± .04	.00	14.30 ±.18				6896± 50
69.06 -15.46		1.0± .5		.46					6889
103445.5+374258	PGC 31572		1.22	.23	13.75				7154
103738.1-261636		.S?....	1.00± .05	130					
269.02 27.64	ESO 501- 53		.56± .04	.28	14.85 ±.14				3814± 76
138.14 -37.36	IRAS10352-2600			.84					3612
103516.1-260100	PGC 31574		1.03	.28	13.71				4147
103740.6-270328		.S?....			16.37S±.15				
269.51 27.00				.27					4203± 36
139.12 -37.35	HICK 48C								3999
103518.9-264751	PGC 31577								4534
103742.9-283618		.L?....	1.07± .06	138					
270.46 25.71	ESO 437- 17		.62± .03	.16	15.19 ±.14				3502± 27
141.06 -37.32				.00					3296
103522.0-282042	PGC 31583		.99		14.97				3829
103744.9-263748		.L..../	1.24± .04	72					
269.26 27.36	ESO 501- 56	S	.57± .03	.28	13.79 ±.14				3456± 76
138.58 -37.34		-2.0±1.2		.00					3253
103523.0-262212	PGC 31585		1.18		13.45				3788
103747.7-270455	IC 2597	.E+4...	1.41± .04	4	12.84 ±.15	1.00± .01	1.03± .01		
269.55 26.99	ESO 501- 58	S	.15± .03	.27	12.75 ±.14	.60± .04	.61± .02		3007± 21
139.15 -37.32	HICK 48A	-4.0± .7	.85± .04	.00		.91	12.58± .15		2803
103526.1-264918	PGC 31586		1.40		12.48	.55	14.47± .25		3338
103749.2-240955		PSBS1..	.97± .06	167					
267.72 29.42	ESO 501- 57	r	.17± .05	.21	15.38 ±.14				
135.48 -37.28		1.0± .9		.17					
103526.1-235418	PGC 31587		.99	.08					
103749.7-270719		.S?....	.96± .05	97	14.97S±.15				
269.58 26.96	ESO 501- 59		.06± .04	.27	14.21 ±.14				2385± 36
139.20 -37.32	IRAS10354-2651			.09	13.18				2181
103528.0-265142	PGC 31588		.99	.03	14.19		14.48± .32		2716
103756.8-285431		.SB?...	1.05± .05	57					
270.69 25.48	ESO 437- 19		.26± .04	.15	14.22 ±.14				4174± 76
141.44 -37.26				.38					3968
103536.0-283854	PGC 31593		1.06	.13	13.66				4501
1037.9 +1343		.I..9*.	1.00± .08	110					3027
229.48 56.12	UGC 5781	U	.33± .06	.06					
91.35 -27.53		10.0±1.3		.25					2931
1035.3 +1359	PGC 31594		1.01	.17					3361
103801.5-810551		.SBT5*P	1.21± .05	137					
297.75 -19.60	ESO 19- 3	S (1)	.24± .05	.09					
198.39 -20.57	IRAS10379-8050	5.0±1.1		.36	13.07				
103755.0-805012	PGC 31600	5.6± .9	1.22	.12					
103802.4+641556	A 1034+64	.S?....	.66± .13		15.0 ±.2	.65± .03		16.78±.1	1700± 6
143.49 47.19	UGC 5776		.00± .06	.00	14.8 ±.3	.23± .05		118± 7	1619±101
47.14 .50	MK 149			.00		.64			1793
103438.9+643132	PGC 31601		.66	.00	14.91	.22	13.15± .71	1.87	1819
103805.2+014441		.SBT5?.	1.07± .05	54					
245.71 49.21	UGC 5783	UE (1)	.44± .04	.07	14.79 ±.18				
104.23 -32.21		4.5± .9		.66					
103530.7+020017	PGC 31604	5.3±1.2	1.08	.22					
103806.5+391036		.S?....	.91± .06						
180.86 59.82	MCG 7-22- 35		.27± .06	.00	14.94 ±.18				9105± 13
67.64 -14.40	IRAS10352+3926			.40					9105
103513.3+392612	PGC 31607		.91	.14	14.50				9355
103807.2+045336		.S?....	1.08± .06	125				15.31±.3	6607± 10
241.95 51.24	UGC 5784		.66± .05	.07	15.03 ±.19				
100.73 -31.09				.99				408± 7	6482
103531.3+050913	PGC 31608		1.09	.33	13.94			1.04	6955

R.A. 2000 DEC. / l b / SGL SGB / R.A. 1950 DEC.	Names / PGC	Type / S_T n_L / T / L	$\log D_{25}$ / $\log R_{25}$ / $\log A_e$ / $\log D_o$	p.a. / A_g / A_i / A_{21}	B_T / m_B / m_{FIR} / B_T^o	$(B-V)_T$ / $(U-B)_T$ / $(B-V)_T^o$ / $(U-B)_T^o$	$(B-V)_e$ / $(U-B)_e$ / m'_e / m'_{25}	m_{21} / W_{20} / W_{50} / HI	V_{21} / V_{opt} / V_{GSR} / V_{3K}
103807.7-442713		.S?....	.94± .07						
279.27 12.21	ESO 264- 18		.06± .06	.59	14.82 ±.14				7250±190
160.44 -35.17	FAIR 433			.09					7029
103557.0-441136	PGC 31609		.99	.03	14.10				7528
103809.6-500931		.S..5*/	1.22± .06	160					
282.15 7.26	ESO 214- 16	S	.99± .05	1.25					
167.06 -33.69		5.0±1.3		1.48					
103604.0-495354	PGC 31613		1.34	.49					
103809.8-250619		.S?....	.90± .06	160					
268.39 28.68	ESO 501- 62		.15± .05	.24	15.28 ±.14				3597
136.67 -37.23				.20					3397
103547.0-245042	PGC 31614		.92	.07	14.81				3932
103810.9-284701		.L?....	1.09± .07						
270.67 25.61	ESO 437- 21		.02± .05	.15	14.00 ±.14				3956± 15
141.28 -37.21				.00					3750
103550.0-283124	PGC 31616		1.10		13.79				4283
1038.2 +7922		.S..1?.	1.32± .05	115					1957
130.11 35.83	UGC 5757	U	.40± .06	.03	14.6 ±.2				
35.02 9.57		1.0±1.6		.41					2100
1033.5 +7938	PGC 31621		1.32	.20	14.10				1986
103814.3-380601		.SBS6..	1.30± .04					14.15±.3	3050± 9
275.96 17.70	ESO 317- 54	S (1)	.03± .05	.25	14.01 ±.14				
152.81 -36.36		6.1± .4		.04				81± 7	2833
103559.0-375024	PGC 31622	5.0± .4	1.32	.01	13.70			.43	3350
103817.8-285313		.SB.4*/	1.21± .04	165				15.40±.3	4356± 11
270.75 25.54	ESO 437- 22	S	.69± .03	.15	14.99 ±.14			293± 15	4277± 27
141.41 -37.18		4.0± .9		1.02				279± 12	4139
103557.0-283736	PGC 31626		1.22	.35	13.79			1.26	4672
1038.4 +3009		.S?....	.87± .10	5					6365± 10
199.03 60.75	UGC 5785		.20± .06	.00	15.42 ±.18				
75.60 -19.35				.30					6330
1035.6 +3025	PGC 31630		.87	.10	15.07				6652
103826.4-023411		.SB.4*.	1.29± .04	136				15.91±.1	8258± 9
250.47 46.31	UGC 5787	UE (1)	.45± .04	.12	14.11 ±.20			415± 12	
109.18 -33.50		3.7± .7		.65					8110
103553.6-021834	PGC 31634	4.2± .8	1.30	.22	13.28			2.40	8612
1038.5 -0709	IC 630	.L...P?	1.30± .06	130					
254.92 42.98	MCG -1-27- 29	E	.10± .08	.10					2159± 38
114.57 -34.72	MK 1259	-2.0±1.6		.00					1998
1036.0 -0654	PGC 31636		1.30						2513
103833.5-274414		.SBS7*P	1.17± .04	94					
270.11 26.54	ESO 501- 65	S	.17± .03	.28	13.73 ±.14				4484± 47
139.97 -37.15	IRAS10361-2728	7.0±1.1		.23	12.69				4280
103612.0-272836	PGC 31638		1.20	.08	13.20				4814
103836.9+443116	A 1035+44		.63± .09						
170.90 58.28	MCG 8-20- 2		.24± .06	.00	15.4 ±.3				3688± 59
63.18 -11.24	MK 150								3709
103539.8+444653	PGC 31639		.63						3914
103840.1-283414		.S?....	1.08± .05	31					
270.64 25.85	ESO 437- 25		.51± .04	.15	14.53 ±.14				3459± 76
141.01 -37.11	IRAS10363-2818			.76	13.44				3253
103619.0-281836	PGC 31642		1.09	.25	13.60				3787
103840.4-461456		.SBR1..	1.01± .07						
280.27 10.70	ESO 264- 20	r	.16± .06	.80	15.22 ±.14				
162.52 -34.66		1.0± .9		.16					
103631.0-455918	PGC 31643		1.08	.08					
103842.9-284614		.L?....	1.02± .06	36					
270.77 25.69	ESO 437- 27		.45± .03	.15	15.52 ±.14				3867± 76
141.26 -37.09				.00					3661
103622.0-283036	PGC 31646		.96		15.31				4194
103846.1+533008	NGC 3310	.SXR4P.	1.49± .02		11.15M±.10	.35± .01	.32± .01	12.63±.1	980± 6
156.61 54.06	UGC 5786	R (2)	.11± .03	.00	11.17 ±.16	-.43± .01	-.45± .02	204± 6	1018± 12
55.82 -5.91	ARP 217	4.0± .3	.61± .01	.16	9.48	.32	9.91± .02	174± 11	1043
103540.3+534545	PGC 31650	3.2± .7	1.49	.06	10.99	-.45	13.16± .15	1.58	1169
1038.8 +0541		.S..3..	1.03± .06	10					
241.11 51.87	UGC 5788	U (1)	.20± .05	.05	14.40 ±.18				
99.93 -30.63		3.0± .9		.27					
1036.2 +0557	PGC 31651	4.5±1.2	1.03	.10					

R.A. 2000 DEC. l b SGL SGB R.A. 1950 DEC.	Names PGC	Type S_T n_L T L	$\log D_{25}$ $\log R_{25}$ $\log A_e$ $\log D_o$	p.a. A_g A_i A_{21}	B_T m_B m_{FIR} B_T^o	$(B-V)_T$ $(U-B)_T$ $(B-V)_T^o$ $(U-B)_T^o$	$(B-V)_e$ $(U-B)_e$ m'_e m'_{25}	m_{21} W_{20} W_{50} HI	V_{21} V_{opt} V_{GSR} V_{3K}
103850.7-113854	NGC 3321	.SXR5*.	1.40± .04	30				14.07±.1	2487± 7
258.88 39.62	MCG -2-27- 10	UE (1)	.31± .05	.14				270± 10	
119.99 -35.62	IRAS10363-1123	5.3± .6		.46	13.66			263± 12	2315
103621.8-112316	PGC 31653	4.2±1.2	1.41	.15					2840
103855.1-263820		.L?....	1.07± .06	54					
269.51 27.50	ESO 501- 66		.52± .03	.29	14.84 ±.14				3142± 76
138.59 -37.08				.00					2939
103633.0-262242	PGC 31659		1.02		14.50				3474
103857.1-763521		.SBS7..	1.26± .06	63					
295.37 -15.70	ESO 38- 4	S (1)	.50± .07	.61					
194.24 -22.85		6.5± .6		.70					
103800.0-761942	PGC 31661	7.8± .7	1.31	.25					
103904.0-265233		.SBT3..	.85± .06	127					
269.69 27.32	ESO 501- 67	S (1)	.23± .04	.29	15.36 ±.14				10594± 27
138.89 -37.04	IRAS10366-2636	3.0± .8		.32	13.32				10391
103642.1-263654	PGC 31665	3.3± .9	.87	.12	14.67				10926
103910.0+414118	NGC 3319	.SBT6..	1.79± .01	37	11.48 ±.17	.41± .06	.48± .03	12.59±.0	742± 4
175.98 59.34	UGC 5789	R (2)	.26± .02	.00	11.64 ±.16		-.08± .05	223± 3	771± 10
65.62 -12.80	KUG 1036+419	6.0± .3	1.63± .04	.39		.36	15.12± .10	195± 4	755
103615.2+415656	PGC 31671	3.8± .5	1.79	.13	11.18		14.64± .19	1.28	985
103911.6-460827		.L..-*/	1.26± .05	148	14.24 ±.16	1.05± .01	1.09± .01		
280.30 10.84	ESO 264- 24	S	.52± .04	.80	14.12 ±.14	.53± .02	.57± .02		
162.37 -34.60		-3.0±1.2	.41± .05	.00			11.78± .18		
103702.0-455248	PGC 31672		1.28				14.10± .32		
103911.7-002438	IC 632	.S..1?.	.97± .07	30				14.96±.1	5620± 9
248.39 47.95	UGC 5792	U	.22± .05	.13	14.67 ±.18			371± 12	5697±108
106.77 -32.66		1.0±1.8		.23					5479
103638.0-000900	PGC 31673		.98	.11	14.24			.60	5974
103915.2-301757		.SBT4*/	1.49± .03	126					
271.78 24.46	ESO 437- 30	Sr	.72± .04	.15	13.69 ±.14				3894± 18
143.16 -36.92	IRAS10368-3002	3.9± .8		1.05	12.27				3686
103655.0-300218	PGC 31677		1.50	.36	12.46				4217
103918.1-265021		.S?....	1.24± .04	13				15.24±.2	3095± 10
269.72 27.38	ESO 501- 68		.45± .04	.31	14.29 ±.14			321± 6	
138.84 -36.99				.66				315± 5	2892
103656.1-263442	PGC 31683		1.26	.22	13.31			1.71	3427
103918.6-445957		.SXT5..	1.20± .05	160					
279.74 11.84	ESO 264- 25	Sr (1)	.35± .05	.67	14.94 ±.14				6320± 60
161.03 -34.85		5.2± .6		.53					6099
103708.0-444418	PGC 31685	3.3± .9	1.26	.18	13.71				6596
103920.3-001154	NGC 3325	.E...*.	1.10± .09	55					
248.20 48.13	UGC 5795	UE	.06± .05	.10	13.67 ±.15				5672±108
106.54 -32.56		-5.0± .7		.00					5531
103646.6+000345	PGC 31689		1.10		13.48				6025
103922.6-293509		.SXT7..	1.12± .04	132					3881
271.39 25.08	ESO 437- 31	Sr	.23± .03	.12	14.76 ±.14				
142.27 -36.92		7.5± .6		.28					3675
103702.0-291930	PGC 31690		1.13	.12	14.35				4207
103924.4-002316	IC 633	.S?....	.76± .09	102					
248.42 48.01	UGC 5796		.34± .05	.13	15.2 ±.3				5547± 54
106.77 -32.60	ARAK 250			.52					5405
103650.7-000737	PGC 31691		.77	.17	14.53				5900
103925.5-275445	A 1037-27	.SBT4P*	.95± .05						
270.40 26.49	ESO 437- 32	S (1)	.08± .03	.17	14.69 ±.14				
140.18 -36.95		4.0± .6		.12					
103704.1-273906	PGC 31692	3.0± .7	.97	.04					
103925.5+014257		.I..9*.	1.02± .08						713
246.08 49.44	UGC 5797	U	.05± .06	.05	14.28 ±.18				
104.39 -31.91		10.0±1.2		.04					578
103651.0+015836	PGC 31693		1.02	.02	14.19				1065
103927.3+475650		.S?....	1.13± .07	43					858± 10
164.96 56.99	UGC 5791		.55± .06	.00	14.47 ±.19				872± 36
60.42 -9.12				.68					893
103627.4+481228	PGC 31697		1.13	.27	13.78				1068
103931.4+050632	NGC 3326	.S..1..	.78± .09						
242.03 51.65	UGC 5799	U	.04± .05	.07	14.6 ±.2				7859± 63
100.65 -30.68	MK 1260	1.0± .9		.04					7735
103655.5+052211	PGC 31701		.79	.02	14.40				8208

R.A. 2000 DEC. / l b / SGL SGB / R.A. 1950 DEC.	Names / PGC	Type / S_T n_L / T / L	$\log D_{25}$ / $\log R_{25}$ / $\log A_e$ / $\log D_o$	p.a. / A_g / A_i / A_{21}	B_T / m_B / m_{FIR} / B_T^o	$(B-V)_T$ / $(U-B)_T$ / $(B-V)_T^o$ / $(U-B)_T^o$	$(B-V)_e$ / $(U-B)_e$ / m'_e / m'_{25}	m_{21} / W_{20} / W_{50} / HI	V_{21} / V_{opt} / V_{GSR} / V_{3K}
103934.5-235521	NGC 3335	.LXR+*.	1.06± .05	130					
267.94 29.84	ESO 501- 71	Sr	.12± .03	.20	14.02 ±.14				3730± 60
135.20 -36.88		-1.2± .7		.00					3532
103711.0-233942	PGC 31706		1.06		13.76				4068
103936.7+472346	NGC 3320	.S..6*.	1.34± .03	20				14.36±.1	2329± 9
165.85 57.26	UGC 5794	R (2)	.35± .03	.00	13.08 ±.14			304± 6	
60.90 -9.42	IRAS10366+4739	6.0± .6		.52	12.34			270± 11	2361
103637.4+473925	PGC 31708	5.2± .7	1.34	.18	12.55			1.64	2541
103939.2+251919	NGC 3323	.SB?...	1.10± .05						
208.89 60.47	UGC 5800		.27± .05	.01	14.28 ±.18				5164± 50
80.21 -21.64	IRAS10368+2535			.41	12.61				5111
103654.3+253458	PGC 31712		1.10	.14	13.83				5468
1039.6 +2644	IC 2598								
206.04 60.71	CGCG 154- 37			.05	15.0 ±.3				5830± 37
78.89 -20.91									5782
1036.9 +2700	PGC 31713								6129
103943.6-462016		PSA.1..	.99± .06	109					
280.48 10.71	ESO 264- 26	r	.18± .05	.80	15.12 ±.14				6339± 87
162.57 -34.46		1.0± .9		.18					6118
103734.0-460436	PGC 31717		1.07	.09	14.06				6610
103947.1+475553		.S?....	1.00± .06	45					1517± 10
164.94 57.04	UGC 5798		.61± .05	.00	14.8 ±.3				1505± 40
60.47 -9.08				.92					1550
103647.4+481132	PGC 31720		1.00	.31	13.82				1726
103949.6-450710		.SBS4?.	1.10± .05	101					
279.88 11.78	ESO 264- 27	S (1)	.60± .04	.67	15.44 ±.14				
161.15 -34.73	IRAS10376-4451	4.0±1.9		.88	12.91				
103739.0-445130	PGC 31722	5.6±1.4	1.16	.30					
103950.0-360210	NGC 3333	.SX.4P/	1.30± .03	160	13.93 ±.13	.74± .02	.82± .01		
275.13 19.63	ESO 376- 2	PBS	.75± .05	.25	13.91 ±.14	.06± .04	.12± .03		4104± 19
150.24 -36.32	IRAS10375-3546	3.8± .5	.72± .02	1.11	11.80	.52	13.02± .04		3889
103733.0-354630	PGC 31723		1.33	.38	12.54	-.12	13.41± .22		4411
1039.8 +1536		.S..6*.	.96± .09	2					6660
226.82 57.40	UGC 5802	U	.98± .06	.08					
89.67 -26.28		6.0±1.5		1.44					6571
1037.2 +1552	PGC 31725		.97	.49					6990
1039.9 +1354								17.95±.3	1010± 10
229.60 56.63				.06				44± 13	
91.39 -27.02								27± 10	915
1037.2 +1410	PGC 31727								1344
103957.9+240531	NGC 3327	.SAR3*.	1.04± .06	85					
211.35 60.29	UGC 5803	U (1)	.11± .05	.01	14.17 ±.18				6288± 50
81.40 -22.20		3.0± .8		.16					6230
103713.7+242110	PGC 31729	3.5±1.1	1.04	.06	13.96				6595
103958.4-301140		PSXR1*.	1.17± .04	4					
271.87 24.63	ESO 437- 33	Sr	.14± .03	.18	13.73 ±.14				3480± 60
143.02 -36.77	IRAS10376-2955	1.0± .6		.14	12.62				3272
103738.0-295600	PGC 31730		1.19	.07	13.36				3804
104000.7+390720		.SB?...	.96± .06						
180.80 60.19	MCG 7-22- 39		.17± .06	.00	14.67 ±.18				9268± 13
67.90 -14.13	IRAS10371+3922			.25	13.23				9268
103708.0+392259	PGC 31733		.96	.08	14.38				9519
104004.4-301604		.SBS4*.	1.15± .04	16					
271.93 24.58	ESO 437- 35	S	.48± .03	.18	14.22 ±.14				
143.11 -36.74	IRAS10377-3000	4.0±1.3		.71	13.01				
103744.0-300024	PGC 31738		1.17	.24					
104005.8-460652		.LBR+..	1.09± .07	177					
280.42 10.94	ESO 264- 28	r	.25± .05	.81	14.87 ±.14				
162.30 -34.45		-1.3± .9		.00					
103756.0-455112	PGC 31739		1.13						
104008.7-234916	NGC 3331	.SBS5*.	1.07± .04						
268.00 30.00	ESO 501- 72	S (1)	.10± .03	.20	13.94 ±.14				3730± 60
135.08 -36.74	IRAS10377-2333	5.0±1.1		.14	12.67				3532
103745.1-233336	PGC 31743	3.3±1.1	1.09	.05	13.57				4068
104016.7-274634	NGC 3336	.SXT5P.	1.29± .04	123				14.30±.3	4000± 10
270.49 26.71	ESO 437- 36	Sr (1)	.10± .04	.28	13.01 ±.14			320± 6	3970± 43
140.01 -36.77	IRAS10379-2730	4.9± .4		.15	12.38			300± 5	3794
103755.0-273054	PGC 31754	2.8± .6	1.32	.05	12.56			1.69	4328

R.A. 2000 DEC.	Names	Type	$\log D_{25}$	p.a.	B_T	$(B-V)_T$	$(B-V)_e$	m_{21}	V_{21}
l b		S_T n_L	$\log R_{25}$	A_g	m_B	$(U-B)_T$	$(U-B)_e$	W_{20}	V_{opt}
SGL SGB		T	$\log A_e$	A_i	m_{FIR}	$(B-V)^o_T$	m'_e	W_{50}	V_{GSR}
R.A. 1950 DEC.	PGC	L	$\log D_o$	A_{21}	B^o_T	$(U-B)^o_T$	m'_{25}	HI	V_{3K}
104016.7-461935		.L?....	.92± .07	75					
280.56 10.77	ESO 264- 30		.12± .05	.87	14.61 ±.14				6164± 63
162.53 -34.37				.00					5943
103807.0-460354	PGC 31755		1.00		13.64				6435
104017.8+382914		.SX.3..	1.17± .05	110					
182.02 60.39	UGC 5804	U (1)	.17± .05	.00	14.8 ±.3				
68.48 -14.44		3.0± .8		.24					
103725.5+384454	PGC 31758	3.5±1.1	1.17	.09					
104018.8-483411		.SBT7..	1.63± .04	60				12.46±.3	1052± 9
281.67 8.82	ESO 214- 17	Sr (1)	.09± .07	1.03					
165.12 -33.79	IRAS10381-4818	6.9± .5		.13				35± 7	830
103811.0-481830	PGC 31760	4.4±1.0	1.73	.05					1313
104020.9-362447	NGC 3347A	.SBS6*/	1.30± .04	5					
275.43 19.36	ESO 376- 4	PS (1)	.43± .04	.21	13.47 ±.14				2899± 19
150.68 -36.17	IRAS10380-3609	5.8± .6		.63	12.00				2684
103804.1-360906	PGC 31761	5.6± .6	1.31	.21	12.62				3205
104024.3+213710		.SB.8..	1.14± .07	90				15.32±.3	1230± 7
216.18 59.75	UGC 5805	U	.18± .06	.01	14.6 ±.3				
83.81 -23.34		8.0± .8		.23				136± 5	1164
103741.4+215250	PGC 31762		1.14	.09	14.38			.85	1545
104028.7+091100	NGC 3332	RLA.-..	1.15± .15						
236.83 54.27	UGC 5807	U	.00± .08	.08	13.34 ±.15				5727± 70
96.37 -28.89		-3.0± .8		.00					5616
103751.1+092640	PGC 31768		1.16		13.18				6070
1040.5 +1217		.SAS3..	1.08± .06						
232.26 55.96	UGC 5808	U (1)	.05± .05	.05	14.08 ±.19				
93.12 -27.59	IRAS10378+1233	3.0± .9		.06	13.96				
1037.8 +1233	PGC 31771	3.5±1.1	1.08	.02					
104032.9-461129		.E?....	1.08± .07	37	13.9 ±.1	1.07± .04	1.14± .02		
280.53 10.91	ESO 264- 31		.17± .05	.86	14.44 ±.14				6705± 37
162.36 -34.36			.88± .07	.00		.81	13.82± .25		6484
103823.0-455548	PGC 31777		1.17		13.16		13.91± .37		6976
104038.9-461859		PSBR1..	1.11± .05						
280.61 10.81	ESO 264- 32	r	.11± .05	.87	14.68 ±.14				6938± 87
162.50 -34.31		1.0± .8		.12					6717
103829.0-460318	PGC 31781		1.19	.06	13.60				7209
104038.9+371956		.S..6*.	1.02± .05						
184.29 60.70	UGC 5806	U	.06± .04	.00					
69.52 -15.03	KUG 1037+375	6.0±1.2		.09					
103747.5+373536	PGC 31782		1.02	.03					
1040.7 +3948		.S..3..	1.00± .08	39					
179.39 60.17	UGC 5810	U (1)	.84± .06	.00					
67.40 -13.62		3.0±1.0		1.16					
1037.9 +4004	PGC 31789	5.5±1.3	1.00	.42					
1040.8 -0900		.S..5*/	1.07± .09	56					
257.15 41.96		E	.71± .08	.07					
116.94 -34.60		5.0±1.3		1.06					
1038.3 -0845	PGC 31791		1.08	.35					
104050.7-275753		.L?....	1.03± .06	84					
270.72 26.62	ESO 437- 38		.34± .03	.29	14.49 ±.14				4510± 76
140.24 -36.64				.00					4306
103829.0-274212	PGC 31794		1.01		14.14				4840
104054.0-361718	NGC 3347C	.SBS7..	1.18± .04	20					
275.47 19.53	ESO 376- 5	PS (1)	.10± .04	.21	14.84 ±.14				
150.51 -36.07		7.2± .7		.14					
103837.0-360136	PGC 31797	5.6±1.1	1.20	.05					
104056.0+122829		.I..9..	1.02± .06	27				16.92±.2	1008± 6
232.07 56.14	UGC 5812	U	.35± .05	.04	15.10 ±.19			68± 13	
92.99 -27.42		10.0± .9		.26				57± 5	909
103817.1+124410	PGC 31801		1.02	.17	14.80			1.95	1346
104059.1-270500		.SAS5*.	1.34± .03	23					
270.22 27.38	ESO 501- 75	RS (1)	.27± .03	.31	13.50 ±.14				5190± 60
139.14 -36.61	IRAS10386-2649	5.0± .6		.41	12.96				4987
103837.0-264918	PGC 31805	3.3± .6	1.37	.14	12.76				5522
1041.0 -1730		.S?....	1.08± .09						6037
263.92 35.30	MCG -3-27- 24		.18± .07	.15					
127.27 -36.02	IRAS10386-1714			.22					5852
1038.6 -1714	PGC 31811		1.09	.09					6385

R.A. 2000 DEC. l b SGL SGB R.A. 1950 DEC.	Names PGC	Type S_T n_L T L	$logD_{25}$ $logR_{25}$ $logA_e$ $logD_o$	p.a. A_g A_i A_{21}	B_T m_B m_{FIR} B_T^o	$(B-V)_T$ $(U-B)_T$ $(B-V)_T^o$ $(U-B)_T^o$	$(B-V)_e$ $(U-B)_e$ m'_e m'_{25}	m_{21} W_{20} W_{50} HI	V_{21} V_{opt} V_{GSR} V_{3K}
104105.4-242948		.SBR2*.	.86± .06	63					
268.64 29.56	ESO 501- 76	r	.09± .05	.21	15.11 ±.14				
135.93 -36.55	IRAS10386-2414	2.2±1.3		.11	13.48				
103842.0-241406	PGC 31812		.88	.05					
104108.8+362221		.S..6*.	1.19± .04	35				15.57±.3	13277± 10
186.19 60.96	UGC 5813	U	.30± .04	.01	14.9 ±.2			465± 13	
70.41 -15.48		6.0±1.2		.44					13267
103818.1+363802	PGC 31817		1.19	.15	14.40			1.02	13540
104111.4-732207		.SXT3*.	1.09± .09	32					
293.84 -12.84	ESO 38- 5	r	.14± .07	.55					
191.13 -24.29		3.3±1.2		.20					
103953.0-730624	PGC 31820		1.14	.07					
104111.6-370842		PLX.0P*	1.19± .05	99	13.96 ±.13	.95± .01	1.02± .01		
275.98 18.82	ESO 376- 7	S	.23± .04	.14	13.80 ±.14	.49± .02	.50± .02		4302± 11
151.55 -35.91		-2.5± .6	.49± .02	.00		.87	11.90± .07		4086
103855.0-365300	PGC 31821		1.18		13.68	.47	14.24± .30		4606
104120.7+062138		.S..6*.	1.07± .08	137				15.79±.3	6255± 10
240.88 52.78	UGC 5818	U	.16± .06	.01	14.6 ±.2				6188± 79
99.49 -29.80		6.0±1.2		.24				268± 7	6134
103844.3+063720	PGC 31834		1.07	.08	14.36			1.35	6601
1041.4 +6942		.S..6*.	1.00± .08	93					
137.82 43.47	UGC 5809	U	1.02± .06	.03					
42.98 4.02		6.0±1.5		1.47					
1037.8 +6958	PGC 31838		1.00	.50					
104126.0-232300	A 1039-23	.SXS9*.	1.32± .03	48	14.02 ±.17	.48± .08	.50± .04	14.15±.2	1199± 11
268.00 30.53	ESO 501- 79	SU (2)	.15± .03	.20	14.23 ±.14	-.09± .09	-.06± .05	148± 16	
134.55 -36.43	DDO 85	9.0± .4	1.07± .03	.16		.39	14.86± .07	132± 12	1003
103902.0-230718	PGC 31840	9.8± .4	1.34	.08	13.78	-.15	15.11± .25	.29	1538
104127.8-314648		.SBT5..	1.25± .04						
273.08 23.45	ESO 437- 42	S	.06± .05	.28	14.41 ±.14				2610± 18
144.96 -36.37		5.0± .8		.09					2401
103908.0-313106	PGC 31841		1.27	.03	14.03				2930
104131.4+371843	NGC 3334	.L...?.	1.04± .09		13.85 ±.16	1.01± .02	1.02± .01		
184.26 60.87	UGC 5817	U	.04± .04	.00	13.99 ±.15	.52± .03	.53± .03		7202± 31
69.64 -14.90		-2.0±1.7	.73± .05	.00		.94	12.99± .16		7195
103840.1+373425	PGC 31845		1.03		13.82	.56	13.82± .50		7461
104142.4-284648		.SAS5..	1.49± .04					13.94±.3	4396± 11
271.39 26.03	ESO 437- 44	S	.04± .05	.16	14.11 ±.14			128± 15	4409± 76
141.25 -36.44		5.0± .7		.06				97± 12	4191
103921.0-283106	PGC 31855		1.51	.02	13.86			.06	4724
1041.7 +1538	IC 635	.S?....	1.21± .06	5					6600
227.14 57.82	UGC 5821		.67± .06	.05	14.95 ±.18				
89.86 -25.86	IRAS10390+1554			1.00					6512
1039.1 +1554	PGC 31858		1.21	.33	13.87				6931
104150.5+211842		.S?....	.89± .11						
216.97 59.97	MCG 4-25- 40		.07± .07	.01	14.95 ±.18				7538± 61
84.29 -23.20	MK 725			.10					7471
103907.8+213424	PGC 31862		.89	.03	14.80				7854
104150.6+384303		.S..4..	1.17± .05	120					
181.42 60.64	UGC 5819	U	.64± .05	.00					10693± 50
68.46 -14.06	IRAS10389+3859	4.0± .9		.94	13.66				10692
103858.5+385845	PGC 31863		1.17	.32					10946
104152.8+211508		RSBR1..	1.06± .06					15.82±.2	7447± 7
217.09 59.96	UGC 5822	U	.07± .05	.01	14.7 ±.3			263± 7	
84.35 -23.22	IRAS10391+2130	1.0± .8		.07				248± 5	7379
103910.2+213050	PGC 31864		1.06	.04	14.55			1.24	7763
104153.2+004729		.I..9*.	1.00± .06	165					
247.77 49.27	UGC 5823	U	.08± .05	.13	14.47 ±.18				5684±108
105.67 -31.63	VV 113	10.0±1.3		.06					5547
103919.1+010312	PGC 31865		1.01	.04	14.28				6037
104159.4-284637		.LA.0P.	1.14± .05		14.33 ±.15	1.01± .02	1.03± .02		
271.45 26.07	ESO 437- 45	S	.11± .04	.16	14.00 ±.14	.44± .03	.48± .02		3786± 76
141.24 -36.37		-2.0± .8	.54± .04	.00		.93	12.52± .12		3581
103938.0-283054	PGC 31874		1.14		13.94	.41	14.62± .31		4114
104159.9-365607	NGC 3347B	.SAS8*/	1.51± .03	95					
276.02 19.08	ESO 376- 10	RCS (1)	.63± .04	.09	13.71 ±.14				
151.27 -35.78	IRAS10397-3640	7.6± .4		.78	13.84				
103943.0-364024	PGC 31875	6.1± .6	1.52	.32					

R.A. 2000 DEC. l b SGL SGB R.A. 1950 DEC.	Names PGC	Type S_T n_L T L	$logD_{25}$ $logR_{25}$ $logA_e$ $logD_o$	p.a. A_g A_i A_{21}	B_T m_B m_{FIR} B_T^o	$(B-V)_T$ $(U-B)_T$ $(B-V)_T^o$ $(U-B)_T^o$	$(B-V)_e$ $(U-B)_e$ m'_e m'_{25}	m_{21} W_{20} W_{50} HI	V_{21} V_{opt} V_{GSR} V_{3K}
104202.0-331443		.LB.0?/	1.19± .05	127	12.83V±.13	.97± .02			
274.01 22.26	ESO 376- 9	S	.56± .03	.29	13.67 ±.14				3055± 18
146.76 -36.14		-2.0±1.2		.00		.82			2844
103943.0-325900	PGC 31876		1.14		13.40		13.22± .28		3371
104206.5-403437		.SAS1*.	1.14± .05	168					
277.94 15.94	ESO 318- 2	S	.61± .04	.36	14.86 ±.14				
155.66 -35.22		1.0±1.0		.62					
103952.0-401854	PGC 31880		1.17	.30					
104207.5+134452	NGC 3338	.SAS5..	1.77± .02	100	11.64 ±.14	.59± .02	.72± .01	12.22±.1	1301± 4
230.33 57.02	UGC 5826	R (3)	.21± .02	.06	11.39 ±.16	-.01± .03	.10± .02	349± 4	1297± 58
91.82 -26.61		5.0± .3	1.28± .02	.32		.53	13.53± .05	332± 4	1207
103928.1+140035	PGC 31883	2.3± .5	1.78	.11	11.15	-.05	14.82± .17	.96	1636
104210.8-370925		.SBS9..	1.15± .05						
276.17 18.91	ESO 376- 11	S (1)	.10± .05	.09	14.75 ±.14				
151.53 -35.71		8.5± .6		.10					
103954.0-365342	PGC 31885	8.3± .6	1.16	.05					
104211.4+234500		.S..1?.	1.06± .06	92				15.29±.3	3485± 10
212.26 60.71	UGC 5825	U	.37± .05	.00	14.91 ±.18				
82.00 -21.93		1.0±1.8		.38				305± 7	3427
103927.6+240043	PGC 31887		1.06	.19	14.49			.62	3794
104214.2+474558	A 1039+48	.S?....	.80± .09	165					
164.86 57.49	MCG 8-20- 16		.39± .06	.00	15.3 ±.2				1519± 60
60.85 -8.85	MK 151			.29					1553
103915.3+480140	PGC 31888		.78		14.99				1729
104217.8-002242	NGC 3340	.SBS4..	1.00± .05	145				15.24±.1	5566± 9
249.16 48.54	UGC 5827	E (1)	.06± .04	.13	13.8 ±.2			292± 12	5646±108
107.03 -31.91		4.0± .9		.09					5426
103944.1-000659	PGC 31892	1.9± .8	1.01	.03	13.54			1.67	5921
104219.0-173857		.L...P/	1.16± .05	65					
264.32 35.36	MCG -3-27- 26	E	.58± .04	.13					
127.49 -35.74		-1.5± .9		.00					
103952.3-172314	PGC 31895		1.09						
1042.3 +2800		.L?....	1.02± .14						
203.60 61.46	MCG 5-25- 33		.11± .07	.03	14.84 ±.18				11594
78.05 -19.74				.00					11552
1039.6 +2816	PGC 31899		1.00		14.64				11889
104222.4-361038		.SB?...	.97± .06	14					
275.68 19.77	ESO 376- 12		.27± .05	.21	14.74 ±.14				4634± 19
150.34 -35.79				.39					4420
104005.0-355454	PGC 31903		.99	.13	14.11				4941
104225.5-445308		.LXS0*.	1.11± .05	106					
280.17 12.21	ESO 264- 34	S	.33± .04	.65	15.01 ±.14				
160.75 -34.33	IRAS10402-4437	-2.0±1.2		.00					
104014.1-443724	PGC 31906		1.14						
1042.4 +1545		.S?....	1.09± .06	28					
227.09 58.03	UGC 5828		.84± .05	.05					14989± 57
89.83 -25.65				1.26					14902
1039.8 +1601	PGC 31908		1.10	.42					15320
1042.5 +1543		.S?....	.94± .11						
227.17 58.03	MCG 3-27- 75		.00± .07	.05	14.69 ±.18				14608± 57
89.88 -25.65				.00					14521
1039.9 +1559	PGC 31913		.94	.00	14.56				14939
1042.6 +2357		.SXR3*.	1.09± .06	30					
211.90 60.85	UGC 5830	U (1)	.34± .05	.01	14.83 ±.19				
81.86 -21.74		3.0± .9		.47					
1039.9 +2413	PGC 31917	3.5±1.2	1.09	.17					
104237.9-235608		.S..5?/	1.37± .03	105					
268.62 30.22	ESO 501- 80	S	.64± .03	.23	13.72 ±.14				1070± 60
135.25 -36.18	IRAS10402-2340	5.0±1.6		.96	13.76				873
104014.1-234024	PGC 31919		1.39	.32	12.52				1408
104244.4+342730	A 1039+34	.I..9..	1.67± .02		13.73 ±.18	.21± .06	.29± .05	12.85±.1	630± 4
190.05 61.54	UGC 5829	U (1)	.05± .05	.04	14.0 ±.9	-.29± .08	-.19± .06	93± 4	599± 33
72.28 -16.26	DDO 84	10.0± .6	1.24± .04	.04		.18	15.42± .08	75± 4	612
103955.2+344313	PGC 31923	9.0± .9	1.67	.03	13.67	-.31	16.78± .23	-.84	901
104246.4-362114	NGC 3347	.SBT3..	1.56± .02	173	12.17M±.08	.88± .01	.90± .01	13.32±.3	3010± 8
275.85 19.66	ESO 376- 13	R (2)	.24± .03	.19	12.25 ±.11	.30± .02	.37± .01	367± 9	2893± 66
150.54 -35.69		3.0± .3	.93± .02	.33		.77	12.42± .06		2794
104029.0-360530	PGC 31926	1.7± .5	1.58	.12	11.66	.20	14.23± .15	1.55	3315

R.A. 2000 DEC. l b SGL SGB R.A. 1950 DEC.	Names PGC	Type S_T n_L T L	$\log D_{25}$ $\log R_{25}$ $\log A_e$ $\log D_o$	p.a. A_g A_i A_{21}	B_T m_B m_{FIR} B^o_T	$(B-V)_T$ $(U-B)_T$ $(B-V)^o_T$ $(U-B)^o_T$	$(B-V)_e$ $(U-B)_e$ m'_e m'_{25}	m_{21} W_{20} W_{50} HI	V_{21} V_{opt} V_{GSR} V_{3K}
104248.7+132734		.SB?...	1.06± .06	95				15.57±.2	1216± 4
230.94 57.02	UGC 5832		.05± .05	.06	13.74 ±.18			138± 6	1178± 50
92.20 -26.59	ARP 291			.08	13.77			105± 4	1121
104009.6+134318	PGC 31930		1.06	.03	13.59			1.95	1552
104251.4-473656		.SBS7P*	1.19± .05						
281.58 9.86	ESO 264- 35	S (1)	.21± .05	.88	14.05 ±.14				770± 60
163.90 -33.63		7.0± .7		.29					549
104042.0-472112	PGC 31932	5.6± .9	1.28	.11	12.88				1036
104302.4-362151	NGC 3354	.S..*P.	.91± .03		13.72M±.12	.52± .01	.58± .01		
275.90 19.68	ESO 376- 14	S	.09± .03	.19	13.82 ±.14	-.09± .03	-.07± .03		2812± 19
150.54 -35.64	IRAS10407-3606		.55± .01	.13	12.88	.44	11.96± .02		2598
104045.0-360606	PGC 31941		.92	.04	13.43	-.15	12.89± .20		3119
104306.2+202509	A 1040+20	.L.....	1.18± .06	148	14.4 ±.4	.69± .05		16.99±.2	1323± 8
218.85 59.97	UGC 5833	U	.52± .03	.02	14.75 ±.16	-.09± .08		121± 6	1290± 42
85.31 -23.37	MK 416	-2.0± .9		.00		.63		82± 4	1251
104024.0+204053	PGC 31945		1.11		14.67	-.12	13.88± .51		1641
1043.1 +2139		.SXR4..	1.00± .06	170					
216.49 60.36	UGC 5836	U (1)	.27± .05	.00	15.18 ±.19				
84.12 -22.77		4.0± .9		.39					
1040.4 +2155	PGC 31947	2.5±1.2	1.00	.13					
104308.9-300257		.SXS5..	1.20± .04					15.50±.3	3190± 10
272.43 25.12	ESO 437- 49	S (1)	.09± .03	.19	14.56 ±.14			154± 6	2880± 60
142.81 -36.09		5.0± .8		.14				141± 5	2974
104048.0-294712	PGC 31948	3.3± .9	1.21	.05	14.22			1.23	3506
104310.1+390218			.69± .15						
180.66 60.81	MCG 7-22- 47		.05± .07	.00	15.2 ±.2				6548± 19
68.33 -13.67									6548
104018.1+391802	PGC 31949		.69						6800
104311.9-261503		.SBT4*.	1.23± .04	66					
270.19 28.35	ESO 501- 82	S (1)	.37± .03	.30	14.21 ±.14				4540± 60
138.12 -36.11	IRAS10407-2558	4.0± .8		.54	13.35				4339
104049.1-255918	PGC 31951	3.3±1.2	1.26	.18	13.34				4874
104313.1-535918		.S..5?.	1.50± .05						
284.70 4.28		S	.17± .08	1.98					
171.07 -31.79		5.0±1.4		.25					
104109.8-534333	PGC 31952		1.69	.08					
104313.7-461245		.SB?...	1.03± .06	102					
280.95 11.12	ESO 264- 36		.18± .05	.91	14.34 ±.14				7000±190
162.26 -33.90	FAIR 436			.18	11.12				6780
104103.1-455700	PGC 31954		1.12	.09	13.16				7272
104325.1+404629		.SB.3..	1.06± .06	130					
177.23 60.38	UGC 5838	U	.35± .05	.00	14.1 ±.2				8993
66.87 -12.66	IRAS10405+4102	3.0± .9		.49	13.28				9000
104032.0+410213	PGC 31959		1.06	.18	13.58				9237
104328.1-255157		.LAS0..	1.15± .04	155					
270.01 28.70	ESO 501- 84	S	.11± .03	.30	14.12 ±.14				4560± 60
137.64 -36.05		-2.0± .8		.00					4360
104105.0-253612	PGC 31962		1.17		13.75				4895
104329.6+394116		.S..0..	1.04± .06	147					
179.34 60.70	UGC 5839	U	.48± .05	.00	14.84 ±.18				
67.81 -13.25		.0± .9		.36					
104037.2+395700	PGC 31965		1.01						
104330.6-304621		.SB?...	1.01± .05	173					
272.91 24.54	ESO 437- 50		.18± .04	.25	14.25 ±.14				3790± 60
143.69 -35.98	IRAS10411-3030			.27					3583
104110.0-303036	PGC 31966		1.03	.09	13.71				4113
104330.8+245525	NGC 3344	RSXR4..	1.85± .01		10.45 ±.13	.59± .02	.67± .01	11.84±.0	586± 4
210.04 61.25	UGC 5840	R (2)	.04± .02	.03	10.69 ±.16	-.07± .03	.03± .02	166± 5	575± 13
81.06 -21.09	IRAS10407+2511	4.0± .3	1.47± .02	.05	10.97	.57	13.29± .04	155± 7	531
104046.6+251110	PGC 31968	1.9± .5	1.85	.02	10.46	-.08	14.45± .16	1.36	891
1043.5 +1206									
233.24 56.49	CGCG 66- 1			.02	15.0 ±.6				7922± 57
93.68 -27.00									7822
1040.9 +1222	PGC 31971								8261
104333.5-362439	NGC 3358	RSXS0..	1.52± .02	141	12.29M±.08	.90± .03	.98± .01	13.33±.3	2988± 6
276.02 19.69	ESO 376- 17	R (1)	.25± .03	.18	12.51 ±.11	.37± .07	.47± .02	367± 9	2880± 66
150.59 -35.53	IRAS10412-3609	.0± .3	1.00± .02	.18		.79	12.91± .06		2773
104116.1-360854	PGC 31974	1.1± .8	1.52		11.96	.31	14.11± .15		3294

R.A. 2000 DEC. l b SGL SGB R.A. 1950 DEC.	Names PGC	Type S_T n_L T L	$\log D_{25}$ $\log R_{25}$ $\log A_e$ $\log D_o$	p.a. A_g A_i A_{21}	B_T m_B m_{FIR} B_T^o	$(B-V)_T$ $(U-B)_T$ $(B-V)_T^o$ $(U-B)_T^o$	$(B-V)_e$ $(U-B)_e$ m'_e m'_{25}	m_{21} W_{20} W_{50} HI	V_{21} V_{opt} V_{GSR} V_{3K}
104336.3-095124		.SBS7P*	1.30± .03	170				14.35±.1	2079± 7
258.58 41.75	MCG -2-28- 1	EU (1)	.05± .03	.06				165± 10	
118.13 -34.12		7.4± .4		.07				139± 12	1912
104106.4-093539	PGC 31979	5.3± .4	1.31	.02					2434
1043.6 +1205									
233.29 56.50	CGCG 66- 2			.04	15.2 ±.6				7893± 57
93.71 -26.99									7793
1041.0 +1221	PGC 31980								8232
104338.7+145218	NGC 3346	.SBT6..	1.46± .02					14.31±.0	1260± 4
228.82 57.88	UGC 5842	R (2)	.06± .03	.07	12.28 ±.15			166± 5	1110± 50
90.86 -25.79	IRAS10410+1507	6.0± .3		.09	12.36			159± 7	1169
104059.0+150803	PGC 31982	3.5± .6	1.46	.03	12.12			2.16	1592
104347.8-242204		.SXS4..	1.27± .03	19					
269.15 30.00	ESO 501- 86	S (1)	.33± .03	.18	13.87 ±.14				
135.79 -35.93	IRAS10413-2406	4.0± .8		.48	13.28				
104124.0-240618	PGC 31987	3.3± .8	1.28	.16					
104348.1+155329	IC 638								
227.13 58.37	CGCG 94-117			.07	15.3 ±.3				11937± 39
89.86 -25.31	MK 632				13.22				11851
104108.0+160914	PGC 31988								12268
104348.9-023139		PSBS3*.	1.06± .06	5					
251.83 47.28	UGC 5847	U	.27± .05	.16	14.9 ±.2				
109.61 -32.20		3.0±1.3		.38					
104116.1-021554	PGC 31993		1.07	.14					
104350.4-381546		.SAS5?/	1.43± .03	61					
277.05 18.11	ESO 318- 4	S (1)	.76± .04	.16	13.56 ±.14				3077± 19
152.82 -35.24	IRAS10415-3800	5.0± .7		1.14	12.57				2861
104134.0-380000	PGC 31995	4.4±1.2	1.44	.38	12.24				3378
1043.8 +2809		.S..7..	1.14± .05	121					
203.35 61.81	UGC 5844	U	.77± .05	.03					
78.10 -19.38		7.0± .9		1.06					
1041.1 +2825	PGC 31996		1.15	.38					
1043.8 +6942		.SB.3..	1.08± .06	49					
137.59 43.61	UGC 5834	U	.75± .05	.03					
43.10 4.19		3.0± .9		1.04					
1040.3 +6958	PGC 31997		1.09	.38					
104352.5-011736		.I?....	.97± .09					15.08±.1	7808± 12
250.56 48.17	UGC 5849		.16± .06	.16	14.23 ±.14			738± 21	7918± 54
108.21 -31.82	MK 1261			.12					7671
104119.2-010151	PGC 31998		.99	.08	13.95			1.05	8168
1043.9 +8054		.S..4..	1.13± .04	75					
128.76 34.73	UGC 5820	U	.45± .04	.06	15.05 ±.18				
33.90 10.66		4.0± .8		.67					
1039.0 +8110	PGC 32004		1.13	.23					
104358.0+114215	NGC 3351	.SBR3..	1.87± .01	13	10.53M±.10	.80± .01	.85± .01	12.96±.1	778± 4
233.95 56.37	UGC 5850	R (2)	.17± .02	.05	10.65 ±.14	.18± .02	.24± .01	277± 4	771± 24
94.14 -27.08	IRAS10413+1158	3.0± .3	1.33± .01	.24	9.99	.75	12.68± .04	268± 5	677
104119.7+115800	PGC 32007	3.3± .5	1.88	.09	10.28	.14	14.30± .13	2.60	1117
104407.1-162812		.SXT5P?	1.03± .07	15					
263.90 36.57	MCG -3-28- 1	E (1)	.11± .05	.10					
126.11 -35.16	VV 410	5.0± .9		.17	13.04				
104139.8-161226	PGC 32017	.8±1.6	1.04	.06					
104409.5-204810		.E?....	.79± .07	83	15.20 ±.13	.98± .03			
266.93 33.02	ESO 569- 1		.19± .05	.14	14.63 ±.14				3654± 37
131.41 -35.63				.00		.91			3463
104144.0-203224	PGC 32018		.76		14.74		13.68± .38		3998
104412.4+064532	NGC 3356	.S..4..	1.23± .05	102	13.8 ±.2	.50± .06	.52± .03	14.74±.1	6175± 5
241.08 53.59	UGC 5852	U (1)	.32± .05	.06	13.40 ±.19	-.10± .11	-.03± .06	357± 5	5800± 67
99.37 -28.99	VV 529	4.0± .8	.70± .10	.48		.39	12.83± .34	329± 6	6055
104136.0+070118	PGC 32021	1.5±1.1	1.23	.16	13.02	-.18	13.98± .32	1.56	6520
104415.6+222217	NGC 3352	.L.....	1.21± .08	0	13.53 ±.14	.98± .02	.99± .01		
215.24 60.82	UGC 5851	U	.14± .05	.00	13.70 ±.16	.48± .03	.52± .02		5744± 31
83.57 -22.19		-2.0± .8	.75± .03	.00		.91	12.77± .12		5681
104132.8+223803	PGC 32025		1.19		13.52	.50	14.10± .47		6058
104416.2-111435	NGC 3360	.SAS5*.	1.07± .03	55	14.41 ±.13	.68± .02	.75± .02		
259.91 40.77	MCG -2-28- 3	E (1)	.14± .05	.11					8441± 62
119.82 -34.24		5.0± .9	.66± .01	.20		.57	13.20± .04		8271
104146.8-105849	PGC 32026	5.3±1.2	1.08	.07	14.05		14.28± .25		8796

R.A. 2000 DEC. / l b / SGL SGB / R.A. 1950 DEC.	Names / PGC	Type / S_T n_L / T / L	$\log D_{25}$ / $\log R_{25}$ / $\log A_e$ / $\log D_o$	p.a. / A_g / A_i / A_{21}	B_T / m_B / m_{FIR} / B_T^o	$(B-V)_T$ / $(U-B)_T$ / $(B-V)_T^o$ / $(U-B)_T^o$	$(B-V)_e$ / $(U-B)_e$ / m'_e / m'_{25}	m_{21} / W_{20} / W_{50} / HI	V_{21} / V_{opt} / V_{GSR} / V_{3K}
104418.6-224934		PSXT2*.	1.19± .04	78					
268.29 31.36	ESO 501- 88	Sr (1)	.15± .03	.21	13.96 ±.14				
133.90 -35.74		2.0± .6		.19					
104154.0-223348	PGC 32030	4.4±1.1	1.21	.08					
104420.8+140507	NGC 3357	.E+..*.	1.16± .06	90					
230.27 57.65	UGC 5206	PU	.03± .04	.07	13.65 ±.16				9809± 50
91.74 -25.98		-4.3± .5		.00					9716
104141.4+142053	PGC 32032		1.16		13.43				10144
1044.3 +5246		.E?....	.60± .15						
156.83 55.17	MCG 9-18- 14		.09± .10	.00	14.9 ±.3				7568±125
56.92 -5.67				.00					7621
1041.3 +5302	PGC 32033		.57		14.77				7753
1044.3 +3043	NGC 3350								
197.92 62.06	CGCG 155- 2			.00	15.3 ±.3				10395
75.82 -17.95									10364
1041.6 +3059	PGC 32035								10681
104424.0-403828		.SBT1..	.87± .07	25					
278.37 16.09	ESO 318- 7	r	.17± .05	.38	15.07 ±.14				
155.65 -34.78		1.0± .9		.17					
104209.0-402242	PGC 32038		.91	.08					
104424.0-321235		.SBT4..	1.16± .04	173					
273.90 23.40	ESO 437- 56	S (1)	.13± .03	.31	14.09 ±.14				2850± 19
145.45 -35.72		4.0± .8		.19					2641
104204.0-315648	PGC 32039	4.4± .8	1.19	.06	13.57				3169
1044.4 +5625		.S..9*.	1.32± .05	115				15.18±.1	822± 7
151.84 52.98	UGC 5848	U	.33± .06	.00	14.8 ±.3			145± 6	826± 67
53.93 -3.54		9.0±1.1		.33				130± 4	889
1041.3 +5641	PGC 32041		1.32	.16	14.47			.55	987
104426.4-252234		.E?....	1.02± .06	178	13.67 ±.15	.88± .02	.94± .02		
269.92 29.23	ESO 501- 89		.12± .03	.29	14.25 ±.14				
137.04 -35.82			.93± .03	.00			13.81± .07		
104203.0-250648	PGC 32042		1.03				13.48± .34		
104429.1-111228	NGC 3361	.SXT5?.	1.30± .05	155	13.44 ±.13	.60± .02		14.66±.1	1926± 9
259.93 40.83	MCG -2-28- 4	E (1)	.23± .05	.11				279± 12	1924± 62
119.79 -34.18	IRAS10419-1056	5.0± .8		.34	12.88	.52			1757
104159.6-105642	PGC 32044	3.1±1.2	1.31	.11	12.98		14.24± .29	1.57	2281
1044.5 +6022	A 1041+60	.I..9..	1.22± .05		15.2 ±.2	.22± .16	.18± .07	14.32±.1	1019± 6
147.02 50.41	UGC 5846	U (1)	.21± .05	.00	14.9 ±.3	-.09± .19	.00± .10	63± 7	
50.72 -1.22	DDO 86	10.0± .8	1.05± .05	.16		.16	15.95± .10	44± 12	1100
1041.2 +6037	PGC 32048	9.0±1.0	1.22	.10	14.97	-.13	15.67± .33	-.75	1163
1044.6 +2610		.S?....	1.16± .05	97					6258
207.54 61.72	UGC 5855		.63± .05	.05	14.91 ±.18				
80.02 -20.24	IRAS10418+2626			.94	12.72				6210
1041.8 +2626	PGC 32055		1.17	.31	13.89				6560
104439.1+384534		.S?....	.94± .11						
181.07 61.16	MCG 7-22- 53		.05± .07	.00	14.85 ±.18				10723± 13
68.74 -13.58				.07					10723
104147.7+390120	PGC 32058		.94	.02	14.71				10976
104440.3+764838	NGC 3329	RSAR3*.	1.25± .03	140					
131.69 38.08	UGC 5837	R	.25± .03	.04	13.10 ±.14				1812± 49
37.32 8.36	IRAS10405+7704	3.0± .6		.34	13.07				1948
104031.1+770423	PGC 32059		1.26	.12	12.71				1857
1044.7 +5827		.S..6*.	1.10± .06	38					
149.25 51.71	UGC 5853	U	.52± .05	.00	15.35 ±.18				
52.30 -2.31		6.0±1.4		.76					
1041.6 +5843	PGC 32069		1.10	.26					
104448.9+381049		.S?....	.91± .07	97					
182.22 61.33	UGC 5856		.64± .05	.00	15.3 ±.2				7759
69.26 -13.87	IRAS10419+3826			.95	13.61				7757
104157.8+382636	PGC 32071		.91	.32	14.32				8015
104449.3+155706		.S..8..	1.13± .05	160				15.92±.3	6481± 10
227.23 58.62	UGC 5858	U	.06± .05	.07	14.6 ±.3			93± 13	
89.92 -25.06		8.0± .8		.08					6395
104209.3+161253	PGC 32072		1.13	.03	14.43			1.46	6812
1044.8 +2728									
204.85 61.95	CGCG 154- 45			.02	15.3 ±.3				13292
78.85 -19.54									13249
1042.1 +2744	PGC 32077								13590

R.A. 2000 DEC.	Names	Type	$\log D_{25}$	p.a.	B_T	$(B-V)_T$	$(B-V)_e$	m_{21}	V_{21}
l b		S_T n_L	$\log R_{25}$	A_g	m_B	$(U-B)_T$	$(U-B)_e$	W_{20}	V_{opt}
SGL SGB		T	$\log A_e$	A_i	m_{FIR}	$(B-V)^o_T$	m'_e	W_{50}	V_{GSR}
R.A. 1950 DEC.	PGC	L	$\log D_o$	A_{21}	B^o_T	$(U-B)^o_T$	m'_{25}	HI	V_{3K}
104451.6+063541	NGC 3362	.SX.5..	1.15± .05	90				15.91±.3	8318± 10
241.47 53.61	UGC 5857	U (1)	.11± .05	.05	13.48 ±.18				8322± 48
99.62 -28.90		5.0± .8		.16				187± 7	8200
104215.2+065128	PGC 32078	2.5±1.1	1.15	.05	13.23			2.63	8666
1045.0 +7640		.SXS5..	1.19± .05	130				14.63±.3	1766± 10
131.77 38.19	UGC 5841	U	.23± .05	.04	14.8 ±.2			93± 13	
37.44 8.30	IRAS10408+7656	5.0± .8		.34					1902
1040.8 +7656	PGC 32081		1.19	.11	14.37			.15	1812
104502.8+434216		.SB.1..	1.13± .05	25					
171.51 59.66	UGC 5859	U	.24± .05	.00	14.65 ±.20				
64.55 -10.76		1.0± .8		.24					
104208.0+435803	PGC 32084		1.13	.12					
104504.0+002601									
249.01 49.60	CGCG 10- 4			.06	14.9 ±.6				7922±108
106.38 -31.00									7785
104230.0+004148	PGC 32085								8276
104509.3+045633		.S..6?.	.98± .05						
243.69 52.63	UGC 5865	U	.03± .04	.04	14.9 ±.2				22837
101.43 -29.44		6.0±1.7		.05					22714
104233.6+051220	PGC 32086		.98	.02	14.67				23187
1045.1 +3859		.S..6*.	1.18± .05	151					
180.56 61.20	UGC 5861	U	.97± .05	.00					
68.60 -13.37		6.0±1.4		1.42					
1042.3 +3915	PGC 32087		1.18	.48					
1045.1 +0007		.SB.3..	1.00± .06						
249.38 49.40	UGC 5867	U	.00± .05	.07	14.42 ±.20				11780±108
106.74 -31.07		3.0± .9		.00					11642
1042.6 +0023	PGC 32088		1.00	.00	14.27				12134
104510.3+220453	NGC 3363	.S?....	1.12± .05	0				15.40±.3	5766± 10
215.94 60.94	UGC 5866		.20± .05	.00	14.34 ±.19				
83.96 -22.15	IRAS10424+2220			.30	12.96			401± 7	5702
104227.7+222040	PGC 32089		1.12	.10	14.01			1.29	6081
104510.8-100353		PSXT7..	1.17± .05						2523
259.17 41.83	MCG -2-28- 6	E (1)	.00± .05	.05					
118.48 -33.78		7.0± .8		.00					2357
104240.9-094806	PGC 32091	6.4± .8	1.17	.00					2879
104522.6+555733	NGC 3353	.S..3$P	1.13± .03		13.25 ±.13	.46± .01	.41± .01	14.75±.1	944± 5
152.31 53.38	UGC 5860	P	.15± .04	.00	13.26 ±.15	-.35± .02	-.37± .02	120± 4	935± 36
54.39 -3.70	MK 35	3.0±1.7	.51± .02	.20	11.49	.43	11.29± .05	96± 5	1009
104216.5+561320	PGC 32103		1.13	.07	13.04	-.37	13.39± .22	1.63	1112
1045.4 +1326								17.73±.3	3142± 10
231.55 57.57				.04				95± 13	
92.52 -26.02								83± 10	3047
1042.7 +1342	PGC 32107								3478
104543.1+112042		.SXT3*.	1.15± .05	95				15.38±.2	6571± 6
234.92 56.54	UGC 5869	U (1)	.23± .05	.05	14.3 ±.2			289± 10	
94.71 -26.84	MK 1262	3.0±1.2		.32				276± 5	6469
104305.0+113630	PGC 32119	5.5±1.2	1.15	.11	13.87			1.39	6911
1045.7 +7706		.S..8*.	.99± .06						
131.41 37.88	UGC 5854	U	.05± .05	.03	15.0 ±.2				
37.11 8.57		8.0±1.2		.06					
1041.6 +7722	PGC 32121		1.00	.03					
104547.2+371242		.S..3..	1.08± .06						
184.12 61.72	UGC 5868	U (1)	.04± .05	.00	14.7 ±.2				
70.21 -14.24		3.0± .8		.05					
104256.9+372830	PGC 32123	3.5±1.1	1.08	.02					
104549.8+273713		.L?....	.90± .17						
204.58 62.19	MCG 5-26- 3		.00± .07	.02	14.75 ±.15				13298± 61
78.83 -19.28	MK 726			.00	12.59				13255
104304.6+275301	PGC 32127		.90		14.53				13595
104558.7+345753		.L...?.	1.04± .09						
188.82 62.14	UGC 5870	U	.00± .04	.00	14.12 ±.15				2032± 50
72.21 -15.42		-2.0±1.6		.00					2017
104309.7+351341	PGC 32134		1.04		14.09				2302
1046.0 +7321	NGC 3343	.E.....	1.11± .16	55					
134.30 40.89	UGC 5863	U	.15± .08	.17	14.40 ±.16				
40.22 6.45		-5.0± .8		.00					
1042.3 +7337	PGC 32143		1.09						

R.A. 2000 DEC. l b SGL SGB R.A. 1950 DEC.	Names PGC	Type S_T n_L T L	$logD_{25}$ $logR_{25}$ $logA_e$ $logD_o$	p.a. A_g A_i A_{21}	B_T m_B m_{FIR} B^o_T	$(B-V)_T$ $(U-B)_T$ $(B-V)^o_T$ $(U-B)^o_T$	$(B-V)_e$ $(U-B)_e$ m'_e m'_{25}	m_{21} W_{20} W_{50} HI	V_{21} V_{opt} V_{GSR} V_{3K}
104605.2-451937		PSBT1..	1.19± .05						
280.97 12.13	ESO 264- 39	Sr	.06± .05	.72	14.34 ±.14				5520± 60
161.10 -33.61		.5± .6		.06					5300
104353.0-450348	PGC 32144		1.25	.03	13.49				5796
104609.7+493238		.S..4..	1.03± .08	74					
161.41 57.17	UGC 5872	U	.32± .06	.00	14.97 ±.18				
59.75 -7.29	IRAS10431+4948	4.0± .9		.47					
104310.5+494826	PGC 32149		1.03	.16					
104613.1+014846	NGC 3365	.S..6*/	1.65± .02	159	13.17 ±.15	.61± .04	.67± .03	13.10±.1	986± 11
247.75 50.76	UGC 5878	UE (1)	.76± .04	.08	13.04 ±.20	-.01± .05	.04± .04	244± 16	
104.96 -30.27		6.0± .8	1.22± .04	1.12		.44	14.76± .11	231± 12	853
104338.6+020435	PGC 32153	5.3±1.2	1.66	.38	11.92	-.13	14.37± .21	.80	1339
104634.5+134509	NGC 3367	.SBT5..	1.40± .02		12.05 ±.14	.55± .02	.62± .02	14.46±.1	3042± 4
231.31 57.96	UGC 5880	R (2)	.06± .03	.05	12.07 ±.14	-.16± .04		247± 6	2879± 56
92.34 -25.64	IRAS10439+1400	5.0± .3	1.06± .02	.09	11.12	.51	12.84± .04	222± 5	2948
104355.5+140058	PGC 32178	2.4± .6	1.41	.03	11.90	-.19	13.76± .18	2.53	3377
1046.6 +5209		.S..6*.	1.13± .05	103					
157.38 55.81	UGC 5876	U	.25± .05	.00	15.3 ±.3				
57.63 -5.74		6.0±1.2		.36					
1043.6 +5225	PGC 32182		1.13	.12					
104637.7+631322	NGC 3359	.SBT5..	1.86± .01	170	11.03M±.05	.46± .02	.52± .01	11.69±.0	1013± 3
143.60 48.59	UGC 5873	R (2)	.22± .03	.00	11.03 ±.14	-.20± .03	-.10± .02	256± 6	1008± 14
48.54 .65	IRAS10433+6329	5.0± .3	1.46± .02	.34	11.26	.41	13.75± .04	242± 6	1104
104321.1+632911	PGC 32183	3.0± .5	1.86	.11	10.69	-.24	14.63± .11	.89	1140
1046.6 +1300								18.66±.3	6526± 10
232.54 57.61				.05				82± 13	
93.12 -25.93								76± 10	6430
1044.0 +1316	PGC 32186								6863
1046.7 +2555		.S..1..	1.05± .06	55					
208.22 62.15	UGC 5881	U	.36± .05	.04	14.87 ±.18				
80.50 -19.96	IRAS10439+2611	1.0± .9		.37	12.64				
1043.9 +2611	PGC 32188		1.05	.18					
104643.0-400056	NGC 3378	.S..4*.	1.18± .04						
278.46 16.86	ESO 318- 12	BS (1)	.03± .04	.40	13.48 ±.14				5186± 19
154.82 -34.44	IRAS10444-3945	4.3± .7		.05	11.94				4970
104427.0-394506	PGC 32189	3.3± .8	1.22	.02	13.00				5481
104644.8-251438	NGC 3369	.LA.-?.	1.15± .04	114					
270.34 29.62	ESO 501- 95	S	.24± .03	.35	14.64 ±.14				
136.90 -35.29		-3.0± .8		.00					
104421.0-245848	PGC 32191		1.16						
104645.2+114916	NGC 3368	.SXT2..	1.88± .01	5	10.11 ±.13	.86± .01	.94± .01	12.77±.1	897± 4
234.43 57.01	UGC 5882	R (1)	.16± .02	.06	9.94 ±.13	.31± .02	.41± .01	354± 4	943± 33
94.34 -26.41	IRAS10441+1205	2.0± .3	1.39± .02	.19	10.48	.81	12.49± .06	341± 4	798
104406.9+120505	PGC 32192	3.4± .7	1.88	.08	9.77	.27	13.95± .16	2.92	1238
104648.8-861717		.SB9P?/	1.12± .06	36					
300.83 -23.94	ESO 7- 1	S	.48± .05	.51					
202.90 -17.65	IRAS10494-8601	9.0±1.8		.49					
104922.0-860124	PGC 32195		1.17	.24					
104650.9-012326		.SB?...	1.00± .06	115					
251.46 48.62	UGC 5886		.18± .05	.10	14.33 ±.18				11487±108
108.58 -31.14				.27					11345
104417.6-010737	PGC 32196		1.01	.09	13.90				11843
1046.8 -1608		PSXT0..	1.32± .04	45					7997
264.33 37.22	MCG -3-28- 3	E	.19± .05	.14					
125.84 -34.46		.0± .7		.14					7817
1044.4 -1553	PGC 32197		1.33						8348
1046.9 +5955		.S..7..	1.12± .05	28					
147.20 50.94	UGC 5879	U	.94± .05	.00	15.75 ±.18				
51.27 -1.23		7.0±1.0		1.30					
1043.8 +6011	PGC 32204		1.12	.47					
104700.8-095630	NGC 3375	RLAT0?.	1.17± .05	45	13.43 ±.15	.82± .02	.88± .01		
259.54 42.21	MCG -2-28- 8	E	.11± .06	.06					2365± 60
118.45 -33.31		-2.0± .8	.78± .05	.00		.77	12.82± .16		2200
104430.7-094040	PGC 32205		1.16		13.34		13.91± .34		2721
104703.2+263235		.SAS3*.	1.06± .06	97					
206.95 62.32	UGC 5884	U (1)	.16± .05	.04	14.29 ±.18				6287± 50
79.97 -19.59	VV 727	3.0±1.2		.22	13.13				6241
104418.8+264825	PGC 32206	3.5±1.2	1.06	.08	13.98				6588

R.A. 2000 DEC. / l b / SGL SGB / R.A. 1950 DEC.	Names / PGC	Type / S_T n_L / T / L	$\log D_{25}$ / $\log R_{25}$ / $\log A_e$ / $\log D_o$	p.a. / A_g / A_i / A_{21}	B_T / m_B / m_{FIR} / B_T^o	$(B-V)_T$ / $(U-B)_T$ / $(B-V)_T^o$ / $(U-B)_T^o$	$(B-V)_e$ / $(U-B)_e$ / m'_e / m'_{25}	m_{21} / W_{20} / W_{50} / HI	V_{21} / V_{opt} / V_{GSR} / V_{3K}
104703.7+171626	NGC 3370	.SAS5..	1.50± .03	148				13.63±.2	1280± 5
225.35 59.67	UGC 5887	R (2)	.25± .03	.04	12.29 ±.14			284± 9	1367± 58
88.87 -23.99	IRAS10444+1732	5.0± .3		.38	11.55			270± 5	1200
104423.2+173216	PGC 32207	3.4± .6	1.51	.13	11.87			1.64	1609
1047.0 +3003		.S..3..	1.16± .05	138					
199.38 62.63	UGC 5885	U (1)	.45± .05	.05	14.9 ±.2				9589
76.75 -17.81		3.0± .9		.62					9556
1044.3 +3019	PGC 32208	3.5±1.2	1.17	.23	14.20				9878
104710.0+725027	NGC 3348	.E.0...	1.31± .07		12.17 ±.13	1.02± .01	1.05± .01		
134.63 41.35	UGC 5875	R	.01± .06	.19	12.03 ±.13	.47± .03	.53± .02		2837± 27
40.69 6.22		-5.0± .3	.94± .03	.00		.95	12.36± .10		2960
104326.4+730616	PGC 32216		1.34		11.87	.44	13.68± .39		2906
1047.2 +5402		.I..9..	1.02± .06					15.52±.1	767± 10
154.60 54.77	UGC 5883	U	.04± .05	.00	15.2 ±.3			82± 6	
56.13 -4.59		10.0± .9		.03				59± 5	825
1044.2 +5418	PGC 32221		1.02	.02	15.16			.34	946
104719.2-242621	NGC 3383	.SBT4?.	1.15± .04	24					
269.98 30.37	ESO 501- 97	Sr (1)	.10± .03	.22	13.53 ±.14				3380± 60
135.92 -35.13	IRAS10449-2410	3.8± .7		.15	12.39				3183
104455.0-241030	PGC 32224	3.3± .8	1.17	.05	13.15				3718
104722.6+140417	NGC 3377A	.SXS9..	1.35± .05		14.22 ±.16	.61± .06	.58± .03	15.42±.1	572± 5
230.96 58.29	UGC 5889	R (1)	.02± .05	.04	13.6 ±.4	-.05± .08	.01± .05	55± 5	
92.11 -25.32	DDO 88	9.0± .4	1.07± .03	.02		.59	15.06± .07	44± 6	481
104443.5+142007	PGC 32226	9.0±1.0	1.35	.01	14.08	-.06	15.75± .30	1.33	908
104726.7+060248	NGC 3376	.S?....	.90± .06	167					
242.87 53.77	UGC 5891		.32± .04	.06	14.8 ±.2				5837± 50
100.48 -28.51				.49					5718
104450.6+061838	PGC 32231		.90	.16	14.20				6186
104729.6+071502		.SB.3..	.95± .07						
241.27 54.53	UGC 5892	U	.03± .05	.07	14.32 ±.18				8129± 50
99.20 -28.05		3.0± .9		.04					8014
104453.1+073053	PGC 32234		.96	.01	14.15				8477
104730.3-012932		.S..2..	1.13± .05	132					
251.75 48.67	UGC 5896	U	.46± .05	.08	14.77 ±.18				11399±108
108.76 -31.02		2.0± .9		.57					11257
104457.0-011342	PGC 32235		1.14	.23	14.00				11755
104739.8+261743		.SXS2..	1.19± .05	155				15.45±.3	6537± 10
207.52 62.42	UGC 5894	U	.31± .05	.04	14.31 ±.19				
80.28 -19.59		2.0± .9		.38				444± 7	6490
104455.5+263333	PGC 32243		1.19	.16	13.82			1.48	6839
104739.8+385600		.E...?.	1.09± .10		14.15 ±.17	1.02± .03	1.03± .02		
180.41 61.68	UGC 5893	U	.02± .05	.00					10611± 31
68.92 -13.00		-5.0±1.7	.70± .06	.00		.92	13.14± .21		10612
104448.9+391150	PGC 32244		1.09		13.99		14.56± .55		10864
1047.6 +2946		.SB.2?.	1.04± .06	73					9422
200.01 62.75	UGC 5895	U	.59± .05	.05	15.53 ±.18				
77.08 -17.84		2.0±1.0		.73					9388
1044.9 +3002	PGC 32245		1.04	.30	14.66				9712
1047.6 +5604		.I..9..	1.08± .07						1239± 10
151.82 53.56	UGC 5888	U	.00± .06	.00	14.8 ±.3				
54.48 -3.37		10.0± .8		.00					1305
1044.6 +5620	PGC 32248		1.08	.00	14.79				1407
104741.7+135900	NGC 3377	.E.5+..	1.72± .02	35	11.24M±.10	.86± .01	.89± .01		
231.18 58.31	UGC 5899	R	.24± .02	.07	10.79 ±.12	.31± .03	.40± .01		692± 13
92.24 -25.29		-5.0± .3	1.06± .02	.00		.84	11.98± .08		600
104502.6+141451	PGC 32249		1.66		10.98	.30	14.25± .17		1028
104741.9-385115		.SBS7*/	1.35± .04	75					
278.04 17.96	ESO 318- 13	S	.85± .04	.27	15.02 ±.14				17± 19
153.41 -34.42		7.0±1.3		1.17					-197
104525.0-383524	PGC 32250		1.38	.42	13.58				317
104742.1+110440	A 1045+11	.SA.5..	1.42± .04	75				14.46±.3	2718± 9
235.81 56.80	UGC 5897	U	.44± .05	.04	13.41 ±.20			310± 7	2731± 50
95.21 -26.50		5.0± .8		.66				296± 7	2616
104504.1+112031	PGC 32251		1.43	.22	12.69			1.55	3060
104749.9+123457	NGC 3379	.E.1...	1.73± .02		10.24M±.03	.96± .01	.98± .01		
233.49 57.63	UGC 5902	R	.05± .02	.05	10.10 ±.14	.53± .01	.57± .01		889± 12
93.68 -25.85		-5.0± .3	1.07± .01	.00		.94	11.31± .04		793
104511.4+125048	PGC 32256		1.72		10.17	.52	13.73± .10		1228

R.A. 2000 DEC. l b SGL SGB R.A. 1950 DEC.	Names PGC	Type S_T n_L T L	$\log D_{25}$ $\log R_{25}$ $\log A_e$ $\log D_o$	p.a. A_g A_i A_{21}	B_T m_B m_{FIR} B_T^o	$(B-V)_T$ $(U-B)_T$ $(B-V)_T^o$ $(U-B)_T^o$	$(B-V)_e$ $(U-B)_e$ m'_e m'_{25}	m_{21} W_{20} W_{50} HI	V_{21} V_{opt} V_{GSR} V_{3K}
104750.4+334342		.S..8*.	1.13± .05	158				15.79±.3	1648± 7
191.37 62.66	UGC 5898	U	.56± .05	.00					
73.52 -15.75		8.0±1.3		.69				134± 7	1629
104502.5+335933	PGC 32259		1.13	.28					1922
1047.9 +2815		.SXS2..	1.06± .06	15					
203.32 62.71	UGC 5903	U	.18± .05	.00	14.66 ±.20				6294
78.50 -18.56		2.0± .9		.22					6254
1045.2 +2831	PGC 32264		1.06	.09	14.38				6589
104801.2+431110	NGC 3374	.SB.5..	1.10± .05	160					
172.05 60.36	UGC 5901	U	.13± .05	.00	14.40 ±.19				
65.30 -10.61	IRAS10451+4327	5.0± .8		.19	13.10				
104507.6+432701	PGC 32266		1.10	.06					
104803.9-205058	NGC 3450	.SBR3..	1.40± .03	140					
267.87 33.49	ESO 569- 6	PSEU (2)	.05± .03	.16	12.72 ±.14				3920± 60
131.57 -34.72	IRAS10456-2034	3.2± .3		.06	12.97				3730
104538.1-203506	PGC 32270	3.2± .5	1.42	.02	12.46				4265
104804.0-313157	NGC 3390	.S..3./	1.55± .03	177	12.85 ±.13	.96± .02	1.02± .01		
274.26 24.38	ESO 437- 62	PS	.79± .04	.31	13.23 ±.10	.38± .03	.44± .02		2820± 66
144.57 -34.97	IRAS10457-3116	3.0± .6	1.03± .02	1.09	12.81	.73	13.49± .08		2613
104543.0-311606	PGC 32271		1.58	.40	11.66	.15	13.46± .21		3142
104805.1-015533									
252.36 48.45	CGCG 10- 17			.08	15.2 ±.6				11297±108
109.30 -31.01									11154
104532.0-013942	PGC 32273								11653
104808.5+181124	IC 642	.E?....	1.15± .15						
223.88 60.28	UGC 5905		.04± .08	.04	13.63 ±.15				5928± 50
88.09 -23.35				.00					5851
104527.8+182715	PGC 32278		1.14		13.50				6254
104812.0+045546	NGC 3385	.L.....	1.17± .06	97					
244.51 53.20	UGC 5908	U	.23± .03	.09	13.61 ±.16				7818± 50
101.76 -28.74		-2.0± .8		.00					7696
104536.3+051137	PGC 32285		1.14		13.40				8169
104812.5+283608	NGC 3380	PSB.1$.	1.23± .04					16.41±.3	1606± 9
202.57 62.80	UGC 5906	P	.10± .04	.00	13.38 ±.18			135± 7	1615± 52
78.21 -18.33	IRAS10454+2851	1.0± .8		.10	13.35			119± 7	1568
104527.3+285159	PGC 32287		1.23	.05	13.26			3.09	1900
104817.2+123749	NGC 3384	.LBS-*.	1.74± .02	53	10.85M±.05	.93± .01	.95± .01		
233.52 57.75	UGC 5911	R	.34± .02	.07	10.72 ±.13	.44± .01	.54± .01		735± 26
93.68 -25.73		-3.0± .3	.92± .02	.00		.89	11.04± .05		639
104538.7+125341	PGC 32292		1.70		10.75	.41	13.60± .11		1074
104818.5+005027		.S?....	.87± .08	110					
249.43 50.46	UGC 5913		.39± .05	.07	14.9 ±.3				4800± 46
106.23 -30.10				.53					4665
104544.4+010619	PGC 32293		.88	.19	14.23				5154
104819.4+500123		.L?....	.97± .15						
160.31 57.21	MCG 8-20- 26		.41± .07	.00	14.92 ±.16				6780± 56
59.55 -6.73				.00					6824
104520.5+501714	PGC 32294		.90		14.81				6980
104824.1-250940	NGC 3393	PSBT1*.	1.34± .03						
270.66 29.89	ESO 501-100	Sr	.04± .04	.36	13.10 ±.14				3730± 60
136.82 -34.92		1.0± .4		.04					3532
104600.1-245348	PGC 32300		1.37	.02	12.66				4067
104825.1+344244	NGC 3381	.SB..P.	1.31± .03					14.34±.2	1629± 7
189.21 62.67	UGC 5909	R	.04± .04	.00	12.73 ±.18			118± 7	1506± 33
72.71 -15.13	IRAS10456+3458			.06	12.55			63± 6	1608
104536.7+345835	PGC 32302		1.31	.02	12.66			1.66	1894
104825.6-454128		.SAT5..	1.15± .04	53					
281.51 12.00	ESO 264- 41	S (1)	.08± .04	.86	14.68 ±.14				
161.42 -33.13		5.0± .8		.12					
104613.0-452536	PGC 32303	4.4± .8	1.23	.04					
104827.6+263508	A 1045+26	.SAS5..	1.13± .05		13.88 ±.14	.64± .03	.67± .02	15.08±.1	6295± 8
206.96 62.64	UGC 5912	U (1)	.02± .05	.01	14.0 ±.2			151± 6	6295± 59
80.10 -19.29		5.0± .8	.85± .02	.03		.59	13.62± .04	133± 6	6249
104543.4+265100	PGC 32305	2.9± .8	1.13	.01	13.84		14.33± .32	1.23	6596
104827.9+123201	NGC 3389	.SAS5..	1.44± .02	112	12.36M±.06	.46± .01		14.04±.2	1301± 6
233.72 57.74	UGC 5914	R (2)	.31± .02	.06	12.42 ±.15	-.16± .02		277± 9	1270± 31
93.80 -25.73		5.0± .4		.46		.38		240± 6	1203
104549.4+124753	PGC 32306	4.2± .7	1.44	.15	11.84	-.22	13.62± .12	2.04	1638

R.A. 2000 DEC. / l b / SGL SGB / R.A. 1950 DEC.	Names / PGC	Type / S_T n_L / T / L	$\log D_{25}$ / $\log R_{25}$ / $\log A_e$ / $\log D_o$	p.a. / A_g / A_i / A_{21}	B_T / m_B / m_{FIR} / B_T^o	$(B-V)_T$ / $(U-B)_T$ / $(B-V)_T^o$ / $(U-B)_T^o$	$(B-V)_e$ / $(U-B)_e$ / m'_e / m'_{25}	m_{21} / W_{20} / W_{50} / HI	V_{21} / V_{opt} / V_{GSR} / V_{3K}
104828.0+382350		.SBR3..	1.27± .06						7660
181.42 61.97	UGC 5910	U	.06± .06	.00	14.2 ±.3				
69.48 -13.15		3.0± .8		.08					7659
104537.6+383941	PGC 32307		1.27	.03	14.08				7916
104829.6-213804		.SXS7?.	1.20± .05	107					
268.48 32.89	ESO 569- 9	E (1)	.24± .03	.19	14.72 ±.14				
132.53 -34.69		7.0± .8		.33					
104604.0-212212	PGC 32311	6.4± .8	1.22	.12					
104831.3+722528	NGC 3364	.SXT5..	1.19± .04		13.46S±.11				
134.87 41.74	UGC 5890	PU	.01± .04	.17	13.65 ±.18				2713± 50
41.09 6.07	IRAS10448+7241	4.5± .5		.02	13.02				2836
104450.8+724119	PGC 32314		1.21	.01	13.30		14.25± .23		2785
104838.5+662144	A 1045+66	.S..3..	1.30± .05	152					
140.21 46.43	UGC 5904	U (1)	.79± .06	.01					6548± 34
46.09 2.63	7ZW 346	3.0± .9		1.09	12.44				6650
104516.6+663735	PGC 32321	3.5±1.2	1.30	.40					6656
1048.7 +2143		.SX.6*.	1.02± .06					15.36±.3	7368± 8
217.15 61.62	UGC 5916	U	.08± .05	.00				125± 7	
84.73 -21.60		6.0± .9		.12				112± 7	7305
1046.0 +2159	PGC 32325		1.02	.04					7685
1048.7 +1218								17.95±.3	888± 10
234.13 57.67				.06				85± 13	
94.06 -25.77								64± 10	791
1046.0 +1234	PGC 32327								1227
104843.9-452511		.S..3./	1.30± .04	1					
281.43 12.27	ESO 264- 43	S	.64± .04	.62	14.67 ±.14				
161.09 -33.13	IRAS10465-4509	3.0± .9		.88	12.55				
104631.1-450918	PGC 32328		1.35	.32					
104844.2+260314	A 1046+26		.44± .22					16.47±.3	7630± 10
208.12 62.62	MCG 4-26- 9		.00± .07	.00				279± 6	7660± 31
80.63 -19.50	MK 727				12.46				7585
104600.2+261906	PGC 32329		.44						7936
1048.7 +2646									
206.58 62.72	CGCG 155- 17			.01	15.3 ±.3				6444
79.97 -19.15									6399
1046.0 +2702	PGC 32330								6745
1048.8 +6611		.I..9*.	1.22± .12						
140.36 46.58	UGC 5907	U	.11± .12	.01					
46.25 2.54		10.0±1.1		.08					
1045.5 +6627	PGC 32337		1.22	.05					
104852.7+500221	A 1045+50	.SB?...	.89± .11						
160.20 57.28	MCG 8-20- 28		.35± .07	.00	15.0 ±.2				6896± 27
59.59 -6.65	MK 152			.43					6940
104554.0+501813	PGC 32341		.89	.18	14.52				7096
104853.0+480315		.S..2..	.96± .07	25					
163.37 58.32	UGC 5915	U	.23± .05	.00	15.30 ±.13				
61.26 -7.77		2.0± .9		.28					
104556.0+481907	PGC 32342		.96	.11					
104854.0+464314		.I..9..	1.04± .06	163					
165.60 58.98	UGC 5917	U	.26± .05	.00	14.85 ±.18				
62.38 -8.51		10.0± .9		.19					
104558.0+465906	PGC 32343		1.04	.13					
1048.9 +1212								15.69±.3	1325± 10
234.36 57.66	CGCG 66- 25			.08				143± 13	
94.20 -25.76	MK 1263							124± 10	1227
1046.3 +1228	PGC 32346								1665
104856.5+141318	NGC 3391	.S?....	1.00± .06	35				15.12±.2	2959± 6
231.07 58.69	UGC 5920		.17± .05	.07	13.9 ±.2			265± 13	
92.14 -24.92	IRAS10462+1429			.26	13.44			218± 5	2868
104617.4+142910	PGC 32347		1.00	.09	13.55			1.49	3294
104901.6-003823		.SB?...	1.02± .06	10				15.60±.1	1846± 9
251.26 49.54	UGC 5922		.20± .05	.04	14.47 ±.18			188± 12	1897±108
107.94 -30.39				.29					1707
104628.0-002230	PGC 32351		1.02	.10	14.12			1.39	2202
1049.0 -0445		.SXS5*.	1.12± .08	60					
255.44 46.51		E (1)	.09± .08	.06					
112.59 -31.58		5.0± .9		.13					
1046.5 -0430	PGC 32352	1.9± .8	1.13	.04					

R.A. 2000 DEC. / l b / SGL SGB / R.A. 1950 DEC.	Names / PGC	Type / S_T n_L / T / L	$\log D_{25}$ / $\log R_{25}$ / $\log A_e$ / $\log D_o$	p.a. / A_g / A_i / A_{21}	B_T / m_B / m_{FIR} / B_T^o	$(B-V)_T$ / $(U-B)_T$ / $(B-V)_T^o$ / $(U-B)_T^o$	$(B-V)_e$ / $(U-B)_e$ / m'_e / m'_{25}	m_{21} / W_{20} / W_{50} / HI	V_{21} / V_{opt} / V_{GSR} / V_{3K}
104904.6+521958	A 1046+52	.S?....	.91± .08		15.0 ±.2	.18± .03			
156.73 56.01	MCG 9-18- 32		.25± .06	.00	14.7 ±.2	-.64± .05			2447± 53
57.69 -5.33	MK 153			.38		.12			2500
104603.8+523550	PGC 32356		.91	.13	14.47	-.69	13.75± .47		2635
104907.7+065507		.S..0?.	.97± .07	173					
242.16 54.64	UGC 5923	U	.36± .05	.04	14.5 ±.2				722± 50
99.73 -27.80	MK 1264	.0±1.9		.27					607
104631.3+071100	PGC 32364		.96		14.20				1070
104912.2+220107		.S..1..	1.17± .05	52				15.70±.3	7636± 10
216.62 61.82	UGC 5924	U	.55± .05	.00	14.75 ±.18				
84.50 -21.36		1.0± .9		.56				592± 7	7573
104630.0+221700	PGC 32367		1.17	.28	14.09			1.34	7952
104912.4+275530		.S..8*.	1.20± .05	161				15.44±.3	1407± 10
204.09 62.96	UGC 5921	U	.64± .05	.00	14.98 ±.18				
78.95 -18.48		8.0±1.3		.78				152± 7	1366
104627.7+281123	PGC 32368		1.20	.32	14.19			.93	1704
104913.3-311817		.SBT4P.	1.24± .04	32					
274.37 24.70	ESO 437- 65	Sr	.34± .04	.27	14.24 ±.14				3140± 18
144.28 -34.74	IRAS10468-3102	4.2± .6		.50	13.21				2933
104652.0-310224	PGC 32369		1.26	.17	13.45				3463
1049.2 +1225								16.39±.3	1383± 10
234.09 57.84	CGCG 66- 29			.05	15.4 ±.6			93± 13	
94.01 -25.61								74± 10	1286
1046.6 +1241	PGC 32371								1722
104916.5-193811		.LX.0P*	1.25± .04	105					
267.35 34.66	ESO 569- 12	SE	.17± .03	.11	13.53 ±.14				
130.13 -34.32	IRAS10468-1922	-1.5± .5		.00	11.86				
104650.1-192218	PGC 32374		1.24						
104917.0+001949		.SB?...	.94± .11						
250.27 50.28	MCG 0-28- 14		.11± .07	.07	14.81 ±.18				12297±108
106.88 -30.03				.17					12161
104643.0+003542	PGC 32375		.94	.06	14.51				12652
1049.2 +1222								17.78±.3	1350± 10
234.17 57.83				.05				70± 13	
94.06 -25.62								44± 10	1253
1046.6 +1238	PGC 32376								1689
104921.2-004007		.LA.-P*	1.02± .07						
251.38 49.58	MCG 0-28- 13	E	.10± .05	.04	14.40 ±.16				11669±108
108.00 -30.32		-3.0± .9		.00					11530
104647.7-002414	PGC 32383		1.01		14.18				12025
104923.5+431830		.S..7..	1.12± .04	157					
171.63 60.54	UGC 5925	U	.88± .04	.00	15.59 ±.18				
65.33 -10.33	KUG 1046+435	7.0±1.0		1.21					
104630.2+433423	PGC 32384		1.12	.44					
1049.4 +6444		.I..9*.	1.23± .14						
141.71 47.70	UGCA 220	U	.16± .18	.00					
47.48 1.76		10.0±1.1		.12					
1046.1 +6500	PGC 32385		1.23	.08					
104925.7+324629	IC 2604	.SBS9P?	1.10± .04	40					
193.39 63.07	UGC 5927	PU	.14± .04	.00	14.7 ±.2				1680± 39
74.56 -15.97	VV 538	9.3± .7		.14					1658
104638.6+330222	PGC 32390		1.10	.07	14.56				1959
1049.4 +1613	NGC 3399	.L?....	1.23± .10						
227.73 59.74	MCG 3-28- 12		.00± .07	.04	13.8 ±.2				6826
90.20 -23.94				.00					6742
1046.8 +1629	PGC 32395		1.23		13.64				7157
1049.5 +0448		.S..4..	1.04± .08	68					
245.03 53.36	UGC 5929	U	.37± .06	.10	14.83 ±.18				
102.02 -28.48		4.0± .9		.55					
1046.9 +0504	PGC 32396		1.05	.19					
104930.6+225754	A 1046+23								
214.72 62.14				.00					9820± 31
83.64 -20.85	MK 417								9761
104648.0+231347	PGC 32398								10132
1049.6 +6531	A 1046+65	.I..9*.	1.38± .04		15.1 ±.2	.54± .09	.49± .05	14.30±.1	338± 5
140.91 47.12	UGC 5918	PU (1)	.00± .05	.00		.05± .11	.03± .07	73± 6	
46.83 2.23	DDO 87	10.0± .6	1.14± .05	.00		.54	16.29± .11	62± 8	438
1046.2 +6547	PGC 32405	9.0± .9	1.38	.00	15.10	.05	16.83± .30	-.80	452

R.A. 2000 DEC. / l b / SGL SGB / R.A. 1950 DEC.	Names / PGC	Type / S_T n_L / T / L	$\log D_{25}$ / $\log R_{25}$ / $\log A_e$ / $\log D_o$	p.a. / A_g / A_i / A_{21}	B_T / m_B / m_{FIR} / B_T^o	$(B-V)_T$ / $(U-B)_T$ / $(B-V)_T^o$ / $(U-B)_T^o$	$(B-V)_e$ / $(U-B)_e$ / m'_e / m'_{25}	m_{21} / W_{20} / W_{50} / HI	V_{21} / V_{opt} / V_{GSR} / V_{3K}
104941.0+002148		.E?....							
250.34 50.37	MCG 0-28- 15			.07	14.7 ±.6				11618± 49
106.89 -29.93									11482
104707.0+003742	PGC 32410								11973
1049.8 +5154		.L..-*.	1.00± .10						
157.24 56.35	UGC 5928	U	.00± .04	.00	14.67 ±.17				
58.12 -5.48		-3.0±1.2		.00					
1046.8 +5210	PGC 32423		1.00						
104949.5+325851	NGC 3395	.SXT6P*	1.32± .03	50	12.4 ±.2	.33± .02	.38± .02	13.57±.1	1620± 4
192.93 63.14	UGC 5931	R (1)	.23± .03	.00	12.46 ±.16	-.24± .04	-.19± .04	216± 4	1634± 17
74.42 -15.79	ARAK 257	6.0± .6		.34		.27		162± 6	1599
104702.3+331445	PGC 32424	4.6± .9	1.32	.12	12.09	-.28	13.26± .24	1.37	1899
1049.8 +0113									
249.44 51.01	CGCG 10- 28			.09	15.3 ±.6				11691±108
105.96 -29.61									11558
1047.3 +0129	PGC 32429								12046
104956.1+325922	NGC 3396	.IB.9P.	1.49± .02	100				13.57±.3	1625± 10
192.90 63.16	UGC 5935	R	.42± .03	.00	12.61 ±.14				1667± 20
74.43 -15.77		10.0± .4		.31				160± 10	1612
104709.0+331516	PGC 32434		1.49	.21	12.29			1.07	1911
104958.4+315419		.SBS8..	1.11± .07					14.81±.3	1608± 7
195.30 63.24	UGC 5934	U	.05± .06	.02	14.7 ±.3				
75.41 -16.32		8.0± .8		.07				90± 7	1583
104711.8+321013	PGC 32437		1.11	.03	14.59			.19	1891
104959.0+001924		.S?....	.82± .13						
250.47 50.40	MCG 0-28- 17		.08± .07	.07	14.87 ±.19				11652± 49
106.96 -29.87				.09					11516
104725.1+003518	PGC 32439		.82	.04	14.59				12007
1050.0 +0022									
250.44 50.44	CGCG 10- 31			.07	15.4 ±.6				11115±108
106.91 -29.83									10979
1047.5 +0038	PGC 32447								11470
1050.1 +0519		.SB.3..	1.04± .08	113					
244.53 53.81	UGC 5940	U	.59± .06	.10	15.15 ±.18				
101.53 -28.16		3.0± .9		.81					
1047.5 +0535	PGC 32449		1.05	.29					
105007.3+362031		RLA.+*.	1.11± .07	83					
185.58 62.75	UGC 5936	U	.12± .03	.00	14.21 ±.15				7229± 31
71.46 -13.98		-1.0± .8		.00					7221
104718.4+363625	PGC 32452		1.09		14.10				7494
105009.7-171434	NGC 3420	RSBT1*.	1.12± .05	30					
265.93 36.77	MCG -3-28- 11	SE	.08± .04	.11					
127.28 -33.83		.7± .7		.08					
104742.3-165839	PGC 32453		1.13	.04					
1050.2 -0115	A 1047-01	.SXR5..	1.05± .05	155	14.01 ±.16	.74± .04	.70± .02	16.06±.1	4544± 10
252.26 49.31	UGC 5943	UE (1)	.11± .04	.07	14.28 ±.18			123± 11	4531± 59
108.75 -30.29		4.5± .6	.98± .03	.16		.68	14.40± .07	108± 11	4403
1047.7 -0100	PGC 32463	3.3± .9	1.05	.05	13.88		13.83± .31	2.13	4900
105017.6+375723	IC 2606	.S?....	.89± .11						
182.14 62.43	MCG 6-24- 21		.35± .07	.00	14.9 ±.2				7725± 19
70.06 -13.09				.43					7723
104727.9+381317	PGC 32465		.89	.18	14.44				7983
105018.1-120631	NGC 3404	.SB.2?/	1.33± .04	80					
262.15 40.98	MCG -2-28- 11	PE	.64± .05	.11					
121.19 -32.96	IRAS10477-1150	1.8± .7		.79	13.39				
104748.7-115036	PGC 32466		1.34	.32					
105020.3-170238	NGC 3409	.SB.5?/	1.08± .06	10					
265.83 36.96	MCG -3-28- 12	E (1)	.69± .05	.11					
127.05 -33.76		5.0±1.3		1.03					
104752.8-164643	PGC 32470	4.2±1.6	1.09	.34					
1050.3 +1316		.I..9..	1.00± .16						
232.98 58.51	UGC 5944	U	.00± .12	.06	14.8 ±.3				
93.27 -25.01		10.0± .8		.00					
1047.7 +1332	PGC 32471		1.01	.00					
105021.3+412812		.S?....	1.04± .09						
175.01 61.39	UGC 5941		.09± .07	.00					7144± 50
67.01 -11.19				.13					7156
104729.4+414406	PGC 32472		1.04	.05					7386

R.A. 2000 DEC. l b SGL SGB R.A. 1950 DEC.	Names PGC	Type S_T n_L T L	$logD_{25}$ $logR_{25}$ $logA_e$ $logD_o$	p.a. A_g A_i A_{21}	B_T m_B m_{FIR} B_T^o	$(B-V)_T$ $(U-B)_T$ $(B-V)_T^o$ $(U-B)_T^o$	$(B-V)_e$ $(U-B)_e$ m'_e m'_{25}	m_{21} W_{20} W_{50} HI	V_{21} V_{opt} V_{GSR} V_{3K}
105021.5-385107		PSXS2..	1.05± .06	68					
278.52 18.21	ESO 318- 19	r	.34± .05	.28	14.97 ±.14				4765± 19
153.32 -33.90		2.2± .9		.42					4551
104804.0-383512	PGC 32473		1.07	.17	14.22				5065
1050.3 +1734		.IB.9..	1.22± .06	95					1132
225.47 60.51	UGC 5945	U	.29± .06	.04	14.4 ±.2				
88.97 -23.15		10.0± .8		.22					1054
1047.7 +1750	PGC 32474		1.23	.15	14.13				1460
105026.2-125044	NGC 3411	.E+....	1.32± .08		12.9 ±.2	1.03± .02	1.05± .01		
262.76 40.40	MCG -2-28- 12	E	.00± .07	.13					4417± 60
122.07 -33.07		-4.0± .9	.97± .06	.00		.96	13.28± .21		4245
104757.0-123449	PGC 32479		1.34		12.70		14.50± .48		4772
1050.4 +6446		.S..4..	1.16± .05	52					
141.55 47.75	UGC 5932	U	.41± .05	.01	14.98 ±.20				
47.51 1.88	IRAS10471+6502	4.0± .8		.60					
1047.1 +6502	PGC 32484		1.16	.20					
1050.5 +1938	A 1047+19	.I..9P*	1.12± .07	25	14.92 ±.14	.42± .05	.50± .04	15.27±.1	1253± 11
221.55 61.34	UGC 5947	PU	.40± .06	.06	14.75 ±.18	-.21± .07	-.23± .06	91± 16	
86.95 -22.19	DDO 89	10.0± .7	.88± .02	.30		.30	14.81± .04	75± 12	1182
1047.8 +1954	PGC 32486		1.12	.20	14.50	-.29	14.34± .41	.57	1576
105039.0+654339	NGC 3394	.SAT5..	1.28± .04	35					
140.60 47.04	UGC 5937	U	.13± .05	.00	13.09 ±.18				3403± 56
46.73 2.43	IRAS10473+6559	5.0± .8		.19	13.24				3504
104719.8+655933	PGC 32495		1.28	.06	12.88				3516
1050.6 +1544		.I..9?.	1.11± .07	35					1120
228.84 59.78	UGC 5948	U	.54± .06	.04					
90.82 -23.89		10.0±1.8		.40					1035
1048.0 +1600	PGC 32496		1.11	.27					1452
1050.7 +1519		.I..9?.	1.26± .06						6400
229.60 59.60	UGC 5950	U	.29± .06	.04					
91.25 -24.05		10.0±1.6		.22					6314
1048.1 +1535	PGC 32498		1.26	.15					6733
105045.6+282806	NGC 3400	.SBS1*.	1.13± .05	100					
202.96 63.35	UGC 5949	PU	.21± .04	.00	14.11 ±.18				1408± 36
78.63 -17.91		.5± .6		.21					1370
104800.8+284401	PGC 32499		1.13	.10	13.88				1703
105053.2+132446	NGC 3412	.LBS0..	1.56± .02	155	11.45 ±.13	.91± .01	.92± .01		
232.87 58.70	UGC 5952	R	.25± .03	.06	11.39 ±.13	.39± .02	.43± .02		865± 27
93.18 -24.83		-2.0± .3	.94± .03	.00		.86	11.64± .09		772
104814.6+134041	PGC 32508		1.53		11.35	.36	13.49± .19		1202
1050.9 +6546	NGC 3392	.E?....	.90± .11						
140.53 47.03	MCG 11-13- 42		.12± .04	.00	14.71 ±.11				3275± 56
46.71 2.48				.00					3376
1047.6 +6602	PGC 32512		.87		14.66				3387
105057.8-122654	NGC 3421	PSBT1P.	1.30± .05	175					
262.59 40.80	MCG -2-28- 13	E	.10± .05	.13					
121.63 -32.87		1.0± .8		.10					
104828.4-121059	PGC 32514		1.31	.05					
105058.0-233931		.SBS5*P	1.16± .04					14.95±.3	3979± 11
270.32 31.48	ESO 501-102	S (1)	.10± .04	.25	13.34 ±.14			154± 15	4090± 60
135.03 -34.26		4.5± .6		.14				120± 12	3788
104833.1-232336	PGC 32515	3.3± .7	1.18	.05	12.92			1.99	4323
105058.7-020857	IC 651	.SBS9P*	.89± .05					15.58±.1	4469± 9
253.39 48.78	UGC 5956	RE (1)	.00± .04	.08	13.6 ±.3			192± 12	4259± 63
109.80 -30.38	ARAK 258	9.0±1.3		.00	11.40				4322
104825.6-015302	PGC 32517	5.3± .8	.90	.00	13.56			2.02	4821
105100.9+361137		.S..7..	.91± .06	161					7135
185.83 62.95	UGC 5951	U	.89± .05	.00					
71.69 -13.90	KUG 1048+364A	7.0±1.0		1.23					7126
104812.2+362732	PGC 32519		.91	.44					7400
105113.3+055031	NGC 3423	.SAS6..	1.58± .02	10	11.59M±.10	.45± .04		13.24±.1	1011± 7
244.16 54.36	UGC 5962	R (2)	.07± .02	.09	11.58 ±.15			177± 6	835± 66
101.09 -27.71		6.0± .3	1.08± .02	.10		.41	12.50± .05	154± 8	890
104837.4+060627	PGC 32529	3.9± .6	1.59	.04	11.39		14.17± .14	1.82	1359
105115.0-170029	NGC 3431	.SX.3?.	1.11± .06	130					5376
266.03 37.11	MCG -3-28- 14	E (1)	.62± .05	.11					
127.05 -33.54	IRAS10487-1644	3.0±1.3		.85	13.38				5195
104847.4-164433	PGC 32531	1.9±1.2	1.12	.31					5727

R.A. 2000 DEC. / l b / SGL SGB / R.A. 1950 DEC.	Names / PGC	Type / S_T n_L / T / L	$\log D_{25}$ / $\log R_{25}$ / $\log A_e$ / $\log D_o$	p.a. / A_g / A_i / A_{21}	B_T / m_B / m_{FIR} / B^o_T	$(B\text{-}V)_T$ / $(U\text{-}B)_T$ / $(B\text{-}V)^o_T$ / $(U\text{-}B)^o_T$	$(B\text{-}V)_e$ / $(U\text{-}B)_e$ / m'_e / m'_{25}	m_{21} / W_{20} / W_{50} / HI	V_{21} / V_{opt} / V_{GSR} / V_{3K}
105115.8+275102	A 1048+28	.S..4..	1.16± .07	179				16.22±.2	1182± 6
204.35 63.41	UGC 5958	U	.71± .06	.00	15.32 ±.18			196± 10	
79.26 -18.13		4.0± .9		1.04				184± 5	1142
104831.3+280657	PGC 32532		1.16	.35	14.27			1.59	1479
105116.3+275833	NGC 3414	.L...P.	1.55± .04		11.96 ±.18	.97± .03	.99± .02	17.40±.3	1414± 9
204.08 63.42	UGC 5959	R	.14± .04	.00	11.82 ±.12	.55± .05	.59± .05	371± 21	1434± 27
79.15 -18.06	ARP 162	-2.0± .3	.84± .06	.00		.94	11.65± .20	321± 7	1376
104831.8+281428	PGC 32533		1.53		11.84	.54	14.24± .28		1713
105117.5-122409	NGC 3422	.L..+?/	1.10± .06	54					
262.64 40.89	MCG -2-28- 15	E	.62± .05	.13					
121.59 -32.78		-1.0±1.8		.00					
104848.1-120814	PGC 32534		1.02						
105117.6+135643	NGC 3419	RLXR+..	1.09± .05	115				16.42±.2	3035± 7
232.08 59.05	UGC 5964	R	.07± .03	.05	13.46 ±.16			251± 21	3028± 40
92.69 -24.52	ARAK 259	-1.0± .5		.00				237± 7	2944
104838.8+141238	PGC 32535		1.09		13.36				3371
105117.7+443412	A 1048+44	.P.....	.79± .06	85					
169.01 60.33	UGC 5953	R	.27± .04	.00	13.8 ±.5				1800±110
64.45 -9.35	MK 155	99.0		.37					1824
104824.1+445007	PGC 32536		.79	.13	13.43				2028
105119.9+140127	NGC 3419A	.SBS3*/	1.25± .04	137				14.45±.2	3074± 6
231.95 59.10	UGC 5965	R	.92± .04	.05	14.89 ±.18			271± 7	3048± 42
92.61 -24.48		3.3± .6		1.27				255± 5	2983
104841.0+141723	PGC 32540		1.25	.46	13.56			.44	3410
105121.1-342544		.IB.9?/	1.32± .04	49					
276.46 22.20	ESO 376- 22	S	.62± .04	.27	14.06 ±.14				1364± 53
148.02 -34.13	TOL 51	10.0±1.2		.46					1154
104901.1-340948	PGC 32542		1.35	.31	13.32				1678
105121.1+324604	NGC 3413	.L..../	1.34± .03	178				14.56±.2	645± 6
193.34 63.48	UGC 5960	R	.38± .03	.00	13.08 ±.16			186± 10	655± 52
74.79 -15.63	IRAS10485+3301	-2.0± .4		.00	13.09			156± 6	624
104834.4+330200	PGC 32543		1.28		13.07				924
105123.1-100803		.L...*/	1.19± .05	150					2486
260.85 42.72	MCG -2-28- 16	E	1.02± .05	.05					
118.95 -32.30		-2.0±1.3		.00					2321
104852.9-095207	PGC 32548		1.04						2843
105124.3+280645	NGC 3418	.SXS0*.	1.14± .05	75					
203.78 63.46	UGC 5963	PU	.10± .04	.00	14.07 ±.19				1251± 39
79.03 -17.97		.2± .7		.08					1212
104839.7+282240	PGC 32549		1.13		13.98				1548
105124.6-195320		.SBS7*.	1.52± .02	151				14.06±.2	3108± 11
268.03 34.72	ESO 569- 14	E (1)	.85± .03	.13	13.83 ±.14			245± 11	
130.50 -33.85	IRAS10489-1937	7.0±1.2		1.18	13.61			233± 8	2921
104858.0-193724	PGC 32550	3.3±1.3	1.53	.43	12.52			1.11	3455
1051.4 +0917	NGC 3428	.SXS3..	1.19± .05	170					
239.44 56.53	UGC 5968	U	.36± .05	.04	13.95 ±.18				7953± 50
97.48 -26.37		3.0± .9		.49					7846
1048.8 +0933	PGC 32552		1.19	.18	13.35				8298
105125.3-034345		.S..3*.	1.10± .06	17					6644
255.10 47.68	MCG 0-28- 21	E (1)	.41± .05	.05	14.43 ±.18				
111.61 -30.72		3.0±1.3		.57					6497
104852.8-032749	PGC 32553	3.1±1.6	1.11	.21	13.76				7001
105125.8+083404	NGC 3425	.L.....	1.01± .08						
240.48 56.11	UGC 5967	U	.00± .03	.02	14.12 ±.15				6627± 31
98.23 -26.65		-2.0± .8		.00					6518
104848.9+085000	PGC 32555		1.01		14.00				6973
1051.4 +4757		.S..2..	1.14± .07	58					
163.12 58.74	UGC 5961	U	.69± .06	.00					
61.58 -7.47		2.0± .9		.84					
1048.5 +4813	PGC 32557		1.14	.34					
105126.7+081752	NGC 3427	.S..0..	1.05± .08	77					
240.87 55.95	UGC 5966	U	.32± .06	.03	14.2 ±.2				6263
98.52 -26.74		.0± .9		.24					6153
104849.9+083348	PGC 32559		1.03		13.84				6610
105131.8+552325	IC 644	.S?....	.98± .09	78					
152.11 54.41	UGC 5954		.45± .06	.00	14.6 ±.2				2867± 50
55.36 -3.31				.46					2931
104828.8+553920	PGC 32564		.98	.22	14.10				3039

R.A. 2000 DEC. / l b / SGL SGB / R.A. 1950 DEC.	Names / PGC	Type / S_T n_L / T / L	$\log D_{25}$ / $\log R_{25}$ / $\log A_e$ / $\log D_o$	p.a. / A_g / A_i / A_{21}	B_T / m_B / m_{FIR} / B^o_T	$(B-V)_T$ / $(U-B)_T$ / $(B-V)^o_T$ / $(U-B)^o_T$	$(B-V)_e$ / $(U-B)_e$ / m'_e / m'_{25}	m_{21} / W_{20} / W_{50} / HI	V_{21} / V_{opt} / V_{GSR} / V_{3K}
105133.6-352826		.S..5*/	1.25± .04	107					
277.04 21.30	ESO 376- 23	S	.95± .04	.20	15.41 ±.14				
149.27 -34.01	IRAS10492-3512	5.0±1.3		1.42					
104914.0-351230	PGC 32565		1.27	.47					
1051.5 +0016		.SB.2?.	1.00± .08	112					
250.97 50.64	UGC 5973	U	.43± .06	.09					
107.16 -29.51		2.0± .9		.53					
1049.0 +0032	PGC 32567		1.01	.22					
105134.9+552755	NGC 3398	.S..1$.	1.10± .07						
152.01 54.36	MCG 9-18- 39	P	.31± .06	.00	15.3 ±.2				
55.30 -3.26		1.0±1.8		.31					
104831.9+554351	PGC 32568		1.10	.15					
105135.1+043457		.S..6*.	1.31± .04	130				14.25±.3	1041± 10
245.88 53.61	UGC 5974	U	.40± .05	.12	14.0 ±.2				
102.47 -28.07		6.0±1.2		.59				155± 7	919
104859.7+045053	PGC 32570		1.32	.20	13.29			.76	1393
105136.9-170716		RSBT2P?	1.34± .04	40					
266.20 37.06		SE (1)	.39± .06	.13					
127.19 -33.47		1.7± .6		.48					
104909.2-165120	PGC 32573	5.6± .8	1.35	.19					
105142.0+182852	NGC 3426	.S?....	1.03± .09						
224.01 61.17	UGC 5975		.13± .06	.05	14.08 ±.19				6109± 50
88.23 -22.46	ARAK 262			.18					6034
104901.5+184448	PGC 32577		1.03	.07	13.80				6435
105142.7+434244	NGC 3415	.LA.+*.	1.32± .05	10	13.45 ±.17	.80± .02		16.68±.1	3303± 9
170.53 60.76	UGC 5969	PU	.20± .03	.00	13.05 ±.11	.21± .03		136± 11	3177± 66
65.22 -9.76	IRAS10488+4358	-.5± .5		.00	12.61	.74			3321
104849.7+435840	PGC 32579		1.29		13.12	.20	14.41± .30		3532
105146.6+325402	NGC 3424	.SBS3*$	1.45± .02	112				14.55±.3	1501± 10
193.03 63.56	UGC 5972	R	.57± .03	.00	13.18 ±.18				1421± 43
74.71 -15.48	IRAS10489+3309	3.0± .8		.79	10.73			351± 10	1476
104859.8+330958	PGC 32584		1.45	.29	12.38			1.88	1776
105148.5+434550	NGC 3416	.S?....	.76± .08						
170.42 60.76	MCG 7-22- 73		.40± .06	.00	15.4 ±.2				3276± 82
65.19 -9.71	ARAK 260			.59					3297
104855.6+440146	PGC 32588		.76	.20	14.83				3508
1051.8 +7734		.I?....	1.04± .08	167					
130.73 37.69	UGC 5942		.67± .06	.04					10644± 97
36.91 9.11	IRAS10477+7749			.50	13.22				10783
1047.7 +7749	PGC 32589		1.04	.33					10685
105153.9+510024	NGC 3410	.S?....	.64± .17						
158.22 57.13	MCG 9-18- 42		.11± .07	.00	15.1 ±.3				7105± 56
59.05 -5.71	ARAK 261			.14					7153
104855.3+511620	PGC 32594		.64	.06	14.95				7300
105157.7+034729	NGC 3434	.SAR3..	1.33± .04	5				14.25±.2	3632± 6
246.97 53.15	UGC 5980	U (1)	.05± .05	.09	12.85 ±.19			281± 6	
103.36 -28.26		3.0± .7		.06				251± 7	3507
104922.6+040326	PGC 32595	.5±1.0	1.34	.02	12.67			1.55	3985
105203.0+553600		.S..6*.	1.10± .05	30					1195
151.76 54.33	UGC 5976	U	.06± .05	.00	14.9 ±.3				
55.22 -3.13		6.0±1.2		.08					1260
104860.0+555156	PGC 32604		1.10	.03	14.78				1366
105203.5+100900	NGC 3433	.SAS5..	1.55± .03	50				13.81±.1	2719± 4
238.32 57.16	UGC 5981	R (2)	.05± .03	.04	12.30 ±.19			273± 4	2591± 66
96.65 -25.89		5.0± .3		.08				255± 4	2615
104926.2+102456	PGC 32605	1.6± .6	1.55	.03	12.17			1.62	3062
105205.6+714629		.E.....	1.08± .09						
135.10 42.42	UGC 5955	U	.00± .04	.10	14.12 ±.16				1181± 50
41.78 5.93		-5.0± .8		.00					1302
104830.6+720225	PGC 32610		1.10		14.00				1257
105206.6-003339	IC 653	.S..0*.	1.27± .04	55				15.98±.1	5538± 9
252.03 50.13	UGC 5985	UE	.34± .04	.11	13.75 ±.18			514± 12	
108.13 -29.64		.0± .6		.25					5400
104933.0-001742	PGC 32611		1.27		13.31				5894
1052.1 +6646		.S..2..	1.00± .08	7					
139.44 46.35	UGC 5971	U	.49± .06	.00	15.39 ±.18				
45.96 3.14		2.0± .9		.60					
1048.8 +6702	PGC 32613		1.00	.25					

R.A. 2000 DEC. / l b / SGL SGB / R.A. 1950 DEC.	Names / PGC	Type / S_T n_L / T / L	$\log D_{25}$ / $\log R_{25}$ / $\log A_e$ / $\log D_o$	p.a. / A_g / A_i / A_{21}	B_T / m_B / m_{FIR} / B_T^o	$(B-V)_T$ / $(U-B)_T$ / $(B-V)_T^o$ / $(U-B)_T^o$	$(B-V)_e$ / $(U-B)_e$ / m'_e / m'_{25}	m_{21} / W_{20} / W_{50} / HI	V_{21} / V_{opt} / V_{GSR} / V_{3K}
105210.9+325709	NGC 3430	.SXT5..	1.60± .02	30	12.2 ±.2	.65± .02		13.18±.1	1585± 4
192.90 63.64	UGC 5982	R (2)	.25± .02	.00	12.05 ±.14	.11± .05		344± 5	1570± 25
74.71 -15.38	IRAS10494+3312	5.0± .3		.38	11.76	.59		337± 4	1564
104924.2+331306	PGC 32614	2.5± .7	1.60	.13	11.70	.07	14.42± .23	1.35	1864
105212.2+582618	NGC 3408	.S..5*.	.99± .06	175					
148.20 52.44	UGC 5977	P	.06± .04	.00	14.15 ±.18				9526± 39
52.87 -1.52	IRAS10490+5842	5.0±1.2		.09	13.27				9601
104905.9+584214	PGC 32616		.99	.03	14.01				9681
1052.2 +3004		.S?....	1.27± .07						
199.41 63.75	MCG 5-26- 24		.18± .07	.03					10423± 37
77.34 -16.83				.27					10392
1049.5 +3020	PGC 32620		1.27	.09					10713
105216.2-324015		PSBR2..	1.31± .03						
275.72 23.83	ESO 437- 67	Sr	.06± .03	.27	13.51 ±.14				3165± 18
145.90 -34.04	IRAS10499-3224	2.1± .4		.07	13.01				2957
104955.1-322418	PGC 32625		1.34	.03	13.14				3484
1052.2 +6123	NGC 3407	.L..-*.	1.15± .08	15					
144.84 50.37	UGC 5978	U	.28± .04	.00	14.55 ±.16				4994± 60
50.43 .14		-3.0±1.2		.00					5080
1049.1 +6139	PGC 32626		1.11		14.48				5132
105225.2-462204		PSBS4P.	1.17± .05						
282.46 11.72	ESO 264- 46	Sr	.16± .05	.69	13.91 ±.14				5874± 87
162.03 -32.32	IRAS10501-4606	3.7± .6		.24	11.91				5656
105012.1-460606	PGC 32635		1.24	.08	12.95				6146
1052.4 +5941	A 1049+59	.SB.5$.	.79± .09						
146.71 51.60	MCG 10-16- 18	P	.16± .06	.00	15.1 ±.2				8417± 60
51.85 -.80		5.0±1.5		.24					8497
1049.3 +5957	PGC 32637		.79	.08	14.78				8565
105226.1+103249	NGC 3438	.S?....	.92± .07						
237.82 57.47	UGC 5988		.03± .05	.01	14.30 ±.18				6486± 50
96.29 -25.65				.04					6384
104948.7+104846	PGC 32638		.92	.01	14.21				6829
105231.1+071328	NGC 3441	.S?....	.87± .08	5					
242.66 55.49	UGC 5993		.27± .05	.05	14.5 ±.3				6659± 63
99.76 -26.90	ARAK 263			.40					6546
104954.7+072925	PGC 32642		.88	.13	14.03				7008
105231.3+363708	NGC 3432	.SBS9./	1.83± .01	38	11.67M±.11	.42± .02	.46± .01	12.14±.1	616± 4
184.77 63.16	UGC 5986	R (1)	.66± .02	.00	11.77 ±.13	-.36± .03	-.29± .02	259± 4	619± 42
71.48 -13.42	ARP 206	9.0± .3	1.32± .02	.67		.28	13.73± .05	232± 5	609
104942.7+365305	PGC 32643	4.6±1.1	1.83	.33	11.04	-.46	14.02± .14	.77	880
1052.5 +1001		.S..6*.	1.19± .06	142				15.41±.3	6389± 9
238.64 57.18	UGC 5994	U	1.21± .06	.05	15.75 ±.20			351± 7	
96.84 -25.84		6.0±1.4		1.47				343± 7	6285
1049.9 +1017	PGC 32644		1.19	.50	14.20			.71	6733
105232.2+194729		.I..9?.	1.18± .05	127				15.09±.3	1126± 9
221.61 61.84	UGC 5989	U	.50± .05	.06	14.33 ±.18			159± 7	1114± 50
87.04 -21.70	IRAS10498+2003	10.0±1.8		.38	13.74			141± 7	1056
104951.2+200326	PGC 32645		1.18	.25	13.89			.95	1448
105235.0+225604	NGC 3437	.SXT5*.	1.40± .02	122				14.20±.1	1283± 4
215.18 62.82	UGC 5995	R (2)	.49± .03	.00	12.95 ±.14			330± 7	1153± 50
84.03 -20.24	IRAS10498+2312	5.0± .6		.74	10.49			321± 8	1224
104952.9+231201	PGC 32648	5.0± .7	1.40	.25	12.20			1.75	1596
1052.5 +6758		.I..9..	1.23± .06					15.02±.1	1121± 11
138.30 45.45	UGC 5979	U	.22± .06	.03	15.1 ±.3			104± 16	
44.98 3.85		10.0± .8		.16				97± 12	1230
1049.2 +6814	PGC 32649		1.24	.11	14.88			.03	1220
105238.1-450952		PSXR1..	1.03± .05	65					
281.94 12.81	ESO 264- 47	Sr	.13± .05	.62	14.90 ±.14				
160.64 -32.51		.5± .6		.13					
105024.0-445354	PGC 32650		1.09	.06					
105238.4+342900		.S..2..	1.13± .04	14				15.94±.3	1569± 10
189.45 63.56	UGC 5990	U	.60± .04	.00	15.03 ±.18				
73.39 -14.51	KUG 1049+347	2.0± .9		.74				185± 7	1554
104951.0+344457	PGC 32652		1.13	.30	14.28			1.36	1842
105247.7+493645		.L..-..	1.04± .18	155					
160.22 58.04	UGC 5991	U	.18± .08	.00	14.51 ±.15				
60.31 -6.37		-3.0± .9		.00					
104950.6+495242	PGC 32659		1.01						

R.A. 2000 DEC. / l b / SGL SGB / R.A. 1950 DEC.	Names / PGC	Type / S_T n_L / T / L	$\log D_{25}$ / $\log R_{25}$ / $\log A_e$ / $\log D_o$	p.a. / A_g / A_i / A_{21}	B_T / m_B / m_{FIR} / B_T^o	$(B-V)_T$ / $(U-B)_T$ / $(B-V)_T^o$ / $(U-B)_T^o$	$(B-V)_e$ / $(U-B)_e$ / m'_e / m'_{25}	m_{21} / W_{20} / W_{50} / HI	V_{21} / V_{opt} / V_{GSR} / V_{3K}
105247.8-454040		.SXS5*.	1.31± .04	72					
282.20 12.36	ESO 264- 48	S (1)	.51± .05	.70	14.45 ±.14				
161.23 -32.39	IRAS10505-4524	5.0±1.2		.76	13.52				
105034.1-452442	PGC 32660	4.4±1.2	1.38	.25					
105249.5+073715	A 1050+07	.I..9..	1.16± .13					17.10±.3	3394± 7
242.19 55.80	UGC 5999	U (1)	.05± .12	.05					
99.37 -26.68	DDO 90	10.0± .8		.04				60± 7	3282
105013.0+075313	PGC 32661	9.0±1.0	1.16	.02					3742
105253.1-325534	NGC 3449	.SAS2*.	1.52± .03	148	12.19V±.15				
275.98 23.67	ESO 376- 25	PS (1)	.54± .03	.27	13.00 ±.11				3237± 66
146.20 -33.89	IRAS10505-3240	2.0± .4	.66± .04	.67	12.93				3029
105032.0-323936	PGC 32666	2.8± .6	1.55	.27	12.03				3556
105259.5+101240	NGC 3444	.S..4*/	1.06± .07	19					
238.47 57.39	UGC 6004	PU	.80± .05	.04	15.46 ±.19				
96.69 -25.65		3.7± .8		1.18					
105022.1+102838	PGC 32670		1.07	.40					
105300.5+173430	NGC 3443	.SA.7..	1.45± .03	145				14.83±.1	1132± 11
225.99 61.09	UGC 6000	U	.31± .05	.05	13.7 ±.3			176± 16	
89.27 -22.59		7.0± .8		.42				175± 12	1054
105020.4+175028	PGC 32671		1.45	.15	13.17			1.50	1460
105303.7+043743		.E?....	.67± .13						
246.24 53.92	UGC 6003		.00± .03	.13	14.7 ±.3				5780± 39
102.57 -27.71	MK 1267			.00					5658
105028.3+045341	PGC 32672		.70		14.49				6132
105305.3-401946		.E?....	1.18± .07	135	13.62 ±.13	1.04± .01	1.05± .01		
279.73 17.15	ESO 318- 21		.19± .05	.42	13.91 ±.14	.56± .03	.57± .02		4831± 31
154.99 -33.20			.80± .02	.00		.90	13.11± .06		4616
105048.0-400348	PGC 32673		1.19		13.26	.49	14.02± .37		5126
105308.1+501702	A 1050+50	.P...$.	.97± .07	110				15.72±.1	1385± 10
159.11 57.71	UGC 5998	R	.44± .05	.00	14.7 ±.2			189± 6	1394± 46
59.77 -5.95	MK 156	99.0		.66				173± 5	1431
105010.6+503300	PGC 32678		.97	.22	14.00			1.49	1585
105308.2+335436	NGC 3442	.S..1$.	.79± .07	30	13.8 ±.2	.41± .04		16.21±.2	1733± 5
190.70 63.74	UGC 6001	P	.12± .05	.00	13.7 ±.4	-.28± .07		179± 5	1725± 37
73.96 -14.72	MK 418	1.0±1.9		.12	12.53	.37		126± 4	1716
105021.2+341034	PGC 32679		.79	.06	13.65	-.29	12.30± .42	2.50	2008
105309.9+372528		.SBS3..	1.06± .06	110					
182.97 63.11	UGC 6002	U	.08± .05	.00	15.1 ±.3				
70.84 -12.89		3.0± .8		.11					
105021.1+374126	PGC 32680		1.06	.04					
105312.6-072546		.SAT5*.	1.11± .06	85					2469
259.04 45.13	MCG -1-28- 4	E (1)	.17± .05	.04					
115.95 -31.25		5.0± .9		.26					2312
105041.3-070948	PGC 32681	5.3±1.2	1.12	.09					2827
105316.9-221905		.LBT+*.	1.12± .05	179					
270.03 32.90	ESO 569- 16	S	.21± .03	.25	14.78 ±.14				
133.46 -33.64		-1.0±1.1		.00					
105051.1-220306	PGC 32685		1.12						
1053.3 +3149									
195.43 63.96	CGCG 155- 33			.09	15.13 ±.18				10370
75.87 -15.74									10345
1050.6 +3205	PGC 32693								10653
105323.4+164624	NGC 3447	.SXS9P.	1.57± .03	0				13.40±.1	1069± 5
227.56 60.83	UGC 6006	PU	.24± .03	.02	13.1 ±.4			154± 7	1048± 34
90.10 -22.85	IRAS10507+1702	8.5± .5		.25				108± 11	988
105043.7+170222	PGC 32694		1.57	.12	12.79			.48	1399
1053.4 -0035		.S..8*.	1.14± .09	143					5547
252.46 50.34	UGC 6011	U	.56± .05	.10					
108.29 -29.33		8.0±1.3		.69					5409
1050.9 -0020	PGC 32697		1.15	.28					5904
105329.0+164707	NGC 3447A	.IBS9P.	1.19± .05	110				14.30±.3	1082± 7
227.56 60.85	UGC 6007	PU	.29± .05	.02				116± 7	1014± 79
90.10 -22.83		10.0± .6		.22				84± 7	1001
105049.4+170305	PGC 32700		1.19	.14					1412
1053.5 +5046		.SB.3..	1.25± .04	154					
158.29 57.49	UGC 6008	U	.83± .05	.00	15.32 ±.18				
59.40 -5.62	IRAS10506+5102	3.0± .9		1.15	12.69				
1050.6 +5102	PGC 32705		1.25	.42					

R.A. 2000 DEC.	Names	Type	$\log D_{25}$	p.a.	B_T	$(B-V)_T$	$(B-V)_e$	m_{21}	V_{21}
l b		S_T n_L	$\log R_{25}$	A_g	m_B	$(U-B)_T$	$(U-B)_e$	W_{20}	V_{opt}
SGL SGB		T	$\log A_e$	A_i	m_{FIR}	$(B-V)^o_T$	m'_e	W_{50}	V_{GSR}
R.A. 1950 DEC.	PGC	L	$\log D_o$	A_{21}	B^o_T	$(U-B)^o_T$	m'_{25}	HI	V_{3K}
105341.1-214729	NGC 3453	.SBS3*.	1.03± .04	4					
269.80 33.40	ESO 569- 17	SE (2)	.25± .03	.26	13.87 ±.14				3950± 60
132.84 -33.50	IRAS10512-2131	3.0± .6		.35	11.59				3760
105115.1-213130	PGC 32707	4.4± .9	1.05	.13	13.23				4294
105342.5+094341		.SX.8*.	1.16± .13	70				16.37±.3	1135± 7
239.39 57.25	UGC 6014	U	.25± .12	.05	14.4 ±.2				
97.27 -25.68		8.0±1.2		.30				93± 5	1030
105105.3+095940	PGC 32708		1.16	.12	14.06			2.18	1480
1053.7 +2654		.S..4..	1.08± .06	157					6340
206.62 63.84	UGC 6012	U	.92± .05	.00					
80.43 -18.11		4.0±1.0		1.35					6297
1051.0 +2710	PGC 32709		1.08	.46					6641
105350.2+570713	NGC 3440	.SB.3$/	1.32± .04	48					1911± 10
149.55 53.50	UGC 6009	P	.62± .04	.00	14.02 ±.18				1920± 50
54.09 -2.08	IRAS10508+5722	3.0±1.7		.86	13.65				1982
105046.2+572311	PGC 32714		1.32	.31	13.15				2074
105350.5-114334	IC 654	PLB.+?.	1.07± .06	135					
262.79 41.80	MCG -2-28- 18	E	.27± .05	.07					
120.95 -32.04		-1.0±1.8		.00					
105120.7-112735	PGC 32716		1.03						
1053.8 +6231		.S..9*.	1.00± .16	175					
143.42 49.68	UGC 6010	U	.09± .12	.00					
49.59 .93		9.0±1.2		.09					
1050.7 +6247	PGC 32718		1.00	.04					
105355.3+734120	NGC 3403	.SA.4*.	1.48± .02	73				13.29±.1	1262± 11
133.44 40.95	UGC 5997	R (2)	.41± .03	.13	13.02 ±.13			297± 16	1211± 58
40.25 7.10	IRAS10502+7357	4.0± .4		.60	12.59				1387
105014.4+735718	PGC 32719	5.3± .8	1.49	.21	12.28			.80	1325
1053.9 -1608			.74± .14					16.70±.1	4370± 9
266.11 38.18	MCG -3-28- 17		.00± .07	.18				113± 12	
126.14 -32.77									4192
1051.5 -1553	PGC 32724		.75						4722
105400.0+493938		.L.....	.96± .09	45					
159.94 58.18	UGC 6013	U	.07± .03	.00	13.97 ±.18				6577± 50
60.37 -6.18	IRAS10510+4955	-2.0± .9		.00	13.48				6620
105103.4+495537	PGC 32726		.94		13.87				6780
105402.6+460140		.S..6*.	.95± .07	0					
165.96 60.09	UGC 6015	U	.14± .05	.00	14.81 ±.18				
63.47 -8.15		6.0±1.3		.20					
105108.6+461739	PGC 32729		.95	.07					
105403.4-160141	NGC 3456	.SBT5*.	1.27± .04	85				14.43±.1	4193± 7
266.05 38.30	MCG -3-28- 18	PE (1)	.17± .04	.17				276± 9	
126.00 -32.73	IRAS10515-1545	4.5± .6		.25	12.23			271± 12	4015
105135.1-154541	PGC 32730	3.1± .8	1.29	.08					4545
105405.1-454900		.LXR+*.	1.10± .05	162					
282.47 12.34	ESO 264- 49	Sr	.29± .05	.60	14.49 ±.14				
161.34 -32.14		-.8± .7		.00					
105151.0-453300	PGC 32731		1.11						
105406.1+203838		.I..9..	1.04± .08					16.75±.3	1291± 7
220.17 62.48	UGC 6018	U	.00± .06	.00					
86.40 -20.98		10.0± .8		.00				57± 5	1225
105125.1+205437	PGC 32734		1.04	.00					1611
105407.3-330706		PLXT+*.	1.32± .04	100					
276.33 23.62	ESO 376- 26	S	.31± .04	.28	13.38 ±.14				3620± 60
146.41 -33.63	IRAS10518-3251	-1.0± .6		.00					3412
105146.0-325106	PGC 32736		1.30		13.05				3938
1054.1 +4437		.S..6*.	1.11± .05	80					
168.47 60.77	UGC 6017	U	.98± .05	.00					
64.69 -8.89		6.0±1.4		1.44					
1051.3 +4453	PGC 32738		1.11	.49					
1054.2 +5418		.I..9..	1.33± .05	30				14.35±.2	1493± 10
153.13 55.40	UGC 6016	U	.25± .06	.00				118± 17	
56.48 -3.59		10.0± .8		.19				136± 25	1554
1051.2 +5434	PGC 32740		1.33	.12					1671
105414.2-112420	NGC 3452	.S..1*/	1.02± .07	65					
262.64 42.12	MCG -2-28- 19	E	.60± .05	.02					
120.60 -31.88		1.0±1.3		.61					
105144.3-110820	PGC 32742		1.03	.30					

R.A. 2000 DEC. / l b / SGL SGB / R.A. 1950 DEC.	Names / PGC	Type / S_T n_L / T / L	$\log D_{25}$ / $\log R_{25}$ / $\log A_e$ / $\log D_o$	p.a. / A_g / A_i / A_{21}	B_T / m_B / m_{FIR} / B_T^o	$(B-V)_T$ / $(U-B)_T$ / $(B-V)_T^o$ / $(U-B)_T^o$	$(B-V)_e$ / $(U-B)_e$ / m'_e / m'_{25}	m_{21} / W_{20} / W_{50} / HI	V_{21} / V_{opt} / V_{GSR} / V_{3K}
105414.4+210807		.S..3..	1.11± .05	55				15.64±.3	9764± 10
219.18 62.67	UGC 6020	U (1)	.84± .05	.00					
85.94 -20.73		3.0±1.0		1.16				604± 7	9700
105133.1+212406	PGC 32743	4.5±1.3	1.11	.42					10083
1054.2 +1748		.I..9*.	1.07± .14	10					970
225.82 61.45	UGC 6022	U	.25± .12	.03					
89.19 -22.22		10.0±1.2		.19					894
1051.6 +1804	PGC 32747		1.07	.13					1298
105420.5-181154		.I?....	1.00± .05					15.66±.1	4134± 9
267.62 36.52	ESO 569- 20		.09± .04	.13	15.39 ±.14			66± 12	
128.58 -32.97				.07					3952
105153.0-175554	PGC 32752		1.01	.05	15.19			.43	4484
105420.7-042049		.S..2*.	1.10± .06	140					
256.52 47.69	MCG -1-28- 5	E	.49± .05	.03					
112.54 -30.19		2.0±1.3		.61					
105148.3-040449	PGC 32753		1.11	.25					
105420.8+271424	NGC 3451	.S..7..	1.23± .05	50				15.09±.3	1334± 10
205.89 64.02	UGC 6023	U	.32± .05	.00	13.61 ±.18				
80.18 -17.83	IRAS10516+2730	7.0± .8		.44	12.56			233± 7	1292
105137.1+273023	PGC 32754		1.23	.16	13.16			1.77	1634
105428.9-461242		.SBR2..	1.01± .06	176					
282.71 12.02	ESO 264- 50	r	.27± .05	.73	14.93 ±.14				
161.77 -32.00	IRAS10522-4556	2.2± .9		.33	13.61				
105215.0-455642	PGC 32762		1.07	.13					
105429.1+172043	NGC 3454	.SBS5$/	1.32± .04	116				15.35±.2	1108± 5
226.73 61.31	UGC 6026	R	.71± .04	.01	14.18 ±.18			224± 5	1153± 33
89.66 -22.37		5.0± .9		1.06				212± 10	1031
105149.3+173642	PGC 32763		1.32	.35	13.10			1.89	1438
1054.5 +5902		.S..1..	1.01± .06	55					
147.16 52.24	UGC 6019	U	.32± .05	.00	15.42 ±.19				
52.54 -.94		1.0± .9		.33					
1051.4 +5918	PGC 32765		1.01	.16					
105431.4+171708	NGC 3455	PSXT3..	1.39± .03	80				14.10±.1	1107± 4
226.85 61.29	UGC 6028	R (2)	.21± .03	.02	12.89 ±.13			215± 4	1113± 33
89.72 -22.39	IRAS10518+1733	3.0± .3		.29				206± 5	1029
105151.6+173308	PGC 32767	4.0± .8	1.40	.11	12.58			1.42	1437
1054.5 +5558		.S?....	.94± .11						
150.89 54.35	MCG 9-18- 53		.11± .07	.00	15.4 ±.2				14520± 60
55.11 -2.64				.14					14587
1051.5 +5614	PGC 32770		.94	.06	15.13				14689
105436.5+565928	NGC 3445	.SXS9..	1.21± .03		12.9 ±.2	.35± .04		14.28±.1	2023± 7
149.59 53.67	UGC 6021	R (1)	.04± .03	.00	12.86 ±.15	-.29± .08		161± 11	1990± 34
54.26 -2.06	IRAS10515+5715	9.0± .4		.04	12.23	.33		102± 11	2092
105133.0+571527	PGC 32772	5.7± .9	1.21	.02	12.83	-.31	13.69± .26	1.43	2184
105439.1+541824	NGC 3448	.I.0...	1.75± .03	65	12.48 ±.13	.43± .01	.44± .02	12.91±.1	1350± 5
153.05 55.45	UGC 6024	R	.50± .04	.00	12.04 ±.11	-.19± .02	-.17± .02	328± 7	1388± 13
56.51 -3.54	ARP 205	90.0	.89± .01	.38	11.22	.33	12.42± .02	239± 8	1417
105138.5+543423	PGC 32774		1.73		11.84	-.24	14.84± .21		1534
105440.5-210354	NGC 3464	.SBT5..	1.41± .02	112	13.0 ±.3	.44± .07		14.30±.3	3742± 17
269.57 34.13	ESO 569- 22	PSUE (4)	.19± .03	.19	13.14 ±.12	-.05± .07		347± 34	3806± 66
132.00 -33.20	IRAS10521-2047	5.0± .4		.28	12.26	.34		337± 25	3558
105214.1-204754	PGC 32778	2.5± .4	1.43	.09	12.64	-.12	14.45± .33	1.57	4092
105444.4-170232	NGC 3459	PSB.2*.	1.20± .05	155				15.44±.1	2663± 9
266.93 37.54	MCG -3-28- 22	E	.48± .05	.11				379± 12	
127.22 -32.72	IRAS10522-1646	2.0±1.2		.59	12.17				2483
105216.5-164632	PGC 32782		1.21	.24					3014
105448.6+611725	NGC 3435	.S..3..	1.27± .04	35				15.38±.1	5158± 9
144.59 50.65	UGC 6025	U (1)	.18± .05	.00	14.0 ±.2			362± 11	5118± 40
50.68 .34	IRAS10517+6132	3.0± .8		.25					5242
105139.6+613325	PGC 32786	2.5±1.1	1.27	.09	13.67			1.62	5295
105448.7+173718	NGC 3457	.S?....	.96± .09					17.07±.3	1158± 9
226.27 61.50	UGC 6030		.00± .06	.01	13.6 ±.3				1156± 50
89.43 -22.18				.00				202± 5	1081
105208.8+175318	PGC 32787		.96	.00	13.61			3.46	1486
1055.0 +6401		.I..9..	1.11± .14					16.31±.1	1702± 6
141.75 48.64	UGC 6027	U	.25± .12	.02				97± 7	
48.41 1.86		10.0± .9		.18				72± 12	1797
1051.8 +6417	PGC 32799		1.11	.12					1825

R.A. 2000 DEC. / l b / SGL SGB / R.A. 1950 DEC.	Names / PGC	Type / S_T n_L / T / L	$\log D_{25}$ / $\log R_{25}$ / $\log A_e$ / $\log D_o$	p.a. / A_g / A_i / A_{21}	B_T / m_B / m_{FIR} / B_T^o	$(B-V)_T$ / $(U-B)_T$ / $(B-V)_T^o$ / $(U-B)_T^o$	$(B-V)_e$ / $(U-B)_e$ / m'_e / m'_{25}	m_{21} / W_{20} / W_{50} / HI	V_{21} / V_{opt} / V_{GSR} / V_{3K}
105501.9+494334	A 1052+49	.P.....	1.00± .06	35				14.72±.1	1363± 7
159.65 58.28	UGC 6029	R	.06± .05	.00	14.03 ±.18			201± 5	1427± 74
60.41 -6.00	MK 157	99.0		.08	13.73			156± 4	1408
105205.5+495934	PGC 32800		1.00	.03	13.94			.75	1566
105513.5-260931	NGC 3463	.S..3..	1.19± .04	77					
272.77 29.82	ESO 502- 2	S (1)	.37± .03	.34	13.78 ±.14				3810± 60
138.09 -33.42	IRAS10528-2552	3.0± .8		.51	13.03				3613
105249.0-255330	PGC 32813	4.4± .9	1.22	.19	12.90				4146
105521.0+074144	NGC 3462	.L...*.	1.23± .14	60					
242.79 56.33	UGC 6034	U	.14± .08	.05	13.19 ±.15				
99.56 -26.07		-2.0±1.1		.00					
105244.7+075745	PGC 32822		1.21						
1055.4 +1707		.IB.9..	1.16± .05					15.32±.1	1072± 4
227.33 61.43	UGC 6035	U	.05± .05	.04	14.3 ±.3			48± 3	
89.98 -22.25		10.0± .8		.04				36± 3	994
1052.8 +1724	PGC 32826		1.16	.03	14.23			1.06	1402
105533.1+421759		.S..3..	1.03± .06	135					
172.62 61.98	UGC 6033	U (1)	.20± .05	.00	15.2 ±.2				
66.83 -9.92		3.0± .9		.27					
105242.0+423400	PGC 32831	3.5±1.2	1.03	.10					
105549.2-095137		.SAS5?.	1.10± .05	105					
261.82 43.59	MCG -2-28- 21	E (1)	.13± .04	.02					
118.91 -31.18	MK 1270	4.5± .6		.19	13.20				
105318.7-093535	PGC 32846	2.3± .7	1.10	.06					
105555.3+365140		.S..2..	1.20± .05	101					
183.91 63.77	UGC 6036	U	.67± .05	.00	14.60 ±.18				6502± 19
71.63 -12.71		2.0± .9		.83					6497
105307.3+370741	PGC 32850		1.20	.34	13.71				6765
1056.0 +7253		.S..7..	1.15± .05	78					
133.89 41.68	UGC 6032	U	.34± .05	.18					
41.00 6.79		7.0± .8		.46					
1052.4 +7310	PGC 32851		1.17	.17					
105601.9+570707	NGC 3458	.LX..*.	1.14± .05	5					
149.21 53.72	UGC 6037	R	.20± .03	.00	13.33 ±.12				1818± 40
54.26 -1.83		-2.0± .4		.00					1889
105258.9+572308	PGC 32854		1.11		13.31				1980
105609.7+472332		.S..3..	1.04± .06						
163.25 59.71	UGC 6038	U (1)	.02± .05	.00	15.1 ±.3				
62.50 -7.11		3.0± .8		.03					
105315.4+473934	PGC 32863	2.5±1.1	1.04	.01					
1056.2 +6040		.E?....			15.8 ±.2	1.07± .03			
145.05 51.21	MCG 10-16- 28			.00	15.71 ±.18	.55± .05			
51.28 .15	7ZW 352								
1053.1 +6057	PGC 32867								
1056.2 +4136		.S..8*.	1.00± .08	64					
173.87 62.36	UGC 6041	U	.63± .06	.00					
67.49 -10.18		8.0±1.4		.77					
1053.4 +4153	PGC 32870		1.00	.31					
1056.2 +1512		.S..6*.	1.04± .06	73					8151
231.04 60.72	UGC 6043	U	.29± .05	.00	15.04 ±.20				
91.97 -22.90		6.0±1.3		.42					8066
1053.6 +1529	PGC 32871		1.04	.14	14.58				8485
105615.7+094518	NGC 3466	.SBS3*.	1.07± .05	55					
240.04 57.77	UGC 6042	PU	.25± .04	.02	14.36 ±.18				
97.51 -25.09		2.5± .6		.34					
105338.6+100120	PGC 32872		1.07	.12					
1056.3 +5645		.S..7*.	1.15± .05	25					
149.60 53.99	UGC 6039	U	.48± .05	.00					
54.58 -1.99		7.0±1.2		.66					
1053.3 +5702	PGC 32876		1.15	.24					
105621.3-503333		PLXR+*.	1.18± .05	85					
284.94 8.25	ESO 215- 7	Sr	.36± .04	1.10	14.03 ±.14				
166.63 -30.78	IRAS10541-5017	-1.1± .7		.00	12.87				
105410.1-501730	PGC 32877		1.23						
105641.6+671107		.S?....			16.18S±.15				
138.56 46.31	CGCG 314- 1			.00	15.5 ±.3				9939± 41
45.85 3.74	HICK 49A								10045
105323.2+672709	PGC 32899								10043

R.A. 2000 DEC. l b SGL SGB R.A. 1950 DEC.	Names PGC	Type S_T n_L T L	logD$_{25}$ logR$_{25}$ logA$_e$ logD$_o$	p.a. A_g A_i A_{21}	B_T m_B m_{FIR} B^o_T	$(B\text{-}V)_T$ $(U\text{-}B)_T$ $(B\text{-}V)^o_T$ $(U\text{-}B)^o_T$	$(B\text{-}V)_e$ $(U\text{-}B)_e$ m'_e m'_{25}	m_{21} W_{20} W_{50} HI	V_{21} V_{opt} V_{GSR} V_{3K}
105644.3+094530	NGC 3467	.L.....	.97± .04		14.43 ±.15	.99± .02	1.00± .02		
240.17 57.87	UGC 6045	U	.05± .08	.02	14.11 ±.16	.51± .04	.55± .04		9477± 31
97.56 -24.98		-2.0± .9	.51± .04	.00		.89	12.47± .12		9374
105407.4+100133	PGC 32903		.97		14.11	.55	14.05± .32		9822
1056.8 +0653		.SB.6*.	.97± .07	60					
244.30 56.11	UGC 6046	U	.15± .05	.05	14.63 ±.18				
100.54 -26.03	VV 149	6.0±1.3		.23					
1054.2 +0710	PGC 32907		.98	.08					
105649.6-473927		PSBS1..	1.02± .06	155					
283.73 10.90	ESO 264- 51	r	.48± .05	.79	15.46 ±.14				
163.33 -31.32		1.0± .9		.49					
105436.1-472324	PGC 32909		1.10	.24					
105657.7-141803	NGC 3469	PSBR2..	1.23± .05	115					4646
265.56 40.12	MCG -2-28- 24	E	.16± .05	.12					
124.11 -31.76		2.0± .8		.20					4473
105428.6-140200	PGC 32912		1.24	.08					5001
1057.2 +2832									
203.00 64.77	CGCG 155- 40			.00	15.2 ±.3				13703
79.30 -16.64									13667
1054.5 +2849	PGC 32926								13999
1057.5 +0541		.S..2..	.96± .09	67					
246.12 55.45	UGC 6049	U	.22± .06	.07	14.88 ±.18				
101.87 -26.30		2.0± .9		.27					
1054.9 +0558	PGC 32937		.97	.11					
105730.3-452046		.SBR1*.	.99± .07						
282.81 13.03	ESO 264- 54	r	.09± .06	.65	15.09 ±.14				
160.67 -31.64		1.0±1.2		.09					
105515.0-450442	PGC 32938		1.06	.04					
105731.5+405648	NGC 3468	.L.....	1.20± .14	8				17.05±.3	2468± 10
175.02 62.84	UGC 6048	U	.19± .08	.00	13.96 ±.16				7536± 31
68.20 -10.32		-2.0± .8		.00					
105441.8+411251	PGC 32940		1.17						
105737.1-252540		.L?....	1.08± .06	110					
272.89 30.72	ESO 502- 5		.20± .03	.32	13.85 ±.14				3790± 60
137.25 -32.85				.00					3595
105512.0-250936	PGC 32944		1.09		13.47				4128
105747.8-475037		.LA.0..	1.07± .10						
283.96 10.80		S	.10± .08	.91					
163.51 -31.13		-2.5± .6		.00					
105534.0-473433	PGC 32955		1.17						
105751.2-200004		.LB.0P*	1.11± .04	154					
269.67 35.43	ESO 569- 27	E	.21± .04	.13	14.09 ±.14				
130.83 -32.36		-2.0±1.2		.00					
105524.0-194400	PGC 32961		1.09						
105751.9-392622		.SBS9P.	1.37± .04	153					
280.17 18.36	ESO 318- 24	S	.23± .05	.37	14.00 ±.14				
153.82 -32.39		9.0± .8		.24					
105533.0-391018	PGC 32962		1.41	.12					
105753.6-045418	IC 657	.SBT1?.	1.07± .06	12					
258.06 47.83	MCG -1-28- 9	E	.38± .05	.02					
113.44 -29.49		1.0± .9		.39					
105521.3-043814	PGC 32966		1.07	.19					
105801.3+202859					15.90 ±.15	.68± .03			
221.18 63.29				.00		-.44± .05			19859± 30
87.00 -20.24	MK 634								19793
105520.7+204503	PGC 32975								20180
1058.0 +4011		.S..6*.	1.03± .06	46					
176.48 63.19	UGC 6050	U	.86± .05	.00					
68.91 -10.63		6.0±1.4		1.27					
1055.2 +4028	PGC 32976		1.03	.43					
1058.0 +1706	NGC 3473	.SB.3*.	1.06± .06	40					
227.94 61.98	UGC 6052	U	.05± .05	.00	14.35 ±.20				9115± 56
90.29 -21.70		3.0±1.2		.07					9037
1055.4 +1723	PGC 32978		1.06	.03	14.21				9445
105803.9-061538	IC 659	.E+....	1.15± .10	60					
259.36 46.79	MCG -1-28- 10	E	.13± .07	.00					
114.97 -29.80		-4.0± .9		.00					
105532.1-055934	PGC 32979		1.11						

R.A. 2000 DEC. / l b / SGL SGB / R.A. 1950 DEC.	Names / PGC	Type / S_T n_L / T / L	$\log D_{25}$ / $\log R_{25}$ / $\log A_e$ / $\log D_o$	p.a. / A_g / A_i / A_{21}	B_T / m_B / m_{FIR} / B_T^o	$(B\text{-}V)_T$ / $(U\text{-}B)_T$ / $(B\text{-}V)_T^o$ / $(U\text{-}B)_T^o$	$(B\text{-}V)_e$ / $(U\text{-}B)_e$ / m'_e / m'_{25}	m_{21} / W_{20} / W_{50} / HI	V_{21} / V_{opt} / V_{GSR} / V_{3K}
105805.7-044535		.S..5./	1.14± .06	150					
257.98 47.97	MCG -1-28- 11	E	.83± .05	.02					
113.29 -29.40		5.0± .9		1.24					
105533.5-042930	PGC 32985		1.14	.41					
1058.1 +0601		.SAS5*.	1.02± .06					16.66±.3	7871± 11
245.85 55.78	UGC 6053	UF (1)	.02± .05	.09	14.5 ±.2			81± 7	
101.58 -26.04		5.3± .7		.03				60± 7	7756
1055.5 +0618	PGC 32986	2.6±1.0	1.02	.01	14.28			2.37	8222
1058.1 +0916	NGC 3476	.E.....							
241.27 57.85	MCG 2-28- 32	F		.04	14.8 ±.6				
98.19 -24.85		-5.0± .9							
1055.5 +0933	PGC 32987								
1058.1 +1705	NGC 3474	.S?....	.89± .11						
227.99 61.99	MCG 3-28- 42		.07± .07	.00	14.85 ±.18				9115± 56
90.32 -21.68				.09					9037
1055.5 +1722	PGC 32989		.89	.03	14.69				9445
105809.5-693905		.SBS5?.	1.11± .07	150					
293.32 -8.92	ESO 63- 1	S (1)	.50± .05	2.34					
186.86 -24.66	IRAS10564-6923	5.0± .9		.75	12.77				
105624.0-692300	PGC 32990	3.3±1.4	1.33	.25					
105809.6-004634		.S..5?/							
254.01 51.01	CGCG 10- 46	F		.10	15.0 ±.6				
108.89 -28.26		5.0±1.8							
105536.0-003030	PGC 32991								
1058.1 +2004		.S..6*.	1.04± .08	12					4171
222.04 63.18	UGC 6054	U	1.06± .06	.00	16.1 ±.2				
87.41 -20.38		6.0±1.5		1.47					4104
1055.5 +2021	PGC 32992		1.04	.50	14.57				4493
105810.7-773753		.S..3?/	1.19± .07	115					
296.86 -16.12	ESO 38- 6	S	.74± .05	.50					
194.69 -21.41		3.0±1.8		1.03					
105658.0-772148	PGC 32994		1.24	.37					
1058.2 +0733		.LBR0*.							
243.78 56.80	CGCG 38- 68	F		.05	15.0 ±.6				
99.99 -25.46		-2.0±1.3							
1055.6 +0750	PGC 32995								
105812.9-261822		PSBS0..	.88± .06	155					
273.53 30.02	ESO 502- 7	r	.15± .05	.31	14.80 ±.14				
138.30 -32.75	IRAS10558-2602	-.1± .9		.12	12.62				
105548.1-260218	PGC 32998		.90						
1058.2 +0434		RSX.0*.							
247.80 54.85	CGCG 38- 69	F		.53	14.9 ±.6				
103.13 -26.50		.0±1.3							
1055.7 +0451	PGC 33002								
1058.3 +0814	IC 658	.E+..P.							
242.84 57.25	MCG 2-28- 33	F		.03	14.4 ±.6				
99.28 -25.19		-4.0± .9							
1055.7 +0831	PGC 33004								
105825.5+241340	NGC 3475	.S..1..	1.23± .05	65				15.70±.3	6431± 10
213.07 64.43	UGC 6058	U	.18± .05	.00	14.0 ±.2				6350± 53
83.47 -18.45	IRAS10556+2427	1.0±1.1		.18	13.03			527± 7	6377
105543.5+242944	PGC 33012		1.23	.09	13.73			1.88	6739
1058.4 +0437		.S..2P/							
247.80 54.92	CGCG 38- 72	F		.13	15.1 ±.6				
103.10 -26.44		2.0±1.8							
1055.9 +0454	PGC 33019								
105833.8-463505	NGC 3482	PSBT1..	1.28± .04	14					
283.53 11.99	ESO 264- 56	Sr	.14± .05	.72	13.51 ±.14				2870± 60
162.05 -31.24		.8± .4		.14					2653
105619.0-461900	PGC 33025		1.35	.07	12.61				3142
105837.6+090305		.LXR...	1.08± .10	25					
241.76 57.81	UGC 6062	UF	.12± .05	.04	13.70 ±.16				2607
98.49 -24.82		-1.5± .6		.00					2502
105600.9+091910	PGC 33030		1.06		13.61				2954
1058.6 -1531		.S?....	1.30± .06						7634
266.89 39.33	MCG -2-28- 26		.91± .07	.16					
125.62 -31.56	IRAS10562-1515			1.34	12.28				7459
1056.2 -1515	PGC 33032		1.31	.46					7988

R.A. 2000 DEC. / l b / SGL SGB / R.A. 1950 DEC.	Names / PGC	Type / S_T n_L / T / L	$\log D_{25}$ / $\log R_{25}$ / $\log A_e$ / $\log D_o$	p.a. / A_g / A_i / A_{21}	B_T / m_B / m_{FIR} / B_T^o	$(B-V)_T$ / $(U-B)_T$ / $(B-V)_T^o$ / $(U-B)_T^o$	$(B-V)_e$ / $(U-B)_e$ / m'_e / m'_{25}	m_{21} / W_{20} / W_{50} / HI	V_{21} / V_{opt} / V_{GSR} / V_{3K}
1058.7 +5535		.SXS4..	1.24± .05	15					
150.68 55.03	UGC 6059	U	.44± .05	.00	15.2 ±.3				
55.74 -2.35		4.0± .8		.65					
1055.7 +5552	PGC 33033		1.24	.22					
105843.2-501929		.S..4./	1.24± .05	179					
285.18 8.62	ESO 215- 12	S	.73± .04	1.05	15.43 ±.14				
166.27 -30.47	IRAS10564-5003	4.0± .9		1.07					
105631.0-500324	PGC 33034		1.34	.36					
105845.6+593037	NGC 3470	.SAR2*.	1.16± .05	170					
145.98 52.28	UGC 6060	PU	.07± .04	.00	14.10 ±.19				6651± 42
52.44 -.23		2.0± .6		.08					6731
105541.0+594641	PGC 33040		1.16	.03	13.95				6800
1058.7 +2508		.S?....	1.17± .04	65				15.79±.3	6052± 10
211.03 64.69	UGC 6063		.82± .04	.00	15.34 ±.18			445± 13	
82.65 -17.96	IRAS10560+2524			1.23	13.78				6004
1056.0 +2524	PGC 33041		1.17	.41	14.08			1.30	6359
1058.8 +0530		.L..+*/							
246.74 55.57	CGCG 38- 73	F		.07	15.4 ±.6				
102.19 -26.06		-1.0±1.3							
1056.2 +0547	PGC 33044								
1058.8 +5515		.SB.6*.	1.02± .06	12					
151.09 55.27	UGC 6061	U	.53± .05	.00					
56.03 -2.51		6.0±1.3		.77					
1055.8 +5532	PGC 33045		1.02	.26					
1058.8 +7237									
133.86 42.02	CGCG 333- 64			.18	14.7 ±.3				8129± 79
41.34 6.83									8253
1055.3 +7254	PGC 33047								8200
105853.5-495824		.IBS9..	1.22± .05	174					
285.05 8.95	ESO 215- 13	S (1)	.16± .05	1.01	14.19 ±.14				2726± 87
165.87 -30.52	IRAS10566-4942	10.0± .8		.12	12.82				2508
105641.0-494218	PGC 33052	6.7± .8	1.32	.08	13.06				2984
105855.5-145742	NGC 3479	.SXR4..	1.24± .05	175				15.65±.1	4545± 9
266.55 39.83	MCG -2-28- 27	E (1)	.15± .05	.17				330± 12	
124.97 -31.41	IRAS10563-1441	4.0± .8		.21					4371
105626.5-144137	PGC 33053	4.2± .8	1.26	.07					4899
105857.0+723835	A 1055+72								
133.84 42.02				.18					8105± 35
41.34 6.84	MK 159				13.15				8230
105524.9+725439	PGC 33056								8177
1059.0 +0630		.SA.2*/	1.13± .07	38					
245.47 56.27	UGC 6066	UF	.73± .06	.05	15.00 ±.18				
101.16 -25.66		1.8± .8		.90					
1056.4 +0647	PGC 33058		1.13	.37					
105900.1-282835	NGC 3483	PLAR+*.	1.26± .04	105					
274.90 28.20	ESO 438- 1	Sr	.16± .04	.25	13.07 ±.14				3730± 60
140.87 -32.64		-.7± .5		.00					3530
105636.0-281230	PGC 33060		1.26		12.76				4061
105900.9-432630		.SAT6*.	.96± .06	143					
282.21 14.86	ESO 264- 57	r	.09± .05	.83	15.02 ±.14				
158.43 -31.67	IRAS10567-4310	5.6±1.3		.13	11.20				
105644.0-431024	PGC 33062		1.04	.04					
1059.0 +0126		.SBT3?.							
251.82 52.79	CGCG 10- 51	F		.07	14.9 ±.6				
106.56 -27.36		3.0± .9							
1056.5 +0143	PGC 33065								
1059.0 +0459		.SXR3*.							
247.50 55.28	CGCG 38- 75	F (1)		.13	15.3 ±.6				10868
102.77 -26.17		3.0±1.3							10750
1056.5 +0516	PGC 33067	2.6±1.0							11220
105906.2+011055		.SA.2..							
252.13 52.60	CGCG 10- 52	F		.08	14.9 ±.6				
106.85 -27.43		2.0± .9							
105632.0+012700	PGC 33069								
105909.3+613151	NGC 3471	.S..1..	1.24± .05	14	13.23 ±.16	.71± .02	.72± .02	15.82±.1	2129± 10
143.73 50.82	UGC 6064	U	.32± .05	.00	13.2 ±.2	.17± .04	.14± .04	235± 6	2070± 52
50.76 .90	MK 158	1.0± .8	.76± .04	.32	10.91	.63	12.52± .13	209± 5	2214
105602.2+614756	PGC 33074		1.24	.16	12.86	.13	13.49± .30	2.80	2265

R.A. 2000 DEC. l b SGL SGB R.A. 1950 DEC.	Names PGC	Type S_T n_L T L	$logD_{25}$ $logR_{25}$ $logA_e$ $logD_o$	p.a. A_g A_i A_{21}	B_T m_B m_{FIR} B_T^o	$(B-V)_T$ $(U-B)_T$ $(B-V)_T^o$ $(U-B)_T^o$	$(B-V)_e$ $(U-B)_e$ m'_e m'_{25}	m_{21} W_{20} W_{50} HI	V_{21} V_{opt} V_{GSR} V_{3K}
1059.1 +0516		.LA.+P?	1.11± .08	5					
247.17 55.49	UGC 6068	UF	.31± .04	.08	14.72 ±.18				
102.48 -26.05		-1.3±1.0		.00					
1056.6 +0533	PGC 33078		1.07						
105915.7-094901		.S..2P/	1.05± .05	80					
262.74 44.13	MCG -2-28- 30	E	.47± .06	.02					
119.07 -30.34		2.0±1.3		.58					
105645.0-093255	PGC 33079		1.06	.24					
105916.2-094740		.SXT3P*	1.14± .06	30					
262.72 44.15	MCG -2-28- 29	EF (1)	.15± .05	.02					
119.05 -30.33	IRAS10567-0931	2.7± .5		.21	12.99				
105645.5-093134	PGC 33080	2.5± .6	1.14	.07					
1059.2 +0148		RSBR0..							
251.46 53.09	CGCG 10- 54	F		.07	15.4 ±.6				
106.18 -27.19		.0± .9							
1056.7 +0205	PGC 33081								
105917.5+243237									
212.45 64.69				.00					12912± 37
83.27 -18.13	IRAS10565+2448				10.60				12862
105635.5+244843	PGC 33083								13221
1059.3 +0110		CE.....							
252.21 52.65	CGCG 10- 55	F		.08	15.16 ±.18				
106.87 -27.37		-5.0± .9							
1056.8 +0127	PGC 33090								
1059.3 +0135	IC 662	.E.....							
251.74 52.95	CGCG 10- 56	F		.09	15.4 ±.6				
106.42 -27.24		-5.0± .9							
1056.8 +0152	PGC 33091								
105926.6-662000		.SXR0?.	1.17± .07	140					
292.01 -5.87	ESO 93- 3	Sr	.22± .07	5.09					1470± 63
183.44 -25.77	FAIR 286	.3±1.0		.17	10.60				1259
105733.0-660354	PGC 33098		1.63						1647
1059.4 +7511	NGC 3465	.S..2..	1.08± .09						7170
131.93 39.92	UGC 6056	U	.09± .07	.15	14.44 ±.19				
39.18 8.21	IRAS10557+7527	2.0± .8		.11					7302
1055.7 +7527	PGC 33099		1.09	.04	14.11				7226
105927.8+460721	NGC 3478	.SBT4..	1.42± .03	132	13.57 ±.14	.71± .03			6667± 10
164.84 60.85	UGC 6069	PU (1)	.35± .04	.00	13.27 ±.14	.18± .04			6658± 66
63.90 -7.31	IRAS10565+4623	3.5± .5		.51	13.48	.60			6698
105635.4+462327	PGC 33101	2.0±1.0	1.42	.17	12.87	.10	14.67± .24		6888
1059.5 +0740		.LAR0*.							
243.99 57.12	CGCG 38- 78	F		.04	14.3 ±.3				
100.00 -25.12		-2.0±1.3							
1056.9 +0757	PGC 33104								
1059.5 +0855		.L.....							
242.19 57.91	CGCG 66- 78	F		.05	15.3 ±.6				
98.70 -24.66		-2.0± .9							
1056.9 +0912	PGC 33105								
105937.3-153138		.S..6*/	1.28± .05	85				15.55±.1	3041± 9
267.14 39.45	MCG -2-28- 31	E (1)	.81± .05	.16				297± 12	
125.66 -31.33		6.0±1.2		1.19					2866
105708.5-151532	PGC 33108	6.4±1.6	1.30	.41					3395
105944.4+100417		PSAR2..	1.00± .06					16.06±.3	10647± 9
240.53 58.65	UGC 6072	UF	.03± .05	.02	14.41 ±.19				
97.55 -24.18		1.5± .6		.03				212± 5	10546
105707.4+102023	PGC 33114		1.00	.01	14.25			1.80	10992
105946.6+332332		.S?....	.83± .07					15.40±.3	1849± 9
191.50 65.17	UGC 6070		.11± .05	.00	13.7 ±.4				
75.15 -13.79	IRAS10569+3339			.16	12.76			140± 5	1832
105701.0+333938	PGC 33118		.83	.05	13.58			1.77	2127
1059.7 +0358		.SB.1?.							
249.00 54.71	CGCG 38- 79	F		.13	15.0 ±.6				
103.91 -26.36		1.0±1.8							
1057.2 +0415	PGC 33120								
105951.4-252943		.S?....	.88± .05	96					
273.45 30.91	ESO 502- 8		.11± .04	.23	14.43 ±.14				3810± 60
137.36 -32.34	IRAS10574-2513			.16	13.01				3615
105726.0-251336	PGC 33124		.90	.05	14.01				4148

R.A. 2000 DEC. l b SGL SGB R.A. 1950 DEC.	Names PGC	Type S_T n_L T L	$\log D_{25}$ $\log R_{25}$ $\log A_e$ $\log D_o$	p.a. A_g A_i A_{21}	B_T m_B m_{FIR} B_T^o	$(B-V)_T$ $(U-B)_T$ $(B-V)_T^o$ $(U-B)_T^o$	$(B-V)_e$ $(U-B)_e$ m'_e m'_{25}	m_{21} W_{20} W_{50} HI	V_{21} V_{opt} V_{GSR} V_{3K}
105953.2+500054 158.33 58.74 60.59 -5.19 105658.2+501700	 MCG 8-20- 61 PGC 33126	.S?....	.89± .11 .00± .07 .89	 .00 .00 .00	 14.73 ±.18 14.69				 7564± 40 7610 7766
1059.9 +0921 241.66 58.25 98.30 -24.40 1057.3 +0938	NGC 3490 MCG 2-28- 36 PGC 33128	.E..... F -5.0± .9		 .04	 14.8 ±.6				
105958.5+505411 156.96 58.22 59.84 -4.70 105702.9+511017	 UGC 6074 IRAS10570+5110 PGC 33136	.S?....	1.10± .06 .14± .05 1.10	 .00 .21 .07	 14.17 ±.18 11.92 13.95				 2911± 50 2960 3108
105959.9+500322 158.25 58.73 60.56 -5.15 105704.9+501928	 UGC 6071 PGC 33138	.E..... U -5.0± .8	1.15± .15 .24± .08 1.08	135 .00 .00	 14.14 ±.15 14.03				 7152± 25 7198 7353
110002.4+145037 232.64 61.34 92.76 -22.22 105724.0+150643	NGC 3485 UGC 6077 PGC 33140	.SBR3*. R (2) 3.0± .5 3.3± .7	1.36± .03 .06± .03 1.36	 .00 .09 .03	 12.62 ±.14 12.51			12.68±.3 142± 7 130± 6 .14	1434± 7 1483± 66 1350 1771
1100.0 +0146 251.73 53.20 106.29 -27.01 1057.5 +0203	 MCG 0-28- 26 PGC 33144	.LAR-.. F -3.0± .9		 .09	 14.3 ±.3				
1100.0 -1606 267.65 39.02 126.35 -31.31 1057.6 -1550	 PGC 33145	.L..-?. E -3.0±1.8	1.14± .08 .55± .08 1.08	125 .14 .00					
1100.1 +1213 237.19 59.97 95.39 -23.25 1057.5 +1230	 UGC 6078 PGC 33147	.S..4.. U 4.0± .9	1.04± .06 .33± .05 1.04	126 .01 .49 .17	 14.78 ±.18				
1100.1 +7655 130.68 38.47 37.70 9.16 1056.3 +7712	 UGC 6065 PGC 33149	.S..3.. U 3.0± .9	1.19± .07 .58± .07 1.19	 .05 .80 .29	 15.4 ±.2				
110009.3+455504 165.08 61.06 64.14 -7.31 105717.3+461110	 UGC 6076 PGC 33150	.E...?. U -5.0±1.8		 .00	 14.5 ±.3				 6410± 31 6441 6632
110010.1+102214 240.19 58.91 97.29 -23.96 105733.0+103820	 CGCG 66- 81 MK 1275 PGC 33152			 .02	 15.3 ±.6				 10993± 19 10893 11338
110011.5+454417 165.39 61.16 64.30 -7.40 105719.6+460023	 UGC 6075 PGC 33153	.S..3.. U (1) 3.0± .8 3.5±1.1	1.21± .05 .35± .05 1.21	107 .00 .49 .18	 14.25 ±.18 13.71				 6411± 50 6441 6634
1100.3 +0612 246.26 56.32 101.61 -25.47 1057.7 +0629	 CGCG 38- 81 PGC 33158	.L..../ F -2.0± .9		 .04	 15.1 ±.6				
1100.3 +0734 244.37 57.21 100.18 -24.97 1057.7 +0751	 CGCG 38- 82 PGC 33159	.L..+*/ F -1.0±1.3		 .03	 15.4 ±.6				
110018.2+135408 234.38 60.91 93.73 -22.54 105740.0+141015	NGC 3489 UGC 6082 PGC 33160	.LXT+.. R -1.0± .3	1.55± .02 .24± .02 .83± .02 1.51	70 .02 .00	11.12 ±.13 11.30 ±.13 11.18	.83± .01 .34± .02 .79 .31	.84± .01 .37± .01 10.76± .08 13.14± .17	17.45±.3	708± 10 690± 13 613 1039
1100.3 +1002 240.73 58.75 97.64 -24.05 1057.7 +1019	 UGC 6081 PGC 33161	.S..5P. F 5.0± .9	1.03± .08 .39± .06 1.03	 .04 .59 .20					
1100.3 +1640 229.29 62.28 90.97 -21.39 1057.7 +1657	 UGC 6083 PGC 33163	.S..4.. U 4.0±1.0	1.10± .05 .93± .05 1.10	143 .00 1.37 .46	 15.5 ±.2				

R.A. 2000 DEC.	Names	Type	$\log D_{25}$	p.a.	B_T	$(B-V)_T$	$(B-V)_e$	m_{21}	V_{21}
l b		S_T n_L	$\log R_{25}$	A_g	m_B	$(U-B)_T$	$(U-B)_e$	W_{20}	V_{opt}
SGL SGB		T	$\log A_e$	A_i	m_{FIR}	$(B-V)^o_T$	m'_e	W_{50}	V_{GSR}
R.A. 1950 DEC.	PGC	L	$\log D_o$	A_{21}	B^o_T	$(U-B)^o_T$	m'_{25}	HI	V_{3K}
110023.6+285833	NGC 3486	.SXR5..	1.85± .01	80	11.05M±.10	.52± .01	.60± .01	12.04±.1	682± 4
202.07 65.49	UGC 6079	R (2)	.13± .02	.01	10.68 ±.15	-.16± .02	-.07± .02	232± 4	665± 37
79.25 -15.82		5.0± .3	1.32± .02	.20		.49	13.15± .05	202± 4	648
105740.0+291440	PGC 33166	2.6± .5	1.85	.07	10.72	-.18	14.80± .14	1.25	976
110023.7-095903		.SXT4P*	1.18± .04	155					8189
263.19 44.15	MCG -2-28- 32	EF (1)	.37± .04	.00					
119.33 -30.10	IRAS10579-0943	4.3± .6		.55	13.66				8028
105753.0-094257	PGC 33167	3.1±1.2	1.18	.19					8547
1100.4 +0623		.SBR4..							
246.04 56.46	CGCG 38- 84	F (1)		.04	15.2 ±.6				
101.42 -25.38		4.0± .9							
1057.8 +0640	PGC 33168	1.6±1.4							
1100.5 +2941		.S..2..	.90± .07	175					
200.34 65.54	UGC 6084	U	.29± .05	.04	15.25 ±.18				10352
78.61 -15.45	IRAS10578+2957	2.0± .9		.36	13.60				10321
1057.8 +2957	PGC 33175		.90	.15	14.75				10644
110035.7+120946	NGC 3491	.L..-*.	.97± .04		14.27 ±.13	1.03± .02	1.04± .02		
237.43 60.03	UGC 6088	U	.00± .04	.01	13.99 ±.16	.57± .03	.61± .03		6386± 31
95.51 -23.17		-3.0±1.2	.48± .03	.00		.97	12.16± .09		6292
105758.1+122553	PGC 33180		.97		14.05	.60	13.99± .25		6727
1100.6 -0253		PSBS2..							
256.92 49.82	CGCG 10- 60	F		.06	15.2 ±.6				
111.41 -28.28		2.0± .9							
1058.1 -0237	PGC 33186								
1100.7 +6119		.S..7..	1.33± .04	129					2180
143.72 51.09	UGC 6080	U	1.11± .05	.00	15.52 ±.18				
51.03 .95		7.0± .9		1.38					2267
1057.6 +6136	PGC 33188		1.33	.50	14.13				2319
1100.7 +0952		.SBR4./	1.00± .06	2					
241.10 58.73	UGC 6091	UF (1)	.42± .05	.02	15.00 ±.18				
97.85 -24.03		3.5± .7		.62					
1058.1 +1009	PGC 33190	1.6±1.0	1.00	.21					
1100.7 +1032	IC 664	.L?....	1.12± .12						
240.07 59.12	MCG 2-28- 42		.00± .07	.02	13.98 ±.19				10127± 18
97.17 -23.77				.00					10028
1058.1 +1049	PGC 33191		1.12		13.81				10472
1100.8 +1043		.SXT4..	1.12± .05		14.78 ±.13	.80± .03	.81± .03	16.71±.1	10805± 10
239.81 59.25	UGC 6093	U (1)	.07± .05	.01	14.1 ±.2			157± 15	10793± 59
96.99 -23.68		4.0± .9	.66± .02	.11		.71	13.57± .04		10706
1058.2 +1100	PGC 33198	2.9± .8	1.12	.04	14.41		15.03± .32	2.26	11149
110052.6+380617		.S..6*.	.99± .06						
180.57 64.39	UGC 6089	U	.07± .05	.00	15.1 ±.2				
71.05 -11.23		6.0±1.2		.10					
105805.1+382224	PGC 33203		.99	.04					
110057.4+103023	NGC 3492	.S?....	1.06± .04	100	14.17 ±.13	1.02± .02	1.09± .02		
240.20 59.15	UGC 6094		.19± .06	.02	13.99 ±.18				10874± 44
97.23 -23.73	8ZW 116		.62± .02	.14		.88	12.76± .04		10774
105820.4+104630	PGC 33207		1.06		13.79		13.87± .27		11218
1100.9 +1904		.I..9?.	1.14± .13	5					1115
224.65 63.42	UGC 6095	U	.47± .12	.00					
88.69 -20.23		10.0±1.8		.35					1045
1058.3 +1921	PGC 33208		1.14	.24					1441
110059.9-140221		PLBS+P?	1.19± .07	85					
266.44 40.88	MCG -2-28- 37	E	.11± .05	.15					
124.00 -30.75		-1.0± .8		.00					
105830.4-134613	PGC 33211		1.19						
110101.8+110249								18.14±.3	10686± 9
239.37 59.48	CGCG 66- 94			.01	14.9 ±.6			386± 12	10698± 18
96.69 -23.51	MK 728								10591
105824.7+111856	PGC 33214								11032
110102.4-434038		.SB.7?/	1.12± .05	133					
282.65 14.80	ESO 265- 2	S	.77± .04	.72	16.18 ±.14				
158.64 -31.27		7.0± .8		1.06					
105845.1-432430	PGC 33216		1.19	.38					
1101.0 +0437		.SB.6?.							
248.57 55.39	CGCG 38- 86	F		.13	15.3 ±.6				
103.35 -25.83		6.0±1.8							
1058.5 +0454	PGC 33220								

R.A. 2000 DEC. / l b / SGL SGB / R.A. 1950 DEC.	Names / PGC	Type / S_T n_L / T / L	$\log D_{25}$ / $\log R_{25}$ / $\log A_e$ / $\log D_o$	p.a. / A_g / A_i / A_{21}	B_T / m_B / m_{FIR} / B_T^o	$(B-V)_T$ / $(U-B)_T$ / $(B-V)_T^o$ / $(U-B)_T^o$	$(B-V)_e$ / $(U-B)_e$ / m'_e / m'_{25}	m_{21} / W_{20} / W_{50} / HI	V_{21} / V_{opt} / V_{GSR} / V_{3K}
110109.2-440226		.SXS6..	1.43± .04	110					
282.83 14.48	ESO 265- 3	S (1)	.36± .05	.81	14.07 ±.14				11240± 60
159.05 -31.20	IRAS10589-4346	6.3± .4		.53	13.34				11025
105852.0-434618	PGC 33225	6.3± .5	1.51	.18	12.68				11522
110114.4-495420		.SBT0*/	1.16± .05	82					
285.37 9.17	ESO 215- 15	S	.64± .04	.98	15.62 ±.14				
165.70 -30.16		.0±1.3		.48					
105901.0-493812	PGC 33230		1.22						
110115.8+033735	NGC 3495	.S..7*.	1.69± .02	20	12.41S±.15			13.43±.1	1136± 6
249.89 54.72	UGC 6098	R (2)	.61± .03	.86	12.49 ±.14			311± 7	1086± 24
104.43 -26.13	IRAS10586+0353	7.0± .5		.84	12.17			297± 12	1012
105840.9+035343	PGC 33234	5.0± .7	1.77	.30	10.75		14.17± .19	2.38	1488
1101.3 +2947		.S..0..	1.06± .06	157					
200.10 65.71	UGC 6097	U	.56± .05	.04	15.39 ±.18				
78.60 -15.25		.0± .9		.42					
1058.6 +3004	PGC 33238		1.03						
110120.7+030222		.SXR4..							
250.63 54.32	CGCG 38- 89	F (1)		.12	14.9 ±.6				
105.06 -26.30		4.0± .9							
105846.0+031830	PGC 33240	2.6±1.0							
110124.3+574037	NGC 3488	.SBS5*.	1.27± .04	175					2994± 10
147.68 53.84	UGC 6096	PU	.17± .04	.00	13.58 ±.18				2971± 50
54.18 -.92	IRAS10583+5756	5.3± .6		.25	13.45				3067
105823.1+575645	PGC 33242		1.27	.08	13.31				3153
1101.4 +1013									
240.76 59.07	CGCG 66- 98			.02	15.4 ±.6				10414± 88
97.56 -23.73									10314
1058.8 +1030	PGC 33244								10759
1101.4 -0212		.SBR2?.							
256.47 50.48	CGCG 10- 62	F		.11	15.1 ±.6				
110.73 -27.89		2.0±1.8							
1058.9 -0156	PGC 33248								
1101.4 +2743	NGC 3493	.S?....	1.06± .06	84					
205.14 65.64	UGC 6099		.52± .05	.03	15.19 ±.18				8963
80.53 -16.21	IRAS10587+2759			.79	13.45				8925
1058.7 +2759	PGC 33249		1.06	.26	14.33				9262
110134.2+453917		.S..1?.	.92± .07	10				15.91±.1	8718± 11
165.28 61.41	UGC 6100	U	.18± .05	.00	14.3 ±.2			363± 16	8778± 50
64.50 -7.24	IRAS10587+4555	1.0±1.8		.18	13.47				8751
105842.8+455525	PGC 33257		.92	.09	13.98			1.84	8944
110137.7-705709		.LAR+?.	1.13± .08	31					
294.14 -9.98	ESO 63- 3	S	.48± .04	.65					
188.04 -23.90		-1.0± .9		.00					
105953.1-704100	PGC 33260		1.12						
1101.7 +2841		.I..9..	1.00± .16	140				14.96±.1	699± 10
202.78 65.76	UGC 6102	U	.09± .12	.01	14.9 ±.2			117± 6	
79.66 -15.70		10.0± .9		.07				92± 5	665
1059.0 +2858	PGC 33264		1.00	.04	14.87			.06	995
1101.7 +4706		.S..4..	1.15± .07	64					
162.69 60.66	UGC 6101	U	1.04± .06	.00					
63.25 -6.45		4.0±1.0		1.47					
1058.9 +4723	PGC 33269		1.15	.50					
110151.4+163624		.S..4..	1.18± .05	50				15.08±.2	2946± 6
229.79 62.57	UGC 6104	U	.56± .05	.00	14.50 ±.18			257± 7	2936± 50
91.21 -21.09		4.0± .9		.82				246± 5	2868
105912.5+165233	PGC 33276		1.18	.28	13.65			1.15	3278
1101.8 +7511		.S..2..	1.12± .08						
131.76 40.00	UGC 6090	U	.32± .07	.15	14.69 ±.18				
39.25 8.35	IRAS10582+7528	2.0± .9		.40	13.25				
1058.2 +7528	PGC 33277		1.13	.16					
1101.9 +1017									
240.80 59.21	CGCG 66-101			.02	15.3 ±.6				10251± 19
97.55 -23.60									10151
1059.3 +1034	PGC 33278								10596
110158.4+451339	A 1059+45	.P.....	.89± .05		14.0 ±.2	.51± .04	.55± .02	15.47±.3	5990± 17
165.98 61.69	UGC 6103	R	.20± .04	.00	13.8 ±.3	-.17± .07	-.13± .04	151± 34	5947± 60
64.91 -7.40	MK 161	99.0	.52± .04	.29		.43	12.08± .09	128± 25	6016
105907.3+452947	PGC 33280		.89	.10	13.63	-.22	12.79± .35	1.74	6212

R.A. 2000 DEC. / l b / SGL SGB / R.A. 1950 DEC.	Names / PGC	Type / S_T n_L / T / L	$\log D_{25}$ / $\log R_{25}$ / $\log A_e$ / $\log D_o$	p.a. / A_g / A_i / A_{21}	B_T / m_B / m_{FIR} / B^o_T	$(B-V)_T$ / $(U-B)_T$ / $(B-V)^o_T$ / $(U-B)^o_T$	$(B-V)_e$ / $(U-B)_e$ / m'_e / m'_{25}	m_{21} / W_{20} / W_{50} / HI	V_{21} / V_{opt} / V_{GSR} / V_{3K}
1101.9 -1444		.SBS8..	1.12± .08	150					
267.21 40.42		E (1)	.19± .08	.19					
124.85 -30.64		8.0± .9		.23					
1059.5 -1428	PGC 33284	8.7± .8	1.14	.09					
110202.2-403603		PSBR1..	.90± .06						
281.46 17.66	ESO 318- 31	r	.05± .05	.55	15.08 ±.14				
155.07 -31.47		1.0± .9		.05					
105943.0-401954	PGC 33288		.96	.02					
110211.3+455324		.SB.3?.	1.16± .05	160					
164.75 61.38	UGC 6106	U	.41± .05	.00	14.41 ±.18				6550± 50
64.35 -7.03	IRAS10593+4609	3.0± .9		.56	13.76				6581
105919.8+460932	PGC 33294		1.16	.20	13.80				6772
1102.3 +1013									
241.02 59.25	CGCG 66-103			.01	15.3 ±.6				10572± 88
97.66 -23.53									10472
1059.7 +1030	PGC 33303								10917
110220.3-140813	NGC 3502	.SBT1P.	1.07± .06						
266.88 40.97	MCG -2-28- 41	E	.00± .05	.12					
124.18 -30.45		1.0± .8		.00					
105950.8-135203	PGC 33306		1.08	.00					
110221.9-464433		.SAS8..	1.02± .05	5					
284.20 12.12	ESO 265- 5	S (1)	.14± .05	.70	15.65 ±.14				
162.10 -30.57		7.5± .6		.18					
110006.1-462824	PGC 33307	8.9± .6	1.09	.07					
1102.4 +0603		.SBS3*.	.82± .13						
247.09 56.60	MCG 1-28- 28	F (1)	.17± .07	.07	15.09 ±.19				
101.97 -25.03		3.0± .9		.24					
1059.8 +0620	PGC 33310	2.6±1.4	.82	.09					
1102.4 +0828		RLX.-..							
243.70 58.18	CGCG 66-104	F		.05	15.0 ±.6				
99.46 -24.16		-3.0± .9							
1059.8 +0845	PGC 33312								
1102.4 +0237		.SBS4P.	.82± .13	100					
251.46 54.23	MCG 1-28- 29	F	.17± .07	.14	15.14 ±.19				11942± 46
105.60 -26.17	VV 463	4.0± .9		.25					11817
1059.9 +0254	PGC 33319		.83	.09	14.66				12297
1102.4 +0305		.SA.2?/	.96± .09	2					
250.90 54.56	UGC 6111	F	.65± .06	.12	15.4 ±.2				
105.10 -26.02		2.0±1.9		.80					
1059.9 +0322	PGC 33320		.97	.32					
110229.8-033921		.SAS1*.	.94± .11						
258.22 49.52	MCG 0-28- 28	F	.05± .07	.05	14.83 ±.20				
112.41 -28.05		1.0±1.2		.05					
105957.0-032312	PGC 33323		.94	.02					
1102.5 +5035		.SXR5..	1.08± .06						
156.95 58.72	UGC 6109	U	.00± .05	.00	14.9 ±.3				
60.31 -4.52		5.0± .8		.00					
1059.6 +5052	PGC 33325		1.08	.00					
110231.0-533834		.LBT+?.	1.09± .09	30					
287.11 5.85	ESO 169- 5	S	.16± .06	1.52					
169.80 -29.15		-1.0±1.2		.00					
110020.0-532224	PGC 33328		1.21						
110231.5-261003		.P.....	1.15± .04	88					
274.43 30.61	ESO 502- 11	S	.37± .03	.18	14.81 ±.14				3958± 37
138.18 -31.78	IRAS11000-2553	99.0		.56					3763
110006.1-255354	PGC 33329		1.17	.19	14.05				4294
110233.6+023621		.SBS4P*	.64± .17						
251.52 54.23	MCG 1-28- 30	F	.00± .07	.14	15.3 ±.2				11988± 46
105.63 -26.16		4.0±1.3		.00					11863
105959.1+025230	PGC 33330		.65	.00	15.10				12343
1102.5 +3831	IC 2620	.S?....	.82± .13		15.1 ±.2	.87± .05	.95± .03		
179.39 64.58	MCG 7-23- 14		.46± .07	.00					
70.85 -10.73			.47± .07	.34			12.90± .21		
1059.8 +3848	PGC 33332		.79				12.90± .69		
110236.0+164402		.S..7?.	1.40± .04	123				14.30±.1	1036± 7
229.72 62.78	UGC 6112	U	.49± .05	.00	13.9 ±.2			185± 7	
91.16 -20.87		7.0±1.6		.68				175± 7	959
105957.2+170011	PGC 33333		1.40	.25	13.23			.83	1368

R.A. 2000 DEC. / l b / SGL SGB / R.A. 1950 DEC.	Names / PGC	Type / S_T n_L / T / L	$logD_{25}$ / $logR_{25}$ / $logA_e$ / $logD_o$	p.a. / A_g / A_i / A_{21}	B_T / m_B / m_{FIR} / B_T^o	$(B-V)_T$ / $(U-B)_T$ / $(B-V)_T^o$ / $(U-B)_T^o$	$(B-V)_e$ / $(U-B)_e$ / m'_e / m'_{25}	m_{21} / W_{20} / W_{50} / HI	V_{21} / V_{opt} / V_{GSR} / V_{3K}
1102.6 +0522		.E.....							
248.09 56.19	CGCG 38- 96	F		.07	14.92 ±.18				
102.71 -25.20		-5.0± .9							
1100.1 +0539	PGC 33339								
110246.9+175933	NGC 3501	.S..6*.	1.59± .03	27				14.31±.1	1134± 5
227.26 63.37	UGC 6116	U	.88± .05	.00	13.57 ±.18			314± 7	1083± 57
89.95 -20.31		6.0±1.1		1.29				304± 6	1061
110007.6+181542	PGC 33343		1.59	.44	12.27			1.60	1462
1102.8 +5209		.I..9*.	.96± .09					15.92±.1	948± 6
154.59 57.77	UGC 6113	U	.00± .06	.00				56± 5	
58.99 -3.66		10.0±1.2		.00				48± 5	1002
1059.9 +5226	PGC 33346		.96	.00					1138
110250.5-233528		PSXT2..	1.18± .04	30				14.99±.3	3596± 11
273.06 32.91	ESO 502- 12	Sr	.29± .03	.25	14.22 ±.14			268± 15	
135.17 -31.54	IRAS11003-2319	2.1± .6		.36	13.49			247± 12	3406
110024.0-231918	PGC 33349		1.20	.15	13.58			1.26	3938
110259.8-161721	NGC 3508	.SAR3P?	1.03± .07	15					3889
268.55 39.24	MCG -3-28- 31	E	.09± .05	.14					
126.69 -30.65	IRAS11005-1601	3.0±1.2		.13	10.97				3714
110030.9-160111	PGC 33362		1.05	.05					4242
1103.0 +0327		.SBR5..							
250.64 54.93	CGCG 38- 98	F (1)		.14	15.1 ±.6				
104.77 -25.75		5.0± .9							
1100.5 +0344	PGC 33364	2.6±1.0							
110307.5+750704	NGC 3523	.S..4..	1.19± .07						
131.72 40.11	UGC 6105	U	.00± .07	.15	13.65 ±.18				7100
39.36 8.38	IRAS10594+7523	4.0± .8		.00	13.37				7232
105929.4+752313	PGC 33367		1.20	.00	13.45				7156
110310.0+501223		.SB.1..	1.00± .06	143					
157.42 59.05	UGC 6117	U	.10± .05	.00	14.43 ±.18				7276± 50
60.71 -4.64		1.0± .9		.11					7324
110015.9+502833	PGC 33370		1.00	.05	14.24				7476
110310.8+275825	NGC 3504	RSXS2..	1.43± .02		11.67M±.13	.75± .02	.69± .01	15.66±.1	1539± 5
204.60 66.04	UGC 6118	R (1)	.11± .02	.02	11.82 ±.14		.01± .02	197± 6	1518± 23
80.49 -15.76	IRAS11004+2814	2.0± .3	.90± .03	.13	9.96	.71	11.65± .08	172± 8	1502
110028.1+281435	PGC 33371	2.3± .8	1.43	.05	11.57		13.39± .16	4.04	1837
110311.5+561318	NGC 3499	.I.0.$.	.91± .07						
149.13 55.05	UGC 6115	P	.05± .04	.00	14.40 ±.19				1559± 50
55.55 -1.48		90.0		.04					1628
110012.5+562928	PGC 33375		.90		14.34				1727
110312.3+110438	NGC 3506	.S..5*.	1.08± .04					15.41±.2	6403± 6
239.94 59.93	UGC 6120	R (1)	.04± .04	.02	13.37 ±.16			207± 7	6373± 18
96.88 -23.00	ARAK 273	5.0± .6		.07				188± 4	6304
110035.3+112048	PGC 33379	2.3± .9	1.08	.02	13.25			2.14	6744
110314.3+032033		.L..0..	.70± .10	17					
250.84 54.87	UGC 6119	F	.39± .05	2.45	15.3 ±.4				7536± 49
104.91 -25.76	ARAK 272	-2.0±1.0		.00					7414
110039.5+033643	PGC 33380		.91		12.77				7890
1103.2 -1645		.S?....	1.12± .08						7991
268.94 38.87	MCG -3-28- 32		.85± .07	.15					
127.24 -30.66	IRAS11007-1629			.64					7815
1100.8 -1629	PGC 33381		1.09						8344
110323.7-230511	NGC 3511	.SAS5..	1.76± .01	76	11.53M±.10	.57± .02	.59± .01	12.63±.1	1106± 4
272.90 33.41	ESO 502- 13	R (3)	.45± .02	.22	11.64 ±.11	-.09± .06	-.05± .06	311± 6	1144± 31
134.59 -31.37		5.0± .3	1.27± .01	.67		.43	13.35± .04	295± 5	917
110057.0-224900	PGC 33385	4.0± .4	1.78	.22	10.68	-.19	14.04± .13	1.73	1450
1103.4 +0649		.LXR-*.							
246.35 57.30	CGCG 38-103	F		.04	14.92 ±.18				
101.27 -24.53		-3.0± .9							
1100.8 +0706	PGC 33386								
1103.4 +0654		.SAR1*.							
246.23 57.36	CGCG 38-104	F		.02	15.0 ±.6				
101.18 -24.50		1.0±1.3							
1100.8 +0711	PGC 33387								
110325.4+391518		.S?....	1.17± .05	97					
177.67 64.50	UGC 6121		.58± .05	.00	15.26 ±.19				6475±125
70.29 -10.22				.88					6482
110037.9+393128	PGC 33388		1.17	.29	14.35				6728

R.A. 2000 DEC. / l b / SGL SGB / R.A. 1950 DEC.	Names / PGC	Type / S_T n_L / T / L	$\log D_{25}$ / $\log R_{25}$ / $\log A_e$ / $\log D_o$	p.a. / A_g / A_i / A_{21}	B_T / m_B / m_{FIR} / B_T^o	$(B-V)_T$ / $(U-B)_T$ / $(B-V)_T^o$ / $(U-B)_T^o$	$(B-V)_e$ / $(U-B)_e$ / m'_e / m'_{25}	m_{21} / W_{20} / W_{50} / HI	V_{21} / V_{opt} / V_{GSR} / V_{3K}
110325.6+180815	NGC 3507	.SBS3..	1.53± .03	110	11.73S±.15			14.09±.1	979± 4
227.11 63.57	UGC 6123	U	.07± .05	.00				154± 6	940± 57
89.88 -20.11		3.0± .7		.10				141± 5	906
110046.3+182425	PGC 33390		1.53	.03	11.63		14.07± .24	2.43	1307
1103.5 +0651		.L..-..							
246.33 57.34	CGCG 38-105	F		.04	14.81 ±.18				
101.24 -24.49		-3.0± .9							
1100.9 +0708	PGC 33394								
110332.4+110707		.S..9*.	1.07± .14					16.25±.3	6394± 7
239.97 60.02	UGC 6122	U	.07± .12	.02					
96.88 -22.91		9.0±1.2		.07				78± 7	6297
110055.3+112317	PGC 33396		1.07	.03					6738
1103.5 -0130		.LAR-?.							
256.39 51.35	CGCG 10- 64	F		.14	14.81 ±.18				
110.14 -27.19		-3.0± .9							
1101.0 -0114	PGC 33398								
1103.5 -1728		.S?....	1.19± .07						8080
269.49 38.29	MCG -3-28- 33		.92± .07	.19					
128.09 -30.69	IRAS11011-1712			1.27	13.04				7902
1101.1 -1712	PGC 33401		1.20	.46					8432
110338.5+451049		PSBS2..	1.11± .05	33					
165.75 61.96	UGC 6125	U	.35± .05	.00					
65.10 -7.17		2.0± .9		.43					
110047.9+452659	PGC 33404		1.11	.18					
110343.9+285309	NGC 3510	.SBS9./	1.60± .02	163	*			13.18±.0	705± 4
202.37 66.21	UGC 6126	R	.70± .02	.00	12.99 ±.14			204± 4	711± 26
79.70 -15.22	IRAS11010+2909	9.0± .4		.71	13.52			186± 4	673
110101.0+290919	PGC 33408		1.60	.35	12.28			.56	1001
110345.7-231441	NGC 3513	.SBT5..	1.45± .02	75	11.93M±.10	.43± .02	.51± .01	13.65±.2	1194± 7
273.08 33.31	ESO 502- 14	R (3)	.10± .02	.24	12.10 ±.12			103± 11	1190± 30
134.79 -31.30	IRAS11013-2258	5.0± .3	1.17± .02	.15	11.85	.35	13.19± .04	90± 8	1004
110119.0-225830	PGC 33410	4.0± .4	1.48	.05	11.60		13.79± .15	2.00	1537
110350.8-200535	IC 2623	.E?....	.89± .04	70	14.46 ±.14	.97± .02			
271.22 36.07	ESO 569- 33		.16± .03	.16	14.37 ±.14				3762± 37
131.12 -30.97				.00		.90			3579
110123.1-194924	PGC 33418		.86		14.20		13.49± .25		4110
1103.8 -0012		.S..2?.							
255.11 52.38	CGCG 10- 66	F		.07	15.4 ±.6				
108.76 -26.73		2.0±1.8							
1101.3 +0004	PGC 33421								
110354.2+405100	A 1101+41	.RING..	.80± .06						
174.19 63.99	MCG 7-23- 19	R	.11± .05	.00					10357± 34
68.92 -9.34	ARP 148			.08					10369
110106.0+410711	PGC 33423		.80	.06					10603
110400.2-184653	NGC 3514	.SXS5?.	1.04± .05	115					
270.44 37.22	ESO 570- 1	SE (2)	.07± .04	.14					
129.61 -30.77	IRAS11015-1830	5.0± .5		.11	12.96				
110132.0-183042	PGC 33430	2.5± .6	1.05	.04					
110402.4+280219	NGC 3512	.SXT5..	1.21± .02		12.98M±.15	.71± .04	.79± .04	14.96±.1	1376± 5
204.47 66.23	UGC 6128	R (2)	.03± .02	.01	12.99 ±.14			238± 4	1469± 58
80.52 -15.56	IRAS11013+2818	5.0± .4	.97± .04	.05	12.53	.69	13.33± .10	202± 4	1341
110119.7+281830	PGC 33432	3.4± .7	1.21	.02	12.92		13.77± .20	2.03	1674
110403.4+494917		.S..6*.	.91± .07	140					
157.84 59.40	UGC 6127	U	.06± .05	.00	14.43 ±.18				7194± 50
61.11 -4.72	IRAS11011+5005	6.0±1.3		.08	13.38				7240
110109.9+500528	PGC 33433		.91	.03	14.32				7396
1104.1 +0821		.SXT6..	1.02± .06						8319
244.38 58.43	UGC 6130	UF (1)	.04± .05	.06	14.42 ±.20				
99.75 -23.81		5.5± .6		.06					8213
1101.5 +0838	PGC 33436	3.6±1.0	1.02	.02	14.27				8667
110418.3+500204		.S..4..	.87± .10						
157.46 59.30	UGC 6129	U	.01± .06	.00	15.06 ±.18				
60.95 -4.57		4.0± .9		.02					
110124.7+501815	PGC 33444		.87	.01					
110423.7+044950	NGC 3509	.SAS4P.	1.33± .04	40				14.85±.2	7704± 7
249.33 56.12	UGC 6134	R	.35± .05	.19	13.53 ±.19			469± 12	7636± 26
103.45 -24.99	ARP 335	4.0± .4		.51	12.83			432± 6	7583
110148.6+050601	PGC 33446		1.34	.17	12.78			1.90	8053

R.A. 2000 DEC.	Names	Type	$\log D_{25}$	p.a.	B_T	$(B-V)_T$	$(B-V)_e$	m_{21}	V_{21}
l b		S_T n_L	$\log R_{25}$	A_g	m_B	$(U-B)_T$	$(U-B)_e$	W_{20}	V_{opt}
SGL SGB		T	$\log A_e$	A_i	m_{FIR}	$(B-V)^o_T$	m'_e	W_{50}	V_{GSR}
R.A. 1950 DEC.	PGC	L	$\log D_o$	A_{21}	B^o_T	$(U-B)^o_T$	m'_{25}	HI	V_{3K}
110427.7+381232		.S?....	.90± .06		13.3 v±.2	.52± .03	.46± .04		
179.83 65.03	UGC 6132		.12± .05	.00	13.5 ±.3	-.50± .03	-.60± .04		9000± 24
71.32 -10.57	MK 421		.29± .07	.17		.44	10.21± .25		9003
110140.9+382843	PGC 33452		.90	.06	13.13	-.56	12.37± .38		9258
110428.1+440201		.L.....	1.17± .09	95					
167.72 62.67	UGC 6131	U	.15± .05	.00	14.35 ±.18				
66.18 -7.63		-2.0± .8		.00					
110138.4+441812	PGC 33454		1.15						
1104.4 +0239		.L..-./							
252.04 54.60	CGCG 38-110	F		.17	15.1 ±.6				
105.75 -25.69		-3.0± .9							
1101.9 +0256	PGC 33455								
110428.8-094729		.LBR0?/	1.19± .06	80					
264.19 44.89	MCG -2-28- 43	EF	.57± .04	.06					
119.37 -29.08		-1.5± .6		.00					
110157.9-093118	PGC 33456		1.11						
1104.5 -0043		.L.....							
255.88 52.11	CGCG 10- 68	F		.12	15.03 ±.18				
109.37 -26.72		-2.0± .9							
1102.0 -0027	PGC 33459								
110434.8+160343		.L...?.	1.14± .07	105					
231.51 62.89	UGC 6137	U	.20± .03	.00	14.01 ±.15				6360± 26
92.04 -20.72		-2.0±1.7		.00					6281
110156.2+161955	PGC 33460		1.11		13.91				6694
1104.5 +0511		.SXR3*.	1.04± .08	13					
248.91 56.41	UGC 6141	UF (1)	.18± .06	.13	14.64 ±.20				
103.09 -24.82		3.0± .6		.24					
1102.0 +0528	PGC 33461	1.6±1.0	1.05	.09					
1104.6 +2743		.S..9*.	1.32± .04						2575± 10
205.26 66.33	UGC 6138	U	.31± .05	.04	14.5 ±.4				
80.87 -15.59		9.0±1.1		.31					2538
1101.9 +2800	PGC 33463		1.32	.15	14.11				2874
110436.9+450735		.S?....	.99± .05						
165.66 62.14	UGC 6135		.02± .04	.00	13.3 ±.3				6512
65.24 -7.05	IRAS11017+4523			.03	12.30				6541
110146.6+452346	PGC 33465		.99	.01	13.20				6738
110437.3+281337	NGC 3515	.SA.5*.	.99± .06	55					
204.03 66.37	UGC 6139	PU	.10± .04	.00	14.60 ±.18				8797
80.41 -15.36	IRAS11018+2829	4.5± .6		.16	13.53				8762
110154.7+282948	PGC 33467		.99	.05	14.39				9095
1104.6 -1516		.S..7?/	1.12± .08	155					
268.30 40.32		E (1)	.58± .08	.12					
125.60 -30.09		7.0±1.8		.80					
1102.2 -1500	PGC 33468	6.4±1.6	1.14	.29					
110441.4-013230		.E.....	.52± .20						
256.78 51.50	MCG 0-28- 29	F	.00± .07	.16	15.4 ±.3				
110.27 -26.93	ARAK 275	-5.0±1.0		.00					
110208.1-011619	PGC 33469		.54						
110441.8+041745		.S?....	.84± .08	150					
250.11 55.80	UGC 6142	(1)	.24± .05	.17	14.9 ±.2				7559± 50
104.04 -25.10				.36					7440
110206.8+043357	PGC 33470	1.6±1.0	.86	.12	14.29				7913
1104.7 +0416		PSBR3P.	.72± .22						
250.15 55.81	UGC 6142A	F	.00± .07	.17	15.22 ±.19				
104.07 -25.08		3.0± .9		.00					
1102.2 +0433	PGC 33477		.73	.00					
1104.8 +6359		.I..9*.	1.04± .10						
140.50 49.34	UGC 6133	U	.00± .06	.02					
49.01 2.76		10.0±1.1		.00					
1101.7 +6416	PGC 33479		1.04	.00					
1104.9 +0417		.SBS2*.	.82± .13						
250.19 55.85	MCG 1-28- 36	F (1)	.00± .07	.17	14.92 ±.18				
104.07 -25.04	IRAS11023+0433	2.0± .9		.00	12.73				
1102.3 +0433	PGC 33485	1.6±1.4	.83	.00					
110458.5+290822	A 1102+29		.47± .15		15.7 ±.2	.28± .03		16.93±.1	646± 5
201.76 66.49	MCG 5-26- 46		.13± .06	.00		-.66± .05		92± 4	672± 32
79.60 -14.86	MK 36							44± 5	615
110215.6+292434	PGC 33486		.47						941

R.A. 2000 DEC. / l b / SGL SGB / R.A. 1950 DEC.	Names / PGC	Type / S_T n_L / T / L	$\log D_{25}$ / $\log R_{25}$ / $\log A_e$ / $\log D_o$	p.a. / A_g / A_i / A_{21}	B_T / m_B / m_{FIR} / B_T^o	$(B-V)_T$ / $(U-B)_T$ / $(B-V)_T^o$ / $(U-B)_T^o$	$(B-V)_e$ / $(U-B)_e$ / m'_e / m'_{25}	m_{21} / W_{20} / W_{50} / HI	V_{21} / V_{opt} / V_{GSR} / V_{3K}
110504.6+352157		.S..3*.	1.15± .05	12					
186.35 65.91	UGC 6143	U (1)	.62± .05	.04	15.17 ±.18				7432
73.93 -11.86	IRAS11023+3538	3.0±1.3		.86	13.70				7424
110219.3+353809	PGC 33495	4.5±1.3	1.15	.31	14.21				7702
110508.0+444448	A 1102+45		.78± .08						
166.26 62.41	MCG 8-20- 83		.35± .06	.00	14.9 ±.3				6372± 74
65.62 -7.17	MK 162								6399
110218.0+450100	PGC 33498		.78						6600
110513.8-263730		.SBS9..	1.21± .04	82					1512
275.30 30.49	ESO 502- 16	S (1)	.47± .03	.27	14.72 ±.14				
138.75 -31.20		9.0± .8		.48					1318
110248.0-262118	PGC 33505	7.8± .9	1.24	.23	13.97				1849
110514.7-235042			1.01± .06	152					
273.78 32.95	ESO 502- 15		.29± .06	.25	14.78 ±.14				3779± 37
135.52 -31.01									3590
110248.0-233430	PGC 33509		1.03						4121
1105.2 -0047		.SBR0*/							
256.16 52.17	CGCG 10- 71	F		.13	14.9 ±.6				
109.51 -26.57		.0±1.3							
1102.7 -0031	PGC 33510								
1105.5 -0152		.IBS9..	1.16± .08	115					740
257.38 51.39		E (1)	.28± .08	.16					
110.70 -26.81		10.0± .9		.21					603
1103.0 -0136	PGC 33525	9.8± .8	1.18	.14					1099
1105.5 +0409		.I..9..	1.14± .13						
250.55 55.87	UGC 6145	U	.07± .12	.18					
104.26 -24.93		10.0± .8		.05					
1103.0 +0426	PGC 33528		1.16	.03					
1105.5 +0412		.SXS9*.	1.07± .07	140					6348
250.49 55.90	UGC 6146	UF (1)	.62± .06	.20					
104.21 -24.92		9.3± .8		.63					6230
1103.0 +0429	PGC 33529	6.6±1.0	1.09	.31					6702
110537.6+563134	NGC 3517	.SA.3*.	1.03± .05	120					
148.34 55.07	UGC 6144	PU	.07± .04	.00					8286± 79
55.47 -1.04	IRAS11026+5647	2.5± .6		.09	13.50				8357
110239.3+564746	PGC 33532		1.03	.03					8453
110539.0-095526		PL..-P*	1.25± .06	110					
264.63 44.94	MCG -2-28- 45	EF	.05± .04	.10					
119.59 -28.83		-3.3± .6		.00					
110308.0-093914	PGC 33535		1.26						
110542.4+350705		.S?....	.80± .07						
186.88 66.09	MCG 6-25- 1		.17± .06	.00	15.46 ±.18				8673± 52
74.22 -11.87	MK 1279			.25					8665
110257.2+352317	PGC 33540		.80	.08	15.18				8944
1105.7 -0129		.L...?/							
257.05 51.71	CGCG 10- 73	F		.13	15.4 ±.6				
110.30 -26.66		-2.0±1.8							
1103.2 -0113	PGC 33546								
110548.9-000215	NGC 3521	.SXT4..	2.04± .01	163	9.83M±.10	.81± .01	.88± .01	11.26±.0	805± 4
255.54 52.83	UGC 6150	R (3)	.33± .02	.06	9.77 ±.13	.23± .02	.31± .01	460± 4	782± 31
108.75 -26.21		4.0± .3	1.26± .01	.48	8.81	.73	11.80± .03	439± 5	673
110315.1+001358	PGC 33550	3.6± .4	2.04	.16	9.26	.16	14.04± .13	1.84	1162
110549.8-204731		.SBT4..	1.19± .04	58					
272.15 35.69	ESO 570- 2	S (1)	.34± .04	.15					
131.99 -30.59		4.0± .8		.50					
110322.0-203118	PGC 33552	4.4± .9	1.21	.17					
110550.8-095532		.LBS+P*	1.14± .05	100					
264.69 44.96	MCG -2-28- 48	E	.34± .04	.10					
119.60 -28.78		-1.3±1.1		.00					
110319.8-093919	PGC 33554		1.10						
110551.7-094211		.SXT4*.	1.17± .05	5					
264.52 45.15	MCG -1-28- 24	EF (1)	.19± .04	.06					
119.36 -28.73		4.0± .6		.28					
110320.6-092558	PGC 33555	5.3± .8	1.17	.10					
1105.8 +0239		.S..2?/							
252.48 54.84	CGCG 38-121	F		.47	15.2 ±.6				
105.87 -25.36		2.0±1.8							
1103.3 +0256	PGC 33558								

R.A. 2000 DEC.	Names	Type	$\log D_{25}$	p.a.	B_T	$(B-V)_T$	$(B-V)_e$	m_{21}	V_{21}
l b		S_T n_L	$\log R_{25}$	A_g	m_B	$(U-B)_T$	$(U-B)_e$	W_{20}	V_{opt}
SGL SGB		T	$\log A_e$	A_i	m_{FIR}	$(B-V)^o_T$	m'_e	W_{50}	V_{GSR}
R.A. 1950 DEC.	PGC	L	$\log D_o$	A_{21}	B^o_T	$(U-B)^o_T$	m'_{25}	HI	V_{3K}
110555.2-253519		.E?....	.83± .06	95	15.09 ±.13	.62± .03			
274.91 31.48	ESO 502- 17		.36± .03	.22	14.62 ±.14				
137.56 -30.98				.00					
110329.0-251906	PGC 33560		.76				13.31± .35		
1105.9 +1949	A 1103+20	.S..9*.	1.28± .06		14.8 ±.2	.41± .08	.49± .05	15.41±.1	1331± 6
224.09 64.78	UGC 6151	U (1)	.15± .04	.00	14.3 ±.2	-.28± .10	-.19± .06	38± 5	
88.51 -18.85	DDO 91	9.0±1.1	1.06± .03	.15		.37	15.55± .07	26± 7	1266
1103.2 +2005	PGC 33562	9.0±1.0	1.28	.07	14.42	-.31	15.67± .36	.92	1655
110558.0+362426		.S..3..	1.13± .05	176					
183.77 65.84	UGC 6148	U (1)	.79± .05	.04	15.29 ±.18				
73.08 -11.20		3.0±1.0		1.09					
110312.4+364039	PGC 33566	3.5±1.3	1.13	.39					
1106.0 +0821		PSBR1*/	.94± .11						
244.96 58.79	MCG 2-28- 49	F	.40± .07	.07	15.07 ±.19				
99.94 -23.38		1.0±1.3		.41					
1103.4 +0838	PGC 33567		.94	.20					
110602.2+042542		.SXT5..	1.13± .05	145				16.33±.3	6425± 10
250.36 56.13	UGC 6155	UF (1)	.07± .05	.20	13.88 ±.19				6412± 50
104.03 -24.74		4.5± .6		.10				194± 7	6307
110327.2+044155	PGC 33569	3.6±1.0	1.15	.03	13.54			2.75	6778
110604.7+031905		.E.....							
251.76 55.35	CGCG 38-122	F		.15	14.71 ±.18				
105.20 -25.10		-5.0± .9							
110330.0+033518	PGC 33572								
110606.1+295607		.SB.3..	1.07± .06	154				17.28±.3	8932± 11
199.76 66.75	UGC 6152	U	.39± .05	.00	14.99 ±.18			417± 15	
78.99 -14.28	IRAS11033+3012	3.0± .9		.54					8904
110323.1+301220	PGC 33573		1.07	.19	14.39			2.70	9224
1106.1 +0318		.LB.0P.							
251.79 55.36	CGCG 38-124	F		.15	14.9 ±.6				
105.21 -25.07		-2.0± .9							
1103.6 +0335	PGC 33577								
1106.1 +0419		.LA.-..	1.04± .09						
250.53 56.09	MCG 1-28- 38	F	.21± .07	.19	14.39 ±.15				
104.14 -24.74		-3.0± .9		.00					
1103.6 +0436	PGC 33578		1.03						
110615.6-181531		.S?....	1.06± .09	135				15.78±.1	3899± 9
270.69 37.94	ESO 570- 3		.74± .07	.19				277± 12	
129.09 -30.17				1.03					3720
110347.0-175918	PGC 33581		1.07	.37					4250
1106.3 +1729		.SAS8..	1.28± .04					14.68±.1	2959± 11
229.10 63.92	UGC 6157	U	.03± .05	.00	13.9 ±.4			153± 16	
90.82 -19.74		8.0± .8		.04				133± 12	2886
1103.7 +1746	PGC 33584		1.28	.02	13.83			.83	3289
110631.4+483905	A 1103+48	.S?....	1.06± .06	3					
159.20 60.43	UGC 6156		.56± .05	.00	15.09 ±.18				7500±110
62.34 -4.97	IRAS11036+4855			.85	13.37				7543
110339.5+485518	PGC 33600		1.06	.28	14.21				7709
110631.7-373908		.SBT3*.	1.41± .03	150					
280.97 20.70	ESO 377- 10	S (1)	.59± .04	.40	13.64 ±.14				2870± 60
151.57 -30.85	IRAS11041-3723	2.7± .5		.81	13.31				2661
110410.0-372254	PGC 33601	3.3±1.2	1.45	.29	12.41				3176
110632.2+112305	NGC 3524	.S..0..	1.21± .05	14					
240.41 60.77	UGC 6158	U	.54± .05	.00	13.8 ±.2				1321± 57
96.91 -22.13		.0± .9		.41					1226
110355.2+113918	PGC 33604		1.18		13.34				1664
110632.3-480226		PSXR1*.	1.10± .06	168					
285.40 11.23	ESO 215- 21	r	.61± .05	.63	14.98 ±.14				
163.42 -29.65	IRAS11042-4746	1.0±1.0		.62	12.14				
110416.0-474612	PGC 33606		1.16	.31					
1106.5 +0017		.LA.+?/							
255.41 53.20	CGCG 10- 76	F		.10	15.4 ±.6				
108.45 -25.93		-1.0±1.8							
1104.0 +0034	PGC 33608								
110640.5+200508	NGC 3522	.E.....	1.08± .09	117				17.25±.3	1221± 10
223.67 65.04	UGC 6159	U	.22± .04	.00	14.13 ±.15				1254± 50
88.34 -18.58		-5.0± .9		.00				242± 11	1158
110400.9+202122	PGC 33615		1.01		14.11				1546

R.A. 2000 DEC. / l b / SGL SGB / R.A. 1950 DEC.	Names / PGC	Type / S_T n_L / T / L	$\log D_{25}$ / $\log R_{25}$ / $\log A_e$ / $\log D_o$	p.a. / A_g / A_i / A_{21}	B_T / m_B / m_{FIR} / B_T^o	$(B\text{-}V)_T$ / $(U\text{-}B)_T$ / $(B\text{-}V)_T^o$ / $(U\text{-}B)_T^o$	$(B\text{-}V)_e$ / $(U\text{-}B)_e$ / m'_e / m'_{25}	m_{21} / W_{20} / W_{50} / HI	V_{21} / V_{opt} / V_{GSR} / V_{3K}
1106.7 +2301		.S..1..	1.06± .06	90					
216.95 65.99	UGC 6163	U	.20± .05	.00	14.59 ±.18				
85.52 -17.28		1.0± .9		.20					
1104.1 +2318	PGC 33620		1.06	.10					
1106.7 +5741	A 1103+57	.SBS5P.	1.02± .10						
146.76 54.32	MCG 10-16- 61	P	.19± .07	.00	14.88 ±.18				9820± 60
54.54 -.30		5.0± .9		.28					9895
1103.8 +5758	PGC 33622		1.02	.09	14.54				9980
110647.3+723412	NGC 3516	RLBS0*.	1.24± .03		12.5 v±.2	.81± .03	.79± .03		
133.24 42.40	UGC 6153	R	.11± .04	.10	12.46 ±.13	-.06± .05	-.08± .05		2624± 21
41.70 7.31	IRAS11033+7250	-2.0± .4	.58± .07	.00	12.69	.75	10.92± .25		2749
110322.7+725025	PGC 33623		1.24		12.34	-.08	13.33± .27		2696
110649.6+434322		.SB.8..	1.41± .05	40				13.94±.1	758± 6
167.86 63.19	UGC 6161	U	.32± .06	.00	14.0 ±.3			131± 8	
66.67 -7.42		8.0± .7		.40				108± 12	782
110400.7+435936	PGC 33625		1.41	.16	13.58			.20	991
1106.8 -0230		.SBR1?.							
258.42 51.10	CGCG 10- 77	F		.19	14.4 ±.3				
111.49 -26.68		1.0±1.8							
1104.3 -0214	PGC 33628								
110654.4+511215		.S..7..	1.40± .03	88				14.30±.1	2203± 11
155.20 58.87	UGC 6162	U	.32± .04	.00	13.8 ±.2			216± 16	2097± 76
60.15 -3.62	IRAS11041+5127	7.0± .8		.44				211± 12	2253
110400.9+512829	PGC 33633		1.40	.16	13.39			.75	2396
110656.3+071026	NGC 3526	.SA.5P/	1.28± .03	55				15.00±.1	1420± 6
246.97 58.18	UGC 6167	UF	.64± .04	.09	13.86 ±.20			213± 7	1271± 42
101.26 -23.58	IRAS11043+0726	4.7±1.0		.97	13.23				1309
110420.5+072640	PGC 33635		1.29	.32	12.79			1.89	1768
1107.0 +2835		.S..4..	.99± .06	115				15.74±.3	10174± 10
203.17 66.92	UGC 6166	U	.07± .05	.00	14.74 ±.20			399± 13	
80.32 -14.72		4.0± .9		.10				368± 10	10141
1104.3 +2852	PGC 33640		.99	.04	14.57			1.14	10470
110703.7+120340		.S..3*.	1.27± .04	0				14.65±.3	1557± 10
239.44 61.27	UGC 6169	U (1)	.77± .05	.00	14.51 ±.18				
96.29 -21.76		3.0±1.3		1.06				101± 10	1465
110426.5+121954	PGC 33642	4.5±1.2	1.27	.38	13.43			.83	1899
110704.3+454920		.S..2..	1.19± .05	59					
163.91 62.13	UGC 6165	U	.68± .05	.00	15.16 ±.18				
64.85 -6.33	IRAS11042+4605	2.0± .9		.84	13.33				
110414.3+460534	PGC 33643		1.19	.34					
1107.1 +0747		PSBR4*.	1.11± .14	128					
246.13 58.63	UGC 6168	UF (1)	.54± .12	.08	14.86 ±.18				
100.63 -23.33		3.7± .7		.79					
1104.5 +0804	PGC 33645	4.5±1.0	1.12	.27					
110707.0-371021	NGC 3533	PSXR2*/	1.45± .04	65					
280.86 21.19	ESO 377- 11	PBSr	.64± .04	.39	13.79 ±.14				3370± 60
151.01 -30.77	IRAS11047-3654	1.8± .5		.79	13.58				3162
110445.1-365406	PGC 33647		1.48	.32	12.57				3677
110708.8-180126		.E+4.P.	1.14± .07						
270.78 38.25	ESO 570- 4	S	.11± .04	.19					
128.85 -29.93		-4.0± .8		.00					
110440.1-174512	PGC 33648		1.14						
110714.5-111420		.SBS8*/	1.10± .06	150					
266.11 44.06	MCG -2-28- 49	E F (1)	.39± .05	.11					
121.16 -28.72		8.0± .7		.48					
110443.8-105806	PGC 33659	7.5± .6	1.11	.19					
1107.2 +1833		.IB.9*.	1.40± .04	68				14.47±.1	1200± 11
227.09 64.58	UGC 6171	U	.63± .05	.00	14.4 ±.2			171± 16	
89.87 -19.10		10.0± .8		.47				144± 12	1131
1104.6 +1850	PGC 33660		1.40	.32	13.91			.24	1527
110716.4+061809	IC 669	.L..-..	1.09± .06	165					
248.28 57.66	UGC 6174	UF	.24± .05	.11	14.10 ±.15				8801± 50
102.19 -23.81		-2.5± .6		.00					8690
110440.9+063423	PGC 33662		1.07		13.86				9153
1107.3 +7641		.SB.1..	.99± .10						
130.39 38.89	UGC 6154	U	.20± .07	.06	14.77 ±.18				
38.11 9.39	7ZW 367	1.0± .9		.20	12.68				
1103.6 +7657	PGC 33665		.99	.10					

R.A. 2000 DEC.	Names	Type	logD$_{25}$	p.a.	B_T	$(B-V)_T$	$(B-V)_e$	m_{21}	V_{21}
l b		S_T n_L	logR$_{25}$	A_g	m_B	$(U-B)_T$	$(U-B)_e$	W_{20}	V_{opt}
SGL SGB		T	logA$_e$	A_i	m_{FIR}	$(B-V)^o_T$	m'_e	W_{50}	V_{GSR}
R.A. 1950 DEC.	PGC	L	logD$_o$	A_{21}	B^o_T	$(U-B)^o_T$	m'_{25}	HI	V_{3K}
110718.3-192821	NGC 3497	.LAS0*.	1.41± .03	59					
271.72 37.01	ESO 570- 6	SE	.25± .03	.14					3707± 52
130.52 -30.08		-1.7± .4		.00					3526
110450.1-191206	PGC 33667		1.39						4057
110718.4-253426		.IBS9..	1.15± .07	27					
275.22 31.63	ESO 502- 18	S (1)	.23± .05	.24	17.18 ±.14				
137.56 -30.67		10.0± .8		.17					
110452.0-251812	PGC 33668	11.1± .8	1.17	.11					
110718.4+283136	NGC 3527	RSBR2*.	.99± .06					17.16±.3	10093± 9
203.36 66.98	UGC 6170	U	.02± .05	.01	14.63 ±.20				
80.42 -14.70		2.0± .8		.03				137± 7	10060
110436.1+284750	PGC 33669		.99	.01	14.50			2.66	10390
110719.2+182543	A 1104+18B	.LB?...	1.12± .12	3					
227.39 64.54	MCG 3-28- 63		.27± .07	.00					7959± 35
90.01 -19.14				.00					7890
110440.2+184157	PGC 33670		1.08						8287
110719.3-193321	NGC 3529	.SBT3P*	1.01± .04	55					
271.78 36.94	ESO 570- 7	SE	.11± .03	.14					
130.62 -30.09	IRAS11048-1917	3.0± .6		.16	12.89				
110451.0-191706	PGC 33671		1.02	.06					
110719.8+232859		.S?....	1.00± .06	160					
215.94 66.23	UGC 6173		.13± .05	.00	14.41 ±.18				6599± 50
85.15 -16.97	IRAS11046+2345			.20	12.49				6548
110439.3+234513	PGC 33675		1.00	.07	14.18				6912
110720.5+182553	A 1104+18A	.LB?...	.42?	129					
227.39 64.54	MCG 3-28- 62		.11± .07	.00					8231± 35
90.01 -19.14				.00					8161
110441.5+184207	PGC 33677		.40						8559
1107.3 -0232		.E.....							
258.61 51.15	CGCG 10- 78	F		.19	15.03 ±.18				
111.57 -26.57		-5.0± .9							
1104.8 -0216	PGC 33678								
1107.4 +0642	IC 670	.E+....	1.01± .08						
247.75 57.96	UGC 6178	UF	.10± .03	.09	14.31 ±.15				
101.78 -23.64		-3.5± .6		.00					
1104.8 +0659	PGC 33680		.99						
110724.9+213927		.LB....	1.13± .07	20					
220.26 65.74	UGC 6176	U	.41± .03	.00	14.60 ±.15				
86.90 -17.75	MK 1282	-2.0± .9		.00					
110444.9+215541	PGC 33682		1.06						
110728.9+034758		PSB.1..							
251.61 55.94	CGCG 38-135	F		.17	15.1 ±.6				
104.82 -24.61		1.0± .9							
110454.1+040412	PGC 33686								
110731.7+004700	IC 671	.SXR4*.	1.10± .04	100					
255.17 53.73	UGC 6180	UE F (1)	.03± .04	.11	14.1 ±.2				
108.01 -25.56		4.2± .5		.05					
110457.7+010314	PGC 33689	4.6± .6	1.11	.02					
110745.7+193258		.I..9*.	1.02± .06					15.76±.1	1169± 5
225.08 65.08	UGC 6181	U	.01± .05	.00	14.7 ±.3			74± 4	
88.97 -18.58		10.0±1.2		.01				70± 5	1104
110506.4+194913	PGC 33699		1.02	.00	14.73			1.03	1494
110748.2-200121	NGC 3565	.LB.-P?	1.00± .08	129					
272.18 36.59	ESO 570- 8	SE	.24± .04	.13					
131.17 -30.04		-2.7± .7		.00					
110520.0-194506	PGC 33701		.98						
110749.5+022127		.SBT3*.							
253.46 54.95	CGCG 39- 3	F (1)		.13	14.9 ±.6				
106.37 -24.99		3.0±1.3							
110515.0+023742	PGC 33704	1.6±1.4							
110749.6-463127		.SBS6..	1.56± .04	141					
284.99 12.71	ESO 265- 7	S (1)	.48± .05	.68	12.38 ±.14				1640± 60
161.68 -29.68	IRAS11055-4615	5.5± .5		.71	10.94				1425
110532.0-461512	PGC 33705	4.4± .8	1.63	.24	10.98				1913
1107.9 +0759		.SXT8..	1.19± .05	160				15.79±.3	3327± 12
246.09 58.91	UGC 6185	UF (1)	.31± .05	.06	14.13 ±.19			202± 14	
100.50 -23.07		8.0± .6		.38				198± 15	3222
1105.3 +0816	PGC 33712	4.6±1.0	1.19	.15	13.68			1.96	3676

R.A. 2000 DEC. / l b / SGL SGB / R.A. 1950 DEC.	Names / PGC	Type / S_T n_L / T / L	$\log D_{25}$ / $\log R_{25}$ / $\log A_e$ / $\log D_o$	p.a. / A_g / A_i / A_{21}	B_T / m_B / m_{FIR} / B_T^o	$(B-V)_T$ / $(U-B)_T$ / $(B-V)_T^o$ / $(U-B)_T^o$	$(B-V)_e$ / $(U-B)_e$ / m'_e / m'_{25}	m_{21} / W_{20} / W_{50} / HI	V_{21} / V_{opt} / V_{GSR} / V_{3K}
1107.9 +0200		.SBS5*.							
253.92 54.72	CGCG 11- 2	F (1)		.16	14.0 ±.3				
106.75 -25.07		5.0± .9							
1105.4 +0217	PGC 33716	5.6±1.4							
110758.9+352747		.SX.3..	1.12± .05	5					
185.79 66.47	UGC 6183	U	.26± .05	.00	14.68 ±.19				8674± 19
74.14 -11.30		3.0± .8		.36					8667
110514.1+354402	PGC 33719		1.12	.13	14.25				8944
110759.5+365221		.SB?...	.94± .11						
182.40 66.10	MCG 6-25- 6		.05± .07	.00	14.55 ±.18				8041± 19
72.87 -10.62				.07					8040
110514.1+370836	PGC 33720		.94	.02	14.42				8305
110803.2-122905		.SBS3P?	1.05± .06	175					
267.26 43.11	MCG -2-29- 1	E	.54± .05	.13					
122.61 -28.78		3.0±1.9		.75					
110532.8-121250	PGC 33725		1.07	.27					
110803.5+533701		.S?....	.97± .07						
151.59 57.38	UGC 6182		.03± .05	.00	14.12 ±.18				1255± 50
58.15 -2.23				.04					1316
110508.7+535316	PGC 33726		.97	.01	14.07				1438
110808.3+455906		.S..6*.	1.02± .06	2					
163.40 62.20	UGC 6184	U	.49± .05	.00	15.17 ±.18				
64.80 -6.09		6.0±1.3		.72					
110518.5+461521	PGC 33729		1.02	.25					
110820.1-373722		.SBT2..	1.14± .04	145					
281.30 20.88	ESO 377- 12	Sr (1)	.16± .04	.52	13.95 ±.14				3690± 60
151.52 -30.50		2.1± .5		.19					3482
110558.1-372106	PGC 33744	5.6± .9	1.19	.08	13.20				3996
110822.0-475546		.S..3./	1.22± .04	100					
285.64 11.45	ESO 215- 27	S	.83± .04	.62	15.09 ±.14				
163.24 -29.37		3.4± .6		1.14					
110605.0-473930	PGC 33745		1.28	.41					
110823.7+032950		.SBS3*.	.82± .13						
252.28 55.88	MCG 1-29- 3	F (1)	.36± .07	.15	15.2 ±.3				
105.22 -24.49	IRAS11058+0346	3.0± .9		.50	12.59				
110549.0+034606	PGC 33749	1.6±1.0	.83	.18					
1108.4 +2949									
200.02 67.25	CGCG 155- 71			.00	15.3 ±.3				10718
79.33 -13.88									10690
1105.7 +3006	PGC 33750								11010
1108.4 -1016		.SXR2..	1.16± .08	60					
265.71 45.03		F	.05± .08	.09					
120.15 -28.24		2.0± .8		.06					
1105.9 -1000	PGC 33752		1.17	.03					
110830.0+450755		.S?....	.81± .11						
164.87 62.72	UGC 6187		.07± .06	.00	14.3 ±.3				6171± 50
65.58 -6.46	IRAS11056+4524			.10	13.01				6201
110540.9+452410	PGC 33755		.81	.03	14.13				6397
110832.3-102931		PSXR7?.	1.17± .05	80				15.21±.1	6274± 9
265.91 44.86	MCG -2-29- 3	E (1)	.04± .05	.12				471± 12	
120.40 -28.26		7.0±1.6		.06					6114
110601.3-101315	PGC 33759	5.3± .8	1.18	.02					6633
110834.1+044956	NGC 3535	.SAS1P*	1.04± .08	178					
250.65 56.87	UGC 6189	UF	.38± .06	.17	14.44 ±.20				6962± 50
103.84 -24.01	IRAS11059+0505	.8± .8		.39	13.41				6847
110559.0+050611	PGC 33760		1.05	.19	13.80				7315
110840.3+571345	NGC 3530	.S?....	.81± .08	99					
146.98 54.84	UGC 6188		.41± .05	.00	14.8 ±.3				1938± 50
55.07 -.32	ARAK 278			.56					2012
110542.8+573000	PGC 33766		.81	.20	14.24				2101
110851.7+282831	NGC 3536	.SB?...	1.05± .08	155				16.39±.3	10925± 9
203.53 67.32	UGC 6191		.13± .06	.00	14.7 ±.2				
80.63 -14.42				.20				493± 7	10893
110609.6+284447	PGC 33779		1.05	.07	14.41			1.91	11222
1108.8 +2636		.S..3..	.95± .07	168					
208.33 67.16	UGC 6193	U (1)	.34± .05	.00	15.38 ±.18				
82.37 -15.26		3.0± .9		.47					
1106.2 +2653	PGC 33782	4.5±1.3	.95	.17					

R.A. 2000 DEC. / l b / SGL SGB / R.A. 1950 DEC.	Names / PGC	Type / S_T n_L / T / L	$\log D_{25}$ / $\log R_{25}$ / $\log A_e$ / $\log D_o$	p.a. / A_g / A_i / A_{21}	B_T / m_B / m_{FIR} / B_T^o	$(B-V)_T$ / $(U-B)_T$ / $(B-V)_T^o$ / $(U-B)_T^o$	$(B-V)_e$ / $(U-B)_e$ / m'_e / m'_{25}	m_{21} / W_{20} / W_{50} / HI	V_{21} / V_{opt} / V_{GSR} / V_{3K}
1108.8 +0618		.SXS5P*							
248.78 57.96	CGCG 39- 14	F (1)		.12	15.0 ±.6				13233± 67
102.33 -23.43		5.0±1.3							13122
1106.3 +0635	PGC 33783	3.6±1.0							13585
110855.8+263635		.S?....	1.11± .05	92				15.26±.3	6576± 9
208.34 67.17	UGC 6190		.62± .05	.00	15.23 ±.18				
82.38 -15.25	IRAS11062+2652			.94	12.89			561± 5	6537
110614.4+265251	PGC 33786		1.11	.31	14.26			.68	6879
110858.7-282216		.SBS9*/	1.45± .04	62				13.86±.1	1507± 6
277.07 29.30	ESO 438- 5	SU (1)	.73± .04	.24	14.87 ±.14			165± 11	
140.83 -30.45		9.1± .6		.74				150± 8	1311
110633.0-280600	PGC 33788	8.9± .8	1.48	.36	13.89			-.39	1839
1108.9 +0620		.SBS4P*							
248.77 58.00	CGCG 39- 16	F		.12	14.9 ±.6				13157± 67
102.31 -23.40		4.0±1.3							13047
1106.4 +0637	PGC 33792								13509
110901.6+225524		.S?....	1.18± .04					15.25±.2	2643± 7
217.54 66.47	UGC 6194		.00± .04	.00	13.9 ±.3			127± 6	
85.87 -16.87				.01				109± 7	2590
110621.4+231140	PGC 33794		1.18	.00	13.92			1.33	2958
1109.1 +2840	NGC 3539	.S?....	1.04± .09						
203.01 67.38	MCG 5-26- 65		.66± .07	.00	15.47 ±.18				9735
80.46 -14.28				.50					9703
1106.4 +2857	PGC 33799		1.00		14.83				10031
1109.1 +0042		PSBS3?.							
255.78 53.94	CGCG 11- 7	F		.12	15.4 ±.6				
108.23 -25.19		3.0±1.8							
1106.6 +0059	PGC 33803								
110916.1+360116	NGC 3540	.LB....	1.14± .06						
184.27 66.58	UGC 6196	U	.06± .05	.00	14.26 ±.18				6387± 19
73.76 -10.80		-2.0± .8		.00					6383
110631.4+361732	PGC 33806		1.13		14.16				6655
1109.3 +2933		.L...?.	1.01± .08	130					
200.71 67.44	UGC 6198	U	.12± .03	.00	14.64 ±.16				10427
79.67 -13.83		-2.0±1.7		.00					10399
1106.6 +2950	PGC 33809		.99		14.48				10720
1109.3 -0051		RSBS1..							
257.53 52.78	CGCG 11- 8	F		.13	15.1 ±.6				
109.92 -25.61		1.0± .9							
1106.8 -0035	PGC 33812								
110922.5-225235		.SXS5*.	1.15± .04					14.17±.3	1377± 11
274.24 34.25	ESO 502- 20	S (1)	.08± .03	.23	14.50 ±.14			134± 15	
134.49 -29.98		5.0± .6		.11				121± 12	1190
110655.0-223618	PGC 33813	6.1± .6	1.17	.04	14.15			-.01	1721
1109.4 +1050			.82± .13						
242.17 61.01	MCG 2-29- 5		.00± .07	.04	14.87 ±.18				1538± 54
97.75 -21.68									1443
1106.8 +1107	PGC 33816		.82						1883
110925.0-000553	IC 673	PSXT5..	1.22± .05	165				14.28±.3	3859± 9
256.74 53.37	UGC 6200	F (1)	.36± .05	.10	14.06 ±.18			356± 7	
109.11 -25.37	IRAS11068+0010	5.0± .8		.54	13.39			325± 7	3729
110651.2+001023	PGC 33817	1.6±1.0	1.23	.18	13.40			.70	4217
110932.4-372053	NGC 3557B	.E.5.*.	1.31± .04	110	13.6 ±.2	.99± .03			
281.41 21.23	ESO 377- 15	R	.53± .03	.44	13.30 ±.14	.54± .06			2855± 66
151.19 -30.27		-5.0± .6		.00		.86			2647
110710.0-370436	PGC 33824		1.22		12.92	.46	13.80± .29		3162
110934.0-464453		.SAR0*.	1.06± .05						
285.36 12.62	ESO 265- 9	S	.04± .04	.68	14.60 ±.14				6370± 60
161.88 -29.35		-2.0± .8		.00					6156
110716.0-462836	PGC 33826		1.14		13.82				6642
110935.1-301853		.SBS9*.	1.04± .05						2200
278.17 27.61	ESO 438- 6	S	.10± .04	.31	15.71 ±.14				
143.08 -30.37		9.0± .8		.11					2001
110710.0-300236	PGC 33829		1.06	.05	15.29				2528
1109.6 -0049		.SB.3P/							
257.59 52.85	CGCG 11- 11	F		.13	15.4 ±.6				
109.91 -25.53		3.0±1.3							
1107.1 -0033	PGC 33835								

R.A. 2000 DEC. l b SGL SGB R.A. 1950 DEC.	Names PGC	Type S_T n_L T L	$\log D_{25}$ $\log R_{25}$ $\log A_e$ $\log D_o$	p.a. A_g A_i A_{21}	B_T m_B m_{FIR} B_T^o	$(B\text{-}V)_T$ $(U\text{-}B)_T$ $(B\text{-}V)_T^o$ $(U\text{-}B)_T^o$	$(B\text{-}V)_e$ $(U\text{-}B)_e$ m'_e m'_{25}	m_{21} W_{20} W_{50} HI	V_{21} V_{opt} V_{GSR} V_{3K}
1109.6 +2145	NGC 3555	.E...?.	1.26± .08	30					
220.42 66.27	UGC 6203	U	.03± .05	.00	13.8 ±.2				
87.04 -17.23		-5.0±1.6		.00					
1107.0 +2202	PGC 33836		1.25						
110943.6+464852		.S?....	.85± .08	110					
161.61 61.95	UGC 6201		.19± .05	.00	14.5 ±.2				7497± 50
64.22 -5.44				.26					7534
110653.8+470508	PGC 33840		.85	.09	14.21				7715
1109.7 +0048		RSAROP?							
255.86 54.12	CGCG 11- 13	F		.11	15.4 ±.6				
108.18 -25.01		.0±1.8							
1107.2 +0105	PGC 33844								
110946.4-132259	NGC 3546	.LA.-P*	1.10± .06	100					
268.39 42.57	MCG -2-29- 7	EF	.27± .05	.11					
123.71 -28.54		-2.8± .8		.00					
110716.1-130642	PGC 33846		1.08						
1109.8 +6217		.S?....	1.13± .05	157					4797
141.42 51.03	UGC 6199		.63± .05	.00	14.94 ±.18				
50.76 2.37	IRAS11067+6234			.94					4889
1106.7 +6234	PGC 33850		1.13	.31	13.97				4931
110951.9+241548	A 1107+24A	.S..3$P	.90± .07	177				15.30±.3	6173± 9
214.37 66.98	UGC 6204	R	.21± .05	.00	14.8 ±.2				6009± 46
84.68 -16.11		3.0±1.0		.29				501± 5	6120
110711.4+243205	PGC 33855		.90	.10	14.46			.73	6479
110953.3-234335	IC 2627	.SAS4*.	1.43± .02		12.62 ±.14	.61± .04	.69± .02	13.94±.2	2081± 6
274.84 33.55	ESO 502- 21	R (3)	.06± .03	.30	12.61 ±.12	.01± .05	-.01± .03	49± 7	2071± 29
135.48 -29.94	IRAS11074-2327	4.0± .4	1.03± .02	.09	11.64	.52	13.26± .04	37± 8	1892
110726.1-232718	PGC 33860	2.4± .5	1.45	.03	12.21	-.06	14.45± .19	1.70	2423
110954.3+241525	A 1107+24B	.S.3$P/	1.16± .05	64					
214.39 66.99	UGC 6207	R	.84± .05	.00	15.0 ±.2				6288± 39
84.69 -16.10		3.0±1.1		1.16					6240
110713.8+243142	PGC 33862		1.16	.42	13.78				6599
1109.9 +0930		.LAR-..							
244.45 60.27	CGCG 67- 18	F		.04	14.9 ±.6				
99.15 -22.06		-3.0± .9							
1107.3 +0947	PGC 33863								
110955.4+104323	NGC 3547	.S..3*.	1.28± .03	7	13.2 ±.4	.42± .03		14.73±.3	1614± 10
242.53 61.03	UGC 6209	R (1)	.31± .04	.03	13.10 ±.14	-.17± .04			1513± 66
97.92 -21.61		3.0± .6		.43		.34		195± 10	1516
110718.8+105940	PGC 33866	5.7± .9	1.28	.16	12.63	-.22	13.68± .44	1.94	1957
110955.6+365649	NGC 3542	.S?....	.89± .11						
181.95 66.45	MCG 6-25- 13		.35± .07	.00	15.10 ±.20				9098± 13
72.99 -10.24	IRAS11071+3712			.53	13.23				9098
110710.6+371306	PGC 33868		.89	.18	14.52				9362
1109.9 +0714		.S..3..	.96± .09	107				15.84±.3	6334± 12
247.84 58.78	UGC 6208	U (1)	.69± .06	.10	15.4 ±.2			388± 14	
101.48 -22.86	IRAS11073+0730	3.0±1.0		.95	13.52			384± 15	6227
1107.3 +0730	PGC 33869	4.5±1.3	.97	.34	14.33			1.17	6684
110957.5-373217	NGC 3557	.E.3...	1.61± .03	30	11.41M±.06	1.03± .01	1.05± .01		
281.58 21.09	ESO 377- 16	R	.14± .04	.59	11.48 ±.11	.61± .01	.62± .01		3021± 28
151.40 -30.18		-5.0± .3	1.00± .02	.00		.87	12.13± .06		2813
110735.0-371600	PGC 33871		1.66		10.79	.49	14.10± .21		3327
110959.1+460545		.S..9*.	1.26± .04	50				15.98±.1	1391± 10
162.81 62.40	UGC 6205	U	.12± .05	.00	14.9 ±.4			100± 6	
64.87 -5.75		9.0±1.1		.12				87± 5	1425
110709.9+462202	PGC 33875		1.26	.06	14.82			1.10	1613
1109.9 +0518		.SXS4..	1.16± .05	15					
250.48 57.45	UGC 6210	UF (1)	.38± .05	.15	14.33 ±.18				
103.47 -23.51		3.5± .6		.56					
1107.4 +0535	PGC 33876	4.0± .8	1.18	.19					
1110.2 +0441		.LB.0*/							
251.38 57.07	CGCG 39- 31	F		.17	15.0 ±.6				
104.14 -23.65		-2.0± .9							
1107.7 +0458	PGC 33896								
1110.3 +0358		.SBR1..	.99± .10						
252.32 56.57	MCG 1-29- 7	F	.33± .07	.14	14.86 ±.18				
104.90 -23.87		1.0± .9		.34					
1107.8 +0415	PGC 33901		1.00	.17					

R.A. 2000 DEC. / l b / SGL SGB / R.A. 1950 DEC.	Names / PGC	Type / S_T n_L / T / L	$\log D_{25}$ / $\log R_{25}$ / $\log A_e$ / $\log D_o$	p.a. / A_g / A_i / A_{21}	B_T / m_B / m_{FIR} / B_T^o	$(B-V)_T$ / $(U-B)_T$ / $(B-V)_T^o$ / $(U-B)_T^o$	$(B-V)_e$ / $(U-B)_e$ / m'_e / m'_{25}	m_{21} / W_{20} / W_{50} / HI	V_{21} / V_{opt} / V_{GSR} / V_{3K}
1110.3 +0435		.E+..*.							
251.54 57.01	CGCG 39- 33	F		.16	14.60 ±.18				
104.25 -23.66		-4.0±1.3							
1107.8 +0452	PGC 33902								
1110.4 +1007		.SA.9..							
243.64 60.76	CGCG 67- 22	F (1)		.03	15.2 ±.6				
98.57 -21.72		9.0± .9							
1107.8 +1024	PGC 33905	7.6±1.4							
1110.4 +0315		.E.....							
253.24 56.06	CGCG 39- 37	F		.10	15.0 ±.6				
105.65 -24.08		-5.0± .9							
1107.9 +0332	PGC 33910								
1110.4 +0403		.SXR0*.							
252.25 56.65	CGCG 39- 38	F		.14	15.1 ±.6				
104.82 -23.81		.0±1.3							
1107.9 +0420	PGC 33911								
1110.5 +5512		.SX.4..	1.04± .06	125					
149.07 56.49	UGC 6211	U	.10± .05	.00					
56.95 -1.12		4.0± .9		.15					
1107.6 +5529	PGC 33914		1.04	.05					
1110.5 +0345		.L.....							
252.66 56.45	CGCG 39- 39	F		.12	14.95 ±.18				
105.14 -23.89		-2.0± .9							
1108.0 +0402	PGC 33917								
111035.0-490612		PSBT3..	1.37± .04	130	13.64 ±.15	.84± .06	.88± .06		
286.45 10.51	ESO 215- 31	Sr (1)	.13± .05	.82	13.44 ±.14	.19± .09	.18± .09		2735± 51
164.49 -28.82		2.6± .5	.64± .03	.18		.61	12.33± .09		2520
110818.0-484954	PGC 33919	4.4± .8	1.44	.07	12.51	.02	14.99± .28		2997
1110.6 +2819	A 1107+28B								
203.96 67.69				.00					
80.95 -14.15									
1107.9 +2836	PGC 33922								
111035.8-373300	NGC 3564	.L...*/	1.25± .04	15	13.14 ±.14	1.02± .02	1.03± .01		
281.71 21.13	ESO 377- 18	RBS	.37± .03	.54	13.31 ±.14	.60± .03	.61± .03		2830± 41
151.40 -30.06		-2.0± .3	.71± .03	.00		.84	12.18± .11		2623
110813.2-371642	PGC 33923		1.26		12.64	.46	13.35± .24		3137
1110.6 +1227								16.63±.3	6250± 12
239.81 62.21	CGCG 67- 23			.00	15.2 ±.6			244± 14	
96.24 -20.80								227± 15	6161
1108.0 +1244	PGC 33925								6592
111038.4+284604	NGC 3550	.P.....	1.02± .06						
202.81 67.72	UGC 6214	R	.02± .05	.00	14.12 ±.18				10325± 19
80.54 -13.94		99.0		.03					10294
110756.5+290222	PGC 33927		1.02	.01	13.99				10621
1110.6 +0430		RSBR0..	1.04± .09						
251.75 57.01	MCG 1-29- 9	F	.05± .07	.16	14.4 ±.2				
104.37 -23.62		.0± .8		.04					
1108.1 +0447	PGC 33929		1.05						
1110.6 +0450		.SB.1?/	1.09± .06	173				15.37±.3	5810± 12
251.32 57.25	UGC 6216	UF	.82± .05	.18	15.2 ±.2			584± 14	
104.02 -23.51		1.0±1.4		.84				449± 15	5695
1108.1 +0507	PGC 33930		1.11	.41	14.08			.89	6164
1110.7 +2818	A 1107+28A	.L?....	1.07± .13						
204.01 67.71	MCG 5-27- 1		.00± .07	.00	14.37 ±.19				10386± 84
80.97 -14.13				.00					10354
1108.0 +2835	PGC 33931		1.07		14.22				10684
1110.7 +1006		.LA.0..							
243.76 60.80	CGCG 67- 24	F		.03	15.4 ±.6				
98.62 -21.66		-2.0± .9							
1108.1 +1023	PGC 33934								
111044.3-302042		.S?....	1.01± .06	120					
278.44 27.69	ESO 438- 8		.27± .05	.35	14.37 ±.14				8907± 69
143.12 -30.12	IRAS11083-3004			.37	12.23				8708
110819.0-300424	PGC 33937		1.04	.13	13.58				9235
1110.7 +5737		.S?....	.78± .09						
146.16 54.72	MCG 10-16- 72		.05± .06	.00	15.23 ±.18				9439± 68
54.87 .13	7ZW 377			.07					9515
1107.8 +5754	PGC 33938		.78	.02	15.11				9600

R.A. 2000 DEC. / l b / SGL SGB / R.A. 1950 DEC.	Names / PGC	Type / S_T n_L / T / L	$logD_{25}$ / $logR_{25}$ / $logA_e$ / $logD_o$	p.a. / A_g / A_i / A_{21}	B_T / m_B / m_{FIR} / B_T^o	$(B-V)_T$ / $(U-B)_T$ / $(B-V)_T^o$ / $(U-B)_T^o$	$(B-V)_e$ / $(U-B)_e$ / m'_e / m'_{25}	m_{21} / W_{20} / W_{50} / HI	V_{21} / V_{opt} / V_{GSR} / V_{3K}
111045.3+120057	NGC 3559	.S...P.	1.13± .05	55				15.58±.2	3242± 6
240.63 61.98	UGC 6217	R	.19± .05	.00	13.68 ±.18			207± 13	3311± 50
96.71 -20.94				.29				203± 6	3152
110808.4+121715	PGC 33940		1.13	.10	13.38			2.11	3585
1110.7 +0113		.LA.0./							
255.72 54.60	CGCG 11- 17	F		.11	15.2 ±.6				
107.82 -24.65		-2.0± .9							
1108.2 +0130	PGC 33942								
111046.5-154425		.SBT5*.	1.07± .06	150					
270.28 40.66	MCG -2-29- 8	E (1)	.19± .05	.22					
126.41 -28.72		5.0±1.2		.28					
110816.8-152807	PGC 33943	5.3±1.2	1.09	.09					
111047.9-283000		PSBR2P.	.99± .06						
277.55 29.36	ESO 438- 9	r	.15± .05	.34	14.26 ±.14				7350
140.99 -30.05	IRAS11083-2813	2.2± .9		.19	11.99				7154
110822.0-281342	PGC 33949		1.02	.08	13.66				7682
1110.8 +1005		.LA.-*.							
243.82 60.81	CGCG 67- 26	F		.03	15.4 ±.6				
98.65 -21.64		-3.0±1.3							
1108.2 +1022	PGC 33951								
111048.7-372642	NGC 3568	.SBS5*.	1.40± .03	7	*		1.02± .01	13.78±.2	2445± 9
281.70 21.24	ESO 377- 20	R	.50± .03	.54	13.01 ±.14		.54± .02	320± 13	2446± 66
151.28 -30.02	IRAS11084-3710	5.0± .6	.64± .15	.75	10.91		11.26± .33	213± 25	2237
110826.0-371024	PGC 33952		1.45	.25	11.71			1.82	2752
111050.9-215830		.S?....	.99± .07	53				14.81±.3	3560± 11
274.10 35.20	ESO 570- 10		.44± .05	.14				299± 15	
133.50 -29.55				.66				205± 12	3375
110823.0-214212	PGC 33956		1.00	.22					3906
111052.1-275348		.SXS9..	1.15± .05	10	*			15.79±.3	1487± 11
277.26 29.91	ESO 438- 10	S (1)	.31± .05	.28	14.95 ±.14			147± 15	
140.30 -30.01		8.7± .7		.32				135± 12	1292
110826.0-273730	PGC 33957	7.8± .6	1.18	.15	14.35			1.28	1821
111055.1+010530		.I..9?.			*				
255.92 54.52	CGCG 11- 18	F		.11	15.3 ±.6				
107.98 -24.65		10.0±1.8							
110821.0+012148	PGC 33959								
111055.8+283235	NGC 3558	.S?....	.94± .11						
203.41 67.78	MCG 5-27- 8		.05± .07	.00	14.65 ±.18				9515± 81
80.78 -13.98	MK 422			.04					9483
110814.0+284853	PGC 33960		.93		14.47				9812
111056.3-355854		.SXT3P?	1.31± .04	129	*				
281.08 22.59	ESO 377- 21	Sr	.42± .04	.32	13.82 ±.14				2890± 60
149.60 -30.05	IRAS11085-3542	3.1± .7		.58	13.14				2684
110833.0-354236	PGC 33962		1.34	.21	12.89				3201
111056.6+532316	NGC 3549	.SAS5*.	1.51± .03	38	12.78 ±.13	.65± .03		13.99±.1	2863± 6
151.34 57.84	UGC 6215	R (2)	.44± .03	.00	12.74 ±.13	.22± .05		427± 8	2817± 66
58.57 -1.98	IRAS11080+5339	5.0± .5		.67	12.49	.55		421± 7	2923
110803.1+533933	PGC 33964	3.7± .7	1.51	.22	12.08	.14	14.05± .20	1.68	3046
111056.8+270549		.S?....	.85± .07						
207.21 67.68	MCG 5-27- 9		.27± .06	.00	15.49 ±.18				10720
82.13 -14.63	KUG 1108+273			.39					10683
110815.6+272207	PGC 33965		.85	.13	15.05				11022
1110.9 +1910		.S?....	1.19± .05	83					
226.61 65.63	UGC 6219		.71± .05	.04	14.91 ±.18				6233± 57
89.66 -18.05				1.06					6167
1108.3 +1927	PGC 33966		1.19	.35	13.77				6559
1110.9 +0451		.SBR5..							
251.40 57.31	CGCG 39- 45	F (1)		.18	14.9 ±.6				
104.03 -23.43		5.0± .9							
1108.4 +0508	PGC 33968	5.6±1.4							
1111.0 -0334		.SA.5*/							
260.77 50.89	CGCG 11- 19	F		.13	15.3 ±.6				
112.97 -25.97		5.0±1.3							
1108.5 -0318	PGC 33973								
111104.4+343408		.I..9*.	1.14± .13					15.87±.3	1960± 10
187.65 67.28	UGC 6222	U	.00± .12	.00					
75.26 -11.17		10.0±1.1		.00				82± 7	1951
110820.5+345026	PGC 33976		1.14	.00					2234

R.A. 2000 DEC.	Names	Type	$logD_{25}$	p.a.	B_T	$(B-V)_T$	$(B-V)_e$	m_{21}	V_{21}
l b		S_T n_L	$logR_{25}$	A_g	m_B	$(U-B)_T$	$(U-B)_e$	W_{20}	V_{opt}
SGL SGB		T	$logA_e$	A_i	m_{FIR}	$(B-V)^o_T$	m'_e	W_{50}	V_{GSR}
R.A. 1950 DEC.	PGC	L	$logD_o$	A_{21}	B^o_T	$(U-B)^o_T$	m'_{25}	HI	V_{3K}
1111.0 +0344		.E...?.							
252.84 56.52	CGCG 39- 46	F		.13	15.13 ±.18				
105.20 -23.78		-5.0±1.8							
1108.5 +0401	PGC 33977								
111106.4+433802	IC 674	.S..2..	1.22± .05	120					
167.16 63.90	UGC 6221	U	.36± .05	.00	14.32 ±.18				7552± 50
67.14 -6.80		2.0± .8		.45					7577
110818.7+435420	PGC 33982		1.22	.18	13.79				7786
1111.1 +0356		.L.....							
252.63 56.68	CGCG 39- 49	F		.13	15.1 ±.6				
105.00 -23.69		-2.0± .9							
1108.6 +0413	PGC 33988								
1111.2 +2841	NGC 3561	.S?....	.82± .13						
203.01 67.84	MCG 5-27- 10		.00± .07	.00					8549± 25
80.67 -13.86				.00					8518
1108.5 +2858	PGC 33991		.82						8845
1111.2 +2842		.S?....	.94± .11						
202.97 67.84	MCG 5-27- 11		.00± .07	.00					8811± 35
80.65 -13.85	IRAS11085+2859			.00	11.62				8780
1108.5 +2859	PGC 33992		.94	.00					9107
1111.2 +0311		.E+....							
253.58 56.15	CGCG 39- 50	F		.11	14.81 ±.18				
105.80 -23.91		-4.0± .9							
1108.7 +0328	PGC 33998								
111118.8+055014	NGC 3567	.L...P.	.96± .13	67					
250.22 58.06	UGC 6230	F	.05± .05	.19	14.25 ±.15				6338± 43
103.05 -23.03		-2.0± .9		.00					6227
110843.5+060632	PGC 34004		.97		13.97				6690
111119.0-365225	NGC 3573	.SA.0P/	1.56± .03	4	13.3 ±.2	.99± .03			
281.55 21.81	ESO 377- 22	BS	.57± .05	.40	13.18 ±.14	.40± .05			2366± 57
150.62 -29.94	IRAS11089-3636	.0± .6		.42	13.02	.79			2159
110856.0-363606	PGC 34005		1.57		12.35	.23	14.54± .29		2674
1111.3 -0958	A 1108-09	.SXT5..	1.30± .03	105	14.1 ±.4	.71± .06		15.15±.1	7782± 6
266.33 45.67	MCG -2-29- 9	UE F (1)	.09± .04	.11				179± 8	7772± 59
119.99 -27.48		4.8± .4		.14		.62		163± 11	7624
1108.8 -0942	PGC 34006	2.2± .8	1.31	.05	13.80		15.19± .44	1.30	8140
1111.3 +0316		.L..0..							
253.52 56.23	CGCG 39- 52	F		.11	15.2 ±.6				
105.72 -23.86		-2.0± .9							
1108.8 +0333	PGC 34008								
1111.3 +0318		.L..0..							
253.48 56.25	CGCG 39- 53	F		.10	15.2 ±.6				
105.68 -23.85		-2.0± .9							
1108.8 +0335	PGC 34009								
111122.9-480107		.LX.0?.	1.05± .06	45					
286.15 11.57	ESO 215- 32	S	.22± .04	.61	14.20 ±.14				4311± 87
163.25 -28.86		-2.0± .7		.00					4097
110905.0-474448	PGC 34010		1.08		13.52				4578
1111.3 +0549		.L?....	.95± .10	159					
250.26 58.07	MCG 1-29- 12		.10± .04	.19	14.66 ±.11				6256± 79
103.07 -23.01				.00					6145
1108.8 +0606	PGC 34013		.96		14.38				6608
1111.4 +0654		.SAR0*.	.98± .07	3					
248.77 58.82	UGC 6233	UF	.45± .05	.11	14.8 ±.2				
101.95 -22.64		.0± .7		.34					
1108.8 +0711	PGC 34015		.96						
1111.4 +6211		.S..6?.	.99± .09	150					
141.28 51.22	UGC 6223	U	.23± .06	.00	15.38 ±.20				
50.94 2.49		6.0±1.7		.33					
1108.4 +6228	PGC 34018		.99	.11					
111126.1+435427		.S..1..	1.19± .05	146					
166.56 63.81	UGC 6232	U	.65± .05	.00	15.06 ±.18				
66.93 -6.61		1.0± .9		.66					
110838.3+441045	PGC 34019		1.19	.32					
111127.7+470213		.L..-*.	.90± .09						
160.85 62.06	UGC 6227	U	.05± .03	.00	14.31 ±.17				7580± 50
64.17 -5.07		-3.0±1.3		.00					7618
110838.3+471831	PGC 34021		.89		14.19				7797

R.A. 2000 DEC. l b SGL SGB R.A. 1950 DEC.	Names PGC	Type S_T n_L T L	$\log D_{25}$ $\log R_{25}$ $\log A_e$ $\log D_o$	p.a. A_g A_i A_{21}	B_T m_B m_{FIR} B_T^o	$(B-V)_T$ $(U-B)_T$ $(B-V)_T^o$ $(U-B)_T^o$	$(B-V)_e$ $(U-B)_e$ m'_e m'_{25}	m_{21} W_{20} W_{50} HI	V_{21} V_{opt} V_{GSR} V_{3K}
111128.2-310619		.S?....	1.01± .06	125					
278.96 27.07	ESO 438- 11		.25± .05	.34	15.23 ±.14				9983± 34
144.00 -29.98				.34					9783
110903.0-305000	PGC 34023		1.04	.12	14.48				10309
1111.4 +0257		RLBR0..							
253.93 56.01	CGCG 39- 58	F		.11	15.4 ±.6				
106.06 -23.94		-2.0± .9							
1108.9 +0314	PGC 34024								
111124.4+265748	NGC 3563	.LB..*.	1.03± .08	15					
207.59 67.76	UGC 6234	U	.13± .03	.00					9921± 52
82.30 -14.60		-2.0± .8		.00					9884
110843.2+271406	PGC 34025		1.01						10223
1111.4 +0626		.E.....							
249.45 58.51	CGCG 39- 59	F		.13	14.92 ±.18				
102.44 -22.78		-5.0± .9							
1108.9 +0643	PGC 34026								
111130.1-181719	NGC 3544	PSXT1*.	1.48± .02	94				15.84±.1	3614± 9
272.09 38.53	ESO 570- 11	PSE	.46± .03	.15	12.99 ±.16			296± 12	3571± 41
129.32 -28.94		.7± .4		.47					3435
110901.1-180100	PGC 34028		1.50	.23	12.32			3.28	3963
1111.5 +5632		.SB.6?.	1.09± .06						3054± 10
147.27 55.61	UGC 6228	U	.06± .05	.00	15.0 ±.3				
55.86 -.33		6.0±1.7		.08					3126
1108.6 +5649	PGC 34029		1.09	.03	14.91				3221
111131.8+554015	NGC 3556	.SBS6./	1.94± .01	80	10.69M±.10	.66± .02	.73± .01	11.79±.0	695± 3
148.32 56.26	UGC 6225	R (1)	.59± .02	.00	10.72 ±.13	.07± .03	.09± .02	326± 4	682± 13
56.63 -.76		6.0± .3	1.52± .01	.86	9.21	.55	13.71± .03	304± 4	763
110836.8+555633	PGC 34030	5.7± .7	1.94	.29	9.84	-.02	13.78± .13	1.66	866
1111.6 +6220		.I..9*.	.96± .09						4718
141.11 51.12	UGC 6229	U	.04± .06	.00					
50.83 2.58		10.0±1.2		.03					4810
1108.6 +6237	PGC 34039		.96	.02					4852
111143.1-022702			.64± .17						
259.90 51.89	MCG 0-29- 4		.00± .07	.12	15.2 ±.3				5459± 63
111.82 -25.50	ARAK 281								5323
110909.9-021043	PGC 34047		.65						5818
111154.1-475507			.85± .07	62					
286.19 11.69	ESO 215- 33		.00± .06	.61	15.00 ±.14				4312± 87
163.13 -28.79	IRAS11096-4738				13.38				4098
110936.1-473848	PGC 34058		.90						4579
111158.6+030759		.E.....	.96± .12	70					
253.89 56.22	UGC 6239	UF	.04± .05	.11	14.28 ±.15				
105.92 -23.76		-5.0± .6		.00					
110924.1+032418	PGC 34062		.97						
111204.0+282910		.S?....	.96± .05	42					
203.58 68.02	UGC 6241		.62± .04	.00	15.4 ±.2				1554
80.95 -13.79	KUG 1109+287			.93					1523
110922.4+284529	PGC 34068		.96	.31	14.42				1851
1112.0 +2734	NGC 3570	.L.....	1.00± .19						
206.00 67.97	UGC 6240	U	.00± .08	.00	14.51 ±.17				10511
81.80 -14.19		-2.0± .8		.00					10476
1109.4 +2751	PGC 34071		1.00		14.35				10811
111208.4+352709	NGC 3569	.LA.0..	1.04± .18						
185.29 67.29	UGC 6238	U	.04± .08	.00	14.29 ±.15				7467± 22
74.56 -10.56		-2.0± .8		.00					7462
110924.4+354328	PGC 34075		1.03		14.18				7737
1112.1 +2735	NGC 3574	.S?....	.64± .17						
205.97 68.00	MCG 5-27- 22		.00± .07	.00	15.79 ±.18				
81.79 -14.16				.00					
1109.5 +2752	PGC 34080		.64						
111213.5-241407		.IBS9..	1.08± .05	79					1464
275.68 33.33	ESO 502- 23	S (1)	.37± .05	.31	16.02 ±.14				
136.12 -29.46		10.0± .6		.28					1276
110946.1-235748	PGC 34084	8.3± .6	1.11	.18	15.44				1806
111215.2-054514		PSBS3*.	1.13± .06	95					
263.15 49.30	MCG -1-29- 5	E (1)	.42± .05	.09					
115.43 -26.25		3.0±1.2		.57					
110942.9-052855	PGC 34085	3.1± .8	1.13	.21					

R.A. 2000 DEC. l b SGL SGB R.A. 1950 DEC.	Names PGC	Type S_T n_L T L	$\log D_{25}$ $\log R_{25}$ $\log A_e$ $\log D_o$	p.a. A_g A_i A_{21}	B_T m_B m_{FIR} B_T^o	$(B-V)_T$ $(U-B)_T$ $(B-V)_T^o$ $(U-B)_T^o$	$(B-V)_e$ $(U-B)_e$ m'_e m'_{25}	m_{21} W_{20} W_{50} HI	V_{21} V_{opt} V_{GSR} V_{3K}
111217.3-280001		.S?....	1.00± .06	37					
277.64 29.96	ESO 438- 12		.16± .04	.31	14.29 ±.14				1322± 34
140.44 -29.70				.25					1127
110951.0-274342	PGC 34087		1.03	.08	13.72				1655
1112.3 +0345		.SXS3..							
253.26 56.75	CGCG 39- 66	F		.12	15.1 ±.6				
105.30 -23.47		3.0± .9							
1109.8 +0402	PGC 34090								
111226.2+513804	A 1109+51	.S...$.	.54± .19	18					
153.45 59.22	UGCA 229	R	.48± .09	.00					3000±110
60.22 -2.65	MK 164			.73					3055
110934.5+515423	PGC 34094		.54	.24					3193
111233.5-362532		.SAT5*P	1.14± .04	101					
281.60 22.32	ESO 377- 24	S (1)	.07± .04	.34	13.54 ±.14				2930± 19
150.10 -29.71	FAIR 1150	5.0±1.1		.11	12.90				2724
111010.0-360912	PGC 34101	4.4±1.1	1.18	.04	13.08				3240
111239.8+090325	IC 676	RLBR+..	1.39± .07	10					
246.04 60.49	UGC 6245	UF	.13± .05	.07	12.79 ±.17				1414± 24
99.88 -21.59	MK 731	-1.0± .5		.00	12.00				1314
111003.8+091944	PGC 34107		1.38		12.70				1762
1112.6 +7848		.S..4..	1.04± .08	82					
128.77 37.17	UGC 6235	U	.73± .06	.08					
36.37 10.66		4.0±1.0		1.07					
1108.9 +7905	PGC 34110		1.05	.36					
111250.7+231524		.S..6*.	1.16± .05	45				15.25±.3	6340± 10
217.31 67.40	UGC 6246	U	.84± .05	.00	15.53 ±.18				
85.95 -15.93		6.0±1.4		1.23				282± 7	6290
111010.9+233144	PGC 34121		1.16	.42	14.27			.56	6654
111252.6+101203		.IXS9..	1.16± .13					16.21±.1	1289± 7
244.31 61.27	UGC 6248	UF (1)	.09± .12	.03				87± 6	
98.74 -21.13		9.5± .6		.07				38± 7	1193
111016.3+102823	PGC 34124	9.6±1.0	1.16	.04					1635
111253.1+272607		.S..2..	1.19± .05	125				16.00±.3	6830± 10
206.42 68.14	UGC 6247	U	.31± .05	.00	14.5 ±.2				
82.02 -14.09		2.0± .9		.38				385± 7	6795
111012.0+274227	PGC 34125		1.19	.15	14.06			1.79	7131
1112.9 +0009		PSBS5*.	.82± .13						
257.62 54.13	MCG 0-29- 6	F (1)	.08± .07	.11	15.27 ±.18				
109.13 -24.45		5.0±1.3		.11					
1110.4 +0026	PGC 34132	4.6±2.0	.83	.04					
111259.3+725244	NGC 3562	.E.....			13.17 ±.13	.97± .02	1.02± .01		
132.49 42.38	UGC 6242	U		.10	13.2 ±.3	.53± .04	.56± .04		6748± 31
41.66 7.86		-5.0± .8	.88± .02			.88	13.06± .07		6875
110939.4+730903	PGC 34134					.54			6818
111304.8+000004		.E+....							
257.83 54.03	CGCG 11- 27	F		.11	14.71 ±.18				
109.31 -24.47		-4.0± .9							
111031.0+001624	PGC 34138								
1113.0 +0503		.SXS5..	.94± .11						
251.84 57.82	MCG 1-29- 16	F (1)	.19± .07	.20	14.76 ±.18				
104.02 -22.87		5.0± .9		.28					
1110.5 +0520	PGC 34139	3.6±1.0	.96	.09					
1113.0 +0513		PLBS+?.							
251.62 57.94	CGCG 39- 70	F		.20	15.3 ±.6				
103.84 -22.82		-1.0± .9							
1110.5 +0530	PGC 34140								
111308.5-691556		.SBS8*/	1.51± .04	173					
294.38 -8.04	ESO 63- 11	S	.97± .07	2.82					
185.97 -23.56	IRAS11111-6859	8.0±1.2		1.19	12.65				
111111.1-685936	PGC 34147		1.77	.48					
1113.1 +2748		.E?....	1.08± .17						
205.43 68.23	UGC 6250		.08± .08	.00	14.20 ±.16				9440
81.70 -13.87				.00					9407
1110.5 +2805	PGC 34152		1.06		14.06				9740
1113.2 +5954		.SA.6..	1.19± .05						1058
143.26 53.17	UGC 6249	U	.01± .05	.00	14.2 ±.2				
53.05 1.55		6.0± .8		.02					1142
1110.3 +6011	PGC 34156		1.19	.01	14.22				1206

R.A. 2000 DEC. l b SGL SGB R.A. 1950 DEC.	Names PGC	Type S_T n_L T L	$logD_{25}$ $logR_{25}$ $logA_e$ $logD_o$	p.a. A_g A_i A_{21}	B_T m_B m_{FIR} B_T^o	$(B-V)_T$ $(U-B)_T$ $(B-V)_T^o$ $(U-B)_T^o$	$(B-V)_e$ $(U-B)_e$ m'_e m'_{25}	m_{21} W_{20} W_{50} HI	V_{21} V_{opt} V_{GSR} V_{3K}
1113.2 +2551		.S..6*.	.97± .07	175					6442± 10
210.64 68.03	UGC 6252	U	.06± .05	.00	14.9 ±.2				
83.53 -14.71		6.0±1.3		.08					6401
1110.6 +2608	PGC 34157		.97	.03	14.76				6748
1113.2 +0339	NGC 3580	.LA.0./	.94± .11						
253.68 56.83	MCG 1-29- 18	F	.47± .07	.12	14.99 ±.20				
105.49 -23.29		-2.0± .9		.00					
1110.7 +0356	PGC 34159		.88						
111316.9-264520	NGC 3585	.E.7...	1.67± .02	107	10.88 ±.13	.97± .01	.99± .01		
277.25 31.17	ESO 502- 25	R	.26± .02	.30	10.77 ±.11	.52± .02	.56± .01		1399± 27
139.02 -29.41		-5.0± .3	1.08± .02	.00		.89	11.77± .06		1206
111050.0-262900	PGC 34160		1.64		10.50	.46	13.58± .18		1735
1113.4 +3035		.S?....	.82± .13						
197.91 68.30	MCG 5-27- 27A		.08± .07	.00	15.14 ±.18				10243
79.13 -12.57				.11					10220
1110.7 +3052	PGC 34169		.82	.04	14.96				10532
1113.4 +5335	A 1110+53	.SX.9*.	1.26± .06	60	14.93 ±.15	.24± .05	.32± .04	14.74±.1	927± 6
150.57 57.95	UGC 6251	U (1)	.03± .06	.00	15.0 ±.5	-.34± .07	-.36± .06	57± 6	
58.57 -1.56	DDO 92	9.0± .8	.95± .03	.03		.23	15.17± .06	44± 7	990
1110.5 +5352	PGC 34170	8.0±1.0	1.26	.02	14.90	-.35	16.00± .36	-.17	1110
1113.4 -0615		.SBS7P.	1.20± .07	110					
263.95 49.06		E (1)	.19± .08	.09					
116.05 -26.10		7.0± .9		.26					
1110.9 -0559	PGC 34171	6.4± .8	1.21	.09					
111329.3+220912	Leo II	.E.0.P.	2.08± .02		12.6 ±.3	.59± .33	.67± .05		
220.17 67.23	UGC 6253	R	.04± .04	.00					90± 60
87.07 -16.27	DDO 93	-5.0± .3	1.74± .07	.00		.59	16.78± .16		36
111049.8+222532	PGC 34176		2.07		12.59		17.87± .30		408
1113.5 +1029	IC 2634	.SXS3..	.64± .17						
244.05 61.58	MCG 2-29- 10	F (1)	.00± .07	.03	15.3 ±.2				
98.51 -20.88		3.0±1.0		.00					
1110.9 +1046	PGC 34178	3.6±1.0	.64	.00					
111336.6-440103		.SA.5*/	1.23± .05	50					
284.94 15.41	ESO 265- 16	S (1)	.71± .04	.56	15.55 ±.14				
158.71 -28.98	IRAS11113-4345	4.5± .7		1.07	13.66				
111116.1-434442	PGC 34183	3.3±1.3	1.28	.36					
111340.2-023638		.SBR3P?	.94± .11						
260.69 52.06	MCG 0-29- 7	F (1)	.00± .07	.12	14.52 ±.18				
112.14 -25.08		3.0± .9		.00					
111107.0-022018	PGC 34189	3.6±1.0	.95	.00					
111341.2+473436		.S?....	.87± .08	35					
159.45 62.03	UGC 6255		.20± .05	.00	14.0 ±.3				5351± 82
63.88 -4.47	ARAK 283			.30	12.56				5391
111052.2+475056	PGC 34192		.87	.10	13.64				5565
111345.3+481623	NGC 3577	.SBR1..	1.15± .04						5336± 10
158.29 61.60	UGC 6257	R	.01± .04	.00	14.3 ±.2				5321± 49
63.27 -4.12		1.0± .4		.01					5378
111056.0+483243	PGC 34195		1.15	.00	14.25				5546
111349.5+213106		.I..9..	1.30± .03	175				14.95±.1	1454± 6
221.78 67.11	UGC 6258	U	.61± .04	.00	14.9 ±.2			189± 7	
87.71 -16.46		10.0± .9		.46				195± 12	1398
111110.3+214727	PGC 34198		1.30	.31	14.39			.25	1774
111349.6+093513	IC 2637	.E+..P.	.92± .07	70					
245.60 61.06	UGC 6259	F	.03± .05	.02	14.04 ±.18				8768± 29
99.45 -21.13	MK 732	-4.0± .9		.00	12.43				8670
111113.5+095133	PGC 34199		.92		13.89				9115
1113.8 +6510	A 1110+65	.S..6*.	1.11± .07	89					
138.24 48.95	UGC 6256	U	.87± .06	.02					
48.47 4.19		6.0±1.4		1.28					
1110.8 +6527	PGC 34203		1.11	.44					
1113.8 +0417		.S..4*/	1.09± .06	43					
253.09 57.39	UGC 6260	UF (1)	.53± .05	.12	14.80 ±.18				
104.88 -22.94	IRAS11112+0433	4.0± .9		.78	12.60				
1111.2 +0433	PGC 34204	4.5±1.2	1.10	.26					
1113.9 +1033	IC 2638	RLBR+..	1.01± .08	170					
244.07 61.70	UGC 6261	UF	.29± .03	.03	14.80 ±.15				
98.48 -20.76		-1.0± .6		.00					
1111.3 +1050	PGC 34205		.97						

R.A. 2000 DEC.	Names	Type	$\log D_{25}$	p.a.	B_T	$(B-V)_T$	$(B-V)_e$	m_{21}	V_{21}
l b		S_T n_L	$\log R_{25}$	A_g	m_B	$(U-B)_T$	$(U-B)_e$	W_{20}	V_{opt}
SGL SGB		T	$\log A_e$	A_i	m_{FIR}	$(B-V)^o_T$	m'_e	W_{50}	V_{GSR}
R.A. 1950 DEC.	PGC	L	$\log D_o$	A_{21}	B^o_T	$(U-B)^o_T$	m'_{25}	HI	V_{3K}
111356.7+121804	IC 677	.S..4..	1.19± .05	45				15.62±.2	3247± 6
241.13 62.77	UGC 6262	U (1)	.40± .05	.00	13.75 ±.20			269± 13	3272± 50
96.74 -20.11	IRAS11113+1234	4.0± .9		.59	13.01			277± 5	3159
111119.9+123425	PGC 34211	3.5±1.2	1.19	.20	13.14			2.28	3590
111403.0-140518	NGC 3591	PLBR+?.	1.09± .06	150					
270.09 42.49	MCG -2-29- 12	E	.16± .05	.22					
124.72 -27.65		-1.0± .9		.00					
111132.6-134857	PGC 34220		1.08						
1114.0 +0634	IC 678	.E.....							
250.14 59.07	MCG 1-29- 21	F		.14	14.9 ±.6				968± 50
102.55 -22.13		-5.0± .9							860
1111.5 +0651	PGC 34222								1319
1114.1 +5647	A 1111+57	.SBR4*.	.85± .12						
146.50 55.65	MCG 10-16- 89	P	.15± .07	.00	15.29 ±.18				10015± 60
55.82 .11		4.0±1.4		.22					10089
1111.2 +5704	PGC 34223		.85	.08	15.00				10180
111407.6-144216		.L...P.	1.12± .08	175					
270.53 41.96	MCG -2-29- 13	E	.33± .05	.20					
125.41 -27.74	IRAS11116-1426	-2.0± .9		.00	13.34				
111137.4-142555	PGC 34225		1.09						
1114.1 +2713									
207.05 68.40	CGCG 156- 29			.00	15.4 ±.3				8085
82.34 -13.93									8050
1111.5 +2730	PGC 34230								8387
111411.5+481912	NGC 3583	.SBS3..	1.45± .03	125				13.91±.1	2136± 6
158.11 61.63	UGC 6263	R (2)	.19± .04	.00	11.96 ±.14			356± 14	2098± 31
63.27 -4.04	IRAS11113+4835	3.0± .3		.26	10.86			327± 11	2178
111122.3+483533	PGC 34232	3.3± .6	1.45	.09	11.69			2.13	2345
1114.2 +2833		.L?....	.90± .17						
203.43 68.51	MCG 5-27- 30		.00± .07	.00	14.90 ±.16				10306
81.11 -13.32				.00					10276
1111.6 +2850	PGC 34237		.90		14.74				10603
1114.4 +2228		.S..6*.	1.04± .08	125					
219.53 67.54	UGC 6268	U	.98± .06	.00					
86.86 -15.93		6.0±1.4		1.44					
1111.8 +2245	PGC 34247		1.04	.49					
111428.4+171532	NGC 3592	.S..5?/	1.25± .04	120				16.32±.3	1298± 10
231.67 65.54	UGC 6267	PU	.46± .05	.00	14.38 ±.19				
91.89 -18.07		5.0±1.2		.69				183± 7	1227
111150.4+173153	PGC 34248		1.25	.23	13.69			2.40	1629
1114.4 +4313		.S..9..	1.10± .07	55					2204± 10
167.23 64.64	UGC 6266	U	.16± .06	.00					
67.80 -6.46		9.0± .8		.16					2229
1111.7 +4330	PGC 34249		1.10	.08					2440
1114.5 +2932		.SB.0..	1.00± .16	165					
200.75 68.59	UGC 6270	U	.43± .12	.00					
80.23 -12.82		.0± .9		.32					
1111.9 +2949	PGC 34254		.98						
111436.1+124907	NGC 3593	.SAS0*.	1.72± .02	92	11.86M±.08	.94± .01	.98± .01	14.69±.1	628± 4
240.42 63.21	UGC 6272	R	.43± .03	.00	11.78 ±.11	.32± .01	.30± .01	238± 3	624± 13
96.29 -19.77	IRAS11119+1305	.0± .4	1.05± .03	.32	9.92	.87	12.62± .10	194± 3	541
111159.3+130528	PGC 34257		1.69		11.50	.25	14.21± .13		968
111437.3+301853		.S..1..	1.10± .04	52					
198.64 68.58	UGC 6271	U	.44± .04	.00	14.64 ±.18				2022
79.52 -12.46	IRAS11119+3035	1.0± .9		.45	13.45				1998
111155.6+303514	PGC 34260		1.10	.22	14.17				2313
111438.8-335421		.L..../	1.18± .04	128	12.68V±.13	.98± .02			
280.92 24.80	ESO 377- 29	S	.40± .03	.37	13.47 ±.14				2666± 56
147.21 -29.33		-2.0±1.2		.00		.84			2464
111214.0-333800	PGC 34262		1.16		13.17		13.42± .26		2984
111441.9-234346	NGC 3597	.L..+*P	1.28± .04						
276.02 34.04	ESO 503- 3	S	.11± .04	.22	13.62 ±.14				3513± 39
135.60 -28.85	IRAS11122-2327	-1.3± .8		.00	10.47				3326
111214.0-232724	PGC 34266		1.28		13.34				3856
1114.7 +5634	A 1111+56	.SBR3$.	.82± .13						
146.65 55.87	MCG 10-16- 93	P	.17± .07	.00	15.57 ±.18				10369± 60
56.05 .07		3.0±1.4		.24					10442
1111.8 +5651	PGC 34268		.82	.09	15.25				10535

R.A. 2000 DEC. l b SGL SGB R.A. 1950 DEC.	Names PGC	Type S_T n_L T L	$logD_{25}$ $logR_{25}$ $logA_e$ $logD_o$	p.a. A_g A_i A_{21}	B_T m_B m_{FIR} B_T^o	$(B-V)_T$ $(U-B)_T$ $(B-V)_T^o$ $(U-B)_T^o$	$(B-V)_e$ $(U-B)_e$ m'_e m'_{25}	m_{21} W_{20} W_{50} HI	V_{21} V_{opt} V_{GSR} V_{3K}
1114.8 -1041		.S..5P?	1.12± .08	60					
267.92 45.51		E (1)	.33± .08	.14					
120.99 -26.79		5.0±1.8		.49					
1112.3 -1025	PGC 34275	5.3±1.2	1.14	.16					
111450.2-025040		RLBT+*.	1.16± .12						8246
261.30 52.04	MCG 0-29- 8	F	.08± .07	.13	14.1 ±.2				
112.48 -24.86		-1.0± .8		.00					8110
111217.0-023418	PGC 34276		1.16		13.81				8605
111451.3+353014		.S..2..	1.20± .05	29					
184.79 67.81	UGC 6273	U	.66± .05	.02					6447± 50
74.78 -10.05		2.0± .9		.81					6443
111207.9+354635	PGC 34278		1.20	.33					6717
1114.9 +3130									
195.36 68.55	CGCG 156- 34			.00	15.2 ±.3				10292
78.44 -11.87									10273
1112.2 +3147	PGC 34280								10578
111456.8+334933		.S..6*.	.95± .07	145				16.11±.3	11073± 9
189.14 68.22	UGC 6274	U	.06± .05	.06	14.61 ±.18				
76.32 -10.81		6.0±1.3		.08				267± 5	11063
111214.0+340554	PGC 34284		.96	.03	14.42			1.66	11350
111457.3-472822		.IBS9P.	1.08± .06						
286.51 12.30	ESO 265- 19	S (1)	.15± .05	.63	15.76 ±.14				
162.55 -28.34		10.0± .6		.11					
111238.1-471200	PGC 34285	8.9± .7	1.14	.08					
111503.6-282328	A 1112-28	.SBT4..	1.30± .03	35				14.91±.3	3353± 11
278.47 29.86	ESO 438- 15	Sr (1)	.35± .03	.35	13.83 ±.14			320± 15	3385± 34
140.92 -29.11	IRAS11126-2807	4.1± .4		.51	13.22			302± 12	3161
111237.1-280706	PGC 34292	2.6± .5	1.34	.17	12.95			1.78	3688
111505.3+144717	NGC 3596	.SXT5..	1.60± .02		11.95S±.15			13.61±.0	1191± 4
236.89 64.42	UGC 6277	R (2)	.02± .03	.00	11.50 ±.14			134± 4	1176± 66
94.38 -18.90		5.0± .3		.03				116± 4	1111
111227.9+150338	PGC 34298	3.5± .6	1.60	.01	11.67		14.74± .20	1.92	1528
111510.1+310207		.L.....	1.18± .15						
196.64 68.65	UGC 6276	U	.07± .08	.00	13.84 ±.17				8202± 31
78.91 -12.04		-2.0± .8		.00					8181
111228.2+311828	PGC 34303		1.17		13.71				8490
111511.6+171549	NGC 3598	.L..-*.	1.27± .08	35					
231.86 65.69	UGC 6278	U	.14± .05	.00	13.25 ±.15				6097± 36
91.96 -17.91		-3.0±1.1		.00					6026
111233.6+173211	PGC 34306		1.25		13.16				6428
111513.8+604204	NGC 3589	.S..7*.	1.17± .05	48					1969± 10
142.14 52.69	UGC 6275	U	.26± .05	.00	14.35 ±.18				1966± 50
52.47 2.14		7.0±1.2		.36					2056
111216.0+605825	PGC 34308		1.17	.13	13.98				2112
111515.9-273940		.S?....	.89± .06						
278.16 30.54	ESO 503- 5		.10± .06	.25	14.57 ±.14				3961± 34
140.09 -29.03				.15					3768
111249.0-272318	PGC 34310		.91	.05	14.14				4295
1115.2 +2723									
206.66 68.66	CGCG 156- 37			.00	15.1 ±.3				8183
82.30 -13.64									8149
1112.6 +2740	PGC 34312								8484
111516.8-134358		.L.R0P?	1.12± .08	95					
270.21 42.95	MCG -2-29- 14	EF	.19± .05	.18					
124.38 -27.29	IRAS11127-1327	-2.0± .8		.00	12.54				
111246.2-132736	PGC 34313		1.11						
111519.0-034622		.E+....							
262.33 51.36	CGCG 11- 33	F		.10	15.0 ±.6				
113.51 -25.00		-4.0± .9							
111246.1-033000	PGC 34318								
111521.9+353008		.S..1..	1.10± .05	7					
184.72 67.91	UGC 6279	U	.35± .05	.02	14.68 ±.18				6399± 19
74.83 -9.96		1.0± .9		.35					6395
111238.6+354630	PGC 34320		1.10	.17	14.23				6669
111526.0+472649	NGC 3595	.E?....	1.20± .07	176					
159.27 62.34	UGC 6280		.33± .04	.00	13.1 ±.2				2248
64.14 -4.28				.00					2288
111237.7+474311	PGC 34325		1.10		13.05				2463

R.A. 2000 DEC. l b SGL SGB R.A. 1950 DEC.	Names PGC	Type S_T n_L T L	$\log D_{25}$ $\log R_{25}$ $\log A_e$ $\log D_o$	p.a. A_g A_i A_{21}	B_T m_B m_{FIR} B_T^o	$(B-V)_T$ $(U-B)_T$ $(B-V)_T^o$ $(U-B)_T^o$	$(B-V)_e$ $(U-B)_e$ m'_e m'_{25}	m_{21} W_{20} W_{50} HI	V_{21} V_{opt} V_{GSR} V_{3K}
111527.3+180646	NGC 3599	.LA..*.	1.43± .09		12.82 ±.14	.87± .01	.85± .01		
230.08 66.14	UGC 6281	R	.10± .07	.00	12.57 ±.16	.32± .04	.33± .02		781± 52
91.16 -17.51		-2.0± .3	.90± .03	.00		.85	12.81± .11		713
111249.1+182308	PGC 34326		1.41		12.70	.32	14.57± .49		1110
111532.2-141019	IC 2668	.SBT1P.	1.10± .06	140					
270.58 42.59	MCG -2-29- 15	E	.23± .05	.20					
124.88 -27.31	IRAS11130-1353	1.0± .9		.24	12.79				
111301.7-135357	PGC 34333		1.12	.12					
111533.1+050700	NGC 3601	.SBR2?.	.74± .09						
252.60 58.28	UGC 6282	F	.09± .05	.16	14.7 ±.3				7859± 63
104.18 -22.27	ARAK 284	2.0±1.9		.11	12.53				7747
111258.1+052322	PGC 34335		.75	.04	14.38				8212
111535.8-484535		.SAR5..	1.45± .04						
287.10 11.14	ESO 215- 37	Sr (1)	.08± .05	.53	13.53 ±.14				5476± 87
163.96 -28.06		4.8± .4		.11					5262
111317.0-482912	PGC 34338	4.4± .6	1.50	.04	12.85				5740
111549.1-270640		.LB.-?/	1.14± .04	36					
278.02 31.09	ESO 503- 7	S	.46± .03	.34	14.76 ±.14				1517± 34
139.47 -28.87		-3.0± .8		.00					1325
111322.0-265018	PGC 34349		1.11		14.40				1853
111552.1+413527	NGC 3600	.S..1?.	1.61± .02	3				13.15±.1	719± 11
170.29 65.68	UGC 6283	U	.68± .04	.00	12.60 ±.18			214± 16	1443± 81
69.39 -7.01	MK 1443	1.0±1.5		.70	12.81			197± 12	750
111306.6+415149	PGC 34353		1.61	.34	11.90			.91	975
1115.9 -0020		.SBR0?.							
259.15 54.21	CGCG 11- 36	F		.16	15.3 ±.6				
109.91 -23.88		.0±1.8							
1113.4 -0004	PGC 34359								
111601.0-335759	A 1113-33	.SXS4*.	1.31± .04	148	14.05 ±.15	.76± .02	.82± .02	15.87±.3	2971± 17
281.24 24.85	ESO 377- 31	PS (2)	.37± .04	.34	14.29 ±.14			249± 34	3005± 59
147.28 -29.05		3.8± .7	.94± .02	.54		.59	14.24± .05	227± 25	2772
111336.0-334136	PGC 34362	2.4± .6	1.34	.18	13.28		14.52± .26	2.41	3291
111604.5-761253	NGC 3620	PSBS2P*	1.44± .05	78					
297.22 -14.41	ESO 38- 10	Sr	.38± .07	.40					
192.89 -21.03	IRAS11143-7556	1.7± .4		.46	9.03				
111423.0-755630	PGC 34366		1.47	.19					
111605.6+100931	IC 2672	.SXT5*.	1.00± .05	35				16.46±.3	5895± 10
245.45 61.85	UGC 6288	UF (1)	.08± .04	.05	14.7 ±.2			231± 13	
99.09 -20.41		4.7± .7		.12					5800
111329.5+102553	PGC 34368	4.6±1.0	1.00	.04	14.48			1.94	6241
111605.8+235450		.I..9..	1.04± .15					16.23±.3	6258± 7
216.11 68.29	UGC 6287	U	.13± .12	.00					
85.66 -14.97		10.0± .9		.10				77± 7	6211
111326.2+241113	PGC 34369		1.04	.06					6570
111609.0+003419		.SXT5*.	.89± .11						
258.24 54.95	MCG 0-29- 9	F (1)	.24± .07	.15	15.24 ±.18				
108.96 -23.57		5.0±1.3		.36					
111335.0+005042	PGC 34371	5.6±2.0	.90	.12					
1116.1 -0341		.SAS3?.							
262.53 51.55	CGCG 11- 37	F		.12	15.4 ±.6				
113.48 -24.78		3.0±1.3							
1113.6 -0325	PGC 34372								
111609.6+110230	IC 2674	.S..6*.	1.03± .07	20				16.38±.3	5883± 10
244.02 62.43	UGC 6290	U	.25± .08	.01	14.81 ±.19			214± 13	
98.21 -20.07		6.0±1.2		.37					5791
111333.2+111853	PGC 34373		1.03	.13	14.41			1.85	6227
1116.1 +5541	NGC 3594	.LB..*.	1.11± .10	10					
147.40 56.67	UGC 6286	U	.03± .05	.00	14.7 ±.2				6257
56.93 -.18		-2.0±1.1		.00					6327
1113.3 +5558	PGC 34374		1.11		14.62				6428
1116.0 +2926		.E.3.*.			13.98V±.05	1.07± .03			
201.02 68.92	CGCG 156- 39	P		.00	15.3 ±.3				8334± 88
80.47 -12.57		-5.0±1.3				.99			8308
1113.4 +2943	PGC 34375								8628
111611.2+292325	A 1113+29A	.E?....	.90± .17		13.98V±.14	1.07± .03			
201.16 68.94	MCG 5-27- 35		.16± .07	.00	15.07 ±.15				8757± 49
80.53 -12.57				.00		.99			8730
111330.0+293948	PGC 34376		.85		14.93		14.11± .87		9051

R.A. 2000 DEC. / l b / SGL SGB / R.A. 1950 DEC.	Names / PGC	Type / S_T n_L / T / L	$\log D_{25}$ / $\log R_{25}$ / $\log A_e$ / $\log D_o$	p.a. / A_g / A_i / A_{21}	B_T / m_B / m_{FIR} / B_T^o	$(B-V)_T$ / $(U-B)_T$ / $(B-V)_T^o$ / $(U-B)_T^o$	$(B-V)_e$ / $(U-B)_e$ / m'_e / m'_{25}	m_{21} / W_{20} / W_{50} / HI	V_{21} / V_{opt} / V_{GSR} / V_{3K}
111616.1-334935	NGC 3606	.E.0.*.	1.17± .05						
281.23 25.00	ESO 377- 32	S	.04± .04	.34	13.42 ±.14				3013± 21
147.12 -28.99		-5.0±1.1		.00					2812
111351.0-333312	PGC 34378		1.22		13.03				3331
111617.0+025317		.SXS4..	.92± .07						
255.64 56.75	UGC 6289	F (1)	.07± .05	.12	14.44 ±.18				8956± 50
106.55 -22.82	IRAS11137+0309	4.0± .9		.10	13.43				8837
111342.5+030940	PGC 34379	2.6±1.0	.93	.03	14.16				9312
1116.2 +2913		.S?....	.99± .10						
201.62 68.96	MCG 5-27- 36		.16± .07	.00	15.0 ±.2				13012± 29
80.69 -12.63				.12					12985
1113.6 +2930	PGC 34380		.98		14.70				13307
1116.3 +2915		.S?....	.99± .10						
201.52 68.98	MCG 5-27- 37		.09± .07	.00	14.79 ±.19				13581± 29
80.67 -12.59				.07					13554
1113.7 +2932	PGC 34385		.98		14.51				13875
1116.4 +0948	IC 2680	.SAR0?.							
246.11 61.68	CGCG 67- 47	F		.07	15.4 ±.6				
99.47 -20.46		.0±1.3							
1113.8 +1005	PGC 34387								
111628.0+291936		.SBS3..	1.23± .03						
201.34 69.00	UGC 6292	U	.25± .04	.00	14.4 ±.3				13895± 88
80.62 -12.55	IRAS11137+2935	3.0± .8		.34	13.27				13868
111346.9+293559	PGC 34393		1.23	.12	13.91				14189
111629.2+410442		.S..6*.	.94± .11						
171.25 66.03	UGC 6293	U	.19± .07	.00	15.16 ±.18				
69.90 -7.15		6.0±1.2		.28					
111344.0+412105	PGC 34399		.94	.09					
111632.4+284637	A 1113+29B								
202.87 69.01	CGCG 156- 45			.00					6950± 45
81.14 -12.78	MK 37								6921
111351.4+290300	PGC 34400								7246
1116.6 +2621		.S..4..	1.04± .08	104					
209.59 68.86	UGC 6294	U	.88± .06	.00					
83.41 -13.81		4.0±1.0		1.30					
1114.0 +2638	PGC 34411		1.04	.44					
1116.7 +2632									
209.09 68.91	CGCG 156- 47			.00	15.3 ±.3				10055
83.25 -13.71									10018
1114.1 +2649	PGC 34414								10359
111646.7+180104	NGC 3605	.E.4+..	1.19± .03	17	13.13 ±.13	.86± .02	.87± .01		
230.64 66.38	UGC 6295	R	.18± .02	.00	13.09 ±.13	.46± .06	.49± .04		649± 24
91.39 -17.26		-5.0± .4	.85± .03	.00		.85	12.87± .09		581
111408.7+181727	PGC 34415		1.14		13.10	.46	13.61± .22		978
111651.1+174804		.S?....	1.09± .06	166				16.64±.2	976± 6
231.14 66.30	UGC 6296		.44± .05	.00	14.51 ±.19			204± 6	
91.61 -17.33				.66				181± 7	908
111413.1+180427	PGC 34419		1.09	.22	13.84			2.58	1306
111654.1+180312	NGC 3607	.LAS0*.	1.69± .03	120	10.82M±.10	.93± .01	.96± .01		
230.59 66.42	UGC 6297	R	.30± .03	.00	11.00 ±.13	.48± .03	.53± .02		935± 22
91.37 -17.22		-2.0± .3	1.16± .03	.00		.89	12.15± .09		867
111416.1+181935	PGC 34426		1.64		10.87	.46	13.38± .20		1264
111658.7+180857	NGC 3608	.E.2...	1.50± .03	75	11.70M±.10	.94± .02	.96± .01	18.51±.3	1108± 10
230.40 66.48	UGC 6299	R	.09± .03	.00	11.77 ±.12	.39± .03	.48± .01		1205± 24
91.28 -17.17		-5.0± .3	1.05± .04	.00		.93	12.48± .15	138± 11	1056
111420.7+182520	PGC 34433		1.48		11.71	.40	14.00± .21		1452
111703.5+360829		.S?....	.95± .07	75					
182.82 68.06	UGC 6298		.26± .05	.00	14.97 ±.18				7613± 19
74.41 -9.36				.40					7612
111420.3+362452	PGC 34440		.95	.13	14.53				7880
111704.0-491206		.SXS5..	1.15± .04	21	13.57 ±.15	.54± .02	.63± .01		
287.49 10.82	ESO 215- 39	S (1)	.15± .04	.59	14.08 ±.14				4282± 40
164.42 -27.75		5.0± .6	.95± .02	.22		.35	13.81± .05		4069
111445.0-485542	PGC 34443	2.8± .6	1.21	.07	13.01		13.81± .28		4544
111704.9-345718		.SBS4*.	1.34± .04	160					
281.89 24.03	ESO 377- 34	S (1)	.55± .04	.30	14.35 ±.14				
148.40 -28.82		4.0±1.2		.81					
111440.0-344054	PGC 34445	3.3± .9	1.37	.27					

R.A. 2000 DEC.	Names	Type	logD$_{25}$	p.a.	B_T	$(B-V)_T$	$(B-V)_e$	m_{21}	V_{21}
l b		S_T n_L	logR$_{25}$	A_g	m_B	$(U-B)_T$	$(U-B)_e$	W_{20}	V_{opt}
SGL SGB		T	logA$_e$	A_i	m_{FIR}	$(B-V)^o_T$	m'_e	W_{50}	V_{GSR}
R.A. 1950 DEC.	PGC	L	logD$_o$	A_{21}	B^o_T	$(U-B)^o_T$	m'_{25}	HI	V_{3K}
1117.2 +1619		.E.....	1.09± .06	80					
234.42 65.66	UGC 6300	U	.21± .05	.00	14.8 ±.2				
93.08 -17.83		-5.0± .9		.00					
1114.6 +1636	PGC 34461		1.03						
111717.5-482630		.LXR0?.	1.17± .05	92					
287.25 11.54	ESO 215- 40	S	.34± .04	.54	14.53 ±.14				
163.57 -27.82		-2.0± .6		.00					
111458.0-481006	PGC 34465		1.18						
111718.1-274918		.SBS5..	1.26± .03	9				15.29±.3	1230± 11
278.71 30.59	ESO 438- 17	S (1)	.37± .03	.39	14.19 ±.14			162± 16	
140.30 -28.58		5.0± .6		.56				144± 12	1037
111451.0-273254	PGC 34466	5.6± .6	1.30	.19	13.23			1.87	1564
1117.3 +2220		.S..6*.	1.20± .06	139					
220.40 68.14	UGC 6301	U	.63± .06	.00	15.2 ±.2				
87.28 -15.37		6.0±1.3		.93					
1114.7 +2237	PGC 34468		1.20	.32					
111727.3+043623		.I..9*.	1.07± .14					15.72±.3	1751± 10
253.92 58.23	UGC 6306	U	.40± .12	.14					
104.88 -21.99		10.0±1.3		.30				103± 7	1638
111452.5+045247	PGC 34476		1.08	.20					2105
111729.5+043317	NGC 3611	.SAS1P.	1.32± .04		12.77 ±.13	.62± .01	.65± .01	14.38±.1	1585± 4
254.00 58.20	UGC 6305	R	.09± .04	.14	12.48 ±.13	.00± .02	.06± .02	337± 5	1754± 56
104.93 -22.00	IRAS11149+0449	1.0± .3	.78± .03	.09	11.43	.56	12.16± .10	299± 4	1473
111454.7+044941	PGC 34478		1.34	.04	12.37	-.03	14.02± .25	1.96	1940
111731.5+030154		PSBR1*.							
255.90 57.06	CGCG 39-102	F		.11	14.9 ±.6				
106.51 -22.48		1.0± .9							
111457.1+031818	PGC 34481								
111733.4-303118		PSAR0P?	.92± .05	152					
280.03 28.14	ESO 438- 19	r	.13± .04	.36	15.11 ±.14				9839± 34
143.37 -28.66		-.1± .9		.10					9642
111507.0-301454	PGC 34484		.94		14.50				10166
111733.6+360349		.S..6*.	1.07± .06						
182.94 68.18	UGC 6303	U	.04± .05	.00	14.7 ±.2				
74.53 -9.30		6.0±1.2		.06					
111450.5+362013	PGC 34485		1.07	.02					
1117.5 -0011		.L..+*/							
259.54 54.57	CGCG 11- 43	F		.17	15.4 ±.6				
109.88 -23.45		-1.0±1.3							
1115.0 +0005	PGC 34486								
111734.1-275342		.SB?...	1.04± .05	9					
278.81 30.54	ESO 438- 18		.21± .06	.39	15.14 ±.14				7300± 60
140.39 -28.53				.31					7107
111507.0-273718	PGC 34487		1.08	.10	14.40				7634
1117.5 +0717		.E.....							
250.33 60.19	CGCG 39-104	F		.12	14.9 ±.6				
102.14 -21.06		-5.0± .9							
1115.0 +0734	PGC 34489								
111737.1-031012		.SXR2..	1.08± .09						
262.53 52.18	MCG 0-29- 10	F (1)	.42± .07	.12	14.64 ±.18				
113.04 -24.28		2.0± .9		.51					
111504.1-025348	PGC 34492	1.6±1.0	1.09	.21					
111739.0+270524		.S..4..	1.04± .05	94					
207.63 69.16	UGC 6308	U	.71± .05	.00					
82.82 -13.29	KUG 1114+273	4.0±1.0		1.04					
111458.7+272148	PGC 34495		1.04	.36					
1117.6 -0118		.SB.4*/							
260.72 53.70	CGCG 11- 45	F		.13	14.9 ±.6				
111.07 -23.75		4.0±1.3							
1115.1 -0102	PGC 34496								
111740.3+380307		.S..8*.	1.15± .05	160					
177.96 67.52	UGC 6307	U	.60± .05	.00	14.78 ±.18				
72.74 -8.37		8.0±1.3		.74					
111456.6+381931	PGC 34497		1.15	.30					
1117.6 +0231		.L.....							
256.55 56.70	CGCG 39-105	F		.12	15.13 ±.18				
107.05 -22.60		-2.0± .9							
1115.1 +0248	PGC 34498								

R.A. 2000 DEC. l b SGL SGB R.A. 1950 DEC.	Names PGC	Type S_T n_L T L	$\log D_{25}$ $\log R_{25}$ $\log A_e$ $\log D_o$	p.a. A_g A_i A_{21}	B_T m_B m_{FIR} B_T^o	$(B-V)_T$ $(U-B)_T$ $(B-V)_T^o$ $(U-B)_T^o$	$(B-V)_e$ $(U-B)_e$ m'_e m'_{25}	m_{21} W_{20} W_{50} HI	V_{21} V_{opt} V_{GSR} V_{3K}
1117.7 +5821		.S..9*.	1.14± .07						
144.12 54.74	UGC 6304	U	.11± .06	.00					
54.68 1.29		9.0±1.2		.11					
1114.8 +5838	PGC 34502		1.14	.05					
111744.7-260224		.SXS6..	1.12± .04	90					
277.95 32.25	ESO 503- 11	S (1)	.25± .04	.26	15.49 ±.14				
138.29 -28.36		6.0± .8		.37					
111517.0-254600	PGC 34504	6.7± .8	1.14	.12					
111746.8+512837		.SB?...	1.14± .05	125					
152.53 59.93	UGC 6309		.24± .05	.00	13.73 ±.18				2843± 50
60.76 -2.01	IRAS11149+5144			.36	12.23				2899
111457.0+514501	PGC 34508		1.14	.12	13.36				3037
111750.0+263729	NGC 3609	.S..2..	1.08± .06	50					
208.95 69.15	UGC 6310	U	.10± .05	.00	14.02 ±.18				8089± 56
83.28 -13.46		2.0± .9		.12					8053
111509.9+265353	PGC 34511		1.08	.05	13.82				8393
111750.7-260806	NGC 3617	.E+....	1.25± .04	147	13.69 ±.16	.90± .01	.92± .01		
278.02 32.17	ESO 503- 12	SU	.15± .03	.26	13.45 ±.14	.35± .02	.39± .02		2199± 27
138.40 -28.35		-4.0± .5	.55± .05	.00		.82	11.93± .19		2010
111523.1-255142	PGC 34513		1.25		13.26	.30	14.58± .28		2537
111753.1-403536		.SBR6*.	1.43± .05	115					
284.36 18.88	ESO 319- 11	S (1)	.21± .07	.52					3050± 60
154.78 -28.48	IRAS11155-4019	6.0± .7		.30	13.18				2842
111530.0-401912	PGC 34519	2.2± .8	1.48	.10					3346
111754.4-015654	IC 680	PSBT1?.	.82± .13						
261.45 53.22	MCG 0-29- 12	F	.17± .07	.10	14.9 ±.2				
111.76 -23.88	IRAS11153-0140	1.0±1.3		.17	13.60				
111521.0-014030	PGC 34520		.83	.09					
111755.4-020531	A 1115-01	.SXS5P.	1.14± .04	145	13.9 ±.2	.61± .04	.68± .03	15.61±.1	7414± 7
261.59 53.10	UGC 6311	UEF (2)	.05± .04	.10	13.78 ±.19			236± 8	7446± 59
111.92 -23.91		5.0± .5	.87± .06	.07		.53	13.75± .15	229± 11	7281
111522.0-014907	PGC 34521	1.0± .6	1.15	.02	13.62		14.33± .34	1.97	7774
1118.0 +0750		.SB.1P/	1.04± .06	45					
249.67 60.65	UGC 6312	UF	.33± .05	.10	14.68 ±.18				
101.61 -20.78		.5± .6		.34					
1115.4 +0807	PGC 34527		1.05	.17					
1118.0 +0437		.I..9..	1.00± .08	40					2326
254.12 58.35	UGC 6317	U	.25± .06	.16					
104.91 -21.84		10.0± .9		.19					2214
1115.5 +0454	PGC 34530		1.02	.13					2680
111806.6-184331		.IBS9..	1.02± .05	55					
274.13 38.87	ESO 570- 16	E (1)	.04± .04	.14					
130.07 -27.45		10.0± .9		.03					
111537.0-182706	PGC 34534	9.8± .8	1.04	.02					
111806.8+232349	NGC 3615	.E.....	1.15± .15	40					
217.78 68.61	UGC 6313	U	.19± .08	.00	13.82 ±.15				6684± 50
86.35 -14.77		-5.0± .8		.00					6636
111527.6+234013	PGC 34535		1.09		13.72				6998
111811.9+302342		.S?....	.89± .08	45				16.26±.3	7880± 11
198.30 69.34	UGC 6314		.08± .05	.00				332± 15	
79.80 -11.74				.13					7858
111530.7+304006	PGC 34544		.89	.04					8170
111813.9+263710	NGC 3612	.S..8*.	1.00± .06	160				15.95±.3	8352± 9
208.99 69.24	UGC 6321	U	.10± .05	.00	14.67 ±.19				8340± 56
83.32 -13.38		8.0±1.3		.12				267± 5	8316
111533.9+265334	PGC 34546		1.00	.05	14.53			1.38	8655
111815.7-484449		PLBT+..	1.22± .05	92					
287.51 11.31	ESO 216- 3	Sr	.04± .05	.50	14.04 ±.14				4654± 87
163.88 -27.62		-.7± .5		.00					4441
111556.0-482824	PGC 34548		1.26		13.47				4918
1118.2 +2812		.SB?...	.89± .11						
204.50 69.38	MCG 5-27- 52		.14± .07	.00	14.90 ±.18				9533± 39
81.84 -12.68				.21					9503
1115.6 +2829	PGC 34551		.89	.07	14.63				9831
1118.2 +2816	A 1115+28	.LA.+*.	1.14± .07		14.89 ±.15	.52± .02			
204.32 69.38	UGC 6322	U (1)	.00± .03	.00	14.02 ±.20	-.21± .04			9829± 44
81.78 -12.65		-1.0±1.1		.00		.43			9799
1115.6 +2833	PGC 34552	3.0±1.3	1.14		14.42	-.16	15.47± .37		10127

R.A. 2000 DEC.	Names	Type	$\log D_{25}$	p.a.	B_T	$(B-V)_T$	$(B-V)_e$	m_{21}	V_{21}
l b		S_T n_L	$\log R_{25}$	A_g	m_B	$(U-B)_T$	$(U-B)_e$	W_{20}	V_{opt}
SGL SGB		T	$\log A_e$	A_i	m_{FIR}	$(B-V)^o_T$	m'_e	W_{50}	V_{GSR}
R.A. 1950 DEC.	PGC	L	$\log D_o$	A_{21}	B^o_T	$(U-B)^o_T$	m'_{25}	HI	V_{3K}
111816.8-324849	NGC 3621	.SAS7..	2.09± .01	159	10.18S±.15	.62± .01	.70± .01	10.20±.1	727± 5
281.21 26.10	ESO 377- 37	R (3)	.24± .02	.42	9.56 ±.12	-.08± .03	.01± .02	280± 5	623± 47
145.97 -28.57	IRAS11159-3235	7.0± .3	1.34± .08	.33	9.19	.47	12.55± .18	266± 6	526
111551.0-323224	PGC 34554	5.8± .3	2.13	.12	9.04	-.19	14.90± .18	1.04	1047
111817.8+185054		.S?....	.95± .07					15.91±.2	1123± 6
229.16 67.07	UGC 6320		.02± .05	.00	14.0 ±.2			106± 13	1123± 37
90.74 -16.60	ARAK 286			.03				78± 5	1059
111539.8+190718	PGC 34556		.95	.01	13.96			1.94	1450
111819.0+650140		.S?....	.85± .12						
137.77 49.33	UGC 6316		.66± .07	.00	14.9 ±.4				9857
48.83 4.53	IRAS11153+6518			.92	11.99				9960
111518.2+651804	PGC 34557		.85	.33	13.95				9975
1118.3 +1843		.L.....	1.24± .06	167					
229.45 67.02	UGC 6324	U	.43± .03	.00	14.39 ±.17				1083± 56
90.86 -16.64		-2.0± .9		.00					1018
1115.7 +1900	PGC 34558		1.18		14.37				1410
111820.9+222610									
220.34 68.39	CGCG 126- 23			.00	15.4 ±.3				9608± 61
87.29 -15.13	MK 733								9557
111542.0+224234	PGC 34560								9925
111821.0+454449	NGC 3614	.SXR5..	1.66± .02	80				13.59±.1	2333± 7
161.55 63.78	UGC 6318	R (2)	.24± .03	.00	12.27 ±.16			303± 8	2263± 66
65.89 -4.65	IRAS11155+4601	5.0± .3		.35	12.92			293± 6	2367
111534.3+460113	PGC 34561	1.9± .6	1.66	.12	11.91			1.56	2556
111821.9+454452	NGC 3614A	.SBS9..	.91± .09						
161.55 63.79	MCG 8-21- 14	R	.00± .06	.00					
65.89 -4.65		9.0± .5		.00					
111535.3+460116	PGC 34562		.91	.00					
111825.9+584714	NGC 3610	.E.5.*.	1.43± .03		11.70 ±.13	.86± .01	.88± .01		
143.54 54.46	UGC 6319	R	.07± .03	.00	11.51 ±.13	.46± .04			1787± 48
54.35 1.58		-5.0± .4	.71± .02	.00		.84	10.74± .06		1869
111531.4+590338	PGC 34566		1.41		11.58	.47	13.66± .20		1941
1118.4 +2518		.S..6?.	1.19± .05	10					7543
212.65 69.10	UGC 6325	U	.50± .05	.00	14.9 ±.2				
84.58 -13.89		6.0±1.8		.73					7502
1115.8 +2535	PGC 34568		1.19	.25	14.18				7851
111832.7+232809	NGC 3618	.SX.3*.	.95± .07	175				16.13±.3	6807± 9
217.66 68.72	UGC 6327	U (1)	.06± .05	.00	14.43 ±.18			306± 7	6788± 43
86.33 -14.65	MK 1288	3.0± .9		.08				283± 7	6759
111553.5+234433	PGC 34575	4.5±1.2	.95	.03	14.30			1.80	7120
1118.5 +0025		CE.....							
259.22 55.21	CGCG 11- 49	F		.68	15.3 ±.2				
109.31 -23.03		-5.0± .9							
1116.0 +0042	PGC 34578								
111834.3-020649		.E.....							
261.83 53.18	CGCG 11- 48	F		.12	14.81 ±.18				
111.99 -23.76		-5.0± .9							
111601.0-015024	PGC 34579								
111835.6+631642	A 1115+63								
139.22 50.81	CGCG 314- 19			.00	14.92 ±.18				3237±101
50.40 3.73	MK 165								3334
111537.0+633306	PGC 34582								3365
111836.2+580005	NGC 3613	.E.6...	1.59± .03	102	11.82 ±.13	.93± .01	.95± .01		
144.34 55.10	UGC 6323	R	.32± .04	.00	11.52 ±.12				2054± 56
55.06 1.22		-5.0± .3	.96± .02	.00		.91	12.11± .08		2133
111542.4+581629	PGC 34583		1.50		11.62		13.96± .21		2213
1118.6 +2831									
203.61 69.48	CGCG 156- 59			.00	15.13 ±.18				9977
81.58 -12.47									9948
1116.0 +2848	PGC 34588								10274
1118.6 +0729		.L...P.							
250.43 60.53	CGCG 39-113	F		.12	15.0 ±.6				
102.03 -20.74		-2.0± .9							
1116.1 +0746	PGC 34591								
111842.8-464043		PSBT1..	1.16± .05						
286.82 13.27	ESO 265- 22	Sr	.15± .05	.62	14.96 ±.14				5850±190
161.58 -27.80	FAIR 443	1.0± .5		.15					5638
111622.1-462418	PGC 34593		1.22	.08	14.11				6122

R.A. 2000 DEC.	Names	Type	$\log D_{25}$	p.a.	B_T	$(B-V)_T$	$(B-V)_e$	m_{21}	V_{21}
l b		S_T n_L	$\log R_{25}$	A_g	m_B	$(U-B)_T$	$(U-B)_e$	W_{20}	V_{opt}
SGL SGB		T	$\log A_e$	A_i	m_{FIR}	$(B-V)^o_T$	m'_e	W_{50}	V_{GSR}
R.A. 1950 DEC.	PGC	L	$\log D_o$	A_{21}	B^o_T	$(U-B)^o_T$	m'_{25}	HI	V_{3K}
1118.7 -0021		.SBS3..							
260.12 54.62	CGCG 11- 50	F (1)		.17	15.2 ±.6				
110.15 -23.22		3.0± .9							
1116.2 -0005	PGC 34598	3.6±1.4							
1118.7 +0731	NGC 3624	.SBR3..	.94± .11						
250.42 60.57	MCG 1-29- 29	F (1)	.19± .07	.12	14.66 ±.18				
102.01 -20.71		3.0± .9		.26					
1116.2 +0748	PGC 34599	1.6±1.0	.95	.09					
111853.9-292531		.S?....	1.02± .05	149					
279.84 29.26	ESO 438- 20		.18± .04	.38	14.80 ±.14				9064± 24
142.14 -28.32	IRAS11164-2908			.22	12.76				8869
111627.1-290906	PGC 34608		1.06	.09	14.10				9394
111855.3+130535	NGC 3623	.SXT1..	1.99± .01	174	10.25M±.05	.92± .02	.96± .01	14.20±.1	807± 3
241.33 64.22	UGC 6328	R (2)	.53± .02	.02	10.10 ±.13	.45± .04	.53± .01	502± 3	775± 25
96.43 -18.69	IRAS11163+1322	1.0± .3	1.45± .04	.54	11.34	.81	12.77± .12	473± 3	723
111618.6+132200	PGC 34612	3.3± .6	1.99	.27	9.65	.35	13.69± .09	4.28	1147
111856.9+001023		.SXT5*.	1.04± .06					15.67±.3	7475± 11
259.63 55.07	UGC 6329	UF (1)	.02± .05	.24	14.5 ±.2			221± 7	
109.61 -23.02		5.3± .7		.03				200± 7	7349
111623.0+002648	PGC 34613	4.6±2.0	1.06	.01	14.23			1.42	7833
111859.9-361443		PSBS3..	.93± .06	98					
282.82 22.99	ESO 377- 38	r	.09± .05	.37	15.03 ±.14				
149.86 -28.42	IRAS11166-3558	3.3± .9		.12	13.57				
111635.0-355818	PGC 34620		.97	.04					
111907.6+031355		.S..8?/	1.07± .07	57				14.94±.3	6031± 10
256.22 57.48	UGC 6331	UF	.62± .06	.13	15.06 ±.18				
106.44 -22.04	IRAS11165+0330	8.0±1.1		.76	12.49			378± 7	5915
111633.1+033020	PGC 34623		1.08	.31	14.16			.47	6386
1119.2 -0950		.SBS8..	1.15± .05	115					
268.63 46.80	MCG -2-29- 18	EF (1)	.15± .04	.10					
120.33 -25.55		8.0± .5		.18					
1116.7 -0934	PGC 34625	7.5± .6	1.16	.07					
111916.6+204848		RSB.1..	1.09± .06	130					
224.67 68.06	UGC 6332	U	.06± .05	.00	14.13 ±.19				6245± 50
88.94 -15.60		1.0± .8		.06					6188
111638.1+210513	PGC 34630		1.09	.03	13.99				6567
111917.2+225255		.S..8*.	1.06± .06	120				15.85±.3	6283± 10
219.35 68.73	UGC 6333	U	.31± .05	.00	14.98 ±.19				
86.96 -14.74		8.0±1.3		.38				218± 7	6234
111638.3+230920	PGC 34632		1.06	.15	14.58			1.11	6599
111921.8+574535	NGC 3619	RLAS+*.	1.43± .04		12.5 ±.3			15.58±.3	1542± 10
144.46 55.35	UGC 6330	R	.06± .04	.00	12.43 ±.12			351± 6	1649± 56
55.32 1.19	IRAS11164+5802	-1.0± .3	.93± .11	.00	13.61		12.67± .37	308± 5	1624
111628.6+580200	PGC 34641		1.42		12.42		14.38± .36		1705
1119.3 +0311		PSBR1*.							
256.36 57.49	CGCG 39-119	F		.13	15.2 ±.6				
106.50 -21.99		1.0± .9							
1116.8 +0328	PGC 34642								
111925.9+622901	A 1116+62				15.6 ±.2	.39± .04	.35± .04		
139.80 51.53				.00		-.06± .07	.03± .07		3600± 77
51.14 3.44	MK 166		.15± .02				11.79± .06		3694
111628.6+624526	PGC 34649								3733
111925.4-030413	A 1116-02	.E...P*	.58± .18	95					
263.04 52.52		E	.10± .08	.13					
113.07 -23.82		-5.0±1.8		.00					
111652.3-024748	PGC 34651		.57						
1119.4 +0137		.E.....							
258.22 56.29	CGCG 11- 54	F		.11	15.13 ±.18				
108.14 -22.46		-5.0± .9							
1116.9 +0154	PGC 34652								
111929.2-522220		PSXT1*.	1.17± .05	101					
289.00 7.99	ESO 216- 5	Sr	.33± .05	1.13	14.83 ±.14				
167.84 -26.90		1.3± .5		.33					
111711.1-520554	PGC 34654		1.28	.16					
111930.2+283908		RS..0*.	1.42± .04	82					
203.27 69.66	UGC 6334	U	.32± .05	.00	13.6 ±.3				6256± 50
81.55 -12.25		.0± .8		.24					6228
111649.7+285533	PGC 34656		1.40		13.26				6553

R.A. 2000 DEC. / l b / SGL SGB / R.A. 1950 DEC.	Names / PGC	Type / S_T n_L / T / L	$\log D_{25}$ / $\log R_{25}$ / $\log A_e$ / $\log D_o$	p.a. / A_g / A_i / A_{21}	B_T / m_B / m_{FIR} / B_T^o	$(B-V)_T$ / $(U-B)_T$ / $(B-V)_T^o$ / $(U-B)_T^o$	$(B-V)_e$ / $(U-B)_e$ / m'_e / m'_{25}	m_{21} / W_{20} / W_{50} / HI	V_{21} / V_{opt} / V_{GSR} / V_{3K}
1119.5 +5129	A 1116+51								
152.12 60.11				.00					1351± 38
60.88 -1.76									1407
1116.7 +5146	PGC 34658								1545
1119.5 -0229		.SAS5..	.99± .10						
262.53 53.02	MCG 0-29- 15	F (1)	.09± .07	.11	14.9 ±.2				
112.46 -23.63		5.0± .9		.14					
1117.0 -0213	PGC 34659	5.6±1.0	1.00	.05					
1119.6 +2456		.S..2..	1.10± .05	158					
213.81 69.30	UGC 6336	U	.89± .05	.00	15.71 ±.18				
85.04 -13.80		2.0±1.0		1.10					
1117.0 +2513	PGC 34663		1.10	.45					
1119.7 +5917		.SAS6..	1.20± .05						2927± 10
142.80 54.15	UGC 6335	U	.03± .05	.00	14.6 ±.3				
53.98 1.96		6.0± .8		.04					3011
1116.8 +5934	PGC 34666		1.20	.01	14.57				3078
1119.8 +5428		.S..6*.	1.00± .07						
148.14 57.94	MCG 9-19- 42	U	.00± .06	.00	15.0 ±.2				
58.26 -.30		6.0±1.2		.00					
1117.0 +5445	PGC 34670		1.00	.00					
111954.4+330526		.S?....	.96± .17						
190.58 69.38	UGC 6337		.05± .12	.09	14.97 ±.19				12791
77.48 -10.22	IRAS11171+3321			.07					12779
111712.8+332151	PGC 34674		.97	.02	14.72				13071
111955.2-005250		.SXT4*.	1.21± .04	155					
261.06 54.38	UGC 6340	UEF (2)	.32± .04	.13	13.84 ±.18				
110.79 -23.09	IRAS11173-0036	4.0± .5		.48	13.52				
111721.6-003624	PGC 34675	3.8± .6	1.23	.16					
1119.9 -0237		.SA.3*/							
262.79 52.97	CGCG 11- 57	F		.11	15.4 ±.6				
112.64 -23.57		3.0±1.3							
1117.4 -0221	PGC 34677								
1119.9 -0128		.L..../							
261.67 53.90	CGCG 11- 58	F		.13	15.4 ±.6				
111.42 -23.25		-2.0± .9							
1117.4 -0112	PGC 34678								
112000.7+360602		.S..6*.	1.06± .06	150					
182.43 68.64	UGC 6338	U	.36± .05	.03	14.89 ±.18				
74.73 -8.84		6.0±1.3		.54					
111718.1+362228	PGC 34681		1.06	.18					
112001.5-014108		.LA.+..							
261.91 53.74	CGCG 11- 60	F		.13	15.1 ±.6				
111.65 -23.30		-1.0± .9							
111728.0-012442	PGC 34682								
1120.0 +1815		.S..8*.	.99± .06	152					1641
230.98 67.18	UGC 6341	U	.80± .05	.00					
91.48 -16.46		8.0±1.4		.98					1575
1117.4 +1832	PGC 34683		.99	.40					1970
112003.7+182130	NGC 3626	RLAT+..	1.43± .03	157	11.78 ±.13	.82± .01	.84± .01	15.53±.1	1493± 4
230.76 67.23	UGC 6343	R	.14± .03	.00	11.77 ±.14	.29± .01	.33± .01	357± 5	1438± 38
91.39 -16.41		-1.0± .3	.94± .02	.00		.79	11.97± .05	326± 4	1427
111725.9+183756	PGC 34684		1.41		11.75	.28	13.46± .20		1821
1120.0 +3029		.L..-*.	1.00± .19	155					
197.95 69.74	UGC 6342	U	.09± .08	.00	14.71 ±.16				7099
79.89 -11.33		-3.0±1.2		.00					7078
1117.4 +3046	PGC 34685		.99		14.60				7389
1120.1 -0346		.LBR0*.							
263.93 52.05	CGCG 11- 61	F		.13	15.4 ±.6				
113.87 -23.84		-2.0±1.3							
1117.6 -0330	PGC 34687								
112010.0-080622	NGC 3638	.SA.3*/	1.34± .04	44					
267.60 48.40	MCG -1-29- 7	EF	.49± .05	.07					
118.51 -24.93	IRAS11176-0749	3.0± .8		.67	13.53				
111737.9-074956	PGC 34688		1.35	.24					
112010.2-030326	A 1117-02	.SAS5..	1.17± .05	30	14.1 ±.3	.52± .04	.59± .04	15.59±.1	7721± 9
263.28 52.64	MCG 0-29- 17	PEF (1)	.18± .05	.13	13.91 ±.19			283± 12	7692± 59
113.11 -23.64		4.7± .5	.89± .07	.27		.41	14.02± .15		7585
111737.0-024700	PGC 34689	2.6±1.0	1.18	.09	13.53		14.33± .40	1.97	8080

R.A. 2000 DEC. / l b / SGL SGB / R.A. 1950 DEC.	Names / PGC	Type / S_T n_L / T / L	$\log D_{25}$ / $\log R_{25}$ / $\log A_e$ / $\log D_o$	p.a. / A_g / A_i / A_{21}	B_T / m_B / m_{FIR} / B^o_T	$(B-V)_T$ / $(U-B)_T$ / $(B-V)^o_T$ / $(U-B)^o_T$	$(B-V)_e$ / $(U-B)_e$ / m'_e / m'_{25}	m_{21} / W_{20} / W_{50} / HI	V_{21} / V_{opt} / V_{GSR} / V_{3K}
112012.2-212814		PSA.5*P	1.29± .05	74					
276.22 36.62	ESO 570- 19	S (1)	.24± .04	.12					1270± 60
133.22 -27.34		5.0±1.1		.36					1090
111743.0-211148	PGC 34691	5.6± .8	1.30	.12					1617
112012.8+671427	NGC 3622	.S?....	1.07± .07	7	13.65 ±.19	.49± .03	.57± .02	14.54±.3	1306± 17
135.77 47.55	UGC 6339		.40± .06	.00	14.0 ±.2		-.37± .04	92± 33	1328± 50
46.96 5.74	IRAS11171+6730		.58± .05	.60	12.88	.41	12.04± .14		1418
111710.3+673053	PGC 34692		1.07	.20	13.16		12.85± .44	1.18	1413
112014.5+125942	NGC 3627	.SXS3..	1.96± .01	173	9.65 ±.13	.73± .01	.81± .01	13.42±.0	727± 3
241.95 64.42	UGC 6346	R (3)	.34± .02	.01	9.56 ±.15	.20± .05	.28± .01	374± 4	703± 27
96.66 -18.42	ARAK 288	3.0± .3	1.35± .01	.47	8.59	.66	11.95± .04	339± 4	643
111737.9+131608	PGC 34695	3.0± .5	1.97	.17	9.13	.14	13.47± .15	4.12	1067
112014.8+023132	A 1117+02	.IBS9..	1.37± .04	75	13.8 ±.2	.36± .05	.45± .03	13.94±.1	1596± 6
257.46 57.11	UGC 6345	UF (1)	.26± .05	.11	13.5 ±.3	-.27± .07	-.25± .05	137± 8	
107.27 -21.99	DDO 94	9.5± .5	1.20± .05	.20		.26	15.28± .10	99± 12	1478
111740.5+024758	PGC 34696	8.6±1.0	1.38	.13	13.39	-.34	14.83± .30	.43	1952
112016.3+133522	NGC 3628	.S..3P/	2.17± .01	104	10.28S±.05	.80± .05		11.39±.0	847± 3
240.85 64.78	UGC 6350	R (1)	.70± .02	.02	10.51 ±.13			476± 3	809± 58
96.07 -18.20	IRAS11176+1351	3.0± .3		.96	8.77	.66		449± 3	765
111739.6+135148	PGC 34697	4.5± .9	2.17	.35	9.32		14.21± .09	1.72	1186
112016.5+025757	NGC 3630	.L..../	1.66± .03	37					
256.95 57.46	UGC 6349	R	.19± .02	.12	11.95 ±.13				1509± 49
106.82 -21.85		-2.0± .4		.00					1392
111742.1+031423	PGC 34698		1.64		11.82				1864
1120.2 +0419		.E.....							
255.28 58.49	CGCG 39-125	F		.12	14.60 ±.18				
105.41 -21.42		-5.0± .9							
1117.7 +0436	PGC 34699								
112020.2-025502		RSBR0..	.89± .11						
263.20 52.78	MCG 0-29- 19	F	.24± .07	.13	14.94 ±.19				7800± 54
112.97 -23.56		.0± .9		.18					7666
111747.0-023836	PGC 34701		.89		14.52				8159
112020.8+340547		.S..2..	.98± .07	85					
187.74 69.25	UGC 6347	U	.20± .05	.06	15.11 ±.18				
76.59 -9.68		2.0± .9		.24					
111739.0+342213	PGC 34702		.98	.10					
1120.3 +5744		.S..9*.	1.04± .15						1951
144.29 55.45	UGC 6344	U	.08± .12	.00					
55.40 1.31		9.0±1.2		.08					2029
1117.5 +5801	PGC 34704		1.04	.04					2111
112025.3-101655	NGC 3636	.E.0...	1.13± .06		13.34 ±.13	.94± .01			
269.32 46.56	MCG -2-29- 19	R	.00± .05	.13					1715± 62
120.88 -25.36		-5.0± .5		.00		.90			1561
111753.6-100028	PGC 34709		1.15		13.19		14.00± .33		2074
112026.0+033512	NGC 3633	.SA.1*/	1.08± .05	72				16.17±.3	2598± 9
256.25 57.96	UGC 6351	PUF	.48± .04	.12	14.45 ±.20			344± 7	2595± 39
106.19 -21.62	IRAS11178+0351	1.3± .6		.49	11.95			324± 7	2483
111751.4+035138	PGC 34711		1.10	.24	13.81			2.12	2953
1120.4 +0407		.LAR-..							
255.60 58.37	CGCG 39-127	F		.12	15.1 ±.6				
105.64 -21.44		-3.0± .9							
1117.9 +0424	PGC 34712								
112031.4-090049	NGC 3635	.SXT4P*	1.10± .07	165					
268.41 47.67	MCG -1-29- 9	EF (1)	.13± .05	.09					
119.51 -25.05		3.6± .8		.18					
111759.5-084423	PGC 34717	2.6±1.0	1.10	.06					
112031.7+574655	NGC 3625	.SXS3*.	1.30± .03	148					
144.22 55.43	UGC 6348	R	.49± .03	.00	13.88 ±.18				1966± 50
55.37 1.34		3.0± .6		.68					2045
111739.0+580321	PGC 34718		1.30	.25	13.19				2126
112031.8+265747	NGC 3629	.SAS6*.	1.36± .03	30				14.00±.1	1517± 6
208.17 69.79	UGC 6352	R (2)	.15± .03	.00	12.77 ±.14			234± 6	1558± 66
83.23 -12.77		6.0± .4		.22				178± 6	1483
111751.9+271413	PGC 34719	4.7± .7	1.36	.07	12.55			1.37	1820
112035.5-012932		.LX..P.	1.04± .09	75					
261.91 53.98	UGC 6359	UF	.18± .04	.13					7264± 56
111.49 -23.10	IRAS11181-0112	-2.0± .6		.00					7134
111802.1-011306	PGC 34724		1.03						7623

R.A. 2000 DEC. l b SGL SGB R.A. 1950 DEC.	Names PGC	Type S_T n_L T L	$\log D_{25}$ $\log R_{25}$ $\log A_e$ $\log D_o$	p.a. A_g A_i A_{21}	B_T m_B m_{FIR} B_T^o	$(B-V)_T$ $(U-B)_T$ $(B-V)_T^o$ $(U-B)_T^o$	$(B-V)_e$ $(U-B)_e$ m'_e m'_{25}	m_{21} W_{20} W_{50} HI	V_{21} V_{opt} V_{GSR} V_{3K}
1120.6 -0718		.LA.-P*	1.22± .07	30					
267.12 49.15		E	.15± .08	.10					
117.68 -24.62		-3.0± .9		.00					
1118.1 -0702	PGC 34728		1.21						
112039.1-033244		.SBS3..							
263.89 52.31	CGCG 11- 65	F (1)		.13	15.3 ±.6				
113.66 -23.66		3.0± .9							
111806.0-031618	PGC 34730	1.6±1.0							
112039.6-101527	NGC 3637	RLBR0..	1.20± .04		13.61 ±.13	.89± .02	.98± .02	17.24±.1	1846± 9
269.38 46.62	MCG -2-29- 20	R	.01± .04	.13	12.84 ±.19			205± 12	1802± 45
120.87 -25.30		-2.0± .4	.85± .02	.00		.84	13.35± .06		1690
111808.0-095901	PGC 34731		1.21		13.21		14.45± .27		2203
112041.2+311320		.S..7..	1.30± .03	102					
195.82 69.81	UGC 6355	U	.77± .04	.01	14.64 ±.18				2168± 56
79.28 -10.89	KUG 1118+314	7.0± .9		1.06					2150
111800.2+312946	PGC 34733		1.30	.39	13.56				2455
1120.6 +3306		.S..6*.	.96± .09	18					10539
190.44 69.53	UGC 6357	U	.98± .06	.06					
77.53 -10.06		6.0±1.5		1.44					10528
1118.0 +3323	PGC 34735		.97	.49					10819
1120.7 +5642		.S..3*.	1.03± .06	5					
145.34 56.30	UGC 6353	U (1)	.24± .05	.00	15.19 ±.20				
56.34 .86		3.0±1.3		.33					
1117.9 +5659	PGC 34741	2.5±1.2	1.03	.12					
1120.7 +0034		RSXT2?.							
259.83 55.67	CGCG 11- 68	F		.13	15.2 ±.6				
109.34 -22.46		2.0±1.3							
1118.2 +0051	PGC 34742								
112051.1-033850		.LA.+*.	.99± .10						
264.05 52.25	MCG 0-29- 21	F	.45± .07	.13	14.89 ±.17				
113.79 -23.64		-1.0±1.3		.00					
111818.0-032224	PGC 34749		.93						
112053.2-292409		.L?....	1.05± .06	41					
280.28 29.46	ESO 438- 23		.21± .04	.34	14.26 ±.14				8917± 34
142.14 -27.89				.00					8723
111826.0-290742	PGC 34755		1.06		13.79				9247
112054.8-070045		.SXT6P*	1.09± .06	85					
266.97 49.43	MCG -1-29- 11	EF (1)	.27± .05	.07					
117.38 -24.48		6.3± .7		.40					
111822.4-064418	PGC 34756	5.8± .7	1.09	.14					
112059.9+003203		.L...P?							
259.96 55.67	CGCG 11- 75	F		.13	14.9 ±.6				
109.40 -22.42		-2.0±1.8							
111826.0+004830	PGC 34762								
112100.0+212014		.S..6?.	1.04± .06	57				15.37±.3	6306± 10
223.72 68.62	UGC 6363	U	.62± .05	.00	15.32 ±.18				6244± 57
88.61 -15.02		6.0±1.9		.91				310± 7	6250
111821.6+213640	PGC 34763		1.04	.31	14.38			.68	6624
112102.7+531017	NGC 3631	.SAS5..	1.70± .02		11.01S±.08	.58± .05		12.93±.1	1158± 4
149.53 59.04	UGC 6360	R (2)	.02± .07	.00	10.97 ±.14			125± 5	1143± 31
59.50 -.76	ARP 27	5.0± .3		.04	10.69	.57		106± 5	1221
111813.3+532643	PGC 34767	1.8± .6	1.70	.01	10.96		14.32± .22	1.96	1343
1121.0 +3115		.SBS2..	1.08± .06	170					
195.71 69.88	UGC 6367	U	.21± .05	.01	14.61 ±.19				7092± 56
79.28 -10.81	IRAS11183+3131	2.0± .9		.26	13.51				7074
1118.3 +3131	PGC 34768		1.08	.11	14.27				7379
112103.9+342039	IC 2735	.S..2..	1.02± .06	100					
186.96 69.34	UGC 6364	U	.68± .05	.05	15.44 ±.18				10970± 31
76.44 -9.44	IRAS11184+3436	2.0±1.0		.84					10963
111822.1+343705	PGC 34772		1.02	.34	14.44				11245
112105.5+212116		.S..4..	1.06± .06	18				15.05±.3	6306± 10
223.70 68.65	UGC 6366	U	.74± .05	.00	15.67 ±.18				6156± 57
88.60 -14.99		4.0±1.0		1.08				231± 10	6248
111827.2+213743	PGC 34777		1.06	.37	14.54			.14	6622
112106.8+031408	NGC 3640	.E.3...	1.60± .04	100	11.36 ±.13	.92± .01	.95± .01		
256.92 57.80	UGC 6368	R	.10± .04	.10	11.26 ±.12	.53± .02	.51± .01		1314± 27
106.61 -21.57		-5.0± .3	1.03± .02	.00		.88	12.00± .07		1199
111832.3+033035	PGC 34778		1.59		11.18	.51	14.11± .27		1670

R.A. 2000 DEC.	Names	Type	$\log D_{25}$	p.a.	B_T	$(B-V)_T$	$(B-V)_e$	m_{21}	V_{21}
l b		S_T n_L	$\log R_{25}$	A_g	m_B	$(U-B)_T$	$(U-B)_e$	W_{20}	V_{opt}
SGL SGB		T	$\log A_e$	A_i	m_{FIR}	$(B-V)^o_T$	m'_e	W_{50}	V_{GSR}
R.A. 1950 DEC.	PGC	L	$\log D_o$	A_{21}	B^o_T	$(U-B)^o_T$	m'_{25}	HI	V_{3K}
112108.7+031143	NGC 3641	.E...P.	1.03± .08		14.1 ±.2	.90± .02	.98± .01		
256.98 57.77	UGC 6370	PUF	.00± .05	.10					1780± 39
106.65 -21.57		-5.3± .4	.58± .04	.00		.86	12.44± .15		1664
111834.2+032810	PGC 34780		1.05		13.97		14.26± .46		2136
1121.1 +0521		.E.....	1.02± .14						
254.27 59.41	MCG 1-29- 35	F	.00± .07	.13	14.25 ±.16				
104.43 -20.87	VV 510	-5.0± .9		.00					
1118.6 +0538	PGC 34783		1.04						
112112.2-025903		.SXS3..	.89± .11						
263.56 52.85	MCG 0-29- 23	F	.07± .07	.13	14.78 ±.18				
113.11 -23.37	IRAS11186-0242	3.0± .9		.09	11.33				
111839.0-024236	PGC 34786		.90	.03					
1121.2 +0340		.E.....							
256.45 58.16	CGCG 39-133	F		.12	14.92 ±.18				
106.17 -21.39		-5.0± .9							
1118.7 +0357	PGC 34788								
112123.1+342125	IC 2738	.S?....	.74± .14						
186.88 69.40	MCG 6-25- 49		.00± .07	.05	15.29 ±.18				10450± 24
76.45 -9.38				.00					10444
111841.3+343752	PGC 34797		.74		15.08				10725
1121.4 +3916		.S..7..	1.00± .08	97					
174.24 67.69	UGC 6372	U	.55± .06	.00					
71.97 -7.15		7.0± .9		.76					
1118.7 +3933	PGC 34801		1.00	.27					
112125.5+030051	NGC 3643	.LBR+*/	.90± .17						
257.30 57.68	MCG 1-29- 36	PF	.44± .07	.09	15.11 ±.20				
106.86 -21.56		-1.0± .7		.00					
111851.1+031718	PGC 34802		.84						
1121.4 +0131		.SBR2*.							
259.04 56.53	CGCG 11- 77	F		.10	15.4 ±.6				
108.41 -22.01		2.0±1.3							
1118.9 +0148	PGC 34806								
1121.4 +0244	IC 683E	.E.....	.86± .10						
257.64 57.48	CGCG 39-138	F	.12± .06	.11	14.99 ±.11				
107.15 -21.64		-5.0± .9		.00					
1118.9 +0301	PGC 34807		.84						
112132.4+024839	NGC 3644	PSB.1P*	1.19± .05	63					
257.58 57.54	UGC 6373	UF	.36± .05	.11	14.6 ±.2				
107.08 -21.60		1.0± .7		.37					
111858.0+030506	PGC 34814		1.20	.18					
112135.6+182733	NGC 3639	.S?....	.80± .11					15.42±.2	5441± 6
230.96 67.60	UGC 6374		.08± .06	.00	14.6 ±.3			368± 13	5459± 36
91.44 -16.04	ARAK 289			.12				330± 5	5377
111857.9+184400	PGC 34819		.80	.04	14.48			.90	5769
1121.6 +0130		.E+..*.							
259.13 56.54	CGCG 11- 78	F		.10	15.4 ±.6				
108.44 -21.97		-4.0±1.3							
1119.1 +0147	PGC 34826								
1121.6 +0225		.SX.9?.	.96± .09						2583
258.08 57.26	UGC 6379	UF (1)	.00± .06	.12					
107.49 -21.69		9.3± .7		.00					2465
1119.1 +0242	PGC 34827	9.6±1.0	.97	.00					2939
1121.7 +0834	IC 2749	.SXS5P.							
249.90 61.81	CGCG 67- 60	F (1)		.09	15.4 ±.6				
101.21 -19.67		5.0± .9							
1119.1 +0851	PGC 34829	2.6±1.0							
112142.5+342146	IC 2744	.L?....	.72± .22						
186.82 69.46	MCG 6-25- 52		.00± .07	.05	15.40 ±.15				10610± 31
76.48 -9.31				.00					10604
111900.8+343813	PGC 34833		.72		15.19				10885
112143.2+201016	NGC 3646	.RING..	1.59± .02	50	11.78 ±.13	.65± .02	.74± .01	13.68±.2	4248± 5
226.85 68.35	UGC 6376	R (2)	.24± .02	.00	11.62 ±.14	-.02± .04	.07± .04	535± 5	4261± 26
89.80 -15.33		4.0± .3	1.26± .02	.35		.58	13.57± .04	510± 5	4190
111905.2+202643	PGC 34836	2.4± .6	1.59	.12	11.33	-.07	14.01± .16	2.23	4571
112143.7+461234		.S..2..	1.08± .06	97					
159.90 63.96	UGC 6375	U	.63± .05	.00	15.11 ±.18				
65.76 -3.92	IRAS11189+4629	2.0±1.0		.77					
111857.9+462901	PGC 34837		1.08	.31					

R.A. 2000 DEC.	Names	Type	$\log D_{25}$	p.a.	B_T	$(B-V)_T$	$(B-V)_e$	m_{21}	V_{21}
l b		S_T n_L	$\log R_{25}$	A_g	m_B	$(U-B)_T$	$(U-B)_e$	W_{20}	V_{opt}
SGL SGB		T	$\log A_e$	A_i	m_{FIR}	$(B-V)^o_T$	m'_e	W_{50}	V_{GSR}
R.A. 1950 DEC.	PGC	L	$\log D_o$	A_{21}	B^o_T	$(U-B)^o_T$	m'_{25}	HI	V_{3K}
1121.7 +0407		.SA.2?/							
256.07 58.59	CGCG 39-146	F		.11	15.4 ±.6				
105.75 -21.13		2.0±1.8							
1119.2 +0424	PGC 34842								
112147.1+114420					15.07 ±.15	.37± .03		18.20±.2	15050± 14
244.75 63.94				.07		-.68± .04		318± 18	14768± 86
98.05 -18.53	MK 734							353± 19	14955
111910.9+120047	PGC 34843								15386
112148.5+292644			1.02± .06						
200.96 70.16	CGCG 156- 67		.35± .12	.08	15.17 ±.18				9954
81.03 -11.45	KUG 1119+297								9930
111908.2+294311	PGC 34845		1.03						10248
112154.4-123230		.SXT5*.	1.10± .06	10					
271.36 44.77	MCG -2-29- 21	EF (1)	.16± .05	.15					
123.42 -25.48		5.0± .6		.24					
111923.2-121603	PGC 34852	5.7± .7	1.11	.08					
1121.9 +0823	IC 2757	.SBS1..							
250.29 61.74	CGCG 67- 62	F (1)		.12	14.9 ±.6				
101.43 -19.66		1.0± .9							
1119.4 +0840	PGC 34858	1.6±1.0							
1122.0 +5036		.S..0..	1.15± .05	58					
152.81 61.01	UGC 6380	U	.30± .05	.00	14.51 ±.18				
61.85 -1.83		.0± .8		.23					
1119.2 +5053	PGC 34859		1.14						
1122.0 +3542		.S..6*.	1.00± .08	132					
183.11 69.14	UGC 6382	U	1.02± .06	.05					
75.27 -8.66		6.0±1.5		1.47					
1119.3 +3559	PGC 34861		1.00	.50					
112203.0+424913		.S..7..	1.08± .04	59					
166.27 66.02	UGC 6383	U	.76± .04	.02	15.34 ±.18				3158±125
68.83 -5.43		7.0±1.0		1.05					3183
111918.6+430540	PGC 34864		1.08	.38	14.26				3396
1122.0 +6938	A 1119+69	.S..7..	1.44± .05						1309
133.82 45.55	UGC 6378	U	1.04± .07	.00	14.66 ±.18				
44.89 6.99		7.0± .9		1.38					1427
1119.0 +6955	PGC 34869		1.44	.50	13.27				1399
1122.1 +3456		.S..6*.	1.11± .05	143					
185.17 69.39	UGC 6384	U	1.07± .05	.03					
75.98 -8.98		6.0±1.5		1.47					
1119.4 +3513	PGC 34870		1.11	.50					
112208.0-380352		.SBS5P*	1.20± .05	27					
284.18 21.53	ESO 319- 16	Sr (1)	.28± .05	.56					2950± 60
151.89 -27.76		4.9± .5		.42					2745
111943.0-374724	PGC 34874	5.6± .6	1.25	.14					3255
112213.2+241903		.L?....	.42?		15.09S±.15				
215.90 69.74	MCG 4-27- 27		.00± .07	.00	16.3 ±.3				7700± 41
85.89 -13.54	ARAK 290			.00					7657
111934.3+243530	PGC 34881		.42		15.27		12.04±1.73		8011
112214.5+241758	IC 2759	.S?....	.89± .11		15.55S±.15				
215.96 69.74	MCG 4-27- 26		.14± .07	.00	15.25 ±.18				8183± 41
85.91 -13.54	HICK 51B			.21					8140
111935.6+243425	PGC 34882		.89	.07	15.18		14.48± .62		8494
112214.8+201234	NGC 3649	.SBS1..	1.09± .04	140				15.47±.3	4979± 17
226.89 68.48	UGC 6386	R	.33± .04	.00	14.57 ±.18			576± 34	4442± 33
89.81 -15.20		1.0± .5		.34				418± 25	4810
111936.8+202901	PGC 34883		1.09	.17	14.17			1.13	5191
1122.2 +6907		.S..9*.	1.19± .12	5					
134.15 46.01	UGC 6381	U	.12± .12	.00					
45.36 6.77		9.0±1.1		.12					
1119.2 +6924	PGC 34886		1.19	.06					
112218.3+130353	IC 2763	.S..6?.	1.13± .05	99				16.22±.3	1574± 9
242.53 64.86	UGC 6387	U	.81± .05	.04					
96.79 -17.93		6.0±1.9		1.19				134± 5	1491
111941.8+132020	PGC 34887		1.13	.41					1914
112218.4+590434	NGC 3642	.SAR4*.	1.73± .02	105	11.65 ±.15	.49± .06		13.25±.3	1588± 9
142.55 54.53	UGC 6385	R (2)	.08± .03	.00	11.56 ±.16			65± 34	1623± 56
54.33 2.15	IRAS11194+5920	4.0± .3	1.22± .02	.12	12.41	.46	13.24± .07	75± 25	1672
111925.6+592101	PGC 34889	1.1± .5	1.73	.04	11.47		14.96± .18	1.73	1741

R.A. 2000 DEC. / l b / SGL SGB / R.A. 1950 DEC.	Names / PGC	Type / S_T n_L / T / L	$\log D_{25}$ / $\log R_{25}$ / $\log A_e$ / $\log D_o$	p.a. / A_g / A_i / A_{21}	B_T / m_B / m_{FIR} / B_T^o	$(B-V)_T$ / $(U-B)_T$ / $(B-V)_T^o$ / $(U-B)_T^o$	$(B-V)_e$ / $(U-B)_e$ / m'_e / m'_{25}	m_{21} / W_{20} / W_{50} / HI	V_{21} / V_{opt} / V_{GSR} / V_{3K}
112226.5+241756	NGC 3651	.E.....	1.04± .18		14.17S±.15				
215.99 69.78	UGC 6388	U	.00± .08	.00	14.16 ±.16				7696± 41
85.93 -13.50	HICK 51A	-5.0± .8		.00					7653
111947.6+243423	PGC 34898		1.04		14.05		14.36± .94		8007
112226.7+241737		.L?....			15.23S±.15				
216.00 69.78				.00					7532± 41
85.93 -13.50	HICK 51F								7489
111947.8+243404	PGC 34899								7843
112226.7-073911		.LB.-*/	1.12± .08	70					
267.98 49.08	MCG -1-29- 13	EF	.28± .08	.09					
118.17 -24.27		-3.0± .6		.00					
111954.4-072244	PGC 34900		1.09						
112228.4+241742					16.20S±.15				
216.00 69.79				.00					7532± 41
85.94 -13.49	HICK 51G								7489
111949.5+243409	PGC 34901								7843
112230.3+241645	NGC 3653	.L?....	.95± .10		14.59S±.15				
216.05 69.79	MCG 4-27- 29		.17± .04	.00	14.81 ±.11				8902± 41
85.95 -13.49	HICK 51C			.00					8859
111951.5+243312	PGC 34905		.93		14.61		13.81± .55		9213
112230.7+041450		.SAT4P*	.82± .13						
256.19 58.80	MCG 1-29- 38	F	.08± .07	.11	14.87 ±.19				11419± 42
105.69 -20.92	IRAS11199+0431	4.0±1.3		.11	13.16				11307
111956.0+043118	PGC 34906		.83	.04	14.57				11774
112230.9+241758		.S?....	.44± .22		15.67S±.15				
216.00 69.80	MCG 4-27- 30		.00± .07	.00					7529± 41
85.94 -13.48	HICK 51D			.00					7486
111952.0+243426	PGC 34907		.44	.00	15.64		12.70±1.14		7840
112231.9+395235	NGC 3648	.L.....	1.11± .16	75					
172.58 67.61	UGC 6389	U	.20± .08	.00	13.55 ±.17				2111
71.53 -6.69		-2.0± .8		.00					2125
111948.7+400903	PGC 34908		1.08		13.52				2362
1122.5 -0050		.LA.0..							
261.94 54.80	CGCG 11- 80	F		.12	15.4 ±.6				
110.96 -22.45		-2.0± .9							
1120.0 -0034	PGC 34911								
112235.5+204212	NGC 3650	.SA.3./	1.23± .04	54					
225.72 68.74	UGC 6391	RCU (1)	.75± .04	.00	14.69 ±.18				
89.37 -14.93		3.0± .4		1.03					
111957.4+205840	PGC 34913	4.5±1.2	1.23	.37					
112239.5+374600	NGC 3652	.S..6?.	1.30± .06	150					
177.65 68.54	UGC 6392	U	.48± .06	.00	12.9 ±.3				2096± 82
73.46 -7.62	ARAK 291	6.0±1.6		.70	12.04				2103
111957.0+380228	PGC 34917		1.30	.24	12.15				2356
112243.8-074035		.LASOP*	1.37± .08	125					
268.09 49.10	MCG -1-29- 15	EF	.16± .07	.09					
118.21 -24.21	IRAS11201-0724	-2.0± .6		.00	13.23				
112011.5-072407	PGC 34925		1.36						
1122.7 +6404		.S..7..	1.32± .06						1008± 10
137.93 50.39	UGC 6390	U	.84± .07	.01	14.68 ±.18				
49.90 4.51		7.0± .9		1.15					1108
1119.8 +6421	PGC 34929		1.32	.42	13.51				1131
1122.8 -0254		.LBR0?.							
264.05 53.14	CGCG 11- 82	F		.12	15.1 ±.6				
113.15 -22.96		-2.0±1.3							
1120.3 -0238	PGC 34931								
112253.6+342027		.SB.1..	.97± .07	40					
186.70 69.71	UGC 6393	U	.12± .05	.05	14.78 ±.18				10160± 31
76.61 -9.10		1.0± .9		.13					10154
112012.1+343655	PGC 34933		.98	.06	14.47				10435
1122.9 +1326	IC 2782	.S..8*.	1.03± .08						
242.03 65.21	UGC 6395	U	.06± .03	.05	14.5 ±.2				
96.47 -17.66		8.0±1.2		.08					
1120.3 +1343	PGC 34934		1.04	.03					
112254.7+163527	NGC 3655	.SAS5*.	1.19± .04	30	12.30 ±.13	.65± .02		14.70±.1	1473± 6
235.58 66.97	UGC 6396	R (1)	.18± .04	.00	12.78 ±.19	.06± .03		310± 11	1457± 58
93.38 -16.47	IRAS11202+1651	5.0± .4		.27	10.79	.61		309± 12	1403
112017.6+165155	PGC 34935	5.7± .9	1.19	.09	12.18	.03	12.64± .24	2.43	1806

R.A. 2000 DEC.	Names	Type	$\log D_{25}$	p.a.	B_T	$(B-V)_T$	$(B-V)_e$	m_{21}	V_{21}
l b		S_T n_L	$\log R_{25}$	A_g	m_B	$(U-B)_T$	$(U-B)_e$	W_{20}	V_{opt}
SGL SGB		T	$\log A_e$	A_i	m_{FIR}	$(B-V)^o_T$	m'_e	W_{50}	V_{GSR}
R.A. 1950 DEC.	PGC	L	$\log D_o$	A_{21}	B^o_T	$(U-B)^o_T$	m'_{25}	HI	V_{3K}
112256.5+340642		.E...*.	1.04± .18						
187.33 69.77	UGC 6394	U	.04± .08	.05	14.30 ±.15				12900± 13
76.83 -9.20		-5.0±1.2		.00					12893
112015.2+342310	PGC 34936		1.04		14.06				13175
1122.9 -0256		.SAS4*.							
264.12 53.13	CGCG 11- 83	F		.12	15.1 ±.6				
113.20 -22.94		4.0±1.3							
1120.4 -0240	PGC 34937								
112302.2+342952		.S..2..	1.22± .05	0				17.07±.3	6314± 10
186.24 69.69	UGC 6397	U	.77± .05	.05	14.94 ±.18			336± 13	6279± 16
76.48 -9.01	IRAS11203+3446	2.0± .9		.94	12.86				6300
112020.7+344620	PGC 34946		1.22	.38	13.89			2.80	6579
1123.0 +0248		.LXR0..							
258.14 57.78	CGCG 39-156	F		.09	15.3 ±.6				
107.21 -21.24		-2.0± .9							
1120.5 +0305	PGC 34948								
1123.0 +0534		PSBR2..							
254.68 59.89	CGCG 39-157	F (1)		.13	15.4 ±.6				
104.38 -20.35		2.0± .9							
1120.5 +0551	PGC 34949	1.6±1.0							
1123.1 +0247		.LA.0*.							
258.20 57.78	CGCG 39-160	F		.09	15.3 ±.6				
107.24 -21.22		-2.0± .9							
1120.6 +0304	PGC 34956								
112318.3-005523		.S..8?/	.95± .07	93					
262.29 54.84	UGC 6402	F	.53± .05	.12	14.9 ±.3				
111.10 -22.29	IRAS11207-0038	8.0±1.9		.65	12.81				
112044.7-003855	PGC 34967		.96	.27					
1123.3 +1338	IC 2787	.S..6?.	.96± .17						
241.78 65.40	UGC 6401	U	.00± .12	.07	14.8 ±.2				
96.31 -17.49		6.0±1.7		.00					
1120.7 +1355	PGC 34969		.97	.00					
1123.3 +5055		.S..9*.	1.44± .03	142	14.19S±.15			14.90±.1	805± 8
152.03 60.94	UGC 6399	U	.55± .05	.00	14.5 ±.3			166± 16	
61.67 -1.49		9.0±1.1		.56				156± 8	860
1120.6 +5112	PGC 34971		1.44	.27	13.69		14.89± .26	.93	1002
1123.4 +5341		.S..4..	1.02± .06	98					
148.35 58.88	UGC 6400	U	.41± .05	.00					
59.20 -.21		4.0± .9		.60					
1120.6 +5358	PGC 34975		1.02	.20					
112332.3-083929	NGC 3660	.SBR4..	1.43± .03	115				14.07±.1	3678± 9
269.10 48.36	MCG -1-29- 16	UEF (1)	.09± .05	.07				292± 12	
119.32 -24.24	MK 1291	4.0± .4		.13	12.29				3529
112100.1-082301	PGC 34980	2.9± .6	1.44	.04					4037
112335.6-013359		.SBS3..							
263.03 54.35	CGCG 11- 85	F (1)		.20	15.1 ±.6				
111.80 -22.41		3.0± .9							
112102.1-011730	PGC 34982	1.6±1.0							
112338.4-134952	NGC 3661	.SAR0*/	1.20± .05	137					6700
272.72 43.83	MCG -2-29- 22	EF	.42± .05	.11					
124.92 -25.32		.3± .7		.32					6538
112107.3-133324	PGC 34986		1.18						7056
112339.4+535040	NGC 3656	PI.0.*P	1.21± .05	7					
148.11 58.78	UGC 6403	R	.01± .05	.00	13.28 ±.18				2905± 49
59.08 -.11	IRAS11208+5406	90.0		.01	12.08				2970
112050.5+540708	PGC 34989		1.21		13.23				3086
112345.2+174859	NGC 3659	.SBS9$.	1.32± .03	60				13.98±.1	1283± 7
233.08 67.75	UGC 6405	R (1)	.28± .03	.00	12.91 ±.15			256± 16	1234± 46
92.27 -15.82	IRAS11211+1805	9.0± .8		.29	12.47			220± 8	1216
112107.9+180528	PGC 34995	5.7± .9	1.32	.14	12.62			1.22	1611
112346.9-010616	NGC 3662	.SXR4P.	1.15± .04	25					
262.64 54.76	UGC 6408	PEF (1)	.22± .04	.12	13.71 ±.13				
111.33 -22.23	IRAS11211-0049	3.7± .5		.33	12.69				
112113.3-004947	PGC 34996	1.7± .7	1.17	.11					
1123.8 +0305		RLA.+..							
258.10 58.13	CGCG 39-164	F		.09	15.1 ±.6				
106.99 -20.96		-1.0± .9							
1121.3 +0322	PGC 35001								

R.A. 2000 DEC. l b SGL SGB R.A. 1950 DEC.	Names PGC	Type S_T n_L T L	$\log D_{25}$ $\log R_{25}$ $\log A_e$ $\log D_o$	p.a. A_g A_i A_{21}	B_T m_B m_{FIR} B_T^o	$(B-V)_T$ $(U-B)_T$ $(B-V)_T^o$ $(U-B)_T^o$	$(B-V)_e$ $(U-B)_e$ m'_e m'_{25}	m_{21} W_{20} W_{50} HI	V_{21} V_{opt} V_{GSR} V_{3K}
112354.5+525515	NGC 3657	.SXT5P.	1.16± .05					13.52±.1	1215± 11
149.22 59.51	UGC 6406	P	.01± .05	.00	13.12 ±.18			208± 16	1227± 51
59.92 -.50	IRAS11212+5310	5.0± .8		.02				196± 12	1278
112106.2+531143	PGC 35002		1.16	.01	13.09			.42	1402
112358.2+383348	NGC 3658	.LAR0*.	1.21± .07		13.1 ±.2	.94± .02			
175.38 68.45	UGC 6409	PU	.04± .06	.00	13.18 ±.15	.44± .03			2043± 31
72.85 -7.03		-2.3± .6		.00		.92			2053
112115.7+385016	PGC 35003		1.20		13.12	.45	13.90± .42		2300
112359.4+024131		.SXT4*.	1.02± .06					16.15±.3	6887± 11
258.61 57.83	UGC 6413	UF (1)	.00± .05	.08	14.27 ±.19			84± 7	
107.41 -21.05		3.7± .7		.00				50± 7	6771
112125.1+025800	PGC 35005	3.6±1.0	1.02	.00	14.15			2.00	7243
112360.0-121745	NGC 3663	.SAT4P.	1.28± .05	85				15.09±.1	5040± 9
271.83 45.23	MCG -2-29- 23	EF (1)	.16± .05	.11				364± 12	
123.27 -24.93	IRAS11214-1200	3.5± .6		.23	13.61				4882
112128.5-120116	PGC 35006	3.9± .6	1.29	.08					5398
1124.0 +0613		RSBR0..							
254.18 60.54	CGCG 39-167	F		.08	14.9 ±.6				
103.81 -19.90		.0± .9							
1121.5 +0630	PGC 35013								
112405.9+454839		.SX.5..	1.04± .06	5					
160.01 64.53	UGC 6410	U	.11± .05	.00	14.61 ±.18				
66.31 -3.73		5.0± .9		.17					
112121.0+460507	PGC 35014		1.04	.06					
112406.5+484146		.S..4..	1.02± .06	79					
155.17 62.60	UGC 6411	U	.75± .05	.00	15.71 ±.18				
63.72 -2.41		4.0±1.0		1.10					
112120.3+485814	PGC 35015		1.02	.37					
112408.6-010929		.LXR0..	.74± .14						
262.82 54.77	MCG 0-29- 27	F	.28± .07	.12	15.4 ±.2				
111.42 -22.16		-2.0±1.0		.00					
112135.0-005300	PGC 35016		.71						
1124.1 +2437		.S..4..	1.22± .06	51					
215.30 70.23	UGC 6414	U	1.06± .06	.00					
85.79 -13.01		4.0±1.0		1.47					
1121.5 +2454	PGC 35017		1.22	.50					
112408.9+004201		.S?....	.94± .11						
260.90 56.28	MCG 0-29- 28		.28± .07	.09	14.83 ±.19				7837± 56
109.48 -21.62				.35					7715
112135.0+005830	PGC 35018		.95	.14	14.37				8194
1124.1 +2701		.S..2..	1.32± .04	20					
208.22 70.60	UGC 6415	U	.69± .05	.00	14.8 ±.2				9999
83.52 -12.01		2.0± .9		.85					9967
1121.5 +2718	PGC 35019		1.32	.35	13.81				10301
112411.8+692445	NGC 3654	.S?....	1.08± .09						
133.74 45.84	UGC 6407		.28± .07	.01	13.7 ±.2				1579± 50
45.18 7.05	IRAS11211+6941			.43	13.20				1696
112109.0+694113	PGC 35025		1.08	.14	13.22				1670
112413.6-770936		.SXT4*.	1.11± .07	161					
298.03 -15.13	ESO 38- 12	Sr (1)	.26± .07	.47					
193.66 -20.28	IRAS11224-7652	4.5± .6		.38					
112226.1-765306	PGC 35026	3.3± .6	1.16	.13					
112416.9-135128	NGC 3667	PSAT2*.	1.17± .05	85				15.50±.1	5351± 9
272.93 43.88	MCG -2-29- 25	E (1)	.15± .05	.11				557± 12	
124.98 -25.17		2.0± .8		.18					5189
112145.8-133459	PGC 35028	1.6±1.0	1.18	.07					5707
112419.0+003837		.SBS5..	.89± .11						
261.02 56.26	MCG 0-29- 29	F (1)	.00± .07	.08	14.55 ±.18				7906± 56
109.55 -21.60		5.0± .9		.00					7784
112145.1+005506	PGC 35030	3.6±1.0	.89	.00	14.42				8264
112421.4-135123	NGC 3667A	.SAT3P.	1.15± .08	40					
272.95 43.89	MCG -2-29- 26	F	.39± .05	.11					
124.99 -25.15		3.0± .9		.54					
112150.3-133454	PGC 35034		1.16	.19					
1124.3 +0308		.S..6*/	.96± .09	144					10768
258.22 58.24	UGC 6417	UF	.98± .06	.09	16.0 ±.3				
106.98 -20.82		6.0±1.0		1.44					10653
1121.8 +0325	PGC 35037		.97	.49	14.46				11123

R.A. 2000 DEC.	Names	Type	logD$_{25}$	p.a.	B$_T$	(B-V)$_T$	(B-V)$_e$	m$_{21}$	V$_{21}$
l b		S$_T$ n$_L$	logR$_{25}$	A$_g$	m$_B$	(U-B)$_T$	(U-B)$_e$	W$_{20}$	V$_{opt}$
SGL SGB		T	logA$_e$	A$_i$	m$_{FIR}$	(B-V)^o_T	m'$_e$	W$_{50}$	V$_{GSR}$
R.A. 1950 DEC.	PGC	L	logD$_o$	A$_{21}$	B^o_T	(U-B)^o_T	m'$_{25}$	HI	V$_{3K}$
1124.4 +3914		.I..9*.	1.07± .14						1932± 10
173.63 68.22	UGC 6416	U	.16± .12	.00					
72.27 -6.65		10.0±1.2		.12					1945
1121.7 +3931	PGC 35039		1.07	.08					2186
112424.8+031939	NGC 3664	.SBS9P.	1.31± .03		13.20 ±.13	.39± .03	.35± .02	14.01±.1	1382± 7
258.02 58.39	UGC 6419	R (2)	.03± .04	.12	12.86 ±.16	-.28± .04	-.30± .03	108± 8	1362± 29
106.79 -20.76	DDO 95	9.0± .4	1.07± .02	.03	13.19	.35	14.04± .03	117± 12	1267
112150.4+033608	PGC 35041	7.6± .6	1.32	.01	12.92	-.31	14.52± .21	1.07	1736
112425.1+031321	NGC 3664A	.SB.9P$	.92± .06					15.40±.3	1325± 9
258.14 58.31	UGC 6418	R (1)	.03± .05	.12	14.86 ±.19			55± 10	
106.90 -20.79		9.0± .5		.03					1211
112150.7+032950	PGC 35042	8.6±1.0	.93	.02	14.71			.67	1680
112425.7+112034	NGC 3666	.SAT5*.	1.64± .02	100	12.70S±.15			13.15±.1	1062± 6
246.40 64.18	UGC 6420	R (2)	.56± .03	.13	12.35 ±.13			271± 8	1047± 66
98.70 -18.07	IRAS11218+1137	5.0± .3		.84	11.73			256± 6	974
112149.7+113703	PGC 35043	4.7± .6	1.65	.28	11.53		14.36± .20	1.34	1405
112425.9+272725		.S..8*.	1.05± .08	100				15.08±.3	1503± 7
206.93 70.69	UGC 6421	U	.17± .06	.00					
83.15 -11.78		8.0±1.2		.21				164± 7	1472
112146.6+274354	PGC 35044		1.05	.09					1804
1124.6 +2336		.SA.4..	1.09± .06						
218.29 70.11	UGC 6425	U (1)	.05± .05	.00	14.6 ±.3				
86.80 -13.32		4.0± .8		.07					
1122.0 +2353	PGC 35056	4.5±1.1	1.09	.02					
112440.4+145657		.S..8*.	1.09± .06	121				15.87±.3	4155± 9
239.65 66.43	UGC 6424	U	.77± .05	.05	15.52 ±.18				
95.16 -16.70		8.0±1.4		.95				265± 5	4080
112203.7+151326	PGC 35061		1.10	.39	14.51			.98	4491
112443.3+384547	NGC 3665	.LAS0..	1.39± .04	30	11.77 ±.17	.95± .03	.96± .01		
174.71 68.49	UGC 6426	R	.08± .04	.00	11.94 ±.13	.47± .05	.51± .05		2061± 27
72.73 -6.81	IRAS11220+3902	-2.0± .3	.98± .04	.00	12.10	.92	12.16± .11		2072
112201.0+390216	PGC 35064		1.38		11.84	.47	13.39± .26		2317
1124.7 +2356	NGC 3670	.SB.0..	1.06± .06	35					
217.36 70.21	UGC 6427	U	.24± .05	.00	14.49 ±.18				
86.49 -13.17		.0± .9		.18					
1122.1 +2413	PGC 35067		1.05						
1124.8 -1333	A 1122-13	.SBT3P*	1.23± .05	115	13.5 ±.3	.45± .05	.52± .00	14.93±.1	5390± 7
272.90 44.21	MCG -2-29- 27	E (1)	.20± .05	.07				267± 8	5392± 59
124.69 -24.98		3.0±1.3	1.12± .13	.27		.36	14.55± .35	256± 11	5229
1122.3 -1317	PGC 35073	1.6± .8	1.23	.10	13.08		13.95± .41	1.75	5746
1124.9 +3754		.S..8*.	1.14± .13	62					2010
176.80 68.89	UGC 6428	U	.69± .12	.00					
73.53 -7.16		8.0±1.3		.84					2018
1122.2 +3811	PGC 35080		1.14	.34					2270
1125.0 +1705								19.23±.3	1209± 10
235.15 67.66				.00				40± 13	
93.10 -15.82								28± 10	1141
1122.4 +1721	PGC 35087								1540
112502.4-094743	NGC 3672	.SAS5..	1.62± .02	8	12.09 ±.15	.70± .01	.79± .01	12.92±.1	1862± 4
270.42 47.55	MCG -2-29- 28	R (3)	.33± .02	.07	11.7 ±.2			409± 4	1857± 18
120.63 -24.14	IRAS11225-0931	5.0± .3	1.08± .02	.49	10.76	.61	12.98± .05	377± 4	1711
112230.4-093113	PGC 35088	2.3± .4	1.63	.16	11.38		14.22± .18	1.38	2221
1125.1 +1653								17.89±.3	1019± 10
235.65 67.59				.00				34± 13	
93.31 -15.86								29± 10	950
1122.5 +1709	PGC 35096								1351
112512.6-264412	NGC 3673	.SBT3..	1.56± .02	70				14.45±.1	1940± 6
280.09 32.28	ESO 503- 16	R (3)	.18± .03	.27	12.34 ±.11			325± 7	2113± 41
139.23 -26.75	IRAS11227-2627	3.0± .3		.25	12.37			313± 5	1755
112244.0-262742	PGC 35097	3.3± .5	1.58	.09	11.80			2.56	2280
112517.9+002100		.SAT4*.	.94± .09	105					
261.69 56.16	UGC 6432	F (1)	.12± .06	.08	14.81 ±.18				
109.94 -21.45		4.0± .9		.18					
112244.0+003730	PGC 35102	2.6±1.0	.95	.06					
112520.3+634342	A 1122+64	.SAT5..	1.32± .06		13.77 ±.15	.43± .04	.57± .02	14.82±.1	3726± 5
137.83 50.84	UGC 6429	U (1)	.08± .07	.00	13.8 ±.2			69± 4	3724± 59
50.34 4.60		5.0± .7	.94± .03	.11		.39	13.96± .07	55± 5	3826
112225.2+640011	PGC 35105	1.8± .7	1.32	.04	13.63		15.02± .39	1.15	3852

R.A. 2000 DEC. l b SGL SGB R.A. 1950 DEC.	Names PGC	Type S_T n_L T L	$logD_{25}$ $logR_{25}$ $logA_e$ $logD_o$	p.a. A_g A_i A_{21}	B_T m_B m_{FIR} B_T^o	$(B-V)_T$ $(U-B)_T$ $(B-V)_T^o$ $(U-B)_T^o$	$(B-V)_e$ $(U-B)_e$ m'_e m'_{25}	m_{21} W_{20} W_{50} HI	V_{21} V_{opt} V_{GSR} V_{3K}
112527.3+574322	NGC 3669	.SB.6*/	1.35± .05	153				14.62±.1	1940± 11
143.34 55.87	UGC 6431	P	.61± .05	.00	13.1 ±.2			403± 16	
55.73 1.90	IRAS11226+5759	6.0± .8		.89	12.73			405± 12	2019
112237.0+575951	PGC 35113		1.35	.30	12.24			2.08	2100
112531.4+632641	NGC 3668	.S..4..	1.24± .07						
138.04 51.09	UGC 6430	U	.11± .07	.00	13.13 ±.18				3522± 39
50.61 4.50	IRAS11225+6343	4.0± .8		.17	12.59				3620
112236.6+634311	PGC 35123		1.24	.06	12.94				3649
112532.1+380341	A 1122+38	.P.....	1.06± .05	79					
176.27 68.94	UGC 6433	R	.21± .05	.00	14.57 ±.18				2102
73.44 -6.98	VV 87	99.0		.16					2111
112250.1+382011	PGC 35124		1.06	.11	14.41				2361
1125.5 +2248	A 1122+23	.SBS3..	.94± .11		14.49 ±.13	.56± .03	.64± .03	15.38±.3	6471± 12
220.72 70.09	MCG 4-27- 34	P (1)	.00± .07	.00	14.49 ±.18			178± 21	6563± 59
87.65 -13.46		3.0± .8	.68± .02	.00		.52	13.38± .04	175± 15	6428
1122.9 +2305	PGC 35125	1.6± .9	.94	.00	14.44		14.02± .58	.94	6791
112534.4-004605		.L..0*.	1.04± .09						
262.94 55.29	UGC 6435	UF	.00± .04	.12	13.88 ±.15				7620± 35
111.12 -21.70		-2.2± .7		.00					7494
112300.7-002935	PGC 35126		1.05		13.65				7978
112536.4+542256	A 1122+54	.L...P.	1.12± .12					15.65±.3	6323± 10
147.03 58.55	MCG 9-19- 73	R	.91± .07	.00					6198± 19
58.73 .39	MK 40	-2.0± .6		.00					6361
112248.0+543926	PGC 35129		.98						6472
1125.7 +1855		.S..4..	1.07± .06	35					
231.02 68.68	UGC 6437	U	.34± .05	.00	14.92 ±.19				
91.39 -14.96		4.0± .9		.49					
1123.1 +1912	PGC 35137		1.07	.17					
112545.4-480830		.SXS5*/	1.26± .05	90					
288.49 12.31	ESO 216- 8	Sr (1)	.55± .04	.51	14.62 ±.14				
163.05 -26.46	IRAS11233-4752	4.8± .5		.82	12.80				
112323.0-475200	PGC 35140	3.3± .9	1.31	.27					
112546.3+144023	IC 2810A	.SB?...	1.10± .07	30				16.80±.3	10243± 9
240.60 66.49	UGC 6436		.31± .06	.06	14.9 ±.2			411± 10	
95.53 -16.56	IRAS11231+1456			.46	11.18				10167
112309.8+145653	PGC 35142		1.10	.15	14.30			2.35	10580
112552.5-352342	A 1123-35	RLXT0..	1.07± .07						
283.89 24.29	ESO 377- 46	Sr	.06± .05	.31	14.35 ±.14				9733± 43
148.90 -27.03		-2.0± .5		.00					9532
112326.0-350712	PGC 35150		1.10		13.89				10046
112553.6+095913	IC 692	.S?....	.84± .08	125				16.37±.3	1163± 9
249.23 63.54	UGC 6438		.14± .05	.10	14.5 ±.2				1157± 50
100.18 -18.21	ARAK 292			.11				67± 5	1071
112318.0+101543	PGC 35151		.85		14.30				1509
1125.9 -1146		.SBR7P?	1.18± .08	100					
272.08 45.91		E (1)	.10± .08	.09					
122.82 -24.36		7.0±1.8		.14					
1123.4 -1130	PGC 35152	7.5±1.2	1.19	.05					
112601.2+015900		.SBT4..	1.04± .06	43					
260.18 57.58	UGC 6440	UF (1)	.18± .05	.10	14.40 ±.18				
108.31 -20.79	IRAS11234+0215	3.5± .6		.27	14.03				
112327.0+021530	PGC 35158	2.6± .8	1.05	.09					
112603.4-524649		.SAR6*.	1.10± .08	105					
290.09 7.95	ESO 170- 2	S (1)	.04± .07	1.14					
168.12 -25.85	IRAS11237-5230	6.0±1.2		.06	13.08				
112343.0-523018	PGC 35160	4.4± .8	1.21	.02					
112607.8+433506	NGC 3675	.SAS3..	1.77± .02	178	11.00S±.15			13.04±.1	767± 5
163.67 66.19	UGC 6439	R (2)	.28± .02	.00	10.90 ±.14			426± 4	724± 36
68.48 -4.42		3.0± .3		.39				407± 4	796
112324.2+435136	PGC 35164	3.3± .6	1.77	.14	10.55		14.01± .19	2.35	1000
112608.7-541407		RSXR2?.	1.13± .07	127					
290.58 6.58	ESO 170- 3	Sr	.39± .07	1.36					
169.70 -25.62		1.5± .9		.48					
112349.0-535736	PGC 35166		1.26	.19					
1126.1 +2645									
209.16 71.01	CGCG 156- 74			.00	15.4 ±.3				9948
83.97 -11.72									9915
1123.5 +2702	PGC 35167								10251

R.A. 2000 DEC.	Names	Type	logD25	p.a.	BT	(B-V)T	(B-V)e	m21	V21
l b		ST nL	logR25	Ag	mB	(U-B)T	(U-B)e	W20	Vopt
SGL SGB		T	logAe	Ai	mFIR	(B-V)°T	m'e	W50	VGSR
R.A. 1950 DEC.	PGC	L	logDo	A21	B°T	(U-B)°T	m'25	HI	V3K
112609.4+032954	A 1123+03	.SXS3*.							
258.46 58.80	CGCG 39-180	F		.13	15.0 ±.6				
106.76 -20.29		3.0± .9							
112335.0+034624	PGC 35168								
1126.1 -0150		.SB.3?/							
264.21 54.49	CGCG 11- 95	F		.16	15.0 ±.6				
112.28 -21.87		3.0±1.8							
1123.6 -0134	PGC 35170								
112609.8-723704		.I..9..	1.22± .07						
296.58 -10.81		S (1)	.08± .08	.87					
189.04 -21.54		10.0± .8		.06					
112408.1-722033	PGC 35171	10.0± .8	1.30	.04					
1126.1 +0750		.S..7..	1.14± .07	176					6310
252.68 62.08	UGC 6442	U	1.16± .06	.19	15.8 ±.2				
102.36 -18.87		7.0±1.0		1.38					6211
1123.6 +0807	PGC 35174		1.16	.50	14.17				6659
112615.5+275159	NGC 3678	.S..4..	.91± .05					16.56±.3	7210± 11
205.76 71.12	UGC 6443	U	.03± .04	.00	14.40 ±.19			100± 7	7185± 50
82.94 -11.24	KUG 1123+281	4.0± .9		.05				72± 7	7180
112336.3+280829	PGC 35177		.91	.02	14.31			2.24	7508
112617.5+465826	NGC 3677	PSAR0*.	1.29± .07	130					
157.41 64.05	UGC 6441	PU	.07± .05	.00	13.30 ±.19				7475± 57
65.43 -2.87	IRAS11235+4714	-.3± .6		.05	12.92				7517
112332.8+471456	PGC 35181		1.29		13.13				7692
112619.1+210546		.SB?...	.82± .13		15.40S±.15				
225.60 69.69	MCG 4-27- 36		.28± .07	.00					12979± 41
89.36 -13.98	HICK 52A			.42					12926
112341.4+212216	PGC 35183		.82	.14	14.92		13.62± .68		13300
1126.3 +0255		.SXR4..	.84± .10						
259.23 58.38	CGCG 39-182	F (1)	.21± .10	.09	15.27 ±.18				
107.37 -20.42		4.0±1.0		.30					
1123.8 +0312	PGC 35185	2.6±1.0	.85	.10					
112625.4-361537			.78± .07	168	14.4 ±.4	1.13± .03			
284.34 23.52	ESO 377- 48		.16± .06	.34	15.37 ±.14	.69± .08			
149.87 -26.92									
112359.0-355906	PGC 35188		.81						
112626.8+570258	NGC 3674	.L..../	1.29± .05	33					
143.85 56.49	UGC 6444	RU	.48± .04	.00	13.24 ±.18				1885
56.40 1.71		-2.0± .4		.00					1962
112337.3+571928	PGC 35191		1.22		13.22				2049
112629.5+165151	NGC 3681	.SXR4..	1.40± .03		11.9 S±.3	.71± .05		13.50±.1	1239± 4
236.13 67.84	UGC 6445	R (1)	.10± .03	.00	12.39 ±.14			184± 4	1299± 53
93.46 -15.58	IRAS11238+1708	4.0± .3		.14	13.19	.68		157± 4	1171
112352.6+170822	PGC 35193	2.3± .8	1.40	.05	12.14		13.51± .30	1.31	1571
112634.5+112624	IC 2822	.SB.4..	1.19± .06	130				14.97±.2	3204± 6
247.03 64.64	UGC 6449	U	.32± .06	.13	14.4 ±.2			236± 6	
98.80 -17.54		4.0± .8		.48				220± 5	3117
112358.6+114254	PGC 35196		1.20	.16	13.82			.98	3547
112635.5-430331		.L...*.	1.08± .05	128					
286.87 17.15	ESO 265- 33	S	.49± .03	.38	14.61 ±.14				
157.42 -26.71		-2.0± .9		.00					
112411.1-424700	PGC 35198		1.05						
112640.6+534458		.SA.7..	1.55± .03	10	13.54S±.15		.48± .07	13.36±.1	645± 7
147.56 59.14	UGC 6446	U	.19± .05	.00	13.8 ±.5		-.29± .12	143± 6	
59.37 .25		7.0± .7		.26				135± 12	710
112353.1+540128	PGC 35202		1.55	.09	13.31		15.67± .24	-.04	826
112640.7-014138		CE.....			*				
264.25 54.68	CGCG 11- 96	F		.16	14.84 ±.18				
112.17 -21.70		-5.0± .9							
112407.2-012507	PGC 35203								
112640.9-541519		.S.5?P/	1.36± .05	86	*				
290.66 6.58	ESO 170- 4	S	.73± .07	1.36					
169.71 -25.54		5.0±1.7		1.09					
112421.0-535848	PGC 35204		1.49	.36					
112643.7+590917	IC 691	.I?....	.81± .08	150	14.5 ±.2	.56± .03		15.47±.1	1199± 7
141.67 54.78	UGC 6447		.18± .05	.00	14.5 ±.3	-.29± .05		158± 5	1225± 38
54.52 2.69	MK 169			.14	11.88	.51		141± 5	1284
112353.0+592547	PGC 35206		.81	.09	14.38	-.33	12.94± .48	1.01	1351

R.A. 2000 DEC. / l b / SGL SGB / R.A. 1950 DEC.	Names / PGC	Type / S_T n_L / T / L	$\log D_{25}$ / $\log R_{25}$ / $\log A_e$ / $\log D_o$	p.a. / A_g / A_i / A_{21}	B_T / m_B / m_{FIR} / B_T^o	$(B-V)_T$ / $(U-B)_T$ / $(B-V)_T^o$ / $(U-B)_T^o$	$(B-V)_e$ / $(U-B)_e$ / m'_e / m'_{25}	m_{21} / W_{20} / W_{50} / HI	V_{21} / V_{opt} / V_{GSR} / V_{3K}
112646.1+391559		.S?....	.94± .11						
172.99 68.62	MCG 7-24- 6		.05± .07	.00	14.85 ±.18				6222± 61
72.45 -6.23				.07					6236
112404.1+393229	PGC 35207		.94	.02	14.73				6476
112648.5+351447	A 1124+35	.L?....	.97± .15						
183.50 70.22	MCG 6-25- 72		.23± .07	.00	14.78 ±.15				9652± 11
76.14 -7.99	MK 423			.00	12.84				9650
112407.6+353117	PGC 35210		.93		14.63				9923
112650.4+640816	A 1123+64	.P.....	1.02± .10					15.73±.1	991± 6
137.28 50.57	UGC 6448	R	.36± .07	.00	14.91 ±.18			94± 5	991± 60
50.05 4.94	MK 170	99.0		.54				60± 5	1092
112355.8+642446	PGC 35213		1.02	.18	14.36			1.18	1113
112655.6-011919		.SAT4..	.82± .13						
263.98 55.03	MCG 0-29- 33	F (1)	.08± .07	.11	15.12 ±.18				
111.80 -21.54		4.0± .9		.11					
112422.0-010248	PGC 35217	3.6±1.4	.83	.04					
112656.5+632531		.E?....	.72± .22						
137.84 51.19	MCG 11-14- 25A		.05± .07	.00	14.8 ±.2				3304± 60
50.70 4.63	ARAK 293			.00					3403
112402.6+634201	PGC 35219		.70		14.78				3431
112705.3-285843	IC 2764	RSAT0..	1.21± .04						
281.54 30.37	ESO 439- 8	Sr	.06± .04	.28	13.15 ±.14				1635± 30
141.76 -26.51		.4± .6		.05					1444
112437.0-284212	PGC 35222		1.24		12.80				1966
112711.2+170149	NGC 3684	.SAT4..	1.49± .02	130	12.0 S±.3	.62± .08		13.39±.1	1163± 4
235.98 68.07	UGC 6453	R (2)	.16± .02	.00	12.18 ±.14			241± 4	1394± 53
93.36 -15.36	IRAS11245+1718	4.0± .3		.24	11.94	.58		209± 4	1097
112434.4+171820	PGC 35224	4.1± .6	1.49	.08	11.90		13.90± .29	1.41	1496
1127.1 +0843	IC 2828	.L?....	1.12± .12						
251.73 62.88	MCG 2-29- 28		.36± .07	.14	14.38 ±.15				1020±150
101.56 -18.34				.00					925
1124.6 +0900	PGC 35225		1.08		14.23				1368
112712.6-005943		.I..9*.	.98± .09					15.44±.1	976± 9
263.76 55.34	UGC 6457	UF	.01± .06	.07	14.46 ±.19			126± 12	
111.48 -21.38		10.0±1.2		.01					850
112439.0-004312	PGC 35227		.99	.00	14.39			1.05	1334
1127.2 -0608		.LAS+P*	1.20± .07	80					
268.37 50.99		E	.34± .08	.09					
116.88 -22.74		-1.0±1.3		.00					
1124.7 -0552	PGC 35230		1.16						
112717.5+034523									
258.58 59.18	CGCG 39-184			.08	15.0 ±.6				10561
106.59 -19.94									10450
112443.0+040154	PGC 35234								10916
112718.9+383951		.S..6*.	1.23± .03	34					
174.33 68.99	UGC 6454	U	1.05± .04	.00					
73.05 -6.40	KUG 1124+389	6.0±1.4		1.47					
112437.2+385622	PGC 35235		1.23	.50					
112719.7+593740		.S?....	1.02± .06	30					
141.11 54.43	UGC 6452		.31± .05	.00	14.2 ±.2				5169± 50
54.13 2.97	IRAS11244+5954			.47	13.19				5255
112428.9+595411	PGC 35236		1.02	.16	13.71				5318
112723.0-105709		.SBS3..	1.05± .06	140					
271.98 46.81	MCG -2-29- 31	E (1)	.17± .05	.08					
122.01 -23.83		3.0± .9		.24					
112451.2-104038	PGC 35239	3.1± .8	1.06	.09					
112723.3-291531		RSBR1P*	1.21± .04	99					
281.73 30.13	ESO 439- 9	Sr	.63± .03	.27	14.76 ±.14				7454± 99
142.08 -26.47	IRAS11249-2859	1.0±1.8		.64					7263
112455.1-285900	PGC 35241		1.23	.31	13.75				7784
112728.9+195113									
229.18 69.46	CGCG 96- 48			.00	15.02 ±.18				6568± 61
90.66 -14.21	MK 735								6511
112451.5+200744	PGC 35247								6892
112732.1+565243	NGC 3683	.SBS5$.	1.27± .04	128					
143.81 56.72	UGC 6458	R (1)	.43± .04	.00	13.33 ±.15				1656± 66
56.62 1.77	IRAS11247+5709	5.0± .9		.65	10.20				1733
112443.1+570914	PGC 35249	5.7± .9	1.27	.22	12.67				1821

R.A. 2000 DEC.	Names	Type	$\log D_{25}$	p.a.	B_T	$(B-V)_T$	$(B-V)_e$	m_{21}	V_{21}
l b		S_T n_L	$\log R_{25}$	A_g	m_B	$(U-B)_T$	$(U-B)_e$	W_{20}	V_{opt}
SGL SGB		T	$\log A_e$	A_i	m_{FIR}	$(B-V)^o_T$	m'_e	W_{50}	V_{GSR}
R.A. 1950 DEC.	PGC	L	$\log D_o$	A_{21}	B^o_T	$(U-B)^o_T$	m'_{25}	HI	V_{3K}
112732.4-291037		.P..../	1.09± .05	147					
281.73 30.22	ESO 439- 10	S	.39± .05	.27	15.73 ±.14				7164± 34
141.99 -26.43		99.0		.59					6973
112504.0-285406	PGC 35250		1.12	.20	14.83				7494
112733.0+360416		.L?....	.82± .19	123					
181.06 70.08	MCG 6-25- 75		.09± .07	.00	15.48 ±.15				10262± 79
75.45 -7.49	IRAS11248+3620			.00	13.35				10264
112452.0+362047	PGC 35252		.80		15.32				10529
112733.8+360339		.S?....	.94± .11						
181.09 70.09	MCG 6-25- 74		.47± .07	.00	15.1 ±.2				10066± 79
75.46 -7.49				.71					10068
112452.9+362010	PGC 35254		.94	.24	14.34				10334
112736.9+002341		.SBS3..							
262.50 56.54	CGCG 11-100	F (1)		.07	15.1 ±.6				
110.07 -20.88		3.0± .9							
112503.0+004012	PGC 35259	1.6±1.0							
112742.7+663525	NGC 3682	.SAS0*$	1.22± .04	95	13.3 ±.2	.76± .03	.74± .02		
135.30 48.48	UGC 6459	R	.18± .05	.00	13.42 ±.18	.04± .05	.02± .03		1543± 42
47.88 6.10	IRAS11247+6651	.0± .5	.52± .06	.13	11.67	.72	11.37± .16		1652
112446.2+665156	PGC 35266		1.21		13.21	.02	13.78± .32		1652
1127.7 +2122		.S..2..	1.04± .08	2					
225.19 70.10	UGC 6461	U	.47± .06	.00					
89.23 -13.57		2.0± .9		.58					
1125.1 +2139	PGC 35267		1.04	.24					
112744.1+171325	NGC 3686	.SBS4..	1.51± .02	15	11.89M±.11	.57± .07	.61± .07	14.52±.0	1156± 4
235.72 68.28	UGC 6460	PU (2)	.11± .02	.02	11.84 ±.14		.00± .07	202± 4	1033± 53
93.23 -15.16	IRAS11251+1729	4.0± .5	1.10± .04	.17	11.47	.54	13.04± .08	189± 4	1089
112507.3+172956	PGC 35268	2.6± .6	1.51	.06	11.67		13.99± .16	2.79	1487
112744.5-090956	NGC 3688	PSBT3..	1.11± .06	170					
270.84 48.42	MCG -1-29- 24	EF (1)	.14± .05	.06					
120.12 -23.35		2.5± .6		.20					
112512.3-085325	PGC 35269	2.6±1.0	1.11	.07					
1127.7 -0454		.SB.7..	1.15± .08						971
267.52 52.11	MCG -1-29- 23	F	.60± .07	.12					
115.61 -22.31		7.0± .9		.83					834
1125.2 -0438	PGC 35271		1.16	.30					1331
1127.7 +0608		.SAT3..	.83± .08						
255.70 61.09	MCG 1-29- 42	F (1)	.03± .06	.11	14.97 ±.18				
104.21 -19.06		3.0±1.0		.04					
1125.2 +0625	PGC 35272	5.6±1.0	.84	.01					
112747.4+075939		.S?....	1.19± .12	3				16.21±.2	6356± 8
253.07 62.46	UGC 6462		.81± .12	.19	15.01 ±.18			244± 14	
102.35 -18.45				1.22				244± 8	6259
112512.3+081610	PGC 35273		1.21	.41	13.57			2.24	6705
1127.8 -0113		.LAR0P.							
264.22 55.24	CGCG 11-101	F		.10	15.1 ±.6				12451± 79
111.77 -21.29		-2.0± .9							12325
1125.3 -0057	PGC 35276								12809
112754.2-413650		PSBR1..	1.02± .19	45					
286.60 18.59	ESO 319- 22	r	.22± .14	.43					
155.81 -26.54	IRAS11254-4120	1.0± .9		.23	11.07				
112529.0-412018	PGC 35278		1.06	.11					
112757.6-011244		.LAR+P.							
264.25 55.26	CGCG 11-103	F		.10	15.2 ±.6				12932± 79
111.77 -21.26		-1.0± .9							12806
112524.0-005612	PGC 35281								13290
112800.6+293041	NGC 3687	PSXR4?.	1.28± .03					14.91±.1	2507± 6
200.63 71.51	UGC 6463	PU (2)	.00± .04	.00	12.86 ±.14			187± 4	2377± 66
81.56 -10.20	MK 736	3.5± .5		.01				178± 4	2484
112521.3+294712	PGC 35285	2.2± .7	1.28	.00	12.83			2.07	2800
1128.0 +7859	A 1124+79	.P.....	1.16± .07					14.43±.1	-93± 5
127.84 37.33	UGC 6456	R	.24± .06	.10	14.50 ±.19			58± 5	-49± 32
36.54 11.40	7ZW 403	99.0		.30				49± 3	53
1124.6 +7916	PGC 35286		1.17	.12	14.10			.21	-60
112804.7-363232	A 1125-36	.SXS5*.	1.34± .04	178	13.79 ±.15	.66± .03	.77± .02		3023± 10
284.79 23.38	ESO 378- 3	PS (2)	.20± .05	.38	13.85 ±.14	.01± .10			2976± 59
150.18 -26.59		5.2± .5	1.03± .02	.30		.52	14.43± .05		2821
112538.0-361600	PGC 35288	3.5± .5	1.37	.10	13.13	-.09	14.83± .28		3331

R.A. 2000 DEC. / l b / SGL SGB / R.A. 1950 DEC.	Names / PGC	Type / S_T n_L / T / L	$\log D_{25}$ / $\log R_{25}$ / $\log A_e$ / $\log D_o$	p.a. / A_g / A_i / A_{21}	B_T / m_B / m_{FIR} / B_T^o	$(B-V)_T$ / $(U-B)_T$ / $(B-V)_T^o$ / $(U-B)_T^o$	$(B-V)_e$ / $(U-B)_e$ / m'_e / m'_{25}	m_{21} / W_{20} / W_{50} / HI	V_{21} / V_{opt} / V_{GSR} / V_{3K}
112808.6+165515	NGC 3691	.SB.3$.	1.13± .03	15	12.6 S±.3			15.78±.1	1085± 4
236.55 68.21	UGC 6464	P	.13± .03	.04	13.43 ±.15			184± 5	997±181
93.56 -15.19	ARAK 294	3.0± .9		.18	13.31			130± 5	1018
112531.8+171146	PGC 35292		1.13	.07	13.02		12.77± .32	2.69	1417
112810.3+253944	NGC 3689	.SXT5..	1.22± .03	97	13.03 ±.13	.70± .02		15.75±.2	2739± 8
212.71 71.32	UGC 6467	R (2)	.17± .03	.00	13.13 ±.15	-.01± .04		260± 34	2722± 61
85.19 -11.76		5.0± .4		.26		.65		346± 25	2703
112531.9+255615	PGC 35294	3.3± .8	1.22	.09	12.80	-.05	13.54± .22	2.87	3045
1128.1 +0419		.SBT4P*	1.03± .06	5					
258.22 59.76	UGC 6466	UF (1)	.46± .05	.10	15.17 ±.18				8658± 79
106.09 -19.55		4.3± .7		.67					8549
1125.6 +0436	PGC 35295	3.6±1.0	1.04	.23	14.35				9012
112811.7-131143	NGC 3693	PSAR3*.	1.51± .03	85				14.20±.1	4953± 9
273.70 44.90	MCG -2-29- 32	EF (1)	.68± .05	.06				521± 12	
124.47 -24.11	IRAS11256-1255	2.7± .6		.93	13.43				4794
112540.1-125511	PGC 35299	2.6±1.0	1.52	.34					5310
112812.3+215952		.SB?...	1.02± .06	120				15.58±.3	6307± 10
223.57 70.42	UGC 6465		.07± .05	.00	14.58 ±.19				6200± 55
88.68 -13.22	VV 594			.11				198± 7	6255
112534.6+221623	PGC 35300		1.02	.04	14.43			1.11	6622
1128.2 +0903	IC 2850	.S?....	.82± .13					16.10±.3	6298± 12
251.61 63.30	MCG 2-29- 30		.46± .07	.11	15.3 ±.3			288± 20	
101.31 -17.99	IRAS11256+0920			.68					6204
1125.6 +0920	PGC 35301		.83	.23	14.51			1.36	6645
1128.2 +0908	IC 2853	.SB.2..	1.00± .06	15				15.73±.2	6310± 6
251.48 63.37	UGC 6470	U	.29± .05	.11	14.58 ±.18			398± 8	
101.23 -17.96	IRAS11256+0925	2.0± .9		.35	13.03			380± 7	6216
1125.6 +0925	PGC 35302		1.01	.14	14.05			1.53	6657
112817.0+005328		.SXS4..	.74± .14						
262.22 57.04	MCG 0-29- 36	F (1)	.00± .07	.07	15.17 ±.18				
109.61 -20.57		4.0± .9		.00					
112543.0+011000	PGC 35306	3.6±1.0	.74	.00					
112817.1+023916		.SA.4*.	.92± .07	123				15.82±.3	6841± 9
260.26 58.46	UGC 6469	F	.40± .05	.07	14.7 ±.3			374± 7	6824± 50
107.80 -20.04	IRAS11257+0255	4.0±1.3		.59	12.61			346± 7	6726
112542.8+025548	PGC 35307		.93	.20	13.96			1.66	7196
112824.3+092423	NGC 3692	.S..3..	1.50± .03	95				14.74±.2	1726± 6
251.14 63.58	UGC 6474	U (1)	.65± .05	.12	12.94 ±.19			404± 9	
100.99 -17.83	IRAS11258+0940	3.0± .8		.90	12.75			387± 6	1633
112548.9+094055	PGC 35314	1.5±1.1	1.51	.33	11.91			2.51	2073
1128.4 +0906	IC 2857	.S..6*.	1.27± .04	161				15.09±.3	6324± 12
251.64 63.38	UGC 6475	U	1.04± .05	.11	15.20 ±.18			412± 20	
101.29 -17.91		6.0±1.4		1.47					6230
1125.9 +0923	PGC 35320		1.28	.50	13.59			1.00	6671
112833.7+583351	NGC 3690	.IB.9P.	1.31± .04	50					
141.90 55.41	UGC 6472	R	.12± .05	.00	12.1 ±.3				3033± 17
55.16 2.64	IRAS11257+5850	9.0± .3		.13	8.29				3116
112544.2+585023	PGC 35321		1.31	.06	11.95				3188
112829.5+583404				32					
141.91 55.40	MCG 10-17- 2A			.00					
55.15 2.63									
112540.0+585035	PGC 35325								
112831.3+583328	IC 694	.SB.9$P	1.07?						
141.91 55.41	UGC 6471	R	.08?	.00					3132± 18
55.16 2.63		9.0± .5		.08					3215
112541.9+585000	PGC 35326		1.07	.04					3287
112834.5-013750	IC 697	.L.....							
264.88 55.00	CGCG 11-106	F		.12	15.1 ±.6				
112.25 -21.23		-2.0± .9							
112601.0-012118	PGC 35327								
112836.4+232418		.S..4..	1.16± .05	115	14.19 ±.13	.57± .02	.65± .02	15.87±.2	7331± 6
219.59 70.93	UGC 6476	U (1)	.16± .05	.00	14.03 ±.19	.05± .04	.03± .04	318± 6	7388± 50
87.37 -12.57		4.0± .8	.67± .01	.23		.49	13.03± .03	299± 6	7288
112558.5+234050	PGC 35328	3.5±1.1	1.16	.08	13.86	.00	14.45± .30	1.94	7645
1128.6 +7050		.S..7..	1.04± .08	153					
132.33 44.74	UGC 6468	U	.59± .06	.04					
44.05 8.02		7.0± .9		.81					
1125.6 +7107	PGC 35330		1.04	.29					

R.A. 2000 DEC. / l b / SGL SGB / R.A. 1950 DEC.	Names / PGC	Type / S_T n_L / T / L	$\log D_{25}$ / $\log R_{25}$ / $\log A_e$ / $\log D_o$	p.a. / A_g / A_i / A_{21}	B_T / m_B / m_{FIR} / B_T^o	$(B-V)_T$ / $(U-B)_T$ / $(B-V)_T^o$ / $(U-B)_T^o$	$(B-V)_e$ / $(U-B)_e$ / m'_e / m'_{25}	m_{21} / W_{20} / W_{50} / HI	V_{21} / V_{opt} / V_{GSR} / V_{3K}
112839.9+090555	IC 696	.SB.8*.	1.00± .06					15.75±.2	6282± 8
251.72 63.41	UGC 6477	U	.03± .05	.11	14.21 ±.18			206± 7	6311± 50
101.32 -17.87	IRAS11259+0922	8.0±1.2		.03	13.24			144± 7	6189
112604.6+092227	PGC 35332		1.01	.01	14.05			1.69	6630
112841.0+194348		.S?....	1.02± .06	24				16.05±.3	5831± 9
229.84 69.66	UGC 6478		.52± .05	.00	15.39 ±.18				
90.90 -14.00				.78				305± 5	5774
112603.8+200020	PGC 35335		1.02	.26	14.58			1.21	6155
112843.5-140717		RLBR+*.	1.15± .08	140					
274.44 44.13	MCG -2-29- 34	EF	.05± .05	.03					
125.50 -24.16		-.5± .6		.00					
112612.1-135045	PGC 35338		1.15						
112844.2-111658	NGC 3696	.SXS5P.	1.09± .09	90					
272.63 46.67		EF (1)	.09± .08	.05					
122.45 -23.58		4.5± .6		.13					
112612.3-110026	PGC 35340	3.2±1.1	1.10	.04					
112845.2-350208		.SAS6..	1.11± .04	80					
284.36 24.84	ESO 378- 5	S (1)	.09± .04	.31	14.82 ±.14				
148.51 -26.43		6.0± .8		.13					
112618.0-344536	PGC 35341	6.7± .8	1.14	.05					
112850.7+204744	NGC 3697	.SB?...	1.37± .03	93	13.77M±.08	.70± .02	.84± .02	14.52±.2	6263± 6
227.05 70.13	UGC 6479		.50± .03	.00	13.78 ±.18	-.02± .06	.21± .03	528± 6	6261± 32
89.89 -13.55	HICK 53A		.90± .01	.69		.57	13.76± .04	517± 6	6210
112613.3+210416	PGC 35347		1.37	.25	13.03	-.12	14.24± .17	1.24	6584
1128.8 +7302		.S..2..	1.08± .09						
130.98 42.77	UGC 6473	U	.28± .07	.08	15.01 ±.19				
42.05 8.97	IRAS11257+7318	2.0± .9		.35					
1125.7 +7319	PGC 35349		1.08	.14					
112854.7+352448	NGC 3694	.S?....	.85± .11	120					
182.61 70.57	UGC 6480		.09± .06	.00	13.9 ±.3				2254± 82
76.17 -7.53	ARAK 296			.13	13.84				2254
112614.2+354120	PGC 35352		.85	.05	13.70				2524
112855.4+032434		.SXS3..	.74± .14						
259.62 59.16	MCG 1-29- 46	F (1)	.09± .07	.06	15.1 ±.2				
107.08 -19.66		3.0± .9		.13					
112621.1+034106	PGC 35353	3.6±1.0	.74	.05					
112858.5+204500		.S?....	.85± .12		15.12S±.15				
227.21 70.14	MCG 4-27- 45		.15± .07	.00	15.26 ±.18				
89.94 -13.54	MK 1296			.22					
112621.2+210132	PGC 35355		.85	.08			13.83± .65		
112860.0-222856		RLBR+..	1.03± .09						
279.05 36.54	ESO 571- 3	r	.08± .03	.14					8190± 52
134.62 -25.44		-1.3± .9		.00					8011
112630.1-221224	PGC 35359		1.03						8535
112900.0+204422		.L?....	.72± .22		14.94S±.15				
227.24 70.14	MCG 4-27- 44		.11± .07	.00	15.50 ±.17				
89.96 -13.54	HICK 53B			.00					
112622.7+210054	PGC 35360		.70				13.12±1.12		
112902.6+171344		.S..6*.	1.35± .04	68				14.57±.3	3891± 10
236.14 68.55	UGC 6483	U	1.06± .05	.01	15.13 ±.18				
93.35 -14.87	IRAS11263+1730	6.0±1.3		1.47				324± 7	3825
112625.9+173016	PGC 35362		1.35	.50	13.63			.44	4222
112904.1+090648	IC 698	.L...?.	1.01± .08	147				16.48±.3	6353± 12
251.86 63.49	UGC 6482	U	.28± .03	.11	14.42 ±.16			217± 20	6189± 50
101.34 -17.78	IRAS11264+0923	-2.0±1.8		.00	11.69				6250
112628.8+092320	PGC 35364		.98		14.22				6691
1129.0 +0859	IC 699	.S..3*.	1.09± .06	12				16.55±.3	6219± 12
252.06 63.40	UGC 6485	U (1)	.56± .05	.14	14.69 ±.19			510± 20	
101.46 -17.81		3.0±1.3		.78					6125
1126.5 +0916	PGC 35365	4.5±1.2	1.10	.28	13.72			2.54	6567
1129.1 -0142		.E.....							
265.16 55.01	CGCG 11-107	F		.00	15.4 ±.6				
112.37 -21.11		-5.0± .9							
1126.6 -0126	PGC 35370								
112912.4+570757	NGC 3683A	.SBT5..	1.37± .03	75					2429± 10
143.21 56.64	UGC 6484	U	.14± .04	.00	12.60 ±.18				2446± 50
56.49 2.08	IRAS11263+5724	5.0± .7		.21	12.87				2508
112624.0+572429	PGC 35376		1.37	.07	12.38				2593

R.A. 2000 DEC. l b SGL SGB R.A. 1950 DEC.	Names PGC	Type S_T n_L T L	$\log D_{25}$ $\log R_{25}$ $\log A_e$ $\log D_o$	p.a. A_g A_i A_{21}	B_T m_B m_{FIR} B_T^o	$(B-V)_T$ $(U-B)_T$ $(B-V)_T^o$ $(U-B)_T^o$	$(B-V)_e$ $(U-B)_e$ m'_e m'_{25}	m_{21} W_{20} W_{50} HI	V_{21} V_{opt} V_{GSR} V_{3K}
112912.7+115155		.I..9..	1.11± .14					15.60±.3	3230± 7
247.28 65.40	UGC 6486	U	.07± .12	.13					
98.62 -16.79		10.0± .8		.05				114± 7	3146
112636.9+120827	PGC 35377		1.12	.03					3572
112913.1+194621		.S?....	.94± .11						
229.88 69.79	MCG 3-29- 58		.11± .07	.00	14.78 ±.18				5703± 81
90.91 -13.87	MK 1297			.09					5646
112636.0+200253	PGC 35379		.93		14.61				6027
112914.1+203453		.S?....			16.24S±.15				
227.74 70.13				.00					1412± 41
90.13 -13.55	HICK 54B								1358
112636.8+205126	PGC 35380								1734
112915.2+203501	IC 700	.L?....	1.02± .14		14.02S±.15			15.58±.3	1418± 9
227.73 70.13	UGC 6487		.33± .07	.00	14.89 ±.15			105± 10	1383± 27
90.13 -13.55	VV 498			.00					1361
112637.9+205133	PGC 35382		.97		14.43		13.15± .74		1737
112917.6-014232		RL...P.							
265.21 55.03	CGCG 11-109	F		.04	15.2 ±.6				
112.38 -21.08		-2.0± .9							
112644.0-012600	PGC 35390								
112924.1+345216		.S..8..	1.19± .06					15.30±.1	2530± 11
184.07 70.84	UGC 6491	U	.07± .06	.00	15.0 ±.4			163± 16	
76.72 -7.67		8.0± .8		.09				144± 12	2528
112643.9+350848	PGC 35396		1.19	.04	14.90			.36	2802
112927.5-014450		.E.....							
265.31 55.02	CGCG 11-110	F		.04	15.3 ±.6				
112.43 -21.05		-5.0± .9							
112654.0-012818	PGC 35400								
112928.4+214656	A 1126+22								
224.47 70.62				.00					10074± 45
89.00 -13.03	MK 172								10025
112651.0+220328	PGC 35403								10392
112929.1+240538	NGC 3701	.S..4..	1.28± .04	145	13.48 ±.13	.53± .02	.56± .02	14.06±.2	2806± 6
217.69 71.30	UGC 6493	U	.32± .05	.00	13.80 ±.18	-.09± .03	-.07± .03	274± 6	2802± 47
86.80 -12.12		4.0± .8	.89± .02	.47		.45	13.42± .05	261± 6	2765
112651.2+242210	PGC 35405		1.28	.16	13.09	-.15	13.91± .28	.81	3118
1129.6 +2207	A 1127+22	.SXS3*.	.97± .07		14.52 ±.15	.62± .04	.70± .03	16.04±.1	6501± 8
223.53 70.77	UGC 6495	U (1)	.03± .05	.00	14.59 ±.18			121± 10	6547± 59
88.69 -12.87		3.0±1.2	.77± .04	.04		.57	13.86± .13	113± 10	6454
1127.0 +2224	PGC 35412	1.1± .9	.97	.01	14.46		14.16± .38	1.57	6820
112938.6+353053	NGC 3700	PSBR2..	1.02± .06	130					
182.17 70.68	UGC 6494	U	.15± .05	.00	14.88 ±.19				
76.14 -7.35		2.0± .9		.18					
112658.2+354725	PGC 35413		1.02	.07					
1129.6 +2815		.S?....	.94± .11						
204.61 71.88	MCG 5-27- 80		.11± .07	.00	15.03 ±.19				9801
82.89 -10.39				.14					9775
1127.0 +2832	PGC 35414		.94	.06	14.80				10099
112943.2-315103		.S?....	.91± .05	15					
283.33 27.89	ESO 439- 13		.18± .04	.29	15.13 ±.14				8977± 34
144.98 -26.12				.25					8783
112715.1-313430	PGC 35416		.94	.09	14.52				9300
112944.1-362333	NGC 3706	.LAT-..	1.48± .04	78	12.38 ±.13	1.04± .01	1.06± .01		
285.07 23.63	ESO 378- 6	RBCS	.22± .04	.38	12.23 ±.11	.57± .01	.60± .01		2977± 14
150.02 -26.26		-3.0± .5	.83± .02	.00		.92	12.02± .07		2776
112717.0-360700	PGC 35417		1.50		11.87	.48	14.10± .25		3286
1129.7 +0429		.SBS1?.							
258.63 60.14	CGCG 39-194	F		.09	15.2 ±.6				
106.06 -19.12		1.0±1.8							
1127.2 +0446	PGC 35419								
1129.7 +0548		.SBR1?.							
256.93 61.16	CGCG 39-195	F		.08	15.4 ±.6				
104.72 -18.70		1.0±1.8							
1127.2 +0605	PGC 35420								
112947.9-371245		.IBT9*P	1.04± .05	4					
285.39 22.86	ESO 378- 7	S (1)	.23± .04	.45	15.10 ±.14				
150.93 -26.25		9.7±1.0		.18					
112721.0-365612	PGC 35421	6.7±1.2	1.08	.12					

R.A. 2000 DEC. / l b / SGL SGB / R.A. 1950 DEC.	Names / PGC	Type / S_T n_L / T / L	$\log D_{25}$ / $\log R_{25}$ / $\log A_e$ / $\log D_o$	p.a. / A_g / A_i / A_{21}	B_T / m_B / m_{FIR} / B_T^o	$(B-V)_T$ / $(U-B)_T$ / $(B-V)_T^o$ / $(U-B)_T^o$	$(B-V)_e$ / $(U-B)_e$ / m'_e / m'_{25}	m_{21} / W_{20} / W_{50} / HI	V_{21} / V_{opt} / V_{GSR} / V_{3K}
112951.5+245614		.L?....	.78?						
215.16 71.56	UGC 6496		.17± .08	.00	15.0 ±.2				6277± 50
86.04 -11.70				.00					6239
112713.4+251246	PGC 35424		.75		14.94				6586
1129.9 +1625								18.89±.3	1067± 10
238.29 68.31				.09				43± 13	
94.21 -14.98								34± 10	999
1127.3 +1642	PGC 35426								1400
112957.2-314603		.SAR0*.	.99± .06	13					
283.35 27.99	ESO 439- 14	r	.35± .05	.29	15.41 ±.14				9208± 34
144.89 -26.06		-.1±1.3		.26					9014
112729.1-312930	PGC 35427		1.00		14.72				9531
113004.7-113247	NGC 3704	.E+....	1.21± .09	150					
273.23 46.58	MCG -2-29- 37	E	.07± .07	.04					
122.81 -23.32		-4.0± .8		.00					
112732.8-111615	PGC 35435		1.20						
1130.0 +3837		.S..7*.	1.36± .05	86					6324
173.72 69.49	UGC 6497	U	.96± .06	.00					
73.33 -5.93	IRAS11274+3854	7.0±1.3		1.32	13.83				6336
1127.4 +3854	PGC 35437		1.36	.48					6580
113006.8+091636	NGC 3705	.SXR2..	1.69± .02	122	11.86M±.10	.79± .02	.84± .01	13.10±.1	1017± 11
252.02 63.78	UGC 6498	R (3)	.38± .03	.12	11.65 ±.12	.14± .03		354± 16	1054± 66
101.27 -17.48	IRAS11275+0933	2.0± .3	1.02± .01	.47	11.47	.68	12.36± .04	345± 12	926
112731.5+093309	PGC 35440	3.4± .5	1.70	.19	11.18	.05	14.18± .15	1.73	1365
1130.1 +2348	A 1127+24								
218.67 71.37				.00					
87.13 -12.09									
1127.5 +2405	PGC 35442								
113012.1+014939		.SAS5..	.74± .14						
261.93 58.08	MCG 0-29- 38	F (1)	.09± .07	.04	15.49 ±.18				
108.81 -19.84		5.0± .9		.14					
112738.0+020612	PGC 35447	2.6±1.0	.74	.05					
113013.4-085148	NGC 3702	.SXR1P*	1.11± .06	30					
271.44 48.98	MCG -1-29- 26	EF	.28± .05	.04					
119.96 -22.68		.6± .7		.29					
112741.0-083515	PGC 35448		1.12	.14					
1130.2 +3551		.I..9*.	1.19± .12	5					2221
181.07 70.67	UGC 6499	U	.44± .12	.00					
75.88 -7.09		10.0±1.2		.33					2223
1127.6 +3608	PGC 35450		1.19	.22					2489
1130.3 +5807	A 1127+58	.SAS9*.	.97± .10		14.54 ±.14	.47± .04			
141.99 55.90	MCG 10-17- 7	R	.05± .07	.00	14.85 ±.18	-.11± .07			
55.66 2.65		9.0± .5		.05					
1127.5 +5824	PGC 35451		.97	.02			14.11± .56		
113020.0-410357		.S..5./	1.17± .05	69					
286.86 19.26	ESO 319- 26	S	1.02± .05	.42					
155.19 -26.10		5.3± .8		1.50					
112754.0-404724	PGC 35453		1.21	.50					
1130.3 +0441		.SBT3..							
258.61 60.39	CGCG 39-197	F (1)		.09	15.0 ±.6				
105.90 -18.92		3.0± .9							
1127.8 +0458	PGC 35458	4.6±1.0							
113027.3+364407	A 1127+37	.S?....	.87± .08					16.58±.3	1977± 10
178.59 70.37	CGCG 185- 74		.32± .12	.00	15.26 ±.19			136± 6	1994± 35
75.09 -6.68	MK 424			.48				96± 5	1984
112746.8+370040	PGC 35464		.87	.16	14.77			1.64	2243
1130.4 +0029		.LA.-*.							
263.46 57.02	CGCG 11-112	F		.06	15.13 ±.18				
110.20 -20.17		-3.0±1.3							
1127.9 +0046	PGC 35465								
113028.4+480627	A 1127+48								
154.44 63.77				.00					8400±110
64.72 -1.73	MK 173								8447
112744.6+482300	PGC 35467								8611
113029.1-130530	IC 2889	.SXS5P*	1.10± .05	150					
274.34 45.24	MCG -2-29- 38	EF (1)	.23± .04	.05					
124.48 -23.54		4.6± .6		.35					
112757.4-124857	PGC 35469	5.3± .7	1.10	.12					

R.A. 2000 DEC. l b SGL SGB R.A. 1950 DEC.	Names PGC	Type S_T n_L T L	$logD_{25}$ $logR_{25}$ $logA_e$ $logD_o$	p.a. A_g A_i A_{21}	B_T m_B m_{FIR} B_T^o	$(B-V)_T$ $(U-B)_T$ $(B-V)_T^o$ $(U-B)_T^o$	$(B-V)_e$ $(U-B)_e$ m'_e m'_{25}	m_{21} W_{20} W_{50} HI	V_{21} V_{opt} V_{GSR} V_{3K}
113040.0+440931		.S..2..	1.01± .06	178					
161.28 66.48	UGC 6500	U	.43± .05	.00	15.22 ±.18				
68.32 -3.43		2.0± .9		.53					
112757.5+442604	PGC 35476		1.01	.21					
113044.8-151721		PSBR3..	1.23± .04	80					6569
275.74 43.28	MCG -2-29- 39	EF (1)	.11± .04	.07					
126.86 -23.90	IRAS11282-1500	3.3± .5		.15	13.06				6406
112813.5-150048	PGC 35480	3.6± .5	1.24	.05					6924
1130.8 +6030		.S..7*.	.92± .09						3195
139.67 53.92	UGC 6501	U	.17± .06	.00					
53.53 3.75		7.0±1.2		.23					3285
1128.0 +6047	PGC 35486		.92	.08					3339
113100.5+202814	IC 701	.SBT8P.	.98± .07	47	15.1 ±.4	.45± .04	.47± .04	15.53±.2	6143± 7
228.53 70.46	UGC 6503	R	.19± .05	.00	14.67 ±.18	-.31± .07	-.30± .07		6182± 48
90.40 -13.21	ARP 197	8.0± .6		.23		.38		178± 7	6090
112823.4+204447	PGC 35494		.98	.09	14.50	-.36	14.38± .51	.94	6465
113106.3+030751		.SB.3./							
260.80 59.26	CGCG 39-200	F		.05	14.9 ±.6				
107.55 -19.23		3.0± .9							
112832.1+032424	PGC 35499								
113106.9+224604	NGC 3710	.E.....	1.00± .19	105	14.06 ±.14	.99± .01	1.00± .01		
221.99 71.30	UGC 6504	U	.09± .08	.00	14.33 ±.15	.47± .03	.54± .02		6490± 31
88.22 -12.30		-5.0± .9	.59± .03	.00		.93	12.50± .11		6445
112829.4+230237	PGC 35502		.97		14.09	.51	13.81± .99		6805
1131.1 +5142		.SX.7*.	1.02± .06						
149.09 61.15	UGC 6505	U	.02± .05	.00					
61.51 -.05		7.0± .9		.03					
1128.4 +5159	PGC 35506		1.02	.01					
113109.2+283405	NGC 3712	.SB?...	1.22± .04	160					1583± 10
203.62 72.22	UGC 6506		.44± .05	.00	14.9 ±.3				
82.74 -9.96	ARP 203			.65					1559
112830.6+285038	PGC 35507		1.22	.22	14.23				1879
1131.2 +7716		.S..6*.	1.11± .14	43					
128.51 38.97	UGC 6502	U	1.13± .06	.08					
38.20 10.85		6.0±1.4		1.47					
1128.0 +7733	PGC 35510		1.12	.50					
1131.2 +2618		.S..3..	.95± .07						
210.99 72.09	UGC 6508	U (1)	.08± .05	.00	15.0 ±.2				9882
84.87 -10.86		3.0± .9		.11					9850
1128.6 +2635	PGC 35513	3.5±1.1	.95	.04	14.82				10186
113117.0+341220		.SBS5..	1.12± .05	175				15.43±.3	6309± 7
185.67 71.41	UGC 6507	U	.17± .05	.00	15.15 ±.19			256± 15	
77.50 -7.60		5.0± .8		.25					6305
112837.2+342853	PGC 35517		1.12	.08	14.86			.48	6584
1131.3 +2306		.S..7..	1.32± .04	79	15.5 ±.2	.68± .11		15.45±.3	2905± 10
221.02 71.45	UGC 6509	U	1.12± .05	.00		.15± .13		191± 13	
87.91 -12.12		7.0±1.0		1.38		.45		175± 10	2861
1128.7 +2323	PGC 35521		1.32	.50	14.11	-.03	14.15± .31	.84	3219
113127.2-372622		.SXR6..	.92± .06						
285.81 22.76	ESO 378- 9	r	.08± .05	.41	15.28 ±.14				
151.18 -25.92		5.6± .9		.12					
112900.0-370948	PGC 35531		.96	.04					
113128.6-015034		.LAR-..							
266.14 55.21	CGCG 11-113	F		.10	15.3 ±.6				
112.68 -20.59		-3.0± .9							
112855.1-013400	PGC 35533								
1131.4 +0604		PSXR2..	.82± .13						
257.25 61.63	MCG 1-29- 48	F	.08± .07	.08	14.92 ±.18				
104.60 -18.22		2.0± .9		.09					
1128.9 +0621	PGC 35534		.82	.04					
113131.8-021831		.SXT6..	1.28± .03	10	13.0 ±.2	.52± .04	.60± .02	14.47±.1	4742± 7
266.59 54.82	UGC 6510	UE F (1)	.03± .04	.09	13.2 ±.2			119± 12	
113.17 -20.71	IRAS11289-0202	5.5± .4	1.20± .06	.04	13.46	.46	14.45± .17		4614
112858.3-020157	PGC 35538	5.0± .5	1.29	.01	12.96		14.18± .27	1.50	5100
113131.8-301828	NGC 3717	.SA.3*/	1.78± .02	33	12.24 ±.16	1.04± .05	1.07± .05	13.16±.1	1733± 4
283.13 29.47	ESO 439- 15	R (1)	.73± .03	.23	12.23 ±.10	.45± .12	.50± .12	433± 4	1724± 30
143.30 -25.64	IRAS11290-3001	3.0± .5	1.06± .04	1.00	10.48	.85	13.03± .11	410± 4	1541
112903.0-300154	PGC 35539	5.0±1.0	1.80	.36	10.98	.24	14.17± .19	1.82	2060

R.A. 2000 DEC.	Names	Type	$\log D_{25}$	p.a.	B_T	$(B-V)_T$	$(B-V)_e$	m_{21}	V_{21}
l b		S_T n_L	$\log R_{25}$	A_g	m_B	$(U-B)_T$	$(U-B)_e$	W_{20}	V_{opt}
SGL SGB		T	$\log A_e$	A_i	m_{FIR}	$(B-V)^o_T$	m'_e	W_{50}	V_{GSR}
R.A. 1950 DEC.	PGC	L	$\log D_o$	A_{21}	B^o_T	$(U-B)^o_T$	m'_{25}	HI	V_{3K}
113132.3-141357	NGC 3715	PSBT4*.	1.13± .05	145					
275.36 44.32	MCG -2-29- 41	EF (1)	.18± .04	.05					
125.76 -23.51	IRAS11290-1357	4.0± .6		.27	11.98				
112900.7-135723	PGC 35540	2.4± .8	1.14	.09					
1131.6 -0337		.SAT4?.	.94± .11						
267.81 53.72	MCG 0-30- 2	F (1)	.40± .07	.12	15.42 ±.18				
114.55 -21.03		4.0±1.3		.59					
1129.1 -0321	PGC 35544	3.6±1.4	.95	.20					
113140.6+032923	NGC 3716	RLX.0?.	.87± .07	150				16.61±.3	6628± 10
260.60 59.64	UGC 6513	UF	.07± .03	.04	14.54 ±.17			597± 13	6636± 31
107.23 -18.98		-1.5±1.3		.00					6518
112906.3+034556	PGC 35545		.87		14.40				6983
113142.1+280914	NGC 3713	.L..-*.	1.08± .09	125					
204.98 72.33	UGC 6511	U	.17± .04	.00	14.20 ±.15				6989± 31
83.18 -10.02		-3.0±1.2		.00					6963
112903.7+282548	PGC 35546		1.05		14.10				7287
113144.7+342000		.S?....	1.06± .04	150				14.82±.3	1870± 10
185.20 71.46	UGC 6512		.16± .04	.00	15.0 ±.2				
77.42 -7.46	KUG 1129+346			.24				156± 7	1867
112905.0+343634	PGC 35549		1.06	.08	14.74			.00	2144
113150.8-302434	IC 2913	.LAR+*.	.90± .06						
283.24 29.40	ESO 439- 16	r	.01± .04	.33	13.75 ±.14				1770± 60
143.42 -25.58	IRAS11293-3008	-1.3±1.3		.00	12.59				1578
112922.0-300800	PGC 35554		.93		13.39				2097
113153.5+282126	NGC 3714	.I?....	.73± .08	68					
204.31 72.38	UGC 6516		.16± .05	.00	15.1 ±.3				6974± 39
83.00 -9.90	ARAK 297			.12					6950
112915.1+283800	PGC 35556		.73	.08	14.95				7271
113154.7-094332	IC 2910	PLBT+P*	1.22± .04	130					
272.60 48.41	MCG -1-30- 1	EF	.16± .05	.06					
120.98 -22.48		-.8± .5		.00					
112922.4-092659	PGC 35557		1.20						
1131.9 +2700									
208.76 72.32	CGCG 156- 97			.00	15.3 ±.3				9849
84.28 -10.44									9819
1129.3 +2717	PGC 35558								10151
113157.4-025522		.LA.+*/	.82± .13						
267.30 54.36	MCG 0-30- 3	F	.46± .07	.13	15.3 ±.3				
113.84 -20.77	IRAS11293-0238	-1.0±1.3		.00	13.44				
112924.0-023848	PGC 35560		.76						
113158.8-000258		.SAS6*.	.94± .11						
264.59 56.79	MCG 0-30- 4	F (1)	.28± .07	.06	15.23 ±.18				
110.87 -19.96		6.0±1.3		.42					
112925.0+001336	PGC 35563	5.6±1.4	.94	.14					
113202.5-320440		.S?....	1.02± .06	171					
283.94 27.85	ESO 439- 17		.46± .05	.29	16.09 ±.14				3849± 34
145.26 -25.64				.63					3655
112934.1-314806	PGC 35567		1.05	.23	15.14				4171
113203.1+364154		.S..4..	1.23± .06	40				15.01±.3	2491± 9
178.31 70.68	UGC 6517	U (1)	.25± .06	.00	13.86 ±.18				2477± 50
75.26 -6.40	IRAS11293+3658	4.0± .8		.37				244± 5	2497
112922.9+365828	PGC 35569	4.5±1.1	1.23	.13	13.47			1.41	2755
113205.5+704824		.E...P*							
131.99 44.90	MCG 12-11- 28B	RC		.02					15480± 60
44.20 8.26	HICK 55B	-5.0± .5							15603
112907.1+710457	PGC 35572								15563
113205.7+704840		.SB.1P*							
131.99 44.90	MCG 12-11- 28C	RC		.02					15571± 34
44.20 8.26	HICK 55C	1.0± .5							15694
112907.2+710514	PGC 35573								15654
113206.9+704917		.L...P*							
131.98 44.89	MCG 12-11- 28D	RC		.02					15891± 34
44.19 8.27	HICK 55D	-2.0± .7							16014
112908.4+710551	PGC 35574								15973
113207.0+704856		.LA..P*			15.93S±.15				
131.99 44.89	MCG 12-11- 28A	RC		.02					15649± 32
44.20 8.27	HICK 55A	-2.0± .5							15772
112908.5+710529	PGC 35575								15732

R.A. 2000 DEC. l b SGL SGB R.A. 1950 DEC.	Names PGC	Type S_T n_L T L	$\log D_{25}$ $\log R_{25}$ $\log A_e$ $\log D_o$	p.a. A_g A_i A_{21}	B_T m_B m_{FIR} B_T^o	$(B-V)_T$ $(U-B)_T$ $(B-V)_T^o$ $(U-B)_T^o$	$(B-V)_e$ $(U-B)_e$ m'_e m'_{25}	m_{21} W_{20} W_{50} HI	V_{21} V_{opt} V_{GSR} V_{3K}
113207.6+704908		.S?....							
131.98 44.89	MCG 12-11- 28E			.02					36880± 60
44.19 8.27	HICK 55E								37003
112909.1+710542	PGC 35576								36963
113208.4-412540		.S..4*/	1.18± .04	29					
287.33 19.03	ESO 320- 2	S	.80± .04	.41	15.57 ±.14				
155.58 -25.75	IRAS11296-4109	4.0±1.3		1.18	13.29				
112942.0-410906	PGC 35577		1.22	.40					
113208.7-005634		.LX.0*.							
265.54 56.06	CGCG 12- 5	F		.06	15.13 ±.18				
111.81 -20.18		-2.0± .9							
112935.0-004000	PGC 35578								
1132.1 +0113		.S..7*/	1.07± .07	93					
263.34 57.87	UGC 6519	UF	.91± .06	.06	15.68 ±.19				
109.58 -19.55		7.0± .8		1.26					
1129.6 +0130	PGC 35579		1.08	.46					
113213.5+004914	NGC 3719	.SAT4P*	1.25± .03	15	13.64 ±.13	.60± .02	.68± .02		
263.79 57.54	UGC 6521	PUE F (2)	.14± .03	.08	13.38 ±.18	.01± .12	.11± .12		5889± 33
110.00 -19.65		3.6± .3	.84± .01	.21		.52	13.33± .02		5770
112939.6+010548	PGC 35581	3.1± .5	1.26	.07	13.22	-.05	14.37± .20		6246
1132.3 +2802		.L...?.	1.15± .15						
205.37 72.47	UGC 6522	U	.00± .08	.00	14.1 ±.2				6958
83.34 -9.94		-2.0±1.6		.00					6932
1129.7 +2819	PGC 35588		1.15		14.03				7256
113222.1+004817	NGC 3720	.SA.1*.	.98± .05	85	13.71 ±.13	.76± .02	.69± .01	15.22±.3	5818± 17
263.86 57.55	UGC 6523	PEF (2)	.04± .04	.08	13.73 ±.14	-.04± .03	.01± .03	393± 34	5958± 30
110.03 -19.62	IRAS11297+0104	.9± .7	.57± .02	.04	11.99	.68	12.05± .06	325± 25	5734
112948.2+010451	PGC 35594	2.1± .7	.99	.02	13.52	-.05	13.36± .29	1.68	6209
1132.3 +0510		.SA.2?/							
258.80 61.08	CGCG 40- 2	F		.05	15.1 ±.6				
105.58 -18.29		2.0±1.8							
1129.8 +0527	PGC 35598								
113227.5+623026	A 1129+62	.SB..$.	1.12± .05	165					
137.71 52.30	UGC 6520	R	.25± .05	.00	14.12 ±.18				3660± 72
51.80 4.79	MK 175			.38					3757
112937.5+624700	PGC 35601		1.12	.13	13.72				3792
1132.5 +2026		RSBR3*.	1.13± .05					15.68±.2	6052± 7
229.04 70.78	UGC 6525	U	.03± .05	.00	14.2 ±.2			115± 6	
90.57 -12.90		3.0± .8		.05				99± 6	5999
1129.9 +2043	PGC 35607		1.13	.02	14.11			1.54	6374
113232.3+743748	NGC 3752	.S..2..	1.23± .04	155					
129.78 41.43	UGC 6515	U	.37± .04	.15	13.75 ±.18				1917± 42
40.69 9.86	IRAS11293+7454	2.0± .8		.45	13.27				2051
112927.6+745422	PGC 35608		1.24	.18	13.13				1976
113232.8+525622		.L?....			16.37S±.15				
147.18 60.32				.00					7884± 97
60.49 .67	HICK 56E								7949
112947.9+531255	PGC 35609								8070
113235.4+525650		.L?....							
147.16 60.31				.00					8346± 41
60.49 .68	HICK 56D								8411
112950.5+531324	PGC 35615								8532
113235.7+530359	NGC 3718	.SBS1P.	1.91± .02	15	11.59M±.10	.81± .02	.92± .01	12.43±.0	994± 3
147.01 60.22	UGC 6524	R	.31± .03	.00	11.40 ±.14	.29± .03	.40± .02	470± 3	1031± 40
60.38 .74	ARP 214	1.0± .3	1.30± .02	.32	13.12	.74	13.61± .04	455± 3	1059
112950.8+532033	PGC 35616		1.91	.16	11.19	.24	15.19± .15	1.08	1180
113236.7+525651		.L?....			15.82M±.11				
147.15 60.32				.00					8110± 41
60.49 .69	HICK 56C								8175
112951.9+531325	PGC 35618								8296
113238.9+525653		.S?....	1.05± .05		16.22S±.15			16.65±.1	8208± 12
147.14 60.32	UGC 6527		.53± .06	.00				478± 21	7929± 17
60.49 .69	MK 176			.80					8180
112954.0+531327	PGC 35620		1.05	.27	14.17		13.80± .31	2.21	8301
113239.1+351942		.S?....	1.20± .04	90				16.09±.3	1907± 9
182.06 71.31	UGC 6526		.71± .05	.00	14.3 ±.2				1851± 50
76.58 -6.87	KUG 1129+356			1.05				148± 5	1906
112959.4+353616	PGC 35621		1.20	.36	13.20			2.54	2176

R.A. 2000 DEC. l b SGL SGB R.A. 1950 DEC.	Names PGC	Type S_T n_L T L	$\log D_{25}$ $\log R_{25}$ $\log A_e$ $\log D_o$	p.a. A_g A_i A_{21}	B_T m_B m_{FIR} B_T^o	$(B-V)_T$ $(U-B)_T$ $(B-V)_T^o$ $(U-B)_T^o$	$(B-V)_e$ $(U-B)_e$ m'_e m'_{25}	m_{21} W_{20} W_{50} HI	V_{21} V_{opt} V_{GSR} V_{3K}
1132.7 +2001		.S?....	.85± .12					16.08±.3	6122± 10
230.25 70.64	MCG 3-30- 3		.20± .07	.01	15.42 ±.18			306± 13	
90.99 -13.01				.29				256± 10	6068
1130.1 +2018	PGC 35622		.85	.10	15.07			.91	6445
1132.7 +6225		.S?....	.92± .11						
137.72 52.38	MCG 11-14- 29		.55± .07	.00	15.4 ±.2				3650± 53
51.88 4.79	IRAS11298+6242			.83	13.32				3747
1129.8 +6242	PGC 35623		.92	.28	14.53				3783
113243.6-012558		RLBR+..							
266.22 55.73	CGCG 12- 14	F		.07	15.1 ±.6				
112.35 -20.18		-1.0± .9							
113010.0-010924	PGC 35625								
113244.5+614940		.SAT5..	1.04± .06					16.19±.1	3250± 5
138.21 52.90	UGC 6528	U	.02± .05	.00	14.07 ±.18			49± 5	
52.44 4.53		5.0± .8		.03				30± 8	3344
112955.0+620614	PGC 35626		1.04	.01	14.02			2.16	3386
1132.7 -0211		.LX.-*.							
266.94 55.08	CGCG 12- 13	F		.09	14.92 ±.18				
113.14 -20.38		-3.0± .9							
1130.2 -0155	PGC 35627								
113245.6+405034		.S..4..	1.01± .05	70					
167.64 68.78	UGC 6529	U	.12± .04	.00	15.1 ±.2				
71.52 -4.52	KUG 1130+411	4.0± .9		.18					
113004.7+410708	PGC 35629		1.01	.06					
113245.7-004428		.SBS9..	.94± .11						
265.57 56.31	MCG 0-30- 7	F (1)	.11± .07	.06	15.1 ±.2				
111.64 -19.97		9.0± .9		.12					
113012.0-002754	PGC 35630	7.6±1.0	.94	.06					
113246.7+525628		.S?....	1.04± .09		16.21S±.15				
147.12 60.34	MCG 9-19-113		.78± .07	.00					8245± 41
60.51 .71	HICK 56A			1.14					8310
113001.9+531302	PGC 35631		1.04	.39	15.03		14.30± .52		8431
113249.1+390506		.SBR8..	1.26± .04					15.27±.1	1565± 11
171.83 69.73	UGC 6531	U	.00± .05	.01	14.9 ±.5			90± 16	
73.13 -5.26		8.0± .8		.00				77± 12	1580
113008.5+392140	PGC 35634		1.26	.00	14.92			.35	1819
1132.8 +0543		.S..3..	.96± .09	178					
258.28 61.59	UGC 6533	U (1)	.69± .06	.09	15.5 ±.2				
105.07 -18.00	IRAS11302+0600	3.0±1.0		.95	12.83				
1130.3 +0600	PGC 35639	4.5±1.3	.97	.34					
113252.7+433054		.S?....	.74± .14						
161.90 67.20	MCG 7-24- 21		.38± .07	.07	15.2 ±.3				6864± 82
69.08 -3.35	ARAK 299			.57					6895
113011.1+434728	PGC 35641		.74	.19	14.56				7098
113253.1+014844		.SAT5..	.74± .14						
262.99 58.45	MCG 0-30- 8	F (1)	.00± .07	.07	15.22 ±.18				
109.04 -19.20		5.0± .9		.00					
113019.0+020518	PGC 35642	3.6±1.4	.74	.00					
1133.1 -1321	IC 706	.SAR0?/	1.12± .08						
275.33 45.27	MCG -2-30- 4	F	.74± .07	.05					
124.91 -22.96		.0±1.3		.56					
1130.6 -1305	PGC 35658		1.08						
1133.1 +7023		.SBR6*.	.97± .07						
132.13 45.31	UGC 6532	U	.08± .05	.01	15.09 ±.20				
44.62 8.17		6.0±1.2		.12					
1130.2 +7040	PGC 35661		.98	.04					
113310.5-101344		.SX.3*/	1.11± .06	175					
273.36 48.10	MCG -2-30- 3	EF (1)	.65± .05	.04					
121.58 -22.29	IRAS11306-0957	2.7± .8		.90					
113038.2-095709	PGC 35664	4.2±1.6	1.12	.32					
1133.2 +2426	NGC 3728	.S..3..	1.31± .04	25					6979± 10
217.24 72.21	UGC 6536	U (1)	.14± .05	.00	13.8 ±.3				
86.82 -11.19		3.0± .8		.19					6941
1130.6 +2443	PGC 35669	3.5±1.0	1.31	.07	13.55				7289
1133.2 +5018		.S..6*.	1.06± .06	67					
150.44 62.44	UGC 6535	U	.93± .05	.00					
62.93 -.37		6.0±1.4		1.36					
1130.5 +5035	PGC 35671		1.06	.46					

R.A. 2000 DEC. l b SGL SGB R.A. 1950 DEC.	Names PGC	Type S_T n_L T L	$\log D_{25}$ $\log R_{25}$ $\log A_e$ $\log D_o$	p.a. A_g A_i A_{21}	B_T m_B m_{FIR} B^o_T	$(B-V)_T$ $(U-B)_T$ $(B-V)^o_T$ $(U-B)^o_T$	$(B-V)_e$ $(U-B)_e$ m'_e m'_{25}	m_{21} W_{20} W_{50} HI	V_{21} V_{opt} V_{GSR} V_{3K}
113320.7+631649	A 1130+63	.S..7..	1.40± .04	60				14.58±.1	1273± 11
136.95 51.67	UGC 6534	U	.61± .05	.07	13.38 ±.18			142± 16	
51.14 5.21	IRAS11304+6333	7.0± .8		.84	13.37			137± 12	1373
113030.6+633323	PGC 35675		1.41	.30	12.47			1.80	1401
113320.9+470139	NGC 3726	.SXR5..	1.79± .02	10	10.91S±.07	.49± .05		12.17±.1	849± 4
155.38 64.88	UGC 6537	R (2)	.16± .02	.01	11.02 ±.14			284± 4	948± 56
65.92 -1.77	IRAS11306+4718	5.0± .3		.24	11.34	.45		257± 4	894
113038.4+471813	PGC 35676	2.2± .5	1.79	.08	10.67		14.30± .12	1.41	1066
113322.9+550420	A 1130+55	.P.....	.51± .11		15.8 ±.2	.46± .06			
144.51 58.66	UGCA 239	R	.15± .07	.00		-.13± .10			1800±110
58.61 1.71	MK 177	99.0		.22		.42			1872
113037.4+552054	PGC 35678		.51	.08	15.57	-.16	12.84± .62		1974
113323.6+323613		.S..4..	1.14± .05	25				15.64±.3	6260± 11
190.27 72.25	UGC 6539	U	.62± .05	.02	15.25 ±.18			345± 15	6253± 57
79.17 -7.87		4.0± .9		.92					6251
113044.6+325247	PGC 35679		1.14	.31	14.27			1.05	6541
113325.5-022259		.SAT5*.	.94± .11						
267.36 55.01	MCG 0-30- 9	F (1)	.00± .07	.10	14.8 ±.2				
113.39 -20.27		5.0± .9		.00					
113052.0-020624	PGC 35682	5.6±1.0	.95	.00					
113328.5+491408	A 1130+49	.I..9..	1.09± .06	133	14.50 ±.14	.35± .03	.26± .02	16.27±.1	246± 5
151.91 63.28	UGC 6541	U	.27± .05	.00	13.97 ±.19	-.30± .04	-.46± .03	47± 4	309± 18
63.92 -.80	MK 178	10.0± .9	.67± .02	.20		.28	13.34± .04	31± 5	302
113045.2+493043	PGC 35684		1.09	.13	14.11	-.35	14.14± .33	2.03	456
113329.8-265653		.IBS9*P	1.14± .04	125					
282.22 32.77	ESO 503- 22	S (1)	.35± .03	.24	14.81 ±.14				1911± 34
139.65 -24.93		10.0± .8		.26					1726
113100.1-264018	PGC 35686	5.6± .9	1.16	.17	14.31				2246
113330.0+341859	IC 2928	.S..4..	1.04± .06	155				16.50±.3	8057± 12
184.90 71.81	UGC 6540	U	.09± .05	.04	14.52 ±.18			200± 14	8085± 19
77.59 -7.14		4.0± .9		.14				189± 15	8063
113050.7+343533	PGC 35687		1.04	.05	14.29			2.16	8339
1133.5 +0023		RLXR+..							
264.75 57.37	CGCG 12- 21	F		.05	15.3 ±.6				
110.54 -19.46		-1.0± .9							
1131.0 +0040	PGC 35690								
113333.9-254541		.LXR0..	.87± .06	108					
281.74 33.88	ESO 503- 23	r	.16± .05	.19	15.27 ±.14				
138.35 -24.79		-2.4± .9		.00					
113104.0-252906	PGC 35691		.87						
113334.7-021649		.S..2?.	.64± .17						
267.33 55.12	MCG 0-30- 10	F	.11± .07	.10	15.4 ±.3				
113.29 -20.21	ARAK 300	2.0±1.9		.14	12.86				
113101.2-020014	PGC 35692		.65	.06					
1133.6 +2324		.S..4..	1.04± .06	95					
220.57 72.04	UGC 6544	U	.29± .05	.00	14.85 ±.18				
87.84 -11.52		4.0± .9		.43					
1131.0 +2341	PGC 35694		1.04	.15					
113340.8+615319	NGC 3725	.SB.5..	1.07± .08	145				16.27±.2	3334± 9
138.00 52.91	UGC 6542	U	.10± .06	.00	13.71 ±.19			163± 34	3232± 55
52.43 4.66	MK 179	5.0± .8		.15	13.00			178± 25	3426
113051.8+620953	PGC 35698		1.07	.05	13.55				3467
113340.9-444959		.LA.-..	1.09± .05	105					
288.73 15.88	ESO 266- 3	S	.19± .04	.25	14.44 ±.14				
159.31 -25.35		-3.0± .9		.00					
113115.0-443324	PGC 35699		1.09						
1133.7 +1723		.S..4..	1.05± .06	7	15.69 ±.15	.76± .05		16.97±.3	5761± 10
237.38 69.59	UGC 6546	U	.89± .05	.02	15.77 ±.20	-.04± .08		322± 13	
93.62 -13.78		4.0±1.0		1.30		.55		284± 10	5698
1131.1 +1740	PGC 35701		1.05	.44	14.36	-.21	13.56± .35	2.17	6091
1133.7 -1546		.S..5/.	1.12± .08	135					
276.91 43.14		E	.71± .08	.09					
127.53 -23.29		5.0± .9		1.06					
1131.2 -1530	PGC 35704		1.13	.35					
113343.9-032602		.SXS8..	1.10± .06	55					1616
268.40 54.14	MCG 0-30- 11	EF (1)	.15± .05	.14	14.6 ±.3				
114.50 -20.48		8.0± .6		.18					1486
113110.6-030927	PGC 35705	7.0± .7	1.12	.07	14.32				1975

R.A. 2000 DEC. l b SGL SGB R.A. 1950 DEC.	Names PGC	Type S_T n_L T L	$\log D_{25}$ $\log R_{25}$ $\log A_e$ $\log D_o$	p.a. A_g A_i A_{21}	B_T m_B m_{FIR} B_T^o	$(B-V)_T$ $(U-B)_T$ $(B-V)_T^o$ $(U-B)_T^o$	$(B-V)_e$ $(U-B)_e$ m'_e m'_{25}	m_{21} W_{20} W_{50} HI	V_{21} V_{opt} V_{GSR} V_{3K}
113344.6+323804		.S?....	.99± .06	133					
190.12 72.31	UGC 6545		.47± .05	.01	14.7 ±.2				2619± 50
79.17 -7.79				.71					2611
113105.6+325438	PGC 35707		1.00	.24	13.93				2900
113344.6+212250	IC 707	.S?....	.74± .09		14.3 ±.3	.47± .02		16.59±.3	6575± 10
226.72 71.41	UGC 6543		.09± .05	.00	15.0 ±.3	-.12± .05		238± 13	6659± 63
89.78 -12.27	ARAK 301			.13	13.16	.41			6528
113107.7+213925	PGC 35708		.74	.04	14.53	-.16	12.63± .56	2.01	6896
1133.8 +2338		.L.....	1.01± .08	40					
219.88 72.15	UGC 6548	U	.51± .03	.00					
87.64 -11.38		-2.0± .9		.00					
1131.2 +2355	PGC 35710		.93						
113349.8+530737	NGC 3729	.SBR1P.	1.45± .02	15	12.03S±.07	.60± .05		14.28±.3	1024± 7
146.64 60.28	UGC 6547	R	.17± .03	.00	12.43 ±.13			214± 21	1005± 29
60.41 .93	IRAS11310+5324	1.0± .3		.17	11.83	.56		201± 15	1089
113105.4+532411	PGC 35711		1.45	.09	11.94		13.69± .14	2.26	1208
113359.8+490340	IC 708	.E.....	1.15± .15	95					
152.02 63.46	UGC 6549	U	.19± .08	.00	13.96 ±.15				9591± 18
64.11 -.79		-5.0± .8		.00					9643
113116.8+492015	PGC 35720		1.09		13.81				9797
113407.1+364102		.S..7..	1.15± .04	113				15.46±.3	6444± 12
177.82 71.07	UGC 6551	U	.86± .04	.00				430± 14	
75.46 -6.03	KUG 1131+369	7.0±1.0		1.19				273± 15	6451
113127.4+365737	PGC 35725		1.15	.43					6708
113409.6-013541		PSBR0..							
266.92 55.78	CGCG 12- 24	F		.08	15.2 ±.6				
112.63 -19.88		.0± .9							
113136.1-011906	PGC 35729								
113411.6+123044	NGC 3731	.E.....	1.00± .19	50					
248.08 66.74	UGC 6553	U	.05± .08	.10					3212± 31
98.43 -15.42		-5.0± .8		.00					3132
113136.1+124719	PGC 35731		1.00						3553
113412.8+341845	IC 2933	.S..2..	1.10± .05	8					
184.76 71.95	UGC 6550	U	.54± .05	.04	15.10 ±.18				
77.66 -7.00		2.0± .9		.66					
113133.6+343520	PGC 35732		1.10	.27					
113414.0-095045	NGC 3732	.SXS0*.	1.09± .04	85	12.50V±.13	.57± .01		16.22±.1	1692± 5
273.46 48.56	MCG -2-30- 5	R	.02± .04	.04	13.27 ±.19	-.17± .02		133± 6	1682± 66
121.24 -21.95	IRAS11316-0934	.0± .6	.50± .01	.02	11.44	.54			1545
113141.6-093410	PGC 35734		1.09		13.06	-.17	13.29± .25		2051
113414.5+490234	IC 709	.E?....							
151.98 63.50	MCG 8-21- 57			.00	14.90 ±.18				9549± 19
64.15 -.77									9600
113131.6+491909	PGC 35736								9755
113420.2-062328		.SA.5*/	1.18± .05	162					5012
271.02 51.64	MCG -1-30- 2	EF	.76± .05	.08					
117.62 -21.10	IRAS11317-0606	5.0± .8		1.14	13.32				4874
113147.3-060653	PGC 35742		1.19	.38					5371
1134.3 -0935		.SB.8?/	1.04± .09						
273.32 48.80	MCG -1-30- 4	F	.66± .07	.04					
120.98 -21.86		8.0±1.3		.82					
1131.8 -0919	PGC 35744		1.04	.33					
113423.5-023141		.SBR2..	.89± .11						
267.85 55.01	MCG 0-30- 13	F	.07± .07	.09	14.88 ±.18				11591± 54
113.61 -20.08		2.0± .9		.08					11464
113150.1-021506	PGC 35747		.90	.03	14.60				11949
113427.6+331045		.L?....	.72± .22						
188.26 72.33	MCG 6-26- 5		.00± .07	.00	15.02 ±.17				2583± 19
78.73 -7.43				.00					2577
113148.7+332720	PGC 35754		.72		14.99				2862
113428.7-093935	NGC 3724	.L..+*/	1.20± .06	124					
273.41 48.75	MCG -1-30- 7	F	.37± .05	.04					
121.06 -21.85	IRAS11319-0922	-1.0±1.3		.00	12.82				
113156.3-092300	PGC 35757		1.14						
113429.5-501223		.L?....	.89± .07	0					
290.54 10.80	ESO 216- 16		.35± .05	.63	15.42 ±.14				4481± 87
165.16 -24.84				.00					4272
113205.0-495548	PGC 35759		.90		14.72				4738

R.A. 2000 DEC. / l b / SGL SGB / R.A. 1950 DEC.	Names / PGC	Type / S_T n_L / T / L	$logD_{25}$ / $logR_{25}$ / $logA_e$ / $logD_o$	p.a. / A_g / A_i / A_{21}	B_T / m_B / m_{FIR} / B_T^o	$(B-V)_T$ / $(U-B)_T$ / $(B-V)_T^o$ / $(U-B)_T^o$	$(B-V)_e$ / $(U-B)_e$ / m'_e / m'_{25}	m_{21} / W_{20} / W_{50} / HI	V_{21} / V_{opt} / V_{GSR} / V_{3K}
113433.9+713226		.S?....	1.06± .06	46					
131.31 44.32	UGC 6552		.36± .05	.04	14.41 ±.19				2807± 50
43.61 8.74				.55					2932
113136.6+714901	PGC 35767		1.06	.18	13.81				2885
113438.8+000731		.SAR0*.							
265.44 57.30	CGCG 12- 27	F		.07	14.1 ±.4				
110.90 -19.28		.0±1.3							
113205.0+002406	PGC 35772								
113440.7-140456	NGC 3734	PSXT4*.	1.13± .08	85					
276.24 44.78	MCG -2-30- 6	EF (1)	.11± .05	.04					
125.77 -22.74		3.5± .6		.16					
113208.9-134821	PGC 35773	2.0± .8	1.14	.06					
113443.8-381459		.SBS5*.	1.11± .04	53					
286.75 22.20	ESO 320- 4	S (1)	.45± .04	.46	14.67 ±.14				
152.08 -25.28	IRAS11323-3758	5.3±1.0		.68					
113216.1-375824	PGC 35775	6.7±1.3	1.15	.23					
113444.0-371253		.S..5*/	1.20± .04	160					
286.40 23.18	ESO 378- 11	S (1)	.84± .04	.41	15.23 ±.14				
150.94 -25.27	IRAS11322-3656	5.0±1.3		1.26	13.55				
113216.1-365618	PGC 35776	5.6±1.4	1.24	.42					
113446.2+025513		.SBR3*.							
262.50 59.63	CGCG 40- 7	F (1)		.03	14.81 ±.18				
108.06 -18.42		3.0± .9							
113212.0+031148	PGC 35779	2.6±1.0							
113446.6+485723	IC 711	.E?....							
151.96 63.63	MCG 8-21- 62			.00	15.11 ±.18				9724± 19
64.26 -.72									9775
113203.9+491358	PGC 35780								9931
113446.9+001407		.E.....							
265.38 57.41	CGCG 12- 29	F		.07	14.81 ±.18				
110.80 -19.21		-5.0± .9							
113213.1+003042	PGC 35781								
113449.4+490440	IC 712	.S?....	1.04± .09						
151.77 63.54	MCG 8-21- 63		.21± .07	.00	14.67 ±.18				10047± 18
64.16 -.66				.16					10099
113206.7+492115	PGC 35785		1.03		14.36				10253
113455.7-383106		.SXR0..	.96± .06	107					
286.89 21.96	ESO 320- 5	r	.18± .05	.46	14.65 ±.14				
152.37 -25.25		-.1± .9		.14					
113228.0-381430	PGC 35789		.99						
1135.0 +1606		.S..7..	1.22± .05	91					
240.90 69.14	UGC 6556	U	.88± .05	.06	15.38 ±.18				
94.99 -13.96		7.0±1.0		1.22					
1132.4 +1623	PGC 35792		1.23	.44					
113500.2+511308		.L..-*.	1.01± .12	90					
148.74 61.91	UGC 6555	U	.09± .05	.00	14.27 ±.15				8154± 31
62.22 .28		-3.0±1.2		.00					8213
113216.8+512943	PGC 35793		.99		14.14				8349
113501.8+545108	NGC 3733	.SXS6*.	1.68± .03	170	12.93 ±.15	.54± .07	.62± .03	12.98±.1	1185± 6
144.38 58.98	UGC 6554	PU	.34± .04	.00	12.8 ±.3	-.20± .09	-.15± .04	241± 7	
58.91 1.83	VV 459	6.0± .5	1.24± .02	.51		.47	14.62± .04	231± 6	1257
113217.1+550743	PGC 35797		1.68	.17	12.38	-.25	15.31± .22	.44	1360
113504.2+023257		.SBS8..	1.12± .05	123				16.04±.3	5230± 10
263.04 59.37	UGC 6558	UF (1)	.55± .05	.04	15.01 ±.18			259± 13	
108.46 -18.46		7.5± .7		.68					5118
113230.1+024933	PGC 35802	6.6±1.0	1.12	.27	14.28			1.49	5585
1135.1 +1557		.S..6*.	1.23± .05	176					5124
241.29 69.07	UGC 6559	U	1.19± .05	.06	15.81 ±.18				
95.14 -13.99		6.0±1.4		1.47					5056
1132.5 +1614	PGC 35803		1.23	.50	14.26				5457
113509.2-452318		.SB?...	1.11± .05						
289.16 15.43	ESO 266- 5	(1)	.36± .05	.42	15.47 ±.14				5025± 51
159.90 -25.06	IRAS11326-4506			.49	13.17				4818
113243.1-450642	PGC 35806	3.3± .9	1.15	.18	14.52				5302
1135.2 +5648		.I..9..	1.15± .15						
142.28 57.37	UGCA 240	U	.31± .18	.00					
57.14 2.68		10.0± .9		.23					
1132.5 +5705	PGC 35813		1.15	.16					

R.A. 2000 DEC. l b SGL SGB R.A. 1950 DEC.	Names PGC	Type S_T n_L T L	$\log D_{25}$ $\log R_{25}$ $\log A_e$ $\log D_o$	p.a. A_g A_i A_{21}	B_T m_B m_{FIR} B_T^o	$(B\text{-}V)_T$ $(U\text{-}B)_T$ $(B\text{-}V)_T^o$ $(U\text{-}B)_T^o$	$(B\text{-}V)_e$ $(U\text{-}B)_e$ m'_e m'_{25}	m_{21} W_{20} W_{50} HI	V_{21} V_{opt} V_{GSR} V_{3K}
1135.3 -0245		.SAS5?.							
268.42 54.93	CGCG 12- 32	F (1)		.07	14.3 ±.3				
113.92 -19.91		5.0±1.3							
1132.8 -0229	PGC 35819	5.6±2.0							
113521.8-214248		.S?....	1.06± .09					15.07±.3	3645± 11
280.40 37.81	ESO 571- 6		.12± .07	.10				230± 15	
134.00 -23.88				.18				215± 12	3470
113251.0-212612	PGC 35820		1.07	.06					3990
1135.4 +2030								16.27±.3	6679± 10
229.72 71.42	CGCG 126-104			.00	15.5 ±.3			300± 13	
90.78 -12.24								280± 10	6627
1132.8 +2047	PGC 35823								7000
113527.0+331810		.S..8*.	1.03± .04	139					
187.68 72.49	UGC 6561	U	.68± .04	.00	15.57 ±.18				1601± 60
78.70 -7.19	KUG 1132+335	8.0±1.4		.83					1596
113248.2+333446	PGC 35826		1.03	.34	14.74				1879
1135.4 +4328		.S..6*.	1.00± .08	150					
161.19 67.58	UGC 6562	U	.94± .06	.02					
69.33 -2.94		6.0±1.4		1.38					
1132.8 +4345	PGC 35829		1.00	.47					
113530.3-250848		RSA.0P.	.99± .06	37					
281.97 34.61	ESO 504- 1	r	.09± .03	.19	14.63 ±.14				
137.74 -24.29		-.1± .9		.07					
113300.1-245212	PGC 35830		1.01						
113533.0-375730	NGC 3742	PSXT2P.	1.38± .04	116	13.03 ±.15	.96± .02	1.04± .02		
286.82 22.53	ESO 320- 6	BSr	.15± .05	.45	12.91 ±.14	.55± .05	.57± .05		2790± 60
151.76 -25.12		1.5± .4	.91± .02	.19		.81	13.07± .07		2590
113305.0-374054	PGC 35833		1.42	.08	12.30	.42	14.38± .28		3094
113536.4+155828	A 1133+16		.32± .18						
241.44 69.18			.26± .12	.07					5230± 45
95.17 -13.87	MK 636								5163
113300.4+161504	PGC 35838		.33						5563
113536.5+000740		.SBS9..	.92± .06	2				16.86±.3	5955± 10
265.81 57.43	UGC 6568	F (1)	.28± .04	.06	14.7 ±.2			206± 13	5949± 50
110.97 -19.04	IRAS11330+0024	9.0± .9		.28	13.67				5836
113302.7+002416	PGC 35839	6.6±1.0	.93	.14	14.31			2.41	6312
113536.7+545657	NGC 3737	.LB....	1.02± .09						
144.14 58.95	UGC 6563	P	.02± .06	.00	13.85 ±.15				5580± 59
58.86 1.94		-2.0± .8		.00					5652
113252.2+551333	PGC 35840		1.02		13.77				5755
1135.6 +2503	NGC 3739	.S..4..	1.06± .06	17					
215.61 72.87	UGC 6564	U	.56± .05	.00	15.25 ±.18				
86.46 -10.45		4.0± .9		.83					
1133.0 +2520	PGC 35841		1.06	.28					
113544.9-382200		.S..0*.	1.09± .05	3					
287.00 22.15	ESO 320- 7	S	.29± .05	.46	14.25 ±.14				
152.21 -25.08	IRAS11332-3805	.0±1.2		.22	13.30				
113317.0-380524	PGC 35851		1.12						
1135.7 +5811		.SB.9..	1.03± .08	110					1249
140.84 56.23	UGC 6566	U	.14± .06	.00					
55.91 3.33		9.0± .8		.14					1332
1133.0 +5828	PGC 35852		1.03	.07					1406
113547.3-490148		.SXT5*.	1.14± .05	54	14.29 ±.14	.75± .02	.83± .02		
290.38 11.99	ESO 216- 21	Sr (1)	.16± .05	.62	14.74 ±.14				5565± 40
163.86 -24.73	IRAS11333-4845	4.8± .6	.77± .02	.24		.54	13.63± .06		5357
113322.0-484512	PGC 35853	3.3±1.2	1.20	.08	13.62		14.43± .30		5827
113548.8+543122	NGC 3738	.I..9..	1.40± .02	155	12.13 ±.13	.40± .02		13.70±.1	229± 4
144.56 59.32	UGC 6565	R (1)	.12± .03	.00	11.81 ±.17	-.19± .04		109± 5	218± 26
59.26 1.79	ARP 234	10.0± .3		.09	12.41	.37		78± 5	299
113304.5+544758	PGC 35856	5.7± .8	1.40	.06	11.93	-.21	13.72± .18	1.72	406
113549.9+352008		.S..0..	1.04± .08	123				17.02±.3	1603± 10
181.30 71.92	UGC 6570	U	.29± .06	.04	14.50 ±.18			119± 15	1622± 37
76.85 -6.28	MK 1301	.0± .9		.22					1607
113310.8+353644	PGC 35859		1.03		14.21				1874
113553.0-375948	NGC 3749	.SAS1P/	1.50± .03	107					
286.90 22.51	ESO 320- 8	BS	.60± .05	.45	13.22 ±.14				2580± 60
151.80 -25.05	IRAS11333-3743	1.0± .5		.62	11.53				2380
113325.0-374312	PGC 35861		1.54	.30	12.72				2884

R.A. 2000 DEC. l b SGL SGB R.A. 1950 DEC.	Names PGC	Type S_T n_L T L	$\log D_{25}$ $\log R_{25}$ $\log A_e$ $\log D_o$	p.a. A_g A_i A_{21}	B_T m_B m_{FIR} B_T^o	$(B-V)_T$ $(U-B)_T$ $(B-V)_T^o$ $(U-B)_T^o$	$(B-V)_e$ $(U-B)_e$ m'_e m'_{25}	m_{21} W_{20} W_{50} HI	V_{21} V_{opt} V_{GSR} V_{3K}
113559.7+703207	NGC 3735	.SA.5*/	1.62± .02	131				13.65±.1	2696± 7
131.74 45.28	UGC 6567	R (2)	.70± .03	.00	12.57 ±.13			509± 8	2671± 46
44.59 8.44	IRAS11330+7048	5.0± .5		1.05	10.84			493± 6	2818
113304.8+704842	PGC 35869	4.2± .7	1.62	.35	11.51			1.80	2780
113604.4-030612		.SAS3P.	.94± .11						
268.99 54.72	MCG 0-30- 15	F	.28± .07	.09	14.93 ±.18				
114.32 -19.83		3.0± .9		.39					
113331.0-024936	PGC 35877		.95	.14					
113606.4+451707	NGC 3741	.I..9..	1.31± .05	5	14.3 ±.2	.30± .06	.19± .03		
157.57 66.45	UGC 6572	U	.26± .06	.00	13.9 ±.2	-.34± .09	-.42± .04		211± 50
67.71 -2.08		10.0± .8	.83± .04	.19		.24	13.98± .08		249
113325.2+453343	PGC 35878		1.31	.13	13.91	-.39	15.04± .37		436
113606.9-123409	NGC 3777	.SXS2*.	1.04± .07	35					
275.80 46.30	MCG -2-30- 8	EF	.24± .05	.06					
124.23 -22.09		1.7± .7		.29					
113334.8-121733	PGC 35879		1.05	.12					
1136.1 +1003	IC 2941	.S?....	.94± .11					16.51±.3	6216± 12
253.26 65.38	MCG 2-30- 3		.00± .07	.11	14.57 ±.18			260± 20	
101.03 -15.80				.00					6129
1133.6 +1020	PGC 35881		.95	.00	14.42			2.09	6561
1136.2 +2031	A 1133+20								
229.92 71.60	CGCG 126-108			.00	15.48 ±.18				6542± 72
90.83 -12.06									6491
1133.6 +2048	PGC 35882								6863
1136.2 +2946		.S..4..	1.00± .08	132					
199.41 73.28	UGC 6574	U	.73± .06	.00					
82.07 -8.46		4.0±1.0		1.07					
1133.6 +3003	PGC 35885		1.00	.36					
1136.2 -0251		.L.....							
268.85 54.96	CGCG 12- 36	F		.09	15.1 ±.6				
114.09 -19.72		-2.0± .9							
1133.7 -0235	PGC 35886								
113622.5-024930		.SX.1?.							
268.86 55.00	CGCG 12- 37	F		.09	15.0 ±.6				
114.06 -19.68		1.0±1.8							
113349.1-023254	PGC 35896								
113627.0+581128		.S..6*.	1.29± .04	9					
140.70 56.28	UGC 6575	U	.67± .05	.00	14.32 ±.18				1225± 50
55.95 3.41	SBS 1133+584	6.0±1.2		.99					1309
113341.4+582804	PGC 35900		1.29	.34	13.32				1382
1136.4 -0248		.SBS3*.							
268.88 55.03	CGCG 12- 38	F		.09	15.3 ±.6				
114.05 -19.66		3.0±1.3							
1133.9 -0232	PGC 35901								
113628.6-450342		.S.3*P/	1.18± .04	94					
289.29 15.82	ESO 266- 8	S	.75± .04	.23	15.03 ±.14				
159.53 -24.84		3.0±1.3		1.03					
113402.0-444706	PGC 35904		1.20	.37					
113629.2+213548	NGC 3758	.S?....	.74± .14					17.74±.3	8912± 9
226.83 72.08	MCG 4-27- 73		.05± .07	.00	15.2 ±.2			333± 12	8914± 29
89.83 -11.60	MK 739			.07	12.78				8865
113352.5+215224	PGC 35905		.74	.02	15.03			2.68	9230
113630.3-095048	NGC 3763	.SXT5P.	1.07± .05						
274.22 48.80	MCG -2-30- 9	EF (1)	.00± .04	.03					
121.38 -21.40	IRAS11339-0934	4.7± .5		.00	12.47				
113357.8-093411	PGC 35907	2.5± .6	1.07	.00					
113630.7+490753		.S?....	.74± .14						
151.22 63.68	MCG 8-21- 72		.00± .07	.00	14.99 ±.19				11223± 19
64.23 -.39				.00					11275
113348.5+492429	PGC 35908		.74	.00	14.91				11429
113630.8+474901		.LB....	1.14± .07						
153.20 64.67	UGC 6576	U	.03± .03	.02	15.0 ±.3				
65.43 -.94		-2.0± .8		.00					
113349.0+480537	PGC 35909		1.14						
113631.1+024500		.SXR7..							
263.40 59.74	CGCG 40- 9	F (1)		.03	15.1 ±.6				
108.37 -18.06		7.0± .9							
113357.0+030136	PGC 35910	5.6±1.0							

R.A. 2000 DEC. l b SGL SGB R.A. 1950 DEC.	Names PGC	Type S_T n_L T L	$\log D_{25}$ $\log R_{25}$ $\log A_e$ $\log D_o$	p.a. A_g A_i A_{21}	B_T m_B m_{FIR} B_T^o	$(B-V)_T$ $(U-B)_T$ $(B-V)_T^o$ $(U-B)_T^o$	$(B-V)_e$ $(U-B)_e$ m'_e m'_{25}	m_{21} W_{20} W_{50} HI	V_{21} V_{opt} V_{GSR} V_{3K}
113633.4+362439	NGC 3755	.SXT5P.	1.50± .02	133				13.39±.1	1570± 5
177.95 71.62	UGC 6577	R	.36± .03	.00	13.5 ±.2			281± 8	
75.91 -5.70		5.0± .3		.54				267± 6	1577
113354.3+364115	PGC 35913		1.50	.18	12.96			.25	1835
1136.5 -0254		.E.....							
269.00 54.95	CGCG 12- 39	F		.09	15.03 ±.18				
114.16 -19.66		-5.0± .9							
1134.0 -0238	PGC 35914								
113636.7+490346		.S?....	.74± .14						
151.29 63.74	MCG 8-21- 74		.00± .07	.00	15.44 ±.18				9641± 19
64.30 -.41				.00					9693
113354.7+492022	PGC 35920		.74		15.30				9847
1136.6 +0617		.LAROP.	.87± .09						
259.10 62.61	MCG 1-30- 2	F	.06± .06	.08	14.69 ±.15				
104.82 -16.92		-2.0±1.0		.00					
1134.1 +0634	PGC 35925		.87						
113642.4+545047	IC 2943	.S..1$.	.59± .09						
143.99 59.12	CGCG 268- 62	P	.02± .05	.00	15.27 ±.18				5788± 35
59.02 2.04	MK 41			.03					5861
113358.4+550723	PGC 35926		.59	.01	15.21				5964
1136.7 -1259		.SA.6*/	1.21± .05	95					
276.26 45.97	MCG -2-30- 10	EF	.74± .05	.04					
124.72 -22.03		5.5± .9		1.09					
1134.2 -1243	PGC 35927		1.21	.37					
1136.8 +1752	NGC 3764	.S?....	1.04± .09						
237.32 70.47	MCG 3-30- 20		.09± .07	.00					
93.44 -12.92	2ZW 52			.07					
1134.2 +1809	PGC 35930		1.03						
113648.5+541746	NGC 3756	.SXT4..	1.62± .02	177	12.11S±.08	.62± .05		13.91±.1	1289± 5
144.57 59.58	UGC 6579	R (2)	.30± .02	.00	12.04 ±.13			304± 7	1071± 66
59.53 1.82	IRAS11340+5434	4.0± .3		.43	12.32	.56		286± 5	1358
113404.7+543422	PGC 35931	2.6± .6	1.62	.15	11.65		14.31± .13	2.12	1466
113648.5-021454		.SAS4*.	.94± .11						
268.52 55.56	MCG 0-30- 16	F (1)	.05± .07	.06	14.73 ±.19				
113.50 -19.42		4.0± .9		.07					
113415.0-015818	PGC 35932	5.6±1.4	.94	.02					
113648.9-083510		.SA.3*/	1.10± .06	107					
273.48 49.97	MCG -1-30- 11	FE	.60± .05	.06					
120.08 -21.04	IRAS11342-0818	2.8± .8		.82	12.87				
113416.2-081833	PGC 35934		1.11	.30					
113649.8-093404		.L..0*.	1.05± .07	130					
274.14 49.09	MCG -1-30- 12	E	.12± .05	.04					
121.11 -21.26		-2.0±1.2		.00					
113417.3-091728	PGC 35935		1.04						
113654.1+195814	A 1134+20A	.P.....	.86± .04	5	14.36S±.15			15.63±.1	6191± 4
231.72 71.51	UGC 6583	R	.22± .03	.00	14.6 ±.3			374± 4	6229± 38
91.43 -12.12	MK 181	99.0		.30				304± 5	6138
113417.7+201450	PGC 35942		.86	.11	14.07		12.95± .27	1.45	6514
113654.3+195951		.S?....	.82± .13					17.38±.3	6630± 9
231.64 71.52	MCG 3-30- 21		.17± .07	.00	15.0 ±.2			283± 10	
91.40 -12.11				.26					6577
113417.9+201627	PGC 35943		.82	.09	14.71			2.58	6953
113654.3+040718		.SBS8..							
261.96 60.92	CGCG 40- 11	F (1)		.01	15.2 ±.6				
107.02 -17.55		8.0± .9							
113420.0+042354	PGC 35944	7.6±1.0							
113654.4+544927	NGC 3759	.LX.0*.	1.04± .04		14.24 ±.15	.98± .03	1.00± .03		
143.97 59.15	UGC 6581	PU	.00± .08	.00	14.12 ±.15				5564± 27
59.05 2.06		-1.5± .6	.61± .04	.00		.93	12.78± .12		5637
113410.5+550603	PGC 35945		1.04		14.10		14.30± .32		5740
113658.1+550947	NGC 3759A	.SX.5P.	1.08± .06						
143.59 58.88	UGC 6582	PU	.04± .05	.00	14.28 ±.19				5785± 50
58.75 2.21	IRAS11342+5526	4.5± .6		.06					5858
113414.0+552623	PGC 35948		1.08	.02	14.19				5959
113702.0+153414		.SX.4..	1.26± .03	175	14.39 ±.13	.59± .03	.67± .03	14.75±.2	3962± 6
242.93 69.22	UGC 6586	U	.34± .04	.04	14.07 ±.19	-.12± .04	-.02± .04	286± 6	3989± 50
95.69 -13.70	IRAS11344+1550	4.0± .8	.79± .02	.50	13.72	.49	13.83± .04	262± 6	3895
113426.3+155050	PGC 35952		1.26	.17	13.73	-.19	14.67± .24	.85	4297

R.A. 2000 DEC. / l b / SGL SGB / R.A. 1950 DEC.	Names / PGC	Type / S_T n_L / T / L	$logD_{25}$ / $logR_{25}$ / $logA_e$ / $logD_o$	p.a. / A_g / A_i / A_{21}	B_T / m_B / m_{FIR} / B_T^o	$(B-V)_T$ / $(U-B)_T$ / $(B-V)_T^o$ / $(U-B)_T^o$	$(B-V)_e$ / $(U-B)_e$ / m'_e / m'_{25}	m_{21} / W_{20} / W_{50} / HI	V_{21} / V_{opt} / V_{GSR} / V_{3K}
113702.6-364855		.SA.2*.	1.14± .04	43					
286.74 23.71	ESO 378- 12	S (1)	.34± .04	.45	14.33 ±.14				
150.51 -24.80	IRAS11345-3632	2.0± .9		.42	12.90				
113434.0-363218	PGC 35954	4.4±1.3	1.18	.17					
113703.5+582450	NGC 3757	.L...?.	1.06± .07						
140.37 56.12	UGC 6584	U	.02± .03	.00	13.55 ±.16				1267± 50
55.78 3.58		-2.0±1.6		.00					1351
113418.2+584126	PGC 35955		1.06		13.53				1423
113704.4+240546	NGC 3765	.S?....	.89± .11					16.65±.3	9022± 9
219.05 72.98	MCG 4-28- 1		.10± .07	.00	15.00 ±.18			558± 10	
87.50 -10.52				.16					8984
113427.4+242222	PGC 35956		.89	.05	14.79			1.81	9333
1137.1 +0208		.SAS2*.							
264.34 59.33	CGCG 12- 42	F		.03	14.1 ±.4				
109.04 -18.08		2.0±1.3							
1134.6 +0225	PGC 35963								
1137.1 +0249		.SXS3P*	.95± .07	150					
263.58 59.89	UGC 6587	UF	.25± .05	.03	14.85 ±.18				8776± 46
108.35 -17.88		3.4± .8		.34					8666
1134.6 +0306	PGC 35964		.95	.12	14.41				9130
1137.2 +1525		.S..4..	1.11± .05	144					
243.33 69.16	UGC 6588	U	.41± .05	.04	14.71 ±.18				
95.85 -13.71		4.0± .9		.60					
1134.6 +1542	PGC 35966		1.12	.20					
113714.0+175024	NGC 3768	.L.....	1.26± .08	155					
237.56 70.54	UGC 6589	U	.19± .05	.00	13.43 ±.15				3354± 30
93.51 -12.83		-2.0± .8		.00					3294
113438.0+180700	PGC 35968		1.23		13.38				3683
113715.7+165234	NGC 3767	RLBR0?.	.98± .04		14.35 ±.15	.92± .02	.97± .02		
239.97 70.02	UGC 6590	U	.05± .03	.01	14.36 ±.15	.39± .04	.48± .04		6362± 31
94.44 -13.18	IRAS11346+1708	-2.0± .9	.50± .04	.00		.85	12.34± .12		6298
113439.8+170910	PGC 35969		.98		14.24	.42	14.01± .25		6693
1137.3 +2010		.S?....	.86± .05		15.39S±.15	.79± .05			
231.29 71.68	MCG 3-30- 26		.29± .03	.00	15.54 ±.18	.17± .08			
91.27 -11.96	IRAS11347+2026			.36					
1134.7 +2026	PGC 35973		.86	.15			13.84± .29		
113722.2+254428		.S?....	.89± .10						
213.52 73.38	UGC 6593		.23± .06	.00	14.9 ±.2				3285± 39
85.97 -9.82	MK 741			.32					3253
113445.1+260104	PGC 35977		.89	.12	14.51				3590
1137.4 +2223		.S?....	.94± .11		15.25 ±.13	.60± .03	.70± .03	16.42±.3	6864± 10
224.64 72.56	MCG 4-28- 3		.40± .07	.00	15.39 ±.18	-.06± .05	.03± .05	291± 13	
89.16 -11.10			.61± .02	.60		.48	13.79± .05	275± 10	6820
1134.8 +2240	PGC 35978		.94	.20	14.66	-.14	13.79± .58	1.55	7180
113724.7+614539	NGC 3762	.S..1..	1.27± .04	167					
137.46 53.23	UGC 6591	U	.58± .05	.00	13.5 ±.2				3463± 39
52.73 5.00		1.0± .9		.59					3558
113437.9+620215	PGC 35979		1.27	.29	12.90				3599
1137.4 +3122	IC 2947	.S?....	.82± .13						
193.77 73.33	MCG 5-28- 2		.08± .07	.00	14.9 ±.2				12730
80.68 -7.58				.11					12718
1134.8 +3139	PGC 35981		.82	.04	14.70				13015
113737.2+163320		.S..7..	1.41± .03	134					
240.88 69.91	UGC 6594	U	.84± .04	.01	14.45 ±.19				
94.79 -13.21	KUG 1135+168	7.0± .9		1.15					
113501.4+164957	PGC 35991		1.41	.42					
113743.6+220034	NGC 3746	.SBR3..	1.04± .06	127	15.01S±.15			17.61±.3	9022± 9
225.91 72.50	UGC 6597	R	.31± .05	.01	14.98 ±.18			558± 10	9074± 35
89.55 -11.18	HICK 57B	3.0± .5		.43					8980
113507.1+221710	PGC 35997		1.04	.16	14.49		14.28± .35	2.96	9342
113743.8+475340	NGC 3769	.SBR3*.	1.49± .03	152	12.55S±.15			13.30±.3	730± 8
152.72 64.75	UGC 6595	R (2)	.50± .03	.00	12.42 ±.15			272± 9	722± 36
65.44 -.73		3.0± .5		.69				228± 7	778
113502.4+481016	PGC 35999	3.8± .7	1.49	.25	11.78		13.58± .21	1.27	941
1137.7 +5608		.IB.9..	1.04± .06	140					2277
142.41 58.11	UGC 6596	U	.22± .05	.00	15.2 ±.2				
57.90 2.72	VV 148	10.0± .9		.16					2354
1135.0 +5625	PGC 36000		1.04	.11	15.04				2445

R.A. 2000 DEC.	Names	Type	$\log D_{25}$	p.a.	B_T	$(B-V)_T$	$(B-V)_e$	m_{21}	V_{21}
l b		S_T n_L	$\log R_{25}$	A_g	m_B	$(U-B)_T$	$(U-B)_e$	W_{20}	V_{opt}
SGL SGB		T	$\log A_e$	A_i	m_{FIR}	$(B-V)^o_T$	m'_e	W_{50}	V_{GSR}
R.A. 1950 DEC.	PGC	L	$\log D_o$	A_{21}	B^o_T	$(U-B)^o_T$	m'_{25}	HI	V_{3K}
113744.6+220115	NGC 3745	.LBS-*.	.60?		16.18S±.15				
225.88 72.50	MCG 4-28- 4	R	.27± .07	.01					9413± 72
89.54 -11.17	HICK 57G	-3.0± .7		.00					9368
113508.1+221752	PGC 36001		.56		16.03		13.35±1.33		9730
113744.9-491043		RSXT5..	1.17± .05		13.31 ±.15	.87± .03	.83± .01		
290.74 11.94	ESO 216- 24	Sr (1)	.02± .05	.62	14.01 ±.14				5070± 40
164.00 -24.40	IRAS11353-4854	4.7± .6	.98± .03	.03	12.49	.69	13.70± .08		4862
113519.0-485406	PGC 36002	2.2± .8	1.23	.01	13.02		13.95± .31		5331
1137.7 -0716	A 1135-07	.SBT5..	1.14± .06		14.2 ±.3	.75± .06		15.57±.1	9460± 7
272.88 51.24	MCG -1-30- 13	PEF (1)	.00± .05	.12				282± 8	
118.77 -20.50		5.0± .5		.00		.66		259± 11	9320
1135.2 -0700	PGC 36003	2.9± .8	1.15	.00	14.03		14.75± .44	1.54	9818
113748.7+224133	NGC 3772	.SB.1..	1.06± .06	16					
223.78 72.75	UGC 6598	U	.27± .05	.00	14.44 ±.18				3478± 50
88.90 -10.90		1.0± .9		.28					3435
113512.1+225810	PGC 36005		1.06	.14	14.11				3793
1137.8 +2408		.IB.9..	1.07± .14					15.42±.1	1572± 10
219.04 73.16	UGC 6599	U	.21± .12	.00				149± 6	
87.53 -10.35		10.0± .9		.15				135± 5	1534
1135.2 +2425	PGC 36006		1.07	.10					1882
113749.2+220133	NGC 3748	.LB.0$/	.82± .19		15.77S±.15				
225.88 72.52	MCG 4-28- 7	R	.20± .07	.01	15.47 ±.15				8989± 72
89.54 -11.15	HICK 57E	-2.0± .9		.00					8944
113512.7+221810	PGC 36007		.79		15.47		14.22± .98		9306
113749.4+475302	NGC 3769A	.SB.9P*	1.03± .08	71					
152.71 64.77	MCG 8-21- 77	R (1)	.38± .06	.00	14.72 ±.18				761± 36
65.46 -.72	IRAS11350+4809	9.0± .6		.38	11.89				809
113508.1+480939	PGC 36008	4.5±1.3	1.03	.19	14.33				973
113751.8+215826	NGC 3750	.LX.-$.	.90± .17		14.91S±.15				
226.06 72.51	MCG 4-28- 8	R	.07± .07	.00	14.94 ±.15				9064± 35
89.59 -11.16	HICK 57C	-3.0± .7		.00					9019
113515.3+221503	PGC 36011		.89		14.79		14.08± .87		9381
1137.8 +0530		.SXS4..							
260.65 62.18	CGCG 40- 16	F (1)		.06	15.3 ±.6				
105.70 -16.89		4.0± .9							
1135.3 +0547	PGC 36012	5.6±1.4							
113753.8+215851	NGC 3753	.S.2$/P	1.23± .06	120	14.52S±.15				
226.05 72.52	UGC 6602	R	.56± .06	.00					8717± 35
89.59 -11.15	HICK 57A	2.0± .9		.69					8671
113517.3+221528	PGC 36016		1.23	.28	13.74		14.12± .37		9034
113754.1+215610	NGC 3751	.L..-P?	.90± .15	5	14.91S±.15				
226.19 72.51	UGC 6601	PU	.23± .05	.00	15.19 ±.15				9592± 72
89.63 -11.17	HICK 57F	-2.7±1.2		.00					9546
113517.6+221247	PGC 36017		.86		14.90		13.68± .77		9909
113755.2+215909	NGC 3754	.SB.3$P	.64± .17		15.06S±.15				
226.04 72.53	MCG 4-28- 11	R	.11± .07	.00					9012± 35
89.59 -11.14	IRAS11352+2216	3.0±1.3		.16	13.75				8967
113518.6+221545	PGC 36018		.64	.06	14.84		12.81± .86		9329
113759.3+593700	NGC 3770	.SB.1..	1.02± .06	107					
139.12 55.14	UGC 6600	U	.20± .05	.00	13.8 ±.2				3214± 50
54.73 4.19	IRAS11352+5953	1.0± .9		.20	13.08				3303
113513.9+595337	PGC 36025		1.02	.10	13.52				3363
113759.5-171404		.S..5*/	1.32± .04	7					6537
278.97 42.19	MCG -3-30- 3	SE (1)	.83± .04	.05					
129.29 -22.55	IRAS11354-1657	5.0± .9		1.25	12.94				6373
113527.8-165727	PGC 36026	3.1±1.6	1.33	.42					6889
113800.6-321931		.SXR4..	1.12± .04	105					
285.38 28.03	ESO 439- 18	Sr (1)	.13± .03	.30	14.09 ±.14				8924± 22
145.62 -24.39	IRAS11355-3203	3.7± .6		.19	13.69				8732
113531.1-320254	PGC 36028	2.2± .9	1.15	.06	13.55				9245
113802.3+351214		.S..6*.	1.34± .03	78					
181.14 72.38	UGC 6603	U	.67± .04	.00	14.7 ±.2				
77.16 -5.92	KUG 1135+354	6.0±1.2		.98					
113523.8+352851	PGC 36029		1.34	.33					
1138.0 -0536		.LA.+?.	1.12± .08	150					
271.76 52.76		E	.15± .08	.12					
117.06 -20.01		-1.0±1.3		.00					
1135.5 -0520	PGC 36031		1.11						

R.A. 2000 DEC.	Names	Type	$\log D_{25}$	p.a.	B_T	$(B\text{-}V)_T$	$(B\text{-}V)_e$	m_{21}	V_{21}
l b		S_T n_L	$\log R_{25}$	A_g	m_B	$(U\text{-}B)_T$	$(U\text{-}B)_e$	W_{20}	V_{opt}
SGL SGB		T	$\log A_e$	A_i	m_{FIR}	$(B\text{-}V)^o_T$	m'_e	W_{50}	V_{GSR}
R.A. 1950 DEC.	PGC	L	$\log D_o$	A_{21}	B^o_T	$(U\text{-}B)^o_T$	m'_{25}	HI	V_{3K}
113809.1-093626	NGC 3789	.LXT+?.	1.11± .06	170					
274.62 49.19	MCG -1-30- 15	E	.31± .05	.03					
121.23 -20.95		-1.0±1.0		.00					
113536.5-091949	PGC 36036		1.06						
113809.3+584532		.E?....	1.00± .10						
139.84 55.90	UGC 6604		.00± .04	.00	13.92 ±.16				1323± 50
55.52 3.85				.00					1409
113524.3+590208	PGC 36037		1.00		13.90				1476
113813.0+120643	NGC 3773	.LA..*.	1.07± .04	165				16.42±.2	987± 6
250.54 67.19	UGC 6605	R	.07± .03	.10	13.34 ±.13			191± 34	973± 27
99.18 -14.64	MK 743	-2.0± .6		.00	12.85			99± 5	907
113537.8+122320	PGC 36043		1.07		13.23				1328
1138.2 +3139									
192.69 73.45	CGCG 157- 4			.00	15.4 ±.3				9782
80.48 -7.32									9772
1135.6 +3156	PGC 36044								10066
1138.2 -1303		.SXS6P*	1.14± .06	140					5135
276.78 46.06	MCG -2-30- 11	EF (1)	.08± .05	.04					
124.87 -21.68		5.6± .7		.11					4981
1135.7 -1247	PGC 36045	5.3± .8	1.15	.04					5491
113816.0-294343		.SXR4..	1.22± .04	100				14.56±.3	4090± 11
284.49 30.51	ESO 439- 20	Sr (1)	.44± .03	.25	14.26 ±.14			431± 15	4185± 34
142.79 -24.14		3.7± .6		.64				405± 12	3910
113546.0-292706	PGC 36047	4.4±1.0	1.24	.22	13.34			1.00	4426
113821.7-504301	NGC 3778	.LX.-*.	1.07± .05						
291.29 10.49	ESO 216- 26	S	.10± .04	.72	14.15 ±.14				4490± 60
165.65 -24.18		-3.0± .8		.00					4282
113556.1-502624	PGC 36051		1.15		13.36				4744
113826.7-103819	NGC 3775	.LXR+*.	1.05± .06	27					
275.38 48.29	MCG -2-30- 12	EF	.40± .05	.00					
122.33 -21.11		-.5± .6		.00					
113554.2-102142	PGC 36055		.99						
113830.2-085834	NGC 3774	.SBR3*.	1.01± .07	95					
274.32 49.80	MCG -1-30- 16	F	.34± .05	.01					
120.59 -20.72		3.0±1.3		.47					
113557.5-084157	PGC 36058		1.01	.17					
113830.4+204423		.S..7..	1.15± .05	75	15.01 ±.15	.50± .03	.58± .03	16.02±.2	3366± 6
230.00 72.18	UGC 6607	U	.27± .05	.00	14.6 ±.2	-.10± .05	-.13± .05	223± 8	
90.83 -11.49		7.0± .8	.72± .02	.38		.43	14.10± .06	114± 10	3316
113554.1+210100	PGC 36060		1.15	.14	14.49	-.15	14.95± .32	1.39	3686
113833.1-011107		.SXR2?.	1.07± .05	36					
268.23 56.69	UGC 6608	F	.19± .04	.04	14.23 ±.18				6200
112.53 -18.71	IRAS11359-0054	2.0± .9		.23	13.50				6078
113559.5-005430	PGC 36061		1.07	.09	13.90				6557
1138.5 +0657		.SA.5*.							
259.01 63.43	CGCG 40- 18	F (1)		.12	15.2 ±.6				
104.31 -16.26		5.0±1.3							
1136.0 +0714	PGC 36063	5.6±1.4							
1138.6 +2032		.E.....	1.15± .15	100					
230.63 72.11	UGC 6609	U	.24± .08	.00	14.33 ±.17				
91.03 -11.54		-5.0± .8		.00					
1136.0 +2049	PGC 36068		1.08						
1138.6 +0347		.IB.9..							
263.10 60.90	CGCG 40- 19	F (1)		.02	15.2 ±.6				
107.49 -17.23		10.0± .9							
1136.1 +0404	PGC 36073	7.6±1.0							
113844.2+334821		.S..6*.	1.32± .03	13					
185.39 73.00	UGC 6610	U	.73± .04	.00	15.0 ±.2				
78.52 -6.36	KUG 1136+340	6.0±1.2		1.07					
113606.0+340458	PGC 36079		1.32	.36					
113847.5-331008		.LA.+..	1.15± .09						
285.86 27.28		S	.14± .08	.30					
146.55 -24.28		-1.0± .8		.00					
113618.0-325330	PGC 36081		1.16						
113850.9-103502	NGC 3779	.SBS7P.	1.27± .05	85				15.15±.1	1700± 9
275.48 48.38	MCG -2-30- 13	EF (1)	.28± .05	.00				193± 12	
122.30 -21.01		6.5± .6		.38					1552
113618.3-101825	PGC 36084	5.7± .7	1.27	.14					2057

R.A. 2000 DEC. l b SGL SGB R.A. 1950 DEC.	Names PGC	Type S_T n_L T L	$\log D_{25}$ $\log R_{25}$ $\log A_e$ $\log D_o$	p.a. A_g A_i A_{21}	B_T m_B m_{FIR} B_T^o	$(B-V)_T$ $(U-B)_T$ $(B-V)_T^o$ $(U-B)_T^o$	$(B-V)_e$ $(U-B)_e$ m'_e m'_{25}	m_{21} W_{20} W_{50} HI	V_{21} V_{opt} V_{GSR} V_{3K}
113855.1+033452		PSBR3*.	.94± .11						
263.44 60.77	MCG 1-30- 5	F	.19± .07	.00	14.66 ±.18				
107.72 -17.23	MK 1302	3.0±1.3		.26	13.75				
113621.0+035129	PGC 36093		.94	.09					
113857.7-175807		.S?....	1.06± .06	131					
279.63 41.60	ESO 571- 12		.43± .05	.09					6597± 52
130.12 -22.45	IRAS11364-1741			.64	13.14				6432
113626.0-174130	PGC 36097		1.07	.21					6948
113901.8-374420	NGC 3783	PSBR2..	1.28± .04						
287.46 22.95	ESO 378- 14	RBCSr (2)	.05± .04	.50	12.57 ±.12				2926± 28
151.53 -24.43	IRAS11365-3727	1.5± .3		.07	11.90				2728
113633.0-372742	PGC 36101	1.7± .6	1.32	.03	11.97				3231
113903.2-001218	IC 716	.S..4P/	1.21± .03	132				14.96±.3	5429± 10
267.50 57.60	UGC 6612	UEF (1)	.77± .04	.04	14.80 ±.18			460± 13	
111.57 -18.31		3.6± .6		1.13					5311
113629.5+000419	PGC 36102	4.5±1.3	1.21	.38	13.60			.98	5786
113904.0+262139	NGC 3781	.S?....						17.40±.3	6798± 9
211.53 73.84	MCG 5-28- 4			.00	14.7 ±.3			243± 10	
85.53 -9.23									6769
113627.0+263816	PGC 36104								7101
113906.0-092053	NGC 3771	.E...*.	1.12± .08						
274.77 49.53		F	.00± .08	.01					
121.02 -20.66		-5.0±1.3		.00					
113633.2-090416	PGC 36107		1.13						
1139.1 -0920			.64± .17		13.57 ±.15	.98± .02	.82± .02		
274.79 49.54	MCG -1-30- 17		.28± .07	.01					
121.01 -20.65			.78± .04				12.96± .14		
1136.6 -0904	PGC 36113		.64						
113909.1-231814		.S?....	1.01± .05	67					
282.14 36.63	ESO 504- 8		.05± .04	.13	14.36 ±.14				8210± 52
135.86 -23.23	IRAS11366-2301			.06	13.57				8034
113638.0-230136	PGC 36115		1.02	.02	14.09				8552
113910.0-504008		PSBS3?.	1.05± .05						
291.40 10.58	ESO 216- 27	S (1)	.01± .05	.62	14.61 ±.14				
165.59 -24.06	IRAS11367-5023	3.0± .8		.01					
113644.0-502330	PGC 36117	3.3±1.2	1.11	.01					
113911.0+392002		.SB.1..	1.06± .04	57					
169.28 70.64	UGC 6613	U	.36± .04	.00	15.04 ±.18				
73.43 -4.03	IRAS11365+3936	1.0± .9		.36	12.82				
113631.9+393639	PGC 36118		1.06	.18					
113911.4-492456		PSXR4..	1.07± .05		13.68 ±.15	.63± .02	.75± .02		
291.04 11.78	ESO 216- 28	Sr (1)	.11± .05	.60	14.38 ±.14				5565± 40
164.24 -24.15	IRAS11367-4908	3.6± .6	.94± .02	.16	13.27	.43	13.87± .05		5358
113645.1-490818	PGC 36119	3.3±1.2	1.13	.06	13.26		13.60± .31		5825
1139.2 +1708		RSAR1?.	1.22± .04		14.37S±.15	.87± .03		15.01±.3	6351± 10
240.09 70.55	UGC 6614	U	.07± .03	.02	14.0 ±.3	.30± .05		262± 13	
94.36 -12.65		1.0±1.4		.07		.80		242± 10	6289
1136.6 +1725	PGC 36122		1.22	.03	14.11	.30	15.17± .25	.87	6681
113914.0+335552		.S?....	.78± .08						
184.87 73.06	MCG 6-26- 12		.04± .06	.00	15.33 ±.18				9834
78.44 -6.21	KUG 1136+342			.06					9832
113635.8+341229	PGC 36126		.78	.02	15.23				10109
113920.8+463051	NGC 3782	.SXS6*.	1.22± .03	0	13.10S±.15			13.69±.1	739± 6
154.44 65.96	UGC 6618	R (1)	.19± .03	.01	13.13 ±.14			132± 7	699± 63
66.82 -1.05	IRAS11366+4647	6.0± .6		.28	12.98			100± 5	782
113640.2+464728	PGC 36136	8.0± .9	1.22	.09	12.82		13.58± .24	.78	957
113921.1+581606		.SAS7*.	1.36± .05	80				14.38±.1	1154± 11
140.03 56.40	UGC 6616	U	.02± .06	.00	13.7 ±.3			112± 16	
56.04 3.79		7.0± .7		.03				109± 12	1238
113636.9+583243	PGC 36137		1.36	.01	13.71			.66	1310
113923.5+561615	NGC 3780	.SAS5*.	1.49± .03	90				14.07±.1	2399± 5
141.91 58.12	UGC 6615	R (2)	.10± .03	.00	12.17 ±.14			313± 6	2361± 66
57.87 2.98	IRAS11366+5632	5.0± .3		.15	11.97			289± 5	2476
113640.1+563252	PGC 36138	3.7± .6	1.49	.05	12.01			2.02	2566
113927.2+032811		.SAS4..	.82± .13						
263.80 60.75	MCG 1-30- 6	F (1)	.08± .07	.00	14.82 ±.19				
107.88 -17.14		4.0± .9		.11					
113653.0+034448	PGC 36141	5.6±1.0	.82	.04					

R.A. 2000 DEC. l b SGL SGB R.A. 1950 DEC.	Names PGC	Type S_T n_L T L	$\log D_{25}$ $\log R_{25}$ $\log A_e$ $\log D_o$	p.a. A_g A_i A_{21}	B_T m_B m_{FIR} B_T^o	$(B-V)_T$ $(U-B)_T$ $(B-V)_T^o$ $(U-B)_T^o$	$(B-V)_e$ $(U-B)_e$ m'_e m'_{25}	m_{21} W_{20} W_{50} HI	V_{21} V_{opt} V_{GSR} V_{3K}
1139.4 +0746 258.24 64.20 103.58 -15.79 1136.8 +0802	 MCG 1-30- 7 IRAS11368+0802 PGC 36142	.SBR7.. F (1) 7.0± .9 5.6±1.0		 .07	 14.8 ±.6 13.86				
113928.5-024143 269.93 55.50 114.15 -18.90 113655.0-022506	 CGCG 12- 48 PGC 36145	.SBR1?. F 1.0±1.8		 .08	 15.2 ±.6				
1139.4 +6032 138.06 54.42 53.95 4.74 1136.7 +6049	 UGC 6619 IRAS11367+6049 PGC 36146	.S?....	1.08± .06 .62± .05 1.09	8 .04 .93 .31	 15.36 ±.18 13.29 14.37				3465 3557 3608
1139.5 +2618 211.77 73.93 85.62 -9.16 1136.9 +2635	NGC 3784 MCG 5-28- 6 PGC 36147	.S?....	.94± .11 .40± .07 .94	 .00 .60 .20	 15.29 ±.18 14.66				 6854 6825 7157
1139.5 +2618 211.77 73.93 85.62 -9.16 1136.9 +2635	NGC 3785 UGC 6620 PGC 36148	.L..... U -2.0± .9	.99± .08 .39± .03 .93	25 .00 .00	 15.16 ±.15 15.03				 9157 9128 9460
1139.5 +0203 265.42 59.59 109.32 -17.54 1137.0 +0220	 CGCG 12- 49 PGC 36149	.IX.9*. F (1) 10.0± .9 6.6±1.0		 .03	 14.1 ±.4				
1139.6 +0428 262.71 61.60 106.89 -16.78 1137.1 +0445	 UGC 6622 PGC 36155	.SAS1.. F 1.0± .9	1.00± .08 .43± .06 1.00	141 .01 .44 .22	 15.10 ±.18				
113941.7-092202 274.99 49.57 121.07 -20.53 113708.9-090524	NGC 3791 MCG -1-30- 20 PGC 36156	RLX..P* EF -2.0± .8	1.12± .08 .13± .08 1.11	50 .02 .00					
113942.4+315435 191.58 73.70 80.37 -6.93 113704.7+321113	NGC 3786 UGC 6621 MK 744 PGC 36158	.SXT1P. R 1.0± .4	1.34± .02 .23± .03 1.34	77 .00 .24 .12	 13.24 ±.18 12.97			14.58±.1 451± 4 308± 5 1.49	2723± 4 2722± 24 2714 3006
113944.1+315558 191.50 73.70 80.35 -6.91 113706.4+321235	NGC 3788 UGC 6623 PGC 36160	.SXT2P. R 2.0± .4	1.33± .02 .51± .03 1.33	178 .00 .63 .26	 13.46 ±.20 12.80			14.68±.2 542± 6 390± 7 1.63	2699± 6 2486± 29 2682 2973
113944.7+224108 224.29 73.17 89.08 -10.49 113708.3+225746	 MCG 4-28- 16 PGC 36162	.S?....	.82± .13 .00± .07 .82	 .00 .00 .00	 14.99 ±.18 14.95				6935± 9 6893 7250
113947.6+195605 232.79 72.10 91.72 -11.50 113711.5+201242	 UGC 6625 IRAS11371+2012 PGC 36166	.S?....	.87± .08 .06± .05 .87	55 .00 .08 .03	 14.5 ±.2 12.71 14.38				 10964± 50 10912 11287
113947.6+174249 238.88 70.99 93.86 -12.31 113711.8+175926	NGC 3790 UGC 6624 PGC 36167	.S..0.. U .0±1.0	1.04± .06 .54± .05 1.01	154 .01 .40	 14.9 ±.2 14.40				 3434± 50 3374 3762
113949.7-443338 289.73 16.47 158.96 -24.27 113722.0-441700	 ESO 266- 12 IRAS11373-4416 PGC 36172	PSXS4.. r 4.5± .9	1.01± .06 .24± .05 1.05	139 .35 .35 .12	 14.78 ±.14 12.69				
1139.8 +0852 256.77 65.11 102.52 -15.34 1137.3 +0909	IC 718 UGC 6626 PGC 36174	.I..9*. U 10.0±1.3	1.08± .06 .36± .05 1.08	178 .07 .27 .18	 14.48 ±.18 14.13			15.55±.3 173± 20 1.24	1982± 12 1892 2328
1139.8 +1328 248.63 68.42 97.99 -13.79 1137.3 +1345	 UGC 6627 PGC 36176	.S..8*. U 8.0±1.3	1.00± .08 .55± .06 1.01	41 .07 .68 .27	 15.45 ±.18 14.70				3552 3478 3890
113953.4-033108 270.78 54.82 115.02 -19.02 113720.0-031430	 CGCG 12- 51 PGC 36177	.E+.... F -4.0± .9		 .09	 15.13 ±.18				

R.A. 2000 DEC. / l b / SGL SGB / R.A. 1950 DEC.	Names / PGC	Type / S_T n_L / T / L	$\log D_{25}$ / $\log R_{25}$ / $\log A_e$ / $\log D_o$	p.a. / A_g / A_i / A_{21}	B_T / m_B / m_{FIR} / B_T^o	$(B-V)_T$ / $(U-B)_T$ / $(B-V)_T^o$ / $(U-B)_T^o$	$(B-V)_e$ / $(U-B)_e$ / m'_e / m'_{25}	m_{21} / W_{20} / W_{50} / HI	V_{21} / V_{opt} / V_{GSR} / V_{3K}
1139.9 -0052		.LX.0*.							
268.50 57.14	CGCG 12- 52	F		.04	15.3 ±.6				
112.33 -18.29		-2.0±1.3							
1137.4 -0036	PGC 36182								
114000.7-485744		.SA.2*/	1.31± .04	151					
291.04 12.25	ESO 216- 31	S	.64± .05	.60	15.24 ±.14				5470± 60
163.74 -24.04	IRAS11375-4841	2.0±1.2		.79	12.45				5263
113734.0-484106	PGC 36185		1.37	.32	13.80				5732
114005.3-542350		.SBS3*.	1.10± .08	168					
292.58 7.03	ESO 170- 10	S	.16± .07	1.28					
169.59 -23.59	IRAS11376-5406	3.0±1.2		.22	13.26				
113740.0-540712	PGC 36186		1.22	.08					
114005.7-005408		.SAS3..							
268.58 57.13	CGCG 12- 53	F (1)		.04	14.9 ±.6				
112.36 -18.26		3.0± .9							
113732.0-003730	PGC 36187	4.6±1.0							
114005.7+455632	A 1137+46	.SA.9..	1.46± .04		13.18S±.15			13.95±.1	850± 5
155.17 66.47	UGC 6628	U	.00± .06	.01	13.9 ±.5			52± 5	
67.40 -1.17		9.0± .7		.00				40± 6	892
113725.5+461309	PGC 36188		1.46	.00	13.23		15.32± .31	.72	1071
114006.7-005014		.E.....							
268.52 57.19	CGCG 12- 54	F		.04	15.0 ±.6				
112.30 -18.24		-5.0± .9							
113733.0-003336	PGC 36190								
114007.4+583644	NGC 3795	.S.....	1.33± .04	53					
139.57 56.15	UGC 6629	R	.59± .05	.00	14.06 ±.18				1091± 50
55.76 4.02	IRAS11373+5853			.88					1177
113723.4+585321	PGC 36192		1.33	.29	13.17				1245
114008.9+151939	NGC 3799	.SBS3*P	.90± .05					15.96±.3	3312± 9
244.79 69.66	UGC 6630	R	.20± .04	.06	14.7 ±.2			438± 7	3449± 31
96.20 -13.08	KUG 1137+156A	3.0± .5		.27				424± 7	3254
113733.4+153617	PGC 36193		.91	.10	14.38			1.49	3656
1140.2 +1727		.S?....	.94± .11					16.41±.3	3297± 9
239.70 70.93	MCG 3-30- 38		.11± .07	.02	14.63 ±.18			213± 10	
94.14 -12.31				.09				134± 7	3237
1137.6 +1744	PGC 36194		.93		14.48				3626
114012.0+171847		.S?....	.91± .07	117					
240.06 70.85	UGC 6631		.24± .05	.02	14.7 ±.2				3543± 50
94.28 -12.37	IRAS11376+1735			.30	13.48				3482
113736.3+173525	PGC 36195		.91	.12	14.37				3872
114013.0+152033	NGC 3800	.SXT3*P	1.31± .03	52				15.76±.2	3299± 5
244.78 69.69	UGC 6634	R	.54± .05	.06	13.5 ±.2			429± 6	3457± 31
96.20 -13.06	IRAS11376+1537	3.0± .4		.75	11.29			414± 7	3236
113737.5+153711	PGC 36197		1.32	.27	12.65			2.84	3637
114013.9+244151	NGC 3798	.LB....	1.40± .06	60					
217.58 73.82	UGC 6632	U	.15± .05	.00	13.1 ±.2				3509± 39
87.21 -9.63	IRAS11376+2458	-2.0± .7		.00	13.01				3474
113737.3+245829	PGC 36199		1.38		13.08				3817
114016.3+174342	NGC 3801	.L...?.	1.54± .05	120	12.96 ±.13	.93± .02	1.01± .01		
239.03 71.09	UGC 6635	U	.22± .05	.00	12.57 ±.20	.39± .02	.48± .02		3388± 24
93.89 -12.20		-2.0±1.4	1.04± .02	.00		.88	13.65± .07		3329
113740.6+180020	PGC 36200		1.51		12.79	.39	15.00± .33		3717
1140.3 +1745	NGC 3802	.S.....	1.06± .06	85	14.25 ±.14	.94± .03	.98± .02	17.17±.3	3321± 9
238.94 71.11	UGC 6636	R	.64± .05	.00	15.0 ±.2	.40± .05	.49± .04	291± 10	
93.86 -12.18	IRAS11377+1802		.79± .02	.96	13.49	.80	13.69± .06	280± 7	3262
1137.7 +1802	PGC 36203		1.06	.32	13.51	.26	12.78± .34	3.34	3649
114018.6+090033	IC 719	.L...?.	1.10± .07	52				16.24±.2	1860± 8
256.75 65.29	UGC 6633	U	.51± .03	.07	14.1 ±.2			304± 20	1659± 63
102.42 -15.19	ARAK 308	-2.0±1.8		.00	13.02			248± 10	1768
113743.8+091711	PGC 36205		1.03		13.99				2203
114019.2+030004		PSBR3*.	.94± .11						
264.70 60.48	MCG 1-30- 8	F (1)	.11± .07	.01	14.61 ±.18				
108.42 -17.08		3.0± .9		.16					
113745.1+031642	PGC 36206	1.6±1.0	.94	.06					
114021.5-024214		.SA.1P?							
270.28 55.60	CGCG 12- 55	F		.07	15.3 ±.6				
114.22 -18.69		1.0±1.8							
113748.0-022536	PGC 36208								

R.A. 2000 DEC.	Names	Type	$\log D_{25}$	p.a.	B_T	$(B-V)_T$	$(B-V)_e$	m_{21}	V_{21}
l b		S_T n_L	$\log R_{25}$	A_g	m_B	$(U-B)_T$	$(U-B)_e$	W_{20}	V_{opt}
SGL SGB		T	$\log A_e$	A_i	m_{FIR}	$(B-V)^o_T$	m'_e	W_{50}	V_{GSR}
R.A. 1950 DEC.	PGC	L	$\log D_o$	A_{21}	B^o_T	$(U-B)^o_T$	m'_{25}	HI	V_{3K}
114025.1+282223	A 1137+28	.S?....	.86± .08	72				16.82±.3	1836± 10
204.28 74.25	UGC 6637		.29± .05	.00	15.0 ±.2			164± 6	1893± 61
83.75 -8.17	MK 1507			.39					1816
113748.0+283901	PGC 36211		.86	.14	14.59			2.09	2134
114030.3+601759	NGC 3796	.S?....	1.11± .05	127					
138.07 54.69	UGC 6638		.15± .05	.00	13.53 ±.20				1266± 50
54.23 4.75				.23					1357
113745.8+603437	PGC 36215		1.11	.08	13.30				1411
114034.6-100510		PSXT6..	1.43± .03	5				14.02±.1	1738± 4
275.76 49.01	MCG -2-30- 14	FUE (1)	.09± .05	.03				126± 5	
121.88 -20.48		6.3± .4		.13				109± 12	1592
113801.9-094832	PGC 36217	5.0± .6	1.43	.04					2095
114037.9-443132		RLBR+..	.91± .07	125					
289.86 16.54	ESO 266- 13	r	.16± .05	.41	15.24 ±.14				
158.92 -24.12		-1.3± .9		.00					
113810.0-441454	PGC 36220		.93						
114042.0+202035	NGC 3805	.L..-*.	1.15± .15	60					
231.91 72.47	UGC 6642	U	.10± .08	.00	13.65 ±.15				6526± 45
91.41 -11.15		-3.0±1.1		.00					6476
113806.0+203713	PGC 36224		1.13		13.55				6847
114044.0+222540	NGC 3808	.SXT5*P	1.22± .07	123	14.1 ±.3	.65± .03		15.95±.3	7078± 8
225.40 73.29	MCG 4-28- 21	R	.27± .07	.00		.04± .04		293± 9	7050± 29
89.42 -10.38		5.0± .4		.40		.55			7033
113807.7+224218	PGC 36227		1.22	.13	13.66	-.03	14.37± .50	2.15	7391
114044.8+222644	NGC 3808A	.I.0.$P	.74± .14						
225.34 73.30	MCG 4-28- 20	R	.38± .07	.00					7189± 29
89.40 -10.37	IRAS11381+2243	90.0		.28	11.95				7147
113808.5+224322	PGC 36228		.72						7505
1140.8 +1747	NGC 3806	.SX.3..	1.15± .03		14.15 ±.14	.55± .04	.63± .03	15.63±.2	3495± 7
239.08 71.23	UGC 6641	U	.02± .05	.00	14.0 ±.2	-.01± .05	-.03± .04	160± 6	
93.88 -12.06		3.0± .8	.90± .02	.02		.52	14.14± .04	150± 5	3436
1138.2 +1804	PGC 36231		1.15	.01	14.05	-.03	14.70± .24	1.57	3823
114048.3+351232	A 1138+35	.S?....	.78± .08		14.8 ±.2	.47± .05		15.76±.3	1548± 10
180.40 72.90	MCG 6-26- 16		.32± .06	.00	15.1 ±.2	-.39± .08		163± 6	1487± 42
77.38 -5.40	MK 426			.47		.40		114± 5	1548
113810.3+352910	PGC 36232		.78	.16	14.46	-.44	12.76± .45	1.14	1814
1140.8 +0448		.S..8?/							
262.82 62.05	CGCG 40- 27	F		.03	14.9 ±.6				
106.65 -16.40		8.0±1.8							
1138.3 +0505	PGC 36237								
114054.8+561210	NGC 3804	.SXS7..	1.35± .03	120				14.26±.1	1382± 5
141.63 58.29	UGC 6640	PU	.19± .04	.00	13.5 ±.2			187± 6	
58.02 3.14	IRAS11381+5628	6.5± .5		.26	13.38			170± 5	1460
113812.1+562848	PGC 36238		1.35	.09	13.25			.91	1550
114056.0-442850		.S..4..	1.25± .05	140	13.00 ±.14	.60± .01	.63± .01		
289.90 16.60	ESO 266- 15	S (1)	.25± .05	.41	13.18 ±.14				3160± 40
158.87 -24.07	IRAS11384-4412	4.0± .8	.94± .02	.36	11.58	.44	13.19± .04		2956
113828.0-441212	PGC 36240	2.2± .8	1.29	.12	12.29		13.50± .30		3440
114056.3+254651		.SXR3..	1.13± .05					15.66±.3	6871± 9
213.82 74.18	UGC 6645	U (1)	.14± .05	.00	14.3 ±.2			303± 10	
86.25 -9.07		3.0± .8		.19					6840
113819.6+260329	PGC 36241	4.5±1.1	1.13	.07	14.03			1.56	7176
1140.9 +0503		.SA.5*/	1.00± .06	140					5827
262.55 62.27	UGC 6646	UF	.47± .05	.03	15.11 ±.18				
106.41 -16.29		5.0± .9		.70					5726
1138.4 +0520	PGC 36242		1.00	.23	14.34				6179
114058.5+112817	NGC 3810	.SAT5..	1.63± .02	15	11.35M±.10	.58± .02	.67± .02	13.20±.1	994± 4
252.94 67.22	UGC 6644	R (2)	.15± .02	.15	11.32 ±.14	-.07± .03	.02± .03	266± 4	958± 36
100.05 -14.22	IRAS11383+1144	5.0± .3	1.10± .01	.23	10.33	.51	12.34± .03	247± 3	913
113823.5+114455	PGC 36243	2.4± .6	1.64	.08	10.95	-.12	13.97± .14	2.17	1335
114059.4-222838		.S..3./	1.23± .06	37					
282.28 37.55	ESO 571- 15	S	.84± .05	.13					
135.03 -22.70	IRAS11384-2212	3.0± .7		1.16					
113828.0-221200	PGC 36245		1.24	.42					
114104.0+014334		.LA.0?.							
266.39 59.51	CGCG 12- 57	F		.04	14.9 ±.6				
109.77 -17.28		-2.0±1.8							
113830.1+020012	PGC 36248								

R.A. 2000 DEC. / l b / SGL SGB / R.A. 1950 DEC.	Names / PGC	Type / S_T n_L / T / L	$logD_{25}$ / $logR_{25}$ / $logA_e$ / $logD_o$	p.a. / A_g / A_i / A_{21}	B_T / m_B / m_{FIR} / B_T^o	$(B-V)_T$ / $(U-B)_T$ / $(B-V)_T^o$ / $(U-B)_T^o$	$(B-V)_e$ / $(U-B)_e$ / m'_e / m'_{25}	m_{21} / W_{20} / W_{50} / HI	V_{21} / V_{opt} / V_{GSR} / V_{3K}
1141.0 +1013		.S..7*.	1.06± .08						
255.15 66.32	UGC 6647	U	.09± .06	.10	14.6 ±.3				
101.28 -14.61		7.0±1.2		.12					
1138.5 +1030	PGC 36250		1.07	.04					
114107.8+244916	NGC 3812	.E.....	1.23± .14						
217.30 74.04	UGC 6648	U	.03± .08	.01	13.37 ±.16				3632± 24
87.17 -9.39		-5.0± .8		.00					3598
113831.3+250554	PGC 36256		1.22		13.31				3940
1141.1 -0248		.SBS2?.							
270.68 55.60	CGCG 12- 58	F		.07	15.2 ±.6				
114.39 -18.53		2.0±1.8							
1138.6 -0232	PGC 36257								
114109.8-501938		PSBR1*.	1.01± .07	57					
291.61 10.99	ESO 216- 33	r	.30± .06	.55	15.46 ±.14				
165.20 -23.77		1.0±1.3		.31					
113843.0-500300	PGC 36258		1.06	.15					
1141.2 +1959		.S?....	.82± .13						
233.13 72.42	MCG 3-30- 43		.00± .07	.00	15.14 ±.18				6554±120
91.79 -11.18				.00					6503
1138.6 +2016	PGC 36262		.82		15.04				6876
114115.4+595312	NGC 3809	.L.....	1.01± .12						
138.26 55.10	UGC 6649	U	.11± .05	.00	13.74 ±.18				3443± 50
54.65 4.67	ARAK 310	-2.0± .8		.00					3533
113831.5+600950	PGC 36263		.99		13.69				3590
114116.2+474135	NGC 3811	.SBR6*.	1.34± .05	160	12.9 ±.4	.61± .05		14.19±.1	3105± 6
151.96 65.29	UGC 6650	U (1)	.12± .06	.02	12.88 ±.18	-.01± .07		286± 8	3037± 60
65.88 -.27	MK 185	6.0±1.1		.18	12.04	.56		270± 6	3153
113836.0+475813	PGC 36265	5.0±1.0	1.35	.06	12.68	-.04	14.17± .50	1.45	3317
114118.2+363249	NGC 3813	.SAT3*.	1.35± .03	87	12.23 ±.13	.58± .02		13.69±.1	1465± 6
176.19 72.42	UGC 6651	R (1)	.31± .03	.01	12.77 ±.14	-.08± .04		309± 5	1470± 40
76.18 -4.78		3.0± .4		.43		.51		294± 6	1474
113840.1+364927	PGC 36266	5.2± .9	1.35	.16	12.03	-.13	13.03± .21	1.50	1730
114123.1-062840		.SXS9P*	1.22± .04	65				15.53±.1	1715± 7
273.62 52.36	MCG -1-30- 22	FE (1)	.12± .05	.12				144± 10	2070± 39
118.18 -19.43	VV 544	9.3± .7		.12	13.73			77± 12	1591
113850.0-061202	PGC 36274	9.6±1.0	1.24	.06					2084
1141.6 +1704		.S?....	.84± .05		16.42S±.15	.65± .08			
241.24 70.99	MCG 3-30- 45		.49± .03	.02	15.7 ±.2	.02± .14			
94.64 -12.14				.73					
1139.0 +1721	PGC 36284		.84	.24			14.24± .29		
114138.0+375933	IC 2950		.80± .09						
171.99 71.77	CGCG 186- 26		.07± .12	.00	14.88 ±.19				6610± 74
74.86 -4.14	MK 638								6624
113859.7+381611	PGC 36287		.80						6868
114139.4+244800	NGC 3815	.S..2..	1.23± .05	72				15.13±.3	3711± 9
217.47 74.16	UGC 6654	U	.27± .05	.01	13.90 ±.18			368± 7	3725± 50
87.24 -9.29		2.0± .8		.33				338± 7	3678
113902.9+250438	PGC 36288		1.23	.14	13.52			1.48	4019
114139.6-021450		PSBS1P?							
270.40 56.15	CGCG 12- 60	F		.03	15.3 ±.6				
113.85 -18.26		1.0± .9							
113906.1-015812	PGC 36289								
114147.9+200617	NGC 3816	.L.....	1.28± .03	70	13.46 ±.13	.96± .02	.97± .01		
233.00 72.59	UGC 6656	U	.23± .04	.00	13.39 ±.15	.44± .03	.52± .02		5596± 45
91.74 -11.00		-2.0± .8	.79± .02	.00		.89	12.90± .08		5546
113912.0+202255	PGC 36292		1.24		13.35	.45	14.15± .24		5918
114150.6+155825		.SB.0?.	1.18± .05	11					
244.03 70.38	UGC 6653	U	.62± .05	.04	14.67 ±.18				3219
95.73 -12.47	IRAS11390+1614	.0± .9		.46	12.67				3154
113915.2+161503	PGC 36294		1.15		14.12				3551
114150.6+155825		.E?....	.67± .13	20				17.17±.3	745± 10
244.03 70.38	UGC 6655		.18± .03	.04	15.2 ±.3			106± 6	780± 49
95.73 -12.47	MK 747			.00				62± 5	682
113915.2+161503	PGC 36295		.63		15.19				1079
114152.1+023451		RSAS4..	.89± .11					16.46±.3	5912± 12
265.82 60.34	MCG 1-30- 10	F (1)	.07± .07	.03	14.93 ±.18			131± 14	
108.97 -16.83		4.0± .9		.10				117± 15	5803
113918.0+025130	PGC 36297	5.6±1.4	.89	.03	14.76			1.66	6266

R.A. 2000 DEC. l b SGL SGB R.A. 1950 DEC.	Names PGC	Type S_T n_L T L	$\log D_{25}$ $\log R_{25}$ $\log A_e$ $\log D_o$	p.a. A_g A_i A_{21}	B_T m_B m_{FIR} B_T^o	$(B-V)_T$ $(U-B)_T$ $(B-V)_T^o$ $(U-B)_T^o$	$(B-V)_e$ $(U-B)_e$ m'_e m'_{25}	m_{21} W_{20} W_{50} HI	V_{21} V_{opt} V_{GSR} V_{3K}
114153.1+101807	NGC 3817	.SB.0..	1.02± .06	140	14.29M±.10	.97± .02			
255.38 66.52	UGC 6657	U	.08± .05	.10	14.17 ±.18				6102± 32
101.27 -14.40	HICK 58C	.0± .9		.06		.88			6018
113918.3+103446	PGC 36299		1.02		14.01		14.02± .34		6446
114153.8+230237		.S?....	.82± .13					16.71±.3	10407± 9
223.65 73.75	MCG 4-28- 28		.00± .07	.00	15.09 ±.18			328± 10	
88.93 -9.90				.00					10367
113917.6+231915	PGC 36300		.82	.00	15.04			1.67	10720
114157.4-060921	NGC 3818	.E.5...	1.31± .04	103	12.67 ±.15	.96± .02	.97± .01		
273.59 52.71	MCG -1-30- 23	R	.22± .04	.12	12.57 ±.17				1498± 56
117.88 -19.21		-5.0± .4	.87± .05	.00		.92	12.51± .17		1364
113924.2-055243	PGC 36304		1.27		12.49		13.67± .29		1856
1142.0 +3200		.S?....	.97± .07	129					
190.85 74.16	UGC 6658		.41± .05	.00	15.12 ±.18				1481± 19
80.48 -6.44				.62					1473
1139.4 +3217	PGC 36305		.97	.21	14.49				1763
1142.0 +0739		RLX.0..							
259.57 64.52	CGCG 40- 32	F		.04	15.03 ±.18				
103.91 -15.22		-2.0± .9							
1139.5 +0756	PGC 36307								
114204.9+102302	NGC 3820	.S?....	.82± .13		15.45S±.15				
255.34 66.61	MCG 2-30- 14		.17± .07	.13	15.04 ±.20				6052± 41
101.21 -14.33	HICK 58E			.25					5968
113930.1+103941	PGC 36308		.83	.09	14.89		13.96± .68		6396
114206.0+102103	NGC 3819	.E?....	.90± .11		14.82S±.15				
255.40 66.59	MCG 2-30- 13		.06± .04	.10	14.55 ±.11				6270± 41
101.24 -14.33	HICK 58D			.00					6186
113931.2+103742	PGC 36311		.90		14.45		14.19± .59		6614
114208.9+201900	NGC 3821	RSXS2..	1.16± .05		13.7 ±.2	.82± .01			
232.49 72.76	UGC 6663	U	.04± .05	.00	13.58 ±.18	.23± .02			5552± 36
91.56 -10.85		2.0± .8		.05		.77			5502
113933.1+203538	PGC 36314		1.16	.02	13.53	.22	14.26± .34		5873
114210.0-181009		.SBS4*/	1.22± .04	108				15.95±.1	3637± 9
280.68 41.69	ESO 571- 16	SE (1)	.70± .04	.09				270± 12	3633± 52
130.48 -21.73	IRAS11396-1753	4.0± .8		1.02	12.64				3473
113938.0-175330	PGC 36315	2.2± .9	1.23	.35					3987
1142.1 +1256		.S..8*.	.96± .09	47					6143
250.73 68.46	UGC 6662	U	.39± .06	.07	15.20 ±.18				
98.71 -13.45		8.0±1.3		.48					6068
1139.6 +1313	PGC 36316		.97	.20	14.64				6482
114211.3+101640	NGC 3822	.L...?.	1.14± .07	178	14.14S±.15				
255.56 66.55	UGC 6661	U	.25± .03	.13	13.70 ±.16				6132± 32
101.32 -14.34	IRAS11395+1033	-2.0±1.7		.00	11.79				6048
113936.5+103318	PGC 36319		1.12		13.71		14.09± .37		6476
1142.2 +2002								17.91±.3	6102± 9
233.34 72.65	CGCG 97- 63			.00	15.6 ±.3			167± 10	
91.83 -10.94									6052
1139.6 +2019	PGC 36323								6424
114212.0-104628		PSAR2..	1.24± .05	95					6617
276.73 48.54	MCG -2-30- 16	EF (1)	.15± .05	.04					
122.69 -20.25		2.0± .6		.19					6470
113939.3-102950	PGC 36324	1.6±1.0	1.24	.08					6974
114212.3+002004		.S..3P*	.64± .14	15				15.87±.3	5488± 9
268.26 58.47	UGC 6665	EF	.04± .03	.06	14.7 ±.4			269± 10	5448± 49
111.26 -17.41	MK 1304	3.0±1.3		.06	11.85				5371
113938.5+003642	PGC 36325		.65	.02	14.55			1.30	5843
114214.0+200554		.S?....	.74± .14					17.53±.3	5968± 9
233.18 72.68	MCG 3-30- 48		.28± .07	.00	15.85 ±.20			369± 10	
91.78 -10.91				.39					5918
113938.2+202233	PGC 36328		.74	.14	15.41			1.97	6290
1142.2 +6210		.S..8*.	1.11± .05	176					
136.31 53.12	UGC 6660	U	.86± .05	.00					
52.58 5.69		8.0±1.4		1.06					
1139.5 +6227	PGC 36329		1.11	.43					
114214.8+195840								16.89±.2	7790± 7
233.54 72.63	CGCG 97- 62			.00	15.4 ±.3			279± 10	7752± 19
91.90 -10.95								201± 10	7735
113939.0+201518	PGC 36330								8107

R.A. 2000 DEC. l b SGL SGB R.A. 1950 DEC.	Names PGC	Type S_T n_L T L	$\log D_{25}$ $\log R_{25}$ $\log A_e$ $\log D_o$	p.a. A_g A_i A_{21}	B_T m_B m_{FIR} B_T^o	$(B-V)_T$ $(U-B)_T$ $(B-V)_T^o$ $(U-B)_T^o$	$(B-V)_e$ $(U-B)_e$ m'_e m'_{25}	m_{21} W_{20} W_{50} HI	V_{21} V_{opt} V_{GSR} V_{3K}
114215.2-135200	NGC 3823	.E+..P.	1.17± .05	100					
278.52 45.70	MCG -2-30- 17	EF	.08± .05	.04					
125.94 -20.89		-3.5± .6		.00					
113942.8-133521	PGC 36331		1.15						
1142.2 +0846	IC 720	.S?....	1.04± .09					17.15±.3	6371± 12
258.01 65.42	MCG 2-30- 16		.28± .07	.03				178± 20	6587± 56
102.82 -14.81				.43					6292
1139.7 +0903	PGC 36333		1.04	.14					6727
114217.2+301348		.S..6*.	1.17± .05	102				15.63±.3	9685± 9
197.29 74.54	UGC 6664	U	.79± .05	.01	15.35 ±.18			421± 10	
82.17 -7.08		6.0±1.3		1.17					9671
113940.1+303026	PGC 36334		1.17	.40	14.12			1.11	9974
114219.1-083721		.SXR0*.	1.11± .06	125					
275.42 50.52	MCG -1-30- 24	EF	.50± .05	.08					
120.46 -19.72		.0± .6		.38					
113946.2-082043	PGC 36339		1.10						
114220.8+160043		.S?....	1.07± .04	14				16.29±.3	3087± 9
244.16 70.50	UGC 6666		.47± .04	.05	14.6 ±.2			206± 7	3107± 50
95.73 -12.35	IRAS11397+1617			.70	13.45			193± 7	3023
113945.4+161721	PGC 36342		1.07	.23	13.83			2.23	3420
1142.3 +5136		.S..6*.	1.53± .03	89	14.18S±.15			14.78±.1	979± 6
146.28 62.28	UGC 6667	U	.89± .05	.00	14.5 ±.2			189± 8	
62.34 1.48		6.0±1.2		1.31				176± 5	1041
1139.7 +5153	PGC 36343		1.53	.45	12.97		14.43± .24	1.37	1171
1142.3 +1458		.I..9..	1.16± .13					15.41±.1	1016± 7
246.57 69.86	UGC 6669	U	.29± .12	.10				89± 5	
96.75 -12.70		10.0± .8		.22				55± 4	948
1139.8 +1515	PGC 36344		1.17	.15					1351
114223.7+101552	NGC 3825	.SB.1..	1.11± .05	160	13.96S±.15	.94± .03			
255.68 66.57	UGC 6668	U	.09± .05	.13	13.65 ±.18	.41± .07			6510± 32
101.36 -14.29	HICK 58B	1.0± .8		.10		.84			6426
113948.9+103230	PGC 36348		1.13	.05	13.52	.38	14.14± .33		6853
114223.8+200701		.S?....	1.05± .04		14.55M±.10	.71± .03	.69± .03	16.05±.2	5970± 7
233.18 72.72	MCG 3-30- 51		.23± .03	.00	14.55 ±.18	.04± .04	.13± .04	355± 8	5972±120
91.78 -10.87			.63± .03	.34		.63	13.16± .08		5920
113948.0+202340	PGC 36349		1.05	.11	14.18	-.02	14.06± .26	1.76	6292
114228.9-082027	IC 721	.SBS6?/	1.09± .06	76					6745
275.29 50.79	MCG -1-30- 26	EF	.67± .05	.09					
120.18 -19.62	IRAS11399-0803	5.7±1.1		.99	13.38				6605
113955.9-080348	PGC 36354		1.10	.34					7103
114229.4+181956	A 1139+18	.IB.9..	1.48± .03	153	13.34 ±.16	.42± .05	.48± .02	14.30±.1	921± 7
238.32 71.86	UGC 6670	U	.54± .05	.00	13.7 ±.2	-.25± .06	-.15± .03	220± 10	
93.50 -11.49	IRAS11398+1836	10.0± .8	1.06± .03	.40	13.38	.29	14.13± .09	210± 8	864
113953.9+183635	PGC 36355		1.48	.27	13.04	-.35	14.25± .26	.99	1247
114230.6-021509		.LA.-..							
270.74 56.25	CGCG 12- 62	F		.04	15.13 ±.18				
113.91 -18.05		-3.0± .9							
113957.0-015830	PGC 36358								
114233.0+262922	NGC 3826	.E.....	.95± .10	65					
211.39 74.63	UGC 6671	U	.09± .04	.04	14.40 ±.16				9048± 47
85.72 -8.46		-5.0± .9		.00					9020
113956.5+264601	PGC 36359		.93		14.22				9350
114236.1+185041	NGC 3827	.S?....	.97± .07	65	13.78 ±.13	.50± .01		15.96±.3	3132± 10
236.95 72.15	UGC 6673		.10± .05	.00	14.0 ±.2	-.16± .03		235± 13	3273± 45
93.02 -11.28	IRAS11400+1907			.15	12.56	.46		229± 10	3084
114000.4+190720	PGC 36361		.97	.05	13.68	-.19	13.26± .37	2.23	3463
114239.5+244922		.S..6*.	1.06± .06	153				15.97±.3	6300± 9
217.56 74.38	UGC 6674	U	.18± .05	.05	14.7 ±.2			381± 10	
87.31 -9.07		6.0±1.2		.26					6267
114003.2+250600	PGC 36363		1.06	.09	14.38			1.50	6608
1142.6 +0858	IC 722	.S?....	1.04± .09					16.55±.3	6535± 12
257.89 65.64	MCG 2-30- 19		.21± .07	.00	14.53 ±.18			299± 20	
102.65 -14.65				.31					6447
1140.1 +0915	PGC 36365		1.04	.10	14.18			2.26	6881
114242.6-022139		.SBS3*.							
270.91 56.18	CGCG 12- 63	F		.03	15.4 ±.6				
114.04 -18.04		3.0±1.3							
114009.1-020500	PGC 36368								

R.A. 2000 DEC. / l b / SGL SGB / R.A. 1950 DEC.	Names / PGC	Type / S_T n_L / T / L	$\log D_{25}$ / $\log R_{25}$ / $\log A_e$ / $\log D_o$	p.a. / A_g / A_i / A_{21}	B_T / m_B / m_{FIR} / B_T^o	$(B-V)_T$ / $(U-B)_T$ / $(B-V)_T^o$ / $(U-B)_T^o$	$(B-V)_e$ / $(U-B)_e$ / m'_e / m'_{25}	m_{21} / W_{20} / W_{50} / HI	V_{21} / V_{opt} / V_{GSR} / V_{3K}
114245.2+524655	NGC 3824	.SAS1$/	1.13± .05	118					
144.79 61.33	UGC 6676	P	.29± .04	.00	14.46 ±.18				5693± 56
61.28 2.01	IRAS11400+5303	1.0± .8		.29	13.30				5760
114004.2+530333	PGC 36370		1.13	.14	14.09				5879
114246.8+200139		.S?....	.94± .11		14.92 ±.13	.80± .02	.81± .02	17.96±.3	6334± 10
233.59 72.76	MCG 3-30- 55		.28± .07	.00	15.05 ±.18	.11± .03	.20± .03	308± 15	6314±120
91.90 -10.82			.58± .02	.35		.71	13.31± .04		6284
114011.0+201818	PGC 36371		.94	.14	14.60	.03	13.74± .58	3.22	6656
1142.8 +2633		.S..2..	1.07± .06	142					
211.16 74.69	UGC 6677	U	.76± .05	.05	15.60 ±.18				
85.68 -8.38		2.0±1.0		.93					
1140.2 +2650	PGC 36372		1.08	.38					
1142.9 +2004									
233.50 72.81	CGCG 97- 74			.00	15.3 ±.3				6496
91.86 -10.77									6446
1140.3 +2021	PGC 36377								6818
114256.0+230743									8696± 9
223.63 74.00	CGCG 127- 34			.00	15.4 ±.3				
88.94 -9.64									8657
114019.9+232422	PGC 36380								9009
1142.9 +4050		.S..7..	1.09± .06	109					
164.37 70.33	UGC 6679	U	.89± .05	.00					
72.33 -2.76		7.0±1.0		1.22					
1140.3 +4107	PGC 36381		1.09	.44					
114256.5+195803								17.22±.2	7275± 6
233.83 72.77	CGCG 97- 73			.00	15.5 ±.3			266± 13	7282±120
91.97 -10.80								288± 10	7225
114020.8+201442	PGC 36382								7597
1142.9 +7723	NGC 3901	.S..6*.	1.25± .04	165					1708
127.68 39.10	UGC 6675	U	.37± .04	.13	14.39 ±.20				
38.34 11.49		6.0±1.2		.54					1851
1140.0 +7740	PGC 36386		1.26	.18	13.71				1750
1143.0 +1938		.S..3..	1.05± .06	110					
234.82 72.62	UGC 6680	U (1)	.30± .05	.00	15.04 ±.20				13125
92.29 -10.91		3.0± .9		.41					13074
1140.4 +1955	PGC 36388	4.5±1.2	1.05	.15	14.53				13448
114302.0+261531		.S..3*.	.95± .07	85				16.52±.3	9479± 9
212.30 74.71	UGC 6678	U (1)	.25± .05	.04	15.22 ±.18			308± 10	
85.98 -8.45		3.0±1.3		.34					9451
114025.6+263209	PGC 36392	5.5±1.2	.95	.12	14.76			1.63	9782
1143.0 -1251		.LB.+?/	1.20± .11						
278.22 46.70	MCG -2-30- 18	F	.88± .07	.05					
124.92 -20.50		-1.0± .9		.00					
1140.5 -1235	PGC 36393		1.07						
114303.5-232557		.SBS9*.	1.13± .04	14					1932
283.24 36.81	ESO 504- 10	S (1)	.48± .04	.16	15.54 ±.14				
136.13 -22.36		8.7± .7		.49					1757
114032.0-230918	PGC 36395	8.9± .9	1.14	.24	14.88				2274
1143.1 +5906	A 1140+59	.S..9*.	1.21± .06	100	14.5 ±.3		.57± .06	14.71±.1	1326± 5
138.54 55.90	UGC 6682	U (1)	.07± .06	.00			-.28± .08	82± 5	
55.46 4.58	DDO 96	9.0±1.1	1.27± .10	.07			16.30± .22	73± 12	1414
1140.4 +5923	PGC 36398	9.0±1.0	1.21	.03	14.43		15.23± .46	.24	1477
1143.2 +1922									
235.67 72.54	CGCG 97- 77			.00	15.13 ±.18				6531± 19
92.56 -10.96									6479
1140.6 +1939	PGC 36401								6855
1143.2 +1944		.S..0..	1.00± .06	71					
234.60 72.71	UGC 6683	U	.62± .05	.00	15.42 ±.19				7631± 42
92.21 -10.83		.0±1.0		.47					7580
1140.6 +2001	PGC 36402		.97		14.84				7954
114313.2+200018								17.92±.3	7000± 9
233.82 72.84	CGCG 97- 79			.00				251± 10	7016±120
91.96 -10.73									6950
114037.5+201657	PGC 36406								7322
114314.6-124559		.S..5*/	1.09± .06	40					4790
278.24 46.81	MCG -2-30- 21	EF	.77± .05	.05					
124.84 -20.43	IRAS11406-1229	5.0±1.1		1.16	13.60				4639
114042.1-122920	PGC 36409		1.10	.39					5145

R.A. 2000 DEC.	Names	Type	$\log D_{25}$	p.a.	B_T	$(B-V)_T$	$(B-V)_e$	m_{21}	V_{21}
l b		S_T n_L	$\log R_{25}$	A_g	m_B	$(U-B)_T$	$(U-B)_e$	W_{20}	V_{opt}
SGL SGB		T	$\log A_e$	A_i	m_{FIR}	$(B-V)^o_T$	m'_e	W_{50}	V_{GSR}
R.A. 1950 DEC.	PGC	L	$\log D_o$	A_{21}	B^o_T	$(U-B)^o_T$	m'_{25}	HI	V_{3K}
114318.6-125241	NGC 3831	.LXR+P.	1.43± .05	23					
278.32 46.71	MCG -2-30- 23	EF	.68± .05	.05					
124.96 -20.44		-.5± .6		.00					
114046.1-123602	PGC 36417		1.34						
1143.3 +3128		.SB?...	1.04± .09						
192.55 74.55	MCG 5-28- 23		.28± .07	.03	15.05 ±.20				1216±115
81.09 -6.39				.43					1207
1140.7 +3145	PGC 36418		1.04	.14	14.59				1500
1143.3 +3128		.I..9?.	.96± .17	160				15.38±.1	1789± 10
192.55 74.55	UGC 6684	U	.15± .12	.03	15.07 ±.14			147± 6	1784± 35
81.09 -6.39		10.0±1.8		.11				104± 5	1780
1140.7 +3145	PGC 36419		.96	.07	14.93			.37	2073
1143.3 +1629		.S..3..	1.42± .03	51	14.99M±.10	.79± .04		14.90±.3	6546± 10
243.47 70.99	UGC 6686	U (1)	.92± .03	.05	14.69 ±.19	.18± .05	.27± .05	412± 13	
95.36 -11.94		3.0± .9	.77± .02	1.27		.57	14.35± .07	402± 10	6484
1140.8 +1646	PGC 36431	4.5±1.2	1.42	.46	13.56	-.01	14.63± .19	.88	6877
1143.3 +5530		.S..6*.	1.11± .05	6					
141.74 59.07	UGC 6685	U	.75± .05	.00					
58.81 3.18		6.0±1.4		1.11					
1140.7 +5547	PGC 36432		1.11	.38					
1143.3 +1811		.S..8*.	1.19± .05	25					3194
239.08 71.96	UGC 6687	U	.52± .05	.00					
93.72 -11.34		8.0±1.3		.64					3138
1140.8 +1828	PGC 36433		1.19	.26					3521
1143.4 +2139		.S?....	.97± .07	12				15.74±.3	3524± 9
228.71 73.59	UGC 6689		.66± .05	.00	15.68 ±.19			245± 10	
90.39 -10.09				.99					3480
1140.8 +2156	PGC 36434		.97	.33	14.67			.74	3841
114324.6+194457	IC 2951	.S..1..	1.15± .04	80	14.46 ±.16	.91± .03	.99± .02		6100± 10
234.65 72.76	UGC 6688	U	.31± .03	.00	14.56 ±.20	.51± .04	.49± .03		6172± 19
92.22 -10.78		1.0± .9	.73± .03	.32		.80	13.60± .09		6066
114049.0+200136	PGC 36436		1.15	.16	14.10	.46	14.27± .25		6439
114325.5+250019		.S?....	.82± .13					16.54±.3	6186± 9
217.03 74.59	MCG 4-28- 37		.17± .07	.05	15.41 ±.18			228± 10	
87.20 -8.84				.26					6154
114049.3+251657	PGC 36437		.82	.09	15.07			1.38	6493
114326.1+360638	A 1140+36		.50± .14						
176.84 73.00	CGCG 186- 27		.15± .12	.00	15.8 ±.3				6378± 42
76.76 -4.55	MK 427								6386
114048.5+362317	PGC 36438		.50						6644
114327.4+524246	NGC 3829	.SBS3*.	1.03± .04	95					
144.68 61.45	UGC 6690	P	.20± .04	.00	14.82 ±.18				5620± 56
61.39 2.08	IRAS11407+5259	3.0± .9		.28					5687
114046.8+525925	PGC 36439		1.03	.10	14.50				5806
1143.4 +1009	NGC 3833	.S..5..	1.16± .05	27					
256.37 66.67	UGC 6692	U	.29± .05	.12	14.22 ±.19				
101.55 -14.08		5.0± .9		.43					
1140.9 +1026	PGC 36441		1.17	.14					
1143.5 +1906	NGC 3834	.S?....	1.15± .08						
236.56 72.46	MCG 3-30- 65		.15± .07	.00	14.4 ±.2				
92.84 -10.99				.11					
1140.9 +1923	PGC 36443		1.14						
114329.7-014003	IC 725	.E...*.							
270.63 56.88	CGCG 12- 65	F		.04	14.9 ±.6				
113.39 -17.66		-5.0±1.3							
114056.0-012324	PGC 36444								
1143.5 -1647	NGC 3836	.S?....	1.15± .08					14.61±.1	3660± 9
280.42 43.09	MCG -3-30- 10		.03± .07	.07				217± 12	3674± 65
129.09 -21.17	VV 477			.04	11.62				3500
1140.9 -1631	PGC 36445		1.15	.01					4012
1143.5 +2243	NGC 3832	.SBT4..	1.29± .03		13.63M±.10	.67± .02	.71± .02	14.74±.1	6909± 4
225.18 74.00	UGC 6693	U	.08± .03	.00	13.4 ±.2	.01± .03	.10± .03	189± 4	6906±120
89.38 -9.67		4.0± .8	1.03± .02	.11		.61	14.07± .05	171± 5	6869
1140.9 +2300	PGC 36446		1.29	.04	13.44	-.03	14.72± .20	1.26	7223
1143.5 +6041		.S..8*.	1.08± .07	120					
137.19 54.52	UGC 6691	U	.32± .06	.06					
54.02 5.25		8.0±1.2		.39					
1140.8 +6058	PGC 36447		1.08	.16					

R.A. 2000 DEC. / l b / SGL SGB / R.A. 1950 DEC.	Names / PGC	Type / S_T n_L / T / L	$\log D_{25}$ / $\log R_{25}$ / $\log A_e$ / $\log D_o$	p.a. / A_g / A_i / A_{21}	B_T / m_B / m_{FIR} / B_T^0	$(B-V)_T$ / $(U-B)_T$ / $(B-V)_T^0$ / $(U-B)_T^0$	$(B-V)_e$ / $(U-B)_e$ / m'_e / m'_{25}	m_{21} / W_{20} / W_{50} / HI	V_{21} / V_{opt} / V_{GSR} / V_{3K}
114334.7+085631	IC 724	.S..1..	1.37± .04	60				16.06±.3	5972± 12
258.35 65.75	UGC 6695	U	.40± .05	.03	13.40 ±.18			533± 20	5959± 14
102.76 -14.45	IRAS11409+0913	1.0± .8		.41					5879
114100.1+091310	PGC 36450		1.37	.20	12.88			2.97	6312
114339.8+332504		.SB.1..	.96± .09	102					
185.54 74.10	UGC 6696	U	.29± .06	.00	15.50 ±.19				
79.29 -5.57		1.0± .9		.30					
114102.7+334143	PGC 36455		.96	.15					
114346.5+550251		.SB?...	.87± .07						
142.10 59.49	MCG 9-19-165		.10± .06	.00	15.19 ±.18				6715± 63
59.25 3.05	MK 1452			.15					6790
114105.3+551930	PGC 36463		.87	.05	15.00				6889
1143.8 +1947		.L?....	.90± .17						
234.68 72.86	MCG 3-30- 67		.27± .07	.00	15.19 ±.15				5624± 19
92.21 -10.68				.00					5573
1141.2 +2004	PGC 36465		.86		15.11				5946
114348.7+195812		.I..9*.	1.27± .03	137	14.08M±.10	.49± .02	.50± .01	16.18±.2	6732± 6
234.14 72.95	UGC 6697	U	.76± .03	.00	14.47 ±.19	-.32± .03	-.28± .02	599± 9	6621± 32
92.04 -10.61	IRAS11412+2014	10.0±1.3	.76± .01	.57	12.62	.27	13.37± .03		6678
114113.0+201451	PGC 36466		1.27	.38	13.59	-.48	13.36± .21	2.21	7050
1143.9 +1959	NGC 3841	.S?....	.82± .13		14.59 ±.15	.99± .02	1.01± .01		
234.12 72.98	MCG 3-30- 73		.00± .07	.00	14.99 ±.18	.46± .05	.49± .04		6216± 19
92.03 -10.59			.62± .04	.00		.93	13.18± .14		6166
1141.3 +2016	PGC 36469		.82		14.67	.49	13.52± .68		6538
1143.9 +2000	NGC 3845	.S?....	.89± .11		15.01 ±.13	.98± .02			
234.07 72.98	MCG 3-30- 74		.35± .07	.00	15.31 ±.19	.40± .04			5643±120
92.01 -10.58				.43		.87			5593
1141.3 +2017	PGC 36470		.89	.18	14.62	.32	13.42± .61		5965
114354.1+075532	NGC 3843	.S..0..	.95± .07	42					
260.02 65.01	UGC 6699	U	.35± .05	.00	14.5 ±.2				5908± 50
103.79 -14.70		.0± .9		.26					5817
114119.7+081211	PGC 36471		.93		14.17				6255
114354.4+104659	NGC 3839	.S..8*.	1.00± .06	87				14.90±.3	5910± 12
255.51 67.21	UGC 6700	U	.29± .05	.21	14.1 ±.3			348± 20	5939± 50
100.97 -13.77	IRAS11413+1103	8.0±1.3		.36	11.59				5830
114119.7+110338	PGC 36475		1.02	.15	13.51			1.25	6254
114356.7+195342	NGC 3837	.E.....	.81± .16		14.25 ±.13	1.00± .01	1.01± .01		
234.42 72.94	UGC 6701	U	.02± .05	.00	14.6 ±.2	.55± .04	.59± .04		6280± 25
92.13 -10.61	ARAK 314	-5.0± .9	.53± .03	.00		.94	12.39± .10		6230
114121.1+201021	PGC 36476		.80		14.25	.58	13.22± .80		6602
1143.9 +2004	NGC 3840	.S..1..	1.03± .03	67	14.54M±.10	.70± .02	.73± .01	16.46±.2	7368± 7
233.86 73.03	UGC 6702	U	.15± .03	.00	14.50 ±.18	.01± .03	.07± .03	284± 11	7409± 42
91.95 -10.54	IRAS11413+2021	1.0± .9	.57± .02	.15		.61	12.91± .05	262± 10	7320
1141.3 +2021	PGC 36477		1.03	.07	14.29	.00	14.16± .19	2.10	7691
114358.2+201107								17.69±.3	6373± 9
233.55 73.08	CGCG 97- 92			.00				458± 10	6497±120
91.85 -10.50									6324
114122.6+202746	PGC 36478								6695
1144.0 +2001	NGC 3844	.S..0..	1.07± .03	28	14.85 ±.14	.98± .02	.99± .02		
234.06 73.01	UGC 6705	U	.68± .05	.00	15.18 ±.20	.46± .04	.50± .04		6829± 42
92.01 -10.55		.0± .9	.38± .04	.51		.81	12.24± .12		6780
1141.4 +2018	PGC 36481		1.03		14.34	.38	13.32± .24		7151
1144.0 +3003		.S?....	.99± .10						
197.77 74.93	MCG 5-28- 26		.33± .07	.01	15.18 ±.18				11767
82.48 -6.80				.50					11753
1141.4 +3020	PGC 36482		.99	.17	14.61				12056
114401.9+194657		.S?....	.94± .11						4857
234.79 72.91	MCG 3-30- 71		.47± .07	.00	15.54 ±.18				4937± 19
92.24 -10.63				.58					4886
114126.4+200336	PGC 36486		.94	.24	14.90				5259
114402.0+195701	NGC 3842	.E.....	1.15± .15	5	12.78 ±.13	.96± .01	.99± .01		
234.29 72.99	UGC 6704	U	.14± .08	.00	13.41 ±.17	.49± .03	.54± .02		6214± 17
92.08 -10.57		-5.0± .9	1.10± .02	.00		.90	13.77± .09		6164
114126.4+201340	PGC 36487		1.11		12.92	.52	13.16± .81		6535
114404.6-023327		.SAS5..	.99± .10						
271.62 56.16	MCG 0-30- 20	F (1)	.09± .07	.04	14.9 ±.2				
114.34 -17.76		5.0± .9		.14					
114131.0-021648	PGC 36489	5.6±1.0	.99	.05					

R.A. 2000 DEC. l b SGL SGB R.A. 1950 DEC.	Names PGC	Type S_T n_L T L	$\log D_{25}$ $\log R_{25}$ $\log A_e$ $\log D_o$	p.a. A_g A_i A_{21}	B_T m_B m_{FIR} B^o_T	$(B-V)_T$ $(U-B)_T$ $(B-V)^o_T$ $(U-B)^o_T$	$(B-V)_e$ $(U-B)_e$ m'_e m'_{25}	m_{21} W_{20} W_{50} HI	V_{21} V_{opt} V_{GSR} V_{3K}
114405.3-523645		.SAR8*.	1.02± .05	148					
292.68 8.91	ESO 216- 35	S (1)	.10± .04	1.01	15.62 ±.14				
167.62 -23.15		7.6± .7		.12					
114138.1-522006	PGC 36492	7.0± .7	1.11	.05					
114405.6+600713	NGC 3835	.S..2*/	1.29± .04	60					2452
137.52 55.06	UGC 6703	PU	.39± .04	.00	13.2 ±.2				
54.57 5.09	IRAS11413+6023	2.2± .7		.49	13.27				2544
114123.0+602352	PGC 36493		1.29	.20	12.66				2597
1144.1 +2953									
198.39 74.97	CGCG 157- 27			.02	15.2 ±.3				13876
82.64 -6.85									13862
1141.5 +3010	PGC 36495								14166
114411.0+371108		.S?....	.62± .11						
173.40 72.62	CGCG 186- 30		.26± .12	.04	15.3 ±.3				12471± 42
75.82 -3.99	MK 428			.39					12483
114133.4+372747	PGC 36500		.63	.13	14.81				12732
114414.1+333054	NGC 3847	.E.....	1.04± .18						
185.06 74.18	UGC 6708	U	.00± .08	.00	14.27 ±.16				9542± 19
79.25 -5.42		-5.0± .8		.00					9541
114137.0+334733	PGC 36504		1.04		14.13				9818
114414.4+575701	NGC 3838	.SA.0?.	1.19± .04	141	13.25 ±.13	.91± .01			
139.28 56.99	UGC 6707	PU	.39± .04	.00	13.1 ±.3	.41± .02			1299± 31
56.59 4.26		-.4± .8		.29		.83			1384
114132.6+581340	PGC 36505		1.17		12.90	.35	13.09± .28		1457
114415.1+550206	NGC 3846A	.SBS9*.	1.28± .03	40				15.19±.1	1443± 7
142.00 59.54	UGC 6706	PU	.09± .04	.00	13.8 ±.2			160± 8	
59.29 3.11	KUG 1141+553B	9.3± .6		.09				145± 6	1518
114134.2+551845	PGC 36506		1.28	.05	13.75			1.40	1617
1144.3 +8328		.SA.9..	1.06± .06	150					
125.18 33.36	UGC 6694	U	.22± .05	.34					
32.53 13.64		9.0± .9		.22					
1141.0 +8345	PGC 36514		1.10	.11					
1144.3 +0729		RLB.+..							
260.86 64.73	CGCG 40- 35	F		.00	15.4 ±.6				
104.26 -14.73		-1.0± .9							
1141.8 +0746	PGC 36519								
1144.3 +0810		.SB?...	.94± .11					16.38±.3	5890± 12
259.88 65.27	MCG 1-30- 12		.57± .07	.00	15.2 ±.2			257± 20	
103.59 -14.51				.85					5800
1141.8 +0827	PGC 36520		.94	.28	14.34			1.75	6237
1144.4 +1943									
235.11 72.95	CGCG 97-109			.00	15.13 ±.18				6823± 19
92.33 -10.57									6772
1141.8 +2000	PGC 36525								7145
114425.1+485008		.S..9..	1.17± .07					14.62±.1	899± 6
149.31 64.72	UGC 6713	U	.14± .06	.01	15.0 ±.3			104± 5	
65.03 .67		9.0± .8		.15				95± 4	953
114145.6+490647	PGC 36528		1.17	.07	14.83			-.29	1105
114425.9+332119	IC 2953	PSBR3..	1.08± .06	65					
185.56 74.27	UGC 6709	U	.12± .05	.00	14.8 ±.2				
79.42 -5.44		3.0± .9		.16					
114148.9+333758	PGC 36530		1.08	.06					
114426.2-282752		.S?....	1.06± .05	53					
285.52 32.13	ESO 440- 1		.34± .05	.35	15.37 ±.14				8571± 34
141.57 -22.68				.47					8387
114155.0-281112	PGC 36531		1.10	.17	14.48				8901
114428.6+163331	NGC 3853	.E.....	1.22± .04	140	13.41 ±.13	.98± .01	.99± .01		
243.78 71.24	UGC 6712	U	.22± .08	.07	13.44 ±.16	.47± .03	.53± .03		3349± 31
95.39 -11.68		-5.0± .8	.70± .03	.00		.93	12.40± .10		3287
114153.4+165010	PGC 36535		1.16		13.31	.47	13.93± .31		3679
1144.4 +1046	IC 727	.S..3..	1.20± .05	161				15.73±.3	6121± 12
255.80 67.29	UGC 6715	U (1)	.81± .05	.11	14.94 ±.18			522± 20	
101.03 -13.64		3.0± .9		1.12					6040
1141.9 +1103	PGC 36536	4.5±1.3	1.21	.41	13.66			1.66	6463
114429.5+553904	NGC 3846	.SA.5*.	1.03± .06	135					
141.33 59.02	UGC 6710	RCU	.14± .04	.00	14.56 ±.18				1396± 50
58.73 3.38	IRAS11417+5556	4.5± .6		.21	13.44				1473
114148.5+555543	PGC 36539		1.03	.07	14.34				1566

R.A. 2000 DEC. l b SGL SGB R.A. 1950 DEC.	Names PGC	Type S_T n_L T L	$\log D_{25}$ $\log R_{25}$ $\log A_e$ $\log D_o$	p.a. A_g A_i A_{21}	B_T m_B m_{FIR} B_T^o	$(B-V)_T$ $(U-B)_T$ $(B-V)_T^o$ $(U-B)_T^o$	$(B-V)_e$ $(U-B)_e$ m'_e m'_{25}	m_{21} W_{20} W_{50} HI	V_{21} V_{opt} V_{GSR} V_{3K}
114429.9+694354		.S?....	.89± .07	132				15.15±.1	2702± 9
131.23 46.30	UGC 6711		.23± .05	.00	14.2 ±.3			164± 11	2545± 82
45.62 8.80	ARAK 317			.34	13.35			139± 8	2822
114142.7+700033	PGC 36542		.89	.12	13.81			1.22	2789
1144.5 +2006		.S?....	.94± .11						
234.01 73.16	MCG 3-30- 83		.57± .07	.00	15.4 ±.2				6761±120
91.98 -10.40	IRAS11419+2022			.85	13.13				6712
1141.9 +2022	PGC 36544		.94	.28	14.46				7082
1144.5 +1047		.I?....	.94± .11					16.35±.3	6200± 12
255.82 67.32	MCG 2-30- 26		.57± .07	.11	15.58 ±.18			255± 20	
101.02 -13.62				.43					6119
1142.0 +1104	PGC 36547		.95	.28	15.04			1.02	6542
1144.6 +1933	NGC 3857	.L?....	1.02± .14		15.1 ±.2	1.00± .02			
235.68 72.91	MCG 3-30- 84		.27± .07	.00	14.84 ±.15	.54± .04			6255± 19
92.51 -10.59				.00		.93			6204
1142.0 +1950	PGC 36548		.98		14.84	.56	14.37± .75		6578
114435.7-034805		.SBS8..	1.25± .04	107					1637
272.82 55.11	MCG -1-30- 27A	E F (1)	.42± .04	.06					
115.64 -17.97		7.7± .5		.52					1510
114202.2-033125	PGC 36551	6.6±1.0	1.26	.21					1994
1144.6 +6757		.S?....	.89± .07	148					
132.20 47.95	UGC 6714		.56± .05	.00	15.2 ±.2				2801±125
47.29 8.15	IRAS11418+6814			.83	12.25				2917
1141.8 +6814	PGC 36555		.89	.28	14.33				2900
1144.7 +1946									
235.08 73.04	CGCG 97-114			.00	15.3 ±.3				6419± 19
92.31 -10.49									6369
1142.1 +2003	PGC 36565								6741
1144.7 +1952									
234.78 73.09	CGCG 97-115			.00	15.4 ±.3				7792± 45
92.21 -10.45									7742
1142.1 +2009	PGC 36567								8114
114441.6+355805		.S..4..	1.23± .05						
176.87 73.29	UGC 6716	U (1)	.05± .05	.00	14.6 ±.3				
76.99 -4.38		4.0± .8		.08					
114204.3+361444	PGC 36568	3.5±1.0	1.23	.03					
1144.7 +0911		.SB.9*.	1.20± .06					15.69±.3	2869± 8
258.53 66.13	UGC 6717	U	.00± .06	.04				64± 20	
102.62 -14.09		9.0± .8		.00					2783
1142.2 +0928	PGC 36571		1.21	.00					3214
114447.2+194623			.69± .15					17.48±.3	8293± 9
235.11 73.06	MCG 3-30- 87		.00± .07	.00				550± 10	
92.32 -10.47									8243
114211.7+200302	PGC 36573		.69						8615
114447.4+200731		.S?....	1.08± .06	30	14.44 ±.13	.85± .02	.90± .02	16.95±.3	6573± 8
234.04 73.23	UGC 6719		.19± .05	.00	14.39 ±.18	.28± .03	.34± .03	407± 9	6606± 42
91.98 -10.34			.65± .01	.29		.77	13.18± .03		6525
114211.8+202410	PGC 36574		1.08	.10	14.09	.22	14.19± .33	2.76	6895
114448.7+194739	NGC 3860	.S?....	.99± .06	38	14.22 ±.13	.80± .02	.82± .01	17.38±.3	5595± 8
235.06 73.07	UGC 6718		.25± .05	.00		.31± .03	.33± .03	473± 9	5461± 45
92.30 -10.45	IRAS11422+2003		.63± .02	.31	13.16	.71	12.86± .05		5540
114213.2+200418	PGC 36577		.99	.12	13.86	.26	13.41± .36	3.40	5912
114450.6-013603	IC 728	.SBT3..	1.09± .05	65					
271.11 57.10	UGC 6720	UEF (1)	.29± .04	.04	14.39 ±.18				
113.42 -17.31	IRAS11422-0119	3.3± .5		.40	13.61				
114216.9-011924	PGC 36580	2.4± .7	1.10	.15					
114452.0-091359	NGC 3865	.SXT3P*	1.31± .04	135				15.29±.1	5702± 9
276.71 50.22	MCG -1-30- 28	PEF (1)	.14± .04	.02	13.0 ±.2			636± 12	5684± 66
121.25 -19.25		3.0± .4		.20					5560
114219.0-085719	PGC 36581	3.1±1.2	1.32	.07	12.71			2.51	6059
114452.5+192721	NGC 3859	.S?....	1.07± .03	58	14.76M±.10	.62± .02	.70± .02	16.65±.3	5466± 10
236.09 72.92	UGC 6721		.55± .03	.00	14.98 ±.18	.14± .03	.12± .03	439± 15	5508±120
92.63 -10.56	IRAS11423+1943		.53± .02	.82	13.03	.48	12.86± .05		5415
114217.0+194400	PGC 36582		1.07	.27	13.96	.04	13.62± .19	2.41	5789
114453.1-503240		.SBR4P.	1.20± .05	172					
292.25 10.94	ESO 216- 37	S (1)	.20± .05	.50	14.48 ±.14				
165.39 -23.16	IRAS11423-5015	3.7± .7		.29	13.47				
114225.1-501600	PGC 36584	4.4± .8	1.25	.10					

R.A. 2000 DEC.	Names	Type	$\log D_{25}$	p.a.	B_T	$(B\text{-}V)_T$	$(B\text{-}V)_e$	m_{21}	V_{21}
l b		S_T n_L	$\log R_{25}$	A_g	m_B	$(U\text{-}B)_T$	$(U\text{-}B)_e$	W_{20}	V_{opt}
SGL SGB		T	$\log A_e$	A_i	m_{FIR}	$(B\text{-}V)^o_T$	m'_e	W_{50}	V_{GSR}
R.A. 1950 DEC.	PGC	L	$\log D_o$	A_{21}	B^o_T	$(U\text{-}B)^o_T$	m'_{25}	HI	V_{3K}
114454.2-440558		PSBR1..	.99± .07	115					
290.51 17.16	ESO 266- 20	r	.16± .06	.54	15.04 ±.14				
158.45 -23.37		1.0± .9		.16					
114225.1-434918	PGC 36588		1.04	.08					
114454.2+194633		.S?....	.82± .13					17.11±.3	8288± 9
235.15 73.08	MCG 3-30- 92		.36± .07	.00	15.74 ±.18			468± 10	8248± 19
92.32 -10.44				.44					8231
114218.7+200312	PGC 36589		.82	.18	15.22			1.71	8603
114455.8-515422		.SBR2..	1.16± .05	161					
292.62 9.63	ESO 216- 38	Sr	.17± .05	.79	14.91 ±.14				
166.85 -23.07		2.1± .5		.21					
114228.0-513742	PGC 36590		1.23	.08					
1144.9 +0209		.I..9..	1.10± .08	160					
267.60 60.38		E (1)	.15± .08	.04					
109.63 -16.22		10.0± .9		.11					
1142.4 +0226	PGC 36594	10.9± .8	1.11	.08					
114458.6-022351		.LA.0..							
271.84 56.41	CGCG 12- 73	F		.05	15.4 ±.6				
114.24 -17.50		-2.0± .9							
114225.0-020712	PGC 36597								
114503.9+193714	IC 2955		.34?		15.05 ±.14	1.03± .01	1.04± .01		
235.68 73.04	MCG 3-30- 96		.11± .07	.00	16.4 ±.5	.59± .02	.64± .02		6345± 19
92.49 -10.46	ARAK 318		.41± .04				12.59± .13		6294
114228.5+195354	PGC 36603		.34						6668
114504.0+195826	NGC 3861	.S?....	1.36± .03	77	13.47M±.10	.80± .02	.88± .01	15.31±.1	5082± 4
234.61 73.21	UGC 6724	(1)	.26± .03	.00		.18± .02	.27± .02	478± 5	5068± 26
92.15 -10.33	IRAS11424+2015		.88± .02	.36	13.62	.72	13.41± .05	469± 10	5033
114228.5+201505	PGC 36604	4.5±1.1	1.36	.13	13.10	.11	14.51± .17	2.08	5404
1145.0 +0729								15.68±.3	5823± 12
261.19 64.84	CGCG 40- 39			.00	15.5 ±.6			545± 14	
104.32 -14.57								414± 15	5731
1142.5 +0746	PGC 36605								6171
114504.6+193626	NGC 3862	.E.....	1.17± .09		13.67 ±.13	1.00± .01	1.03± .01		
235.72 73.04	UGC 6723	U	.00± .05	.00	13.52 ±.16	.51± .04	.52± .02		6469± 25
92.50 -10.46		-5.0± .8	.77± .03	.00		.94	13.01± .10		6419
114229.1+195305	PGC 36606		1.17		13.51	.55	14.53± .49		6792
114505.4+082801	NGC 3863	.S..4..	1.45± .03	75				14.55±.2	4492± 7
259.78 65.62	UGC 6722	U	.68± .05	.00	13.65 ±.18			508± 7	4572± 50
103.35 -14.25	IRAS11425+0844	4.0± .8		1.00	13.01			491± 7	4405
114230.9+084441	PGC 36607		1.45	.34	12.62			1.59	4839
1145.1 +2125								17.55±.3	7814± 10
230.03 73.86	CGCG 127- 46			.00	15.5 ±.3			243± 13	
90.76 -9.81								199± 10	7770
1142.5 +2142	PGC 36608								8132
114506.3+202614		.L.....	1.21± .06	40					
233.20 73.44	UGC 6725	U	.11± .03	.00	13.86 ±.19				6878± 50
91.71 -10.16		-2.0± .8		.00					6830
114230.7+204253	PGC 36609		1.20		13.75				7198
114506.7-014010		.LA.0..							
271.28 57.07	CGCG 12- 74	F		.04	15.3 ±.6				
113.51 -17.27		-2.0± .9							
114233.0-012330	PGC 36611								
114509.3+494309		.L..-*.	1.04± .11	65					
147.88 64.08	UGC 6726	U	.18± .05	.00	14.57 ±.15				
64.26 1.13		-3.0±1.3		.00					
114230.0+495948	PGC 36613		1.02						
114509.7-014546		.E+....							
271.38 56.99	CGCG 12- 75	F		.04	15.2 ±.6				
113.61 -17.28		-4.0± .9							
114236.0-012906	PGC 36614								
114511.7+614226		.S?....	.96± .07	125					
136.12 53.69	UGC 6727		.44± .05	.01	14.7 ±.2				10617± 50
53.15 5.83	IRAS11424+6159			.67	12.46				10714
114229.1+615905	PGC 36617		.96	.22	14.00				10753
114514.7-014210		.LB.0?.							
271.36 57.06	CGCG 12- 76	F		.04	15.1 ±.6				
113.55 -17.25		-2.0±1.3							
114241.0-012530	PGC 36618								

R.A. 2000 DEC. / l b / SGL SGB / R.A. 1950 DEC.	Names / PGC	Type / S_T n_L / T / L	$\log D_{25}$ / $\log R_{25}$ / $\log A_e$ / $\log D_o$	p.a. / A_g / A_i / A_{21}	B_T / m_B / m_{FIR} / B_T^o	$(B-V)_T$ / $(U-B)_T$ / $(B-V)_T^o$ / $(U-B)_T^o$	$(B-V)_e$ / $(U-B)_e$ / m'_e / m'_{25}	m_{21} / W_{20} / W_{50} / HI	V_{21} / V_{opt} / V_{GSR} / V_{3K}
114515.0+195043			.52± .20		14.84 ±.15	.92± .03	1.00± .02		
235.07 73.19	MCG 3-30- 98		.08± .07	.00	15.9 ±.3	.36± .05	.46± .04		7646± 45
92.29 -10.34	ARAK 319		.53± .04				12.98± .14		7596
114239.5+200722	PGC 36619		.52						7968
114516.5+192326	NGC 3864	.S?....	.94± .11						
236.44 72.97	MCG 3-30- 97		.11± .07	.00	15.08 ±.19				6997± 19
92.73 -10.50				.16					6946
114241.0+194006	PGC 36620		.94	.06	14.88				7320
1145.2 -0920	NGC 3866	PSBT1..	1.14± .06	120					
276.92 50.16	MCG -1-30- 29	FE	.24± .05	.03					
121.39 -19.18		1.0± .6		.25					
1142.7 -0903	PGC 36621		1.15	.12					
114517.0+200119								17.94±.3	5290± 9
234.55 73.28	CGCG 97-133			.00	15.6 ±.3			216± 10	
92.12 -10.27									5241
114241.6+201759	PGC 36622								5611
114517.7+264602	IC 2956	.SXS4..	1.07± .06	65				16.68±.3	9045± 9
210.56 75.27	UGC 6729	U	.20± .05	.07	14.55 ±.19			421± 10	
85.69 -7.79		4.0± .9		.29					9020
114241.6+270242	PGC 36625		1.08	.10	14.13			2.45	9346
114522.7-015240		.LB.-..							
271.57 56.92	CGCG 12- 77	F		.04	15.3 ±.6				
113.74 -17.26		-3.0± .9							
114249.0-013600	PGC 36634								
1145.3 +1928	NGC 3868	.S?....	.89± .11						
236.25 73.03	MCG 3-30-104		.43± .07	.00	15.3 ±.2				6653±120
92.66 -10.44				.32					6602
1142.8 +1945	PGC 36638		.87		14.83				6976
114523.8+201932			.64± .17						
233.65 73.45	MCG 4-28- 47		.11± .07	.00	15.4 ±.3				7243±120
91.84 -10.14	ARAK 321								7195
114248.3+203612	PGC 36639		.64						7564
114524.3-442528		.E?....	.92± .07		14.43 ±.15	1.14± .04	1.16± .03		
290.69 16.87	ESO 266- 22		.04± .05	.40	14.62 ±.14				
158.80 -23.27			.85± .05	.00			14.17± .17		
114255.0-440848	PGC 36640		.98				13.94± .39		
114525.8+000008		.LA.0./							
269.92 58.58	CGCG 12- 78	F		.05	15.1 ±.6				
111.84 -16.73		-2.0± .9							
114252.0+001648	PGC 36642								
114526.2-100610		.SXS7..	1.44± .03	143				14.26±.1	1716± 5
277.44 49.47	MCG -2-30- 27	EF (1)	.55± .05	.00				216± 6	
122.19 -19.32		6.5± .6		.77				197± 12	1573
114253.3-094930	PGC 36643	4.9± .7	1.44	.28					2073
114526.9+090943	NGC 3876	.S..2*.	1.06± .06	105				15.78±.2	2897± 7
258.89 66.22	UGC 6730	U	.20± .05	.03	13.7 ±.2			170± 7	
102.70 -13.94	IRAS11428+0926	2.0±1.2		.25	12.85			147± 7	2811
114252.4+092623	PGC 36644		1.06	.10	13.42			2.26	3242
114527.2-503534		PSXR2..	1.15± .05	157					
292.35 10.92	ESO 216- 39	r	.42± .05	.50	15.20 ±.14				
165.44 -23.07		2.2± .9		.51					
114259.1-501854	PGC 36647		1.20	.21					
1145.4 +0943		.L?....	1.02± .14					15.93±.3	6407± 12
258.02 66.65	MCG 2-30- 30		.11± .07	.07	14.62 ±.17			401± 20	
102.15 -13.76				.00					6323
1142.9 +1000	PGC 36648		1.01		14.45				6751
114529.4+192350	NGC 3867	.S?....	1.18± .03	173	14.20 ±.13	1.02± .02	1.00± .02		
236.51 73.02	UGC 6731		.42± .05	.00	14.42 ±.18	.55± .03	.56± .03		7457± 19
92.74 -10.45			.72± .01	.64		.89	13.29± .03		7406
114254.0+194030	PGC 36649		1.18	.21	13.60	.43	13.89± .24		7780
1145.5 +7941		.SB.0..	.89± .10	160					
126.58 36.97	UGC 6728	U	.19± .06	.19	14.89 ±.19				
36.19 12.41		.0± .9		.14					
1142.5 +7958	PGC 36651		.89						
114530.5-433428		.SBR3..	1.05± .05						
290.47 17.70	ESO 266- 23	Sr (1)	.02± .05	.52	14.79 ±.14				10510± 60
157.88 -23.26		2.6± .6		.03					10308
114301.1-431748	PGC 36652	3.3± .8	1.10	.01	14.16				10793

R.A. 2000 DEC. / l b / SGL SGB / R.A. 1950 DEC.	Names / PGC	Type / S_T n_L / T / L	$logD_{25}$ / $logR_{25}$ / $logA_e$ / $logD_o$	p.a. / A_g / A_i / A_{21}	B_T / m_B / m_{FIR} / B_T^o	$(B-V)_T$ / $(U-B)_T$ / $(B-V)_T^o$ / $(U-B)_T^o$	$(B-V)_e$ / $(U-B)_e$ / m'_e / m'_{25}	m_{21} / W_{20} / W_{50} / HI	V_{21} / V_{opt} / V_{GSR} / V_{3K}
114533.3+585843	A 1142+59	.L?....	.94± .13		13.87 ±.13	.74± .01			
138.14 56.16	UGC 6732		.08± .05	.00	13.8 ±.2	.32± .01			2979± 43
55.70 4.82	7ZW 421			.00		.70			3067
114251.9+591522	PGC 36655		.92		13.80	.33	13.22± .66		3131
114535.1+031350	IC 730	.S..0P?	.90± .17						
266.72 61.38	MCG 1-30- 13	F	.16± .07	.05	14.73 ±.19				
108.60 -15.75	IRAS11430+0330	.0±1.8		.12	11.86				
114301.0+033030	PGC 36658		.89						
1145.5 +0907		.S..3..	1.16± .07					16.00±.3	6257± 12
259.02 66.20	UGC 6734	U (1)	.71± .06	.03	15.10 ±.18			379± 20	
102.75 -13.92	IRAS11430+0923	3.0± .9		.97	12.29				6171
1143.0 +0923	PGC 36659	4.5±1.3	1.16	.35	14.05			1.60	6602
114536.5+555308	NGC 3850	.SBS5*.	1.34± .04	130				14.84±.1	1156± 7
140.84 58.89	UGC 6733	R	.30± .04	.00	14.0 ±.2			171± 8	
58.58 3.62		5.0± .5		.46				167± 6	1234
114255.9+560948	PGC 36660		1.34	.15	13.58			1.10	1324
114542.4-282204		.SBS8..	1.40± .04	63				13.75±.3	1840± 11
285.80 32.31	ESO 440- 4	S (1)	.39± .05	.40	14.21 ±.14			205± 15	1836± 34
141.50 -22.39		8.0± .5		.48				178± 12	1657
114311.0-280524	PGC 36664	8.1± .5	1.44	.19	13.32			.23	2170
1145.7 +1029		.S?....	1.02± .06	80				16.09±.3	5483± 12
256.88 67.27	UGC 6740		.26± .05	.13	14.60 ±.18			394± 20	
101.42 -13.45	IRAS11431+1045			.39					5401
1143.1 +1045	PGC 36666		1.03	.13	14.05			1.92	5826
114545.6+104925	NGC 3869	.S..1..	1.29± .04	135					
256.32 67.54	UGC 6737	U	.56± .05	.12	13.65 ±.20				3026± 50
101.09 -13.33		1.0± .9		.58					2946
114310.9+110605	PGC 36669		1.30	.28	12.92				3368
114545.6+194628	NGC 3873	.E.....	1.17± .09	95	13.85 ±.15	1.00± .03	1.02± .01		
235.49 73.26	UGC 6735	U	.06± .05	.00	14.01 ±.20	.41± .10	.46± .10		5507± 35
92.40 -10.25		-5.0± .9	.69± .05	.00		.95	12.79± .17		5457
114310.2+200308	PGC 36670		1.15		13.82	.44	14.55± .51		5829
114546.1+030144		.SB.6?/	1.16± .05	178				16.07±.3	5986± 12
267.02 61.24	UGC 6736	UF	.63± .05	.03	14.75 ±.18			312± 14	
108.82 -15.77		5.5± .9		.93				307± 15	5880
114312.0+031824	PGC 36671		1.16	.32	13.77			1.99	6339
114546.5+200150								16.99±.2	5313± 7
234.71 73.39	CGCG 97-138			.00	14.4 ±.3			131± 11	5255± 19
92.15 -10.16								60± 10	5256
114311.0+201830	PGC 36672								5627
1145.7 +1933		.L?....	.72± .22						
236.16 73.16	MCG 3-30-107		.00± .07	.00	15.40 ±.16				5486± 19
92.61 -10.32				.00					5435
1143.2 +1950	PGC 36673		.72		15.32				5809
1145.7 +1945	NGC 3875	.S..0..	1.00± .06	87					
235.56 73.26	UGC 6739	U	.58± .05	.00	14.9 ±.3				6958± 18
92.42 -10.25		.0±1.0		.44					6908
1143.2 +2002	PGC 36675		.97		14.33				7280
114549.0+134558	NGC 3872	.E.5...	1.27± .05		12.74 ±.14	1.00± .01	1.01± .01		
250.77 69.67	UGC 6738	R	.20± .04	.12	12.80 ±.12				3186± 27
98.22 -12.33		-5.0± .4	.78± .03	.00		.94	12.13± .11		3116
114314.1+140238	PGC 36678		1.23		12.61		13.57± .29		3523
1145.8 +2038								17.20±.3	7061± 10
232.85 73.69	CGCG 127- 49			.00	15.4 ±.3			297± 13	
91.58 -9.91								286± 10	7014
1143.3 +2055	PGC 36683								7381
114555.6+210136		.SX.4..	1.20± .05		14.33 ±.14	.65± .04	.81± .04	15.85±.2	6750± 6
231.62 73.87	UGC 6743	U	.01± .05	.00	14.0 ±.3	.19± .05	.22± .05	197± 5	
91.21 -9.77		4.0± .8	.84± .02	.02		.60	14.02± .04	185± 7	6705
114320.1+211816	PGC 36684		1.20	.01	14.19	.16	15.13± .30	1.66	7069
114556.1+501203	NGC 3870	.L...?.	1.02± .08	25	13.50M±.11	.46± .03	.41± .02	15.51±.1	756± 7
147.02 63.75	UGC 6742	U	.09± .03	.00	13.4 ±.2	-.23± .04	-.25± .03	123± 6	658± 52
63.87 1.44	MK 186	-2.0±1.7	.41± .05	.00	12.89	.44	10.99± .17	98± 4	813
114316.9+502843	PGC 36686		1.01		13.46	-.23	13.24± .42		953
114559.5+202623	IC 732	.L?....						17.65±.3	7288± 9
233.52 73.62	MCG 4-28- 50			.00				333± 10	
91.78 -9.96									7241
114324.0+204303	PGC 36688								7608

R.A. 2000 DEC.	Names	Type	$\log D_{25}$	p.a.	B_T	$(B-V)_T$	$(B-V)_e$	m_{21}	V_{21}
l b		S_T n_L	$\log R_{25}$	A_g	m_B	$(U-B)_T$	$(U-B)_e$	W_{20}	V_{opt}
SGL SGB		T	$\log A_e$	A_i	m_{FIR}	$(B-V)^o_T$	m'_e	W_{50}	V_{GSR}
R.A. 1950 DEC.	PGC	L	$\log D_o$	A_{21}	B^o_T	$(U-B)^o_T$	m'_{25}	HI	V_{3K}
114606.2-562328	NGC 3882	.SBS4..	1.37± .05	126				13.50±.3	1817± 9
293.94 5.34	ESO 170- 11	S (1)	.24± .07	1.63					
171.63 -22.54	IRAS11436-5606	4.0± .5		.35	10.00			270± 7	1610
114339.0-560648	PGC 36697	4.1± .6	1.52	.12					2044
114608.0+472939	NGC 3877	.SAS5*.	1.74± .02	35	11.79M±.10	.80± .02	.86± .01	13.94±.1	902± 6
150.72 65.96	UGC 6745	R (1)	.63± .03	.01	11.85 ±.13	.21± .03	.22± .02	368± 7	838± 66
66.39 .40	IRAS11434+4746	5.0± .3	1.21± .02	.94	10.99	.68	13.40± .05	341± 5	951
114329.4+474618	PGC 36699	3.9± .8	1.74	.31	10.85	.10	13.78± .15	2.77	1115
1146.1 +0730		PSBR8*.							
261.68 65.01	CGCG 40- 42	F (1)		.00	14.3 ±.3				
104.39 -14.30		8.0± .9							
1143.6 +0747	PGC 36703	5.6±1.0							
1146.1 +1036		.I?....	.94± .11					16.28±.3	3038± 12
256.90 67.44	MCG 2-30- 35		.11± .07	.11	14.51 ±.18			136± 20	
101.34 -13.30				.09					2957
1143.6 +1053	PGC 36704		.95	.06	14.32			1.90	3380
114612.4+202331	NGC 3884	.SAR0..	1.32± .03	10	13.50 ±.13	.91± .02	.96± .01	15.81±.3	6948± 10
233.76 73.64	UGC 6746	U	.19± .06	.00	13.5 ±.2	.34± .02	.43± .02	529± 13	6869± 45
91.84 -9.93		.0± .8	.90± .02	.14		.81	13.49± .05	505± 10	6897
114337.0+204011	PGC 36706		1.31		13.24	.35	14.49± .25		7265
114617.6-031046		.S..7*/							
273.00 55.86	CGCG 12- 79	F		.06	15.3 ±.6				
115.13 -17.39		7.0±1.3							
114344.1-025406	PGC 36707								
114622.3+330944	NGC 3880	.L?....	.82± .19						
185.75 74.72	MCG 6-26- 33		.00± .07	.00	14.75 ±.16				10052± 19
79.75 -5.15				.00					10050
114345.6+332624	PGC 36712		.82		14.60				10329
1146.3 +1349		.I..9*.	1.07± .07	70					2693
250.93 69.81	UGC 6747	U	.79± .06	.12	15.58 ±.18				
98.21 -12.19		10.0±1.4		.60					2623
1143.8 +1406	PGC 36713		1.08	.40	14.86				3029
114626.2+345107	A 1143+35	.S?....	.50± .14					16.51±.3	1382± 10
179.89 74.10	CGCG 186- 45		.15± .12	.00	15.5 ±.4			187± 6	1308± 42
78.18 -4.48	MK 429			.23				176± 5	1382
114349.5+350747	PGC 36716		.50	.08	15.23			1.21	1648
114632.3-300558		.L..+?P	1.21± .04	44					
286.60 30.71	ESO 440- 6	S	.53± .03	.19	14.20 ±.14				1754± 34
143.37 -22.39		-1.0±1.8		.00					1569
114401.0-294918	PGC 36719		1.15		13.99				2080
114632.7+713733	A 1143+71								
130.04 44.60				.01					9600±110
43.89 9.65	MK 187								9727
114345.9+715413	PGC 36720								9677
114635.5-035134	A 1144-03A	.SXT3$P	1.08± .05	135					
273.65 55.28	MCG -1-30- 32	R	.28± .04	.05					5108± 56
115.84 -17.50		3.0± .5		.39					4982
114402.0-033454	PGC 36723		1.08	.14					5465
114639.7-015946		.SBS4*/	1.06± .06	13					
272.19 56.96	UGC 6750	F	.44± .05	.05	14.83 ±.18				
113.95 -16.99		4.0±1.3		.65					
114406.0-014306	PGC 36726		1.06	.22					
1146.7 +2358		.S..4..	1.11± .05	97				15.42±.3	6409± 9
221.54 75.07	UGC 6751	U	.43± .05	.05	14.99 ±.19			326± 10	
88.46 -8.53		4.0± .9		.63					6374
1144.1 +2415	PGC 36727		1.12	.21	14.27			.94	6719
114645.5-035052	A 1144-03B	.SBS3*P	1.26± .04	85				14.53±.1	5167± 9
273.71 55.31	MCG -1-30- 33	R	.43± .04	.05				519± 12	5008± 56
115.84 -17.46		3.0± .4		.59					5037
114412.1-033412	PGC 36733		1.27	.21					5520
114646.6-275522	NGC 3885	.SAS0..	1.38± .03	123	11.89V±.13	.95± .01	.98± .01	14.24±.3	1802± 10
285.91 32.80	ESO 440- 7	R (1)	.40± .03	.37	12.83 ±.10	.30± .02	.35± .02	562± 6	1918± 66
141.05 -22.11	IRAS11442-2738	.0± .4	.72± .02	.30	10.62	.78		555± 5	1623
114415.1-273842	PGC 36737	5.0±1.5	1.40		12.13	.16	13.60± .23		2136
114646.9+204036	NGC 3883	.SAT3..	1.47± .03		13.40M±.10	.75± .03	.89± .02	14.76±.1	7025± 4
233.07 73.89	UGC 6754	U (1)	.09± .03	.00	13.1 ±.4	.17± .04	.38± .02	224± 4	7103± 46
91.62 -9.71		3.0± .7	1.15± .02	.13		.69	14.64± .06	207± 5	6979
114411.5+205716	PGC 36740	2.5±1.0	1.47	.05	13.20	.12	15.35± .18	1.51	7345

R.A. 2000 DEC. l b SGL SGB R.A. 1950 DEC.	Names PGC	Type S_T n_L T L	$\log D_{25}$ $\log R_{25}$ $\log A_e$ $\log D_o$	p.a. A_g A_i A_{21}	B_T m_B m_{FIR} B_T^o	$(B-V)_T$ $(U-B)_T$ $(B-V)_T^o$ $(U-B)_T^o$	$(B-V)_e$ $(U-B)_e$ m'_e m'_{25}	m_{21} W_{20} W_{50} HI	V_{21} V_{opt} V_{GSR} V_{3K}
114649.5-034922	A 1144-03C	.SBS5P.	.99± .06	25					
273.72 55.34	MCG -1-30- 34	R	.14± .04	.05					5396± 41
115.82 -17.44		5.0± .5		.22					5270
114416.0-033242	PGC 36742		1.00	.07					5753
114649.6+692255	NGC 3879	.S..8*.	1.42± .04	130				14.51±.1	1431± 9
131.14 46.70	UGC 6752	U	.75± .05	.00	13.59 ±.19			215± 8	
46.02 8.86	IRAS11441+6939	8.0±1.2		.92	13.76			198± 8	1552
114404.5+693935	PGC 36743		1.42	.37	12.67			1.46	1522
1146.8 -1428		.SBR6..	1.12± .08						4494
280.32 45.54	MCG -2-30- 29	F (1)	.22± .07	.03					
126.82 -19.93		6.0± .8		.32					4340
1144.3 -1412	PGC 36744	4.6±1.4	1.12	.11					4847
114700.7-001738		.LA.0P.							
270.86 58.51	CGCG 12- 81	F		.05	14.9 ±.6				
112.26 -16.43		-2.0± .9							
114427.0-000058	PGC 36750								
114704.7-165116	NGC 3887	.SBR4..	1.52± .02	20	11.41S±.15			13.18±.1	1209± 7
281.55 43.33	MCG -3-30- 12	R (3)	.12± .03	.05	11.5 ±.2			248± 9	
129.32 -20.34	IRAS11445-1634	4.0± .3	1.38± .11	.18	11.15		13.27± .26	246± 11	1050
114432.1-163436	PGC 36754	2.9± .5	1.52	.06	11.21		13.55± .20	1.91	1560
114705.2+195016	NGC 3886	.L..-*.	1.09± .07	132	*				
235.83 73.56	UGC 6760	U	.16± .03	.00	14.11 ±.15				5717± 46
92.45 -9.94		-3.0±1.2		.00					5668
114429.9+200656	PGC 36756		1.07		14.03				6038
114706.4+134225		.S?....	1.16± .04					15.15±.3	3102± 11
251.52 69.86	UGC 6758		.02± .05	.10	13.7 ±.2			191± 7	3103± 50
98.38 -12.06	IRAS11445+1359			.04	13.64			180± 7	3032
114431.6+135905	PGC 36759		1.17	.01	13.58			1.55	3438
114707.7+293440		.S..0..	1.00± .06	97	*			17.68±.3	6811± 9
199.34 75.65	UGC 6761	U	.46± .05	.04	15.19 ±.18			417± 10	
83.19 -6.36		.0± .9		.34					6797
114431.6+295120	PGC 36761		.99		14.71				7102
114716.7-373304		.LBT0?.	1.11± .05	29	12.76V±.13	.93± .02			
289.10 23.59	ESO 378- 20	Sr	.33± .03	.40	13.58 ±.14	.39± .04			3032± 57
151.39 -22.79		-2.1± .8		.00		.78			2837
114446.0-371624	PGC 36767		1.10		13.20	.29	13.28± .29		3336
1147.3 +5545		.E?....			15.45 ±.13	1.10± .02	1.14± .02		
140.55 59.13	MCG 9-19-182			.00					15459± 56
58.80 3.80			.45± .03			.95	13.19± .10		15537
1144.7 +5602	PGC 36774								15628
114722.7+601757		.S?....	1.02± .06						
136.75 55.08	UGC 6762		.00± .05	.04	13.93 ±.18				3574± 50
54.56 5.53	IRAS11447+6034			.00					3667
114441.7+603437	PGC 36776		1.02	.00	13.87				3718
1147.3 +1958		.S?....	.99± .04		15.52M±.10	.91± .03	.99± .03	16.75±.3	6188± 10
235.54 73.69	MCG 3-30-114		.44± .03	.00	15.35 ±.18	.35± .04	.33± .05	433± 13	
92.35 -9.83			.39± .01	.61		.79	12.99± .03	404± 10	6140
1144.8 +2015	PGC 36779		.99	.22	14.82	.24	14.24± .26	1.70	6509
1147.4 -0301		.L...?.							
273.35 56.12	CGCG 12- 82	F		.06	15.4 ±.6				
115.06 -17.07		-2.0±1.8							
1144.9 -0245	PGC 36784								
1147.4 +0246		.LX.0*.							
268.05 61.23	CGCG 40- 43	F		.06	15.1 ±.6				
109.21 -15.44		-2.0± .9							
1144.9 +0303	PGC 36786								
1147.5 +6907		.S..8*.	1.13± .07	70					1458
131.20 46.97	UGC 6764	U	.50± .06	.00					
46.29 8.83		8.0±1.2		.61					1578
1144.8 +6924	PGC 36787		1.13	.25					1550
114733.7+555817	NGC 3888	.SXT5..	1.24± .03	120	12.71 ±.15	.59± .02	.67± .02	14.35±.1	2408± 11
140.30 58.95	UGC 6765	R (2)	.13± .03	.00	12.89 ±.15	-.08± .04	.01± .03	276± 16	2404± 44
58.61 3.91	MK 188	5.0± .4	.83± .03	.19	11.31	.55	12.35± .07	270± 12	2487
114453.9+561457	PGC 36789	2.7± .7	1.24	.06	12.60	-.11	13.46± .22	1.69	2576
1147.6 +5430		.S..4..	1.10± .06	135					
141.68 60.24	UGC 6766	U	.76± .05	.00					
59.98 3.35		4.0±1.0		1.12					
1145.0 +5447	PGC 36795		1.10	.38					

R.A. 2000 DEC. / l b / SGL SGB / R.A. 1950 DEC.	Names / PGC	Type / S_T n_L / T / L	$\log D_{25}$ / $\log R_{25}$ / $\log A_e$ / $\log D_o$	p.a. / A_g / A_i / A_{21}	B_T / m_B / m_{FIR} / B_T^o	$(B-V)_T$ / $(U-B)_T$ / $(B-V)_T^o$ / $(U-B)_T^o$	$(B-V)_e$ / $(U-B)_e$ / m'_e / m'_{25}	m_{21} / W_{20} / W_{50} / HI	V_{21} / V_{opt} / V_{GSR} / V_{3K}
114743.7+014935		.SBR3*.	1.09± .04	73				15.60±.3	8537± 10
269.14 60.45	UGC 6769	UEF (1)	.36± .04	.06	14.65 ±.18			470± 13	
110.18 -15.65		3.3± .5		.49					8429
114509.8+020615	PGC 36800	1.6± .7	1.09	.18	14.03			1.39	8891
1147.7 +5546		.L?....	.97± .15		15.41 ±.15	1.11± .02	1.13± .01		
140.44 59.14	MCG 9-19-190		.14± .07	.00					15260± 59
58.80 3.85			.54± .05	.00		.96	13.60± .16		15338
1145.1 +5603	PGC 36805		.95		15.18		14.77± .79		15429
114749.3+434453		.SB.2*.	.97± .07	42					
156.47 69.01	UGC 6768	U	.34± .05	.00	15.13 ±.18				
69.99 -.79		2.0± .9		.42					
114511.7+440133	PGC 36811		.97	.17					
114749.6+312042	IC 2961								
192.23 75.51	CGCG 157- 34			.04	15.4 ±.3				8253± 61
81.58 -5.55	MK 748								8245
114513.4+313722	PGC 36812								8537
1147.8 +2002		.L?....	.97± .15						
235.53 73.82	MCG 3-30-115		.14± .07	.00	14.75 ±.15				7280±120
92.33 -9.69				.00					7232
1145.3 +2019	PGC 36816		.95		14.64				7601
114754.1+040056		.E.....							
266.89 62.35	CGCG 40- 44	F		.04	15.0 ±.6				
108.00 -14.97		-5.0± .9							
114520.1+041736	PGC 36817								
114759.1-505211		.SBS7..	1.01± .05	95					
292.82 10.75	ESO 217- 1	S (1)	.20± .05	.82	16.25 ±.14				
165.71 -22.66		7.0± .6		.28					
114530.0-503530	PGC 36821	7.2± .6	1.09	.10					
114800.1+042916		PSXR2..	1.23± .04					16.72±.2	5964± 8
266.39 62.77	UGC 6771	UF (1)	.03± .05	.01	13.6 ±.2			309± 10	5981± 50
107.54 -14.80		1.5± .5		.04				287± 15	5864
114526.0+044556	PGC 36824	3.6±1.0	1.23	.01	13.47			3.24	6315
114800.5+494830		.I..9..	1.21± .05	168					925
146.89 64.27	UGC 6773	U	.29± .05	.00	14.8 ±.2				
64.36 1.59		10.0± .8		.22					983
114522.1+500510	PGC 36825		1.21	.15	14.59				1126
114801.1-105743	NGC 3892	.LBT+..	1.47± .04	95					
278.84 48.92	MCG -2-30- 30	R	.12± .04	.01	12.42 ±.18				1697± 66
123.23 -18.90		-1.0± .3		.00					1553
114528.1-104103	PGC 36827		1.45		12.38				2052
114802.9-522511		RLB.0..	.95± .06	169					
293.22 9.25	ESO 217- 2	r	.20± .05	.97	15.28 ±.14				
167.37 -22.56		-2.4± .9		.00					
114534.1-520830	PGC 36830		1.03						
114803.1+302134	NGC 3891	.S..4..	1.31± .04	70				14.76±.3	6371± 9
196.09 75.75	UGC 6772	U	.08± .05	.04	13.2 ±.2			462± 10	6196± 50
82.53 -5.88		4.0± .8		.12					6355
114527.0+303814	PGC 36832		1.31	.04	13.01			1.71	6654
1148.0 +5502	A 1145+55	.S..6*.	1.31± .04	155					2420
141.06 59.80	UGC 6774	U	.91± .05	.00					
59.50 3.61		6.0±1.2		1.33					2496
1145.4 +5519	PGC 36836		1.31	.45					2593
114820.2+124258		.L?....	.72± .22		15.60S±.15				
254.13 69.36	MCG 2-30- 37		.00± .07	.07	15.23 ±.16				3908± 41
99.45 -12.11	HICK 59B			.00					3835
114545.6+125939	PGC 36853		.73		15.29		14.05±1.12		4246
1148.3 +2109								16.40±.3	6834± 10
232.10 74.44	CGCG 127- 56			.10	15.6 ±.3			450± 13	
91.30 -9.19								393± 10	6790
1145.8 +2126	PGC 36856								7152
114827.5+124339	IC 736	.E?....			14.82S±.15				
254.17 69.39	MCG 2-30- 39			.07	14.5 ±.6				4114± 41
99.45 -12.08	HICK 59A								4041
114552.9+130019	PGC 36861								4452
114830.8+124347	IC 737	.S?....	.82± .13		16.15S±.15				
254.19 69.40	MCG 2-30- 40		.17± .07	.07	15.24 ±.18				4087± 41
99.45 -12.06	IRAS11459+1300			.25	11.98				4014
114556.2+130028	PGC 36867		.82	.09	15.43		14.66± .68		4425

R.A. 2000 DEC. l b SGL SGB R.A. 1950 DEC.	Names PGC	Type S_T n_L T L	$\log D_{25}$ $\log R_{25}$ $\log A'_e$ $\log D_o$	p.a. A_g A_i A_{21}	B_T m_B m_{FIR} B_T^o	$(B-V)_T$ $(U-B)_T$ $(B-V)_T^o$ $(U-B)_T^o$	$(B-V)_e$ $(U-B)_e$ m'_e m'_{25}	m_{21} W_{20} W_{50} HI	V_{21} V_{opt} V_{GSR} V_{3K}
1148.5 +4343		.S..6*.	1.16± .05	33					
156.26 69.11	UGC 6776	U	.92± .05	.00					
70.06 -.68		6.0±1.4		1.35					
1145.9 +4400	PGC 36868		1.16	.46					
114832.5+124219		.S?....	.94± .11		15.90S±.15				
254.25 69.39	MCG 2-30- 41		.57± .07	.07	15.43 ±.20				
99.48 -12.07	HICK 59C			.84					
114557.9+125900	PGC 36871		.94	.28			14.01± .58		
114835.0-255711		.L?....	.98± .06	151					
285.68 34.80	ESO 504- 16		.50± .03	.31	15.32 ±.14				3155± 34
139.00 -21.46				.00					2978
114603.0-254030	PGC 36872		.94		14.96				3490
114837.8+323810		.E?....	.89± .08					16.57±.2	6999± 7
187.10 75.33	UGC 6777		.05± .05	.04	15.17 ±.16			277± 9	
80.43 -4.91				.00					6996
114601.6+325450	PGC 36873		.88		15.03				7278
114839.1+484240	NGC 3893	.SXT5*.	1.65± .02	165	11.16S±.15			12.58±.1	973± 4
148.15 65.23	UGC 6778	R (2)	.21± .03	.02	10.87 ±.15			302± 4	944± 23
65.42 1.26		5.0± .4		.32				272± 4	1026
114601.1+485920	PGC 36875	1.4± .7	1.65	.11	10.67		13.71± .19	1.81	1178
114845.9-281741	A 1146-28	.SBS7*.	1.40± .03					13.85±.2	1934± 11
286.54 32.57	ESO 440- 11	SU (2)	.06± .04	.37	12.98 ±.14			118± 16	
141.50 -21.71	DDO 239	7.0± .4		.08				105± 12	1753
114614.1-280100	PGC 36882	6.0± .5	1.43	.03	12.53			1.29	2264
114849.0-020113		.SXS7*.	1.51± .02	20				13.58±.1	1736± 11
273.09 57.18	UGC 6780	UEF (1)	.52± .04	.04	13.6 ±.3			232± 16	1751± 76
114.13 -16.47		6.7± .4		.71				224± 12	1617
114615.4-014432	PGC 36887	6.1± .6	1.52	.26	12.87			.45	2092
114851.4+592501	NGC 3894	.E.4+..	1.45± .05	20	12.63 ±.14	1.00± .01	1.04± .01		
137.12 55.95	UGC 6779	R	.21± .04	.00	12.66 ±.15	.59± .02	.61± .02		3223± 19
55.46 5.37		-5.0± .4	.93± .03	.00		.97	12.77± .12		3314
114611.4+594141	PGC 36889		1.38		12.60	.61	14.34± .29		3372
114852.9+010325		.SAS5*.							
270.40 59.92	CGCG 12- 89	F (1)		.04	15.0 ±.6				
111.03 -15.60		5.0± .9							
114619.0+012006	PGC 36893	5.6±1.0							
114856.4+235020	A 1146+24	.I..9..	1.30± .04		15.0 ±.2	.57± .15	.65± .07	15.22±.1	525± 6
222.60 75.53	UGC 6782	U (1)	.00± .05	.04		-.15± .17	-.17± .10	90± 6	
88.78 -8.10	DDO 97	10.0± .8	1.12± .06	.00		.56	16.12± .13	84± 6	491
114621.0+240700	PGC 36896	9.0±1.0	1.30	.00	14.99	-.16	16.36± .34	.24	834
114857.0+484030	NGC 3896	.SB.0*P	1.15± .04	125					
148.10 65.29	UGC 6781	P	.15± .04	.02	13.89 ±.18				869± 57
65.48 1.30		.0± .8		.11					923
114619.1+485710	PGC 36897		1.14		13.75				1076
114857.6+311819		.I..9..	1.00± .08					16.30±.3	6507± 11
192.17 75.76	UGC 6783	U	.14± .06	.05				161± 15	
81.71 -5.34		10.0± .9		.10					6500
114621.6+313500	PGC 36899		1.00	.07					6791
114859.5+350058	NGC 3897	.S..4..	1.29± .04		13.56 ±.15	.64± .02	.72± .02	14.69±.1	6411± 8
178.52 74.50	UGC 6784	U (1)	.00± .05	.00	13.8 ±.3	.04± .06		312± 6	6434± 38
78.23 -3.94		4.0± .7	.82± .03	.00		.60	13.15± .11	292± 6	6417
114623.2+351738	PGC 36902	1.1± .8	1.29	.00	13.57	.01	14.85± .28	1.12	6681
114901.7-010617		.S..3*.	.86± .10						
272.42 58.02	CGCG 12- 90	F	.29± .06	.04	15.28 ±.13				
113.22 -16.17		3.0±1.3		.41					
114628.0-004936	PGC 36903		.87	.15					
114904.1-373059	NGC 3903	.SXT5P*	1.05± .05						
289.47 23.72	ESO 378- 24	BS (1)	.05± .04	.43	13.47 ±.14				3300± 60
151.38 -22.43	IRAS11465-3714	4.7± .5		.08	12.20				3105
114633.0-371418	PGC 36906	3.3± .6	1.09	.03	12.94				3604
114904.6+592601	NGC 3895	.SBT1*.	1.13± .04	125	14.0 ±.2	.95± .04			
137.06 55.95	UGC 6785	R	.14± .04	.00	13.96 ±.18	.32± .07			3159± 27
55.45 5.41		1.0± .4		.14		.90			3250
114624.7+594241	PGC 36907		1.13	.07	13.79	.30	14.15± .30		3308
114905.0-094346	NGC 3905	.SBT5..	1.28± .04	40	13.38 ±.16	.57± .03	.65± .02	15.35±.1	5774± 7
278.51 50.16	MCG -1-30- 35	PE F (2)	.14± .04	.04				266± 9	5731± 59
122.02 -18.36	IRAS11465-0927	4.5± .4	1.01± .03	.20	12.97	.50	13.92± .06		5633
114631.8-092705	PGC 36909	1.3± .4	1.28	.07	13.10		14.27± .26	2.18	6129

R.A. 2000 DEC. l b SGL SGB R.A. 1950 DEC.	Names PGC	Type S_T n_L T L	$\log D_{25}$ $\log R_{25}$ $\log A_e$ $\log D_o$	p.a. A_g A_i A_{21}	B_T m_B m_{FIR} B_T^o	$(B-V)_T$ $(U-B)_T$ $(B-V)_T^o$ $(U-B)_T^o$	$(B-V)_e$ $(U-B)_e$ m'_e m'_{25}	m_{21} W_{20} W_{50} HI	V_{21} V_{opt} V_{GSR} V_{3K}
114908.9+270126	NGC 3900	.LAR+..	1.50± .03	2	12.2 ±.2	.85± .05	.88± .02	14.25±.1	1799± 7
209.80 76.14	UGC 6786	R	.27± .03	.07	12.37 ±.11			429± 5	1702± 56
85.77 -6.90	IRAS11465+2718	-1.0± .3	1.07± .07	.00		.78	13.04± .24	414± 5	1774
114633.3+271806	PGC 36914		1.46		12.24		13.90± .25		2096
114913.3-291635	NGC 3904	.E.2+*.	1.43± .03	8	11.83 ±.13	.98± .01	.99± .01	15.33±.3	1496± 17
286.98 31.66	ESO 440- 13	R	.14± .03	.19	11.79 ±.11	.53± .02	.58± .01	547± 34	1714± 31
142.56 -21.73		-5.0± .5	.91± .02	.00		.92	11.87± .07	468± 25	1363
114641.4-285954	PGC 36918		1.42		11.59	.49	13.63± .21		1874
114915.4+560502	NGC 3898	.SAS2..	1.64± .02	107	11.60M±.10	.90± .01	.94± .01	13.47±.1	1176± 5
139.79 58.96	UGC 6787	R (2)	.23± .02	.00	11.63 ±.13	.40± .02	.49± .02	485± 3	1163± 14
58.59 4.17	IRAS11465+5621	2.0± .3	1.00± .02	.28		.85	12.09± .09	467± 3	1255
114636.3+562142	PGC 36921	1.9± .6	1.64	.11	11.32	.36	14.07± .14	2.04	1342
114918.9+260722	NGC 3902	.SXS4*.	1.21± .04	85				14.90±.3	3601± 9
213.55 76.09	UGC 6790	PU	.11± .04	.07	13.64 ±.19			256± 7	3622± 50
86.64 -7.19	IRAS11467+2623	3.5± .6		.16	13.18			238± 7	3576
114643.4+262403	PGC 36923		1.22	.05	13.39			1.46	3904
114920.8+741809	NGC 3890	.S?....	.96± .07						
128.54 42.14	UGC 6788		.00± .05	.13	14.15 ±.18				6815± 50
41.42 10.78	IRAS11465+7434			.00	13.09				6950
114634.4+743449	PGC 36925		.97	.00	13.99				6875
114922.4+245621	NGC 3911	.SB?...	1.04± .06	110				15.62±.2	5956± 6
218.38 75.90	UGC 6795		.11± .05	.04	14.8 ±.2			213± 7	
87.77 -7.61				.17					5926
114647.0+251302	PGC 36926		1.04	.06	14.54			1.02	6262
1149.3 -0104		.S..3./	1.08± .05	76	14.01V±.13	.89± .04			
272.55 58.08	UGC 6793	UEF (1)	.56± .04	.04	14.81 ±.18				6406± 42
113.22 -16.08	IRAS11468-0048	2.8± .6		.77	13.27	.74			6290
1146.8 -0048	PGC 36928	4.5±1.3	1.08	.28	14.02		13.75± .29		6761
1149.3 +1638		.SB.8*.	1.15± .05	72	14.73 ±.13	.54± .03	.50± .03	15.48±.3	3451± 10
245.89 72.22	UGC 6794	U	.48± .05	.15	14.61 ±.18	-.15± .05	-.08± .05	257± 13	
95.73 -10.55		8.0±1.3	.72± .02	.58		.39	13.82± .04	230± 10	3392
1146.8 +1655	PGC 36929		1.16	.24	13.94	-.26	14.12± .31	1.30	3780
114923.3+394617		.S..6*.	1.44± .03	172					850
164.52 71.96	UGC 6792	U	.83± .04	.00	14.56 ±.19				
73.81 -2.05	KUG 1146+400	6.0±1.2		1.23					873
114646.6+400257	PGC 36930		1.44	.42	13.33				1099
114924.0+264425		.S..7..	1.29± .04	1				15.69±.3	1852± 9
211.00 76.18	UGC 6791	U	.85± .05	.05	14.99 ±.18			237± 10	
86.06 -6.95		7.0± .9		1.18					1828
114648.5+270105	PGC 36932		1.29	.43	13.75			1.52	2152
114924.7-050707	IC 2963	.L..+*/	1.15± .06	82					1680
275.68 54.44	MCG -1-30- 36	FE	.61± .05	.07					
117.32 -17.15	IRAS11468-0450	-.6±1.1		.00					1552
114651.2-045027	PGC 36933		1.07						2037
1149.4 -0327		PS..0P?	.64± .17						
274.49 55.95	MCG 0-30- 27	F	.00± .07	.04	15.3 ±.2				8142± 55
115.64 -16.71		.0±1.9		.00					8019
1146.9 -0311	PGC 36938		.64		15.11				8498
114929.6-333835		PSBS1..	.80± .06		*		.36± .06		
288.42 27.48	ESO 378- 25	r	.06± .05	.39	15.48 ±.14		-.09± .12		
147.23 -22.09	TOL 58	1.0±1.0		.06					
114658.1-332154	PGC 36940		.84	.03					
114929.7-010508	NGC 3907	.LBS-*.	1.07± .07	40	13.11V±.14	.97± .02	.99± .02		
272.60 58.09	UGC 6796	UE	.14± .03	.04	14.06 ±.15				6034± 42
113.24 -16.06		-2.5± .6	.76± .03	.00		.90			5918
114656.0-004827	PGC 36941		1.06		13.94		13.96± .39		6389
114932.6-032835		.E.....							
274.54 55.95	CGCG 12- 95	F		.05	15.0 ±.6				
115.66 -16.69		-5.0± .9							
114659.0-031154	PGC 36944								
1149.5 +7559		.SB.3..	1.01± .06	128					
127.80 40.55	UGC 6789	U	.20± .05	.11	14.82 ±.18				
39.81 11.37	IRAS11467+7616	3.0± .9		.28	13.74				
1146.7 +7616	PGC 36945		1.02	.10					
1149.6 -0331		.LX.+*.							
274.62 55.91	CGCG 12- 98	F		.05	14.81 ±.18				
115.72 -16.68		-1.0±1.3							
1147.1 -0315	PGC 36950								

R.A. 2000 DEC. l b SGL SGB R.A. 1950 DEC.	Names PGC	Type S_T n_L T L	$\log D_{25}$ $\log R_{25}$ $\log A_e$ $\log D_o$	p.a. A_g A_i A_{21}	B_T m_B m_{FIR} B_T^o	$(B\text{-}V)_T$ $(U\text{-}B)_T$ $(B\text{-}V)_T^o$ $(U\text{-}B)_T^o$	$(B\text{-}V)_e$ $(U\text{-}B)_e$ m'_e m'_{25}	m_{21} W_{20} W_{50} HI	V_{21} V_{opt} V_{GSR} V_{3K}
1149.6 -0330		.LB.+?.							
274.61 55.93	CGCG 12- 99	F		.05	14.2 ±.3				
115.70 -16.67		-1.0±1.8							
1147.1 -0314	PGC 36951								
114940.2+482530	NGC 3906	.SBS7..	1.27± .04		13.49S±.15			15.83±.1	961± 6
148.21 65.56	UGC 6797	P	.05± .04	.03	13.8 ±.2			48± 6	959± 50
65.76 1.31	IRAS11469+4842	7.0± .8		.07	13.70			39± 7	1014
114702.6+484211	PGC 36953		1.28	.02	13.47		14.58± .26	2.33	1168
114949.6-033105		.SXR0?/							
274.68 55.94	CGCG 12-100	F		.05	14.9 ±.6				
115.72 -16.63		.0±1.3							
114716.1-031424	PGC 36962								
114950.1-384705		.S..3..	1.38± .04	163					
289.98 22.53	ESO 320- 26	S (1)	.43± .04	.44	12.84 ±.14				2840± 60
152.75 -22.34	IRAS11473-3830	3.0± .8		.60	11.51				2644
114719.0-383024	PGC 36964	2.2± .8	1.42	.22	11.79				3139
1149.8 +0640		.LAR0*.	.82± .13						
264.58 64.85	MCG 1-30- 16	F	.08± .07	.00	14.94 ±.16				
105.52 -13.69		-2.0± .9		.00					
1147.3 +0657	PGC 36966		.81						
114954.6-033947		.E...P*							
274.82 55.81	CGCG 12-101	F		.08	14.60 ±.18				
115.87 -16.65		-5.0±1.3							
114721.0-032306	PGC 36969								
114959.6+212000	NGC 3910	.L..-*.	1.20± .14	150					
232.10 74.86	UGC 6800	U	.11± .08	.13	13.83 ±.17				7833± 31
91.27 -8.77		-3.0±1.1		.00					7791
114724.5+213641	PGC 36971		1.20		13.59				8150
1150.0 +5152	A 1147+52	.S..6*.	1.33± .04	160				15.33±.3	1256± 8
143.81 62.70	UGC 6802	U	1.12± .05	.01				147± 9	
62.57 2.68		6.0±1.3		1.47				139± 7	1322
1147.4 +5209	PGC 36973		1.33	.50					1446
115002.8+150124			.62± .11					17.39±.3	754± 10
250.13 71.28	CGCG 97-159		.11± .12	.07	15.8 ±.2			80± 6	673± 61
97.35 -10.95	MK 750							60± 5	687
114728.1+151805	PGC 36976		.63						1085
115004.2+262847	NGC 3912	.SXS3$P	1.19± .03	5				15.30±.1	1791± 7
212.15 76.30	UGC 6801	P (1)	.26± .03	.05	13.44 ±.14			229± 5	1717± 32
86.37 -6.90	IRAS11474+2645	3.0± .8		.36	11.79			164± 4	1764
114728.8+264528	PGC 36979	5.0±1.5	1.20	.13	13.01			2.16	2089
115006.3+245515	NGC 3920	.S?....	1.00± .07						
218.60 76.06	UGC 6803		.02± .05	.03	14.11 ±.18				3609± 30
87.85 -7.46	ARAK 327			.02	13.24				3579
114731.0+251156	PGC 36981		1.00	.01	14.03				3915
115009.0-493705		.S?....	1.02± .06	107					
292.85 12.05	ESO 217- 9		.40± .05	.47	15.09 ±.14				3319± 87
164.36 -22.36				.61					3115
114739.0-492024	PGC 36987		1.06	.20	14.00				3577
1150.1 +0659		.S..7*/	1.22± .06	104					6002
264.31 65.16	UGC 6804	UF	1.16± .06	.00	15.46 ±.20				
105.23 -13.52		7.0± .8		1.38					5911
1147.6 +0716	PGC 36988		1.22	.50	14.06				6349
115011.8+420431		.E?....	.60± .08						
158.91 70.51	UGC 6805		.12± .04	.00	14.6 ±.4				1033± 50
71.71 -1.03	IRAS11475+4221			.00	13.85				1065
114735.1+422112	PGC 36990		.56		14.58				1271
115019.8+255742	A 1147+26	.S...P.	1.30± .05	45				15.71±.3	3760± 9
214.35 76.29	UGC 6806	R	.48± .06	.04	14.08 ±.18			261± 10	3757± 50
86.88 -7.04				.73					3734
114744.5+261423	PGC 36996		1.31	.24	13.30			2.17	4062
115020.5-024836		.SXS3P*	1.15± .06	130					8028
274.35 56.63	MCG 0-30- 30	EF (1)	.29± .05	.04	14.41 ±.20				
115.04 -16.32		2.5± .6		.40					7907
114746.9-023156	PGC 36998	2.6±1.0	1.15	.14	13.91				8384
115021.8-752223		.IXS9..	1.48± .04	40				13.76±.3	1830± 9
299.02 -12.97	ESO 39- 2	S (1)	.26± .07	.72					
191.43 -19.25	IRAS11480-7505	10.0± .7		.20				170± 7	1635
114800.1-750542	PGC 37000	8.9± .8	1.55	.13					1955

R.A. 2000 DEC. l b SGL SGB R.A. 1950 DEC.	Names PGC	Type S_T n_L T L	$\log D_{25}$ $\log R_{25}$ $\log A_e$ $\log D_o$	p.a. A_g A_i A_{21}	B_T m_B m_{FIR} B_T^o	$(B-V)_T$ $(U-B)_T$ $(B-V)_T^o$ $(U-B)_T^o$	$(B-V)_e$ $(U-B)_e$ m'_e m'_{25}	m_{21} W_{20} W_{50} HI	V_{21} V_{opt} V_{GSR} V_{3K}
1150.3 +2600		.I..9*.	1.02± .08						3712
214.18 76.31	UGC 6807	U	.01± .06	.04					
86.84 -7.01		10.0±1.2		.01					3686
1147.8 +2617	PGC 37002		1.02	.01					4014
1150.4 +3515		.S..6*.	1.14± .07	140					
177.22 74.65	UGC 6808	U	1.16± .06	.00					
78.11 -3.58		6.0±1.4		1.47					
1147.8 +3532	PGC 37004		1.14	.50					
115025.3-383853		.IB.?P.	1.27± .05	45					
290.06 22.69	ESO 320- 27	S	.31± .05	.44	14.00 ±.14				
152.60 -22.22		10.0±1.7		.23					
114754.0-382212	PGC 37005		1.31	.15					
115027.7-183447		RSXR0?.	.97± .05	50					
283.35 41.96	ESO 572- 5	F	.30± .04	.07	15.37 ±.14				
131.29 -19.87		.0± .9		.23					
114755.0-181806	PGC 37009		.97						
1150.4 +0441		.SXR3*.							
267.31 63.26	CGCG 40- 49	F (1)		.00	15.3 ±.6				
107.53 -14.15		3.0±1.3							
1147.9 +0458	PGC 37010	3.6±1.4							
115033.0+063404	NGC 3914	PSBT3..	1.06± .06	40					
265.05 64.86	UGC 6809	F (1)	.30± .05	.00	14.0 ±.2				6141± 50
105.67 -13.56	IRAS11479+0650	3.0± .9		.41	12.73				6049
114758.8+065045	PGC 37014	3.6±1.0	1.06	.15	13.58				6489
115033.9-025431		PLASOP?	1.14± .06						
274.52 56.57	MCG 0-30- 31	EF	.05± .05	.04	14.00 ±.19				
115.15 -16.29		-2.3± .7		.00					
114800.3-023751	PGC 37016		1.14						
115036.3-003405		.P.....							
272.63 58.68	CGCG 12-105	F		.04	15.2 ±.6				1757± 60
112.80 -15.65		99.0							1643
114802.5-001724	PGC 37019								2112
1150.6 +5033		.S..0..	1.04± .06	9					
145.16 63.87	UGC 6811	U	.43± .05	.00	14.81 ±.18				
63.83 2.26		.0± .9		.32					
1148.0 +5050	PGC 37022		1.02						
1150.6 +5036		.S..8*.	1.16± .13	54					
145.10 63.83	UGC 6812	U	.59± .12	.00					
63.78 2.28		8.0±1.3		.72					
1148.0 +5053	PGC 37023		1.16	.29					
115038.9+552112	NGC 3913	PSAT7*.	1.42± .02		13.17M±.10	.57± .04	.61± .03	14.62±.0	954± 4
140.11 59.70	UGC 6813	PU (1)	.01± .03	.00	13.6 ±.3	-.05± .06	-.07± .04	54± 3	842± 72
59.35 4.07	IRAS11480+5537	7.0± .5	.97± .13	.02	13.63	.56	13.82± .30	41± 4	1032
114800.7+553753	PGC 37024	5.0± .9	1.42	.01	13.18	-.06	15.07± .17	1.43	1125
1150.6 -1012		DLB.0?.	1.12± .08	45					
279.35 49.86		E	.33± .08	.03					
122.61 -18.09		-2.0±1.8		.00					
1148.1 -0956	PGC 37027		1.08						
1150.6 +6420		.S..8*.	1.04± .15	15					
133.44 51.53	UGC 6814	U	.37± .12	.04					
50.92 7.38		8.0±1.3		.46					
1148.0 +6437	PGC 37029		1.04	.19					
1150.6 +7749		.S..2..	1.06± .06	13					
127.00 38.82	UGC 6798	U	.68± .05	.14	15.29 ±.19				
38.07 12.03	IRAS11478+7806	2.0±1.0		.84					
1147.8 +7806	PGC 37031		1.07	.34					
115041.7+200054	NGC 3919	.E.....	.95± .21						
236.79 74.39	UGC 6810	U	.00± .08	.14	14.34 ±.15				6166± 31
92.59 -9.08		-5.0± .9		.00					6119
114806.8+201735	PGC 37032		.97		14.10				6486
115045.4+514933	NGC 3917	.SA.6*.	1.71± .02	77	12.51M±.10	.72± .03	.78± .02	13.98±.1	970± 5
143.65 62.79	UGC 6815	R (1)	.61± .03	.01	12.43 ±.13	.08± .05	.12± .04	293± 5	
62.65 2.76	IRAS11481+5206	6.0± .4	1.26± .03	.90	13.10	.60	14.27± .10	279± 5	1036
114807.7+520614	PGC 37036	5.7± .8	1.71	.31	11.57	-.02	14.36± .15	2.10	1160
1150.7 +5627	A 1148+56	.IB.9..	1.17± .05		14.12M±.11	.33± .06	.38± .03	14.60±.1	889± 6
139.11 58.73	UGC 6816	U (1)	.05± .05	.00	14.7 ±.3	-.25± .07	-.24± .04	131± 8	
58.32 4.50	DDO 98	10.0± .8	1.09± .03	.04		.31	15.02± .07	119± 12	970
1148.1 +5644	PGC 37037	8.0±1.4	1.17	.03	14.15	-.26	14.70± .29	.43	1054

R.A. 2000 DEC. / l b / SGL SGB / R.A. 1950 DEC.	Names / PGC	Type / S_T n_L / T / L	$\log D_{25}$ / $\log R_{25}$ / $\log A_e$ / $\log D_o$	p.a. / A_g / A_i / A_{21}	B_T / m_B / m_{FIR} / B^o_T	$(B-V)_T$ / $(U-B)_T$ / $(B-V)^o_T$ / $(U-B)^o_T$	$(B-V)_e$ / $(U-B)_e$ / m'_e / m'_{25}	m_{21} / W_{20} / W_{50} / HI	V_{21} / V_{opt} / V_{GSR} / V_{3K}
115046.6+454825		.SB?...	1.31± .04	78				14.46±.1	819± 6
151.76 67.78	UGC 6818		.33± .05	.00	14.3 ±.2			182± 7	
68.27 .49				.48				164± 5	864
114809.7+460506	PGC 37038		1.31	.16	13.77			.53	1039
1150.8 +3052	IC 2967	.E?....							
193.56 76.23	MCG 5-28- 38			.06	14.7 ±.3				6732
82.27 -5.14									6724
1148.2 +3109	PGC 37042								7017
115050.5+550844	NGC 3916	.SA.3*/	1.20± .04	45					
140.26 59.90	UGC 6819	PU (2)	.57± .04	.00	14.69 ±.18				
59.55 4.02	IRAS11481+5525	3.0± .6		.78	13.48				
114812.4+552525	PGC 37047	4.3± .8	1.20	.28					
1150.8 +2030		.S..0..	1.06± .06	138					
235.27 74.67	UGC 6820	U	.48± .05	.17	15.20 ±.18				
92.13 -8.87		.0± .9		.36					
1148.3 +2047	PGC 37049		1.05						
115053.1+385250	A 1148+39	.I..9..	1.61± .04	65	13.4 ±.3	.33± .07	.28± .07	13.43±.1	245± 5
166.20 72.75	UGC 6817	U (1)	.42± .06	.00	14.3 ±.5	-.20± .09	-.23± .09	61± 6	
74.75 -2.12	DDO 99	10.0± .7	1.34± .09	.31		.23	15.62± .22	37± 8	266
114816.9+390931	PGC 37050	9.0±1.4	1.61	.21	13.30	-.27	15.28± .38	-.08	498
115055.6+210844		.S?....	.69± .15					17.28±.3	6388± 9
233.12 74.97	MCG 4-28- 66		.16± .07	.15	15.7 ±.2			173± 10	6411± 52
91.52 -8.64	MK 1461			.24	13.53				6346
114820.7+212525	PGC 37051		.70	.08	15.30			1.90	6706
115055.9+202349		.SXT4*.	1.15± .05		14.44 ±.14	.64± .04	.72± .04	15.95±.3	6438± 12
235.65 74.62	UGC 6821	U	.06± .05	.17	14.0 ±.2	.18± .06	.17± .06	298± 21	
92.24 -8.90		4.0±1.2	.80± .02	.08		.55	13.93± .04		6393
114821.0+204030	PGC 37052		1.16	.03	14.03	.12	14.88± .31	1.90	6757
115059.0+204819	IC 742	.SB.2..	1.04± .03		14.74 ±.13	.87± .03	.88± .03	17.72±.2	6425± 7
234.31 74.83	UGC 6822	U	.02± .05	.16	14.5 ±.2	.22± .06		227± 10	
91.85 -8.74		2.0± .8	.75± .01	.02		.78	13.98± .03	217± 10	6381
114824.1+210500	PGC 37056		1.05	.01	14.44	.18	14.74± .24	3.28	6743
115102.1-284823	NGC 3923	.E.4+..	1.77± .02	50	10.8 ±.4	1.00± .02	1.02± .01		
287.28 32.22	ESO 440- 17	R	.18± .02	.25	10.53 ±.11	.61± .03	.62± .03		1668± 31
142.11 -21.28		-5.0± .3	1.22± .21	.00		.93	12.41± .74		1487
114830.0-283142	PGC 37061		1.76		10.27	.56	14.18± .42		1996
115105.8-343353		.SBR7*.	1.12± .05	95					3853
289.05 26.68	ESO 379- 1	S (1)	.30± .05	.43	15.62 ±.14				
148.24 -21.83		7.0±1.2		.42					3663
114834.0-341712	PGC 37062	6.7±1.3	1.16	.15	14.76				4166
115106.1+550439	NGC 3921	PSASOP.	1.33± .03	20	13.06 ±.15	.68± .02	.75± .01	15.51±.1	5838± 9
140.25 59.98	UGC 6823	R	.21± .04	.00	13.25 ±.18	.25± .03	.35± .02	306± 11	5942± 22
59.63 4.03	MK 430	.0± .4	.86± .04	.16	13.29	.59	12.85± .13		5930
114828.0+552120	PGC 37063		1.32		12.90	.26	14.04± .23		6026
1151.2 +4305									
156.46 69.91				.00					
70.84 -.47									
1148.6 +4321	PGC 37069								
1151.2 +4305									
156.45 69.91				.00					6810± 60
70.84 -.47									6846
1148.6 +4322	PGC 37070								7044
115113.5+500918	NGC 3922	.S..0..	1.24± .05	38				15.27±.3	1003± 11
145.46 64.26	UGC 6824	U	.36± .05	.00	13.76 ±.18			96± 16	
64.24 2.20		.0± .8		.27				79± 12	1063
114836.2+502559	PGC 37072		1.22		13.47				1202
115113.8+520003	NGC 3931	.LA.-*.	1.06± .07	160				13.55±.1	837± 11
143.32 62.68	UGC 6825	R	.09± .04	.01	14.35 ±.15			113± 16	936± 36
62.52 2.90		-3.0± .4		.00					911
114836.2+521644	PGC 37073		1.05		14.33				1034
1151.2 -0605		.S..3*/	1.12± .08						
277.07 53.73	MCG -1-30- 39	F	.74± .07	.07					
118.44 -16.95		3.0±1.3		1.02					
1148.7 -0549	PGC 37076		1.12	.37					
1151.4 +3233		.S..6*.	1.07± .07	152					
186.68 75.91	UGC 6826	U	1.09± .06	.04					
80.73 -4.40		6.0±1.5		1.47					
1148.8 +3250	PGC 37088		1.07	.50					

R.A. 2000 DEC. / l b / SGL SGB / R.A. 1950 DEC.	Names / PGC	Type / S_T n_L / T / L	$\log D_{25}$ / $\log R_{25}$ / $\log A_e$ / $\log D_o$	p.a. / A_g / A_i / A_{21}	B_T / m_B / m_{FIR} / B_T^o	$(B-V)_T$ / $(U-B)_T$ / $(B-V)_T^o$ / $(U-B)_T^o$	$(B-V)_e$ / $(U-B)_e$ / m'_e / m'_{25}	m_{21} / W_{20} / W_{50} / HI	V_{21} / V_{opt} / V_{GSR} / V_{3K}
1151.4 +5326		.S..4..	1.13± .05						
141.75 61.44	UGC 6828	U (1)	.10± .05	.00	15.0 ±.3				
61.18 3.46		4.0± .8		.15					
1148.8 +5343	PGC 37091	3.5±1.1	1.13	.05					
115127.7+352552		.S..0..	1.06± .06	127					
176.25 74.76	UGC 6827	U	.37± .05	.00	14.37 ±.19				3084± 50
78.03 -3.31	MK 431	.0± .9		.28					3092
114851.9+354233	PGC 37093		1.04		14.05				3351
1151.4 +2352	IC 739	.SB.2*.	1.06± .06	150					
223.15 76.10	UGC 6830	U	.17± .05	.07	14.65 ±.20				
88.96 -7.55		2.0± .9		.20					
1148.9 +2409	PGC 37097		1.06	.08					
115130.1-112527	NGC 3942	.SXT5P*	1.15± .06	125				15.52±.1	3696± 9
280.31 48.80	MCG -2-30- 35	EF (1)	.23± .05	.07				264± 12	
123.91 -18.17	IRAS11489-1108	5.3± .7		.35	13.31				3552
114856.9-110846	PGC 37099	5.0± .7	1.16	.12					4050
115131.5-000303		.SBS1..							
272.57 59.24	CGCG 12-107	F		.04	15.4 ±.6				
112.34 -15.28		1.0± .9							
114857.8+001338	PGC 37100								
1151.5 -0005		.LXR0?.							
272.63 59.21	CGCG 12-106	F		.04	14.81 ±.18				
112.39 -15.28		-2.0± .9							
1149.0 +0011	PGC 37103								
1151.5 +0505		.E.....							
267.37 63.75	CGCG 40- 53	F		.00	14.92 ±.18				
107.22 -13.77		-5.0± .9							
1149.0 +0522	PGC 37104								
1151.5 +1528		.L.....	1.05± .08						
249.87 71.86	UGC 6831	U	.04± .03	.08	14.39 ±.17				
97.04 -10.45		-2.0± .8		.00					
1149.0 +1545	PGC 37105		1.05						
115142.9+015931		.SBS4*.							
270.76 61.08	CGCG 12-108	F (1)		.02	15.3 ±.6				
110.31 -14.65		4.0±1.3							
114909.0+021612	PGC 37125	2.6±1.4							
115143.0+210010	NGC 3929	.E?....	.74± .12	80					
233.93 75.07	UGC 6832		.14± .03	.18	15.0 ±.2				7113± 31
91.73 -8.51				.00					7070
114908.1+211651	PGC 37126		.73		14.75				7431
115144.8-465953		.SXT3..	1.04± .06						
292.47 14.66	ESO 266- 30	r	.14± .05	.44	15.21 ±.14				
161.55 -22.15		3.3± .9		.20					
114914.0-464312	PGC 37130		1.08	.07					
115146.2+380054	NGC 3930	.SXS5..	1.50± .02	30				13.55±.1	916± 6
168.19 73.41	UGC 6833	PU	.12± .04	.00	13.1 ±.3			166± 8	915± 15
75.63 -2.29	KUG 1149+382	5.0± .5		.19				150± 6	933
114910.3+381735	PGC 37132		1.50	.06	12.87			.62	1172
115147.1+484053	NGC 3928	.SAS3$.	1.18± .03		13.22 ±.13	.67± .02	.65± .01	15.21±.1	982± 10
147.17 65.54	UGC 6834		.00± .04	.04	12.98 ±.16	-.07± .03	-.14± .02	128± 6	957± 35
65.65 1.73	MK 190		.58± .02	.00	12.02	.65	11.61± .07	90± 5	1035
114910.1+485734	PGC 37136		1.18		13.07	-.07	14.10± .24		1186
115148.2+363534		.S?....	.94± .05	90					
172.38 74.22	UGC 6836		.25± .04	.00	15.42 ±.18				10951± 57
76.96 -2.81	KUG 1149+368			.37					10964
114912.3+365215	PGC 37138		.94	.12	14.98				11213
115152.1-312841		.SBR4..	.98± .06						
288.32 29.70	ESO 440- 19	r	.07± .05	.28	15.06 ±.14				16055± 34
144.97 -21.39		4.5± .9		.10					15870
114920.0-311200	PGC 37142		1.01	.03	14.59				16376
1151.8 +1832		.S..6*.	.96± .09	154				16.58±.3	5975± 10
241.90 73.83	UGC 6837	U	.98± .06	.07	16.2 ±.2			359± 13	
94.11 -9.33		6.0±1.5		1.44				344± 10	5924
1149.3 +1849	PGC 37143		.97	.49	14.67			1.42	6299
1151.9 +4545	A 1149+46								
151.43 67.94				.00					5910± 60
68.39 .65	1ZW 29								5955
1149.3 +4602	PGC 37144								6131

R.A. 2000 DEC. l b SGL SGB R.A. 1950 DEC.	Names PGC	Type S_T n_L T L	$\log D_{25}$ $\log R_{25}$ $\log A_e$ $\log D_o$	p.a. A_g A_i A_{21}	B_T m_B m_{FIR} B^o_T	$(B-V)_T$ $(U-B)_T$ $(B-V)^o_T$ $(U-B)^o_T$	$(B-V)_e$ $(U-B)_e$ m'_e m'_{25}	m_{21} W_{20} W_{50} HI	V_{21} V_{opt} V_{GSR} V_{3K}
115155.7-023835		.SA.2..	.95± .07	113					
274.88 56.95	UGC 6838	F	.26± .04	.05	15.06 ±.18				
114.98 -15.89		2.0±1.0		.32					
114922.0-022154	PGC 37147		.96	.13					
115200.3+210636		.S?....	.92± .05		14.58S±.15	.61± .02		17.00±.2	6653± 6
233.68 75.18	MCG 4-28- 77		.09± .03	.18	14.68 ±.18	.00± .04		251± 7	6555±120
91.65 -8.41				.13		.51		206± 10	6610
114925.4+212317	PGC 37153		.94	.04	14.28	-.07	13.83± .29	2.68	6970
115201.3+164834	NGC 3933	.S?....	1.06± .06	83	14.26 ±.13	.71± .02		15.74±.3	3738± 10
246.77 72.81	UGC 6839		.29± .05	.12	14.35 ±.19	.01± .04		342± 13	3676± 56
95.79 -9.89				.44		.60		277± 10	3679
114926.7+170515	PGC 37156		1.07	.15	13.71	-.07	13.67± .34	1.88	4064
115203.1-323459		PSBT3*.	.89± .06	174					
288.69 28.64	ESO 440- 21	r	.16± .05	.39	15.19 ±.14				
146.15 -21.46		3.3± .9		.22					
114931.0-321818	PGC 37159		.92	.08					
1152.0 +0624		.LBR-*.	.74± .14						
266.01 64.93	MCG 1-30- 18	F	.00± .07	.00	14.93 ±.18				
105.96 -13.25		-3.0±1.3		.00					
1149.5 +0641	PGC 37160		.74						
1152.1 +5206	A 1149+52	.SBT9..	1.27± .06		14.3 ±.2	.42± .09	.50± .04	14.45±.1	1046± 5
142.94 62.66	UGC 6840	PU (1)	.50± .06	.00	15.2 ±.3	-.03± .11	-.05± .06	149± 6	
62.47 3.06	DDO 100	9.0± .5	1.06± .05	.51		.31	15.12± .11	143± 7	1113
1149.5 +5223	PGC 37164	8.0± .9	1.27	.25	14.11	-.11	14.30± .39	.09	1234
1152.2 +1650	NGC 3934	.S?....	1.03± .06						3779± 10
246.77 72.88	UGC 6841		.04± .05	.15	14.5 ±.2				3626± 56
95.77 -9.83	IRAS11496+1707			.05	12.32				3717
1149.6 +1707	PGC 37170		1.04	.02	14.28				4102
1152.2 +2103		.S?....	.74± .14					17.09±.3	6743± 10
233.98 75.21	MCG 4-28- 78		.00± .07	.18	15.24 ±.18			306± 13	
91.72 -8.37				.00				270± 10	6701
1149.7 +2120	PGC 37175		.75	.00	14.99			2.09	7060
115220.5-265423	NGC 3936	.SBS4*/	1.59± .02	63				14.29±.1	2022± 6
286.99 34.13	ESO 504- 20	PSU (3)	.79± .03	.40	12.78 ±.10			323± 7	2062± 52
140.13 -20.75	IRAS11497-2637	4.0± .6		1.17	12.43			304± 5	1845
114948.0-263742	PGC 37178	3.1± .6	1.63	.40	11.20			2.70	2355
115224.5+322414	NGC 3935	.S?....	1.02± .04	114					
186.99 76.16	UGC 6843		.32± .04	.09	14.2 ±.2				3067± 50
80.95 -4.25	KUG 1149+326			.48					3065
114949.0+324055	PGC 37183		1.03	.16	13.57				3346
1152.4 +6953		.S..2..	1.00± .08	35					
130.22 46.40	UGC 6844	U	.84± .06	.01	15.7 ±.2				
45.72 9.50		2.0±1.0		1.04					
1149.8 +7010	PGC 37193		1.00	.42					
115231.3-035220	IC 2969	.SBR4?.	1.09± .05	100					
276.04 55.89	MCG -1-30- 40	E (1)	.20± .05	.04					
116.26 -16.08	IRAS11499-0335	3.7± .7		.29	13.27				
114957.7-033539	PGC 37196	4.6±1.4	1.09	.10					
115233.2-123937		.SXT5P*	1.13± .06	40					
281.30 47.72	MCG -2-30- 36	EF (1)	.11± .05	.08					
125.25 -18.19		5.0± .6		.17					
115000.0-122256	PGC 37199	4.9± .7	1.13	.06					
1152.5 -0339		.IBS9..	1.14± .05	10				15.40±.1	1665± 11
275.90 56.09	UGCA 249	UE F (1)	.06± .05	.05	14.3 ±.3			115± 16	1665
116.05 -16.01		10.0± .4		.05				69± 12	1543
1150.0 -0323	PGC 37202	7.5± .8	1.15	.03	14.19			1.18	2021
1152.5 +2336		.E...?.	1.01± .11		14.0 ±.3	1.00± .03	1.01± .02		
224.53 76.26	UGC 6846	U	.02± .05	.04	14.36 ±.16				6842± 39
89.31 -7.41		-5.0±1.7	.71± .12	.00		.93	13.05± .43		6809
1150.0 +2353	PGC 37206		1.01		14.14		13.99± .66		7152
1152.6 +3522		.S..8*.	.96± .09	61					6340
176.02 74.99	UGC 6848	U	.69± .06	.00					
78.17 -3.12		8.0±1.4		.84					6349
1150.0 +3539	PGC 37208		.96	.34					6607
115237.5-022809		.P.....	.81± .11						
275.03 57.18	UGC 6850	F	.07± .06	.04	14.5 ±.2				1012± 76
114.86 -15.68	MK 1307	99.0		.09					893
115003.8-021128	PGC 37213		.81	.03	14.39				1367

R.A. 2000 DEC. l b SGL SGB R.A. 1950 DEC.	Names PGC	Type S_T n_L T L	$logD_{25}$ $logR_{25}$ $logA_e$ $logD_o$	p.a. A_g A_i A_{21}	B_T m_B m_{FIR} B_T^o	$(B-V)_T$ $(U-B)_T$ $(B-V)_T^o$ $(U-B)_T^o$	$(B-V)_e$ $(U-B)_e$ m'_e m'_{25}	m_{21} W_{20} W_{50} HI	V_{21} V_{opt} V_{GSR} V_{3K}
115237.8+241819 221.69 76.47 88.65 -7.15 115002.9+243501	 UGC 6847 KUG 1150+245 PGC 37214	.S..4.. U 4.0± .9 	1.19± .03 .56± .04 1.19	151 .02 .82 .28	 14.97 ±.19 14.10			15.46±.1 266± 8 1.08	4942± 7 4911 5250
115239.2+500217 145.15 64.48 64.44 2.37 115002.4+501858	NGC 3924 UGC 6849 PGC 37217	.S..9*. U 9.0±1.1 	1.26± .06 .04± .06 1.26	 .01 .04 .02	 15.0 ±.5 14.91			15.65±.3 115± 9 90± 7 .72	995± 8 1055 1194
1152.6 +2920 199.80 76.88 83.87 -5.32 1150.1 +2937	 UGC 6853 PGC 37218	.L..... U -2.0± .9 	1.06± .07 .28± .03 1.02	35 .04 .00 	 14.65 ±.15 14.49				 8639 8626 8929
115242.6+203757 235.63 75.10 92.17 -8.42 115007.9+205438	NGC 3937 UGC 6851 PGC 37219	.L..-*. U -3.0±1.1 	1.26± .13 .06± .08 .86± .04 1.27	15 .17 .00 	13.43 ±.15 13.41 ±.17 13.15	.97± .03 .87 	1.00± .01 13.22± .15 14.46± .70		 6617± 39 6573 6935
115243.9+014422 271.47 60.97 110.64 -14.48 115010.0+020103	 UGC 6854 MK 752 PGC 37222	.SBT4P. F 4.0± .9 	1.00± .05 .04± .04 1.00	 .02 .06 .02	 14.18 ±.18 13.40 14.06			15.78±.2 159± 8 1.70	6128± 6 6094± 29 6020 6479
115246.6+205925 234.42 75.28 91.83 -8.29 115011.8+211606	NGC 3940 UGC 6852 PGC 37224	.E..... U -5.0± .8 	1.22± .08 .01± .05 .87± .06 1.25	 .18 .00 	13.8 ±.2 13.56 ±.19 13.40	.97± .04 .87 	1.02± .02 13.61± .21 14.88± .48		 6461± 24 6419 6779
1152.7 +2328 225.12 76.26 89.45 -7.41 1150.2 +2345	 UGC 6855 PGC 37226	.L..... U -2.0± .9 	1.00± .19 .21± .08 .97	130 .00 .00 					
115249.8+440726 153.87 69.32 69.98 .19 115013.6+442407	NGC 3938 UGC 6856 IRAS11502+4423 PGC 37229	.SAS5.. R (2) 5.0± .3 1.1± .5	1.73± .02 .04± .02 1.38± .01 1.73	 .00 .06 .02	10.90M±.10 10.89 ±.14 10.90 10.83	.52± .01 -.10± .02 .51 -.11	.62± .01 .00± .01 13.22± .03 14.30± .14	12.46±.1 106± 4 90± 4 1.61	809± 4 771± 31 848 1036
115255.1+365914 170.72 74.19 76.68 -2.46 115019.4+371555	NGC 3941 UGC 6857 PGC 37235	.LBS0.. R -2.0± .3 	1.54± .03 .18± .04 .88± .04 1.52	10 .00 .00 	11.25M±.10 11.34 ±.12 11.27	.91± .03 .44± .03 .88 .43	.93± .01 .50± .02 11.16± .13 13.38± .19	15.58±.2 258± 4 232± 3 	922± 5 934± 40 937 1183
1152.9 +6113 135.02 54.51 53.95 6.51 1150.3 +6130	 UGC 6858 PGC 37236	.S..6*. U 6.0±1.2 	1.15± .05 .23± .05 1.16	15 .05 .34 .12	 14.8 ±.2 				
115256.7+202844 236.25 75.08 92.33 -8.43 115022.0+204525	NGC 3943 MCG 4-28- 84 PGC 37237	.S?.... 	1.04± .09 .00± .07 1.05	 .17 .00 .00	 14.29 ±.19 14.09			18.21±.3 249± 10 4.12	6538± 9 6623± 39 6498 6861
1152.9 -0424 276.60 55.44 116.84 -16.11 1150.4 -0408	A 1150-04 MCG -1-30- 43 VV 457 PGC 37238	.SXS8.. FE (1) 7.9± .6 6.4± .8	1.30± .05 .24± .05 1.31	88 .04 .30 .12				13.76±.1 167± 12 	1489± 9 1480± 30 1364 1844
1153.0 -1344 282.00 46.74 126.39 -18.30 1150.5 -1328	 PGC 37242	DLA.-*. E -3.0±1.3 	1.21± .07 .00± .08 1.22	 .04 .00 					
115304.0-363818 290.07 24.77 150.49 -21.58 115032.0-362136	 ESO 379- 6 IRAS11505-3621 PGC 37243	.S..5*/ S (1) 4.7± .7 3.3±1.3	1.40± .04 .81± .04 1.44	68 .37 1.22 .41	 14.16 ±.14 12.67 				
115305.5+261228 213.66 76.94 86.87 -6.37 115030.6+262909	NGC 3944 UGC 6859 PGC 37244	.L..-*. U -3.0±1.1 	1.15± .15 .10± .08 1.14	25 .03 .00 	 13.90 ±.16 13.81				 3638± 31 3614 3939
115306.0-182235 284.07 42.35 131.20 -19.22 115033.0-180554	 ESO 572- 8 IRAS11505-1805 PGC 37245	.S?.... 	.88± .07 .04± .06 .88	 .04 .05 .02	 14.59 ±.14 13.80 14.49			15.95±.3 174± 15 124± 12 1.45	1766± 11 1606 2113
115308.3-323359 288.94 28.72 146.15 -21.23 115036.0-321718	 ESO 440- 25 PGC 37247	.L?.... 	1.01± .06 .07± .04 1.05	0 .39 .00 	 14.09 ±.14 13.58				 8187± 30 8001 8505

R.A. 2000 DEC. l b SGL SGB R.A. 1950 DEC.	Names PGC	Type S_T n_L T L	logD$_{25}$ logR$_{25}$ logA$_e$ logD$_o$	p.a. A_g A_i A_{21}	B_T m_B m_{FIR} B_T^o	$(B-V)_T$ $(U-B)_T$ $(B-V)_T^o$ $(U-B)_T^o$	$(B-V)_e$ $(U-B)_e$ m'_e m'_{25}	m_{21} W_{20} W_{50} HI	V_{21} V_{opt} V_{GSR} V_{3K}
115309.2+702600	A 1150+70								
129.89 45.90	CGCG 334- 54			.01	15.4 ±.3				9600±110
45.22 9.74	MK 191								9725
115028.7+704241	PGC 37248								9684
115311.9-390748		PSXR1*.	1.35± .04	121					
290.76 22.36	ESO 320- 30	Sr	.24± .05	.47	13.30 ±.14				3232± 19
153.15 -21.71	FAIR 1151	1.0± .5		.24	9.44				3037
115040.0-385106	PGC 37254		1.39	.12	12.55				3530
115314.7+604036	NGC 3945	.LBT+..	1.72± .03	15	11.8 ±.3	.95± .02	.97± .01		
135.33 55.03	UGC 6860	R	.18± .04	.08	11.40 ±.12	.55± .02	.58± .01		1220± 56
54.48 6.35	IRAS11506+6056	-1.0± .3	.88± .10	.00		.90	11.64± .33		1316
115036.7+605717	PGC 37258		1.70		11.36	.51	14.79± .31		1361
1153.2 +1139		.S..7..	1.14± .07	104					
258.69 69.36	UGC 6862	U	.98± .06	.01					
100.90 -11.32		7.0±1.0		1.35					
1150.7 +1156	PGC 37259		1.14	.49					
115317.0+232750		.S?....	.90± .06					16.71±.3	7428± 9
225.31 76.36	MCG 4-28- 87		.22± .06	.00	15.05 ±.13			328± 10	
89.50 -7.31	KUG 1150+237			.32					7394
115042.2+234431	PGC 37260		.90	.11	14.70			1.90	7738
115319.1-493506		.SXS5*.	1.21± .05	135					
293.35 12.20	ESO 217- 12	S (1)	.14± .05	.40	14.32 ±.14				3640± 60
164.31 -21.85	IRAS11507-4918	5.0± .8		.21	13.34				3437
115048.1-491824	PGC 37263	2.2±1.2	1.24	.07	13.70				3897
115320.1+204512	NGC 3947	RSBT3..	1.15± .03		13.88M±.10	.73± .02	.81± .02	15.53±.2	6197± 5
235.49 75.29	UGC 6863	U (1)	.06± .03	.23	13.84 ±.19	.09± .03	.18± .02	413± 5	6256± 46
92.10 -8.25	IRAS11507+2101	3.0± .8	.80± .01	.09	13.14	.63	13.40± .03	390± 7	6155
115045.5+210153	PGC 37264	3.0±1.0	1.17	.03	13.51	.01	14.31± .18	1.98	6515
115320.3-323900		.SBR1..	1.00± .06	93					
289.01 28.65	ESO 440- 26	r	.14± .06	.39	14.86 ±.14				8187± 34
146.25 -21.20		1.0± .8		.15					8000
115048.1-322218	PGC 37265		1.03	.07	14.22				8505
115321.9-131541	IC 743	.SB.5?/	1.06± .06	140					
281.88 47.22	MCG -2-30- 37	FE	.50± .05	.03					
125.91 -18.13	IRAS11508-1259	5.4±1.1		.75	13.51				
115048.6-125900	PGC 37267		1.06	.25					
115323.1-180959		.IBS9..	1.21± .06					15.63±.1	1737± 9
284.07 42.57	ESO 572- 9	S (1)	.07± .05	.04	17.30 ±.14			88± 12	
131.00 -19.11		10.0± .8		.06					1578
115050.0-175318	PGC 37270	11.1± .8	1.21	.04	17.20			-1.62	2085
115323.6-283312		.S..7*/	1.64± .02	78				13.01±.3	1702± 11
287.79 32.61	ESO 440- 27	SU (1)	.84± .03	.28	13.19 ±.14			280± 16	
141.90 -20.73	IRAS11508-2816	7.0± .8		1.16	11.90			267± 12	1522
115051.1-281630	PGC 37271	4.4± .8	1.67	.42	11.75			.84	2030
1153.5 +1052		.S..4..	1.04± .08	110					
260.17 68.80	UGC 6864	U	.88± .06	.00	15.6 ±.2				
101.67 -11.51	IRAS11509+1109	4.0±1.0		1.30					
1150.9 +1109	PGC 37276		1.04	.44					
115338.7-265942		.SBS9..	1.12± .05						
287.35 34.12	ESO 504- 24	S (1)	.12± .05	.40	15.19 ±.14				
140.27 -20.48		9.0± .8		.12					
115106.0-264300	PGC 37280	11.1± .8	1.15	.06					
115339.2+432729		.S?....	1.08± .09	35					
154.77 69.92	UGC 6865		.42± .07	.00	14.68 ±.18				5809± 69
70.66 .08	2ZW 55			.63					5847
115103.4+434410	PGC 37282		1.08	.21	14.02				6040
115340.6-035946	NGC 3952	.IB.9*/	1.20± .03	85	13.51 ±.14	.38± .03	.34± .03	14.56±.1	1576± 7
276.59 55.89	MCG -1-30- 44	EF (1)	.37± .04	.04	13.0 ±.2	-.24± .04	-.26± .04	187± 12	1595± 66
116.47 -15.83	IRAS11510-0342	9.8± .8	.62± .02	.28	12.79	.27	12.10± .05		1453
115107.0-034304	PGC 37285	5.6± .8	1.20	.19	13.06	-.32	13.42± .22	1.31	1932
115341.4+232255	NGC 3951	.S?....	1.03± .04	172	14.30M±.10	.67± .01		16.22±.2	6455± 6
225.76 76.43	UGC 6867		.30± .03	.00	14.58 ±.18	.07± .03		428± 8	6471± 31
89.62 -7.25	IRAS11511+2339			.45	12.82	.57		391± 10	6422
115106.6+233936	PGC 37288		1.03	.15	13.88	.00	13.57± .23	2.19	6766
115341.4+461239	A 1151+46	.SB?...	.74± .14						
150.05 67.76	MCG 8-22- 28		.09± .07	.00	15.28 ±.19				7200± 63
68.08 1.11	MK 42			.14					7247
115105.3+462920	PGC 37289		.74	.05	15.09				7418

R.A. 2000 DEC. l b SGL SGB R.A. 1950 DEC.	Names PGC	Type S_T n_L T L	$\log D_{25}$ $\log R_{25}$ $\log A_e$ $\log D_o$	p.a. A_g A_i A_{21}	B_T m_B m_{FIR} B^o_T	$(B-V)_T$ $(U-B)_T$ $(B-V)^o_T$ $(U-B)^o_T$	$(B-V)_e$ $(U-B)_e$ m'_e m'_{25}	m_{21} W_{20} W_{50} HI	V_{21} V_{opt} V_{GSR} V_{3K}
115341.5+475135	NGC 3949	.SAS4*.	1.46± .02	120	11.54S±.15	.45± .03		13.38±.1	798± 6
147.63 66.40	UGC 6869	R (1)	.24± .03	.03	11.64 ±.17			276± 7	681± 56
66.54 1.72	IRAS11510+4808	4.0± .3		.36	10.45	.39		260± 5	850
115105.2+480816	PGC 37290	5.7± .8	1.46	.12	11.19		13.09± .20	2.06	1007
115341.7+205301	NGC 3954	.E?....	.81± .16						
235.19 75.42	UGC 6866		.02± .05	.23	14.65 ±.19				6902± 31
92.01 -8.12	ARAK 331			.00					6860
115107.1+210943	PGC 37291		.85		14.32				7220
115342.7-725248		.SXT2..	1.07± .06	16					
298.65 -10.49	ESO 39- 4	S	.04± .05	.92					5160± 63
188.82 -19.49	FAIR 288	2.0± .8		.05					4963
115116.0-723606	PGC 37295		1.16	.02					5299
115342.8-540624		.S..4..	1.13± .05	164					
294.45 7.81	ESO 171- 1	S (1)	.48± .05	1.15	15.34 ±.14				
169.12 -21.62	IRAS11512-5349	4.0± .9		.71	13.36				
115112.0-534942	PGC 37296	2.2±1.3	1.24	.24					
1153.7 +1024		.LB....	1.05± .08	143					
261.11 68.46	UGC 6871	U	.12± .03	.00	14.22 ±.15				
102.16 -11.60	IRAS11512+1040	-2.0± .9		.00	13.52				
1151.2 +1040	PGC 37298		1.03						
115348.8-051008	IC 2974	.SAS5?/	1.34± .04	81					5747
277.45 54.83	MCG -1-30- 45	EF (1)	.68± .05	.12					
117.67 -16.10	IRAS11512-0453	5.0±1.0		1.02	13.20				5621
115115.2-045326	PGC 37304	3.9±1.1	1.35	.34					6103
115349.5+521939	NGC 3953	.SBR4..	1.84± .01	13	10.84M±.10	.77± .02	.86± .01	13.69±.1	1055± 5
142.21 62.59	UGC 6870	R (2)	.30± .02	.01	10.83 ±.13	.20± .03	.29± .02	425± 7	987± 31
62.36 3.39		4.0± .3	1.45± .02	.44		.71	13.47± .05	411± 5	1122
115112.9+523620	PGC 37306	1.8± .5	1.84	.15	10.38	.14	14.14± .14	3.17	1241
115350.7-272100		.SBS9..	1.26± .04	13					
287.52 33.79	ESO 504- 25	S (1)	.13± .04	.36	14.34 ±.14				
140.65 -20.48		9.0± .6		.14					
115118.1-270418	PGC 37307	10.0± .6	1.29	.07					
115350.8+332154	IC 2973	.SBS7*.	1.14± .04	125				15.32±.2	3206± 7
182.79 76.10	UGC 6872	U	.24± .04	.00	14.34 ±.18			211± 6	3199± 50
80.16 -3.62	KUG 1151+336	7.0±1.2		.32				182± 7	3208
115115.6+333835	PGC 37308		1.14	.12	14.00			1.21	3481
115357.9-230954	NGC 3955	.S..0P.	1.46± .03	165	12.64 ±.15	.69± .01	.65± .01	15.21±.2	1491± 9
286.14 37.83	ESO 504- 26	RS	.49± .03	.16	12.56 ±.10	-.03± .03	-.05± .02	230± 14	1515± 35
136.25 -19.85	IRAS11514-2253	.0± .6	.81± .03	.36	10.79	.56	12.18± .08	190± 11	1323
115125.1-225312	PGC 37320		1.45		12.04	-.11	13.58± .21		1832
1153.9 +0620		.SAR5./	1.04± .15	105					
267.04 65.12	UGC 6875	F (1)	.37± .12	.00					
106.17 -12.82		5.0± .9		.56					
1151.4 +0637	PGC 37321	5.6±1.0	1.04	.19					
1153.9 +0937	A 1151+09								
262.46 67.86	CGCG 68- 87			.00	15.3 ±.6				
102.94 -11.80									
1151.4 +0954	PGC 37322								
115359.6+203412		.S..2..	.98± .04		14.77M±.10	.95± .02		16.63±.2	6848± 6
236.41 75.33	UGC 6876	U	.12± .03	.16	14.68 ±.18	.28± .04		482± 8	6903± 39
92.33 -8.16		2.0± .9		.15		.84		441± 10	6806
115125.1+205053	PGC 37324		1.00	.06	14.37	.21	14.23± .24	2.19	7168
115401.0-203400	NGC 3956	.SAS5*.	1.53± .02	58				13.73±.1	1653± 5
285.21 40.32	ESO 572- 13	R (4)	.53± .03	.08	12.87 ±.11			284± 6	1630± 52
133.53 -19.40	IRAS11514-2017	5.0± .4		.79	12.47			254± 6	1489
115128.0-201718	PGC 37325	4.3± .4	1.54	.26	11.99			1.47	1997
115401.1-193406	NGC 3957	.LA.+*/	1.49± .03	173					
284.82 41.28	ESO 572- 14	R	.66± .02	.06	12.94 ±.10				1703± 41
132.49 -19.22	IRAS11515-1917	-1.0± .4		.00	13.48				1541
115128.0-191724	PGC 37326		1.39		12.85				2048
115406.1-395148		.SBS5?/	1.42± .03	143					
291.13 21.69	ESO 320- 31	S (1)	.94± .04	.49	14.20 ±.14				
153.94 -21.57		4.7± .7		1.40					
115134.1-393506	PGC 37334	3.3±1.3	1.46	.47					
115407.6-034053		.S..2?.							
276.56 56.23	CGCG 12-113	F		.04	15.4 ±.6				
116.18 -15.64		2.0±1.8							
115134.0-032412	PGC 37336								

R.A. 2000 DEC. l b SGL SGB R.A. 1950 DEC.	Names PGC	Type S_T n_L T L	$\log D_{25}$ $\log R_{25}$ $\log A_e$ $\log D_o$	p.a. A_g A_i A_{21}	B_T m_B m_{FIR} B_T^o	$(B-V)_T$ $(U-B)_T$ $(B-V)_T^o$ $(U-B)_T^o$	$(B-V)_e$ $(U-B)_e$ m'_e m'_{25}	m_{21} W_{20} W_{50} HI	V_{21} V_{opt} V_{GSR} V_{3K}
115412.3+000811	IC 745	.L.....	.82± .08						
273.59 59.71	UGC 6877	F	.03± .05	.03	14.2 ±.2				1087± 42
112.35 -14.58	MK 1308	-2.0± .9		.00					976
115138.5+002453	PGC 37339		.82		14.17				1440
1154.2 +2001								17.30±.3	6187± 10
238.40 75.11	CGCG 98- 2			.13	15.5 ±.3			298± 13	
92.88 -8.29								263± 10	6142
1151.7 +2018	PGC 37345								6507
115421.6-122843		.IBS9P.	1.27± .03	160					1483
281.83 48.04	MCG -2-30- 39	FUE (1)	.22± .04	.06					
125.16 -17.72		9.8± .4		.16					1338
115148.3-121201	PGC 37348	8.2± .5	1.28	.11					1836
115425.1-021906		.SXR7?/	1.23± .03	168				15.64±.1	2904± 9
275.68 57.50	UGC 6879	UEF (1)	.46± .04	.04	14.11 ±.18			246± 8	
114.83 -15.21		6.8± .5		.63					2786
115151.5-020225	PGC 37352	7.0± .8	1.24	.23	13.42			1.99	3259
115434.5+582202	NGC 3958	.SBS1..	1.17± .04	28	13.8 S±.3	.79± .05		16.50±.1	3367± 7
136.69 57.22	UGC 6880	RU	.35± .03	.02	13.4 ±.2			360± 11	3322± 50
56.72 5.68		1.0± .4		.36		.69			3455
115157.5+583843	PGC 37358		1.17	.18	13.15		13.63± .34	3.17	3520
115437.9-074525	NGC 3959	PSBR1..	1.04± .05	140					
279.40 52.50	MCG -1-30- 46	E F	.09± .04	.13					
120.35 -16.56		.7± .5		.10					
115204.4-072843	PGC 37363		1.05	.05					
115439.1-405554		PSBR3..	.98± .06	0					
291.51 20.68	ESO 320- 32	r	.23± .05	.50	14.80 ±.14				
155.08 -21.51		3.3± .9		.31					
115207.0-403912	PGC 37364		1.03	.11					
115439.8-135823	NGC 3962	.E.1...	1.41± .04	15	11.62 ±.13	.95± .01	.98± .01	14.95±.3	1815± 17
282.65 46.65	MCG -2-30- 40	R	.06± .04	.04	11.92 ±.18	.50± .02	.57± .01	336± 34	1818± 40
126.72 -17.97		-5.0± .3	1.07± .02	.00		.92	12.46± .06	253± 25	1667
115206.6-134141	PGC 37366		1.39		11.66	.50	13.49± .25		2167
1154.6 +2005		.I..9*.	1.16± .13	125				16.34±.1	618± 10
238.37 75.23	UGC 6881	U	.34± .12	.13				88± 6	
92.85 -8.18		10.0±1.2		.26				82± 5	573
1152.1 +2022	PGC 37367		1.17	.17					937
115449.7-165150		.SXS6*.	1.32± .03	3				14.32±.1	1813± 7
283.98 43.91	MCG -3-30- 19	UE F (1)	.26± .04	.04				205± 10	
129.71 -18.52		6.3± .5		.38				198± 12	1657
115216.5-163509	PGC 37373	5.5± .5	1.33	.13					2162
115450.9+025731		.SAS4P*	.87± .08					16.48±.3	6036± 12
271.26 62.30	MCG 1-30- 19	F	.03± .06	.08	14.88 ±.18			112± 14	
109.59 -13.62		4.0±1.3		.05				101± 15	5934
115217.0+031412	PGC 37374		.88	.02	14.71			1.75	6387
1154.8 +2816	NGC 3964	.S?....	.94± .11						
204.44 77.44	MCG 5-28- 43		.11± .07	.00	14.93 ±.18				8570
85.06 -5.26				.09					8554
1152.3 +2833	PGC 37375		.93		14.72				8864
115454.9-271500		.SXT7*.	1.16± .04						
287.76 33.95	ESO 504- 28	Sr (1)	.04± .03	.34	13.69 ±.14				
140.58 -20.23		6.7± .6		.06					
115222.0-265818	PGC 37377	6.2± .5	1.20	.02					
1154.9 +0439		.SXR0?.							
269.52 63.80	CGCG 41- 2	F		.00	14.9 ±.6				
107.91 -13.09		.0±1.8							
1152.4 +0456	PGC 37380								
115458.7+261208		.SXS6*.	1.10± .05					15.56±.2	5150± 4
213.93 77.36	UGC 6883	U	.02± .05	.02	14.6 ±.2			52± 4	
87.03 -5.98		6.0±1.2		.02				32± 5	5127
115224.1+262849	PGC 37382		1.10	.01	14.55			1.00	5451
1154.9 +2718		.S?....	.94± .11						
208.89 77.45	MCG 5-28- 44		.40± .07	.01	15.24 ±.18				6597
85.98 -5.59				.55					6578
1152.4 +2735	PGC 37383		.94	.20	14.63				6894
115459.3+582937	NGC 3963	.SXT4..	1.44± .03		12.5 S±.3	.59± .03		13.99±.1	3186± 7
136.51 57.12	UGC 6884	R (2)	.04± .03	.02	12.24 ±.14	-.01± .04		165± 7	3204± 66
56.62 5.77	IRAS11523+5846	4.0± .3		.06	12.17	.56		124± 7	3275
115222.5+584618	PGC 37386	2.2± .6	1.44	.02	12.19	-.03	14.44± .31	1.77	3340

R.A. 2000 DEC. l b SGL SGB R.A. 1950 DEC.	Names PGC	Type S_T n_L T L	$\log D_{25}$ $\log R_{25}$ $\log A_e$ $\log D_o$	p.a. A_g A_i A_{21}	B_T m_B m_{FIR} B_T^o	$(B-V)_T$ $(U-B)_T$ $(B-V)_T^o$ $(U-B)_T^o$	$(B-V)_e$ $(U-B)_e$ m'_e m'_{25}	m_{21} W_{20} W_{50} HI	V_{21} V_{opt} V_{GSR} V_{3K}
1155.0 +6919	NGC 3961	RSBR1*.	1.11± .07						6720
130.18 47.01	UGC 6885	U	.00± .06	.00	14.4 ±.2				
46.34 9.52		1.0± .8		.00					6842
1152.4 +6936	PGC 37390		1.11	.00	14.33				6810
115509.2-185536	NGC 3969	.LAR+*.	1.14± .04	64					
284.91 41.97	ESO 572- 17	SE F	.21± .03	.07	13.99 ±.14				6689± 52
131.87 -18.84		-.5± .4		.00					6529
115236.1-183854	PGC 37396		1.12		13.82				7035
115510.5-075038	NGC 3967	PL..-*.	1.19± .05	65					
279.65 52.47	MCG -1-30- 47	E F	.13± .04	.13					
120.47 -16.45		-3.0± .5		.00					
115237.0-073357	PGC 37398		1.18						
1155.1 +7925		.S?....	.85± .12						
126.15 37.35	MCG 13- 9- 6		.10± .07	.19	15.26 ±.18				11527± 79
36.59 12.74	IRAS11524+7942			.16	13.34				11676
1152.4 +7942	PGC 37399		.87	.05	14.85				11556
115511.4+061004	A 1152+06	.SBT4P.	1.09± .06	80	14.13 ±.16	.72± .02	.80± .02	15.38±.2	6977± 6
267.87 65.14	UGC 6886	UF (1)	.16± .05	.00	14.21 ±.18	.11± .04	.20± .04	371± 6	
106.43 -12.59		3.5± .6	.77± .03	.24		.64	13.47± .07	351± 6	6886
115237.5+062646	PGC 37400	2.2± .8	1.09	.08	13.88	.05	14.03± .34	1.42	7324
115514.4-374142	IC 2977	.I.0.?.	1.32± .04	122	13.19 ±.13	.93± .02	.97± .01		
290.81 23.85	ESO 379- 9	S	.34± .05	.40	13.28 ±.14	.32± .02	.40± .01		3010± 15
151.65 -21.22		90.0	.88± .02	.25		.74	13.08± .07		2817
115242.0-372500	PGC 37405		1.35	.17	12.58	.15	13.78± .28		3312
115514.5+224137		.SB?...	1.05± .08	157				16.27±.2	6812± 8
229.06 76.52	UGC 6887		.26± .06	.04	15.0 ±.2			335± 12	
90.40 -7.16	IRAS11526+2258			.40	12.98			332± 10	6777
115240.0+225818	PGC 37406		1.06	.13	14.51			1.63	7124
1155.2 +0029		.IBS9..	1.13± .07	5					3214
273.76 60.14	UGC 6890	UEF (1)	.36± .07	.02					
112.08 -14.23		10.0± .5		.27					3105
1152.7 +0046	PGC 37407	9.7± .6	1.13	.18					3567
115517.4+172919		.S..2..	1.20± .03	113	15.40S±.15	.83± .05		15.64±.2	6781± 14
246.66 73.85	UGC 6891	U	.62± .03	.12	15.15 ±.19	.21± .07		387± 12	
95.40 -8.93	KUG 1152+177	2.0± .9		.77		.64		366± 10	6727
115243.0+174600	PGC 37409		1.21	.31	14.35	.07	14.69± .22	.98	7107
115519.7+510739	A 1152+51								
143.05 63.75				.01					3600±110
63.57 3.17	MK 192								3665
115243.7+512420	PGC 37413								3793
1155.3 -0628		.S..6?/	1.23± .04	130					2492
278.91 53.76	MCG -1-30- 48	FE	.98± .04	.09					
119.09 -16.06		6.9± .7		1.36					2363
1152.8 -0612	PGC 37415		1.23	.49					2847
115524.4+543926		.S..6*.	1.15± .04	89				15.65±.3	767± 8
139.52 60.63	UGC 6894	U	.78± .04	.00	15.49 ±.18			155± 9	
60.26 4.45	KUG 1152+549	6.0±1.4		1.15				152± 7	844
115248.2+545607	PGC 37418		1.15	.39	14.33			.92	941
115524.7+391325		.S..7..	1.02± .06						6183
163.37 73.20	UGC 6893	U	.04± .05	.00	15.3 ±.3				
74.76 -1.18		7.0± .8		.06					6206
115249.5+393006	PGC 37419		1.02	.02	15.18				6433
115524.8-501800		.IBS9*.	1.18± .04	18	14.3 ±.4		.99± .05		
293.85 11.58	ESO 217- 14	S (1)	.44± .04	.46	14.45 ±.14		.37± .08		
165.06 -21.50		10.0±1.2		.33					
115253.1-500118	PGC 37420	5.6± .8	1.22	.22			13.95± .47		
115524.8+330735		.S?....	.99± .06	82					
183.18 76.50	UGC 6892		.58± .05	.00	15.33 ±.18				3149± 57
80.51 -3.40				.87					3151
115250.0+332417	PGC 37421		.99	.29	14.45				3425
115527.9-120337	NGC 3970	.LAR0*/	1.06± .05	98					
282.01 48.52	MCG -2-30- 41	EF	.39± .04	.07					
124.79 -17.36		-2.2± .6		.00					
115254.5-114655	PGC 37425		1.01						
115528.6+573945	A 1152+57								
137.02 57.91				.00					5282± 74
57.43 5.54	MK 193								5368
115252.1+575626	PGC 37427								5439

R.A. 2000 DEC. l b SGL SGB R.A. 1950 DEC.	Names PGC	Type S_T n_L T L	logD_{25} logR_{25} logA_e logD_o	p.a. A_g A_i A_{21}	B_T m_B m_{FIR} B_T^o	$(B-V)_T$ $(U-B)_T$ $(B-V)_T^o$ $(U-B)_T^o$	$(B-V)_e$ $(U-B)_e$ m'_e m'_{25}	m_{21} W_{20} W_{50} HI	V_{21} V_{opt} V_{GSR} V_{3K}
115528.9+115813	NGC 3968	.SXT4..	1.43± .04	10				13.90±.2	6393± 6
259.32 69.95	UGC 6895	U	.15± .05	.00	12.6 ±.2			516± 9	
100.77 -10.70	IRAS11529+1214	4.0± .7		.21	12.93			491± 7	6321
115254.7+121455	PGC 37429		1.43	.07	12.37			1.46	6731
1155.5 +5452	A 1152+55B	.S..0$.	.74± .14		16.3 ±.2	1.09± .10			
139.30 60.44	MCG 9-20- 30	P	.28± .07	.00		.04± .16			
60.06 4.54		.0±2.0		.21					
1152.9 +5509	PGC 37430		.72				14.12± .76		
115530.7-011542		RLX.+..							
275.33 58.58	CGCG 13- 2	F		.04	15.1 ±.6				
113.85 -14.66		-1.0± .9							
115256.9-005900	PGC 37434								
1155.5 +0947		.SB.6*.	1.04± .15	8					6524± 10
263.06 68.22	UGC 6897	U	.37± .12	.00					
102.91 -11.38		6.0±1.3		.55					6445
1153.0 +1004	PGC 37438		1.04	.19					6866
115534.6+255319	IC 746	.S?....	1.04± .04	169				15.20±.2	5028± 5
215.44 77.45	UGC 6898		.52± .04	.00	14.8 ±.2			298± 5	5000± 50
87.38 -5.96	IRAS11530+2609			.78				270± 7	5004
115300.0+261000	PGC 37440		1.04	.26	14.02			.92	5329
1155.6 +5454	A 1152+55A	.LA..P*	.82± .19		15.6 ±.2	1.16± .06			
139.25 60.42	MCG 9-20- 31	P	.27± .07	.00		.38± .09			
60.03 4.57		-2.0±1.0		.00					
1153.0 +5511	PGC 37442		.78				13.87± .98		
115536.5+295946	NGC 3971	.L.....	1.15± .15						
196.48 77.42	UGC 6899	U	.07± .08	.00	13.66 ±.15				6880± 65
83.48 -4.49		-2.0± .8		.00					6871
115301.8+301628	PGC 37443		1.14		13.56				7167
115536.5+011404		.SBS6..	1.42± .02	150				14.01±.1	1892± 5
273.26 60.85	UGC 6903	UE F (1)	.05± .03	.01	13.0 ±.3			187± 7	1957± 76
111.36 -13.94	IRAS11530+0130	5.8± .4		.08				180± 12	1786
115302.7+013046	PGC 37444	5.5± .5	1.42	.03	12.89			1.09	2245
115538.4+430243		.S?....	1.08± .06	32					
154.74 70.47	UGC 6901		.29± .05	.00	14.36 ±.18				7108± 50
71.18 .26	IRAS11530+4319			.44	12.21				7145
115303.1+431925	PGC 37448		1.08	.15	13.89				7341
1155.6 +3130	A 1153+31	.I..9*.	1.32± .05	115	14.80 ±.19	.67± .06	.75± .05		590
189.76 77.08	UGC 6900	PU (1)	.21± .06	.02	14.4 ±.5	-.03± .09	.06± .07		
82.05 -3.94	DDO 101	10.0± .6	1.02± .04	.16		.61	15.39± .09		586
1153.0 +3147	PGC 37449	9.0±1.0	1.32	.11	14.56	-.07	15.72± .36		872
115540.2-120135	NGC 3974	PSBR0*.	1.05± .05	10					
282.07 48.57	MCG -2-31- 1	E F	.02± .04	.07					
124.77 -17.31		.0± .5		.01					
115306.7-114453	PGC 37452		1.06						
1155.6 +8013			1.00± .08						
125.85 36.59	UGC 6896		1.02± .06	.16					12560± 67
35.82 13.00	IRAS11529+8030				11.67				12711
1152.9 +8030	PGC 37459		1.02						12584
115542.6+321124	NGC 3966		.62± .11						
186.89 76.89	MCG 5-28- 48		.11± .12	.04	15.5 ±.3				3433± 13
81.41 -3.68	KUG 1153+324								3431
115307.8+322805	PGC 37462		.63						3712
115544.7+175319		.S?....	.96± .06					16.36±.3	6346± 10
245.78 74.18	MCG 3-31- 1		.36± .06	.10	15.32 ±.18			336± 13	
95.06 -8.69	KUG 1153+181			.53				318± 10	6294
115310.4+181000	PGC 37463		.97	.18	14.66			1.52	6671
115546.1+551907	NGC 3972	.SAS4..	1.59± .02	120	12.98S±.15	.66± .04		14.54±.1	842± 7
138.85 60.06	UGC 6904	R	.56± .03	.00	12.77 ±.18	-.04± .05		263± 8	609± 63
59.65 4.74	IRAS11531+5535	4.0± .3		.82	12.71	.55		251± 6	918
115310.0+553548	PGC 37466		1.59	.28	12.07	-.12	14.41± .21	2.19	1010
115546.2+295632		.S..3..	1.04± .04	41				16.39±.3	6785± 11
196.70 77.46	UGC 6905	U (1)	.74± .04	.00				389± 15	
83.55 -4.48	KUG 1153+302	3.0±1.0		1.01					6775
115311.5+301313	PGC 37467	4.5±1.3	1.04	.37					7073
115549.5+250753								18.07±.3	6458± 9
218.90 77.37	CGCG 127-107			.00	15.6 ±.3			82± 10	
88.12 -6.18									6431
115315.0+252435	PGC 37474								6762

R.A. 2000 DEC. / l b / SGL SGB / R.A. 1950 DEC.	Names / PGC	Type / S_T n_L / T / L	$logD_{25}$ / $logR_{25}$ / $logA_e$ / $logD_o$	p.a. / A_g / A_i / A_{21}	B_T / m_B / m_{FIR} / B_T^o	$(B-V)_T$ / $(U-B)_T$ / $(B-V)_T^o$ / $(U-B)_T^o$	$(B-V)_e$ / $(U-B)_e$ / m'_e / m'_{25}	m_{21} / W_{20} / W_{50} / HI	V_{21} / V_{opt} / V_{GSR} / V_{3K}
115551.3-181142		.SBR5P*	1.20± .03	35				15.13±.3	1584± 11
284.84 42.72	ESO 572- 18	SE F (1)	.30± .03	.05	13.95 ±.14			191± 15	1587± 52
131.14 -18.54		5.0± .6		.46				180± 12	1426
115318.0-175500	PGC 37476	5.5± .8	1.20	.15	13.43			1.55	1931
115553.8+603146	NGC 3975	.SA.3$.	1.00± .07						
134.90 55.29	MCG 10-17-103	P	.21± .05	.04					
54.73 6.60		3.0±1.0		.29					
115317.2+604827	PGC 37480		1.01	.11					
115556.3-185836		.S..4*.	1.03± .05	91					
285.17 41.97	ESO 572- 19	F	.36± .04	.06	15.40 ±.14				
131.96 -18.67		4.0±1.3		.53					
115323.0-184154	PGC 37482		1.04	.18					
115557.0+064458	NGC 3976	.SXS3..	1.58± .02	53				12.97±.1	2498± 5
267.53 65.73	UGC 6906	R (3)	.50± .03	.00	12.37 ±.12			440± 7	2491± 66
105.92 -12.23	IRAS11533+0701	3.0± .3		.68	12.16			421± 5	2409
115323.0+070140	PGC 37483	2.4± .5	1.58	.25	11.67			1.06	2845
115601.2-024316	NGC 3979	.LB.0P*	1.15± .06	110					
276.66 57.30	UGC 6907	UE F	.08± .03	.04					
115.35 -14.93		-2.0± .5		.00					
115327.5-022634	PGC 37488		1.14						
115607.3-195342	NGC 3981	.SAT4..	1.72± .02	15				12.74±.1	1723± 5
285.58 41.11	ESO 572- 20	R (3)	.35± .03	.08	11.87 ±.11			312± 6	1715± 35
132.92 -18.80	ARP 289	4.0± .3		.51	10.88			276± 6	1561
115334.0-193700	PGC 37496	2.3± .4	1.72	.17	11.27			1.30	2068
115608.3+552332	NGC 3977	RSAT2*.	1.23± .04						
138.69 60.01	UGC 6909	R	.04± .04	.00	14.3 ±.3				5722± 72
59.60 4.81		2.0± .5		.05					5801
115332.4+554013	PGC 37497		1.23	.02	14.15				5892
1156.1 +1507		.S..4..	1.15± .05	18					
253.20 72.41	UGC 6911	U	.58± .05	.11	15.04 ±.18				
97.76 -9.52		4.0± .9		.85					
1153.6 +1524	PGC 37501		1.16	.29					
115610.6+603121	NGC 3978	.SX.4*.	1.21± .04		13.3 ±.3	.60± .04			
134.85 55.31	UGC 6910	PU (1)	.04± .04	.00	13.20 ±.18	.02± .05			9981± 34
54.75 6.63	IRAS11535+6047	4.0± .6		.06	12.00	.53			10077
115334.2+604802	PGC 37502	3.5±1.0	1.21	.02	13.10	-.03	14.09± .37		10123
1156.2 +5812		.S?....	1.32± .05					14.34±.3	1357± 11
136.45 57.45	UGC 6912		.30± .06	.01	14.6 ±.3			127± 16	
56.95 5.82	7ZW 430			.41				96± 12	1445
1153.6 +5829	PGC 37504		1.32	.15	14.21			-.01	1512
1156.2 -0338		RLB.+*.							
277.42 56.47	CGCG 13- 7	F		.04	15.4 ±.6				
116.29 -15.12		-1.0±1.3							
1153.7 -0322	PGC 37506								
1156.2 +1701		.S..3..	1.19± .05	0					6800± 10
248.48 73.73	UGC 6913	U	.28± .05	.11	14.9 ±.2				
95.93 -8.87		3.0± .8		.39					6745
1153.7 +1718	PGC 37507		1.20	.14	14.32				7127
115620.5+252230								16.39±.3	4731± 9
217.91 77.53	CGCG 127-109			.00	15.6 ±.3				
87.93 -5.98								283± 7	4706
115346.0+253912	PGC 37511								5034
115622.3-193306		RSB.7P?	1.13± .04	44				15.56±.3	1915± 11
285.52 41.45	ESO 572- 22	E (1)	.58± .03	.08	15.00 ±.14			192± 15	
132.58 -18.68		6.7±1.0		.80				168± 12	1754
115349.0-191624	PGC 37513	7.5± .8	1.14	.29	14.12			1.15	2260
1156.3 +2352	NGC 3983	.S..0..	1.06± .06	114					
224.57 77.16	UGC 6914	U	.56± .05	.00	15.00 ±.19				
89.37 -6.50		.0± .9		.42					
1153.8 +2409	PGC 37514		1.03						
115622.7+320112	IC 2978	.S..7..	1.04± .04	126				16.47±.2	3225± 7
187.40 77.08	UGC 6915	U	.41± .04	.04	15.15 ±.18			266± 8	
81.63 -3.61	KUG 1153+323	7.0± .9		.57				199± 7	3223
115348.0+321753	PGC 37515		1.04	.21	14.53			1.74	3505
115628.1+550729	NGC 3982	.SXR3*.	1.37± .02					14.14±.2	1109± 6
138.83 60.27	UGC 6918	R (1)	.06± .03	.00	11.86 ±.15			234± 7	924± 44
59.87 4.76	IRAS11538+5524	3.0± .5		.09	10.93			214± 5	1184
115352.3+552410	PGC 37520	4.6± .8	1.37	.03	11.77			2.34	1277

R.A. 2000 DEC. / l b / SGL SGB / R.A. 1950 DEC.	Names / PGC	Type / S_T n_L / T / L	$\log D_{25}$ / $\log R_{25}$ / $\log A_e$ / $\log D_o$	p.a. / A_g / A_i / A_{21}	B_T / m_B / m_{FIR} / B_T^o	$(B-V)_T$ / $(U-B)_T$ / $(B-V)_T^o$ / $(U-B)_T^o$	$(B-V)_e$ / $(U-B)_e$ / m'_e / m'_{25}	m_{21} / W_{20} / W_{50} / HI	V_{21} / V_{opt} / V_{GSR} / V_{3K}
115628.3+394430		.SB.4*.	1.22± .03	34					
161.58 72.99	UGC 6916	U	.54± .04	.00	14.58 ±.18				
74.35 -.80	KUG 1153+400B	4.0± .9		.80					
115353.3+400112	PGC 37521		1.22	.27					
115629.9+502542		.SB.9..	1.55± .04	130	13.13S±.15			13.76±.1	910± 5
143.46 64.45	UGC 6917	U	.24± .06	.03	13.5 ±.3			195± 7	
64.30 3.08		9.0± .7		.25				183± 4	973
115354.5+504223	PGC 37525		1.55	.12	12.91		15.10± .29	.73	1107
1156.6 +5537	A 1154+55	.S..8*.	1.16± .05	87					
138.38 59.83	UGC 6919	U	.54± .05	.00	15.17 ±.19				
59.41 4.96		8.0±1.3		.67					
1154.0 +5554	PGC 37532		1.16	.27					
115641.9-322306		.SBR0..	1.14± .07	86					
289.72 29.08	ESO 440- 32	r	.33± .03	.34	14.09 ±.14				8190± 30
146.04 -20.47		-.1± .9		.25					8005
115409.0-320624	PGC 37541		1.15		13.38				8508
115642.0+482006	NGC 3985	.SBS9*.	1.11± .04	73	13.12S±.15			14.52±.1	957± 8
145.94 66.27	UGC 6921	R	.19± .03	.05	13.11 ±.17			165± 11	925± 28
66.28 2.36	ARAK 334	9.0± .5		.19	12.58			111± 12	1010
115406.7+483648	PGC 37542		1.12	.09	12.87		13.08± .26	1.56	1161
115643.5+320121	NGC 3986	.L..../	1.49± .03	110				15.85±.3	3263± 9
187.28 77.15	UGC 6920	R	.65± .03	.02	13.60 ±.16			567± 10	3242± 50
81.65 -3.54	IRAS11541+3217	-2.0± .4		.00	13.56			537± 7	3261
115408.9+321802	PGC 37544		1.39		13.53				3542
115645.8-011736		.SBR3P*							
275.90 58.68	CGCG 13- 8	F		.05	15.2 ±.6				
113.97 -14.37		3.0±1.3							
115412.0-010054	PGC 37548								
115646.8-381130		.SXS5P*	1.34± .04	7					
291.26 23.44	ESO 320- 35	Sr (1)	.16± .05	.51	13.57 ±.14				
152.19 -20.95	IRAS11542-3754	4.9± .4		.25	13.05				
115414.1-375448	PGC 37549	3.3± .5	1.39	.08					
1156.7 +5050		.S?....	1.19± .03		14.14S±.10			15.03±.1	877± 5
142.91 64.12	UGC 6922		.09± .03	.04	14.9 ±.3			144± 5	
63.93 3.28				.13				127± 5	942
1154.2 +5107	PGC 37550		1.19	.04	14.02		14.70± .21	.96	1072
115649.9+530941		.I..9*.	1.30± .03	175	13.90M±.10	.52± .03	.47± .03	14.92±.1	1066± 4
140.51 62.06	UGC 6923	U	.38± .04	.00	13.92 ±.18	-.09± .04	-.12± .04	173± 4	
61.74 4.11	KUG 1154+534	10.0±1.2	.73± .02	.28		.42	13.15± .04	160± 6	1138
115414.4+532623	PGC 37553		1.30	.19	13.62	-.16	14.31± .21	1.11	1248
1156.8 +1246		.S..6*.	1.00± .16	104					
258.59 70.78	UGC 6924	U	.55± .12	.00	15.39 ±.18				
100.10 -10.13		6.0±1.3		.81					
1154.3 +1303	PGC 37554		1.00	.27					
1156.9 +5730		.S..8*.	1.08± .06	98					
136.81 58.13	UGC 6926	U	.34± .05	.00					
57.64 5.66		8.0±1.2		.42					
1154.3 +5747	PGC 37556		1.08	.17					
115654.5+320936	IC 2979	.LB....	.95± .09	0					
186.64 77.14	UGC 6925	U	.06± .03	.04	14.47 ±.15				3122± 31
81.53 -3.46		-2.0± .9		.00					3121
115420.0+322617	PGC 37559		.94		14.38				3401
115658.3-195112		.LXS0*.	1.17± .04		13.89 ±.15	.94± .02	.95± .01		
285.82 41.20	ESO 572- 23	SE	.03± .03	.05	13.52 ±.14	.42± .03	.46± .02		1728± 52
132.92 -18.59		-2.4± .5	.42± .05	.00		.91	11.48± .16		1567
115425.0-193430	PGC 37565		1.17		13.62	.41	14.54± .27		2072
115659.4-195906		.SB.7?.	1.12± .04	115					
285.87 41.08	ESO 572- 24	S (1)	.59± .04	.05	16.20 ±.14				
133.05 -18.61		7.0±1.8		.82					
115426.1-194224	PGC 37566	7.8±1.3	1.12	.30					
115708.8+302333		.L.....	1.02± .08						
194.38 77.67	UGC 6927	U	.12± .03	.00	14.35 ±.15				3309± 40
83.23 -4.04		-2.0± .9		.00					3302
115434.4+304015	PGC 37574		1.00		14.31				3595
115710.1-141629		.SXT7*.	1.10± .06	135					8336
283.63 46.55	MCG -2-31- 3	EF (1)	.31± .05	.06					
127.16 -17.44		6.5± .6		.43					8187
115436.7-135947	PGC 37575	5.3± .9	1.11	.16					8687

R.A. 2000 DEC. l b SGL SGB R.A. 1950 DEC.	Names PGC	Type S_T n_L T L	$\log D_{25}$ $\log R_{25}$ $\log A_e$ $\log D_o$	p.a. A_g A_i A_{21}	B_T m_B m_{FIR} B_T^o	$(B\text{-}V)_T$ $(U\text{-}B)_T$ $(B\text{-}V)_T^o$ $(U\text{-}B)_T^o$	$(B\text{-}V)_e$ $(U\text{-}B)_e$ m'_e m'_{25}	m_{21} W_{20} W_{50} HI	V_{21} V_{opt} V_{GSR} V_{3K}
115715.2-274200		.SBR8*.	1.04± .06						
288.51 33.65	ESO 504- 30	r	.08± .05	.37	14.70 ±.14				1794± 30
141.12 -19.78		7.9±1.2		.10					1617
115442.0-272518	PGC 37580		1.08	.04	14.22				2123
115717.2+491708	A 1154+49	.SXS7..	1.64± .03		12.65S±.15			13.41±.1	778± 7
144.54 65.51	UGC 6930	U	.20± .06	.06	13.5 ±.5			133± 8	
65.42 2.79		7.0± .7		.28				119± 6	838
115442.0+493350	PGC 37584		1.65	.10	12.38		15.21± .28	.93	981
115719.8+362457		.S..6*.	1.02± .06	60					
170.58 75.24	UGC 6929	U	.09± .05	.00	15.0 ±.2				
77.54 -1.85		6.0±1.2		.13					
115445.1+364139	PGC 37589		1.02	.05					
115721.3+251141	NGC 3987	.S..3..	1.35± .04	58	13.89 ±.13	.97± .03	1.03± .02	15.10±.2	4498± 6
218.95 77.72	UGC 6928	CU (1)	.73± .05	.00	14.27 ±.18	.31± .05	.35± .04	575± 7	4539± 24
88.18 -5.83	IRAS11547+2528	3.0± .6	.95± .02	1.01	11.14	.81	14.13± .06		4475
115447.0+252823	PGC 37591	4.5±1.2	1.35	.37	12.98	.14	13.67± .26	1.75	4804
115725.9+575548		.SB.9*.	1.16± .07	80					
136.37 57.77	UGC 6931	U	.17± .06	.00	14.31 ±.19				1175± 50
57.26 5.87	VV 241	9.0± .8		.18					1263
115450.3+581229	PGC 37598		1.16	.09	14.13				1331
115726.3+251358	NGC 3989	.S?....	.80± .07					16.63±.3	4713± 9
218.79 77.74	MCG 4-28-100		.28± .06	.00	15.72 ±.18			370± 10	
88.15 -5.80	KUG 1154+255			.41					4687
115452.0+253040	PGC 37599		.80	.14	15.29			1.20	5016
115728.2+310505		.I..9*.	.99± .06	170				16.41±.3	6882± 11
191.17 77.58	UGC 6932	U	.51± .05	.00	15.44 ±.18			170± 15	6886± 34
82.60 -3.73		10.0±1.3		.38					6878
115453.7+312147	PGC 37608		.99	.25	15.05			1.11	7165
1157.4 +2753	NGC 3988								
206.19 78.02	MCG 5-28- 57			.00	14.27 ±.18				6562± 65
85.63 -4.86									6546
1154.9 +2810	PGC 37609								6856
115730.1-734106	IC 2980	.E.3...	1.26± .07	42					
299.10 -11.22	ESO 39- 5	S	.19± .06	.77					8352± 63
189.60 -19.09		-5.0± .8		.00					8156
115500.1-732424	PGC 37612		1.33						8486
115730.7+322016	NGC 3991	.I..9P/	1.16± .03	33	13.5 ±.2	.39± .03		14.25±.2	3192± 5
185.69 77.20	UGC 6933	R	.55± .03	.02	14.0 ±.2	-.33± .06		245± 5	3204± 14
81.41 -3.27	VV 523	10.0± .5		.41	12.10	.24		157± 10	3194
115456.3+323658	PGC 37613		1.16	.27	13.29	-.44	12.77± .27	.69	3472
115731.9-011512		.SAR6*/	1.26± .04	141				14.99±.1	5536± 9
276.21 58.79	UGC 6934	UEF	.83± .04	.04	14.91 ±.18			455± 12	
113.98 -14.17		5.8± .7		1.22					5423
115458.1-005830	PGC 37614		1.26	.41	13.63			.95	5889
115736.0+321644	NGC 3994	.SAR5P$	1.02± .03	10	13.3 ±.2	.61± .03			
185.91 77.24	UGC 6936	R	.25± .03	.02	13.9 ±.2	-.14± .05			3096± 27
81.47 -3.28	ARAK 337	5.0± .5		.38		.54			3095
115501.5+323326	PGC 37616		1.02	.13	13.15	-.19	12.60± .28		3374
115736.2+532231	NGC 3992	.SBT4..	1.88± .01	68	10.60 ±.13	.77± .01	.85± .01	12.75±.0	1048± 4
140.09 61.92	UGC 6937	R (2)	.21± .02	.00	10.55 ±.14	.20± .02	.30± .01	475± 3	1059± 56
61.58 4.30	IRAS11549+5339	4.0± .3	1.50± .01	.31	12.15	.72	13.59± .03	459± 4	1121
115501.0+533913	PGC 37617	1.1± .5	1.89	.11	10.25	.16	14.34± .16	2.39	1229
115736.3+552733	NGC 3990	.L..-*/	1.15± .03	40	13.43M±.10	.88± .03	.91± .03		
138.25 60.04	UGC 6938	R	.24± .03	.00	13.58 ±.16	.38± .05	.46± .05		696± 40
59.61 5.03		-3.0± .6	.46± .04	.00		.86	11.23± .13		776
115501.0+554415	PGC 37618		1.12		13.46	.37	13.46± .19		866
115737.7+251432	NGC 3993	.S..3*/	1.26± .03	141				15.73±.3	4828± 9
218.79 77.79	UGC 6935	P	.57± .03	.00	14.50 ±.18			368± 10	4824± 58
88.16 -5.76	KUG 1155+255A	3.0±1.2		.79					4803
115503.4+253114	PGC 37619		1.26	.29	13.68			1.77	5131
1157.6 +5315		.S?....	1.00± .06	136				16.32±.3	1108± 8
140.18 62.04	UGC 6940		.79± .05	.00				109± 6	
61.70 4.27				1.19					1181
1155.1 +5332	PGC 37621		1.00	.40					1290
115744.4+321738	NGC 3995	.SA.9P.	1.44± .02	33	12.7 ±.2	.27± .02	.35± .02	13.79±.2	3254± 5
185.80 77.26	UGC 6944	R (1)	.42± .03	.02	12.85 ±.14	-.41± .04	-.32± .03	210± 5	3339± 28
81.47 -3.25	IRAS11550+3234	9.0± .4		.43	11.64	.15		133± 10	3257
115509.9+323420	PGC 37624	5.7± .9	1.45	.21	12.34	-.49	13.71± .24	1.24	3536

R.A. 2000 DEC.	Names	Type	logD$_{25}$	p.a.	B$_T$	(B-V)$_T$	(B-V)$_e$	m$_{21}$	V$_{21}$
l b		S$_T$ n$_L$	logR$_{25}$	A$_g$	m$_B$	(U-B)$_T$	(U-B)$_e$	W$_{20}$	V$_{opt}$
SGL SGB		T	logA$_e$	A$_i$	m$_{FIR}$	(B-V)^o_T	m'$_e$	W$_{50}$	V$_{GSR}$
R.A. 1950 DEC.	PGC	L	logD$_o$	A$_{21}$	B^o_T	(U-B)^o_T	m'$_{25}$	HI	V$_{3K}$
1157.7 -1010		.IBS9..	1.20± .07	10					
281.89 50.49		E (1)	.28± .08	.07					
123.00 -16.39	MK 1309	10.0± .9		.21	13.05				
1155.2 -0953	PGC 37625	5.3± .8	1.21	.14					
115746.4+141749	NGC 3996	.S?....	.97± .07	50					
255.98 72.08	UGC 6941		.12± .05	.04	14.36 ±.18				6989± 50
98.69 -9.42	IRAS11551+1434			.18	13.23				6926
115512.4+143431	PGC 37628		.98	.06	14.11				7322
115747.3+251618	NGC 3997	.SB.3P.	1.22± .03		14.02 ±.14	.57± .02	.52± .01	15.07±.2	4768± 6
218.69 77.83	UGC 6942	P	.43± .04	.00	14.17 ±.18	-.08± .03	-.10± .03	288± 7	4742± 38
88.15 -5.71	IRAS11552+2532	3.0± .8	.61± .02	.59	12.93	.46	12.56± .06		4742
115513.0+253300	PGC 37629		1.22	.21	13.45	-.16	13.91± .22	1.40	5070
115750.4+290234	NGC 3984	.SBT3..	1.08± .06					15.64±.2	6408± 8
200.61 78.03	UGC 6943	U	.02± .05	.00	14.3 ±.2			79± 6	
84.56 -4.38		3.0± .8		.03				60± 7	6396
115516.0+291916	PGC 37632		1.08	.01	14.19			1.43	6698
1157.8 +2311	NGC 4002	.L?....	.90± .17	75					
228.00 77.26	MCG 4-28-104		.27± .07	.04	14.96 ±.18				6572± 56
90.14 -6.42				.00					6539
1155.3 +2328	PGC 37635		.86		14.81				6882
115755.2+362332		.S?....	1.08± .09						
170.39 75.36	UGC 6945		.18± .07	.00					10436± 33
77.61 -1.74	ARP 194			.25					10451
115520.7+364014	PGC 37639		1.08	.09					10698
115756.6+552715	NGC 3998	.LAR0$.	1.43± .03	140	11.61 ±.13	.95± .01	.99± .01	15.39±.4	1040± 13
138.17 60.06	UGC 6946	R	.08± .04	.00	11.50 ±.14	.52± .01	.57± .01	633± 24	1066± 19
59.63 5.08		-2.0± .3	.76± .02	.00		.93	10.90± .06	574± 18	1129
115521.4+554357	PGC 37642		1.41		11.54	.52	13.42± .21		1219
115757.3+250842	NGC 4000	.S?....	1.02± .06	3				16.44±.2	4557± 6
219.32 77.84	UGC 6949		.70± .05	.00	15.47 ±.20			311± 7	
88.28 -5.72	IRAS11554+2524			1.05	13.42				4531
115523.0+252524	PGC 37643		1.02	.35	14.39			1.70	4860
1157.9 +2307	NGC 4003	.LB....	1.17± .09	10					
228.32 77.26	UGC 6948	U	.23± .05	.04	14.28 ±.17				6509± 32
90.21 -6.42		-2.0± .8		.00					6476
1155.4 +2324	PGC 37646		1.14		14.14				6818
115802.6-515300		.LB?...	.88± .07						
294.61 10.12	ESO 217- 15		.04± .05	.74	14.84 ±.14				11500±190
166.73 -21.05	FAIR 446			.00					11297
115530.1-513618	PGC 37650		.94		13.93				11747
115802.7-034436		PSB.3..	.61± .11						
278.23 56.55	MCG 0-31- 5	F (1)	.01± .06	.05	15.3 ±.2				
116.51 -14.72	IRAS11554-0327	3.0±1.0		.01	13.00				
115529.0-032754	PGC 37651	1.6±1.0	.62	.00					
115805.4+275238	NGC 4004	.P.....	1.26± .03	8	14.1 ±.2	.44± .03		14.28±.1	3377± 6
206.24 78.15	UGC 6950	R	.49± .04	.00	14.00 ±.18	-.27± .05		316± 6	3377± 23
85.69 -4.74	MK 432	99.0		.37	11.73	.30			3361
115531.1+280920	PGC 37654		1.26	.25	13.67	-.37	14.02± .28	.36	3671
115806.0-020715	NGC 4006	.E...P*	1.22± .08	20					
277.11 58.05	UGC 6951	UEF	.13± .05	.04	13.55 ±.16				
114.89 -14.27		-4.7± .6		.00					
115532.2-015033	PGC 37655		1.19						
115810.3+250718	NGC 4005	.S?....	1.08± .03	92	13.89 ±.14	.76± .02	.84± .02	16.56±.2	4464± 6
219.47 77.88	UGC 6952		.23± .05	.00	14.16 ±.18			432± 7	4425± 27
88.32 -5.68			.59± .02	.34		.69	12.33± .06		4436
115536.1+252400	PGC 37661		1.08	.11	13.63		13.59± .25	2.82	4766
115814.8-015336		.LAR0..							
277.01 58.28	CGCG 13- 16	F		.04	15.2 ±.6				
114.67 -14.17		-2.0± .9							
115541.1-013654	PGC 37665								
115817.2+281134	NGC 4008	.E.5...	1.39± .05	167	12.96 ±.15	.94± .02	.99± .01		
204.69 78.19	UGC 6953	R	.28± .04	.00	12.73 ±.11	.24± .08			3562± 46
85.40 -4.59		-5.0± .4	.76± .04	.00		.91	12.25± .15		3548
115542.9+282816	PGC 37666		1.30		12.76	.26	14.19± .29		3855
1158.3 -1444	A 1155-14A	.IBS9P*	1.06± .06	115	15.8 ±.2				1979
284.20 46.20	MCG -2-31- 7	UEF (2)	.45± .07	.07		.22± .11	.19± .08		
127.69 -17.27	DDO 104	9.9± .6	.80± .04	.34			15.30± .08		1830
1155.7 -1427	PGC 37667	9.6± .8	1.07	.22	15.39	.12	14.86± .39		2329

R.A. 2000 DEC.	Names	Type	logD25	p.a.	B_T	$(B-V)_T$	$(B-V)_e$	m_{21}	V_{21}
l b		S_T n_L	logR25	A_g	m_B	$(U-B)_T$	$(U-B)_e$	W_{20}	V_{opt}
SGL SGB		T	logAe	A_i	m_{FIR}	$(B-V)^o_T$	m'_e	W_{50}	V_{GSR}
R.A. 1950 DEC.	PGC	L	logDo	A_{21}	B^o_T	$(U-B)^o_T$	m'_{25}	HI	V_{3K}
115817.7-510806		.SXR3P*	1.10± .05	157					
294.49 10.86	ESO 217- 16	Sr (1)	.30± .04	.64	14.74 ±.14				5082± 87
165.94 -21.03	IRAS11557-5051	2.6± .6		.41	13.19				4880
115545.0-505124	PGC 37668	3.3±1.3	1.16	.15	13.65				5332
115819.1-393242		.SAT6..	1.28± .05	140					
291.90 22.19	ESO 321- 1	Sr (1)	.22± .05	.47	13.55 ±.14				
153.65 -20.74	IRAS11557-3916	5.9± .5		.33	13.21				
115546.0-391600	PGC 37669	5.0± .6	1.32	.11					
115820.8-505824		.S..5*.	1.18± .04	165					
294.46 11.02	ESO 217- 17	S (1)	.48± .04	.55	14.95 ±.14				
165.77 -21.02	IRAS11557-5041	5.0±1.3		.72	13.37				
115548.0-504142	PGC 37670	4.4± .9	1.24	.24					
1158.3 -0156		.L.....							
277.10 58.24	CGCG 13- 17	F		.04	15.3 ±.6				
114.73 -14.16		-2.0± .9							
1155.8 -0140	PGC 37673								
115824.0-021638		.SXT4..	1.20± .04	65					
277.35 57.94	UGC 6958	UEF (2)	.08± .04	.04	13.8 ±.2				
115.07 -14.24	IRAS11558-0200	3.7± .5		.12					
115550.2-015956	PGC 37678	4.1± .6	1.21	.04					
1158.4 -1431	A 1155-14B	.I..9P.	1.05± .05	10	14.60 ±.14	.36± .05	.44± .05		
284.15 46.40	MCG -2-31- 6	F (1)	.06± .05	.09		-.22± .07	-.13± .07		
127.49 -17.20	DDO 103	10.0± .9	.79± .02	.04			14.04± .06		
1155.8 -1414	PGC 37680	7.5±1.6	1.06	.03			14.55± .32		
115825.4-222624	A 1155-22	.SBS9*.	1.41± .03	103	13.6 ±.3	.31± .07	.39± .07	14.45±.2	1784± 11
287.15 38.80	ESO 572- 30	RSU (2)	.19± .04	.15	14.38 ±.14	-.02± .09	-.05± .09	153± 16	
135.67 -18.71	DDO 106	9.2± .4	1.30± .08	.19		.22	15.55± .18	135± 12	1618
115552.0-220942	PGC 37681	9.1± .4	1.43	.10	13.89	-.08	15.04± .35	.46	2124
1158.4 +5054	A 1155+51	.SBS9..	1.35± .05		14.92S±.10	.41± .12	.49± .06	14.82±.1	917± 4
142.31 64.17	UGC 6956	PU (1)	.03± .03	.04		.07± .16	.05± .08	61± 5	
63.95 3.54	DDO 102	9.0± .5	1.17± .08	.03		.39	16.13± .21	52± 5	982
1155.8 +5111	PGC 37682	9.0±1.0	1.36	.01	14.85	.05	16.47± .28	-.04	1110
1158.4 +1001	NGC 4012	.S..3..	1.29± .04	153					
264.29 68.82	UGC 6960	U (1)	.54± .05	.00	14.25 ±.18				
102.91 -10.63		3.0± .9		.75					
1155.9 +1018	PGC 37686	4.5±1.2	1.29	.27					
115829.3+273144	NGC 4016	.SB.8*.	1.19± .04	175	13.8 S±.3			15.28±.2	3447± 7
207.94 78.24	UGC 6954	U	.29± .04	.00	14.23 ±.19			126± 21	3494± 65
86.05 -4.78	KUG 1155+278	8.0±1.2		.36				81± 16	3431
115555.1+274826	PGC 37687		1.19	.15	13.72		13.82± .34	1.42	3743
115829.9+380433	A 1155+38	.IBS9*.	1.70± .03	70	13.8 ±.2	.54± .06	.49± .03	13.60±.1	909± 7
165.03 74.41	UGC 6955	PU (1)	.29± .05	.00	14.2 ±.8	-.04± .08	-.06± .05	157± 6	
76.06 -1.03	DDO 105	9.5± .5	1.23± .05	.22		.47	15.40± .10	144± 12	929
115555.5+382115	PGC 37689	9.0± .9	1.70	.15	13.57	-.09	16.39± .27	-.12	1163
115831.5-182042	NGC 4024	.LX.-..	1.28± .03	125	12.65 ±.15	.94± .01	.96± .01		
285.73 42.75	ESO 572- 31	R	.11± .03	.06	12.84 ±.11				1653± 41
131.43 -17.95		-3.0± .4	.85± .04	.00		.91	12.39± .14		1495
115558.0-180400	PGC 37690		1.27		12.69		13.66± .22		1999
115831.7+435648	NGC 4013	.S..3./	1.72± .02	66	12.19M±.11	.96± .03	1.04± .02	13.56±.1	839± 6
151.86 70.09	UGC 6963	R (1)	.71± .03	.00	12.39 ±.12	.32± .04	.34± .03	407± 8	694± 46
70.53 1.08	IRAS11559+4413	3.0± .3	1.27± .04	.98	10.90	.83	14.06± .13	392± 5	878
115557.2+441330	PGC 37691	4.5±1.0	1.72	.35	11.30	.18	13.86± .16	1.90	1065
115833.6+424410	IC 749	.SXT6..	1.37± .04	150	12.92S±.15	.56± .03	.63± .02	14.08±.1	784± 11
154.08 71.05	UGC 6962	PU (2)	.09± .04	.00	13.04 ±.15	-.04± .05	-.06± .04		809± 40
71.67 .65		5.5± .5		.13		.54		138± 12	823
115559.1+430052	PGC 37692	4.7± .7	1.37	.04	12.84	-.06	14.39± .25	1.19	1020
115833.8-020812		.LBR+*.	1.02± .14						
277.32 58.08	MCG 0-31- 10	F	.00± .07	.04	14.21 ±.16				
114.94 -14.16		-1.0±1.2		.00					
115600.0-015130	PGC 37693		1.02						
115835.5+161040	NGC 4014	.S..0..	1.35± .05	120				14.71±.2	3760± 7
252.03 73.57	UGC 6961	U	.22± .06	.10	13.29 ±.18			437± 10	3775± 50
96.94 -8.62	IRAS11560+1627	.0± .8		.17	12.00			403± 8	3704
115601.5+162722	PGC 37695		1.35		12.97				4088
115837.8+471538	NGC 4010	.SBS7*/	1.63± .02	66	13.17S±.15			13.47±.1	907± 6
146.68 67.36	UGC 6964	PU	.73± .03	.00	12.99 ±.18			269± 7	
67.41 2.28		6.7± .6		1.01				257± 5	959
115603.2+473220	PGC 37697		1.63	.37	12.08		14.32± .20	1.03	1119

R.A. 2000 DEC.	Names	Type	$\log D_{25}$	p.a.	B_T	$(B-V)_T$	$(B-V)_e$	m_{21}	V_{21}
l b		S_T n_L	$\log R_{25}$	A_g	m_B	$(U-B)_T$	$(U-B)_e$	W_{20}	V_{opt}
SGL SGB		T	$\log A_e$	A_i	m_{FIR}	$(B-V)^o_T$	m'_e	W_{50}	V_{GSR}
R.A. 1950 DEC.	PGC	L	$\log D_o$	A_{21}	B^o_T	$(U-B)^o_T$	m'_{25}	HI	V_{3K}
115840.2+251904	NGC 4018	.S..2..	1.23± .03	163				15.12±.2	4481± 6
218.67 78.03	UGC 6966	U	.74± .04	.00	14.73 ±.18			364± 7	4463± 35
88.17 -5.51	IRAS11561+2535	2.0± .9		.91	11.97				4455
115606.0+253546	PGC 37699		1.23	.37	13.76			.99	4783
1158.6 +5325	A 1156+53	.I..9..	1.21± .05	152				15.31±.3	1113± 8
139.74 61.95	UGC 6969	U	.50± .05	.00	15.2 ±.2			155± 6	
61.59 4.46		10.0± .9		.38					1186
1156.1 +5342	PGC 37700		1.21	.25	14.78			.28	1293
115843.2+250235		.S?....	.94± .11					16.46±.3	4347± 9
219.97 77.99	MCG 4-28-110		.68± .07	.00				811± 10	4347± 43
88.44 -5.59				1.02					4321
115609.1+251917	PGC 37702		.94	.34					4651
115843.7+281725		.S?....	1.45± .03	85				15.01±.3	8232± 11
204.19 78.28	UGC 6968		.44± .05	.00	14.1 ±.4			541± 15	
85.35 -4.46				.67					8218
115609.5+283407	PGC 37704		1.45	.22	13.35			1.44	8525
115845.3+272715	NGC 4017	.SX.4..	1.25± .03		13.0 S±.3			14.14±.2	3454± 5
208.31 78.30	UGC 6967	U	.11± .04	.01	13.28 ±.18			285± 5	3401± 26
86.14 -4.75	ARP 305	4.0± .8		.15	12.20			256± 7	3434
115611.1+274357	PGC 37705		1.26	.05	13.01		13.86± .33	1.09	3747
115845.5-195036		.SBS7P.	1.29± .06						1638
286.35 41.33	ESO 572- 32	S (1)	.11± .05	.08	17.03 ±.14				
132.99 -18.18		7.0± .8		.15					1478
115612.0-193354	PGC 37707	7.8±1.2	1.30	.06	16.79				1982
1158.7 -0237		.SB.5?.							
277.76 57.65	CGCG 13- 21	F		.06	15.1 ±.6				
115.44 -14.25		5.0±1.8							
1156.2 -0221	PGC 37708								
1158.7 -0126		.SBS9..	1.19± .05	75				15.81±.1	1484± 5
276.90 58.74	UGC 6970	UEF (1)	.28± .05	.05				164± 7	1520± 46
114.26 -13.93		9.2± .5		.29				128± 7	1372
1156.2 -0110	PGC 37710	6.6± .6	1.19	.14					1838
115851.8+424320	IC 750	.S..2*/	1.42± .03	43	12.94S±.15	1.00± .02	1.03± .02		
153.97 71.10	UGC 6973	P	.35± .04	.00	12.85 ±.13	.36± .05	.46± .05		703± 28
71.70 .70		2.0±1.1		.43		.93			740
115617.3+430002	PGC 37719		1.42	.18	12.44	.29	13.99± .25		937
115852.4+423415	IC 751	.S..3$/	1.08± .04	30					
154.26 71.22	UGC 6972	P	.57± .04	.00	15.07 ±.18				
71.85 .64	KUG 1156+428A	3.0±1.8		.79					
115618.0+425057	PGC 37721		1.08	.29					
1158.8 +4543		.I..9..	1.04± .18					15.47±.1	1154± 11
148.81 68.68	UGCA 259	U	.09± .18	.00				343± 16	
68.87 1.77		10.0± .9		.07					1201
1156.3 +4600	PGC 37722		1.04	.05					1374
115855.6+302448	NGC 4020	.SB.7?/	1.32± .03	15				14.53±.3	757± 11
193.90 78.04	UGC 6971	PU	.35± .04	.00	13.28 ±.18			181± 16	814± 65
83.34 -3.67	IRAS11563+3041	7.3± .7		.48	13.01			172± 12	752
115621.4+304130	PGC 37723		1.32	.17	12.79			1.56	1044
115858.6-190136		.IB.9..	1.02± .05	24					
286.12 42.13	ESO 572- 34	EF (1)	.32± .03	.09	14.19 ±.14				1075± 28
132.15 -17.97	IRAS11564-1844	10.0± .9		.24	13.40				916
115625.0-184454	PGC 37727	6.4±1.2	1.02	.16	13.87				1420
115858.8+541412		.S?....	.80± .07						
138.93 61.23	MCG 9-20- 49		.04± .06	.00	14.78 ±.19				3564± 81
60.84 4.79	MK 433			.06					3640
115624.0+543054	PGC 37728		.80	.02	14.71				3740
115901.1+251319	NGC 4022	.LX.0*.	1.08± .10						
219.20 78.09	UGC 6975	U	.01± .05	.00	14.01 ±.16				4340± 27
88.29 -5.47		-2.0± .8		.00					4315
115627.0+253001	PGC 37729		1.08		13.94				4643
1159.0 +2149		.L...*.	1.15± .15						
234.11 76.97	UGC 6976	U	.00± .08	.06	14.1 ±.2				
91.55 -6.62		-2.0±1.1		.00					
1156.5 +2206	PGC 37731		1.16						
115905.1+245919	NGC 4023	.S?....	.96± .07	25				16.97±.3	4408± 9
220.32 78.06	UGC 6977		.14± .05	.00	14.60 ±.18			217± 10	4800± 52
88.52 -5.54				.17					4393
115631.1+251601	PGC 37732		.96	.07	14.39			2.52	4722

R.A. 2000 DEC. / l b / SGL SGB / R.A. 1950 DEC.	Names / PGC	Type / S_T n_L / T / L	$logD_{25}$ / $logR_{25}$ / $logA_e$ / $logD_o$	p.a. / A_g / A_i / A_{21}	B_T / m_B / m_{FIR} / B^o_T	$(B-V)_T$ / $(U-B)_T$ / $(B-V)^o_T$ / $(U-B)^o_T$	$(B-V)_e$ / $(U-B)_e$ / m'_e / m'_{25}	m_{21} / W_{20} / W_{50} / HI	V_{21} / V_{opt} / V_{GSR} / V_{3K}
115908.6+524226	A 1156+52	.SBT6..	1.54± .03	85	13.12S±.08		.54± .06	13.43±.1	1080± 4
140.27 62.62	UGC 6983	U (1)	.16± .03	.01	13.8 ±.5		-.14± .10	194± 5	1060±122
62.29 4.28		6.0± .7		.24				176± 5	1151
115634.0+525908	PGC 37735	5.0±1.0	1.54	.08	12.89		15.28± .17	.47	1264
1159.1 -0234		RSBS9*.	1.11± .07	130	*			15.58±.1	1536± 9
277.90 57.73	UGC 6978	UEF (1)	.17± .07	.04				141± 12	
115.42 -14.14		8.8± .5		.17					1420
1156.6 -0218	PGC 37737	7.6± .7	1.11	.08					1890
115909.9+374734	NGC 4025	.SBS6..	1.44± .02	40	14.03 ±.14	.48± .03	.55± .03		3215
165.52 74.69	UGC 6982	PU (1)	.23± .04	.00	14.3 ±.4	-.15± .05	-.05± .04		
76.38 -1.01	DDO 107	6.0± .5	.99± .02	.33		.42	14.47± .04		3235
115635.6+380416	PGC 37738	7.0±1.3	1.44	.11	13.71	-.20	15.49± .20		3471
115910.0-532436		.LXR0?.	1.25± .05	62					
295.10 8.66	ESO 171- 4	S	.21± .04	1.04	13.58 ±.14				
168.35 -20.85	IRAS11566-5307	-2.0± .7		.00	12.84				
115637.0-530754	PGC 37739		1.34						
1159.1 +2428		.I..9..	1.11± .14	153					3349± 10
222.75 77.95	UGC 6980	U	.36± .12	.00					
89.02 -5.70		10.0± .9		.27					3322
1156.6 +2445	PGC 37740		1.11	.18					3654
115912.3+304358	IC 2985	.SB?...	.98± .05	142				16.45±.3	3322± 11
192.33 78.03	UGC 6981		.32± .04	.00	15.09 ±.18			158± 15	
83.06 -3.51	KUG 1156+310			.48					3317
115638.1+310040	PGC 37744		.98	.16	14.59			1.70	3606
115912.6-003131	IC 753	.LBR0..	.62± .14	30					
276.39 59.63	UGC 6979	F	.15± .03	.04	15.2 ±.3				
113.37 -13.57	ARAK 340	-2.0±1.0		.00					
115638.8-001449	PGC 37745		.60						
115917.5-285418		PLAT0..	1.01± .06						
289.38 32.59	ESO 440- 37	S	.04± .04	.29	14.14 ±.14				2073± 30
142.45 -19.50		-2.0± .8		.00					1894
115644.0-283736	PGC 37752		1.04		13.82				2399
115923.6-013909	IC 754	.E+....	1.06± .07	40					
277.33 58.61	UGC 6984	UEF	.08± .03	.05	14.05 ±.15				
114.51 -13.83		-4.3± .4		.00					
115649.8-012227	PGC 37757		1.04						
115925.6+505743	NGC 4026	.L..../	1.72± .03	178	11.67M±.12	.92± .04	.98± .01		
141.94 64.20	UGC 6985	R	.61± .03	.04	11.65 ±.11		.53± .02		930± 35
63.96 3.71		-2.0± .3	.74± .06	.00		.85	10.90± .20		995
115651.1+511425	PGC 37760		1.63		11.60		13.60± .19		1123
115926.5+174518		.S?....	1.05± .04	129				15.90±.3	6449± 10
248.24 74.78	UGC 6986		.51± .04	.08	15.18 ±.18			324± 13	
95.48 -7.91	KUG 1156+180			.76					6398
115652.6+180200	PGC 37761		1.06	.25	14.30			1.34	6773
1159.4 -0107		.SB.7?/							
276.97 59.10	CGCG 13- 27	F		.02	15.4 ±.6				
113.99 -13.67		7.0±1.8							
1156.9 -0051	PGC 37764								
115928.7+345338		.S?....	1.04± .09						
174.81 76.45	MCG 6-26- 67		.44± .07	.00	15.34 ±.18				9823± 43
79.14 -1.98	MK 434			.64					9833
115654.5+351020	PGC 37769		1.04	.22	14.63				10091
115929.6-191954	NGC 4027A	.IBS9*.	.96± .03	159	14.94M±.04	.45± .05			
286.39 41.87	ESO 572- 36	EF (1)	.16± .03	.06	15.03 ±.14	-.12± .10			1747± 73
132.49 -17.91		10.0± .6		.12		.39			1588
115656.0-190312	PGC 37772	9.6±1.4	.97	.08	14.76	-.17	14.19± .18		2091
115930.1-191605	NGC 4027	.SBS8..	1.50± .01	167	11.66M±.04	.54± .01	.52± .01	13.05±.2	1671± 6
286.37 41.93	ESO 572- 37	R (3)	.12± .02	.06	11.66 ±.12	-.04± .01	-.05± .01	205± 8	1639± 18
132.43 -17.90	8ZW 158	8.0± .3	1.08± .01	.15	10.40	.49	12.45± .02	139± 11	1509
115656.5-185923	PGC 37773	6.4± .5	1.50	.06	11.44	-.07	13.68± .10	1.55	2012
115931.4-364306		PSXR2..	.93± .06	45					
291.47 25.00	ESO 379- 19	r	.12± .05	.33	14.83 ±.14				
150.68 -20.30	IRAS11569-3626	2.2± .9		.14	13.56				
115658.0-362624	PGC 37774		.96	.06					
115931.5+300928		.SBS3..	1.03± .04	10				16.34±.3	8775± 11
194.98 78.22	UGC 6987	U	.23± .04	.00	14.89 ±.19			355± 15	
83.63 -3.64	KUG 1156+304	3.0± .9		.32					8768
115657.4+302610	PGC 37775		1.03	.12	14.50			1.72	9061

R.A. 2000 DEC. l b SGL SGB R.A. 1950 DEC.	Names PGC	Type S_T n_L T L	$\log D_{25}$ $\log R_{25}$ $\log A_e$ $\log D_o$	p.a. A_g A_i A_{21}	B_T m_B m_{FIR} B_T^o	$(B-V)_T$ $(U-B)_T$ $(B-V)_T^o$ $(U-B)_T^o$	$(B-V)_e$ $(U-B)_e$ m'_e m'_{25}	m_{21} W_{20} W_{50} HI	V_{21} V_{opt} V_{GSR} V_{3K}
1159.5 -0321 278.61 57.04 116.23 -14.25 1157.0 -0305	 CGCG 13- 28 PGC 37778	.E...*. F -5.0±1.3 		 .05 	 15.4 ±.6 				
1159.5 +1353 257.92 72.06 99.23 -9.14 1157.0 +1410	 MCG 2-31- 7 PGC 37779	.S?....	.94± .11 .28± .07 .94	 .04 .43 .14	 14.98 ±.18 14.51			15.81±.3 77± 13 58± 10 1.16	1450± 10 1386 1783
1159.6 -0339 278.86 56.77 116.54 -14.30 1157.1 -0323	 CGCG 13- 29 PGC 37784	.L..0.. F -2.0± .9 		 .06 	 15.0 ±.6 				
115940.2+263247 212.87 78.44 87.08 -4.87 115706.2+264929	 MCG 5-28- 71 KUG 1157+268 PGC 37786	.S?....	.98± .06 .02± .06 .98	 .00 .03 .01	 15.0 ±.2 14.90			16.69±.3 146± 14 109± 15 1.77	6694± 12 6674 6992
1159.7 -0322 278.71 57.04 116.27 -14.21 1157.2 -0306	 MCG 0-31- 14 PGC 37791	.SXS5.. F (1) 5.0± .9 1.6±1.0	1.04± .09 .66± .07 1.04	 .06 1.00 .33	 15.50 ±.18 				
1159.7 +2618 214.08 78.44 87.32 -4.94 1157.2 +2635	 CGCG 157- 77 PGC 37794			 .00 	 15.3 ±.3 				 4100 4079 4399
1159.7 +3052 191.53 78.11 82.97 -3.34 1157.2 +3109	IC 2986 MCG 5-28- 72 PGC 37795	.L?....	.90± .17 .00± .07 .90	 .00 .00 	 14.75 ±.15 14.70				 3139± 19 3134 3422
1159.8 +5542 137.47 59.94 59.49 5.42 1157.3 +5559	 UGC 6988 PGC 37809	.I..9*. U 10.0±1.3 	1.11± .05 .54± .05 1.11	134 .00 .41 .27					
115955.8-003254 276.74 59.68 113.45 -13.40 115722.0-001612	 MCG 0-31- 15 PGC 37810	.SA.4*. F (1) 4.0±1.3 5.6±1.4	.89± .11 .07± .07 .89	 .04 .10 .03	 15.03 ±.19 				
1200.0 +0811 267.85 67.49 104.83 -10.82 1157.5 +0828	NGC 4029 UGC 6990 PGC 37816	.S..3*. U 3.0±1.2 	1.08± .06 .20± .05 1.08	150 .00 .28 .10	 14.29 ±.18 13.97			16.65±.3 431± 13 425± 10 2.58	6137± 10 6144± 50 6055 6480
1200.2 +3148 187.09 77.93 82.13 -2.92 1157.7 +3205	 CGCG 157- 81 PGC 37831			 .00 	 15.2 ±.3 				 7723 7722 8003
1200.2 +5040 141.97 64.52 64.28 3.73 1157.7 +5057	 UGC 6992 PGC 37832	.S..8*. U 8.0±1.2 	1.13± .05 .34± .05 1.13	63 .02 .42 .17	 14.71 ±.18 				
120016.4+311331 189.74 78.11 82.68 -3.12 115742.4+313013	 MCG 5-28- 74 KUG 1157+315 PGC 37838	.S?....	.91± .06 .36± .06 .91	 .00 .53 .18	 15.1 ±.2 14.57				 714± 19 711 996
120017.8+001736 276.24 60.49 112.64 -13.08 115744.0+003418	 CGCG 13- 34 PGC 37839	PSB.1P? F 1.0±1.3 		 .07 	 15.1 ±.6 				
120023.8+002924 276.12 60.68 112.45 -13.00 115750.0+004606	 CGCG 13- 35 PGC 37844	.LX.0.. F -2.0± .9 		 .07 	 15.1 ±.6 				
120024.1-010604 277.37 59.21 114.03 -13.44 115750.3-004922	NGC 4030 UGC 6993 IRAS11578-0049 PGC 37845	.SAS4.. R (4) 4.0± .3 1.6± .4	1.62± .02 .14± .02 1.63	27 .03 .21 .07	 11.41 ±.15 9.88 11.16			13.06±.1 347± 8 329± 7 1.83	1460± 5 1449± 19 1348 1812
120029.3-155654 285.43 45.18 129.06 -17.01 115755.6-154012	NGC 4035 MCG -3-31- 10 IRAS11579-1540 PGC 37853	PSXT4P. PEF (1) 4.3± .5 3.4± .7	1.09± .06 .06± .05 1.10	0 .10 .09 .03	 13.48 			14.66±.3 195± 15 146± 12 	1567± 11 1604± 31 1420 1919